Die große

Enzyklopädie der Säugetiere

KÖNEMANN

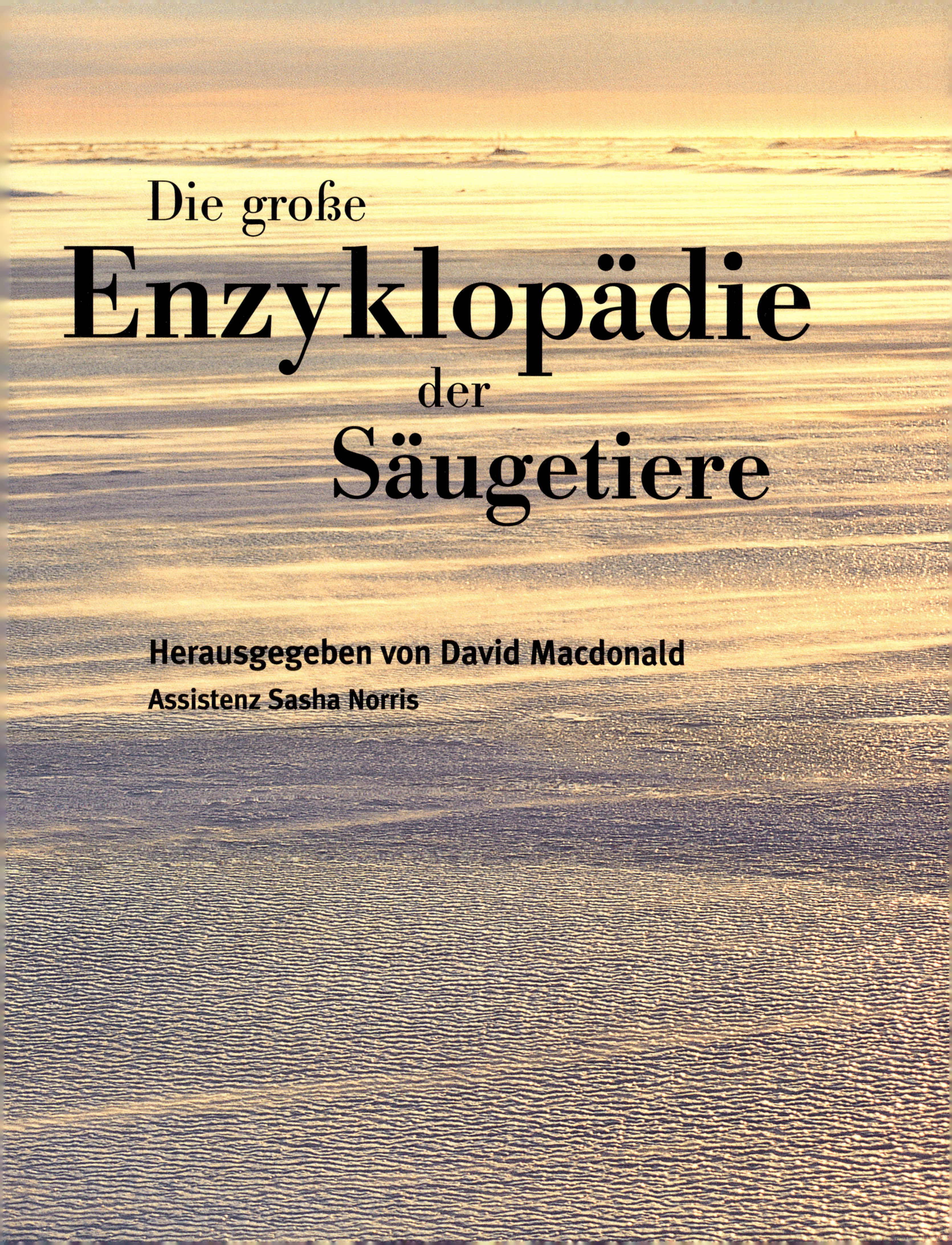

Die große Enzyklopädie der Säugetiere

Herausgegeben von David Macdonald

Assistenz Sasha Norris

Originalausgabe

AN ANDROMEDA BOOK
Planned and produced by
Andromeda Oxford Limited,
Kimber House, 1 Kimber Road, Abingdon,
Oxfordshire OX14 1 SG
United Kingdom.
www.andromeda.co.uk

First published 2001
Reprinted 2002

The moral rights of the authors have been asserted

Database right Andromeda Oxford Limited

Publishing Director Graham Bateman
Project Manager Peter Lewis
Editors Tony Allan, Mark Salad
Art Director Chris Munday
Designers Frankie Wood, Mark Regardsoe
Cartographic Editor Tim Williams
Picture Manager Claire Turner
Picture Researcher Vickie Walters
Production Director Clive Sparling
Editorial and Administrative Assistants
Rita Demetriou, Marian Dreier, Moira Elliott
Proofreader Lynne Wycherley
Indexer Ann Barrett

Originated in Malaysia by Global Colour Ltd.

Fotos Seite i: *Antilopen-Erdhörnchen* Stephen J. Krasemann/Bruce Coleman Collection. Seiten ii-iii: *Eisbär* François Gohier/Ardea London. Oben: *Fleckendelfine* Jeff Foott/Bruce Coleman Collection.

Deutsche Ausgabe

Übersetzungen aus dem Englischen von

Dr. Eva Dempewolf, Christiane Gsänger, Hanspeter Krull, Birgit Lamerz-Beckschäfer, Dr. Monika Niehaus, Kirsten Nutto, Dr. Cornelia Panzacchi, Dr. Marion Pausch, Susanne Schmidt-Wussow, Renate Weinberger, Jorunn Wissmann

Koordination, Satz, Redaktion und Fachlektorat: Gerdi Killer für Bookwise Medienproduktion GmbH, München

Redaktionelle Mitarbeit: Dr. Hermann Stickroth

* KÖNEMANN ist eine eingetragene Marke der Tandem Verlag GmbH

Printed in Austria

ISBN 3-8331-1006-6

10 9 8 7 6 5 4 3 2 1

Westlicher Gorilla
siehe Seite 414

Steinbock
siehe Seite 570

Für meine Frau Jenny
und für Ewan, Fiona und Isobel

Wissenschaftliche Beratung

Professor Hans Kruuk,
Centre for Ecology and Hydrology, Banchory, Großbritannien

Dr. Richard Connor,
University of Massachusetts in Dartmouth, USA

Professor John Harwood,
Gatty Marine Laboratory, University of St. Andrew's, Großbritannien

Dr. Guy Cowlishaw,
Institute of Zoology, London, Großbritannien

Professor Johan du Toit,
Mammal Research Institute, University of Pretoria, Südafrika

Professor Jerry O. Wolff,
University of Memphis, Tennessee, USA

Dr. Christopher R. Dickman,
University of Sydney, Australien

Dr. Gareth Jones,
University of Bristol, Großbritannien

Illustrationen

Priscilla Barrett
Denys Ovenden
Malcolm McGregor
Michael R. Long
Graham Allen

INHALT

Capybara
siehe Seite 678

Wissenschaftliche Mitarbeiter

Was ist ein Säugetier?

Seiten xvi–xxxi

KB Kate Barlow, British Antarctic Survey, GB

RD Richard Dawkins, University of Oxford, GB

WGK Warren G. Kinzey, City University of New York, USA

DWM David W. Macdonald, WildCRU, University of Oxford, GB

WAM William A. Mason, University of California, Davis, USA

Raubtiere Seiten 2–145

SKB Simon K. Bearder, Oxford Brookes University, GB

CB Colleen Begg, Begg Nature Photography, Südafrika

KB Keith Begg, Begg Nature Photography, Südafrika

JDSB Johnny D. S. Birks, Universities of Exeter and Durham, GB

LB Luigi Boitani, Università di Roma, Italien

TC Tim Caro, University of California, Davis, USA

SC Scott Creel, Montana State University, USA

MC Melanie Culver, Virginia Tech. Fisheries and Wildlife, USA

MJD Michael Daniels, WildCRU, University of Oxford, GB

MD Miguel Delibes, CSIC, Sevilla, Spanien

JMD James M. Dietz, Michigan State University, USA

GWF George W. Frame, Utah State University, USA

EKF Erik K. Fritzell, Oregon State University, USA

DLG David L. Garshelis, State of Minnesota Department of Natural Resources Wildlife Research, USA

EG Eli Geffen, Universität Tel Aviv, Israel

JLG John L. Gittleman, University of Virginia, USA

MEG Matthew E. Gompper, Columbia University, USA

CH Clare Hawkins, University of Edinburgh, GB

RJ Rodney Jackson, International Snow Leopard Trust, USA

AJTJ A. J. T. Johnsingh, Wildlife Institute of India

WJ Warren Johnson, National Cancer Institute, USA

KK Kaarina Kauhala, Finnish Game and Fisheries Research Institute, Helsinki

RK Roland Kays, New York State Museum, USA

CMK Caroline M. King, University of Waikato, Neuseeland

HK Hans Kruuk, Centre for Ecology and Hydrology, Banchory, GB

AL Arild Landa, Institute of Natural Resources, Grönland

SL Serge Larivière, Institute for Wetland and Waterfowl Research, Memphis, USA

AL Andy Loveridge, WildCRU, University of Oxford, GB

TRL T. R. Loughlin, National Marine Mammal Laboratory, USA

RMcD Robbie A. McDonald, The Game Conservancy, GB

JMcN John McNutt, Wild Dog Research Center, Botswana

DWM David W. Macdonald, WildCRU, University of Oxford, GB

JM James Malcolm, University of Redlands, USA

LM Laurie Marker, WildCRU, University of Oxford, GB

FM François Messier, University of Saskatchewan, Kanada

MGLM Michael G. L. Mills, Krüger-Nationalpark, Südafrika

DM Dale G. Miquelle, Hornocker Wildlife Institute, USA

PDM Patricia D. Moehlman, Tanzania Guides, Tansania

AM Axel Moehrenschlager, Calgary Zoo Animal Health Center, Kanada

LN Latika Nath, WildCRU, University of Oxford, GB

SJO'B Stephen J. O'Brien, National Cancer Institute, USA

CP Craig Packer, University of Minnesota, USA

PCP Paul C. Paquet, Conservation Biology Institute, Kanada

RAP Roger A. Powell, North Carolina State University, USA

ARR Alan Rabinowitz, Wildlife Conservation Society, Bronx Zoo, New York, USA

AR Anne Rasa, Universität Bonn, Deutschland

IR Ian Redmond, Ape Alliance and UK Rhino Group, GB

PRKR Philip Richardson, Africa Wildlife Films, Südafrika

JR Jon Rood, National Zoological Park, Virginia, USA

Ozelot
siehe Seite 32

JKR James K. Russell, National Zoological Park, Washington DC, USA

CS-Z Claudio Sillero-Zubiri, WildCRU, University of Oxford, GB

PS Philip Stander, Ministry of Environment and Tourism, Namibia

IS Ian Stirling, Canadian Wildlife Service, Edmonton, Kanada

AV Arun Venkatamaran, Wildlife Institute of India

CW Chris Wemmer, National Zoological Park, Virginia, USA

RBW Rosie B. Woodroffe, University of Warwick, GB

WCW W. Chris Wozencraft, Lewis-Clark State College, USA

NY Nobuyuki Yamaguchi, WildCRU, University of Oxford, GB

PY Pralad Yonzon, Resources Himalaya, Kathmandu, Nepal

LZ Lu Zhi, Universität Peking, China

EZ Erich Zimen, Universität Saarbrücken, Deutschland

MEERESSÄUGER Seiten 146–289

PKA Paul K. Anderson, University of Calgary, Canada

SSA Sheila S. Anderson, British Antarctic Survey, GB

KB Ken Balcombe, Center for Whale Research, USA

RB Robin Best, Instituto Nacional de Pequisas de Amazonia, Brasilien

WNB W. Nigel Bonner, British Antarctic Survey, GB

ILB Ian L. Boyd, British Antarctic Survey, GB

PB Paul Brodie, Bedford Institute of Oceanography, Kanada

DPD Daryl Domning, Howard University, USA

JD Jim Darling, West Coast Whale Research, Kanada

AWE Albert W. Erickson, University of Seattle, USA

PGHE Peter G.H. Evans, University of Oxford, GB

FHF Francis H. Fay, University of Alaska, USA

RG Ray Gambell, International Whaling Commission, GB

DEG David E. Gaskin, University of Guelph, Kanada

CG John Craighead George, North Slope Borough Dept. of Wildlife Management, Alaska, USA

JG Jonathan Gordon, WildCRU, University of Oxford, GB

JH Janice Hannah, International Marine Mammal Association, Guelph, Kanada

JH John Harwood, NERC Sea Mammal Research Unit, GB

LH Lex Hiby, Conservation Research Limited, Great Shelford, GB

KMK Kit M. Kovacs, Norwegian Polar Institute, Tromsö, Norwegen

SDK Scott D. Kraus, New England Aquarium, USA

DML David M. Lavigne, International Marine Mammal Association, Guelph, Kanada

BLeB Burney J. Le Boeuf, University of California, Santa Cruz, USA

CL Christina Lockyer, British Antarctic Survey, GB

IAM Ian A. McLaren, Dalhousie University, Kanada

CMacL Colin MacLeod, Glasgow University, GB

HM Helene Marsh, James Cook University, Australien

AM Tony Martin, NERC Sea Mammal Research Unit, GB

DKO Daniel K. Odell, University of Miami, USA

JMP Jane M. Packard, University of Florida, USA

VP Vassili Papastavrou, University of Bristol, GB

PP Paddy Pomeroy, NERC Sea Mammal Research Unit, GB

KR Katherine Ralls, Smithsonian Institution, USA

GBR Galen B. Rathbun, California Academy of Sciences, USA

AR Andrew Read, Duke University Marine Laboratory, USA

RR Randall Reeves, University of Quebec, Kanada

REAS Robert E.A. Stewart, Department of Fisheries and Oceans, Winnipeg, Kanada

AT Andrew Taber, Wildlife Conservation Society, USA

PLT Peter L. Tyack, North East Fisheries Science Center, USA

MW Michelle Wainstein, University of California, Santa Cruz, USA

LW Lindy Weilgart, Dalhousie University, Kanada

RSW Randall S. Wells, Moss Landing Marine Laboratories, USA

HW Hal Whitehead, Dalhousie University, Kanada

BW Bernd Würsig, Texas A&M University, USA

PRIMATEN Seiten 290–433

LB Louise Barrett, University of Liverpool, GB

DB-J Douglas Brandon-Jones, Natural History Museum, GB

RB Redouan Bshary, Max-Planck-Institut, Seewiesen, Deutschland

DC Dorothy Cheney, University of Pennsylvania, USA

DJC David J. Chivers, University of Cambridge, GB

TC-B Tim Clutton-Brock, University of Cambridge, GB

GC Guy Cowlishaw, Institute of Zoology, London, GB

XD-R Xavier Domingo-Roura, Universidad Pompeu Fabra, Spanien

RD Robin Dunbar, University of Liverpool, GB

JEF John E. Fa, Jersey Wildlife Preservation Trust, GB

AHH Alexander H. Harcourt, University of California, Davis, USA

PH Peter Henzi, University of Liverpool, GB

PH Paul Honess, WildCRU, University of Oxford, GB

GJ Gerald H. Jacobs, University of California, Santa Barbara, USA

CHJ Charles H. Janson, State University of New York, USA

PK Peter Kappeler, Deutsches Primatenzentrum, Göttingen, Deutschland

DK Devra Kleiman, National Zoological Park, Washington DC, USA

HK Hans Kummer, Universität Zürich, Schweiz

JMacK John MacKinnon, ASEAN Regional Center for Biodiversity, Philippinen

KMacK Kathy MacKinnon, World Bank, USA

RDM Robert D. Martin, Universität Zürich, Schweiz

RAM Russell A. Mittermeier, Conservation International, USA

KM Katherine Milton, University of California, Berkeley, USA

CN Carsten Niemitz, Freie Universität Berlin, Deutschland

RN Ronald Noë, Université de Strasbourg, Frankreich

RP Ryne Palombit, University of Pennsylvania, USA

FEP Frank E. Poirier, Ohio State University, USA

JIP J.I. Pollock, Duke University Primate Center, USA

TER Thelma E. Rowell, University of California, Berkeley, USA

ABR Anthony B. Rylands, Conservation International, USA

RS Robert Seyfarth, University of Pennsylvania, USA

BS Barbara Smuts, University of Michigan, USA

CvS Carel van Schaik, Duke University, USA

DW David Watts, Yale University, USA

AW Andrew Whiten, University of St. Andrew's, GB

RWW Richard W. Wrangham, Harvard University, USA

PCW Patricia C. Wright, State University of New York, USA

EZ Elka Zimmermann, Tierärztliche Hochschule Hannover, Deutschland

Grosse Pflanzenfresser

Seiten 434–577

RFWB Richard F. W. Barnes, Karisoke Research Center, Ruanda

JB Joel Berger, University of Nevada, USA

CB Cristian Bonacic, WildCRU, University of Oxford, GB

MB Mark Boyce, University of Alberta, Kanada

PB Peter Brotherton, English Nature, GB

HGC Hernan Castellanos, Caracas, Venezuela

LC Lynn Clayton, Imperial College, London, GB

TC-B Tim Clutton-Brock, University of Cambridge, GB

RAC Rosemary A. Cockerill, University of Cambridge, GB

TC Tim Coulson, Institute of Zoology, London, GB

DHMC David H.M. Cumming, WWF Southern Africa Regional Programme Office, Simbabwe

JCD James C. Deutsch, Crusaid, London, GB

ID-H Iain Douglas-Hamilton, Save the Elephants, Kenia

CCD Craig C. Downer, Andean Tapir Fund, USA

GD G. Dubost, Musée National d'Histoire Naturelle, Frankreich

JdT Johan du Toit, University of Pretoria, Südafrika

KE Keith Eltringham, University of Cambridge, GB

WLF William L. Franklin, Iowa State University, USA

VG Valerius Geist, University of Calgary, Kanada

MG Morris Gosling, University of Newcastle, GB

SJGH Stephen J.G. Hall, University of Cambridge, GB

SH Simon Hedges, IUCN Asian Wild Cattle Specialist Group, GB

HNH Hendrik N. Hoeck, Kreuzlingen, Schweiz

CMJ Christine M. Janis, Brown University, USA

MVK Marina V. Kholodowa, Russische Akademie der Wissenschaften

JK Jonathan Kingdon, University of Oxford, GB

DK David Kitchen, Humboldt State University, USA

KK Karl Kranz, Smithsonian Institution, USA

RK Richard A. Kock, Organisation of African Unity, Nairobi, Kenia

LEBK Loeske E. B. Kruuk, University of Edinburgh, GB

NL-W Nigel Leader-Williams, University of Kent at Canterbury, GB

SL Sandro Lovari, Università di Siena, Italien

AAL Anna A. Luschekina, Russische Akademie der Wissenschaften

TSMcC T.S. McCarthy, University of Witwatersrand, Südafrika

CRM Christine R. Maher, University of Southern Maine, USA

EJM-G Eleanor J. Milner-Gulland, Imperial College, London, GB

MGM Martyn G. Murray, University of Edinburgh, GB

PN Paul Newton, University of Oxford, GB

NO-S Norman Owen-Smith, University of Witwatersrand, Südafrika

KP Katy Payne, Cornell University, USA

RAP Robin A. Pellew, University of Cambridge, GB

MSP Mark Stanley Price, Office of the Advisor for Conservation of the Environment, Oman

CR Craig Roberts, University of Newcastle, GB

KR Keith Ronald, University of Guelph, Kanada

DIR Dan I. Rubinstein, Princeton University, USA

SS S. Sathyakumar, Wildlife Institute of India

HS Hezy Shoshani, Cranbrook Institute of Science, USA

TS Tony Sinclair, University of British Columbia, Kanada

AS Andrew Spalton, Diwan of Royal Court, Muskat, Sultanat von Oman

AT Andrew Taber, Wildlife Conservation Society, USA

ST Simon Thirgood, University of Edinburgh, GB

RU Rod Underwood, University of Cambridge, GB

RJvA Rudi J. van Aarde, University of Pretoria, Südafrika

ACW A. Christy Williams, Wildlife Institute of India

SW Stuart Williams, WildCRU, University of Oxford, GB

PW Peter Wirtz, Universität Freiburg, Deutschland

Kleine Pflanzenfresser

Seiten 578–721

GA Greta Ågren, Universität Stockholm, Schweden

KBA Kenneth B. Armitage, University of Kansas, USA

CB Claude Baudoin, Université de Franche-Comté, Frankreich

DB Diana Bell, University of East Anglia, GB

RB Robin Boughton, University of Florida, USA

PB Peter Busher, Boston University, USA

TMB Thomas M. Butynski, Kibale Forest Project, Uganda

MC Marcelo Cassini, Universidad de Luján, Argentinien

GBC Gordon B. Corbet, Leven, GB

DPC David P. Cowan, Central Science Laboratory, York, GB

MJD Michael J. Delany, University of Bradford, GB

CRD Christopher R. Dickman, University of Sydney, Australien

JFE John F. Eisenberg, University of Florida, USA

JE James Evans, US Fish and Wildlife Service, USA

JF Julie Feaver, University of Cambridge, GB

THF Theodore H. Fleming, University of Miami, USA

WG Wilma George, University of Oxford, GB

GH Göran Hartman, Universität für Agrarwissenschaften, Schweden

EH Emilio Herrera, Universidad de Simon Bolivar, Venezuela

TH Tony Holley, Brent Knoll, Somerset, GB

UWH U. William Huck, Princeton University, USA

JH Jane Hurst, University of Liverpool, GB

Erdhörnchen der Art *Spermophilus brunneus* siehe Seite 607

JUMJ Jenny U. M. Jarvis, University of Cape Town, Südafrika

PJ Paula Jenkins, Museum of Natural History, GB

TK Takeo Kawamichi, Universität Osaka, Japan

CJK Charles J. Krebs, University of British Columbia, Kanada

TEL Thomas E. Lacher, Texas A&M University, USA

KMacK Kathy MacKinnon, World Bank, USA

DWM David W. Macdonald, WildCRU, University of Oxford, GB

JP James Patton, University of California, Berkeley, USA

GBR Galen B. Rathbun, California Academy of Sciences, USA

DAS Duane A. Schlitter, Texas A&M University, USA

ES Eberhard Schneider, Universität Göttingen, Deutschland

GIS Georgy I. Shenbrot, Ramon Science Center, Israel

PWS Paul W. Sherman, Cornell University, USA

GS Grant Singleton, CSIRO Wildlife and Ecology, Australien

ATS Andrew T. Smith, Arizona State University, USA

DMS D. Michael Stoddart, Hobart University, Tasmanien, Australien

RS Robert Strachan, WildCRU, University of Oxford, GB

AT Andrew Taber, Wildlife Conservation Society, USA

RJvA Rudi J. van Aarde, University of Pretoria, Südafrika

LW Luc Wauters, Università dell'Insubria, Varese, Italien

JW John O. Whitaker, Indiana State University, USA

JOW Jerry O. Wolff, University of Memphis, USA

CAW Charles A. Woods, Florida State Museum, USA

HY Hannu Ylonen, Universität Jyvaskyla, Finnland

ZZ Zhang Zhibin, Chinesische Akademie der Wissenschaften

Insektenfresser, Fledertiere, Beuteltiere, Monotremen

Seiten 722–865

MLA Mike L. Augee, University of New South Wales, Australien

CJB Christopher J. Barnard, University of Nottingham, GB

JWB Jack W. Bradbury, Cornell University, USA

GB Gary Bronner, University of Cape Town, Südafrika

LB Linda S. Broome, New South Wales National Parks and Wildlife Service, Australien

AC Andrew Cockburn, Australian National University, Canberra, Australien

CRD Christopher R. Dickman, University of Sydney, Australien

BF Brock Fenton, York University, Ontario, Kanada

THF Theodore H. Fleming, University of Miami, USA

GG Greg Gordon, Queensland National Parks and Wildlife Service, Australien

MLG Martyn L. Gorman, University of Aberdeen, GB

TG Tom Grant, University of New South Wales, Australien

PJ Peter Jarman, University of New England, Australien

CJ Christopher Johnson, James Cook University, Australien

GJ Gareth Jones, University of Bristol, GB

MJ Menna Jones, Australian National University, Canberra, Australien

AKL A. K. Lee, Monash University, Australien

DL David Lindenmayer, Australian National University, Canberra, Australien

WJL W. Jim Loughry, Valdosta State University, USA

CMM Colleen M. McDonough, Valdosta State University, USA

RM Roger Martin, James Cook University, Australien

VN Virginia Naples, Northern Illinois University, USA

MEN Martin E. Nicholl, Smithsonian Institution, USA

MAO'C Margaret A. O'Connell, Eastern Washington University, USA

MP Mike Perrin, University of Pretoria, Südafrika

RAR Renee Ann Richer, Harvard University, USA

CR Carlo Rondinini, Institut für Angewandte Ökologie, Rom, Italien

EMR Eleanor M. Russell, CSIRO Wildlife and Rangelands Research Division, Australien

JR Jens Rydell, Universität Göteborg, Schweden

JBS Jeremy B. Searle, University of York, GB

JHS John H. Seebeck, Department of Natural Resources and Environment, Victoria, Australien

ES Erik Seiffert, Duke University, USA

PS Paula Stockley, University of Liverpool, GB

JW Jerry Wilkinson, University of Maryland, USA

RDW Ron D. Wooller, Murdoch University, Perth, Australien

AW Andrew Wroot, Royal Holloway College, London, GB

Vorwort

d*ie Feststellung, die* **Große Enzyklopädie der Säugetiere** *behandle sämtliche bekannten Mitglieder der Klasse Mammalia, ist eine zwar korrekte, aber recht dürftige Beschreibung dieses Buches. Mein Ziel war es, die neuesten Erkenntnisse auf dem Gebiet der Biologie zu einem spannenden Kompendium zusammenzufassen und Einblick in das Leben der rund 4600 Tierarten zu bieten, deren Lebensweisen so mannigfaltig sind, dass die Realität unsere kühnsten Vorstellungen übertrifft. Zu diesem Zweck habe ich mich bemüht, einen Stil zu finden, der sowohl vom wissenschaftlichen Standard als auch von der Verständlichkeit her höchsten Ansprüchen genügt.*

Den Vorgänger der englischen Originalfassung lobte das renommierte Wissenschaftsmagazin *Science* 1984 als „verständlich, gut lesbar und ausgesprochen unterhaltsam". Seit Beginn der Arbeit an dieser ersten Auflage sind zwei Jahrzehnte verstrichen – zwei Jahrzehnte, in denen die Theorien und Techniken der Biologie manch grundlegende Wandlung erfuhren. Dieses Mal haben wir ein frisches Team internationaler Wissenschaftler einbezogen, die 400 000 Worte neuen Text verfassten. Sämtliche Beiträge wurden sorgfältig überarbeitet, die meisten vollkommen neu geschrieben.

Ein wichtiger Punkt für Fachleute ist die Art und Weise, wie die Ordnungen zusammengestellt sind. Was die Verwandtschaftsverhältnisse innerhalb der Klasse Mammalia angeht, macht die Systematik ständig Fortschritte. Beispielsweise kamen, als wir gerade die Druckfahnen zum Abschluss brachten, zwei wichtige Publikationen zu dem Schluss, dass Goldmulle und Tanreks zusammen mit Schliefern und Elefanten der Überordnung Afrotheria zugestellt werden müssten. Wo es der Zeitplan zuließ und unter den Taxonomen Einstimmigkeit herrschte, haben wir den Aufbau des Buches diesen neuen Erkenntnissen entsprechend abgeändert. An anderer Stelle jedoch wurde die Einteilung der Ordnungen nach ökologischen und morphologischen Eigenschaften beibehalten. In jedem Fall haben wir uns immer bemüht, den Leser über den neuesten Stand der Forschung zu informieren (weshalb Tanreks und Goldmulle zwar nach wie vor bei den Insectivora zu finden sind und nicht bei den Elefanten, aber ein Kasten auf die mögliche Neuzuordnung hinweist). Ein anderer Kompromiss zwischen Taxonomie und Darstellung wurde bei den Nagetieren gefunden. Diese Ordnung war ursprünglich in drei Unterordnungen aufgeteilt – Sciuromorpha (Hörnchenverwandte), Myomorpha (Mäuseverwandte) und Hystricomorpha (Stachelschweinverwandte). Die neue Taxonomie ist dagegen zweistämmig, mit den Unterordnungen Hystricognathi und Sciurognathi (wobei Letztere die mäuseartigen Nager einschließt). Ohne von der neuen Einteilung abzuweichen, legten es die äußeren Merkmale hier nahe, die frühere Gruppierung weitgehend beizubehalten.

Am Anfang dieser Enzyklopädie stehen die Raubtiere (Ordnung Carnivora), Sinnbild für Stärke, Ausdauer und Eleganz. Der Löwe ist Symbol für Herrschaft, der Wolf für Unermüdlichkeit, der Fuchs für Schläue – und der Riesenpanda für die Zerstörung der Natur durch den Menschen. Andere Konnotationen hinsichtlich Grausamkeit, Hinterlist und Verschlagenheit mögen unbegründet sein, halten sich aber nichtsdestoweniger.

Traditionell teilt man die Carnivora in zwei Unterordnungen: die Meeresraubtiere, auch Pinnipedia oder Flossenfüßer genannt (Seehunde, Seelöwen und Walross), und die Landraubtiere oder Fissipedia. Jüngsten Erkenntnissen zufolge umfasst die Ordnung Carnivora jedoch zwei charakteristische monophyletische, d.h. von einer Urform abstammende, Gruppen: die Unterordnung Caniformia, was so viel heißt wie „Hundeartige" (bisweilen auch als Überfamilie Arctoidea bezeichnet), und die Unterordnung Feliformia, also „Katzenartige" (Überfamilie Aeluroidea oder Feloidea). Zu den Caniformia gehören die Familien Canidae (Hunde), Ursidae (Großbären), Procyonidae (Kleinbären) und Mustelidae (Marder), während die Feliformia Viverridae (Schleichkatzen), Hyaenidae (Hyänen), Felidae (Katzen) und Herpestidae (Mungos) umfasst. Die Verwandtschaftsverhältnisse der Gruppen untereinander sind nicht eindeutig. So bestehen etwa Meinungsverschiedenheiten darüber, wo der Kleine Panda (*Ailurus fulgens*) einzuordnen sei – manche stellen ihn zu den Großbären, Kleinbären oder Mardern, andere sehen diese Art als einzigen Vertreter der Familie Ailuridae.

Mindestens ebenso umstritten ist die Eingliederung der Wasserraubtiere in dieses System. Vorwiegend morphologischer Ähnlichkeiten wegen wurden sie vor kurzem der Unterordnung Caniformia zugestellt. Tatsächlich würden sie – folgte man dem Vorschlag einiger Autoren, ihnen eine eigene Ordnung zuzugestehen – eine paraphyletische Gruppe (siehe Glossar) repräsentieren. Generell herrscht allerdings Einigkeit darüber, dass die Pinnipedia einen monophyletischen Zweig darstellen, der in enger Verbindung zu den Ursidae steht (wenngleich manches sogar für eine Verwandtschaft mit den Mustelidae spricht). Ohne jeden Zweifel gibt es Affinitäten zwischen Meeres- und Landraubtieren (so gleichen etwa die Blutproteine der Seehunde denen von Bären), doch diese Bindeglieder sind uralt und unklar. Folglich halten wir uns hier an die konventionelle Sicht und geben beiden Gruppen den Status einer eigenen Ordnung, wobei zuerst die Landraubtiere (Fissipedia) behandelt werden.

Den nächsten Teil der Enzyklopädie bilden die Meeressäuger, drei wenig miteinander verwandte Ordnungen, deren Vertreter im Meer leben: zuerst die Wasserraubtiere mit den Familien Hundsrobben, Ohrenrobben und Walross (Ordnung Pinnipedia), danach Wale und Delfine (Ordnung Cetacea) und schließlich die Seekühe (Ordnung Sirenia). Wichtiger ist jedoch, dass diese Seiten eine Brücke schlagen zwischen der Tierwelt auf dem uns vertrauten Festland und jener, die die unbekannte Welt der Ozeane und des Treibeises bewohnt – eine Welt scheinbar endloser Entfernungen und leerer Weiten, in der Tiere leben, deren Größe an die Grenze unseres Vorstellungsvermögens stößt. Auf den ersten Blick scheint die torpedoförmige Gestalt der Meeressäuger die Eigenarten der einzelnen Spezies zu vertuschen. Doch bei genauerem Hinsehen entdeckt man faszinierende Unterschiede zwischen Wal und Tümmler oder zwischen Seehund und Walross. Und man entdeckt die Empfindlichkeit der natürlichen Zusammenhänge im Ökosystem Ozean sowie die Abhängigkeit des Riesigen vom winzig Kleinen.

In der Enzyklopädie folgt als Nächstes die Ordnung der Primaten. Als Mitglieder dieser Ordnung haben wir Menschen mit allen Säugetieren vieles gemein, doch die Verbindung zu anderen Primaten, insbesondere den Menschenaffen, ist so augenfällig, dass sie immer wieder fasziniert. Da gibt es viele, die – vielleicht ängstlich berührt von der Nähe der Verwandtschaft – höhnisch über das Verhalten der Affen lachen, die sie als minderwertige Farce des Menschen verspotten. In diesem Kapitel begegnet der Leser jedoch Geschöpfen, mit denen wir gemeinsame Wurzeln haben und deren Ähnlichkeiten mit uns – vor allem bei den Menschenaffen – mindestens genauso stichhaltig und zwingend sind wie die Unterschiede. Primaten fallen durch herausragende Geschicklichkeit und Intelligenz auf, doch vor allem auch wegen ihrer faszinierenden Sozialstrukturen. Ihre sozialen Beziehungen reichen von Freundschaft bis zu Feindschaft und sind nicht zuletzt deshalb interessant, weil sie so vieles über uns selbst verraten.

Für Nicht-Wissenschaftler ist die Komplexität der Klassifizierung (der Einteilung von Tieren in Gruppen aufgrund gemeinsamer Vorfahren) oft schwer nachvollziehbar, und häufig begegnet man der Auffassung, es könne nur eine korrekte Lösung geben. Dass dies nicht der Fall ist, zeigt sich z.B. an den wandelnden Ansichten hinsichtlich der Ordnungen Scandentia (Spitzhörnchen) und Dermoptera (Riesengleiter). Beide Gruppen sind klein (mit 18 bzw. zwei Arten) und haben eine lange Entwicklungsgeschichte, was – zumal auch keine Fossilfunde vorliegen – zu ihrer nicht eindeutigen phylogenetischen Zuordnung beigetragen hat. Sie wurden verschiedentlich mit anderen Ordnungen verbunden, etwa mit den Macroscelidea (Rüsselspringern), Insectivora (Insektenfressern), Lagomorpha (Hasenartigen), Chiroptera (Fledertieren) oder – und dies am häufigsten – mit den Primaten. Heute werden Spitzhörnchen und Riesengleiter meist als eigene Ordnungen geführt, während weiterhin ungeklärt bleibt, in welcher Beziehung sie zu den anderen Gruppen stehen. Morphologische Hinweise legten die Zugehörigkeit zur Überordnung Archonta nahe, einer Klade, die Fledertiere und Primaten umfasst. Doch die Stichhaltigkeit dieser Klade war zweifelhaft, vor allem hinsichtlich der Verwandtschaft der Fledertiere zu den anderen drei Ordnungen. Tatsächlich belegen jüngst durchgeführte genetische Untersuchungen, dass die Fledertiere einem völlig anderen evolutionären Zweig angehören und dass Spitzhörnchen, Riesengleiter und Primaten (die so genannten Euarchonta) eng mit Nagern und Hasentieren (beide unter dem Begriff „Glires" zusammengefasst) verwandt sind. Aus diesem Grund sind Spitzhörnchen und Riesengleiter in diesem Buch nach dem Kapitel der Primaten zu finden

Überall im Tierreich spiegeln Gestalt und Körperbau die Lebensweise wider: Größe, Färbung, Gebiss und Bekrallung – alles ist von der Evolution geformt und perfekt auf eine bestimmte Lebensweise ausgerichtet. Allerdings tragen wenige Säugetiere ihre Evolutionsgeschichte so deutlich zur Schau wie viele Huftiere, bei denen auffällige Geweihe und Furcht erregende Eckzähne fast an der Tagesordnung sind. Zu den Funktionen der riesigen Hauer des Warzenschweins, der Schaufeln des Elches oder der spitzen Stilette des Ducker zählen die Abwehr von Fressfeinden sicher ebenso wie von Rivalen, wobei die Eleganz ihres Erscheinungsbilds wieder einmal an die Macht der natürlichen Selektion gemahnt.

Huftiere (generell mit dem lateinischen Begriff „Ungulata" belegt) werden von fünf noch vorhandenen Ordnungen vertreten, die nur entfernt über einen sehr frühen gemeinsamen Vorfahren verwandt sind: Perissodactyla, Artiodactyla, Tubulidentata, Proboscidea und Hyracoidea. Zu dieser recht bunt zusammengewürfelten Mischung könnte man zwei weitere Säugetierordnungen stellen: die Cetacea (Waltiere) und die Seekühe (Sirenia). Tatsächlich gibt es überzeugende Beweise für eine enge Verwandtschaft zwischen Artiodactyla und Cetacea, weshalb beide Ordnungen auch unter dem Begriff „Cetartiodactyla" zusammengefasst werden. Die Cetartiodactyla wiederum sind mit den Perissodactyla (Unpaarhufern) verwandt, während Proboscidea (Rüsseltiere) und Hyracoidea (Schliefer) in engerer Verbindung zu den Sirenia stehen; diese Gruppe wird heute als Paenungulata oder Subungulata, also Fast-Huftiere, bezeichnet. Zu den Paenungulata innerhalb der Überordnung Afrotheria gehört die Ordnung Tubulidentata. Sie besteht aus nur einer einzigen Art, dem merkwürdigen Erdferkel, das ausschließlich Ameisen und Termiten frisst und sich daher generell in seiner Ernährung von allen anderen Ungulaten unterscheidet. Aus diesem (neuen) Blickwinkel betrachtet, dürfte es die Ungulata im genetischen Sinn, also mit einem gemeinsamen Vorfahren, formell gar nicht mehr geben. Daher stellt man heute Artiodactyla und Perissodactyla in die monophyletische Gruppe der Laurasiatheria, während die Paenungulata der anderen monophyletischen Gruppe zugerechnet werden, den Afrotheria.

Zwei weitere Ordnungen der Ungulata – Rüsseltiere und Schliefer – umfassen Tiere, die unterschiedlicher kaum sein könnten: die massigen Elefanten und deren nächste noch lebende Verwandte, die kleinen Schliefer. In den beiden großen Huftierordnungen, Artiodactyla und Perissodactyla, findet man sehr vertraute Gesichter (z.B. Rinder bzw. Pferde). Zudem schließen sie die Giganten des Tierreichs ein, Nashörner und Flusspferde, dazu alle Pferde, Hirsche, Antilopen und Schweine, deren Mitglieder von höchst unterschiedlicher Größe, Gestalt und Verhaltensweise sein können. Was diese Huftiere – mit Ausnahme des Erdferkels – alle gemein haben, ist die Ernährung: Sie fressen Pflanzen.

Nun möchte man annehmen, dass diese Vegetarier in unserer grünen Welt ein leichtes Leben haben. Dem ist aber nicht so. Zwar kann ihre „Beute" weder flüchten, noch verfügt sie über empfindliche „Sinne", doch müssen Pflanzenfresser mit Stacheln und Dornen, Giften und anderen Abwehrmechanismen zurechtkommen, die die Pflanzen in jahrmillionenlanger Evolution entwickelt haben, um ihre unzähligen Fressfeinde abzuwehren. Dazu kommt, dass die Zellulosewände, die die Pflanzenzellen schützend umgeben, für das normale Verdauungssystem eines Säugetieres unangreifbar sind, weshalb selbst ein Gigant wie der Elefant auf winzige Darmbakterien angewiesen ist, die dieses harte Gewebe verdauen können. Noch weiter differenziert wurde die wechselseitige Aufrüstung zwischen großen Pflanzenfressern und Pflanzen durch den ständigen Druck, den Raubtiere auf Erstere ausüben. Das Ergebnis ist eine schier unglaubliche Vielfalt von Formen und Funktionen.

Als Nächstes folgen im Buch nun drei Ordnungen von Kleinsäugern: Nager (Rodentia), Hasenartige (Lagomorpha) und Rüsselspringer (Macroscelidea). Die geringe Körpergröße und teilweise nächtliche Lebensweise erschwert die Erforschung ihres Verhaltens, das im Übrigen ausgesprochen faszinierend ist. Die Invasion der Mäuse in Häusern und Vorratslagern sowie der schlechte Ruf der Ratte als Schädling, die das volkstümliche Bild dieser Ordnung (mit rund 2000 Arten umfasst sie fast die Hälfte aller Säuger!) prägen, sind reine Klischees. Die Nager verdienen unser Interesse aus mindestens zwei Gründen: Zum einen sind sie ungemein erfolgreich. Nicht nur, dass sie jede ökologische Nische der Erde mit einer Art besiedeln; sie gehen dabei auch noch so geschickt vor, dass selbst der Mensch kaum eine Chance gegen sie hat. Ihre Anpassungsfähigkeit und Vermehrungsfreudigkeit sind atemberaubend. Zum zweiten sind Nagetiere so interessant, weil viele von ihnen überhaupt nicht unseren Klischeevorstellungen entsprechen. Einige graben Gang- und Höhlensysteme, andere klettern, und wieder andere machen in Flüssen Jagd auf Fische. In Südamerika leben Nager (Capybaras), die so groß sind wie Schafe, während man andere (Maras) auf den ersten Blick für kleine Antilopen halten möchte. Nicht weniger vielfältig sind ihre Sozialgefüge.

Die Hasenartigen (Lagomorpha) haben viele Merkmale mit den Nagern gemein: weltweite Verbreitung, geringe Körpergröße, unglaubliche Fortpflanzungsraten und die Tendenz, zu einer „Landplage" zu werden. Die meisten entsprechen dem „Karnickel"-Stereotyp, während die Vertreter der

Unterfamilie Pfeifhasen eher wie Hamster aussehen. Morphologische Untersuchungen und neueste phylogenetische Analysen weisen auf eine Art „geschwisterliche Beziehung“ zwischen Nagetieren und Hasenartigen hin.

Die Rüsselspringer (Ordnung Macroscelidea) fallen durch verschiedene Merkmale auf, die eigentlich charakteristisch für andere Gruppen sind. Sie haben „Rüssel“ wie Elefanten, eine Ernährung wie Spitzmäuse, den Körperbau wie eine winzig kleine Antilope sowie den Schwanz einer Ratte. Diese auf Afrika beschränkte Gruppe wurde früher den Insectivora zugerechnet; heute gilt ihre Klassifizierung als eigene Ordnung fast unbestritten. Weniger klar ist ihre Verwandtschaft zu anderen Säugetierordnungen. Während man sie in enger Beziehung zu den Hasenartigen und Nagetieren sieht, legen neueste Erkenntnisse der Molekularforschung in Verbindung mit Fossilfunden die Vermutung nahe, sie gemeinsam mit dem Erdferkel und den Paenungulata den Afrotheria zuzurechnen.

Der letzte Teil der Enzyklopädie behandelt eine vielgesichtige Reihe von Ordnungen (Insektenfresser, Fledertiere, Nebengelenktiere, Schuppentiere, Beuteltiere und Monotremen). Hier findet der Leser Säuger beschrieben, die fliegen, graben, rennen und schwimmen und/oder mittels Echoortung jagen und kommunizieren. Manche sind fast nackt, andere blind und wieder andere giftig; manche legen Eier, und eine Art, die Hummel- oder Schweinsnasenfledermaus, wiegt gerade einmal 1,5 Gramm und ist das kleinste Säugetier der Welt. Dass die meisten dieser Spezies weitgehend unbekannt sind, macht die Lektüre umso spannender.

Zu den Insectivora oder Insektenfressern (Spitzmäuse, Igel, Maulwürfe, Goldmulle, Tanreks) gehören kleine räuberisch lebende Tiere, die nicht nur „primitive“ Parallelen zu den frühesten Säugern aufweisen, sondern aufgrund ihrer Winzigkeit und ihres rasanten Stoffwechsels an die Grenze der möglichen Körperfunktionen gehen. Allerdings wurde die Monophylie dieser Ordnung kürzlich in Frage gestellt, und eine wahre Flut von Hinweisen stützt mittlerweile die These, dass einige afrikanische Mitglieder – Goldmulle und Tanreks – den Afrotheria zuzuordnen sind. Entsprechend gibt es Bestrebungen, die Vertreter der Insectivora zwischen den Ordnungen der (mit den Afrotheria verbundenen) Afrosoricida und der (den Laurasiatheria zugehörigen) Eulipotyphla aufzuteilen.

Fast ein Viertel aller Säugetierarten zählt zu den Fledertieren (Chiroptera), was sie zur zweitgrößten Ordnung nach den Nagetieren macht. Sie werden ihrerseits unterteilt in zwei Unterordnungen, Megachiroptera (Flughunde) und Microchiroptera (Fledermäuse). Ein Kernpunkt der Diskussion über den Ursprung der Fledertiere ist die Frage, ob sich die Fähigkeit zu fliegen im Lauf der Säugetierevolution zweimal entwickelt haben könnte. Eine Seite argumentiert, dass die Megachiroptera Nachkommen der Primaten sind, was implizieren würde, dass die Flugtüchtigkeit bei zwei nicht verwandten Gruppen unabhängig voneinander entstand. Der anderen, weiter verbreiteten These zufolge sind die Chiroptera monophyletisch und stammen also alle von einem gemeinsamen Vorfahren ab. Diese Sichtweise wird durch aktuelle Genuntersuchungen erhärtet. Wo immer das Klima es zuließ, besetzten Fledertiere die Nische der Lüfte – und zwar derart erfolgreich, dass es unter ihnen Pflanzen- und Früchtefresser, Insekten-, Fleisch- und Fischfresser sowie Blutlecker gibt.

Eine Vorliebe für Ameisen und Termiten, die Zahnlosigkeit sowie der Besitz einer langen klebrigen Zunge sind die Hauptmerkmale zweier weiterer Ordnungen – der Xenarthra (vertreten durch Ameisenbären, Faultiere und Gürteltiere) sowie der Pholidota (Schuppentiere). Beide Ordnungen entwickelten sich, um die „Ameisenfresser“-Nische in Südamerika bzw. Afrika zu besetzen, was wiederum zeigt, wie die Evolution Tieren ganz unterschiedlicher Abstammung eine ähnliche Körperform zu geben vermag. Ursprünglich wurden die Ordnungen in einer Gruppe zusammengefasst – den Edentata oder Zahnarmen, einem häufig verwendeten Oberbegriff, den wir aus praktischen Gründen beibehalten haben. Allerdings ergaben Molekularuntersuchungen, dass sie nicht miteinander verwandt sind. (Die Xenarthra stellen eine eigene Gruppe dar, während die Pholidota den Cetartiodactyla, Unpaarhufern, Raubtieren und den Fledertieren nahe stehen.)

Die Gruppe der Beuteltiere wird von vielen Menschen verkannt, wenn sie nur auf die typisch australischen Tiere – Kängurus und Koalas – reduziert wird. In Wahrheit umfasst die Superkohorte der Marsupialia rund 300 Arten ganz unterschiedlicher Gestalt und Größe und bildet eine der großen überlebenden Abteilungen der Säugetiere, die in Süd- und Nordamerika ebenso vorkommt wie in der australischen Region. Zu den Beuteltieren gehören Arten, die praktisch dieselben Lebensräume bewohnen wie andernorts Plazentatiere.

Die beiden großen Säugetiertypen – Plazentatiere und Beuteltiere – stehen für ein weltweites Experiment der Säugetierevolution. Und die Tatsache, dass bei völlig unterschiedlichen Ursprüngen häufig verblüffend ähnliche Tiere herauskommen, die auf dieselbe Art und Weise dieselben ökologischen Nischen besetzen, ist zwingender Beweis für den Evolutionsprozess. Heute sieht es so aus, als sei das dritte „Experiment“ in Sachen Säugetierbau, die Eier legenden Monotremen (Schnabeltier, Schnabeligel), praktisch gescheitert, denn von diesen haben nur drei Arten überlebt.

Als wir diese Enzyklopädie zusammenstellten, hatten wir das Ziel, so korrekt und aktuell wie möglich zu sein. Nun entdecken Zoologen aber ständig neue faszinierende Fakten über das Verhalten und die Ökologie wild lebender Säugetiere. Ebenso entwickeln sie ständig neue und faszinierende Thesen, um diese Entdeckungen zu erklären. Dabei sind ihre Informationen oft derart verstreut, dass viele nicht einmal die „Profizoologen“ erreichen, geschweige denn ein breiteres Publikum. Schlimmer noch ist die weit verbreitete, aber falsche Vorstellung, die Öffentlichkeit wolle oder könne nur verwässerte wissenschaftliche Fakten verdauen. Unser Ziel war es deshalb, die neuesten Forschungserkenntnisse zusammenzutragen und diese verständlich und unterhaltsam, aber korrekt zu präsentieren. Wenn uns dies gelungen ist, werden Zoologen die folgenden Seiten ebenso spannend finden wie Schulkinder. Den Reiz des Entdeckens kann niemand besser vermitteln als der Entdecker selbst, und daher wurde dieses Buch von Wissenschaftlern verfasst. Dass 20 Jahre vergangen sind, seit ich das Autorenteam für die erste Auflage zusammenstellte, macht es möglich, deren (damalige) Darstellungen mit denen einer neuen Forschergeneration zu kombinieren. Einige der ursprünglichen Verfasser leben nicht mehr oder ich habe keinen Kontakt mehr zu ihnen, doch viele haben ihren Beitrag den neuesten Erkenntnissen entsprechend frisch überarbeitet. Einige Beiträge haben auch zwei Autoren, den „Gründungsvater“ und einen Nachfolger aus der jüngeren Generation. Ihnen allen bin ich zu großem Dank verpflichtet.

Wie bereits erwähnt, gibt es keine allgemein gültige Klassifizierung des Tierreichs, und so waren wir gezwungen, uns zwischen den Auffassungen verschiedener Taxonomen zu entscheiden. 1993 veröffentlichten Don Wilson und DeeAnn Reeder unter dem Titel *Mammal Species of the World* eine beeindruckende Synthese zur Taxonomie und Verbreitung der Säugetiere. 1997 folgten ihnen Malcom McKenna und Susan Bell mit *Classification of Mammals Above the Species Level,* einer überarbeiteten Neufassung von George Gaylord Simpsons Klassifikation von 1945. Beide Publikationen sind wichtige und maßgebliche Werke (McKenna und Bell empfehlen sich, weil sie auch fossile Säuger einschließen und rund 5100 Gattungen auflisten). Leider macht es die unterschiedliche Klassifizierung der beiden Werke praktisch unmöglich, sie gleichermaßen zu berücksichtigen und für diese Enzyklopädie eine Kombination aus ihnen zu verwenden. Da Wilsons und Reeders Arbeit sich bis auf die Artenebene erstreckt und zudem einer breiteren Öffentlichkeit zugänglich ist, entschieden wir uns dazu, sie als Prüfstein heranzuziehen. Was jedoch keine einfache Aufgabe war, da zum einen seit 1993 neue Arten und zum anderen neue Verfahren, insbesondere die Molekularbiologie und die phylogenetische Analyse, entdeckt wurden, die die alten Klassifikationen immer häufiger in Frage stellen. Dazu kommen

EINSTUFUNGSKATEGORIEN DER IUCN

Ex Extinct, ausgestorben: Ohne Zweifel ist das letzte Individuum dieses Taxons gestorben.

EW Extinct in the Wild, in freier Natur ausgestorben: Es gibt nur noch in Menschenobhut befindliche Individuen dieses Taxons bzw. wieder ausgewilderte Populationen.

Cr Critically Endangered, vom Aussterben bedroht: Es ist stark anzunehmen, dass das Taxon in unmittelbarer Zukunft in der freien Natur aussterben wird.

En Endangered, stark gefährdet: Es besteht die Gefahr, dass das Taxon in naher Zukunft in freier Natur aussterben wird.

Vu Vulnerable, gefährdet: Das Taxon läuft mittelfristig Gefahr, in freier Natur auszusterben.

LR Lower Risk, geringe Gefährdung: Ein Taxon, das vermutlich bedroht oder gefährdet ist, aber die Kriterien für CR, EN oder VU nicht erfüllt (evtl. fehlen auch ausreichende Daten).

Anmerkung: Die Gruppe **LR** wird noch weiter in drei Unterkategorien gegliedert: **CD** – Conservation dependent, von Schutzmaßnahmen abhängig: Taxa, die durch taxon- oder habitatspezifische Schutzmaßnahmen betreut werden, ohne die sie innerhalb von fünf Jahren in eine der oben genannten Kategorien eingestuft werden müssten; **NT** – Near Threatened, Vorwarnliste: Taxa, die nicht in die Kategorie CD fallen, aber selten und möglicherweise bald gefährdet sind und deshalb auf der Vorwarnliste der IUCN stehen; **LC** – Least Concern, Bestand noch nicht Besorgnis erregend: Taxa, die in keine der beiden eben genannten Kategorien fallen.

teils wissenschaftlich fundierte, teils „schnurrige" Argumente, die die Debatte aufheizen zwischen denen, die Arten zusammenfassen, und anderen, die sie weiter aufspalten wollen. Für diejenigen Leser, die wissen möchten, wie wir mit diesem höchst diffizilen Problem umgegangen sind, soll das Kapitel Primaten als Beispiel dienen.

Die Taxonomie der Primaten ist seit langem ein sehr unsicheres Terrain. In der ersten Auflage nannten wir 181 Arten in 52 Gattungen, während Wilson & Reeder (basierend auf Colin Groves) 233 Arten in 60 Gattungen auflisten. Nach Sichtung aller von unseren Autoren gelieferten Materialien wären wir nun auf 256 Arten gekommen. Einige dieser Neuzugänge lagen den Verfassern sehr am Herzen – so hatte etwa unser Buschbaby-Autor persönlich eine neue Art beschrieben –, andere waren wohl wenig mehr als eine Laune eines Autors, der sich an einer bestimmten Klassifikation orientierte. Dazwischen lagen viele Fälle, die (auf der Basis neuester wissenschaftlicher Methoden) eine neue Art nahe legten, die jedoch noch weit davon entfernt war, von der Welt der Wissenschaftler anerkannt zu sein. Wie sollten wir also mit all den Arten, Gattungen und Familien umgehen? Um die Verwirrung der Leser (und die Enttäuschung der Autoren) möglichst gering zu halten, beschlossen wir, Wilson & Reeder als Basis zu nehmen, aber denjenigen Autoren zu folgen, die eine Abweichung davon wirklich fundiert vertreten konnten. In den Taxonomiekästen am Anfang jedes Kapitels weisen wir folglich in Klammern auf Abweichungen unserer Artenzählung von der Auflistung von 1993 hin. Und bei den Artenübersichten werden die Arten nicht nur nach dieser „etablierten Liste" (d.h. Wilson & Reeder) aufgelistet, sondern auch potenzielle neue Arten (oder Unterarten, die möglicherweise zu einer eigenen Art erhoben werden sollten) erwähnt. Kurz: Wir geben so viele Informationen wie möglich, ohne dabei den sicheren Boden der bewährten Taxonomie zu verlassen.

Auch hinsichtlich der Gattungen entschieden wir uns für eine möglichst umfassende Darstellung. Beispielsweise listen Wilson & Reeder neun Arten der Gattung *Callithrix* auf. Unser Autor hingegen wollte zwei davon – zusammen mit neun neu beschriebenen – der Gattung *Mico* zuordnen. In der Artenübersicht ist diese Vorgehensweise dadurch illustriert, dass wir von *Mico (Callithrix)* sprechen. Leser, die parallel mit anderen Werken arbeiten, können so jede gesuchte Art ausmachen, und sowohl Anhänger der *Callithrix*- als auch der *Mico*-Theorie finden ihre Gattung vertreten und (zumindest kurz) erklärt.

Eine weitere Folge unseres Bestrebens, in diesem Buch möglichst aktuelle Informationen zu vermitteln, sind zahlreiche Unstimmigkeiten, die der aufmerksame Leser zwischen den Taxonomiekästen im Innenteil und der Artenliste im Anhang ausfindig machen wird (vor allem in der Gruppe der Neuweltratten und -mäuse). Das liegt daran, dass die Artenliste im Anhang auf den Ausführungen von Wilson & Reeder (1993) sowie auf dem Kompendium von Wilson & Cole basiert, das unter dem Titel *Common Names of Mammals of the World* im Jahr 2000 veröffentlicht wurde.

In dieser Enzyklopädie gibt es vier Arten von Beiträgen. Zunächst einmal beleuchtet ein einleitender Essay die Charakteristika (z.B. Körperbau, Ökologie und Lebensraum) jeder Ordnung sowie Verhalten und Evolution. Es folgen jeweils Beiträge zu den Arten, Gruppen eng verwandter Arten oder Familien. Die Texte dieser Seiten behandeln Details zum äußeren Erscheinungsbild, zu Verbreitung, Entwicklungsgeschichte, Nahrung, Sozialverhalten, Klassifizierung, Artenschutz und Beziehung zum Menschen. Drittens gewähren *Special Features* detaillierte Einblicke in die Gesellschaftsstruktur, Nahrungssuche, Fortpflanzungsbiologie und den Schutz bestimmter Arten. Und schließlich die Photo-Storys: faszinierende Beispiele aktuellster Wildlife-Fotografie, die unterschiedliche Themen effektvoll präsentieren.

Wo immer möglich, haben wir zudem die Einstufung der jeweiligen Art gemäß der Roten Liste der IUCN (International Union for Conservation of Nature; Internationale Naturschutzorganisation) erwähnt. Für diese zweite Auflage wurde dafür die Liste des Jahres 2000 verwendet, die bei den Primaten jedoch einer völlig neuen Taxonomie folgt. In vielen Fällen war es daher unmöglich, eine Übereinstimmung mit der Taxonomie nach Wilson & Reeder zu erreichen. Die Einstufungskategorien der IUCN haben wir konsequent übernommen (siehe dazu Erläuterung im Kasten oben links).

Der Erfolg von Büchern wie diesem beruht auf den Anstrengungen vieler Menschen mit ganz unterschiedlichen Stärken. Ich möchte allen Autoren danken – den alten wie den neuen. Eine besondere Freude war es, wichtige Mitarbeiter der ersten Auflage auch in dieses Projekt einbeziehen zu können. Namentlich Priscilla Barrett und Denys Ovenden haben erneut viel Liebe und Aufmerksamkeit investiert, und auch Dr. Graham Bateman spielte zum zweiten Mal eine tragende Rolle. Unter den „Neuzugängen" möchte ich meine Assistentin Dr. Sasha Norris erwähnen, deren unermüdlichem Einsatz dieses Buch viel verdankt. Unter den zahlreichen Verlagsmitarbeitern, die dem Projekt ein Gesicht gaben, sollen hier Dr. Peter Lewis und Chris Munday erwähnt sein. Weitere unschätzbare Hilfe leisteten Lauren Harrington, die die Taxonomie genauestens unter die Lupe nahm, und Mike Hoffmann, der Register und Glossar ergänzte.

Im Vorwort zur ersten Auflage habe ich meiner Frau Jenny dafür gedankt, die Unmengen Manuskripte erduldet zu haben, die sich zwei volle Jahre lang auf jeder leeren Oberfläche unseres Hauses türmten. Dies einmal zu ertragen, war heldenhaft, aber es ein zweites Mal zu tolerieren, verdient unendliche Bewunderung. Außerdem muss ich meinen Kindern Ewan, Fiona und Isobel danken, die das ganze Projekt wohlwollend hinnahmen, was angesichts meiner häufigen Ungeduld wirklich überrascht.

Zwei Jahre lang haben wir nun unser Herausgeberboot durch die raue See gesteuert und waren immer bemüht, die Klippen der Effekthascherei zu umschiffen und nicht in die Flaute einer übertriebenen und deshalb langweiligen Detailverliebtheit zu geraten. Ich hoffe, der Leser wird finden, dass wir einen Kurs eingeschlagen haben, bei dem die Strömungen anregend und die Wasser klar sind.

DAVID W. MACDONALD
DEPARTMENT OF ZOOLOGY UND LADY MARGARET HALL
UNIVERSITY OF OXFORD

Was ist ein Säugetier?

SÄUGETIERE WERDEN ALS WIRBELTIERE DEFI*niert, die ihre Jungen mit Milch säugen, einen behaarten Körper haben und ein einzigartiges Kiefergelenk besitzen. Doch diese Beschreibung fängt nicht im entferntesten die zahlreichen weiteren erstaunlichen Merkmale ein, die ein Säugetier ausmachen – die raffinierten Anpassungen, das faszinierende Verhalten und die komplexen Sozialstrukturen.*

Eher könnte man daher sagen, das Wesen der Säuger liege in ihrer Formen- und Funktionsvielfalt und ihrer enormen Flexibilität: Der kleinste Säuger, die Hummelfledermaus, wiegt 1,5 g, der Blauwal 100 Millionen Mal so viel. Der Wolf durchstreift ein Gebiet von 1000 qkm, der Nacktmull dagegen verlässt seinen Bau nie. Pro Wurf gebärt dieser bis zu 28 Junge, der Orang-Utan hat dagegen nur eines. Und während der Elefant 70 Jahre alt werden kann, lebt das Männchen der Stuart-Breitfußbeutelmaus kaum ein Jahr und stirbt vor der Geburt des ersten und einzigen von ihm gezeugten Wurfs. Nichts davon ist zufällig. Jeder einzelne Säuger versucht seine Fitness zu maximieren, d.h. seine Fähigkeit, Gene weiterzugeben – gewöhnlich in Form lebensfähiger Nachkommen. Es gibt rund 4680 Säugerarten (dank moderner Molekularanalysen sind mehrere neue hinzugekommen), die sich aufgrund ihrer Verwandtschaftsverhältnisse in ca. 1100 Gattungen, 139 Familien, 28 Ordnungen und zwei Unterklassen unterteilen. Die Unterklassen spiegeln eine vor 20 Millionen Jahren erfolgte Trennung zwischen den Eier legenden Prototheria und den lebend gebärenden Theria wider. Eine 90 Millionen Jahre alte Aufspaltung innerhalb der Theria trennt zudem die Beuteltiere von den plazentalen Säugern. Einige Aufspaltungen unter den Plazentaliern sind fast ebenso alt.

Selbst innerhalb der Kategorien der Taxonomie zeigen Säuger eine verwirrende Vielfalt an Formen, Größen und Lebensweisen. Besonders typisch ist, dass sich selbst Individuen derselben Art je nach Umständen ganz unterschiedlich verhalten.

Zweigleisige Experimente

KONVERGENTE EVOLUTION

Von phylogenetisch alten Startpunkten aus haben unterschiedliche Stammeslinien erstaunlich konvergente Wege eingeschlagen, um „wie ein Säuger" zu leben. Früher galten Beuteltiere im Vergleich zu den „höheren" Plazentaliern als „primitive" Säuger. Inzwischen ist jedoch klar, dass es sich um separate, ganz unterschiedliche und doch erstaunlich ähnliche Ergebnisse eines Experiments handelt, das vor mehr als 90 Millionen Jahren begann. Die

▽ Unten: *Man nimmt heute an, dass plazentale Säuger sich in vier Gruppen aufspalten: Xenarthra, Afrotheria, Laurasiatheria und Euarchonta plus Glires. Die drei ersten leiten sich fast sicher von einem gemeinsamen Vorfahren ab (sie sind monophyletisch). Unsicher ist, ob Euarchonta und Glires eine gemeinsame oder separate (paraphyletische) Wurzeln haben.*

DIE EVOLUTION DER SÄUGER

In diesem neuen Schema ist die Aufspaltung der alten Ordnung Insectivora in Afrosoricida und Eulipotyphla berücksichtigt.

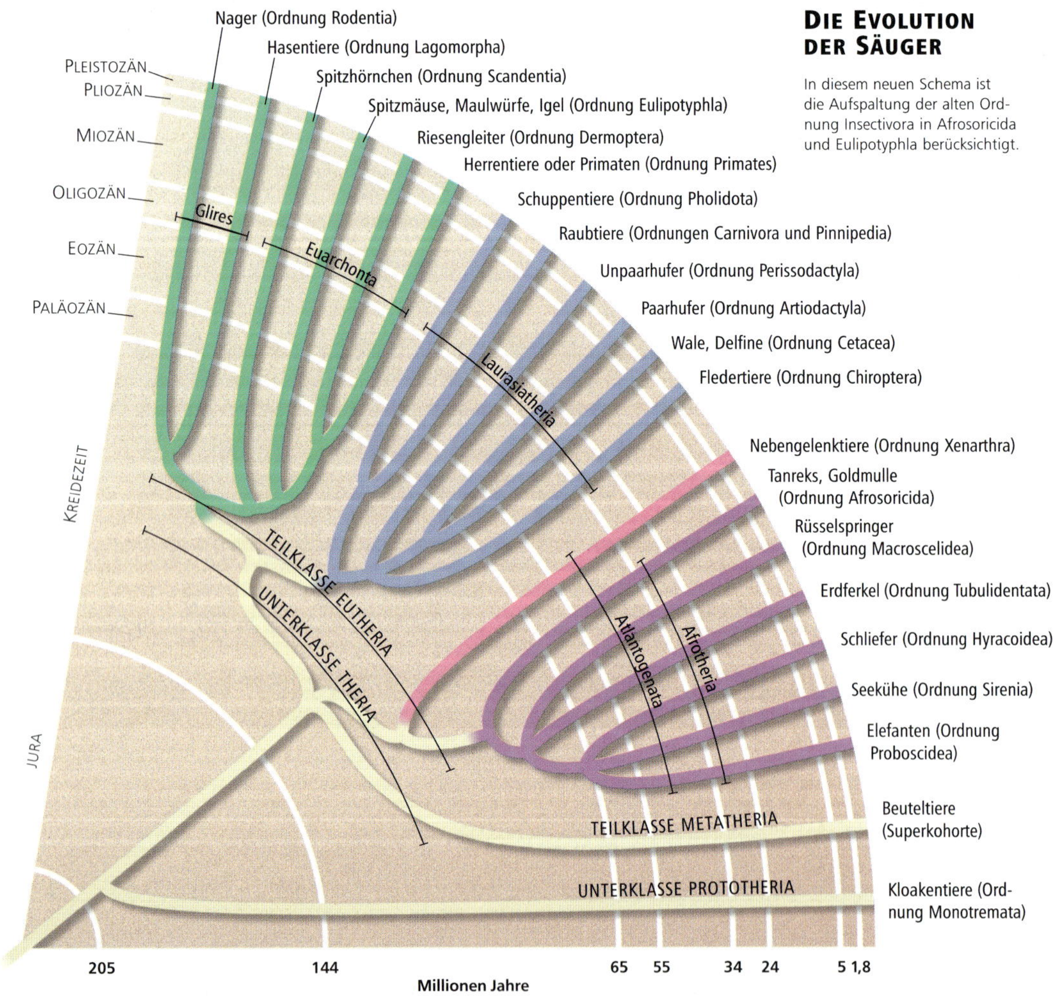

ancestrale Säugerlinie spaltete sich in zwei Linien auf, die, mit dem im Pliozän aufkommenden kontinentalen Klima und den sich ausbreitenden Graslandschaften konfrontiert, zu derselben Lösung kamen. So entwickelte jede Gruppe angesichts der Notwendigkeit, Pflanzennahrung zu verdauen, Vorder- und Hinterdarmfermentierer, wobei sie sich ganz verschiedener Mikrobengesellschaften bedienen, um dasselbe Ziel zu erreichen. Beide haben das Problem der Zahnabnutzung parallel gelöst, und beide reagierten auf die Bedrohung durch Feinde bei der Nahrungssuche in offenem Gelände mit Zehenreduktion und Herdenbildung.

Kürzlich ist ein ebenso altes Beispiel für Parallelevolution ans Licht gekommen. Es zeigt, dass es bei plazentalen Säugern (mindestens) zwei große „Experimente" gab. Diese Säuger begannen sich gegen Ende der Kreide aufzuspalten, als die südliche Landmasse (Gondwana mit Afroarabien) von der nördlichen (Laurasia) isoliert war. Seit langem war bekannt, dass damals auf dem Nordkontinent

KLASSE: MAMMALIA
2 Unterklassen, 28 Ordnungen, 139 Familien

UNTERKLASSE THERIA (Lebendgebärende Säuger)

TEILKLASSE EUTHERIA (Plazentatiere)

TEILKLASSE METATHERIA (Beuteltiere, Marsupialia)

UNTERKLASSE PROTOTHERIA (Eier legende Säuger)

***Links:** Der Rotfuchs* (Vulpes vulpes) *zeigt mehrere Merkmale, die typisch für den Erfolg von Säugern sind: Anpassungsfähigkeit, Opportunismus und Intelligenz plus die Fähigkeit zu komplexen Sozialbeziehungen und einer fein abgestimmten Kommunikation. Und nicht zuletzt verkörpert er Anmut und Schönheit, die uns bei vielen Säugetieren so fasziniert.*

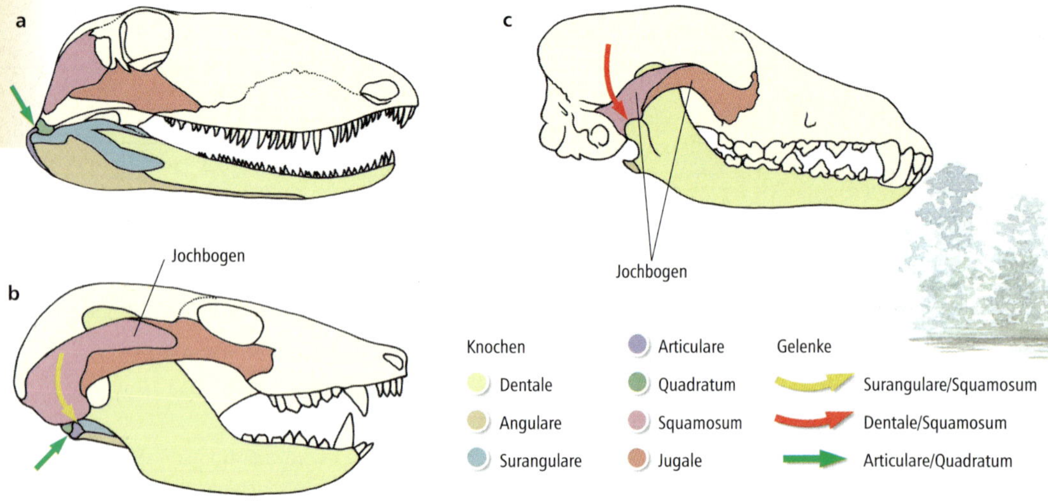

Oben: *Beim Gelenkmechanismus, der den Unterkiefer mit dem Schädel verbindet, zeigen Fossilien die Abspaltung der Säuger von den Reptilien.* ***a*** *Der Unterkiefer des Reptilienschädels und derjenige früher säugerähnlicher Reptilien (Synapsida) wie des permischen Pelycosauriers* Ophiacodon *bestand aus mehreren Knochen, darunter Articulare, Angulare, Surangulare und Dentale.* ***b*** *Bei* Probainognathus, *der Übergangsform aus der mittleren Trias, bleibt die reptilienhafte Gelenkverbindung zwischen Articulare und Quadratum erhalten. Im selben Gelenk kommt es zu einer neuen Gelenkverbindung zwischen Surangulare und Squamosum. Dabei ist das Surangulare durch eine starke Expansion des Dentale in diese Position gelangt. Ebenso entwickelt sich ein Jochbogen, an dem die kräftigere Kiefermuskulatur ansetzt.* ***c*** *Beim modernen Säuger (Wolf) bleibt das Gelenk zwischen Dentale und Squamosum bestehen und das Dentale wird zum Hauptknochen des Unterkiefers. Reptilienzähne sind unspezialisiert (homodont), die der modernen Säuger dagegen auf diverse Funktionen spezialisiert (heterodont).*

ancestrale Plazentalier lebten. Viele Paläontologen nahmen an, Afroarabien habe seine Säuger später von Stammeslinien erhalten, die sich in Laurasia entwickelten. So sind die Paenungulata (Elefanten, Klippschliefer und Manatis) traditionell in die Nähe der Ungulata wie Cetartiodactyla (gemeinsame Stammeslinie zu Walen und Paarhufern) und Perissodactyla (Unpaarhufern) gestellt worden, während Tanreks und Goldmulle mit Maulwürfen, Spitzmäusen, Igeln und Schlitzrüsslern in der Ordnung platziert wurden, die als Insectivora oder Lipotyphla bekannt ist. Neu ist die Erkenntnis, dass Afroarabien die evolutionsbiologische Wiege für eine separate Säugergruppe war: eine ökologisch vielgestaltige Gruppe endemischer afrikanischer Säuger aus Rüsselspringern, Erdferkeln, Goldmullen und Tanreks sowie Paenungulaten – die Afrotheria. Von Norden kommen mit parallelen aquatischen, huftier- und insektenfresserartigen Formen die Laurasiatheria, namentlich Cetartiodactyla, Unpaarhufer, Raubtiere, Schuppentiere, Fledertiere und eulipotyphlanen Insektenfresser (Spitzmäuse, Maulwürfe, Igel). Während ihrer darauf folgenden Trennung haben beide Linien Parallelen entwickelt: gondwanische Goldmulle versus laurasische echte Maulwürfe, Manatis versus Wale, Tanreks versus Igel usw. Als Einzige fehlen fliegende Afrotherier.

In vieler Hinsicht sind Afrotherier „primitiver" als andere Plazentalier. Das männliche Reproduktionssystem gleicht eher dem der prototherischen Monotremen. So liegen die Hoden der meisten Afrotherier ganz in der Bauchhöhle und der Penis ist sehr lang. Zudem ist das thermoregulatorische System kaum entwickelt (die Tiere stammen aus warmen Klimazonen). Die Afrotherier könnten entweder den ersten Zweig des plazentalen Familienstammbaums oder zusammen mit den südamerikanischen Nebengelenktieren (Xenarthra, z.B. Faul- und Gürteltiere) das Schwestertaxon zu allen anderen Plazentaliern bilden. So oder so spielte der Südkontinent Gondwana eine viel wichtigere Rolle bei der Frühentwicklung der Plazentalier, als die frühere Konzentration auf Laurasia hatte vermuten lassen. Einige Vertreter beider Stammeslinien – die gondwanischen Tanreks und die laurasischen Schlitzrüssler – unterscheiden sich nur wenig von kreidezeitlichen Plazentaliern. Die Platzierung von Afrotheriern und Nebengelenktieren an der Basis der plazentalen Stammeslinie spricht dafür, dass die ersten plazentalen Säuger am Boden und nicht, wie früher angenommen, auf Bäumen lebten.

Wie moderne DNA-Analysen zeigen, unterscheiden sich südamerikanische und australasische Beuteltierfamilien weniger, als zuvor gedacht. Die Nasenbeutler (Peramelemorphia, heute nur in Australien) hatten sich schon von den anderen Marsupialiern abgespaltet, bevor sich die meisten südamerikanischen und australasischen Familien trennten. Die südamerikanischen Zwergopossums (Microbiotheriidae) sitzen zusammen mit vielen australasischen Familien in den oberen Zweigen des Beuteltierstammbaums. Vermutlich teilten Australien und Südamerika – verbunden über Antarktika – viele Beuteltierlinien, bis sich die Landmassen trennten. Seitdem sind Linien auf dem einen oder anderen Kontinent ausgestorben, sodass beide nun keine gemeinsame Familie mehr aufweisen.

DNA-Untersuchungen zur Säugersystematik, eine genauere Datierung der Aufspaltung von Stammeslinien sowie neuere Daten zur tektonischen Trennung und Fusion von Landmassen sind dabei, unser Verständnis der Säugerevolution zu revolutionieren.

Oben: *Fossilien aus dem frühen Eozän (vor 49 Mio. Jahren), gefunden in der Grube Messel. Diese Rekonstruktion zeigt eine Lebensgemeinschaft zu Beginn des Säugerzeitalters:* **1** Archaeonycteris, *die erste bekannte Fledermaus;* **2** Messelobunodon, *ein Paarhufer,* **3** Propaleotherium, *ein frühes Pferd;* **4** Lepticidium, *ein Insektenfresser;* **5** Paroodectes, *ein Katzenvorfahr;* **6** Eurotamandua, *ein Ameisenbär;* **7** Pholidocercus, *ein Igel.*

Von den Reptilien zu den Säugern

EVOLUTIONSBIOLOGIE

Im Karbon, vor rund 300 Millionen Jahren, waren die Vorfahren der heutigen Säuger nicht mehr als ein Funkeln im Auge eines urtümlichen Reptils. Die Welt war von warmen Flachmeeren überzogen, das Klima war warm, feucht und stabil. Unter den Reptilien des späten Karbons kündigte eine Linie die säugerähnlichen Reptilien an – die Unterklasse Synapsida. Die Synapsiden gediehen und dominierten die Reptilienfauna des Perms und der frühen Trias vor 280 bis 210 Millionen Jahren. Im Lauf von Jahrmillionen veränderte sich ihr Skelett vom plumpen Reptilientyp zu dem „schnittigeren“ Design, das die ersten Säuger ankündigte. Doch trotz dieses guten Beginns war dies ein Fehlstart für die Säuger. Gegen Ende der Trias begann der kometenhafte Aufstieg der Dinosaurier, die die Synapsiden im Mesozoikum (vor 225 bis 65 Millionen Jahren) dank ihrer Überlegenheit fast ausrotteten. Unauffällige säugerähnliche Reptilien überlebten und entwickelten sich in der Trias (vor 225 bis 195 Millionen Jahren) zu echten, ca. 5 cm großen, nachtaktiven Säugern. Kaum zu glauben, dass von diesen unscheinbaren Tieren die aufregendste Entfaltung in der Geschichte der Wirbeltiere ausgehen sollte, als die Dinosaurier gut 100 Millionen Jahre später, gegen Ende der Kreide, untergingen.

In der Trias hatte sich unter den Synapsiden die Ordnung Therapsida durchgesetzt. In den Fossilien dieser säugerähnlichen Reptilien finden sich die Wurzeln der modernen Säuger. Im Lauf von Jahrtausenden entwickelten sie eine erweiterte Öffnung im Schläfenbein (Schläfenfenster) und eine entsprechende Umordnung der Kiefermuskulatur. Ein sekundärer Gaumen, der eine horizontale Trennung im Munddach schuf, kam hinzu. Er wurde aus sich nach hinten erstreckenden Knochenplatten von Palatinum und Maxillare gebildet. Die Zähne wurden vielgestaltig und sechs der sieben Knochen des Reptilienunterkiefers zurückgebildet, während der fünfte, das Dentale, stark vergrößert wurde. Die Rippen saßen nicht mehr an Hals- und Lendenwirbeln, sondern nur noch an den Brustwirbeln. Brust- und Beckengürtel wurden stromlinienförmig. Die Winkel von Oberschenkel- und Oberarmkopf veränderten sich so, dass die Extremitäten nun unter dem Körper statt seitlich davon saßen. Diese und andere Veränderungen machten das Skelett beweglicher und den Körperbau effizienter. So bildete der sekundäre Gaumen, der sich in den weichen Gaumen fortsetzt, einen Bypass von den Nasenöffnungen zum Rachen und erleichterte gleichzeitiges Fressen und Atmen, was durch die Ausprägung eines muskulösen Zwerchfells zwischen Brust- und Bauchraum unterstützt wurde.

Alle modernen Säuger entwickelten sich aus den Cynodonten. Diese abgeleiteten säugerähnlichen Reptilien aus der mittleren und späten Trias waren hundeartige Raubtiere. Ein argentinischer Cynodont aus der mittleren Trias, *Probainognathus*, repräsentiert den Übergang wohl am besten. Er weist nur noch ein sehr schwach ausgeprägtes Articulare-Quadratum-Gelenk auf und illustriert die Entwicklung in Richtung einer Artikulation zwischen Squamosum und Dentale. Zudem kündigt sich die

Umwandlung der Knochen des alten Reptilienkiefergelenks in die Gehörknöchelchen des Säugermittelohrs an (aus Articulare, Quadratum und Stapes werden Hammer, Amboss und Steigbügel).

Da Weichteile nicht fossilisieren, müssen wir die Geschichte moderner Säuger aus Knochenfragmenten und Zähnen ableiten. Zusätzlich zu ihrer Kieferaufhängung zeichnen sich moderne Säugerschädel durch ein Entotympanicum aus, das einen Teil der Bulla tympanica bildet. Zudem entwickeln sich bei Säugern nur auf Dentale, Prämaxillare und Maxillare Zähne, die in ihrer Funktion differieren (heterodont, bestehend aus den Schneide-, Eck-, Vorbacken- und Backenzähnen). In der Regel haben plazentale Säuger zwei Zahnsätze, wobei sich das Milchgebiss oft in Form und Funktion vom Adultgebiss unterscheidet. Beuteltiere wechseln nur einige ihrer Zähne. Säugerzähne bestehen aus einem Dentinkern, der mit Zahnschmelz (überwiegend Kalziumphosphat) überzogen ist. Bei den meisten Säugern wird die Pulpahöhle verschlossen und der adulte Zahn hört auf zu wachsen. Bei den Schneidezähnen von Nagern, den Stoßzähnen mehrerer Arten und den Mahlzähnen einiger Pflanzenfresser (wie Wombats), die alle rasch wachsen, bleibt die Wurzel jedoch offen, sodass die Zähne kontinuierlich weiterwachsen.

Thermoregulation bei Säugern

Endothermie und ihre Kosten

Zwei Grundmerkmale von Säugern zeigen sich in der Haut: Haare und Hautdrüsen, inklusive Milch-, Talg- und Schweißdrüsen. Diese Merkmale wirken nicht spektakulär und haben sich vielleicht sogar schon entwickelt, bevor die ersten säugerähnlichen Reptilien die offizielle Grenze zum Säuger überschritten. Sie stehen jedoch in Zusammenhang mit der Endothermie, einer Erfindung von großer Tragweite für alle Aspekte des Säugerlebens.

Endotherme Tiere halten ihre Körpertemperatur „von innen heraus" (endo-) durch Oxidation von Nahrung im Körper aufrecht. Einige Endotherme besitzen eine konstante Innentemperatur (homoiotherm, gleichwarm), während sie bei anderen schwankt (heterotherm, wechselwarm). Die Temperatur wird von einem „Thermostat" im Gehirn, im Hypothalamus, reguliert. Das löst Säuger (und Vögel) aus dem alternativen ektothermen Zustand, der für alle Tiere typisch ist, deren Körpertemperatur sich nach der Umgebungstemperatur richtet. (Die Begriffe Warm- und Kaltblütigkeit für Endo- und Ektothermie sind irreführend, da eine sonnenbadende „kaltblütige" Eidechse eine höhere Körpertemperatur als ein „Warmblüter" aufweisen kann.) Die Körperprozesse von endothermen Säugern arbeiten hingegen unabhängig von der Außentemperatur. Dieser Unterschied ist von entscheidender Bedeutung, denn die Myriaden gekoppelter Prozesse, die das Leben ausmachen, sind ihrem Wesen nach chemische Reaktionen, und die Geschwindigkeit, mit der sie ablaufen, ist temperaturabhängig. Die Endothermie verleiht Säugern eine innere

Oben: *Säuger müssen Energie aufwenden, um sich je nach Umgebungstemperatur zu erwärmen oder abzukühlen. Zur Wärmeabgabe schlagen Elefanten z.B. mit den Ohren, damit Luft über die Blutgefäße streicht.*

Konstanz, die ihnen nicht nur erlaubt, zahlreiche Lebensräume zu erobern, die Reptilien verschlossen bleiben, sondern ihnen auch biochemische Stabilität garantiert. Der kritische Einfluss der Temperatur auf das Funktionieren von Säugern wird deutlich, wenn der „Thermostat" versagt und die Körpertemperatur auch nur um ein paar Grad steigt.

Endothermie ist kostspielig. Zahlreiche Anpassungen tragen dazu bei, die laufenden Kosten zu verringern. Die allgegenwärtigste ist die Behaarung. Das Fell kann in vielerlei Weise abgewandelt sein, doch meist besteht es aus einer äußeren Schicht Wasser abweisender, längerer und steiferer Deckhaare über einem dichten, weicheren Unterfell. Wie viel Luft im Fell sitzt, hängt davon ab, ob die Haare von Hautmuskeln aufgerichtet werden können oder nicht. Das Fell kann die Haut vor Sonnenstrahlen oder kalten Winden schützen, in der Wüste die Schweißverdunstung herabsetzen und im Wasser lebende Säuger beim Tauchen trocken halten. Wasser abweisend werden Haare durch Talg, den Talgdrüsen an ihrer Wurzel ausscheiden.

Säuger unterscheiden sich in ihrer Körpertemperatur: z.B. Monotremen 30 °C, Gürteltiere 32 °C, Beuteltiere und Igel 35 °C, Kaninchen und Katzen 39 °C. Einige Säuger minimieren ihre „Heizkosten", indem sie zeitweilig auf Homoiothermie verzichten: Sie halten keine konstante Innentemperatur aufrecht. Die Körpertemperatur und damit die Energiekosten überwinternder Säuger fallen, solange sie im Torpor sind, wie es z.B. bei Tanreks und vielen Fledermäusen in Phasen täglicher Inaktivität der Fall ist. Die Körpertemperatur von Schnabeligeln liegt zwischen 25 bis 37 °C und sinkt während der Winterstarre noch weiter ab. Aufgrund der großen Fläche ihrer haarlosen Flügel können einige kleine Fledermausarten beim Ruhen keine Homoiothermie aufrechterhalten, daher lassen sie ihre Körpertemperatur absinken. Sie kühlen so stark ab, dass sie nach dem Aufwachen erst einmal kräftig mit den Flügeln schlagen müssen, um sich vor dem Abflug aufzuwärmen.

Die Schweißdrüsen in der Säugerhaut scheiden eine wässrige Flüssigkeit ab. Diese verdampft und kühlt so die Körperoberfläche. Säuger unterscheiden sich in Anzahl und Verteilung ihrer Schweißdrüsen: Primaten besitzen diese Drüsen am ganzen Körper, bei Hunden und Katzen beschränken sie sich auf die Fußsohlen, bei Walen, Seekühen und Goldmullen fehlen sie ganz. Arten mit wenig Schweißdrüsen kühlen sich durch die Verdunstung von Speichel ab, sei es mittels Hecheln oder dem Lecken nackter Hautstellen.

Seltsame Sinne und Duftstoffe

NAVIGATION UND KOMMUNIKATION

Viele Säuger haben Sinne, die sich von den unsrigen deutlich unterscheiden; man denke nur an die elektromagnetischen Rezeptoren von Schnabeltier und Schnabeligel oder an die Fähigkeit von Elefanten, niederfrequente Töne wahrzunehmen. Ein bekanntes Beispiel ist auch das vorzügliche Geruchsvermögen der meisten Säuger. Weniger bekannt ist, dass die Fledermaus *Pipistrellus subflavus* den Luftdruck messen kann. Diese Tiere müssen mit jeder Kalorie geizen und daher jede fruchtlose Nahrungssuche vermeiden. In manchen Nächten gibt es kaum Insekten zu fangen. Dann ist es für die Fledermäuse besser, mit gedrosseltem Stoffwechsel tief im Inneren von Höhlen zu ruhen. In ihre dunklen Felsspalten dringen weder Licht oder Wind, noch sind Temperaturschwankungen spürbar. Wie also kann die Fledermaus dann das Wetter draußen beurteilen? Nun, Insekten sind in warmen Nächten am aktivsten, und je wärmer die Nacht, desto niedriger der Luftdruck. Bemerkenswerterweise können Fledermäuse das Barometer deuten: Je niedriger der Luftdruck, desto aktiver sind sie an ihrem Ruheplatz. Niemand weiß, wie sie den Luftdruck wahrnehmen. Vielleicht hängt diese Fähigkeit mit dem Paratympanal- oder Vitali-Organ zusammen, das innerhalb der Säuger nur die Fledermäuse besitzen.

Säuger nehmen unter den Wirbeltieren eine Sonderstellung ein, was Aussagekraft und soziale Bedeutung von Gerüchen angeht. Diese Eigenschaft steht mit ihrer Haut in Zusammenhang, denn Talg- und Schweißdrüsen haben sich daran angepasst, komplexe Gerüche zu erzeugen, mit denen Säuger kommunizieren. Der Sitz solcher Duftdrüsen variiert bei den Arten. Beim Wasserschwein befinden sie sich auf der Schnauze, beim Maultierhirsch unten am Bein, beim Elefanten hinter den Augen, beim Klippschliefer mitten auf dem Rücken. Häufig konzentrieren sich Duftdrüsen auch um After und Genitalien (Kot und Urin verströmen ebenfalls einen sozial wichtigen Duft): Die Duftdrüsen von Zibetkatzen liegen in einer Tasche zwischen After und Genitalien. Jahrhundertelang waren ihre öligen Absonderungen Ausgangsstoff für teure Parfüms. (Die Drüsen rund um die Genitalien von Moschustieren dienen einem ähnlichen Zweck.) Die meisten Raubtiere besitzen einen Duft absondernden Analbeutel, dessen Funktion – außer bei Skunks – weitgehend ungeklärt ist. Die Evolution von Duftdrüsen hat zu unterschiedlichem Markierungsverhalten geführt, wobei Säuger Duftmarken in ihrer Umgebung verteilen. Im Gegensatz zu anderen Signalen haben Duftmarken den Vorteil, weiterhin ihre Botschaft auszusenden, wenn der Signalgeber schon längst wieder fort ist. Sie werden oft als territoriale Markierungen angesehen, die Eindringlinge verscheuchen sollen, doch die Belege dafür sind dünn. Wahrscheinlich übermitteln die meisten Gerüche ein ganzes Spektrum an Informationen über Geschlecht, Rang, Alter, Paarungsbereitschaft und Ernährung des „Absenders". Viele Säuger verfügen über verschiedene Duftdrüsen, die möglicherweise alle eine andere Botschaft aussenden. So informieren die Wangendrüsen bei Zwergmangusten über den sozialen Status, während die Absonderungen der Analdrüsen die Identität des Markierenden verraten. Im Labor sind fast identische Mäuse gezüchtet worden, die sich nur in einem Gen ihres Haupthistokompatibilitätskomplexes (MHC) unterscheiden. Dieser beeinflusst das Immunsystem. Dennoch können diese Mäuse einan-

Oben: *Die kompliziert gebaute Schnauze und die riesigen Ohren dieser Schlitznasenfledermaus (Nycteris arge) gehören zum Echoortungssystem, das den Microchiroptera die Navigation per Ultraschall erlaubt. Ein weiteres Merkmal macht die Vertreter der Familie Nycteridae einzigartig: Ihre Schwanzspitze ist T-förmig.*

7

Rechts: *Duftmarken bei Säugern:* ***1*** *Eine Tüpfelhyäne markiert mit Drüsen an den Fußsohlen.* ***2*** *Ein Dickhornschaf beschnuppert ein anderes, um sich über dessen Geschlecht und Rang zu informieren.* ***3*** *Ein Beutelteufel markiert den Boden mit Duftdrüsen in der Analregion.* ***4*** *Ein Nashorn markiert die Grenze seines Territoriums mit einem Kothaufen.* ***5*** *Ein Fuchs kennzeichnet sein Revier mit Urin. Der Duft gibt die Identität des Individuums wie auch das Alter der Duftmarke preis.* ***6*** *Ein Fleckenskunk im „Handstand"; Skunks vertreiben Feinde mit intensivem Gestank.* ***7*** *Kattas reiben Absonderungen ihrer Unterarmdrüsen auf ihren Schwanz, den sie Rivalen bei „Stinkkämpfen" entgegenschwenken.*

1

4

6

2

3

5

der am Geruch ihres Urins auseinander halten – was zeigt, dass ein einziges Gen ausreicht, um einem Geruch Individualität zu verleihen.

Milch und Fortpflanzung

TRÄCHTIGKEIT BEI PLAZENTA- UND BEUTELTIEREN

Milchdrüsen kommen nur bei Säugern vor und kennzeichnen alle Vertreter dieser Klasse. Nur beim weiblichen Geschlecht produzieren diese Drüsen Milch (einzige Ausnahme: Männchen des Dayak-Flughunds *Dyacopterus spaciceus*). Die Zahl der Brustwarzen bzw. Zitzen schwankt von zwei (z.B. Primaten, Beutelmull) bis 19 (*Micoureus constantiae*, eine Beuteratte). Allgemein hat ein Weibchen doppelt so viele Milchdrüsen wie Nachkommen bei einem durchschnittlichen Wurf.

Das Werbeverhalten von Säugern reicht von roher Gewalt (Seeelefanten) bis zur raffinierten Verführung (Uganda-Wasserbock). Die Paarbindung kann nur kurz sein (Grizzlys) oder ein Leben lang halten (Schabrackenschakal). Die Paarungen können monogam (Rüsselspringer) oder polygyn (Rothirsch) sein. Bei der Begattung wird stets der Penis in die Scheide eingeführt, sei es für wenige Sekunden (Klippschliefer) oder mehrere Stunden (Nashörner). All diese Variationen stehen in einem Bezug zur ökologischen Nische der Art: So kopulieren bei meerschweinchenähnlichen Nagern die Arten am eiligsten, die offenes Gelände besiedeln, wo sie Feinden ausgesetzt sind. Die Männchen dieser Arten besitzen komplexe Penisanhänge, die vielleicht dazu dienen, die Gebärmutterhalskontraktion beim Weibchen zu stimulieren.

Die drei Monotremen-Arten, einzige Überlebende der Eier legenden Unterklasse Prototheria, haben (wie die metatheren Beuteltiere und einige Insektivoren) eine Kloake. Geschlechts- und Harntrakt öffnen sich gemeinsam nach außen und die Hoden bleiben in der Bauchhöhle (wie auch bei Elefanten, Kaninchen und einigen Insektenfressern). Wie bei Vögeln entlässt nur der linke Eierstock eines Schnabeltierweibchens Eier in den Eileiter. Dort werden sie mit Eiweiß und einer Schale versehen und dann nach 12 bis 20 Tagen abgelegt. Schnabeligel brüten ihre Eier in einem Brutbeutel aus, Schnabeltiere platzieren ihr Gelege in ein Nest, wo es etwa drei Wochen lang bebrütet wird. Inzwischen ernährt sich der Embryo vom Eidotter. Nach dem Schlüpfen saugen die Jungen bei der Mutter Milch, die aus Milchdrüsen zwischen Haarbüscheln am Bauch der Weibchen tritt. Zitzen sind bei Monotremen nicht ausgebildet.

Bei Beuteltieren entlassen beide Eierstöcke Eier in eine vollständig zweigeteilte Gebärmutter. Hier verbringt der Embryo 12 bis 28 Tage. Dabei ernährt er sich von seinem Dottervorrat und der „Uterusmilch", die von Drüsen in der Uteruswand abgesondert wird. Der frühe Embryo (Blastozyste) liegt in einer flachen Vertiefung der Uteruswand, wobei sein reich durchbluteter Dottersack (Chorion) mit der Wand des mütterlichen Uterus in Kontakt steht. Diese Kontaktstelle erlaubt einen gewissen Stoffaustausch zwischen maternalem und embryonalem Blut und wird als Dottersack- oder Choriovittelin-Plazenta bezeichnet. Bei der Geburt ist das Beuteltierjunge kaum entwickelt und wiegt beim Grauen Riesenkänguru im Vergleich zu seiner 20 bis 32 kg schweren Mutter nur 0,8 g. Sein Geruchssinn und seine Vorderbeine sind jedoch schon weit entwickelt, sodass es sich durch das Bauchfell der Mutter bis zu den Zitzen vorarbeiten kann, die häufig in einem Beutel liegen. Im Maul des Jungen schwillt die gewählte Zitze an, bis sie wie ein Pfropf darin festsitzt. Das Junge lässt die Zitze erst dann los, wenn es in etwa das gleiche Gewicht erreicht hat, bei dem ein Plazentalierjunges vergleichbarer Größe geboren wird.

Plazentalier haben eine Chorioallantois-Plazenta entwickelt. Dieses Organ erleichtert den Austausch von Nähr- und Abfallstoffen sowie Atemgasen zwischen den Kreislaufsystemen von Mutter und Kind. Die Fähigkeit, Junge im Uterus zu versorgen, ermöglicht längere Tragzeiten und die Geburt weiter entwickelter Junger. Die Plazenta erlaubt eine bemerkenswert enge Verbindung zwischen Mutter und Keim. Die Blastozyste heftet sich zunächst in der Gebärmutter fest. Dann sinkt sie mithilfe Protein abbauender Enzyme, die von seiner äußeren Hülle ausgeschieden werden, in das Gewebe ein, bis sie die Gebärmutterschleimhaut (Endometrium) erreicht. Die äußere Hülle des Embryos, das Chorion, ist der Hülle äquivalent, die die Schale von Reptilien- und Vogeleiern auskleidet. Vom Chorion wachsen Fortsätze (Zotten) in das halbflüssige, degenerierende mütterliche Gewebe ein, den Embryotroph. Diese Zotten resorbieren die nährstoffreiche „Suppe". Am Ort der Einnistung entwickeln sich zahlreiche Blutgefäße. Die Chorionzotten erhöhen die Resorptions-

FLEISSIGE VÄTER

Im Familienleben der meisten Säugerarten tragen die Väter wenig zur Pflege ihrer Jungen bei. Die südamerikanischen Springaffen (Gattung *Callicebus*) bilden eine erstaunliche Ausnahme. Sie leben in kleinen monogamen Familieneinheiten – gewöhnlich je ein adultes Männchen und Weibchen sowie ein bis zwei noch nicht erwachsene Junge. Bemerkenswert sind diese Affen nicht nur wegen der „Schwanzrollhaltung" **1**, die Familienmitglieder beim Zusammenkuscheln in ihren Schlafbäumen einnehmen, sondern auch, weil sich vorwiegend der Vater um den Nachwuchs kümmert und ihm emotionale Geborgenheit gibt. So schützt er z.B. das Junge bei Regenstürmen mit seinem Körper. Wenn Gefahr droht, sei es von heftigen Winden oder stürzenden Bäumen, drängt sich das Junge näher an den Vater, der es auch die meiste Zeit herumträgt **2**. Mit 4 bis 5 Monaten kann es dann aus eigener Kraft mit den Alttieren umherziehen. Der Vater putzt das Junge auch **3**.

Bei Tagesanbruch stimmen Springaffen lang anhaltende Gesänge an, bei denen die Partner eines Paares, Seite an Seite hockend, ein Duett singen. Dieses zu perfektionieren hat sie unter Umständen ein ganzes Jahr gekostet. So liefern sich Gruppen von Sumpfspringaffen an den Grenzen ihrer traditionellen Territorien heftige „Gesangsduelle", während die nah verwandten Witwenaffen nur inmitten ihres kurzfristig etablierten Territoriums rufen. WAM/WGK

fläche beträchtlich – aneinander gelegt ergäben die Zotten der menschlichen Plazenta eine Strecke von 48 km. Der Plazenta von Nasenbeutlern fehlen Zotten. Sie ist weniger effizient, aber ein weiteres verblüffendes Beispiel für Parallelevolution.

Je nach Säugerordnung mischen sich die Körperflüssigkeiten von Mutter und Jungen mehr oder minder stark. Bei Schweinen, Lemuren, Pferden und Walen senken sich die Chorionzotten einfach in das mütterliche Endometrium. Das ist im Vergleich zum System bei Beuteltieren ein großer Fortschritt, aber dennoch beim Salztransfer von der Mutter zum Jungen 250-mal weniger effektiv als bei den Plazenten der meisten Nager, Kaninchen, Rüsselspringer, Neuweltaffen und Fledermäuse. Bei diesen Tieren sind mütterliches und embryonales Gewebe so stark erodiert, dass die fetalen Blutgefäße im Blut der Mutter baden. Die Plazenta sorgt auch dafür, dass der Körper der Mutter den Fetus nicht abstößt wie irgendeinen anderen Fremdkörper, sondern ihn toleriert. Sie erleichtert die Ernährung des Embryos während der Trächtigkeit. Nach der Geburt wird das Junge mit Milch ernährt. Beide – Plazenta und Milch – haben eine zusätzliche Funktion: Sie übertragen mütterliche Antikörper auf das Junge und stärken so dessen Immunsystem. Die „Nachgeburt" ist der fetale Anteil der Plazenta.

Wie lange ein Junges ausgetragen und gesäugt wird, ist von Art zu Art verschieden. Die Trächtigkeitsdauer wird letztlich durch die Größe des Schädels begrenzt, der durch das Becken der Mutter passen muss. Doch auch körperliche Anforderungen an die Mutter (z.B. lange Wanderungen, hohes Laufpensum) spielen dabei eine Rolle.

Elterliche Fürsorge und Milch

TRÄCHTIGKEIT UND SÄUGEN

Säuger sind nicht die einzigen Wirbeltiere, die lebende Junge zur Welt bringen, doch sie sind insofern einzigartig, als die Bereitstellung von Milch ihren Jungen erspart, selbst nach Nahrung zu suchen, solange sie noch klein und nicht voll entwickelt sind. Bei Spitzhörnchen beschränkt sich die elterliche Fürsorge allein auf die Ernährung. Die Mutter besucht ihre Jungen einmal alle zwei Tage, um sie einige Minuten zu säugen. Raubtiere schleppen Beute zurück zu ihrem Nachwuchs und würgen mitunter Fleischstücke für sie hoch (z.B. Wölfe, Wildhunde). Koalas ernähren sich von giftigen Eukalyptusblättern und produzieren einen besonderen Kot aus teilweise verdautem und entgiftetem Material, mit dem sie ihr gerade entwöhntes Junges füttern. Das Zweizehenfaultier löst ein ähnliches Problem, indem es sein Junges bis zu zwei Jahre lang säugt. Das Säugen verlängert nicht nur die Abhängigkeit des Jungen und beschleunigt sein Wachstum, sondern macht es auch von der Umwelt unabhängiger: Kurzfristiger Nahrungsmangel wird kompensiert, wenn die Mutter weiter Milch gibt und notfalls ihr eigenes Gewebe, Mineralstoffe und Spurenelemente mobilisiert, um genügend leicht verdauliche Nahrung für ihre Jungen zu liefern. Die Jungen müssen nur trinken und können so mehr Energie ins Wachstum stecken, als möglich wäre, wenn sie selbst – zweifellos noch ungeschickt – auf Nahrungssuche gingen. Und nicht zuletzt verlängert die elterliche Fürsorge die Zeit, in der junge Säuger die komplexen Fähigkeiten der Alttiere lernen können.

Die Evolution des Säugens hat auch dazu beigetragen, dass sich die Zähne der Säuger differenzieren konnten. Einmal gebildet, können Säugerzähne, die in eine Hülle aus Zahnschmelz eingeschlossen sind, nicht mehr an Umfang zunehmen. Säugen schiebt den Zeitpunkt hinaus, an dem die Zähne durchbrechen müssen, und das könnte eine Voraussetzung für die Evolution des komplexen Kieferschlussmusters (Okklusion) der Höcker von Ober- und Unterkieferzähnen (Diphyodontie) sein, das für Säugerzähne typisch und zum Kauen nötig ist. In einem wachsenden Kiefer wären solche Zähne „aus der Reihe" gerutscht. Säugen verschiebt die Notwendigkeit fürs Zahnen, bis das Kieferwachstum größtenteils abgeschlossen ist. So wachsen Säugerkiefer denn auch recht schnell. Nach der Geburt beschleunigt sich das Wachstum des Kopfes relativ zum übrigen Körper, was zum typischen großen Kopf junger Säuger führt. Zudem ist das Wachstum von Kiefer und Zähnen sehr konstant und geht fast unbeeinflusst weiter, ob ein Junges nun Hunger leidet oder gemästet wird.

Milch enthält Wasser, Proteine, Fette und Kohlenhydrate, allerdings in Anteilen, die von Art zu Art ganz unterschiedlich sind. Säuger mit proteinreicher Milch wachsen rascher, doch die Ernährung vieler Arten schließt die Produktion proteinreicher Milch aus. Robben geben eine sehr fettrei-

EVOLUTION, GESELLSCHAFT UND SEXUALDIMORPHISMUS

Mit seiner Streitschrift *Versuch über das Bevölkerungsgesetz* (1798) legte Thomas Malthus eine Saat, die Charles Darwin anregte, in seinem Werk *Über den Ursprung der Arten* (1859) die Theorie der natürlichen Selektion zu entwickeln. Malthus hatte beobachtet, dass viele Populationen kaum oder nicht so rasch wachsen, wie zu erwarten, obwohl ein Zuchtpaar gewöhnlich mehr als zwei Nachkommen erzeugt. Darwin war beeindruckt von der Raffinesse, mit der sich Arten an ihre Umwelt anpassen, erkannte aber auch, dass sich Individuen in dem Ausmaß ihrer Anpassung oder „Fitness" unterschieden. Die Variation zwischen Individuen erwuchs aus der Mischung des Genmaterials bei der sexuellen Fortpflanzung und aus Mutationen. Die Verbindung zwischen diesen Mechanismen und Darwins Theorie wurde allerdings erst 1900 erkannt, als Mendels Arbeiten wiederentdeckt wurden.

Die Variation zwischen Individuen fördert selektiv den Tod schlechter angepasster bzw. das Überleben besser angepasster Individuen. Erbliche Merkmale, die einen Vorteil bedeuten, werden sich daher in einer Population ausbreiten. So führt der Selektionsdruck dazu, dass Individuen von Generation zu Generation stets besser an ihre Umwelt angepasst werden. Die Merkmale einer Art bilden die Summe der Einwirkungen der natürlichen Selektion auf ähnliche Individuen.

Es ist falsch zu sagen, Tiere verhielten sich „zum Besten ihrer Art". Präziser ist, dass Individuen daran angepasst sind, ihre eigene Fitness zu maximieren, was oft äquivalent mit der Maximierung der Anzahl der Nachkommen ist, die überleben. Genau genommen greift die natürliche Selektion am genetischen Material an, das den Merkmalen jedes Individuums zugrunde liegt. Aus diesem Grund verhalten sich Individuen tatsächlich in einer Weise, die das Überleben der Gene fördert, deren zeitweilige Vehikel sie sind – daher die inzwischen berühmte Bezeichnung „egoistisches Gen", die der Biologe Richard Dawkins prägte. Manchmal hilft ein Individuum seinen Verwandten und verhält sich in einer Weise, die scheinbar gegen seine eigenen Interessen gerichtet ist, aber indirekt der Verbreitung seiner Gene zugute kommt und so seine „Gesamtfitness" verbessert.

Da das Fortpflanzungsmuster den Kern der Gesellschaft bildet, spiegeln sich Adaptationen an dieser Stelle in der großen Vielfalt von Säuger-Sozialsystemen wider. In dieser Hinsicht herrscht eine Asymmetrie zwischen Männchen und Weibchen: Spermien sind billiger zu produzieren als Eizellen, und bei Säugern tragen allein die Weibchen die Kosten von Trächtigkeit und Säugen. Daher können Männchen ihren Fortpflanzungserfolg leicht erhöhen, wenn sie sich mit vielen Weibchen paaren. Diese können hingegen nur eine relativ kleine Zahl von Jungen aufziehen. Daher investieren sie, um ihren Fortpflanzungserfolg zu maximieren, viel in deren Qualität und achten darauf, sich den „besten" (evolutionsbiologisch „fittesten") Vater zu sichern. Infantizid und Helfertum sind erstaunliche Beispiele dafür, wie weit Individuen gehen, um ihre Gene auf Kosten derjenigen ihrer Rivalen zu verbreiten.

Männchen konkurrieren um Weibchen. Der starke Selektionsdruck zwischen rivalisierenden Männchen führt zur sexuellen Zuchtwahl. Sie erklärt, warum viele Säuger polygyn (ein Männchen paart sich mit mehreren Weibchen) und Männchen oft größer als Weibchen sind. Ein großes Männchen besiegt mehr Rivalen, paart sich mit mehr Weibchen und zeugt so mehr Nachkommen. Erben seine Söhne seine Größe und Kampfkraft, werden sie ebenfalls dominant und erfolgreich werden. So wählen die Weibchen nur die erfolgreichsten Männchen als Partner (können aber dennoch versuchen, die Tendenzen zum Infantizid anderer Männchen zu unterlaufen, indem sie sich auch mit ihnen paaren). Anders sieht es aus, wenn die Nische der Art so gestaltet ist, dass der Fortpflanzungserfolg des Männchens nicht nur von der Qualität seiner Spermien, sondern auch von der Qualität seiner Fürsorge beeinflusst wird. So hängt das Überleben der Jungen bei Hundeartigen davon ab, dass ihr Vater sie mit Fleisch versorgt. Ein Männchen kann unmöglich für mehr als einen oder allenfalls zwei Würfe sorgen. In diesem Fall begünstigt die natürliche Selektion Monogamie, und der Sexualdimorphismus ist nicht so ausgeprägt. Weniger einsichtig ist, warum Sexualdimorphismus unter großen Arten so häufig ist. Vielleicht weil der Energieaufwand bei größeren Arten relativ geringer ist und sie daher mehr in Muskulatur, Stirnwaffen usw. investieren können.

Infantizid – wichtiger Faktor in der Säugersoziologie

Infantizid (Tötung von Jungen durch Artgenossen) ist bei über 100 Arten aus mindestens fünf Ordnungen und 18 Familien beobachtet worden. Dieses Verhalten beschränkt sich nicht auf nur ein Geschlecht: Infantizid durch Weibchen ist bei 25 Arten aus drei Ordnungen bekannt: Lagomorpha, Carnivora und Rodentia. Die Motive können sich jedoch je nach Geschlecht unterscheiden: Männchen geht es um Nahrung oder Verbesserung der Paarungschancen, Weibchen um Nahrungsplätze und Unterschlupf.

Gründe für Infantizid sind: a) Sicherung von Nahrung (männliche und weibliche Schimpansen fressen ihre Opfer); b) Ausschaltung von Konkurrenten einschließlich ihrer zukünftigen Nachkommen (bei Weißbüschelaffen erhöhen niederrangige, sich nicht reproduzierende Helferinnen die Überlebenschance der Jungen dominanter Weibchen; tötet das dominante Weibchen ein fremdes Junges, sichert ihm dies eine Helferin und merzt Rivalen des eigenen Nachwuchses aus); c) Aneignung von Ressourcen (infantizidale weibliche Kaninchen und Belding-Ziesel fressen ihre Opfer selten, eignen sich aber deren Bauten an); d) sexuelle Zuchtwahl: Das Männchen merzt den Nachwuchs eines Rivalen aus und bringt die Mutter rascher wieder in den Östrus (z.B. Schimpansen, Löwen, Grizzlys, Lemminge). Die Täter reduzieren das Risiko, unabsichtlich ihre eigenen Jungen zu töten, per Geruchserkennung oder indem sie die Jungen von Weibchen verschonen, mit denen – bzw. an Orten, an denen – sie sich gepaart haben (bei Weißfußmäusen kommt es meist durch neu eintreffende Männchen zum Infantizid, denn dieses Verhalten ist bei ansässigen Männchen nach der Paarung 35 bis 40 Tage lang gehemmt; so lange brauchen ihre Jungen, um geschlechtsreif zu werden und sich zu zerstreuen); e) elterliche Manipulation, bei der die Eltern das Geschlechterverhältnis in einem Wurf beeinflussen; f) Verringerung des Risikos, unabsichtlich nichtverwandte Junge zu adoptieren und dadurch Energie zu verschwenden (trifft für Robben zu, die häufig von ihren Müttern getrennte Junge töten).

Viele Aspekte des Säugerverhaltens lassen sich als Gegenmaßnahmen zum Infantizid deuten. So verteidigen männliche Hirschmäuse bei hoher (aber nicht bei geringer) Dichte Territorien rund um Weibchen. Zu den weiblichen Gegenstrategien zum Infantizid gehört die Paarung mit dominanten Männchen, die ihre Jungen besser verteidigen können und eine größere Bedrohung für nicht von ihnen gezeugten Nachwuchs wären. Bei Hanumanlanguren, Löwen und Meerkatzen verlassen gefährdete Weibchen die Gruppe, um zu gebären und ihre Jungen zu schützen.

Infantizid hat weit reichende Folgen für Säugergesellschaften. Bei Arten mit infantizidalen Männchen ist auffällig, dass die Weibchen oft promisk sind. Daher könnte das Infantizidrisiko eine entscheidende Rolle bei der Ausbildung mancher Paarungssysteme gespielt haben. Das Risiko eines weiblichen Infantizids könnte dazu führen, dass Weibchen aggressiv werden und ein Territorium verteidigen. Das wiederum könnte die Abwanderung ihrer Jungen verzögern, falls alle Territorien im Habitat besetzt sind, und die Bildung von Verwandtengruppen, Fortpflanzungsunterdrückung und/oder eine Synchronisierung des weiblichen Fortpflanzungszyklus nach sich ziehen. All das beeinflusst die Chance eines Männchens, Weibchen zu monopolisieren und so die Wahrscheinlichkeit für ein monogames, polygynes oder promiskes Paarungssystem.

Rechts: *Infantizid spielt bei Hanumanlanguren eine Schlüsselrolle. Dieser Brutalität stehen gleichermaßen faszinierende kooperative Handlungen gegenüber. Nichtmenschliche Primaten zeigen ein komplexes Muster von Kooperation, Koalition und Konflikt, das die Triebkraft hinter der Evolution der mentalen Fähigkeiten des Menschen gewesen sein könnte.*

Unten: *Bei einigen Arten (z.B. Löwen, Präriehunden, Primaten) ist der Infantizid der Hauptgrund für die Kindersterblichkeit. Dieses von dem Biologen Jerry Wolf entwickelte Schema illustriert das Ineinandergreifen von Faktoren, die Säugergesellschaften formen. Es zeigt, wie viele dem Infantizidrisiko ausgesetzt sein können. Schwache Junge und der Geruch verwaister Mütter, die in Östrus kommen, können die Kindstötung durch Männchen begünstigen und eine Kaskade von Effekten auslösen, die männliches und weibliches Verhalten sowie ihr Zusammenleben bestimmen.*

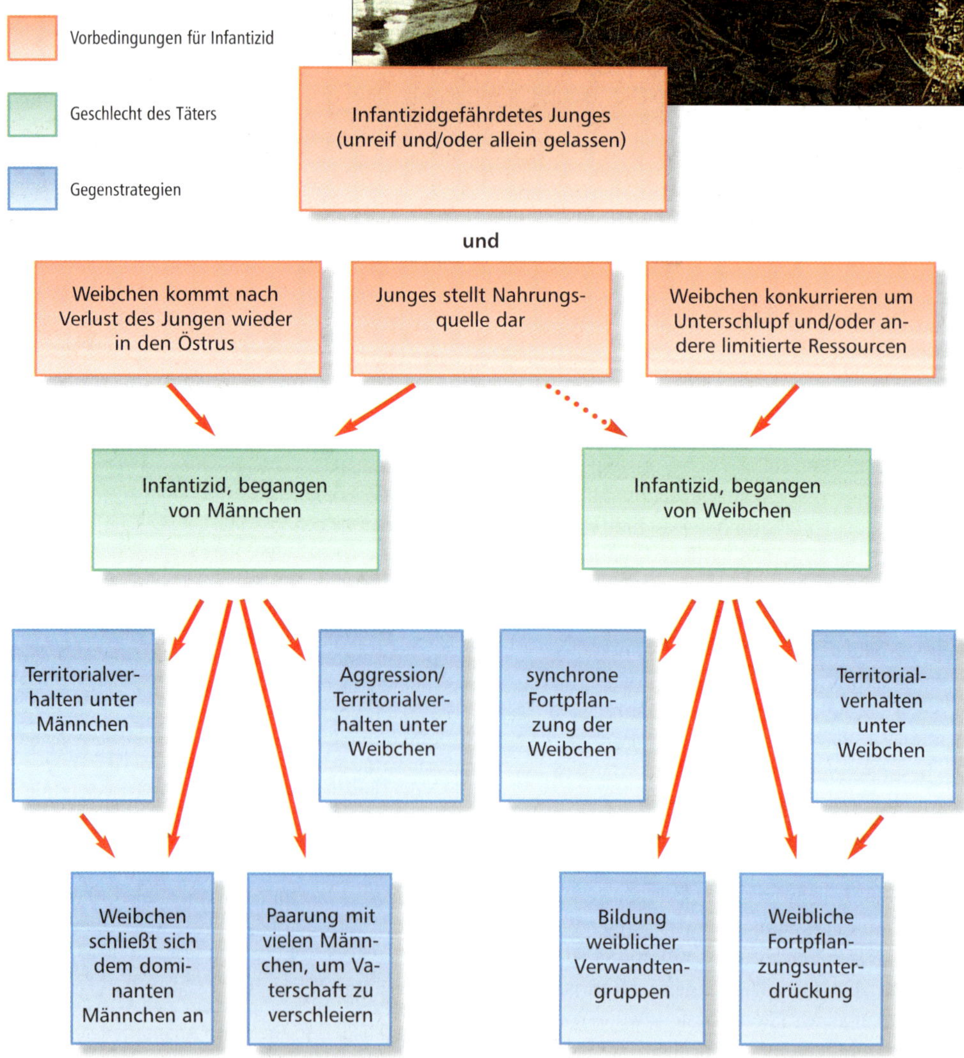

che Milch: Die des Kalifornischen Seelöwen enthält 53 % Fett, vielleicht weil die Jungen rasch zunehmen müssen, bevor sie im kalten Wasser jagen können. Seeelefanten mit einem Geburtsgewicht von 45 kg vervierfachen ihr Gewicht innerhalb von drei Wochen. Auch kleine Tiere wachsen sehr rasch: Knirpsspitzmäuse verdoppeln innerhalb von vier Tagen ihr Gewicht. Die Zusammensetzung der Milch kann sich im Lauf der Stillzeit verändern. Bei Kängurus ist die erste Milch fast fettfrei, später enthält sie 20 % Fett. Säugt die Mutter zwei unterschiedlich große Junge, liefert jede Zitze Milch mit einem Fettgehalt, der dem Entwicklungsstand des saugenden Jungen angepasst ist.

Die Wahl des richtigen Paarungszeitpunkts ist bei vielen Säugern, die in jahreszeitlich geprägten Habitaten leben, sehr wichtig und wird häufig durch den Einfluss der Tageslänge auf die Zirbeldrüse im Gehirn bestimmt. Die Kosten von Trächtigkeit und Säugen sind hoch, und das entwöhnte Junge stellt eine zusätzliche Last für die Nahrungsressourcen im Lebensraum seiner Eltern dar. Daher werfen viele Arten in jahreszeitlich geprägten Gebieten dann, wenn es am meisten Nahrung gibt. Das kann zu einer starken Synchronisierung der Paarungszeit führen: Bei der Stuart-Breitfußbeutelmaus werfen alle Weibchen innerhalb derselben 7 bis 10 Tage eines Jahres. Das Einsetzen des Östrus wird bei einigen Nagern durch das Vorkommen gewisser chemischer Verbindungen ausgelöst, die ihre Nahrungspflanzen im Frühjahr bilden.

Schwierig kann es werden, wenn es andere Faktoren ungünstig erscheinen lassen, sich eine Tragzeit vor dem optimalen Niederkunftszeitpunkt zu paaren. So werfen eurasische Dachse im Februar, doch da sie acht Wochen trächtig sind, müssten sie sich zu einer Zeit paaren, in der sie gewöhnlich inaktiv sind und Energie sparen, während sie von ihrem Winterspeck zehren. Um dieses Dilemma zu lösen, haben Säuger komplexe Anpassungen entwickelt. Im Fall des Dachses (und einiger anderer Wieselarten, einiger Robben, des Rehs, Neunbindengürteltiers und Tammarwallabys) heißt die Lösung: verzögerte Implantation. Sie unterbricht die normale Wanderung der befruchteten Eizelle durch den Eileiter in die Gebärmutter, wo sie sich einnistet und entwickelt. Statt dessen erreicht die Eizelle den Uterus in einem Teilungsstadium, in dem sie eine hohle Zellkugel bildet, die als Blastozyste bezeichnet wird. Dort verbleibt sie, in eine schützende Hülle *(Zona pellicula)* eingeschlossen, bis die optimale Entwicklungszeit gekommen ist. Für den Dachs heißt das: Paarung jederzeit zwischen Februar und September. Die größte Verzögerung bei der Einnistung zeigt der Fischermarder, der insgesamt elf Monate trächtig ist – genauso lang wie der Blauwal. „Echt" trächtig ist der Fischermarder aber nur zwei Monate. Wale und Delfine sind in Relation zu ihrem Körpergewicht nur kurz trächtig. Die längste Tragzeit hat mit 22 Monaten der Afrikanische Elefant, die kürzeste mit 12,5 Tagen der Kurznasenbeutler.

Die meisten Kängurus und Wallabys zeigen eine nichtsaisonale embryonale Diapause. Ein Weibchen wird kurz nach der Niederkunft wieder begattet (Post-partum-Östrus), doch solange es sein gegenwärtiges Junges noch säugt, nistet sich der neue Embryo nicht in der Gebärmutter ein. Sollte ein Junges sterben, so ist daher rasch Ersatz zur Hand. Zudem kann in guten Jahren ein Junges rasch auf ein anderes folgen. Embryonale Diapause und verzögerte Implantation liefern ein weiteres Beispiel für eine Anpassung, die sich unabhängig voneinander bei Metatheria und Eutheria entwickelt hat.

Eine andere Methode, um sicherzustellen, dass die Geburt zu einem günstigen Zeitpunkt erfolgt, ist die Spermaspeicherung. So verfahren der Abendsegler und andere nichttropische Mitglieder der Familien Hufeisennasen und Glattnasen-Fledermäuse. Alle Männchen produzieren im August Sperma (anschließend bilden sich ihre Hoden zurück) und befruchten Weibchen – oft während diese überwintern – den ganzen Winter hindurch. Das Sperma wird zehn Wochen oder länger bis zum Eisprung im Frühjahr im Uterus gespeichert.

Söhne, Töchter und Bevorzugung

INVESTITIONSSTRATEGIEN

Einige Säuger behandeln ihren Nachwuchs unterschiedlich, je nachdem, ob es sich um Söhne oder Töchter handelt. Bei den stark polygynen Seeelefanten sind männliche Junge bei der Geburt schwerer, wachsen rascher und werden später entwöhnt als ihre Schwestern, und zwar zumindest zum Teil deshalb, weil die Mütter Söhnen mehr zu saugen erlauben als Töchtern. Ebenso sind männliche Rothirschkälber bei der Geburt schwerer als weibliche, weil sie länger ausgetragen werden. Anschließend saugen Männchen länger und wachsen rascher. Offenbar kosten sie ihre Mütter mehr, denn Hirschkühe, die Söhne werfen, züchten im folgenden Jahr später nach, als die, die Töchter gebären, oder auch gar nicht. So investieren die Mütter scheinbar mehr in Söhne als in Töchter.

Das gegenteilige Muster findet man bei dominanten weiblichen Rhesusaffen, bei denen eine Mutter, die einen Sohn aufzieht, im folgenden Jahr eher nachzüchtet als eine, die eine Tochter aufgezogen hat. Dies lässt vermuten, dass eine Tochter die Mutter mehr kostet und ihre Ressourcen stärker beansprucht als ein Sohn. Bei Makaken ist es bemerkenswerterweise offenbar so, dass Weibchen, die einen weiblichen Fetus tragen, häufiger von anderen Weibchen angegriffen werden als solche, die mit einem Sohn trächtig sind – und das verursacht zusätzliche „Kosten".

Was ist der Grund für derartige Bevorzugungen? Die Antwort liegt in der begrenzten Zeit sowie den begrenzten Mühen und Ressourcen, die Eltern in ihren Nachwuchs investieren können. Die natürliche Selektion begünstigt Eltern, die mehr in ein Geschlecht ihrer Nachkommen investieren, wenn diese Investition später durch die Zeugung von mehr Enkeln zurückgezahlt wird. Es lässt sich leicht erkennen, wie ein solcher Selektionsprozess bei Seeelefanten, Rothirschen und wahrscheinlich vielen polygynen Säugern funktioniert hat. Bei diesen Arten züchten fast alle Weibchen nach, doch nur eine Minderheit sehr dominanter Männchen zeugt die große Mehrzahl aller Jungen.

Je nach Rang unterscheiden sich Männchen hinsichtlich ihrer evolutiven Fitness beträchtlich – vom unermüdlichen Sexprotz bis zum reproduktiven Versager. Ein hoher Rang hängt von Größe und Kraft eines Männchens ab, und beides lässt sich durch die frühe Ernährung stark beeinflussen. Ein Weibchen des Nördlichen Seeelefanten, das seinen Sohn reichlich mit Milch versorgt, verbessert dessen Chancen, sich eines Tages einen Harem zu erkämpfen. Ist er siegreich, kann er seiner Mutter 5 Jahre lang jedes Jahr bis zu 50 Enkel sichern – eine gute Dividende für die zusätzliche Milch. Da bei haremsbildenden Arten alle Weibchen weitgehend unabhängig von ihrer Körperkraft nachzüchten, wäre eine vergleichbare Investition in die Muskelkraft von Töchtern verschwendet. Anders ausgedrückt: Ein schwächlicher Sohn, der nicht zur Paarung kommt, ist schlimmer als nutzlos, denn die elterliche Investition in Zeit und Energie führt in eine evolutive Sackgasse. Kurz gesagt, wenn die elterliche Investition den zukünftigen Fortpflanzungserfolg der Nachkommen beeinflusst, dann begünstigt die natürliche Selektion die Eltern, die mehr in Nachkommen desjenigen Geschlechts investieren, bei dem dies den meisten Nutzen bringt.

Dasselbe Prinzip liegt dem gegenteiligen Muster bei Makakenweibchen zugrunde. Diese leben in matrilinearen Gruppen, deren Mitglieder über die mütterliche Linie miteinander verwandt sind. Junge Männchen wandern ab, während Mütter mit ihren erwachsenen Töchtern Koalitionen bilden, die dadurch den sozialen Rang ihrer Mutter erben. Der Fortpflanzungserfolg der Weibchen steigt mit der Kampfkraft der anderen Weibchen in ihrer Koalition. Ein Versuch, diese Kraft zu erhöhen, könnte erklären, warum dominante Weibchen mehr in Töchter investieren. Zu Attacken auf Weibchen mit weiblichen Embryonen (und später auf weibliche Junge) könnte es kommen, weil Mütter aus rivalisierenden Koalitionen diese Jungen als potenzielle Konkurrentinnen ihrer eigenen Töchter ansehen. Wie sie das Geschlecht eines Embryos feststellen, ist bisher unbekannt.

Einige Arten investieren nicht nur mehr in Nachkommen eines bestimmten Geschlechts, sondern werfen auch mehr davon. Bei Afrikanischen Wildhunden werden mehr Männchen geboren (59 zu 41 %). Diese Verschiebung hat sich vielleicht deshalb entwickelt, weil mehrere Männchen erforderlich sind, um die Nachkommen eines einzigen Weibchens aufzuziehen. So werden Eltern, die einen Wurf mit mehr Männchen produzieren, mehr Enkel haben. Ein Wurf Afrikanischer Wildhunde erfordert die Investition mehrerer Väter, um zu überleben. Damit Elterntiere für ihre Investition in Söhne und Töchter auf ihre Kosten – in Form zukünftiger Nachfahren – kommen, brauchen sie anscheinend mehr Söhne. Nutriaweibchen mit ausreichend Fettreserven und der Möglichkeit, viel in einen Wurf zu investieren, abortieren selektiv kleine, überwiegend weibliche Würfe. Später produzieren sie größere Würfe, was dazu führt, dass Weibchen in körperlicher Bestform mehr Söhne haben. Das ist von Vorteil, denn die Söhne solcher Weibchen wachsen zu kräftigeren Tieren heran und haben daher in einer polygynen Gesellschaft einen Wettbewerbsvorteil gegenüber den weniger robusten Söhnen schwächlicher Mütter.

Körpergröße und Energiekrise

Das Phänomen der Allometrie

Um zu überleben, muss jedes Tier seine Energieeinnahmen und -ausgaben in der Waage halten. Säuger haben das spezielle Problem, dass Endothermie, also das Aufrechthalten einer konstanten Körpertemperatur, sehr energieintensiv ist. Die Körpertemperatur eines Säugers entspricht meist nicht der Umgebungstemperatur. Daher muss das Säugersystem stets arbeiten, um seine konstante Temperatur beizubehalten. In Ruhe dienen 80 bis 90 % des Energieverbrauchs allein diesem Zweck. Im Vergleich zum Sommer braucht ein Säugerkörper im Winter noch mehr Energie, denn er verliert rascher Wärme an die Umgebung.

Die Wärme aus dem Körperkern geht über die Haut verloren, und wenn ein kleines Tier größer wird, nimmt sein Volumen schneller als seine Oberfläche zu. (Die Oberfläche erhöht sich mit der zweiten, das Volumen mit der dritten Potenz). In Ruhe betragen die Energiekosten pro Gewichtseinheit eines Pferdes ein Zehntel deren einer Maus. Dieses Phänomen, dass sich die Körperdimensionen gemeinsam, aber in unterschiedlichem Maße verändern, bezeichnet man als Allometrie. Die Zunahme der Oberfläche (und damit des Wärmeverlusts) relativ zum Gewicht (und damit zum Volumen) bei kleineren Säugern hat zur Folge, dass der

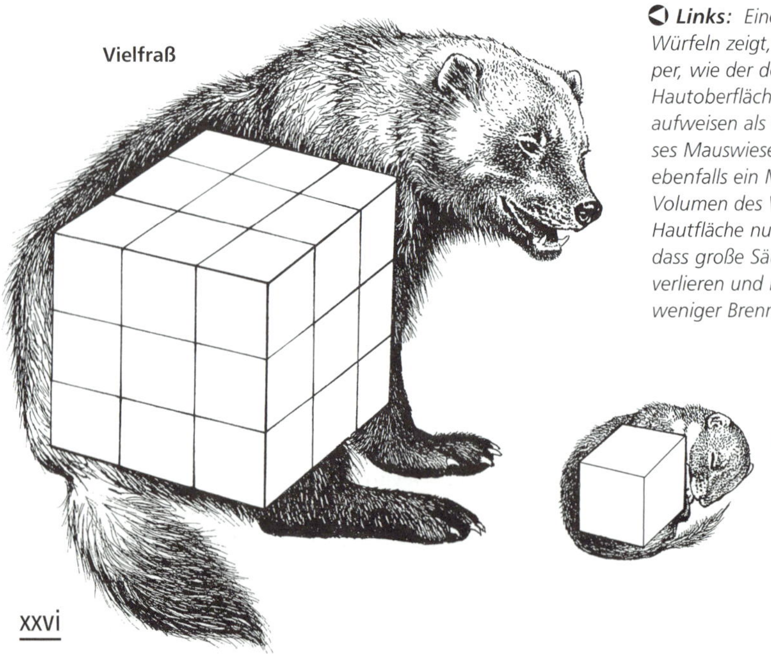

Links: *Eine einfache Anordnung von Würfeln zeigt, dass größere Säugerkörper, wie der des Vielfraßes, weniger Hautoberfläche pro Volumeneinheit aufweisen als kleinere Säuger, wie dieses Mauswiesel. Obwohl der Vielfraß – ebenfalls ein Marder – das 27fache Volumen des Wiesels besitzt, ist seine Hautfläche nur 9-mal größer. Das heißt, dass große Säuger langsamer Wärme verlieren und relativ (nicht absolut!) weniger Brennstoff brauchen als kleine.*

Energieverbrauch bei abnehmender Körpergröße so steil ansteigt, dass beispielsweise das kleinste terrestrische Säugetier, die Etruskerspitzmaus (mit 2 bis 3,5 g Gewicht), fast ununterbrochen fressen muss. Kleine Säuger haben demnach eine sehr hohe Stoffwechselrate.

Größere Tiere können wesentlich besser Energie sparen als kleinere. Andererseits sind sie im Nachteil, wenn es um die Abgabe überschüssiger Wärme geht. Zu den Körperstrukturen, die die Wärmeabgabe erleichtern, gehören die Ohren der Elefanten und die Flossen der Robben. Die unterschiedlichen Anforderungen an die Wärmeregulation spiegeln sich auch in der geografischen Variation der Ohrlänge nordamerikanischer Hasen wider: Während die Ohren des Schneehasen etwas kürzer als der Schädel sind, sind diejenigen des Antilopenhasen in Arizona riesige Radiatoren von doppelter Schädellänge.

Körpergröße, Lebenshaltung, Diät

ERNÄHRUNG UND STOFFWECHSEL

Das Problem, eine konstante Körpertemperatur aufrechtzuerhalten, ist für Meeressäuger besonders akut. Viele haben riesige Ausmaße entwickelt, um von einem günstigen Oberflächen-Volumen-Verhältnis zu profitieren. Dieses ist beim Blauwal zehnmal günstiger als bei einem kleinen Delfin. Zusammen mit seiner sehr viel dickeren, isolierenden Blubberschicht verschafft dies dem Blauwal in kaltem Wasser einen 100fachen thermischen Vorteil.

Wären alle anderen Parameter gleich, müssten kleinere Tiere aufgrund ihrer höheren Stoffwechselrate relativ mehr als ihre größeren Vettern fressen. Aber dies trifft nicht zu, denn Nahrung unterscheidet sich in ihrer Menge und ihrem Energiegehalt. Tierisches Gewebe, Früchte, Nüsse und Knollen sind allesamt reich an leicht verdaulichem Brennstoff, während die Nährstoffe jeder Zelle bei den meisten Pflanzen in – ohne die Hilfe von Mikroorganismen – unverdaulichen Zellulosewänden eingeschlossen sind. Der Energiegehalt einer Fleischmahlzeit ist nicht nur größer als derjenige von Pflanzenkost gleichen Gewichts, sondern auch leichter verdaulich. Daher zieht ein Fleisch fressendes Wiesel 26-mal mehr Energie aus seiner Nahrung als seine herbivore Beute, die Wühlmaus. Kleinere Vertreter einer Säugerordnung ernähren sich zur Deckung ihrer höheren Energiekosten meist von energiereicherer Nahrung als ihre größeren Verwandten. Der 7 kg leichte Ducker verzehrt Knospen und Schösslinge, während die

Oben: *Da Wasser ein besserer Wärmeleiter als Luft ist, sehen sich Meeressäuger beim Energiesparen einem besonders großen Problem gegenüber. Sie benötigen eine entsprechend dicke isolierende Fettschicht, wie diese Walrosse eindrucksvoll demonstrieren.*

Oben: *Das Grauhörnchen, das Nordamerika besiedelt, besitzt spezielle Enzyme, um Eicheln zu entgiften. In England, wo es eingeführt wurde, trägt es zum Aussterben des einheimischen Eichhörnchens bei.*

900 kg schwere Elenantilope mit Graskost überleben kann. Ein Buschbaby frisst Früchte, ein Gorilla Blätter. Eine Schermaus ernährt sich von Samen und Wurzeln, ein Wasserschwein hingegen von Gras. Bei Raubtieren erleichtert die Größe das Erlegen massiger Beutetiere. Daher gibt es bei dieser Ordnung eine Ausnahme von der Regel, dass die Qualität der Nahrung mit zunehmender Körpergröße sinkt.

Generell ist qualitativ hochwertige Nahrung seltener als minderwertige. Insgesamt hängt die Nahrungsfülle, die einer Art zur Verfügung steht, von ihrer Stellung in der Nahrungskette ab: Da Lebewesen nicht perfekt sind, geht auf jeder Stufe der Kette Energie verloren und steht daher Tieren an der Spitze nicht mehr zur Verfügung. So ist die Biomasse (Gesamtgewicht) von Fleischfressern insgesamt geringer als die der Beutetiere, und die von Pflanzenfressern ist geringer als die ihrer Futterpflanzen. Pflanzen wiederum sind als Primärproduzenten in der Lage, die Energie des Sonnenlichts in eine verwertbare Form umzuwandeln.

Allgemein gilt, dass kleinere Arten mehr Energie pro Gewichtseinheit brauchen als größere. Erstere müssen sich daher energiereicher ernähren als Letztere, die mit energieärmerem, dafür aber oft mengenmäßig reichlicherem Futter auskommen. So hat eine 35 g schwere Schermaus eine höhere Stoffwechselrate als eine Bisamratte von 1,4 kg, obwohl beide eng verwandt sind. Viele Arten, die dieser Regel nicht folgen, nutzen ganz spezielle Nahrungsquellen. Ameisen- und Termitenfresser, auf Bäumen lebende Blätterfresser sowie fliegende Insektenfresser haben im Allgemeinen eine niedrigere Stoffwechselrate, als zu erwarten wäre. All diesen Säugern ist gemein, dass sie sehr sparsam mit Energie umgehen, denn ihre Nahrungsquellen sind nicht ständig und reichlich verfügbar. Der Nachschub an fliegenden Insekten ist abhängig von der Jahreszeit, viele Blätter enthalten giftige Substanzen und sind nährstoffarm, und der Ameisenbär nimmt mit seiner klebrigen Zunge neben Ameisen immer wieder größere Mengen unverdaulichen Detritus auf, was den Erfolg seiner Bemühungen schmälert. Das Problem, an genügend „Brennstoff" zu gelangen, zwingt die Tiere in diesen ökologischen Nischen zu einem Stoffwechsel „auf Sparflamme"– ähnlich einer langsam laufenden Maschine.

Andere Säuger besitzen „hochfrisierte" Maschinen: Ihr Stoffwechsel setzt Energie noch rascher um, als bei ihrer Körpergröße zu erwarten wäre. Dazu gehören Robben, Seelöwen, Wale, Delfine, Seeotter und Flussotter, die viel Wärme produzieren müssen, um im eiskalten Wasser zu überleben.

Qualität versus Quantität

K- VERSUS R-SELEKTION

Tiere mit einer geringeren Stoffwechselrate – gewöhnlich handelt es sich um größere Arten – können nicht so rasch wachsen. Daher verbleiben die Embryonen relativ lang im Mutterleib und die Jungen wachsen nach der Geburt langsamer heran. Bei großen Arten macht das Gewicht des Wurfs einen kleineren Prozentsatz des Gewichts der Mutter aus. Da die Jungen größerer Säuger im Vergleich zum Adulttier so klein geboren werden, benötigen sie länger elterliche Fürsorge. Der Fürsorgeaufwand würde sich noch weiter erhöhen, wenn sich das gesamte Wurfgewicht auf mehrere kleinere statt auf ein paar größere Junge verteilte. Daher haben größere Säuger in der Regel weniger Nachkommen pro Wurf als kleinere. Diese Trends führen dazu, dass Säuger mit geringer Stoffwechselrate längere Generationsabstände und ein geringeres Populationswachstum von einer Generation zur nächsten aufweisen.

Die Geschwindigkeit, mit der chemische Reaktionen in den Zellen von Säugern ablaufen, wirkt sich daher auf die ganze Lebensweise der Art aus und bestimmt sogar ihre Populationsdynamik. Säugerarten mit einem raschen, kostspieligen Metabolismus können schneller Nachwuchs produzieren; sie sind prädestiniert für Bevölkerungsexplosionen.

Die Gewichte von Säugern variieren zwischen 1,5 g und 150 t. Denkt man an die Wechselbeziehung zwischen Gewicht/Größe, Stoffwechselrate und Fortpflanzungspotenzial, so ist vorstellbar, dass einige Arten eine bestimmte Größe entwickelt haben, um die mechanischen Probleme bei der Ausbeutung einer bestimmten Nische zu überwinden. Andere dagegen haben vielleicht aufgrund einer Selektion auf ein hohes Fortpflanzungspotenzial eine bestimmte Größe. Eine Giraffe etwa muss groß sein, um Baumkronen abweiden zu können. Eine Zwergmaus dagegen muss klein sein, um geschickt über Grashalme klettern zu können. Ihre Größe bindet beide Arten an die reproduktiven Folgen eines langsamen bzw. raschen Stoffwechsels – wenn eine Giraffe ihr erstes einzelnes Junges trägt, ist die zur selben Zeit geborene Zwergmaus bereits vier Jahre tot und kann theoretisch 10 000 Nachkommen hinterlassen haben.

Säuger wie Wühlmäuse und Lemminge sind mit ihrem hohen Fortpflanzungspotenzial in instabilen Lebensräumen deutlich im Vorteil. Arten, die innerhalb kurzer Zeit viel Nachwuchs in die Welt setzen, können von Zeiten unerwarteter Nahrungsfülle profitieren – was wiederum nur mit den hohen Stoffwechselraten gelingt, die typisch für Kleinsäuger sind. Säuger, die von einem stark schwankenden Nahrungsangebot abhängen, sind daher gewöhnlich klein.

Das entscheidende Merkmal instabiler Lebensräume ist, dass das Nahrungsangebot den Bedarf überschreiten kann, z.B. wenn die wenigen Überlebenden eines harten Winters im Frühjahr Futter in Hülle und Fülle vorfinden. Unter diesen Umständen hängt das Überleben nicht länger von der Bevölkerungsdichte oder direkten Konkurrenz ab. Nun kann ein Individuum seinen Fortpflanzungserfolg dadurch erhöhen, dass es in eine größere Zahl von Nachkommen investiert und sich – solange die Umstände gut sind – bei erster Gelegenheit möglichst stark vermehrt. Arten, die an derartige Lebensbedingungen angepasst sind, werden als r-selektiert bezeichnet (selektiert auf die Vermehrungsrate r).

In einem stabilen Lebensraum sieht die Lage anders aus, weil die Populationsgröße genau auf das Maximum dessen abgestimmt ist, was der Lebensraum tragen kann (Umweltkapazität). Daher herrscht ein intensiver Wettbewerb um Nahrung und andere Ressourcen. Unter diesen Umständen steigt der Selektionsdruck mit zunehmender Populationsdichte. Ein erhöhter Wettbewerb in einem Lebensraum an den Grenzen seiner Tragfähigkeit prämiert das Vermögen von Jungtieren, sich im Konkurrenzkampf durchzusetzen. Daher müssen die Eltern in jedes ihrer Jungen viel investieren, um ihm einen guten Start zu verschaffen. Arten, die an diese Lebensbedingungen angepasst sind, haben kleinere Würfe, betonen Qualität statt Quantität der Jungen (d.h., diese werden weiter entwickelt geboren) und kümmern sich länger um ihren Nachwuchs. Solche Arten werden als K-selektiert bezeichnet (selektiert, um bei Umweltkapazität K zu überleben). Der langsamere Stoffwechsel größerer Säuger prädestiniert sie eindeutig für einen K-selektierten Lebensstil. Dies erschwert ihnen, sich von Bejagung und Verfolgung zu erholen, und daher sind viele von der Ausrot-

Rechts: *Eine Eisbärin säugt ihr Junges. Diese Art ist ein Paradebeispiel für einen K-selektierten Säuger, dessen Fortpflanzungsstrategie darin besteht, längere elterliche Fürsorge in weniger Nachkommen zu investieren. Die Jungen bleiben über zwei Jahre bei der Mutter.*

SÄUGER IM KONTEXT

Das Leben von Säugern lässt sich nur im Kontext der Lebewesen rund um sie herum interpretieren. Sie jagen nicht nur Nichtsäuger und werden von diesen gejagt, sondern konkurrieren auch mit ihnen. Man denke nur an Kerguelen-Seebär *(Arctocephalus gazella)* und Goldschopfpinguin *(Eudyptes chrysolophus)*. Beide pflanzen sich im antarktischen Sommer fort und ernähren sich von Krill. Wissenschaftler haben beide Arten per Satellit bei der Nahrungssuche verfolgt. Ausgangspunkt war die Insel Bird Island an der Nordspitze von South Georgia. Die meisten Elterntiere beider Arten wandern nach Norden oder Nordwesten, um zu fressen. Seebären streifen auf ihren Trips (3 bis 5 Tage) bis zu 150 km weit umher, Pinguine (1 bis 2 Tage) bis zu 50 km, wenn sie Junge füttern, und bis zu 400 km in 15 Tagen, während der Partner brütet. Da Seebären seit 60 Jahren nicht mehr gejagt werden, ist die Population in South Georgia von einigen Tausend auf 3 Mio. Tiere angewachsen, wobei der Hauptzuwachs seit den 1970er Jahren erfolgte. Im selben Zeitraum ist die Zahl der Goldschopfpinguine um die Hälfte – auf rund 2,5 Mio. Brutpaare – zurückgegangen. Könnten diese gegenläufigen Entwicklungen zusammenhängen?

Ein fundamentales ökologisches Konzept besagt, dass zwei Arten nicht stabil koexistieren können, wenn sie direkt um eine begrenzte Ressource konkurrieren. In diesem Fall ernähren sich Seebären und Pinguine im arktischen Sommer in weitgehend überlappenden Gebieten von Krill ähnlicher Größe. Um ein Junges bis zum Abstillen zu ernähren, müssen Seebärinnen mehr als 900 kg Krill fangen. Pinguinweibchen brauchen nur 23 kg, bis ihre Küken selbstständig sind. Dennoch könnte die mit der Größe einhergehende relative Energieersparnis (Seebärinnen wiegen 40 kg, Pinguinweibchen 4 kg) und das größere Streifgebiet der Seebären, wenn sie ihre Jungen aufziehen, zur Folge haben, dass die Robben die Pinguine in deren kleinerem Streifgebiet zurückdrängen. So könnten die Pinguine auf Dauer gezwungen sein, immer härter für ausreichend Nahrung zu „arbeiten", oder auf weniger profitable Beute auszuweichen. KB

tung bedrohte Säugerarten große Tiere, die sich langsam vermehren. Unter ansonsten gleichen Umständen produzieren K-selektierte Säuger weniger Nachkommen in ihrem Leben als r-selektierte, denn sie müssen nicht nur mehr in jeden einzelnen Nachkommen investieren, sondern auch viel Energie in eigene konkurrenzbetonte Aktivitäten wie Territorialität und in den Muskelaufbau stecken. Die entscheidende Frage im Leben eines Säugers ist letztlich, wie die verfügbare Energie zwischen Fortpflanzung und Selbsterhalt aufgeteilt wird.

Verschwender und Populationsexplosion

REAKTIONEN AUF INSTABILE UMWELTBEDINGUNGEN

Das dramatischste Beispiel für die Verknüpfung von geringer Größe, raschem Stoffwechsel und großem Potenzial für Populationswachstum stammt von Säugern mit einem für ihre Größe ungewöhnlich raschen Stoffwechsel. Warum investieren arvicoline Nager (Wühlmäuse, Rennmäuse und echte Mäuse), Kaninchen und Wiesel zusätzlich Energie in einen raschen Metabolismus, wenn ähnlich große Beuteltiere, Ameisenbären und Taschenmäuse ebenfalls gleichwarm sind, ohne einen derart „Brennstoff fressenden" Stoffwechsel ausprägen zu müssen? Nun, offenbar haben diese Energieverschwender die zusätzliche Last eines extravaganten Brennstoffverbrauchs geschultert, um ihr Fortpflanzungspotenzial in Anpassung an instabile Umweltbedingungen zu steigern. Die hohen „Lebenskosten" r-selektierter Arten wie Lemmingen sind im Vergleich zum gleich großen, aber K-selektierten Rüsselspringer ein tolerierbarer Nebeneffekt einer Fortpflanzungsrate, die einem Weibchen erlaubt, mit 42 Tagen bereits 12 Nachkommen zu haben. Ein Rüsselspringer bringt es bestenfalls auf zwei Junge in 100 Tagen.

Vergleicht man Säuger gleicher Größe, aber unterschiedlicher Stoffwechselintensität, so zeigen Arten, deren Populationsgröße zyklisch dramatisch schwanken kann (z.B. arvicoline Nager und Hasenartige), einen rascheren Metabolismus als Arten mit in der Regel stabilen Populationen (z.B. Taschenmäuse und unterirdisch lebende Nager). Schneehasen weisen im Vergleich zu anderen Hasenartigen einen unerwartet niedrigen Stoffwechsel auf und ihre Populationen zeigen nicht die starken zyklischen Schwankungen, die für die sonst ähnlichen Schneeschuhhasen typisch sind. Ähnlich zeigt der Braune Lemming Populationsschwankungen, bei denen die Dichte am Populationsgipfel die im Tal um das 125fache übersteigt (beim Halsbandlemming mit seiner geringeren Stoffwechselrate beträgt dieser Faktor lediglich 38). Die Schwankungen bei der Zahl der Wühlmäuse und Lemminge führen zu einem stark wechselnden Beuteangebot für Wiesel. Diese kleinen Raubtiere können sich dank ihrer geringen Körpergröße und ihres raschen Stoffwechsels zweimal pro Jahr vermehren (was für Carnivoren rasch ist) – möglicherweise eine Anpassung, die ihnen erlaubt,

Links: *Die Revolution in der molekularen Analysetechnik, die neues Licht auf die Säugerevolution warf, führte dazu, dass der (stark gefährdete) Katzenbär nun zu den Kleinbären (Procyonidae) gezählt wird.*

so rasch wie möglich auf einen derartigen Anstieg von Beutetieren zu reagieren. Das verschafft dem Wiesel einen Vorteil gegenüber seinem Konkurrenten, dem Hermelin, der ähnlich gebaut, aber größer ist und sich nur einmal im Jahr vermehrt.

Wenn kleine Säuger viel mehr Nachwuchs produzieren, warum gibt es dann überhaupt Großsäuger? Der Konkurrenzdruck zwingt Säuger, zahllose ökologische Nischen auf dem Land, im Wasser und in der Luft zu nutzen – und manche dieser Nischen können nur von großen Arten „ausgebeutet" werden. Größe bietet manche Vorteile wie die Fähigkeit, mit energieärmerer Nahrung auszukommen, oder Langlebigkeit, effiziente Fettspeicherung und Gedächtnis einzusetzen, um Umweltschwankungen auszugleichen. Große Tiere können zudem länger und weiter laufen und dadurch weiter verstreute Ressourcen verwerten, sich besser gegen Feinde wehren und in kalten Gebieten überleben. Säuger mit all ihren Merkmalen und ihrer beeindruckenden Vielfalt von Größen, Formen und Verhaltensweisen lassen sich also entsprechend einer Reihe von Trends kategorisieren, die aus einem komplexen Wechselspiel von Anpassung und Gegenanpassung erwachsen sind.

Eine ungewisse Zukunft

SCHUTZ UND ERHALT VON SÄUGERN

Nicht wenige der in dieser Enzyklopädie besprochenen und abgebildeten Tiere sind heute bedroht. Einige Verluste waren dramatisch: In den letzten 40 Jahren ist die Zahl der Spitzmaulnashörner von schätzungsweise 100 000 im Jahr 1960 auf 2500 zurückgegangen. Gemäß der Roten Liste gefährdeter Arten, die die IUCN (Internationale Union zum Schutz der Natur und der natürlichen Ressourcen) im Jahr 2000 herausgab, sind 24 % aller Säuger infolge menschlicher Aktivitäten direkt oder indirekt vom Aussterben bedroht. Die IUCN listet rund 1130 Säugerarten auf. Davon gelten 180 Arten als „vom Aussterben bedroht", 340 als „stark gefährdet" und 610 als „gefährdet". Zusätzlich sind 74 Arten von Naturschutzmaßnahmen abhängig und für weitere 602 gilt eine Vorwarnstufe.

Indonesien weist die größte Zahl bedrohter Tiere weltweit auf (135 Arten), gefolgt von Indien (80), Brasilien (75) und China (72). Des Weiteren fallen auch sieben afrikanische Länder unter die ersten 20. Vergleicht man die Anzahl der bedrohten Arten mit der Gesamtartenzahl an Säugern in jedem Land, so sind 19 der 25 „Spitzenländer" Inselstaaten, darunter Australien. Angeführt wird die Liste von Madagaskar, das bereits mehr als 90 % seines ursprünglichen natürlichen Lebensraums verloren hat und weltweit die meisten vom Aussterben bedrohten und stark gefährdeten Primaten aufweist. Die auf Madagaskar endemischen Lemuren gelten als die am stärksten bedrohte Säugerfamilie.

Die universellste Bedrohung für Säuger sind Lebensraumverlust und -zerstörung, gefolgt von der Einschleppung fremder Arten, Bejagung und Tierhandel. Im Anhang I des Washingtoner Artenschutzabkommens (CITES) sind 219 vom Aussterben bedrohte Säugerarten aufgeführt, die durch den Handel negativ beeinflusst werden oder werden könnten (weitere 364 bzw. 56 Arten sind in Anhang II bzw. III aufgelistet). In Australien stellen eingeführte Säuger wie Rotfuchs und Kaninchen eine starke Bedrohung für die einheimische Fauna dar.

Der Naturschutzorganisation CREO (Committee on Recently Extinct Organisms) zufolge sind in den letzten 500 Jahren 83 Säugerarten ausgestorben, während mindestens vier weitere in freier Natur als ausgestorben gelten, darunter das Przewalski-Pferd. Ohne die engagierten Naturschützer des letzten Jahrhunderts stünden auch Tiger, Nashörner, Elefanten, Geparde und Riesenpandas auf dieser Liste. Während einige kürzlich ausgestorbene Säuger wie das Quagga zum Symbol für Schutzbemühungen avancierten, sind andere einfach vergessen worden. Von den 83 Arten, die die IUCN als „ausgestorben" auflistet, gehören 16 zu den Beuteltieren. Der Tasmanische Beutelwolf verschwand in den 1930er Jahren hauptsächlich aufgrund menschlicher Verfolgung.

Bereits sechs Tage nach Anbruch des neuen Jahrtausends starb ein weiterer Säuger aus, der Pyrenäensteinbock *(Capra pyrenaica pyrenaica)*. Diese Unterart, die früher in den spanischen Pyrenäen lebte, war noch im Mittelalter weit verbreitet, aber in den 1990er Jahren auf 10 Tiere geschrumpft. Das letzte Tier starb am 6. Januar 2000 im spanischen Ordesa-Nationalpark. Kurz darauf verschwand der erste Primat, Miss Waldrons Roter Stummelaffe *(Procolobus badius waldroni)*, der trotz jahrzehntelanger Warnungen in Westafrika der anhaltenden Bejagung zum Opfer fiel.

Wenn auch nichts diesen alarmierenden Artenrückgang ausgleichen kann, so werden auf der Habenseite doch jedes Jahr neue Mäuse- und Fledermausarten beschrieben. Manchmal werden für ausgestorben gehaltene Arten wiederentdeckt, wie die kleine Borneo-Goldkatze *(Catopuma badia)*. Von dieser endemischen Art waren zuvor nur sechs Exemplare bekannt, von denen fünf zwischen 1855 und 1900 gesammelt wurden. Dann, im November 1992, wurde an der Grenze zwischen Sarawak und Indonesien ein erwachsenes Weibchen gefangen.

Ebenfalls erst kürzlich wiederentdeckt wurde das Indonesische Pustelschwein *(Sus bucculentus)*. Diese Art, von der man bis dato nur zwei Schädel kannte, war 1996 für ausgestorben erklärt worden. Ein Jahr später gelang es, Teile eines frischen Jungtierschädels bis zu indigenen Jägern in den Bergen zwischen Laos und Vietnam zurückzuverfolgen.

1992 kamen Wissenschaftler dem Vietnamesischen Waldrind *(Pseudoryx nghetinhensis)* im Vu-Quang-Reservat auf die Spur. In diesem Schutzgebiet lebt auch der Riesenmuntjak *(Megamuntiacus vuquangensis)*, der 1994 beschrieben wurde.

1999 wurde in den Sanddünen nördlich des Altun-Gebirges in Xinjiang eine möglicherweise neue Kamelart entdeckt. Entsprechende DNA-Analysen laufen noch. Diese Kamele können Wasser trinken, das für andere Kamele zu salzig ist. Die kleine Kamelherde ist jedoch von Wilderern bedroht, die die brackigen Wasserlöcher verminen, an denen die Tiere trinken. DWM

SPECIAL FEATURE

VERWANDTENSELEKTION UND REZIPROKER ALTRUISMUS

Optimale Bedingungen für das Überleben der Gene

ANPASSUNGEN ZIELEN OFFENBAR AUF DAS ÜBERLEBEN ab, doch auf wessen Überleben? Nicht auf das des Individuums, denn individuelles Überleben ist nur ein Mittel zur Fortpflanzung, und selbst die eigene Fortpflanzung ist nicht alles: Meerkatzen und Wölfe kümmern sich um jüngere Geschwister, Nichten und Neffen; Nacktmulle gehen sogar noch weiter: Wie Arbeiterinnen bei Ameisen verzichten sie ganz auf die eigene Fortpflanzung. Ist das Ziel dann das Überleben der Kolonie, der Art oder gar des Ökosystems? Nein, dies sind wohl eher zufällige Konsequenzen.

Eine weiter reichende Folge von individuellem Überleben und Reproduktion ist das Überleben der eigenen Gene. Das ist wichtig, weil Gene potenziell unsterblich sind. Nicht die DNA-Moleküle selbst, sondern die in ihren Nukleotidsequenzen kodierte Information kann unzählige Generationen lang überleben. Nicht alle schaffen dies – das ist natürliche Selektion –, doch erfolgreiche Sequenzen werden noch in zehn Millionen Generationen vorhanden sein. Die Welt füllt sich mit erfolgreichen Genen.

Auf der Genebene angelangt, lässt sich der Begriff „Überleben" endlich fassen. Wenn Adaptationen auf etwas „abzielen", dann auf das „Überleben" der Gene. Aber wie überleben Gene? Indem sie individuelle Organismen als Behälter oder Vehikel bauen, die dafür sorgen zu überleben und sich zu vermehren. Wenn es statistisch wahrscheinlich ist, dass in bestimmten Klassen anderer Individuen, wie Schwestern oder Neffen, identische Gene vorhanden sind, kann sich ein Individuum jedoch bemühen, sie ebenfalls zu erhalten, selbst wenn dies auf Kosten von eigenem Überleben bzw. Fortpflanzung geht. Die Hamilton-Regel besagt, dass sich ein Gen für altruistisches Verhalten gegenüber einer bestimmten Klasse von Verwandten ausbreiten wird, wenn die Fitnesskosten K für den Altruisten vom Fitnessnutzen N für den Empfänger, multipliziert mit dem „Verwandtschaftskoeffizienten" r (dem Anteil der zwischen beiden aufgrund gemeinsamer Abstammung geteilten Gene), übertroffen werden.

Werte für den Verwandtschaftskoeffizienten *r*

Vollgeschwister (auch Eltern – Kind)	1/2
Halbgeschwister (auch Großeltern – Enkel, Onkel/Tante – Nichte/Neffe)	1/4
Cousins 1. Grades	1/8

Als W. D. Hamilton seine Theorie 1964 erstmals publizierte, prägte er den Begriff „Gesamtfitness". Er nahm die geringfügigen Anpassungen vor, die nötig waren, um die Fitness einzubeziehen, die ein Individuum neben den direkten Nachkommen durch andere Verwandte, wie Brüder und Nichten, gewinnt. Gesamtfitness wurde zwanglos definiert als „die Quantität, die ein Individuum zu maximieren scheint, wenn das, was wirklich maximiert wird, das Überleben der Gene ist". Hamiltons eigene Definition erscheint daneben kompliziert, doch dies ist unverzichtbar, wenn man sich auf individuelle Organismen als Handelnde konzentrieren will, die etwas maximieren. Wenn man also davon spricht, dass Gene etwas maximieren, dann wird dieses Etwas einfach zum Überleben des Gens. Die Bedingung dafür gibt das Überleben eines altruistischen Gens durch die Hamilton-Regel $rN > K$ wieder.

Theorie der Reziprozität

Verwandtenselektion ist weder eine Alternative zur „Individualselektion" noch eine Komplikation, auf die man nur dann „zurückgreift", wenn die Individualselektion versagt. Auch dann, wenn Tiere nur auf die eigene Fortpflanzung setzen und niemals einen Finger für andere rühren, wird ihr Verhalten von Hamiltons Regel bestimmt. Für ihre Ökologie gilt allerdings $rN<K$.

Nutznießer von altruistischen Handlungen und Kooperation sind nicht immer mit den Gebern verwandt. Eine ergänzende Theorie ist die des reziproken Altruismus. Die Kooperation ist gegenseitig und basiert auf dem, was Spieltheoretiker ein Nicht-Nullsummenspiel nennen. In auf Menschen bezogenen Spielen dieser Art gibt es eine „Bank" und die „Spieler" haben die Chance, miteinander auf Kosten der Bank zu kooperieren. Jeder Spieler bringt etwas in die Partnerschaft ein, das der andere braucht. Der Honigdachs *(Melivora capensis)* ist immun gegen Bienenstiche und besitzt zudem die nötige Kraft, um Bienenstöcke zu öffnen. Er kann sie aber nicht finden. Ein kleiner Vogel, der Honiganzeiger *(Indicator* spp.), kann Bienenstöcke ausmachen, sie aber nicht öffnen. Der Honigdachs frisst Honig, kann aber Wachs nicht verdauen. Der Honiganzeiger besitzt – einzigartig unter Wirbeltieren – ein spezielles Enzym, das ihm die Verdauung von Wachs ermöglicht. Diese beiden „Spieler" mit komplementären Bedürfnissen und Fähigkeiten kooperieren zum gegenseitigen Nutzen auf Kosten der „Bank" (Bienen). Honiganzeiger führen mit typischen Rufen einen Honigdachs zum Bienenstock. Dieser bricht den Bienenstock auf und frisst den Honig. Dann dringt der Vogel ins Nest ein und verzehrt Wachs sowie die Bienenlarven.

Die Theorie der Reziprozität erfordert, dass die Kosten für jeden Spieler im Durchschnitt niedriger sind als der Nutzen, den er aus der Zusammenarbeit zieht. Im Honigdachs-Honiganzeiger-Spiel wird diese Bedingung durch die sich ergänzenden Bedürfnisse und Fähigkeiten der Spieler erfüllt. In anderen Spielen, wie beim Blutteilen der Vampirfledermäuse, sind Bedürfnisse und Fähigkeiten der Spieler im Mittel dieselben, doch sie unterscheiden sich bei verschiedenen Gelegenheiten. Blutmahlzeiten sind schwer zu finden, dann aber üppig. An einem Tag, an dem ein Vampir Pech hat, wird er durch das Blutgeschenk eines erfolgreichen satten Kollegen vor dem Verhungern gerettet. Kehrt sich das Glück eines Tages um, revanchiert sich der Empfänger beim Spender.

Das macht Betrügen möglich. Der zweite Pfeiler der Reziprozitätstheorie ist, dass Betrug bestraft werden muss, denn sonst würde die natürliche Selektion genetische Tendenzen begünstigen, zu nehmen, ohne sich zu revanchieren. Das ist exemplarisch in dem Spiel „Gefangenendilemma" dargestellt (siehe Kasten). Unter den richtigen Bedingungen ist „Wie du mir, so ich dir" (oder reziproker Altruismus) eine evolutionsstabile Strategie (ESS). Solange die Häufigkeit der reziproken Altruisten in der Population eine kritische Zahl übersteigt, kommt eine Betrügermutante auf keinen grünen Zweig.

In der Praxis ist reziproker Altruismus bei Arten zu erwarten, die in stabilen Gruppen leben, in denen wiederholte Begegnungen mit denselben Individuen wahrscheinlich sind. Dieselben Bedingungen begünstigen auch verwandtschaftsselektierten Altruismus, denn stabile Gruppen sind häufig Familien. Es ist oft schwer zu entscheiden, ob sich die Kooperation unter dem Einfluss des einen oder des anderen Selektionsdrucks entwickelt. Wahrscheinlich handelt es sich häufig um eine Mischung von beiden. RD

AUSZAHLUNGSMATRIX	Du kooperierst	Du kooperierst nicht
Ich kooperiere	Wir beide prosperieren auf Kosten der Bank.	Ich erhalte die niedrige Auszahlung für Verlierer. Du erhältst die hohe Auszahlung für Betrüger.
Ich kooperiere nicht	Du erhältst die niedrige Auszahlung für Verlierer. Ich erhalte die hohe Auszahlung für Betrüger.	Wir beide erhalten die niedrige Auszahlung („Strafe") für Nichtkooperation.

▲ ***Das Gefangenendilemma.*** *Unter den in der Auszahlungsmatrix gegebenen Bedingungen ist die Strategie „reziproker Altruismus" (kooperieren, aber Betrug bestrafen) evolutionsstabil. Das Gleiche gilt für die Strategie „immer betrügen". Wenn zwei Strategien evolutionsstabil sind, wird diejenige, die zufällig mehr als eine kritische Häufigkeit in der Population erreicht, von der anderen nicht „erobert" werden. Die kritische Häufigkeit hängt von den genauen Umständen ab. Falls die Population auf „immer betrügen" setzt, gewinnt oder verliert der Spieler je nach Umständen. Im Durchschnitt machen aber alle weniger Gewinn, als wenn sie auf „reziproken Altruismus" setzen. Hier gewinnt kein Spieler, alle prosperieren und die „Bank" verliert.*

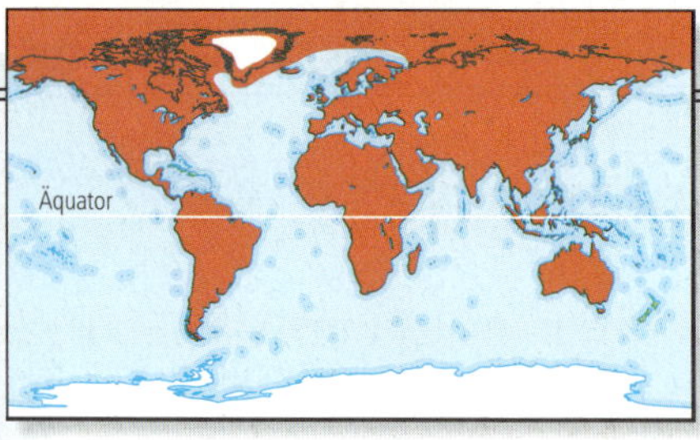

RAUBTIERE

RAUBTIERE SIND HINSICHTLICH GESTALT, Lebensweise und Lebensraum von faszinierender Vielfalt: Der Eisbär ist bis zu 25 000-mal schwerer als das Mauswiesel. Der Riesenpanda stapft gemächlich fressend durch den Bambuswald, während der Gepard bei der Jagd Sprintgeschwindigkeiten von knapp 100 km/h erreicht. Der Erdwolf leckt Termiten auf, der Wickelbär ernährt sich fast ausschließlich von Früchten. Und der im Wasser lebende Seeotter sowie der baumbewohnende Palmenroller setzen beide kaum jemals den Fuß auf festen Boden.

Insgesamt gibt es wenig, was allen Raubtieren gemein ist. Sie können lang gestreckt und schlank sein, aber auch klein und dick; sie leben als Einzelgänger oder gesellig in Gruppen; sie reißen andere Tiere oder werden gerissen. Und ihre Zahl ist groß: Rechnete man, wie es evolutionsgeschichtlich korrekt wäre, zu den 239 an Land lebenden Arten (Fissipedia) die im Wasser beheimateten Spezies (Pinnipedia) hinzu, ergäbe sich eine Gesamtzahl von 272. Die Pinnipedia spalteten sich vor rund 25 Millionen Jahren von den Fissipedia ab und werden hier als eigene Ordnung behandelt,

Was also unterscheidet die Raubtiere von anderen Säugern? Letztlich basiert ihre Abstammungslinie auf einem einzigen gemeinsamen Merkmal: Sie sind oder waren (wie im Fall des Erdwolfs und einiger Bären, für deren unmittelbare Vorfahren dies galt) mit Reißzähnen ausgestattet. Viele Arten anderer Ordnungen sind Fleischfresser, doch nur Mitglieder der Carnivoren stammen von Ahnen ab, deren vierter oberer Vorbackenzahn und erster unterer Backenzahn zum Fleischschneiden ausgebildet war. Heute besitzen nur noch einige Arten diese Reißzähne. Bei vorwiegend vegetarisch lebenden Spezies wie dem Riesenpanda sind sie zu Mahlzähnen umgestaltet.

Nahrung bildet eine wichtige Trennlinie innerhalb der Raubtierordnung: die zwischen kleinen und großen Arten. Viele kleine Raubtiere fressen Wirbellose, die leicht zu fangen, aber eben auch klein sind. Aus Futterverfügbarkeit und Energiebedarf ergibt sich eine natürliche Obergrenze. So können sich Raubtiere mit mehr als 20 bis 25 kg nicht mehr allein von Insekten ernähren (Europäischer Dachs und Erdwolf sind einschlägige Fälle). Alle größeren Fleischfresser jagen daher Wirbeltiere – mit einer Ausnahme, dem Lippenbären, der mit seinen starken Pranken Termitenhügel aufreißen kann und dadurch an eine ausreichende Menge an Insekten herankommt.

Taktiken der Jäger

VERHALTEN

Auch wenn viele heutige Raubtiere Allesfresser oder einige sogar vorwiegend Vegetarier sind, ernährten sie sich ursprünglich von Fleisch. Dieses ist zwar leichter verdaulich, aber schwerer zu ergattern als Pflanzenmaterial.

Beutetiere werden auf sehr unterschiedliche Art erlegt. Wiesel und Frettchen (Mustelidae) sowie

Links: *Trotz ihrer „räuberischen" Ahnen sind die heutigen Raubtiere keineswegs ausschließlich Fleischfresser. Manche, etwa der Riesenpanda, bevorzugen sogar Pflanzenkost, und selbst ein so eifriger Jäger wie dieses Mauswiesel verzehrt gelegentlich Beeren.*

Schleichkatzen (Viverridae) und Mangusten (Herpestidae), mit denen sie eng verwandt sind, töten ihr Opfer gewöhnlich mit einem Biss in den Hinterkopf. Dies ist eine Instinkthandlung, denn der Kampf mit einem Beutetier kann gefährlich werden. Diese Methode stellt sicher, dass die Waffen des Opfers erst gar nicht zum Einsatz kommen können. So wirft sich etwa ein Wiesel beim Tötungsbiss auf die Seite oder den Rücken und stößt Klauen und Zähne des sich wehrenden Beutetiers mit kräftigen Tritten von sich weg. Kleinere Mitglieder der Katzenfamilie (Felidae), die es mit kleinerer Beute zu tun haben, beißen ins Genick und schlagen ihre Eckzähne in die Spalten der Nackenwirbel. Mitglieder der Hundefamilie (Canidae) schnappen in aller Regel nach dem Nacken, wenn sie kleinere Tiere angreifen, oder drücken sie mit den Vorderpfoten zu Boden. Anschließend beuteln sie ihr Opfer so heftig, dass diesem das Genick bricht. Größere Beutetiere werden mit einem Kehlbiss erstickt oder mit Bissen in exponierte Weichteile außer Gefecht gesetzt.

Links: *Während über dem kenianischen Masai-Mara-Nationalpark ein schwerer Sturm aufzieht, lässt sich ein Löwenrudel zur Ruhe nieder. Viele Raubtierarten leben in Gruppen. Man nimmt an, dass dies mit den Vorteilen gemeinsam durchgeführter Jagdzüge zusammenhängt.*

Körperbau der Raubtiere

ANATOMIE UND PHYSIOLOGIE

Egal ob sie Sohlengänger sind (Bären), also Hände und Füße vollständig auf den Boden aufsetzen, oder nur auf den Zehen laufen (Katzen) – allen Raubtieren ist ein evolutionsgeschichtlich sehr altes Skelettmerkmal gemein: die Verwachsung der Handwurzelknochen (siehe Seite 4). Bei Mitgliedern der Hundefamilie könnte man diese Entwicklung damit erklären, dass sie die Belastung abfangen sollte, die den Fuß beim Laufen trifft. Doch die Verwachsungen waren bereits bei älteren, heute ausgestorbenen waldbewohnenden Raubtieren vorhanden. Möglicherweise unterstützten sie die Beugung am Mittelhandgelenk bei diesen frühen Raubtieren, die sowohl gut klettern als auch mit Beutetieren kämpfen mussten.

Der Vorteil großer Schritte und Sprünge könnte das nur noch rudimentär vorhandene Schlüsselbein erklären, das innerhalb der Muskeln ohne Verbindung zur Schulter liegt. Sinn und Zweck eines ausgeprägten Schlüsselbeins, wie Primaten es besitzen, besteht darin, das Schulterblatt zu stabilisieren und die Muskeln zu halten, die die freie Seitwärtsbewegung der Gliedmaßen kontrollieren. Für das Vor und Zurück der Gliedmaßen von Raubtieren, die primär hinter Beute herjagen, spielt keine dieser Aufgaben eine Rolle.

Der Rest der Raubtieranatomie ist ebenso vielfältig, wie die unterschiedlichen Lebensweisen der einzelnen Arten es erwarten lassen. Die für Katzen typischen einziehbaren Krallen etwa gibt es sonst nur noch bei den Viverridae (einigen Zibet- und Ginsterkatzen). Caniden besitzen hingegen breite, stumpfe Krallen, die sie unter anderem zum Vergraben von Nahrung einsetzen.

Auch hinsichtlich der Fortpflanzung findet man bei den Raubtieren Ungewöhnliches. So haben die Männchen aller Familien mit Ausnahme der Hyänen einen Penisknochen, der die Kopulation verlängert, was vor allem bei Arten wichtig ist, bei denen die Paarung den Eisprung auslöst. Die

ORDNUNG: CARNIVORA (RAUBTIERE)
9 Familien; 94 Gattungen; 239 Arten

KATZENARTIGE Familie Felidae — S. 8
37 Arten in 4 Gattungen
Darunter Löwe *(Panthera leo)*, **Jaguar** *(P. onca)*, **Leopard** *(P. pardus)*, **Tiger** *(P. tigris)*, **Schneeleopard** *(P. uncia)*, **Nebelparder** *(Neofelis nebulosa)*, **Gepard** *(Acinonyx jubatus)*, **Luchs** *(Felis lynx)*, **Ozelot** *(F. pardalis)*, **Langschwanzkatze** *(F. wiedi)* und **Wildkatze** *(F. silvestris)*.

HUNDEARTIGE Familie Canidae — S. 40
35 Arten in 10 Gattungen
Darunter **Schakale** *(Canis adustus, C. aureus, C. mesomelas)*, **Kojote** *(C. latrans)*, **Dingo** *(C. dingo)*, **Wolf** *(C. lupus)*, **Eisfuchs** *(Alopex lagopus)*, **Rotfuchs** *(Vulpes vulpes)*, **Swiftfuchs** *(V. velox)*, **Rothund** *(Cuon alpinus)*, **Afrikanischer Wildhund** *(Lycaon pictus)*.

GROSSBÄREN Familie Ursidae — S. 70
8 Arten in 5 Gattungen
Darunter **Eisbär** *(Ursus maritimus)*, **Grizzly** oder **Braunbär** *(U. arctos)*, **Brillenbär** *(Tremarctos ornatus)*. Der **Riesenpanda** *(Ailuropoda melanoleuca)* wurde früher meist in eine eigene Familie, Ailuropodidae, gestellt, gilt heute aber weitgehend als den Großbären zugehörig.

KLEINBÄREN Familie Procyonidae — S. 86
19 Arten in 7 Gattungen
Darunter **Waschbär** *(Procyon lotor)* und **Nasenbär** *(Nasua narica)*. Den **Kleinen Panda** *(Ailurus fulgens)* betrachten manche als Vertreter einer Unterfamilie der Kleinbären, andere dagegen stellen ihn in die Familie Ailuridae.

MARDERARTIGE Familie Mustelidae — S. 96
56 Arten in 24 Gattungen
Darunter **Mauswiesel** *(Mustela nivalis)*, **Schwarzfußiltis** *(M. nigripes)*, **Hermelin** *(M. erminea)*, **Europäischer Dachs** *(Meles meles)*, **Chilenischer Fischotter** *(Lontra felina)*, **Meerotter** *(Enhydra lutris)*.

STINKTIERE Familie Mephitidae — S. 120
10 Arten in 3 Gattungen
Darunter **Streifenskunk** *(Mephitis mephitis)*, **Westlicher Fleckenskunk** *(Spilogale gracilis)*, **Amazonasskunk** *(Conepatus semistriatus)*.

SCHLEICHKATZEN Familie Viverridae — S. 122
35 Arten in 20 Gattungen
Darunter **Fleckenmusang** *(Paradoxurus hermaphroditus)*, **Ginsterkatzen** *(Genetta-Arten)*.

MANGUSTENARTIGE Familie Herpestidae — S. 132
35 Arten in 17 Gattungen
Darunter **Erdmännchen** *(Suricata suricatta)*, **Kleiner Mungo** *(Herpestes auropunctatus)*, **Südzwergichneumon** *(Helogale parvula)*, **Zebramanguste** *(Mungos mungo)*.

HYÄNEN Familie Hyaenidae — S. 140
4 Arten in 4 Gattungen
Streifenhyäne *(Hyaena hyaena)*, **Schabrackenhyäne** *(Parahyaena brunnea)*, **Fleckenhyäne** *(Crocuta crocuta)*, **Erdwolf** *(Proteles cristatus)*.

Form des Penisknochens ist je nach Art verschieden. Das so genannte Hängen gibt es allerdings nur bei Hunden. Dieser Sperrmechanismus könnte mit der Spermienkonkurrenz zu tun haben.

Bei den meisten Arten ist der Entwicklungszyklus des befruchteten Eis säugetiertypisch: Das Ei entwickelt sich kontinuierlich von der Befruchtung bis zur Geburt. Bei einigen Raubtieren, besonders bei den Marderartigen, tritt eine Entwicklungspause auf, die so genannte verzögerte Implantation, die es möglich macht, Paarung und Geburt unabhängig von der Tragzeit in die jeweils günstigste Jahreszeit zu verlegen.

Alle Raubtiere zeichnen sich durch große Sinnesschärfe aus. Am faszinierendsten ist vielleicht ihre Fähigkeit, Geruch nicht nur zum Aufspüren von Beute (und Ausweichen von Fressfeinden) zu benutzen, sondern auch als Kommunikationsmittel. Neben dem Signalwert von Harn und Kot, die an strategischen Punkten gesetzt werden, verfügen die meisten Raubtiere über mehrere Duftdrüsen. Mit Sicherheit enthalten diese Sekrete weit komplexere Informationen, als die Forschung bislang nachweisen konnte. Beispielsweise ist bekannt, dass ein Mungo Identität und Rang eines anderen allein am Geruch erkennen kann. Man nimmt an, dass die meisten Raubtiere Artgenossen anhand ihrer Duftmarken identifizieren.

Stadtdachse und eingeführte Wiesel

VERBREITUNG UND LEBENSRAUM

Raubtiere trifft man in freier Wildbahn überall auf der Welt an, wobei grönländische Polarfüchse und die Wildkatzen der subantarktischen Marion-Insel die extremsten Regionen vertreten. Alle Familien sind weit verbreitet, ganz besonders die der Hunde. Einige Arten hat der Mensch in Gebiete eingeführt, in denen sie ursprünglich nicht vorkamen – mit fast immer katastrophalen Folgen. So schleppten Mungos, die zur Rattenbekämpfung in die Karibik importiert wurden, dort die Tollwut ein. Katzen, die als Haustiere oder Ungeziefervertilger mitgebracht wurden, rotteten auf abgelegenen Inseln flugunfähige Vögel aus. Und Wiesel und Füchse, die zur Kaninchenkontrolle bzw. für die Jagd in Neuseeland und Australien ausgewildert worden waren, entwickelten sich zu einer akuten Bedrohung für die heimische Fauna.

Einen bemerkenswerten Schritt haben Raubtiere in jüngster Zeit ganz freiwillig unternommen: Sie hielten Einzug in Großstädte. Auf den Müllhalden des Nahen Ostens finden Schakale seit biblischen Zeiten so manchen Leckerbissen. Skunks und Waschbären durchstreifen die Vorstädte nordamerikanischer Metropolen, und Tüpfelhyänen gehören im äthiopischen Harar längst zum alltäglichen Straßenbild. In den letzten Jahrzehnten klopfen

KÖRPERBAU DER RAUBTIERE

▶ ***Rechts:*** *Die typische Gebissformel eines Raubtiers lautet I3/3, C1/1, P4/4, M3/3 = 44. Das heißt, es gibt 44 Zähne, die sich wie folgt aufteilen: drei Schneidezähne (Incisivi), ein Eckzahn (Caninus), vier Vorbackenzähne (Prämolaren) und drei Backenzähne (Molaren) pro Kieferhälfte im Ober- und Unterkiefer. Von besonderer evolutionsgeschichtlicher Bedeutung sind die Reißzähne – der letzte obere Prämolar und der erste untere Molar –, die bei Raubtieren mit scharfen Zacken zum Fleischschneiden bestückt sein können (rechts der Schädel eines typischen Caniden). Bei Primaten hingegen sind sie zum Mahlen abgeflacht. Allerdings gibt es bei den Zahnformeln der einzelnen Raubtierfamilien beträchtliche Unterschiede. Dem Wolf beispielsweise fehlt zum klassischen Raubtiergebiss ein Molar im Oberkiefer.*

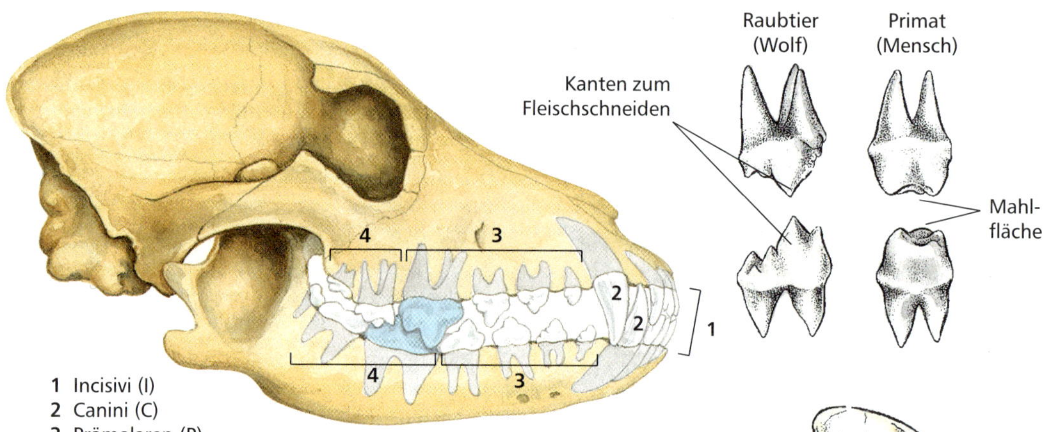

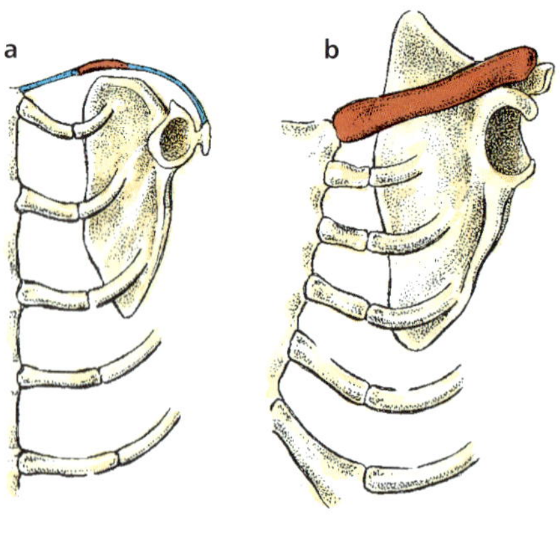

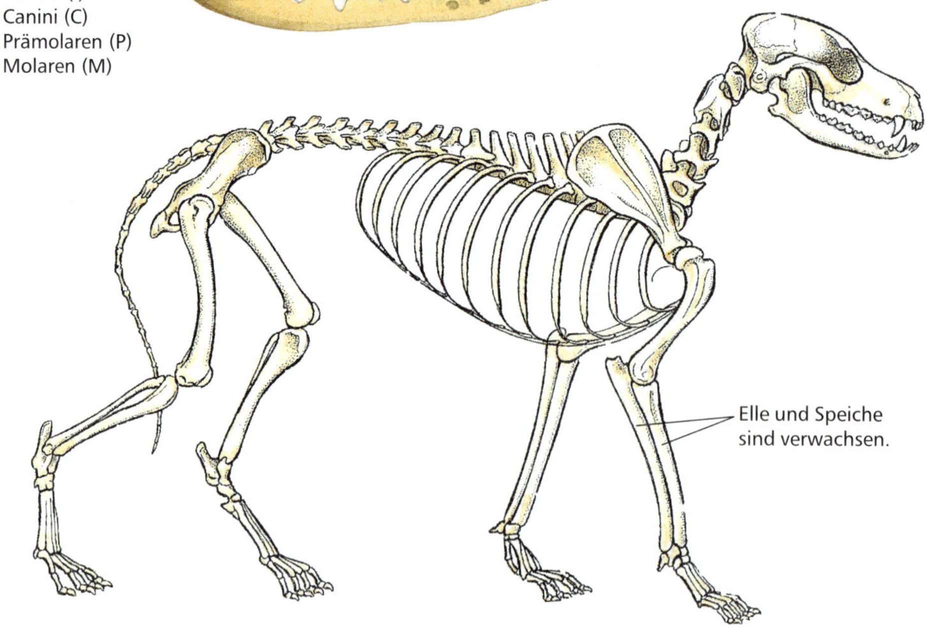

▲ ***Oben:*** *Das Schlüsselbein ist bei allen Raubtieren im Vergleich zu anderen Säugern deutlich reduziert. Die Abbildung zeigt das Schlüsselbein (Clavicula) eines Wolfs* ***a****, das gegenüber dem eines Menschen* ***b*** *zu einem an zwei Bändern (blau) aufgehängten Scheibchen (rot) zurückgebildet ist.*

▲ ***Oben:*** *Wie der hier abgebildete Wolf haben die meisten Raubtiere einen kraftvollen, geschmeidigen Körper und ein starkes, auf schnelles Laufen ausgerichtetes Skelett. Neben den Umformungen von Schlüsselbein und Handwurzelknochen sowie der Gebissformel sind Elle und Wadenbein (gewöhnlich der dünnere der beiden Hauptknochen der Vorder- bzw. Hinterbeine) besonders stark ausgebildet, damit die Beute schnell verfolgt werden kann – dies ist gerade für die Hundeartigen sehr wichtig. Zudem ist die Elle fest mit der Speiche verwachsen, um Verdrehungen vorzubeugen.*

Raubtiere auch vermehrt an die Pforten europäischer Großstädte. Dachse leben in London und Kopenhagen, Rotfüchse werden im Licht der Straßenlaternen von Stockholm, Kopenhagen, Paris und London gesichtet. Ihr Speisezettel ist gegenüber dem des gewöhnliches Landfuchses deutlich erweitert und schließt Delikatessen aus Vogelfutterhäuschen und Komposthaufen sowie gelegentlich auch kleinere Verkehrsopfer ein. Höchst selten plündern die Tiere jedoch Mülltonnen – die wahren Übeltäter sind hier fast immer Hunde.

Rechts: *Ein Braunbär richtet sich auf, um einen Eindringling abzuschrecken. Gewöhnlich laufen die Tiere, die Sohlengänger sind, auf allen vieren. Gelegentlich nutzen sie jedoch ihre gewaltige Körpergröße, wenn sie besonders bedrohlich wirken oder einfach einen besseren Überblick haben wollen.*

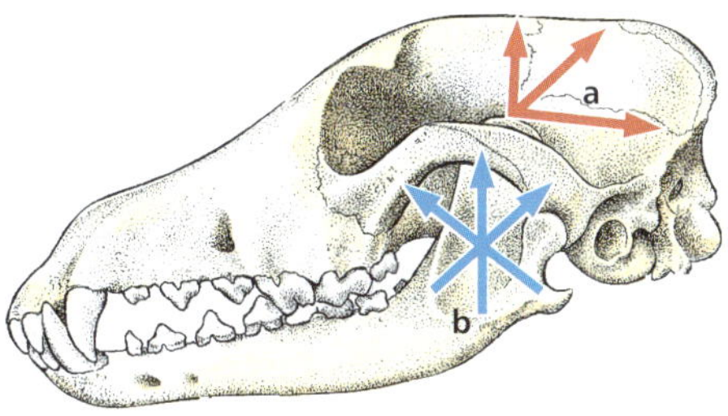

Oben: *Kraftvolle Kiefer sind unerlässlich, um Beutetiere zu reißen. Hier sind die Kraftlinien der Kieferschließmuskeln des Hunds abgebildet. Der mächtige Schläfenmuskel oder Temporalis* ***a*** *liefert die Kraft zum Erstickungsbiss und Knochenbrechen, selbst bei offenem Maul. Der Kaumuskel oder Masseter* ***b*** *dient zum Fleischschneiden sowie zum Mahlen bei fast geschlossenem Kiefer.*

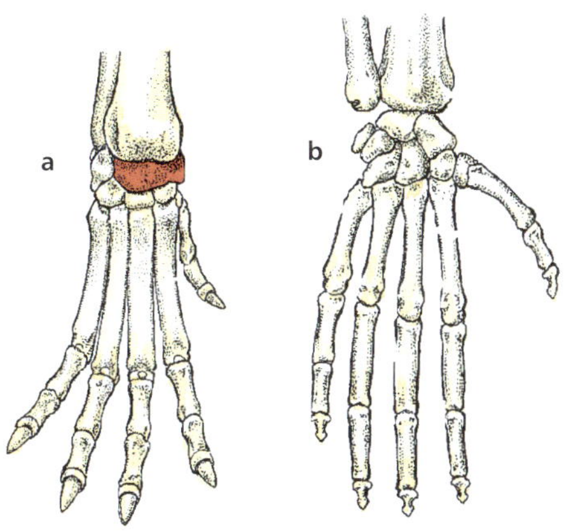

Oben: *Verwachsene Handwurzelknochen* ***a*** *sind typisch für die Raubtiere. Bei den Primaten wie dem Menschen* ***b*** *bleiben diese Knochen getrennt.*

Den Zähnen auf der Spur

EVOLUTION

Die frühesten Säuger sind hauptsächlich durch ihr Gebiss bekannt, da der relativ kleine Körper – ebenso wie ihr baumreicher Lebensraum – die Erhaltung vollständiger Fossilien nicht gerade förderte. Folglich ist unser Wissen sehr bruchstückhaft, was den Ursprung der Säugetiere (vor etwa 190 Millionen Jahren im Tertiär) und die Vorfahren der heutigen Säugerordnungen, die vor etwa 70 Millionen Jahren lebten, anbelangt. Bei den Urraubtieren entwickelte sich mehrmals und unabhängig voneinander ein Paar spezieller Reißzähne, beispielsweise bei der heute ausgestorbenen Ordnung der Creodonten. Bei diesen lagen sie allerdings an einer anderen Stelle im Gebiss.

Die Vorläufer aller lebenden Raubtiere dürften mit größter Wahrscheinlichkeit Mitglieder der ausgestorbenen Überfamilie Miacoidea gewesen sein. Über diese Waldbewohner wissen wir wenig. Sie besaßen jedoch flexible Pfoten (was auf Baumbewohner schließen lässt). Zudem waren der vierte obere Vorbackenzahn (Prämolar) und der erste untere Backenzahn (Molar) zu Reißzähnen umgebildet. Kahnbein (Skaphoid) und Mondbein (Lunatum) waren noch nicht verwachsen. Die Miaciden teilten sich im Eozän und Oligozän (vor 45 bis 26 Millionen Jahren) in die heutigen Raubtierfamilien. Ohne jeden Zweifel spiegelt diese starke Vermehrung von Fleischfressern eine ähnliche Explosion unter den Beutetieren, die sich ihrerseits infolge einer breiter gefächerten Pflanzenwelt entwickelten.

In den letzten 50 Millionen Jahren spalteten sich die Raubtiere in zwei Erb- oder Stammlinien. Zur einen, die sich von den Viverravines ableitet, gehören alle katzenartigen Familien. Die andere, die Hundestammlinie, geht auf die Vulpavines zurück. Die heutigen Katzen werden von vier Familien repräsentiert: Viverridae (Schleichkatzen), Felidae (Katzen), Hyaenidae (Hyänen) und Herpestidae (Mangusten). Darüber, wie viele Familien die Hundelinie enthält, streiten die Gelehrten noch. Allgemein als dazugehörig betrachtet werden: Canidae (Hunde), Ursidae (Großbären) und Mustelidae (Marder) sowie die diesen nahe ver-

Rechts: Die Grundaufteilung der Raubtiere in Hunde und Katzen erfolgte vor über 50 Mio. Jahren durch die Trennung von Vulpavines und Viverravines. Die Robben trennten sich wesentlich später vom Hundezweig ab. Sie sind zwar im evolutionären Sinn Raubtiere, doch in dieser Enzyklopädie werden sie der eigenständigen Ordnung Pinnipedia zugerechnet.

wandten Procyonidae (Kleinbären). Einige Forscher trennen die Ailuridae (Katzenbären) von den Procyonidae. Der Riesenpanda gilt heute jedoch unumstritten als Mitglied der Ursidae.

Die Anfänge von Geselligkeit

ARBEITSTEILUNG IN DER GRUPPE

So faszinierend die anatomische Spezialisierung der Raubtiere und ihre Verhaltensweisen auch sind, das hervorstechendste Merkmal ihrer Biologie ist die Raffinesse ihrer Gemeinschaft – die kollektive Stärke, strategische Koordination und beeindruckende Effizienz, mit der diese Jäger im Team Beute reißen. Doch gemeinsame Jagd ist längst nicht alles. Man erkennt mehr und mehr, dass einige Raubtiere ganz andere, aber nicht minder komplexe Gesellschaften bilden, deren Ursprünge und Beibehaltung in keinerlei Zusammenhang mit der Gemeinschaftsjagd stehen.

Ursprünglich gab es zwei Theorien, weshalb manche Raubtiere in Gruppen leben. Einige – Wölfe und Löwen etwa – jagen zusammen, so hieß es, um auf diese Weise auch große und gefährliche Beute erlegen zu können. Andere – darunter einige Mangusten – würden dagegen im Verband umherziehen, um sich gegen übermächtige Feinde wehren zu können. Gemeinsamkeit macht bekanntlich stark. Gewiss unterliegen beide Verhaltensweisen dem Selektionsdruck, der manche Raubtiergesellschaften geprägt hat, doch erklären sie nicht, warum andere Arten zwar in Gruppen leben, aber einzeln umherstreifen und jagen.

Nun gibt es eine ganze Reihe von Arten, deren scheue, nachtaktive Lebensweise den Menschen früher glauben ließ, sie lebten als Einzelgänger. Beispiele dafür sind Fuchs, Zibetkatze, Schabrackenhyäne, Europäischer Dachs und die halbwilde Bauernhofkatze. Dank Telemetrie und Nachtsichtgeräten weiß man heute, dass sich bei diesen Arten (und vermutlich noch vielen weiteren) mehrere Erwachsene in etwa dasselbe Revier teilen, auch wenn sie sich nur bisweilen begegnen und separate Bauten bewohnen. Von Arten, deren Jagdbezirke sich eindeutig überlappen, könnte man folglich sagen, sie leben in „räumlichen Gruppen".

Eine Art, bei der eindeutig andere Faktoren als Gemeinschaftsjagd und Feindabwehr die Bildung von Gruppen fördern, ist der Europäische Dachs. In ländlichen Gebieten leben zwei bis zehn (bisweilen auch bis zu 30) Tiere im selben Revier und Bau, gehen aber einzeln auf Nahrungssuche. Jagdbeute ist in erster Linie der Gemeine Regenwurm (*Lumbricus terrestris*), der bei Grastemperaturen von über 2 °C, Windstille und hoher Luftfeuchte

EVOLUTION DER RAUBTIERE

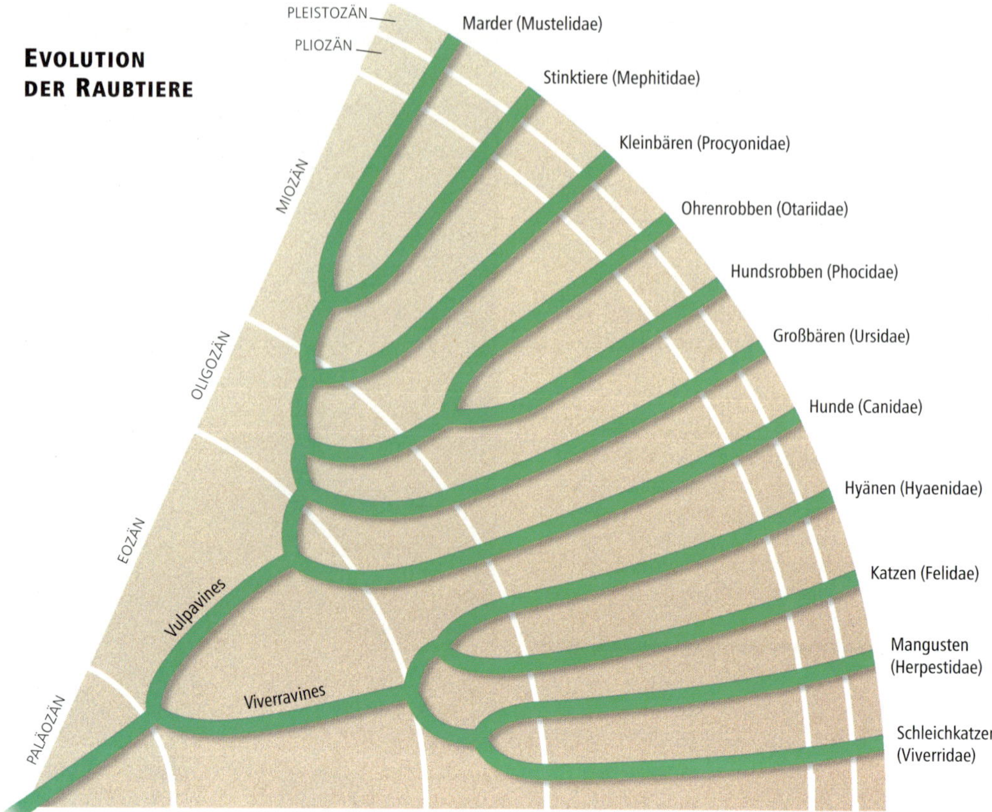

GEMEINSCHAFTSERZIEHUNG

Bei einigen Raubtierarten ist die Aufzucht des Nachwuchses nicht allein Sache der Eltern. Ein Beispiel ist der abgebildete Familienverband der Schabrackenschakale: Zu ihm gehört neben der Mutter **1** und ihren Jungen (zwei beim Saugen, eines bettelt um vorverdaute Nahrung) auch ein geschwisterlicher „Helfer" **2,** hier in Unterwerfungsgeste vor seinem Erzeuger, dem Familienvater **3.** Die Helfer bringen säugenden Weibchen Futter und passen auf die Jungen auf, wenn die Eltern gemeinsame Streifzüge unternehmen.

Dieses Helferverhalten ist relativ verbreitet, kann sich je nach Art aber stark unterscheiden. Bei Zebramangusten und Nasenbären etwa teilen sich mehrere Weibchen die Mutterpflichten. Löwen und Hauskatzen (andere Katzen jedoch nicht) leben häufig in engen Gruppen miteinander verwandter Weibchen, die sich gemeinsam um den Nachwuchs kümmern. Innerhalb der Hundefamilie sind solche Aufzuchtgemeinschaften eher die Ausnahme. Die Vermehrung bleibt hier in der Regel dem dominanten Paar vorbehalten, dem sich die übrigen Tiere unterordnen – entweder auf Dauer, bis sie selbst die Führung anstreben oder ein eigenes Rudel gründen. Oft helfen jedoch zumindest einige dieser Tiere bei der Jungenaufzucht: Beim Rotfuchs sind dies die Weibchen. Bei anderen Caniden, darunter Schakale, fungieren männliche und weibliche Tiere als Helfer.

Ein derartiges Verhalten erhöht natürlich die Chancen des Nachwuchses, bringt den Helfern selbst auf den ersten Blick aber kaum Vorteile. Weshalb setzen sie sich dennoch ein? Dafür gibt es verschiedene Erklärungsversuche. So könnten die Helfer etwa Erfahrung für ihr späteres Elterndasein sammeln, aber auch von der langfristig größeren Gruppe profitieren. Oder aber sie investieren – schließlich sind oft alle Rudelmitglieder eng verwandt – in Jungtiere, die fast dieselben Gene besitzen wie ein möglicher eigener Nachwuchs. Dies ist sicher bei Schabrackenschakalen der Fall. Da die Eltern monogam leben, sind die Helfer mit ihren Geschwistern ebenso eng verwandt, wie sie es mit leiblichen Kindern wären. PDM/DWM

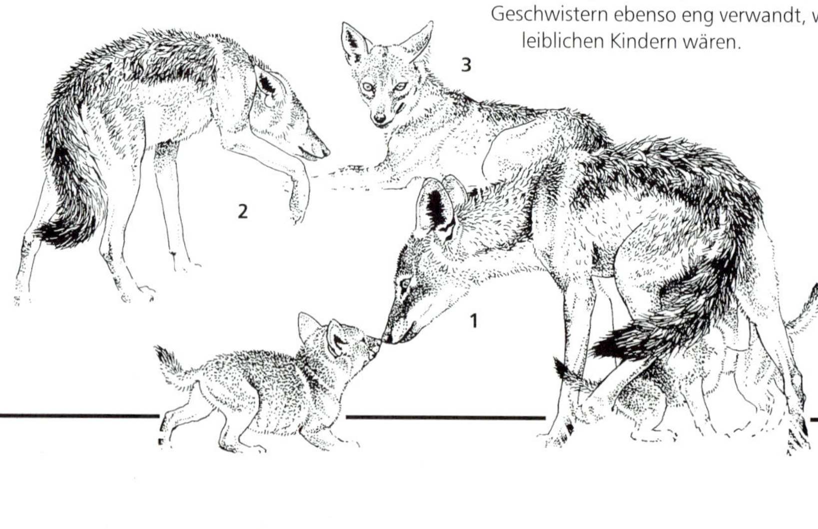

nachts an die Erdoberfläche kommt. Das Problem für den Dachs besteht darin, dass die Würmer je nach klimatischen Bedingungen jede Nacht an anderen Orten auftauchen. Er braucht deshalb ein Revier, das groß genug ist, um eine entsprechende Vielfalt an Mikroklimata zu bieten. Andererseits ist das Wurmangebot dann gewöhnlich so groß, dass ein einzelner Dachs gar nicht alle fressen und deshalb problemlos andere Dachse in seinem Revier dulden kann. Aus dieser Theorie – in Fachkreisen wird sie Resource Dispersion Hypothesis (RDH) genannt – leitet sich die Annahme ab, dass bei größerer Futterplatzdichte auf vergleichbar großer Fläche auch mehr Dachse anzutreffen sind, während – davon unabhängig – die Größe der Dachsgruppen dadurch bestimmt wird, wie ergiebig, d.h. wurmreich, die einzelnen Plätze sind.

Viele von an derart verteilten Futterstellen lebenden Raubtieren verhalten sich gemäß dem RDH-Modell: Ihre Reviergröße bemisst sich nach dem Vorhandensein von Nahrungsplätzen und Wasserstellen, die Gruppengröße aber nach der Menge der dort zur Verfügung stehenden Ressourcen – sei es Nahrung oder Wasser. Ein ganzer Trupp Nasenbären kann sich die Tränken teilen, in deren Umgebung die Tiere leben; eine Schar Erdmännchen kann gemeinsam im dungreichen Schatten einer Akazie nach Käfern und Skorpionen graben; ein Rudel Tüpfelhyänen schlägt sich an einem Kadaver so lange gemeinsam den Bauch voll, bis sie von Löwen vertrieben werden. Wie für den Dachs bringt diese Lebensweise praktisch keine Nachteile mit sich, wohl aber potenziellen Nutzen wie beispielsweise Unterstützung bei der Jungenaufzucht (siehe Kasten Seite 6).

Neben gemeinschaftlicher Jagd, Wachsamkeit und Kinderbetreuung werden weitere Vorteile deutlich. Größere Rudel von Kojoten und Goldschakalen können ihre Beute erfolgreicher gegen andere Rudel verteidigen, dasselbe gilt für Tüpfelhyänen, denen häufig Löwen den Riss streitig machen. Zwergmangusten und Erdmännchen kümmern sich um verletzte Artgenossen. Löwen- und Gepardenmännchen schließen sich zusammen, um dominante Rudelführer zu verdrängen, gegen die sie allein keine Chance hätten. Die Liste der Vorteile wird länger, wenngleich ökologische Gegebenheiten wie beispielsweise Futterverfügbarkeit dem Wachstum verständlicherweise natürliche Grenzen setzen.

Mensch und Raubtier

ARTENSCHUTZ

Die Beziehung zwischen Mensch und Raubtier ist von Extremen geprägt. Haushund und -katze findet man zu Millionen in allen Teilen der Welt, während einige wild lebende Arten auf wenige Hundert Individuen dezimiert und andere sogar völlig ausgerottet wurden. Der Hund war eines der ersten „Haustiere". Die Anfänge seiner Verbindung zum Menschen reichen 14 000 (manchen Quellen zufolge sogar bis zu 50 000) Jahre zurück in eine Zeit, als der Mensch in Jäger-und-Sammler-Gemeinschaften lebte. Darüber, dass der Wolf der Urvater des Haushunds ist, herrscht heute allgemein Übereinstimmung. Allerdings streiten sich die Gelehrten noch immer darüber, ob und vor allem warum Hunde vorsätzlich domestiziert wurden – als Jäger, Wächter oder Aasfresser, als Fleischlieferant, „Wärmflasche" oder Gefährte. Die Geschichte der Hauskatze ist dagegen noch keine 4000 Jahre alt, und es gibt keinerlei Hinweise darauf, dass ihre Domestizierung irgendeinen praktischen Nutzwert hatte. Heute bilden sowohl Hunde als auch Katzen eine Gefahr für ihre wilden Vorfahren, durch Kreuzung ebenso wie durch Übertragung von Krankheiten.

Oben: Eine Tüpfelhyäne in Botswana ergänzt ihren Speisezettel auf einer Müllkippe. So verheerende Folgen das Städtewachstum für viele Säugetiere hat, die unersetzbaren Lebensraum verlieren, so haben andererseits einige wenige Arten gelernt, Vorteil daraus zu ziehen. Sie nutzen Begleiterscheinungen menschlicher Präsenz wie Müllhalden und Verkehrsopfer.

Genau wie viele andere Säugetiere sind auch mehrere Raubtierarten vom Menschen bedroht – sei es direkt durch Bejagung etc. oder indirekt durch Zerstörung ihres Lebensraums. Auch wenn keine unmittelbare Ausrottungsgefahr besteht, bedürfen nahezu alle Raubtiere eines gewissen Schutzes, zumal viele (zu Unrecht) in Verruf geraten sind und allein aufgrund ihres Raubtierverhaltens insbesondere von Landwirten und Viehzüchtern verfolgt werden. Obwohl nach wie vor umstritten ist, ob gewisse Arten „im Zaum gehalten" werden sollten (etwa weil sie Haustiere reißen oder Tollwut übertragen können), wird heute in weiten Teilen Europas jedes Jahr mehr als ein Rotfuchs pro Quadratkilometer getötet. Die regelrechte Abschlachtung von Kojoten durch nordamerikanische Farmer hat weltweit Schlagzeilen gemacht, und in der früheren UdSSR wurden nach Rekordverlusten von Rindern in den 1920er Jahren jährlich 40 000 bis 50 000 Wölfe abgeschossen. Selbst heute noch, wo überall sonst auf der Welt Biologen ums Überleben der letzten Bestände kämpfen – in Ägypten gibt es noch etwa 30 Wölfe, in Norwegen nicht einmal mehr zehn –, zahlt Russland ein Kopfgeld auf Wölfe (eine Wölfin mit Geheck bringt 200 Rubel). Derartige Paradoxa existieren weltweit: Fast überall in Europa genießt etwa der Fischotter größten Schutz, doch in Teilen Osteuropas, wo in Karpfenteichen fette Silvester-Festbraten herangemästet werden, gilt er als Schädling.

Das Los vieler Arten liegt gänzlich in der Hand des Menschen. Wir entscheiden darüber, ob diese faszinierenden, oft wunderschönen Geschöpfe überleben oder nicht. Das Problem liegt in der oft widersprüchlichen Betrachtungsweise: Der Rotfuchs zum Beispiel wird von verschiedenen Menschen ganz unterschiedlich gesehen: als anmutiges Raubtier, Überträger von Tollwut, edle (wenngleich nicht essbare) Jagdtrophäe, Fasanenkiller, Hühnerdieb, Dezimierer von Nagetieren oder Pelzlieferant. DWM

VERBREITUNG Weltweit außer Australien, Madagaskar und Antarktika. Hauskatzen *(F. silvestris catus)* überall mit Ausnahme von Antarktika.

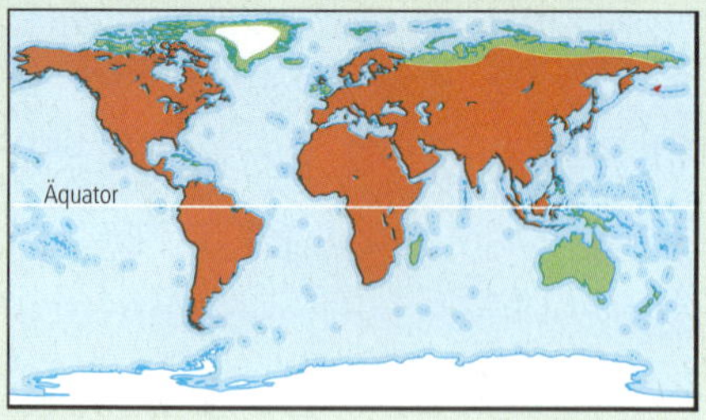

Familie: Felidae
37 Arten in 4 Gattungen

GROSSKATZEN

7 Arten in 3 Gattungen:

30 Arten der Gattung *Felis*, darunter **Luchs** *(F. lynx)*, **Rotluchs** *(F. rufus)*, **Puma** *(F. concolor)*, **Ozelot** *(F. pardalis)*, **Wildkatze** *(F. silvestris)* und **Jaguarundi** *(F. yaguarondi)*.

Katzenartige

Katzen sind der Inbegriff der Raubtiere und stehen an der Spitze so mancher Nahrungskette. Die Familie umfasst 37 Arten (inklusive der Hauskatze), die sich über fünf Kontinente verteilen. Die Domestizierung begann vor gut 4000 Jahren im Nahen Osten, als Falbkatzen (*Felis silvestris libyca*) in menschlichen Siedlungen geduldet wurden, weil sie die Kornspeicher von Nagetieren frei hielten. Nach Europa gelangte die Katze, die bei den Ägyptern heilig war, vor etwa 2000 Jahren.

Die ersten Katzen entwickelten sich im Eozän vor rund 40 Millionen Jahren. Die heutigen Arten stammen von einem Vorfahren namens *Pseudailurus* ab. Aus diesem gingen ab dem Oligozän (vor 38 bis 26 Millionen Jahren) eine Gruppe großer säbelzähniger Katzen und die heutigen Wildkatzen hervor. Die Säbelzahnkatzen verschwanden erst vor relativ kurzer Zeit während der letzten Eiszeit im Pleistozän (vor 20 000 bis 10 000 Jahren), in der auch viele andere Säugetiere ausstarben.

Alle Katzen besitzen verschiedene Merkmale, die sie von ihrem gemeinsamen Vorfahren geerbt haben: ein flaches Gesicht, große Augen, ausfahrbare Krallen und große, empfindliche Ohren. Eine beige- bis goldbraune Fellfarbe sowie eine dunkle Zeichnung dienen der Tarnung, da drei Viertel aller Katzen im Wald zu Hause sind. Das Fell der heute lebenden Arten zeichnet sich durch verschiedene Muster aus – von Streifen beim Tiger bis zu den „Wolkenflecken" bei Nebelparder und Marmorkatze. Außerdem unterscheidet es sich in der Pigmentierung (Albinos bei Löwen und Tigern, Schwärzlinge bei Leoparden und Jaguaren) und der Haarlänge. Die vielen Fellarten der Hauskatzenrassen lassen vermuten, dass ein früher Vorfahr über die nötige genetische Vielfalt verfügte, um eine solche Mannigfaltigkeit zu ermöglichen.

Alle wild lebenden Arten mussten mittlerweile als mehr oder minder gefährdet eingestuft werden. Schuld daran ist in erster Linie der Verlust von Lebensraum, aber auch die kontinuierliche Bejagung und Wilderei. Diese wunderschönen Tiere zu schützen und zu erhalten sollte also weiterhin oberste Priorität genießen. SJO'B

KLASSIFIZIERUNG DER KATZEN

Mit den Familien der Hyänen, Mungos und Schleichkatzen bilden die heute lebenden Katzen die Superfamilie Ailuroidea oder den katzenartigen Zweig des Raubtierstammbaums. Diese Verbindung wurde deutlich, als man ein gemeinsames physiologisches Merkmal entdeckte, einen verknöcherten Teil des Innenohrs. Dieses Merkmal findet man bei den Arctoidea, den „Bärenartigen", nicht. Zu diesen zählen Klein- und Großbären, Hunde- und Marderartige. Sie bilden den anderen Hauptzweig der Carnivoren. Eine Reihe weiterer morphologischer und genetischer Kennzeichen stützen diese alte Aufteilung.

Analysen von Mitochondrien- und Kern-DNA konnten ebenfalls Licht in die Taxonomie der Unterfamilien bringen. Genvergleiche verteilen die Arten auf drei Haupt-Unterfamilien: Ozelot-Linie mit sieben Arten, Hauskatzen-Linie mit sieben Arten und Pantherini-Linie mit 23 Arten. Mittels Genanalyse kann man die Katzen zudem acht monophyletischen Gruppen zuordnen (Gruppen, die auf eine gemeinsame jüngere Urform aller heutigen Katzen hinweisen). Zwei der monophyletischen Gruppen werden durch die Ozelot- und Hauskatzen-Linie gebildet. Die Pantherini-Linie spaltet sich in sechs separate monophyletische Gruppen auf: die Gattung *Panthera*, die Gattung *Lynx*, die Bengalkatzen-Gruppe, die Karakal-Gruppe, die Borneo-Goldkatzen-Gruppe und die Puma-Gruppe (zu der auch der Gepard zählt). Zwei Arten, Serval und Rostkatze, konnten bislang keiner Linie zugeordnet werden. Möglicherweise führen diese acht Gruppen zu einer neuen Gattungseinteilung der Katzenfamilie.

SINNE UND REFLEXE

Alle Katzen können sowohl sehr gut räumlich als auch Farben sehen. Gleicht ihr Sehvermögen bei Tageslicht dem des Menschen, ist es bei Dämmerung sechsmal besser. Katzenaugen stellen sich rascher auf plötzliche Dunkelheit ein, da die Irismuskeln schnell reagieren. Weiter verschärft wird das Bild durch eine hinter der Netzhaut liegende Schicht, das Tapetum lucidum. Alles Licht, das durch die Rezeptoren dringt, ohne absorbiert zu werden, wird reflektiert und kann die Sinneszellen ein zweites Mal stimulieren (Restlichtverstärker). Aufgrund dieser Schicht leuchten Katzenaugen bei Lichteinfall im Dunkeln auf.

Auch der Gehörsinn ist bei Katzen hervorragend ausgebildet. Große Ohrmuscheln fangen die Schallwellen auf und leiten sie an das Innenohr weiter. Kleinkatzen sind besonders empfindlich für hochfrequente Töne.

Bekannt sind Katzen vor allem für ihre Fähigkeit, immer auf den Füßen zu landen. Im freien Fall liefert der für den Gleichgewichtssinn zuständige Vestibularapparat des Innenohrs zusammen mit dem Sehvermögen Informationen zur Orientierung. Kopf und Hals drehen sich reflexartig in Normallage, Vorder- und Hinterkörper folgen sofort nach.

Rechts: *Wie alle Katzen ist der Jaguar ein hoch spezialisierter Beutegreifer.*

Unten: *Katzen aller Größenklassen:* ***1*** *Kanadaluchs* (Felis canadensis) *und* ***2*** *Rotluchs* (F. rufus) *sind kleine nordamerikanische Arten mit ähnlichem Körperbau, aber dem jeweiligen Lebensraum angepasster Färbung: Das einfarbig graubraune Fell macht den Kanadaluchs in dichten Nadelwäldern nahezu unsichtbar, während das deutlich gefleckte Haarkleid dem Rotluchs in seinem ariden Habitat perfekte Tarnung bietet.* ***3*** *Gepard* (Acinonyx jubatus), *hier zwei subadulte Jungtiere bei der spielerischen Jagd, die zur Vorbereitung auf die Verfolgung schneller Beutetiere dient.* ***4*** *Der Tiger* (Panthera tigris) *kündigt mit mächtiger Stimme seine Anwesenheit an.* ***5*** *Ein Jaguar* (Panthera onca) *in charakteristischer Stellung beim Verscharren seines Risses unter Laub.* ***6*** *Ein Leopard* (Panthera pardus) *zerrt eine erlegte Antilope auf einen Baum und bringt sie damit in Sicherheit vor Beuteräubern.*

SCHÄDEL UND GEBISS

Katzenschädel sind klein und haben ein kurzes Gesicht, da Nasenbeine und Kiefer verkürzt sind. Die Zahnformel lautet I3/3, C1/1, P3/2, M1/1 = 30. Ausnahmen bilden Luchs und Manul, denen die ersten oberen Prämolaren fehlen und die daher 28 Zähne besitzen. Molaren und Prämolaren sind zu Reißzähnen umgeformt. Der obere Reißzahn (Prämolar 3) hat eine Doppelfunktion: Er besitzt eine scharfe Schneidekante, doch der vordere Zahnhöcker ist relativ breit und zum Zermalmen von Knochen geeignet. Die Eckzähne sind lang und dienen zum Fassen und Töten der Beute. Der Unterkiefer kann sich nur vertikal bewegen, erhält durch den mächtigen Kaumuskel aber große Kraft. Zur Kompensation der fehlenden Mahlzähne ist die Zunge mit feinen, spitzen Horndornen (Papillen) besetzt, die wie eine Feile wirken und Fleisch von den Knochen raspeln. Diese Papillen sind bei jeder Stammlinie anders angeordnet.

Wildkatze
9,7 cm

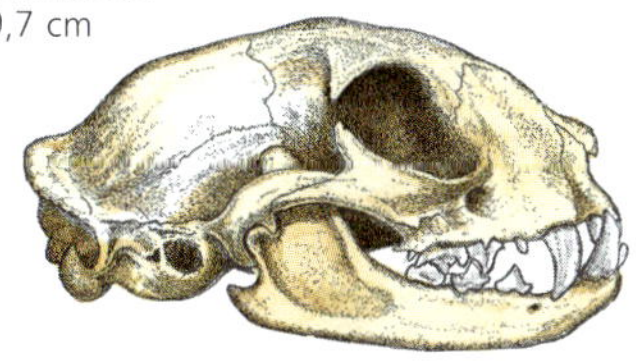

Gepard
19,7 cm

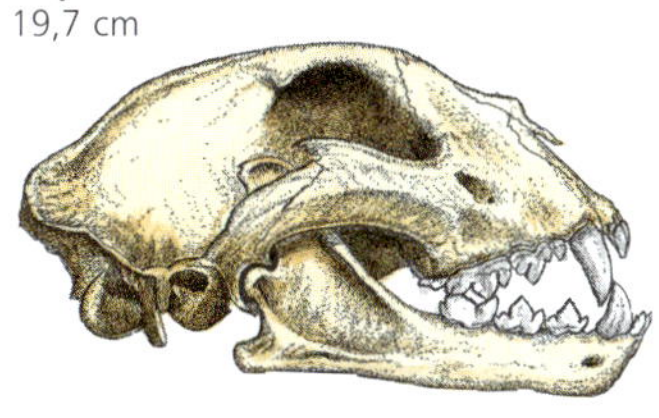

Nebelparder
23 cm

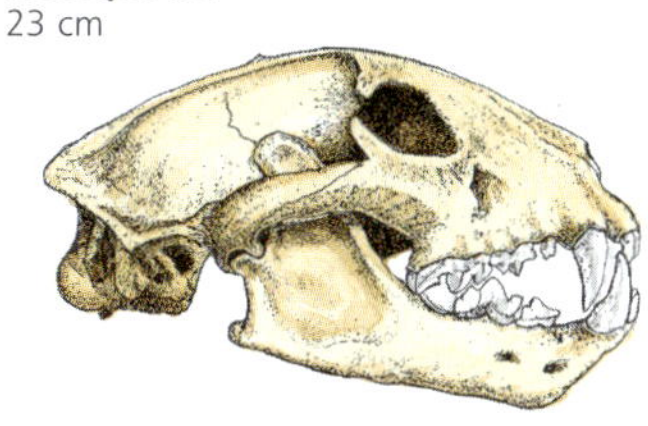

Löwe

KRAFT UND WILDHEIT HABEN DEM LÖWEN *schon früh den Titel „König der Tiere" eingebracht. Löwen sind auf Kunstwerken des alten Ägyptens, Assyriens, Indiens und Chinas abgebildet. In Europa schmückten Menschen schon vor 32 000 Jahren Höhlenwände mit seinem Porträt. Sagen berichten von übernatürlichen Kräften des Löwen, und viele afrikanische Völker glauben nach wie vor, Körperteile eines Löwen könnten Krankheiten heilen, die Potenz steigern und Schutz vor Feinden bieten.*

Als Sinnbild von Macht und Stärke lockt der Löwe auch heute noch Großwildjäger, die für die Gelegenheit, einen ausgewachsenen männlichen Löwen zu schießen, oft eine stattliche Summe hinblättern. Früher litten die Populationen stark unter den Jägern, die manchmal innerhalb weniger Tage ein Dutzend Löwen erlegten. Heute ist die Trophäenjagd lizenziert und die meisten Touristen ziehen es ohnehin vor, die majestätischen Tiere einfach nur zu bestaunen oder mit der Kamera zu „jagen".

König der Tiere

KÖRPERBAU UND FUNKTION

Wie alle Großkatzen besitzt der Löwe einen geschmeidigen, muskulösen Körper mit breiter Brust. Schädel und Kiefer sind auf das Töten und Fressen großer Beute eingerichtet. Auf der Zungenoberfläche sitzen steife, nach hinten gerichtete Papillen, die sowohl beim Fressen als auch bei der Fellpflege nützlich sind. Bei der Nahrungssuche verlässt der Löwe sich primär auf Augen und Gehör. Erwachsene Männchen sind deutlich größer und schwerer (30 bis 50 %) als ausgewachsene Weibchen, was sicher mit der ausgeprägten Rivalität unter den Löwenmännchen zusammenhängt. Aufgrund dieses Dimorphismus können sich die Männchen den Vortritt am Riss erzwingen und sich vor allen anderen Rudelmitgliedern satt fressen. Und sie können sogar größere Beutetiere erlegen als Weibchen.

Obwohl Löwen in dem Ruf stehen, immer im Team zu jagen, machen sie dies nur, wenn es die Umstände erfordern. Zur Zusammenarbeit kommt es gewöhnlich dann, wenn ein Einzeltier weniger als 10 % Chancen hat, die Beute allein zu erlegen. In solchen Fällen ist Kooperation für einen erfolgreichen Verlauf unabdingbar. Bei Gemeinschaftsjagden kreisen die Löwen die Beute ein, wobei mögliche Fluchtwege abgeschnitten werden.

Häufig kommt es vor, dass nur ein oder zwei Mitglieder einer größeren Gruppe einen Jagdversuch unternehmen, während der Rest des Rudels aus sicherer Entfernung zusieht. Solche Solounternehmungen sind vor allem dann üblich, wenn die Beute relativ leicht zu erlegen ist (der Einzeljagderfolg liegt in einer Größenordnung von 20 % und darüber). Wahrscheinlich bleiben die übrigen Tiere zurück, weil sie keinen wesentlichen Einfluss auf das Jagdglück hätten. Geht es dann aber ans Vertilgen des Risses, ist von vornehmer Zurückhaltung nichts mehr zu spüren.

__Oben links:__ Löwinnen vor dem Angriff. Jagen will gelernt sein: Viele Beutetiere sind einfach zu schnell, andere fügen dem Angreifer schwere Verletzungen zu. Ein Zebratritt kann einem Löwen den Kiefer brechen, was den sicheren Hungertod bedeutet.

Unten: *Wenn Löwinnen im Team jagen, versuchen sie die Herde einzukreisen und mögliche Fluchtwege abzuschneiden. Weil sie relativ langsam sind, müssen die Raubkatzen sich erst unbemerkt anpirschen, bevor sie zum endgültigen Angriff ansetzen.*

Oben: *Ein Löwe erstickt ein Zebra mit Kehlbiss. Löwen zählen zu den wenigen Raubtieren, die über 250 kg schwere Beute erlegen und eher gesunde, ausgewachsene Tiere reißen als junge, alte oder kranke. Sie töten auch andere Raubkatzen, fressen sie aber selten.*

FAKTEN

LÖWE

Panthera leo

Ordnung: Carnivora

Familie: Felidae

1 von 5 Arten der Gattung *Panthera*

5 Unterarten: **Katangalöwe** *(P. l. bleyenberghi)*, Simbabwe, Angola, Demokrat. Rep. Kongo; **Asiatischer Löwe** *(P. l. persica)*, Gir-Nationalpark, Indien; **Massailöwe** *(P. l. massaicus)*, Kenia, Tansania, Uganda; **Senegallöwe** *(P. l. senegalensis)*, W-Afrika; **Transvaallöwe** *(P. l. krugeri)*, Transvaal.

VERBREITUNG Südsahara bis Südafrika, außer dem kongolesischen Regenwaldgürtel; Gujarat, Indien (Restpopulation im Gir-Nationalpark).

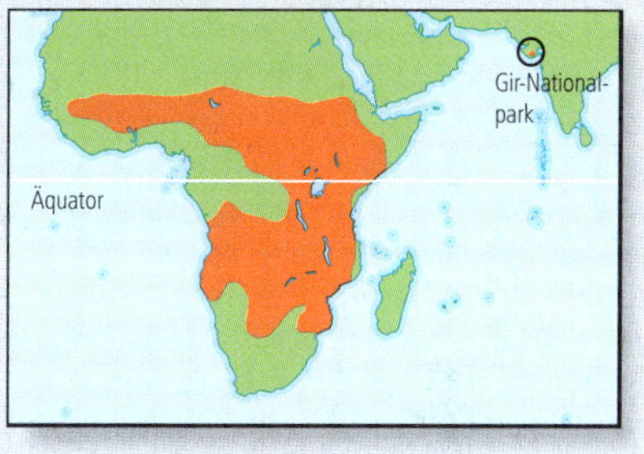

LEBENSRAUM Unterschiedlich, von Savannen über Buschland (Ostafrika) bis zu Sandwüsten (Kalahari).

GRÖSSE **Körperlänge** Männchen 110–250 cm, Weibchen 160–190 cm; **Schulterhöhe** Männchen 120 cm, Weibchen 110 cm; **Schwanzlänge** Männchen und Weibchen 60–100 cm; **Gewicht** Männchen 150–240 kg, Weibchen 120–185 kg.

FELL Hell- bis dunkelbeige, an Bauch und an den Beininnenseiten heller; Ohren rückseitig schwarz. Junge tragen ein Rosettenmuster, das mit zunehmender Reife verblasst; an Unterbauch und Beinen können Spuren bleiben; die Mähne ist blond, rötlich braun oder schwarz.

NAHRUNG Vorwiegend größere Huftiere wie Gazellen, Zebras, Antilopen, Giraffen und Wildschweine sowie Jungtiere von Großsäugern wie Elefant, Nashorn und Kaffernbüffel. Ebenso kleinere Beute wie Nagetiere, Hasen, Vögel und Reptilien. Weibchen brauchen etwa 5 kg Fleisch pro Tag, Männchen 7 kg.

FORTPFLANZUNG Weibchen werden mit 36–46 Monaten geschlechtsreif (24–28 in Menschenobhut). Nach einer Tragzeit von 100–119 Tagen kommen meistens 2–4 Junge zur Welt, die mit etwa 2,5 Jahren völlig selbstständig sind.

LEBENSERWARTUNG 18 Jahre (in Menschenobhut bis zu 25 Jahre).

IUCN-STATUS Im Washingtoner Artenschutzabkommen aufgenommen und von der IUCN als gefährdet eingestuft. Die asiatische Unterart *(P. l. persica)* ist vom Aussterben bedroht. Kaplöwe *(P. l. melanochaita)*, Kap bis Natal, und Berberlöwe *(P. l. leo)*, früher in Nordafrika zu Hause, gelten heute als verschollen (siehe Kasten Berberlöwe, Seite 12).

Löwen erreichen maximal eine Geschwindigkeit von knapp 60 km/h, während viele ihrer Beutetiere bis zu 80 km/h schnell sind. So müssen sich die Katzen bis auf etwa 15 m anschleichen, bevor sie angreifen. Löwen achten bei der Jagd nicht auf die Windrichtung, haben gegen den Wind aber bessere Pirschchancen. Im Durchschnitt endet jeder vierte Beutezug erfolgreich. Ist das Opfer groß, wird es durch Biss in Nase oder Kehle erstickt.

Am Riss fressen sich zunächst die Männchen satt, danach die Weibchen. Jungtiere müssen sich mit den Resten bescheiden. Das Gerangel ist bei allen Mahlzeiten groß. Um ihren Beuteanteil zu verteidigen, verteilen Löwen auch blutige Tatzenhiebe. Oft ist der eigentliche Jäger so beschäftigt damit, sich in das Beutetier zu verbeißen, dass der Rest des Rudels den „Löwenanteil“ des Kadavers vertilgt hat, bevor er auch nur anfängt zu fressen. Ausgewachsene Weibchen benötigen 5 bis 8 kg Fleisch am Tag, ausgewachsene Männchen 7 bis 10 kg. Allerdings fressen Löwen nicht regelmäßig, sondern verschlingen alle drei bis vier Tage riesige Mengen. So kann z.B. ein männlicher Löwe bis zu 43 kg auf einmal verspeisen!

Die Rückkehr des Berberlöwen

Vermutlich aufgrund seiner Nähe zu Europa war es der nordafrikanische Löwe, den Linné 1758 für die Klassifizierung der Art – *Panthera leo* – verwendete. Leider konnte diese historische Tat nicht verhindern, dass die gesamte Population nordafrikanischer Löwen zwei Jahrhunderte später ausgerottet war.

Historischen Quellen zufolge waren Löwen schon Anfang des 18. Jahrhunderts aus Nordostafrika weitgehend verschwunden und nur noch im westlichen Teil Nordafrikas anzutreffen. Mitte des 19. Jahrhunderts hatten auch diese Restbestände drastisch abgenommen. Schuld waren die inzwischen weit verbreiteten Feuerwaffen und die Ausrottungspolitik der osmanischen Herrscher, von der nur das unabhängige Sultanat Marokko ausgenommen war. 1893 wurde der letzte Löwe in Algerien erschossen, in Marokko überlebte die Art noch bis 1920.

Eine Population entging jedoch der Vernichtung. Zur selben Zeit, als die Löwen in freier Wildbahn immer seltener wurden, erhielten die marokkanischen Fürsten als Treuegabe vom Volk der Berber Berberlöwen (unten). Diese Löwen vermehrten sich in Gefangenschaft. Als König Hassan II. die Tiere 1970 dem Zoo von Rabat überließ, wurden Zoologen hellhörig, denn die Morphologie der königlichen Löwen entsprach fast genau den historischen Beschreibungen des so genannten Berberlöwen. 1998 gab es noch 52 Löwen aus dem Bestand des marokkanischen Königs (24 Männchen und 28 Weibchen); sie lebten zum Teil im Zoo von Rabat, zum Teil an 13 anderen Orten in Europa.

Der Gedanke einer Rückzüchtung des Berberlöwen nahm konkrete Gestalt an. Zuvor mussten aber zwei Fragen geklärt werden: Waren die Löwen des Königs tatsächlich Berberlöwen und unterschied sich der Berberlöwe überhaupt genügend von anderen frei lebenden Populationen, um charakteristische Merkmale aufzuweisen? Eine Anekdote verkündete, die Löwen der marokkanischen Sultane stammten aus Westafrika. Sie ließ Zweifel am Ursprung der Tiere aufkommen. Zudem stellten neu entwickelte Molekulartechniken die charakteristische Besonderheit des Berberlöwen in Frage. Diesen DNA-Studien zufolge hatten alle Löwen noch vor relativ kurzer Zeit (vor 50 000 bis 20 000 Jahren) einen gemeinsamen Vorfahren. Dazu kommt, dass Tiere wie Löwen innerhalb weniger Generationen große Entfernungen zurücklegen und sich daher selbst weit auseinander lebende Populationen vermischen.

Bis heute sind beide Fragen nicht völlig geklärt, aber Fortschritte auf dem Gebiet der Biotechnologie – insbesondere die Gewinnung alter DNA von Museumstieren – versprechen neue Erkenntnisse. Auch die vergleichende Analyse von Mitochondrien-DNA sollte bald Früchte tragen. Das Ergebnis wird den Mythos vom Berberlöwen entweder für immer begraben oder aber einem bedeutenden Rückzüchtungsprogramm den Weg ebnen. NY

Stark reduziertes Revier

VERBREITUNGSMUSTER

Panthera leo war früher wesentlich weiter verbreitet als heute. Archäologische Funde bezeugen, dass er bis vor rund 10 000 Jahren auch in Europa und Nordamerika vorkam. Aristoteles erwähnt noch 300 v. Chr. Löwen in Griechenland, und die Kreuzfahrer meldeten auf ihren Reisen in den Nahen Osten des öfteren Begegnungen mit diesen Großkatzen. Bis Anfang des 20. Jahrhunderts traf man Löwen im Nahen Osten und in Nordindien an.

Wie alle Großkatzen leiden Löwen vor allem unter der Expansion des Menschen. Da sie groß, auffällig und in offenen Landschaften heimisch sind, konnten Viehzüchter diese vermeintliche Plage rasch ausrotten. Heute trifft man Löwen nur noch in Nationalparks und anderen Schutzgebieten.

Großwildjäger

NAHRUNG

Ganz oben auf dem Speisezettel des Löwen stehen Huftiere der Gewichtsklasse von 50 bis 500 kg. Doch die Großkatzen fressen auch Nager, Vögel und Reptilien. Mitunter wird sogar ein Elefant oder Nashorn erlegt. Löwen jagen vorwiegend nachts, legen sich aber in Trockenzeiten auch tagsüber in der Nähe von Wasserlöchern auf die Lauer. Die meist kleine bis mittelgroße Beute (Warzenschweine, Gazellen, Springböcke, Gnus und Zebras) wird von Weibchen zur Strecke gebracht. Männchen sind eher auf die Jagd nach großen, langsamen Tieren wie Büffel und Giraffe spezialisiert.

Löwen teilen sich ihren Lebensraum mit einer Reihe anderer Raubtiere, darunter Leopard, Gepard, Wildhund und Tüpfelhyäne, die vielfach dieselben Beutearten verfolgen. Alle fünf Arten bevorzugen Tiere, die weniger als 100 kg wiegen (wie Warzenschwein und Gazelle), doch nur der Löwe wagt sich an Arten mit über 250 kg Lebendgewicht (etwa Büffel, Elenantilope und Giraffe). Bedeutendster Nahrungskonkurrent des Löwen dürfte die ebenfalls nachtaktive Hyäne sein. Beide Arten legen eine ähnliche Vorliebe für Gnus und Zebras an den Tag. Allerdings können Löwen Hyänen ihren Riss streitig machen. Insbesondere die Männchen sind berüchtigte Beutediebe.

Geparden und Wildhunden nehmen Löwen nicht nur die Mahlzeit weg, sondern verhalten sich ihnen gegenüber derart aggressiv, dass man diese Arten selten im selben Revier antrifft.

Die gesellige Katze

SOZIALVERHALTEN

Der Löwe gilt als die geselligste Katzenart. Ein Rudel besteht meist aus drei bis zehn ausgewachsenen Weibchen, deren Jungen und einer „Bruderschaft“ aus zwei bis drei Männchen. Es gibt auch Rudel mit bis zu 18 erwachsenen Weibchen und zehn Löwenmännchen. Anders als Wölfe bilden Löwen jedoch keine beständigen Rudel. Häufig verbringen die Tiere Tage, manchmal Wochen allein oder streifen in kleinen Untergruppen umher.

Die Löwinnen eines Rudels sind fast immer eng miteinander verwandt, nicht jedoch mit den Männchen der Gruppe (ausgenommen in winzigen, isoliert lebenden Populationen). Die Männchen können – müssen aber nicht – verwandt sein. Wird ein Männchen geschlechtsreif und schließt sich nicht sofort mit anderen zusammen, sucht es während seiner Nomadenzeit gewöhnlich einen anderen Einzelgänger und geht mit diesem eine Koalition ein. Manchmal gesellt sich noch ein Dritter dazu. Die meisten Männchen haben gleichaltrige Gefährten in ihrem Familienclan, und diese bestehenden Gemeinschaften können bis zu neun oder zehn Brüder oder Cousins enthalten; meist sind es drei bis vier. Größere Männerverbände halten sich in einem Rudel länger an der Macht, haben Zugang zu mehr Weibchen und zeugen pro Kopf mehr Nachwuchs als kleinere Trupps.

Die territorialen Löwen begatten alle Weibchen, doch das Vaterschaftsmuster innerhalb der Gruppe ist komplex. Das Dominanzverhalten der Männchen untereinander ist gering, und Weibchen werden oft gleichzeitig brünstig. Bei kleinen Bünden kommen die Männchen also meist gleichermaßen zum Zug. Diese Gleichwertigkeit gibt es bei größeren Koalitionen nicht. Hier agieren viele Männchen hauptsächlich als „Helfer" ihrer erfolgreicheren Brüder und Vettern und können als solche nur darauf hoffen, ihr Erbgut durch vermehrte Produktion von Neffen und Nichten weiterzugeben.

In Anbetracht der Tatsache, dass Blutsverwandtschaft in der Löwengemeinde eine so bedeutende Rolle spielt, überrascht es, dass Bünde nicht miteinander verwandter Männchen zu den kooperativsten im gesamten Tierreich zählen. Beide Partner profitieren direkt von ihrer gemeinsamen Machtposition in einem Rudel – und gehen ausgesprochen liebevoll miteinander um. Ihr Verhalten unterscheidet sich in nichts von dem eines Brüderpaars.

▲ **Oben:** *Ein ausgewachsenes Männchen mit einer Junglöwin. Zwar bringen fast immer Löwinnen die Beute zur Strecke, doch danach verschafft sich der Pascha des Rudels den Vortritt und lässt die anderen erst an den Kadaver, wenn er sich satt gefressen hat.*

▼ **Unten:** *Eine Löwin mit einem kaum über zwei Monate alten Jungen. In diesem Alter ernährt sich das Löwenkind noch ausschließlich von Muttermilch, doch schon ein oder zwei Monate später frisst es seine ersten Brocken Fleisch.*

Löwinnen werden mit 30 bis 38 Monaten geschlechtsreif. Ihre Empfängnisbereitschaft ist an keine bestimmte Jahreszeit geknüpft. Die Brunst dauert bei zwei- bis dreiwöchigem Zyklusintervall gewöhnlich zwei bis vier Tage. Männchen und Weibchen paaren sich etwa dreimal in der Stunde, aber es ist nicht sicher, ob der Eisprung durch die Kopulation ausgelöst wird oder spontan erfolgt. Die Tragzeit ist kurz für ein so großes Säugetier (110 Tage) und entsprechend winzig sind die Neugeborenen: Sie bringen nur 1% des Erwachsenengewichts auf die Waage. Die Wurfgröße schwankt zwischen einem und sechs Jungen, im Durchschnitt sind es zwei oder drei. Weibchen erreichen in freier Wildbahn ein Alter von 18 Jahren, werfen ab 15 Jahren aber meist nicht mehr.

Bekommen Weibchen desselben Rudels ungefähr gleichzeitig (d.h. innerhalb weniger Monate) Nachwuchs, ziehen sie die Jungen gemeinsam auf und säugen die anderen sogar mit. Allerdings erkennen die Mütter ihre leiblichen Kinder und reservieren die meiste Milch für sie. Mit etwa drei Monaten fangen die Kleinen an, Fleisch zu fressen. Sie trinken aber noch, bis sie ein halbes Jahr alt sind. Die Jungensterblichkeit kann sehr hoch sein. In ungünstigen Jahren erleben nur 20 % ihren ersten Geburtstag (in sehr guten sind es bis zu 90 %). Im Alter von 18 Monaten fangen die Jungen an selbstständig zu werden. Wenn sie etwa zwei Jahre alt sind, bringt die Mutter gewöhnlich den nächsten Wurf zur Welt. Kommen ihre Jungen ums Leben, ist sie allerdings sofort wieder paarungs- und empfängnisbereit.

Beide Geschlechter verteidigen das gemeinsame Revier. Löwen halten bei Territorialangelegenheiten sehr eng zusammen und reagieren besonders auf gleichgeschlechtliche Eindringlinge. Die Männchen streifen weit umher, um das Rudel zu beschützen, während die Weibchen eher das Kerngebiet gegen andere Weibchengruppen sichern. Löwenmännchen bezeugen ihren Revieranspruch mit Brüllen, Harnmarken und Patrouillengängen. Löwinnen reagieren häufig erst, wenn es bereits zu Grenzüberschreitungen kam, während Männchen aktiv durch „Streifegehen" vorbeugen. Heranwachsende Weibchen unterstützen ihre Mütter bei der Vertreibung fremder Artgenossinnen.

Insgesamt kooperieren Löwinnen bei der Revierverteidigung wie bei der Jagd oder Jungenaufzucht, doch sind ihre Verhaltensweisen individuell verschieden. Einige findet man bei Auseinandersetzungen mit anderen Rudeln immer ganz vorn, während sich andere stets zurückhalten. Manche („Freunde in der Not") werden dann aktiv, wenn das eigene Rudel zahlenmäßig unterlegen ist, während andere („Schönwetterfreunde") am meisten Gemeinschaftssinn zeigen, wenn ihre Gruppe gegenüber dem Gegner ohnehin in der Überzahl ist.

Im Allgemeinen ist die Kooperation beim Aufeinandertreffen zweier Rudel eine Zahlenfrage: Größere Gruppen befinden sich natürlicherweise im Vorteil gegenüber kleineren. Löwinnen gehen am ehesten dann auf Konfrontationskurs, wenn ihr eigenes Rudel über mindestens zwei Weibchen mehr verfügt als das gegnerische. Löwenmännchen dagegen greifen jeden eindringenden Trupp an, ausgenommen der Aggressor ist in der drei- oder mehrfachen Überzahl.

Gewöhnlich ziehen sich Grenzüberschreiter sofort zurück, wenn ein Revierinhaber naht, obwohl Löwen, wenn es hart auf hart geht, einen Gegner auch töten. Die meisten Löwen sterben vermutlich bei blutigen Rudelkämpfen, entweder infolge eines Zweikampfes oder eines Gruppenangriffs. Tötungsbisse zielen in aller Regel auf Hinterkopf oder Rückgrat ab.

Die Reviergröße eines Rudels schwankt zwischen 20 und 500 qkm und hängt von der Rudelgröße und dem Nahrungsangebot ab. Die Territorien zweier Gruppen können sich durchaus überlappen, das Kerngebiet des Nachbarreviers bleibt jedoch immer tabu.

Das Sozialgefüge eines Löwenrudels gleicht sich im gesamten Verbreitungsgebiet der Art. Größe und Zusammensetzung der Rudel im Gir-Forest unterscheiden sich kaum von denen, die man in den afrikanischen Schutzgebieten findet, sei es Serengeti, Krügerpark, Ngorongorokrater oder die Kalahari-Wüste. Offenbar ist es charakteristisch für Löwengesellschaften, dass die Töchter beim Rudel der Mutter bleiben, während Junggesellenverbände gemeinsam ins Ungewisse ziehen.

Weil Löwen so gesellig sind, werden sie häufig als Musterbeispiel für Kooperationsverhalten bezeichnet. Doch die Evolution des Löwenrudels hat auch seine Schattenseite. Männchen verbünden sich, um mit anderen Männerbünden in Wettstreit zu treten. Einzelne Männchen haben indes kaum eine Chance, in ein Rudel aufgenommen zu werden. Löwinnen schließen sich zusammen, um gegen Nachbarn ins Feld zu ziehen. Allein lebende Weibchen können ein Revier nicht gegen eine Übermacht verteidigen.

Männchen leben abenteuerlicher als Weibchen. Ein Männerverband kann immer nur wenige Jahre die Herrschaft in einem Rudel halten, während eine Löwin schon allein zwei Jahre braucht, um einen Wurf großzuziehen. Übernimmt ein neuer Männerbund ein Rudel, tötet er alle Jungen (mit denen ja keine Blutsverwandtschaft besteht). Daraufhin werden die Weibchen innerhalb weniger Tage wieder empfängnisbereit. Dieser Infantizid beschleunigt die Fortpflanzung der Weibchen, die einige Monate später dann die Jungen der neuen Rudelherren werfen. Allerdings enden nicht alle Begegnungen zwischen Weibchen und Männchen fremder Rudel mit einem Austausch der machthabenden Kampfgemeinschaft. Häufig gelingt es den Weibchen sogar, ihren Nachwuchs gegen die Invasoren zu verteidigen.

Oben: *Löwinnen und ihre Jungen beobachten ein ruhendes Nashorn, das gleichermaßen argwöhnisch zurückblickt. Dieses Ritual kann sich über Stunden hinziehen. Ein gesundes ausgewachsenes Rhinozeros ist durchaus in der Lage sich zu verteidigen, und eine erfahrene Jägerin überlegt zweimal, bevor sie sich in die Nähe der gefährlichen Hörner wagt. Da Junglöwen als Letzte an den Riss kommen, verhungern sie in Notzeiten nicht selten. Mit etwa 18 Monaten sollten sie jedoch so kräftig sein, von jedem erlegten Tier zumindest ein paar Brocken zu ergattern.*

Gefährdete Menschenfresser

ARTEN- UND UMWELTSCHUTZ

Immer wieder hört man, dass Löwen Menschen anfallen und töten. Allerdings handelt es sich bei den Tätern zumeist um verletzte oder alte Tiere, die nicht mehr in der Lage sind, ihre natürliche Beute zu erlegen. Weder schnell noch stark, ist der Mensch leichte Beute. In vielen Fällen werden Menschen von Löwen angegriffen, weil sie zuvor dessen normale Nahrung, das Großwild, ausgerottet haben. Ende des 19. Jahrhunderts etwa holten

sich zwei Löwenmännchen regelmäßig Gleisbauarbeiter der Eisenbahntrasse Uganda–Kenia, sodass die Arbeiten zeitweilig eingestellt werden mussten. Diese „Menschenfresser von Tsavo" waren ihrerseits Opfer menschlicher Aktivitäten, denn nur wenige Jahre zuvor hatten Europäer ein Rinderpestvirus eingeschleppt, das die wilden Huftierbestände drastisch dezimierte.

Auch wenn Löwen nicht unmittelbar vom Aussterben bedroht sind, kann ihr langfristiges Überleben doch keineswegs als gesichert gelten. Nach wie vor werden viele illegal geschossen. Andere gehen in Fallen, die Wilderer für andere Spezies aufgestellt haben. Und Viehzüchter legen Giftköder aus, die ganze Rudel ausrotten.

Löwen und ihre natürliche Beute benötigen große Landflächen. Da die Landwirtschaft immer mehr Grund vereinnahmt, geht die Zahl der Löwen rasch zurück. Das Verbreitungsgebiet des Asiatischen Löwen schrumpfte in weniger als 100 Jahren auf einen Nationalpark. Ähnliches könnte bald in Afrika geschehen. Außerhalb von Schutzgebieten haben die Tiere kaum eine Chance. So existieren in Westafrika heute nur noch wenige hundert Tiere. Insgesamt gibt es nur zwei Parks, in denen mehr als 1000 Löwen leben. In kleineren Reservaten konnten sich jeweils nur wenige der Katzen behaupten. Andererseits gewinnen Löwen in Teilen Südafrikas an Boden, wo große Naturflächen für den Ökotourismus ausgewiesen werden. In vielen Fällen wurden die Tiere bereits erfolgreich umgesiedelt. Auch für den Asiatischen Löwen ist ein zweites Schutzgebiet in Indien geplant. CP

SPECIAL FEATURE

Warum Löwen brüllen

Kommunikation im Rudel über weite Entfernungen

Aufgefordert, sich einen brüllenden Löwen vorzustellen, sehen die meisten Menschen vor ihrem geistigen Auge wahrscheinlich jenes prachtvolle Tier, das jeden Metro-Goldwyn-Meyer-Film einleitet. Ironischerweise brüllt dieser MGM-Löwe gar nicht wirklich, er knurrt lediglich einen Störfaktor an – vermutlich die Filmkamera. Beim echten Brüllen spitzt ein Löwe die Lippen, streckt das Kinn vor und reckt den Kopf in Richtung Horizont, während sein ganzer Leib sich im Rhythmus der Anstrengung wie ein Blasebalg hebt und senkt. Menschen hören diesen Stimmlaut 8 km weit durch die afrikanische Nacht. Doch natürlich brüllt der Löwe nicht zu unserer Unterhaltung. Was bezweckt er also damit?

Die Großkatzen unterhalten ein komplexes soziales Netzwerk. Die Mitglieder eines Rudels können sich über ein Gebiet von 50 qkm verteilen, doch sind auch feindliche Rudel immer irgendwo in der Nähe, und ein Einzeltier, das fremdes Territorium betritt, läuft Gefahr, getötet zu werden. Deshalb ist es überlebenswichtig zu wissen, wo Freund und Feind sich aufhalten. Wie viele andere Arten, die in so genannten *Fission-fusion-Societies* leben, halten Löwen auch über weite Entfernungen Kontakt (vermutlich sogar sehr viel weiter, als das menschliche Gehör reicht). Das Brüllen hat eine bestimmte Sequenz: eine langsame Folge lang gezogener tiefer Töne, gefolgt von einem raschen Stakkato. Es brüllen sowohl Männchen als auch Weibchen, wobei die Stimme des Männchens lauter und tiefer klingt.

Löwen brüllen abends bei Windstille, doch nur, wenn sie ihr Revier fest im Griff haben. Die meisten männlichen Junglöwen ziehen eine Weile als Nomaden umher. Während dieser Zeit gehen sie Revierbesitzern aus dem Weg und bleiben stumm, wenn die etablierten Rudel einander zubrüllen. Haben sie jedoch einen Eigenbezirk gefunden und markiert, beginnen auch sie zu rufen. Brüllende Löwen antworten einander. Forscher haben dieses Verhaltensmuster mittels Tonbandaufnahmen untersucht, um hinter die Bedeutung der Rufe zu kommen. Sie beschallten Serengeti- und Ngorongoro-Löwen mit elektronischem Gebrüll und zeichneten die Antwort der Tiere auf.

Für Löwinnen ist das Brüllen ein Ton der Beruhigung. Einen Wurf großzuziehen bedeutet harte Arbeit. Die Männchen des Rudels verbringen wenig Zeit mit ihren Jungen. Als Väter haben sie natürlich Interesse am Überleben des Nachwuchses, und so patrouillieren sie entlang der Reviergrenzen, um die Kleinen vor kindsmordenden Feinden zu schützen. Hallt das Brüllen des Erzeugers ihrer Kinder durch die Nacht, kann die Löwin entspannen – die Welt ist in Ordnung. Würde dagegen das Brüllen fremder Männchen in unmittelbarer Nähe erklingen, wäre das ein Zeichen, dass etwas Schlimmes passiert ist.

Links: *Das Brüllen des Löwen, das weit über die ostafrikanische Savanne trägt, lässt potenzielle Eindringlinge unmissverständlich wissen, dass dieses Revier besetzt ist. Meist hört man das Brüllen nach Sonnenuntergang oder im Anschluss an ein sättigendes Mahl.*

Wurde einer Gruppe von Weibchen mit Jungen das Brüllen des Rudelführers vorgespielt, ließ das die Löwinnen praktisch kalt. Bei den Stimmen eines Nachbar-Männerbunds wurden sie dagegen sehr erregt und fauchten entweder den Lautsprecher an oder scharten ihre Jungen um sich und suchten ein neues Versteck. Auf die Tonbandaufnahme weiblicher Nachbarlöwen reagierten sie wie auf eine Rivalin: Gemeinsam gingen sie, zum Angriff geduckt, auf den Lautsprecher zu.

Darüber hinaus erkannten die Löwinnen auch, wie viele Tiere sich näherten, und stimmten ihr Verhalten darauf ab. Als man einer Gruppe die Stimme eines Einzeltiers vorspielte, hing ihre Reaktion davon ab, wie viele Rudelmitglieder anwesend waren. Eine einzelne Löwin wagte nur selten eine Konfrontation. Waren sie zu zweit, begaben sie sich etwa jedes zweite Mal auf einen Kontrollgang, waren sie zu dritt, erhoben sie sich jedes Mal. Spielte man umgekehrt das Brüllen von drei fremden Katzen ab, reagierte das Trio genauso wie zuvor das Einzeltier bei einem anderen Einzelgänger. Vier Löwinnen verhielten sich wie vorher zwei auf das Brüllen einer Artgenossin, und fünf wie zuvor drei. Die Konstanz ihrer Reaktion lässt darauf schließen, dass Löwen zählen können und dabei gleichzeitig die Zahl der Feinde und Freunde berücksichtigen.

Löwen können also unterscheiden, ob es sich bei einem Brüllen um Männchen oder Weibchen handelt, um Freund oder Feind, und ob die eigene Gruppe in sicherer Überzahl ist. Löwinnen leben in Gruppen mit bis zu 18 Weibchen, doch selbst Mitglieder eines großen Rudels verbringen viel Zeit allein. Geraten solche Weibchen kurzzeitig in die Minderheit, reagieren sie auf Tonbandbrüllen ebenfalls mit Brüllen, das wiederum die Rudelgefährtinnen herbeiruft. Diese greifen dann mit ihnen zusammen den Lautsprecher an.

Löwenforscher haben also eine Menge über die Reaktion von Löwen auf das Brüllen von Artgenossen erfahren. Noch herauszufinden gilt es, wie die Tiere die Identität des Rufers erkennen. Manche Löwen haben eine raue Stimme, andere einen klaren Bariton. Außerdem können sie das Brüllen dem jeweiligen Anlass anpassen: Manchmal klingt es eindringlich, ein anderes Mal bestenfalls halbherzig. Der berühmteste Laut des Tierreichs besitzt also eine Vielzahl von Bedeutungen – und wir fangen gerade erst an, sie zu begreifen. CP

Links: *Neben dem Brüllen zur Reviermarkierung verfügen Löwen und Löwinnen über noch mindestens acht weitere Stimmlaute mit jeweils eigener Bedeutung. Hier ruft eine Löwin von einer Felskuppe aus nach ihren abgängigen Kindern.*

Oben: *Wachsam hütet eine Löwin mehrere Jungtiere aus dem Rudel. Hört sie in der Nähe ein Brüllen, weiß sie sofort, ob nun Kämpfen oder Flucht angesagt ist oder ob sie einfach liegen bleiben und den Nachwuchs weiter herumtollen lassen kann.*

Tiger

Vom niederträchtigen Shirkan in Kiplings Dschungelbuch bis zum beschützenden „Wächter des Westens" in der koreanischen Mythologie – kaum ein anderes Tier beschäftigt die Gemüter des Menschen mehr als der Tiger. Gleichzeitig ist der Tiger Symbol für den Artenschutz, und sein Überleben steht für das Ringen des Menschen zwischen Wunsch und Notwendigkeit.

Gemeinsam mit dem Löwen gilt der Tiger als größtes lebendes Mitglied der Katzenfamilie. Die mächtigsten Tiger findet man auf dem indischen Subkontinent und in Russland, wo Männchen zwischen 180 und 300 kg auf die Waage bringen. Die kleinste Unterart lebt im Süden: Ein männlicher Sumatratiger wiegt 100 bis 150 kg.

Links: *Der Sibirische Tiger ist die größte heute lebende Katze: Ein durchschnittliches Männchen dieser Unterart bringt zwischen 180 und 300 kg auf die Waage. Einmal wurde ein 384 kg schweres Exemplar entdeckt.*

Zum Töten gebaut

KÖRPERBAU UND FUNKTION

Die Spezialisierungen, die für lautloses Anpirschen, Anfallen aus dem Hinterhalt und das Töten der Beute benötigt werden, sind bei allen Katzen derart perfektioniert, dass sich die einzelnen Arten im Grunde nur durch Größe und Fellfärbung unterscheiden. Tiger erlegen in erster Linie Beute, die wesentlich größer ist als sie selbst. Dazu sind sie mit stark bemuskelten Vordergliedmaßen, kräftigen Pranken und langen, spitzen, einziehbaren Krallen ausgestattet, mit denen sie ihre Beute leicht fassen und festhalten können. Der Schädel ist verkürzt, wodurch der Kiefer beträchtliche Hebelkraft gewinnt. In der Regel töten Tiger durch Genickbiss, manchmal ersticken sie ihr Opfer aber auch mit Druck auf den Hals. Einzigartig ist ihr orangefarbenes bis weißes Fell mit den schwarzen Streifen. Jedes Tier besitzt eine individuelle Zeichnung, an der man es erkennen kann. Die in Zoos verbreiteten weißen Tiger – meist tragen sie braune Streifen und sind daher genau genommen keine Albinos – stammen von dem Königstiger Mohan aus dem Besitz des Maharadscha von Rewa im indischen Bundesstaat Madhya Pradesh ab. Aus anderen Teilen Indiens kennt man fast schwarze Tiger, doch sind sowohl weiße als auch schwarze Individuen in freier Wildbahn selten. Während Fellfarbe und -zeichnung je nach Verbreitungsgebiet variieren, tragen alle Unterarten die charakteristische vertikale Streifung, die verblüffend gute Tarnung bietet und es dem Tiger erlaubt, sich auf kürzeste Entfernung an seine Beute heranzuschleichen. Nach kurzer Hetzjagd wird das Opfer erlegt.

Auf den Spuren des Tigers

VERBREITUNG

Das Wechselspiel von Licht und Schatten der hohen Gräser, Bäume und Sträucher, das dem Tiger Tarnung und Deckung für die Jagd bietet, ist vielleicht das einzige gemeinsame Merkmal der ansonsten sehr unterschiedlichen Lebensräume. Tiger trifft (oder traf) man in tropischen Regenwäldern auf den Sundainseln, im hohen Grasland Nordindiens und Nepals, in den Misch- und immergrünen Trockenwäldern Thailands, den Mangroven der Sundarbans, den borealen Wäldern im Osten Russlands und bis vor kurzem auch im „Schilf-Dschungel" und den Bergwäldern der kaspischen Region an.

Deckung, Zugang zu Wasser in warmen Klimazonen und eine hohe Huftierdichte sind die wichtigsten Kennzeichen von Tigerland. Die Verbreitung und in gewissem Maße auch das Verhalten und die Sozialstruktur der Großkatzen stehen in direktem Zusammenhang mit der Verfügbarkeit von Hirschen, Wildrindern und Wildschweinen, die den Hauptanteil ihrer Nahrung bilden. Das ist so, seit sich der Tiger vor rund zwei Millionen Jahren aus der *Panthera*-Gruppe herausgebildet hat – eine Entwicklung, die durch die Radiation großer Cerviden und Boviden in Südostasien stark gefördert wurde, da dadurch eine Nische für ein großes Waldraubtier entstand.

Oben und rechts: *Um eine reelle Erfolgschance zu haben, muss sich ein Tiger nahe an seine Beute heranschleichen können. Dann greift er von hinten an, setzt seinem Opfer in wenigen gewaltigen Sprüngen nach und zielt auf Schulter, Rücken oder Genick. Nur jeder zehnte oder zwanzigste Jagdversuch ist von Erfolg gekrönt.*

🅞 ***Oben:*** *Ein angreifender Tiger verkörpert geballte Kraft und Geschmeidigkeit. Auf Jagd- und anderen Streifzügen, die der Reviersicherung dienen, legt ein Tiger am Tag oft zwischen 10 und 20 km zurück.*

Kontakte auf Distanz

SOZIALVERHALTEN

Anders als Löwen und Geparde, die auf offenem Gelände jagen, schlägt der Tiger aus dem Hinterhalt zu. Er bringt seine Beute allein zur Strecke, denn in dichtem Bewuchs mit vereinzelt umherziehender Beute bringt Gemeinschaftsjagd wenig. Deshalb haben Tiger ein System entwickelt, das zwar soziale Kontakte enthält, aber auf Distanz.

Telemetrische Untersuchungen in Nepal, Indien und Russland haben gezeigt, dass sowohl Männchen als auch Weibchen Reviere haben, die sie gegen Eindringlinge gleichen Geschlechts verteidigen. Die Eigenbezirke der Weibchen sind kleiner, müssen aber Wasser und die zur Jungenaufzucht nötige Nahrungsmenge bieten. Männchen versuchen möglichst viele Weibchenreviere

FAKTEN

TIGER

Panthera tigris

Ordnung: Carnivora

Familie: Felidae

8 Unterarten anerkannt, auch wenn morphologische Studien vermuten lassen, dass es sich bei einigen um phänotypische Variationen handelt: **Bengal- oder Königstiger** (*P. t. tigris*), Indien, Bangladesch, Bhutan, China, W-Myanmar, Nepal; **Indochinatiger** (*P. t. corbetti*), Kambodscha, Laos, China, Malaysia, O-Myanmar, Thailand, Vietnam. **Sumatratiger** (*P. t. sumatrae*), Sumatra; **Sibirischer Tiger** (*P. t. altaica*), Russland, China, Nordkorea (nicht bestätigt); **Chinesischer Tiger** (*P. t. amoyensis*), China. Der einst in Afghanistan, Iran, Turkestan und der Türkei verbreitete **Kaspitiger** (*P. t. virgata*) ist ausgestorben, ebenso der **Javatiger** (*P. t. sondaica*) und der **Balitiger** (*P. t. balica*).

VERBREITUNG Indien, SO-Asien, China, SO-Russland.

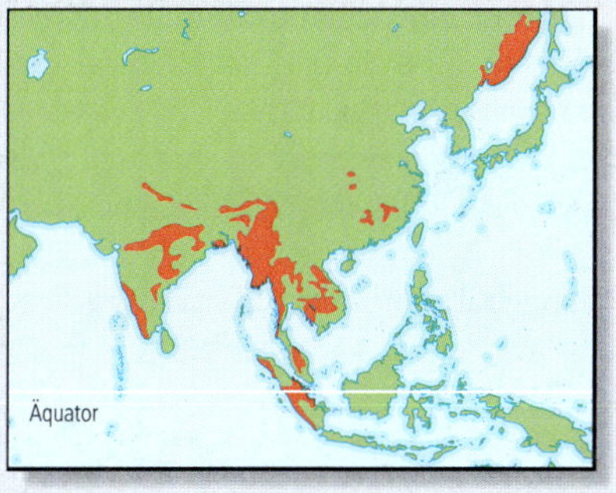

LEBENSRAUM Extrem vielfältig; er reicht von den Schilfgebieten Zentralasiens über die tropischen Regenwaldregionen in Südostasien bis hin zu den Mischwäldern im Osten Russlands.

GRÖSSE Körperlänge beim Königstiger: Männchen 270–310 cm, Weibchen 240–265 cm; **Gewicht** Männchen 180–260 kg, Weibchen 100–160 kg.

FELL Am Rücken und seitlich schwarze Streifen auf orangefarbenem Grund, unterseits meist weiß. Dunklere Fellfarben in Regenwäldern SO-Asiens und der Sunda-Inseln. Der Sibirische Tiger ist heller, Sommer- und Winterfell variieren. Gelegentlich auftretende weiße Tiger (mit braunen Streifen) aus Zentralindien resultieren aus der Paarung zweier Tiere mit rezessivem Gen. Sie sind in Zoos beliebt, für die Arterhaltung aber nicht relevant.

NAHRUNG Hauptsächlich große Huftiere, darunter Hirsche, Wildrinder und Wildschweine. Aber auch kleinere Beute wie Affen, Dachse und sogar Fische.

FORTPFLANZUNG Weibchen werden mit 3–4 Jahren geschlechtsreif, Männchen mit 4–5 Jahren; nach einer Tragzeit von durchschnittlich 103 Tagen werden zu allen Jahreszeiten 2–3 Junge geboren, die nach 1,5–2 Jahren selbstständig sind.

LEBENSERWARTUNG Ein wild lebender Tiger im Royal Chitawan Nationalpark, Nepal, wurde 15 Jahre alt; in Menschenobhut bis 26 Jahre.

IUCN-STATUS Als stark gefährdet eingestuft. Aufgrund von Wilderei, Habitatverlust und Beutemangel gehen die Bestände drastisch zurück. 3 von 8 anerkannten Unterarten sind bereits ausgestorben, der Chinesische Tiger steht am Rande der Ausrottung.

zu verteidigen. Die Größe ihres Territoriums hängt von ihrer Stärke und Kampfkraft ab. Solange ein Männchen Rivalen aus dem Bezirk fern halten kann, hat es das alleinige Paarungsrecht bei den Weibchen.

Nun leben zwar offenbar alle Tiger nach diesem System, doch die Größe des Streifgebiets schwankt mit der Beutedichte. In Nepal und Indien, wo der Huftierbestand hoch ist, misst das durchschnittliche Territorium eines Weibchens nur 20 qkm, in Ostrussland dagegen 470 qkm. Nomadische Tiere – vorwiegend Subadulte auf der Suche nach einem eigenen Revier – ziehen meist durch die Randgebiete dieser Territorien und warten auf eine günstige Chance zur Übernahme.

Die Verteidigung eines Reviers birgt viele Gefahren. Selbst nach einem erfolgreichen Kampf ist der Tiger möglicherweise verwundet und nicht in der Lage zu jagen. Deshalb suchen die Katzen nach Wegen, ihre Präsenz kundzutun, meiden aber direkte Konfrontationen. Bäume, Büsche und Felswände werden mit Harn und Analdrüsensekreten markiert, die Hauptwege und auffällige Plätze im Revier mit Kot und Kratzmarken versehen. Diese Signale dienen als „Besetzt"-Zeichen, enthalten aller Wahrscheinlichkeit nach aber noch weitere Informationen für Nachbarn und potenzielle Eindringlinge. Wie wichtig Duftmarken sind, zeigt sich, wenn ein Tier Teile seines Reviers nicht mehr patrouillieren kann. Der dadurch frei gewordene Bezirk hat meist schon innerhalb weniger Tage oder Wochen einen neuen Besitzer gefunden.

Tiger werden mit drei bis fünf Jahren geschlechtsreif, doch dauert es in aller Regel länger, bis sie ein Revier haben und mit der Fortpflanzung beginnen. Tigerinnen in Hitze geben dies durch Brüllen und häufigeres Setzen von Duftmarken bekannt. Die Paarung, die zu jeder Jahreszeit erfolgen kann, erstreckt sich über zwei bis vier Tage. Dabei besteigt das Männchen das Weibchen bis zu 30- oder 40-mal am Tag für jeweils 10 bis 15 Sekunden.

Nach einer Tragzeit von durchschnittlich 103 Tagen kommen zwei oder drei Junge zur Welt, die mindestens einen Monat lang allein von Muttermilch leben und entweder in einer sicheren Höhle bleiben oder von ihrer Mutter herumgetragen werden. Beim Transport packt die Tigerin ihren Nachwuchs vorsichtig am Genick.

Nach ein oder zwei Monaten begleiten die Kleinen ihre Mutter auf Streifzüge, bleiben während der eigentlichen Jagd aber noch zurück. Erst mit etwa sechs Monaten beginnt die Tigerin mit dem Unterricht in Sachen Anpirschen, Nachstellen und Töten. Der Vater hat an der Aufzucht keinen Anteil, schaut aber gelegentlich vorbei und lässt Mutter und Jungen auch an seiner Beute teilhaben. Übernimmt ein neues Männchen das Revier, tötet es den Nachwuchs seines Vorgängers, damit das Weibchen möglichst rasch wieder brünstig wird und sich schneller mit ihm paart.

Tigerkinder sind mindestens 15 Monate lang von der Mutter abhängig. Danach beginnt die allmähliche Abnabelung. Man weiß noch nicht sicher, ob die Jungtiger aus eigenem Antrieb losziehen oder ob sie vertrieben werden. Häufig fällt ihr Fortgang in die Zeit des nächsten Wurfs der Mutter. In Nepal und Russland wurde beobachtet, dass ältere Weibchen ihr ganzes Revier oder zumindest einen Teil davon einer Tochter überlassen und damit deren Überlebenschancen erheblich vergrößern.

Traurige Bilanz

ARTEN- UND UMWELTSCHUTZ

Für den „Tiger, Tiger, hell entfacht" aus William Blakes berühmtem Gedicht sieht es düster aus. Von den acht anerkannten Unterarten sind die drei kleinsten und isoliertesten bereits ausgestorben. Als Erster verschwand der Balitiger – das letzte Tier wurde 1939 gesichtet –, gefolgt von Kaspi- und Javatiger. Von ihnen fehlt seit 1968 bzw. 1979

Oben: *Ein männlicher Tiger erkennt den Fortpflanzungsstatus eines Weibchens an dessen Urinspur. Dazu „flehmt" er, d.h. er zieht bei erhobenem Kopf die Oberlippe hoch, damit die Geruchsreize über das am Gaumen sitzende Jacobsonsche Organ aufgenommen werden können.*

TIGER UND MENSCHEN

Das Verhältnis zwischen Tiger und Mensch ist gespannt. Fasziniert von der majestätischen Großkatze, ist die Weltbevölkerung bestrebt, sie vor dem Aussterben zu bewahren. In Ländern mit Tigern versuchen die Menschen ihren Lebensunterhalt (und manchmal auch ihr eigenes Leben) mit dem Artenschutz in Einklang zu bringen. Wenn ihnen ihre natürliche Beute fehlt, reißen Tiger Hausrinder. Die Missetäter sind meist junge Männchen und alte oder verletzte Tiere, die ihr Revier an jüngere, stärkere Tiger verloren haben. Die Dorfbewohner zahlen es ihnen mit vergifteten Ködern heim. Selten, aber zu oft, greifen Tiger auch Menschen an.

Zu Menschenfressern werden Tiger aus drei Gründen: Verletzung, Alter und Hunger. Sehr selten lernen Jungtiere dieses Verhalten von ihrer Mutter. In Indien verwechseln Tiger mitunter Brennholzsammler, die sich vornüberbeugen, mit dem Hinterteil eines Huftiers und merken ihren Irrtum zu spät (nach einem oft tödlichen Prankenhieb). Gefressen werden diese Opfer nicht. In anderen Fällen überrascht ein Mensch eine Tigerin mit Neugeborenen oder ein Tier am Riss und wird in einem Akt der Selbstverteidigung umgebracht. Dritthäufigste Ursache ist, dass Viehhirten sich zwischen Angreifer und dessen ausgewählte Beute stellen. Fast immer handelt es sich um Einzelfälle, und der Tiger entwickelt sich nicht zum Menschenfresser. Als solche bezeichnet man Tiere, die mehr als drei Menschen auf dem Gewissen haben.

Es gibt einen einzigen Ort weltweit, wo Tiger mehr oder weniger regelmäßig Menschen anfallen – und zwar im Tigerreservat in den Sundarbans im Gangesdelta. Hier zeigen die Katzen keinerlei Furcht vor Menschen, was damit zusammenhängen mag, dass dieser Mangrovensumpf der einzige Platz auf dem indischen Subkontinent ist, wo die Tigerjagd nie als Sport betrieben wurde.

Das Leben neben großen Raubtieren war niemals einfach. Dieses Problem zu meistern ist eine Herausforderung für den Menschen. LN

jedes Lebenszeichen. Heute steht der Chinesische Tiger am Rand der Ausrottung, alle anderen sind akut bedroht. Einschlägigen Quellen zufolge sank die Zahl der Großkatzen im Laufe des 20. Jahrhunderts von 100 000 Tieren auf zwischen 5000 und 7500 – und zwar weltweit! Schätzungen sprechen von 3000 bis 4600 Königstigern in freier Wildbahn, dazu kommen 1200 bis 1800 Indochinatiger sowie 400 bis 500 Sumatratiger und in etwa ebenso viele Sibirische Tiger. Die winzige Restpopulation des Chinesischen Tigers dürfte sich auf 20 oder 30 Individuen belaufen.

Die Tiger sind in erster Linie durch Wilderei, Habitatverlust und Rückgang ihrer Beutetiere bedroht. Eine wachsende Nachfrage nach Tigerknochen für dubiose traditionelle asiatische Volksheilmittel sowie nach Fellen als Trophäe führt zu hohen Verlusten. Der größte Exporteur von Tigerprodukten ist China, das 1990 bis 1992 über 27 Millionen Waren verkaufte, vorwiegend nach Japan, Hongkong und Südkorea. Allein Südkorea importierte zwischen 1970 und 1993 knapp 9000 kg Tigerknochen. Versuche, diesen illegalen Handel zu unterbinden, zeigen einen gewissen Erfolg, doch von Kontrolle kann keine Rede sein.

Der Lebensraumverlust ist die Folge von Verödung und Zersplitterung durch konstantes Bevölkerungswachstum. Je weiter die Zahl zurückgeht und die Isolation zunimmt, desto größer ist die Ausrottungsgefahr der Restbestände. In Nepal, Thailand und Russland gibt es Bestrebungen, separat liegende Schutzgebiete über grüne Korridore zu verbinden. Solche Programme profitieren vom Einsatz Geografischer Informationssysteme (GIS), die auf Satellitenkommunikation basieren und eine umfassende Landschaftsanalyse ermöglichen. Sie bilden u.a. Bewuchs, Beutedichte und menschliche Einflussname ab. In Nepal gibt es bereits Projekte erfolgreicher Habitatsanierung, bei denen die Bevölkerung für den Landschutz entlohnt wird.

Doch es genügt nicht, allein den Lebensraum zu bewahren. Ein Tiger muss schließlich fressen. In vielen Regionen Asiens, die andernfalls durchaus geeignet wären, gibt es heute keine Tiger mehr, da nicht genügend große Huftiere vorhanden sind. Ein ausgewachsener Tiger vertilgt 18 bis 40 kg Fleisch auf einen Sitz und muss im Jahr 50 bis 75 große Huftiere reißen. Für einen gesunden Huftierbestand darf der jährliche Verlust (durch Raubtiere und andere Todesursachen) aber nicht mehr als 30 % betragen. In vielen Fällen reicht er deshalb schlichtweg nicht aus, um einen Tiger zu ernähren. In anderen Teilen des Verbreitungsgebiets gibt es nur in Schutzgebieten genügend Beute. So leben in russischen Reservaten drei- bis viermal so viele Huftiere wie außerhalb. Von einer gezielten Kontrolle des Huftierabschusses außerhalb der Schutzzonen sowie einem (zeitlich begrenzten) generellen Jagdverbot innerhalb derselben würden langfristig also Tiger und Mensch profitieren.

Der Tiger hat nur dann eine echte Überlebenschance, wenn die jeweilige einheimische Bevölkerung seinen Fortbestand als sinnvoll erachtet. In weiten Teilen seines Verbreitungsgebiets sehen die Menschen die majestätische Großkatze als faszinierenden und essenziellen Bestandteil ihrer Umwelt. Doch sie fürchten den Tiger auch. Deshalb muss eine Lösung gefunden werden, die beiden – Tiger und Mensch – gerecht wird. DM

Unten: *In schwülheißen Klimazonen verbringen Tiger einen Großteil des Tages in Wassernähe und legen oder stellen sich zum Abkühlen gern in das erfrischende Nass. Als ausgezeichnete Schwimmer können sie selbst 8 km breite Ströme mühelos durchqueren.*

Gepard

E *IN GEPARD IST UNGLAUBLICH SCHNELL. Seine gesamte Statur ist auf Geschwindigkeit ausgerichtet: Er hat einen hochbeinigen, schlanken Körperbau, tief liegenden Brustkorb und kleinen Kopf. Damit erreicht dieser Sprinter über 95 km/h – mehr als jedes andere Landtier auf Erden.*

Geparde sind leicht von anderen Katzen zu unterscheiden, nicht nur durch ihre charakteristische Fellzeichnung, sondern auch aufgrund ihrer hoch gewachsenen, eleganten Gestalt mit dem zierlichen Kopf. Ihre Hauptbeute bilden Gazellen, Impalas, Gnukälber und andere Huftiere mit einem Gewicht bis zu 40 kg. Ein allein lebender ausgewachsener Gepard reißt nur alle paar Tage ein Opfer. Weibchen mit Jungen gehen fast täglich auf die Jagd. Die Katzen pirschen sich zunächst bis auf etwa 30 m an ihre Beute heran und beschleunigen dann zu vollem Spurt. Rund die Hälfte der Sprints ist erfolgreich. Eine durchschnittliche Jagd dauert zwischen 20 und 60 Sekunden und geht über 170 m. Länger als 500 m hält ein Gepard sein hohes Tempo allerdings nicht durch, weshalb Angriffe mit weiter Anlaufstrecke fast unweigerlich scheitern. Im Durchschnitt verzehrt die Großkatze rund 2 kg Fleisch pro Tag.

Fürsorgliche Mutter

SOZIALVERHALTEN

Vor der Niederkunft sucht das Gepardenweibchen eine Höhle oder ein Nest in hohem Gras auf. Hier wirft es zwischen ein und sechs Junge, die 200 bis 350 g wiegen. Die Kleinen werden gesäugt und nur allein gelassen, wenn die Gepardin auf Jagd geht. Der Vater beteiligt sich nicht an der Aufzucht. Mit etwa acht Wochen fangen die Jungen an, ihre Mutter auf Streifzüge zu begleiten und feste Nahrung zu sich zu nehmen. Mit drei oder vier Monaten entwöhnt, bleiben sie bis zu einem Alter von 14 bis 18 Monaten bei ihrer Mutter.

Wenn Gepardenkinder spielen, geht es recht lautstark zu, und sie üben an lebender Beute, die die Mutter anschleppt. Was die eigenständige Jagd angeht, sind sie allerdings noch recht unbeholfen. Wohl aus diesem Grund bleiben Junggeparde eines Wurfs gewöhnlich noch etwa ein halbes Jahr zusammen. Dann verlassen die weiblichen Tiere die Gruppe, während die Brüder einen lebenslangen Verband bilden.

Rechts: *Die vergleichsweise kurzen Eckzähne des Gepards sind mit ebenso kurzen Wurzeln verankert. Dadurch sind die Nasenöffnungen und -gänge besonders groß, und die Katze kommt in den Genuss erhöhter Sauerstoffzufuhr. Und diese wiederum macht enorme Sprintgeschwindigkeiten möglich.*

Gefahr durch Löwen

ARTEN- UND UMWELTSCHUTZ

Im Vergleich zu anderen Katzenartigen weisen Geparde nur eine geringe genetische Variationsbreite auf, was darauf schließen lässt, dass alle heute lebenden Tiere von einer sehr kleinen Population abstammen, die vor 6000 bis 20 000 Jahren existierte. Ein solcher genetischer Monomorphismus könnte aufgrund schädlicher rezessiver Allele zu einer verminderten Lebenserwartung führen. Auch erhöhte Krankheitsanfälligkeit ist ein Problem, denn wenn ein Erreger das Immunsystem eines Individuums angreift, kann er die Abwehrkräfte

Oben: *Anders als andere Großkatzen hat der Gepard stumpfe und relativ gerade Krallen, die er nur bedingt einziehen kann. Sie geben ihm bei der Jagd die notwendige Bodenhaftung. Ist das Beutetier niedergestreckt, wird es durch einen Biss in die Kehle erstickt. Früher wurden zahme Geparde zur Jagd abgerichtet.*

Rechts: *Gepardenjungen tragen eine dichte hellgraue Mähne, die sich vom Scheitel über Nacken und Rücken zieht. Der genaue Zweck dieser Mähne, die sich ab dem dritten Lebensmonat langsam zurückbildet, ist nicht bekannt. Möglicherweise soll sie die Kleinen wie Hyänen aussehen lassen und Fressfeinde abschrecken.*

GEPARDE UND HÜTEHUNDE

Die überwiegende Zahl der noch etwa 12 500 wilden Geparde lebt außerhalb von Schutzgebieten. So sind Konflikte mit Viehzüchtern vorprogrammiert. Zwischen 1980 und 1990 wurden mehr als 6000 der majestätischen Katzen von Farmern umgebracht, die ihnen die Schuld am Tod ihrer Tiere gaben (in Wahrheit sind Geparde für nicht einmal 5 % der Verluste verantwortlich).

Zum Schutz vor Geparden und anderen Raubtieren hat man in Namibia damit begonnen, Hütehunde einzusetzen. Seit 6000 Jahren bewachen Anatolische Hirtenhunde die Schafherden in der Türkei. Diese Tiere sind sehr stattlich, an Selbstständigkeit gewöhnt und verfügen über ein ausgezeichnetes Sehvermögen und feines Gehör.

Die Hunde wachsen mit der Herde auf und beschützen diese gemäß ihrer Erbanlagen unter Einsatz all ihrer Kräfte. Wittern sie eine Gefahr, warnen sie die Herde mit lautem Gebell, das gleichzeitig dem angreifenden Raubtier mitteilt, dass hier ein Wächter aufpasst. Setzt der Gepard seinen Angriff dennoch fort, stellt sich der Hund zwischen ihn und die Herde. Angesichts eines so mächtigen, wütenden Wachhunds zieht es dann fast jede Katze vor, sich anderweitig nach Beute umzusehen. Übrigens haben die Hunde sich nicht nur gegen die wenig aggressiven Geparden bewährt, sondern auch gegen Leoparden, Karakale, Paviane und sogar zweibeinige Wilddiebe. LM

FAKTEN

GEPARD

Acinonyx jubatus

Ordnung: Carnivora (Raubtiere)

Familie: Felidae

2 Unterarten: **Afrikanischer Gepard** *(A. j. jubatus)* und **Asiatischer Gepard** *(A. j. venaticus)*. Der **Königsgepard**, eine nur in Südafrika vorkommende Mustermutante, wurde früher irrtümlicherweise als eigene Art *(A. rex)* beschrieben. Bei ihm sind die Flecken am Rücken zu langen Streifen verschmolzen.

VERBREITUNG Afrika, Naher Osten.

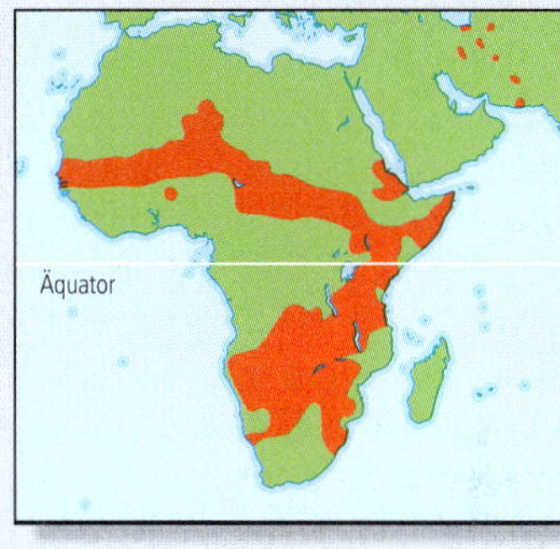

LEBENSRAUM Savanne und Trockenwald.

GRÖSSE Körperlänge 112–135 cm; **Schwanzlänge** 65–85 cm; **Gewicht** 39–65 kg. Männchen bis zu 15 % größer als Weibchen.

FELL Lohfarben mit kleinen runden schwarzen Flecken. Das Gesicht zeigt die arttypischen Tränenstreifen, die beidseitig der Nase verlaufen. Junge unter drei Monaten sind dunkel mit grauer Nackenmähne. Jeder Gepard besitzt eine individuelle Fellzeichnung.

NAHRUNG In Afrika vorwiegend mittelgroße Huftiere wie Thomsongazelle, Puku- und Schwarzfersenantilope (Impala). Geparde erlegen aber auch Hasen und neugeborene Gazellen, die sie im hohen Gras aufscheuchen.

FORTPFLANZUNG Weibchen werden mit 24 Monaten geschlechtsreif; sie sind polyöstrisch mit einem Zyklus von etwa 12 Tagen. Männchen paaren sich ab 3 Jahren.

LEBENSERWARTUNG Bis 12 Jahre (in Gefangenschaft bis 17 Jahre).

IUCN-STATUS Im gesamten Verbreitungsgebiet stark gefährdet, hauptsächlich infolge Habitatzerstörung, Dezimierung der Beutetiere (Antilopen) durch den Menschen und direkter Verfolgung. In Afrika könnte es noch 5000 bis 10 000 Geparde geben, in Asien vielleicht noch 200. *A. j. venaticus* gilt deshalb als vom Aussterben bedroht.

aller Individuen der Population schwächen. Frühe Studien kamen zu dem Schluss, dass Schwierigkeiten bei der Zucht in Gefangenschaft gehaltener Geparde und der Ausbruch einer Seuche bei einem nordamerikanischen Züchter die Folge dieser mangelnden genetischen Vielfalt sind und die gesamte Art daher nicht sonderlich widerstandsfähig ist.

In freier Wildbahn bringen Geparde freilich in rascher Folge Junge zur Welt (im Abstand von etwa 18 Monaten, falls die Kinder nicht überleben, noch eher), und bislang wurden keine Erkrankungen bekannt. Obendrein können auch Züchter in jüngster Zeit größeren Erfolg vermelden. Deshalb gelten Sorgen hinsichtlich der Genetik inzwischen als unbegründet. Vielmehr nimmt man an, dass Geparde Gefangenschaft und Veränderungen ihres Lebensraums einfach weniger gut vertragen als andere Großkatzen.

Allerdings ist die Jungtiersterblichkeit bei Geparden außergewöhnlich hoch. In der Serengeti etwa bringen Löwen so viele Gepardenkinder um, dass 95 % nie das Erwachsenenalter erreichen. Generell wurde in allen afrikanischen Schutzgebieten beobachtet, dass die Gepardendichte immer dort besonders niedrig ist, wo es viele Löwen gibt, was auf interspezifische Nahrungskonkurrenz hinweist.

Geparde wären somit „Mesoraubtiere“, die von größeren Raubtieren in Schach gehalten werden. Da die Eliminierung anderer Großkatzen Veränderungen im Ökosystem bedingen würde, darf sich der Schutz des Geparden nicht auf Nationalparks beschränken, sondern muss ein breiteres Spektrum von Reservaten einschließen, darunter auch Weideland, aus denen Löwen und Tüpfelhyänen bereits verschwunden sind. TC

Überleben in der Serengeti

Wie Geparde ihr Revier verteidigen

In der Serengeti besitzen Gepardinnen, die allein oder mit ihren abhängigen Jungen leben, riesige Reviere. Bis zu 800 qkm groß, entsprechen sie den Streifgebieten der Thomsongazellen. Gepardenmännchen leben entweder ebenfalls allein oder sie gehen lebenslange Bünde mit Geschlechtsgenossen, meist Brüdern, ein. Anders als Weibchen sind die Männchen territorial und ziehen nicht mit den Beutetieren umher. Wird in ihrem Revier die Nahrung knapp, verlassen sie es nur kurzzeitig. Oberflächlich betrachtet haben Geparde eine ähnliche Sozialstruktur wie Löwen, bei denen „Männerbünde" das Rudel gemeinsam gegen Angreifer verteidigen. Allerdings trifft das Muster der Rudelverteidigung nicht auf diese Katzen zu, da Gepardinnen im Gegensatz zu Löwinnen nicht nur nomadisch, sondern auch als Einzelgängerinnen leben.

Bei ausgewachsenen Männchen fallen zwei charakteristische Verhaltensweisen auf. Erstens: Revierbesitzer markieren und verteidigen kleine Territorien (gewöhnlich ca. 37 qkm), die sie jedoch nicht immer ganzjährig bewohnen. Zweitens: Männchen ohne Eigenbezirk durchstreifen riesige Flächen (800 qkm) und setzen kaum Duftmarken. Diese Tiere sind meist wachsamer als Geparde mit „festem Wohnsitz". Außerdem lassen sie Anzeichen von Stress erkennen und sind in körperlich schlechterer Verfassung (ihr Kortisolspiegel ist ebenso erhöht wie die Anzahl der weißen Blutkörperchen). Sie haben weniger Muskelmasse und häufiger Räude. Alle männlichen Geparde ziehen nach Verlassen des mütterlichen Reviers eine Weile umher. Während manche ihr ganzes Leben lang Nomaden bleiben, erobern andere ein Territorium. Allerdings kann es auch andersherum kommen und manch einstiger „Landbesitzer" verbringt die letzten Lebensjahre wieder auf Wanderschaft. Treffen Nomaden auf territoriale Geparde, reagieren Letztere erwartungsgemäß aggressiv.

Männerbünde haben mehr Chancen, ein Revier zu besetzen, als Einzelgänger (nur 9 % von 35 beobachteten Einzelgängern gegenüber 60 % von 25 Gruppen). Die plausibelste Erklärung liegt in der zahlenmäßigen Überlegenheit. Territorialkämpfe sind eine häufige Todesursache und die Männchen sterben öfter innerhalb oder unmittelbar an der Grenze eines Reviers als außerhalb. Gewöhnlich können Geparde ein Territorium vier bis viereinhalb Jahre lang halten. Männerbünde sind sehr viel öfter in der Lage, ein bereits besetztes Gebiet zu erobern, während Einzelgänger eher unbesetzte Reviere übernehmen. Trotzdem gelingt es einer Gruppe nicht, ein Territorium länger zu halten. Zahlenmäßig größere Gruppen nehmen auch keine größeren Reviere ein als kleinere Gruppen.

REVIERE *Die Karten zeigen die Reviere von drei verschiedenen Gepardenfamilien, die in der Serengeti simultan beobachtet wurden. Diese Reviere überlappten sich mit den Eigenbezirken anderer Gepardenfamilien.*

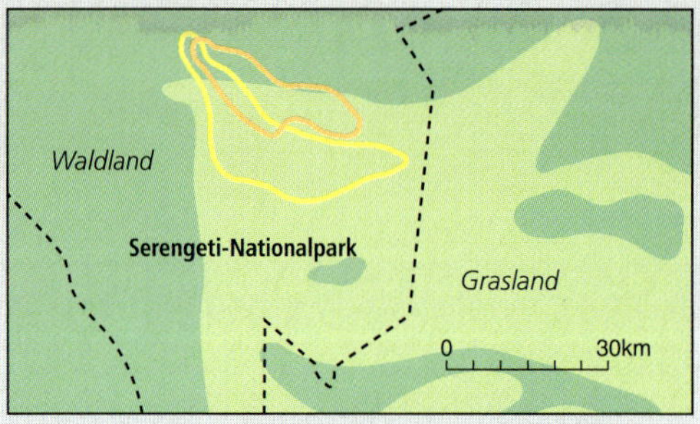

Familie 1 *Die Reviere der Schwestern überlappen sich und schneiden die Reviere anderer Geparde, darunter das ihrer Mutter und mehrerer Männchen. Die Reviergröße hängt damit zusammen, dass sie wandernde Beutetiere verfolgen. Die Reviergrenze markiert das innerhalb eines Jahres besuchte Terrain.*

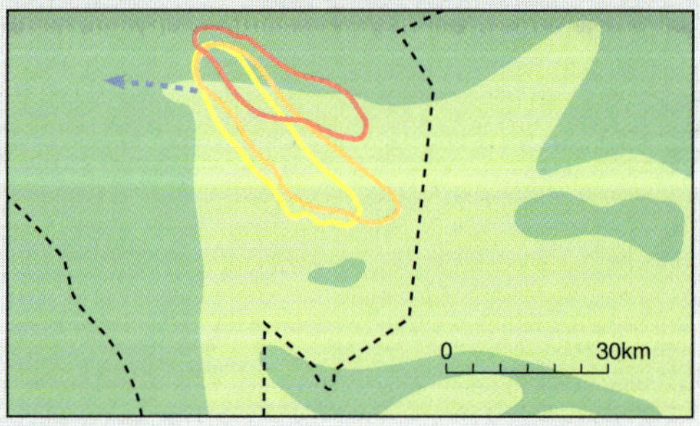

Familie 2 *Die Reviere der beiden adulten Töchter überschneiden das Revier der Mutter. Die adulten Söhne verließen das Gebiet vermutlich, um territorialen Männchen auszuweichen, deren Reviere das der Mutter überlappen. Sie leben nomadisch, bis sie selbst ein Territorium übernehmen und verteidigen können.*

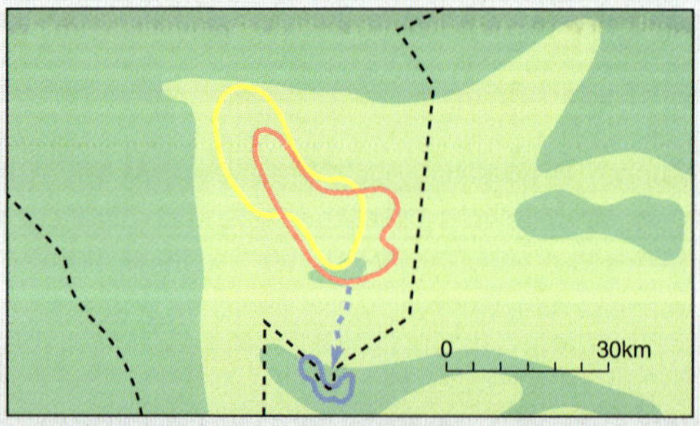

Familie 3 *Die ausschließlich Grasland umfassenden Reviere von Mutter und Tochter überlappen sich beträchtlich. Die beiden jungen Männchen mussten sich über 18 km vom mütterlichen Streifgebiet entfernen, bevor sie zwei territoriale Männchen vertreiben und deren Revier übernehmen konnten.*

Der Vorteil, Mitglied eines Männerbunds zu sein, liegt also allein in der besseren Chance, überhaupt einen Eigenbezirk zu ergattern.

Weitere Vorteile eines solchen „Grundbesitzes" sind, dass die von Männchen gehaltenen Territorien eine höhere Zahl an Weibchen aufweisen als andere Gebiete. Ja, sie locken Weibchen sogar regelrecht an. Obwohl die Fortpflanzungsrate der einzelnen Männchen bei Gruppenrevieren nicht genau festgestellt werden konnte, scheint es zumindest so, dass Männerbünde länger Zutritt zu Regionen haben, an denen Weibchen zusammenkommen. Bei Geparden wie Löwen ist die Wahrscheinlichkeit, Weibchen zu treffen und zu begatten, für in Männerbünde lebende Tiere deutlich höher als für Einzelgänger. Wenn eine hohe Weibchendichte dafür verantwortlich ist, dass sowohl Geparde als auch Löwen sich zu Gruppen zusammentun, sollten folglich dort, wo Männchen allein leben, weibliche Katzen spärlicher vorkommen. Und tatsächlich hat sich diese Vermutung bei Rotluchsen, Kanadaluchsen, Pumas, Leoparden, Ozelots, Schneeleoparden und Tigern bestätigt.

Links: *Duftmarkierung an einem Baum. Territoriale Männchen spritzen Urin an auffällige Stellen ihres Reviers, um andere Männchen fern zu halten. Brünstige Weibchen markieren, um Männchen anzulocken. Haben diese die Witterung aufgenommen, folgen sie der Duftspur. Nomadische Tiere setzen selten Duftmarken.*

Oben: *Junggeparde reagieren gereizt auf das Vordringen eines unbekannten erwachsenen Männchens in ihr Streifgebiet. Sie sind noch nicht groß genug, um einen Angriff zu wagen. Ein adulter Revierinhaber würde den Eindringling ohne jedes Zögern sofort aus seinem Territorium vertreiben.*

Hohe Weibchendichte und überlappende Streifgebiete sind also die Ursache, wenn männliche Katzen sich zu Bruderschaften zusammenschließen. Warum Gepardinnen und alle anderen weiblichen Katzen mit Ausnahme von Löwin und Hauskatze es vorziehen, allein zu leben, konnte noch nicht zufrieden stellend geklärt werden. Eine Möglichkeit wäre, dass bei Arten in offenen Lebensräumen, die großen Beutetieren nachstellen, die Weibchen gesellig sind, weil große Kadaver häufig von Artgenossen gesichtet und gestohlen werden. Unter diesen Umständen ist es für die Weibchen profitabler, die Beute mit Verwandten zu teilen, als sie anderen, nicht verwandten Artgenossen zu überlassen. Dies trifft allerdings nur für Löwen zu. Einer anderen Theorie zufolge machen nur Löwen Beute, die groß genug ist, um eine ganze Gruppe zu ernähren. Weibchen anderer Arten können es sich nicht leisten, einen Riss zu teilen, weil große Beutetiere (von etwa dem eineinhalb- bis zweifachen Gewicht einer ausgewachsenen Katze) schlichtweg nicht verfügbar sind. Eine dritte Hypothese besagt, dass Löwinnen sich zusammentun, um gemeinsam Männchen abzuwehren, die ihre Jungen töten. Diese Theorie kann jedoch allein nicht bestehen, da Infantizid auch bei anderen, nicht gesellig lebenden Katzen vorkommt.

Selbst wenn die Gründe für die ungesellige Lebensweise der meisten Katzen bislang noch nicht nachweislich feststehen, legen doch beide Thesen die Art der Futterbeschaffung als Hauptursache nahe. TC/GWF

PHOTO STORY

LEHRJAHRE EINES GUTEN JÄGERS

1 Gepardenkinder kämpfen spielerisch mit ihrer Mutter und üben dabei wichtige Jagdtechniken wie den Genickbiss. Die Kleinen sind vielerlei Gefahren ausgesetzt. Im Durchschnitt erreicht nur eines von dreien das Erwachsenenalter (in Regionen mit hoher Löwendichte wie der Serengeti ist das Verhältnis sogar 1:20). Nach der Entwöhnung bleiben Junggeparde noch gut ein Jahr bei der Mutter.

2 Ab der achten Lebenswoche begleiten Gepardenjunge ihre Mutter auf Streifzüge und lernen von ihr das Jagen. Dies ist ein wichtiger Bestandteil ihrer Erziehung, kann die ganze Familie aber an den Rand des Hungertods bringen, da die ausgelassenen Kleinen die Jagdchancen der Gepardin merklich beeinträchtigen.

1

3

3 Junge Geparde spielen mit einem Gazellenkitz und lernen dabei dessen Geruch und Verhalten kennen. Manchmal scheucht eine Familie zufällig ein Kitz im hohen Gras auf, ein andermal schleppt die Mutter lebende Beute an, um ihre Kinder zu unterweisen. Trotzdem verfolgen Junggeparde, wenn sie mit ca. 18 Monaten zum ersten Mal allein auf die Jagd gehen, häufig auch ungeeignete Beute wie z.B. Büffel.

4 Ältere halbwüchsige Geparde stellen ein Impalakitz. Als Erwachsene wird ihr Jagdglück von einer Kombination aus Überraschungsmoment und Geschwindigkeit abhängen. Geparde sind zwar die schnellsten Tiere der Welt und erreichen im Sprint über 95 km/h, können dieses Tempo aber nur etwa 500 m weit durchhalten. Folglich dauern die meisten Jagden weniger als 30 Sekunden – und nur jeder zweite Angriff ist erfolgreich.

2

5

❺ *Ein junger Gepard packt ein kleines Wildschwein – relativ einfache Beute und damit gerade das Richtige für den Anfänger. Die kleinen Zähne eines Geparden eignen sich nicht besonders zum Fleischreißen, deshalb ersticken die Katzen ihre Beute mit einem Biss in die Kehle. Damit ist die Mahlzeit allerdings noch lange nicht gesichert, denn häufig stehlen Geier oder Löwen den Riss. Um ungestört fressen zu können, schleift der Gepard einen Kadaver gewöhnlich ins Dickicht.*

4

Leopard

UM DEN LEOPARDEN RANKEN SICH VIELE Legenden. Schon sein Name resultiert aus dem Irrglauben, er sei ein Hybrid aus Löwe (lateinisch: Leo) und Parder (= Panter). Noch vor rund 100 Jahren debattierte man darüber, ob Leopard und Panter verschiedene Arten seien. In Wahrheit sind die Worte „Parder" oder „Pardel" und „Panter" ungenaue veraltete Namen für verschiedene Großkatzen, insbesondere Leopard, Jaguar und Puma.

Man unterscheidet sieben Unterarten dieser eleganten Raubkatze. Am häufigsten ist der Afrikanische Leopard. Bei den anderen Unterarten handelt es sich um kleine oder geografisch isolierte Populationen, die zum Großteil vom Aussterben bedroht sind.

Gefleckt oder rein schwarz

KÖRPERBAU UND FUNKTION

Von der Gestalt her ist der Leopard eine durchschnittliche Großkatze – schlank und zartgliedrig im Vergleich mit dem Jaguar, aber massig und robust im Vergleich mit dem Geparden. Die Fellzeichnung kann stark variieren. Häufig kommt Melanismus vor, der das Tier vollkommen schwarz färbt. Das dafür verantwortliche rezessive Gen scheint bei Populationen, die Wälder, Gebirgsregionen sowie Asien besiedeln, besonders verbreitet. Auf der Halbinsel Malakka sind bis zu 50 % der Leoparden schwarz; andernorts liegt der Anteil deutlich niedriger. In der irrtümlichen Annahme, es handle sich dabei um eine eigene Art, bezeichnet der Volksmund diese Tiere gern als „Schwarze Panter". Melanismus tritt aber auch bei anderen Katzenarten auf, z.B. bei Jaguar und Serval.

Anpassungsfähiger Jäger

SOZIALVERHALTEN

Der Leopard hat das weiteste Verbreitungsgebiet aller Katzen, was teils auf seine versteckte Lebensweise, teils auf große Anpassungsfähigkeit zurückgeht, vor allem in puncto Nahrung. Leoparden fressen Aas, erlegen aber auch eine breite Palette von Beutetieren, darunter Reptilien, Vögel, Kleinsäuger, mittelgroße Antilopen und gelegentlich sogar andere Raubtiere. Diese geschmeidigen Katzen gehen allein auf Jagd, und zwar gewöhnlich bei Nacht. Dabei verlassen sie sich auf eine Kombination aus List und Schnelligkeit. Leoparden sind Meister der Tarnung und können sich bis auf 2 m an ihre Beute anschleichen, bevor das nichts ahnende Opfer in einem kurzen, raschen Angriff erlegt wird – kleinere Tiere meist mit Genickbiss.

Entgegen der landläufigen Meinung schleppen Leoparden keineswegs jeden Riss auf einen Baum. Vielmehr werden die meisten Kadaver in dichter Vegetation versteckt. Aufgrund des breiten Spektrums und der Kleinheit ihrer Beute sind Leoparden keine Nahrungskonkurrenten für andere Raubtiere wie Löwe, Tiger, Tüpfelhyäne oder Afrikanischer Wildhund, auf deren Speisezettel größere Tiere stehen.

Im größten Teil ihres Verbreitungsgebiets folgen Leoparden keiner festen Paarungszeit. Weibchen kommen alle drei bis sieben Wochen für einige Tage in Hitze. Während dieser Zeit findet die Paarung statt. Ein Wurf kann bis zu sechs Junge umfassen. Im Regelfall sind es aber nur ein oder zwei Babys, die blind, aber bereits mit Fell geboren werden und zwischen 430 und 570 g wiegen. Bis zum Alter von sechs bis acht Wochen bleiben sie im Versteck, danach beginnen sie der Mutter zu folgen. Nach der Entwöhnung führt die Leopardin ihre Jungen zwar meist zur Nahrung, verbringt ansonsten aber wenig Zeit mit ihnen. Sobald ihr Nachwuchs 18 bis 20 Monate alt ist, schickt sie ihn fort, um sich erneut zu paaren. Man nimmt an, dass Leoparden mit zwei Jahren geschlechtsreif werden. Um diese Zeit zerstreuen sich Brüder und Schwestern und suchen sich jeweils ein eigenes Revier. Die jungen Weibchen lassen sich aber häufig in einem Bezirk nieder, der sich mit dem ihrer Mutter überschneidet.

Oben: *Leoparden ruhen gerne auf dicken Ästen, wo sie Schutz vor der sengenden Mittagssonne finden. Zudem erspart ihnen ihr Klettergeschick manche Auseinandersetzung mit anderen Raubtieren. In Indien etwa kommt es häufig vor, dass Rothunde die geschmeidigen Großkatzen auf Bäume jagen. Nur gelegentlich schleppt ein Leopard ein gerissenes Beutetier auf eine Astgabel, um es ungestört zu verzehren.*

Oben links: *Aufmerksam späht ein Leopard aus der Deckung heraus nach einer potenziellen Beute. Das gefleckte Fell bietet zwischen Büschen und Bäumen eine ideale Tarnung. Die langen, extrem sensiblen Tasthaare (Vibrissen) deuten auf einen Jäger hin, der vorwiegend nachts auf die Pirsch geht.*

Während eine Leopardin fast ihr halbes Leben mit abhängigen Jungtieren verbringt, sind die Männchen praktisch ständig allein. Die Streifgebiete von Leoparden unterscheiden sich stark in der Größe. Ausschlaggebend ist natürlich in erster Linie die Beutedichte: Je knapper die Nahrung, desto weniger Leoparden und desto größer das jeweilige Revier. Weibchen bewohnen Gebiete zwischen 10 und 290 qkm, die sich zu maximal 40 % mit denen anderer Weibchen decken können. Bei Männchen sind die Eigenbezirke größer, zwischen 18 und 1140 qkm, mit ebenfalls starken Überlappungen bis zu 40 %. Obendrein überschneiden sich die Gebiete der Männchen weitläufig mit denen von Weibchen.

Die häufigste Lautäußerung ist ein harter Ton, der ein bisschen so klingt, als säge jemand hartes Holz. Dieses „Sägen" kündet einerseits von der Anwesenheit des Revierinhabers, dient aber auch der Kommunikation zwischen Artgenossen. Weibchen geben mit diesem Laut ihre Paarungsbereitschaft bekannt und Mütter rufen so ihre Kinder.

Touristen als Retter

ARTEN- UND UMWELTSCHUTZ

Obwohl einige Unterarten möglicherweise aussterben, dürfte der überaus anpassungsfähige Leopard in weiten Teilen seines Verbreitungsgebiets erhalten bleiben. Aufgrund von Habitatverlust und Verfolgung – wegen „Diebstahls" von Geflügel etc. – gehen die Zahlen zwar zurück, doch scheint der Bestand insgesamt nicht bedroht. Allerdings wird der Leopard auch als Trophäe geschossen. In Afrika zählt das Tier (neben Löwe, Büffel, Elefant und Nashorn) zu den „Big Five", die Großwildjäger besonders schätzen. Gemäß dem Washingtoner Artenschutzabkommen erhalten Länder mit gesichertem Leopardenbestand jährliche Quoten für Großwildjäger. 1999 erteilte man zehn Ländern insgesamt 1635 Abschussgenehmigungen, doch wurden nur 878 Katzen erlegt – das „Kopfgeld" betrug durchschnittlich 2500 US-Dollar.

Leoparden gehören zu den größten Attraktionen der Nationalparks. So leistet die wachsende Tourismusindustrie einen wichtigen Beitrag zur Arterhaltung. Einer Studie in Namibia zufolge fließen den örtlichen Gemeinden im Jahresmittel allein 2500 US-Dollar dafür zu, dass sie Tierfreunden gestatten, Leoparden zu beobachten. So kommt es, dass selbst in Gegenden, in denen die Katzen früher als Ärgernis angesehen wurden, sie heute als wichtige Einnahmequelle gelten. PS

FAKTEN

LEOPARD

Panthera pardus

Ordnung: Carnivora (Raubtiere)

Familie: Felidae

1 von 5 Arten der Gattung *Panthera*

7 Unterarten: Amurleopard (*P. p. orientalis*); Kleinasiatischer Leopard (*P. p. tulliana*); Berberleopard (*P. p. panthera*), Marokko, Algerien, Tunesien; Afrikanischer Leopard (*P. p. pardus*), Afrika, Asien; Sinaileopard (*P. p. jarvisi*), Sinai; Südarabischer Leopard (*P. p. nimr*); Sansibarleopard (*P. p. adersi*), Sansibar.

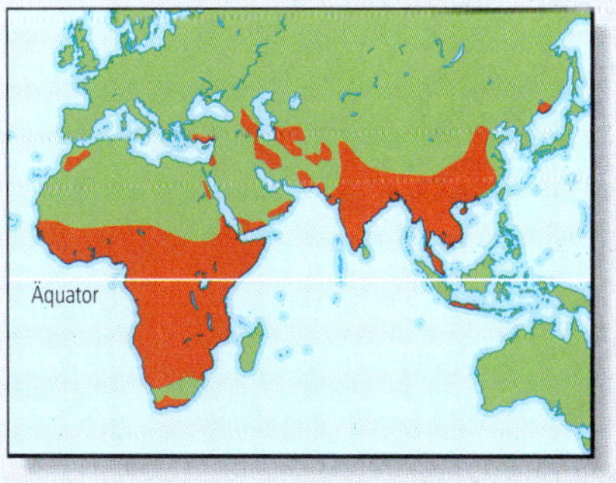

VERBREITUNG Afrika südlich der Sahara und Südasien; vereinzelte Populationen in Nordafrika, Arabien und im Fernen Osten.

LEBENSRAUM Vorwiegend Gegenden mit ausreichend Deckung, guter Beutetierdichte und geringer Verfolgung; von tropischen Regenwäldern bis zu Wüsten, von Hochgebirgen bis in die Nähe von Vorstädten.

GRÖSSE Körperlänge 100–190 cm; Schwanzlänge 70–95 cm; Schulterhöhe 45–80 cm; Gewicht 30–70 kg. Männchen sind rund 50 % größer als Weibchen.

FELL Unterschiedlich, generell jedoch schwarze Flecken auf gelblichem bis hellbraunem Grund. Gewöhnlich sind die Flecken am Kopf kleiner, an Bauch und Beinen größer und auf Rücken und Flanken zu Rosetten erweitert.

NAHRUNG Reptilien, Vögel, kleine Säugetiere, gelegentlich auch kleine Raubtiere, darunter Geparde und Löffelhunde.

FORTPFLANZUNG Tragzeit 90–105 Tage; gewöhnlich 1–2 Junge pro Wurf (maximal 6).

LEBENSERWARTUNG Bis 14 Jahre (in Gefangenschaft 20).

IUCN-STATUS Südarabischer, Kleinasiatischer, Berber- und Amurleopard sind vom Aussterben bedroht, der Sansibarleopard ist möglicherweise bereits ausgestorben.

Weitere Großkatzen

JAGUAR, NEBELPARDER UND SCHNEELEOPARD leben in unterschiedlichen Teilen der Welt – vom tropischen Regenwald bis zum schneebedeckten Hochgebirge. Der Bestand aller drei Arten ist in den letzten Jahrzehnten aufgrund von Pelztierjagd und rapidem Habitatverlust drastisch zurückgegangen.

Jaguar

PANTHERA ONCA

Der Jaguar ist die größte Katze Nord- und Südamerikas. Obwohl er äußerlich dem Leoparden gleicht, machen ihn Verhalten und ökologische Rolle zum neuweltlichen Gegenstück des Tigers.

Nun kann der Jaguar zwar gewaltig brüllen, beschränkt sich auf der Jagd aber auf hustenähnliche Belllaute, während er bei Bedrohung faucht und knurrt. Zur Paarungszeit geben Männchen miauende Töne von sich. Der massive Schädel und die starken Fangzähne sind auf das Zermalmen von Knochen und das Knacken gut „gerüsteter" Beute wie etwa Schildkröten ausgerichtet.

Jaguare bevorzugen dichte Wälder und Sumpfgebiete mit ausreichend Deckung, da sie ihr Opfer gewöhnlich vom Boden aus anschleichen. Außerdem sind sie ausgezeichnete Schwimmer. Hauptsächlich reißen sie große Tiere wie Pekaris und Hirsche, doch der Speisezettel ist lang und umfasst mehr als 85 Arten, darunter Affen, Vögel, Frösche, Fische und kleine Nagetiere.

Als Einzelgänger kommen Jaguare nur zur Paarungszeit zusammen. Das Weibchen wirft bis zu vier Junge, die jeweils 700 bis 900 g schwer sind. Die Kleinen öffnen nach etwa 14 Tagen die Augen und bleiben bis zu zwei Jahre bei der Mutter. Meist überleben jedoch nur zwei Junge die ersten Monate. Geschlechtsreif werden Weibchen mit zwei bis drei Jahren, Männchen mit drei bis vier. ARR

Schneeleopard

PANTHERA UNCIA

Schneeleoparden sind auf einzigartige Weise an ein Leben unter Extrembedingungen angepasst. Ihre „Bergtauglichkeit" fördern die breite Brust, die kurzen Vorderbeine und der dicke, fast 1 m lange Schwanz. Dieser erleichtert die Balance. Gegen die Kälte helfen eine vergrößerte Nasenhöhle, die die eingeatmete Luft erwärmt, und ein langes Haarkleid mit dichtem, wolligem, bis zu 12 cm dickem Unterfell. Zumal auch die Wüste Gobi zu ihrem Verbreitungsgebiet gehört, müssen die Katzen Temperaturen zwischen +40 °C im Sommer und –40 °C im Winter aushalten.

Blauschaf und Steinbock bilden die Hauptbeute des Schneeleoparden. Dazu kommen Huftiere wie Ziegen und Hirsche, aber auch Haustiere wie junge Yaks, Schafe und Pferde, bis zum Dreifachen ihres Eigengewichts. Im Sommer bereichern Murmeltiere und Hasen den Speiseplan. Als Pirschjäger, der sich auf 30 bis 40 m an seine Beute anschleichen muss, verfügt der Schneeleopard über eine hervorragende Tarnfärbung.

Die Größe des Reviers umfasst 20 bis 40 qkm in einem guten Habitat und bis zu 1000 qkm in der beutearmen Mongolei. Die Territorien von Männchen und Weibchen überlappen sich beträchtlich, doch halten die Individuen – außer zur Paarungszeit – immer mindestens 1 km Abstand.

Schneeleoparden leben als Einzelgänger, außer während der Paarungszeit zwischen Januar und März – ihr lang gezogenes Heulen wird manchmal für den Ruf eines Yeti gehalten – und während der Aufzucht der Jungen. Häufig benutzte Wege kennzeichnet der Schneeleopard mit Kratzmarken, Kot und einem streng riechenden Sekret, das alle vorbeiziehenden Artgenossen über Geschlecht und Fortpflanzungsstatus aufklärt.

Im Frühling oder Frühsommer kommen in einer geschützten Höhle ein bis vier Junge zur Welt. Sie tragen zunächst ein fast völlig schwarzes Fell. Mit sieben bis neun Tagen öffnen sie die Augen und mit drei Monaten sind sie bereits recht aktiv. Insgesamt bleiben sie 18 bis 22 Monate bei ihrer Mutter. Zwischen zwei Würfen lässt ein Weibchen mindestens zwei Jahre verstreichen.

In weiten Teilen seines einstigen Verbreitungsgebiets ist der Schneeleopard heute extrem selten. Hauptfeinde sind Jäger, die es auf den Pelz, die Knochen oder andere Körperteile abgesehen haben. Zwar gibt es 120 Schutzgebiete, doch sind diese meist zu klein, um mehrere der faszinierenden Raubkatzen zu ernähren. RJ

***Oben:** Selten, menschenscheu und in extrem abgelegenen Regionen zu Hause – der Schneeleopard genießt schon fast einen mythischen Status. Bis vor kurzem war über diese herrliche Katze kaum etwas bekannt. Heute geben moderne Verfahren wie Telemetrie Aufschluss darüber, wie hervorragend das Tier an das Leben auf dem „Dach der Welt" angepasst ist.*

***Rechts:** Ein Nebelparder pirscht durch den dichten Dschungel Malaysias. Neuere Forschungserkenntnisse lassen darauf schließen, dass dieses elegante Tier möglicherweise unterschiedlichere Habitate besiedelt als ursprünglich angenommen.*

***Links:** Das aktuelle Verbreitungsgebiet des Jaguars ist nicht einmal mehr halb so groß wie zu Anfang des 20. Jahrhunderts. Damals reichte es vom Südwesten der USA bis nach Nordargentinien. Heute ist der Jaguar überall geschützt, doch Wilderer stellen der schönen Katze nach wie vor wegen ihres begehrten Fells nach.*

FAKTEN

WEITERE GROSSKATZEN

Ordnung: Carnivora (Raubtiere)

Familie: Felidae

3 Arten in 2 Gattungen

VERBREITUNG Nord-, Südamerika; Mittel-, SO-Asien.

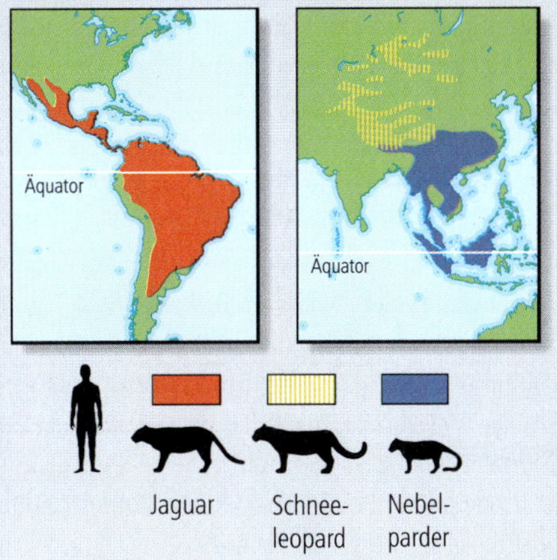

Nebelparder

NEOFELIS NEBULOSA

Der extrem scheue und offenbar ausschließlich nachtaktive Nebelparder zählt zu den faszinierendsten Katzen der Welt. Anders als der Schneeleopard hinterlässt er normalerweise keine auffälligen Markierungen und ist daher nur schwer aufzuspüren.

Bei in Gefangenschaft gehaltenen Tieren sind herausragende Kletterkünste zu bewundern: Die Katzen laufen kopfunter Baumstämme hinab, hangeln sich, mit dem Rücken nach unten, an Ästen entlang oder hängen nur an den Hinterpfoten, wobei der Schwanz stets als Balancierhilfe dient. Um zu ruhen, suchen sie offenbar Bäume auf. Frühe Naturforscher vermuteten, die langen Fangzähne und der kräftige Körperbau würden auf Huftiere als Beute hinweisen. Neuere Beobachtungen lassen jedoch eher auf Primaten – Nasenaffen, Schweinsaffen und Gibbons – als Hauptnahrung schließen. Außerdem reißt der Nebelparder Vögel, Stachelschweine, Hirsche und Wildschweine sowie Geflügel und Hausziegen.

Über das Sozial- und Fortpflanzungsverhalten des Nebelparders ist wenig bekannt. Nach einer Tragzeit von 87 bis 102 Tagen kommen ein bis vier hilflose Junge zur Welt, bei denen die großen Flecken noch dunkel gefärbt sind. Die Babys öffnen nach ca. zehn Tagen die Augen und zeigen sich ab fünf Wochen recht aktiv. Vermutlich sind sie mit neun Monaten selbstständig. Anfänglich schlechte Zuchterfolge in Gefangenschaft (sehr viele Männchen töteten das Weibchen) umgeht man heute durch frühzeitige „Paarbindung“ von Jungtieren.

Die Hauptbedrohung für den Nebelparder sind Abholzung und Bejagung: Pelz, Knochen und die langen Fangzähne werden von Ureinwohnern für medizinische und zeremoniale Zwecke genutzt. Zudem bringen sie auf dem Schwarzmarkt viel Geld. Die Dichte schwankt zwischen einem Tier pro 4 qkm in Sabah und einem pro 14 qkm in Thailand. Die größte Population lebt in Borneo. RJ

Jaguar LR

Panthera onca

SW-USA bis Patagonien. Tropenwälder, Sumpfgebiete und offene Landschaften, auch Wüsten und Savannen.
KL 110–185 cm; SL 45–75 cm; SH 68–75 cm; GT 55–115 kg; die Weibchen sind durchschnittlich 20 % kleiner als die Männchen.
FELL: Gelbbraun, aber auch fast weiß bis schwarz, mit heller Brust und unregelmäßigen schwarzen Flecken am Bauch; Rücken mit dunklen Rosetten; hinterer Schwanzteil schwarz geringelt; schwarzer Kinnfleck; Ohrmuscheln an der Hinterseite schwarz gerahmt.
FORTPFLANZUNG: Tragzeit 93–110 Tage.
LEBENSERWARTUNG: In Gefangenschaft bis 20 Jahre.

Schneeleopard En

Panthera (Uncia) uncia

Vereinzelte Vorkommen in den Hochgebirgen Zentralasiens, vom Himalaya bis zur S- und W-Mongolei und S-Russland. Kommt in 12 Ländern vor, 60 % des Gesamtgebiets liegen in China.
Hochebenen, Grasland, Busch und lichte Nadelwälder in Höhen zwischen 1800 und 5500 m, in Russland und der Wüste Gobi hinunter bis auf 900 m; meidet dichten Bergwald.
Gesamtbestand in freier Wildbahn schätzungsweise 4500 bis 7500 Tiere; Dichte: über 10 bis unter 0,5 pro 100 qkm.
KL bis 130 cm; SL 80–100 cm; SH 60 cm; GT Männchen 45–55 kg, Weibchen 35–40 kg.
FELL: Lang, dicht, gelblich grau mit dunkelgrauen Rosetten und schwarzen Flecken; Schwanz lang, dick und dicht behaart; Ohrmuscheln schwarz gerandet; Winterfell heller.
LEBENSERWARTUNG: In Gefangenschaft bis 21 Jahre.

Nebelparder Vu

Neofelis nebulosa

Indien, S-China, Nepal, Myanmar, Indochina bis Sumatra und Borneo, möglicherweise auch Taiwan (dort eventuell ausgestorben). Tropische und subtropische immergrüne Primär- und Sekundärwälder bis 2000 m Höhe; auch in Buschwäldern und hohem Grasland in Nepal sowie in Mangrovensümpfen in Borneo.
KL 60–110 cm; SL 60–90 cm; SH 80 cm; GT 11–20 kg.
FELL: Ockergelb, gelbbraun oder silbergrau; es gibt aber auch schwarze und fast weiße Individuen; große, kräftig schwarz gerandete „Wolkenflecken“ an den Flanken, schwarze Flecken an Beinen und Bauch; Nacken mit 2 dicken schwarzen Streifen; Wangenstreifen nicht in Flecken aufgelöst; Schwanz mit dunklen Querbändern.
LEBENSERWARTUNG: In Gefangenschaft bis 17 Jahre.

ABKÜRZUNGEN KL = Körperlänge SL = Schwanzlänge SH = Schulterhöhe GT = Gewicht LR geringes Risiko En stark gefährdet Vu gefährdet

Kleinkatzen

FÜR DIE MEISTEN MENSCHEN IST DIE TYPISCHE Kleinkatze der vertraute Stubentiger in Millionen Haushalten weltweit. Tatsächlich ähneln einige der vielen Wildarten ihren domestizierten Verwandten, und zwar nicht nur vom Aussehen, sondern auch in der Verhaltensweise. Nicht alle Kleinkatzen sind wirklich klein – der Puma beispielsweise übertrifft manch so genannte Großkatze (Leopard und Gepard etwa).

Die Unfähigkeit zu brüllen (bedingt durch die Verknöcherung des Zungenbeins) gilt als traditionelles Unterscheidungsmerkmal zwischen Kleinkatzen und den Großkatzen der *Panthera*-Linie (Löwe, Leopard, Tiger, Jaguar, Schneeleopard). Andere gemeinsame Merkmale zu finden ist dagegen schwierig. Molekulargenetische Daten geben Hinweis auf mindestens sieben unterschiedliche Stammlinien, die auf einem gemeinsamen Vorfahren basieren.

Scheue Einzelgänger

KÖRPERBAU UND FUNKTION

Das Artenspektrum der *Felis*-Stammlinie reicht von der winzigen Rostkatze mit einem Gewicht von nur gut 1 kg bis zum stolzen Puma mit 40 bis 110 kg Gewicht. Die Bergkatze aus dem baumlosen Andenhochland Südamerikas gehört ebenso dazu wie die Sandkatze, die in afrikanischen und asiatischen Wüsten zu Hause ist; außerdem der Kanadaluchs aus dem hohen und kalten Norden Amerikas und die Rohrkatze aus dem tropischen Asien. Molekulargenetische Untersuchungen sprechen dafür, auch den Geparden zu den Kleinkatzen zu rechnen, obwohl er sich morphologisch und vom Verhalten her von diesen unterscheidet.

Weil sie von Natur aus scheu und daher schwer zu beobachten sind, ist es nicht leicht, die Lebensgewohnheiten von Kleinkatzen zu erforschen. Dennoch haben Studien bestimmter Arten – darunter Rotluchs, Wildkatze, Luchs, Puma – einige Haupttendenzen ans Licht gebracht. Die meisten Katzen sind Einzelgänger und gehen keine längerfristige Bindung mit anderen Individuen ein. Pumas etwa bilden niemals Gruppen. Große Streifgebiete sind für sie lebenswichtig, und im Regelfall bewohnen sie abgeschiedene Urwald-, Gebirgs- oder Sumpfregionen. Gegen diesen Trend verstößt lediglich die verwilderte Hauskatze, die bei reichem Nahrungsangebot (aus Menschenhand) gesellig wird.

Sämtliche Kleinkatzen sind fast ausschließlich Fleischfresser, die ihre Beute selbst erlegen, aber auch Aas verzehren, wenn es sich anbietet. Ihr Speisezettel hängt davon ab, was zur Verfügung steht. Die durchschnittliche Beutetiergröße korreliert mit der eigenen Größe, gemessen an Körpermasse oder Kieferlänge. Pumas reißen große Huftiere (Guanakos, Tapire, Dickhornschafe, Elche), dazu Haustiere wie ausgewachsene Pferde und Rinder. Da Katzen aber sowohl Opportunisten als auch höchst geschickte Jäger sind, fressen sie auch eine Reihe kleinerer Säugetiere sowie Eidechsen, Amphibien, Vögel und Fische. Entsprechend erlegt der afrikanische Karakal, der nur 10 bis 18 kg auf die Waage bringt, Beute von Antilopengröße (seltener Springböcke und Kudus), ist aber gleichzeitig ein hervorragender Vogelfänger und bevorzugt als Grundnahrung kleinere Nager.

Mit Ausnahme von Schwarzfuß-, Sand-, Bergkatze und Manul leben alle Kleinkatzen bevorzugt in undurchdringlichen oder lichten Wäldern. Die meisten Arten sind keine Habitatspezialisten und bewohnen eine ganze Reihe von Vegetationsformen. Viele akzeptieren vom Menschen veränderte Lebensräume und tolerieren auch ein gewisses Maß menschlicher Aktivität. Rohrkatzen etwa trifft man häufig auf bewirtschafteten Feldern in Asien. Gleiches gilt für Ozelotkatzen in Brasilien und Rostkatzen in Indien und auf Sri Lanka.

Das eigene Fell retten

ARTEN- UND UMWELTSCHUTZ

Alle wild lebenden Kleinkatzen sind durch internationale Gesetze und Regelungen mehr oder weniger geschützt. In der Praxis hängt dieser Schutz jedoch in hohem Maße von der jeweiligen Bestandsdichte sowie von Traditionen und Übergriffen auf Menschen und deren Haustiere ab.

Der internationale Markt für Kleinkatzenprodukte, der in den 1960er und 1970er Jahren im Durchschnitt bei jährlich 250 000 bis 600 000 Pelzen lag und vor allem bei Ozelot und Kleinfleckkatze eine große Zahl von Opfern forderte, ging gegen Ende des Jahrhunderts deutlich zurück. Im selben Maße, in dem sich die Menschen der Problematik bewusst wurden, sank auch die Nachfrage nach Pelzmänteln. Folglich war der legale Markt für Katzenpelze 1990 auf ein Viertel der Zahl von 1980 zurückgefallen – von 450 000 auf 100 000 Felle pro Jahr – und beschränkte sich Mitte der 1990er Jahre fast ausschließlich auf Luchs und Bengalkatze.

Nach wie vor geht für Kleinkatzen jedoch große Gefahr von regionalen Sportjägern und Landwirten bzw. Viehzüchtern aus. Insbesondere gilt das natürlich dort, wo die Populationen bereits aus anderen Gründen gefährdet sind, etwa durch die Lebensraumzerstörung. Der Habitatverlust führt neben dem eigentlichen direkten Bestandsrückgang auch zur Isolation von Populationen, was sich wiederum negativ auf die Populationsgröße auswirkt, da sich nur Tiere vermehren können, die Zugang zueinander haben. So hat etwa die Kombination aus Jagd und Lebensraumverlust den Puma im Gebiet östlich des Mississippi bis auf einen winzigen Restbestand in den Zypressensümpfen Floridas buchstäblich ausgerottet. Von diesen so

Unten: *Zehn Kleinkatzenarten nach ihrer Verbreitung von Westen (Amerika) nach Osten (Asien):* ***1*** *Ozelot;* ***2*** *Ozelotkatze;* ***3*** *Jaguarundi;* ***4*** *Europäische Wildkatze;* ***5*** *Falbkatze;* ***6*** *Schwarzfußkatze;* ***7*** *Sandkatze;* ***8*** *Rohrkatze;* ***9*** *Bengalkatze;* ***10*** *Asiatische Goldkatze.*

1

2 3 4 5

FAKTEN

KLEINKATZEN

Ordnung: Carnivora (Raubtiere)

Familie: Felidae

Alle 30 Arten der Gattung *Felis*. Dazu gehören Wildkatze *(F. silvestris)*, Luchs *(F. lynx)*, Karakal *(F. caracal)*, Puma *(F. concolor)*; Rotluchs *(F. rufus)*, Ozelot *(F. pardalis)*, Langschwanzkatze *(F. wiedi)* und Kleinfleckkatze *(F. geoffroyi)*.

VERBREITUNG Nord-, Südamerika, Eurasien, Afrika

LEBENSRAUM Von ariden Regionen mit wenig Deckung (Graukatze) über Steppe, Busch und Savanne (Falbkatze) bis Mischwälder gemäßigter Breiten (Europ. Wildkatze).

GRÖSSE Körperlänge variiert je nach Art von 35–40 cm (bei der Schwarzfußkatze) bis zu 105–195 cm (beim Puma); **Gewicht** zwischen 1–2 kg und 110 kg.

FELL Sehr häufig gefleckt oder gestreift, manchmal einfarbig; Gesichtszeichnung oft mit schwarzen Tränenstreifen.

NAHRUNG Vorwiegend Kleinsäuger; der Puma reißt allerdings auch Huftiere bis Hausrindgröße.

FORTPFLANZUNG Tragzeit von 56 Tagen (Bengalkatze) bis 96 Tage (Puma); Wurfgröße: 1 bis 6 Junge.

LEBENSERWARTUNG 12–15 Jahre bei Wildkatzen.

Artenübersicht siehe Seite 36 f. ▷

Rechts: *Auf den ersten Blick erinnert der Puma an eine Löwin, was schon frühen Entdeckungsreisenden wie Kolumbus und Vespucci auffiel. In Wahrheit aber unterscheidet sich der Puma sehr von den Großkatzen der Alten Welt. Das Verbreitungsgebiet des Einzelgängers reicht von den Tundren am Yukon über die Rocky Mountains, Mittelamerika, die Anden und Patagonien bis zur Magellanstraße. Außerdem kann der Puma, anders als Großkatzen, weich und ausdauernd schnurren.*

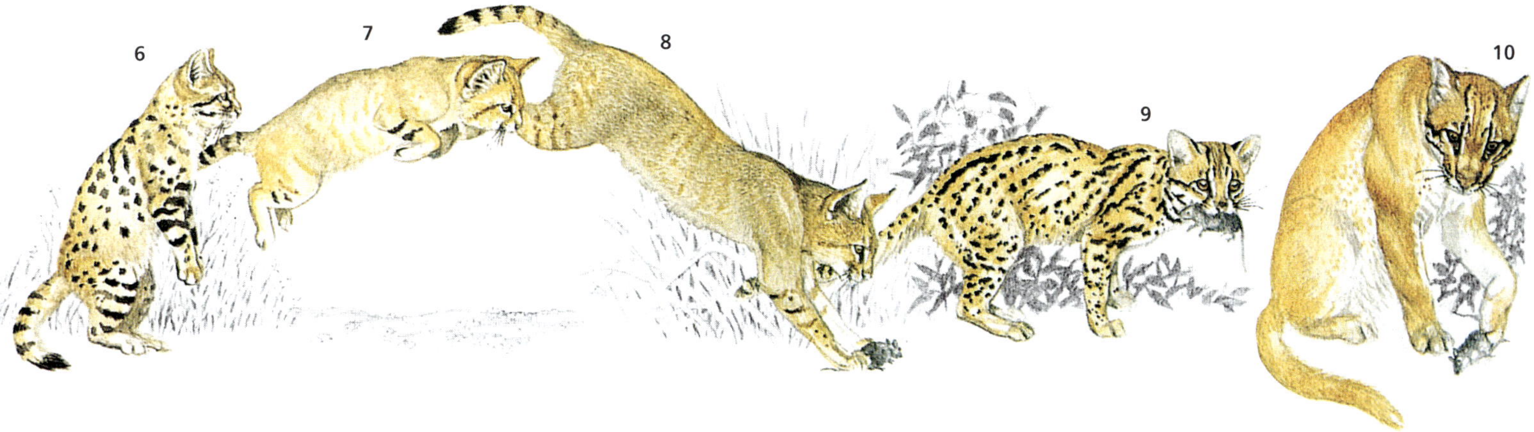

Die seltenste Katze der Welt

Der Pardelluchs oder Iberische Luchs soll sich aus dem so genannten Höhlenluchs entwickelt haben, einer 30 kg schweren Katze, die vor 100 000 Jahren auf dem europäischen Kontinent lebte. Paläontologen vermuten, dass pleistozäne Gletscher eine Population dieser Katzen isolierte. Dieselben Umstände führten zur Entstehung einer neuen Lagomorphenart, die wir heute als Europäisches Wildkaninchen bezeichnen. Vermutlich als Reaktion darauf ließ natürliche Selektion den Höhlenluchs auf eine Größe schrumpfen, die besser zu dieser neuen Delikatesse passte, und stattete ihn obendrein mit einem gefleckten Tarnkleid aus. Diese Eigenschaften minderten auch die Konkurrenz mit dem Eurasischen Luchs, der größten noch lebenden Luchsart. Er wanderte ungefähr zur gleichen Zeit von Asien aus nach Europa ein. Während sich der Pardelluchs von Kaninchen ernährt, reißt sein größerer Vetter Rehe und Gämsen.

An vielen Orten der Iberischen Halbinsel sowie in Südfrankreich sind bei archäologischen Ausgrabungen Überreste von Pardelluchsen ans Licht gekommen. Sie zeugen davon, dass die Katze früher ihres Fells und Fleisches wegen gejagt wurde. Mit der Umwandlung von Busch- in Nutzland schwand ihr Lebensraum zusehends. Trotzdem blieb der Bestand im Süden bis Mitte des 19. Jahrhunderts relativ konstant.

Anfang des 20. Jahrhunderts war die Population auf die Bergregionen im Südwesten zurückgedrängt. Zwei Faktoren beschleunigten den weiteren Niedergang der bereits geschwächten Gruppe. Zum einen wurde der Luchs auf Geheiß der spanischen Regierung verfolgt. Zum zweiten dezimierte die aus Frankreich eingeführte Myxomatose den Kaninchenbestand drastisch. Obwohl Spanien und Portugal den Pardelluchs bereits 1974 unter Schutz stellten, erholte sich die Art nicht. Heute gibt es nur noch eine Hand voll der schönen Katzen. Nach wie vor werden sie von Wilderern illegal geschossen, ihr Lebensraum nimmt weiter ab und manche Tiere werden überfahren. Jüngsten Schätzungen zufolge gibt es Luchse auf weniger als 2 % der Landfläche Spaniens (1960 waren es noch 11 %). In ca. zehn isoliert gelegenen Populationen leben keine 600 Tiere mehr.

Die IUCN hat den Pardelluchs zur seltensten und bedrohtesten Katze der Welt erklärt, und es sieht ganz so aus, als werde das herrliche Tier im Laufe der nächsten Jahrzehnte für immer verschwinden. Heute kämpfen Umweltschützer verzweifelt darum, dies zu verhindern. MD

genannten Florida-Pantern gibt es keine 40 Tiere mehr. Inzucht, eine unausweichliche Folge bei derart drastischem Populationsrückgang, hat mittlerweile zu schweren Genanomalien geführt. Deformierte Schwänze, Herzfehler, Kryptorchismus (Bauchhoden) sowie Spermienmissbildungen bei bis zu 90 % der Männchen sind nur die auffälligsten Folgen dieser Entwicklung.

Dennoch ist die Bilanz hinsichtlich der Kleinkatzen nicht nur negativ. Am genauesten hat man die Auswirkungen von legaler Jagd und Handel in Nordamerika untersucht, wo die Nutzbarmachung und Kontrolle von Rotluchs-, Kanadaluchs- und Puma-Populationen eine Multi-Millionen-Dollar-Industrie bilden und oft als Vorzeigeprojekt dafür herhalten müssen, wie Katzenpopulationen als „erneuerbare Ressource" gehandhabt werden können. In Gebieten, in denen ein strenges Jagdverbot herrscht (wie im Westen der USA), erlebt der Puma immerhin ein echtes Comeback. In der kalifornischen Sierra etwa hat sich die Population wieder verdoppelt. Eine andere Artenschutzinitiative betreibt die Wiedereinführung texanischer Pumas nach Florida. Fast überall sonst auf der Welt fehlen allerdings zuverlässige Informationen ebenso wie eine wirksame Durchsetzung der Verordnungen, was die Notwendigkeit kontinuierlich verbesserter Schutzmaßnahmen ins Rampenlicht rückt.

Moderne Forschungsmethoden mehren unser Wissen über Verbreitung und Verhalten von Kleinkatzen. Automatische Kameras liefern Bilder so scheuer Arten wie Borneo-Goldkatze und Bengalkatze in Asien, Pardelluchs in Spanien sowie Chilenischer Waldkatze, Ozelot und Langschwanzkatze in Mittel- und Südamerika. Telemetrie und computergestützte Analysen der Habitatverfügbarkeit erleichtern Beobachtung und Überwachung von Populationen. Und molekulargenetische Verfahren liefern uns Informationen über die Evolutionsgeschichte der Katze sowie Daten über Sozialstruktur und Verhaltensweisen. WJ/SJO'B/MC

Links: Ein Ozelot im ecuadorianischen Regenwald. Die kräftige Flecken- und Streifenzeichnung bietet in der dichten Vegetation seines Lebensraums eine gute Tarnung. Leider hat das herrliche Fell den Ozelot zur begehrtesten Art des internationalen Pelzhandels werden lassen. Heute ist er gesetzlich geschützt.

Rechts: Die langen Ohrpinsel und das schmale Gesicht unterscheiden den in Afrika und im Nahen Osten heimischen Karakal deutlich von anderen Kleinkatzen. Karakals sind überaus gewandte Jäger, die akrobatische Sprünge vollführen und sogar Perlhühner aus der Luft holen können. In Indien und Persien wurden sie früher zur Hirsch- und Flugwildjagd abgerichtet.

Artenübersicht Kleinkatzen

Gattung *Felis*

DIE AUFTEILUNG NACH STAMMLINIEN ist im Textkasten *Klassifizierung der Katzen* (Seite 8) erläutert. Manchmal findet man die 30 aufgelisteten Arten in 14 Gattungen unterteilt (hier in Klammern genannt).

HAUSKATZEN-LINIE

Rohrkatze
Felis chaus
Sumpfkatze, Dschungelkatze

Ägypten bis Indochina und Sri Lanka. Graslandschaften, Schilf- und Buschwälder, häufig in der Nähe menschlicher Siedlungen. Jagt Nagetiere und Frösche, mitunter Vögel; hauptsächlich tagaktiv.
KL 60–75 cm; SL 25–35 cm; GT 7–13,5 kg.
KÖRPER: Fell sandfarben bis gelbbraun, dunkle Streifen im Gesicht und an Beinen; geringelter Schwanz; Jungtiere mit Streifenzeichnung, die sich später verliert. Schwanz kurz, Beine hoch, Ohren spitz mit Pinsel und hellem Fleck am Ansatz.
FORTPFLANZUNG: Tragzeit 66 Tage; 2–5 Junge.

Manul
Felis (Otocolobus) manul

Iran bis W-China. Gebirgssteppen, Felsterrain, Waldland. Jagt vorwiegend Nager.
KL 50–65 cm; SL 20–30 cm; GT 3–5 kg.
KÖRPER: Fell lang, graugelb mit dunkler und heller Kopfzeichnung; Bauch hellgrau; Ohren klein, rundlich, weit auseinander stehend; Kopf breit mit niedriger Stirn; Pupillen ziehen sich zu Kreisen zusammen; vordere Prämolaren fehlen, also 28 Zähne; Augen fast direkt nach vorn gerichtet.
FORTPFLANZUNG: 1–5 Junge.

Sandkatze
Felis margarita

N-Afrika und SW-Asien (Sahara bis Belutschistan); Wüste. Jagt kleine Nager, Eidechsen, Insekten; nachtaktiv.
KL 40–57 cm; SL 25–35 cm; GT 2–2,5 kg.
KÖRPER: Einfarbig gelbbraun bis graubraun; Schwanz geringelt; Junge mit Zeichnung, die später verblasst; behaarte Pfotenballen; Kopf sehr breit; Augen groß und nach vorn gerichtet; Ohren spitz.

Schwarzfußkatze
Felis nigripes

S-Afrika, Botswana, Namibia. Steppe, Savanne. Jagt Nager, Eidechsen, Insekten.
KL 35–40 cm; SL 15–17 cm; GT 1–2 kg.
KÖRPER: Fell hellbraun mit dunklen Tupfen am Körper; Beine schwarz geringelt; Schädel breit; Ohren groß; Schlitzform der Pupillen; behaarte Fußsohlen.
FORTPFLANZUNG: Tragzeit 63–68 Tage; 2–3 Junge.

Wildkatze
Felis silvestris

Inklusive Hauskatze (*F s. catus*) und Nubische Falbkatze (*F. s. libyca*). W-Europa bis Indien; Afrika; *F. s. catus* weltweit verbreitet. Lichte Wälder, Savanne, Steppe. Jagt Kleinsäuger und Vögel; nachtaktiv.
KL 50–85 cm; SL 28–35 cm; GT 3–6 kg. (*F. s. libyca* ist etwas kleiner).
KÖRPER: Mittelbraun, schwarz gestreift; *F. s. libyca* hellbraun mit Streifen, *F. s. catus* zeigt unterschiedlichste Färbungen; Weibchen generell blasser als Männchen; Schwanz mit schwarzer Spitze.
FORTPFLANZUNG: Tragzeit 68 Tage; 3–6 Junge.

Graukatze
Felis bieti

Zentralasien, W-China, S-Mongolei. Steppe und Gebirge. Möglicherweise stark gefährdet; keine genauen Daten zum Bestand bekannt.
KL 70–85 cm; SL 30–35 cm; GT ca. 5,5 kg.
KÖRPER: Fell gelbbraun mit dunklen, in Streifen übergehenden Flecken; Rücken rötlich; Schwanz geringelt; Schädel breit; Ohren groß; Fußsohlen behaart.

OZELOT-LINIE

Ozelot
Felis (Leopardus) pardalis

Arizona bis N-Argentinien. Wald und Steppe. Jagt Kleinsäuger, Vögel, Reptilien; exzellenter Kletterer und Schwimmer; lebt möglicherweise paarweise.
KL 65–97 cm; SL 27–40 cm; GT 11–16 kg.
KÖRPER: Fell bei Tieren in bewaldeten Gebieten ockergelb bis orangefarben, in aridem Buschland eher grau; schwarze Streifen und Flecken; unterseits weiß; Schwanz geringelt; Augen bräunlich.
FORTPFLANZUNG: Tragzeit 70 Tage; 2–4 Junge.

Ozelotkatze LR
Felis (Leopardus) tigrinus
Tigerkatze, Oncilla

Costa Rica bis N-Argentinien. Wald. Jagt Kleinsäuger, Vögel, Eidechsen, große Insekten; guter Kletterer.
KL 40–55 cm; SL 25–40 cm; GT 2–3,5 kg.
FELL: Hellbraun mit tief dunkelbraunen Streifen und Rosetten; unterseits heller; weiße Streifen oberhalb der Augen.
FORTPFLANZUNG: Tragzeit 74 Tage; 1–2 Junge.

Langschwanzkatze
Felis (Leopardus) wiedi
Baumozelot, Margay

N-Mexiko bis N-Argentinien. Wald, Buschland. Jagt Ratten, Hörnchen, Opossums, Affen, Vögel; ausgezeichneter Kletterer.
KL 45–70 cm; SL 35–50 cm; GT 4–9 kg.
KÖRPER: Fell zimt- bis goldbraun mit schwarzen Flecken und Streifen; Schwanz geringelt; Augen erscheinen übergroß, dunkelbraun.
FORTPFLANZUNG: 1–2 Junge.

Bergkatze En
Felis (Oreailurus) jacobita
Andenkatze

S-Peru bis N-Chile. Gebirgssteppen. Jagt Kleinsäuger und Vögel.
KL 70–75 cm; SL ca. 45 cm; GT 3,5–7 kg.
FELL: Graubraun mit dunklen Flecken, Schwanz geringelt, Bauch weiß; Pelz lang und dicht; Schwanz besonders buschig.

Chilenische Waldkatze Vu
Felis (Oncifelis) guigna
Nachtkatze

Zentral- und S-Chile, W-Argentinien. Wälder. Jagt Vögel und Kleinsäuger; vermutlich nachtaktiv.
KL 40–52 cm; SL 17–23 cm; GT 2–3 kg.
FELL: Grau bis gelbbraun mit dunklen Flecken und geringeltem Schwanz; unterseits fast weiß; auffälliges schwarzes Querband unterhalb der Kehle, aber kaum Gesichtszeichnung.

Kleinfleckkatze
Felis (Oncifelis) geoffroyi
Geoffroykatze, Salzkatze

Bolivien bis Patagonien. Hochlandwald und -busch. Jagt Vögel und Kleinsäuger, guter Kletterer und Schwimmer.
KL 45–70 cm; SL 26–35 cm; GT 2–3,5 kg.
FELL: Silbergrau über ocker bis gelbbraun mit kleinen schwarzen Flecken.
FORTPFLANZUNG: 2–3 Junge.

Pampaskatze
Felis (Oncifelis) colocolo

Ecuador bis Patagonien. Grasland, Wald, Buschwald. Jagt kleine bis mittelgroße Nager, Vögel, Eidechsen, große Insekten; vermutlich nachtaktiv. (Früher *F. pojeros* genannt, nach dem spanischen *paja* = „Stroh", weil sie in Schilfgebieten lebt).
KL 52–70 cm; SL 27–33 cm; GT 3,5–6,5 kg.
KÖRPER: Fell lang, weich, graubraun mit braunen Flecken (sehr variabel) und rötlichem Einschlag; Ohren spitz mit Pinsel; Augen gelbbraun; Pupillen ziehen sich zu Schlitzen zusammen.

BORNEO-GOLDKATZEN-LINIE

Borneo-Goldkatze En
Felis (Catopuma) badia
Borneokatze

Borneo. Felsiges Buschland. Jagt Kleinsäuger und Vögel.
KL ca. 50 cm; SL ca. 30 cm; GT 2–3 kg.
KÖRPER: Fell einfarbig rötlich braun, unterseits heller; Kopf kurz und rundlich.

Asiatische Goldkatze Vu
Felis (Catopuma) temmincki

Nepal bis S-China und Sumatra. Wald. Jagt Nagetiere, kleine Hirsche, Flugwild.
KL 75–105 cm; SL 40–55 cm; GT 6–11 kg.
FELL: Einfarbig goldbraun; deutliches Streifenmuster an Kopf und Nacken.
FORTPFLANZUNG: 2–3 Junge.

KARAKAL-LINIE

Karakal
Felis (Caracal) caracal
Wüstenluchs

Afrika und Asien, von Turkestan und NW-Indien bis Arabien. Große Habitattoleranz. Jagt Nager und andere Kleinsäuger, darunter junge Hirsche, die entweder gehetzt oder von oben angesprungen werden; vorwiegend dämmerungsaktiv, bei Hitze nachtaktiv, im Winter tagaktiv.
KL 55–57 cm; SL 22–23 cm; GT 16–23 kg.
KÖRPER: Rötlich braun bis graugelb; unterseits weiß; Ohrpinsel; Beine sehr lang; Augen gelbbraun; Pupillen ziehen sich kreisförmig zusammen.
FORTPFLANZUNG: Tragzeit 70-78 Tage; 1–4 Junge.

Afrikanische Goldkatze
Felis (Profelis) aurata

Senegal bis Demokratische Republik Kongo und Kenia. Wald und dichtes Buschland. Jagt Kleinsäuger und Vögel.
KL 70–95 cm; SL 28–37 cm; GT 13–18 kg.
KÖRPER: Fell kastanienbraun bis silbergrau, Zeichnung sehr variabel; Augen braun; Schwanz spitz zulaufend; Ohrmuscheln klein und rundlich.

ABKÜRZUNGEN KL = Körperlänge SL = Schwanzlänge GT = Gewicht

Ex	ausgestorben	En	stark gefährdet
EW	in freier Natur ausgestorben	Vu	gefährdet
Cr	vom Aussterben bedroht	LR	geringes Risiko

LUCHS-LINIE

Eurasischer Luchs
Felis (Lynx) lynx
Nordluchs

W-Europa bis Sibirien. Nadelwald und Buschwald. Jagt Nagetiere und kleine Huftiere; dämmerungsaktiv.
KL 80–130 cm; SL 5–19 cm; GT 8–31 kg.
KÖRPER: Fell hellbraun mit dunklen Flecken; schwarze Schwanzspitze (Färbung und Musterung sehr variabel); lange schwarze Ohrpinsel; Backenbart; Schwanz kurz; Pfoten groß mit Haarpolstern; Pupillen ziehen sich kreisförmig zusammen; 28 Zähne.
FORTPFLANZUNG: Tragzeit 60–74 Tage; 1–5 Junge.

Kanadaluchs
Felis (Lynx) canadensis

Alaska, Kanada, Neufundland, im N der USA. Dichter Wald und Tundra. Jagt Hirsche, Schneeschuhhasen und Vögel.
KL und SL wie beim Eurasischen Luchs; GT 5–17 kg.
KÖRPER: Im Vergleich zum Eurasischen Luchs hinten stärker überbaut, Schwanzstummel kürzer; Sohlen dichter behaart.

Pardelluchs En
Felis (Lynx) pardinus
Iberischer Luchs

Spanien und Portugal; Wald und Buschland. Jagt Kaninchen und Flugwild.
KL 65–100 cm; SL 5–19 cm; GT 5–13 kg.
FELL: Schwarze Fleckenzeichnung am ganzen Körper inklusive Schwanz und Beine.

Rotluchs
Felis (Lynx) rufus

S-Kanada bis S-Mexiko. Geröllhalden, Dickicht, Sumpf. Jagt Nager, kleine Huftiere, große Bodenvögel; dämmerungsaktiv.
KL 60–105 cm; SL 10–20 cm; GT 6–30 kg.
KÖRPER: Fell rötlich braun mit schwarzen Flecken und Streifen (Grundfarbe sehr variabel); unterseits weiß; Schwanzspitze schwarz; kräftige Statur mit kurzem Schwanz und kurzen Ohrpinseln.
FORTPFLANZUNG: Tragzeit 60–63 Tage; 1–4 Junge.

Marmorkatze
Felis (Pardofelis) marmorata

Sumatra, Borneo, Malaiischer Archipel bis Nepal. Wald. Jagt Nager, Vögel, Kleinsäuger, Insekten, Eidechsen, Schlangen; nachtaktiver Baumbewohner.
KL 40–60 cm; SL 45–54 cm; GT ca. 5,5 kg.
FELL: Lang, weich, hellbraun mit sehr auffälliger marmorierter dunkelbrauner Zeichnung.

BENGALKATZEN-LINIE

Bengalkatze
Felis (Prionailurus) bengalensis
Leopardkatze

Sumatra, Java, Borneo, Japan, Philippinen, Taiwan. Wald, Buschland, immer in Wassernähe. Jagt Nager, Kleinsäuger und Vögel; dämmerungs- und nachtaktiv; guter Schwimmer und Kletterer.
KL 35–60 cm; SL 15–40 cm; GT 3–7 kg.
KÖRPER: Grundfarbe ockergelb bis bräunlich; unterseits heller; vereinzelte Flecken; Augen gelbbraun bis grünlich gelb; Ohren rundlich und schwarz, weißes Zeichen.
FORTPFLANZUNG: Tragzeit ca. 56 Tage; 2–4 Junge.

Iriomotekatze En
Felis (Prionailurus) iriomotensis

Inseln Iriomote und Ryukyu. Subtropischer Regenwald, stets in Wassernähe. Jagt Wasservögel, kleine Nager, Krebse, Schlammspringer; nachtaktiv und reines Bodentier mit bis 2 qkm großem Revier. Möglicherweise eine Unterart von *F. bengalensis*.

Flachkopfkatze Vu
Felis (Prionailurus) planiceps

Borneo, Sumatra, Malaiischer Archipel. Wald und Buschland; Wassernähe. Jagt Kleinsäuger, Vögel, Fische, Amphibien; nachtaktiv.
KL 40–50 cm; SL 13–15 cm; GT 5,5–8 kg.
KÖRPER: Fell einfarbig rötlich braun, unterseits weiß; dunkle Flecken an Kehle, Bauch und Beininnenseiten; Ohren schwarz mit ockerfarbenem Fleck am Ansatz; weiße Tränenstreifen; flacher Kopf; Beine kurz; Pfoten klein; Ohren klein und rundlich; Krallen nicht völlig rückziehbar.

Fischkatze Vu
Felis (Prionailurus) viverrinus

Sumatra, Java bis S-China und Indien. Wald, Sümpfe; Wassernähe. Jagt Fische, Kleinsäuger, Vögel, Insekten und Krebstiere.
KL 55–85 cm; SL 10–32 cm; GT 5,5–8 kg.
KÖRPER: Fell kurz, hellbraun mit dunkelbraunen oder schwarzen Flecken; Schwanz schwarz geringelt. Krallen nicht ganz rückziehbar, kleine Schwimmhäute.
FORTPFLANZUNG: Tragzeit 63 Tage; 1–4 Junge.

PUMA-LINIE

Puma
Felis (Puma) concolor
Kuguar, Berg- oder Silberlöwe

Unterarten: Ostamerikanischer Puma (*F. c. cougar*) und Florida-Panter (*F. c. coryi*). S-Kanada bis Patagonien. Verbreitungsgebiet mit mehr Ökozonen als jeder andere Neuweltsäuger: Wüste, Savanne, tropischer Regenwald und Gebirgssteppe. Jagt Kleinnager bis ausgewachsene Hirsche; vorwiegend dämmerungsaktiv.
KL 105–195 cm; SL 65–80 cm; GT 35–105 kg.
KÖRPER: Fell einfarbig graubraun bis schwarz (sehr variabel); Junge dunkel gefleckt; Kopf rundlich und klein; Körper schlank; Augen braun; Pupillen rund; Schwanzspitze schwarz.
FORTPFLANZUNG: Tragzeit 90–96 Tage; 3–4 Junge.

Jaguarundi
Felis (Herpailurus) yaguarondi
Wieselkatze

Arizona bis N-Argentinien. Wald, Savanne, Busch. Jagt Vögel, Kaninchen, Nager, Frösche, Fische, Geflügel; dämmerungsaktiv.
KL 55–67 cm; SL 33–60 cm; GT 5–10 kg.
FELL: Einfarbig rot oder einfarbig grau; unterseits heller; Neugeborene dunkel gefleckt; Beine kurz; Körper lang und schlank; Ohren klein und rundlich; Augen braun; Pupillen ziehen sich schlitzförmig zusammen.
FORTPFLANZUNG: Tragzeit 63–70 Tage; 2–4 Junge.

WEITERE ARTEN

Die folgenden beiden Arten lassen sich nicht eindeutig zuordnen.

Serval
Felis (Leptailurus) serval

Afrika. Savanne, gewöhnlich in Wassernähe. Jagt Flugwild, Nager, kleine Huftiere; guter Kletterer.
KL 70–100 cm; SL 35–40 cm; GT 4–19 kg.
KÖRPER: Fell braunorange mit schwarzen Flecken (sehr variabel). Statur schlank mit langen Beinen, kleinem Kopf, relativ langem Hals und großen, rundlichen Ohren; Augen gelblich; Pupillen ziehen sich zu einem Schlitz zusammen.
FORTPFLANZUNG: Tragzeit ca. 75 Tage; 1–3 Junge.

Rostkatze Vu
Felis (Prionailurus) rubiginosus

S-Indien und Sri Lanka. Busch, Wald, in der Nähe von Wasser und Siedlungen. Jagt Kleinsäuger, Vögel, Insekten.
KL 35–48 cm; SL 15–25 cm; GT 1–2 kg.
FELL: Rostrot mit braunen Flecken und Streifen.

DIE EVOLUTION DER SÜDAMERIKANISCHEN KLEINKATZEN

Die Entstehung der Landbrücke zwischen Nord- und Südamerika vor drei bis vier Millionen Jahren setzte ein faszinierendes evolutionsgeschichtliches Experiment in Gang. Als die Plazentalier nach Südamerika einwanderten, entstanden viele neue Arten, die neue Nischen ausfüllten und viele der bisherigen Bewohner verdrängten. Zu den erfolgreichsten Einwanderern zählten die Katzen. Wenngleich manche – Säbelzahntiger, Amerikanischer Löwe und Amerikanischer Gepard – später ausstarben, konnten sich zehn südamerikanische Katzenarten halten. Zu ihnen gehören Jaguar, Puma und Jaguarundi.

Die anderen sieben Arten – Ozelot, Chilenische Waldkatze, Langschwanz-, Pampas-, Ozelot-, Kleinfleck- und Bergkatze – sind kleine gefleckte Arten aus der Ozelot-Erblinie. Obwohl sie alle auf einen gemeinsamen Vorfahren zurückgehen, haben sie sehr unterschiedliche Entwicklungspfade eingeschlagen, Dies macht sich unter anderem in ihren heutigen Verbreitungsgebieten bemerkbar. Die ersten abweichenden Arten waren Berg- und Pampaskatze, gefolgt von Ozelot, Langschwanz- und Ozelotkatze. Innerhalb weniger Jahrhunderttausende spalteten sich alle Arten wiederum in genetisch unterschiedliche Populationen oder Unterarten auf. Die biogeografischen Verteilungsmuster dieser Formen lassen darauf schließen, dass sowohl der Amazonas als auch die Landenge von Panama bedeutende Genbarrieren bildeten. Sie schränkten die Verbreitung neotropischer Katzen ein und führten zu einer erkennbaren Differenzierung zwischen isolierten Gruppen.

In Südamerika dürften die Anden den Genfluss am einschneidendsten behindert haben. Die „jüngsten" südamerikanische Katzenarten – Kleinfleck- und Chilenische Waldkatze – werden weitgehend durch diesen mächtigen Gebirgszug zwischen Chile und Argentinien getrennt.

Die Evolutionsdrucke, die die Verteilungsmuster der Kleinkatzen bestimmten, wirken weiter. Allerdings werden wohl die Mutationen, die im Laufe der nächsten Jahrhunderttausende bevorstehen, fast ausschließlich auf vom Menschen verursachte Umweltveränderungen zurückgehen. WJ

WAS MACHT KATZEN ZU WILDKATZEN?

Der Unterschied zwischen Wildkatze und wilder Hauskatze

DIE WILDKATZE GIBT VIELE RÄTSEL AUF, DENN ES wird immer schwieriger, eine Trennlinie zwischen ihr und ihrer domestizierten Schwester, der Haus- und Hofkatze, zu ziehen.

Hauskatzen stammen von Wildkatzen ab, und tatsächlich sind die Veränderungen, die diese durchmachten, um zu den allseits bekannten und geliebten Stubentigern zu werden, sehr gering. Genau das aber verursacht Probleme, weil die Wildkatze als eines der faszinierendsten Wildtiere Europas gilt und deshalb erhalten werden soll. Doch was genau ist eigentlich eine Wildkatze?

Um diese Frage zu beantworten, werfen wir zunächst einen Blick auf die Geschichte der Beziehung Mensch–Katze. Vor der Domestizierung war die Wildkatze weit verbreitet: von Schottland bis nach Südafrika und von Portugal bis zum Kaukasus. Vermutlich lockten Ratten und Mäuse, die in altägyptischen Getreidespeichern einen überreich gedeckten Tisch fanden, die Katzen in die Nähe menschlicher Siedlungen. Die große Nagerdichte bedeutete, dass die Katzen in Gruppen leben konnten und kein Revier mehr benötigten. Offenbar konnten aber nur solche Wildkatzen das Nahrungsangebot nutzen, denen eine angeborene Furcht vor dem Menschen abging und die insofern eine genetische Prädisposition zum „Haustier" hatten. Wie die Anpassung des Wildtiers an den Menschen genau vor sich ging, bleibt im Dunkel. Man weiß immerhin, dass die Ägypter schon vor 4000 oder 5000 Jahren Katzen in großer Zahl hielten und sie verehrten.

Wegen der relativ kurzen Zeitspanne (Jahrtausende) entstanden im Rahmen der Haustierwerdung keine neue Arten, sondern lediglich Rassen oder Ökotypen. Und obwohl die Menschen Katzen hielten und züchteten, griffen sie, wie es scheint, kaum in deren Aussehen ein. Die graue, getigerte oder schwarz-weiße Färbung entstammt Genen, die die Tiere mit ihren wilden Artgenossen teilen.

Wildkatzen tragen nach wie vor eine graubraune Fellzeichnung, vermutlich weil sie die beste Tarnung bietet. Bei allen anders gefärbten Tieren sind die Chancen, die Geschlechtsreife zu erreichen, geringer, weshalb die Gene für unterschiedliche Fellfärbung praktisch nicht in Erscheinung treten. Bei Hauskatzen hingegen spielt die Unscheinbarkeit keine Rolle fürs Überleben, und so konnten sich vielerlei Farben und Muster ausbilden.

Zur Zeit der Römer war die Katze als Haustier voll etabliert und gelangte mit dem Menschen in alle Teile des Römischen Reiches, in denen bis dato nur Wildkatzen gelebt hatten. Und hier liegt die Wurzel des Übels: Seit über 2000 Jahren verwildern Hauskatzen und dringen in echte Wildkatzengebiete vor.

Wenn verwilderte Katzen also wilde Katzen sind, was genau ist dann eine Wildkatze? Die Antwort lautet: Wir wissen es nicht. Jenseits menschlicher Obhut werden Hauskatzen wieder „wild" und paaren sich auch mit Tieren, die wir als Wildkatzen bezeichnen. Trotzdem ist die Frage, was eine Wildkatze ausmacht, von mehr als nur wissenschaftlichem Interesse. In Deutschland beispielsweise sind Wildkatzen gesetzlich geschützt, wohingegen verwilderte Hauskatzen als Schädlinge gelten und geschossen werden können.

Angeblich haben Wildkatzen eine bestimmte Fellzeichnung, eine bestimmte Größe und eine bestimmte Schädelform, und sie unterscheiden sich genetisch. Außerdem heißt es, Wildkatzen seien anfälliger für bestimmte Krankheiten, weniger fruchtbar, „wilder" und weniger gesellig als Hauskatzen.

Einige der genannten Charakteristika entsprechen jedoch genau dem, was man auch von einer verwilderten Hauskatze erwarten würde. Verminderte Fruchtbarkeit etwa könnte man als ganz normale Reaktion auf den Überlebenskampf ansehen. Umgekehrt könnte sich der kürzere Darm der Wildkatze auch bei verwilderten Katzen entwickeln, die

Rechts: *Diese Kätzin weist bestimmte Merkmale einer Wildkatze auf: stumpf endender Schwanz mit fünf Querbändern, gleichmäßiges Tigermuster und kräftiger Körperbau. Im Gegensatz dazu zeigen die Jungtiere typische „Hauskatzen"-Attribute: spitz zulaufender Schwanz, lebhaftere Zeichnung sowie schlankere Statur. Keines dieses Merkmale allein bestimmt, ob es sich um eine „echte" Wildkatze oder eine Kreuzung handelt.*

Oben: *Eindrucksvolle Drohgebärde einer Wildkatze. Wildkatzen leben gewöhnlich als Einzelgänger mit Revieranspruch. Auf ihrem Speiseplan stehen Vögel, Nager, Reptilien und Insekten.*

Unten: *Die afrikanische Unterart der Wildkatze* F. silvestris libyca *(Falbkatze) ist ein Vorfahr der Hauskatze. Die Römer brachten sie nach Europa, wo sie sich mit der Unterart* F. s. silvestris *zu* F. s. catus *kreuzte.*

es sich nicht leisten können, einen dicken Bauch mit sich herumzuschleppen.

Angesichts all dieser Dinge gilt der Versuch, eine Wildkatzenpopulation zu erkennen, als wahre Herausforderung. Trotzdem hat man bei einer Studie mit über 300 wild lebenden schottischen Katzen eine Gruppe ausfindig gemacht, die sich durch merklich längere Gliedmaßen, geringere Darmlänge und in den meisten Fällen auch die typische Wildfärbung auszeichnet. Viele Tiere dieser Gruppe leben in relativ großen Höhen, wo die Lebensbedingungen besonders hart sind. Es könnte also in der Tat Wildkatzen geben, die sich von verwilderten Katzen unterscheiden, wenngleich so simple Merkmale wie Fellzeichnung gewiss nicht ausreichen, sie zu beschreiben.

Diese Erkenntnisse geben Anlass zu einer weiteren wichtigen Frage: Was könnte trotz Vermischung den Unterschied zwischen diesen Gruppen erhalten? Typischerweise werden Sanftmut und Duldsamkeit der Hauskatze der „Wildheit" und Unbezähmbarkeit der Wildkatze gegenübergestellt, was möglicherweise auch die Wahrscheinlichkeit von Kreuzungen mindert. Trotzdem ist es natürlich denkbar, dass diese Verhaltensunterschiede eine genetische Ursache haben, die mit der Fellfärbung verbunden ist. Obwohl es noch keine Erklärung für die genauen physiologischen Mechanismen gibt, nimmt man an, dass die Produktion des Haarpigments Melanin auch Einfluss auf den Charakter eines Tieres hat. So könnte es sein, dass Melanin Größe und Funktion von Hirnanhangsdrüse, Nebennieren und Schilddrüse mitbestimmt und insofern auch die damit verbundenen Hormonausschüttungen. Eine These, die dadurch gestützt wird, dass manche Farbtypen bei Stadtkatzen häufiger vorkommen als bei Land- oder Wildpopulationen. Zahmheit andererseits wird von vielerlei Umweltfaktoren beeinflusst: frühem Kontakt mit Menschen etwa oder mit anderen Katzen. In der Tat werden selbst Hauskatzen in freier Wildbahn, wo Nahrung knapp ist, zu territorialen Einzelgängern.

Eine Wildkatze zu definieren ist sehr schwer. Es besteht kein Zweifel, dass es Wildkatzen gibt – nur wissen wir eben nicht, wo die Grenze zu ziehen ist zwischen ihnen und ihren verwilderten, gezüchteten und domestizierten Schwestern. Wenn wir aber eine Wildkatze nicht einmal zu definieren vermögen, wie können wir sie dann schützen?

Eine Möglichkeit könnte darin bestehen, Wildkatzen mehr nach ihrem Wesen als nach dem Aussehen einzustufen. Der beste Weg, ihre Eigenständigkeit (und gleichzeitig auch die anderer Wildtiere) zu bewahren, besteht sicherlich darin, Gebiete zu schützen, in denen Wildkatzen bislang ohne größere Störung durch Mensch oder Hauskatzen überlebt haben. MJD

VERBREITUNG Weltweit, mit Ausnahme weniger Gebiete (z. B. Madagaskar, Neuseeland), in denen jedoch meist der Haushund *(Canis lupus familiaris)* eingeführt wurde.

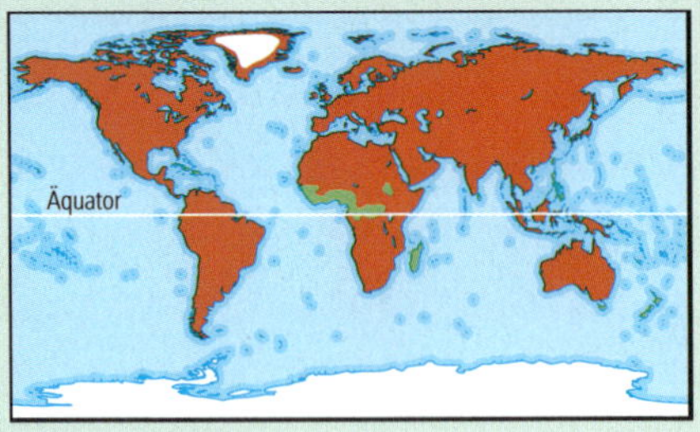

Familie: Canidae
35 Arten in 10 Gattungen

Wolf *Canis lupus*	S. 42
Rotwolf *C.rufus*	S. 46
Kojote *C. latrans*	S. 48
Australischer Dingo *C. dingo*	S. 69
Schakale 3 *Canis*-Arten	S. 50
Abessinischer Fuchs *C. simensis*	S. 52
Graufüchse 2 *Urocyon*-Arten	S. 54
Echte Füchse 12 *Vulpus*-Arten	S. 54
Kampfüchse 7 *Dusicyon*-Arten	S. 54
Löffelhund *Otocyon megalotis*	S. 54
Afrikanischer Wildhund *Lycaon pictus*	S. 62
Rothund *Cuon alpinus*	S. 66
Mähnenwolf *Chrysocyon brachyurus*	S. 68
Waldhund *Speothos venaticus*	S. 68
Marderhund *Nyctereutes procyonoides*	S. 69

Hundeartige

HUNDE SIND ANATOMISCH PERFEKT AN DIE Verfolgung schneller Beutetiere in offenen Landschaften angepasst. Alle Arten bis auf den kurzbeinigen, gedrungenen Waldhund haben einen gelenkigen Körper, eine lange, buschige Rute und lange Läufe. Sie gehen auf vier Zehen mit nicht retraktilen Krallen. Die kleinste Art (Fennek) besiedelt trockene Gebiete mit karger Nahrung, während die größten Vertreter (Wildhund, Wolf) reiche Beute brauchen. Ein rudimentärer Daumen (Pollex) findet sich an den Vorderpfoten aller Hunde, nur nicht beim Afrikanischen Wildhund. Dingo und Haushund besitzen auch an den Hinterläufen rudimentäre Daumenkrallen (Afterkrallen). Weitere Adaptationen an die Hetzjagd sind die Verschmelzung der Handwurzelknochen und die Sperrung der Vorderarmknochen gegen Drehbewegungen.

Hunde entstanden in Nordamerika im Eozän (vor 55 bis 34 Millionen Jahren). Aus dieser Zeit sind fünf fossile Gattungen bekannt. Zwei Formen, *Hesperocyon* aus Nordamerika und *Cynodictis* aus Europa, bilden frühe, marderähnliche Caniden. Mit den Miacoidea, den Vorfahren aller Raubtiere, teilen sie den lang gestreckten Körper und die kurzen Beine. Mit der Entwicklung heutiger Hundemerkmale begann ihre Blütezeit: Im Oligozän (vor 34 bis 24 Millionen Jahren) gab es 19 Gattungen, im Miozän (vor 24 bis 5 Millionen Jahren) 42.

Bei den meisten Hunden haben die Reißzähne distal zwei Höcker, bei Waldhund, Afrikanischem Wildhund und Rothund nur einen. Manche Taxonomen klassifizierten diese Gattungen daher als Unterfamilie Simocyoninae, im Gegensatz zur Unterfamilie Caninae, zu der die anderen Arten außer dem Löffelhund (Otocyoninae) zählen. Mitglieder der drei größten Gattungen *Canis, Vulpes* und *Dusicyon* ähneln sich eher untereinander als den Mitgliedern anderer Gattungen, wobei die Unterschiede zwischen den Gattungen oft gering sind. Die atypischsten Köperformen zeigen Afrikanischer Wildhund, Waldhund, Löffelhund, Marderhund, Rothund, Mähnenwolf und Eisfuchs. Alle bilden monotypische Gattungen, aber da keine davon enger mit einer der anderen verwandt ist als mit den übrigen Hunden, sollte die Einteilung der Hunde in Unterfamilien aufgegeben werden. DWM

LEBEN IM RUDEL

Das auffälligste Merkmal der Hunde ist ihr anpassungsfähiges Verhalten. Am deutlichsten tritt dies in den flexiblen, komplexen Sozialstrukturen zutage. Erstaunlicherweise gibt es innerhalb der Arten ebenso viele Variationen wie zwischen ihnen. Zwar jagen Afrikanische Wildhunde sowie Rot- und Waldhunde fast immer im Rudel, bei Wölfen, Kojoten und Schakalen findet man dagegen entsprechend ihrer Nahrungspalette von Huftieren bis Beeren sowohl Rudel als auch Einzelgänger: Wölfe etwa leben als monogame Paare oder in Rudeln von bis zu 20 Tieren.

Diese Arten und einige andere wie Rotfuchs und Eisfuchs bilden auch dann Gruppen, wenn es nicht viele große Beutetiere gibt und sie einzeln jagen. Für das Gruppenleben sprechen noch viele weitere Gründe: gemeinsame Verteidigung des Reviers, Jagd großer Beutetiere, gemeinschaftliche Versorgung der Jungen, größerer Erfolg bei Rivalitäten mit benachbarten Gruppen. Deutlich wird dies beim Äthiopischen Fuchs: Er lebt im Rudel, jagt aber nie im Verbund, da er vorwiegend Nager fängt.

Rechts: *Afrikanische Wildhunde umringen ein totes Impala.*

Links und oben: *Mitglieder der Familie Canidae:* ***1*** *Heulender Europäischer Wolf.* ***2*** *Tibetanischer Wolf beim Beinheben.* ***3*** *Wolf-Husky-Mischling, ein häufiger Wolf-Haushund-Hybrid.* ***4*** *Weißer Eisfuchs, hier im Sommerfell.* ***5*** *Streifenschakal beim Spielen mit einer toten Maus.*

Hunde in Gefahr

Ihre Anpassungsfähigkeit schützt die Hunde nicht vor der indirekten Bedrohung durch die Zerstörung ihrer Lebensräume. Der Kurzohrfuchs und der Waldhund sind so selten, dass man sich um ihren Fortbestand sorgt. Vom Äthiopischen Fuchs existieren weniger als 500 Exemplare, vom Afrikanischen Wildhund zwischen 3000 und 5000 und vom Mähnenwolf nur 1000 bis 2000. All diese Arten sind bedroht. Die Notlage der geselligen Hunde verschärft sich noch, indem sie Opfer des so genannten Allee-Effekts werden: Bei geringem Bestand geraten sie in eine Abwärtsspirale, die zur Ausrottung führt. Afrikanische Wildhunde sind auf Kooperation angewiesen, deshalb sind Rudel mit weniger als fünf Mitgliedern zu klein, um gleichzeitig zu jagen, Beute zu verteidigen und die Jungen zu versorgen. So ist die Art noch gefährdeter, als der Bestand von 3000 Tieren vermuten lässt. Diese Zahl entspricht nicht mehr als 600 überlebensfähigen Rudeln auf dem gesamten Kontinent.

Schädel und Gebiss

Hunde haben einen langen Fang, ausgeprägte Kiefer und eine charakteristische Zahnformel (I3/3, C1/1, P4/4, M2/3 = 42; Beispiel Wolf). Drei Arten weichen von diesem Muster ab: Löffelhund (= 48), Rothund (=40) und Waldhund (= 38). Die schneidenden Reißzähne (P4/M1) und die mahlenden Backenzähne sind gut entwickelt und – außer beim Löffelhund – die größten Zähne des Gebisses.

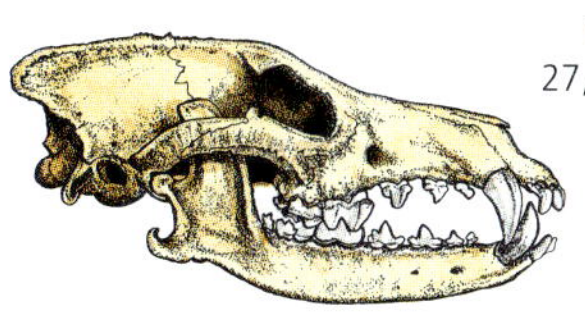

Wolf
27,4 cm

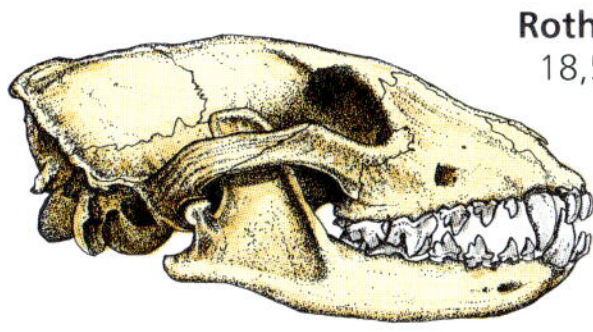

Rothund
18,5 cm

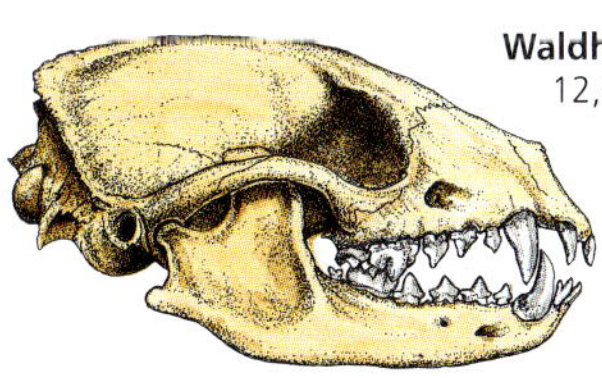

Waldhund
12,9 cm

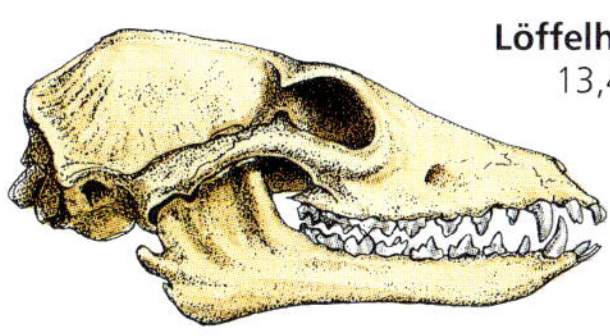

Löffelhund
13,4 cm

Domestizierung

Es gibt verschiedene Theorien über den Ursprung des Haushunds. Mit Sicherheit wurden verschiedene Hundeartige irgendwann teilweise domestiziert. Dennoch wird allgemein der Wolf als wahrscheinlichster Vorfahr des heutigen Haushunds angesehen und dieser somit als Unterart des Wolfs – *Canis lupus familiaris* geführt. Der früheste bekannte archäologische Hinweis auf die Domestizierung war ein in Deutschland gefundener einzelner Kieferknochen eines Hunds, verkürzter als der eines Wolfs und mit enger stehenden Zähnen. Sein Alter wird auf 14 000 Jahre geschätzt. Weitere frühe Überreste von Haushunden (über 11 000 Jahre) fand u.a. Coon im Iran. Diese verschiedenen Funde zeigen, dass der Wolf vor jeder anderen Tierart und auch vor der Kultivierung von Nahrungspflanzen mit dem Menschen häusliche Gemeinschaften bildete. Neue molekulare Befunde deuten sogar darauf hin, dass Hunde bereits vor 100 000 Jahren domestiziert worden sein könnten.

Über die genauen Umstände der Domestizierung wurde viel spekuliert. Verschiedene Theorien besagen, dass unsere Vorfahren den Wolf bewusst für praktische Zwecke eingesetzt haben: zum Jagen, Bewachen, Beseitigen von Aas und Abfällen in der Nähe der Siedlungen oder sogar als Nahrung selbst. Es ist jedoch ebenso wahrscheinlich, dass die Domestizierung zufällig geschah, indem Gemeinschaften von Jägern und Sammlern junge Wildtiere fingen und aufzogen.

Unten: *Der Chihuahua, eine mexikanische Varietät des Haushunds, wurde von den Azteken bereits vor der spanischen Eroberung 1519 gezüchtet.*

Wölfe

KEIN TIER IST TIEFER VERANKERT IN DEN Mythen der nördlichen Kulturen als der Wolf. Äsops Fabeln rühmen seine Klugheit und die Geschichte von Romulus und Remus, den legendären Gründern Roms, ist nur eine von vielen über Kinder, die von Wölfen aufgezogen wurden. Heute versuchen die einen, den Wolf in Gebieten wieder einzuführen, aus denen er verschwunden ist, während andere ihn am liebsten endgültig ausgerottet wüssten.

Jahrtausendelang konkurrierte der Wolf mit den Menschen um Wild und Nutztiere, während der zahme Wolf zum „besten Freund des Menschen" wurde – zum Haushund. Kein Wunder also, dass unsere Beziehung zum größten aller Hundeartigen stets so widersprüchlich war. Geschichten über Angriffe auf Menschen sind weit verbreitet, obwohl Hirten selten mehr brauchen als einen kräftigen Stock, um ein bedrohliches Tier abzuwehren. Wölfe können jedoch in ungeschützten Herden verheerend wüten; Hirten in Europa und Nordamerika berichten gelegentlich von Wolfsrudeln, die in einer einzigen Nacht Dutzende Schafe reißen.

Unten: *Zwar sagt man, dass Wölfe „den Mond anheulen", aber tatsächlich heulen die Tiere, um anderen Wölfen ihre Anwesenheit mitzuteilen. In der Regel sollen benachbarte Rudel gewarnt werden, um feindliche Begegnungen zu vermeiden. Um keine Angriffe zu provozieren, heulen Einzelgänger selten.*

Raubtiere als Verwandte des Hundes

KÖRPERBAU UND FUNKTION

Früher waren Wölfe überall präsent. Inzwischen sind sie auf die letzten großen Waldgebiete Osteuropas, einige isolierte Gebiete in gebirgigen Regionen am Mittelmeer, Halbwüsten des Nahen Ostens sowie die Wildnis Nordamerikas, Russlands und Chinas beschränkt. Die meisten Wölfe finden sich in Russland. Dort leben schätzungsweise 40 000 bis 60 000 Tiere. Kanada gibt eine Population von 40 000, Alaska von etwa 6 000 Tieren an.

Wölfe haben einen relativ massigen Körperbau und ihre Anpassungsfähigkeit an verschiedene Klimata führte zur Ausprägung unterschiedlicher Formen. Je nach Unterart erreichen männliche Wölfe eine Länge von 2 m einschließlich Rute, eine Schulterhöhe von mehr als 1 m und ein Gewicht bis zu 75 kg. Der typische Wolf ist etwa so groß wie ein Deutscher Schäferhund, wiegt rund 38 kg und weist eine Schulterhöhe von 70 cm auf. Die kleinsten Wölfe bewohnen Wüsten und Halbwüsten. Waldbewohnende Wölfe sind von mittlerer Statur, arktische Wölfe am größten.

Auffällig bei Wölfen sind die deutlichen Farbvarianten von Weiß über Grau bis Schwarz. Als häufigste Fellfarbe tritt Grau mit schwarzer Tüpfelung in Erscheinung. Die hellsten Wölfe leben in ariden und arktischen Gebieten. In Nordamerika und Russland sind die Wölfe häufig braun oder schwarz, während sehr dunkle Tiere in Europa extrem selten vorkommen. Eine Erklärung für diese Variationen ist bis heute nicht bekannt.

Unten: *Wölfe jagen kleinere Beute auch einzeln. Wenn sie jedoch Großwild reißen, setzen sie auf die zahlenmäßige Überlegenheit. Ein großer Kadaver ernährt ein Rudel wie diese Grauwölfe in Montana mehrere Tage lang, obwohl ein Adulttier bei einer einzigen Mahlzeit bis zu 9 kg Fleisch frisst.*

Geheimsprache der Wölfe

Zwei Wölfe beschnüffeln sich, andere schlafen oder beobachten Welpen beim Spiel. Das Wolfsrudel erscheint ruhig und harmonisch. Nur der kundige Beobachter (und der Wolf) versteht die Zeichen für Hierarchien und Spannung: die tiefer gehaltene Rute und zurückgelegten Ohren des unterlegenen Wolfs beim Begrüßen eines dominanten Rudelmitglieds **1;** das nicht aggressive Spielgesicht des Welpen beim Gepacktwerden **2;** den steifbeinigen Stoß, mit dem ein Welpe einen Altersgenossen dominieren will **3.**

Während der Paarungszeit von Spätherbst bis Spätwinter werden solche Interaktionen häufiger und gezielter. Meist paart sich nur ein Weibchen und um dieses Vorrecht wird zum Teil erbittert gekämpft. Auch wenn das Alpha-Weibchen selbst nicht herausgefordert wird, kann es zwischen anderen Weibchen zu Rangkämpfen kommen. Jungtiere beteiligen sich an den Kämpfen und einige Rudelmitglieder werden sogar verstoßen. Auch Rüden können um das Vorrecht zur Paarung kämpfen. Schließlich kopuliert das Alpha-Paar etwa 14 Tage lang zwei- bis dreimal pro Tag. Danach kehrt wieder Ruhe ein. Die Hierarchie steht für mehrere Monate fest; einige rangniedere Mitglieder verlassen jetzt vielleicht das Rudel. EZ

FAKTEN

Wölfe

Ordnung: Carnivora

Familie: Canidae

2 Arten in der Gattung *Canis*. Es gibt bis zu 32 Unterarten des Wolfs.

VERBREITUNG Nordamerika, Europa, Asien.

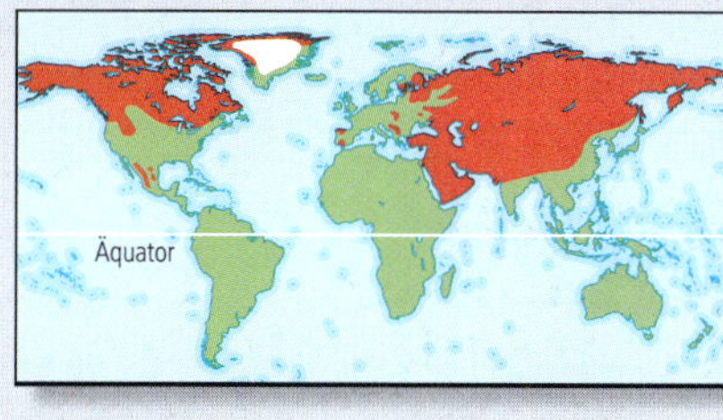

WOLF *Canis lupus*
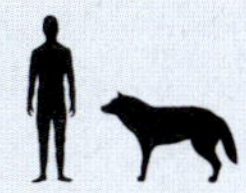
Nordamerika, Europa, Asien, Naher Osten. Wälder, Taiga, Tundra, Wüsten, Ebenen und Berge. Zu den Unterarten zählen: **Europäischer Wolf** *(C. l. lupus),* Wälder von Europa und Asien, mittelgroß mit kurzem, dunklem Fell; **Steppenwolf** *(C. l. campestris),* Steppen und Wüsten Zentralasiens, klein, mit kurzem, grobem, graubraunem Fell; **Tundrawolf** *(C. l. albus)* in Eurasien und **Alaska-Tundrawolf** *(C. l. tundrorum)* in Nordamerika, beide groß mit langem, hellem Fell; **Amerikanischer Grauwolf** *(C. l. lycaon),* einst in Nordamerika am häufigsten, jetzt nur noch in dünn besiedelten Gebieten; kleiner, meist grau. Der **Nebraskawolf** *(C. l. nubilus),* der früher den großen Bisonherden durch die Ebenen Nordamerikas folgte und weiß bis schwarz gefärbt war, gilt inzwischen als ausgestorben.
KL 100–150 cm; SL 31–51 cm; SH 66–100 cm; GT 12–75 kg; Rüden größer als Weibchen. Fell: Meist grau bis lohfarben, variiert jedoch von Weiß (in der nördlichen Tundra) über Rot und Braun bis Schwarz; Bauchseite hell. Fortpflanzung: Tragzeit 61–63 Tage. Lebenserwartung: 8–16 Jahre (bis 20 in Gefangenschaft).

ROTWOLF *Canis rufus*
SO der USA. Küstenebenen, Wälder. GT 15–30 kg; Größe liegt zwischen Wolf und Kojote. Fell: Zimt- oder lohfarben mit grauen und schwarzen Abzeichen. Fortpflanzung und Lebenserwartung: Wie Wolf. IUCN-Status: Vom Aussterben bedroht, inzwischen vermutlich in freier Wildbahn ausgestorben (siehe *Special Feature* Seite 46).

Abkürzungen: KL = Körperlänge; SL = Schwanzlänge SH = Schulterhöhe; GT = Gewicht

Große Beute wird geteilt

NAHRUNG

Auf dem Speiseplan der Wölfe stehen vorwiegend Tiere, die größer sind als sie selbst, große Huftiere etwa wie Elch, Hirsch, Schaf, Ziege, Karibu, Moschusochse und Bison. Zwar sind Wölfe in der Lage, gesunde Adulttiere zu töten, doch haben Feldstudien ergeben, dass mehr als 60 % ihrer Beute aus jungen, schwachen oder alten Tieren besteht. Der Anteil geschwächter Beutetiere könnte sogar noch höher sein, da Wölfe das Verhalten ihrer Opfer genau beobachten und schon leichte Auffälligkeiten wahrnehmen, die der Mensch nicht sieht. Gesunde, kräftige Beutetiere entgehen Wölfen oft, wenn sie sich wehren. Gelegentlich gewinnen Elch, Bison und Hirsch auch die Oberhand und töten die angreifenden Wölfe sogar.

Kleinere Säugetiere wie Wühlmäuse, Biber und Hasen runden den Speiseplan ab. Je nach Jahreszeit und Verfügbarkeit werden auch Fische, Beeren und Aas gefressen. Kanadische Wölfe ernähren sich von Kleinsäugern und Vögeln, wenn ihre Hauptbeute, die Karibus, nach Norden in subarktische Regionen abwandern. Gelegentlich suchen Wölfe auch auf Müllhalden und in Abfalltonnen nach Futter, selbst wenn Beutetiere vorhanden sind. In Rumänien und Italien durchwühlen sie sogar in der Nähe von Städten den Müll nach Fressbarem.

Leben im Rudel

SOZIALVERHALTEN

Alle Wölfe verhalten sich ähnlich, obwohl es gewisse Variationen gibt. Zur Kommunikation dienen optische, akustische und geruchliche Signale. Wie bei Haushunden signalisieren aufrechte Rute und aufgestellte Ohren Wachsamkeit und manchmal Aggression. Der Gesichtsausdruck, betont von der Position der Lefzen und dem Blecken der Zähne, ist die eindrücklichste Form der Kommunikation. Zu den Lautäußerungen gehören Quieken, Jaulen, Bellen und Heulen. So wird der Kontakt über Entfernungen von mehr als 8 km gehalten. Sind sehr junge Wölfe allein, heulen sie mit tieferem Ton, um „erwachsener" zu klingen. Der Geruch von Urin und Kot gibt Informationen über Sozialstatus und Deckbereitschaft. Zudem dient er der Reviermarkierung. Eine Drüse an der Schwanzwurzel sondert ebenfalls Substanzen ab, die der Kommunikation dienen.

Wölfe in Gefangenschaft erwiesen sich in Studien als sehr intelligent und gesellig. Nur wenige Wölfe leben als Einzelgänger. Die meisten bilden Rudel, das sind erweiterte Familienverbände mit fünf bis zwölf Mitgliedern. Die genaue Größe richtet sich nach der Verfügbarkeit von Beutetieren. In NW-Kanada z.B. formen mehrere Rudel zur Bisonjagd manchmal Verbände von 20 bis 30 Tieren.

Zum Rudel gehören Eltern, Welpen, Nachkommen früherer Jahre und verwandte Tiere. Den Kern bildet das Elternpaar, das häufig ein Leben lang zusammenbleibt und ausschließlich für Nachwuchs sorgt Die meisten Wölfe paaren sich erst ab einem Alter von 22 Monaten, obwohl die Weibchen bereits mit zehn Monaten geschlechtsreif sind.

Im Rudel herrscht eine strenge Hierarchie, in der die Position Status und Vorrechte widerspiegelt. Die Sozialstruktur ist abhängig von Anzahl, Geschlecht und Alter der Rudelmitglieder. Rüden und Weibchen bilden getrennte Hierarchien, in denen jedes Tier seine genaue Position kennt. Interaktionen zwischen den Geschlechtern sind wegen der Paarungsbeziehungen komplizierter. An der Spitze der Hierarchien stehen die Alpha-Tiere, von denen eines – Rüde oder Weibchen – das Rudel anführt. Verhaltensforschern zufolge reichen die Pflichten der Alpha-Tiere vom Aufrechterhalten der Rudelordnung bis zur Festlegung des Jagdgebiets. Rangpositionen sind nicht von Dauer. So kommt es zur Paarungszeit verstärkt zu Kämpfen.

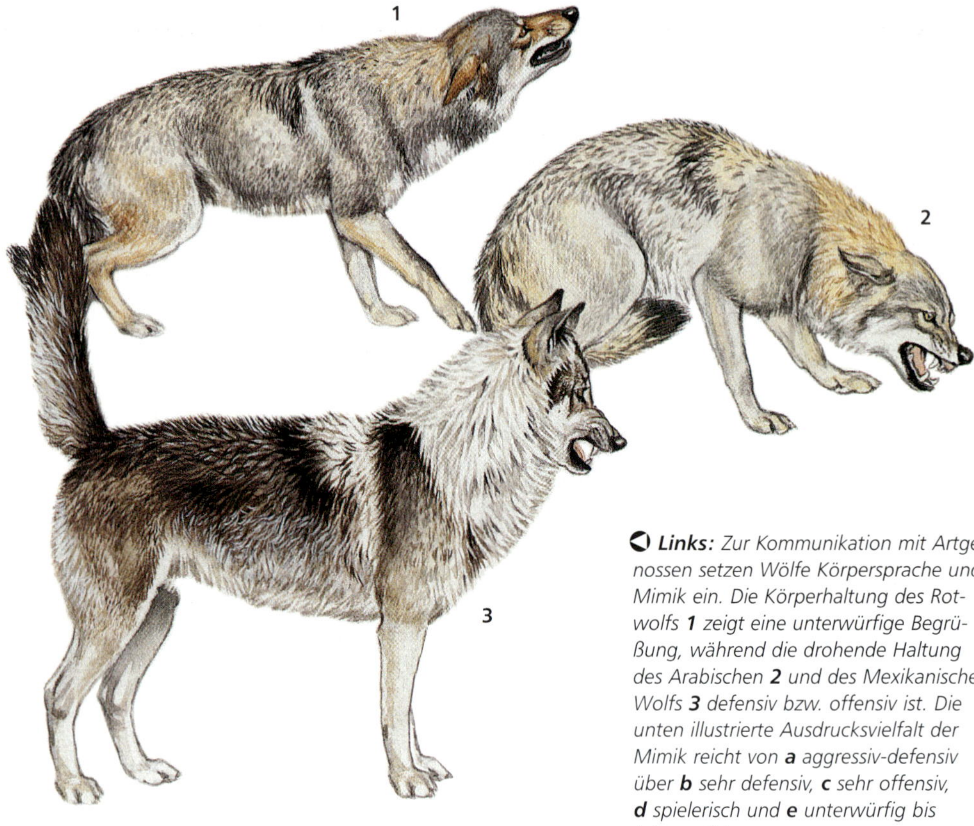

Links: *Zur Kommunikation mit Artgenossen setzen Wölfe Körpersprache und Mimik ein. Die Körperhaltung des Rotwolfs **1** zeigt eine unterwürfige Begrüßung, während die drohende Haltung des Arabischen **2** und des Mexikanischen Wolfs **3** defensiv bzw. offensiv ist. Die unten illustrierte Ausdrucksvielfalt der Mimik reicht von **a** aggressiv-defensiv über **b** sehr defensiv, **c** sehr offensiv, **d** spielerisch und **e** unterwürfig bis **f** freundlich.*

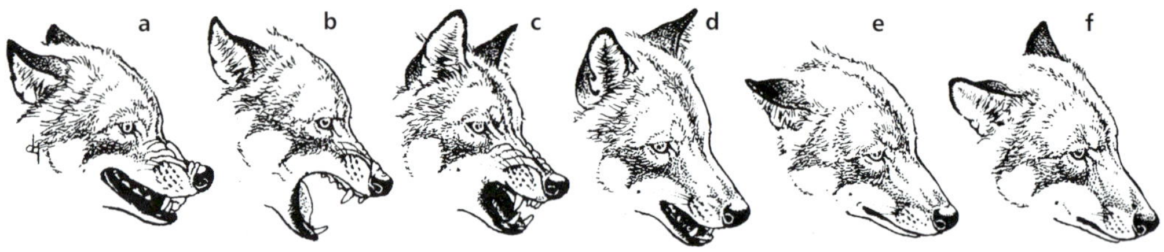

COMEBACK DER EUROPÄISCHEN WÖLFE

Nach jahrhundertelanger Verfolgung, die ihre Zahl auf wenige Tausend schrumpfen ließ, ist in abgelegenen Teilen Europas eine Bestandserholung der Wölfe zu verzeichnen. Die Populationen variieren dabei je nach Land beträchtlich: In sechs Ländern leben mehr als 1000 Wölfe und in elf mehr als 500. In acht Ländern liegt die Population bei weniger als 50 Tieren. In Italien, wo es vor 25 Jahren nur ca. 100 Wölfe gab, leben heute etwa 500. In Schweden und Norwegen gab es in den frühen 1970er Jahren gar keine Wölfe, inzwischen sind dort 60 bis 70 Nachkommen emigrierter Tiere aus Finnland zu finden. In den Westalpen wurde 1921 der letzte Wolf getötet, jetzt wächst dort eine neue Population heran. Wölfe aus Osteuropa zogen nach Westen und gleichzeitig wanderten italienische Wölfe in Richtung Norden nach Frankreich. Dort umfasst die Population heute etwa 40 Tiere. Deutschland, die Schweiz und Tschechien werden zunehmend von wandernden Wölfen aufgesucht.

Die öffentliche Haltung hat sich zugunsten der Wölfe verschoben, während Veränderungen in der Besiedlungsdichte und den Aktivitäten in Berg- und Landregionen zu ihrer Erholung beitragen. In den meisten Ländern stehen die Tiere offiziell unter Schutz, doch gibt es auch Ausnahmen. Für Landwirte können Wölfe ein ernstes Problem darstellen, vor allem wenn Vieh nicht ständig bewacht wird. Schäden durch Wölfe werden in den meisten Ländern Europas erstattet, wobei die Kosten für das Versicherungssystem je nach Art von Vieh und Gelände, Agrartechniken und dem relativen Verhältnis zwischen Vieh, Wolf und Wildbeute stark variieren. In Spanien, Griechenland und einigen Ländern Osteuropas wird der Wolf noch immer als Jagdwild mit einer legalen Jagdsaison geführt. Bei der Wiederansiedelung gelangen Wölfe manchmal in Gebiete, in denen es nun zu ernsthaften Konflikten kommt, etwa in Norwegen, Frankreich, der Schweiz und Norditalien.

1999 wurde ein paneuropäischer Aktionsplan zum Schutz des Wolfs durch die Berner Konvention entworfen. Er dient dazu, verschiedene nationale Artenschutzmaßnahmen zu koordinieren. Die Erhaltung und Wiedereinführung überlebensfähiger Wolfpopulationen als Bestandteil europäischer Ökosysteme ist eine der größten Herausforderungen für den europäischen Artenschutz im nächsten Jahrtausend. LB

Oben: *Die Welpen der Wölfe kommen in geschützten Höhlen zur Welt und werden nach einigen Wochen in den „Welpenhort" gebracht. Dieser Platz liegt stets in Wassernähe und ist leicht erkennbar an den ausgetretenen Pfaden und der dichten Vegetation, die ihn umgibt. Dort können die Kleinen nach Herzenslust herumtollen.*

Wenn Rudel aufeinander treffen, kann es zu heftigen Kämpfen mit tödlichem Ausgang kommen. Solche Begegnungen sind selten und um das Risiko zu verringern, beschränken Rudel ihr Streifgebiet in der Regel auf eine Fläche von 65 bis 300 qkm. Die Grenzen zweier Reviere können 10 bis 20 km voneinander entfernt liegen, aber nur der äußerste Kilometer wird mit benachbarten Rudeln oder Einzelgängern geteilt. Dieses Außengebiet wird viel seltener aufgesucht als der Rest des Reviers, wahrscheinlich wegen der Gefahr, auf feindliche Nachbarrudel zu stoßen.

Wölfe kennzeichnen ihr Territorium mit Duftmarken. Beim Umherstreifen des Rudels urinieren die Alpha-Tiere etwa alle drei Minuten an auffälligen Stellen. Die Dichte dieser Marken ist in den Grenzgebieten doppelt so hoch wie überall sonst, wahrscheinlich weil Wölfe öfter markieren, wenn sie auf Duftsignale fremder Tiere stoßen. Bei ihren gelegentlichen Besuchen der Randgebiete kennzeichnen sie die Grenzlinien besonders intensiv. Die höhere Duftmarkendichte – von eigenen und fremden Marken – ermöglicht es einem Rudel offensichtlich, die Randgebiete eindeutig zu erkennen und nicht in die viel gefährlicheren inneren Zonen des fremden Reviers vorzudringen.

Duftmarken allein können allerdings die Gefahr einer ungewollten Begegnung zwischen zwei Rudeln nicht verhindern, wenn beide gerade gleichzeitig die gemeinsame Reviergrenze kontrollieren. Unter solchen Umständen heulen Rudel manchmal. Doch auch dies kann fatal sein, da die Lautstärke des Geheuls Auskunft über die Stärke des Rudels gibt und dann sogar das größere Rudel zum Angriff verleiten kann. Deshalb heulen Wölfe nur gelegentlich und grundsätzlich im Team. Ein Nachbarrudel antwortet in der Regel nur, wenn es mit der Größe des heulenden Rudels mithalten kann oder wenn es etwas „Wertvolles" wie einen frischen Riss zu verteidigen hat.

Links: *Eine Tundrawölfin mit dem typischen hellen Fell arktischer Unterarten liebkost einen Welpen aus ihrem Wurf. Nach der Entwöhnung bekommen die Jungen die erste feste Nahrung nicht nur aus der Schnauze der Mutter, sondern auch von anderen Rudelmitgliedern. Dieses teilweise wieder hervorgewürgte Futter ist bereits gründlich zerkaut und kann von den Jungen besser verdaut werden als rohes Fleisch.*

Die letzten Wilden

ARTEN- UND UMWELTSCHUTZ

Wölfe brauchen Wildnis zum Überleben. In fruchtbaren Gebieten wie dem Yellowstone-Nationalpark durchstreift ein Rudel ein Revier von rund 150 bis 300 qkm, während arktische Wölfe, die vom Karibu abhängen, Territorien von 40 000 qkm oder mehr besetzen. Der Nahrungsbedarf einer Population liegt bei mindestens 40 Großsäugern pro 100 qkm. In unserer menschenkontrollierten Welt sind solche Bedingungen inzwischen ein rares Gut.

Der Erfolg der Bemühungen zur Rettung der Wölfe hängt sowohl von der Akzeptanz durch ihre menschlichen Nachbarn wie vom Schutz der biologischen Voraussetzungen ab. In den meisten Teilen der Welt ist der gute Wille von Landbesitzern notwendig, die mit Regierungen und Schutzorganisationen zusammenarbeiten, um das Überleben der Wölfe zu sichern. Paradoxerweise ist die Art, die einst als Bedrohung für unser eigenes Überleben galt, inzwischen zu einem Prüfstein für unsere Fähigkeit geworden, eine dauerhafte Koexistenz mit den Naturelementen aufzubauen, die unsere Basis darstellen. PCP

Ein ungelöstes genetisches Rätsel

Sind die nordamerikanischen Rotwölfe Mischlinge oder eine echte Art?

Im Artenschutz konzentriert man sich in der Regel zunächst auf die Arten, die am stärksten vom Aussterben bedroht sind – und die den Menschen am sympathischsten sind. Lange Zeit schien der nordamerikanische Rotwolf gut in beide Kategorien zu passen. Doch seine Geschichte wird nun von ungelösten Diskussionen kompliziert, die seine Herkunft infrage stellen. Mittlerweile könnte sein Überleben von dem Nachweis abhängen, ob es sich überhaupt um eine eigenständige Art handelt.

Die meisten Wölfe gehören zu den so genannten Grauwölfen, die sich in zahlreiche Unterarten aufspalten, darunter z.B. Timberwolf und Tundrawolf. Nun haben aber Zoologen in der Vergangenheit den Rotwolf als eine weitere, unabhängige nordamerikanische Art betrachtet, die einst einen großen Teil der östlichen USA durchstreifte, von Pennsylvania im Norden bis Texas im Westen. Nach traditioneller Sichtweise wurden diesem Tier in der Wildnis die aggressive Verfolgung und fortschreitende Vernichtung von Lebensräumen durch menschliche Besiedlung zum Verhängnis. So ist der Bestandsrückgang der Rotwolfpopulation seit den 1960er Jahren dokumentiert. In den späten 1980er Jahren existierten nur noch etwa 80 Tiere, die meisten in Gefangenschaft. Trotz der Bemühungen des US Fish and Wildlife Service zur Auswilderung der Art gilt der Rotwolf inzwischen als weltweit seltenster und bedrohtester aller Hunde.

Seit einiger Zeit gibt es jedoch noch eine andere Sichtweise. Manche argumentieren, dass der Rotwolf gar keine eigenständige Art ist. Er habe sich nicht über Jahrmillionen hinweg entwickelt, sondern entstand, als Kojoten und Grauwölfe – gestört durch menschliche Besiedlung – begannen, sich untereinander zu paaren. Der Verlust von Lebensräumen führte zur Durchmischung vorher isolierter Populationen und die hybriden Nachkommen, die Rotwölfe, waren eine Mischform.

Intensive Untersuchungen der physischen und genetischen Eigenschaften des Rotwolfs in den letzten Jahren führten zu widersprüchlichen und umstrittenen Ergebnissen. Studien von Schädelmerkmalen, Mitrochondrien-DNA und Mikrosatelliten-DNA untermauerten den Status des Rotwolfs als nordamerikanische Art. Diese Ergebnisse deuten darauf hin, dass der Rotwolf vor über 500 000 Jahren im Pleistozän entstand und dass von ihm Kojote und Grauwolf abstammen. Nach dieser Theorie ging der Rotwolfbestand in freier Wildbahn nach 1940 zurück. In der Folge ersetzten Kojoten und Rotwolf-Kojote-Hybriden den Rotwolf in den meisten seiner ursprünglichen Verbreitungsgebiete.

Jedoch gibt es auch genetische Beweise für die Hybridisierungstheorie. Die Ergebnisse der meisten Studien aus den 1990er Jahren stützen tendenziell eine neue Hypothese, nach der Grauwölfe und Kojoten sich schon vor der Besiedlung durch Europäer mehrfach vermischten. Dennoch wurde aber nicht ausgeschlossen, dass die ersten Kreuzungen tatsächlich erst vor kurzem und als Ergebnis anthropogener Umweltveränderungen stattfanden.

Eine erneute Wende erfuhr die Geschichte durch weitere genetische Studien, die eine enge Verwandtschaft zwischen dem Rotwolf und den Wölfen Südostkanadas belegten. Letztere wurden bislang für Grauwölfe gehalten. Diese Verbindung bestätigten sowohl morphologische als auch fossile Funde. Die größte Ähnlichkeit besteht vielleicht darin, dass sich beide Arten mit Kojoten paaren können, was sie anfällig für eine genetische Verdrängung macht. Eine Theorie besagt, dass ein Großteil der angeblichen Grauwölfe Ostkanadas und der Großen Seen in den USA tatsächlich Rotwölfe oder Rotwolf-Grauwolf-Hybriden sind, während die „Kojoten", die heute die östlichen USA bewohnen, möglicherweise selbst Rotwolf-Kojote-Hybriden sind.

Aus diesen Informationen entstand wiederum eine neue Theorie zur Entwicklung des Rotwolfs. Danach stammen Grauwölfe, Rotwölfe und Kojoten möglicherweise von einem gemeinsamen nordamerikanischen Vorfahren ab, wobei Rotwölfe und Kojoten eine Evolutionslinie bilden und Grauwölfe eine andere. Bei diesem Modell wanderten die Stammeltern aller heutigen Wölfe vor ein bis zwei Millionen Jahren nach Eurasien, wo sie sich zum heutigen

Rechts: *Es ist praktisch unmöglich, Rotwölfe am Aussehen von ihren weitaus häufigeren Verwandten, den Grauwölfen, zu unterscheiden. Nur einige Tiere zeigen eine deutliche Rotfärbung. Meist ist die Fellfarbe wie bei diesem stattlichen Exemplar eine Mischung aus Rostbraun, Zimt, Grau und Schwarz.*

Unten: *Eine Rotwölfin mit Jungem in der Zuchtstation im Bundesstaat Washington. Das Programm zur Verbreitung und Rettung der Art vor dem Aussterben wurde in den 1970er Jahren gestartet. Die meisten der 280 seitdem geborenen Nachkommen blieben in Gefangenschaft, nur wenige wurden ausgewildert.*

Wolf entwickelten, bevor sie vor etwa 300 000 Jahren im Pleistozän wieder nach Nordamerika zurückkehrten. Etwa zur selben Zeit trennten sich die Linien der ostkanadischen Wölfe/Rotwölfe und der Kojoten, die sich in Nordamerika gemeinsam entwickelt hatten.

Klar ist, dass die Artenschutzbemühungen für Rot- und Grauwolf in Nordamerika neu überdacht werden müssten, sollte sich herausstellen, dass es bestehende Rotwolfpopulationen in Südostkanada gibt. Die Angelegenheit ist von mehr als akademischem Interesse, wenn man bedenkt, dass sich das aktuelle Budget des Fish and Wildlife Service für die Wiedereinführung der Rotwölfe auf etwa vier Millionen US-Dollar jährlich beläuft.

Zunächst muss Klarheit darüber herrschen, ob die ostkanadischen Wölfe reinrassige Rotwölfe sind. Momentan geht man davon aus, dass es sich um eine Gemeinschaft unterschiedlicher Arten handelt, zu denen reinrassige Wölfe (*lupus*-Typ der Alten Welt) und reinrassige Rotwölfe (*lycaon*-Typ der Neuen Welt) gehören, zusammen mit Rotwolf-Kojote- und Rotwolf-Grauwolf-Hybriden. Indirekt mag es sogar Grauwolf-Kojote-Hybriden geben, wenngleich Genetiker glauben, dass eine direkte Kreuzung von Grauwölfen und Kojoten unwahrscheinlich ist. Es wäre jedoch denkbar, dass sich Rotwolf-Kojote-Hybriden mit Grauwölfen paaren.

Die Schwierigkeit für die Artenschützer besteht darin festzustellen, ob eine solche Bastardierung auch ohne menschliche Einflussnahme stattgefunden hat. Wenn der Rotwolf keine eigene Art und die Hybridisierung ein natürliches Phänomen ist, dann muss eher der „Prozess" als die „Einheit" geschützt werden. Wenn andererseits der Rotwolf eine echte Art ist, die Bastardierung jedoch unnatürlich, dann sollte die Art aus denselben Gründen geschützt werden, aus denen wir für den Erhalt der Artenvielfalt kämpfen. Lernen könnte man daraus, dass der Schutz von Evolutionsprozessen ebenso viel Beachtung verdient wie der Artenschutz. Bisher haben sich Artenschützer nur auf den Schutz von Arten konzentriert, aber dieser Ansatz muss nach Evolutionsmaßstäben scheitern.

In jedem Fall ist die Evolution der nordamerikanischen Wölfe ein andauernder Prozess. Zwar hat die Genetik in den letzten Jahrzehnten große Fortschritte bei der Lösung taxonomischer Unklarheiten gemacht, dennoch bleiben große Lücken in unserem Wissen um die Verwandtschaft zwischen wilden Wölfen. Das richtige Rezept für diese „Hundesuppe" zu finden, die Nordamerika heute bevölkert, ist die vordringlichste Aufgabe derer, die für den Schutz bedrohter Arten kämpfen. PCP

Kojote

DIE AZTEKEN BEZEICHNETEN DIE LISTIGEN *Hunde, die ihre Städte umringten und die nächtliche Stille mit jaulendem Heulen zerrissen, als* coyotl. *Der Inbegriff des nordamerikanischen Opportunisten hat sich an Lebensräume von der arktischen Tundra bis zum Stadtzentrum von Los Angeles angepasst. Er lebt allein oder im Rudel, frisst alles, von Früchten und Insekten bis zu Mäusen und Antilopen, und sucht seine Nahrung sogar auf Bäumen.*

Kojoten wurden lange für Einzelgänger gehalten, aber Studien haben inzwischen gezeigt, dass sie bisweilen wie Wölfe im Rudel leben. Sie paaren sich teilweise mit Haushunden sowie mit dem Rotwolf und möglicherweise auch mit dem Grauwolf. Kojote-Hund-Hybriden („coydogs") greifen noch eher Farm- und Haustiere an als Kojoten.

Einfallsreiche Raubtiere

KÖRPERBAU UND FUNKTION

Der Kojote ist ein mittelgroßer Hund mit schmalem Fang, großen, spitzen Ohren und langen, schlanken Läufen. Die Größe variiert je nach Population und Ort. Adulte Rüden sind in der Regel größer und schwerer als adulte Weibchen.

Während die Verbreitungsgebiete der meisten Raubtiere schrumpfen, nimmt das des Kojoten zu. Die Ausbreitung von den Great Plains nach Norden und vor allem nach Osten begann am Ende des 19. Jahrhunderts, als lokale Populationen des Wolfs *(Canis lupus)* und Rotwolfs *(C. rufus)* durch den Menschen dezimiert wurden.

Wie Schakal und Wolf ist auch der Kojote ein opportunistischer Beutegreifer. Säuger, auch Aas, machen bis zu 90 % seiner Nahrung aus. Kleine Beute jagt der Kojote normalerweise einzeln. Dabei verfolgt er sie aus bis zu 50 m Entfernung und bis zu 15 Minuten lang. Zwei oder mehr Kojoten können größere Beutetiere über 400 m hetzen.

Beide Geschlechter werden schon mit zehn Monaten geschlechtsreif. Die Weibchen werfen einmal im Jahr durchschnittlich sechs Welpen. Diese werden blind und hilflos in einer Höhle geboren und fünf bis sieben Wochen lang gesäugt. Mit drei Wochen beginnen sie halb verdaute Nahrung zu verzehren, die von den Eltern und anderen Rudelmitgliedern hervorgewürgt wird. Die meisten Jungtiere trennen sich in ihrem ersten Lebensjahr vom Rudel und wandern bis zu 160 km, bevor sie sich niederlassen.

*Unten: Ein Rudel Kojoten verteidigt einen Kadaver an der Reviergrenze. Drei Rudelmitglieder **1** fressen, während der Alpha-Rüde **2** aggressiv einen Eindringling **3** stellt, der eine defensive Drohhaltung einnimmt. Ein weiterer Rüde **4** unterstützt das dominante Tier. Er zeigt weniger Aggressivität. Ein zweiter Eindringling **5** wartet den Ausgang der Begegnung ab, während andere Kojoten **6** in ihrem eigenen Territorium verharren, bis das ansässige Rudel den Kadaver verlässt.*

Rudeltier mit Einzelgänger-Attitüde

SOZIALVERHALTEN

Kojoten sind erstaunlich oft allein unterwegs. Ihre Aktivitäten spiegeln dabei regionale Unterschiede in der Beutedichte wider. Im Grand-Teton-Nationalpark in Wyoming wurden sie im Sommer, wenn sie weit verstreute Nagetiere jagten, zu 77 % allein angetroffen. Gruppen bestanden aus höchstens fünf Tieren. Im Winter dagegen, wenn sie vom reichhaltigen und gut zu verteidigenden Aas der Huftiere lebten, streiften sie gemeinsam umher.

Oben: *Nachdem er sich bis zu 15 Minuten lang an die Beute herangepirscht hat, setzt der Kojote zum Sprung auf sein Opfer an. Zwar arbeiten Kojoten bei der Jagd auf große Beute wie Rehe gelegentlich zusammen, doch meist jagen sie allein. Kleine Beute wird vor allem durch verdecktes Heranschleichen gestellt. Falls nötig, erreichen Kojoten aber auch überraschend hohe Geschwindigkeiten: Über kurze Distanzen wurden bis zu 64 km/h gemessen.*

UNGEWÖHNLICHE JAGDGEMEINSCHAFT

Während Kojoten mit Füchsen um die Kadaver von Beutetieren kämpfen, kommt es mit einer anderen Art, dem Amerikanischen Dachs *(Taxidea taxus)*, manchmal zur Zusammenarbeit. Gelegentlich erbeuten Kojoten Dachse und Dachse töten Kojotenwelpen in ihren Höhlen. Dennoch beobachtete man vor langer Zeit, dass einzelne Kojoten und Dachse manchmal zusammen wandern und jagen. Während der Dachs sich in die Bauten von Nagern oder Kaninchen gräbt, wartet der Kojote ab und fängt dann die fliehende Beute. Als man einmal einen Kojoten und einen Dachs bei der gemeinsamen Jagd auf Ziesel störte, rannte der Kojote 700 m weit, wartete auf den Dachs und beide zogen gemeinsam weiter. Obwohl der Kojote den Dachs mitunter vor anderen Raubtieren schützt und ihn zu Kadavern führt, scheint er der Hauptnutznießer dieser ungewöhnlichen Partnerschaft zu sein.

Begegnen sich zwei Rudel, ist die Größe wichtig. Im Durchschnitt sind die Siegerrudel in aggressiven Begegnungen doppelt so stark wie die Verliererrudel, die ihre Beute aufgeben mussten.

Die Größe des Streifgebiets variiert je nach Region und hängt von der Nahrung ab. Kojoten, die aus dem reichen Angebot an Früchten, Nagern und Kaninchen auf einer texanischen Ranch schöpften, besetzten nur 3 qkm, während Rüden in Alaska 104 qkm beanspruchten, wenn ihre Hauptbeute, der Schneeschuhhase, rar wurde.

Zum Rudelleben gehören soziale Bindungen, Jungenaufzucht und Revierverteidigung. Die Rudelmitglieder übernehmen unterschiedliche Rollen. Meist pflanzt sich nur das Alpha-Paar fort. Die Jungtiere aus früheren Würfen fungieren als Helfer.

Das exklusive Sexualrecht des Alpha-Paars stürzt die anderen in ein Dilemma. Entweder bleiben sie im Rudel, um eines Tages das Paarungsrecht zu erkämpfen, oder sie verlassen die Gruppe, um einen Partner zu suchen. Dies ist jedoch eine riskante Option, da die Überlebensraten von Einzelgängern um 25 % unter denen von Rudeltieren liegen. Außerdem ist die Paarungsrate nach einer Trennung vom Rudel in der Regel gering. Viele Kojoten ziehen dann partner- und territoriumslos durch zehnmal größere Gebiete als Kojoten auf Nahrungssuche in ihrem Territorium.

FAKTEN

KOJOTE

Canis latrans

Kojote, Präriewolf, Heulwolf

Ordnung: Carnivora

Familie: Canidae

1 Art aus der Gattung *Canis*

VERBREITUNG Amerika, von N-Alaska bis Costa Rica.

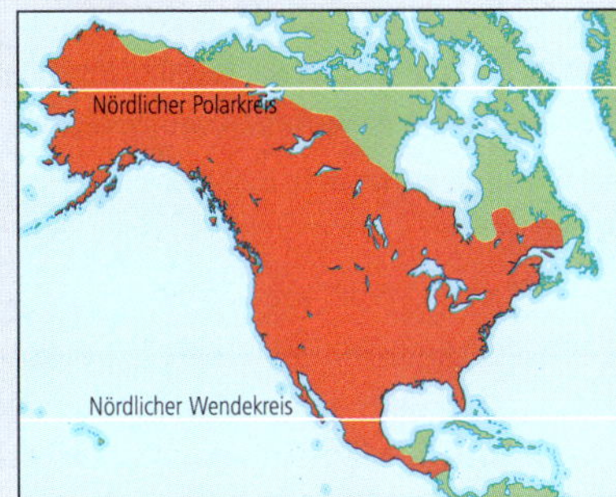

LEBENSRAUM Offenes Land, Grasland oder Halbwüste, Laub- und Nadelwälder, alpine Regionen und Tundra.

GRÖSSE Körperlänge 70–97 cm; Schwanzlänge 30–38 cm; Schulterhöhe 45–53 cm; Gewicht 8–22 kg; Rüden sind rund 20 % schwerer als Weibchen.

FELL Bräunlich grau; Rückseite der Ohren, Vorderläufe und Pfoten stumpf braungelb; Hals und Bauch weiß; schwarze Flecken an Vorderläufen, Rutenwurzel und Rutenspitze.

NAHRUNG Früchte, Insekten, Nager, Kaninchen, kleine Vögel, Schlangen, Wasserschildkröten, Geflügel, Schafe, Rehe, Gabelböcke, Bergschafe, Aas und Abfälle.

FORTPFLANZUNG Januar bis März (im Norden später); beide Geschlechter paaren sich bereits mit 10 Monaten; ein Östrus (2–5 Tage) pro Jahr; Tragzeit 63 Tage; Wurfgröße meist 3 bis 6, maximal 19 Junge.

LEBENSERWARTUNG Maximal 15 Jahre (bis 18 in Gefangenschaft).

IUCN-STATUS Nicht gefährdet.

Bestandskontrolle

ARTEN- UND UMWELTSCHUTZ

Kojoten stehen im Ruf, gerne Nutzvieh zu reißen. Aus diesem Grund werden sie erbittert verfolgt. 81 % der in einer Studie in Colorado beobachteten Tiere und 57 % der beobachteten Tiere in Texas starben in Fallen, wurden erschossen, vergiftet oder überfahren.

Die Wirksamkeit der Methoden zur Bestandskontrolle ist häufig fragwürdig. In den Naval Petroleum Reserves in Kalifornien wurden in fünf Jahren 581 Kojoten getötet, was jedoch die Gesamtpopulation nicht weiter beeinträchtigte. Im Yellowstone-Nationalpark erwies sich die Wiederansiedlung von Wölfen als effektiveres Mittel, um den Kojotenbestand zu dezimieren. Dieser ging über zwei Winter um 50 % zurück. Darüber hinaus fiel die durchschnittliche Rudelgröße der überlebenden Tiere von sechs auf vier. AM

Schakale

EINST WAREN SCHAKALE HÄUFIG IN DER NÄHE von Schlacht- und Friedhöfen zu finden. Diese augenscheinliche Assoziation mit dem Tod war vielleicht der Grund dafür, dass die Priester im alten Ägypten den schakalköpfigen Anubis als Richter der Seelen und Wächter der Toten in ihre Götterriege aufnahmen.

Tatsächlich ist die Anwesenheit von Schakalen überall dort, wo es Futter geben könnte, eher auf ihre Anspruchslosigkeit hinsichtlich ihrer Ernährung zurückzuführen. Heute sind Schakale zahlreich in afrikanischen Wildparks vertreten und am Rand menschlicher Siedlungen anzutreffen.

Hunde wie in alten Zeiten

KÖRPERBAU UND FUNKTION

Schakale sind schlanke, mittelgroße Hunde, die kaum Geschlechterdimorphismus zeigen. Die langen Läufe und scharfen, gebogenen Eckzähne sind eine Adaptation an die Jagd auf Kleinsäuger, Vögel und Reptilien. Die gut entwickelten Reißzähne leisten gute Dienste beim Aufreißen harter Haut. Alle Arten besitzen Pfoten mit stumpfen Krallen. Die Vorderarmknochen sind miteinander verwachsen, weshalb die Tiere schlecht klettern, aber ausgezeichnet laufen. Auf der Nahrungssuche oder bei der Revierkontrolle können sie über längere Zeit mit einer Geschwindigkeit von 12 bis 16 km/h traben. Schakale sind hauptsächlich in den frühen Morgen- und späten Abendstunden unterwegs, in Gebieten ohne menschliche Störung auch tagsüber.

Die heutigen Schakale sind vermutlich den frühen Hunden sehr ähnlich. Die drei Arten unterscheiden sich genetisch, obwohl sie sich gleichen. Die Analyse der Mitochondrien-DNA deutet darauf hin, dass sich alle vor etwa sechs Millionen Jahren von einem gemeinsamen Vorfahren abspalteten. Fossile Funde belegen, dass der Streifen- und der Schabrackenschakal in Afrika entstanden, während der Goldschakal höchstwahrscheinlich aus Europa oder Asien stammt. In der Regel bewohnt Letzterer relativ karge Gegenden und trockenes Grasland (aber auch Waldgebiete in Asien). Der Streifenschakal bevorzugt feuchte Waldgebiete und Flusswälder, während der Schabrackenschakal eine Vorliebe für trockenes Grasland und Akazienwälder zeigt.

Eine Gruppe Schakale, die sich um einen von Löwen oder Hyänen zurückgelassenen Antilopenkadaver streitet, kann man häufig in vielen afrikanischen Wildparks beobachten. Dennoch sind Schakale weniger von Aas abhängig als gemeinhin vermutet. In vielen Gebieten macht Aas nur 6 bis 10 % ihrer Nahrung aus. Schakale jagen geschickt Kleinvögel und Säuger bis zur Größe von Hasen oder neugeborenen Antilopen. Doch ebenso fressen sie auch Insekten oder Früchte. In der Tat haben die Tiere viel Talent, reichhaltige Nahrungsquellen zu erschließen. Ihr Speiseplan ist vielfältig und variiert je nach Jahreszeit.

Schakale sind Experten in der Jagd auf Nager. Mit ihrem scharfen Gehör orten sie ein Opfer im hohen Gras, vollführen dann einen Beutesprung, packen den Nager mit den Vorderpfoten und beißen ihn tot. Streifenschakale wurden gesehen, wie sie gegen Büsche sprangen oder auf den Boden stampften, um Heuschrecken, Käfer und Grashüpfer aufzuscheuchen. Bei der Jagd auf größere Säuger wie Hasen oder neugeborene Antilopen arbeiten Schakale häufig zusammen. Während ein Partner die Beute hetzt, stört der andere mögliche Beschützer oder schneidet dem Opfer den Weg ab, wenn dieses versucht, Haken zu schlagen.

FAKTEN

SCHAKALE

Ordnung: Carnivora

Familie: Canidae

3 Arten aus der Gattung *Canis*

VERBREITUNG Afrika, Naher Osten, SO-Europa, S-Asien.

Lebensraum Von kargem, kurzrasigem Grasland bis hin zu trockenem Buschland oder feuchten Wäldern.
Nahrung Kleine bis mittlere Säuger, Vögel, Reptilien, Aas, Früchte, Insekten.
Fortpflanzung Partner monogam; Tragzeit 63 Tage; Wurfgröße 3–4 Welpen; Jungtiere sind mit etwa 11 Monaten geschlechtsreif, bleiben manchmal aber als Helfer noch 1–2 Jahre bei den Elterntieren.
Lebenserwartung 4–8 Jahre (16 in Gefangenschaft).

GOLDSCHAKAL *Canis aureus*
Von N- und O-Afrika bis zum Nahen Osten, SO-Europa und weiter bis S-Asien.
KL 83–132 cm; SH 40 cm; GT 7–15 kg.
Fell: Gelblich bis silbergrau; geografische und jahreszeitliche Variationen.

STREIFENSCHAKAL *Canis adustus*
In ganz Zentralafrika bis in Teile von O- und W-Afrika.
KL 96–120 cm; SH 41 cm; GT 6,5–14 kg.
Fell: Lohfarben und grau; am Rücken dunkler mit deutlichen weißen horizontalen Streifen an den Flanken und weißer Rutenspitze.

SCHABRACKENSCHAKAL *Canis mesomelas*
Zwei getrennte Populationen in O-Afrika und S-Afrika; diese Art kommt in Zentralafrika nicht vor.
KL 96–110 cm; SH 38 cm; GT 7–13,5 kg (O-Afrika), 6,8–9,5 kg (S-Afrika).
Fell: Rücken und Hals schwarz-weiß marmoriert; Rute schwarz; Flanken, Kopf und Läufe rotbraun.

Abkürzungen: KL = Körperlänge; SH = Schulterhöhe; GT = Gewicht

Revierverteidigung

SOZIALVERHALTEN

Das Band zwischen den monogamen Partnern ist die Basis der sozialen Gruppe. Ein Pärchen verteidigt ein Territorium gegen andere Schakalpärchen. Gemeinsam markieren sie es durch Urin- und Kotmarken an auffälligen Objekten. Jeder fremde Schakal wird energisch verjagt, vor allem während der Paarungszeit. Das Nahrungsangebot im Revier reicht manchmal für zusätzliche Schakale, dann bleiben subadulte und adulte Jungen ein bis zwei Jahre bei der Gruppe, bevor sie abwandern, um einen Partner zu suchen und ein eigenes Revier zu etablieren. Während dieser Zeit helfen die jungen Schakale häufig beim Füttern und Bewachen des aktuellen Wurfs.

In Afrika kommen Schakalwelpen in unterirdischen Höhlen oder ausgedienten Termitenbauten zur Welt. Die Geburten erfolgen regional unterschiedlich, meist jedoch in einer Zeit des reichhaltigsten Nahrungsangebots (während oder kurz nach der Regenzeit). Das Futter für die Jungen schlucken die erwachsenen Schakale zunächst und würgen es dann für die Welpen im Bau wieder hervor. Junge Schakale sind mit 14 Wochen selbstständig und mit neun bis zehn Monaten ausgewachsen, obwohl die Fellzeichnung erst mit zwei Jahren richtig ausgeprägt ist.

Schakale geben häufig Laut. Mit Gold- und Schabrackenschakalen wird am ehesten ein hohes, zitterndes Heulen in Verbindung gebracht, während der Streifenschakal tief heult. Schakalgeheul ist häufig in den frühen Abendstunden zu hören, wenn Familienmitglieder sich gegenseitig ihre Positionen und gleichzeitig benachbarten Gruppen ihre Anwesenheit mitteilen.

Noch nicht bedroht

ARTEN- UND UMWELTSCHUTZ

Schakale gehören zu den wenigen Tieren, die in der Nähe menschlicher Siedlungen gut gedeihen. Sie sind Kulturfolger und Nahrungsopportunisten – zwei bedeutende Faktoren, die ihre weite Verbreitung begünstigen. Doch der Mensch stellt ihnen auch nach – vor allem Schabrackenschakalen, die gelegentlich junge Schafe und Ziegen reißen und in den Farmgebieten Südafrikas stark verfolgt werden. In anderen Regionen tötet man die Tiere auch wegen ihres Fells.

Da Schakale eine enge Familienbindung haben und Eindringlinge aggressiv vertreiben, sind die Populationen sehr anfällig für die Ausbreitung des Tollwutvirus. Dieser wird durch Speichel übertragen und gelangt über Bisswunden in den Körper eines neuen Wirts. Tollwutepidemien brechen unter Schakalen alle ein bis acht Jahre aus und können bis zu neun Jahre andauern. In dieser Zeit werden zahlreiche Schakale infiziert und sterben. Die Tiere verbreiten die Krankheit auch und sind verantwortlich für etwa 25 % aller registrierten Tollwutfälle in Südafrika. AL

Oben: *Die drei Schakalarten:* ***1*** *Streifenschakal beim Spiel mit einer toten Maus;* ***2*** *ruhender Goldschakal;* ***3*** *junge Schabrackenschakale ziehen sich spielerisch am Schwanz: Der gebogene Rücken und die zurückgelegten Ohren zeigen das Unbehagen des vorderen Jungtiers.*

Rechts: *Goldschakal-Jungen in Israel. Die Wurfgröße reicht von einem bis etwa acht Welpen, der Durchschnitt liegt bei zwei bis vier. Die Welpen öffnen nach etwa zehn Tagen die Augen. In den ersten drei Lebensmonaten erhalten sie hervorgewürgtes Futter aus der Schnauze ihrer Eltern oder anderer Verwandter.*

Links: *Eine Gruppe Schabrackenschakale stürzt sich auf einen Kadaver in der Kalahari, Südafrika. Obwohl Schakale in Paaren leben und ihr Revier gegen Außenseiter verteidigen, können bis zu 30 Tiere vorübergehend zusammenkommen, um von einem großen Riss – beispielsweise eines Löwen – zu fressen.*

Abessinischer Fuchs

ABESSINISCHE FÜCHSE SIND SEHR ENG MIT *Wölfen und Kojoten verwandt und stammen wohl von einem spät in Nordostafrika eingewanderten Hund ab. Bis vor kurzem war über ihre Ökologie und ihr Verhalten so gut wie nichts bekannt. Neuere Studien haben jedoch gezeigt, dass die extrem seltenen Tiere ein komplexes Sozialleben aufweisen.*

Dieser Fuchs ist eine von mehreren Säugerarten, die nur im äthiopischen Hochland vorkommen – wie auch Afrikanische Maulwurfsratten *(Tachyoryctes macrocephalus)* und Bergnyalas *(Tragelaphus buxtoni)*. Mit der Erwärmung des afrikanischen Kontinents gingen die afroalpinen Habitate über die letzten 15 000 Jahre stetig zurück, sodass der verfügbare Lebensraum auf höchstens ein Zehntel seiner einstigen Ausdehnung geschrumpft ist. Heute leben Abessinische Füchse in einem Dutzend isolierter Gebiete.

FAKTEN

ABESSINISCHER FUCHS

Canis simensis

Abessinischer oder Äthiopischer Fuchs

Ordnung: Carnivora

Familie: Canidae

1 Art aus der Gattung *Canis*

VERBREITUNG Berge Zentraläthiopiens.

LEBENSRAUM Gras- und Heidelandschaften über 3000 m.

GRÖSSE Körperlänge 84–100 cm; Schwanzlänge 27–40 cm; **Schulterhöhe** 53–62 cm; **Gewicht** 11–20 kg; Rüden sind durchschnittlich 20 % größer als Weibchen.

FELL Rötlich gelbbraun mit heller rötlicher Unterwolle; Kinn, Innenseite der Ohren und Unterseite weiß mit deutlichem weißem Band um die Kehle.

NAHRUNG Hauptsächlich Ratten und andere Nager.

FORTPFLANZUNG Tragzeit 60–62 Tage; Wurfgröße 2–6 Jungen.

LEBENSERWARTUNG Nicht bekannt.

IUCN-STATUS Vom Aussterben bedroht.

Riesenappetit auf Nager

KÖRPERBAU UND FUNKTION

Dieser mittelgroße Hund mit den langen Läufen ähnelt in Form und Größe dem Kojoten. Frühe Entdecker und Biologen nannten ihn Abessinischer Wolf, Abessinischer Schakal oder Simien-Schakal, während er in Äthiopien selbst als *ky kebero* („roter Schakal"), *jedalla farda* („Pferdeschakal") oder *walgie* („Gauner") bekannt ist. Diese Namensvielfalt deutet darauf hin, dass er durch die Spezialisierung auf Nager in seiner Entwicklung übergroßen Rotfüchsen immer ähnlicher wurde, obwohl er ein „echtes" Mitglied der Gattung *Canis* ist. Die breiten, spitzen Ohren, der lange Schädel, schlanke Fang und die kleinen, weit auseinander stehenden Zähne rüsten ihn bestens für die Jagd auf Nager.

Mit seinem rötlichen Fell ist der Abessinische Fuchs weithin sichtbar, wenn er die Landschaft nach seiner Beute absucht. Sehr häufig fängt er die Afrikanische Maulwurfsratte, ein verlockend großer „Bissen" mit einem Gewicht bis zu 1000 g, sowie verschiedene Arten von Grasratten. In den Bale-Bergen machen Nagetiere nahezu 96 % der in Fuchsfäkalien identifizierten Beute aus.

Eng verbundene Gemeinschaft

SOZIALVERHALTEN

Tagsüber sind die Füchse am aktivsten. Meist jagen sie allein, obgleich sie größere Beute wie Bergnyala-Kälber, Riedböcke *(Redunca redunca)*, aber auch Hasen *(Lepus starcki)* und Klippschliefer *(Procavia habessinica)* in Gruppen verfolgen.

Trotz ihres Einzelgängertums bei der Jagd leben die Tiere in großen, eng verbundenen Rudeln, die sich ein exklusives Territorium teilen und es gemeinsam verteidigen. Ein Rudel besteht meist aus drei bis 13 Adulttieren (im Mittel sechs). Dazu gehören drei bis acht verwandte adulte Rüden und ein bis drei adulte Weibchen sowie ein bis sechs Einjährige und ein bis sieben Welpen. Die Streifgebiete sind getrennt und relativ klein (6,4 qkm in optimalen Habitaten, bis zu 15 qkm in beuteärmeren Gebieten). Trotz des Kargheit des Geländes leben im Streifgebiet mehr als 10 000 kg Ratten.

Da unbesetzter, rattenreicher Lebensraum rar ist, verteidigen die Rudel ihre Gebiete vor Eindringlingen. In den frühen Morgen- und Abendstunden patrouillieren sie an den Grenzen und kennzeichnen diese mit Urin, Kot und Kratzmarken. Die Begegnung mit einem Nachbarrudel führt zu einer ritualisierten aggressiven Interaktion. Sie besteht hauptsächlich aus Heulen, weniger aus Körperkontakt, und endet stets damit, dass die kleinere Gruppe vor der größeren flieht, die so ihr Revier vergrößern kann.

Oben: *Der feingliedrige, fuchsähnliche Körperbau ist eine Anpassung an die Jagd auf Ratten und Nager im Hochland. Doch seine Überlebensfähigkeit wurden durch das Vordringen des Menschen auf eine harte Probe gestellt. Die überlebenden Adulttiere werden inzwischen eher in Hunderten als in Tausenden gezählt.*

Rechts: *Die Welpen haben eine enge, dauerhafte Bindung zur Mutter. Zwar paaren sich nur Alpha-Weibchen, doch helfen andere Rudelmitglieder bei der Versorgung der Welpen mit, wenn diese nach rund 10 Wochen entwöhnt werden.*

Gesunde Populationen besetzen das verfügbare Habitat mit einer Dichte von bis zu 1,2 Adulttieren pro km. Streifgebiete bleiben über Jahre hinweg konstant und ändern sich nur nach massiven Veränderungen in der Population, etwa einer Tollwutepidemie oder dem Verschwinden eines Rudels.

Die Rüden emigrieren nicht und werden in philopatrische Rudel aufgenommen, in denen das Geschlechterverhältnis zu ihren Gunsten bei 2,6:1 liegt. Mehr als die Hälfte der Weibchen wandert mit zwei Jahren ab. Sie werden zu *floaters*, die schmale Gebiete zwischen Rudelterritorien besetzen, bis sie zur Paarung aufgenommen werden. Wandernde Füchse finden häufig keine Bleibe und landen im schlimmsten Fall in beutearmem Ackerland. Sie wandern daher nur, wenn es notwendig ist.

Das Alpha-Weibchen eines Rudels wirft einmal im Jahr zwischen Oktober und Dezember (nur

etwa 60 % der Paarungen sind jedoch erfolgreich). Alle Rudelmitglieder bewachen die Höhle und bringen Futter für die Welpen, bis diese sechs Monate alt sind. Obwohl die gemeinsame Aufzucht ein direkter Vorteil des Gruppenlebens sein könnte, hängt das Überleben der Jungen nicht von der Rudelgröße ab. Die Gruppe scheint stattdessen vor allem der Verteidigung und Ausdehnung des Reviers zu dienen.

Rangniedere Weibchen paaren sich selten, unterstützen aber häufig das Alpha-Weibchen beim Säugen. Paarungsberechtigte Weibchen werden nach ihrem Tod meist durch eine im Rudel lebende Tochter ersetzt. Diese scheinbar „bequeme" Übereinkunft könnte aber verheerende Folgen haben, wenn die Weibchen sich innerhalb des Rudels paaren würden, also mit Vätern, Brüdern und Onkeln. Die Gefahren der Inzucht werden durch ein ungewöhnliches Paarungssystem umgangen, das von der monogamen Norm der Hunde abweicht. Gegen Ende der Regenzeit sind die meisten geschlechtsreifen Weibchen zwei bis vier Wochen lang mehr oder weniger gleichzeitig im Östrus. Es beginnt eine hektische Paarungszeit, in der aktiv Begegnungen mit Rüden aus Nachbarrudeln gesucht werden, während die Rüden im Verbund an der Reviergrenze auf paarungsbereite Weibchen warten. So werden bis zu 70 % der Paarungen mit rudelfremden Rüden vorgenommen und manche Würfe stammen von mehreren Vätern, was die genetische Vielfalt noch erweitert. Wenn sich ein Weibchen innerhalb ihres Rudels paart, dann fast immer mit dem Alpha-Männchen. Bei rudelfremden Rüden spielt der Status interessanterweise keine Rolle.

Der bedrohteste aller Hunde

ARTEN- UND UMWELTSCHUTZ

Abessinische Füchse haben sehr spezielle Bedürfnisse, was zu ihrem aktuellen Dilemma geführt hat: Kleine Populationen hängen von einem fragmentierten Habitat ab. Lange Zeit wurden sie daher als selten betrachtet und schon im Jahr 1938 als schutzbedürftig eingestuft.

In letzter Zeit nahm die Bedrohung durch die Entwicklung von höhentauglicher Landwirtschaft und Überweidung noch zu, da die überlebenden Populationen auf kleine, isolierte Habitatreste zurückgedrängt wurden. Diese Fragmentierung erhöht das Risiko des Aussterbens. Weitere Bedrohungen durch den zunehmenden Kontakt mit Menschen sind Hundekrankheiten und Hybridisierung mit Haushunden. Heute umfasst der Bestand nur noch rund 500 Adulttiere, sodass diese Art zu den bedrohtesten großen Säugerarten zählt.

Der Artenschutz wird dadurch erleichtert, dass man sich auf wenige Populationen in relativ kleinen Gebieten konzentrieren muss. Zu den Bemühungen zählen auch das Impfen und Kastrieren von Haushunden in diesen Gebieten, um die Hybridisierung zu vermeiden, sowie intensive Aufklärungsarbeit unter der Bevölkerung. CS-Z

Füchse

Bei Äsop überlistet der schlaue Fuchs den Raben, als Held mittelalterlicher Erzählungen von Reynard übertrumpft er stets seinen Widersacher, den Wolf, und in den Kindergeschichten von Beatrix Potter täuscht der listige, zwielichtige Fuchs den leichtgläubigen Vogel Jemima Puddleduck. Dass der Fuchs in den Geschichten vieler Kulturen immer der Schlaue ist, geht ebenso auf seine weite Verbreitung zurück wie auf sein listenreiches Verhalten.

Die größte Gattung der Füchse, *Vulpes*, zu der zwölf Arten zählen, ist die am weitesten verbreitete Hundegattung. Darüber hinaus ist eines ihrer Mitglieder, der Rotfuchs, der verbreitetste und wohl auch anpassungsfähigste aller Fleischfresser. Zusammen mit dem Wolf hat er das größte Verbreitungsgebiet aller Landsäuger (mit Ausnahme des Menschen).

Opportunisten par excellence

KÖRPERBAU UND FUNKTION

Füchse sind kleine Hunde mit spitzem Fang, leicht abgeflachtem, schmalem Schädel, großen Ohren und einer langen, buschigen Rute. Alle Arten gelten als Nahrungsopportunisten und wenden Jagdtechniken vom Lauern bis zum Beutesprung an.

Ein ähnliches Nahrungsverhalten kann die geografische Verbreitung verschiedener Fuchsarten beeinflussen, da es zu ernster Futterkonkurrenz führt. Einst dachte man, Eis- und Rotfüchse unterscheiden sich durch die bemerkenswerte Toleranz des Eisfuchses gegenüber Kälte: Seine Stoffwechselrate steigt erst bei –50 °C an, im Gegensatz zum Rotfuchs, dessen Stoffwechselrate sich bereits ab –13 °C erhöht. Rotfüchse sind jedoch teilweise an noch kälteren Orten anzutreffen als Eisfüchse, also trennt die beiden Arten wahrscheinlich die Futterkonkurrenz. Der Rotfuchs ist bis zu doppelt so schwer, braucht dementsprechend mehr Futter und kann daher im hohen Norden, wo Beute rar ist, Energiegewinne nicht so gut auf die Verluste abstimmen wie der Eisfuchs. In Gebieten jedoch, in denen beide Arten leben können, verdrängt der Rotfuchs den kleineren Eisfuchs und bestimmt so dessen südliche Reviergrenze.

Direkte Konkurrenz hat möglicherweise auch die Verteilung und Größe der *Dusicyon*-Arten bestimmt. In Zentral- und Südchile ernähren sich sowohl der Andenfuchs als auch der Argentinische Graufuchs von Nagern, Vögeln, Vogeleiern und Schlangen in vergleichbaren Mengen. Bei beiden Arten gibt es jedoch je nach Breitengrad Variationen in der Größe. Die durchschnittliche Körperlänge des Andenfuchses erhöht sich zwischen dem 34. und 54. südlichen Breitengrad von 70 auf 90 cm, die des Argentinischen Graufuchses geht von 68 auf 42 cm zurück. Dort, wo beide Arten etwa gleich groß sind (34 °S), bewohnt der Andenfuchs höhere Lagen der Anden, was die Konkurrenz verringert. Weiter im Süden, wo das Land flacher ist und die Arten scheinbar in direkter Konkurrenz stehen, begnügt sich der Argentinische Graufuchs wegen seiner geringeren Größe mit kleineren Beutetieren als der Andenfuchs. So wird wieder die Konkurrenz verringert.

Mit einem Gewicht bis 1,5 kg ist der in der Sahara lebende Fennek der kleinste aller Füchse. Er zittert vor Kälte, sobald die Temperatur unter 20 °C fällt, und schlägt dann seine Rute wie eine Stola um Nase und Pfoten. Andererseits hält er aber auch einen erstaunlichen Rekord: Er beginnt erst bei 35 °C zu hecheln und öffnet seine Schnauze erst bei 38 °C zum vollen Hecheln. Dann allerdings schießt die Ruhefrequenz von 23 Atemzügen pro Minute auf bis zu 690. Beim Hecheln rollt der Fennek die Zunge ein, um keinen Tropfen des wertvollen Speichels zu verschwenden. Seine riesigen Ohren machen 20 % der Körperoberfläche aus. Wenn die Temperaturen steigen, erweitert das Tier die Blutgefäße in Ohren und Pfoten und gibt so mehr Hitze ab. Klettert die Lufttemperatur höher als seine normale Körpertemperatur (38,2 °C), lässt der Fennek eine Aufheizung seines Körpers auf bis zu 40,9 °C zu und reduziert damit die Wassermenge, die er beim Schwitzen „verschwenden"

FAKTEN

FÜCHSE

Ordnung: Carnivora

Familie: Canidae

23 Arten in 4 Gattungen. Graufüchse: **Graufuchs** *(Urocyon cinereoargenteus)* und **Imel-Graufuchs** *(U. littoralis)*. **Löffelhund** *(Otocyon megalotis)*. Echte Füchse: u.a. **Rotfuchs** *(Vulpes vulpes)*, **Swiftfuchs** *(V. velox)*, **Eisfuchs** *(V. lagopus)*. Kampfüchse: u.a. **Argentinischer Graufuchs** *(Dusicyon griseus)*, **Waldfuchs** *(D. thous)*.

VERBREITUNG Nord- und Südamerika, Europa, Asien, Afrika.

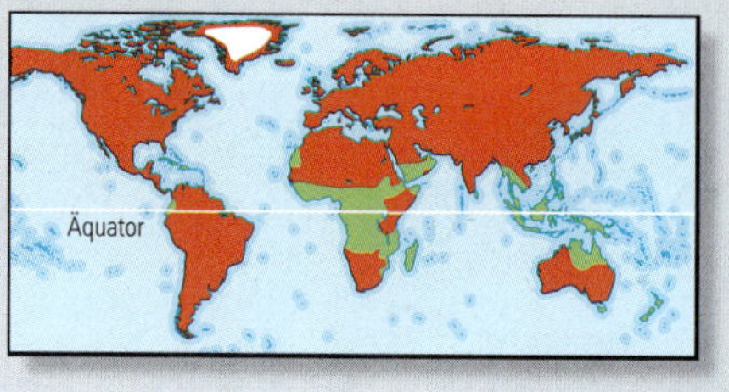

LEBENSRAUM Sehr vielfältig, von arktischer Tundra bis hin zu städtischen Ballungsräumen.

GRÖSSE Variiert je nach Art; Angaben von Fennek (kleinster Art) bis Kurzohrfuchs (größter Art). **Körperlänge** 24–100 cm; **Schwanzlänge** 18–35 cm; **Gewicht** 1–9 kg.

FELL Meist grau bis rotbraun, beim Eisfuchs im Winter weiß oder blaugrau.

NAHRUNG Unterschiedlich, z.B. Kleinsäuger, Nager, Vögel, Wirbellose wie Insekten und Würmer, Fische, Früchte.

FORTPFLANZUNG Tragzeit zwischen 51 (Fennek) und 60–63 Tagen (Rotfuchs); Wurfgröße meist 1–6 Junge.

LEBENSERWARTUNG Bis 6 Jahre (in Gefangenschaft bis 13 Jahre).

Artenübersicht siehe Seite 60 f. ▷

Oben: *Ein Parry-Ziesel* (Spermophilus undulatus) *im festen Griff eines Rotfuchses. Durch seine Fähigkeit, sich von dem zu ernähren, was gerade verfügbar ist, avancierte der Rotfuchs zu einer der am weitesten verbreiteten Arten der Welt.*

Rechts: *Beim nördlichen Rotfuchs gibt es drei Farbschläge, hier in einer Gruppe beim Zerlegen eines Kadavers:* ***1*** *Zwei Tiere mit dem leuchtend braunroten Fell der meisten Rotfüchse in höheren Breitengraden;* ***2*** *die dunklere Form („Silberfuchs");* ***3*** *der so genannte Kreuzfuchs mit dunkler Zeichnung am Rücken. Die Varianten entstehen wahrscheinlich durch das komplizierte Zusammenspiel zweier Gene.*

Links: *Südamerikanische Füchse der Gattung* Dusicyon *(Kampfüchse):* ***1*** *Kurzohrfuchs* (D. microtis); ***2*** *Andenfuchs* (D. culpaeus); ***3*** *Argentinischer Graufuchs* (D. griseus); ***4*** *Pampasfuchs* (D. gymnocercus); ***5*** *Waldfuchs* (D. thous).

müsste. Ebenso spart er durch seinen Stoffwechsel Energie, da sein Grundumsatz nur 67 % des Werts ausmacht, der bei einem so kleinen Tier zu erwarten wäre. Auch seine Herzfrequenz von 118 Schlägen pro Minute ist um 40 % niedriger, als bei dieser Körpergröße anzunehmen wäre.

Listige Jäger

NAHRUNG

Abgesehen vom Löffelhund, der sich hauptsächlich von Termiten ernährt, unterscheidet sich die Nahrung der einzelnen Arten nur durch die Verfügbarkeit von Beutetieren. Eisfüchse fressen Seevögel, Schneehühner, Wirbellose, Früchte, Beeren sowie Aas. Ihre Strandpatrouillen legen sie in die Zeit, in der das abziehende Wasser frische „Abfälle" hinterlässt. Rotfüchse haben einen ähnlich reichen Speiseplan, von kleinen Huftieren über Kaninchen, Hasen, Nager und Vögel bis zu Käfern, Heuschrecken und Würmern. Rotfüchse wurden schon beobachtet, wie sie zum Fischen durch seichte Sümpfe wateten. Je nach Jahreszeit können Früchte wie Brombeeren, Äpfel und die Hagebutten der Heckenrose bis zu 90 % ihrer Nahrung ausmachen.

Alle Echten Füchse fangen Nager mit dem typischen „Mäusesprung", bei dem sie rund 1 m in die Höhe springen und mit den Vorderpfoten auf die Beute niedergehen. Dieser Luftsprung ist wohl eine Gegenmaßnahme zum vertikalen Sprung, mit dem einige Mäuse ihren Verfolgern entkommen. Regenwürmer, die ihr Loch in warmen, feuchten Nächten verlassen, findet der Rotfuchs, indem er langsam im Zickzack über die Wiesen läuft und auf das Kratzen der Wurmborsten auf dem Gras lauscht. Hat er einen Wurm entdeckt, verharrt der Fuchs bewegungslos über ihm, bevor er seine Schnauze ins Gras stößt. Würmer, die sich mit dem Schwanzende im Bau festhalten, werden nicht zerrissen, sondern nach einer kurzen Pause vorsichtig straff gezogen – eine höchst effektive Technik, die die Füchse mit Anglern auf Ködersuche teilen.

Die wenigen Fuchsarten, die in unterschiedlichen Habitaten beobachtet wurden, fressen alles, was gerade zur Verfügung steht. Dennoch haben sie auch Vorlieben. So erbeuten Rotfüchse z.B. lieber Wühlmäuse als Echte Mäuse. Als wahre Opportunisten jedoch verstecken sie selbst ungeliebte Beute zur späteren Verwendung. Generell merken sie sich diese Speisekammern sehr gut.

Eine komplexe Gemeinschaft

SOZIALVERHALTEN

Füchse werfen einmal im Jahr. Die Wurfgröße variiert zwischen ein und sechs Welpen. Beim Rotfuchs beträgt sie je nach Lebensraum vier bis acht Jungen. Bei einer Rotfüchsin stellte man einmal zwölf Föten fest, obwohl die Fähe nur sechs Zitzen besitzt. Die Tragzeiten liegen bei 60 bis 63 Tagen beim Rotfuchs und 51 Tagen beim Fennek. Die Welpen kommen meist in einem Bau zur Welt, den die Fähe entweder selbst angelegt oder von anderen Tieren übernommen und angepasst hat. Würfe fand man aber auch schon in Felsspalten, hohlen Bäumen, unter Häusern oder einfach im hohen Gras. Füchse gelten als monogam, doch entdeckte man beim Bengal- und Rotfuchs Gemeinschafts-

Oben: *Junge Eisfüchse im spielerischen Kampf. Von dieser Art kennt man zwei Farbvarianten: weiß (Weißfuchs) und blau (Blaufuchs), jeweils mit unterschiedlicher Sommer- und Winterfärbung. Diese Tiere gehören zur weißen Form und tragen ihr Winterfell.*

Unten: *Acht Fuchsarten, dargestellt bei der Vogeljagd in der Reihenfolge ihrer Verbreitung von Ost nach West (nur Grau- und Steppenfuchs sowie gelegentlich der Rotfuchs klettern auf Bäume):* ***1*** *Graufuchs* (Urocyon cinereoargentus); ***2*** *Swiftfuchs* (Vulpes velox); ***3*** *Kapfuchs* (V. chama); ***4*** *Fennek* (V. zerda); ***5*** *Sandfuchs* (V. rueppelli); ***6*** *Afghanfuchs* (V. cana); ***7*** *Bengalfuchs* (V. bengalensis) *und* ***8*** *Steppenfuchs* (V. corsac).

bauten und sowohl Eis- als auch Rot- und Waldfuchs haben „Helfer" im Bau. Unter den Rotfüchsen gibt es gebietsweise große Unterschiede, wie viele der Fähen werfen; der Anteil reicht von 30 bis fast 100 %.

Füchse werden oft als Einzelgänger dargestellt, die Kleinbeute allein jagen, da die gemeinsame Jagd eher hinderlich wäre als von Vorteil. In dieser Hinsicht wurde ihr Sozialverhalten oft dem von im Rudel jagenden Hunden wie Wölfen gegenübergestellt. Mithilfe von modernen telemetrischen Untersuchungen und Nachtsichtgeräten fand man aber heraus, dass die Fuchsgemeinschaft komplex ist. In manchen Gebieten sind die Füchse monogam, in anderen leben sie in Gruppen, meist bestehend aus einem Rüden und mehreren Fähen.

Die bisher größte nachgewiesene Anzahl erwachsener Tiere in einer Gruppe beträgt beim Eisfuchs drei, beim Rotfuchs sechs. Es gibt keine Belege für die erfolgreiche Eingliederung von Fähen in solche Gruppen, also sind diese vermutlich Verwandte, während fast alle männlichen Nachkommen emigrieren. Wie weit die Tiere abwandern, variiert je nach Lebensraum; über 200 km sind belegt. Rüden wandern meist weiter als Fähen.

Obwohl sie sich in jeder Nacht mitunter häufig begegnen, suchen die Füchse einer Gruppe hauptsächlich in verschiedenen Teilen des Territoriums nach Nahrung, wobei die Alpha-Tiere die besten Gebiete beanspruchen. Die Reviergröße von Rotfüchsen liegt zwischen zehn und über 2000 ha, die des Eisfuchses zwischen 860 und 6000 ha.

Auf der Spur des „Darwinfuchses"

Bei seiner Reise mit der *Beagle* fing Charles Darwin 1831 einen Fuchs, der später als *Dusicyon fulvipes* bezeichnet wurde. In seinem Tagebuch beschrieb er den Fang, den er auf der Insel Chiloë, 30 km vor der Küste Zentralchiles, gemacht hatte, als „Fuchs, wie er für diese Insel typisch sein soll, sehr selten und von einer noch nicht beschriebenen Art".

Zwar wurde Darwins Vermutung über die Einzigartigkeit der Art kürzlich bewiesen, doch über ihre Taxonomie wurde lange spekuliert. Trotz der fast rotbraunen Färbung des Kopfes und der relativ kurzen Läufe ergaben morphologische Studien keine Grundmerkmale, die ihn vom Argentinischen Graufuchs unterschieden. Sein auf Chiloë beschränktes Vorkommen schien die Ansicht zu erhärten, dass es sich um eine inselbewohnende Unterart handelte. Dies wurde jedoch in den 1960er Jahren durch die Entdeckung einer Population der „Darwinfüchse" auf dem Festland, im Nahuelbuta-Nationalpark etwa 600 km weiter nördlich, wieder infrage gestellt.

Ein schlüssiger Beweis ergab sich erst anhand der DNA-Analyse. Da sich in der Mitochondrien-DNA im Lauf der Evolution Veränderungen ansammeln, entwickeln isolierte Populationen molekulare Haplotypen, die sich zunehmend von denen anderer unterscheiden, wodurch sich schließlich eine Art von einer anderen trennen lässt.

Im Fall des „Darwinfuchses" bestätigten Sequenzen eines Teils der Mitochondrien-DNA mehrerer Tiere die Einzigartigkeit. Weiterhin ergab sich, dass es sich wohl um eine Urart handelt, die sich vor mehreren tausend Jahren von einem gemeinsamen Vorfahren mit *Dusicyon griseus* und dem Andenfuchs abspaltete. Er bewohnte die dichten Wälder, die während der letzten Eiszeit den Großteil Südamerikas bedeckten. Mit dem drastischen Rückgang seines Habitats durch Klimawechsel und menschliche Aktivität schwand die Population.

Diese Entdeckung rief nun den Artenschutz auf den Plan. Die Population in Nahuelbuta besteht aus 50 Tieren auf weniger als 5000 ha Land, während die Population auf Chiloë 500 Tiere auf 1 Mio. ha umfasst. Beide Gruppen stehen durch das Eindringen des Menschen und andere Bedrohungen unter Druck. Nun sollen Studienprogramme das Überleben dieser seltenen Art sichern. WJ

Sie ist unabhängig von der Gruppenstärke. Zur Markierung werden überall im Territorium Kot und Urin an auffälligen Stellen hinterlassen. Alpha-Tiere markieren häufiger mit Urin als rangniedere Tiere und jedes Individuum kann seinen eigenen Uringeruch von fremdem unterscheiden. Füchse besitzen paarige Analdrüsen zu beiden Seiten des Anus. Diese können bewusst geleert werden. Oft wird das Sekret auch über den Kot gelegt. Außerdem befindet sich eine 2 cm lange Hautdrüse auf der dorsalen Seite der Rute nahe der Wurzel. Diese Schwanzdrüse oder „Viole" ist von Borsten bedeckt und als schwarzer Fleck auf der Rute aller Echten Füchse sichtbar. Ihre Funktion ist unbekannt. Weitere Drüsen befinden sich zwischen den Zehen. Sowohl Rüden als auch Fähen können beim Markieren das Bein heben.

Die Reviergröße wird vermutlich von der Verfügbarkeit der Nahrung und von der Sterblichkeitsrate bestimmt, die wiederum hauptsächlich vom Menschen und der Tollwut abhängt. In Gebieten, in denen sie bejagt werden, erreichen wenige Rotfüchse ein Alter von mehr als drei Jahren. Die älteste in freier Wildbahn bekannte Fähe war die neun Jahre alte Matriarchin einer Vierergruppe. In Gefangenschaft leben Füchse bis zu 13 Jahre.

Ein Insektenvertilger

Nicht nur wegen seiner Ohren, sondern auch wegen seiner Bezahnung und Ernährung nimmt der afrikanische Löffelhund eine Sonderstellung ein. Man findet ihn zwar in der Nähe großer Huftierherden (Zebras, Gnus und Büffel), doch ist er der einzige Hund, der so gut wie keine Säuger frisst.

Seine Zähne sind klein und er besitzt vier bis acht zusätzliche Molaren. Im Unterkiefer setzt an einem stufenartigen Vorsprung ein großer Muskel an, der ein rasches Kauen ermöglicht. Der Löffelhund frisst Früchte, Skorpione und gelegentlich einen Nager oder Vogel, zu 80 % verzehrt er jedoch Insekten, meist Mistkäfer (Scarabidae) und Termiten, besonders Ernteermiten (Gattung *Hodotermes)*.

Diese Insekten leben nur dort, wo es viele Huftiere gibt – und so bleibt der Löffelhund trotz seines Speiseplans abhängig von den Säugern. Erntetermiten legen unterirdische Kolonien an, kommen jedoch in großen Scharen an die Oberfläche und suchen Gras. Mistkäfer fressen den Kot der Huftiere und legen ihre Eier in Kotkugeln, die der weibliche Käfer dann vergräbt. Löffelhunde fressen sowohl die Käfer als auch deren Larven, die sie durch das Geräusch der Larve beim Herausfressen aus der Kotkugel orten. Dabei leisten ihnen die bis zu 12 cm langen und äußerst empfindlichen Ohren herausragende Dienste.

Löffelhunde ziehen ihre Jungen in der Regel als Paar in selbst gegrabenen Bauten auf, bilden aber auch kleine Familienverbände mit Helfern beiderlei Geschlechts und säugen sogar gemeinsam, wenn zwei Weibchen gleichzeitig werfen. Die Welpen (meist zwischen zwei und fünf) werden nach einer Tragzeit von 60 Tagen geboren. Jungtiere erreichen die Adultgröße mit vier Monaten, was wohl die manchmal zu beobachtenden Gruppengrößen von bis zu zwölf Tieren erklärt. Auf Nahrungssuche gehen die Tiere normalerweise einzeln.

Bei den Futtergebieten kommt es zu deutlichen Überlappungen. Der Kontakt zwischen Gruppen reicht von friedlicher Vermischung bis zu offener Aggression. Gelegentlich finden sich zwei oder drei Wurfhöhlen innerhalb weniger hundert Meter – wahrscheinlich eine Reaktion auf eine lokal günstige Bodenbeschaffenheit oder Vegetation. Die belegten Reviergrößen reichen von 0,5 bis 3 qkm. Die Populationsdichte kann zehn Tiere pro qkm erreichen, wobei ein Wert von 0,5 bis 3 pro qkm jedoch eher dem Durchschnitt entspricht. JM

Oben: *Der Fennek ist der kleinste aller Hunde und leicht an seinen großen Ohren zu erkennen – im Verhältnis zum Körper sind sie die größten in der Familie der Hunde. Sie dienen dem Tier als „Wärmestrahler", durch die es seine Körpertemperatur in der extremen Hitze seines Lebensraums, der Wüste, regulieren kann.*

Füchse kommunizieren sowohl über Laute als auch über Duftmarken und Körperhaltung. Der Eisfuchs gibt z.B. Laut, wenn ein Feind sich nähert, oder während der Paarungszeit. Zu den Lauten des Rotfuchses gehören aggressives Kläffen und ein volltönendes Heulen, das von jungen Füchsen im Winter und während der Paarungszeit eingesetzt wird. Auch Gebell, leises Winseln (zwischen Mutter und Welpen) und Schreie gehören zum Lautrepertoire.

Sieg über die Tollwut

ARTEN- UND UMWELTSCHUTZ

Trotz ihrer legendären Schlauheit gibt es auch bei den Füchsen bedrohte Arten. Der kaum bekannte Kurzohrfuchs in den Tropen Südamerikas wird von der IUCN als bedroht eingestuft. Der Swiftfuchs, ein kleiner, 2 kg schwerer Fuchs in den Prärien Nordamerikas, wurde zwischen 1900 und 1970 in den Great Plains selten gesichtet und scheint in Kanada durch Jagd und Gift vollkommen ausgerottet zu sein. 1928 verschwand er aus der Provinz Saskatchewan und 1938 aus Alberta. Inzwischen wurde er jedoch erfolgreich in den Prärien Kanadas wieder angesiedelt (wo er hauptsächlich durch Beutegreifer wie Kojoten und Steinadler und die mögliche Nahrungskonkurrenz aufgrund der Verbreitung der Rotfüchse bedroht ist). In Chile gilt *Dusicyon fulvipes* als bedroht.

Am Fuchs lässt sich gut zeigen, wie Evolution funktioniert: Graufüchse erreichten vor 10 000 bis 16 000 Jahren einige Inseln vor der Küste Kaliforniens. Drei Inseln im Norden hingen damals zusammen und die Füchse gelangten wohl auf Flößen oder schwimmend dorthin. Die drei südlichen Inseln waren weder mit den Nordinseln noch mit dem Festland verbunden und wurden erst vor 3000 Jahren vom Graufuchs besiedelt. Diese Tiere sind direkte Nachfahren der Nordinselpopulation und wurden von amerikanischen Ureinwohnern transportiert, die vor etwa 9000 bis 10 000 Jahren in dieses Gebiet kamen. Auf allen sechs Inseln leben Miniaturausgaben des Festland-Graufuchses, die meisten werden als Unterarten klassifiziert. Diese so genannten Imel-Graufüchse wiegen nur 1,1 bis 2,7 kg, während ihr Gegenstück auf dem Festland bis zu 5 kg schwer ist. Den Grund für diese Entwicklung kennt man nicht – vielleicht hängt er mit der Nahrung zusammen. Der Imel-Graufuchs frisst hauptsächlich Insekten, der Graufuchs Wirbeltiere. Der Bestand der Unterarten auf den drei Nordinseln ging in letzter Zeit drastisch zurück. Von einer 1993 erfassten Population mit mehreren hundert Tieren auf San Miguel haben z.B. weniger als sechs bekannte Tiere überlebt. Steinadler sowie Krankheiten haben ihren Teil dazu beigetragen, erklären den Rückgang aber nicht vollständig. Zur Rettung der Art wurde ein Aktionsplan erstellt, zu dem auch die Nachzucht in Gefangenschaft gehört. Paradoxerweise wird knapp 200 km weiter südlich auf San Clemente eine andere Unterart des Imel-Graufuchses (der nur dort vorkommt) getötet, um die Feinde des Louisianawürgers, einer bedrohten Vogelart, auszuschalten.

Bei Management und Schutz der Füchse gibt es drei Hauptthemen: die Jagd als Sport oder zur Raubtierkontrolle, die Jagd zur Pelzgewinnung und die Tollwutkontrolle. In den 1970er Jahren waren plötzlich Fuchspelze wieder modern, was zu ausgedehnten „Pelzernten“ führte. 1977/78 wurden in Nordamerika 388 643 Rotfüchse, 264 957 Graufüchse und 37 494 Eisfüchse erlegt. 1978 sollen fast eine Million Felle der Art *Dusicyon griseus* aus Argentinien exportiert worden sein. Dieser neue Pelzmarkt beeinflusste auch Nationen, die keine Pelzlieferanten waren: In Großbritannien und Irland, wo es keine Überwachungssysteme gibt, wurden erstmals in der neueren Geschichte Fallen aufgestellt und 1980 schätzungsweise 50 000 bis 100 000 Rotfuchsfelle exportiert. Kurze Zeit später verebbte die Modewelle jedoch; im Jahr 2000 waren britische Fuchsfelle nahezu wertlos.

Alle Fuchsgattungen können Tollwut verbreiten und daran erkranken. Millionen von Füchsen wurden getötet, um die Krankheit in den Griff zu bekommen, aber Füchse sind so robust, dass eine Population eine Sterblichkeit von 75 % übersteht, ohne zu schrumpfen. Revolutioniert wurde die Tollwutbekämpfung in den 1980er und 1990er Jahren durch die Verwendung mit Impfstoff präparierter Fleischstücke. Die Füchse, die die Köder aufnahmen, waren fortan immun und damit nicht mehr in Gefahr. So wurde die Tollwut in weiten Teilen Kontinentaleuropas ausgerottet – wohl der größte Triumph des Wildtiermanagements im 20. Jahrhundert. Interessant ist: Der Anteil der Füchse, die die Impfköder fraßen, war etwa genauso groß wie der Anteil der Tiere, die vorher zur Tollwutbekämpfung getötet wurden. Der Unterschied muss also im Verhalten der überlebenden Füchse liegen: Möglicherweise wurde es durch die Sprengung ihrer Sozialverbände so gestört, dass sie trotz ihrer geringeren Anzahl weiter die Tollwut untereinander übertrugen. DWM

Unten: Der Swiftfuchs war eines von vielen Wildtieren, die im 19. Jahrhundert der raschen Besiedlung Nordamerikas zum Opfer fielen. Sein Bestand ging nicht nur durch den Verlust von Lebensraum an die Landwirtschaft und durch Giftköder zurück, er wurde auch wegen seines Fells gejagt. Durch Restpopulationen im Norden der USA wurde der Swiftfuchs in den 1980er und 1990er Jahren in Westkanada wieder angesiedelt.

Artenübersicht Füchse

DIE KLASSIFIZIERUNG DER FÜCHSE WIRD durch Ähnlichkeiten zwischen unvollständig unterschiedenen Arten und das lückenhafte Wissen um ihr Verhalten erschwert. Die Gattungen unterscheiden sich vor allem dadurch, dass die Stirnknochen über und zwischen den Augen bei der Gattung *Vulpes* leicht konkav und bei *Dusicyon* flach sind (gegenüber den konvexen Wülsten bei *Canis*).

GATTUNG *UROCYON*

2 Arten aus Nordamerika

Graufuchs
Urocyon cinereoargenteus

Eigene Gattung *Urocyon* teilweise wegen der längeren Schwanzdrüse; klettert auf Bäume. Zentral-USA bis zu den Prärien, im S bis Venezuela, im N bis Ontario.
KL 52–69 cm; SL 27–45 cm; GT 2,5–7 kg.
KÖRPER: Eckzähne kürzer als bei *Vulpes;* Fell grau-aguti; Hals weiß; Läufe und Pfoten gelbbraun; Borsten mit schwarzen Spitzen auf der dorsalen Rutenseite.

Imel-Graufuchs LR
Urocyon littoralis

Inseln vor Kalifornien.
KL 59–79 cm; SL 11–29 cm, GT 1–2,7 kg.
KÖRPER: Kleiner als Graufuchs, sonst identisch.
IUCN-STATUS: Von Schutzmaßnahmen abhängig.

GATTUNG *OTOCYON*

Unterscheidet sich von anderen Arten aufgrund seiner ungewöhnlichen Bezahnung.

Löffelhund
Otocyon megalotis

2 Populationen, eine von S-Sambia bis Südafrika, die andere von Äthiopien bis Tansania. Offenes Grasland.
KL 45–58 cm; SL 24–34 cm; GT 3–4,5 kg.
KÖRPER: Fell grau bis lederfarben, weiße Abzeichen im Gesicht; Ohrspitzen, Pfoten und Rückenstreifen schwarz; Ohren groß (bis 12 cm); insgesamt 46–50 Zähne, alle schwach, aber mit zusätzlichen Molaren, Unterkiefer mit stufenartigem Fortsatz, an dem ein großer Kiefermuskel für das rasche Kauen von Termiten ansetzt.

GATTUNG *VULPES*

Europa, Afrika, Asien, N von Südamerika.
KÖRPER: Fang spitz; Ohren dreieckig und aufrecht; Rute lang und buschig; Schädel flach im Vergleich zu *Canis*. Rutenspitze häufig anders gefärbt als übriges Fell; schwarze, dreieckige Abzeichen im Gesicht zwischen Augen und Nase.

Bengalfuchs
Vulpes bengalensis

Indien, Pakistan und Nepal. Steppe, offenes Waldland, dorniges Buschland und Halbwüsten bis 1350 m Höhe.
KL 45–60 cm; SL 25–35 cm; GT 1,8–3,2 kg.
KÖRPER: Fell sandfarben-orange, Läufe gelbbraun; Rutenspitze schwarz. Anatomisch gesehen gilt er als der „typische" Echte Fuchs.

Kapfuchs
Vulpes chama
Kamafuchs, Silberrückenfuchs

Afrika S von Simbabwe und Angola. Steppe, Steinwüste.
KL 45–61 cm; SL 30–40 cm; GT 3,6–4,55 kg.
KÖRPER: Anatomie, vor allem Schädel ähnlich wie bei Bengal- und Blassfuchs; Ohren länglich; Fell rotbraun-aguti mit silbergrauem Rücken; Rutenspitze schwarz; keine dunkle Maske.

Steppenfuchs
Vulpes corsac
Korsak

SO der GUS-Staaten, Turkestan, Mongolei, Transbaikalien bis N-Mandschurei und N-Afghanistan. Steppe.
KL 50–60 cm; SL 22–35 cm; GT unbekannt.
FELL: Rotgrau, Kinn weiß.

Tibetfuchs
Vulpes ferrilata

Stammt wahrscheinlich vom Steppenfuchs ab. Tibet und Nepal. Hochsteppe in 4500–4800 m).
KL 67 cm; SL 29 cm; GT unbekannt.
KÖRPER: Kopf lang und schmal; Eckzähne lang; Fell blassgrau-aguti an Körper und Ohren; Rutenspitze weiß.

Blassfuchs
Vulpes pallida

N-Afrika vom Roten Meer bis Atlantik, Senegal bis Sudan und Somalia. Wüsten und Halbwüsten.
KL 40–45 cm; SL 27–29 cm; GT 2,7 kg.
KÖRPER: Blass rehbraun an Körper und Ohren; Läufe rotbraun; Rutenspitze schwarz; keine Abzeichen im Gesicht; kurzes Fell; Schnurrhaare lang und schwarz.

Sandfuchs
Vulpes rueppelli
Rüppellfuchs

Verstreute Populationen zwischen Marokko und Afghanistan, NO-Nigeria, N-Kamerun, Tschad, Zentralafrikanische Republik, Gabun, Kongo, Somalia, Sudan, Ägypten, Sinai, Arabien. Wüste.
KL 40–52 cm; SL 25–35 cm; GT 1,7 kg.
KÖRPER: Blass sandfarben; auffällige weiße Rutenspitze, schwarze Flecken am Fang; Schnurrhaare relativ lang und schwarz.

Eisfuchs
Vulpes (Alopex) lagopus
Polarfuchs, Blaufuchs, Weißfuchs

Zirkumpolar in nördlichen Breitengraden. Tundra und Tidengebiet der Meeresküste.
KL 55 cm (Rüde), 53 cm (Fähe); SL 31 cm (Rüde), 30 cm (Fähe); GT 3,8 kg (Rüde), 3,1 kg (Fähe).
FELL: Sehr dicht mit zwei dichromatischen Farbvarianten: „weiß" (graubraun im Sommer) und „blau" (schokoladenbraun im Sommer); 70 % des Fells besteht aus feiner, warmer Unterwolle. Das Tier ist besonders widerstandsfähig gegen Kälte.

Swiftfuchs LR
Vulpes velox

Zentrum der USA von Texas bis South Dakota; wieder angesiedelt in Kanada und Montana. Prärien.
Hybridzone mit Kitfüchsen in New Mexico.
KL 37–53 cm; SL 22–35 cm; GT 1,9–3,0 kg (Rüde im Durchschnitt 2,4 kg, Fähe 2,3 kg).
FELL: Lederfarben-grau im Winter, lederfarben-rot im Sommer, schwarze Rutenspitze, schwarze Flecken an Fangseiten.
IUCN-STATUS: Von Schutzmaßnahmen abhängig.

Rotfuchs
Vulpes vulpes
Silberfuchs, Kreuzfuchs

Früher unterteilt in 48 Unterarten, aber die Klassifikation wird sich wohl wie bei allen Hunden durch die neuen Molekulartechniken ändern. Auf nördlicher Hemisphäre vom nördlichen Polarkreis bis Wüsten in N-Afrika und Mittelamerika und asiatische Steppen, natürliche Südgrenze im Sudan; eingeführt in Australien. (Die nordamerikanische Unterart *V. v. fulvus* wurde früher als eigene Art *V. fulva* betrachtet.) Weit verbreitet: arktische Tundra bis europäische Stadtzentren.
KL 68 cm (Rüde), 66 cm (Fähe); SL 44 cm (Rüde) 42 cm (Fähe); GT 5,9 kg (Rüde), 5,2 kg (Fähe). (*V. v. fulva:* KL 55–62 cm; SL 35–40 cm; GT 4,1–5,4 kg.)
FELL: Rost- bis feuerrot oben (unterschiedliche Farbschläge bekannt); Bauchseite weiß bis schwarz; Rutenspitze oft weiß.

Kitfuchs
Vulpes macrotis

NW-Mexiko und SW der USA; Populationen zusammenhängend außer dem San-Joaquin-Kitfuchs (*V. m. mutica)*, der geografisch isoliert nur in Kalifornien lebt. Prärien und trockene Steppe.
KL 38–50 cm; SL 22–30 cm; GT 1,8–3 kg.
KÖRPER: Lederfarben-rot; Läufe und Pfoten gelbbraun; sehr buschige Rute mit schwarzer Spitze.

Afghanfuchs
Vulpes cana
Canafuchs

Afghanistan, SW der GUS-Staaten, Turkmenistan, NO-Iran, Belutschistan; isolierte Population in Israel. Gebirgige oder zumindest felsige Regionen.
KL 42 cm; SL 30 cm; GT 1 kg.
KÖRPER: Fell wie kleiner Rotfuchs; nackte Zehenballen zum Klettern auf Fels.

Fennek
Vulpes (Fennecus) zerda
Wüstenfuchs

Früher als *Fennecus* gesondert behandelt wegen großer Ohren, rundem Schädel und schwacher Bezahnung.
N-Afrika, in der gesamten Sahara, im O bis Sinai und Arabien. Sandwüste.
KL 24–41 cm; SL 18–31 cm; GT 0,8–1,5 kg.
KÖRPER: Fell creme- bis sandfarben mit schwarzer Rutenspitze; Fußballen behaart; Ohren sehr groß, bis zu 15 cm lang; dunkle Borsten über der Schwanzdrüse; Schnurrhaare relativ lang und schwarz. Kleinster Fuchs.

GATTUNG *DUSICYON*

Nur in Südamerika in unterschiedlichen Habitaten vorkommend.
KÖRPER: Steht anatomisch zwischen *Vulpes* und *Canis;* am hundeähnlichsten ausgeprägt war die mittlerweile ausgestorbene Art *D. australis* (Falklandwolf), am fuchsähnlichsten ist *D. vetulus*. Fell im Allgemeinen grau mit gelbbrauner Stichelung. Schädel lang und schmal; Ohren groß und aufrecht; Rute buschig. Biologie der einzelnen Arten kaum bekannt.

ABKÜRZUNGEN KL = Körperlänge SL = Schwanzlänge GT = Gewicht

Ex ausgestorben
EW in freier Natur ausgestorben
Cr vom Aussterben bedroht
En stark gefährdet
Vu gefährdet
LR geringes Risiko

Rechts: *Der Pampasfuchs ist im zentralen Südamerika weit verbreitet. Er trägt das typische grau melierte Fell der Gattung* Dusicyon.

Andenfuchs
Dusicyon (Pseudalopex) culpaeus
Andenwolf, Magellanfuchs

Anden, von Ecuador und Peru bis Feuerland. (*D. culpaeolus* in Uruguay ist ähnlich, aber kleiner, *D. inca* aus Peru dagegen größer; beide sollten eher als Unterart von *D. culpaeus* betrachtet werden wie eigentlich auch der Pampasfuchs.) Berge und Pampas.
KL 60–115 cm; SL 30–45 cm; GT 7,5 kg.
FELL: Rücken und Schultern grau meliert; Kopf, Hals, Ohren, Läufe gelbbraun; schwarze Rutenspitze.

Argentinischer Graufuchs
Dusicyon (Pseudalopex) griseus

Verbreitung wie Andenfuchs, bevorzugt aber niedrigere Höhenlagen in Ecuador und N-Chile. Ebenen, Pampas und Berggebiete in geringen Höhen.
KL durchschnittlich 42–68 cm;
SL 30–36 cm; GT 4,5 kg.
FELL: Hellgrau gestromt; Unterseite heller getönt.

Pampasfuchs
Dusicyon (Pseudalopex) gymnocercus
Azarafuchs

Möglicherweise gleiche Art wie Andenfuchs. Paraguay, Chile, SO-Brasilien, S- bis O-Argentinien bis Rio Negro. Pampas.
KL 62 cm; SL 34 cm; GT 4,8–6,5 kg.
FELL: Einheitlich grau meliert.

Küstenfuchs
Dusicyon (Pseudalopex) sechurae

N-Peru und S-Ecuador. Küstennahe Wüste.
KL 53–59 cm; SL etwa 25 cm; GT etwa 4,5 kg.
FELL: Hell aguti ohne rotgelbe Tönung; schwarze Rutenspitze.

Kampfuchs
Dusicyon (Pseudalopex) vetulus

Vorher aufgrund der kleinen Zähne zur Gattung *Lycalopex* gezählt. S- bis Zentralbrasilien: Minas Gerais, Mato Grosso.
KL 60 cm; SL 30 cm; GT 2,7–4 kg.
KÖRPER: Kleiner Vertreter der Gattungsgruppe *Dusicyon* mit kurzem Fang, kleinen Zähnen und zurückgebildeten oberen Reißzähnen. Dunkler Streifen auf dorsaler Rutenseite.

Darwin-Fuchs
Dusicyon (Pseudalopex) fulvipes

Insel Chiloë und Nahuelbuta-Nationalpark, Chile.
GT: ca. 2 kg.

Waldfuchs
Dusicyon (Cerdocyon) thous
Savannenfuchs

Früher wurde diese Art als ausreichend andersartig betrachtet, um eine eigene Gattung zu bilden (*Cerdocyon*). Kolumbien und Venezuela bis N-Argentinien und Paraguay. Savanne, Flachland und Waldland.
KL 60–70 cm; SL 28–30 cm; GT 5–8 kg.
KÖRPER: Deutlich gedrungener als Rotfuchs; große Zehenballen; kurzer Fang. Fell graubraun; Ohren dunkel; Rute mit schwarzem Streifen auf Dorsalseite und schwarzer Spitze.

Kurzohrfuchs
Dusicyon (Atelocynus) microtis
Kurzohrfuchs oder Kurzohrhund

Früher als ausreichend andersartig betrachtet, um in eine eigene Gattung gestellt zu werden (*Atelocynus*). Amazonas- und Orinocobecken, Teile von Peru, Kolumbien, Ecuador, Venezuela, Brasilien. Tropenwälder.
KL 72–100 cm; SL 25–35 cm; GT 9 kg.
KÖRPER: Fell dunkel, Ohren kurz (5 cm) und rundlich; lange, massive Zähne und vergrößerter zweiter Molar im Unterkiefer; Gang angeblich katzenartig.

Klassifikation der Füchse

Durch Konvergenz oder parallele Evolution fand bei vielen „fuchsähnlichen" Arten eine morphologische Selektion statt. Morphologische Eigenschaften, die bisher zur Klassifizierung dieser Hunde herangezogen wurden, führten zu widersprüchlichen Ergebnissen und einer Überzahl von Arten. Die neuere Klassifizierung basiert auf evolutionären (phylogenetischen) Verbindungen zwischen diesen Taxa, die durch molekulare Analysen weitgehend entschlüsselt wurden.

Es gibt drei getrennte Stammlinien „fuchsartiger Hunde". Den Vorfahren am nächsten stehen die Graufuchsarten *(Urocyon;* vor 4 bis 6 Mio. Jahren). Obwohl sie morphologisch dem Echten Fuchs ähneln, sind sie genetisch mit keinem der Füchse verwandt. Der Löffelhund *(Otocyon)* ist ebenfalls ein Urhund, der sich genetisch und morphologisch von den anderen Füchsen unterscheidet (Pliozän, vor 3 Mio. Jahren). Diese Arten bilden die erste Stammlinie.

Die zweite Stammlinie umfasst die Echten Füchse. Diese Gruppe ist zweigeteilt, in die rotfuchsartigen und die fennekartigen Formen. Afghanfuchs und Fennek sind Schwestertaxa und haben sich früh abgespalten (vor 4 bis 4,5 Mio. Jahren). Zu den Rotfuchsartigen zählen Swift-, Kit- und Eisfuchs sowie viele Altweltarten. Die ersten drei entstanden erst vor kurzer Zeit (mittleres Pleistozän, vor 500 000 Jahren) und bilden eine Untereinheit innerhalb der Gruppe oder des Stamms der Rotfuchsartigen.

Alle südamerikanischen Arten gehören der dritten Stammlinie an, die enger mit der *Canis*-Radiation verwandt ist als mit den anderen Füchsen. Kurzohr- und Waldfuchs sind die Stammväter dieser Gruppe (vor 1 bis 2,5 Mio. Jahren). Die *Dusicyon*-Arten liegen im Erscheinungsbild zwischen den Füchsen und den Hunden wie Wolf oder Kojote. Daher nannte der Taxonom J. E. Gray sie 1868 „fuchsschwänzige Wölfe". Der Falklandwolf *(D. australis)* wurde erstmals von Darwin beschrieben, der notierte, dass er sich von Gänsen der Art *Chloephaga picta* ernährt. Im Hinblick auf Schädel und Zähne war dieser wolfartige Fuchs den *Canis*- ähnlicher als den *Dusicyon*-Arten. Doch nach seiner Ausrottung durch Pelzjäger bis zum Jahr 1880 bleibt er ein biologisches Rätsel. Man behauptet, er stamme vom Haushund ab. Als Hinweis darauf dient die Tatsache, dass seine Rutenspitze weiß war und nicht schwarz wie die aller anderen *Dusicyon*-Arten. Eine andere Möglichkeit wäre, dass er zur Gattung *Cuon* gehörte, in der nur der Rothund überlebt hat *(Cuon*-Arten waren vor einigen Millionen Jahren in Südamerika verbreitet). Ein weiteres südamerikanisches Rätsel ist *D. hagenbecki,* ein fuchsartiger Hund, der durch einen einzelnen Fellfund in den Anden bekannt wurde. DWM/EG

Afrikanischer Wildhund

LEISE WIE EINE BRISE, DIE IM TROCKENWALD Blätter rascheln lässt, zieht ein Rudel Afrikanischer Wildhunde durch ihr Streifgebiet. Nur gelegentlich halten einzelne Tiere inne, um einen Geruch zu prüfen, den sie in einem winzigen Lufthauch entdeckt haben. Diese vollendet kooperativen Hunde lassen sich am prägnantesten durch zwei fundamentale Verhaltensmerkmale beschreiben: kohäsives Sozialverhalten und Mobilität.

Afrikanische Wildhunde nehmen wegen ihres ungewöhnlichen Sozialsystems eine Sonderstellung unter den Rudel bildenden Säugern ein. In einem Rudel sind alle Rüden miteinander verwandt, ebenso alle Weibchen miteinander, jedoch nicht mit den Rüden. Die Hündinnen ziehen aus ihrem Geburtsrudel in ein anderes, sobald sie zweieinhalb Jahre alt sind, die Hälfte der Rüden bleibt dagegen in ihrem Geburtsrudel.

FAKTEN

AFRIKANISCHER WILDHUND

Lycaon pictus

Afrikanischer Wildhund oder Hyänenhund

Ordnung: Carnivora

Familie: Canidae

Einziges Mitglied der Gattung

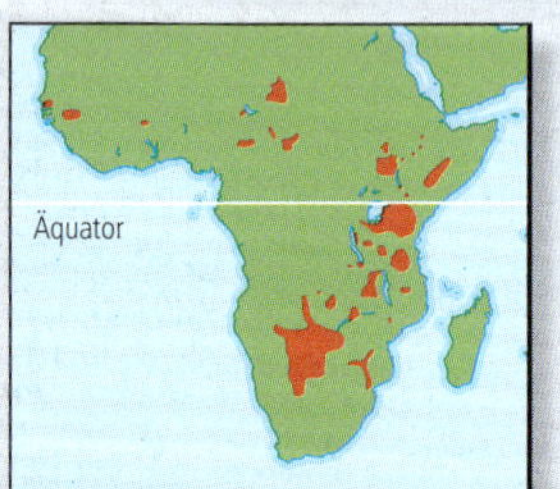

VERBREITUNG Afrika südlich der Sahara bis Südafrika.

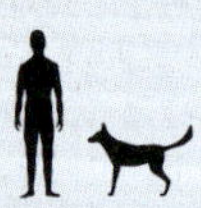

LEBENSRAUM Von Halbwüste bis alpine Gebiete; Savannen-Waldland wahrscheinlich bevorzugt.

GRÖSSE Körperlänge 75–120 cm; Schwanzlänge 30–44 cm; Schulterhöhe 75 cm; Gewicht 20–32 kg. Keine Unterschiede zwischen den Geschlechtern. Hunde aus Populationen in Südafrika sind durchgehend größer als in O-Afrika.

FELL Kurz und dunkel; jedes Tier hat ein individuelles Muster aus unregelmäßigen weißen und gelben Flecken; Fang dunkel; Rutenspitze weiß.

FORTPFLANZUNG Tragzeit 70–73 Tage.

LEBENSERWARTUNG Etwa 10 Jahre.

IUCN-STATUS Stark gefährdet, weniger als 5500 überlebende Tiere.

Schritt halten mit dem Rudel

KÖRPERBAU UND FUNKTION

Der Afrikanische Wildhund ist der am wenigsten hundetypische Vertreter der Hunde. Er frisst ausschließlich Fleisch und hat einen relativ kurzen, kräftigen Fang mit einer Reihe von Reißzähnen. Der hinterste Molar ist verkümmert. Anders als andere Hunde hat er an den Vorderpfoten keine fünfte Zehe (Wolfskralle). Die typischen großen, runden Ohren dienen wahrscheinlich der Temperaturregelung, deuten aber auch auf die große Bedeutung von Lauten bei Sozialkontakten hin. Ein Wildhund findet sich kurz nach Beginn der Jagd oft in einiger Entfernung von den anderen getrennt wieder. Das Rudel bleibt über leise Kontaktrufe in Verbindung, die sie noch aus 2 km wahrnehmen. Nach kurzen Trennungen findet sich das Rudel durch Bestimmen der Richtung und Entfernung der Rufe wieder zusammen.

Wildhunde jagen auf Sicht, meist im schwachen Licht der Morgen- und Abenddämmerung, wenn es kühl ist. Bei hellem Mondschein jagen sie auch nachts. Ein Rudel versammelt sich zweimal am Tag zur Jagd, macht jedoch im Durchschnitt nur zweimal in drei Tagen erfolgreich Beute.

Wildhunde stellen verschiedene Tierarten nach, von Kaninchen bis zu Büffelkälbern und Zebras. Am erfolgreichsten erbeuten sie mittelgroße Antilopen. In Südafrika macht das Impala 85 % der Wildhundbeute aus, der Rest umfasst andere Arten. Einige Rudel spezialisieren sich auf Beutetiere, die selten von anderen gejagt werden. In der Serengeti sind z.B. zwei Rudel bekannt, die Zebras jagen. Im Norden Botswanas kommen Warzenschwein und Strauß recht häufig vor, doch sind nur wenige Rudel geschickt genug, sie zu erlegen.

Vor der Jagd versammeln sich die Hunde, nachdem sie während der Hitze des Tages geruht haben. Zuerst findet eine rituelle Begrüßung statt, zu der Betteln, Lecken des Gesichts und aufgeregte Laute der Junghunde gehören. Kurz darauf setzt sich das Rudel steifbeinig in eine Richtung in Bewegung, die von ein bis zwei älteren Hunden gewählt wird. Die anderen folgen in lockerer Reihe. Nach einigen Minuten fallen sie in einen stetigen, nahezu mühelosen Trab. Diese Gangart können sie bei kühlen Temperaturen über Stunden hinweg beibehalten.

Wildhunde sind Opportunisten und fressen, was ihnen begegnet. Manchmal sichten sie eine potenzielle Beute und verringern die Entfernung, indem sie sich mit angelegten Ohren direkt vor den Augen des starren Tiers an dieses heranpirschen. Die Jagd beginnt aber erst dann, wenn das anvisierte Opfer plötzlich ausbricht und Deckung sucht. Häufig jagen mehrere Rudelmitglieder je ein

*⬇ **Unten:** Ein Gnu fällt Wildhunden in Tansania zum Opfer (ein Hund trägt ein Halsband mit einem Sender). Das Verbeißen in die Oberlippe des Opfers ist eine übliche Taktik. Ein anderer Hund greift sich dann normalerweise den Schwanz. Zur Jagdbeute von Wildhunden gehören Großer Kudu, Wasserbock, Strauß, Springbock, Riedbock, Grasantilope, Warzenschwein und verschiedene Duckerarten.*

Jagdtraditionen

Ein Zebrahengst entfernt sich von seinen Stuten und Fohlen, als das Wildhundrudel näher kommt. Mit gesenktem Kopf, gebleckten Zähnen und geblähten Nüstern geht das Zebra auf die Rudelführer los, die kehrt machen und fliehen.

So verlaufen normale Begegnungen zwischen Afrikanischen Wildhunden und Zebras – aber nicht immer. Eine Minderheit von Wildhundrudeln greift auch Zebras an. In diesem Fall stürmen sie vor, um eine Panik auszulösen, bevor die Hengste die Initiative ergreifen können. Dann gehen sie zum koordinierten Angriff über. Dabei packt ein Hund das erwählte Opfer am Schwanz, ein anderer an der Oberlippe, während der Rest des Rudels ihm den Bauch aufreißt.

Von zehn in der Serengeti in Tansania beobachteten Wildhundrudeln konnten nur zwei ein ausgewachsenes Zebra (achtmal so schwer wie ein Wildhund) töten. Beide Rudel umfassten jeweils acht oder mehr Adulttiere. Die Rudelgröße war jedoch nicht entscheidend: Drei andere Rudel vergleichbarer Größe ignorierten die Zebras und einmal wurde beobachtet, wie nur vier Hunde des Zebrajäger-Rudels ein Zebra zur Strecke brachten.

Warum jagen also nicht alle Rudel Zebras? Ein Schlüssel zu dieser Frage scheint in der Tatsache zu liegen, dass eines der beiden Zebrajäger-Rudel den Tieren bekanntermaßen schon seit mindestens zehn Jahren nachstellt. Für dieses Rudel war die Zebrajagd eine Tradition, die jede Generation von ihren Eltern lernte. Andere untersuchte Rudel zeigten keine derartige Jagdtradition, obwohl bei manchen eine Vorliebe für Grantgazellen gegenüber Thomsongazellen bestand.

Nicht nur die Zebrajagd, sondern auch Wissen z.B. um Wasserstellen, Beutekonzentrationen und Reviergrenzen können als Tradition weitergegeben werden. Studien an Afrikanischen Wildhunden haben gezeigt, dass das kulturelle Erbe, das im Gegensatz zum genetischen bisher einzig dem Menschen zugeschrieben wurde, eher als Ausweitung eines Musters angesehen werden sollte. Und dieses existiert auch bei anderen sozialen Tieren. JM

Impala und es wird mehr als ein Tier erlegt. Ein Vorteil des Jagens in der Gruppe ist nicht zuletzt die größere Erfolgsquote.

Die Beute wird bis zur Erschöpfung verfolgt, bevor ein Hund sich in die Flanke des Opfers verbeißt und sie zu Boden ziehen kann. In offenem Gelände wurden bei Wildhunden Geschwindigkeiten von 60 km/h gemessen. Im Unterholz tötet häufig ein einzelner Wildhund ein Beutetier und holt dann das versammelte Rudel heran. Häufiger noch helfen andere Hunde beim Erlegen der Beute, nachdem sie bei der Verfolgung Schritt gehalten haben. Manchmal ist das ganze Rudel dabei, wenn die Beute eingeholt wird. Unter solchen Umständen wird z.B. eine mittelgroße Antilope von allen anwesenden Hunden zerrissen und in frenetischer Aufregung in einer riesigen Staubwolke verspeist.

Oben: *Diese Wildhündin in Botswana trägt einen jungen Welpen in der Schnauze. Nur 50 % der Welpen erreichen das Erwachsenenalter.*

Fürsorgliches Raubtier

SOZIALVERHALTEN

Afrikanische Wildhunde jagen, ruhen, wandern und vermehren sich im Rudel, das durchschnittlich aus sieben bis acht Adulttieren besteht. Es können aber auch zwei oder über 30 sein. Rudel mit mehr als 50 Tieren kommen vor, bestehen aber selten länger als einige Monate. Wächst das Rudel auf mehr als 30 Mitglieder mit den Welpen aus dem dritten oder vierten Wurf an, teilt es sich. Das geschieht normalerweise um die Jahreshälfte herum, entweder durch Trennung oder häufiger durch Dispersion von eingeschlechtlichen Gruppen.

Rudel bilden sich, wenn eine Gruppe Weibchen zu einer unbekannten Gruppe Rüden stößt.

Unten und rechts: *Meist herrschen in einem Rudel freundschaftliche Beziehungen vor, wie bei der ritualisierten so genannten „Mittagsbegrüßung". Alle Rudelmitglieder laufen aufgeregt quietschend umher und stoßen sich gegenseitig die Schnauzen ins Gesicht, angelehnt an das kindliche Betteln (unten). Bei anderen Gelegenheiten tragen adulte Rüden und Jungtiere spielerische Kämpfe untereinander aus.*

Ein neues Rudel besteht durchschnittlich aus zwei Schwestern eines Rudels und drei bis vier Brüdern eines anderen. Ein „Alpha-Paar" (Rüde und Weibchen) tritt sofort an die Spitze der neuen Gruppe. Gelegentlich verschmelzen solche Gruppen nicht zu einem funktionierenden Rudel. Dann trennen sich Rüden und Weibchen wieder. Häufiger jedoch paaren sie sich und gründen ein neues Revier.

Wildhunde paaren sich meist saisonabhängig. Das Sexualrecht liegt ausschließlich beim Alpha-Paar. Manche subdominanten Adulttiere ziehen niemals eigene Nachkommen auf, sondern helfen bei der Versorgung der Würfe des Alpha-Paars. Häufig sind sie Onkel oder Tante der Welpen, haben also aus Evolutionssicht selbst ein Interesse am Überleben der Kleinen, die ihre Gene tragen. Die Hunde suchen einen Bau passender Größe, z.B. das Loch eines Erdferkels oder Stachelschweins. Innerhalb von 70 Tagen nach der Rudelbildung erfolgen die Geburten. Mit meist zehn Welpen haben Wildhunde die größten Würfe unter den Hunden.

Unten: *Ein Wildhundrudel in Bewegung. Sowohl Adulttiere als auch Welpen spielen im seichten Wasser, wo die Gefahr eines Krokodilangriffs gering ist. Rudel bewältigen gewaltige Entfernungen beim Umherstreifen; ein typisches Wildhundrudel kann ein Revier von etwa 750 qkm benötigen.*

Mit vier bis fünf Wochen beginnen die Welpen, von den Adulttieren hervorgewürgtes Fleisch zu fressen, bis zur zehnten Lebenswoche sind sie entwöhnt. Mit 14 bis 16 Wochen gehen die Jungen mit auf die Jagd. Wenn sie dabei verloren gehen, werden sie von den Adulttieren gesucht und zur frischen Beute geführt. Dort dürfen die Welpen als Erste fressen, erst dann machen sich die Adulttiere an den Rest des Kadavers.

Obwohl sie körperlich mit 13 bis 14 Monaten die volle Reife erlangen, paaren sich Wildhunde selten, bevor sie zwei Jahre alt sind. Alle überlebenden Hunde eines Jahres bleiben in ihrem Geburtsrudel und helfen beim Versorgen und Beschützen jüngerer Geschwister. Weibchen emigrieren meist im zweiten Lebensjahr, während Rüden eher bis zum folgenden Jahr warten. Wenn Rüden aus ihrem Geburtsrudel abwandern, dann in größeren Geschwistergruppen – durchschnittlich drei Tiere (im Maximalfall waren es einmal acht Brüder) – und sie wandern doppelt so weit wie die Weibchen.

Obwohl sie Waldland und Busch bevorzugen, findet man Wildhunde in unterschiedlichsten Landschaftsformen. In Gebieten mit gesunden, standortfesten Beutepopulationen liegt die Besiedlungsdichte bei einem Rudel auf 400 qkm, während in weniger optimalen Gebieten nur ein Rudel auf 2 000 qkm vorkommt.

Kampf ums Überleben

ARTEN- UND UMWELTSCHUTZ

Der Wildhundbestand wird auf unter 5500 Tiere geschätzt. Sie werden von Menschen verfolgt und von Autos überfahren, sind anfällig für Epidemien, vor allem Tollwut, und ihr Lebensraum schrumpft angesichts der stetig wachsenden menschlichen Bevölkerung. Darüber hinaus sind Löwen eine ernsthafte Nahrungskonkurrenz für sie.

Wildhunde verlieren auch oft ihre Beute an Hyänen. Die Hunde jagen in der Regel 3,5 Stunden pro Tag. Sie müssten aber bis zu zwölf Stunden jagen, wenn sie 25 % ihrer Beute verlieren – was ihre Stoffwechselrate auf das (physiologisch unmögliche) Zwölffache des Grundumsatzes erhöhen würde. Sie brauchen große Jagdreviere und geraten unweigerlich in Konflikt mit den Besitzern frei ziehender, unbewachter Viehherden.

In Ost- und Südafrika gibt es noch wenige solide, aber größtenteils isolierte Populationen, zusammen mit mehreren kleineren Populationen im gesamten Afrika südlich der Sahara. Die Zukunft der Art hängt von der Vermeidung direkter Verfolgung sowie vom Landmanagement zu ihren Gunsten ab. Die Länder, in denen Afrikanische Wildhunde überleben und gedeihen, können stolz sein auf den Schutz des Lebensraums einer Art mit ganz besonderen Bedürfnissen. JMcN

Rothund

WEIL SIE BEUTE OFT DURCH AUFREISSEN des Bauches töten, sind Rothunde als grausame, mutwillige „Mörder“ verschrien und werden überall verfolgt. Sie erbeuten aber selten Haustiere oder verletzen Menschen – bisher ist nur ein einziger Angriff auf einen Menschen bekannt.

Oben: *Der Rothund hat einen recht kurzen, breiten Fang. Nach der gemeinsamen Jagd fressen Rothunde meist friedlich zusammen die erlegte Beute, hier einen Axishirsch. Gelegentlich tragen aber einzelne Tiere Teile des Kadavers fort, um sie ungestört in einiger Entfernung zu verspeisen.*

Zwar hat man die Sozialstruktur der scheuen Tiere noch nicht erschöpfend untersucht, doch lässt sich mit Bestimmtheit sagen, dass sie in Gruppen leben und das gemeinsame Jagen und Versorgen der Jungen im Mittelpunkt ihrer Gemeinschaft stehen. In vielerlei Hinsicht ähnelt ihre Lebensweise der des Afrikanischen Wildhunds.

Jäger und Aasfresser

KÖRPERBAU UND FUNKTION

Der Rothund unterscheidet sich von den meisten Hunden durch seinen kurzen Fang und einen fehlenden Molar auf beiden Seiten des Unterkiefers – Adaptationen an die fast ausschließlich carnivore Lebensweise. Gefressen wird schnell: Ein Kitz ist wenige Sekunden nach dem Töten zerlegt. Statt zu kämpfen, versuchen die Rothunde durch hastigeres Fressen ihren Anteil zu vergrößern. Herz, Leber, das Hinterteil, die Augen und andere Weichteile werden zuerst verspeist. Gibt es Wasser in der Nähe, trinken die Tiere häufig beim Fressen, sonst suchen sie gleich danach eine Wasserstelle auf. Auch unbewachte Leoparden- und Tigerbeute wird verzehrt. Im beutereichen Bandipur-Tigerreservat in Südindien frisst ein Rothund täglich etwa 1,8 kg Fleisch.

FAKTEN

ROTHUND

Cuon alpinus

Rothund oder Asiatischer Wildhund

Ordnung: Carnivora

Familie: Canidae

Einziges Mitglied der Gattung

VERBREITUNG W-Asien bis China, Indien, Indochina bis Java; außerhalb von Schutzgebieten selten.

LEBENSRAUM Hauptsächlich Wälder mit vielen großen Huftieren und reichlich Wasserstellen.

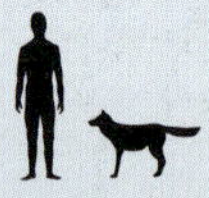

GRÖSSE Körperlänge 90 cm; Schwanzlänge 40–45 cm; **Schulterhöhe** 50 cm; **Gewicht** durchschnittlich 17 kg. Russische Populationen etwa 20 % größer.

FELL Oben sandfarben-rotgelb, Unterseite heller; Rute schwarz, buschig; Welpen bei Geburt schwarzbraun, Erwachsenenfärbung mit 3 Monaten; besonderes Winterfell bei russischen Rothunden.

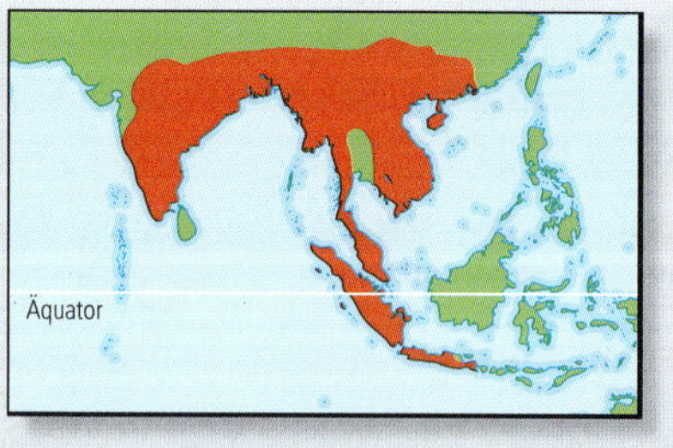

NAHRUNG Säugetiere von Nager bis Hirsch; auch Vögel, Eidechsen, Insekten und Beeren.

FORTPFLANZUNG Tragzeit 60–62 Tage. Meist 8 Junge.

LEBENSERWARTUNG 8–12 Jahre in freier Wildbahn; bis zu 16 in Gefangenschaft.

IUCN-STATUS 10 Unterarten, die ostasiatische *(C. a. alpinus)* und westasiatische *(C. a. hesperius)* Subspezies sind bedroht. Von 3 indischen Unterarten ist nur *C. a. dukhunensis* südlich des Ganges häufig; *C. a. primaevus* (Kumaon, Nepal, Sikkim, Bhutan) und *C. a. laniger* (Kaschmir, Lhasa) sind beide selten.

JAGDSTRATEGIEN

Rothunde sind tagaktiv, aber auch in mondhellen Nächten unterwegs. Meist jagen alle Adulttiere zusammen. Einzelne Rothunde erlegen häufig kleinere Säuger wie Axishirschkälber oder Schwarznackenhasen. Die Beute wird oft über den Geruch geortet. Ist sie im dichten Gras verborgen, springen Rothunde zur Orientierung manchmal hoch in die Luft oder stellen sich kurz auf die Hinterbeine.

Für die Jagd im Unterholz haben Rothunde zwei Strategien entwickelt. Beide funktionieren nur in Zusammenarbeit. Bei der ersten Strategie bewegt sich das Rudel auf einer Höhe in breiter Front durch das Gebüsch. Jedes Adulttier kann einen Angriff starten, wenn es ein geeignetes Opfer erspäht. Kleine Beutetiere werden von einem Einzeltier getötet. Bei größeren Beutetieren – z.B. Axishirschen – rufen die Jagdgeräusche und das Geschrei der Beute die anderen Rudelmitglieder zu Hilfe. Selten werden bei einer Jagd zwei große Beutetiere erlegt.

Bei der zweiten Strategie bleiben einige Rothunde am Rand des Dickichts, um der aufgescheuchten Beute den Weg abzuschneiden. Im dichten Dschungel geht die Hatz selten über mehr als 0,5 km. Größere Opfer wie geweihtragende Axis- und Sambarhirsche werden oft an der Nase festgehalten. Durch Angriffe auf Hinterteil und Flanken wird die Beute ausgeweidet. Sie stirbt schließlich an den Verletzungen und am Blutverlust. Kleinsäuger werden an einer beliebigen Stelle des Körpers gepackt und zu Tode geschüttelt. Noch bevor das Opfer tot ist, beginnen die Rothunde zu fressen. In der Regel sind sie erfolgreiche Jäger – zwei oder drei Rothunde können ein Reh von 50 kg innerhalb von zwei Minuten töten. Störungen in der letzten Angriffsphase durch menschliche Beobachter können den Todeskampf verlängern. Möglicherweise hat dies zum Mythos der Rothunde als besonders grausame Jäger beigetragen.

Versorgen der Welpen

SOZIALVERHALTEN

Ein Rothundrudel besteht meist aus fünf bis zwölf Tieren, selten mehr als 20. In einem Rudel in Bandipur lebten durchschnittlich acht Adulttiere und ebenso viele Welpen, stets mehr Rüden als Weibchen. Ein Vorteil des Rudellebens besteht in der erfolgreichen Vertreibung von Feinden.

Rothunde sind mit einem Jahr geschlechtsreif. Bei der Paarung „hängt" das Paar und kann sich dann sieben bis 14 Minuten nicht voneinander trennen. Geworfen werden von November bis April durchschnittlich acht Welpen. Vor der Geburt bereitet die Hündin einen Bau vor, meist in einem vorhandenen Erdloch oder Unterschlupf am Flussufer oder zwischen Felsen. Im Bandipur-Rudel beteiligten sich mehr als drei Adulttiere am Füttern der säugenden Mutter und der Welpen. Diese fressen ab der dritten Lebenswoche hervorgewürgtes Fleisch. In dieser wichtigen Zeit blieb das Rudel bei der Jagd deutlich näher am Bau. Das Jagdrevier umfasste nur noch 11 qkm, sonst waren es 40 qkm. Manchmal bleibt ein zweites Adulttier („Wächter") mit der Mutter am Bau, während das übrige Rudel jagt. Die Welpen verlassen den Bau mit 70 bis 80 Tagen. Danach sorgt das Rudel weiter für die Jungen, füttert sie, begleitet sie beim Spielen und lässt sie als Erste von der erlegten Beute fressen. Die Welpen lernen und wachsen schnell, folgen dem Rudel mit fünf Monaten und nehmen mit acht Monaten an der Jagd teil.

Zu den Lauten des Rothunds gehören Jaulen, Knurren, knurrendes Bellen, Schreie und Pfiffe; die Welpen quieken. Der Pfiff ist ein Kontaktruf, der zum Zusammenrufen des Rudels nach einer erfolglosen Jagd dient. Auf Latrinenplätzen an Pfad- und Wegkreuzungen findet die Kommunikation durch Geruch statt. Benachbarte Rudel werden von der Reviergrenze verjagt und es wird markiert, wann das Gebiet zuletzt bejagt wurde. Dadurch wird die effektive Nutzung aller Teile des bis zu 80 qkm großen Reviers sichergestellt.

Zuflucht in den Reservaten

ARTEN- UND UMWELTSCHUTZ

Bis vor kurzem sahen Jäger den Rothund als Rivalen und versuchten ihn durch Abschussprämien und Vergiften der Beute auszurotten. Auch jetzt noch folgen eingeborene Völker den Rudeln und nehmen ihnen die Beute ab. Gelegentlich werden sie noch vergiftet. Die Hauptgefahr für die Art ist jedoch die Zerstörung des Lebensraums durch Abholzung und Beweidung sowie die fortschreitende Ausrottung der Beutetiere. Besonders ernst ist die Situation in Kasachstan und Sibirien, wo Rothunde häufig durch vergiftete Köder umkommen, die für Wölfe ausgelegt weden. In Indien half die Einrichtung von Tigerreservaten und Nationalparks bei der Erhaltung der Art. Die Population wird auf 5000 bis 8000 Tiere geschätzt. AJTJ/AV

Andere Hundearten

die Wildhunde Ostasiens, Australasiens *und Südamerikas gehören zu den am wenigsten erforschten Hundearten. Manche von ihnen sind allerdings im Volksglauben vertreten: In Brasilien etwa soll der nächtliche Schrei des Mähnenwolfs Wetteränderungen ankündigen.*

Mähnenwolf

Chrysocyon brachyurus

Die langen Läufe, das typischste Merkmal des Mähnenwolfs, sind wohl eine Adaptation an hohes Gras. Das Tier jagt ca. 8 kg schwere Pakas, wobei Kaninchen, Nager, Gürteltiere und Vögel seine Hauptbeute bilden. Gelegentlich fängt es auch Fische, Insekten und Reptilien. Mehr als die Hälfte seiner Nahrung (64 %) besteht aus Früchten, vor allem *Solanum lycocarpum,* die „fruta do lobo" („Wolfsfrucht"). Möglicherweise wirkt sie gegen den Riesenpalisadenwurm *(Dioctophyma renale).* Der nachtaktive Mähnenwolf jagt allein. Das langsame Anpirschen und der steifbeinige Beutesprung erinnern an den Rotfuchs.

Die Weibchen sind mit ca. einem Jahr geschlechtsreif, paaren sich frühestens mit zwei Jahren und werfen einmal pro Jahr, meist von Juni bis September. Die Jungen erreichen mit ca. einem Jahr die Adultgröße. Inwieweit die Rüden an der Aufzucht der Jungen teilnehmen, ist nicht genau bekannt, aber in Gefangenschaft hat man Rüden bei der Versorgung der Welpen durch Hervorwürgen von Futter beobachtet.

Der Mähnenwolf steht auf der Vorwarnliste der IUCN, vor allem durch den Verlust des Habitats. Auch greifen manche Wölfe kleine Farmtiere an, was zu Konflikten mit Landwirten führt. Gelegentlich werden sie bejagt und oft gefangen und an Zoos verkauft. In Brasilien sagt man Körperteilen – und sogar dem Kot – des Mähnenwolfs medizinische Wirkung nach oder verwendet sie als Talisman. In Gefangenschaft sind dieTiere schwer zu halten, weil sie Gehege von mindestens einigen Hundert Quadratmetern brauchen. JMD

Waldhund

Speothos venaticus

Waldhunde zählen zu den untypischsten Hunden. Sie sind gedrungen gebaut, besitzen kleine, runde Ohren, breite Pfoten und eine kurze Rute. Ihr Verhalten in freier Wildbahn ist kaum bekannt. Rudel bis zu zehn Tieren sollen gemeinsam und häufig Beute jagen, die größer ist als sie selbst. Mitunter verfolgen die geschickten Schwimmer und Taucher ein Opfer bis ins Wasser. Die Zähne sind kräftig und bestens an ein Leben als Fleischfresser angepasst. Die Zahnformel (I3/3, C1/1, P4/4, M1/2 = 38) ist einzigartig unter den amerikanischen Hunden.

Studien an gefangenen Tieren ergaben, dass Rüden ihre säugenden Partnerinnen füttern und sich Wurfgeschwister kaum um Nahrung streiten. Adulttiere sollen über häufiges Jaulen miteinander in Kontakt bleiben. Dabei könnte es sich um eine Adaptation an die Nahrungssuche im Unterholz handeln, damit die Gruppe auch bei schlechten Sichtverhältnissen zusammenbleibt. Beim Markie-

Rechts oben: *Seit seiner Einführung im europäischen Teil Russlands hat der Marderhund Kolonien in Teilen von Skandinavien, dem Baltikum und Osteuropa gebildet. Sein Fell ist von geringem Wert, obwohl mehrere Hunderttausend Pelze jährlich verwendet werden.*

Links: *Die langen Läufe und das rote Fell des Mähnenwolfs – hier in seinem typischen Lebensraum, dem Grasland – machen ihn zu einem beliebten Zootier. Aus diesem Grund wird er häufig gefangen. Um den Mähnenwolf ranken sich zahlreiche Aberglauben und Legenden. In Brasilien soll es nach dem Volksglauben beispielsweise Glück bringen, einem lebendigen Mähnenwolf das linke Auge zu entfernen.*

Rechts unten: *Ein erwachsener Waldhund versorgt seine Welpen. Waldhunde jagen oft Beute, die bedeutend größer ist als sie selbst, wie Wasserschweine und Nandus. Wie Wölfe, die ebenfalls im Rudel jagen, teilen Waldhundwelpen das Futter eher gütlich.*

Unten: *Dieser Dingorüde in Zentralaustralien gräbt ein Kaninchen aus seinem Bau. Der Dingo lebt seit langer Zeit in Australien und die Ureinwohner verehrten die ersten Dingos als Kulturhelden der „Traumzeit". Inzwischen jedoch werden sie allgemein als Plage angesehen und in vielen Gebieten gibt es Abschussprämien, um ihren Bestand zu verringern.*

ren urinieren die Rüden durch Beinheben, während die Weibchen mit den Hinterbeinen am Baum hochklettern und den Stamm auf den Vorderpfoten stehend markieren. DWM

Marderhund

NYCTEREUTES PROCYONOIDES

Die nächsten Verwandten dieser primitiven Hundeart sind Graufuchs und Löffelhund. Der Speiseplan des Allesfressers variiert je nach Verfügbarkeit von Früchten, Beeren, Wirbellosen, Fröschen und Reptilien. In den meisten Gebieten machen Kleinsäuger die Hälfte der Nahrung aus. Bei der Futtersuche bevorzugen Marderhunde feuchte Wälder mit üppigem Unterholz, besonders Farn, und leben in Wassernähe. Bei Störungen flüchten die ausgezeichneten Schwimmer mitunter ins Wasser.

In den 1920er bis 1950er Jahren wurden sie zur Pelzgewinnung in Westrussland eingeführt und in freier Wildbahn ausgesetzt. In der Folge verbreiteten sie sich über große Teile Osteuropas und nordwestlich bis nach Finnland. Außerhalb der Pelzindustrie war diese Verbreitung unerwünscht, da das Tier Tollwut überträgt, was die Tollwutbekämpfung in Osteuropa noch erschwerte. Es gibt Hinweise darauf, dass sich das Tollwutvirus während des Winterschlafs der Marderhunde – einzigartig unter den Hunden – im Körper vermehrt. So breitet sich die Krankheit in fuchsarmen Gebieten, in denen das Virus sonst über den Winter aussterben würde, im Frühling erneut aus.

Obwohl er als einziger Hund angeblich nicht bellt, ist das Verhalten dieser Art in anderer Hinsicht hundetypisch. Wie der Löffelhund hält das Tier bei sozialen Interaktionen gelegentlich seine Rute wie ein umgedrehtes U nach oben. Rangniedere Tiere wedeln anscheinend anders als andere Hunde nicht mit dem Schwanz. Bei der Paarung kommt es wie bei Hunden zum Hängen.

Marderhunde leben vermutlich in Paaren oder temporären Familiengruppen, wobei die Rüden auf die Jungen achten, während die Weibchen auf Futtersuche gehen. Die Welpen werden gesäugt, bis sie ihre Nahrung selbst suchen. Telemetrische Untersuchungen aus Japan zeigen, dass die Reviere von Marderhunden sich deutlich überlappen. Wenn an einer Stelle viel Futter zu finden ist, etwa an einem Busch mit Früchten, fressen sie friedlich nebeneinander. In Finnland ist das Paar, das sich fortpflanzt, die soziale Grundeinheit und zwischen dem Rüden und dem Weibchen, die sich ein Revier teilen, besteht ein starkes Band. KK

Australischer Dingo

CANIS DINGO

Die Herkunft des Dingos liegt im Dunkeln, obwohl er seit vielen Jahrtausenden unverändert in Australien lebt. Die ältesten Fossilfunde (5500 Jahre alt) stammen aus Thailand, die frühesten aus Australien sind 3500 Jahre alt. Man vermutet, dass asiatische Seefahrer Dingos nach Australien, auf die Inseln Südostasiens und nach Madagaskar brachten. Die Aborigines haben sich das Tier möglicherweise zum Wärmen in kalten Nächten, als Nahrung oder als Wächter zunutze gemacht, aber wohl nicht für die Jagd.

In seinem flexiblen Sozialverhalten ähnelt der Dingo dem Kojoten oder dem Wolf. Tatsächlich stammt er wohl vom Südwolf *(C. lupus pallipes)* ab. Seine Nahrung reicht von Kleinsäugern, die Einzeltiere fangen, bis zu großen Huftieren, die als Aas gefressen oder im Rudel gejagt werden.

Obwohl mit „Dingo" meist der Wildhund Australiens gemeint ist, werden damit auch einige kaum bekannte Hunde wie der Neuguinea-Dingo und die Wildhunde Malaysias, Thailands und der Philippinen benannt. Die Bezeichnung „Pariahund" wird manchmal als Oberbegriff für wilde Dingos und verwilderte Haushunde verwendet.

In Australien ist der Dingo ein Wirtschaftsfaktor. Zum einen direkt durch seine Angriffe auf Schafe und damit auch indirekt durch die Kosten für Giftköder, Abschussprämien und dingosichere Zäune. Durch Giftköder wurde der Dingobestand drastisch reduziert, aber die Populationen sind im Allgemeinen robust, außer in Queensland, wo die Restbestände des reinrassigen Dingos wahrscheinlich durch die Gene verwilderter Haushunde bis hin zum Aussterben verdrängt werden. DWM

FAKTEN

ANDERE HUNDE

Ordnung: Carnivora

Familie: Canidae

4 Arten in 4 Gattungen

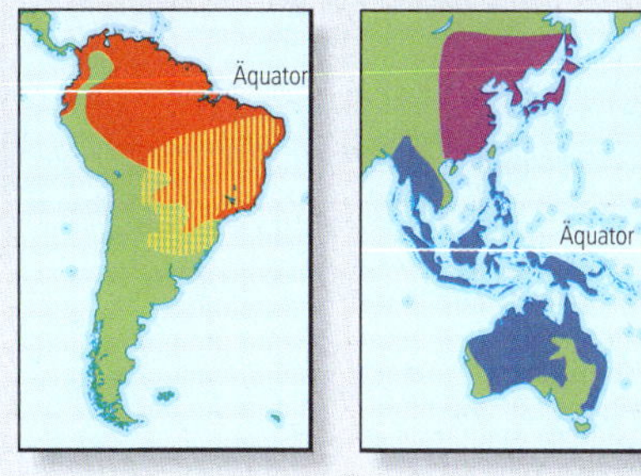

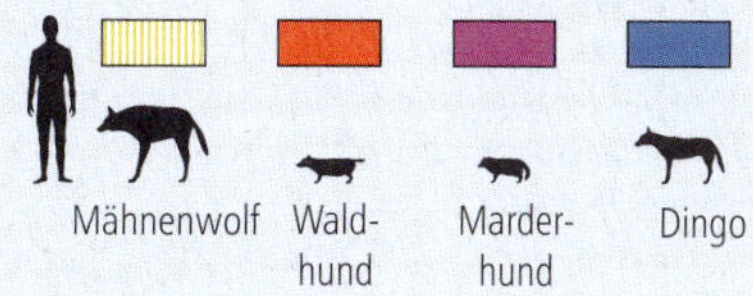

MÄHNENWOLF *Chrysocyon brachyurus*

Zentral- und S-Brasilien, Paraguay, N-Argentinien, O-Bolivien, SO-Peru. Grasland und Wälder mit Unterholz.
KL 105 cm; SH 87 cm; SL 45 cm; GT 23 kg; keine Größenvariationen zwischen Geschlechtern oder Populationen.
Fell: Lederfarben-rot mit schwarzen „Strümpfen", Fang und Mähne; weiße Kinnunterseite, Ohreninnenseite und Rutenspitze; Welpen werden schwarz mit weißer Rutenspitze geboren. Fortpflanzung: Tragzeit etwa 65 Tage; 1 Wurf mit 2–5 Welpen pro Jahr. Lebenserwartung: In freier Wildbahn unbekannt (12–15 Jahre in Gefangenschaft). IUCN-Status: Vorwarnliste.

WALDHUND *Speothos venaticus*

Buschhund

Panama bis Guyana und ganz Brasilien. Wälder und waldnahes Marschland.
KL 66 cm; SH 26 cm; SL 13 cm; GT 5–7 kg.
Fell: Dunkelbraun; helleres Rehbraun auf Kopf und Nacken; Kinn und Unterseite können cremefarben oder dunkel sein. Fortpflanzung: Tragzeit 80 Tage und mehr. Lebenserwartung: Unbekannt. 3 Unterarten. IUCN-Status: Gefährdet.

MARDERHUND *Nyctereutes procyonoides*

Waschbärhund

O-Asien, Ferner Osten, O-Sibirien, Mandschurei, China, Korea, Japan und N-Indochina; eingeführt in Europa. Waldland und bewaldete Flusstäler.
KL 51–70 cm; SH 20 cm; SL 18 cm; GT bis 12 kg (in Finnland: Durchschnittlich im Juni 5,2 kg, im Oktober 8,0 kg).
Fell: Langes, schwarzbraun gestromtes Fell mit schwarzer Maske, glatten schwarzen Läufen und schwarzem Streifen auf der Rute. Fortpflanzung: Tragzeit 60–63 Tage. Lebenserwartung: Bis 7 Jahre. 5–6 Unterarten.

DINGO *Canis dingo*

Australasien, einschließlich Indonesien (Teile), auch Malaysia, Thailand, Myanmar. Überall verbreitet, tropischer Regenwald bis halbtrockene Gebiete.
KL 150 cm; SH 50 cm; SL 35 cm; GT 20 kg.
Fell: Größtenteils rötlich braun mit unregelmäßigen weißen Abzeichen. Fortpflanzung: Tragzeit 63 Tage. Lebenserwartung: Bis 14 Jahre in Gefangenschaft; in freier Wildbahn Abschussprämien verbreitet.

Abkürzungen: KL = Körperlänge; SH = Schulterhöhe; SL = Schwanzlänge; GT = Gewicht

VERBREITUNG Nordpolarmeer, Nordamerika, Europa, Asien und Südamerika.

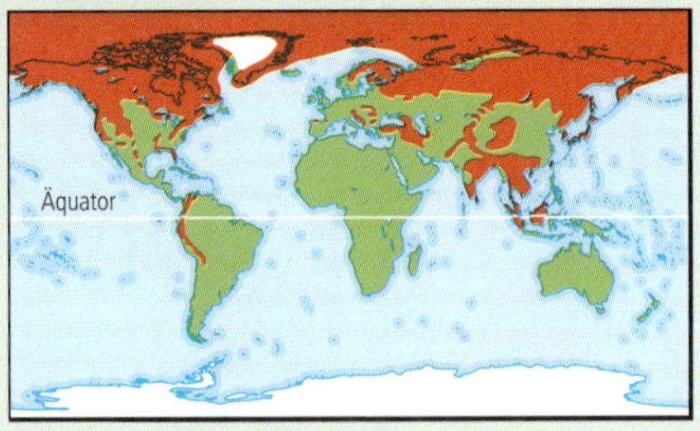

Familie: Ursidae
8 Arten in 5* Gattungen

Braunbär *Ursus arctos*	S. 72
Eisbär *U. maritimus*	S. 76
Baribal *U. americanus*	S. 80
Kragenbär *U. thibetanus*	S. 84
Malaienbär *Helarctos* (oder *U.) malayanus*	S. 84
Lippenbär *Melursus* (oder *U.) ursinus*	S. 85
Brillenbär *Tremarctos ornatus*	S. 85
Riesenpanda *Ailuropoda melanoleuca*	S. 82

*3, wenn *Ursus* die Gattungen *Melursus* und *Helarctos* mit einschließt.

Großbären

Zur Familie der Grossbären gehören die größten heute lebenden Landraubtiere – Braunbär und Eisbär – wobei Braunbären keine reinen Fleischfresser und Eisbären nicht ausschließlich Landraubtiere sind (sondern auch sehr erfolgreiche Meeressäuger).

Bei der Nahrungsbeschaffung verlassen sich Bären mehr auf ihre Kraft als auf ihre Schnelligkeit. Ihr Körper ist massig und muskulös. Damit die Hinterbeine das Gewicht besser tragen können, berührt die ganze Fußsohle den Boden. Daher können sich Bären auch aufrichten. Die Vordertatzen werden, je nach Art, unterschiedlich aufgesetzt: mit der ganzen Sohle oder nur mit einem Teil davon. Alle Arten haben fünf Finger bzw. Zehen, die mit gebogenen, nicht einziehbaren Krallen bewehrt sind. Eisbären und die meisten nordamerikanischen Braunbären klettern nicht auf Bäume. Europäische Braunbären und alle anderen Bärenarten suchen zur Nahrungssuche und zum Ausruhen gerne Bäume auf, verbringen jedoch mehr Zeit am Boden. Als einzige Raubtiere haben Bären nur einen kurzen Schwanz und keine Tasthaare im Gesicht.

Es gibt heute acht Bärenarten, die allgemein in drei Unterfamilien eingeteilt werden: Brillenbär (Tremarctinae) und Riesenpanda (Ailuropodinae) besitzen eine andere Chromosomenzahl als die übrigen Grossbären (Ursinae). Erstaunlich ist dabei, dass Bären unterschiedlicher Arten und sogar unterschiedlicher Gattungen miteinander fruchtbare Nachkommen zeugen können. Allerdings geschieht das in freier Wildbahn nie, selbst dann nicht, wenn sich die Verbreitungsgebiete überschneiden. Nur über ein kleines Gebiet in Indien weiß man, dass hier drei Bärenarten sympatrisch vorkommen.

Heute sind Bären in Europa, Asien und Amerika heimisch. Obwohl drei Arten in den Tropen leben (Brillen-, Malaien- und Lippenbär), stammen die Bären ursprünglich von der Nordhalbkugel. Ihre wachsende Abhängigkeit von Jahreszeiten und Wetter führte zur Entwicklung unterschiedlicher Arten und letztlich zur Selektion großwüchsiger Tiere. Der mächtige Körperbau wiederum ermöglichte das Töten großer Beutetiere und erlaubte das lebenswichtige Ansammeln großer Fettreserven. DLG

ERNÄHRUNGSWEISE

Die meisten Bären sind Allesfresser und leben hauptsächlich von Beeren und Nüssen, aber auch von Fischen, Insekten und Pflanzenteilen. Sie finden die große, zur Erhaltung ihres Körpergewichts notwendige Menge an Nahrung mithilfe ihres scharfen Geruchssinns, ihrer Fähigkeit, Farben zu sehen, sowie ihres gutes Gedächtnisses. Sie scheinen sich eine detaillierte Karte ihres Reviers einzuprägen und erinnern sich auch an ergiebige Nahrungsquellen, die außerhalb davon liegen.

Obwohl Pflanzen einen festen Bestandteil ihrer Ernährung darstellen, können Bären sie nicht gut verdauen, denn in ihrem Darm fehlen Zellulose aufschließende Mikroorganismen. Deshalb findet man in ihrem Kot u.a. ganze Beeren, deren Schale nicht aufgebrochen werden konnte.

Als einziger Bär ernährt sich der Eisbär ausschließlich von Fleisch. Er jagt u.a. Ringel- und Bartrobben, junge Walrosse, Belugas und Narwale. Gelegentlich frisst er auch Aas.

Oben: *Ein Malaienbär leckt an einem Bau Termiten auf.*

Rechts: *Auf dem Speiseplan des Grizzlybären stehen auch Erdhörnchen.*

SIND BÄREN GEFÄHRLICH?

Man stellt sich Bären häufig als gefährliche Tiere vor, weil sie aufgrund ihrer Kraft und ihrer natürlichen Waffen leicht einen Menschen umbringen könnten. Während Bären gelegentlich einander töten und es in der Paarungszeit bei Kämpfen zwischen Männchen zu klaffenden Wunden und ausgeschlagenen Zähnen kommen kann, wird ihre Neigung, Menschen anzugreifen, maßlos übertrieben.

Eisbären (RECHTS: zwei junge Männchen bei Scheinkämpfen) sind die einzigen Großbären, die Menschen angreifen und töten würden. Grund für den Angriff ist immer Hunger. Andererseits leben im Verbreitungsgebiet des Eisbären nur wenige Menschen, und diese sind sich der von den Bären ausgehenden Gefahr bewusst. Sie gehen den Tieren aus dem Weg und tragen Waffen, sodass mehr Eisbären von Menschen getötet werden als umgekehrt.

Auch Braunbären wirken bedrohlich, doch ist ihre Aggressivität regional unterschiedlich stark ausgeprägt. Die in Sibirien und im inneren Nordamerika lebenden Braunbären (Grizzlybären) sind vor allem dann gefährlich, wenn sie ihre Jungen oder Beute verteidigen. Im Allgemeinen aber gehen sie Menschen aus dem Weg. In Europa scheinen die Braunbären im Osten am gefährlichsten zu sein (in Rumänien wurden in jüngerer Zeit innerhalb von acht Jahren zwölf Menschen getötet und 94 verletzt; in Skandinavien gab es dagegen nur einen einzigen durch einen Bären verursachten Unfall im 20. Jh.).

Amerikanische Bären – besonders jene, die an Camper gewöhnt sind – führen oft Scheinangriffe aus, greifen aber selten wirklich an. Angesichts der hohen Zahl von Begegnungen zwischen Menschen und Bären kommt es nur äußerst selten zu ernsthaften Verletzungen (im 20. Jh. weniger als 40 in ganz Nordamerika). Brillenbären sind scheu und attackieren Menschen nie, dafür aber gelegentlich Vieh.

Als reine Vegetarier stellen Riesenpandas keinerlei Gefahr für Menschen dar. Malaienbären werden von den Einheimischen gefürchtet, weil sie sich bei Gefahr plötzlich aufrichten, schrill bellen und um sich schlagen; doch greifen sie selten von sich aus an. Kragen- und Lippenbären, die Begegnungen mit Großkatzen gewohnt sind, starten eher eine Attacke, als dass sie fliehen. In einer einzigen Region Indiens verursachten Lippenbären 745 Unfälle mit Menschen, von denen 51 tödlich ausgingen. Deshalb sagt man Lippenbären nach, sie seien gefährlicher als Tiger.

SCHÄDEL UND GEBISS

Bären haben von allen Landraubtieren die größten Schädel. Der Vergleich ihrer Schädel mit denen der Hundeartigen, von denen sie sich vor 20 bis 25 Mio. Jahren abspalteten, zeigt, dass sie sich vom Fleisch- zum Allesfresser entwickelten. Die breiten Molaren mit ihren abgerundeten Höckern eignen sich zum Zermahlen von Pflanzenteilen, und die flächigen hinteren Schädel- und Kieferbereiche bieten genügend Platz für die Verankerung kräftiger Kaumuskeln. Bei den ausschließlich von Fleisch lebenden Eisbären sind die Backenzähne insgesamt schärfer, doch weil diese Art noch nicht sehr alt ist (sie entwickelte sich vor weniger als 1 Mio. Jahren aus den Braunbären), sind ihre Zähne wesentlich weniger an ihre Ernährungsweise angepasst als die anderer Fleischfresser. Die Eckzähne sind bei allen Bären groß geblieben. Sie setzen sie ein, um Holz zu spalten, Rivalen zu bekämpfen und Wirbeltiere zu töten. Die Zahl der Prämolaren schwankt nicht nur zwischen den Arten, sondern auch zwischen Individuen innerhalb einer Art. Die Zahnformel lautet: I3/3, C1/1, P2–4/2–4, M2/3 = 34–42. Die vorderen Prämolaren sind nur rudimentär und stehen in großen Abständen zueinander (geringer ausgeprägt bei Kragen- und Lippenbären sowie Riesenpanda). Dadurch entsteht zwischen Eckzähnen und Molaren eine Lücke. Das ungewöhnlichste Gebiss besitzt der Lippenbär: Ihm fehlen beide oberen mittleren Schneidezähne, was ihm das Aufsaugen von Termiten erleichtert.

Lippenbär
31,5 cm

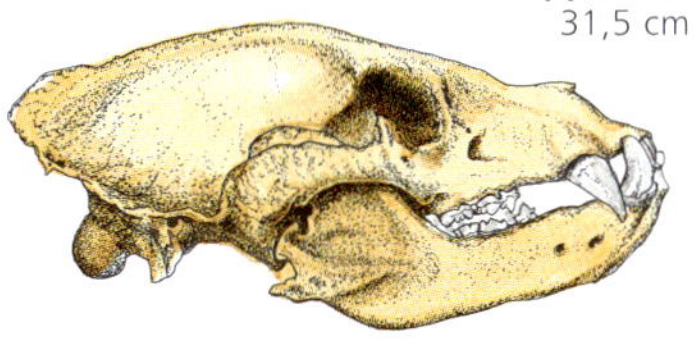

Grizzlybär
37 cm

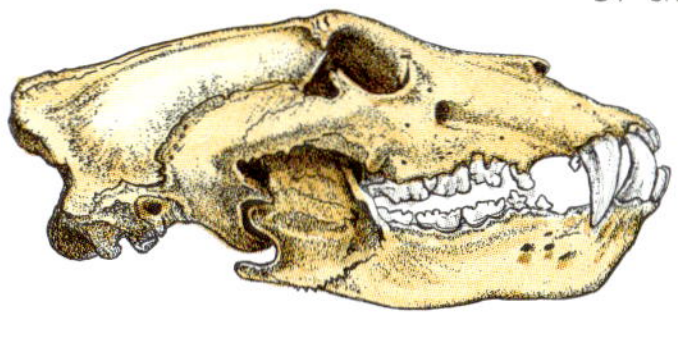

VORFAHREN DER BÄREN

Obwohl vor 25 bis 5 Mio. Jahren Tiere mit bärenähnlichen Schädeln, jedoch mit Laufbeinen ähnlich Hunden auftraten (Unterfamilie Hemicyoninae), kommen als Vorfahren der heutigen Bären am ehesten kleine Fleischfresser der gleichen Zeitperiode infrage (Unterfamilie Agriotheriinae). Das früheste Mitglied dieser Gruppe, *Ursavus elmensis,* war ein langschwanziges waschbarähnliches Tier, während später auftretende Arten den heutigen Bären in Größe und Aussehen ähnlicher waren. Diese Gruppe starb schließlich aus, jedoch erst nachdem sie sich in die drei heute existierenden Unterfamilien gespalten hatte. Riesenpandas (zwei Arten, von denen eine vor weniger als 1 Mio. Jahren ausstarb), differenzierten sich als Erste, gefolgt von Ursinae und Tremarctinae.

Der bemerkenswerteste frühe Großbär war der Kurznasige Bär *(Arctodus simus),* der im Pleistozän in Nordamerika (vor 2 Mio. bis 11 000 Jahren) lebte. Der größte der Tremarctinae wog bis zu 1000 kg. Sein einziger heute lebender Verwandter ist der relativ kleine Brillenbär.

Braunbär

Der wissenschaftliche Name der Art – Ursus arctos –, der sich aus dem lateinischen und griechischen Wort für „Bär" zusammensetzt, zeigt, dass der Braunbär bei uns als „der Bär" schlechthin angesehen wurde. Auf drei Kontinenten heimisch, stellt er die verbreitetste Art dar.

Da er hauptsächlich in Russland, Kanada und Alaska vorkommt, könnte man meinen, dass der Braunbär auf nördliche Klimazonen spezialisiert ist. Tatsächlich aber lebten Braunbären bis Mitte des 19. Jahrhunderts in Nordafrika und bis in die 60er Jahre des 20. Jahrhunderts in Mexiko. Im Mittelalter waren sie auf dem gesamten europäischen Festland einschließlich des Mittelmeerraums sowie auf den Britischen Inseln verbreitet. Überjagung, der Verlust von Lebensräumen und die Trennung von Populationen durch Straßenbau führten zur Abnahme des Bestands. Die Art ist so vielfältig und weit verbreitet, dass sie früher in 232 lebende und 39 fossile Arten und Unterarten unterteilt wurde, die heute alle (einschließlich des wegen seines grau schimmernden Fells so genannten Grizzlybären) als eine Art betrachtet werden.

Kräftige Statur

KÖRPERBAU UND FUNKTION

Die geografische Verbreitung von Braunbären überschneidet sich mit der von Baribals und Kragenbären, die aber stärker auf das Vorhandensein von Wald angewiesen sind. Braunbären leben jedoch auch jenseits der Baumgrenze in Höhen bis zu 5000 m. Wie die beiden schwarzen Bärenarten ernähren sie sich zum Großteil von Beeren und Nüssen, sind aber dank des muskulösen Schulterhöckers und der kräftigen Krallen besser in der Lage, kleine Säuger, Insekten und Wurzeln auszugraben. Die starken Kaumuskeln ermöglichen ihnen, faserreiche Kost zu zerkleinern, sodass ausgegrabene Pflanzenteile in ihrer Ernährung eine größere Rolle spielen. Durch das Aufgraben des Bodens können sie die Verbreitung bestimmter Pflanzen begünstigen. Es ist sogar möglich, dass sie Huftierbestände regulieren, indem sie viele Kälber reißen. Ihr aggressives Verhalten stellt auch eine Gefahr für andere Bären dar.

Weite Jagdgründe

VERBREITUNG

Außerhalb Russlands treten Bären in Asien in isolierten Regionen des Himalaya und des Tibetischen Hochlands auf sowie in den Gebirgen einiger Länder des Nahen Ostens. Sogar in der Wüste Gobi gibt es einen kleineren Bestand an Braunbären.

In vielen Gebieten kommen sowohl Braun- als auch Schwarzbären (Baribal bzw. Kragenbär) vor, dann jedoch meist in unterschiedlichen Lebensräumen oder zumindest – bei gleichem Habitat – zu unterschiedlichen Tageszeiten. Auf Inseln dagegen scheint eine Koexistenz nicht möglich: Die Inseln Alaskas sind die Heimat von Braunbären oder Baribals, aber nur selten von beiden Arten. Da Braunbären massiger sind als Baribals, haben sie auch größere Reviere. Ein männlicher Braunbär braucht etwa 200 bis 2000 qkm, ein Weibchen 100 bis 1000 qkm, während die Reviergrößen von Baribals 20 bis 500 qkm betragen. Auf Inseln sind die Reviere entsprechend kleiner, und auf sehr kleinen Inseln finden Braunbären einfach nicht genügend Nahrung.

Oben: *Das englische Wort „grizzled" bedeutet „ergraut". Das silbergrau schimmernde Fell eines Grizzlybären aus den Rocky Mountains zeigt, dass diese Unterart (U. arctos horribilis) zu Recht so heißt. Auffällig ist auch, wie klein die Augen dieses Tieres sind, das sich vor allem mithilfe des Geruchssinns orientiert.*

Rechts: *Aus dem Pazifischen Ozean kommende Lachse, die stromaufwärts zu ihren Laichgründen schwimmen, spielen in der Ernährung der Braunbären der Nordwestküste Nordamerikas eine wichtige Rolle. In dieser Zeit des Überflusses an leicht zu fangender Beute zeigen sich die Bären als Verschwender, die von einem Lachs nur einen einzigen Bissen nehmen, um ihn dann liegen zu lassen und den nächsten zu fangen.*

Auf manchen großen Inseln leben wiederum Schwarzbären, aber keine Braunbären. Auf Honshu, der größten japanischen Insel, fand man Fossilien von Braunbären, die später vermutlich von asiatischen Schwarzbären verdrängt wurden, die über die koreanische Landbrücke einwanderten. Braunbären leben dagegen heute noch auf Hokkaido, der nördlichsten japanischen Insel, auf der man keinerlei Überreste von Schwarzbären fand.

Überleben im Winter

SOZIALVERHALTEN

Als die Bären aus ihren hundeartigen Vorfahren entstanden und von Früchten als Nahrung abhängig wurden, mussten sie das Problem des winterlichen Futtermangels lösen. Die gemeinsame Strategie aller nördlichen Bären besteht darin, einen Winterschlaf zu halten. Im Allgemeinen senken Tiere im Winterschlaf drastisch ihre Körpertemperatur und sparen dadurch Energie. Viele kleine Säuger wachen von Zeit zu Zeit auf, werden wieder warm, trinken, fressen gehortetes Futter und entleeren Blase und Darm. Waschbären und Stinktiere dagegen bekommen im Herbst ein Winterfell, setzen Fett an und verschlafen den Winter in einem isolierten Bau, behalten aber fast ihre normale Temperatur. Auch Bären in ihrer Winterhöhle senken die Körpertemperatur nur um wenige Grad ab, während Herzschlag und Atemfrequenz sich stark verlangsamen. Auch andere physiologische Anpassungen weisen sie als echte Winterschläfer aus.

FAKTEN

BRAUNBÄR

Ursus arctos

Braun-, Grizzly- oder Kodiakbär

Ordnung: Carnivora

Familie: Ursidae

Unterarten: Nordamerikanischer Grizzlybär (*U. a. horribilis*), Kodiakbär (*U. a. middendorffi*) der Inseln Kodiak, Afognak und Shuyak vor der Küste Alaskas und Eurasischer Braunbär (*U. a. arctos*) werden mitunter als verschiedene Arten bezeichnet.

VERBREITUNG NW-Nordamerika, von Skandinavien über Russland bis Japan, vereinzelt in S- und O-Europa, im Nahen Osten, Himalaya, in China und der Mongolei.

LEBENSRAUM Wälder, subalpine Buschtundra bis offene alpine Tundra, Wüsten und Halbwüsten.

GRÖSSE Körperlänge 1,5–2,8 m, Schulterhöhe 0,9–1,5 m, **Gewicht** Männchen 135–545 kg, gelegentlich bis 725 kg auf Kodiakinseln, in Küstengebieten Alaskas und evtl. Kamtschatka; Weibchen 80–250 kg, nur selten bis 340 kg; starke Schwankungen, jahreszeitlich bedingt (am schwersten sind Bären im Herbst vor dem Winterschlaf) und durch Eigenheiten des Verbreitungsgebiets (Tiere mit Zugang zu Fisch und Fleisch sind schwerer).

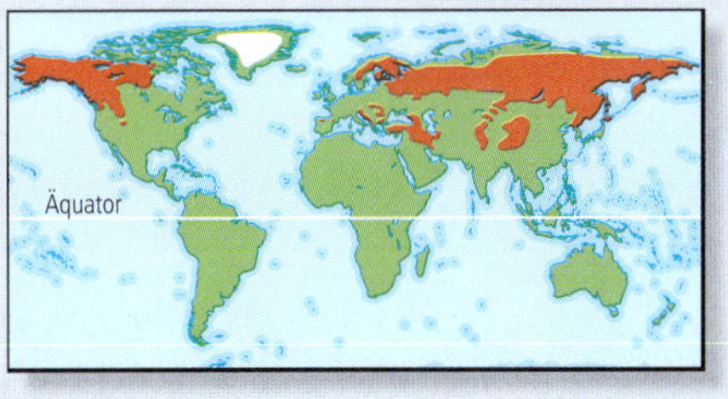

FELL Einheitlich braun oder mit silbrigen Spitzen (Grizzlys im Inneren Nordamerikas) bis fast schwarz (O-Asien).

NAHRUNG Wurzeln, Knollen, Gräser, Seggen, Früchte (Beeren und Nüsse), Kiefernsamen, Insekten, Fische, Nager und Huftiere (einschließlich Vieh).

FORTPFLANZUNG Nach der Paarung im Mai oder Juni entwickeln sich befruchtete Eier zu Blastozysten, setzen ihre weitere Entwicklung aber erst nach der Einnistung im November fort. Geburt von 1–4 Jungen (meist 2–3) 6–8 Wochen später (Gesamtdauer der Tragzeit 6,5–8,5 Monate).

LEBENSERWARTUNG Meist bis zu 25 Jahre, beobachtet wurden aber schon 36 in Freiheit und 43 in Gefangenschaft.

IUCN-STATUS Alle Bestände sind im CITES-Anhang II aufgeführt, mit Ausnahme chinesischer und mongolischer Bestände, die in Anhang I geführt werden. US-Bestände außerhalb Alaska stehen auf der Liste Bedrohter Arten.

Bären sind die einzigen Säugetiere, die ein halbes Jahr lang überleben, ohne zu fressen, zu trinken oder Kot und Harn auszuscheiden. Die zum Überleben notwendige Energie wird hauptsächlich von Fettreserven geliefert. Je fetter der Bär zu Beginn des Winterschlafs ist, desto weniger Muskelmasse verbrennt er während des Winters. Flüssigkeit und Aminosäuren werden durch Wiederverwertung von Stoffwechselprodukten gewonnen, die normalerweise als Harn ausgeschieden werden. Die Knochen bauen sich trotz lang anhaltender Ruhe nicht ab.

Warum die Körpertemperatur der Bären im Winterschlaf hoch bleibt, ist noch nicht geklärt. Vielleicht weil sie sich wegen ihrer Größe nicht so gut verstecken wie kleinere Tiere und deshalb bei Gefahr in der Lage sein müssen, sich aktiv zu verteidigen. Eine weitere mögliche Erklärung ist, dass die hohe winterliche Körpertemperatur für die Entwicklung der Jungen wichtig ist, die mitten im Winter zur Welt kommen. Das Gebären und Säugen von Jungen in der Winterschlafphase könnte notwendig sein, damit die Jungen vor dem nächsten Winter, in dem sie selbst Winterschlaf halten werden, möglichst groß geworden sind.

Die Jungen werden mit geschlossenen Augen geboren. Sie haben ein sehr feines Fell und sind im Verhältnis zur Körpermasse der Mutter kleiner (weniger als 1%) als die Jungen aller anderen Plazentatiere. Säugetierföten können Fett kaum verwerten, weil es nicht über die Plazenta übertragen wird, doch Neugeborene nehmen es mit der Muttermilch auf. Deshalb gibt die Geburt in einem frühen Entwicklungsstadium den Jungen die Möglichkeit, sehr bald an den Fettreserven der Mutter teilzuhaben. Fortpflanzung und Säugen der Jungen im Winterquartier fordern der Mutter viel ab und steigern ihren winterlichen Gewichtsverlust um 50 bis 100 %, was zu einer 40 %igen Abnahme des Körpergewichts der Mutter während der Wintermonate führen kann.

Obwohl in den Tropen lebende Bären keinen Winterschlaf halten, da das ganze Jahr über Nahrung zur Verfügung steht, bringen auch die Weibchen dieser Arten ihre Jungen in einem frühen Entwicklungsstadium zur Welt. Die fastende Mutter bleibt mit ihren Jungen mehrere Wochen oder Monate in ihrem Unterschlupf, doch ist unklar, ob dabei die gleichen körperlichen Vorgänge ablaufen wie beim Winterschlaf. Unsicher ist auch, ob der durch Kopulation stimulierte Eisprung und die verzögerte Einnistung und Entwicklung der befruchteten Eizelle (eine weitere nördliche Anpassung) bei allen oder nur bei manchen Bärenarten auftreten.

Links: *Auch wenn dieser Kampf zwischen zwei jungen Bären gefährlich aussieht, ist er nur ein Spiel, bei dem die beiden Tiere ihre Geschicklichkeit üben. Kämpfe zwischen erwachsenen Männchen um Reviere können dagegen zu schweren Verletzungen führen oder sogar tödlich enden.*

Rivale Mensch

ARTEN- UND UMWELTSCHUTZ

Die Beziehung zwischen Braunbären und Menschen ist alt, eng und oft konfliktgeladen. Braunbären wurden nie domestiziert. Der Grizzlybär ist ein friedfertiges Tier, das den Kontakt mit Menschen meidet. Doch bald nachdem Viehzüchter, Siedler und Eisenbahnarbeiter im 19. Jahrhundert in seinen Lebensraum in der Prärie und den Rocky Mountains eindrungen waren, stand er im Ruf, Mensch und Vieh zu bedrohen. Innerhalb weniger Jahrzehnte war der Bestand von ca. 50 000 Grizzlybären stark dezimiert. Heutzutage passiert es nur selten, dass die Tiere Menschen verletzen oder töten. Trotzdem schafft die Nutzung der Wildnis als Erholungsraum Probleme.

Eine faszinierende und mehrere Jahrhunderte währende Beziehung bestand zwischen Braunbären und den Ainu, den Ureinwohnern Hokkaidos. Die Bären wurden als Jungtiere gefangen, aufgezogen, mit für Menschen üblicher Nahrung gefüttert – sogar von stillenden Frauen gesäugt – und Jahre später bei einer religiösen Zeremonie geopfert (die inzwischen verboten wurde). Im mittelalterlichen Europa wurden Braunbären zur Unterhaltung eingesetzt. Ihre Fähigkeit, auf den Hinterbeinen zu laufen, wurde im Zirkus vorgeführt. In Griechenland und der Türkei werden bis heute „Tanzbären" abgerichtet.

Weil ihre Reviere groß sind und in abgelegenen Regionen liegen, sind Zahlen von Braunbärbeständen nicht sehr genau. Schätzungen zufolge gibt es noch 200 000 bis 250 000 von ihnen. Trotz dieser scheinbar erfreulichen Zahl besteht doch Gefahr, denn viele Bestände sind sehr klein und vom Aussterben bedroht. Außer in Alaska haben in den USA nur fünf voneinander isolierte Populationen mit einer Gesamtzahl von etwa 1000 Tieren überlebt. Verstreute Bestände von jeweils weniger als 25 Tieren leben in Spanien, Frankreich, Italien und Griechenland. Zur Vergrößerung der Bestände wurden Bären in Frankreich, Italien, Polen und Österreich ausgewildert.

Auch unter günstigen Bedingungen erholen sich kleine Bestände nur sehr langsam. Von entscheidender Bedeutung ist dabei die Verfügbarkeit von Nahrung. Das Durchschnittsalter erstgebärender Weibchen liegt zwischen fünf und zehn Jahren, die Abstände zwischen erfolgreichen Würfen betragen zwei bis fünf Jahre. Die Weibchen sind meist zwischen Mai und Juli paarungsbereit und bleiben weit über ihr 20. Lebensjahr hinaus fruchtbar. Konflikte mit Menschen, ihren einzigen natürlichen Feinden, werden durch die Größe der Bärenreviere verschärft. Erlaubt ist die Jagd auf Braunbären in Russland (gestattete Abschussquote: 4000 bis 5000 Tiere), Japan (250), einigen europäischen Ländern (700), Kanada (400) und Alaska (1100). Solch regulierte Bejagung ist nachhaltig angelegt und wird durch Nachwuchs wieder ausgeglichen. Ein großes Problem stellt allerdings die anhaltende Wilderei dar. DLG

Eisbär

Eisbären sind die grössten heute lebenden Bären. Sie können große Mengen an fettreicher Nahrung aufnehmen und lange fasten, wenn Nahrung nicht verfügbar ist. Zudem besitzen sie einen einzigartigen Stoffwechsel, der sich bei Nahrungsknappheit zu jeder Jahreszeit von einem normalen zu einem verlangsamten, winterschlafähnlichen Tempo „herunterschalten" kann. Bei anderen Bärenarten ist dies nur im Winter möglich.

Eisbären entwickelten sich während des späten Pleistozäns aus Braunbären *(Ursus arctos)*. Das älteste bekannte Fossil ist weniger als 100 000 Jahre alt und wurde im Gebiet der heutigen Londoner Kew Gardens gefunden. In Einklang mit ihrer Entwicklung zu reinen Fleischfressern sind ihre vorderen und hinteren Backenzähne schartiger und schärfer als die flachen Mahlzähne anderer Bärenarten. Trotz ihrer äußerlichen Verschiedenheit sind Eisbären und Braunbären eng verwandt und haben in Gefangenschaft bereits gemeinsame Junge gezeugt. In freier Wildbahn geschieht dies nicht, da sich ihre Lebensräume nicht überlappen.

Anpassung an eine raue Umwelt

KÖRPERBAU UND FUNKTION

Eisbären leben auf der Eisschicht, die das Polarmeer rund um den Nordpol bedeckt. Man kennt etwa 20 Bestände mit einigen hundert bis einigen tausend Tieren, die sich jeweils kaum mit Tieren anderer Bestände paaren. Schätzungen zufolge gibt es heute ungefähr 22 000 bis 27 000 Eisbären. Bevorzugter Lebensraum ist das küstennahe Wintereis von Kontinenten und Inseln, auf dem sich Ringelrobben *(Phoca hispida)* aufhalten, ihre bevorzugte Beute. Vereinzelt kommen Eisbären auch auf dem dicken Packeis des zentralen Nordpolarmeers vor, auf dem weniger Robben anzutreffen sind. Die südliche Grenze ihres Verbreitungsgebiets hängt im Winter davon ab, wie weit das Packeis in das Beringmeer sowie die Labrador- und Barentssee hineinreicht. Dort wo das Eis im Sommer vollständig schmilzt, wie in der Hudsonbai oder im Südosten der Baffininsel, zehren sie mehrere Monate an Land von ihren Fettreserven, bis das Meer im Herbst wieder zufriert. Je nach Region sind ihre Reviere einige Hundert bis zu über 300 000 qkm groß.

Eisbären sind Sohlengänger und haben an jeder Tatze fünf Zehen mit nicht einziehbaren Krallen. Die Tatzen sind breit und gut an die Erfordernisse des Schwimmens angepasst, haben aber keine Schwimmhäute. Die Hinterbeine werden im Wasser nur zum Steuern eingesetzt. Der Körperbau ist stämmig, der für Braunbären typische Schulterhöcker fehlt. Der Hals ist proportional länger als bei anderen Bären. Die Ohren sind klein, das Fell ist weiß und die darunter liegende Haut schwarz.

Die Hauptnahrung der Eisbären sind Ringel- und in geringerem Umfang Bartrobben. Die Bären fangen sie, wenn diese zum Atmen auftauchen. Sie sind in der Lage, ihre Atemlöcher unter einer meterdicken Schneeschicht aus knapp 1 km Entfernung mithilfe des Geruchssinns aufzuspüren. Gelegentlich töten Eisbären auch Walrosse, Belugas, Narwale und Vögel. Der Hauptteil der im Laufe eines Jahres aufgenommenen Kalorien stammt von unerfahrenen, soeben erst entwöhnten Ringelrobben, die zwischen Ende April und Mitte Juli in großer Zahl auftreten, und bei denen Fett etwa die Hälfte des Lebendgewichts ausmacht.

Der Körper fastender Eisbären kann Proteine und Wasser biochemisch synthetisieren und Nebenprodukte des Stoffwechsels wieder verwerten. In der Hudsonbai, in der das Wasser bis Mitte Juli vollständig auftaut und erst Mitte November wieder friert, fasten trächtige und säugende Eisbärweibchen acht Monate lang.

Oben: Eine Speckschicht und das dichte Fell isolieren den Eisbären gegen die Kälte. Die einzigen nicht von Fell bedeckten Körperpartien sind die Fußballen und die Nasenspitze, an der die am ganzen Körper schwarze Haut sichtbar wird. Auch die kleinen Ohren stellen eine Anpassung an die Kälte dar.

Rechts: Ein Eisbär springt von einer Eisscholle. Trotz des massigen Körperbaus sind diese Bären erstaunlich beweglich. Sie können notfalls stundenlang schwimmen und an Land 20 km am Tag zurücklegen. Allerdings kann körperliche Anstrengung über längere Zeiträume hinweg auch zu Überhitzung führen.

Einsame Jäger

SOZIALVERHALTEN

Außer in der Paarungs- und Fortpflanzungszeit (die Aufzucht der Jungen erfolgt ausschließlich durch die Weibchen) sind Eisbären in der Regel Einzelgänger. Wenn die Meere im Sommer und Herbst eisfrei sind, kommt es vor, dass sich Gruppen von einem Dutzend oder mehr erwachsenen

FAKTEN

EISBÄR

Ursus maritimus

Ordnung: Carnivora

Familie: Ursidae

LEBENSRAUM Gefrorene Meere, Inseln und Küsten

GRÖSSE Körperlänge bei Männchen 200–250 cm, bei Weibchen 180–200 cm; **Gewicht** bei Männchen 400–600 kg; bei Weibchen 200–350 kg, in Ausnahmefällen allerdings bis zu 500 kg und mehr.

FELL Weiß; oft gelblich schimmernd aufgrund von Verschmutzung oder Oxidierung von Robbenöl, besonders im Sommer.

NAHRUNG Meist Ringelrobben, seltener Bart- und Sattelrobben sowie Klappmützen; ferner Walrosse, Belugas, Narwale, kleine Säugetiere und Vögel.

VERBREITUNG Zirkumpolare Arktis

FORTPFLANZUNG Tragzeit (mit verzögerter Einnistung) ca. 8 Monate; typische Wurfgröße: 2 Junge.

LEBENSERWARTUNG Weibchen 25 bis 30 Jahre; Männchen 20 bis 25, in seltenen Fällen bis 30 Jahre.

IUCN-STATUS Gering gefährdet, aber von Schutzmaßnahmen abhängig. Einst gefährdet, doch haben sich die Bestände seit dem Schutzabkommen von 1973 stabilisiert.

Männchen an besonderen „Lieblingsplätzen“ an der Küste sammeln und gemeinsam fasten. Da in diesen Zeiten einerseits der Testosteronspiegel niedrig ist und es andererseits kein Futter gibt, um das man sich streiten könnte, verläuft dieses Zusammenleben friedlich, ebenso wie an großzügigen Futterquellen wie Walkadavern.

Eisbären paaren sich im April und Mai. Da die Weibchen ihre Jungen meist zweieinhalb Jahre bei sich behalten, sind sie nur alle drei Jahre paarungsbereit. Entsprechend heftig ist der Konkurrenzkampf um die Weibchen. Dies könnte auch erklären, warum die Männchen doppelt so groß wie die Weibchen sind. Die Weibchen haben einen induzierten Eisprung und müssen sich mehrfach paaren, bevor es zu einer Befruchtung kommt. Deshalb bleiben die Partner ein bis zwei Wochen zusammen. Es kommt vor, dass sich ein Weibchen mit mehreren Männchen paart. Die Einnistung des befruchteten Eis verzögert sich je nach Breitengrad bis Mitte September oder Mitte Oktober. In den meisten Regionen werden die Jungen zwei bis drei Monate später in einer Schneehöhle geboren. Bei der Geburt sind ihre Augen geschlossen und ihr Gewicht beträgt nur ca. 600 g. Ihr Fell ist so fein, dass man sie mitunter irrtümlich als nackt bezeichnete. Das Weibchen säugt sie bis Ende März oder Anfang April, bis sie 10 bis 12 kg wiegen und groß genug sind, der Mutter auf das Eis zu folgen.

Die Weibchen paaren sich erstmals mit vier bis fünf Jahren und bleiben bis zum Tod fruchtbar. Bei etwa zwei Drittel der Würfe werden Zwillinge geboren, am zweithäufigsten sind Einzelgeburten. Drillinge machen in einigen Beständen bis zu 12 % der Geburten aus, in den meisten Jahren jedoch weniger als 5 %. Die größten Weibchen im Alter von acht bis 18 Jahren gebären die größten Würfe und schwersten Jungen, während jüngere und ältere Eisbärinnen meist nur ein Junges bekommen. Beobachtet wurde vereinzelt auch, dass wild lebende Weibchen untereinander ihre Würfe tauschten oder fremde Babys adoptierten.

Risiken für Eisbären

ARTEN- UND UMWELTSCHUTZ

Eisbären sind nur deshalb nicht bedoht, weil ihre Abschussquoten begrenzt sind. Bejagt werden sie vor allem durch Ureinwohner. Man schätzt, dass sich die Zahl erlegter Tiere jährlich auf ca. 700 beläuft. Mögliche Gefahren für die Eisbärbestände stellen auch Umweltverschmutzung und Klimaerwärmung dar. Das 1976 in Kraft getretene Abkommen über den Schutz der Eisbären verlangt, dass die Bären in bewährter Weise geschützt werden. Es beauftragt die betroffenen Länder, deren Lebensräume zu schützen. IS

WARTEN, BIS DAS MEER GEFRIERT ...

1

❶ Ringelrobben (und seltener Bartrobben) sind die wichtigsten Beutetiere der Eisbären. Die Bären töten sie an ihren Atemlöchern oder suchen Stellen auf, an denen sich viele unerfahrene junge Robben aufhalten. Sie pirschen sich zunächst an und stürzen sich dann plötzlich auf die Beute. Kleine Atemlöcher vergrößern sie, indem sie mit den Vordertatzen das Eis aufschlagen. Dann zwängen sie die vordere Körperhälfte durch das Loch, packen die Robbe mit den Zähnen und ziehen sie heraus.

❷ Den Sommer verbringen Eisbären auf dem Land. Vier Monate und länger zehren sie dabei von ihren Fettreserven. Sobald im Herbst die Schneefälle einsetzen, wandern die Bären zur Küste und warten darauf, dass das Meer zufriert.

❸ Zu Ansammlungen von Eisbären kommt es nur im Sommer – es sei denn, eine große Menge an Nahrung, wie z.B. ein gestrandeter Wal, zieht viele Eisbären an. Dafür, dass sie sonst Einzelgänger sind, erweisen sie sich im Sommer als ungewöhnlich gesellig. Sie spielen sogar, vergessen dabei aber nie ihren sozialen Rang.

2

3

4

5

4 *Wenn der Winter naht und die Fettreserven fast aufgebraucht sind, ziehen die Bären nördlich zur Halbinsel an der Mündung des Churchill River, weil sich hier zuerst Eis bildet. Doch liegt hier auch die Stadt Churchill. Die etwa 100 Bären, die ihr jedes Jahr zu nahe kommen, werden gefangen und mit dem Hubschrauber nach Norden geflogen.*

5 *Ein neugieriger Bär späht in das Innere eines Tundra-Buggys, mit dem Touristen sicher zu Eisbärenvorkommen gebracht werden. Seit über 20 Jahren besuchen Bärenfreunde in den Monaten Oktober und November die Stadt Churchill, die sich selbst zur „Eisbärenhauptstadt der Welt" ernannt hat. Es ist streng verboten, Bären mit Fisch oder Fleisch anzulocken, aber „Hotels auf Rädern" bieten inzwischen Übernachtungen in der Nähe der Bären. Dabei genügt selbst der Geruch von Spülwasser schon, um die Aufmerksamkeit der Tiere zu erregen, die die empfindlichsten Nasen des gesamten Tierreichs besitzen. Die Klimaerwärmung könnte bewirken, dass sich in der Umgebung von Churchill immer mehr hungrige Bären versammeln.* IR

Baribal

Baribals sind die am weitesten verbreiteten Bären. Vermutlich gibt es von ihnen doppelt so viele Tiere wie von allen anderen Arten zusammen – schätzungsweise 800 000. Früher war ihr Verbreitungsgebiet größer als heute und erstreckte sich über fast alle nordamerikanischen Wälder zwischen Nordkanada und Zentralmexiko.

Im Pleistozän (vor zwei Millionen bis 11 000 Jahren) lebten in Nordamerika neben den Baribals andere Großbärenarten, aber auch damals schon waren die Baribals in der Überzahl. Im Laufe des Pleistozäns nahmen sie – vermutlich als Reaktion auf die Entstehung ausgeprägter Jahreszeiten – an Körpergröße zu, bis sie die Größe heutiger Braunbären erreichten. Im Laufe des Holozäns (die letzten 11 000 Jahre) wurden sie aber wieder kleiner.

Bärige Opportunisten

KÖRPERBAU UND FUNKTION

Der Baribal, auch Amerikanischer Schwarzbär genannt, ist extrem anpassungsfähig und kommt in den trockenen Wäldern Mexikos ebenso vor wie in den feuchten Nadelwäldern der Küsten Alaskas, in den sumpfigen Wäldern des Südostens der USA und in der baumlosen Tundra Labradors. Hier jagen Baribals ähnlich wie Grizzlys kleine Säuger und Karibus. Im äußersten Süden des Verbreitungsgebiets ist das ganze Jahr über Nahrung vorhanden, sodass sich nur trächtige Weibchen in Unterschlupfe zurückziehen. In den Sümpfen des Südens können sich diese Ruheplätze auch auf hohen Bäumen befinden. Im Norden dagegen suchen die Tiere unterirdische Höhlen oder Löcher unter Wurzeln auf, in denen sie bis zu sieben Monate lang bleiben (der Ruhe-Rekord wurde in Alaska erreicht und betrug acht Monate).

Das Verbreitungsgebiet der Baribals überlappt sich stark mit dem der Grizzlybären. Die beiden Arten lassen sich nicht immer leicht unterscheiden, da viele Baribals braun sind. Diese Braunfärbung, welche in Nordamerika von Osten nach Westen und in den westlichen Bundesstaaten von Norden nach Süden häufiger wird, könnte eine Anpassung an offeneres Gelände darstellen, aber auch eine Art Mimikry von Grizzlybären sein, die gelegentlich Baribals erbeuten. Als Unterscheidungsmerkmale gelten das gerade Gesichtsprofil der Baribals (im Gegensatz zum konkaven Profil des Grizzlys) und das Fehlen des Schulterhöckers. Die Krallen der Baribals sind kleiner und eher zum Klettern als zum Graben geeignet.

Die Ernährung des Baribals ändert sich mit den Jahreszeiten. Im Frühjahr stehen auf dem Speiseplan Kräuter, Knospen, junge Blätter, vom Herbst übrig gebliebene Nüsse und auch Fallwild des Winters. Später kommen Insekten sowie junge Hirsche und Elche hinzu. Wenn im Sommer Beeren und Nüsse reif werden, stellen diese die wichtigste Nahrung der Bären dar. Ein Bär kann täglich Zehntausende Beeren und Nüsse fressen, etwa eine Beere in der Sekunde, und das zwölf Stunden am Tag. Baribals ernähren sich auch von Fischen, besonders dort, wo es keine Grizzlybären gibt.

Die Fortpflanzungsrate variiert mit der Nahrungsverfügbarkeit und ist auch von der geografischen Lage abhängig: Von Westen nach Osten und von Norden nach Süden sinkt das Alter der Geschlechtsreife und die Wurfgröße nimmt zu. In manchen Gebieten werfen die Weibchen das erste Mal bereits im Alter von zwei Jahren, typischerweise aber erst mit vier bis sechs Jahren. Sehr große Muttertiere können fünf bis sechs Junge gebären (sechs ist auch die Anzahl ihrer Zitzen), am häufigsten umfasst ein Wurf jedoch zwei bis drei Junge. Die kleinen Bären bleiben etwa 17 Monate lang bei der Mutter. Die Weibchen sind meist im Juni oder Juli nach der Trennung vom letzten Wurf paarungsbereit, sodass der Abstand zwischen zwei Würfen zwei Jahre beträgt. Es kommt auch vor, dass die Weibchen ihre Jungen ein Jahr länger bei

Oben: *Ein Zimtbär-Weibchen* (U. americanus cinnamomum) *nimmt gegenüber einem näher kommenden Männchen eine Drohhaltung ein. Die Variationsbreite der Fellfärbung ist regional sehr unterschiedlich, besonders entlang der Pazifikküste. Weitere Unterarten sind der Kermodes-Baribal* (Ursus a. kermodei), *der ein rein weißes Fell haben kann, und der Silberbär* (U. a. emmonsii) *mit einem Stich ins Bläuliche.*

Links: *Wie gewöhnlich alle anderen Großbären – mit Ausnahme des Eisbären – bevorzugt der Baribal pflanzliche Nahrung. Der tägliche Futterbedarf beträgt 5 bis 8 kg. Besonders groß ist er im Herbst, wenn der Bär sich seinen Winterspeck anfrisst. Hier sammelt ein Baribal Traubenkirschen von einem Strauch.*

Rechts: *Zwei junge Bären kraxeln an einem Espenstamm. Das Klettern ist Teil des natürlichen Verhaltens der Baribals, die auf Bäumen nach Nahrung sowie Schutz vor Feinden suchen. Die Jungen können bald nach dem Verlassen ihrer Kinderstube im Alter von ca. zwölf Wochen klettern. Die Mütter lassen sie gelegentlich auf Bäumen zurück, wenn sie selbst auf Nahrungssuche gehen.*

sich behalten oder einen Zyklus überspringen. Sterben andererseits alle Jungen eines Wurfs vor der Paarungszeit, kann das Weibchen gleich wieder trächtig werden.

Wie bei Braunbären ebenfalls beobachtet, kann ein Baribal-Weibchen, das nur ein einziges Junges führt, dieses vorzeitig verlassen. Denn würde die Mutter dieses Kind weiterhin umsorgen, zöge sie innerhalb der nächsten zwei Jahre weniger Sprösslinge groß als eine Mutter, die dieses eine Kind aufgibt, dafür im nächsten Jahr aber wieder trächtig wird und dann vielleicht drei Junge gebärt.

Ein blühender Bestand

ARTEN- UND UMWELTSCHUTZ

Ein Grund, weshalb es auch heute noch so viele Baribals gibt, ist ihre Gewöhnung an den Menschen – und umgekehrt. Hinzu kommt, dass sich Baribals, die Zugang zu Nutzpflanzen, Tierfutter oder Abfällen haben, durch eine höhere Vermehrungsrate auszeichnen als Bären, die ausschließlich von Nahrung aus freier Wildbahn leben. Andererseits sterben Baribals vor allem durch den Menschen. In Nordamerika erlegen Jäger jährlich über 40 000 Bären. Dies entspricht zwar nur 5 bis 6 % des Gesamtbestands, kann jedoch über 20 % der Individuenzahl lokaler Populationen ausmachen. Bemerkenswert dabei ist, dass die Abschussquoten so umfassend durch Agenturen kontrolliert werden, dass der Bestand dieser Bärenart in der Gesamtheit des Verbreitungsgebiets trotz der starken Bejagung zunimmt. DLG

FAKTEN

BARIBAL

Ursus americanus

Baribal oder Amerikanischer Schwarzbär

Ordnung: Carnivora

Familie: Ursidae

Unterarten: *U. a. kermodei* an den Küsten von British Columbia, darunter einige Tiere mit weißem Fell; *U.a. luteolus* in Louisiana und *U. a. floridanus* in Florida. Besonders im Westteil des Verbreitungsgebiets wurden viele andere Unterarten identifiziert, die jedoch nicht allgemein anerkannt sind.

VERBREITUNG Kanada, USA (mit Ausnahme der zentralen Plains), Nordmexiko.

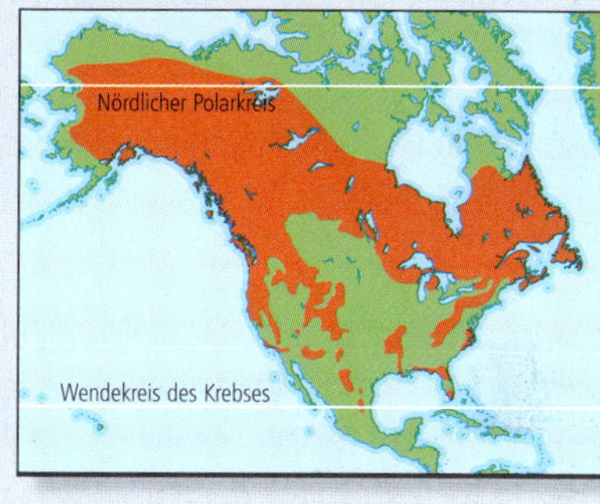

LEBENSRAUM Dichte Wälder, offenes Waldland und Buschland.

GRÖSSE Nach Jahreszeit und Region verschieden (Bären im N und O sind in der Regel schwerer). **Körperlänge** 1,2–1,9 m; **Schulterhöhe** 0,7–1,0 m; **Gewicht** Männchen 60–225 kg; in Regionen, in denen die Bären Mais fressen, bis 300, maximal 400 kg; Weibchen in der Regel 40–150 kg, nur in Ausnahmefällen über 180 kg.

FELL Einfarbig schwarz, zimtfarben oder blond, manchmal mit weißer Zeichnung auf der Brust; rein weiße Tiere (keine Albinos) machen bis zu 10 % einiger isolierter Bestände in British Columbia und Kanada aus; sie treten vereinzelt auch anderweitig auf.

NAHRUNG Früchte (Beeren und Nusse), Triebe, Knospen, Insekten, junge Huftiere, Fische.

FORTPFLANZUNG Paarung erfolgt im Allgemeinen von Mai bis Juli (in südlichen Breiten bis in den August hinein). Die Einnistung der Blastozysten erfolgt im November, die Geburt von 1–6 Jungen (typisch sind 2–3) im Januar (Gesamtdauer der Tragzeit 6,5–8,5 Monate).

LEBENSERWARTUNG Meist bis zu 25 Jahre, maximal bis 35 Jahre in freier Wildbahn wie in Gefangenschaft.

IUCN-STATUS Allgemein nicht bedroht. *U. a. luteolus* allerdings, der genetische Abweichungen aufweist, wird in den USA als national bedrohte Unterart geführt. Bei *U. a. floridanus* wurde die Aufnahme in die Liste des nationalen US-Artenschutzabkommens erwogen, doch sein taxonomischer Status ist weniger klar. Körperteile von Baribals (insbesondere Gallenblasen) sind nicht von denen gefährdeter Kragenbären zu unterscheiden; deshalb wurden die Baribals, um den Handel zu begrenzen, unter der „copy-cat"-Klausel in Anhang II des Washingtoner Artenschutzabkommens aufgenommen (die Klausel verbietet den Handel mit Tieren bzw. Teilen von Tieren, die an sich nicht bedroht, von bedrohten Arten jedoch schwer bzw. nicht zu unterscheiden sind).

Riesenpanda

Der französische Forscher Père David sah 1869 in Sichuan den ersten Riesenpanda. Heute gilt diese Art als Symbol des internationalen Artenschutzes, die nicht nur wegen ihrer charakteristischen schwarz-weißen Zeichnung und ihres sanften Wesens weltweit beliebt ist, sondern auch wegen ihrer Seltenheit. Als eine der populärsten gefährdeten Arten wurde sie zum Wappentier der Naturschutzorganisation WWF (World Wide Fund for Nature).

Obwohl Riesenpandas im Mittelpunkt intensiver Artenschutzbemühungen stehen, werden sie dennoch weiterhin wegen ihrer Felle von Wilderern gejagt. Illegales Töten von Riesenpandas wurde einst mit dem Tod bestraft und wird heute mit bis zu 14 Jahren Gefängnis geahndet. Häufiger sterben Riesenpandas in Fallen, die für andere Arten wie Moschustier und Takin aufgestellt wurden.

Der Bambusbär

KÖRPERBAU UND FUNKTION

Über ein Jahrhundert lang war die Klassifikation des Riesenpandas umstritten, doch in jüngerer Zeit ergaben genetische Forschungen, dass er eine frühe Abzweigung von der Familie der Bären darstellt. Von den anderen Bären unterscheidet ihn vor allem, dass er keinen Winterschlaf hält und einen zum „falschen Daumen" entwickelten Handgelenkknochen besitzt. Das Gewicht der Neugeborenen mit 100 bis 200 g ist sehr niedrig und beträgt nur 0,1 % des Körpergewichts der Mutter.

Ebenfalls einzigartig ist, dass der Riesenpanda sich von Bambus ernährt. Allerdings verzehrt er auch Fleisch, wenn er dazu Gelegenheit erhält, denn Bambus enthält nur die Nährstoffe, die zum Überleben notwendig sind. Frei lebende Riesenpandas fressen bis zu 14 Stunden am Tag und vertilgen dabei 12 bis 38 kg Bambus. Das entspricht 40 % ihres Körpergewichts.

Im Gebirge Qinling in der Provinz Shaanxi treten innerhalb der normal gefärbten auch einige braun-weiße Bären auf. Die genetische Vielfalt des Riesenpandas liegt im normalen Bereich, obwohl der Gesamtbestand geschrumpft und in voneinander getrennte Gruppen zerfallen ist.

Sex ist kein Problem

SOZIALVERHALTEN

Die von den Medien immer wieder aufgegriffenen Zuchtprobleme mit in Zoos lebenden Riesenpandas führte zu der Vorstellung, dass die Tiere bei der Fortpflanzung Probleme haben. Die Beobachtung wild lebender Bären ergab jedoch ein völlig anderes Bild.

Riesenpandas sind Einzelgänger. Jedes erwachsene Tier hat ein Territorium, dessen Größe sich bei Männchen auf 30 qkm und bei Weibchen auf 4 bis 10 qkm beläuft. Das Revier eines Männchens schließt meist auch Reviere von Weibchen mit ein oder überlappt mit ihnen. Während der von März bis Mai dauernden Paarungszeit treffen Tiere beider Geschlechter für kurze Phasen von zwei bis vier Tagen aufeinander. Oft kommt es in dieser Zeit zu Kämpfen zwischen den Männchen um paarungsbereite Weibchen. In der Regel siegen dominante Männchen, doch mitunter können sich später auch in der Rangordnung tiefer stehende Männchen mit den Weibchen paaren.

Die Tragzeit dauert etwa fünf Monate. Auch bei den Riesenpandas verzögert sich die Einnistung der Blastozysten um ein bis drei Monate. Die Weibchen bringen ab ihrem vierten und mindestens bis zu ihrem 20. Lebensjahr alle zwei bis drei Jahre jeweils nur ein Junges zur Welt, das noch sehr klein, blind und hilflos ist. Das Weibchen sucht sich für die Geburt eine Höhle oder einen hohlen Baum und bleibt hier einen Monat lang.

Der Nachwuchs wird ein Jahr lang gesäugt und bleibt auch nach der Entwöhnung bei der Mutter, bis diese wieder trächtig ist. Die Reviere mancher junger Pandas überlappen sich mit denen ihrer Mütter; junge Weibchen ziehen oft weiter weg.

Riesenpandas können auch in Gefangenschaft leben, doch scheint sie sich, besonders bei Männchen, auf die Libido auszuwirken. Bis jetzt zeugten nur zwei bereits in Gefangenschaft geborene Männchen erfolgreich Junge. Zwillinge werden in Zoos öfter geboren als in Freiheit. Obwohl dank künstlicher Befruchtung und der Aufzucht von Hand seit 1990 große Fortschritte gemacht wurden, ist der Bestand der in Gefangenschaft lebenden Pandas noch nicht selbsterhaltend.

Riesenpandas und Politik

ARTEN- UND UMWELTSCHUTZ

Die Gefährdung des Riesenpandas geht vom Menschen aus. Die rasch wachsende Bevölkerung in China rodete Wälder, um Holz zu gewinnen und Felder anzulegen. Dabei schrumpfte der Lebensraum der Riesenpandas allein zwischen 1974 und 1989 um 50 %. Da der Lebensraum im subtropischen Tiefland wegfiel, wurden die Bären in hoch gelegene Laub- und Nadelwälder abgedrängt, in deren unteren Schichten ebenfalls Bambus wächst. Eine nationale Studie aus den 1980er Jahren zeigte, dass auf einer Fläche von 13 000 qkm, die sich auf sechs isolierte Gebirgszüge in China verteilten, etwa 1000 Riesenpandas lebten. Innerhalb der Gebirgszüge ist der Lebensraum durch bebautes Land und Rodungen in über 20 kleinere Areale unterteilt.

Die chinesische Regierung wies 33 Reservate für Riesenpandas aus, sodass 50 % des Lebensraums der Bären heute unter Schutz stehen. Außer auf die Erhaltung dieser Art wirken sich die Maßnahmen auch positiv auf das ökologische Gleichgewicht der Gebirge aus, in denen die Pandas leben. Sie bilden gleichzeitg wichtige Wasserscheiden, von denen Tausende von Menschen in unmittelbarer Umgebung sowie viele Millionen Menschen flussabwärts abhängen. LZ

Links: Pandas ernähren sich fast ausschließlich von Bambus. Junge Blätter und Triebe sind am nahrhaftesten. Alle 30 bis 100 Jahre blüht der Bambus und stirbt anschließend ab. Die Tiere stellen sich dann auf andere Bambusarten um, doch der Verlust an Lebensraum schränkt die Erreichbarkeit von Ersatzarten ein.

Unten: Halbwüchsige Pandas beim spielerischen Kampf. Junge Männchen nehmen in der sozialen Hierarchie eine niedrige Stellung ein und können sich erst mit sieben oder acht Jahren paaren.

FAKTEN

RIESENPANDA

Ailuropoda melanoleuca

Großer Panda, Bambusbär

Ordnung: Carnivora

Familie: Ursidae (der Riesenpanda wird mitunter auch den Procyonidae zugerechnet)

Einziges Mitglied der Gattung

VERBREITUNG Zentral- und westchinesische Provinzen Sichuan, Shaanxi und Gansu.

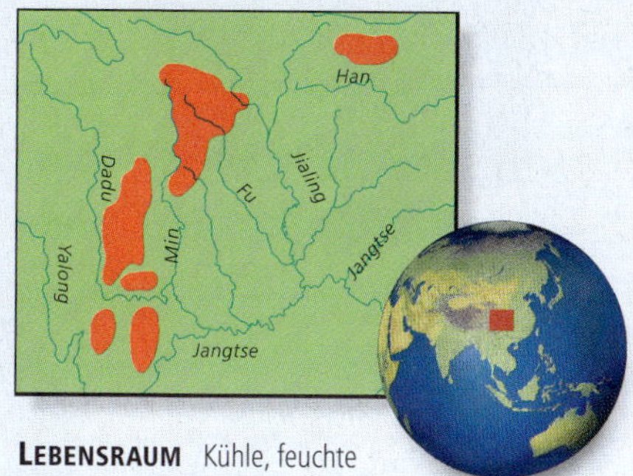

LEBENSRAUM Kühle, feuchte Bambuswälder in Höhen von 1500–3400 m.

GRÖSSE Schulterhöhe 70–80 cm; kann aufrecht stehend bis zu 170 cm erreichen; **Gewicht** 100–150 kg; Männchen sind 10 % größer als Weibchen.

FELL Ohren, Augenflecken, Schnauze, Hinterbeine, Vorderbeine und Schultern schwarz, der Rest weiß.

NAHRUNG Vor allem Bambus; in freier Wildbahn fressen Riesenpandas auch Knollen und Gräser, gelegentlich auch Insekten und Nagetiere.

FORTPFLANZUNG Tragzeit 125–150 Tage.

LEBENSERWARTUNG Meist unter 20 Jahre in freier Wildbahn und über 30 Jahre in Gefangenschaft.

IUCN-STATUS Stark gefährdet.

PROBLEMATIK DES KLONENS

Seit 1997 versuchen Forscher der Chinesischen Akademie der Wissenschaften den Riesenpanda zu klonen. Vor kurzem gelang es, den somatischen Kern einer Pandazelle in die Eizelle eines Kaninchens einzusetzen. Dieser Durchbruch wurde von manchen als Möglichkeit angesehen, die gefährdete Art zu retten.

Allerdings bringt das Klonen auch viele Probleme mit sich. Artenschutz zielt darauf ab, innerhalb von Tierbeständen die genetische Vielfalt zu erhalten. Durch den Austausch genetischen Materials bei geschlechtlicher Vermehrung entstehen Nachkommen mit unterschiedlichen Überlebenschancen, womit auch der langfristige Fortbestand der Population steigt. Wenn alle Nachkommen genetisch identisch sind, wie dies bei geklonten Beständen der Fall ist, wächst das Risiko, dass ein einziger Parasit die gesamte Population auslöschen kann. Deshalb wird das Klonen aus der Sicht des Artenschutzes niemals die geschlechtliche Vermehrung ersetzen können.

Weniger bekannte Großbären

Rechts: *Auch diese vier Arten zählen zu den Großbären:* ***1*** *Der Kragenbär lebt vor allem von Pflanzen, nimmt aber auch Aas.* ***2*** *Der Brillenbär ist der einzige in Südamerika lebende Großbär.* ***3*** *Der Malaienbär, der hier Termiten frisst, ist der kleinste Vertreter dieser Familie.* ***4*** *Der zottige Lippenbär gräbt mit den langen, gebogenen Krallen und seiner beweglichen Schnauze nach Insekten.*

Die Bären, die außerhalb Europas und Nordamerikas leben, sind mit Ausnahme des Riesenpandas nicht so gut bekannt wie ihre nördlichen Vettern. Durch Wilderei und das Schwinden der Lebensräume nehmen wahrscheinlich die Bestände aller vier Arten ab.

Kragenbär

URSUS THIBETANUS

Der Kragenbär wird oft als Cousin des Baribals bezeichnet, denn die beiden sind ungefähr gleich groß, hatten vor etwa vier Millionen Jahren einen gemeinsamen Vorfahren und ähneln sich auch in Ernährung, Lebensweise und Ökologie. Beide sind gute Kletterer und bauen bei der Nahrungssuche oft Baumnester, indem sie die Äste zum Stamm hin umknicken, um besser an Früchte und Nüsse zu kommen.

Bis vor kurzem trug der Kragenbär den Gattungsnamen *Selenarctos* (wörtlich „Mondbär", nach der halbmondförmigen Zeichnung auf der Brust, die man auch bei Malaien- und Lippenbär sehen kann). Wie auch beim Lippenbären tragen beide Geschlechter eine Art „Halskrause" aus längeren Haaren. Beides könnte sich im Laufe der Koexistenz mit Tigern entwickelt haben: Die Halskrause lässt die Bären größer erscheinen, während das weiße Abzeichen plötzlich sichtbar wird, wenn sich der Bär aufrichtet.

Gut 3000 Jahre lang werden Kragenbären schon wegen ihrer Tatzen und Gallenblasen gejagt. Die getrocknete Galle findet Verwendung in der chinesischen Medizin als Heilmittel. Japan ist derzeit das einzige Land, das die Jagd auf diese Bären erlaubt; gewildert werden die Tiere aber in ganz Asien. In Pakistan fängt man die Jungen und lässt sie als Erwachsene gegen Bullterrier kämpfen.

Malaienbär

HELARCTOS MALAYANUS

Malaienbären sind die kleinsten Großbären und haben das kürzeste Fell. In ihrer Heimat werden sie gerne als Haustiere gehalten. Die lateinische Bezeichnung *Helarctos* bezieht sich auf das Abzeichen auf der Brust, ein ockerfarbener oder weißer Kreis oder Halbkreis. Malaienbären leben in Südostasien Seite an Seite mit Kragenbären und im östlichen Indien auch mit Lippenbären.

Malaienbären halten sich viel auf Bäumen auf und schlafen oft sogar in eigens gebauten Baumnestern. Geringe Körpergröße, kurze Schnauze und kleine Ohren könnten Anpassungen an das Leben in den Bäumen darstellen. Die Hauptnahrung der Bären bilden Früchte, doch wenn diese knapp sind, werden auch Insekten verzehrt.

Oben: *Um an Termiten und Bienen zu kommen, die im Holz leben, setzt der Malaienbär seine großen Eckzähne und kräftigen Kiefer ein. Er benagt das Holz, bis er eine bestehende Höhlung aufgebrochen hat. Dann holt er mit der langen Zunge Larven, Insekten und Honig heraus.*

Der Malaienbär ist von Natur aus tagaktiv, wird aber nachtaktiv, wenn er sich durch die Gegenwart von Menschen gestört fühlt. Paarungen und Geburten finden das ganze Jahr über statt. Die Tragzeiten sind unterschiedlich lang.

Oben *Vermutlich hat der Mangel an Bäumen in ihrem indischen Lebensraum dazu geführt, dass weibliche Lippenbären ihre Jungen auf dem Rücken tragen. Außerdem ist diese Art nachtaktiv. Beide Verhaltensweisen fehlen sonst bei Großbären.*

Lippenbär

MELURSUS URSINUS

Der Lippenbär lebt ausschließlich in Indien, wo sich sein Verbreitungsgebiet an das des Kragenbären anschließt oder sich mit ihm leicht überschneidet; jedoch ist der Lippenbär eher eine Tieflandart. Der Gattungsname *Melursus* leitet sich von seiner Vorliebe für Honig ab, für den er auf Bäume klettert und Stiche erträgt, um an die Waben zu kommen. Honig macht aber nur einen kleinen Teil der Nahrung aus. Im Sommer und Herbst besteht sie auch aus Beeren. Daneben fressen Lippenbären Termiten, Ameisen und andere Insekten. Anpassungen an diese Ernährung stellen die zum Graben geeigneten langen, gebogenen Krallen dar sowie der breite Gaumen, das Fehlen der beiden mittleren Schneidezähne und die langen beweglichen Lippen, die zusammen das Saugen erleichtern.

Das langhaarige Fell scheint auf den ersten Blick zu einem in den Tropen lebenden Bären nicht zu passen. Es könnte jedoch die gleiche Funktion haben wie die weiten Gewänder, die Menschen in heißen Ländern gerne tragen.

Seit 400 Jahren richten die Qalandars, ein in Indien umherziehendes Volk, Lippenbären zum „Tanzen" ab. Sie fangen Jungbären, entfernen Zähne und Krallen und ziehen ihnen Ringe oder Seile durch die Nase. Über 1000 Tanzbären unterhalten derzeit indische Städter und Touristen.

Brillenbär

TREMARCTOS ORNATUS

Zusammen mit den Malaienbären kommen Brillenbären als einzige Großbären beidseits des Äquators vor. Wie Malaienbären klettern auch Brillenbären häufig an Bäumen und Schlingpflanzen empor, um Nahrungsquellen zu erreichen oder Schlafnester zu bauen. Sie sind relativ schlank und beweglich und die zweitgrößte Säugetierart Südamerikas. In Zoos auf der Nordhalbkugel bringen die Weibchen ihre Jungen meist zwischen November und Februar zur Welt, in Südamerika dagegen gebären die Weibchen zu sehr unterschiedlichen Zeiten.

Ihr Verbreitungsgebiet erstreckt sich in den Anden von hohen Lagen an der Schneegrenze (4700 m) bis ins Küstentiefland (250 m). Die Variationsbreite ihrer Lebensräume ist groß und schließt Regenwälder, hoch gelegenes Grasland und trockenes Buschland mit ein. Ihre Ernährung ist vom Lebensraum abhängig, doch überwiegt pflanzliche Nahrung. So fressen Brillenbären u.a. Früchte, Palmstängel, Bambus und Kakteen. In vielen Regionen stellen Bromelien ihre Hauptnahrung dar. Es heißt, Brillenbären würden Vieh reißen, vielleicht werden sie aber eher von bereits toten Tieren angelockt. Eine starke Anziehungskraft üben auch Maisfelder aus, weshalb viele Brillenbären von Bauern getötet werden. DLG

FAKTEN

WENIGER BEKANNTE GROSSBÄREN

Familie: Ursidae

VERBREITUNG S- und SO-Asien, von Indien und Iran bis Japan; Brillenbär in Südamerika von Venezuela bis Bolivien.

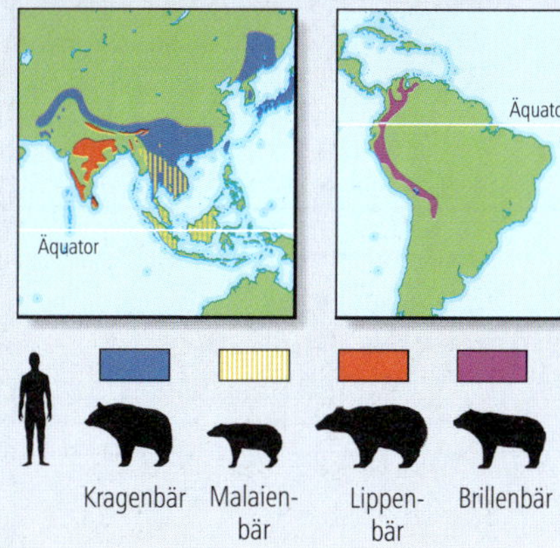

KRAGENBÄR *Ursus thibetanus*
Asiatischer Schwarzbär, Weißbrustbär
Iran bis SO-Asien, Taiwan (Formosa-Schwarzbär), N-China, O-Sibirien und Japan; fehlt in Zentral-China; Wälder gemäßigter, subtropischer und tropischer Zonen. KL 1,2–1,9 m; SH 0,7–1,0 m; GT Männchen 60–200 kg, selten über 200 kg; Weibchen 40–140 kg. Fell: Schwarz mit weißem „V" auf der Brust und am Kinn weiß; Fellkrause am Hals. Fortpflanzung: Tragzeit 6–8 Monate, in den Tropen evtl. kürzer. Lebensdauer: Frei lebend um 25 Jahre (37 in Gefangenschaft). IUCN-Status: Gefährdet; *U. t. gedrosianus* in S-Pakistan und Iran vom Aussterben bedroht.

MALAIENBÄR *Helarctos (Ursus) malayanus*
Honigbär
SO-Asien, Sumatra, Borneo, isolierte Bestände in O-Indien und S-China; Tieflandwälder. KL 1,1–1,5 m; SH ca. 70 cm; GT 27–65 kg. Fell: Kurz, schwarz mit weißem bis orangefarbenem halbmondförmigem Abzeichen auf der Brust, das sich häufig bis zum Hals ausdehnt. Fortpflanzung: Tragzeit 3–8 Monate. Lebenserwartung: Bis zu 33 Jahre in Gefangenschaft (frei lebend nicht bekannt). Eine etwas kleinere Variante auf Borneo gilt als Unterart *(H. m. euryspilus)*. IUCN-Status: Keine Angaben.

LIPPENBÄR *Melursus (Ursus) ursinus*
Indien, Nepal, Bhutan, Sri Lanka und evtl. Bangladesch; überwiegend Tieflandwälder und Grasland. KL 1,4–1,9 m; SH 60–90 cm; GT Männchen 80–145 kg, selten über 190 kg, Weibchen 55–95 kg. Fell: Lang, zottig, schwarz mit weißem „U" auf der Brust. Fortpflanzung: Tragzeit 4–7 Monate. Lebenserwartung: Bis zu 34 Jahre in Gefangenschaft (frei lebend nicht bekannt). Eine etwas kleinere Variante auf Sri Lanka gilt als Unterart *(M. u. inornatus)*. IUCN-Status: Gefährdet.

BRILLENBÄR *Tremarctos ornatus*
Andenbär
Anden von W-Venezuela bis zur Grenze Bolivien/Argentinien; Bergwälder bis hoch gelegenes Grasland. KL 1,3–2,0 m; SH 70–90 cm; GT Männchen 100–175 kg, selten über 200 kg; Weibchen 60–80 kg. Fell: Schwarz mit cremeweißem, latzartigem Abzeichen auf Kinn, Hals und/oder Brust, weiße Zeichnung rund um die Augen. Fortpflanzung: Tragzeit 5,5–8,5 Monate. Lebensdauer: Bis zu 39 Jahre in Gefangenschaft (frei lebend unbekannt). IUCN-Status: Gefährdet.

Abkürzungen: KL = Körperlänge; SH = Schulterhöhe; GT = Gewicht

VERBREITUNG Nord-, Mittel- und Südamerika; Kleiner Panda in Asien.

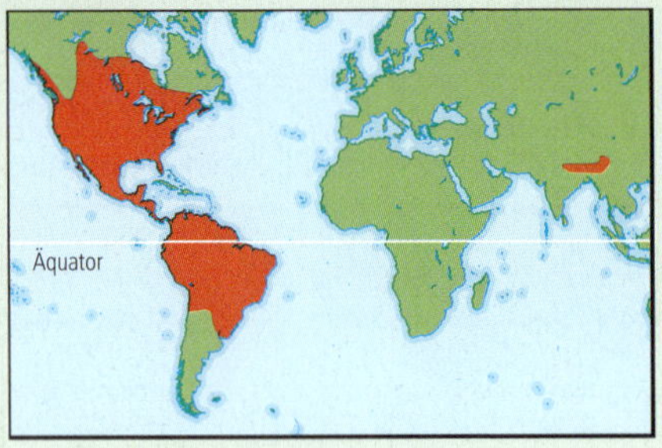

Familie: Procyonidae
19 Arten in 7 Gattungen

WASCHBÄREN UND NASENBÄREN
Unterfamilie Procyoninae

12 Arten in 4 Gattungen

Waschbären 7 Arten von *Procyon*	S. 88
Nasenbären 3 Arten in 2 Gattungen *Nasua* und *Nasuella*	S. 90
Nord- und Mittelamerikanisches Katzenfrett 2 Arten von *Bassariscus*	S. 95

WICKELBÄREN UND MAKIBÄREN
Unterfamilie Potosinae

6 Arten in 2 Gattungen

Wickelbär *Potos flavus*	S. 92
Makibär 5 Arten von *Bassaricyon*	S. 94

PANDA Unterfamilie Ailurinae

Kleiner Panda *Ailurus fulgens*	S. 94

Kleinbären

ZUR FAMILIE DER KLEINBÄREN ZÄHLEN NUR sieben Gattungen und 19 Arten, doch ihre Vertreter unterscheiden sich stark voneinander in Aussehen und Lebensweise. Diese Vielfalt spiegelt sich im wissenschaftlichen Disput über ihre Klassifikation wider, der noch nicht entschieden ist. Hier gehen wir von drei Unterfamilien aus, den Ailurinae (mit einer einzigen asiatischen Art) sowie den Potosinae und den Procyoninae mit den sechs übrigen Gattungen, die alle in der Neuen Welt leben. Viel diskutiert wird die Zuordnung des Kleinen Pandas. Diesen weisen manche Wissenschaftler zusammen mit dem Großen Panda einer eigenen Familie zu, den Ailuropodidae, während andere ihn zu den Procyonidae zählen.

Die Kleinbären entwickelten sich aus hundeartigen Vorfahren. Fossilien von *Bassariscus* sind 20 Millionen Jahre alt und stammen damit aus einer Zeit, in der Europa und Nordamerika noch einen Kontinent bildeten. Als sich dieser spaltete, teilte sich auch die Familie: Die Procyoninae blieben in der Neuen Welt und der ailurine Vorfahre des Kleinen Pandas in der Alten.

Procyonidae sind mittelgroße, lang gestreckte Säugetiere mit langen Schwänzen. Mit Ausnahme des einfarbigen Wickelbären haben alle auffällige Fellzeichnungen und Ringelschwänze.

In Gefangenschaft werden Kleinbären zehn bis 15 Jahre alt, in Freiheit selten älter als sieben Jahre. Die Weibchen pflanzen sich meist schon im ersten Frühjahr nach der Geburt fort, die Männchen ab dem zweiten Lebensjahr. Die Neugeborenen wiegen 150 g und sind nicht weit entwickelt. Bei den meisten Arten besteht der Wurf aus drei bis vier Jungen. Weibliche Kleine Pandas gebären jedoch nur jeweils ein bis zwei Junge und Wickelbären nur eines. Der Nachwuchs wird in Bauen oder Nestern geworfen und von der Mutter gut versorgt, bis er selbstständig ist. Alle Kleinbären sind nachtaktiv, ausgenommen die überwiegend tagaktiven Nasenbären. Das soziale Leben der Kleinbären in Freiheit wird erst seit kurzem erforscht. Anscheinend sind manche Arten (z.B. Nordamerikanisches Katzenfrett) Einzelgänger, während andere, wie der Nasenbär, in großen Gruppen leben. Doch ist anzunehmen, dass alle Kleinbären komplexe soziale Beziehungen untereinander und zwischen den Geschlechtern unterhalten.

Die Kleinbärenarten gelten in unterschiedlichem Maße als gefährdet. Kleiner Panda, Makibär und Mittelamerikanisches Katzenfrett sind vor allem durch das Verschwinden der Wälder bedroht. Während der Waschbär sehr verbreitet ist, gilt die auf Barbados lebende Art *Procyon gloveralleni* seit den 1960er Jahren als ausgestorben.

JKR/EKF

1

2

3

GUT ZU FUSS

An ihren Füßen haben die Kleinbären fünf Zehen, von denen die dritte am längsten ist. Die Tiere laufen wie Bären ganz oder teilweise auf ihren Sohlen (Sohlengänger). Der Kleine Panda hat eine kleine zusätzliche Zehe, die er wie einen Daumen den anderen gegenüberstellen kann. Die Krallen sind im Allgemeinen nicht einziehbar, mit Ausnahme der Krallen an den Vorderpfoten der Nordamerikanischen Katzenfrette sowie der Kleinen Pandas.

Die Wickelbären haben einen Greifschwanz. Die Nasenbären setzen den Schwanz außer zum Greifen auch zum Ausbalancieren ein. Alle Kleinbären sind gute Kletterer. Wickelbär und Mittelamerikanisches Katzenfrett leben im Kronenbereich der Wälder und steigen fast nie auf den Boden hinab.

SCHÄDEL UND GEBISS

Wie bei Allesfressern zu erwarten, eignet sich das Gebiss von Kleinbären für viele Nahrungsarten. Die typische Zahnformel ist I3/3, C1/1, P4/4, M2/2 = 40, mit artspezifischen Abweichungen. Der Wickelbär hat oben und unten nur je drei Prämolaren. Der Kleine Panda besitzt im Oberkiefer drei, im Unterkiefer vier Prämolaren. Nur das Mittelamerikanische Katzenfrett verfügt über gut entwickelte Reißzähne. Bei Waschbären sind die Reißzähne nicht spezialisiert und die Prämolaren weisen flache Kronen auf. Bei den Insekten fressenden Nasenbären fehlen den Backenzähnen hohe Höcker.

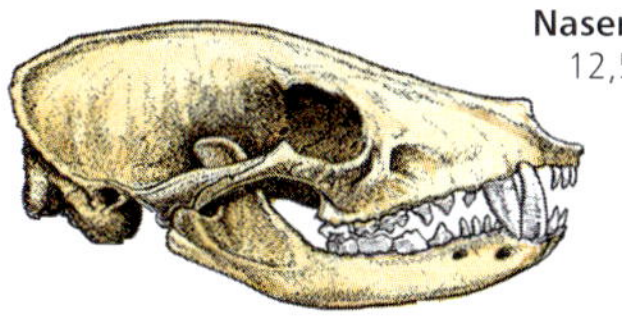

Nasenbär
12,5 cm

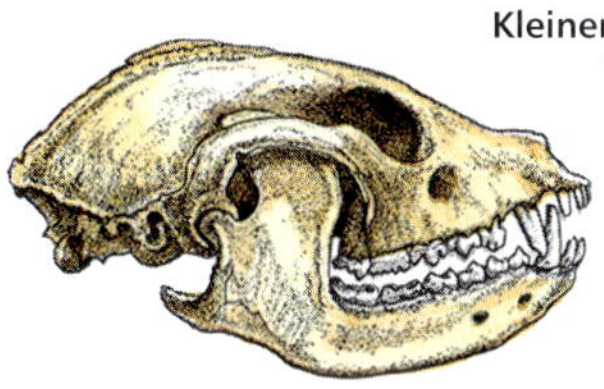

Kleiner Panda
10,9 cm

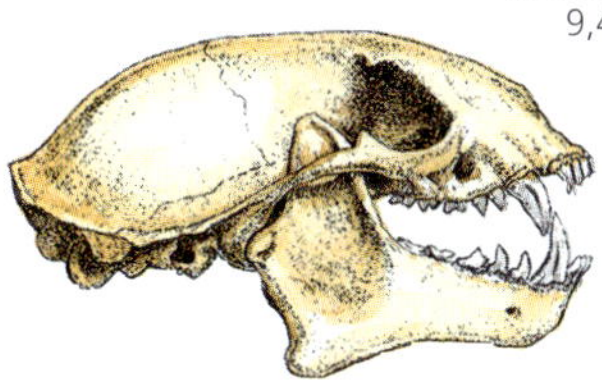

Wickelbär
9,4 cm

Links und unten: *Verschiedene Kleinbären:* ***1*** *Ein Wickelbär leckt Nektar von einer Blüte, während er sich mit dem Schwanz festhält.* ***2*** *Ein Nasenbär sucht am Waldboden nach Insekten.* ***3*** *Ein Nordamerikanisches Katzenfrett frisst eine Eidechse.*

ABWECHSLUNGSREICHE KOST

In Anbetracht dessen, dass die Kleinbären zur Ordnung der Fleisch fressenden Raubtiere gehören, verzehren sie nicht viel Fleisch. Der Wickelbär nimmt an tierischer Nahrung nur Insekten zu sich, und auch der Kleine Panda (OBEN) lebt überwiegend vegetarisch von Bambussprossen, Früchten, Wurzeln, Moosen und Eicheln. Früchte bilden die Grundnahrung der meisten Kleinbären, auch wenn die anderen Arten ausgeprägtere Allesfresser sind und ihren Speiseplan durch viele verschiedene Insekten und andere kleine Tiere ergänzen. Waschbären vertilgen auch Würmer, Schnecken, Fische, Krebse und Muscheln, während Makibären mitunter Vögel und kleine Säuger fangen. Anteilsmäßig am meisten Fleisch fressen das Nordamerikanische (LINKS) und das Mittelamerikanische Katzenfrett, die mit ihrem hundeähnlichen Gebiss sogar Beutetiere in Kaninchengröße schlagen können.

Die Ernährungsweise lässt sich auch am Äußeren ablesen. Bei den meisten Arten sind die Schnauzen spitz. Der Früchte bevorzugende Wickelbär hat eine kurze Schnauze und eine zum Lecken von Nektar geeignete lange Zunge (GANZ LINKS). Am entgegengesetzten Ende der Skala steht der Nasenbär mit seiner langen, biegsamen Schnauze, die für das Suchen nach Insekten ideal ist. Die großen Ohren von Wickel- und Makibären helfen, die Beute zu orten.

Waschbären

WASCHBÄREN SIND SEHR ANPASSUNGSfähig und lernten in einer von Menschen beherrschten Umgebung zu überleben. Sie plündern Mülltonnen und Felder und verstehen es, in Gebäude einzudringen – und wieder herauszukommen.

In Nordamerika sind Waschbären ein vertrauter Anblick, und trotzdem ist über ihr soziales Leben nur wenig bekannt. Auch Menschen und Waschbären können enge Beziehungen zueinander entwickeln. Junge Waschbären sind entzückende Haustiere, während Hormonveränderungen beim heranwachsenden Tier selbst den geduldigsten Besitzer zur Verzweiflung treiben.

Maskierter Gauner

KÖRPERBAU UND FUNKTION

Waschbären sind an ihrem Fuchsgesicht mit der schwarzen Maske, dem stämmigen Körperbau und dem geringelten Schwanz leicht zu erkennen. Erwachsene Tiere wiegen 5 bis 8 kg, doch das Gewicht schwankt je nach Lebensraum und Geschlecht. Männchen sind in der Regel 20 bis 30 % größer als Weibchen.

Die Geschlechtsreife kann schon im ersten Frühjahr nach der Geburt eintreten, doch manche Waschbären pflanzen sich erst nach der zweiten Saison fort. Die Paarungszeit erreicht ihren Höhepunkt je nach Breitengrad zwischen Februar und April. Neun Wochen nach der Begattung werden vier bis sechs Junge geboren. Der Nachwuchs junger Weibchen kommt mitunter später in die Pubertät als der älterer. Manche Weibchen werfen ein zweites Mal, wenn die Jungen des ersten Wurfs starben. Auf diese Weise kann sich die Paarungszeit bis in den Herbst hinziehen.

Waschbären können ausgezeichnet klettern, doch dank Telemetrie wissen wir, dass die Tiere als Quartiere außer Baumhöhlen oft Baue am Boden, „Nester" im Gebüsch, verlassene Gebäude, Keller, Holzstapel und Heuhaufen nutzen. Die einzige Anforderung an einen Unterschlupf ist, dass er Schutz vor Fressfeinden und dem Wetter bietet.

Bei ihrer Ernährung sind Waschbären Opportunisten, die mit dem Vorhandenen vorlieb nehmen. Meist begeben sie sich nachts auf die Suche nach Fischen, Krebsen, Muscheln, Regenwürmern und Schnecken, oder nach Insekten, Früchten, Beeren, Nüssen, Samen, gelagertem Getreide oder solchem, das noch auf dem Feld steht.

Am aktivsten sind Waschbären zwischen Sonnenuntergang und Mitternacht. Im Norden der USA und in Kanada ruhen sie im Winter, ohne einen richtigen Winterschlaf zu halten. Sie bleiben einen Monat oder länger in ihrem Unterschlupf, bis kein Nachtfrost mehr auftritt. Häufig teilen sich viele Tiere ein gemeinsames Quartier. Man nimmt an, dass diese Gruppen eine soziale Struktur besitzen.

FAKTEN

WASCHBÄREN

Ordnung: Carnivora

Familie: Procyonidae

Alle 7 Arten der Gattung *Procyon*

VERBREITUNG
Nord-, Mittel- und Südamerika.

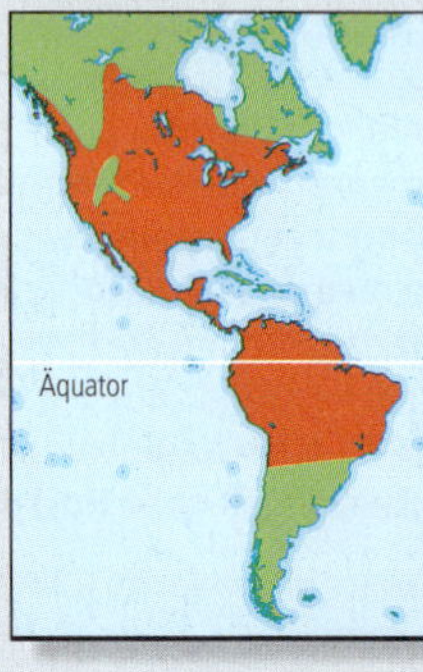

WASCHBÄR *Procyon lotor*
S-Kanada, USA, Mittelamerika; in Teile Europas und Asiens eingeführt. Gilt als verbreitetste Art und ist in mehreren Lebensräumen heimisch. KL 55 cm; SL 25 cm; GT meist 5–8 kg, mitunter bis 15 kg, Weibchen etwa um 25 % kleiner als Männchen. Fell: Meist grau, doch bisweilen heller und rötlicher (Albinos kommen vor); Schwanz braun und schwarz geringelt (meist 5 Ringe); schwarze Gesichtsmaske, betont durch graue Streifen oben und unten; schwarze Augen; kurze, gerundete und leicht gespitzte Ohrmuscheln. Fortpflanzung: Tragzeit 63 Tage. Lebenserwartung: 13–16 Jahre (über 17 Jahre in Gefangenschaft).

PROCYON INSULARIS
María-Madre-Insel, Mexiko. Fell: Kürzer, derber, heller als *P. lotor.* Stark gefährdet.

PROCYON GLOVERALLENI
Barbados. Fell: Dunkler als *P. lotor.* Ausgestorben.

KRABBENWASCHBÄR *Procyon cancrivorus*
Costa Rica südlich bis N-Argentinien. Fell: Kürzer, derber, mehr gelblich rötlich und mit weniger Unterwolle als *P. lotor;* Haare im Genick nach vorne gerichtet; Schwanz länger als bei *P. lotor.*

COZUMEL-WASCHBÄR *Procyon pygmaeus*
Insel Cozumel, Yucatán, Mexiko. Der kleinste Waschbär; wiegt oft nur 3–4 kg. Fell: Heller als *P. lotor.* Stark gefährdet.

PROCYON MINOR
Guadeloupe. Fell: Blasser als *P. lotor*. Stark gefährdet.

PROCYON MAYNARDI
Nassau, Bahamas. Galt früher als Artgenosse von *P. lotor.* Stark gefährdet.

Abkürzungen: KL = Körperlänge; SL = Schwanzlänge; GT = Gewicht

*◀ **Links:** Streit zwischen Waschbären. Diese Art ist inzwischen in Panama ebenso anzutreffen wie in den südlichen Teilen der kanadischen Provinzen und kommt nur auf Teilen der nordamerikanischen Plains nicht vor. Die Ausbreitung wurde u.a. durch den Menschen veränderte Umwelt möglich. Waschbären überwintern in verlassenen Gebäuden und fressen gelagertes Getreide.*

Gruppenleben

SOZIALVERHALTEN

Seinen geschickten Vorderpfoten verdankt der Waschbär nicht nur den deutschen, sondern auch den englischen Namen *racoon* (vom Algonkin *arakun:* „Der mit seinen Händen kratzt") sowie seinen lateinischen Artnamen *lotor* (von lavare, „waschen"). Das Reiben und Eintauchen von Beute in Wasser ist übrigens kein echtes Waschen, das der Waschbär an seinen Nahrungshappen vornimmt. Doch es ist so eng an das Fangen von im Wasser lebenden Tieren gekoppelt, dass die in Gefangenschaft lebenden Waschbären auch dann dieses Verhalten zeigen, wenn es weit und breit kein Wasser gibt.

Waschbären sind polygyn und promisk, doch über ihre soziale Organisation ist kaum etwas bekannt. Mehrere Weibchen, oft miteinander verwandt, haben überlappende Reviere, die wiederum Teile größerer Reviere von einem oder zwei Männchen sind. Die Weibchen bilden in der Paarungszeit mit einem bis vier Männchen so genannte Consortships (wobei sich die meisten Weibchen einer beobachteten Gruppe nur mit einem einzigen Männchen paarten). Der Zugang zu den Weibchen wird im Allgemeinen von schwereren Männchen kontrolliert.

Erwachsene Männchen besetzen allein oder als Gruppe 50 bis 5000 ha große Reviere. Die meisten Waschbären durchstreifen innerhalb eines Jahres eine 600 ha große Fläche. Männchen einer Gruppe wandern gelegentlich gemeinsam, doch kann man aufgrund von in der Paarungszeit auftretenden Narben darauf schließen, dass es zu Rivalenkämpfen kommt. Die Beobachtung der Consortships innerhalb eines markierten Waschbärbestands ergab, dass eines der fünf bis acht Männchen der Gruppe an 50 bis 60 % der Paarungen mit den zehn bis zwölf Weibchen im Territorium der Gruppe beteiligt war, dass sich aber Männchen von niedrigerem Rang häufig nach dem dominanten Männchen mit den Weibchen paarten.

Um soziale Beziehungen zu begründen und zu festigen, setzen die Tiere vermutlich Körpersprache, Laute und Düfte ein. So konnten 13 verschiedene „Rufe" identifiziert werden. An Latrinen legen ein oder mehrere Waschbären regelmäßig an der gleichen, auffallenden Stelle Kot ab. Der Grund für dieses Verhalten ist unbekannt.

Stadtbewohner und Beute

ARTEN- UND UMWELTSCHUTZ

Während einige weniger bekannte Waschbärarten von der IUCN als stark gefährdet eingestuft werden und die auf Barbados lebende Art *Procyon gloveralleni* sogar als ausgestorben gilt, hat die verbreitetste Art *Procyon lotor* nur wenig zu befürchten. Durch Krankheiten (vor allem Staupe) können Bestände vorübergehend schrumpfen, erholen sich aber rasch wieder. Im Osten Nordamerikas finden in den kühlen Nächten zwischen September und Dezember Jagden auf Waschbären, „coon hunting" genannt, mit dafür ausgebildeten Hunden statt. Sobald der Preis für die Felle steigt, kommt es zu einer Verstärkung der Bejagung (auch mit Fallen), der jährlich über vier Millionen Waschbären zum Opfer fallen können. Zahlreiche Waschbären werden auch überfahren. Im ländlichen Illinois etwa zählten Beobachter je einen toten Waschbären auf 286 km Strecke. In städtischen Gebieten ist diese Zahl sogar noch höher.

Im Südosten der USA gilt der Waschbär als stärkster Verbreiter von Tollwut: 1997 entfielen auf ihn die Hälfte der beobachteten Tollwutfälle. Ebenso ist der Waschbär Wirt des Fadenwurms *Baylisascaris procyonis,* eines Darmparasiten, der von Haustieren und sogar kleinen Kindern aufgenommen werden kann – mit oft tödlichen Folgen. EKF

Oben: *Ein Waschbär pflückt Hagebutten. Die Tiere ernähren sich von sehr abwechslungsreicher Kost, darunter von Süßwasserfischen und Krebstieren, allen Arten von Obst und Gemüse sowie Regenwürmern und Insekten. Deutlich zu erkennen: die schwarze Maske, das typische Kennzeichen aller Waschbären.*

Rechts: *In den Hinterhöfen nordamerikanischer Städte sind Waschbären häufige Besucher. Besonders nachts stöbern sie hier nach Nahrungsresten. Dabei verursachen sie nicht nur Schmutz und Unordnung, sondern können auch Haustiere mit Tollwut anstecken (deren wichtigste Träger sie in Nordamerika sind).*

Nasenbären

Europäische Forscher, die die ersten Nasenbären beobachteten, unterschieden aufgrund des Verhaltens und der Fellfarben der Tiere 30 Arten. Die heutige Taxonomie dagegen weist drei Arten aus. Diese Divergenz erklärt sich aus der Vielfalt der Erscheinungstypen und Verhaltensweisen der Nasenbären. Männchen und Weibchen unterscheiden sich so deutlich, dass man oft meinen könnte, es mit zwei unterschiedlichen Arten zu tun zu haben.

Wichtigster Unterschied ist, dass die Männchen als Einzelgänger leben und die Weibchen in Gruppen. Die Beziehungen der Weibchen untereinander sind beinahe so hoch entwickelt wie unter Primaten: Die Tiere putzen sich gegenseitig, säugen die Jungen anderer Weibchen der Gruppe und vertreiben gemeinsam Fressfeinde.

Lange Schnüffelnasen

KÖRPERBAU UND FUNKTION

Das charakteristische Merkmal der Nasenbären ist ihre bewegliche Schnauze, die über das Ende des Unterkiefers ragt. Die Nase weist einen dichten Besatz mit Geruchssensoren auf. Zahlreiche Muskeln sorgen dafür, dass die Spitze der Schnauze sehr biegsam ist und bei der Nahrungssuche unter Laub und in Felsspalten gesteckt werden kann. Die tagaktiven Tiere verbringen viel Zeit damit, durch das Unterholz zu streifen und die dichte Schicht von welkem Laub, die den Waldboden bedeckt, nach allerlei Nahrhaftem zu durchsuchen.

Obwohl Nasenbären auch trockene Regionen besiedeln, etwa den Südwesten der USA, sind sie doch eher Bewohner feucht-tropischer Wälder. Alle Weibchen einer Gruppe (und aller Gruppen einer Population) sind gleichzeitig paarungsbereit. Sämtliche Paarungen finden innerhalb eines Zeitraums von zwei bis vier Wochen statt. Während die Männchen versuchen, den Zugang zu den Weibchen zu kontrollieren, indem sie die Gruppen bewachen, zeigten genetische Untersuchungen an Jung- und Alttieren, dass sich die Weibchen einer Gruppe trotzdem mit verschiedenen Männchen paaren können.

Die gleichzeitigen Paarungen führen zwei bis drei Monate später zu einem Babyboom. Vor der Geburt sondern sich die Weibchen ab, um drei bis vier Junge zu werfen. Die meisten werden aufgrund von Fressfeinden, Krankheiten und Hunger nicht überleben. Die Weibchen halten sich nach der Geburt fünf bis sechs Wochen lang von der Gruppe fern, bis die Jungen groß genug sind, um mitzuwandern. Der Termin für die Paarungszeit ist je nach Region unterschiedlich und hängt von der Nahrungsverfügbarkeit ab.

Obgleich sie zu den Raubtieren gezählt werden, gelten Nasenbären als Allesfresser, die sich vorwiegend von Früchten und Gliederfüßern ernähren. Die Abhängigkeit von Früchten und die Notwendigkeit, sich vor Fressfeinden zu schützen, unterstützten die Herausbildung der Sozialstruktur mit männlichem Einzelgängertum und weiblicher Gruppenbildung. Die Gruppen können aus 25 und mehr Tieren bestehen. Bei einer Studie in Panama beobachtete man eine durchschnittliche Gruppengröße von 15 Tieren. Wechselnde Nahrungsverfügbarkeit, das Abwandern trächtiger Weibchen und deren Rückkehr mit ihren Jungen führen jedoch häufig zu Schwankungen.

Oben: *Soziale Beziehungen zwischen erwachsenen weiblichen Nasenbären, die beim gegenseitigen Putzen offenkundig werden* ***1****, sind für alle Mitglieder der Gruppe wichtig, besonders aber für die Jungen. Erwachsene und Halbwüchsige kümmern sich um den Nachwuchs und halten nach Fressfeinden Ausschau* ***2****. Die Erwachsenen vertreiben gemeinsam energisch die Fressfeinde. Die Jungen werden sehr intensiv* ***3*** *auch von den „Verbündeten" der Mutter geputzt. Sie verbringen viel Zeit mit gemeinsamem Spiel* ***4****.*

Links: *Die lange, bewegliche Schnauze und die kräftigen Krallen an den Vorderpfoten sind das wichtigste „Werkzeug" der Nasenbären, mit dem sie im welken Laub am Waldboden nach Insekten wühlen oder Eidechsen und Spinnen aus ihren Bauen ausgraben. Männchen sind bei der Jagd erfolgreicher, da sie allein und deshalb weniger geräuschvoll sind.*

Das Individuum in der Gruppe

Wie setzt sich eine Nasenbär-Gruppe zusammen und wie ist ihre soziale Hierarchie aufgebaut? Man könnte annehmen, dass die Gruppe aus blutsverwandten Tieren besteht. Gentests ergaben jedoch, dass in einer Gruppe gewöhnlich auch Individuen leben, die nicht mit den anderen verwandt sind. Eine große Feldstudie in Panama zeigte, dass diejenigen Nasenbären, die nicht mit den anderen verwandt sind, eher von den anderen aggressiv angegangen werden und am Rand der Gruppe leben müssen, wo Fressfeinde sie eher attackieren können. Trotzdem sind sie in der Gruppe sicherer und finden auch mehr Nahrung, als wenn sie sich allein durchschlagen müssten.

Einsame Männchen, gesellige Weibchen

SOZIALVERHALTEN

Bei vielen Säugetieren verlassen die Halbwüchsigen eines Geschlechts beim Herannahen der Geschlechtsreife die Gruppe und suchen sich eigene Reviere, um sich später nicht mit Verwandten zu paaren oder gegen sie in Konkurrenz zu treten. Nasenbären lösen das Problem auf ungewöhnliche Art, indem Weibchen in der Regel in der Gruppe bleiben, in die sie hineingeboren wurden, während die Männchen im dritten Lebensjahr zwar die Gruppe verlassen, jedoch in deren Territorium bleiben. Inzucht wird vermieden, indem die Tiere dieses Revier in der Paarungszeit verlassen, andernorts nach paarungsbereiten Weibchen suchen und erst mehrere Wochen nach Ende der Paarungszeit in das alte Revier zurückkehren.

Die Eigenbezirke der Männchen überlappen sich um bis zu 72 %; Nachbarn sind häufig miteinander verwandt. Die Territorien werden nicht konsequent verteidigt, doch kann es zu kurzen Streitereien um besonders ergiebige Nahrungsquellen, wie z.B. Früchte tragende Bäume, kommen. Die Reviere der Weibchengruppen überlappen sich um bis zu 66 %. Im Kerngebiet hält sich aber nur die revierinhabende Gruppe auf.

Bei Konflikten innerhalb des Verbands unterstützen sich Mitglieder gegenseitig und bilden Koalitionen. Das Ausmaß, in dem die einzelnen Mitglieder dieses Verhalten zeigen, ist von ihrem Alter, Rang und jeweiligem Verwandtschaftsgrad abhängig (siehe Kasten links).

FAKTEN

Nasenbären

Ordnung: Carnivora
Familie: Procyonidae
3 Arten in 2 Gattungen

VERBREITUNG Südl. Nord-, Mittel- und Südamerika.

Lebensraum Sehr ausgedehnt; schließt tropisches Tiefland, trockene Hochgebirgswälder, Mesquite-Grasland und Waldränder mit ein.
Tragzeit 77 Tage.
Lebensdauer 7 Jahre (bis zu 14 in Gefangenschaft).

SÜDAMERIKANISCHER NASENBÄR *Nasua nasua*
Wälder Südamerikas, O der Anden, S- bis N-Argentinien und Uruguay. KSL 80–130 cm, etwas über die Hälfte davon entfällt auf den Schwanz; GT Männchen 4–6 kg, Weibchen 3,5–4,5 kg. Fell: Goldbraun-rötlich mit schwarzem Gesicht; je ein kleiner weißer Fleck über und unter jedem Auge und ein großer auf jeder Wange; Kehle und Bauch weiß; schwarze Pfoten, schwarze Schwanzringel.

NASENBÄR *Nasua narica*
SO-Arizona, Mexiko, Mittelamerika, W-Kolumbien und Ecuador. Maße wie Südamerikanischer Nasenbär. Fell: Grau oder braun, seitlich an den Vorderbeinen grau schimmernd; weißes Band um das Schnauzenende; ansonsten wie Südamerikanischer Nasenbär.

BERGNASENBÄR *Nasuella olivacea*
Bergwälder Ecuadors, W-Venezuelas und Kolumbiens. KSL 70–80 cm, Schwanz kürzer als Körper. Fell: Olivbraun, mit schwarzer Schnauze, Augenringen und Pfoten; Schwanz schwarz geringelt.

Abkürzungen: KSL = Kopf-Schwanz-Länge; GT = Gewicht

Isolierte Populationen bedroht

ARTEN- UND UMWELTSCHUTZ

Den meisten Nasenbären droht keine Gefahr. Tatsächlich zählen sie in vielen Gebieten zu den verbreitetsten Arten. Für einzelne Gruppen besteht jedoch Anlass zur Sorge. Die Unterart *Nasua narica nelsoni*, die möglicherweise sogar eine eigene Art darstellt und die mexikanische Insel Cozumel besiedelt, ist durch Tourismus gefährdet. Die Bestände von Bergnasenbären (*Nasuella olivacea*), die in unzugänglichen Hoch-gebirgszonen von Venezuela, Kolumbien und Ecuador leben, scheinen durch die Abholzungen zu schrumpfen, doch fehlen der IUCN dazu nährere Angaben.

MEG/JLG

Wickelbär

VOM GREIFSCHWANZ, DEN NACH VORN GErichteten, großen Augen und der Vorliebe für Früchte in die Irre geleitet, erklärten Zoologen den Wickelbären zuerst irrtümlich für einen Primaten und gaben ihm den Namen Lemur flavus. *Untersuchungen der DNA zeigten jedoch, dass das heute unter dem Namen* Potos flavus *bekannte Tier kein Affe ist. Wenig an diesem kleinen nachtaktiven Tier verrät, dass seine Vorfahren Raubtiere waren. Dennoch gehört es zu den Verwandten der Nasenbären, Waschbären und Katzenfrette aus der Familie Procyonidae.*

Vom Aussehen und Verhalten her ähnelt der Wickelbär am stärksten dem Makibären (siehe Weitere Kleinbären, Seite 94). Obwohl es in der Ernährung Unterschiede gibt – der Makibär frisst verschiedene Insekten und Wirbeltiere, während sich der Wickelbär an süßere Nahrung hält –, gleichen sich beide Arten so sehr, dass sie mitunter sogar einer eigenen Unterfamilie zugeordnet werden.

Akrobaten der Baumkronen

KÖRPERBAU UND FUNKTION

Das affenartigste Merkmal des Wickelbären ist sein Greifschwanz. Er dient dem 2 bis 3 kg schweren Tier beim nächtlichen Schwingen von Ast zu Ast als „Sicherungsseil“. Wickelbären können auch am Schwanz kopfüber von einem Ast hängen, während sie mit den Vorderpfoten geschickt Nahrung pflücken oder halten.

Die Sicherheit, die der Greifschwanz den Tieren in den Baumkronen bietet, als auch die Gefahren, die nachts auf dem Waldboden lauern, veranlassen die Wickelbären, in den oberen Wipfelregionen zu bleiben. Auf diese Weise fallen sie nur selten den am Boden lebenden Raubtieren wie Jaguaren zum Opfer. Als nachtaktive Tiere werden sie kaum von Adlern gefangen, und auch die in ihrem Lebensraum vorkommenden Eulen werden ihnen nicht gefährlich, denn sie sind schlichtweg zu klein. Die geringe Bedrohung durch Fressfeinde hat zur Folge, dass Wickelbären Menschen gegenüber nicht scheu sind und sich selbst bei hellem Mondlicht nicht vorsichtiger verhalten. Sie haben eine niedrige Fortpflanzungsrate (die Weibchen gebären nur einmal im Jahr ein Junges), woraus man schließen kann, dass sie hohem Feinddruck nicht gewachsen wären.

In den Baumkronen finden Wickelbären leicht Nahrung. Ihr Speiseplan umfasst zu 90 % Früchte und zu 10 % Blätter sowie Nektar. Die in Panama lebenden Wickelbären ernähren sich rein vegetarisch, während in anderen Teilen des Verbreitungsgebiets dagegen Insekten einen wichtigen Teil der Nahrung ausmachen können. Die Auswahl der von ihnen gefressenen Fruchtarten ist sehr groß (in Zentralpanama mindestens 78). Bevorzugt werden fleischige, süße Früchte. Mit Ausnahme von Flughunden fressen nur wenige Säugetiere anteilig so viel Obst. So gelten Schimpansen, Orang-Utans und Spinnenaffen z.B. als die eifrigsten Früchtefresser unter den Primaten, doch macht Obst selten mehr als 70 % ihrer Nahrung aus.

Affenähnliches Leben

SOZIALVERHALTEN

Weil sie keine Bedrohung durch Fressfeinde zu befürchten haben, brauchen Wickelbären nicht in großen Gruppen zu leben, die sich gemeinsam verteidigen. Wie die meisten Raubtiere gehen sie nachts meist allein auf Nahrungssuche, treffen sich aber wie Primaten regelmäßig mit anderen Mitgliedern ihrer Gruppe. In großen Bäumen, die reichlich Früchte tragen, versammeln sich die Tiere zu regelrechten „Picknicks“.

Oben: *Der Wickelbär bewegt sich geschickt von Ast zu Ast. Mit dem langen, kurz behaarten Greifschwanz hält er sich an einem Ast fest, um zu einem anderen hinüberzuschwingen. Hierdurch unterscheidet sich der Wickelbär vom Makibären, dessen Schwanz buschig ist und nicht greifen kann.*

Links: *Wickelbären verfügen über geschickte Vorderpfoten, die ihnen das Halten von Nahrung und das Klettern in den Baumkronen erleichtern. Die Hinterpfoten sind länger als die Vorderpfoten.*

FAKTEN

WICKELBÄR

Potos flavus

Ordnung: Carnivora

Familie: Procyonidae

Einziges Mitglied der Gattung

VERBREITUNG Östl. Mittel- und Südamerika von S-Mexiko bis Brasilien.

LEBENSRAUM Tropische Wälder.

GRÖSSE Körperlänge 42–57 cm; Schwanzlänge 40–56 cm; Gewicht 1,4–4,6 kg.

FELL Kurz und braun, mit rötlichem Schimmer.

NAHRUNG Überwiegend Früchte, daneben Honig, Blüten, Insekten und kleine Wirbeltiere.

FORTPFLANZUNG Tragzeit 112–118 Tage.

LEBENSERWARTUNG In Gefangenschaft bis zu 32 Jahre.

IUCN-STATUS Nicht gefährdet.

Unten: Als nachtaktives Tier verbringt der Wickelbär die Tage schlafend in Baumhöhlen – außer an heißen Tagen, an denen er sich lieber auf einen Ast legt. Der in Venezuela „Cuchi-Cuchi" genannte Bär streckt hier seine lange, schmale Zunge heraus, die er vermutlich einsetzt, um an Blütennektar oder Honig zu kommen. Wickelbären gehen in der Regel allein auf Nahrungssuche, sind aber geselliger, wenn Nahrung im Überfluss vorhanden ist.

Solche Gruppen treffen sich auch in den Unterschlupfen, in denen die Tiere den Tag verbringen. Zwischen Sonnenauf- und Sonnenuntergang verkriechen sie sich maximal zu fünft in Baumhöhlen oder zwischen Palmwedeln. In der Gruppe zeigen sie gesellige Verhaltensweisen, darunter gegenseitiges Putzen, gemeinsames Fressen und Spielen mit Jungtieren. Das Putzen nimmt durchschnittlich 6,4 Minuten in Anspruch, kann aber bis auf 28 Minuten ausgedehnt sein. Obwohl Gruppenmitglieder in allen Kombinationen daran teilnehmen, tritt es am häufigsten zwischen erwachsenen und halbwüchsigen Männchen auf.

Wickelbärgruppen bestehen aus einem Weibchen mit ihrem jüngsten (bis zu 1 Jahr alten) und einem halbwüchsigen (1–3 Jahre alten) Jungen sowie zwei erwachsenen Männchen. Diese können miteinander verwandt sein und leben friedlich zusammen, streiten aber gelegentlich, besonders während der Paarungszeit. Der Sieger bei den kurzen Kämpfen monopolisiert die Fortpflanzung, indem er paarungsbereite Weibchen bewacht und allein 91,7 % der Kopulationen durchführt. In der Gesellschaft der Wickelbären dürfte die vorherrschende Erblinie die väterliche sein, denn die Männchen sind geselliger und die Weibchen verlassen gewöhnlich die Gruppe, in der sie geboren wurden. Dies ist nicht nur durch die Beobachtung markierter Weibchen belegt, sondern auch durch eine Studie der Mikrosatelliten-DNA. Dabei kam heraus, dass Männchen enger mit ihren nächsten Nachbarn verwandt sind als Weibchen mit ihren nächsten Nachbarinnen. Nicht alle Weibchen treten solchen Gruppen bei. Manche sind im wahrsten Sinne des Wortes „allein erziehend".

Die Reviergröße erwachsener Wickelbären liegt bei 30 bis 50 ha. Die Reviere einzelner Gruppen sind klar gegeneinander abgegrenzt. Mit Duftdrüsen an Kinn, Kehle und Brust markieren die Tiere diese Grenzen. Die „allein erziehenden" Weibchen leben an den Grenzen benachbarter Gruppen und ihre Reviere überschneiden sich mit denen der Männchen der Gruppe, aber nie mit denen der Weibchen. Die Frage, warum gerade Männchen in Gruppen zusammenleben, konnte noch nicht geklärt werden. Vielleicht ist es einfach zu aufwändig, ein Revier zu verteidigen, das so groß sein muss, dass es ein vollständiges Revier einer Weibchengruppe enthält und sich mit mindestens einem Revier eines „allein erziehenden" Weibchens überschneidet. In dieser Hinsicht ähnelt das Verhalten der Wickelbären dem anderer Raubtiere, wie Waschbären und Geparde, bei denen ebenfalls die Reviere verbündeter Männchen diejenigen allein lebender Weibchen überlappen.

Andere Aspekte des sozialen Lebens der Wickelbären weisen bei verwandten Arten keine Parallelen auf, dafür aber bei Spinnenaffen und Schimpansen. Diese beiden Arten ernähren sich ebenfalls fast ausschließlich von Früchten und haben wenige natürliche Feinde. RK

Weitere Kleinbären

Der Kleine Panda aus Asien sowie die nachtaktiven Arten Mittel- und Südamerikas sind scheu und zählen zu den am wenigsten bekannten Kleinbären. Die Hauptnahrung des Kleinen Pandas bilden Bambussprossen, die der amerikanischen Arten Früchte, Insekten und kleine Säuger.

Kleiner Panda

AILURUS FULGENS

Der Kleine Panda ist die einzige Art der Unterfamilie Ailurinae. Er wurde auf Grundlage morphologischer, anatomischer, biochemischer und paläontologischer Anhaltspunkte aber auch schon den Ursidae (Großbären) und den Ailuropodidae (Riesenpanda) zugeordnet. Seit der Entdeckung im Jahr 1827 konnte er nicht eindeutig klassifiziert werden, obwohl er bis 1869, als man den ersten Riesenpanda entdeckte, der einzige bekannte Panda war.

Sein Fell besteht aus langen, groben Haaren und einer dicken Unterwolle, die ihn in seinem kalten, feuchten Lebensraum warm und trocken hält. Anders als bei anderen tropischen Säugetieren sind die Füße von einer dichten Lage weißer Haare bedeckt. Der nächste Verwandte mit demselben Merkmal ist der Eisbär *(Ursus maritimus)*. Jede Pfote besitzt fünf gespreizte Zehen mit gebogenen, halb einziehbaren Krallen. Ebenso wie Riesenpandas haben auch die Kleinen Pandas ein zum „falschen Daumen" vergrößertes Sesambein.

Das Verdauungssystem ist einfach; wie für Raubtiere typisch, fehlt der Blinddarm. Drüsen an den Fußballen könnten Düfte absondern. Beide Geschlechter besitzen paarige Analdrüsen, die einen stechenden Geruch verströmen. Die Tiere verfügen über vielfältige Lautäußerungen. Sie können quieken, zwitschern und ein eigenartiges quakendes Schnauben erzeugen. Zudem zischen und grunzen sie und klappern mit dem Kiefer.

Obwohl sie in erster Linie von Blättern und Sprossen des Bambus leben, suchen Kleine Pandas gelegentlich auch den Boden nach Wurzeln, saftigen Gräsern, heruntergefallenen Früchten, Insekten und Maden ab. Beim Fressen ergreifen sie die Bambustriebe mit den Vorderpfoten und beißen die Blätter mit dem Maul ab.

Kleine Pandas sind zu allen Zeiten des Tages aktiv, besonders aber in der Dämmerung, gegen Mittag und 11 Uhr nachts. Vermutlich wegen ihrer schwer verdaulichen Kost schlafen sie viel und sind nur 56 % des Tages hindurch wach. Längere Wachzeiten haben sie im Herbst, wenn die von ihnen bevorzugten Früchte an weit voneinander entfernten Orten zu finden sind, sodass sie weiter laufen müssen. Im Winter, der Paarungszeit, verlängert sich die Wachzeit auf 63 %. Bei zweijährigen Beobachtungen im nepalesischen Nationalpark Langtang fand man heraus, dass sich die Reviere Kleiner Pandas beider Geschlechter und von Männchen überlappten, die der Weibchen dagegen nur selten. Die Territorialgröße betrug 1,4–11,6 qkm. Besonders in der Paarungszeit waren die Eigenbezirke der Männchen größer als die der Weibchen. PY

Makibär

BASSARICYON SPP.

Die fünf Makibär-Arten sind dem Wickelbären äußerlich und vom Verhalten her sehr ähnlich. Sie haben lange Körper, lange Schwänze und kurze Beine, weshalb sie auch Schlankbären genannt werden. Nachts suchen sie nach Früchten. Gelegentlich gehen sie sogar mit Wickelbären gemeinsam auf Nahrungssuche und bilden mit diesen Gruppen. Makibären unterscheiden sich von Wickelbären durch längere Schnauzen und buschige Schwänze, die nicht greifen können. Ferner sind sie kleiner als Wickelbären und ordnen sich ihnen unter. Bei knappem Nahrungsangebot jagen die dominanten Wickelbären die kleineren Verwandten vom Baum. Bei in Gefangenschaft lebenden Makibären wurde beobachtet, dass sie mehr tierische Nahrung fressen. Auch ihr Gebiss ist stärker auf das Zerkleinern von Fleisch spezialisiert.

Makibären sind ausschließlich nachtaktiv. Obwohl sehr verbreitet, ist die Dichte der Bestände nicht hoch. In einem Gebiet leben jeweils nur ein Männchen und ein Weibchen. Das Revier eines beobachteten Männchens umfasste 37,5 ha und das Tier legte in einer einzigen Nacht etwa 1400 m zurück.

Oben: *Ein Katzenfrett-Pärchen. Goldgräber im nordamerikanischen Westen hielten sich die Tiere früher als Haustiere und Mäusefänger, die deshalb auch „Goldgräberkatzen" genannt wurden.*

Oben links: *Auffällig ist die Gesichtszeichnung des Kleinen Pandas, der die Wälder gemäßigter Zonen mit Bambusgestrüpp zwischen Nepal, Sikkim (Indien), Bhutan, dem nördlichen Myanmar und Teilen Südchinas besiedelt. Da der Kleine Panda auf diesen besonderen Lebensraum spezialisiert ist, reagiert er empfindlich auf die Zerstörung der Ökosysteme von Bergwäldern und gilt im Himalaya als stark gefährdet.*

Rechts: *Ein Makibär der Art* Bassaricyon alleni *aus dem Regenwald Westbrasiliens. Makibären leben von Meeresniveau bis in 2000 m Höhe und verbringen den Tag in Baumhöhlen, die sie mit trockenem Laub auspolstern. Nachts jagen sie Insekten und kleine Säugetiere.*

FAKTEN

Weitere Kleinbären

Ordnung: Carnivora

Familie: Procyonidae

8 Arten in 3 Gattungen

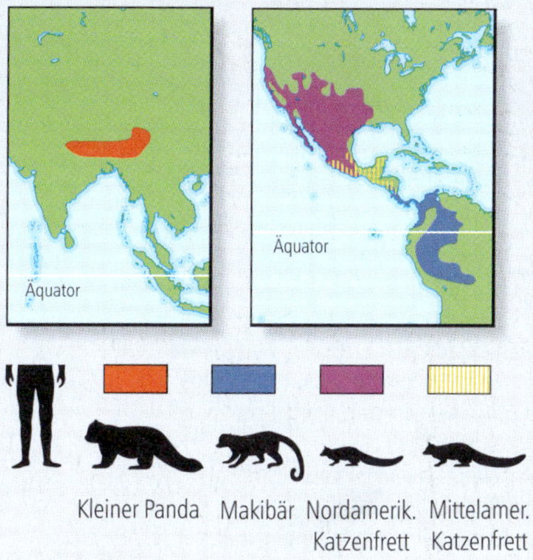

Kleiner Panda *Ailurus fulgens*

Roter Panda, Katzenbär

Himalaya bis S-China. Bevorzugt Bambuswälder in abgelegenen Hochlagen. KL 50–60 cm; SL 30–50 cm; GT 3–5 kg. Fell: Weiches, dickes, rötlich kastanienbraunes Fell auf dem Rücken; an Gliedmaßen und Unterseite dunkler; unterschiedlich große weiße Abzeichen in Gesicht und an den Ohren. Fortpflanzung: Tragzeit 112–158 Tage; Wurfgröße 1–2 Junge; Geburtsgewicht um 110–130 g. Lebenserwartung: Bis zu 14 Jahre. Unterarten: *A. f. fulgens,* Himalaya von Nepal bis Assam; *A. f. styani,* Myanmar und S-China. IUCN-Status: Stark gefährdet.

Makibär *Bassaricyon* spp.

Mittelamerika und NW-Südamerika *(B. gabbii);* Amazonasgebiet *(B. alleni).* Tropischer Regenwald in ca. 1800 m Höhe. KL 42–47 cm; SL 43–48 cm; GT etwa 1,6 kg. Fell: Graubraune lange Haare mit schwärzlichem Schimmer an der Oberseite und gelblichem Schimmer an der Unterseite sowie an den Innenseiten der Gliedmaßen; gelbliche Bänder über den Nacken zur Rückseite der Ohren verlaufend; Schwanz mit 11–13 oft verschwommenen schwarzen Ringen. Fortpflanzung: Tragzeit 73–74 Tage. Lebenserwartung: Über 15 Jahre in Gefangenschaft. *Bassaricyon lasius* (Costa Rica) und *B. pauli* (Panama) sind vermutlich Unterarten von *B. gabbii; B. beddardi* (Guyana) ist eine Unterart von *B. alleni.* IUCN-Status: *B. gabbii* steht auf der Vorwarnliste gefährdeter Arten; *B. lasius* und *B. pauli* sind beide als stark gefährdet eingestuft.

Nordamerikanisches Katzenfrett

Bassariscus astutus

W-USA ab Oregon und Colorado südlich und in ganz Mexiko. Trockene Zonen, besonders Felsklippen. KL 31–38 cm; SL 31–44 cm; GT 0,8–1,1 kg. Fell: Grau oder braun am ganzen Körper; weiße Flecken über und unter jedem Auge und auf den Backen.

Mittelamerikanisches Katzenfrett

Bassariscus sumichrasti

Mittelamerika. Trockene Wälder. KL 38–50 cm; SL 39–53 cm; GT 0,9 kg. Fell: Wie bei Nordamerikanischem Katzenfrett. IUCN-Status: Auf der Vorwarnliste.

Abkürzungen: KL = Körperlänge; SL = Schwanzlänge; GT = Gewicht

Katzenfrette

BASSARISCUS ASTUTUS / B. SUMICHRASTI

Sowohl das Nordamerikanische Katzenfrett als auch sein mittelamerikanischer Verwandter haben Gebisse, die dem der Hundeartigen ähneln und ihre Zugehörigkeit zu den Raubtieren verraten. Gemeinsam sind beiden Arten auch die langen Beine, schlanken Körper und langen, buschigen Ringelschwänze. Sie haben fuchsähnliche Gesichter und größere Ohren als die anderen Kleinbären. Die Krallen der nordamerikanischen Art lassen sich halb einziehen, während die mittelamerikanische Art keine retraktilen Krallen besitzt.

Obwohl einer der kleinsten Kleinbären, ist das Nordamerikanische Katzenfrett ein ausgeprägter Fleischfresser, nimmt aber auch Früchte und andere Pflanzenkost auf. Die mittelamerikanische Art verbringt mehr Zeit in Bäumen als die nordamerikanische. Telemetrische Beobachtungen ergaben, dass sie in einer Nacht ca. 2,5 km zurücklegen und die Reviergröße 16 bis 22 ha beträgt. RK/JKR

VERBREITUNG Alle Kontinente außer Antarktis und Australien; drei Arten wurden nach Neuseeland eingeführt.

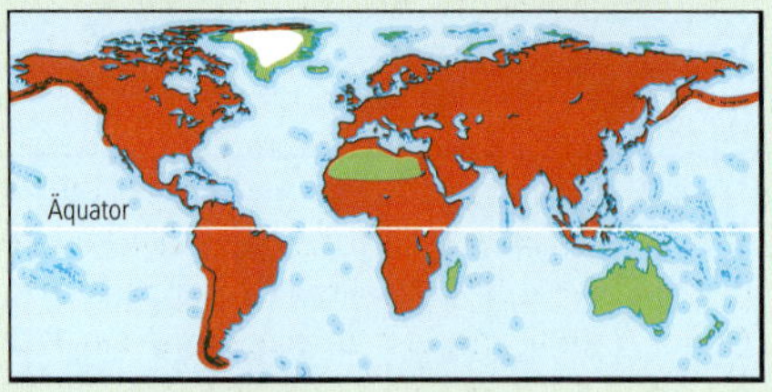

MARDERARTIGE Familie Mustelidae

56 Arten in 24 Gattungen

STINKTIERE Familie Mephitidae

10 Arten in 3 Gattungen

Marderartige und Stinktiere

MARDERARTIGE UND STINKTIERE SIND ENG miteinander verwandt. Manche Taxonomen betrachten die Stinktiere sogar als Unterfamilie der Marderartigen. Gemeinsam bilden beide Familien, die sich erfolgreich über vier Kontinente ausgebreitet haben, die größte Gruppe der Raubtiere. Trotzdem bleibt über sie noch viel herauszufinden. Eine Art, das Kolumbienwiesel, wurde erst 1978 entdeckt, aber auch einige der am häufigsten anzutreffenden Arten wurden noch nie genauer erforscht. Die Evolution der Marderartigen wird auch heute noch angeregt diskutiert und ihre Klassifikation könnte jederzeit umfassend revidiert werden.

Alle Marderartigen, ob groß oder klein (das nur 50 g schwere Mauswiesel ist das kleinste Raubtier der Welt, während der Meerotter 45 kg auf die Waage bringt), haben aufgrund ihres Körperbaus einen hohen Energiebedarf. Ihr Körper ist in der Regel lang gestreckt mit kurzen Beinen, also ideal, um sich in engen Räumen zu bewegen, wie sie die Baue der Beutetiere darstellen. Mit diesem Körper sind die Marderartigen ihren Beutetieren überlegen. Gleichzeitig aber hat der Marderkörper im Verhältnis zum Volumen eine große Oberfläche, was zu hohen Energieverlusten durch Abstrahlung von Körperwärme führt. Ausgeglichen wird dies durch einen hohen Grundumsatz und einen entsprechend hohen Futterbedarf. Die kleinsten Wiesel fressen täglich eine Menge an Beutetieren, die einem Drittel ihres Gewichts entspricht, bei säugenden Weibchen sogar zwei Dritteln.

Obwohl einige Arten lokal sehr verbreitet sein können, stuft der IUCN 17 Arten und zehn Unterarten als bedroht und weitere neun Arten und vier Unterarten als gefährdet ein. Übermäßige Bejagung führte oft zu rascher Abnahme von Populationen. Auch der Verlust von Lebensraum und Beutetieren verursachen wie im Fall des Schwarzfußiltis große Probleme. Insgesamt scheint die Zukunft der Marderartigen dank staatlicher Schutzmaßnahmen gesichert, doch sollten rasch weitere Pläne gefasst werden, um die gefährdeten Arten rechtzeitig vor der Ausrottung zu bewahren.

RMcD

ERNÄHRUNGSWEISE

Marderartige sind aktive Jäger, die ihrer Beute überallhin folgen. Marder und Tayras sowie einige andere Arten klettern hervorragend und holen Vögel und Eichhörnchen auch aus ihren Nestern. Um Nahrungsknappheit zu vermeiden, töten Marderartige wesentlich mehr Beutetiere, als sie fressen können. Die überzählige Beute wird fortgeschleppt und versteckt, um sie in futterarmen Zeiten zu verspeisen.

Kleinere Mitglieder dieser Familie wie Wiesel und Iltisse ernähren sich überwiegend von Kleinsäugern wie Mäusen, Wühlmäusen und Kaninchen, denen sie auch in deren Bauen nachstellen. Otter dagegen fressen üblicherweise Fische und im Wasser lebende Wirbellose, während Dachse in Großbritannien fast ausschließlich von Regenwürmern und Wurzeln leben. Der oft als „unersättlich" beschriebene Vielfraß kann Tiere von der Größe eines Rentiers töten.

Pelzjäger machen sich die Vorliebe mancher Mustelidae, insbesondere der Marder, für süße Beeren zunutze und verwenden als Köder für ihre Fallen sogar Marmelade. Auch Stinktiere besitzen einen abwechslungsreichen Speiseplan, auf dem kleine Nager und Schlangen, Insekten und andere Wirbellose sowie Früchte und grüne Pflanzenteile stehen.

7

6

5

1

3

2

4

SCHÄDEL UND GEBISS

Die Schädel der Marderartigen und Stinktiere sind überwiegend lang, abgeflacht und keilförmig. Schädelgröße sowie Zahl und Spezialisierung der Zähne können sehr unterschiedlich sein. Die meisten Arten der Unterfamilie Mustelinae, z.B. das Mauswiesel, haben die Zahnformel I3/3, C1/1, P3/3, M1/2 = 34, mit vorstehenden scharfen Eckzähnen und schneidenden Reißzähnen. Beim Vielfraß (I3/3, C1/1, P4/4, M1/2 = 38) knacken die schweren Prämolaren und die kräftigen Kiefer sogar dicke Knochen. Die Zahnformel des Honigdachses lautet I3/3, C1/1, P3/3, M1/1 = 32, die des Europäischen Dachses I3/3, C1/1, P4/4, M1/2 = 38 (größte Zahnzahl in dieser Familie). Bei Ottern der Gattung *Lutra* ist die Zahnformel I3/3, C1/1, P3–4/3, M1/2 = 34–36.

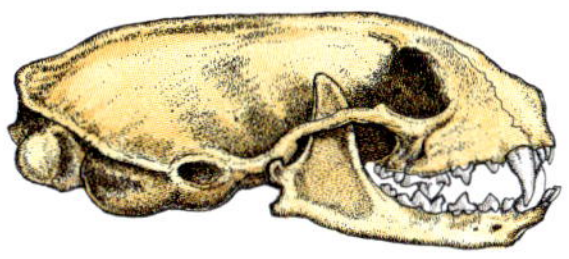

Mauswiesel
4,4 cm

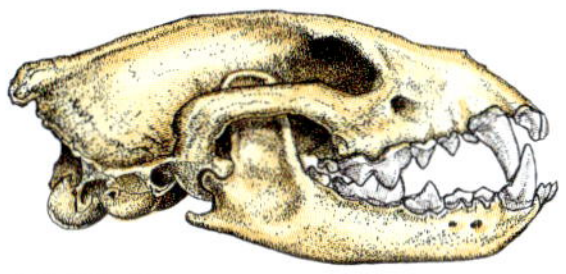

Vielfraß
16,8 cm

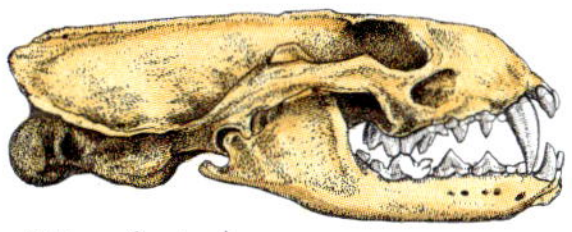

Otter *(Lutra)*
12 cm

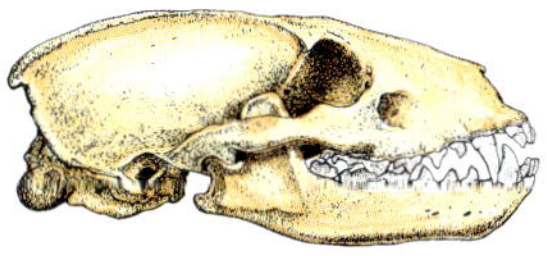

Europäischer Dachs
13 cm

Links *Einige Mitglieder der Familie der Marderartigen bei typischen Aktivitäten:* ***1*** *Ein Indischer Fischotter hält geschickt eine Muschel zwischen den Vorderpfoten.* ***2*** *Ein Mauswiesel schleppt eine Maus.* ***3*** *Amerikanischer Nerz mit Kaninchen;* ***4*** *Europäischer Dachs bei der Nahrungssuche;* ***5*** *Europäischer Iltis im Winterfell.* ***6*** *Ein Amerikanischer Marder hat einen Vogel gefangen.* ***7*** *Ein Vielfraß folgt einer Duftspur am Boden.*

CHEMISCHE SIGNALE

Marderartige und Stinktiere leben überwiegend als Einzelgänger. Nur die fünf Otterarten, der Europäische Dachs und der Fleckenskunk zeigen Ansätze eines Gemeinschaftslebens. Charakteristisch für die Übrigen ist, dass sie nach dem Verlassen der Mutter allein leben. Zusammentreffen mit Artgenossen verlaufen meistens konfliktreich, außer in der Paarungszeit. Dennoch entwickelten diese Tiere ein komplexes System sozialer Kommunikation, das auf chemischen Signalen beruht, die mit Urin, Kot und Drüsensekreten abgegeben werden. Spezialisierte Analdrüsen erzeugen die stark moschusartig riechenden Flüssigkeiten, die im Droh- und Angstverhalten eine Rolle spielen. Obwohl alle Marderartigen diese Analdrüsen besitzen, ist die Fähigkeit, Angreifer mit einer übel riechenden Flüssigkeit zu bespritzen, bei den Stinktieren am stärksten ausgeprägt. Dominante Mustelidae markieren ihr Revier und verteidigen es gegen gleichgeschlechtliche Artgenossen. Die Reviere der Männchen umschließen meist einige Reviere von Weibchen, zu denen die Männchen in der Paarungszeit den Zugang verteidigen.

Wiesel, Nerze, Iltisse

DAS MAUSWIESEL WURDE EINMAL ALS DIE „Nemesis des kleinen Volks der Natur“ bezeichnet. Es scheint gerechtfertigt, diese Tiere mit der antiken griechischen Göttin der Vergeltung in Verbindung zu bringen, denn alle Arten der Wieselartigen oder „Erdmarder“, dem es als kleinstes Mitglied angehört, sind sehr erfolgreiche Jäger. Sie verfolgen ihre Opfer oft bis in deren Bau und greifen auch relativ große Tiere an.

Die Wieselartigen sind mitunter klein und trotzdem Respekt gebietende Jäger, die die Ökologie einer gesamten Region verändern können. Alle Arten sind ausgeprägte Fleischfresser und für ihre Größe extrem stark: Ein Wiesel kann noch mit einer Beute, die halb so schwer ist wie es selbst, schnell laufen – ein Löwe könnte das nicht.

Mausefalle mit Zähnen

KÖRPERBAU UND FUNKTION

Die meisten Wieselartigen wiegen weniger als 2 kg, doch bei vielen Arten gibt es beträchtliche Größenunterschiede zwischen Männchen und Weibchen. Nicht alle Gruppen sind gleichermaßen erforscht. Von den drei Wieselarten der Nordhalbkugel (Mauswiesel, Hermelin und Langschwanzwiesel) kennt man einige Details, während wir über die tropischen Arten so gut wie nichts wissen. Dabei zählt diese Gruppe zu den weltweit verbreitetsten Raubtieren.

Die nördlichen Wiesel kennzeichnen lange, schlanke Körper und kurze Beine, ein abgeflachter, fast dreieckiger Kopf mit schmalem Gesicht und kurzen, abgerundeten Ohren.

Nerze besitzen kleine Ohren und lange, buschige Schwänze. Den einzigen Schutz gegen niedrige Temperaturen bietet das Fell, denn ebenso wie Otter haben diese Tiere kaum Unterhautfettgewebe. Das Fell besteht aus langen Deckhaaren, die jeweils von neun bis 24 kurzen Haaren des Unterfells umgeben sind. Alljährlich finden zwei Haarwechsel statt: Das dicke, dunklere Winterfell fällt im April aus und wird durch das weniger stark abstehende und hellere, braune Sommerfell ersetzt. Im August oder September fallen die Haare des Sommerfells aus. Das Winterfell ist spät im November vollständig. Das Fell der nördlichen Unterarten ist dunkler als das der südlichen.

Der Europäische Nerz ähnelt dem Amerikanischen Nerz oder Mink äußerlich stark, obwohl keine enge Verwandtschaft zu ihm besteht. DNA-Analysen ergaben, dass sich beide Arten so stark voneinander unterscheiden, wie es zwei zu einer Unterfamilie gehörende Arten gerade noch sein können; auch paaren sie sich untereinander nicht, während sich Europäische Nerze mitunter mit Iltissen kreuzen.

Jagderfolg

NAHRUNG

Alle Wieselartigen sind terrestrische Jäger. Sie fangen alle Arten kleiner Wirbeltiere und Insekten, die sie in ihrem Revier antreffen. Die meisten ernähren sich ausschließlich von Fleisch, und ihre Zähne eignen sich optimal für das Töten und Zerteilen tierischer Beute. Sie fressen jedoch nicht alles. Die Angehörigen der einzelnen Arten treffen eine Auswahl aus dem Angebot der zur Verfügung stehenden Beutetiere. Beim Töten der Beute gehen sie strategisch vor. Der Tigeriltis wendet auf die einzelnen Arten der Beutetiere unterschiedliche Techniken an: Große Tiere tötet er durch einen Biss in den Kopf oder in das Genick, kleine beißt er in die Brust. Fliehende Beutetiere packt er am Rücken oder an der Kehle, wenn sie sich verteidigen. Als einzige Iltisart ist der Schwarzfußiltis ein echter Spezialist, der sich ausschließlich von Präriehunden ernährt.

Mauswiesel jagen Mäuse und Wühlmäuse, insbesondere Feldmäuse und Lemminge, die sie in ihren Laufgängen durch dichtes Gras oder unter dem Schnee verfolgen. Trotz ihrer geringen Größe können Mauswiesel junge Kaninchen töten, machen sich diese Mühe jedoch nicht, solange sie genügend kleine Nagetiere und Vögel finden. Größere Arten, wie Hermelin und Langschwanzwie-

◀ **Links:** *Ein Langschwanzwiesel. Ebenso wie das Hermelin wurde auch diese nordamerikanische Art, die zu den größeren Wieselartigen zählt, früher wegen ihrer Pelze stark bejagt.*

▲ **Oben:** *Iltisse – hier ein Europäischer Iltis – unterscheiden sich von Wieseln vor allem durch ihre Fellfarbe: Sie sind nie braun und weiß. Außerdem sind sie im Allgemeinen kräftiger gebaut.*

FAKTEN

WIESEL, NERZE, ILTISSE

Ordnung: Carnivora

Familie: Mustelidae

Unterfamilie: Mustelinae

23 Arten in 7 Gattungen, darunter Maus- oder Zwergwiesel *(Mustela nivalis)*, Hermelin oder Großwiesel *(M. erminea)*, Europäischer Iltis *(M. putorius)*, Amerikanischer Nerz *(M. vison)*, Europäischer Nerz *(M. lutreola)*, Großgrison *(Galictis vittata)*.

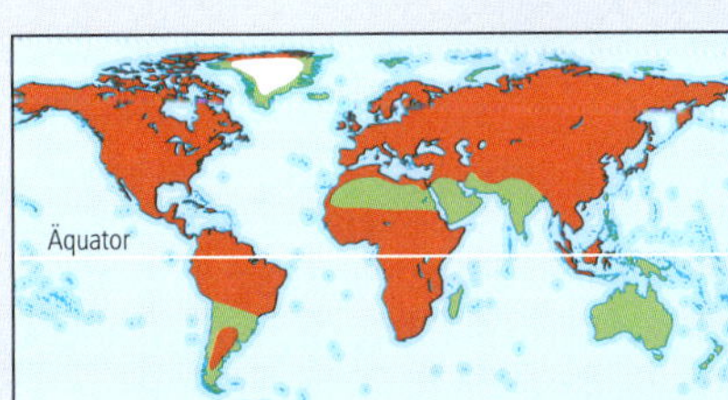

VERBREITUNG Tropische bis arktische Zonen Eurasiens, Amerikas und Afrikas; in Neuseeland eingeführt.

LEBENSRAUM Sehr vielfältig: Wälder, Gebirge, Ackerland, Halbwüsten, Steppen, Tundra.

GRÖSSE Kleinste Art: Mauswiesel, größte Art: Großgrison; Männchen jeweils größer als Weibchen. **Körperlänge** 15–55 cm; **Schwanzlänge** 3–21 cm; **Gewicht** 30 g–3,2 kg.

FELL Wiesel sind im Sommer an der Oberseite braun, an der Unterseite weiß oder gelb; nördliche Populationen tragen im Winter einen rein weißen Pelz. Iltisse sind unterschiedlich gefärbt, häufig mit auffälligen schwarzen und weißen Flecken. Nerze tragen glänzendes schwarzes oder braunes Fell. Die europäische Art unterscheidet sich von der amerikanischen durch einen weißen Fleck an der Oberlippe.

NAHRUNG Insekten und kleine Wirbeltiere.

FORTPFLANZUNG Tragzeit 35–45 Tage, bei Hermelin, Amerikanischem Nerz und Langschwanzwiesel durch verzögerte Einnistung verlängert.

LEBENSERWARTUNG Mauswiesel: In freier Natur unter 1 Jahr, in Gefangenschaft bis 10 Jahre. Nerze und Iltisse: In freier Natur vermutlich 6 Jahre (Nerze in Gefangenschaft bis 12 Jahre).

Artenübersicht siehe Seite 104 f. ▷

WARUM SIND MÄNNCHEN GRÖSSER ALS WEIBCHEN?

Bei den Wieselartigen sind die Männchen gewöhnlich größer als die Weibchen. Forscher entwickelten verschiedene Theorien über diesen bemerkenswerten Sexualdimorphismus.

Die einfachste Erklärung: Der Größenunterschied führt dazu, dass sich Männchen und Weibchen auf unterschiedliche Beutetiere spezialisieren können, ohne bei Futterknappheit in Nahrungskonkurrenz zu treten. Ein räuberisch lebendes Tier wird immer versuchen, die größtmöglichen Beutetiere zu fangen, um durch seine Anstrengung bestmögliche Ergebnisse zu erzielen. Männchen können also Beute töten, die für die Weibchen zu groß ist.

Eine andere Theorie sieht den Größenunterschied nicht als Ursache der unterschiedlichen Nahrungsauswahl, sondern als deren Folge an. Für ein Weibchen, das die Jungen allein aufzieht, ist die geringe Größe von Vorteil, denn es muss so viel Nahrung finden, dass nicht nur der Bedarf des eigenen Körpers gedeckt wird, sondern auch noch Milch für die Jungen produziert werden kann. Wenn das Weibchen so groß wie ein Männchen wäre, müsste es täglich eine Wühlmaus mehr fangen und fressen. Dadurch wäre es gezwungen, länger von den Jungen fern zu bleiben, die aber Wärme und Schutz brauchen. Männchen sind promisk und kämpfen mit männlichen Artgenossen um den Zugang zu Weibchen und um bessere Reviere. Je größer sie sind, desto mehr Erfolg haben sie bei der Eroberung von Weibchen und Revieren. So könnte ihre Körpergröße eine Folge sexueller Selektion sein.

sel, jagen jedes Nagetier, das seine Deckung verlässt. Lohnender für sie ist jedoch die Jagd auf größere Tiere wie Kaninchen und Schermäuse.

Nerze jagen eine große Bandbreite von Beutetieren, darunter kleine Wirbeltiere und Flusskrebse sowie bestimmte Insekten, Würmer und Vögel. Die Ernährung beider Nerzarten ähnelt sich, wenn sich beide Arten im gleichen Gebiet aufhalten – obgleich die Europäischen Nerze mehr Frösche fressen und die Amerikanischen eher kleine Nager. Seit dem Auftreten Amerikanischer Nerze in Großbritannien nahmen dort die Bestände der Schermäuse stark ab.

Kaninchen und Nagetiere pflanzen sich schneller fort als ihre Fressfeinde aus der Mardergruppe. In Gebieten, in denen zahlreiche Arten räuberischer Tiere leben, warten alljährlich viele hungrige Mäuler auf die neugeborenen Kaninchen und Nagetiere. Im raueren Klima des hohen Nordens, der von verschiedenen Wühlmaus- und Lemmingarten besiedelt ist, sind Hermeline und Mauswiesel oft die einzigen Raubtiere, die den Winter über bleiben. Wenn ihre Zahl gering ist, vermehren sich die Nagetiere unter dem Schnee wesentlich rascher als die Wieselartigen, bis die Zahl der Nager so hoch ist, dass ihr Bestand trotz eifriger Bemühungen der kleinen Raubtiere kaum abnimmt. Die Verluste bei den Nagern sind gewöhnlich am höchsten, wenn ihr Bestand bereits aus anderen Gründen schrumpft (z.B. werden Wühlmäuse in „geburtenstarken" Jahren später geschlechtsreif, haben eine kürzere Paarungszeit und zerstreuen sich stärker). Dann bleibt den hungrigen Wieseln keine andere Wahl, als die wenigen Nagetiere bis in ihre Nester zu verfolgen. Auf diese Weise beschleunigt die Bejagung durch Fressfeinde die Abnahme des Nagerbestands oder verlängert diese Phase. Umgekehrt können die Wiesel keinen Nachwuchs aufziehen, wenn es zu wenig Nagetiere gibt. Dann nimmt der lokale Bestand der Wiesel ab, und die Nagetiere können sich wieder stark vermehren. Dieser Phasenwechsel der Bejagung von Nagetieren durch ihre Feinde wäre eine denkbare Erklärung für die zyklischen Zu- und Abnahmen der nördlichen Wühlmaus- und Lemmingpopulationen. Anhaltspunkte hierfür ergab eine Studie in Finnland. Raubtiere (Mauswiesel und Hermelin) und Raubvögel (Raufußkauz und Turmfalke) wurden aus einigen Gebieten entfernt. Dort, wo sie fehlten, nahmen die Bestände an Wühlmäusen und Lemmingen nicht auf die bekannte dramatische Weise ab. Außerdem stellte man fest, dass das Mauswiesel den größten Einfluss auf die Bestände nimmt und für 40% aller von Fressfeinden herbeigeführten Todesfälle von Wühlmäusen verantwortlich ist. Wenn man Mauswiesel als einzige Fressfeinde der Nager in einem Gebiet beließ, schrumpfte der Bestand auf die übliche Weise.

In anderen Lebensräumen beeinflussen Wieselartige nur selten den Bestand an Beutetieren in

1

2

nennenswerter Weise. Es sei denn, die Opfer leben isoliert und besitzen keine Zufluchtsorte. Die 1931 auf einer Insel vor Holland ausgesetzten Hermeline vermehrten sich rasch und hatten bis 1937 eine Schermausplage eingedämmt. Ebenso vernichteten Frettchen und verwilderte Hauskatzen, die in einem 8,5 ha großen eingezäunten Gelände einer neuseeländischen Farm ausgesetzt worden waren, innerhalb von nur drei Jahren eine dichte Kaninchenpopulation von bis zu 120 Tieren pro Hektar.

Wieselartige passen sich an Veränderungen ihrer Beutetiere an. Als die ersten Amerikanischen Nerze in die Reviere der europäischen Art in Weißrussland gelangten, waren die Eindringlinge wesentlich größer als die einheimischen Nerze. Sechs Jahre später hatten sich die Neuankömmlinge an die lokalen Anforderungen und Ressourcen angepasst und waren kleiner, während von den einheimischen Nerzen nur die größeren die Angriffe der Eindringlinge überlebt hatten.

Einsame Jäger

SOZIALVERHALTEN

Wiesel jagen häufig unter der Erde oder unter Schnee und sind sowohl am Tag als auch nachts aktiv. Größere Arten sind meist nachtaktiv. Männliche und weibliche Tiere haben getrennte Reviere, die sich mit denen von Tieren des anderen Geschlechts überlappen können. Begegnungen mit Artgenossen werden vermieden; kommt es doch einmal dazu, so verhalten sich Weibchen – es sei denn, sie haben Junge – gegenüber Männchen als rangniedriger. Grison und möglicherweise auch Weißnackenwiesel sind geselliger und werden gelegentlich in Gruppen unbekannter Zusammensetzung gesichtet. In Gefangenschaft können ein männlicher und ein weiblicher Grison oder zwei männliche Grisons länger in einem Käfig gehalten werden. Allerdings war bei vier in Gefangenschaft gehaltenen Grisons das für gesellige Tiere sonst typische Putzverhalten nicht zu beobachten.

Die Reviere der Wieselartigen sind umso kleiner, je mehr Beutetiere dort leben und je kleiner die Art ist, ferner in der Paarungszeit. Die Territorien männlicher Mauswiesel in Großbritannien z.B. umfassen 1 bis 25 ha, die von Iltissen in Russland dagegen sind zehnmal größer.

Beide Nerzarten leben als Einzelgänger, die Strecken von 1 bis 4 km Länge an Fluss- oder Seeufern mit Duftmarken kennzeichnen und

Oben: *Den Europäischen Nerz **1** kennzeichnet ein weißer Fleck auf der Oberlippe. Der mittlerweile auch in Europa heimische Amerikanische Nerz **2** ist größer und ihm fehlt dieser Fleck meist. Dennoch besitzen 10 bis 20 % der Tiere diesen Fleck und sind auch noch so groß wie die Tiere der europäischen Art. Man kann sie dann nur anhand des Skeletts sicher identifizieren.*

Links: *Auf diesem Foto sieht man sehr gut das dichte Fell des Amerikanischen Nerzes, das dazu beigetragen hat, dass diese Tiere jahrhundertelang intensiv bejagt und ab 1866 auch gezüchtet wurden. Pelztierzüchter zogen diese Art der europäischen vor, weil sie robuster ist und mehr Farbvarianten aufweist.*

Unten: *Ein Amerikanischer Nerz schleppt ein erbeutetes Teichhuhn zu seinem Bau. Vögel spielen in der Ernährung dieses Nerzes nur eine zweitrangige Rolle. Das geschickte, an Gewässerufern lebende Raubtier frisst vor allem kleine Säuger, Fische, Frösche und Krebse.*

Der anpassungsfähige Nerz

Nerze decken ihren Fleischbedarf mit Krebsen, Krabben, Fischen, kleinen Säugetieren, Bisamratten, Kaninchen und Vögeln. Diese Auswahl von Beutetieren ist wesentlich vielseitiger als die von stärker spezialisierten Marderartigen wie Ottern und Wieseln.

Diese so genannte „breite Nische", die sie einnehmen, bringt für die Nerze sowohl Vor- als auch Nachteile mit sich. Da ein Spezialist bestimmte Beute besser nutzen kann als ein Generalist, hat es für den Generalisten negative Folgen, wenn die Beute zum Objekt von Nahrungskonkurrenz wird; z.B. sind Nerze in Zeiten, in denen andere Beutetiergruppen knapp sind, stark auf Fisch angewiesen und rivalisieren dann mit den besser angepassten Ottern. Der Vorteil der Generalisten besteht wiederum darin, dass Nerze eine derartig große Auswahl an potenzieller Beute haben, dass sie sich gut auf Alternativen verlegen können. Diese Möglichkeit steht Spezialisten nicht offen.

Die Anpassungsfähigkeit der Nerze spiegelt sich in der Vielfalt ihrer Lebensräume, zu denen das arktische Alaska, die Sümpfe der Florida-Keys sowie die Binnengewässer und atlantischen Felsküsten zählen. JDSB aggressiv verteidigen. In jedem Revier gibt es mehrere am Wasser gelegene Unterschlupfe sowie ein Kerngebiet für die Nahrungssuche. In Sumpfgebieten beträgt die Reviergröße bis zu 9 ha, während Reviere an Felsküsten wie der von Vancouver Island oder der schottischen Westküste aufgrund des reichlichen Angebots an Krabben und Fischen nur 0,7 km lang sind. Die Reviere von Nerzweibchen sind etwa um 20 % kleiner. Nerze markieren mit Kot, der mit einer Schicht Sekret aus Drüsen am Darmende überzogen ist, sowie mittels Duftabsonderungen aus Drüsen an Kehle und Brust, die durch Reiben der Unterseite angebracht werden.

Nur bei wenigen Arten ist Genaueres über die Fortpflanzung bekannt. Bei den Nerzen verlassen die Männchen vor dem Herannahen der Paarungszeit (auf der Nordhalbkugel von Februar bis März) ihre Reviere und legen auf der Suche nach Weibchen lange Strecken zurück. Beide Geschlechter sind promisk und paaren sich innerhalb einer Saison oder Brunft mit mehreren Partnern. Experimente auf Nerzfarmen zeigten, dass das letzte Männchen, das ein Weibchen begattet hat, Vater der meisten Jungen ist. In der Paarungszeit kommt es oft zu Kämpfen zwischen den Männchen.

Bei Hermelinen und Langschwanzwieseln verzögert sich die Einnistung der befruchteten Eizelle um fast ein Jahr. Auch beim Amerikanischen (jedoch seltsamerweise nicht beim Europäischen) Nerz kommt es zu einer verzögerten Einnistung, die sieben bis dreißig Tage nach der Befruchtung erfolgt. Beim Tigeriltis hängt der Zeitpunkt der Geburt der Jungen vom Wetter vor der Einnistung ab. Auf diese Weise kommen die Jungen zum optimalen Zeitpunkt zur Welt. Bei anderen Arten ist dies offenbar nicht der Fall.

Wieselbabys werden blind und mit dünnem Fell geboren. Als Nest dient oft der Bau eines Beutetiers, das mit Fellen früherer Beute gepolstert wird. Die Jungen der Mauswiesel öffnen im Alter von drei bis vier Wochen ihre Augen, die der größeren Wiesel und Iltisse mit fünf bis sechs Wochen. Mit drei bis fünf Wochen kauen die Jungen auf Fleisch herum, doch die Laktationsperiode dauert sechs bis 12 Wochen (bei Nerzen acht bis zehn). In der Regel bleibt die Familie nach der Entwöhnung noch einige Wochen zusammen. Junge Nerze suchen sich im Alter von drei bis vier Monaten ein eigenes Revier, das oft 50 km und weiter vom Geburtsort entfernt ist. Die Geschlechtsreife tritt im Alter von zehn Monaten ein.

Größere Arten sowie männliche Hermeline und Langschwanzwiesel pflanzen sich erstmals mit einem Jahr fort. Junge Weibchen paaren sich zum ersten Mal, wenn sie noch im Nest sind oder es gerade verlassen haben. Ihr Partner ist das Männchen, dessen Revier das der Mutter umschließt. Ihren ersten Wurf aber haben sie, wenn sie ein Jahr alt sind. Ist reichlich Futter vorhanden, können Mauswiesel schon mit drei bis vier Monaten die Geschlechtsreife erreichen und die erwachsenen Weibchen können ein zweites Mal im Jahr werfen, sodass sie rascher auf die Zunahme der Beutetierpopulationen reagieren als andere Arten.

Freund oder Feind?

ARTEN- UND UMWELTSCHUTZ

Kleine Wieselartige wurden intensiv geschossen oder mit Fallen gefangen, und das vorübergehende Verschwinden des Gemeinen Iltis in England war vermutlich auf die Bejagung im späten 19. Jahrhundert auf den großen Landsitzen zurückzufüh-

Oben: *Ein Mauswiesel kann mit seinem größeren Verwandten, dem Hermelin, koexistieren, weil es sich auf kleinere Beutetiere spezialisiert hat.*

Rechts: *Diese in südlicheren Regionen heimischen Arten besitzen den gleichen Körperbau wie Hermelin und Wiesel, doch sind sie oft größer und statt braun meist schwarz gefärbt.* ***1*** *Libysches Streifenwiesel* (Poecilicitis libyca); ***2*** *Weißnackenwiesel* (Poecilogale albinucha); ***3*** *Tigeriltis* (Vormela peregusna). ***4*** *Der skunkähnliche Zorilla* (Ictonyx striatus) *droht anscheinend, stinkende Flüssigkeit zu verspritzen.* ***5*** *Kleingrison* (Galictus cuja) *und* ***6*** *Europäischer Iltis* (Mustela putorius) *im Winterfell, beide in aufrechter, witternder und beobachtender Haltung;* ***7*** *Patagonisches Wiesel* (Lyncodon patagonicus) *in typisch geduckter Wieselhaltung;* ***8*** *Schwarzfußiltis* (Mustela nigripes) *an einem Präriehundbau.*

Unten: *Das Hermelin – hier trägt eine Mutter ihre Jungen – jagt viele verschiedene Beutetiere, darunter auch Federwild und Geflügel. Ebenso frisst es Eier. Deshalb wurden die Tiere von Jägern stark dezimiert.*

ren. Seit über 100 Jahren leben in England wieder aus Wales und Schottland zugewanderte Iltisse, während Hermelin und Mauswiesel nach wie vor stark verbreitet sind.

Aufgrund des ökonomischen Wertes ihrer Pelze nehmen Nerze eine Sonderstellung ein. Die amerikanische Art war ursprünglich nur in Nordamerika heimisch, wird inzwischen aber häufig gezüchtet: 1996 wurden weltweit Nerzfelle im Wert von sechs Milliarden US-Dollar gehandelt. Aus Farmen ausgebrochene Tiere leben heute in Nord- und Südamerika, Europa sowie Asien. In Russland und benachbarten Staaten wurden etwa 20 000 Minks ausgewildert, um die Pelztierjagd zu fördern. Aus britischen Pelztierfarmen wurden allein 1999 ungefähr 13 000 Tiere von Tierschützern befreit und in die Natur entlassen, was zu großen Problemen für die einheimische Tierwelt führte.

Neben der Nutzung ihrer Pelze gab der Mensch den Wieselartigen seit langem auch eine Rolle als Verbündete im Kampf gegen Nagetiere und Kaninchen. Jahr für Jahr können die „Erdmarder" den Getreideschädlingen schwere Einbrüche zufügen. So setzten Landwirte Wiesel und Iltisse an Stellen aus, an denen sie zuvor nicht lebten, um Nagetierplagen einzudämmen oder zu verhindern. In Europa wurden Wieselartige vor der Einführung der Hauskatze im 9. Jahrhundert besonders geschätzt. In Neuseeland wurden 1884 Mauswiesel, Hermelin und Iltis eingeführt, um der Kaninchenplage auf den neuen Schafweiden Herr zu werden. Leider schlug dieser Versuch fehl: Die Raubtiere fraßen die am Boden nistenden einheimischen Vögel und entpuppten sich als Überträger der Rindertuberkulose. Inzwischen gelten die kleinen Wieselartigen in Neuseeland als schlimme Plage.

Trotz Bejagung sind die meisten Mitglieder der Wiesel-Iltis-Gruppe nicht bedroht. Eine Art jedoch, der Schwarzfußiltis, verschwand aufgrund seiner Abhängigkeit von Präriehunden im ausgehenden 20. Jahrhundert nahezu vollständig. Als die letzte bekannte Population 1974 in South Dakota erlosch, hielt man die Art für ausgestorben. 1987 entdeckte man aber in Wyoming eine Gruppe von ungefähr 30 Tieren und fing sie ein. Durch Züchtung und Auswilderung gelang es, einen Bestand von insgesamt 300 in Gefangenschaft und 200 wild lebenden Tieren aufzubauen.

Bei Nerzen geht die Gefahr von einem Konflikt zwischen zwei Arten aus. Der Amerikanische Nerz bedroht in den Gebieten, in denen er sich eingelebt hat, die einheimischen Raubtiere und breitet sich in Europa und Asien immer weiter aus. Eines seiner Opfer ist der Europäische Nerz, den der größere Eindringling leicht vertreiben oder töten kann. Als Folge hiervon ist der längerfristige Fortbestand der europäischen Art ernsthaft in Frage gestellt, denn die letzten überlebenden Populationen werden rasch kleiner. Ein Projekt versucht derzeit, die auf einer Ostseeinsel lebenden Europäischen Nerze zu schützen, indem Amerikanische Nerze fern gehalten werden. CMK/HK

Artenübersicht Wiesel, Nerze, Iltisse

FÜNF ARTEN HEBEN SICH SO STARK AB, dass man sie eigenen, monotypischen Gattungen zuordnen kann, und die Gattung Grison *(Galictis)* enthält nur 2 Arten. Die übrigen 16 Arten gehören zur Gattung *Mustela*. Manche Forscher erkennen jedoch nur weniger Arten an. Bei den meisten Arten sind Männchen wesenlich größer als Weibchen.

Mauswiesel
Mustela nivalis
Maus- oder Zwergwiesel

N-Amerika, von der Arktis bis etwa 40 °N; Europa von der Atlantikküste (außer Irland) einschl. der Azoren und Mittelmeerinseln, N-Afrika und Ägypten, im O quer über Asien bis nördlich des Himalajas; in Neuseeland eingeführt. In Schweden zwei anerkannte Unterarten: *M.n.nivalis* in N- und Zentral-Schweden, kleiner mit meist weißem Winterfell, unterseits mehr Weiß als *M. n. vulgaris*, das die braune Farbe im Winter beibehält und einen braunen Fleck auf der Backe hat; diese Unterart besiedelt S-Schweden und übriges W-Europa; in Gefangenschaft und in einer schmalen Zone in Zentral-Schweden paaren sich beide Unterarten und haben fruchtbare Nachkommen. Einige Taxonomen sehen die amerikanische Unterart *M. n. rixosa* als konspezifisch mit *M. n. nivalis* und als eigene Art an. Andere deuten die Fähigkeit, sich miteinander fortzupflanzen, als Beweis für den gemeinsamen Artstatus als *M. nivalis*.
GRÖSSE: Große Variationsbreite, Tiere im Norden kleiner: KL (Männchen) 15–20 cm; SL 3–4 cm; GT 30–70 g; größte Tiere im S, z.B. Turkmenistan: KL (Männchen) 23–24 cm; SL 5–9 cm; GT bis 250 g.
FELL: Oben braun, unten weiß, im Winter ganz weiß außer in W-Europa und S-Russland; keine schwarze Schwanzspitze.
FORTPFLANZUNG: Tragzeit 34–37 Tage; Wurfgröße 4–8; bei Wühlmausplagen bis zu 2 oder 3 Würfe im Jahr.

Hermelin
Mustela erminea
Hermelin oder Großwiesel

Tundra und Waldgebiete N-Amerikas und Eurasiens, im S bis ca. 40 °N, Irland und Japan, nicht im Mittelmeergebiet, den Halbwüsten Kasachstans, der Mongolei und N-Afrika; in Neuseeland eingeführt.
GRÖSSE: Große Variationsbreite, v.a. in N-Amerika; am größten im N (Männchen KL 24 cm; GT 200 g), am kleinsten in Colorado, wo es keine Mauswiesel gibt (Männchen KL 17 cm; GT 60 g); russische Rassen 130–190 g; britische und neuseeländische bis zu 350 g.
FELL: Braun und weiß, schwarze Schwanzspitze auch im weißen Winterfell.
FORTPFLANZUNG: Einnistung der Eizelle verzögert, 9–10 Monate von Paarung im Frühsommer bis Wurf im folgenden Frühjahr, die auch durch Überangebot an Nahrung nicht verkürzt werden können; aktive Tragzeit ca. 28 Tage; Wurfgröße 4–9, mitunter bis zu 18 Junge.

Langschwanzwiesel
Mustela frenata

Nordamerika ab ca. 50 °N bis Panama, Südamerika entlang der Anden bis Bolivien.
KL (Männchen) 23–35 cm; SL 13–25 cm; GT (Männchen): 200–340 g, (Weibchen): 85–200 g.
FELL und FORTPFLANZUNG: Wie *M. erminea;* südliche Rassen mit weißen Abzeichen im Gesicht und gelber Unterseite.

Tropisches Wiesel
Mustela africana

O-Peru, Brasilien. Früher teilweise eigener Gattung *Grammogale* zugeordnet.
KL (Männchen) 31–32 cm; SL 20–23 cm; GT unbekannt.
FELL: Rötlich braun, unten heller, Bauchmitte mit braunem Streifen; undeutliche schwarze Schwanzspitze; nackte Sohlen.

Kolumbienwiesel En
Mustela felipei

Erstmals 1978 beschrieben, kolumbisches Hochland; früher der Gattung *Grammogale* zugeordnet.
GRÖSSE: (2 vermessene Männchen) KL 21–22 cm; SL 10–11 cm; GT unbekannt.
FELL: Oben schwarzbraun, unten orangegelbbraun; keine schwarze Schwanzspitze; kurzer brauner Bauchfleck; nackte Füße mit Schwimmhäuten.

Europäischer Iltis
Mustela putorius
Europäischer oder Gemeiner Iltis

In Waldgebieten Europas und im größten Teil Skandinaviens bis Ural. Schließt Frettchen *(M. p. furo)* ein, die domestizierte Form von *M. putorius* (und evtl. auch von *M. eversmannii)*, die seit dem 4. Jh. v. Chr. gezüchtet wird. Bei Frettchen sind Albinos, weiße oder sehr helle Tiere häufig. In Neuseeland eingeführt; dort lebt inzwischen ein großer Bestand wild.
KL (Männchen) 35–51 cm; SL 12–19 cm; GT 0,7–1,4 kg.
FELL: Gelbbraun bis schwarz mit dunkler Maske über den Augen.
FORTPFLANZUNG: Tragzeit 40–43 Tage; Wurfgröße 5–8 Junge.

Steppeniltis
Mustela eversmannii

Steppen und Halbwüsten Russlands, Kasachstans und der Mongolei bis China.
KL (Männchen) 32–56 cm; SL 8–18 cm; GT ca. 2 kg.
FELL: Rotbraun, Bauch und Füße dunkler; Gesichtsmaske; Ohren und Lippen weiß.
FORTPFLANZUNG: Tragzeit 36–42 Tage; Wurfgröße 3–6, mitunter bis 18 Junge.

Schwarzfußiltis En
Mustela nigripes

Westliche Prärien N-Amerikas, nur in der Nähe von Präriehundkolonien *(Cynomys)* vorkommend; galt frei lebend bereits als ausgestorben, wurde in Gefangenschaft nachgezüchtet und wieder ausgewildert; stammt von *M. eversmannii* ab, wanderte im Pleistozän in N-Amerika ein.
KL (Männchen) 35–41 cm; SL 11–13 cm; GT 0,9–1 kg.
FELL: Gelblich; Maske, Schwanzspitze und Füße dunkel.
FORTPFLANZUNG: Tragzeit 42–45 Tage; Wurfgröße 3–4 Junge.

Altaiwiesel
Mustela altaica

Bergwälder Asiens, Altai bis Korea, Tibet.
KL (Männchen) 22–29 cm; SL 11–15 cm; GT 350 g.
FELL: Dunkelgelb bis rötlich braun, Kehle und Bauchflecken cremeweiß; im Winter heller, aber nicht weiß. Weiße Oberlippe und Kinn gehen in dunklere Färbung über (siehe *M. sibirica)*.
FORTPFLANZUNG: Tragzeit 30–49 Tage; Wurfgröße 1–2, bis zu 7–8 Junge.

Sibirisches Feuerwiesel
Mustela sibirica
Sibirisches Feuerwiesel oder Kolonok

Europäisches Russland bis O-Sibirien, Korea, China, Japan und Taiwan (siehe auch *M. lutreolina)*.
KL (Männchen) 25–39 cm; SL 15–21 cm; GT 650–800 g.
FELL: Dunkelbraun, unten heller, gelegentlich weißer Kehlfleck; im Winter heller, aber nicht weiß; dunkle Maske, Oberlippe und Kinn weiß, klar von dunklerem Fell abgegrenzt; buschiger Schwanz.
FORTPFLANZUNG: Tragzeit 35–42 Tage.

Gelbbauchwiesel
Mustela kathiah

Himalaja, W- und S-China, N-Myanmar.
KL 23–29 cm; SL 17 cm; GT unbekannt.
FELL: Dunkel schokoladenbraun (rostbraun im Winter), Unterseite weiß; kann weiße Flecken auf Vorderpfoten und weißliche Flecken auf Kehle, Kinn und Oberlippe haben; Schwanz zumindest im Winter langhaarig.

Rückenstreifenwiesel Vu
Mustela strigidorsa

Nepal, O über N-Myanmar bis Indochina.
KL (Weibchen) ca. 29 cm; SL 15 cm; GT unbekannt.
FELL: Dunkel schokoladenbraun (im Winter blasser), mit silbrigem Rückenstreifen von Genick bis Schwanzwurzel (Name!) und gelblichem Streifen über Brust und Bauch; Oberlippe, Kinn und Kehle weißlich bis ocker; buschiger Schwanz, Füße nackt.

Nacktfußwiesel
Mustela nudipes

SO-Asien, Sumatra, Borneo.
FELL: Leuchtend rot mit weißem Kopf; Füße ganzjährig nackt.

Indonesisches Bergwiesel En
Mustela lutreolina

Hochlagen Javas und Sumatras. Stammt vermutlich von *M. sibirica* ab und hat die indonesischen Inseln wohl gegen Ende des Pleistozäns erreicht. Mitunter werden *M. lutreolina* und *M. sibirica* als eine Art angesehen.
KÖRPER: Die wenigen bekannten Exemplare ähneln in Größe und Färbung dem Europäischen Nerz *(M. lutreola)*: rostbraun, keine Maske, mitunter weißer Kehlfleck; Schädel ähnelt dem von *M. sibirica*.

Amerikanischer Nerz
Mustela vison
Amerikanischer Nerz, Mink, Vison

Ursprünglich N-Amerika, heute auch in Europa, Zentral- und O-Asien sowie Südamerika. 14 Unterarten.
KL (Männchen) 34–54 cm, (Weibchen) 30–45 cm; SL (Männchen) 15–21 cm, (Weibchen) 14–20 cm; GT 0,5–1,5 kg.
FELL: Dicht, glänzend, schwarz oder braun; Winterfell dunkler.
FORTPFLANZUNG: Tragzeit 34–70 Tage (verzögerte Einnistung der Eizellen).

ABKÜRZUNGEN KL = Körperlänge SL = Schwanzlänge GT = Gewicht

Ex ausgestorben
EW in freier Natur ausgestorben
Cr vom Aussterben bedroht
En stark gefährdet
Vu gefährdet
LR geringes Risiko

Oben: *Das weiße Winterfell wächst dem Hermelin nach einem etwa einmonatigen Fellwechsel im Herbst. Dieses Winterfell ist sehr viel dichter und länger als der Pelz im Sommer, sodass der Körper besser vor Kälte geschützt ist.*

Europäischer Nerz En
Mustela lutreola

Ursprünglich in ganz W-, M- und O-Europa (außer Großbritannien) verbreitet, inzwischen nur noch in kleinen, abnehmenden Beständen in O-Europa und Spanien vertreten. 7 Unterarten.
KL (Männchen) 28–43 cm, (Weibchen) 32–40 cm; SL (Männchen) 12–19 cm, (Weibchen) 13–18 cm; GT etwas geringer als Amerikanischer Nerz.
FELL: Ähnlich dem Amerikanischen Nerz, aber mit weißem Fleck an der Oberlippe.
FORTPFLANZUNG: Tragzeit 35–42 Tage (keine verzögerte Einnistung der Eizellen).
LEBENSDAUER: 6 Jahre und länger (bis 12 Jahre in Gefangenschaft).

Tigeriltis
Vormela peregusna

Steppen und Halbwüsten von SO-Europa (Rumänien) östlich bis W-China, Palästina und Belutschistan.
KL 33–35 cm; SL 12–22 cm; GT ca. 700 g.
FELL: Schwarz mit weißen oder gelblichen Tupfen und Streifen; Gesicht wie Europäischer Iltis (*M. putorius*).
FORTPFLANZUNG: Tragzeit 56–63 Tage (aber bis zu 11 Monate durch verzögerte Einnistung der Eizellen); Wurfgröße 4–8 Junge.

Zorilla
Ictonyx striatus
Zorilla oder Banditlis

Semiaride Regionen in Afrika südlich der Sahara.
KL 28–38 cm; SL 20–30 cm; GT 1,4 kg.
FELL: Schwarz mit weißen Streifen; Haare lang, Schwanz buschig.
FORTPFLANZUNG: Tragzeit 36 Tage; Wurfgröße 2–3 Junge. Geburtsgewicht ca. 15 g.
LEBENSERWARTUNG: 13 Jahre in Zoos.

Libysches Streifenwiesel
Poecilictis libyca

Halbwüsten am Rand der Sahara, Marokko und Ägypten bis N-Nigeria und Sudan; eng verwandt mit *Ictonyx*, u.U. selbe Gattung.
KL 22–28 cm; SL 13–18 cm; GT (Männchen) 200–250 g.
FELL: Schwarz mit unterschiedlich angeordneten Streifen und Tupfen.
FORTPFLANZUNG: Tragzeit unbekannt; Wurfgröße 1–3 Junge.

Weißnackenwiesel
Poecilogale albinucha

Afrika südlich der Sahara.
KL (Männchen und Weibchen) 25–35 cm; SL 15–23 cm; GT 230–350 g.
FELL: Schwarz, 4 weiße und 3 schwarze Streifen längs des Rückens, Schwanz weiß.
FORTPFLANZUNG: Tragzeit 32 Tage; Wurfgröße 1–3 Junge.

Großgrison
Galictis vittata

Mexiko bis Brasilien, bis in 1200 m Höhe.
KL 47–55 cm; SL 16 cm; GT 1,4–3,2 kg.
KÖRPER: Gesicht, Beine und Unterseite schwarz; Rücken und Schwanz rauchgrau mit weißem Streifen quer über der Stirn. Füße zum Teil mit Schwimmhäuten.
FORTPFLANZUNG: Dauer der Tragzeit unbekannt; Wurfgröße vermutlich 2–4 Junge.

Kleingrison
Galictis cuja

Mittel- und Südamerika in höheren Lagen als *G. vittata*.
KL (Männchen und Weibchen) 40–45 cm; SL 15–19 cm; GT ca. 1 kg.
FELL: Wie *G. vittata*, Rücken jedoch gelblich grau oder bräunlich.

Patagonisches Wiesel
Lyncodon patagonicus

Pampas von Argentinien und Chile.
KL (Männchen und Weibchen) 30–35 cm; SL 6–9 cm; GT unbekannt.
KÖRPER: Kopf an der Oberseite cremeweiß; Rücken grau; Unterseite braun; nur 28 Zähne.

Marder

Links: *Ein Fischermarder hält von einem Felsen aus Ausschau. Trotz ihres Namens ernährt sich diese nordamerikanische Art nur zum Teil von Fisch. Eine wichtige Rolle in der Ernährung spielen wie bei allen Mardern kleine Wirbeltiere wie Mäuse und Hörnchen sowie Früchte, Eier und Insekten.*

Man könnte glauben, dass die Stacheln des nordamerikanischen Baumstachlers Raubtiere auf Distanz halten. Der Fischermarder aber entwickelte eine einzigartige Methode, Baumstachler zu töten. Der am Boden ebenso wie auf Bäumen jagende Fischermarder ist ebenso wie andere Marderarten ein hoch angepasster und erfolgreicher Jäger.

Seit dem Pliozän (vor sieben bis zwei Millionen Jahren) bilden Marder eine eigene Gruppe. Die Skelette der Vorfahren zeigen, dass die drei heutigen Untergattungen – *Martes* (Baummarder), *Charronia* (Buntmarder) und *Pekania* (Fischermarder) – bereits in dieser Zeit unterscheidbar waren. Die Evolution einzelner Arten in den beiden erstgenannten Untergattungen begann vor zwei Millionen Jahren im Pleistozän.

Geschickte und anmutige Raubtiere

Körperbau und Funktion

Marder sind mittelgroße Raubtiere, deren Körper nicht allzu lang ist. Ihre keilförmigen Gesichter und die abgerundeten Ohren sind größer als bei einigen Wieseln. Der buschige Schwanz dient als Balancierhilfe und die großen Pfoten mit behaarten Sohlen sowie die halb einziehbaren Krallen tragen ebenfalls zur Gewandtheit dieser Tiere bei. Marder verbringen viel Zeit auf Bäumen und springen mühelos von Ast zu Ast. Ihre Pfade in den Bäumen und auf dem Boden markieren sie mit Analdrüsensekret und Urin.

Der Steinmarder lebt in Nadel- und Laubwäldern von Europa bis Zentralasien und hält sich oft in der Nähe menschlicher Behausungen auf. Sein großer weißer Latz verläuft bis zu den Vorderbeinen und der Unterseite. Er sieht den Arten sehr ähnlich, die nur in nördlichen Nadelwäldern vorkommen – Baummarder, Zobel, Japanischer Marder und Fichtenmarder –, die jedoch alle kleinere Lätze haben. Unterschiede zwischen diesen vier Arten (die von manchen Forschern auch als eine einzige Art angesehen werden) sind von Europa in Richtung Osten bis Nordamerika abgestuft: So gilt der Baummarder als größte und der Fichtenmarder als kleinste Art. Zwei Arten Südasiens, Buntmarder und Indische Charsa, haben gelbe Lätze und gelten mitunter als eine Art. Dem Fischermarder der Nadel- und Mischwälder Nordamerikas fehlt der Latz oder Kehlfleck.

Fischermarder sind in vielerlei Hinsicht typische Marder. Ihr Name stammt nicht von einem besonderen Talent für das Fangen von Fischen, sondern leitet sich von den altenglischen („fiche"), holländischen und französischen Wörtern für Iltis und dessen Pelz ab. Die Methode des Tiers, Baumstachler zu töten, erfordert ein großes Maß an List und Geduld. Die Stacheln schützen den Baumstachler am Nacken, dem bevorzugten Angriffspunkt von Raubtieren, doch das Gesicht ist ungeschützt. Fischermarder stehen auf kurzen Beinen und können daher ihren Angriff auf das Gesicht richten, sind zugleich aber groß genug, um dem Baumstachler schwere Wunden zuzufügen. Der Fischermarder umkreist den Baumstachler am Boden und wartet auf eine Gelegenheit, ihm ins Gesicht zu springen, während der Baumstachler versucht, ihm Rücken und Schwanz zuzuwenden und sein Gesicht gegen einen Baum zu drücken. Beißt der Fischermarder den Baumstachler oft und heftig genug ins Gesicht, ist dieser nicht mehr fähig, sich zu schützen. Nun dreht der Marder den Baumstachler um und beginnt seine Mahlzeit am Bauch, der nicht von Stacheln geschützt wird. Von dieser Beute kann sich der Fischermarder über zwei Wochen lang ernähren. In Regionen, in denen viele Baumstachler leben, machen sie bis zu einem Viertel der Nahrung des Fischermarders aus.

Die Tayra (*Eira barbara*) wird als marderartig angesehen, ist aber wesentlich größer als die meisten Marder und zeigt ein anderes Sozialverhalten. Sie lebt in den Wäldern zwischen Mexiko und Argentinien sowie auf der Insel Trinidad. Auf ihrem Speiseplan stehen Vögel, kleine Säuger und Früchte. Mitunter richtet sie in Bananenplantagen beträch-

Links: *Ein Steinmarder beim gestreckten Sprung über ein Gewässer. Steinmarder gehen vor allem auf Bäumen auf Futtersuche, jagen aber auch Ratten und Mäuse auf Bauernhöfen. Mitunter suchen sie sich einen Unterschlupf auf einem Dachboden. Sie leben auch in felsigen Gebieten und legen ihre Nester dort in Felsspalten oder Geröllhaufen an.*

lichen Schaden an. Sie ähnelt dem Fischermarder, ist aber kürzer, hat längere Beine und der Sexualdimorphismus ist weniger ausgeprägt als bei den Mardern. Der Grundumsatz der Tayra ist niedriger, als bei einem Säugetier dieser Größe üblich, während der Grundumsatz beim Fischermarder leicht erhöht ist.

Gejagte Jäger

SOZIALVERHALTEN

Marder führen im Allgemeinen ein Dasein als Einzelgänger. Sie sind polygam, und die Paarung findet im Spätsommer statt (beim Fischermarder zeitig im Frühjahr). Im Frühjahr kommen die Würfe von ein bis fünf blinden und tauben Jungen zur Welt. Diese sind mit spärlichem Fell bedeckt und werden bis zum Alter von etwa zwei Monaten gesäugt. Mit drei bis vier Monaten können sie bereits selbstständig Beutetiere töten. Bald darauf verlassen sie die Mutter. Während die Marder in ihrer Nähe keine Artgenossen dulden und ihr Revier heftig gegen Rivalen verteidigen, zeigen sich Tayras ihren Artgenossen gegenüber deutlich toleranter. Häufig werden sie sogar paarweise oder in größeren Gruppen (vermutlich Familiengruppen) gesichtet.

Einzelne Marderarten wurden sehr stark wegen ihrer Felle bejagt. Zusammen mit der Zerstörung der von Mardern bevorzugten Nadel- und Mischwälder führte dies zur Abnahme einiger Bestände. Trotzdem gilt derzeit nur der Indische Charsa als gefährdet. RAP

Oben: Ein Baummarder mit einem frisch getöteten Eichhörnchen. Marder sind opportunistische Jäger und töten ihre Beute mit einem Genickbiss.

FAKTEN

MARDER

Ordnung: Carnivora

Familie: Mustelidae

Unterfamilie: Mustelinae

Marder: 8 Arten der Gattung *Martes*

Tayra: einzige Art der Gattung *Eira*

VERBREITUNG Asien, Nordamerika, Europa (Gattung *Martes*), Mittel- und Südamerika (Gattung *Eira*).

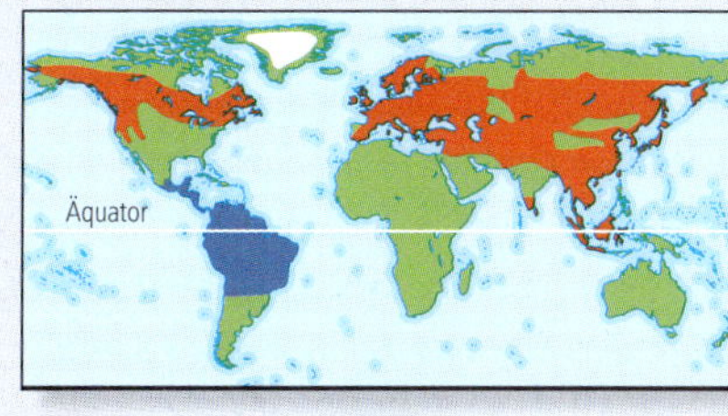

Marder   Tayra

LEBENSRAUM Nadel- und vereinzelt Laubwälder, tropische Bergwälder; Steinmarder in Städten.

GRÖSSE Körperlänge 30–75 cm; Schwanzlänge 12–45 cm; Gewicht 0,5–6 kg. Bei allen *Martes*-Arten sind die Männchen 30–100 % schwerer als die Weibchen.

FELL Weich und dick, braun, Füße und Schwanz dunkler, mitunter schwarz; oft heller Kehlfleck oder Latz; buschiger Schwanz, Fußsohlen behaart.

NAHRUNG Kleine Wirbeltiere, Insekten, Früchte.

FORTPFLANZUNG Tragzeit 8–9 Monate (einschl. 6–7 Monate verzögerte Einnistung) bei den meisten N-Arten.

LEBENSERWARTUNG Meist 10–15 Jahre.

IUCN-STATUS Indischer Charsa gefährdet; andere nicht bedroht.

Angaben zur Tayra siehe Artenübersicht unten

Baummarder
Martes martes

M- und N-Europa, W-Asien.
KL 40–55 cm; SL 20–28 cm; GT 0,9–2 kg.
FELL: Kastanien- bis dunkelbraun mit cremefarbenem Latz.

Japanischer Marder
Martes melampus

Japan, Korea.
KL 30–45 cm; SL 17–23 cm; GT 0,5–1,5 kg.
FELL: Gelbbraun bis dunkelbraun, Latz weiß bis cremeweiß.

Charsa
Martes flavigula
Charsa oder Buntmarder

SO-Asien bis Korea, Java, Sumatra, Borneo.
KL 48–70 cm; SL 35–45 cm; GT 1–5 kg.
FELL: Dunkel- bis gelbbraun, Latz gelb, Beine und Schwanz braun bis schwarz.
FORTPFLANZUNG: Tragzeit variabel, 5–6 Monate (verzögerte Einnistung der Eizelle).

Fichtenmarder
Martes americana

im N von Nordamerika bis Sierra Nevada und Rocky Mountains in Colorado und Kalifornien.
KL 30–45 cm; SL 16–24 cm; GT 0,5–1,5 kg.
FELL: Goldbraun bis dunkelbraun, Latz cremefarben bis orange.

Zobel
Martes zibellina

N-Asien, nördliche japanische Inseln
KL 35–55 cm; SL 12–19 cm; GT 0,5–2 kg.
FELL: Dunkelbraun, gelblicher, nicht immer deutlich abgegrenzter Latz; kurzer Schwanz.
FORTPFLANZUNG: Tragzeit 1 Monat länger als obige Arten (verzögerte Einnistung)

Steinmarder
Martes foina
Stein- oder Hausmarder

S- und M-Europa bis Dänemark und Zentralasien.
KL 43–55 cm; SL 22–30 cm; GT 0,5–2 kg.
FELL: Schokoladenbraun, Unterfell heller als bei *M. zibellina*; weißer, oft zweigeteilter Latz.

Fischermarder
Martes pennanti
Fischermarder oder Pekan

Nördliches Nordamerika bis Sierra Nevada (Kalifornien) und Appalachen (W-Virginia).
KL 47–75 cm; SL 30–42 cm; GT 2–5 kg.
FELL: Mittel- bis dunkelbraun; goldener bis silbriger Schimmer auf Kopf und Schultern; Beine und Schwanz schwarz; Brustfleck cremefarben und individuell unterschiedlich.
FORTPFLANZUNG: Tragzeit 11–12 Monate (Einnistung um 9–10 Monate verzögert).

Indischer Charsa Vu
Martes gwatkinsi
Buntmarder

Nilgiri-Berge S-Indiens. Kleiner als *M. flavigula*, jedoch ähnliches Fell.

Tayra
Eira barbara

Mittel- und Südamerika, Trinidad.
KL 90–115 cm; TL 35–45 cm; GT 4–6 kg.
KÖRPER: Dunkelbraun bis schwarz; gelber bis weißer Kehlfleck; Fußsohlen nackt; kräftige, nicht einziehbare Krallen.
NAHRUNG: Pflanzliche Kost, besonders Früchte, in der Ernährung wichtiger als bei Mardern.
FORTPFLANZUNG: Tragzeit 63–67 Tage (keine verzögerte Einnistung); Wurfgröße durchschnittlich 3 Junge.

ABKÜRZUNGEN KL = Körperlänge SL = Schwanzlänge SH = Schulterhöhe GT = Gewicht   Vu gefährdet

Vielfraß

DER VIELFRASS IST EINES DER AM WENIGSTEN bekannten großen Raubtiere Eurasiens und Nordamerikas. Die Indianer stellten ihn in ihren Sagen als Bindeglied zur Geisterwelt dar. Im 18. Jahrhundert war sich der berühmte schwedische Taxonomist Carl von Linné nicht sicher, ob er ihn als Marder oder Hund klassifizieren sollte. Obwohl wir heute wissen, dass der Vielfraß zu den Mardern zählt, ist er auch für uns geheimnisvoll geblieben.

Oben: Dank seiner kräftigen Zähne und Kaumuskeln kann der Vielfraß gefrorenes Fleisch benagen und auch dicke Knochen – z.B. den Oberschenkelknochen eines Elchs – brechen, um an das Mark zu kommen.

Vielfraße sind die größten Marderartigen. Ihr kräftiger Körperbau ermöglicht ihnen, Beutetiere zu schlagen, die um ein Vielfaches größer sind als sie. Sie wurden dabei beobachtet, wie sie Bären und Pumas von deren Beute vertrieben und wie sie Elchkadaver mehrere Kilometer weit zu einem Versteck oder Unterschlupf schleppten.

Kühne Räuber

KÖRPERBAU UND FUNKTION

Der Kopf des Vielfraßes ist breit und rund, mit kleinen Augen und kurzen Ohren. Das Fell kann dunkelbraun, aber auch schwarz sein. Die meisten kennzeichnen eine silbrige Maske und ein gelbbrauner Streifen, der von den Schultern an den Flanken entlang zum Schwanz verläuft.

Die Kommunikation erfolgt durch eine Reihe von Lauten sowie durch das Absetzen von Duftmarken über Urin, Kot und Duftdrüsen am Bauch. Vielfraße verfügen über gut entwickelte anale Moschusdrüsen und bleiben auf Streifzügen immer wieder stehen, um auf einem Grasbüschel oder an einem Strauch eine Duftmarke zu hinterlassen. In der Paarungszeit markieren Weibchen oft die Umgebung ihres Unterschlupfs, bevor sie auf Nahrungssuche gehen.

Der Vielfraß ist in der gesamten Arktis verbreitet, sowohl in alpinen Lebensräumen als auch in Tundra und Taiga, an die das Tier durch seine Lebensweise und sein dickes Fell gut angepasst ist. Als Sohlengänger mit großen Pfoten kommt der Vielfraß auch in tiefem Schnee gut voran.

Im Winter töten Vielfraße Rentiere oder fressen Aas. Kadaver, die sie nicht auf einmal vertilgen, werden zerteilt und die einzelnen Stücke zu weit auseinander liegenden Verstecken im Boden, in Schneefeldern, Felsspalten, Bächen oder Sümpfen gebracht. Bis zu sechs Monate später gräbt der Vielfraß diese Vorräte wieder aus und zehrt davon – z.B. wenn ein Weibchen Junge versorgen muss. Im Sommer fressen Vielfraße auch Vögel, kleinere Säuger, Pflanzen sowie die Überreste größerer Tiere, die von Luchsen, Wölfen oder Bären getötet wurden.

Einsam im hohen Norden

SOZIALVERHALTEN

Vielfraße paaren sich zwischen April und August, doch die halbentwickelten befruchteten Eier nisten sich erst im darauf folgenden Winter in der Gebärmutter ein. Dank dieser Verzögerung bringen die Weibchen die Jungen in einer Zeit zur Welt, die sich optimal für die Aufzucht von Jungen eignet: im späten Februar oder früh im März. Die meist zwei bis drei Jungen haben ein Geburtsgewicht von 80 bis 90 g und ein vollständiges, weißes Fell. Sie werden mit neun bis zehn Wochen entwöhnt und beginnen Ende April, mit ihrer Mutter umherzustreifen. Im Frühwinter sind sie ausgewachsen und mit etwa zwölf Monaten selbstständig. Die Weibchen sind mit etwa 15 Monaten geschlechtsreif, doch nur wenige zweijährige Weibchen bringen Junge zur Welt. Obwohl Männchen im Alter von 14 Monaten die Geschlechtsreife erreichen, paaren sie sich erst mit drei bis vier Jahren. Von einigen Weibchen wurde berichtet, dass sie noch mit zehn Jahren Junge hatten, doch meist pflanzen sich Weibchen nach dem achten und Männchen nach dem fünften bis siebten Lebensjahr nicht mehr fort.

Die Weibchen bringen ihre Jungen zwischen Felsen zur Welt, zu denen sie einen Tunnel in den Schnee gegraben haben, oder in einem ähnlichen Versteck, das sie immer wieder benutzen. Mitunter ziehen sie bis zur Entwöhnung mit ihren Jungen um. Ursachen für den Umzug können Schneeschmelze, Störung durch Menschen, Parasitenbefall des Lagers oder Gefahr durch Raubtiere sein.

Die Reviere der Vielfraße sind sehr ausgedehnt. Die kleinsten von 40 bis 100 qkm haben Weibchen mit Jungen. Die der Männchen sind meist zwei- bis dreimal so groß, können sich aber auch über 1500 qkm erstrecken. Halbwüchsige und alte Tiere, die sich nicht mehr paaren, können auf der Suche nach einem Ort, an dem sie sich niederlassen, über Flächen von mehreren tausend Quadratkilometern streifen. Die Reviergröße scheint auch von der Jahreszeit abhängig zu sein. Gewöhnlich steigen Vielfraße im Winter in niedrigere Lagen hinab, wo sie mehr kleine Beutetiere und Aas finden.

Rückzug und Niedergang

ARTEN- UND UMWELTSCHUTZ

Durch historische Dokumente wissen wir, dass sich die Vielfraße aufgrund von Bejagung, Rodungen, Erschließung und Besiedlung sowohl in Eurasien als auch in Amerika nach Norden sowie in höhere Lagen zurückgezogen haben. Früher reichte ihr Verbreitungsgebiet so weit nach Süden, dass man sie in Norwegen, Schweden, Finnland, dem Baltikum, in Nordostpolen und einem großen Teil Russlands antreffen konnte. In Nordamerika waren Vielfraße ursprünglich in den Bundesstaaten Washington, Oregon, Colorado und Kalifornien sowie den kanadischen Provinzen Quebec und Ontario heimisch. Aus zahlreichen dieser Gebiete sind sie inzwischen verschwunden.

In einigen Staaten der USA und in Russland werden Vielfraße zum Sport und wegen ihrer Felle gejagt. Nur selten heißt es, dass sie Vieh reißen, denn ihr Verbreitungsgebiet überlappt sich kaum mit den Weiden von Schafherden. Dennoch war der Schutz des Viehs früher der am häufigsten angegebene Grund für ihre Bejagung.

Im überwiegenden Teil des Verbreitungsgebiets der Vielfraße leben halbzahme und wilde Rentiere bzw. Karibus. So ist anzunehmen, dass diese Huftiere in der Ernährung der Vielfraße eine wichtige Rolle spielen. Da die Huftiere empfindlich auf Störungen durch den Menschen reagieren, könnte die Nahrungssuche dem Vielfraß in Zukunft zunehmend Probleme bereiten.

Im Allgemeinen gelten Vielfraße in weiten Teilen ihres Verbreitungsgebiets als gefährdet, und kleine, isolierte Populationen sind als stark gefährdet anzusehen. Der allgemeine Trend geht zum Rückzug und zur Abnahme der Bestände, nur in einigen wenigen Gebieten in Skandinavien und Nordamerika nehmen sie zu. AL

Unten: *Trotz seiner bärenähnlichen Erscheinung ist der Vielfraß kleiner als jeder Großbär. Als geschickter Jäger schlägt er selbst große Beutetiere wie Ren und Karibu. Weil seine großen Pfoten wie Schneeschuhe wirken, kann der Vielfraß auch auf weichem Tiefschnee laufen, der die Flucht von Huftieren unweigerlich behindert. Seinen deutschen Namen verdankt er seinem angeblich gewaltigen Appetit.*

FAKTEN

VIELFRASS

Gulo gulo

Ordnung: Carnivora

Familie: Mustelidae

Unterfamilie: Mustelinae

Einzige Art der Gattung

VERBREITUNG Zirkumpolar (Nordamerika, Eurasien).

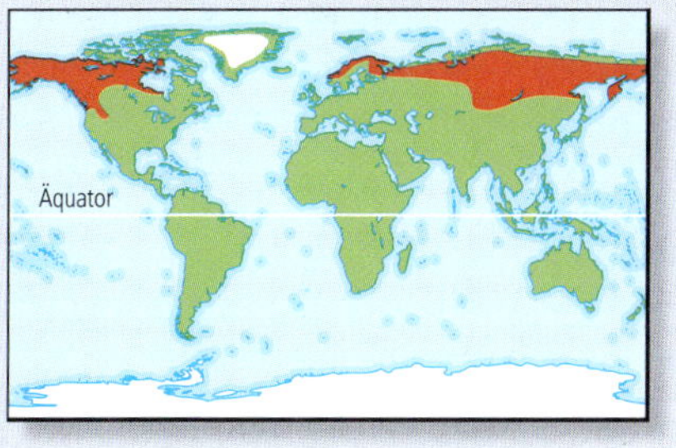

LEBENSRAUM Arktische und subarktische Tundra und Taiga.

GRÖSSE **Körperlänge** bis zu 95 cm; **Schwanzlänge** 20 cm; **Gewicht** bis zu 25 kg: Männchen durchschnittlich 15 kg, Weibchen 10 kg.

NAHRUNG Überwiegend Rentiere oder Karibus, im Sommer auch Vögel, kleine Säuger und Pflanzen.

FELL Lang, dunkelbraun bis schwarz; ein helleres Band entlang der Flanken zur Oberseite des Schwanzes.

FORTPFLANZUNG Tragzeit insgesamt 9 Monate; verzögerte Einnistung; Entwicklung nach Einnistung ca. 30–50 Tage. Wurfgröße: 1–5 Junge.

LEBENSERWARTUNG Bis zu 17 Jahre.

IUCN-STATUS Im größten Teil seines Verbreitungsgebiets gefährdet; isolierte Bestände stark gefährdet.

Otter

OTTER SIND AMPHIBISCH LEBENDE MITGLIEDER *der Marderfamilie. Alle Arten ähneln sich äußerlich, zeigen aber im Verhalten große Unterschiede. Die meisten Arten suchen überwiegend im Wasser nach Nahrung und ruhen an Land; der Meerotter allerdings verlässt kaum das Wasser.*

Das dichte Unterfell – etwa 70 000 Haare je qcm – und die langen Grannen des Deckhaars schließen eine Luftschicht ein, die das Tier bei Tauchgängen vor der Kälte isoliert. Weil im Meer lebende Otter keine isolierende Fettschicht wie Robben besitzen, müssen sie ihr Fell regelmäßig in Süßwasser reinigen, damit es seine isolierende Funktion behält.

Intensiv leben

KÖRPERBAU UND FUNKTION

Der Otterkörper ist lang gezogen, geschmeidig und schlank – und damit ideal für das Schwimmen geeignet. Der Schwanz ist von Fell bedeckt, am Ansatz dick und spitz zulaufend, bei manchen Arten abgeflacht. In der Nähe von Nase und Maul sowie der Ellbogen befinden sich zahlreiche Tasthaare, die beim Lokalisieren der Beute helfen. Die Ohren sind klein und rund und werden ebenso wie die Nasenlöcher unter Wasser verschlossen. Die meisten Otter haben Krallen; die krallenlosen Arten der Gattungen *Aonyx* und *Amblonyx* verlassen sich, besonders wenn sie unter Steinen nach Krabben suchen, auf ihren Tastsinn und packen die Beute mit ihren langen Fingern.

Otter ernähren sich hauptsächlich von Fisch, doch die meisten Arten fangen auch Frösche, Flusskrebse und Krabben sowie Vögel und kleine Säugetiere. Bevorzugte Beute sind oft träge am Gewässerboden lebende Arten wie Aale.

Der Grundumsatz der Otter ist sehr hoch – vermutlich eine Anpassung an die Anforderungen, die der Lebensraum dem Tier abverlangt. Im Wasser wird Körperwärme rasch vom Organismus abgeleitet, sodass sich der Energieverbrauch im Wasser erhöht. Je nach Wassertemperatur braucht ein Otter täglich eine Menge an Fisch, die 15 % seines Körpergewichts entspricht. Meerotter fressen mehr, doch hier sind die Mengen nur schwer zu schätzen. Um Beutetiere mit hohem Nährwert zu fangen, setzen die Tiere Techniken ein, die einen hohen Kalorienverbrauch mit sich bringen. Dadurch können ihnen Veränderungen in der Verfügbarkeit von Nahrung rasch gefährlich werden. Wenn ein Otter z.B. bei einer Wassertemperatur von 10 °C nicht mindestens 100 g Fisch in der Stunde fängt, kann er nicht überleben. Mit Ausnahme der Meerotter, die das Wasser kaum jemals verlassen, verbringen die Otter drei bis fünf Stunden am Tag mit Fischfang (Weibchen mit Jungen sogar acht Stunden). Meist jagen sie allein, doch Riesen-, Glatt-, Zwerg-, Fleckenhals- und Nordamerikanische Fischotter jagen in Gruppen.

Weltbürger

VERBREITUNG

Das größte Verbreitungsgebiet hat der Eurasische Fischotter; früher war es sogar noch größer und reichte vor seiner Ausrottung in Japan von dort bis Irland und von Sibirien bis Sri Lanka. Es überlappt sich nicht mit dem des ähnlichen Haarnasenotters, doch trifft man Eurasische Fischotter in denselben Flüssen wie Glatt- und Zwergotter. In ähnlicher Weise überlappen sich die Verbreitungsgebiete der einzelnen *Lontra*-Arten in der Neuen Welt nicht. Der Nordamerikanische Fischotter besiedelt dieselben Lebensräume wie der Meerotter, und der Neotropische Fischotter teilt sich die Flüsse mit dem Riesenotter. In Afrika treten die beiden krallenlosen Otter nicht gemeinsam auf. Sie kommen jedoch sympatrisch mit dem Fleckenhalsotter vor.

Der Chilenische Fischotter ist in den rauen Gewässern vor der Westküste Südamerikas zwischen Peru und Kap Hoorn anzutreffen. Er frisst Fische und Krabben und trägt ein sehr grobes Fell. Diese Art und der Meerotter des Nordpazifiks kommen ausschließlich im Meer vor, während einige andere Arten ihre Jagdgründe nicht nur auf das Meer beschränken, sondern auf Süßwasser ausdehnen.

Wie beim brasilianischen Riesenotter ist die Nase des Haarnasenotters ganz von Fell bedeckt.

FAKTEN

OTTER

Ordnung: Carnivora

Familie: Mustelidae

Unterfamilie: Lutrinae

13 Arten in 7 Gattungen: Nordamerikanischer Fischotter *(Lontra canadensis)*, Chilenischer Fischotter *(L. felina)*; Patagonischer Fischotter *(L. provocax)*, Neotropischer Fischotter *(L. longicaudis)*, Eurasiatischer Fischotter *(Lutra lutra)*, Haarnasenotter *(L. sumatrana)*, Fleckenhalsotter *(L. maculicollis)*, Kapotter *(Aonyx capensis)*, Kleinkrallenotter *(A. congicus)*, Zwergotter *(Amblonyx cinereus)*; Glattotter *(Lutrogale perspicillata)*, Riesenotter *(Pteronura brasiliensis)*, Meerotter *(Enhydra lutris)*.

VERBREITUNG Weit verbreitet, außer in polaren Gebieten, Australien, Ozeanien und Madagaskar.

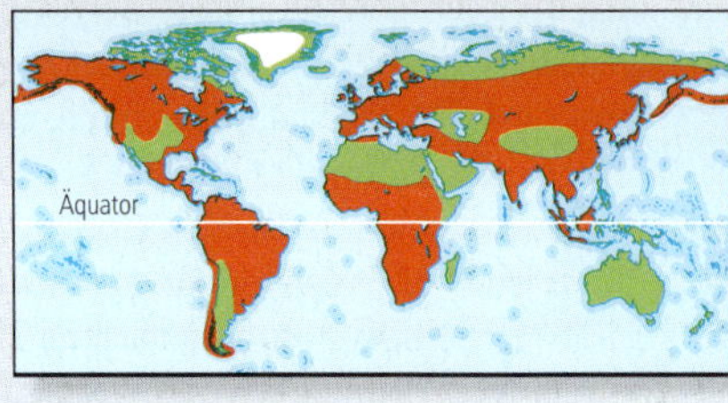

LEBENSRAUM Wasser (auch Meer) und Land.

GRÖSSE **Körperlänge** unterscheidet sich je nach Art; von 41–64 cm beim Zwergotter bis 96–123 cm beim Riesenotter; **Schwanzlängen** von 25–35 cm bis 45–65 cm; **Gewicht** von ca. 5 kg bis zu 30 kg. Der stämmige Meerotter kann bis zu 45 kg wiegen.

FELL Braun; Oberseite dunkler, Brust, Kehle und Unterseite meist heller.

NAHRUNG In erster Linie Fisch, obgleich die meisten Arten auch Frösche, Krebse, Krabben und mitunter Vögel und kleine Säugetiere fressen.

FORTPFLANZUNG Tragzeit meist 60–70 Tage, bei manchen Arten durch verzögerte Einnistung der Eizellen bis zu 12 Monate. Wurfgröße bei den meisten Arten 1–4 Junge.

LEBENSERWARTUNG Bis zu 20 Jahre.

Artenübersicht siehe Seite 115 ▷

Oben links: *Eine Gruppe von Zwergottern; diese kleinwüchsige asiatische Art lebt in locker organisierten Familiengruppen von ungefähr zwölf Individuen. Während sich die Tiere in freier Wildbahn vor allem von Krebstieren, Fröschen und Weichtieren ernähren, richten Fischer in Südostasien Zwergotter darauf ab, für sie Fische zu fangen.*

Rechts: *Bei diesem Eurasiatischen Fischotter sieht man deutlich das kurze, dichte Fell, das ihn im Wasser vor Kälte isoliert. Der Pelz dieser und anderer Otterarten wurde sehr geschätzt. Man jagte die Tiere mit eigens für diesen Zweck gezüchteten Otterhunden.*

Er lebt in Süßgewässern Südostasiens, doch scheint er nur selten vorzukommen. Bis heute ist nur sehr wenig über ihn bekannt.

Der Fleckenhalsotter besiedelt Wasserläufe und Seen in Afrika südlich der Sahara. In den ostafrikanischen Seen ist er tagaktiv, streift in Gruppen von bis zu 20 Tieren umher und ernährt sich vor allem von Buntbarschen. Weiter südlich lebt er nachtaktiv in Flüssen, doch nie im Meer.

Der Glattotter ist größer als der Eurasische Fischotter und verdrängt diese Art dort, wo beide aufeinander treffen. Wie der Riesenotter besitzt er einen abgeflachten Schwanz und dicke Schwimmhäute. Er ernährt sich überwiegend von gemeinsam mit Artgenossen gefangenen großen Fischen.

Zur Gattung *Aonyx* gehören zwei große afrikanische Arten, der Kap- und der Kleinkrallenotter. Sie haben keine Schwimmhäute, doch sehr geschickte Vorderpfoten, deren Daumen den anderen Fingern beim Greifen entgegengestellt werden können. Sie putzen sich mit den Krallen der mittleren Zehen. Ihre breiten Backenzähne eignen sich gut, um die Panzer von Krebstieren zu zerkleinern.

Die kleinste Art ist der in Wasserläufen und Reisfeldern Südostasiens lebende Zwergotter. Ebenso wie ihre krallenlosen Verwandten setzen diese Otter ihre kurzen, aber beweglichen Finger mit kurzen Krallen ein, um allein mithilfe ihres Tastsinns nach Beute zu suchen.

Der Riesenotter, der bis zu 1,8 m lang und 30 kg schwer werden kann, ist vermutlich der größte Otter. Sein Leben wird wesentlich durch das Steigen und Fallen des Wasserstands während der Regenzeit von April bis September beeinflusst. Weil sie als Pelztiere stark bejagt wurden, sind Riesenotter aus weiten Teilen ihres früheren Verbreitungsgebiets verschwunden. Allein in den 1960er Jahren wurden knapp 20 000 Felle aus Brasilien ausgeführt. Verbote dämmten den Handel mit Fellen zwar ein, konnten aber die Wilderei dennoch nicht ganz verhindern. Heute ist die Art vor allem durch Umweltfaktoren bedroht.

Der Meerotter des Nordpazifiks unterscheidet sich stark von den übrigen Mitgliedern der Unterfamilie. Er ist stämmig und kann schwerer als der Riesenotter werden. Ferner hat er einen kürzeren Schwanz. Seine großen, abgerundeten Molaren eignen sich perfekt zum Knacken von Seeigeln, Seeohren und Muscheln. Man schätzt die Zahl der Meerotter heute auf 150 000. Die meisten davon leben an den Küsten zwischen dem Prince William Sound in Alaska und den russischen Kurilen. Eine südliche Unterart mit einem Bestand von 2000 Tieren lebt vor Kalifornien. Untersuchungen zeigten, dass sich die genetische Variationsbreite trotz Bejagung nicht verändert hatte.

Obwohl in Asien Eurasische Fisch-, Glatt- und Zwergotter vorkommen können, sind sie an verschiedene Ernährungsweisen angepasst und machen einander keine Konkurrenz. Dort, wo sie gleichzeitig auftreten, fressen Glattotter große Fische, Eurasische Fischotter kleine Fische sowie Frösche und der Zwergotter überwiegend Süßwasserkrebse. Der Eurasische Fischotter geht dem größeren Glattotter meist aus dem Weg.

In Alaska leben der Nordamerikanische Fischotter und der Meerotter an denselben Küsten. Sie teilen sich die Ressourcen ihres Lebensraums so auf, dass der Meerotter etwa bis 30 m tief taucht – der Rekord liegt bei 97 m –, um Weichtiere und mittelgroße Fische zu fangen, während der Fischotter kleine, in Küstennähe auf dem Meeresgrund lebende Fische jagt.

Von gesellig bis eigenbrötlerisch

SOZIALVERHALTEN

Die Bandbreite sozialer Verhaltensweisen reicht bei den Ottern vom Dasein als Einzelgänger bis hin zum Leben in der Gemeinschaft. Meerotter können Gruppen von mehreren Hundert Tieren formen (möglicherweise zum Schutz vor Haien und Schwertwalen). Der Eurasische Fischotter dagegen ist eher ein Einzelgänger. Weibchen mit Jungen teilen sich die Reviere, wobei jede Familie ein eigenes Kerngebiet verteidigt. Die wesentlich größeren Reviere der Männchen überlappen sich mit denen mehrerer Weibchen. Die Reviere dieser

Links: *Der Riesenotter jagt am Grund von Wasserläufen und Seen langsam schwimmende Fische. Wie andere Otter frisst auch er seine Beute sofort – entweder an der Wasseroberfläche oder, wenn sie unhandlich ist, an Land.*

*◐ **Links:** Charakteristische Eigenschaften und Merkmale der Otter: **1** Der Zwergotter greift immer mit den Vorderpfoten nach Nahrung, **2** der Fleckenhalsotter dagegen packt Beute mit dem Maul und streckt Hals und Körper vor. Durch Vorhandensein oder Fehlen von Schwimmhäuten und Krallen unterscheiden sich viele Arten. Hier die Vorderpfoten von **a** Zwergotter, **b** Kapotter, **c** Riesenotter, **d** Glattotter, **e** Fleckenhalsotter, **f** Nordamerikanischer Fischotter. **3** Ein Glattotter führt mit den Vorderpfoten, die trotz der großen Schwimmhäute sehr geschickt sind, eine Muschel zum Maul. **4** Ein Meerotter knackt eine Muschel mit einem Stein. **5** Typisch für alle Otter ist der breite, flache, stromlinienförmige Schädel; hier der eines Nordamerikanischen Fischotters.*

WERKZEUG GEBRAUCHENDES RAUBTIER

Um am Leben zu bleiben, muss ein Meerotter täglich eine Menge an Nahrung zu sich nehmen, die 20 bis 25 % seines Körpergewichts entspricht.

Sogar für einen Otter ist der Meerotter bemerkenswert geschickt. Das meiste, was er frisst, hebt er vom Meeresboden auf oder pflückt es von Algen. Um nach Muscheln zu graben, hält er sich mit Schlägen der Hinterpfoten in Bodennähe, während er rasch mit kreisenden Bewegungen seiner Vorderpfoten gräbt und mit seiner Schnauze wühlt. Er bleibt 30 bis 60 Sekunden lang unter Wasser und kehrt bei den folgenden drei oder mehr Tauchgängen zu dem Loch zurück, um es seitlich zu vergrößern und alle Muscheln herauszuholen, die er finden kann.

Abgesehen von den Primaten ist der Meerotter das einzige Säugetier, das bei der Nahrungssuche ein Werkzeug einsetzt. Um Seeohren abzulösen, nimmt er einen Stein zwischen seine Vorderpfoten und schlägt ihn gegen die Kante der Muschelschale. Das Ablösen der Muschel kann drei oder mehr Tauchgänge erfordern. Der Stein wird auf 20 oder mehr Tauchgängen benutzt.

Futter wird immer an der Oberfläche gefressen, auch wenn es aus Tiefen von bis zu 40 m geholt wurde. Muscheln knackt der Seeotter, indem er, auf dem Wasser liegend, einen Stein auf seine Brust legt und ihn wie einen Amboss verwendet. Der Stein wird in einer Hautfalte der Achsel an die Oberfläche gebracht und die Nahrung zwischen den Vorderpfoten gehalten. Die Steine sind meist flach und messen etwa 18 cm im Durchmesser. Zum Schlagen werden die Arme in einem Winkel von 90° zum Körper gehoben. Dann wird die Muschel gegen den Stein geklatscht. Meist genügt eine ununterbrochene Serie von zwei bis 22 Schlägen mit einer Geschwindigkeit von zwei Schlägen in der Sekunde, um die Schale zu knacken. Dann holt der Otter den Inhalt mit den nach vorn gerichteten unteren Schneidezähnen heraus. Um sein Fell sauber zu halten, rollt er sich zwischendurch immer wieder im Wasser herum.

Die bei Alaska verbreiteten Meerotter wenden anders als die in Gefangenschaft und die vor Kalifornien wild lebenden Tiere die Ambosstechnik nur selten an, vermutlich weil sie sich von Tieren ernähren, die sie mit den Zähnen knacken können. Meerotter fressen auch Seeigel. Der in deren Schale enthaltene Farbstoff ist für die violette Farbe einiger Meerotterskelette verantwortlich. TRL

Otter(-gruppen) sind sehr groß. An Meeresküsten erstrecken sich die Bezirke der Weibchen auf 5 bis 14 km, im Binnenland auf 20 bis 40 km Länge. Reviere von Männchen sind durchschnittlich 35 km und maximal 84 km lang. Männchen und Weibchen bleiben während der Paarungszeit nur kurz zusammen und die Männchen helfen nicht bei der Aufzucht der Jungen. Der Lebensraum der Männchen unterscheidet sich von dem der Weibchen, denn die Männchen verbringen viel Zeit in großen Flüssen und an exponierten Küstenabschnitten, während sich die Weibchen eher an Bächen und in geschützten Buchten aufhalten.

Das Weibchen des Eurasischen Fischotters ist eine hingebungsvolle Mutter. Es behält seine Jungen ein Jahr lang bei sich und bringt ihnen den Fischfang bei, indem es bereits erbeutete Fische in ihrer Nähe freilässt. Die Jagd auf Fische ist eine schwierige Kunst, die die Jungen erst nach mindestens 18 Monaten beherrschen. Dadurch, dass die Jungen lange auf die Mutter angewiesen und die Würfe nicht sehr groß sind (ein bis drei, selten vier Junge), die Lebenserwartung zugleich niedrig ist (vier Jahre), wachsen die Bestände nur sehr langsam und können rasch in Gefahr geraten.

Die Reviere des Nordamerikanischen Fischotters sind ähnlich groß wie die der eurasischen Art, doch bei Ersterer können Männchen Junggesellengruppen von 12 oder mehr Individuen bilden. Auch Kapotter formen Gruppen.

Beim Meerotter suchen die Partner nach der Paarung nach Geschlechtern getrennte Ruhezonen auf; die der Männchen sind durchschnittlich 40 ha, die der Weibchen und ihrer Jungen 80 ha groß. Nahe der Ruhezonen der Weibchen können bis zu 30 ha große Streifgebiete allein lebender Männchen liegen. Meerotterweibchen aus dem Prince William Sund werden mit zwei bis fünf Jahren geschlechtsreif und bekommen Junge, bis sie 15 Jahre alt sind. Junge Weibchen haben meist mehr weibliche Junge, während ältere eine gleiche Anzahl weiblicher und männlicher Jungen zur Welt bringen.

Über die Verspieltheit der Otter wurde schon viel berichtet. Allerdings könnte sie für in Gefangenschaft lebende Tiere typischer als für frei lebende sein. Doch kommt es vor, dass wilde Otter sich anscheinend nur zum Spaß durch eine Schneewehe graben oder ein abfallendes, schlammiges Ufer hinunterrutschen. Halbwüchsige Otter raufen am Ufer oder verfolgen einander im Wasser.

Otter äußern sich oft durch Laute und verfügen über ein großes Repertoire. Der am häufigsten zu hörende Laut des Eurasiatischen Fischotters ist ein hoher Pfiff. Bei Kämpfen schreien Otter wie Katzen, bei Gefahr geben sie ein schnaubendes Geräusch von sich und bei Spielkämpfen ein weithin hörbares Zwitschern.

Mit Ausnahme des Meerotters setzen alle Otter Duftmarken. Sie besitzen am Schwanzansatz paarige Drüsen, die den typischen fischigen Ottergeruch abgeben. Die am häufigsten verwendete Markierung ist der auf sichtbaren Uferstellen abgelegte Kot. Man nimmt an, dass damit die Gebiete abgesteckt werden, in denen Otter nach Nahrung suchen; die eigentlichen Reviergrenzen werden nicht mit Duftmarken gekennzeichnet.

Gesellige Arten benutzen Gemeinschaftslatrinen, in denen Urin und Kot gründlich gemischt und dann mit den Hinterpfoten in den Boden gestampft werden. Der Riesenotter knetet sie regelrecht mit den Vorderpfoten in die Erde ein.

Das Markierverhalten der Riesenotter ist besonders bemerkenswert: Ein Paar oder eine Gruppe säubern und markieren hektisch eine ungefähr 8 mal 7 m große Fläche, bis auf diesem Stück Land keinerlei Pflanzen mehr stehen und es stark nach Ausscheidungen riecht. Der Geruch hält sich wochenlang. Riesenotter träufeln Urin auf Pflanzen oder reißen Blätter ab und wälzen sich darin. Später reiben sie sich am Boden und aneinander, bis alle Tiere einen gemeinsamen Paar- oder Gruppengeruch angenommen haben. Die Bedeutung dieses Duftmarkierungsverhaltens ist noch nicht bekannt.

Oben: *Junge Fleckenhalsotter jagen im klaren Wasser des Tanganjikasees spielerisch eine Wasserschildkröte. Durch derartige Spiele werden soziale Bande verstärkt und Jagdtechniken optimiert. Außerdem wird den Tieren dabei warm.*

Unten rechts: *Meerotterweibchen tragen ihre Jungen auf der Brust, um sie zu säugen und gründlich zu putzen. Durch diese Fellpflege wird der Pelz so aufgebauscht, dass das Junge im Wasser nicht sinkt, nicht einmal, wenn es zu tauchen versucht. Mit zwei Monaten beginnen die Jungen dann richtig zu tauchen.*

Niedergang und Wiederbelebung

ARTEN- UND UMWELTSCHUTZ

Besonders in Europa wurden Otter früher wegen ihres Fells und zum Schutz von Fischbeständen stark bejagt. Inzwischen ist der Fischotter aus vielen Ländern verschwunden, unter anderem auch aus den Niederlanden, Belgien und der Schweiz. Selbst nach dem Verbot der Otterjagd gingen die Bestände aufgrund der Verschmutzung der Flüsse und der Anreicherung der Beutetiere mit in der Landwirtschaft verwendeten Chemikalien (vor allem Organochlorine und polychlorierte Biphenyle – PCB) weiter zurück. Ende der 1950er Jahre waren in Großbritannien nennenswerte Otterpopulationen nur noch in Schottland anzutreffen. Als die gefährlichen Pestizide in den 1980er und den 1990er Jahren jedoch verboten wurden, kehrten die Otter in England – zum Teil durch Wiedereinführungsprogramme – in einige ihrer früheren Verbreitungsgebiete zurück. In manchen Regionen scheinen sich die Otter mittlerweile wieder so gut eingelebt zu haben, dass sie die Ausbreitung des Amerikanischen Nerzes einschränken. Anderswo, z.B. in Südamerika und Asien, sind die Otter weiterhin durch die Bejagung bedroht.

Sehr stark erholen konnte sich die Meerotterpopulation Alaskas, die im späten 19. und frühen 20. Jahrhundert wegen ihrer Pelze stark bejagt wurde. Nachdem die USA, Großbritannien, Russland und Japan 1911 die Jagd verboten hatten, wuchs der Bestand von etwa 1500 Tieren auf 150 000 an. Doch können derartige positive Entwicklungen jederzeit durch menschliche Eingriffe gestoppt oder rückgängig gemacht werden: Durch die Havarie des Tankers *Exxon Valdez* 1989 im Prince William Sund und die darauf folgende, bis dahin größte Ölkatastrophe der Welt kamen über 5000 Meerotter sowie eine unbekannte Zahl Nordamerikanischer Fischotter ums Leben. HK

Artenübersicht Otter

Nordamerikanischer Fischotter
Lontra canadensis

Kanada, USA einschl. Alaska.
KL 66–107 cm; SL 32–46 cm.
KÖRPER: Sehr dunkles Fell, oben dunkelbraun, fast schwarz bis rötlich schwarz, gelegentlich graubraun; hell silbrig oder gräulich am Bauch; Kehle und Backen silbrig bis gelblich grau; an den Pfoten große Schwimmhäute und kräftige Krallen.
FORTPFLANZUNG: März–April; Tragzeit 10–12 Monate mit verzögerter Einnistung; Wurfgröße 1–5 (meist 2–3) Junge.

Chilenischer Fischotter En
Lontra felina

Küsten und Küsteninseln Chiles und Perus; in Argentinien ausgerottet.
KL 57–59 cm; SL 30–36 cm.
KÖRPER: Fell oben dunkelbraun, unterseits in hellerem Beige; ausgeprägte Schwimmhäute, kräftige Krallen.
FORTPFLANZUNG: Saison nicht bekannt, evtl. Dezember bis Januar; Tragzeit 60–70 Tage; Wurfgröße meist 2.

Patagonischer Fischotter En
Lontra provocax

Argentinien, Chile.
KL 57–70 cm; SL 35–46 cm.
KÖRPER: Fell dunkel bis sehr dunkel, oben dunkel umbrafarben; Unterseite hell zimtfarben; ausgeprägte Schwimmhäute.
FORTPFLANZUNG: Unbekannt.

Neotropischer Fischotter
Lontra longicaudis

Mittel- und Südamerika von Mexiko bis Argentinien. Taxonomie wird gerade revidiert; hier wird davon ausgegangen, dass diese Art *L. annectens*, *L. platensis*, *L. incarum*, *L. enudris*, *L. insularis*. *L. repanda* und *L. latidens* einschließt.
KL 50–79 cm; SL 38–57 cm.
KÖRPER: Fell oberseits zimtbraun bis graubraun, mitunter mit einem oder mehreren hellen (gelbbraunen oder cremefarbenen) Flecken; Schwimmhäute, kräftige Krallen.
FORTPFLANZUNG: Saison örtlich verschieden; Tragzeit unbekannt; Wurfgröße 1–4, meist 2–3 Junge.

Eurasischer Fischotter Vu
Lutra lutra
Eurasischer oder Europäischer Fischotter

Größter Teil Eurasiens südlich der Tundra, N-Afrika.
KL 57–70 cm; SL 35–40 cm.
KÖRPER: Bräunliches Fell (heller bei asiatischen Rassen); Kehle braun bis cremefarben; ausgeprägte Schwimmhäute.
FORTPFLANZUNG: Saisonal variabel; Tragzeit 61–65 Tage; Wurfgröße 2–5, meist 2–3 Junge.

Haarnasenotter Vu
Lutra sumatrana

Sumatra, Java, Borneo, Thailand, Vietnam, Malaysia.
KL 50–82 cm; SL 35–50 cm.
KÖRPER: Fell oben dunkelbraun, Unterseite etwas heller; Kehle mitunter weiß; Schwimmhäute, kräftige Krallen.
FORTPFLANZUNG: Unbekannt.

Fleckenhalsotter Vu
Lutra maculicollis

Afrika südlich der Sahara mit Ausnahme von Wüstenregionen wie Namibia.
KL 58–69 cm; SL 33–45 cm.
KÖRPER: Fell oben sehr dunkel oder dunkel umbrafarben, Unterseite etwas heller; Kehle und/oder Unterbauch meist mit unregelmäßigen cremeweißen (im juvenilen Fell gelbbraunen) Flecken und Tupfen; Schwimmhäute fast bis zu den Zehenspitzen, kräftige Krallen.
FORTPFLANZUNG: Saisonal variabel; Tragzeit unbekannt; Wurfgröße 1–4 Junge.

Glattotter Vu
Lutrogale perspicillata

Vereinzelt im Irak (Tigris), am Unterlauf des Indus, in Indien, SO-Asien, Myanmar, SW-China, auf Malaiischer Halbinsel, Sumatra, Borneo.
KL 66–79 cm; SL 41–51 cm.
KÖRPER: Fell umbrafarben bis graubraun; Kehle und Backen sehr hell grau bis fast weiß; sehr große Pfoten; sehr ausgeprägte, dicke Schwimmhäute; kräftige Krallen; Schwanz spitz zulaufend, seitlich leicht abgeflacht.
FORTPFLANZUNG: Oktober oder Dezember; Tragzeit 63–65 Tage; Wurfgröße 1–4, meist 2 Junge.

Zwergotter LR
Amblonyx cinereus

Indien, Sri Lanka, SO-Asien, Indonesien, Borneo, Palawan-Inseln, S-China.
KL 41–64 cm; SL 25–35 cm.
KÖRPER: Fell dunkel umbrafarben bis dunkelbraun; Kehle auffallend heller, weißlich bis gräulich; schmale Pfoten, Schwimmhäute reichen nur bis zum letzten Zehengelenk; stumpf kegelige, rudimentäre Krallen.
FORTPFLANZUNG: Saisonal variabel; Tragzeit 60–64 Tage; Wurfgröße 1–6, meist 2–3 Junge.

Kapotter
Aonyx capensis

Afrika südlich von 15°N, von Senegal und Äthiopien bis zum Kap, ausgenommen Wüstengebiete von Namibia.
KL 73–95 cm; SL 41–67 cm.
KÖRPER: Fell oben dunkelbraun, mitunter mit weißen oder grauen Haarspitzen; Backen und Hals hellbraun; Vorderpfoten fast ohne Schwimmhäute; Hinterpfoten ähnlich, doch mit größeren Schwimmhäuten; keine Krallen an Fingern, inneren und äußeren Zehen; die 3 mittleren Zehen haben kurze, kegelige Krallen.
FORTPFLANZUNG: Saisonal variabel; Wurfgröße 1–4 Junge.

Kleinkrallenotter
Aonyx congicus

Wasserläufe afrikanischer Wälder und des Kongobeckens.
KÖRPER: In fast jeder Hinsicht dem Kapotter sehr ähnlich, aber Backen und Hals weiß, kleine Unterschiede bei den Molaren. Ökologie und Verhalten unbekannt.

Riesenotter En
Pteronura brasiliensis

Alle Länder Südamerikas außer möglicherweise Chile, Argentinien und Uruguay.
KL 96–123 cm; SL 45–65 cm.
KÖRPER: Fell sehr dunkel umbrafarben, Unterbauch nie gefleckt; Kinn, Kehle und Brust meist mit cremefarbenen Flecken oder Tupfen; Maul, Lippen und Kinn oft weißlich oder weiß gesprenkelt; Klauen und Schwimmhäute sehr gut entwickelt, Schwimmhäute reichen bis zu Finger- und Zehenspitzen; Pfoten sehr groß und fleischig, Schwanz lanzenförmig, am breitesten in der Mitte.
FORTPFLANZUNG: Saisonal variabel; Tragzeit 65–70 Tage; Wurfgröße 1–5, meist 2 Junge.

Meerotter En
Enhydra lutris

Kurilen, Aleuten, Küste und Golf von Alaska; an der Pazifikküste Nordamerikas (Kalifornien) und Russland wieder eingeführt.
KL 55–130 cm; SL 13–33 cm.
KÖRPER: Adulttiere oben dunkelbraunes Fell mit strohfarbenem Kopf, juveniles Fell einfarbig dunkelbraun, Junge bei Geburt beige; Schwanz leicht abgeflacht, kurz und nicht deutlich spitz zulaufend, viele Tasthaare an der Schnauze; Vorderpfoten klein, Finger nicht deutlich ausgeprägt, große flossenartige Hinterpfoten.
FORTPFLANZUNG: Paarungszeit saisonal variabel, doch vermutlich nur 4–5 Monate; Tragzeit ca. 9 Monate mit verzögerter Einnistung; 1, selten 2 Junge.

ABKÜRZUNGEN KL = Körperlänge SL = Schwanzlänge GT = Gewicht En stark gefährdet Vu gefährdet LR geringes Risiko

Dachse

Dachse sind stämmige Marderartige, die auf der Nordhalbkugel weit verbreitet vorkommen. Ursprünglich stammen sie aus den asiatischen Wäldern des Tertiärs (die Gattung Meles *entwickelte sich vor etwa zwei Millionen Jahren). Seither breiteten sie sich über zahlreiche Lebensräume aus, zu denen auch offene Ebenen, Halbwüsten und kultiviertes Land zählen. Während die primitiven Sonnendachse ihren auf Bäumen lebenden Vorfahren ähneln, sind die anderen Arten am Boden lebend.*

Eine grabende Lebensweise ist typisch für viele Dachsarten wie den Europäischen, Schweins- und Stinkdachs. Sie graben Wohnhöhlen und auch den größten Teil ihrer Beute scharren sie aus dem Boden. Durch ihren Körperbau zeigen sie perfekte Anpassungen an diese Ernährungs- und Lebensweise: Sie sind kompakt, kräftig, kurzbeinig und haben lange Krallen. Die Finger des Teledu bilden offenbar eine weitere Anpassung an das Graben: Sie sind bis zu den Krallenwurzeln miteinander verwachsen. Amerikanische Dachse können so hervorragend graben, dass sie, wenn sie sich in offenem Gelände bedroht fühlen, sich innerhalb einer Minute einen Gang ausheben und darin verschwinden. Die primitiveren Sonnendachse weisen einen leichteren, gestreckteren Körperbau auf.

Zum Graben geboren

KÖRPERBAU UND FUNKTION

Alle Dachse leben in Bauen. Der Europäische Dachs gräbt die komplexesten Gänge, die von Generation zu Generation weitergegeben werden. Bekannt sind Dachsbaue, die seit Jahrhunderten bewohnt werden. Der größte bisher ausgegrabene Bau umfasste etwa 880 m Gänge und 130 Eingänge. Für die Anlage dieses Baus, an der Generationen von Dachsen über lange Jahre hinweg mitgewirkt haben müssen, wurden 62 t Erde bewegt. Andere Dachsarten graben einfachere Baue. Doch auch der Amerikanische Dachs verbringt so viel Zeit mit dem Buddeln nach Nagetieren, dass er sich in der Begeisterung für das Graben wohl mit dem Europäischen Dachs messen kann.

Ein typisches Merkmal aller Dachsarten sind die zum Teil sehr markanten Gesichtszeichnungen. So zieren etwa den Europäischen Dachs markante Streifen und den Sonnendachs eine Maske. Bei keiner Art ist der Zweck dieser Abzeichen bekannt, doch könnten sie eine Art Warnfärbung darstellen. Bei Bedrohung setzen sich Dachse sehr kraftvoll und energisch zur Wehr, und die Zeichnung könnte dazu dienen, Fressfeinde daran zu erinnern, dass Begegnungen mit Dachsen unangenehm sind. Trotzdem werden auch Dachse gefressen – Schweinsdachse in Thailand z.B. von Leoparden –, während der Europäische Dachs früher vermutlich Wölfen und Bären zum Opfer fiel, die ebenfalls die Wälder Europas besiedelten.

Asiatische Wurzeln

VERBREITUNG

Die Dachse gingen aus marderähnlichen Vorfahren hervor, die in den Wäldern Asiens lebten. Sonnen-, Schweins- und Stinkdachse sind dieser alten Heimat treu geblieben. Der Europäische Dachs ist bezüglich seines Lebensraums eher ein Generalist und deshalb auch weiter verbreitet. Diese Art trifft man in einem riesigen Gebiet an, das sich von Irland bis Japan erstreckt und sowohl trockene Mittelmeerinseln, die Wälder Skandinaviens und Russlands, die Halbwüsten Israels und Jordaniens sowie die Randgebiete verschiedener Städte einschließt. In Russland kommen Dachse sogar noch am Polarkreis vor. Die dichtesten Bestände findet man in Laubwäldern und in Weidelandschaften auf den Britischen Inseln. Der Amerikanische Dachs dagegen bevorzugt als Lebensraum eher offene Ebenen.

FAKTEN

DACHSE

Ordnung: Carnivora

Familie: Mustelidae

Unterfamilien: Melinae, Mellivorinae, Taxidiinae

10 Arten in 6 Gattungen

VERBREITUNG Afrika, Eurasien, Nordamerika.

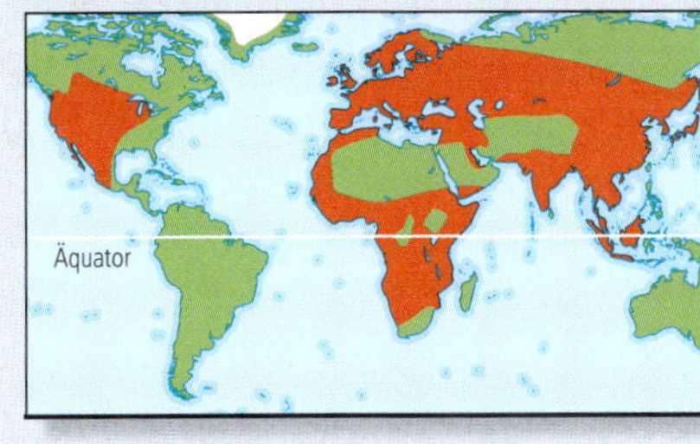

LEBENSRAUM Wälder, auch Parks und Gärten; einige Arten in Gebirgen, Steppen oder Savannen.

GRÖSSE Körperlänge zwischen 50 cm (Sonnendachse) bis knapp 1 m bei größeren Arten. Gewicht zwischen 2 kg bis 12 kg.

FELL Grauschwarz, dunkel oder hellbraun. Bei allen Arten Streifen über Gesicht und/oder Rücken.

NAHRUNG Insekten, Würmer, Früchte, kleine Wirbeltiere.

FORTPFLANZUNG Tragzeit 3,5–12 Monate inklusive der Phase der verzögerten Einnistung der Eizellen.

LEBENSERWARTUNG In Gefangenschaft bis 25 Jahre.

Artenübersicht siehe Seite 119 ▷

Links: *Ein Amerikanischer Dachs kommt aus seinem Bau. Man erkennt ihn an der rötlich grauen Oberseite und dem weißen Streifen im Gesicht. Dank seiner kräftigen Schultern und langen Krallen kann dieser Dachs, der in Nordamerika zwischen Mexiko und Südkanada heimisch ist, ausgezeichnet graben.*

Oben: *Gleichmäßige schwarze und weiße Streifen im Gesicht kennzeichnen den Europäischen Dachs, der hier bei der Nahrungssuche im Wald fotografiert wurde. Dachse wählen immer wieder dieselben Wege, sodass mit der Zeit regelrecht ausgetretene Pfade entstehen.*

Angepasster Appetit

NAHRUNG

Mit Ausnahme des Amerikanischen Dachses sind alle Dachse generalistische Allesfresser. Sie ernähren sich von vielen verschiedenen Insektenarten und anderen Wirbellosen sowie von kleinen Wirbeltieren, Getreide und Knollen. Die auf den Britischen Inseln lebenden Dachse vertilgen so große Mengen an Regenwürmern – in einer Nacht mehrere Hundert –, dass sie schon als „Wurmspezialisten" bezeichnet wurden; andernorts haben sie andere Vorlieben, in Südspanien z.B. Kaninchen und in Italien Oliven und Insekten. Da sie lange Krallen und eine dicke Haut haben, gehören sie zu den wenigen Tieren, die Igel fressen können; deshalb gibt es dort, wo Dachse leben, keine Igel, denn die Igel riechen sie und gehen ihnen aus dem Weg.

Anders als andere Dachsarten ist der Amerikanische Dachs bei der Nahrungssuche ein Spezialist, der eine Vorliebe für erdbewohnende Nagetiere wie Präriehunde, Erdhörnchen und Ziesel hat. Dort, wo das Nahrungsangebot groß ist – wie in der Nähe von Präriehundkolonien, verbünden sich Amerikanische Dachse für die Jagd mitunter mit Kojoten; dies scheint für beide Arten von Vorteil zu sein.

Beim Amerikanischen wie beim Europäischen Dachs folgt die Anlage von Fettreserven einem Zyklus, der die Nahrungsverfügbarkeit widerspiegelt. In gemäßigten Zonen ist tierische Nahrung im Winter oft knapp. Beide Dachsarten speichern im Herbst Fett, von dem sie im Winter fast ausschließlich leben. Beim Europäischen Dachs wird dieser Zyklus hormonell gesteuert, der auch dann weiterbesteht, wenn die Tiere jederzeit Zugang zu Futter haben.

Während der kältesten Zeit des Winters verfallen Amerikanische Dachse in Torpor und bleiben bis zu zwei Monate lang in ihrem Bau. Auf den Britischen Inseln halten Dachse keinen Winterschlaf, werden aber sehr träge und verbringen mehrere Tage und vielleicht sogar Wochen im Bau; in kälteren Regionen Europas kann dies wesentlich länger der Fall sein.

Flexible Familien

SOZIALVERHALTEN

Die meisten Dachse leben als Einzelgänger. Junge Amerikanische Dachse verlassen das Revier ihrer Mutter, sobald sie selbstständig sind. Männchen und Weibchen kommen nur zur Paarung zusammen. Die Männchen verteidigen keine Reviere, sondern streifen auf der Suche nach paarungsbereiten Weibchen, deren Reviere sich zum Teil überlappen, weit umher. Beide Geschlechter wechseln immer wieder den Bau: So benutzte ein Weibchen innerhalb eines 7,5 qkm großen Reviers 50 Baue.

Das Einzelgängertum könnte auch der Lebensweise der Dachsvorfahren entsprochen haben. Der Europäische Dachs dagegen entwickelte die Neigung, in Gruppen zu leben. In unbeeinträchtigten Populationen verhalten sich diese territorial und markieren ihre Reviergrenzen, die gelegentlich umkämpft werden, mit Duftmarken. Bei anderen Gelegenheiten wiederum zeigen sich die Tiere gegenüber eindringenden Nachbarn tolerant. Innerhalb des Reviers sind die meisten Begegnungen allerdings freundlich, mit gegenseitigem Putzen und Duftmarkieren. Möglicherweise gründen alle Säugetiergesellschaften wie beim Europäischen Dachs auf dem Prinzip der Gegenseitigkeit: Beim Putzen wechseln die Putzpartner einander rasch ab, und wenn ein Tier nur sekundenlang mit der Erwiderung zögert, bricht der Kontakt ab.

Bei Kälte schlafen Dachse oft zu zweit und zu dritt in einer Schlafkammer.

Die Gruppen der Europäischen Dachse entstehen dadurch, dass die Jungen in dem Gebiet bleiben, in dem sie geboren wurden. Schätzungen zufolge verlassen auf den Britischen Inseln 80 % aller jungen Dachse nie die Familiengruppe. Auf diese Weise kommt es dazu, dass sich bis zu 27 Dachse ein Revier und einen oder mehrere Baue teilen.

Der Grund für diese gesellige Lebensweise ist unbekannt, könnte aber mit dem Klima und dem Nahrungsangebot zusammenhängen. Dachse bilden nur in gemäßigten Zonen mit relativ viel Niederschlag Gruppen. Futtermangel in kalten oder trockenen Regionen wie in Nordskandinavien oder Südspanien führt dazu, dass Dachse alleine oder paarweise in 4 bis 5 qkm großen Revieren leben. In Südengland dagegen sind die Bezirke mitunter 20 ha groß und ernähren dennoch eine Gruppe von vier oder mehr erwachsenen Tieren.

Durch die Art der Gruppenbildung sind fast alle Tiere eng miteinander verwandt. Deshalb besuchen sowohl Männchen als auch Weibchen in der Paarungszeit benachbarte Reviere, um geeignete Partner zu finden. Einige Dachse ziehen für immer in andere Gruppen um. Bei manchen Populationen wechseln nur die Männchen die Gruppe, während die Weibchen ihr gesamtes Leben in der Ursprungsgruppe verbringen. Andernorts suchen sich beide Geschlechter neue Gruppen. Oft wandern zwei oder drei miteinander verwandte Weibchen ab, und es gibt Hinweise darauf, dass Neuankömmlinge ortsansässige Weibchen aus ihren Revieren vertreiben.

In Südengland können bis zu vier Weibchen innerhalb einer Gruppe Junge aufziehen, während in nördlicheren Breiten – vielleicht wegen des geringeren Nahrungsangebots – immer nur ein Weibchen Junge hat. Erstaunlich ist, dass sich während einer einzigen Brunftzeit bis zu sechs Männchen mit einem einzigen Weibchen paaren, wobei es zwischen den Männchen kaum zu Konflikten zu kommen scheint (einmal wurde sogar beobachtet, wie ein wartendes Männchen das sich paarende Männchen putzte!). Vielleicht hängt dies damit zusammen, dass zwischen den erwachsenen Dachsen keine bleibende soziale Hierarchie festgestellt werden konnte.

Die Tragzeit beginnt in der Wintermitte, wenn die Dachse kaum aktiv sind. Dies könnte auch der Grund für die verzögerte Einnistung sein: Die weiblichen Eizellen werden irgendwann zwischen Februar und Oktober befruchtet, die Entwicklung des Embryos setzt aber erst im Winter ein, wenn er sich in der Gebärmutterwand eingenistet hat. Bei Amerikanischen Dachsen verhält es sich ähnlich, und dasselbe Phänomen wurde auch schon bei Schweinsdachsen beobachtet. Bei den Sonnendachsen dagegen ist die Fortpflanzung weniger synchronisiert. Obwohl es nur zu einem Wurf im Jahr kommt, gibt es keine Hinweise auf verzögerte Einnistung der Eizellen.

Der gefrässige Honigdachs

Der Honigdachs oder Ratel arbeitet bei der Nahrungssuche mit einem kleinen Vogel zusammen, dem Honiganzeiger. Diese Vögel finden die Nester wilder Bienen, können sie aber nicht aufbrechen. Deshalb erregen sie mit einem besonderen Lied die Aufmerksamkeit eines Honigdachses und warten, bis er das Bienennest mit seinen kräftigen Krallen aufbricht. Sobald sich der Dachs an dem darin enthaltenen Honig gesättigt hat, macht sich der Vogel über die Bienenlarven und das süße Wachs her.

Eine in der Kalahari durchgeführte Studie zeigte, dass sich der Honigdachs sehr abwechlungsreich ernährt, von 59 Beutetierarten, darunter Bienenlarven und Pythonschlangen. Honigdachse graben 85 % ihrer Beute aus, klettern aber auch auf Akazien, um Greifvogelküken zu rauben.

Der Studie zufolge profitieren auch andere Tiere von der Kraft und dem Geschick des Dachses. Gabarhabichte *(Micronisus gabar)* und Schabrackenschakale *(Canis mesomelas)* jagen Nager und Reptilien, die vom Honigdachs aufgescheucht wurden. Der Dachs ist zu langsam, um diesen „Trittbrettfahrern" zuvorzukommen, und hat durch sie keinen Vorteil. Allerdings stehen die Jungen beider Tierarten auf seinem Speiseplan. CB/KB

Weil die Tragzeit sowohl bei Europäischen als auch bei Amerikanischen Dachsen auf die Ruhezeit im Winter fällt, leben Mütter und Föten fast ausschließlich von den Fettreserven. Vermutlich als Folge davon sind die Jungen im Vergleich zur Mutter kleiner als die Neugeborenen anderer Säuger. Ein 9,5 kg schweres Amerikanisches Dachsweibchen z.B. bringt zwei Junge mit jeweils weniger als 100 g Gewicht zur Welt anstatt eines insgesamt 1 kg schweren Wurfs. Die Kosten dieser „billigen" Tragzeit muss die Dachsmutter später tragen: Beim Säugen gibt sie mehr Energie ab als andere Säugetierweibchen. Diese Reproduktionsstrategie erinnert an die der Bären.

Oben: *Gegen Winterende bringt das Weibchen des Europäischen Dachses zwischen zwei und fünf (meist drei) Junge zur Welt. Sie bleiben die ersten acht Wochen im Bau. Durch die frühe Geburt sind die Jungtiere in der Zeit des größten Nahrungsangebots im Frühsommer schon selbstständig und können die Fettreserven anlegen, die sie durch den Winter bringen.*

Rechts: *Der schwanzlose Java-Stinkdachs und die langschwänzigen Sonnendachse treten alle in Südostasien auf. Auf Borneo und Java überlappen sich ihre Verbreitungsgebiete. Sonnendachse sind die kleinsten Dachse und die einzigen, die regelmäßig auf Bäume klettern.*

Unterfamilie Melinae

Acht Arten in vier Gattungen aus Indien, SO-Asien, Fernost und Europa.

Teledu
Mydaus javanensis
Java-Stinkdachs

Berge Borneos, Sumatras, Javas und im N der Natuna-Bear-Inseln.
KL 37–51 cm ; SL 5–8 cm; GT 1,4–3,6 kg.
KÖRPER: Fell dunkelbraun bis schwärzlich, Kopfoberseite weiß und entlang des Rückens weißer Streifen oder Reihe von Flecken.

Philippinen-Stinkdachs Vu
Mydaus marchei

Palawan und Busuanga im NO von Borneo.
KL 32–46 cm; SL 1,5–4,5 cm; GT 3 kg.
KÖRPER: Fell oben dunkelbraun bis schwarz, unten braun, gelbliche Kappe und Rückenstreifen, an den Schultern verblassend; Schnauze schmutzig weiß, Analregion haarlos und hellhäutig.

Schweinsdachs
Arctonyx collaris

Waldgebiete nördlich von Peking, in S-China und Indochina bis Thailand und Sumatra.
KL 55–70 cm; SL 12–17 cm; GT 7–14 kg.
KÖRPER: Fell am Rücken gelb, grau oder schwärzlich, Ohren und Schwanz weiß; Pfoten und Bauch schwarz. Dunkle Streifen über den Augen.

Sonnendachse
4 Arten in der Gattung *Melogale*

Burma-Sonnendachs (*M. personata*), Indien, Nepal, Myanmar; Java-Sonnendachs (*M. orientalis*), Java, Bali und SO-Asien; China-Sonnendachs (*M. moschata*), China, Taiwan, Assam, Myanmar und SO-Asien; *M. everetti*, Borneo.
KL 33–43 cm; SL 15–23 cm; GT 2 kg.
FELL: Oberseite hell- bis dunkelbraun mit weißen oder rötlichen Rückenstreifen; Bauch heller; Gesicht mit auffälligen schwarzen und weißen oder gelblichen Streifen.

Europäischer Dachs
Meles meles
Gemeiner Dachs

Wälder, Steppen. N-Europa bis S-Skandinavien, europäisches Russland bis zum Polarkreis, im S bis Palästina, im O bis Iran, Tibet und S-China.
KL 67–81 cm ; SL 15–20 cm; GT 12 kg (Männchen), 10 kg (Weibchen).
KÖRPER: Fell oben grauschwarz, unten schwarz. Kopf und Ohrenspitzen weiß, schwarze Streifen von der Schnauze über die Augen bis hinter die Ohren. Hals der Männchen dicker. Schwanz bei Männchen schmal, weiß oder hell, bei Weibchen breiter, grau.

Unterfamilie Mellivorinae

Einzige Gattung und Art aus Afrika und S-Asien.

Honigdachs
Mellivora capensis

Offene, trockene Savanne bis dichter Wald, in Afrika vom Kap bis Marokko im W und Äthiopien, Sudan, Somalia im O; Arabien bis Turkmenistan, Nepal, Indien. Lebt in Bauen oder zwischen Felsen.
KL 60–70 cm; SL 20–30 cm; GT bis 12 kg.
FELL: Oberseite von Kopf bis Schwanz weiß (Größe des Mantels verschieden, kann auch fehlen), mitunter mit grauem oder braunem Stich; Seiten, Unterseite und Gliedmaßen schwarz. Bei Jungen Oberseite rostbraun.

Unterfamilie Taxidiinae

Einzige Gattung und Art aus Nordamerika.

Amerikanischer Dachs
Taxidea taxus

Von SW-Kanada und mittlerer USA südlich bis Mexiko.
KL 42–64 cm (Weibchen), 52–72 cm (Männchen); SL 10–16 cm; GT 3,5–12 kg.
FELL: Oben grau bis rötlich, unten gelbbraun; Pfoten dunkelbraun bis schwarz. Zentraler weißer Streifen von der Nase mindestens bis zu den Schultern; schwarze Flecken auf Gesicht und Backen. Kinn, Kehle und Bauchmitte weißlich.

ABKÜRZUNGEN KL = Körperlänge SL = Schwanzlänge GT = Gewicht
Vu Gefährdet

Nach einer Tragzeit von sechs bis acht Wochen bringen Honigdachsweibchen ganzjährig jeweils ein Junges zur Welt; 53 % der neugeborenen Honigdachse sterben vor dem Erreichen des Erwachsenenalters. Das Junge ist 14 bis 16 Monate lang von der Mutter abhängig. Zu jedem Zeitpunkt sind die Weibchen innerhalb des Reviers eines Männchens in verschiedenen Reproduktionsstadien; die Männchen finden paarungsbereite Weibchen mithilfe von Duftmarken. Weibchen markieren routinemäßig durch Urinieren an für die Nahrungssuche gegrabenen Löchern. Nur während der Brunft markieren sie an Latrinen.

Man nimmt an, dass der Eisprung der Honigdachsweibchen induziert ist. In ihrer Brunft müssen sich die Weibchen über längere Zeit hinweg oft paaren, damit es zur Befruchtung kommt. Die Männchen haben keine Reviere, halten brünftige Weibchen jedoch bis zu drei Tage lang in einem Bau gefangen. Während dieser Zeit paaren sie sich mit ihnen. Unter den Männchen gibt es eine Hierarchie. Man nimmt an, dass Narben auf den Rücken der Männchen von Rivalenkämpfen stammen und Zeichen für sexuelle Erfahrenheit sind.

Ein gemischtes Bild

ARTEN- UND UMWELTSCHUTZ

Der Philippinen-Stinkdachs und die Art *Melogale everetti* sind die einzigen Dachsarten, die im Augenblick ernsthaft bedroht sind, obgleich der Java-Sonnendachs und einige andere endemische Unterarten lokal bedroht sind. Diese in Wäldern lebenden Arten verlieren durch Abholzung ihren Lebensraum. Aber auch die Situation weniger bedrohter Arten ist mitunter problematisch. Besonders die Bestände amerikanischer Dachse gingen stark zurück – möglicherweise eine Folge der Bekämpfung von Nagern mit Pestiziden.

Als Überträger von Rindertuberkulose werden Dachse, besonders auf den Britischen Inseln, von Landwirten nicht gerne gesehen. Um die Verbreitung der Krankheit zu verhindern, wurden in Großbritannien und Irland Dachsbestände reduziert, doch ist der Sinn derartiger Aktionen fragwürdig, da man nicht weiß, wie viele Rinder durch Dachse infiziert wurden. Dachse sind jedoch auch gesetzlich geschützt und die Populationen vergrößerten sich in den letzten Jahren beträchtlich. Die höchsten Zuwachsraten sind in jenen Gebieten zu verzeichnen, in denen die Tiere lange geschützt waren. So ist anzunehmen, dass hinter der Zunahme auch andere Gründe stecken, z.B. die Klimaerwärmung und die damit einhergehenden feuchten Sommer, in denen es mehr Regenwürmer gab. Der Umstand, dass sich Dachse auch in Kulturlandschaften und an Stadträndern wohlfühlen, beweist ihren hohen Grad an Anpassungsfähigkeit.

RBW/DWM/CB/KB

Stinktiere

Der stechende Moschusgeruch der Stinktiere irritiert auch die unempfindlichste menschliche Nase, für die Tiere selbst aber bedeutet er Sicherheit. Skunks zählen zu den wenigen Säugern, die sich durch Chemikalien verteidigen.

Die schwarz-weißen Fellzeichnungen der Stinktiere haben eine ähnliche Funktion wie die gelben und schwarzen Streifen der Wespen. Es handelt sich um so genannte „aposematische Signale", die Raubtiere warnen sollen. Bei Bedrohung heben Stinktiere ihren Schwanz, stampfen mit den Pfoten auf, zischen, führen Scheinangriffe aus oder gehen in den Handstand. Wenn sich der Fressfeind trotzdem nicht zurückzieht, wird er mit einer Mischung aus Schwefel-, Butan- und Methanverbindungen bespritzt.

Chemische Kriegsführung

KÖRPERBAU UND FUNKTION

Stinktiere sind außer in Nordkanada über ganz Nord-, Mittel- und Südamerika verbreitet. Wo es sowohl Felder als auch Wälder gibt, sind sie in ihrem Element, doch sie halten sich auch an Stadträndern und in Städten auf, wenn sie dort Nahrung und Unterschlupfe finden. In Städten ruhen Stinktiere tagsüber in Bauen, Abwasserkanälen oder unter Häusern. Auf ihrer nächtlichen Nahrungssuche wühlen sie im Müll und graben Rasen und Beete um. Dies und ihr Geruch machen sie bei vielen Menschen unbeliebt.

Stinktiere treffen höchstens 2 m entfernte Ziele, doch der Geruch ist für uns in Windrichtung 1 km weit riechbar. Das Sekret, das bei Kontakt mit den Augen starke Reizungen und vorübergehende Blindheit verursachen kann, wird in zwei Drüsen

Rechts: *Ein Fleckenskunk gräbt nach Nahrung. Jedes Tier der Gattung Spilogale weist ein anderes Flecken- und Streifenmuster auf.*

Unten: *Alle Stinktiere sind schwarz-weiß gezeichnet, das Muster aber variiert zwischen den und mitunter auch innerhalb der Arten.* ***1, 2*** *Zwei Exemplare der häufigsten Art Streifenskunk.* ***3*** *Ein Ferkelskunk sucht mit der Nase nach Nahrung.* ***4*** *Westlicher Fleckenskunk; Fleckenskunks, die kleiner als die meisten anderen Skunktypen sind, optimieren ihre Verteidigungstechnik durch den „Handstand", bei dem sie, auf den Vorderpfoten balancierend, auf den Angreifer zu gehen.* ***5*** *Form des Haubenskunks mit weißem Rücken; bei der Variante mit schwarzem Rücken erscheinen die breiten weißen Streifen auf den Seiten des Tieres.*

beidseitig des Afters gesammelt; die benachbarten Muskeln drücken es durch zwei kleine Öffnungen heraus. Die Drüsen enthalten genügend Moschus für fünf bis sechs „Schüsse“. Diese Menge wird in 48 Stunden ergänzt. Trotzdem gehen die Tiere mit dieser für sie mitunter lebensrettenden Flüssigkeit sparsam um.

Vom Körperbau her nehmen Stinktiere eine Zwischenstellung zwischen Wieseln und Dachsen ein. Mit den langen Krallen der Vorderpfoten graben sie nach Nahrung oder heben Baue aus, in denen sie ruhen, Winterschlaf halten oder die Jungen gebären und aufziehen.

Als erfolgreiche Jäger stellen Stinktiere in erster Linie Insekten und Nagern nach. Als besondere Delikatesse schätzen sie unterirdisch lebende Larven. Frösche, Salamander, Schlangen und Vogeleier werden ebenso gerne genommen wie Aas und Haushaltsabfälle. Die meisten Beutetiere werden mithilfe von Gehör und Geruchssinn gefunden, denn Stinktiere können nicht weiter als 3 m scharf sehen. Deshalb fallen so viele von ihnen dem Straßenverkehr zum Opfer. In nördlichen Breiten ist das Anlegen von Fettreserven wichtig. So verdoppeln die Stinktiere im Spätsommer und Herbst ihr Gewicht, um den Winter zu überleben.

Privatreviere, Gemeinschaftsbaue

SOZIALVERHALTEN

Stinktiere sind die meiste Zeit des Jahres Einzelgänger. Im Norden leben und schlafen sie etwa sechs Monate lang in Gruppen von bis zu 20 Tieren in einem gemeinsamen Unterschlupf – typischerweise ein erwachsenes Männchen mit mehreren Weibchen. Die Paarungszeit beginnt zeitig im Frühjahr. Danach leben die Tiere allein. Bald nach Ende des Winterschlafs im März bereiten die Weibchen die Kinderstuben vor. Die Babys kommen Mitte Mai zur Welt und sind bis Ende Juli auf die Mutter angewiesen. Im August sind die Jungen ausgewachsen, wandern ab und sorgen für sich selbst. Den Großteil des Jahres über haben die Weibchen 2 bis 4 qkm große Reviere, die sich stark mit denen anderer Weibchen überlappen. Die Reviere der Männchen können über 20 qkm groß sein und überschneiden sich ebenfalls. Da Männchen mitunter Junge töten, verteidigen die Weibchen sie aggressiv.

Tollwut-Risiko

ARTEN- UND UMWELTSCHUTZ

In ganz Nordamerika sind Stinktiere Verbreiter der Tollwut; eine für diese Familie spezifische Variante des Virus tritt von allen nordamerikanischen Varianten am häufigsten auf. Über die Epidemiologie der Stinktiertollwut ist wenig bekannt. Da derzeit keine oral verabreichte Impfung erfolgt, ist die Eindämmung der Krankheit stark behindert. Stinktiere geben den Virus mit ihrem Speichel weiter oder infizieren andere Tiere durch Bisse. Die Übertragung unter Stinktieren wird vermutlich durch ihre Geselligkeit im Winter begünstigt. Periodische Ausbrüche von Tollwut halten die Bestände klein. Ihre Neigung, in Farmgebäuden zu ruhen, erhöht das Risiko der Übertragung auf Haustiere.

Dank ihrer äußerst wirksamen chemischen Waffe fallen Stinktiere nur selten Raubtieren und Greifvögeln zum Opfer. Die meisten Skunks werden – absichtlich oder unabsichtlich – vom Menschen getötet. Weniger als 10 % der Stinktiere leben länger als 3 Jahre. SL/FM

FAKTEN

STINKTIERE

Ordnung: Carnivora

Familie: Mephitidae

10 Arten in 3 Gattungen

VERBREITUNG
Nord-, Mittel- und Südamerika.

STREIFENSKUNK *Mephitis mephitis*
S-Kanada, USA, N-Mexiko. Verbreitetste Art, lebt oft an Stadträndern und in Städten. Ruht in Bauen oder unter Gebäuden. KL 68 cm; GT 1,5–6 kg. Fell: Schwarz mit weißen Streifen auf dem Rücken; auf dem Kopf weißer Fleck oder weißer Streifen. Fortpflanzung: Paarung Februar bis März; echte Tragzeit 62–66 Tage; Geburt der 3–9 Jungen im April/Mai. Lebenserwartung: In Freiheit meist unter 3 Jahren, in Gefangenschaft 8–10 Jahre.

HAUBENSKUNK *Mephitis macroura*
Im SW der USA. Bevorzugt Felsschluchten und Wüsten. Selten, scheuer als *M. mephitis.* Fell mit 3 Farbformen: Schwarz mit weißem Rücken; schwarz mit 2 dünnen weißen Streifen; Mischung von beiden. KL 31 cm; GT 0,9 kg. Fortpflanzung: Paarung März/April; echte Tragzeit 63 Tage; Geburt von 3–6 Jungen im Mai/Juni.

FLECKENSKUNKS
3 Arten der Gattung *Spilogale*
Westlicher Fleckenskunk *(S. gracilis)*, W-USA bis Zentral-Mexiko; Fleckenskunk *(S. putorius)*, SO- und Zentral-USA bis O-Mexiko; Zwergfleckenskunk *(S. pygmaea)*, W- und SW-Mexiko. Alle klettern auf Bäume und wählen Unterschlupfe in Felsspalten, Bauen oder unter Gebäuden. KL 40 cm; GT 0,5 kg. Fell: Schwarz mit 4–6 durchbrochenen weißen Streifen oder Tupfen; Haare seidiger als bei anderen Arten. Fortpflanzung: 2–6 Junge. *S. putorius* und *S. pygmaea* paaren sich von Februar bis April; echte Tragzeit 50–65 Tage. *S. gracilis* paart sich im Spätsommer; Einnistung verzögert bis März/April; Geburten erfolgen im Mai.

FERKELSKUNKS
5 Arten der Gattung *Conepatus*
C. mesoleucus, S-USA, Nicaragua; Ferkelskunk *(C. leuconotus)*, O-Texas, O-Mexiko; Amazonasskunk *(C. semistriatus)*, S-Mexiko, N-Peru, O-Brasilien; Andenskunk *(C. chinga)*, Argentinien, Bolivien, Chile, Paraguay, Peru; Patagonischer Skunk *(C. humboldtii)*, S-Chile, Argentinien. Verschiedene Lebensräume, bevorzugt felsiges Gelände; Unterschlupfe in Felsspalten und Bauen. KL 60 cm; GT 1,5–2 kg. Fell: Schwarz mit breitem weißem Streifen auf dem Rücken und weißem Schwanz; erkennbar am Fehlen des weißen Kopfstreifens und durch nackte, verlängerte Schnauze. Fortpflanzung: Paarung im Februar; Tragzeit 60 Tage; Geburt von 2–4 Jungen im April/Mai.

Abkürzungen: KL = Körperlänge; GT = Gewicht

VERBREITUNG S-Italien, Frankreich, Iberische Halbinsel; Afrika, Madagaskar, Mittlerer Osten bis Indien und Sri Lanka, weite Teile Zentral- und Südchinas; Südostasien bis Philippinen.

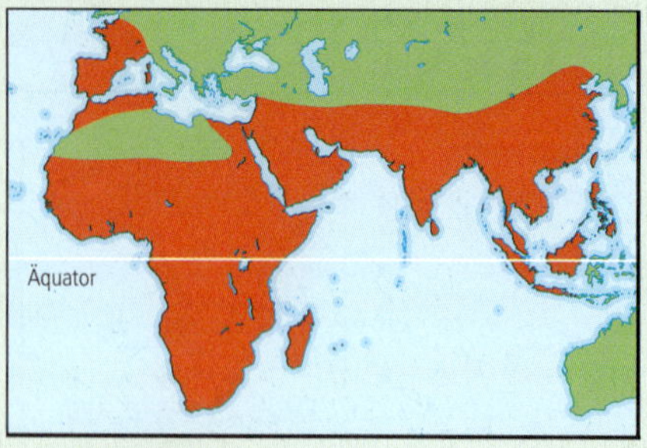

SCHLEICHKATZEN
Familie Viverridae S. 124–131

35 Arten in 20 Gattungen, darunter:

Celebesroller *(Macrogalidia musschenbroekii)*, **Pardelroller** *(Nandinia binotata)*, **Bänderroller** *(Hemigalus derbyanus)*, **Otterzivette** *(Cynogale bennettii)*, **Kleinfleckginsterkatze** *(Genetta genetta)*, **Afrikalinsang** *(Poiana richardsoni)*, **Falanuk** *(Eupleres goudotii)*, **Fanaloka** *(Fossa fossana)* und **Fossa** *(Cryptoprocta ferox)*.

MANGUSTEN
Familie Herpestidae S. 132–139

35 Arten in 17 Gattungen, darunter:

Ringelmungo *(Galidia elegans)*, **Südzwergichneumon** *(Helogale parvula)*, **Zebramanguste** *(Mungos mungo)* und **Erdmännchen** *(Suricata suricatta)*.

Schleichkatzen und Mangusten

DIE SCHLEICHKATZEN UND MANGUSTEN BILDEN zwei große Raubtierfamilien, deren natürliches Verbreitungsgebiet sich auf die Alte Welt beschränkt. Sie umfassen Zibet- und Ginsterkatzen, Linsangs und Mangusten. Letztere zählte man früher zur Familie der Schleichkatzen. Heute gelten sie aber als eigene Familie. Verschiedene Unterfamilien erhielten zwischenzeitlich den Status von Familien.

Viverridae and Herpestidae ähneln den Vorfahren der Raubtiere, den Miacoidea, so stark, dass man ihre Fossilien kaum voneinander unterscheiden kann. Gebissstruktur und Skelettmorphologie haben sich seit 40 bis 50 Millionen Jahren fast nicht verändert.

Vielleicht setzen die heutigen Familien die Linie einfach fort. Abgesehen von ihrem primitiven Gebiss verfügen die Tiere aber über ein hoch entwickeltes Innenohr und stellen damit ein Evolutionsmosaik dar, das ihre systematische Einordnung erschwert. Gelegentlich platziert man sie zwischen den Familien der Marder und der Katzen.

Form, Größe, Gangart (von Zehengängern bis zu Halbsohlengängern) und Gewohnheiten der Viverridae und Herpestidae unterscheiden sich deutlich voneinander. Die meisten Schleichkatzen gleichen gefleckten Katzen mit langen Schnauzen, langen, schlanken Körpern, spitzen Ohren und kurzen Beinen. Der Binturong ähnelt vom Körperbau her einem Vielfraß. Er hat langes, schwarzes Haar, einen sehr langen, dicken Greifschwanz und einen katzenartigen Schädel. Erscheinungsbild und Verhalten der Afrikazibetkatze sind dagegen eher hundeartig. Fanalokas erinnern so stark an Katzen, dass man sie früher oft für primitive Mitglieder der Katzenfamilie hielt. Otterzivetten könnten als langschnauzige Otter durchgehen, Falanuks sehen aus wie Mangusten mit verlängerten Nasen und haben buschige Schwänze wie Baumhörnchen. Die Gestalt der Mangusten variiert weniger. Sie haben lange Körper, kurze Beine und kleine, abgerundete Ohren.

Die Männchen sind meist etwas größer als die Weibchen. Diese besitzen ein bis drei Zitzenpaare. Die Männchen zeichnen sich durch ein Baculum (Penisknochen) aus. Seh- und Hörvermögen sind bei allen Arten hervorragend ausgeprägt. WCW

NAHRUNG

Schleichkatzen und Mangusten sind häufig Allesfresser. Die meisten Arten verzehren kleine Säuger, Vögel, Reptilien, Insekten, Eier und Früchte. Bänderroller ernähren sich fast ausschließlich von Früchten, Nüssen und Knollen. Mangusten fressen generell weniger Früchte als Schleichkatzen. Einige Arten, speziell die Echten Mungos, sind erfolgreiche Beutegreifer, weshalb man sie in einigen Gebieten eingeführt hat, um den Bestand an Nagern und Giftschlangen zu verringern. Leider dezimieren die Mungos dann in der Regel auch andere in der Region heimische Tierarten.

SCHÄDEL UND GEBISS

Schädelform und Bezahnung unterscheiden sich bei den einzelnen Arten. Das Gesicht ist lang gezogen, die Eckzähne sind ziemlich klein, die Reißzähne stehen nicht weit vor. Die normale Zahnformel lautet I3/3, C1/1, P4/4, M2/2 = 40, doch kann die Zahl der Mahlzähne und vorderen Backenzähne reduziert sein. Schädel von Ginsterkatzen ähneln echten Katzen (abgebildet: Kleinfleckginsterkatze, *Genetta genetta),* jene der Zibetkatzen sind kräftiger gebaut. Bei den Mangustenarten wie den Echten Mungos haben die Schädel etwa die gleiche Länge, sind jedoch kräftiger. Die Schädel von Palmenrollern sind so robust wie die der Mangusten; der Schädel des Binturongs ist stärker gewölbt. Da diese Art sich fast nur von Pflanzen ernährt, sind die Eckzähne abgeflacht und gerade, ein unteres Paar der Prämolaren fehlt. Die oberen Schneidezähne sind zapfenförmig.

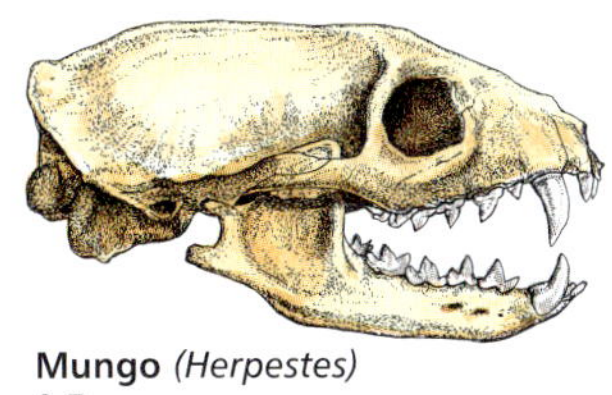

Mungo *(Herpestes)*
9,7 cm

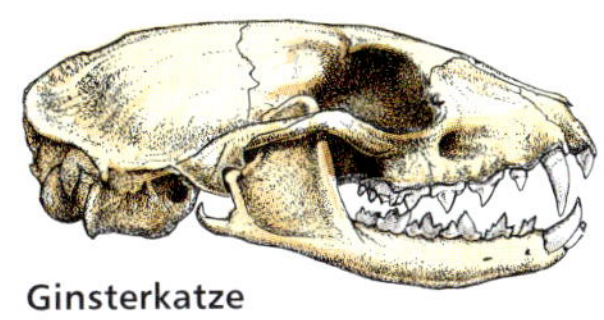

Ginsterkatze
9,6 cm

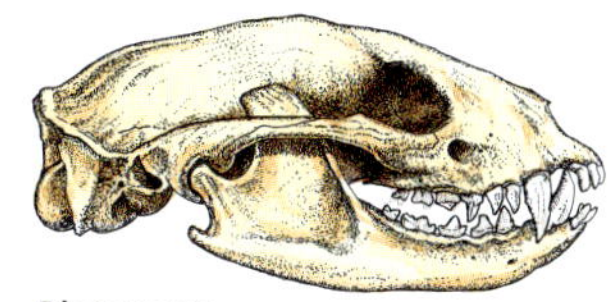

Binturong
13,8 cm

Links: *Die Fuchsmanguste* (Cynictis penicillata), *eine im südlichen Afrika verbreitete Art, frisst bevorzugt Skorpione. Sie ernährt sich fast nur von Fleisch und erbeutet Schlangen, Eidechsen und Nager sowie die Eier von Vögeln und Reptilien.*

Rechts: *Der Afrikalinsang, eine Schleichkatzenart, raubt Eier aus einem Nest. Linsangs ernähren sich von Jungvögeln, Insekten, Nüssen und anderer pflanzlicher Kost.*

UNTERSCHIEDE

Morphologische und genetische Merkmale und Verhaltensweisen grenzen die beiden Familien voneinander ab. Die Schwänze der meisten Viverridae sind mindestens so lang wie ihre Körper, die der Herpestida erreichen dagegen nur die Hälfte oder drei Viertel der Körperlänge. Schleichkatzen haben fünf Zehen pro Fuß, teilweise oder ganz rückziehbare Krallen, Häute zwischen den Zehen und spitze Ohren, die über den Kopf hinausragen. Mangusten haben jeweils vier oder fünf Zehen, keine rückziehbaren Krallen, keine oder reduzierte Häute zwischen den Zehen und abgerundete Ohren an der Kopfseite, die das Schädelprofil kaum überragen.

Das Fell der Schleichkatzen ist meist gefleckt oder gestreift, die Ohren haben Einstülpungen (bursae) an den Seitenrändern. Die meisten Arten verfügen über Perinealdrüsen (Zibet) unweit der Geschlechtsorgane. Mangusten (Unterfamilie Herpestinae) sind einfarbig; ihnen fehlen Ohreinstülpungen sowie Perinealdrüsen. Madagaskarmungos (Unterfamilie Galidiinae) haben Ohreinstülpungen, manchmal Perinealdrüsen und drei von vier Arten weisen unterschiedliche Streifenmuster auf. Zu den wichtigsten morphologischen Unterscheidungsmerkmalen gehören die Duftdrüsen am After. Bei allen Mangustenartigen sind die Drüsen sowie dazugehörigen Beutel stark entwickelt und bilden eine Tasche außerhalb des Afters. Die Afterdrüsen der Schleichkatzen sind dagegen wesentlich schwächer entwickelt.

Auch die Lebensgewohnheiten und Jagdtechniken der beiden Familien unterscheiden sich. Viverridae bewohnen meist dicht bewaldete Regionen, Herpestidae bevorzugen offeneres Gelände. Schleichkatzen sind überwiegend nachtaktiv und leben auf Bäumen. Die meisten Mangustenarten leben auf dem Boden und sind tag und nachtaktiv. In deutlichem Kontrast zu den einzeln lebenden Zibetkatzen verfügen einige Mangusten wie die Erdmännchen (Surikaten, links) über hoch entwickelte Sozialsysteme.

Zu welcher Familie die Fossa, ein katzenähnlicher Räuber aus den Regenwäldern Madagaskars, zählt, ist noch nicht genau bekannt. Hier wurde sie der ersten Gruppe zugeordnet.

Links: *Erdmännchen in der Kalahari, Südafrika, wittern Gefahr. Wie einige andere Mangustenartige schließen sie sich zusammen, um Angreifer wie Kapkobras* (Naja nivea) *zu verjagen. Sie bilden mit 10 bis 30 Tieren größere Gruppen als die meisten Raubtiere, bei denen die größte Einheit häufig einen Familienverband umfasst.*

Schleichkatzen

NACHTS ERTÖNT IM WESTAFRIKANISCHEN Regenwald immer wieder ein lauter, klagender Ruf, der an den Schrei einer Eule erinnert und aus gut 1 km Entfernung beantwortet wird. Es sind Pardelroller, die am besten bekannte der rund 35 Arten einer Gruppe, die Linsangs, Zibet- und Ginsterkatzen umfasst. Die überwiegend katzenartigen Raubtiere verfügen über eine große Bandbreite von Fellmustern und Verhaltensweisen. Sie jagen meist nachts und aus dem Hinterhalt. Tagsüber verstecken sie sich in Felsspalten, einem leeren Bau oder Baumhöhlen. Sie sind Einzelgänger. Nur die Weibchen bilden gelegentlich kleine Familiengruppen.

Man kennt die Tiere vor allem als Lieferanten von Drüsensekret (Zibet) für die Parfümherstellung (siehe Kasten Seite 126). Da viele von ihnen tropische Wälder bewohnen, schwindet ihr Lebensraum durch massive Rodungen stetig – vor allem in Südostasien und auf Madagaskar. Die IUCN zählt Otterzivetten und Falanuks zu den stark gefährdeten Arten, weitere Arten gelten als gefährdet. Doch es gibt auch umgekehrte Tendenzen: Der Fleckenmusang beispielsweise hat sich in letzter Zeit stark vermehrt und an die Nähe zum Menschen gewöhnt. Er lebt in und um Dörfer sowie Kaffeeplantagen und gilt mittlerweile in einigen Regionen sogar als Schädling.

Variationen eines Themas

KÖRPERBAU UND FUNKTION

Die Unterfamilie der Palmenroller (Paradoxurinae) umfasst sieben südasiatische Arten und eine afrikanische Art. Sie zeichnen sich durch zur Hälfte rückziehbare Krallen und eine Perinealdrüse aus, die in einer einfachen Hautfalte liegt. Der in Afrika heimische Pardelroller verbringt die meiste Zeit in Baumkronen, wo er Baumfrüchte und Rebengewächse, gelegentlich auch Kleinsäuger und Vögel frisst. Das Revier adulter Männchen umfasst über 100 ha, Duftmarken kennzeichnen die Grenzen.

Alle übrigen Palmenroller leben in asiatischen Wäldern. Sie sind dank ihrer scharfen, gebogenen und rückziehbaren Krallen, der nackten Sohlen und der zum Teil zusammengewachsenen dritten und vierten Zehen geschickte Kletterer. Der Fleckenmusang gehört zu den verbreitetsten Arten. Wie der Larvenroller (der, eher unüblich, nur am Kopf gemustert ist) sucht er sein Futter – herabgefallene Früchte und Tiere – hauptsächlich am Boden. Die Schwänze beider Arten sind mittellang und dienen beim Klettern als Stütze. Die meisten anderen Arten haben längere Schwänze, auch jagen sie häufiger in Bäumen. Als einziges Mitglied der Schleichkatzenfamilie nutzt der Binturong seinen dicken, muskulösen Schwanz zum Greifen. Er hält sich mit ihm und den Hinterfüßen an einem Ast fest, während die Vorderpfoten mit Früchten behangene Zweige zum Maul ziehen. Binturongs können gut schwimmen und fangen oft Fische. Der Celebesroller besitzt sehr bewegliche Füße mit Häuten zwischen den Zehen. Er kann ausgezeichnet klettern und besiedelt steile, bewaldete Schluchten auf Zentral- und Nordost-Sulawesi.

Die Unterfamilie der Bänder- oder Otterzivetten (Hemigalinae) umfasst fünf in den Regenwäldern Südostasiens heimische Arten. Der Name des Bänderrollers bezieht sich auf breite Längsstreifen an den Seiten des Tiers. Der Fleischfresser jagt nachts auf dem Boden und in Bäumen nach Eidechsen, Fröschen, Ratten, Krebsen, Würmern, Schnecken und Ameisen. Tagsüber bleibt er in einer Baumhöhle. Pro Wurf bringt das Weibchen bis zu drei Junge zur Welt, die mit zehn Wochen feste Nahrung aufnehmen. Die Körperform der Schlichtroller ähnelt jener der Bänderroller, doch haben sie andere Schädelmerkmale und ein einfaches schwarz-braunes Fellmuster. Das Fell der Fleckenroller weist Flecken und Bänder auf, die Tiere scheinen sich auf Wirbellose spezialisiert zu haben, denn in ihren Mägen fand man ausschließlich Würmer.

Otterzivetten sind die unauffälligsten Mitglieder der Gruppe. Sie haben kleinere Ohren, eine kürzere Schnauze, einen kompakteren Körper und kür-

FAKTEN

SCHLEICHKATZEN

Ordnung Carnivora

Familie Viverridae

35 Arten in 6 Unterfamilien und 20 Gattungen. Die Unterfamilie Paradoxurinae umfasst 7 Arten in 5 Gattungen, darunter den **Celebesroller** *(Macrogalidia musschenbroekii)*. Zur Unterfamilie Nandiniinae gehört nur der **Pardelroller** *(Nandinia binotata)*. Die Unterfamilie Hemigalinae enthält 5 Arten in 4 Gattungen, darunter den **Bänderroller** *(Hemigalus derbyanus)*. Zur Unterfamilie Viverrinae zählen 19 Arten in 7 Gattungen, darunter **Kleinfleckginsterkatze** *(Genetta genetta)* und **Afrikalinsang** *(Poiana richardsoni)*. Die Unterfamilie Euplerinae weist 2 Arten in 2 Gattungen auf, nämlich **Falanuk** *(Eupleres goudotii)* und **Fanaloka** *(Fossa fossa)*. Die **Fossa** *(Cryptoprocta ferox)* schließlich ist das einzige Mitglied der Unterfamilie Cryptoproctinae.

VERBREITUNG Afrika und Madagaskar, SW-Europa (Spanien und Frankreich), Naher Osten, arabische Halbinsel, Indien, Südostasien bis Borneo und Philippinen.

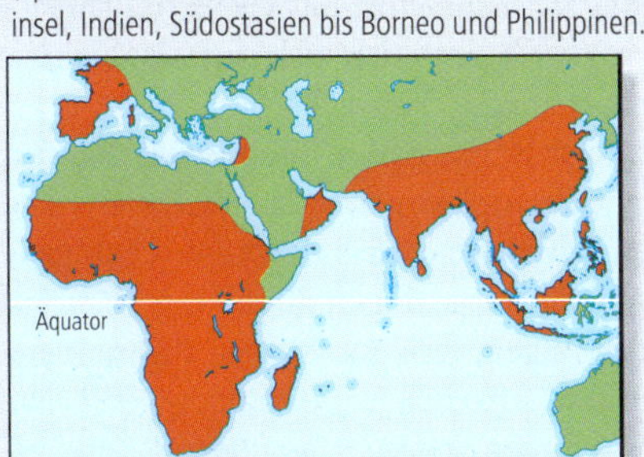

LEBENSRAUM Regenwald bis Waldland, Busch, Savanne und Berge: Überwiegend Baumbewohner, manche auch am Boden oder an Flussufern.

GRÖSSE Körperlänge variiert je nach Art; reicht von 33 cm (Afrikalinsang) bis 88 cm (Celebesroller); Schwanzlänge 32–55 cm; **Gewicht** von 600 g (Fleckenlinsang) bis 13 kg (Afrikazibetkatze). Einige Fossas können, obwohl sie kleiner sind als die großen Celebesroller, bis zu 20 kg schwer werden.

FELL Verschiedene Muster; einige einfarbige Arten, jedoch häufiger dunkle Flecken, Bänder oder Streifen auf hellerem Grund; oft Ringe am Schwanz.

NAHRUNG Kleinsäuger, Vögel, Reptilien, Insekten, Eier, Früchte; Palmenroller fast nur Früchte, Nüsse, Knollen.

FORTPFLANZUNG Tragzeit: Ginsterkatzen 70 Tage; Zibetkatzen 80 Tage; Palmenroller 90 Tage.

LEBENSERWARTUNG Rund 20 Jahre (Larvenroller 15 Jahre, in Gefangenschaft lebende Ginsterkatzen 34 Jahre).

Artenübersicht siehe Seite 130 f. ▷

◀ ***Links:*** *Gute Augen und eine geschmeidige Gestalt machen die Kleinfleckginsterkatze zum exzellenten Jäger. Mit schnellen Sprüngen, unterbrochen von kurzen Pausen, nähert sie sich ihrer ahnungslosen Beute.*

◀ ***Oben rechts:*** *Ein Binturong sucht in Bäumen nach Früchten. Diese Tiere bewegen sich eher langsam und vorsichtig. Sie sehen wild aus, lassen sich aber relativ schnell und leicht zähmen.*

zeren Schwanz als die anderen. Zwei Arten – Otterzivette und *Cynogale lowei* – weisen nur leichte Farb- und Gebissunterschiede auf. Ihr dichtes Fell, die verschließbaren Nasenlöcher und der dicke Schnurrbart machen die Otterzivetten für den Aufenthalt im Wasser und Fischfang besonders geeignet. Die Schwimmhäute zwischen den Zehen sind kleiner als bei Fischottern, denen die Otterzivetten in der Tat stark ähneln. Otterzivetten sind gute Schwimmer, können aber auch klettern.

Die Afrikazibetkatze ist die größte und bekannteste der Ginster- und Zibetkatzen (Unterfamilie Viverrinae). Sie bewohnt alle Lebensräume von trockener Savanne bis zu tropischem Regenwald und jagt ausschließlich nachts und am Boden. Bei Tag verbirgt sie sich im Dickicht oder Bau.

Vieles verbindet die Afrikazibetkatze mit ihren asiatischen Verwandten. Indien-, Großfleck- und Kleinfleckzibetkatze haben ein schwarz-weißes Fell und Streifen auf dem Rücken. Ihr Körperbau erinnert an den von Hunden. Auf dem Rücken verläuft eine Art Mähne aus langen Haaren, die sich bei Gefahr aufstellen und die Tiere bedrohlicher wirken lassen. Kleinfleck- und Indienzibetkatze teilen auch die Gewohnheit der Afrikazibetkatze, festgelegte Latrinen zu benutzen.

Die dunkel gefärbte Kleine Zibetkatze besitzt einen schmaleren Kopf und ist ähnlich wie eine Ginsterkatze gebaut. Ihr fehlt die Mähne. Tupfen und Schwanzringe sind weniger ausgeprägt als bei den Ginsterkatzen. Geschickt jagt sie kleine Säuger und Vögel, an die sie sich wie eine Katze heranpirscht. Notfalls nimmt sie aber auch mit Insekten, Schildkröteneiern und Fallobst vorlieb. Sie kann nicht gut klettern und lebt oft unweit von Dörfern.

Linsangs gehören zu den am wenigsten bekannten und schönsten Mitgliedern der Gruppe. Alle drei Arten sind klein, flink, grazil gebaut und dunkel gemustert mit gebändertem Schwanz. Sie leben im Wald und ernähren sich von kleinen Wirbeltieren. Die Mägen von vier untersuchten Bänderlinsangs enthielten Reste von Hörnchen, Stachelratten, Vögeln, Kragenechsen und Insekten. Vermutlich sind Linsangs Einzelgänger. Man geht auch davon aus, dass der Afrikalinsang Blätternester in Bäumen baut. Die beiden asiatischen Arten, Flecken- und Bänderlinsang, schlafen offenbar in Nestern, die sie aus trockener Vegetation unter Baumwurzeln oder in hohlen Stämmen herrichten. Sie besitzen keine Perinealdrüsen. Auch fehlt ihnen der zweite obere Molar. Wie die Ginsterkatzen können auch alle Linsangs die Krallen einziehen.

Die Wasserzivette ist eine seltene und kaum bekannte Art, die an Flüssen in den Wäldern Zentralafrikas lebt. Sie ernährt sich von Fischen und vermutlich Krustentieren. Einheimische berichten, dass sie gelegentlich gewässerten Maniok frisst. Dieses Tier besitzt keine besonderen Schwimmeigenschaften, tastet mit den nackten Handflächen aber vermutlich nach Fischen unter Steinen und Uferböschungen. Diese packt sie mit ihren rückziehbaren Krallen und tötet sie mit den scharfen Zähnen.

Die nachtaktiven Ginsterkatzen wurden bisher eher im Labor als in freier Wildbahn untersucht. Wir kennen elf Arten der mittelgroßen, lang gestreckten und kurzbeinigen Raubtiere, die in Afrika, Arabien, dem Nahen Osten und Südwesteuropa verbreitet sind. Ihr Fell weist Reihen dunkler Flecken oder Streifen auf, die an den Oberseiten dichter sind und sich vom hellbraunen oder grauen Untergrund abheben. Der geringelte Schwanz ist etwa so lang wie der Körper. Ginsterkatzen haben längliche Gesichter, spitze Schnauzen mit langen Schnurrhaaren, ziemlich große Augen, eine gute Raumsicht, voll rückziehbare Krallen und fünf Zehen an jedem Fuß. In Afrika leben sie überall außer in der Wüste, doch bevorzugen sie dichte Vegetation. In Spanien sind Kleinfleckginsterkatzen auch im Hochgebirge weit verbreitet.

Vermutlich führten die Mauren diese Tiere im Mittelalter als Haustiere in Europa ein oder aber es handelt sich um Nachfahren einer Population, die in Europa zurückblieb, nachdem die Landbrücke nach Gibraltar nicht mehr existierte. Im Norden des Verbreitungsgebiets sind die Tiere kleiner, was eher auf eine natürliche Verbreitung schließen lässt. Die auf den Balearen heimische Population wurde mit Sicherheit von Menschen eingeführt. Die auf Ibiza lebende Unterart *(G. genetta isabelae)* ist kleiner als die übrigen europäischen Arten und ähnelt *Genetta felina senegalensis* aus dem Senegal.

Drei ungewöhnliche Viverriden kommen auf Madagaskar vor. Der seltene Falanuk lebt zurückgezogen in feuchten Tieflandregenwäldern vom östlichen Zentrum bis zum Nordwesten der Insel. Er ist neben der etwa gleich großen Fanaloka die zweite Art der Unterfamilie Euplerinae. Dank seines speziell geformten Gebisses kann der Falanuk besonders gut Würmer, Schnecken und Insektenlarven fassen. Zur Selbstverteidigung nutzt er die scharfen, langen Krallen.

Fanalokas sehen aus wie kleine gefleckte Füchse; ihre Verwandtschaft mit anderen Viverriden ist unsicher. Ihre Anatomie unterscheidet sie in vielerlei Hinsicht von den Bänderrollern, zu deren Gruppe sie einst gehörten. Sie leben überdies nur auf Madagaskar. Die Tiere sind nachtaktiv, bewohnen ausschließlich dichte Wälder und bevorzugen abgelegene Schluchten und Täler. Im Unterschied zu anderen Schleichkatzen bilden sie Paare. Sie sind keine besonders guten Kletterer. Ihre Nahrung – Nager, Frösche, Mollusken und Sandaale – spüren sie dank ihres ausgezeichneten Seh- und Hörvermögens auf. Trotz ihres wissenschaftlichen Namens *(Fossa fossa)* darf man sie nicht mit der viel größeren Fossa verwechseln.

Die Fossa ist das größte Raubtier Madagaskars. Stattliche Exemplare wiegen deutlich mehr als alle übrigen Schleichkatzen und Mangustenartigen. Wegen ihres katzenartigen Kopfes (breite, frontal stehende Augen, verkürzter Kiefer, abgerundete Ohren) und ihres Erscheinungsbilds zählte man die Fossa früher zu den Echten Katzen oder Felidae. Die Ähnlichkeit mit den Katzen resultiert aus der unabhängigen (konvergenten) Evolution des einzigen Mitglieds der Unterfamilie Cryptoproctinae, das sich stark von den anderen Schleichkatzen unterscheidet.

Oben: *Eine Afrikazibetkatze ruht während des Tages. Nachts jagt sie kleine Säuger wie Wüstenspringmäuse, Springhasen und Stachelmäuse. Auch Aas verschmäht sie nicht. Am Boden lebende Vögel wie Frankoline und Perlhühner, Reptilien, Insekten und Früchte stehen ebenfalls auf ihrem Speiseplan.*

Rechts: *Einige Zibetkatzen und Linsangs bei typischen Aktivitäten:* ***1*** *Afrikalinsang* (Poiana richardsoni) *beim Ausrauben eines Nestes;* ***2*** *Bänderroller* (Hemigalus derbyanus) *mit soeben erbeuteter Eidechse;* ***3*** *Kleinfleckzibetkatze* (Viverra tangalunga) *mit aufgestellter Rückenmähne;* ***4*** *Fleckenmusang* (Paradoxurus hermaphroditus) *beim Wittern;* ***5*** *Binturong* (Arctictis binturong) *auf Futtersuche; der bewegliche Greifschwanz umklammert einen Ast.*

ZIBETÖL UND DUFTMARKEN

Der Begriff Zibet kommt von dem arabischen Wort *zabad.* Er bezeichnet die ölige Flüssigkeit (und deren Geruch), die die meisten Schleichkatzen aus ihren Perinealdrüsen absondern. Diese Drüse ist mit den Genitalien verbunden, jedoch je nach Art unterschiedlich beschaffen: Bei den Palmenrollern besteht sie aus einer einfachen langen Hautfalte und erzeugt nur einen dünnen Sekretfilm; bei den drei *Viverra*-Arten und der Afrikazibetkatze handelt es sich um eine tiefe Tasche, die mehrere Gramm Zibet pro Woche produziert. Der Geruch des Sekrets ist bei Ginsterkatzen zart und angenehm, bei Echten Zibetkatzen *(Viverra)* dagegen kräftig und aufdringlich. Beim Binturong erinnert er an Popcorn. Hauptbestandteil ist das angenehm moschusartig duftende Civeton; andere Komponenten wie etwa Skatol verändern den Geruch jedoch oft negativ.

Bei den Viverridae gehören Duftmarken zu den wichtigsten Kommunikationsformen. Der Binturong versprüht sein Sekret jedoch passiv, wenn die Drüsen bei Bewegungen Äste streifen. Andere Arten setzen Duftmarken, indem sie sich hinhocken und die Drüsen am Boden oder an Objekten reiben.

Die Indienzibetkatze hebt den Schwanz, stülpt die Hauttasche nach außen und presst sie rücklings gegen Baumstämme oder Steine. Wie die meisten anderen Arten hocken sich Ginsterkatzen beim Verteilen von Duftmarken hin. Um höher gelegene Stellen zu markieren, machen sie zuweilen eine Art Handstand.

Die enge Verbindung zwischen der Perinealdrüse und den Genitalien legt nahe, dass das Sekret mit der Paarung zu tun hat. Tatsächlich kann Zibet Gerüche der Geschlechtsteile von brünftigen Weibchen verstärken. Der Duft des Drüsensekrets kann auch Informationen über Geschlecht, Alter und Identität übermitteln.

Zibet spielte in der Parfümindustrie lange eine wichtige Rolle. Bereits im 10. Jahrhundert v. Chr. führte es König Salomo aus Afrika ein. Parfümhersteller schätzen es wegen seines Geruchs, seiner Fähigkeit, andere aromatische Komponenten zu verstärken, und seiner anhaltenden Wirkung. In der Medizin wird das Öl gegen Schweißausbrüche, als Aphrodisiakum und bei Hautkrankheiten eingesetzt. Seit der Entwicklung chemischer Ersatzstoffe ist der Bedarf an echtem Zibetöl gesunken. Dennoch sammelt man in einigen ostafrikanischen und orientalischen Ländern noch große Mengen an Zibetöl. Mancherorts führte man sogar Zibetkatzen ein, um die Wirtschaft zu stärken. Die Tiere werden unter schlechten Bedingungen in kleinen Käfigen gehalten. Zum Entfernen des Sekrets benutzt man spezielle Löffel.

1
2
3
4
5

Früchte, Vögel, Fledermäuse

NAHRUNG

Alle Palmenroller fressen Früchte – in großer Bandbreite und Zahl. Ebenso verzehren sie Nager, Vögel, Schnecken und Skorpione, die die stark kohlenhydrathaltige Kost durch Eiweiß ergänzen. Auf Java nehmen Fleckenmusangs Früchte von über 35 Baumarten, Palmen, Büschen und Kriechpflanzen zu sich. Sie vertragen auch einige Früchte, die Menschen krank machen. Die Samen von Arengapalmen haben z.B. eine stachelige Außenhaut, doch fressen die Tiere sie in großen Mengen, ohne Schaden zu nehmen. Der Streifenroller besitzt kleine, flache Prämolaren, die für weiche Früchte besonders geeignet scheinen. Fast alle Palmenroller lieben Bananen. Der Fleckenmusang wird sogar „Palmweinkatze" (toddy cat) genannt, weil er gerne fermentierten Palmsaft trinkt, den die Menschen in Südasien in Bambusrohren auffangen.

Ginsterkatzen sind überwiegend Fleischfresser, nehmen aber auch Insekten und Früchte zu sich. Eine Ausnahme ist *Genetta johnstoni*, die fast nur Insekten frisst. In Afrika bilden kleine Säuger, vor allem Nager, die Hauptnahrungsquelle des Fleckenmusangs. In Spanien stehen auf seinem Speiseplan auch Eidechsen. Kotuntersuchungen bei spanischen Fleckenmusangs zeigten, dass die Hälfte seiner Nahrung im Frühjahr und Sommer aus Zugvögeln besteht, während im Herbst und Winter Früchte überwiegen. Fleckenmusangs fressen ganzjährig Nager (hauptsächlich Waldmäuse) und Insekten von Frühling bis Herbst; diese machen aber nur einen kleinen Anteil aus. Einige Ginsterkatzen fischen Frösche aus Regenauffangbecken. Eine Panterginsterkatze wurde dabei beobachtet, wie sie regelmäßig ausfliegende Fledermäuse fing. In Westafrika lecken Panterginsterkatzen den Nektar der Baumart *Maranthes polyandra* auf. Deren Blüten werden von Fledermäusen bestäubt, sodass die Ginsterkatzen ursprünglich vielleicht eher den Fledermäusen als dem Nektar auf der Spur waren.

1

2

3

Oben: *Die drei auf Madagaskar heimischen Viverriden:* ***1*** *Falanuks ähneln Mangusten; Schnauze und Körper sind länglich, die Krallen nicht rückziehbar. Sie fressen überwiegend Wirbellose.* ***2*** *Die Fanaloka erinnert eher an einen Fuchs, kann die Krallen einziehen und ernährt sich von kleinen Säugern, Reptilien und Amphibien.* ***3*** *Der Kopf der Fossa ist katzenähnlich. Das Tier kann seine Krallen einziehen.*

Unten: *Die in Südafrika heimische Großfleckginsterkatze hat sich wie alle Ginsterkatzen an das Leben auf Bäumen gewöhnt. Dank ihrer ausgezeichneten Raumsicht kann sie Distanzen genau berechnen und stellt ihrer Beute, von Ast zu Ast springend, nach.*

Geschickte Jäger

SOZIALVERHALTEN

Dominante männliche Palmenroller patrouillieren alle fünf bis zehn Tage durch ihr Revier. Untergeordnete Männchen sind meist kleiner, unfruchtbar oder alt. Sie besetzen kleine Gebiete innerhalb eines größeren Reviers, durchstreifen diese unregelmäßig und gehen dominanten Männchen aus dem Weg. Wenn sich eines dieser Tiere paart, ist die Vorrangstellung des dominanten Männchens jedoch in Frage gestellt. Dies hat oft heftige Kämpfe mit schweren Verletzungen zur Folge. Der durch schwere Bisswunden geschwächte Verlierer bleibt am Boden liegen, wo er stirbt oder von einem anderen Fleischfresser getötet wird.

Im Revier eines dominanten Männchens leben ein bis drei Weibchen. Das Männchen sucht jedes Weibchen auf seinem Rundgang für mehrere Tage auf. Über die meiste Zeit des Jahres akzeptieren Weibchen kein Männchen auf ihrem Baum. Doch während der langen Regenzeit nehmen Männchen und Weibchen in der Dunkelheit durch Rufe miteinander Kontakt auf. An mehreren Tagen im Juni paaren sich die Tiere und teilen in dieser Zeit einen Baum. Drei Monate später werden ein bis drei Junge in einem versteckten Blätternest geboren. Sechs Monate später sind sie entwöhnt. Die Geschlechtsreife erreichen sie kurz nach Vollendung des zweiten Lebensjahrs. Weibchen akzeptieren in ihrem Gebiet nur Töchter, die weniger als zwei Jahre alt sind. Männliche Jungtiere suchen sich kurz nach der Entwöhnung ein eigenes Revier.

Afrikazibetkatzen entleeren ihren Darm meist unweit ihrer Hauptpfade auf „Misthaufen". Diese liegen oft an Territorialgrenzen, wo sie als Kontaktzonen zwischen Tieren benachbarter Reviere dienen. Früchte tragende Bäume und Büsche werden oft mit Sekret aus der Perinealdrüse markiert. Dasselbe gilt in geringerem Umfang für Gras, Altholz und Steine. Weibliche Afrikazibetkatzen sind mit einem Jahr geschlechtsreif und werfen bei einer Tragzeit von rund 80 Tagen höchstens zweimal pro Jahr ein bis drei Junge. Die Mutter säugt sie bis zum Alter von drei bis fünf Monaten. Vor der Entwöhnung beginnen die Jungen Insekten zu fangen und zu fressen. Wenn die Mutter Beute mit ihnen teilen will, verständigt sie ihren Nachwuchs mit einem kichernden Kontaktruf.

Ginsterkatzen leben meist auf Bäumen, ihre Nahrung beschaffen sie sich aber oft am Boden. Durch ihre Fellfarbe sind sie vor allem in hellen Mondnächten gut getarnt. In Spanien beginnt die Kleinfleckginsterkatze kurz vor Sonnenuntergang zu jagen und begibt sich kurz nach der Morgendämmerung zur Ruhe. Während eines Teils der Nacht rastet sie. Auch am Morgen zeigt sie sich wenig aktiv. In der Serengeti bleibt *Genetta felina*

Faszinierende Fossa

Die Fossa lebt ausschließlich in den Wäldern Madagaskars. Sie ernährt sich überwiegend von Lemuren, die über die Hälfte ihrer Nahrung ausmachen, obgleich die intelligenten und wendigen Tiere, von denen es obendrein nur kleine Bestände gibt, schwer zu fangen sind. Ungewöhnlich ist, dass Fossas im Unterschied zu den meisten Viverriden Sohlengänger sind. Sie erbeuten in Bäumen, aber auch auf dem Boden Schnecken, Tanreks und Perlhühner.

Nicht nur die Ernährung weicht von jener anderer Schleichkatzen ab. Auch die Paarung verläuft anders: Ein einzelnes Weibchen besetzt einen Platz hoch in einem Baum, unter dem sich mehrere Männchen versammeln. Das Weibchen paart sich mit einigen von ihnen, manchmal ohne Pause über einen Zeitraum von bis zu 165 Minuten. Die Paarungsorte lassen sich aufgrund der Kampf- und Lockrufe der Männchen leicht ausfindig machen. Nach etwa einer Woche trifft ein neues Weibchen ein, übernimmt den Platz und paart sich ebenfalls mit den Männchen.

Diese ausgedehnte Paarungszeit überrascht umso mehr, wenn man die Struktur der männlichen Genitalien unterschucht. Die Männchen verfügen über einen mit harten, nach hinten spitz zulaufenden Stacheln versehenen Knochenpenis. Während der Erektion stellen sich die Stacheln auf und sorgen, ähnlich wie bei Haushunden, für eine feste Verbindung zwischen Männchen und Weibchen (unten).

Fossas durchlaufen auch eine bei anderen Säugern unbekannte Entwicklungsphase. Während der Adoleszenz weisen die Weibchen typisch männliche Merkmale auf, die adulte Tiere nicht mehr zeigen. Die Klitoris wächst überproportional und bildet einen kleinen Stützknochen aus, der sich mit Stacheln bedeckt. Das cremefarbene Unterbauchfell färbt sich in dieser Zeit durch ein Sekret hellorange. Bei erwachsenen Fossas gibt es dieses Sekret nur bei männlichen Tieren. Die vorübergehende „Maskulinisierung" wurde bei anderen weiblichen Säugern nicht beobachtet. Es bleibt unklar, ob es sich um eine geheimnisvolle Art der Anpassung oder einen ungewöhnlichen Nebeneffekt pubertärer Hormonveränderungen handelt.

Madagaskar löste sich vor rund 165 Mio. Jahren vom afrikanischen Festland und die Fauna entwickelte sich fortan getrennt. Die lange Isolierung liefert die bislang einzige Erklärung für die Eigenheiten der Fossa. Andererseits könnte es sein, dass ähnliche Merkmale bei anderen Schleichkatzen nur noch nicht entdeckt wurden. Das Geschlecht der Binturongs und Fleckenmusangs (mit dem erhellenden lateinischen Namen *Paradoxurus hermaphroditus)* lässt sich z.B. nur schwer bestimmen. Allerdings liegt dies vor allem an den Duftdrüsen, die Männchen oft wie Weibchen wirken lassen. Bei der Fossa gilt es diese Variante noch zu erforschen. CH

im Unterschied zu anderen kleinen Raubtieren in der Morgen- und Abenddämmerung eher inaktiv und jagt um Mitternacht. Auf diese Weise vermeidet sie Konkurrenz bei der Futtersuche.

Ginsterkatzen vermehren sich das ganze Jahr über, doch gibt es in vielen Gebieten saisonale Höhepunkte). Nach einer Tragzeit von rund 70 Tagen bringen sie in einem Baumnest oder Bau zwei bis vier Junge zur Welt. Diese sind bei der Geburt blind und ca. 13 cm groß. Nach acht Tagen öffnen sie die Augen und verlassen wenig später das Nest. Mit sechs Monaten sind sie entwöhnt, nehmen aber schon vorher feste Kost zu sich. Ginsterkatzen werden mit einem Jahr selbstständig und mit zwei Jahren geschlechtsreif. Duftmarken aus Kot, Urin und Drüsensekret spielen im sozialen Leben eine wichtige Rolle, denn sie geben Auskunft über Identität, Familienzugehörigkeit, Geschlecht und Paarungsbereitschaft. Männchen, in geringerem Umfang auch Weibchen, verteilen besonders vor der Paarungszeit häufig Duftmarken.

Die meisten Ginsterkatzen sind Einzelgänger. In Afrika liegt die Populationsdichte bei 1 bis 2 Tieren pro qm. Weibchen scheinen reviergebundener zu sein als Männchen, die eher wandern. In Spanien ist die Populationsdichte geringer. Zwei männliche Kleinfleckginsterkatzen wurden mit Sendern ausgestattet: Ihr Revier umfasste rund 5 qm. In einer Stunde legten sie bis zu 3 km zurück.

Ginsterkatzen eignen sich gut als Haustiere. In Europa schätzte man sie als Rattenjäger, bis im Mittelalter die Hauskatze Einzug hielt. In Teilen Afrikas gelten sie aber als Schädling, weil sie Geflügel reißen.

Falanuks führen ein einsames, territorial gebundenes Leben, das sie nur unterbrechen, um sich zu paaren oder ihre Jungen aufzuziehen. Der Nachwuchs ist vor der nächsten Paarungszeit selbstständig. Am Schwanzansatz speichern die Tiere Fett für die kühlen, trockenen, futterarmen Monate Juni und Juli. Unter der Haut wird im April und Mai Fett eingelagert. Falanuks bringen im Unterschied zu vielen Fleischfressern nur ein einziges Junges im Sommer zur Welt. Es ist weit entwickelt und lässt vermuten, dass Mutter und Kind kurz nach der Geburt bereits mobil sind. Ein in Gefangenschaft geborenes Tier kam mit offenen Augen zur Welt und konnte seiner Mutter bereits mit zwei Tagen folgen. Erst mit neun Wochen nahm es feste Kost zu sich, war aber wenig später entwöhnt. Die Jungtiere können auf diese Weise dicht bei der Mutter bleiben, wenn diese sich auf Futtersuche begibt. Das Bewegungsvermögen und die Sinne junger Falanuks sind früh ausgeprägt, doch wachsen sie etwas langsamer heran als andere vergleichbar große Fleischfresser.

Fanalokas paaren sich im August und September und bringen nach dreimonatiger Tragzeit ein weit entwickeltes Junges zur Welt. Die Augen sind bei der Geburt geöffnet, und nach wenigen Tagen kann es der Mutter folgen. Nach zehn Wochen ist das Kleine entwöhnt. CW

Artenübersicht Schleichkatzen

ZUR FAMILIE DER VIVERRIDAE gehören sechs Unterfamilien. Einige Forscher zählen die Cryptoproctinae zur Familie der Herpestidae.

PARDELROLLER

Unterfamilie Nandiniinae

Pardelroller
Nandinia binotata

Von Guinea (einschließlich Bioko-Insel) bis S-Sudan im Norden, Mosambik, O-Simbabwe und Zentral-Angola im Süden. Baumbewohner.
KL 50 cm; SL 57 cm; GT 3 kg.
FELL: Olivbraun, matt gefleckt; zwei cremefarbene Flecken an den Schultern (Größe und Intensität regional verschieden).

PALMENROLLER

Unterfamilie Paradoxurinae

7 Arten in 5 Gattungen
Teils auf Bäumen lebend; nachtaktiv. Gebiss speziell für Früchte und Mischkost geeignet, Eckzähne schwach bis mittel entwickelt; zwei eher flache Molaren im Ober- und Unterkiefer aller Arten. Perinealdrüsen bei beiden Geschlechtern aller Arten mit Ausnahme von *Arctogalidia*, dort nur bei Weibchen. Bei *Nandinia* befindet sich die Drüse gegenüber den Geschlechtsorganen. Krallen halb rückziehbar.

Streifenroller
Arctogalidia trivirgata

Assam, Myanmar, Thailand, Malakka- und indochinesische Halbinsel, China (Yunnan), Sumatra, Java, Borneo, Lingga-Inseln, Bangka, Bilitung, im N der Natuna-Inseln. Baumbewohner.
KL 51 cm; SL 58 cm; GT 2,4 kg.
FELL: Einfarbig, silbergrau bis gelbbraun oder dunkelbraun, an Kopf und Schwanz manchmal grau gesprenkelt; drei dunkle Rückenstreifen vom Schwanzansatz bis zu den Schultern; weißer Streifen von der Nasenmitte abwärts; Schwanz manchmal mit etwas dunkleren Bändern; Spitze weiß.

Fleckenmusang
Paradoxurus hermaphroditus
Malaiischer Palmenroller, Toddy Cat

Indien, Sri Lanka, Nepal, Assam, Bhutan, Myanmar, Thailand, S-China, Malaysia, Indochina, Sumatra, Java, Borneo, Ceram, Kei-Inseln, Nusa Tenggara (Kleine Sunda-Inseln); im O bis Timor, Philippinen. Teils auf Bäumen lebend.
KL 54 cm; SL 46 cm; GT 3,4 kg.
FELL: Variiert von gelbbraun bis dunkelbraun (regional abhängig); meist schwarze Streifen am Rücken und kleine bis mittelgroße Flecken an Seiten und Schwanzansatz; Gesichtsmaske mit Flecken und Strichen auf der Stirn; Schwanzspitze manchmal weiß.

Goldmusang
Paradoxurus zeylonensis

Sri Lanka. Baumbewohner.
KL 51 cm; SL 46 cm; GT 3 kg.
FELL: Braun, goldbraun oder rostbraun; Flecken und Streifen undeutlich; an Nacken und Kehle Haarkranz; Schwanzspitze manchmal weiß.

Jerdonmusang Vu
Parodoxurus jerdoni

S-Indien, Palni- und Nilgiri-Hügel. Travancore und Coorg. Baumbewohner.
KL 59 cm; SL 52 cm; GT 3,6 kg.
FELL: Dunkelbraun oder schwarzbraun mit silbernen oder grauen Tupfen; Haarkranz wie bei *P. zeylonensis*.

Larvenroller
Paguma larvata

Indien, Nepal, Tibet, Teile Chinas (Shanxi, Taiwan, Hainan, im N bis Hopeh), Myanmar, Thailand, Malaysia, Sumatra, N-Borneo, südliche Andamanen; in Japan eingeführt. Baumbewohner.
KL 63 cm; SL 59 cm; GT 4,8 kg.
FELL: Einheitlich grau oder gelbbraun bis schwarz je nach geografischer Herkunft; Gesicht dunkel, aber gelegentlich mit hellen Stirnstreifen oder Tupfen unter den Augen und um die Ohren; Schwanzspitze manchmal weiß.

Celebesroller Vu
Macrogalidia musschenbroekii

NO- und Zentral-Sulawesi (Celebes). Teils auf Bäumen lebend.
KL 88 cm; SL 62 cm; GT 4,2 kg.
FELL: Einheitlich braun mit etwas dunkleren Flecken zu beiden Seiten der Mittellinie und hellen Ringen am Schwanz; Haare über und zwischen den Augen heller.

Binturong
Arctictis binturong
Marderbär

Indien, Nepal, Bhutan, Myanmar, Thailand, Malaysia und Indochina, Sumatra, Java, Borneo und Palawan. Baumbewohner.
KL 77 cm; SL 73 cm; GT 7,6 kg (Weibchen 20 % größer).
FELL: Schwarz mit weißen oder gelben Haaren an den Spitzen (Unterfell von gelblichen oder grauen Binturongs ist immer schwarz); langes, derbes Haar; Ohren mit langen schwarzen Büscheln und weißen Rändern; kräftiger Schwanz, besonders am Ansatz, Spitze zum Greifen einsetzbar.

OTTERZIVETTEN

Unterfamilie Hemigalinae

5 Arten in 4 Gattungen
Nachtaktiv. Zweiter Molar groß mit vielen Spitzen. Perinealdrüsen bei allen Arten, jedoch nicht so groß wie bei anderen Unterfamilien. Krallen halb rückziehbar.

Bänderroller
Hemigalus derbyanus

Halbinsel Myanmar, Malaysia, Sumatra, Borneo, Sipora und südliche Pagi-Inseln. Teils auf Bäumen lebend.
KL 53 cm; SL 32 cm; GT 2,1 kg.
FELL: Blassgelb bis grau-gelbbraun mit kontrastierenden dunkelbraunen Flecken; Gesicht und Rücken mit Längsstreifen; Körper mit ca. 5 horizontalen Bändern, die sich über die Hälfte der Flanken ziehen; Schwanz bis zur Mitte dunkel, 2 dunkle Ringe am Ansatz.

Schlichtroller Vu
Diplogale hosei

Borneo, Sarawak (Mt. Dulit bis 1200 m Höhe). Teils an Land, teils im Wasser lebend.
FELL: Einheitlich dunkelbraun mit grauen Tupfen an Augen und Wangen; Kinn, Kehle und Ohrenrückseite weiß; Bauch weiß oder dunkelgrau.

Fleckenroller Vu
Chrotogale owstoni

Im N der indochinesischen Halbinsel. Bodentier.
KL 55 cm; SL 43 cm; GT keine Daten.
FELL: Ähnlich wie Bänderroller, aber nur mit 4 dunklen Rückenstreifen und weißen Tupfen auf Nacken, Körper und Beinen.

Otterzivette En
Cynogale bennettii
Mampalon

Sumatra, Borneo, Malakka- und indochinesische Halbinsel. Teils im Wasser lebend.
KL 64 cm; SL 17 cm; GT 4,7 kg.
FELL: Einheitlich braun, weiches, dichtes Haar, das leicht grau wirkt; Kehle weiß oder gelblich weiß. Die drei ersten oberen Prämolaren sind sehr groß mit hohen, dichten, spitzen Kronen; breite Backenzähne; kleine Ohren; nackte Sohlen.

Cynogale lowei

N-Vietnam. Teils im Wasser lebend.
FELL: Oberseite dunkelbraun, unten von Wangen bis Nabel weiß oder dunkelweiß; Schwanz dunkelbraun. Übriges Aussehen wie *C. bennettii*.

ZIBETKATZEN, GINSTERKATZEN UND LINSANGS

Unterfamilie Viverrinae

19 Arten in 7 Gattungen
Bezahnung für Mischkost geeignet; Schneidezähne gut entwickelt; zwei Molaren auf jeder Seite in Unter- und Oberkiefer bei allen Arten außer *Poiana* und *Prionodon* (ein oberer Molar). Perinealdrüse bei allen Gattungen außer *Prionodon*, bei *Poiana* und *Osbornictis* nicht sicher. Fußsohlen zwischen Zehen und Sohle gewöhnlich behaart.

Afrikalinsang
Poiana richardsoni

Sierra Leone, Côte d'Ivoire, Gabun, Kamerun, N-Kongo, Bioko-Insel. Baumbewohner; nachtaktiv.
KL 33 cm; SL 38 cm; GT 650 g.
FELL: Körper gefleckt, Nackenstreifen; Schwanz mit rund 12 dunklen Ringen und heller Spitze. Krallen rückziehbar.

Fleckenlinsang
Prionodon pardicolor

Nepal, Assam, Sikkim, N-Myanmar, Indochina. Teils auf Bäumen lebend; nachtaktiv.
KL 39 cm; SL 34 cm; GT 600 g.
FELL: Hellgelb mit dunklen Flecken; Streifen am Nacken; Schwanz mit 8 bis 9 dunklen Bändern, die mit dünnen hellen Bändern wechseln. Krallen rückziehbar.

Bänderlinsang
Prionodon linsang

W-Malaysia, Tenasserim, Sumatra, Java, Borneo. Teils auf Bäumen; nachtaktiv.
KL 40 cm; SL 34 cm; GT 700 g.
FELL: Sehr helles Gelb mit 5 breiten dunklen Querstreifen auf dem Rücken; Nackenstreifen breit mit kleinen länglichen Flecken und Streifen auf den Flanken; Schwanz mit 7 bis 9 dunklen Bändern und schwarzer Spitze. Krallen rückziehbar.

ABKÜRZUNGEN		
KL = Körperlänge SL = Schwanzlänge GT = Gewicht	Ex ausgestorben	En stark gefährdet
	EW in freier Natur ausgestorben	Vu gefährdet
	Cr vom Aussterben bedroht	LR geringes Risiko

Kleine Zibetkatze
Viverricula indica

S-China, Myanmar, W-Malaysia, Thailand, Sumatra, Java, Bali, Hainan, Taiwan, Indochina, Indien, Sri Lanka, Bhutan; auf Madagaskar, Sokotra und den Komoren eingeführt. Bodentier; nachtaktiv/dämmerungsaktiv.
KL 57 cm; SL 36 cm; GT 3 kg.
FELL: Hellbraun, grau bis gelbgrau mit kleinen Flecken, Längsstreifen im vorderen Körperbereich bilden auf den Flanken größere Flecken; 6 bis 8 Rückenstreifen; Nackenstreifen nicht kontrastierend wie bei *Viverra* and *Civettictis;* 7-8 dunkle Bänder am Schwanz, Spitze oft hell. Krallen halb rückziehbar; Haut zwischen Zehen und Sohlen teils nackt.

Kleinfleckzibetkatze
Viverra tangalunga

Malaysia, Sumatra, Lingga-Inseln, Borneo, Sulawesi, Karlinata, Bangka, Buru, Ambon und Langkawi-Inseln sowie Philippinen. Bodentiere; nachtaktiv/dämmerungsaktiv.
KL 66 cm; SL 32 cm; GT 3,7 kg.
FELL: Dunkel mit vielen dicht stehenden kleinen schwarzen Tupfen und Balken auf dem Körper, die oft ein Streifenmuster bilden; die Haare zwischen Schultern und Schwanzmitte formen eine aufstellbare Mähne; schwarze und weiße Nackenstreifen verlaufen unterhalb der Kehle; Schwanz weiß geringelt; schwarze Spitze. Krallen halb rückziehbar.

Indienzibetkatze
Viverra zibetha

N-Indien, Nepal, Myanmar, Thailand, Indochina, Malaysia. S-China. Bodentier; nacht-/dämmerungsaktiv.
KL 81 cm; SL 43 cm; GT 8,5 kg.
FELL: Goldbraun bis grau mit schwarzen Flecken, Rosetten, Balken und Streifen auf dem Körper, Nacken mit schwarzen und weißen Streifen, die unterhalb der Kehle verlaufen; aufstellbare Rückenmähne aus schwarzem Haar von Schultern bis Rumpf; Schwanz mit weißen Bändern und schwarzer Spitze. Krallen halb rückziehbar.

Großfleckzibetkatze
Viverra megaspila

S-Myanmar, Thailand, früher auch im Küstenbereich und in den W-Ghats in Indien. Indochina, Malaysia bis Penang. Bodentier; nacht-/dämmerungsaktiv. Die Population in den indischen W-Ghats (die die IUCN als separate Art klassifiziert, *V. civettina)* gilt aufgrund von Jagd und Vernichtung des Lebensraums für Weiden und Äcker als vom Aussterben bedroht; weniger als 250 Tiere leben noch.
KL 76 cm; SL 37 cm; GT 6,6 kg.
FELL: Grau bis goldbraun mit kleinen schwarzen oder braunen Tupfen an der Vorderseite; große Flecken auf den Flanken, die häufig in Balken oder Streifen übergehen; ausgeprägte schwarze und weiße Nackenstreifen; Rückenmähne mit aufstellbarem schwarzem Haar von Schultern bis Rumpf, auf beiden Seiten durch eine Längsreihe von Tupfen begrenzt; Schwanz mit 5–7 weißen Bändern, die sich meist nicht vollständig um den Schwanz ziehen; schwarze Schwanzspitze. Krallen nicht rückziehbar, Fußsohlen zwischen Zehen und Sohlen schwach behaart.

Afrikazibetkatze
Civettictis civetta

Senegal im O bis Somalia im N, über Zentral- und O-Afrika bis KwaZulu-Natal, Transvaal, N-Botswana und N-Namibia. Bodentier; nacht-/dämmerungsaktiv.
KL 84 cm; SL 42 cm; GT 13 kg.
FELL: Grau bis goldbraun, Körper mit dunkelbraunen oder schwarzen Tupfen, Balken und Streifen (Grad der Streifen und Sichtbarkeit der Tupfen regional unterschiedlich); Rückenmähne von Schultern bis Schwanz; Schwanz mit gleichfarbigen Bändern und schwarzer Spitze. Krallen nicht rückziehbar; Fußsohlen zwischen Zehen und Sohle nackt.

Wasserzivette
Osbornictis piscivora

Provinzen Kisangani und Kibale-Ituri in Demokratischer Republik Kongo. Teils im Wasser lebend; nachtaktiv.
KL 47 cm; SL 37 cm; GT 1,4 kg.
FELL: Einheitlich kastanienbraun mit mattrotem Bauch; Kinn und Kehle weiß; Schwanz einheitlich dunkelbraun mit dichtem Fell. Krallen halb rückziehbar.

Kleinfleckginsterkatze
Genetta genetta

Afrika (nördl. der Sahara), Iberische Halbinsel, Frankreich, Palästina. Offenes Gebiet oder Waldland mit etwas Schutz.
KL 40–50 cm; SL 37–46 cm; GT 1–2,3 kg.
FELL: Grau-weiß mit schwarzen Tupfen; Schwanz mit 9–10 schwarzen Ringen und weißer Spitze; dunkle Rückenmähne.

Genetta felina

Afrika südl. der Sahara außer Regenwald; arabische Halbinsel. Offenes Gebiet oder Waldland mit etwas Schutz.
KL 40–50 cm; SL 37–47 cm; GT 1–2,3 kg.
FELL: Hellgrau bis bräunlich gelb mit Reihen schwärzlicher Flecken; Schwanz mit 9–10 schwarzen Ringen und weißer Spitze; deutliche Rückenmähne mit schwarzen Haaren; Hinterbeine mit grauen Streifen.

Panterginsterkatze
Genetta maculata (früher *G. pardina)*

Südlicher Teil von W-Afrika, Zentral- und Südafrika (außer Kapregion). Dichter Wald. Größe und Gewicht wie bei *G. genetta*.
FELL: Grau bis hellbraun, mehr Flecken als Kleinfleckginsterkatze; Schwanz schwarz mit 3–4 hellen Ringen am Ansatz und dunkler oder heller Spitze; kurze, aufstellbare Rückenmähne. Ziemlich lange Beine.

Großfleckginsterkatze
Genetta tigrina

Kapregion in Südafrika. Waldland, Busch. Größe und Gewicht wie bei *G. genetta*.
FELL: Graubraun bis schmutzig weiß mit großen braunen oder dunklen Flecken; Schwanz lang mit 8–9 schwarzen Ringen; dunkle Spitze. Ziemlich kurze Beine.

Waldginsterkatze
Genetta servalina

Zentral-Afrika, eingeschränkt auch in O-Afrika vorkommend. Wald.
KL 42–53 cm; SL 41–51 cm; GT 1–2 kg.
FELL: Ockerfarben und stärker mit kleinen schwärzlichen Tupfen bedeckt als bei anderen Ginsterkatzen; Unterseite dunkler; Schwanz mit 10–12 Ringen und weißer Spitze. Gesicht länglich.

Riesenginsterkatze
Genetta victoriae

Uganda, nördliche Demokratische Republik Kongo. Regenwald.
KL 50–60 cm; SL 45–55 cm; GT 1,5–3,5 kg.
FELL: Gelb bis rötlich braun, sehr viele dunkle Tupfen; Schwanz buschig mit 6–8 breiten Ringen und schwarzer Spitze; dunkle Rückenmähne; Beine dunkel.

Angolaginsterkatze
Genetta angolensis

N-Angola, Mosambik, südliche Demokratische Republik Kongo, NW-Sambia, S-Tansania. Wald.
KL 40–50 cm; SL 37–46 cm; GT 1–2,3 kg.
FELL: Breite dunkle Flecken in drei Reihen zu beiden Seiten der aufstellbaren Rückenmähne; Schwanz buschig mit 6–8 breiten Ringen und dunkler Spitze; Nackenstreifen; Hinterbeine dunkel mit dünnem grauem Streifen. Ziemlich langes Haar.

Senarginsterkatze
Genetta abyssinica

Äthiopisches Hochland, Somalia. Gebirge.
KL 40–46 cm; GT 0,8–1,6 kg.
FELL: Sehr helles Sandgrau mit schwarzen horizontalen Streifen und schwarzen Tupfen; Schwanz mit 6–7 dunklen Ringen und dunkler Spitze; Rücken mit 4–5 Streifen; schwarze, schwach entwickelte Rückenmähne.

Genetta thierryi

W-Afrika. Wald und Savanne in Guinea. Maße und Fell wie *G. abyssinica*, jedoch mit individuell variablen kastanienbraunen oder schwarzen Tupfen; Schwanz mit 7–9 dunklen Ringen (erste Ringe fuchsrot) und dunkler Spitze.

Genetta johnstoni

FELL: Grundfarbe Gelb bis Graubraun; schwarze, aufstellbare Rückenmähne; Reihen großer dunkler Flecken an den Seiten; Schwanz mit 8 dunklen Ringen. Schädel größer als bei anderen Ginsterkatzen im gleichen Verbreitungsgebiet. Die stark reduzierte Bezahnung lässt auf einen Insektenfresser schließen.

MADAGASKAR-SCHLEICHKATZEN

Unterfamilie Euplerinae

2 Arten in 2 Gattungen

Falanuk En
Eupleres goudotii

Östliches Zentral- bis NW-Madagaskar. Regenwald. Bodentier; Einzelgänger.
KL 48–56 cm; SL 22–25 cm; GT keine Daten.
FELL: Hell- bis mittelbraun; weißgrau an der Unterseite; Längliche Schnauze; erste Prämolaren und Eckzähne kurz, nach hinten gebogen und abgeflacht, geeignet für kleine Beutetiere mit weichem Körper, keine Anal- oder Perinealdrüsen.

Fanaloka Vu
Fossa fossa

Madagaskar. Dichter Regenwald. Bodentier; nachtaktiv; lebt paarweise.
KL 47 cm; SL 9,5 cm; GT 2,2 kg.
FELL: Braun mit dunkelbraunen Tupfen in ineinander fließenden Längsreihen; blassdunkle Bänder auf der Oberseite des kurzen Schwanzes. Keine Perinealdrüsen.

Unterfamilie Cryptoproctinae

Fossa En
Cryptoprocta ferox

Madagaskar. Regenwald. Baumbewohner; nachtaktiv.
KL 70 cm; SL 65 cm; GT 9,5-20 kg.
FELL: Rötlich braun bis dunkelbraun; katzenartiger Kopf mit großen, nach vorn gerichteten Augen, kurzem Kiefer, abgerundeten Ohren; zylinderförmiger Schwanz. Reißzähne gut entwickelt, obere Molaren reduziert (I3/3, C1/1, P3/1, M1/1 = 32). Rückziehbare Krallen; Häute zwischen den Zehen; stark entwickelte Analdrüse, keine Perinealdrüse.
FORTPFLANZUNG: Saisonal, Paarungszeit im September und Oktober. Tragzeit 3 Monate; 2–4 Junge, mit jeweils 80–100 g Gewicht; die Jungen kommen in einem Baumloch oder einer Erdmulde zur Welt. Physische Entwicklung langsam, die Augen öffnen sich erst mit 16–25 Tagen, feste Nahrung mit 3 Monaten. Entwöhnung mit 4 Monaten, mit 2 Jahren ausgewachsen, erst mit 4 Jahren geschlechtsreif.

CW/WCW

Mangusten

DIE SCHLANKEN RAUBTIERE, DIE EINE GROSSE Bandbreite von Wirbellosen und kleinen Wirbeltieren jagen, kommen südlich der Sahara und im südlichen Asien vor. Einige sind reine Insektenfresser, andere verzehren überwiegend Fleisch. Damit füllen diese Altwelttiere Nischen und zeichnen sich durch Lebensformen aus, die in der Neuen Welt die Mitglieder mehrerer Ordnungen, darunter Carnivora, Insectivora und Rodentia, einnehmen.

Mangusten sind eng mit den Schleichkatzen verwandt. Es gibt sogar Wissenschaftler, die beide Familien zusammen als Viverridae führen. Gleichwohl bestehen zwischen beiden Gruppen einige Unterschiede. So zeichnen sich die Mangusten durch nicht rückziehbare Krallen, vier oder fünf Zehen an jedem Fuß, reduzierte oder fehlende Häute zwischen den Zehen und abgerundete Ohren aus, die an den Kopfseiten liegen und selten über das Profil hinausragen. Im Gegensatz zu den Schleichkatzen, die als Einzelgänger leben, verfügen einige Mangusten über hoch entwickelte Sozialsysteme. Und während Schleichkatzen in der Regel nachtaktive Baumbewohner sind, leben die meisten Mangusten – oft tagaktiv – am Boden.

Kurze Beine, langer Schwanz

KÖRPERBAU UND FUNKTION

Gesicht und Körper der Mangusten sind länglich, die Ohren klein und abgerundet, die Beine kurz, die Schwänze lang und buschig. Die meisten Arten sind einfarbig oder gestreift, einige besitzen auffällige Fellmarkierungen. Im Unterschied zu den Schleichkatzen gibt es keine Arten mit Flecken und nur wenige mit Schulterstreifen. Beine oder Füße, Schwanz oder Schwanzspitze können dagegen durchaus eine andere Schattierung annehmen. Zebramangusten und Erdmännchen weisen dunklere Querbänder auf dem Rücken auf. Bei zwei der vier Madagaskarmungo-Arten verlaufen Streifen über den Körper, eine Art hat einen geringelten Schwanz.

Bei den Individuen innerhalb einer Art, etwa beim Rotichneumon, kommt es häufig zu erheblichen Farbvariationen. Diese Art ist im größten Teil ihres Verbreitungsgebiets grau oder gelblich braun, in der Kalahari dagegen rot; es gibt auch schwarze Tiere. Vermutlich hängt die Farbgebung mit der Farbe des Bodens zusammen, denn Tarnung ist überlebenswichtig.

Die meisten Mangusten besitzen große Analtaschen mit mindestens zwei Drüsenöffnungen. Duftmarken mit Anal- und Kinndrüsen informieren über Geschlecht, Paarungsbereitschaft sowie die Identität einzelner Tiere und ihrer sozialen Gruppe.

Mangusten können lange leben: Ein Südzwergichneumon-Weibchen im Serengeti-Nationalpark wurde 13 Jahre alt. In der Regel erreichen aber nur wenige Tiere in freier Wildbahn das Maximalalter.

Nischenspezialisten

VERBREITUNG

Die Mangusten leben überwiegend in der Alten Welt, wo sie einen breiten Streifen zu beiden Seiten des Äquators von Westafrika bis Südostasien bewohnen. In der Karibik, auf den Fidschi-Inseln und auf Hawaii wurden sie eingeführt. Sie haben sich an eine Vielzahl von Lebensräumen gewöhnt, darunter Wald, offenes Waldland, Savanne und Wüste.

Bei den in Gruppen lebenden Arten kann die Option, einen Bau anzulegen, die Auswahl des Lebensraums bestimmen. In der afrikanischen Savanne mit ihren harten Böden bieten Termitenhügel oft die einzige Zuflucht. Einige Mangustenarten versuchen dort nach Möglichkeit, in den Lüftungsschächten großer Hügel von *Macrotermes*-Termiten zu graben. Entsprechend findet man diese Populationen auch nur dort, wo es solche Termitenhügel gibt, selbst wenn Faktoren wie die Vegetation für andere Orte sprächen.

Wald und Felslandschaften sowie weiche Böden bieten dagegen zahlreiche Rückzugsmöglichkeiten. In solchen Regionen sind die Mangusten oft die am häufigsten vorkommenden Raubtiere. Untersuchungen in der Serengeti haben gezeigt, dass bei Zwergmangusten Dichten von bis zu 8 Adulttieren pro qkm nicht selten sind und auf 1 qkm oft bis zu 20 Zebramangusten, Zwerg- und Rotichneumone kommen. Mindestens drei andere Arten (Weißschwanzmanguste, Ichneumon und Sumpfichneumon) hielten sich ebenfalls dort auf, sodass die Gesamtzahl 25 Adulttiere pro qkm überstieg.

Rechts: *Einige typische Mangustenarten.* **1** *Weißschwanzmanguste* (Ichneumia albicauda), *die größte Manguste überhaupt;* **2** *Dickschwänzige Hundemanguste – die kenianische Unterart* Bdeogale crassicauda omnivora *macht Männchen und nimmt Witterung auf;* **3** *Ringelschwanzmungo* (Galidia elegans) *in schnellem Lauf.* **4** *Ein adulter Südzwergichneumon* (Helogale parvula) *zeigt seinem Jungen, wie man Käfer frisst.* **5** *Selousmanguste* (Paracynictis selousi) *in aufrechter Sitzposition;* **6** *Schmalstreifenmungo* (Mungotictis decemlineata). **7** *Ein Ichneumon* (Herpestes ichneumon) *öffnet ein Ei, indem er es zwischen seine Beine auf einen Stein schmettert.* **8** *Ein Sumpfichneumon* (Atilax paludinosus) *markiert einen Stein mit Sekret aus der Analdrüse.*

FAKTEN

MANGUSTEN

Ordnung: Carnivora

Familie: Herpestidae

35 Arten in 2 Unterfamilien und 17 Gattungen. Die Unterfamilie Galidiinae (Madagaskarmungos) umfasst 5 Arten in 4 Gattungen, darunter den Ringelschwanzmungo *(Galidia elegans)*. Die Unterfamilie Herpestinae (Afrikanische und Asiatische Mungos) umfasst 30 Arten in 13 Gattungen, darunter Südzwergichneumon *(Helogale parvula)*, Zebramanguste *(Mungos mungo)* und Erdmännchen *(Suricata suricatta)*.

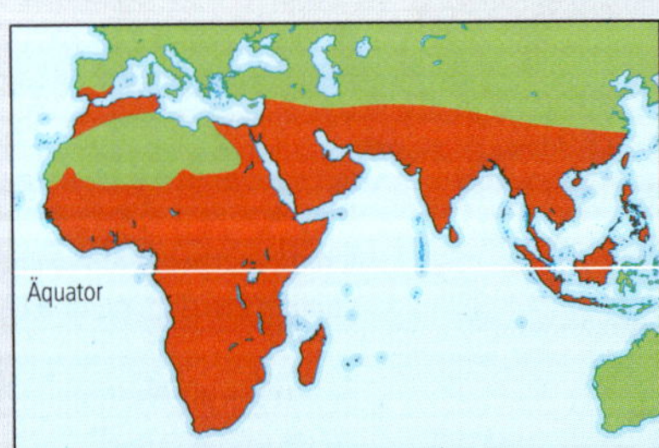

VERBREITUNG Afrika und Madagaskar, SW-Europa, Naher Osten, Arabien bis Indien und Sri Lanka, S-China, SO-Asien bis Borneo und Philippinen; in der Karibik, auf Fidschi und Hawaii eingeführt.

LEBENSRAUM Wald bis offenes Waldland, Savanne, Halbwüste und Wüste; überwiegend Bodentiere, aber auch auf Bäumen und teils im Wasser lebende Arten.

GRÖSSE Körperlänge von 24 cm (Zwergmanguste) bis 58 cm (Weißschwanzmanguste); Schwanzlänge 19–44 cm; Gewicht 320 g bis 5 kg; einige ägyptische Mungos sind sogar noch größer.

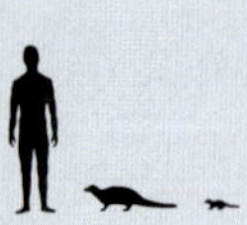

FELL mit langem, derbem Haar, meist einfarbig oder gestreift. Farben variieren von dunkelgrau über braun bis gelblich oder rötlich; einige Arten haben Bänder oder Streifen.

NAHRUNG Insekten und andere Wirbellose, kleine Wirbeltiere, Vogeleier, Krebse, Fisch, gelegentlich Früchte oder Pflanzen. Einige Arten, vor allem die Echten Mungos (Gattung *Herpestes)*, töten und fressen Giftschlangen.

FORTPFLANZUNG Tragzeit rund 60 Tage, beim Kleinen Mungo nur 42 Tage, beim Schmalstreifenmungo 105 Tage.

LEBENSERWARTUNG Bis 10 Jahre (19 in Gefangenschaft).

Artenübersicht siehe Seite 136 f. ▷

1
2
3
4
5
6
7
8

Nach Beute graben

NAHRUNG

Seit Rudyard Kipling in einer Kurzgeschichte vom Kampf des Mungos Riki Tiki Tavi mit einer Kobra erzählte, gingen die Europäer davon aus, dass Mungos sich überwiegend von Schlangen ernähren. Tatsächlich finden die Tiere aber in ihrem Verbreitungsgebiet kaum genügend Beutetiere dieser Art. Die meisten Mangusten fressen deshalb kleine Wirbeltiere, Insekten und andere Wirbellose sowie gelegentlich Früchte. Die Pfoten geben Auskunft über die Nahrung: Lange, nicht rückziehbare Krallen weisen auf intensives Graben hin. Das Tier schnüffelt am Boden, bis es ein Insekt ausmacht und packt es dann oder gräbt es aus.

Vom Einzelgänger zum Gruppentier

SOZIALVERHALTEN

Die meisten Mangusten leben, wie viele Raubtiere, allein. Mütter bilden allerdings mit ihren Jungen feste Gruppen. Der Ichneumon, der offenes Waldland oder Savannen besiedelt, mag als typisches Beispiel für die soziale Organisation dienen. Jedes Weibchen besitzt ein Revier, das es gegen Artgenossinnen verteidigt. Auch die Männchen besetzen Territorien, die meist größer sind und sich mit denen mehrerer Weibchen überschneiden. Adulte Männchen und Weibchen treffen außerhalb der Paarungszeit nur höchst selten aufeinander. Die Männchen übernehmen während der Tragzeit, Aufzucht oder Entwöhnung der Jungen fast keine elterlichen Pflichten.

Die meisten Mangusten ernähren sich von Mäusen, Schlangen und Eidechsen, die sich nur mit Geduld und List fangen lassen. Auch aus diesem Grund streifen sie allein umher – die gemeinsame Jagd würde die Erfolgsaussichten eher schmälern. Einzeln lebende Arten jagen kleine Tiere, die sie allein mühelos töten können. Es besteht deshalb wenig Anreiz für eine gemeinschaftliche Jagd.

Einige Mangusten bilden Gruppen. Im Unterschied zum 3,5 kg schweren Ichneumon wiegen Zwergmangusten nur rund 350 g und haben daher mehr natürliche Feinde. Sie müssen stets wachsam sein, zumal sie bei der Suche nach Käfern und Larven den Kopf meist in Bodennähe oder unter Blättern halten. Zwei Augenpaare sehen natürlich deutlich mehr als eines, weshalb Zwergmangusten in Gruppen leben, die zwei bis 21 (durchschnittlich neun) adulte Tiere umfassen.

Auch andere Arten wie Erdmännchen und Zebramangusten leben in Gruppen. Sie stehen auf dem Speiseplan vieler größerer Raubtiere. Wenn eine Gruppe sich auf die Futtersuche begibt, klettert ein Tier stets auf einen erhöhten Posten und hält, manchmal über eine Stunde lang, Ausschau nach Feinden. Wenn der Wächter einen Räuber erblickt, stößt er einen lauten Alarmruf aus.

In Gruppen lebende Arten kommunizieren mit verschiedenen Rufen, um die Artgenossen darauf hinzuweisen, ob die potenzielle Gefahr vom Boden oder von der Luft aus droht. Um Greifvögeln zu entkommen, flüchten die Mangusten ins nächste Erdloch. Vor größeren Fleischfressern suchen sie ebenfalls Schutz, jedoch geordneter und weniger hastig. Dies liegt daran, dass Greifvögel sich rascher nähern, als die Tiere laufen können, und diese ihr Leben nur zu retten vermögen, wenn sie augenblicklich einen Unterschlupf suchen. Über kurze Strecken können Mangusten allerdings fast so schnell rennen wie größere Raubtiere, sodass mehr Zeit bleibt, einen sicheren Fluchtweg zu suchen. Am Boden jagende Beutegreifer haben überdies keine völlig freie Sicht auf ihre Opfer, während Greifvögel aus der Luft wesentlich mehr sehen und den Tieren beim Zustoßen den Weg abschneiden können.

In Gruppen lebende Arten teilen bestimmte Merkmale: Sie sind klein, tagaktiv, bevorzugen offenes Gelände wie Gras oder Baumsavannen und ernähren sich überwiegend von Insekten. Einzeln lebende Arten sind dagegen in der Regel größer, leben in baumreicheren Regionen, viele sind nacht- oder dämmerungsaktiv. Sie ernähren sich von kleinen Mäusen oder Vögeln, die natürlich seltener vorkommen als Insekten und sich deshalb weniger gut zum Teilen eignen.

Nicht alle Mangusten passen in eines dieser Muster, und gerade die Ausnahmen geben Auskunft über die soziale Evolution der Tiere. Die Weißschwanzmanguste etwa, das größte Mitglied der Familie, ist ausschließlich nachtaktiv (weshalb man sie selbst dort, wo sie häufig vorkommt, nur selten sieht). Diese Eigenschaft wird den Arten zugeschrieben, die einzelgängerisch leben und je ein eigenes Territorium verteidigen. Weißschwanzmangusten ernähren sich jedoch vorwiegend von Termiten und verfügen über eine zu ihrem Lebensraum passende hybride Sozialstruktur. In der westlichen Serengeti, die die meisten Tiere allein

Links: *Ein Sumpfichneumon versucht am Ufer des Viktoriasees eine Muschel zu fressen. Obgleich die Tiere keine Schwimmhäute zwischen den Zehen haben, sind sie dem Wasser am stärksten von allen Mangusten zugetan und leben oft in der Nähe von Flussmündungen und Sümpfen.*

Rechts: *Ein Erdmännchen sichert von einem erhöhten Punkt im Dornbusch aus. Wenn es einen Warnruf ausstößt, sucht die Gruppe sofort nach geeigneter Deckung. Meist umfasst die Gruppe zwei bis drei Familien mit je einem Männchen, einem Weibchen und zwei bis fünf Jungen.*

Unten: *Zebramangusten (hier in Namibia) wenden gemeinschaftliche Verteidigungsstrategien an. Wenn sich z.B. ein Schakal nähert, bewegen sie sich als kompakte Masse auf ihn zu, sodass sie wie ein einziges, großes Tier wirken. Mit etwas Glück sucht der Schakal das Weite.*

durchstreifen, zeigten Untersuchungen mit Sendern, dass mehrere Weibchen sich ein fast identisches Territorium teilten und es verteidigten. Mitglieder dieser Art, so scheint es, suchen zwar ihr Futter allein, nutzen ihren Lebensraum aber eher wie Mitglieder einer Gruppe. Im Rahmen eines einfachen Experiments entfernte man alle Insekten innerhalb eines bestimmten Bereichs. Dennoch musste keine Manguste auf Nahrung verzichten. Offensichtlich suchten die beiden in dem Territorium ansässigen Weißschwanzmangusten unabhängig voneinander nach Futter, ohne sich dieses streitig zu machen oder sich auf bestimmte Bereiche festzulegen. Das gemeinsame Territorium brachte keinem der Tiere Nachteile.

Vom Leben in der Gruppe profitieren Weißschwanzmangusten vor allem, wenn die Jungen selbstständig werden. Weibliche Tiere bleiben bei ihren Müttern, die Männchen müssen das Revier verlassen. Dabei bilden sie Verbände von zwei bis vier Tieren. Da die Todesrate in dieser Phase vor allem in dicht besiedelten Gebieten, in denen junge Männchen lange nach einem Revier suchen müssen, auf 50 % ansteigt, erweist sich die Gruppenbildung als überaus hilfreich.

VÖGEL UND SÄUGER

Nicht wenige Mangusten enden in den Fängen eines größeren Raubtiers. Untergeordnete Männchen werden innerhalb einer Gruppe zum Sichern herangezogen. Die Zwergmangusten im Commiphora-Waldland der kenianischen Taru-Wüste jedoch können auf einen ungewöhnlichen Verbündeten zählen: Wenn sie durch die Gegend streifen, werden sie von Gelbschnabel-, Rotschnabel- und Deckentokos (*Tockus flavirostris, T. erythrorhynchus* und *T. deckeni)* begleitet, die sie aus der Luft bewachen.

Am Morgen warten die Vögel in Bäumen rund um einen Termitenhügel, bis die Mangusten sich zeigen. Kurze Zeit später brechen alle zur Futtersuche auf. Wenn die Mangusten einmal spät dran sind, rufen die Vögel in die Lüftungsschächte, woraufhin die Langschläfer meist augenblicklich erscheinen.

Unterwegs zeigt sich rasch, welche Vorteile beide Tierarten haben. Die Vögel fangen Heuschrecken und fliegende Insekten, die die Mangusten aufscheuchen. Im Gegenzug erweisen sie sich als gute Wächter und sind überdies zahlreicher als die Wachen, die die Mangusten selbst aufstellen (ca. drei bis vier Vögel pro Wache). Greifvögel erspähen sie meist zuerst. Dann fliegen sie auf einen Baum und stoßen dabei Warnrufe aus, sodass die Mangusten sich verstecken können. Die Vögel warnen sogar vor kleinen Greifvögeln, die ihnen selbst nicht gefährlich werden können, sondern sich auf junge Mangusten spezialisiert haben. Sie rufen nicht, wenn sich ein Greifvogel nähert, der nicht zu den natürlichen Feinden der Mangusten zählt. Auch hier entspricht ihre Funktion exakt jener der Mangustenwächter.

Wenn zwölf oder mehr Vögel anwesend sind, stellen die Mangusten meist keine eigene Wache mehr auf. Sie verlassen sich ganz auf die Vögel, was den untergeordneten Männchen die Gelegenheit zur Futtersuche gibt und die Gefahren für sie reduziert. Zwar müssen die Mangusten ihr Futter mit den Vögeln teilen, doch deren Wachsamkeit gleicht diesen kleinen Nachteil mehr als aus. AR

Eine ökologische Erfolgsgeschichte

ARTEN- UND UMWELTSCHUTZ

Mangusten sind weit verbreitet und erfolgreich. Keine Art gilt als vom Aussterben bedroht. Am gefährdetsten sind die vier Madagaskarmungos, weil ihr Lebensraum immer weiter schwindet.

Kleiner Mungo, Fuchsmanguste und Erdmännchen werden zwar gejagt, kommen aber dennoch häufig vor. Zwei weitere Arten, beide aus Südafrika, schoss man ab oder vergaste sie in ihren Höhlen, weil sie als Überträger von Tollwut galten. Der Kleine Mungo wurde ab 1870 in der Karibik und ab 1880 auf Hawaii eingeführt, um die Zahl der Ratten auf Zuckerrohrplantagen gering zu halten. Heute gilt er als Schädling, weil er Hühner und einheimische Tiere angreift und als Tollwutüberträger gilt. Beweise, dass er für das Aussterben einheimischer Vögel und Reptilien verantwortlich zeichnet, gibt es nicht. Auf vielen Inseln wird die Art nach wie vor zur Kontrolle von Nagern eingesetzt. Der ökonomische Nutzwert der Tiere muss daher jeweils im Einzelfall betrachtet werden. SC

Artenübersicht Mangusten

MANGUSTEN UMFASSEN ZWEI UNTERFAMIlien, die Galidiinae (Madagaskarmungos) und Herpestinae (Mangusten aus Afrika und Asien). Letztere sind meist einfarbig und haben keine Einstülpungen an den Ohren (bursae). Die Weibchen besitzen zwei bis drei Zitzenpaare. 3 der 5 Galidiinae-Arten haben Streifen. Alle zeichnen sich durch Ohreinstülpungen aus, einige durch Perinealdrüsen. Die Weibchen besitzen ein Zitzenpaar.

AFRIKANISCHE & ASIATISCHE MANGUSTEN

Unterfamilie Herpestinae

Sumpfichneumon
Atilax paludinosus

Gambia bis Äthiopien, südlich bis Südafrika. Nachtaktiv; Einzelgänger; vorwiegend am Wasser lebend .
KL 50 cm; SL 35 cm; GT 3,5 kg.
KÖRPER: Fell dunkelbraun bis schwarz; keine Häute zwischen den Zehen; nackte Fersen.

Dickschwänzige Hundemanguste
Bdeogale crassicauda

Mosambik, Malawi, Sambia, Tansania, Kenia. Nachtaktiv; Einzelgänger.
KL 43 cm; SL 24 cm; GT 1,6 kg.
KÖRPER: Fell dunkelbraun bis schwarz; in Kenia lebende Unterarten heller; vier Zehen pro Fuß.

Jackson-Hundemanguste
Bdeogale jacksoni

Zentral-Kenia und SO-Uganda.
KL, SL und GT wie *B. nigripes*.
KÖRPER: Für einige Forscher artgleich mit *B. nigripes*.

Schwarzfüßige Hundemanguste
Bdeogale nigripes

Nigeria bis N-Angola, Zentral-Kenia, SO-Uganda. Nachtaktiv; Einzelgänger.
KL 60 cm; SL 37 cm; GT 3 kg.
KÖRPER: Fell hellgrau bis braun, mit gelbem bis weißem Deckhaar; Pelz dicht und kurz; Bauch und Schwanz weiß; Brust und Beine schwarz; vier Zehen pro Fuß.

Kongokusimanse
Crossarchus alexandri

Demokratische Republik Kongo, W-Uganda, Mt. Elgon, Kenia. Tagaktiv; lebt in Gruppen.
KL 40 cm; SL 27 cm; GT 1,5 kg.
KÖRPER: Fell braun mit schwarzen Füßen; Schnauze länglich und beweglich.

Angolakusimanse
Crossarchus ansorgei

N-Angola, südöstliche Demokratische Republik Kongo. Tagaktiv; lebt in Gruppen.
KL 32 cm; SL 21 cm; GT ca. 1 kg.
KÖRPER: Fell bräunlich, Beine und Schwanzspitze schwarz; Schnauze kurz.

Dunkelkusimanse
Crossarchus obscurus

Sierra Leone bis Kamerun. Tagaktiv; lebt in Gruppen.
KL 35 cm; SL 21 cm; GT 1 kg.
KÖRPER: Fell dunkelbraun bis schwarz; längliche, bewegliche Nase.

Fuchsmanguste
Cynictis penicillata

Südafrika, Namibia, S-Angola, Botswana. Tagaktiv; lebt paarweise oder im Familienverband.
KL 31 cm; SL 22 cm; GT 0,8 kg.
KÖRPER: Fell orange-gelb mit grauen Flecken; Kinn und Schwanzspitze weiß; große Ohren.

Listige Manguste
Dologale dybowskii
Dybowskimanguste

NO der Demokratischen Republik Kongo, Zentralafrikanische Republik, S-Sudan, W-Uganda. Tagaktiv.
KL 27 cm; SL 20 cm; GT 0,4 kg.
FELL: Dunkelbraun durchsetzt mit Braun; Füße und Beine schwarz.

Südzwergichneumon
Helogale parvula (inkl. *H. hirtula*)

Äthiopien bis nördliches Südafrika, W- bis N-Namibia, Angola und Kamerun. Tagaktiv; lebt in Gruppen.
KL 24 cm; SL 19 cm; GT 0,3 kg.
KÖRPER: Fell von Graubraun bis Dunkelbraun, gesprenkelt; nackte Ferse.

Kurzschwanzmanguste
Herpestes brachyurus (inkl. *H. hosei*)

Malaysia, Sumatra, Java, Philippinen. Nachtaktiv/dämmerungsaktiv; Einzelgänger.
KL 49 cm; SL 24 cm; GT 1,4 kg.
FELL: Braun bis schwarz, Deckhaar mit rötlichen bis braunen Bändern; Beine schwarz.

Ichneumon
Herpestes ichneumon

Ganz Afrika außer Sahara, Regenwaldregionen und SW-Afrika; Israel, S-Spanien, Portugal. Meist tagaktiv; Einzelgänger.
KL 57 cm; SL 50 cm; GT 3,6 kg.
FELL: Grau gesprenkelt, schwarzer Schwanz.

Indischer Mungo
Herpestes edwardsii

O- und Zentral-Arabien bis Nepal, Indien und Sri Lanka. Tagaktiv; Einzelgänger.
KL 43 cm; SL 39 cm; GT 1,5 kg.
FELL: Grau bis hellbraun, schwarze Tupfen.

Herpestes fuscus

S-Indien und Sri Lanka. Einzelgänger.
KL 38 cm; SL 30 cm; GT 1,6 kg.
KÖRPER: Fell schwärzlich braun bis sandgrau, schwarz gesprenkelt; Füße dunkler als Kopf und Körper.

Kongomanguste
Herpestes naso

SO-Nigeria bis Gabun und Demokratische Republik Kongo. Nachtaktiv: Einzelgänger.
KL 55 cm; SL 41 cm; GT 3 kg.
KÖRPER: Fell dunkel, schwärzlich braun und gelb gesprenkelt; Haarmähne von Nacken bis Schultern, Nase länglich.

Kleiner Mungo
Herpestes javanicus (inklusive *H. auropunctatus*)

N-Arabien bis S-China und Malaiische Halbinsel; Sumatra; Java; in der Karibik auf Hawaii und Fidschi eingeführt. Tagaktiv; Einzelgänger.
KL 39 cm; SL 26 cm; GT 0,8 kg.
FELL: Helles Braungrau mit schwarzen bis dunkelbraunen Sprenkeln (in ariden Regionen) oder rot gesprenkelt mit Schwarz und Grau (tropisches Feuchtland).

Kleinichneumon
Herpestes (Galerella) pulverulentus

S-Angola, Namibia, Südafrika. Dämmerungs-/nachtaktiv; Einzelgänger.
KL 34 cm; SL 34 cm; GT 0,75 kg.
KÖRPER: Fell bräunlich grau bis grau mit schwarzen Sprenkeln (schwarze und rote Formen bekannt); Schwanz mit dunkler Spitze; Füße dunkelbraun; nackte Ferse.

ABKÜRZUNGEN KL = Körperlänge SL = Schwanzlänge GT = Gewicht | En stark gefährdet | Vu gefährdet

Links: *Ein Indischer Mungo greift eine Kobra an. Angeblich sind Mungos gegen Schlangenbisse immun. Dies ist aber nicht der Fall: Sie sind lediglich sehr gewandt und wissen Bisse geschickt zu vermeiden.*

Rotichneumon
Herpestes (Galerella) sanguineus

Afrika südlich der Sahara. Tagaktiv.
KL 35 cm; SL 30 cm; GT 0,6 kg.
KÖRPER: Fell variiert von grau, gelblich oder rötlich braun bis rot; Schwanzspitze schwarz; nackte Ferse.

Herpestes (Galerella) swalius

S- und Zentral-Namibia
KL, SL und GT wie *H. sanguineus*.
KÖRPER: Für einige Forscher artgleich mit *H. sanguineus*.

Herpestes (Galerella) flavescens

N- und Zentral-Namibia, S-Angola
KL, SL und GT wie *H. sanguineus*.
KÖRPER: Für einige Forscher artgleich mit *H. sanguineus*.

Krabbenmanguste
Herpestes urva

S-China, Nepal, Assam, Myanmar, indochinesische Halbinsel, Taiwan, Hainan, Sumatra, Borneo, Philippinen. Nachtaktiv.
KL 50 cm; SL 32 cm; GT 3,4 kg.
FELL: Dunkelbraun bis grau; Beine schwarz; weiße Streifen von Maul bis Schulter; Schwanzspitze hell. Kann *H. palustris* einschließen.

Herpestes smithii

Indien, Sri Lanka. Nachtaktiv; Einzelgänger.
KL 45 cm; SL 40 cm; GT 1,9 kg.
FELL: Hellbraun und grau bis schwarz, mit weißen und roten Sprenkeln; Füße dunkelbraun; Schwanzspitze schwarz.

Halsstreifenmanguste
Herpestes vitticollis

S Indien, Sri Lanka. Tag- und dämmerungsaktiv; Einzelgänger.
KL 54 cm; SL 35 cm; GT 2,9 kg.
KÖRPER: Fell grau gesprenkelt mit kastanienbraunen Spitzen; Beine und Füße dunkelbraun oder schwarz; Schwanzspitze schwarz; schwarzer Streifen von Ohr bis Schulter; nackte Fersen.

Maushund
Rhynchogale melleri

Südliche Demokratische Republik Kongo, Tansania, Malawi, Sambia, Zentral- und N-Mosambik. Nachtaktiv; Einzelgänger.
KL 47 cm; SL 38 cm; GT 2,6 kg.
FELL: Rötlich braun, dunkelbraun gefleckt.

Liberiakusimanse En
Liberiictis kuhni

Liberia. Tagaktiv; lebt in Gruppen.
KL 42 cm; SL 20 cm; GT 2,3 kg.
FELL: Schwärzlich braun mit dunkelbraunem Streifen, begrenzt durch zwei hellbraune Streifen von Ohren bis Schultern.

Gambiakusimanse
Mungos gambianus

Gambia bis Nigeria. Tagaktiv; in Gruppen.
KL 32 cm; SL 19 cm; GT 1,8 kg.
FELL: Grau und schwarz gesprenkelt; schwarzer Streifen an der Seite des Nackens, weißliche Kehle.

Zebramanguste
Mungos mungo

Afrika südlich der Sahara, außer Kongo und SW-Afrika. Tagaktiv; lebt in Gruppen.
KL 34 cm; SL 22 cm; GT 1,8 kg.
FELL: Bräunlich grau; Füße dunkelbraun bis schwarz; Schwanz mit schwarzer Spitze; dunkelbraune Bänder am Rücken.

Weißschwanzmanguste
Ichneumia albicauda

Afrika südlich der Sahara außer in den Waldregionen Zentral- und W-Afrikas sowie in SW-Afrika; S-Arabien. Nachtaktiv; Einzelgänger.
KL 58 cm; SL 44 cm; GT 4 kg.
FELL: Grau mit Schwarz und Weiß gesprenkelt; Schwanz meist weiß, in einigen Gegenden dunkel; Beine und Füße schwarz.

Selousmanguste
Paracynictis selousi
Trugmanguste

Südafrika von Angola bis nördliches Südafrika. Nachtaktiv; Einzelgänger.
KL 45 cm; SL 35 cm; GT 1,7 kg.
KÖRPER: Fell braun, grau-schwarz gesprenkelt; Schwanzspitze weiß; vier Zehen.

Erdmännchen
Suricata suricatta
Surikate, Scharrtier, Meerkat

Angola, Namibia, Südafrika, S-Botswana. Tagaktiv; lebt in Gruppen.
KL 29 cm; SL 19 cm; GT 0,9 kg.
FELL: Dunkelbraun bis grau; unterbrochene braune Bänder an Flanken und hinterem Rücken; Kopf und Kehle grau-weiß; Augenringe, Ohren und Schwanzspitze schwarz.

MADAGASKARMUNGOS

Unterfamilie Galidiinae

Ringelmungo Vu
Galidia elegans

Madagaskar. Tagaktiv; lebt in Paaren.
KL 37 cm; SL 27 cm; GT 0,9 kg.
KÖRPER: Fell dunkelbraun bis dunkel rötlich braun; 5–7 dunkle Bänder am Schwanz; nackte Ferse.

Bändermungo Vu
Galidictis fasciata
Breitstreifenmungo

Madagaskar. Nachtaktiv; lebt in Paaren.
KL 35,5 cm; SL 29 cm; GT keine Daten.
FELL: Graubraun mit breiten Längsstreifen vom Nacken bis über den Schwanzansatz.

Galidictis grandidieri En

Dornwüste im SW Madagaskars.
KL, SL und GT keine Daten.

Schmalstreifenmungo En
Mungotictis decemlineata

W-Madagaskar. Tagaktiv; lebt in Paaren.
KL 34 cm; SL 27 cm; GT 0,8 kg.
KÖRPER: Fell bräunlich bis grau mit Tupfen an Rücken und Seiten; 10–12 schmale, rötlich braune bis dunkelbraune Längsstreifen an Rücken und Seiten; nackte Fersen.

Schlichtmungo Vu
Salanoia concolor

O-Madagaskar. Tagaktiv; lebt in Paaren.
KL 24 cm; SL 16 cm; GT 0,8 kg.
FELL: Rötlich braun, mit schwarzen und dunkelbraunen Tupfen. JR/WCW/SC

SPECIAL FEATURE

Topkandidaten im Dauerstress

Der Preis für Dominanz in Zwergmangustengruppen

Evolution durch natürliche Selektion begreifen wir so, dass Individuen, die es besser verstehen zu überleben und sich fortzupflanzen als ihre Vorfahren, jene Merkmale, die zu ihrem Erfolg beigetragen haben, an die Nachkommen weitergeben. Umgekehrt verschwinden die Merkmale der Individuen, die keine geeigneten Überlebens- und Fortpflanzungstechniken aufweisen können. Die Zahl der direkten und späteren Nachkommen dient somit als Maßstab für evolutionären Erfolg oder Misserfolg.

Auf den ersten Blick vermag dieses Verständnis von Evolution nicht zu erklären, warum manche Tierarten wie Wildhunde, Wölfe und Mangusten Junge von Artgenossen innerhalb ihres Verbands mit aufziehen, auch wenn sie selbst keine Nachkommen hervorbringen. Kotuntersuchungen bei den genannten Arten könnten Hinweise darauf geben, warum sich ein solches Verhalten dennoch lohnt.

Bei vielen in Gemeinschaft lebenden Mangusten, Hunden und Hyänen existiert innerhalb der Gruppe und jeden Geschlechts eine klare Hierarchie. Nur jene Individuen, die sich garantiert fortpflanzen, können zu Alpha-Männchen oder -Weibchen werden. Bei den übrigen Tieren unterdrücken Hormonausschüttungen die Paarung bzw. Fortpflanzung. Studien an Tieren in Gefangenschaft haben gezeigt, dass intensiver und über einen längeren Zeitraum erlebter Stress die Fortpflanzung nachhaltig beeinträchtigen kann. Bei Dauerstress schütten die Nebennieren vermehrt das Hormon Cortisol aus, das die Produktion gewisser, für die Fortpflanzung notwendiger Hormone wie Testosteron und Östrogen hemmt. Nicht nur physische Stressfaktoren wie Kälte oder Hunger sorgen für eine erhöhte Ausschüttung von Cortisol, sondern auch psychologische Faktoren wie Kämpfe und speziell Niederlagen. Da untergeordnete Tiere naturgemäß mehr Kämpfe verlieren, als sie gewinnen, könnte ihre chronische Stresssituation erklären, warum sie sich in vielen Verbänden nicht fortpflanzen.

Man bezeichnet diesen hypothetischen Sachverhalt als „psychologische Kastration". Dominante Tiere, so die Theorie, werden nur selten von Artgenossen aus der eigenen Gruppe angegriffen und erleben deshalb kaum psychische Stresssituationen. Untergeordnete Tiere sind dagegen permanent Angriffen und sozialem Stress ausgesetzt, was zur Ausschüttung von Cortisol führt und ihre Fortpflanzung hemmt.

In der Vergangenheit konnte man diese Hypothese nur an Tieren in Gefangenschaft überprüfen. Um den Hormonspiegel zu ermitteln, musste man den Tieren Blut abnehmen, d.h. sie fangen und betäuben. Da die Tiere natürlich glauben, in die Fänge eines großen Raubtiers geraten zu sein (was ja auch gewissermaßen stimmt), steigt automatisch der Cortisolspiegel, der die Tiere zur Flucht oder zum Kampf befähigt. Der tatsächliche Hormonspiegel lässt sich so kaum messen.

Inzwischen wurden Methoden entwickelt, die eine Berechnung von Stress- und Fortpflanzungshormonen auf der Grundlage von Urin und Fäkalien ermöglichen. Schwankungen lassen sich jetzt ermitteln, ohne dass man dem Tier zu nahe kommt, allein, indem man die natürlichen Abfallprodukte des Alltags untersucht.

Auf diese Weise konnte man allerlei über die im Serengeti-Nationalpark heimischen Zwergmangusten herausbekommen. Sie leben in Gruppen von jeweils vier bis fünf Männchen und Weibchen. Alle Adulttiere helfen bei der Aufzucht der Jungen, weshalb man an ihnen sehr gut die Vorzüge und Nachteile der Vermehrung beobachten kann. In der Regenzeit werden bei ein bis vier Würfen jeweils zwei bis drei Junge geboren. Genetische Untersuchungen zeigen, dass 85 % der Jungen von Alpha-Weibchen, 76 % von Alpha-Männchen abstammen. Alpha-Tiere haben somit fast eine Monopolstellung inne, was die Elternschaft innerhalb der Gruppe anbetrifft.

Entgegen den Erwartungen haben neue Studien gezeigt, dass der Stresshormonspiegel bei dominanten Tieren außergewöhnlich hoch ist, während jener der untergeordneten Tiere eher niedrig war. Führende Tiere pflanzen sich somit trotz eines Cortisolspiegels, der mehr als doppelt so hoch ist wie der ihrer Artgenossen, erfolgreich fort. Untersuchungen an Afrikanischen Wildhunden, Wölfen, Vögeln und Primaten in freier Wildbahn führten zu ähnlichen Ergebnissen. Es scheint, als sei der psychische Stress keine Folge von Unterlegenheit, sondern vielmehr der Preis, den die führenden Tiere für ihre Rolle bezahlen.

Dieses erstaunliche Ergebnis erklärt, warum die untergeordneten Tiere ihre Position akzeptieren. Würden die Alpha-Tiere, abgesehen von ihrem Fortpflanzungsmonopol, auch noch von einem niedrigen Stresshormonspiegel profitieren, so wäre die soziale Dominanz eine Einbahnstraße, in der alle Vorteile den führenden Tieren zufielen. Die Ergebnisse zeigen jedoch, dass beide Seiten Vor- und Nachteile aus ihrer Rolle ziehen. Überlegene Tiere können ihren Vorteil bei der Fortpflanzung nur aufrechterhalten, wenn sie dafür dauerhaft Stress ertragen.

Bei Zwergmangusten kann man den Rang eines Tiers gut am Alter erkennen – in acht von zehn Fällen ist nämlich das älteste Tier zugleich das führende. Umso mehr stellt sich die Frage, warum große, kräftige Zwergmangusten ihre Unterlegenheit akzeptieren, anstatt aggressiv gegen ein älteres, vielleicht sogar kleineres oder schwächeres Tier anzugehen. Dominanz, so glaubt man, gestaltet sich so, dass miteinander konkurrierende Individuen das Risiko eines Kampfes nach Möglichkeit vermeiden.

Oben: *Junge Zwergmangusten suchen nach Futter. Familiengruppen sind hierarchisch organisiert und werden stets von einem geschlechtsreifen Weibchen angeführt. Bei ihrem Tod löst sich der Verband meist auf.*

Links: *Zwergmangusten, vor allem Tiere des anderen Geschlechts, putzen sich oft gegenseitig. Bei kaum einer anderen Säugerart sind die Sozialformen so hoch entwickelt wie bei dieser.*

Wenn der Ausgang eines Kampfes sich ziemlich sicher voraussagen lässt, genügt es, wenn der vermutlich Unterliegende die Überlegenheit des Gegners anerkennt und ihm den Preis (Nahrung oder Paarungsmöglichkeit) zugesteht. Voraussetzung für diese Verhaltensweise wäre, dass das führende Tier einen ernsthaften Kampf auch tatsächlich gewinnen würde. Bei Mangustenartigen sind die dominanten Männchen häufiger in Kämpfe verwickelt als ihre unterlegenen Artgenossen.

Wenn Tiere ihre soziale Überlegenheit mit einem permanent erhöhten Stresspegel bezahlen, so beeinträchtigt dies letztlich ihre Überlebenschancen. Ein erhöhter Cortisolspiegel hat nämlich unangenehme Nebenwirkungen: Energieverbrauch und Blutdruck steigen, der Verdauungsapparat funktioniert ungleichmäßiger, das Immunsystem leidet. Dennoch weicht die Lebenserwartung dominanter Tiere nicht von der ihrer Artgenossen ab. Vermutlich, weil führende Individuen bessere gesundheitliche und genetische Voraussetzungen mitbringen und ihre Überlebenschancen deshalb zunächst besser sind als jene der unterlegenen Tiere, dieser Vorteil jedoch durch den Dauerstress aufgewogen wird. Dadurch ist die Lebenserwartung schließlich bei beiden Gruppen gleich hoch.

Diese Hypothese lässt sich nur schwer belegen, und viele Biologen wenden mit Recht ein, dass weitere Versuchsreihen durchgeführt werden müssten. Immerhin steht fest, dass die physiologischen Konsequenzen des Sozialstatus deutlich komplexer und interessanter sind, als lange Zeit zu vermuten stand. SC

VERBREITUNG Afrika außer Sahara und Kongobecken. Mittlerer Osten bis Arabien, Indien und S-Nepal.

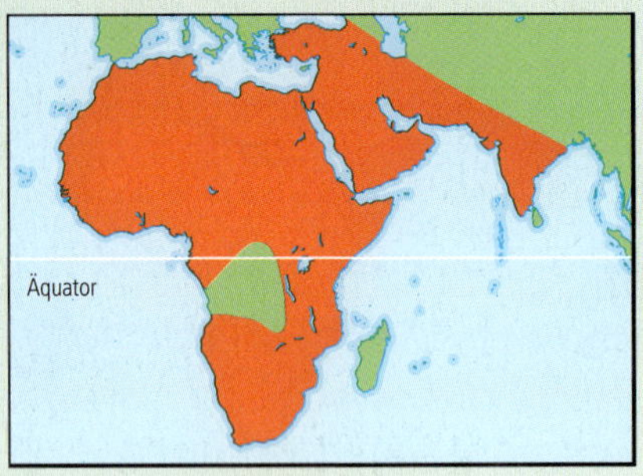

Ordnung: Carnivora; Familie: Hyaenidae; 4 Arten in 4 Gattungen.

STREIFENHYÄNE *Hyaena hyaena*
5 Unterarten: *H. h. barbara*, NW-Afrika; *H. h. dubbah*, NO-Afrika; *H. h. syriaca*, Syrien, Kleinasien, Kaukasus; *H. h. hyaena*, Indien; *H. h. sultana*, Arabien.
KSL 1,2–1,45 m; SH 66–75 cm; GT 26–41 kg.
Fell: Langhaarig, blassgrau bis beige mit 5–9 Längsstreifen, schwarzer Kehlfleck. Nahrung: Überwiegend Aas von Säugern, auch Wirbellose, Eier, Früchte und organische Abfälle; kann kleine Säuger und Vögel töten. Fortpflanzung: 1–4 (meistens 3) Junge pro Jahr nach 90 Tagen Tragzeit; Junge werden mit 10–12 Monaten entwöhnt; Weibchen sind mit 2–3 Jahren geschlechtsreif. IUCN-Status: Geringes Risiko.

SCHABRACKENHYÄNE *Parahyaena brunnea*
Braune Hyäne, Strandwolf
Im S Afrikas weit verbreitet, besonders im W; auch in S-Angola. Bewohnt meist karge Gegenden.
KSL 1,25–1,60 m; SH 72–88 cm; GT 28–50 kg. Fell: Zottig, dunkelbraun bis schwarz, Nacken und Schultern weiß; Querstreifen an den Beinen. Nahrung: Wie Streifenhyäne; frisst ca. 2,8 kg pro Tag. Fortpflanzung: 1–5 Junge pro Jahr nach 90 Tagen Tragzeit; Junge werden mit 12 Monaten entwöhnt, verlassen den Bau mit 18 Monaten; Weibchen mit 2–3 Jahren geschlechtsreif. IUCN-Status: Geringes Risiko.

FLECKENHYÄNE *Crocuta crocuta*
Tüpfelhyäne, Tigerwolf
Afrika südich der Sahara außer Regenwälder im Kongo und äußerster S. Lebensraum: Wüste bis Ränder tropischer Regenwälder, höchste Konzentration in der Savanne.
KSL 1,3–1,85 m; SH 70–95 cm; GT Männchen: 45–62 kg, Weibchen: 55–82,5 kg. Fell: Kurzes Fell, sandfarben, grau bis braun, dunkle Flecken auf Rücken, Flanken, Rumpf und Beinen. Nahrung: Jagt mittelgroße bis große Huftiere oder frisst Aas (3–6 kg Fleisch pro Tag). Fortpflanzung: Meist 1–2 Junge pro Jahr nach 90 Tagen Tragzeit; Junge werden mit 12–16 Monaten entwöhnt; Weibchen mit 2–3 Jahren geschlechtsreif. IUCN-Status: Geringes Risiko

ERDWOLF *Proteles cristatus*
2 Unterarten: *P. c. cristatus*, südliches Afrika und *P. c. septentrionalis*, O-Afrika.
Bevorzugt offene Grasflächen mit 100–600 mm Jahresniederschlag. KSL 0,85–1,05 m, SH 0,45–0,5 m; GT 8–10 kg. Fell: Langes Haar, gelblich weiß bis rötlich braun, Kehle und Unterseite heller; 3–5 schwarze Längsstreifen am Körper, 1–2 diagonale Streifen an Vorder- und Hinterschenkeln, unregelmäßige horizontale Streifen an den Beinen. Nahrung: Überwiegend Termiten. Fortpflanzung: Saisonal; 1–4 Junge nach 90 Tagen Tragzeit; Junge mit rund 4 Monaten entwöhnt, dann verlassen sie den Bau. IUCN-Status: Geringes Risiko.

Abkürzungen: KSL = Kopf-Schwanz-Länge; SH = Schulterhöhe; GT = Gewicht

Hyänen

HYÄNEN WAREN NOCH NIE SEHR BELIEBT. OFT werden sie für hässlich, feige und hinterhältig gehalten, obgleich sie weder das eine noch das andere sind. Sie gehören im Gegenteil zu den interessantesten und intelligentesten Tieren und verfügen über eine außergewöhnliche soziale Ordnung. Die vier heute lebenden Arten haben sich ihrem Lebensraum auf verschiedene Weise angepasst und zeigen eine große Bandbreite von Verhaltensformen.

Sozialkontakte durch Rituale

KÖRPERBAU UND FUNKTION

Die drei echten Hyänenarten – Flecken-, Streifen- und Schabrackenhyäne – ähneln mit ihren großen Köpfen und kräftigen vorderen Gliedmaßen den Hunden. Mit ihren massiven Zähnen und Kiefern können sie sogar die Knochen schwerer Tiere wie Zebras durchbeißen, um an das Mark zu gelangen. Ihre Mägen enthalten hoch konzentrierte Magensäure, sodass sie aus den Knochen ein Maximum an Nährstoffen ziehen. Im Unterschied zu den vorderen Extremitäten sind die Hinterbeine schwach entwickelt. Schabracken- und Streifenhyänen sowie Erdwölfe haben langes Haar, das sie in Konfliktsituationen aufstellen, um größer und gefährlicher zu erscheinen. Das Fell der Fleckenhyäne ist kurz.

Die Genitalien weiblicher Fleckenhyänen unterscheiden sich kaum von jenen der Männchen, weshalb man sie lange für Zwitter hielt. Die Klitoris ist verlängert, die Schamlippen bilden hodensackähnliche Taschen. Die Jungen passieren bei der Geburt die penisartige Klitoris. Diese Organe spielen bei den ritualisierten Grußzeremonien eine wichtige Rolle. Zwei Hyänen stehen dann mit Köpfen und Hinterteilen gegeneinander, heben das innere Hinterbein und beriechen und belecken den „Penis" des jeweils anderen Tieres. Mit diesen Ritualen werden soziale Bindungen und Hierarchien gefestigt. Bei den anderen Arten sind die Genitalien normal ausgebildet. Zur Kontaktaufnahme beriechen diese Tiere ihre After.

Leben im Rudel

SOZIALVERHALTEN

Hyänen veranschaulichen die These, dass gerade die Ernährungsgewohnheiten sich stark auf das Sozialverhalten auswirken. Während Schabrackenhyänen stets allein unterwegs sind, trifft man Fleckenhyänen meist in Gruppen an. Da sich Aas leicht durch den Geruch aufspüren lässt, müssen Schabrackenhyänen beim Jagen nicht zusammenarbeiten. Die meisten Nahrungsquellen reichen ohnehin nur für ein Tier, gemeinschaftliches Jagen würde also Konkurrenzsituationen schaffen. Über Streifenhyänen weiß man wenig, doch scheint ihre Lebensweise jener der Schabrackenhyänen zu ähneln.

Vermutlich jagen Fleckenhyänen in Gruppen, weil dies ihre Jagderfolge vergrößert. Im Ngorongoro-Krater sind große Verbände nötig, um ein Zebra zu reißen. In der südlichen Kalahari dagegen kann eine einzelne Hyäne durchaus ein Antilopenkalb erlegen. Hier jagen die Hyänen vermutlich im Rudel, weil die übliche Beute als Mahlzeit für mehrere Tiere ausreicht. Ein Blick auf die Zusammensetzung der Gruppen zeigt, dass sie in der Regel eng miteinander verwandte Tiere umfasst.

Unten: *Ernährungsgewohnheiten zweier Hyänenarten:* ***1*** *Fleckenhyänen erbeuten gemeinsam ein Zebra.* ***2*** *Zwei junge Schabrackenhyänen spielen, während ein adultes Tier die Beute bringt.*

ERNÄHRUNG

Starke Kiefer und Zähne, ein hervorragend funktionierender Verdauungsapparat und die Fähigkeit, nachts weite Strecken zurückzulegen, machen Hyänen zu den effizientesten Aasfressern unter den Säugern. Streifen- und Schabrackenhyänen ernähren sich überwiegend von Aas, fressen aber auch Wirbellose, Wildfrüchte und Eier und jagen gelegentlich Kleintiere. Diese Hyänen sind ausgezeichnete natürliche Abfallverwerter. In der südlichen Kalahari besteht die Nahrung von Schabrackenhyänen nur zu 4,2 % aus Tieren, die sie selbst erbeutet haben.

Fleckenhyänen (LINKS) sind sowohl Aasfresser als auch sehr erfolgreiche Jäger. Als ausdauernde Läufer können sie ihre Beute über 3 km mit Geschwindigkeiten bis maximal 60 km/h verfolgen. Meist reißen sie junge Antilopen wie Gemsböcke und Gnus. Wenn sie in mitgliederstarken Gruppen jagen, bereitet es ihnen kaum Mühe, selbst ein Zebra oder einen ausgewachsenen Büffel zu überwältigen. Die Menge von Aas im Verhältnis zu gejagter Beute schwankt bei den Rudeln je nach Gebiet erheblich. Im südafrikanischen Krüger-Nationalpark töten Fleckenhyänen weniger als 50 % ihrer Nahrung selbst, in der südlichen Kalahari sind es rund 70 % und im Ngorongoro-Krater in Tansania sogar 90 %. Fleckenhyänen vergraben sehr häufig übrig gebliebene Beute in Schlammlöchern und kehren immer wieder zu diesen Verstecken zurück, wenn sie hungrig sind.

Erdwölfe unterscheiden sich sehr stark in ihrer Ernährungsweise von den echten Hyänen: Selbst in Gefangenschaft scheinen sie Fleisch zu verschmähen. Sie fressen überwiegend Termiten und Insektenlarven, auf die sie in erster Linie nachts Jagd machen.

2

SCHÄDEL UND GEBISS

Die Schädel der Hyänen sind kräftig und lang. Alle Mitglieder der Familie haben ein vollständiges Gebiss (Zahnformel I3/3, C1/1, P4/3, M1/1 = 34; bei den Raubtieren besitzen nur Mitglieder der Katzenfamilie weniger Zähne). Bei den Erdwölfen sind die Backenzähne stark verkleinert, liegen weit auseinander und fallen bei adulten Tieren oft aus, sodass 24 Zähne verbleiben.

Die kräftigen Schädel der Hyänen haben relativ kurze Kiefer, mit denen die Tiere fest zubeißen können. Hyänenschädel verweisen auf zwei unterschiedliche Anpassungstendenzen. Jene der Fleckenhyänen eignen sich vor allem, um große Knochen und Fellstücke zu zerkleinern, die andere Raubtiere nicht fressen und verdauen können. Die Prämolaren sind ziemlich breit, die Reißzähne werden fast nur zum Zerteilen der Beute genutzt.

Bei Schabracken- und Streifenhyänen sind die entsprechenden Prämolaren kleiner, die Reißzähne dienen zum Zerdrücken und Zerteilen der Nahrung. Die Unterschiede verweisen darauf, dass die kleinere Art Aas, Beutetiere, Insekten, Früchte und Eier frisst.

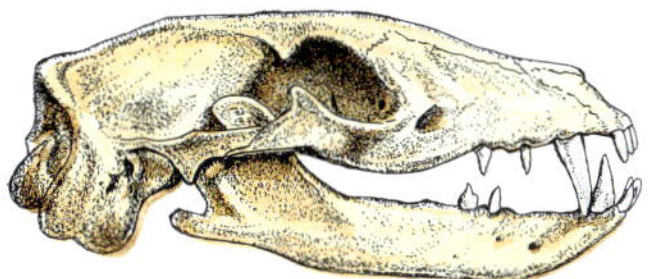

Erdwolf
13,5 cm

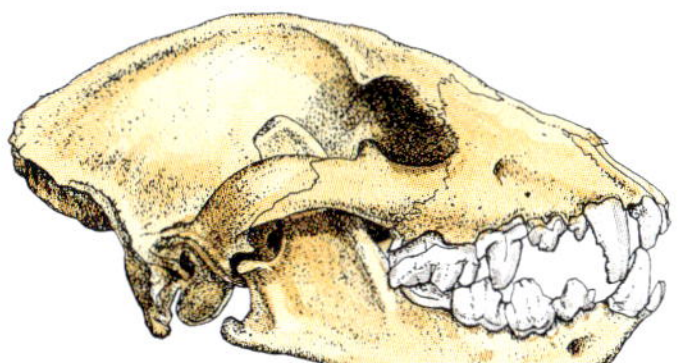

Fleckenhyäne
26,3 cm

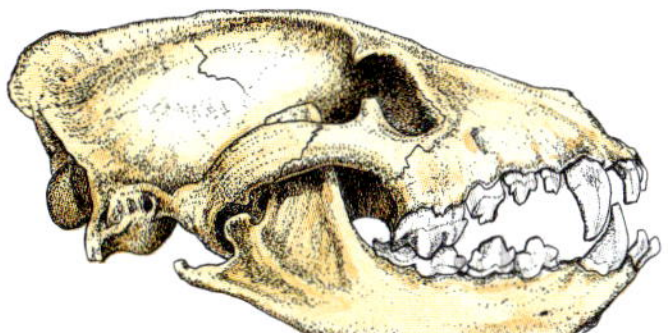

Streifenhyäne
23,7 cm

Markieren und Grüssen

Die Hyänen haben Begrüßungsrituale und eine wirkungsvolle Kommunikation mithilfe von Duftmarken entwickelt. Bei Erdwölfen ist nur das Markieren ähnlich komplex.

Alle Hyänen besitzen Analtaschen, die sie zum Markieren benutzen. Streifen- und Fleckenhyänen setzen dabei eine cremige Paste frei, während Schabrackenhyänen ein weißes Sekret und eine schwarze Paste produzieren. Schabrackenhyänen platzieren ihre Analdrüse über einem Grashalm **1** und bewegen sich nach vorn, wobei ein Tupfen des weißen Sekrets zurückbleibt. Wenn sich die Analdrüse zusammenzieht, legt sich über das Sekret etwas schwarze Paste. **2** Rund 15 000 dieser Markierungen können sich in einem Territorium befinden. Eindringlinge werden so auf die Besitzstände hingewiesen. Der rasch verfliegende Geruch des weißen Sekrets soll Artgenossen abschrecken, die schwarze Paste informiert vermutlich Rudelmitglieder über Futterplätze.

Alle drei Arten stülpen ihre Analtasche bei Begegnungen mit anderen Tieren nach außen. Bei Fleckenhyänen, die ihren Analbereich bei der Begrüßung nicht präsentieren, ist dies mit aggressivem Verhalten verbunden. Schabracken- und Streifenhyänen stellen ihre Rückenmähne auf **3**, beriechen einander, untersuchen die Analtaschen und führen rituelle Kämpfe durch. Fleckenhyänen beriechen und belecken Genitalbereich, erigierten Penis oder Klitoris ihres umgekehrt und mit erhobenem Hinterlauf stehenden Gegenübers. **4** Dieses Verhalten weicht von jenem ab, das die Tiere während der Paarung zeigen; es ist bei Jungtieren besonders auffällig. Bei den Fleckenhyänen nehmen oft Tiere Kontakt auf, die in der Hierarchie weiter unten stehen.

1

2

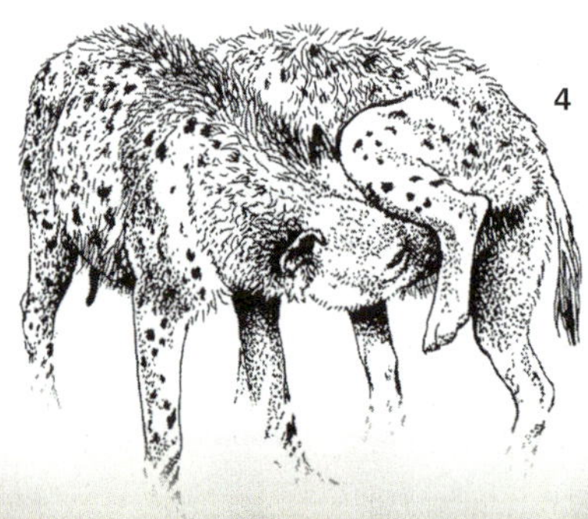

Bei diesem Prozess der Verwandtenselektion ziehen Tiere nahe Verwandte jenen vor, mit denen sie weniger Gene teilen. Wenn eine solche Gruppe jagt, können die Tiere der Verwandtschaftsgruppe gemeinsam am Erfolg und an der Beute partizipieren und steigern auf diese Weise die Überlebenschancen ihrer Familie.

Streifen-, Schabracken- und Fleckenhyänen leben in Rudeln zusammen. Mitglieder eines Rudels teilen ein Territorium und verteidigen es gegen benachbarte Gruppen. In den Rudeln der Fleckenhyänen herrscht eine strikte, von den Weibchen dominierte, lineare Hierarchie. Dabei ist das ranghöchste Männchen dem rangniedrigsten Weibchen untergeordnet. Die Männchen verlassen ihr Rudel, bevor sie adult sind, und verschaffen sich Aufnahme in eine neue Gruppe, wo sie versuchen, in der Hierarchie aufzusteigen, um sich paaren zu können. Weibchen bleiben meist in ihrem Rudel und erben den Rang ihrer Mutter. In den Verbänden von Schabrackenhyänen herrscht eine weniger strikte Hierarchie. Manche Männchen und Weibchen verlassen das Rudel, bevor sie erwachsen werden, andere bleiben lange, manchmal sogar lebenslang, dort. Männchen, die das Rudel verlassen, streifen allein umher oder schließen sich einer anderen Gruppe an. Die Einzelgänger suchen zur Paarung ein Rudel auf.

Selbst wenn Fleckenhyänen allein unterwegs sind, halten sie Kontakt mit dem Rest des Rudels. Dies geschieht durch Rufe, die Menschen nur mithilfe von Verstärkern und Kopfhörern wahrnehmen können. Die hörbaren Lautäußerungen umfassen Heulen, Bellen und eine Art meckerndes Kichern, für das die Tiere besonders bekannt sind.

Oben: *Ein Streifenhyänenmännchen knabbert am Hals eines Weibchens. Bei den rituellen Kämpfen, die zur Kontaktzeremonie der Streifenhyänen gehören, werden untergeordnete Hyänen häufig in Kehle oder Nacken gebissen, festgehalten und geschüttelt.*

Unten: *Im Chobe-Nationalpark, Botswana, sammelt sich eine Gruppe von Fleckenhyänen um den Kadaver eines Elefanten. Bei der Nahrungsaufnahme geht es oft laut zu, doch kommt es selten zu ernsthaften Kämpfen, da die Tiere rasch fressen. Bei einer Mahlzeit können sie bis zu 15 kg Fleisch verschlingen.*

Das Heulen dient vor allem der Verständigung über größere Distanzen, denn es ist mehrere Kilometer weit hörbar. Jeder Ruf wird mehrfach wiederholt, damit der Hörer den Rufer lokalisieren kann. Jede Hyäne hat eine individuelle Stimme. Die im Waldland des Timbavati-Wildreservats im südafrikanischen Transvaal lebenden Fleckenhyänen antworteten auf vom Tonband abgespielte Rufe ihrer Gefährten. Wenn jedoch das Heulen fremder Hyänen ertönte, kamen sie häufig in Gruppen herbeigeeilt, riefen aufgeregt und präsentierten sich mit aufgestellten Mähnen, hochgereckten Schwänzen und tropfenden Analdrüsen. Junge Hyänen antworten auf das Rufen ihrer Mütter, jedoch nicht auf das anderer Rudelmitglieder.

Die Gruppengröße schwankt je nach Art: Bei Fleckenhyänen ist sie meist größer als bei den anderen Arten. Es bestehen aber auch vom Lebensraum abhängige Unterschiede innerhalb einer Art. In der südlichen Kalahari umfassen manche Fleckenhyänenrudel nur fünf Mitglieder, im Ngorongoro-Krater sind es dagegen bis zu 80 Tiere. Schabrackenhyänenrudel bestehen manchmal nur aus einem Weibchen und ihrem letzten Wurf, dann wieder aus bis zu 15 Tieren. Unterschiedlich ist auch die Größe des Reviers. Die 80 Fleckenhyänen im Ngorongoro-Krater leben in einem 40 qkm großen Gebiet, die fünf Tiere in der Kalahari durchstreifen ein bis zu 1000 qkm großes Areal. Die Größe des Reviers hängt wesentlich von der vorhandenen Futtermenge ab. Im Ngorongoro-Krater liefern Zebras und Antilopen genügend Nahrung für ein großes Rudel auf kleiner Fläche. In der kargen Kalahari, wo die Hyänen bis zu 50 km oder weiter ziehen müssen, um auf Beute zu stoßen, sind die Reviere viel größer und die Rudel kleiner.

Alle Hyänen halten ihre Jungen in Bauen, die meist aus mehreren unterirdischen Löchern bestehen. Ein solcher Bau bietet während der langen Streifzüge der adulten Tiere optimalen Schutz. Die Jungen verbringen viel Zeil im Bau, manchmal bis zu 18 Monate. Bei Fleckenhyänen bringen alle Weibchen ihren Nachwuchs in einem großen Gemeinschaftsbau unter. Bei den Schabrackenhyänen wirft häufig nur ein Weibchen Junge. Sind es einmal zwei oder drei Weibchen mit Nachwuchs, teilt dieser einen Bau.

Im Unterschied zu vielen anderen Raubtierjungen werden Fleckenhyänen mit offenen Augen und entwickeltem Gebiss geboren. Junge aus einem Wurf – in der Regel Zwillinge – zeigen bereits wenige Minuten nach der Geburt ein stark aggressives Verhalten, das rasch zur Ausprägung einer Rangfolge führt. Diese ermöglicht dem dominanten Jungen den Zugang zu den Zitzen der Mutter. Manchmal stirbt das kleinere Geschwister bei diesem Kampf. Dies ist meist dann der Fall, wenn Nahrungsknappheit herrscht und die Milch vermutlich nicht für zwei Junge ausreichen würde.

Hyänen ziehen ihren Nachwuchs auf unterschiedliche Art und Weise groß. Die Jungen der Fleckenhyänen im Gemeinschaftsbau bekommen Fleisch frühestens mit neun Monaten, wenn sie ihre Mütter auf die Beutejagd begleiten. Bis dahin trinken sie ausschließlich Muttermilch. Sie werden erst mit 15 Monaten vollständig entwöhnt. Schabrackenhyänen saugen ebenfalls an den Zitzen der Mutter, bis sie mindestens ein Jahr alt sind. Mit drei Monaten erhalten sie aber daneben auch Nahrung, die die Rudelmitglieder in den Bau bringen.

Warum existieren diese Unterschiede bei der Aufzucht? Auch hier gilt es, die Ernährungsgewohnheiten der Tiere näher zu betrachten. Wenn eine Schabrackenhyäne ein großes Stück Fleisch erbeutet, kann sie nur einen Teil davon fressen und trägt den Rest in ihren Bau. Wenn fünf Fleckenhyänen ein ähnlich großes Stück finden, bleibt vermutlich nichts davon übrig. Außerdem befindet sich im Bau der Schabrackenhyäne in der Regel ein Wurf von Jungen gleicher Größe. Im Bau der Fleckenhyänen können viele verschieden alte Junge warten – und nur die älteren Tiere würden in den Genuss des Futters kommen. In vielen Regionen müssen die Fleckenhyänen zudem weite Strecken zurücklegen, bei denen der Transport von Nahrung hinderlich wäre. Schabrackenhyänen leisten dabei zuweilen Erstaunliches: Ein Tier trug einen 7 kg schweren Kadaver über 15 km zu seinem Bau. Da die Schabrackenhyänen mit den Jungen im Bau eng verwandt sind, ist die gemeinsame Versorgung mit Futter ein weiteres Beispiel für Verwandtenselektion.

Opfer alter Vorurteile

ARTEN- UND UMWELTSCHUTZ

Zwar ist keine Hyänenart vom Aussterben bedroht, doch einige Populationen sind gefährdet, vor allem weil sie aufgrund von Missverständnissen, Mythen und einem generell schlechten Image vom Menschen gejagt werden. Auf der arabischen Halbinsel und in Nordafrika gelten Streifenhyänen als Grabschänder und werden mit Fallen und Giftködern getötet. Den Schabrackenhyänen geht es kaum besser. Nur langsam ändert sich die Einstellung der südafrikanischen Farmer. In großen Schutzgebieten wie dem Namib-Naukluft-Park, dem Kgalakgadi-Transfrontier-Park und dem Central Kalahari Game Reserve sind die Hyänen relativ sicher.

Am ehesten geraten Fleckenhyänen mit Menschen in Konflikt, weil sie Vieh reißen. Sie werden von der IUCN eingestuft unter „Geringes Risiko, Bestand abhängig von Naturschutzmaßnahmen" (die anderen Arten unter „Bestand ungefährdet"). Besonders in den großen Nationalparks und anderen Schutzgebieten Ost- und Südafrikas kommen Fleckenhyänen häufig vor. MGLM/SKB

Der Erdwolf

PROTELES CRISTATUS

Der Erdwolf wirkt wie eine kleine Ausgabe der Streifenhyäne. Seine Kiefer sind schwach entwickelt und seine Backenzähne gleichen kleinen Zapfen, da das Tier sich fast ausschließlich von Insekten ernährt. Paläontologische und genetische Untersuchungen zeigen, dass Erdwölfe zur Familie der Hyänen gehören, sich jedoch vor 15 bis 32 Millionen Jahren von den echten Hyänen fortentwickelten. Die Fleckenhyäne trennte sich vor rund zehn Millionen Jahren von Schabracken- und Streifenhyäne; diese beiden wiederum spalteten sich vor sechs Millionen Jahren in zwei Arten auf.

Erdwölfe haben sich, was ihre Nahrung anbetrifft, stark spezialisiert. Sie ernähren sich in erster Linie von Termiten, und zwar von einer bestimmten Art von Erntetermiten der Gattung *Trinervitermes*. Diese Termiten sind nachtaktiv, da ihre schwache Pigmentierung es ihnen nicht ermöglicht, sich direktem Sonnenlicht auszusetzen. Sie produzieren ein Sekret, das viele andere Fressfeinde abstößt. In den kalten Wintermonaten, wenn die Erntetermiten in Südafrika in ihrem Bau bleiben, steigen Erdwölfe auf die stärker pigmentierte und darum tagaktive Art *Hodotermes mossambicus* um. Sobald in Ostafrika die Regenzeit beginnt, erweitert sich der Speiseplan der Erdwölfe: Dann fressen sie auch Termiten der Gattungen *Odontotermes* und *Macrotermes*. Im Unterschied zu anderen Ameisen oder Termiten verzehrenden Arten, die ihre Beute aus deren unterirdischen Nestern freigraben, setzt der Erdwolf seine lange Zunge ein, um Insekten aufzulecken. Die Erntetermiten bilden bei der Futtersuche dichte Kolonnen, sodass ein einziger Erdwolf in einer Nacht bis zu 200 000 der Insekten vertilgen kann. Gelegentlich erbeuten Erdwölfe auch einmal einen Kleinsäuger oder Jungvogel. Außerdem vertilgen sie auch Aas.

Das Sozialsystem der Erdwölfe unterscheidet sich deutlich von dem der übrigen Hyänen. Die Tiere leben vermutlich monogam. Ein Pärchen teilt sich ein 1 bis 4 qkm großes Territorium mit den Jungen des jeweils letzten Wurfs. Die Größe des Territoriums richtet sich nach der Menge der vorhandenen Termiten. Ein eindringender Artgenosse kann bis zu 400 m weit gejagt werden. Wird er erwischt, kommt es unweigerlich zum Kampf zwischen den Kontrahenten. Das Territorialsystem ist allerdings zuweilen etwas weniger streng ausgeprägt, vor allem wenn Futterknappheit herrscht und Tiere aus benachbarten Territorien zur gleichen Zeit im selben Revier jagen.

Bei den Erdwölfen ist die Fortpflanzung saisonal gebunden. Während der Paarungszeit – in Südafrika im Juli – geben die Tiere ihr monogames Dasein auf. Dann unternehmen dominante Männchen Streifzüge in benachbarte Territorien und paaren sich mit den dort lebenden Weibchen. Ein Männchen kann bei der Aufzucht der Jungen helfen, indem es den Bau gegen Feinde verteidigt.

Eine Familiengruppe kann zehn Baue besitzen, die sich im gesamten Territorium verteilen. Meist werden nur ein bis zwei Baue zur selben Zeit benutzt, doch wechseln die Tiere ihren Unterschlupf alle vier bis sechs Wochen.

Zwei bis vier Junge kommen pro Wurf zur Welt, mit geöffneten Augen, ansonsten jedoch hilflos. In den ersten sechs bis acht Wochen bleiben sie im Bau, den das Männchen bewacht, während das Weibchen Futter sucht. Mit ca. zwölf Wochen beginnen die Jungen selbstständig Futter zu suchen. Mit 16 bis 20 Wochen jagen sie den meisten Teil der Nacht allein. Zu Beginn der nächsten Paarungszeit verlassen die Jungen das Territorium der Eltern, die meisten subadulten Tiere sind fortgezogen, wenn die nächste Generation mit der eigenständigen Futtersuche beginnt.

Erdwölfe gelten als nicht bedroht. Die IUCN klassifiziert sie unter „Bestand ungefährdet". In Südafrika leiden die Tiere unter Insektiziden, die Heuschrecken vernichten sollen. PRKR

Oben: *Eine Fleckenhyäne säugt ihre Jungen im Krüger-Nationalpark, Südafrika. Junge Hyänen werden in Gemeinschaftsbauen aufgezogen. Die Mutter ist für die Aufzucht allein verantwortlich, der Vater beteiligt sich nicht daran. Die Jungen werden erst mit frühestens 15 Monaten vollständig entwöhnt. Bis dahin erhalten sie – im Unterschied zu Schabracken- und Streifenhyänen – keinerlei feste Nahrung.*

Oben rechts: *Ein Erdwolf in Gefangenschaft. Die Ohrmuscheln dieser Art sind sehr groß. Vermutlich lokalisieren die Tiere ihre Beute in erster Linie über Geräusche. Erdwölfe besitzen eine lange Zunge. Sie ist mit klebrigem Speichel bedeckt und weist breite Papillen auf, die beim Auflecken der Insekten helfen.*

Links: *Im Kalahari-Nationalpark zeigt diese Schabrackenhyäne ein aggressives Verhalten, indem sie ihre Rückenmähne aufrichtet. Häufig geschieht dies bei rituellen Kämpfen, die die Tiere ausfechten, wenn sie einander begegnen. Schabrackenhyänen wirken auf diese Weise größer und können so auch ihre Feinde einschüchtern.*

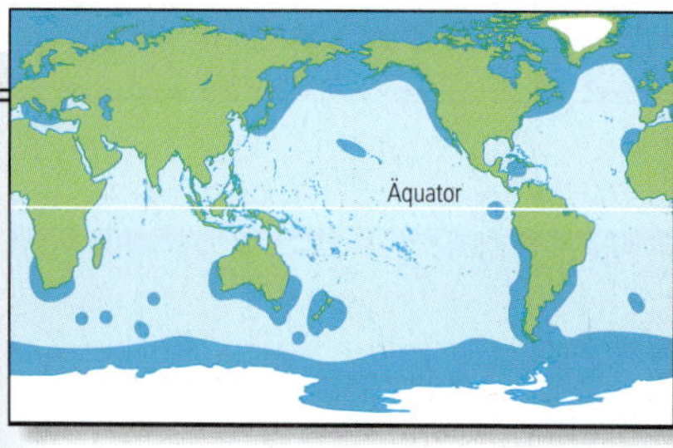

WASSER-RAUBTIERE

PELZROBBEN, AUCH SEEBÄREN GENANNT, *Seelöwen, Walrosse sowie Hundsrobben sind Wassersäugetiere und gehören zu den Wasserraubtieren (Pinnipedia). Es gibt 34 Arten; eine Art, die Karibische Mönchsrobbe* (Monachus tropicalis), *ist vermutlich ausgestorben.*

1b

1a

Der wissenschaftliche Name Pinnipedia bedeutet Flossenfüßer (von lateinisch *pinna* = Flosse und *pedis* = Fuß). Alle Wasserraubtiere besitzen einen spindelförmigen Körper. Die Gliedmaßen sind zu Ruderflossen umgeformt. Die adulten Tiere haben ein relativ hohes Körpergewicht, wobei die Spannbreite groß ist: Die zierlichen Weibchen der Seebären weisen weniger als 30 kg auf, während die massigen Männchen des Südlichen Seeelefanten mehr als 4 t wiegen können.

Lange Zeit hat man die Wasserraubtiere als im Wasser lebende Verwandte der Landraubtiere betrachtet. Da die Pinnipedia die Verbindung zum Land niemals abgebrochen haben, bezeichnete man sie früher auch als „amphibische Raubtiere". Den größten Teil ihres Lebens verbringen sie zwar im Wasser, aber zum Gebären der Jungen müssen sie an Land (oder aufs Eis) gehen.

Die Wasserraubtiere sind in drei Familien unterteilt: in die Ohrenrobben (Otariidae) mit fünf Seelöwen- und neun Seebärarten, die Walross-Familie (Odobenidae) mit nur einer Art und die Hundsrobben mit 18 Arten (Seehunde mit zehn Arten und Mönchsrobben mit acht Arten).

2a

2b

3a

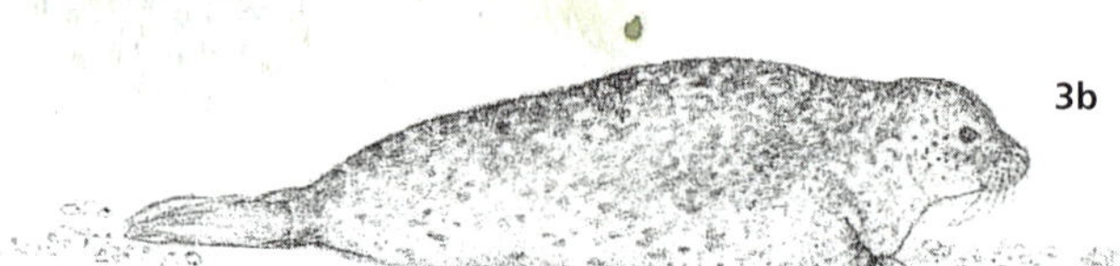

3b

Die Hundsrobben erkennt man leicht an ihren rückwärts gerichteten hinteren Ruderflossen, die sich nicht nach vorne unter den Körper bringen lassen und deshalb nicht zum Laufen eingesetzt werden können. Im Wasser bilden die Schläge der Hinterflossen den Antrieb. Alle Hundsrobben verfügen über eine sehr dicke, wärmeisolierende Fettschicht unter der Haut, die man Blubber nennt. Den Tieren fehlen die äußeren Ohren.

Im Gegensatz zu den Hundsrobben sind die Ohrenrobben in der Lage, ihre Hinterflossen unter dem Körper aufzusetzen, um sich an Land vierfüßig fortzubewegen. Den Vortrieb im Wasser erzeugen sie mit den Vorderflossen, während die Hinterflossen keine aktive Rolle spielen. Ohrenrobben besitzen kleine, knorpelige Ohrmuscheln. Ihr aus kurzem, dichtem Oberhaar und zum Teil üppiger Unterwolle bestehendes Haarkleid ist dicker als das der Hundsrobben. Die Fettschicht (Blubber) ist dünner; die Luftkammern, die sich im Fell bilden, wirken im Wasser wärmeisolierend.

Der einzige Vertreter der Walross-Familie weist Merkmale der Ohren- und Hundsrobben auf. Die dreieckigen Hinterflossen des Walrosses gleichen denen der Hundsrobben, können aber wie die der Ohrenrobben zum Laufen nach vorne aufgesetzt werden. Im Wasser dienen sie ebenfalls dem Antrieb. Auf dem Eis zieht das Walross seinen Hinterkörper oft in ähnlicher Weise hinter sich her wie die Hundsrobben, mit denen es auch die fehlenden äußeren Ohren gemeinsam hat. Im Unterschied zu den Vertretern der beiden anderen Familien besitzen adulte Walrosse nur eine sehr spärliche Körperbehaarung. Die Männchen dieser Art sind die einzigen Wasserraubtiere, deren Hoden abgesenkt und während der Paarungszeit deutlich sichtbar sind. Bei beiden Geschlechtern sind die Eckzähne zu Stoßzähnen (Hauer genannt) verlängert.

Ein gemeinsamer Vorfahr

URSPRUNG UND ENTWICKLUNG

Über den Ursprung, die Entwicklung, Stammesgeschichte, Taxonomie und Tiergeografie der Wasserraubtiere wurden zahlreiche wissenschaftliche Debatten geführt. Schwerpunkt dabei war die Frage, ob sie sich auf einen gemeinsamen Vorfahren zurückführen lassen, also eine monophyletische Gruppe sind, oder von zwei getrennten Entwicklungslinien abstammen. Neuere Erkenntnisse sprechen für den gemeinsamen Vorfahren: ein bärenartiges Raubtier. Diese Abstammungstheorie stellt die Verbindung zu dem ältesten bekannten Wasserraubtier her, das vor 23 Millionen Jahren auftauchte: *Enaliarctos mealsi*.

Die heutigen Ohrenrobben repräsentieren eine konservative Familie, die sich als erste von der Hauptlinie der Pinnipedia-Entwicklung abgespaltet hat. Demzufolge haben Walrosse und Hundsrobben einen jüngeren gemeinsamen Vorfahren und sind daher enger miteinander verwandt.

Die Anerkennung der monophyletischen Theorie brachte wesentliche Änderungen in der Taxonomie der Wasserraubtiere mit sich. Während die Überfamilien Otarioidea und Phocoidea aus dem Klassifizierungsschema verschwanden, wurden innerhalb der Ordnung Carnivora (Raubtiere) alle Wasserraubtiere zu der monophyletischen Gruppe Pinnipedimorpha zusammengefasst. Der sehr alte Name Pinnipedia, mit dem man die Wasserraubtiere als eigene Ordnung bzw. dann als Unterordnung der Carnivora bezeichnete, blieb erhalten.

Kaltwasserspezialisten

VERBREITUNG

Fast alle Robben leben in den polaren oder subpolaren Meeren beider Hemisphären. Die Hauptverbreitungsgebiete liegen in den subarktischen

Links: Charakteristische Merkmale der drei Pinnipedia-Familien: ***1*** *Südafrikanischer Seebär* (Arctocephalus pusillus), *typische Ohrenrobbe mit* ***a*** *dickem Fell (hier ein Männchen mit charakteristischer Mähne) und wie aufgerollt wirkende Ohrmuscheln. An Land bewegen sich Ohrenrobben auf allen vieren* ***b,*** *indem sie die Hinterflossen unter dem Körper aufsetzen.* ***2*** *Walross* (Odobenus rosmarus) *mit den unverwechselbaren Stoßzähnen* ***a,*** *die an Land als Hebel* ***b*** *eingesetzt werden.* ***3*** *Seehund* (Phoca vitulina), *typische Hundsrobbe mit glattem Fell und ohne äußere Ohren* ***a****. An Land* ***b*** *bewegen sich Hundsrobben sehr schwerfällig.*

ORDNUNG: CARNIVORA (PINNIPEDIA)

3 Familien; 21 Gattungen; 33 Arten

OHRENROBBEN Familie Otariidae S. 160

14 Arten in 7 Gattungen
darunter **Kerguelenseebär** *(Arctocephalus gazella)*, **Kalifornischer Seelöwe** *(Zalophus californianus)*, **Nördlicher Seeelefant** *(Callorhinus ursinus)*, **Stellerscher Seelöwe** *(Eumetopias jubatus)*, **Mähnenrobbe, „Südlicher Seelöwe"** *(Otaria byronia)*

WALROSS Familie Odobenidae S. 174

1 Art: Walross *(Odobenus rosmarus)*

HUNDSROBBEN Familie Phocidae S. 180

18 Arten in 13 Gattungen
darunter **Mittelmeer-Mönchsrobbe** *(Monachus monachus)*, **Nördlicher Seebär** *(Mirounga angustirostris)*, **Seeleopard** *(Hydrurga leptonyx)*, **Weddellrobbe** *(Leptonychotes weddellii)*, **Seehund** *(Phoca vitulina)*, **Baikal-Ringelrobbe** *(Pusa sibirica)*, **Kegelrobbe** *(Halichoerus grypus)*, **Sattelrobbe** *(Pagophilus groenlandicus)*, **Bartrobbe** *(Erignathus barbatus)*, **Krabbenfresser** *(Lobodon carcinophagus)*, **Klappmütze** *(Cystophora cristata)*

Unten: *Ohrenrobben sind ausgesprochen gesellige Tiere, die sich häufig zu großen Gruppen zusammenschließen. Mit fast tänzerischer Grazie gleiten sie durch das Wasser, wie man hier an den Kalifornischen Seelöwen sehen kann.*

Regionen des Nordatlantiks und Nordpazifiks sowie in den antarktischen Meeren.

Die Lebensräume der Robben beschränken sich überwiegend auf nahrungsreiche Gewässer, deren Oberflächentemperatur zu keiner Zeit des Jahres 20°C übersteigt. Im indo-malaiischen Westpazifik, dessen Oberflächentemperatur seit jeher höher liegt, kann man diese Tiere daher nicht finden.

Die einzigen Wasserraubtiere, die nicht in relativ kühlen, nahrungsreichen Regionen leben, sind die Mönchsrobben. Die Bestände zweier Arten haben sich in den vergangenen Jahrzehnten stark verringert. Der Gesamtbestand der Mittelmeer-Mönchsrobbe umfasst derzeit nur noch rund 500 Tiere; die Anzahl der Hawaii-Mönchsrobbe beträgt etwa 1400. Die dritte Art, die Karibische Mönchsrobbe, scheint irgendwann während der letzten 50 Jahre ausgestorben zu sein.

Oben: Eine Weddellrobbe sonnt sich auf den Klippen eines antarktischen Eilandes. Diese südlichste Robbenart besitzt die langen, fächerartigen, beweglichen Vorderflossen, wie sie für Hundsrobben typisch sind.

Weite Verbreitung

HISTORISCHE TIERGEOGRAFIE

Wenn alle Wasserraubtiere von einem gemeinsamen Vorfahren abstammen, erhebt sich die Frage, wie es zu ihrer weltweiten Verbreitung gekommen ist. Ihre Frühgeschichte gibt Hinweise darauf, dass sich die ursprünglichen Ohrenrobben vor vielen Millionen Jahren im Nordpazifik entwickelt und nord- sowie westwärts wandernd die Küstenregionen beidseits des Ozeans besiedelt haben. Später zogen die Vorfahren der heutigen Pelzrobben von der Westküste Südamerikas über den Südpazifik in den Atlantischen Ozean, in dem sie nordwärts wanderten, bis sie von wärmerem Wasser gestoppt wurden. Andere Ohrenrobben gelangten von der südafrikanischen Küste aus zu den weit verstreuten subarktischen Inseln, auf denen sie günstige Bedingungen für die Geburt und Aufzucht ihrer Jungen vorfanden. Jüngere Vorfahren der heutigen Seelöwen tauchten in vorgeschichtlicher Zeit an beiden Seiten des Nordpazifiks auf. Im Lauf einer relativ kurzen erdgeschichtlichen Zeit überquerten sie den Äquator und verbreiteten sich – den Pelzrobben folgend – an der West- und Ostküste Südamerikas sowie an den Küsten von Australien und Neuseeland, wo sie heute noch zu finden sind.

Über die Verbreitung der Hundsrobben kann man nur Vermutungen anstellen, da es nur wenige frühgeschichtliche Belege gibt. Die Hundsrobben müssen von ihrem Ursprungsgebiet im Nordpazifik über die Mittelamerikanische Brücke in den Atlantik gelangt sein, wo sie frühgeschichtlichen Belegen zufolge vor rund 15 Millionen Jahren an der Ostküste der heutigen USA auftauchten. Ob die Vorfahren der Hawaii-Mönchsrobbe direkt zu den Hawaii-Inseln gelangt sind, ohne den Weg über das Karibische Meer zu nehmen, bleibt wohl ein Geheimnis. Man weiß nur, dass diese Art im Vergleich zu den fossilen Robbenfunden im Osten Amerikas ursprünglichere Merkmale aufweist.

Jedenfalls bewohnen die Hundsrobben seit Urzeiten sowohl die westliche als auch die östliche Seite des Nordatlantiks. Die Vorfahren der Ringelrobben wanderten ostwärts in die Paratethys (das Meeresbecken, das vor Jahrmillionen vom Alpenvorland bis nach Asien reichte) und weiter ins Nordpolarmeer, wo sie sich im ganzen Polarkreis verbreiteten. Einige dieser Robben gelangten über das südwärts verlaufende Flusssystem in den Baikalsee. Ein Teil der Hundsrobben zog vermutlich über die Arktis wieder in den Nordpazifik.

Während sich die arktischen Hundsrobben an den kalten polaren und subpolaren Lebensraum anpassten, bevorzugten die Mönchsrobben weitaus wärmere Gewässer wie das Karibische Meer und später das Mittelmeer. Interessant ist, dass sich die Abstammung der Mönchsrobben auf die Seeelefanten und antarktischen Hundsrobben zurückführen lässt. Die Vorfahren der Letzteren sind vielleicht ein Teil jener Tiere, die in den Nordpazifik zurückkehrten und anschließend südwärts wandernd die Inseln der antarktischen Meere erreichten. Möglich ist es auch, dass einige über den Atlantischen Ozean dorthin gelangten.

Das Ursprungsgebiet der ältesten bekannten Walrosse liegt ebenfalls im Nordpazifik. Es wird

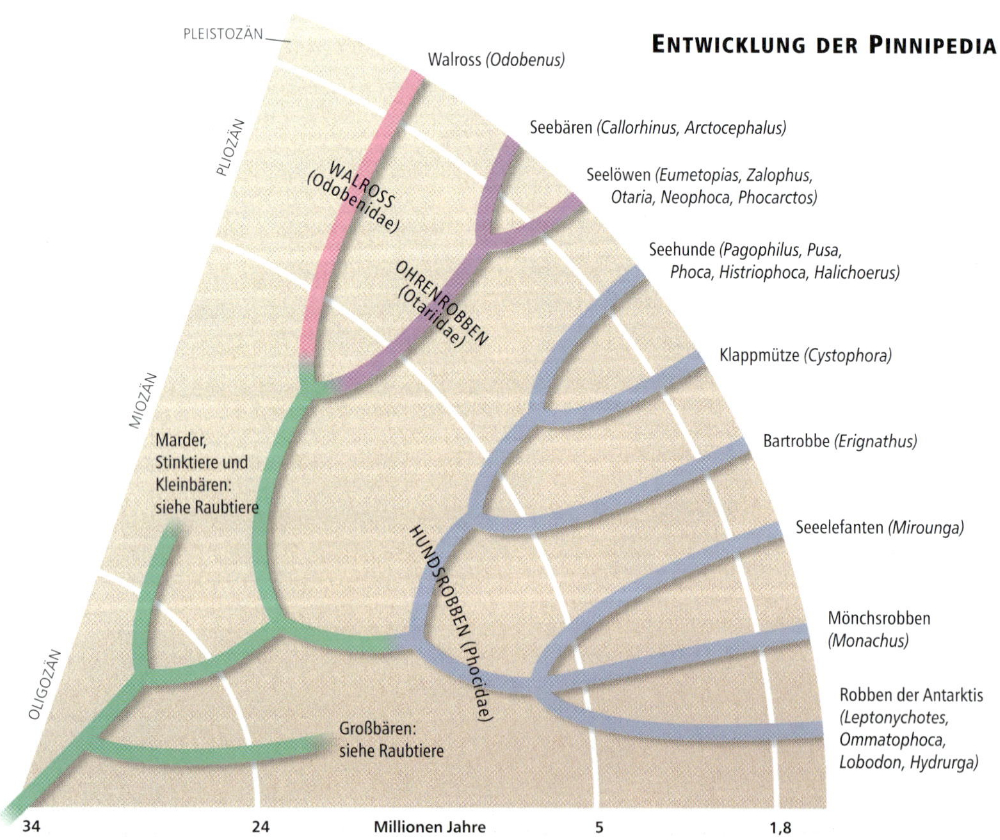

ANATOMIE DER WASSERRAUBTIERE (PINNIPEDIA)

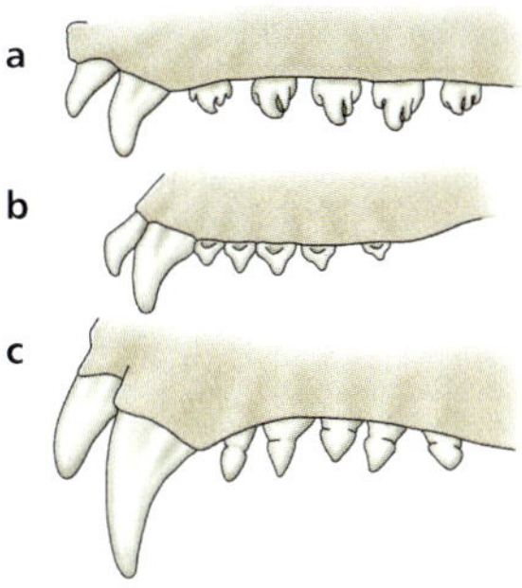

◀ Links: *Die Zähne der Wasserraubtiere weisen mehr Varianten auf als die der Landraubtiere. Das Gebiss der Krabbenfresser* **a** *besteht aus zugespitzten Zähnen, zwischen denen bei geschlossenem Kiefer Spalten frei bleiben, aus denen das Wasser herauslaufen kann. Mit diesem Seihgebiss filtern die Tiere ihre Hauptnahrung, den Krill (planktonische Krebstiere), aus dem Meerwasser. Das Gebiss der Weddellrobbe* **b,** *die sich von Fischen und bodenlebenden Wirbellosen ernährt, ist einfacher gebaut. Die Zahnformeln lauten bei Krabbenfressern und Weddellrobben: I1/1 oder 2, C1/1, P5/5; bei Mähnenrobben* **c:** *I3/2, C1/1, P5/5.*

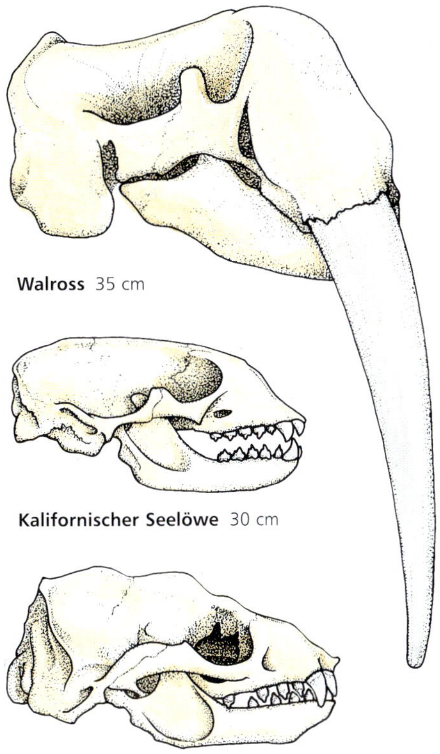

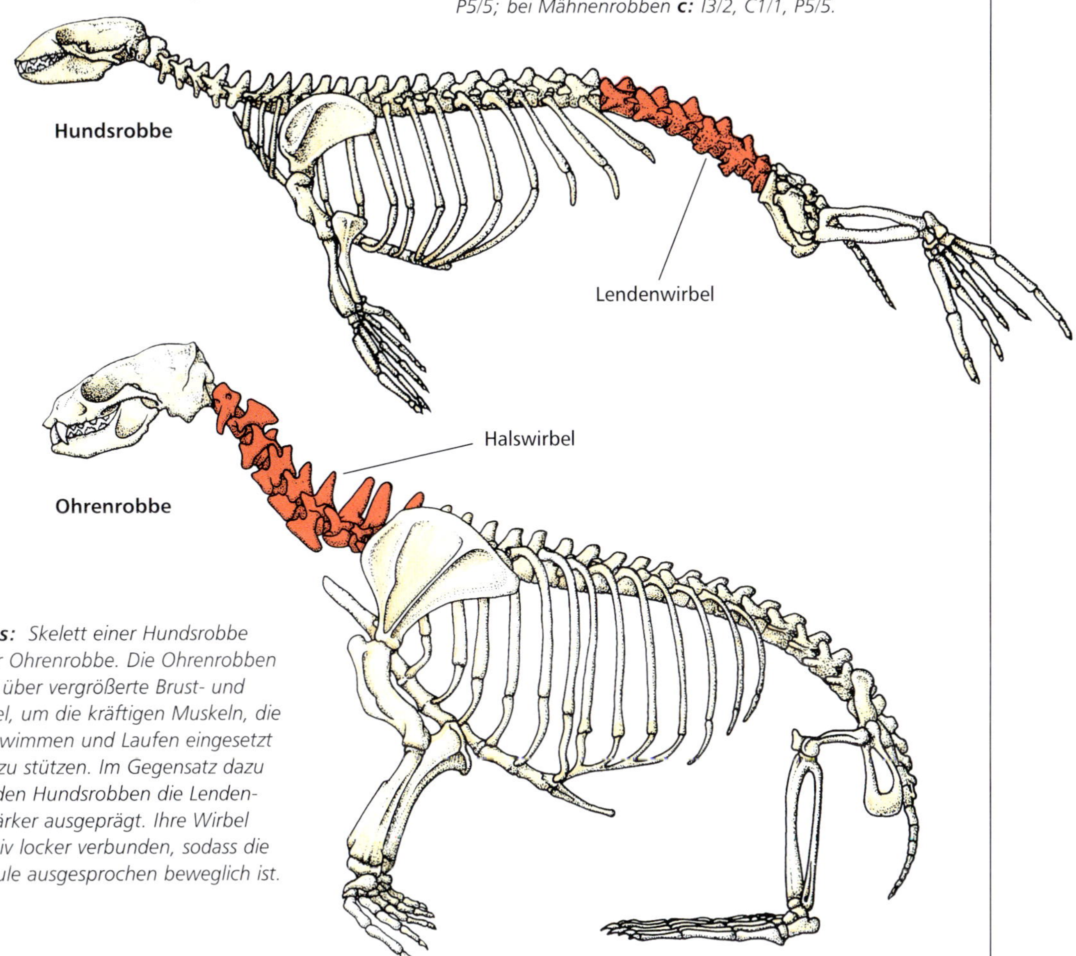

▲ Oben: *Der Schädel eines Walrosses, einer Ohrenrobbe (Kalifornischer Seelöwe) und einer Hundsrobbe (Seehund). Bis auf den Bereich hinter dem Unterkiefergelenk gleichen sich die Schädel von Ohren- und Hundsrobben.*

▶ Rechts: *Skelett einer Hundsrobbe und einer Ohrenrobbe. Die Ohrenrobben verfügen über vergrößerte Brust- und Halswirbel, um die kräftigen Muskeln, die beim Schwimmen und Laufen eingesetzt werden, zu stützen. Im Gegensatz dazu sind bei den Hundsrobben die Lendenwirbel stärker ausgeprägt. Ihre Wirbel sind relativ locker verbunden, sodass die Wirbelsäule ausgesprochen beweglich ist.*

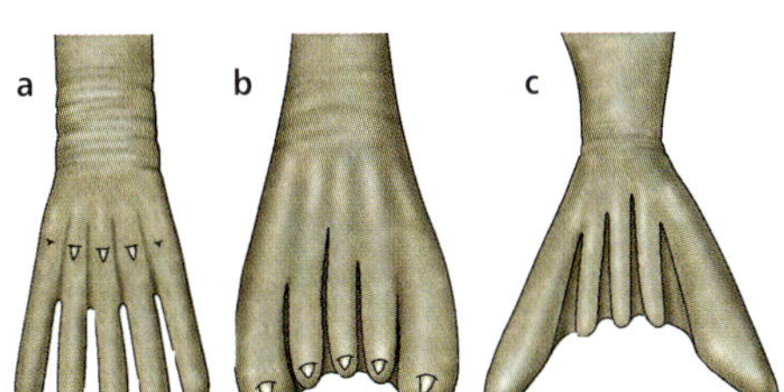

▲ Oben: *Hinterer Flossenfuß von einem* **a** *Seelöwen,* **b** *Seehund und* **c** *Seeelefanten. Die Krallen an den lang gestreckten Zehen des Seelöwen bestehen lediglich aus funktionslosen Knötchen, die nicht über die Zehenkuppen hinausragen. Wie alle nördlichen Hundsrobbenarten besitzt der Seehund sehr kräftige, lange Krallen, die bei den südlichen Arten kürzer sind, z. B. bei den Seeelefanten. Deren Zehen sind mit stabilen Schwimmhäuten verbunden, wodurch sich die Flossenoberfläche vergrößert.*

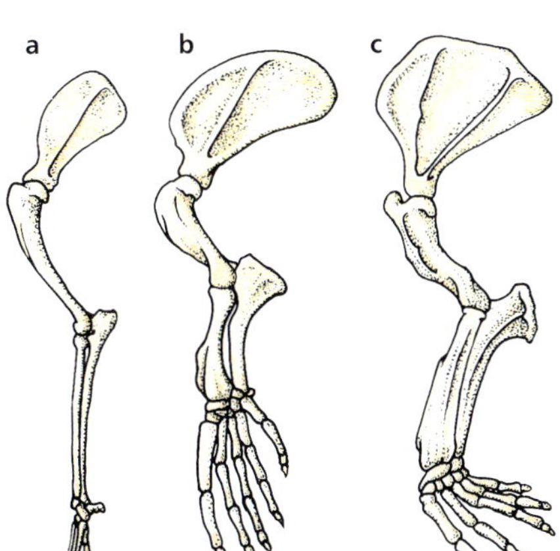

◀ Links: *Die vorderen Gliedmaßen der Land- und Wasserraubtiere unterscheiden sich voneinander. Im Gegensatz zum Windhund* **a** *haben Hundsrobben* **b** *und Ohrenrobben* **c** *eine breite, langgliedrige Hand. Die Größe der Finger nimmt bei den Ohrenrobben vom ersten bis zum fünften ab. Bei den nördlichen Hundsrobbenarten ist der fünfte Finger nicht viel kürzer als der erste. Bei den Mönchsrobben (siehe* **b)** *dagegen ist der fünfte Finger deutlich kürzer, während die anderen vier gleich lang sind.*

angenommen, dass ihre Verbreitung über die Mittelamerikanische Brücke in das Karibische Meer und den Nordatlantik erfolgte. Demzufolge kehrte die einzige überlebende Gattung (*Odobenus*) im Lauf der letzten Million Jahre über das Nordpolarmeer in den Pazifik zurück. Der Weg kann aber auch umgekehrt verlaufen sein: vom Nordpazifik über das Nordpolarmeer in den Atlantik. Mit beiden Hypothesen lässt sich die Verbreitung des heutigen Walrosses erklären.

Einzigartige Anpassungen

SINNESORGANE

Wie andere Meeressäuger entwickelten sich die Wasserraubtiere aus landlebenden Vorfahren, die auf der Suche nach günstigeren Lebensbedingungen, wie z. B. reicheren Nahrungsquellen, in die Küstengewässer eindrangen. Doch die Wasserraubtiere passten sich nicht vollkommen an das Leben im Wasser an, sondern blieben vom Festland abhängig: Nur dort können die Geburt und Aufzucht der Jungen erfolgen. Eine derartige Entwicklung erforderte zahlreiche Anpassungen, weil alle lebenserhaltenden Körperfunktionen – von der Atmung über die Fortbewegung bis hin zum Stoffwechsel – sowohl an Land als auch im Wasser einwandfrei ablaufen müssen.

Einen wichtigen Bereich der Anpassung bilden die Sinnesorgane, die bei Säugetieren hoch entwickelt und auf das Leben an Land ausgerichtet sind. Damit die Sinnesorgane der Wasserraubtiere nicht nur an Land, sondern auch im und unter Wasser effizient funktionieren, kam es zu zahlreichen und einzigartigen Modifikationen.

Bei der Wahrnehmung ihrer Umwelt spielt das Sehvermögen für die Wasserraubtiere wahrscheinlich die größte Rolle. Alle Vertreter dieser Gruppe verfügen über große Augen mit einer stabilen Hornhaut *(Cornea)*, die durch das kontinuierlich abgesonderte Sekret der Tränendrüsen vor Salzwasser und Sand geschützt wird. Die bei Landsäugern vorhandenen Tränenkanäle, die dem Abfluss der Tränenflüssigkeit dienen, fehlen.

Die Augen der Wasserraubtiere müssen nicht nur an der Luft und im Wasser gut funktionieren, sondern auch mit äußerst konträren Lichtwerten zurechtkommen; das Spektrum reicht vom grellen Sonnenlicht auf dem Packeis bis hin zum düsteren Licht in den Tiefen der Meere. Die Hornhaut der in Polarregionen lebenden Wasserraubtiere verträgt eine Menge an ultravioletten Strahlen, die das menschliche Auge stark beschädigen würde.

Im typischen Auge landlebender Säuger entsteht im hinteren Teil der Netzhaut *(Makula)* ein klares Bild; zur Fokussierung dienen dabei die Hornhaut und die Linse des Auges. Im Wasser verliert die Hornhaut ihre Wirksamkeit, weil sie „verschwindet", da sie den gleichen Brechungsindex wie das Wasser hat (so wie eine klare Glaskugel in einem Glas mit Wasser kaum zu sehen ist). Aus diesem Grund können die meisten Landsäugetiere unter Wasser nur schlecht sehen. Um

Oben: *Die Augen der Robben sind ausgezeichnet an die Nahrungssuche unter Wasser angepasst. Mit weit geöffneten Augen bewegt sich der junge Nördliche Seeelefant im Dämmerlicht der Schilfzone. Da Robben die Tränenkanäle fehlen, läuft die Tränenflüssigkeit an Land oder auf dem Eis einfach aus den Augen, sodass es wirkt, als würden die Tiere weinen.*

diesen „Verlust" auszugleichen und die Sehkraft unter Wasser zu verstärken, hat sich bei den Pinnipedia – wie bei den Walen – eine recht große, kugelförmige Linse entwickelt.

Aufgrund dieser Modifikation der Augen sind Robben an Land unter bestimmten Lichtverhältnissen kurzsichtig. In grellem Licht wird die Kurzsichtigkeit deutlich gemindert, indem sich die Pupillen zu schmalen, vertikalen Schlitzen verengen. Am oberen Ende jedes Schlitzes befindet sich eine nadelöhrförmige Öffnung, durch die das Licht gebündelt fällt und so die Brechung durch Hornhaut und Linse weniger zum Tragen kommt.

In trübem Licht öffnen Robben ihre Augen so weit, bis sie fast kreisrund erscheinen, damit möglichst viel Licht einfallen kann. Hornhaut und Linse sind dabei voll am Sehprozess beteiligt. An Land sehen die Tiere jedoch bei schwachem Licht aufgrund der stark gekrümmten Hornhaut mehr oder weniger verschwommen (ähnlich wie beim Astigmatismus des menschlichen Auges).

Perfekt an das dämmerige Licht unter Wasser angepasst ist die Netzhaut der Pinnipedia. Wie bei nachtaktiven Säugern enthält sie eine große Anzahl hoch empfindlicher Lichtsinneszellen: die Stäbchen-Fotorezeptoren, die auf Kosten der Wahrnehmung feiner Details und der Farben die Lichtempfindlichkeit erhöhen. Die lichtempfindlichen Pigmente in diesen Zellen scheinen vor allem an die Farbverhältnisse unter Wasser angepasst zu sein. Daher reagieren die Augen der in Küstengewässern lebenden Wasserraubtiere, wie z.B. die des Seehunds, besonders gut auf Grün. Tief tauchende Arten, z.B. Südliche Seeelefanten, die sich im blauen Wasser der offenen See aufhalten, verfügen über blauempfindliche Lichtsinneszellen. Um die Wahrnehmungsfähigkeit zu verstärken, sitzt bei Wasserraubtieren unter der Netzhaut (wie bei Katzen oder anderen Nachttieren) eine Licht reflektierende Schicht: das *Tapetum lucidum*. Das einfallende Licht durchdringt die Netzhaut, trifft auf diese Schicht und wird reflektiert, sodass die Fotorezeptoren zweimal die Möglichkeit haben, darauf zu reagieren.

In den Augen der Wasserraubtiere finden sich außer den Stäbchenzellen auch Zapfen-Fotorezeptoren, die – wie bei den Menschen und anderen Säugetieren – für das Farbsehen in hellem Licht zuständig sind. Daraus lässt sich schließen, dass die Robben und das Walross in begrenztem Maß Farben sehen können.

Die Ohren von Landraubtieren funktionieren unter Wasser nur unzulänglich. Dort erreichen die Schallwellen ihr Gehör nicht über die luftgefüllten Gehörkanäle, sondern werden über die Schädelknochen übertragen, was zu Verzerrungen, Fehlorientierung oder sogar zum völligen Verlust des unmittelbaren Hörens führt.

Im Lauf der evolutionären Entwicklung haben sich die Ohren der Wasserraubtiere angepasst. Veränderungen der Innenohrstruktur optimieren den Schallwellenempfang unter Wasser. Bis auf eine Art Brücke sind die Knochenverbindungen zwischen Ohr und Schädel abgetrennt, wodurch weniger Schallwellen über die Gehirnschale empfangen bzw. transportiert werden. Eine Modifikation des Schläfenbeins stellt sicher, dass die Ohren getrennt voneinander Schallwellen so empfangen, dass die Tiere unter Wasser ausgezeichnet hören, aus welcher Richtung ein Geräusch kommt.

Spezielle Gewebe im Gehörkanal und Mittelohr sorgen automatisch für den Druckausgleich im Ohr, wenn die Tiere tauchen. Außerdem verhindern Anpassungen im Innenohr eine Überreizung des Gehörs, die andernfalls möglich wäre, da sich Schallwellen im Wasser fünfmal rascher fortbewegen als in Luft.

Aufgrund dieser Anpassungen hören Pinnipedia unter Wasser besser als an der Luft. Ihr Hörvermögen ähnelt an Land dem des Menschen, ist jedoch weniger tonempfindlich. Unter Wasser nehmen die Tiere Töne in höheren Frequenzbereichen wesentlich besser wahr als Menschen.

Das gut ausgeprägte Hören im Hochfrequenzbereich und die rhythmischen Klicklaute in der Lautsprache einiger Arten hat manche Biologen zu dem Schluss geführt, dass Robben und Walrosse ähnlich wie Wale oder Fledermäuse die Echoortung als zusätzliche Wahrnehmungsmöglichkeit nutzen. In verschiedenen Versuchen konnten in Menschenobhut lebende Robben mithilfe von Klicklauten Objekte unterscheiden. Über die Bedeutung dieser Fähigkeit im Freiland weiß man bisher allerdings kaum etwas.

Wasserraubtiere besitzen Schnurrhaare (auch Tasthaare oder Vibrissen genannt), die horizontal ausgerichtet auf der Oberlippe beidseitig der Nase wachsen. Anzahl und Form unterscheiden sich von Art zu Art mehr oder weniger. Bei einigen Hundsrobben, z. B. Sattelrobben und Klappmützen, sind die Schnurrhaare „geperlt", bei anderen glatt, wie z. B. bei der Mönchs- und Bartrobbe.

Die Schnurrhaare der Wasserraubtiere sind von hoch empfindlichen Nerven, feinen Blutgefäßen und kräftigen Muskeln umgeben, was darauf hinweist, dass sie als Tastsinnesorgan fungieren, so

Unten: *Wasserraubtiere tragen auf der Oberlippe Schnurr- oder Tasthaare, wobei die Haare im Nasenbereich besonders empfindlich sind. Jedes Haarfollikel ist von sensiblen Nervenfasern umgeben, sodass selbst geringfügige durch ein Beutetier verursachte Wasserbewegungen wahrgenommen werden können.*

wie es bei den Katzen der Fall ist. Präzise Erkenntnisse liegen jedoch bisher nicht vor. Anscheinend benutzen einige Robben ihre Schnurrhaare dazu, den Durchmesser der Luftlöcher im Eis abzuschätzen. An Land oder auf dem Eis dienen die Vibrissen dazu, Gegenstände oder Artgenossen zu untersuchen. Unter Wasser nehmen die Tiere damit vermutlich die durch Bewegungen von Fischen oder anderen Organismen erzeugten Vibrationen wahr, vor allem wenn die Sicht schlecht ist. Während der Tauchgänge dienen die Schnurrhaare vielleicht sogar als eine Art Geschwindigkeitsmesser. Auch für die Kommunikation werden sie eingesetzt, z. B. als Droh- oder Abwehrsignal, denn manche Robben stellen während eines Kampfes ihre Vibrissen auf. Diese Funktionsmöglichkeiten werden sicherlich nicht von allen Robben gleichermaßen genutzt.

Obwohl der Geruchssinn nur schwach ausgeprägt ist, scheint er im sozialen Leben der Pinnipedia dennoch eine bedeutende Rolle zu spielen. Einige Arten, z. B. die Sattelrobbe, erkennen ihren Nachwuchs in erster Linie am Geruch. Die Männchen der Pelzrobben und Seelöwen riechen bei den Weibchen, ob diese paarungsbereit sind. Unter Wasser kommt der Geruchssinn gar nicht zum Tragen, da dort die Nasenöffnungen der Tiere fest verschlossen bleiben.

Vom Krill bis zum Pinguin

NAHRUNG

Als die Wasserraubtiere vor ungefähr 25 Millionen Jahren auftauchten, erfolgte die Aufspaltung in Arten relativ schnell. Wahrscheinlich hing dies mit dem steigenden Nahrungsangebot zusammen, das sich durch die Hebung der großen Gebirge ergab. Die von massiven Klimaveränderungen und gewaltigen Bewegungen der Erdkruste bewirkten Veränderungen der Erde förderten u. a. den Nahrungsreichtum der Weltmeere.

Die meisten Wasserraubtiere sind Nahrungsgeneralisten, d. h., sie können ein breites Nahrungsspektrum nutzen. Es gibt jedoch auch einige echte Nahrungsspezialisten unter ihnen, z. B. den Krabbenfresser, der sich nur von Krill ernährt, oder die Ringelrobben, die in ihrem arktischen Lebensraum hauptsächlich Krusten- und Schalentiere verspeisen. Südliche Seeelefanten und die Rossrobben bevorzugen Tintenfische, während Walrosse und Bartrobben vorwiegend bodenbewohnende Wirbellose wie Muscheln verzehren. Manche Wasserraubtiere erbeuten auch Warmblüter. So zählen zu den Beutetieren der Seelöwen u. a. Vögel oder auch die Jungen anderer Robben.

Kiefer und Zähne der Pinnipedia sind überwiegend zum Ergreifen der Beute ausgebildet und weniger zum Zerkleinern. Meist wird die Beute im Ganzen verschluckt, obwohl die Tiere in der Lage sind, Stücke herauszureißen. Planktonfresser wie Krabbenfresser und Ringelrobben besitzen verkleinerte, zugespitzte Zähne, durch die das Wasser abläuft, bevor die Beute geschluckt wird.

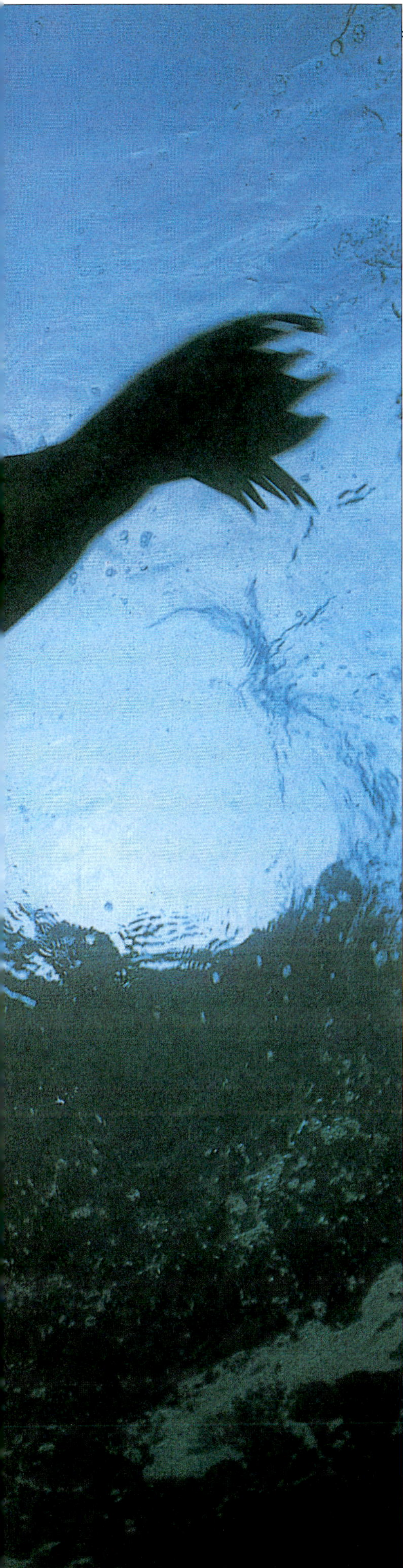

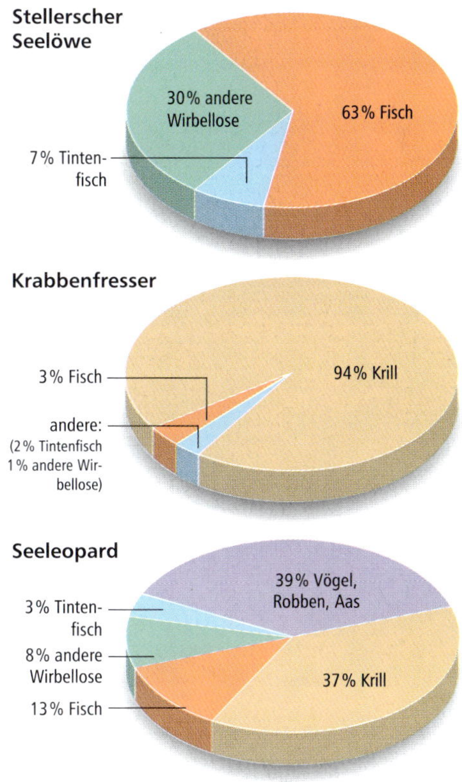

Oben: *Nahrungszusammensetzung: Im Vergleich wird der Unterschied zwischen Generalisten (Seeleopard) und Spezialisten (Krabbenfresser) sehr deutlich.*

Links: *Mit akrobatischen Bewegungen greift sich dieser Kalifornische Seelöwe einen Seeigel. Auf dem Speiseplan dieses Nahrungsgeneralisten stehen zahlreiche Fischarten, Tintenfische und andere Wirbellose.*

Der einfach strukturierte Magen der Robben liegt entlang der Körperachse, was die Aufnahme großer Beutestücke unterstützt. Der Dünndarm ist häufig sehr lang, bei einem erwachsenen Südlichen Seeelefanten kann er eine Länge von 202 m erreichen (der Dünndarm des Menschen ist 7 m lang). Dagegen sind Blinddarm, Dickdarm und Rektum der Robben relativ kurz.

Über den Nahrungsbedarf der wild lebenden Robben weiß man wenig; er hängt von der Aktivität der Tiere und der Wassertemperatur ab. Der Nördliche Seebär benötigt täglich etwa 14 % seines Körpergewichts an Nahrung. Im Verhältnis zu erwachsenen Tieren brauchen Jungtiere mehr Nahrung, um das Wachstum sicherzustellen und den größeren Wärmeverlust auszugleichen. Die Robbenarten, die während der Paarung und Aufzucht der Jungen keine Nahrung zu sich nehmen, zehren vom Blubber, der nicht nur als Wärmeschutz dient, sondern auch ein Fettspeicher ist.

Geschützt durch Fell und Fett

WÄRMESCHUTZ

Robben benötigen einen guten Wärmeschutz, da die Wassertemperatur niedriger als ihre Körpertemperatur ist und im Wasser mehr Wärme als an der Luft verloren geht. Vor Wärmeverlust schützt z. B. eine möglichst geringe Körperoberfläche, wie dies bei den Robben durch den strömlinienförmigen Körper der Fall ist. Das Verhältnis von Körperform und -größe spielt ebenfalls eine Rolle, denn bei gleicher Form haben größere Körper eine vergleichsweise geringere Oberfläche als kleinere. Daher gibt es keine kleinen Wasserraubtiere, aber viele kleine an Land lebende Raubtiere.

Ein weitere Möglichkeit, den Wärmeverlust zu begrenzen, ist eine isolierende Schutzschicht. Bei den an Land lebenden Säugern stellt die Luftschicht, die sich im Fell bildet, eine hervorragende Isolierung dar. Im Wasser dagegen ist ein Fell weitaus weniger wirksam, weil die Nässe die Luft aus dem Haar drückt. Doch auch hier hat bei den Wasserraubtieren eine Anpassung stattgefunden. Ihr Fell besteht aus Einheiten, die sich aus einem Haarbüschel und einem Paar Fett produzierender Haarbalgdrüsen zusammensetzen. Jedes Haarbüschel besteht aus einem langen, kräftigen Leit- oder Grannenhaar und feineren, kürzeren Pelzfasern. Bei Hundsrobben und Seelöwen sind nur wenige dieser Fasern (bis zu fünf) vorhanden, während sie bei Pelzrobben eine dichte Unterwolle bilden. Die Kombination aus feinen Haaren und dem öligen Sekret aus den Haarbalgdrüsen machen das Fell der Tiere Wasser abweisend.

Das Robbenfell isoliert zwar hervorragend, im Wasser verliert es jedoch erheblich an Effizienz, da sich die eingelagerte Luftschicht pro 10 m Tauchtiefe um die Hälfte verringert. Infolgedessen hat sich bei den Robben eine zusätzliche Isolierung entwickelt: eine dicke Fettschicht unter der Haut, der Blubber. Er schützt die Tiere nicht nur, sondern sie zehren auch von ihm, wenn sie während der Laktationszeit fasten. Fett ist ein schlechter Wärmeleiter, und eine Speckschicht ist an der Luft nur ein halb so guter Isolator wie ein gleich dickes Fell. Im Wasser wird die isolierende Wirkung des Specks sogar auf ein Viertel des Werts an der Luft reduziert; allerdings spielt die Tauchtiefe keine Rolle. Bei Robben verhindert der 7 bis 10 cm dicke Blubber einen Wärmeverlust aus dem Körperinneren. Hundsrobben verfügen über eine dickere Fettschicht als Ohrenrobben.

In kalten Regionen werden die ungeschützten Flossen der Robben durch eine Reduzierung der Durchblutung vor Wärmeverlust bewahrt, ohne sie der Gefahr des Erfrierens auszusetzen. Dafür sorgen spezielle Anastomosen (Verbindungen) zwischen den Arteriolen und den Venolen. Zur Minimierung des Wärmeverlusts verengen sich die arteriovenösen Anastomosen, sodass sich der Blutfluss verringert. Öffnen sie sich, zirkuliert das Blut verstärkt durch das Gefäßsystem der Flossenhaut. So kann bei Bedarf Wärme abgegeben werden.

All die Isolierungsmechanismen, die im Wasser funktionieren, wirken genauso gut an Land, selbst wenn dort die Temperatur der Hautoberfläche durch die Sonneneinstrahlung mitunter höher ist als die Umgebungstemperatur. Fast alle Wasserraubtiere sind an kaltes Landklima mit den damit

verbundenen Temperaturschwankungen genauso gut angepasst wie an kaltes Wasser, sofern dessen Temperatur nicht unter –1,8 °C sinkt.

Für jene Wasserraubtiere, die nicht in kalten, sondern in gemäßigten oder tropischen Regionen leben (insbesondere Ohren- und Mönchsrobben), ist die Hitze an Land ein großes Problem. Deshalb meiden die Mönchsrobben auf den Hawaii-Inseln an sonnigen Tagen den Strand.

Den Pelzrobben macht die Hitze vor allem nach Aktivitätsperioden zu schaffen, weil überschüssige Körperwärme nur über die unbehaarten Flossen abgegeben werden kann. Durch das Öffnen der arteriovenösen Anastomosen wird die Flossenhaut stärker durchblutet, sodass die Wärme über die dunkle Hautoberfläche abstrahlt. Die Tiere unterstützen den Vorgang, indem sie die Flossen ausbreiten, mit Urin befeuchten oder damit wedeln.

Bei den Hundsrobben und dem Walross sind die arteriovenösen Anastomosen über den ganzen Körper verteilt, selbst der Blubber enthält Blutgefäße. So können sie das Wärmeausgleichssystem bei Hitze wie auch bei Kälte bestens nutzen.

Alle Wasserraubtiere erneuern regelmäßig Fell und Oberhaut. Bei Ohrenrobben beginnt der recht lange dauernde Fellwechsel mit der Unterwolle, wobei die Pelzrobben nicht alle Grannen verlieren. Nach kurzer Zeit folgt das Oberhaar, das nicht bei jedem Haarwechsel völlig ausgetauscht wird. Die Oberhaut der Hundsrobben löst sich beim Fellwechsel in großen Fetzen ab, was man gut bei Seeelefanten beobachten kann. Um das Wachstum der neuen Haare zu fördern, wird die Haut stärker durchblutet, was den Wärmeverlust erhöht. Die meisten Robben müssen sich daher während des Fellwechsels an Land aufhalten. Einige Arten, z. B. die Seeelefanten, liegen dann in großen Gruppen dicht gedrängt beieinander, um sich gegenseitig zu wärmen.

Eine kritische Zeit

FORTPFLANZUNGSSTRATEGIEN

Die ausgezeichnet an das Leben im Meer ausgerichteten Anpassungen erweisen sich außerhalb des Wassers manchmal als Gefahrenquellen. Vor allem während der Fortpflanzungzeit, in der die Tiere sich an Land aufhalten müssen, sind viele Wasserraubtierarten stark gefährdet. Um sich und ihre Jungen während deren Geburt und Aufzucht zu schützen, haben sie verschiedene Sicherheitsstrategien entwickelt.

Die Paarungszeit der Wasserraubtiere fällt in das Frühjahr oder den Frühsommer. Nach einer Zeit der intensiven Nahrungsaufnahme sammeln sich die Tiere an ihren Fortpflanzungsplätzen. Beim Walross und bei vielen Hundsrobben liegen diese Plätze auf dem Eis, wobei die Mönchsrobben, die Seeelefanten, der Seehund und die Kegelrobben Ausnahmen bilden. Ohrenrobben dagegen suchen zur Fortpflanzung stets eisfreies Land an Küsten oder auf Inseln auf.

Häufig erscheinen die Männchen früher als die Weibchen an den Paarungsplätzen, um ihre Reviere zu belegen. Trächtige Weibchen, die sich in der vorhergehenden Saison gepaart hatten, kommen kurz vor der Geburt. Diese geht schnell vonstatten, da die Jungen mit ihrem schlanken, torpedoähnlichen Körper entweder mit dem Kopf oder den Hinterflossen voran problemlos aus dem Geburtskanal gleiten. Meist ist es nur ein Junges, zwei Junge sind sehr selten, zumal ihre Aufzucht nie gelingt. Das Neugeborene ist mit Flaumhaaren (Lanugo) bedeckt. Dieses Embryonalhaarkleid ist wolliger und weicher als das Jugendfell und häufig auch anders gefärbt. Bei fast allen Hundsrobben erfolgt der Fellwechsel innerhalb der folgenden zwei bis drei Wochen, wobei die Jungen des Seehunds und der Sattelrobbe den Wechsel bereits im Mutterleib vollziehen. Ohrenrobben tragen ihr Geburtsfell zwei bis drei Monate lang.

Nach der Geburt verstreichen in der Regel ein paar Stunden, bis die Mutter ihr Junges zum ersten Mal säugt. Die Laktationszeit (Säugezeit) dauert bei Arten, die sich während der Paarungszeit

Oben: *Der jährliche Fellwechsel kann bei Südlichen Seeelefanten drei Tage, aber auch mehr als einen Monat dauern. Bei diesen Tieren löst sich die Oberhaut samt der spärlichen Behaarung in großen Fetzen ab. Die zerklüftete Haut erinnert an die im Wasser treibenden Eisschollen der Gewässer, in denen die Tiere weitgehend anzutreffen sind.*

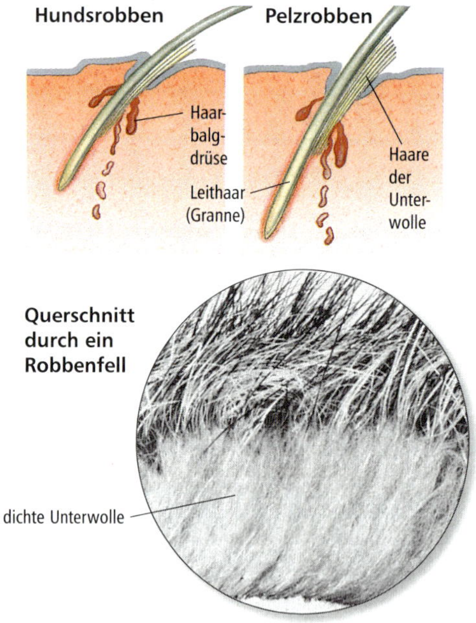

Oben: *Haarbüschel der Hunds- und Pelzrobben. Die Grannenhaare der Hundsrobben sind nur von wenigen der kurzen, feinen Haare der Unterwolle umgeben (oben links), während es bei den Pelzrobben um die 50 Fasern pro Grannenhaar sind (oben rechts). Mit 57000 Fasern pro qcm bilden sie bei den Pelzrobben eine extrem dichte Unterwolle.*

Oben: *Zwischen Oktober und Dezember sammeln sich die Südlichen Seeelefanten an den Fortpflanzungsplätzen am Strand. Im Januar erreicht ihre Aktivität einen Höhepunkt, wenn die Bullen ihren Harem gegen Konkurrenten verteidigen. Der Harem kann mehr als 18 Weibchen umfassen, ist aber oft wesentlich kleiner.*

auf dem Eis aufhalten, nur wenige Tage, wie z. B. bei der Klappmütze. Andere Hundsrobbenarten säugen länger, so etwa Kegelrobben drei Wochen und Ringelrobben sechs Wochen. Manche Hundsrobben-Weibchen nehmen während der Laktationsperiode keine Nahrung zu sich. Gleich im Anschluss daran sind sie paarungsbereit und die Begattung erfolgt innerhalb kurzer Zeit. In der Regel wird das Junge abrupt entwöhnt und daraufhin von der Mutter verlassen. Zwischen den beiden besteht dann nur noch ein sehr loser Kontakt.

Ohrenrobben-Mütter bleiben länger bei ihrem Jungen, allerdings nicht ständig. Bereits eine Woche nach der Geburt paaren sie sich mit dem dominanten Bullen in ihrer Nähe. Immer wieder verlassen sie den Wurfplatz, um Nahrung aufzunehmen, kehren jedoch zwischendurch zum Säugen der Jungen zurück. Nach vier bis sechs Monaten sind die Jungen selbstständig, aber häufig holen sie sich weiterhin Milch bei der Mutter, manchmal bis zur Geburt des nächsten Jungen und gelegentlich noch darüber hinaus.

Bei Ohren- und Hundsrobben entwickelt sich das befruchtete Ei zunächst nur bis zur Blastozyste (einem ballonartigen Zellgebilde). Sie ruht in der Gebärmutter, bis das – in der vorigen Fortpflanzungsperiode gezeugte – Neugeborene entwöhnt ist. Darüber vergehen meistens etwa vier Monate. Dann nistet sich die Blastozyste in die Gebärmutterwand ein. Die Plazenta bildet sich und die weitere Entwicklung des Embryos beginnt. Auf diese Weise können Geburt, Aufzucht und Befruchtung innerhalb einer einzigen Fortpflanzungssaison erfolgen.

Einige Robbenarten halten sich das ganze Jahr über in der Nähe ihrer Fortpflanzungsplätze auf, die meisten wandern jedoch in andere Gebiete, die manchmal tausende Kilometer entfernt liegen. In dieser Zeit nehmen die Tiere so viel Nahrung wie möglich auf, um Fettreserven für die nächste Fortpflanzungssaison zu sammeln.

Ausbeutung und Rettung

ROBBEN UND MENSCHEN

Seit die vorzeitlichen Menschen die Küsten besiedelten, in denen zahlreiche Robben lebten, sind Robben und Menschen eng miteinander verbunden. Für die Jäger und Sammler galten die Tiere stets als ideale Beute. Ihre Größe ermöglichte dem Menschen einen relativ gefahrlosen Fang, der zudem eine lohnende Nahrungsmenge inklusive einiger Zusatznutzen lieferte. Das Fell ergab eine wärmende, wasserdichte Bekleidung. Neben dem Fleisch diente der Blubber nicht nur als Nahrung, sondern konnte auch verbrannt werden und lieferte somit Licht und Wärme.

In Form von Gravierungen auf Knochen und Zähnen hinterließen die Jäger der Steinzeit ausdrucksstarke Zeugnisse über ihr Verhältnis zu den Robben und Walrossen. Diese Tiere sicherten den Ureinwohnern der Arktis, den Inuit, das Überleben, was deren Lebensweise stark prägte. Vom Messer über Harpunen bis hin zu Kajaks hat man Gebrauchsgegenstände für die Jagd und Verwertung der Robben entwickelt. Auch in der Kunst der Inuit spielen die Robben eine große Rolle.

Von British Columbia bis zur Südspitze von Südamerika gingen die Ureinwohner auf die für sie lebenswichtige Robbenjagd. Ein gravierendes Beispiel dafür sind die auf Feuerland wohnenden Kanu-Indianer, die von Pelzrobben lebten. Als europäische Pelztierjäger den Robbenbestand ausgerottet hatten, verhungerten die Indianer.

Die Bejagung durch die Ureinwohner oder die ansässigen Küstenfischer Europas beeinträchtigte die Robbenbestände nur wenig. Die Bedrohung kam aus einer anderen Richtung: Im 15. und 16. Jahrhundert waren z. B. die riesigen Kolonien der Mönchs- und Mähnenrobben in hohem Maß der Bejagung durch die europäischen Entdecker ausgesetzt. Einige Populationen wurden dabei rasch ausgerottet. Andere Wasserraubtiere erforderten ausgefeiltere Jagdmethoden. So blieben z. B. die großen Herden, die Sattelrobben während der Paarungszeit auf dem Eis vor der kanadischen Ostküste bildeten, bis ins 18. Jahrhundert verschont.

Von den auf den Pribilow-Inseln lebenden Nördlichen Seebären wurden zwischen 1786 und 1867 rund 2,5 Millionen Tiere getötet. Aufgrund des Nordpazifischen Pelzrobbenabkommens von 1911 erholte sich der Bestand wieder, wurde dann aber zwischen 1956 und 1962 auf den heutigen Stand reduziert.

In der südlichen Hemisphäre wurde die Jagd auf die Felle der Robben und den Tran der Seeelefanten kombiniert. Die sehr stark dezimierten Bestände beider Tiergruppen haben jedoch heute wieder ihren früheren Umfang erreicht. DML/KMK/WNB

Rechts und unten: *Die Wasserraubtiere spielen im Leben der arktischen Bevölkerung eine zentrale Rolle. Die erste Robbenjagd ist für einen Inuitjungen ein großes Ereignis. Die Inuit nutzen alle Teile der getöteten Tiere, z.B. dienen zusammengenähte Robbenhäute als Bootsabdeckung und aus Walrosszähnen werden kunstvoll verzierte Pfeifen gefertigt.*

Robben auf der Spur

Computerunterstützte Identifikation von Meeressäugetieren

Einen Fernsehfilm kann man nur verstehen und genießen, wenn sich die Personen und Charaktere unterscheiden lassen. Genauso ergeht es jedem Forscher, der Studien über das Sozialverhalten von Tieren anfertigen möchte. Für einen untrainierten Beobachter sehen die Tiere einer Gruppe alle gleich aus, deshalb haben sich manche Biologen mit den Tieren, die sie beobachten wollen, so vertraut gemacht, dass sie in der Lage sind, die Individuen genauso gut wie Menschen voneinander zu unterscheiden. Anhand natürlicher Merkmale wie Körperform, Haltung, Gangart oder auch mithilfe von Details wie Narben oder Fellmuster können diese Forscher beispielsweise jedes einzelne Tier einer Elefantenherde oder eines Rudels Afrikanischer Wildhunde identifizieren.

Nicht jeder Verhaltensforscher kann sich solch ein umfassendes, aufwändiges Detailwissen über sein Studienobjekt aneignen. Für Studienzwecke gibt es deshalb detaillierte Dia- bzw. Fotoserien, die mit den Freilandaufnahmen einzelner Forscher verglichen werden, um herauszufinden, ob ein bereits identifiziertes Individuum darauf abgelichtet ist.

Mit Fotos von Buckel- und Glattwalen des Nord- und Südatlantiks sowie Pottwalen von den Azoren und dem Bereich um die Galapagos-Inseln sind auf diese Weise umfangreiche Kataloge aufgebaut worden. Mit deren Hilfe lassen sich Tausende von Walen identifizieren. Da es äußerst schwierig ist, aus dieser Vielzahl von Aufnahmen per Hand ein bestimmtes Tier zu finden, werden Computer mit entsprechender Software und speziellen Programmen eingesetzt. So kann man nicht nur die Suche beschleunigen und Irrtümer ausschließen, sondern auch sicherstellen, dass das Tier tatsächlich korrekt identifiziert wird, sofern es in der Datei vorkommt. Fehler zu vermeiden ist sehr wichtig, insbesondere wenn man den Bestand, die Fortpflanzungsintervalle oder die Wanderbewegungen einer Population einschätzen will. Für bedrohte Tierarten sind derartige Daten von besonderer Bedeutung. Mithilfe dieser Erkennungsmethode hat man z.B. den Besorgnis erregenden Rückgang der Fortpflanzungsrate des Nordkapers im Nordatlantik festgestellt. Bei derartigen Beobachtungen spielt es eine bedeutende Rolle, dass es sich um gesicherte Erkenntnisse handelt und nicht um falsch zugeordnete oder falsche Bilder.

Um die Suche nach einem bestimmten Individuum zu erleichtern, werden alle Aufnahmen des Katalogs nach verschiedenen, recht detaillierten Gesichtspunkten sortiert, z.B. nach geschlechtsreifen bzw. noch nicht geschlechtsreifen Männchen. Andere wichtige Kriterien sind äußerliche Merkmale wie das Erscheinungsbild der Haut oder des Fells, also z.B. „dunkel", „hell" oder „grobe" bzw. „feine Muster". In schwierigen Fällen fügt man verbale Beschreibungen hinzu, die beispielsweise auf Kerben oder andere Veränderungen an den Flossen aufmerksam machen. Der Körper der Tiere wird in Segmente eingeteilt, die nach vorhandenen oder fehlenden charakteristischen Merkmalen geordnet und verglichen werden können. Das Zuordnen stößt natürlich auch an Grenzen, denn ein Tier sieht – genau wie ein Menschen – auf verschiedenen Fotos nicht immer gleich aus.

Um die Suche zu optimieren, werden neben Gesamtaufnahmen auch möglichst viele Detailaufnahmen digitalisiert und nummerisch registriert, sodass bei einem neuen Bild per Computer ein automatischer Abgleich mit allen vorhandenen Abbildungen erfolgen kann. Eine Form dieser Registrierung ist ein „Bildvektor", der die Grauwerte des gescannten Bildes umfasst. Ein digitalisiertes Bild besteht – genau wie ein Buchstabe – aus zahlreichen Punkten oder Pixeln, von denen jeder einen bestimmten Grauwert besitzt, der z.B. von 0 für Schwarz bis 255 für Weiß reicht. Auf diese Weise lassen sich ganze Objekte (oder das A vom B) und auch kleinste Teile eines Bilds unterscheiden.

Das Problem beim Identifizieren besteht allerdings darin, dass das neu gescannte Bild mit nur einem unter den tausenden vorhandenen Aufnahmen gemeinsame Merkmale besitzen kann. Daher muss das Bild in kleine Abschnitte gegliedert werden, denn es gibt kein System, das fehlerfrei jedes Detail eines Gesamtbilds abgleichen kann. Um übereinstimmende Merkmale zu finden, arbeitet man auch mit Schablonen, die aufzeigen, wo sich Muster gleichen. Außerdem wird ein digitales

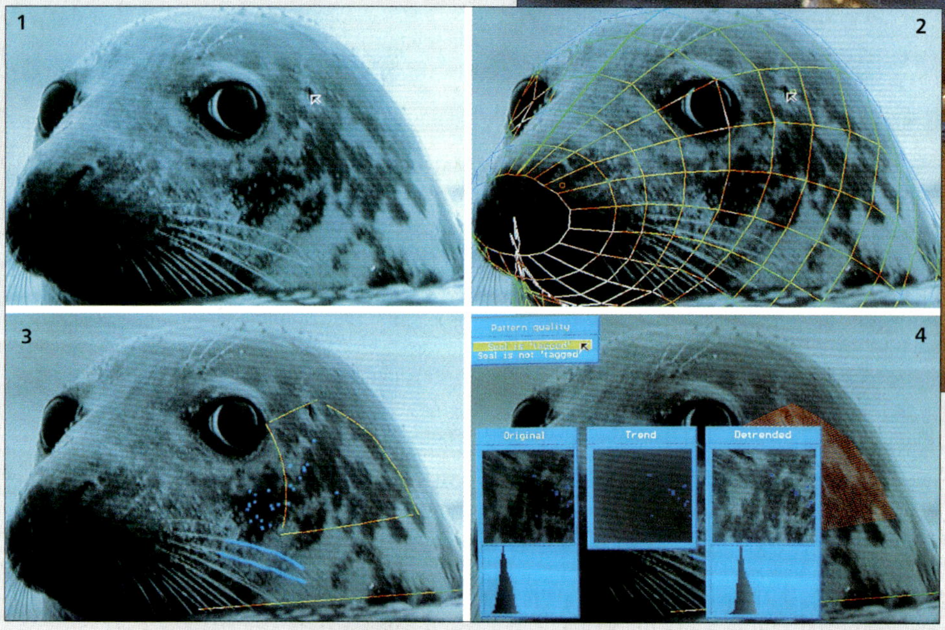

*▲ **Oben:** Die Schritte bei der computerunterstützten Identifizierung von Fotos: **1** Das Porträt der Kegelrobbe wird als Gesamtbild gescannt und auf den Bildschirm des Computers gebracht. **2** Über dieses Bild wird ein dreidimensionales Netzmodell des Robbenkopfes gelegt. **3** Man wählt ein Segment an der Kopfseite, das differenzierte Muster aufweist, und berechnet davon die Grauwerte. **4** Diese Region wird auf dem Bildschirm dargestellt. Die bei der Aufnahme im Freiland durch die Sonne entstandenen Schatten werden korrigiert. Dieses Datenfeld verwendet man letztlich, um die automatische Suche nach dieser Robbe in der Katalogdatei zu starten.*

Oben: *Eine Kegelrobbe schleppt sich an den Strand. Diese Situation nutzen Forscher gern zum Fotografieren, weil die differenzierten Fellmuster an der Kopfseite jetzt ausgezeichnet abzulichten sind.*

3-D-Netz verwendet, das jedes Bild in bestimmte Regionen aufteilt (siehe Foto 2, links), sodass bei der Bildbearbeitung oder beim späteren Abgleich die Regionen nicht verwechselt werden bzw. als Orientierung dienen können.

Bei der Identifizierung eines Individuums ist man auf die möglichst zuverlässige Zuordnung der Regionen angewiesen, weil es unmöglich ist, jedes Tier in der gleichen Position zu fotografieren. Die Netzsegmente müssen auf den unterschiedlichsten Bildern sichtbar werden bzw. sich aus verschiedenen Blickwinkeln im Freiland aufnehmen lassen. In dieser Hinsicht macht es die Kegelrobbe den Fotografen verhältnismäßig leicht: Verlässt ein Tier das Wasser, um an den Strand zu robben, hebt es meistens den Kopf, um prüfend nach links und rechts zu blicken. In diesem Moment lassen sich aussagekräftige Fotos vom Kopf mit all seinen Mustern machen, denn die Robbe präsentiert die Kopfseite vom Ohr bis zum Hals und liefert damit eine Chance für Abbildungen in Fingerabdruck-Qualität. Ideal ist es natürlich, wenn es dem Fotografen gelingt, beide Kopfseiten abzulichten, denn das Fellmuster in diesem Bereich liefert ausgezeichnete Indizien für die Identifizierung der Individuen.

Das 3-D-Modell wird dem neu gescannten Bild „wie eine zweite Haut" angepasst und an Ohren, Augen und Nase ausgerichtet. Sitzt das Netz, werden von einem charakteristischen, möglichst gut differenzierten Segment die Grauwerte berechnet, wobei beim Abtasten sowohl alle Biegungen des Kopfes als auch der Kamerawinkel berücksichtigt werden. Anschließend wird dieses Datenfeld mit allen vergleichbaren (auf die gleiche Weise entstandenen) Detailbildern der Katalogdatei abgeglichen. Manchmal sind die Übereinstimmungen so klar, dass die Identifizierung sehr schnell erfolgt. Jedoch vertraut man nicht nur dem Abgleich mit dem Ähnlichkeitsindex, sondern prüft das Ergebnis auch noch sehr sorgfältig mit den eigenen Augen, sodass das Risiko einer Verwechslung gering ist.

Inzwischen enthält der computerunterstützte Katalog mit Fotos bzw. Dateien von Kegelrobben, der Nordsee-Population rund 4500 Bilder. Auch von den Populationen der Irischen See und der Ostsee existieren schon 1500 Abbildungen. In den Kegelrobben-Index hat man nur Fotos geschlechtsreifer Weibchen und junger Männchen aufgenommen, weil die adulten Männchen zu dunkel gefärbt sind, um über das Fellmuster auseinander gehalten werden zu können.

Dank dieser modernen Identifizierungsmethode gelang es den Wissenschaftlern, Umfang und Wanderungsbewegungen regionaler Populationen realistisch zu schätzen. Die Ergebnisse haben bestätigt, was einige Forscher schon seit längerer Zeit vermuteten: Der Bestand der Ostsee-Population ist aufgrund der früheren intensiven Bejagung und der langjährigen Wasserverschmutzung stark dezimiert und liegt noch unter dem Niveau, das er Anfang des 20. Jahrhunderts hatte. Erfahren hat man auch, dass viele Kegelrobben während der Paarungszeit von der Irischen See an die Küste von Cornwall und auf die Scilly-Inseln wandern. Sogar das Schicksal einzelner Tiere trat zu Tage: An der irischen Küste beobachtete man ein Kegelrobbenweibchen, das unter einer Augentrübung litt. Als es sich zwei Monate später an der Küste von Wales zeigte, war es blind – aber es lebte! LH

KEINE ANGST VOR GROSSEN TIEFEN

Anpassungen, die Meeressäugern das Tieftauchen ermöglichen

Oben: *Unter Wasser drohen Landsäugern viele Gefahren. Ohne Atmungsgerät kann ein Mensch maximal sechs Minuten überleben, während manche Robben bis zu zwei Stunden lang tauchen können.*

WENN SIE EINEN TAUCHKURS BELEGEN, MÜSSEN Sie ein Haftungsausschluss-Formular unterschreiben, auf dem die Risiken beim Tauchen aufgelistet sind. Die möglichen Gesundheitsstörungen können jedoch nicht nur Menschen, sondern auch Landsäuger beim Tauchen erleiden. Dazu zählen: Stickstoffnarkose (Bewusstlosigkeit, kann ab einer Tiefe von 100 m eintreten); Krampfanfälle (hervorgerufen von Störungen des Nervensystems bei Tauchtiefen von 500 bis 1000 m); Sauerstoffvergiftung (verursacht Krämpfe, Sauerstoffmangel und Ohnmacht); Dekompressionskrankheit. Meeressäuger wie Wale oder Robben haben verschiedene Strategien entwickelt, die sie vor solchen Unfällen bewahren.

Viele Säugetiere gehen am oder im Wasser auf Futtersuche, doch nur die Ordnung Cetacea (Waltiere), zu der die Wale und Delfine zählen, und die Ordnung Sirenia (Seekühe) sind vollkommen an das Leben im Wasser angepasst. Die Vertreter der Ordnung Pinnipedia (Wasserraubtiere) verbringen die meiste Zeit ihres Lebens im Wasser und verlassen es nur gelegentlich. An die Verhältnisse unter Wasser sind sie bestens angepasst, doch sie müssen immer wieder an die Oberfläche kommen, um über die Lunge Sauerstoff aufzunehmen. Verschiedene Anpassungen gewährleisten diesen Tieren ein gefahrloses Tauchen.

Bevor eine Robbe taucht, atmet sie intensiv aus, damit sich möglichst wenig Luft in ihren Atemwegen befindet. Nach dem Abtauchen zieht sich die Lunge durch den Wasserdruck zusammen und die Luft wird in die Bronchien gedrückt, um über den Mund oder die Nase auszutreten. Sinn dieses Mechanismus: Wenn das Tier eine Tiefe von 60 m erreicht hat, befindet sich kein freies Gas mehr in seinem Körper. Dies bewirkt nicht nur eine Druckentlastung, sondern verhindert auch die beim Menschen vorkommende Dekompressionskrankheit und den damit verbundenen Schockzustand. Steigt ein Taucher zu schnell auf, bilden sich durch die in seinem Atmungssystem vorhandenen freien Gase sowohl im Blut als auch im Gewebe Gasbläschen, die ihn in diesen höchst lebensgefährlichen Zustand versetzen können.

Nach dem Untertauchen muss im Körper eines Säugetiers genug Sauerstoff vorhanden sein, um

Oben: *Nach ausgedehnten Tauchgängen müssen sich Robben an der Wasseroberfläche erholen und Atem schöpfen. Einige Arten benötigen nach einer Tauchzeit von 45 Minuten durchschnittlich fast eine Stunde Erholungszeit. Seeelefanten können jedoch mit nur wenigen Minuten Unterbrechung mehrere Tauchgänge hintereinander unternehmen.*

Links: *Das Zusammenziehen der Lungen beim Abtauchen erscheint merkwürdig, aber es gewährleistet den risikolosen Aufenthalt in den Tiefen des Meeres. Die Tauchdauer ist nur abhängig vom Sauerstoff, der gefahrlos im übrigen Körper gespeichert und abgegeben werden kann.*

während des gesamten Tauchgangs den Stoffwechsel in Gang zu halten. Daher ist das Kreislaufsystem der Wasserraubtiere darauf ausgerichtet, das Gehirn zu jeder Zeit ausreichend mit Sauerstoff zu versorgen. Gesichert wird dies durch ihr vergrößertes Blutvolumen, wobei eine erhöhte Anzahl an roten Blutkörperchen die Menge des Hämoglobins, das Sauerstoff bindet und durch den Körper transportiert, steigert. Außerdem wird Sauerstoff in den Muskeln gespeichert. Deren roter Muskelfarbstoff sorgt für die Auf- und Abgabe des lebenserhaltenden Gases.

Eine andere ausschlaggebende Anpassung ist die Begrenzung des Sauerstoffbedarfs der Tiere: Während des Tauchgangs wird die Durchblutung der Extremitäten und einiger unkritischer Organe reduziert oder unterbrochen. Dafür ziehen sich die Blutgefäße zusammen. Außerdem verlangsamt sich der Herzschlag. An Land schlägt das Herz der Robben 60- bis 80-mal pro Minute, unter Wasser jedoch verringert sich die Frequenz zeitweise auf nur vier Schläge. Selbst der Herzrhythmus des Fetus passt sich dem der Mutter an, sodass beide zum sparsamen Sauerstoffverbrauch beitragen.

All diese physiologischen Anpassungen ermöglichen den Wasserraubtieren erstaunliche Tauchleistungen. Weibliche Seeelefanten unternehmen z.B. Tauchgänge von 30 bis 40 Minuten, die sie nur für ein bis zwei Minuten unterbrechen, um an der Oberfläche ihre Sauerstoffspeicher aufzufüllen. In den zehn Monaten des Jahres, die Seeelefanten im offenen Meer verbringen, halten sie sich zu 90 % unter Wasser auf. Falls nötig, kann ein Tauchgang bis zu zwei Stunden dauern, sodass die Tiere auch in großen Tiefen Fische fangen können.

Seeelefanten suchen ihre Nahrung in der Regel in Tiefen zwischen 300 und 600 m, aber bei Bedarf tauchen sie mehr als 1500 m tief. Äußerst nützlich ist dabei ihre stattliche Größe, da sich die Kapazität der Sauerstoffspeicher im Verhältnis zur Körpermasse erhöht, während die Stoffwechselrate sinkt. Größere Meeressäuger besitzen also umfangreichere Sauerstoffspeicher, sodass ihnen generell und – sehr wichtig – vor allem beim Tauchen mehr Sauerstoff zur Verfügung steht. Die kleinen Weibchen der Pelzrobben, die nur so viel wie ein mittelgroßer Hund wiegen, können deshalb nur fünf Minuten lang und nicht tiefer als 200 m tauchen.

Trotz der speziellen Anpassungen gibt es für alle Wassersäugetiere unüberschreitbare Grenzen, die wohl überwiegend durch die Sauerstoffmenge, die sie im Körper speichern können, gesetzt werden. Man weiß, dass einige Arten in der Lage sind, beim Tauchen den anaeroben Stoffwechsel zu nutzen. Die physiologischen Begrenzungen bilden hierbei Faktoren wie der Säure-Basen-Haushalt des Blutes und der Muskeln. Dieser wird auf die zunehmende Milchsäurekonzentration (eine Begleiterscheinung des anaeroben Stoffwechsels) eingestellt. Meeressäugetiere scheinen gegen einen hohen Milchsäuregehalt resistenter zu sein als Menschen.

Der anaerobe Stoffwechsel ist 18-mal weniger effizient als der aerobe und erfordert lange Erholungsphasen an der Wasseroberfläche. Vermutlich wird er deshalb nur in Ausnahmesituationen, z.B. bei akuter Gefahr, eingesetzt. Allerdings verschafft diese Möglichkeit den Tieren auch den Zugang zu ausgesprochen reichen Nahrungsquellen, die den Ausgleich für den relativ hohen Energiebedarf, den dieser Stoffwechselprozess verlangt, bringen. ILB

Ohrenrobben

*B*ELLEND WIRFT DER RIESIGE ROBBENBULLE *seinen Kopf zurück, um sich als Herrscher über die 80 Weibchen seines Harems zu präsentieren. Weitere, jeweils von einem erwachsenen Bullen beherrschte Haremsgruppen lagern dicht gedrängt am Strand. Hierbei handelt es sich um Ohrenrobben, bei denen alle Vertreter der 14 Arten gesellige Tiere sind und während der Fortpflanzungszeit in mehr oder weniger großen Gruppen leben.*

Die Familie der Ohrenrobben umfasst die Seelöwen und die Pelzrobben bzw. Seebären. Ein markantes Unterscheidungsmerkmal ist der Gebrauch ihrer Vorderflossen, mit denen die Ohrenrobben im Gegensatz zu den Hundsrobben den Vortrieb im Wasser erzeugen. Die meisten Seelöwen sind größer als die Pelzrobben und haben eine stumpfere Schnauze sowie kürzere Flossen. Am deutlichsten zeigt sich der Unterschied beim Fell: Während die Pelzrobben ein dichtes, wolliges, von einem zottigen Oberhaar bedecktes Unterfell tragen, ist die Unterwolle unter dem glatt anliegenden Oberhaar der Seelöwen nur spärlich ausgebildet. Unabhängig von diesen Unterscheidungsmerkmalen sind die Pelzrobbengattungen *Callorhinus* und *Arctocephalus* nicht so eng miteinander verwandt wie die *Arctocephalus*-Arten mit den Seelöwen. Die Teilung in die Unterfamilien Pelzrobben oder Seebären (Arctocephalinae) und Seelöwen (Otariinae) ist daher eigentlich nicht gerechtfertigt.

Große Männchen, kleine Weibchen

KÖRPERBAU UND KÖRPERFUNKTIONEN

An der Fortbewegung im Wasser sind die Hinterflossen der Ohrenrobben kaum beteiligt, an Land dagegen verleihen sie den Tieren eine erstaunliche Beweglichkeit. Hier legen die auf allen vieren laufenden Pelzrobben an felsigen Stränden ein enormes Tempo vor, wenn sie z. B. einen Rivalen verfolgen. Auf unebenem Gelände rennen sie schneller als ein Mensch.

Im Aussehen und Verhalten bilden die Ohrenrobben eine in sich geschlossenere Gruppe als die Hundsrobben. Alle Ohrenrobbenmännchen sind wesentlich größer als die Weibchen, z. B. wiegen die Männchen des Nördlichen Seebären fünfmal mehr als die Weibchen. Derart massive Unterschiede in Größe und Gewicht findet man unter den Säugetieren nur noch beim Südlichen Seeelefanten, einer Hundsrobbenart, bei der die Männchen viermal schwerer sind als die Weibchen.

Während der Fortpflanzungszeit bilden Ohrenrobben Harems oder Einmanngruppen, d. h., ein adultes Männchen schließt sich mit mehreren geschlechtsreifen Weibchen zusammen. Bei dieser Fortpflanzungsstrategie handelt es sich um ein polygynes oder polygames Paarungssystem, weil sich die Männchen mit mehreren Weibchen paaren, im Gegensatz zu monogamen Lebewesen, die nur mit einem Geschlechtspartner kopulieren.

Unter den Ohrenrobben gibt es nur wenige Nahrungsspezialisten. Bei den meisten Arten ist das Nahrungsspektrum breit gefächert. Während einige Hundsrobbenarten im Süßwasser leben, wie die Baikal-Ringelrobbe und manche Seehundunterarten, sind Ohrenroben ausschließlich in Salzwasser zu finden.

Der früheste Fund in der Evolutionsgeschichte der Ohrenrobben ist 12 bis 13 Millionen Jahre alt und bekam die Bezeichnung *Pithanotaria*. Seine Überreste fand man an verschiedenen Stellen in Kalifornien. *Pithanotaria* war ein schlankes Tier mit einer Körperlänge von 1,5 m, also ungefähr so groß wie der Galapagosseebär, die kleinste Art der heutigen Ohrenrobben. *Pithanotaria* weist die gleiche Bezahnung und die gleiche Knochenmodifikation über der Augenhöhle auf, die für die modernen Ohrenrobben charakteristisch sind.

Vor acht Millionen Jahren lebten im Nordpazifik Ohrenrobben, die größer als *Pithanotaria* waren und bei denen sich der Geschlechtsdimorphismus

FAKTEN

OHRENROBBEN

Ordnung: Pinnipedia (Carnivora)

Familie: Otariidae

14 Arten in 7 Gattungen: Stellerscher Seelöwe *(Eumetopias jubatus)*; Kalifornischer Seelöwe *(Zalophus californianus)*; Mähnenrobbe *(Otaria byronia)*; Australischer Seelöwe *(Neophoca cinerea)*; Neuseelandseelöwe *(Phocarctos hookeri)*; Nördlicher Seebär *(Callorhinus ursinus)*; Südliche Pelzrobben oder Seebären *(Arctocephalus*, 8 Arten).

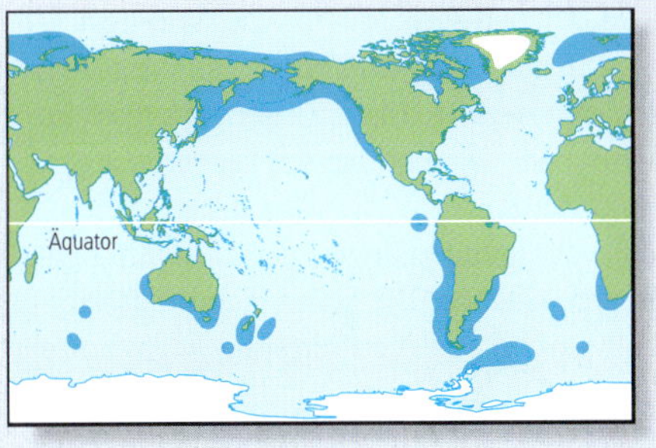

VERBREITUNG N-Pazifikküsten von Japan bis Mexiko; Galapagos-Inseln; W-Küste Südamerikas von N-Peru über Kap Hoorn bis S-Brasilien; S- und SW-Küsten Südafrikas; S-Küste Australiens; Südinsel Neuseelands; ozeanische Inseln der Antarktis.

LEBENSRAUM Meist auf küstennahen Klippen oder an Stränden und auf Inseln; gelegentlich in Flussmündungen und Flüssen.

GRÖSSE Körperlänge von 1,2 m (Galapagosseelöwe) bis 2,8 m (Stellerscher Seelöwe); **Gewicht** von 30 kg (Galapagosseelöwe) bis 566 kg (Stellerscher Seelöwe). Bei allen Arten Männchen größer als Weibchen.

FELL Unterschied zu Hundsrobbenfell durch Unterwolle, die bei Pelzrobben sehr dicht und bei Seelöwen dünner ist.

NAHRUNG Meist Nahrungsgeneralisten, die sich von Fischen, Krill und Wirbellosen wie Langusten ernähren; gelegentlich Warmblüter, vor allem Pinguine; Seelöwen fangen auch manchmal die Jungen der Pelzrobben.

FORTPFLANZUNG Tragzeit 11–12 Monate, einschließlich einer 3- bis 4-monatigen verzögerten Einnistung. Eine Ausnahme bildet der Australische Seelöwe mit 18 Monaten Tragzeit einschließlich einer 5- bis 6-monatigen verzögerten Einnistung. Laktationszeit 4 Monate bis 3 Jahre.

LEBENSERWARTUNG ca. 20 Jahre

Artenübersicht siehe Seite 168 ff. ▷

◐ ***Links:*** *Im Kampf um ein Revier lässt der Neuseelandseebär ein durchdringendes Gebrüll ertönen. Die Konkurrenz auf den überfüllten Fortpflanzungsplätzen ist so groß, dass die Männchen ihr Revier noch nicht einmal zur Nahrungsaufnahme verlassen können. Deshalb müssen sie manchmal mehr als 70 Tage hungern.*

▽ ***Unten:*** *Die Hinterflossen der Ohrenrobben sind nicht so gut an das Schwimmen angepasst wie die der Hundsrobben. Sie werden ähnlich wie die Hinterbeine der landlebenden Säugetiere eingesetzt, sodass die Tiere an Land recht beweglich sind und ihren Körper mit den Flossen abstützen können.*

klar zeigte, d.h., die Männchen waren deutlich größer als die Weibchen. Gäbe es nicht die kleinen Unterschiede bei den Knochen der Gliedmaßen und die vorhandene Doppelwurzel der Backenzähne, könnte man diese Tiere für Seelöwen halten. Der Nördliche Seebär *(Callorhinus ursinus)* spaltete sich vor sechs Millionen von der Hauptstammlinie der Ohrenroben ab. Kurz danach begannen die Ohrenrobben, sich auf der südlichen Hemisphäre zu verbreiten. Es gibt keine Belege dafür, dass irgendeine Ohrenrobbenform den frühen Wasserraubtieren über die Mittelamerikanische Landbrücke in den Nordatlantik folgte.

Vor sechs bis zwei oder drei Millionen Jahren entwickelte sich eine Ohrenrobbe, die den Vertretern der heutigen Gattung *Arctocephalus* in vielerlei Hinsicht gleicht. Im Verlauf der letzten zwei Millionen Jahre erfolgte ein Entwicklungsschub, der sich im Ansteigen der Körpergröße, der Entwicklung einwurzeliger Backenzähne und genetischen Veränderungen zeigte. Die heutigen Seelöwengattungen entstanden vermutlich innerhalb der letzten drei Millionen Jahre.

Die 14 heutigen Ohrenrobbenarten findet man an den Pazifikküsten von Japan bis Mexiko, auf den Galapagos-Inseln, entlang der südamerikanischen Westküste von Nordperu bis rund ums Kap Hoorn und an der Atlantikküste bis nach Südbrasilien, außerdem an der Süd- und Südwestküste von Afrika, der Südküste von Australien, auf der Südinsel von Neuseeland sowie auf den Inselgruppen des Atlantiks im Bereich der Antarktis. Die

Gewässer in den Verbreitungsgebieten der Ohrenrobben sind eher kühl als eiskalt, wobei sich der Nördliche Seebär, der Stellersche Seelöwe und insbesondere der Kerguelenseebär in Meeren mit Temperaturen nahe des Gefrierpunkts aufhalten. Die Fortpflanzungsplätze der Ohrenrobben liegen jedoch niemals auf dem Eis.

Jäger der Meere

NAHRUNG

Ohrenrobben leben in Meeresregionen, in denen aufsteigende Strömungen die Nahrung an die Oberfläche tragen. Die Tiere ernähren sich sowohl von verschiedenen Fischen als auch von Wirbellosen, die sie in der offenen See oder am Meeresboden erbeuten. Auf jeden Fall handelt es sich stets um Nahrung, die in reichlicher Menge vorhanden und leicht zu fangen ist. Den Australischen Seebären hat man zwar schon in einer Tiefe von 120 m angetroffen, im Allgemeinen jedoch suchen Ohrenrobben ihre Nahrung in geringeren Tiefen.

Zur Beute mancher Ohrenrobben zählen auch Warmblüter. Auf der Insel Macquarie ernährt sich der Neuseelandseebär überwiegend von Pinguinen. Auch bei anderen im subarktischen Raum lebenden Pelzrobben gehört dieser Vogel zur Nahrungspalette. Für die Jungen des Nördlichen Seeelefanten ist der Stellersche Seelöwe ein ernst zu nehmender Fressfeind. Noch nicht adulte Seelöwenmännchen scheinen Pelzrobbenweibchen als Ersatz für weibliche Artgenossen zu fangen, um mit ihnen zu kopulieren, während erwachsene Seelöwen die Pelzrobben als Nahrung jagen.

Der Kerguelenseebär ist einer der wenigen Nahrungsspezialisten unter den Ohrenrobben. Diese Art ernährt sich hauptsächlich von Krill, der während der Fortpflanzungszeit die einzige Nahrung der Weibchen bildet.

Über die täglich verzehrte Nahrungsmenge der Ohrenrobben weiß man wenig. Sie ist von Art zu Art verschieden, wobei kleinere Tiere naturgemäß weniger Nahrung benötigen als größere.

Überfüllte Plätze

SOZIALVERHALTEN

Ohrenrobben sind gesellig lebende Tiere. Sie vereinigen sich zu Gruppen, die während der Fortpflanzungszeit riesig sein können. Die Kolonien des Nördlichen Seebären, die man an dessen Fortpflanzungsplätzen auf den Pribilof-Inseln sehen kann, sind die wohl weltweit größten Säugetieransammlungen auf so kleinem Raum. Wie bereits erwähnt gelten Ohrenrobben als polygam. Sie bilden Harems aus mehreren Weibchen, die von einem erwachsenen Männchen beherrscht werden – wie dies auch bei anderen Wasserraubtieren der Fall ist, insbesondere bei den Seeelefanten.

Da ihre Beweglichkeit an Land mehr oder weniger eingeschränkt ist, müssen sich Wasserraubtiere Fortpflanzungsplätze suchen, an denen sie vor landlebenden Feinden geschützt sind, um die Arterhaltung sicherzustellen. Auf diesen raren, meist kleinen Plätzen liegen die Weibchen dicht an dicht. Da die Männchen stark miteinander konkurrieren, lagern sie in größeren Abständen. Die Weibchen drängen sich stets um die stärksten, erfolgreichsten Männchen, während die schwächeren ausgeschlossen werden.

Die Bevorzugung kräftiger, großer Männchen hat mehrere Gründe: Die Männchen brauchen viel Kraft, um ihr Revier zu verteidigen. Außerdem müssen ihre Drohgebärden auf den Konkurrenten und ihr Werbeverhalten den Weibchen gegenüber imposant und dominant wirken. Hinzu kommt, dass die Männchen den Fortpflanzungsplatz nicht zur Nahrungsaufnahme verlassen dürfen, bevor sie sich gepaart haben. Da sie möglichst viele Weibchen begatten, benötigen sie viel Zeit, die sie fastend verbringen müssen und in der sie sich nur auf ihren Energie spendenden Blubber verlassen können. Wie beim Wärmeschutz bringt auch hier die stattliche Körpergröße Vorteile, denn ein großes Tier braucht pro Kilogramm Körpergewicht weniger Energie als ein kleines. Daher zeugen die größeren Bullen mehr Nachwuchs als die kleineren.

Aufgrund dieser evolutionär bestimmten Aktivitäten der Bullen herrscht ein reges Treiben auf den Fortpflanzungsplätzen. Die Bullen patrouillieren an den Grenzen ihres Reviers und behalten ihre Nachbarn ständig im Auge. Auseinandersetzungen mit einem benachbarten Konkurrenten beschränken sich häufig nur auf Imponiergehabe, Drohgebärden oder Drohlaute. Zu erbitterten Kämpfen kommt es jedoch, wenn ein Neuling versucht, ein Revier zu besetzen. Das stabile Fell und die dichte Mähne schützen die Tiere zwar bis zu einem gewissen Grad vor Verletzungen, aber dennoch sterben viele Bullen an ihren schweren Wunden. Bei diese Gefechten wird mitunter auch der Nachwuchs zu Tode getrampelt, allerdings nur wenige der Jungen, die mit den kämpfenden Männchen verwandt sind. Wegen der Belastung, die mit diesen Revierkämpfen und dem langen Fasten (bei Neuseelandseelöwen sind es 70 Tage) verbunden sind, können nur wenige Bullen ihre dominante Stellung länger als zwei bis drei Fortpflanzungsperioden halten.

An den Wurfplätzen ertönen variantenreiche Laute oder Rufe, die der Kommunikation dienen bzw. in bestimmten Situationen eingesetzt werden. Bei den adulten Männchen der Mähnenrobbe unterscheidet man vier Lauttypen: Aggressives Verhalten wie Imponiergehabe, Angriff oder Kampf beim Besetzen oder Verteidigen des Reviers wird von schrillem Jaulen oder Bellen begleitet; im Umgang mit Weibchen ist ein Brummen zu hören und nach einem lebensgefährlichen Kampf wird lautstark geschnauft. Die Weibchen rufen ihr Junges, z.B. nach der Geburt oder nachdem sie von ihm getrennt waren. In Auseinandersetzungen mit anderen Weibchen geben sie Grunzlaute von sich. Die Jungen antworten ihrer Mutter mit Ruflauten

Unten: *Ein Australischer Seelöwe schützt sein Revier vor einem Besitz ergreifenden Nachbarn. Meist genügen Drohgebärden, um den Eindringling zu vertreiben. Es kommt aber auch zu Kämpfen, vor allem wenn ein neuer Bulle ein eigenes Revier erobern will.*

Unten: *Repräsentative Seelöwen und Pelzrobben. Alle Arten weisen Geschlechtsdimorphismus auf: Die Männchen sind größer und dunkler als die Weibchen. Seelöwen besitzen eine breitere Schnauze als Pelzrobben und dünnere Unterwolle:* ***1*** *Kalifornischer Seelöwe* (Zalophus californianus), *Männchen.* ***2*** *Stellerscher Seelöwe* (Eumetopias jubatus), Weibchen. ***3*** *Mähnenrobbe* (Otaria byronia), *Weibchen.* ***4*** *Neuseelandseelöwe* (Phocarctos hookeri), *Männchen. Das dicke Fell der Pelzrobben führt an Land leicht zu Überhitzung:* ***5*** *Südamerikanischer Seebär* (Arctocephalus australis), *Weibchen.* ***6*** *Nördlicher Seebär* (Callorhinus ursinus), *Männchen.*

und artikulieren sich auch, wenn sie Hunger haben oder ihre Mutter suchen. Einige diese Rufe sind im Ton so individuell, dass man die Seelöwen anhand ihrer Stimme unterscheiden kann.

Robben leben in einem Jahreszyklus, der sich am Beispiel des Kerguelenseebären gut zeigen lässt: Während des antarktischen Winters – von Mai bis Oktober – halten sich die adulten Tiere im offenen Meer auf. Über diese Phase weiß man nur wenig. Ende Oktober gehen die fortpflanzungsfähigen Bullen an Land, um an einem Strand Reviere zu besetzen. Solange dort noch viel Platz ist, gibt es nur kleinere Rangeleien zwischen den Männchen. Doch je mehr Bullen landen, umso aggressiver werden die Grenzstreitigkeiten und Revierkämpfe. Die ersten Weibchen kommen zwei bis drei Wochen nach den Männchen. Sie sind trächtig von der Paarung in der vorhergehenden Fortpflanzungssaison. Bis Anfang Dezember sind 50 % der Jungen geboren, 90 % davon innerhalb von drei Wochen. Etwa zwei Tage vor der Geburt suchen die Weibchen den Wurfplatz auf. Ist ihr Junges auf der Welt, bleibt die Mutter sechs Tage lang ständig bei ihm und säugt es regelmäßig. Acht Tage nach der Geburt sind die Weibchen wieder empfängnisbereit. In dieser Zeit verhalten sich die Bullen äußerst aktiv. Sie kämpfen mit den benachbarten Konkurrenten und versuchen so viele Weibchen wie möglich im eigenen Revier zu versammeln. Die Männchen können die Weibchen nicht aktiv anlocken, aber sie tun alles, um die in ihrem Revier vorhandenen Weibchen zu halten. Macht ein Weibchen Anstalten, den Bezirk des Bullen zu verlassen, schneidet ihm dieser den Weg ab. So kommt er mit fast allen paarungsbereiten Weibchen seines Reviers in Kontakt. Sobald er ein empfängnisbereites Weibchen entdeckt hat, erfolgt umgehend die Kopulation. Kurz danach geht das Weibchen auf Nahrungssuche ins Meer.

Im Verlauf der Laktationsperiode, die ungefähr 117 Tage dauert, kehrt das Weibchen immer wieder zum Wurfplatz zurück, um sein Junges zu säugen. Im Durchschnitt pendelt die Mutter etwa 17-mal am Tag zwischen Meer und Land. Während der Abwesenheit der Mütter liegen die Jungen ein ganzes Stück vom Strand entfernt dicht aneinander gedrängt in Gruppen zusammen. Die

Rechts: *Mähnenrobbenkolonie an einem Fortpflanzungsplatz an der peruanischen Küste. Im Revier eines Bullen können sich mehr als 18 Weibchen aufhalten; im Durchschnitt sind es bei dieser Art aber weniger als drei – eine ungewöhnlich geringe Anzahl.*

Unten: *Dieses Weibchen des Kalifornischen Seelöwen – hier auf den Galapagos-Inseln – beschnüffelt sein Junges. Der Geruch ist ein wichtiges Merkmal, an dem die Mütter ihren Nachwuchs auf dem übervollen Wurfplatz erkennen. Das Junge kann gleich nach der Geburt schwimmen und bereits 30 Minuten später laufen.*

Mutter kehrt an den Platz zurück, an dem sie ihr Junges verlassen hat, und ruft es. Das Junge antwortet ebenfalls mit Rufen. Die Lautäußerungen der beiden sind so individuell, dass sie sich erkennen und relativ rasch finden. Zur Sicherheit beschnuppert die Mutter ihr Junges, bevor sie es an einen sicheren Ort, oft auf angeschwemmtes Seegras, führt und dort in aller Ruhe säugt.

Ist es dann Zeit für die Entwöhnung, suchen alle Jungen des Kerguelenseebären gleichzeitig das Meer auf. Dies bedeutet, dass die Mütter bei ihrer Rückkehr den Nachwuchs nicht mehr vorfinden. Die Jungen gehen in Gruppen ins Wasser. Da die Geburten innerhalb mehrerer Wochen erfolgt sind, wiegen die später geborenen aufgrund der kürzeren Säugezeit weniger als jene, die gleich zu Anfang der Saison zur Welt kamen. Dass dieser erste Gang ins Meer gruppenweise stattfindet, dient wahrscheinlich dazu, die Jungen vor ihrem Hauptfressfeind, dem Seeleoparden, zu schützen.

Die abrupte Art der Entwöhnung, wie sie bei Kerguelenseebären erfolgt, ist nicht typisch für Ohrenrobben. Sie kommt nur noch bei Nördlichen Seebären vor, die den Winter ebenfalls nicht an den Fortpflanzungsplätzen verbringen. Die meisten der anderen Ohrenrobben säugen die Jungen bis zur nächsten Geburt, wobei die Mütter zwischen Nahrungsaufnahme im Meer und Säugen an Land abwechseln. Manche Weibchen säugen das neugeborene und das einjährige Junge gemeinsam, mitunter sogar noch das zweijährige, wie man bei den nördlichen Populationen des Stellerschen Seelöwen festgestellt hat. Die Weibchen des Galapagosseebären säugen ihre Jungen zwei bis drei Jahre lang. Man hat beobachtet, dass die Anwesenheit von nicht entwöhnten Ein- oder Zweijährigen die Geburt des nächsten Jungen verzögert. Viele der Neugeborenen sterben in den ersten Lebensmonaten, wenn das noch gesäugte Geschwister einjährig ist, bei einem zweijährigen Geschwister trifft dies in 50 % der Fälle zu.

Die Weibchen des Australischen Seelöwen gebären erst 18 Monate nach der Paarung. Freilandstudien in Südaustralien haben ergeben, dass das befruchtete Ei dreieinhalb bis vier Monate in den Fortpflanzungsorganen des Weibchens ruht. Danach verstärkt sich die Produktion bestimmter Hormone und es erfolgt die Bildung sowie Einnistung der Blastozyste. Die Trächtigkeit dauert dann noch 14 Monate (so eine lange Tragezeit nach der Einnistung wurde bei keinem anderen Wasserraubtier beobachtet).

Rechts: *Auf der Suche nach Nahrung tauchen diese Kalifornischen Seelöwen in eleganten Bewegungen am Meeresboden nahe der mexikanischen Küste. Die Wasserqualität ist für Robben sehr wichtig, da sich Schadstoffe rasch in ihren Fettzellen ablagern.*

Links: *Kurz nach der Geburt trainiert dieses Australische Seelöwenjunge seine Stimme. Jedes Junge verfügt über unverwechselbare Rufe, an denen seine Mutter es erkennt, selbst wenn es auf dem überfüllten Wurfplatz in einer großen Gruppe von Jungen sitzt.*

Unten: *Dieser halbwüchsige Südafrikanische Seebär – hier in Namibia – ernährt sich noch teilweise von Muttermilch. Das Weibchen säugt sein Junges etwa ein Jahr lang. In dieser Zeit lernt das Junge aber auch selbstständig nach seiner Nahrung zu jagen.*

Auf dem Weg zur Erholung?

ARTEN- UND UMWELTSCHUTZ

Die intensive Bejagung der Ohrenrobben im 19. Jahrhundert brachte diese Tiergruppe an den Rand der Aussterbens. Danach besserte sich ihre Situation. Einige bereits als ausgestorben betrachtete Arten wurden wiederentdeckt, z.B. der Guadelupe-Seebär (1954) und Juan-Fernandez-Seebär (1965). Den dramatischsten Weg der Erholung nahm der Kerguelenseebär: von der fast vollkommenen Ausrottung bis zu einer Population, die 700 000 bis 1 Million Exemplare umfasst.

Die längste Ausbeutungsgeschichte weist die Mähnenrobbe auf: Das erste Fell dieser Art wurde im 16. Jahrhundert aus Uruguay exportiert und noch heute stellt man den Tieren auf der Isla de Lobos nach. Die seit 1786 auf den Pribilof-Inseln bejagten und dadurch stark reduzierten Bestände des Nördlichen Seebären erholten sich um die Wende zum 20. Jahrhunderts dank verschiedener Schutzmaßnahmen – vor allem durch das Abkommen zum Erhalt und Schutz von Pelzrobben, das 1911 die pelagische Robbenjagd verbot. Einen herben Rückschlag erlitt die Pribilof-Population, als man zwischen 1952 und 1962 die Jagd auf die Weibchen freigegeben hatte, sodass die Seebären 1988 erneut vom Aussterben bedroht waren. Mitte der 1980er Jahre wurde die Robbenjagd auf den Pribilof-Inseln verboten und lediglich den Einheimischen in begrenztem Umfang erlaubt. Deren Bedarf liegt bei weniger als 2000 Tieren pro Jahr. Die Population hat sich nachhaltig erholt.

In steigendem Maß bedrohen chemische Stoffe den Lebensraum. Viele Studien zeigen die Anreicherung von Schadstoffen im Körper der Ohrenrobben. Im Blut der Stellerschen Seelöwen, die im Golf von Farallon (Mittelkalifornien) leben, hat

KL Männchen etwa 200 cm, Weibchen 140 cm; GT Männchen etwa 140 kg, Weibchen 50 kg.
KÖRPER: Männchen schwärzlich braun mit silbernen Spitzen an den Deckhaaren der Mähne; Weibchen grau- bis dunkelbraun am Rücken und unterseits heller, Brust und Halsunterseite können cremig grau sein; helle Stellen auch im Gesicht. Stirn konvex, lange Schnauze. Große einhöckrige Backenzähne.
NAHRUNG: Fische und Kopffüßer.
FORTPFLANZUNG: Die Würfe erfolgen von Mitte November bis Ende Januar, die meisten von Ende November bis Anfang Dezember. Bei der Geburt sind männliche Junge 6,8 kg schwer und 68 cm lang, weibliche 6,2 kg und 65 cm.

Galapagosseebär Vu

Arctocephalus galapagoensis

Nur auf den Galapagos-Inseln, vor allem Isabela und Ferdinanda im W und Pinta, Marchena, Genovesa und Wolf im N. Die Art bevorzugt felsige, vulkanische Strände mit schattigen Plätzen. Der Bestand umfasst nach Zählungen von 1978 und 1988/1989 etwa 40 000 Tiere, mögliche Dezimierung durch El Niño 1992/1993.
KL Männchen bis 150 cm, Weibchen bis 130 cm; GT Männchen 60–75 kg, Weibchen etwa 30 kg. Kleinste Ohrenrobbe.
KÖRPER: Adulte sind oberseits dunkelbraun, einige mit helleren Schattierungen. Die Schnauze ist hell, bei Männchen kann diese Farbe auch das Gesicht überziehen. Weibchen und Jungtiere mit heller, graubeiger Brust und rötlich beigefarbenem Bauch. Deckhaare in der Mähne des Männchens sind nur wenig länger als die Körperhaare und können grau meliert sein. Junge sind schwärzlich braun, manchmal um Maul und Nase gräulich. Stirn im Profil flach; Schnauze sehr kurz mit einer Spitze. Backenzähne klein und einhöckrig.
NAHRUNG: Fische der Familien Myctophidae und Bathylagidae; kleine Kopffüßer.
FORTPFLANZUNG: Weibchen mit 3–4 Jahren geschlechtsreif, Männchen mit 7–10. Würfe von Mitte August bis Mitte November, die meisten von Ende November bis Anfang Oktober. Junge wiegen bei der Geburt 3–4,5 kg und werden mit 1–3 Jahren entwöhnt. Die Paarung findet etwa 1 Woche nach dem Wurf statt. Die Wurfplätze werden durch bevorzugte hohe Temperaturen bestimmt: Weibchen suchen schattige Plätze oder Höhlen in den Lavafelsen, während Männchen darauf achten, dass ihr Revier Zugang zum Meer hat, damit sie sich im Wasser rasch abkühlen können, wenn sie überhitzen.

Südamerikanischer Seebär

Arctocephalus australis

2 Unterarten leben in den Küstengewässern Südamerikas: *A. a. gracilis* (Falklandseebär) in Kolonien von der Isla Lobos de Tierra, Peru, südlich bis Rocas Abtao, Chile; von der Isla Chiloë, Chile, bis zur Isla de los Estados, Argentinien; von der Isla de Lobos, Urugay, nördlich bis Recife de Tôrres, Brasilien; vereinzelt an der Pazifikküste Kolumbiens und auf den Juan-Fernández-Inseln. *A. a. australis* (Südamerikanischer Festlandseebär) lebt in Gewässern um die Falkland-Inseln. 1993 schätzte man die Festland-Population auf 307 000, die Falkland-Population auf 15 000–16 000 Tiere.
KL Männchen 200 cm, Weibchen 150 cm; GT Männchen160 kg, Weibchen 60 kg.
KÖRPER: Adulte Männchen sind grauschwarz, adulte Weibchen und juvenile Tiere oberseits dunkelbraun bis gräulich schwarz, unterseits heller. Hellere Partien an der Halsunterseite, manchmal auch an der Schnauze und um die Ohren. Schnauze länglich und oben abgeflacht, deutliche Stirn und lange Ohrmuscheln. Junge sind bei der Geburt dunkel, können hellere Stellen an Gesicht und Bauch haben. Die Backenzähne sind mittelgroß und meist dreihöckrig, obwohl einigen Tieren der seitliche Höcker fehlt.
NAHRUNG: Kopffüßer, Fische (Sardellen, Stöcker), Krustentiere (Langusten, Krill), Muscheln und Meeresschnecken.
FORTPFLANZUNG: Weibchen mit 3, Männchen mit 7 Jahren geschlechtsreif. Würfe, je nach Ort, von Mitte Oktober bis Dezember; Paarung etwa 1 Woche nach dem Wurf. Neugeborene wiegen 3,5–7 kg; männliche Junge sind 60–65 cm lang, weibliche 57–60 cm. Laktation, je nach Ort, 8–24 Monate. Die Weibchen bleiben meist ganzjährig in der Nähe der Wurfplätze; über die saisonalen Wanderungen der Männchen und Jungtiere weiß man wenig.

Südafrikanischer Seebär

Arctocephalus pusillus

„Zwergseebär“

2 Unterarten: *A. p. pusillus* (Eigentlicher Südafrikanischer Seebär) lebt entlang der Küsten Südafrikas und Namibias vom Kreuzkap südlich bis zur Kap-Halbinsel und östlich bis Algoa Bay und Black Rocks, Kapprovinz; *A. p. doriferus* (Australischer Seebär) in Küstengewässern SO-Australiens, mit Fortpflanzungsplätzen von Victoria bis Pedra Blanca (Tasmanien) und New South Wales. *A. p. pusillus* vereinzelt bis zur Baia do Quicombo, Angola und südöstlich bis Marion Island, einzelne Tiere von *A. p. doriferus* bei Port Stephens, New South Wales. Anfang der 1990er Jahren schätzte man den Bestand des Südafrikanischen Seebären auf 2 Mio. Tiere, die australische Population auf 30 000 bis 50 000 Tiere.
KL *A. p. pusillus:* Männchen 200–230 cm, Weibchen 120–160 cm;
A. p. doriferus: Männchen 200–225 cm, Weibchen 125–170 cm;
GT *A. p. pusillus:* Männchen 200–360 kg, Weibchen 40–80 kg; *A. p. doriferus:* Männchen 220–360 kg, Weibchen 36–110 kg.
KÖRPER: Männchen dunkelgrau oder braun am Rücken, heller am Bauch; die Mähne wird mit dem Alter heller. Weibchen bräunlich grau am Rücken, hellbraun am Bauch. Heller an Schnauze, Unterkiefer und im Gesicht. Neugeborene sind schwarz und werden gräulich beige mit hellem Hals. Die Stirn ist konvex, die Schnauze lang und breit. Die kräftigen Backenzähne sind dreihöckrig, mit deutlichem Vorder- und Hinterhöcker. Die Zähne und der Schädel ähneln denen des Australischen Seelöwen. In vieler Hinsicht, z. B. in der Größe, steht *A. pusillus* den Seelöwen näher als den Pelzrobben.
NAHRUNG: Fische des offenen Meeres wie Stöcker, Sardine, Seehecht; auch Kalmare und Tintenfische. Fängt auch am Meeresgrund Kraken.
FORTPFLANZUNG: Weibchen mit 3–6, Männchen mit 4–5 Jahren geschlechtsreif; Paarung erst mit 9–12 Jahren. Würfe von Ende Oktober bis Anfang Januar, die meisten in der ersten Dezemberwoche; leichte Abweichungen zwischen den Kolonien. Junge von *A. p. pusillus* sind bei der Geburt 60–80 cm lang und 5–6 kg schwer. Bei *A. p. doriferus* sind männliche Junge bei der Geburt 64–81 cm lang und 5–12 kg schwer, weibliche 62–79 cm und 4,5–10 kg. Die Laktation dauert 12 Monate oder länger, einige Junge werden ein zweites und vermutlich ein drittes Jahr gesäugt. Die Paarung findet 6 Tage nach dem Wurf statt. Keine der Unterarten wandert, doch ziehen sie in ihrem Bereich umher.

Neuseelandseebär

Arctocephalus forsteri

2 Populationen: eine an der S-Küste von Australien, die andere in den Gewässern um Neuseeland. Die australische Population findet man in Kolonien von Eclipse Island, W-Australien, östlich bis Maatsuyker Island, vor der S-Küste Tasmaniens. Die neuseeländische Population lebt in Kolonien am Cape Palliser, vor der Nordinsel, entlang der W-Küste der Südinsel und auf den Inseln Stewart, Solander, Snares, Auckland, Campbell, Antipodes, Bounty und Chatham. Verteilt sich nördlich an beiden Küsten der Nordinsel, im N bis zu Three King Islands, im S bis Macquarie Island. Wurde weit von Australien auf Neu-Kaledonien vor der O-Küste Australiens gefunden. 1989/1990 schätzte man die Art auf 27 200 Exemplare. Die neuseeländische Population soll 30 000–50 000 Tiere umfassen. Beide Populationen nehmen vermutlich zu.
KL Männchen 145–250 cm, Weibchen 125–150 cm; GT Männchen 120–185 kg, Weibchen 25–50 kg.
KÖRPER: Adulte Männchen sind oberseits dunkel bräunlich grau und heller auf der Unterseite; helle Schnauze. Weibchen meist heller von Halsunterseite bis zur Brust. Junge schwärzlich mit heller Schnauze; mit 2–3 Monaten erfolgt der Fellwechsel zum Erwachsenenfell. Die Stirn ist leicht konvex, die Schnauze relativ lang, die Nase knollig und spitz. Die Backenzähne sind klein.
NAHRUNG: Barrakudas, Tintenfische, Kalmare und kleine Fische. Vögel, auch Pinguine, werden gelegentlich gefressen.
FORTPFLANZUNG: Weibchen mit 4–6 Jahren geschlechtsreif. Männchen verteidigen ihr Revier ab 10–12 Jahren, obwohl sie einige Jahre früher geschlechtsreif sind. Würfe von Mitte November bis Januar, die meisten von Ende November bis Mitte Dezember. Die Paarung erfolgt 9 Tage nach dem Wurf. Die Jungen sind bei der Geburt 40–45 cm lang, männliche Junge wiegen im Schnitt 3,9 kg, weibliche 3,3 kg. Laktationsdauer 10–11 Monate. Einige Männchen bleiben im Winter in der Kolonie.

Subantarktischer Seebär

Arctocephalus tropicalis

Lebt auf Inseln nördlich der Antarktischen Konvergenz: Tristan da Cunha, Gough, Amsterdam, Paul, Prinz-Edward, Crozet, Heard und Macquarie. Einzelne Tiere wurden an so verschiedenen Orten gesichtet wie South Georgia Island, Brasilien, W- und SO-Küste von Südafrika, Madagaskar, Komoren, S-Australien, Neuseeland und Juan-Fernández-Inseln. Den gesamten Bestand schätzte man 1987–1990 auf wenigstens 310 000 Tiere.
KL Männchen 180 cm, Weibchen 145 cm; GT Männchen 165 kg, Weibchen 55 kg.
KÖRPER: Einzige Pelzrobbe mit deutlichem Farbschema; braun bis dunkelgrau mit gelber Brust und Kehle; Bauch dunkel. Helles oder gelbes Gesicht bis hinter die Ohren. Männchen meist dunkler als Weibchen. Adulte Männchen haben auf dem Kopf einen auffälligen Kamm aus längeren Deckhaaren und eine dicke Mähne. Die Stirn ist nur leicht konvex, die Schnauze kurz und schmal. Die kleinen Ohrmuscheln stehen nicht besonders stark vor. Die Backenzähne sind klein und einhöckrig.

ABKÜRZUNGEN KL = Körperlänge GT = Gewicht

Ex ausgestorben
EW in freier Natur ausgestorben
Cr vom Aussterben bedroht
En stark gefährdet
Vu gefährdet
LR geringes Risiko

NAHRUNG: Fische, Kopffüßer und Krustentiere, manchmal auch Pinguine.
FORTPFLANZUNG: Die Weibchen sind mit 4–6, die Männchen mit 4–8 Jahren geschlechtsreif (Letztere paaren sich erst mit 8 Jahren). Würfe von November bis Januar, die meisten im Dezember. Die Jungen sind bei der Geburt 65 cm lang und 5 kg schwer. Die Laktation dauert rund 9–10 Monate. Die Paarung erfolgt eine Woche nach dem Wurf. Der Großteil der Population verbringt den Winter und Frühling im Meer. Die Weibchen mit Jungen bleiben in Küstennähe und an Land.
LEBENSERWARTUNG: Männchen 18 Jahre, Weibchen 23.

SEELÖWEN

5 Arten in 5 Gattungen

Stellerscher Seelöwe En
Eumetopias jubatus

Lebt im Nordpazifik von der Beringstraße südlich bis Hokkaido und zu den Channel Islands vor Südkalifornien. Bedeutende Kolonien gibt es auf den Kurilen, in Kamtschatka, auf den Inseln im Ochotskischen Meer, den Aleuten und an der Küste Alaskas und Kanadas. Einige Tiere paaren sich auf San Miguel, Kalifornien. Einzelgänger findet man auf Herschel Island in der Beaufortsee und bis Jiangsu, China. Der weltweite Bestand wurde 1989 auf 110 000 Tiere beziffert, das ist ein Drittel des in den 1960er Jahren geschätzten Bestands, der vor allem im Golf von Alaska, auf den Aleuten und vor der russischen Küste Besorgnis erregend abnimmt.
KL Männchen 282 cm, Weibchen 228 cm; GT Männchen 566 kg, Weibchen 263 kg; größte Ohrenrobbe.
KÖRPER: Beide Geschlechter hell- bis rötlich braun, etwas dunkler an Brust und Bauch. Adulte Männchen tragen eine Mähne (nicht so auffällig wie die der Mähnenrobbe). Kopf und Schnauze sind groß, das Männchen hat eine deutliche Stirn. Junge sind dunkel- bis schwarzbraun gefärbt, der Fellwechsel zu hellerem Pelz erfolgt etwa mit 6 Monaten.
NAHRUNG: Vielerlei Fische (z. B. Alaska-Seelachs, Hering, Rotbarsch), Kopffüßer (Tintenfische und Kalmare), zweischalige Muscheln, Garnelen und Krebse. Junge Männchen fressen die Jungen des Nördlichen Seebären.
FORTPFLANZUNG: Weibchen sind mit 3–6, Männchen mit 3–7 Jahren geschlechtsreif, sie erreichen die soziale Reife aber erst mit etwa 10 Jahren. Die Weibchen kommen von Mitte Mai bis Juni an die Fortpflanzungsplätze und werfen etwa 3 Wochen nach der Ankunft. Die meisten Jungen kommen Ende Juni zur Welt. Sie sind bei der Geburt etwa 100 cm lang und 16–23 kg schwer. Die Laktation dauert, je nach Ort und Population,12–36 Monate. Einige Weibchen säugen gleichzeitig ein Neugeborenes und ein einjähriges (selten auch noch ein zweijähriges Junges). Diese Art schließt sich meist zu Gruppen von 2–12 Tieren zusammen. Einzelne Tiere, vor allem Männchen, ziehen nach der Paarungszeit weit umher. Die Männchen wandern nach N, um Nahrung aufzunehmen, und kehren erst im darauf folgenden Frühjahr zu den Kolonien zurück.

Kalifornischer Seelöwe
Zalophus californianus

3 Unterarten sind bekannt: *Z. c. californianus* (Eigentlicher Kalifornischer Seelöwe), mit 2 Populationen, an der pazifischen Küste und am Golf von Kalifornien. Die pazifische Population reicht von Solander Island, Kanada, und der Strait of Georgia, südlich bis Niederkalifornien, mit 2 Inseln vor der Küste, Islote Zapato und Rocas Alijos. Die Population im Golf von Kalifornien lebt im ganzen Golf von Roca Consaf südlich bis Los Islotes. *Z. c. wollebaeki* (Galapagosseelöwe) lebt auf den Galapagos-Inseln; eine kleine Kolonie gibt es vor der Küste von Ecuador. *Z. c. japonicus* (Japanischer Seelöwe) ist vermutlich ausgestorben. Er kam im Ostchinesischen Meer und in den Küstengewässern Japans vor. Die Population von *Z. c. californianus* wurde 1999 auf 204 000–214 000 Tiere geschätzt, die von *Z. c. wollebaeki* 1979 auf rund 30 000 Tiere.
KL Männchen 240 cm, Weibchen 180 cm; GT Männchen 275 kg, Weibchen 91 kg.
KÖRPER: Männchen meist dunkel kastanienbraun; manche Männchen weisen an Kopf und Schnauze, Flanken, Hinterteil und Bauch hellere Fellbereiche auf; Weibchen und Jungtiere sind hellbraun. Die Mähne der Männchen ist weniger ausgeprägt als beim Stellerschen Seelöwen oder bei der Mähnenrobbe. Durch den Scheitelkamm besitzt das Männchen eine hohe, kuppelförmige Stirn.
NAHRUNG: Fische (Anchovis, Pazifischer Seehecht, *Trachurus symmetricus*, Rotbarsch) und Kalmare.
FORTPFLANZUNG: Weibchen sind mit 4–5 Jahren geschlechtsreif, bei Männchen ist der Zeitpunkt unbekannt. *Z. c. californianus* wirft von Mai bis Juli, *Z. c. wollebaeki* von Mai bis Januar. Die Jungen sind bei der Geburt etwa 75 cm lang und 7–9 kg schwer. Die Laktation dauert 6–12 Monate. Gelegentlich säugen die Weibchen neben dem Neugeborenen auch noch ihr einjähriges Junges. *Z. c. californianus* zieht im August und September von den Kolonien nach Norden und kehrt zwischen März und Mai zurück. Über die Wanderungen der Weibchen weiß man kaum etwas; vermutlich bleiben sie ganzjährig in der Nähe der Fortpflanzungsplätze. *Z. c. wollebaeki* bleibt wahrscheinlich das ganze Jahr über in den Gewässern um die Galapagos-Inseln.

Mähnenrobbe
Otaria byronia (O. flavescens)

Lebt an der Küste Südamerikas, mit Kolonien von Zorritos, Peru, südlich bis Feuerland und der Isla de los Estados, Argentinien, und nördlich bis Recife des Tôrres, Brasilien; vereinzelt auch in Bahia, Brasilien, am Atlantik sowie in Kolumbien, Panama und auf den Galapagos-Inseln. Mähnenrobben fand man in Flussmündungen und Süßwassersystemen. Die Bestandsschätzungen der 1950er und 1960er Jahre lagen bei 273 500 Tieren. Schätzungen aus den verschiedenen Gebieten von 1973 und 1982 ergeben zusammen 155 000 Tiere; vermutlich umfassen sie aber nicht den gesamten Bestand.
KL Männchen 260 cm, Weibchen 200 cm; GT Männchen etwa 300 kg, Weibchen etwa 150 kg.
KÖRPER: Männchen dunkelbraun bis bräunlich orange, mit dem Alter nachdunkelnd; Mähne und Unterseite heller, Gesicht dunkler. Weibchen und Jungtiere gelb bis bräunlich orange; das Fell kann gemustert sein. Spitze der stumpfen Schnauze nach oben gerichtet, Ohren klein und eng anliegend. Die Jungen sind oberseits schwarz und unterseits gräulich orange; mit etwa 4 Wochen erfolgt der Fellwechsel zum dunkelbraunen Fell.
NAHRUNG: Fische (Rotbarsch, Argentinischer Seehecht, Hering), Kopffüßer und Krustentiere; auch Pinguine und Enten.
FORTPFLANZUNG: Weibchen sind mit 4, Männchen mit 5–6 Jahren geschlechtsreif. Würfe, je nach Ort verschieden, von September bis März, Hauptzeit im Januar. Männliche Junge sind bei der Geburt 79–85 cm lang und 13–15 kg schwer, weibliche sind 73–82 cm lang und wiegen 10–14 kg. Laktation 6–12 Monate; selten säugt ein Weibchen ein Neugeborenes und ein einjähriges Junges gleichzeitig.

Australischer Seelöwe
Neophoca cinerea

Lebt in den Küstengewässern von W- und S-Australien, auch in Inselkolonien von Houtman Abrolhos (Western Australia), im S und O bis zu den Pages-Inseln, S-Australien. Vereinzelt im N bis zur Shark Bay, W-Australien. Früher schätzte man den Bestand auf 3000–5000 Tiere, neue Schätzungen gehen von 10 000–12 000 aus.
KL Männchen 200–250 cm, Weibchen 130–180 cm; GT Männchen 250–300 kg, Weibchen 70–110 kg.
KÖRPER: Adulte Weibchen oberseits silbergrau, unterseits cremegelb bis bräunlich; adulte Männchen schwarzbraun, mit einer Mähne aus langen rauen Haaren bis über die Schultern. Junge vollziehen den Fellwechsel zum Jugendfell, das dem der adulten Weibchen ähnelt, mit 2 Monaten.
NAHRUNG: Kopffüßer; Fische, darunter Lachs, Weißling und Haie; auch Pinguine.
FORTPFLANZUNG: Weibchen mit 4–6, Männchen mit 6 oder mehr Jahren geschlechtsreif. Je nach Region verschiedene Wurfzeiten. Neugeborene sind 62–68 cm lang und wiegen 6,4–7,9 kg. Weibchen bevorzugen für die Geburt Sandstrände und glatte Felsen; manchmal ziehen sie auch ins Landesinnere. Die Paarung erfolgt etwa 10 Tage nach dem Wurf. Die Laktation dauert oft an, bis das nächste Junge geboren wird, dabei säugen Weibchen Junge, die schon drei Viertel ihrer eigenen Länge erreicht haben. Adulte bilden relativ kleine Kolonien von etwa 200 Tieren. Vermutlich keine Wanderung.

Neuseelandseelöwe Vu
Phocarctos hookeri

Lebt in den Küstengewässern Neuseelands und der nahe gelegenen subarktischen Inseln. Hauptkolonien gibt es auf Enderby, Dundas und Figure-of-Eight (zu den Auckland-Inseln gehörend); kleine Kolonien leben auf Snares und Campbell. Einzelne Tiere sieht man auf den Inseln Macquarie und Stewart und auf der Otago-Halbinsel der neuseeländischen Südinsel. Die ältere Bestandsschätzung von etwa 5000 Tieren wurde 1992 auf 10 000–15 000 erhöht.
KL Männchen 250–350 cm, Weibchen 200 cm; GT Männchen 300–450 kg, Weibchen 160 kg.
KÖRPER: Adulte Männchen am ganzen Körper schwarzbraun, mit gut entwickelter dunkler Mähne; adulte Weibchen und Männchen sowie Weibchen, die noch nicht geschlechtsreif sind, haben einen silbergrauen Rücken, am Bauch, über den Ohren bis zu den Augen und an den Seiten der Schnauze sind sie blassgelb oder cremeweiß. Junge sind dunkelbraun mit cremefarbener Zeichnung oben am Kopf, nach vorn bis zur Nase und nach hinten bis zum Nacken. Die Jungen wechseln mit etwa 2 Monaten das Fell.
NAHRUNG: Tintenfische, Kalmare, kleine Fische, Garnelen, Langusten und Krebse, gelegentlich auch Pinguine.
FORTPFLANZUNG: Weibchen mit 3–4, Männchen mit 5 Jahren geschlechtsreif. Die Weibchen werfen von Anfang Dezember bis Anfang Januar auf offenen Sandstränden. Bullen kommen Ende Oktober oder Anfang November, Weibchen von Ende November bis Dezember an die Strände. Der Geschlechtsdimorphismus wird schon bei den Jungen sehr deutlich. Männliche Junge wiegen im Schnitt 7,9 kg, weibliche 7,2 kg. Bereits mit 20 Tagen sind männliche Junge bis zu 3 kg schwerer als weibliche. Die Paarung erfolgt 7 bis 10 Tage nach dem Wurf. Die Laktation dauert fast ein Jahr; man sieht manchmal Weibchen, die Junge säugen, die älter als ein Jahr zu sein scheinen. Neuseelandseelöwen wandern wohl nicht, doch verteilen sie sich außerhalb der Paarungszeit weit in ihrem Verbreitungsgebiet. DML/JH

SPECIAL FEATURE

Das Vorrecht der Paarung

Fortpflanzungsstrategien des Kalifornischen Seelöwen

Gleichmässig aufsteigende Luftblasen in einem Küstengewässer können signalisieren: An dieser Stelle patrouilliert ein Kalifornischer Seelöwe entlang seiner Reviergrenzen und bellt einen Eindringling warnend an, denn die Fortpflanzungsplätze dieser Art liegen meist im Wasser.

Den Kalifornischen Seelöwen findet man im östlichen Nordpazifik von British Columbia bis Baja California. Eine Population lebt auf den Galapagos-Inseln nahe des Äquators. Die Männchen sind wesentlich größer als die Weibchen und besetzen während der Fortpflanzungszeit von Mai bis August Reviere an felsigen Stränden. Jedes Männchen versucht sich mit so vielen Weibchen wie nur möglich zu paaren. Ein erfolgreicher Bulle muss seinen Strandabschnitt gegen alle anderen Bullen verteidigen, um die größtmögliche Anzahl von Kopulationen zu erreichen. Die Grenzstreitigkeiten zwischen den Konkurrenten beschränken sich jedoch auf Aggressionsrituale. Dazu gehören wiederholtes Kopfwippen, lautstarkes Bellen, Anstarren und Attacken mit dem Oberkörper in Richtung Gegner, wobei es jeder auf die Vorderflossen des anderen abgesehen hat.

Aufgrund dieser ritualisierten Kämpfe und ihrer Körpergröße können sich die Seelöwenbullen über einen längeren Zeitraum ohne Nahrungsaufnahme in ihrem Revier aufhalten. Einerseits verbrauchen die Drohgebärden kaum Energie. Auf der anderen Seite zehren die stattlichen Tiere von ihrem dicken Blubber. Diese Fettschicht reicht recht lange aus, weil große Tiere weniger Energie benötigen als kleinere. Sie bildet für die Bullen die einzige Nährstoffversorgung während der Fortpflanzungszeit und wirkt im kalten Wasser außerdem wärmeisolierend. So kann der Bulle dank seines Blubbers wiederum Energie sparen.

Ausschlaggebend für den Fortpflanzungserfolg ist auch der Zeitpunkt der Revierbesetzung. Ideal für Seelöwen ist es, wenn bereits viele paarungsbereite Weibchen anwesend sind. An den Fortpflanzungsplätzen des Kalifornischen Seelöwen kommen im Schnitt auf einen Bullen 16 Weibchen, und auf ein Junges zwei Weibchen.

Während sich die Weibchen des Nördlichen Seebären schon fünf Tage nach der Geburt paaren, dauert es bei den Weibchen des Kalifornischen Seelöwen 21 Tage, bis sie empfängnisbereit sind. Da die Männchen dieser Art jedoch nur etwa 27 Tage ihr Revier verteidigen können, kommen sie erst, wenn ein Teil der Jungen geboren ist. Diesen Zeit-

Oben: *Zwei Männchen treffen sich unter Wasser an der Grenze ihrer benachbarten Reviere. Bei einer derartigen Konfrontation kommt es nur selten zum Kampf. Meist bleibt es bei Drohgebärden.*

Oben links: *Den Revierinhaber umringende See löwenweibchen in Monterey (Kalifornien). Die Männchen halten ihr Revier nur etwa 27 Tage lang. In der Zeit paaren sie sich mit möglichst vielen Weibchen.*

Links: *Indirekte Aggression der Männchen des Kalifornischen Seelöwen. Nachdem die Bullen ein Revier besetzt haben, verteidigen sie mit ritualisierten Gebärden dessen Grenzen. Dieses Drohverhalten ersetzt den aktiven Kampf, sodass die Tiere Energie sparen. Eine typische Drohung ist:* ***1*** *Kopfwippen und Bellen, wenn sich der Konkurrent der Grenze nähert, gefolgt von* ***2*** *einem Ausfall des Oberkörpers dem Gegner entgegen und* ***3*** *weiterem Kopfwippen und Bellen. Beide Bullen versuchen die Vorderflossen möglichst weit vom Maul des anderen fern zu halten, um Bissen zu entgehen. Die dicke Haut am Hals verringert die Verletzungsgefahr.*

Rechts: *Neugeborenes Robbenjunges. Wenn es auf dem Wurfplatz zu einem der seltenen ernsthaften Auseinandersetzungen zwischen zwei rivalisierenden Bullen kommt, geraten die Jungen häufig in Gefahr zertrampelt zu werden. Nicht wenige Jungtiere bezahlen die Kämpfe der Bullen mit ihrem Leben.*

punkt müssen sie sehr gut abpassen, denn die freien Reviere werden immer rarer, je weiter die Wurfperiode fortschreitet. Andere Ohrenrobben treffen vor den Weibchen auf den Plätzen ein.

Das Wetter beeinflusst ebenfalls die Fortpflanzungsstrategie dieser Seelöwen. Die neugeborenen Jungen, deren Körper den Wärmeausgleich noch nicht vollkommen schaffen, gedeihen bei 30 °C

bestens. Die Bullen leiden jedoch unter solch einer hohen Temperatur, weil alle Seelöwenarten an Land erhebliche Probleme mit der Regulierung ihrer Körpertemperatur haben. Abhilfe bringt nur die Kühlung im Meer. Weil die Bullen ihr Revier aber nicht unbewacht lassen dürfen, befindet sich ein Teil des Seelöwenreviers im Wasser. Gelingt es also einem Bullen nicht, eine geeignete Wasserregion zu okkupieren, kann er bei heißem Wetter sein Revier nicht wirksam verteidigen und er verliert es mitunter an den benachbarten Konkurrenten, der nur darauf lauert, neues Land zu erobern.

Manchmal liegt der größte Teil des Fortpflanzungsplatzes im Wasser an einem felsigen Küstenstreifen, sodass die Weibchen auf engstem Raum und sogar auf verhältnismäßig kleinen Steinen ihre Jungen zur Welt bringen müssen.

Bei einem der begehrten „Wasserreviere" patrouilliert der Bulle unter Wasser – bellend – an dessen Grenzen. Dann kann man die Luftblasen aufsteigen sehen. Damit verbraucht er unter Umständen mehr Energie als bei einem Revier, das sich weitgehend an Land befindet. Auf jeden Fall nutzen alle Seelöwenmännchen selbst den kleinsten Vorteil, um in einer Saison die größtmögliche Anzahl an Nachwuchs zu zeugen. DKO

Walross

W*as haben Seeleute, die einst Seekühe für Meerjungfrauen hielten, wohl beim ersten Anblick eines Walrosses gedacht? Die Kolosse sind an Land schwerfällig, doch im Wasser wendig und kraftvoll. Mit ihrem enormen Schnurrbart über den blanken Stoßzähnen und den vielfältigen Lautäußerungen erstaunen die Tiere auf den ersten Blick.*

Walrosse wurden von den Bewohnern der Arktis lange Zeit verehrt, da sie in ihnen viele menschliche Züge erkannten. Sehr gesellig, langsam bei der Paarung und der Fortpflanzung, äußerst fürsorglich mit ihren Jungen, gesprächig und langlebig – Walrosse nehmen Menschen für sich ein.

Seelöwen mit Stoßzähnen

KÖRPERBAU UND FUNKTION

Frühe Beschreibungen verglichen Walrosse mit Schweinen wegen ihres Hangs sich aneinander, manchmal sogar übereinander zu drängen; aber auch wegen ihres gering behaarten rundlichen Körpers, dessen Umfang etwa der Länge entspricht. Äußerlich ähneln sie am stärksten den Seelöwen, bis auf den eckigeren Kopf und die langen Stoßzähne. Walross-Männchen besitzen zwei aufblasbare Luftsäcke in der Kehle, die bei der Werbung spezielle Laute erzeugen und als Schwimmer wirken, wenn das Walross im Meer treibend ruht.

Das Gewicht eines Tieres von solcher Größe und Unnahbarkeit festzustellen ist schwierig, und es gibt zu wenig Daten, um verlässliche Werte festzulegen. Außerdem variiert das Gewicht je nach Jahreszeit und Fortpflanzungszyklus. Es spiegelt auch die Größe der Walross-Population und die Verfügbarkeit von Beutetieren im jeweiligen Lebensraum wider. Bisher wog man rund 15 Atlantische Walrosse. Die Weibchen waren zwischen 635 und 650 kg, die Männchen zwischen 850 und 1750 kg schwer. Das Gewicht Pazifischer Walrosse wird anhand zahlreicher Beispiele auf etwa 850 kg für Weibchen und 1230 kg für Männchen geschätzt. Wegen des Fehlens exakter Zahlen wurde das Gewicht anhand von Längenmessungen, manchmal kombiniert mit der Messung des Umfangs, geschätzt. So hat sich ein asymptotisches Gewicht von 640 bis 720 kg für Weibchen und 900 bis 1115 kg für Männchen ergeben.

Auf festem Untergrund laufen Walrosse auf allen vier Gliedmaßen. Die Fersen der Hinterflossen werden als Stütze unter den Hinterleib gebracht und die Zehen nach vorwärts auswärts gedreht. Die „Handflächen“ der vorderen Gliedmaßen stützen den Rumpf, die „Finger“ sind nach rückwärts auswärts gerichtet. Walrosse besitzen mit ihren Flossen eine beachtliche Reichweite und Beweglichkeit. Sie können sich damit an den meisten Teilen ihres Körpers kratzen. Im Wasser bewegen sich die Tiere fast nur mithilfe der hinteren Gliedmaßen. Die Vorderflossen dienen vorwiegend als Ruder.

Walrosse haben eine 2 bis 4 cm dicke Haut. Sie schützt vor Verletzungen. Bis auf die Flossen ist der gesamte Körper mit groben Haaren von etwa 1 cm Länge bedeckt, die der Haut von Weibchen und jungen Männchen ein samtiges Aussehen verleiht. Erwachsene Männchen sind oft nur spärlich behaart und haben fast kahle, höckrige Haut im Nacken und an den Schultern. Diese bis zu 5 cm dicke, höckrige Haut gibt zusätzlichen Schutz und kennzeichnet die Bullen. Die Hautfalten können von blutsaugenden Läusen befallen werden, die wohl Reizungen hervorrufen, denn Walrosse kratzen sich häufig.

Als nächste lebende Verwandte des Walrosses gelten die Pelzrobben. Beide entwickelten sich vor etwa 20 Millionen Jahren aus bärenähnlichen Vorfahren, den Enaliarctidae, im Nordpazifik. Frühe Walrosse glichen im Aussehen den heutigen Seelöwen und waren vor 5 bis 10 Millionen Jahren die häufigsten Flossenfüßer im Pazifik. Einige dieser Frühformen fraßen Fisch, andere hatten ihre Ernährung bereits auf Weichtiere und weitere Tiere vom Meeresgrund umgestellt. Sie veränderten all-

Oben: An der Küste Alaskas verursacht diese Gruppe Walrosse bei ihrem Start ins Wasser eine Art maritimen Verkehrsstau. Die Tiere sind von Natur aus gesellig. Männchen und Weibchen sammeln sich in Herden von Hunderten oder sogar Tausenden von Tieren.

mählich ihr Aussehen und Verhalten. Sie waren auch die Ersten, die die hinteren Gliedmaßen anstatt die vorderen zum Schwimmen verwendeten. Auch die Stoßzähne vergrößerten sich nun.

Vor etwa 5 bis 8 Millionen Jahren zogen diese Walrosse mit Stoßzähnen, die ihre Nahrung am Meeresgrund suchten, durch einen offenen Kanal an der Stelle des heutigen Costa Rica und Panama in den Nordatlantik. Dort entwickelten sie sich gut. Das Schicksal der Tiere im Nordpazifik ist umstrittener. Lange glaubte man, dass die Population dort ausstarb und etwa 1 Million Jahre später erneut auftauchte, als die Atlantischen Walrosse den Pazifik auf dem Weg durch das Polarmeer erneut besiedelten. Jüngste Funde von *Odobenus* in Japan wecken Zweifel. Sie deuten darauf hin, dass es Walrosse zumindest im westlichen Pazifik bis ins mittlere Pleistozän gab. Sie könnten der Ursprung der heutigen pazifischen Unterart (*O. r. divergens*) sein. Dieses Szenario würde die genetischen Unterschiede der beiden Walross-Unterarten erklären, doch bleibt der Ursprung beider Gruppen im Dunkeln.

FAKTEN

WALROSS

Odobenus rosmarus

Ordnung: Carnivora (Pinnipedia)

Familie: Odobenidae

Einzige Art der Gattung, 2 oder 3 Unterarten: **Atlantisches Walross** (*O. r. rosmarus*), kanadische Arktis bis Kara- und Barentssee. **Pazifisches Walross** (*O. r. divergens*), Bering- und Tschuktschensee. Das **Laptevsee-Walross** wird manchmal als eigene Unterart gerechnet (*O. r. laptevi*).

VERBREITUNG Polarmeer, von der mittleren Arktis Kanadas und Grönland bis N-Eurasien und W-Alaska.

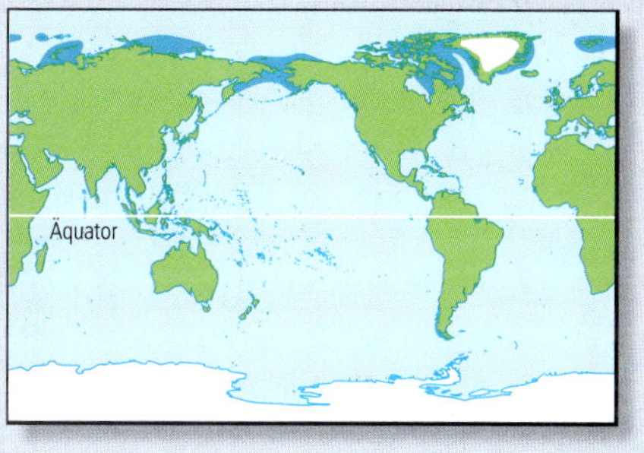

LEBENSRAUM Meist offenes Meer und Packeis über dem Kontinentalschelf.

GRÖSSE Körperlänge Männchen 3,1–3,2 m, Weibchen 2,7 m im Durchschnitt, mit deutlichen regionalen Unterschieden; kleinste Walrosse in der Hudson Bay mit durchschnittlich 2,9 m (Männchen) und 2,5 m (Weibchen) Länge; im Gegensatz dazu Weibchen im Foxe Basin im Schnitt 2,8 m. **Gewicht** Männchen 795–1210 kg, Weibchen 565–830 kg. **Stoßzahnlänge** variiert ebenfalls; die größten trägt das Pazifische Walross mit durchschnittlich 55 cm (Männchen) bzw. 40 cm (Weibchen).

KÖRPERBAU Haut zimt- bis gelbbraun, am dunkelsten an Brust und Unterleib; Jungtiere dunkler als geschlechtsreife Tiere. Flossenoberfläche unbehaart, schwarz bei Jungtieren, im Alter braun bis grau. Erwachsene Männchen dünn behaart an Nacken und Schultern.

NAHRUNG Vorwiegend Weichtiere; manchmal Robben und Seevögel.

FORTPFLANZUNG Tragzeit 15–16 Monate, einschließlich 4–5 Monate verzögerte Einnistung. Wurfgröße: 1 Junges.

LEBENSERWARTUNG 40 Jahre oder mehr.

IUCN-STATUS Die Art gilt nicht als gefährdet, obwohl sich ihre Zahl durch die Jagd in der Vergangenheit stark verringert hat.

Nicht nur in flachen Gewässern

VERBREITUNG

Lange glaubte man, Walrosse bevorzugten seichte Meeresregionen. Heute weiß man, dass die Tiere bis zu 180 m tief tauchen – wenn auch selten, denn ihre Hauptbeute lebt in oberen Schichten.

Pazifische Walrosse wurden weit östlich ihres eigentlichen Verbreitungsgebiets bis nach Zentralkanada entdeckt, während Atlantische Walrosse gelegentlich vor den Küsten der Niederlande, der Britischen Inseln und seltener vor Frankreich und Spanien gesichtet wurden. Die jüngste Sichtung von Walrossen im Sankt-Lorenz-Golf in Kanada kann man als Ausflüge aus dem weiter nördlich gelegenen Verbreitungsgebiet werten, oder als erste Schritte zur Wiederbesiedlung dieses früheren Walross-Lebensraums.

Spezialisten für Futter aus dem Meer

NAHRUNG

Walrosse ernähren sich meist von zweischaligen Muscheln wie Venus-, Herz- und Miesmuscheln, die die Kontinentalschelfe der nördlichen Meere

Die Stosszähne der Walrosse

Bei Walross-Männchen und -Weibchen sind die oberen Eckzähne zu Stoßzähnen umgebildet. Diese werden vielseitig eingesetzt, etwa als Eispickel oder Verteidigungswaffe. Doch vor allem zeigen sie den Status ihres Besitzers in der Gemeinschaft an. In jeder Herde ist das Walross mit den größten Stoßzähnen in der Regel das dominante Tier. Allein durch Präsentation seiner „Dolche" bekommt das dominante Walross unangefochten die vorteilhaftesten Plätze. Untergeordnete Konkurrenten mit kürzeren Stoßzähnen haben keine Chancen. Trifft das dominante Walross auf ein anderes Tier mit ebenso langen Stoßzähnen, kann sich die Auseinandersetzung von der Präsentation der Hauer bis hin zu Kämpfen steigern **1**, bis sich schließlich ein Rivale geschlagen gibt, sich abwendet **2** und zurückzieht. Beide Geschlechter beteiligen sich an solchen Kämpfen, doch am heftigsten sind sie zwischen Bullen in der Paarungszeit.

Die Bedeutung der Stoßzähne erstreckt sich nicht nur auf Kämpfe mit Rivalen. Größe und Form liefern auch wichtige Informationen über Geschlecht und Alter ihres Besitzers. Etwa eineinhalb Jahre lang haben junge Walrosse keine sichtbaren Stoßzähne. Die Eckzähne brechen erst mit sechs bis acht Monaten durchs Zahnfleisch und sind dann noch ein Jahr von der großen Oberlippe bedeckt. Daher wird jedes kleine Tier ohne Stoßzähne von den anderen als jung und abhängig erkannt. Die Stoßzähne der Weibchen sind meist kürzer, schmäler, gebogener und runder im Querschnitt als die von Männchen. Im Alter sind die Stoßzähne beider Geschlechter kräftig entwickelt, doch durch Brüche und Abnutzung verkürzt und stumpf. Auch ein menschlicher Beobachter kann Geschlecht und ungefähres Alter eines Walrosses an den Stoßzähnen feststellen.

Gelegentlich setzt ein Walross, das vom Wasser aus auf eine Eisscholle gelangen will, die Stoßzähne als „fünftes Bein" ein. Es schlägt die Spitzen ins Eis, um sich hochzuhieven **3.** Erzählungen über dieses Verhalten brachten einen Zoologen des 18. Jahrhunderts dazu, durch Verbindung der griechischen Wörter *odontos* und *baenos* die Gattung *Odobenus* zu nennen – dies bedeutet wörtlich „Zahngang". Walrosse nutzen ihre Stoßzähne auch als eine Art Kopfstütze **4** beim Ruhen auf dem Eis oder brechen damit Atemlöcher ins Eis.

Links: Ein Pazifisches Walross-Männchen gleitet ins Wasser und zeigt dabei die harte, runzelige Haut, die eines der deutlichsten Charakteristika der Art ist. Bei älteren Männchen kann sie an Kopf und Nacken bis zu 5 cm dick sein. Sie schützt vor Verletzungen.

besiedeln. Hinzu kommen etwa 40 weitere Arten von Wirbellosen, darunter verschiedene Garnelen, Krebse, Schnecken, Borsten- und Priapulida-Würmer, Tintenfische, Seegurken und Manteltiere sowie einige Fische. Manche Walrosse verzehren auch Robben – selbst erbeutet oder als Aas.

Zum Orten ihrer Nahrung vertrauen Walrosse auf ihren Tastsinn, denn sie fressen im Winter in völliger Dunkelheit und den Rest des Jahres meist in trübem Wasser oder in Tiefen, in die kaum Licht dringt. Der Tastsinn scheint an der Schnauzenspitze am besten ausgeprägt zu sein. Dort befinden sich äußerst empfindliche dünne Haut sowie etwa 450 raue Tasthaare. Die Oberseite der Schnauze, mit der kleine Venusmuscheln und andere Wirbellose aus dem Schlamm des Meeresbodens gegraben werden, bedeckt harte, verhornte Haut.

Sind die Wirbellosen tiefer im Sediment eingegraben, wird ein Wasserstrahl in ihren Bau gespritzt. Die Fähigkeit von Walrossen, große Mengen Wasser aus dem Maul zu spritzen, ist Tierwärtern im Zoo wohl bekannt.

Die früher häufig geäußerte Behauptung, dass Walrosse Muscheln mit den Stoßzähnen ausgraben, hat sich dank eingehender Beobachtungen als falsch erwiesen. Die Stoßzähne besitzen vor allem soziale Bedeutung, genau wie Hirschgeweihe und das Gehörn von Schafen (siehe Kasten Seite 176). Ihre Abnutzung kommt nicht vom Graben, sondern vom Schleifen durch Schlamm und Sand, während das Walross sich beim Beuteausgraben vorwärtsbewegt.

Aufzucht der Kälber

SOZIALVERHALTEN

Einige Weibchen bringen mit vier Jahren zum ersten Mal Junge zur Welt, manche erst mit zehn. Im Durchschnitt erfolgen die ersten Geburten mit sechs bis sieben Jahren. Männchen werden langsamer geschlechtsreif. Der Großteil von ihnen ist erst mit 15 Jahren körperlich voll entwickelt. Erst dann können sie die volle soziale Reife oder Dominanz erlangen. Da die Bullen um die Weibchen rivalisieren, hat nur ein Tier mit mächtigem Körper und großen Stoßzähnen Erfolgschancen.

Oben: Auf Svalbard im Polarmeer zeigt ein Walross-Bulle seine Tasthaare, die bei der Nahrungssuche eine wichtige Rolle spielen. In dunklen Meerestiefen und am Grund erfühlt er damit Weichtiere und andere Beute.

Die Paarung findet zur kältesten Zeit des Winters, im Januar und Februar, statt, vermutlich im Wasser. Man weiß wenig über das Fortpflanzungsverhalten. Pazifische Walrosse beobachtete man meist auf Packeis, ihre atlantischen Verwandten vorwiegend in der Polynya (ganzjährig eisfreies, von Eis umgebenes Wasser). Die unterschiedlichen Lebensräume führten wohl auch zu Abweichungen bei den Unterarten.

Bei den Pazifischen Walrossen sammeln sich erwachsene Kühe und Junge in traditionellen Aufzuchtgebieten in relativ kleinen Herden, die auch gemeinsam Nahrung suchen. Einige dieser Herden schließen sich zusammen, wenn sie auf dem Packeis zwischen den Mahlzeiten ruhen. Jede Herde wird von einem oder mehreren Bullen begleitet, die meist im Wasser bleiben. Diese Bullen lassen fortwährend ihre Stimmen ertönen, in einer bestimmten Folge wiederholter Klicks, Klopftöne und kurzem, glockenähnlichem Kratzen sowie kurzen Abfolgen von „Klappern“ und Pfiffen an der Oberfläche. Wie Vogelgesang locken diese Rufe Partner an und schrecken mögliche Rivalen ab. Bei der Bildung des glockenähnlichen Klangs dient wohl einer der Luftsäcke in der Kehle als Resonanzraum. Man hört ihn nur bei der Werbung. Meist bellen Walrosse in verschiedenen Tonhöhen.

Die Atlantischen Walrosse in der Polynya sind weniger beweglich und durch die eingeschränkten Nahrungsquellen in der Anzahl begrenzt. Die Bullen stellen ihre Stimmen ähnlich zur Schau, doch können sie mit ihren Rivalen interagieren, um stabile Beziehungen herzustellen und den Zugang zu einer Gruppe von Weibchen zu verteidigen. Dieses polygyne System mit Verteidigung der Weibchen unterscheidet sich vom System der Pazifischen Walrosse, bei dem die Männchen sich einer Gruppe von Weibchen präsen-

tieren, die sie nicht verteidigen können. Die Unterschiede im Paarungsverhalten können auf eine stärkere männliche Konkurrenz und eine geringere Lebensraum-Stabilität zurückzuführen sein.

Das Weibchen wirft im Frühling des folgenden Jahres, meist im Mai, ein Junges. Diese lange Tragzeit bedeutet, dass die Kühe höchstens jedes zweite Jahr ein Junges zur Welt bringen. Der Abstand wächst mit dem Alter. So hat das Walross die geringste Fortpflanzungsrate aller Wasserraubtiere und eine der geringsten unter allen Säugetieren. Zwillingsgeburten sind ungewöhnlich.

Das neugeborene Kalb ist etwa 1,1 m lang und wiegt 50 bis 65 kg. Es hat ein kurzes, weiches Fell, hellgraue Flossen und einen dicken weißen Schnurrbart. In den ersten sechs Monaten ernährt es sich ausschließlich von Milch, dann nimmt es auch feste Nahrung zu sich.

Mit einem Jahr hat das Kalb sein Gewicht etwa verdreifacht und bis zu 2,5 cm lange Stoßzähne entwickelt. Es bleibt ein weiteres Jahr bei der Mutter, während es lernt, seine Nahrung am Meeresboden zu suchen. Mit zwei bis drei Jahren geht es schließlich eigene Wege. Einige Weibchen werden von jungen und älteren Kälbern begleitet.

Nach der Entwöhnung ziehen die Jungtiere weiterhin mit den adulten Weibchen. Im Verlauf der nächsten zwei bis vier Jahre verlassen die jungen Männchen die Herde und bilden im Winter eigene kleine Gruppen oder schließen sich im Sommer größeren Bullenherden an. Eine jahreszeitliche Trennung der Geschlechter gibt es in Abstufungen bei allen Walross-Populationen, am stärksten in der Bering- und Tschuktschensee und auf Svalbard/Franz-Josefs-Land. In der Bering- und Tschuktschensee sammeln sich die meisten Bullen in der Beringsee, während die Kühe und der Großteil der noch nicht geschlechtsreifen Jungtiere nach Norden in die Tschuktschensee wandern. Sie bleiben den Sommer über getrennt. Wenn die Weibchen dann im Herbst südlich ziehen, treffen sie die Bullen in der Nähe der Beringstraße und begleiten sie zu den Winterkolonien in der Beringsee. Die noch nicht geschlechtsreifen Männchen verbringen den Winter in anderen Bereichen des Packeises, außerhalb der Kolonien.

Gemischte Herden sind im Foxe Basin häufig; gemischte und getrennte Herden findet man in der kanadischen Arktis. Trennung nach Alter und Geschlecht verteilt die Auswirkung auf das Nahrungsangebot und verringert die Gefahr möglicher Konflikte zwischen adulten und heranwachsenden Männchen in der Paarungszeit. Weshalb manche Gruppen sich stärker aufteilen, weiß man nicht.

Bedrohungen am arktischen Horizont

ARTEN- UND UMWELTSCHUTZ

Die nördlichen Völker Nordamerikas, Russlands und Grönlands nutzen das Walross noch immer als Quelle für Nahrung und anderes Material, wie seit Tausenden von Jahren. In Europa, Asien und Nordamerika bestand das Hauptinteresse an Walrossen jedoch am Elfenbein ihrer Stoßzähne, die an Größe und Qualität nur jenen der Elefanten nachstehen.

Die Walross-Populationen der gesamten Arktis wurden im 18., 19. und 20. Jahrhundert von kommerziellen Jägern aus Europa und Nordamerika stark verringert. Man jagte sie vor allem wegen der Stoßzähne, der Haut und des Öls. Die Population im Nordatlantik wurde als Erste und am stärksten dezimiert. Der Bestand im Meer östlich von Kanada wurde im 18. Jahrhundert ausgerottet und die Walrosse auf Svalbard hätte beinahe das gleiche Schicksal ereilt. Auch die meisten anderen Bestände der Atlantischen Unterart verringerten sich.

Schätzungen der Populationen des Atlantischen Walrosses sind unvollständig oder veraltet, aber diese Unterart ist bestimmt seltener als vor den Zeiten der Ausbeutung. Auch die Populationsgröße bei Pazifischen Walrossen ist ungewiss. Gemeinsame amerikanisch-sowjetische Schätzungen aus den Jahren 1975–90 gingen von wenigstens 200 000 bis 250 000 Tieren aus. Genauere Zahlen zu erhalten ist aus verschiedenen Gründen schwierig: Die gesellige Natur der Walrosse führt dazu, dass man entweder gar keine oder viele Tiere findet. Man weiß auch nie genau, welchen Anteil einer Population man gerade sieht. Außerdem leben die Tiere weit verstreut und entfernte Gruppen können ganz übersehen werden.

Walrosse werden in ihrem ganzen Verbreitungsgebiet wegen des Fleisches getötet, obwohl die Jagd überall festgelegt ist, sei es durch Quoten, durch Saisonjagd oder andere Methoden. In Norwegen ist die Art vollständig geschützt. Doch in Russland, Kanada und Grönland wird der Lebensunterhalt der Einheimischen heute für wichtiger erachtet als das Überleben der Walrosse. Es ist schwierig, die Bestände zu organisieren, nicht nur, weil viele Populationen international verbreitet sind, sondern weil durch genetische Forschungen und Untersuchungen der stabilen Isotope immer klarer wird, dass die Populationen feiner untergliedert sind. Da ein einziger Bestand in Wirklichkeit zwei oder drei verschiedene Gruppen umfassen kann, fällt es schwer, Fangquoten festzulegen.

Ölverschmutzung kann sich doppelt auf Walrosse auswirken: direkt durch das Schlucken von Öl bei der Nahrungsaufnahme am Meeresgrund und indirekt durch die Verringerung der Beutetiere. Die physiologischen Reaktionen der Walrosse auf Öl und der damit verbundenen aromatischen Kohlenwasserstoffe sind nicht bekannt.

Im Allgemeinen leiden Walrosse unter einer geringfügigen Vergiftung mit Organo-Chlor-Pestiziden – wegen des geringen Lipidgehalts ihrer Beutetiere. Die höchsten Kontaminationen findet man bei Walrossen, die Robben fressen, denn die Giftstoffe reichern sich im Fett der Robben an.

*◀ **Links:** Halb untergetaucht machen es sich zwei Walrosse auf einer Eisscholle in der nördlichen Hudson Bay bequem. Obwohl dieser Population die kleinsten Walrosse angehören, wiegen die Männchen doch im Schnitt beachtliche 800 kg.*

*▶ **Rechts:** Walross-Männchen, die beim Sonnenbaden rosa werden, drängen sich in einem Meeresarm auf Round Island vor der Küste Alaskas. Walrosse ziehen sich gern aufs Eis zurück. Wenn dies nicht möglich ist, wählen sie entlegene Küstenstriche, wo sich die Gefahr, gestört zu werden, stark in Grenzen hält.*

Die Quecksilberwerte sind bei Walrossen in der Regel niedriger als bei anderen Meeressäugern. In der Leber liegen sie im Durchschnitt bei etwa 1 bis 2 $\mu g.g^{-1}$ Feuchtmasse. Robben fressende Walrosse hatten auch leicht erhöhte Bleiwerte in der Leber, etwa 0,15 $\mu g.g^{-1}$ Feuchtmasse verglichen mit 0,07 bis 0,11 $\mu g.g^{-1}$ Feuchtmasse bei Walrossen aus dem Foxe Basin und Alaska. Das Blei in den Zähnen der Walrosse aus dem Foxe Basin scheint natürlich und nicht auf menschlichen Einfluss zurückzugehen. Die Kadmiumwerte in der Leber reichen von 6 bis 11 $\mu g.g^{-1}$ Feuchtmasse. Untersuchungen der Werte bei den Zähnen von Walrossen im Foxe Basin ergaben, dass sich seit vorindustriellen Zeiten nichts geändert hat.

Walrosse sind äußerst lärmempfindlich, vor allem leiden sie unter Flugzeugen. In Gegenden, in denen die menschlichen Aktivitäten zunahmen, wurden bereits mehrere Rastplätze verlassen. Allerdings ist es schwierig zu unterscheiden, wann dies auf Abnahme der Population und wann auf deren Umverteilung zurückzuführen ist. Auch Fischkutter können Probleme bereiten, weil sie zum einen Nahrung wegfangen, die ansonsten den Walrossen zugute käme, und zum anderen sowohl Lärm machen als auch den Lebensraum der Beutetiere zerstören.

Obwohl Walrosse früher auch in südlicheren Gewässern lebten und man daraus schließen kann, dass sie wärmeres Klima vertragen, könnte ihnen die globale Erwärmung indirekt schaden. Wenig Nachwuchs in Alaska wird auf Jahre mit wenig Eis zurückgeführt. So könnte sich z.B. auch die Verbreitung der Walrossbeute mit verstärkter Sedimentierung oder veränderten Meerestemperaturen ändern.

Walrosse sind anfällig für eine Reihe von Krankheiten und Parasiten. Zu den Viren gehören Calciviren und ein Morbillivirus, der dem Phocine-Distemper-Virus bei Seehunden ähnelt. Ebenso hat man verschiedene bakterielle Infektionen festgestellt, die meist mit Verletzungen der Stoßzähne, Augen oder Flossen einhergehen. Die Auswirkungen der Viruserkrankungen auf die Tiere kennt man nicht, während bakterielle Infektionen zu schlechtem Allgemeinzustand, Lethargie und Tod führen. Brucella-Bakterien, auf die die Tiere sehr empfindlich reagieren, rufen bei anderen Säugetieren Fruchtschäden hervor. Der häufigste Ektoparasit an Walrossen ist eine Laus. Zu den Innenparasiten zählen eine Reihe von Nematoden und Kratzwürmer. Eine Nematode, *Trichinella,* führt bei Menschen zu Krankheit und Tod.

Zu den natürlichen Todesursachen bei Walrossen gehören auch Unfälle. So gab es mehrfache Massensterben unter Pazifischen Walrossen aufgrund einer Panik, in deren Verlauf viele Tiere von anderen zu Tode getrampelt wurden. Stürze, Einbrüche im Eis und Verletzungen durch Artgenossen sind weitere Todesursachen. Feinde sind, neben dem Menschen, Schwertwale (*Orcinus orca*) und Eisbären (*Ursus maritimus*). REAS/FHF

Hundsrobben

EINE HUNDSROBBE, DIE SICH SCHWERFÄLLIG übers Eis zieht, ist im Meer wie verwandelt. Sie taucht bis zu 600 m tief und über eine Stunde lang. Die Eleganz der Tiere im Wasser gleicht ihre Behhäbigkeit an Land völlig aus.

Trotz der Perfektion ihres Körperbaus in Bezug auf das Tauchen haben sich die Hundsrobben der Familie Phocidae noch nicht ganz von ihren Vorfahren gelöst, die vor 25 Millionen Jahren an Land lebten. Die Bindung an Land oder Eis zu Geburt und Aufzucht der Jungen bestimmt ihr Dasein.

Fürs Tauchen bestimmt

KÖRPERBAU UND FUNKTION

Im Gegensatz zu Ohrenrobben schwimmen Hundsrobben durch kräftige Seitwärtsbewegungen ihres Hinterteils. Die hinteren Gliedmaßen sind mit dem Becken verbunden, sodass der „Schoß" auf Höhe der Knöchel liegt und der Schwanz kaum vorsteht. Die langen Füße mit den breiten Schwimmhäuten sind sehr wirksame Flossen, doch an Land nutzlos. Die vorderen Gliedmaßen dienen, anders als bei den Ohrenrobben, nicht dem Antrieb. Sie sitzen bis zur Handwurzel im Körper und werden zum Steuern im Wasser und manchmal als Hilfe beim Klettern über Land und Eis eingesetzt. Mönchsrobben haben kräftigere Muskelgruppen längs der Wirbelsäule, während die arktischen Arten längere, beweglichere Vorderflossen besitzen.

Atmung und Kreislauf der Hundsrobben sind auf ein wichtiges Ziel ausgerichtet: möglichst lang unter Wasser bleiben zu können. Die Weddellrobbe ist ein außergewöhnlicher Taucher und erreicht Tiefen bis zu 600 m. Trotzdem muss sie den Seeelefanten den Vortritt lassen: Der längste aufgezeichnete Tauchgang mit einer Dauer von 120 Minuten wurde von einem Südlichen Seeelefanten unternommen. Den gegenwärtigen Tiefenrekord hält mit 1500 m ein Nördlicher Seeelefant.

Viele tief greifende Anpassungen haben dazu geführt, dass solche Leistungen möglich sind. Gutes Sehen ist wichtig zum Orten und Fangen von Beute unter Wasser. Die Pupillen der Wasserraubtiere erweitern sich je nach dem Helligkeitsgrad, den die Tiere in der Zone des Meeres antreffen, in der sie jagen. So können sich etwa die Pupillen des Nördlichen Seeelefanten, der im tiefen Wasser taucht, stärker erweitern als die des Seehunds, der sich vorwiegend in flacheren Meeresbereichen aufhält.

Anatomisch gesehen teilen sich die 18 Arten der Hundsrobben in zwei Unterfamilien, die sich wiederum jeweils in drei Stämme gliedern: Die Mönchsrobben oder Monachinae spalten sich in Hawaii- und Mittelmeer-Mönchsrobbe (die Karibi-

Links: *Obwohl der Körper der Seehunde an langes Tauchen angepasst ist, fordert die Anstrengung des Aufenthalts unter Wasser ihren Tribut. Nach ausgedehnten Tauchgängen dauert die Erholungsphase oft länger als das Tauchen selbst. Hier kommt eine Sattelrobbe durch ein Loch im Eis an die Oberfläche.*

Unten: *Eine Weddellrobbe schwimmt elegant in dem Meer, dessen Namen sie trägt. Diese von allen Säugetieren am südlichsten lebende Art besiedelt das Festlandseis an den Küsten der Antarktis. Mithilfe ihres ausgezeichneten Sehvermögens unter Wasser ortet sie Atemlöcher, indem sie den hellen Spalten im Eis folgt.*

sche Mönchsrobbe wurde 1996 für ausgestorben erklärt), Nördlichen und Südlichen Seeelefanten sowie die Südrobben (Krabbenfresser, Seeleopard, Rossrobbe und Wedellrobbe). Die Seehunde oder Phocinae werden unterteilt in Bartrobbe, Klappmütze und einen dritten Stamm mit Baikal-, Kaspi- und Eismeer-Ringelrobbe, Kegel- und Sattelrobbe sowie Larghaseehund und Seehund.

Obwohl man die Hundsrobben heute meist in hohen Breiten der nördlichen und südlichen Hemisphäre findet, stammen sie wohl ursprünglich aus wärmeren Gewässern, in denen die Mönchsrobben immer noch leben. Alle Phocinae – mit Ausnahme des Seehunds, der seine Jungen auch noch um Baja California zur Welt bringt – gebären auf dem Eis (Kegelrobben bringen die Jungen an Land oder auf dem Eis zur Welt). Die Fortpflanzungsgebiete der Nördlichen und Südlichen Seeelefanten (Monachinae) liegen zwischen Kalifornien und Mexiko bzw. in den gemäßigten bis subantarktischen Bereichen der südlichen Meere. Die vier antarktischen Hundsrobbenarten werfen auf dem Eis, meist südlich der Antarktischen Konvergenz bei 50 bis 60° südlicher Breite.

Die deutlichsten Unterschiede zwischen den Arten liegen in der Größe und dem Größenverhältnis der Geschlechter. Einige Populationen der Eismeer-Ringelrobbe erreichen nur 45 kg, während ein ausgewachsener Bulle des Südlichen Seeelefanten mehr als 50-mal so schwer sein kann. Bei den meisten Arten sind Männchen und Weibchen etwa gleich groß, bei Mönchs- und Weddellrobbe sowie Seeleopard sind die Weibchen sogar größer. Dagegen zeigen die Bullen bei Kegelrobben, Klappmützen und Seeelefanten einen deutlichen Geschlechtsdimorphismus. Diese Männchen besitzen auch schwere, gewölbte Schädel und Auswüchse an der Nase für aggressive Werberituale. Der Größenunterschied ist beim Südlichen Seeelefanten am prägnantesten: Das Männchen kann 7-mal mehr wiegen als das Weibchen.

Meeres-Opportunisten

NAHRUNG

Die meisten Robben fressen relativ kleine, weiche Nahrung, daher ist die Anordnung von Prämolaren und Molaren anders als bei Landraubtieren auf Reihen gleichförmiger Zähne verringert; meist sind es fünf.

Leben Arten im gleichen Gebiet, werden Unterschiede deutlich. Im Ochotskischen und Beringmeer wirft die Eismeer-Ringelrobbe ihre Jungen auf dem Festlandseis oder Packeis und frisst kleine Fische und Plankton, während Larghaseehund und Bandrobbe etwas leichteres Packeis bevorzu-

Oben: *Der deutliche Größenunterschied zwischen den riesigen Männchen und den wesentlich kleineren Weibchen – hier Nördliche Seeelefanten – ist nicht bei allen Hundsrobbenarten ausgeprägt.*

FAKTEN

HUNDSROBBEN

Ordnung: Carnivora (Pinnipedia)

Familie: Phocidae

18 Arten in 13 Gattungen: Mönchsrobben (*Gattung Monachus*, 2 Arten); Krabbenfresser (*Lobodon carcinophagus*); Weddellrobbe (*Leptonychotes weddellii*); Seeleopard (*Hydrurga leptonyx*); Rossrobbe (*Ommatophoca rossii*); Seeelefanten (*Mirounga*, 2 Arten); Bartrobbe (*Erignathus barbatus*); Klappmütze (*Cystophora cristata*); Seehund (*Phoca*, 2 Arten); Ringelrobben (*Pusa*, 3 Arten); Bandrobbe (*Histriophoca fasciata*); Sattelrobbe (*Pagophilus groenlandicus*), Kegelrobbe (*Halichoerus grypus*).

LEBENSRAUM Festlandseis, Packeis, Felsen und Inseln vor der Küste, Strände und felsige Meerengen.

GRÖSSE Körperlänge von 1,3 m bei der Ringelrobbe bis zu 4,2 m beim Männchen des Südlichen Seeelefanten. Gewicht von 68 kg bei der Ringelrobbe bis zu 2200 kg beim Männchen des Südlichen Seeelefanten.

VERBREITUNG Im Allgemeinen in polaren, subpolaren und gemäßigten Meeren; die Mönchsrobben leben im Mittelmeer und im Gebiet um Hawaii.

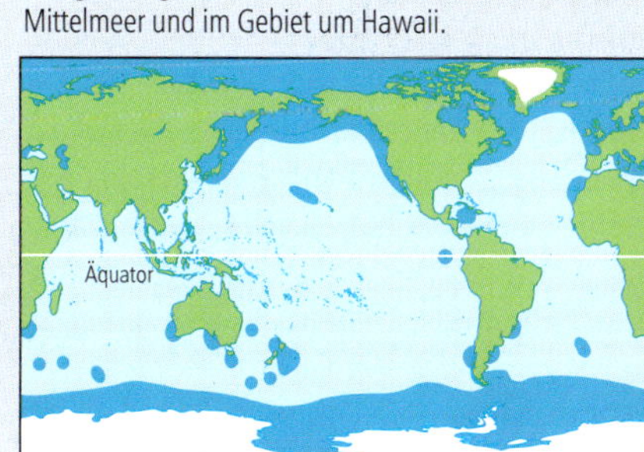

KÖRPER Stromlinienförmig; Fell im Gegensatz zu den Ohrenrobben ohne Unterfell. Einige Arten tragen eine streifen- oder punktförmige Färbung.

NAHRUNG Fische, Schalentiere, Kopffüßer; Seeleoparden jagen auch Pinguine und andere Robben.

FORTPFLANZUNG Tragzeit 10–11 Monate, einschließlich 2–4 Monate verzögerte Entwicklung (verspätete Einnistung). Gesäugt wird vom 4. Tag bis zu 2,5 Monaten.

LEBENSERWARTUNG Etwa 25 Jahre; Maximum von 43 Jahren (Ringelrobbe) und 46 Jahren (Kegelrobbe).

Artenübersicht siehe Seite 190 ▷

gen und Fische aus dem flachen oder tiefen Wasser sowie Tintenfische fangen. Die Bartrobbe, in derselben Gegend beheimatet, ist einzigartig unter den Hundsrobben, weil sie fast nur Weichtiere und Garnelen vom Meeresboden sammelt. Ihre Zähne nützen sich relativ früh ab.

Unter dem dauerhaften Eis um die Antarktis erbeutet die Weddellrobbe Fische. Die Rossrobbe lebt im Packeis von Kalmaren, der Seeleopard frisst große Mengen an Robben und Pinguinen und der Krabbenfresser lebt fast ausschließlich von Krill, den er durch seine vielzackigen Zähne filtert.

Fortpflanzungsstrategien

SOZIALVERHALTEN

Seit man in der Mitte des 20. Jahrhunderts entdeckt hat, dass sich das Alter von Hundsrobben anhand von Schichten der Zähne feststellen lässt, wurden die Grundzüge ihres Wachstums, ihrer Fortpflanzung und ihrer Überlebensrate ausführlich dokumentiert. Der Zeitpunkt der Geschlechtsreife differiert unerwartet stark. Bei kleinen Arten wie Eismeer- und Kaspi-Ringelrobbe liegt sie später als bei den antarktischen Arten oder großen Seeelefanten. Die frühe Geschlechtsreife kann ein Nachteil sein für Arten wie Seehund und Eismeer-Ringelrobbe, die in komplexen Umgebungen in Küstennähe verstreut und von Fressfeinden vom Land oder Eis her bedroht sind. Sie müssen ihre Umwelt gründlich kennen, bevor sie sich sicher fortpflanzen können. Obwohl Kegelrobben und Seeelefanten schon ziemlich früh fruchtbar werden, können die Männchen sich erst viel später, wenn sie größer sind, eine Partnerin sichern.

Trotz artspezifischer Unterschiede hat man festgestellt, dass Baikal- und Eismeer-Ringelrobben, Sattelrobben, Seehunde und Seeelefanten in kleineren Populationen früher geschlechtsreif werden. Dies ist sicher darauf zurückzuführen, dass dem einzelnen Tier mehr Nahrung zur Verfügung steht, Jungtiere daher schneller wachsen und die Reife früher einsetzt. Ein deutlich früheres Auftreten der ersten Trächtigkeit bei Krabbenfresser-Weibchen von im Schnitt über vier Jahren (1945) auf weniger als drei Jahre (1965) ist vielleicht auf ein großes Angebot an Krill zurückzuführen, da es durch übermäßigen Fang nur noch wenige große Wale gibt.

Der Seehund *(Phoca vitulina)* ist so weit verbreitet wie kaum ein anderes Wasserraubtier: von der Ostsee über den Atlantik und Pazifik bis nach Südjapan. Obwohl einzelne Tiere auf der Nahrungssuche jährlich mehrere hundert Kilometer zurücklegen, kehren Seehunde jedes Jahr zum Werfen und Aufziehen der Jungen an denselben Ort zurück. Genetische Studien der mitochondrialen DNA von Robben an 24 Orten beweisen dies. Die Populationen im Atlantik und Pazifik unterscheiden sich deutlich, ebenso wie jene von der Ost- bzw. Westküste in jedem Ozean. In diesen vier Regionen sind die Populationen, die geografisch am weitesten voneinander entfernt sind, meist auch am unterschiedlichsten und haben oft nicht einmal dasselbe Erbgut. Allerdings können genetische Sprünge auch bei benachbarten Populationen auftreten, wie an den Küsten von Schottland und Ostengland oder den Ost- und Westküsten der Ostsee. Genetische Studien der Mitochondrien belegen eine frühere Isolation von Populationen in beiden Ozeanen aufgrund der Entwicklung der Polareiskappen. Im Atlantik und Pazifik scheinen die Populationen sich von West nach Ost angesiedelt zu haben, wobei die europäischen Populationen die jüngsten gemeinsamen Vorfahren aufweisen – vielleicht ein Ergebnis der Wiederbesiedlung aus eiszeitlichen Rückzugsgebieten nach der letzten Eiszeit.

Die fruchtbaren Zeiten der Weibchen liegen so, dass die Jungen zur günstigsten Zeit aufgezogen werden. Männchen sind oft schon lange zuvor und noch lange danach potent. Gelegentlich gibt es auch sechs Monate abweichend von der normalen Zeit Neugeborene. Dies führt man darauf zurück, dass junge Mütter ihren Zyklus noch

Unten: *Hundsrobben aus nördlichen und südlichen Meeren. Die ersten sechs gehören zur Unterfamilie Mönchsrobben, die anderen zur Unterfamilie Seehunde.* ***1*** *Rossrobbe* (Ommatophoca rossii); ***2*** *Weddellrobbe* (Leptonychotes weddellii); ***3*** *Krabbenfresser* (Lobodon carcinophagus); ***4*** *Seeleopard* (Hydrurga leptonyx); ***5*** *Südlicher Seeelefant* (Mirounga leonina); ***6*** *Hawaii-Mönchsrobbe* (Monachus schauinslandi); ***7*** *Klappmütze* (Cystophora cristata) *mit aufgeblähter* ***a*** *schwarzer Mütze und* ***b*** *roter Nasenmembran;* ***8*** *Eismeer-Ringelrobbe* (Phoca hispida); ***9*** *Kegelrobbe* (Halichoerus grypus); ***10*** *Sattelrobbe* (Pagophilus groenlandica); ***11*** *Bartrobbe* (Erignathus barbatus); ***12*** *Bandrobbe* (Histriophoca fasciata).

nicht richtig koordiniert haben. Die meisten Weibchen einer Art vermehren sich etwa zur selben Zeit, obwohl Populationen in höheren Breitengraden sich etwas später fortpflanzen. Kegelrobben weisen deutliche regionale Unterschiede im Timing und der Wahl der Wurfplätze auf. Auch bei Seehunden im westlichen Nordamerika gibt es große regionale Unterschiede: Dort differieren nahe beieinander lebende Populationen bis zu vier Monate.

Die mittlere Laktationsperiode liegt bei ein bis zwei Wochen bei den Robbenarten im Packeis und bei maximal 12 Wochen bei Eismeer- und Baikal-Ringelrobben. Diese säugen ihre Jungen in „Schneehöhlen“ unter dem Festeis. Die Unterschiede scheinen sich aus der relativen Festigkeit und Sicherheit der „Kinderstube“ zu ergeben, in der der Nachwuchs gesäugt wird. Die Jungen der Weddellrobben auf dem Festeis und die der Seehunde und Mönchsrobben an Land werden mit fünf bis sechs Wochen entwöhnt. Die von Seeelefanten und Kegelrobben (bei denen sich die Männchen an Land mit so vielen Weibchen wie möglich paaren) werden zwei bis drei Wochen gesäugt. Die Jungen der meisten Arten erreichen in der Laktationsperiode das 2,5- bis 3,5fache Gewicht, obwohl die Baikal-Ringelrobbe, die acht bis zehn Wochen gesäugt wird, ihr Gewicht mehr als verfünffachen soll.

Der Blubber der Weibchen wird den Jungen in Form sehr nährstoffreicher, fetter Milch zugeführt. Der Fettgehalt der Milch der Sattelrobbe erhöht sich von 23 % zu Beginn des Milchflusses auf über 40 % am Ende der Laktation. Entsprechend nimmt der Wassergehalt ab. Da das Weibchen in der Laktationsperiode fastet, ist der abnehmende Wassergehalt vielleicht wichtig, um seinen Wasserhaushalt aufrechtzuerhalten. Die Schicht Blubber unter der Haut der Wasserraubtiere dient als Isolation und als Energiereserve. Seehunde optimieren die Wirkung ihrer Blubberschicht durch jahreszeitliche Veränderungen in Umfang, Blubbermenge und -dicke.

Obwohl die Laktation die Mütter körperlich anstrengt, fasten viele Arten während der meisten oder ganzen Zeit. Das hohe Körpergewicht erlaubt diesen Arten große Mengen Fett und Proteine zu speichern. Säugetiere, die fasten, während sie säugen, können bis zu 40 % ihres anfänglichen Körpergewichts verlieren. Die Milchproduktion bewirkt den Verlust von bis zu einem Drittel Körperfett und bis zu 15 % Proteinen bei manchen Robbenarten, sodass die Reserven der Mütter stark aufgebraucht werden. So verlieren Muttertiere bei Südlichen Seeelefanten im Schnitt 35 % ihres nachgeburtlichen Gewichts während der Laktation und 40 % während der gesamten Zeit der Aufzucht, wobei das Gewicht des Weibchens beim Wurf anscheinend sehr wichtig dafür ist, wie viel verbraucht wird. Zuerst besteht die Milch zu 70 % aus Wasser, doch in den ersten 20 Tagen ändert sich die Zusammensetzung rasch. Sie enthält dann 52 % Fett, während der Wassergehalt auf 33 % absinkt. Die Jungen des Nördlichen Seeelefanten nehmen rasch zu. In den vier Wochen der mütterlichen Pflege steigt das Körpergewicht im Durchschnitt von 42 kg auf 127 kg. Mütter senken ihren Grundumsatz, um während des Fastens Energie zu sparen.

Bei koloniebildenden Arten wie etwa den Kegelrobben belästigen die Männchen spät werfende Weibchen stärker als Weibchen, die zur Hauptzeit werfen. Mütter, die spät geworfen haben, verbringen um ein Fünftel weniger Zeit mit Säugen. Ihre Jungen sind bei der Entwöhnung um 16 % leichter als bei gleich großen Müttern, die ihre Jungen zur Hauptzeit zur Welt brachten. Geringeres Gewicht bei der Entwöhnung kann zu geringeren Überlebenschancen führen. So mag die Zudringlichkeit der Männchen eine Rolle dabei spielen, dass die Fortpflanzung zeitlich angepasst wird.

Gelegentlich wird Nachwuchs adoptiert. Und manchmal nützen männliche Junge des Nördlichen Seeelefanten sogar die Toleranz nicht verwandter Weibchen, um Milch von ihnen zu „stehlen“: So nehmen sie noch mehr zu. Je weniger

dicht besiedelt die Kolonieplätze bei Südlichen Seeelefanten sind, desto weniger Aggression tritt unter den Weibchen auf und desto geringer ist die Gefahr, dass Mütter von ihren Jungen getrennt werden. Kleinere, jüngere Weibchen werden leichter von ihren Jungen getrennt als ältere, größere.

Von 35 beobachteten Trennungen bei Seehunden erfolgten 68 % bei einem Sturm oder am Tag danach. Robbenjunge besitzen einen guten Orientierungsinstinkt und finden oft zur Kolonie zurück, wenn sie auf See getrennt werden. Von 75 Jungen des Nördlichen Seeelefanten, die gefangen und in 100 km Entfernung von ihrer Kolonie freigelassen wurden, fanden 75 % nach Hause, viele auf direk-

Die Schneehöhlen der Eismeer-Ringelrobbe

Die Eismeer-Ringelrobbe *(Phoca hispida)* ist das kleinste im Wasser lebende arktische Wasserraubtier und eine von nur zwei Arten, die auf dem Festeis ausharren können. Ihr Lebensraum liegt in Breiten mit extrem tiefen Temperaturen und ist durch eine stabile Eisplattform gekennzeichnet, die sich im frühen Winter bildet. Die geringe Körpergröße der adulten Tiere und die unselbstständigen Jungen gelten als ungewöhnliche Anpassung an die Kälte. Die Tiere suchen Schutz in Schneekonstruktionen, die sie über ihren Atemlöchern bauen. Diese Höhlen verbergen sie vor Feinden wie Eisbären oder Polarfüchsen. Es scheint, als ob Junge, die noch ihre Lanugo-Behaarung haben, die arktische Kälte ohne Schutz überstehen, doch sobald sie nass geworden sind, bekommen sie Untertemperatur und brauchen Schutz, um ihre Körpertemperatur zu stabilisieren. Da Robbenweibchen gewöhnlich mit ihren Jungen von der Geburtshöhle wegschwimmen, wenn sie durch Füchse oder Bären bedroht sind, bieten verschiedene Höhlen unter dem Schnee den nötigen Unterschlupf für das Junge. Damit sichern sie sein Überleben. SSA

Oben: *Wenn das Packeis im Winter dicker wird und Schnee sich aufbaut, buddeln sich trächtige Eismeer-Ringelrobben mit den Vorderflossen aus dem Wasser nach oben, um eine Schneehöhle zu bauen. Hier kommt das Junge zur Welt und verbringt die ersten ein bis zwei Lebensmonate. Dieser Höhlenbau ist einzigartig unter den Robben.*

Links: *Baikal-Ringelrobben leben fast ausschließlich im Baikalsee in Sibirien. Einzelne Tiere werden gelegentlich in angrenzenden Flusssystemen gesehen. Große Gruppen dieser Art bilden sich nur zu gewissen Zeiten des Jahres, etwa im Sommer und Frühling an den Nahrungsgründen.*

Unten: *Die Klappmutze verfügt über zwei bizarre Anhängsel auf ihrer Nase. Eine Membran in einem Nasenloch kann durch das andere Nasenloch zu einem roten Ballon aufgebläht werden. Zusätzlich kann noch die schwarze Mütze, eine Erweiterung der Nasenhöhle, aufgeblasen werden.*

tem Weg. Dabei legten sie am Tag im Schnitt 39 km zurück. Bei Arten, die die Jungen in Kolonien aufziehen, gehören Trennungen und Wiedertreffen zur Tagesordnung, Weibchen erkennen ihre eigenen Jungen an der Stimme.

Seeelefanten und Kegelrobben paaren sich an Land, die anderen Arten im Wasser. Bei allen findet die Paarung kurz nach und manchmal sogar schon kurz vor der Entwöhnung der Jungen statt. Die Tragzeit dauert zehn bis elf Monate, das aktive Wachstum des Embryos allerdings nur sechseinhalb bis acht Monate. Die Verzögerung bei der Einnistung des Eis und dem Wachstum des Embryos hat zur Folge, dass die Männchen um die Weibchen werben, wenn diese durch ihre Mutterpflichten ortsfest sind. Gleichzeitig passt sich das Wachstum des Fetus an die Nahrungsoptionen und körperliche Konstitution der Weibchen an.

Obwohl von einigen Hundsrobben berichtet wird, dass sie sich in einem Jahr nur mit einem Partner paaren, haben die Männchen aller Arten möglichst viele Partnerinnen. Bei Arten, die sich in Kolonien sammeln, kontrollieren dominante Männchen entweder aktiv den Zugang zu bestimmten Gruppen von Weibchen (Seeelefanten) oder sie verteidigen einen Bereich, in dem besonders viele paarungsbereite Weibchen sind (Kegelrobben). Weibchen können den männlichen Wettbewerb anheizen, indem sie bei Paarungsversuchen laute Töne von sich geben. Dies geschieht vermutlich, um die Fitness des Männchens einzuschätzen. So bekommt ein potenteres Männchen die Gelegenheit, den früheren Partner zu ersetzen. Obwohl das Paarungsverhalten sich zwischen den Arten und sogar zwischen den Individuen stark unterscheidet, kommt überall nur ein Bruchteil der geschlechtsreifen Männchen zum Zug. In Extremfällen wie beim Südlichen Seeelefanten kann das Verhältnis der Geschlechter in den Kolonien 100 Weibchen auf ein Männchen bedeuten.

Solche extremen Unterschiede im Fortpflanzungserfolg der Männchen spiegeln sich im Züchtungsverhalten der Weibchen wider. Ist der Zustand der Mutter schlecht, wäre es unnütz, ein männliches Junges zur Welt zu bringen, da es wohl klein bliebe und kaum Erfolg bei Weibchen hätte. Für eine kleine Mutter mit einem männlichen Fetus ist es günstig, die Trächtigkeit zu beenden. Sie fördert damit ihr eigenes Wachstum und kann im darauf folgenden Jahr ein größeres Junges haben. Weibchen des Südlichen Seeelefanten müssen groß sein und mindestens 300 kg auf die Waage bringen, bevor sie ihr erstes Junges werfen. Kleinere Weibchen (unter 380 kg) gebären kaum männliche Junge. Dies liegt vielleicht daran, dass männliche Junge bei der Geburt um 14 % schwerer sind als weibliche. Dadurch würde für ein kleines Weibchen ein übermäßig hoher Aufwand entstehen und ihre Chancen auf zukünftige Junge würden stark verringert. Bei Kegelrobben ist die Geburt von weiblichen und männlichen Jungen gleich aufwändig, obgleich auch diese Art einen starken Sexualdimorphismus zeigt.

*⮝ **Oben:** Nördliche Seeelefanten ruhen während des Fellwechsels am Strand. Diese Art unternimmt zwei jährliche Wanderungen, zu den Wurfplätzen und zum Fellwechsel, der meist im Juli/August stattfindet. Weshalb die Robben weite Strecken zurücklegen, um das Fell zu wechseln, ist unbekannt.*

*⮝ **Oben:** Eine Kegelrobbe bei der Jagd nach Fischen. Zur Nahrung dieser Art gehören Wirbellose, doch den Hauptteil der Beute bilden am Meeresgrund lebende Fische. Wegen ihres Appetits auf Lachs und Kabeljau wurde der Kegelrobbe früher – manchmal sehr heftig – von Fischern nachgestellt.*

*⮜ **Links:** Sattelrobben-Weibchen paaren sich wegen der verzögerten Einnistung bereits wenige Tage nachdem sie das im Jahr zuvor empfangene Junge geworfen haben. Die Paarung erfolgt, bevor das Junge nach knapp 14 Tagen vollständig entwöhnt ist.*

DER KRILL VERZEHRENDE KRABBENFRESSER

Der häufigste Meeressäuger der Welt

DAS ANTARKTISCHE PACKEIS IST DER AUSGEDEHNteste und dynamischste Lebensraum der Welt: Sein Umfang schwankt jährlich zwischen 4 Mio. qkm im Sommer und 22 Mio. qkm im Spätwinter. Am besten an diese Umgebung angepasst ist der Krabbenfresser. Nach dem Menschen sind diese Tiere vermutlich die zweithäufigste große Säugerart. Ihr Bestand umfasst vermutlich 7 bis 14 Mio. Tiere.

Krill ist der wichtigste Bestandteil der antarktischen Nahrungskette. Diese winzigen Krebstiere fressen Algenblüten am Rand des Packeises und Algen, die aus dem Eis stammen, wenn dieses durch Wind und Wellen aufgebrochen wird. Krill gilt als Hauptnahrung von Seevögeln, Walen und vielen Robben, darunter auch Krabbenfressern, die ihn mit ihren dazu bestens geeigneten Zähnen aus dem Wasser filtern.

Da Krabbenfresser im Packeis leben, können sie diese Nahrungsquelle auf eine Weise nutzen, die ihren Konkurrenten, den Walen, nicht zur Verfügung steht, da diese vorwiegend im offenen Meer fressen. Die Robben bleiben auf Eisschollen, um vor Feinden sicher zu sein und vielleicht auch um Energie zu sparen. Diese benötigen sie, um sich im eiskalten Wasser warm zu halten. Eis, Robben und Krill treiben gemeinsam und so müssen die Krabbenfresser nur durch die Eisbrocken zwischen den Schollen in das tiefe Wasser darunter schlüpfen, um ständig an Nahrung zu gelangen. Man hat beobachtet, dass die Robben auf diese Weise in wenigen Monaten fast die ganze Antarktis umrunden. Deshalb glaubt man heute, dass die Krabbenfresser eine einzige große Population bilden, deren Angehörige sich alle untereinander paaren.

Die dynamische Natur des Packeises beeinflusst auch die Sozialstruktur der Robben. In der Zeit der Jungenaufzucht von Oktober bis November bleiben die Mütter etwa drei Wochen bei ihren Neugeborenen. In dieser Zeit nehmen die Jungen allein mit der Muttermilch von 25 kg auf 110 kg zu. Im Gegensatz zu anderen Robben bilden Krabbenfresser keine Kolonien. Sie sind in familienähnlichen Gruppen organisiert, in denen das Männchen nicht unbedingt der Vater ist. Das Männchen ist meist sehr aggressiv und hartnäckig und versucht das Weibchen von seinem Jungen zu trennen. Die Weibchen sind etwas größer, wiegen im Schnitt 235 kg (Männchen: 225 kg) und so können sie das Männchen, wenn nötig, von ihrem Jungen vertreiben. Die Aggression des Weibchens gegen das Männchen schwächt sich ab, wenn das Junge heranwächst. Dieses wird zu einem Zeitpunkt entwöhnt, wenn das Männchen dominant wird. Man weiß nur wenig über das Paarungsverhalten dieser Robben. Vermutlich wartet das Männchen, bis das Weibchen in den letzten Tagen der Entwöhnung des Jungen wieder paarungsbereit wird. Normalerweise leben die Familiengruppen 1 bis 2 km voneinander entfernt, doch gelegentlich kommen andere Männchen über das Eis. Daraus kann sich ein Kampf von bis zu sechs Minuten Dauer entspinnen. Alte Krabbenfresser-Männchen tragen viele Narben, wohl ein Ergebnis aus der Zeit, in der sie eine Partnerin bewachten.

Seeleoparden und Schwertwale sind die Hauptfeinde der Krabbenfresser. Vor allem Junge sind gefährdet und sehr viele von ihnen scheinen im ersten Lebensjahr zu sterben. Andererseits tragen Erwachsene oft die Narben von Begegnungen mit ihren Feinden; sie können ein Alter von 40 Jahren erreichen. Die Weibchen werden mit fünf bis sieben Jahren trächtig, obwohl das Gewicht stärker als das Alter den Zeitpunkt der ersten Trächtigkeit bestimmt. Wachstumsrate und Nahrungsangebot beeinflussen also die Fortpflanzungsrate. Vielleicht steht den Krabbenfressern jetzt mehr Nahrung zur Verfügung, weil die größten Bartenwale, die sich ebenfalls von Krill ernähren, zu Beginn des 20. Jahrhunderts fast ausgerottet wurden. Dann hätte das ansonsten traurige Schicksal der Wale wenigstens teilweise den häufig vorkommenden Robben zum Überleben verholfen. ILB/RML

Unten: *Krabbenfresser ruhen auf einer Eisscholle vor der Antarktischen Halbinsel. Obwohl sie häufig vorkommen, ist anzunehmen, dass die wieder zunehmenden Walpopulationen das Krillangebot und damit auch die Zahl der Robben verringern könnten.*

Jäger der südlichen Ozeane

Die größte Robbe der Antarktis, der Seeleopard, ist die einzige Art, die regelmäßig warmblütige Tiere jagt. Dieses Raubtier ernährt sich von vielfältiger Beute, darunter Krill (37 %), Fische (13 %), Tintenfische (3 %), Pinguine (25 %), andere Seevögel (5 %) und Robben (9 %). Er jagt nur im Wasser. An Land ist er schwerfällig. Obwohl die Jagd auf Pinguine in der Nähe von Brutkolonien spektakulär ist, findet sie nur jahreszeitlich statt und scheint auch nur die Spezialität einiger Individuen zu sein, weil die Beweglichkeit der Pinguine im Wasser sie zu einer schwierigen Beute macht.

Ebenso einmalig ist der Seeleopard, weil er regelmäßig andere Robbenarten frisst. Man hat nie einen solchen Angriff beobachtet, doch die Häufigkeit (55 %) von Narben bei Krabbenfressern zusammen mit zahlreichen Funden von Robbenüberresten in den Mägen der Seeleoparden lässt auf großen Beuteerfolg schließen. Am häufigsten werden Jungtiere gefangen. Doch frische Narben an älteren Robben dokumentieren, dass alle Altersgruppen gefährdet sind. Neben dem Krabbenfresser zählen Weddellrobben, junge Seeelefanten, Seebären und wahrscheinlich Rossrobben zu den Beutetieren. Anders als andere Hundsrobben (aber entsprechend den Ohrenrobben) hat der Seeleopard verlängerte Vorderflossen, die ihm zu höheren Geschwindigkeiten und größerer Wendigkeit verhelfen.

Die Narben an Krabbenfressern, die von Seeleopardenangriffen herrühren, sind Schlitze von bis zu 30 cm Länge, die oft paarweise über den ganzen Körper führen. Früher nahm man irrtümlich an, dass die Urheber dieser Narben Schwertwale sind. Heute scheint sicher zu sein, dass sie entstehen, wenn Krabbenfresser in rollenden Bewegungen vor Seeleoparden fliehen. Fängt ein Seeleopard einen Krabbenfresser, frisst er nur die Haut und den darunter liegenden Blubber. AWE

Unten: *Der Schädel eines Seeleoparden ist in typischer Weise lang gestreckt. Dieses Tier präsentiert seine gut entwickelten Eckzähne. Die komplexen Backenzähne dienen dem Filtern von Krill.*

Revierverhalten unter Wasser ist von einigen Arten bekannt, die sich im Wasser paaren. Männliche Weddellrobben präsentieren sich in schmalen, bis zu 200 m langen Wasserzonen unter den Eisspalten, an denen sich Weibchen und Junge versammeln. Diese Bereiche verteidigen sie auch. Einzelne Männchen der Eismeer-Ringelrobbe verwenden Löcher im Eis, von denen sie Männchen, aber keine Weibchen vertreiben. Seehund-Männchen „singen" während der Paarungszeit unter Wasser an Stellen, die oft von Weibchen aufgesucht werden. Viele dieser Tiere tragen Bisswunden, die zeigen, dass diese Plätze heftig verteidigt werden. Obwohl man von Krabbenfressern, Kegelrobben, Klappmützen und Larghaseehunden sagt, dass sie „Familien" mit Männchen, Weibchen und Jungen bilden, warten die Männchen immer auf paarungsbereite Weibchen. Diese werden aggressiv verteidigt, jedoch oft nach erfolgter Paarung verlassen, weil die Männchen andere Partnerinnen suchen.

Adulte Nördliche Seeelefanten schwimmen zweimal im Jahr ins Meer für insgesamt acht Monate. Dabei treiben sie sich weit im Nordpazifik herum. Neuartige Ortungssysteme haben gezeigt, dass die Tiere nach Jungenaufzucht und Fellwechsel zu denselben Nahrungsgründen zurückkehren. Damit wurde die erste doppelte Wanderung im Tierreich dokumentiert. Seeelefanten tauchten bei beiden Wanderungen auf Tiefen von 220 bis 250 m. Die Männchen legten in 250 Tagen wenigstens 21 000 km zurück (Weibchen in 300 Tagen 18 000 km). Es handelt sich um die längsten jährlichen Wanderungen, die für einzelne Säugetiere

aufgezeichnet wurden. Diese doppelte Wanderung ergibt sich aus dem Bedürfnis der Robben, zweimal im Jahr (zum Fellwechsel und zur Aufzucht der Jungen) an Land zu kommen. Man weiß nicht, weshalb die Tiere die Inseln vor der Küste Kaliforniens zum Fellwechsel aufsuchen und nicht Inseln oder Strände, die näher an ihren Nahrungsgründen liegen.

Robben schlafen auch im Wasser. Nördliche Seeelefanten etwa kommen nur alle 25 Minuten zum Atmen an die Oberfläche, wenn sie unter Wasser schlafen. Sie können sogar auftauchen und Luft holen, ohne dabei wach zu werden.

Das Sozialverhalten der meisten Hundsrobbenarten wurde außerhalb der Paarungszeit nur wenig erforscht. Manche Arten leben vorwiegend als Einzelgänger und sammeln sich nur an dicht gedrängten Nahrungsquellen oder Ruheplätzen, andere dagegen sind sehr gesellig. Man fand heraus, dass Seehunde in Quebec, Kanada, in ihrer Wachsamkeit nachlassen, wenn sie größere Gruppen bilden. Vermutlich verstärkt sich das Navigationsgeschick der Sattelrobben, wenn sie in Herden wandern. Und schließlich nimmt man an, dass sich entwöhnte junge Krabbenfresser zusammentun, um besser gegen Seeleoparden geschützt zu sein.

Grund zur Hoffnung

ARTEN- UND UMWELTSCHUTZ

Als Einzige sind die Mönchsrobben stark gefährdet, obwohl isolierte Populationen oder Unterarten anderer Robben ebenfalls selten sind oder an Zahl abnehmen. Viele Weibchen der Eismeer-Ringelrobben und Kegelrobben in der Ostsee weisen Anomalien in den Fortpflanzungsorganen auf, die man für Auswirkungen der Verschmutzung hält. Der Saimaasee in Finnland beherbergt eine kleine Population mit etwa 200 Tieren einer Unterart der Eismeer-Ringelrobbe, die gefährdet ist, weil sie sich häufig in Fischernetzen verfängt und die Aufzuchtplätze verliert. Der Seehund der Kurilen ist in russischen Hoheitsgewässern geschützt, wird aber in Nordjapan getötet.

Die meisten Robbenpopulationen dagegen sind stabil oder vergrößern sich sogar – einige nach starker Dezimierung in der Vergangenheit. Ein erstaunliches Beispiel für eine solche Erholung bietet der Nördliche Seeelefant, dessen Zahl von weniger als 100 im Jahr 1912 auf mehr als 100 000 heute angestiegen ist.

Einige Robbenpopulationen weltweit werden von Fischern als Konkurrenten betrachtet. Doch meist gibt es kaum wissenschaftliche Beweise, dass die Robben einen spürbaren Einfluss auf die Fischbestände ausüben. Studien bezüglich des Zusammenhangs zwischen Sattelrobben und Kabeljaufischern in Kanada ergaben, dass nur 0,002 % des Fangs von Robben beschädigt wurde.

Robben werden von einheimischen Völkern des Nordens und Küstenbewohnern andernorts wegen ihres Fleisches und Fells getötet. Knochen, Organe und Felle der Tiere verwendet man auch in der traditionellen chinesischen Medizin. Bei genetischen Untersuchungen wurden sogar Penisse von Wasserraubtieren unter derartiger Handelsware entdeckt. Der Handel mit Körperteilen einiger Robbenarten ist legal, während andere Arten nicht gejagt werden dürfen. Doch da man ohne genetische Untersuchung dieser Teile kaum feststellen kann, von welcher Art sie stammen, könnte der lukrative Handel mit diesen Organen zur Wilderei bei geschützten Arten führen. DML/IAM

Oben: *Ökotourismus bietet den örtlichen Gemeinden neben der Jagd auch andere lukrative Möglichkeiten, aus den Robben Gewinn zu ziehen. Hier werden junge Sattelrobben in Kanada fotografiert.*

Unten: *Der Fellwechsel des Südlichen Seeelefanten findet zwischen Januar und Mai statt. Er kann wenige Tage oder mehr als einen Monat dauern. Sandstrände sind die bevorzugten Plätze dafür. Hier bewirft sich ein Bulle des Südlichen Seeelefanten mit Sand, weil er versucht, seine Körpertemperatur zu reduzieren.*

Artenübersicht Hundsrobben

ZU DEN 18 ARTEN DER HUNDSROBBEN oder Phocidae gehören Mönchsrobben (Gattung *Monachus)* und Seeelefanten (Gattung *Mirounga)* sowie Seehund, Largha-Seehund und die Ringelrobben aus der Gattung *Phoca*. Einige Wissenschaftler rechnen auch Sattel- und Bandrobbe zu dieser Gattung. Die Karibische Mönchsrobbe wurde 1952 zum letzten Mal gesehen. Sie wird von der IUCN seit 1996 als ausgestorben bezeichnet.

Hawaii-Mönchsrobbe En
Monachus schauinslandi

Besiedelt Sandstrände und Gewässer im NW der hawaiischen Inseln: Kure-Atoll, Midway-Atoll, Pearl- und Hermes-Riff, Lisianski-Insel, Laysan-Insel, French Frigate Shoals (FFS), Necker- und Nihoa-Insel; Hawaii- Hauptinseln. Populationen auf Kure, Midway, Pearl und Hermes scheinen sich zu vergrößern, die auf FFS, Lisianski und Laysan dagegen verkleinern sich. Die Anzahl der Robben auf Necker und Nihoa ist klein, scheint aber zu steigen. Insgesamt umfasst der Bestand etwa 1400 Tiere; der jährliche Rückgang liegt bei 5 %, vermutlich aufgrund von Nahrungsknappheit (vor allem auf FFS), die sich aus der Konkurrenz mit der Fischindustrie ergibt. Zudem verfangen sich viele Tiere in Netzen. Hinzu kommt, dass sexuell aggressive Männchen häufig Weibchen und noch nicht geschlechtsreife Tiere töten.
KL Männchen 210 cm, Weibchen 230 cm; GT Männchen 170 kg, Weibchen 205 kg.
KÖRPER: Das Fell des adulten Tieres ist am Rücken silbergrau, an Hals, Brust und Bauch cremefarben; bisweilen gefleckt. Mit der Zeit wirkt das Fell oberseits braun und unterseits gelb; Männchen und manche Weibchen werden im Alter dunkelbraun oder schwarz. Die Jungen werden mit langem schwarzem Flaumhaar (Lanugo) geboren, das nach etwa sechs Wochen ausfällt. Die Hawaii-Mönchsrobbe besitzt noch einige primitive anatomische Merkmale, die an ihre fossilen Verwandten von vor 14–16 Mio. Jahren erinnern.
NAHRUNG: Fische, Kopffüßer, Schalentiere, einschließlich Hummer.
FORTPFLANZUNG: Weibchen mit 4–8 Jahren geschlechtsreif; bei Männchen ist das Alter der Geschlechtsreife unbekannt. Geburten finden ganzjährig statt, am häufigsten von Februar bis August. Die meisten Jungen sind im März/April an den Stränden. Sie wiegen bei der Geburt 14–17 kg, werden 5–6 Wochen versorgt und mit 65–70 kg entwöhnt. Erwachsene sind meist Einzelgänger, an Land und im Wasser.
LEBENSERWARTUNG: 20–25 Jahre.

Mittelmeer-Mönchsrobbe Cr
Monachus monachus

Früher am Mittelmeer, an NW-Küsten Afrikas und am Schwarzen Meer weit verbreitet, jetzt die bedrohteste Art aller Wasserraubtiere. Heute im NO-Atlantik, in wenigen Kolonien an der Küste der W-Sahara/Mauretanien (die größte übrige Kolonie) und auf den Desertas-Inseln, Madeira. Im Mittelmeer vor allem im Ionischen Meer, in der Ägäis und der Antalya-Bucht vor der türkischen S-Küste. Einige Tiere gibt es evt. noch im Schwarzen Meer. Auch vor den Küsten Kroatiens, Italiens, Zyperns, Libyens, Algeriens und Marokkos wird von Mönchsrobben berichtet, doch die Zahlen sind niedrig (nur etwa 50 Tiere). Der Weltbestand umfasst rund 400–500 Tiere. Zu den Hauptbedrohungen zählen: Lebensraumverlust durch Entwicklung, Massentourismus und Klippeneinstürze; Konkurrenz zur Fischindustrie, Tod in Fischernetzen oder durch Fischer; Krankheiten und giftige Algenblüten.
KL Männchen 240 cm, Weibchen 238 cm; GT Männchen 315 kg, Weibchen 300 kg.
KÖRPER: Fell meist braun oder grau am Rücken, heller am Bauch. Häufig weißer Fleck auf der Unterseite; unregelmäßige weiße Fleckung nicht selten. Ältere Männchen oft schwarz mit unregelmäßigem weißem Fleck am Bauch. Neugeborene mit schwarzer Lanugo und weißem oder gelbem Fleck am Bauch, dessen Form das Geschlecht anzeigt.
NAHRUNG: Fische und Tintenfische.
FORTPFLANZUNG: Männchen und Weibchen mit 5–6 Jahren geschlechtsreif. Wurfgröße: ein Junges von 16–18 kg. Geburten finden ganzjährig statt, meist im September und Oktober. Heute kommen alle Jungen in Höhlen zur Welt. Sie werden 5–6 Wochen gesäugt, in der Antalya-Bucht auch bis zu 17 Wochen. Die Männchen paaren sich wohl mit einigen Weibchen im Wasser; die Sozialstruktur ist unbekannt; in den Wurf-Höhlen leben die Tiere gesellig.
LEBENSERWARTUNG: 20–30 Jahre.

Nördlicher Seeelefant
Mirounga angustirostris

Kolonien in Kalifornien auf den Inseln Santa Barbara, San Nicolas, San Miguel, Santa Rosa, Año Nuevo und Southeast Farallon, dazu am Festland am Año Nuevo Point und Point Reyes; auch in Mexiko auf den Guadaloupe-, Benito- und Cedros-Inseln. Einige Geburten finden auch auf Natividad, San Martín, Coronado und San Clemente statt. Außerhalb der Paarungszeit leben die Weibchen an den Küsten von Oregon und Washington, die Männchen wandern nach N bis zum Golf von Alaska und den Aleuten. Im 19. Jahrhundert durch Jagd kurz vor der Ausrottung; am Ende des Jahrhunderts nur noch 8–20 Tiere. Durch Schutzmaßnahmen stiegen die Zahlen, 1992 lag die Weltpopulation bei 125 000 Tieren.
KL Männchen bis zu 500 cm, Weibchen bis zu 300 cm; GT Männchen 1800–2700 kg; Weibchen 350–900 kg.
KÖRPER: Fell grau, hellbraun oder braun, Männchen meist dunkler. Im Alter sind die Bullen im Nacken runzelig und mit Narben übersät; sie entwickeln einen aufblähbaren Rüssel („Elefant"), Gesicht, Rüssel und Kopf werden hell, die Brust wird rosa. Eckzähne sehr lang, Backenzähne pflockähnlich, bisweilen mit Höckern und doppelten Wurzeln. Neugeborene mit schwarzer Lanugo, die nach drei Wochen durch hellgraues oder silberfarbenes Fell ersetzt wird.
NAHRUNG: Rochen, Haie, Seehechte, Garnelen, Kraken, Weißfische und Krebse, vor allem Tiefseekalmare.
FORTPFLANZUNG: Weibchen mit 2 Jahren geschlechtsreif, obwohl sie das erste Junge erst mit 4 Jahren bekommen. Männchen mit 6–7 Jahren geschlechtsreif, Paarung erst mit 9–10 Jahren. Geburten von Mitte Dezember bis März. Männliche Junge sind bei der Geburt etwa 153 cm lang und wiegen 36 kg, weibliche sind 147 cm lang und 31 kg schwer. Laktation 27 Tage. Zu Beginn der Paarungszeit sammeln sich Weibchen an den Stränden, nachdem einige große Bullen die Hierarchie durch visuelle und stimmliche Zurschaustellung, manchmal auch durch Kämpfe festgelegt haben. Ein Männchen paart sich in einer Saison mit bis zu 80 Weibchen. Jährlicher Fellwechsel bei Jungen im April, endet bei erwachsenen Männchen im August. Nach der Paarungszeit halten sich adulte Tiere meist in tieferen Gewässern vor der Küste auf.
LEBENSERWARTUNG: Männchen 14 Jahre, Weibchen bis 18.

Südlicher Seeelefant
Mirounga leonina

Fast rund um den Südpol, meist nördlich des Packeises. Kolonien auf Inseln zu beiden Seiten der Antarktischen Konvergenz in 3 getrennten Gruppen (evt. Unterarten): 1: S-Georgia, Gough, Falkland- und Shetland-Inseln, Antarktische Halbinsel, Patagonien bis Valdez-Halbinsel; 2: Kerguelen, Heard, Marion und Crozet; 3: Macquarie- und Campbell-Inseln. Eine weitere Gruppe wurde auf der Juan-Fernández-Insel im 19. Jahrhundert durch Jagd ausgerottet. Einzelne Würfe im N bis Namibia, Oman, Komoren, Neuseeland (Südinsel), Tasmanien und Tristan da Cunha. Die Art wandert auf das antarktische Festland und im N bis S-Australien, Mauritius, Rodriguez-Insel, Uruguay, Peru und Neuseeland (Nordinsel). Die Weltpopulation schätzte man 1991 auf 700 000–800 000 Tiere. Einige Populationen im antarktischen Teil des Indischen und Pazifischen Ozeans haben in den letzten Jahren abgenommen. Die atlantische Population weist seit 1991 stabile oder steigende Tendenzen auf.
KL Männchen bis 620 cm, Weibchen bis 266 cm; GT Männchen 3700 kg, Weibchen 350–800 kg. Männchen sind die größten Wasserraubtiere.
KÖRPER: Fell silbergrau oder braun bei erwachsenen und heranwachsenden Tieren. Neugeborene wechseln die schwarze Lanugo nach ca. 3 Wochen in ein silbergraues Fell. Erwachsene Männchen haben im Nacken dicke, narbige Haut; der Rüssel ist kürzer und der Schädel meist massiver als beim Nördlichen Seeelefanten; große Eckzähne mit kleinen Schneidezähnen und kleineren pflockähnlichen Backenzähnen.
NAHRUNG: Meist Kopffüßer, einige Fische.
FORTPFLANZUNG: Weibchen mit 3–4, Männchen mit etwa 4 Jahren geschlechtsreif, obwohl sich nur wenige vor dem 11. Lebensjahr erfolgreich paaren. Würfe finden im September/Oktober an Land statt. Männliche Junge wiegen 45 kg, weibliche 40 kg. Die Jungen werden etwa 23 Tage lang versorgt. Bei der Entwöhnung wiegen Männchen etwa 119 kg, Weibchen 112 kg. Das Paarungsverhalten entspricht dem des Nördlichen Seeelefanten, doch verteidigt ein Bulle einen Harem von bis zu 50 Weibchen oder ist eingebunden in größere Ansammlungen, in denen bis zu 300 Weibchen auf 1 Männchen kommen. Nach der Paarung zerstreuen sich Südliche Seeelefanten weit. Der Fellwechsel findet von Januar bis April an den Küsten statt.
LEBENSERWARTUNG: Männchen meist weniger als 20 Jahre (auf Macquarie erreichen nur 1,2 % der Tiere ein Alter von 13 Jahren), Weibchen etwa 14 Jahre.

Krabbenfresser
Lobodon carcinophagus

Über das Packeis der Antarktis verteilt, dem zunehmenden und abnehmenden Eis folgend. Schwimmt im N bis Heard Island, Südafrika, Neuseeland, S-Australien und Südamerika. Häufigste Art unter den Wasserraubtieren; Statistiken zwischen 1968 und 1983 schätzen den Weltbestand auf

ABKÜRZUNGEN	KL = Körperlänge GT = Gewicht		
		Ex ausgestorben	En stark gefährdet
		EW in freier Natur ausgestorben	Vu gefährdet
		Cr vom Aussterben bedroht	LR geringes Risiko

11–12 Mio. Tiere, obwohl die Dichte in manchen Gebieten deutlich abgenommen hat.
KL Beide Geschlechter 260 cm; GT Männchen 225 kg, Weibchen 235 kg.
KÖRPER: Fell meist hellgrau, manchmal dunkler, mit dem Alter wird es heller; unregelmäßige Flecken und Ringe auf Flanken und Flossen und um den Flossenansatz. Nicht geschlechtsreife Tiere dunkler und manchmal gesprenkelt. Oft starke Narben an Rücken und Flanken durch Angriffe von Seeleoparden sowie in Gesicht und an Flossen durch Kämpfe mit Artgenossen zur Paarungszeit. Neugeborene mit weicher, wolliger, graubrauner Lanugo; Flossen können dunkler sein. Erwachsene mit langem, schlankem Körper und relativ langer, schmaler Schnauze. Backenzähne mit vielen Höckern zum Filtern von Makroplankton.
NAHRUNG: Hauptbeute Krill; jahreszeitlich bisweilen auch Fische.
FORTPFLANZUNG: Männchen und Weibchen mit 2,5–6 Jahren geschlechtsreif, je nach Nahrungsangebot. Weibchen werfen zwischen September und Dezember (meist Oktober) ein Junges, das etwa 120 cm lang und 20–40 kg schwer ist. Entwöhnung nach 14 bis 21 Tagen, wenn das Junge etwa 110 kg wiegt. Das Männchen schließt sich während der Aufzucht des Jungen dem Weibchen an, begattet es nach der Entwöhnung des Jungen und bleibt noch 1–2 Wochen mit ihm zusammen. Im restlichen Jahr sind die Tiere meist allein oder in kleinen Gruppen, obwohl auch große Verbände beobachtet wurden.
LEBENSERWARTUNG: Etwa 20 Jahre.

Weddellrobbe
Leptonychotes weddellii

Südlichste aller Robben; rund um den Südpol, Kolonien im Festeis um die Antarktis und auf Inseln im N bis S-Georgia. Gelegentlich auch Wanderungen nach N bis Uruguay, Juan Fernández, N-Neuseeland, S-Australien, Kerguelen und Isla Mocha, Chile. Obwohl der Bestand auf 750 000 Tiere geschätzt wurde, gibt es keine sicheren Angaben.
KL Männchen 250–290 cm, Weibchen 260–330 cm; GT beide Geschlechter etwa 400–450 kg, jahreszeitlich schwankend.
KÖRPER: Fell unterschiedlich: dunkel silbergrau, oben dunkler, mit schwarzen, grauen oder weißen Flecken. Hellere Stellen um die Augen und die Unterseite der Schnauze. Neugeborene mit grauer oder hellbrauner wolliger Lanugo und dunkler Linie am Rücken. Eckzähne und zwei große vorstehende Schneidezähne sind oft abgenutzt, weil die Tiere Löcher ins Eis „sägen".
NAHRUNG: Fische, Kopffüßer, Schalentiere.
FORTPFLANZUNG: Weibchen mit 3–6, Männchen mit 7–8 Jahren geschlechtsreif. Geburten erfolgen zwischen Mitte September und Anfang November, je nach Breitengrad. Junge sind bei der Geburt etwa 120 cm lang und 22–25 kg schwer. Sie werden 6–7 Wochen gesäugt und wiegen beim Entwöhnen etwa 113 kg. Erwachsene Männchen stellen sich visuell und stimmlich zur Schau, kämpfen mit Rivalen um Unterwasser-Reviere oder versperren anderen Männchen den Weg zu Atemlöchern. Weddellrobben sind nicht besonders gesellig und halten bei der Nahrungssuche größere Abstände zueinander.
LEBENSERWARTUNG: Etwa 25 Jahre.

Seeleopard
Hydrurga leptonyx

Polare und subpolare Gewässer der S-Hemisphäre, vom Rand des Packeises bis zum antarktischen Festland, auf und um viele subantarktische Inseln. Heard Island im südlichen Indischen Ozean hat eine ganzjährige Population. Auch auf South Georgia, den Kerguelen-, Macquarie- und Falkland-, gelegentlich auch auf Campbell- und Auckland-Inseln. Wandert im N bis Sydney, Australien, Rarotonga auf den Cook Islands, S-Afrika, Tristan da Cunha und N-Argentinien. Statistiken der Jahre 1968 bis 1983 geben die Weltpopulation mit wenigstens 300 000–500 000 Tieren an.
KL Männchen 250–320 cm, Weibchen 241–338 cm; GT Männchen 200–450 kg; Weibchen 225–590 kg.
KÖRPER: Fell oben silber- bis dunkelgrau, unten heller, am deutlichsten gefleckt an Hals, Schultern, Flanken und Bauch. Neugeborene mit langer, weicher Lanugo, die dem erwachsenen Fellmuster ähnelt. Das Äußere wird oft als reptilienartig beschrieben. Lang gestreckter Körper, großer Kopf und massive Kiefer mit großen Eckzähnen und massiven Backenzähnen.
NAHRUNG: Krill, Pinguine, Fische, Kalmare und Robben.
FORTPFLANZUNG: Weibchen mit 3–7, Männchen mit 2–6 Jahren geschlechtsreif. Würfe von September bis Januar, vor allem November/Dezember auf Packeis, auch auf Inseln. Laktation ca. 4 Wochen. Männchen sieht man nicht mit Weibchen und Jungen auf dem Eis; man weiß nicht, wo sie sich in dieser Zeit aufhalten. Wurfrate mit jährlich 47–61 % niedrig für Wasserraubtiere. Meist Einzelgänger auf dem Eis und im Wasser. Oft in der Nähe anderer Wasserraubtiere (vor allem Krabbenfresser und Kerguelen-Seebär) und großer Pinguinkolonien.
LEBENSERWARTUNG: 26 Jahre und mehr.

Rossrobbe
Ommatophoca rossii

Punktuell um die ganze Antarktis verbreitet, am häufigsten in der König-Haakon-VII.-See und dem Rossmeer. Wandert auch bis Heard Island und S-Australien. Der Weltbestand soll 1984 ca. 200 000 Tiere betragen haben.
KL Männchen 168–208 cm, Weibchen 196–236 cm; GT Männchen 129–216 kg, Weibchen 159–204 kg.
KÖRPER: Fell oben dunkelgrau bis kastanienbraun, unten silbrig weiß mit hellen und dunklen Flecken zwischen den beiden Farben. Vom Kinn zur Brust und seitlich am Hals kastanien- oder schokoladenbraune Streifen. Das Muster der Lanugo der Neugeborenen ähnelt dem Erwachsenenfell. Breiter Hals, kurze Schnauze, weit auseinander stehende Augen, lange Vorder- und Hinterflossen. Schneide- und Eckzähne sind scharf und gebogen, um glitschige Beute gut zu fassen; Backenzähne sind klein, durchstoßen kaum das Zahnfleisch.
NAHRUNG: Vor allem Kopffüßer (Kalmare), auch einige Fische und Krill.
FORTPFLANZUNG: Weibchen mit 3–5, Männchen mit 2–7 Jahren geschlechtsreif. Würfe finden im November auf dem Packeis statt. Neugeborene sind etwa 105–120 cm lang und 27 kg schwer. Laktation etwa 28 Tage. Junge geben trillernde, sirenenähnliche Töne von sich. Erwachsene leben vermutlich als Einzelgänger.
LEBENSERWARTUNG: Etwa 20 Jahre.

Bartrobbe
Erignathus barbatus

In Arktis und subarktischen Gewässern, im S bis S-Labrador, S-Grönland, N-Island, Weißes Meer, Hokkaido und Alaska-Halbinsel. Mitunter bis in die Bucht von Tokio, Cape Cod und N-Spanien. 2 Unterarten: *E. b. barbatus* (Atlantisches Becken) und *E. b. nauticus* (westliche kanadische Arktis bis Zentralsibirien). Bartrobben sind Einzelgänger und leben in Gebieten mit relativ flachem Wasser und beweglichem Eis. Gibt es kein Eis, kommen sie an Land und an Kieselstrände. Unvollständige Schätzungen aus den frühen 1980er Jahren geben für den Pazifik 450 000 Tiere an.
KL beide Geschlechter 210–250 cm, Weibchen etwas länger als Männchen; GT 200–360 kg.
KÖRPER: Fell variiert oben von silberblaugrau bis schokoladenbraun mit weißen oder cremefarbenen Flecken. Großer Körper, unproportioniert kleiner Kopf, eckige Vorderflossen; üppiger, langer, dichter Schnurrbart. Schädel mit tiefem Kiefer; die Zähne sind bei älteren Tieren oft abgenutzt oder fehlen.
NAHRUNG: Am Boden lebende Schalentiere (Krebse, Garnelen), Weichtiere (Venusmuscheln, Wellhornschnecken), Borstenwürmer, Kopffüßer und viele Fische wie Polardorsche, Flundern und Groppen.
FORTPFLANZUNG: Weibchen mit 3–6, Männchen mit 6–7 Jahren geschlechtsreif. Männchen „singen" zur Paarungszeit im Wasser, um Weibchen anzulocken oder ihr Revier zu verteidigen. Weibchen mit 4 Milchdrüsen (wie bei Mönchsrobben, im Gegensatz zu 2 Drüsen bei Seehunden). Geburten von Mitte März bis Mitte Mai auf Packeis. Neugeborene sind ca. 33 kg schwer und 130 cm lang. Gehen nach wenigen Stunden ins Wasser. Lanugo braun oder grau mit hellen Stellen im Gesicht und an den Schultern. Entwöhnung nach 18 bis 24 Tagen bei einem Gewicht von 78–110 kg.
LEBENSERWARTUNG: Etwa 25 Jahre.

Seehund
Phoca vitulina

Ortsfeste Art, die bei Inseln und in Küstengebieten des N-Atlantiks und N-Pazifiks über viele Breitengrade hin lebt. 5 Unterarten sind anerkannt: *P. v. vitulina* im NO-Atlantik von Murmansk längs der Küste der Barentssee (selten), Färöer, Svalbard und Island bis zur Ostsee, Großbritannien bis zur Kanalküste von Irland, N-Frankreich bis N-Portugal (selten); *P. v. concolor* im NW-Atlantik, von S- und W-Grönland bis Baffinland und der Hudsonbucht, südlich entlang der nordamerikanischen Atlantikküste bis Cape Cod, Massachusetts, und N-Florida; *P. v. richardsi* im NO-Pazifik, von den Aleuten, Bristol Bay und den Pribilof-Inseln, Alaska, südlich bis zur W-Küste von Baja California, Mexiko; *P. v. stejnegeri* im NW-Pazifik von den Aleuten über die Kommandeursinseln, S- und O-Kamtschatka, Kurilen bis zur NO-Küste von Hokkaido, Japan; *P. v. mellonae* im Gebiet der Lacs des Loups Marins, den Süßwasserseen „Seal Lakes" in N-Quebec, Kanada. Der gesamte Weltbestand umfasst rund 500 000 Tiere.
KL Männchen 150–186 cm, Weibchen 120–170 cm; GT Männchen 55–170 kg, Weibchen 45–142 kg (je nach Unterart).
KÖRPER: Fellfarbe und -zeichnung unterschiedlich. Graue oder braune Grundfarbe mit Flecken und Ringen bei erwachsenen Tieren. Die Jungen wechseln die weißliche Lanugo bereits vor der Geburt, sie werden mit „Erwachsenenfell" geboren. Hundeähnliches Gesicht, Zähne schräg im Kiefer.
NAHRUNG: Heringe, Plattfische, Kabeljau, Zander, Tintenfische, Kalmare.
FORTPFLANZUNG: Weibchen mit 3–4, Männchen mit 5–6 Jahren geschlechtsreif. Weibchen werfen (je nach Ort) von Januar bis Oktober an Land ein Junges. Die Neugeborenen wiegen 8–12 kg und sind bereits sehr gut entwickelt; gehen häufig schon nach 5 Minuten ins Wasser. Sie werden 4–6 Wochen gesäugt und mit ca. 30 kg Gewicht entwöhnt. Seehunde sind oft gemeinsam unterwegs auf Inseln, Felsen, Sandbänken, manchmal auch auf Eis, meist in Küstengewässern. Im Meer halten sie sich überwiegend allein oder in kleinen Gruppen auf.

Largha-Seehund
Phoca largha

Im Packeis des N-Pazifiks; 8 getrennte Populationen: russische Küste des Japanischen Meeres (3), Sachalin bis N-Hokkaido; nördliches Ochotskisches Meer; Karaginskij-Insel bei Kamtschatka; im NW und SO des Beringmeers. Im Frühjahr bis Fujian, China, Shikoku, Japan, und Aleuten. Im Sommer im N bis Tschuktschensee und Herschel Island, Yukon.
KL Männchen 150–170 cm, Weibchen 140-160 cm; GT Männchen 85-110 kg, Weibchen 65-115 kg.
KÖRPER: Fell hell- oder silbergrau, mit kleinen, einheitlichen, ovalen dunklen Flecken. Bei der Geburt weißliche Lanugo. Zähne sitzen gerade im Kiefer, anders als beim eng verwandten Seehund.
NAHRUNG: Fische, Kopffüßer, Krustentiere.
FORTPFLANZUNG: Weibchen mit 3–4, Männchen mit 4–5 Jahren geschlechtsreif. Würfe von Januar bis Mitte April; Neugeborene wiegen 7–12 kg und sind 75–90 cm lang. Laktation 28 Wochen, variiert je nach Stabilität des Packeises. Während der Zeit der Jungenaufzucht bilden die Tiere Familiengruppen, die weit über das Eis verstreut sind. Die Sehunde wandern im Sommer zur Küste, ruhen an Land und schwimmen manchmal in Flussmündungen.
LEBENSERWARTUNG: Etwa 35 Jahre.

Eismeer-Ringelrobbe
Pusa (Phoca) hispida

5 Unterarten, 3 davon leben im Meer, 2 in Süßwasserseen: *P. h. hispida* ist auf Festlandseis und stabilem Packeis im Polarmeer und Beringmeer beheimatet. Sie kommt im S bis James Bay, der Straße von Belle Isle, Kap Farvel, Barentssee vor N-Norwegen, Weißem Meer, Karaginskij-Insel vor Kamtschatka und nördlicher Bristol Bay vor. Man findet sie auch im Süßwasser, im Nettilling Lake und im Koukdjuak River auf Baffin Island. Ihre Wanderungen führen sie bis zu den Azoren, nach Deutschland, Portugal, New Jersey und S-Kalifornien; *P. h. botnica* kommt in der nördlichen Ostsee und im S bis Stockholm, Schweden, sowie Riga, Litauen, vor; *P. h. ochotensis* lebt im W-, N- und NO-Teil des Ochotskischen Meers und kommt im S bis zur N-Küste von Hokkaido und zum Kap Lopatka auf Kamtschatka vor, wandert bis Jiangsu, China, sowie Shikoku und Kyushu, Japan; *P. h. ladogensis* fast nur im Ladogasee, Russland, vertreten, obwohl manche Tiere über die Newa bis in den Finnischen Meerbusen kommen. *P. h. saimensis* lebt im Saimaasee in Finnland. Der Weltbestand wird auf 6–7 Mio. Tiere geschätzt.
KL 99–157 cm; GT *P. h. ladogensis* 32–56 kg; *P. h. saimensis* 45–100 kg; *P. h. botnica* 60–140 kg. Männchen sind etwas größer als Weibchen.
KÖRPER: Fell sehr unterschiedlich: silberfarben bis grau auf der Unterseite, dunkler am Rücken, mit Ringen an Flanken und Rücken. Bei Neugeborenen wird weiße Lanugo nach 6–8 Wochen durch ein meist ungeflecktes, unten silbriges und oben dunkelgraues Fell ersetzt. Kurze Schnauze mit schmalen Eckzähnen.
NAHRUNG: Viele Fischarten und planktonische Krustentiere.
FORTPFLANZUNG: Weibchen mit 3–7, Männchen mit 5–7 Jahren geschlechtsreif, je nach Population. Würfe im März/April in Schneehöhlen über Atemlöchern im Festeis, zum Schutz gegen tiefe Temperaturen und Feinde, vor allem Eisbären; Ausnahme: *P. h. ochotensis* im Ochotskischen Meer wirft auf Treibeis. Neugeborene sind ca. 50–65 cm lang und wiegen 4–5 kg. Entwöhnung auf dem Festeis meist nach 39 bis 45 Tagen; bei *P. h. ochotensis* nach etwa 21 Tagen, bei *P. h. saimensis* nach 5–8 Wochen. Viele Adulttiere bleiben das ganze Jahr im selben Gebiet. Meist sind sie auf dem Eis, selten an Land; sehr vorsichtig und wachsam wegen der zahlreichen Feinde.
LEBENSERWARTUNG: 30–40 Jahre.

Baikal-Ringelrobbe
Pusa (Phoca) sibirica

Im Süßwasser des Baikalsees in Sibirien. Gelegentlich auch in Flüssen, die den See entwässern. Bestand 1990 auf rund 60 000–70 000 Tiere geschätzt.
KL beide Geschlechter 122 cm; GT etwa 50–130 kg.
KÖRPER: Fell oben silbergrau mit helleren Flanken und Bauch; ohne Zeichnung. Bei der Geburt weiße Lanugo, wird nach 4–6 Wochen durch silbergraues Fell ersetzt. Schädel verkürzt mit großen Augenhöhlen. Vorderflossen und Krallen größer und kräftiger als bei Eismeer- und Kaspi-Ringelrobbe.
NAHRUNG: Fische, darunter *Comephorus dybowski, C. baikalensis* sowie Groppen.
FORTPFLANZUNG: Weibchen mit 2–5, Männchen mit 4–7 Jahren geschlechtsreif. Würfe erfolgen Mitte Februar bis Ende März in Schneehöhlen; Junge wiegen etwa 4 kg und sind 64–66 cm lang. Laktation 8–10 Wochen. Der Fellwechsel der erwachsenen Tiere beginnt Ende Mai/Anfang Juni und kann bis Juli dauern. Meist Einzelgänger.
LEBENSERWARTUNG: Männchen 52 Jahre, Weibchen 56 Jahre.

Kaspi-Ringelrobbe Vu
Pusa (Phoca) caspica

Lebt im stark salzhaltigen Kaspischen Meer; manchmal auch in Flüssen. Während der Aufzucht der Jungen sammeln sich die Tiere am flachen Nordende des Sees, das zufriert. Im Sommer wandern sie in den tieferen Mittel- und Südteil. Der Bestand wird auf etwa 500 000–600 000 Tiere geschätzt.
KL beide Geschlechter etwa 130–140 cm; GT 50–60 kg.
KÖRPER: Grauer Rücken mit hellgrauen Flanken und Bauch; dunkle Flecken bei den Männchen am Rücken, hellere Flecken bei den Weibchen. Unter der weißen Lanugo der Neugeborenen erscheinen mit etwa 3 Wochen kurze dunkle Haare. Schädel wie bei der Eismeer-Ringelrobbe.
NAHRUNG: Kleinere Fische (Grundeln, Groppen, Heringsfische), Krustentiere, Garnelen.
FORTPFLANZUNG: Weibchen mit 4–5, Männchen mit 6–7 Jahren geschlechtsreif. Weibchen werfen in Gruppen Ende Januar/Anfang Februar im Packeis nördlich der Kulaly-Insel ein Junges von 5 kg Gewicht. Laktation 28–35 Tage. Nach dem Tauen des Eises sieht man die Tiere gelegentlich auf Felsen.
LEBENSERWARTUNG: Etwa 35 Jahre.

Kegelrobbe
Halichoerus grypus

Nach Verbreitung, Wurfzeit und Körpergröße in 3 Populationen unterteilt: im NW-Atlantik (von Labrador bis Nantucket, Massachusetts), im NO-Atlantik (von Frankreich bis zur Halbinsel Kola, Russland) und in der Ostsee. Der Großteil der Population im NW-Atlantik wirft in der Northumberland Strait und auf dem Sand von Sable Island, Kanada. Im NO-Atlantik kommen die meisten Jungen in den Gewässern um die Britischen Inseln zur Welt, vor allem im N und NW von Schottland. Kleinere Kolonien vor Norwegen, Russland, den Färöerinseln, Island, Frankreich, den Niederlanden und Deutschland. Weltbestand ca. 300 000 Tiere. Die Ostsee-Population ist im Vergleich zu früher stark reduziert, nimmt aber erneut zu.
KL: NW-Atlantik Männchen 235 cm, Weibchen 200 cm; NO-Atlantik Männchen 195 cm, Weibchen 165 cm; GT NW-Atlantik Männchen 300–350 kg, Weibchen 150–200 kg; NO-Atlantik 170–310 kg, Weibchen 103–180 kg.
KÖRPER: Männchen dunkelbraun, grau oder schwarz mit kleinen Flecken. Weibchen heller mit dunklen Flecken auf grauem, hellbraunem oder gelblichem Grund. Die Jungen tragen bei der Geburt weiße Lanugo; mit 2–4 Wochen wächst ihnen eine ähnliche Form des adulten Fells. Lange, gebogene Schnauzen, vor allem bei adulten Männchen, die eine schwere, narbige Nackenpartie entwickeln. Große pflockähnliche Zähne.
NAHRUNG: Fische (u.a. *Ammodytes*, Kabeljau, Plattfische, Hering, Makrele) und Wirbellose (Kopffüßer, Krustentiere).
FORTPFLANZUNG: Weibchen mit 3–5, Männchen mit etwa 3–6 Jahren geschlechtsreif, Paarung frühestens mit 8 Jahren wegen der starken Rivalität der älteren Männchen. Kegelrobben sind gesellig; sie bilden zum Werfen, Aufziehen der Jungen und während des Fellwechsels Kolonien. Bei der Population im NO-Atlantik werfen die Weibchen an Land von September bis November; in der Ostsee finden die Würfe meist auf dem Eis im Februar/März statt, im NW-Atlantik auf dem Land und dem Eis zwischen Ende Dezember und Anfang Februar. Bei der Geburt sind die Jungen 90–105 cm lang und 11–20 kg schwer; werden 16–17 Tage gesäugt und nehmen dabei im Schnitt 2 kg pro Tag zu. Die Männchen gelten als polygyn, sie verteidigen eher den Zugang zu einer Gruppe Weibchen als ein Revier.
LEBENSERWARTUNG: Männchen etwa 25 Jahre; Weibchen etwa 35 Jahre.

Sattelrobbe
Pagophilus groenlandicus
(Phoca groenlandica)

3 einzelne und stark nomadische Populationen werfen ihre Jungen vor der Küste von NO-Neufundland und im St.-Lorenz-Golf vor O-Kanada; vor der O-Küste von Grönland und um die Insel Jan Mayen; und im Weißen Meer vor der Küste Russlands, im Sommer in den Gewässern der Arktis im östlichen Kanada, in W- und O-Grönland sowie in der Kara- und Barentssee. Außerhalb des Verbreitungsgebiets wurden sie im Mackenzie-Delta und südlich bis Virginia an der O-Küste der USA und in der südlichen Nordsee gesichtet. Der Weltbestand umfasste am Ende des 20. Jahrhunderts etwa 7 Mio. Tiere.
KL beide Geschlechter (bei der Population im NW-Atlantik) 170 cm; GT 130 kg Anfang März (in anderen Gebieten etwas größer).
KÖRPER: Silbrig weißes oder graues Fell mit dunklen Flecken bei Jungtieren. Schwarze sattelförmige Zeichnung auf dem Rücken der geschlechtsreifen Tiere, die sich bei den Männchen zu Beginn der Geschlechtsreife am schnellsten entwickelt; manche Weibchen bilden den „Sattel" nie vollständig aus und bleiben gefleckt. Bei erwachsenen Tieren schwarzer Kopf, endet hinter dem Ohr und unter dem Kinn. Neugeborene mit weißer Lanugo. Relativ schlanke, aktive Art mit kleinen Eckzähnen.
NAHRUNG: Wirbellose wie Flohkrebse und Garnelen, Fische, darunter Polardorsch, Kapelan, *Ammodytes*, Hering und gelegentlich Kabeljau.
FORTPFLANZUNG: Geschlechtsreife mit 4–6 Jahren. Im St.-Lorenz-Golf und Weißen Meer werfen die geselligen Weibchen jeweils ein einziges Junges, das 11 kg wiegt. Die Geburten erfolgen auf neu gebildetem Packeis von Mitte Februar bis Anfang März, vor Neufundland etwas später und vor Jan Mayen von Mitte März bis April. Die Weibchen säugen ihren Nachwuchs etwa 12 Tage mit fettreicher Milch. Beim Entwöhnen wiegen die Jungen etwa 38 kg; anschließend paaren sich die Weibchen mit den wartenden Männchen. Erwachsene Tiere aller 3 Populationen wandern bald nach N, um sich für den Fellwechsel wieder auf dem Eis sammeln. Danach ziehen die 3 Populationen nach N zu getrennten Nahrungsgründen, wo sie den Sommer verbringen.
LEBENSERWARTUNG: Bis zu 30 Jahre.

Bandrobbe
Histriophoca (Phoca) fasciata

O-Sibirien und Tschuktschensee, im SO bis Bristol Bay, Alaska und Unalaska Island, im SW längs der Küste von Kamtschatka bis N-Hokkaido, Japan, einschließlich des Ochotskischen Meeres. Auch in Cordova, Alaska, und Morro Bay, Kalifornien, gesichtet. Nicht gut erforscht. Der Weltbestand liegt bei 193 000–240 000, nach Schätzungen von 1979 bzw. 1982.
KL 155–165 cm, gelegentlich bis 190 cm; GT 70–80 kg, manchmal bis 100 kg.
KÖRPER: Männchen dunkelbraun bis schwarz, mit weißen oder gelblichen Bändern um Hals, Flossen und Hüften. Weibchen etwas heller mit weniger deutlichen Bändern. Neugeborene tragen lange, weißliche Lanugo, die beim ersten Fellwechsel nach 4–5 Wochen durch blaugraues Fell am Rücken und silbergraues Fell am Bauch ersetzt wird. Schädel verkürzt mit kleinen Zähnen, große Augenhöhlen.
NAHRUNG: Fische (darunter Seelachs), Garnelen, Kopffüßer, am Boden lebende Wirbellose; Jungtiere sollen Krill fressen.
FORTPFLANZUNG: Weibchen werden wohl mit 2–5, Männchen mit 3–6 Jahren geschlechtsreif. Die meisten Jungen werden Anfang bis Mitte April auf dem Packeis geworfen. Sie wiegen 9–10 kg bei der Geburt, werden 3–4 Wochen gesäugt und bringen bei der Entwöhnung 27–30 kg auf die Waage. Männchen sieht man nicht mit Weibchen und Jungen auf dem Eis. Die erwachsenen Tiere verbringen den Rest des Jahres im offenen Meer.
LEBENSERWARTUNG: Etwa 20 Jahre.

Klappmütze
Cystophora cristata

2 Bestände sind anerkanntermaßen nachgewiesen: im NW-Atlantik und in der Grönlandsee. Es gibt 4 Wurfgebiete: im St.-Lorenz-Golf, im O von Neufundland, in der Davisstraße (zwischen Grönland und N-Kanada) und auf dem „Westeis" bei Jan Mayen. Klappmützen leben stark nomadisch; Adulttiere vom „Westeis" tauchen regelmäßig vor der W-Küste Irlands auf, Jungtiere dringen südlich bis vor die Küsten Portugals vor. Tiere aus dem NW-Atlantik wurden schon vor Puerto Rico und Kalifornien gesichtet. Den Gesamtbestand weltweit schätzt man gegenwärtig auf rund 500 000–700 000 Tiere.
KL Männchen etwa 250 cm, Weibchen bis 220 cm; GT Männchen bis zu 435 kg, Weibchen bis 350 kg.
KÖRPER: Beide Geschlechter silbergrau mit verstreuten, unterschiedlich großen Flecken. Vorder- und Hinterflossen sowie am Kopf bis hinter die Augen dunkel. Feten haben hellgraue Lanugo, die bereits vor der Geburt ausfällt. Die Jungen werden mit blaugrauem Rücken, silbergrauen oder gelblichen Flanken und Bauch, dunkler Maske und dunklen Flossen geboren. Mit etwa 14 Monaten wächst ihnen das Erwachsenenfell. Geschlechtsreife Männchen können am Kopf eine aufblasbare „Mütze" vorstülpen; außerdem können sie die Nasenscheidewand durch eine oder beide Nasenlöcher zu einem roten Ballon aufblasen. Schwerer Schädel mit 2 unteren und 4 oberen Schneidezähnen, großen Eck- und pflockähnlichen Backenzähnen.
NAHRUNG: Fische aus tiefen Meeresregionen (vor allem Rotbarsch, Schwarzer Heilbutt) sowie Kalmare. Die bereits entwöhnten Jungen fressen Kapelan, Polardorsch und Flohkrebse.
FORTPFLANZUNG: Weibchen mit etwa 3, Männchen mit 5 Jahren geschlechtsreif.

▲ **Oben:** *Die Baikal-Ringelrobbe kommt nur im Baikalsee und den zugehörigen Flüssen vor. Sie braucht Süßwasser. Im Sommer zieht sie zu den südlichen Ausläufern des Sees zum Sonnenbaden, hier im Bild auf den Uschkani-Inseln.*

Meist Einzelgänger, außer zur Paarungszeit im Frühjahr und beim Fellwechsel von Juni bis August in der Danemarkstraße vor Grönland. Weibchen in lockeren Ansammlungen, werfen in der zweiten Märzhälfte auf Packeis jeweils ein einzelnes Junges von etwa 20 kg. Klappmützen haben die kürzeste Laktationsperiode aller Säugetiere – 4 Tage. Die Jungen bekommen Milch mit über 50 % Fett; sie nehmen 5 kg pro Tag zu und werden mit einem Gewicht von 40 kg entwöhnt. Während der Laktation werden Weibchen und Junges von einem oder mehreren Männchen begleitet, die um die Paarungsrechte rivalisieren. Spektakuläre Zurschaustellungen von Mütze und rotem Nasenballon finden statt, um andere Männchen zu vertreiben und das Weibchen zu beeindrucken. Große Männchen paaren sich meist mit mehreren Weibchen.
LEBENSERWARTUNG: 30–35 Jahre. DML/JH

Grausames Geschäft mit dem Tod

Das fortgesetzte Töten von Sattelrobben im Nordwestatlantik

Viele Jahre lang lenkte der beginnende Frühling die internationale Aufmerksamkeit auf Kanadas Ostküste und die jährliche Robbenjagd. Das Schauspiel von jungen Sattelrobben mit weißem Fell *(whitecoats),* die wenige Tage nach ihrer Geburt getötet wurden, überstieg für viele das Maß des Erträglichen. Der mehr als ein Jahrzehnt lang erfolgte Aufschrei führte 1983 zu einem auf zwei Jahre befristeten Verbot des Fangs von *whitecoats* durch die EU. Dieses Verbot wurde 1985 um vier Jahre erweitert und 1989 ohne Begrenzung ausgesprochen. Die öffentliche Meinung erreichte auch, dass eine Königliche Kommission für Robben und Robbenschlag in Kanada feststellte, das Erschlagen neugeborener Sattelrobben würde „in weiten Kreisen Kanadas und im Ausland als abstoßend betrachtet". Die Kommission sprach die Empfehlung aus, die kommerzielle Jagd auf *whitecoats* zu beenden. Ende 1987 setzte die kanadische Regierung diese Empfehlung um.

Viele Menschen nahmen an, dass damit die Robbenjagd in Kanada vorbei war. Doch ganz im Gegenteil: Die Jagd auf Sattelrobben im Nordwestatlantik ging nicht nur in Kanada und vor Westgrönland weiter, sie erreichte in den späten 1990er Jahren sogar Ausmaße, wie man sie nicht gekannt hatte, seit die Proteste gegen den Robbenschlag in den späten 1960er Jahren begannen und daraufhin 1971 in Kanada Quoten eingeführt wurden.

In Kanada kam der Anstoß zu verstärkter Jagd 1995, als man neue Bundessubventionen einführte, die den Robbenjägern Anreiz geben sollten, mehr Tiere zu töten. 1996 erhöhte das Ministerium die zulässige Gesamtanzahl auf 250 000 Tiere und gewährte im zweiten Jahr in Folge zusätzliche Subventionen zur Förderung des Robbenschlags. Angeblich sollten davon die verringerten Bestände an Kabeljau profitieren. Während der Saison im folgenden Frühjahr wurden bei der größten Jagd seit 1970 mehr als 242 000 Sattelrobben erlegt. Dann erhöhte der Fischereiminister im Dezember 1996 die zulässige Höchstanzahl noch einmal, jetzt auf 275 000 Tiere. Die angelandeten Fänge stiegen daraufhin erneut (1997 auf 264 202 und 1998 auf 282 070 Tiere), bevor sie 1999 wieder auf 244 552 sanken. Der Hauptanteil – mehr als 80 % – waren immer noch Jungtiere, doch keine *whitecoats* mehr. Es handelte sich jetzt um 2–3 Wochen alte, entwöhnte Junge, die gerade ihr weißes Neugeborenen-Fell ablegten, sowie um Junge, die älter als 3 Wochen waren und den Fellwechsel bereits hinter sich hatten.

Oben und unten: *Bilder, die zeigen, wie Sattelrobben erschlagen werden (hier aus den 1970er Jahren), erhitzten die öffentliche Meinung und führten Mitte der 1980er Jahre zu Jagdquoten. Man erkennt leicht, warum die jährliche Robbenjagd zu so heftigen Reaktionen führte: Die Neugeborenen* (whitecoats) *gelten als Inbegriff von Unschuld und Verletzlichkeit. Doch obwohl man ihre Tötung verbot, war das Abschlachten älterer Jungtiere noch erlaubt und erreichte in den späten 1990er Jahren Rekordhöhen.*

Rechts: *Befürworter der Robbenjagd bringen neben anderen Rechtfertigungen vor, dass die Fülle an Sattelrobben den Kabeljau-Bestand stark verringert hat. Jedoch gibt es keinen wissenschaftlichen Beweis für diese These. Jungtiere, die im Fellwechsel sind (hier im Bild) und ältere Jungtiere waren die häufigsten Opfer der letzten Jagden.*

Im selben Zeitraum nahm Grönlands stark subventionierte und unkontrollierte Sommerjagd auf Sattelrobben zu und betraf 1996 mehr als 80 000 Tiere. Zusammen ergaben die Fänge in Grönland und Kanada zwischen 1996 und 1999 einen Jahresdurchschnitt von über 300 000 Tieren. Das letzte Mal, als der Durchschnitt so hoch lag – zwischen 1950 und 1969 –, nahm die Robbenpopulation um 50 % und mehr ab.

Um das riesige Ausmaß des Abschlachtens der Sattelrobben-Populationen im Nordwestatlantik zu verstehen, sollte man über die kanadischen und grönländischen Statistiken der gejagten Tiere hinausschauen. Zur Ermittlung einer ungefähren Gesamtzahl der getöteten Tiere muss man auch jene rechnen, die von Robbenjägern getötet, aber nie angelandet und in den offiziellen Statistiken registriert wurden. Ebenso schlagen die Robben zu Buche, die durch den kommerziellen Fischfang versehentlich umkamen. Addiert man all diese Zahlen, so wurden zwischen 1996 und 1999 jährlich etwa 400 000 bis 500 000 Sattelrobben im Nordwestatlantik getötet. Keine andere Art von Meeressäugetieren wird weltweit stärker gejagt.

Tierschützer protestieren auch gegen die Tötung älterer Jungtiere mit Knüppeln oder Gewehren. Sie betonen zudem die Grausamkeit, mit der eine Vielzahl älterer Tiere verletzt wird, die man dann langsam im Meer verenden lässt.

Wissenschaftler zeigen sich darüber besorgt, ob die kanadische Regierung ihr Ziel erreicht, durch die Jagd die Größe der Sattelrobben-Populationen aufrechtzuerhalten. Es gibt Beweise, dass die Tötungsrate zwischen 1996 und 1999 höher war, als die Population ausgleichen konnte. Die eigenen Schätzungen der Regierung deuten an, dass die Populationen sich in der Mitte der 1990er Jahre stabilisiert hatten und heute leicht abnehmen – ein Ergebnis der verstärkten Jagd im Lauf der letzten Jahre.

Im Jahr 2000 nahmen die in Kanada angelandeten Fänge auf 91602 Tiere ab, offensichtlich infolge verringerter Subventionen und eines Mangels an neuen Märkten für die meisten Robben-Produkte. Im Gegensatz dazu ging die unkontrollierte Jagd in Grönland unvermindert weiter. Dort werden zurzeit jährlich etwa 100 000 Sattelrobben angelandet. Doch man schätzt, dass für jede angelandete Robbe eine weitere getötet wird, die im Meer verendet. Das bedeutet, dass bei der Jagd eines Sommers in Grönland allein 200 000 Sattelrobben zu Tode kommen.

Trotz allem gibt es in der auch weiterhin geführten Debatte immer noch Menschen, die sogar noch mehr Robben töten wollen. Sie erklären, dass die Sattelrobbe im Nordwestatlantik eine häufige Art ist. Die kanadische Regierung gibt die Population zur Zeit mit über fünf Millionen Tieren an. Da die Bestände vieler Fischarten (vor allem des Kabeljaus) im Nordwestatlantik hauptsächlich wegen der in großem Maße betriebenen Überfischung zurückgehen, wurden in den letzten Jahren die Stimmen laut, die erneuten Robbenschlag fordern, da die Robben eine Erholung der Fischbestände verhinderten. Weniger Robben würden also einen besseren Fang für die Berufsfischer bedeuten. Gegner dieser Ansicht verteidigen die Tiere damit, dass sie nur sel-ten Kabeljau fressen und keine Gefahr für den Fischbestand darstellen. Noch wichtiger ist, dass die Nahrungskette im Meer sehr komplex ist und der Robbenschlag sogar das Gegenteil erreichen könnte: die Menge des Kabeljaus und anderer kommerziell wichtiger Arten zu verringern anstatt zu steigern.

Zu Beginn des neuen Jahrtausends hat die kanadische Regierung wieder einmal eine Expertenrunde einberufen, um Empfehlungen für zukünftige Jagden auf die Sattelrobben des Nordatlantiks zu geben. Die Debatten werden wohl auch weiterhin geführt werden. DML

SPECIAL FEATURE

DER AUFWAND DER MUTTERSCHAFT

Mütterliche Fortpflanzungsstrategien bei Wasserraubtieren

WIE ALLE BEUTEGREIFER MÜSSEN DIE FAMILIEN DER Wasserraubtiere – Hundsrobben (Phocidae), Ohrenrobben (Otaridae) und Walrosse (Odobenidae) – die Beute, die sie fressen, in Nachwuchs umsetzen, um ihr eigenes genetisches Überleben zu sichern. Die Weibchen der Wasserraubtiere bringen meist jährlich nur ein Junges zur Welt. Um zu werfen, müssen sie das Wasser verlassen und sich oft weit von den Nahrungsgründen entfernen. Diese Trennung von Fortpflanzung und Ernährung ist der wichtigste Faktor, der über die Fortpflanzungsmuster der verschiedenen Arten entscheidet. Diese folgen nicht immer genau phylogenetischen Aufteilungen. So ähnelt das Ernährungsverhalten einiger Hundsrobben, darunter der Sattelrobbe, während der Paarungszeit eher dem einiger Ohrenrobben als dem anderer Hundsrobben. Doch egal mit welcher Strategie, die Weibchen der Wasserraubtiere müssen die Energie für Wurf und Aufzucht der Jungen aus den Reserven schöpfen, die sie aus der Nahrung aufgebaut haben.

Mütter investieren viel in ihren Nachwuchs – sowohl Milch als auch Energie, die sie verwenden, um die Jungen zu verteidigen. Fast alle Wasserraubtiere gebären in regelmäßigem Zyklus und die verspätete Einnistung des befruchteten Eis ermöglicht es, dass der Wurf jedes Jahr zur gleichen Zeit erfolgt. Bis vor kurzem nahm man an, dass Hundsrobben die Milchproduktion nur durch ihre Fettreserven stützen und nicht nach Nahrung suchen, bis das Junge entwöhnt ist. Ohrenrobben dagegen fressen auch weiterhin. Dies wurde gängig so formuliert, dass Hundsrobben die Aufzucht der Jungen vom „Kapital" bestreiten und Ohrenrobben vom „Einkommen". Den Unterschied schrieb man der Körpergröße zu: Die größeren Hundsrobben können besser Fett speichern. Doch leider wurde diese bequeme Unterscheidung durch jüngste Entdeckungen gestört, die zeigen, dass auch einige Hundsrobben während der Laktation Nahrung aufnehmen, etwa die großen und mittelgroßen Tiere, die auf dem Eis werfen (Weddell- und Sattelrobben), und die an Land gebärenden Seehunde.

Trotzdem bleibt die Größe ein wesentlicher Faktor in der Gleichung der mütterlichen Investition. Die Weibchen der Hundsrobben sind meist größer als die der Ohrenrobben (das mittlere Gewicht liegt bei 220 kg gegenüber 40–50 kg) und größtenteils fasten sie während der kurzen, energieintensiven Laktationsperiode, die bei den Klappmützen nur vier Tage dauert. Die Jungen wachsen rasch (ein Klappmützen-Junges verdoppelt in diesen vier Tagen sein

Oben: *Ein Weibchen des Südafrikanischen Seebären liegt bequem auf dem Rücken, während es ein wohlproportioniertes Junges säugt. Wie bei allen Ohrenrobben dauert die Laktation 12 oder mehr Monate. Einige Junge werden sogar zwei bis drei Jahre gesäugt.*

Links: *Rund wie ein Ballon, verkörpert diese Sattelrobben-Mutter die Strategie der Hundsrobben, vor der Geburt Fettreserven aufzubauen. Sie säugt ihr Junges nur zehn bis zwölf Tage; dieses verdoppelt dabei sein Gewicht, während sie hungert. Ist das Jungtier entwöhnt, haben Mutter und Kind nur wenig Kontakt.*

Geburtsgewicht) und werden abrupt entwöhnt. Um dieses beachtliche Wachstum zu erreichen, enthält die Milch bis zu 60 % Fett.

Ohrenrobben-Weibchen zehren nur fünf bis zwölf Tage von den Reserven. Dann kehren sie wiederholt ins Meer zurück, um zwischen dem Säugen Nahrung zu suchen. Die ausgedehnte Laktationsperiode kann von vier (bei den Galapagos-Seelöwen) bis zu 24 Monaten (bei den Galapagos- und Südamerikanischen Seebären) dauern. Die Jungen der Ohrenrobben wachsen im Allgemeinen langsamer als die der Hundsrobben und sind bei der Entwöhnung weniger rundlich. Sie wiegen dann 30 % vom Gewicht ihrer Mutter, während für die Hundsrobben 40 % typisch sind. Über die Brutpflege der Walrosse weiß man weniger, doch die Jungen begleiten ihre Mütter bei der Nahrungssuche und werden typischerweise im Wasser gesäugt.

Bei den meisten Pinnipedia gibt es beachtliche Unterschiede in der Größe der Weibchen: Die größten sind oft doppelt so schwer wie die kleinsten. Das Verhältnis von den „Ausgaben" der Mutter (die Verwendung von Körperreserven zur Aufzucht eines Jungen) und ihrer „Investition" (Änderungen in ihrer Fitness wegen der „Ausgaben") wird durch diese unterschiedlichen Größen der Mütter noch komplizierter. So muss ein kräftiges Muttertier für die Aufzucht eines Jungen weniger Körpermasse opfern als eine schmächtige Mutter. Diese Varianten innerhalb einer Art verfälschen auch die Ergebnisse, wenn es um den Zusammenhang von Körpergröße und Fortpflanzungsverhalten bei diversen Arten geht.

Wie viel die Fortpflanzung einem Weibchen abverlangt, zeigt die starke Verringerung von Fruchtbarkeit und Überlebenschance. So haben etwa Galapagos-Seebären, die noch von Jungen der vorigen Saison begleitet werden, eine wesentlich geringere Chance, im folgenden Jahr wieder trächtig zu werden (45 anstatt 90 %). Beim Kerguelen-Seebären ist eine vorhergehende Trächtigkeit verbunden mit geringeren Überlebenschancen und einer reduzierten Fruchtbarkeit: Ein Weibchen, das nie Mutter war, hat eine dreimal höhere Chance, 15 Jahre alt zu werden, als ein Weibchen, das jedes Jahr ein Junges zur Welt bringt. 48 % der Weibchen werfen im Jahr nach einer Trächtigkeit nicht wieder. Bei den Hundsrobben fiel die Geburtenrate am Beispiel der Weddellrobben bei den in einem Jahr trächtigen Weibchen um 5 % im darauf folgenden Jahr.

All dies hängt auch von den Lebensbedingungen ab, wie das Beispiel zweier Populationen von Nördlichen Seeelefanten in Kalifornien zeigt. In der dicht gedrängten Kolonie von Año Nuevo hatten Weibchen, die mit drei oder vier Jahren ihr erstes Junges bekamen, nur halb so viel Erfolg mit der Entwöhnung als andere, die in höherem Alter zum ersten Mal trächtig wurden. In einer dünn besiedelten Kolonie auf den Farallons fand man keine Beweise, dass jüngere Mütter geringere Überlebenschancen hatten. In dieser Umgebung hatten jüngere Erstgebärende sogar über die Lebenszeit betrachtet größere Fortpflanzungserfolge als ältere. Trotzdem hatten die Weibchen im Jahr nach der ersten Trächtigkeit geringere Chancen, wieder ein Junges zu bekommen, und je später die erste Trächtigkeit einsetzte, desto fruchtbarer waren die folgenden Jahre.

Den Beweis, dass die „Kosten" für die Fortpflanzung von der Größe der Mutter abhängen (ohne Berücksichtigung des Alters), erbrachten die Kegelrobben. Auf North Rona vor der schottischen Küste überspringen Kegelrobben-Weibchen ein Jahr in puncto Nachwuchs, wenn die Aufzucht der Jungen besonders kräftezehrend war. In irgendeinem Jahr haben alle Mütter gleich viel Erfolg mit ihren Jungen, ohne Einfluss des Körpergewichts. Im zweiten Jahr jedoch hatten die Tiere, die im ersten Jahr mehr als die durchschnittliche Menge an Gewicht verloren hatten (geschätzte 40 % des Gewichts nach dem Wurf) geringeren Erfolg (eine Rate von 0,85 gegen durchschnittliche 0,93). Kleinere Weibchen verloren weniger Gewicht (36 % des nachgeburtlichen Gewichts) und die meisten von ihnen (90 %) hatten im nächsten Jahr wieder ein Junges.

Forscher glauben, hier zwei verschiedene Fortpflanzungsstrategien bei einer Art zu beobachten: einerseits Weibchen, die „schnell leben und früh sterben", also früh und oft Nachwuchs bekommen, andererseits Weibchen, die spät mit der Fortpflanzung beginnen und weniger regelmäßig werfen, aber länger leben. Es bleibt abzuwarten, welche Strategie letztlich erfolgreicher sein wird. PP

Die seltensten Robben der Welt

Schutz der Mönchsrobben

Mönchsrobben sind die einzigen Wasserraubtiere, die in warmen, subtropischen Meeren leben. Sie reagieren sehr empfindlich auf menschliche Eingriffe. Eine der drei Arten – die Karibische Mönchsrobbe – ist bereits ausgestorben. Wenn über Robben in der Karibik berichtet wird, stellt sich meist heraus, dass es sich um entkommene Kalifornische Seelöwen handelt. Manchmal scheint es sich jedoch um Hundsrobben zu handeln, obwohl es auch nomadische Klappmützen oder sogar Südliche Seeelefanten sein könnten. Von der Mittelmeer-Mönchsrobbe gibt es weniger als 500 Tiere, die in vielen kleinen Gruppen über ein großes Gebiet verstreut sind. Der Bestand der Hawaii-Mönchsrobbe umfasst noch etwa 1300 Tiere in verschiedenen Kolonien, doch die Population nimmt langsam ab.

Aristoteles' Beschreibung einer Mittelmeer-Mönchsrobbe gilt als erster historischer Bericht über ein Wasserraubtier. Inzwischen leidet die Art extrem unter dem Einfluss des Menschen: Das Mittelmeer und seine Küsten dienen heute in weiten Teilen der Erholung, der Fischerei und als Müllkippe. Robben werden von Fischern absichtlich getötet oder sterben, nachdem sie sich in Netzen verfangen haben. Mittelmeer-Mönchsrobben, die sehr empfindlich auf Fremdeinwirkungen reagieren, meiden schon seit längerem die Strände und bringen ihre Jungen vorwiegend in Höhlen zur Welt, die einstürzen können. Das kommt nicht so selten vor, wie man denkt: Seitdem die Population an der Cabo-Blanco-Halbinsel der Westsahara 1923 entdeckt wurde, besiedelte die Kolonie wenigstens acht Höhlen, von denen fünf einbrachen. Ein Massensterben in diesem Gebiet vernichtete 1997 zwei Drittel der Population. Der genaue Grund ist unbekannt, vermutlich lag es an einer Viruserkrankung oder Vergiftung durch toxische Algen. Die größten Populationen der Mittelmeer-Mönchsrobben finden sich außer am Cabo Blanco rund um die Ägäis. Ein Hauptproblem beim Schutz der Art ist die Koordination der Maßnahmen in den mehr als zehn Ländern, in denen die Kolonien liegen.

Hawaii-Mönchsrobben besiedeln acht von neun der nordwestlichen Hawaii-Inseln, einer Kette von Atollen und Felsinselchen, die sich über 1600 km im Nordwesten der hawaiischen Hauptinseln erstrecken (dort lebt ebenfalls eine kleine Population). Robbenschlag-Expeditionen haben im 19. Jahrhundert die Zahl der Robben drastisch verringert. Dazu kam die Störung ihres Lebensraums durch die Nutzung von Guano, Federn und dem Abschlachten von Walen. Im Zweiten Weltkrieg führte die Einrichtung bemannter Marine- und Küstenwacht-Stationen zu einem deutlichen Rückgang der Mönchsrobben-Populationen auf der Midway-Insel, den French Frigate Shoals und dem Kure-Atoll, als Menschen und ihre Hunde den Strand für sich beanspruchten. Vor allem Weibchen wurden abgeschreckt und warfen ihre Nachwuchs fortan auf ungeschützten Sandbänken vor der Küste, wo viele der Jungtiere starben.

Anders als bei Mittelmeer-Mönchsrobben ruht das Schicksal der Hawaii-Mönchsrobbe in den Händen eines einzigen Landes, der USA. Dort wurde sie 1976 in die Liste der bedrohten Arten aufgenommen. Der National Marine Fisheries Service (NMFS) führt ein beachtliches Forschungs- und Überwachungsprogramm für die Art durch. Im Lauf der Zeit verwaisten viele der Verteidigungseinrichtungen an den Kolonieplätzen. Heute sind alle wichtigen Gebiete Teil des amerikanischen Tierschutzprogramms „National Wildlife Refuge“. Die meisten Plätze werden auf diese Weise vor Zufallsbesuchern geschützt, obwohl gut überwachte Ökotouristen heute Midway besuchen dürfen, um Mönchsrobben und brütende Seevögel zu beobachten.

Die Populationen nehmen im Augenblick auf dem Pearl- und Hermes-Riff sowie auf Kure und Midway zu. Auf Laysan und Lisianski bleiben sie stabil. Die größte Population auf den French Frigate Shoals nahm in erstaunlichem Maße zu, nachdem die Station der Küstenwacht 1979 geschlossen wurde. Zwischen 1989 und 1997 verringerte sie sich dann aber wieder aufgrund eines anderen Problems: Es gab zu wenig Nahrung. Viele Junge verhungerten, andere wogen zu wenig, wenn sie entwöhnt wurden und hatten dann schlechte Überlebenschancen. In den Jahren 1989 bis 1997 wurden nur 8 bis 25 % der entwöhnten Jungen zwei Jahre alt, im Vergleich zu 80 % zwischen 1984 und 1987. Dasselbe Problem besteht in geringerem

Unten: Wie alle Mönchsrobben reagieren auch Hawaii-Mönchsrobben sehr empfindlich auf Störungen. Der rapide Anstieg der menschlichen Bevölkerung in anderen Gebieten hat sie wohl dazu gebracht, sich vor allem auf die weitgehend unbewohnten Inseln westlich von Hawaii zurückzuziehen.

einige lokale Aufräumversuche, doch das Problem ist international, weil Abfall über Tausende von Kilometern treiben kann, bevor er endlich anlandet.

Verschlimmert wird die Lage der Mönchsrobbenpopulationen durch das aggressive Paarungsverhalten: Gruppen von Männchen jagen die Weibchen oder noch nicht geschlechtsreife Tiere beider Geschlechter, greifen sie an und töten sie manchmal sogar. Dieses Phänomen tritt auf, wenn durch unglückliche Umstände sehr viele Weibchen sterben und ein Überschuss an Männchen herrscht, die dann heftig um die vorhandenen Weibchen kämpfen. 1994 haben Biologen des NMFS beschlossen 22 „Übeltäter" von Laysan weg und in die Gewässer um die hawaiischen Hauptinseln zu bringen. Diese radikale Methode scheint sich gelohnt zu haben und wird heute häufiger praktiziert. Doch trotz solcher Bemühungen und anderer Initiativen zur Kontrolle der Haie und zum Schutz vor Netzen ist der lange Kampf zur Rettung der Mönchsrobben noch weit von einem Sieg entfernt. KR

Links: *Infolge ihrer Verbreitung wird länger vom Kontakt zwischen Mittelmeer-Mönchsrobben und dem Menschen berichtet als bei allen anderen Wasserraubtieren. Obwohl sie heute fast im gesamten Verbreitungsgebiet geschützt sind, werden immer noch viele Tiere dieser Art von Fischern getötet.*

Unten: *Hawaii-Mönchsrobben ruhen meist während des Tages und fressen in der Nacht. Diese Lebensweise soll möglicherweise ein Überhitzen in den gemäßigten Gewässern um Hawaii verhindern, denn die Tiere besitzen genauso viel Blubber wie ihre Verwandten in polaren Breiten.*

Maß auf Laysan (30 bis 70 % der Jungen überlebten in der Zeit von 1989 bis 1997). Zum Teil mag die geringe Verfügbarkeit von Beute auf einen Rückgang der allgemeinen Produktivität der Gewässer zurückzuführen sein. Diese Produktivität wechselt mit den im Zehnjahresrhythmus sich ändernden Bedingungen des Meeres. Im Jahr 2000 schien sich die Produktivität im Ökosystem um die Hawaii-Inseln auf einem niedrigeren Nahrungsniveau wieder zu verbessern. Dies könnte für die Robben positive Folgen haben.

Die Kolonien der Hawaii-Mönchsrobben sind von weiteren Problemen betroffen. Dazu gehören die Konflikte mit den ortsansässigen Hummerfischern bezüglich der Fischgründe (Hummer bilden einen wesentlichen Bestandteil der Robbennahrung), Fressfeinde wie Galapagos- und Tigerhai (vor allem auf den French Frigate Shoals) und das Risiko durch die zunehmende Abfallmenge im Meer. Allein 1999 fand man 20 Mönchsrobben, die sich in Unterwassernetzen und Fischereiausrüstung gefangen hatten und viele weitere starben wohl unbeachtet. Es gibt

PHOTO STORY

Leben und Tod an den Stränden

1

3

❶ Ein Seeelefanten-Bulle sonnt sich am Strand im Año-Nuevo-Schutzgebiet, Kalifornien, und zeigt seinen riesigen Rüssel. Dieses Anhängsel, das der Robbe ihren Namen einbrachte, braucht acht Jahre, um sich voll zu entwickeln. Während der Paarungszeit ist der Rüssel aufgebläht. Er gilt als wichtigstes Organ beim Werbungsritual.

❷ Ein Bulle des Nördlichen Seeelefanten (Mirounga angustirostris) drängt sich einem Weibchen mit zwei Jungen auf: Von dem Augenblick an, da sie zu den Aufzuchtplätzen kommen, werden die Weibchen von Möchtegern-Partnern verfolgt. Bullen versuchen ihr Glück nicht nur bei paarungsbereiten Weibchen, sondern auch bei unfruchtbaren oder trächtigen bzw. säugenden Tieren. Die Werbung von Seeelefanten ist aggressiv. Ohne Vorspiel bewegt sich das Männchen an die Seite eines Weibchens, legt eine Vorderflosse über dessen Rücken, beißt es in den Nacken, zieht es zu sich und versucht die Begattung. Wenn das Weibchen protestiert oder entkommen will, was meist der Fall ist, hält das Männchen es, indem es mehrfach mit dem ganzen Gewicht seines Kopfes und Oberkörpers zuschlägt und heftiger zubeißt.

Diese sexuellen Auseinandersetzungen gehen meist für das Weibchen schlecht aus. Das Besteigen schadet trächtigen Weibchen und unterbricht Milchfluss und Mutter-Kind-Verbindung bei säugenden Müttern. Zudem erdrücken Männchen – im Eifer, andere Bullen zu verjagen – oft Junge, die im Weg sind. Bis zu 10 % der in einer Saison geborenen Jungen sterben so.

2

3 Mit hoch aufgerichteten Hälsen kämpfen zwei Bullen des Nördlichen Seeelefanten um die Vorherrschaft an einem Teil des Strands, die ihnen Zugang zu den Weibchen gibt. Größe hat sich bei den Bullen des Nördlichen und Südlichen Seeelefanten als Auswahlvorteil im heiß umkämpften Paarungsspiel erwiesen. Neun von zehn Männchen bekommen nie eine Chance sich zu paaren, weil sie vor dem Erwachsenenalter sterben oder weil größere Bullen ihnen den Zugang zu den Weibchen verwehren. Bei einer Studie, die 138 Männchen ein Leben lang begleitete, paarten sich 126 nie. Dagegen befruchteten acht große Bullen insgesamt 348 Weibchen.

4 Ein Männchen des Südlichen Seeelefanten zeigt in Grytviken auf South Georgia die Narben der Kämpfe an Kopf und Nacken. Das Narbengewebe verhärtet und verdickt die Haut. Männchen dieser Art wiegen bis zu 3700 kg; Weibchen wirken dagegen wie Zwerge. Sie sind meist nur ein Drittel bis ein Zehntel so groß wie die Männchen. BJLeB/MW

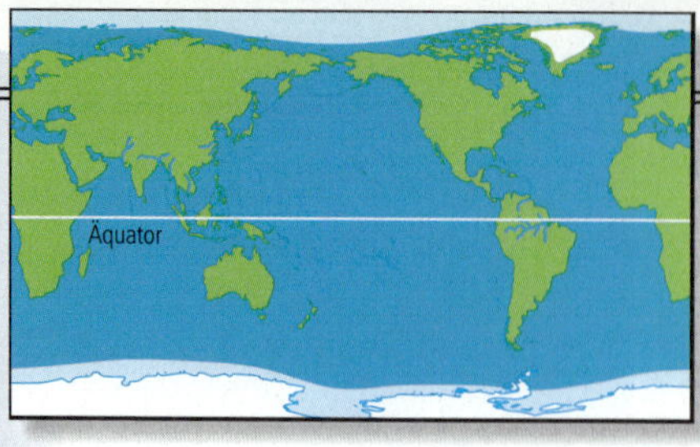

WALE UND DELFINE

DIE EVOLUTION DER SÄUGETIERE ERFOLGTE an Land, und so fallen uns bei diesem Begriff meist nur Landtiere ein. Da jedoch zwei Drittel unseres Planeten von Wasser bedeckt sind, ist es kaum verwunderlich, dass im Lauf der Entstehungsgeschichte einige Säugetierarten in dieser gewaltigen Wasserfläche ihre Nische fanden. Wale und Delfine passten sich allmählich an die Bedingungen im Wasser an und entwickelten sich dabei in einer Weise, die an Land unmöglich gewesen wäre. Nur dank des Auftriebs durch das Meerwasser konnten Walarten in ihren heutigen Dimensionen entstehen.

Durch die Anpassung an ihre Umwelt erwarben Wale und Delfine eine so große Ähnlichkeit mit Fischen, dass sie erst 1758 vom großen schwedischen Biologen Carl von Linné den Säugetieren zugeordnet wurden. Noch länger dauerte es, bis man wusste, dank welcher Veränderungen sie ihr Leben im Meer verbringen können, denn Tiere, die unter Wasser rund um den Planeten wandern und zur Nahrungsaufnahme bis zu 1500 m tief tauchen können (Pottwale sogar bis zu 3000 m), sind für den an Land lebenden Menschen nur schwer zu erforschen. Sosehr die moderne Technik den Walen in anderer Hinsicht geschadet hat, hilft sie uns heute dabei, ihr komplexes Wesen und ihre Bedürfnisse besser zu verstehen.

Von Fischen unterscheiden sich Wale klar durch typische Säugetiermerkmale. Sie sind Warmblüter, Lungenatmer und lebendgebärend. Die Jungen werden mit Muttermilch gesäugt. Anders als die meisten Landsäugetiere besitzen Wale und Delfine jedoch kein wärmendes Fell, denn es würde sie beim Schwimmen und Tauchen behindern und die Vorteile ihrer Stromlinienform beeinträchtigen. Ebenfalls Meeressäugtiere sind neben den Walen (Cetacea) die Robben (Pinnipedia) mit Seehunden, Seelöwen und Walrossen sowie die Seekühe (Sirenia). Von allen sind Wale und Delfine am besten an das Wasserleben angepasst. So können sich etwa Robben nur an Land oder auf Eisflächen fortpflanzen.

Die Hälfte der Walarten stellen die kleineren Tümmler. Sie gehören zu den Zahnwalen (Odontoceti), die insgesamt 72 der 85 Walarten umfassen. Zahnwale ernähren sich überwiegend von Fischen und Kraken, die sie mit ihren meist dicht bezahnten Kiefern fangen. Die meisten Großwale gehören zur Unterordnung Mysticeti (Bartenwale). Anstelle von Zähnen besitzen sie zahlreiche Hornplatten (Barten oder Fischbein), mit denen sie Plankton, größere Wirbellose und Schwärme kleiner Fische aus dem Meerwasser filtern.

Fortbewegung und Tauchvermögen

ANATOMIE UND PHYSIOLOGIE

Das größte Lebewesen, das es je auf Erden gegeben hat, ist der Blauwal. Er wird 24 bis 27 m lang und 130 bis 150 t schwer, was etwa 33 Elefanten entspricht, den größten Landsäugetieren. Ein so gewaltiger Körper kann nur im Wasser existieren, denn an Land würde er so riesige Gliedmaßen benötigen, dass er sich kaum fortbewegen könnte. Obwohl sie in der Vergangenheit exzessiv bejagt wurden, haben Blauwale bis heute überlebt.

Trotz ihres Volumens und Gewichts sind Waltiere sehr beweglich. Ihr stromlinienförmiger Körper ist für die Bewegung im Wasser wie geschaffen. Der Kopf ist im Vergleich zu anderen Säugetieren lang gestreckt und geht ohne sichtbare

Links: *Mutter und Kalb des Großen Tümmlers auf Nahrungssuche im Roten Meer. Diese Art wird oft in Gefangenschaft gehalten, da die intelligenten Tiere auch komplexe Aufgaben rasch lernen. Angeblich wurden sie sogar in freier Wildbahn schon dabei beobachtet, wie sie Fische mit der Fluke auf den Strand warfen und dann zurückholten.*

Schulter-Hals-Partie absatzlos in den Rumpf über. Bei Flussdelfinen, Furchen- und Gründelwalen sind die Halswirbel voneinander getrennt und deshalb beweglicher, während bei den übrigen Waltieren jeweils zwei bis sieben Wirbel miteinander verschmolzen sind.

Walskelette lassen noch erkennen, dass die Vorfahren der Wale einst vierbeinige Landsäugetiere waren. Die hinteren Gliedmaßen sind äußerlich allerdings nicht mehr zu erkennen. Der Körper hat wenige Vorsprünge, um möglichst wenig Widerstand zu bieten. Anstelle von Ohren besitzen Waltiere nur zwei winzige Öffnungen, die direkt zu den Hörorganen führen. Der Penis der Männchen ist vollständig in Muskelfalten verborgen, die Zitzen der Weibchen liegen in Schlitzen zu beiden Seiten der Genitalien. Die einzigen vorstehenden Teile sind die beiden horizontalen Flossen (Flipper), die knochenlose Schwanzflosse (Fluke) sowie – bei vielen Arten – eine aufrechte, ebenfalls knochenlose Rückenfinne aus festem Bindegewebe.

Bei den meisten Zahnwalen sind die Kiefer zu einer Art Schnabel verlängert, über dem die gewölbte Stirn, die so genannte Melone, aufragt.

Links: *Der Zwerggrindwal* (Feresa attenuata) *gehört zu den räuberischen Arten, über die noch wenig bekannt ist. Gelegentlich wird berichtet, dass sie den Nachwuchs einiger Delfinarten jagen. Man trifft sie vor allem in den Küstengewässern vor Japan, Hawaii und Südafrika an.*

Oben: *Die von mächtigen Rückenmuskeln angetriebenen Schwanzflossen sind die einzigen Fortbewegungsmittel der Wale. Ebenso wie bei anderen Arten ragt auch die Fluke des Nordkapers nur dann aus dem Wasser, wenn er abtaucht. Man vermutet, dass er seine Fluke bei Sturm auch als „Segel" einsetzt.*

ORDNUNG: CETACEA
14 Familien; 40 Gattungen; 85 Arten

ZAHNWALE
Unterordnung Odontoceti

FLUSSDELFINE Familien Lipotidae, Iniidae, Platanistidae und Pontoporiidae — S. 218
5 Arten in 4 Gattungen in 4 Familien
Jangtsedelfin *(Lipotes vexillifer)*, **Amazonasdelfin** *(Inia geoffrensis)*, **Gangesdelfin** *(Platanista gangetica)*, **Indusdelfin** *(P. minor)* und **La-Plata-Delfin** *(Pontoporia blainvillei)*.

EIGENTLICHE DELFINE Familie Delphinidae — S. 220
Mindestens 36 Arten in 17 Gattungen
Darunter **Gewöhnlicher Delfin** *(Delphinus delphis)*, **Schlankdelfin** *(Stenella attenuata)*, **Weißschnauzendelfin** *(Lagenorhynchus albirostris)*, **Rundkopfdelfin** *(Grampus griseus)*, **Schwertwal** *(Orcinus orca)* und **Grindwal** *(Globicephala melas)*.

SCHWEINSWALE Familie Phocoenidae — S. 236
6 Arten in 3 Gattungen
Darunter **Kleintümmler** *(Phocoena phocoena)* und **Indoasiatischer Glatttümmler** *(Neophocaena phocaenoides)*.

GRÜNDELWALE Familie Monodontidae — S. 240
2 Arten in 2 Gattungen: **Weißwal (Beluga)** *(Delphinapterus leucas)* und **Narwal** *(Monodon monoceros)*.

POTTWAL Familie Physeteridae — S. 244
1 Art *Physeter catodon (macrocephalus)*

ZWERGPOTTWALE Familie Kogiidae — S. 244
2 Arten in 1 Gattung: **Zwergpottwal** *(Kogia breviceps)* und **Kleinpottwal** *(K. simus)*.

SCHNABELWALE Familie Ziphiidae — S. 250
Mindestens 20 Arten in 6 Gattungen
Darunter **Entenwal** *(Hyperoodon ampullatus)*, **Blainville-Schnabelwal** *(Mesoplodon densirostris)* und **Cuvier-Schnabelwal** *(Ziphius cavirostris)*.

BARTENWALE
Unterordnung Mysticeti

GRAUWAL Familie Eschrichtiidae — S. 256
1 Art *(Eschrichtius robustus)*

FURCHENWALE Familie Balaenopteridae — S. 262
8 Arten in 2 Gattungen
Darunter **Blauwal** *(Balaenoptera musculus)*, **Finnwal** *(B. physalus)*, **Zwergwal** *(B. acutorostrata)* und **Buckelwal** *(Megaptera novaeangliae)*.

GLATTWALE Familie Balaenidae — S. 270
3 Arten in 2 Gattungen
Darunter **Grönlandwal** *(Balaena mysticetus)* und **Nordkaper** *(Eubalaena glacialis)*.

ZWERGGLATTWAL Familie Neobalaenidae — S. 270
1 Art *Caperea marginata*

Anmerkung: Wie bei anderen Säugetierordnungen ist auch bei Waltieren die Taxonomie bei weitem noch nicht endgültig. So sah beispielsweise die 1993 erstellte Klassifizierung 11 Gattungen, 41 Familien und 78 Arten vor.

Anders als Bartenwale (und alle übrigen Säuger) haben sie nur ein einziges Nasenloch. Die beiden Nasengänge, die an der Schädelbasis noch getrennt sind, verschmelzen knapp unter der Körperoberfläche zu einer einzigen Öffnung, dem Blasloch. Im Extrem dient ein Gang zur Lauterzeugung und nur der andere als Atemweg. Das Blasloch ist meist ein halbkreisförmiger Schlitz, der unter Wasserdruck durch einen Pfropfen aus Fett- und Bindegewebe geschlossen ist und unter Muskelkraft zum Atmen an der Wasseroberfläche geöffnet wird. Auch die Schädelknochen sind im Nasenbereich meistens asymmetrisch in Größe, Form und Lage. Lediglich die Schweinswale und der La-Plata-Delfin besitzen symmetrische Schädel.

Bartenwale unterscheiden sich mehrfach von Zahnwalen. Sie sind meist größer und verfügen anstelle von Zähnen über Barten – eine Reihe von Hornplatten, die seitlich aus dem Gaumen wachsen wie bei anderen Tieren die oberen Zahnreihen. Bei der Nahrungsaufnahme pressen Bartenwale große Mengen Wasser durch die Barten und filtern dabei Plankton und größere Organismen heraus. Da bei ihnen die paarigen Nasengänge nicht verschmelzen, besteht das Blasloch aus einer Doppelöffnung mit zwei parallelen, in geschlossenem Zustand eng beieinander liegenden Schlitzen. Als weitere Merkmale besitzen Bartenwale einköpfige Rippen sowie ein Brustbein, das aus einem einzigen Knorpel besteht und nur mit den ersten Rippenpaaren gelenkig verbunden ist. Die Schädel aller Bartenwale sind symmetrisch, weisen in Größe und Form aber artspezifische Unterschiede auf.

Wie alle Säugetiere sind auch Waltiere Warmblüter. Einen Teil ihrer Energie wenden sie auf, um die Körpertemperatur auf 36 bis 37 °C konstant zu halten. Mit Temperaturen von meist unter 25 °C ist das Meer ein vergleichsweise kühler Lebensraum, und da Waltiere kein wärmendes Fell besitzen, schützen sie ihre inneren Organe durch Blubber, eine bis zu 50 cm dicke (Grönlandwal) unter der Haut liegende Fettschicht. Größere Arten sind hierbei kleineren gegenüber deutlich im Vorteil, da sie eine im Verhältnis zu ihrer Masse geringere Oberfläche aufweisen, über die sie Wärme abgeben. Das erklärt vielleicht, warum es in sehr hohen Breiten keine Delfinarten gibt. Daneben ist auch die Leber ein wichtiger Fettspeicher. Einige Arten lagern erhebliche Mengen Fett auch in Form von Öl in ihren Knochen ein.

Die Wärmeregulation erfolgt bei Waltieren über den kontrollierten Blutstrom vom Körperkern zu Haut und Gliedmaßen. Anders als bei Landsäugern, deren isolierende Fettschicht zwischen Gefäßen und Haut liegt, ist der Blubber von einem Geflecht aus Blutgefäßen – so genannten Wundernetzen (*Retia mirabilis*) – durchzogen. Diese bilden dicke Gewebeschichten an der dorsalen Innenseite des Brustkorbs und z.B. in den Flossen. Als Gegenstrom-Wärmeaustauscher dienen sie zur Aufrechterhaltung von Temperaturgradienten (zwischen Innen und Außen bzw. Körperkern und Peripherie) und somit zur Aufrechterhaltung der Körpertemperatur. Hierbei sind die Arterien eng von dünnwandigen Venen umschlossen. Kaltes venöses Blut übernimmt Wärme vom im Körper-

Der Körperbau von Walen und Delfinen

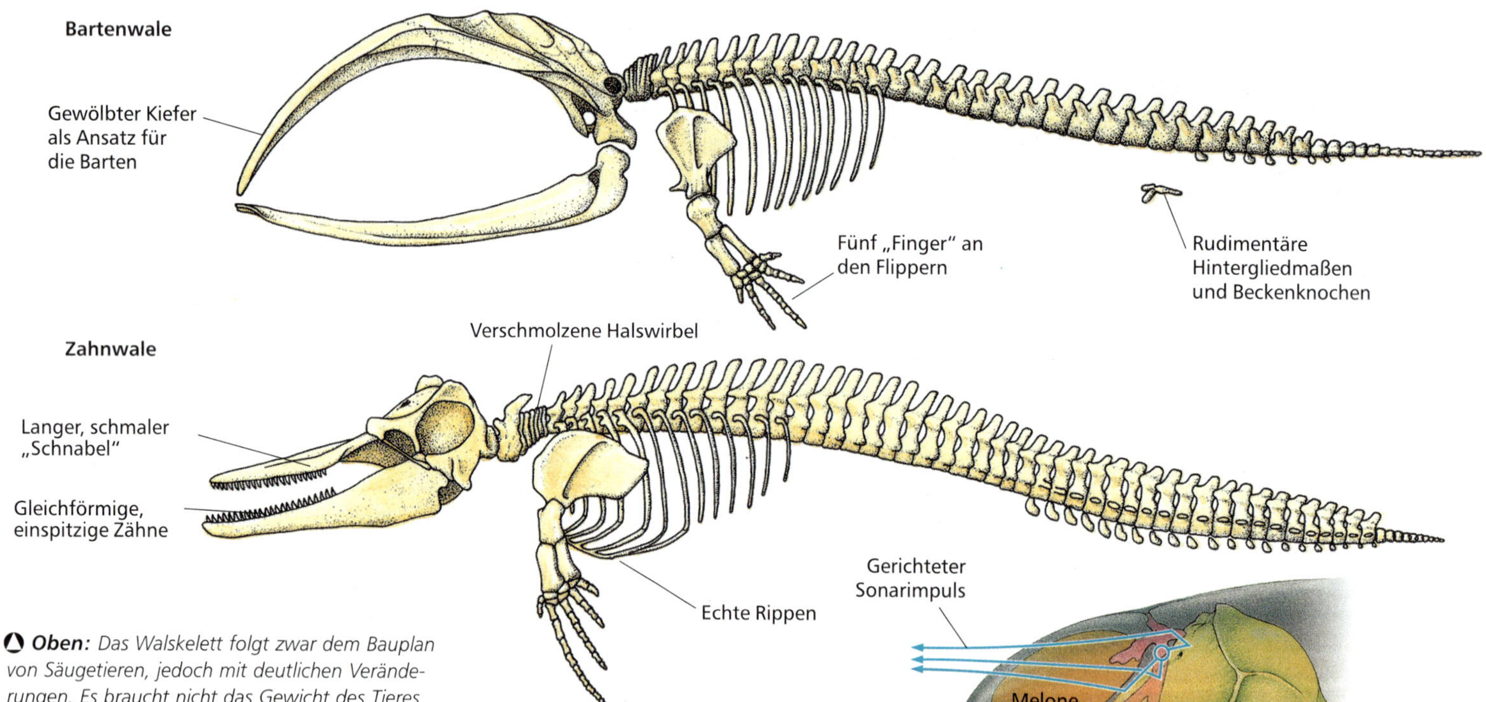

Oben: Das Walskelett folgt zwar dem Bauplan von Säugetieren, jedoch mit deutlichen Veränderungen. Es braucht nicht das Gewicht des Tieres zu tragen, sondern dient nur als Ansatzfläche für Muskeln, die bis zu 40 % des Gewichts eines Wals ausmachen. Walknochen sind leicht und porös mit dünner Außenwand. Die Hintergliedmaßen sind völlig zurückgebildet, lediglich ein loser rudimentärer Beckenknochen ist noch bei Bartenwalen und einigen männlichen Zahnwalen erhalten, wo er zur Verankerung der Penismuskeln dient. Die extremste Veränderung betrifft den Schädel, der bei Barten- und Zahnwalen stark vergrößert ist. Der Verlust der Zähne bei Bartenwalen und die damit verbundenen Veränderungen haben eine groteske Schädelform zur Folge, wie sie keine andere Tierart aufweist.

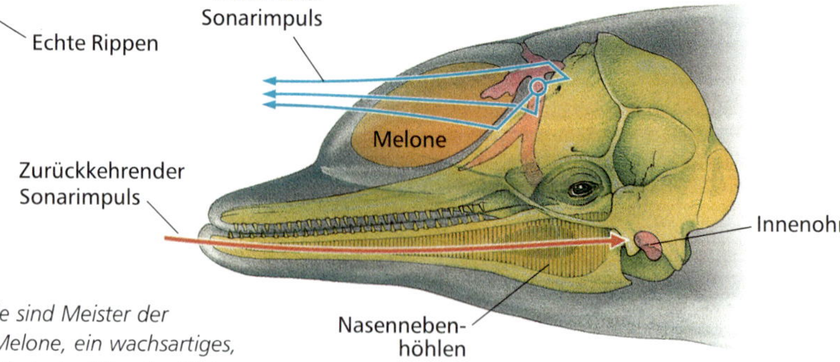

Rechts: Zahnwale sind Meister der Echolotortung. Die Melone, ein wachsartiges, linsenförmiges Gebilde in der Stirn des Wals, fokussiert Laute, die in den Nasengängen erzeugt werden (unterstützt durch Reflexionen im Schädel und in den Luftsäcken). Die reflektierten Schallwellen werden durch ölgefüllte Hohlräume im Unterkiefer (und durch das über diesen Knochen liegende Fettgewebe) weitergeleitet. Die extreme Empfindlichkeit dieses Systems wird durch eine schaumartige Isolierung des Innenohrs gegenüber dem Schädel noch verstärkt. So werden Geräusche sehr präzise und ohne störende Resonanzen kanalisiert.

kern erwärmten arteriellen Blut, sodass das ins Körperinnere zurückströmende Blut weniger kalt, und somit der Wärmeverlust minimal ist. Umgekehrt müssen Wale in warmen Gewässern auch die Möglichkeit haben, Wärme abzugeben. In diesem Fall kann das Gegenstromsystem dadurch ausgeschaltet werden, dass mehr Blut durch die Arterien fließt, während die umliegenden Venen schrumpfen und das Blut in oberflächennahe Bahnen geführt wird, wo es abkühlt. Gegenstrom-Wärmeaustauscher gibt es auch nahe der männlichen Geschlechtsorgane zur Kühlhaltung der Hoden sowie in der Zunge von Grauwalen.

Die Fortbewegung erfolgt bei Walen durch Schläge ihrer mächtigen Schwanzflosse (Fluke),

Rechts: *Buckelwale kommen weltweit vor. Dieses jugendliche Tier ist mit seiner Mutter unterwegs. Die charakteristischen Flipper, deren weißer, zackiger Vorrand im gebrochenen Licht unter Wasser klar zu sehen ist, sind bereits gut entwickelt. Sie können bis zu 5 m lang werden.*

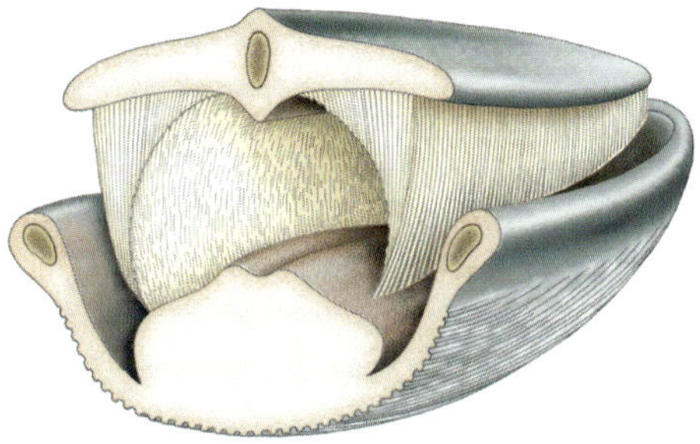

Oben: *Barten. Anstelle von Zähnen besitzen Bartenwale zwei Reihen fransiger Hornplatten, die vom Gaumendach herunterhängen. Sie entwickelten sich aus den gebogenen Querleisten, die sich bei vielen Landsäugern im Gaumen finden. Einst wurden sie als „Fischbein" gehandelt, haben jedoch mit Knochen nichts zu tun.*

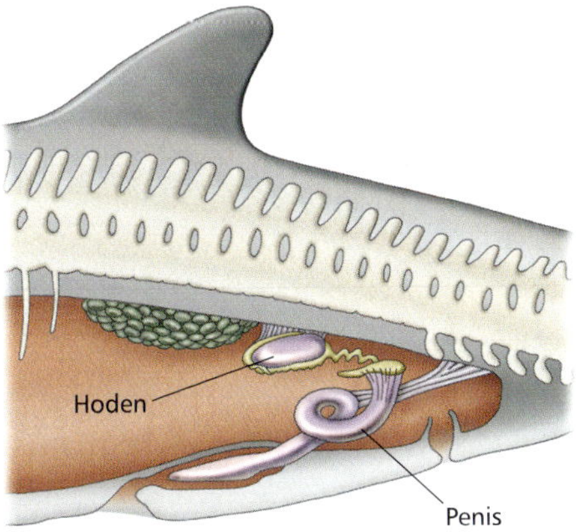

Oben: *Die Genitalien liegen bei Walen innen. Von außen ist nur eine Hautfalte zu sehen. Der Penis der Männchen liegt zusammengerollt auf der Bauchwand und wird dort von einem Zugmuskel gehalten. Der äußerst mobile Penis dient bei sozialen Interaktionen oft als Tastorgan.*

die, anders als bei Fischen, waagerecht liegt und senkrecht auf und ab geführt wird. Die nötige Kraft liefern Muskeln der Körperoberseite. Die vorderen Gliedmaßen ähneln vom Skelett her den Armen des Menschen, haben sich aber zu paddelartigen Flippern entwickelt, die der Wal als Steuerruder einsetzt. Die meisten Wale besitzen eine gut entwickelte Rückenfinne, die in erster Linie zur Stabilisierung, aber auch zur Wärmeregulation dient.

Ein starrer Schiffsrumpf erzeugt im Wasser Turbulenzen, welche die Fahrt bremsen. Diese minimiert ein Waltier durch seinen flexiblen Körper. So ist der Blubber nicht fest mit dem darunter liegenden Muskelgewebe verbunden. Zudem weist die Oberhaut ein ausgedehntes Rillensystem auf, und die weiche, äußere Zellschicht der Oberhaut sondert ein hochpolymeres Ethylenoxid ab. Man vermutet, dass dies die Abstoßung von Hautzellen ins Wasser erleichtert. Vielleicht helfen sie auch die Laminarströmung aufrechtzuerhalten, indem sie die Bremswirkung von Turbulenzen und somit den Reibungswiderstand verringern.

Waltiere verbringen ihr Leben fast ausschließlich unter Wasser und oft in großen Tiefen. Zum Atmen müssen sie jedoch stets an die Oberfläche. Anders als Fische können sie Sauerstoff nicht direkt aus dem Wasser aufnehmen und müssen deshalb beim Tauchen den Atem anhalten.

Will ein Mensch länger tauchen, verwendet er ein mit Druckluft arbeitendes Atemgerät. Der Luftdruck in der Lunge muss mindestens ebenso groß wie der Wasserdruck sein, da sich sonst der Brustkorb beim Atmen nicht ausdehnen kann und eingedrückt würde. Unter Druck löst sich der Luftstickstoff in Blut und Geweben bis zur Sättigung. Beim schnellen Auftauchen tritt der gelöste Stickstoff in Form von Gasblasen wieder aus. Dieses Phänomen kann in allen Körperteilen auftreten und die gefürchtete Taucherkrankheit verursachen.

Taucht dagegen ein Wal, nimmt er nur so viel Luft mit, wie seine relativ kleinen Lungen fassen. Nur ein Teil der Luft ist Stickstoff, sodass auch nur ein kleiner Teil einer Lungenfüllung sich einlagern könnte. Doch selbst diese geringe Menge gelangt nicht in Blut und Gewebe, da die Lunge des Wals sich beim Tauchen zusammenzieht und alle Luft in die verzweigte Luftröhre und die ausgedehnten Nasengänge drückt. Dort verhindert die dicke Schleimhaut den Gasaustausch mit dem umliegenden Gewebe. Hierfür ist der Brustkorb bei Walen vergleichsweise verformbar. Das Zwerchfell liegt sehr schräg; unter dem Druck der Bauchorgane wird es verdrängt und lässt die Lungen in sich zusammenfallen.

Beim Aufstieg dehnt sich die Lunge allmählich wieder aus. Das Blasloch wird geöffnet und die angesammelte, verbrauchte Luft explosionsartig ausgestoßen. Dabei entsteht der so genannte Blas, eine Wolke aus feuchter Luft und Wassertropfen. Obwohl alle Wale „blasen", ist dies bei kleineren Arten meist nicht deutlich sichtbar. Unmittelbar danach atmet das Tier frische Luft ein. Die Lunge dehnt sich, sodass ein maximaler Gasaustausch stattfinden und der Wal erneut tauchen kann.

Waltiere können relativ lange unter Wasser bleiben, Entenwal und Pottwal etwa rund eine Stunde. Dabei werden die Muskeln durch den im Myoglobin gespeicherten Sauerstoff versorgt, sodass sie länger als bei Landsäugetieren ohne erneutes Atmen auskommen.

Lauterzeugung und Echopeilung

UNTERSEENAVIGATION

Da es in tiefen Gewässern dunkel ist, müssen sich Waltiere anstatt auf ihre Augen auf andere Sinne verlassen, um sich zurechtzufinden und Nahrung aufzuspüren. Hierfür besitzen sie ein hoch entwickeltes Gehör. Zudem setzen sie eine Vielzahl von Lauten zur Kommunikation ein. Eine Besonderheit ist das Sonarsystem (Echolot), mit dem die Zahnwale ihre Beute – wendige Fische und Kraken – aufspüren. Dabei erzeugen sie intensive kurze Tonstöße, meist im Ultraschallbereich (20 bis 220 kHz). Bei Delfinen dauert jeder Klick 10 bis 100 Millisekunden und kann bis zu 600-mal pro Sekunde wiederholt werden. Diese Klicklaute werden von den Gegenständen, auf die sie treffen, reflektiert. Aus diesen Echos setzt das Tier ein umfassendes „Klangbild" seiner Umgebung zusammen. Pottwale erzeugen Klicks von rund 24 Millisekunden Dauer, die aus Serien von bis zu neun rasch reflektierten Einzelklicks bestehen. Die Klickrate wird so angepasst, dass der nächste Klick erst erzeugt wird, wenn das Echo des vorigen schon vom Zielobjekt reflektiert wurde. Die Klicks sind sehr laut und über viele Kilometer weit hörbar.

Früher dachte man, diese Klicks würden mit dem Kehlkopf erzeugt, doch inzwischen weiß man, dass sie aus dem Nasensystem unmittelbar unter dem Blasloch herrühren. Dort liegt der so genannte MLDB-Komplex (*monkey lips/dorsal bursa complex*). Im linken und rechten Nasengang findet sich je ein Paar „Affenlippen", eine vordere und eine hintere Lippe. Jede Lippe ist eng mit einem kleinen Fettbeutel (*dorsal bursa*) verbunden, der in Bindegewebe eingebettet ist. Im Ruhezustand berühren sich die Lippen. Doch durch Luftdruck im Nasengang werden die Lippen auseinander gedrückt, während sie sich bei nachlassendem Druck wieder schließen. Der hintere Lippe-Beutel-Komplex liegt dabei in einer beweglichen Gewebezunge, die beim Schließen der Lippen wie ein Hammer gegen die vordere Wand des Nasengangs schlägt. Und zwar genau dorthin, wo jenseits der Wand der vordere Fettbeutel liegt. Der Aufprall erzeugt in den Beuteln Schwingungen, die vom vorderen Beutel auf die Melone übertragen und durch diese nach vorn geleitet werden (bei Pottwalen durch den Walrat), wo sie den Körper verlassen und ins Wasser übergehen. Das rhythmische Öffnen und Schließen der Lippen unterbricht den Luftstrom und bestimmt die Klickrate. Der Melonenkern besteht aus Fetten geringer Dichte und dient als akustische Linse zur Fokussierung der Richtstrahlen. Pottwale (*Physeter* und *Kogia*) haben den MLDB-Komplex nur rechtsseitig ausgebildet.

Bei Bartenwalen ist bisher keine Echolotpeilung nachgewiesen worden. Vermutlich nutzen sie ihr Sehvermögen, um die Planktonschwärme aufzu-

Unten: *Größe und Form des Blas ist sehr unterschiedlich. Während er bei kleineren Walarten kaum zu sehen ist, erreicht er beim Grauwal 3 m Höhe. Manche Arten mit zwei Blaslöchern stoßen V-förmige Wolken aus.*

spüren. Allerdings können sie sehr laute, kurze und niederfrequente Töne (15 bis 30 kHz) ausstoßen, die nach Messungen der SOSUS-Tiefseestationen (SOund SUrveillance System) der US-Navy Hunderte von Kilometern weit durch Tiefseekanäle zu hören sind. Die niedrigen Frequenzen der von Blau- und Finnwalen erzeugten Töne weisen Wellenlängen von 50 bis 100 m (bei 30 Hz bzw. 15 Hz) auf. Ein typischer Blauwalruf dauert 20 Sekunden und ist im Wasser über etwa 30 km hörbar. Würden diese Laute zur Echopeilung verwendet, könnte der Wal keine Ziele ausmachen, die kleiner als diese Wellenlänge sind. Deshalb dienen sie vermutlich primär zur Erkundung großer Meeresstrukturen wie der Kontinentalsockel oder vielleicht der abrupten Veränderungen der Wasserdichte im Bereich kalter Strömungen.

Die Laute der Bartenwale dienen wohl auch der Kommunikation, vor allem dann, wenn variierende Einzelrufe erkennbar sind. Bei den eher geselligen Zahnwalen kann man an individuellen Pfeiftönen einzelne Tiere unterscheiden. Dies kann sogar zur Entwicklung geografischer oder gruppenspezifischer Dialekte führen.

Stammesgeschichte

DIE VORFAHREN DER WALTIERE

Die Ursprünge der heutigen Waltiere liegen noch weitgehend im Dunkeln, obwohl die Einführung neuer Molekulartechnologien in den 1990er Jahren eine umfassende Neubeurteilung der Verwandtschaftsverhältnisse möglich machte. Während aufgrund morphologischer Befunde davon auszugehen ist, dass Waltiere am engsten mit Paarhufern (Artiodactyla) oder Unpaarhufern (Perissodactyla) verwandt sind, deutet auf molekularer Ebene einiges darauf hin, dass Wale und die paarhufigen Flusspferde Schwesterntaxa und die Wiederkäuer (Antilopen, Hirsche und Verwandte) ihre nächsten Verwandten sind.

Als Waltiere erkennbare Säuger tauchen als Fossilien erstmals in Gesteinsschichten des frühen Mitteleozän auf, zunächst *Pakicetus*, ein Vertreter der Protoceten. Das lang gestreckte Wasserlebewesen hatte verkümmerte Hinterläufe und eine lange Schnauze. Solche Arten der separaten Unterordnung Urwale (Archaeoceti) verbreiteten sich im Eozän, starben jedoch überwiegend vor dem Ende des Oligozäns wieder aus, und keine Art blieb über das Miozän hinaus erhalten. Selbst im späten Mittel- und frühen Obereozän waren sie bereits so spezialisiert, dass sie als Vorfahren der Cetacea nicht mehr in Betracht kommen.

Weiter zurückgeblickt, könnten Mitglieder der an Land lebenden Unterordnung Mesonychia sich gegen Ende der Kreidezeit zu den Urwalen (und später zu den Cetacea) entwickelt haben und dann im Paläozän ins Meer gegangen sein. Man geht davon aus, dass sie wie auch die Unterordnung Arctocyonia (die Vorfahren der heutigen Huftiere) die Stammhuftiere (Condylarthra) zu ihren Ahnen zählen. Mesonychiden ähneln den Ur-

STAMMESGESCHICHTE DER WALE

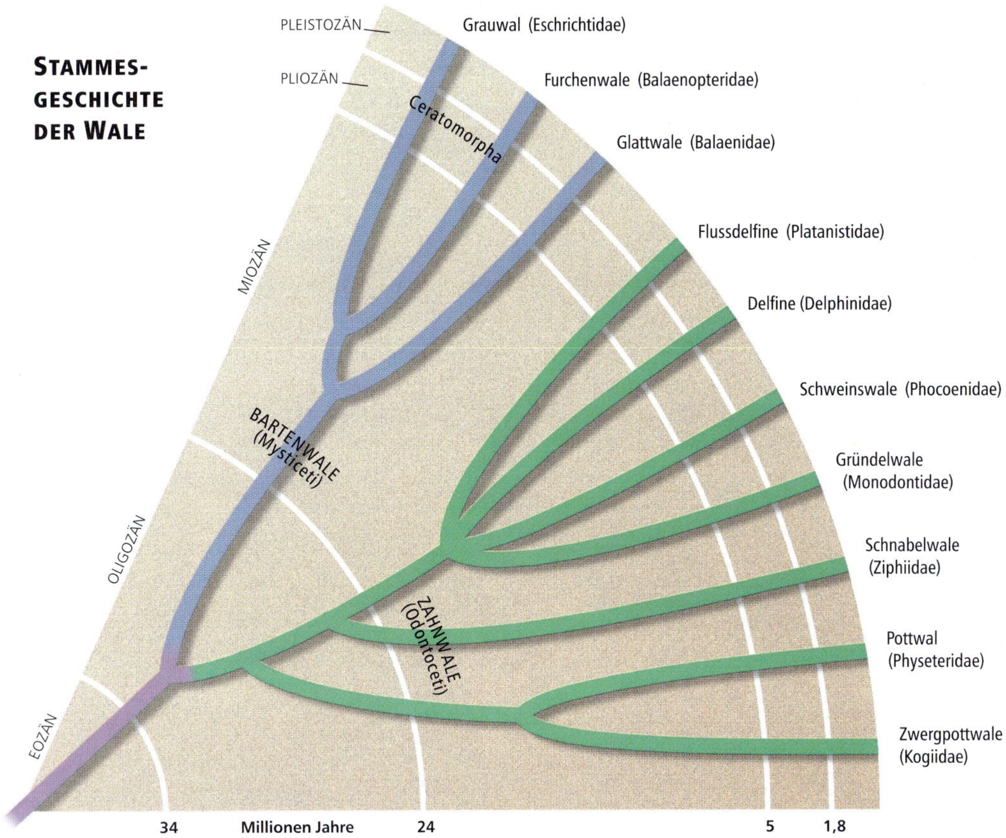

Rechts: *Veränderungen von Schädel und Gebiss bei der Evolution der Walartigen.* ***1*** *Protocetus, landlebendes Huftier mit fleischfresserähnlichen Zähnen;* ***2*** *Prosqualodon, eine Zwischenform;* ***3*** *der Große Tümmler, ein moderner Zahnwal mit gleichförmigen Zähnen;* ***4*** *ein Furchenwal mit extrem modifizierter Knochenstruktur. Die Bezahnung fehlt völlig und wurde durch Barten ersetzt (nicht abgebildet).*

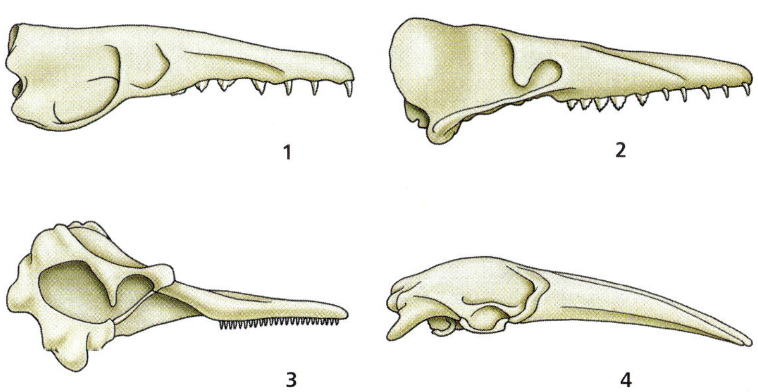

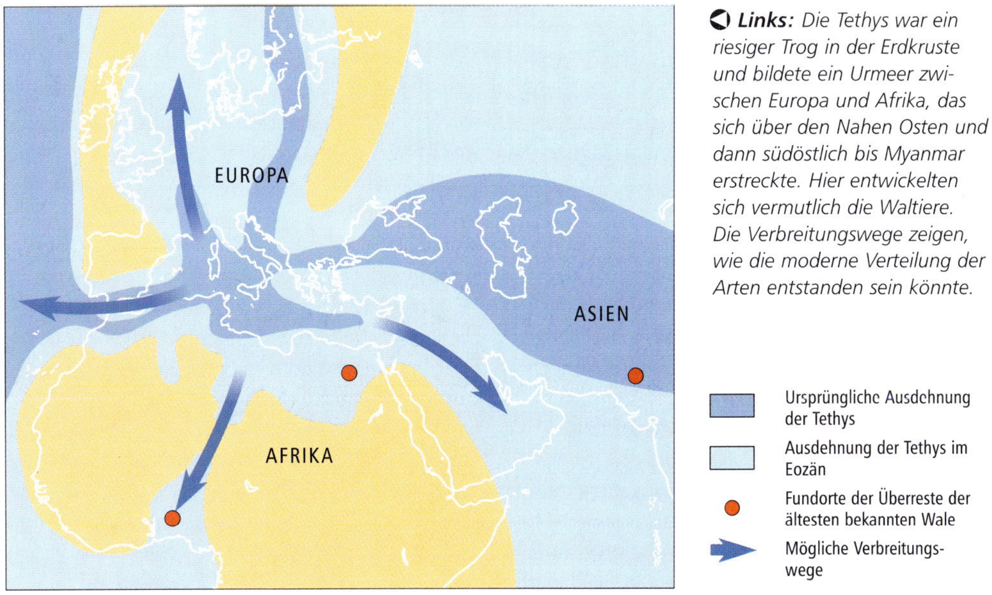

Links: *Die Tethys war ein riesiger Trog in der Erdkruste und bildete ein Urmeer zwischen Europa und Afrika, das sich über den Nahen Osten und dann südöstlich bis Myanmar erstreckte. Hier entwickelten sich vermutlich die Waltiere. Die Verbreitungswege zeigen, wie die moderne Verteilung der Arten entstanden sein könnte.*

walen in Schädel und Bezahnung. Obgleich die Übereinstimmungen nicht alle eindeutig sind, werden jene derzeit als wahrscheinlichste Vorfahren der Waltiere eingestuft.

Die meisten Überreste früher Urwale stammen aus dem Mittelmeerraum und dem Golf von Arabien, wo der westliche Teil der Tethys im Paläozän einen schmalen Ausläufer bildete. Hier begannen vermutlich landlebende Creodonten im späten Paläozän, Sümpfe und flache Küstenstreifen zu besiedeln. Sie nutzten dabei die von aussterbenden Plesiosauriern, Ichthyosauriern und anderen Reptilien gegen Ende der Kreidezeit hinterlassenen Nischen. Als die Ressourcen angesichts der wachsenden Bestände knapp wurden, begünstigte die natürliche Selektion vermutlich Anpassungen an den Fang schneller Fische anstelle der trägen Fische sowie der Süß- und Brackwassermollusken, die sie vorher bevorzugt hatten.

Dies war die große Stunde der Säugetiere mit einer massiven adaptiven Radiation zu zahlreichen Arten. Eine schnell verlaufende Evolution könnte erklären, warum so wenige Fossilfunde aus dieser Periode vorliegen, in der einige Formen rasch relativ spezialisierte Walmerkmale entwickelten. Im Eozän beherrschten Urwale die warmen Gewässer der westlichen Tethys, doch als das Klima sich verschlechterte und die Tethys sich im Lauf des Oligozäns ausdehnte, nahmen Dichte und Gesamtzahl dieser Bestände offenbar ab. Bis zum Miozän wurden sie vollständig von den Zahn- und Bartenwalen abgelöst.

Mit zunehmend auf das Wasser beschränkter Lebensweise verlagerten sich die Nasenlöcher nach hinten oben und entwickelten sich wasserdichte Verschlüsse. Der lange, bewegliche Nacken, die Hinterläufe und schließlich ein Großteil des Beckengürtels bildeten sich ebenso zurück wie das Fell. Zur Fortbewegung entwickelte sich die horizontale Schwanzfluke. Der Körper wurde stromlinienförmig, und es entstand die für Stabilisierung und Temperaturausgleich benötigte Rückenfinne.

Die Entwicklung des Schädels vom Urwal zum Zahnwal brachte in erster Linie eine Verlängerung des vorderen Schädelteils mit sich, offenbar im Zuge der Herausbildung des Sonarsystems zum Aufspüren der Beutetiere. Zugleich entwickelten sich mehrere Spezialorgane wie Melone, Walratorgan und Luftsäcke. Sie spielen anscheinend eine Rolle bei der Lauterzeugung und beim Tauchen wie z.B. beim Pottwal. In jüngerer Zeit schließlich könnte sexuelle Selektion die Vergrößerung einiger dieser Merkmale bei männlichen Tieren begünstigt haben, insbesondere bei den Arten mit werbendem Paarungsverhalten.

Die Zähne der Urwale waren in Schneide-, Eck- und Mahlzähne differenziert. Bei den Zahnwalen veränderten sie sich im Eozän zu den heute typischen Reihen scharfer, gleichförmiger Zähne. Später, insbesondere im Oligozän, entwickelten sich aus den gebogenen Querleisten des Kieferdachs die eigentümlichen Fresswerkzeuge der Bartenwale. In der Embryonalentwicklung besitzen diese meist noch Zahnanlagen. Dies deutet auf gemeinsame Urahnen mit den Zahnwalen hin, was durch Ähnlichkeiten in Anatomie und Erbgut weiter unterstützt wird.

Die frühesten echten Zahnwale waren die Squalodontiden, eine Gruppe von Walen mit kurzen

Oben: *Kleine Beute für große Säuger: Arktische Krillkrebse werden maximal 7,5 cm lang. Sie existieren jedoch in gewaltigen Mengen von insgesamt rund 500 bis 750 Mio. Tonnen. Sie bilden die Hauptnahrung großer Bartenwale, insbesondere des Blauwals, aber auch der Finn-, Sei- und Zwergwale.*

Links: *Buckelwale jagen mit „Luftperlennetzen", die ein oder zwei Tiere gemeinsam produzieren. Sie schwimmen in Kreisen unter einem Fischschwarm und erzeugen dabei Luftblasen. Die Fische folgen ihren Artgenossen in das „Netz", finden aber nicht wieder heraus, sodass der ganze Schwarm gefangen wird.*

Unten: *Bei der Nahrungssuche wenden Delfine unterschiedliche Strategien an. Manche Arten treiben Fischschwärme offenbar gemeinsam zusammen, andere jagen allein, wie hier ein Großer Tümmler einen Schwarm Köderfische. Man weiß, dass Große Tümmler Fische auch „k.o. schlagen", indem sie sie mit der mächtigen Fluke aus dem Wasser schleudern.*

Schnäbeln und dreieckigen, haiähnlichen Zähnen. Verbreitet waren sie vor allem im späten Oligozän und frühen Miozän auf der ganzen Südhalbkugel. Im Mittelmiozän wurden sie von Vertretern der Familien noch heute lebender Arten verdrängt. Insbesondere die Schnabelwale (Ziphiidae) lassen sich zu einem Urahn unter den Squalodontiden zurückverfolgen wie auch Pottwale (Physeteridae), Flussdelfine (Platanistidae), Eigentlichen Delfine (Delphinidae) und Schweinswale (Phocoenidae). Pottwale, deren Schädel deutlich asymmetrischer ist als der aller übrigen Zahnwale, heben sich auch genetisch stark von diesen ab. Mit großer Wahrscheinlichkeit trennten sie sich früh von dieser Entwicklungslinie ab. Jüngste Molekularbefunde widerlegen allerdings die These, sie seien enger mit Barten- als mit anderen Zahnwalen verwandt.

Während der Schädel bei Zahnwalen sich zur Herausbildung des Echolotsystems veränderte, passte er sich beim Bartenwal an eine ganz andere Lebensweise an. Der obere Rand der „Stirn" wölbte sich erheblich nach vorn, vermutlich vor allem zum Ausgleich der auf Schädel und Kiefer einwirkenden Kräfte durch das häufige weite Öffnen und Schließen des Mauls bei der Nahrungsaufnahme.

Vielseitige Ernährung

NAHRUNG UND NAHRUNGSAUFNAHME

Von den räuberischen Schwertwalen, die andere Waltiere, Seeotter und Robben jagen, über die auf Fische und Kopffüßler spezialisierten Delfine bis hin zu Buckel- und Blauwalen, die Krill verzehren, deckt die Nahrung von Walen so gut wie alles ab, was das Meer bietet. Viele kleine Zahnwale sind Generalisten und ernähren sich opportunistisch von schwarmbildenden Hochseefischen. Inwieweit es in einer Region dabei zu Überlappungen zwischen den Arten kommt, ist weitgehend unbekannt. Bei den Bartenwalen deuten Dicke und Anzahl der Barten auf die Größe und Art der Beutetiere hin. Der am Meeresgrund jagende Grauwal besitzt kürzere, steifere Barten und weniger Kehlfurchen (meist zwei bis drei) als die Furchenwale (14 bis 100) und ist insofern an das „Abseihen" des Meeresbodens angepasst. Die Barten der Furchenwale sind länger und breiter. Beim Blauwal sind die Platten bis zu knapp 75 cm breit, bei den übrigen Furchenwalen entsprechend schmaler, was jeweils das Beutespektrum bestimmt. Glatt- und Grönlandwale haben extrem lange und feine Barten. Von allen Bartenwalen ernähren sie sich von den kleinsten Planktontieren.

Während sich Barten- und einige Zahnwale wie Pott-, Enten- und Schweinswale meist als Einzelgänger auf die Nahrungssuche machen, arbeiten einige kleinere Zahnwalarten bei der Jagd zusammen. Gemeinsam jagen sie Fischschwärme mit einer Kombination aus Sprüngen und schnellen Vorwärtsbewegungen an der Oberfläche. Dabei kommunizieren sie mit hohen Quietsch-, Pfeif- oder Grunzlauten und möglicherweise auch über bestimmte Bewegungsmuster. Letztere wirken oft sehr komplex, doch solange man markierten Einzeltieren nicht kontinuierlich (vorzugsweise unter Wasser) folgen kann, lässt sich über die Kooperation zwischen den Individuen nicht viel sagen.

Umwelt und Verhalten

LEBENSWEISE UND FORTPFLANZUNG

Die unterschiedlichen Entwicklungswege von Barten- und Zahnwalen bestimmten in starkem Maße ihre jeweilige Ökologie. Generell findet man die Meere mit der höchsten Primärproduktion (Phytoplanktonmenge) und die hiervon abhängigen Konsumenten (Fische, Kraken) in Polarnähe, wo in der Hochsaison täglich 150 bis 250 mg Kohlenstoff pro qm aus Lichtenergie gewonnen werden. Dagegen ist die Produktivität in den tropischen Meeren eher gering, trotz des auch dort vorkommenden nährstoffreichen aufsteigenden Tiefenwassers; in Küstengewässern ist sie hoch, auf offener See ohne Aufströmung jedoch mit Raten von täglich 50 bis 100 mg Kohlenstoff pro qm niedrig. In den Polargebieten bestehen starke jahreszeitliche Schwankungen. Im Sommer haben rasch steigende Temperaturen, Sonneneinstrahlung und Tageslänge sowie die relativ stabilen Klimabedingungen zur Folge, dass Phytoplankton und folglich Zooplankton sowie Fische und Kraken zu sehr großen Dichten anwachsen.

Während des Sommers nehmen die großen Bartenwale täglich rund 3 bis 4 % ihres Körpergewichts an Nahrung zu sich. Die heutigen Walbestände der Südozeane verzehren pro Jahr rund 40 Mio. t Krill. Vor Beginn des kommerziellen Walfangs könnten es bis zu 200 Mio. t gewesen sein. In einem großen Teil des Jahres (rund vier Monate im Südmeer, jedoch oft über sechs Monate im Nordpazifik und Nordatlantik, wo die Produktivität geringer ist), wandern die Großwale auf Nahrungssuche in die hohen Breiten und können dort bis zu 40 % ihres Körpergewichts in Form von Blubber ansetzen. Den Rest des Jahres über reduziert sich die Nahrungsaufnahme auf etwa ein Zehntel des Sommerwerts, sodass die Blubbervorräte weitgehend aufgebraucht sind, wenn die Wale erneut in die Futtergründe ziehen.

Warum aber verlassen die großen Bartenwale diese reichen Jagdgründe, um in äquatornahe Meere mit geringem Futterangebot zu ziehen? Hierüber gibt es Spekulationen, bisher jedoch keine definitive Antwort. So verbringen viele kleinere Arten das ganze Jahr in hohen Breiten und scheinen ihre Jungen ohne weiteres in dieser kühlen Umgebung aufziehen zu können. Im Winter wäre die Fortpflanzung in hohen Breiten wegen des geringen Futterangebots schwierig, doch im Sommer ist die Primärproduktion sehr hoch und die Wassertemperaturen sind deutlich milder.

Eine Erklärung wäre, dass die Wachstumszeit, die die Jungtiere brauchen, um selbstständig zu werden, und die Energiemengen, die von den Müttern aufgenommen werden müssen, um sich und ihre Kälber zu ernähren, eine längere Phase hoher Produktivität erfordern, als der Polarsommer bietet. Diese These stützt sich auf die Beobachtung, dass Plankton nur eine kurze Zeit lang in großen Mengen vorhanden ist, und die großen Wale, die weite Wanderungen unternehmen, fast durchweg Planktonfresser sind (die wandernden Buckelwale bevorzugen allerdings Fische). Dagegen stehen Fische und Kraken das ganze Jahr über zur Verfügung. Andererseits könnte dieses Verhalten auch historische Gründe haben. Die ältesten Fossilfunde von Bartenwalen von vor rund 30 Millionen Jahren finden sich in niedrigen Brei-

Oben: Ein Schwertwal wirft sich an der Küste von Patagonien (Argentinien) an den Strand und schnappt sich eine Mähnenrobbe. Schwertwale besitzen weniger Zähne als die meisten Zahnwale, diese sind jedoch groß und kräftig genug, um Fische, Kraken und Wirbeltiere zu fangen. Schwertwale kauen ihre Beute nicht, sondern zerreißen sie in Stücke.

Unten: Das Springen („beaching") dient u.a. der Kommunikation zwischen Walen, wird aber auch dazu eingesetzt, Fischschwärme in Panik zu versetzen, damit sie leichte Beute sind. Buckelwale sind Meister im Springen. Sie springen mit dem Bauch nach oben aus dem Wasser, tauchen mit dem Kopf zuerst wieder ein und kehren in die Ausgangsposition zurück.

ten des Nordatlantiks. Als die kontinentalen Landmassen sich im Zuge der Plattentektonik im Neozoikum annäherten und sich die Meerestemperaturen veränderten, zogen sich die Wale in Polrichtung zurück. Wie bei einigen Zugvogelarten, die weite Strecken zurücklegen, könnten auch die Wanderungen der großen Wale Überreste früherer Zeiten sein, als hohe Produktivitätsraten eher in Äquatornähe zu finden waren. Allerdings darf der Energieaufwand für die Wanderungen nur gering sein, da diese Verhaltensmuster unter Selektionsdruck sonst längst verschwunden wären. Eine dritte Erklärung besagt, dass sich Wale in polaren und subpolaren Meeren wegen der hohen Dichte räuberischer Schwertwale nur ungern fortpflanzen. Was letztlich hinter den Wanderungen steckt, ist noch nicht erforscht. Interessant ist jedoch, dass einige große Bartenwale wie der Finnwal keine Wanderungen unternehmen.

Während Bartenwale sich im Wesentlichen von Zooplankton ernähren, jagen Zahnwale vor allem Fische oder Kraken. Alle drei Beutetiergruppen haben einen vergleichbaren Energiewert. Lässt man die Unterschiede in Eiweiß-, Fett- und Kohlenhydratgehalt beiseite, zeigen alle Waltiere einen ähnlichen Nahrungsbedarf. Die Körpergröße ist offenbar entscheidend dafür, ob Zahnwale im Winter die hohen Breiten verlassen. Kleinere Arten haben einen höheren Futterbedarf, unabhängig von der Art der Nahrung (die kleinsten Arten nehmen 8 bis 10 % ihres Körpergewichts pro Tag zu, die größeren 3 bis 5 %), doch ist die gesamte Nahrungsmenge bei kleineren Einzeltieren geringer.

Kleinere Walarten finden sich in fast allen Breiten. Obwohl sie große Gebiete durchstreifen (z.B. hat das Revier des Schlankdelfins einen Durchmesser von 320 bis 480 km), wandern sie kaum von Norden nach Süden.

Während die Wandergewohnheiten nicht allein auf der Ernährung beruhen, hängen andere Merkmale offenbar sehr wohl damit zusammen. Plankton und Fisch verzehrende Arten weisen unabhängig von ihrer Größe Tragzeiten von zehn bis 13 Monaten auf, Krakenfresser von zwölf bis 16 Monaten. Dies kann auf dem relativen Nährwert (Eiweiß, Fett und Kohlenhydrate anstatt lediglich Kalorienzahl) der unterschiedlichen Beutetiere beruhen, aber auch vom jahreszeitlichen Angebot abhängen. Bei den Großwalen bestehen Unterschiede hinsichtlich der Stillzeit, die z.B. beim Kraken fangenden Pottwal verhältnismäßig länger ist als bei den Plankton fressenden Bartenwalen. Bei den kleineren Arten zeigt sich Ähnliches, wenn auch nicht so klar: Kraken fressende Arten weisen Stillzeiten von 12 bis 24 Monaten auf, Fisch verzehrende Arten dagegen nur von 10 bis 12 Monaten.

Das soziale Gefüge der Wale wird vermutlich ebenfalls durch die Ernährung beeinflusst. Bei Planktonfressern wie Glatt- und Grönlandwalen werben mehrere Bullen um eine Kuh, verbringen jedoch die übrige Zeit allein oder in Paaren. Kleine Gruppen von meist unter zehn Tieren finden sich vor allem in Futtergründen oder auf längeren Wanderungen. Über das Zusammenleben der Furchenwale wissen wir wenig, doch umwerben Buckelwalbullen in der Brunftzeit die Weibchen mit langen Gesängen und häufigen Sprüngen. Sie bilden *„floating leks"*, schwimmende Balzplätze. Die Bullen bleiben eine Zeit lang bei den Weibchen, um sich zu paaren, und vertreiben dabei andere Männchen. Demgegenüber bilden zumindest einige der Kraken fressenden Arten stabile, meist matriarchalische Gruppen mit Jungtieren beider Geschlechter, zu denen sich erwachsene Bullen nur kurzfristig zur Paarung gesellen. Andere Gruppen umfassen Junggesellen, die aber oft auch allein bleiben. Dieses System praktizieren beispielsweise Pottwale. Bei den offenbar enger mit den Schwertwalen verwandten Grindwalen bleiben die Bullen in ihrer Geburtsgruppe, während sie bei den Pottwalen abwandern. Mikrosatelliten-DNA-Analysen zeigen, dass Grindwale in matrifokalen Familienverbänden wandern.

Die Bullen paaren sich mit zwei oder mehr Weibchen, jedoch selten mit Mitgliedern ihrer eigenen Herde. Schwertwale, die neben Kraken auch Fische, Seevögel und Säugetiere fangen, bilden ebenfalls stabile matrilineare Verbände, bestehend meist aus einer älteren, reifen Kuh, ihren männlichen und weiblichen Nachkommen und dem Nachwuchs der Weibchen der zweiten Generation. Ausgewachsene Bullen bleiben in der Schule, in der sie geboren wurden. Ein Wechsel oder Austausch mit anderen Gruppen ist nicht belegt. Genetische Untersuchungen legen nahe, dass Schwertwalbullen sich nicht mit eng verwandten Gruppenmitgliedern paaren. Die Paarungen erfolgen bei flüchtigen Begegnungen mit Weibchen anderer Verbände.

Bei den meisten Fischfressern dagegen ist das Sozialgefüge fließender. Sie leben in gemischten Gruppen oder Familienverbänden (oft lediglich Muttertier und Kalb), die sich in den Futtergründen oder Paarungsgebieten sowie auf längeren Wanderungen zusammentun. Einzeltiere kommen und gehen, sodass die Gruppe, abgesehen von einem festen Kern, instabil ist. Bei mehreren untersuchten Arten gibt es offenbar keine enge Paarbindung (langfristige Bindungen gibt es lediglich zwischen verwandten Weibchen). Beide Geschlechter sind promisk.

In sehr seltenen Fällen kommt es zur Hybridisierung zwischen Finn- und Blauwalen, obwohl deren Aufspaltung mindestens fünf Millionen Jahre zurückliegt. Kreuzungen zwischen noch entfernter verwandten Säugetierarten sind zwar nicht auszuschließen, doch unterscheiden sich Blau- und Finnwale nach ihrer mitochondrialen DNA so stark wie etwa Menschen und Schimpansen.

Oben: Große Tümmler bei der Paarung. Die Paarungszeit ist je nach dem geografischen Standort der Delfine und der dortigen Gewässer unterschiedlich. Die Tragzeit beträgt meist rund ein Jahr. Die Neugeborenen sind erst mit 18 Monaten völlig entwöhnt, nehmen jedoch ab dem sechsten Monat feste Nahrung zu sich.

Standort und Lebensgeschichte

Verbreitung

Waltiere kommen nicht zufällig in irgendeiner Region vor, sondern scheinen bestimmte Meeresformationen zu bevorzugen, etwa aufsteigende Strömungen (mit ihrem meist hohen Nahrungsangebot) oder unterseeische topografische Strukturen wie die Kontinentalsockel (zur Orientierung). Darüber, wo sich Wale paaren und ihre Jungen aufziehen, ist bei den meisten Arten wenig bekannt, vor allem bei den kleinen Zahnwalen. Mehr wissen wir über einige große Walarten.

Grau- und Glattwale benötigen zum Kalben offenbar flache Buchten mit warmem Wasser, während Furchenwale wie Blau , Finn- und Seiwal vermutlich in tieferen Wassern des offenen Meers ihre Jungen gebären. Insofern verfügen Erstere über begrenztere Wurfplätze als Letztere.

Während der Paarungszeit versammeln sich einige Arten in bestimmten Gebieten. Dies sind zum einen dieselben warmen Gewässer, in denen

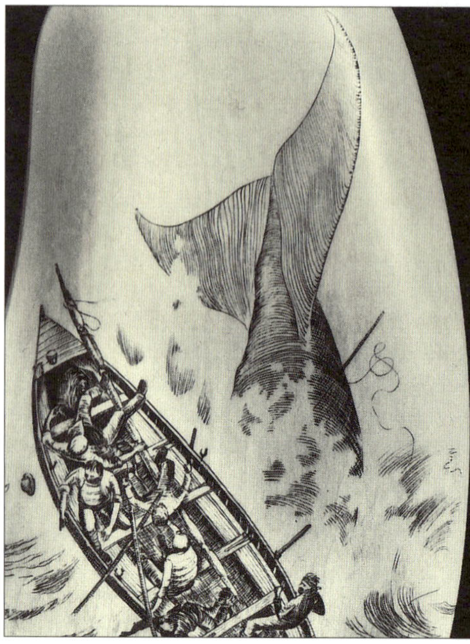

Oben: *Vor der Erfindung von Sprengharpunen und Fabrikschiffen war der Walfang eine gefährliche Sache. Hier sieht man, wie Walfänger vom harpunierten Wal über Bord ihres kleinen Schiffs gezogen werden. Es handelt sich um eine Elfenbeinschnitzerei, für die man Walknochen oder -bein verwendete, hier einen Pottwalzahn.*

Oben links: *Delfindarstellungen finden sich immer wieder in der antiken Kunst und Literatur, etwa bei Aristoteles, Äsop oder Herodot, oft als Seenotretter. Auf dieser griechischen Schale aus dem 5. Jahrhundert v. Chr. wird Dionysos, der Gott des Weins, von Piraten überfallen, doch verwandelt er seine Angreifer in friedfertige Delfine.*

Unten: *Bildliche Darstellungen von Walen gab es bereits in der Steinzeit, doch erst nach der Einführung der wissenschaftlichen Taxonomie durch Carl von Linné kamen typologische Abbildungen wie dieser Stich aus dem 18. Jahrhundert in Mode.*

sie im Winter kalben, zum andern die Futtergründe in hohen Breiten, die sie im Sommer aufsuchen, wie dies bei vielen kleinen Zahnwalen der Fall ist. Die Paarungen erfolgen zu bestimmten Zeiten, allerdings sind viele gesellige Delfinarten auch außerhalb dieser Phasen sexuell aktiv.

Die Länge der Trag- und Stillzeiten bedingt die Häufigkeit, mit der die Kühe kalben. In der Regel gebären sie ein einzelnes Junges. Bei den kleineren Fischfressern (etwa Schweinswalen) bringen die Kühe jedes Jahr ein Kalb zur Welt, die großen Planktonfresser dagegen nur jedes zweite (manche Arten nur jedes dritte) Jahr. Kraken fressende Arten kalben nur alle drei bis sieben Jahre, der von Mischkost lebende Schwertwal sogar nur alle drei bis acht Jahre. Manche Arten werden zudem erst mit mehreren Jahren geschlechtsreif (vier bis zehn Jahre bei Plankton- und Fischfressern, acht bis 16 bei Krakenfressern und Schwertwalen). Es überrascht deshalb nicht, dass die Lebenserwartung der meisten Arten hoch ist (12 bis 50 Jahre bei kleineren Arten, 50 bis 100 Jahre bei großen Bartenwalen, Pott- und Schwertwalen).

Die natürliche Sterblichkeit scheint mit zunehmender Größe der Art abzunehmen, ist aber bei Jungtieren höher als bei ausgewachsenen Tieren. Schätzwerte liegen bei derzeit jährlich 9 bis 10 % bei Zwergwalen, 7,5 % bei Pottwalen und 4 % bei Finnwalen. Die lange Reifezeit bei Krakenfressern beruht vermutlich darauf, dass sie zunächst lernen müssen, wie man Jagd auf die wendigen, schwer zu fangenden Kalmare macht. Bei manchen Arten unterscheiden sich die Sterblichkeitsraten zwischen den Geschlechtern, etwa bei Schwertwalen (3,9 % pro Jahr bei ausgewachsenen Bullen und 0,5 bis 2,1 % bei Kühen) und Pottwalen (6 bis 8 % bei Bullen und 5 bis 7 % bei Kühen).

Wale und Menschen

Historischer Überblick

Fast ebenso weit zurück wie archäologische Belege für menschliche Aktivitäten reichen unsere Beziehungen zu den Walen. Schnitzereien zeigen, dass bereits vor 4000 Jahren in altnordischen Siedlungen Walfang betrieben wurde, und auch 3500 Jahre alte Abfallhaufen der Inuit in Alaska enthalten Reste von Walen. Möglicherweise wurden diese

damals nicht aktiv gejagt, sondern einfach erlegt, wenn sie in Küstennähe auftauchten oder strandeten. Da es jedoch nach dem Pleistozän in den wärmeren Gewässern am Polarkreis zahlreiche Wale gegeben haben muss, wäre es verwunderlich, wenn die frühen Jäger ihnen nicht ebenfalls nachgestellt hätten.

Etwa zur selben Zeit (vor 3200 Jahren) nahmen die Griechen Delfine in ihr kulturelles Repertoire auf, wie Fresken im Tempel von Knossos auf Kreta belegen. Viele Mythen erzählen vom altruistischen Verhalten der Tiere. Eine Sage berichtet, wie der Dichter und Musiker Arion auf der Rückfahrt von Italien von der Schiffsbesatzung überfallen wurde. Als sie ihn töten wollten, bat er darum, ein letztes Mal spielen zu dürfen. Der Klang seiner Leier lockte eine Gruppe Delfine an, und als Arion sie sah, sprang er über Bord und wurde auf einem Delfinrücken sicher ans Ufer getragen. Der griechische Philosoph Aristoteles (384-322 v. Chr.) stellte erstmals genaue Untersuchungen an Walen an, und obwohl einige seiner Angaben falsch oder widersprüchlich sind, zeigen viele seiner detaillierten Beschreibungen der Walanatomie, dass er Tiere seziert haben muss.

Die frühesten Belege für gezielten Walfang in Europa stammen von den Wikingern (800 bis 1000 n. Chr.). Auch baskische Seefahrer jagten schon früh Wale. So gibt es aus dem 12. Jahrhundert Hinweise auf extensiven Walfang im Golf von Biscaya. Die Waljäger konzentrierten sich vermutlich zunächst auf Glatt- und Grönlandwale, weil diese langsame Schwimmer sind und wegen ihres hohen Ölgehalts nach dem Tod an der Wasseroberfläche treiben. Im Nordatlantik gab es einst sogar Grauwale, die aber wohl schon im frühen 18. Jahrhundert ausgerottet wurden.

Von der Biscaya breitete sich der Walfang entlang der europäischen Küste allmählich nach Norden und bis nach Grönland aus. Im folgenden Jahrhundert begannen holländische und später britische Fischer in der Arktis Wale zu jagen, im 17. Jahrhundert auch vor der Ostküste Nordamerikas. In dieser Zeit verwendeten die Walfänger kleine Segelschiffe und erlegten ihre Beute mit Wurfharpunen von Ruderbooten aus. Die Wale wurden an Land oder auf Eisschollen gehievt oder neben dem Schiff im Wasser zerlegt und verarbeitet. In Japan dagegen, wo der Walfang um 1600 aufkam, setzte man Netze und Flotten kleiner Boote ein.

Mit immer stärkeren Schiffen verfolgte man auch andere Arten, insbesondere den Pottwal. Im 18. und 19. Jahrhundert verlagerten amerikanische, britische und holländische Walfänger die Jagd zunächst nach Süden in den Atlantik, dann nach Westen in den Pazifik um Kap Hoorn und nach Osten in den Indischen Ozean rings um das Kap der Guten Hoffnung. In der ersten Hälfte des 19. Jahrhunderts begann man damit auch vor Südafrika und an den Seychellen. In der Arktis war man inzwischen weit in die polaren Gewässer von Grönland, Davis Strait und Svalbard vorgedrungen, um Grönland-, Glatt- und später auch Buckelwale zu jagen. Glattwale wurden auch in den höheren Breiten des Pazifiks vor Neuseeland und Australien erlegt, ab 1840 auch Grönlandwale in der Bering-, Tschuktschen- und Beaufortsee.

Durch Überjagung kam es Ende des 18. Jahrhunderts im Nordatlantik und Mitte des 19. Jahrhunderts im Nordpazifik zum Zusammenbruch des Walfangs. Die Jagd auf Pottwale blühte noch bis um 1850, ging danach jedoch auch rapide zurück. Nach der Erfindung der Harpunenkanone durch den Norweger Sven Foyn 1868 und mit zunehmendem Einsatz von Dampfschiffen spitzte sich die Lage weiter zu. Beides hatte maßgeblichen Einfluss auf die letzten Bestände der Großwale, da Dampfer sogar mit schnellen Furchenwalen mithalten konnten. Ende des 19. Jahrhunderts waren die Bestände der Grönland- und Glattwale bereits stark dezimiert. 1912 stellten die Briten die Waljagd in der Arktis ein.

Gegen Ende des 19. Jahrhunderts konzentrierte sich der Walfang auf den Pazifik und die Gewässer vor Neufundland sowie an der Westküste Afrikas. 1905 entdeckte man die reichen antarktischen Futtergründe der Blau-, Finn und Seiwale, und 1925 nahm das erste moderne Fabrikschiff dort seine Tätigkeit auf. Die Walfangindustrie verlagerte sich auf See und stieg in der Antarktis rasch an. In der Saison 1937/38 wurden 46 000 Wale erlegt, und die Zahlen sanken erneut auf gewerblich nicht mehr nutzbare Werte. Der Blauwal als größter und wertvollster Furchenwal dominierte noch in den 1930er Jahren. Mitte der 1950er Jahre waren seine Bestände jedoch äußerst dezimiert und 1965 wurde er schließlich unter Naturschutz gestellt. Mit dem Niedergang jeder Art wandten sich die Walfänger der jeweils nächst kleineren Furchenwalart zu.

Oben: *Stellenweise wird noch heute Jagd auf Wale gemacht, wie hier auf einen Grindwal vor den Färöer-Inseln. Die USA und Russland beispielsweise gestatten dies der am Polarkreis ansässigen Bevölkerung, für die der Walfang einst die Lebensgrundlage bildete.*

Pottwale wurden auch noch nach dem Zusammenbruch der Bestände in den 1850er Jahren gejagt, wenn auch bis 1948 nur rund 5000 Tiere weltweit pro Jahr gefangen wurden. Danach stiegen die Zahlen rasch. Jährlich wurden 20 000 Tiere vor allem im Nordpazifik und auf der Südhalbkugel erlegt. Seit 1985 sind auch Pottwale geschützt.

Bis zur Mitte des 20. Jahrhunderts beherrschten Norwegen und Großbritannien den Walfang, neben Holland und den USA. Als diese Staaten den Hochseefang jedoch nach dem Zweiten Weltkrieg aufgaben, übernahmen Japan und die Sowjetunion die Walindustrie. Viele weitere Länder jagten weiterhin in Küstennähe. Erst seit kurzem lässt sich anhand von Daten aus der ehemaligen UdSSR belegen, dass dort von 1951 bis 1971 beispielsweise mindestens 3368 Südkaper erlegt wurden, obwohl die Art bereits seit 1935 offiziell weltweit unter Naturschutz steht.

Ursprünglich war das wichtigste Produkt des modernen Hochseewalfangs das Öl. Das Öl von Bartenwalen wurde zu Margarine und anderen Nahrungsmitteln verarbeitet, Walrat von Pottwalen dagegen zu feinsten Schmiermitteln. Etwa ab 1950 standen eher chemische Produkte und Fischmehl für die Tierfutterindustrie im Vordergrund, während Walfleisch praktisch nur noch in Japan als Delikatesse begehrt war. Die Sowjetunion verwendete nur wenig Walfleisch und konzentrierte sich dafür auf Walrat. Ende der 1970er Jahre wurden die in der Antarktis erlegten Wale zu 29 % zu Fleisch, 20 % zu Öl und 7 % zu Fischmehl oder Lösungsmitteln verarbeitet.

Seit rund 30 Jahren nimmt die Öffentlichkeit immer mehr Anteil am Schicksal der Wale. Wer die Riesen in freier Natur vor der Ostküste der USA und in kalifornischen Lagunen beobachten konnte, ist beeindruckt von ihrem Zutrauen und ihrem faszinierenden Verhalten. Zugleich gingen jedoch die Zahlen bei den Großwalen durch die Überjagung weiter zurück. 1946 wurde die Internationale Walfangkommission (IWC) eingerichtet. Sie sollte den Walfang kontrollieren, besaß jedoch nur wenig Einfluss, weil die Empfehlungen ihres wissenschaftlichen Rates oft im Interesse kurzfristiger wirtschaftlicher Überlegungen übergangen wurden.

1972 verbot die US-Regierung per Gesetz das Erlegen und Importieren von Meeressäugern und ihrer Produkte. Ausnahmen wurden nur für die Volksstämme der Inuit und Aleuten gemacht, die Wale für ihren Lebensunterhalt und zur Herstellung typischer Gerätschaften jagen dürfen. Im selben Jahr verhängte die „UNO-Konferenz über die Umwelt des Menschen“ ein zehnjähriges Walfangverbot. Es wurde zwar von der Internationalen Walfangkommission nicht akzeptiert, jedoch letztlich unter dem Druck von Öffentlichkeit, Regierungen und Wissenschaftlern durchgesetzt, die besorgt waren über die Schwierigkeiten bei der Schätzung von Beständen und maximalen nachhaltigen Erträgen. 1982 einigte man sich auf ein generelles Verbot des kommerziellen Walfangs, das 1986 in Kraft trat. Gemäß der Tendenz zum Artenschutz, die bei den meisten IWC-Mitgliedsstaaten in den 1980er und 1990er Jahren bestand, wurde neben der IWC eine zweite Organisation namens NMMCO (North Atlantic Marine Mammal Commission) gegründet, um Länder wie Norwegen, die Faröer-Inseln, Island, Grönland und Teile Kanadas zu erfassen, die weiter im Nordatlantik Wale jagen wollten. Innerhalb der IWC erlegte Norwegen weiterhin Zwergwale für Forschungszwecke und begann Ende der 1990er Jahre wieder mit der kommerziellen Jagd auf einige Hundert Tiere pro Jahr. Japan hat nach wie vor eine starke Lobby für die Wiederaufnahme des Walfangs.

Dank des weitgehend globalen Walfangverbots können sich einige große Walarten allmählich erholen. Die Buckelwalbestände im westlichen Nordatlantik wurden 1999 auf 106 000 Stück geschätzt, und die gut erforschte Gruppe, die den Sommer im Golf von Maine verbringt, wächst um 6,5 % pro Jahr. Auch die Blauwalbestände im östlichen Nordpazifik zeigen erfreuliche Anzeichen einer Erholung. In den 1990er Jahren wurden sie auf 2000 Tiere geschätzt, und seit Jahren wächst die Zahl wieder an. Dennoch geben einige Bartenwalbestände weiter Anlass zu großer Sorge, nicht nur weil sie so niedrig sind, sondern weil andere Probleme auftauchen, die wiederum von Menschen verursacht werden. Alle Bestände des Nordkapers sind äußerst gefährdet. Im nordwestlichen Atlantik leben nur noch gut 300 Exemplare, und keine 100 mehr im östlichen Nordatlantik. Die Grönlandwale im Ochotskischen Meer und an einigen Stellen des östlichen Nordpolarmeers, die Grauwale im westlichen Nordpazifik und die Blauwale in verschiedenen Gebieten weisen ebenfalls nach wie vor bedenklich niedrige Zahlen auf.

Ozeanischer Lebensraum im Wandel

Neue Gefahren

Die Geschichte unserer unseligen Beziehung zu Walen endet hier nicht. Selbst wenn der kommerzielle Walfang für immer eingestellt würde oder wir genügend Kenntnisse hätten, um die Walbestände auf einem nachhaltigen Niveau zu erhal-

Oben: *Ohne direktes Eingreifen des Menschen sind die Walpopulationen der Erde, langfristig betrachtet, gefährdet. Dabei geht es nicht allein um den Walfang, der unterbunden bleiben sollte. Viele Menschen kümmern sich auch um die Rettung einzelner Tiere, wenn sie etwa stranden oder – wie dieser Grauwal in Barrow, Alaska – im Packeis gefangen sind.*

Links: *Island trat in den 1990er Jahren aus der Internationalen Walfangkommission aus und gehört nun zu der Hand voll Staaten, die weiterhin Wale im Nordatlantik jagen. Bei einer Fischfabrik in Hvalfjördhur wird ein riesiger Finnwal zerlegt und das Fleisch für den Verkauf zugerichtet.*

Unten: *Ein Flussdelfin neben einem Glattwal vor der Küste Argentiniens. Trotz ihrer gewaltigen Ausmaße (durchschnittlich 14 m Länge und 22 000 kg Gewicht), ernähren sich Glattwale von winzigen Krebstieren, die einen Durchmesser von nur wenigen Millimetern aufweisen. Sie schwimmen einfach mit offenem Maul dicht unter der Wasseroberfläche.*

ten, wären Waltiere weiterhin anderen Bedrohungen durch uns Menschen ausgesetzt. Angesichts der steigenden Bevölkerungszahlen und der zunehmenden Industrialisierung ist der Lebensraum Meer in weiten Teilen der Welt im Wandel. Dem Meer wird immer mehr abgefordert, von Fischereiquoten bis zur Einleitung toxischer Abfälle. Akustische Störungen entstehen durch Probesprengungen zur Erschließung neuer Öl- und Gasvorkommen, lauten Militärsonars und Schiffsmotoren. Zwar sind die langfristigen Folgen schwer abzuschätzen, doch lassen sich schon jetzt bei mehreren Arten kurzfristige Beeinträchtigungen feststellen. Zudem ist es belegt, dass laute Geräusche Hörschäden verursachen konnen.

Abgesehen vom Lärm stellen Schiffe für Wale allerdings auch eine direkte Gefahr dar, wenn es zu Kollisionen kommt. Von allen Großwalen am meisten gefährdet ist der Nordkaper, von dem es nur noch rund 300 Exemplare gibt und der hauptsächlich vom Schiffsverkehr vor der Ostküste der USA nachteilig betroffen ist. Eine große Gefahr geht auch von Hochgeschwindigkeitsfähren aus, wie sie heute in vielen Teilen der Welt eingesetzt werden und die bereits zu zahlreichen Unfällen mit langsameren Arten wie Pott- und Grindwalen geführt haben.

Verunreinigungen der Meere durch toxische Stoffe, insbesondere Schwermetalle, Öl und langlebige Chemikalien, können ebenfalls Schäden bedingen, vor allem in Binnenmeeren wie der Ostsee, dem Mittelmeer und der Nordsee. Sie betreffen vor allem küstennah lebende Arten wie den Schweinswal. Gelegentlich werden hohe Schadstoffwerte mit Krankheiten und Massensterben in Verbindung gebracht, etwa zu Beginn der 1990er Jahre, als über 1000 Streifendelfine im Mittelmeer an einem Staupevirus eingingen. Damals fand man im Gewebe der Tiere hohe Konzentrationen an Polychlorierten Biphenylen (PCB), die das Immunsystem beeinträchtigen und so Erkrankungen begünstigen können.

Gefahren gehen auch aus von der Zerstörung der Lebensräume durch die Bebauung der Küsten, die Anlage von Wellenbrechern, die die Strömungsverhältnisse verändern und die Verlandung begünstigen, oder den Bau von Dämmen zur Regulierung von Flussläufen. Am stärksten betroffen sind meist die Arten, die ohnehin selten und standortgebunden sind, etwa der Kalifornische Schweinswal oder der chinesische Jangtsedelfin.

Die größte Bedrohung jedoch geht für viele Arten vom Fischfang aus. Beobachter können von Bord eines Schiffs aus manchmal schätzen, wie viele Tiere unbeabsichtigt gefangen werden, und dies mit den vermutlichen Beständen vergleichen. Die Zahlen belegen, dass diese Sterblichkeitsrate für eine nachhaltige Entwicklung zu hoch ist. Jedes Jahr werden von kommerziellen Fischern weltweit 27 Mio. t Beifang aus dem Meer gezogen und einfach wieder zurückgeworfen – tot oder sterbend. Diese Zahl stellt ein Viertel des gesamten Fangs dar und betrifft eine Vielzahl von Arten. Am Kontinentalsockel Europas und Nordamerikas ist vor allem der Schweinswal betroffen, im offenen Meer sind es Streifendelfine, Gewöhnliche Delfine sowie Spinner- und Fleckendelfine, die manchmal in großen Zahlen gefangen werden. Selbst die Großwale fallen bestimmten Fischereimethoden zum Opfer, was den Druck auf seltene und bedrohte Arten erhöht.

Der direkte Wettbewerb mit Fischern kommt erschwerend hinzu, auch wenn dieser Effekt nicht ohne weiteres von den übrigen Auswirkungen auf das Ökosystem Meer zu trennen ist. Wenn Beutetiere durch Überfischung rar werden, treten andere Arten an ihre Stelle, und das ganze Gefüge ändert sich. Obgleich viele Waltiere sich vielseitig ernähren und offenbar in der Lage sind, sich auf andere Beute umzustellen, wissen wir noch wenig über die langfristigen Folgen.

Nicht zuletzt bedingt die Industrialisierung umfassende Klimaveränderungen. Für Wale können diese verschiedene Konsequenzen haben. Ein Anstieg der Wassertemperatur dürfte die Verteilung von Walarten in einer Region verändern. Wenn ein Teil der Eiskappen schmilzt, wird der steigende Wasserspiegel die marinen Gemeinschaften flacher Gewässer verändern. Häufigere Stürme könnten das Klima stellenweise instabiler machen und damit die Planktonbildung beeinträchtigen, von der viele Waltiere abhängig sind. Solche Gegebenheiten werden sicherlich nicht dieselbe Entrüstung in der Öffentlichkeit auslösen wie das offene Töten von Walen, doch werden wir sie ansprechen müssen, wenn wir wollen, dass diese großartigen Lebewesen auch weiterhin unsere Meere bevölkern. PGHE

Verbreitung Alle Ozeane

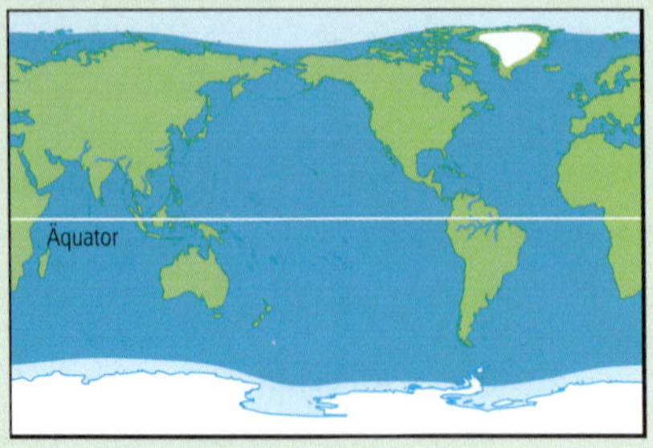

Unterordnung: Odontoceti
Mindestens 72 Arten in 34* Gattungen in 10 Familien

*35, sofern *Lagenorhynchus acutus* in *Leucopleurus acutus* umbenannt wird, wie kürzlich vorgeschlagen.

Zahnwale

Fast 90 % aller Walarten gehören zur Unterordnung Zahnwale (Odontoceti). Die meisten Arten sind mit Längen von selten mehr als 4,5 m relativ klein (Delfine und Schweinswale). Zahnwale besitzen in der Regel eine vorspringende schnabelartige Schnauze und dahinter eine aufgewölbte Stirn, die so genannte Melone. Die Kiefer sind mit Zähnen ausgestattet, auch wenn diese manchmal nur rudimentär oder zeitweise vorhanden sind. Alle Zähne sind gleichförmig, haben nur eine Wurzel und bleiben lebenslang erhalten (monophyodonte Bezahnung).

Flussdelfine (Platanistidae) sind die primitivsten lebenden Waltiere. Sie besitzen einen langen Schnabel, kurze, breite Flipper sowie sehr kleine Augen. Manche Arten sind sogar fast blind, sodass sie ausschließlich mittels Echopeilung navigieren. Die Familie Physeteridae umasst mit dem 18 m langen Pottwal den größten Zahnwal. Ihm stehen Zwerg- und Kleinpottwal sehr nahe, die einen weniger ausladenden Kopf und eine größere Rückenfinne aufweisen. Schnabelwale (Familie Ziphiidae) sind nach ihrer langen, schnabelförmigen Schnauze benannt. Sie werden nur selten gesichtet, in der Regel als gestrandete Tiere. Die übrigen Familien (Monodontidae, Phocoenidae und Delphinidae) sind eng verwandt und entstanden vermutlich im mittleren Miozän. Die beiden Gründelwalarten (Narwal und Beluga) leben in nördlichen Gewässern wie dem Nordpolarmeer.

Schweinswale (Phocoenidae) breiteten sich im Miozän/Pliozän (vor sieben Millionen Jahren) von den Tropen her in den gemäßigten Gewässern beider Erdhalbkugeln aus. Es handelt sich durchweg um kleine Arten mit stumpfen, schnabellosen Schnauzen und spachtelförmigen Zähnen.

Die meisten Eigentlichen Delfine (Delphinidae) stellen bezüglich Bezahnung, Melone, Schnabel und Rückenfinne Prototypen der Zahnwale dar. Deren größte Art, der Schwertwal, ist jedoch eine Ausnahme, da er gerundete Flipper und keinen Schnabel hat. Dieser jagt andere Meeressäuger. Manche Delfinarten kommen in beiden Hemisphären außerhalb der Tropen vor, von anderen gibt es fast identische Populationen auf beiden Erdhälften sowie eine kleinere Version in den Tropen, wieder andere sind weltweit verbreitet oder nur auf die Tropen beschränkt. PGHE

Delfine in Gefangenschaft

Viele Menschen kennen lebende Wale nur aus Delfinarien oder Meeresparks. Diese immer beliebteren Einrichtungen rechtfertigen die Haltung von Delfinen und Schwertwalen mit dem Hinweis auf Forschung und Volksbildung. Tierschützer dagegen meinen, das komplexe Sozialverhalten könne in Gefangenschaft nicht nachgestellt werden und die Tiere stünden selbst in gut geführten Delfinarien durch den täglichen Kontakt mit Menschen unter unnötigem Stress. Anlass zur Sorge geben die engen „Streichelbecken", in denen die Delfine ständig angefasst und gefüttert werden dürfen. Unbestritten ist die Lebenserwartung von Walen und Delfinen in Gefangenschaft erheblich geringer als in Freiheit. Im Rahmen des Ökotourismus werden mehr Menschen ermuntert, wilde Delfine unmittelbar zu beobachten und mehr über die Tiere in ihrem natürlichen Lebensraum zu erfahren.

1

3

2

ZAHNWALSCHÄDEL

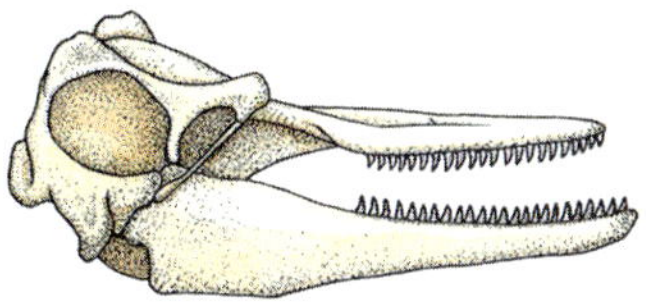

Großer Tümmler
60 cm

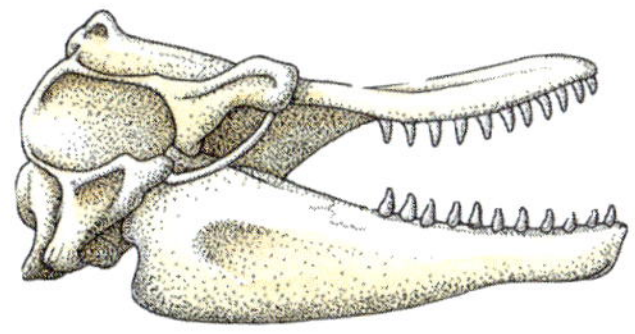

Schwertwal
120 cm

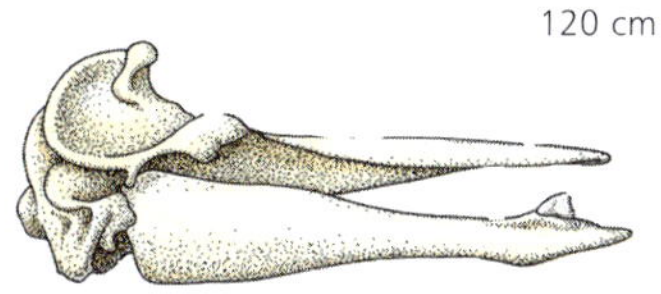

Gervais-Zweizahnwal
120 cm

Zahnwale entwickelten sich aus landlebenden, Fleisch fressenden Vorfahren moderner Huftiere. Dabei verlängerte sich der Schädel zu einem schmalen „Schnabel", der hintere Kieferknochen verschob sich zur Kopfoberseite hin. Parallel dazu entwickelten diese Arten die Fähigkeit zur Echolotpeilung und die Form der Zähne veränderte sich. Die Vorfahren der Zahnwale verfügten noch über differenzierte Schneide-, Eck- und Backenzähne wie moderne Fleischfresser. Zum Fischfang ist jedoch eine Reihe gleichförmiger Kegelzähne wie bei den meisten Zahnwalen optimal. Große Tümmler sind typische Fischfresser und besitzen viele scharfe Zähne.

Schwertwale (RECHTS) dagegen erbeuten Meeressäuger und Fische. Die Zahl ihrer Zähne ist stark reduziert (zehn bis 14 pro Seite und Kiefer). Schnabelwale ernähren sich von Kraken und haben fast alle Zähne verloren. Einer ihrer Vertreter aus der Gattung *Mesoplodon,* wie der Gervais-Zweizahnwal, weist nur ein einziges Zahnpaar auf, das im Unterkiefer sitzt.

Unten: *Typische Zahnwalarten, die sich in Größe und Körperform deutlich unterscheiden:* ***1*** *Großer Tümmler* (Tursiops truncatus), ***2*** *Vierzahnwal* (Berardius bairdii), ***3*** *Gangesdelfin* (Platanista gangetica), ***4*** *Narwal* (Monodon monoceros), ***5*** *Pottwal* (Physeter catodon), ***6*** *Dall-Schweinswal* (Phocoenoides dalli).

NASENÖFFNUNGEN DER ZAHNWALE

Im Vergleich zu Landsäugetieren sind die Nasenöffnungen bei Zahnwalen nach hinten oben zur Kopfoberseite hin verlagert. Narwal und Zwergpottwal sind typisch hierfür. Beim Pottwal dagegen war dies aufgrund des riesigen Walratorgans nicht möglich. Bei ihm sind die beiden Passagen nach vorn verlagert. Der rechte Nasengang liegt unterhalb des Walratorgans.

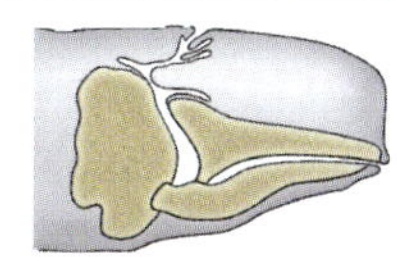

Narwal

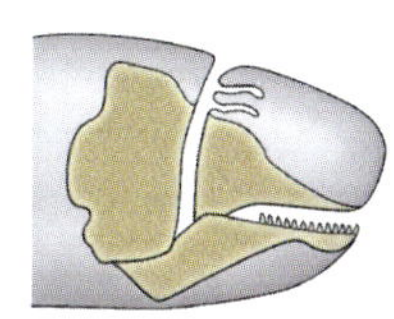

Zwergpottwal

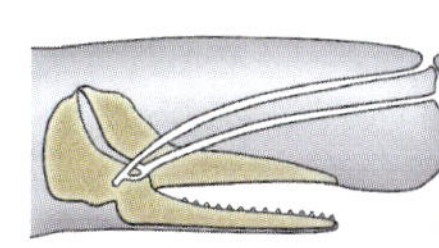

Pottwal

Flussdelfine

B*EI DELFINEN DENKT MAN MEIST AN TIERE, die sich in den Weiten des Ozeans tummeln. In einem schmalen Wasserlauf in Amazonien, in einem schlammigen, fast ausgetrockneten Flussbett in Bangladesh oder im klaren, kühlen Wasser eines Bachs am Fuß des Himalaja kann man sie sich kaum vorstellen. Dennoch sind dies die Lebensräume, an deren Bedingungen Flussdelfine angepasst sind.*

Der Begriff „Flussdelfin“ bezeichnet üblicherweise eine Gruppe langschnäbeliger, vielzähniger kleiner Waltiere: Jangtsedelfin, Ganges- und Indusdelfin, Amazonasdelfin und La-Plata-Delfin. Diese Arten haben zwar keine gemeinsamen Vorfahren, werden jedoch wegen ihrer ähnlichen Nischen zusammengefasst. Bis auf den La-Plata-Delfin, der im Brackwasser- und Küstenbereich der Mündung des Rio de la Plata zwischen Argentinien und Brasilien heimisch ist, leben alle Arten in Süßwasser.

Es gibt noch weitere kleine Waltiere, die sowohl im Meer als auch in Süßwassersystemen leben können, ohne jedoch echte Flussdelfine zu sein. Dabei handelt es sich um den in Mittel- und Südamerika vorkommenden Amazonas-Sotalia (*Sotalia fluviatilis*), den Irawadi-Delfin (*Orcaella brevirostris*) Südostasiens und den Indischen Schweinswal (*Neophocaena phocaenoides*). Wenn auch Beweise noch ausstehen, bleiben diese Tiere vermutlich ständig im Süßwasser und pendeln nicht regelmäßig zwischen Fluss und Meer. Sie werden zusammen mit Delfinen und Schweinswalen besprochen.

Delfine im Süßwasser

KÖRPERBAU UND FUNKTION

Neben langen, schmalen Schnäbeln und zahlreichen Zähnen weisen Flussdelfine morphologisch und sensorisch einige extreme Besonderheiten auf. Amazonasdelfine beispielsweise sind die einzigen modernen Waltiere mit differenzierten Zähnen. Die im vorderen Kieferteil liegenden Zähne sind wie für Delfine typisch kegelförmig, während die hinteren sich an der Innenseite der Krone verbreitern. Die Tiere ernähren sich nicht nur von vielen Arten weichfleischiger Fische, sondern auch von zähen, stacheligen oder hartschaligen Tieren wie Welsen, Krabben und sogar kleinen Seeschildkröten, sodass sie ihre Beute mit den Molaren vermutlich zermahlen. Es stimmt nicht, dass alle Flussdelfine blind sind. In der Tat weisen beim Ganges- und Indusdelfin die zurückgebildeten Augen keine Linse auf, sodass diese Arten keine Bilder auflösen, sondern höchstens Hell und Dunkel unterscheiden können. Die übrigen Arten dieser Gruppe besitzen jedoch ein zwar eingeschränktes, doch deutlich besseres Sehvermögen. Der Amazonasdelfin sieht sogar recht gut.

Die Echolotpeilung ist bei Flussdelfinen hoch entwickelt. Sie ermöglicht es den Tieren, Gegenstände sowie Beute in den meist trüben Gewässern der Lebensräume zu erkennen. Ganges- und Indusdelfin sind Seitenschwimmer: Nach dem Auftauchen zum Luftholen legen sie sich sofort auf die Seite, „tasten“ mit einer Seitenflosse nach dem Grund und prüfen den Bereich vor ihnen mit kontinuierlichen Klicklauten.

Gesellige Wesen oder Einzelgänger?

SOZIALVERHALTEN

Flussdelfine leben selten in Gruppen von mehr als zehn Tieren. Deren Beziehungen untereinander sind bisher nicht erforscht, sodass Aufbau, Struktur und Art ihrer Gesellschaften noch völlig unbekannt sind. Die Kälber weichen mehrere Monate lang nicht von der Seite ihrer Mutter. Dass die Dichte bei Flussdelfinen in einem Gewässer um einiges höher sein kann als bei den meisten Meeresdelfinen, liegt vermutlich an der begrenzten Fläche, die in einem Fluss und See jeweils zur Verfügung steht. Kleine Schulen von Amazonas-Sotalias oder Irawadi-Delfinen tauchen meist synchron und halten nur ein bis zwei Körperlängen Abstand zueinander.

Die echten Flussdelfine tauchen meist einzeln auf und wieder ab, vermitteln aber zugleich den Eindruck, dass die Tiere in einem größeren Gebiet mit ähnlichen Tätigkeiten beschäftigt sind und irgendwie miteinander in Kontakt stehen.

Flussdelfine finden sich vorwiegend an Zusammenflüssen mehrerer Wasserläufe, scharfen Krümmungen, Sandbänken oder am stromabwärts gelegenen Ende von Inseln. An solchen Stellen finden sie tieferes Wasser, können aber auch Wirbel und Gegenströmungen so nutzen, dass sie ihren Energiehaushalt schonen können und trotzdem nicht mit der Strömung flussabwärts getrieben werden.

2

1

4

Unten und links: *Die „echten" Flussdelfinarten. Trotz ihrer weit entfernten Lebensräume sehen sie sich sehr ähnlich. Unterschiede bestehen in Hautfarbe, Länge des Schnabels und Bezahnung.* ***1*** *Amazonasdelfin,* ***2*** *La-Plata-Delfin,* ***3*** *Gangesdelfin,* ***4*** *Indusdelfin,* ***5*** *Jangtsedelfin.*

3

5

Tödliche Nähe zum Menschen

ARTEN- UND UMWELTSCHUTZ

Alle Flussdelfine sind durch den Fischfang gefährdet, insbesondere durch Wandnetze in ihren Lebensräumen. Deren Veränderung und Zerstörung ist eine weitere Gefahr. Gewässerverschmutzung und die Anreicherung von Schadstoffen im Körper können sich negativ auf die Gesundheit und Fortpflanzung der Tiere auswirken. Die im Gewebe von Flussdelfinen gemessenen toxischen Rückstände etwa organischer Chlorverbindungen aus Pestiziden, Polychlorbiphenylen (PCB) und Organozinnverbindungen geben Anlass zu Besorgnis. Durch Staudämme werden die Populationen immer weiter zerstückelt und geschwächt; einige Teilpopulationen sind bereits ausgestorben. Vor allem Asien deckt seinen Wasserverbrauch aus diesen Stauseen (Feldbewässerung, Haushalte, Gewerbe), sodass es im Lebensraum der Delfine sogar an Wasser fehlt.

Der Jangtsedelfin ist die am stärksten bedrohte Walart der Welt. Die erst 1918 von der abendländischen Forschung erfasste Art war in den 1950er Jahren noch weit verbreitet und im gesamten Lauf des Jangtse zu finden. Ab dem Beginn von Chinas „Großem Sprung nach vorn" (der raschen Industrialisierung) im Herbst 1958 wurden Flussdelfine als Lieferanten von Fleisch, Öl und Leder intensiv bejagt. Heute stehen sie zwar unter Naturschutz, doch werden sie von Fischern weiterhin unabsichtlich getötet oder kommen bei Kollisionen mit Motorbooten und Unterwassersprengungen ums Leben. Ihre Zahl ist heute auf unter 100 Tiere gesunken.

Beim Indischen Schweinswal, der sich einst einen Großteil des Jangtse mit den Delfinen teilte, sind die Zahlen ebenfalls rückläufig, allerdings haben von ihnen bisher noch einige Hundert, vielleicht sogar über 1000 Exemplare überlebt.

Von den Gangesdelfinen leben heute nur noch wenige Tausend Tiere, von den Indusdelfinen weniger. An abgelegenen Teilstücken des Ganges und Brahmaputra werden sie noch heute zur Nahrungsbeschaffung gejagt. Indische Fischer setzen Delfinöl als Lockstoff für eine sehr begehrte Welsart ein. Die Irawadi-Delfine im Mekong und Mahakam sind extrem gefährdet. Etwas besser ist die Lage in Südamerika. Die dortigen Arten, Amazonasdelfin und Amazonas-Sotalia, sind noch recht zahlreich vertreten und weit verbreitet. RR

FLUSSDELFINE

Ordnung: Cetacea

Familien: Platanistidae, Lipotidae, Iniidae, Pontoporiidae

4 Gattungen mit 5 Arten

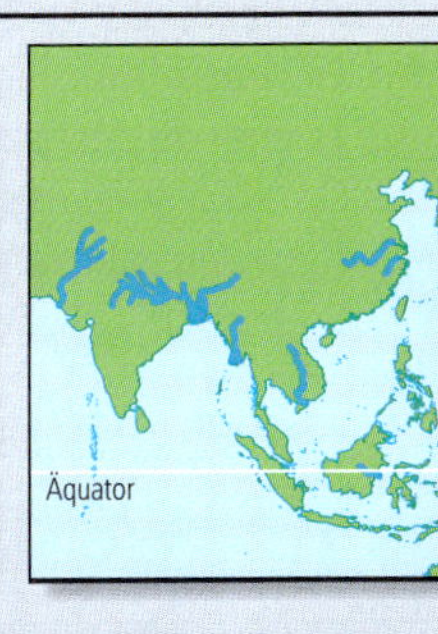

VERBREITUNG SO-Asien, Südamerika.

GANGESDELFIN
Platanista gangetica
Susu
Indien, Nepal, Bangladesh, im Ganges-/Brahmaputra-/Meghna-Flusssystem. KL 210–260 cm; GT 80–90 kg. nate. Lebenserwartung: über 28 Jahre. IUCN-Status: Stark gefährdet.

INDUSDELFIN *Platanista minor*
Pakistan, im Indus. Größe, Fell, Nahrung, Tragzeit und (vermutlich) Lebenserwartung: wie Gangesdelfin. IUCN-Status: Stark gefährdet.

JANGTSEDELFIN *Lipotes vexillifer*
Chinesischer Flussdelfin, Beiji
China, im Jangtse und Unterlauf des Fuchunjian. KL 230–250 cm, GT 135–230 kg. Haut: bläulich grau, Unterseite weiß. Tragzeit: vermutlich 10–12 Monate. IUCN-Status : Vom Aussterben bedroht.

AMAZONASDELFIN *Inia geoffrensis*
Butu, Buffo, Tonina
Südamerika, im Amazonas und Orinoco. KL 208–228 cm (Orinoco), 224–247 cm (Amazonas); GT 85–130 kg. Haut: Oberseite dunkel blaugrau, Unterseite rosa; im Orinoco dunkler. Tragzeit: vermutlich 10–12 Monate. IUCN-Status: Gefährdet.

LA-PLATA-DELFIN *Pontoporia blainvillei*
Franciscana
Ostküste Südamerikas von Ubatuba bis zur Halbinsel Valdez (nicht im Rio de la Plata). KL 155–175 cm; GT 32–52 kg. Haut: helles, warmes Braun, Unterseite heller. Tragzeit: 11 Monate; Lebenserwartung: über 16 Jahre.

Abkürzungen: KL = Körperlänge; GT = Gewicht

Eigentliche Delfine

Von den Delfinen, die den Dichter und Sänger Arion in der griechischen Sage vor Piraten retteten, bis hin zum Schwertwal in Hollywoods „Free Willy" üben Delfine seit jeher auf uns Menschen einen großen Reiz aus. Es heißt, ihre Intelligenz und ihr soziales Wesen würden nur von Primaten erreicht, vielleicht sogar nur von uns Menschen. Ihr meist freundliches, unaggressives Verhalten macht sie uns besonders sympathisch.

Diese anthropozentrische Sicht ist seit einigen Jahren im Wandel, denn es hat sich gezeigt, dass Aggressionen durchaus im Verhaltensrepertoire von Delfinen vorkommen. Doch je mehr wir über das Lernverhalten, die sozialen Fähigkeiten und Lebensumstände von Delfinen erfahren, desto mehr staunen wir über die vielfältigen Verhaltensweisen und Sozialformen, die verschiedene Arten je nach Umweltbedingungen an den Tag legen.

Wendig und intelligent

KÖRPERBAU UND FUNKTION

Die Delfine bilden eine relativ moderne Familie. Sie entstand vor rund 10 Millionen Jahren im späten Miozän. Von allen Waltieren sind sie die verbreitetste und vielfältigste Gruppe.

Die meisten Delfine sind klein bis mittelgroß mit gut entwickelten Schnäbeln und einer mittigen, sichelförmig nach hinten gebogenen Rückenfinne. Sie haben ein einziges halbmondförmiges Blasloch an der Kopfoberseite, dessen konkave Seite nach vorn zeigt. In Ober- und Unterkiefer sitzen mit großen Zwischenräumen zwischen 10 und 224 Zähne, meist 100 bis 200. Die meisten Delfine haben eine Melone, die allerdings bei manchen Arten wie etwa dem Amazonas-Sotalia nicht sehr ausgeprägt ist und bei den *Cephalorhynchus*-Arten ganz fehlt. Besonders ausgeprägt und prall ist die Melone beim Rundkopfdelfin und den Grindwalarten. Bei echten und unechten Schwertwalen geht sie in eine stumpfe Schnauze über. Schwertwale haben zudem runde, paddelförmige Flipper, während sie bei Grindwalen und unechten Schwertwalen schmal und lang sind.

Die Vielfalt an Farben und Mustern lässt sich auf verschiedene Weise klassifizieren. Ein Ansatz unterscheidet die drei Typen einfarbig oder gleichmäßig gezeichnet, gefleckt mit klar abgegrenzten Pigmentflächen und zweifarbig (schwarzweiß). Die unterschiedlichen Farben helfen den Tieren, sich gegenseitig zu erkennen, und könnten zudem als Tarnung dienen. Delfinarten, die in tiefen, relativ dunklen Gewässern jagen, sind oft einfarbig, während die oberflächennahen Arten oberseits meist dunkel und unterseits hell gefärbt sind, sodass sie im Gegenlicht von unten kaum zu sehen sind. Durch diese Tarnfärbung werden die Tiere bei der Jagd selbst nicht erkannt und gleichzeitig schützt sie auch vor Fressfeinden.

Wie andere Zahnwale setzen Delfine Laute zur Kommunikation ein. Die von ihnen produzierten Geräusche reichen von einfachen und modulierten Pfiffen bis zu Klicks von 0,2 kHz bis 220 kHz im Ultraschallbereich. Letztere dienen vor allem zur Echolotortung, um Beutetiere aufzuspüren und vielleicht sogar zu betäuben. Obwohl unterschiedliche Laute mit bestimmten Verhaltensweisen zusammenhängen, ist nicht davon auszugehen, dass Delfine eine Sprache mit Syntax kennen.

Delfine können komplizierte Aufgaben lösen und sind hervorragende Imitatoren. Sie lernen selbst komplexe Zusammenhänge, vor allem nach dem Gehör. Bei einigen Tests schneiden sie ebenso gut ab wie Elefanten. Große Tümmler können allgemeine Regeln ableiten und abstrakte Konzepte nachvollziehen. Das Delfingehirn ist im Verhält-

Links: *Große Tümmler leben vor allem in tropischen und subtropischen Gewässern. Dieses Exemplar weist den für diese Art typischen kurzen Schnabel auf. Große Tümmler haben oft den hier sichtbaren hellen Fleck an der Kinnspitze.*

nis zum Körper relativ groß. Ein ausgewachsener Großer Tümmler mit 130 bis 200 kg Körpergewicht besitzt ein Gehirn von rund 1600 g. Im Vergleich dazu wiegt das Gehirn eines Menschen von 36 bis 95 kg zwischen 1100 und 1540 g. Die Großhirnrinde weist bei Delfinen wie bei Primaten eine ausgeprägte Fältelung auf. Diese Merkmale gelten als Hinweise auf eine hohe Intelligenz.

Die Entwicklung von Hirnmasse geht mit einem hohen Stoffwechselaufwand einher, was wesentliche Vorteil bringen muss, damit sich der Aufwand lohnt. Eine Erklärung wäre, dass zur Verarbeitung von akustischen Informationen mehr „Speicherplatz" benötigt wird als von visuellen. Eine andere Theorie geht davon aus, dass Waltiere die größeren Gehirne einfach für dieselben Aufgaben brauchen, die Landsäuger mit geringerer Hirnmasse erledigen. Eine dritte These besagt, dass die Hirnleistung eine wesentliche Rolle in der sozialen Entwicklung spielt und in Zusammenhang mit elterlicher Fürsorge, Kooperation bei Jagd und Verteidigung, Bildung von Allianzen und Wiedererkennung von Individuen in Sozialstrukturen steht.

Links: *Springende Große Tümmler. Delfine setzen Sprünge ein, um Fische vor sich herzutreiben oder auch zur Werbung. Manchmal springen sie auch einfach nur, weil sie Spaß daran haben. Ihrer anmutigen Bewegungen machen sie bei uns Menschen beliebt.*

Unten: *Jugendliche Atlantische Fleckendelfine in den Gewässern bei den Bahamas. Die Musterung vieler Delfine hilft diesen, sich vor Beute oder Fressfeinden zu tarnen, denn das glitzernde Licht an der Wasseroberfläche lässt sie mit ihrer Umgebung verschmelzen.*

Die oft behauptete Friedfertigkeit von Delfinen trifft so nicht zu. Große Tümmler und vielleicht auch Spinnerdelfine zeigen in Gefangenschaft Dominanzverhalten, bei dem Aggressivität etwa durch Kopfbewegungen, Maulöffnen oder „Klappern" mit den Kiefern ausgedrückt wird. Bei Kämpfen im offenen Meer bringen sich die Tiere auch gegenseitig Abschürfungen bei, indem sie mit den Zähnen dem Gegner über den Rücken fahren. Bei einigen Arten wie dem Großen Tümmler ist bekannt, dass sie kleinere Arten attackieren und diese manchmal sogar töten.(z.B. Schweinswale).

FAKTEN

DELFINE

Ordnung: Cetacea

Familie: Delphinidae

Mindestens 36 Arten in 17 Gattungen, darunter **Gewöhnliche Delfine** (*Delphinus*, 3 Arten), **Schmalschnabeldelfine** (*Stenella*, 5 Arten), **„Flaschenschnabel"delfine** (*Lagenorhynchus*, 5/6 Arten), **Schwarzweißdelfine** (*Cephalorhynchus*, 4 Arten), **Buckeldelfine** (*Sousa*, 3 Arten), **Große Tümmler** (*Tursiops*, 2 Arten), **Glattdelfine** (*Lissodelphis*, 2 Arten) und **Grindwale** (*Globicephala*, 2 Arten).

VERBREITUNG Alle Meere.

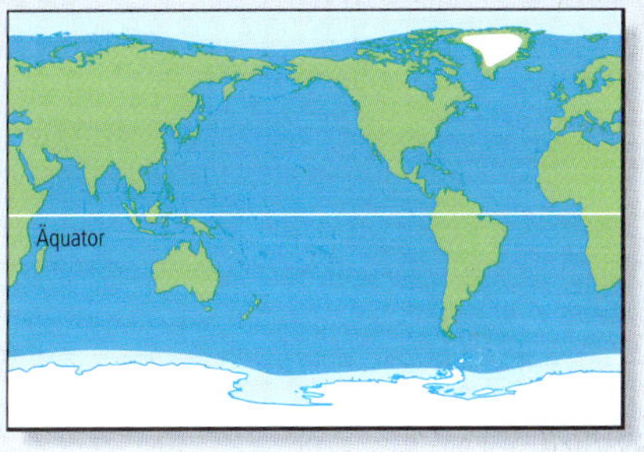

LEBENSRAUM Generell am Kontinentalsockel, einige aber auch im offenen Meer.

GRÖSSE **Körperlänge** von 1,2 m (Heaviside Delfin) bis 7 m (Schwertwal); **Gewicht** von 40 kg bis 4,5 t bei denselben beiden Arten.

KÖRPERBAU Schnauze schnabelartig (nicht stumpf wie bei Schweinswalen), Zähne kegelförmig (nicht spatelförmig wie bei Schweinswalen); Körperform schlank, stromlinienförmig. Brust- und Rückenfinnen sichelförmig, dreieckig bis rund, Rückenfinne etwa in Rückenmitte, außer beim Glattdelfin, dem die Rückenfinne fehlt.

NAHRUNG Überwiegend Fische und Kraken; Schwertwale erbeuten auch Meeressäuger und Vögel.

FORTPFLANZUNG Tragzeit 10–16 Monate (13–16 Monate bei Schwertwal, Falschem Schwertwal, Grindwalen und Rundkopfdelfin, die übrigen 10–12 Monate).

LEBENSERWARTUNG 50–100 Jahre (Schwertwale).

Artenübersicht siehe Seite 226 ff. ▷

1

2

3

Ernährung abhängig vom Körperbau

NAHRUNG

Unterschiedliche Ernährungsgewohnheiten spiegeln sich auch in Körperbau und Bezahnung der Delfine wider. So haben Kraken fressende Arten meist eine gewölbte Stirn, stumpfe Schnäbel und (oft) weniger Zähne.

Schwertwale, die auch Meeressäuger und Vögel erbeuten, weisen eine besonders runde Stirn auf, möglicherweise als Anpassung an die Notwendigkeit, Lautsignale zu empfangen und zu fokussieren, um die wendige, schnelle Beute exakt lokalisieren zu können. Die anderen Delfine ernähren sich überwiegend von Fisch. Sie sind opportunistische Jäger und fangen, was ihnen begegnet, solange es die richtige Größe hat. Manche Arten, etwa Große Tümmler oder Buckeldelfine (*Sousa*), fressen im freien Wasser der Küste, obwohl sie auch Grund- und Hochseefische nehmen. Die Mitglieder anderer Gattungen wie *Stenella* oder *Delphinus* halten sich in offenen Gewässern an schwarmbildende Fische, sowohl oberflächennahe Arten wie Sardellen, Heringe und Lodden, als auch Arten größerer Tiefen wie Laternenfische.

Die meisten Delfine mögen auch Kraken und Garnelen. Das macht es schwierig zu entscheiden, inwieweit die Arten in Nahrungskonkurrenz untereinander stehen. Jedenfalls gehen Delfine zum Teil anderen Arten mit ähnlichen Ernährungsgewohnheiten aus dem Weg. So fressen die Fleckendelfine im tropischen Ostpazifik im wesentlichen Hochseefische der oberen Wasserschichten, während der verwandte Spinnerdelfin seine Beute in größeren Tiefen findet. Außerdem haben beide Arten unterschiedliche Jagdzeiten.

Tiefseedelfine wandern meist in Schulen von bis zu 1000, manchmal mehr Tieren. Die Mitglieder des Verbands arbeiten bei der Jagd zusammen (siehe *Special Feature* Seite 232). In Küstennähe lebende Arten bilden kleinere Schulen von zwei bis zwölf Tieren, möglicherweise weil ihre Beutetiere nicht so zahlreich sind. Im offenen Meer können die Schulen ausfächern und eine 20 m bis zu mehrere Kilometer breite Kette bilden. Kleingruppen von fünf bis 25 Tieren vereinigen sich dabei zu einem großen Verband. Die Jagd auf große Fischschwärme wirkt hektisch, doch ist ein hohes Maß an Kooperation erforderlich, um den Schwarm so zu verdichten, dass sich die Delfine ihre Beute Stück für Stück herausschnappen können.

Delfine orientieren sich oft an Steilhängen unter Wasser oder anderen markanten Stellen und nutzen auf ihren Wanderungen die Gezeitenströme. Mit Funksendern konnte bewiesen werden, dass Delfine Reviere von 125 bis 1500 qkm Größe besetzen (Großer Tümmler bzw. Schwarzdelfin) und dies mitunter über Generationen (mehr als 28 Jahre) behalten. Individuelle Wanderungen von über 1800 km pro Jahr wurden bei Fleckendelfinen nachgewiesen, sind jedoch für Hochseearten wohl nicht ungewöhnlich.

Leben in der Gemeinschaft

SOZIALVERHALTEN

Während die meisten Arten eine offene Sozialstruktur pflegen, die Mitglieder einer Schule also wechseln, bilden andere wie Grind- und Schwertwale offenbar stabilere Gruppen. Genetische Daten von Gewöhnlichen Grindwalen und Beobachtungen an Kurzflossen-Grindwalen zeigen, dass die Schulen primär aus verwandten Weibchen und ihren Jungen bestehen, wenn auch zur Paarungszeit ein oder mehrere ausgewachsene „Junggesellen" hinzukommen. Erwachsene Nachkommen beider Geschlechter bleiben bei den Müttern. Die Bullen suchen zur Paarung andere Schulen auf, kehren aber zur Ursprungsherde zurück.

Beim Großen Tümmler umfassen die Schulen Familien aus Bulle, Kuh und Kalb, oder Mutter-Kind-Gruppen, die sich zu größeren Herden vereinigen, manchmal getrennt nach Geschlecht und Alter. Bei dieser Art bestehen offenbar auch enge Bindungen zwischen Bullen.

Nach welchem Muster die Tiere sich paaren, ist noch nicht genau erforscht, doch scheinen sie insgesamt promisk zu sein. Die vor allem bei Bullen

12

13

vorhandenen Narben legen nahe, dass manche Arten um die Weibchen kämpfen. Gelegentlich kommt es zu Polygynie, doch sind bei allen Paarungsformen die Bindungen zwischen Bulle und Kuh sowie Bulle und Kalb relativ schwach.

Delfine sind das ganze Jahr über sexuell aktiv , doch werden selbst in niedrigen Breiten die meisten Kälber in den Sommermonaten geboren. In der Regel kommt jeweils ein Kalb zur Welt, das einige Monate stets dicht bei seiner Mutter bleibt und bis zu dreieinhalb Jahre gesäugt wird. Viele Arten haben deshalb nur alle zwei bis drei Jahre ein Junges, Schwert- und Grindwale nur alle sieben bis acht Jahre. Die Geschlechtsreife erreichen sie meist mit acht bis zwölf Jahren, Commerson-, Spinner- und Gewöhnlicher Delfin schon mit fünf bis sieben Jahren, Schwertwalbullen erst mit bis zu 16 Jahren.

Viele Arten unternehmen auf Nahrungssuche jahreszeitliche Wanderungen, meist vom offenen Meer zur Küste, aber auch an Küsten entlang. Ob bestimmte Gebiete zum Kalben bevorzugt werden, weiß man bisher nicht, sie könnten aber in tieferen Gewässern im offenen Meer liegen, wo die Turbulenzen küstennaher Strömungen fehlen. Bei mehreren Arten wandern Eltern- und Jungtiere später in flachere Gewässer und profitieren vom meist hohen Futterangebot an Riffen.

Delfine sind gesellige Tiere, doch große Schulen von 1000 und mehr Tieren kommen in der Regel nur auf langen Wanderungen vor oder dort, wo ein riesiges Nahrungsangebot herrscht. Meist ist die Zugehörigkeit fließend, die Tiere gehören einer Gruppe einige Wochen oder Monate an und wandern dann ab; nur wenige bleiben länger. Hinweise auf stabile, hoch entwickelte Sozialstrukturen, wie sie für Primaten typisch sind, gibt es kaum. Bei einigen wenigen Arten wie dem Schwertwal haben Verwandtschaftsbindungen allerdings ein Leben lang Bestand.

Es ist nicht leicht festzustellen, inwieweit Delfine sich wechselseitig bei der Aufzucht der Jungen und bei der Jagd helfen. Doch selbst wenn man annimmt, dass die geselligeren Arten diese Verhaltensweisen zeigen, sind diese auch bei Primaten, Raubtieren und sehr vielen Vögeln zu finden.

Die Problematik der Wandnetze

WALE UND IHRE UMWELT

Große Delfinschulen versammeln sich manchmal in futterreichen Gebieten, und wenn diese auch zur Fischerei genutzt werden, kommt es zu Konflikten. Viele Delfine verfangen sich in Wandnetzen und ertrinken. Küstennahe Arten wie Dall- und andere Schweinswale sind besonders gefähr-

Oben: *Die typische Haltung von 13 Delfinarten.* ***1*** *Großer Tümmler* (Tursiops truncatus), ***2*** *Rauzahndelfin* (Steno bredanensis), ***3*** *Weißseitendelfin* (Lagenorhynchus acutus), ***4*** *Zügeldelfin* (Stenella frontalis,) ***5*** *Gewöhnlicher Delfin* (Delphinus delphis), ***6*** *Nördlicher Glattdelfin* (Lissodelphis borealis), ***7*** *Schwarzdelfin* (Lagenorhynchus obscurus), ***8*** *Atlantischer Buckeldelfin* (Sousa teuszii), ***9*** *Breitschnabeldelfin* (Peponocephala electra), ***10*** *Commerson-Delfin* (Cephalorhynchus commersonii), ***11*** *Falscher Schwertwal* (Pseudorca crassidens), ***12*** *Schwertwal* (Orcinus orca), ***13*** *Rundkopfdelfin* (Grampus griseus).

Rechts: *Mit Narben übersäter Rundkopfdelfinbulle. Markante Striemen wie diese entstehen durch die oft langwierigen, erbitterten Kämpfe um Futtergründe oder paarungsbereite Weibchen.*

det. Doch kostete die auf Tunfische spezialisierte Ringwadenfischerei im Pazifik noch Ende der 1960er und Anfang der 1970er Jahre jährlich zwischen 150 000 und 500 000 Delfinen das Leben – vor allem Spinner- und Atlantische Fleckendelfine, aber auch Gewöhnliche Delfine. Später sanken diese Zahlen dank der Einführung von Maßnahmen, damit die Netze für Delfine besser erkennbar sind, etwa der Anbringung von Schwimmern an der Wasseroberfläche und von Stellen, durch welche die Delfine entkommen können. Gegen Ende des 20. Jahrhunderts war die Zahl der pro Jahr getöteten Delfine auf rund 3000 gefallen (wobei die USA bereits 1995 jegliche Fischerei in dieser Region aufgegeben hatte).

Dennoch stellt der versehentliche Fang in Fischnetzen nach wie vor weltweit ein Problem dar. Stellnetze in der Nordsee töten jedes Jahr mehrere Tausend Schweinswale, mehr als die örtlichen Bestände ausgleichen können. Abhilfe etwa durch akustische Alarmvorrichtungen („Pinger") können die Sterberate unter Umständen erheblich verringern, wie jüngst in Dänemark und Großbritannien gezeigt. Diese Techniken werden inzwischen auf breiterer Basis eingesetzt, dürften jedoch nicht überall Erfolg haben.

Weniger auffällig sind die Gefahren, denen Delfine durch die Belastung küstennaher Gewässer mit toxischen Chemikalien und durch Schiffe ausgesetzt sind. Jüngste Untersuchungen gestrandeter Schweinswale an britischen Küsten ergaben, dass Tiere mit hohen Schadstoffwerten am häufigsten krank waren. Die gleichen Faktoren könnten für Gewöhnliche Delfine und Große Tümmler im westlichen Mittelmeer und vor der Küste Südkaliforniens zutreffen. Die Zunahme des Freizeitverkehrs in Küstengewässern birgt für Arten wie den dort heimischen Großen Tümmler ernste Gefahren. In weiten Teilen der Welt gefährden Kollisionen mit den neuen Hochgeschwindigkeitsfähren die Grindwalbestände.

Die direkte Jagd auf Delfine ist nicht weit verbreitet. Es gibt sie noch vor den Küsten Japans und Südamerikas und in geringem Maße vor vielen tropischen Inseln. Bis vor kurzem wurden zahlreiche Gewöhnliche Delfine im Schwarzen Meer gejagt (die Türkei erlegte bis zum Fangverbot 1983 pro Jahr 40 000 bis 70 000 Tiere, doch wird nach wie vor in kleinerem Umfang gewildert). Auch die direkte Konkurrenz um bestimmte Fischarten kann angesichts der zunehmenden Nutzung der Fischgründe für den menschlichen Konsum eine bedeutende potenzielle Gefahr bedeuten.

PGHE

Geheimnisvolle Massenstrandungen

Von jeher werden immer wieder Delfine an Land gefunden. Bis in die 1970er Jahre stammten sogar fast alle unsere Informationen über Wale von den Kadavern gestrandeter Tiere. Die meisten von ihnen starben im Meer und wurden an Land gespült, einige stranden jedoch auch lebend. Aufsehen erregend ist, wenn mehrere Tiere zugleich stranden, was bei Grind- und Falschen Schwertwalen nicht selten ist.

In manchen Fällen lässt sich eine direkte Ursache feststellen. Von 1989 bis 1992 strandeten mehrere Hundert Streifendelfine an den Mittelmeerküsten Spaniens, Frankreichs, Italiens und Griechenlands. Sie waren an Staupe erkrankt, wiesen aber zudem hohe Werte an PCB (Polychlorierte Biphenyle) auf. Man vermutet, dass die Tiere, durch Hunger geschwächt, ihre Blubberreserven mobilisierten, in denen die Schadstoffe inaktiv eingelagert waren, und damit ihre Immunabwehr schwächten. Zahlreiche krankheitsbedingte Todesopfer wurden auch an der Ostküste Nordamerikas bei verschiedenen Arten gezählt, etwa dem Großen Tümmler.

Warum lebende Tiere stranden, ist kaum bekannt. In Einzelfällen spielen Krankheiten und Alter eine Rolle, doch erklärt das nicht, warum sich eine ganze Schule an Land spülen lässt. Man weiß, dass Wale einem Anführer folgen, meist einem erfahrenen, älteren Tier (häufig einem Weibchen). Soweit wir wissen, bilden gerade die Arten, die zu Massenstrandungen neigen, relativ stabile Herden. Als Hochseebewohner sind sie zudem mit seichteren Küstengewässern nicht so gut vertraut und verlieren leicht die Orientierung.

Andere Theorien gehen davon aus, dass es durch Wurmbefall zur Schädigung des Innenohrs kommen kann, die den Gleichgewichtssinn und die Echolotortung der Tiere beeinträchtigt, oder dass sie aufgrund beunruhigender Geräusche, etwa von Unterseesprengungen, oder magnetischer Störungen die Orientierung verlieren oder sich in unbekannten flachen Gewässern nicht mehr zurechtfinden, wenn sie Beutetieren folgen.

Unten: *Gestrandete Grindwale. Diese Wale scheinen häufiger in großen Gruppen zu stranden als andere Walarten, doch vielleicht liegt das einfach an ihrer großen Verbreitung.*

AKROBATISCHE SPRINGER

Das Leben in einer Spinnerdelfinherde

DIE SCHLANKEN KÖRPER SCHNELLEN EMPOR UND drehen sich rasch um die Längsachse. Das gibt sie augenblicklich als Spinnerdelfine (von engl. *spin:* sich drehen) zu erkennen. Diese Art ist in allen Ozeanen der Tropen und Subtropen zu finden.

Tagsüber ruhen die Tiere in geschützten Buchten und seichten Küstengewässern dicht beisammen in Gruppen von zehn bis 100 Tieren, da das Wasser dort ruhiger ist als die offene See. Oder sie pflegen ihre geselligen Kontakte. Auch die räuberischen Haie tiefer Gewässer kommen hier seltener vor und sind leichter zu entdecken. Nachts schwimmen sie rund 1 km ins offene Meer hinaus und jagen dort in bis zu über 100 m Tiefe. Dabei wandern sie bis zu 100 km an der Küste entlang, doch haben manche Verbände auch ein „Hauptrevier".

Die Gruppen sind nicht stabil, und im Lauf einer Nacht wechseln viele Tiere die Schulen, sodass die Gruppen bei ihrer Rückkehr am Morgen teilweise neu gemischt sind. Dies erfolgt aber nicht gänzlich zufällig, sondern in Untergruppen von vier bis acht Tieren, die wohl verwandt sind und mehrere Monate zusammenbleiben. Dabei wechseln sie nach Belieben von Gruppe zu Gruppe . Manche dieser Bindungen scheinen ein Leben lang zu halten.

Vermutlich erkennen sich die Delfine einer Gruppe auch außerhalb des Reviers. Begegnen sich zwei Tiere nach längerer Trennung, „begrüßen" sie sich mit Luftsprüngen, Drehungen und Aufschlagen der Fluke. Dabei erzeugen sie auch Laute, die offenbar zur Begrüßung gehören.

Die hawaiischen Spinnerdelfine genießen die Vorteile einer geschützten Küste. Auf offener See suchen Spinnerdelfine anderweitig Schutz, indem sie sich mit Zügeldelfinen verbünden: Spinnerdelfine jagen meist nachts, Zügeldelfine dagegen am Tag. Während die eine Art ruht, passt die andere auf und meldet Gefahren, etwa Überraschungsangriffe von großen Tiefseehaien.

Tiefsee-Spinnerdelfine wandern in wenigen Monaten Tausende von Kilometern. Ob ihre sozialen Bindungen ebenso locker sind wie die ihrer hawaiischen Verwandten, weiß man nicht. Vielleicht entsprechen die Schulen auf offener See, die aus 5000 bis 10 000 gemeinsam wandernden Tieren bestehen können, der Population der Küste mit deren Vielzahl ständig wechselnder Gruppen.

In tropischen Breiten des Pazifiks sind Hochseedelfine zudem mit Gelbflossentunfischen vergesellschaftet. Auch hierbei profitieren beide Seiten: Den Tunfischen nützt, dass die Delfine dank ihrer ausgezeichneten Echolotortung sicher Beute aufspüren. Da die Tunfische aber eher unterhalb der Delfine schwimmen, dienen ihre Bewegungen – etwa ein plötzliches Auseinanderstieben des Schwarms bei Gefahr – umgekehrt den Delfinen als Warnsignal.

In den letzten vier Jahrzehnten hat sich dieses System jedoch für beide Arten als nachteilig erwiesen. Da die Delfine zum Atmen auftauchen müssen, werden sie leichter von Fischern entdeckt, die dann rings um die Schwärme ihre Netze auswerfen. Früher ertranken viele Delfine, wenn sie sich in den Netzen verfingen. Seit etwa 20 Jahren setzen die Fischer jedoch Spezialnetze und -methoden ein, um die Delfine zu schonen. In dem am weitesten von den Fischerbooten entfernten Teil, in den die Delfine früher gerieten, wenn das Netz eingeholt wurde, ist es besonders feinmaschig. So können die Delfine über den Netzrand entkommen, während die Tunfische in der Regel abtauchen und gefangen werden. Allerdings geht auch dabei noch oft etwas schief, etwa wenn ein Netz sich über die Delfine hinwegwölbt, wenn sie zum Atmen auftauchen.

Hilfreich ist allerdings ein weiterer Aspekt des Delfinverhaltens: Wenn sie sich in Netzen verfangen, stellen sie sich meist tot (oder erstarren vielleicht vor Schreck). Früher hielt man sie für tot und hievte sie mit an Bord, wo sie dann tatsächlich starben. Heute geben die Taucher, die die Netze kontrollieren, Kollegen in kleinen Booten rings um das Netz ein Zeichen, sodass diese den reglosen Tieren über den Netzrand helfen können. Auch wenn einige Delfine übersehen werden, tun die Taucher ihr Bestes, um verhedderte Delfine aus dem Netz zu lösen – ein schönes Beispiel dafür, dass Menschen versuchen, im Einklang mit diesen Tieren zu leben.

BW/RSW

Unten: *Eine Schule hawaiischer Spinnerdelfine. Dank des neuen US-amerikanischen Gesetzes gingen die Verluste durch Beifang von rund 180 000 im Jahr 1972 auf knapp über 100 Tiere im Jahr 1993 zurück.*

Artenübersicht Delfine

DIE KLASSIFIZIERUNG DER DELFINE IST schwierig, da Gattungen wie *Delphinus*, *Stenella*, *Sousa* und *Sotalia* Arten umfassen, die sich äußerlich so gut wie nicht unterscheiden. Obwohl manches noch strittig ist, konnte genetisch die Differenzierung in 2 Arten von Gewöhnlichen Delfinen untermauert werden, die zusammenleben, jedoch unterschiedlich lange Schnauzen haben. Inzwischen sind auch 2 Arten von Fleckendelfinen (*Stenella*) anerkannt (Pantropisch und Atlantisch). Die Spinnerdelfine werden seit kurzem in Langschnabel- und Clymene-Delfin unterteilt. Mit Untersuchungen in entlegenen Teilen der Erde werden sicher weitere Arten entdeckt und sehr wahrscheinlich die Arten innerhalb der Gattungen weiter differenzieren. Derzeit sind beispielsweise nur 2 Arten der Gattung *Tursiops* anerkannt, *T. truncatus* und *T. aduncus*, wobei sich Letzterer sowohl genetisch als auch optisch durch die gefleckte Unterseite abhebt. Innerhalb dieser Gruppen weisen jedoch die küstennah und küstenfern lebenden Populationen morphologische sowie genetische Abweichungen auf, und die Unterschiede zwischen verschiedenen Gruppen in Indopazifik sind keineswegs klar. Die Nomenklatur folgt Rice (1999).

Commerson-Delfin
Cephalorhynchus commersonii
Jacobita

Kühle Gewässer im südlichen Südamerika, Falklandinseln, vielleicht Südmeer bis zu den Kerguelen.
KL 1,3–1,4 m; GT ca. 50 kg.
KÖRPER: Rücken dunkelgrau, jedoch mit großem grauweißem „Cape" quer über die Vorderhälfte bis zum Bauch, schwarze Stelle nur um den Anus; weiße Stelle an Hals und Kinn; vorn dunkelgraue Zeichnung nur auf Stirn und Schnauze sowie als breiter Streifen über den Nacken bis zu den Flippern. Runde, schwarze Flipper; mittig angesetzte runde Rückenfinne. Kurze, runde Schnauze ohne Melone, Schnabel kurz. Klein, stämmig, torpedoförmig.

Chiledelfin
Cephalorhynchus eutropia
Weißbauchdelfin, Flachkopfdelfin

Küstengewässer Chiles.
KL ca.1,6 m; GT ca. 45 kg.
KÖRPER: Rücken, Flanken und Bauch teils schwarz, jedoch mit drei verschieden großen, weißen Stellen an Hals, Flippern und Analbereich; dünner, hellgrauer bis weißer Rand an Ober- und Unterlippe; manchmal hellgraue Stelle rings um das Blasloch. Niedrige, dreieckige Rückenfinne, mittig und breit angesetzt, stumpfe Spitze. Kurze, runde Schnauze ohne Melone, Schnabel sehr kurz. Klein, stämmig, torpedoförmig, Kiele über und unter dem Schwanzstiel.

Heaviside-Delfin
Cephalorhynchus heavisidii
Kapdelfin

Küstengewässer der W-Küste Südafrikas.
KL 1,2–1,7 m; GT ca. 40 kg (max. 74 kg).
KÖRPER: Rücken und Flanken schwarz, weiß am Bauch und in 3 Lappen ausbuchtend, 2 auf jeder Flipperseite und 1 von der Analregion nach oben über Flanken zum Schwanzstiel. Kleine, ovale schwarze Flipper; mittige, niedrige, dreieckige Rückenfinne. Kurze, runde Schnauze ohne Melone oder Schnabel. Klein, stämmig, torpedoförmig.

Hector-Delfin [En]
Cephalorhynchus hectori
Neuseelanddelfin

Küstengewässer Neuseelands.
KL 1,2–1,4 m; GT ca. 40 kg.
KÖRPER: Hell- bis dunkelgraue Analregion. Flipper rund, schwarz; Rückenfinne mittig, niedrig, rund. Kurze, runde Schnauze ohne Melone, kurzer Schnabel. Klein, stämmig, torpedoförmig, am Schwanzstiel schmal.
IUCN-STATUS: Population vor Nordinsel Neuseelands vom Aussterben bedroht.

Rauzahndelfin
Steno bredanensis

Küstengewässer aller tropischen, subtropischen und warmgemäßigten Zonen.
KL 2,3–2,4 m (M), 2,2–2,3 m (W);
GT ca. 140 kg (M), ca. 120 kg (W).
KÖRPER: Rücken und Flanken dunkelgrau bis dunkel purpurgrau, Kehle und Bauch weiß; weißrosa Flecken an Flanken zum Bauch hin; oft mit weißen Narben übersät. Rückenfinne mittig, sichelförmig. Langer, schlanker Schnabel ohne Stirnabsatz, weiß bis weißrosa an beiden Seiten einschließlich beider Lippen und der Schnauzenspitze. Schlank und torpedoförmig, Kiele über und unter dem Schwanzstiel.

Atlantischer Buckeldelfin
Sousa teuszii
Kamerun-Buckeldelfin

Küstengewässer und Flüsse W-Afrikas. Vielleicht eine Abart des Weißdelfins, dem er ähnlich sieht. Hat aber anders als dieser weniger Zähne und mehr Wirbel.
KL ca. 2,0 m; GT ca. 100 kg.
KÖRPER: Form und Färbung variabel. Rücken und Flanken grauweiß, heller an der Flankenunterseite, Bauch weiß, Jungtiere einheitlich cremefarben. Kleine, aber aufragende mittige Rückenfinne, bei Jungtieren sichelförmig, später runder; gerundete Flipper. Schnabel lang, schmal, mit leichter Melone. Stämmig, torpedoförmig, mit deutlichem Buckel in der Rückenmitte (unter Rückenfinne), ebenso gezeichnete Kiele über und unter dem Schwanzstiel.

Indopazifischer Buckeldelfin
Sousa chinensis
Chinesischer Weißer Delfin, Weißdelfin

Warme Küstengewässer O-Afrikas bis Indonesien und S-China.
KL 2–2,8 m; GT ca. 85 kg.
KÖRPER: Form und Färbung variabel. Rücken und Flanken dunkelgrau-weiß, heller an der Flankenunterseite, Bauch weiß; ausgewachsene Tiere haben Flecken und Sprenkel in Gelb, Rosa, Grau und Braun; Jungtiere hell cremefarben. Rückenfinne klein, aufragend, bei Jungtieren sichelförmig, später runder; gerundete Flipper; Rückenfinne und Flipper teils mit weißen Spitzen. Langer, schmaler Schnabel mit leichter Melone. Stämmig, torpedoförmig, mit deutlichem Buckel in der Rückenmitte (unter Rückenfinne), ebenso gezeichnete Kiele über und unter dem Schwanzstiel.

Indischer Flussdelfin
Sousa plumbea

Küstengewässer O-Afrikas bis Thailands. Größe und Form wie bei *S. chinensis*, jedoch in der Färbung dunkler. Teilweise als artgleich mit *S. chinensis* betrachtet.

Amazonas-Sotalia
Sotalia fluviatilis
Tucuxi, Brackwasserdelfin

Orinoco, Amazonas, Küstengewässer im NO Südamerikas und O Mittelamerikas.
KL 1,4–1,8 m; GT 36–45 kg.
KÖRPER: Färbung abhängig von Alter und Standort. Rücken und Flankenoberseite mittel- bis dunkelgrau mit bräunlichem Ton, manchmal heller grau mit ockergelben Flecken an Flankenunterseite und Bauch; manchmal an den Flanken zwei diagonal nach oben verlaufende hellgraue Stellen; im Alter heller, manchmal cremeweiß; Rückenfinne klein, dreieckig, mittig; relativ große, löffelförmige Flipper. Ausgeprägter Schnabel (oben mittel- bis dunkelgrau, unten hellgrau bis weiß), gerundete Stirn. Klein, stämmig, torpedoförmig. Die Bestände im Orinoco galten früher als eigene Art *S. guianensis*). Diese sind insgesamt dunkler gefärbt, manchmal mit bräunlichem Band von der Analgegend diagonal nach oben über die Flanken bis zur Vorderkante der Rückenfinne.

Großer Tümmler
Tursiops truncatus

Atlantik und gemäßigter N-Pazifik; Küstengewässer der meisten tropischen, subtropischen und gemäßigten Zonen
KL 2,3–3,9 m; GT 150–200 kg.
KÖRPER: Rücken meist dunkelgrau, Flanken heller (unterschiedliche Ausdehnung), zum Bauch hin weiß oder rosa; Bauch kann gesprenkelt sein. Rückenfinne mittig, hoch, schlank, sichelförmig. Robuster Kopf mit ausgeprägtem, kurzem Schnabel, oft weißer Fleck am Kinn. Stämmig, torpedoförmig, mäßige Kiele am Schwanzstiel.

Indopazifischer Großer Tümmler
Tursiops aduncus
Rotmeertümmler

Indopazifik und Rotes Meer.
KL 2,3 m; GT 150 kg.
KÖRPER: Wie bei *T. truncatus*, allerdings manchmal dunkler. Wird teilweise als identisch mit *T. truncatus* betrachtet.

Zügeldelfin
Stenella frontalis
Atlantischer Fleckendelfin

Subtropischer und warmgemäßigter Atlantik.
KL 1,9–2,3 m; GT ca. 100–110 kg.
KÖRPER: Farbe und Zeichnung abhängig von Alter und Standort; Rücken und Flankenoberseite dunkelgrau bis schwarz, heller grau an Flankenunterseite und Bauch (manchmal rosige Kehle); weiße Tupfen an der Flankenoberseite, dunkle Tupfen an Flankenunterseite und Bauch, bei der Geburt noch nicht vorhanden, mit dem Alter zunehmend; Tüpfelung nimmt mit zunehmendem Abstand von den Küsten Nordamerikas ab; klares, dunkelgraues bis schwarzes „Cape" von Kopf bis Rückenfinne, klare, helle Flächen an den Flanken, schräg nach oben bis hinter der Rückenfinne verlaufend. Rückenfinne mittig, schlank, sichelförmig; helle, mittel- bis dunkelgraue bis rosige Flipper. Langer, schmaler Schnabel, Unter- und Oberlippe weiß bis rosig, markante Stirn. Schlank bis (in Küstennähe) eher stämmig, torpedoförmig, deutlicher Kiel unter dem Schwanzstiel (manchmal auch darüber).

ABKÜRZUNGEN			
KL = Körperlänge GT = Gewicht	Ex ausgestorben	En stark gefährdet
M = Männchen W = Weibchen	EW in freier Natur ausgestorben	Vu gefährdet
	Cr vom Aussterben bedroht	LR geringes Risiko

Oben: *Eine Schule Südlicher Glattdelfine vor der Küste Perus. Der Name dieser Art erinnert an den Glattwal, der ebenfalls keine Rückenfinne aufweist.*

Schlankdelfin LR
Stenella attenuata
Pantropischer Fleckendelfin

Tropische Gewässer aller Ozeane.
Größe und Form wie bei *S. frontalis*, jedoch mit schwarzen Augenringen und breitem schwarzem Band vom Flipperansatz bis zum Mundwinkel (mit zunehmender Tüpfelung verblassend), lässt die hellgrauen Kopfseiten gestreift wirken.
IUCN-STATUS: Von Schutzmaßnahmen abhängig.

Spinnerdelfin LR
Stenella longirostris
Langschnabel-, Ostpazifischer Delfin

Vermutlich alle tropischen Meere.
Mindestens vier verschiedene Rassen.
KL 1,7–2,1 m; GT ca. 75 kg.
KÖRPER: Rücken dunkelgrau, braun oder schwarz; Flanken heller grau, hell- oder gelbbraun, weißer Bauch (manchmal purpur oder gelb); klarer schwarzer bis hellgrauer Streifen von Flipper bis Auge; Rückenfinne mittig, schlank, aufragend, sichelförmig, oft in der Mitte heller grau; relativ große schwarze bis hellgraue Flipper. Mittlerer bis langer, schmaler Schnabel und markante Stirn. Schlank bis eher stämmig, torpedoförmig, teils deutliche Kiele über und unter dem Schwanzstiel.
IUCN-STATUS: Von Schutzmaßnahmen abhängig.

Clymene-Delfin
Stenella clymene

Warmgemäßigter bis tropischer Atlantik. Ehemals als Form des Spinner- oder Langschabeldelfins betrachtet.
KL 1,8–2,1 m; GT ca. 75 kg.
KÖRPER: Rücken dunkelgrau, Flanken heller grau, Bauch weiß. Schlanke, sichelförmige Rückenfinne; relativ große dunkel- bis hellgraue Flipper. Kurzer Schnabel und ausgeprägte, schräge Stirn. Schlank bis mäßig stämmig, torpedoförmig, manchmal mit deutlichen Kielen unter-, teilweise auch oberhalb des Schwanzstiels.

Streifendelfin LR
Stenella coeruleoalba
Blauweißer Delfin, Gestreifter Delfin

Alle tropischen, subtropischen und warmgemäßigten Meere einschließlich des Mittelmeers.
KL 2–2,4 m (M), 1,8–2,3 m (W);
GT 70–90 kg (selten bis 130 kg).
KÖRPER: Rücken dunkelgrau bis braun oder blaugrau, Flanken heller grau, Bauch weiß; zwei klare schwarze Bänder an den Flanken, einer vom Auge am Körper entlang bis zum Analbereich (davon abzweigend kurzer zweiter Streifen nach unten zu den Flippern) und einer vom Auge zu den Flippern; meist weitere schwarze bis dunkelgraue Ausbuchtungen von der Rückenfinne nach vorn bis halb zum Auge. Schlanke, sichelförmige, mittige Rückenfinne; schwarze Flipper. Schlanker, langer Schnabel (kürzer als bei *D. delphis*) und markante Stirn. Schlank torpedoförmig.
IUCN-STATUS: Von Schutzmaßnahmen abhängig.

Gewöhnlicher Delfin
Delphinus delphis

Alle tropischen, subtropischen und warmgemäßigten Meere einschließlich des Mittelmeers und Schwarzen Meers, meist abseits der Küste.
KL 1,8–2,2 m (M), 1,7–2,1 m (W);
GT 80–110 kg (M), 70–100 kg (W).
KÖRPER: Farbe variabel; Rücken und Flankenoberseite schwarz oder braunschwarz; Brust und Bauch cremeweiß bis weiß; Sanduhrmuster in Hellbraun bis Gelblich an den Flanken, hinter der Rückenfinne heller werden, dort bis zur Rückenfläche; schwarzer Streifen vom Flipper bis zur Mitte des Unterkiefers und vom Auge zum Schnabelansatz. Flipper schwarz bis hellgrau oder weiß (im Atlantik). Schlanke, sichelförmig aufragende, mittige Rückenfinne. Langer, schmaler Schnabel und markante Stirn. Schlank, torpedoförmig.

Langschnäuziger Delfin
Delphinus capensis

Östlicher N-Pazifik. Größe und Körperbau wie *D. delphis*, jedoch mit längerem Schnabel und ein bis zwei grauen Längsstreifen an den unteren Flanken. Erst seit kurzem als eigene Art anerkannt.

Arabischer Gewöhnlicher Delfin
Delphinus tropicalis

Arabisches Meer, Golf von Aden und Persischer Golf bis zur Malabarküste Indiens und zur Südchinesischen See. Größe und Körperbau wie *D. capensis*, der von einigen Fachleuten als eigenständige Art angesehen wird.

Borneo-Delfin
Lagenodelphis hosei
Fraser-Delfin, Kurzschnabeldelfin

Warme Gewässer aller Ozeane.
KL 2,3–2,5 m; GT 160–210 kg.
KÖRPER: Rücken und Flanken mittel- bis dunkelgrau, Bauch weiß bis weißrosa; zwei parallele Streifen an den Flanken: der obere cremeweiß, von über und vor dem Auge nach hinten schmaler werdend bis zum Schwanzstiel; der untere klarer, dunkelgrau-schwarz vom Auge bis zum Anus; manchmal schwarzes Band von Maul bis Flipper; Kehle und Kinn weiß, Kinnspitze jedoch meist schwarz. Kleine, schlanke, leicht sichelförmige, spitze Rückenfinne, mittig platziert. Sehr kurze, runde Schnauze mit kurzem Schnabel. Sehr kräftig, torpedoförmig mit deutlichen Kielen über und unter dem Schwanzstiel.

Peale-Delfin
Lagenorhynchus australis
Süddelfin, Schwarzkinndelfin

Kalte Gewässer Argentiniens, Chiles und der Falkland-Inseln.
KL 2–2,2 m; GT ca. 115 kg.
KÖRPER: Rücken dunkelgrau-schwarz, Bauch weiß; hellgraue Stelle an Flanken von hinter dem Auge bis zum Anus reichend, darüber schmales weißes Band von der Rückenfinne nach hinten, zum Schwanzstiel hin verbreitert; dünne schwarze Linie von der Vorderkante der schwarzen Flipper zum Auge. Mittige, sichelförmige Rückenfinne. Runde Schnauze mit kurzem, schwarzem Schnabel. Körper torpedoförmig.

Weißschnauzendelfin
Lagenorhynchus albirostris

Gemäßigte bis subpolare Gewässer des N-Atlantiks, vor allem am Kontinentalsockel.
KL 2,5–2,8 m (M), 2,4–2,7 m (W);
GT 300–350 (M), 250–300 kg (W).
KÖRPER: Rücken größtenteils dunkelgrau bis schwarz, jedoch hellgraue bis weiße Stelle hinter der Finne (bei Jungtieren weniger ausgeprägt); meist dunkelgrau-weiße Blesse von der Oberseite hinter dem Auge über die Flanken bis zum Analbereich; Bauch weiß. Rückenfinne mittig, v. a. bei Männchen hoch, sichelförmig. Runde Schnauze mit kurzem Schnabel, oft hellgrau bis weiß. Sehr stämmig, torpedoförmig, mit sehr dickem Schwanzstiel.

Atlantischer Weißseitendelfin
Lagenorhynchus acutus

Gemäßigte und subpolare Gewässer des N-Atlantiks, vor allem entlang des Kontinentalsockels und darüber hinaus.
KL 2,1–2,6 m (M), 2,1–2,4 m (W);
GT 215–234 (M), 165–182 kg (W).
KÖRPER: Rücken schwarz, Bauch weiß, Flanken grau, jedoch mit langovalem weißem Fleck von unter der Rückenfinne bis über dem Analbereich; direkt über, jedoch etwas hinter der Oberkante des weißen Flecks verläuft ein längliches gelbes Band bis zum Schwanzstiel. Mittige, sichelförmige Rückenfinne, relativ hoch und spitz. Runde Schnauze mit kurzem, schwarzem Schnabel. Kräftig, torpedoförmig mit sehr dickem Schwanzstiel (vor allem erwachsene Männchen), schmaler nahe der Fluke. Seit kurzem von einigen Fachleuten als eigene Gattung *Leucopleurus* geführt.

Schwarzdelfin
Lagenorhynchus obscurus
Dunkler Delfin

Zirkumpolar in gemäßigten Gewässern der südlichen Halbkugel.
KL 1,8–2,0 m; GT ca. 115 kg.
KÖRPER: Rücken dunkelgrau-schwarz, Bauch weiß; (unterschiedlich große) graue Stelle an Flankenunterseite von Schnabelbasis oder Auge nach hinten bis zum Anus; hellgraue bis weiße Stellen an Flankenoberseiten nach hinten von unter der Rückenfinne als zwei Blessen, die meist über dem Analbereich zusammenlaufen und am Schwanzstiel enden. Mittige, sichelförmige Rückenfinne, etwas steiler und weniger gebogen als sonst in der Gattung, hinterer Finnenteil meist hellgrau. Runde Schnauze mit sehr kurzem Schnabel. Torpedoförmig.

Weißstreifendelfin
Lagenorhynchus obliquidens
Pazifischer Weißseitendelfin

Gemäßigte Gewässer des N-Pazifiks.
KL 1,9–2,0 m; GT rund 150 kg; Männchen etwas größer als Weibchen.
KÖRPER: Rücken dunkelgrau bis schwarz, Bauch weiß, mit großem hellgrauem Oval an den schwarzen Flanken vor der Rückenfinne, über den Flippern, nach vorn bis zum Auge, das grauschwarz oder schwarz umrandet ist; schmaler hellgrauer Streifen über dem Auge am Körper entlang im Bogen zum Analbereich, dort breiter; manchmal auch hellgraue Blesse im hinteren Teil der mittigen, sichelförmigen Rückenfinne. Runde Schnauze mit sehr kurzem, schwarzem Schnabel. Torpedoförmig.

Stundenglasdelfin
Lagenorhynchus cruciger
Kreuzbanddelfin, Sanduhrdelfin

Vermutlich zirkumpolar in kühlen Gewässern der Südmeere.
KL 1,6–1,8 m; GT ca. 100 kg.
KÖRPER: Rücken schwarz, Bauch weiß, zwei große weiße Stellen an den schwarzen Flanken von vor der Rückenfinne bis zum Schnabel und nach hinten bis zum Schwanzstiel, verbunden durch ein schmales weißes Band; weiße Fläche von der Größe unterschiedlich. Mittige, sichelförmige Rückenfinne, Vorderseite meist stark konkav. Runde Schnauze mit sehr kurzem, schwarzem Schnabel. Torpedoförmig.

Nördlicher Glattdelfin
Lissodelphis borealis

Küstenferne Gewässer im gemäßigten N-Pazifik.
KL 2,1–3,1 m; GT ca. 70 kg.
KÖRPER: Rücken und Flanken schwarz bis um den Nabel; Bauch weiß, bei manchen Tieren auch die Flanken um die Flipper, sodass nur die Spitzen schwarz, sonst Flipper schwarz. Jungtiere an Rücken und Flanken hellgrau bis braun. Keine Rückenfinne. Runde Schnauze mit markantem Schnabel und weißem Band unter dem Unterkiefer. Klein, schlank, torpedoförmig mit ausgeprägtem Kiel über dem Schwanzstiel.

Südlicher Glattdelfin
Lissodelphis peronii

Küstenferne Gewässer des Südmeers, vielleicht zirkumpolar.
KL 1,8–2,3 m; GT ca. 60 kg.
KÖRPER: Rücken und Flanken schwarz, am Bauch weiße Fläche bis über die Flankenunterseite hinter den Flippern und nach vorn über die Stirn bis zu den Augen, sodass der ganze Rücken weiß ist. Flipper ganz weiß; keine Rückenfinne. Schnauze rund mit markantem Schnabel. Klein, sehr schlank, torpedoförmig, Unterseite der Fluke weiß.

Rundkopfdelfin
Grampus griseus
Rissos Delfin, Gramper

Alle tropischen und gemäßigten Meere.
KL 3,5–4,0 m (M), 3,3–3,5 m (W);
GT ca.40 kg (M), ca. 35 kg (W).
KÖRPER: Rücken und Flanken dunkel- bis hellgrau, am hellsten bei älteren Tieren, besonders die Vorderkante der Rückenfinne, der Kopf kann ganz weiß sein; bei ausgewachsenen Tieren zahlreiche Narben an den Flanken; weißer Fleck am Bauch, der über Brust und Kinn zu einem Oval verlängert ist. Lange, spitze, schwarze Flipper; hohe, mittig sitzende sichelförmige Rückenfinne (bei Männchen höher und steifer). Stumpfe, runde Schnauze mit leichter Melone, keine Schnabelform. Stämmiger, torpedoförmiger Körper, der sich hinter der Rückenfinne stark verjüngt.

Breitschnabeldelfin
Peponocephala electra

Vermutlich alle tropischen Meere.
KL 2,3–2,7 m ; GT ca. 160 kg; Männchen etwas größer und schwerer als Weibchen.
KÖRPER: Rücken und Flanken schwarz, Bauch etwas heller; Anal- und Genitalgegend sowie Lippen hellgrau bis weiß. Spitze Flipper. Sichelförmige, mittige Rückenfinne. Runder Kopf (Schnauze jedoch etwas spitzer als *Feresa attenuata*) mit leicht rückspringendem Kiefer. Schlanker Körper mit schlankem Schwanzstiel.

Schwertwal LR
Orcinus orca

Alle Meere.
KL 6,7–7 m (M), 5,5–6,5 m (W);
GT 4000–4500 kg (M), 2500–3000 kg (W).
KÖRPER: Rücken und Flanken schwarz, am Bauch weiß bis über die Flanken mit weißem Oval über und hinter dem Auge; undeutlicher grauer Sattel hinter der Rückenfinne. Runde, paddelförmige Flipper und mittige Rückenfinne, bei Weibchen und Jungen sichelförmig, bei Männchen hoch und steif. Breiter, runder Kopf und massiger, torpedoförmiger Körper.
IUCN-STATUS: Von Schutzmaßnahmen abhängig.

Zwerggrindwal
Feresa attenuata

Vermutlich alle tropischen und subtropischen Meere.
KL 2,3–2,7 m (M), 2,1–2,7 m (W);
GT 150–170 kg.
KÖRPER: Rücken dunkelgrau bis schwarz, an den Flanken oft heller; schmale, aber klare weiße Fläche an der Unterseite vom Anus bis zum Schwanzstiel sowie um die Lippen, manchmal weißer Kehlfleck. Flipper mit abgerundeter Spitze. Sichelförmige, mittige Rückenfinne. Runder Kopf mit Ramsnase. Schlanker Körper.

Falscher Schwertwal
Pseudorca crassidens
Schwarzer, Mittlerer, Unechter Schwertwal

Alle Meere, bevorzugt warmgemäßigte.
KL 5,0–5,5 m (M), 4–4,5 m (W);
GT ca. 2000 kg (M), ca. 1200 kg (W).
KÖRPER: Ganz schwarz, abgesehen von grauer Blesse am Bauch zwischen den Flippern, die einen breiten Buckel an der Vorderkante aufweisen. Rückenfinne hoch, sichelförmig, gleich hinter der Rückenmitte, manchmal spitz. Schlanker, sich verjüngender Kopf mit Ramsnase. Langer, schlanker Körper.

Gewöhnlicher Grindwal
Globicephala melas
Langflossen-Grindwal, Pilotwal

G. m. melas in gemäßigten Gewässern des N-Atlantiks; *G. m. edwardi* in allen Meeren der Südhalbkugel.
KL 5,5–6,2 m (M), 3,8–5,4 m (W);
GT 3000–3500 kg (M), 1800–2500 kg (W).
KÖRPER: Rücken und Flanken schwarz, mit ankerförmigem grauweißem Kehlfleck und grauem Fleck am Bauch, beide Abzeichen unterschiedlich groß und klar (bei Jungtieren heller). Manchmal graue Rückenfinne. Lange, sichelförmige Flipper, eher niedrige Rückenfinne, in der Mitte nach vorn geneigt, mit langem Ansatz, bei Weibchen und Jungtieren sichelförmig, bei Männchen wimpelförmig. Kantiger, massiger Kopf, vor allem bei alten Männchen, mit vorstehender Oberlippe. Stämmiger Körper.

Kurzflossen-Grindwal LR
Globicephala macrorhynchus
Nordamerikanischer oder Indischer Grindwal

Alle tropischen und subtropischen Gewässer, vermutlich jedoch nicht im N-Pazifik.
KL 4,5–5,5 m (M), 3,3–3,6 m (W);
GT ca. 2500 (M), ca.1300 kg (W).
KÖRPER: Rücken, Flanken und Bauch großenteils schwarz, mit ankerförmigem grauweißem Kehlfleck und grauem Bauchfleck, beide unterschiedlich groß und klar (bei Jungtieren heller). Lange, sichelförmige Flipper, eher niedrige Rückenfinne, in der Mitte nach vorn geneigt, mit langem Ansatz, sichel- bis wimpelförmig. Kantiger, massiger Kopf, vor allem bei alten Männchen, mit vorstehender Oberlippe. Stämmiger Körper.
IUCN-STATUS: Von Schutzmaßnahmen abhängig.

Irawadi-Delfin
Orcaella brevirostris

Küstengewässer von der Bucht von Bengalen bis zur N-Küste Australiens. Manchmal als Mitglied der Familie Gründelwale klassifiziert.
KL 2–2,5 m; GT ca.100 kg.
KÖRPER: Rücken und Flanken blaugrau, am Bauch heller grau. Kräftiger, runder Kopf mit markanter Melone, Schnauze jedoch ohne Schnabelform. Kleine, sichelförmige Rückenfinne mit runder Spitze, die etwas hinter der Rückenmitte ansetzt. Stämmiger, torpedoförmiger Körper und Schwanzstiel.

Ein Tag im Leben eines Delfins

Die „Launen" der Schwarzdelfine

Die schlanken, stromlinienförmigen Delfine tollen um das Zodiac-Schlauchboot im Golfo San José vor der Südküste Argentiniens. Als die Taucher ins kalte Wasser gleiten, schwimmt eine Gruppe von 15 Tieren immer wieder über ihnen hinweg und unter ihnen hindurch. Die Tiere nähern sich den Menschen auf Armeslänge und zeigen keine Angst vor den für sie fremdartigen Wesen.

Die Verspieltheit dieser Schwarzdelfine deutet darauf hin, dass sie erst vor kurzem ausgiebig gefressen hatten. Denn die Tiere sind „launisch" und halten sich von Menschen fern, wenn sie hungrig oder müde sind.

Auch Jahres- und Tageszeiten bestimmen ihr Verhalten. Die kleinen, rundlichen Delfine ernähren sich im Sommer nachmittags von Sardellen. Die Nacht verbringen sie in kleinen Schulen von sechs bis 15 Tieren nicht weiter als 1 km vor der Küste. Sobald Gefahr droht, etwa in Form großer Haie oder Schwertwale, ziehen sie sich bis dicht an die Küste zurück oder verstecken sich in der Brandungszone.

Morgens schwimmen die Delfine weit ins Meer hinaus und bilden 2 bis 10 km vor der Küste eine Kette. Mit mindestens 10 m Abstand schwimmen sie Seite an Seite, sodass 15 Delfine einen etwa 150 m breiten Meeresstreifen abdecken können. Mit Echolot orten sie ihre Beute und können dank der Formation dabei ein größeres Gebiet sondieren. Entdeckt die Gruppe einen Sardellenschwarm, tauchen einzelne Tiere ab und treiben die Fische an die Oberfläche, indem sie immer dichter unter dem Schwarm her und rings um ihn herum schwimmen.

Die über Wasser auf Beute lauernden Seevogelschwärme und die springenden Delfine zeigen auch dem menschlichen Auge schon aus 10 km Entfernung an, was dort vorgeht. Andere Delfingruppen sehen dies ebenfalls und eilen hinzu.

Sie werden sofort einbezogen, denn je mehr Delfine kooperieren, desto effizienter können sie die Fische zusammentreiben und an die Oberfläche drängen. Fünf bis zehn Delfine reichen dafür nicht aus und geben rasch wieder auf, doch wurde beobachtet, dass Gruppen von 50 Tieren im Schnitt 27 Minuten lang jagten. Am Nachmittag sind die Gruppen bis zu 300 Delfine stark (die normalerweise in 20 bis 30 kleineren Gruppen über ein Gebiet von insgesamt 1300 qkm verstreut sind) und jagen zwei bis drei Stunden lang. In einer so großen Gruppe gibt es eine intensive soziale Interaktion und rege sexuelle Aktivität, insbesondere gegen Ende der Jagd. Der Verband bietet den Tieren eine größere Auswahl an Sexualpartnern und verhütet damit Inzest. Männchen und Weibchen paaren sich mit mehreren Partnern, doch scheinen die Weibchen dabei wählerischer zu sein.

Gespielt wird erst, wenn alle gefressen und geruht haben, doch ist dies ein wichtiger Teil des Soziallebens. Damit Delfine effizient jagen, Beute zusammentreiben und vor Angreifern flüchten können, müssen sie sich gut kennen und gezielt kommunizieren. Geselligkeit hilft ihnen dabei. Gegen Ende der Jagd bewegen sie sich in kleinen, ständig wechselnden Verbänden. Die Tiere berühren und streicheln sich mit den Flippern, schwimmen Bauch an Bauch und stupsen einander mit der Schnauze an Flanke oder Bauch an. In dieser Phase kommen sie auch bereitwillig nahe an Boote heran, „reiten" auf der Bugwelle und schwimmen mit den Tauchern umher.

Abends trennen sich die großen Verbände wieder und die einzelnen Gruppen kehren zum Ruhen in Küstennähe zurück. Dabei schlägt die Stimmung mit einem Mal wieder um und es kehrt Ruhe ein. Zwar gibt es einen gewissen Austausch zwischen den kleinen Gruppen, doch sind immer mehrere Delfine einer Gruppe über einige Tage zusammen. Manche Schwarzdelfine bleiben nachweislich sogar länger als zwölf Jahre beieinander.

Wenn die Sardellenschwärme ausbleiben, was gelegentlich im Sommer und fast ständig im Winter der Fall ist, machen Schwarzdelfine in kleinen Verbänden vor allem nachts Jagd auf Kraken und am Meeresgrund lebende Fische. Diese Beutetiere bilden keine großen Schwärme, sodass die Delfine in kleinen Gruppen bleiben. Auffällig ist, dass ihre „Stimmung" nun regelrecht gedämpft ist. Winter und Hunger sind offenbar auch für Delfine kein Anlass zur Freude. Erst im Sommer, mit zunehmender Wärme und reichlich Beutenachschub, bricht sich die Lebenslust wieder Bahn. BW

Oben: Ein Schwarzdelfin beim Sprung. Wenn die Tiere einen Sardellenschwarm verzehrt haben, vollführen sie oft akrobatische Sprünge und spielen. Für die äußerst geselligen Tiere ist dies vielleicht der wichtigste Teil des Tages, denn das Spiel stärkt die Bindungen zwischen den Individuen und macht letztendlich auch die Jagd effizienter.

Links: Eine Gruppe Schwarzdelfine in enger Formation. Bei der Jagd auf Sardellen halten die Tiere mehr Abstand, um ein möglichst großes Gebiet mit ihrer Echolotortung abzudecken.

SPECIAL FEATURE

Wie Delfine sich verständigen

Akustische Kommunikation unter Wasser

Delfine gehören zu den „gesprächigsten" Säugetieren. Sie besitzen eine gut entwickelte Wahrnehmung für hochfrequente Klicklaute, kommunizieren aber auch über akustische Signale, vor allem Pfiffe. Hängt man in der Nähe einer Delfinschule ein Hydrophon ins Wasser, hört man praktisch immer eine Vielzahl von Klicks, Pfiffen und Rufen.

Die Bedeutung der stimmlichen Kommunikation für die Gruppe erklärt sich aus der Biologie der Tiere und den physikalischen Besonderheiten des Mediums, in dem sie leben. Die meisten Delfine gehen starke soziale Bindungen ein. Sie interagieren mit anderen, stimmen ihr Verhalten auf das zahlreicher Individuen ab und pflegen langfristige Beziehungen. Ihr Leben lang bewegen sie sich mit hoher Geschwindigkeit durch eine weite, konturlose und wenig lichtdurchlässige Umwelt, in der die Sichtweite meist weit unter 100 m beträgt. Schall jedoch wird besser geleitet als jede andere Form der Energie. Zur Erhaltung ihrer sozialen Beziehungen, die für das Überleben äußerst wichtig sind, müssen Delfine sich über erhebliche Entfernungen verständigen können. Der Schall ist dazu das am besten geeignete Mittel.

Manche der typischen Delfinlaute sind einfache Pfiffe. Mit Ausnahme einiger küstennaher Arten, deren Sozialstruktur unbekannt ist, pfeifen alle Delfine. Die Pfiffe weisen teilweise spezielle Muster in der Frequenzmodulation auf. Jedes Tier weist eine individuelle Art auf, die Frequenzskala auf- und abzugleiten. Man nennt dies „Signaturpfiffe", die wie die Unterschrift eines Menschen zur Identifikation des Einzelnen dient.

Signaturpfiffe werden meist dann ausgestoßen, wenn das Tier den Sichtkontakt mit anderen Gruppenmitgliedern verliert. Sie könnten primär als Kontaktrufe dienen. Delfine lernen rasch Stimmen nachzuahmen, was bei Tieren relativ selten vorkommt. So imitieren sie die Signaturpfiffe anderer Gruppenmitglieder, vermutlich um deren Aufmerksamkeit zu gewinnen. Ihren eigenen Signaturpfiff entwickeln Delfine mit etwa zwei Jahren und behalten ihn ein Leben lang bei. Möglicherweise um Inzest zu vermeiden, kopieren Männchen die Pfiffe ihrer Mütter.

Bei mehreren Delfinarten ist es sogar möglich, einzelne Tiere oder Gruppen akustisch zu identifizieren. Dies scheint biologisch auch durchaus Sinn zu machen. Die kleineren Arten beispielsweise bilden komplexe Sozialstrukturen, so genannte *fission-fusion*-Gesellschaften, deren Zusammensetzung sich täglich ändert. Deshalb müssen die Tiere in der Lage sein, sich individuell zu erkennen und aufgrund früherer Erfahrungen angemessen zu verhalten. Die Sozialstruktur der Schwertwale, der größten Delfinvertreter, sieht dagegen ganz anders aus. Sie leben in extrem stabilen Gruppen, und so sind bei ihnen die charakteristischen Stimmlaute typisch für die jeweilige Herde. Jede Gruppe spricht einen eigenen Dialekt (hat also ein bestimmtes Repertoire an Rufen), und die Ähnlichkeit der Dialekte zwischen Herden spiegelt meist ihre genetische Verwandtschaft und die gemeinsam verbrachte Zeit wider.

Relativ wenig weiß man darüber, wie Delfine im offenen Meer Laute zur Kommunikation einsetzen. Man hat jedoch bei einigen Arten Rufe identifiziert, die möglicherweise beim gemeinsamen Beutefang eine Rolle spielen. Zudem wurden Korrelationen zwischen dem Grad an Aktivität einer Gruppe und der Art der dabei ausgetauschten Laute festgestellt.

In Gefangenschaft lernen Delfine mühelos eine Vielzahl künstlicher Sprachen. Einige Studien kommen sogar zu dem Schluss, dass sie Syntax- und Grammatikregeln anwenden, um neue Sätze zu verstehen. Diese Fähigkeit legt nahe, dass sie für das Leben in Freiheit über ein komplexes Kommunikationssystem verfügen.

Faszinierend an der Kommunikation zwischen Delfinen ist auch, dass sie offenbar die Ortungsrufe anderer Delfine „abhören" können. Zumindest sind sie vermutlich in der Lage zu „hören", wie erfolgreich andere Tiere in Hörweite (also bis zu 1 km oder sogar mehr) bei der Jagd sind. Neuere Studien an Delfinen in Gefangenschaft zeigen, dass sie über kurze Entfernungen tatsächlich die Echos der Ortungsklicks anderer Tiere „auswerten" können. Delfine können auch nichtstimmliche Laute erzeugen, etwa indem sie mit der Fluke auf das Wasser schlagen oder sich nach einem Sprung mit lautem Klatschen zurückfallen lassen.

Obwohl der Gehörsinn für Delfine zweifellos im Vordergrund steht, sind auch andere Sinneswahrnehmungen wie Sehen, Fühlen und Schmecken von Bedeutung. Das Sehvermögen etwa dient zur Bewegungskoordination auf kurze Entfernungen, was vielleicht die markanten Muster und Farben an Kopf und Flanken mancher Arten erklärt. Typische Körperhaltungen und Bewegungsabläufe zum Signalisieren von Botschaften wie Drohung oder Unterwerfung sind bei Delfinen sowohl in Gefangenschaft als auch im offenen Meer zu beobachten. Delfine besitzen keinen Geruchssinn, sind aber in der Lage, Chemikalien im Meerwasser um sie herum zu schmecken. Die mit Ausscheidungen ins Wasser gelangten chemischen Stoffe geben wichtige Aufschlüsse über Paarungsbereitschaft und Jagderfolg.

JG

Rechts: *Delfine sind intelligent und gesellig. Sie verständigen sich mit komplexen akustischen Signalen, denn unter Wasser sind Schallwellen das beste Medium für die Kommunikation über große Distanzen.*

KOOPERATIVE KILLER

Die Jagdstrategien der Schwertwale

Sobald die Schule sich der Felsspitze nähert, wo ihr die Brandung entgegenschlägt, fächern sich die 20 Schwertwale auf und bilden eine Kette mit rund 50 m Abstand zueinander. Sie schwimmen langsam dicht unter der Oberfläche, tauchen ab und zu auf und lassen ihre langen, ovalen Flipper oder großen Fluken aufklatschen. Unter Wasser klingt das wie gedämpfte Schüsse vor einem Hintergrund aus Quietsch- und Knarrlauten. Es folgt ein langer, bebender Pfiff, der in einem Tuten endet, wie bei einem indischen Schlangenbeschwörer. Nun kreisen die Wale ihre Beute – einen Schwarm von Tausenden von Pazifiklachsen, den sie zwischen Fels und Brandung getrieben haben – systematisch ein. Mehrere Minuten lang befinden sich die Fische in einer wirkungsvollen Falle. Die Wale schnappen sich vom Rand des Schwarms einzelne der 3 kg schweren Lachse und verlieren dann scheinbar das Interesse. Träge wälzen sie sich im Wasser und tauchen zwischendurch auf, um einen beiläufigen Blick auf die rings um die Felsnase versammelten Fischerboote zu werfen. Es folgen ein weiterer Pfiff und ein Tuten, dann taucht die Walschule geschlossen ab und erscheint fünf Minuten später als dicht gedrängte Gruppe hinter der Felsnase wieder, stromaufwärts und in sicherer Entfernung von den Fischern. Dicht beieinander schwimmen sie langsam und lautlos zwei Stunden lang zur nächsten Felsnase, wo das Spiel von vorn beginnt.

Schwertwale sind die größten Vertreter aus der Familie der Delfine. Die erwachsenen Bullen werden 9 m lang und sind an ihrer bis zu 2 m hoch aufragenden Rückenfinne erkennbar, der größten von allen Waltieren. Die Weibchen sind etwas kleiner, und ihre Rückenfinnen sind meist nur rund 70 cm hoch. Die Form der Finne ist infolge von Verletzungen und genetischen Einflüssen individuell und gruppentypisch verschieden.

Der Körper ist auffallend pigmentiert: am Rücken schwarz, an der Unterseite weiß, mit einem weißen Fleck über dem Auge und einem grauen „Sattel" an der hinteren Oberseite bis unter die Rückenfinne. Anhand von Finnenform und Sattelverlauf lassen sich in vielen Teilen der Welt Einzeltiere identifizieren und beobachten. Neben DNA-Analysen geben diese Studien uns ungewöhnlich genauen Einblick in die Lebensweise dieser Wale.

Schwertwalherden bestehen aus Muttertieren und ihren Jungen mehrerer Generationen. Die erwachsenen Bullen der Schule sind in der Regel Söhne, Brüder und Onkel der übrigen, und nicht, wie früher angenommen, Haremsbullen. Ihre Geschlechtspartner suchen sich Schwertwale außerhalb des matrilinearen Familienverbands. Der Zusammenhalt dieser Herden über lange Zeiträume und die wechselnde Verbreitung der Beutetiere führte zur Entstehung von Ökotypen, spezialisierten Gruppen, die besonders geschickt in der Jagd auf bestimmte Beutetiere sind.

Schwertwale verzehren eine Vielzahl von Beutetieren, halten sich jedoch meist an die lokal reichlich verfügbaren Arten. Das wirkt sich auf die Jagdmethoden aus und bestimmt die optimale Herdengröße und sogar Körperform der Wale. Die so genannten „durchreisenden" *(transient)* Schwertwale Nordamerikas, die sich von Robben und anderen Meeressäugetieren ernähren, wandern in kleinen Schulen von durchschnittlich drei Tieren und jagen meist allein. Sie sind größer als die Fisch fressenden „sesshaften" *(resident)* Wale, die auf Lachse spezialisiert sind. Die Schwertwale Norwegens jagen Heringe oft in riesigen Gruppen. Dabei kesseln zahlreiche Schulen in gut koordiniertem Wechsel Zehntausende Heringe ein und trennen sie vom Rest des Millionen Tiere zählenden Schwarms. Einen weiteren Ökotyp bilden die allein jagenden „Killerwale" Argentiniens, die sich an den Strand werfen und junge Robben schnappen.

Schwertwalkühe werden mit etwas über zehn Jahren geschlechtsreif und 50 bis 100 Jahre alt.

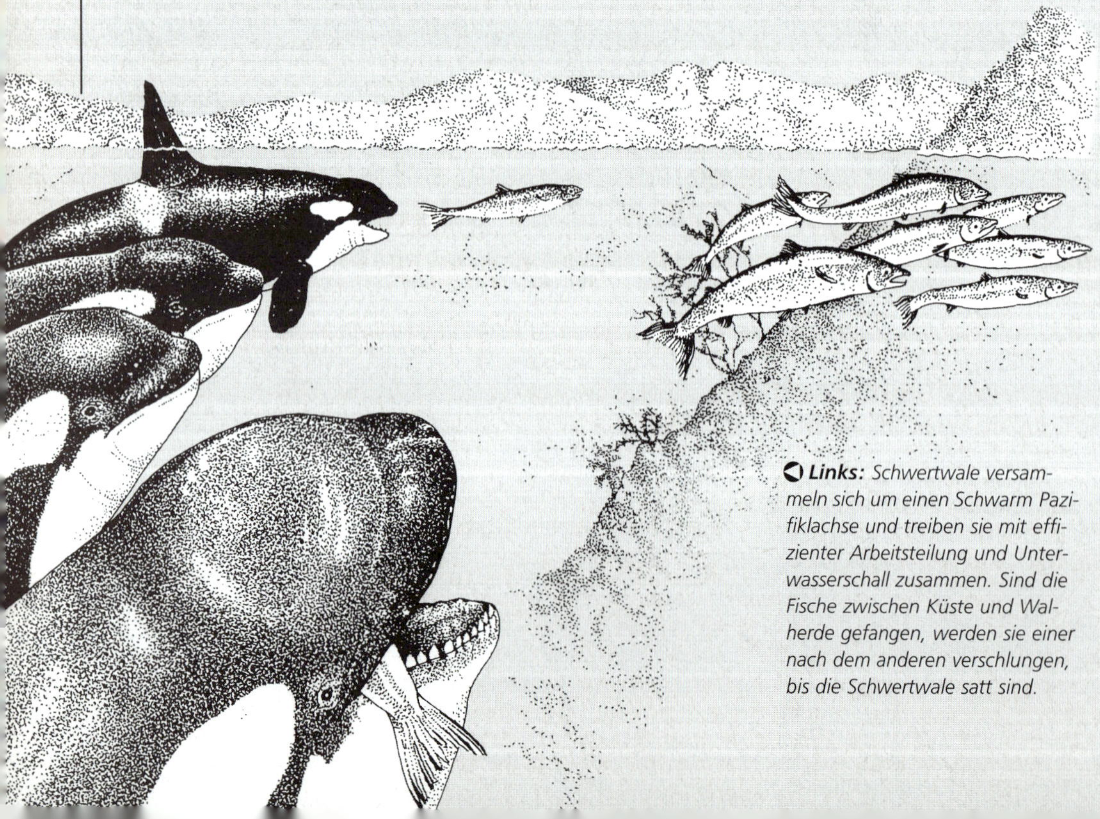

Links: *Schwertwale versammeln sich um einen Schwarm Pazifiklachse und treiben sie mit effizienter Arbeitsteilung und Unterwasserschall zusammen. Sind die Fische zwischen Küste und Walherde gefangen, werden sie einer nach dem anderen verschlungen, bis die Schwertwale satt sind.*

Die Bullen reifen später und sterben eher. Eine ausgewachsene Kuh kann zwischen Geschlechtsreife und etwa ihrem 40. Lebensjahr alle drei Jahre kalben. Die Tragzeit dauert 15 bis 17 Monate, die Stillzeit etwa ein Jahr. Die meisten Weibchen werfen in ihrer gebärfähigen Zeit etwa fünf Kälber, von denen offenbar nicht alle das Erwachsenenalter erreichen. Ab 40 übernehmen die Kühe eher Aufgaben als „Babysitter" und „Erzieherinnen".

Einige Schwertwalschulen wandern Hunderte von Kilometern hinter Beutetieren her, andere bleiben in einem relativ begrenzten Revier, wo sie das ganze Jahr über genügend Nahrung finden. Als Großraubtiere sind Schwertwale nicht sehr zahlreich, doch kann das Auftauchen mehrerer Schulen in einem Gebiet mit lokaler oder jahreszeitlicher Nahrungsfülle den falschen Eindruck erwecken, die Bestände seien recht groß.

Ein Nachteil ihrer Stellung an der Spitze der Nahrungspyramide ist, dass sie große Mengen an Schadstoffen aufnehmen, die sich über die Nahrungskette im Gewebe ihrer Beutetiere anreichern und letztlich dem Räuber schaden. An der Pazifikküste Nordamerikas wurden im Gewebe sowohl „sesshafter" als auch „durchreisender" Schwertwale einige der weltweit höchsten PCB-Konzentrationen gemessen. Als Folge davon sinken Fortpflanzungs- und Überlebensrate der Schwertwalbestände. KB

Oben: *Eine Schule Schwertwale taucht nahe der San-Juan-Inseln an der Pazifikküste von Washington auf. Solche Gruppen bestehen meist aus Muttertieren und ihren Jungen, doch ist hier im Vordergrund an der hohen Rückenfinne ein ausgewachsener Bulle erkennbar, vielleicht ein Bruder oder Onkel der Kühe.*

Geburt eines Delfins

❶ Ein trächtiges Großes Tümmlerweibchen (Tursiops truncatus) schwimmt eine Stunde vor dem Kalben in einem italienischen Delfinarium umher. Wie bei allen Waltieren ist die Tragzeit auch bei Delfinen lang, bei dieser Art 12 bis 14 Monate. In der Regel kommt nur ein Junges zur Welt, 1 % sind Zwillingsgeburten, doch ist kein Fall bekannt, dass beide Jungen das Erwachsenenalter erreichen. In kalten europäischen Gewässern können Große Tümmler nur im Hochsommer kalben, in wärmeren Gegenden das ganze Jahr über.

❷ Eine halbe Stunde vor der Geburt ist die Schwanzflosse des Kalbs bereits zu sehen. Die Mutter ruht jetzt auf dem Beckengrund. Im offenen Meer kalben Delfine vorzugsweise in warmen, seichten Küstengewässern. Unterstützt werden sie dabei von „Tanten", einem oder mehreren Weibchen, die die Mutter vor Feinden schützen und ihm nach der Geburt helfen, das Kalb an die Oberfläche zu schubsen und zu säugen.

❸ Die Kälber werden mit der Fluke voran durch kräftige Presswehen geboren. Mutter und Kind sind noch durch eine kurze Nabelschnur verbunden, die an einigen Stellen brüchig ist, damit sie nach der Geburt spontan reißt. Bei Landsäugetieren ist die Steißlage selten, bei Waltieren jedoch sinnvoll, da sie das Jungtier so lange wie möglich vor der luftlosen Umgebung schützt. Dass Waltiere mit der Fluke voran geboren werden, gab Anlass für viele Legenden. Seeleute behaupteten, die Kälber schwämmen zum Schutz zurück in den Mutterleib oder streckten vor der Geburt die Fluke heraus, um Schwimmen zu lernen.

5

❹ Sekunden nach der Geburt spannt sich die Nabelschnur und reißt. Im Wasser hinter der Mutter ist eine trübe Wolke aus Blut und Fruchtwasser zu erkennen. Bei der Geburt sind Delfinkälber 100 bis 135 cm lang und wiegen 10 bis 20 kg, rund 10 % des Gewichts ihrer Mutter.

❺ Sofort nach der Geburt beginnt das Kalb zu atmen. Instinktiv schwimmt es dazu an die Oberfläche, unterstützt von der Mutter, die es mit der Schnauze oder einem Flipper sanft nach oben schubst. Das Jungtier bewegt sich zunächst noch unsicher, schwimmt aber nach einer halben Stunde schon recht munter.

6

4

❻ Zwei Stunden nach der Geburt trinkt das Kalb die fettreiche Muttermilch. Die beiden Zitzen liegen beiderseits der Geschlechtsfalte. Delfine werden insgesamt 18 bis 20 Monate lang gesäugt, nehmen aber nach sechs Monaten erstmals feste Nahrung auf. Die Mutter-Kind-Bindung hält drei bis sechs Jahre an. Mit 5 bis 14 Jahren werden die Weibchen geschlechtsreif, die Bullen mit 9 bis 13 Jahren. Delfine kalben meist im Abstand von zwei Jahren.

Schweinswale

WER AN DEN KÜSTEN NORDAMERIKAS UND Nordeuropas erstmals einen lebenden Wal sieht, hat in der Regel einen Kleintümmler wie den Gewöhnlichen Schweinswal (Phocoena phocoena) *vor sich, jene kleinen, flinken, dunklen Tiere, die man von Fähren oder Aussichtspunkten aus entdeckt. Dennoch geben uns diese in Küstennähe lebenden Wale noch immer Rätsel auf, was angesichts der rasch sinkenden Zahlen sehr bedenklich ist.*

Kleintümmler oder Schweinswale (Phocoenidae) bilden eine der zehn Familien der Unterordnung Zahnwale (Odontoceti). Die Familie umfasst sechs Arten, die sich morphologisch gleichen und allesamt klein sind. Schweinswale sind die nächsten Verwandten der echten Delfine (Delphinidae), obwohl sie sich in vielen Aspekten ihrer Biologie erheblich unterscheiden. Beide Familien entstanden vor rund 10 Millionen Jahren aus einem gemeinsamen Vorfahren, entwickelten sich danach jedoch unterschiedlich weiter. In Verhalten und Anatomie haben Schweinswale und Delfine nicht mehr gemeinsam als Katzen und Hunde.

Klein und kompakt

KÖRPERBAU UND FUNKTION

Anatomisch gesehen sind Schweinswale ziemlich gleichförmig. Verglichen mit anderen Walen sind sie meist klein: Keine Art wird länger als 2,5 m. Das ist eine erhebliche Herausforderung bei der Regulierung der Körpertemperatur im stark temperaturableitenden Lebensraum Wasser. Arten in kühleren Erdteilen, etwa Gewöhnliche und Dall-Schweinswale, begegnen dem mit einer gerundeten Körperform und kleinen Gliedmaßen, verringern also die Körperoberfläche im Verhältnis zum Körpervolumen, sowie einer dicken Isolierschicht aus Blubber, die den Wärmeverlust hemmt.

Wie auch andere Zahnwale atmen Schweinswale durch ein einziges Blasloch, das nach links versetzt oben auf dem Schädel sitzt. Ihre Stirn weist die so genannte Melone auf, eine Wölbung aus fettreichem Gewebe. Es dient zur Fokussierung der ausgestoßenen Schallimpule bei der Echolotortung. Der Schwanzstiel ist – vor allem beim Dall-Schweinswal – seitlich zu Kielen zusammengedrückt und die Fluke weist eine markante Einbuchtung auf.

Von Delfinen unterscheiden sich Schweinswale unter anderem durch den fehlenden Schnabel, der für Erstere charakteristisch ist. Außer beim Indischen Schweinswal ist die Rückenfinne bei allen Arten klein und dreieckig. An deren Vorderkante sind mehrere Reihen von Hautbuckeln – beim Indischen Schweinswal sogar eine Rückenleiste. Beim Dall-Schweinswal fehlen sie. Die Zähne von Schweinswalen sind spatelförmig, die von Delfinen kegelförmig. Beide Familien können mit ihrer Bezahnung Beutetiere ergreifen, jedoch nicht

Rechts: *Die Fischerei birgt auch für Schweinswale große Gefahren. Hier kümmern sich Forscher um einen Gewöhnlichen Schweinswal, der aus einer Heringsreuse in der kanadischen Bay of Fundy gerettet wurde. Durch solche „Unfälle" kommen Jahr für Jahr Tausende der Tiere ums Leben.*

Unten: *Vor den schottischen Shetlandinseln saust ein Gewöhnlicher Schweinswal unter der Oberfläche dicht vor einem Boot her. Im offenen Meer wirken diese schnellen Tiere grazil. Sie stranden öfter als andere Arten. Meist werden einzelne Exemplare an flache Sandstrände oder Wattflächen geschwemmt.*

zerreißen oder kauen. Warum die beiden Familien unterschiedliche Zahnformen aufweisen, ist nicht bekannt. Ferner weist der Schädel der Schweinswale im Zwischenkiefer markante Vorsprünge auf. Schließlich zeigen die Köpfe auch ausgewachsener Tiere viele kindliche Merkmale, etwa den kurzen Schnabel, den großen, runden Schädel und die spät schließenden Fontanellen. Diese Pädomorphie – also die Beibehaltung jugendlicher Merkmale bei Erwachsenen – ist bei allen Schweinswalen zu beobachten. Warum, ist nach wie vor ein Rätsel.

Flüsse, Küsten und das offene Meer

VERBREITUNG

Die ältesten Fossilien von Schweinswalen stammen aus dem Miozän (vor rund zehn bis zwölf Millionen Jahren) und zwar aus dem Nordpazifik, wo die Familie entstanden sein könnte. Die ersten echten Delfine tauchten um dieselbe Zeit auf, und die Ahnen beider Familien, die Kentriodontidae, starben kurz danach aus. Schweinswalähnliche Fossilien wurden in spätmiozänen Schichten Südkaliforniens gefunden. In Europa und auf der Südhalbkugel kommen solche Fossilien erst im Pliozän vor vier bis fünf Millionen Jahren vor.

Die sechs modernen Schweinswalarten entstanden vor wenigen Jahrmillionen, haben sich jedoch in dieser relativ kurzen Zeit bestens an verschiedene Lebensräume angepasst. Der Indische Schweinswal wandert entlang den tropischen Küsten des Indopazifiks und findet sich in Flussmündungen ebenso wie inmitten großer Flusssysteme einschließlich des Jangtse in China. Gewöhnliche, Burmeister- und Kalifornische Schweinswale leben meist in Küstennähe. Letztere haben von allen Walen das kleinste Verbreitungsgebiet, denn sie kommen ausschließlich im Nordteil des Golfs von Kalifornien vor. Brillen- und Dall-Schweinswal dagegen leben im offenen Meer, Letzterer im gesamten Nordpazifik, Ersterer in Polnähe im Südmeer.

Die geografische Verbreitung vieler Wale lässt sich durch periodische Temperaturschwankungen in den Weltmeeren erklären. So führten wohl wärmere Gewässer zu einer Separation von Schweinswalbeständen beiderseits der Tropen, die sich getrennt weiterentwickelten. Entsprechend gibt es heute eng verwandte Schweinswalarten auf der Nord- und Südhalbkugel. Man nennt ihre Verbreitung antitropisch, da die heute getrennten, jüngeren Formen in den gemäßigten Gewässern beider Hemisphären ursprünglich vom selben Vorfahren abstammen, der in Kaltzeiten den Äquator überquerte. Der Kalifornische Schweinswal beispielsweise ist enger mit dem Burmeister-Schweinswal Südamerikas verwandt als mit dem Gewöhnlichen Schweinswal benachbarter Küstengewässer. Vermutlich überquerten während der Eiszeiten die Vorfahren des Burmeister-Schweinswals den Äquator und wurden dann durch die Wiedererwärmung des Wassers abgeschnitten. Ebenso könnten die Schweinswale im Schwarzen Meer in einer Warmzeit isoliert worden sein, nachdem sie in einer Kaltzeit vom Atlantik aus durch das Mittelmeer eingewandert waren. Im Mittelmeer gibt es heute keine Schweinswale mehr.

FAKTEN

SCHWEINSWALE (KLEINTÜMMLER)

Ordnung: Cetacea
Familie: Phocoenidae
6 Arten in 3 Gattungen

VERBREITUNG Die meisten Meere.

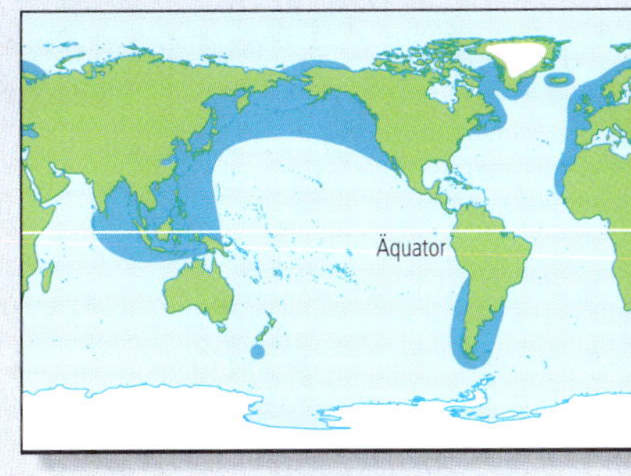

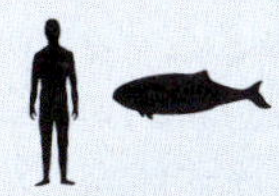

KLEINTÜMMLER *Phocoena phocoena*
Schweinswal
Küstengebiete von N-Atlantik, N-Pazifik, Ostsee, Schwarzmeer. KL 1,4–2,0 m; GT 40–80 kg. Oberseits dunkelgrau, Seiten gesprenkelt, feiner Augenfleck, deutlicher Zügelstreifen, dunkler Kehlfleck, Bauch weiß, Rückenfinne dreieckig. 20–29 Zähne pro Reihe. IUCN-Status: Gefährdet.

SCHWARZER TÜMMLER *Phocoena spinipinnis*
Burmeisters Tümmler
Küstengewässer Südamerikas von Peru bis S-Brasilien. KL 1,6–2,0 m; GT 60–100 kg. Rücken und Flanken einheitlich dunkelgrau, dunkler Augenfleck und Zügelstreifen nur angedeutet, Bauch hellgrau; niedrige, weit hinten sitzende Rückenfinne. 11–25 Zähne pro Reihe.

KALIFORNISCHER GOLFTÜMMLER *Phocoena sinus*
Vaquita
Oberer Golf von Kalifornien. KL 1,3–1,5 m; GT 35–50 kg. Oberseits dunkelgrau, Seiten blassgrau, Augenring, Lippenflecken und Flipperstreifen deutlich, Bauch weiß, hohe, dreieckige Rückenfinne. 16–22 Zähne pro Reihe. IUCN-Status: Vom Aussterben bedroht.

BRILLENTÜMMLER
Phocoena (Australophocaena) dioptrica
Südmeer. KL 1,8–2,3 m; GT 100–180 kg. Rücken und Flanken schwarz, scharf vom weißen Bauch abgesetzt, schwarze, weiß umrandete „Brille", schwarze Lippen, dreieckige Rückenfinne, bei ausgewachsenen Bullen deutlich vergrößert. 16–25 Zähne pro Reihe.

DALLS TÜMMLER *Phocoenoides dalli*
N-Pazifik. KL 1,7–2, 4 m; GT 100–220 kg. Rücken und Flanken schwarz, weiße Seitenblesse von der Urogenitalgegend bis in Höhe der Rückenfinne oder der Flipper, weiße Ränder an Fluke und Rückenfinne; Rückenfinne leicht sichelförmig, bei ausgewachsenen Bullen nach vorn geneigt. 21–28 Zähne pro Reihe. IUCN-Status: Von Schutzmaßnahmen abhängig.

INDOASIATISCHER GLATTTÜMMLER
Neophocaena phocaenoides
Küstenregionen des Indopazifik vom Persischen Golf bis Indonesien und im N bis Japan. KL 1,4–2,0 m; GT 30–80 kg. Haut hellgrau mit hellem Bauch, keine Rückenfinne. 12–23 Zähne pro Reihe.

Abkürzungen: KL = Körperlänge; GT = Gewicht

Unten: *Die sechs Schweinswalarten:* ***1*** *Kalifornischer Schweinswal* (Phocoena sinus); ***2*** *Burmeister-Schweinswal* (Phocoena spinipinnis); ***3*** *Indischer Schweinswal* (Neophocaena phocaenoides); ***4*** *Dall-Schweinswal* (Phocoenoides dalli); ***5*** *Brillenschweinswal* (Phocoena dioptrica); ***6*** *Schweinswal* (Phocoena phocoena).

Echoortung zur Jagd

NAHRUNG

Alle Schweinswalarten ernähren sich überwiegend von schwarmbildenden kleinen Fischen. Gewöhnliche und Burmeister-Schweinswale bevorzugen fettreiche Heringe, Sardellen und Lodden, dazu kleine, bodennah lebende Beute wie etwa jungen Kabeljau. Bei der Jagd tauchen Schweinswale mehr als 200 m tief. Jungtiere lernen, sich eigenständig zu ernähren, indem sie Leuchtkrebse (Euphausiacea) aufnehmen, die auch den Fischen als Nahrung dienen, die von ihren Müttern gejagt werden. Indische Schweinswale fressen häufig Krustentiere und Kraken, Dall-Schweinswale dagegen kleine Fische und Kraken, die den so genannten *deep scattering layer* bilden: eine Schicht aus Kleinorganismen, die sich im Tagesverlauf je nach Lichteinfall in den Wasserschichten auf und ab bewegt. Dall-Schweinswale fressen überwiegend nachts, wenn ihre Beute aufsteigt. Die bei vielen Delfinarten beobachtete Kooperation bei der Jagd scheint es bei Schweinswalen nicht zu geben. Bei geringem Nahrungsangebot trennen sie sich bei der Futtersuche, versammeln sich jedoch rasch wieder, sobald größere Beuteschwärme auftauchen.

Die Lauterzeugung wurde nur beim Gewöhnlichen Schweinswal untersucht. Dieser erzeugt Folgen von Klicks vor allem in zwei Frequenzen, um 2 kHz und um 130 kHz. Sein Sonarsystem ist noch weitgehend unerforscht, es scheint jedoch, dass auch passives Lauschen (auf die von Fischen verursachten Geräusche) und Ausschauhalten eine Rolle spielen. Die Beute wird unzerkaut ganz hinuntergeschluckt.

In Gefangenschaft erhalten Schweinswale täglich 5 bis 8 % ihrer Körpermasse an Futter; die Menge richtet sich nach dessen Kaloriengehalt sowie Aktivität und Reproduktionsstatus der Tiere.

Gespenster der Meere

SOZIALVERHALTEN

Schweinswale sind meist scheue, unauffällige Tiere, die allein oder in kleinen Gruppen leben. Da sie oft schwer zu entdecken sind, werden sie von vielen Küstenbewohnern überhaupt nicht wahrgenommen. Allein der Dall-Schweinswal ist etwas auffälliger. Er folgt Schiffen und erzeugt über Hunderte von Metern sichtbare Gischtwolken am Wasserspiegel. Gewöhnliche und Indische Schweinswale sind viel diskreter, obwohl Erstere bei rauer See oder bei der Jagd auch bei Luftsprüngen beobachtet werden. Bei sehr ruhigem Wetter liegen Schweinswale manchmal reglos im glasklaren Wasser. Kalifornische Schweinswale sind besonders scheu, und nur wenige Forscher haben überhaupt je Exemplare im offenen Meer gesehen.

Schweinswale leben in *fission-fusion*-Gesellschaften, das heißt, die Tiere bilden bei Bedarf Gruppen, gehen aber offenbar keine langfristigen sozialen Bindungen ein. Über ihr Sozialverhalten ist allerdings noch sehr wenig bekannt. Die einzige langfristige Bindung besteht zwischen säugenden Muttertieren und ihren Kälbern. Mehrere Mütter mit Kälbern tun sich häufig zusammen, in der Regel jedoch abseits anderer Tiere. Da man im Frühsommer bei solchen Verbänden auch größere Jungtiere antreffen kann, liegt der Schluss nahe, dass manche älteren Kälber nach der Entwöhnung noch eine Weile bei ihren Müttern bleiben. Bei Schweinswalen sind Massenstrandungen wie bei Delfinen und Pottwalen, die stabile, langfristige Bindungen eingehen, nicht bekannt.

Kühe des Schweinswals sind größer als Bullen, was bei Säugetieren ungewöhnlich ist, jedoch bei Walen nicht ganz so selten vorkommt. Die Bullen besitzen extrem große Hoden, die in der Paarungszeit bis zu 4 % der gesamten Körpermasse ausmachen, jedoch in der übrigen Zeit wieder deutlich schrumpfen. Das deutet auf eine Spermakonkurrenz hin, das heißt, dass mehrere Bullen dieselbe Kuh begatten und sich erst in deren Sexualorganen entscheidet, wessen Sperma das Ei letztlich befruchtet. Schweinswale sind sexuell meist sehr aktiv. Eisprung, Befruchtung und Geburt erfolgen in kurzen Phasen von wenigen Wochen im Spätfrühling oder Frühsommer.

Funde lebender und gestrandeter Schweinswale im schottischen Moray Firth deuten darauf hin, dass diese gelegentlich von Großen Tümmlern angegriffen und getötet werden. Ähnliches kennt man auch aus Nordamerika, doch ist das Verhalten rätselhaft.

4

5

6

Gefährdung durch Fischernetze

ARTEN- UND UMWELTSCHUTZ

Küsten sind für Schweinswale ebenso attraktiv wie für uns Menschen, in vielerlei Hinsicht auch aus denselben Gründen. So sind unsere Aktivitäten für die Wale ein großes Problem.

Viele Schweinswale leben in Gewässern, die von Menschen ausgiebig genutzt und umfassend geschädigt werden. Im Südchinesischen Meer geht beispielsweise durch Landgewinnung, Trockenlegung und Umweltverschmutzung immer mehr Lebensraum des Indischen Schweinswals verloren. Vor der Küste Nordjapans werden jedes Jahr bis zu 40 000 Dall-Schweinswale wegen ihres Fleisches harpuniert. Solche Zahlen können wohl kaum aufrechterhalten werden, ohne die Populationen zu beeinträchtigen. Der dichte Schiffsverkehr und andere von Menschen erzeugte Geräusche verringern die Größe und Qualität der für den Schweinswal geeigneten Lebensräume, wie sorgfältig kontrollierte Versuche gezeigt haben. Dabei erwies sich, dass die Bestandsdichte angesichts solcher Geräusche schlagartig sinkt.

Die größte Gefahr für Schweinswale stellt jedoch die Fischerei dar, auch wenn jene nicht absichtlich gefangen werden. Alle Schweinswalarten, selbst der Brillentümmler im entlegenen Südmeer, geraten als „Beifang" in die Netze der Fischindustrie. Es ist schwer zu erklären, warum sich die Tiere trotz ihres ausgefeilten Echolotsystems in den Netzen verfangen. Meist handelt es sich dabei um Wandnetze, die nahe der Oberfläche ins Wasser gehängt werden, um aufsteigende Fische zu fangen. Ebenso werden Netze in Bodennähe aufgestellt, um die dort lebenden Arten zu fangen. Beide Fischereimethoden sind für Schweinswale tödlich, denn entweder bemerken die Tiere die Netze nicht, halten sie für harmlos oder verheddern sich aufgrund von Navigationsfehlern darin.

Die Zahl von Schweinswalen, die auf diese Weise ums Leben kommen, ist riesig. Jedes Jahr zählen allein dänische Wandnetzfischer in der Nordsee rund 7000 tote Tiere. Wie viele Kleintümmler in anderen Ländern als Beifang enden, ist unbekannt. Forscher und Fischer versuchen inzwischen intensiv, das Problem in den Griff zu bekommen. Eine Lösung ist die Verwendung von Hochfrequenz-Alarmvorrichtungen („Pinger"), die von den Fischern an den Netzen angebracht werden, um Wale auf diese aufmerksam zu machen.

AR/DEG

DER GEFÄHRDETE GOLFTÜMMLER

Der Kalifornische Schweinswal, Golftümmler oder Vaquita ist der kleinste Wal der Welt. Die scheue, unauffällige Art kommt nur in einem winzigen Gebiet im knapp 1000 km langen Golf von Kalifornien (Mexiko) vor. Sie entwickelte sich vermutlich aus Burmeister-Schweinswalen, ihren nächsten Verwandten, die wohl nach dem Pleistozän im Oberen Golf isoliert zurückblieben. In diesem kleinen Lebensraum kämpft der Golftümmler nun gleich gegen mehrere Faktoren ums Überleben: Zum einen fiel die Geburtenrate bei allen Arten im Oberen Golf, je mehr Wasser vom Colorado auf seinem Weg durch den Westen der USA für Bewässerung und Haushalte abgezogen wurde, sodass immer weniger Wasser den Golf erreichte. Die Golftümmler-Bestände sind möglicherweise schon so niedrig (nach Schätzungen aus den späten 1990er Jahren rund 600 Tiere), dass die Art durch Inzucht weiter geschwächt wird. Einigkeit herrscht allerdings, dass der drastische Rückgang vor allem am Fischfang liegt, denn Golftümmler enden oft als Beifang. Diese Gefahr ist zwar für viele kleine Wale weltweit gegeben, doch geht sie hier nicht von der Fischindustrie aus, sondern von zahlreichen einzelnen Wandnetzfischern. Beim Versuch, den Golftümmler zu retten, steht die mexikanische Regierung vor enormen Schwierigkeiten, denn zum einen ist nur sehr wenig über die Biologie und jahreszeitliche Verbreitung der Art bekannt und zum anderen müssen die dringend notwendigen Änderungen von Fischereimethoden und -gesetzen sorgfältig gegen die existenziellen Interessen der Menschen in dieser bitterarmen Region abgewägt werden. JG

Gründelwale

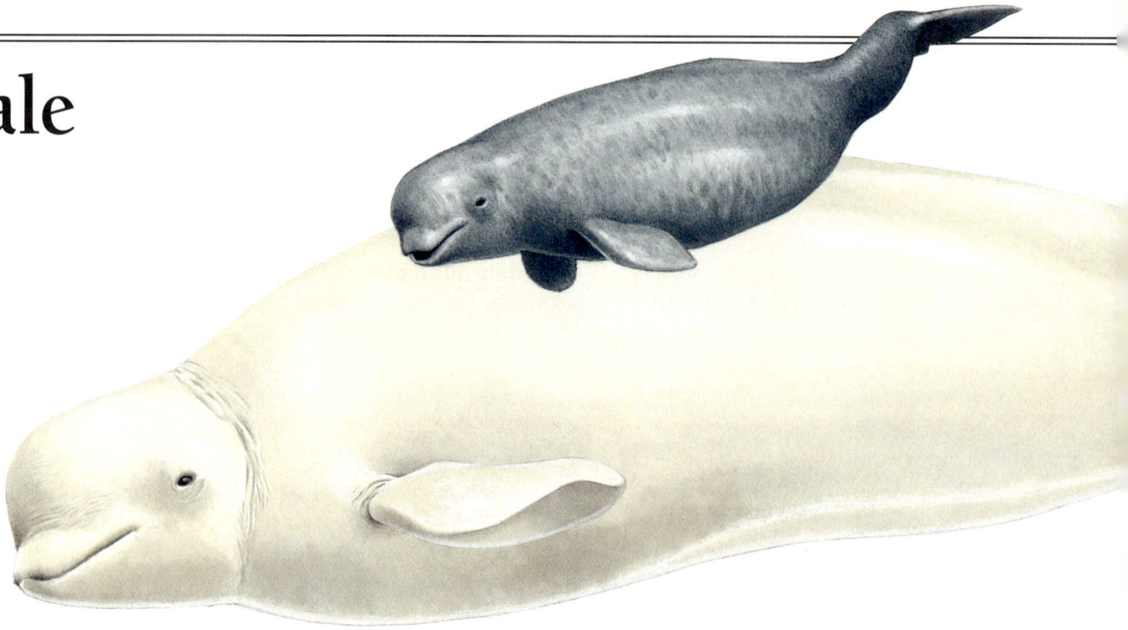

WEISSWALE UND NARWALE, ALS *Gründelwale zusammengefasst, gehören zu den geselligsten Walen. Eine große Ansammlung der weißen Belugas in einer arktischen Bucht ist bereits eindrucksvoll, doch eine Prozession von Hunderten, sogar Tausenden von Weißwalen an der Küste entlang ist überwältigend. In prähistorischer Zeit lebten Weißwale nachweislich in gemäßigten Meeren, heute jedoch nur noch in kalten, arktischen Gewässern.*

Auch die Färbung des Narwals ist auffallend. Der Körper ist mit graugrünen, cremefarbenen und schwarzen Flecken wie mit Pinselstrichen übersät. Noch erstaunlicher ist allerdings das berühmte „Einhorn", das die Bullen beim Auftauchen in die Luft strecken. Es erscheint mit 3 m nicht nur unverhältnismäßig lang für einen 5 m langen Wal, sondern ragt obendrein eigentümlich asymmetrisch von der linken Oberlippe in einem seltsamen Winkel nach vorn unten. Und als sei das noch nicht genug, wirkt die Schwanzfluke fast wie falsch herum angesetzt.

Fett als Isolierschicht

KÖRPERBAU AND FUNKTION

Weiß- und Narwale sind ähnlich gebaut, wenn auch Erstere etwas kleiner sind. Eine Besonderheit des Weißwals ist der Hals, der im Gegensatz zu den meisten Walen fast im rechten Winkel seitlich abgebogen werden kann. Ferner fehlt dem Weißwal die Rückenfinne, was ihm den wissenschaftlichen Namen *Delphinapterus* eingebracht hat: flügelloser Delfin. Über den hinteren Rücken verläuft jedoch eine Leiste bis zum Schwanz. Eine echte Finne würde Körperwärme abgeben oder könnte im Eis verletzt werden.

Bei beiden Arten sind die Männchen rund 50 cm länger als die Weibchen, ihre Flipper biegen sich an den Spitzen mit dem Alter nach oben. Die Flipper von Weißwalen sind sehr beweglich und scheinen beim Manövrieren an Engstellen eine Rolle zu spielen, etwa beim langsamen Rückwärtsschwimmen. Mit zunehmendem Alter ändert sich die Schwanzform bei männlichen Narwalen: Die Spitzen wandern nach vorn und geben der Fluke, von oben oder unten betrachtet, eine konkave Leitlinie. Beide Arten besitzen eine dicke Blubberschicht, die sie im eisigen Wasser vor Kälte schützt. Dabei ist der Weißwal so fett, dass der nicht so gut geschützte Kopf fast zu klein für den Körper wirkt.

Unten: *Von Juni bis September versammeln sich Weißwale zu Hunderten und Tausenden zum Kalben in weiten Flussmündungen. Wie riesig die wandernden Gruppen sind, lässt sich anhand dieser Luftaufnahme abschätzen. Sie zeigt Weißwale in der Mündung des Cunningham River auf Somerset Island.*

Links: *Weißwalkuh mit Kalb. Die Jungen werden bis zu zwei Jahre gesäugt. So lange sind Mutter und Kind fast unzertrennlich. Belugababys sind braun. Ihre Haut wird allmählich heller – wie bei diesem Einjährigen – und schließlich weiß.*

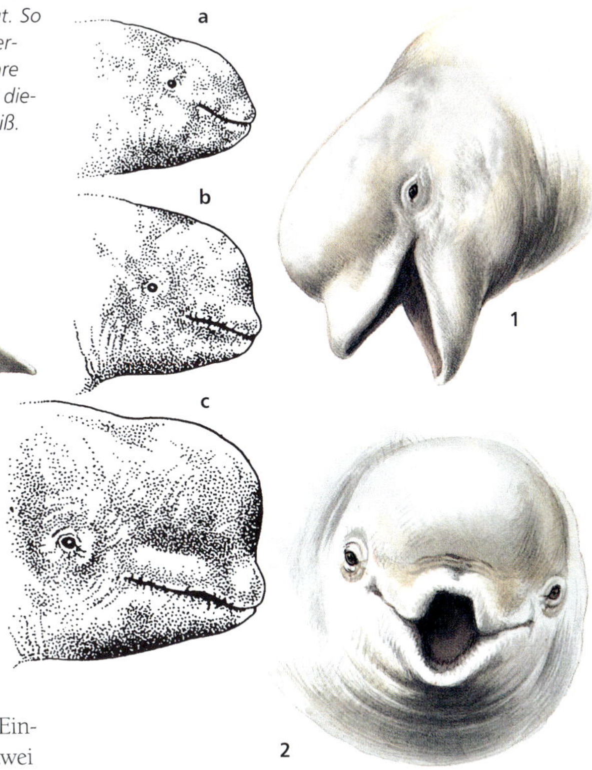

Oben: *Entwicklung der Gesichtszüge und Mimik des Weißwals. Ausgewachsene Tiere besitzen eine sehr ausgeprägte Melone, die sich nur langsam entwickelt: Beim Neugeborenen* **a** *fehlt sie fast ganz, nach einem Jahr* **b** *ist sie vorhanden, der Schnabel jedoch noch nicht ausgeprägt.* **c** *Geschlechtsreif werden Belugas mit fünf bis acht Jahren. Schnauze und Hals sind sehr flexibel. Die Wale setzen zur Kommunikation Laute und Mimik ein. In Ruhe wirken Weißwale, als lächelten sie.* **1** *Neben Klicks und Klingeltönen erzeugen sie durch Zusammenschlagen der Kiefer ein lautes Knallen. Sie ernähren sich vielseitig; das gespitzte Maul* **2** *dient vermutlich zum Absuchen des Bodens.*

Der Narwal besitzt nur zwei Zähne, die nicht mehr zum Fressen eingesetzt werden. Bei Weibchen werden sie rund 20 cm lang, brechen in der Regel aber nicht durch das Zahnfleisch. Bei den Bullen entwickelt sich der linke Zahn zum „Einhorn". Weniger als 1 % der Bullen besitzen zwei Stoßzähne; etwa der gleiche Anteil der Weibchen weist ebenfalls ein Horn auf. Zu Sinn und Zweck des Stoßzahns gibt es diverse Theorien, doch scheint es sich einfach um ein sekundäres Geschlechtsmerkmal zu handeln.

Weißwale sind zu vielfältiger Gestik und Mimik befähigt, etwa ein eindrucksvolles Aufreißen des Mauls, bei dem 32 bis 40 löffelförmige Zähne zur Schau gestellt werden. Sie sind oft sehr abgenutzt, manchmal so stark, dass der Wal damit bestimmt keine Beutetiere mehr ergreifen kann. Da die Zähne zudem erst im zweiten oder dritten Lebensjahr voll durchbrechen, liegt der Schluss nahe, dass sie nicht primar zum Fressen dienen. Vielmehr „klappern" Weißwale mit den Kiefern und erzeugen damit Trommellaute. Außerdem werden sie offenbar bei der Werbung zur Schau gestellt.

Anders als der Narwal ist der Weißwal ein sehr stimmfreudiges Tier. Sein Muhen, Gurren, Pfeifen und Trillern hat ihm schon vor langer Zeit den Spitznamen „*sea canary*" (Meereskanarienvogel) eingebracht. Einige der Laute hört man sogar durch Bootsrümpfe hindurch und über Wasser. Unter Wasser erinnert der Lärm einer Herde an einen Hühnerhof. Daneben setzt der Weißwal auch seine Augen zur Kommunikation und zum Beutefang ein. Die vielfältigen Ausdrucksformen machen einen komplexen sozialen Austausch wahrscheinlich.

FAKTEN

GRÜNDELWALE

Ordnung: Cetacea

Familie: Monodontidae

2 Arten in 2 Gattungen

VERBREITUNG Nordpolarkreis.

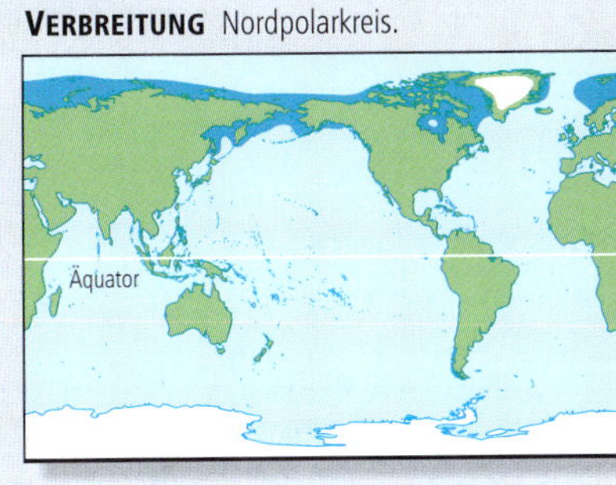

WEISSWAL *Delphinapterus leucas*
Beluga oder Weißwal
N-Russland, Nordamerika, Grönland, Svalbard. Kalte Gewässer, meist nahe an Eis, im offenen Meer oder in Küstennähe; im Sommer Flussmündungen. KL 300–500 cm; GT 500–1500 kg. Adulte Bullen ca. 25 % länger als Weibchen und fast doppelt so schwer. Erwachsene Tiere weiß oder gelblich, Jungtiere schiefergrau, mit 2 Jahren mittelgrau, bei Geschlechtsreife weiß. Nahrung: Benthische, schwarmbildende Fische, Krustentiere, Würmer, Weichtiere. Fortpflanzung: Tragzeit etwa 14–15 Monate. Lebenserwartung: 30–40 Jahre. IUCN-Status: Gefährdet.

NARWAL

Monodon monoceros
N-Kanada und Russland, Grönland, Svalbard. Kalte Gewässer, immer nahe Meereis; meist im offenen Meer, im Sommer auch in Fjorden und an Küsten. KL 400–500 cm; GT 800–1600 kg; Bullen mit Stoßzahn von 150–300 cm Länge; Männchen größer als Weibchen. Haut: Graugrün, cremefarben und schwarz gefleckt, im Alter vom Bauch her aufhellend, Jungtiere dunkelgrau. Nahrung: Dorsch, Plattfische, Kopffüßer, Garnelen. Fortpflanzung: Tragzeit vermutlich 14–15 Monate. Lebenserwartung: 30–40 Jahre.

Abkürzungen: KL = Körperlänge; GT = Gewicht

Rechts: *Narwalschule vor der Küste von Baffin Island, Nordkanada. Bei Wanderungen bilden mehrere Herden Schulen von bis zu 2000 Tieren, die alle nah an der Oberfläche schwimmen. Bei der Nahrungssuche können Narwale allerdings in sehr große Tiefen abtauchen.*

Das Gründelverhalten

NAHRUNG

Weiß- und Narwale haben unterschiedliche Ernährungsgewohnheiten. Belugas fressen schwarmbildende Fische (einschließlich Kabeljau) sowie Krustentiere, Würmer und Weichtiere, während der Narwal sich von Kopffüßern, Dorschen, Plattfischen und Garnelen ernährt. Weißwale finden ihre Beute überwiegend am Meeresboden in Tiefen von bis zu 500 m. Auch Narwale jagen in der Tiefe, aber nicht unbedingt am Boden. Beide können über 1000 m tief tauchen und sind lediglich davon abhängig, wie lange sie die Luft anhalten können. Normalerweise sind es 10 bis 20 Minuten, im Extremfall auch mehr. Der sehr bewegliche Hals der Weißwale gibt ihnen am Boden ein weites Gesichts- und Ortungsfeld. Beute schrecken sie auf, indem sie Wasser ansaugen und als Spritzstrahl auf den Boden wieder ausstoßen. Da Narwale keine funktionalen Zähne besitzen, können vermutlich auch sie ihre Nahrung einsaugen. Beide Geschlechter fressen das Gleiche; der Stoßzahn hat offenbar keine Funktion beim Fressen.

Wale auf Wanderschaft

SOZIALVERHALTEN

Weiß- und Narwale ähneln sich wohl in Entwicklung und Fortpflanzung, doch sind Belugas besser erforscht. Die Weibchen werden mit etwa fünf Jahren geschlechtsreif, Männchen frühestens mit acht, doch gibt es Unterschiede zwischen den Beständen. Aufgrund des Geschlechtsdimorphismus ist anzunehmen, dass vor allem dominante Bullen viele Weibchen begatten. Die meisten Kälber werden im Frühsommer geboren, wenn das Eis aufbricht. Viele Gruppen wandern im Juli in Flussmündungen, doch hat das vermutlich nichts mit dem Paarungsverhalten zu tun, denn in diesen geschützten Gebieten kommen nur wenige Kälber zur Welt. Einzelgeburten sind die Regel, Zwillinge jedoch äußerst selten. Zwischen Mutter und Kalb entsteht sofort nach der Geburt eine enge Bindung. Beide halten so engen Körperkontakt, dass das Kalb an Flanke oder Rücken der Mutter quasi zu kleben scheint. Die Mutter säugt ihr Junges meist über zwei Jahre, danach wird sie wieder trächtig. Der komplette Reproduktionszyklus umfasst mindestens drei Jahre.

Narwale wandern manchmal im Hochsommer vom Packeis des Meers in Fjorde hinein, bleiben jedoch nicht so lange in flacheren Gewässern wie die Weißwale. Beide Arten sind äußerst gesellig und manchmal im selben Fjord anzutreffen, doch scheint es sich um zufällige Begegnungen zu handeln. Da Weiß- und Narwale selten allein oder in kleinen Gruppen bleiben, sind Einzeltiere, die gelegentlich in gemäßigten europäischen Gewässern auftauchen, unter geografischen wie auch sozialen Aspekten außergewöhnlich.

Ansammlungen von Hunderten oder Tausenden von Tieren sind keine Seltenheit, oft besetzen sie mehrere Quadratkilometer. Diese Schulen wirken als Einheit, doch sieht man aus der Luft, dass sie aus vielen kleineren Gruppen gleicher Größe und/oder gleichen Geschlechts bestehen. Weibchen mit Kälbern sammeln sich ebenso wie ausgewachsene Bullen. Man weiß, dass diese „Männerclubs" über Monate zusammenbleiben.

Fernmessungen per Satellit haben viel Licht in die Wanderungen von Weiß- und Narwalen gebracht. Beide Arten verbringen den Großteil des Jahres im Meereis auf offener See, manchmal aber auch in eisfreien Stellen im Packeis. Insbesondere Narwale bleiben oft das ganze Jahr im offenen Meer oder wandern im Juli oder August nur für kurze Zeit in Fjorde. Die meisten Weißwalbestände verbringen den Sommer in Flussmündungen, doch bleiben die einzelnen Tiere dort nicht lange. In der kanadischen Beaufort-See machen Weißwale etwa eine Woche lang Rast auf ihrer Wanderung ins riesige Mackenzie-Delta, danach ziehen sie weiter in tiefere Gewässer. Das Gebiet dient als eine Art Autobahnraststätte: Wenn Jäger und Beobachter dort einen Monat lang täglich Hunderte von Walen sehen, sind es in Wirklichkeit ständig andere Einzeltiere, insgesamt passieren Zehntausende Belugas in dieser Zeit die Stelle. Wo keine Flussmündungen zur Verfügung stehen, wie in Svalbard, ziehen die Weißwale zu Gletscherfronten. Beide Lokalitäten haben gemeinsam, dass es dort Süßwasser gibt. Zu dieser Jahreszeit häuten sich die Weißwale, und unter der alten gelben Haut kommt die schneeweiße neue Haut zum Vorschein. Das dauert nicht lange, geht jedoch noch schneller, wenn Süßwasser durch die Epidermis aufgenommen wird. Die Wale reiben sich dabei auch am Geröll am Meeresboden.

Oben: *Das einzigartige Horn des Narwals ist der linke Vorderzahn, der in einer Spirale gegen den Uhrzeigersinn wächst. Wie ein Hirschgeweih ist der Stoßzahn vielleicht ein sekundäres Geschlechtsmerkmal, er dient aber auch als Waffe, wie an den zunehmenden Narben älterer Bullen abzulesen ist. Gelegentlich findet man Schädel, in denen eine Hornspitze steckt.*

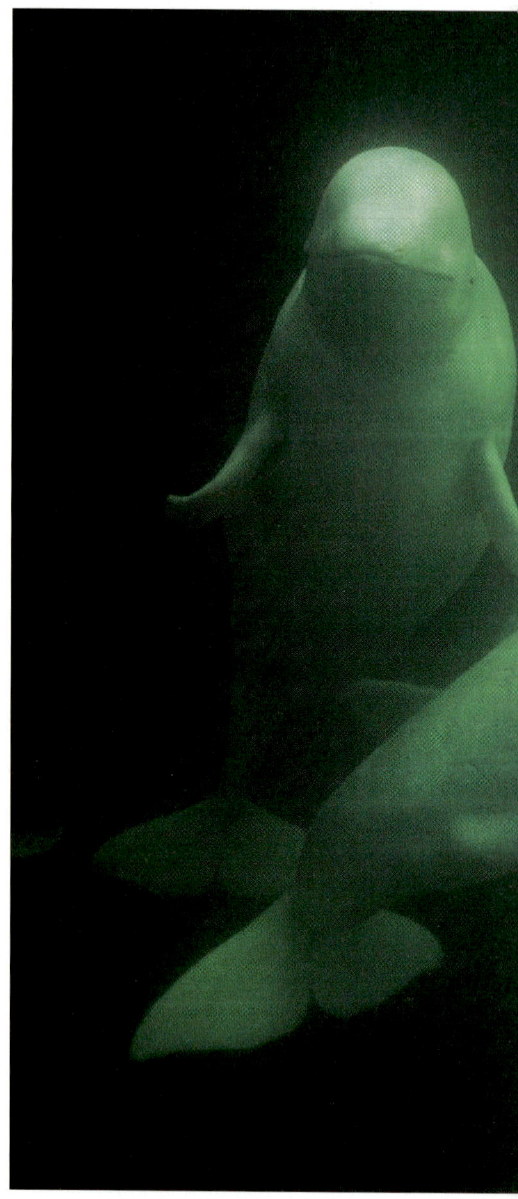

Oben: *Narwale werden seit langem von arktischen Inuitvölkern gejagt. Alle Teile finden Verwendung. Das Fleisch und die (Vitamin-C-haltige) Haut werden gegessen, die Sehnen getrocknet und zu Schnüren gekordelt. Die hohen Preise, die für Narwalhörner gezahlt werden, wecken jedoch Sorge über eine zu starke Bejagung dieser Art.*

Unten: *Weißwale wirken im trüben Wasser der Hudson Bay wie Gespenster. Die vorgewölbte Melone fokussiert akustische Signale, um anhand des Echos den Abstand zu einem Gegenstand zu messen. Diese Ortung ist lebenswichtig für das Navigieren und das Aufspüren von Beute in den hauptsächlich trüben Gewässern.*

Leichte Beute für Jäger

ARTEN- UND UMWELTSCHUTZ

Weißwale kehren stets an dieselben Sommerplätze zurück und verwenden dazu bestimmte Routen, die sie vermutlich als Jungtiere erlernen. Das kann große Nachteile haben, denn die Tiere kehren auch dann wieder an dieselbe Stelle zurück, wenn sie dort von Jägern regelrecht ausgerottet werden. Die 30 bekannten Weißwalpopulationen sind so unflexibel in Standort- und Routenwahl, dass sie dort, wo eine Population ausgelöscht wurde, sich nicht neu ansiedeln können. Das ist etwa in der Ungava Bay in Labrador der Fall, wo es früher Massen von Weißwalen gab, heute aber kaum noch ein Exemplar anzutreffen ist.

Das vorhersagbare Wanderverhalten macht die Belugas zu leichter Beute. Im 18. und 19. Jahrhundert trieben europäische und amerikanische Walfänger jeweils Hunderte von Weißwalen an den Strand, um eine Ladung Walöl von ihrer primären Beute, dem Grönlandwal, „aufzustocken". Auch Ureinwohner jagen seit langem Wale, erlegten jedoch früher vergleichsweise so wenige, dass die Bestände nicht gefährdet waren. Heute setzen die Inuit technische Hilfsmittel wie Hochgeschwindigkeitsgewehre, Sprengharpunen und Motorboote ein. Zudem müssen sie mehr Menschen versorgen, sodass auch sie die Weißwalbestände ernsthaft gefährden können. Schätzungen gehen derzeit von über 100 000 Weißwalen weltweit aus, doch reicht die Palette der einzelnen Populationen von gesund (Zehntausende Tiere) bis definitiv durch Überjagung ausgerottet. Pro Jahr werden insgesamt Hunderte bis einige Tausend Tiere erlegt, doch schwankt die genaue Zahl von Jahr zu Jahr.

Die jahreszeitliche Bevorzugung flacher Küstengewässer macht den Weißwal zudem anfällig für indirekte Gefahren der modernen Zeit. Die Schadstoffbelastung ihrer Beutetiere, die Verunreinigung ihres Lebensraums durch die Erdölindustrie und der Bau von Staudämmen geben derzeit am meisten Anlass zur Sorge. Langfristig kommt die globale Erwärmung mit ihren Auswirkungen auf das Meereis hinzu. Obwohl Weiß- und Narwale noch in jüngerer geologischer Zeit periodische Fluktuationen in der Ausdehnung der arktischen Eisflächen überstanden haben, werden die Veränderungen in dieser Region nach derzeitigen Vorhersagen massiv sein und rasche Anpassungen erfordern, wenn diese auf das Meereis angewiesenen Arten überleben sollen.

Jüngste Schätzungen gehen von 25 000 bis 30 000 Narwalen aus, vermutlich unterteilt in drei Populationen. Anders als Weißwale meidet die Art den größten Teil des Jahres küstennahe Gewässer und ist deshalb der industriellen Entwicklung weniger stark ausgesetzt. Allerdings werden Narwale gejagt, vor allem wegen ihres Stoßzahns. Im Mittelalter hielt man ihn für das Horn des mythischen Einhorns und dichtete ihm magische Kräfte an. Auch heute noch sind die Stoßzähne bei privaten Sammlern und Museen sehr gefragt. AM/PB

Pottwale

DIE IN HERMAN MELVILLES „MOBY DICK" VERewigten Pottwale halten gleich mehrere Rekorde. Sie sind die größten Zahnwale, haben die größten Gehirne aller Lebewesen, weisen ausgeprägte Geschlechtsunterschiede auf (die Bullen wiegen dreimal so viel wie die Weibchen) und können von allen Säugetieren der Erde am längsten und tiefsten tauchen.

Seeleute glaubten einst, dass die Klicklaute, die in regelmäßigen Abständen durch die Schiffsrümpfe schallten, von einem „Zimmermannsfisch" stammten, weil sie wie Hammerschläge klangen. Was sie hörten, waren jedoch die Laute von Pottwalen. Der englische Name „*sperm whale*" beruhte auf einem weiteren Missverständnis: Man glaubte, bei dem in Pottwalköpfen enthaltenen öligen Walrat handle es sich um das Sperma der Tiere.

Lauterzeugung in der Tiefsee

KÖRPERBAU UND FUNKTION

Die alte Familie Physeteridae trennte sich offenbar schon früh in der Entwicklungsgeschichte von der Hauptlinie der Zahnwale ab, nämlich vor rund 30 Millionen Jahren. Ihre einzigen Vertreter, der Pottwal *Physeter catadon (macrocephalus)* und die erheblich kleineren Klein- und Zwergpottwale der Familie Kogiidae, weisen alle einen riesigen Kopf, einen langen, schmalen „Pinzettenkiefer" mit gleichförmigen Zähnen, paddelförmige Flipper und ein stark nach links versetztes Blasloch auf. Die Gattung *Kogia* entstand viel später, erst vor rund acht Millionen Jahren.

Der gewaltige eckige Kopf des Pottwals sitzt an der Vorderseite des Schädels über dem Oberkiefer und macht ein Viertel bis ein Drittel der gesamten Körperlänge aus. Dieser „Kasten" enthält das Walratorgan, ein ovales, von einer Bindegewebshülle umgebenes Gebilde. Sowohl das Organ selbst als auch das umliegende Gewebe sind prall gefüllt mit Walrat, dem feinflüssigen, wachsartigen Pottwalöl. Zu beiden Seiten davon sitzen Luftsäcke. Schädel und Luftwege sind extrem asymmetrisch. Die beiden Nasengänge unterscheiden sich stark in Form und Funktion. Der linke Nasengang dient zum Atmen, der rechte zur Lauterzeugung.

Warum der Pottwalkopf solch einen gewaltigen Aufbau aufweist, ist bis heute ungeklärt. Eine Theorie besagt, er fokussiere die Echolotklicks, mit denen der Wal in den trüben Meerestiefen seine Beute ortet. Pottwale setzen diese Klicks auch zur Kommunikation ein. Von den drei Physeteridae-Arten sind sie die „gesprächigsten".

Der lange, schmale Unterkiefer des Pottwals enthält 20 bis 26 Paar große Zähne. Der Kleinwal hat dagegen nur acht bis 13, der Zwergschwertwal zehn bis 16 Paar. Die Zähne scheinen nicht der Nahrungsaufnahme zu dienen, da schon wohlgenährte Pottwale gefangen wurden, die gar keine Zähne oder keinen Unterkiefer besaßen. Keine der Arten verfügt normalerweise im Oberkiefer über Zähne, und falls doch, dann brechen sie meist nicht durch. Die Zähne der *Kogia*-Arten sind dünn, sehr scharf, gebogen und ohne Schmelz.

Die Haut des Pottwals ist außer an Kopf und Fluke runzelig und bildet eine unregelmäßige, wellige Oberfläche. Die niedrige Rückenfinne ist vor allem bei erwachsenen Weibchen manchmal mit rauen weißen Schwielen bedeckt.

Zum Fressen tauchen Pottwale wiederholt in große Tiefen, im Schnitt auf rund 400 m. Sie bleiben dort meist etwa 35 Minuten, können aber auch über 1000 m tief gehen und über eine Stunde tauchen. Zwischen den Tauchgängen kommen sie zum Atmen für rund acht Minuten an die Oberfläche. Der Abstieg erfolgt fast senkrecht. Dabei ragt die riesige Fluke steil aus dem Wasser.

Beide Geschlechter ernähren sich überwiegend von Kraken. Pottwalweibchen verbringen rund 75 % ihrer Zeit mit dem Fressen. Zwar jagen sie kleinere Beutetiere als die Bullen, doch wagen sie sich gelegentlich auch an Riesenkraken heran. Die von deren Saugnäpfen an ihren Köpfen hinterlassenen Narben zeugen von den erbitterten Kämpfen zwischen Räuber und Beute. Die in den Mägen von Pottwalbullen gefundenen Beutetiere sind in der Regel größere Ausgaben derselben Arten, wobei die Bullen allerdings mehr Fisch fressen, darunter auch Haie und Rochen.

Beim Zwerg- und Kleinpottwal ist der Kopf weniger eckig und im Verhältnis zur Körperlänge viel kürzer. Mit ihrem weit hinten angesetzten Maul und den scharfen Zähnen wirken beide *Kogia*-Arten eher wie Haie, zumal die klammerförmige Zeichnung an der Kopfseite an Kiemen erinnert. Sie fressen zwar überwiegend Tintenfische und Kraken, doch da das Maul bei beiden Arten abgeflacht ist und man in ihren Mägen bodennah vorkommende Fische und Krabben gefunden hat, sind sie wohl zumindest teilweise Gründler. Ansonsten ähnelt ihr Speisezettel dem des Pottwals.

Globetrotter

VERBREITUNG

Wenige Tierarten auf der Erde sind so weit verbreitet wie die Pottwale. Sie leben in Gewässern praktisch von den Polen bis zum Äquator. Beide Geschlechter scheinen einen Großteil des Jahres voneinander getrennt zu verbringen, denn die Weibchen und Jungtiere bevorzugen eher die wärmeren Gewässer in Breiten unter 40°, während die Bullen mit zunehmendem Alter und Volumen in höhere Breiten ziehen. Die größten Männchen findet man nahe am Packeisgürtel der Arktis oder Antarktis. Zur Paarung müssen sie zu den Weibchen in die Tropen wandern.

Genetische Untersuchungen zeigen, dass alle Pottwalpopulationen sich weitgehend ähneln. Die nur mütterlicherseits vererbte mitochondriale DNA zeigt keine geografischen Muster von geringerer Ausdehnung als Meeresbecken. Die Kern-DNA, die zur Hälfte von den wandernden Bullen stammt, ist geografisch sogar noch homogener. Es gibt keine signifikanten Unterschiede zwischen Pottwalbeständen innerhalb der jeweiligen Meere,

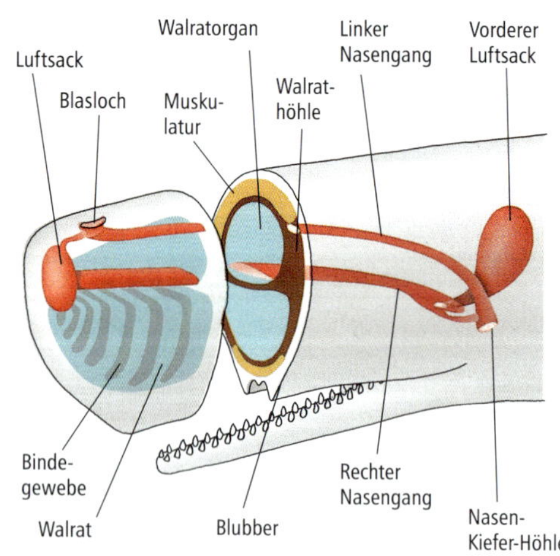

Oben: *Diagramm, das den Schnitt durch einen Pottwalkopf mit anatomischen Elementen zeigt. Der Wal kann seinen Auftrieb durch Erwärmen und Abkühlen der gewaltigen Menge an Walrat im oberen Kopfteil steuern, indem er den Wasserfluss durch die Nasengänge reguliert.*

Oben: *Die drei Pottwalarten:*
1 *Pottwal* (Physeter catodon) *beim Tauchen nach Kraken, die er manchmal in erstaunlichen Tiefen nahe dem Meeresboden fängt;*
2 *Zwergpottwal* (Kogia breviceps);
3 *Kleinpottwal* (Kogia simus).

FAKTEN

POTTWALE

Ordnung: Cetacea

Familien: Physeteridae und Kogiidae

3 Arten in 2 Gattungen

VERBREITUNG Weltweit in tropischen und warmgemäßigten Gewässern bis Breiten um 40°; ältere Pottwalbullen bis zum Eisrand am Polarkreis.

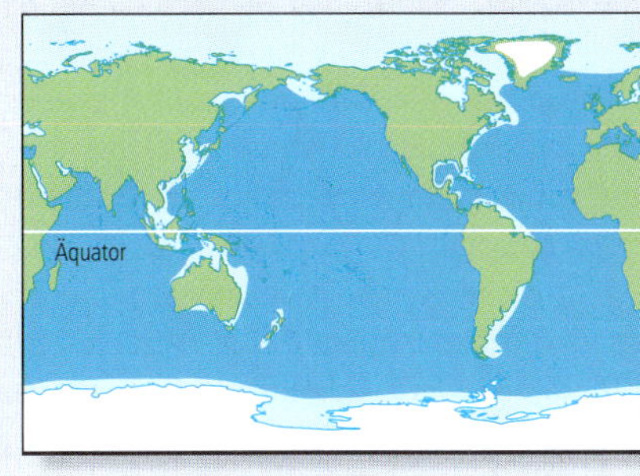

LEBENSRAUM Vor allem Tiefsee (über 1000 m) vor dem Kontinentalrand. Jugendliche *Kogia*-Arten leben auch in flacheren, küstennäheren Gewässern über dem äußeren Teil des Kontinentalschelfs.

POTTWAL *Physeter catodon (macrocephalus)*
KL Männchen 16–18 m, Weibchen 11–12,5 m;
GT Männchen 45–57 t, Weibchen 15–24 t.
Haut: Dunkelgrau, oft mit weißer Zeichnung ums Maul und weißen Flecken am Bauch; außer an Kopf und Fluke runzelig. Fortpflanzung: Geschlechtsreife bei Weibchen mit ca. 9 Jahren, bei Männchen zwischen dem 10. und 20. Lebensjahr; diese werden jedoch erst ab dem 30. Lebensjahr sexuell aktiv. Jeweils ein Kalb wird nach einer Tragzeit von 14–15 Monaten im Sommer geboren. Lange Betreuung der Jungen; Säugezeit mindestens 2 Jahre. Lebenserwartung: Mindestens 60–70 Jahre. IUCN-Status: Gefährdet.

ZWERGPOTTWAL *Kogia breviceps*
KL Männchen 4 m, Weibchen max. 3 m; GT 318–408 kg.
Haut: Am Rücken blaugrau, an den Flanken heller grau, am Bauch weiß oder rosig; hellere Zeichnung (*„bracket"* oder „falsche Kieme") an der Kopfseite. Fortpflanzung: Paarung vermutlich im Sommer, Tragzeit 9–11 Monate, die Kälber kommen im Frühling zur Welt. Die bei der Geburt ca. 1 m langen Kälber werden 1 Jahr gesäugt. Die Weibchen können 2 Jahre hintereinander werfen, also gleichzeitig trächtig sein und 1 Junges säugen. Lebenserwartung: Vermutlich 17 Jahre oder länger.

KLEINPOTTWAL *Kogia simus*
KL 2–2,7 m; GT 136–272 kg.
Haut: Am Rücken blaugrau, an den Flanken heller grau, am Bauch weiß oder rosig; hellere Zeichnung (*„bracket"* oder „falsche Kieme") an der Kopfseite. Fortpflanzung: Kälber bei der Geburt etwas kleiner als bei *K. breviceps*. Lebenserwartung: Unbekannt.

Abkürzungen: KL = Körperlänge; GT = Gewicht

und nur wenige Abweichungen zwischen den Beständen verschiedener Ozeane. Pottwale leben in Tiefseegebieten von meist mehr als 1000 m Tiefe fernab vom Festland. Die Ränder des Kontinentalschelfs scheinen für sie ideal zu sein.

Zwerg- und Kleinpottwale sind ebenfalls Kosmopoliten. Erstere leben in tiefen Gewässern warmgemäßigter, subtropischer und tropischer Meere, Letztere in etwas wärmerem Wasser.

Die *Kogia*-Arten verbringen viel Zeit damit, reglos an der Wasseroberfläche zu treiben, mit der Kopfoberseite über Wasser und herabhängender Fluke. Zwergpottwale sind scheu und langsam. Sie schwimmen nicht von sich aus auf Schiffe zu, lassen sich aber leicht erlegen, wenn sie im Wasser liegen. Zum Atmen tauchen sie langsam und bedächtig auf, ihr Blas ist unauffällig. Werden sie erschreckt oder gestresst, scheiden *Kogia* manchmal eine rotbraune Darmflüssigkeit aus, die ihnen vielleicht ähnlich wie Sepia-Tinte die Flucht vor Fressfeinden wie großen Haien und Schwertwalen erleichtert. Die Augen beider *Kogia*-Arten sind an die Düsternis der Tiefsee angepasst.

Über das Paarungsverhalten des Zwerg- und Kleinpottwals weiß man wenig. Die Geschlechtsunterschiede sind bei beiden nicht groß, ganz anders als beim Pottwal, der einen extremen Dimorphismus zeigt. Da die Größe bei erwachsenen Pottwalbullen einen Fortpflanzungsvorteil darzustellen scheint, ist das Paarungsverhalten bei *Kogia* offenbar anders.

Pottwalweibchen sind mit rund 30 Jahren ausgewachsen, während sich bei Bullen das Wachstum noch bis zum 50. Lebensjahr fortsetzt. Große, reife Bullen (Ende 20 oder älter) wandern vom Pol zum Äquator und bewegen sich dort auf der Suche nach paarungswilligen Weibchen zwischen den einzelnen Walgruppen hin und her. Allerdings verbringen sie jeweils nur wenige Minuten bis einige Stunden bei ihnen. Paarungswillige Bullen meiden einander. Gelegentlich kommt es dennoch zu Kämpfen, wie die tiefen Narben an den Köpfen einiger Männchen bezeugen. Die Abstände zwischen den Striemen lassen keinen Zweifel daran, dass sie von den Zähnen eines Geschlechtsgenossen stammen.

Zwergpottwale können zwei Jahre hintereinander kalben, das heißt, sie können gleichzeitig trächtig sein und ein Junges säugen. Pottwale dagegen werfen nur schätzungsweise alle fünf Jahre nach einer Tragzeit, die nicht exakt bekannt ist, aber um die 14 bis 15 Monate liegen dürfte. Die Fruchtbarkeit der Weibchen nimmt mit zunehmendem Alter ab.

Rechts *Eine Pottwalfamilie bestehend aus Mutter, älterer Tochter und einem Neugeborenen vor den Azoren. Pottwale sind bei der Geburt rund 4 m lang und wiegen bis zu 1000 kg. Mit etwa einem Jahr beginnen die Kälber feste Nahrung zu zu sich zu nehmen, werden jedoch noch jahrelang weiter gesäugt.*

Geselligkeit unter Walen

SOZIALVERHALTEN

Pottwalweibchen verhalten sich äußerst gesellig. Ihr Sozialwesen basiert auf der Familie, die aus rund zwölf miteinander eng verwandten Weibchen und Jungen besteht. Zwei oder mehr solcher Verbände kommen manchmal für einige Tage zusammen und bilden Schulen von rund 20 Tieren – vielleicht um effizienter zu jagen oder zumindest Störwirkungen zwischen mehreren im selben Gebiet jagenden Gruppen zu verringern.

Pottwalbullen dagegen verlassen die Ursprungsfamilie mit rund sechs Jahren und bilden „Junggesellenschulen". Mit zunehmendem Alter werden die Gruppen immer kleiner. Ausgewachsene Bullen schließen sich nur selten länger als einen Tag anderen Männchen an, doch findet man bisweilen gemeinsam gestrandete Bullen, was auf eine gewisse soziale Bindung hindeutet.

Was weibliche Pottwale zusammenbringt, ist offenbar vor allem die Fähigkeit der übrigen Weibchen, als „Babysitter" zu fungieren. Kleine Kälber sind offenbar noch nicht in der Lage, mit ihren Müttern lange Tauchgänge zu absolvieren. Blieben sie allein an der Oberfläche zurück, wären sie leichte Beute für Haie oder Schwertwale. Die Mitglieder von Gruppen mit Kälbern scheinen deshalb ihre Tauchgänge aufeinander abzustimmen, sodass stets einige ausgewachsene Tiere bei den Jungen bleiben. Zudem gibt es deutliche Hinweise, wenn auch keine definitiven Beweise dafür, dass Weibchen auch fremde Jungen säugen.

Die gemeinsame Verteidigung gegen Feinde erstreckt sich auch auf den Schutz erwachsener Tiere. Dazu drängen sich die Wale aneinander und bilden die „Margeritenformation", bei der die Köpfe zur Mitte zeigen und die Körper wie Blütenblätter aufgefächert sind. Diese Formation kann auch umgekehrt mit den Köpfen nach außen erfolgen. Bei erster Variante dienen die Fluken als Verteidigungswaffen, bei zweiter die Zähne.

Gelegentlich bringen sich einzelne Tiere sogar selbst in Gefahr, um anderen beizustehen. Einmal beobachtete man vor Kalifornien Pottwale, die von Schwertwalen angegriffen wurden. Einzeltiere lösten sich aus der schützenden „Margerite", um einen anderen Wal zu „retten", der isoliert worden war und dem die Schwertwale übel zusetzten.

REKORDTAUCHER

Unter den Meeressäugern gelten Pottwale als beste Taucher. Anhand exakter Sonarmessungen weiß man, dass sie nachweislich bis zu 1200 m tief tauchen. In 1140 m Tiefe wurden Leichen von Pottwalen gefunden, die sich bei der Jagd nach Kraken offenbar in Tiefseekabeln verfangen hatten. Die Kopffüßer bilden im Wesentlichen ihre Nahrung. Bei einem von zwei Bullen, die bei fast zweistündigen Tauchgängen beobachtet wurden, fand man nach dem Fang im Magen zwei Exemplare des kleinen, am Meeresboden lebenden Hais *Scymodon.* Die Wassertiefe betrug an dieser Stelle 3200 m, was auf ein erstaunliches Tauchvermögen schließen lässt. Dass Pottwale geradewegs zum Meeresgrund hinabtauchen, ist durch die in ihren Mägen gefundenen Gegenstände wie Steine oder Blechdosen belegt. Man vermutet, dass sie regelrecht im Bodenschlamm danach wühlen.

Die Bullen tauchen am tiefsten und am längsten, doch auch Weibchen erreichen Tiefen von 1000 m und eine Tauchzeit von über einer Stunde. Jungtiere und Kälber tauchen nur halb so lange und bis zu 700 m. Oft begleiten die Weibchen ihre Jungen dabei und werden vielleicht dadurch in ihrer Tauchtiefe eingeschränkt. Geselligkeit und Beistandsverhalten innerhalb der Schulen sorgen allerdings dafür, dass andere Weibchen kleine Kälber zeitweise adoptieren, sodass die Mutter auf Futtersuche tiefer hinabtauchen kann, als es sonst möglich wäre.

Wenn Pottwale in Gruppen tauchen, bleiben sie eng beieinander. Von langen, tiefen Tauchgängen erholen sie sich rasch und tauchen nach nur zwei bis fünf Minuten erneut. Nach mehreren langen Gängen müssen sie dann pausieren und lassen sich dabei einige Zeit an der Oberfläche treiben.

Die Geschwindigkeit beim Auf- und Abstieg ist erstaunlich. Die schnellste Rate lag im Schnitt abwärts bei 170 m pro Minute und aufwärts bei 140 m pro Minute. Die Anpassungen, die den Pottwal zu diesen Leistungen befähigt, sind im Wesentlichen die gleichen wie bei anderen Waltieren, jedoch effizienter. Beim Pottwal können die Muskeln etwa bis zu 50 % der gesamten Sauerstoffmenge speichern, was mindestens doppelt so viel ist wie bei Landsäugern und erheblich mehr als bei Bartenwalen und Robben.

Einzigartig am Pottwal ist sein Walratorgan, das den oberen Teil des Kopfes fast ganz ausfüllt und vermutlich zur Steuerung des Auftriebs dient. Man nimmt an, dass die im Walratorgan liegenden Nasengänge und Luftsäcke zur Abkühlung und Erwärmung des Walrats genutzt werden können. Dieser verflüssigt sich bei 29 °C. Taucht der Wal vom warmen Oberflächenwasser in kältere, tiefe Schichten hinab, flutet er seine Nasengänge mit Meerwasser, die den Walrat von der normalen Körpertemperatur (33,5 °C) abkühlt. Der Walrat verfestigt sich dabei, schrumpft und erhöht so die Dichte des Walkopfes, was beim Abstieg sinnvoll ist. Beim Aufstieg bläst der Wal das Meerwasser aus. Die Durchblutung steigert sich und führt zur Erwärmung. Dadurch verflüssigt sich der Walrat wieder, wird leichter und verleiht dem erschöpften Wal ausreichend Auftrieb. CL

Oben: *Die ungeheure Kraft des Pottwals wird deutlich, wenn eine Schule geschlossen voranstürmt. Der an ein U-Boot erinnernde Rückenbuckel ist hier sehr ausgeprägt. Das Tier rechts zeigt den asymmetrischen Blas.*

Rechts: *Mitglieder einer Schule umkreisen einen verletzten Pottwal in der Margeritenformation, solange dieser noch lebt. Dieses ausgeprägte Beistandsverhalten hatte einst für die Wale katastrophale Folgen, weil Walfänger die Tiere nacheinander erlegen konnten.*

Pottwalweibchen versammeln sich regelmäßig für mehrere Stunden zu geselligem Beisammensein am Wasserspiegel. Sie liegen reglos nebeneinander oder wälzen sich im Wasser und berühren sich. Sie springen auch in die Luft, schlagen mit der Fluke auf die Meeresoberfläche und recken den Kopf aus dem Wasser. Weibchen und Junge springen im Schnitt etwa einmal pro Stunde, doch so gut wie immer in rascher Folge, meist am Beginn oder Ende der „geselligen" Phase.

Während dieser Zeit senden Pottwale oft so genannte Codas aus, stereotyp strukturierte Abfolgen von ca. drei bis 20 Klicks, die an das Morsealphabet erinnern. Jede Coda dauert rund ein bis zwei Sekunden und ertönt oft in Form von „Dialogen" zwischen Einzeltieren. Codas dienen der Kommunikation: Ein Wal sendet etwa „Klick-Klick-Pause-Klick", ein anderer antwortet mit „Klick-Klick-Klick-Klick-Klick". Zwei Wale können fast simultan die gleiche Coda senden und so eine Art Duett mit Echowirkung bilden. Weibliche Gruppen haben bestimmte Repertoires von rund zwölf häufig verwendeten Codas („Dialekte"), die geografische Variationen aufweisen. Das Coda-Repertoire ist vermutlich erlernt und von Müttern und Verwandten an die Jungtiere weitergegeben.

Häufiger noch produzieren Pottwale exakt unterteilte Echolotklicks, so genannte *„usual clicks"*, die mit etwa zwei Klicks pro Sekunde wiederholt werden. Ebenfalls im Repertoire sind Klickfolgen, die man *„creaks"* nennt, weil sie zusammen eine Art Quietschen ergeben. Sie werden neben Codas im sozialen Austausch oder bei der Nahrungssuche verwendet, vielleicht um eine Beute aufzuspüren. Schallende „langsame" Klicks mit Wiederholungsraten von rund sechs Sekunden sind typisch für große paarungswillige Bullen. Vermutlich sollen sie die Anwesenheit, Größe und/oder Paarungseignung des Bullen anzeigen, Geschlechtsgenossen abschrecken, Weibchen anlocken oder einfach nur von anderen Walen abprallen, um dem Bullen die Orientierung zu erleichtern. Pottwale bilden gegenüber anderen geselligen Zahnwalen insofern eine Ausnahme, als ihre Laute fast ausschließlich aus Klicks bestehen und nicht wie bei Delfinen aus Pfiffen.

Kogia-Arten scheinen weniger gesellig zu sein. Zwergpottwale leben entweder allein oder in Gruppen von bis zu sechs Tieren, bei Kleinpottwalen sind es bis zu zehn. Anders als beim Pottwal tun sich Kleinpottwal-Bullen mit Weibchen und ihren Kälbern zusammen, zudem gibt es Jungtierverbände. Alle drei Pottwalarten stranden gelegentlich, der Zwergpottwal jedoch so oft, dass er zu den am häufigsten gestrandet aufgefundenen Walarten gehört. Vieles, was wir über *Kogia* wissen, stammt von solchen Funden.

Auch ohne Walfang lauern Gefahren

ARTEN- UND UMWELTSCHUTZ

Die Schätzwerte für die weltweiten Pottwalbestände liegen zwischen 200 000 und 1,5 Millionen Tiere. Sie werden von der IUCN als gefährdet eingestuft, und das Moratorium der Internationalen Walfangkommission untersagte 1988 ihre gewerbliche Nutzung. *Kogia*-Arten sind vermutlich ebenso selten, doch liegen über ihre Bestände keine genauen Zahlen vor.

Historisch allerdings leisteten Pottwale dem Menschen ganz erhebliche Dienste. Walrat und Blubber der Tiere bildeten großenteils die Grundlage für die industrielle Revolution. Eine zweite Fangwelle setzte im 20. Jahrhundert ein, als große Fangschiffe und Sprengharpunen in Gebrauch kamen. Pro Jahr fielen den Walfängern bis zu 30 000 Pottwale zum Opfer. Aufgrund ihres größeren Volumens und der entsprechenden Walratmenge wurden vor allem große Bullen gejagt, denn inzwischen vermarktete man das Öl als hochwertiges Industrie-Schmiermittel. Diese Praxis ist nach wie vor im südöstlichen Pazifik üblich, wo große Bullen inzwischen selten sind und die Reproduktionsrate so niedrig ist, dass das langfristige Überleben der dortigen Bestände in Frage steht.

Nach dem IWK-Modell wachsen die Bestände selbst unter Idealbedingungen mit einer sehr geringen Rate von nicht einmal einem Tier pro Jahr. Pottwale sterben, wenn sie sich in Fangnetzen verheddern, an Plastiktüten ersticken oder von Schiffen gerammt werden. Chemische Rückstände finden sich auch in ihrem Blubber. Die Schadstoffmenge liegt bei ihnen zwischen den hohen Werten der küstennahen Arten und denen der Bartenwale.

Weil sie in vieler Hinsicht so stark auf die Echolotung angewiesen sind und sich Geräusche in der Tiefsee über weitere Entfernungen tragen, gilt auch die Lärmbelastung für Pottwale als Gefahr. Schifffahrt, Unterseesprengungen, Erdbebenforschung, Erdölförderung, militärische Sonargeräte und Manöver, selbst ozeanografische Experimente tragen zu einem erhöhten Lärmpegel unter Wasser bei. Pottwale reagieren auf diese Bedrohung. Als Reaktion auf die 1983 bei der US-Invasion von Grenada eingesetzten Sonargeräte etwa verstummten die Pottwale und hörten auf zu fressen. Ähnliche Reaktionen wurden auf die Geräusche eines Seismik-Forschungsschiffs beobachtet, obwohl es Hunderte Kilometer entfernt in Betrieb war. LW/HW

Schnabelwale

SCHNABELWALE GEHÖREN ZU DEN WENIGER gut erforschten Großsäugern. Seit 1990 wurden zwei neue Arten beschrieben. Mindestens eine Art (Mesoplodon sp. „A"), *die keiner bisher bekannten Art ähnelt, hat man erstmals im offenen Meer gesichtet. Andere Arten dagegen wurden bisher nicht lebend beobachtet, eine Art* (M. bahamondii) *kennt man nur anhand von Schädelresten.*

3

4

5

Die Identifizierung von Schnabelwalen im Meer galt lange als unmöglich, doch zeigen jüngste Forschungen, dass dies nicht zutrifft. Für den kommerziellen Walfang sind drei Arten interessant: Baird- und Cuvier-Schnabelwal, die vor Japan bejagt werden, sowie der Entenwal, von dem Ende des 19. und Anfang des 20. Jahrhunderts im nördlichen Nordatlantik rund 50 000 Tiere erlegt wurden.

Wesen der Tiefsee

KÖRPERBAU UND FUNKTION

Der lateinische Name dieser Familie bezieht sich auf den bei allen Arten ausgeprägten Schnabel: Im Griechischen bedeutet *xiphos* Schwert, Ziphiidae folglich „Schwertnasenwale". Allen Arten fehlt der bei anderen mit Schnäbeln ausgestatteten Walen vorhandene Übergang zwischen Schnabel und Stirn. Bei einigen Arten, wie dem Sowerby-Zweizahnwal *(Mesoplodon bidens),* ist der Schnabel lang und schlank, bei anderen, wie dem Cuvier-Schnabelwal *(Ziphius cavirostris),* ist er kurz und schwach ausgeprägt. Alle Arten besitzen ein oder zwei Paar Zähne, die bei ausgewachsenen Tieren als Hauer aus dem geschlossenen Maul herausragen. Außer bei Schwarzwalen sind diese Zähne geschlechtsspezifisch und brechen nur bei erwachsenen Bullen durch das Zahnfleisch. Der Tasmanische Schnabelwal *(Tasmacetus shepherdi)* hat als einzige Art außer den Hauern noch weitere Zähne. Bei allen anderen Arten sind Jungtiere und erwachsene Weibchen zahnlos. Dies hängt vermutlich mit der Spezialisierung auf Kopffüßer und die Art der „staubsaugerähnlichen" Nahrungsaufnahme zusammen. Die Stoßzähne scheinen als Waffen zu dienen, denn die ausgewachsenen Bullen der meisten Arten sind mit Narben von Hauerverletzungen übersät. Position und Form der Stoßzähne unterscheiden sich von Art zu Art, vor allem bei den Zweizahnwalen.

Abgesehen von Bezahnung, Stirnform und Schnabellänge unterscheiden sich Schnabelwale wenig in ihrem Körperbau. Sie sind mittelgroß und zwischen 4 m (Zwergschnabelwal) und über 12 m (Baird-Schnabelwal) lang. Der Körper ist meist stämmig und spindelförmig und weist in der Körpermitte den größten Umfang auf. Die Brustflossen sind relativ klein und liegen bei Zweizahnwalen in Ruhe in kleinen seitlichen Vertiefungen. Die Rückenfinne ist ebenfalls klein und im hinteren Körperdrittel angesetzt. Die Fluke ist im Vergleich zu anderen Walen breit und nicht eingebuchtet. Am Unterkiefer befinden sich zwei Kehlfurchen, ein typisches Kennzeichen bei Schnabelwalen. Sie laufen im vorderen Teil parallel, vereinigen sich aber nicht und kommen vermutlich beim Aufsaugen der Nahrung zum Einsatz. Die Geschlechtsunterschiede beschränken sich bei den meisten Arten auf die Hauer, allerdings verändert sich beim Entenwal auch die Stirnform. Diese Art entwickelt zwei dicke Kämme an der Schädelvorderseite, die zu den massivsten knöchernen Strukturen gehört, die bei Säugern auftreten. Bei den meisten Arten unterscheiden sich die Geschlechter kaum in der Körpergröße. Bei Enten- und Cuvier-Schnabelwalen sind die Bullen größer, bei Vierzahnwalen die Weibchen.

Leben am Kontinentalrand

SOZIALVERHALTEN

Die meisten Schnabelwale leben im offenen Meer oder jenseits des Kontinentalrands. In tiefen Gewässern rings um Inseln wie Azoren oder Kanaren kommen sie offenbar besonders häufig vor. Ebenso bevorzugen sie die Nähe zu unterseeischen Strukturen wie Cañons, Rinnen und Seamounts. Zur Nahrungsaufnahme tauchen die Tiere vermutlich zum Meeresboden in bis zu 1000 m Tiefe – oder sogar mehr – hinab und zählen damit zu den am tiefsten und längsten tauchenden Walen. Die Tauchgänge dauern in der Regel 20 bis 30 Minuten, bei Entenwalen sogar nachweislich bis zu 80 Minuten.

Die drei derzeit am besten bekannten Arten, Enten-, Cuvier- und Blainville-Schnabelwal, leben im Nordatlantik weit verbreitet, wurden jedoch nur an einer Stelle erforscht. Alle weiteren Kenntnisse über sie beruhen auf dem früher praktizierten Walfang. Eine untersuchte Population lebt vermutlich ganzjährig in einem Gebiet vor der kanadischen Ostküste nahe einer Tiefseerinne. Alle Tiere wurden nach Altersgruppen und Geschlecht registriert und einige Einzeltiere über mehrere Jahre beobachtet. Die Schulen bestehen im Schnitt aus vier Tieren, wobei alle Altersgruppen vertreten, die Wale jedoch teilweise nach Geschlechtern ge-

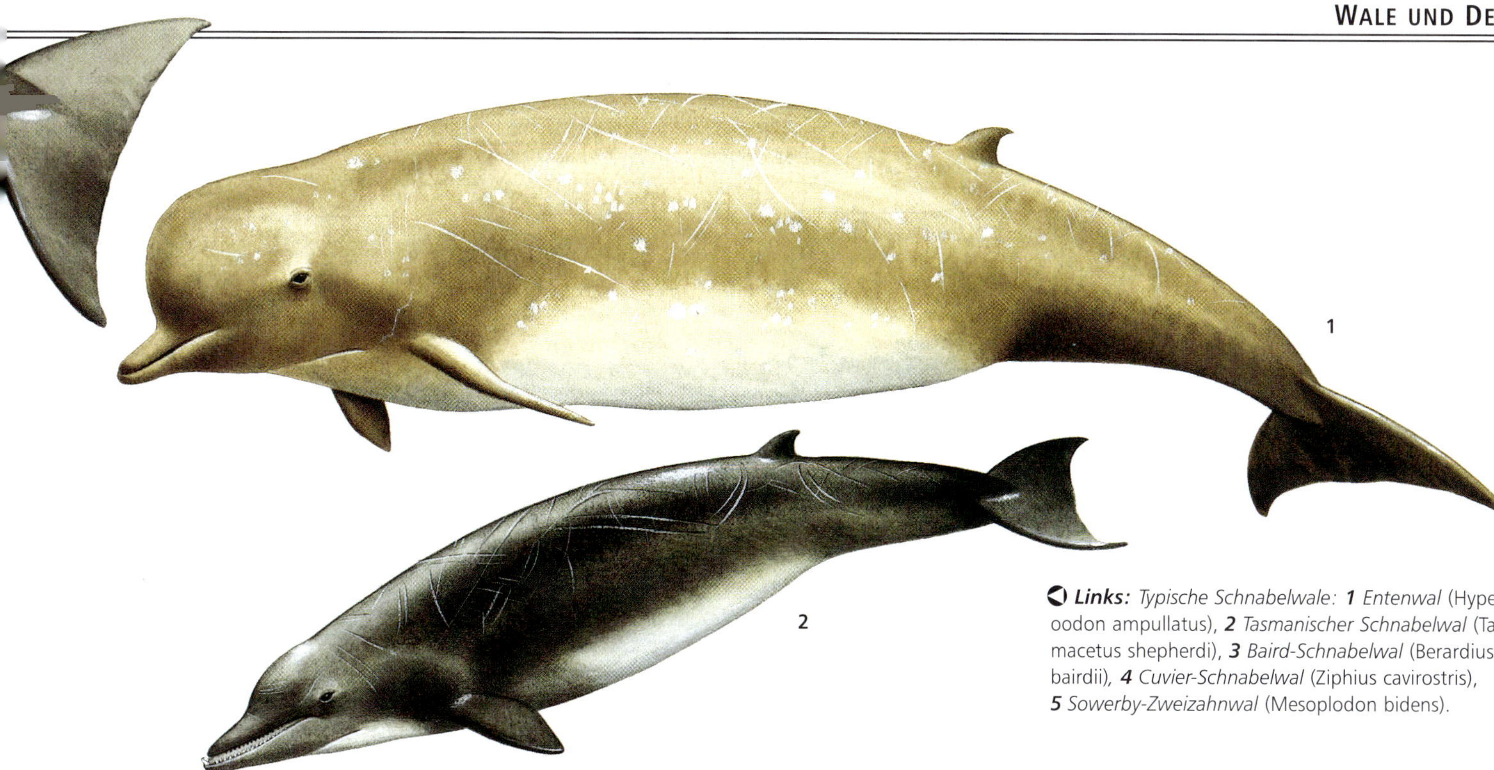

Links: *Typische Schnabelwale:* ***1*** *Entenwal* (Hyperoodon ampullatus), ***2*** *Tasmanischer Schnabelwal* (Tasmacetus shepherdi), ***3*** *Baird-Schnabelwal* (Berardius bairdii), ***4*** *Cuvier-Schnabelwal* (Ziphius cavirostris), ***5*** *Sowerby-Zweizahnwal* (Mesoplodon bidens).

trennt sind. Es gibt auch langfristige Bindungen zwischen ausgewachsenen Bullen. In anderen Gebieten, vor allem weiter nördlich, wandern die Schnabelwale im Frühling nach Norden und im Spätsommer nach Süden. Die Gruppen umfassen dort bis zu 20 Tiere.

Cuvier-Schnabelwale werden meist in über 200 m Tiefe gesichtet, oft auch in 1000 m oder mehr, meist im Umkreis von Seamounts, Steilhängen und Cañons. Beobachtet wurden Gruppen von bis zu sieben Tieren, häufiger jedoch Schulen von drei bis vier Walen. In einigen Gebieten wurden mehrfach Einzeltiere in der Nähe dieser Formationen verzeichnet.

Obwohl Blainville-Schnabelwale weltweit in warmgemäßigten und tropischen Gewässern vorkommen, stammen die meisten Kenntnisse, die wir derzeit haben, von den Nordbahamas. Dort sind in 200 bis 1000 m Tiefe Gruppen von meist bis zu sieben Tieren zu beobachten. Einzeltiere werden häufig sowohl innerhalb desselben Jahres als auch über mehrere Jahre hinweg wiederholt gesichtet, vor allem in der Nähe von Tiefsee-Cañons. Die Gruppen bestehen meist aus einigen erwachsenen Weibchen und Jungtieren, selten ist mehr als ein Bulle dabei. Die Wale dieser Art leben vermutlich polygam und die ausgewachsenen Männchen wandern zwischen Gruppen erwachsener Weibchen hin und her.

Kein Entkommen

ARTEN- UND UMWELTSCHUTZ

Da man über Schnabelwale so gut wie nichts weiß, ist auch ihr Gefährdungsstatus unklar. Aufgrund ihrer Vorliebe für tiefe Gewässer waren sie früher vor den schädlichen Einflüssen geschützt, die den meisten küstennahen Arten zusetzten, doch ändert sich dies allmählich. Für eine Reihe von Massenstrandungen seit Mitte der 1980er Jahre wird bereits Lärm verantwortlich gemacht. Zunehmend entdeckt man im Blubber der Tiere biologische Schadstoffe. In den Mägen gestrandeter Schnabelwale fand man wiederholt Plastiktüten oder -folien, die in einigen Fällen sogar die Todesursache darstellten. Mit zunehmender Ausdehnung des Fischfangs auf die internationalen Tiefseegebiete, landen Schnabelwale auch immer häufiger als Beifang in Fischernetzen und leiden verstärkt unter dem Rückgang ihrer Beutetiere. CMacL

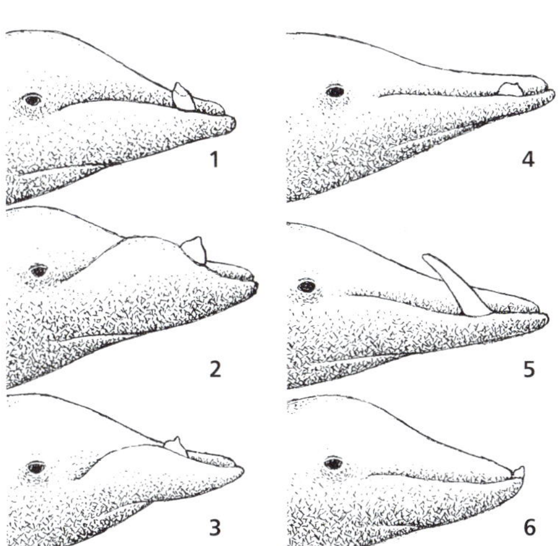

Links: *Schnabelwale der Gattung* Mesoplodon *besitzen nur einen Zahn, der unterschiedlich geformt und im Kiefer positioniert ist.* ***1*** *Hubb-Schnabelwal* (M. carlhubbsi), ***2*** *Blainville-Schnabelwal* (M. densirostris), ***3*** *Japanischer Schnabelwal* (M. ginkgodens), ***4*** *Gray-Schnabelwal* (M. grayi), ***5*** *Layard-Schnabelwal* (M. layardii), ***6*** *True-Schnabelwal* (M. mirus).

FAKTEN

SCHNABELWALE

Ordnung: Cetacea

Familie: Ziphiidae

Mindestens 20 Arten in 6 Gattungen, darunter **Vierzahnwale** *(Berardius,* 2 Arten), **Entenwale** *(Hyperoodon,* 2 Arten), **Zweizahnwale** (13 oder 14 Arten), **Indopazifischer Schnabelwal** *(Indopacetus pacificus),* **Tasmanischer Schnabelwal** *(Tasmacetus shepherdi)* und **Cuvier-Schnabelwal** *(Ziphius cavirostris).*

VERBREITUNG Meere und Ozeane weltweit.

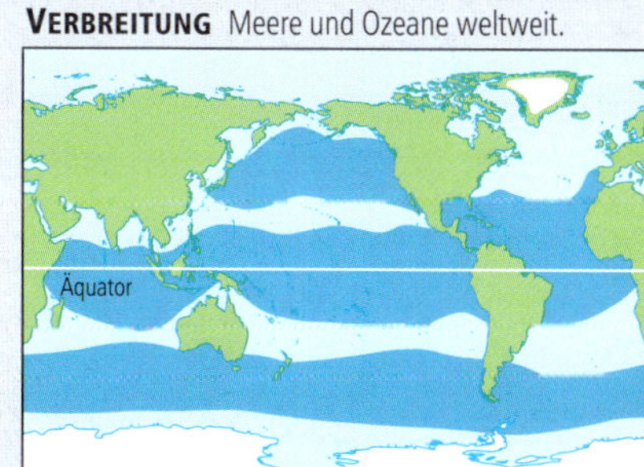

LEBENSRAUM Tiefsee an Kontinentalrand und -abhang sowie Tiefseeebenen

GRÖSSE Länge 3,4–12,8 m, Gewicht 1–15 t.

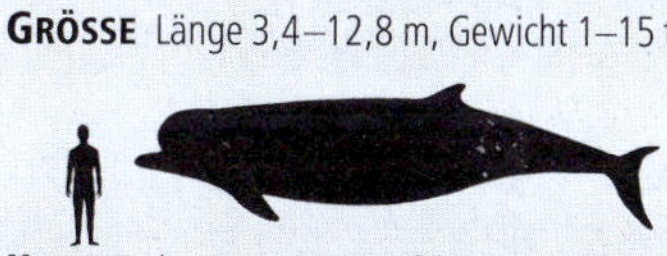

HAUT Farben von Grauweiß bis zu verschiedenen Grau- und Brauntönen, oft mit Narben.

NAHRUNG Tiefseekraken, Fische, einige Krustentiere.

FORTPFLANZUNG Tragzeit vermutlich 12 Monate beim Entenwal,17 Monate beim Baird-Schnabelwal.

LEBENSERWARTUNG Bei den meisten Arten unbekannt, Entenwale nachweislich bis zu 37 Jahre.

Artenübersicht siehe Seite 252 f. ▷

Artenübersicht Schnabelwale

SCHNABELWALE WAREN EINE DER ERSTEN Gruppen, die sich in der Ahnenreihe der heutigen Waltiere von ihren Vorfahren abtrennten. Sie bilden nach den Delfinen die zweitgrößte Familie dieser Ordnung. Die Vorfahren der heutigen Arten lassen sich bis ins Miozän vor rund 20 Millionen Jahren zurückverfolgen. Vieles an ihnen ist nach wie vor rätselhaft und es gibt noch immer Arten, die erst beschrieben werden müssen. Unser Wissen ist so beschränkt, dass man nicht einmal weiß, wie bedroht die Arten sind. Alle in der Liste nicht anders bezeichneten Arten werden von der IUCN als „Daten defizitär" klassifiziert.

GATTUNG SCHWARZWALE (*BERARDIUS*)

Die größten Schnabelwale besitzen im Gegensatz zu den übrigen Arten zwei Zahnpaare, die bei ausgewachsenen Tieren als Hauer vorstehen. Die beiden vorderen an der Unterkieferspitze sind größer und dreieckig, die hinteren kleiner und stiftförmig. Sie sind von den vorderen durch eine kleine Lücke getrennt.

Südlicher Schwarzwal LR

Berardius arnuxii

Zirkumpolar in kalten Gewässern der Südmeere von 34° S bis zur Eisgrenze.
KL ca. 9 m; GT 7–10 t.
HAUT: Blaugrau, manchmal bräunlich; Flipper, Fluke und Rücken dunkler, Unterseite heller; alte Bullen von Kopf bis Rückenfinne schmutzig weiß. Ausgewachsene Männchen und Weibchen oft mit zahlreichen Narben.
FORTPFLANZUNG: Tragzeit 17 Monate.
IUCN-STATUS: Von Schutzmaßnahmen abhängig.

Baird-Schnabelwal LR

Berardius bairdii

N-Pazifik von 24° N vor Kalifornien bis 63° N; meist nördlich von 35° N gesichtet.
KL Weibchen bis 12,8 m, Männchen bis 12 m; GT 11–15 t.
HAUT: Blaugrau, manchmal bräunlich; Flipper, Fluke und Rücken dunkler, Unterseite heller; weiße Flecken rings um Nabel und Anus; alte Bullen von Kopf bis Rückenfinne schmutzig weiß. Ausgewachsene Männchen und Weibchen oft mit zahlreichen Narben übersät.
FORTPFLANZUNG: Tragzeit vermutlich 17 Monate.
IUCN-STATUS: Von Schutzmaßnahmen abhängig.

GATTUNG ENTENWALE (*HYPEROODON*)

Entenwale sind an ihrem kurzen, ausgeprägten Schnabel und der aufgetriebenen Stirn zu erkennen. Bei Bullen befinden sich vorn am Schädel zwei Knochenkämme, die vielleicht als Waffe oder Schutzschild dienen. Ein einziges Paar tropfenförmiger Zähne sitzt an der Unterkieferspitze, bricht jedoch – wenn überhaupt – nur bei ausgewachsenen Bullen durch. Der Nördliche Entenwal ist besser erforscht; biologisch ähneln sich beide Arten.

Nördlicher Entenwal LR

Hyperoodon ampullatus
Entenwal

N-Atlantik von 77° N bis Kapverdische Inseln im O und von Davis Strait bis Cape Cod im W. Auch im westlichen Mittelmeer und in der Nordsee gesichtet.
KL Männchen bis 9,8 m, Weibchen bis 8,7 m; GT Männchen 7,5 t, Weibchen 5,8 t.
HAUT: Jungtiere an der Oberseite dunkel, Unterseite hell, mit der Zeit aufhellend. Die Bullen entwickeln einen weißen Stirnfleck, der mit dem Alter größer wird; sie weisen im Vergleich zu anderen Schnabelwalen weniger Narben auf.
FORTPFLANZUNG: Tragzeit vermutlich 12 Monate.
LEBENSERWARTUNG: Männchen bis 37, Weibchen bis 27 Jahre.
IUCN-STATUS: Von Schutzmaßnahmen abhängig.

Südlicher Entenwal LR

Hyperoodon planifrons

Südhalbkugel von 30° S bis zum Nordrand des antarktischen Eisschilds; am häufigsten vermutlich zwischen 58° S und 62° S. Auch im tropischen Indopazifik.
KL Männchen 7,5 m, Weibchen 7 m; GT Männchen ca. 8 t, Weibchen 6 t.
HAUT: Jungtiere an der Oberseite dunkel, Unterseite hell, mit der Zeit aufhellend; die Bullen entwickeln einen weißen Stirnfleck, der mit dem Alter größer wird. Die Bullen haben im Vergleich zu anderen Schnabelwalen weniger Narben.
IUCN-STATUS: Von Schutzmaßnahmen abhängig.

GATTUNG *INDOPACETUS*

Eine einzige Art, deren Morphologie unbekannt ist, die aber vermutlich zwei Kegelzähne an der Unterkieferspitze besitzt.

Indopacetus pacificus

Eine bis zum Ende der 1990er Jahre nur anhand von zwei Schädeln aus Queensland, Australien, und Somalia bekannte Art. Die kürzliche Überprüfung von Berichten über einen bisher nicht identifizierten, dem Entenwal ähnelnden Wal aus dem tropischen Indopazifik lässt vermuten, dass es sich dabei um diese Art gehandelt hat.
KL vermutlich 7–7,5 m (Schätzung allein anhand der Schädellänge)

GATTUNG ZWEIZAHNWALE (*MESOPLODON*)

Diese Gattung weist einen konservativen Körperbau mit wenigen Abweichungen zwischen den Arten auf. Einzige Ausnahme bilden die Form und Stellung der beiden Zähne, nach der die Gattung benannt ist. Die Palette reicht von kleinen Kegeln an der Spitze des Unterkiefers bis zu 30 cm langen Hauern in der Mitte der Maulöffnung. Darüber hinaus gibt es Unterschiede hinsichtlich Körpergröße und relativer Schnabellänge. Im offenen Ozean beobachtete man bislang Gruppen von ein bis 15 Tieren.

Mesoplodon species „A"

Die Bezeichnung beruht auf rund 30 Sichtungen im tropischen Ostpazifik. Es handelt sich vielleicht um Tiere der Art *M. bahamondi*, doch ist dies pure Spekulation, solange noch kein gestrandetes Tier gefunden ist. Bis ein für Vergleiche mit anderen Arten geeignetes Exemplar vorliegt, bleibt die Art unbenannt.
KL schätzungsweise 5–5,5 m.
HAUT: Zwei verschiedene Farbschläge wurden gesichtet: einer (vielleicht ausgewachsene Bullen) mit breitem hellem Streifen, der stark mit dem ansonsten dunklen Körper kontrastiert; der andere (vielleicht Weibchen oder Jungtiere) einheitlich graubraun.

Mesoplodon bahamondi

Diese Art ist nur anhand von Schädelresten bekannt und wurde erstmals im Jahr 1995 beschrieben. Vermutlich leben die Tiere nur vor der Pazifikküste Süd- und Mittelamerikas. Derzeit sind keine weiteren Informationen verfügbar, es könnte sich aber um dieselbe Art wie *Mesoplodon species „A"* handeln.

Sowerby-Zweizahnwal

Mesoplodon bidens

Subpolare bis warmgemäßigte Gewässer im N-Atlantik, nördlichste Sichtung war bei 71°30' N; eine mögliche Sichtung im östlichen Mittelmeer, eine im Golf von Mexiko. Strandet meist an Nordseeküsten, vielleicht aus Unkenntnis der seichten Gewässer oder aufgrund von Nahrungsmangel.
KL ca. 5 m; GT 1–1,3 t.
Erkennbar an zwei Zähnen, die grob dreieckig und seitlich abgeflacht sind. Sie sitzen etwa in der Mitte des Unterkiefers.

Andrew-Schnabelwal

Mesoplodon bowdoini

In den kühlen Gewässern um Australien und Neuseeland. Bekannt nur von einigen wenigen gestrandeten Exemplaren; lebend wurde das Tier noch nie gesichtet.
KL 4–4,7 m; GT 1–1,5 t.
HAUT: Meist durchweg dunkel, Schnabel und Unterkiefer mit weißer Spitze. Erkennbar an den zwei großen, seitlich abgeflachten Zähnen mit erhöhten Zahnfächern in rund 20 cm Abstand von der Unterkieferspitze.

Hubb-Schnabelwal

Mesoplodon carlhubbsi

Gemäßigte Gewässer des N-Pazifiks, von British Columbia bis Kalifornien; die meisten Berichte stammen aus Japan. Verbreitung vermutlich abgestimmt auf tiefe subarktische Strömungssysteme.
KL ca. 5 m; GT 1–1,5 .
HAUT: Meist durchweg dunkel, mit weißer Schnabelspitze und weißem Fleck rings um das Blasloch. Erkennbar an zwei großen, seitlich abgeflachten Zähnen etwas hinter der Spitze des Unterkiefers.

Blainville-Schnabelwal

Mesoplodon densirostris

Die verbreitetste Art der Zweizahnwale. In warmgemäßigten und tropischen Gewässern weltweit. Meist in Wassertiefen von 200 bis 1000 m anzutreffen, vor allem in der Nähe von Unterwasser-Cañons.
KL ca. 4,5 m; GT ca. 1 t.
HAUT: Jungtiere an der Oberseite dunkel, Unterseite heller; ausgewachsene Tiere durchweg dunkel, Farbe kann von Braun bis Dunkelgrau variieren. Ausgewachsene Bullen weisen oft zahlreiche Striemen und weiße Narben auf, oft vom Scheitel bis zur

ABKÜRZUNGEN	KL = Körperlänge GT = Gewicht		
		Ex ausgestorben	En stark gefährdet
		EW in freier Natur ausgestorben	Vu gefährdet
		Cr vom Aussterben bedroht	LR geringes Risiko

Links: *Eine Schule Blainville-Schnabelwale* (Mesoplodon densirostris). *Diese Art gehört zu den kleineren Schnabelwalarten.*

Rückenfinne. Der Unterkiefer ist abgestuft; bei ausgewachsenen Bullen ragen zwei große, fast kegelförmige Zähne vom höchsten Punkt des Unterkieferabsatzes vor und sind, wenn man von oben auf das Tier blickt, sichtbar.

Gervais-Schnabelwal
Mesoplodon europaeus

Warmgemäßigte und tropische Regionen des Atlantiks; nach S möglicherweise bis über den Äquator hinweg, denn auch vor Ascension Island wurden die Tiere bereits gesichtet.
KL ca. 5 m; GT 1–1,5 t.
HAUT: Meist Oberseite dunkel, Unterseite heller. Ausgewachsene Bullen weisen teilweise striemige Narben auf, die von den Zähnen von Artgenossen stammen. Erkennbar ist die Art an einem einzigen Zahnpaar in 7–10 cm Abstand von der Spitze des Unterkiefers.

Japanischer Schnabelwal
Mesoplodon ginkgodens

Verbreitungsgebiet kaum bekannt, weil nur selten Tiere stranden oder gesichtet werden. Kommt im Pazifik und im Indischen Ozean vor, wurde aber auch schon vor Kalifornien, Mexiko, Japan, Taiwan, den Galapagos-Inseln, Sri Lanka, Indonesien, den Chatham-Inseln und New South Wales gesichtet.
KL 4,7–5,2 m; GT 1,5–2 t.
HAUT: Meist dunkel, weiße Tupfen und Flecken um den Nabel. Wenige oder fehlende striemenförmige Narben, wie sie ausgewachsene Bullen anderer Schnabelwalarten aufweisen. Erkennbar an einem Paar Zähne im Unterkiefer, die etwas von der Spitze zurückgesetzt sind und deren Form Ginkgoblättern ähnelt.

Gray-Schnabelwal
Mesoplodon grayi

Kaltgemäßigte Gewässer der Südmeere.
KL 4,5–5,6 m; GT 1–1,5 t.
HAUT: Oberseite dunkel blaugrau, braungrau oder schwarz, Unterseite heller; Schnabel, Kehle und Stirn können weiß sein. Erkennbar an einem Paar seitlich abgeflachter Zähne, im Profil wie eine flach gedrückte Zwiebel aussehend, in rund 20 cm Entfernung von der Spitze des Unterkiefers.

Hector-Schnabelwal
Mesoplodon hectori

Südmeere, insbesondere Neuseeland, aber auch Argentinien, Falklandinseln und Südafrika; bewohnt vermutlich kühlere Gewässer als *M. grayi*. Sichtungen auch im N-Pazifik, doch lassen genetische Untersuchungen vermuten, dass diese Exemplare wohl eher einer eigenständigen, neuen Art angehören.
KL 4–4,5 m; GT 1–2 t.
HAUT: Oberseite dunkelgrau oder braungrau, Unterseite heller oder weiß. Die Bullen tragen manchmal blasse, striemige Narben, verursacht durch die Zähne anderer Bullen. Erkennungszeichen der Art ist ein Paar seitlich abgeflachter Zähne nahe der Spitze des Unterkiefers.

Layard-Schnabelwal
Mesoplodon layardii

Zirkumpolar auf der Südhalbkugel zwischen 30° S und 65° S; eine der am häufigsten gesichteten *Mesoplodon*-Arten.
KL bis 6,2 m; GT bis 3 t.
HAUT: Kontrastreiches Helldunkelmuster: dunkle Gesichtsmaske, Kehle und Nacken weiß, Körper und Schwanz dunkel, weißer Fleck rings um die Genitalschlitze. Erkennbar an einem Paar Zähne weit hinten im Unterkiefer; bei ausgewachsenen Bullen können sie über 30 cm lang werden und im Bogen über dem Oberkiefer hinweg wachsen, sodass die Maulöffnung stark eingeschränkt ist.

True-Schnabelwal
Mesoplodon mirus

Zwei separate Bestände, einer im warmgemäßigten N-Atlantik, einer im südlichen Indischen Ozean.
KL 4,9–5,3 m; GT 1–1,5 t.
HAUT: Oberseite dunkelgrau oder blaugrau mit gesprenkelter grauer oder heller Unterseite; dunkle Augenumrandung; auf der Südhalbkugel ist das hintere Drittel des Körpers heller. Erkennbar an einem Paar Zähne mit ovalem Querschnitt an der Spitze des Unterkiefers.

Zwergschnabelwal
Mesoplodon peruvianus

Die kleinste Schnabelwalart wurde 1991 erstmals beschrieben. Ist offenbar im Vorkommen auf die warmen Gewässer des Pazifiks beschränkt.
KL 3,4–3,7 m.
HAUT: Oberseite einheitlich dunkelgrau, Unterseite heller. Erkennbar an einem Paar Zähne im Unterkiefer, die auf einem knöchernen Vorsprung sitzen. Selbst bei ausgewachsenen Bullen sehr klein im Vergleich zu anderen Arten.

Stejneger-Schnabelwal
Mesoplodon stejnegeri

Beschränkt auf kaltgemäßigte Gewässer im N-Pazifik, Japanischen Meer und südlichen Beringmeer. Angeblich blaugrün gefärbte Milch, die sonst nur noch bei einer einzigen anderen Säugerart vorkommt.
KL 5–5,3 m; GT 1–1,5 t.
HAUT: Oberseite schwarz, dunkelgrau oder braun, Unterseite heller; weiße Schnabelspitze. Erkennbar an einem Paar großer, hauerartiger, seitlich abgeflachter Zähne in rund 20 cm Abstand von der Spitze des Unterkiefers.

GATTUNG *TASMACETUS*

Nur eine Art, die sich durch einen langen, schlanken Schnabel und zwei bei Männchen und Weibchen unterschiedlich große kegelförmige Zähne an der Unterkieferspitze auszeichnet. Im übrigen Unterkiefer 26–27 kleinere, kegelförmige, bei beiden Geschlechtern gleiche Zähne. 19–21 ähnliche Zähne im Oberkiefer. Besitzt als einzige Schnabelwalart funktionale Zähne auch im Oberkiefer.

Tasmanischer Schnabelwal
Tasmacetus shepherdi
Shepherd-Schnabelwal

Bekannt nur anhand von rund 20 Exemplaren, die alle ausschließlich auf der Südhalbkugel vorkommen.
KL ca. 7 m; GT 2–3 t.
HAUT: Rücken und Flanken dunkelbraun, Unterseite cremeweiß; zwei hellere diagonale Streifen an jeder Seite sowie heller Fleck über den Flippern. Scheitelbereich manchmal heller als der Rücken.

GATTUNG *ZIPHIUS*

Nur eine Art, erkennbar am kurzen, gedrungenen Schnabel, der im Profil an den Schnabel einer Gans erinnert. Zwei kegelförmige Zähne an der Unterkieferspitze.

Cuvier-Schnabelwal
Ziphius cavirostris

Von allen Schnabelwalarten am weitesten verbreitet; kommt in allen Ozeanen weltweit von kaltgemäßigten bis äquatorialen Gewässern vor.
KL bis zu 7 m; GT 2–3 t.
HAUT: Rücken und Flanken dunkelbraun, hellbraun oder grau, Unterseite heller; bei Bullen bildet sich an Kopf und Nacken eine hellere Stelle, die sich bei sehr alten Tieren bis zur Rückenfinne ausdehnen kann. Ausgewachsene Bullen sind oft von langen, blassen, striemenförmigen Narben übersät, die ihnen andere Bullen bei Kämpfen mit den Zähnen beibringen.

VERBREITUNG Alle Meere.

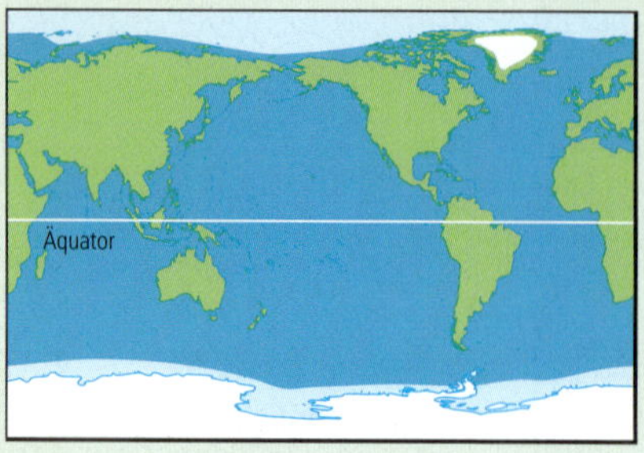

Unterordnung: Mysticeti
13 Arten in 6 Gattungen und 4 Familien

GRAUWAL Familie Eschrichtiidae S. 256

1 Art *Eschrichtius robustus*

FURCHENWALE Familie Balaenopteridae S. 262

8 Arten in 2 Gattungen
Blauwal *Balaenoptera musculus*
Finnwal *B. physalus*
Seiwal *B. borealis*
Bryde-Wal *B. edeni*
Balaenoptera brydei
Nördlicher Zwergwal *B. acutorostrata*
Südlicher Zwergwal *B. bonaerensis*
Buckelwal *Megaptera novaeangliae*

GLATTWALE Familie Balaenidae S. 270

3 Arten in 2 Gattungen
Nordkaper *Eubalaena glacialis*
Südkaper *E. australis*
Grönlandwal *Balaena mysticetus*

ZWERGGLATTWAL Familie Neobalaenidae S. 270

1 Art *Caperea marginata*

Bartenwale

DIE UNTERORDNUNG BARTENWALE (MYSTICETI) umfasst relativ wenig Arten, doch gleichen sie ihre geringe Zahl durch ihre Größe aus. Die Tiere verfügen nur im Embryonalstadium über Zahnanlagen. Später entwickeln sich die von Zähnen völlig unabhängigen Barten. Damit filtern die Wale ihre Nahrung in Form kleiner Fische und Krustentiere aus dem Wasser. Blauwale ernähren sich von gewaltigen Mengen winziger Krebse (Krill). Die Barten sind an den Innenrändern ausgefranst. Die darin verfangene Nahrung löst der Wal mit der Zunge heraus und schluckt sie.

Der Grauwal ist der einzige Vertreter der Familie Eschrichtiidae und kommt ausschließlich im Nordpazifik vor (nachdem die nordatlantischen Bestände im frühen 18. Jahrhundert ausgerottet wurden). Er besitzt einen schmalen, leicht gebogenen Oberkiefer sowie zwei oder selten vier kurze Kehlfurchen. Eine Rückenfinne fehlt ihm.

Die schlanken, torpedoförmigen Furchenwale der Gattung *Balaenoptera* sind mit dem Buckelwal verwandt (Familie Balaenopteridae), dem einzigen Vertreter der Gattung *Megaptera*. Alle Arten weisen an der Kehle mehrere Falten auf, die sich ausdehnen, wenn der Wal mit Plankton angereichertes Wasser aufnimmt, und sich zusammenziehen, wenn das Wasser durch die Barten wieder hinauspresst wird. Buckelwale unterscheiden sich von anderen Furchenwalen durch die wenigen, viel gröberen Kehlfurchen und die zwei sehr langen, kräftigen Flipper. Kopf, Unterkiefer und Vorderkante der Flossen weisen unregelmäßige Verdickungen auf, die rückwärtigen Ränder der Flossen sind gezähnt. Mit Ausnahme des Blauwals ernähren sich alle Furchenwale auch von Fisch. Beim Zwergwal, der kleinsten Art, stellt er sogar das Hauptnahrungsmittel dar.

Die drei Arten der Familie Glattwale (Balaenidae) haben massige Köpfe, die bis zu einem Drittel der gesamten Körperlänge ausmachen. Ihr Oberkiefer ist lang, schmal und nach oben gebogen, obwohl der Unterkiefer gerade ist. Dadurch bleibt ein Zwischenraum, der durch die riesige Unterlippe gefüllt wird, die sich vom Unterkiefer nach oben schiebt. Sie umschließen die langen, schmalen Barten, die von den Rändern der Gaumenplatte herabhängen. Bei allen Glattwalen sind die sieben Nackenwirbel verschmolzen, was außer bei ihnen nur bei dem Zwergglattwal der Fall ist (der als einziger eine Rückenfinne besitzt).

Mit Ausnahme des tropischen Bryde-Wals sind Furchenwale über alle Weltmeere verbreitet. Der Grönlandwal kommt nur in der Arktis vor, der Nordkaper nur im Nordatlantik und der Südkaper nur im Südatlantik. Der Zwergglattwal ist auf das Südmeer beschränkt PGHE

UNTERSCHIEDE BEI BARTEN

Das Grundprinzip der Nahrungsaufnahme, also das Filtern von Wasser durch die Barten, ist bei allen Bartenwalen gleich, doch gibt es erhebliche Unterschiede in Bauweise und Methode. Die beiden Extreme demonstrieren Glatt- und Furchenwale. Bei Nord- und Südkaper ist der Oberkiefer (Rostrum) schmal und mit langen Barten ausgestattet. Beim Fressen filtern sie Oberflächenwasser und schlucken herunter, was sie mit der Zunge aus den Barten lösen. Demgegenüber besitzt der Seiwal einen breiten Oberkiefer mit kurzen Barten. Er nimmt gewaltige Schlucke Meerwasser auf und drückt es dann mit der Zunge wieder durch die Barten, sodass der Krill hängen bleibt. (Siehe auch „Großer Hunger, kleine Beute", Seite 266).

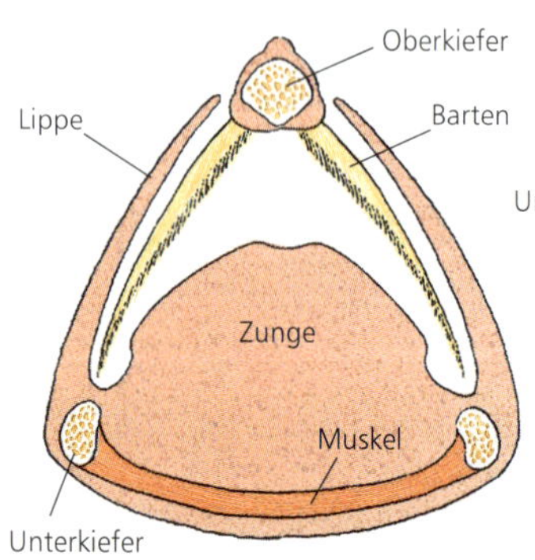

Nord- und Südkaper

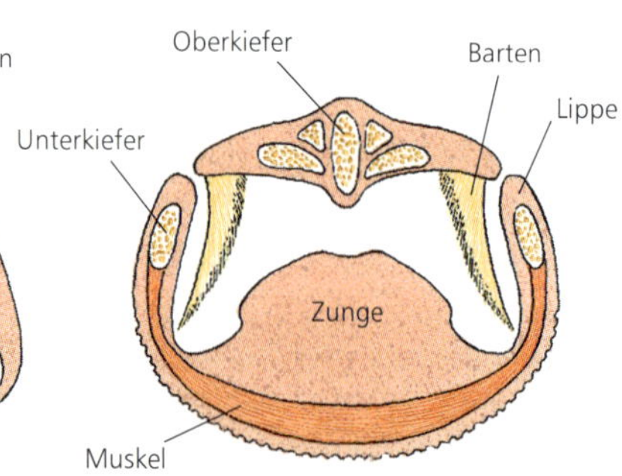

Seiwal

Oben: *Grauwalbarten. Da Grauwale gründeln, sind ihre Barten viel schwerer und kürzer als bei Arten, die Oberflächenwasser filtern. So kann der Wal leichter das Sediment am Meeresgrund durchpflügen und Krustentiere, Würmer und Weichtiere aufnehmen.*

VORTEILE VON GRÖSSE

Die meisten Bartenwale zeichnen sich durch ihre gewaltige Größe aus. Große Körper können mehr Fett einlagern, zudem ist viel Körpermasse für Warmblüter vorteilhaft für die Erhaltung der Körperwärme im eisigen Meerwasser. Natürlich kann Wärme durch die riesige Oberfläche des Walkörpers verloren gehen. Der Schlüsselfaktor für den Wärmehaushalt ist jedoch das Verhältnis zwischen Oberfläche und Volumen, das mit zunehmender Größe immer günstiger wird. Die „Isolierschicht" besteht bei allen Meeressäugern aus subkutanem Fettgewebe, dem Blubber. Bei dem in der Arktis heimischen Grönlandwal wird diese Schicht bis zu 50 cm dick. Selbst beim Tieftauchen sorgt der Blubber dafür, dass die Kerntemperatur konstant bei 36 bis 37 °C bleibt, was allerdings Probleme bereiten kann, wenn es dem Wal zu warm wird!

Da die Fähigkeit zur Sauerstoffspeicherung proportional zur Körpergröße wächst, können Großwale mehr Sauerstoff speichern – sowohl absolut als auch in Relation zum Verbrauch. Es verwundert deshalb nicht, dass die größten Wale am tiefsten tauchen.

Unten: *Die Extreme in der Körpermasse von Bartenwalen sind hier durch den Zwergglattwal und den Blauwal vertreten. Der Blauwal übertrifft an Größe sogar die größten Dinosaurier, die je auf Erden lebten.*

Zwergglattwal
5 m

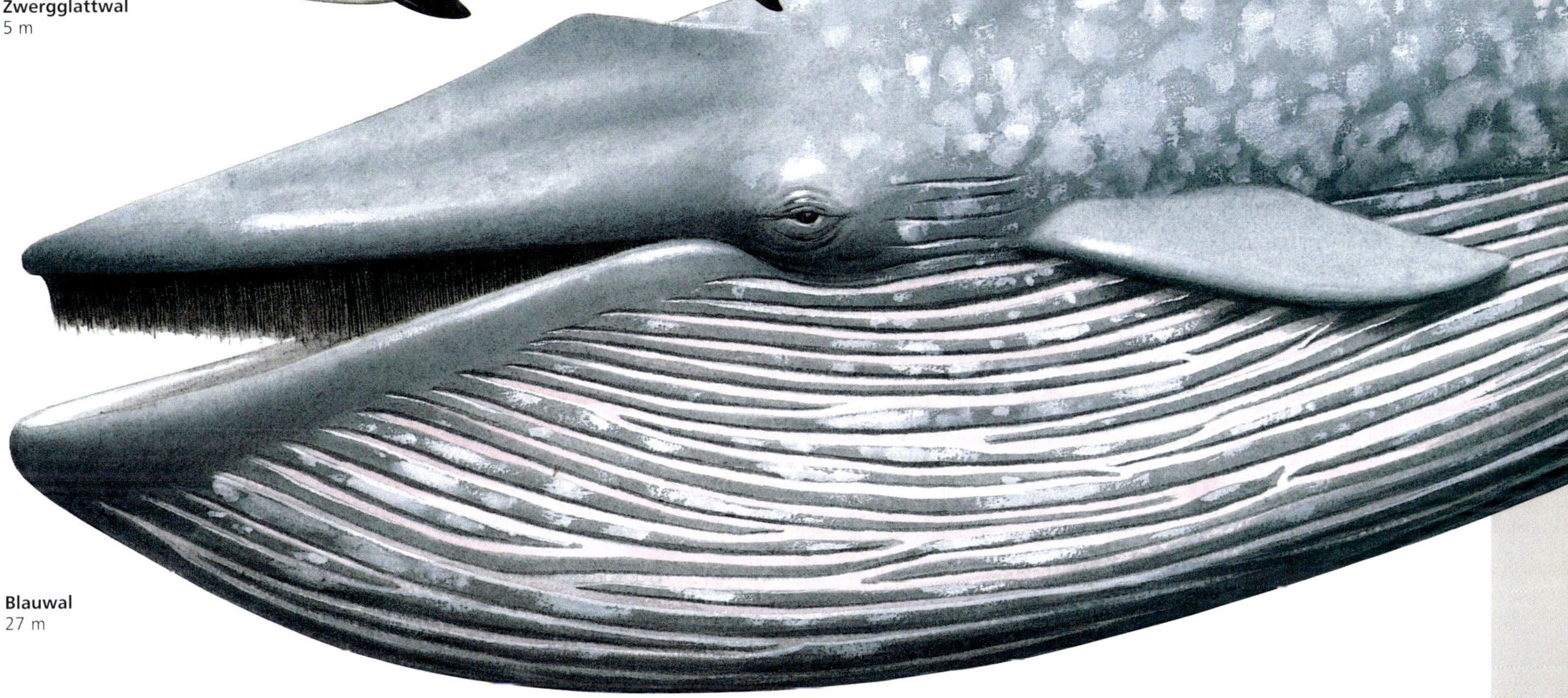

Blauwal
27 m

URSPRÜNGE UND EVOLUTION

Die Bartenwale entstanden vermutlich im westlichen Südpazifik. In oligozänen Schichten finden sich dort große Zooplanktonmassen, was zusammen mit Fossilien frühester Mysticeti (Cetotheriiden) darauf hindeutet, dass sie die Herausbildung von Barten und der Filtermethode begünstigten. Von dort aus verbreiteten sich diese Formen im späten Neozoikum im Pazifik- und Indopazifikraum jeweils in Regionen mit besonders hoher Primärproduktion. Die Furchenwale scheinen allerdings ursprünglich in den warmgemäßigten Gewässern des Nordatlantiks heimisch gewesen zu sein.

SCHÄDEL BEI BARTENWALEN

Die Schädelveränderungen bei Bartenwalen sind auffälliger als bei Zahnwalen und sogar so extrem, dass man auf den ersten Blick kaum glaubt, dass solche Knochen den Kopf dieser Wesen tragen und ihr Gehirn umschließen können. Die Veränderungen bestehen vor allem in der Verlängerung der Kiefer, wobei der obere (Rostrum) die Barten enthält, der Verschiebung der Hinterhauptsregion nach vorn über die Stirnregion hinaus und der dadurch bedingten Verschmelzung von Kiefer- und Schädelknochen. Beim Grönlandwal ist der Oberkiefer stark gebogen, um Raum für die längeren Barten zu schaffen. Bei Furchenwalen wie dem Buckelwal ist der Kiefer breiter und nur leicht gebogen. Der Grauwal wühlt beim Fressen den Meeresboden auf; seine Kiefern sind deshalb kürzer und dicker als bei den anderen Arten. Der Oberkiefer enthält kurze, steife Barten.

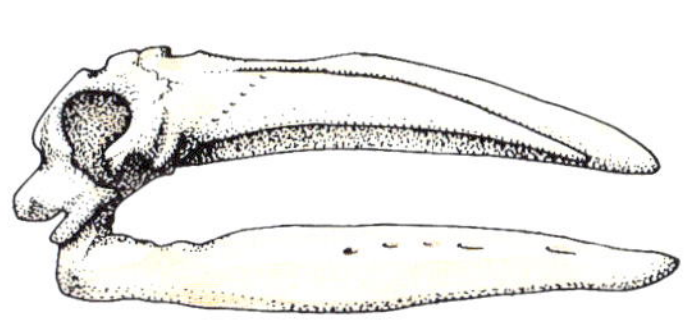

Grauwal
240 cm

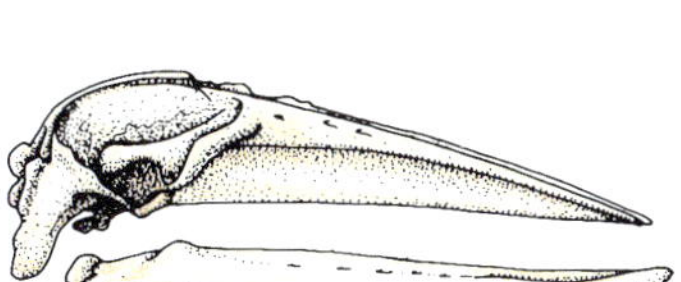

Buckelwal
350 cm

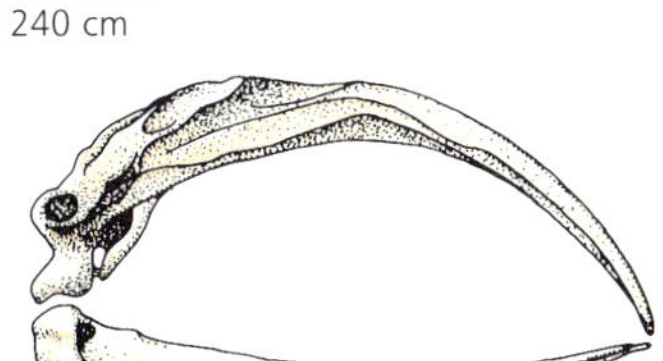

Grönlandwal
500 cm

Grauwal

VON ALLEN BARTENWALEN KOMMEN GRAUWALE der Küste am nächsten, oft im Abstand bis zu 1 km. Dank dieser Vorliebe für seichte Gewässer und der gut überschaubaren Paarungsgründe in Lagunen Mexikos sind sie von allen Walen am besten erforscht. Tausende Menschen beobachten die Riesen vor der kalifornischen Küste.

Jedes Jahr im Herbst und Frühling wandern die Grauwale die Westküste Nordamerikas entlang – von den Sommernahrungsplätzen in der Arktis zu den geschützten Lagunen von Baja California, wo im Winter die Kälber zur Welt kommen, und zurück. Diese Wanderung ist vermutlich die längste, die Säugetiere unternehmen: Manche Tiere bewältigen jedes Jahr 20 400 km zwischen arktischem Packeis und den Subtropen.

Pockenüberzogene Giganten

KÖRPERBAU UND FUNKTION

Grauwale werden im Schnitt rund 12 m lang, können aber bis zu 15 m erreichen. Ihre Haut ist dunkel- bis hellgrau gesprenkelt und von allen Waltieren am stärksten von Parasiten heimgesucht. Seepocken und Walläuse (Cyamiden) besiedeln Grauwale in großer Zahl. Der Bewuchs findet sich meist auf der Oberseite des relativ kurzen, gebogenen Kopfes, rings um das Blasloch und im hinteren Teil des Rückens. Eine Seepockenart und drei Wallausarten kommen offenbar ausschließlich beim Grauwal vor, zumindest wurden sie bisher nirgendwo sonst gefunden.

Grauwale besitzen keine Rückenfinne, dafür aber acht bis neun „Krokodilshöcker" im hinteren Drittel des Rückens. Die Barten sind gelblich weiß und viel schwerer und kürzer als bei anderen Bartenwalen. Sie werden nie länger als 38 cm, sicherlich weil der Grauwal den Boden nach Futter durchwühlt, während andere Bartenwale lediglich Wasser durchseihen (siehe „Nahrungsgründe am Meeresboden", Seite 260). Entlang der Kehle verlaufen zwei rund 2 m lange Furchen in 40 cm Abstand zueinander. Sie können sich ausdehnen, sodass das Maul sich weiter öffnen und der Wal größere Mengen Wasser und damit auch Futter aufnehmen kann.

Bei ihren Wanderungen schwimmen Grauwale mit einer Geschwindigkeit von rund 8 km/h, können jedoch im Notfall auch bis zu 20 km/h erreichen. Wandernde Grauwale bewegen sich stetig voran, kommen alle drei bis vier Minuten an die Oberfläche und blasen drei- bis fünfmal. Der Blas ist kurz, fedrig und gegabelt, da er aus beiden Blaslöchern ausgestoßen wird. Beim letzten Atemaus-

Oben: *Grauwalmutter mit Kalb. Junge Grauwale wirken neben den älteren Tieren glatt und schlank. Sie kommen meist zwischen Ende Dezember und Anfang Februar zur Welt und wiegen bei der Geburt bis zu 500 kg. Allerdings fehlt ihnen noch der Blubber, den sie später in den eisigen Temperaturen arktischer Gewässer benötigen.*

Unten: *Wie winzige juwelenbesetzte Inkrustationen wirkt der Bewuchs rings um das Blasloch dieses Grauwals. Die meisten Großwale werden von Seepocken besiedelt, doch sind sie bei Grauwalen besonders verbreitet. In dem Bewuchs tummeln sich auch Walläuse – kleine, helle Krebstiere von rund 2,5 cm Länge.*

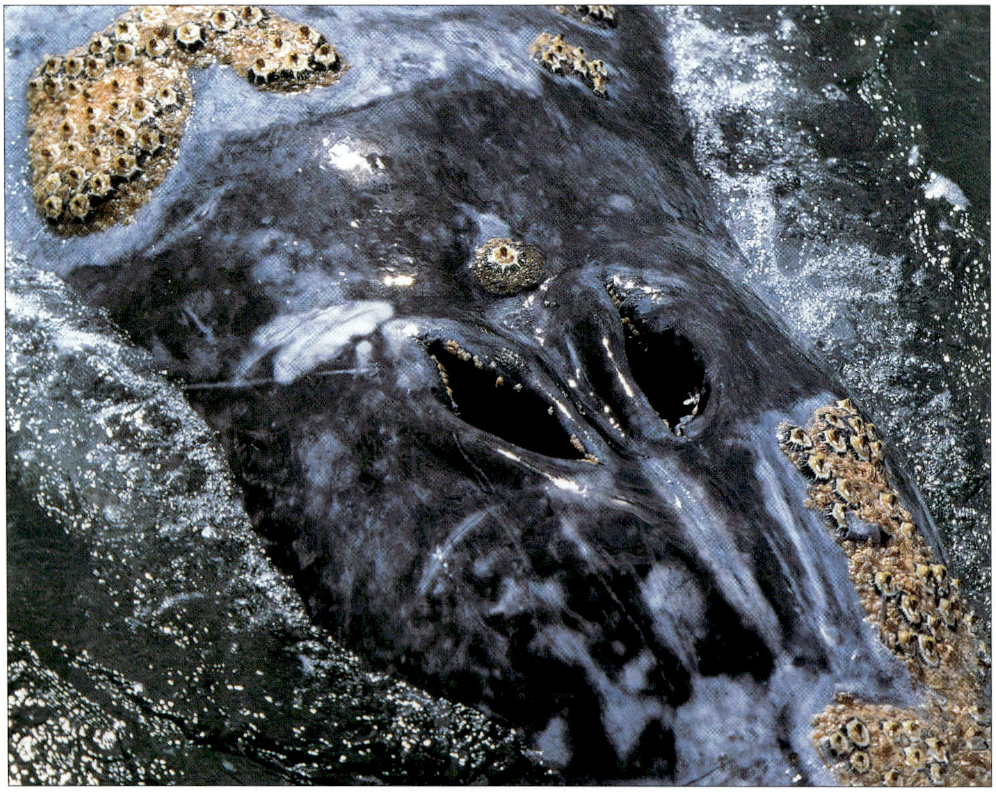

Links: *Typische Körperhaltungen des Grauwals:* ***1*** *spy-hopping, bei dem der Wal den Kopf aus dem Wasser streckt und Ausschau hält;* ***2*** *Tauchen – die Schwanzfluke ragt nur vor tiefen, niemals vor flachen Tauchgängen aus dem Wasser;* ***3*** *Ausgeatmete Blaswolke nach einem Tauchgang.*

stoß wird oft die Schwanzfluke aus dem Wasser gereckt, bevor der Wal wieder abtaucht.

Das Lautrepertoire des Grauwals umfasst Grunzen, Klicken, Ächzen und Klopfen. In den Lagunen von Baja California erzeugen die Kälber zudem ein leises, hallendes Pulsieren, das ihre Mütter auf den Plan ruft. Allerdings scheinen die Laute bei Grauwalen nicht so komplex oder sozial bedeutsam zu sein wie bei anderen Walarten. Die genaue Bedeutung ihrer Lautäußerungen ist unbekannt.

Entlang der Pazifikküste

VERBREITUNG

Heute gibt es nur noch zwei Grauwalbestände, an den Küsten Kaliforniens und im Westpazifik. Einst war die Art auch im Nordatlantik heimisch; sie verschwand dort jedoch zu Beginn des 18. Jahrhunderts, vermutlich durch den Walfang.

Die kalifornischen Grauwale kalben im Winter in Lagunen wie der Laguna Ojo de Liebre und der Laguna San Ignacio an der mexikanischen Halbinsel Baja California. Den Sommer verbringen sie im nördlichen Beringmeer bei der St.-Lorenz-Insel und weiter nördlich, jenseits der Beringstraße, in der Tschuktschensee, fast am Rand des arktischen Packeisgürtels. Ein kleiner Teil der Population bleibt den Sommer über an der nordamerikanischen Küste zwischen Kalifornien und Alaska. Die einzigen bekannten Nahrungsgründe im Westpazifik liegen bei Sachalin im Ochotskischen Meer. Die Population dort umfasst rund 100 Tiere und wandert zum Kalben jeden Herbst an der Ost- und Westküste Japans entlang nach Süden an unbekannte Stellen.

Fortpflanzungs- und Nahrungsgründe

SOZIALVERHALTEN

Grauwale erreichen die Geschlechtsreife mit fünf bis elf, meist acht Jahren, wenn die Männchen im Schnitt 11 m und die Weibchen 12 m lang sind. Die volle Körpergröße erreichen sie erst mit rund 40 Jahren. Wie bei den übrigen Bartenwalen sind auch hier die Kühe größer als die Bullen, vermutlich wegen der höheren körperlichen Anforderungen durch Trächtigkeit und Stillzeit. Die Kühe bringen alle zwei Jahre nach gut einjähriger Tragzeit jeweils ein rund 5 m langes Kalb zur Welt.

Grauwale sind an ausgedehnte Wanderungen angepasst und vieles in ihrer Lebensweise spiegelt sich in den jährlichen Zügen von der Arktis in die Subtropen wider. Die meisten ostpazifischen (kalifornischen) Grauwale halten sich von Mai bis November in arktischen Gewässern auf.

Zu Beginn des arktischen Winters vereisen ihre Nahrungsgründe. Die Wale wandern nun zum Kalben in geschützte Lagunen. Die Jungen werden innerhalb von fünf bis sechs Wochen geboren, die meisten um den 10. Januar. Bei der Geburt ist die Blubberschicht der Jungen zu dünn für kaltes Arktiswasser, doch in den warmen Lagunen gedeihen sie gut. In den ersten Stunden nach der Geburt fällt den Kälbern das Schwimmen und Atmen noch schwer. So muss die Mutter manchmal mithelfen, indem sie das Junge mit Rücken oder Schwanzfluke am Wasserspiegel stützt. Die Kälber werden rund sieben Monate gesäugt, zunächst in engen, seichten Lagunen, bis sich ihre motorische Koordination verbessert und vielleicht auch die Mutter-Kind-Bindung gefestigt ist, die sie für die lange Wanderung zu den Nahrungsgründen im Norden benötigen. Dort werden sie entwöhnt. Bei ihrer Ankunft in der Arktis haben die Kälber dank der Muttermilch reichlich Blubber angesetzt. In den Lagunen und vor Südkalifornien bleiben sie ganz dicht bei den Müttern. Wenn sie Ende Mai bis Juni das Beringmeer erreichen, sind sie bereits gute Schwimmer und man sieht sie oft weitab von den Müttern tollkühne Luftsprünge vollführen.

Da die Wanderrouten entlang der Küsten verlaufen, orientieren sich die Wale einfach, indem sie im flachen Wasser dem Festlandsverlauf folgen. An bestimmten Punkten entlang der Route sieht man Grauwale oft beim *spy-hopping*. Bei diesem

FAKTEN

GRAUWAL

Eschrichtius robustus

Familie: Eschrichtiidae

Einziger Vertreter der Gattung

VERBREITUNG Zwei Populationen: O-Pazifik bzw. Kalifornien, von Baja California an der Pazifikküste entlang bis zum Beringmeer und zur Tschuktschensee; W-Pazifik von S-Korea bis zum Ochotskischen Meer.

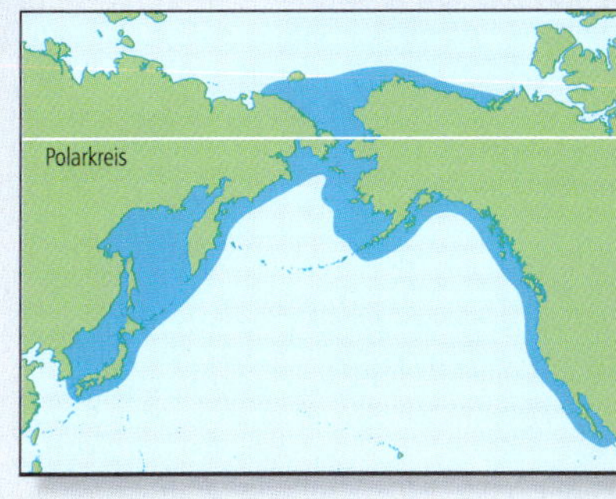

LEBENSRAUM Meist Küstengewässer von weniger als 100 m Tiefe.

GRÖSSE Körperlänge Männchen 12–14 m, Weibchen 13–15 m; **Gewicht** Männchen 16 t, Weibchen (tragend) 31–34 t.

HAUT Grau gesprenkelt, meist mit starkem Befall von Seepocken und Walläusen; keine Rückenfinne, jedoch niedrige „Krokodilshöcker" an der hinteren Rückenhälfte; 2 Kehlfurchen; weiße Barten; paariger, niedriger Blas.

NAHRUNG Bodennah lebende Amphipoden sowie verschiedene Wirbellose (Plankton).

FORTPFLANZUNG Tragzeit 13 Monate; jedes zweite Jahr wird ein Kalb geboren.

LEBENSERWARTUNG Geschlechtsreife mit 8 Jahren, körperliche Reife mit 40; maximale nachgewiesene Lebensdauer 77 Jahre.

IUCN-STATUS Wird als gering gefährdet und von Schutzmaßnahmen abhängig eingestuft. Der Bestand im Nordwestpazifik ist allerdings vom Aussterben bedroht.

Verhalten streckt der Wal den Kopf senkrecht aus dem Wasser, blickt sich offenbar um und lässt sich dann langsam ins Wasser zurücksinken. Ein anderes typisches Verhalten ist *breaching*, wobei der Wal halb aus dem Wasser springt und sich laut klatschend auf die Seite fallen lässt. Man nimmt an, dass Grauwale *spy-hopping* einsetzen, um sich visuell an der Küstenlinie zu orientieren.

Das ganze Jahr über und an allen Standorten sind Paarungen und weiteres Sexualverhalten zu beobachten. Die meisten Kälber werden in der Regel allerdings innerhalb von drei Wochen während der Wanderung nach Süden gezeugt, vor allem Mitte Dezember. Während der Paarung wälzen sich fünf oder mehr Tiere zusammen im Wasser und schwimmen umeinander herum. Wann genau die Begattung erfolgt, ist unklar. Einige Autoren vermuten, dass die weiteren Tiere

Oben: *Beim Paarungsritual schwimmen Grauwalkühe und -bullen nebeneinander her und berühren sich dabei. Weist das Weibchen den Bullen nicht ab, kommt es zu einem flüchtigen Geschlechtsakt, der zwar nur 10 bis 30 Sekunden dauert, aber mehrmals wiederholt wird.*

Rechts: *Der rosafarbene, faltbare Penis des Grauwals ist etwa 2 m lang und am Ansatz rund 20 cm dick. In nicht erigiertem Zustand legt er sich zu einem „S" zusammen und verschwindet in einer Bauchfalte.*

nötig sind, damit das eigentliche Paar zusammenbleibt, was eine ausgesprochen extreme Form der Kooperation wäre.

Die Wanderungen an der kalifornischen Küste entlang erfolgen in einer bestimmten Reihenfolge nach Reproduktionsstatus, Geschlecht und Alter. Nach Süden hin wird der Zug von hochträchtigen Weibchen angeführt, vermutlich aufgrund der physiologischen Notwendigkeit, in warmem Wasser zu kalben. Alle übrigen Wale wandern möglicherweise aus sozialen Gründen im Rahmen des Paarungsverhaltens mit. Als Nächstes kommen die gerade erst befruchteten Weibchen, die ihre Kälber vom Vorjahr entwöhnt haben. Ihnen folgen weibliche Jungtiere, erwachsene und schließlich juvenile Bullen. Die Wanderung nach Norden wird von den gerade trächtigen Weibchen angeführt, vielleicht um so lange wie möglich von den arktischen Weidegründen zu profitieren und ihren Fetus zu ernähren. Ihnen folgen ausgewachsene Bullen und nicht fortpflanzungsfähige Weibchen, Jungtiere beiderlei Geschlechts und zum Schluss in aller Ruhe die Mütter mit neugeborenen Kälbern.

Aus Beobachtungen weiß man, dass sich die Gruppengröße im Lauf der Wanderzüge verändert. Zu Beginn der Wanderung nach Süden sieht man vor allem Einzeltiere, vermutlich hochträchtige Kühe, und so gut wie keine Gruppen von mehr als sechs Tiere. Diese „Vorhut" schwimmt stetig und weicht kaum von ihrer Route ab, was wohl auf die besondere Eile wegen der bevorstehenden Niederkunft schließen lässt. Während der übrigen Wanderzeit herrschen Zweiergruppen vor, doch können es in der Mitte des Zuges auch bis zu elf Tiere sein. Vor allem gegen Ende der Reise neigen diese Nachzügler zum „Bummeln".

An den Wurfplätzen bleiben die Bullen und älteren Jungtiere in den Lagunenmündungen, wo man sie dabei beobachten kann, wie sie sich im Wasser wälzen, unruhig umherschwimmen und sexuell aktiv sind. Mütter mit Kälbern scheinen die seichteren Teile der Lagunen zu bevorzugen.

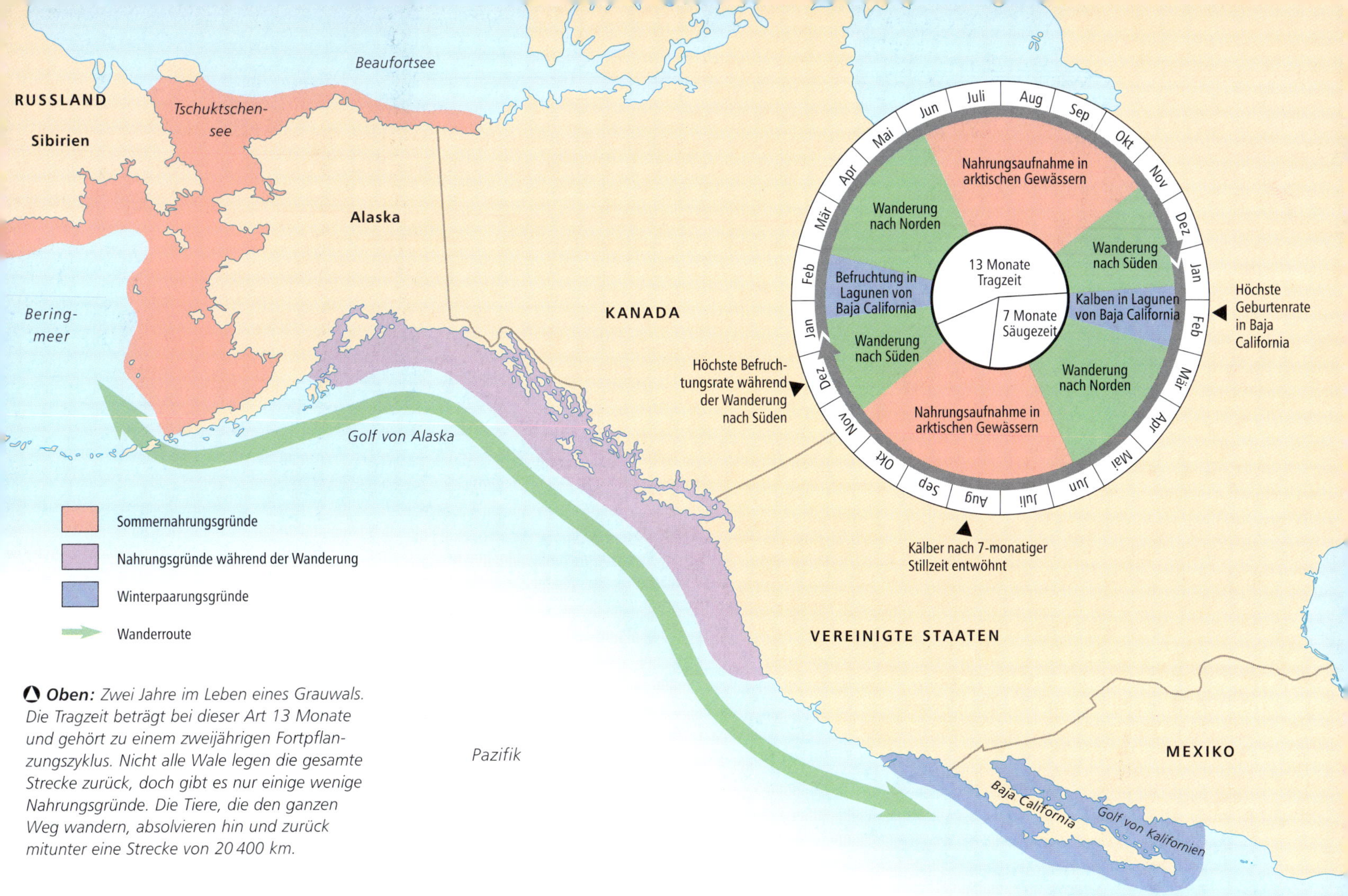

Oben: *Zwei Jahre im Leben eines Grauwals. Die Tragzeit beträgt bei dieser Art 13 Monate und gehört zu einem zweijährigen Fortpflanzungszyklus. Nicht alle Wale legen die gesamte Strecke zurück, doch gibt es nur einige wenige Nahrungsgründe. Die Tiere, die den ganzen Weg wandern, absolvieren hin und zurück mitunter eine Strecke von 20 400 km.*

In der Arktis kommen oft 100 oder mehr Grauwale an einer Stelle zusammen und fressen gemeinsam.

Manche Tiere unternehmen nicht die gesamte Wanderung. Vor der Küste von British Columbia etwa bleiben einige acht bis neun Monate zwischen Nord- und Südwanderung in denselben Nahrungsgründen und kehren im Einzelfall sogar jeden Sommer dorthin zurück. Solche kleinen „sesshaften" Gruppen findet man von Nordkalifornien bis Alaska. Sie umfassen offenbar Männchen und Weibchen aller Altersgruppen, auch Mütter mit Kälbern. Vielleicht stellt dies eine Alternative zu den Wanderzügen dar, wenngleich diese Strategie nur von einigen wenigen Tieren genutzt werden kann, weil die Futterplätze südlich des nördlichen Beringmeeres nicht ertragreich genug sind, um größere Gruppen zu ernähren.

Abgesehen vom Menschen haben Grauwale nur einen Feind: den Schwertwal. Es wurden mehrfach Attacken beobachtet. Meist griffen die Schwertwale Kühe mit Kälbern an und hatten es vermutlich auf das relativ wehrlose Jungtier abgesehen. Sie attackieren vor allem Lippen, Zunge und Fluke des Grauwals, wo er am leichtesten zu packen ist. Erwachsene Grauwale schwimmen schützend vor die Jungtiere. Sie versuchen flachere Gewässer und küstennahe Seetangwiesen zu erreichen, die die Schwertwale offenbar meiden. Spielt man Grauwalen Unterwasseraufnahmen von Schwertwallauten vor, flüchten sie oder verstecken sich in deckungsreichen Seetangwiesen.

Unten: *Unmittelbar nach der Geburt ist die Koordination der Jungen noch nicht sehr ausgeprägt. Manchmal stützt die Mutter das Kalb an der Oberfläche, um ihm beim Atmen zu helfen. Bei älteren Jungtieren wird das „Huckepackschwimmen" auf Mutters Rücken zum Spiel.*

Beliebte Jagdbeute

ARTEN- UND UMWELTSCHUTZ

Vom westpazifischen Grauwal sind derzeit nur noch sehr wenige Exemplare vorhanden. Er zählt zu den am meisten gefährdeten Walarten. Im ersten Drittel des 20. Jahrhunderts wurde er intensiv und danach noch sporadisch gejagt, was zweifellos für die traurigen Zahlen verantwortlich ist.

Jahrtausendelang erlegten Walfang betreibende Inuit, Alëuten und Indianer kalifornische Grauwale in ihren Nahrungsgründen im hohen Norden. In den 1850er Jahren begannen auch weiße Amerikaner die Tiere zu jagen – sowohl in den Lagunen als auch in anderen Teilen der Wanderroute und in solchen Mengen, dass 1874 der Kapitän eines Walfangschiffs, Charles Scammon, prophezeite, der kalifornische Grauwal werde bald aussterben. Erst als der Bestand um 1900 auf einen winzigen Rest geschrumpft war, hörte der Walfang praktisch auf. Von 1913 bis zur Gründung der Internationalen Walfangkommission (IWC) 1946 erfolgte er nur mehr sporadisch. Die IWC untersagte den gewerblichen Fang von Grauwalen, gestand allerdings der Sowjetunion eine Fangquote für die Inuit auf der Tschuktschenhalbinsel zu. Derzeit beträgt sie für Russland jährlich 140 Tiere. Die USA haben ebenfalls eine Fangquote von fünf Grauwalen pro Jahr, die von den Makah im Bundesstaat Washington genutzt wird.

Seit dem Rückgang des Walfangs hat sich der ostpazifische (kalifornische) Bestand stetig erholt. Derzeit wird er auf knapp 25 000 Tiere geschätzt. Man rechnet damit, dass die Wachstumsrate sich bald einpendeln wird. JD/AT

Rechts: *Ein Grauwalkalb springt aus dem Wasser. Bei der auch als* breaching *bekannten Aktion hievt der Wal seinen halben Körper – oder mehr – aus dem Wasser und lässt sich dann mit lautem Platschen auf die Seite zurück ins Wasser fallen.*

NAHRUNGSGRÜNDE AM MEERESBODEN

Grauwale machen sich das gewaltige jahreszeitliche Futterangebot zunutze, das entsteht, wenn das arktische Packeis sich im Frühling zurückzieht und der Polarsommer das Meer 24 Stunden am Tag in helles Licht taucht. Dadurch kommt es zu einer explosionsartigen Blüte der Mikroorganismen von der Wasseroberfläche bis hinunter zum Meeresgrund. Von Mai bis November legen Grauwale in der Arktis so dicke Fettpolster an, dass sie den Rest des Jahres so gut wie kein Futter mehr zu sich zu nehmen brauchen. Während sie zum Kalben in warme Gewässer wandern, liegen ihre Nahrungsgründe wieder unter dem Eis. Wenn sie dorthin zurückkehren, haben sie unter Umständen ein Drittel ihres Körpergewichts verloren.

Die Wale fressen in flachen Gewässern von 5 bis 100 m Tiefe winzige Flohkrebse (Amphipoden) und Asseln (Isopoden) sowie Borstenwürmer und Weichtiere, die am Meeresgrund nur wenige Zentimeter tief im Bodensediment leben. Hauptnahrungsmittel ist vermutlich der Flohkrebs *Ampelisca nacrocephala.* Zur Nahrungsaufnahme tauchen Grauwale zum Meeresboden, legen sich auf die (meist rechte) Seite und berühren mit der Kopfseite den Boden. Dann saugen sie ein Maul voll Wasser ein, das neben Wirbellosen auch Sand und Schlamm enthält. Diese Mischung wird durch die Barten hindurchgepresst und so das Futter herausgefiltert. Beim Aufstieg ziehen die Wale eine lange Schlammwolke hinter sich her. Die Nahrung wird geschluckt, der Wal macht einige Atemzüge und taucht dann erneut. Beim Fressen hinterlassen Grauwale Mulden im Meeresboden. Forscher spekulieren, dass sie dadurch wirksam den Meeresboden „pflügen" und so die Planktonproduktion in den Folgejahren ankurbeln.

Grauwale sind zwar vor allem Gründler, doch verschmähen sie auch nicht die nach oben steigenden Planktonorganismen wie Krebstierchen, Krabbenlarven und Heringsrogen oder sogar kleine Fische. Am meisten vertilgen sie an ihren Sommernahrungsgründen. Wenn sich die Gelegenheit ergibt, fressen sie aber auch auf der Wanderung oder sogar in den Winterquartieren.

Mehrere Arten Seevögel werden von Grauwalen angelockt, die gerade Nahrung aufnehmen, darunter Hornlunde, Mantelmöwen und Küstenseeschwalben. Sie interessieren sich offenbar für die Krustentiere, die beim Auftauchen der Wale durch die Barten entkommen. Die Entdeckung dieses Zusammenhangs lieferte die Erklärung dafür, wie die außer Tauchweite der Vögel am Boden heimischen Wirbellosen in so großen Mengen in deren Mägen gelangen.

Furchenwale

Diese Gruppe umfasst das grösste Tier, das je auf Erden gelebt hat: den gewaltigen Blauwal, der bis zu 150 t schwer werden kann, was etwa dem Gewicht von 25 Afrikanischen Elefanten von je 6 t entspricht. Zu den Furchenwalen zählt aber auch der geschmeidigste und munterste aller Wale, der Buckelwal. Er erzeugt nicht nur eigentümliche, weit tragende Laute, sondern vollführt obendrein akrobatische Sprünge – manchmal sogar kopfüber.

Der Name Furchenwale bezieht sich auf die Kehlfalten des Wals, die das herausragende Kennzeichen dieser Familie darstellen. Viele Furchenwale legen bei ihren jährlichen Wanderungen durch die Weltmeere weite Strecken zurück, um von ihren Fortpflanzungsplätzen in den Tropen zu ihren Nahrungsgründen am Polarkreis und zurück zu ziehen. Die größeren Arten wurden in den letzten 100 Jahren so intensiv bejagt, dass die Bestände in der Folge bis heute auf ein durchaus kritisches Niveau abgesunken sind.

Giganten der Tiefsee

KÖRPERBAU UND FUNKTION

Die schlanken, stromlinienförmigen Vertreter dieser Familie verfügen über mehrere Hautfalten, die bei allen außer dem Seiwal vom Kinn bis zum Nabel verlaufen. Beim Fressen dehnen sie sich aus und vergrößern so das Volumen des Mauls ganz erheblich, wenn große Mengen Wasser aufgenommen werden. Auf Fotos von toten Walen wirken diese Furchen schlaff, was früher eine völlig falsche Vorstellung von diesen in Wirklichkeit unter Wasser höchst geschmeidigen Wesen vermittelte.

Auf der Südhalbkugel sind Furchenwale etwas größer als ihre Vettern im Norden. Bei allen Arten werden die Weibchen um einiges größer als die Männchen. Der Kopf macht bis zu einem Viertel der Körperlänge aus. Außer beim Buckelwal verläuft ein markanter Grat am Rücken entlang vom Blasloch bis zur Schnauze, wobei der Bryde-Wal seitlich davon noch weitere Grate aufweist. Bei allen Arten ist der Unterkiefer gebogen und ragt weit über die Maulspitze hinaus.

Unten: *Dieser in der Nähe des Great Barrier Reef (Australien) gesichtete Südliche Zwergwal gehört zu den kleinen, im Schnitt nur 7 m langen Furchenwalen. Diese Größe wirkt bescheiden neben den gewaltigen Maßen des Blauwals. Die Länge einer zu Beginn des 20. Jahrhunderts am Südpolarkreis erlegten Blauwalkuh wurde mit 33,5 m angegeben.*

Oben: *Vor der Kulisse des Sonnenuntergangs taucht ein Buckelwal bei Alaska. Die im Norden lebenden Buckelwale ernähren sich überwiegend von Fisch, die auf der Südhalbkugel eher von Krill. Die Schwanzfluken sind so unterschiedlich in Form und Färbung, dass man daran einzelne Wale identifizieren kann.*

Die Flipper sind schmal und sichelförmig, außer beim Buckelwal, bei dem sie mindestens an der Vorderkante mit Höckern versehen sind und fast ein Drittel der Körperlänge ausmachen. Die Rückenfinne sitzt weit hinten. Die breiten Schwanzfluken weisen eine deutliche Einbuchtung in der Mitte auf. Beim Buckelwal sind sie besonders stark gespreizt. Der beim Ausatmen entstehende Blas ist einfach, wird jedoch simultan durch zwei Öffnungen auf der Kopfoberseite ausgestoßen. Höhe und Form der Wolke unterscheiden sich je nach Art.

In allen Ozeanen daheim

VERBREITUNG

Blau-, Finn-, Sei-, Zwerg- und Buckelwale leben in allen großen Weltmeeren – im Sommer an den Nahrungsgründen in Polnähe, im Winter an den Paarungsplätzen in gemäßigten Breiten. Buckelwale bleiben auf ihren Wanderungen nahe der Küste, während die übrigen Furchenwale das offene Meer bevorzugen. Bryde-Wale kommen ausschließlich in warmgemäßigten Gewässern vor, meist küstennah im Atlantik, Pazifik und Indischen Ozean.

Auf der Südhalbkugel machen sich Blauwale vor den Finn- und Buckelwalen auf die Wanderschaft, erst rund zwei Monate später folgen die Seiwale. Bei jeder Art bestimmen Alter und Geschlecht die Verteilung innerhalb des Zuges. Ältere Tiere und trächtige Weibchen bilden meist die Vorhut, die noch nicht geschlechtsreifen Wale das Schlusslicht. Bei allen Arten ziehen die größeren, älteren Tiere meist weiter in Polnähe als die jüngeren.

Im Gegensatz zu anderen Furchenwalen kommen Blau- und Zwergwale bis zur Eisgrenze vor. Finnwale wandern nicht so weit und Seiwale bevorzugen eher die Subantarktis. Diese Unterteilung ist auf der Nordhalbkugel nicht ganz so ausgeprägt, vermutlich weil sich die komplexen Landmassen auf die Meeresströmungen auswirken.

Die verschiedenen Furchenwalarten bilden in den Weltmeeren einzelne Populationen, die sich in der Regel nicht vermischen. Genetische Untersuchungen und das Wiederfinden markierter Wale lassen dennoch einen Austausch zumindest zwischen Nord- und Südhalbkugel erkennen. Die meisten Populationen sind über weite Flächen verteilt. Buckelwale, die zur Fortpflanzung Küstengewässer bevorzugen, bleiben allerdings meist im Umkreis ihrer Nahrungsgründe beisammen.

Die großen Wanderzüge

SOZIALVERHALTEN

Die Lebenszyklen von Blau-, Finn, Zwerg- und Buckelwal sind eng mit dem Rhythmus der Frühjahrs- und Herbstwanderungen verknüpft. Die Tiere paaren sich im Winter in den warmen Gewässern niedriger Breiten und wandern dann zu ihren Nahrungsgründen am Polarkreis, wo sie drei bis vier Monate lang die üppigen Planktonvorkommen ausnutzen. Nach dieser Mast ziehen sie zurück in gemäßigte Zonen, wo die Weibchen nach 10- bis 12-monatiger Tragzeit jeweils ein Kalb zur Welt bringen. Begattung und Geburt können ganzjährig erfolgen, doch konzentriert sich das Fortpflanzungsverhalten vor allem auf relativ kurze, drei bis vier Monate dauernde Phasen.

Das Neugeborene ist etwa ein Drittel so lang wie die Mutter und bringt 4 bis 5 % ihres Gewichts auf die Waage. Es begleitet seine Mutter bei der Frühlingswanderung nach Norden und legt dabei 3200 km oder mehr zurück. In dieser Zeit ernährt es sich von Muttermilch, die einen Fettgehalt von bis zu 46 % aufweist (bei Mensch und Kuh beträgt er 3,5 %.). Rings um die Zitzen befinden sich Muskeln, mit denen die Milch dem Kalb ins Maul gespritzt wird, sobald es an einer der zwei Zitzen „angedockt“ hat. Dank dieser energiereichen Kost gedeiht das Junge sehr rasch und legt pro Tag bis zu 90 kg zu. In sechs bis sieben Monaten nimmt ein Blauwalkalb zu seinem Geburtsgewicht von 2,5 t weitere rund 17 t zu. Mit sieben bis acht Monaten wird es entwöhnt. Es ist nun rund 10 m lang.

FAKTEN

FURCHENWALE

Ordnung: Cetacea

Familie: Balaenopteridae

8 Arten in 2 Gattungen: *Balaenoptera* (7 Arten), darunter **Blauwal** *(B. musculus)* und **Finnwal** *(B. physalus)*, sowie *Megaptera* (1 Art), der **Buckelwal** *(M. novaeangliae)*.

VERBREITUNG Alle großen Ozeane.

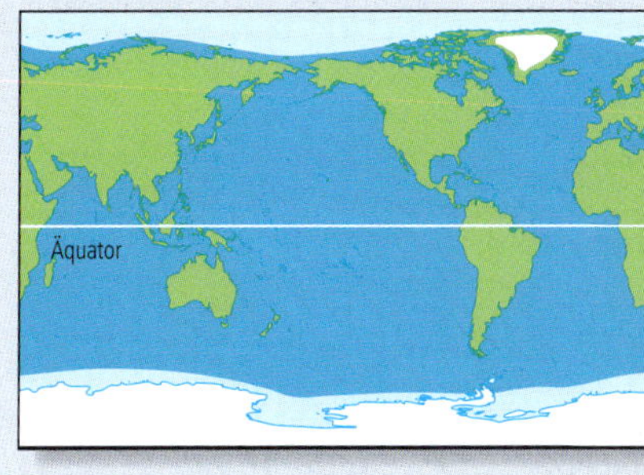

LEBENSRAUM Alle Arten bis auf *B. edeni* und *B. brydei* wandern zwischen Nahrungsgründen am Polarkreis und Paarungsgebieten in gemäßigten Gewässern.

GRÖSSE Körperlänge zwischen 9 m beim Nördlichen Zwergwal und 27 m beim Blauwal, dem größten Tier der Erde. **Gewicht** zwischen 9 t beim Zwerg- und 150 t beim Blauwal. Bei allen Arten werden die Weibchen etwas größer als die Männchen.

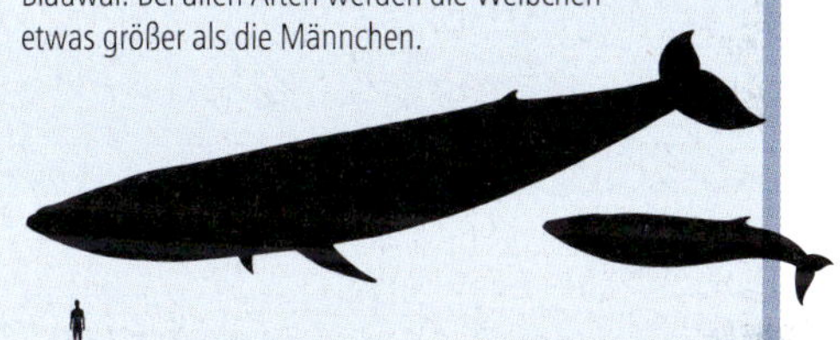

KÖRPERBAU Stromlinienförmig mit schwarzer oder grauer Oberseite, oft heller an Bauch und Unterseite der Flipper. 250–400 Barten, die an beiden Seiten aus dem Gaumendach herauswachsen. Vom Kinn bis zum Bauch mehrere Kehlfalten, die sich bei der Nahrungsaufnahme ausdehnen. Die Schwanzfluken sind breit und in der Mitte deutlich eingebuchtet.

NAHRUNG Krill, Ruderfußkrebse und Fische in wechselnden Mengenverhältnissen; Bryde-Wale fressen vor allem Fische, Blauwale fast ausschließlich Krill.

FORTPFLANZUNG 10–12 Monate nach der Paarung jeweils ein Kalb. Bei den meisten Arten zweijährige Pause zwischen den Geburten.

LEBENSERWARTUNG Von 45 Jahren beim Zwergwal bis 100 oder mehr bei den großen Walarten.

Artenübersicht siehe Seite 265 ▷

Der Eintritt der Geschlechtsreife verschiebt sich seit einigen Jahren bei Furchenwalen aufgrund einer erstaunlichen Interaktion zwischen Walbiologie und Bejagung durch den Menschen. Vor 1930 geborene Finnwale wurden mit rund 10 Jahren geschlechtsreif, doch danach fiel das Durchschnittsalter allmählich auf rund sechs Jahre. Seiwale, die vor 1935 erlegt wurden, vermehrten sich erst mit rund elf Jahren, in einigen Regionen heute bereits mit knapp sieben. Beim Südlichen Zwergwal ist der Unterschied sogar noch größer: Das Alter fiel um acht Jahre von 14 auf sechs Jahre.

Als wahrscheinlichste Erklärung für diesen Wandel führt man an, dass die einzelnen Wale heute mehr Nahrung zur Verfügung haben, weil die Bestände so massiv reduziert wurden, und dass die Überlebenden deshalb rascher heranreifen. Da der Eintritt der Geschlechtsreife an die Körpergröße gekoppelt ist, bedeutet eine schnellere Entwicklung auch, dass die Wale die erforderliche Größe in einem früheren Alter erreichen.

Links: *Von hinten sieht man deutlich die zwei „Nasenlöcher" des Blauwals, die wie bei allen Furchenwalen das Blasloch bilden. Beim Ausatmen versprüht der Wal eine einzige Wolke aus beiden Öffnungen. Größe und Form des Blas sind je nach Art unterschiedlich. Erfahrene Walbeobachter nutzen dies als Unterscheidungsmerkmal.*

Rechts: *Die maßstabsgetreue Darstellung fünf verschiedener Furchenwalarten verdeutlicht die Größenunterschiede:* **1** *Finnwal* (Balaenoptera physalus), **2** *Bryde-Wal* (B. edeni) **3** *Blauwal* (B. musculus), **4** *Nördlicher Zwergwal* (B. acutorostrata) *und* **5** *Buckelwal* (Megaptera novaeangliae), *hier mit dem Bauch nach oben beim Auftauchen.*

Finnwal En
Balaenoptera physalus

Polare bis tropische Meere. 2 Unterarten: *B. p. physalus*, N-Atlantik und N-Pazifik, KL 24 m; GT 70 t; *B. p. quoyi*, Südhalbkugel, KL 27 m; GT 80 t.
KÖRPER: Haut an der Oberseite grau, Unterseite weiß, an Kinn, Flippern und Fluke asymmetrisch weiße Unterseite; 260–470 blaugraue Barten mit weißlichem Rand, Vorderseite weiß; 56–100 Kehlfalten.

Seiwal En
Balaenoptera borealis

Polare bis tropische Meere. 2 Unterarten: *B. b. borealis*, N-Atlantik und N-Pazifik, KL 19 m, GT 30 t; *B. b. schlegellii*, Südhalbkugel, KL 21 m, GT 35 t.
KÖRPER: Haut dunkel stahlgrau, am Bauch weiße Furchen. 320–400 grauschwarze Barten mit hellem Rand; 32–62 Kehlfalten.

Bryde-Wal
Balaenoptera edeni

Küstengewässer im östlichen Indischen Ozean und W-Pazifik.
KL 11 m; GT 20 t.
KÖRPER: Haut dunkelgrau; 250–370 graue Barten mit weißem Rand; 47–70 Kehlfalten.

Balaenoptera brydei

Hochseegebiete in tropischen und warmgemäßigten Meeren weltweit.
KL 15 m; GT 26 t.
KÖRPER: Wie *B. edeni*, von dem *B. brydei* früher als Unterart galt.

Blauwal En
Balaenoptera musculus

Polare bis tropische Meere. 3 Unterarten: Nördlicher Blauwal (*B. m. musculus*), N-Atlantik und N-Pazifik, KL 24-27 m, GT 130–150 t; Südlicher Blauwal (*B. m. indica*), Südhalbkugel, KL 27 m, GT 150 t; Zwergblauwal (*B. m. brevicauda*), Südhalbkugel, vor allem südlicher Indischer Ozean und Südpazifik, KL 24 m, GT 70 t.
KÖRPER: Haut blaugrau gesprenkelt (*B. m. brevicauda* silbergrau), Flipperunterseite hell; 270–395 blauschwarze Barten; 55–88 Kehlfalten (*B. m. brevicauda* 76–94).

Nördlicher Zwergwal LR
Balaenoptera acutorostrata

Polare bis tropische Meere. 2 Unterarten: *B. a. acutorostrata*, N-Atlantik, und *B. a. scammoni*, N-Pazifik.
KL 9 m; GT 9 t.
KÖRPER: Haut an der Oberseite dunkelgrau, Bauch und Flipperunterseite weiß; weißes oder helles Band an Flippern; helle Streifen im Nacken. 230–350 gelbweiße, einige schwarze Barten; 50–70 Kehlfalten.
IUCN-STATUS: Vorwarnliste.

Südlicher Zwergwal LR
Balaenoptera bonaerensis

Polare bis tropische Gewässer der Südhalbkugel.
KL 11 m; GT 10 t.
KÖRPER: Wie *B. acutorostrata*, jedoch ohne das helle Band an den Flippern. Es scheint darüber hinaus einen „Zwerg-Zwergwal" zu geben, der in den niedrigen Breiten der Südkugel lebt und der nordpazifischen Subspezies ähnelt.
IUCN-STATUS: Vorwarnliste.

Buckelwal Vu
Megaptera novaeangliae

Polare bis tropische Meere.
KL 16 m; GT 65 t.
KÖRPER: Haut an der Oberseite schwarz, Kehlfalten weiß; Flukenunterseite unterschiedlich gemustert; 270–400 dunkelgraue Barten; 14–24 Kehlfalten.

ABKÜRZUNGEN KL = Körperlänge GT = Gewicht En stark gefährdet Vu gefährdet LR geringes Risiko

a b
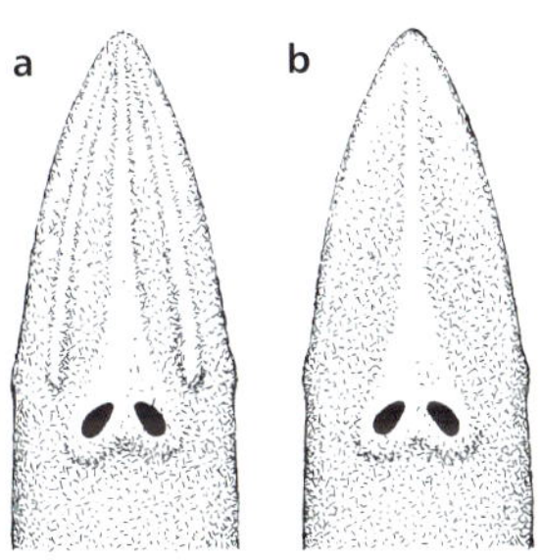

Links: *Seiwale* (Balaenoptera borealis), *hier nicht abgebildet, ähneln dem Bryde-Wal. Als wichtigstes Unterscheidungsmerkmal dienen die Längskiele auf der Kopfoberseite: Bei Bryde-Walen* **a** *sind es drei, bei Seiwalen* **b** *ist es nur einer.*

5

4

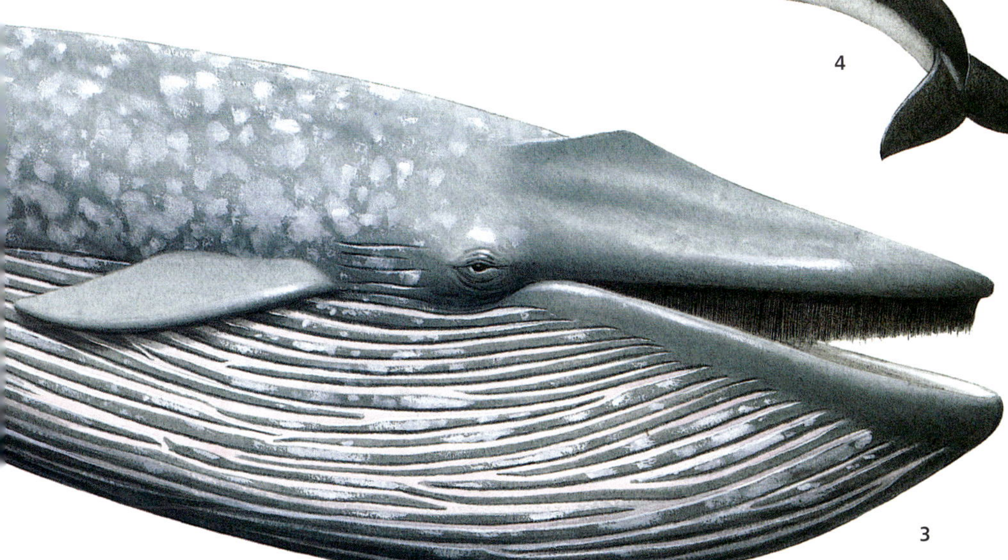

3

Gefahren für Giganten

ARTEN- UND UMWELTSCHUTZ

Die Zukunft der Furchenwale hängt vor allem vom Erfolg der heutigen Bemühungen ab, die Tiere vor Überjagung zu schützen. Bei einigen Arten steigen die Zahlen offenbar wieder, doch aufgrund der geringen Geburtsraten wird es Jahrzehnte dauern, bis sich die Bestände völlig erholt haben. Sich selbst überlassen, kann eine Walpopulation sich je nach Reproduktionsrate in zehn bis 20 Jahren verdoppeln. Vom antarktischen Blauwal sind jedoch nur noch 5 bis 10 % der früheren Bestände vorhanden, und er wird nicht so schnell aufholen können.

Zunehmend Sorgen macht auch die Veränderung und Schädigung des Ozeans durch Klimawandel und Umweltverschmutzung. Es ist zwar unwahrscheinlich, dass ein Anstieg der Wassertemperatur sich unmittelbar auf Wale auswirken würde, die durch ihren Blubber gut isoliert sind. Sie betreffen jedoch Organismen, von denen sie sich ernähren. Krill und Fische könnten infolge der Veränderungen von Umweltbedingungen und Meeresströmungen abwandern. Zudem ist denkbar, dass verstärkte UV-Einstrahlung durch die Ozonlöcher über den Polen die Primärproduktion in den Meeresteilen beeinträchtigen, die Walen seit langem als Nahrungsgründe dienen. Direkte Verschmutzung in Form von Chemikalien und unverwesbare Materialien wie Plastiktüten, Flaschen und anderer Abfall, der manchmal von Walen verschluckt wird und ihren Magen-Darm-Trakt verstopft, gibt ebenso Anlass zur Sorge wie die zunehmende Geräuschbelästigung, die ihre Ortungs- und Kommunikationsfähigkeit herabsetzt. Weitere Gefahren sind, dass Wale sich in Fischernetzen verfangen oder es angesichts des zunehmenden Schiffsverkehrs vermehrt zu Kollisionen kommt. RG

Rechts: *Buckelwal beim Springen. Man sieht deutlich einen der Flipper, die von allen Walen die längsten sind. Der Wal springt halb aus dem Wasser und lässt sich klatschend zurückfallen. Wie bei anderen Arten dient dies auch hier vor allem zwei Funktionen: Fischschwärme zu lähmen oder in Panik zu versetzen und mit anderen Herdenmitgliedern zu kommunizieren.*

Grosser Hunger, kleine Beute

Die größten Tiere der Erde ernähren sich von einigen der allerkleinsten. Furchenwale filtern ihre Nahrung durch riesige siebartige Barten, die vom Gaumendach herunterwachsen und mit denen sie winzige Pflanzen und Tiere aus dem Meerwasser heraussieben. Der Wal öffnet das Maul weit und saugt eine große Menge planktonhaltiges Wasser ein **a**.

Anschließend wird das Wasser durch die Lücken zwischen den Barten gepresst; dabei schließt sich das Maul. Die zuvor aufgeblähten Kehlfalten ziehen sich zusammen, die Zunge drückt nach oben. Die Nahrung verfängt sich in den Fransen an den Innenkanten der Barten und wird geschluckt **b**.

Seiwale können auch mit halb offenem Maul durch Stellen mit besonders planktonreichem Wasser „pflügen". Der Kopf schaut dabei ein Stück aus dem Wasser, sodass Wasser und Nahrung kontinuierlich zwischen den Barten durchgeseiht werden. Wenn er genügend Futter beisammen hat, schließt der Wal das Maul und schluckt es.

Die Borsten an den Bartenkanten sind ebenso wie Form und Größe der Barten selbst je nach Futterangebot von Art zu Art verschieden. Der Blauwal besitzt eher grobe Bartenfransen und frisst fast ausschließlich Krebstierchen, insbesondere Krill. Diese Organismen bilden die Grundnahrung aller Bartenwale in der Antarktis, während die Arten in anderen Lebensräumen, vor allem auf der Nordhalbkugel, sich vielseitiger ernähren.

Finnwale mit ihren mittelgroben Bartenborsten fressen überwiegend Krill und Ruderfußkrebse, an dritter Stelle jedoch auch Fisch, doch mit erheblichen regionalen und jahreszeitlichen Variationen. Seiwale, deren Barten viel feinere Fransen aufweisen, bevorzugen in erster Linie Ruderfußkrebse, verschmähen aber auch Krill und andere Krebstierchen nicht. Zwerg- und Buckelwale ernähren sich auf der Nordhalbkugel überwiegend von Fisch, im Süden von Krill, während Bryde-Wale fast ausschließlich Fisch und dafür nur wenig Krebstierchen verzehren.

Die von diesen Walen erbeuteten Fische sind meist schwarmbildende Arten wie Hering, Kabeljau, Makrele, Lodde und Sardine. Buckel- und Zwergwale stürzen sich auf die Beutetiere, wohl um sie zu erschrecken und zusammenzutreiben. Der Wal schwimmt um den Schwarm herum und schießt dann senkrecht mit weit offenem Maul mitten hinein. Buckelwale treiben ihre Beute auch zusammen, indem sie aus Luftblasen „Fangnetze" bilden.

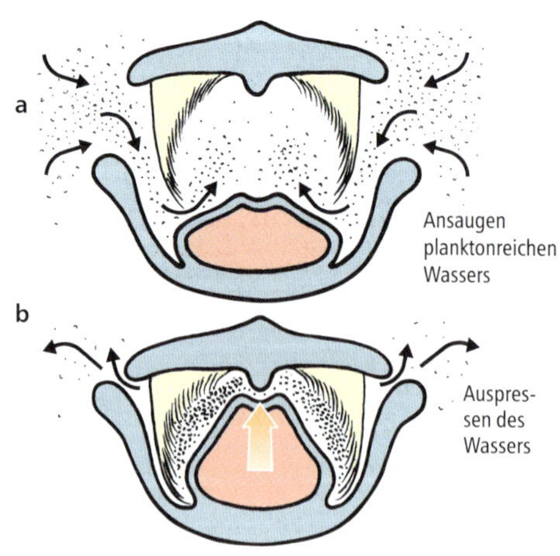

Man schätzt, dass ein großer Blauwal von 100 t Gewicht während der Sommermast 4 t Krill pro Tag fressen muss. Die erste Kammer des dreiteiligen Magens kann jeweils bis zu 1 t fassen, muss also rund viermal am Tag gefüllt werden. Die gespeicherte Energie steckt in dem Öl und Fett (Blubber) unter der Haut und rings um die inneren Organe. Von ihr lebt der Wal das restliche Jahr, wenn er nur noch sehr wenig Futter aufnimmt. Im Lauf eines Jahres verzehrt er pro Tag schätzungsweise 1,5 bis 2 % seines Körpergewichts.

Neue Erkenntnisse über Walgesänge

Was neue Forschungsmethoden uns über den Buckelwal sagen

Die 1990er Jahre brachten erhebliche Fortschritte in der Erforschung der Wale, insbesondere des Buckelwals und seines faszinierenden Verhaltens. Vor allem drei neue Verfahren werden seither eingesetzt: Genanalysen, Satellitenüberwachung von Tieren mit Sendern und die akustische Überwachung durch Tiefsee-Horchposten.

Mit immer ausgefeilteren Verfahren übt die Genanalyse großen Einfluss auf viele Forschungsgebiete aus. Beim Studium von Walbeständen dienen sie sowohl zur Ermittlung der Gruppenstruktur als auch zur Beurteilung der langfristigen evolutionären Folgen bestimmter Verhaltensweisen. Mit DNA-Analysen kann man das Geschlecht der Wale ermitteln und damit Vaterschaft und matrilineale Beziehungen nachweisen. Anfang der 1990er Jahre identifizierten Biologen mehrere tausend Buckelwale im Nordatlantik anhand von Fotos und entnahmen Gewebeproben. Diese ergaben ein Bild davon, welche Kälber vermutlich von welchen Bullen gezeugt wurden. Früher beruhten so gut wie alle Erkenntnisse über Vaterschaftsverhältnisse auf reiner Spekulation, da kein Wissenschaftler je Buckelwale unmittelbar beim Geschlechtsakt beobachtet hatte.

Unser Wissen vom Wanderverhalten der Buckelwale wurde vor allem von einem Teilbereich der Genforschung bestätigt und vertieft: dem Studium ihrer mitochondrialen DNA. Mitochondrien sind winzige Energiefabriken in den Körperzellen. Sie sind zwar im Ei vorhanden, nicht aber im Sperma, und werden deshalb ausschließlich von der Mutter vererbt, niemals vom Vater. Das in diesen Organellen enthaltene Erbgut – die mitochondriale DNA – von Walen aus verschiedenen Nahrungsgründen weist so große Unterschiede auf, dass der genetische Austausch zwischen diesen Subpopulationen wohl gering ist. Die von beiden Elternteilen geerbte Kern-DNA lässt dagegen keine Bevorzugung von Futterplätzen erkennen. Die Genanalysen untermauern die empirische Erkenntnis, dass Buckelwale gewissen Nahrungsgebieten nach einem matrilinearen Muster treu bleiben. Während jedoch solche Beobachtungen nur einen Zeitraum von ein bis zwei Jahrzehnten abdecken, belegen die DNA-Analysen, dass dieses Muster seit Jahrtausenden Bestand hat. Dieses Ergebnis ist erstaunlich, weil Buckelwale nur ein einziges Mal mit der Mutter zusammen von den Tropen zu ihren Nahrungsgründen wandern. Dennoch kehren sie anschließend bis zum Lebensende Jahr für Jahr immer wieder dorthin zurück.

Auch das *„tracking"* per Satellit liefert unschätzbare Erkenntnisse über die Bewegungen der Buckelwale über Ozeane hinweg. Die an den Tieren angebrachten Sender versetzen die Forscher in die Lage, ihre Wanderrouten über Tausende von Kilometern und lange Zeiträume nachzuvollziehen. Sie liefern zudem weitere Informationen, etwa über Tauchgänge. Per Satellit lassen sich auch zahllose Daten über Bewegungen innerhalb der Weide- und Paarungsgebiete sammeln.

Die Öffnung des Eisernen Vorhangs bescherte Buckelwal-Forschern in den 1990er Jahren eine weitere viel versprechende Chance. Im Kalten Krieg installierte die US-Navy heimlich ein riesiges Netz von Unterseemikrofonen am Boden mehrerer Meeresbecken, um die Bewegungen sowjetischer Unterseeboote nachzuvollziehen. Die von diesen Horchposten aufzeichneten Daten wurden per Funk an Zentralrechner weitergeleitet, sodass riesige Flächen „abgehört" werden konnten. Dieses Sound Surveillance System (SOSUS) darf seit den 1990er Jahren auch von Biologen genutzt werden. Mithilfe des Horchsystems können die Geräusche von Buckelwalen und anderen Arten über Hunderte von Kilometern mitverfolgt werden.

All diese Forschungsmethoden belegen die tief greifenden Auswirkungen der jährlichen Wanderungen auf die Bartenwale. Der Rhythmus beeinflusst alle Aspekte des Buckelwalverhaltens, angefangen mit dem Körperbau, denn der jährliche Zyklus bedingt ihre Größe. Im Sommer nehmen Buckelwale enorme Mengen Futter auf und müssen den Rest des Jahres auf der langen Wanderung zu den Paarungs- und Wurfplätzen von diesen Energievorräten leben. Große Wale können nicht nur mehr Energie speichern, sondern auch lange Strecken Kräfte sparender zurücklegen, da die Wärmeregulation einen geringeren Stoffwechselaufwand erfordert. Die zusätzlichen Anforderungen durch Trächtigkeit und Stillzeit bedeuten, dass die Weibchen noch mehr Energie speichern müssen, sodass adulte Weibchen größer werden als adulte Bullen.

Die Fähigkeit, nach monatelangem Fasten Milch zu geben, ist bei Säugetieren sehr selten und wesentlicher Faktor im Reproduktionszyklus der Bartenwale. Eine trächtige Walkuh muss ihr Kalb austragen, während sie unterwegs ist und fastet. Nach der Niederkunft in den Tropen muss sie es säugen und kann dazu bis zu einem halben Jahr lediglich ihre Energiereserven verwenden, bis sie im folgenden Sommer an die Futterplätze zurückkehrt. Das Kalb wächst sehr rasch und wird innerhalb eines Jahres entwöhnt. Es ist dann bereits 8 bis 9 m lang.

Zwei weitere Schlüsselbereiche der Walforschung umfassen Ernährung und Fortpflanzung. Beides ist wiederum eng mit dem Wanderzyklus verknüpft. Im Nordatlantik kehren Buckelwale zu bestimmten Nahrungsgründen wie vor Island oder Norwegen zurück, doch kann sich ihre Verteilung vor Ort je nach Futterangebot verschieben. Sichtungsdaten aus mehreren Jahren von Walen mit natürlichen Kennzeichen lassen vermuten, dass Tiere aus mehreren Nahrungsplätzen sich in ihren tropischen Paarungsgebieten treffen und vermischen, dann jedoch jeder in das Futtergebiet seiner Mutter zurückkehrt.

Oben: *Aufnahmen von Buckelwalen werden meist von kleinen Küstenbooten aus gemacht, doch kann man die Gesänge jetzt auch mithilfe der SOSUS-Horchposten verfolgen und zeigen, dass sie noch in großer Entfernung zu hören sind.*

Im Winter wandern Buckelwale wieder in tropische Gewässer, wo sie sich paaren und kalben. Buckelwalkühe suchen stille, geschützte Gewässer an der Leeseite von Inseln oder flachen Sandbänken. Die Bullen versammeln sich in der Nähe und umwerben sie. Eine Strategie besteht im direkten Wettbewerb, wobei ein Bulle eine Kuh begleitet und sich bemüht, seine Rivalen zu vertreiben, die neben ihnen herschwimmen und ihrerseits Avancen machen. Der intensive Wettstreit dauert höchstens einige Stunden, in denen sich die Rollen der Konkurrenten mehrmals umkehren können. Der Sieger bleibt nicht lange beim Weibchen, denn man sieht es schon am folgenden Tag mit anderen Bullen. Wie in den Nahrungsgründen sind auch hier mit Ausnahme von Mutter und Kalb die Bindungen

Oben: *Buckelwalmutter mit Kalb. Moderne genetische Analysen beweisen, dass die Jungtiere ihr Leben lang zu den Nahrungsgründen der Mutter zurückkehren.*

zwischen Einzeltieren flüchtig. Genanalysen der Kälber einer Mutter zeigen, dass die Weibchen sich in jeder Saison mit anderen Bullen paaren.

Die zweite Fortpflanzungsstrategie ist das Singen. Während der Paarungszeit wiederholen die Bullen ununterbrochen lange, komplexe Gesänge von jeweils rund zehn Minuten Dauer, manchmal bis zu 24 Stunden lang. Die Analyse der Gesänge zeigt, dass die Lautfolgen, aus denen sie aufgebaut sind, einer Hierarchie folgen. Jedes „Lied" besteht aus mehreren Themen, die in einer bestimmten Abfolge wiederholt werden. Die Themen selbst bestehen aus Phrasen, die unterschiedlich oft wiederholt werden.

Innerhalb einer Population produzieren die meisten Bullen sehr ähnliche Gesänge. Im Lauf der Zeit verändern sie sich langsam, aber stetig, sodass die Gesänge aus mehreren Jahren sich deutlich voneinander unterscheiden und nach zehn Jahren keinerlei Übereinstimmung mehr besteht. Die Gesänge verschiedener Populationen haben meist nichts gemein, doch entdeckten Biologen vor der Ostküste Australiens, wo die Gesänge seit langem erforscht werden, eine bemerkenswerte Ausnahme. In einem Jahr wurden mehrere Bullen aufgezeichnet, deren Lieder völlig anders klangen als die übrigen, jedoch denen vor der australischen Westküste sehr ähnelten. Es scheint, dass ein oder zwei Vertreter der dortigen Population nach Osten abwanderten, was selten, aber nicht ausgeschlossen ist. Der „Westküstengesang" wurde nach und nach von den übrigen übernommen und hatte den alten „Ostenküstengesang" innerhalb von zwei Jahren verdrängt. Sowohl die allmähliche Entwicklung des Gesangs und die unvermittelte Übernahme eines neuen Lieds zeigen, dass Buckelwalbullen die detaillierte akustische Struktur ihrer Gesänge erlernen und die Wale verschiedener Populationen nicht deshalb andere Lieder haben, weil sie unterschiedlichen Genotypen angehörten, sondern weil sie das nachahmen, was sie hören. Mit anderen Worten: Buckelwalgesänge sind ein Ausdruck von Kultur.

Sobald ein singender Buckelwal anderen begegnet, bricht er ab. Handelt es sich um ein Weibchen, beginnt er meist mit der Werbung (Wälzen, Flipperschlagen). Trifft er auf einen anderen Bullen, begegnen sie sich feindselig. Erst danach nimmt der erste Sänger oder der zweite Wal das Lied wieder auf. Diese Beobachtung zeigt, dass die Bullen singen, um Weibchen anzulocken, und dass sie sich dabei wechselseitig Konkurrenz machen. Buckelwalbullen scheinen keine Revierkämpfe auszutragen, denn die tägliche Identifizierung von Einzeltieren anhand von Fotos belegt, dass nur wenige Tiere im selben Gebiet erneut gesichtet werden. Die Wale ziehen also weiter, den Meeresströmungen folgend. Sie scheinen sich eher an Artgenossen zu orientieren als an bestimmten Orten. PLT

Glattwale

ENGLISCHE WALFÄNGER NANNTEN DEN GLATTwal „right whale", weil er der „richtige Wal" für den Fang war: Er schwamm langsam, trieb als Kadaver an der Oberfläche und lieferte reichlich Barten und Öl. Keine andere Walart wurde auf so kritische Werte dezimiert wie diese. Selbst nach jahrzehntelangem Schutz zählen die Bestände auch heute noch kaum ein paar Hundert Tiere.

Glattwale sind weltweit durch Menschen bedroht. So wie wir haben sie eine Vorliebe für Küstengewässer, und dort kommen auch ihre Jungen zur Welt. Dadurch geraten ausgerechnet die wehrlosesten Tiere in die bevölkerungsreichsten Teile der Weltmeere. Im Nordatlantik fallen so viele Glattwale Schiffen und Fischernetzen zum Opfer, dass ihr Überleben gefährdet ist. Aufgrund der Einflüsse von Menschen und des Geburtenrückgangs scheinen sich ihre Bestände weiter zu verringern. Jüngste Modelle sagen voraus, dass sie in 200 Jahren ausgestorben sein werden. Über die Bestände im Nordpazifik weiß man zu wenig, um Bestandszahlen oder Wachstumsraten zu beurteilen. Auf der Südhalbkugel scheint es den Glattwalen jedoch wieder relativ gut zu gehen. Der dortige Bestand umfasst rund 6000 Tiere mit einer Wachstumsrate von jährlich 6 bis 7 %.

Große Köpfe, gebogene Kiefer

KÖRPERBAU UND FUNKTION

Nord- und Südkaper, Grönland- und Zwergglattwale haben Gemeinsamkeiten, die sie von den Furchenwalen unterscheiden. Dazu gehört das gewölbte Rostrum (Oberkiefer), das dem Kopf im Profil eine ganz andere Form gibt als die gerade Linie beim Furchenwal. Dieses Merkmal fällt vor allem beim Grönlandwal auf, dessen „Bogenkopf" bis zu 40 % der Körperlänge ausmacht. Ein weiteres Merkmal sind die langen, schmalen Barten und das Fehlen der Kehlfalten bei den großen Arten (der Zwergglattwal hat nur zwei). Auch der Schädel unterscheidet sich grundlegend; insbesondere ist der Kieferknochen schmaler als bei Furchenwalen. Bei allen drei Glattwalarten ist der Kopf im Verhältnis zum Körper riesig. Während die beiden großen Arten neben Furchenwalen äußerst gedrungen wirken, ist der Zwergglattwal relativ klein und schlank. Anders als seine großen Verwandten besitzt er eine kleine, dreieckige Rückenfinne.

Nord- und Südkaper unterscheiden sich auf den ersten Blick von Grönlandwalen und anderen Walarten durch die verdickten, mit Bewuchskrusten überzogenen Hautwucherungen am Ober- und Unterkiefer sowie über den Augen. Vor allem die größte Stelle vorn auf der Schnauze wird als „Mütze" bezeichnet. Kolonien von Seepocken und Walläusen (Gattung *Cyamus*) besiedeln diese Stellen. Die „Mützen" sind bei Bullen etwas ausgeprägter als bei Weibchen und spielen möglicherweise beim Paarungsverhalten eine Rolle. Für Forscher sind sie insofern dienlich, als dass sie individuelle Muster bilden, an denen man Einzeltiere identifizieren kann, ohne sie einfangen oder belästigen zu müssen. Mit ihrer Hilfe konnten die derzeit studierten Nord- und Südkaperpopulationen katalogisiert werden, sodass nun ermittelt werden kann, wie lange die Tiere leben, wann sie sich fortpflanzen und wie sie wandern.

Glattwale stoßen niederfrequente Laute aus. Untersuchungen belegen, dass es mindestens zwei Arten gibt: Kontaktrufe zwischen weit voneinander getrennten Tieren und die Rufe, mit denen Weibchen Bullen anlocken. Das Repertoire ist wahrscheinlich weit größer. Anders als Buckelwale, die „Lieder" aus wiederholten Lautfolgen singen, erzeugen Glattwale viele Einzeltöne oder Tongruppen im Bereich von 50 bis 500 Hz. Beim

Unten: *Nordkaperbullen umringen zur Paarungszeit ein brünstiges Weibchen. Gelegentlich zeigen Bullen untereinander in der Brunft ein aggressives Verhalten, doch leisten sie auch nachweislich aktiv Hilfe, indem ein Bulle das Weibchen stützt, während ein anderer es begattet.*

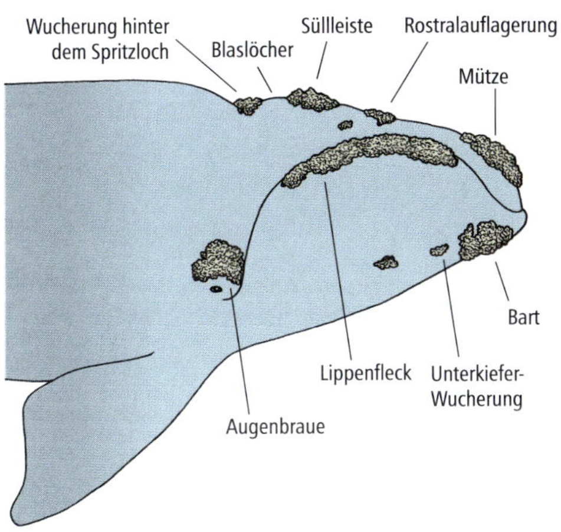

***Oben:** Eine Südkapermutter und ihr Kalb beim Auftauchen vor der argentinischen Halbinsel Valdez. Man sieht deutlich die für diese Art typischen „Mützen" aus verhärteten Hautwucherungen an der Schnauzenspitze, die meist stark mit Seepocken und anderen Parasiten bewachsen sind.*

***Links:** Die „Mütze" ist eine von mehreren Bewuchskrusten, wie sie bei fast allen Glattwalen auftreten. Sie sind von Geburt an vorhanden. Ihre genaue Funktion ist noch unbekannt. Da sie bei Bullen stärker ausgeprägt ist als bei Kühen, könnte sie als eine Art Waffe fungieren, um die Haut eines Rivalen aufzuschürfen.*

Beutefang machen sie andere niederfrequente Geräusche (2 bis 4 kHz), die als Gluckern des Wassers durch die halb gebleckten Barten identifiziert wurden. Über die Lauterzeugung des Zwergglattwals weiß man nichts. Der Grönlandwal produziert einfache, mit der Zeit veränderliche Laute.

Beachtliche Jahresleistung

VERBREITUNG

Die Wanderzüge der Glattwale sind nicht restlos erforscht. Im Nordatlantik und vor den Küsten Floridas und Georgias liegen die wichtigsten Wurfplätze im Winter. Wo sich die übrigen Tiere in dieser Zeit aufhalten, weiß man nicht. Etwa zwei Drittel aller Nordkaper werden im Frühling, Sommer und Herbst regelmäßig am Golf von Maine gesichtet, doch lassen genetische Daten und Beobachtungen vermuten, dass diese Art ein zweites, noch nicht identifiziertes Sommergebiet aufsucht.

Auf der Südhalbkugel versammeln sich Glattwale im Winter zum Kalben vor den Küsten Südafrikas, Argentiniens und Australiens sowie den subantarktischen Inseln Neuseelands. Wo genau sie auf Beutefang gehen oder den Sommer verbringen, ist nur zum Teil bekannt. Südkaper werden bis hinunter zur Antarktis gesichtet.

Vereinzelte Sichtungen im Nordpazifik lassen vermuten, dass kleine Populationen bis in den Golf von Alaska und das Ochotskische Meer ziehen. An der Westküste der USA und Hawaiis werden im Winter zwar einige wenige Glattwale gesichtet, doch liegen keine Informationen über Wintergebiete, Wurfplätze oder Wanderrouten vor. Insgesamt lassen die Daten vermuten, dass die Kälber im Winter geboren werden und dass Paarung und Befruchtung im Spätherbst bis Frühwinter der jeweiligen Hemisphäre stattfinden. Das in allen übrigen Gebieten den Rest des Jahres beobachtete Sexualverhalten dürfte eher der Stärkung sozialer Bindungen dienen als der Reproduktion.

Der jährliche Wanderzyklus des Grönlandwals lässt sich am besten im Beringmeer und in der Beaufortsee nachvollziehen, wo die größte und in der Arktis am genauesten bekannte Population lebt. Ihre Verbreitung ist eng verknüpft mit den Veränderungen von Lage und Ausdehnung der eisfreien Flächen. Route und Zeitpunkt der Wan-

FAKTEN

GLATTWALE

Ordnung: Cetacea

Familien: Balaenidae und Neobalaenidae

4 Arten in 3 Gattungen: *Eubalaena, Balaena* und *Caperea*; manche fassen jedoch **Glattwale** und **Grönlandwal** unter der Gattung *Balaena* zusammen. Der **Zwergglattwal** (Gattung *Caperea*) wird bisweilen als Unterfamilie aufgefasst, von uns hier jedoch als einziger Vertreter einer eigenen Familie (Neobalaenidae) eingestuft.

VERBREITUNG Arktis und gemäßigte Gewässer.

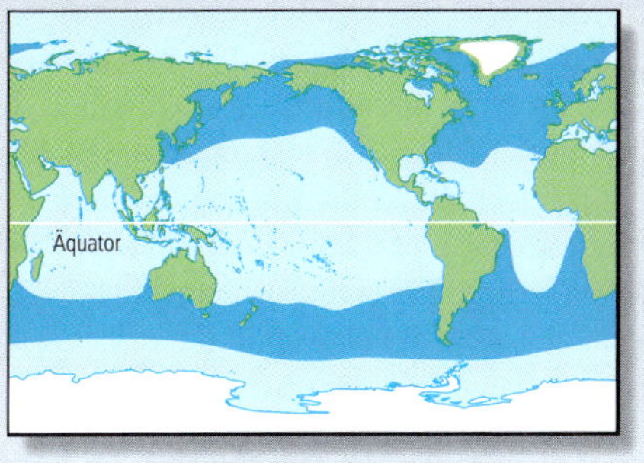

NORDKAPER *Eubalaena glacialis*
Gemäßigte Gewässer der Nordhalbkugel; im Atlantik südlich bis Florida. KL bis 18 m, im Schnitt adult ca. 15 m, GT 50–56 t; Tiere im N-Pazifik sind um 5–10 % größer als die anderen. Körper: Schwarz mit manchmal großen weißen Flecken an Kinn und Bauch, Kopf und Kiefer typischerweise mit ausgeprägten „Mützen" aus Bewuchskrusten durch Seepocken; Barten schwarz, bis 2,5 m lang. Fortpflanzung: Tragzeit 12–13 Monate. Lebenserwartung: Ein Weibchen nachweislich mindestens 65 Jahre. IUCN-Status: Stark gefährdet

SÜDKAPER *Eubalaena australis*
Gemäßigte Gewässer der Südhalbkugel; im Atlantik nördlich bis S-Brasilien. Länge, Körperbau, Fortpflanzung und Lebenserwartung wie beim Nordkaper. IUCN-Status: Vorwarnliste.

GRÖNLANDWAL *Balaena mysticetus*
Nördliches Eismeer, im Winter Wanderung ins Beringmeer und bis an die Küsten vor Labrador. KL 3,5–20 m, im Schnitt ca. 17 m; GT 60–80 t. Körper: Schwarz mit Ausnahme eines weißen bis ockergelben Kehlflecks; keine Bewuchskrusten; Barten schmal, dunkelgrau bis schwärzlich, bis zu 4 m lang. Fortpflanzung: Tragzeit 10–11 Monate. Lebenserwartung: Anhaltspunkte (z.B. alte Harpunenspitzen) zeugen von extrem hohem Alter. IUCN-Status:Vorwarnliste; allerdings sind die Populationen in Swalbard und der Barentssee vom Aussterben bedroht, jene im Ochotskischen Meer und an der Baffin Bay sind stark gefährdet.

ZWERGGLATTWAL *Caperea marginata*
Südpolarkreis, gemäßigte und subantarktische Gewässer; keine echte antarktische Art. KL 2–6,5 m, im Schnitt ca. 5 m; GT ca. 3–3,5 t. Körper: Grau, Oberseite und Schultern dunkler, dunkle Streifen von Auge bis Flipper; Barten relativ lang für die Gesamtgröße, weißlich mit dunklen Rändern. Fortpflanzung: Tragzeit vermutlich 10–11 Monate.

Abkürzungen: KL = Körperlänge; GT = Gewicht

derungen richten sich jeweils nach der Öffnung von Wasserrinnen, die sich im Treibeis vom nördlichen Beringmeer aus nach Osten bis zum Amundsengolf im Frühling und Sommer bilden.

Grönlandwale überwintern im Beringmeer, vor allem rings um die Inseln St. Lorenz und St. Matthew. Hier werden die Kälber geboren. Die Paarungen erfolgen im Frühling in der ersten Phase der Wanderung. Luft- und Satellitenaufnahmen zeigen, dass sich im Eis des nördlichen Beringmeeres und der südlichen Tschuktschensee im April Risse bilden, zuerst bei Cape Lisburne und dann bei Point Barrow. Die Rinnen liegen relativ nah an der Küste, sodass die meisten Wale auf ihrem Weg in die Beaufortsee Barrow passieren. Hinter Barrow öffnen sich durch Wind und Strömungen große Rinnen abseits der Küste, und die nach Osten ziehenden Wale rücken wieder vom Land ab. Sie erreichen Cape Bathurst und den Amundsengolf bereits im Mai. Das nur allmähliche Aufbrechen des Küsteneises östlich von Alaska verwehrt den Grönlandwalen meist vor Mitte Juli den Zugang zum Mackenziedelta und der Küste von Yukon.

Nach Angaben von Inuitjägern ziehen die Glattwale (wie auch der australische Buckelwal) nach Geschlecht und Alter getrennt. Die Wanderung erfolgt sicherlich in „Schüben", wobei die Tiere im Mai und Juni von Barrow bis zum Südwesten von Banks Island „dahinzockeln". Der Rückweg zum Beringmeer im Spätsommer bzw. Frühherbst erfolgt meist nicht nur schneller (nach alten Walfängeraufzeichnungen), sondern auch weiter im offenen Meer und lässt sich deshalb nicht so leicht beobachten.

Auf der Suche nach Plankton

NAHRUNG

Nord- und Südkaper, Grönland- und Zwergglattwal verzehren vor allem Ruderfußkrebse. Der Nordkaper frisst auch jungen Krill und gelegentlich schwarmbildende Planktonlarven. Der Südkaper verschmäht offenbar auch ausgewachsenen Krill nicht.

Grönlandwale ernähren sich im Wesentlichen nur in den Zonen mit hoher Primärproduktion in der Arktis, etwa im Mündungsgebiet des Mackenzie, wo nährstoffreiches Sediment und klares Wasser optimale Bedingungen für die aktive Photosynthese von Phytoplankton bieten und folglich die Zooplanktonproduktion entsprechend hoch ist. Grönland- und Glattwale pflügen einfach mit offenem Maul durch Zooplankton-Ansammlungen, im Gegensatz zu den meisten Furchenwalen (mit Ausnahme des Seiwals), die Wasser mit hohem Fisch- oder Krillgehalt aufsaugen und dann durch die Barten filtern. In den meisten Nahrungsgründen der Nordhalbkugel tauchen Glattwale für jeweils acht bis zwölf Minuten in die Tiefe ab. Gelegentlich bleiben sie zum Beutefang auch an der Oberfläche, wenn die Ausbeute dort hoch ist. Nordkaper halten beim Beutefang manchmal Körperkontakt.

Glatt- und Grönlandwale benötigen 1000 bis 2500 kg Futter pro Tag, der Zwergglattwal vielleicht 50 bis 100 kg. Über seine Ernährung ist so gut wie nichts bekannt, außer dass man einmal in den Mägen zweier von Russen erlegten Tiere Ruderfußkrebse gefunden hatte.

Gesellig in den Weiten der Ozeane

SOZIALVERHALTEN

Die Sozialstruktur der Nord- und Südkaper ist kaum erforscht. Einzelne Tiere werden zu manchen Tageszeiten allein, zu anderen in einer oder mehreren Gruppen gesichtet. Sieht man viele mit wenigen Kilometern Abstand zueinander, liegt das wahrscheinlich nur am erhöhten Nahrungsangebot an dieser Stelle. Die Gruppen sind wohl nicht mit Delfin- oder Zahnwalschulen vergleichbar.

Die engste soziale Bindung besteht zwischen Mutter und Kalb. In den ersten sechs Lebensmonaten des Jungtieres sind sie höchstens eine Körperlänge voneinander entfernt. Die Kälber werden mit zehn bis zwölf Monaten entwöhnt, danach sieht man die beiden nur noch selten zusammen. Die Wale vollführen häufig Luftsprünge und schlagen mit der Fluke auf die Wasseroberfläche. Vermutlich können sie damit ihren Standort anzeigen, vor allem wenn Oberflächenlärm die stimmliche Kommunikation ausschließt.

Oben: *Glattwale sind unterschiedlich gebaut. Der Nordkaper* (Eubalaena glacialis) ***1*** *besitzt lange Barten und eine riesige Zunge, einen stark gebogenen Unterkiefer und Bewuchskrusten. Grönlandwale* (Balaena mysticetus) ***2*** *weisen eine ausgeprägte Wölbung des Unterkiefers, jedoch keine Bewuchskrusten auf. Der Zwergglattwal* (Caperea marginata) ***3*** *hat eine Rückenfinne und einen leicht gewölbten Unterkiefer.*

Unten: *Ein Kalb des Südkapers* (Eubalaena australis) *mit seiner Mutter vor Patagonien. Mutter und Kind sind in den ersten sechs Monaten unzertrennlich. Sobald das Kalb jedoch mit etwa einem Jahr entwöhnt ist, haben sie kaum noch Kontakt zueinander.*

Aufgrund des langen Reproduktionszyklus (mindestens drei Jahre zwischen zwei Kälbern) sind jeweils weniger als ein Drittel der erwachsenen Weibchen in einem Gebiet paarungsbereit. Die Kühe scheinen die Bullen akustisch anzulocken, dann aber die Begattung hinauszuzögern, indem sie wegschwimmen oder sich auf den Rücken legen und die Flipper in die Luft strecken, sodass die Genitalien nicht zugänglich sind. Die Bullen werben um die Weibchen durch aktives Wegschieben der Rivalen. Die Weibchen paaren sich offenbar mit mehreren Bullen. Zwischen diesen existiert wohl eine Spermakonkurrenz, denn die Hoden dieser Art sind die größten der Welt (über 800 kg) und von allen Bartenwalen die größten im Verhältnis zur Körpergröße.

Ein einzelnes Kalb von 4 bis 5 m Länge wird im Winter nach zehn- bis zwölfmonatiger Tragzeit (manchmal bis zu 17 Monaten) geboren. Die Kühe werfen nur alle drei bis fünf Jahre. Mit einem Jahr misst das rasch wachsende Kalb bereits 8 bis 9 m. Junge Weibchen werden mit etwa neun Jahren geschlechtsreif, doch werfen ungewöhnlich frühreife Tiere auch schon mit sechs Jahren das erste Kalb.

Die Zahl der Kälber, die ein ausgewachsenes Nordkaperweibchen zur Welt bringt, ist zwischen 1980 und 1999 drastisch gesunken. Seit Mitte der 1990er Jahre hat sich das Intervall zwischen den einzelnen Geburten von 3,67 Jahren (1980–1992) auf über fünf Jahre verlängert. Die Geburtenrate scheint bei Nordkapern erheblich niedriger zu liegen als bei Südkapern vor Argentinien und Südafrika. Dazu können viele Faktoren beitragen, darunter Inzuchtdepression, Nahrungskonkurrenz durch andere Arten, Klimaveränderungen mit Wandel des Nahrungsangebots, Krankheiten, Biotoxine und die schädlichen (aber nicht tödlichen) Auswirkungen toxischer Schadstoffe.

Die natürliche Sterberate der Nordkaper wird auf 17 % im ersten Lebensjahr und auf rund 3 % in den folgenden drei Jahren geschätzt. Bei adulten Tieren liegt sie offenbar sehr niedrig. Nur drei Tiere dieses Bestands starben seit 1970 nachweislich an natürlichen Ursachen. Die Lebenserwartung ist nach wie vor unbekannt, obwohl mindestens eine Nordkaperkuh seit 1935 gesichtet wird (also weit über 60 Jahre alt sein muss). Rund 7 % der Nordkaper weisen Narben von Schwertwalangriffen auf. Obwohl einige Tiere diesen Feinden zum Opfer fallen, lassen Zufallsberichte von Kämpfen zwischen beiden Arten vermuten, dass Glattwale durchaus in der Lage sind, sich zur

Wehr zu setzen. Bei Nordkapern wurden bisher keine tödlichen Erkrankungen oder Seuchen beobachtet, doch sind offenbar krankheitsbedingte Läsionen bekannt. Drei Arten von Walläusen befallen den Nordkaper: *Cyamus ovalis, C. gracilis* und *C. erraticus.* Keine davon scheint dem Wal langfristig zu schaden, obwohl sie offenbar von dessen abschuppender Haut leben.

Rund 38 % der Sterberate bei Nordkapern beruht auf Kollisionen mit Schiffen, weitere 8 % darauf, dass Tiere sich in Fischernetzen verfangen. Fast 60 % aller Nordkaper weisen Narben von Verletzungen auf, die sie irgendwann im Leben durch Fischernetze erlitten haben, vor allem durch Hummer- und Krabbenreusen (die senkrechte Striemen hinterlassen) und bodennahe Wandnetze. In den USA werden derzeit intensive Anstrengungen unternommen, um diese Zahlen durch alternative Fischereimethoden zu reduzieren.

Wie Nord- und Südkaper bevorzugt der Zwergglattwal zu bestimmen Jahreszeiten flache Gewässer. Man vermutet, dass in diesen Phasen die Paarungen stattfinden. Den größten Teil des Jahres werden Zwergglattwale jedoch in allen bekannten Gebieten gesichtet, sodass auf lokale Populationen und begrenzte Wanderungen geschlossen werden kann. Damit endet allerdings die Ähnlichkeit mit ihren entfernten großen Vettern. Bei Zwergglattwalen wurden keine langen, tiefen Tauchgänge beobachtet, obwohl man früher annahm, die eigenartig abgeflachte Unterseite des Brustkorbs deute darauf hin, dass er sich oft am Meeresboden aufhalte. Ebenso wenig springen Zwergglattwale oder peitschen die Wasseroberfläche mit ihren Fluken.

Die kleinsten Glattwale schwimmen relativ langsam, oft durchstößt nicht einmal die Rückenfinne den Wasserspiegel. Beim Auftauchen strecken sie meist die ganze Schnauze aus dem Wasser, worin sie den Zwergwalen ähneln, mit denen sie leicht verwechselt werden. Der Atemrhythmus ungestörter Tiere ist regelmäßig, meist sieht man weniger als eine Blaswolke pro Minute in einer Folge von rund fünf Atemzügen und Tauchgängen in jeweils drei- bis vierminütigen Abständen. Das Verhalten des Zwergglattwals lässt sich generell als „unauffällig" beschreiben. Es trägt neben seiner geringen Größe dazu bei, dass über diese Art so wenig Beobachtungsdaten vorliegen. Die Tiere scheinen in der Subantarktis und den südlichen gemäßigten Breiten weltweit verbreitet zu sein, also in Gebieten mit geringer Bevölkerungsdichte und relativ wenig Landmasse. Folglich konnten bislang auch nur wenig Forscher Aufzeichnungen über Verhalten und Merkmale dieser Tiere machen.

Oben: *Kraftvoll springt ein Südkaper in Sichtweite der argentinischen Küste aus dem Atlantik. In Küstennähe vollführen die Wale ihre Sprünge öfter als im offenen Meer, vielleicht weil es in Gegenden mit vielen Störungen durch Menschen für sie schwieriger ist, sich rein akustisch zu verständigen.*

Unten: *Ein Grönlandwal lässt sich vor Baffin Island träge an der Oberfläche treiben. Jedes Frühjahr ziehen die Wale von den Gewässern vor dem St.-Lorenz-Golf nach Norden zu ihren Nahrungsgründen in der hohen Arktis. Im Herbst geht die Reise wieder südwärts zu den Überwinterungsgebieten in gemäßigteren Breiten.*

Rettung für Überlebenskünstler

ARTEN- UND UMWELTSCHUTZ

Alle heutigen Grönland- und Glattwalbestände sind Reste weit größerer Populationen. Die Basken begannen als Erste vor über tausend Jahren, ihnen nachzustellen. Die damals entwickelten Methoden bildeten die Grundlage für weite Teile der Walfangindustrie bis zur Erfindung des Fabrikschiffs im 20. Jahrhundert. Von Europäern und Amerikanern wurden Glattwale letztmals zu Beginn des 20. Jahrhunderts im Atlantik gejagt. 1935 wurden Nord- und Südkaper international geschützt, obwohl die Sowjetunion, wie man heute weiß, in den 1960er Jahren im Südatlantik, Indischen Ozean und Pazifik Tausende Tiere illegal erlegte.

Früher erfolgte die Jagd vor allem an den Wurfplätzen und in den Buchten der Südhalbkugel. Die Walfänger versuchten zunächst ein Kalb zu fangen, um dann mit der Mutter leichteres Spiel zu haben. Die Kadaver wurden an Land oder ins Flachwasser geschleppt und die Barten entfernt. Waren die Fänger auch am Öl interessiert, lösten sie den Blubber ab, schnitten ihn in Stücke und ließen ihn in großen gusseisernen Pfannen aus.

Die Chancen der Glattwale sind zwiespältig. Die Südkaper scheinen sich wieder zu vermehren. Inzwischen gibt es Meeresparks und gesetzliche Bestimmungen zum Schutz der Tiere vor Südafrika, Argentinien, Neuseeland und Australien. Die Zahlen im Nordpazifik sind derzeit noch unbekannt. Da diese Gruppe keine bestimmten Wurfplätze in Küstennähe zu haben scheint und die bekannten Sommergebiete im offenen Meer liegen, sind diese Tiere vielleicht nicht so stark durch Begegnungen mit Menschen gefährdet wie andere Gruppen. Im Nordatlantik sorgen die zunehmenden Todesfälle durch Kontakte mit Menschen und die abnehmende Geburtenrate dafür, dass der Bestand vom Aussterben bedroht ist. Dennoch sind Forscher und Tierschutzer davon überzeugt, die Nordkaper würden sich im Lauf der Zeit wieder erholen, falls verhindert werden könnte, dass Tiere durch Kollisionen und Fischernetze sterben. SDK/DEG

JAGD AUF GRÖNLANDWALE IN ALASKA

Seit Jahrtausenden jagen die Inuit Alaskas Grönlandwale, die jedes Frühjahr durch die küstennahen Wasserinnen im Packeis nach Osten wandern. Traditionell verwenden sie dazu Harpunen mit Elfenbein- oder Steinspitze und Schwimmern aus Robbenfell. Früher gab es dort noch 10 000 bis 20 000 Tiere und die Jagd hatte nur geringfügige Auswirkungen auf die Bestände. Im 19. Jahrhundert dezimierten dann amerikanische und europäische Walfangschiffe die Grönlandwale innerhalb weniger Jahrzehnte auf einige Hundert, im Beringmeer auf einige Tausend Tiere.

Der kommerzielle Walfang wurde 1915 eingestellt, doch die Inuit jagten in geringem Umfang weiter. Dennoch erholten sich die östlichen Populationen nicht vollständig. Dabei spielte auch eine Rolle, dass Tiere Schwertwalen zum Opfer fielen oder (selten) unter dem Eis ertranken. Auch Inzucht aufgrund der zu kleinen Population führte zu Problemen. Vermutet wird aber auch, dass die veränderten Jagdmethoden der Inuit, die ab den 1880er Jahren Harpunen mit Sprenggranaten einsetzten, mitverantwortlich waren.

1977 empfahl der wissenschaftliche Ausschuss der Internationalen Walfangkommission (IWC) eine Beendigung der Jagd. Die Inuit protestierten mit der Begründung, sie sei wirtschaftlich und kulturell für sie erforderlich, sodass die IWC letztlich eine geringe Fangquote zugestand, die von der Alaska Eskimo Whaling Commission zugeteilt werden sollte. Verbesserte Jagdmethoden, etwa die Verwendung des modernen Sprengstoffs Penthrit anstelle von Schwarzpulver, machten den Walfang zudem deutlich effizienter (und damit humaner).

Jüngere Studien zeigen, dass die westliche Population (Beringmeer, Tschuktschen- und Beaufortsee) der Grönlandwale trotz der Fangquote der Inuit mit einer Wachstumsrate von 3 % pro Jahr ansteigt. Biologen schließen daraus, dass von der derzeitigen Population (1993: 8200 Tiere) jährlich etwa 56 Wale problemlos als Nahrungsquelle von den Inuit erlegt werden können. Auf diese Weise hat sich die Lage für Inuit und Grönlandwale gleichermaßen entspannt. CG

SPECIAL FEATURE

Vom Walfang zur Walbeobachtung

Die Rolle des Ökotourismus für den nachhaltigen Umgang mit Walen

Oben: *Mit steigender Beliebtheit des Ökotourismus kann sich der wirtschaftliche Wert von Wildtieren drastisch verschieben. Nationen, die eine Ressource zuvor nur durch Jagd nutzten, haben nun ein weit größeres Interesse an ihrer Erhaltung.*

DIE INTERNATIONALE WALFANGKOMMISSION (IWC) beschloss 1982 ein Verbot des kommerziellen Walfangs, das ab 1986 gelten sollte. 1983 führte das Washingtoner Artenschutzabkommen Großwale in Anhang I auf und untersagte damit über den IWC-Beschluss hinaus den internationalen Handel mit Walprodukten. Diesen Entscheidungen zum Trotz setzten Norwegen und Japan den Walfang zu primär gewerblichen Zwecken fort. Norwegen legte Widerspruch gegen das Moratorium ein und ist daher nicht daran gebunden. Japan nutzt Forschungszwecke als Vorwand, um im Süd- und Nordpazifik Wale zu töten. Das Moratorium wurde u.a. beschlossen, weil die bestehenden Überwachungsmechanismen nach übereinstimmender Meinung unzureichend waren. Die IWC benötigte Zeit, um ein besseres System zur Regelung des zukünftigen Walfangs zu entwickeln, sollte das Fangverbot aufgehoben werden.

Im internationalen Recht nehmen Wale aufgrund ihres Wanderverhaltens und als Familie eine Sonderstellung ein. Alle Nationen können durch einen Beitritt zur IWC über das weitere Schicksal der Wale mitentscheiden. Mit der Gründung dieser globalen zwischenstaatlichen Organisation sollte sichergestellt werden, dass jegliche Nutzung der Walbestände nachhaltig erfolgt und damit sowohl die „sachgerechte Erhaltung der Walbestände" als auch eine „geregelte Entwicklung der Walfangindustrie" gewährleistet ist. In Wirklichkeit hat sich gezeigt, dass der Begriff „nachhaltig" nur schwer eingrenzbar ist. Die IWC spielt eine zentrale Rolle bei Entscheidungen, was zur Sicherstellung der Nachhaltigkeit in der Praxis erforderlich ist.

Keine andere Säugergruppe wird so rücksichtslos ausgebeutet wie die Großwale. So bevölkern z.B. nur noch wenige Hundert von ursprünglich 250 000 Blauwalen die Südsee. Die meisten Großwalbestände zeigen keine Anzeichen einer Erholung, teils, weil die Daten nicht ausreichen, um Trends festzustellen, teils, weil sie noch nicht lange genug unter Naturschutz stehen. Bereits bei ihrer Gründung 1946 erkannte die IWC, dass „die Geschichte des Walfangs die Überfischung eines Gebiets nach dem anderen und einer Walart nach der anderen in einem Maße umfasst, dass der Schutz aller Walarten vor Überfischung unerlässlich ist". Leider ist dies der Kommission im Wesentlichen nicht gelungen.

Über den Walfang ist die Welt zerstritten. Einige Nationen wie Australien und Großbritannien meinen, der Walfang befriedige kein dringendes Bedürfnis des Menschen, und lehnen ihn als grausam und unnötig ab. Andere nicht am Walfang beteiligte Länder drängen die IWC zu Maßnahmen, die sicherstellen sollen, dass der Walfang in Zukunft – falls das Verbot aufgehoben wird – strengsten Kontrollen unterliegt. Als erster Schritt würden Fangquoten errechnet, und zwar nicht nur von den Walfangnationen selbst, sondern unter IWC-Aufsicht. Dann wäre ein Mechanismus nötig, mit dem illegale Fänge verhindert werden können. Dieses vorläufig als Revised Management Scheme bezeichnete Verfahren muss erst noch beschlossen und umgesetzt werden. Bislang torpedieren Norwegen und Japan die IWC-Beschlüsse und drängen auf höhere Fangquoten ohne internationale Kontrollen.

Links: *Die Besatzung eines norwegischen Fangschiffs in der Barentssee hievt einen Zwergwal an Bord. Trotz gegenteiliger Versicherungen der noch aktiven Walfangnationen werden nach wie vor auch geschützte Arten gejagt.*

Die Mechanismen für die Berechnung der Fangquoten (Revised Management Procedure) ist ein gutes Beispiel für praktizierte Nachhaltigkeit. Die erlaubten Fangzahlen basieren auf der Qualität der Bestandsdaten sowie dem Ausmaß des Bestandsrückgangs. Ist eine Population bereits durch Walfang dezimiert, wird die Quote auf Null gesetzt, bis sie sich erholt. Liegen zur Bestandsgröße nur ungenaue Daten vor, werden die Fangquoten vorsichtshalber gesenkt. Die Beweislast liegt bei denen, die diese Ressource nutzen wollen.

Die traurige Geschichte des Walfangs zeigt, dass strikte Maßnahmen nötig wären, damit sich frühere Fehler nicht wiederholen. Zu Beginn wurden die

IWC-Fangquoten in aller Regel missachtet. Wider jede Vorschrift fingen Walfangschiffe der früheren Sowjetunion in den 1960er und 1970er Jahren geschützte Arten, die UdSSR legte der Weltöffentlichkeit gefälschte Daten vor. Dieser fast 30 Jahre lang praktizierte Betrug kam erst kürzlich ans Licht, und zwar ausgerechnet durch russische Wissenschaftler, die teilweise selbst früher im Walfang aktiv waren. So weiß man heute, dass ein sowjetisches Fabrikschiff in den 1960er Jahren widerrechtlich mehrere Hundert Nordkaper im Ochotskischen Meer erlegte, obwohl die Art seit 1935 unter Naturschutz steht. Japanische Fangschiffe haben ebenfalls nachweislich Daten gefälscht. Für andere Nationen gilt höchstwahrscheinlich dasselbe.

Nationen, die weiterhin Wale jagen wollen, kanzeln dergleichen als „Schnee von gestern" ab, doch DNA-Analysen von Walfleisch, das kürzlich in Japan zum Verkauf stand, zeigten, dass die angeblich zu Forschungszwecken gefangenen Zwergwale in Wirklichkeit nur als Vorwand für den Handel mit dem Walfleisch anderer Arten dient, darunter geschützter Arten wie Grau-, Buckel-, Sei- und Pottwal. Aufgrund der unzureichenden Vorschriften für den japanischen Binnenmarkt lässt sich leider nicht feststellen, wo genau das Fleisch herkommt. Unklar ist, wie viel Walfleisch weltweit geschmuggelt wird.

Tatsache ist, dass ohne sinnvolle Verordnungen jegliche Jagd auch auf reichlich vorhandene Arten zugleich die bedrohten Arten gefährdet. Gegen eine internationale Aufsicht anhand von DNA-Kontrollen der Märkte in Verbindung mit internationalen Inspektions- und Beobachtungsverfahren wehren sich sowohl Norwegen als auch Japan und meinen, die Industrie sollte statt dessen national beaufsichtigt werden. Obwohl es derzeit kein einheitliches Schema für die Steuerung des Walfangs gibt, beantragten beide Länder – ohne Erfolg – 1994, 1997 und erneut 2000 bei Sitzungen zum Washingtoner Artenschutzabkommen, den internationalen Handel mit bestimmten Walbeständen zuzulassen. In dieser Hinsicht hat sich bei den Diskussionen der IWC innerhalb der letzten 30 Jahre nicht viel getan. Falls der kommerzielle Walfang je wirklich nachhaltig erfolgen würde, wären die Kosten für die Verhütung einer Überfischung enorm.

Walbeobachtung anstelle von Walfang als Option für die kommerzielle Nutzung von Walen bietet weit bessere Chancen auf Nachhaltigkeit. Bis 1998 entwickelte sich „Whale Watching" in 87 Ländern zu einem einträglichen Geschäft mit über neun Millionen Teilnehmern und einem Jahresumsatz von über einer Milliarde US-Dollar. Für viele Länder ist die Walbeobachtung inzwischen eine ansehnliche Devisenquelle. Viele abgelegene Orte wie das Fischerstädtchen Husavik in Nordisland oder das neuseeländische Kaikoura sind dadurch zu Wohlstand gekommen. Ein Vorteil des Whale Watching ist, dass die Einkünfte an die lokale Bevölkerung verteilt werden, anstatt wie beim Walfang in den Händen einiger weniger zu landen.

Doch selbst die Walbeobachtung durch zahlende Touristen birgt potenzielle Probleme. Allzu nah oder zu schnell heranfahrende Boote könnten beispielsweise die Wale stören und Kollisionen mit den Tieren provozieren. Das rasche Wachstum des Gewerbes bereitet einigen Biologen Sorge, ob es tatsächlich nachhaltig, human und fair ausgeübt wird. Die IWC hat bereits ein Rahmenwerk für Vorschriften und Richtlinien erstellt. Zwar ist man sich einig, dass die Regeln auf den Einzelfall abgestellt sein müssen, doch sollen einige Grundsätze auch generell gelten. So soll es den Walen überlassen bleiben, Art und Dauer der Interaktion zu bestimmen. Die Boote der Walbeobachter müssen so konstruiert und gewartet werden, dass ein möglichst geringes Risiko von ihnen ausgeht. Und die Industrie als Ganzes muss bestimmten Regeln unterworfen werden, etwa Grenzwerten für die Annäherung an Wale und die Zahl der Boote.

Doch ganz gleich, in welche Richtung die Debatte geht und ob das IWC-Moratorium letztlich aufgehoben wird oder nicht, sind die Diskussionen darüber, wie echte Nachhaltigkeit zu definieren ist und wie sinnvolle Vorschriften erstellt und ihre Einhaltung sichergestellt werden kann, wohl noch lange nicht abgeschlossen. VP

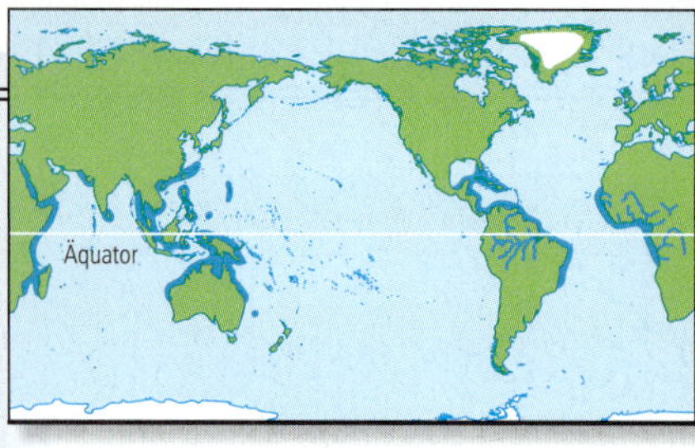

SEEKÜHE

SEEKÜHE SIND ZWAR WIE ANDERE STÄNDIG IM Wasser lebende Meeressäuger stromlinienförmig gebaut, ernähren sich jedoch als Einzige primär von Pflanzen. Dieses Nischendasein ist der Schlüssel zum Verständnis der Evolution von Körperform und Lebenszyklen dieser Ordnung und erklärt vielleicht, warum sie so wenige Arten umfasst.

Seekühe stammen von Landsäugern ab, die im Paläozän vor rund 60 Millionen Jahren seichte, grasige Sümpfe bewohnten. Diese Pflanzenfresser passten sich allmählich an das Leben im Wasser an. Ihr engster Verwandter unter den modernen Tieren ist jedoch der Elefant, also ein Landsäuger.

Heute vermutet man, dass im Eozän (vor 55 bis 34 Millionen Jahren) ein Vorläufer der heutigen Seekühe, *Protosiren,* in den flachen tropischen Gewässern des Westatlantiks und der Karibik heimisch war. Nach der Klimaabkühlung im Oligozän (vor 34 bis 24 Millionen Jahren) zogen sich die Seegraswiesen zurück. Manatis (Familie Trichechidae) tauchten erstmals im Miozän auf (vor 24 bis 5 Millionen Jahren). In dieser erdgeschichtlichen Periode gediehen Süßwasserpflanzen in nährstoffreichen Flüssen entlang der Küsten Südamerikas. Im Gegensatz zu Seegras enthalten diese Schwimmpflanzen Kieselerde, die Pflanzenfresser normalerweise abschreckt, weil sie die Zähne stark abnutzt. Manatis passten sich jedoch mit einem ungewöhnlichen Mechanismus an, der den Schaden deutlich reduziert: Lebenslang werden die abgenutzten Zähne vorn abgestoßen und hinten durch neue ersetzt.

Heute gibt es vier Seekuharten: den Dugong und drei Manatis. Eine fünfte Art, die Stellersche Seekuh, wurde Mitte des 18. Jahrhunderts ausgerottet. Sie war an die kalten Temperaturen im Nordpazifik bestens angepasst und profitierte von den reichen Nahrungsressourcen, denn sie war auf Kelp spezialisiert. Diese dichten Meeresalgen lösen in kälteren Gewässern die Seegraswiesen ab (siehe „Ein ausgestorbener Gigant", Seite 286).

Groß, langsam und sanftmütig

KÖRPERBAU UND FUNKTION

Seekühe sind Pflanzenfresser wie Pferd und Elefant, aber keine Wiederkäuer wie Schaf und Kuh. Ihr Magen ist nicht in mehrere Kammern unterteilt. Ihr Darm ist extrem lang: Bei Manatis misst er 45 m. Zwischen Dick- und Dünndarm befindet sich ein geräumiges Caecum mit zwei Blindsäcken. In diesem Teil des Verdauungstrakts wird Zellulose durch Mikroben aufgeschlossen, und erst das ermöglicht es Seekühen, die riesigen Mengen an relativ nährstoffarmem Futter zu verdauen, die sie zum Leben benötigen. Sie können 8 bis 15 % ihres Körpergewichts pro Tag ausmachen.

Seekühe verbrauchen wenig Energie, Manatis etwa nur rund ein Drittel von dem, was ein anderes Säugetier gleichen Gewichts aufwendet. Ihre langsamen, trägen Bewegungen sollen die Seeleute früher an Meerjungfrauen (deshalb „Sirenen") erinnert haben. Obwohl sie im Notfall zu raschen Bewegungen fähig sind, haben die Tiere in einem Lebensraum ohne Menschen und mit nur wenigen anderen Fressfeinden kaum Anlass zur Eile. In tropischen Gewässern ist der Stoffwechsel niedrig, weil der Körper kaum Energie für die Temperaturregulation benötigt. Seekühe sparen zudem Energie durch ihre erhebliche Körpergröße.

Manatis weisen die typische Seekuhgestalt auf und unterscheiden sich vom Dugong vor allem durch den langen, waagerechten Schwanz, den sie beim Schwimmen auf und ab bewegen. Als einzige Säugetiere besitzen sie nur sechs statt der üblichen sieben Halswirbel. Das Maul ist mit harten Borsten bestückt, die Lippen bilden zwei musku-

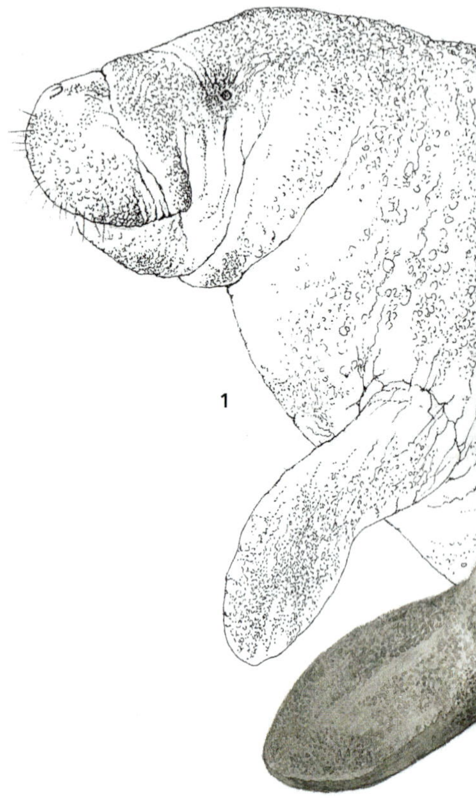
1

SCHÄDEL UND GEBISS

Ausgewachsene Seekühe beiderlei Geschlechts haben nur wenige stiftförmige Backenzähne im hinteren Kieferbereich. Bei Jungtieren finden sich noch Prämolaren, die jedoch im ersten Lebensjahr ausfallen. Adulte Bullen besitzen ein Paar „Stoßzähne", die unter der Oberlippe nach vorn ragen. Ihre Bedeutung ist unklar, doch scheint es, als ob die Männchen sie verwenden, um ihre glitschigen Gefährtinnen bei der Paarung zu lenken.

Ein besonderes Merkmal der Manatis ist das Nachwachsen der Zähne. Bei der Geburt besitzt ein Manati Prämolaren und Molaren. Sobald das Kalb entwöhnt ist und Pflanzenkost frisst, setzt der mechanische Reiz durch das Kauen eine Vorwärtsbewegung der ganzen Zahnreihe in Gang. Jeder neue Zahn, der hinten im Kiefer nachwächst, schiebt die ganze Reihe nach vorn. Die vorderen Zähne werden komplett abgenutzt und fallen dann aus. Diese Form des „Zahnersatzes" kommt ausschließlich bei Manatis vor.

4

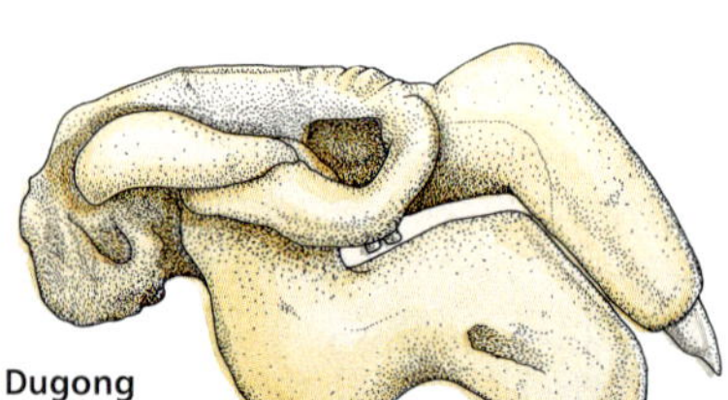
Dugong
62 cm

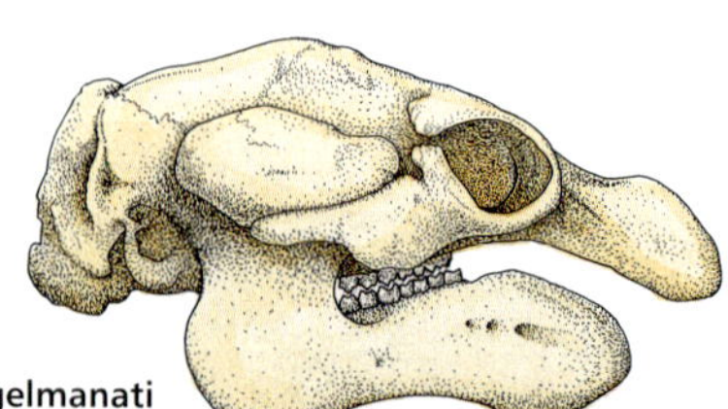
Nagelmanati
67 cm

2

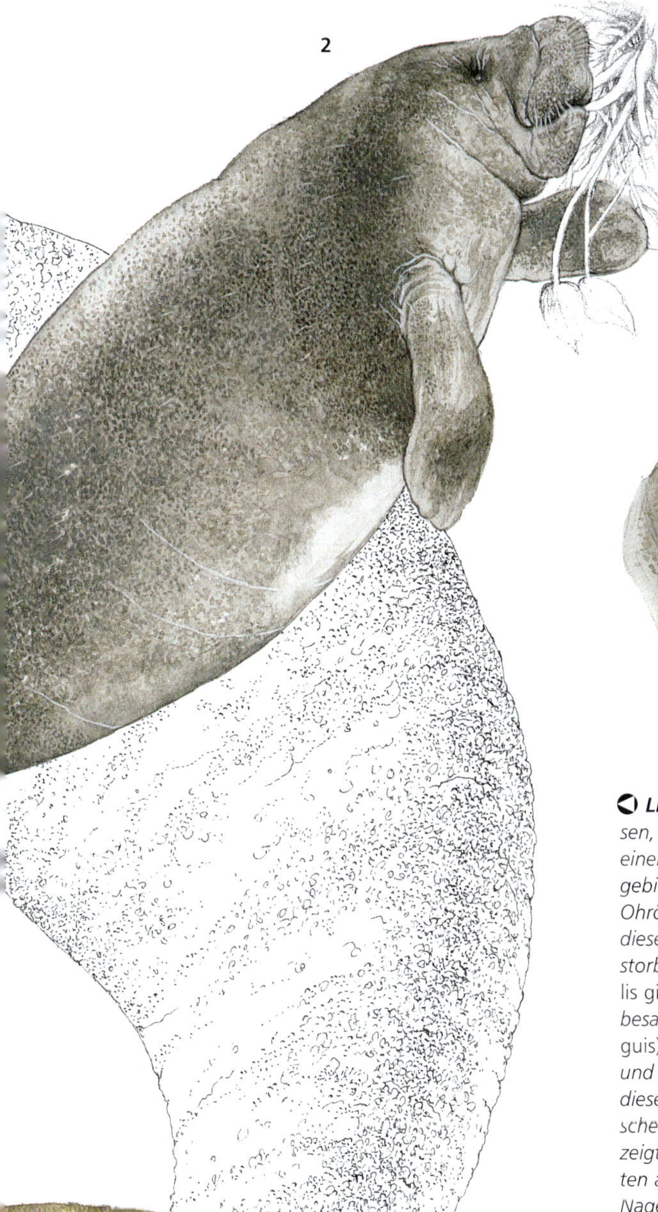

3

Links: *Seekühe haben nur Vorderflossen, die hinteren Gliedmaßen sind bis auf einen rudimentären Beckengürtel zurückgebildet. Der Kopf ist groß, Augen und Ohröffnungen sind winzig. Die größte Art dieser Gattung war die seit 1768 ausgestorbene Stellersche Seekuh* (Hydrodamalis gigas) ***1,*** *die eine harte, borkige Haut besaß.* ***2*** *Der Flussmanati* (Trichechus inunguis) *ernährt sich von Schwimmpflanzen und weist den typischen Rundschwanz dieser Gattung auf.* ***3*** *Der Westafrikanische Manati* (Trichechus senegalensis) *zeigt die für Seekühe typischen Tastborsten auf den beweglichen Lippen.* ***4*** *Ein Nagelmanati* (Trichechus manatus) *trägt Pflanzen zwischen den Flossen. Diese Art hat rudimentäre Fingernägel.* ***5*** *Dugongs* (Dugong dugong) *besitzen einen Gabelschwanz. Sie haben keine Nägel und ihre Nasenlöcher befinden sich weiter hinten als bei Manatis.*

5

ORDNUNG: SIRENIA

2 Familien; 2 Gattungen; 4 Arten

Verbreitung Tropische Küsten O-Afrikas, Asiens, Australiens und Neuguineas; SO von Nordamerika, Karibik und nördliches Südamerika; Amazonas; W-Afrika (Senegal bis Angola).

Lebensraum Flache Küstengewässer, Flussmündungen.

Größe Körperlänge Dugong 1–4 m, Manatis 2,5–4,6 m; **Gewicht** Dugong 230–900 kg, Manatis 350–1600 kg.

Nahrung Wasserpflanzen; als einzige Säugetiere haben sich Seekühe auf Pflanzenkost in Küstengewässern spezialisiert. Dugongs grasen am Meeresboden, vor allem Seegras und Algen. Manatis fressen Unterwasser- und Schwimmpflanzen, darunter in Florida auch große Mengen Wasserhyazinthen und in W-Afrika Mangroven. Ebenso sind sie in starkem Maß vom Bewuchs der Flussufer abhängig. Zusammen mit den Pflanzen verzehren sie auch Krustentiere und Berichten zufolge sogar in Netzen gefangene Fische.

NAGELMANATI *Trichechus manatus*

Karibischer Manati

SO von Nordamerika (Florida), Karibik und nördliches Südamerika an der Atlantikküste bis Zentralbrasilien. Flache Küstengewässer, Flussmündungen und Flüsse. 2 Unterarten – *T. m. manatus* und *T. m. latirostris* – wurden für die Bestände an den nord- und südamerikanischen Küsten bzw. in der Karibik vorgeschlagen, doch ist eine solche Unterteilung vermutlich nicht gerechtfertigt, da detaillierte Vergleichsstudien noch ausstehen. Körperlänge 3,7–4,6 m; Gewicht 1600 kg. Haut: graubraun und unbehaart, rudimentäre Nägel an den Vorderflossen. Fortpflanzung: Tragzeit ca. 12 Monate. Lebenserwartung: 28 Jahre in Gefangenschaft, wild lebend vermutlich länger. IUCN-Status: Gefährdet.

WESTAFRIKANISCHER MANATI *Trichechus senegalensis*

W-Afrika (Senegal bis Angola). Die übrigen Details (soweit bekannt) wie beim Nagelmanati. IUCN-Status: Gefährdet.

FLUSSMANATI *Trichechus inunguis*

Amazonasmanati

Überflutungsgebiete des Amazonasbeckens, Flussläufe und Kanäle. KL 2,5–3 m; GT 350–500 kg. Haut: Bleigrau mit variablem rosa Bauchfleck (nach dem Tod weiß); keine Nägel an den Vorderflossen. Fortpflanzung: Tragzeit unbekannt, vermutlich jedoch wie beim Nagelmanati. Lebenserwartung: Über 30 Jahre. IUCN-Status: Gefährdet.

DUGONG *Dugong dugong*

Gabelschwanzseekuh

SW-Pazifik von Neukaledonien, W-Mikronesien und den Philippinen bis Taiwan, Vietnam, Indonesien, Neuguinea und zu den Nordküsten Australiens, Indischer Ozean von Australien und Indonesien bis Sri Lanka und Indien, Rotes Meer und südlich entlang der afrikanischen Küste bis Mosambik. Flache Küstengewässer. KL 1–4 m; GT 230–900 kg. Haut: Glatt, braun bis grau, mit kurzen Tasthaaren in 2–3 cm Abstand zueinander. Fortpflanzung: Tragzeit (geschätzt) 13 Monate. Lebenserwartung: rund 60 Jahre. IUCN-Status: Gefährdet.

Akürzungen: KL = Körperlänge; GT = Gewicht

löse „Greifer", mit denen Seegras und Wasserpflanzen ins Maul befördert werden.

Die Augen der Manatis sind nicht allzu gut an das Leben im Wasser angepasst, dafür hören sie sehr gut. Empfindlich reagieren sie vor allem auf hochfrequente Geräusche, vielleicht eine Anpassung an flache Gewässer, die niederfrequente Laute schlecht leiten. Das Hörvermögen von Manatis und anderen Meeressäugern ist vielleicht auch durch Umgebungsgeräusche oder thermisches Rauschen im Meerwasser beeinflusst worden.

Die Unfähigkeit, niederfrequente Laute zu hören, spielt vielleicht eine Rolle dabei, warum Seekühe Bootsgeräusche nicht gut lokalisieren können und deshalb oft zu spät ausweichen. Sie setzen keine Echolotortung ein und prallen in trübem Wasser häufig gegen Hindernisse. Sie besitzen keine Stimmbänder, dennoch verständigen sie sich durch Laute. Wie sie ihr hohes Gurren und Zirpen erzeugen, ist ein Rätsel.

Die Zunge ist mit Geschmacksknospen ausgestattet, die offenbar eingesetzt werden, um die richtigen Pflanzen auszuwählen. Seekühe können auch andere Tiere durch „Schmecken" von Duftmarken an vorspringenden Gegenständen identifizieren. Anders als Zahnwale besitzen sie noch die für den Geruchssinn zuständigen Hirnareale, doch da sie die meiste Zeit mit verschlossenen Nasengängen unter Wasser verbringen, können sie diesen Sinn kaum nutzen.

Manatis ertasten ihre Umwelt mit ihrem sensiblen Maul und den beweglichen Lippen. Die Tastempfindlichkeit der Borsten ist nicht so hoch wie bei Robben, entspricht aber in etwa der des Rüssels eines Indischen Elefanten. Die Borsten erhöhen die Effizienz der Seekühe beim Weiden und maximieren ihr Potenzial als Futter-Generalisten.

Manatis können große Mengen Fett als Blubber unter der Haut und im Bauchraum speichern. Es dient als Kälteschutz. Trotzdem meiden die Tiere im Atlantik Gebiete, in denen die Temperaturen unter 20 °C fallen. Der Blubber hilft ihnen auch über lange Hungerperioden hinweg. Wenn in der Trockenzeit keine Wasserpflanzen verfügbar sind, fasten die Tiere bis zu sechs Monate lang.

Dugongs werden bis zu 3 m lang und 400 kg schwer. Im Gegensatz zu den drei Manatiarten, die sich in unterschiedlichem Umfang auch in Süß-

Oben: *Bei diesem Flussmanati sieht man deutlich die gummiartige, robbenähnliche Haut. Diese Art ist die kleinste der drei Rundschwanzseekuh-Arten und die einzige, die ausschließlich in Süßwasser lebt. Weitere Merkmale sind die nagellosen Flossen und die verlängerte Schnauze.*

Links: *Ohne Scheu schwimmt dieser Nagelmanati auf die Kamera zu. Seekühe sind ausgesprochen neugierig. Dass sie sich so nah an fremde Wesen heranwagen, liegt u.a. an ihren schlechten Augen. Gehör und Tastsinn sind dagegen gut entwickelt und für sie erheblich wichtigere Sinnesorgane.*

Unten: *Ein Dugong durchstreift flache Pazifikgewässer auf der Suche nach Seegras. Dugongs sind nicht so massig wie Manatis. Beide Gattungen lassen sich leicht an der Schwanzform unterscheiden, die beim Manati rund bis fächerförmig, beim Dugong gegabelt ist.*

wasser aufhalten, gilt der Dugong als einziger noch lebender Pflanzenfresser, der sein ganzes Leben im Meer verbringt. Anders als bei Manatis ist der Schwanz des Dugongs an der Hinterkante gerade oder leicht konkav (gabelförmig). Die kurze, breite, rüsselartige Schnauze endet mit den abwärts gebogenen, beweglichen Oberlippen und einem schlitzförmigen Maul.

Dugongs „kauen“ ihre Pflanzennahrung offenbar, vorwiegend mit den rauen verhornten Stellen, die den oberen und unteren Gaumen bedecken. Am liebsten fressen sie „nach Schweineart“: Sie graben kohlenhydratreiche Rhizome aus dem Meeresboden aus. In der Shark Bay, Westaustralien, vertreiben niedrige Wintertemperaturen die Herden von ihren Sommerweidegründen und ihren Lieblingspflanzen. Nach einer über 160 km langen Wanderung in den warmen westlichen Teil der Bucht weiden sie im Winter die Blätter der hartstängeligen, strauchartigen Seegrasart *Amphibolis antarctica* ab.

Bei beiden Arten der Nahrungsaufnahme bedienen sich Dugongs ihrer äußerst flexiblen hufeisenförmigen Oberlippen. Lateral verlaufende Muskelkontraktionen fegen die oberste Sedimentschicht weg, die starren Borsten lösen die bloßliegenden Wurzeln mit daran hängenden Blättern aus dem Boden. Wo ein Dugong gegrast hat, bleibt eine gewundene, flache Rinne im Boden zurück. Die Tiere steigen alle 40 bis 400 Sekunden zum Atmen auf. Je tiefer das Wasser, desto länger werden die Intervalle.

Isolierte Überlebenskünstler

VERBREITUNG

Die vier Seekuharten leben geografisch isoliert. Der Lebensraum der Dugongs umspannt 40 Länder von Ostafrika bis Vanuatu einschließlich tropischer und subtropischer Küsten und Inseln zwischen etwa 26° und 27° nördlich und südlich des Äquators. Ihre historische Verbreitung entspricht grob dem Verbreitungsgebiet von Seegras im tropischen Indopazifik. Außerhalb von Australien gibt es in allen Verbreitungsgebieten nur noch Restbestände, die durch große Flächen voneinander getrennt und daher jeweils vom Aussterben bedroht oder sogar schon ausgestorben sind.

Westafrikanischer und Nagelmanati sind so lange voneinander getrennt, dass sie sich unterschiedlich entwickelt haben, seit ihr vermuteter gemeinsamer Vorfahr von Afrika aus den Atlantik

Unten: *Die Mutter-Kind-Bindung wie hier bei der Nagelmanatikuh und ihrem Kalb ist zweifellos die engste Sozialbindung unter Seekühen. Die Weibchen bringen jedes zweite Jahr ein Kalb zur Welt, das 12 bis 18 Monate bei der Mutter bleibt und von ihr Futtergründe und Wanderwege kennen lernt.*

überquerte. Beide Arten können in Salz- und Süßwasser leben. Der Flussmanati wurde offenbar getrennt, als die Anden im Pliozän vor 5 bis 1,8 Millionen Jahren aufgeworfen wurden und die Flussläufe des Amazonasbeckens nicht mehr in den Pazifik, sondern in den Atlantik entwässerten. Flussmanatis vertragen kein Salzwasser und kommen nur im Amazonas samt Nebenflüssen vor.

Obwohl sich Manatis über Tausende von Kilometern entlang der Küste bewegen können, belegen Genanalysen, dass zwischen den Beständen der meisten Standorte große Unterschiede bestehen. Dieser Befund stimmt überein mit Tagging-Daten, die darauf hindeuten, dass offenes Meer und ungeeignete Küstenstreifen erhebliche Hindernisse für Genaustausch und Kolonisierung bilden. Innerhalb von Florida oder Brasilien dagegen weisen Manatis mehr Übereinstimmungen auf als erwartet, was durch Abwanderung in höhere Breiten in jüngerer Zeit oder Engpässe erklärbar ist. Die Überlebenschancen für ausgewachsene Tiere in diesen Gegenden erscheinen hoch genug, um ein Anwachsen dieser Bestände sicherzustellen, sofern andere Faktoren wie Reproduktionsrate und Jungtier-Überlebensrate ebenfalls hinreichend hoch sind. Die niedrigeren und schwankenden Überlebensraten an der Atlantikküste geben Anlass zur Sorge.

Unterwasser-Weideplätze

NAHRUNG

Seekühe haben nur wenige Nahrungskonkurrenten. An Land locken Graslandschaften stets viele Weidetiere an, sodass eine strikte Aufteilung der Ressourcen nötig ist. Die einzigen großen Pflanzenfresser auf Seegraswiesen sind dagegen Seekühe und Seeschildkröten. Die Artenvielfalt bei Wasserpflanzen ist geringer als bei Landpflanzen und es gibt kaum Arten mit energiereichen Samen, die eine Nischenverteilung bei Pflanzenfressern an Land erleichtern. Es überrascht nicht, dass Dugongs und Manatis beim Grasen wurzelbildender Wasserpflanzen auch im Boden graben. Über die Hälfte der Biomasse von Seegräsern befindet sich im Rhizom in Form konzentrierter Kohlenhydrate. Die Seeschildkröten dagegen ernähren sich von Seegrashalmen, ohne die Rhizome anzugreifen, und halten sich eher an tiefere Stellen. Insofern stellen nicht einmal sie eine ernst zu nehmende Nahrungskonkurrenz für die Seekühe dar.

Als wasserlebende Pflanzenfresser müssen sich Manatis auf Pflanzen beschränken, die in oder nah am Wasser wachsen. Gelegentlich strecken sie beim Grasen Kopf und Schultern aus dem Wasser, weiden jedoch im Normalfall Schwimmpflanzen oder Unterwassergräser sowie andere Gefäßpflanzen ab. Sie verzehren auch Algen. Westafrikanische und Nagelmanatis suchen Seegras in relativ seichten, klaren Meeresstreifen oder steigen in Flüsse auf und verzehren dort Süßwasserpflanzen. Flussmanatis weiden eher an der Wasseroberfläche

Oben: *Die empfindlichen Tasthaare auf der Oberlippe der Manatis spielen bei der Futtersuche eine wesentliche Rolle. Mit ihrer Hilfe tastet sich das Tier durch Klumpen von Schwimmpflanzen oder gräbt (wie ein Schwein an Land) im Meeresboden nach Nahrung.*

Links: *Ein Nagelmanati frisst Wasserpflanzen vor der Küste Floridas. Wie die nach unten gebogene Schnauze vermuten lässt, grasen diese Tiere auch am Meeresgrund, im Gegensatz zum Flussmanati, der sich fast ausschließlich an Schwimmpflanzen hält.*

schwimmende Pflanzen (im trüben Amazonas gedeihen Unterwasserpflanzen nicht gut). Diese Gewohnheit erklärt vielleicht, warum die Schnauze bei dieser Art nicht so stark nach unten gebogen ist wie bei den beiden anderen. Rund 44 Pflanzenarten und zehn Algenarten sind für Nagelmanatis, 24 für Flussmanatis als Nahrung nachgewiesen.

Viele Pflanzen, von denen sich Manatis ernähren, haben Schutzmechanismen gegen grasende Pflanzenfresser entwickelt. Gräser enthalten Kieselnadeln, andere Wasserpflanzen Tannine, Nitrate und Oxalate, die Verdaulichkeit und Nährwert herabsetzen. Einige dieser chemischen Abwehrstoffe können von den im Verdauungstrakt der Manatis siedelnden Mikroben abgebaut werden.

Dugongs fressen Seegras: maritime Blütenpflanzen, die manchmal Landpflanzen ähneln und mit Seetang nichts gemein haben. Seegras wächst am Boden küstennaher Seichtgebiete. Dugongs grasen meist in Tiefen von 2 bis 6 m, obwohl die typischen Furchen, die sie beim Grasen hinterlassen, auch in Tiefen bis zu 23 m gefunden wurden. Ihre Leibspeise bilden die kohlenhydratreichen Rhizome des Kleinen Seegrases.

Die Mutter-Kind-Bindung

SOZIALVERHALTEN

Die durch Ernährungsgewohnheiten und Temperaturregulation bedingte Größe der Seekühe geht einher mit Merkmalen, die man auch bei anderen Meeressäugern und großen Pflanzenfressern an Land findet. Die Lebenserwartung ist hoch, in Gefangenschaft 30 Jahre oder mehr. Die Fortpflanzungsrate ist gering. Die Kühe werfen nach etwa einjähriger Tragzeit ein Kalb, das ein bis zwei Jahre bei der Mutter bleibt. Die Geschlechtsreife tritt erst nach vier bis acht Jahren ein. Die potenzielle Rate der Bestandszunahme ist daher gering. Möglicherweise bringt eine rasche Fortpflanzung dort, wo Nahrungsressourcen sich langsam erneuern und wenig Feinde vorhanden sind, keinen Vorteil.

Manatis pflanzen sich langsam fort. Sie haben maximal alle zwei Jahre ein Kalb, das 12 bis 18 Monate gesäugt wird. Obwohl die Jungen nach wenigen Wochen auch Pflanzen fressen, dient die lange Stillzeit wohl dazu, dass sie die Wanderrouten und Lieblingsweidegebiete ihrer Mutter kennen lernen.

In einer jahreszeitlich beeinflussten Umgebung wie dem Amazonas und vermutlich auch an den Nord- und Südgrenzen des Verbreitungsgebiets bestimmt das Nahrungsangebot den Zeitpunkt, wann die meisten Weibchen paarungsbereit sind. Dies hat eine jahreszeitliche Geburtenhäufung zur Folge. Das Fortpflanzungsverhalten männlicher Manatis ist kaum bekannt, doch wird ein paarungswilliges Weibchen nicht selten von sechs bis acht Bullen umworben und lässt sich von mehreren begatten. Direkte Beobachtungen und Funküberwachung haben gezeigt, dass Manatis meist Einzelgänger sind, jedoch gelegentlich Gruppen von zwölf und mehr Tieren bilden.

Über Verhalten und Lebensraum der Dugongs ist wenig bekannt, zumal sie sich nicht gut beobachten lassen, denn sie leben in meist trüben Gewässern und sind zudem sehr scheu. Bei Störungen fliehen sie sofort. Zum Atmen tauchen nur Kopfoberseite und Nasenöffnungen auf. Ist die Sicht unter Wasser einigermaßen gut und nähert man sich vorsichtig, schwimmen sie aus 100 m Entfernung oder mehr herbei, um einen Taucher oder ein Boot zu untersuchen, vermutlich weil sie Geräusche wahrgenommen haben. Das übliche Verhalten wird ausgesetzt, bis die Neugier befriedigt ist, dann schwimmen sie wieder fort, oft im Zickzack, um den Eindringling jeweils mit einem Auge „im Blick behalten“ können.

Die Neugier der Dugongs lässt vermuten, dass sie zumindest als Erwachsene kaum Fressfeinde fürchten, obwohl über Angriffe durch Schwertwale und Haie berichtet wurde. Das Dugong-Gehirn ist kleiner und weniger strukturiert als das von Waltieren, und ihre Neigung, unbekannte Dinge aus der Nähe zu begutachten, spricht für ein Fehlen jeglicher Echolotortung. Zu den bekannten

Links: *Ein Manati reckt zum Atmen die Nüstern aus dem Wasser. Manatis atmen normalerweise in Abständen von unter einer Minute, können jedoch nachweislich bis zu 15 Minuten tauchen.*

Dugong-Lauten gehören Zwitschern, Trillern und Pfeifen. Sie signalisieren Gefahren und halten Kontakt zwischen Mutter und Kalb. Die wichtigsten Verteidigungsmechanismen der Dugongs sind offenbar ihre Größe, die robuste Haut, dichte Knochenstruktur und das sehr gerinnungsfähige Blut, das Wunden rasch verschließt.

Dugongs bilden manchmal große Herden, leben jedoch meist in Gruppen von maximal zwölf Tieren. Viele sind Einzelgänger. Die Geschlechtsbestimmung ist schwierig, doch meist umfassen die Gruppen ein oder mehrere Weibchen mit Kälbern. An einigen Standorten versammeln sich 60 bis 100 Tiere, um die Seegraswiesen abzuweiden.

Durch Funk-Tagging konnte nachgewiesen werden, dass Dugongs im Wesentlichen sesshaft sind. Sie bewohnen Streifgebiete von wenigen Dutzend Quadratkilometern, unternehmen jedoch gelegentlich aus unbekannten Gründen Hunderte Kilometer lange Wanderungen.

In tropischen Lebensräumen sind lange Paarungszeiten möglich, die sich bei Dugongs über vier bis fünf Monate hinziehen können. In mindestens einem Gebiet treffen sich die Männchen an einem „Werbeplatz“, wo sie Lockrufe ausstoßen. Ranghohe Bullen vollführen offenbar zur Schau *„sit-ups“*. Als einziges Meeressäugetier zeigt der Dugong ein klassisches Werberepertoire. Nur wenige Geburten wurden beobachtet, doch scheint es, dass die Weibchen dazu seichte Stellen aufsuchen. Das Kalb bleibt bis zu zwei Jahre lang dicht bei der Mutter und verbirgt sich bei Gefahr hinter ihrem Rücken. Obwohl die Weibchen noch während der Stillzeit wieder trächtig werden können, liegen zwischen zwei Geburten im Schnitt drei bis sieben Jahre. Die Weibchen werden vermutlich über 60 Jahre alt.

Rechts: *An einer beliebten Futterstelle in Florida teilen sich zwei Manatis einen Leckerbissen. Die behäbigen Tiere sind zwar nicht allzu gesellig, tolerieren andere jedoch ohne aggressives Verhalten. Offenbar spielen sie gern und stupsen sich mit der Schnauze.*

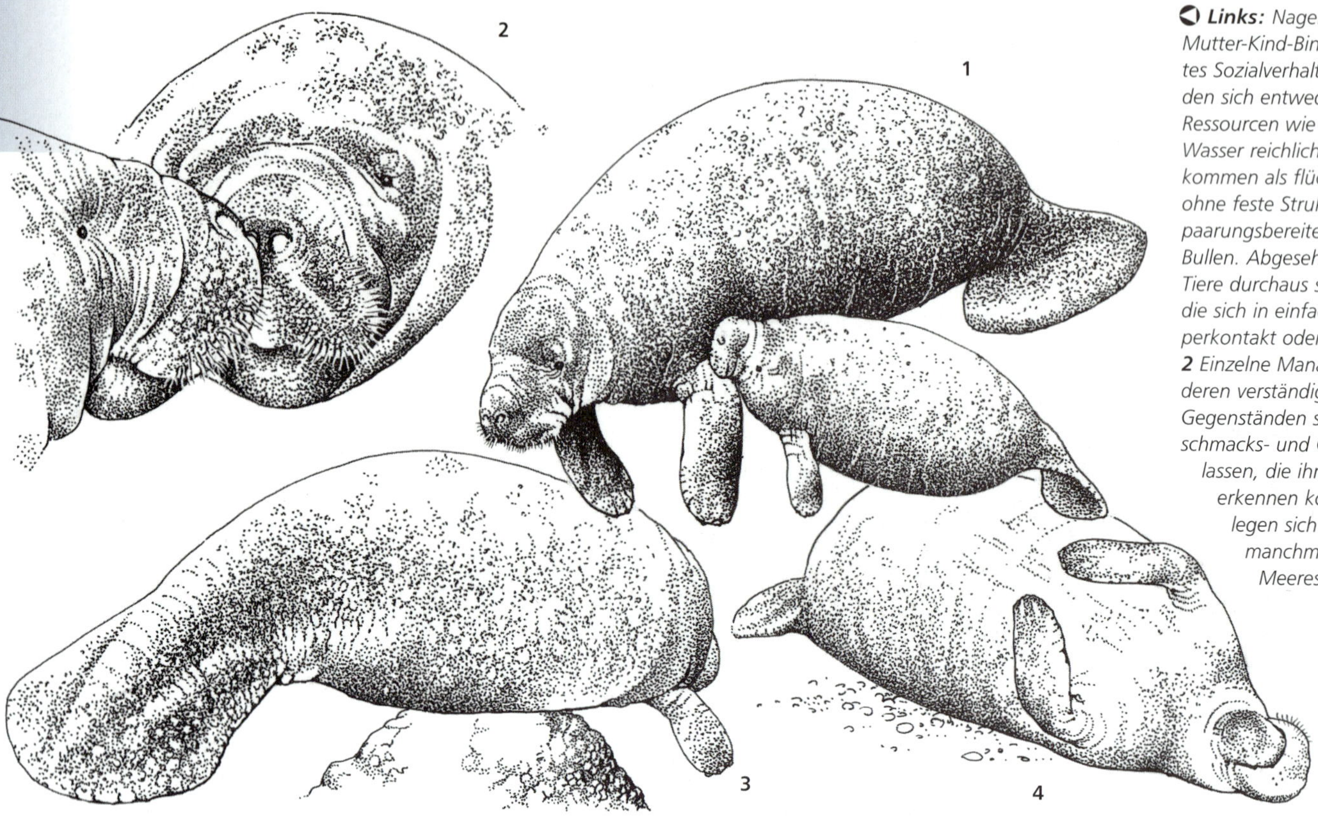

Links: Nagelmanatis zeigen über die Mutter-Kind-Bindung hinaus kein echtes Sozialverhalten. **1** Mehrere Tiere finden sich entweder an Stellen, an denen Ressourcen wie Futter oder warmes Wasser reichlich vorhanden sind, oder kommen als flüchtige Gruppierungen ohne feste Struktur zusammen, etwa paarungsbereite Tiere oder spielende Bullen. Abgesehen davon zeigen die Tiere durchaus soziale Interaktionen, die sich in einfachen Gesten wie Körperkontakt oder „Küssen" ausdrücken. **2** Einzelne Manatis können sich mit anderen verständigen, indem sie sich an Gegenständen scheuern und dabei Geschmacks- und Geruchspartikel hinterlassen, die ihre Artgenossen wieder erkennen können. Zum Ruhen legen sich die behäbigen Tiere manchmal rücklings auf den Meeresboden.

Wie Lämmer zum Schlachthof

ARTEN- UND UMWELTSCHUTZ

Friedfertigkeit, delikates Fleisch und eine niedrige Fortpflanzungsrate sind in der heutigen Zeit keine günstige Kombination. Bei Dugongs und Manatis treffen all diese Faktoren zu. Deshalb gehören sie zu den am meisten bedrohten Meeressäugern.

Alle drei Manatiarten werden von der IUCN als gefährdet eingestuft, weil wegen ihres Fleisches und ihrer Haut Jagd auf sie gemacht wurde und wird. Weitere Gefahren drohen durch Umweltverschmutzung und schnelle Freizeitboote. Eine Studie schätzt, dass ein 10-prozentiger Anstieg der Mortalität erwachsener Tiere die Bestände in Florida in den nächsten 1000 Jahren zum Aussterben bringen würde, während ein 10-prozentiger Rückgang der Sterberate die Bestände wachsen ließe. Seekühe sind nach dem Washingtoner Artenschutzabkommen ebenso geschützt wie nach den Gesetzen der meisten Länder, in denen sie vorkommen.

In Costa Rica führen Anwohner den sichtbaren Rückgang auf illegale Jagd, hohe Schadstoffwerte in den Küstengewässern, das Verschlucken von Plastiktüten und zunehmenden Bootsverkehr zurück. Schlecht organisierter „Ökotourismus" und Umweltverschmutzung spielen auch eine Rolle. Eine Studie an Manatikadavern in Florida zeigte, dass die meisten Todesfälle auf menschliche Einflüsse zurückzuführen waren, vor allem Fang oder Kollisionen mit Wasserfahrzeugen. Manatis, die an natürlichen Ursachen sterben, sind meist Kälber.

Flussmanatis werden als Fleisch- und Lederlieferanten seit 1542 ausgebeutet und gehören heute

Ein ausgestorbener Gigant

Die einzige in geschichtlicher Zeit noch existierende Verwandte des Dugongs war die Stellersche Seekuh – mit einer Länge bis zu 7,5 m und einem Gewicht von 4,5 bis 9,5 t der größte Vertreter der Sirenidae. Als einziges Säugetier besaß die Art keine Fingerglieder. Die Brustflossen endeten in borstenbewachsenen Stummeln, die der Biologe Steller als „hufartig" beschrieb. Das Tier konnte offenbar nicht tauchen und nutzte diese Gliedmaßen stattdessen, um sich beim Grasen von Kelp auf Felsen abzustützen. Fossile Funde deuten darauf hin, dass sich sein Verbreitungsgebiet vor 100 000 Jahren entlang den nördlichen Pazifikküsten von Baja California über die Aleuten bis nach Japan erstreckte.

Aufgrund ihrer küstennahen Weidegründe war die Stellersche Seekuh leichte Beute für eingeborene Jäger in kleinen Booten, sodass der Bestand schon vor der Ankunft der westlichen Entdecker auf rund 1000 bis 2000 Stück dezimiert war. Als schiffbrüchige russische Seeleute die Tiere 1741 zu Gesicht bekamen, lebten diese nur noch im Umfeld zweier kleinerer subarktischer Pazifikinseln. Die Schiffbrüchigen schlachteten einige der Seekühe aus Not, doch später nutzten Pelzjäger die Inseln als Winterquartier, um diesen „bequemen Nahrungsvorrat" ebenfalls auszunutzen. Zudem verursachten sie durch das Abschlachten der Seeotter eine explosionsartige Vermehrung der Seeigel, die wiederum die Kelpbestände abfraßen, das Grundnahrungsmittel der Seekühe. 1768 war die Stellersche Seekuh ausgerottet.

Dasselbe Schicksal erlitten später mehrere isolierte Dugongpopulationen. Zwar gibt es noch einige Herden von der Größe, wie sie die Stellerschen Seekühe zur Zeit ihrer Entdeckung hatten, doch sollten aus der traurigen Geschichte ihrer Verwandten dringend Lehren für die Rettung der Dugongs gezogen werden. PKA

Unten: Fantasievolle Darstellung zweier Stellerschen Seekühe aus dem 18. Jahrhundert.

zu den stark gefährdeten Arten. Obwohl sie seit 1973 unter Naturschutz stehen, hat dies in der Praxis keine Auswirkungen auf ihre Bejagung. So werden sie etwa in Peru stark bejagt oder fallen unabsichtlich Fischern zum Opfer.

Eine weitere vorrangige Todesursache für Manatis ist die durch Umweltverschmutzung begünstigte Blüte toxischer Algen. Innerhalb weniger Wochen wurden im Frühling 1996 über 200 Manatis tot oder sterbend in den Küstengewässern um Florida gefunden. Zu dieser Zeit wurde genau in diesem Gebiet eine starke Vermehrung einer Dinoflagellata-Art festgestellt, die ein starkes Nervengift produziert, das zu schweren Hirnschäden führt. Weitere Bedrohungen stellen Staupeviren (Morbivillus) dar, die tödliche Infekte auslösen und sich heimtückisch auf Immunsystem oder Fortpflanzung auswirken können.

Um die Zukunft der Manatis zu sichern, sind aktive Schutzmaßnahmen erforderlich. Forschung, Rettung und Rehabilitation spielen dabei eine Rolle. Schiffsfreie Zonen in Florida als Schutzgebiete für Manatis stellen ein wirksames Mittel dar. Wenn erst Geschwindigkeitsbeschränkungen und andere Vorschriften in den 13 wichtigsten Countys in Kraft sind, müssten Floridas Manatis auf unbestimmte Zeit in Frieden mit den Freizeitbedürfnissen des Menschen leben können. Kommt es nicht dazu, wird der Bestand langsam sinken und letztlich verschwinden. Andernorts können Jagdkontrollen und eine Beaufsichtigung des Tourismus ebenfalls die Zukunft der Manatis sichern.

In jüngster Zeit hat man erkannt, dass man Manatis für eine Aufgabe einsetzen kann, die sie nur zu gern wahrnehmen. Man lässt sie die Pflanzen von Bewässerungskanälen und Stauseen an Kraftwerken abgrasen.

Als Meereslebewesen ist der Dugong nicht so unmittelbar mit Menschen konfrontiert wie die Flussmanatis, doch selbst für ihn ist die Beziehung nicht allzu glücklich. Fast überall in ihrem Verbreitungsgebiet werden Dugongs von Küstenvölkern traditionell gejagt. In jüngerer Zeit haben die Bevölkerungszunahme sowie die Verfügbarkeit von Netzen aus Nylon und Booten mit Außenbordmotor dazu geführt, dass die Dugongbestände außerhalb von Australien und dem Persischen Golf weiter sinken. PKA/JMP/GBR/DPD/RB

Oben: *Im Homosassa Springs State Wildlife Park füttert eine Parkangestellte hungrige Manatis. Die langfristigen Überlebenschancen der Art in Florida hängen von der Effizienz der Schutzprogramme ab.*

Oben: *Ein junger Dugong ist in eine Fischfalle geraten und versucht sich mit der empfindlichen Schnauze zu orientieren. Über Jahrhunderte wurden Dugongs immer stärker aus ihren alten Revieren vertrieben.*

AUF GRÜNEN SEEGRASWIESEN

Nahrungsaufnahme der Dugongs

WER BEI EBBE DIE SEEGRASWIESEN AN DER NORD-australischen Küste durchstreift, bemerkt lange, geschlängelte Furchen ohne jede Vegetation. Solche Spuren hinterlassen Dugongs beim Grasen. Die großen Meeressäuger verschlingen die Pflanzen komplett samt Wurzel und Rhizom. Sie bevorzugen kleine, delikate, zarte Seegräser, die zwar nur wenig Ballaststoffe, dafür aber leicht verdauliche Nährstoffe enthalten, vor allem die Gattungen *Halphila* und *Halodule*. Die experimentelle Simulation grasender Dugongs zeigt, dass sich dort, wo sie fressen, sowohl die Artenzusammensetzung als auch der Nährstoffgehalt der Seegraswiesen verändern. Die Pflanzen werden faserärmer und stickstoffreicher. Dugongs wirken auf sie also wie Bauern, die ihre Felder düngen. Wenn die Tiere an einer Stelle ausstürben, würden die Seegraswiesen für andere Dugongs wieder unattraktiv.

Im größten Teil ihres Verbreitungsgebiets sind Dugongs nur bekannt durch seltene Sichtungen, Erzählungen von Seeleuten und einige ertrunkene Tiere. Intensive Luftvermessungen innerhalb Australiens geben jedoch ein umfassenderes Bild ihrer Verbreitung. Heute weiß man, dass Dugongs von der Moreton Bay in Queensland ausgehend, an der Ostküste entlang bis hin zur Shark Bay in Western Australia verbreitet sind. Die Luftüberwachung zeigt auch, dass sie mit rund 85 000 Exemplaren der häufigste Meeressäuger der Küstengewässer Nordaustraliens sind. Die Zahl ist wahrscheinlich noch zu niedrig angesetzt, da einige Gegenden mit passendem Lebensraum nicht vermessen wurden und die Schätzwerte für im trüben Wasser nicht sichtbare Tiere konservativ sind. Mit anderen Worten: Australien gilt als letzte Hochburg der Dugongs.

Über 60 Einzeltiere wurden mittels Sender und Satellit überwacht. Ihre Bewegungen waren meist auf die Nähe von Seegraswiesen konzentriert und auf die Gezeiten abgestimmt. Überall dort, wo der Tidenhub sehr ausgeprägt ist, können Dugongs zu ihren küstennahen Weidegründen nur dann gelangen, wenn die Wassertiefe mindestens 1 m beträgt. An Stellen mit geringem Tidenhub oder dort, wo das Seegras unterhalb der Gezeitenzone im Subtidal wächst, können Dugongs grasen, ohne sich viel zu bewegen. An den Reviergrenzen in höheren Breiten wandern Dugongs jedoch jahreszeitlich in wärmere Gewässer ab. Von ihrem Winterquartier in der Moreton Bay aus machen Dugongs häufig Rundreisen von 15 bis 40 km zwischen ihren Weiden innerhalb der Bucht und dem offenen Meer, das im Schnitt bis zu 5 °C wärmer ist. Sie wandern aber auch innerhalb der Shark Bay selbst von Ost nach West in wärmeres Wasser. Manche legen weite Strecken zurück. In der Region des Great Barrier Reef und im Golf von Carpentaria etwa bewältigten mehrere Dugongs in nur wenigen Tagen nachweislich 100 bis 600 km. Viele dieser Züge waren Hin- und Rückwege. Eine plausible Erklärung für solche langen Strecken ist, dass Dugongs den Zustand der Seegraswiesen in ihren Revieren prüfen. Viele davon verschwinden ohne triftigen Grund kurz nach ihrer Entstehung wieder. Manchmal gehen Hunderte Quadratkilometer Seegras bei Stürmen oder Überschwemmungen verloren.

Oben und rechts: *Seegras gibt es massenhaft in den seichten Gewässern rings um Nordaustralien. Das reichliche Futterangebot lockt eine Vielzahl von Dugongs an. Beim Grasen wirbeln sie den Boden auf, sodass man die gemächlichen Meeresbewohner aus der Luft fast für einen Mähdrescher in einem Acker halten könnte.*

Dugongs leben lange. Sie haben eine niedrige Fortpflanzungsrate und eine lange Generationszeit sowie eine ausgeprägte Jungenbetreuung. Anhand des jährlichen Wachstums der Stoßzähne wurde das älteste bekannte Dugongweibchen bei seinem Tod auf 73 Jahre geschätzt. Die Kühe gebären erstmals mit zehn bis 17 Jahren, zwischen den Geburten liegen drei bis sieben Jahre. Die Tragzeit beträgt 13 Monate und das (fast immer einzelne) Kalb wird mindestens 18 Monate lang gesäugt. Die Jungen beginnen bald nach der Geburt Seegras zu fressen und entwickeln sich während der Stillzeit rasch. Bestandssimulationen deuten darauf hin, dass eine Population sich kaum um mehr als 5 % pro Jahr vermehren kann. Heute sind Dugongs stark gefährdet durch Jäger oder weil sie häufig in Fischernetzen ertrinken. Folgerichtig wird die Art weltweit als gefährdet eingestuft. HM

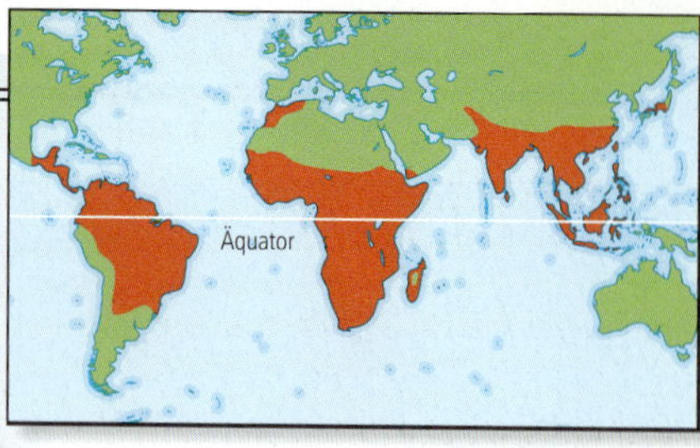

PRIMATEN

DIE WISSENSCHAFTLICHE BESCHREIBUNG *einer Gruppe von Säugetieren vermittelt nur selten ihre faszinierende Ausstrahlung. Dies trifft besonders auf die Definition der Primaten zu, die der englische Biologe Saint George Jackson Mivart 1873 vorlegte: „Mit Krallen und Schlüsselbeinen versehene Plazentatiere mit von Knochen umgebenen Augenhöhlen; drei Arten von Zähnen, mindestens ein Zahnwechsel; Gehirn immer mit einem hinteren Lappen und einer verkalkten Fissur; die innersten Zehen mindestens eines Extremitätenpaars sind gegenüberstellbar, Großzehe mit flachem oder ohne Nagel; gut entwickelter Blinddarm; frei hängender Penis; Hoden im Skrotum; immer zwei Milchdrüsen an der Brust." Obgleich diese Liste nichts über das Wesen und Sozialverhalten der Primaten aussagt, gilt sie immer noch als großteils richtig. Moderne Zoologen würden zwei weitere Merkmale hinzufügen: Erstens eine verkürzte Schnauze sowie ein flaches Gesicht, die dem Gesichtssinn auf Kosten des Riechens zugute kamen und zu einem gut funktionierenden räumlichen Farbensehen führten; und zweitens das Wichtigste, ein größeres Gehirn mit entwickelterem, differenzierterem Kortex.*

Dies ist eine sehr allgemeine Beschreibung der Primaten. Nicht alle weisen die genannten Merkmale auf, und diese sind auch nicht allein auf Primaten beschränkt: Viele andere Säugetiere haben gleichfalls Schlüsselbeine, drei Arten von Zähnen und einen frei hängenden Penis. So sind die Primaten doch bemerkenswert generalistische Säugetiere.

Sie werden in die beiden Unterordnungen Strepsirhini und Haplorhini unterteilt. Die Strepsirhini kennzeichnet ein vorstehender, feuchter und mit Drüsen besetzter Nasenspiegel (die Fläche nackter Haut rings um die Nasenlöcher). Bei den Haplorhini dagegen ist die Nase flach und behaart. Die Strepsirhini ähneln den frühen Primaten. Sie haben längere Schnauzen, einen besser entwickelten Geruchssinn und ein kleineres Gehirn. Man unterteilt sie in die drei Untergruppen: afrikanische Buschbabys (Galagonidae), altweltliche Bärenmaki/Lori/Potto-Gruppe (Loridae) sowie Lemurenverwandte Madagaskars (die fünf Familien Lemuridae, Cheirogaleidae, Indriidae, Megaladapidae und Daubentoniidae). Bemerkenswert ist, dass sie nie die Neue Welt besiedelt haben.

Bei den Haplorhini unterscheidet man drei Gruppen: Breitnasenaffen, Schmalnasenaffen und

EVOLUTION DER PRIMATEN

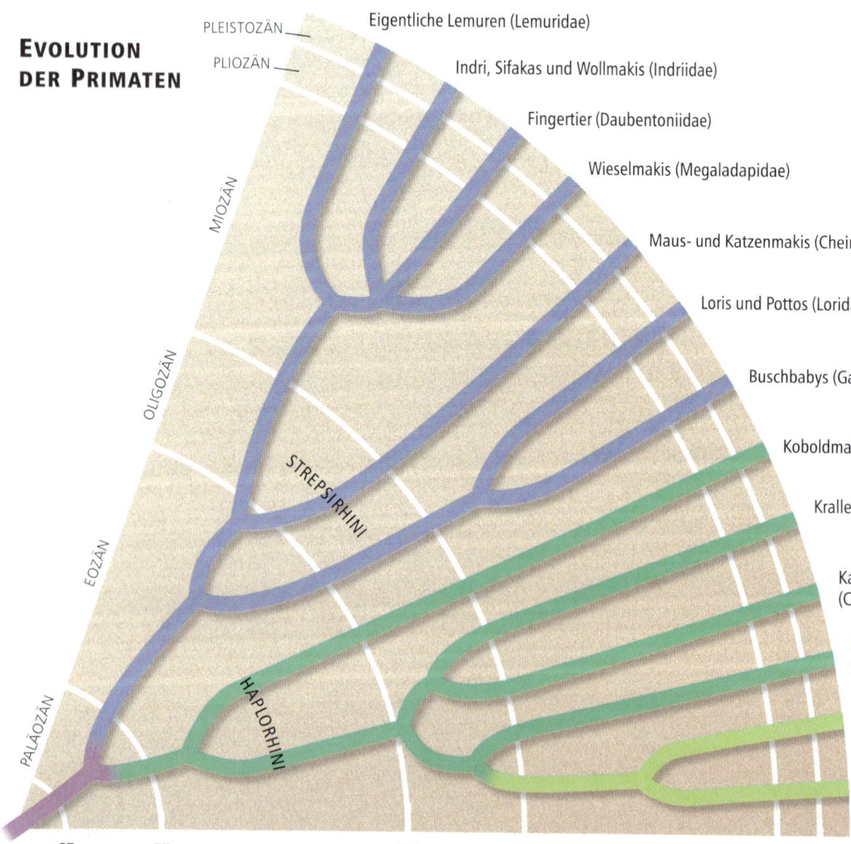

Oben: *Aufgrund ihres Gewichts leben erwachsene Gorillas überwiegend am Boden. Das Spektrum von Körperbau und -masse bei Primaten ist jedoch groß: Ein ausgewachsenes Gorilla-Männchen kann 5000- bis 6000-mal schwerer sein als die winzigen Maus- und Katzenmakis Madagaskars.*

ORDNUNG: PRIMATEN
13 Familien, 64 Gattungen, 256 Arten

LEMUREN- UND LORIVERWANDTE
Unterordnung Strepsirhini

EIGENTLICHE LEMUREN Familie Lemuridae S. 310
10 Arten in 4 Gattungen
darunter **Katta** *(Lemur catta)*

WIESELMAKIS Familie Megaladapidae S. 314
7 Arten in 1 Gattung
darunter **Großer Wieselmaki** *(Lepilemur mustelinus)*

MAUS- UND KATZENMAKIS
Familie Cheirogaleidae S. 316
13 (9) Arten in 5 (4) Gattungen
darunter **Großer Katzenmaki** *(Cheirogaleus major)*

INDRI, SIFAKAS UND WOLLMAKIS
Familie Indriidae S. 320
6 (5) Arten in 3 Gattungen
darunter **Indri** *(Indri indri)*

FINGERTIER Familie Daubentoniidae S. 322
1 Art *Daubentonia madagascariensis*

LORIS UND POTTOS
Familie Loridae S. 324
7 (6) Arten in 5 (4) Gattungen
darunter **Plumplori** *(Nycticebus coucang)*, **Potto** *(Perodicticus potto)*

BUSCHBABYS Familie Galagonidae S. 324
17 (11) Arten in 3 (4) Gattungen
darunter **Großer Galago** *(Otolemur garnettii)*

KOBOLDMAKIS, TIERAFFEN, MENSCHENAFFEN
Unterordnung Haplorhini

KOBOLDMAKIS Familie Tarsiidae S. 332
5 Arten in 1 Gattung
darunter **Sundakoboldmaki** *(Tarsius bancanus)*

KRALLENAFFEN
Familie Callitrichidae S. 334
38 (26) Arten in 6 (4) Gattungen
darunter **Weißbüschelaffe** *(Callithrix jacchus)*, **Kaiserschnurrbarttamarin** *(Saguinus imperator)*

KAPUZINERARTIGE Familie Cebidae S. 344
47 (58) Arten in 11 Gattungen
darunter **Nachtaffen** *(Aotus* spp.), **Springaffen** *(Callicebus* spp.), **Klammeraffen** *(Ateles* spp.)

MEERKATZENVERWANDTE
Familie Cercopithecidae S. 356
87 (81) Arten in 18 Gattungen
darunter **Mantelpavian** *(Papio hamadryas)*, **Mandrill** *(Mandrillus sphinx)*, **Hulman** *(Semnopithecus entellus)*

GIBBONS Familie Hylobatidae S. 398
11 Arten in 1 Gattung
darunter **Siamang** *(Hylobates syndactylus)*, **Lar** *(H. lar)*

MENSCHENARTIGE
Familie Hominidae S. 406
7 (5) Arten in 4 Gattungen
darunter **Westlicher Gorilla** *(Gorilla gorilla)*, **Schimpanse** *(Pan troglodytes)*, **Borneo-Orang-Utan** *(Pongo pygmaeus)*

Anmerkung Die Primaten sind eine Gruppe, deren Taxonomie noch in großem Fluss ist. Eine 1993 erstellte Revision teilte sie in 13 Familien, 60 Gattungen und 233 Arten. Um die Unterschiede zur Taxonomie unserer Autoren zu verdeutlichen, werden die Zahlenangaben der Revision von 1993 in dieser Übersicht sowie in den „Fakten"- Kästen in Klammern angegeben.

Oben: *Haltung und Gang: Lemuren **1** gehen auf allen vieren. Die meisten Arten halten sich auf Bäumen auf und besitzen lange, zum Springen geeignete Hinterbeine wie der in aufrechter Haltung hüpfende Koboldmaki **2**. Baumlebende Arten wie die Dianameerkatze **3** haben gut entwickelte Hinterbeine und lange Schwänze zum Balancieren. Bei Pavianen und anderen Bodenarten sind die Arme wenigstens so lang wie die Beine. Beim auf den Knöcheln gehenden Gorilla **4** ist die terrestrische Lebensweise am stärksten ausgeprägt. Gibbons **5** schwingen an den Armen von Ast zu Ast und können wie Schimpansen **6** aufrecht und freihändig laufen.*

Koboldmakis. Die Breitnasenaffen umfassen die Formen der Neuen Welt wie Krallenaffen (Callitrichidae) mit Marmosetten und Tamarinen sowie Kapuzinerartige (Cebidae), zu denen Kapuziner, Uakaris, Brüllaffen, Klammeraffen, Springaffen und Nachtaffen gehören. Zu den Schmalnasen zählen die Meerkatzenverwandten (Cercopithecidae) mit Schlank- und Stummelaffen, Pavianen, Meerkatzen, Makaken und Mangaben sowie die Menschenartigen (Hominoidea) mit Großen Menschenaffen (Hominidae) und Gibbons (Hylobatidae). Die Koboldmakis (Tarsiidae) sind eine relativ kleine Gruppe von fünf südostasiatischen Arten, die Insekten fressen.

Ältere Systematiken teilen die Primaten in die Unterordnungen Prosimiae (Halbaffen und Koboldmakis) und Anthropoidea (Echte Affen ohne Koboldmakis). Während immer noch darüber diskutiert wird, welche Klassifikation angebrachter ist, scheinen neuere Forschungen über die Koboldmakis die Richtigkeit des Strepsirhini/Haplorhini-Modells zu belegen. Koboldmakis teilen wohl mit den Echten Affen nicht nur die jüngere Evolution, sondern auch bestimmte anatomische Merkmale, insbesondere den behaarten Nasenspiegel und die nicht gespaltene Oberlippe, aber auch den inneren Bau von Nase und Ohr sowie die Blutversorgung des Gehirns und der Plazenta. Nach diesem Modell ist der erste haplorhine Vorfahre der Anthropoiden auf einen Zeitpunkt vor 55 Millionen Jahren zurückzudatieren, während der erste bekannte Anthropoide *Eosimias* aus dem späten Eozän Chinas stammt (vor ca. 42 Millionen Jahren). Die Vorläufer von Koboldmakis und Anthropoiden waren wahrscheinlich die Omomyden aus dem frühen Eozän, deren ältester Vortreter *Teilhardina americana* ist. Zwei andere Säugetiergruppen, die zu verschiedenen Zeiten als Primaten galten, werden hier als nicht zugehörig angesehen: die Spitzhörnchen (Ordnung Scandentia) und die Riesengleiter (Ordnung Dermoptera).

Mit Ausnahme weniger altweltlicher Arten leben die meisten Primaten in tropischen Wäldern zwischen dem 25. nördlichen und dem 30. südlichen Breitengrad. Zwei Ausnahmen finden sich bei Makaken (der in Nordafrika heimische und nach Gibraltar eingeführte Berberaffe sowie der Rotgesichtsmakak auf den japanischen Inseln Hokkaido und Honshu). Die übrigen drei Ausnahmen sind eng miteinander verwandte chinesische Languren: Braune, Weißmantel- und Goldstumpfnase. Der Grund dafür, dass Primaten überwiegend in den Tropen vorkommen, dürfte in ihrer Ernährungs-

Körperbau der Primaten

Unten: *Skelette. Lemuren und die meisten Echten Affen, wie z. B. Meerkatzen, haben die Grundform der frühen Primaten beibehalten: Langer Rücken, kurzer, schmaler Brustkorb, langes, schmales Becken sowie Beine, die ebenso lang oder länger als die Arme sind. Diese Arten leben meist auf Bäumen und bewegen sich hüpfend oder laufend auf den Ästen fort, wobei sie mit den langen Schwänzen steuern oder balancieren. Die Schwänze bodenlebender Arten dagegen – z.B. der Paviane – sind kürzer; den Menschenaffen sowie den sich langsam bewegenden Strepsirhini fehlen sie ganz. Der Orang-Utan und die übrigen Menschenaffen haben eine aufrechte Haltung und dementsprechend einen kurzen Rücken, einen breiteren Brustkorb und ein kräftigeres Becken. Die Arme sind länger als die Beine und wesentlich länger bei Arten, die sich wie Gibbons und Orang-Utans hangelnd fortbewegen. Eine Verbesserung der Geschicklichkeit der Hände begleitete bei Menschenaffen die Entwicklung hin zur aufrechten Haltung, sodass sich manche von ihnen zeitweise wie Menschen auf zwei Beinen bewegen.*

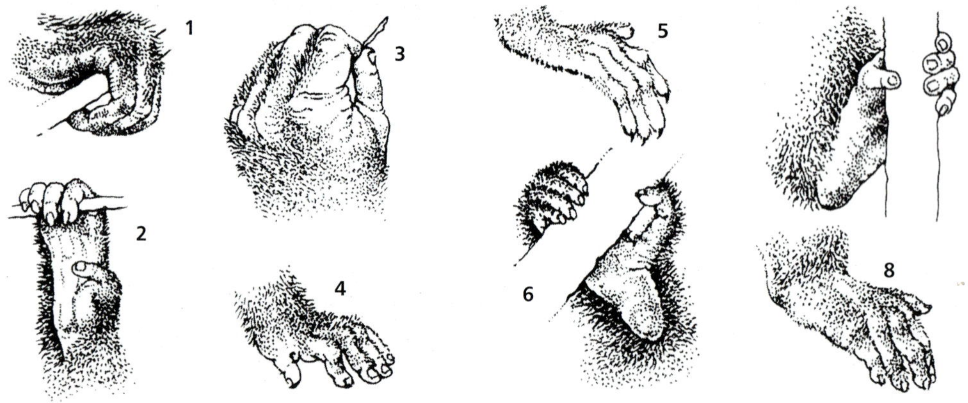

Oben: *Der Bau von Händen und Füßen der Primaten ist je nach Lebensweise unterschiedlich.* **1** *Klammeraffe: Hand mit dem stark zurückgebildeten Daumen einer hangelnden Art.* **2** *Gibbon: Der kurze gegenüberstellbare Daumen ist von den übrigen Fingern weit entfernt.* **3** *Gorilla: Der opponierbare Daumen ermöglicht Präzisionsgriffe.* **4** *Makake: Der kurze gegenüberstellbare Daumen erlaubt ihm, sich beim Laufen auf den Handflächen abzustützen.* **5** *Tamarin: Der lange Fuß einer auf Ästen laufenden Art mit Krallen an allen Zehen außer der Großzehe (bei allen anderen Affen und Menschenaffen weisen alle Zehen flache Nägel auf).* **6** *Siamang und* **7** *Orang-Utans haben breite Füße mit langen greiffähigen Großzehen.* **8** *Pavian: Lange, schlanke Füße sind typisch für bodenlebende Affen.*

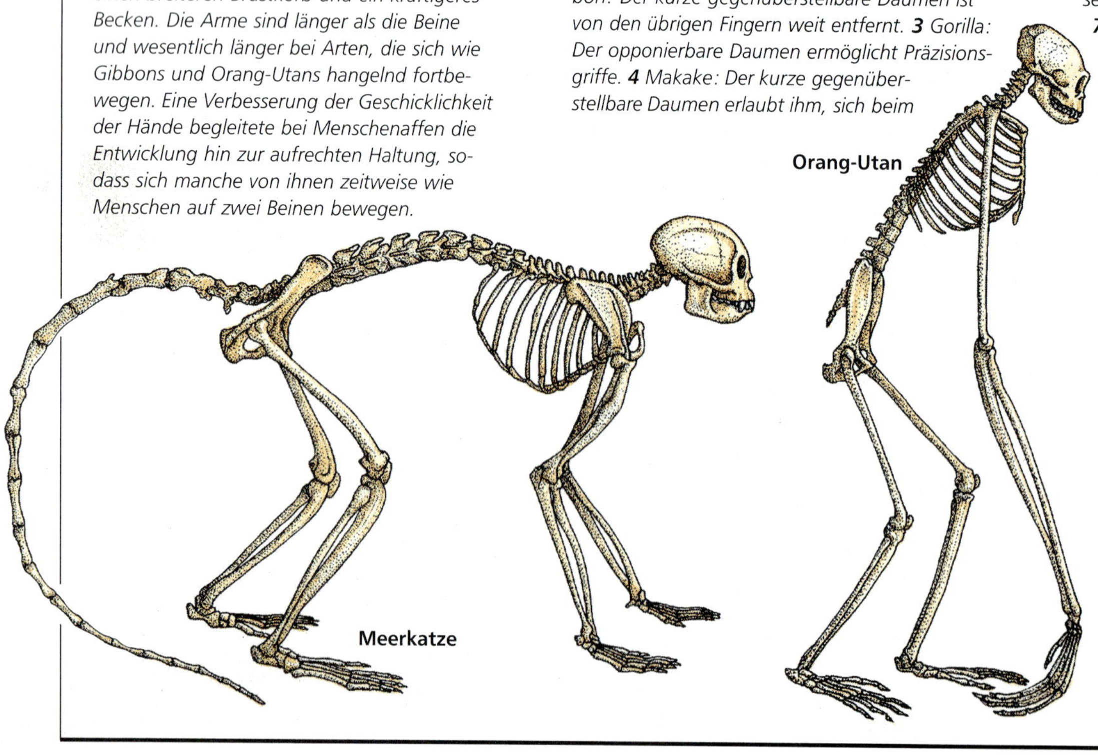

Unten: *Die Insekten fressenden Vorfahren der Primaten besaßen zahlreiche Zähne mit scharfen Höckern. Bei Strepsirhini wie Lemuren* **1** *hat der erste untere Prämolar fast die Form eines Eckzahns, während die Kronen der unteren Schneidezähne und Eckzähne flach anliegen und wie beim Buschbaby einen Kamm bilden. Bei Blätter fressenden Altweltaffen wie* Presbytis **2** *besitzen die quadratischen Molaren vier Höcker, die durch Querleisten verbunden sind, sodass die faserreiche Nahrung gut zerkleinert werden kann. Bei Menschenaffen wie dem Gorilla* **3** *haben die unteren Molaren fünf Höcker und weisen ein komplexeres Muster von Schmelzfalten auf.*

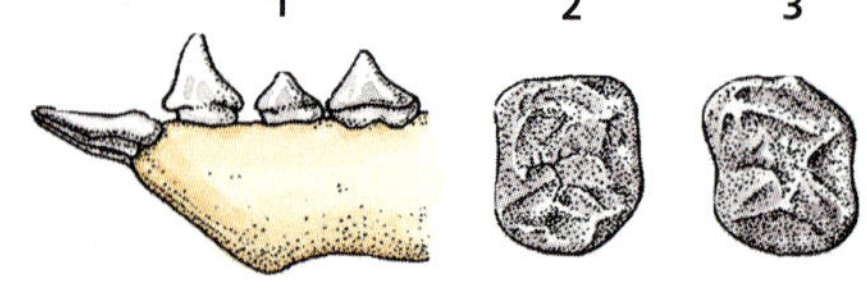

weise liegen: An Früchten, Sprossen und Insekten, von denen sie überwiegend leben, herrscht in den gemäßigten Zonen im Winter Mangel.

Kleine Familien, große Gehirne

ANATOMIE UND PHYSIOLOGIE

Primaten sind mittelgroße Säugetiere. Ihre Körpermasse liegt zwischen 30 g (Mausmaki) und über 150 kg (Gorillamännchen). Wie bei anderen Säugetieren ist sie ein bestimmender Faktor für die Lebensgeschichte: Größere Arten pflanzen sich langsamer fort, leben aber länger als kleinere.

Mausmakis erreichen bereits mit einem Jahr die Geschlechtsreife. Nach einer Tragzeit von zwei Monaten bringen die Weibchen zwei Junge mit einem Geburtsgewicht von je 6,5 g zur Welt. Nach nur zehn Monaten gebären sie erneut. Ihre Lebenserwartung liegt bei 15 Jahren. Gorillaweibchen dagegen pflanzen sich erst ab einem Alter von zehn Jahren fort. Sie bekommen immer nur ein Junges, das bei der Geburt 2 kg wiegt. Die Tragzeit beträgt neun Monate, und zwischen zwei Geburten liegen vier Jahre. Gorillas werden bis zu 40 Jahre alt. So sind die Unterschiede im Fortpflanzungsmuster der einzelnen Arten groß. Allen gemeinsam aber ist die Wurfgröße: Primatenweibchen gebären nie mehr als ein oder zwei Junge.

Im Unterschied zu den übrigen Säugetieren entwickeln sich Primaten sehr langsam, sodass Geburts-, Wachstums- und Sterberaten jeweils nur etwa ein Viertel bis eine Hälfte der Raten anderer Säugetiere vergleichbarer Körpermasse betragen. Der Grund hierfür ist unklar, könnte jedoch mit der Gehirngröße zusammenhängen. Das Gehirn ist eines der energetisch kostspieligsten Organe des Körpers; so könnte der hohe Energiebedarf der großen Primatengehirne die Energiemenge beschränken, die für andere Bereiche wie Wachstum oder Fortpflanzung zur Verfügung stehen.

Eine bedeutsame Konsequenz der langsamen Reproduktionsrate der Primaten ist ihre relativ starke Neigung zum Infantizid. Männliche Primaten versuchen oft von anderen Männchen gezeugte Babys zu töten, weil ein säugendes Weibchen erst nach der Entwöhnung des jüngsten Sprösslings wieder befruchtet werden kann. Männchen, die Zugang zu diesen Weibchen haben, warten ungern, denn sie haben wenig Zeit. Genetisches Weiterleben können sie sich nur sichern, solange sie auf dem Höhepunkt ihrer physischen Leistungsfähigkeit stehen und in der Lage sind, Rivalen aus dem Feld zu schlagen. Bei männlichen Hulmans, die eine Lebenserwartung von 20 Jahren haben, beträgt diese Periode nur 800 Tage.

Größenunterschiede bestehen nicht nur zwischen den Arten, sondern auch zwischen Männchen und Weibchen einer Art. Die Männchen

Rechts: *Ein junger Sumatra-Orang-Utan. Aufgrund der sehr geringen Fortpflanzungsrate bringt ein Weibchen dieser Art in den 20 Jahren seiner fruchtbaren Phase nur vier Junge zur Welt.*

Oben: *Meerkatzen wie diese Große Weißnasenmeerkatze* (Cercopithecus nictitans) *suchen hoch oben in den Baumkronen nach ihrer Lieblingsnahrung: Blätter, Früchte und Insekten.*

sind meist größer, obwohl es hier je nach Art des Paarungssystems Unterschiede gibt. Wenn ein einzelnes Männchen potenziell Zugang zu einer großen Zahl brünftiger Weibchen hat, ist die Konkurrenz zwischen Männchen heftig, und Letztere werden infolge natürlicher Selektion größer. Hulmanmännchen z.B. können mitunter den Zugang zu über 20 Weibchen monopolisieren und die Weibchen um 160 % an Größe übertreffen. Männchen von Arten, die sich typischerweise mit nur einem Weibchen paaren, unterscheiden sich oftmals nicht von diesen (z.B. bei Gibbons). Obwohl die soziale Organisation der Lemuren jener der übrigen Primaten sehr ähnlich ist, tritt bei ihnen kaum Sexualdimorphismus auf. Der Grund dafür könnte sein, dass die Paarungssysteme, die den sozialen Systemen zugrunde liegen, sich sehr von denen anderer Primaten unterscheiden.

Die Konkurrenz um die Vaterschaft wirkte sich nicht nur auf die Körpergröße der Primaten aus. Bei Kämpfen ebenso wie bei der Partnerwerbung spielen die großen Eckzähne eine wichtige Rolle. Die Männchen von Arten, deren Weibchen kurz hintereinander von mehreren Männchen begattet werden, entwickelten große Hoden, um eine höhere Zahl von Spermien zu erzeugen. Je mehr Spermien ein Männchen bei der Begattung in das Wettrennen um die Befruchtung der weiblichen Eizelle schicken kann, desto größer sind seine Chancen, dass er der Vater der Jungen sein wird.

Sexuelle Konkurrenz prägt indes nicht nur das männliche Erscheinungsbild. Bei vielen Primatenweibchen schwillt in den fruchtbaren Phasen die Haut um After und Geschlechtsteil herum an, sodass ein großes und oft hell leuchtendes Signal entsteht, das Hunderte von Metern weit sichtbar sein kann und um die Zeit des Eisprungs seine maximale Größe erreicht. Diese Brunftschwellung tritt besonders bei Arten auf, deren Individuen in großen, gemischtgeschlechtlichen Gruppen leben. Die Männchen finden dies attraktiv, und je größer eine Schwellung ist, desto mehr Aufmerksamkeit wird dem Weibchen zuteil. In dieser Phase ist die Konkurrenz um den Zugang zum Weibchen am größten, sodass diese mit hoher Wahrscheinlichkeit von den kräftigsten Männchen befruchtet werden. Weil die Schwellung auch schon dann Männchen anzieht, wenn sie nicht voll ausgebildet ist (wobei die Wahrscheinlichkeit einer Empfängnis entsprechend niedrig ist), hilft das den Weibchen, die Gefahr eines Infantizids einzudämmen, denn die Möglichkeit, es könnte sich um den eigenen Nachwuchs handeln, hält die Männchen von der Tötung der Jungtiere ab. Die Brunftschwellung erreichte eine so hohe Bedeutung als Signal, dass die Weibchen der Dscheladas, deren Dammbereich aufgrund ihrer sitzenden Haltung bei der Futtersuche selten sichtbar ist, an der Brust eine vergleichbare nackte, gefäßreiche Stelle entwickelten. In der Zeit der Brunft schwellen die Gefäße an und verändern die Farbe dieser Brustpartie.

Eine komplexe Ökologie

NAHRUNG UND LEBENSWEISE

Primaten sind in erster Linie Bewohner tropischer Wälder, kommen aber auch in Wäldern gemäßigter Zonen vor sowie in Savannen, Wüsten, Berg- und Küstenregionen. Vertreter der Ordnung halten sich am Boden oder auf Bäumen auf, sind bei Tag oder Nacht aktiv, fressen Früchte oder Blätter oder bestimmte Insekten. 55 % aller Arten – darunter Meerkatzen, Klammeraffen und Gibbons – sind tagaktiv, frugivor und leben auf Bäumen. Weitere 20 % – z.B. Stummelaffen, Brüllaffen und Languren – verzehren Blätter anstelle der Früchte. Die übrigen 25 % verteilen sich zu etwa gleichen Teilen auf nachtaktive, baumlebende Insektenfresser (Koboldmakis, Loris und Buschbabys), nachtaktive, baumlebende Frugivore (z.B. Katzenmakis) und tagaktive Früchtefresser, die sich am Boden aufhalten (darunter Paviane, Makaken und Schimpansen).

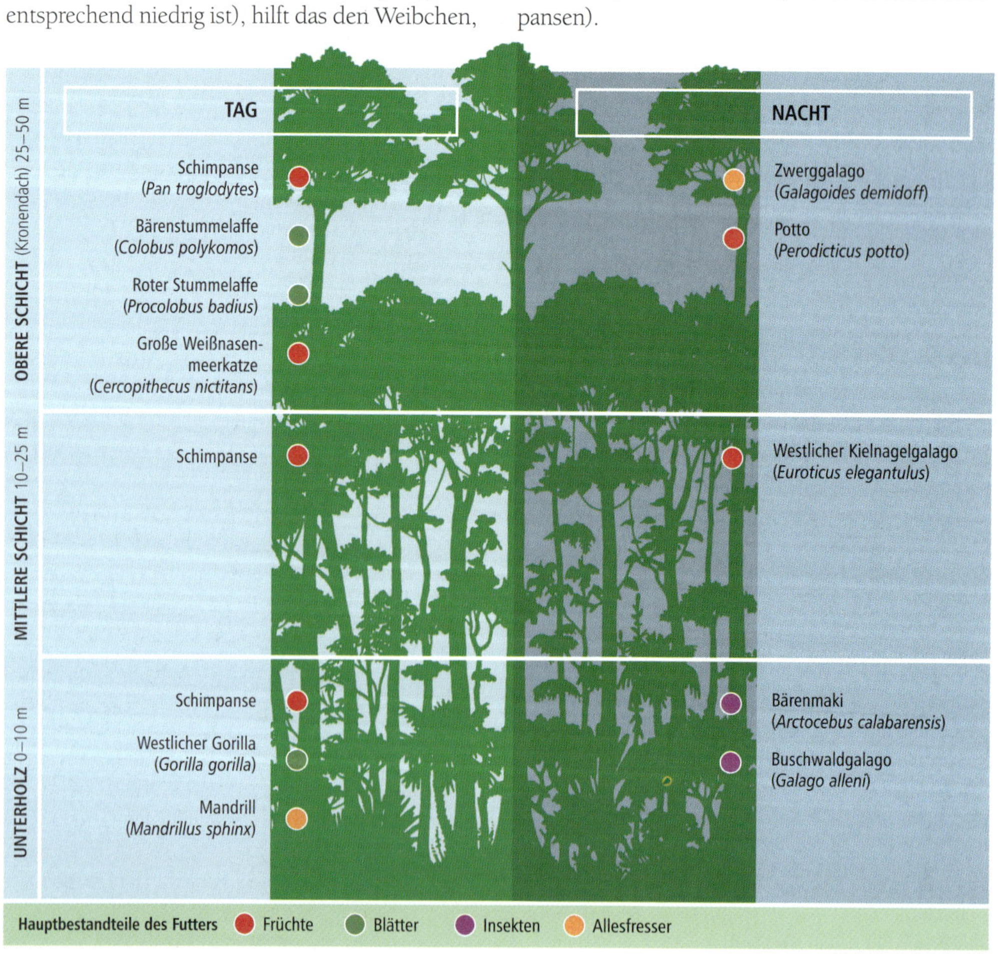

Oben: *Mantelpaviane haben sehr kräftige Hände, mit denen sie die Knollen und Wurzelstöcke von Blütenpflanzen wie Wasserlilien ausgraben. Dank dieser nahrhaften Pflanzenteile überleben die Affen auch in Zeiten von Nahrungsknappheit.*

Links: *Ernährungsökologie. Viele Primatenarten teilen sich denselben Wald, indem sie unterschiedliche ökologische Nischen nutzen und so die Nahrungskonkurrenz verringern. Hierbei spielen die Zeiten der Futtersuche, die bevorzugte Nahrung und die Bereiche der vertikalen Schichtung des Walds, in denen die Tiere suchen, eine Rolle.*
Im westafrikanischen Regenwald gibt es fünf nachtaktive Strepsirhini-Arten: In der Kronenschicht jagt der winzige Zwerggalago Insekten, die auch der Früchte fressende Potto nicht verschmäht. Der frugivore Kielnagelgalago hält sich in tieferen Lagen auf, während der Buschwaldgalago auf Sträucher in Bodennähe spezialisiert ist. Dort macht der Bärenmaki Jagd auf Insekten.
Unter den tagaktiven Arten desselben Walds findet sich der omnivore Mandrill, der sich ebenso wie der Blätter fressende Gorilla vorwiegend in Bodennähe aufhält. Schimpansen dagegen suchen ihre Früchtenahrung auf allen Stockwerken des Walds. In der Kronenschicht findet der Rote Stummelaffe Blatt- und Blütenknospen sowie zahlreiche Blüten, während der Bärenstummelaffe auch ausgereifte Blätter frisst und bei der Nahrungssuche weniger weit umherstreift.

Von diesem Schema gibt es jedoch auch etliche Ausnahmen. Dscheladas z.B. fressen überwiegend Gräser. Wieselmakis wiederum leben auf Bäumen und fressen Blätter, sind aber nachtaktiv. Einige Vertreter der Lemurenfamilie wie der Braune Maki und die Halbmakis (*Hapalemur*) sind tag- und nachtaktiv, dehnen ihre Aktivitätsphase aber womöglich deshalb in den Tag hinein aus, weil die Adler, die ehemals bei Tag für sie eine Gefahr darstellten, inzwischen ausgestorben sind.

Die Vorfahren der Primaten fraßen Insekten, waren nachts wach und lebten in den Kronen der Bäume. Das Leben am Boden, die Ernährung von Früchten und Blättern und die Verlegung der Aktivitätsphase auf den Tag entwickelten sich später. Die Nachtaffen der Neuen Welt kehrten sekundär zum nächtlichen Leben zurück und sind heute zusammen mit Koboldmakis die einzigen Echten Affen, die nachts auf Nahrungssuche gehen.

Aufgrund ihres isolierten Insellebens konnten sich die Lemuren von den starren Regeln des „Strepsirhini-Daseins“ (Nachtleben, Insektenkost und Baumhäuser) emanzipieren. Ihre Vorfahren trieben vermutlich vor etwa 40 Millionen Jahren auf Pflanzenansammlungen aus Afrika nach Madagaskar und fanden eine Insel vor, auf der es nur wenige Arten und deshalb viele freie ökologische Nischen gab. Aus diesen Lemurenvorfahren entwickelten sich über 40 verschiedene Arten.

Ein enger Zusammenhang besteht zwischen der Größe eines Primaten und seiner Lebensweise. Da viele Raubtiere untertags auf die Jagd gehen, müssen tagaktive Primaten (darunter die meisten Haplorhini) größer sein als ihre nachtaktiven Verwandten (mehrheitlich Strepsirhini). Weibchen der Echten Affen wiegen typischerweise 6 kg, die der Strepsirhini dagegen 1 kg. In ähnlicher Weise sind bodenlebende Arten meist größer als baumlebende, um der Bedrohung sowohl am Boden als auch aus der Luft entgehen zu können. So besitzen die bodenlebenden Paviane, Mandrille und Drille eine höhere Körpermasse (ein typisches Weibchen wiegt 14 kg) als die überwiegend auf Bäumen lebenden Meerkatzen, deren Weibchen durchschnittlich nur 4 kg erreichen.

Die Körpergröße hat jedoch einen Einfluss auf die Ernährungsweise. Die meisten großen Primaten fressen Blätter, die in solchen Mengen vorhanden sind, dass damit der tägliche Bedarf gedeckt werden kann. Trotz des äußerst geringen Nährwerts können große Primaten davon leben, weil ihr Energiebedarf vergleichsweise niedrig ist. Kleinere Primaten mit höherem Energiebedarf sind dagegen auf energiereiche Insektenkost angewiesen. Zwischen diesen beiden Extremen kann man die Frugivoren und eine Anzahl generalistischer Arten einordnen, die sich von einer Mischkost aus Früchten, Blättern und Insekten ernähren.

Körpergröße und Ernährungsweise sind auch bestimmende Faktoren für die Dichte einer Population. Größere Tiere benötigen ausgedehntere Reviere, um ihren Nahrungsbedarf zu decken. So erstrecken sich die Streifgebiete der 3,3 kg schweren, Blätter fressenden Tattersalls Sifakas (Vertreter der Strepsirhini) über 9 bis 12 ha, während ein Wieselmaki mit 600 g Gewicht nur ein 1,5 ha großes Revier benötigt. Auch die Art der Nahrung wirkt sich auf die Größe des Streifgebiets aus. Der Große Galago ist kaum größer als der Wieselmaki, braucht jedoch aufgrund seiner Vorliebe für proteinreiche Insekten ein ebenso großes Revier wie ein Sifaka. Die Reviergröße spiegelt sich unweigerlich in der Dichte wider: Der Wieselmaki ist häufiger als Tattersalls Sifaka oder der Große Galago.

Weil Blätter nicht gerade eine leicht verdauliche Kost darstellen, besitzen Primaten eine Reihe von Anpassungen, die die Verwertung von Blättern, Früchten und Insekten erleichtern: Molaren mit Schneideleisten helfen die Pflanzenkost zu zermahlen. Der vergrößerte Verdauungstrakt bietet Bakterien Platz, die Zellulose aufschließen und im Magen (z.B. bei Stummelaffen und Languren), im Blinddarm (bei Halbmakis und Wieselmakis) oder im Grimmdarm (bei Brüllaffen und Gorillas) leben. Frugivore Arten dagegen haben große Schneidezähne, denn Früchte müssen vor dem Kauen stärker vorbehandelt werden als Blätter, aber einfache Verdauungstrakte, da Früchte nur wenig Zellulose enthalten. Insektenfresser weisen eine Kombination dieser Merkmale auf: Sie haben Molaren mit Schneideleisten, um die harten Panzer von Käfern aufzubrechen, und einfache Därme.

Manche Primaten bohren mit ihren spezialisierten Schneidezähnen die Rinde bestimmter Baumarten auf und nehmen die ausfließenden Pflanzensäfte und Harze auf. Entsprechend haben Westliche Kielnagelgalagos, Gabelstreifige Katzenmakis und Marmosetten, die Baumsäfte verzehren, vergrößerte Blinddärme, weil vermutlich die im Darm lebenden Bakterien bei der Verdauung behilflich sind.

Oben: *Die charakteristische gegenseitige Fellpflege der Primaten festigt soziale Beziehungen.*

Unten: *Unterschiedliche Typen von Primatengesellschaften: Gibbons leben als monogame Paare, bei denen bis zu vier noch nicht geschlechtsreife Junge bleiben. Beim Buschbaby überschneiden sich die Reviere mehrerer verwandter Weibchen und ihrer Nachkommen. Die der Männchen sind größer und überdecken die mehrerer Weibchen. Eine Gorillagruppe besteht aus einem fruchtbaren Männchen und dessen Harem mit den gemeinsamen Jungen. Beim Steppenpavian leben mehrere Männchen und mehrere fruchtbare Weibchen zusammen, während sich kleinere Gruppen von Dscheladas zu größeren Verbänden vereinigen. Miteinander nicht verwandte Weibchen bei Schimpansen besitzen überlappende Reviere und werden von Gruppen verwandter Schimpansenmännchen dominiert.*

Diese schematische Einteilung in Insekten-, Früchte- und Blätterfresser vernachlässigt allerdings Vielfalt und Anpassungsfähigkeit und deutet eher auf Vorlieben und Hauptkomponenten bei der Nahrungsaufnahme hin. In dieser Hinsicht nehmen die Koboldmakis erneut eine Sonderstellung ein, denn als einzige Primaten leben sie ausschließlich von tierischer Kost.

Bei Schimpansen und Pavianen kommt es vor, dass sie Wirbeltiere töten und fressen. Meist jagen die Männchen und erbeuten kleine Huftiere sowie andere Primaten. Schimpansen entwickeln sogar komplexe Jagdtechniken, die auf Zusammenarbeit beruhen. Im tansanischen Gombe wurden Rote Stummelaffen so intensiv von Schimpansen bejagt, dass ihre Gruppen nur noch halb so groß waren. Dies ist insofern ungewöhnlich, als sich zwar alle Affen vor Fressfeinden in Acht nehmen müssen, normalerweise jedoch nicht vor anderen Primaten.

Schlangen, Adler und Großkatzen sind die ärgsten Feinde der Primaten. Bei einer im kenianischen Amboseli lebenden Population von Grünen Meerkatzen gehen normalerweise 50 % der Todesfälle auf Prädation zurück, doch in einem Jahr war ein einzelner in diesem Gebiet aktiver Leopard für 70 % aller Verluste verantwortlich. Somit beschränken Fressfeinde mitunter Größe und Wachstum von Primatenbeständen. Dies trifft vermutlich auch für die Mausmakis von Beza Mahafaly auf Madagaskar zu: Hier fangen Schleiereulen alljährlich ein Viertel des Bestands weg.

Zu ihrer Verteidigung stehen den Primaten eine Reihe von Eigenschaften und Verhaltensweisen zur Verfügung. Kleine Primaten wie die nachtaktiven Strepsirhini suchen meist allein und heimlich nach Nahrung. Tagaktive Primaten dagegen bilden Gruppen. Die Mitglieder einer Gruppe beschützen sich dabei gegenseitig durch Wachsamkeit („Entdeckungseffekt"). Zudem nimmt für jedes einzelne Individuum die Wahrscheinlichkeit ab, zum Opfer eines Feinds zu werden („Verdünnungseffekt").

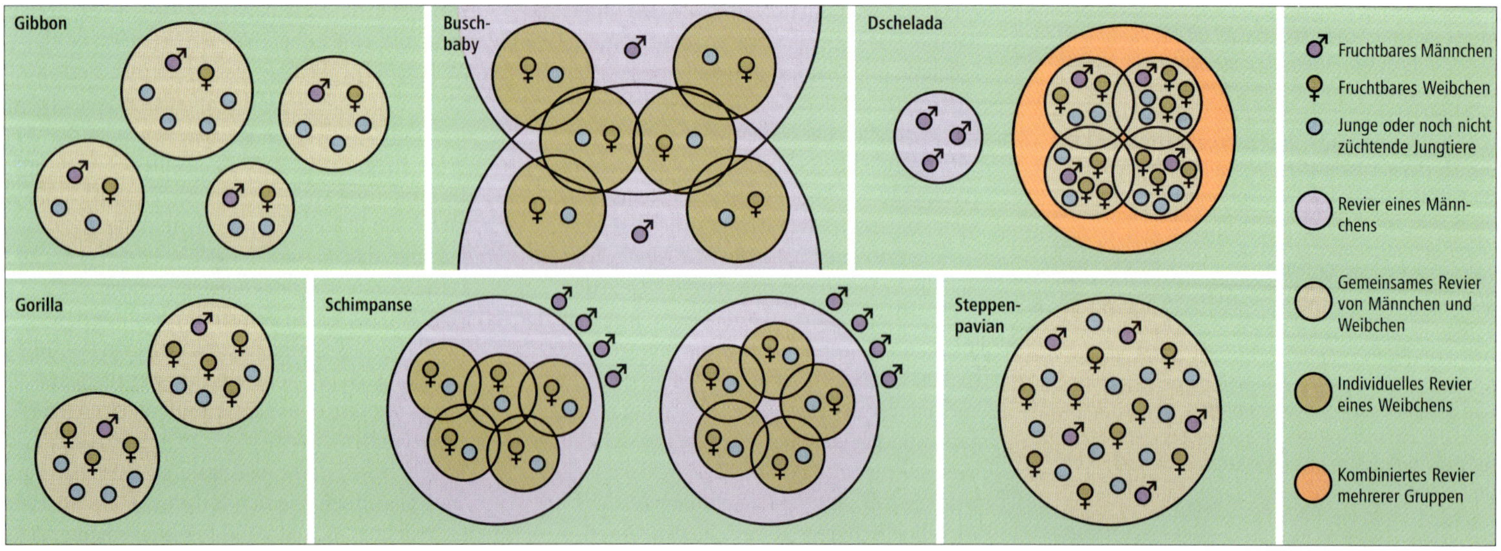

Schließlich kann sich die Gruppe zusammentun und den Fressfeind vertreiben („Abschreckungseffekt"). Bei Pavianen und anderen Arten wie Roten Stummelaffen bilden sich Gruppen von Männchen, die effektiv gegen Raubtiere vorgehen. In vier Fällen ist bekannt, dass Paviane sogar einen Leoparden töteten – ihren erbittertsten Fressfeind. Je größer die Gruppe, desto stärker machen sich die Vorteile bemerkbar. Weil am Boden ein höheres Risiko besteht, bilden Arten wie Paviane stärkere Verbände von mindestens 30 Tieren, während sich die auf Bäumen lebenden Meerkatzen nur zu Horden von 20 Tieren zusammenschließen. Oftmals gehen auch die Gruppen mehrerer Arten gemeinsam auf Nahrungssuche.

Um das von Raubtieren ausgehende Risiko zu verringern, vermeiden es Paviane mitunter, nahrungsreiche Stellen aufzusuchen. Aus ähnlichen Gründen suchen baumlebende Primaten wie Kapuzineraffen oder Langschwanzmakaken lieber hoch oben in den Baumkronen nach Futter als auf dem Waldboden, wo sie Fressfeinden stärker ausgeliefert wären. Sogar die Paviane entfernen sich nicht gerne weit von hohen Bäumen oder Felswänden, auf die sie notfalls vor einem Raubtierangriff flüchten können.

Wenn eine risikoreiche Situation nicht vermeidbar ist, sind Primaten besonders wachsam und stoßen Warnrufe aus, sobald sie eine Gefahr ausmachen. Grüne Meerkatzen haben spezielle Rufe für Großkatzen, Adler und Schlangen. Wenn ein Artgenosse Alarm gibt, reagieren sie auf jeden dieser Rufe anders, indem sie entweder auf Bäume flüchten oder nach oben sehen und sich im Gebüsch verkriechen oder aber auf den Hinterbeinen stehen bleiben und mit den Blicken den Boden absuchen. Alle diese Verhaltensweisen stellen die jeweils optimale Reaktion auf die von dem betreffenden Tier ausgehende Gefahr dar

Oben: *Kattas leben in Gruppen von 20 und mehr Tieren. Anders als bei den übrigen Primaten dominieren in der Rangordnung die Weibchen.*

Sicherheit in der Gruppe

SOZIALE ZUSAMMENARBEIT

Das Sozialverhalten der Primaten ist vermutlich ihr auffälligstes Merkmal. Nahezu alle Tier- und Menschenaffen leben in Gruppen, ebenso die Mehrzahl der Strepsirhini. Anders als viele andere gesellige Tiere bleiben Primaten ihrer Gruppe gewöhnlich treu. Das Hauptmotiv für die Gruppenbildung scheint die von Fressfeinden ausgehende Gefahr zu sein. Das Zusammenleben hat zwar auch Nachteile – Nahrungskonkurrenz bedeutet, dass für jeden Happen mehr Mühe aufgewendet werden muss –, doch das geringere Risiko, gefressen zu werden, macht dies wett.

Die zahlenmäßig stärksten Verbände bilden Dscheladas. Sie grasen auf offener Fläche im äthiopischen Hochland und leben in stabilen Horden von 150 bis 600 Mitgliedern zusammen.

Da eine große Gruppe leichter eine ergiebige Futterquelle wie einen fruchtenden Baum für sich allein in Anspruch nehmen kann, ist die Gruppengröße für das einzelne Tier von Vorteil sein. So haben bei den Braunen Kapuzinern von Hato Masaguaral (Venezuela) Weibchen, die in größeren Verbänden leben, eine höhere Geburtenrate. Dies ist auf ihren besseren Ernährungszustand zurückzuführen, der wiederum eine Folge des leichteren Zugangs zu Früchte tragenden Bäumen ist. Allerdings stellt dies eher eine Ausnahme dar, da die Geburtenraten in kleineren Horden wegen der geringeren Futterkonkurrenz meist höher sind.

Die Gruppengröße ist aber nur ein Aspekt von Primatengesellschaften. Eine Rolle spielt auch die Zusammensetzung der Verbände. Im Mittelpunkt steht meist das Weibchen mit seinen Nachkommen. Bei Echten Affen und einigen Lemuren (u.a. Halbmakis, Braunen Makis, Sifakas und Indris) tragen die Mütter ihre Kinder mit sich herum. Bei den nachtaktiven Strepsirhini und den übrigen Lemuren „parken" die Mütter ihren Nachwuchs in einem Nest.

Weibchen haben die Möglichkeit, miteinander Nahrung zu suchen oder einander zu meiden. In letzterem Fall können sie auch mit einem einzelnen adulten Männchen umherstreifen oder allein bleiben. Sind sie ganz allein unterwegs, besitzen sie häufig kleine Reviere, die sich mit denen anderer Weibchen überlappen. Die Männchen verteidigen meist weitläufigere Bezirke, die mehrere Weibchenreviere umfassen. Rangniedrige Männchen dagegen müssen oft auf weniger geeignete Lebensräume ausweichen und sind dadurch vom Zugang zu Weibchen ausgeschlossen. Dieses soziale Muster beobachtet man bei Orang-Utans und vielen nachtaktiven Strepsirhini.

Bei anderen Arten bildet ein monogames Paar die Basiseinheit der Gruppe. Dann geht das Weibchen zusammen mit dem Männchen auf Nahrungssuche und beide verteidigen gemeinsam ein Revier. Da es aus evolutionärer Sicht im Interesse eines Männchens liegt, so viele Weibchen wie möglich zu begatten und deshalb ein Revier zu verteidigen, das die Reviere mehrerer Weibchen umfasst, erscheint es rätselhaft, warum die Monogamie bei einzelnen Arten fortbestehen konnte. Am wahrscheinlichsten ist die Erklärung, dass in diesem Fall die Männchen eine wichtige Rolle bei der Aufzucht der Nachkommen spielen, indem sie sie vor Fressfeinden und anderen Männchen beschützen. Dieses Verhalten verringert zwar die Anzahl von Weibchen, die ein Männchen befruchten kann, erhöht aber die Aussichten des Männchens auf überlebende Nachkommen. Zu den monogamen Arten der Primaten zählen Indris, Spring- und Nachtaffen sowie Gibbons.

Wenn Weibchen gemeinsam auf Futtersuche gehen, können sie von einem oder mehreren adulten Männchen begleitet werden. Die genaue Zahl hängt davon ab, wie leicht es ist, andere Männchen am Zugang zu den Weibchen zu hindern. Ein einzelnes Männchen einer „Ein-Männchen-Gruppe" oder eines Harems kann nur eine kleine Zahl von Weibchen gegen andere Männchen verteidigen. Eine derartige soziale Organisation haben die meisten Meerkatzen, viele Stummel- und Schlankaffen sowie einige Pavianarten und Gorillas. Aus diesen Gruppen ausgeschlossene Männchen bilden oft zusammen mit anderen reine „Junggesellengruppen". Leben solche Arten auf Bäumen oder in Wäldern (z.B. Meerkatzen und Schlankaffen), verteidigen sie in der Regel ein Revier. Bodenlebende Arten (z.B. Dscheladas, Mandrills und Stumpfnasen) besitzen dagegen keine Reviere und schließen sich bei stärkerer Bedrohung durch Raubtiere oder aber bei Nahrungsüberfluss zu größeren Verbänden zusammen.

Sobald jedoch mehr als sechs bis zwölf Weibchen in einer Gruppe leben, wird es schwierig, andere Männchen auszuschließen. So entsteht eine Gemeinschaft mit mehreren Männchen. Neben anderen Arten leben die neuweltlichen Kapuziner- und Brüllaffen sowie die altweltlichen Makaken und Mantelpaviane in derartigen Gruppen. Sie haben keine Reviere, weil diese wegen der hohen Mitgliederzahl sehr groß sein müssten und deshalb schwer zu verteidigen wären.

Angesichts der Flexibilität, die Primaten in ihrem Verhalten an den Tag legen, überrascht es nicht, dass es zu diesen Grundtypen sozialer Organisation weitere Varianten gibt. Bei Marmosetten und Tamarinen z.B. ist die Zusammensetzung der Gruppen sehr dynamisch: Die Weibchen verhalten sich sowohl mono- oder polygam (mehrere Weibchen teilen sich ein Männchen) als auch polyandrisch (ein Weibchen paart sich mit mehreren Männchen). Und obgleich mehrere erwachsene Weibchen in einer Gruppe zusammenleben können, bekommt nur eines davon Nachwuchs.

Ein anderes Gesellschaftsmodell ist bei Schimpansen und Klammeraffen zu finden. Ihre Gruppen sind nicht konstant, gehören aber größeren stabilen Gemeinschaften an. Die Reviere der Weibchen überlappen stark und die Schimpansinnen treffen an guten Futterplätzen zusammen. Gruppen miteinander verwandter Männchen monopolisieren den Zugang zu den Weibchen.

Dominanzverhalten

HIERARCHIEN UND BÜNDNISSE

Hierarchien basieren auf der Dominanz einzelner Tiere und stellen ein charakteristisches Kennzeichen des Sozialverhaltens von Primaten dar. Häufig nehmen die stärksten Individuen, die sich auch im Kampf durchsetzen können, die höchsten Rangstellungen ein. Dominante Tiere beider Geschlechter haben die meisten Nachkommen, denn sie verschaffen sich leichter Zugang zu den Ressourcen, deren Verfügbarkeit über den Fortpflanzungserfolg entscheidet: Futterquellen im Fall der Weibchen und fruchtbare Weibchen im Fall der Männchen.

Die Bedeutung eines hohen Rangs ist größer, wenn die Ressourcen von einem einzelnen, mächtigen Individuum monopolisiert werden können, z.B. Früchte, die in dichten Trauben an einem Baum wachsen. Dies trifft besonders bei Weibchen frugivorer Arten wie Pavianen, Makaken und Schimpansen zu. Sind die Ressourcen weit verstreut, ist der Rang von geringerer Bedeutung, wie das bei Blätter fressenden Arten wie Stummelaffen

und Gorillas beobachtet werden kann. Bei diesen sind weibliche Hierarchien nur schwach geprägt.

Ähnliche Muster erkennt man bei männlichen Primaten: Der Rang der Männchen ist bei Arten von geringer Bedeutung, die sich zu bestimmten Jahreszeiten fortpflanzen – z.B. Totenkopfaffen und mehrere Makakenarten –, da alle Weibchen gleichzeitig paarungsbereit sind und diese ein einzelnes Männchen nicht monopolisieren kann.

Nicht immer legen die Tiere ihre Hierarchien durch Rangkämpfe fest. Männliche Primaten bilden häufig Allianzen mit anderen Männchen, um die eigene Macht zu stärken. Diese scheinen weit-

Oben und rechts: *Soziale Interaktionen. Dscheladas (OBEN) und Mantelpaviane leben wie viele andere Altweltaffen in Haremsgruppen. Bei Dscheladas bestehen die engsten Beziehungen zwischen den Weibchen (durchgezogene Linien in der Grafik); das fruchtbare Männchen paart sich mit den Weibchen, interagiert aber ansonsten wenig mit ihnen (gestrichelte Linien). Bei Mantelpavianen hält das dominante Männchen die Beziehungen innerhalb der Gruppe aufrecht, indem es die Weibchen zusammentreibt. Deren Beziehungen sind untereinander schwach.*

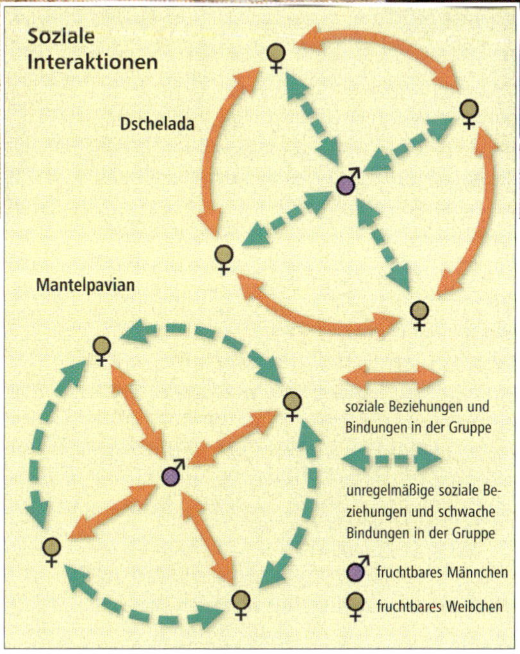

gehend beim gegenseitigen Putzen ausgehandelt zu werden und können über das Netzwerk entstehender Koalitionen einen starken Einfluss auf die Primatenpolitik erhalten. Dies ist insbesondere bei Altweltaffen zu beobachten.

Die Gruppen von Altweltaffen bestehen überwiegend aus miteinander verwandten Weibchen und nicht verwandten Männchen, da Letztere ihre Geburtsgruppe bei Eintritt der Geschlechtsreife verlassen, während die Weibchen in der Gruppe der Mutter bleiben. Die Verwandtschaft der Weibchen fördert die Entwicklung enger Beziehungen, sodass Familienmitglieder einander in Konflikten beistehen. Der Rang eines Weibchens kann von ihrer weiblichen Abstammungs- oder Matrilinie abhängen: In solchen Fällen werden die Mitglieder einer ranghohen Matrilinie höher eingestuft als die einer niedrigeren Matrilinie. Aufgrund von Machtkämpfen innerhalb dieser Abstammungslinien steht in einigen Pavian- und Makakenpopulationen der individuelle Rang in umgekehrter Relation zur Geburtenreihenfolge (siehe Grafik).

Bei bestimmten Primatenarten wie den Roten Stummelaffen und den Schimpansen verlassen die Weibchen die Geburtsgruppe und die Männchen bleiben. Bei Meerkatzen scheint es generell umgekehrt zu sein. Bei den meisten anderen Primaten verlassen jedoch Tiere beider Geschlechter die Gruppe der Eltern. Dass nur die Weibchen gehen, ist ziemlich selten. In diesem Fall bleiben diese oft für sich, während die Männchen enge Freundschaften schließen.

Allianzen werden nicht nur zwischen Verwandten gebildet. Bei manchen Pavianpopulationen verbünden sich Männchen mitunter mit nicht verwandten männlichen Artgenossen, um z.B. einen Rivalen zu verdrängen, der ein fruchtbares Weibchen monopolisiert. Derartige Bündnisse können kurzlebig sein und beeinflussen nicht unbedingt den Rang eines Individuums in der Hierarchie. Normalerweise wird nur das mächtigste Mitglied des Bündnisses zum „Besitzer" des Weibchens. Die anderen helfen aber möglicherweise deshalb, weil sie dadurch wenigstens geringe Chancen auf den Zugang zum brünftigen Weibchen erhalten.

Auch Weibchen schließen mitunter Bündnisse mit Männchen, mit denen sie nicht verwandt sind. Die Bildung derartiger „Freundschaften" könnte dazu dienen, Infantizid zu verhindern. Die männlichen „Freunde" eines Weibchens haben sich häufig in der Vergangenheit mit ihm gepaart, und das Junge, das sie beschützen, könnte mit einer gewissen Wahrscheinlichkeit ihr eigenes sein. Allianzen zwischen Weibchen und Männchen bieten mehrere Vorteile, doch dort, wo die Weibchen ihre Jungen bei sich tragen, scheint die Verringerung des Infantizid-Risikos der wichtigste zu sein.

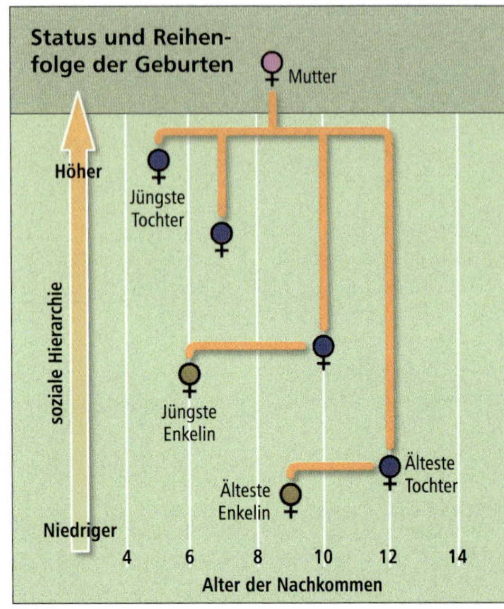

Oben: *In den meisten Primatengruppen existieren Hierarchien von Männchen und Weibchen. Bei Pavianen und Makaken verlassen Männchen nach Erreichen der Geschlechtsreife die Gruppe, während die Weibchen bleiben. Soziale Beziehungen zwischen den miteinander verwandten Weibchen halten die matrilineare Gruppe zusammen. Die Stellung einzelner Individuen kann altersabhängig sein: Töchter können niedrigeren Status als ihre Mütter, aber höheren als ältere Schwestern haben. Eine Tochter kann sich paaren und ihre eigene Matrilinie gründen. Bei zwei Tieren aus unterschiedlichen Linien hat dasjenige höheren Status inne, das der höherrangigen Linie angehört.*

Taktische Täuschung und „Gedankenlesen"

Primaten sind gemeinhin als intelligent bekannt, doch die schwierigsten Probleme, mit denen sie sich auseinander setzen müssen, werden oft durch die hoch entwickelten sozialen Fähigkeiten ihrer Artgenossen verursacht. Am Beispiel von Täuschung und den Reaktionen darauf lässt sich diese soziale Komplexität am Anschaulichsten darstellen.

Eine taktische Täuschung findet statt, wenn ein Tier ein Verhaltensmuster – losgelöst aus seinem gewöhnlichen Kontext – in andersartigen Situationen einsetzt, um seine Gefährten in die Irre zu führen. Sehen Paviane z.B. ein Raubtier oder eine andere Paviangruppe, so zeigen sie deutliches Interesse, indem sie sich auf die Hinterbeine stellen, die Köpfe recken und in die Ferne starren. Manchmal rufen sie warnend. Andere Paviane reagieren, indem sie in die gleiche Richtung blicken, um den Grund für die Störung zu erfahren. Ein Pavian, der von Artgenossen bedrängt wird, setzt jedoch das gleiche Verhalten ein, um falschen Alarm auszulösen.

Das Feststellen taktischer Täuschungen ist eine Herausforderung für Verhaltensforscher, weil dieses Verhalten, damit es seinen Zweck erfüllt, nur selten eingesetzt werden darf: Ein Affe kann nicht ständig die Gruppe alarmieren. Trotzdem gelang es Wissenschaftlern, einen Katalog taktischer Täuschungsmanöver zusammenzustellen, der bemerkenswert vielfältig ist. Ablenkung wird nicht nur durch den oben geschilderten Trick erzielt, sondern auch indem man Artgenossen von einer begehrten Nahrungsquelle fortführt, um heimlich zu ihr zurückzukehren, oder durch scheinbar harmlose Fellpflege.

Üblich ist auch Verheimlichung, die unterschiedliche Formen annehmen kann. Sie kann vom einfachen Verbergen begehrter Leckerbissen bis hin zum subtilen Verheimlichen des eigenen Interesses an einer Frucht reichen, die erst hervorgeholt wird, wenn sich die Konkurrenten entfernt haben. Zu den komplexeren Taktiken zählt der Missbrauch von Artgenossen als „soziale Werkzeuge" zur Manipulation von Dritten. So wurden Halbwüchsige dabei beobachtet, wie sie vorgaben, ein Erwachsener, der eine begehrte Nahrung besaß, hätte sie angegriffen. Dies führte dazu, dass ein erwachsener Verbündeter den unschuldigen Futterbesitzer vertrieb und die Halbwüchsigen sich ungestört über dessen Schatz hermachen konnten.

Wenn die Täuschung entdeckt wird, kann es vorkommen, dass ihr Urheber bestraft wird. Bei einem Experiment mit Rhesusaffen wurde Tieren, die allein waren, Futter vorgelegt. Etwa in der Hälfte der Fälle stießen sie einen Futterruf aus, um Artgenossen herbeizuholen, während sie bei anderer Gelegenheit still blieben, um alles für sich zu behalten. Wenn andere Affen zufällig dazukamen, richteten sie ihre Aggressionen eher gegen ein Tier, das still geblieben war, als gegen eines, das gerufen hatte.

Zusammen mit anderen komplexen sozialen Verhaltensweisen und der Bildung von Allianzen führten derartige Strategien dazu, dass Primaten als „machiavellistisch" bezeichnet wurden. Da soziale Strategien kleiner Kinder auf ihrer Beobachtung der Reaktionen und Verhaltensweisen anderer beruhen, können wir uns fragen, ob dies auch bei Primaten der Fall ist. Experimente zeigten, dass zumindest Menschenaffen Einsicht in das Wesen von Absicht und Aufmerksamkeit haben. Fähigkeiten wie diese könnten frühe Formen des „Gedankenlesens" darstellen, mit dem wir Menschen uns in unserem Alltag so häufig beschäftigen. AW

Das komplizierte Netzwerk sozialer Beziehungen bei Primaten macht ein hoch entwickeltes und präzises Kommunikationssystem notwendig. Bei den nachtaktiven Strepsirhini spielt die Kommunikation über Düfte eine große Rolle. Die Tiere markieren ihre Reviere mit Urin, Kot oder Drüsensekreten, die die Artenossen über Geschlecht, Fortpflanzungsfähigkeit und Identität eines Individuums informieren. Ein auf Düften basierendes Kommunikationssystem ist allerdings zu langsam und zu beschränkt, um den Bedürfnissen geselliger Primaten zu genügen. Sie entwickelten visuelle und vokale Zeichensysteme, die auf ständig wechselnden Signalen basieren, mit deren Hilfe subtile Bedeutungsnuancen übermittelt werden können.

Die Gefahr des Aussterbens

ARTEN- UND UMWELTSCHUTZ

Die Primaten sind stärker vom Aussterben bedroht als viele andere Säugetierordnungen. Derzeit gelten fast die Hälfte der Arten als gefährdet, darunter alle großen Menschenaffen und die meisten Lemuren. Im Lauf der letzten 1000 Jahre starben auf der Insel Madagaskar 15 Primatenarten aus acht Gattungen infolge anthropogener Einwirkungen aus. Viele Arten werden heute als gefährdet oder vom Aussterben bedroht eingestuft; einige davon, z.B. der Goldgelbe Löwenaffe und der Silbergibbon, könnten im Lauf der nächsten 50 Jahre verschwinden.

Häufig vergisst man, welche Vorteile der Artenschutz für den Menschen hat. Im Kibale Forest (Uganda) verbreiten Primaten die Samen von über einem Drittel aller Baumarten. Von diesen sind immerhin 42 % für die Einheimischen von Bedeutung, weil ihr Holz als Brennstoff und für die Möbelherstellung Verwendung findet oder weil Teile von ihnen als Nahrung, Heilmittel oder Viehfutter genutzt werden. Sterben die Primaten aus, so verschwinden auch diese Bäume – und mit diesen vielleicht der gesamte Wald.

Primatenarten sind hauptsächlich wegen zwei Faktoren gefährdet: durch Zerstörung des Lebensraums und durch Bejagung. Besonders Land- und Forstwirtschaft verändern oder vernichten viele Lebensräume. Hiervon stellt die Vernichtung die größte Gefahr dar: Zwischen 1981 und 1990 wurden Schätzungen zufolge 8 % der noch bestehenden Regenwälder der Welt zerstört. Damit Primaten die Veränderung oder Aufsplitterung ihrer Habitate überleben können, müssen bestimmte Elemente erhalten bleiben, wie z.B. Früchte tragende Bäume und Korridore, die verbliebene Lebensrauminseln verbinden, damit sich die Populationen weiterhin vermischen können. Wie stark die Zerstörung eines Habitats eine Art beeinträchtigt, ist auch eine Frage ihrer Biologie. Kleine Generalisten wie Diadem- und Rotschwanzmeerkatzen zeigen sich als widerstandsfähig, weil sie beim Fehlen einer Nahrungsquelle auf andere ausweichen. Eine geringe Körpergröße steht auch in Verbindung mit einer höheren Reproduktionsrate, sodass beeinträchtigte Bestände sich rascher erholen können.

Menschen jagen Primaten in erster Linie wegen ihres Fleisches, doch einige Arten werden auch lebend gefangen und an Forschungslabore verkauft oder aber wegen ihrer Felle oder Organe getötet (Letzteres vor allem für die Verwendung in der ostasiatischen Medizin). Am stärksten wirkt sich die Bejagung aus, wenn sie kommerziellen Charakter erhält: In Afrika bedroht der Handel mit Wildfleisch derzeit viele Primatenpopulationen. Selbst eine in intakten Lebensräumen vorkommende Art kann dadurch ausgerottet werden, wobei die Zerstörung des Habitats die Auswirkungen der Jagd verschärft. Durch Abholzungen und Forststraßen können Jäger und Siedler in bis dahin unzugängliche Waldgebiete eindringen, wie es u.a. in Nordkongo geschah. Primaten sind durch Bejagung stark gefährdet, besonders die großen und auffälligen Arten wie Drille und Gorillas, weil sie einerseits viel Fleisch liefern und andererseits leicht aufzufinden sind. Somit übertrifft die Verlustrate durch die Bejagung häufig die Geburtenrate bei den Tieren.

Die Bemühungen um die Erhaltung der Primaten konzentrieren sich überwiegend darauf, die Tiere in ihren Lebensräumen zu schützen. Neuerdings befürworten manche Artenschützer eine eingeschränkte nachhaltige Bejagung durch Einheimische. Dies soll den ökonomischen Wert der Wildtiere erhöhen und darüber hinaus die Einsicht schaffen, dass es von Vorteil ist, wenn die Art der betreffenden Region erhalten bleibt. Da sich Primaten jedoch nur langsam vermehren, scheint dies für die Arterhaltung nicht wirklich hilfreich zu sein. Ein höheres Potenzial für den Artenschutz besitzt dagegen eine veränderte Nutzung der Arten, z.B. durch Tourismus. Primaten werden auch in Gefangenschaft gezüchtet und ausgewildert, doch sind derartige Programme so teuer, dass der Schutz existierender wilder Populationen wesentlich kostengünstiger ist. GC/TC-B

Oben: *Eine Familiengruppe von Lisztaffen. Bei dieser Art schieben ältere Junge ihre eigene Fortpflanzung auf, indem sie in der Familiengruppe bleiben und sich um jüngere Geschwister kümmern.* ***1*** *Während der Vater eines seiner Jungen im Babyalter auf dem Rücken trägt, wird dieses von einem älteren „Babysitter" gelaust.* ***2*** *Inzwischen erhält ein weiterer „Babysitter"* ***3*** *den Zwilling* ***4*** *von der Mutter* ***5*** *überreicht, die dieses Junge zuvor gesäugt hat.*

WARUM PRIMATEN GROSSE GEHIRNE HABEN

Die Rolle der Größe des Neokortex bei der sozialen Interaktion

GEMEINSAM MIT DEM RÜCKENMARK STELLT DAS Gehirn eines der kennzeichnenden Merkmale der Wirbeltiere dar. Doch nicht alle Wirbeltiergehirne sind gleich groß. Dass das Gehirn eines Elefanten größer als das einer Spitzmaus ist, überrascht niemanden; schließlich muss der Elefant bedeutend mehr Körpermasse verwalten, und die Notwendigkeit, in einem derart massigen Körper die Temperatur und den Blutkreislauf aufrecht zu erhalten, stellt an die Steuerzentrale im Gehirn sehr hohe Ansprüche. Setzen wir aber Gehirngrößen mit Körpergrößen in Beziehung, so ergeben sich beträchtliche Unterschiede. Fische und Reptilien haben im Verhältnis zur Körpergröße die kleinsten Gehirne. Über ihnen kommen die Vögel sowie die meisten Säugetiere. Oben auf dieser Stufenleiter stehen die Primaten, deren Gehirne im Verhältnis zur Körpermasse am größten sind. Das Gehirn eines 5 kg wiegenden Primaten ist dreimal so groß wie das eines 5 kg schweren Nichtprimaten, dessen Gehirn wiederum das eines Reptils mit etwa gleichem Gewicht um das 30fache übertrifft.

Somit besitzen Säugetiere ungewöhnlich große Gehirne, und die größten Gehirne innerhalb dieser Klasse haben die Primaten respektive der Mensch. Wozu aber brauchen wir so große Gehirne? Lange Zeit wurde angenommen, sie seien notwendig, um die Probleme zu bewältigen, die der Kampf ums Überleben mit sich bringt. Neuere Forschungen aber legen den Schluss nahe, dass sie uns in erster Linie helfen, mit unserer sozialen Umwelt klarzukommen.

Traditionell wurde das Gehirn immer als der Ort angesehen, an dem die durch die Sinne erworbenen Informationen analysiert und gedeutet werden. Das Gehirn, so hieß es, ermöglicht uns, die Welt zu verstehen, sodass wir unsere körperlichen Bedürfnisse befriedigen können, ohne von anderen Tieren gefressen zu werden. Wenn dem so ist, warum brauchen dann Säugetiere und insbesondere Primaten größere Gehirne als z.B. Fische?

Der Bereich, in dem sich Primaten von anderen Tieren so stark unterscheiden, dass die Sonderstellung sinnvoll erscheint, ist ihr komplexes soziales Leben. Dies lässt sich gut am Beispiel von Mel illustrieren. Mel ist ein junger, weiblicher Bärenpavian aus den südafrikanischen Drakensbergen. In diesem Gebirge wachsen nur wenige Sträucher und Bäume, die den Pavianen ihre Lieblingskost, Früchte, liefern. Deshalb halten sich die Tiere an nährstoffreiche Wurzelstöcke und Knollen von Pflanzen. Sie auszugraben erfordert die Kraft eines Erwachsenen.

Mel wurde dabei beobachtet, wie sie ihrerseits einem jungen, erwachsenen Männchen namens Paul beim Ausgraben einer saftigen Knolle zusah. Genau in dem Augenblick, als er diese endlich aus der Erde gelöst hatte, stieß Mel einen markerschütternden Schrei aus – den gleichen, den junge Paviane ausstoßen, wenn sie von einem älteren und größeren Tier angegriffen werden. Mels Mutter, die in kurzer Entfernung, aber außer Sichtweite gefressen hatte, eilte sofort herbei, sah Paul und Mel – und interpretierte die Szene falsch: Sie ging davon aus, dass Paul ihre Tochter angegriffen hatte, und fiel so heftig über Paul her, dass der überrascht die Knolle fallen ließ und floh. Sofort machte Mel sich über den Leckerbissen her.

Zwar sollte man bei der Deutung derartiger Anekdoten vorsichtig sein, doch beschäftigt es die Wissenschaftler, dass derartige Beispiele immer wieder von Tier- und Menschenaffen berichtet werden, aber nur selten von anderen Säugetierarten (darunter auch Strepsirhini wie Lemuren und Galagos). Vielleicht brauchen Primaten größere Gehirne, um all die Überlegungen anstellen zu können, die subtilere Formen sozialer Interaktionen erforderlich machen.

Ein Kriterium für die Gültigkeit dieses Arguments ist die Frage, ob Arten mit größeren Gehirnen in komplexeren Gesellschaften leben. In dieser Hinsicht ist jedoch nicht die Gesamtgröße des Gehirns von Bedeutung, sondern die Ausdehnung des Neokortex. Diese nur wenige Millimeter dicke Zellenschicht bildet die äußere Hülle des Säugetierhirns und ist bei Primaten überproportional groß. Sie stellt eine jüngere Entwicklung dar, die das ältere Gehirn vom Reptilientyp ergänzt. Noch wichtiger ist, dass der Neokortex jener Teil des Gehirns ist, an den kreatives Denken gebunden ist – all jene Denkprozesse, die wir mit Bewusstsein in Verbindung bringen. Bei Primaten ist der Neokortex am stärksten entwickelt – so sehr, dass man die Evolution des Primatengehirns geradezu als die Geschichte der Evolution des Neokortex bezeichnen könnte.

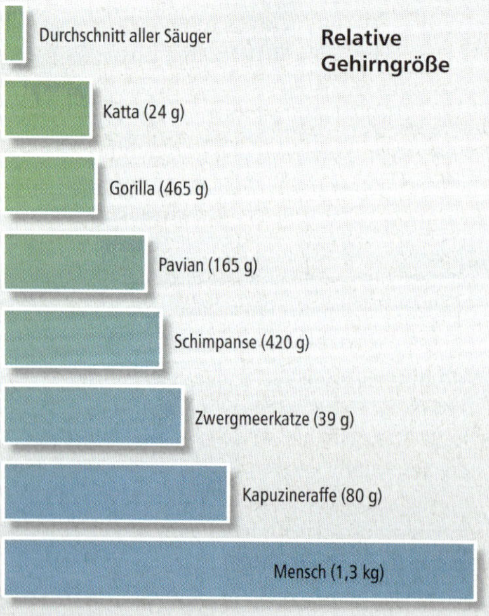

Rechts: *Der Umstand, dass juvenile Primaten mehr spielen als junge Nichtprimaten, könnte mit dem größeren Neokortex zusammenhängen.*

Vergleicht man die Größe des Neokortex mit Daten der sozialen Komplexität wie z.B. der Gruppengröße, so führt dies zu interessanten Ergebnissen. Wenn die Größe der Gruppe wächst, nimmt exponentiell die Anzahl der Beziehungen zu, die jedes Mitglied im Auge behalten muss. Und man stellt fest, dass die relative Neokortexgröße stärker mit der Gruppengröße korreliert als z.B. mit ökologischen Variablen wie der Reviergröße oder der Ernährungsweise. Es sieht ganz so aus, als benötigten Primaten ein Mindestmaß an Denkvermögen, um in Gruppen ab einer bestimmten Größe überleben zu können.

Weitere Aspekte sozialer Komplexität (darunter die Zahl von Putzgruppen, männliche Strategien, um Zugang zu fruchtbaren Weibchen zu erhalten, und das Ausmaß sozialer Spiele bei Jungtieren) stehen erwiesenermaßen ebenfalls in Beziehung zur relativen Größe des Neokortex. Obwohl die Gesamtgröße des Gehirns bei Primaten – wie bei allen Säugetieren – in einem Zusammenhang mit der Dauer der Tragzeit und der Säugeperiode steht, korreliert die Neokortexgröße am stärksten mit der Dauer der juvenilen Phase. Mit anderen Worten, es scheint die Größe des Neokortex eng mit der Dauer der Sozialisation und der Erziehung verbunden zu sein – vergleichbar mit der Zeit, die benötigt wird, um die Software-Programme in den „Gehirncomputer" zu laden.

Die Implikationen dieser Hypothese vom sozialen Gehirn beschränken sind nicht auf Primaten. Es häufen sich Hinweise darauf, dass auch bei anderen Säugetiergruppen – darunter die höher entwickelten Insektenfresser, Raubtiere, Wale und eventuell auch die Fledermäuse – das soziale Leben in engem Zusammenhang mit der Größe und Komplexität der Gehirne steht. Der Grad der Beziehungen mag unterschiedlich sein zwischen diesen Gruppen, doch scheinen die gleichen grundlegenden Muster vorzukommen. RD

Links: *Das Ausmaß, in dem eine Art bezüglich ihres Verhaltens flexibel ist, steht in Beziehung sowohl zur absoluten als auch zur relativen Größe des Gehirns. Hinsichtlich des absoluten Gehirngewichts (Angaben in Klammern) kommen die Menschenaffen dem Menschen sehr nahe. Betrachtet man aber das Gehirngewicht im Verhältnis zum Körpergewicht (Grafiken), dann steht der vielseitige Kapuzineraffe dem Menschen am nächsten.*

FARBENSEHEN

Die Evolution trichromatischen Farbensehens

FARBENSEHEN IST NICHT SELBSTVERSTÄNDLICH. Die Fähigkeit, z.B. rote Äpfel oder rote Flecken auf der Haut zu erkennen, kann bei der Auswahl von Futter oder Fortpflanzungspartnern eine große Rolle spielen. Doch nicht alle Säugetiere sehen Farben so wie wir.

Damit Farbensehen möglich wird, müssen in der Netzhaut der Augen Zapfenzellen vorhanden sein, die bestimmte Typen von Fotopigmenten (lichtempfindliche Moleküle) enthalten. In den Augen der meisten Menschen gibt es drei Typen von Fotopigmenten (die in der Grafik unten mit S, M und L bezeichnet werden). Zusammen mit einem entsprechend aufgebauten Nervensystem ermöglichen sie ein trichromatisches (d.h. auf der Kombination von drei Primärfarben basierendes) Farbensehen. Das Ergebnis ist u.a. die erstaunliche Fähigkeit des Menschen, rund zwei Millionen Farbnuancen zu unterscheiden.

Das Farbensehen von Menschen, Altweltaffen und Menschenaffen unterscheidet sich stark von dem der meisten anderen Säugetiere. Viele Säuger, darunter die meisten Katzen- und Hundearten, besitzen nur zwei Typen von Sehpigmenten: Eines ist dem hier gezeigten S-Pigment ähnlich. Das andere nimmt eine Mittelstellung zwischen den M- und L-Pigmenten ein und ist hoch sensibel. Daraus ergibt sich ein eingeschränktes, dichromatisches Farbensehen, das mit dem von Menschen vergleichbar ist, die an der Rot-Grün-Blindheit leiden. Dabei können weniger Nuancen unterschieden und Farben nicht erkannt werden, die für normal farbensehende Menschen deutlich verschieden sind. Wieder andere Tiere (z.B. einige Meeressäuger und Nager) verfügen nur über einen einzigen Typ von Sehpigmenten und damit nicht über die Fähigkeit, Farben zu unterscheiden. Ein Vergleich der für Sehpigmente („Opsine" genannt) zuständigen Gene ergab Hinweise darauf, warum es beim Farbensehen Unterschiede gibt und wie die Primaten zu ihrer einzigartigen Fähigkeit des Farbensehens gekommen sein könnten.

Während bei vielen Vogel-, Reptilien- und Fischordnungen vier unterschiedliche Familien von Sehpigment-Genen vorkommen, treten von diesen nur zwei bei Säugetieren auf, die keine Primaten sind. Die anderen beiden könnten in der Frühphase der Säugetierevolution verloren gegangen sein. Die Gründe dafür sind unbekannt, aber möglicherweise waren sie für nachtaktive Tiere unwichtig. Gesichert dagegen ist, dass sich das Farbensehen der Primaten aus dem ursprünglichen Säugetierbauplan entwickelte, der zwei Typen von Sehpigmenten vorsieht. Bei Menschen gibt es anstelle eines einzigen Pigments des M/L-Spektrums zwei Pigmente M und L (siehe Grafik). Sie werden von zwei nebeneinander auf dem X-Chromosom liegenden Genen codiert, die nahezu die gleiche Struktur aufweisen. Ein weiteres, auf dem Chromosom 7 liegendes Gen definiert den dritten Pigmenttyp (S).

Vergleiche von Gensequenzen ergaben, dass die Gene für die M- und L-Opsine aus einer Genverdopplung entstanden sein könnten, die bei den frühen Altweltaffen vor 30 bis 40 Millionen Jahren auftrat und diese Primaten zum trichromatischen Farbensehen befähigte. Diese Anordnung von Genen und Sehpigmenten wurde an alle nachfolgenden Altweltaffen vererbt.

Links: Die Vorfahren der Nachtaffen (Gattung Aotus) aus Zentral- und Südamerika könnten tagaktiv gewesen sein und die Fähigkeit zum dichromatischen Farbensehen besessen haben. Die Nachtaffen jedoch nehmen keine Farben wahr. Der Wandel zum Nachttier könnte die Fähigkeit, zwischen bestimmten Farben unterscheiden zu können, überflüssig gemacht haben.

Rechts: Ein Totenkopfaffe auf Nahrungssuche. Bei fast allen Neuweltaffen gibt es Individuen mit trichromatischem Farbensehen und andere ohne diese Fähigkeit. Biologen sind der Ansicht, dass Erstere leuchtend bunte Früchte in dichtem Laub besser erkennen.

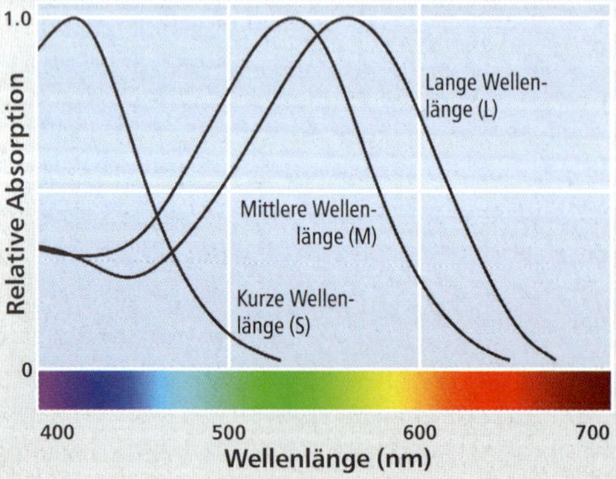

Links: Absorptionsspektren für die drei Zapfenzellenpigmente, die in den Augen von Altweltaffen und Menschenaffen (sowie Menschen) vorhanden sind. Das Vorhandensein dieser Pigmente sowie des entsprechenden Nervenapparats ermöglicht trichromatisches Farbensehen. Primaten und andere Säugetiere mit dichromatischem Farbensehen besitzen die S-Zapfen-Farbpigmente, aber nur entweder M- oder L-Pigmente. Daher können sie im Mittleren- und Langwellenbereich des Spektrums nicht alle Farben sehen.

Das Farbensehen bei Neuweltaffen funktioniert völlig anders. Bei nahezu jeder Art sehen manche Individuen trichromatisch und andere dichromatisch. Der Grund dafür ist ein Polymorphismus der Sehpigmente, der individuelle Unterschiede der M- und L-Pigmente verursacht. Allen Affen gemeinsam ist ein S-Pigment, doch manche Individuen besitzen nur ein Pigment des M/L-Spektrums, was dichromatisches Farbensehen zur Folge hat; andere besitzen beide Pigmente und sehen trichromatisch. Anders als ihre altweltlichen Verwandten haben die meisten Neuweltaffen auf ihren X-Chromosomen nur ein einziges Pigmentgen. Deshalb können sie nur dann zwei verschiedene Pigmentgene besitzen, wenn sie auch über zwei X-Chromosomen verfügen und heterozygot sind. Dies ist nur bei Weibchen möglich, weshalb auch nur heterozygote weibliche Neuweltaffen trichromatisch sehen.

Die komplexe Situation der Neuweltaffen könnte ein Stadium sein, das auch die Altweltaffen im Lauf ihrer Entwicklung zum trichromatischen Sehen durchliefen. Anders gesagt ist es möglich, dass unsere Altweltaffenvorfahren ebenso polymorph wie die Neuweltaffen waren, bis die Genverdopplung auftrat. Diese These wird durch die Entdeckung gestützt, dass die neuweltlichen Brüllaffen vor relativ kurzer Zeit (nicht mehr als 13 Millionen Jahre) eine Genverdopplung erlebten, dank der nun alle Individuen über trichromatisches Sehen verfügen, das zudem fast identisch mit dem der Altweltaffen ist.

Einen Sonderfall innerhalb der Neuweltaffen stellen die Nachtaffen dar. Wie viele Säugetiere haben sie nur ein Sehpigment vom M/L-Typ; weil ihnen das S-Pigment fehlt, sehen sie nicht in Farbe. In ihrem Fall enthält das Gen, das normalerweise das S-Pig-

ment spezifiziert, eine fatale Mutation. Es ist anzunehmen, dass die Vorfahren ein funktionsfähiges zweites Sehpigment und damit die Fähigkeit zum dichromatischen Farbensehen besaßen.

Die Entdeckung, dass es bei Primaten verschiedene Formen des Farbensehens gibt, wirft die Frage auf, welche Vor- und Nachteile dies mit sich bringt. Trichromatisch sehende Primaten können genau zwischen grünen, gelben, orangefarbenen und roten Objekten unterscheiden. Früher behauptete man, dies sei besonders wichtig, um gelbe, orange und rote Früchte inmitten des grünen Laubs zu erkennen. Damit wäre ein trichromatisch sehender Neuweltaffe gegenüber dichromatisch sehenden Artgenossen im Vorteil. Tatsächlich zeigt eine neuere Studie, dass trichromatische Affen bei der Futtersuche effizienter vorgehen.

Doch wenn trichromatisches Sehen Vorteile bringt, warum sehen dann nicht alle Neuweltaffen einheitlich? Der Grund dafür könnte sein, dass Verdoppelungen der Opsingene nur sehr selten stattfinden bzw. in der Evolution der Primaten nur zweimal stattfanden: einmal im Lauf der Entwicklung der Altweltaffen und ein zweites Mal während der Evolution der Brüllaffen.

Farbensehen erfordert eine komplexe Organisation des Nervensystems, was bedeutet, dass es den Körper auch etwas kostet. Wenn eine Art wenig Nutzen von dieser Fähigkeit hat, weil sie z.B. im Dämmerlicht nach Nahrung sucht, könnte der selektive Druck, diese Anpassung beizubehalten, sinken und die Fähigkeit verloren gehen.

Zusammenfassend lässt sich sagen, dass das Farbensehen der Haplorhini durch zwei verschiedene Modelle bedingt sein kann: Entweder es sind zwei X-Chromosomen-Pigmentgene und ein allgemeines trichromatisches Farbensehen vorhanden oder ein einzelnes X-Chromosomen-Pigment, was beträchtliche Unterschiede im individuellen Farbensehen zur Folge hat. Bei den primitiveren Strepsirhini ist die Situation komplizierter. Einige Arten verfügen ähnlich wie Nicht-Primaten nur über zwei Sehpigmenttypen und dichromatisches Farbensehen. Manche nachtaktiven Strepsirhini scheinen aus dem gleichen Grund wie die Nachtaffen zum Farbensehen nicht in der Lage zu sein. Bei wieder anderen Strepsirhini aber tritt ähnlich wie bei den Neuweltaffen ein Polymorphismus der Sehpigmente auf, sodass Individuen entweder dichromatisch oder trichromatisch sehen. Die Erforschung des Farbensehens bei den Strepsirhini steckt noch in den Kinderschuhen, könnte aber eine wichtige Rolle für das Verständnis der Entwicklung spielen, in deren Verlauf unsere frühen Primatenvorfahren sich von dem für Säugetiere typischen dichromatischen Sehen emanzipiert haben. GJ

SPECIAL FEATURE

FELLPFLEGE UND FAMILIENLEBEN

Austausch von Hilfeleistungen bei Affenweibchen

EIN CHARAKTERISTISCHES MERKMAL DER AFFEN IST ihr Bemühen, das sie in die Fellpflege anderer Mitglieder ihrer Gruppe investieren. Dabei kämmen sie Schmutz, Hautschuppen und Parasiten aus. Dieses Verhalten trug zu ihrem Ruf bei, die geselligsten aller Tiere zu sein, doch könnte das gegenseitige Putzen auch noch anderen Zwecken dienen als der Geselligkeit und der Hygiene. Einer neueren Theorie zufolge handeln Affen, die ihren Gefährten die Zecken aus dem Fell zupfen, dabei nach den gleichen Prinzipien der Gegenseitigkeit, nach denen die Wirtschafts- und Börsenmärkte der Welt funktionieren.

Altweltliche Meerkatzenartige und südamerikanische Arten wie Kapuziner- und Totenkopfaffen bilden soziale Gruppen, die aus einem stabilen Kern verwandter Weibchen, ihren unselbstständigen Jungen sowie einem oder mehreren kurzfristig dazugehörigen erwachsenen Männchen bestehen. Das Zusammenleben in der Gruppe bietet Schutz vor Fressfeinden und möglicherweise auch vor Infantizid durch fremde Männchen. Es bringt aber auch einen wichtigen Nachteil mit sich: Futterkonkurrenz. Deshalb nahm man an, Weibchen seien „widerwillige Partner", die nur aufgrund von Sachzwängen mit ihren Konkurrenten zusammenleben, wobei sich das gegenseitige Putzen als Problemlösungsstrategie entwickelt habe.

Diesem Argument zufolge bauen die Weibchen bei der Fellpflege Beziehungen auf, die in Krisenzeiten wichtig werden. Wann immer ein Weibchen von einem anderen bedroht wird, sollte ihr die Putzpartnerin zur Hilfe kommen. Soziale Gruppen bestehen laut dieser Theorie aus Untergruppen von Verbündeten, die sich gegenseitig gegen dominantere Artgenossen unterstützen.

Damit eine derartige Strategie funktioniert, müssten die Weibchen sich bei der Fellpflege auf diejenigen Tiere konzentrieren, die ihnen am ehesten beistehen könnten. Dominante Tiere als Verbündete zu gewinnen wäre sicher besonders nützlich. Die Investition von Zeit in die Fellpflege Verbündeter ließe ein Vertrauensverhältnis entstehen, das sich auszahlen würde, wenn der Partner auf die Hilfeschreie reagiert. Dieser Theorie zufolge wäre die Fellpflege der Zement, der die strategischen Beziehungen zusammenhält und festigt.

Derartige Vorstellungen fanden viel Anklang, sind aber nur schwer zu belegen, denn ihnen zufolge müssten Tiere niedrigen Rangs viel Zeit damit verbringen, die dominanten Tiere zu putzen. Bei vielen Arten wie Kapuzineraffen und Indischen Hutaffen trifft jedoch das Gegenteil zu: Dominante Weibchen investieren mehr Mühe in die Fellpflege niederrangiger Weibchen als umgekehrt. Bei den Braunen Kapuzineraffen *(Cebus olivaceus)* z.B. putzen ranghohe Weibchen für jede Minute, die sie von niedriger gestellten Weibchen geputzt werden, diese eineinhalb Minuten lang.

Außerdem gibt es kaum Hinweise darauf, dass sich Weibchen gegeneinander verbünden. Südafrikanische Mantelpaviane z.B. bilden nie gegeneinander gerichtete Allianzen, pflegen einander jedoch intensiv das Fell. Bei einer bestimmten Population in den Drakensbergen bestehen die Putzbeziehungen weiter, obwohl es keinerlei Konkurrenz um Nahrung gibt: Das wenige, breit verstreute Futter (unterirdische Samen von *Watsonia socium* und die Blüten von *Moraea stricta*) ist es nicht wert, dass darum gekämpft wird. Trotzdem ist die Fellpflege den Tieren sehr wichtig und die Muster von Gruppenbildungen in diesem Gebirge stehen in direktem Verhältnis zu der Zeitspanne, die Weibchen für die gegenseitige Fellpflege zur Verfügung haben. Dies lässt vermuten, dass das Putzen selbst eine wertvolle Hilfeleistung ist und dass Weibchen nur deshalb putzen, um selbst geputzt zu werden.

Die Fellpflege ist nicht nur hygienisch sinnvoll, sondern hat auch einen gewissen Genusswert. Im Körper von Tieren, deren Fell gepflegt wird, wird das „Glückshormon" Beta-Endorphin ausgeschüttet und macht das Geputztwerden zum puren Vergnügen. Weibchen sind geradezu zwanghafte Putzerinnen – man könnte sie fast als süchtig bezeichnen – und die Stress mindernde Wirkung dieses Vorgangs könnte ihnen helfen, die Spannungen des Gruppenlebens besser zu bewältigen. Dies ist sehr wichtig, denn Stress kann ihre Empfängnisfähigkeit herabsetzen. Rangniedrige Dscheladaweibchen z.B. brauchen drei bis fünf Monate länger, um trächtig zu werden, als ranghohe, sodass sie sich langsamer fortpflanzen.

Während die Allianztheorie davon ausging, dass die Fellpflege der Affen eine ähnliche Funktion hat wie das Geld in unserer Gesellschaft – d.h., dass es keinen Eigenwert hat, aber als Mittel dient, gegen wertvolle Güter eingetauscht zu werden –, liegt der Wert des Putzens der neuen Theorie zufolge im Putzen selbst. Die Fellpflege ist also keine „Währung", mit der die Unterstützung anderer Tiere erkauft wird, sondern eine „Ware", die man mit anderen Individuen tauscht.

Das Bild von Affenweibchen als Händlerinnen statt als Verbündete verändert unser Verständnis ihres sozialen Lebens. Unter diesem Blickwinkel erscheint das Putzen als eine Ware, die auf dem „Marktplatz" der Gruppe gehandelt wird, während die Putzbeziehungen davon abhängen, wie viele andere Individuen daran interessiert sind, diese Ware zu erwerben. Angebot und Nachfrage legen den Preis fest, den die Tiere bezahlen müssen, um geputzt zu werden – genau wie auf unseren Märkten.

Oben: *Zur Bekämpfung von Parasiten ist die Fellpflege unerlässlich und die Feststellung, wer wen putzt, gibt Aufschluss über die Strukturen der Gruppe – z.B. dieser Matrilinie von Rotgesichtsmakaken.*

Links: *Es gibt viele Theorien darüber, warum Affen einander putzen. Auf jeden Fall ist diese „Dienstleistung" für den geputzten Affen aufgrund der Hormone, die dabei ausgeschüttet werden, sehr angenehm.*

Unterschiede in den Zeitspannen, die Affen damit verbringen, andere zu putzen (so genannte „Pay-off Asymmetrien"), spiegeln den Marktwert und das Verhandlungsgeschick eines Individuums, einen guten Preis zu bestimmen, wider.

Ein Beispiel für diese „Pay-off Asymmetrie" stellt die Fellpflege dominanter durch untergeordnete Weibchen dar. Bärenpavianweibchen, die in Gebieten leben, in denen Nahrungskonkurrenz herrscht, sind bereit, dominante Weibchen länger zu putzen, als sie selbst geputzt werden, weil diese sie dann an bessere Futterplätze lassen. Weil die Duldung in solchen Situationen wertvoller als die Putzleistung ist, sind rangniedere Weibchen auch bereit, mehr dafür zu bezahlen.

Weibchen der Husarenaffen erkaufen sich ebenso wie Pavianweibchen durch das Putzen Zugang zu Affenbabys. Neugeborene üben auf die erwachsenen Tiere eine starke Anziehungskraft aus – besonders die Weibchen betrachten und liebkosen die Kleinen gerne. Die Weibchen beider Arten putzen Mütter, die sich nur ungern von ihrem verletzlichen Nachwuchs trennen, und dürfen dafür im Gegenzug die Babys einige Zeit halten. Selbst hier wirken die marktwirtschaftlichen Kräfte: Weibchen mit niedrigem Rang müssen wesentlich länger Fellpflege betreiben als hochrangige, um ein Baby „geliehen" zu bekommen. So gesehen werden die sozialen Beziehungen innerhab einer Primatengruppe durch die Verhandlungspositionen jeweils zweier Weibchen bestimmt. LB/PH

VERBREITUNG Madagaskar, Afrika südlich der Sahara, S-Indien, Myanmar bis Indonesien und Philippinen.

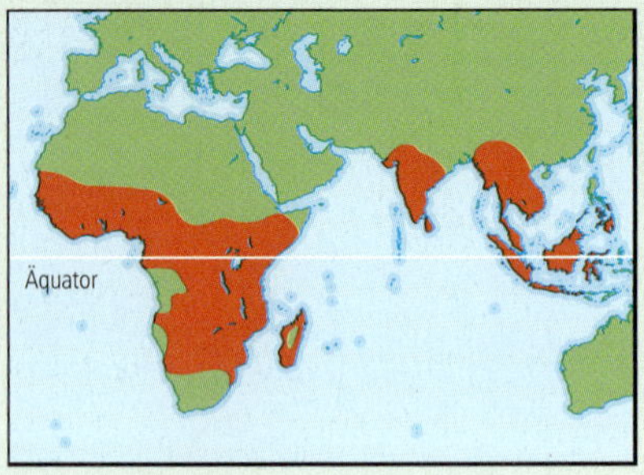

Unterordnung: Strepsirhini
61 Arten in 23 Gattungen und 7 Familien

Anmerkung Die 1993 vorgelegte Klassifizierung unterschied 47 Arten und 21 Gattungen (in Klammern).

Lemuren- und Loriverwandte

LEMUREN- UND LORIVERWANDTE LEBEN NUR IN der Alten Welt: Lemuren auf Madagaskar, Buschbabys und Pottos in Afrika und Loris in Südindien, Südostasien, Malaysia und Indonesien. Alle besiedeln tropische baumreiche Lebensräume und verbringen – mit Ausnahme des Kattas *(Lemur catta)* – nur sehr wenig Zeit am Boden. Die Tiere bewegen sich auf verschiedene Arten, u.a. durch Klettern und Springen auf allen vieren (Buschbabys und Lemuren) sowie durch vierbeiniges Laufen und Klettern (Loris und Pottos). Der Speiseplan der meisten Arten ist nicht sehr spezialisiert und kann tierisches Eiweiß enthalten (meist von Wirbellosen), sowie Früchte, Blätter, Blüten, Harz, Nektar und Pollen. Doch zählen zur Gruppe der Strepsirhini auch Spezialisten, wie die Blätter fressenden Wieselmakis (Gattung *Lepilemur*), die Bambus fressenden Halbmakis (Gattung *Hapalemur*) und die auf Harze spezialisierten Arten wie die Galagos *Galago moholi* und *Euoticus elegantulus* sowie der Gabelstreifige Katzenmaki *(Phaner furcifer)*.

Vor kurzem wurden einige neue Formen entdeckt, z.B. der Goldene Bärenmaki *(Arctocebus aureus)*. Der Goldbraune Mausmaki *(Microcebus ravelobensis)* und *Galago rondoensis* wurden ebenfalls der Liste anerkannter Arten hinzugefügt. Die Fortschritte in der Erforschung der Strepsirhini gehen auf mehrere Faktoren zurück, darunter auf die Tendenz der Forscher, die Tiere nachts zu beobachten, sowie den Einsatz neuer Geräte und Methoden, um die Identität der Arten zu bestimmen (u.a. Untersuchungen der Laute und Genetik).

Früher wurden Buschbabys, Loris, Pottos und Lemuren aufgrund oberflächlicher Ähnlichkeiten im Äußeren zusammen als Prosimiae („Vorläufer der Affen") bezeichnet. Inzwischen wissen wir, dass dies nicht richtig ist. Ebenso veraltet ist die Bezeichnung „Halbaffen". Eine neuere, objektivere Systematik fasst die Tiere als Strepsirhini zusammen und stellt sie der Gruppe der Haplorhini (Koboldmakis, Tier- und Menschenaffen) gegenüber.

Während bedeutende Unterschiede im Aufbau von Augen und Gebissen (siehe unten) dafür sprechen, Primaten eher als Strepsirhini oder Haplorhini zu klassifizieren anstatt als Prosimiae oder Anthropoidea, sind Koboldmakis und Strepsirhini doch durch einige Merkmale verbunden, darunter durch eine anatomische Besonderheit und gewisse Aspekte ihres Verhaltens. Die Weibchen der Koboldmakis und Strepsirhini haben einen *Uterus bicornis*, die der Haplorhini dagegen einen *Uterus simplex*. Des Weiteren ist das Verhalten, besonders hinsichtlich der Gruppenbildung bei Koboldmakis und Strepsirhini, weniger komplex als bei den Haplorhini. Mit Ausnahme einiger tagaktiver Lemuren gehen die Strepsirhini meist allein auf Nahrungssuche und bilden nur gelegentlich kleine Gruppen. Ähnlich verhalten sich die Koboldmakis. Das einfache soziale Leben kann auf die nachtaktive Lebensweise zurückgeführt werden, könnte aber auch ein Hinweis darauf sein, dass sich die Koboldmakis abspalteten, bevor sich bei den Vorfahren der übrigen Echten Affen ein derart komplexes Verhalten entwickelt hat. PH

SCHÄDEL UND GEBISS

Strepsirhini besitzen mäßig entwickelte Kiefer, relativ große Augenhöhlen und einen mittelgroßen, gerundeten Hirnschädel. Der vollständige Knochenwulst am äußeren Rand der Augenhöhle schützt den äußeren Teil des Auges. Wie bei allen Primaten sind die Augenhöhlen für binokulares Sehen nach vorn gerichtet. Nachtaktive Strepsirhini verfügen über größere Augenhöhlen als tagaktive Arten (z.B. einige größere madagassische Lemuren).

Verglichen mit anderen Säugern sind Kiefer und Zähne der Strepsirhini relativ einfach. Die beiden Unterkieferhälften bleiben ein Leben lang unverbunden. Die Molaren sind im Unterkiefer quadratisch und vierhöckerig, während im Oberkiefer der Koboldmakis primitive dreihöckerige Molaren sitzen. Die Höcker der Molaren sind meist niedrig. Schärfere, höhere Höcker besitzen Arten, die Insekten oder Blätter fressen. Die übliche Zahnformel I2/2, C1/1, P3/3, M3/3 = 36 findet sich bei Katzenmakis (Cheirogaleidae), den meisten Eigentlichen Lemuren (Lemuridae) und allen Buschbabys (Galagonidae) und Loris (Loridae), denen allen der Zahnkamm im Unterkiefer gemeinsam ist. Die Wieselmakis (Lepilemuridae) weichen von der Grundformel ab, weil bei ihnen die oberen Schneidezähne fehlen. Die Vertreter der überwiegend tagaktiven Indri-Gruppe (Indriidae) haben dagegen die Eckzähne der Zahnleiste und beidseitig bei beiden Kiefern je einen Molar verloren. Das

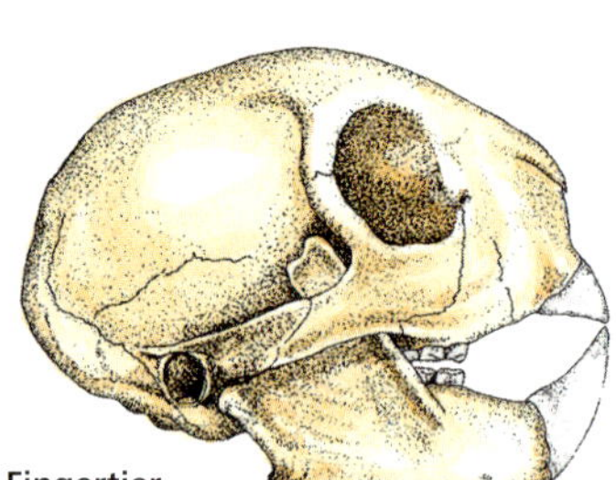

Fingertier
8,7 cm

Fingertier (Zahnformel: I1/1, C0/0, P1/0, M3/3 = 18) behielt nur die relativ kleine Backenzähne und die kräftigen, ständig nachwachsenden Schneidezähne, mit denen es vorwiegend hartschalige Früchte öffnet.

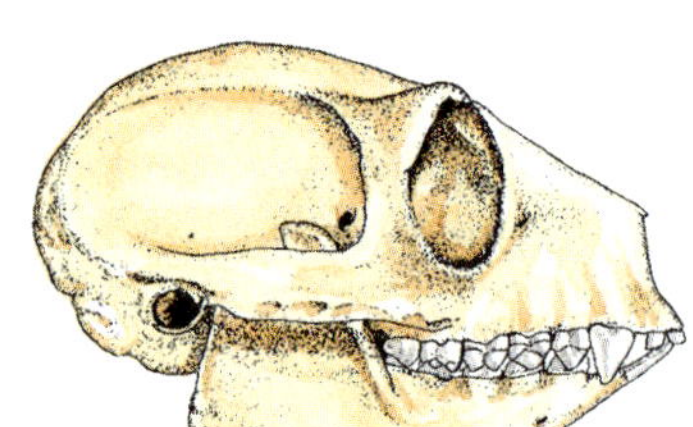

Indri
10,3 cm

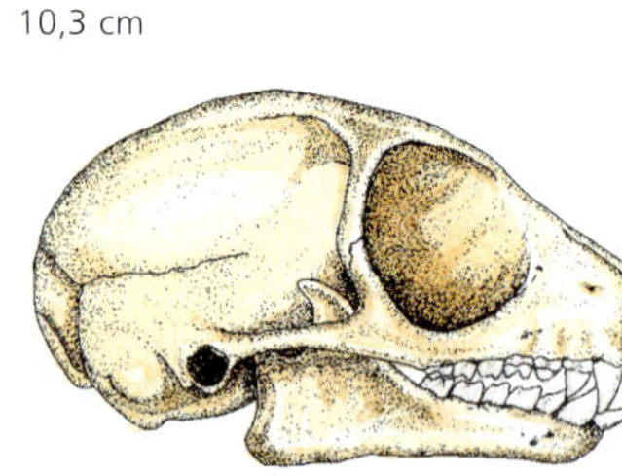

Kielnagelgalago
4,7 cm

Gute Sicht bei Nacht

Mit Ausnahme einiger tagaktiver Lemuren wie der Kattas verfügen die Augen aller Strepsirhini über ein Tapetum lucidum. Diese reflektierende Schicht im hinteren Teil des Auges verstärkt bei nachtaktiven Säugern die Lichtempfindlichkeit bei Dämmerlicht oder in völliger Dunkelheit, indem sie Licht zurück durch die Netzhaut spiegelt. Die Netzhaut Echter Affen unterscheidet sich aber auch noch durch andere Merkmale von der Netzhaut der Strepsirhini, u.a. durch eine Grube *(Fovea)* und den gelben Fleck *(Macula lutea)*. Diese liegen in der zentralen Sehfläche der Netzhaut, stehen mit dem Sehen bei Tage in Zusammenhang und treten bei allen Echten Affen auf (außer bei den nachtaktiven Nachtaffen *Aotus* spp.). Sie fehlen dagegen bei Strepsirhini. Ein weiteres Merkmal, das die Augen der Echten Affen von denen der Strepsirhini unterscheidet, betrifft den Bau der Augenhöhlen. Alle Strepsirhini besitzen rund um den Außenrand der Augenhöhle eine knöcherne Verstärkung. Bei den Strepsirhini einschließlich der Koboldmakis aber ist das Auge noch besser geschützt: Eine Wand *(Septum)* schließt den rückwärtigen Teil der Augenhöhle ab und verhindert Verschiebungen des Augapfels durch die kräftigen Kaumuskeln.

Rechts: *Den nachtaktiven Schlanklori* (Loris tardigradus) *kennzeichnen riesige Augen.*

Vielfalt der Lemuren

Links: *Die Verschiedenartigkeit der Lemuren veranschaulichen **1** der nachtaktive, baumlebende Büschelohrige Katzenmaki und **2** der tagaktive, bodenlebende Katta.*

Während der langen Zeit ihrer Isolation auf Madagaskar entwickelten die Lemuren eine bemerkenswerte Vielfalt von Anpassungen an ihre Umwelt.

Die einzelnen Arten unterscheiden sich stark in der Größe. Auf Madagaskar lebt heute noch der kleinste bekannte Primat, der Zwergmausmaki, doch die Insel war auch die Heimat der erst in jüngerer Zeit ausgestorbenen Riesenindris, die über 200 kg wogen und sogar Gorillamännchen an Größe übertrafen.

Die meisten Lemuren sind ausschließlich nachtaktiv, obwohl auch in dieser Gruppe mindestens zwei Arten dazu übergingen, ihr Futter bei Tag zu suchen und manche Arten unregelmäßig sowohl nachts als auch tagsüber aktiv sind. Lemuren entwickelten nahezu alle Anpassungen der Ernährungsweise, die auch von anderen Primaten bekannt sind. Einige spezialisierten sich auf Früchte, andere auf Blätter und wieder andere auf Baumsäfte oder kleine Beutetiere. Ihre Fortpflanzungsdaten sind ebenfalls sehr unterschiedlich. Kleine Mausmakis pflanzen sich bereits im ersten Lebensjahr fort und bringen alljährlich zwei bis vier hilflose Babys zur Welt, die ihre ersten Lebenswochen in Nestern und Baumhöhlen verbringen. Die weiblichen Sifakas und Indris gebären ab dem vierten oder fünften Lebensjahr jedes zweite Jahr ein einzelnes Junges, das sie mit sich herumtragen.

Im Lauf der Ausbreitung der Lemuren entstanden alle bei Primaten anzutreffenden Haupttypen des Sozialverhaltens. Bei den meisten Arten verbringen erwachsene Tiere ihre nächtliche Aktivitätsphase allein, teilen aber tagsüber mitunter ihren Unterschlupf mit Artgenossen. Verglichen mit anderen Primaten leben relativ viele Lemuren in Paarbeziehungen, doch in mindestens zwei Fällen bildeten sich auch stabile Gruppen aus mehreren Tieren beiderlei Geschlechts. Lemuren besiedelten eine große Auswahl von Lebensräumen, von tropischen Regenwäldern bis hin zu Halbwüsten mit dornigen Gewächsen. Die Beschäftigung mit ihnen eröffnet interessante Möglichkeiten für Vergleiche mit der Ausbreitung anderer Primaten und Säugetiere. PK

Eigentliche Lemuren

LEMUREN LEBEN NUR AUF MADAGASKAR. *Einzige Ausnahme bilden einige auf den Komoren eingeführte Arten. Über 50 bekannte Arten, von denen heute noch rund 35 erhalten sind, stellen das Ergebnis einer adaptiven Radiation dar, die mit einer einzigen erfolgreichen Besiedlung im Paläozän (vor etwa 40 Millionen Jahren) ihren Anfang nahm. Diese Besiedlung könnte durch ein trächtiges Weibchen erfolgt sein, das auf Pflanzenteilen von Ostafrika auf die große Insel gelangte.*

Der Familie der Lemuridae gehören die bekanntesten Lemuren an. Besonders Kattas werden seit vier Jahrzehnten erforscht und in den meisten Zoos gehalten. Den „Familiennamen" verdanken die Lemuren ihren Rufen, die frühe Naturkundler an die Schreie der römischen *lemures* oder Totengeister denken ließen. Die sozialen Strukturen der Kattas stehen unter Säugetieren einzigartig da: Die erwachsenen Weibchen dominieren alle Männchen der Gruppe. Eigentliche Lemuren trifft man in so gut wie allen Wäldern Madagaskars an. Kattas kommen nur im trockenen Süden und Südwesten vor, doch kürzlich wurde auch eine in den Bergen lebende Population beschrieben. Halbmakis bewohnen die östlichen Regenwälder. Zwei isolierte Populationen der Halbmakis trifft man im feuchten Nordwesten bzw. im trockenen Westen an. Varis sind Regenwaldbewohner und entlang der gesamten Ostküste heimisch. Echte Makis (*Eulemur*-Arten) haben mit fünf Arten alle Waldtypen besiedelt. Besonders bemerkenswert sind Braune Makis, deren sechs Unterarten außer im trockenen Süden überall auf der Insel vorkommen. Alle Lemuridae klettern sehr gut und halten sich meist auf Bäumen auf. Nur Kattas bewegen sich viel am Boden.

Leben im 24-Stunden-Takt

KÖRPERBAU UND FUNKTION

Kattas sind katzengroß. Sie haben ein dichtes graues Fell mit weißer Unterseite, eine schwarze Maske und einen langen, schwarz-weiß geringelten Schwanz. Sie laufen auf allen vieren und verbringen mehr Zeit am Boden als alle anderen Lemuren. Ihre engsten Verwandten sind die Halbmakis, die dunkelgrau, orange oder aschgrau sind und nur die Größe kleiner Katzen erreichen.

Die Echten Makis (Gattung *Eulemur*) stellen innerhalb dieser Familie die größte Gruppe dar. Sie sind alle etwa katzengroß, laufen auf vier Beinen und haben lange Schwänze. Die Fellfärbung ist je nach Art verschieden. Die meisten Taxa besitzen auffällige Gesichtszeichnungen aus weißen, schwarzen oder orangefarbenen Streifen, Flecken oder Bärten. Dies ist die einzige Lemurengattung, in der sich Männchen und Weibchen hinsichtlich Fellfärbung und Gesichtszeichnung unterscheiden.

Varis sind die größten lebenden Eigentlichen Lemuren. Ihre Schwänze sind lang und buschig und es gibt zwei gleichermaßen auffällige Farbvarianten – beide mit schwarzen Gesichtern, Schwänzen, Händen und Füßen, doch bei einer Unterart sind die Körper sehr unterschiedlich schwarz und weiß gemustert, während das Fell der anderen Unterart kastanienrot leuchtet.

Die meisten Echten Makis zeigen ein Aktivitätsmuster, das man unter Primaten sonst nie und auch bei anderen baumlebenden tropischen Säugern nur vereinzelt antrifft: Sie sind cathemeral, d.h., bei ihnen verteilen sich mehrere Aktivitätsphasen über Tag und Nacht. Kattas und vielleicht auch Varis gelten dagegen als überwiegend tagaktiv. All diesen Arten fehlt das trichromatische Farbensehen, das anderen tagaktiven Primaten eigen ist. Cathemerale Aktivität könnte ein Stadium im evolutionären Übergang vom Nacht- zum Tagtier darstellen oder aber eine nahezu einzigartige Anpassung dieser Lemuren, die außer ihnen nur die südamerikanischen Nachtaffen (*Aotus* spp.) zeigen.

Die Vielfalt der in dieser Familie auftretenden Reproduktionsmuster könnte einen Einblick in mögliche Evolutionsschritte in der Primatenent-

◐ ***Links:*** *Mit seinem auffällig geringelten Schwanz lässt sich der Katta sehr leicht von allen anderen Lemuren unterscheiden. Obwohl die Art relativ weit verbreitet und häufig ist, bereitet es Artenschützern Sorge, dass sie stark bejagt wird und durch Erschließung Lebensräume verliert.*

◐ ***Unten:*** *Vertreter der Familie Lemuridae:* ***1a*** *und* ***b*** *Mohrenmaki* (Eulemur macaco), *Männchen und Weibchen;* ***2a*** *und* ***b*** *Mongozmaki* (Eulemur mongoz), *Männchen und Weibchen;* ***3*** *Halbmaki* (Hapalemur griseus) *beim Hinterlassen einer Duftmarke;* ***4*** *Brauner Maki* (Eulemur fulvus) *markiert seinen Schwanz mit Duftdrüsen an den Handgelenken;* ***5*** *eine Unterart: Weißkopfmaki* (E. f. albifrons), *Männchen; beim Weibchen ist das Fell um das Gesicht herum eher grau als weiß;* ***6*** *schwarzweiße Form des Vari* (Varecia variegata) *beim Markieren mit Drüsen an Anus und Genitalien.*

wicklung geben. Die Weibchen der Varis gebären nach einer Tragzeit von 100 Tagen zwei bis vier unterentwickelte Babys. In ihren ersten drei Lebenswochen lässt die Mutter sie, wenn sie auf Nahrungssuche geht, in einem Nest zurück. Später trägt sie ihren Nachwuchs im Maul an Orte, an denen sie von Männchen bewacht werden. Die Jungen „reiten" nie auf dem Rücken der Mutter. Sie entwickeln sich sehr rasch und bewegen sich im Alter von vier Monaten ebenso geschickt wie erwachsene Varis. Auch einige Halbmakis bauen für ihre „Einzelkinder" Nester. Hier dauert die Tragzeit 140 Tage und die Kleinen werden entweder im Maul transportiert oder klammern sich an das Fell. Weibchen der Kattas und anderer Echter Makis bringen nach 120 Tagen ein einzelnes Baby zur Welt, das sie von der Geburt an mit sich tragen und vier Monate lang säugen. Im zweiten oder dritten Lebensjahr sind die Tiere geschlechtsreif. Die Lebenserwartung beträgt bis zu 20 Jahre.

Generalisten und Spezialisten

NAHRUNG

Eigentliche Lemuren sind entweder Allesfresser oder Spezialisten. Halbmakis etwa ernähren sich ausschließlich von Bambus. Treten an einem Ort alle drei *Hapalemur*-Arten auf, so spezialisiert sich jede auf einen bestimmten Teil der Pflanze: *Hapalemur griseus* auf die Blätter, *H. aureus* auf neue Triebe (die Zyanid in einer Konzentration enthalten, die für die meisten Säugetiere tödlich ist) und *H. simus* auf das Mark.

Kattas ziehen die Früchte des eingeführten Tamarindenbaums vor, während Varis von allen Lemuren die ausgeprägtesten Früchtefresser sind. Echte Makis sind eher Allesfresser und ernähren sich von Früchten sowie von Blüten und Blättern. Mitunter fressen sie aber auch Gliederfüßer und kleine Wirbeltiere.

Als Nahrung dienen die Mitglieder dieser Lemurenfamilie wiederum der Fossa (*Cryptoprocta ferox*) – zumindest dort, wo diese Schleichkatzenart noch verbreitet ist. Junge Lemuren können größeren Greifvögeln zum Opfer fallen. Um ihren Nachwuchs zu warnen, stoßen erwachsene Lemuren beim Erscheinen feindlicher Tiere spezielle Warnrufe aus.

FAKTEN

EIGENTLICHE LEMUREN

Ordnung: Primates

Familie: Lemuridae

10 Arten in 4 Gattungen: Echte Makis (*Eulemur*, 5 Arten); Halbmakis (*Hapalemur, 3 Arten*); Katta (*Lemur catta*) und Vari (*Varecia variegata*).

VERBREITUNG Küstengebiete auf Madagaskar.

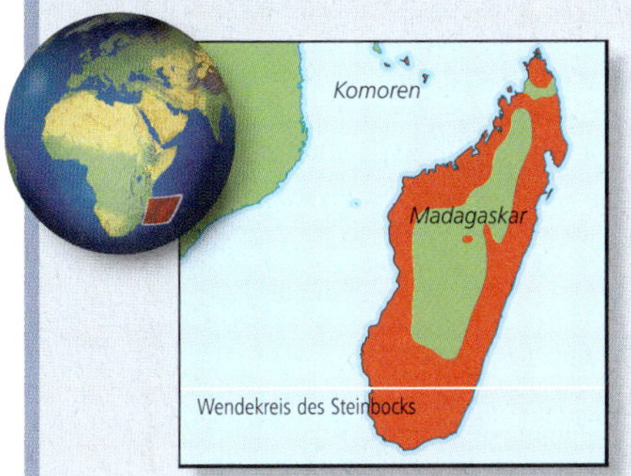

LEBENSRAUM Wälder auf der gesamten Insel (Echte Makis); Trockenwälder (Kattas); Regenwälder (Varis und Halbmakis).

GRÖSSE Körperlänge zwischen 25–45 cm bei Halbmakis und 50–55 cm bei Varis; Schwanzlänge 32–48 cm bis 60–65 cm; Gewicht 0,7–2,5 kg bis 3–4,5 kg bei denselben genannten Arten.

KÖRPER Fell kurz und dicht; Färbung je nach Art verschieden, u.a. schwarz, braun, grau, schwarzweiß. Langer Schwanz, kurze Ohren, vorstehende Schnauze.

NAHRUNG Kattas, Varis und Eigentliche Lemuren: überwiegend Früchte sowie Blätter, Blüten, gelegentlich Kleintiere. Halbmakis sind auf Bambus spezialisiert.

FORTPFLANZUNG Weibchen mit 1,5–2,5 Jahren geschlechtsreif. Bei den meisten Arten wird ein Junges nach einer Tragzeit von 126–140 Tagen geboren. Bei Varis treten sehr häufig Zwillingsgeburten auf und die Jungen wachsen in einem Nest heran.

LEBENSERWARTUNG In Freiheit unbekannt; ein Brauner Maki wurde in Gefangenschaft 35 Jahre alt.

Artenübersicht siehe Seite 313 ▷

3

5

4

6

Unterwürfige Männchen

SOZIALVERHALTEN

Alle Eigentlichen Lemuren schließen sich entweder zu Paaren oder zu Gruppen von höchstens 20 Tieren zusammen. Das Leben in Paaren, das bei Primaten und anderen Säugetieren selten auftritt, entwickelte sich in allen vier Gattungen. Einige Varis und Braune Makis leben in fluktuierenden Gemeinschaften mit Untergruppen, deren Zusammensetzung sich täglich ändert. Die Gruppen der geselligeren Arten unterscheiden sich in Größe und Aufbau, doch gehören ihnen in den meisten Fällen die gleiche Anzahl erwachsener Männchen und Weibchen an. Die Gruppen der übrigen Primaten enthalten in der Regel mehr Weibchen, da durch die Rivalenkämpfe mehr Männchen sterben und der weibliche Anteil sich verstärkt. Bei den Lemuren sind die Männchen ebenso groß oder kleiner als die Weibchen und besitzen keine vergrößerten Eckzähne. Das einzigartige dominante Verhalten der weiblichen Tiere einiger Arten könnte in Zusammenhang mit diesen Eigenschaften der Männchen stehen. Jedes erwachsene Weibchen kann – oft sogar ohne Aggression – bei je-

Ganz oben: *Die rote Variante des Vari* (Varecia variegata ruber). *Dieser Bewohner der Ostküste Madagaskars ist der größte der Eigentlichen Lemuren und hauptsächlich in der Dämmerung aktiv.*

Oben: *Unmittelbar nach der Geburt klammert sich ein neugeborener Katta an den Bauch der Mutter. Nach rund zwei Wochen wechselt er auf ihren Rücken über.*

dem Männchen unterwürfiges Verhalten hervorrufen. Die Ursachen für diese Umkehrung der üblichen Geschlechterrollen sind unbekannt.

Es bietet sich an, Muster sozialen Verhaltens gesellig lebender Lemuren mit dem haplorhiner Primaten zu vergleichen, bei denen sich das Leben in der Gruppe später herausbildete. Lemurengruppen werden nicht durch soziale Beziehungen unter verwandten Weibchen zusammengehalten, auch wenn die Weibchen gewöhnlich in ihrer Geburtsgruppe bleiben. Nur Mütter und Töchter scheinen sich gegenseitig zu unterstützen; entfernter verwandte Weibchen vertreiben einander mitunter sogar aus Gruppen. Kattas kennen Dominanzbeziehungen und eine klare Hierarchie – auch innerhalb der Geschlechter –, während bei Braunen Makis keine Verhaltensmechanismen auftreten, die die Anerkennung von Machtasymmetrien signalisieren.

Die meisten Eigentlichen Lemuren kommunizieren durch Laute, um Artgenossen vor Fressfeinden zu warnen oder sich mit Nachbargruppen zu verständigen. Signale werden auch mittels Duftdrüsen an Kehle, Händen, After und Genitalien gegeben. Das Revierverhalten ist von Art zu Art verschieden und hängt mit der jeweiligen Verfügbarkeit und Verteilung wichtiger Ressourcen zusammen. Ebenso wie Tier- und Menschenaffen betreiben auch die Lemuren gegenseitige Fellpflege, um soziale Beziehungen zu verfestigen. Anders als jene setzen sie dabei aber ihre unteren Schneidezähne ein, die als spezialisierter „Putzkamm" in einem Winkel von 45° vorstehen.

Bei einigen Arten leben die Erwachsenen in monogamen Paarbeziehungen zusammen. Die Arten, die Gruppen bilden, zeigen dagegen stärkere Promiskuität. In der kurzen Paarungszeit, in der alle erwachsenen Weibchen einen Tag lang brünftig sind, kämpfen die Männchen gegeneinander. Zuletzt paaren sich die Weibchen mit fast allen ortsansässigen Männchen und manchmal sogar mit Nachbarn. Genetische Vaterschaftsuntersuchungen erbrachten, dass oft ein einzelnes, dominantes Männchen die meisten Jungtiere zeugt.

Weit verbreitet oder sehr selten

ARTEN- UND UMWELTSCHUTZ

Der Goldene Baumbuslemur und der Breitschnauzenhalbmaki gelten als vom Aussterben bedroht. Diese und viele andere Arten leiden unter der Zerstörung ihrer Lebensräume. Halbmakis haben ohnehin sehr kleine Verbreitungsgebiete. Echte Makis werden bejagt und sind ebenfalls vom Verlust ihrer Lebensräume betroffen, doch außer bei einigen seltenen Unterarten sind die Bestände noch relativ groß. PK

DIE VERLORENE VIELFALT MADAGASSISCHER LEMUREN

Man nimmt an, dass bis zur Ankunft der ersten Menschen auf Madagaskar 50 Lemurenarten auf der Insel lebten. Innerhalb weniger Jahrhunderte führten Bejagung, Zerstörung der Lebensräume und Veränderungen des Mikroklimas zum Aussterben vieler dieser Arten. Sie verschwanden erst vor relativ kurzer Zeit, sodass sich noch keine Fossilien bilden konnten. Wir kennen die ausgestorbenen Taxa durch in Höhlen gefundene intakte Knochen und Skelette.

Die ausgestorbenen Arten unterschieden sich hinsichtlich Größe und Ökologie. Manche waren mausgroß, andere größer als Orang-Utans oder Gorillas. Sie bewegten sich auf vielerlei Weise fort: Terrestrisch auf vier Beinen, arborikol auf vier Beinen, durch langsames Klettern, vertikales Klettern und Springen sowie Hangeln. Die größten könnten gesellige, überwiegend tagaktive Blätterfresser gewesen sein. Es gilt als gesichert, dass z.B. zu den Indriidae (zusammen mit den heutigen Formen) der pavianartige *Archaeolemur,* der dscheladaähnliche *Hadropithecus,* der massige *Archaeoindris* und der große hangelnde *Palaeopropithecus* gehörten. Eine ähnliche Körpergröße wie *Archaeoindris* erreichte *Megaladapis,* der im Aussehen Koalas ähnelte: Von einer Art fand man einen 30 cm langen Schädel. JIP

Katta Vu
Lemur catta

Laubwälder, Galeriewälder, Wälder, Gebüsche. Tagaktiv. Bei Nahrungssuche arborikol, bewegt sich jedoch oft am Boden fort. Geburten August bis November.
KL 39–46 cm; SL 56–63 cm;
GT 2,3–3,5 kg.
FELL: Rücken grau, Glieder und Bauch heller, Extremitäten weiß; Kopfoberseite, Augenringe und Schnauze schwarz; Schwanz schwarz-weiß geringelt.

Brauner Maki
Eulemur fulvus

7 Unterarten an O- und W-Küste Madagaskars und auf den Komoren. In allen Waldtypen außer im trockenen S und SW. Einige Populationen tagaktiv, andere sporadisch tag- und nachtaktiv. Einige Unterarten zunehmend selten. Manchmal unter *E. macaco* zusammengefasst.
KL 38–50 cm, SL 50–60 cm;
GT 1,9–4,2 kg.
FELL: Färbung je nach Unterart und oft auch nach Geschlecht verschieden.
IUCN-STATUS: Eine Unterart (Halsbandmaki) gilt als vom Aussterben bedroht, zwei weitere (Sanfords Maki und Brauner Halsbandmaki) sind als gefährdet eingestuft.

Mongozmaki Vu
Eulemur mongoz

NW-Madagaskar sowie Moheli und Anjouan (Komoren). Feuchte Laub- und Sekundärwälder; liebt Nektar, frisst auch Blüten, Früchte und Blätter. Die meisten Populationen sind nachtaktiv und baumlebend.
KL 32–37 cm; SL 47–51 cm; GT 2–2,2 kg.
FELL: Männchen grau mit hellem Gesicht und roten Backen; Weibchen mit braunem Rücken, dunklem Gesicht, weißen Backen und weißem Bart.

Mohrenmaki Vu
Eulemur macaco

Im W von N-Madagaskar. Feuchte Wälder. Meist baumlebend, tagsüber und in der Dämmerung aktiv.
KL 38–45 cm; SL 51–64 cm; GT 2–2,9 kg.
FELL: Stark dichromatisch: Männchen einheitlich schwarz; Weibchen hell kastanienbraun mit dunklerem Gesicht und dicken weißen Ohrenbüscheln.

Kronenmaki Vu
Eulemur coronatus

Äußerster Norden. Trockene Wälder und seit kurzem hoch gelegene feuchte Wälder. Tagsüber und in der Dämmerung aktiv.
KL 32–36 cm; SL 42–51 cm; GT ca. 2 kg.
FELL: Dichromatisch; bei Männchen mittelgraue Oberseite, Glieder und Unterseite hell; Gesicht weißlich mit V-förmiger orangefarbener Zeichnung über der Stirn; Kopfoberseite schwarz. Bei Weibchen Unterseite und Kopfoberseite heller gefärbt.

Rotbauchmaki Vu
Eulemur rubriventer

Regenwälder der O-Küste in mittleren bis hohen Lagen. Vermutlich tagaktiv und auf höchste Waldschichten beschränkt.
KL 36–42 cm; SL 46–54 cm; GT unbekannt.
FELL: Oberseite kastanienbraun, Gesicht dunkel, Schwanz schwarz. Unterseite bei Männchen rotbraun, bei Weibchen weiß.

Vari En
Varecia variegata

Spärliches Vorkommen in Regenwäldern der O-Küste. Größter der Lemuridae. Lebt vermutlich frugivor in oberer Waldschicht. Mindestens 2 Unterarten, die sich durch Fellfärbung unterscheiden.
KL 51–56 cm; SL 56–65 cm;
GT 3,3–4,5 kg.
FELL: Beide Unterarten mit langem, dichtem Fell, besonders am Hals. Schnauze vorstehend, kurze Haare im Gesicht.

Grauer Halbmaki LR
Hapalemur griseus

Feuchte Wälder an der O-Küste; 2 isolierte Populationen an der W-Küste. Vorwiegend auf Bambuswälder und Schilfinseln beschränkt.
KL 27–40 cm; TL 32–40 cm; GT 0,7–1 kg.
KÖRPER: Rundlicher Kopf mit kleinen pelzigen Ohren, kurze Schnauze, wolliges Fell.
IUCN-STATUS: Geringes Risiko. 3 Unterarten, von denen eine als vom Aussterben bedroht und eine andere als gefährdet gilt.

Goldener Halbmaki Cr
Hapalemur aureus

Stark eingeschränkte Verbreitung in feuchten Wäldern der zentralen SO-Küste.
KL 28–45 cm; SL 24–40 cm;
GT 1–1,5 kg.
FELL: Stärker rötlich braun als *H. griseus*.

Breitschnauzenhalbmaki Cr
Hapalemur simus

Eingeschränkte Verbreitung in feuchten Wäldern der zentralen SO-Küste.
KL ca. 90 cm.
FELL: Grau bis graubraun mit hellerer Unterseite. Größer und massiver gebaut als *H. griseus*. RDM/PK

ABKÜRZUNGEN KL = Körperlänge
SL = Schwanzlänge GT = Gewicht

Cr vom Aussterben bedroht En stark gefährdet Vu gefährdet LR geringes Risiko

Wieselmakis

WIESELMAKIS ZÄHLEN ZU DEN KLEINSTEN spezialisierten Blätterfressern unter den Säugetieren. Sie scheinen nur deshalb von ihrer energiearmen Nahrung leben zu können, weil sie ihren Grundumsatz unter das bei Tieren ihrer Größe übliche Niveau absenken.

Eine Folge dieser Anpassung ist, dass Wieselmakis zu den am wenigsten aktiven Primaten gehören und sehr kleine Reviere haben. Der Name dieser Familie ist daher irreführend: Sie sind alles andere als „wieselflink".

Träge Springer

KÖRPERBAU UND FUNKTION

Wieselmakis sind mittelgroße Lemuren mit einer durchschnittlichen Körpermasse von weniger als 1 kg. Das dichte, kurze Fell zeigt mehrere individuell verschiedene Nuancen von Braun und Grau. Die Unterseite ist grau bis weiß. Typisch sind die feuchte Schnauze, die großen Augen und mittelgroßen Ohren. Der Schwanz ist dünn und ungefähr so lang wie der Körper (25 cm). Die Tiere ruhen in senkrechter Position und bewegen sich durch kurze, meist senkrechte Sprünge von Stamm zu Stamm. Wieselmakis sind nachtaktiv. Den Tag verbringen sie in Baumhöhlen oder im Lianendickicht. Sie wurden aber auch schon tagsüber beim Sonnenbaden oder beim Zurücklegen kurzer Entfernungen beobachtet. Sie leben nur auf Bäumen und steigen nie auf den Boden herab.

Mit ihrer Energie gehen Wieselmakis äußerst sparsam um. So verbringen sie Stunden damit, Blätter zu fressen, und legen dabei lange Ruhe- und Verdauungspausen ein. Außer durch geringere Aktivität sparen sie auch dadurch Energie, dass ihr Grundumsatz um 50 % niedriger liegt als bei Tieren ihres Gewichts üblich. Andererseits bleiben sie das ganze Jahr über aktiv.

Über die Fortpflanzung von Wieselmakis wissen wir bis heute nur sehr wenig. Nach einer Tragzeit von ungefähr 130 Tagen wird ein einzelnes Junges geboren. Die Mütter tragen ihre Babys zunächst im Maul umher und „parken" sie im Laub nahe der Stelle, an der sie fressen. Später transportieren sie die Jungen auch auf ihrem Rücken. Man nimmt an, dass der Nachwuchs nach einem Jahr selbstständig und mit ungefähr 18 Monaten geschlechtsreif wird. Die Reproduktionsquote und die Lebenserwartung sind noch nicht erforscht. Sexualdimorphismus tritt nicht auf. Die Männchen einiger Arten besitzen größere Eckzähne als die Weibchen, die relative Größe ihrer Hoden aber ist extrem gering.

Oben: Kleine Ohren und eine sehr lange Schnauze kennzeichnen den Graurückenwieselmaki. Diese Art ist auch auf der kleinen Insel Nosy Bé vor der Nordwestküste Madagaskars verbreitet, eines ihrer letzten Rückzugsgebiete.

Weil Wieselmakis eine Anzahl morphologischer Ähnlichkeiten mit den vor kurzem ausgestorbenen Riesenlemuren der Gattung *Megaladapis* aufweisen, sehen einige Taxonomen sie als Unterfamilie der Megaladapidae an.

Blätterfresser in den Wäldern

VERBREITUNG

Wieselmakis treten – oft in großer Zahl – in allen Wäldern Madagaskars auf, darunter auch im östlichen Regenwald, nördlichen Feuchtwald, westlichen Trockenwald und Dornenwald des Südens. Soweit bekannt, überlappen sich die Verbreitungsgebiete der einzelnen Arten nicht, doch könnte es hybride Zonen geben. Wieselmakis halten sich in den mittleren und oberen Waldschichten auf. Ihre Hauptnahrung bilden Blätter. Sie kommen auch mit hohen Konzentrationen sekundären Pflanzenbewuchses zurecht. In Laubwäldern lebende Arten ernähren sich in der Trockenzeit mitunter auch von altem Laub. Ihr Darm ist lang, der Blind-

FAKTEN

WIESELMAKIS

Ordnung: Primates

Familie: Megaladapidae

7 Arten der Gattung *Lepilemur*

Größe KL 25–35 cm; SL 22–30 cm; GT 0,5–1 kg. Kein Sexualdimorphismus bei den Geschlechtern.

Nahrung Alle Wieselmakis fressen Blätter, gelegentlich auch Blüten und Früchte. Niedriger Grundumsatz und Besonderheiten des Darms ermöglichen ihnen, trotz energiearmer Ernährung zu überleben.

Fortpflanzung Über die Reproduktion ist wenig bekannt. Geschlechtsreife mit etwa 18 Monaten. Geburten einzelner Jungen nach 130–135 Tagen Tragzeit meist zwischen September und Dezember.

Lebensdauer In Freiheit unbekannt. In Gefangenschaft bis zu 12 Jahre.

GROSSER WIESELMAKI *Lepilemur mustelinus*
Trockene, Galerie-, Laub- und feuchte Wälder. Körper: Kurzes Gesicht, feuchter Nasenspiegel, abstehende Ohren, dichtes wolliges Fell. IUCN-Status: Vorwarnliste.

KLEINZAHNWIESELMAKI
Lepilemur microdon
O-Madagaskar. IUCN-Status: Vorwarnliste.

WEISSFUSSWIESELMAKI *Lepilemur leucopus*
Südliche Galeriewälder und *Didierea/Euphorbia*-Gebüsch. Körper: Klein, Oberseite mittelgrau, Unterseite grauweiß, Schwanz hellbraun; große Ohren. IUCN-Status: Vorwarnliste.

Abkürzungen: KL = Körperlänge; SL = Schwanzlänge; GT = Gewicht.

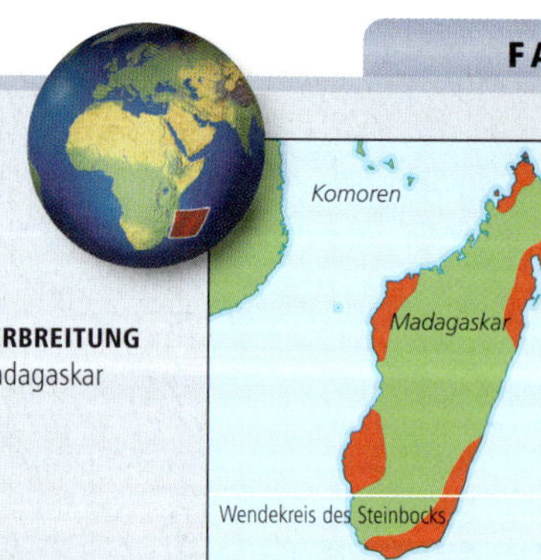

VERBREITUNG
Madagaskar

KLEINER WIESELMAKI *Lepilemur ruficaudatus*
Im SW in *Didierea/Euphorbia*-Gebüsch und Galeriewäldern. Körper: Rücken hellbraun, Unterseite heller, rötlicher Schwanz, Gesicht und Kehle hell. Große Ohren. IUCN-Status: Vorwarnliste.

MILNE-EDWARDS-WIESELMAKI
Lepilemur edwardsi
Westliche bis zentrale Laubwälder. Körper: Ähnlich *L. ruficaudatus*, Fell aber dunkler, besonders auf oberem Teil des Rückens; graubraunes Gesicht, Unterseite grau. Große Ohren. IUCN-Status: Vorwarnliste.

GRAURÜCKENWIESELMAKI *Lepilemur dorsalis*
In feuchten Wäldern im NW der Insel. Körper: Klein, Fell oben und unten mittel- bis dunkelbraun, Gesicht dunkel. Ohren klein. IUCN-Status: Gefährdet.

NÖRDLICHER WIESELMAKI
Lepilemur septentrionalis
Laubwälder im äußersten N. Körper: Fell auf Oberseite und Kopf grau, Rumpf und Hinterbeine heller, Schwanz hellbraun, Unterseite und Gesicht grau. IUCN-Status: Gefährdet.

Links: *Milne-Edwards-Wieselmakis ruhen tagsüber gewöhnlich zu zweit oder zu dritt in hohlen Bäumen. Nachts gehen sie allein auf Futtersuche. Sie machen es Jägern sehr leicht: Diese brauchen nur am Tag den Baumstamm aufzubrechen. Deshalb könnte die Art in Gefahr geraten, obwohl sie noch häufig vorkommt.*

darm groß. Ihre Darmflora hilft, die schwer verdauliche Zellulose der Blätter aufzuschließen. Einzelne Tiere wurden beim Fressen von Kot beobachtet – vielleicht um auf diese Weise hilfreiche Bakterien aufzunehmen. Wiesellemuren zählen zu den wichtigsten Beutetieren der Fossa (*Cryptoprocta ferox*), des größten madagassischen Raubtieres (siehe Raubtiere: Schleichkatzen und Mangusten), und der Madagaskar-Waldohreule (*Asio madagascariensis*). Die tagaktive Höhlenweihe (*Polyboroides radiatus*) und über 2 m lange Boas – z.B. *Sanzinia madagascariensis* und *Acrantophis* spp. – wurden dabei beobachtet, wie sie ruhende Wiesellemuren aus deren Unterschlupf zogen.

Die einsamsten Lemuren

SOZIALES VERHALTEN

Ihren nächtlichen Aktivitäten gehen Wieselmakis allein nach. Bei manchen Taxa suchen erwachsene Tiere nur selten den Kontakt von Artgenossen und bleiben auch in den Ruhephasen für sich. Milne-Edwards- und Kleine Wieselmakis schließen sich zumindest für einen Teil des Jahres zu Paaren zusammen. Sie bewegen sich mitunter unabhängig voneinander in überlappenden, etwa 1 ha großen Revieren und teilen sich einen Schlafbaum. Bei kurzen nächtlichen Begegnungen kann es zu gegenseitiger Fellpflege kommen. Besonders in den frühen Nachtstunden stoßen die Tiere laute Rufe aus, um Artgenossen ihre Anwesenheit kundzutun. Auch das gelegentlich beobachtete Schütteln von Ästen oder Bäumen könnte eine mit dem Revier in Zusammenhang stehende Funktion haben. Das soziale Verhalten der Wieselmakis wurde bisher kaum erforscht; ihr Paarungsverhalten ist unbekannt.

Unter die Axt gekommen

ARTEN- UND UMWELTSCHUTZ

In vielen Gebieten sind Wieselmakis noch weit verbreitet. In intakten Lebensräumen kann die Besiedlungsdichte sehr hoch sein. Sie überleben auch in Sekundärwald und werden sogar in einigen Plantagen angetroffen. Trotzdem schrumpften die Verbreitungsgebiete der Nördlichen Wieselmakis und Graurückenwieselmakis in beträchlichem Maß, wodurch wiederum die Gefahr des Aussterbens dieser Arten steigt. Wieselmakis sind durch menschliche Bejagung stärker gefährdet als andere Lemurenarten. Bei Gefahr fliehen sie nicht, sondern versuchen sich in ihren Unterschlupfen zu verteidigen, sodass man sie auch mit einer Axt ohne Weiteres erlegen kann. Schätzungen zufolge landen täglich mehrere Tausend Wieselmakis im Kochtopf. PK

Maus- und Katzenmakis

MITGLIEDER DIESER FAMILIE WEISEN VIELE primitive Eigenschaften auf und ermöglichen deshalb Rückschlüsse auf Primatenvorfahren. Gleichzeitig zeigen manche Arten hoch spezialisierte physiologische Anpassungen, die ihnen erlauben, in der kühlen Trockenzeit mehrere Monate lang eine Art Winterschlaf zu halten.

Der Familie der Katzenmakis gehört der kleinste bekannte Primat an: der Zwergmausmaki, der mit 30 g wenig mehr als eine Hausmaus wiegt. Zusammen mit fünf anderen Arten wurde diese erst in den 1990er Jahren entdeckt. Einige Zwerg- und Katzenmakis besitzen sehr kleine Verbreitungsgebiete und könnten aussterben, bevor ihre Biologie auch nur annähernd erforscht ist.

Winterschlaf haltende Zwerge

KÖRPERBAU UND FUNKTION

Maus- und Katzenmakis sind die kleinsten Primaten Madagaskars. Ihr Körper ist lang gestreckt, Arme und Beine sind kurz. Die Tiere laufen und springen auf allen vieren und besitzen einen kleinen Kopf, vorstehende Augen sowie eine feuchte Nase. Bei den meisten Arten sind die Ohren groß und spärlich behaart. Der lange Schwanz kann Fettreserven speichern. Alle Arten leben in Bäumen, Sträuchern und Lianen. *Mirza* und *Microcebus* steigen gelegentlich auf den Boden herab, um zur Ergänzung ihrer Früchtekost im Falllaub kleine Tiere zu fangen. Alle Maus- und Katzenmakis sind nur nachtaktiv. Das *Tapetum lucidum* in ihren Augen ermöglicht ihnen das Sehen im Dunkeln.

Microcebus, Cheirogaleus und möglicherweise *Allocebus* können als einzige Primaten klimatisch ungünstige Perioden von mehreren Tagen bis Monaten in einer Art „Winterschlaf" bzw. Torpor überstehen. Um möglichst viel Energie zu sparen, senken sie den Grundumsatz und passen die Temperatur ihres Körpers an die der Umgebung an (bis 15 °C). In der nahrungsreichen warmen Jahreszeit verdoppeln die in Torpor fallenden Arten ihr Gewicht. Seltsamerweise verharren bei Mausmakis nur die Weibchen in der Starre, während die Männchen auch in der Trockenzeit aktiv bleiben. *Mirza* und *Phaner* dagegen sind ganzjährig aktiv.

Alle Maus- und Katzenmakis entwickeln sich rasch und die Weibchen erreichen noch in ihrem ersten Lebensjahr die Geschlechtsreife. Außer bei *Phaner* gebären die Weibchen aller Arten nach zwei bis drei Monaten Tragzeit Würfe von zwei bis vier gering entwickelten Jungen, die sie anfangs in Nestern in Baumhöhlen unterbringen. Die Weibchen der Arten, die in Torpor fallen, säugen selbst in Phasen, in denen sie „Winterspeck" zulegen. Im Allgemeinen sind die Weibchen größer als die Männchen, doch bleibt der Sexualdimorphismus nicht ganzjährig gleich stark ausgeprägt. Die Hoden der Männchen einiger promisker Arten wie *Mirza* und *Microcebus* sind im Verhältnis zum Körper ungewöhnlich groß: Ein Hoden kann das Gehirn an Größe und Gewicht übertreffen!

Ein komplexes Netzwerk von Nischen

VERBREITUNG

Mitglieder dieser Familie besiedelten alle Wälder Madagaskars. Rattenmakis kommen nur in den trockenen Laubwäldern des Westens vor und Büschelohrige Katzenmakis in den Regenwäldern der Ostküste. Vertreter der übrigen Gattungen trifft man in beiden Typen von Lebensraum an. Einige

FAKTEN

MAUS- UND KATZENMAKIS

Ordnung: Primates

Familie: Cheirogaleidae

13 (9) Arten in 5 (4) Gattungen: **Mausmakis** (*Microcebus*, 4 Arten); **Katzenmakis** (*Mirza, Allocebus, Cheirogaleus* und *Phaner*, 5 Arten).

VERBREITUNG Madagaskar

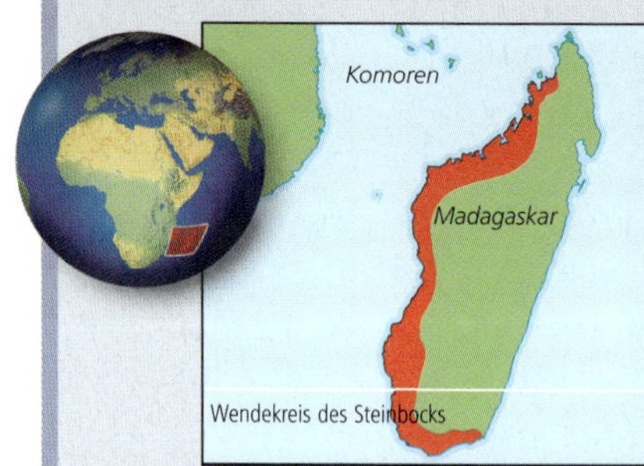

LEBENSRAUM Überall, einschließlich Regenwälder im O, trockene Laubwälder im W und Dornenwälder im S.

GRÖSSE Körperlänge zwischen 9–11 cm beim Zwergmausmaki (*M. myoxinus*) und 22–30 cm beim Gabelstreifigen Katzenmaki (*P. furcifer*); **Gewicht** zwischen 24–38 g und 350–500 g bei denselben genannten Arten.

FELL Kurz und dicht; meist graubraun oben, je nach Art weiß bis cremeweiß unten.

NAHRUNG Überwiegend frugivor. Mausmaki und Gabelstreifiger Katzenmaki ernähren sich auch von Pflanzensäften. Mausmakis erbeuten kleine Wirbellose, Rattenmakis jagen kleine Wirbeltiere.

FORTPFLANZUNG 2–4 Junge werden nach 2–3 Monaten Tragzeit geboren. Beim Gabelstreifigen Katzenmaki nur ein Junges.

LEBENSERWARTUNG In Freiheit selten mehr als 5 Jahre, in Gefangenschaft über 10 Jahre.

Artenübersicht siehe Seite 318 ▷

*▶ **Rechts:** Die großen Augen des Roten Mausmakis besitzen eine Schicht Licht reflektierender Zellen, die hinter der Netzhaut liegt und den Tieren ermöglicht, nachts in den Bäumen auf Futtersuche zu gehen. Auf dem abwechslungsreichen Speiseplan stehen Blätter, Gummi, Blüten, Spinnen, Insekten und sogar kleine Reptilien.*

*◀ **Links:** Rattenmaki-Zwillinge. Bei dieser Art treten Zwillingsgeburten häufiger als einzelne Babys auf. Zwar ist das Überleben der Art durch Zerstörung des Lebensraums bedroht, doch pflanzen sich Rattenmakis zu jeder Jahreszeit fort und können ein Gebiet relativ rasch besiedeln.*

Arten, besonders Katzenmakis, fühlen sich selbst in Wäldern wohl, die der Mensch veränderte, und halten sich in der Nähe von Siedlungen auf. In den meisten Wäldern treten zwei oder mehr Arten dieser Familie nebeneinander auf. Im zentralen Teil Westmadagaskars teilen sich fünf Arten aus drei Gattungen denselben Lebensraum.

Maus- und Katzenmakis entwickelten verschiedene Ernährungsstrategien. Auf dem Speiseplan der *Microcebus*-Arten findet sich die größte Vielfalt an Früchten, kleinen Gliederfüßern und Baumsäften, während Gabelstreifige Katzenmakis sich auf Baumsäfte spezialisiert haben mit einer langen Zunge und zum Meißeln von Rindenlöchern geeigneten Zähnen. Mittlere Katzenmakis scheinen Früchte vorzuziehen, an denen in ihrer kurzen jährlichen Aktivitätsphase Überfluss herrscht.

Rattenmakis sind ebenfalls frugivor, verbringen aber den größten Teil ihrer aktiven Phase mit der Jagd auf Gliederfüßer und kleine Wirbeltiere wie Schlangen und Chamäleons. In der Trockenzeit ernähren sie sich auch von den süßen Absonderungen der Homoptera-Larven. Alle Mitglieder dieser Familie mögen Blüten und Nektar und bestäuben daher bestimmte Pflanzenarten.

Ihre Lebensräume nutzen die Arten unterschiedlich. Gabelstreifige Katzenmakis z.B. sind überwiegend in den Baumkronen aktiv, Mausmakis in den unteren Waldschichten. Maus- und Katzenmakis ruhen während ihrer langen Phasen der Inaktivität in Baumhöhlen, während sich Rattenmakis in den Baumkronen kugelige Blätternester bauen, die mitunter von Gabelstreifigen Katzenmakis übernommen werden.

Nächtliche Begegnungen

SOZIALES VERHALTEN

Trotz vieler Ähnlichkeiten und der Verbreitung in denselben Lebensräumen entwickelten die Arten unterschiedliche Sozialsysteme. Den meisten Aktivitäten gehen die Tiere allein nach. Die Ernährungsweise bedingt Einzelgängertum bei der Futtersuche. Die Weibchen der besser erforschten nicht geselligen Arten wie *M. murinus* und *M. coquereli* besetzen feste Reviere, die sich mit denen naher Verwandter überlappen. Wie bei vielen anderen Säugetieren beanspruchen Männchen besonders in der Paarungszeit größere Reviere als Weibchen. Während der nächtlichen Futtersuche setzen die Tiere Duftsignale und Laute (auch Ultraschall) ein, um ihre Tätigkeiten mit Nachbarn zu koordinieren. In der Nacht kommt es unregelmäßig zu Begegnungen mit Artgenossen und die Tiere können einander entweder verjagen, putzen oder ignorieren. Bei Gabelstreifigen Katzenmakis und Mittleren Katzenmakis verteidigen Paare gemeinsame Reviere. Dabei setzen sie bemerkenswerte vokale Duette und Kotmarkierungen ein, um ihre Anwesenheit anzuzeigen.

Bei Tag ruhen Maus- und Katzenmakis in selbst gebauten Nestern, Baumhöhlen oder ähnlichen Unterschlupfen. Die Nutzung dieser Ruheorte gewährt Einblicke in ein komplexeres Sozialverhalten, mit dessen Erforschung gerade erst begonnen wurde. Bei Rattenmakis schlafen erwachsene Tiere allein, doch gelegentlich wurden paarweise ruhende Weibchen beobachtet.

Mittlere und Gabelstreifige Katzenmakis dagegen teilen ihr Nest mit einem Partner des ande-

MAUSMAKIS

Zu den Arten der Gattung *Microcebus* oder Mausmakis zählen die meisten der kleineren Mitglieder der Familie Cheirogaleidae. Ihr taxonomischer Status ist noch nicht gänzlich ermittelt. Eine rötlich braune Variante von *M. murinus* – *M. rufus* – wurde 1977 zur eigenständigen Art erklärt. Zwischen 1995 und 2001 wuchs die Zahl der anerkannten Arten beträchtlich: Der Zwergmausmaki (*M. myoxinus*) wurde 1995 von *M. murinus* unterschieden und im folgenden Jahr wurde der Goldbraune Mausmaki (*M. ravelobensis*) beschrieben. Eine Kombination morphologischer Studien und Untersuchungen von Mitochondrien-DNA durch Forscher der Universität von Antananarivo und des Deutschen Primatenzentrums führte zur Bestimmung von 4 weiteren Arten aus den trockenen Wäldern der madagassischen Westküste: Nördlicher Rotbrauner Mausmaki (*M. tavaratra*), Madame-Berthes-Mausmaki (*M. berthae*), Sambirano-Mausmaki (*M. sambiranensis*) und Graubrauner Mausmaki (*M. griseorufus*).

Mausmaki
Microcebus murinus

NW-, W- und S-Madagaskar an Waldrändern, in Sekundärwäldern; nachtaktiv.
KL 10–20 cm; SL 10–20 cm; GT 30–70 g.
KÖRPER: Fell am Rücken grau bis graubraun; Unterseite weiß bis cremeweiß; große Ohrmuscheln
FORTPFLANZUNG: Tragzeit 60 Tage; Wurfgröße 2–3 Junge.
LEBENSERWARTUNG: In Gefangenschaft bis zu 15 Jahre.
IUCN-STATUS: Nicht unmittelbar bedroht, doch durch Zerstörung des Lebensraums beeinträchtigt.

Roter Mausmaki
Microcebus rufus

O-Madagaskar an Waldrändern und in Sekundärwäldern; nachtaktiv
KL 10–20 cm; SL 10–20 cm; GT 30–70 g.
KÖRPER: Fell auf dem Rücken braun; Unterseite weiß bis cremeweiß; mittelgroße Ohrmuscheln.
FORTPFLANZUNG: Tragzeit 60 Tage.
LEBENSERWARTUNG: In Gefangenschaft 12 Jahre.
IUCN-STATUS: Nicht unmittelbar bedroht, doch durch Zerstörung des Lebensraums beeinträchtigt.

Zwergmausmaki En
Microcebus myoxinus

W- bis Zentral-Madagaskar.
KSL 18–22 cm; GT 24–38 g.
FELL: Auf dem Rücken rötlich braun mit Stich ins Orangefarbene. Wurde früher als *M. murinus* klassifiziert.

Goldbrauner Mausmaki En
Microcebus ravelobensis

NW-Madagaskar im Naturschutzgebiet Ankaranfantsika; nachtaktiv.
GT 60 g.
KÖRPER: Ähnelt dem Zwergmausmaki, ist aber leichter gebaut, hat einen längeren Schwanz und eine spitzere Nase.
NAHRUNG: Vor allem Insekten.

KATZENMAKIS

Inzwischen unterscheidet man 5 Arten in 4 Gattungen. Der Rattenmaki wurde früher der Gattung *Microcebus* zugewiesen, gilt heute aber als eigene Gattung *Mirza*. In den meisten Gebieten treten 2 oder mehr Arten von Katzenmakis – im W bis zu 5 – sympatrisch auf.

Rattenmaki Vu
Mirza (Microcebus) coquereli

Aufgesplitterte Verbreitung in Küstenwäldern W- und NW-Madagaskars; nachtaktiv.
KL 20–23 cm; SL 30–33 cm; GT 300–350 g.
KÖRPER: Fell oberseits grau- bis hellbraun, unterseits gelblich; Schwanzspitze dunkler als übriges Fell; große Ohren.
FORTPFLANZUNG: Tragzeit 86 Tage; Wurfgröße 1–2 Jungen.
LEBENSERWARTUNG: In Gefangenschaft bis zu 15 Jahren.

Büschelohriger Katzenmaki En
Allocebus trichotis

NO-Madagaskar; nachtaktiv.
KL 6–13 cm; SL 10–20 cm; GT 30–70 g.
KÖRPER: Fell oberseits hellbraun; Unterseits weiß bis cremeweiß; kurze Ohren mit auffälligen langen Haarbüscheln.
FORTPFLANZUNG und LEBENSERWARTUNG: Unbekannt.

Großer Katzenmaki
Cheirogaleus major

O-Madagaskar in Sekundärwäldern und Primärwäldern; nachtaktiv.
KL 20–25 cm; SL 20–28 cm; GT 140–400 g.
FELL: Relativ kurz und dicht; Oberseite graubraun, Unterseite weiß bis cremeweiß; schwarze Augenringe.
FORTPFLANZUNG: Tragzeit 70 Tage.
LEBENSERWARTUNG: In Gefangenschaft 15 Jahre.

Mittlerer Katzenmaki
Cheirogaleus medius

NW-, W- und S-Madagaskar in gut eingewachsenen Sekundärwäldern und Primärwäldern; nachtaktiv.
KL 20–25 cm; SL 20–28 cm; GT 140–400 g.
FELL: Kurz und dicht; Oberseite hellgrau, Unterseite weiß bis cremeweiß.
FORTPFLANZUNG: Tragzeit 61 Tage.
LEBENSERWARTUNG: In Gefangenschaft 18 Jahre.

Gabelstreifiger Katzenmaki LR
Phaner furcifer

Aufgesplitterte Verbreitung in W-, NW- und NO-Madagaskar in Wäldern der Küstenregionen; nachtaktiv.
KL 22–30 cm; SL 28–37 cm; GT 350–500 g.
FELL: Oberseite graubraun, Unterseite weiß bis cremeweiß; eine auffällige dunkle Linie verläuft über den Hinterkopf und verbindet sich mit den Augenringen.
FORTPFLANZUNG UND LEBENSERWARTUNG: Unbekannt.
IUCN-STATUS: Vorwarnliste; 3 Unterarten gelten als gefährdet.

RDM/PK

ABKÜRZUNGEN KL = Körperlänge KSL = Kopf-Schwanz-Länge SL = Schwanzlänge GT = Gewicht En stark gefährdet Vu gefährdet LR geringes Risiko

ren Geschlechts, mit dem sie in einer stabilen Paarbeziehung leben. Mausmakis und vielleicht auch andere *Microcebus*-Arten schlafen in großen gemischten Gruppen, die aus bis zu 15 Tieren, meist aber aus zwei bis fünf Tieren bestehen. Noch wissen wir nicht, in welcher Weise diese Gruppenbildungen Paarungssysteme widerspiegeln, doch scheinen promiske Paarungen auch bei Arten häufig zu sein, die Paare bilden.

Bestände im Dunkeln

Arten- und Umweltschutz

Maus- und Katzenmakipopulationen können sehr hohe Dichten erreichen. Deshalb besteht für Arten mit großen Verbreitungsgebieten keine unmittelbare Gefahr. Trotzdem sind einige, wie der Büschelohrige Katzenmaki, äußerst selten. Ihr Vorkommen und ihr Leben bleiben weitgehend unerforscht. Auch sind die bekannten Verbreitungsgebiete einiger erst kürzlich beschriebener Arten so beschränkt, dass eine Gefährdung durch Zerstörung des Lebensraums eintreten kann.

Einige Zwergmakis scheinen sich auch in Sekundärwäldern, Waldfragmenten und Plantagen wohl zu fühlen, doch erwiesenermaßen blieben Bestände in derartigen Lebensräumen nicht lebensfähig. Da unter anderem über die Biogeografie und die Ökologie dieser kleinen Primaten so wenig bekannt ist, waren sie bisher kaum Gegenstand von Schutzprogrammen. PK

Ganz oben: *Während der ersten Lebenswochen werden die winzigen Babys von Maus- und Katzenmakis von der Mutter im Maul herumgetragen. Wenn sie auf Nahrungssuche geht, „parkt" sie ihr Junges – hier ein juveniler Mausmaki – an einem sicheren Ort.*

Oben: *In der Ernährung der Maus- und Katzenmakis spielt Nektar eine wichtige Rolle. Indem sie sich Nektar von Pflanzen wie Orchideen holen, verbreiten sie den Pollen der Blüten, der an ihrem dichten Fell haften bleibt.*

Die Dialekte der Makis

Überall auf der Welt sprechen Menschen Dialekte, die nicht nur ihre regionale und soziale Herkunft widerspiegeln, sondern oft auch bei der sozialen Akzeptanz eine Rolle spielen. Auch von den unterschiedlichsten Tieren, darunter Bienen, Fröschen, Vögeln und Säugern, wurde berichtet, dass sie „Dialekte" verwenden. Jedoch sind diese Behauptungen umstritten. Im Fall der Mausmakis *(Microcebus murinus)* konnten sie aber bewiesen werden.

Diese Tiere bewohnen Laubwälder im Westen Madagaskars. Sie treten gehäuft dort auf, wo sie Stellen finden, die sich für die Aufzucht des Nachwuchses eignen, z.B. sichere Baumhöhlen. Indem man einige über längere Zeiträume hinweg einfing und wieder freiließ, telemetrisch beobachtete und mithilfe von Mikrosatellitensendern genotypisch untersuchte, konnte man feststellen, dass die Population eines Waldareals ein verstreutes Netzwerk einzelner Nachbarschaftsgruppen von je ca. 35 ortsansässigen Individuen bilden kann. Junge Weibchen scheinen bei oder in der Nähe der Mutter zu bleiben (weibliche Philopatrie), während junge Männchen abwandern.

Bei ihrer sozialen Interaktion setzen die Tiere eine große Auswahl unterschiedlicher Laute ein. Die Frequenz ihrer Rufe liegt bei 10–36 kHz (für Menschen hörbar ist der Bereich 0,02–20 kHz). Analysen der Ergebnisse ermöglichten neue Einblicke in das vokale Signalsystem der Makis. Ebenso wie bei anderen geselligen Säugetieren verrät der Ruf eines Mausmakis die Identität des Individuums. Doch sind nicht nur die Rufe der einzelnen Tiere voneinander verschieden, sondern die gesamte Nachbarschaftsgruppe kommuniziert über einen eigenen Dialekt.

In der Paarungszeit stoßen fruchtbare Männchen einen Triller aus – der komplexeste Ruf ihres Repertoires, dessen Frequenz bei 13–35 kHz liegt und der 0,3–0,9 Sekunden andauert. Der Ruf besteht aus einer geordneten Sequenz modulierter Silben in Breitbandfrequenz. Er wird bis zu eineinhalbmal in der Minute wiederholt, je nachdem, wie stark der Rufer motiviert ist und wie die umworbenen Weibchen und rivalisierenden Männchen reagieren. Männchen aus dem gleichen Waldareal stoßen individuell verschiedene Triller mit einem allgemeinen Thema aus. Diese Rufe unterscheiden sich zwar stark von den in anderen Arealen üblichen, doch paaren sich auch aus verschiedenen Gebieten stammende Tiere.

Die Makis scheinen die Dialektunterschiede bewusst zu manipulieren. Laborexperimente zeigten, dass junge Männchen beim Spiel erste, noch sehr variable Versionen des Trillers ausstoßen. Sobald sie aber geschlechtsreif sind, ist ihr Lied dem ihrer Gefährten ähnlicher als dem fremder Makis. Erwachsene Männchen, die in ein neues Areal gebracht werden, gleichen ihr Lied den Gesängen ihrer Nachbarn an.

Wieso gibt es Dialekte? Eine soziobiologische Antwort wäre, dass Individuen, die in ein neues Areal kommen und bei ihren Rufen Flexibilität zeigen, von den ansässigen Tieren weniger Aggressionen zu erwarten haben und besser akzeptiert werden. Wenn dies zutrifft, erfüllen Dialekte bei Primaten vielleicht eine ähnliche Funktion wie bei Menschen. EZ

Indri, Sifakas, Wollmakis

Oben: *Eine Westliche Wollmaki-Mutter und ihr Nachwuchs. Die Jungen dieser Regenwaldart werden in der Trockenzeit geboren und lange herumgetragen.*

Rechts: *Um offenes Gelände zu durchqueren, vollführen Sifakas (hier ein Larvensifaka) einen einzigartigen „Tanz" auf den Hinterbeinen; die Arme werden dabei ausgestreckt, um das Gleichgewicht zu halten.*

DER FAMILIE GEHÖREN DIE GRÖSSTEN HEUTE lebenden Lemuren an. Der Indri weist erstaunliche Ähnlichkeiten mit asiatischen Gibbons auf: Als einzigem Lemuren fehlt ihm der Schwanz und die erwachsenen Tiere bilden Paare, die ihre Reviere mit Duetten für sich reklamieren. Auch Sifakas und Wollmakis geben erstaunliche Laute von sich.

Dieser Gruppe gehören einige der am stärksten bedrohten Lemuren an. Die meisten Arten sind bereits seit der Ankunft des Menschen auf Madagaskar vor etwa 2000 Jahren ausgestorben. Mindestens zehn nahe verwandte Arten von Riesenlemuren verschwanden im Lauf des letzten Jahrtausends.

Nächtliche Sprünge

KÖRPERBAU UND FUNKTION

Die einzelnen Arten unterscheiden sich stark hinsichtlich von Lebensweise und Größe. Wollmakis sind mittelgroße nachtaktive Primaten mit einem Gewicht um 1 kg. Sifakas und Indris werden über 7 kg schwer und sind nur tagsüber aktiv. Auch äußerlich unterscheiden sie sich stark. Das dichte, an der Unterseite hellere Fell der Wollmakis kann rötlich braun, olivbraun oder grau sein. Der Schwanz ist länger als der Körper und kann wie bei Sifakas auf der Bauchseite aufgerollt werden. Wollmakis besitzen einen runden Kopf, kurze Ohren und große Augen.

Sifakas sind bunt gefärbt und die verschiedenen Arten und Unterarten weisen unterschiedliche Zeichnungen auf. Die Skala reicht vom vollständig weißen (Seidensifaka) zum vollständig schwarzen Tier (Perriers Sifaka). Ebenso kommen schwarze oder weiße Tiere mit orangefarbenen, braunen oder grauen Flecken an Kopf, Armen oder Beinen vor. Das Gesicht ist bei allen Arten nackt und schwarz mit vorstehender Schnauze. Indris besitzen immer ein dichtes schwarzweißes Fell, doch die Verteilung beider Farben unterscheidet sich individuell. Auch das Gesicht des Indris ist nackt und schwarz und seine Ohren stehen stärker vor als beim Sifaka. Als einziger Lemur besitzt der Indri nur einen Stummelschwanz.

Der Körperbau von Indris, Sifakas und Wollmakis unterstützt das senkrechte Klettern und Springen. Die kräftigen Beine, die etwa um ein Drittel länger als die Arme sind, ermöglichen es den Tieren, sich von Baum zu Baum zu schnellen und eine aufrechte Haltung einzunehmen. Die größeren Arten springen bis zu 10 m weit. Generell sind die Weibchen etwas größer und schwerer als die Männchen.

Bei allen Arten dieser Gruppe bekommen die Weibchen nur einzelne Junge, die sich schneller als der Nachwuchs anderer Primaten vergleichbarer Größe entwickeln. Die Babys klammern sich nach der Geburt an den Bauch der Mutter und wechseln später auf ihren Rücken. Die Paarungen sind jahreszeitlich gebunden; die Tragzeit überschreitet bei Sifakas und Indris die Dauer von fünf Monaten. Sifakaweibchen werden mit vier Jahren geschlechtsreif, Indriweibchen gebären mitunter erst mit neun Jahren zum ersten Mal. Die Sterblichkeitsrate von Jungtieren ist hoch (während der ersten Lebensjahre um 50 %), erst ab dem zweiten Lebensjahr bestehen gute Überlebenschancen. Bei größeren Arten könnte die Lebenserwartung 20 Jahre übersteigen. Über die Biologie der Wollmakis ist kaum etwas bekannt.

Blätterfresser in den Baumkronen

VERBREITUNG

Die Familie der Indriidae ist weit verbreitet. Bei Wollmakis unterscheidet man eine östliche Regenwald- und eine westliche Trockenwaldart. *Propithecus verreauxi* besiedelt den trockenen

FAKTEN

INDRI, SIFAKAS, WOLLMAKIS

Ordnung: Primates

Familie: Indriidae

6 (5) Arten in 3 Gattungen: Wollmakis (*Avahi*, 2 (1) Arten); Sifakas (*Propithecus*, 3 Arten) und Indri (*Indri indri*).

VERBREITUNG Madagaskar

Nahrung Blätter, Früchte und Blüten in unterschiedlicher Gewichtung und je nach saisonal bedingter Verfügbarkeit.
Fortpflanzung Sifakas und Indris sind mit 4–5 Jahren geschlechtsreif. Die Tragzeit beträgt ca. 5 Monate. Die Jungen klammern sich an das Fell der Mutter; sie werden nach 4–6 Monaten entwöhnt. Die Fortpflanzung ist an die Jahreszeit gekoppelt. Zwischen den Geburten liegen 2–3 Jahre.
Lebenserwartung In Freiheit unbekannt; einzelne Sifakas wurden über 10 Jahre lang beobachtet.

WOLLMAKI *Avahi laniger*
Östlicher Regenwald. KL 25–30 cm; SL 31–37 cm; GT 0,7–1,3 kg. Fell: Dick und graubraun mit weißlicher Unterseite; langer dünner Schwanz. IUCN-Status: Vorwarnliste

WESTLICHER WOLLMAKI *Avahi occidentalis*
Aufgesplitterte Verbreitung im nordwestlichen Trockenwald. KL, SL, GT und Fell wie bei *A. laniger* (manche Biologen betrachten beide als eine Art). IUCN-Status: Gefährdet.

LARVENSIFAKA *Propithecus verreauxi*
Dornen- und Trockenwälder des N und SW. KL 45–50 cm ; SL 41–60 cm; GT 3–7,5 kg. Fell: Kurz und dicht, überwiegend weiß, aber mit braunen Tupfen; Kopf oben braun. IUCN-Status: Gefährdet.

TATTERSALLS SIFAKA *Propithecus tattersalli*
Nordöstlicher Regenwald. KL 45–50 cm; SL 41–60 cm; GT 3–7,5 kg . Fell: Überwiegend weiß, Kopf und Unterseite leuchtend orange. IUCN-Status: Vom Aussterben bedroht.

DIADEMSIFAKA *Propithecus diadema*
Regenwald im N und O, Dornen- und Trockenwälder im S und W. KL 45–50 cm; SL 41–60 cm; GT 3–7,5 kg. Fell: Weißlich grau, unterer Teil der Glieder orangefarben; einige Unterarten ganz schwarz oder schwarz mit weißem Rumpf. IUCN-Status: Stark gefährdet.

INDRI *Indri indri*
Regenwald im O. KL 60–70 cm; SL 4–5 cm; GT 6–7,5 kg. Fell: Schwarzweiß mit geografischen und individuellen Variationen hinsichtlich Verteilung und Proportionen. Einziger Lemur mit Stummelschwanz. IUCN-Status: Stark gefährdet.

Abkürzungen: KL = Körperlänge; SL = Schwanzlänge; GT = Gewicht.

Süden und Westen mit mehreren Unterarten, während *P. diadema* im feuchten Osten und Norden anzutreffen ist. *Propithecus tattersalli* ist auf wenige Wälder des Nordostens beschränkt, Indris dagegen sind im gesamten nördlichen Teil des östlichen Regenwalds heimisch. Alle Arten bleiben am liebsten in den Baumkronen und steigen nur selten herab, um Erde zu fressen oder offenes Gelände zu durchqueren.

Sifakas und Indris fressen Blätter, aber auch Blüten und Früchte. Zum Trinken kommen sie nicht auf den Boden. Deshalb müssen in Trockenwäldern lebende Sifakas bis zu neun Monate im Jahr – und sogar während der Säugeperiode – ohne Wasser auskommen.

Herrschaft der Weibchen

SOZIALVERHALTEN

Wollmakis und Indris leben in Kernfamilien. Die Jungen bleiben mitunter jahrelang bei den Eltern. Zur Revierverteidigung stoßen Wollmakis einen Ruf aus, der wie „aya-hii" klingt und von dem ihr einheimischer Name sowie der Gattungsname *Avahi* abgeleitet wurden. Die Duette der Indris erinnern an Gibbonrufe. Die Indriweibchen dominieren die Männchen, die weiter unten in den Bäumen warten müssen, bis sich die Weibchen oben satt gefressen haben. Weibchen führen auch die meisten Ausflüge der Gruppe im Revier an und schlafen oft von den Männchen getrennt.

Sifakas leben in kleinen Gruppen unterschiedlicher Größe und Zusammensetzung, die durchschnittlich aus fünf, maximal aus bis zu 13 Tieren bestehen. Weibchen bleiben in der Gruppe ihrer Mutter, während Männchen im Lauf ihres Lebens mehrmals die Gruppe wechseln. Die Anzahl von Weibchen und Männchen in einer Gemeinschaft ist meist gleich. Bei der Nahrungssuche und anderen Aktivitäten dominieren die Weibchen. Auf ihren Streifzügen zerstreuen sich die Gruppen, sodass das soziale Leben während der Ruhephasen stattfindet, zu denen sich die Tiere auf Bäumen versammeln. Auch die Nacht verbringen Sifakas in hohen Bäumen, wo sie vor ihrem wichtigsten Fressfeind, der Fossa *(Cryptoprocta ferox)*, Schutz finden. Manche Sifakagruppen sind stark auf ihr Revier fixiert. Man nimmt an, dass dieses Verhalten mit Nahrungsknappheit zusammenhängt. Anderswo treffen sich benachbarte Gruppen regelmäßig, um sich gegenseitig zu bedrohen und zu jagen oder aber zu einem friedlichen Zusammensein. Sifakas sind relativ still, auch wenn ihr Name von ihrem Kontaktruf („Schi-fak") abgeleitet ist.

Beide Geschlechter paaren sich mehrmals. Die kleinen Hoden der Männchen lassen vermuten, dass Spermienkonkurrenz bei der Vermehrung keine große Rolle spielt. Dominante Männchen, die größere Hoden besitzen, unterbinden die Fortpflanzungsfähigkeit von Rivalen durch chemische Signale ihrer Duftdrüsen. Infantizid durch erwachsene Männchen wurde bei mehreren Populationen beobachtet.

Die überlebende Minderheit

ARTEN- UND UMWELTSCHUTZ

Die Mehrheit der bekannten Arten dieser Familie starb in den letzten Jahrhunderten aus und ist nur durch nichtfossile Überreste bekannt. Einige überlebende Arten sind extrem selten und verfügen nur noch über kleine, fragmentierte Verbreitungsgebiete. *Propithecus tattersalli* z.B. wurde als vom Aussterben bedroht eingestuft, weil kein Teil seines Verbreitungsgebiets gesetzlich geschützt ist. Er hat die kleinste Population und die beschränkteste Verbreitung aller Lemurenarten. Perriers Sifakas und Seidensifakas sind ähnlich gefährdet; vermutlich leben heute weniger als 1000 dieser Tiere.

Die größte Gefahr stellen Brandrodungsfeldbau und Abholzung dar. Die Gefährdung durch Bejagung ist trotz der Größe der Tiere nicht sehr ausgeprägt, weil in vielen Regionen Tabus diese Primaten schützen. PK

Fingertier

Links: *Das Aye-Aye frisst Kokosnüsse, indem es ein Loch in die Schale nagt und mit seinem langen dritten Finger Milch und Fruchtfleisch heraushoIt. Mit diesem Finger klopft es auch auf die Kokosnuss, bevor es sie benagt, wohl um zu erfahren, wie viel Milch sie enthält. Die Tiere besuchen häufig Kokosplantagen.*

DAS AYE-AYE ODER FINGERTIER IST DAS einzige lebende Mitglied seiner Familie. Seine morphologischen Anpassungen geben ihm ein derart ungewöhnliches Aussehen, dass es ursprünglich als Nagetier klassifiziert wurde. Die Madagassen hielten es lange Zeit für einen Unglücksbringer und töteten Aye-Ayes, wann immer sie ein Tier sahen.

Noch vor wenigen Jahren hielt man das Fingertier für nahezu ausgestorben. Bei Feldstudien konnte jedoch vor kurzem festgestellt werden, dass es weiter verbreitet ist als angenommen. Dank intensiver Schutzmaßnahmen scheint die Hoffnung berechtigt, dass diese Art überlebt.

Klopfen und Bohren

KÖRPERBAU UND FUNKTION

Das Fingertier kennzeichnet ein unverwechselbares Aussehen. Sein Fell ist dicht und dunkelbraun mit langen hellen Grannen. Die schwarzen Augenringe heben sich stark vom helleren Gesicht ab. Der lange Schwanz ist sehr buschig und der Kopf relativ massiv und rund. Das Aye-Aye läuft und springt auf allen vieren. Es hat große unbehaarte Ohren und sehr lange Finger mit gebogenen Nägeln. Von allen nachtaktiven Primaten ist es die größte Art.

Am stärksten fallen bei diesem Tier die besonders langen Mittelfinger auf, die zusammen mit den ständig nachwachsenden Schneidezähnen bei der Nahrungssuche eingesetzt werden. Das Fingertier meißelt mit den Zähnen Löcher in totes Holz, um Insektenlarven herauszuziehen. Nur eine einzige andere Art weist vergleichbare Anpassungen auf: Das Beuteltier *Dactylopsila palpator* – Mitglied der Petauridae oder Gleiter – auf Neuguinea nutzt ebenfalls eine ökologische Nische, die andernorts Vögel (besonders Spechte) ausfüllen.

Fingertiere bauen sich aus Zweigen und Blättern Nester und leben in den Baumkronen, in denen sie auch den Tag verbringen. Die Tiere besitzen mehrere Nester und tauschen sie untereinander aus, sodass ein Nest an aufeinander folgenden Tagen von mehreren Aye-Ayes benutzt wird. Ihre wenig entwickelten und einzeln geborenen Jungen kommen nach etwa 170-tägiger Tragzeit zur Welt. Sie verbringen ihre ersten beiden Lebensmonate in einem Nest und werden mindestens sieben Monate lang gesäugt. Sexualdimorphismus tritt bei dieser Art nicht auf.

Streifzüge durch die Nacht

SOZIALVERHALTEN

Da diese nachtaktiven Lemurenverwandten in sehr geringer Dichte vorkommen und selten gesichtet wurden, nahm man früher an, sie würden nur in einigen wenigen Regenwäldern im Tiefland an der Ostküste Madagaskars vorkommen. Vor kurzem jedoch konnte man dank intensiver Beobachtungen feststellen, dass sie auch in anderen feuchten Wäldern im Nordwesten und sogar in Laubwäldern im Westen verbreitet sind. Sie leben nicht nur in Primärwäldern, sondern werden auch

FAKTEN

FINGERTIER ODER AYE-AYE

Daubentonia madagascariensis

Ordnung: Primates

Familie: Daubentoniidae

Einziges Mitglied der Art

VERBREITUNG O- und NW-Madagaskar. Eine isolierte Population im W der Insel.

LEBENSRAUM Feuchte und Regenwälder. Westliche Population in Trockenwäldern.

GRÖSSE Körperlänge 30–40 cm; Schwanzlänge 45–55 cm; Gewicht 2,4–2,8 kg; kein Sexualdimorphismus.

KÖRPER Langes, struppiges, graubraunes Fell; Grannenhaare mit weißen Spitzen. Gesicht und Unterseite cremeweiß oder von sehr hellem Grau. Augen von dunklen Ringen umgeben. Große ledrige Ohren. Schwanz lang und sehr buschig. Alle Finger lang. Vierbeiniger Kletterer und Springer; Beine etwas länger als Arme.

NAHRUNG Ausgegrabene Insektenlarven und Fruchtfleisch von Nüssen; Mangos und andere Plantagenfrüchte werden ebenfalls genommen.

FORTPFLANZUNG Geschlechtsreif mit 2–3 Jahren. Keine feste Paarungszeit. Das einzelne Junge wird in den ersten Monaten in einem Nest „geparkt".

LEBENSERWARTUNG Unbekannt.

IUCN-STATUS Stark gefährdet. Früher zählte man das Fingertier zu den am stärksten bedrohten Tierarten, doch nach genaueren Studien stellte sich heraus, dass es ein großes Verbreitungsgebiet besetzt. Die Tiere leben in sehr geringer Dichte und sind durch Zerstörung des Lebensraums und Bejagung bedroht. Eine größere verwandte Art starb vor wenigen Jahrhunderten aus.

Oben: *Bei Aye-Ayes ist nicht der Daumen, sondern die Großzehe – die einzige Zehe ohne Kralle, aber mit flachem Nagel – opponierbar. Die Tiere können mit den Füßen am Ast hängen und haben so die Hände zum Pflücken von Nahrung frei.*

in Mangrovenwäldern und Plantagen angetroffen. Fingertiere bewegen sich am liebsten von Baum zu Baum fort, kommen jedoch auf den Boden, um Lücken zwischen Wäldern zu überqueren.

Die Nagespuren ihrer Vorderzähne an Nüssen oder anderen harten Früchten sind sichere Hinweise auf ihre Anwesenheit. Sobald es dunkel ist, gehen sie auf Futtersuche und legen dabei in jeder Nacht mehrere Kilometer zurück.

Genauere Beobachtungen des Sozialverhaltens und der Sozialorganisation bei den Fingertieren konnten bisher nur auf der Insel Nosy Mangabe erfolgen, auf der die Tiere in größerer Dichte leben als auf Madagaskar.

Aye-Ayes fressen und schlafen allein. Es kommt vor, dass an ergiebigen Futterstellen mehrere Tiere zusammentreffen. In der Regel dulden die Weibchen jedoch die Anwesenheit von Geschlechtsgenossinnen nicht und zeigen ihre Gegenwart in ihren bis zu 30 ha großen Revieren durch Urin, Duftmarken und laute Rufe an. Die Bezirke der Männchen sind bis zu viermal größer. Die Weibchen sind nur alle zwei bis drei Jahre empfängnisbereit – dies jedoch unabhängig von der Jahreszeit, was bei Lemuren ungewöhnlich ist. Sie kündigen ihre Brunft mit lauten Rufen an und paaren sich mit mehreren Männchen, die von diesen Rufen angelockt wurden.

Globaler Vorrang beim Artenschutz

ARTEN- UND UMWELTSCHUTZ

Als einziger überlebender Vertreter einer ungewöhnlichen Primatenfamilie wurde dem Fingertier eine der höchsten Schutzprioritäten zuerkannt. Vor allem wegen der relativ großen geografischen Verbreitung ist die Anzahl der lebenden Tiere höher als bei manch anderer Lemurenart.

In ihrem Verbreitungsgebiet sollten große Areale unter Schutz gestellt werden, um überlebensfähige Populationen zu erhalten, denn aufgrund der Größe der Reviere ist die Bestandsdichte gering. Bedroht sind Fingertiere durch den Verlust von Lebensräumen sowie durch Bejagung seitens abergläubischer Menschen oder aber seitens von Landwirten, die ihre Plantagen vor ihnen schützen wollen. PK

Buschbabys, Loris, Pottos

Buschbabys – auch Galagos genannt – sowie Loris und Pottos sind nachtaktiv. Sie ähneln den Lemuren, mit denen sie einen Vorfahren teilen. Keines dieser Tiere ist tagaktiv, denn dort wo sie leben – in Afrika und Asien –, ist diese Nische von Tieraffen besetzt.

Gemeinsam ist den Tieren dieser Gruppe, dass sie alle relativ kleine Baumbewohner sind und allein auf Futtersuche gehen. Wenn sie auch einige Merkmale der frühesten Primaten beibehalten haben, kann man sie dennoch nicht als primitiv bezeichnen, denn viele ihrer Eigenschaften und Merkmale stellen hoch entwickelte Spezialisierungen dar.

Springende Galagos, schleichende Loris

KÖRPERBAU UND FUNKTION

Alle Loris besitzen an den Zehen Nägel, außer am zweiten Zeh, der mit einer „Putzkralle" ausgestattet ist. Anders als bei Tier- und Menschenaffen sind bei Loriverwandten Daumen oder Großzehe nicht entgegenstellbar, sodass die Tiere nur mit der ganzen Hand greifen können. Das bedeutet, dass sie nicht mit dem Daumen die Spitzen der anderen Finger der gleichen Hand berühren können, was für die Feinmotorik beim Umgang mit Nahrung von Bedeutung wäre.

Ihre Zahnformel (I2/2; C1/1; P3/3; M3/3 = 36) erinnert an die primitivsten Strepsirhini, zu denen neben Buschbabys, Loris und Pottos auch die Lemuren angehören. Die unteren Schneidezähne und schneidezahnartigen Eckzähne sind vorstehend und kammartig angeordnet, sodass sie sich gut bei der Fellpflege und dem Verzehr von Insekten und Baumsäften einsetzen lassen. An der Unterseite der Zunge liegt ein zweiter, fleischiger Kamm *(Sublinua)*. Er hat scharfe und harte Spitzen, die zwischen die Lücken im Zahnkamm passen und zu dessen Reinigung dienen.

Die Geschlechter lassen sich nur schwer unterscheiden, da die Weibchen eine große, gut entwickelte Klitoris besitzen, die mit einem Penis verwechselt werden kann. Halbwüchsige Männchen wiederum haben nicht immer ein sichtbares Skrotum. Bei allen Loriverwandten verfügen die Männchen über einen langen Penisknochen; aus den Hautzellen der Eichel ragen rückwärts gerichtete Dornen, die mit Keratin verstärkt und kürzer als 2 mm sind. Diese sind Teil eines „Kopplungssystems", das das kopulierende Paar zusammenhält und so die Wahrscheinlichkeit einer erfolgreichen Befruchtung verstärkt. Penisknochen und Dornen fallen bei Galagos unterschiedlich aus und verhindern wohl auch Paarungen zwischen Tieren unterschiedlicher Arten. Bärenmakis etwa besitzen große Dornen, während die der Pottos und Loris zu Platten oder Papillen schrumpften. Im Fall der Primaten stehen diese Dornen allgemein mit der Fortpflanzung in Verbindung: Bei Arten mit nicht geselligem Paarungsverhalten sind sie länger und komplexer als bei Arten mit monogamem und polygynem Verhalten. Bei manchen Galagoarten kommt es zu regelrechten „Brautjagden", bei denen mehrere Männchen ein brünftiges Weibchen verfolgen, das sich mit mehr als einem Männchen paaren kann. Die Dornen verschaffen eventuell dem ersten Männchen einen klaren Vorteil, indem sie die Kopulation verlängern und seinen Spermien so einen Vorsprung geben. Bei Weibchen sind die großen Schamlippen mitunter so stark ausgebildet, dass sie einem Skrotum ähneln. In der Mitte des Östruszyklus verdickt und verhärtet sich das Vaginalepithel.

Hinsichtlich ihrer Fortbewegung und ihres Körperbaus kann man die Loriverwandten in zwei Gruppen einteilen: in die flinken Galagos sowie in die langsamen Loris und Pottos. Bei Letzteren sind Arme und Beine annähernd gleich lang, die Schwänze kurz oder stummelig. Die Tiere bewegen sich auf allen vieren fort und klettern oder laufen an Ästen. Um von einem Baum zum anderen zu gelangen, recken sie sich von einem Astende zum nächsten. Bärenmakis, die in Wäldern heimisch sind, in denen umgestürzte Bäume liegen, laufen gelegentlich über den Waldboden. Loris und Pottos verlassen die Bäume nie. Sie verfügen über einen sehr festen Griff, den sie mindestens einen Tag lang beibehalten können. Möglich wird dies durch eine Anhäufung von Blutgefäßen in Handgelenken und Knöcheln, die als *Rete mirabile* oder Wundernetz bezeichnet wird. Dieses Wundernetz versorgt die beteiligten Muskeln mit Sauerstoff und Nährstoffen und entsorgt Stoffwechselabfälle (z.B. Milchsäure), die sonst Krämpfe und Schäden verursachen würden.

Bei Primaten besteht ein enger Zusammenhang zwischen der Fortbewegungsart und der relativen Länge von Armen und Beinen. Die meisten Primaten gehen auf allen vieren und haben etwa gleich lange Arme und Beine. Dies ist auch bei Loriverwandten wie dem Potto und dem Schlanklori der Fall. Galagos dagegen sind auf das Springen spezialisiert. Deshalb sind bei ihnen die Beine länger als die Arme. Aus dem gleichen Grund besitzen sie buschige Schwänze, die 1,2- bis 1,8-mal länger als ihre Körper sind. Mit seinen sehr langen Beinen schnellt sich der Senegalgalago bis zu 5 m weit, wobei er seinen bis zu 30 cm langen Schwanz als

FAKTEN

BUSCHBABYS, LORIS, POTTOS

Ordnung: Primates

Überfamilie: Loroidea

2 Familien: Galagonidae (**Buschbabys oder Galagos**) mit 17 (11) Arten in 3 (4) Gattungen und Loridae (**Loris und Pottos**) mit 7 (6) Arten in 5 (4) Gattungen).

VERBREITUNG Afrika, S-Indien, Sri Lanka und SO-Asien.

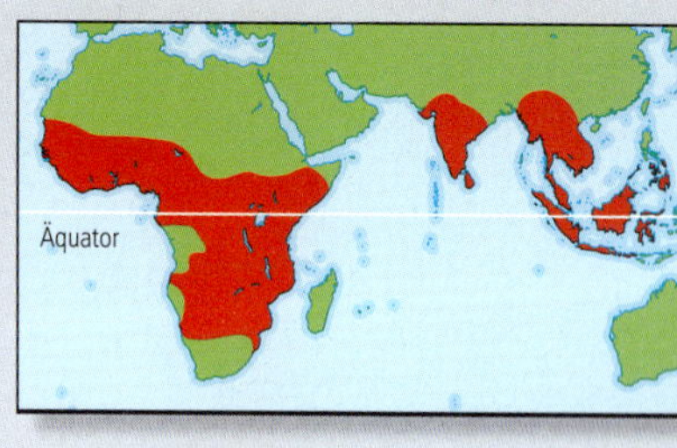

LEBENSRAUM Eine Vielzahl von Lebensräumen, von Savannenwaldland, Gebüsch, Trocken- und Küstenwäldern bis hin zu Regenwäldern und Plantagen.

GRÖSSE Körperlänge von 10,7 cm beim Rondogalago bis zu 30,7 cm beim Riesengalago; Schwanzlänge von 18,4 cm bis 42 cm; Gewicht von 60 g bis 1130 g bei denselben genannten Arten.

KÖRPER Dichtes Fell in verschiedenen Schattierungen, grau bis rötlich braun. Galagos sind schlanker als Loris und Pottos, haben längere Arme und Beine und lange, buschige Schwänze.

NAHRUNG Früchte, Baumsäfte, Nektar, Insekten, Eier und kleine Beutetiere, darunter Vögel, Fledermäuse und Nager. Manche Buschbabys leben vorwiegend von Baumsäften, während Bärenmakis meist Raupen verzehren.

FORTPFLANZUNG Die Dauer der Tragzeit variiert zwischen 111 Tagen (Zwerggalago) und 197 Tagen (Potto).

LEBENSDAUER Bis zu 26 Jahren (Potto).

Artenübersicht siehe Seite 328 f. ▷

Rechts: *Fortbewegung von Buschbabys in Bäumen. Die Tiere sind geschickte Springer und verfügen über lange Beine und buschige Schwänze, die sie im Sprung als Balancierhilfe einsetzen:* ***1*** *Riesengalago* (Otolemur crassicaudatus); ***2*** *Zwerggalago* (Galagoides demidoff). ***3*** *Kielnagelgalagos (hier* Euoticus elegantulus*) besitzen an den Krallen aller Finger und Zehen außer an Daumen und Großzehen nadelartige Spitzen, die das Klettern erleichtern.*
Loris und Pottos sind langsame Kletterer mit einem festen Griff und einer entgegenstellbaren Großzehe. Ihnen fehlt der Schwanz. ***4*** *Der Schlanklori* (Loris tardigradus) *besitzt sehr bewegliche Hüftgelenke.* ***5*** *Plumplori* (Nycticebus coucang); ***6*** *Potto* (Perodicticus potto); ***7*** *Bärenmaki* (Arctocebus calabarensis).

1
4
5
6
7
3
2

Balancierhilfe einsetzt. Die Mitglieder dieser Gruppe urinieren auf ihre Hände und Füße. Über dieses Verhalten gibt es viele Theorien, u.a. die, dass die Tiere auf diese Weise Duftmarken setzen. Am wahrscheinlichsten aber ist, dass sie dadurch die Haftung beim Klettern verbessern.

Ähnlich wie Lemuren verfügen auch die Loriverwandten über einen stark ausgeprägten Geruchssinn, der durch die Länge der Schnauzen und den feuchten Nasenspiegel unterstützt wird. Die Nasenhöhle enthält schneckenförmige, mit nasalem Epithel bedeckte Knochen, die besser entwickelt und zahlreicher als bei den Haplorhini sind. Am Gaumen liegt das über eine Rinne mit dem Nasenspiegel verbundene Jacobsonsche Organ.

Die großen, mit einem *Tapetum lucidum* ausgestatteten Augen ermöglichen eine ausgezeichnete Sicht bei Nacht. Anders als die Mehrheit der tagaktiven Primaten, die reife Früchte an ihrer Farbe erkennen, sind die nachtaktiven Arten kaum oder gar nicht in der Lage, Farben zu sehen. Während Pottos und Loris relativ kleine Ohrmuscheln besitzen, sind die der Galagos groß und können unabhängig voneinander bewegt oder flach an den Kopf angelegt werden. Der Tastsinn konzentriert sich auf die fleischigen Polster an Händen und Füßen, die Meissner-Tastkörperchen enthalten. Diese winzigen, in den Rillen der Fingerbeeren und unter den Tasthaaren an Kopf, Knöcheln und Handgelenken eingebetteten Sinneszellen kommen nur bei Primaten vor.

Insektenjagd im Dunkeln

NAHRUNG

Alle Loriverwandten nehmen tierisches Eiweiß in Form von Wirbellosen oder kleinen Wirbeltieren zu sich. Galagos spüren Insekten oft zuerst mit dem Gehör auf. Sie fangen fliegende Insekten mit der Hand aus der Luft, während sie sich gleichzeitig mit einem Fuß an einem Ast festhalten. In der Ernährung der kleinsten Galagos ist der Anteil an tierischem Eiweiß proportional größer (ungefähr 70 % beim Zwerggalago und 50 % beim Großen Galago). Der Energieanteil ist bei Wirbellosennahrung sehr hoch und die meisten Arten ziehen sie, wenn diese Wahlmöglichkeit besteht, anderen Futtertypen vor. Größeren Arten, deren erwachsene Tiere über 350 g wiegen, fällt es jedoch schwer, genügend Wirbellose zu finden. Sie ergänzen ihren Speiseplan mit Früchten. Wirbeltiere werden im Allgemeinen selten gefressen, doch weiß man von manchen Arten, dass sie auch kleine Vögel und Reptilien jagen.

Loriverwandte verzehren auch für andere Tiere ungenießbare oder giftige Wirbellose sowie Baumsäfte. Sie finden langsame oder unbewegliche Insekten dank ihres Geruchssinns und verschlingen sogar giftige Tausendfüßer oder Raupen mit Gift- und Brennhaaren. Der Bärenmaki hält den Kopf haariger Raupen im Maul fest und streift ihre Härchen mit den Händen ab. Der Grundumsatz von Loris und Pottos ist etwa um 40 % niedriger, als man bei Tieren ihrer Größe erwarten würde. Dies ermöglicht ihnen, unerwünschte oder giftige chemische Stoffe im Darm zu neutralisieren, bevor sie vom Körper absorbiert werden und wirken können. Am stärksten auf Baumharze spezialisiert ist der Südliche Kielnagelgalago, der sich annähernd zu 75 % von Baumsäften und Harzen ernährt. Die Säfte enthalten Polysaccharide, die nur durch Gärung im Darm aufgeschlossen werden können. Der vergrößerte Blinddarm Harz fressender Loriverwandter nimmt die dazu erforderlichen Bakterien auf. Beim Südlichen Kielnagelgalago ist der Blinddarm fünfmal länger, als bei seiner Körpergröße zu erwarten wäre. Moholi und Senegalgalago nehmen ebenfalls beträchtliche Mengen an Baumsäften zu sich (bis zu 50 % ihres Futters).

Oben: *Obwohl sich Plumploris in den Ästen äußerst gemächlich bewegen, können sie beim Jagen sehr schnell mit beiden Armen ausholen und die Beute mit den Händen packen.*

Links: *Die Ohren des Senegalgalagos erinnern an Fledermausohren. Mit ihrer Hilfe verfolgt das Tier die nächtlichen Bewegungen von Insekten. Es ist in der Lage, vorbeifliegende Insekten aus der Luft zu fangen.*

Verstreute Gemeinschaften

SOZIALVERHALTEN

Loriverwandte verbringen längere Phasen der Nacht allein, treffen jedoch auf der Futtersuche häufig Artgenossen, deren Reviere sich mit ihren eigenen überlappen. Bei solchen Begegnungen berühren die Tiere einander, putzen sich oder tauschen andere Signale aus. Meist kommunizieren sie über Düfte und Laute. Sowohl Galagos als auch Loris besitzen eine Vielzahl von Drüsen, die je nach Art unter dem Kinn, an der Arminnenseite in Ellenbogennähe, an der Brust oder nahe der Genitalien liegen und mit deren Sekreten sie Duftmarken platzieren – in Revieren, am eigenen Körper oder am Körper von Tieren des jeweils anderen Geschlechts. Loris und Pottos setzen Laute vor allem in der Mutter-Kind-Beziehung ein, aber auch um Gefahr oder Aggressionen anzuzeigen.

Bei Galagos, die sich in stärkerem Maß durch Laute verständigen, verfügt jede Art über ein Repertoire von zehn oder mehr Rufen. Viele sind komplex, andere einfach und reich an Wiederholungen. Diese Lautäußerungen dienen dazu, Partner anzulocken, Rivalen zu verjagen und Gefahren anzuzeigen. Sie unterscheiden sich durch Frequenz und Rhythmus. Manche Galagorufe sind artspezifisch und ihre Untersuchung erwies sich als wertvolle Hilfe bei der Erforschung arttypischer Unterschiede und der Entdeckung neuer Arten.

Während die meisten tagaktiven Primaten gesellig sind, gehen die nachtaktiven Galagos, Loris und Pottos allein auf Futtersuche, gehören jedoch trotzdem komplexen Gemeinschaften mit lockeren Bindungen an. Zahlreich Loriverwandte, darunter der Potto, schlafen tagsüber allein. Bei anderen Arten, wie z.B. vielen Galagos, schlafen die Männchen allein, während Weibchen und Junge in Gruppen von bis zu zehn Tieren ruhen. Einige Arten (z.B. der Sansibargalago) bilden gemischte Schlafgruppen. Im Revier eines einzelnen Tieres kann es mehrere Schlafplätze geben: zwischen dichtem Laub versteckte Äste oder Blätternester, die flach oder kugelig sein können.

Die Mehrheit der Galagoarten lebt in polygynen Gruppen mit Revieren, die sich mitunter überlappen. Männchen verteidigen größere Reviere. Dominante Männchen und erwachsene Weibchen schließen gleichgeschlechtliche Artgenossen aus. Das Revier eines dominanten Männchens überlappt sich mit den Revieren mehrerer erwachsener Weibchen und deren halbwüchsiger Töchter. Nicht geschlechtsreife junge Männchen werden im Revier dominanter Männchen toleriert. In der Paarungszeit kann dieses Revierverhalten zusammenbrechen. Paarungen und Geburten finden bei einigen Arten das ganze Jahr über statt, während bei anderen Arten ein saisonal gebundenes Muster von ein bis zwei Fortpflanzungsperioden im Jahr auftritt; Schlankloris z.B. paaren sich im April und Mai sowie von Oktober bis November.

Für ihre Größe sind Loriverwandte langlebig. Buschwaldgalagos werden bis zu zwölf, Pottos bis zu 26 Jahre alt. Auch die Tragzeiten sind lang und dauern zwischen 111 (Zwerggalago) und 191 Tagen (Potto). Die Weibchen bringen meist einzelne Junge, mitunter auch Zwillinge zur Welt. Beim Riesengalago kommt es sogar zu Drillingsgeburten. Die Weibchen einiger weniger Arten gebären zweimal im Jahr. Um den Nachwuchs von einem Nest zum anderen zu befördern, tragen die Mütter ihn am Flankenfell im Maul. Bisweilen klammern sich die Jungen auch an ihren Müttern fest. Die Säugeperioden schwanken bei Galago-Arten zwischen 53 und 140 Tagen. Bei Loris sind sie länger: zwischen 115 Tagen (Bärenmaki) und sechs Monaten (Plumplori und Potto). Weibliche Nachkommen bleiben im Gebiet der Mutter, bis sie fortpflanzungsfähig sind und sich ein eigenes Revier suchen. Die Männchen verlassen mit dem Erreichen der Geschlechtsreife das mütterliche Revier.

Schicksalsgefährten der Wälder

ARTEN- UND UMWELTSCHUTZ

Galago-Arten wie Moholi, Senegalgalago und Riesengalago sind sehr verbreitet und laufen nicht Gefahr, lokal oder sogar generell auszusterben. Andere Galagoarten sowie Loris und Pottos besitzen kleinere Verbreitungsgebiete. Am stärksten sind unter ihnen jene Arten bedroht, die nur in tropischen Wäldern auftreten, die ihrerseits in ihrem Fortbestand gefährdet sind. Zu Letzteren zählen neu entdeckte, in den meisten Listen noch nicht aufgeführte Arten wie *Galagoides orinus, G. rondoensis* und *M. udzungwensis,* die nur in einigen wenigen Wäldern der Küsten, Gebirge oder Tiefländer Ostafrikas heimisch, sowie die beiden Bärenmaki-Arten, deren Lebensräume im westafrikanischen Äquatorialwald bedroht sind.

Die Zukunft der Loris Süd- und Ostasiens sieht ebenfalls nicht gerade rosig aus, denn die Wälder, die ihre Lebensräume bilden, fallen Rodungen zum Opfer. Wie alle anderen Primaten werden auch Loriverwandte im Washingtoner Artenschutzabkommen, Anhang II, geführt. Von den afrikanischen Arten gelten Buschwald-, Somalia-, Sansibargalagos sowie Kielnagelgalagos neben der neu entdeckten Art Grantgalago als am stärksten bedroht. Ihr Schutz wird dadurch erschwert, dass das Ausmaß der Artenvielfalt der Galagos und Loris noch nicht vollständig geklärt ist. Um wirksame Schutzmaßnahmen durchführen zu können, ist eine genaue Auflistung der Arten unerlässlich. PH

Oben: *Im Allgemeinen bleiben nachtaktive Pottos – wie dieses Jungtier aus dem Regenwaldnaturschutzgebiet am Ituri (Demokratische Republik Kongo) – im Obergeschoss des Walds und steigen nur selten tiefer als auf 10 m über dem Boden herab. Sie ernähren sich überwiegend von Früchten, fressen aber auch Insekten und kleinere Wirbeltiere wie z.B. Vögel. Junge Pottomännchen verlassen im Alter von etwa sechs Monaten das mütterliche Revier. Knöcherne Auswüchse an den Wirbeln zwischen den Schulterblättern schützen den Nacken wie ein Schild.*

Artenübersicht Buschbabys, Loris und Pottos

In den letzten Jahren des 20. Jahrhunderts wurde die Taxonomie der Buschbabys revidiert. Noch in den 1980er Jahren unterschied man nur sechs Galagoarten; inzwischen sind elf Arten anerkannt (17, wenn „beförderte" Unterarten – hier mit † markiert – und neu entdeckte Arten – hier mit †† markiert – anerkannt werden). Unterschiede innerhalb der Gruppe der Pottos und der Loris (Familie Loridae) könnten in ähnlicher Weise unterschätzt worden sein. Möglicherweise gibt es sechs Potto- und zwölf Lori-Arten.
Die Neueinteilung beruht auf genetischen Untersuchungen und Computeranalysen der von Galagos erzeugten Laute. Gerade bei der Erforschung kleiner, in Wäldern lebender, nachtaktiver Arten, die viel durch Laute kommunizieren, zeigt sich die Nützlichkeit dieser Methode. Lautstudien bestätigten, dass sich bestimmte Ruftypen bei verschiedenen Arten sehr unterschiedlich anhören. Durch diese Vergleiche konnte man mindestens eine neue Art identifizieren: den Rondogalago. Inzwischen setzt man die Methode ein, um die genaue Beziehung zwischen Matundu- und Sansibargalagos herauszufinden und die Anzahl eigenständiger Arten zu ermitteln, die bisher noch dem Buschwaldgalago zugerechnet werden.

Buschbabys oder Galagos

Familie Galagonidae

17 Arten, alle in Afrika. Bei allen sehr große Augen für gute Nachtsicht; langer Schwanz mit Quaste; große häutige, faltbare Ohren; lange, zum Springen geeignete Beine. Die meisten Arten bauen Nester.

Westlicher Kielnagelgalago LR
Euoticus elegantulus

W- und Zentral-Afrika. Schläft im Schutz dichten Laubs auf Ästen. Zusammen mit *Euoticus pallidus* einziger Galago, der weder Nester baut noch in Baumhöhlen schläft.
KL 30 cm; SL 29 cm; GT 300 g.
KÖRPER: Fell rötlich mit dunklerer Linie entlang des Rückens, aschgraue Unterseite und Flanken; Schwanz grau, mit weißer Spitze; Äste usw. können mithilfe des Polsters an letztem Zehenglied wie bei anderen Galagos oder durch Eingraben der Nägel gehalten werden; größere Schnauze als bei anderen Galagos.
NAHRUNG: 75 % Baumsäfte und Harze mit entsprechenden Anpassungen: zweiter Prämolar in Form eines Eckzahns, verlängerter Zahnkamm, längerer Darm.
LEBENSERWARTUNG: Bis zu 15 Jahre.
IUCN-STATUS: Vorwarnliste.

Nördlicher Kielnagelgalago LR
Euoticus pallidus

W- und Zentral-Afrika. Beschreibung wie bei *Eoticus elegantulus*, Verbreitung jedoch weiter nördlich.
IUCN-STATUS: Vorwarnliste.

Buschwaldgalago LR
Galago alleni

W- und Zentral-Afrika. Bewohnt die unteren Schichten des Regenwalds und bewegt sich springend im Knüppelholz und zwischen Lianen hin und her; schläft in Höhlungen.
KL 20 cm; SL 25 cm; GT 260 g.
FELL: Dick und rauchgrau mit rötlichen Flanken, Oberschenkeln und Armen; Unterseite hellgrau.
NAHRUNG: Früchte, kleine Tiere.
FORTPFLANZUNG: Paarungen und Geburten nicht an Jahreszeit gebunden. Meist ein Junges im Jahr; Tragzeit 133 Tage.
LEBENSERWARTUNG: In Gefangenschaft bis zu 12 Jahre.
IUCN-STATUS: Vorwarnliste.

Gabungalago †
Galago gabonensis

W- und Zentral-Afrika. Galt früher als Unterart von *G. alleni*, von dem er sich durch Färbung des Fells unterscheidet, die von Dunkel- bis Silbergrau variiert; mit 1–6 cm langer weißer Schwanzspitze.

Somaliagalago
Galago gallarum

Wälder NO-Afrikas. Galt früher als Unterart von *G. senegalensis*.

Östlicher Kielnagelgalago
Galago matschiei

Wälder O-Afrikas, im Rift Valley in Ruanda, Burundi, O-Uganda.
KL 16 cm; SL 23 cm; WT 250 g.
FELL: Sehr dunkel.

Moholi
Galago moholi

Trockenes Waldland von Angola bis Tansania. Schläft in Baumhöhlen. Galt früher als Unterart von *Galago senegalensis*.

Senegalgalago
Galago senegalensis

Trockenes Waldland von Senegal bis Kenia; schläft in Baumhöhlen.
KL 16 cm; SL 23 cm; GT 250 g.
KÖRPER: Fell deutlich heller als beim Buschwaldgalago; Ohren ebenfalls länger als bei diesem; mit den langen Beinen bewerkstelligt das Tier Sprünge bis zu 5 m.
NAHRUNG: Sehr abwechslungsreich; u.a. kleine Tiere, Akazienharz, Früchte, Nektar; in Trockenzeiten bilden Harze die Hauptnahrung.
FORTPFLANZUNG: Weibchen gebären zweimal im Jahr, häufig Zwillinge, in Ausnahmefällen Drillinge; Tragzeit 123 Tage; Geburtsgewicht 12 g.
LEBENSERWARTUNG: In Gefangenschaft bis zu 14 Jahre.

Zwerggalago
Galagoides demidoff

W- und Zentral-Afrika: Gabun, Zentralafrikanische Republik, Uganda, W-Tansania, Burundi, Demokratische Republik Kongo, Kongo, Senegal, S-Mali, Burkina Faso, SW-Nigeria, Benin bis Senegal; sehr kleines Gebiet an der Küste Kenias. In Regenwäldern, dickem Laub, Überständern, Lianen und Kletterpflanzen sowie nahe bei Pfaden und auf früheren Plantagen; baut komplexe kugelige Schlafnester.
KL 12 cm; SL 17 cm; GT 60 g; neben *Galagoides rondoensis* kleinster der Loridae und neben *Microcebus murinus* kleinster aller Primaten.
FELL: Individuell unterschiedlich grauschwarz bis rötlich, bei jüngeren Tieren dunkler.
NAHRUNG: Kleine Insekten, Früchte und Baumsäfte.
FORTPFLANZUNG: In Gabun meist ein einzelnes Junges im Jahr (bei 1 von 5 Geburten Zwillinge); mit 111 Tagen kürzeste Tragzeit aller Galagos; Geburtsgewicht 7–12 g. Die Jungen werden mit 53 Tagen entwöhnt, erreichen mit 2–3 Monaten Erwachsenengröße und mit 8–9 Monaten die Geschlechtsreife.
LEBENSERWARTUNG: Frei lebend unbekannt; in Gefangenschaft über 12 Jahre.

Grantgalago †
Galagoides granti

SO-Afrika. Schläft in Baumhöhlen. Galt früher als Unterart von *Galago senegalensis*.

Rechts: *Die lauten, krächzenden Rufe des Riesengalagos sollen so ähnlich klingen wie das Weinen von Kindern.*

Thomasgalago †
Galagoides thomasi

W- und Zentral-Afrika. Galt früher als Unterart von *Galagoides demidoff*. Unterscheidet sich von diesem durch den langen buschigen Schwanz, der knapp doppelt so lang wie der Körper ist.

Berggalago †
Galagoides orinus

Wälder O-Afrikas. Galt früher als Unterart von *Galagoides demidoff*.

Rondogalago ††
Galagoides rondoensis

Wälder O-Afrikas. Entdeckt durch Computeranalyse von Lautäußerungen.
KL 10,7 cm; SL 18,4 cm; GT 60 g; neben Zwerggalago die kleinste Galagoart.

Matundugalago ††
Galagoides udzungwensis

Wälder O-Afrikas.

Sansibargalago
Galagoides zanzibaricus

Wälder O-Afrikas. Schläft in Baumhöhlen. Galt früher als Unterart von *G. senegalensis*.
FORTPFLANZUNG: Geburten Februar bis März und August bis Oktober.

Riesengalago
Otolemur crassicaudatus

Südliches Afrika von Angola bis Tansania. Dichte Trocken- und Galeriewälder; schläft in flachen Blattnestern.
KL 30,7 cm; SL 42 cm; GT 1130 g; der größte Galago; springt am schlechtesten.
FELL: Grau.
NAHRUNG: Ähnlich wie *G. senegalensis*, doch ist seine Beute meist größer (Vögel, Eier, kleine Säuger und Reptilien).

Großer Galago
Otolemur garnettii

SO-Afrika. Galt früher als Unterart von *Otolemur crassicaudatus*.
FORTPFLANZUNG: Junge werden mit 140 Tagen entwöhnt.

Abkürzungen			
KL = Körperlänge SL = Schwanzlänge GT = Gewicht	Ex ausgestorben	En stark gefährdet
† = „neue" Art (siehe Seite 291)	EW in freier Natur ausgestorben	Vu gefährdet
	Cr vom Aussterben bedroht	LR geringes Risiko

LORIS UND POTTOS

Familie Loridae

Sehr kurzer Schwanz; Beine und Arme annähernd gleich lang und somit hervorragend an das Klettern angepasst. Hände und Füße zangenartig entwickelt mit entgegenstellbarem Daumen und deutlich verkürztem Zeigefinger. Die Arten bauen keine Nester.

Goldener Bärenmaki LR
Arctocebus aureus

Beschränkt auf Äquatorialwälder Kameruns, Nigerias, Gabuns und Kongos. Galt früher als Unterart von *Arctocebus calabarensis*, ist aber kleiner und schlanker.
GT 210 g.
IUCN-STATUS: Vorwarnliste.

Bärenmaki LR
Arctocebus calabarensis

Beschränkt auf Äquatorialwälder Kameruns, Nigerias, Gabuns und Kongos; lebt in Waldgebieten mit umgestürzten Bäumen; in Gabun in feuchten, an Lianen reichen Wäldern und früheren Strauchplantagen; einzige Art der Familie, die nicht nur in Baumkronen lebt.
KL 24 cm; SL 1 cm; GT 200–500 g.
KÖRPER: Verglichen mit dem Potto schlank und leicht. Helles rötliches Fell.
NAHRUNG: Überwiegend Raupen.
FORTPFLANZUNG: Paarungen und Geburten nicht saisonal gebunden; Tragzeit 135 Tage; ein einzelnes Junges mit weiß getupftem Fell und 24 g Geburtsgewicht. Die Mutter paart sich wenige Tage nach der Geburt wieder und die Entwöhnung findet kurz vor der nächsten Geburt, also nach 115 Tagen, statt.
IUCN-STATUS: Vorwarnliste.

Schlanklori Vu
Loris tardigradus

Beschränkt auf Wälder S-Indiens und Sri Lankas.
KL 24 cm; kein Schwanz; WT 300 g.
KÖRPER: Fell grau oder rötlich; ähnlich dem Bärenmaki, aber größer: Die Augen sind von zwei schwarzen Flecken umrahmt, die durch einen schmalen weißen längs der Nase verlaufenden Streifen getrennt sind.
FORTPFLANZUNG: Paarungen April bis Mai und Oktober bis November.

Plumplori
Nycticebus coucang

Weiter verbreitet als Schlanklori und Kleiner Plumplori in Wäldern O-Indiens bis Vietnam, der malaiischen Halbinsel, W-Indonesiens und der Philippinen.
KL 30 cm; SL 5 cm; GT 1,2 kg.
KÖRPER: In Anatomie und Lebensweise dem Potto ähnlich, doch größere Variationsbreite der Fellfarben; aschgrauer, dunklerer Streifen verläuft über dem Rücken und teilt sich auf dem Kopf in zwei Linien, die die Augen umgeben.
FORTPFLANZUNG: Ein einzelnes Junges von 45 g; Entwöhnung mit 6 Monaten.

Kleiner Plumplori Vu
Nycticebus pygmaeus

Beschränkt auf Wälder in Laos, Kambodscha, Vietnam und S-China.

Potto
Perodicticus potto

In tropischen Wäldern an der Küste W-Afrikas von Guinea bis Kongo und von Gabun bis W-Kenia.
KL 32 cm; SL 5 cm; GT 1,1 kg.
KÖRPER: Groß, muskulös und kompakt; Fell rötlich braun bis schwärzlich; Ohren innen oft gelblich.
NAHRUNG: Überwiegend Früchte, Baumsäfte; kleine Beutetiere.
FORTPFLANZUNG: Tragzeit mit 197 Tagen ist die längste beider Familien; ein einzelnes Junges, das in Gabun dunkel und in Côte d'Ivoire gesprenkelt zur Welt kommt; Geburtsgewicht 50 g; Entwöhnung mit 6 Monaten, Erreichen der Geschlechtsreife mit 1 Jahr.
LEBENSERWARTUNG: In Gefangenschaft bis zu 26 Jahre.

Martins Potto ††
Pseudopotto martini

Beschränkt auf Äquatorialwälder Nigerias, Gabuns und Kongos.

VERBREITUNG Vorwiegend in den Tropen, Süd- und Mittelamerika, Afrika, Asien. Meist in Wäldern; manche Arten auch im Grasland.

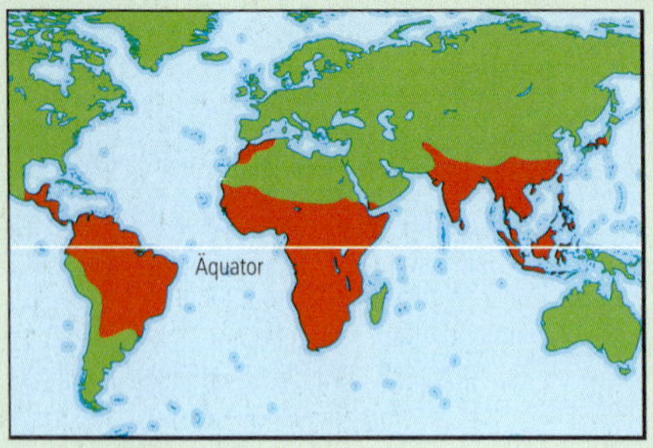

4 Familien: Tarsiidae, Callitrichidae, Cebidae, Cercopithecidae
178 Arten in 36 Gattungen

Anmerkung Gemäß der 1993 eingeführten Klassifizierung sind es 170 Arten und 34 Gattungen (in Klammern).

Koboldmakis und Tieraffen

TIERAFFEN – IN ABGRENZUNG ZU HALB- UND Menschenaffen – sind mittelgroße Säuger, deren Gewichtsspektrum von 120 g (Zwergseidenaffe) bis 32 kg (Mandrill) reicht. Sie ernähren sich vorwiegend von Früchten und Blättern. Die meisten Arten sind tagaktiv und leben in sozialen Gruppen. Von den Strepsirhini unterscheiden sie sich u.a. durch die andersartige Struktur von Schädel und Plazenta sowie durch das größere Gehirn. Die Tiere verlassen sich mehr auf ihren ausgeprägten Gesichtssinn als auf Gehör oder Geschmackssinn. Zudem verfügen sie über wesentlich vielfältigere Fortbewegungsweisen. Gemäß ihrer geografischen Abstammung teilt man sie in Neuweltaffen (Platyrhina) und Altweltaffen (Catarhina) ein.

Die Neuweltaffen umfassen insgesamt 38 Arten – allesamt tagaktiv und Baumbewohner –, die sich in zwei Familien aufspalten: Krallenaffen (Callitrichidae) und Kapuzinerartige (Cebidae). Krallenaffen sind zierliche, durchschnittlich 350 g wiegende Tiere, die in kleinen Gruppen leben. Die Kapuzinerartigen zeigen sich dagegen als recht heterogene Familie, die man in sechs Gruppen teilt: Die erste Gruppe umfasst die großen Brüllaffen mit einem Gewicht von 5 bis 7 kg. Die zweite bilden die Nachtaffen, die ihren Namen ihrer Nachtaktiviät verdanken. In der dritten Gruppe sind Arten wie Sakis, Springaffen und Uakaris zusammengefasst, die 1 bis 3 kg wiegen und sich in Sozialverhalten, Nahrung und Körpergröße sehr ähneln. Die anderen drei Gruppen sind die Kapuziner-, Totenkopf- und Wollaffen. Sie leben jeweils in gemischtgeschlechtlichen Trupps, die bis zu 50 Tiere umfassen können.

Zu den Altweltaffen zählt nur die Familie der Meerkatzenverwandten (Cercopithecidae), die in zwei Unterfamilien gegliedert ist: zum einen in die Schlank- und Stummelaffen (Colobinae) mit 42 Arten, die fast alle in kleinen Gruppen auf Bäumen leben, und zum anderen in die Meerkatzenartigen (Cercopithecinae), die größere Verbände bilden.

Bis auf die asiatischen Makaken bewohnen die Meerkatzenverwandten (mit einer Ausnahme) die Regionen südlich der Sahara. Dagegen sind die Schlank- und Stummelaffen mit nur neun in Afrika vorkommenden Arten überwiegend in Asien verbreitet.

Die Koboldmakis oder Tarsier zählte man früher zur Unterordnung der Halbaffen (Prosimii), zu der u.a. Lemuren, Loris, Buschbabys und Pottos gehören. Gemäß der modernen Systematik ordnet man sie mittlerweile jedoch der Unterordnung der Haplorhini zu. GC/TC-B

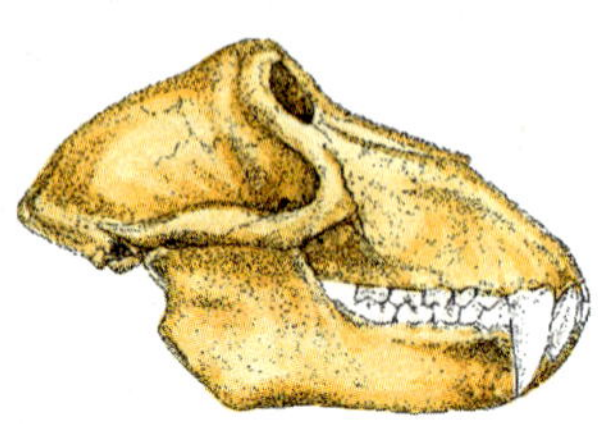

Steppenpavian
19,6 cm

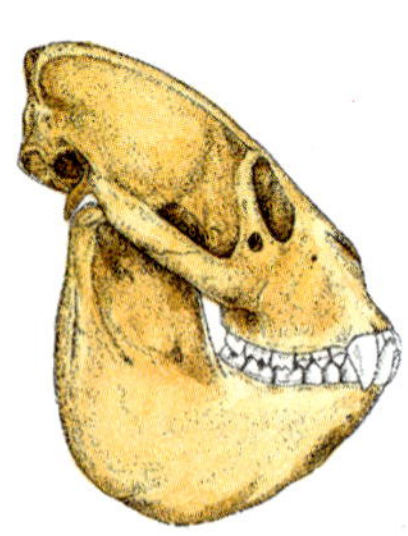

Rothandbrüllaffe
12,8 cm

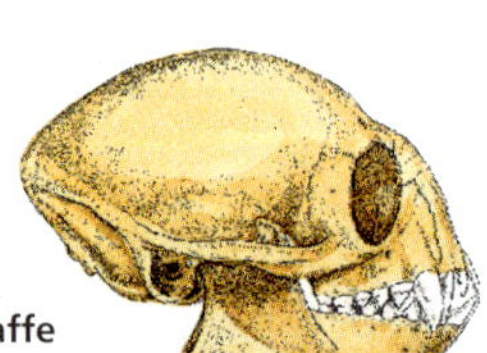

Weißfußaffe
4,5 cm

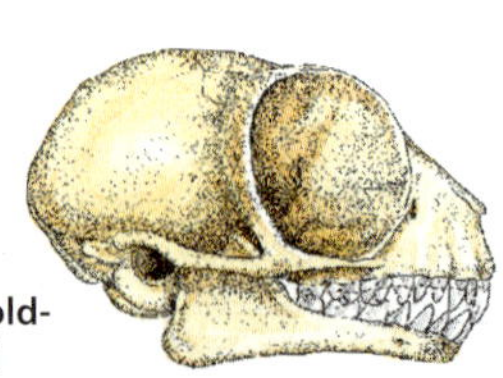

Koboldmaki
4,7 cm

SCHÄDEL UND GEBISS

Die meisten Tieraffen besitzen ein großes Gehirn und daher einen geräumigen, kugeligen Hirnschädel. Alle Haplorhinen sehen räumlich (binokular), daher sind ihre in knöcherne Augenhöhlen eingebetteten Augen nach vorn gerichtet. Die bei der Geburt noch nicht verbundenen Knochenplatten des Schädeldachs wachsen im Lauf der ersten Lebensmonate zusammen. Der bewegliche lange Unterkiefer ist beidseitig im Bereich der Mittellinie des Schädels befestigt. Die spezielle Vorliebe für Blattnahrung spiegelt sich beim Brüllaffen in seinem auffällig tief ansetzenden Unterkiefer wider.

Tieraffen haben spatelförmige Schneidezähne und mehr oder weniger ausgeprägte Eckzähne sowie eckige, vierhöckrige Backenzähne. Die Schneidezähne der Marmosetten sind so lang wie ihre Eckzähne. Bei den Neuweltaffen weisen alle Kapuzinerartigen die Zahnformel I2/2, C1/1, P3/3, M3/3 = 36 auf. Als einzige Primaten verfügen die Krallenaffen über weniger Backenzähne – ihre Zahnformel lautet: I2/2, C1/1, P3/3, M2/2 = 32. Der Springtamarin besitzt die gleiche Bezahnung wie die Kapuzinerartigen, allerdings ist der dritte Molar im Unter- und Oberkiefer recht klein.

Altweltaffen haben weniger Prämolaren als Neuweltaffen, wie ihre Zahnformel zeigt: I2/2, C1/1, P2/2, M3/3 = 32. Ihre Backenzähne sind bilophodont, d.h., sie weisen ein Zahnreihenschlussmuster mit paarigen Querjochen auf.

Die Zahnformel der Koboldmakis lautet: I2/1, C1/1, P3/3, M3/3 = 34. Ihre oberen Schneidezähne sind spitz und die unteren Eckzähne relativ klein. Diese Bezahnung bekräftigt die Zuordnung der Koboldmakis zur Unterordnung Haplorhini, denn sie weicht vom Zahnmuster der Strepsirhini deutlich ab.

Der Geschlechtsdimorphismus – insbesondere in Bezug auf den Schädel –, der bei Menschenaffen deutlich zu Tage tritt, ist bei Neuweltaffen nicht so stark ausgeprägt. Die Männchen der Paviane (die zu den Altweltaffen zählen) können z.B. fast doppelt so schwer sein wie die Weibchen und ihr Schädel ist wesentlich größer.

➲ ***Rechts:*** *Vertreter von drei Affenfamilien:* ***1*** *Geoffroy-Perückenaffe* (Saguinus geoffroyi); ***2*** *Wollaffe* (Lagothrix lagotricha); ***3*** *Mandrill* (Mandrillus sphinx); ***4*** *Husarenaffe* (Erythrocebus patas) – *er ist der schnellste Affe und erreicht eine Geschwindigkeit von etwa 55 km/h; seine langen Beine und kurzen Zehen ermöglichen diese rasante Fortbewegung.*

1

2

Alt- und Neuweltaffen

a

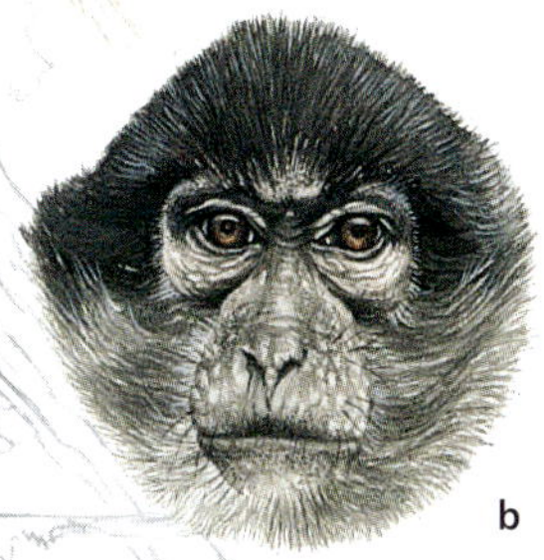

b

Alt- und Neuweltaffen unterscheiden sich deutlich in ihrem Aussehen, was sich in den wissenschaftlichen Namen Schmalnasenaffen (Catarhina) und Breitnasenaffen (Platyrhina) widerspiegelt. Während bei den Neuweltaffen die Nasenlöcher weit geöffnet und seitwärts gerichtet sind **a,** liegen sie bei den Altweltaffen eng beieinander und sind wesentlich schmaler **b.**
Im Gegensatz zu den Altweltaffen verfügen die größeren Neuweltaffen über einen Greifschwanz. Ein weiteres Unterscheidungsmerkmal sind die mehr oder weniger stark ausgeprägten Gesäßschwielen, die sich bei den Altweltaffen im Bereich des Sitzbeins entwickelt haben, während sie bei den Neuweltaffen nicht vorhanden sind.

Nahrung

Unter den Neuweltweltaffen bevorzugen die Krallenaffen Früchte, Insekten und Milchsäfte wie Kautschuk. Die Nahrung der Kapuzineraffen ist relativ breit gefächert; die Brüllaffen sind auf Blätter spezialisiert. Die restlichen Arten der Neuweltaffen ernähren sich vor allem von Früchten, ergänzt durch Blätter und Insekten. Einige verschmähen auch Schnecken, Frösche, Echsen und Eier nicht. Sakis und Uakaris können mit ihren speziell geformten Zähnen hartschalige Samen und Früchte öffnen.

Unter den Altweltaffen gelten die Meerkatzenartigen als Allesfresser, obwohl sie hauptsächlich Früchte verspeisen. Schlank- und Stummelaffen verzehren überwiegend Blätter, aber auch Früchte und Blüten. Ähnlich wie Wiederkäuer verfügen sie über einen großen Vormagen, in dem Bakterien die Blattzellulose vorverdauen.

Einzigartig für Primaten ist die ausschließlich animalische Kost der Koboldmakis (LINKS), die Insekten und Wirbellose umfasst. Wie viele Lemuren orten auch sie die Beute mit dem Gehör, wobei sich ihre Ohren unablässig bewegen. Schlagartig greifen sie dann zu, was eine feine Koordination von Hand und Augen erfordert.

3

4

Koboldmakis

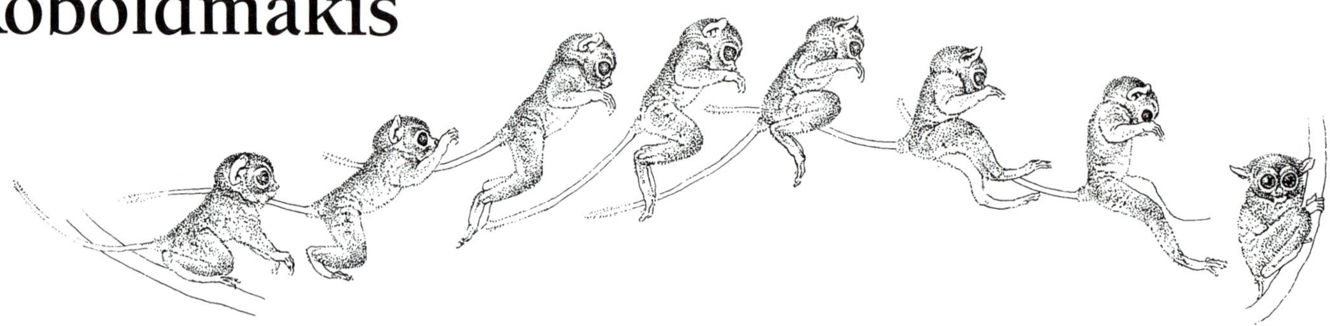

Koboldmakis oder Tarsier sind recht ungewöhnliche Tiere. Kein anderes Säugetier besitzt im Verhältnis zur Körpergröße so große Augen. Beim Sundakoboldmaki weist ein Auge einen Durchmesser von 16 mm auf, und mit einem Gewicht von 3 g wiegt es mehr als das Gehirn des Tieres. Koboldmakis bringen zudem im Verhältnis zum Körpergewicht der Eltern die größten Jungen auf die Welt.

Auf Sulawesi findet man in einigen Gebieten noch zahlreiche Koboldmakis, aber der Bestand ist dennoch gefährdet. Auf Malaysia und in Indonesien sind diese Tiere gesetzlich geschützt. Immer wieder werden Koboldmakis als Haustiere gehalten, doch wenn ihnen die gewohnte lebende Nahrung fehlt, sterben sie innerhalb weniger Tagen. Die größte Bedrohung ist für sie jedoch die unaufhaltsam fortschreitende Zerstörung ihres Lebensraums.

Weltmeister im Springen

KÖRPERBAU UND FUNKTION

In der Größe gleichen sich die Koboldmakis, bis auf eine Ausnahme: Der Zwergkoboldmaki wiegt weniger als 100 g. Das Fell der Koboldmakis ist rostgelb, mit Tendenz zu Grau oder Ocker, bei manchen ist es beige oder sandfarben – und bei allen fühlt es sich weicher als Samt an.

Die Tiere machen Sprünge, die 40-mal höher sind als ihre Körpergröße. Ihre hinteren Gliedmaßen sind zweimal so lang wie ihr Körper samt Kopf. Ober- und Unterschenkel sowie die Füße haben ungefähr die gleiche Länge. Bereits im Alter von vier Monaten (sechs Wochen nach der Entwöhnung) sind die Füße ausgewachsen.

Die drei auf Sulawesi (Celebes) verbreiteten Arten tragen einen langen, dünnen, geschuppten Schwanz. Die behaarte Schwanzquaste ist bei diesen Arten 13 bis 15 cm lang und buschig, nur die Koboldmakis auf Selayar bilden mit ihrer spärlichen Schwanzbehaarung eine Ausnahme. Beim Philippinen- und Sundakoboldmaki ist die Quaste kürzer als 10 cm.

Die zweite und dritte Zehe der Koboldmakis verfügt über je eine Kralle. Diese beiden Krallen dienen den Tieren als „Pflegekralle". Die Finger sind lang und schlank. Beim Celebeskoboldmaki und bei *Tarsius dianae* ist der dritte Finger nur 15 % kürzer als der Oberarmknochen, beim Sundakoboldmaki ist er sogar 10 % länger. Die Koboldmakis formen ihre Finger zu einem Käfig, um nachts mittels dieser „Falle" ihre flinke Beute, z.B. Insekten, zu fangen.

Die nahe liegende Erklärung für die riesigen Augen der Koboldmakis ist ihre Nachtaktivität. Ihre Vorfahren waren vermutlich tagaktiv und hatten das *Tapetum lucidum*, das bei vielen Säugern vorhanden ist, verloren. (Diese reflektierende Schicht hinter der Netzhaut verstärkt das Sehvermögen im Dunkeln.) Als sich die Koboldmakis später an das nachtaktive Leben anpassten, entwickelten sich ihre großen Augen, um diesen Mangel in der Lichtaufnahmefähigkeit auszugleichen. Außerdem befindet sich in der Netzhaut der Koboldmakis eine kleine Vertiefung, die *Fovea centralis*, die für die Optimierung der Sehschärfe verantwortlich ist und die man nur bei höheren Primaten findet. Diese und andere Merkmale, z.B. die Haplorhini-Nase, lassen darauf schließen, dass die Koboldmakis mit den südamerikanischen Affen, wie z.B. dem Nachtaffen, eng verwandt sind.

Überquerung der Wallace-Linie

VERBREITUNG

Fossilien von Verwandten der Koboldmakis fand man in Asien, Europa, Nordamerika und Afrika. Die modernen Vertreter der Gattung *Tarsius* kommen jedoch nur auf einigen südostasiatischen Inseln vor. Die meisten Tiere dieser Region sind entweder dies- oder jenseits der Wallace-Linie verbreitet. Ungewöhnlich ist, dass die Koboldmakis diese gedachte Linie, die zoogeografisch die orientalische und australische Region voneinander trennt, überschreiten. Vergleiche mit anderen Mitgliedern der Fauna der Wallacea deuten darauf hin, dass schon vor mehr als 40 Millionen Jahren Koboldmakis in dieser Region gelebt haben.

Der Sunda- und der Philippinenkoboldmaki sind in ihrem jeweiligen Verbreitungsgebiet die einzigen Vertreter ihrer Gattung, während die drei anderen Arten alle auf Sulawesi leben.

FAKTEN

KOBOLDMAKIS/TARSIER

Ordnung: Primates

Familie: Tarsiidae

5 Arten in der Gattung *Tarsius*. Bei den Koboldmakis, die auf den Inseln Sangihe, Selayar und Togian leben, handelt es sich evtl. um eigene Arten.

VERBREITUNG Inseln in SO-Asien.

Nahrung Überwiegend Insekten, auch Wirbellose, Schnecken und Vögel.

PHILIPPINENKOBOLDMAKI *Tarsius syrichta*
Inseln der SO-Philippinen (Mindanao, Bohol, Samar etc.). Regenwald und Busch. Dämmerungs- und nachtaktiv. KL 11–13 cm; SL 21–25 cm; GT Weibchen 110–120 g, Männchen 130–140 g. Fell: Grau bis grau-rostgelb; Gesicht eher ocker; Schwanzquaste kurz, spärlich behaart. Lebenserwartung: In Gefangenschaft 8–12 Jahre.

SUNDAKOBOLDMAKI *Tarsius bancanus*
Borneo, Bangka, S-Sumatra. Primär- und Sekundärregenwald, Busch und Plantagen. Lebt paarweise in Revieren; dämmerungs- und nachtaktiv. KL 11,5–14,5 cm; SL 20–24 cm; GT Weibchen 107–127 g, Männchen 122–134 g. Fell: Rostgelb mit braunen Spitzen; Schwanzquaste ausgeprägt, aber nicht buschig. Lebenserwartung: In freier Natur 8 Jahre.

CELEBESKOBOLDMAKI *Tarsius spectrum*
N-Sulawesi/Celebes (Minahassa). Primär- und Sekundärregenwald, Mangrovenwald, Busch, Plantagen. Lebt paarweise oder in polygynen Gruppen mit dem Nachwuchs; dämmerungs- und nachtaktiv. KL 9,5–14 cm; SL 20–26 cm; GT Weibchen 102–114 g, Männchen 118–130 g. Fell: Grau bis grau-rostgelb, etwas dunkler als Arten von anderen Inseln; Schwanzquaste lang und buschig, schuppige Schwanzhaut. IUCN-Status: Vorwarnliste.

TARSIUS DIANAE
Zentral-Sulawesi. Primär- und Sekundärregenwald (700 m über dem Meeresspiegel), Plantagen. Lebt in Familienverbänden mit einem adulten Paar. Dämmerungs- und nachtaktiv. KL 11,5–12 cm; SL 21,5–23 cm; GT Weibchen 110 g. Fell: Wollig, grau-rostgelb, oberhalb der Oberlippe weißlich; kein Braun an den Schenkelseiten; Finger- und Fußnägel dunkel und gekielt; Schwanzquaste lang und buschig. IUCN-Status: Von Schutzmaßnahmen abhängig.

ZWERGKOBOLDMAKI *Tarsius pumilus*
Zentral-Sulawesi. Bergwald. Dämmerungs- und nachaktiv. KL 9,5–10,5 cm. Fell: Farbe wie andere Arten, aber kraus.

Abkürzungen: KL = Körperlänge; SL = Schwanzlänge; GT = Gewicht

Links: *Koboldmakis springen ausgezeichnet. Aufgrund ihrer nach vorn gerichteten Augen schätzen sie Distanzen gut ab. Beute am Boden fängt der Sundakoboldmaki, indem er sie anspringt.*

Rechts: *Diese Tarsius-Arten veranschaulichen das ungewöhnliche Größenverhältnis zwischen Körperlänge und hinteren Gliedmaßen sowie die unterschiedlichen Schwanzbüschel.* ***1*** *Celebeskoboldmaki,* ***2*** *Philippinenkoboldmaki (Detail mit „Pflegekralle"),* ***3*** *Sundakoboldmaki.*

Singende Insektenfresser

SOZIALVERHALTEN

Koboldmakis sind Insekten- bzw. Fleischfresser. Beim Sunda- und Celebeskoboldmaki machen Motten, Heuschrecken, Zikaden und Käfer mehr als die Hälfte der Beute aus. Der Anteil an Wirbeltieren beträgt beim Sundakoboldmaki nur etwa 1 %. Er kann Vögel töten, die größer sind als er selbst. Der Celebesmaki sammelt häufig die Insekten von Blättern ab. Koboldmakis verzehren innerhalb von 24 Stunden eine Nahrungsmenge, die 10 % ihres Körpergewichts entspricht. Nachts trinken die Tiere mehrmals.

Sunda- und Celebeskoboldmaki werden mit einem Jahr geschlechtsreif. Bei den jungen Männchen des Sundakoboldmakis kann sich die Reife verzögern, bis sie ein eigenes Revier besitzen.

Zum Werbeverhalten des Sundakoboldmakis gehört die gegenseitige Jagd der Partner, die bisweilen von sanften Lauten begleitet wird. Die Paarung, die auf einem Baum stattfindet, erfolgt lautlos. Die Tragzeit beträgt 190 Tage, wobei die Weibchen des Sundakoboldmakis ihre Jungen das ganze Jahr über gebären, während beim Celebeskoboldmaki die Geburten von April bis Mai oder November bis Dezember stattfinden.

Das Geburtsgewicht der Jungen dieser beiden Arten beträgt ein Viertel des Körpergewichts der Mutter. Die Jungen kommen mit voll ausgebildetem Fell zur Welt, die Augen sind geöffnet. Innerhalb von 24 Stunden können sie bereits klettern. Die Mutter hält ihr Junges, das sich an ihren Bauch klammert, fest umschlungen, während sie von Baum zu Baum springt. Man hat auch schon beobachtet, wie erwachsene Tiere den Nachwuchs im Maul umhergetragen haben.

Sundakoboldmakis besetzen ihr Wohnrevier immer paarweise. Celebeskoboldmakis leben auch in kleinen Gruppen mit ein oder zwei adulten Weibchen. (Die großen Hoden der Männchen weisen auf Promiskuität hin.) Koboldmakis markieren ihr Revier mithilfe von Duftmarken, die sie mit Urin und dem Sekret aus einer Drüse, die sich an der Brust befindet, setzen.

Die drei auf Sulawesi verbreiteten Arten verfügen über artspezifische Rufe und Gesänge, die dem sozialen Kontakt dienen. Männchen und Weibchen lassen ihre individuell unterschiedlichen, aber gleichermaßen hohen Stimmen in äußerst lautstarken Duetten ertönen, die 100 m weit tragen. Sobald die Sonne aufgeht, beginnen die Weibchen der Celebeskoboldmakis und von *Tarsius dianae* zu singen. Typisch für den Gesang von *Tarsius dianae* ist ein langer Mittelteil mit einer sehr schnellen Tonfolge. Bei dieser Art dominiert ein „singendes" Paar eine kleine Gruppe, auch wenn die anderen in den Gesang einstimmen. Die Weibchen des Celebeskoboldmakis wiederholen Phrasen, deren Tonfolge wesentlich langsamer vorgetragen wird. Beim Philippinen- und Sundakoboldmaki hat man derartige Gesänge noch nicht gehört.

Die durchschnittliche Größe des Wohnreviers des Celebes- und Sundakoboldmakis beträgt 2 ha pro Gruppe. Bei *Tarsius dianae* umfasst es nur 0,6 bis 1,6 ha. Sundakoboldmakis scheinen häufiger als andere Koboldmakis ernsthaftere Kämpfe auszutragen, da man bei ihnen zahlreiche Narben und Verletzungen festgestellt hat. CN

Krallenaffen

MIT IHREM SEIDENWEICHEN FELL, DEM *langen Schwanz und den unterschiedlichen Haarbüscheln, Mähnen, Haarkronen und Schnurrbärten bilden die Krallenaffen die variantenreichste Gruppe der Neuweltaffen.*

Diese kleinen, in den tropischen Wäldern Südamerikas lebenden Affen weisen einige Merkmale auf, die für Primaten sehr ungewöhnlich sind: ein variables Fortpflanzungsverhalten, Männchen und Weibchen sehen gleich aus, Mehrlingsgeburten (meist Zwillinge), Väter und andere Gruppenmitglieder kümmern sich intensiv um die Jungen sowie soziale Gruppen mit über 20 Mitgliedern. Die Jungtiere bleiben in der Gruppe und helfen bei der Betreuung jüngerer Geschwister. Einzigartig ist, dass die Hauptnahrung der Marmosetten (nicht der Tamarine) aus Baumsäften besteht.

Kleiner ist besser

KÖRPERBAU UND FUNKTION

Krallenaffen unterscheiden sich anatomisch von den anderen – größeren – Neuweltaffen. Zu den Unterscheidungsmerkmalen zählt der Besitz von modifizierten Krallen anstatt Nägeln an allen Fingern und Zehen (mit Ausnahme der großen Zehe) sowie die üblichen Zwillingsgeburten und der *Uterus simplex*. Überdies verfügen die Tiere im Ober- und Unterkiefer nur über jeweils zwei Molaren statt der drei, die bei den größeren Neuweltaffen vorhanden sind (siehe Zahnformeln, Seite 330). Zudem fehlen ihren oberen Molaren die inneren Höcker. All dies lässt den Schluss zu, dass eine Anpassung an eine Insektennahrung erfolgt ist und die Tiere demzufolge im Verlauf ihrer Entwicklung kleiner geworden sind. Auch beim Springtamarin wird ein „phyletischer Zwergwuchs" angenommen. Er weist zahlreiche Merkmale der Neuweltaffen auf, z.B. die Geburt einzelner Jungen und das Vorhandensein von drei Molaren; andererseits ist er klein und hat wie die Krallenaffen Krallen statt Nägel.

Unterschiedliche Bedürfnisse

VERBREITUNG

Zwergseidenaffe und Springtamarin leben am Oberlauf des Amazonas in Brasilien, Peru, Südkolumbien und Nordbolivien. Zwergseidenaffen bevorzugen Gebiete mit Saft spendenden Bäumen in Galerie- und zeitweise überfluteten Wäldern. Hier finden sich pro qkm 40 bis 50 Trupps, während es im weniger üppigen Sekundärwald nur 10 bis 12 Gruppen pro qkm sind. Der selten vorkommende Springtamarin bevorzugt dichtes gestrüppartiges Unterholz, vor allem in Bambuswäldern.

Die Marmosetten lassen sich in zwei Gruppen gliedern: Eine umfasst die Arten, die südlich des Amazonas verbreitet sind und einigen Wissenschaftlern zufolge einen eigenen Gattungsnamen (*Mico*) verdienen. (Dabei kommt *M. melanurus* bis in den Norden von Paraguay und den Osten von Bolivien vor.) Die Mitglieder der anderen Gruppe, die alle der Gattung *Callithrix* angehören, findet man in den Küstenwäldern des Atlantiks, wobei das Verbreitungsgebiet zweier Arten (*C. jacchus* und *C. penicillata*) bis in das Dornbuschgebiet (*caatinga*) und die Buschsavanne (*cerrado*) im Nordosten Brasiliens reicht.

Die Tamarine (Gattung *Saguinus*) leben nördlich des Amazonas sowie im Süden und Westen des Rio Madeira. Einige neue Arten haben dieses „Schema" jedoch durchbrochen: *S. f. fuscicollis*, eine Unterart des Braunrückentamarins, hat man östlich vom Oberlauf des Rio Madeira gefunden, wo sich ihr Verbreitungsgebiet mit dem einer Marmosettenart (früher *Callithrix emiliae*, heute neu beschrieben) überschneidet. Und *S. niger* lebt südlich des Amazonas an dessen Mündung. Nur bei drei Arten der Gattung *Saguinus* – Lisztaffe, Geoffroyperückenaffe und Weißfußaffe – liegt das Verbreitungsgebiet außerhalb Amazoniens im nördlichen Kolumbien und in Panama.

Die Tiere bewohnen verschiedene Waldtypen, die vom feuchten Primärregenwald und Sekundärwald über Trockenwälder bis hin zum Galeriewald und zu Baumsavannen oder Dornbuschregionen

Oben und rechts: **1** *Kaiserschnurrbarttamarin* (S. imperator); **2** *Schnurrbarttamarin* (S. mystax); **3** *Lisztaffe* (S. oedipus); **4** *Springtamarin* (Callimico goeldii) *in einer Angriffshaltung, die innerhalb des Trupps angewendet wird;* **5** *Geoffroyperückenaffe* (S. geoffroyi) *markiert einen Ast mit Sekret aus Drüsen des Genitalbereichs;* **6** *Silberaffe* (Mico (Callithrix) argentata); **7** *Weißohrseidenaffe* (Callithrix aurita); **8** *Schwarzpinselaffe* (C. penicillata); **9** Mico melanurus *präsentiert mit erhobenem Schwanz sein Hinterteil; dies ist eine Angriffshaltung, die Mitgliedern anderer Gruppen gegenüber eingenommen wird;* **10** *Goldkopflöwenaffe* (Leontopithecus chrysomelas) *holt mit seinen langen Fingern Insekten aus Bromelien;* **11** *Weißschulterseidenaffe* (Mico (Callithrix) humeralifer); **12** *Zwergseidenaffe* (Cebuella (Callithrix) pygmaea) *bohrt einen Kautschukbaum an;* **13** *Rotbauchtamarin* (S. labiatus) *markiert mithilfe von Brustdrüsen;* **14** *Braunrückentamarin* (S. fuscicollis) *verteilt Duftspuren mithilfe von Drüsen des Schambereichs;* **15** *Marmorgesichtstamarin* (S. inustus).

FAKTEN

KRALLENAFFEN

Ordnung: Primates

Familie: Callitrichidae

38 (26) Arten in 6 (4) Gattungen: Amazonische Marmosetten (*Mico*, 11 Arten); Ostbrasilianische Marmosetten (*Callithrix*, 6 (9) Arten); Zwergseidenaffe (*Cebuella (Callithrix) pygmaea)*; Tamarine (*Saguinus*, 15 (12) Arten); Löwenaffen (*Leontopithecus*, 4 Arten); Springtamarin oder Goelditamarin (*Callimico goeldii*).

LEBENSRAUM Vorwiegend im tropischen Regenwald; auch im Galeriewald und in der Baumsavanne.

GRÖSSE Körperlänge reicht vom Zwergseidenaffen mit 17,5–19 cm bis zum Löwenaffen mit 34–40 cm; **Schwanzlänge** von 19 cm bis 26–38 cm; **Gewicht** von 120–190 g bis 630–710 g, jeweils bei den beiden genannten Arten. Die meisten Arten wiegen zwischen 260 und 380 g.

FELL Fein, seidig, häufig farbig. Viele Arten mit Ohrbüscheln, Schnurrbart, Mähne oder Haarkrone.

VERBREITUNG Südliches Mittel- und nördliches Südamerika

NAHRUNG Früchte, Blüten, Nektar, Baumsäfte, auch Frösche, Schnecken, Echsen, Spinnen, Insekten.

FORTPFLANZUNG Tragzeit 130–170 Tage.

LEBENSERWARTUNG In freier Natur unbekannt, in Gefangenschaft 7–16 Jahre.

Artenübersicht siehe Seite 339 ff. ▷

4
6
7
8
9
5
10
11
12
13
14
15

reichen. Alte, gereifte Wälder mit Sekundärwuchs beherbergen 3 bis 5 Affengruppen/qkm. Auch die Uferwälder oder überfluteten Wälder, die man häufig an den Nebenflüssen des Amazonas findet, sind mit Klammeraffen dicht besiedelt. Dort schlafen die Tiere im Gewirr der Zweige und Lianen, wo sie vor Raubvögeln und der marderähnlichen Tayra (*Eira barbara*) sicher sind. Zugleich stehen ihnen neben den süßen Früchten der Bäume reichlich Beutetiere – Insekten und kleine Wirbeltiere – zur Verfügung.

Die vier Löwenaffenarten überleben in den weit verstreuten Restbeständen der alten Flachlandwälder im südöstlichen Brasilien. Die Tiere kommen nur in geringen Dichten vor; im Schnitt teilen sich 1 bis 3 Gruppen einer Fläche von 2,5 qkm. Die Affen schlafen in alten Spechthöhlen und sammeln Insekten von Laubblättern und Epiphythen ab.

Der Speiseplan in den Wäldern

NAHRUNG

Zur Nahrung der Krallenaffen gehören Früchte, Blüten und Exsudate wie Nektar oder der Milchsaft des Kautschukbaums. Die Tiere verzehren aber auch kleine Beutetiere wie Frösche, Echsen, Schnecken, Spinnen und Insekten, vor allem Heuschrecken, Käfer und Stabinsekten. Vogeleier und Nestlinge werden ebenfalls nicht verschmäht. Baumsäfte bilden die Hauptnahrung der Marmosetten. Natürliche Pflanzenabsonderungen zählen auch zum Nahrungsspektrum der Tamarine und Löwenaffen, die gern den Saft aufnehmen, der aus Wunden des Cashew-Baums (*Anacardium*) austritt. Die Hülsenfrüchte des Inga-Baums (*Inga*) schmecken ihnen ebenfalls. Bis auf ein paar Blattknospen fressen diese Affen keine Blätter.

Die Früchte, die von Krallenaffen verzehrt werden, sind meist klein und süß und stammen von Baumarten der Gattungen *Cecropia*, *Ficus*, *Inga*, *Miconia* und *Pourouma*. Neuere Forschungen haben ergeben, dass die kleinen Affen für die Verbreitung von Baumsamen sehr wichtig sind. Die mit den Früchten aufgenommenen Samen werden nach wenigen Stunden unversehrt mit dem Kot – weit entfernt von der Mutterpflanze – abgesetzt. Bei vielen Früchten lässt sich das Fruchtfleisch bzw. der Samenmantel nicht vom Samen trennen, sodass alles zusammen verschluckt wird und sich daher eine große Menge Samen zur selben Zeit im Darmtrakt der Tiere befindet. Fruchtfleisch und Samenmantel werden verdaut, die Samen ausgeschieden. Auf diese Weise wird deren Verbreitung gefördert.

Neben diesen allgemein bekannten Vorgängen fanden Forscher heraus, dass auch die Menge der Samen bei der Beseitigung von Darmparasiten, insbesondere des Hakenwurms, eine Rolle spielen kann. Passieren die Samen in größerem Ausmaß den Darm, verdrängen sie durch ihr Volumen die Parasiten, die dann mit ausgeschieden werden.

Oben *Ein Kaiserschnurrbarttamarin* (Saguinus imperator) *zeigt seine kleinen, aber scharfen Zähne. Mühelos überwältigt er größere Insekten wie Gottesanbeterinnen, von denen er sich vorwiegend ernährt.*

Krallenaffen verbringen 25 bis 30 % ihrer aktiven Zeit damit, Blätter, Falllaub und Baumrinden nach Insekten abzusuchen. Marmosetten nutzen die Raubzüge der Treiberameise (Gattung *Eciton*), denn die Ameisenschwärme scheuchen Insekten auf, die dann für die Affen leicht zu erbeuten sind. Der Zwergseidenaffe investiert 67 % seiner Nahrungsaufnahmezeit, um an Kautschuk zu gelangen. Daneben sucht er aber auch nach Spinnen und Insekten. Früchte frisst er selten, da sie in seinem winzigen Revier nur in geringer Menge vorhanden sind. Andere Marmosettenarten ernähren sich überwiegend von Früchten. Blüten, Exsudate, Insekten und kleine Beutetiere bilden den kleineren Teil ihrer Nahrung.

Unterschiedliche Marmosettenarten leben nie in ein und demselben Wald, vermutlich, um eine Konkurrenz bei ihrer bevorzugten Nahrung, den Baumsäften, zu vermeiden. Tamarinarten dagegen teilen sich häufiger ein Waldgebiet, wobei durch Differenzierungen im Nahrungsverhalten das Konkurrieren um das tägliche Futter weitgehend entfällt: So beschränken sich der Schnurrbart- und Kaiserschnurrbarttamarin auf kleine Insekten, insbesondere Geradflügler, die sich auf Laub finden. Die Löwenaffen und der Braunrückentamarin bevorzugen größere Insekten. Um diese Beute zu ergattern, durchstöbern sie mit viel Zeitaufwand verrottetes Holz, torfigen Boden sowie die Ritzen, Spalten und Höhlen von Baumrinden. Mit ihren extrem schlanken Händen und dünnen Fingern

AFFEN, DIE KAUTSCHUK VERSPEISEN

Die Milchsäfte zahlreicher Pflanzen bilden einen wichtigen Bestandteil in der Ernährung des Zwergseidenaffen und der größeren Marmosetten. Viele Bäume produzieren zähflüssige Säfte als Wundverschluss, wenn die Rinde z.B. durch holzbohrende Insekten verletzt wurde. Während manche Lemuren nur das bereits ausgetretene Exsudat verzehren, bohren die genannten Affen selbst den Baum an. Da nur wenig Saft aus den Löchern austritt, beschäftigen sie sich lediglich zwei Minuten mit jedem Loch. Im Gegensatz zu den Tamarinen **a** besitzen die Marmosetten große Schneidezähne, die fast über die Eckzähne hinausragen **b**. Ein dicker, widerstandsfähiger Zahnschmelz auf der Vorderseite der unteren Schneidezähne hat diese in eine Art Meißel verwandelt. Die Marmosetten schlagen ihre oberen Schneidezähne in die Rinde und arbeiten sich mit den unteren „Meißelzähnen" aufwärts. So produzieren sie ovale Löcher, die meist einen Durchmesser von

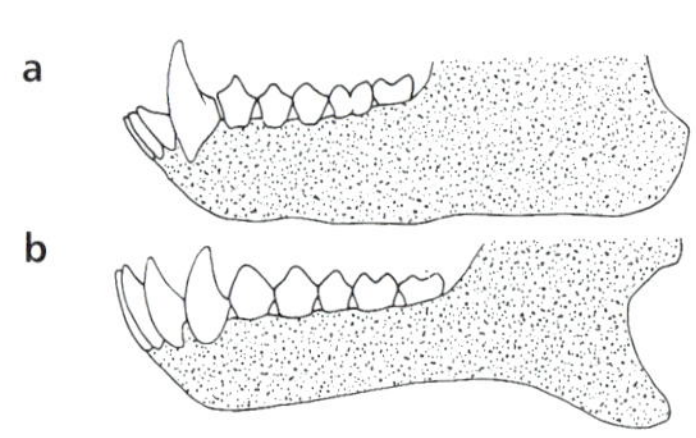

2 bis 3 cm haben. An bevorzugten Bäumen findet man allerdings auch 10 bis 15 cm lange Fraßkanäle. Für den Zwergseidenaffen, der in seinem winzigen Revier nicht rund ums Jahr genügend Früchte findet, ist der Verzehr von Baumsäften überlebenswichtig. Dies trifft auch auf *Mico (Callithrix) humilis* zu. Zwar sind alle Marmosetten auf diese Säfte angewiesen, doch für Weißbüschelaffen und Weißohrseidenaffen spielen sie eine besonders bedeutende Rolle, da sie ihnen helfen, in ihrem kargen Verbreitungsgebiet im Nordosten und Zentrum Brasiliens zu überleben.

sind diese Tiere besonders gut an diese Art der Nahrungssuche angepasst.

In all diesen Differenzierungen sieht man den Grund für die Überschneidung der Verbreitungsgebiete des Braunrücken-, Schnurrbart-, Kaiserschnurrbart- und Rotbauchtamarins. Diese Arten bilden sogar untereinander gemischte Gruppen.

Eine weitere Strategie mindert die Nahrungskonkurrenz: Schnurrbart-, Kaiserschnurrbart- und Rotbauchtamarin, die um 450 g wiegen, sind größer als der Braunrückentamarin mit seinen etwa 350 g. Die drei größeren Arten suchen ihre Nahrung in höheren Baumregionen als die kleinere, die noch einen Zusatznutzen aus dieser Aufteilung zieht: Durch die sehr aktive Nahrungssuche in der oberen Etage fallen Insekten in ihr darunter liegendes Futterrevier.

Leben in der Gruppe

SOZIALVERHALTEN

Krallenaffen schließen sich zu Verbänden oder Trupps zusammen, die 4 bis 20 Tiere umfassen. Der Zwergseidenaffe lebt in Gruppen mit 2 bis 9 Mitgliedern. Die Minimalbesetzung besteht aus einem fortpflanzungsfähigen Paar, dessen Nachwuchs und manchmal auch ein oder zwei adulten Tieren aus anderen Trupps. Die Marmosetten der Gattungen *Mico* und *Callithrix* bilden größere Verbände als die Tamarine, vielleicht weil ihnen mit den Baumsäften eine zusätzliche Nahrungsquelle zur Verfügung steht. In ihren Verbänden leben neben dem Elternpaar zwei oder drei Generationen des eigenen Nachwuchses, aber auch halbwüchsige und erwachsene, aus fremden Gruppen zugewanderte Tiere. Die Jungen bleiben in der Regel im Familienverband, bis sie erwachsen sind. Die Trupps besetzen Wohnreviere, die je nach Gattung oder Art unterschiedlich groß sind. Mit 0,1 bis 0,3 ha besetzt der Zwergseidenaffe das kleinste Revier. Die Vertreter der Gattungen *Saguinus*, *Mico* und *Callithrix* beanspruchen 10 bis 40 ha, während die Wohnreviere der Löwenaffen größer als 200 ha sein können. Die Verbände durchstreifen täglich mindestens ein Drittel ihres Reviers und legen dabei Strecken bis zu 2 km zurück.

Krallenaffen verteidigen ihr Wohnrevier. Nähert sich ein Eindringling, heben Marmosetten mit gesträubtem Fell ihren Schwanz und präsentieren ihr Hinterteil mit den hell leuchtenden Genitalien. Löwenaffen plustern ihre Mähne auf und Tamarine stellen sich mit gesträubtem Fell und Zungenschnalzen dem Fremdling entgegen.

Mit Sekreten aus Drüsen an der Brust und über dem Schambein markieren die Marmosetten ihr Revier. Als Aufforderung zur Kommunikation zwischen Gruppenmitgliedern dienen Duftmarken, die mit Sekreten aus dem Genitalbereich gesetzt werden. Marmosetten bohren zur Reviermarkierung auch Löcher in Bäume, in die manche sogar urinieren. Es kann sein, dass es sich dabei um eine Demonstration der Dominanzverhältnisse innerhalb des Trupps handelt, da anderen Gruppenmit-

Rechts: *Von seiner hohen Baumwarte aus hält der Lisztaffe* (Saguinus oedipus) *Ausschau nach möglichen Feinden. Wie alle baumlebenden Krallenaffen durchstreift er einen Großteil des Tages das Laubwerk, um Früchte, Nektar und Insekten zu suchen. Dabei werden täglich Strecken von 1 bis 2 km zurückgelegt. Mit Anbruch der Dämmerung kehren die Tiere an ihre Schlafplätze zurück, wo sie auf Astgabeln die Nacht verbringen. Die Trupps der Lisztaffen umfassen 6 bis 9 Tiere.*

gliedern, die in der Nähe fressen, der Duft unweigerlich in die Nase steigt.

Viele Stunden verbringen die Krallenaffen mit der gegenseitigen Fellpflege, die den Zusammenhalt zwischen den Gruppenmitgliedern fördert. Besonders intensiv betrieben wird *grooming* zwischen Elternpaaren und ihrem jüngsten Nachwuchs. Wie viel Zeit die Tiere mit Fellpflege, eng aneinander gekuscheltem Ruhen oder Spielen verbringen, hängt vom Nahrungsangebot ab. Mangelt es nicht an Futter, sind die Primaten zwischen Mittag und frühem Nachmittag mit der Nahrungssuche beschäftigt.

Um sich untereinander zu verständigen oder Gegner abzuwehren, setzen die Krallenaffen ihr relativ beschränktes Mienenspiel, einige Gesten und ausdrucksstarke Körperhaltungen, verbunden mit dem Sträuben bestimmter Fellpartien, ein. Außerdem verfügen sie über eine recht komplexe Lautsprache, die aus artspezifischen hohen Gesängen besteht (*long calls* genannt).

Im Freiland gibt es in den meisten Krallenaffengruppen nur ein fortpflanzungsfähiges Weibchen, das sich mit mehreren Männchen paart. Auch um den Nachwuchs kümmern sich mehrere erwachsene Männchen. Diese Faktoren weisen auf ein polyandrisches Paarungssystem hin. Das sich fortpflanzende Weibchen zeigt ein dominantes Verhalten und setzt Duftmarken, die Pheromone aus seinen Genitaldrüsen enthalten. Dies trägt dazu bei, die Fortpflanzung der anderen Weibchen zu verhindern. Die Unterdrückung des Eisprungs kommt bei Marmosetten und Tamarinen vor, nicht jedoch bei Löwenaffen und dem Springtamarin. Diese Vorgänge lassen sich wohl mit der Tatsache begründen, dass die Tiere unbedingt Helfer für die erfolgreiche Aufzucht des Nachwuchses brauchen. In den Trupps des Springtamarins befinden sich mitunter zwei fortpflanzungsfähige Weibchen, von denen jedes pro Wurf ein einzelnes Junges zur Welt bringt.

Oben: *Eines der kleinen Verbreitungsgebiete von* Mico (Callithrix) mauesi *liegt in Brasilien am Rio Maués, südlich des Amazonas. In den dichten Wäldern dieser Region hat man die Art erst 1985 entdeckt und 1992 wurde sie erstmals beschrieben.*

Bei Tamarinen und Löwenaffen kommen einmal pro Jahr Zwillinge zur Welt. Die Weibchen der Marmosetten hingegen gebären häufig zweimal im Jahr Zwillinge, wobei zwischen Geburt und erneuter Befruchtung bzw. Trächtigkeit nur wenige Tage liegen. Diese Produktivität hängt wahrscheinlich mit ihrer rund ums Jahr zur Verfügung stehenden Hauptnahrung, den Baumsäften, zusammen. Mangelt es an Früchten, verzehren die Tamarine Nektar, der ebenfalls reich an Zucker, aber nur in geringer Menge vorhanden ist. In Gebieten, in denen der Braunrückentamarin dem Zwergseidenaffen dessen baumsaftreichen Reviere streitig machen kann, tragen die Tamarinweibchen ebenfalls zweimal jährlich Zwillinge aus.

Das Geburtsgewicht der Zwillinge von Marmosetten und Tamarinen beträgt 19 bis 25 % des Körpergewichts der Mutter. Mit Ausnahme der Koboldmakis kommt dieses Gewichtsverhältnis bei keinem anderen Primaten vor. Die Jungen werden von der Mutter, aber auch von dem Vater (oder den Vätern, da es zweieiige Zwillinge sind) und anderen Gruppenmitgliedern versorgt. In dieser Aufzuchthilfe sieht man einen der Gründe für die hohe Fortpflanzungsrate dieser Affen. Die Jungen der Marmosetten sind in den ersten beiden Lebenswochen völlig abhängig von der Betreuung durch adulte Gruppenmitglieder. Nach zwei Monaten suchen sie jedoch bereits allein nach Nahrung oder stehlen ihren älteren Artgenossen die Beute. Bis sie mit 12 bis 18 Monaten in die Pubertät kommen, spielen und rangeln die Jungen miteinander oder jagen sich gegenseitig. Ausgewachsen sind sie mit etwa zwei Jahren.

Das Geburtsgewicht der Jungen bei Löwenaffen und Springtamarinen beträgt nur 9 bis 15 % des Körpergewichts der Mutter. Die Männchen kümmern sich sieben bis zehn Tage lang um das Neugeborene. Selbstständig wird der Nachwuchs im Alter von zehn Wochen. Alle Gruppenmitglieder kümmern sich um die Jungen und versorgen sie und die Mutter mit Futter. Erwachsene Aufzuchthelfer bleiben in der Gruppe, bis sie ein eigenes Revier besetzen können, um sich dort fortzupflanzen. Oder sie warten, bis sich in einem anderen Trupp eine Paarungsmöglichkeit ergibt. Stimmen die Rahmenbedingungen für die Fortpflanzung, sind die Krallenaffen produktiver als alle anderen Primaten. Ein Marmosettenweibchen kann alle fünf Monate Zwillinge gebären.

Gefahr durch Umweltzerstörung

ARTEN- UND UMWELTSCHUTZ

Die größte Artenvielfalt an Krallenaffen findet man am Mittel- und Oberlauf des Amazonas, wo die winzigen Primaten in eng begrenzten Verbreitungsgebieten innerhalb der kleinen Flusssysteme leben. Dort hat man seit etwa 1990 neun neue Arten entdeckt, darunter eine vierte Löwenaffenart, den Schwarzgesichtlöwenaffen (*Leontopithecus caussara*). Da man fälschlicherweise glaubte, Marmosetten und Tamarine würden die Erreger von Gelbfieber und Malaria verbreiten, verfolgte man diese Tiere intensiv. Von 1970 bis 1973 wurden unzählige dieser Affen gefangen, u.a. auch für Zoos oder biomedizinische Forschungszwecke. Ihr geografisch begrenzter Lebensraum wird aufgrund der fortschreitenden Umweltzerstörung ständig weiter eingeschränkt. Dies ist der Fall beim Gelbkopfbüschelaffen (*Callithrix flaviceps*) und Weißohrseidenaffen (*Callithrix aurita*). Die Reviere dieser seltenen Arten liegen im Bergland von Südostbrasilien, wo die Wälder heute fast völlig zerstört sind. Die Tieflandwälder dieser Region, in denen die Löwenaffen ihre winzigen Reviere haben, erlitten das gleiche Schicksal. Der Bestand des Goldenen Löwenaffen umfasst deutlich weniger als 1000 Tiere; vom Goldkopflöwenaffen gibt es noch etwa 4000 bis 6000 Exemplare. Von den im Amazonasgebiet lebenden Krallenaffen ist der Mantelaffe am stärksten vom Aussterben bedroht, da sein Verbreitungsgebiet bis auf 40 km an die Stadt Manaus heranreicht. ABR

Artenübersicht Krallenaffen

IHRE GERINGE GRÖSSE, IHR LEBEN IN dichten Wäldern und die sehr niedrigen Bestände machen es schwer, die Krallenaffen zu erforschen. Erst 1996 entdeckte man *Mico humilis* in einem kleinen Waldstück am Oberlauf des Aripuanã in Zentral-Brasilien.

1993 ordnete man der Familie der Krallenaffen 26 Arten zu, heute 38; die zwölf seitdem hinzugekommenen Arten sind im Folgenden mit † gekennzeichnet.

MARMOSETTEN

Gattung *Cebuella*, *Callithrix*, und *Mico*

Aufgrund morphologischer und genetischer Studien, die seit den 1980er Jahren erfolgen, hat man die Gattung *Cebuella* ausgewiesen und sie mit der Gattung *Callithrix* in einer Familie zusammengeschlossen. Außerdem entdeckte man 9 Arten der Gattung *Mico (Callithrix)*, die in den einschlägigen Artenlisten noch nicht aufgeführt sind, was gewiss bei der nächsten Taxonomie-Revision geschehen wird.

Die Marmosetten leben im Primärregenwald, zum Teil auch im Sekundärregenwald sowie im Galeriewald und in Hainen. Bis auf zwei Arten (*C. pygmaea* und *M. melanurus*) sind alle in Brasilien beheimatet. Für alle Arten gilt: KL 17–21 cm; SL 19–29 cm; GT 120–350 g.
FELL: Variiert je nach Art von dunkel bis hell oder weiß, Ohrbüschel unterschiedlich ausgeprägt.
FORTPFLANZUNG: Tragzeit 150–151 Tage; 2 Junge pro Wurf.

Weißohrseidenaffe En
Callithrix aurita

In Restbeständen der Wälder SO-Brasiliens in den Bundesstaaten Rio de Janeiro, São Paulo und Minas Gerais.
FELL: Ohrbüschel weißlich oder rostgelb; Stirn ocker bis weißlich; Krone vorn goldbraun oder hell rostgelb; Gesichtsseiten und Stirn schwarz; Rücken aguti bis dunkelbraun oder schwarz gestreift wie beim Weißbüschelaffen; Schwanz geringelt, unterseits schwarz bis ocker.

Gelbkopfbüschelaffe En
Callithrix flaviceps

In Restbeständen der Wälder SO-Brasiliens (Espírito Santo, Minas Gerais).
FELL: Ohrbüschel, Krone, Gesichtsseiten und Wangen ocker; Rücken grau mit agutifarbenen Streifen; unterseits gelblich bis orange; Schwanz auffällig gebändert.

Weißgesichtseidenaffe Vu
Callithrix geoffroyi

In Restbeständen der Wälder SO-Brasiliens in den Bundesstaaten Minas Gerais und Espírito Santo, zwischen Rio Jequitinhonha und Rio Doce.
FELL: Schwarzbraun; lange schwarze Ohrbüschel; Stirn, Wangen und Kronenscheitel weiß; unterseits dunkelbraun; Schwanz schwarz, schwach geringelt.

Weißbüschelaffe
Callithrix jacchus

NO-Brasilien, westlich und südlich vom Rio Parnaíba; früher evtl. auch nördlich vom Rio São Francisco, heute nur im S (eingeführt) in den Bundesstaaten Bahia, Minas Gerais, Espírito Santo und Rio de Janeiro, auch in Vororten von Buenos Aires, Argentinien. Angepasste Arten auch im N am Atlantik im Küsten- und Galeriewald, in Hainen der *caatinga* (Dornbuschgebiet) und des *cerrado* (Buschsavanne).
FELL: Körper graubraun gefleckt; Krone schwarz; weiße Stirnblesse; Ohrbüschel lang, weiß; Schwanz grau-schwarz geringelt.

Callithrix kuhlii

Küstenwald am Atlantik in S-Bahia, Brasilien, zwischen Rio de Contas und Rio Jequitinhonha.
FELL: Körper schwärzlich gefleckt, rötlich braun an unterem Rücken, Flanken und Außenseiten der Schenkel; Schwanz geringelt; Gesicht schwarz, weißliche Wangenflecken, weiße Blesse zwischen den Augen. Jungtiere mit schwarzer Krone, die mit zunehmendem Alter heller wird; Schwanz schwarz, undeutlich geringelt.

Schwarzpinselaffe
Callithrix penicillata

Im S von Zentral-Brasilien, Bundesstaaten Goiás, Bahia, Minas Gerais, São Paulo. In sommer- und immergrünen Hainen, im Galeriewald des *cerrado* (Buschsavanne).
FELL: Körper grau gefleckt; Ohrbüschel schwarz und stiftartig; Schwanz geringelt; Gesicht schwarz, weiße Blesse zwischen den Augen.

Zwergseidenaffe
Cebuella (Callithrix) pygmaea

Amazonasgebiet in Kolumbien, Peru, Ecuador, N-Bolivien und Brasilien. Bevorzugt Au- und Naturwälder. Kleinste Affenart, wurde früher als eigene Gattung (*Cebuella*) betrachtet, aufgrund der Studien in den 1990er Jahren ist sie in die Gattung *Callithrix* integriert worden.
KL 17,5 cm; SL 19 cm; GT 120–190 g.
FELL: Bräunlich aguti; lange Haare an Kopf und Wangen bilden eine Mähne; Schwanz geringelt. 2 Unterarten: *C. p. pygmaea*, verbreitet vom N des Rio Solimões und W des Rio Japurá-Caquetá in Brasilien, über Kolumbien, Ecuador und Peru; Bauch ocker; *C. p. niveiventris*, verbreitet vom S des Rio Solimões in Brasilien, Peru und Bolivien; an Brust, Bauch, Armen und Beinen scharf abgegrenzte weißliche Fellbereiche.
NAHRUNG: Überwiegend Baumsäfte, Insekten, Spinnen, auch Früchte.
FORTPFLANZUNG: Tragzeit 136 Tage.

Silberaffe
Mico (Callithrix) argentata

Im O des brasilianischen Amazonasgebiets, südlich vom Amazonas, östlich vom Unterlauf des Rio Tapajós sowie in den Niederungen des Unterlaufs des Rio Xingú und des Rio Tocantins.
FELL: Überwiegend silbrig weiß; Gesicht und Ohren rosa; keine Ohrbüschel; Schwanz schwarz.

Mico (Callithrix) chrysoleucus †

In einem kleinen Gebiet in Brasilien zwischen dem Amazonas und dem S-Ufer seines Nebenflusses Uraria-Canumã.
FELL: Mantel fast weiß, restlicher Körper hell goldfarben bis orange; Gesicht rosa; lange weiße Ohrbüschel.

Mico (Callithrix) emiliae †

Im brasilianischen Amazonasgebiet am Oberlauf des Rio Irirí und des Rio Xingu.
FELL: Ähnlich wie bei *M. argentatus*, aber dunkler und mit schwärzlicher Krone sowie graubraunem Rücken; keine Ohrbüschel; Schwanz schwarz.

Weißschulterseidenaffe
Mico (Callithrix) humeralifer

Brasilen, zwischen Rio Maués-açú und Rio Tapajós, im südlichen Bereich des Amazonas. Bevorzugt im Sekundärwald sowie in Wäldern mit dichtem Unterholz und trockenem Boden.
FELL: Mantel silbrig und schwarz; Rücken getupft und gemasert; an den Hüften weiß; Gesicht pigmentiert; lange, silberfarbene Ohrbüschel; Schwanz silberfarben mit schwarzen Ringen.

Mico (Callithrix) humilis †

In Brasilien in einem winzigen Gebiet westlich vom Unterlauf des Rio Aripuanã und südlich vom Rio Solimões verbreitet. Bevorzugt im Sekundärwald sowie in Wäldern mit dichtem Unterholz und trockenem Boden anzutreffen. Die Art wurde erst 1996 entdeckt; Adulte wiegen 165–200 g (die Art liegt gewichtsmäßig zwischen dem Zwergseidenaffen und den übrigen Gattungsmitgliedern).
KL 15 cm; SL 25 cm; GT 200 g.
FELL: Oberseite, Körperseiten und Gliedmaßen olivbraun; Krone schwarz und dreieckig; weißer Streifen über den Augen bis zu den Schläfen; Halsseiten und Schultern grauweiß; Schwanz schwarz.
NAHRUNG: Baumsäfte, Insekten, kleine Beutetiere, Früchte.

Mico (Callithrix) intermedius †

Brasilianisches Amazonasgebiet zwischen Rio Roosevelt und Rio Aripuanã. Bevorzugt in alten und sehr dichten Wäldern anzutreffen; häufigste Vorkommen jedoch im Sekundärwald.
FELL: Oberer Brustbereich und Rücken cremeweiß; Rumpf dunkelbraun; unterseits orange; helle Streifen an den Schenkeln wie bei *M. melanurus*; Gesicht rosa; Ohrbüschel wenig ausgeprägt; Schwanz fast weiß, Schwanzansatz und -spitze braun.
NAHRUNG: Früchte, Pflanzensäfte, kleine Tiere (Frösche, Echsen).

Mico (Callithrix) leucippe †

Brasilianisches Amazonasgebiet, südlich des Amazonas, zwischen Rio Cupari und Rio Jamanxim sowie an den östlichen Ufern der Nebenflüsse des Rio Tapajós.
FELL: Kopf und Körper silbrig oder cremeweiß; keine Ohrbüschel; Schwanz hell mit orange- oder goldfarbener Spitze.

Mico (Callithrix) marcai †

Die Art ist nur durch drei Museumsexponate bekannt geworden. Diese stammen vom westlichen Ufer der Mündung des Rio Roosevelt, südlich des Amazonas in Brasilien.
FELL: Gesicht dunkel mit einem kleinen weißen Fleck zwischen den Augen; Krone dunkelbraun; Nacken und Rücken heller braun als die Krone; mittlerer und unterer Rücken weiß gesprenkelt; Schenkel oberseits ocker, unterseits rötlich; Schwanz dunkelbraun.

ABKÜRZUNGEN

KL = Körperlänge SL = Schwanzlänge GT = Gewicht
† = „neue" Arten, siehe Seite 291

Ex ausgestorben	En stark gefährdet
EW in freier Natur ausgestorben	Vu gefährdet
Cr vom Aussterben bedroht	LR geringes Risiko

Mico (Callithrix) mauesi †

Kleiner Bestand am Rio Maués (W-Ufer), Rio Urariá und Rio Abacaxis, südlich des Amazonas in Brasilien. Beobachtet in dichtem Primärwald, auch am Waldrand. Die Art wurde erst 1985 entdeckt, die Erstbeschreibung stammt aus dem Jahr 1992.
KL 19,8–22,6 cm; SL 34–38 cm;
GT 315–405 g.
FELL: Gesamterscheinung silbrig braun; im Gegensatz zu allen anderen Marmosetten hat die Art eine aufgestellte Krone, die wie getrimmt wirkt und vom Ohrenrand aus wächst; Gesicht dünn behaart und blass rosa, Haare an den Wangen mit weißlichen Spitzen; Schultern und Rücken dunkelbraun-weiß marmoriert; silbrige Flecken an den Hüften wie bei *M. humeralifer;* Schenkel und Beine silbergrau, im unteren Teil rostgelb mit Orangeton; Schwanz schwarz, mit schwacher silbergrauer Bänderung.

Mico (Callithrix) melanurus †

Brasilianisches Amazonasgebiet, südlich des Amazonas bis O-Bolivien und N-Paraguay.
FELL: Überwiegend dunkelbraun, unterer Rücken heller als der Mantel, an Hüften und Oberschenkel blasser; Gesicht schwarz, manchmal um Nase und Mund gesprenkelt; Ohren schwarz, keine Ohrbüschel; Schwanz schwarz.

Mico (Callithrix) nigriceps † Vu

Brasilianisches Amazonasgebiet, östlich vom Rio Jiparaná und Rio Madeira und westlich bis zum Rio dos Marmelos. In Restbeständen zerstörter Waldgebiete. 1992 erstmals beschrieben; aufgrund der Lebensraumzerstörung und des kleinen Bestands ist die Art gefährdet.
KL 19–22 cm; SL 31–32 cm;
GT 330–400 g.
FELL: Krone und Gesicht schwarz, Wangen schwärzlich bis gräulich braun; keine Ohrbüschel; Mantel gräulich braun bis silbrig; unterer Rücken graubraun; vordere Gliedmaßen, Hüften und Oberschenkel hellorange; Bauch gelb bis orangefarben; Schwanz schwarz, Ansatz dunkelbraun.

TAMARINE

Gattung *Saguinus*

In tropischen, immergrünen Primärwäldern, in Sekundärwäldern sowie in trockenen sommergrünen Wäldern.
KL 19–21 cm; SL 25–29 cm;
GT 260–380 g.
FELL: Farbe variiert je nach Art stark.
NAHRUNG: Früchte, Blüten, Insekten, Spinnen, Schnecken, Echsen, Frösche, Baumsäfte und Nektar.
FORTPFLANZUNG: Tragzeit im Durchschnitt 140–170 Tage; 2 Junge pro Wurf.

Oben: *Im Sitzen wirkt der Weißgesichtseidenaffe* (Callithrix geoffroyi) *wie eine Katze mit Affengesicht.*

Schwarzrückentamarin
Saguinus nigricollis

Nördlich des Amazonas, in Kolumbien, Ecuador, Peru und Brasilien.
FELL: Kopf, Hals, Mantel und vordere Gliedmaßen schwarzbraun; Haare um den Mund grau; Sattel, Hinterteil, Schenkel und Waden oliv bis bräunlich rostgelb.
2 Unterarten, *S. n. nigricollis* und *S. n. hernandezi* (Letzter gefährdet), zwischen Rio Caquetá und Rio Caguán (Kolumbien); sie kennzeichnet ein schwärzliches Band am unteren Rücken und Schwanzansatz.

Saguinus graellsi †

Oberamazonien zwischen Rio Napo und Rio Pastaza, im N bis S-Kolumbien. Wurde früher *S. nigricollis* zugeordnet.
FELL: Kopf, Hals, Mantel, vordere Gliedmaßen schwärzlich bis schwärzlich braun; Krone hellbraun; Schwanz schwarz, Ansatz bräunlich.

Braunrückentamarin
Saguinus fuscicollis

Oberamazonien, vom W des Rio Madeira bis südlich des Amazonas und südlich vom Rio Japurá-Caquetá und Rio Caguán in Brasilien, Bolivien, Peru, Ecuador.
11 Unterarten: *S. f. avilapiresi, S. f. crandalli, S. f. cruzlimai, S. f. illigeri, S. f. fuscicollis, S. f. lagonotus, S. f. leucogenys, S. f. melanoleucus, S. f. nigrifrons, S. f. primitivus, S. f. weddelli.* Sowohl an großen Flüssen als auch kleinen Bächen zu finden.
FELL: Farbe variiert stark zwischen den Unterarten; bei allen (außer bei den hellen Formen) deutliche dreizonige Rückenfärbung (Hinterteil, Sattel, Mantel); Wangen weiß behaart.

Saguinus tripartitus

Amazonasgebiet in Peru und Ecuador am rechten Ufer des Rio Napo, westlich der Mündung des Rio Curaray, bis zum linken Ufer des Rio Napo oberhalb des Zusammenflusses mit dem Rio Santa Maria und nördlich bis zum kolumbianischen Ufer des Rio Putumayo.
FELL: Mantel goldorange bis cremefarben, abgesetzt vom schwarzen Kopf und dem grau bis gold marmorierten Rücken; Gesichtshaut schwarz; deutlich abgesetzter grauer oder weißer Winkel zwischen den Augen; Brust, Bauch, Arm- und Beininnenseiten orange; Schwanz schwarz, am Ansatz rötlich orange.

Rotbauchtamarin
Saguinus labiatus

3 Unterarten: *S. l. labiatus* – südlich vom Rio Ipixuna zwischen Rio Purus und Rio Madeira in Brasilien, Bolivien sowie ganz im SO von Peru; *S. l. rufiventer* südlich vom Rio Solimões zwischen Rio Madeira und Rio Purus, im S bis zum Rio Ipixuna; *S. l. thomasi* zwischen Rio Japurá und Rio Solimões in Brasilien.
FELL: An Krone ein Streifen (gold, rötlich oder kupfer) und ein Fleck (grau, schwarz oder silbern); an Wangen und Mund feiner weißer Streifen; Rücken schwarz-silbrig marmoriert; Kehle und oberer Brustkorb schwarz; unterseits rötlich bis orange.

Schnurrbarttamarin
Saguinus mystax

O-Peru, W-Brasilien, NW-Bolivien, evtl. bis S-Kolumbien.
FELL: Schwarze Krone, weiße Mundpartien, gut ausgebildeter, aber nicht sehr langer Schnurrbart; am Bauch schwarz.

Kaiserschnurrbarttamarin
Saguinus imperator

Amazonien, ganz im SO von Peru, NW-Bolivien und NW-Brasilien.
FELL: Grau; gut ausgebildeter Schnurrbart; Krone silbrig braun; Schwanz rötlich orange; 2 Unterarten (werden wegen auffälliger Unterschiede auch als eigene Arten betrachtet): *S. i. subgrisescens* mit kleinem weißem Bart, der *S. i. imperator* fehlt.

Rothandtamarin
Saguinus midas

Amazonien, nördlich vom Amazonas, östlich vom Rio Negro in Brasilien, Surinam und Guyana.
FELL: Gesicht schwarz; Rücken ab Mitte bis unten schwarz-rötlich oder schwarz-orange marmoriert; Hände und Füße auffallend gold-orange.

***Saguinus niger* †**

Südlich der Amazonasmündung im Bundesstaat Pará, Brasilien. Wurde früher *S. midas* zugeordnet.
FELL: Wie *S. midas*, aber dunkler und mit schwarzen Händen und Füßen.

Marmorgesichtstamarin
Saguinus inustus

Zwischen Rio Negro und Rio Japurá in Brasilien, bis W-Kolumbien.
FELL: Einheitlich schwarz; Gesichtshaut ohne Pigmentierung (wirkt fleckig).

Mantelaffe En
Saguinus bicolor

Nördlich vom Amazonas zwischen Rio Negro und Rio Urubú, Brasilien.
FELL: Kopf von Kehle bis Krone schwarz und unbehaart, Schwanz oberseits schwärzlich bis hellbraun, unterseits rötlich orange; Hände weiß, Füße bräunlich aguti; Unterbauch rötlich.

***Saguinus martinsi* †**

Brasilianisches Amazonasgebiet, nördlich des Amazonas zwischen Rio Uatumã und Rio Nhamundá (*S. m. ochraceus*) sowie zwischen Rio Uatumã und dem Unterlauf des Rio Erepecurú (*S. m. martinsi*). Wurde früher *S. bicolor* zugeordnet.
FELL: Braun; Gesicht unbehaart; Schwanz oberseits braun, unterseits orange, Spitze orange; *S. m. ochraceus* heller braun, Hände heller als Füße; bei *S. m. martinsi* Fell einheitlicher gefärbt.

Lisztaffe En
Saguinus oedipus

NW-Kolumbien.
FELL: Haube aus langen, weißen Haaren, die von der Stirn bis über die Schultern fallen; Rücken braun; Bauch, Brust, Arme und Beine weißlich bis gelb; Hinterteil und Schenkelinnenseiten rötlich orange; Schwanz zum Ansatz hin rötlich orange, zur Spitze hin schwärzlich.

Geoffroyperückenaffe
Saguinus geoffroyi

NW-Kolumbien, Panama und Costa Rica.
FELL: Haut von Kopf und Kehle schwarz mit kurzen, weißen Haaren; keilförmige, weiße Haube, die sich scharf vom rötlichen Mantel abhebt; Rücken schwarz, mit rostgelben Haaren; Halsseiten, Arme und oberer Brustkorb weißlich; Bauch weiß bis gelblich; Schwanz schwarz, zum Ansatz hin mit rötlichen Haaren.

Weißfußaffe Vu
Saguinus leucopus

N-Kolumbien zwischen Rio Magdalena und Rio Cauca.
FELL: Lange Wangenhaare, die nach oben und seitwärts Büschel bilden; Stirn und Krone mit kurzen, silbrigen Haaren bedeckt; Rücken braun; Außenseiten der Schultern und Schenkel weißlich; Brust und Innenseiten der Arme rötlich braun; Schwanz dunkelbraun mit silbrig orangefarbenen Streifen an der Unterseite.

Löwenaffen
Gattung *Leontopithecus*

In sich nicht überschneidenden winzigen Gebieten in den Resten alter Flachlandwälder an der Atlantikküste Brasiliens.
KL 34–40 cm; SL 26–38 cm;
GT 630–710 g.
Die größten Mitglieder der Familie der Krallenaffen sind alle vom Aussterben bedroht. Löwenaffen schlafen in Baumhöhlen. Mit ihren langen, dünnen Fingern gelangen sie ausgezeichnet an ihre Beute, die in Bromelien (Epiphyten) lebt.
FELL: Lange Haare an Krone; Wangen und Halsseiten bilden die abstehende, schwarz und rötlich gold gemusterte Mähne.
NAHRUNG: Früchte, Blüten, Insekten, Frösche, Echsen, auch Baumsäfte und Nektar.
FORTPFLANZUNG: Tragzeit 128 Tage; 2 Junge pro Wurf.

Goldener Löwenaffe Cr
Leontopithecus rosalia

SO-Brasilien in Resten der Küstenwälder am Atlantik im Bundesstaat Rio de Janeiro. Seit 1983 läuft ein umfangreiches Schutzprogramm unter der Leitung des Smithsonian Institute. Es umfasst die Zucht in Gefangenschaft, Auswilderung der Zuchttiere, Umsiedlung wild lebender Tiere von zerstörten Waldregionen in gerettete Gebiete sowie den nachhaltigen Umweltschutz in der Region. Im Freiland leben derzeit nur noch 600–800 Exemplare dieser Art.
FELL: Ausschließlich rotgold.

Goldsteißlöwenaffe Cr
Leontopithecus chrysopygus

SO-Brasilien in 6 Waldstücken im Bundesstaat São Paulo. Nach 65 Jahren von dem brasilianischen Primatenexperten Adelmar F. Coimbra-Filho im Jahr 1973 in einem Wald (heute Morro-do-Diabo-Nationalpark) weit im W des Staats wiederentdeckt. Im Freiland leben derzeit weniger als 1000 Exemplare dieser Art.
FELL: Schwarz; Hinterteil und Schenkel goldfarben.

Goldkopflöwenaffe En
Leontopithecus chrysomelas

In der Region der Kakaoplantagen im S des Bundesstaats Bahia, NO-Brasilien, zwischen Rio Jequitinhonha und Rio de Contas. Die Art ist zur Zeit weniger gefährdet als die anderen Löwenaffenarten, jedoch wird ihr Lebensraum, die verbliebenen Wälder, weiterhin durch Landwirtschaft, Holzindustrie und Rinderzucht massiv zerstört. Man schätzt, dass nur noch 6000 Tiere im Freiland leben.
FELL: Schwarz; Mähne, Hinterteil und Unterarme goldfarben.

Schwarzgesichtlöwenaffe Cr
Leontopithecus caissara

In Küstenwäldern SO-Brasiliens, einschließlich den Wäldern mit Sandboden (*restinga* genannt), im N des Bundesstaats Paraná bis in den SO des Bundesstaats São Paulo und auf der Insel Superagüi. Von der Art (Erstbeschreibung 1990) kann es mehrere Unterarten geben. Der Gesamtbestand im Freiland umfasst schätzungsweise 250–350 Tiere.
FELL: Gesicht schwarz; Hinterkopf, Unterarme (oberseits) und Schwanzrückseite goldfarben.

Gattung *Callimico*

Springtamarin
Callimico goeldii

Oberlauf des Amazonas in Brasilien, in N-Bolivien, Peru, Kolumbien und Ecuador, in dichtem Unterholz von Laubwäldern und in Bambuswäldern.
KL 25–31 cm; SL 25,5–32 cm;
GT 390–670 g.
FELL: Schwarz oder schwarzbraun; kurze Mähne; zwei gestufte Haarbüschel an der Rückseite der Krone; kräftige seitlich stehende Schnurrhaare, die weit über den Unterkiefer reichen.
NAHRUNG: Früchte, Insekten, Spinnen, Echsen, Frösche und Schnecken.
FORTPFLANZUNG: Tragzeit 150–160 Tage; 1 Junges pro Wurf.

Das Geheimnis des Springtamarins

Der Springtamarin *(Callimico goeldii)* wiegt weniger als 1 kg. Die wenigen noch existierenden Exemplare leben in den Bamubswäldern am Oberlauf des Amazonas. Die geringe Größe und die krallenähnlichen Nägel an Finger und Zehen (außer am großen Zeh) weisen auf die Zugehörigkeit der Tiere zu den Krallenaffen hin. Die Art galt einmal als engster lebender Verwandter des gemeinsamen Vorfahren dieser Primaten. Als Indizien betrachtete man verbliebene primitive Merkmale wie den vorhandenen dritten Molar, der den anderen Krallenaffen fehlt. Außerdem bringt die Art pro Wurf nur ein Junges zur Welt, während die anderen Arten meist Zwillinge gebären. Dritter Molar und einzelner Nachwuchs sind auch typisch für die Kapuzinerartigen.

Aufgrund dieser Fakten stellte man die Gattung *Callimico* in eine eigene Familie: die Springtamarine (Callimiconidae). Immunologische Studien haben schon 1978 Hinweise auf eine enge Verwandtschaft mit den Gattungen *Mico* und *Callithrix* erbracht. Damals als merkwürdig empfunden, ignorierte man diese Erkenntnisse. In neueren molekulargenetischen Untersuchungen der Kern- und Mitochondrien-DNA hat man jedoch die phylogenetische Verwandtschaft zwischen den Gattungen *Callimico* und *Mico*/*Callithrix* festgestellt. Daraufhin überprüfte man erneut die morphologischen und reproduktiven Aspekte, die den Unterschied zu den Marmosetten und Tamarinen ausmachen. Von den Zähnen ausgehend, weiß man nun, dass nicht nur die Gattung *Callimico*, sondern alle Krallenaffen einen evolutionären Prozess durchlaufen haben, der sich Zwergwüchsigkeit nennt. Verbunden damit war eine Verkleinerung des Kiefers, was zum Verlust des dritten Molars führte. Bei den Vertretern der Gattung *Callimico* ist dieser Molar zwar vorhanden, aber sehr klein und anscheinend ohne Funktion.

Die Bewertung des Fortpflanzungsaspekts ist komplizierter. Die Gattungen *Cebuella, Mico, Callithrix, Saguinus* und *Leontopithecus* sind die einzigen hoch entwickelten Primaten, die regelmäßig Zwillinge gebären – und das noch in einer Weise, die einzigartig in der Tierwelt ist. Obwohl es sich nicht um eineiige Zwillinge handelt, entwickeln sich die beiden Feten in einer Plazenta und auch ihr Blut mischt sich. Dieses Phänomen nennt man Chimärismus. Dass sich bei den Tamarinen und Marmosetten die Veranlagung zu den chimärischen Zwillingsgeburten unabhängig voneinander entwickelt hat, erscheint unwahrscheinlich (ist bei so eng verwandten Primaten kaum möglich). Vermutlich hatte ein gemeinsamer Vorfahre der Krallenaffen die Veranlagung zu chimärischen Zwillingsgeburten entwickelt und der Springtamarin ist später auf den Einzelnachwuchs pro Wurf zurückgefallen. ABR

Vom Aussterben bedroht

Die Rettung der Löwenaffen in Brasilien

Der Jesuit Antonio Pigafetta, Chronist bei Magellans Weltumsegelung, nannte sie „schöne, Affen ähnliche Katzen, die kleinen Löwen gleichen". Zwar taxonomisch nicht korrekt, wird diese Beschreibung aus dem Jahr 1519 dem ersten Eindruck jedoch durchaus gerecht, den ein Goldener Löwenaffe *(Leontopithecus rosalia)* hinterlässt. Er ist eine der Säugerarten mit der schönsten Fellfärbung und leider auch eine der am meisten gefährdeten. Auch die anderen drei Löwenaffen-Arten – Schwarzgesicht- *(L. caissara)*, Goldkopf- *(L. chrysomelas)* und Goldsteißlöwenaffe *(L. chrysopygus)* – sind vom Aussterben bedroht.

Der Goldene Löwenaffe besitzt ein herrliches, rötlich goldenes Fell und eine lange Kopfmähne, die die Ohren bedeckt und das dunkle, fast unbehaarte Gesicht einrahmt. Auch das Fell des erst 1990 beschriebenen Schwarzgesichtlöwenaffen ist überwiegend goldfarben, Gesicht, Schwanz, Hände und Füße sind schwarz. Die anderen beiden Arten tragen ein schwarzes Fell, während Mähne und Hinterteil goldfarben sind. Alle vier Arten findet man nur noch in einigen wenigen Gebieten des brasilianischen Atlantikwalds, einem Gürtel immergrüner Wälder im Osten. Heute nimmt er nur noch etwa 5 % seiner ursprünglichen Ausdehnung ein, mit einigen kleinen Ausläufern in Paraguay und Nordargentinien. Die Ostküste Brasiliens wurde vor knapp 500 Jahren kolonisiert und ist heute die am dichtesten besiedelte Region des Landes, in denen auch die Ballungszentren São Paulo und Rio de Janeiro liegen.

Löwenaffen waren immer auf Tieflandwälder, meist unterhalb von 300 m, beschränkt. Da sie leicht zugänglich sind, verschwinden diese Wälder in den Tropen oft als Erste, um für Ackerbau und Viehzucht Platz zu schaffen. Mit dem Bau der Niterói-Brücke über die Guanabara-Bucht, die einen schnellen Zugang zu den Stränden im Nordosten Rios ermöglichte – und damit auch zu den letzten Wohngebieten der Löwenaffen –, nahm die Umweltzerstörung im Staat Rio de Janeiro in den 1970er Jahren noch zu. In neuerer Zeit begannen Plantagenbesitzer in Bahia den restlichen dichten Wald auf ihren Kakaoplantagen abzuholzen, um mehr Anbaufläche zu schaffen. Zudem haben landlose Zuwanderer staatliche und private Ländereien in den Staaten Rio de Janeiro und São Paulo besetzt. Sie roden den Wald und plündern Flora und Fauna.

Als wäre die großflächige Zerstörung ihres Lebensraums noch nicht genug, wurden viele Goldene Löwenaffen lebend gefangen, weil sie als Haus- und Zootiere beliebt sind (die anderen drei Arten sind davon weniger betroffen). Der Handel wurde Anfang der 1970er Jahre verboten, seither ging die Zahl der zu diesem Zweck gefangenen Tiere stark zurück. Dennoch tauchen die Tiere von Zeit zu Zeit auf den lokalen Märkten Ostbrasiliens auf, und auch natürlichen Feinden wie Ozelot, Tayra, Hunden, Schlangen, Falken und Adlern fallen sie häufig zum Opfer.

All diese Faktoren zusammen haben zu einem sehr niedrigen Bestand dieser Tiere in freier Wildbahn geführt. Die größte Population der Goldkopflöwenaffen – mit vermutlich nur noch wenigen Tausend Tieren – lebt in Bahia, doch auch dort verschwindet der Wald zunehmend schneller. Ein anderes, ähnlich großes Schutzgebiet, der Serra-do-Conduru-Nationalpark, wurde 1997 innerhalb des Verbreitungsgebiets dieser Art eingerichtet, doch sichtete man dort seither keinen einzigen Löwenaffen mehr. In einigen Waldrestbeständen im Staat São Paulo dürften noch etwa 1000 Goldsteißlöwenaffen leben – der größte Teil von ihnen vermutlich im staatlichen Morro-do-Diabo-Reservat, das rund 37 000 ha groß ist. Eine kleinere Zahl lebt im etwa 2170 ha großen Caetetus-Reservat. Doch auch hier werden die letzten Waldbestände abgeholzt.

Der Bestand der Goldenen Löwenaffen beläuft sich auf maximal 800 Tiere. Sie verteilen sich vorwiegend auf zwei Reservate – Poço das Antas mit 6500 ha und União mit 2400 ha Größe, das erst 1998 eingerichtet wurde – sowie auf 15 winzige Waldinseln in Privatbesitz. Diese Art gilt weiterhin als stark bedroht, da immer mehr Wald neuen Badestränden weichen muss. Nur etwa 40 % des Poço-das-Antas-Reservats ist bewaldet. Zudem wird die Region jedes Jahr von Bränden heimgesucht, die die Regeneration des Sekundärbewuchses verzögern. Das Reservat wird durch eine Bahnlinie geteilt, auf der früher giftige Chemikalien transportiert wurden. Durch einen heute ungenutzten, vor 20 Jahren erbauten Staudamm wurden zudem Teile des Landes überflutet.

Vielleicht noch etwa 250 Schwarzgesichtlöwenaffen leben auf einem Inselreservat im Paraná in Südbrasilien und an der Küste des Staats São Paulo. Andere potenzielle Zufluchtsstätten in dieser Region, darunter der 150 000 ha große Jacupiranga-Nationalpark, sind weitgehend entwaldet. Diese Löwenaffen-Art ist primär durch den Ausbau des Tourismus, die Ernte von Palmherzen sowie die Waldrodung zur Schaffung von Weiden bedroht.

Die ersten Maßnahmen zur Rettung der Löwenaffen ergriff der führende Primatologe Dr. Adelmar Coimbra-Filho in den 1960er Jahren. Er entdeckte 1973 nicht nur den Goldsteißlöwenaffen erneut, sondern gründete auch das Primatenzentrum in Rio de Janeiro, in dem gefährdete brasilianische Arten gezüchtet werden.

Oben rechts: *Goldene Löwenaffen waren als Haus- und Zootiere sehr beliebt und wurden oft gefangen. Dies dezimierte den Bestand. Nun scheinen Zucht- und Wiedereinführungsprogramme Erfolg zu haben.*

Links: *Goldkopflöwenaffen bei der Fellpflege. Das einzige für diese Art eingerichtete Reservat, das 7100 ha große Una Biological Reserve, ist durch die Landbesetzung gefährdet.*

In den 1970er Jahren sank die Zahl der in Zoos gehaltenen Goldenen Löwenaffen ebenso schnell wie der Bestand der Wildtiere. Forschern des National Zoological Park in Washington D.C. gelang es jedoch, erfolgreiche Zucht- und Haltungsprogramme für die Tiere zu entwickeln. Dies führte zur Ausarbeitung eines Maßnahmenplans unter der Schirmherrschaft der Brazilian Lion Tamarin Association. Der Plan berücksichtigte sowohl Zoo- als auch Feldstrategien, um eine innovative genetische und demografische Haltung dieser Tiere in Gefangenschaft zu gewährleisten. Ebenso beinhaltete er die Finanzierung bahnbrechender Langzeit-Feldstudien über Verhalten und Ökologie der Art sowie die Unterweisung lokaler brasilianischer Behörden und Gemeinden darin, welche Maßnahmen zur Erhaltung der Art notwendig waren. Des Weiteren sah man verstärkte Schutzmaßnahmen des Lebensraums der Löwenaffen sowie Korridore zwischen Waldinseln vor. Der Erfolg dieses Projekts kann daran gemessen werden, dass nahezu 40 % der heutigen Wildpopulation der Goldkopflöwenaffen von wieder eingeführten Tieren – u.a. von Zootieren – abstammt. Der Erhalt des Goldsteiß- und in jüngerer Zeit auch vermehrt des Schwarzgesichtlöwenaffen wird ebenfalls in großem Maßstab die Wiedereinführung und Verlegung vieler Tiere erfordern, um einer genetischen Isolation der wenigen verbliebenen Populationen vorzubeugen.

Trotz aller Bemühungen zur Rettung der vier Arten sieht die Zukunft trübe aus. Nach wie vor zählen Goldene, Goldsteiß- und Schwarzgesichtlöwenaffen zu den 25 am meisten gefährdeten Primatenarten weltweit. Ohne konstante Überwachungs- und Schutzmaßnahmen kann jede dieser Arten im kommenden Jahrzehnt aussterben. DGK/RAM

Kapuzinerartige

Bei Neuweltaffen findet man eine außerordentliche Bandbreite ökologisch, sozial und anatomisch unterschiedlicher und oft einzigartiger Typen. Zur Familie der Cebidae zählen der weltweit einzige nachtaktive Vertreter der Haplorhini, einige der intelligentesten Primaten sowie die einzigen Affen mit Greifschwanz.

Neuweltaffen kennzeichnet eine große Vielfalt. Einige Kapuzinerartige sind auf kleine, isolierte Bergregionen (Gelbschwanzwollaffe) oder eine einzige kleine Insel (*Alouatta coibensis*) beschränkt, andere wiederum kommen im gesamten tropischen Südamerika vor (z.B. Nachtaffe und Gehaubter Kapuziner). Auch die Sozialstruktur ist sehr unterschiedlich: Man findet strikte Monogamie ebenso wie große polygame Gruppen. Dennoch verfügen Kapuzinerartige über einige gemeinsame Merkmale, die sie von allen anderen Primaten unterscheiden: die breite Nase (bedingt durch die breite Nasenscheidewand), das Fehlen von Backentaschen und eine einheitliche Zahnformel (I2/2, C1/1, P3/3, M3/3 = 36).

Typische Baumtiere

KÖRPERBAU UND FUNKTION

Kapuzinerartige findet man vorwiegend in tropischen und subtropischen immergrünen Wäldern, manche jedoch auch in Höhen von bis zu 3000 m und in Wäldern mit saisonalen Trockenzeiten. Sie halten sich fast ausnahmslos in Bäumen auf, wobei einige Arten zum Spielen (Weißstirnkapuziner) oder zur Nahrungssuche auf die Erde herabklettern oder sogar bis zum nächsten Waldgebiet laufen. Im Gegensatz zu den Altweltaffen jedoch sind bei keinem Kapuzinerartigen Spezialisierungen für ein Leben auf dem Boden zu beobachten.

Alle untersuchten Tiere zeigten ein relativ scharfes Farbensehen, wenngleich ihre Rot-Wahrnehmung nicht sehr ausgeprägt ist. Die Vererbung des Farbensehens unterscheidet sich stark von jener der Altweltaffen. So kommt es vor, dass bei einigen Arten alle Männchen, aber nur ein Teil der Weibchen farbenblind sind.

Bei Arten wie dem Totenkopfaffen, die sich springend fortbewegen, sind die Oberschenkel im Vergleich zum Unterschenkel kürzer als bei kletternden Arten wie den Brüllaffen – dies erhöht die Sprungkraft. Andere, wie die Klammeraffen, die sich mit den Händen von Ast zu Ast hangeln, besitzen relativ lange Arme und ein sehr bewegliches Schultergelenk. Die größeren Kapuzinerartigen verfügen über einen äußerst beweglichen Greifschwanz, mit dem sie sich an Ästen festhalten und auf die Weise sogar kopfüber fressen können.

Harter Konkurrenzkampf

NAHRUNG

Jede Art bevorzugt Nahrung, die an ihren Körperbau angepasst, aber auch durch ihn bedingt ist – durch die Struktur von Kiefer, Zähnen und Darm. Die Blätter fressenden Mantelbrüllaffen besitzen relativ breite, flache Zähne, sehr tief angesetzte untere Unterkieferknochen und einen relativ langen Darm, der ein Drittel ihres Körpervolumens ausmacht, da sie große Mengen Pflanzenmaterial verdauen müssen. Die Insekten fressenden Totenkopfaffen weisen scharfe, schmale Zähne und einen kurzen, einfachen Darm auf, der weniger als ein Sechstel ihres Körpervolumens ausmacht.

Neuweltaffen haben Verhaltensweisen ausgebildet, die es ihnen erlauben, ihren Speiseplan zu erweitern. Sakis und Kapuzineraffen etwa fressen harte Samen, deren Schale sie nicht mit den Zähnen knacken können. Sie schlagen dafür die Samen gegeneinander, um sie aufzubrechen. Klammeraffen, die von spärlich auftretenden, großen Früchte tragenden Bäumen abhängig sind, verfügen über ein hervorragendes Orientierungsvermö-

Oben: *Totenkopfaffen-Weibchen mit Kind. Die Männchen dieser Art beteiligen sich nicht an der Aufzucht der Jungen, doch „Helferinnen" – meist eigene Töchter ohne Junge – unterstützen die Mutter beim Tragen und Beaufsichtigen der Kleinen während der Futtersuche.*

Links: *Weibchen des Schwarzen Brüllaffen; diese Affen zählen zu den wenigen Arten, bei denen sich die Fellfarbe beider Geschlechter unterscheidet: Bei den Weibchen ist das Fell oliv-lederfarben, bei den Männchen schwarz.*

FAKTEN

KAPUZINERARTIGE

Ordnung: Primates

Familie: Cebidae

47 (58) Arten in 11 Gattungen: Nachtaffen (*Aotus*, 2 (10) Arten); Springaffen (*Callicebus*, 13 Arten); Totenkopfaffen (*Saimiri*, 4 (5) Arten); Kapuzineraffen (*Cebus*, 4 Arten); Sakis (*Pithecia*, 5 Arten); Bartsakis (*Chiropotes*, 2 Arten); Uakaris (*Cacajao*, 2 Arten); Brüllaffen (*Alouatta*, 6 (8) Arten); Klammeraffen (*Ateles*, 6 Arten); Wollaffen (*Lagothrix*, 2 Arten) und Spinnenaffe (*Brachyteles arachnoides*).

VERBREITUNG Von Mittelamerika (Mexiko) nach Süden über fast ganz Südamerika bis Paraguay, N-Argentinien und S-Brasilien.

LEBENSRAUM Vorwiegend tropischer und subtropischer immergrüner Wald, von Meereshöhe bis 1000 m.

GRÖSSE Körperlänge von 25–37 cm bei männlichen Totenkopfaffen bis 46–63 cm bei Spinnenaffen; **Schwanzlänge** von 37–45 cm bis 65–74 cm bei denselben genannten Arten; **Gewicht** von 0,6–1,1 kg bis 12 kg oder mehr. Männchen oft, aber nicht immer größer als Weibchen.

FELL Weiß, gelb, rot bis braun, schwarz; unterschiedliche Zeichnungen meist am Kopf.

NAHRUNG Früchte, Nüsse, Samen, Blätter, Insekten, gelegentlich kleine Säuger.

FORTPFLANZUNG Tragzeit etwa 120 bis 225 Tage, je nach Gattung.

LEBENSERWARTUNG Bei den meisten Arten maximal 12–25 Jahre.

Artenübersicht siehe Seite 350 ff. ▷

gen und Blätter fressende Arten wie Brüllaffen kommen auf den Boden, um Tonerde zu fressen – offenbar trägt sie dazu bei, die in den Blättern vieler tropischer Bäume enthaltenen Giftstoffe zu binden.

Die Unterschiede zwischen den Arten hinsichtlich Form und Ökologie sind stark durch die Körpergröße bedingt. Die kleinsten und leichtesten Arten schwingen sich flink von Ast zu Ast; die Absturzgefahr ist bei ihnen sehr gering, was auch den fehlenden Greifschwanz erklären könnte. Ihre Kiefer sind klein und nicht sehr kräftig, sodass sie nur kleinere, weiche Früchte fressen können. Sie haben zudem einen schnellen Stoffwechsel und daher einen hohen Bedarf an energie- und eiweißreicher Nahrung wie Insekten und reifen Früchten. Ihr kurzer Darm und die kurze Verdauungszeit sind an leicht verdauliche Kost angepasst, nicht jedoch an fasrige Pflanzennahrung wie Blätter. Große Affen kennen die umgekehrten Vor- und Nachteile: ein hohes Verletzungsrisiko durch Stürze, kräftige Kiefer, relativ niedriger Energiebedarf und eine lange Verdauungszeit.

Zwar konkurrieren Kapuzinerartige mit zahlreichen Nichtprimaten um Futter, doch ihre größten Nahrungskonkurrenten sind andere Mitglieder der Cebidae. So findet man oft bis zu fünf Arten gleichzeitig auf einer bestimmten Baumart oder sogar auf demselben Baum, wo dann heftige Kämpfe um das Futter entbrennen. Meist müssen die kleineren oder nicht so wendigen Arten weichen. Ihre körperliche Unterlegenheit hat zur Ausbildung eines spezialisierten Lebensstils geführt: So verzehren Springaffen z.B. unreife Früchte, weil größere Affen reife bevorzugen, und Nachtaffen fressen nachts von den Bäumen, in denen tagsüber große Arten dominieren. Totenkopfaffen schließen sich zu so großen Horden zusammen, dass es anderen zahlenmäßig unterlegenen Arten so gut wie unmöglich ist, sie aus einem Baum zu vertreiben.

Vielleicht bedingt durch diese Nahrungskonkurrenz gibt es sogar bei den großen Kapuzinerartigen recht unterschiedliche ökologische Typen. Bartsakis etwa haben sich auf Fruchtsamen spezialisiert, während Uakaris, die sich von den gleichen Früchten wie andere mittelgroße Affen ernähren, nur in einem bestimmten Lebensraum zu finden sind (überflutete Sumpfwälder). In diesen kommen keine anderen Kapuzinerartigen vor. Brüllaffen schließlich sind als einzige Art in der Lage, über einen gewissen Zeitraum ausschließlich von Blättern zu leben.

Am stärksten konkurrieren meist die verschiedenen Arten einer Gattung um Nahrung, da sie sich in ihrer Anatomie und Ökologie oft ähneln. Wo es Überschneidungen gibt – wie bei Gehaubtem Kapuziner und anderen Kapuzinerarten –, unterscheiden sie sich in ihrer Ernährung stärker, als wenn sie allein auftreten.

Einige Cebidae-Arten nutzen Pflanzen auch anderweitig. So beobachtete man z.B. Weißschulterkapuziner in Costa Rica dabei, wie sie ihre Haut mit Pflanzen von mindestens vier Gattungen (*Citrus, Clematis, Piper* und *Sloanea)* einrieben. Die ersten drei enthalten Wirkstoffe, die Insekten fern halten und/oder medizinische Eigenschaften besitzen. Offenbar nutzen auch die Eingeborenen diese Pflanzen dort zu ähnlichen Zwecken.

Gruppengröße und Futtervorkommen

SOZIALVERHALTEN

Jede Cebidae-Art hat ihre eigene Sozialstruktur. Die meisten kleineren Kapuzinerartigen mit einem Gewicht von 0,7 bis 1,5 kg (Nacht-, Springaffen, Sakis) leben monogam; sie festigen diese Bindung nicht nur durch freundlichen Umgang mit dem Partner, sondern auch durch aggressives Verhalten gegenüber Artgenossen desselben Geschlechts. Bei monogamen Arten bleiben Jungtiere oft bis zu ein oder zwei Jahre nach der Geburt des nächsten Kindes bei ihren Eltern, sodass man Gruppen mit bis zu fünf Tieren beobachten kann.

Totenkopfaffen bilden große Gruppen von meist 30 bis 40 Tieren mit bis zu einem Dutzend geschlechtsreifer Weibchen und mehreren erwachsenen Männchen. Diese Tiere nehmen aufgrund der Vielfalt ihrer Sozialsysteme auch unter den Primaten eine Sonderstellung ein. So bleiben etwa die Weibchen von *Saimiri boliviensis* in ihrer Geburtsgruppe und mit ihren Verwandten eng verbunden, während die erwachsenen Weibchen der Rotrücken-Totenkopfaffen abwandern und nur wenig Umgang untereinander oder mit Männchen pflegen. Bei den Totenkopfaffen haben die Weibchen fast nur noch Kontakt zu Männchen.

Oben: *Kapuzinerartige und ihre typische Fortbewegungsart in den Bäumen. Bei den meisten Arten sind die Männchen etwas größer als die Weibchen, bei einigen weisen beide Geschlechter unterschiedliche Fellfärbungen auf.* ***1*** *Weißkopfsaki* (Pithecia pithecia) *– das Männchen trägt einen Schopf lederbrauner Haare auf dem Kopf.* ***2*** *Roter Uakari* (Cacajao calvus rubicundus). ***3*** *Sumpfspringaffe* (Callicebus moloch) *und* ***4*** *Totenkopfaffe* (Saimiri sciureus) *besitzen keine Greifschwänze und bewegen sich primär mit Sprüngen fort.* ***5*** *Gehaubter Kapuziner* (Cebus apella). ***6*** *Der Schwarze Brüllaffe* (Alouatta caraya) *hingegen verfügt wie andere größere Kapuzinerartige auch über einen Greifschwanz mit einer unbehaarten Greiffläche an der Unterseite der Spitze.* ***7*** *Der Geoffroy-Klammeraffe* (Ateles geoffroyi) *kann mit seinem Schwanz sogar kleine Gegenstände wie Früchte aufheben.* ***8*** *Wollaffe* (Lagothrix lagotricha).

Alle größeren Kapuzinerartigen (2 bis 9 kg) leben in Gruppen von mindestens fünf Tieren zusammen und sind mehr oder weniger polygam. Bei niedriger Populationsdichte bilden Brüllaffen und Kapuziner oft Harems mit einem Männchen und ein bis drei Weibchen, bei höherer Populationsdichte schließen sie sich zu größeren Gruppen von sieben bis 20 Tieren mit mehreren erwachsenen sowie halbwüchsigen Männchen zusammen. Solche großen Verbände findet man gewöhnlich bei Bartsakis, Uakaris, Wollaffen und Spinnenaffen. Klammeraffen bilden Untergruppen, die in Größe und Zusammensetzung variieren, da täglich Tiere hinzustoßen oder fortgehen.

Bei den größeren Arten paaren sich Weibchen offenbar primär mit dem oder den dominanten Männchen, gelegentlich aber auch mit untergeordneten oder sehr jungen Männchen. Genetischen Untersuchungen zufolge stammen jedoch bei Gehaubten Kapuzinern fast alle Nachkommen vom dominanten Männchen ab, selbst wenn dieses nur etwa die Hälfte der Weibchen begattet hat. Im Gegensatz dazu scheint der Paarungserfolg bei männlichen Wollaffen und Spinnenaffen nicht an den Dominanzstatus gekoppelt zu sein. Hier paart sich ein Weibchen mit mehreren Männchen, deren Fortpflanzungserfolg eventuell schlicht von der Menge des produzierten Spermas abhängt. So besitzt der Spinnenaffe von allen Neuweltaffen die im Vergleich zu seinem Körper größten Hoden.

Die Gruppengröße scheint vom Nahrungsangebot abzuhängen. Die meisten in Kleingruppen lebenden Arten ernähren sich von spärlichen und verstreuten Ressourcen wie Insekten und Beeren. Arten mit Großgruppenbildung fressen dagegen Früchte von produktiven, aber spärlich vertretenen Bäumen wie Feigen. Eine Ausnahme bilden hier die Nachtaffen, die in kleinen, monogamen Gruppen leben und sich ihre Nahrung in großen Bäumen mit reichlichem Fruchtangebot suchen.

Wie eine Art ihr Wohngebiet nutzt, hängt ebenfalls von der Verteilung der Nahrung ab. Springaffen z.B. holen sich ihr Futter von kleinen, verstreut liegenden Bäumen und besuchen diese regelmäßig. *Saimiri boliviensis* und Weißstirnkapuziner fressen die Früchte großer, zusammen oder vereinzelt stehender Bäume und nutzen ihr Wohngebiet ungleichmäßig. Sie bleiben mit ihrer großen Gruppe meist so lange in einem Gebiet, bis die Früchte dort aufgezehrt sind, und ziehen erst dann weiter.

SOZIALSTATUS BEI GEHAUBTEN KAPUZINERN

Bricht eine Gruppe dieser Art zur Nahrungssuche auf, ist schnell erkennbar, welchen Status ein Tier hat – nämlich anhand der Futtermenge, die es bei knappem Nahrungsangebot zu sich nimmt. Kommt es auf einem Baum zum Streit, setzen sich fast immer das dominante Männchen und die von ihm tolerierten Tiere durch, d.h., diese fressen als Erste und am längsten. Untergeordnete Tiere müssen warten, bis der „Chef" mit seinem Gefolge den Baum verlässt.

Alle Tiere in einer Gruppe versuchen so nahe wie möglich an Futter heranzukommen und Feinden gleichzeitig möglichst wenig Angriffsfläche zu bieten. Am sichersten sind meist Tiere in der Mitte der Horde, da sie von der Wachsamkeit ihrer Nachbarn profitieren. An der Spitze einer Horde hingegen ist das Nahrungsangebot am größten, allerdings auch die Gefahr. Die beste Position ist insofern die in der zweiten Reihe, da Tiere dort von den Entdeckungen des 8–12-köpfigen Stoßtrupps profitieren, ohne sich selbst Gefahren auszusetzen. Sie wird bevorzugt vom dominanten Männchen eingenommen – dem einzigen Gruppenmitglied, das sich mehr Futter „erschnorrt" als selbst sucht.

Die Mitglieder einer Gruppe beobachten das dominante Männchen aufmerksam und passen ihr Verhalten entsprechend an. Gegenüber Kleinkindern und Jungtieren – die fast alle von ihm stammen – zeigt sich das Männchen sehr tolerant, sodass diese

ihm meist am nächsten sind. Häufig führen tolerierte Weibchen mit ihren älteren Kindern eine Gruppe an und haben so den besten Zugang zu Futter, sind dadurch aber auch am ungeschütztesten. Nicht tolerierte Tiere halten sich am Rand der Gruppe auf oder bleiben etwas zurück, um Streit zu vermeiden, auch wenn sie länger nach Futter suchen müssen.

Die Art der Wohngebietsnutzung wiederum hat Einfluss darauf, wie sich benachbarte Gruppen einer Art zueinander verhalten. Arten, die ihr Gebiet gleichmäßig nutzen, sind in der Regel territorial und verteidigen ihr Nahrungsrevier – z.B. Spring- und Brüllaffen – bei Dämmerung mit lauten Rufen. Das andere Extrem stellen verschiedene Gruppen von *Saimiri boliviensis* dar, deren Wohngebiete sich offenbar vollständig überschneiden, bei denen es aber selten zu Feindseligkeiten kommt, selbst wenn sie im selben Baum Futter suchen.

Innerhalb einer Gruppe kann die Nahrungskonkurrenz sehr groß sein. In Verbänden von drei bis 15 oder mehr Tieren müssen Gehaubte Kapuziner z.B. oft um Futter kämpfen und nicht durchsetzungsfähige Tiere sind deutlich benachteiligt. Am häufigsten wird in kleinen Bäumen oder bei Nahrungsknappheit gekämpft. Dann suchen einige Gruppenmitglieder auch allein nach Futter.

Andererseits haben große Verbände auch Vorteile. Die Tiere sind z.B. besser geschützt, denn je mehr Augen und Ohren vorhanden sind, desto eher lässt sich ein Feind ausmachen. In Mittel- und Südamerika gibt es viele große Greifvögel, von denen sich manche auf Affen als Nahrung spezialisiert haben. So wird im Südosten Perus eine Kapuzinergruppe im Schnitt alle zwei Wochen von Adlern angegriffen.

Als Vorteil des Gruppenlebens zählt auch die gemeinsame Entdeckung und Verteidigung von Futterbäumen. Obwohl viele Affenarten ihre Nahrungsquellen genau kennen, nutzen sie auch solche, die sie zufällig entdecken. Hier ist eine große Mitgliederzahl von Vorteil, da die Tiere ihr Wissen teilen und so der Nahrungspool für die Gruppe größer wird. Bei einer Art, dem Gehaubten Kapuziner, machen die Entdecker einer Nahrungsressource die anderen durch schrille Pfiffe darauf aufmerksam. Größere Verbände gehen aus Kämpfen um Futterbäume meist auch als Sieger hervor.

Die Beziehung zwischen Männchen und Weibchen bei den Cebidae kann freundschaftlich bis manchmal recht feindselig sein. Männchen können weiblichen Gruppenmitgliedern nützliche Dienste leisten, nicht zuletzt, weil sie wachsamer sind und Feinde oder fremde Affenhorden oft früher entdecken und die anderen warnen. Bei den Klammer- und einigen Totenkopfaffen bilden einige Männchen Untergruppen, die von den Weibchen getrennt umherwandern.

Mehrere Kapuzinerartige bilden gemischte Gruppen mit anderen Arten. Beobachtet wurde dies vor allem bei Totenkopfaffen und Kapuzinern, Totenkopfaffen und Uakaris und sogar zwischen Kapuzinern und Klammeraffen. Obwohl beide Arten dadurch besser vor Feinden geschützt sein mögen, deuten Studien in Peru und Panama darauf hin, dass eine Seite mehr von diesem Arrangement profitiert. So schließen sich z.B. immer die Totenkopfaffen den Kapuzinern an, und Letztere bestimmen auch die Marschrichtung der Gesamttruppe. Da Kapuziner kleinere Reviere haben als Totenkopfaffen (1 bis 2 qkm gegenüber 4 qkm), kennen sie die Standorte der Fruchtbäume vermutlich sehr viel besser.

Bestimmte soziale Verhaltensweisen sind bei vielen, wenn nicht sogar allen Cebidae-Gattungen zu beobachten, so z.B. ein Drohverhalten gegenüber Artgenossen, aber auch gegenüber fremden Arten und Feinden. Die häufigste Drohgebärde ist das Zähneblecken, bei dem die Eckzähne gezeigt werden. Eine Ausnahme bilden hier die Springaffen, die kleine Eckzähne besitzen, sowie die Nachtaffen, die nachts kämpfen. Neben dem Zähneblecken rütteln Affen oft auch an Zweigen oder versuchen diese abzubrechen.

Fellpflege ist als freundschaftliches Verhalten sehr häufig bei Kapuzinerartigen zu beobachten. Meist nähert sich ein Tier einem anderen und legt sich in einer bestimmten Haltung auf einen benachbarten Ast oder sogar direkt auf die Füße des anderen. Gereinigt werden meist jene Stellen, die schlecht erreichbar oder einsehbar sind. In der Regel dauert das Grooming nur wenige Minuten, dann dreht sich das Tier um und fordert das Gleiche vom Partner ein; das wiederholt sich mehrmals, bis einer die Fortsetzung verweigert.

Das Verhalten von Affenkindern unterscheidet sich von dem Erwachsener in vielerlei Hinsicht. Sie sind deutlich schlechter koordiniert und seltener in der Lage, sich in bestimmten Situationen angemessen zu verhalten. Einige Verhaltensweisen von Jungtieren sind bei Erwachsenen äußerst selten zu beobachten und umgekehrt. Es scheint, als müssten viele Verhaltensmuster der Erwachsenen erst erlernt werden, bevor ein Tier sie richtig beherrscht. Da für ihre Nahrung gesorgt ist, verbrin-

Oben rechts: *Die unverwechselbare weiße Gesichtsmaske des Weißkopfsaki-Männchens. Wie viele Neuweltaffen leben Weißkopfsakis in monogamen Partnerschaften oder kleinen Familiengruppen.*

Links: *Ein Schwarzkopfuakari im brasilianischen Regenwald. Er und sein Verwandter, der Uakari, sind die einzigen neuweltlichen Kurzschwanzaffen.*

gen Affenkinder viel Zeit mit Spielen, erkunden ihre Umgebung oder kämpfen spielerisch mit anderen Jungtieren.

Noch ist unser Wissen über Kapuzinerartige sehr begrenzt. Von einigen Arten kennt man z.B. nur ausgestopfte Exemplare in Museen, und die Meinungen, welche Unterfamilien auszuweisen sind, gehen weit auseinander. Neuere Erkenntnisse über die DNA-Sequenzen deuten darauf hin, dass Nachtaffen, Totenkopfaffen und Kapuziner enger mit der Familie der Krallenaffen verwandt sein könnten als andere Cebidae-Arten. Nur wenige Arten wurden bisher über einen Zeitraum von fünf Jahren untersucht. Langzeitstudien sind jedoch notwendig, um die unterschiedlichen Verhaltensweisen und die Entwicklung einzelner Tiere sowie die Wechselbeziehung zwischen Umwelt und Verhalten besser verstehen zu können.

Regenwälder auf dem Rückzug

ARTEN- UND UMWELTSCHUTZ

Nahezu ein Drittel der Cebidae-Arten stehen in der Roten Liste als gefährdet oder stark gefährdet. Im Amazonasbecken werden Klammer- und Wollaffen ihres Fleisches wegen gejagt und sind in vielen Gebieten bereits ausgerottet. Diese Arten sind aufgrund ihres langsamen Wachstums und ihrer niedrigen Fortpflanzungsrate besonders gefährdet, aber auch, weil sie stark vom Primärregenwald abhängen – von dem in einigen Regionen gegenwärtig über 40 000 ha täglich gerodet werden.

Kleinere Kapuzinerartige wie Spring-, Nacht- und Totenkopfaffen passen sich schneller an Lebensraumveränderung oder -vernichtung an. Doch auch diese werden Zoologen aufgrund der drohenden Zerstörung des Primärregenwalds in ganz Südamerika wohl kaum jemals mehr in ihrer natürlichen Umgebung beobachten können. Arten, die auf winzige Gebiete beschränkt oder sehr selten sind, könnten aussterben, bevor man ihre einzigartigen Anpassungen näher untersuchen kann. CHJ

AFFEN IM MONDLICHT

Die Nachtaffen *(Aotus* spp.) bevölkern die Wälder fast ganz Südamerikas und sind die einzigen echten nachtaktiven Affen. Dank ihrer vergrößerten Augen können sie nachts hervorragend sehen. In Mondnächten springen sie 3 bis 5 m weit von Baum zu Baum und können sogar bei sehr wenig Licht noch Früchte erspähen oder Insekten fangen.

Morphologische Untersuchungen deuten darauf hin, dass sie nicht immer nachtaktiv waren. Vor allem die Struktur der Augen legt nahe, dass ihre Vorfahren ausschließlich tagaktiv waren und sogar begrenzt Farben sehen konnten (während Nachtaffen keine Farben erkennen). Warum aber hat sich eine tagaktive Affenart zu einer nachtaktiven entwickelt?

Vielleicht weil nachts der Zugang zu Nahrungsquellen sicherer ist. Andere kleine südamerikanische Primaten werden von tagaktiven Beutegreifern gejagt, und große Arten, vor allem Kapuziner, vertreiben kleinere von Früchte tragenden Bäumen. Nachtaffen umgehen beide Probleme, indem sie erst 15 Minuten nach Sonnenuntergang aktiv werden – genau dann, wenn tagaktive Feinde und Nahrungskonkurrenten sich zur Ruhe begeben. Die einzigen, die ihnen gefährlich werden können, sind Jaguar und Ozelot, doch diese sind nicht gewandt genug, um ihnen in den Bäumen zu folgen.

In den lichten Wäldern des Gran Chaco in Paraguay und Argentinen sind tagaktive Feinde und Nahrungskonkurrenten zwar selten, dafür kommt aber der nachtaktive Virginia-Uhu *(Bubo virginianus)* sehr häufig vor, sodass die Nachtaffen dort zu einer teilweise tagaktiven Lebensweise zurückkehrten: Sie sind bei Tageslicht ein bis drei Stunden aktiv. Im kalten Chaco-Winter wandern die Gruppen tagsüber sogar fast so weit wie nachts. PCW

Oben: *Nachtaffe* (A. trivirgatus)

Artenübersicht Kapuzinerartige

DIE STETIGE ÜBERARBEITUNG DER TAXONOMIE der Kapuzinerartigen (Cebidae) macht deutlich, wie wenig über diese Neuweltaffen bekannt ist. Viele Arten wurden bislang nicht näher untersucht und auch über ihre Verbreitung weiß man wenig. Das wissenschaftliche Kriterium zur Abgrenzung einer Art – ob sich ihre Mitglieder mit denen einer anderen Art fruchtbar kreuzen – lässt sich auf viele Cebidae nicht anwenden, da sich ihre Verbreitungsgebiete nicht überschneiden. In anderen Fällen gibt es große Unterschiede im genetischen Material einzelner Formen, die anhand ihrer Fellfärbung nur schwer unterscheidbar sind. Immer wieder werden neue Formen entdeckt und beschrieben, und ehemals als Unterarten eingestufte Formen wurden von einigen Experten als eigene Art anerkannt. Diese Arten überschneiden sich meist nicht mit anderen Arten ihrer Gattung und bilden daher eine „Superspecies“-Gruppe. In der folgenden Übersicht sind Artnamen fett gedruckt, doch wird nicht jede Art beschrieben. Ist zu wenig über eine bekannt, wird sie in einem Gruppeneintrag ihres Superspecies-Komplexes aufgeführt – hier werden zwei Superspecies-Gruppen bei den Springaffen genannt. Auf höherer taxonomischer Ebene stützen neue DNA-Sequenz-Untersuchungen die Theorie, dass es bei den Cebidae zwei Abstammungslinien gibt. Dementsprechend wären Kapuziner- *(Cebus)* und Totenkopfaffen *(Saimiri)* die nächsten Verwandten der Krallenaffen und die Nachtaffen *(Aotus)* möglicherweise primitive Mitglieder dieser Gruppe. Alle in ihr zusammengefassten Arten sind stark auf Insekten als Eiweißlieferanten angewiesen. Die restlichen Neuweltaffen bilden eine zweite Gruppe, die Alles- und Laubfresser-Arten umfasst. Wir behandeln hier die Krallenaffen als eigene Familie und fassen die restlichen Arten zusammen, bis eindeutigere Daten vorliegen, die Aufschluss über die verwandtschaftlichen Verhältnisse geben.

NACHTAFFEN

Gattung *Aotus*

In trockenen bis feuchten Lebensräumen, bis 3000 m. Ernähren sich von Früchten, Blättern und Insekten, saisonal von Früchten, Wirbeltieren und Eiern. Vorwiegend nachtaktiv. Monogam, in Gruppen von 2–5 Tieren lebend. Geschlechter fast gleich groß. Tragzeit 120–133 Tage; ein Junges, selten zwei; eine Geburt pro Jahr, Geburten regional von Jahreszeiten abhängig.

Nachtaffe
Aotus trivirgatus

Von 81° W in Panama nach Süden bis zum Nordufer des Amazonas in Peru und Brasilien, außer in beiden Guyana-Staaten, fast ganz Venezuela und Ostbrasilien. Es gibt 5 oberflächlich ähnliche Formen mit unterschiedlichen Chromosomensätzen: *Aotus brumbacki* VU, *A. lemurinus* VU, *A. hershkovitzi*, *A. trivirgatus* und *A. vociferans* (einige Experten betrachten diese als eine Superspecies-Gruppe).
KL 29–42 cm; SL 25–44 cm; GT 0,8–1,3 kg.
FELL: Auf Rücken, Hinterkopf, Beinen und Armen braun oder grau gesprenkelt; Unterseite lederbraun-weiß; im Gesicht drei dreieckige weiße Flecken über den großen Augen; drei schwarze Streifen zwischen den und seitlich der Augen, die oben zusammenlaufen.

Musmuqui
Aotus nigriceps

Vom Südufer des Amazonas in Peru und Brasilien bis N-Argentinien, außer in O- und SO-Brasilien. Es gibt 5 oberflächlich ähnliche Formen mit unterschiedlichen Chromosomensätzen: *Aotus azarai*, *A. infulatus*, *A. miconax*, *A. nancymae* und *A. nigriceps* (einige Experten betrachten diese als eine Superspecies-Gruppe). Vorwiegend nachtaktiv, im südlichsten Teil des Verbreitungsgebiets teilweise tagaktiv.
KL 29,5–42 cm; SL 25–44 cm; GT 0,8–1 kg.
FELL: Auf Rücken, Hinterkopf, Beinen und Armen braun oder grau gesprenkelt; Unterseite orange; im Gesicht drei dreieckige weiße Flecken über den großen Augen, rautenförmiger Fleck zwischen den Augen auf der Stirn, schwarze Streifen rahmen die weißen Augenflecken ein.

SPRINGAFFEN (TITIS)

Gattung *Callicebus*

In Primär- bis degradierten Feucht- und Regenwäldern; von Meereshöhe bis etwa 1000 m. Bevorzugt Unterholz bis 10 m Höhe. Frisst Früchte, oft auch unreife, Insekten und Blätter, manchmal etwas Erde von Blattschneiderameisenhaufen. Fell dicht und lang. Eckzähne im Vergleich zu anderen Cebidae kurz. Männchen nicht immer schwerer als Weibchen. Tagaktiv. Monogam, in Gruppen von 2–6 Tieren lebend. Tragzeit 155 Tage, nur ein Junges; Geburten: ein Wurf pro Jahr, meist zu Beginn der Regenzeit.

Sumpfspringaffe
Callicebus moloch (Superspecies-Gruppe)

Südlich des Amazonas in Zentral- und O-Amazonien bis S-Bolivien. In dieser Gruppe werden 5 Arten zusammengefasst, darunter eine mit winzigem Verbreitungsgebiet *(C. cinerascens)*; die der anderen grenzen aneinander, überschneiden sich aber nicht oder kaum *(C. hoffmannsi, C. donacophilus, C. brunneus* und *C. moloch)*. Bevorzugt sumpfige, überflutete, degradierte Lebensräume an Flüssen.
KL 31–45 cm; SL 36–53 cm; GT 0,7–1,2 kg.
NAHRUNG: Vorwiegend Früchte, frisst jedoch mehr Blätter als Witwenaffen und kann sich kurzzeitig auch nur von Blättern und unreifen Früchten ernähren. Insekten bilden etwa ein Sechstel der Nahrung und werden heftig gegen Futterkonkurrenten verteidigt (z.B. Ameisenlarven).
FELL: Grau-rotbraun; Bauch wie Rücken oder blassorange *(C. hoffmannsi)*; Stirn gleiche Farbe wie Gesicht. Spitze des Schwanzes heller als der Rest.

Roter Springaffe
Callicebus cupreus (Superspecies-Gruppe)

Nördlich und südlich des Amazonas in Peru und Brasilien, westlich des Rio Negro, östlich bis zu den Anden, südlich bis N-Bolivien. Bevorzugt Tieflandwald an Flussufern. Diese Gruppe umfasst 6 Arten, zwei mit angrenzenden Verbreitungsgebieten *(C. dubius* VU und *C. cupreus)*, eine *(C. caligatus)*, deren Gebiet sich fast mit dem von *C. cupreus* deckt sowie drei mit winzigem Gebiet, die mit dieser Gruppe verwandte Reliktarten sein könnten *(C. olallae, C. modestus* und *C. oenanthe* VU).
KL 30–41 cm; SL 33–48 cm; GT 1,2 kg.
FELL: Lederbraun, gesprenkelt bis aguti oder braun; Bauch meist alle Schattierungen von orange bis rotbraun; Stirn hebt sich bei allen Arten außer den bolivianischen Formen *C. modestus* und *C. olallae* vom restlichen Gesicht ab. Schwanz meist einfarbig.

Witwenaffe
Callicebus torquatus

Nördlich des Amazonas und Rio Marañon (Peru) bis zum Orinoco und den Guyana-Staaten; südlich des Amazonas zum Rio Purus in Brasilien. Bevorzugt nicht überflutete Wälder mit Sandböden. Verbreitungsgebiet überlappt sich mit Arten der Superspecies-Gruppe *C. moloch* und *C. cupreus*.
KL 23–36 cm; SL 42–49 cm; GT ca. 1,1–1,5 kg.
NAHRUNG: Frisst weniger Blätter als Sumpfspringaffe, aber mehr Insekten.
FELL: Rotbraun bis schwarz; Stirn, Kehle und Schwanzspitze manchmal cremeweiß bis orange; Hände hellbeige; Unterarme, Beine und Füße schwarz, Schwanz dunkelbraun bis schwarz.

Maskenspringaffe Vu
Callicebus personatus
Schwarzköpfiger Springaffe

Ostküste Brasiliens von Bahia südlich bis São Paulo (keine Überschneidung mit anderen Arten).
KL 31–42 cm; SL 42–56 cm; GT 1–1,7 kg.
NAHRUNG: Meist Früchte, Blätter stellen ca. 20 % der Nahrung; keine Insekten, soweit bekannt.
FELL: Mittelbraun mit lederfarbenen Haarspitzen; Bauch kann rötlich braun sein; gesamter Kopf dunkelbraun oder schwarz; Hände und Füße schwarz; Schwanz rötlich braun, gemischt mit Schwarz.

TOTENKOPFAFFEN

Gattung *Saimiri*

Feuchter Sekundär- bis Primärregenwald, Ufer- und Mangrovenwälder. Tagaktiv. Polygam, in Gruppen von meist 30–40 Tieren lebend. Nur ein Junges. Geburtenabstand ein Jahr.

Totenkopfaffe
Saimiri sciureus

Amazonien und Guyana-Staaten nördlich des Amazonas vom Atlantik bis zu den Anden, südlich des Amazonas nur in O-Brasilien. Von Meereshöhe bis ca. 2000 m. Enger Verwandter dieser Art ist *S. vanzolinii* VU, dessen winziges Verbreitungsgebiet von dem des *S. sciureus* umschlossen ist; beide Formen sind anhand ihrer Chromosomen unterscheidbar. Großes Stimmrepertoire mit über 20 verschiedenen Rufen.
KL 27–37 cm; SL 37–45 cm; GT 0,5–1,2 kg. Männchen nicht viel größer als Weibchen.
NAHRUNG: Überwiegend Früchte und Insekten; können auch allein von Insekten leben.
FELL: Kurz, meist olivfarben auf dem Rücken, Unterseite heller gelb; Glieder, Hände und Füße orangegelb. Gesicht, Kehle und Ohren weiß, Schnauze schwarz. Weißes Fell über den Augen bildet „gotischen“ Spitzbogen. Kopfhaare dunkelgrün bis grau und schwarz.

ABKÜRZUNGEN

KL = Körperlänge SL = Schwanzlänge GT = Gewicht
M = Männchen W = Weibchen

Ex	ausgestorben	En	stark gefährdet
EW	in freier Natur ausgestorben	Vu	gefährdet
Cr	vom Aussterben bedroht	LR	geringes Risiko

Links: Der Geoffroy-Klammeraffe (Ateles geoffroyi) *ist wie andere Klammeraffen ein flinker Akrobat, der sich mithilfe seiner langen Arme und Beine sowie des Greifschwanzes durch die Baumwipfel hangelt.*

FORTPFLANZUNG: Tragzeit 170 Tage; Geburten erfolgen innerhalb einer Gruppe relativ synchron, sind aber nicht von den Jahreszeiten abhängig.

Saimiri boliviensis

W-Amazonien südlich des Amazonas bis SO-Bolivien, bis in ca. 1000 m Höhe.
KL 31 cm; SL 36 cm; GT 0,7–0,9 kg (W), 0,9–1,1 kg (M). Männchen etablieren eine Rangordnung und sind größer als Weibchen; in der Paarungszeit sind Schultern und Hals der Männchen deutlich „dicker".
NAHRUNG: Frisst vorwiegend Früchte von großen Feigen- und anderen hohen Bäumen, kann aber auch weniger Früchte und dafür mehr Insekten verzehren. Weibchen verbünden sich und verschaffen sich aggressiv Zutritt zu Früchte tragenden Bäumen.
FELL: Kurz, meist grüngrau auf dem Rücken, bei Weibchen dunkler. Unterseite heller weiß. Gesicht, Kehle und Ohren weiß, Schnauze schwarz. Weißes Fell über den Augen bildet „romanischen" Rundbogen. Kopfhaare und Koteletten schwarz.
FORTPFLANZUNG: Tragzeit 155–170 Tage; Geburten stark jahreszeitenabhängig und innerhalb einer Gruppe synchronisiert.

Rotrücken-Totenkopfaffe En
Saimiri oerstedii

Mittelamerika von Costa Rica bis Panama (80° W); etwa auf Meereshöhe.
KL 27 cm; SL 36 cm; GT 0,6–0,8 kg (W), 0,7–0,9 kg (M). Männchen etablieren eine Rangordnung und sind größer als Weibchen; in der Paarungszeit sind Schultern und Hals bei Männchen deutlich „dicker".
NAHRUNG: Früchte und Insekten.
FELL: Ähnelt dem Totenkopfaffen, Kopfhaare sind jedoch schwarz.
FORTPFLANZUNG: Tragzeit unbekannt; Geburten stark jahreszeitenabhängig und innerhalb einer Gruppe synchronisiert, vermutlich zum Schutz der Neugeborenen vor Feinden.

Saimiri ustus

Zentral-Amazonien südlich des Amazonas bis N-Bolivien, keine Überschneidung mit *S. sciureus* oder *S. boliviensis*. Galt früher als Form von *S. sciureus*. Von Meereshöhe bis ca. 400 m.
KL 31 cm; SL 44 cm; GT 0,7–0,9 kg (W), 0,6–1,2 kg (M).
NAHRUNG: Meist Früchte und Insekten, kann sich aber auch ausschließlich von Insekten ernähren.
FELL: Kurz, meist goldfarben auf dem Rücken; Unterseite weiß; Glieder, Hände und Füße gelb. Schnauze schwarz. Ohren weniger stark behaart und goldfarbener als bei anderen *Saimiri*-Arten. Weißes Fell über den Augen bildet „gotischen" Spitzbogen. Kopfhaare grau bis goldbraun.
FORTPFLANZUNG: Tragzeit unbekannt.

KAPUZINER

Gattung *Cebus*

Unterschiedliche Lebensräume, von Trocken- bis Regenwald, von Meereshöhe bis über 2500 m, auch in Uferwäldern, Sümpfen, Mangroven und an der Meeresküste. Bevorzugen Unterbewuchs bis mittleren Baumkronenbereich, klettern zum Fressen oder Spielen oft auf den Boden herab. Ernähren sich vorwiegend von reifen Früchten und Insekten, verzehren aber auch unreife Früchte, Blätter, Blüten, Samen, Wurzeln, wirbellose Tiere (Schnecken, Spinnen), Wirbeltiere (vor allem Jungvögel im Nest) und Feldfrüchte. Fell von mittlerer Dichte und Länge. Greifschwanz. Männchen größer als Weibchen, haben größere Eckzähne. Tagaktiv. Polygam, in Gruppen von 3–30 Tieren mit einem oder mehreren Männchen lebend. Geschlechterverhältnis erwachsener Männchen und Weibchen in kleinen Gruppen etwa 1:1, in großen Gruppen bis 1:3. Komplexes Sozialverhalten; häufige gegenseitige Fellpflege; oft werden aggressive Bündnisse zwischen und innerhalb der Geschlechter geschlossen. Helferinnen unterstützen Mütter, indem sie ihnen beim Tragen der Jungen helfen. Komplexes Paarungsvorspiel, das meist von Weibchen ausgeht. Zwar leben die Gruppen nicht streng territorial, zeigen aber gegenseitig meist aggressives Verhalten. Tragzeit ca. 150 Tage; ein Junges (Zwillinge sehr selten); Geburtenabstand meist zwei Jahre, gelegentlich weniger, wenn das letzte Junge stirbt. Geburten meist zu Beginn der Regenzeit, aber nicht so synchronisiert wie bei Totenkopfaffen. Geschlechtsreife tritt relativ spät ein; Weibchen paaren sich in der Regel erstmals mit 5–6 Jahren. Extrem langlebig für ihre Größe, werden in Gefangenschaft bis 44 Jahre und älter. Es gibt 2 Artengruppen; eine enthält lediglich *C. apella*, die sich mit den Mitgliedern der anderen Gruppe überschneidet. Die andere Gruppe umfasst 3 Arten; diese überschneiden sich nicht oder nur selten.

Gehaubter Kapuziner
Cebus apella

In ganz Südamerika östlich der Anden in Subtropen- und Tropenwäldern, außer in Uruguay und Chile. Schließt *C. xanthosternos* CR ein, den manche Primatologen als eigene Art betrachten. Bevorzugt feuchtere Wälder als andere Kapuzinerarten und bewohnt auch höhere Lagen (bis 2700 m). Gruppengröße meist 3–15, in Argentinien auch bis 35 Tiere.
KL 33–48 cm (W), 32–56 cm (M);
SL 38–47 cm (W), 38–56 cm (M);
GT 1,9–3 kg (W), 1,9–4,8 kg (M).
NAHRUNG: Pflanzenmaterial und größere Früchte.
FELL: Rauer als bei anderen Arten, meist hell- bis dunkelbraun, am Bauch heller; Extremitäten immer schwarz; Gesichtszeichnung sehr unterschiedlich, meist aber sieht man die helle Haut durch das dünne, weißliche Gesichtsfell schimmern, das von schwarzen Koteletten bis zum Kinn eingerahmt wird; schwarze Stirnkappe bildet einen nach unten deutenden Keil, der die Stirn teilt. Aufgerichtete, lange Kopfhaare bilden regelrechte Hörner, Kappen oder Kämme.

Weißschulterkapuziner
Cebus capucinus

Mittelamerika von Belize südlich bis N- und W-Kolumbien. In Trocken- bis Feuchtwäldern bis 2100 m Höhe und in Mangroven. Gruppengröße: 10–24 Tiere.
KL 32–40 cm (W), 33–46 cm (M);
SL 42–45 cm (W), 40–50 cm (M);
GT 2,5–4 kg (W), 3,2–5,5 kg (M).
FELL: Oberer Teil der Gliedmaßen, Körperseiten und Bauch hellbeige bis weiß, geht auf der Rückseite der Glieder und an den Extremitäten in Schwarz über; auffällige Kappe, fast schwarz; restliches Gesicht weiß; längere Haare auf Stirn und Kopf bilden bei älteren Tieren manchmal eine Art Kranz.

Cebus olivaceus

Südamerika nördlich des Amazonas und nördlich und östlich des Rio Negro in Brasilien, über die Guyana-Staaten bis Zentral-Venezuela. Ähnlicher Lebensraum wie *C. capucinus*. Gruppengröße: 10–33 Tiere. Könnte eine neu beschriebene Art, *C. kaapori*, einschließen.
KL 39 cm (W), 38–46 cm (M);
SL 45 cm (W), 44–49 cm (M);
GT 2,9–3,2 kg (W), 3–4,5 kg (M).
FELL: Ähnliche Zeichnung wie Kapuziner, doch Kontraste nicht so stark; nur selten schwarz; schmaler Fleck auf der Kopfplatte, läuft auf Stirn spitz zu.

Weißstirnkapuziner
Cebus albifrons

Westlich und südlich des Verbreitungsgebiets von *C. olivaceus*, von Venezuela und Brasilien westlich des Rio Negro und Rio Tapajós über den Oberlauf des Amazonas bis Bolivien; auch westlich der Anden in Ecuador, N-Kolumbien, W-Venezuela und Trinidad. Bevorzugt weniger degradierten, feuchteren Regenwald als andere Kapuziner, man findet ihn jedoch auch in Galeriewäldern. Gruppengröße: 7–30 Tiere.
KL 33–42 cm (W), 35–44 cm (M);
SL 41–50 cm (W), 40,5–50 cm (M);
GT 1,5–2,2 kg (W), 2,7–3,3 kg (M).
FELL: Ähnlich wie beim Gehaubten Kapuziner, doch nie dunkelbraun bis schwarz; Kappe heller und breit, bedeckt fast ganzen Kopf; Glieder und Schwanzspitze meist blasser als bei anderen Kapuzinern.

SCHWEIFAFFEN (SAKIS)

Gattung *Pithecia*

Bewohnen Baumwipfel meist in hoch gelegenen Primärregenwäldern, aber auch in degradierten Wäldern und Savannen; selten in Sumpfwald. Von Meereshöhe bis ca. 500 m. Nahrung besteht aus Früchten, Samen sowie einigen Blättern.
FELL: Rau und lang, auch am Schwanz, der nicht greiffähig ist. Lücke zwischen Eckzähnen und Prämolaren. Männchen größer als Weibchen. Tagaktiv. Vermutlich monogam oder in größeren Familiengruppen von 2–7 Tieren lebend. Diese zerstreuen sich oft, sodass nur 1–2 Tiere am selben Ort fressen. Tragzeit 163–176 Tage (nur beim Weißkopfsaki bekannt); ein Junges; Geburtenabstand: ein Jahr.

Weißkopfsaki
Pithecia pithecia

Nördlich des Amazonas, östlich des Rio Negro und Orinoco, in Tiefland- und Bergwäldern. Bevorzugt im Gegensatz zu anderen Sakis untere Baumkronenlagen.
KL 33–37 cm; SL 34–44 cm; GT 0,8–2,5 kg, Männchen etwas größer als Weibchen.
FELL: Einer der wenigen Cebidae, bei dem Männchen und Weibchen unterschiedlich gefärbt sind. Männchen: schwarz, Stirn, Gesicht und Kehle weiß bis rötlich; Weibchen: Oberseite braun bis braungrau, Unterseite blasser; von Augen bis Mundwinkel weiße bis blassrotbraune Streifen.
FORTPFLANZUNG: Geburtenhöhepunkte zwischen Dezember und April.

Rotbärtiger Mönchsaffe
Pithecia monachus

Nördlich des Amazonas in Brasilien, Peru, Kolumbien und Ecuador.
KL 40 cm (W), 40–44 cm (M);
SL 40–50 cm (W), 45–47 cm (M);
GT 2,2 kg (W), 2,5 kg (M).
NAHRUNG: Mehr Fruchtfleisch als Samen, die etwa ein Drittel der Nahrung umfassen.
FELL: Braungrau gesprenkelt, Hände und Füße heller; Bart und Unterseite rötlich; Männchen haben kurze, steife, lederfarbene Haare auf Stirn und Scheitel.

Pithecia irrorata

W- und Zentral-Amazonien südlich des Amazonas bis N-Bolivien und O-Peru.
KL 38–42 cm (W), 39–41 cm (M);
SL 47–55 cm (W), 47–50 cm (M);
GT 2,2 kg (W), 2,9 kg (M).
FELL: Schwarz mit silbrig weißen Haarspitzen, sodass es insgesamt grau wirkt.

Schwarzrückenmönchsaffe
Pithecia albicans

Zwischen den Unterläufen von Rio Juruá und Rio Purus in Brasilien; überflutete und nicht überflutete Primärregenwälder.
KL 36,5–40 cm (W), 40–41 cm (M);
SL 40–45 cm (W), 42–44 cm (M);
GT 3 kg.
NAHRUNG: Besteht fast zur Hälfte aus Samen, ansonsten primär aus Fruchtfleisch und zu einem Sechstel aus Blatttrieben und Blüten.
FELL: Rücken und Schwanz schwarz. Glieder, Bauch und Haarkranz auf Kopf lederfarben bis rot.

Pithecia aequatorialis

Verbreitungsgebiet weitgehend identisch mit dem von *P. monachus*, aber etwas westlicher. Galt früher als Unterart von *P. monachus*. Ufer- und Überflutungswälder.
KL, SL und GT nicht bekannt.
FELL: Meist schwarz mit kurzen, weißen Haarspitzen. Gesicht kontrastierend weiß, ähnlich wie beim Weißkopfsaki, untere Körperteile jedoch orangebraun; bei beiden Geschlechtern Fellfarbe gleich.

BARTSAKIS

Gattung *Chiropotes*

Von etwas über Meereshöhe bis in Berglagen. Primär in Baumwipfeln, nur selten im Unterwuchs. Ernähren sich meist von (oft unreifen) Samen und Früchten, nur selten von Blättern. Fell mittellang, dicht; buschiger Schwanz, der nur bei Jungtieren greiffähig ist. Lücke zwischen Eckzähnen und Prämolaren. Geschlechter fast gleich groß. Tagaktiv. Vermutlich polygam, in Gruppen von 8–30 Tieren mit mehr als einem Männchen lebend. Tragzeit ca. 5 Monate; ein Junges; Geburtenabstand unbekannt, in manchen Regionen finden Geburten zu Beginn der Regenzeit statt.

Satansaffe En
Chiropotes satanas

Nördlich des Amazonas, östlich des Rio Negro und südlich des Rio Orinoco bis zu den Guyana-Staaten, südlich des Amazonas vom Rio Tocantins östlich bis zum Atlantik. Bevorzugt nicht überfluteten Primärregenwald, ist jedoch auch in Bergsavannen und Schwarzwasser-Sumpfwäldern zu finden.
KL 38–41 cm (W), 40–48 cm (M);
SL 37–42 cm (W), 40–42 cm (M);
GT 1,9–3,3 kg (W), 2,2–4,0 kg (M).
NAHRUNG: Besteht zu zwei Dritteln aus Samen, gefolgt von Früchten.
FELL: Überwiegend schwarz, Rücken und Schultern hell gelbbraun bis dunkelbraun; auffallend verdickte, mit Fell bedeckte Schläfen sowie starke Bärte.

Weißnasensaki
Chiropotes albinasus

Südlich des Amazonas zwischen den Flüssen Xingu und Madeira fast bis Bolivien. In Berg- und Schwarzwasser-Sumpfwäldern.
KL 41–47 cm; SL 38–45 cm;
GT 2,2–2,8 kg (W), 2,7–3,3 kg (M).
NAHRUNG: Mehr Früchte und weniger Samen als *C. satanas*.
FELL: Schwarz, außer der rötlichen, mit kurzen, weißen Haaren bedeckten Nase; Schläfenverdickung und Bart weniger ausgeprägt als bei Satansaffen.

UAKARIS

Gattung *Cacajao*

Hauptsächlich in überfluteten Tieflandwäldern. Fressen vorwiegend Samen (zwei Drittel der Nahrung), Früchte, Blüten, Blätter und Insekten. Baumwipfelbewohner, lesen aber auch abgefallene Samen und Früchte vom Boden auf. Fell lang und grob. Schwanz sehr kurz. Lücke zwischen Eckzähnen und Prämolaren. Männchen etwas größer als Weibchen. Tagaktiv. Vermutlich polygam in Gruppen von 15–30 oder mehr Tieren mit mehreren erwachsenen Männchen lebend. Tragzeit ca. 6 Monate; ein Junges; Geburtenabstand in Freiheit unbekannt, Geburten bei halbwilder Haltung in Gefangenschaft jahreszeitenabhängig.

Uakari Vu
Cacajao calvus

Nördlich des Amazonas vom Rio Japura (Brasilien) westlich bis zu den Andenausläufern; südlich des Amazonas vom Rio Juruá (Brasilien) zum Rio Huallaga (Peru). Fast nur in Schwarzwasser-Überflutungswald. 2 Unterarten; die weiße Unterart zieht Weißwasser-Überflutungswald vor.
KL 54–57 cm (W), 54–56 cm (M);
SL 14–16 cm (W), 15–18 cm (M);
GT 2,9 kg (W), 3,4 kg (M).
FELL: Durchgehend weiß bis kastanienrot; Stirn und Kopfplatte spärlich behaart oder kahl; Gesichtshaut rosa bis scharlachrot, bei Krankheit auch blasser.

Schwarzkopfuakari
Cacajao melanocephalus

Nördlich des Amazonas, östlich des Rio Japurá bis zum Rio Negro und Rio Branco. Schwarzwasser-Überflutungswald, Bergwälder mit Sandböden; von Meereshöhe bis 600 m.
KL 30–50 cm; SL 12–21 cm; GT 2,4–4 kg.
FELL: Kopf und Nacken schwarz; Rücken, Hinterbeine und Schwanz kastanienbraun bis gelblich; Gesichtshaut schwarz, Scheitel normal behaart.

BRÜLLAFFEN

Gattung *Alouatta*

In trockenen sowie feuchten Wäldern, degradiert oder unberührt; aber auch in Waldsavannen sowie Galerie- und Mangrovenwäldern von Meereshöhe bis etwa 2500 m zu finden; meist jedoch unterhalb von 1000 m. Bevorzugen untere bis mittlere Baumkronenschichten, klettern aber zum Fressen in den Unterbewuchs hinab und laufen notfalls auch auf dem Boden. Ernähren sich primär von (oft unreifen) Früchten und zu 40 % oder mehr von Schösslingen und Blättern. Fell mittellang, auf dem Bauch spärlich. Schwanz ist greiffähig. Männchen größer als Weibchen. Tagaktiv. Polygam, in Gruppen von meist 4–11 Tieren mit einem oder mehr Männchen lebend. Tragzeit 180–194 Tage; ein Junges, selten Zwillinge; Geburtenabstand: 1–2 Jahre. Geburten nur wenig jahreszeitenabhängig oder mit 2 Geburtenhöhepunkten pro Jahr. Übernehmen fremde Männchen eine Gruppe, töten sie oft die Jungen. Beide Geschlechter verlassen die Geburtsgruppe, im Gegensatz zu anderen

ABKÜRZUNGEN			
KL = Körperlänge SL = Schwanzlänge GT = Gewicht	Ex ausgestorben	En stark gefährdet
M = Männchen W = Weibchen	EW in freier Natur ausgestorben	Vu gefährdet
	Cr vom Aussterben bedroht	LR geringes Risiko

polygamen Arten, bei denen meist nur eines der Geschlechter (in der Regel die Männchen) abwandert.

Alouatta pigra

Yucatán-Halbinsel (Mexiko), N-Guatemala, Belize.
KL 50–54 cm (W), 60–64 cm (M);
SL 64–67 cm (W), 66–71 cm (M);
GT 6,4 kg (W), 11,4 kg (M).
FELL: Schwarz, Haaransatz rötlich braun.

Mantelbrüllaffe
Alouatta palliata

S-Veracruz, Mexiko, südlich bis zur Nordspitze Kolumbiens beiderseits der Anden und an der Westseite weiter bis Ecuador. Dazu gehört u.a. die bedrohte Form *A. coibensis,* die auf die Insel Coiba beschränkt ist und manchmal als eigene Art eingestuft wird. Typisch für diese Art sind deutlich größere Vielmännchengruppen (bis zu 21 Tiere) als bei den meisten Brüllaffenarten üblich.
KL 48–63 cm (W), 51–68 cm (M);
SL 56–66 cm (W), 55–61 cm (M);
GT 3–7,6 kg (W), 4,5–9,8 kg (M).
FELL: Schwarz oder braun, auf dem Rücken mit Goldbraun durchwirkt; Haarfransen an der Körperseite gelbbraun.

Roter Brüllaffe
Alouatta seniculus

Von N-Kolumbien und Venezuela südlich zum Amazonas, auch in den Guyana-Staaten; südlich des Amazonas von den Anden östlich bis zum Rio Madeira, südlich bis Zentral-Bolivien. Der bolivianischen Population wird manchmal Artstatus zugesprochen: *A. sara.* Verschiedene Lebensräume: über Mangroven, Savannen, Waldinseln und Galeriewälder bis Primärregenwald.
KL 48–57 cm (W), 51–63 cm (M);
SL 52–68 cm (W), 57–68 cm (M);
GT 4,2–7 kg (W), 5,4–9 kg (M).
NAHRUNG: Bei Roten Brüllaffen wurde beobachtet, dass sie häufiger als andere Arten Erde fressen.
FELL: Orangebraun, am Bauch etwas blasser; Bart bei Männchen dunkler als restliches Fell.

Rothandbrüllaffe
Alouatta belzebul

Südlich des Amazonas vom Rio Madeira östlich bis zum Atlantik. Ein-Männchen-Gruppen mit 2–8 Tieren.
KL 46–57 cm (W), 58–60 cm (M);
SL 58–69 cm (W), 56–66 cm (M);
GT 4,8–6,2 kg (W), 6,5–8 kg (M).
FELL: Schwarz oder schwärzlich braun, Hände, Füße und Schwanzspitze gelb bis rötlich.

Brauner Brüllaffe
Alouatta fusca

Ostküste Brasiliens von Bahia nach Süden bis Rio Grande do Sul. In Primär- und Sekundärregenwald, häufig mit Araukarien durchsetzt.
KL 45–49 cm (W), 54–59 cm (M);
SL 52–57 cm (W), 48–67 cm (M);
GT 4,1–5 kg (W), 5,3–7,5 kg (M).
FELL: Schwarz über braun bis dunkelrot, am Bauch heller; Weibchen blasser als Männchen.

Schwarzer Brüllaffe
Alouatta caraya

S-Brasilien, Paraguay, O-Bolivien und N-Argentinien. Erreicht die höchste Bestandsdichte aller Cebidae-Arten auf den Inseln im argentinischen Fluss Paraná.
KL 50 cm (W), 60–65 cm (M);
SL 55–60 cm (W), 62–65 cm (M);
GT 3,8–5,4 kg (W), 5–8,3 kg (M).
FELL: Eine der wenigen Arten mit ausgeprägtem Geschlechtsdimorphismus: Weibchen oliv-lederfarben, Männchen schwarz.

KLAMMERAFFEN

Gattung *Ateles*

Hoher Primärfeuchtwald bis -regenwald. Von Meereshöhe bis 2300 m. Bevorzugen mittlere bis obere Baumkronenschichten, wechseln häufig in angrenzende Jungbäume. Sind Hangelkletterer, nutzen dabei Hände und Füße sowie ihren Schwanz als „fünfte Hand". Nahrung besteht zu mehr als 75 % aus reifen Früchten; die Tiere fressen aber auch Blätter und zudem regelmäßig kleine Mengen Baumrinde und Zweige – aus welchem Grund, ist unklar. Fell kurz, eher dünn. Tagaktiv. Polygam, in Gruppen oder Gemeinschaften von etwa 20 Tieren lebend, wobei meist nur 2–8 Tiere gemeinsam umherstreifen. Sind reichlich Früchte vorhanden, bilden sich größere Verbände. Männchen wandern eher in Gruppen als Weibchen und verteidigen gemeinsam die Territoriumsgrenzen gegen zudringliche Fremdhorden. Weibchen verlassen ihre Geburtsgruppe, Männchen nicht. Tragzeit 225 Tage; ein Junges; Geburtenabstand: 2–4 Jahre. Geburten nicht merklich jahreszeitenabhängig.

Ateles chamek

Südlich des Amazonas, im oberen Amazonien vom Rio Ucayali östlich bis zum Rio Juruá und südlich zum Oberlauf des Rio Madeira (Bolivien).
KL 40–52 cm (W), 45 cm (M);
SL 80–88 cm (W), 82 cm (M);
GT 7,0 kg.
FELL: Glänzend schwarz; Gesicht schwarz, Schnauze rosa.

Schwarzer Klammeraffe
Ateles paniscus

Nördlich des Amazonas, östlich des Rio Negro und Rio Branco bis zu den Guyana-Staaten.
KL 49–62 cm (W), 52–58 cm (M);
SL 64–93 cm (W), 72–85 cm (M);
GT 6,5–11 kg (W), 5,5–9,2 kg (M).
FELL: Glänzend schwarz, Gesicht rötlich.

Goldstirn-Klammeraffe Vu
Ateles belzebuth

Von N-Kolumbien nach Süden; vom oberen Orinocobecken und dem Oberlauf des Rio Negro im oberen Amazonasgebiet bis N-Peru.
KL 34–58 cm (W), 42–50 cm (M);
SL 61–88 cm (W), 69,5–82 cm (M);
GT 7,5–10,4 kg (W), 7,3–9,8 kg (M).
FELL: Schwarz oder dunkelbraun; Unterseite, Hinterbeine und Schwanzansatz heller braun oder weiß; etwa ein Drittel der Tiere besitzt einen weißen bis gelbbraunen dreieckigen Fleck auf der Stirn.

Ateles marginatus En

Südlich des Amazonas von Juruá östlich bis zum Atlantik.
KL 34–51 cm (W), 50 cm (M); SL 61–77 cm (W), 75 cm (M); GT 5,8 kg (W).
FELL: Schwarz; weißer Fleck auf der Stirn und weißer Streifen von Ohren bis Kinn.

Braunkopf-Klammeraffe
Ateles fusciceps

Vom Süden Panamas auf der Westseite der Anden über N-Kolumbien bis Ecuador.
KL 45–55 cm (W), 37–59 cm (M);
SL 60–81 cm (W), 63–72 cm (M);
GT 8,8 kg (W), 8,9 kg (M).
FELL: Schwarz mit weißem Backenbart oder bräunlich schwarz mit olivfarbener bis gelbbrauner Scheitelkappe.

Geoffroy-Klammeraffe Vu
Ateles geoffroyi

Mittelamerika von Veracruz (Mexiko) bis Zentralpanama.
KL 34–52 cm (W), 38–49,5 cm (M);
SL 70–84 cm (W), 59–82 cm (M);
GT 6,0–9 kg (W), 7,4–9 kg (M).
FELL: Unterschiedliche Färbungen von Goldbraun, Rot- bis Dunkelbraun; Hände und Füße schwarz.

GATTUNG *BRACHYTELES*

Spinnenaffe Cr
Brachyteles arachnoides
Muriki

Feuchter Regenwald in SO-Brasilien von Bahia bis São Paulo, versprengte Restpopulationen. Vermutlich existieren 2 Arten – eine nördliche (*B. hypoxanthus*) und eine südliche (*B. arachnoides*) –, die sich hinsichtlich Morphologie, Genetik und Sozialstruktur unterscheiden. Von Meereshöhe bis 1000 m. Lebt in Viel-Männchen-Gruppen von 8–45 Tieren, die sich zum Fressen oft teilen. Tagaktiv.
KL 54–60 cm (W), 58–61 cm (M);
SL 74–84 cm (W), 67–69 cm (M);
GT 9,5 kg (W), 12 kg (M).
NAHRUNG: Früchte, Blätter, Blüten; Spinnenaffen fressen mehr Blätter als Klammeraffen, aber weniger als Brüllaffen im gleichen Gebiet.
FELL: Einheitlich hellgrau bis braun, bei Männchen manchmal mit Gelb durchsetzt. Fell dicht und dick, ähnlich dem der Wollaffen (*Lagothrix*).
FORTPFLANZUNG: Tragzeit unbekannt; ein Junges.

WOLLAFFEN

Gattung *Lagothrix*

Meist in primären Feucht- und Regenwäldern von Meeresniveau bis 3000 m Höhe. Uneinheitliche Verbreitung, vielleicht aufgrund der Konkurrenz von Klammeraffen. Fressen primär reife Früchte, aber auch Blätter und andere Pflanzenteile. Bevorzugen Baumwipfelzone. Fell mäßig lang und sehr dicht. Beide Geschlechter sind etwa gleich groß, Männchen aber oft schwerer. Tagaktiv. Polygam, in Gruppen von 5–43 oder mehr Tieren mit mehreren Männchen lebend. Der Rangordnungsstatus der Männchen wird durch das Alter bestimmt, sie zeigen jedoch kein ausgeprägtes Paarungskonkurrenzverhalten; ein empfängnisbereites Weibchen paart sich oft mit mehreren Männchen. Tragzeit 223 Tage; ein Junges; Geburtenabstand: 1,5–2 Jahre, offensichtlich nicht jahreszeitenabhängig.

Wollaffe Vu
Lagothrix lagotricha

Von N-Kolumbien durch Amazonien östlich bis zum Rio Negro (nördlich des Amazonas) und Rio Tapajós (südlich des Amazonas), südlich bis N-Bolivien.
KL 46–58 cm (W), 46–65 cm (M);
SL 62–72 cm (W), 53–77 cm (M);
GT 3,5–6,5 kg (W), 3,6–10 kg (M).
FELL: Körper grau bis olivbraun, dunkelbraun oder schwarz; Kopf oft dunkler, fast schwarz.

Gelbschwanzwollaffe
Lagothrix flavicauda

Peru, in den Amazonasbezirken San Martin und La Libertad in Bergwäldern mittlerer Höhe (1700–2700 m).
KL 52 cm (W); SL 56 cm (M); GT 10 kg.
FELL: Mittelbraun, an der Unterseite der Schwanzspitze um die nackte Greifsohle gelb; Fell an Nase und Schnauze weißlich.

NEUWELTLICHE BLATTFRESSER

Ernährung und Energieeinsparung bei Brüllaffen

WER ZUM ERSTEN MAL EINEN URWALD IN DEN Neotropen besucht hat, erzählt oft begeistert, er hätte einen Löwen oder ein ähnliches Tier brüllen hören. Doch ist er dann höchst erstaunt, wenn er erfährt, dass das Furcht erregende Gebrüll nicht von einem Raubtier stammt, sondern von einem Brüllaffen. Und der ist alles andere als ein gefährlicher Beutegreifer, sondern vielmehr ein sanftmütiger Baumbewohner, dessen Nahrung sich aus jungen Baum- und Kletterpflanzenblättern, Blüten und Früchten des Tropenwalds zusammensetzt. Unwillkürlich fragt man sich nun, warum dieser Affe es nötig hat, einen solchen Lärm zu veranstalten.

Das Gebrüll der *Alouatta*-Arten gehört zu den lautesten Rufen im ganzen Tierreich – es ist sogar noch in 1,6 km Entfernung zu hören. Charles Darwin stellte die Theorie auf, bei Wirbeltieren würden die Männchen, die am lautesten schreien, am meisten Weibchen anlocken, da sie dadurch ihre Stärke demonstrierten. Diese Theorie hat sich zwar bei einigen Froscharten als richtig erwiesen, doch bisher gibt es kaum Beweise dafür, dass sie auch auf Brüllaffen zutrifft.

Eine andere Theorie besagt, ein Trupp verkünde durch sein Gebrüll, dass die Bäume in seinem Wohngebiet besetzt seien. Dies ist zwar nicht falsch, doch spielen auch Fressverhalten, Sozialstruktur und die durch Laubfressen bedingten energetischen Beschränkungen dieser Primaten eine große Rolle, wie man durch neuere Studien am Mantelbrüllaffen (*A. palliata*) in Mittel- und Südamerika herausfand.

Brüllaffen haben von allen Neuweltaffen die größte geografische Verbreitung. Sie reicht von

Oben: *Brüllaffen verbringen oft die Hälfte des Tages mit Ausruhen – eine gute Strategie, um Energie zu sparen. Die restliche Zeit investieren sie in die Nahrungsaufnahme und – viel seltener – in soziale Aktivitäten. Das Brüllen spielt eine wichtige Rolle bei der Energieeinsparung.*

Unten: *Ein Brauner Brüllaffe beim Fressen im Caratinga-Reservat in Ostbrasilien. Junge, zarte Blätter liefern mehr Energie als ältere. Die Fähigkeit zum Farbensehen, die bestimmte Neuweltaffen besitzen, ist wichtig zur Unterscheidung ähnlich gefärbter Blätter.*

Südmexiko bis Nordargentinien. In den von ihnen bewohnten Regionen stellen diese Tiere den höchsten Prozentsatz der Primaten-Biomasse, was beweist, dass sie sich hervorragend an ihre ökologische Nische angepasst haben. Sie sind in der Lage, einen Großteil ihrer Ernährung durch Blätter zu bestreiten. Bäume in den Tropen sind in der Regel das ganze Jahr über belaubt, sodass Blätter weitaus häufiger anzutreffen sind als andere Nahrungsquellen wie etwa reife Früchte. Ein Blätter fressender Primat hat kaum Probleme, Futter zu finden.

Da Blätter also reichlich vorhanden sind, könnte man sich nun fragen, warum andere Affenarten sich nicht ebenfalls auf die Blattnahrung spezialisierten. Beobachtungen haben gezeigt, dass die meisten Primaten der Neotropen nur kleine Mengen Blätter fressen, manche sogar überhaupt keine. Dies liegt daran, dass Blätter einen großen Nachteil haben: Sie sind nährwertarm, enthalten aber viel Zellulose und Hemizellulose, die gerüstbildenden Kohlenhydrate, aus denen Blattzellwände vorwiegend bestehen. Da Säugern die nötigen Enzyme fehlen, um dieses Material zu verdauen, füllen blattfressende Affen ihren Magen vorwiegend mit unverdaulichen Stoffen. Zwar sind junge Blätter eine gute Eiweißquelle, doch enthalten sie nur wenig Zucker und Fette. Um als Blattfresser nicht zu verhungern, muss ein Primat also adäquate Mittel und Wege finden, dieses Problem zu lösen.

In den Tropenwäldern der alten Welt findet man viele verschiedene Blätter fressende Primaten, die in der Unterfamilie Schlankaffen (Colobinae) zusammengefasst sind. Alle Schlankaffen haben eines gemein: einen äußerst spezialisierten, mehrteiligen Magen, der an den der Wiederkäuer erinnert. Spe-

Rechts: *Zungenbein und Unterkiefer sind bei Brüllaffen vergrößert und ermöglichen erst das laute Gebrüll. Hier ein männliches Tier der Art* A. pigra.

zielle Bakterien in einem oder mehreren Abschnitten ihres Magens unterstützen die Verdauung der Zellulose und Hemizelluose. Während dieses Verdauungsprozesses, der so genannten Fermentation, entstehen energiereiche Gase (auch flüchtige Fettsäuren genannt), die das Tier aufnehmen kann und die ihm die nötige Energie liefern. Ausschließlich mithilfe dieser speziellen Bakterien sind Schlankaffen und andere Säuger in der Lage, die Blattzellwände in Energie umzuwandeln.

Brüllaffen besitzen dagegen einen einfachen Magen mit Magensäuren, die dem des Menschen ähneln. Doch verfügen sie über zwei vergrößerte Abschnitte – vor allem im Blinddarm und Dickdarm –, in denen sich Fermentationsbakterien befinden, die Blattzellulose und Hemizellulose aufspalten. Wie die Schlankaffen nutzen auch die Brüllaffen die entstehenden Gase als Energiequelle.

Im Allgemeinen können Dickdarm-Fermentierer wie Brüllaffen nicht so viel Energie aus ihrer Blattnahrung gewinnen wie Magen-Fermentierer, z.B. Schlankaffen. Deshalb haben sich die Brüllaffen zu Nahrungsspezialisten entwickelt und verzehren nur ausgewählte Nahrung wie junge Blatttriebe, die sich schnell fermentieren lassen. Zwar fressen sie auch reife Früchte und Blüten, können sich jedoch wochenlang ausschließlich von Blättern ernähren, vorausgesetzt, diese sind nährstoffreich.

Dennoch müssen Brüllaffen auf ihren Energieverbrauch achten, da die täglich durch Fermentation gewonnene Energiemenge beschränkt ist. Deshalb verbringen die Tiere gewöhnlich mehr als 50 % des Tages mit Ausruhen oder Schlafen. Sie wandern nicht weit, nur etwa 400 m am Tag, während das Wohngebiet einer aus 15 bis 20 Tieren bestehenden Horde etwa 30 ha groß ist. So liegen alle potenziellen Nahrungsquellen innerhalb der Reichweite eines Tagesmarsches. Im Gegensatz dazu sind die Wohngebiete der Früchte verzehrenden Klammeraffen oft über 300 ha groß. Diese Tiere legen täglich Entfernungen von über 1 km zurück, da reife Früchte nicht so reichlich vorkommen wie Blatttriebe.

Um noch mehr Energie sparen zu können, haben Brüllaffen eine Geschlechter-Arbeitsteilung entwickelt. Männchen helfen beim Schlichten von Streitigkeiten, verteidigen Gruppenmitglieder gegen Feinde und teilen mit ihrem Brüllkonzert den Anspruch der Gruppe auf wichtige Futterbäume in ihrem Wohngebiet mit. Dadurch bleibt den Weibchen mehr Zeit und Energie, um sich der Fortpflanzung und Aufzucht der Jungen zu widmen.

Beim Rufen reißen die Männchen ihr Maul weit auf und saugen Luft ein, die am vergrößerten Zungenbein vorbei in die Kehle strömt. Das Zungenbein ist bei Männchen deutlich größer als bei Weibchen, und bei Roten Brüllaffen *(A. seniculus)* noch größer als bei *A. palliata*. Die Größe des Zungenbeins hat Einfluss auf die Lautbildung: bei *A. seniculus* klingen die Rufe z.B. wie ein lang gezogenes, dumpfes Stöhnen, bei *A. palliata* eher wie ein Heulen oder Brüllen.

Bei allen Brüllaffen-Arten veranstalten die Männchen eines Trupps in der Dämmerung ein „Konzert", auf das die Männchen aller Horden in Hörweite antworten. Eine Brüllaffengruppe besetzt kein Territorium, sondern teilt Bereiche ihres Wohngebiets mit benachbarten Trupps. Durch das Brüllen am Morgen und bei jedem Futterplatzwechsel informiert jeder Trupp die benachbarten Horden über seine Aufenthaltsorte während des Tages.

Begegnen sich zwei Brüllaffen-Trupps, geht es stürmisch zu. Die Tiere, vor allem die Männchen, brüllen, springen und rennen umher. Manchmal kämpfen sie sogar miteinander. Die Weibchen zerstreuen sich, und wertvolle Zeit, die zur Nahrungsaufnahme oder zum Ausruhen hätte genutzt werden können, wird vergeudet. Statt also ständig die Territoriumsgrenzen zu überwachen oder in Kämpfen mit anderen Trupps Energie zu vergeuden, teilen Brüllaffen durch ihr Gebrüll anderen Gruppen lieber mit, wo sie sich gerade aufhalten.

Zwischen verschiedenen Gruppen bestehen Rangordnungen, die offenbar nach bestimmten Verhaltensregeln und der Kampffähigkeit erwachsener Männchen festgelegt werden. Am Gebrüll kann ein schwächerer Trupp erkennen, wo sich ein stärkerer gerade befindet und so ein Zusammentreffen vermeiden. Zudem weiß er, dass er diese Nahrungsquelle erst gar nicht aufzusuchen braucht. Noch wichtiger aber ist, dass auch der stärkere Trupp davon profitiert – er kann ebenfalls wertvolle Energie sparen und vermeidet potenzielle Verletzungen durch Kämpfe. Das Gebrüll ist also eine hilfreiche Maßnahme für alle Gruppen, sich möglichst effizient auf ein Gebiet zu verteilen, was wiederum dazu beiträgt, wertvolle Energie zu sparen. KM

Meerkatzen, Makaken, Paviane

DIE MEERKATZEN, DIE IN GRÖSSEREN VERbänden leben und alles nachahmen, was sie sehen, entsprechen dem Klischee vom agilen, lauten und neugierigen Affen ziemlich genau. Aufgrund ihrer Verbreitung und Lebensweise sind Kontakte mit Menschen häufig, weshalb wir viel über sie wissen. Zahlreiche Tiere profitieren sogar von ihren menschlichen Nachbarn und haben gelernt, Korn von den Feldern oder Vorräte aus Lagerhäusern zu stehlen.

Wenn Wissenschaftler, die in Labors arbeiteten, in der Vergangenheit von „Affen“ sprachen, meinten sie fast immer Rhesusaffen. Erst in jüngerer Zeit nahmen Zoologen die Cercopithecinae oder Meerkatzenartigen in ihrer ganzen Vielfalt wahr und gewannen neue Einsichten, was die Dynamik des Gruppenlebens sowie Veränderungen dieser jungen Unterfamilie betrifft, die sich von allen Primaten am raschesten zu entwickeln scheint.

Farben als Geschlechtsmerkmale

KÖRPERBAU UND FUNKTION

Meerkatzenartige weisen dieselbe Zahnformel wie Menschen auf: I2/2, C1/1, P2/2, M3/3 = 32. Sie besitzen kräftige Kiefer mit Muskeln, die die Backenzähne wie Nussknacker wirken lassen. Abgesehen von einigen kleineren Meerkatzenarten ist das Gesicht der Tiere eher länglich. Besonders fällt dies bei den „hundegesichtigen“ Pavianen ins Auge.

Paviane, Mangaben und Makaken zeichnen sich durch leuchtende Farben auf nackten Hautflächen im Gesicht, am Rumpf und – bei Dscheladas – an der Brust aus. Die rote Gesichtsfarbe einiger Makaken hängt allerdings mit der Sonneneinstrahlung zusammen: jene Tiere, die sich in freier Natur befinden, haben rote Gesichter, während die Gesichter der in Gefangenschaft lebenden Artgenossen grauweiß sind. Die schwarze Gesichtsfarbe der Husarenaffen verblasst, wenn sich die Tiere häufig in Räumen aufhalten. Die Hautfarbe hängt auch von Geschlechtshormonen ab, weshalb bei

FAKTEN

MEERKATZEN, MAKAKEN, PAVIANE

Ordnung: Primates

Familie: Cercopithecidae

Unterfamilie: Cercopithecinae

45 (47) Arten in 11 Gattungen: **Makaken** (*Macaca*, 15 (16) Arten); **Mantelpavian** (*Papio hamadryas*); **Mandrille** (*Mandrillus*, 2 Arten); **Dschelada** (*Theropithecus gelada*); **Mangaben** (*Cercocebus* und *Lophocebus*, 4 Arten); **Meerkatzen** (Cercopithecus, 18 (19) Arten); **Grüne Meerkatze** (*Chlorocebus aethiops*); **Sumpfmeerkatze** (*Allenopithecus nigroviridis*); **Husarenaffe** (*Erythrocebus patas*); **Zwergmeerkatze** (*Miopithecus talapoin*).

VERBREITUNG Ganz Asien außer in großen Höhen, aber auch in N-Japan und Tibet; Afrika südlich 15° N (Berberaffe in N-Afrika und Gibraltar).

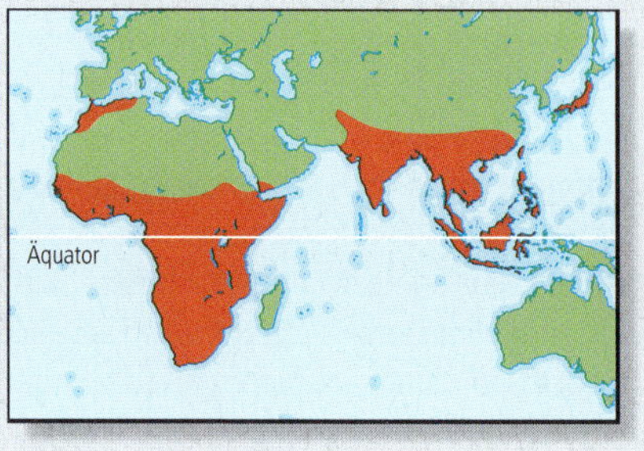

LEBENSRAUM Von Regenwäldern bis zu Gebirgsregionen, die im Winter schneebedeckt sind; Savanne, Buschland.

GRÖSSE Variabel je nach Art, von Zwergmeerkatze (kleinste Art) bis zu Mandrill (größte Art). KL 34–70 cm; SL 12–38 cm; GT 0,7–36 kg.

FELL Lang, dicht, seidig, oft (vor allem bei Männchen) mit Mähne oder Kapuze. Farben meist leuchtender bei im Wald lebenden Arten. Bei anderen Arten farbige Hautpartien im Gesicht oder am Rumpf.

NAHRUNG Früchte, Samen, Blüten, Triebe, Blätter, Rinde, Baumharz, Wurzeln, Knollen sowie Schnecken, Krebse, Fische, Eidechsen, Vögel und Kleinsäuger.

FORTPFLANZUNG Bei den meisten Arten begrenzte Paarungszeit. Tragzeit 5–6 Monate.

LEBENSERWARTUNG 20–31 Jahre je nach Art.

Artenübersicht siehe Seite 372 ff. ▷

*◀ **Links:** Zu den auffälligsten Merkmalen der Bartaffen gehören die grauen Haarbüschel zu beiden Seiten des Gesichts. Diese Makaken bewohnen Feuchtwälder im Süden Indiens. Sie leben überwiegend auf Bäumen und steigen nur selten auf den Boden hinab.*

rungssignale sind bei am Boden lebenden Arten weiter verbreitet als bei Baumbewohnern und haben sich vermutlich entwickelt, damit Männchen sich sozialen Gruppen anschließen, bei ihnen bleiben und die Weibchen vor Feinden schützen.

Neugeborene Meerkatzenartige tragen ein kurzes, samtiges Fell, oft in einer Farbe, die in deutlichem Kontrast zu jener der Erwachsenen steht. Die Jungen der olivbraunen Indochinesischen Bärenmakaken sind blassgelb, die der gelbgrauen Paviane sind schwarz. Letztere fallen besonders dadurch auf, dass sie wenig bis keine Pigmente auf der nackten Haut im Gesicht, an den Füßen, am Damm und an den überproportional großen Ohren besitzen. Der Penis neugeborener männlicher Paviane leuchtet hellrot. Junge Makakenmännchen zeichnen sich durch ein großes, aber noch leeres Scrotum aus. Das Geschlecht junger Meerkatzen lässt sich dagegen nur schwer identifizieren, selbst wenn man sie eigenhändig untersucht. Gerade durch ihre augenfällige Färbung ziehen die Jungtiere die Aufmerksamkeit der Gruppenmitglieder auf sich. Häufig untersuchen diese die Genitalien der Neugeborenen, vielleicht um das Geschlecht des neuen Gruppenmitglieds herauszufinden und sich entsprechend zu verhalten. Im dritten Monat verändert sich das Fell der Jungen. Nun ähnelt es dem der erwachsenen Tiere. Es ist flauschiger, aber blasser und weniger stark gezeichnet.

Links: *Mandrillmännchen haben eine typische Gesichtsform und -färbung. Bei adulten Männchen sind die Auswüchse zu beiden Seiten des Nasenrückens besonders ausgeprägt. Der Mandrill ist der größte aller Tieraffen: Ein ausgewachsenes Männchen kann über 36 kg wiegen.*

erwachsenen Tieren das Rot in der Paarungszeit heller leuchtet und die Farbe verblasst, wenn man die Tiere kastriert. Der Mandrill weist blaue und rote Hautstellen auf. Die Haut der Hodensäcke leuchtet bei einigen Meerkatzen während der Adoleszenz ähnlich blau. Verantwortlich dafür ist das Hormon Testosteron. Die blaue Farbe verschwindet selbst bei kastrierten Männchen nicht.

Bei weiblichen Pavianen, Mangaben, einigen Makaken und manchen Meerkatzen schwellen die Hautpartien rund um die Schamlippen (Vulva) und rund um die Oberschenkel an. Bei normal entwickelten Tieren nehmen diese Schwielen während der ersten, follikularen Phase des Menstruationszyklus zu und nach dem Eisprung wieder ab. Sie dienen als weithin sichtbares Zeichen dafür, dass ein Weibchen sich dem Eisprung nähert, weshalb adulte Männchen sich in der Regel nur mit Weibchen paaren, die diese Schwellungen aufweisen. Die genaue Stelle und Form der Schwellung wechselt von Art zu Art und von Tier zu Tier. Die Schwellung nimmt mit jedem aufeinander folgenden Menstruationszyklus an Größe zu, weshalb in Gefangenschaft lebende Affen, die sich nicht regelmäßig paaren, manchmal riesige Brunftschwielen besitzen, die 10 bis 15 % ihres Körpergewichts ausmachen können. In freier Natur erleben Weibchen selten mehr als ein bis zwei Zyklen hintereinander, ohne sich zu paaren. Bei trächtigen Weibchen kommt es nicht zum Eisprung, entsprechend sind die Schwielen kleiner. Bei Rhesusaffen und einigen anderen Arten schwillt die Haut rund um den Schwanzansatz und an den Hüften an. Kurz vor der Menstruation erreichen die Schwielen ihre maximale Größe – allerdings nur, bis die Tiere voll geschlechtsreif und in der Lage sind, sich zu paaren. Adoleszente Husarenaffenweibchen zeigen Schwellungen der Vulva, adulte dagegen nicht. Eine Ausnahme bilden zuweilen Weibchen, die nach einer langen Pause wieder paarungsbereit sind.

Wenn sie trächtig sind, verändern sich die Weibchen einiger Arten noch stärker als während des Menstruationszyklus. Die schwarze, nackte Haut über dem Gesäß der Paviane verändert dann ihre Pigmentierung und leuchtet rot. Die Vulva der Grünen Meerkatzen und der Mangaben färbt sich während der Tragzeit ebenfalls rot, sodass man den Zustand der Weibchen auf einige Entfernung erkennt. Derartige Geschlechts- und Paa-

Unten: *Die Grüne Meerkatze* (Chlorocebus aethiops) *– hier mit Jungen in Tansania – ist die verbreitetste Meerkatzenart. Der Nachwuchs wird bis zur Geburt der nächsten Jungen von der Mutter versorgt. Die Art hat sich in besonderem Maß dem Leben in der afrikanischen Savanne angepasst, während die meisten anderen Meerkatzenarten auf Bäumen wohnen.*

Die Arten und ihr Lebensraum

Verbreitung

Die Meerkatzenartigen sind eine moderne, aus Afrika stammende Gruppe. Fossile Überreste ihrer makakenartigen Vorfahren stammen vom Ende des Miozäns (vor 10 bis 15 Millionen Jahren). Sie verbreiteten sich nach Norden und Osten und erreichten Europa im Pliozän (vor 5 bis 1,8 Millionen Jahren) sowie Asien an der Wende vom Pliozum Pleistozän (vor 2 Millionen Jahren). Um diese Zeit starben sie südlich der Sahara aus oder entwickelten sich zu den modernen afrikanischen Gattungen, den Pavianen, Meerkatzen und Mangaben.

Der Berberaffe scheint sich etwas getrennt von den asiatischen Makaken entwickelt zu haben und behielt möglicherweise einige primitive Merkmale bei. Hierauf verweisen molekulargenetische und anatomische Differenzen.

Erst spät breiteten sich die Meerkatzen in Afrika aus. Bestimte Arten bildeten sich wohl erst während der letzten großen Eiszeit, als in ganz Afrika ein kälteres und trockeneres Klima herrschte und nur noch an der Ost- und Westküste Äquatorialafrikas sowie rund um den Kamerunberg und den Ruwenzori vereinzelt Waldgebiete existierten. Als das Klima vor ca. 12 000 Jahren feuchter und wärmer wurde, breiteten sich die Wälder – und mit ihnen die nun zahlreichen Affenarten – aus. In ähnlicher Weise schränkten kalte Trockenzeiten und die damit einhergehende Vergletscherung die Lebensräume der Makaken in Asien ein und trennten Populationen, die sich ausdifferenzierten. In Asien ist die Entwicklungsgeschichte der Affen komplizierter, da Meeresspiegelschwankungen es ihnen zu bestimmten Zeiten erlaubten, zwischen den südostasiatischen Inseln zu wandern.

Die Geschichte der afrikanischen Paviane steht in enger Verbindung mit der Entstehung der Savannen. Vor 5 bis 2 Millionen Jahren waren die größten Paviangruppen mit den heutigen Dscheladas verwandt, die sich von Gräsern im üppigen Grasland südlich der Sahara ernährten. Trockenheit und sinkende Temperaturen führten vor ca. 2 Millionen Jahren dazu, dass diese Gebiete schwanden und an ihre Stelle trockenere Grasflächen, die heutigen Savannen, traten. Der Mantelpavian, einst vermutlich eine an Waldrändern lebende Art, breitete sich mit dem Vordringen von Baumsavannen aus und ersetzte schließlich die Dscheladas überall außer im Hochland von Äthiopien.

Alle Makaken gehören einer einzigen Gattung – *Macaca* – an, die mit Ausnahme des hohen Nordens ganz Asien besiedelt. Die meisten Gebiete werden von einer einzigen Art bewohnt, die sich den jeweiligen Bedingungen anzupassen wusste. In Afrika überlebte allein der schwanzlose Berberaffe, der dank seines dicken Fells die schneereichen Winter des Atlasgebirges unbeschadet übersteht. Ähnliche Anpassungen sichern das Überleben der Rotgesichtsmakaken im Norden Japans und der Tibetmakaken im tibetanischen Hochgebirge. Der stämmig gebaute Rhesusaffe, der in den Ausläufern des Himalaya in Nordindien und Pakistan zu Hause ist, wurde in Südindien durch den kleineren, leichteren Indischen Hutaffen mit längerem Schwanz ersetzt, dieser wiederum noch weiter südlich, in Sri Lanka, durch den ihm sehr ähnlichen Ceylonhutaffen.

Die Regenwälder rund um den Äquator bieten genügend Nischen für zwei weitere Makakenarten. Der Bartaffe, ein Baumbe-

Unten: *Drille und Paviane, die größten Altweltaffen (hier adulte Männchen):* ***1*** *Mandrill* (Mandrillus sphinx); ***2*** *Drill (M. leucophaeus);* ***3*** *Dschelada* (Theropithecus gelada) *mit unbehaarten Stellen an Nacken und Brust. Verschiedene Pavianunterarten mit Farbdifferenzen:* ***4*** *Silberpavian* (Papio hamadryas hamadryas); ***5*** *Guineapavian* (P. h. papio); ***6*** *Steppenpavian* (P. h. cynocephalus) *aus der ost- und zentralafrikanischen Savanne;* ***7*** *Anubispavian* (P. h. anubis) *aus dem ostafrikanischen Hochland;* ***8*** *Bärenpavian* (P. h. ursinus) *aus dem südlichen Afrika.*

wohner, lebt in den Wäldern Südwestindiens hoch über den Köpfen der Indischen Hutaffen. Auf Sumatra und Borneo findet man die kleinen Bartaffen in denselben Wäldern wie die schwereren kurzschwänzigen Schweinsaffen, die sich vorwiegend am Boden aufhalten. Auf Sulawesi (Indonesien) haben sich – je nach Autor – zwischen drei und sieben schwarze Stumpfschwanzmakaken-Arten ausgebreitet.

Paviane kommen überall in Afrika vor, wo genügend Trinkwasser zur Verfügung steht. Sie zeichnen sich durch hundeartige Schnauzen und Veränderungen der Extremitäten aus, die es ihnen erlauben, lange Strecken am Boden zurückzulegen. Die Tiere wandern pro Tag bis zu 5 km, eine Unterart, der Silberpavian *Papio hamadryas hamadryas,* sogar bis zu 13 km. Der Mantelpavian ist am weitesten verbreitet. In der Vergangenheit unterschied man wegen des vom Lebensraum abhängigen, zum Teil stark divergierenden Erscheinungsbilds verschiedene Arten, die heute jedoch allgemein als Unterarten gelten. Sie leben im Gras- oder Buschland und an Waldrändern. Der Silberpavian ersetzt in den Wüsten Nordostäthiopiens und auf der Arabischen Halbinsel alle Unterarten des Mantelpavians. Bei ihnen sind männliche Tiere im Gesicht und am Rumpf nicht schwarz, sondern rot. Außerdem zeichnen sie sich durch eine lange, graue Kapuze aus, die sie deutlich von anderen Unterarten unterscheidet.

In einem schmalen Grenzstreifen Äthiopiens vermischen sich beide Unterarten. Vermutlich dehnten hier die Steppenpaviane ihre Streifgebiete in wüstenhaftere Lebensräume aus, in denen gewöhnlich Silberpaviane zu Hause sind. Zur Hybridisierung kommt es, weil die Männchen der Silberpaviane sich mit den Weibchen von Steppenpavianen paaren. Umgekehrt fällt es Steppenpavianen schwer, in Silberpaviangruppen einzudringen, weil dort die Männchen sich zusammenschließen, um fremde Rivalen fern zu halten.

SPECIAL FEATURE

EINFACH NUR FREUNDE

Bildung dauerhafter Beziehungen bei Anubispavianen

Ostafrikanische Anubispaviane bilden große Horden aus 30 bis 150 Mitgliedern, die zusammen wandern, fressen und schlafen. Dauerhafte Beziehungen, die Weibchen untereinander, mit ihrem Nachwuchs und mit erwachsenen Männchen knüpfen, stellen die Grundlage dieser Gesellschaft dar.

Die Verbindung zwischen den Weibchen und ihren erwachsenen Töchtern bleibt eng, während die männlichen Nachkommen nach und nach abwandern, um sich anderen Horden anzuschließen. Aus den Bündnissen der in mütterlicher Linie verwandten Tiere erwächst ein Netz sozialer Beziehungen, das sich über drei Generationen erstreckt und auch Cousinen ersten Grades mit einschließt. Innerhalb der Matrilinie rangiert jedes erwachsene Weibchen unter seiner Mutter. Legt der Trupp bei den täglichen Wanderungen eine Rast ein, so versammeln sich die Verwandten beim ältesten Weibchen der Familie. Nachts schlafen die Familienmitglieder meist dicht zusammengedrängt und wenn einer der ihren von einem anderen Pavian bedroht wird, stehen sie ihm bei. Trotz der zwischen Weibchen herrschenden Konkurrenz kommt es nur sehr selten zu ernsthaften Auseinandersetzungen, da der soziale Status routinemäßig durch Unterwerfungsgesten wie Angstgrinsen und Heben des Schwanzes bestätigt wird. Nach den seltenen Ausbrüchen von Konflikten versöhnen sich die Weibchen durch Grunzen oder (seltener) durch Berührungen und Umarmungen.

Ein männlicher „Zuwanderer" muss sich in diesem dichten Netz erst einmal vorsichtig einen Weg bahnen. Gewöhnlich freundet er sich zunächst mit einem erwachsenen Weibchen an, das gerade kein Junges säugt. Er folgt seiner „Freundin", schmatzt mit den Lippen und grunzt leise. Immer, wenn sie in seine Richtung schaut, macht er ein freundliches „Komm-her-Gesicht", indem er die Ohren flach anlegt und die Augen zusammenkneift. Wenn sie es erlaubt, säubert er ihr Fell. Auf diese Weise kann das Männchen im Lauf einiger Monate eine stabile Beziehung aufbauen, die wiederum Vorbedingung für die Herstellung von Kontakten zu den Freunden und Verwandten des Weibchens ist. Selbst wenn sie dieses Anfangsstadium überwunden haben, müssen sich neu hinzugekommene Männchen das Wohlwollen des Weibchens erhalten. Beziehungen zwischen Männchen und Weibchen gründen nicht in erster Linie auf sexuellen Aktivitäten: Die Weibchen paaren sich zwar in der Brunft mit vielen verschiedenen Männchen, doch gehen sie in langen Phasen ihres Erwachsenenlebens (wenn sie trächtig oder mit dem Säugen der Jungen beschäftigt sind) keine sexuellen Kontakte ein.

Derartige „Freundschaften" zwischen Männchen und Weibchen wurden bisher bei jeder beobachteten Horde von Steppenpavianen festgestellt. Im Fall einer großen, bei Gilgil in Kenia lebenden Horde von Anubispavianen bestanden zwischen den meisten der 35 trächtigen oder säugenden Weibchen Freundschaften zu nur einem, zwei oder drei der 18 erwachsenen Männchen. Beim Fressen hielten sich drei von vier Weibchen immer in maximal 5 m Entfernung von ihren „Freunden" auf und vermieden gleichzeitig die Nähe aller übrigen erwachsenen Männchen. Auch an nahezu allen anderen friedlichen Interaktionen zwischen nicht brünftigen Weibchen und Männchen, darunter 98 % der Fellpflege, waren „Freunde" beteiligt.

Oben: *Eine Anubispavian-Mutter genießt im kenianischen Nationalpark Masai Mara die Fellpflege. Häufig tauschen Weibchen die Dienstleistung „Putzen" gegen das Privileg ein, ein fremdes Junges liebkosen zu dürfen.*

Unten: *Wenn Anubispaviane unterwegs eine Pause einlegen, zerfällt die Horde mitunter in kleinere Gruppen von Verwandten und Freunden.*

Da Weibchen leichter sind als Männchen und nur diese lange Eckzähne besitzen, können Weibchen ihre Jungen nicht gegen angreifende Männchen verteidigen. Infantizid durch neu zur Horde hinzugekommene Männchen wurde bei allen drei Unterarten der Steppenpaviane beobachtet. Feldversuche, bei denen Tonbandaufnahmen von Bärenpavianschreien abgespielt wurden, zeigten, dass die Männchen heftig auf weibliche Hilfeschreie reagieren, besonders wenn das Weibchen ein Baby hatte und gleichzeitig mit seinem Schrei der eines männlichen „Einwanderers" zu hören war. Schreie säugender Mütter, mit denen sie nicht befreundet waren, riefen bei den Männchen jedoch weniger Hilfsbereitschaft hervor. Das Überleben des Nachwuchses eines Weibchens kann also davon abhängen, ob die Mutter mit einem Männchen befreundet ist.

Weniger offensichtlich ist, welche Vorteile die Männchen aus diesen Freundschaften ziehen. In vielen Fällen hat man beobachtet, dass sich das Männchen ungefähr zu dem Zeitpunkt mit dem Weibchen gepaart hatte, in dem es empfängnisbereit war, sodass es möglicherweise sein eigenes Junges beschützte. Doch ist dies nicht immer der Fall. Wenn das Männchen nicht der Vater ist, so kann es eventuell hoffen, beim nächsten Mal zum richtigen Zeitpunkt am richtigen Ort zu sein, denn ein Freund hat durchschnittlich doppelt so gute Chancen wie ein „Nicht-Freund", ein Weibchen zu begatten. Während bei Steppenpavianen bis zu 80 % der Befruchtungen auf das Konto des dominanten Männchens gehen, kopulierten im Fall der beobachteten Anubispaviane Männchen mit niedrigerem Status, die schon lange bei der Gruppe waren, mehr als doppelt so häufig wie dominante Neuankömmlinge mit brünftigen Weibchen.

Bei der Entstehung von Freundschaften spielt die individuelle Persönlichkeit der Tiere eine große Rolle und die Paare gestalten ihre Beziehungen auf unterschiedliche Weise. Manche Freunde verbringen viel Zeit zusammen, berühren einander aber nur selten, während andere sehr häufig gegenseitige Fellpflege betreiben, einander umarmen, wenn ihre Wege sich kreuzen und nachts aneinander gekuschelt schlafen. Manche Beziehungen lösen sich wieder auf, weil sich Weibchen in Phasen sexueller Aktivität mit anderen Männchen anfreunden oder weil Männchen in der sozialen Hierarchie aufsteigen und die „Jugendfreundin" fallen lassen, um sich einem einflussreichen Alpha-Weibchen zuzuwenden. Zahlreiche Freundschaften aber sind beständig. Bei Männchen, die mit Weibchen und Jungtieren interagieren, ist es wahrscheinlicher, dass sie lange Jahre bei einer Horde bleiben. BS

Links: *Der Stumpfschwanzmakak mit der charakteristischen roten Gesichtsmaske besiedelt die Bergwälder Südostasiens. In Teilen seines Verbreitungsgebiets schwindet sein Lebensraum. Von der IUCN wurde er deswegen als gefährdet eingestuft.*

Rechts: *Gesichtsausdruck bei Makaken (hier erwachsene Männchen):* ***1*** *Berberaffe mit Kind schmatzt mit den Lippen;* ***2*** *Mohrenmakak* (M. maura) *droht mit offenem Maul;* ***3*** *Indischer Hutaffe* (M. radiata) *gähnt mit gebleckten Zähnen;* ***4*** *Javaneraffe* (M. fascicularis) *zeigt seine Angst durch eine Art Grinsen;* ***5*** *drohender Bärenmakak* (M. arctoides)*;* ***6*** *Schweinsaffe* (M. nemestrina) *spitzt die Lippen; er will angreifen, sich paaren oder ein anders Tier lausen;* ***7*** *starrender Rhesusaffe* (M. mulatta) *zeigt seine Angriffslust.*

1

Drille und Mandrille kommen im westlichen Zentralafrika vor. In Kamerun bewohnt jede Art den Wald zu einer Seite des Sanaga. Diese größten Paviane sind fast schwarz gefärbt und haben kurze Schwänze. Ihre Nische weist Parallelen zu jener des Schweinsaffen, des größten Makaken, auf.

Dscheladas, eine langhaarige Art, bewohnen die Hochlandregionen Äthiopiens, wo sie sich von Gräsern ernähren. Sie sind die einzigen Grasfresser unter den Primaten. Da Gräser in größeren Mengen vorkommen als die von anderen Meerkatzenartigen bevorzugten Bäume mit Früchten, können sich zahlreiche Dscheladas einen Futterplatz teilen. Nicht selten trifft man auf Horden von bis zu 500 Tieren. Sie bilden die größten in freier Wildbahn vorkommenden Primatengruppen.

Die vier Mangabenarten (*Cercocebus* und *Lophocebus* spp.) galten stets als leicht gebaute, langschwänzige Paviane. Allerdings entsprechen nur zwei Arten dieser Beschreibung, während die anderen beiden enger mit Drillen und Mandrillen verwandt sind. Mangaben leben ausschließlich in Wäldern mit geschlossener Kronenschicht. Mantel- und Schopfmangaben wohnen überwiegend auf Bäumen, Hauben- und Halsbandmangaben bewegen sich meist auf dem Waldboden fort. Baum- und Bodenbewohner teilen sich oft einen Lebensraum: Mantel- und Haubenmangaben kommen z.B. im Dja-Schutzgebiet im Süden Kameruns vor.

Meerkatzen gehören meist der Gattung *Cercopithecus* an, einige seltene Arten wurden als eigene Gattungen klassifiziert. Die zahlreichen *Cercopithecus*-Arten, die man vor allem an der unterschiedlichen Fellfarbe erkennt, sind regionale Varietäten von rund einem halben Dutzend Ökotypen, die sich ihrem Lebensraum angepasst haben. In den meisten Wäldern ist nur ein Ökotyp vertreten, in reich strukturierten Lebensräumen können auch vier bis fünf Meerkatzenarten unterschiedlicher Ökotypen leben. Körperbau und Gewohnheiten von Diademmeerkatzen und Weißkehlmeerkatzen etwa ähneln sich. Diese beiden Arten kommen nicht sympatrisch vor. Größe und Fressgewohnheiten der Diademmeerkatzen und Rotschwanzmeerkatzen unterscheiden sich dagegen, weshalb beide Seite an Seite dieselben Wälder bewohnen.

Alle übrigen *Cercopithecus*-Arten leben in Wäldern, darunter die am weitesten verbreitete Artengruppe *Mitis* mit Diadem- und Großer Weißnasenmeerkatze. Sie ernähren sich von Blättern und sind in Waldflecken mit geschlossenem Blätterdach heimisch. Ebenfalls häufig sind Blaumaul- und Rotschwanzmeerkatzen aus der Artengruppe *Cephus*. Diese kleineren Arten bevorzugen Wälder mit mehreren Stockwerken und einem Gewirr von Kletterpflanzen – vermutlich, weil diese ihnen Schutz vor Feinden wie etwa Adlern bieten, für die die Affen eine beliebte Beute darstellen. Es folgen die noch kleineren Meerkatzen der Artengruppe *Mona*, die vorwiegend Insekten fressen. Die Arten bilden in den Regenwäldern von Gabun Verbände von mehr als einer Art. Brazzameerkatzen sind in feuchten, palmenreichen Waldgebieten zu Hause. Die am Boden lebenden Vollbartmeerkatzen findet man in den Kronen hoher Bäume. Dort, wo es zu Überschneidungen kommt, sind Artenmischungen möglich. Dies gilt etwa für Rotschwanz- und Diademmeerkatzen im Kibale-Wald im Westen Ugandas.

3

Vier andere Meerkatzengattungen umfassen nur je eine Art. Am weitesten verbreitet ist die Grüne Meerkatze mit 16 lokalen Unterarten in der afrikanischen Savanne. Sie hält sich stets in der Nähe von Wasser auf und verbringt einen Großteil ihrer Zeit in Akazienbäumen am Ufer von Flüssen. Die Husarenaffen gelten als eigene Gattung, weil sich ihr Skelett im besonderem Maße dem Leben am Boden angepasst hat. Diese größte Meerkatzenart überhaupt zeichnet sich durch lange Beine, orangefarbenes Fell und einen weißen Schnurrbart aus. Ihren Namen verdankt sie dem raschen, hüpfenden Lauf über die offene Savanne, ein Anblick, der Reisende im 19. Jahrhundert an Reiter eines Leichtkavallerieregiments erinnerte. Husarenaffen besiedeln offene Akazienwälder und trockeneres, stärker jahreszeitlich geprägtes Buschland nördlich der Regenwälder am Äquator. Oft grenzt ihr Lebensraum an den der Grünen Meerkatzen, denen die Husarenaffen, obwohl sie größer sind, aus dem Weg gehen.

Zwergmeerkatzen, die kleinsten unter den Altweltaffen, leben in Wäldern in den Schwemmebenen des westlichen Zentralafrikas. Sumpfmeerkatzen bevorzugen die Sümpfe im Kongobecken. Beide Arten gehören getrennten Gattungen an, u.a. weil die Weibchen im Unterschied zu anderen Meerkatzen Brunftschwielen aufweisen.

Wenig Ansprüche an den Speiseplan

NAHRUNG

Die Meerkatzenartigen ernähren sich überwiegend von Früchten, sind aber anpassungsfähig. Sie fressen auch Samen, Knospen, Blätter, Rinde, Baumharz, Wurzeln, Knollen, Rhizome, Schnecken, Insekten, Krebse, Fische, Eidechsen, Vögel und Säuger, also verdauliche und ungiftige Kost aller Art. Meist pflücken oder sammeln die Tiere das Futter mit den Händen. Durch Beobachten der Mutter lernen die Jungen es auszulesen und vorzubereiten. Dadurch entwickeln sich gleichzeitig bestimmte traditionelle Vorlieben. Erwachsene Paviane hindern Jungtiere daran, ungewohnte Kost zu fressen. Bei Experimenten erkannten Jungtiere andererseits neue Futterquellen und entwickelten eigene Vorbereitungsmethoden. Erwachsene und andere Jungtiere lernten von ihnen. Die Übertragung von Informationen spielt im Gruppenleben eine wichtige Rolle: Die Horde gilt im Wesentlichen als „Erziehungseinrichtung".

Arten, die nahe beim Wasser leben, nutzen dieses als Nahrungsquelle. Rotgesichtsmakaken in Küstennähe haben in jüngerer Zeit Algen in ihren Speiseplan aufgenommen. Langschwanzmakaken fressen u.a. Krebse, Mantelpaviane an der südafrikanischen Küste sammeln Muscheln auf den Felsen und Zwergmeerkatzen tauchen nach Fischen.

Dort, wo mehrere Arten zusammenleben, etwa in den westafrikanischen Wäldern, fressen die Kleineren meist mehr Insekten, vor allem Heuschrecken, während größere Arten Raupen, Blätter und Pflanzenharz bevorzugen. Mangaben können dank ihrer kräftigen Schneidezähne Nüsse öffnen, die für Meerkatzen unerreichbar bleiben.

KOEXISTENZ MEHRERER ARTEN

Gruppen von zwei oder vier Affenarten wandern oder fressen manchmal gemeinsam. In einigen Fällen entstehen die Gruppen eher zufällig und bleiben nur wenige Stunden beisammen, bevor sich ihre Wege wieder trennen. Das gilt insbesondere dann, wenn eine Art schneller oder weiter zieht als die andere, wie dies z.B. bei den Dscheladas und Silberpavianen im äthiopischen Hochland der Fall ist. Rotschwanz- und Diademmeerkatzen in Ostafrika und einige kleine bis mittelgroße Affenarten in Westafrika gehen dagegen ziemlich langlebige Verbindungen ein, die mehreren Zwecken dienen und jeder der Arten nützen. Solche Gruppen entstehen, damit die Tiere sich gegenseitig gegen Raubfeinde wie etwa Adler schützen können. Gleichzeitig werden bei diesen Konstellationen Konkurrenzsituationen vermieden, die entstehen könnten, wenn zwei Gruppen derselben Art Futter suchen.

Rechts: *Indische Hutaffen leben auf Bäumen und am Boden und teilen daher ihren Lebensraum mit Makakenarten, die reine Baumbewohner sind.*

Husarenaffen bewegen sich rasch durch das offene Grasland von einem Akazienhain zum anderen. Dort ernähren sie sich von Früchten, Blättern und Baumharz, Insekten und kleinen Wirbeltieren. Ihre Kost unterscheidet sich kaum von jener der Meerkatzen, die Wälder besiedeln. Auf dem Speiseplan der Paviane stehen dagegen große Mengen an Gräsern, passend zu ihren langen Kiefern mit großen Backenzähnen, mit denen sie derbe Blätter kauen. Mit ihren kräftigen, löffelförmigen Händen graben sie bei Trockenheit Rhizome, Knollen und Wurzeln von Gräsern aus. Auch Dscheladas besitzen breite, hochkronige Molaren, mit denen sie die Fasern von Gräsern zermahlen, ohne die Zähne zu schnell abzunutzen. Mit einer raschen Zwickbewegung von Daumen und Zeigefinger können sie Gras so dicht am Boden abreißen wie Schafe. Paviane fangen auch kleine Gras fressende Säuger; sie töten und verzehren Gazellenjunge, die versteckt im Gras liegen, und jagen Hasen. Paviane praktizieren eine einfache Form gemeinschaftlicher Jagd: Sie schwärmen aus, um kleine Beutetiere in Bewegung zu versetzen. Derjenige, der die Beute schließlich schlägt, teilt sie allerdings ungern.

Wenn Affen in die Nähe des Menschen geraten, was relativ häufig vorkommt, greifen Erstere gerne auf Lagerbestände der Menschen zurück. Dieses Verhalten zeigt deutlich, dass Lernen bei der Futterbeschaffung eine wichtige Rolle spielt. Die Tiere begeben sich an Futterplätze, wenn dort Nahrung abgelegt wird, und stehlen Vorräte, wenn die Besitzer nicht aufpassen, z.B. während der Schlafenszeit. Paviane machen sich über Felder her, auf denen Frauen arbeiten, und verjagen diese sogar. Bewaffneten Männern gehen sie dagegen aus dem Weg. Zwergmeerkatzen halten sich gern in der Nähe von Menschen auf, die an Flüssen im Wald fischen oder waschen, meiden aber Jäger. Alle beobachteten Fälle belegen, dass die Affen menschliche Verhaltensweisen differenziert wahrnehmen.

Spätentwickler

SOZIALVERHALTEN

Meerkatzen entwickeln sich langsam, sind spät geschlechtsreif und leben lange. Bei gut genährten Populationen in Gefangenschaft paaren sich Rhesusaffen erstmals mit 3,5 Jahren und bringen ihr erstes Junges mit vier Jahren zur Welt. Etwa 10 % sind ein Jahr früher geschlechtsreif, 10 % ein Jahr später. Husarenaffen, die größten Meerkatzen, paaren sich erstmals mit durchschnittlich 2,5 Jahren (1,5 bis 3,5 Jahre sind normal) und sind damit von allen Meerkatzenartigen am frühesten fortpflanzungsfähig. Die Weibchen der Zwergmeerkatzen, der kleinsten *Cercopithecus*-Art, paaren sich dagegen erst mit vier bis fünf Jahren, Gleiches gilt für Weißkehl- und Brazzameerkatzen. Eindeutig hängen Geschlechtsreife und Paarungsbereitschaft mit der verfügbaren Futtermenge zusammen. In Gefangenschaft lebende Paviane können sich mit 3,5 Jahren fortpflanzen, solche, die in kargen Gegenden wie dem Amboseli-Nationalpark (Kenia) leben, dagegen zuweilen erst mit 7,5 Jahren. Grüne Meerkatzen im Amboseli sind mit fünf Jahren empfänglich, in Gefangenschaft lebende Tiere hingegen mit 2,5 Jahren. Diese Unterschiede wurden bei im Wald heimischen Meerkatzen und Husarenaffen nicht beobachtet. Die Männchen produzieren etwa um dieselbe Zeit erstmals Sperma, in der ihre weiblichen Artgenossen geschlechtsreif werden, doch sind sie zu diesem Zeitpunkt noch nicht ausgewachsen und sozial unreif. Männchen sind daher immer älter als Weibchen, wenn sie sich erstmals fortpflanzen.

Die meisten Meerkatzen paaren sich innerhalb eines begrenzten Zeitraums, in hoch gelegenen Gegenden meist im Herbst, in den feuchten Tropen in der Regel während der Trockenzeit. Die

Husarenaffen in trockenen Gebieten wählen die Regenzeit zur Fortpflanzung. Paviane und Mangaben können sich zu jeder Zeit des Jahres paaren, doch Stressfaktoren – wenn etwa bei großer Trockenheit Jungtiere sterben – führen dazu, dass die Mütter beim nächsten Mal alle zur selben Zeit trächtig sind. Bei Grünen Meerkatzen dehnt sich die Paarungszeit über mehrere Monate aus, bei Husarenaffen und Zwergmeerkatzen beschränkt sie sich auf wenige Wochen. Die Weibchen dieser Arten haben meistens nur einen Eisprung. Jedes Weibchen ist über einen Zeitraum von mehreren Tagen paarungsbereit; jene, die sich bereits gepaart haben, signalisieren trotzdem weiterhin Empfänglichkeit. Bei männlichen Rhesusaffen verändern sich Testosteronspiegel und Größe der Hoden im Verhältnis zu den Sommermonaten, wenn die Tiere nicht paarungsbereit sind.

Das Paarungsverhalten ist kaum ausgeprägt, da die Tiere sich in der Regel gegenseitig kennen. Es beschränkt sich darauf, dem Partner die Paarungsbereitschaft zu signalisieren. Husarenaffenweibchen zeigen differenziertere Verhaltensweisen: Sie laufen geduckt mit eingerollter Schwanzspitze umher und fassen sich häufig mit einer Hand an die Vulva oder reiben sie an einem Ast. Häufig bilden sich Paare, die dicht beisammen bleiben und sich für einige Stunden oder Tage am Rand der Gruppe aufhalten. Bei einigen Arten kommt es bereits beim ersten Paarungsversuch zur Ejakulation.

UNSERE EBENBILDER?

Die Grenzen der Ähnlichkeit zwischen Mensch und Affe

JEDER DOKUMENTARFILM ÜBER DAS SOZIALVERHALTEN von Affen verleitet die Zuschauer zur Schlussfolgerung, die Tiere seien uns Menschen bemerkenswert ähnlich. Primaten leben in komplexen Gesellschaften, besitzen eine Mimik und Gefühle, die den unsrigen gleichen, und scheinen vorsätzlich zu handeln. Trotzdem sind Affen nicht einfach nur „pelzige Menschen": Sie verfügen nicht über die Fähigkeiten, die notwendig wären, um eine Sprache zu sprechen, Maschinen zu bauen, Geschichten zu erzählen oder Bücher zu schreiben. Was genau aber unterscheidet die Affen von uns? Wie können wir ein Denken beschreiben, das unserem so ähnlich und doch so anders ist?

Wollten wir uns wissenschaftlich mit Menschen beschäftigen, so würden wir dafür die Sprache als Medium nutzen. Sprache ist ein Fenster zum Geist, das Einblicke in unsere Gedanken ermöglicht. Obwohl Affen keine Sprache besitzen, kommunizieren sie, und lange Zeit versuchten Forscher das Denken und die Weltsicht der Primaten mittels der Entschlüsselung ihrer Lautäußerungen zu erkunden.

Viele Tiere vermögen ihre Verwandten von anderen Artgenossen zu unterscheiden. Menschen gehen einen Schritt weiter und erkennen die Verwandtschaftsbeziehungen, die in Familien bestehen, denen sie nicht selbst angehören. Wie mit Grünen Meerkatzen *(Cercopithecus aethiops)* und Mantelpavianen *(Papio hamadryas)* durchgeführte Feldversuche mit Affenlauten zeigten, sind nichtmenschliche Primaten dazu ebenfalls in der Lage. Beide Arten bilden hierarchische Gruppen aus matrilinearen Familien, die so strukturiert sind, dass alle Mitglieder von Familie A im Rang über allen Mitgliedern von Familie B stehen, usw. Bei einem Experiment mit Pavianen warteten die Forscher, bis zwei erwachsene Weibchen (z.B. B und D) nahe beieinander ruhten, während sich ihr Nachwuchs anderswo aufhielt. Dann spielten die Forscher über einen versteckten Lautsprecher aggressive und unterwürfige Schreie zweier weiterer Gruppenmitglieder ab und filmten die Reaktionen der Weibchen. Als die Laute abgespielt wurden, die bei einem Kampf zwischen einem engen Verwandten von Weibchen B und einem nichtverwandten Tier entstanden waren, schaute D zu B. Handelte es sich um die Aufnahme eines Streits zwischen den engen Verwandten von B und D, sahen beide Weibchen einander an. Außerdem zeigte sich B in den folgenden 15 Minuten wesentlich aggressiver gegenüber D. In ähnlicher Weise löste ein Kampf zwischen den Mitgliedern zweier Familien Grüner Meerkatzen häufig bei zwei weiteren, bisher unbeteiligten Angehörigen der kämpfenden Matrilinien Konflikte aus.

Affen scheinen den sozialen Status jedes Gruppenmitglieds zu kennen. Wenn Versuchstieren Schreie vorgespielt werden, die einen Kampf nachahmen, in dem z.B. Tier D das hochrangigere Tier B bedroht, nehmen sie regen Anteil an dieser scheinbaren Verletzung der bestehenden Hierarchie. Ein Weibchen mit mittlerem Sozialstatus unterteilt seine Gruppe also nicht nur in Tiere, die über ihm und solche, die unter ihm rangieren, sondern scheint die gesamte Rangordnung der Gruppe im Kopf zu haben.

Ebenso wie Menschen sehen also auch Affen die Gemeinschaften, in denen sie leben, nicht nur als zufällige Ansammlungen von Individuen an, sondern als Netzwerk sozialer Beziehungen mit einer hierarchischen matrilinearen Struktur. Es könnte gute Gründe dafür geben, warum die natürliche Auslese derartig hoch entwickeltes soziales Wissen begünstigte. Obgleich viele Tiere mit engen Familienmitgliedern Allianzen bilden, scheinen nur nichtmenschliche Primaten ihre Verbündeten nach strategischen Gesichtspunkten auszuwählen und sich Partner zu suchen, die im Rang sowohl über ihnen selbst als auch über ihren gegenwärtigen Rivalen stehen. Die strategische Auswahl erfordert – z.B. in einer Gruppe von 80 Pavianen – ein enzyklopädisches Wissen über Gruppenmitglieder und ihre Verwandtschaftsbeziehungen. Dieses Wissen präsent zu haben stellt eine bedeutende Geistesleistung dar, die etwas leichter zu bewerk-

Rechts: *Grüne Meerkatzen im Moremi-Wildreservat in Botswana. Ebenso wie einige andere Affenarten setzen Grüne Meerkatzen bei Bedrohung durch Fressfeinde unterschiedliche Warnrufe ein.*

Unten: *Grüne Meerkatzen sind nicht in der Lage, ihre Warnrufe so abzuändern, dass sie vor Tieren warnen könnten, die nur für junge Affen gefährlich sind.*

stelligen ist, wenn das Individuum über eine Struktur verfügt, in die es Informationen einordnen kann.

Haben die Lautäußerungen von Affen Aspekte mit menschlichen Sprachen gemeinsam? Die Warnrufe Grüner Meerkatzen z.B. scheinen fast nach dem gleichen Prinzip wie menschliche Worte zu funktionieren, denn sie enthalten verschlüsselte Informationen über das Tier, von dem die Gefahr ausgeht. Warnrufe vor Leoparden veranlassen die Gruppenmitglieder, zu Bäumen zu laufen. Bei Adleralarm schauen die Tiere nach oben und verstecken sich im Gebüsch, während sie sich auf ihre Hinterbeine aufrichten und mit Blicken das Gras absuchen, wenn Artgenossen sie mit einem Schrei auf Schlangen aufmerksam machen. Wie könnte man herausfinden, was in dem Gehirn eines Affen vor sich geht, der soeben einen Alarmruf gehört hat?

Auch die im westafrikanischen Regenwald lebenden Dianameerkatzen kennen unterschiedliche Rufe, die vor Leoparden und Adlern warnen. Weibchen, die das Knurren eines Leoparden, den Schrei eines Adlers oder den Adlerwarnruf eines männlichen Artgenossen hören, antworten meist mit ihren eigenen, je nach Fressfeind verschiedenen Rufen. Hören die Weibchen aber den Leopardenalarm eines Männchens und fünf Minuten später das Knurren eines Leoparden, so reagieren sie nicht auf das Knurren. Ähnlich verlaufen Versuche mit Adlerwarnrufen. Andererseits antworten die Weibchen mit einem Chor von Alarmrufen, wenn sie nach der Warnung vor einem Fressfeind den Laut eines anderen Raubtieres hören. Offenbar teilen weibliche Dianameerkatzen Rufe nicht danach ein, ob sie ähnlich klingen, sondern nach der Art der Gefahr, vor der sie warnen.

Grundlegender Unterschied zwischen Affen und Menschen ist, dass Affen keine neuen „Wörter" für neue Situationen entwickeln. Weder verändern sie ihre Rufe, noch erfinden sie neue. Ebenso wenig wie sie in der Lage sind, etwas zu kommentieren, das nicht gegenwärtig ist. Sie können nicht auf die individuelle Situation von Artgenossen eingehen. Grüne Meerkatzen z.B. versäumen es, ihren Nachwuchs vor Feinden zu warnen, die es speziell auf Jungtiere abgesehen haben. Auch antworten Pavianmütter auf die „Ich-habe-mich-verirrt"-Rufe ihrer Jungen nur, wenn sie selbst von der Gruppe getrennt wurden. Ebenso wie bei Menschen gibt es auch bei Affen mentale Phänomene wie Gedanken, Vorstellungen und Gefühle. Anders aber als Menschen scheinen Affen sich nicht in den mentalen Zustand anderer versetzen zu können. RC/DC

Andere Arten benötigen mehrere Versuche. Jungtiere, besonders die Kinder der Weibchen, stören die Paare manchmal beim Geschlechtsakt. Möglicherweise wollen sie die Zeugung eines weiteren Jungtieres verzögern, mit dem sie die Aufmerksamkeit der Mutter teilen müssen. Auch aus diesem Grund sind oft mehrere Paarungsversuche nötig.

Ein einzelnes Junges kommt nach einer Tragzeit von fünf bis sechs Monaten zur Welt, Zwillinge sind selten. Die Weibchen gebären innerhalb kurzer Zeit dort, wo sie sich gerade zufällig aufhalten. Das Junge wird mit Fell und geöffneten Augen geboren, oft krallt es sich mit den Händen am Pelz der Mutter fest, noch ehe Beine und Füße erscheinen. Es hängt sich sofort an ihren Bauch und kann von Anfang an sein eigenes Gewicht tragen, wenn die Mutter es auch meist in den ersten Stunden am Rücken stützt. Das Neugeborene nimmt die Brustwarze der Mutter ins Maul und hält damit seinen Kopf, selbst wenn es nicht saugt. Die meisten Jungen werden nachts auf dem Schlafbaum der Mutter geboren, die bis zur Morgendämmerung die Plazenta verspeist und das Junge sauber geleckt hat. Keine *Cercopithecus*-Art baut Nester. Husarenaffenjunge kommen gewöhnlich tagsüber und am Boden zur Welt. Anscheinend richtet sich der Zeitpunkt der Geburt nach Gefahren, die von außen drohen, denn die Tiere verbringen die Nacht in niedrigen Bäumen, wo sie leicht Feinden zum Opfer fallen. Gebärende Weibchen werden von den übrigen Gruppenmitgliedern kaum beachtet, doch das Neugeborene erregt sogleich die Aufmerksamkeit der übrigen Weibchen. Sie bemühen sich um die Mutter, damit diese ihnen gestattet, das Junge zu berühren oder gar zu hüten.

Die mütterliche Pflege nimmt nach und nach ab, damit das Junge selbstständig wird. Nach den ersten Monaten säugt die Mutter es seltener, insgesamt jedoch noch bis zur nächsten Geburt, die bei den meisten Makaken, Grünen Meerkatzen, Husarenaffen und Zwergmeerkatzen nach einem und bei im Wald lebenden Arten wie den Diademmeerkatzen nach zwei Jahren stattfindet. Bei Pavianen betragen die Abstände zwischen den Geburten, vermutlich in Abhängigkeit vom verfügbaren Futter, zwischen 15 und 24 Monaten. Wird ein Kind tot geboren oder stirbt nach der Geburt, so verkürzt sich der Abstand zur nächsten Geburt.

Die Bindung zwischen Müttern und Töchtern währt ein Leben lang, jene zwischen Müttern und Söhnen nur bis zu deren Geschlechtsreife. Dann verlassen die jungen adulten Männchen der meisten Arten ihre Geburtsgruppe und schließen sich einer anderen an oder leben eine Weile allein. Während der Kindheit äußert sich die Bindung durch häufiges Lausen oder Beisammensein und gegenseitige Verteidigungsversuche. Jungtiere bauen auch Beziehungen zu Geschwistern auf. In Gruppen mit hierarchischen Strukturen bekleiden Weibchen oft den Rang direkt unter ihrer Mutter und über dem ihrer älteren Schwestern. Männchen verlieren ihren ererbten Rang, wenn sie die Gruppe verlassen. Manchmal schließen sich junge Männchen demselben Trupp an wie ein älterer Bruder, der ihnen die Aufnahme erleichtert.

Wenn mehr als ein Weibchen in einer Horde paarungsbereit ist, bevorzugen die Männchen das ältere Weibchen, das meist länger empfänglich bleibt. Umgekehrt ziehen Weibchen ältere Männchen vor. Bei Pavianen gibt es Paare, die auch außerhalb der Paarungszeit oft zusammen sind. Lebt ein einzelnes adultes Männchen in einer Gruppe von Weibchen, schließen sich zuweilen allein lebende Männchen dem Verband an, wenn dort mehrere Weibchen empfänglich sind. Dadurch bieten sie den Weibchen Wahlmöglichkeiten. Bei den polygynen Rotschwanzmeerkatzen liegt die Lebenserwartung der Männchen unter jener der Weibchen.

In der Regel bleiben Mütter und Töchter zusammen, adoleszente Männchen verlassen ihre Familiengruppe. Eine Ausnahme bilden Silberpaviane: Hier bleiben die Männchen beieinander, während die Weibchen oft zu einer anderen Gruppe wechseln (siehe *Special Feature,* Seite 376 f.).

Unten: *Kleine und mittelgroße Meerkatzenartige:* ***1*** *Mantelmangabe* (Lophocebus albigena), *westliche Rasse mit doppelter Halskrause;* ***2*** *Sumpfmeerkatze* (Allenopithecus nigroviridis); ***3*** *Blaumaulmeerkatze* (Cercopithecus cephus); ***4*** *Zwergmeerkatze* (Miopithecus talapoin), *der kleinste Altweltaffe;* ***5*** *Mohrenmangabe, eine Unterart der Halsbandmangabe* (Cercocebus torquatus); ***6*** *Husarenaffe* (Erythrocebus patas).

Bis vor einigen Jahren glaubte man, artentypische Hordengrößen, Verbreitungsgebiete und Sozialstrukturen identifizieren zu können, doch neuere Studien weisen auf deutliche Unterschiede innerhalb der Arten und Lebensräume und in einem gegebenen Zeitraum hin. Unter günstigen Bedingungen können mehrere Töchter ihre Mutter überleben und in ein und derselben Gruppe eigene Familien gründen. Unter schlechten Voraussetzungen überleben nur so wenig Tiere, dass sich matrilineare Strukturen erst nach mehrjährigen Untersuchungen identifizieren lassen.

Nahrungsquellen beschränken die Größe einer Gruppe. Makakenverbände spalten sich häufig in kleinere Trupps von Müttern, Töchtern und deren Nachkommen auf – allerdings erst dann, wenn die Zahl der Gruppenmitglieder weit höher liegt als üblich. Seltener schließen sich mehrere Verbände zusammen, wenn eine Gruppe aufgrund von Todesfällen nicht überlebensfähig ist. Dem kleineren Trupp gereicht dies allerdings kaum zum Vorteil. Seine Mitglieder landen am unteren Ende der sozialen Hierarchie. Das Gruppenleben fordert seinen Preis: In großen Horden herrscht stärkerer Wettbewerb, die Tiere müssen längere Strecken zurücklegen, um Futter zu finden.

In der Regel leben die Verbände in festgelegten Streifgebieten. Meerkatzen und Mangaben verteidigen ihr Revier gegen Gruppen aus angrenzenden Territorien; die Streifgebiete von Pavianen und Hu-

Oben: *Eine Horde Husarenaffen stillt ihren Durst an einem Wasserloch. Dank ihrer langen Beine und Füße und der kurzen, kräftigen Zehen sind Husarenaffen die schnellsten Primaten überhaupt. Sie erreichen Geschwindigkeiten von bis zu 55 km/h.*

5

4

6

sarenaffen sind hierfür jedoch zu groß und überschneiden sich oft mit jenen ihrer Nachbarn. Das Revier ist „Eigentum" der Weibchen, die den dauerhaften Kern der Horde bilden. Bei Diadem- und Rotschwanzmeerkatzen sind am häufigsten Weibchen mit Jungtieren in Revierkämpfe verstrickt. Männchen wechseln den Trupp öfter. Sie können über einen längeren Zeitraum (mehrere Wochen oder sogar zwei bis drei Jahre, selten jedoch länger) in einer Horde bleiben. Adulte Männchen stoßen laute, sehr spezifische Rufe aus, die offenbar sogar eine individuelle Note haben. Mit diesen Rufen können sie die Gruppe auffordern, sich zu sammeln, aber auch Rivalen wissen lassen, dass in der Horde bereits ein Männchen lebt.

Bei Meerkatzen unterscheidet man oft zwischen Arten, in denen nur ein Männchen in einer Gruppe lebt, und solchen, in denen es mehrere Männchen gibt. Männliche Paviane, Mangaben und Makaken dulden Geschlechtsgenossen im Trupp, doch umfassen kleine Gruppen in der Regel nur ein adultes Männchen. Bei Männchen, die zusammen in einer Gruppe leben, existiert eine Rangfolge, die durch Erfolg oder Misserfolg im direkten Vergleich gebildet wird. Diese Rangordnung ist nicht sehr stabil, sondern ändert sich mit dem Alter oder wenn weitere Männchen sich der Horde anschließen. Bei weniger als vier adulten Männchen in der Gruppe paart sich fast nur das dominante Männchen, wenn nicht zu viele Weibchen zur selben Zeit empfänglich sind. Leben mehr erwachsene Männchen in einem Verband, kann das dominante Männchen nicht alle Rivalen von den Weibchen fern halten, sodass auch die übrigen sich paaren.

Grüne Meerkatzen und Zwergmeerkatzen bilden Sonderfälle, als hier ebenfalls Trupps mit mehreren Männchen existieren, während bei den Husarenaffen und den meisten im Wald heimischen Meerkatzen in jeder Gruppe nur ein Männchen lebt. In der Paarungszeit gesellen sich weitere Männchen zur Horde, um sich fortzupflanzen.

Bei einigen Pavian- und Meerkatzenarten beobachtete man, wie männliche Neuankömmlinge Jungtiere

Oben und links: *Paviane mit Jungen. Auf dem Foto trägt ein Mantelpavianmännchen ein Junges auf dem Rücken (Krüger-Nationalpark, Südafrika). Unten ermutigt eine Mutter ihr Junges, selbstständig zu werden:* ***1*** *Die Mutter erhebt sich und unterbricht kurzfristig den Kontakt zu dem Jungtier.* ***2*** *Sie entfernt sich einige Schritte von ihrem Jungen, das ihr sogleich folgt.* ***3*** *Dann dreht sie sich um und signalisiert dem Jungen damit, dass sie es nicht verlässt. Das Junge bleibt stehen.* ***4*** *Ältere Jungtiere, die bereits unabhängiger sind, werden immer häufiger zurückgewiesen, bis sie nach einer Zeit völlig selbstständig sind.*

töteten. Dieses Verhalten ist zwar nicht unbedingt typisch für alle Populationen, andererseits aber so weit verbreitet, dass es vermutlich zur Fortpflanzungsstrategie der Männchen gehört (siehe *Special Feature*, Seite 392 f.).

Erwachsene männliche Meerkatzen, die keinem Trupp angehören, leben in der Regel allein. Husarenaffenmännchen bilden allerdings kleine Gruppen auf Zeit. In Gefangenschaft leben Männchen friedlich zusammen, solange keine Weibchen in der Nähe sind. Husarenaffen formen sehr große Verbände mit vielen Männchen, außerhalb der Paarungszeit gehören die Männchen jedoch zu Untergruppen, deren Mitglieder hauptsächlich unter sich bleiben und nur selten mit Weibchen in Kontakt treten. Bei Mantelpavianen und Dscheladas gibt es innerhalb der Horden Haremsgruppen. Jeder Harem umfasst drei bis sechs erwachsene Weibchen mit ihren Nachkommen und ein einzelnes, adultes Männchen (gelegentlich auch zwei). Adoleszente Männchen leben in einer Untergruppe am Rand der Horde. Paviantrupps bewegen sich sehr geordnet fort: Die adulten Männchen und Weibchen (auch solche, die Kinder tragen) gehen am Anfang und Ende, in der Mitte laufen die Jungtiere.

Versuchstiere

Arten- und Umweltschutz

Alle in Wäldern lebenden Affen gelten als bedroht, weil ihr Lebensraum im Schwinden begriffen ist (zwischen 1980 und 1990 wurden 8 % der weltweiten Waldflächen zerstört, pro Jahr allein im Amazonasbecken 100 000 qkm). Affenpopulationen sind zusätzlich gefährdet, weil sie sich nur langsam vermehren. Dort, wo Affenfleisch als Delikatesse gilt, haben moderne Waffen und die verstärkte Kommerzialisierung der Jagd ihren Preis gefordert. An anderen Orten schieben sich Felder immer dichter an den Lebensraum der Tiere heran, die Getreide zu stehlen beginnen. In den gewinnorientierten modernen Wirtschaftssystemen drücken die Menschen dabei kein Auge mehr zu. Affen bekommen auch Krankheiten der Menschen wie Tuberkulose. Sie übertragen Gelbfieber, für dessen Viren sie extrem anfällig sind. Paviane gelten außerdem als Überträger von Bilharziose. Gelegentlich gab es schon Pläne, einige Populationen zu vernichten, um die Ausbreitung von Krankheiten zu verhindern. Zurzeit ist hiervon aber nicht mehr die Rede.

In den 1950er und 1960er Jahren wurden 130 000 Rhesusaffen von Indien in die USA geliefert. Mehrere Jahre schien es, als könne die steigende Nachfrage nach Versuchstieren die Existenz der Art bedrohen, zumal viele Tiere bereits auf dem Weg in die Labors starben. Mittlerweile sinkt die Zahl der Versuchstiere. Auch werden Affen für Forschungszwecke gezüchtet und man behandelt gefangene Tiere vorsichtiger. Zwischen 1989 und 1994 ging die Zahl der Altweltaffen, die aus den vier Hauptexportländern ausgeführt wurden, von 29 000 auf 18 000 pro Jahr zurück. Heute spielt die Erhaltung des Lebensraums zum Schutz der Tiere ein wichtige Rolle. Es gilt, Gebiete zu erhalten, die groß genug sind, um das Überleben ganzer Populationen zu sichern. Dies ist aber nur möglich, wenn der Mensch nicht in die letzten unberührten Regionen der Erde vordringt. RD/TER

Oben: *Zwei Gruppen von Langschwanzmakaken treffen aufeinander. Es kommt zu einer Auseinandersetzung, an deren Ende eine der rivalisierenden Parteien die Führung der Horde übernimmt.*

Affen als Beute

Manche Primaten jagen kleinere Tiere, doch sind sie zugleich selbst eine begehrte Beute. Einige der größten Adlerarten ernähren sich überwiegend von im Wald heimischen Affen. Kronenadler (UNTEN) jagen oft paarweise und haben spezielle Techniken entwickelt, um die schlauen Primaten zu fangen. Ein Tier fliegt auf eine Affengruppe zu und lässt sich bei ihr nieder. Die Affen kommen näher und versuchen den Störenfried zu verjagen. Während dieser Zeit nähert sich der zweite Adler von hinten und schnappt sich ein ahnungsloses Opfer. Im Wald lebende Primaten stoßen einen bestimmten Alarmruf aus, wenn ein Adler über ihnen kreist, und suchen ein Versteck im Dickicht. Kronenadler können aber sogar am Waldboden jagen und sind in der Lage, fast ausgewachsene Mandrillmännchen, die größte Meerkatzenart, zu erbeuten. Im Kibale-Wald in Uganda machen Affen 84 % der Beute von Kronenadlern aus. Ein einziges Adlerpaar tötete in Makokou, Gabun, pro Jahr 8 % der dort lebenden Meerkatzen. Im offenen Gelände jagen Kampfadler Grüne Meerkatzen und Paviane. Grüne Meerkatzen fallen auch Pythonschlangen zum Opfer, die reglos am Fuß eines Baums verharren, bis ein unvorsichtiges Tier ihnen zu nahe kommt. Paviane verfügen über Warnrufe, wenn sich Schlangen, Leoparden und Adler nähern. Vermutlich fressen die Raubkatzen Affen nur, wenn sie nichts anderes finden, gehören aber dennoch zu deren gefährlichsten Feinden. Leoparden jagen bevorzugt Paviane, die sie tagsüber wie auch nachts angreifen und in 75 % aller Fälle auch erlegen. Löwen sind die zweitgefährlichsten Pavianjäger. Doch auch unter ihresgleichen sind Affen nicht sicher. Im Amboseli-Nationalpark fressen Paviane gelegentlich Grüne Meerkatzen; Schimpansen in Gombe, Tansania, jagen Paviane, Colobusaffen und Meerkatzen. Und in West- und Zentralafrika sowie in Südostasien verzehren auch Menschen Affenfleisch.

Artenübersicht Meerkatzen, Makaken und Paviane

ZUR UNTERFAMILIE DER MEERKATZEN-artigen zählen neben Meerkatzen, Makaken und Pavianen auch andere Tieraffen, z.B. die pavianähnlichen Drille und Mandrille sowie die Mangaben.

MANGABEN

Gattungen *Cercocebus* und *Lophocebus*

Mittelgroße Affen, auf Waldlebensräume beschränkt. Die bräunlichen Arten (Hauben-, Halsbandmangabe) sind eng miteinander verwandt, aber nur relativ weitläufig verwandt mit den schwärzlichen Arten (Mantel-, Schopfmangabe), für die der Gattungsname *Lophocebus* eingeführt wurde. Die beiden Ersten stammen von einem Drill-/Mandrill-Vorfahren ab, während die beiden *Lophocebus*-Arten einen Vorfahren mit der Pavian-/Dschelada-Gruppe gemeinsam haben. Bei allen ist der Schwanz länger als der Körper. Die Weibchen sind kleiner als die Männchen, aber nicht so auffällig wie bei den Meerkatzen. Dank ihrer großen, kräftigen Schneidezähne nutzen Mangaben harte Samen, die für die Meerkatzen, mit denen sie sich den Lebensraum teilen, wertlos sind. Die Paarungszeit scheint nicht saisongebunden zu sein; die Tragzeit dauert sechs Monate. Juvenile und adulte Tiere sind gleich gefärbt. Mangaben bilden große Gruppen, denen mehrere Männchen angehören. Sie geben verschiedene Laute von sich. Der Schrei der Männchen ist weit zu hören; die erwachsenen Weibchen einer Gruppe „singen" in lauten Chören.

Haubenmangabe LR
Cercocebus galeritus

Kamerun, Gabun, Kenia und Tansania. Schließt *C. agilis* mit ein. Die kürzlich entdeckten östlichen Populationen sind weit verstreut und von denen im W Tausende von Kilometern getrennt. Regenwälder und Galeriewälder; Bodenbewohner.
KL 44–58 cm; GT 5,3 kg (Weibchen), 9,6 kg (Männchen)
FELL: Matt gelbbraun; oben auf dem Kopf bilden die Haare einen Kamm.
NAHRUNG: Palmnüsse, Samen, Blätter.
IUCN-STATUS: Vorwarnliste.

Halsbandmangabe LR
Cercocebus torquatus

Senegal bis Gabun; Regenwald; Bodenbewohner.
KL 66 cm; GT 6,2 kg (Weibchen), 11 kg (Männchen).
KÖRPER: Fell grau. Örtlich weisen Populationen Farbvarianten auf: ein weißes Halsband in Ghana, eine rote Kappe in Kamerun. Weibchen mit zyklischen Brunftschwielen.
NAHRUNG: Palmnüsse, Samen, Früchte, Blätter.
IUCN-STATUS: Vorwarnliste.

Mantelmangabe
Lophocebus albigena

SW-Kamerun bis O-Uganda. Primäre, immergrüne, feuchte Wälder. Baumbewohner.
KL 44–58 cm (Weibchen), 45–62 cm (Männchen). GT 6 kg (Weibchen, 8,3 kg (Männchen)
KÖRPER: Fell schwarz. Das lange Schulterhaar schimmert bräunlich, die kurzen Haare an den Backen sind grau. Einzelner (östliche Populationen) oder doppelter (westliche Populationen) Fellkamm auf dem Kopf. Weibchen mit zyklischen hellrosafarbenen Brunftschwielen.
NAHRUNG: Früchte und Samen sowie Blüten, Blätter, Insekten, kleine Wirbeltiere.

Schopfmangabe LR
Lophocebus aterrimus

Demokratische Republik Kongo (DRK); Regenwälder; Baumbewohner. Wird bisweilen als Unterart von *L. albigena* betrachtet.
KL 71 cm; GT 5,8 kg (Weibchen), 7,8 kg (Männchen).
FELL: Schwarz.
NAHRUNG: Früchte, Samen.
IUCN-STATUS: Vorwarnliste.

MEERKATZEN

Gattung *Cercopithecus*

Diese langschwänzigen Affen leben überwiegend in Wäldern. Bei beiden Geschlechtern ist das Fell leuchtend gefärbt, bei Männchen treten die Zeichnungen deutlicher hervor. Jungtiere unauffällig gefärbt; die bei der Geburt rosafarbenen Gesichter dunkeln später nach. Die Männchen sind größer als die Weibchen und je größer die Art ist, desto ausgeprägter der Unterschied. Weibchen nur halb oder zwei Drittel so schwer wie Männchen. Die Taxonomie ist kompliziert: Man unterscheidet mehrere Artengruppen und die Arten einer dieser Gruppen ersetzen einander geografisch in der Gilde von Meerkatzen, die in einem Wald anzutreffen sind. Die jeweilige Gruppenzugehörigkeit einer Art ist angegeben. Andere Arten treten in geeigneten Lebensräumen weitflächig auf, ohne dass Rassenunterschiede erkennbar wären. Die soziale Organisation ist unterschiedlich und wird bei den einzelnen Arten beschrieben. Adulte Männchen rufen charakteristisch und weithin hörbar. Tiere verschiedener Arten streifen mitunter lange Zeit gemeinsam in einer Horde.
FORTPFLANZUNG: Tragzeit vermutlich 5 Monate. Bei einigen beobachteten Arten ist die Fortpflanzung jahreszeitlich gebunden. Abstände zwischen Geburten betragen 1 bis 3 Jahre. Die Weibchen gebären erstmals mit 3 bis 7 Jahren. Unterschiede hängen von Artzugehörigkeit und Bedingungen des Lebensraums ab.

Rotschwanzmeerkatze
Cercopithecus ascanius

Art der *Cephus*-Gruppe. NO- und O-DRK, S-Uganda, W-Kenia, W-Tansania, SW-Ruanda. Ältere Regenwälder und junge Sekundärwälder; Baumbewohner. Häufig gehört nur ein adultes Männchen zur Gruppe.
KL 41–48 cm; GT 2,9 kg (Weibchen), 3,7 kg (Männchen).
FELL: Gelbbraun gesprenkelt, Bauch hell; Glieder grau, Schwanzende kastanienrot; Gesicht schwarz, um die Augen bläulich mit einem weißen Fleck auf der Nase und weißen Wangen.
NAHRUNG: Insekten, Früchte, Blüten, Knospen.

Blaumaulmeerkatze
Cercopithecus cephus

S-Kamerun bis N-Angola;. Regenwälder; Baumbewohner. Zur Gruppe gehört oft nur ein adultes Männchen.
KL 48–56 cm; GT: 2,9 kg (Weibchen), 4,3 kg (Männchen).
FELL: Rotbraun aguti mit dunkelgrauen Gliedern und Rücken; Schwanzende rot; Kehle und Bauch weiß. Gesicht schwarz mit blauer Haut um die Augen, weißem Schnurrbart, weißen Wangen.
NAHRUNG: Früchte, Insekten, Blätter, Triebe, Nutzpflanzen.

Rotohrmeerkatze Vu
Cercopithecus erythrotis

Art der *Cephus*-Gruppe. Schließt *C. sclateri* mit ein, eine bedrohte, 1988 erstmals in freier Wildbahn identifizierte Art, die mitunter auch als Hybride von *C. erythrotis* und *C. erythrogaster* angesehen wird. S-Nigeria und W-Kamerun; Regenwälder; Baumbewohner.
KL 36–51 cm; GT 2,9 kg (Weibchen), 3,6 kg (Männchen).
FELL: Braun aguti, Glieder grau. Schwanz zum Teil rot. Augenbereich blau, Nase und Ohrenspitzen rot, Wangen gelb.
NAHRUNG: Früchte, Insekten, Triebe, Blätter, Nutzpflanzen.

Rotbauchmeerkatze En
Cercopithecus erythrogaster

Wenig bekannte Art, die *C. petaurista* ähnelt und zur *Cephus*-Gruppe zählt. SW-Nigeria; Regenwälder; Baumbewohner.
KL: 46 cm; GT 2,4 kg (Weibchen), 4,1 kg (Männchen).
FELL: Braun aguti; Gesicht schwarz, Halskrause weiß, Bauch rötlich bis grau.
NAHRUNG: Früchte, Insekten, Blätter, Nutzpflanzen.

Kleine Weißnasenmeerkatze
Cercopithecus petaurista

Art der *Cephus*-Gruppe. Sierra Leone bis Benin; Regenwälder; Baumbewohner.
KL 36–46 cm; GT 2,9 kg (Weibchen), 4,1 kg (Männchen).
FELL: Grünlich bis braun aguti; Bauch weiß, Schwanzende rot; Gesicht schwarz mit weißem Fleck auf der Nase; weiße Halskrause und weiße Ohrbüschel.
NAHRUNG: Früchte, Insekten, Triebe, Blätter, Nutzpflanzen.

Eulenkopfmeerkatze LR
Cercopithecus hamlyni

DRK bis Ruanda; Regen- und Bergwälder; Baumbewohner. Bildet kleine Gruppen mit einem einzelnen Männchen.
KL 56 cm; GT 3,4 kg (Weibchen), 5,5 kg (Männchen).
FELL: Olivbraun aguti mit dunkleren Gliedern. Skrotum und Damm hellblau. Gesicht schwarz mit gelblichem Stirnband und dünnem weißem Nasenstreifen.
NAHRUNG: Früchte, Insekten, Blätter.
IUCN-STATUS: Vorwarnliste.

Vollbartmeerkatze LR
Cercopithecus lhoesti

Kamerunberg und O-DRK bis W-Uganda und Ruanda. Zu den nahen Verwandten zählen *C. preussi*. Bergwälder; Bodenbewohner. Bildet kleine Gruppen mit einem einzelnen adulten Männchen.
KL 46–56 cm; GT 3,5 kg (Weibchen), 6 kg (Männchen).
KÖRPER: Fell dunkelgrau aguti, kastanienbrauner Sattel; Unterseite dunkel. Östliche Form mit weißem Latz, westliche Form unauffälliger mit kleinerem Latz und grauen Backen sowie weißlichen Schnurrbartabzeichen. Schwanzende hakenförmig.
NAHRUNG: Früchte, Blätter, Insekten.
IUCN-STATUS: Vorwarnliste.

ABKÜRZUNGEN	KL = Körperlänge SL = Schwanzlänge GT = Gewicht		
		Ex ausgestorben	En stark gefährdet
		EW in freier Natur ausgestorben	Vu gefährdet
		Cr vom Aussterben bedroht	LR geringes Risiko

Links: Die Brazzameerkatze weist einen auffälligen weißen Bart und ein orangefarbenes „Diadem" auf.

Kronenmeerkatze
Cercopithecus pogonias

S-Kamerun bis Kongobecken; Wälder; Baumbewohner.
KL 46 cm; GT 2,9 kg (Weibchen), 4,3 kg (Männchen). Ähnliche Lebensgewohnheiten wie Monameerkatze.
FELL: Braun aguti mit schwarzen Beinen; Schwanzende schwarz; Bauch und Gesäß gelb. Gesicht blaugrau mit rosa Schnauze. Auffallender schwarzer Streifen vom Gesicht zu den Ohren und schwarzer mittiger, von der Stirn ausgehender Streifen, der einen Kamm bildet; Fell zwischen den schwarzen Streifen gelb.

Brazzameerkatze
Cercopithecus neglectus

Kamerun bis Äthiopien, Kenia bis Angola; Sumpfwälder; teilweise Bodenbewohner. Bildet kleine Gruppen, die meist aus einem Paar mit Nachkommen bestehen. Bleibt bei Gefahr wie erstarrt stehen.
KL 41–61 cm; GT 4,1 kg (Weibchen), 7,4 kg (Männchen).
FELL: Graubraun aguti; Schwanz und Glieder schwarz, weißer Streifen auf Oberschenkel, Gesäß weiß. Gesicht schwarz, Mundpartie weiß. Langer weißer Bart und orangefarbenes Stirnband. Skrotum blau.
NAHRUNG: Früchte, Blätter, Insekten.

Dianameerkatze En
Cercopithecus diana

Sierra Leone bis SW-Ghana; Wälder; Baumbewohner. Weit verbreitete Art, bildet mittelgroße Gruppen mit einem einzelnen adulten Männchen. Möglicherweise nah verwandt mit Grüner Meerkatze.
KL 41–53 cm; GT 3,9 kg (Weibchen), 5,2 kg (Männchen).
FELL: Grau aguti, Rücken kastanienbraun, Beine und Schwanz schwarz. Weißer Streifen am Oberschenkel. Fell am Gesäß rot, bei manchen Rassen weiß. Gesicht schwarz mit weißem Bart.
NAHRUNG: Früchte, Blätter, Insekten.

Wolfs Meerkatze
Cercopithecus wolfi

Wenig bekannte Art aus DRK, NO-Angola, W-Uganda, Zentralafrikanischer Republik. Baumbewohner. Umfasst auch *C. denti.*
KL 45–51 cm; GT 2,9 kg (Weibchen), 3,9 kg (Männchen).

Campbells Meerkatze
Cercopithecus campbelli

Wenig bekannte Art, verbreitet von Gambia bis Ghana.
KL 36–55 cm; GT 2,7 kg (Weibchen), 4,5 kg (Männchen).

Diademmeerkatze
Cercopithecus mitis

C. mitis in W-Afrika durch die relativ ähnliche Art *C. nictitans* ersetzt. NW-Angola bis SW-Äthiopien und Südafrika. Regen- und Bambusbergwälder; Baumbewohner. Mittelgroße Gruppen aus 20–40 Tieren mit häufig nur einem adulten Männchen.
KL 49–66 cm; GT 4,3 kg (Weibchen), 7,9 kg (Männchen).
KÖRPER: Fell grau aguti mit geografisch beschränkten Varianten, die oft als Unterarten angesehen werden. *C. m. stuhlmanni:* bläulich grauer Körper, dunkles Gesicht mit gelblichem Stirnband. Bauch, Glieder schwarzblau. *C. m. doggetti* und *C. m. kandti* (W-Uganda, Ruanda und O-DRK) sind Varianten mit hellerem bzw. gelblicherem Körper. Die Diademmeerkatzen des südlichen Afrikas (Samango) sind stumpf rostgrau.
NAHRUNG: Früchte, Nektar, Blätter, Triebe, Knospen, Insekten; Käuzchen, Buschbabys.

Weißkehlmeerkatze
Cercopithecus albogularis

Im O des Rift Valley, von Somalia südlich bis zur östlichen Kapprovinz in Südafrika sowie auf den Inseln Phylax, Sansibar und Mafia.
FELL: Kastanienbrauner Sattel, auffällige weiße Halskrause. Andere Details wie bei *C. mitis,* als deren Unterart sie mitunter angesehen wird.

Große Weißnasenmeerkatze
Cercopithecus nictitans

Sierra Leone bis NW-DRK; Regenwälder; Baumbewohner. Lebensräume ähnlich wie bei Diademmeerkatze, die diese Art im W ersetzt.
KL 44–66 cm; GT 4,3 kg (Weibchen), 6,7 kg (Männchen).
FELL: Olivbraun aguti; Bauch, Extremitäten und Schwanz schwarz, Gesicht dunkelgrau mit charakteristischem weißem Fleck auf der Nase.
NAHRUNG: Früchte, Blätter, Triebe, Insekten, Nutzpflanzen.

Monameerkatze
Cercopithecus mona

Senegal bis W-Uganda; Regenwälder; Baumbewohner. Bildet relativ große Gruppen mit einem oder mehreren adulten Männchen. Der Name ist vom stöhnenden (engl. *moaning*) Kontaktruf der Weibchen abgeleitet. Die Art ähnelt der Kronenmeerkatze, die sie im Süden ersetzt.
KL 46–56 cm; GT 5,1 kg (Männchen).
FELL: Schwarzbraun aguti, Gesäß und Bauch weiß; oberer Teil des Gesichts bläulich grau, Schnauze rosa. Fell rund um das Gesicht gelblich mit dunklem Streifen vom Gesicht zum Ohr.
NAHRUNG: Früchte, Blätter, Triebe, Insekten, Nutzpflanzen.

Dryasmeerkatze
Cercopithecus dryas

Wenig bekannte Art aus der DRK.
GT 3 kg (Männchen)

Gabunmeerkatze Vu
Cercopithecus solatus

Die zuletzt entdeckte Affenart der Alten Welt, erstmals 1986 aus den Wäldern Gabuns beschrieben. Kaum erforscht.
GT 3,9 kg (Weibchen), 6,9 kg (Männchen)

GRÜNE MEERKATZE

Genus *Chlorocebus*

Eine einzige Art, die sich von *Cercopithecus* durch das Fehlen bestimmter Spezialisierungen am Schädel unterscheidet. Die Grüne Meerkatze weist auch einige Anpassungen an das Leben am Boden auf, die an *Erythrocebus* erinnern, aber bei *Cercopithecus* fehlen.

Grüne Meerkatze
Chlorocebus aethiops

Senegal bis Somalia, O-Afrika bis Südafrika. Savannen und Waldränder, nie weit vom Wasser entfernt und häufig an Ufern von Wasserläufen; teilweise Bodenbewohner. Den Gruppen gehören meist mehrere adulte Männchen an. Eng verwandt mit Dianameerkatze und Husarenaffe.
KL 46–66 cm; GT 3 kg (Weibchen), 4,3 kg (Männchen).
KÖRPER: Fell gelblich bis olivbraun aguti, Unterseite weiß, untere Gliedmaßen grau. Gesicht schwarz, Backenbart, Augenbrauen und Lider weiß. Skrotum leuchtend blau, Penis und Damm rot. Auf geografische Räume beschränkte Rassen wurden aufgrund von Details wie Fellfarbe oder Aussehen des Backenbarts bestimmt, doch kommen auch mehrere dieser Varianten innerhalb einer Horde vor.
NAHRUNG: Früchte, Blätter, Blüten, Insekten, Eier, Nestlinge, Nager, Nutzpflanzen.

SUMPFMEERKATZEN

Gattung *Allenopithecus*

Eine einzige Art, die sich von *Cercopithecus* durch das Auftreten von zyklischen Brunftschwielen bei den Weibchen unterscheidet.

Sumpfmeerkatze LR
Allenopithecus nigroviridis

O-Kongo und W-DRK; Sumpfwälder. Lebensgewohnheiten unbekannt.
KL 41–51 cm; SL 36–53 cm; GT 3,2 kg (Weibchen), 6,1 kg (Männchen).
FELL: Grüngrau mit hellerer Unterseite. Haare am Scheitel plattgedrückt.
NAHRUNG: Früchte, Samen, Insekten, Fische, Krabben, Schnecken.
IUCN-STATUS: Vorwarnliste.

ZWERGMEERKATZEN

Gattung *Miopithecus*

Eine einzige Art, die sich von *Cercopithecus* durch die bei den Weibchen auftretenden zyklischen Brunftschwielen unterscheidet. Zwergmeerkatzen bilden große Horden von 70–100 Tieren, darunter viele adulte Männchen. Fortpflanzung nur zu bestimmten Jahreszeiten. Paarung in der Trockenzeit, Geburten 5,5 Monate später. Abgesehen vom rosa Gesicht, das nach 2 Monaten dunkler wird, sind die Neugeborenen genau wie die Erwachsenen gefärbt. Die Weibchen gebären erstmals mit 5 oder 6 Jahren.

Zwergmeerkatze
Miopithecus talapoin

S-Kamerun bis Angola; Feucht-, Sumpf und Galeriewälder; Baumbewohner.
KL 34–37 cm; SL 36–38 cm; GT 1,1 kg (Weibchen), 1,4 kg (Männchen).
FELL: Grünlich braun aguti, Bauch und Innenseite der Glieder hell; Skrotum blau; Gesicht grau mit dunkelbraunem Wangenstreifen.
NAHRUNG: Früchte, Insekten, Blüten, Nutzpflanzen.

HUSARENAFFEN

Gattung *Erythrocebus*

Eine einzige Art, die sich von *Cercopithecus* durch die längeren Glieder und die Anpassung an ausdauerndes Laufen unterscheidet. Husarenaffen bilden Gruppen mittlerer Größe mit meist nur einem adulten Männchen. Sie paaren sich in der Regenzeit, die Weibchen gebären 5 Monate später. Die Neugeborenen sind hellbraun mit rosa Gesichtern, die im Alter von 2 Monaten nachdunkeln. Die Weibchen gebären erstmals mit 3 Jahren oder früher.

Husarenaffe
Erythrocebus patas

Senegal bis Äthiopien, Kenia, Tansania. Bodenbewohner. Eventuell eng mit Grüner Meerkatze verwandt.
KL 58–75 cm; SL 62–74 cm; GT 5,8 kg (Weibchen), 10,6 kg (Männchen).
FELL: Rau, rötlich braun. Bauch, Extremitäten und Gesäß weiß. Skrotum leuchtend blau, Penis rot. Gesicht schwarz mit weißem Schnurrbart. Kopf oben hellrot mit einem schwarzen Streifen vom Gesicht zum Ohr.
NAHRUNG: Akazienfrüchte, Galläpfel und Blätter, andere Früchte, Insekten, Nutzpflanzen, Baumgummi.

MAKAKEN

Gattung *Macaca*

Schwer gebaute, oft teilweise am Boden lebende Affen. Das Fell ist meist mattbraun, die nackte Haut im Gesicht und am Gesäß mitunter leuchtend rot. Bei manchen Arten treten Schwellungen der Geschlechtsteile auf. Die Schwänze sind je nach Art meist kürzer als der Körper oder fehlen ganz. Männchen etwas größer als Weibchen. Ernährung variiert und hängt von der Verfügbarkeit der Nahrungsquellen ab; meist werden Früchte verzehrt. Paarungen sind größtenteils an Jahreszeiten gebunden. Die Tiere paaren sich im Allgemeinen im Herbst und die Geburten erfolgen nach 5-monatiger Tragzeit. Das flaumige Fell der Neugeborenen wird nach ca. 2 Monaten durch ein Fell in der Farbe der Erwachsenen ersetzt. Makaken bilden relativ große Gruppen mit mehreren adulten Männchen. Die Weibchen bleiben meist in der Geburtsgruppe, während die Männchen in der Pubertät abwandern, um zeitweise als Einzelgänger, in Junggesellentrupps oder mit anderen Weibchen zu leben.

Bärenmakak Vu
Macaca arctoides

Indien bis S-China und Vietnam; Wälder, besonders Bergwälder; Boden- und Baumbewohner.
KL 50–70 cm; SL 1–10 cm; GT 8,4 kg (Weibchen), 12,2 kg (Männchen).
KÖRPER: Fell dunkelbraun. Gesicht nackt, dunkelrot und gescheckt. Gesäß ebenfalls nackt und dunkelrot. Brunftschwielen nicht vorhanden.
NAHRUNG: Früchte, Insekten, junge Blätter, Nutzpflanzen, kleine Tiere.

Assammakak Vu
Macaca assamensis
Assamrhesus, Bergrhesus

N-Indien bis Thailand und Vietnam; Wälder; Boden- und Baumbewohner.
KL 53–68 cm; SL 19–38; GT 6,9 kg (Weibchen), 11,3 (Männchen).
FELL: Verschiedene Nuancen von gelblich bis dunkelbraun. Gesicht und Damm nackt, bei adulten Tieren rot gefärbt.
NAHRUNG: Früchte, Insekten, junge Blätter, Nutzpflanzen, kleine Tiere.

Formosamakak Vu
Macaca cyclopis

Taiwan; Boden- und Baumbewohner.
KL 56 cm, Schwanz mäßig lang;
GT 4,9 kg (Weibchen), 6 kg (Männchen)
FELL: Dunkelbraun.
NAHRUNG: Früchte, Insekten, junge Blätter, Nutzpflanzen, kleine Tiere.

Javaneraffe LR
Macaca fascicularis

Indonesien, Philippinen bis S-Myanmar; Waldränder, Sümpfe, Galerie- und Küstenwälder; Boden- und Baumbewohner.
KL 38–65 cm; SL 40–66 cm; GT 3,6 kg (Weibchen), 5,4 kg (Männchen).
KÖRPER: Fell in Brauntönen (grau, gelblich oder dunkler); Unterseite heller. Gesichtshaut dunkelgrau. Auffällige graue Haarkrause im Gesicht. Keine Brunftschwielen.
NAHRUNG: Früchte, Insekten, junge Blätter, Nutzpflanzen, kleine Tiere.
IUCN-STATUS: Vorwarnliste.

Rotgesichtsmakak
Macaca fuscata

Wälder Japans; Boden-, Baumbewohner.
KL 47–60 cm; SL 7–12; cm; GT 8 kg (Weibchen), 11 kg (Männchen).
KÖRPER: Fell braun bis grau. Gesicht und Gesäß nackt, bei adulten Tieren rot. Keine Brunftschwielen.
NAHRUNG: Früchte, Insekten, junge Blätter, Nutzpflanzen, kleine Tiere.
IUCN-STATUS: Vorwarnliste.

Rhesusaffe LR
Macaca mulatta
Rhesusmakak

Indien und Afghanistan bis China und Vietnam; Wälder, Waldränder und Randgebiete von Dörfern und Städten; Boden- und Baumbewohner.
KL 47–64 cm; SL 19–30 cm; GT 5,4 kg (Weibchen), 7,7 kg (Männchen).
KÖRPER: Braunes Fell mit hellerem Bauch. Gesicht und Gesäß nackt, bei adulten Tieren rot. Keine Brunftschwielen.
NAHRUNG: Früchte, Insekten, junge Blätter, Nutzpflanzen, kleine Tiere.
IUCN-STATUS: Vorwarnliste.

Schweinsaffe Vu
Macaca nemestrina
Schweinsschwanzaffe, Lapunder

O-Indien bis Indonesien. Feuchtwälder. Schließt *M. pagensis* mit ein, der nur auf den Mentawai-Inseln vor Sumatra vorkommt. Boden- und Baumbewohner.

ABKÜRZUNGEN — KL = Körperlänge SL = Schwanzlänge GT = Gewicht

Ex ausgestorben — En stark gefährdet
EW in freier Natur ausgestorben — Vu gefährdet
Cr vom Aussterben bedroht — LR geringes Risiko

KL 47–60 cm; SL 13–24 cm; GT 6,5 kg (Weibchen), 11,2 kg (Männchen).
KÖRPER: Fell in verschiedenen Braunschattierungen mit hellerer Unterseite und dunkelbraunen Flächen rund um das Gesicht. Weibchen mit ausgeprägten Brunftschwielen.
NAHRUNG: Früchte, Insekten, junge Blätter, Nutzpflanzen, kleine Tiere.

Indischer Hutaffe
Macaca radiata

S-Indien; Wälder, Waldränder und Randbereiche von Dörfern und Städten; Boden- und Baumbewohner.
KL 35–60 cm; SL 48–69 cm; GT 3,9 kg (Weibchen), 6,7 kg (Männchen).
KÖRPER: Fell graubraun mit hellerer Unterseite. Haarwirbel auf dem Scheitel. Keine Brunftschwielen.
NAHRUNG: Früchte, Insekten, junge Blätter, Nutzpflanzen.

Bartaffe En
Macaca silenus
Wanderu

S-Indien; Feuchtwälder; Boden- und Baumbewohner.
KL 46–61 cm; SL 25–38 cm; GT 6,1 kg (Weibchen), 8,9 kg (Männchen).
KÖRPER: Fell grau, Gesicht mit grauem Haarkranz; kleine Quaste am Schwanzende. Weibchen mit Brunftschwielen.
NAHRUNG: Allesfresser.

Ceylon-Hutaffe Vu
Macaca sinica

Sri Lanka; Feucht- und Galeriewälder, Buschland; Boden- und Baumbewohner.
KL 43–53 cm; SL 47–62 cm; GT 3,2 kg (Weibchen), 5,7 kg (Mannchen).
KÖRPER: Fell rötlich oder gelblich braun mit hellerem Bauch. Haar auf dem Kopf steht kronenartig hoch. Keine Brunftschwielen.
NAHRUNG: Früchte, Insekten, junge Blätter, Nutzpflanzen.

Berberaffe Vu
Macaca sylvanus
Magot

N-Algerien und Marokko; eine überwachte Population auf Gibraltar; Bergwälder in mittleren bis hohen Lagen, Buschland und Felsen; Boden- und Baumbewohner.
KL 50–60 cm; Schwanz fehlt; GT 11 kg (Weibchen), 16 kg (Männchen).
KÖRPER: Fell gelblich grau bis graubraun mit hellerem Bauch; Gesicht dunkel fleischfarben. Weibchen mit zyklischen grauroten Brunftschwielen.
NAHRUNG: Früchte, junge Blätter, Rinde, Wurzeln, gelegentlich Wirbellose.

Tibetmakak LR
Macaca thibetana
Langbartmakak, Pater-Davids-Makak

Tibet bis China; Bergwälder; teilweise Bodenbewohner.
KL 60 cm; SL 6 cm; GT 9,5 kg (Weibchen), 12,2 kg (Männchen).
FELL: Braun.
NAHRUNG: Allesfresser.
IUCN-STATUS: Von Schutzmaßnahmen abhängig.

Mohrenmakak En
Macaca maura
Schwarzmakak

Sulawesi; Wälder.
KL 66 cm; Schwanz fehlt; GT 6 kg (Weibchen), 9,7 kg (Männchen).
KÖRPER: Fell braun oder bräunlich schwarz. Gesäßschwielen groß und rosa. Weibchen mit zyklischen Brunftschwielen.
NAHRUNG: Allesfresser.

Schopfaffe En
Macaca nigra
Schopfmakak

Sulawesi; Wälder.
KL 55 cm; GT 5,5 kg (Weibchen), 9,9 kg (Männchen).
KÖRPER: Fell und Gesicht schwarz. Längs der Nase verlaufen vorstehende Wülste. Das Haar auf dem Kopf steht in einem steifen Kamm ab. Kein Schwanz. Vorgewölbte rosa Gesäßschwielen. Weibchen mit zyklischen Brunftschwielen.
NAHRUNG: Allesfresser.
IUCN-STATUS: Vorwarnliste.

Tonkeanamakak LR
Macaca tonkeana

Sulawesi; Wälder.
KL ca. 60 cm; GT 9 kg (Weibchen), 15 kg (Männchen).
KÖRPER: Schwarzes Fell, Gesäß und Wangen hellbraun; vorgewölbte Gesäßschwielen; Schwanz fehlt. Weibchen mit zyklischen rosafarbenen Brunftschwielen.
NAHRUNG: Allesfresser.
IUCN-STATUS: Vorwarnliste.

PAVIANE

Gattung *Papio*

Die Systematik von Pavianen ist umstritten und es wurden bereits mehrere Systeme vorgeschlagen. Hier wird der Mantelpavian als 1 Art mit 5 Unterarten angesehen. Früher ging man von 5 eigenständigen Arten aus. Paviane leben in großen Gruppen. Die hierarchische Sozialstruktur der Mantelpaviane baut auf einer Gruppe mit einem Männchen (Harem) auf. Der Steppenpavian bildet Gruppen ohne strenge Rangfolge, der jeweils mehrere Männchen angehören.
FORTPFLANZUNG: Tragzeit ca. 185 Tage. Fortpflanzung nicht an die Jahreszeit gebunden. Abstände zwischen den Geburten je nach Nahrungsangebot etwa 2 Jahre. Die Weibchen gebären erstmals mit 4 bis 8 Jahren. In den ersten zwei Monaten haben die Neugeborenen schwarzes Fell und rosa Gesichter.

Mantelpavian LR
Papio hamadryas
Silber- oder Graupavian

W-Afrika bis Äthiopien und Somalia; Saudi-Arabien und S-Jemen, südlich bis Südafrika und Angola; Savannenwälder und Waldränder; felsige Wüsten und Halbwüsten mit geringem Grasbewuchs und Dornengestrüpp (Unterart *P. h. hamadryas*); Bodenbewohner.
KL 56–79 cm; SL 42–60; GT 10–13,3 kg (Weibchen), 17–25 kg (Männchen).
KÖRPER: Fell graubraun mit längerem Haar an den Schultern, besonders bei adulten Männchen; schwarze nackte Haut über den Hüften; Gesicht nackt und schwarz mit vorstehenden seitlichen Wülsten an der langen Schnauze, besonders bei adulten Männchen. Weibchen mit zyklischen Brunftschwielen. Bei Adulten sind die ersten 3 bis 4 Schwanzwirbel verwachsen, sodass der Schwanzansatz hakenförmig ist. Fellfärbung bei den Unterarten, die früher als Arten galten, verschieden. Die in O- und Zentral-Afrika vorkommende Unterart des Steppenpavians, *P. h. cynocephalus*, ist gelblich, der im Hochland O-Afrikas heimische Anubispavian *P. h. anubis* grünlich oliv und der Bärenpavian *P. h. ursinus* des südlichen Afrikas dunkelgrau. Der Guineapavian *P. h. papio* ist braun, hat nackte rote Haut am Gesäß und ein rotbraunes Gesicht. *P. h. hamadryas* besitzt ein silbergraues Fell und nackte rote Haut im Gesicht und am Gesäß. Auch die Form der Nase unterscheidet sich je nach geografischem Verbreitungsgebiet: Die spitze Nase des Anubispavians ragt ein Stück über das Maul, während Steppen- und Bärenpaviane Stupsnasen aufweisen.
NAHRUNG: Gras, Früchte, Samen, Zwiebeln und Knollen, Insekten, Hasen und junge Huftiere, Nutzpflanzen.
IUCN-STATUS: Vorwarnliste.

MANDRILL

Gattung *Mandrillus*

Große, in Wäldern heimische und Bodenbewohnende Paviane, die nur in Regenwäldern W-Zentralafrikas vorkommen. Die Verbreitungsgebiete überlappen sich nicht. Drille leben im N und Mandrille im S.

Drill En
Mandrillus leucophaeus

SO-Nigeria und W-Kamerun; Regenwälder; Bodenbewohner.
KL 70 cm; SL 12 cm; GT 12,5 kg (Weibchen), 20 kg (Männchen). Weibchen wesentlich kleiner als Männchen.
FELL: Dunkelbraun mit nacktem blauem bis violettem Gesäß. Gesicht schwarz mit weißem Haarkranz. Schnauze lang mit ausgeprägten seitlichen Wülsten.
NAHRUNG: Früchte, Samen, Pilze, Wurzeln, Insekten, kleine Wirbeltiere.

Mandrill Vu
Mandrillus sphinx

S-Kamerun, Gabun, Kongo; Regenwälder; Bodenbewohner.
KL 80 cm; SL 7 cm; GT 12,9 kg (Weibchen), 36,1 kg (Männchen). Weibchen wesentlich kleiner als Männchen.
FELL: Olivbraun mit hellem Bauch. Blaues bis violettes nacktes Gesäß bei adulten Männchen, matter gefärbt bei Weibchen und Juvenilen. Gesicht bei Männchen bunt mit roten Längswülsten über der Nase, Wülste seitlich der Nase blau, Bart gelb. Weibchen und Junge ähnlich gefärbt, aber in matteren Tönen.
NAHRUNG: Früchte, Samen, Pilze, Wurzeln, Insekten, kleine Wirbeltiere.

DSCHELADAS

Gattung *Theropithecus*

Nur eine Art; einzige Überlebende einer fossilen Gruppe, die in ganz Afrika verbreitet war. Unterscheidet sich von *Papio* stark hinsichtlich Lauten und visueller Kommunikationssignale. Dscheladas bilden große Horden, in denen Männchen mit Harems von mehreren Weibchen zusammenleben. Weitere Männchen schließen sich an der Peripherie der Gruppe zu Junggesellengemeinschaften zusammen.

Dschelada LR
Theropithecus gelada
Blutbrustpavian, Nacktbrustpavian

NW-Äthiopien; Grasland; Bodenbewohner.
KL 50–74 cm; SL 32–50 cm; GT 11,7 kg (Weibchen), 19 kg (Männchen).
KÖRPER: Braune Haare mit weißen Spitzen; Mähne und langes Fell an den Schultern. Am Halsansatz nackte rote Hautflächen, bei Weibchen von weißen Büscheln umgeben, deren Größe sich während des Menstruationszyklus verändert. Gesäß bei beiden Geschlechtern nackt, rot und dick. Seitliche Wülste längs der Schnauze. Oberlippe kann blitzartig umgestülpt werden.
NAHRUNG: Gras, Wurzeln, Knollen, Samen, Früchte, Insekten.
IUCN-STATUS: Vorwarnliste.

EINE MÄNNERDOMINIERTE GEMEINSCHAFT

Die Mantelpaviane von Cone Rock, Äthiopien

SÜDLICHE DANAKIL-EBENE, KURZ VOR SONNENuntergang: Eine lange Reihe von Mantelpavianen durchquert ein trockenes Flussbett und erklimmt das steinige Ufer. Der Trupp strebt einem Felsen zu, wo er sicher vor Leoparden die Nacht verbringen wird. Plötzlich rennt ein Männchen von der Spitze der Kolonne nach hinten. Ein Weibchen löst sich aus der Nachhut und eilt ihm entgegen. Die Trödlerin weiß offenbar, dass sie die Geduld des Paschas überstrapaziert hat. Als der sie erreicht, beißt er sie in den Nacken. Aufjaulend folgt sie ihm zum Felsen, wo die anderen Weibchen warten. Nun führt der Chef seine Familie zu einem Sims, wo sie sich zur gegenseitigen Fellpflege niederlassen.

Der Nackenbiss ist eine extreme Form der Drohung, den Pavianmännchen anwenden, um ihre Weibchen zusammenzuhalten. 80 % der adulten Männchen im Trupp besitzen einen Harem mit ein bis zehn (meist zwei) Weibchen. Männchen bilden erst lange nach Erreichen der Geschlechtsreife mit zehn bis zwölf Jahren Paarbindungen aus, Weibchen bereits mit vier bis sechs Jahren. Während die Männchen anderer Pavianarten jeweils nur ein einziges Weibchen, wenn es brünftig ist, stunden- oder tageweise „begleiten" *(consortship),* halten 70 % der Paarbindungen bei Mantelpavianen länger als drei Jahre und überdauern auch Zeiten, wenn das Weibchen nicht paarungsbereit ist, z.B. Trächtigkeit und Stillzeit. Paarbindungen bei Primaten müssen demnach nicht unbedingt sexuell motiviert sein.

Der Trupp bei Cone Rock im Nordosten Äthiopiens zählt mehrere hundert Tiere und teilt sich in Gruppen auf vier Organisationsebenen: Haremsfamilien, Clans (je 15 bis 30 Tiere), Banden (je 65 bis 90 Tiere) und Horden. Mitglieder derselben sozialen Einheit haben etwa zehnmal häufiger miteinander Kontakt als mit „Außenseitern", die der nächstgrößeren Einheit angehören.

Ein junges Mantelpavianmännchen ist nur dann sexuell erfolgreich, wenn es Kontrolle über einen Harem gewinnen kann. Seine Schwierigkeit ist, dass alle fortpflanzungsfähigen Weibchen einer Horde zu einem Männchen gehören, das jeden Rivalen bekämpft. Zudem haben Experimente gezeigt, dass Männchen Hemmungen haben, einem anderen – und selbst schwächeren – Geschlechtsgenossen die Weibchen zu stehlen. Das sichert den Frieden, verbaut jungen Männchen aber den Zugang zu eigenen fertilen Weibchen. Um dieses Problem zu lösen, haben junge Männchen aus verschiedenen Banden ganz unterschiedliche Strategien entwickelt. So schließt sich ein subadultes Männchen in Bande 1 an eine Familie mit einer kleinen Tochter an. Sie ist noch nicht geschlechtsreif, ihr Vater ist nicht sehr darauf bedacht, sie zu verteidigen, und andere ausgewachsene Männchen beachten sie nicht. Das subadulte Männchen beginnt nun dicht vor dem juvenilen Weibchen herzulaufen, wenn es seiner Mutter folgt, um seiner Zukünftigen zu suggerieren, es folge eigentlich ihm. Und tatsächlich, nach Wochen vorsichtigen Taktierens beginnt es mit ihm mitzutrotten. Mithilfe dieses raffinierten Tricks kann das Männchen das junge Weibchen schließlich von seiner Familie weglocken. Die Männchen in Bande 2 gehen rabiater vor: Sie warten, bis sie erwachsensind, und entführen dann plötzlich und gewaltsam ein juveniles Weibchen. Demnach existieren sogar im selben Trupp unterschiedliche soziale Verhaltensweisen. Das subadulte Männchen vermeidet die Konkurrenz mit adulten Männchen, indem es ein präpubertäres Weibchen erwirbt. Kaum geschlechtsreif, wird dieses seine erste Partnerin, woraufhin der junge Pascha von den Hemmungen der anderen Männchen profitiert.

Alternde Männchen können sich jedoch nicht auf solche Hemmungen verlassen. So wurde beobachtet, wie adulte Männchen in einer Bande die drei alten Anführer ihres Clans attackierten und einige bzw. alle Weibchen gewaltsam entführten. Innerhalb weniger Wochen verloren die geschlagenen Männchen an Gewicht und ihr graues Haar verwandelte sich in das Braun von Weibchen – Anzeichen für einen Abfall des Testosteronspiegels. Von den drei geschlagenen Anführern lebte nur einer noch mehrere Jahre weiter in seinem Clan. Die beiden anderen verließen den Trupp oder starben.

Anscheinend hängt der Fortpflanzungserfolg eines Männchens von seiner Beziehung zum Clan und zur Bande ab. Clan- und Bandenmännchen übernehmen die meisten ihrer Weibchen voneinan-

Rechts: *Bei Mantelpavianen ist soziale Fellpflege die zeitintensivste soziale Aktivität. Bei Aggressionen zwischen Weibchen geht es fast immer um die Aufmerksamkeit des Männchens. Die Weibchen kämpfen sogar miteinander um das Privileg, dieses zu lausen.*

Links: *Typische Aktivitäten, wie sie Paviane im Lauf des Tages zeigen; einige können zu Konflikten mit anderen Gruppenmitgliedern führen:* ***1*** *Aggressives Zusammentreffen zwischen Männchen;* ***2*** *Ausschau haltendes Jungtier;* ***3*** *auf Nahrungssuche;* ***4*** *ein Weibchen laust ein Männchen;* ***5*** *spielende Junge;* ***6*** *ein Weibchen präsentiert sich beim Paarungsvorspiel einem (nicht abgebildeten) Männchen.*

der und kooperieren bei ihrer Verteidigung gegen Außenseiter. Ein Männchen bleibt bis zum Ende seiner fruchtbaren Tage in seinem Geburtsclan. Zuerst gehört es zum Gefolge, später steigt es mit ein wenig Glück zum Haremsbesitzer auf. Als zwei Mütter mit juvenilen Söhnen von Männchen außerhalb des Clans übernommen wurden, verließen die Söhne ihre Mütter und schlossen sich wieder dem Clan der Väter an. Weibchen wechseln hingegen häufig in andere Clans. Die Mantelpaviane von Cone Rock sind insofern ungewöhnlich, als ihre Gemeinschaften offenbar von Beziehungen zwischen verwandten Männchen getragen werden statt zwischen verwandten Weibchen, wie bei den meisten verwandten Primaten die Regel. Dennoch sind die Weibchen keine bloße Manövriermasse in der Paviangesellschaft. Experimente haben gezeigt, dass sie ausgeprägte Vorlieben für bestimmte Männchen zeigen und rivalisierende Männchen diese Vorlieben beachten: Je weniger ein Weibchen seinen Pascha mochte, desto wahrscheinlicher war es, dass ein Rivale seine Hemmungen überwand und es „stahl".

Bevor sie morgens zur Futtersuche aufbrechen, „einigen" sich die Männchen einer Bande über die Marschrichtung. Gegen Ende des Groomings verlassen einige von ihnen den Schlafplatz, lassen sich wenige Meter entfernt nieder und schauen ins Umland. Andere Individuen folgen. Am Rand der Gruppe bilden sich „Ausläufer" in mehreren Richtungen und verschwinden wieder, wenn es an Gefolgsleuten fehlt. Schließlich gewinnt ein „Ausläufer" das Übergewicht, und die Bande bricht in diese Richtung auf. Nach ein paar hundert Metern spaltet sie sich auf, doch um die Mittagszeit versammelt man sich wieder an einem Wasserloch, das in Richtung des ursprünglichen gemeinsamen Aufbruchs liegt.

Wasserlöcher können gefährlich sein und erfordern daher die Wachsamkeit und Schlagkraft der ganzen Gruppe. Meist legt die Bande Stunden zuvor eines von ihnen als Treffpunkt fest. HK

AFFEN IM SCHNEE

4

1

6

❶ *Ein Rotgesichtsmakak knabbert an einem Trieb. Wenn in Nordjapan Schnee fällt, wird Fressbares rar und die Affen müssen Baumrinde und -knospen fressen, um zu überleben. Aber auch dann müssen sie auf ihre Fettreserven zurückgreifen, bevor es Frühling wird und das Nahrungsangebot wieder steigt.*

❷❸ *Ein junger Makak formt einen Schneeball. Dieses Verhalten, das verschiedentlich beobachtet wurde, hat offenbar nichts mit adaptiven Überlebensstrategien zu tun. Anscheinend steckt dahinter nichts als Spieltrieb – Anregung für die körperliche, geistige und soziale Entwicklung des Individuums.*

2

3

❹ *Gegenseitige Fellpflege hilft nicht nur, die Haut von Verunreinigungen und Parasiten frei zu halten, sondern stärkt auch soziale Bindungen. Dieses Verhalten tritt zwischen Verwandten, aber auch im größeren Rahmen des Trupps auf. Rotgesichtsmakaken sind primär matrilinear organisiert; die Weibchen verbringen in der Regel ihr ganzes Leben im Trupp, während die Männchen mehr umherstreifen und von einer Gruppe zur anderen ziehen.*

❺ *Ein junger Makak schmiegt sich an seine Mutter, um der Winterkälte zu entgehen. In den ersten Monaten nach der Geburt verteidigen Weibchen ihr Junges heftig. Selbst wenn die Jungen nach einem Jahr entwöhnt werden, bleibt die mütterliche Unterstützung wichtig. Töchter brauchen drei Jahre, bis sie aktive Mitglieder ihrer matrilinearen Verwandtschaftsgruppe geworden sind, während Männchen noch länger bleiben, bis sie zu anderen Gruppen abwandern.*

❻ *Makaken baden in einer heißen Quelle bei Jigokudani, in der Nähe von Nagano in den Bergen im Osten von Honshu, der Hauptinsel Japans. Diese Affen leben weiter nördlich als jede andere nichtmenschliche Primatenart, und im Gegensatz zu ihren Vettern in tropischen Regionen erleben sie jedes Jahr vier ausgeprägte Jahreszeiten. Die Winter sind besonders hart – die Temperaturen können im Januar bis auf –15 °C sinken. In diesen ungemütlichen Monaten, wenn die Paarungszeit vorüber ist und die nomadischen Männchen wieder zum Trupp gestoßen sind, genießen es die Makaken sichtlich, sich bei einem heißen Bad zu entspannen.* XD-R

Schlankaffen und Stummelaffen

Die Arten der Unterfamilie Colobinae sind langschwänzige Baumbewohner, die sich fast alle hauptsächlich von Blättern ernähren; sie werden daher auch als „Blätteraffen" bezeichnet. Ihr anatomisch auffälligstes Merkmal ist ein ungewöhnlicher Magen, der ihnen erlaubt, Blätter besser zu verdauen als alle anderen Primaten.

Zu den Colobinae gehören so unterschiedliche Arten wie der Nasenaffe mit seiner gurkenförmigen Nase, der Kleideraffe mit seiner auffälligen Färbung, der Guereza mit seinem langhaarigen weißen Mantel und die asiatischen Schlankaffen. Letztere haben „normale" Nasen, doch ihre reizenden verhutzelten Gesichter brachten der Gattung den Namen *Presbytis* ein, was im Griechischen so viel wie „alte Frau" bedeutet.

Schlanke Blätterfresser

KÖRPERBAU UND FUNKTION

Die Meerkatzenverwandten der Familie Cercopithecidae sind sich anatomisch alle recht ähnlich und nur wenige Merkmale unterscheiden die beiden Unterfamilien. So fehlen den Schlank- und Stummelaffen des Colobinae-Zweigs prinzipiell Backentaschen, dafür haben sie sehr große Speicheldrüsen sowie einen komplex gekammerten Magen. Ihre Backenzähne weisen durch Querjoche verbundene Höcker auf (Bilophodontie). Der Zahnschmelz an der Innenfläche der unteren Schneidezähne ist dicker und am zweiten unteren Schneidezahn befindet sich ein seitlicher Fortsatz. Die Molaren brechen meist vor den Schneidezähnen durch. Vorbiss (d.h. die unteren Schneidezähne stehen vor den oberen Schneidezähnen) kommt bei Colobinae häufig vor, bei Cercopithecinae hingegen selten.

Die Mehrheit der heute lebenden Colobinae ist schlanker gebaut als die Cercopithecinae. Eine Ausnahme bilden die *Nasalis*- und *Pygathrix*-Arten, zu denen einige der größten, wenn auch nicht schwersten Tieraffen gehören. Ihre Vorder- und Hinterextremitäten unterscheiden sich längenmäßig weniger als bei anderen rezenten Arten, was dafür spricht, dass sie irgendwann in ihrer Evolution mehr am Boden gelebt haben. Der Trend zum Daumenverlust, der bei Stumpfnasenaffen und Nasenaffen sowie bei der fossilen Gattung *Meso-*

Rechts: *Der Maronenlangur lebt in Südostasien auf der Insel Borneo. Er ist ein tagaktiver Regenwaldbewohner. Gelegentlich findet man ihn aber auch in Sekundärwäldern.*

FAKTEN

SCHLANK- UND STUMMELAFFEN

Ordnung: Primates

Familie: Cercopithecidae

Unterfamilie: Colobinae

42 (34) Arten in 7 Gattungen: Nasenaffen (*Nasalis*,2 Arten); Stumpfnasenaffen (*Pygathrix*, 6 (5) Arten); „Insellanguren“ (*Presbytis*, 8 Arten; indische Languren (*Semnopithecus*) und Kappenlanguren (*Trachypithecus*), 15 (10) Arten; Schwarzweiße Stummelaffen (*Colobus*, 5 (4) Arten); Rote Stummelaffen (*Procolobus*, 6 (5) Arten).

VERBREITUNG S- und SO-Asien, Äquatorialafrika.

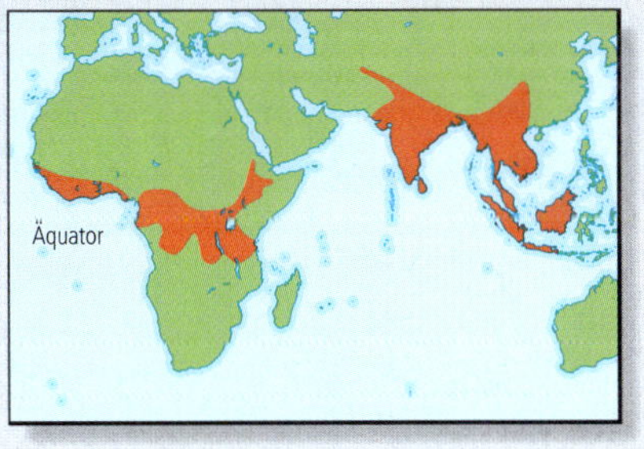

LEBENSRAUM Überwiegend Wälder, auch Trockenbusch, kultiviertes Land und urbane Umgebung.

GRÖSSE Kopf-Rumpf-Länge von 41–78 cm beim Hanumanlangur bis zu 43–49 cm beim Schopfstummelaffen, **Schwanzlänge** von 69–108 cm bis 57–64 cm; **Gewicht** von 5,4–23,5 kg bis 2,9–5,7 kg bei denselben Arten.

FELL Sehr variabel bei den einzelnen Arten, besonders am Kopf, wo Kämme, Schöpfe und Wirbel auftreten können.

NAHRUNG Blätter, Früchte, Blüten, Knospen, Samen und Triebe; einige Arten fressen gelegentlich Insekten.

FORTPFLANZUNG Tragzeit je nach Art 140–220 Tage.

LEBENSERWARTUNG Etwa 20 Jahre (bis 29 Jahre in Gefangenschaft).

Artenübersicht siehe Seite 388ff. ▷

Oben: *Ein männlicher Nasenaffe mit seiner typischen gurkenförmigen Nase, die dieser Tierart zu ihrem Namen verhalf. Die Weibchen besitzen hingegen kleine Stupsnasen. Bei jüngeren Affenmännchen ist die Nase nach oben gerichtet; sie wird erst in höherem Alter lang und knollig. Der Nasenaffe gilt als größter asiatischer Schlankaffe. Die Männchen wiegen etwa doppelt so viel wie Weibchen.*

pithecus kaum merklich ist, setzt sich durch andere asiatische Colobinae fort. Bei der Gattung *Colobus* (griechisch für „verstümmelt“) fehlt der Daumen schließlich völlig oder ist auf eine kleine Erhebung – manchmal mit einem verkümmerten Nagel – reduziert. Die beiden Gesäßschwielen sind bei Weibchen getrennt, bei Männchen grenzen sie aneinander. Einzige Ausnahme bilden die Männchen von *Pygathrix*- und *Procolobus*-Arten. Bei diesen werden die Gesäßschwielen durch einen Streifen behaarter Haut voneinander getrennt.

Die Fellfärbung neugeborener Colobinae kann stark variieren, ist jedoch gewöhnlich bei verschiedenen Arten derselben Gattung ähnlich. Gebiss- und Eingeweideanatomie sowie äußere Merkmale, wie die Lage der Gesäßschwielen, bestätigen die Eigenständigkeit einiger Gattungen ebenfalls. Auf der Artebene werden Schlankaffen vorwiegend aufgrund ihrer Fellfärbung unterschieden, aber auch anhand von Lautgebung und Haartracht, insbesondere ihrer „Frisuren“: Man findet Schöpfe, Kämme, Wirbel oder Scheitel.

Die Verbindung nach Asien

VERBREITUNGSMUSTER

Die gegenwärtige Hochburg der Unterfamilie Colobinae liegt eindeutig in Asien: Hier kommen vier Gattungen mit insgesamt 31 Arten vor. In Afrika leben dagegen nur zwei Gattungen mit 11 Arten. Fossile Belege für Colobinae finden sich jedoch überwiegend in Afrika und zwei der frühesten Fossilgattungen, *Mesopithecus* und *Dolichopithecus*, sind europäisch. Asiatische Arten haben ihre Verbreitung von 35,5 °N an der afghanisch-pakistanischen Grenze bis zur Kleinen Sundainsel Lombok. *Pygathrix*- und *Nasalis*-Arten kommen in Südchina, Ostindochina, auf den Mentawai-Inseln und auf Borneo vor, fehlen jedoch interessanterweise auf der gesamten Malaiischen Halbinsel sowie auf Sumatra.

Die rezenten afrikanischen Arten besiedeln den Waldgürtel von Gambia bis Guinea und den zentralafrikanischen Wald bis Äthiopien. Ausgelagerte Populationen trifft man in anderen Teilen Ostafrikas wie auch auf den Inseln Bioko (im Golf von Guinea) und Sansibar (vor der Ostküste Tansanias). Fossile afrikanische Colobinae-Arten waren sowohl im Norden als auch im Süden Afrikas heimisch. Auf Borneo leben mit sechs Arten die meisten modernen Colobinae-Arten, wenn man auch nicht mehr als fünf in ein und demselben Teil der Insel findet. Im Nordosten Indochinas sowie in West- und Zentralafrika sind jeweils drei Arten zu Hause.

Auf Spurensuche: Ökologische Veränderungen und Artenverteilung

Die Colobinae können uns viel über die langfristige Instabilität des Lebensraums Regenwald erzählen. So gleicht etwa ein südindischer Schlankaffe verblüffend einem anderen, der heute nur noch eine einzige Insel vor Nordvietnam bewohnt. Die Ähnlichkeit zwischen beiden ist so groß, dass ihre Verbreitungsgebiete früher einmal aneinander gestoßen haben müssen, was dafür spricht, dass der größte Teil des heutigen Indiens vor 200 000 Jahren von Regenwald bedeckt war. Kurz danach drängte die ausgeprägte Dürreperiode, die mit dem Einsetzen der Eiszeit einherging, den Regenwald offenbar auf einen Bruchteil seiner heutigen Ausdehnung zurück. Nun beschränkt er sich auf den Südwesten und den Nordosten Indiens.

Die Primatenverteilung auf Sumatra zeigt, dass dies der erste von zwei Entwaldungsprozessen war, die die heutige Regenwaldverteilung bestimmt haben. In der Zwischeneiszeit eroberte der Regenwald verlorenen Boden zurück, doch nur, um das meiste mit dem Beginn der jüngsten Vereisungsperiode vor etwa 80 000 Jahren wieder zu verlieren. Frühere Vereisungsperioden in den vorangegangenen 2 Mio. Jahren haben die Primatenverteilung zweifellos ebenfalls beeinflusst, wenn ihre Auswirkungen heute auch nicht mehr so offensichtlich sind. Man darf jedoch annehmen, dass sich der Regenwald wiederholt und über lange Zeit ausgedehnt und wieder zurückgezogen hat.

In Afrika sind Angola- und Bärenstummelaffe eng verwandt, geografisch jedoch durch den Guereza getrennt, der wohl ein eiszeitlicher oder nacheiszeitlicher Abkömmling der genannten Arten ist und die Lücke füllt, die durch die zentralafrikanische Entwaldung geschaffen wurde. Diese Lücke zeigt sich auch in der Verteilung der *Procolobus*-Arten, die in dem Areal von Westzentralafrika fehlen, das der Schwarze Stummelaffe *(Colobus satanas)* einnimmt. Weitere Lücken treten in ihrer ostafrikanischen Verbreitung auf. Wie viele andere Arten fehlen alle *Colobus*-Arten in einem westafrikanischen Savannenkorridor, dem Dahomey-Gap.

Dieser klimatische Hintergrund bietet einen faszinierenden Einblick in ein Phänomen, das erstmals bei südamerikanischen Säugern beobachtet wurde, aber vermutlich weit verbreitet ist: Als „Metachromismus" bezeichnet man die Tendenz zu einer in eine Richtung verlaufenden Evolution von Fell- und Hautfarbe, die durch eine progressive Pigmentverdünnung gekennzeichnet ist. Viele asiatische Schlankaffen, deren zentrales Verbreitungsgebiet während der Eiszeiten verschwand, sind dunkel pigmentiert, einige sogar fast völlig schwarz. Die von ihnen abstammenden Arten sind grau, deren Abkömmlinge fast immer braun. In einigen Fällen hält die Folge über Rot bis zu fast Weiß an. Ursprünglich als langfristiger irreversibler Prozess angesehen, handelt es sich wohl um einen kurzfristigen genetischen Effekt aufgrund der relativ raschen Perioden der Populationsausbreitung, die mit der nacheiszeitlichen Erholung des Regenwalds einherging. Die Verteilung der unterschiedlich gefärbten Schlankaffen könnte die neuen Waldwachstumsregionen widerspiegeln und zeigen, dass die Klimaerwärmung in Phasen auftrat und kein allmähliches, kontinuierliches Ereignis war.

Eine Vorliebe für Blätter

NAHRUNG

Das wesentliche Merkmal des Magens bei Schlankaffen ist die Trennung eines gekammerten oberen Teils von der unteren sauren Region. Die obere Kammer enthält ein neutrales Medium, das für die Fermentation der Blätter durch anaerobe Bakterien wesentlich ist. Wahrscheinlich helfen die vergrößerten Speicheldrüsen, aufsteigende Säuren aus dem unteren Magenabschnitt zu neutralisieren. Da Blätter wenig Nährwert haben, kann der Magen große Mengen aufnehmen. Mitunter macht der Inhalt mehr als ein Viertel des Körpergewichts aus, bei einem halb entwöhnten Jungtier sogar die Hälfte. Dank der symbiotischen Bakterien im Magen können Schlankaffen Blätter besser verdauen als andere Primaten. Abgebaute Zellulose (ein Hauptbestandteil aller Blätter) dient zum Energiegewinn und Toxine können unschädlich gemacht werden, sodass Schlankaffen Blätter fressen, die für andere Primaten ungenießbar sind. Im Darm von Schlankaffen leben zudem Bakterien, die Harnstoff recyceln, eine Anpassung, die es den Hanumanlanguren ermöglicht, in sehr trockenen Gebieten zu überleben.

Pflanzen verteidigen sich gegen Tierfraß durch die Produktion von Blattgiften, die ihre höchste Konzentration in nährstoffarmen Böden erreichen, wo die Pflanzen Blätter nur schwer ersetzen können. In Wäldern mit guten Böden sind Blätter nährstoffreich und leicht verdaulich. Hier ernähren sich Schlankaffen prinzipiell von den Blättern häufiger Baumarten. Auf schlechten Böden müssen die Tiere selektiver vorgehen; statt Blättern nehmen sie häufiger andere Pflanzenteile zu sich, insbesondere Samen.

Eine wachsende Vorliebe für Blätter und andere Pflanzenteile, deren Angebot saisonal weniger stark schwankt, erlaubte den ancestralen Altwelt-Tieraffen, in offene Waldlandschaften und Savannenhabitate vorzudringen, die den stärker frugivoren Hominoiden (Menschenartigen) wenig Nahrung boten. Als sich Klima und Vegetation änderten, wurde die Ernährung der Meerkatzen-

Oben: *Hanumanlanguren suchen nach Nahrung. Wie alle anderen Languren ernährt sich auch diese Art fast rein vegetarisch. Auf der Futtersuche – meist morgens oder am späten Nachmittag – können Gruppen ein Areal von vielen Quadratkilometern durchstreifen. Obwohl vorwiegend Baumbewohner, sind die Tiere daran angepasst, in kaum bewaldeten Gebieten zu leben. Dann bewegen sie sich auf allen vieren am Boden.*

Rechts: *Ein Roter Langur. Eine Gruppe dieser Tiere umfasst durchschnittlich ca. 15 Exemplare. In Gefangenschaft können diese Affen recht langlebig sein. Ein Tier wurde 18 Jahre alt. Neugeborene sind weiß und tragen einen dunklen Streifen, der sich ihren Rücken hinab bis zur Schwanzspitze zieht. Die Fellfärbung der erwachsenen Tiere kann beträchtlich variieren.*

artigen variabler, während sich die Schlankaffen auf Blätter spezialisierten. Heute verzehren, soweit wir wissen, alle Schlankaffen vorwiegend Blätter. Junge Blätter werden allgemein bevorzugt; möglicherweise können einige Arten alte Blätter nicht richtig verdauen. Eine Art *(Trachypithecus barbei)* frisst offenbar ausschließlich Blätter, alle anderen ernähren sich auch von Früchten. So nehmen Guerezas 81 % Blätter und etwa 15 % Früchte und Samen zu sich. Die meisten Arten verzehren Blüten, Knospen, Samen und Triebe. Hanunmanlanguren, Mützenlanguren, Guerezas, Rote Stummelaffen u.a. sind beim Verzehr von Erde oder Termitenlehm beobachtet worden. Goldlanguren fressen speziell salzige Erde oder Sand, Mützenlanguren auf Borneo wühlen den Schlamm an Salzquellen auf, vermutlich um ihn zu fressen. Einige *Presbytis*-Arten ergänzen ihren Speiseplan mit Wirbellosen, so Hanumanlangur, Sansibar-Stummelaffe, Nilgirilangur und wahrscheinlich noch andere Schlankaffen. Ein Mützenlangur ist beim Plündern eines Vogelnests mit Eiern und Nestlingen beobachtet worden. Hanumanlanguren und Rote Stummelaffen fressen Insektengallen und Pilze, afrikanische Schlankaffen Flechten und totes Holz. Braune Stumpfnasen ernähren sich vorwiegend von Baumflechten, Hanuman- und Maronenlanguren u.a. von Pflanzenmark, Hanuman- und Rote Languren auch von Wurzeln. Letztere graben kultivierte Süßkartoffeln aus und fressen sie. Hanumanlanguren nehmen auch Pflanzensäfte zu sich und können ungestraft die strychninhaltigen Früchte der Brechnuss verzehren, die einen Rhesusaffen töten würden. Wasser wird in Form von Tau, Feuchtigkeit in der Nahrung oder Regenwasser in Baumhöhlen konsumiert.

Affen mit ernstem Gesicht

SOZIALVERHALTEN

Weibliche Schlankaffen werden mit etwa vier, Männchen mit vier bis fünf Jahren geschlechtsreif. Die Paarungen sind nicht auf eine bestimmte Zeit beschränkt, doch es gibt einen Geburtengipfel. Das Entwöhnen der Jungtiere fällt mit einem breiten saisonalen Angebot an fester Nahrung zusammen. Sexuelle Kontakte gehen gewöhnlich vom Weibchen aus. Ein empfängnisbereites Nasenaffen-Weibchen stülpt, wenn es ein Männchen beäugt, bei geschlossenem Maul die Lippen vor. Erwidert das Männchen den Blick, schüttelt das Weibchen rasch den Kopf. Das Männchen antwortet, indem es eine Schnute zieht; anschließend nähern sich beide einander und das Weibchen präsentiert sein Hinterteil. Geht ein Hanumanlanguren-Männchen nicht auf die Avancen eines Weibchens ein, kann es passieren, dass es von der Abgewiesenen geschlagen, am Fell gezogen oder sogar gebissen wird. Ein Kleideraffen-Weibchen legt sich zur Paarung gewöhnlich auf den Bauch und blickt das Männchen über die Schulter an. Das Männchen zeigt seine Erregung in der Regel durch intensives Zurückstarren und schaut sich dann nach einem geeigneten Paarungsort um. Die Weibchen von *Colobus*-Arten fordern ein Männchen auf ähnliche Weise, doch unterstrichen durch Zungenschnalzen, zur Paarung auf. Während der Paarung bleiben Kleider- und Stummelaffen-Weibchen auf dem Bauch liegen, während Nasenaffen- und *Semnopithecus*-Weibchen wie alle Meerkatzenartigen auf allen vieren stehen. Nasenaffen-Weibchen schütteln bei der Paarung ständig den Kopf, und beide Partner zeigen das typische „Schnutengesicht“.

Bei der Geburt sind die Jungen etwa 20 cm lang und ca. 400 g schwer. Die Augen sind offen und das Kind kann sich fest genug an seine Mutter klammern, um nicht herunterzufallen. Neugeborene Schopfstummelaffen werden von der Mutter im Maul getragen. Die Körperbehaarung der Jungen ist kürzer, weicher und meist anders gefärbt als bei Adulttieren. Haut und Gesäßschwielen sind gewöhnlich zunächst heller; bei neugeborenen Nasenaffen und Kleideraffen ist die Gesichtshaut jedoch dunkler. Meist kommt nur ein Junges zur Welt, Zwillinge sind selten. Mit Ausnahme von *Presbytis femoralis* und den *Procolobus*-Arten erlauben die Mütter aller übrigen Schlankaffen anderen Weibchen, sich ihr Junges auszuborgen. Bald nach der Geburt wird das Baby häufig angefasst und herumgetragen, wobei die Distanz zur Mutter mitunter bis zu 25 m beträgt. Eine Mutter kann ihr eigenes und ein fremdes Kind gleichzeitig säugen und es wurden schon Mütter beobachtet, die drei Kinder trugen. „Babysittende“

Weibchen lassen ihre Schützlinge oft abrupt allein und überlassen es dann den Müttern, ihre schreienden Kinder wieder aufzunehmen. *Semnopithecus*-Arten weisen ihre Jungen mit etwa fünf Wochen aktiv zurück. Das könnte das Unabhängigwerden der Jungen beschleunigen und ihre Chancen verbessern, einem Infantizid zu entgehen, der mit dem gewalttätigen Ersatz eines adulten Männchens in den Ein-Männchen-Trupps einhergehen kann (siehe *Special Feature,* Seite 392 f.). Der Übergang vom Neugeborenen- zum Erwachsenenfell findet mit fünf bis zehn Monaten statt. Ausgewachsen sind Schlankaffen mit ca. fünf Jahren.

Im Vergleich zu Makaken benehmen sich Schlankaffen seltener aggressiv und ihre sozialen Beziehungen zeichnen sich durch weniger Auseinandersetzungen, Lautäußerungen und Gesten aus. Ihr Verhalten wurde als „gemessen und ernst" bezeichnet, was zum Gattungsnamen *Semnopithecus* (griechisch „der ernste Affe") geführt hat. Diese „Gemessenheit" könnte mit dem Futtersuchverhalten zusammenhängen. Baumbewohner, deren Nahrung gleichmäßig verteilt ist und längeres Fressen an einem Ort erfordert, haben weniger Bedarf für eine enge Truppkoordination. Ihre Mimik ist auf ein Minimum beschränkt. Beim Aufsuchen oder bei der Bewegung in einem Futterbaum achten die Tiere sorgfältig darauf, engere Kontakte zu bereits dort befindlichen Artgenossen zu meiden. Gefressen wird vorwiegend am frühen Morgen und am Spätnachmittag, doch wird wegen der Nährstoffarmut der Blattkost gewöhnlich den ganzen Tag hindurch immer wieder nach Nahrung gesucht, was Gelegenheiten zu einem komplexen Sozialverhalten weiter verringert.

Die Gruppengröße reicht von Einzeltieren (meist Männchen) bis zu Gruppen von mehr als 120 Languren (möglicherweise eine zeitweilige Ansammlung von Trupps, die nach Wasser suchen). Doch wurden schon Gruppen von 200 bis 300 – bei Goldstumpfnasen sogar mehr als 600 – Tieren beobachtet, wobei es sich dabei vermutlich um Ansammlungen kleinerer Familieneinheiten gehandelt hat. Bei Nasenaffen, Kleideraffen und Roten Stummelaffen findet man Gruppen von rund 60 Tieren. Bei den meisten Gattungen kommen Horden mit bis zu 40 Tieren vor. Die durchschnittliche Truppstärke ist jedoch geringer. Sie reicht von drei bis vier Tieren beim Mentawailangur (diese Art lebt wie Pageh-Stumpfnasenaffen und einige javanische Mützenlanguren häufig in monogamer Einehe) bis zu 37 bei Hanumanlanguren. Bei Pageh-Stumpfnasenaffen und Angola-Stummelaffen sind es fünf, bei Nilgiri-, Weißbart- und Schopflangur, bei den meisten *Presbytis*-Arten und beim Guereza sechs bis neun, und bei den meisten übrigen Arten zehn bis 18 Individuen. Eine Ausnahme bildet der Sansibar-Stummelaffe, dessen Gruppengröße wahrscheinlich gewöhnlich bei 50 Tieren liegt.

Die Zahl adulter Männchen in gemischt geschlechtlichen Verbänden ist in etwa der Gruppengröße proportional. Meist gibt es ebenso viele Weichen oder mehr. Der Schwarzschenkel-Kleideraffe in Ostkambodscha tritt stets paarweise (vermutlich ein Männchen und ein Weibchen) auf. Den Mützenlangur findet man oft in Dreiergruppen verwandter Tiere; einige Trupps zählen aber mindestens zwölf Tiere. Bei Nasenaffen, Weißmantelstumpfnasen und einigen asiatischen Arten findet man reine Männerbanden, wie sie selten auch bei *Colobus*-Arten vorkommen.

Das Streifgebiet der meisten Arten beträgt ca. 30 ha; deutlich größer sind die Streifgebiete von Schopflangur (bis 64 ha) sowie Nasenaffe und Sansibar-Stummelaffe (ca. 130 ha). Beim Nilgirilangur variiert die Größe des Streifgebiets von 6 bis 260 ha, beim Hanumanlangur von 5 bis 1300 ha. Mützenlangur, *Presbytis femoralis,* Weißbartlangur, Haubenlangur und *Trachypithexcus obscurus* sowie einige Hanumanlangur-Populationen gelten als territorial, weil sie ihr Streifgebiet vertei-

Oben: *Kleideraffen mit einem Jungtier. Diese bunten Tiere, die die tropischen Wälder von Kambodscha, Laos und Vietnam besiedeln, sind tagaktive Baumbewohner. Obwohl der Bestand der Art stark gefährdet ist, werden die Affen noch immer gefangen und als Haustiere verkauft.*

digen und zumindest den größten Teil exklusiv nutzen. Weißbartlanguren verlassen ihr Streifgebiet oft zeitweise, um einen Nachbartrupp anzugreifen. Hanumanlanguren und andere Arten wie Mentawai-, Nilgiri- und Schopflangur haben exklusive Kernbereiche, in denen wichtige Schlaf- und Futterbäume stehen und die 20 bis 50 % des Streifgebiets ausmachen. Innerhalb ihres Streifgebiets haben Guerezas ein bevorzugtes Areal, aus dem andere Trupps vertrieben, aber nicht permanent ausgeschlossen werden. Dagegen fand man bei drei Trupps Sansibar-Stummelaffen sehr große Überlappungen der Streifgebiete. Die Beziehungen zwischen diesen drei Trupps waren gewöhnlich aggressiv. Sie betrafen nur die adulten und subadulten Männchen; und gleichgültig, wo im Streifgebiet es zum Kontakt kam, verdrängte ein dominanter Trupp gewöhnlich den anderen, wobei die Teilnahme bestimmter Männchen offenbar darüber entschied, welche Gruppe siegte. Andere

Trupps Roter Stummelaffen drangen sehr selten in das Gebiet ein und wurden meist sofort vertrieben.

Presbytis-, *Semnopithecus*- und *Colobus*-Arten sind für ihre lauten Rufe berühmt, die generell bei Sonnenaufgang am intensivsten und animierendsten sind. Die Affen rufen auch tagsüber, besonders dann, wenn sich ein Trupp zum Aufbruch bereit macht oder Schlafpositionen festgelegt werden. Einige Arten rufen überdies nachts. Vermutlich dienen diese Rufe dazu, die eigene Präsenz zu verkünden und Territorien sowie Geschlechtspartner zu verteidigen. Beim Zusammentreffen zweier Trupps oder manchmal auch, wenn ein Raubfeind entdeckt wird, können die Rufe von einer dramatischen Vorstellung (Display) begleitet sein bzw. diesen vorangehen: Dabei springt der Protagonist auf tiefer liegende Äste, klettert dann wieder hinauf und wiederholt seine Fallsprünge, während das Geäst um ihn herum schwankt und kracht.

Die Populationsdichte ist innerhalb einer Art, aber auch zwischen einzelnen Arten sehr variabel. Bei *Presbytis*-Arten schwankt sie zwischen 3 und 48 Tieren/qkm, bei Pageh-Stumpfnasen und *Trachypithecus*-Arten zwischen 8 und 220/qkm, bei Hanumanlanguren zwischen 3 und 904/qkm und bei den *Colobus*-Arten zwischen 30 und 880/qkm. Bei Hanumanlanguren sind geringere Dichten typisch für Populationen, die im offenen Grasland oder auf Ackerland leben, wo Trupps große Streifgebiete haben. Mittlere Dichten findet man bei Populationen, die in der Nähe von Dörfern oder Städten leben, höhere Dichten hingegen bei waldbewohnenden Populationen, wo die Trupps kleine, manchmal überlappende Streifgebiete haben.

Dezimierung durch Bejagung

ARTEN- UND UMWELTSCHUTZ

Im Jahr 1819 tötete eine Schiffsbesatzung, die Da Nang in Vietnam besuchte, zwischen fünf Uhr morgens und dem Frühstück mehr als 100 Kleideraffen. Von der einheimischen Bevölkerung unbehelligt, fehlte den Kleideraffen jegliche Scheu vor Feuerwaffen. 1831 war die Verfolgung durch die Europäer so stark geworden, dass die Kleideraffen gelernt hatten, vor Feuerwaffen zu fliehen. Nach der Zerstörung ihres Lebensraums und dem Wüten des Vietnamkriegs wurden 1974 in einem Zeitraum von zehn Wochen nur noch 30 bis 40 Tiere dieser Art in der Nähe von Da Nang gefunden. 1993 traf man dort jedoch auf mehrere Viel-Männchen-Viel-Weibchen-Gruppen mit sechs bis 17 Tieren (insgesamt deutlich weniger als 300 Tiere).

Oben: *Ein weiblicher Schopfstummelaffe. Diese Art, die ihre Neugeborenen – für Primaten ungewöhnlich – im Maul herumträgt, bewohnt im Regenwald die niedrigeren Baumregionen. Sie ernährt sich rein vegetarisch und frisst Samen, Früchte und Blätter, wobei junge Blätter bevorzugt werden.*

Links: *Ein Hanumanlangur überquert den Ramganga-Fluss in Indien. Diese Affen sind berühmt für ihre große Wendigkeit. In Bäumen gelingen ihnen waagerechte Sprünge mit bis zu 5 m Weite. Durch längere Sprünge können die Tiere sogar Klüfte von 10 m überwinden, wenn auch mit gewissem Höhenverlust.*

Unten: *Angolastummelaffen sehen Guerezas recht ähnlich, lassen sich von ihnen aber durch das Fehlen des buschigen Schwanzes unterscheiden. Die Jungen dieser Art werden reinweiß geboren, nehmen jedoch im Alter von drei bis vier Monaten die Zeichnung der Adulttiere an.*

Der Bärenstummelaffe wurde Ende des 19. Jahrhunderts durch den europäischen Fellhandel ernsthaft bedroht. Guerezas leiden noch immer unter der Nachfrage nach Produkten aus ihrem Fell. Zu den anderen Arten, die wegen ihres herrlichen Fells gejagt wurden, zählen Nilgirilangur und die Goldstumpfnase. Das Fell der Goldstumpfnase sollte seinen Träger angeblich vor Rheuma bewahren, doch zum Glück durften es nur Beamte und Angehörige des chinesischen Hofes tragen. Heute sind beide Tierarten geschützt. Der Bestand an Nilgirilanguren soll seit 1960 wieder zugenommen haben, obwohl er im äußersten Norden seines Verbreitungsgebiets stark unter Wilderei zu leiden hat. Die meisten Arten werden von der einheimischen Bevölkerung wegen ihres Fleisches gejagt, dem häufig Heilkräfte zugeschrieben werden. In Afrika könnte der wachsende Handel mit *bushmeat* eine westliche Unterart des Roten Stummelaffen bereits ausgerottet haben. Selbst Populationen in offiziell geschützten Waldgebieten werden gejagt.

Die größte Bedrohung für das Überleben der Schlankaffen in Asien stellen die große Verbreitung von Feuerwaffen und die Habitatzerstörung zur Gewinnung von Holz und Ackerland dar. Vordringlich ist, dass zumindest ein Teil des noch übrigen Habitats dieser Arten zum Schutzgebiet erklärt wird. Das gilt besonders für Côte d'Ivoire, die Mentawai-Inseln und Nordvietnam.

Neben Bejagung und Habitatzerstörung sind Wechselbeziehungen zwischen Menschen und Schlankaffen minimal, außer dort, wo beide Seite an Seite leben, wie in Sumatra. Hier begegnet man den Affen noch immer freundlich, obwohl sie oft die Felder plündern. Der am besten bekannte „Nachbar" des Menschen ist der Hanumanlangur, der in manchen Gebieten 90 % seiner Nahrung mit Feldfrüchten deckt. Wie alle Tiere wird er jedoch von Buddhisten nicht behelligt und von den Hindus verehrt.

Im großen Sanskrit-Epos Ramayana war der Affengott Hanuman Ramas wichtigster Helfer auf der Suche nach dessen entführter Frau Sita. Wie es in dieser Erzählung heißt, stahl Hanuman auf Sri Lanka die auf dem indischen Festland noch unbekannte Mangofrucht. Auf frischer Tat ertappt, sollte er diesen Diebstahl auf dem Scheiterhaufen büßen. Es gelang ihm aber zu entkommen, doch sein Gesicht sowie Hände und Füße wurden vom Feuer für immer geschwärzt.

Viele Hindus füttern Hulmans regelmäßig. Doch die Affen fallen auch immer wieder über Getreidelager her oder plündern sogar die Geschäfte von Städten. Die Bewohner einer Stadt machten ihrer Wut über diese Plünderungen auf ungewöhnliche Weise Luft: Sie packten die Plagegeister in einen Eisenbahnwaggon und brachten diesen an eine entfernt gelegene Bahnstation. DB-J

CHINAS BEDROHTE AFFEN

Auf dem chinesischen Festland leben drei stark gefährdete Stumpfnasenaffen, die im Westen vor Ende des 19. Jahrhunderts unbekannt waren. Am stärksten gefährdet ist die Braune Stumpfnase *(Pygathrix bieti)*, die in der Provinz Yunnan und in Tibet beheimatet ist und inzwischen nur noch 1000 bis 1500 Tiere zählt. Von der besser geschützten Weißmantelstumpfnase *(P. brelichi)*, die nur im Fanjing-Gebirge und seiner Umgebung in der Provinz Guizhou lebt, gibt es noch 800 bis 1200 Tiere.

Die Goldstumpfnase *(P. roxellana)* ist die zahlenmäßig stärkste und am weitesten verbreitete Art; rund 8000 bis 10 000 Tiere sind in den Provinzen Gansu, Hubei (insbesondere Shennongjia), Shaanxi und Sichuan beheimatet. Goldstumpfnasen durchstreifen Bergwälder in einigen der größten Trupps, die man von baumlebenden Primaten kennt – mit Ansammlungen bis zu 600 Tieren. In ökologisch gestörten Gebieten können Horden 30 bis 100 Tiere zählen. Größere Verbände organisieren sich um polygyne Untergruppen, die aus einem adulten Männchen, fünf Weibchen und ihren Jungen bestehen. Es gibt auch am Rand lebende oder einzelgängerische Männchen. Innerhalb eines Trupps überwiegen aber die adulten Weibchen. Die Männchen verteidigen den Trupp gegen Feinde. Die Affen fressen primär Blätter und ergänzen ihren Speiseplan mit Früchten, Samen, Rinde, Insekten, Vögeln und Vogeleiern. Da sie keine Backentaschen haben, fressen sie häufig und große Mengen. In Zoos erhalten sie pro Tag 850 bis 1380 g. Eine ausgewogene Ernährung ist schwierig, und so gedeihen sie in Gefangenschaft nicht gut.

Seit mehr als 1000 Jahren haben Menschen aus dem Schulter- und Rückenhaar von Goldstumpfnasen Umhänge angefertigt. Aus Fleisch und Knochen werden traditionelle Heilmittel hergestellt. Die Hauptbedrohung für das Überleben aller drei Arten ist jedoch die Zerstörung ihrer begrenzten Habitate.

In den letzten Jahrzehnten hat die chinesische Regierung Schritte unternommen, diese Primaten zu schützen. 1975 wurde die Jagd verboten, doch aufgrund von Geld- und Personalmangel kann die Wilderei nicht gestoppt werden. Ebenso geht die Waldzerstörung weiter. Schutzgebiete wurden zwar eingerichtet, aber nur zwei der 13 Populationen der Braunen Stummelnase leben vollständig in Reservaten. Dennoch geben steigende Geburtenzahlen Anlass zu verhaltenem Optimismus. FEP

Artenübersicht Schlank- und Stummelaffen

DIE UNTERFAMILIE COLOBINAE UMFASST 42 Arten in 7 Gattungen (die 1993 etablierte Taxonomie nennt 34 Arten; dort nicht aufgeführte Arten sind mit † markiert). Sie ist in ganz Äquatorialafrika, auf dem indischen Subkontinent und in Südostasien (inklusive Java, Sumatra, Borneo und vielen kleinen Inseln) verbreitet. Mindestens die Hälfte der Arten ist bedroht, hauptsächlich durch Habitatverlust aufgrund von Entwaldung und Landwirtschaft.

GATTUNG *NASALIS*

Untersetzt gebaut: Proportionen der Extremitäten, Schädelform und Fellfärbung wie bei Makaken; auffällig große Nase.

Nasenaffen En
Nasalis larvatus

Borneo mit Ausnahme von Zentral-Sarawak. Meist an Flussläufe gebunden (Ufer-, Mangroven-, Tieflandregenwälder). Gute Schwimmer.
KL 54–76 cm; SL 52–75 cm; GT 20,3 kg (Männchen), 9,8 kg (Weibchen).
FELL: Kappe rotorange mit Stirnwirbel, bis in den Nacken reichend, hellerer Backenbart und Brustkrause; übriges Fell hell orange, grau durchsetzt, auf Schultern und Rücken schwarz und rötlich gesprenkelt: dreieckiger weißer Steißfleck an weißen Schwanz grenzend. Gesicht bei Neugeborenen blau, bei Erwachsenen rosig. Große, hängende, gurkenförmige Nase bei adulten Männchen; Penis rosa, Hodensack schwarz. Weibchen mit Stupsnase.

Pageh-Stumpfnasenaffe En
Nasalis (Simias) concolor

Mentawai-Inseln, Indonesien. Regen- und Mangrovenwald.
KL 45–55 cm; SL 10–19 cm; GT 7 kg.
FELL: Schwarzbraun, Nacken, Schultern und obere Rückenpartie hell gesprenkelt; Penis mit weißem Büschel. Gesichtshaut schwarz, gesäumt von weißen Haaren. Schwanz bis auf wenige Haare an der Spitze unbehaart; 25 % der Tiere sind cremefarben bis beige mit bräunlicher Tönung.

GATTUNG *PYGATHRIX*

Groß, stämmig, Arme kaum kürzer als Beine, Gesicht kurz und breit, Augenbrauenwülste vorstehend, weiter Augenabstand, Nasenknochen reduziert oder fehlend, Nasengänge breit und tief, kleiner Hautlappen am oberen Rand jeder Nasenöffnung.

Goldstumpfnase Vu
Pygathrix (Rhinopithecus) roxellana

In den chinesischen Provinzen Gansu, Hubei, Shaanxi und Sichuan. Immergrüne subtropische Laubwälder, aber auch Bergwälder sowie Bambusdschungel, mehr als ein halbes Jahr schneebedeckt; wandert halbjährlich vertikal.
KL 47–78 cm; SL 48–88 cm; GT 16,8 kg (Männchen), 10 kg (Weibchen).
FELL: Oberseite und Schwanz dunkelbraun, oder schwärzlich, am dunkelsten sind Nacken und Scheitelkamm; Unterseite, Schwanzquaste und 10 cm lange Schulterbehaarung weißlich orange; Innenseite der Beine, Brustband und Gesichtsumrahmung kräftiger orange; Orangetönung bei adulten Männchen mit zunehmendem Alter verstärkt. Schnauze weiß, rund um Auge und Nase hellblau. Neugeborene grau, färben sich mit 4 Wochen cremeweiß.

Braune Stumpfnase En
Pygathrix (Rhinopithecus) bieti

Yunling-Gebirgskette (26,5°–31°N), Yunnan und Tibet. Bergnadelwälder (3000 bis 4000 m), 280 Tage im Jahr Frost. Wird manchmal zu *P. roxellana* gestellt.
KL 51–83 cm; SL 49–72-cm; GT 15 kg (Männchen), 9 kg (Weibchen).
FELL: Stirn, Innenseite von Armen und Beinen sowie Ring um Bauch grau, Bauch sonst weiß; Hände und Füße, Schopf, ein Großteil des Schwanzes und einige Oberlippenhaare schwarz; lange gelblich graue Haare mit dunklen Spitzen auf den Schultern, sonst auf der Oberseite grauschwarz, auf der Unterseite weiß. Männchen dunkler als Weibchen, mit längeren weißen Flankenhaaren. Lippen tiefrosa, Bereich um die Augen hellrosa, übrige Schnauze und Nasenflügel weiß. Neugeborene weiß, werden nach mehreren Monaten grau.

Weißmantelstumpfnase En
Pygathrix (Rhinopithecus) brelichi

Fanjing-Gebirge, Provinz Guizhou, China. Halbimmergrüner subtropischer Wald. Wird manchmal zu *P. roxellana* gestellt.
KL 64–73 cm; SL 85–97 cm; GT 14,6 kg (Männchen), 7,8 kg (Weibchen).
FELL: Obere Partien graubraun, hellgrau auf den Oberschenkeln; Schwanz, Hände und Füße, Unterarme und Außenseite der Unterschenkel schwärzlich; Schwanzspitze und Blässe zwischen Schultern gelblich weiß, Nacken und Scheitel hellbraun, vorn und an Seiten schwärzlich; Stirn, Kniekehlen und Oberarminnenseiten orange; Bauch gelblich grau; „Mittelscheitel" von der Stirn bis zum kammlosen Scheitel; Schwanzhaare entlang der Mitte gescheitelt. Adulte Männchen kräftiger gefärbt als Weibchen, Brustwarzen weiß. Lippen und Augenlider rosa, übriges Gesicht bläulich weiß.

Tonkinstumpfnase Cr
Pygathrix (Rhinopithecus) avunculus

Zentral-und N-Vietnam. Subtropische Wälder und Bambusdschungel.
KL 51–65 cm; SL 66–92 cm; GT 13,8 kg (Männchen), 8,3 kg (Weibchen).
FELL: Oberseite schwärzlich, zwischen den Schultern braun (oder weiß gesprenkelt); Nacken und Hinterkopf braun oder gelblich braun, mit schmalem schwarzbraunem Rand vorn und an den Seiten; Hände und Füße schwarzbraun; das helle Orange der Unterseite bisweilen auf Kehle und Brustband beschränkt, fast geschlossene gelblich weiße Kreise um Gesicht, Ellenbogen, Knöchel und Hüfte; Schwanz schwarzbraun mit hell orange oder gelben Haarspitzen; Schwanz ohne Scheitel oder lang mit geradem Mittelscheitel; Kopfhaar flach anliegend. Schwanzspitze bei Adulten weißlich. Um die Augen hellblau, dazwischen violett; Lippen tiefrosa, übrige Schnauze blauschwarz. Penis schwarz; Hodensack weiß behaart, Haut bläulich.

Kleideraffe En
Pygathrix nemaeus

S-Laos und Zentral-Vietnam. Tropische Regen- und Monsunwälder.
KL 52–64 cm; SL 57–68 cm; GT 12,6 kg (Männchen), 8,9 kg (Weibchen).
FELL: Finger und Zehen schwarz; Lippen, Wangen und Kehle, Innenseite der Oberschenkel, Damm, Schwanz und kleiner dreieckiger Steißfleck weiß; weiße Areale schwarz umrandet, oft mit orangefarbenen Bändern, am auffälligsten zwischen Brust und Kehle; Oberarme und Rumpf zwischen schwarzen Arealen grau und schwarz gesprenkelt grau. Penis rosa, Hodensack weiß. Haut der Schnauze weiß, Ohren, Nase und übriges Gesicht orange. Nördliche Unterart mit weißen Unterarmen und orangefarbenen Unterschenkeln; südliche Unterart (vermutlich eigene Art) mit grauen Unterarmen und Unterschenkeln.

Schwarzschenkel-Kleideraffe † En
Pygathrix nigripes

O-Kambodscha und S-Vietnam. Tropischer Regenwald, Galerie- und Monsunwälder. Manchmal zu *P. nemaeus* gestellt.

Rechts: *Adulte Haubenlanguren haben eine markantes silbrig schwarzes Fell. Die Jungen mit ihrem leuchtend orangefarbenen Fell, das sie 3 Monate lang tragen, sind noch auffälliger.*

KL 50–72 cm; SL 59–77 cm; GT 13 kg (Männchen), 8,7 kg (Weibchen).
FELL: Unterscheidet sich von *P. nemaeus* durch Gaumenform, schwarz gesprenkelte graue Unterarme und schwärzliche Unterschenkel. Schwärzliche Bereiche ausgedehnt, orange Flächen reduziert. Penis rot; Hodensack und Innenseite der Flanken blau. Gesichtshaut blau mit rötlich gelbem Schimmer auf der Schnauze.

GATTUNG *PRESBYTIS*

Unterarme relativ lang; Augenbrauenwülste gewöhnlich schwach entwickelt oder fehlend, Nasenrücken konvex, Schnauze kurz; 5. Höcker auf unteren 3. Molaren gewöhnlich reduziert oder fehlend, Höckerentwicklung auf oberen 3. Molaren variabel; die breiten unteren Schneidezähne ragen über die oberen hinaus (Vorbiss) und tragen auf ihrer inneren Oberfläche Tuberkeln; Scheitelkamm; Färbung der Neugeborenen weißlich.

Mentawailangur Vu
Presbytis potenziani

Mentawai-Inseln, Indonesien. Regen- und Mangrovenwälder.
KL 44–58 cm; SL 50–65 cm; GT 5,4–7 kg.
FELL: Kleiner gratartiger Kamm; Oberseite und Schwanz schwärzlich; Schamregion gelblich weiß; Augenbrauen, Wangen, Kinn, Kehle, oberer Brustbereich und manchmal Schwanzspitze weißlich; übrige Unterseite und manchmal Kragenregion rötlich orange, braun oder hell orange.

Mützenlangur En
Presbytis comata

N- und O-Borneo, W-Java, N-Sumatra. Tropische Regenwälder, Uferwälder im Grasland, Gummi- und Obstplantagen. Früher (inkorrekt) als *P. aygula* bezeichnet. Zu seinen nächsten Verwandten gehören *P. hosei* und *P. thomasi*.
KL 42–60 cm; SL 55–84 cm; GT 5–8 kg.
FELL: Hände, Füße und manchmal Unterschenkel schwarz; Kopf schwarz, grau oder braun; übrige Oberseite hellgrau, mit Braun oder Schwarz gesprenkelt, Unterseite weiß.

ABKÜRZUNGEN			
KL = Körperlänge SL = Schwanzlänge GT = Gewicht	Ex ausgestorben	En stark gefährdet
† = „neue" Art (siehe Seite 291)	EW in freier Natur ausgestorben	Vu gefährdet
	Cr vom Aussterben bedroht	LR geringes Risiko

Presbytis fredericae †

Zentral-Java, Indonesien. Tropische Regenwälder, Araucaria-Plantagen. Wird meist zu *P. comata* gestellt.
KL 45–58 cm; SL 57–70 cm.
FELL: Oben schwärzlich braun, mit längeren, helleren Deckhaaren und schwärzlich braunem Gürtel und Brustband auf weißer Unterseite, oder dunkelgrau oben mit grauem Brustgürtel auf weißem Untergrund; Finger und Zehen variabel weiß.

Weißstirnlangur
Presbytis frontata

O-, SO- und Zentral-Borneo. Tropischer Regenwald.
KL 42–60 cm; SL 62–79 cm;
GT 5,6–6,5 kg.
FELL: Hände und Füße, Wangen und Brauen schwärzlich; Unterarme, Unterschenkel und manchmal Schwanzbasis schwärzlich braun; Rumpf graubraun. Schwanz gelblich, dunkelgrau gesprenkelt; hellhäutige Stirn.

Presbytis femoralis LR

NW-Borneo, Malaiische Halbinsel, Singapur, Zentral-Sumatra (einschließlich Batu-Inseln). Regen- und Sumpfwälder, Mangrovensümpfe.
KL 43–60 cm; SL 62–83 cm; GT 5,9–8 kg.
FELL: Dunkelbraun bis schwarz, mit unterschiedlichem Weißanteil auf der Unterseite. Wird von manchen als Unterart von *P. melalophos* angesehen. Eine Unterart auf Borneo ist orange mit schwarzen oberen Partien und weißen unteren Partien.
IUCN-STATUS: Vorwarnliste.

Presbytis siamensis †

Riau-Archipel, Süden der Malaiischen Halbinsel, O- und Zentral-Sumatra, Große Natuna-Insel. Tropischer Regenwald und Sumpfwälder. Wird manchmal zu *P. femoralis* gestellt.
KL 41–61 cm; SL 58–85 cm; GT 5–6,7 kg.
FELL: Extremitäten und Brauen schwärzlich; Außenseite der Flanken gräulich weiß, Rest des Rückens und Schwanz hellgrau oder schwärzlich braun; Bauch weiß.

Roter Langur LR
Presbytis melalophos

SW-Sumatra. Regenwälder, Dörfer.
KL 42–59 cm; SL 53–81 cm; GT 5,8–7,4 kg.
FELL: Rücken oder gelegentlich nur breites Mittelband braunrot bis hell orange oder grau, unterschiedlich mit Schwarz bzw. Grau durchsetzt; Augenbrauen rot bis weißlich, oft umrandet von schwärzlichen, braunen oder grauen Krausen und Augenbrauenhaaren, die bis zu den Ohren reichen können; Unterseite weiß, manchmal gelb oder orange getönt, besonders an Brust und Extremitäten.
IUCN-STATUS: Vorwarnliste.

Maronenlangur
Presbytis rubicunda

Karimata-Insel und Borneo außer Zentral-Sarawak und Tiefland in NW-Borneo. Regenwälder.
KL 45–55-cm; SL 64–78 cm;
GT 5,2–7,8 kg.
FELL: Schwärzlich rot oder rötlich orange, hellere Unterseite, variabel schwärzlicher oder bräunlicher an der Schwanzspitze und an Händen und Füßen; von bis zu 2 Wirbeln gehen waagerechte Fransen aus; manchmal 1–2 Haarwirbel im Nacken.

GATTUNGEN *SEMNOPITHECUS* UND *TRACHYPITHECUS*

Augenbrauenwülste vorspringend; Neugeborene bei *Semnopithecus* spp. schwarz. Bei anderen Arten (*Trachypithecus* spp. – bisweilen als Untergattung von *Semnopithecus* angesehen) erinnern die Augenbrauenwülste an hochgezogene Augenbrauen; Weibchen mit hellem Fleck in der Schamregion; Neugeborene orange oder weiß gefärbt, durchsetzt mit grau, braun oder schwarz.

Malabarlangur †
Semnopithecus hypoleucos

SW-Indien, zwischen Westghats und der Küste bis 14° N. Immergrüne Wälder, kultivierte Waldgebiete, Gärten.
KL 61–70 cm; SL 85–92 cm;
GT 8,4–11,5 kg.
FELL: Hände, Füße, Unterarme schwarz; Beine schwarz oder graubraun; Schwanz schwarz oder dunkelgrau an der Basis, Spitze schwarz, gelblich grau oder weiß; Mittelstreifen am Rücken dunkelbraun oder dunkelgrau; Flanken und Rückseite der Oberschenkel gelblich grau; Kopf orangegrau oder gelblich weiß; Kehle und Unterseite hellorange. Stirnwirbel.

Hanumanlangur LR
Semnopithecus entellus
Hanumanlangur oder Hulman

Südliche Himalayaregion, von der afghanischen Grenze nach Tibet zwischen Sikkim und Bhutan; Indien nordwestlich des Verbreitungsgebiets des Malabarlangurs bis zum Arawalligebirge und Kathiawar sowie nordöstlich bis zur Provinz Khulna, Bangladesch; N-, O- und SO-Sri Lanka. Angeblich in W-Assam. Wälder, Buschwerk, kultivierte Felder, Dörfer und Stadtzentren bis in 4080 m Höhe.
KL 41–78 cm; SL 69–108 cm;
GT 5,4–23,6 kg.
FELL: Obere Partien grau oder hell graubraun, oft mit gelber Tönung; in Bengalen sind graue Partien fast überall hellorange; Kopf, untere Partien und Schwanzspitze weiß oder gelblich weiß; Hände und Füße oft, Unterarme gelegentlich schwarz oder braun; in Sri Lanka und SO-Indien Kopf gewöhnlich mit Haarschopf; Stirnwirbel.
IUCN-STATUS: Vorwarnliste.

Weißbartlangur
Trachypithecus (Semnopith.) vetulus

Zentral-, SW- und N-Sri Lanka. Wälder, Sümpfe, baumlose Felsküsten, Buschsavanne. Früher als *S. senex* bezeichnet.
KL 47–70 cm; SL 62–92 cm; GT 4,3–10 kg.
FELL: Braun, am dunkelsten an den Extremitäten; Schwanzspitze und Kopf manchmal gelb bis braun; Körper mitunter auch schwärzlich mit hellbraunem Kopf und gelblicher Schwanzspitze; weiße bis gelbliche Kehle und seitlich abstehende Backenhaare; Steißfleck manchmal fast weiß oder gelb; Schwanzbasis, Oberschenkel und Rücken manchmal grau gesprenkelt.

Nilgirilangur LR
Trachypithecus (Semnopith.) johnii

W-Ghats in Indien und Cat-Ba-Insel, N-Vietnam. Immergrüne, Galerie-, Laubwälder, auf Cat Ba bewaldete Kalkhügel.
KL 49–71 cm; SL 69–97 cm;
GT 9,8–13,6 kg.
FELL: Gelblicher Scheitel, geht abgestuft über Braun in ein glänzendes Braunschwarz am übrigen Körper über; graue Sprenkelung des kurzhaarigen Rumpfs erstreckt sich manchmal bis auf Oberschenkel und Schwanz.

Delacourlangur † Cr
Trachypithecus (Semnopith.) delacouri
Delacourlangur oder Pandalangur

N-Vietnam. Tropische Monsunwälder auf Kalksteinbergen. Schlafplätze in Höhlen. Wird manchmal zu *S. francoisi* gestellt.
KL 57–58-cm; SL 82–86 cm.
FELL: Glänzend schwarz mit weißen Stellen vom Nackenwirbel bis zu den Mundwinkeln; scharf abgegrenzte weiße Zone auf der hinteren Rückenpartie und Außenseite der Oberschenkel; Haare in Schwanzmitte lang; spitz zulaufender Schopf.

Trachypithecus (Semnop.) laotum †

Zentral-Laos. Kalksteingebirge, einige fast baumlos. Bisweilen zu *S. francoisi* gestellt.
KL 46–54 cm; SL 81–90 cm.
FELL: Glänzend schwarz mit hellen Haaren an Kinn und Kehle; weiß vom Nackenwirbel bis zu Mundwinkeln, einschließlich Stirn und größtem Teils des Hinterkopfs; spitz zulaufender Haarschopf.

Trachypithecus (Semnop.) hatinhensis † En

Ost- und Zentral-Laos, Zentral-Vietnam. Tropische Monsunwälder. Wird von manchen zu *S. francoisi* gestellt.
KL 50–67 cm; SL 81–87 cm; GT 8–9 kg.
FELL: Glänzend schwarz, weiße Stellen von den Ohren bis zu den Mundwinkeln; spitz zulaufender Schopf.

Tonkinlangur Vu
Trachypithecus (Semnop.) francoisi

Guangxi und Guizhou, China, NO-Vietnam. Hohe Felsen an Flussufern, tropische Monsunwälder in Kalksteingebirgen. Schlafplätze in Höhlen. Diese Art schließt die variabel albinotische Form *T. leucocephalus* ein.
KL 47–67 cm; SL 77–90 cm;
GT 6–9,5 kg.
FELL: Glänzend schwarz mit Weiß von den Ohren bis zu den Mundwinkeln; kräftiger Schopf; 2 Haarwirbel im Nacken.

Trachypithecus (Semnop.) mauritius †

SW-Java (Indonesien), O- und Zentral-Laos, W- und Zentral-Vietnam. Wälder. Früher zu *S. auratus* gestellt.
KL 55 cm; SL 73–82 cm.
FELL: Glänzend schwarz mit braunem Schimmer, besonders auf Unterseite und Wangen; Mitte von Händen und Füßen manchmal weiß.

Trachypithecus (Semnop.) auratus En

Bali, Bangka, Belitung, S-Borneo, Zentral- und O-Java, Lombok, Serasan, S-Sumatra und Riau-Lingga-Archipel. Wald, Plantagen. Schließt *S. cristatus* ein.
KL 43–65 cm; SL 61–87 cm; GT 5–8 kg.
FELL: Glänzend schwarz mit braunem Schimmer, besonders auf Unterseite und Wangen; Haarspitzen variabel mit Weiß gesprenkelt, Unterseite manchmal grau.

Haubenlangur
Trachypithecus (Semnop.) cristatus

Zentral- und N-Borneo, Kambodscha, Küstenregion von W-Malaysia, Riau-Archipel, N-Sumatra, S- und Zentral-Thailand, S-Vietnam. Sumpfwälder, Bambus, Buschsavanne, Dörfer.
KL 43–59 cm; SL 63–84 cm;
GT 4,9–6,2 kg.
FELL: Braun, bräunlich grau oder schwärzlich braun, Hände, Füße, Schwanz und Stirn dunkler gefärbt; gräuliche oder gelbliche Haarspitzen; Leistenregion und Schwanzunterseite gelblich; Haarschopf unterschiedlich stark entwickelt.

ABKÜRZUNGEN
KL = Körperlänge SL = Schwanzlänge GT = Gewicht
† = „neue" Art (siehe Seite 291)
Ex ausgestorben
EW in freier Natur ausgestorben
Cr vom Aussterben bedroht
En stark gefährdet
Vu gefährdet
LR geringes Risiko

Trachypithecus (Semnop.) barbei †

S-China, N-Indochina bis Myanmar. Wälder. Früher zwischen *S. cristatus* und *S. phayrei* geteilt.
KL 43–60 cm; SL 62–88 cm;
GT 4,6–8,7 kg.
FELL: Grau bis schwärzlich braun; Hände, Füße und Augenbrauen schwarz oder schwärzlich braun, Oberarme und manchmal Unterseite, Beine, Schwanz, Nacken oder Rücken durchsetzt mit Silbergrau oder Gelb; Haarschopf unterschiedlich stark entwickelt.

Brillenlangur
Trachypithecus (Semnop.) obscurus

Tripura (NO-Indien), benachbartes Bangladesch, N-Shan, SW- und S-Myanmar, Malaiische Halbinsel und benachbarte kleine Inseln (nicht Singapur). Wälder, Buschland, Plantagen, Gärten. Schließt *T. phayrei* (teilweise) ein.
KL 42–68 cm; SL 57–86 cm;
GT 4,2–10,9 kg.
FELL: Dunkelgrau bis schwärzlich braun; Nacken heller, gelegentlich gelblich weiß; Streifen in der Rückenmitte gewöhnlich heller und manchmal mit orangefarbenem Schimmer; Ellenbogen, Beine und Schwanzwurzel oft heller als der Rücken; Hände und Füße sowie Augenbrauen schwarz oder schwärzlich braun; Unterseite bräunlich gelb bis schwärzlich grau, dunkelbraun oder gelegentlich auch blassorange; Im Nordwesten gewöhnlich Schopf vorhanden; bei Shan-Unterarten Stirnwirbel.

Schopflangur
Trachypithecus (Semnop.) pileatus
Kappenlangur

Bangladesch und Assam östlich der Flüsse Jamuna und Manas, N-Myanmar und westliches Hochland. Wälder, Sümpfe, Bambus. Überschneidet sich mit Brillenlangur in Tripura und im benachbarten Bangladesch.
KL 49–76 cm; SL 81–110 cm; GT 9–14 kg.
FELL: Untere Partien grau, am dunkelsten am oberen Rücken, gelegentlich mit orangefarbenem Schimmer; Augenbrauen und manchmal Stirn schwarz; Hände, Füße und Schwanzwurzel schwarz oder dunkelgrau; Hände und Füße bisweilen teilweise hellorange; Wangen und Unterseite grau, weißlich bis orange; Kopfhaar halb aufgerichtet und über den Backenbart hinausragend. Hodensack fehlt.

Goldlangur En
Trachypithecus (Semnop.) geei

Bhutan und Assam westlich des Manas. Wälder, Plantagen.
KL 49–72 cm; SL 71–94 cm; GT 9,5–12 kg.
FELL: Orange-weiß; Unterseite, unterer Teil des Rückens und (manchmal) Wangen orange; schwärzliche Haarspitzen auf der Kappe; grauer Schimmer an Unterarmen und Unterschenkeln, manchmal auch am unteren Ende des Rückens und auf der Schwanzoberseite; Kopfhaar halb aufgerichtet und über den Backenbart hinausragend. Hodensack fehlt.

GATTUNG COLOBUS

Magen dreikammerig, Kehlkopf groß, Kehlsack unter dem Zungenbein, Gesichtshaut schwarz.

Schwarzer Stummelaffe Vu
Colobus satanas
Satansstummelaffe

Bioko, O- und SW-Kamerun, Äquatorialguinea, NW-Gabun, vermutlich W-Kongo. Wälder, Bergdickicht, Wiesen.
KL 58–72 cm; SL 60–97 cm; GT 6–11 kg.
FELL: Durchgehend glänzend schwarz; Kopfhaar halb aufgerichtet und auf der Stirn nach vorn weisend; Neugeborene braun oder hellgrau gefärbt.

Angolastummelaffe
Colobus angolensis

NO-Angola, SW, Zentral- und NO-DRK (Demokr. Republik Kongo), SW-Uganda, W-Ruanda, W-Burundi, W- und O-Tansania, südlicher Küstenbereich von Kenia, möglicherweise Malawi, in NW-Sambia vagabundierend. Wälder und Waldungen, Maisplantagen.
KL 47–66 cm; SL 63–92 cm;
GT 5,9–11,3 kg.
FELL: Glänzend schwarz mit weißen oder weißlich grauen Wangen, Kehle, lange Haare an Schultern und Schwanzspitze (gelegentlich auch ein größerer Teil des Schwanzes); Schamgegend, bisweilen schmales Augenbrauenband und Brust weiß; manchmal mit Augenbrauenzeichnung, Stirnwirbel oder Nackenscheitel. Neugeborene weiß gefärbt.
IUCN-STATUS: Generell nicht bedroht, obwohl für die Populationen in der DRK und in Tansania nur ungenügende Daten vorliegen und eine Unterart – *C. a. ruwenzorii* – als gefährdet eingestuft ist.

Bärenstummelaffe LR
Colobus polykomos

Guinea bis W-Côte d'Ivoire. Wälder; Waldungen und Buschwerk in den Savannengebieten von Guinea.
KL 57–68 cm; SL 94–110 cm;
GT 6,7–10 kg.
FELL: Glänzend schwarz; Schwanz weiß; Gesichtssaum und Kehle gesprenkelt mit weißen Stellen, die sich bis zu den langhaarigen Schultern erstrecken. Nasenspitze reicht bis zum Maul oder ragt sogar darüber hinaus. Neugeborene weiß gefärbt.
IUCN-STATUS: Vorwarnliste.

Colobus vellerosus † Vu

W-Côte d'Ivoire bis W-Nigeria, mit einer Lücke beim Dahomey Gap (Savannenkorridor in W-Afrika). Wälder.
KL 57–70 cm; SL 76–100 cm;
GT 7–10 kg.
FELL: Glänzend schwarz; Gesäßschwielensaum, Gesichtsumrandung, Kehle und Schwanz weiß; Schultern und Außenseite der Oberschenkel weiß gesprenkelt, Nasenspitze erreicht das Maul bzw. ragt darüber hinaus. Neugeborene weiß gefärbt.

Guereza
Colobus guereza
Mantelaffe

N-Kongo, O-Gabun, Kamerun, O-Nigeria, Zentralafrikanische Republik, NO-DRK, NW-Ruanda, Uganda, S-Sudan, Äthiopien, W-Kenia und benachbartes Tansania. Wälder; baumbestandenes Grasland.
KL 45–70 cm; SL 52–90 cm;
GT 5–14,5 kg.
FELL: Glänzend schwarz; Gesicht und Gesäßschwielen weiß gesäumt; lange weiße Haare an den Seiten und im unteren Rückenbereich. Außenseite der Oberschenkel weißlich; Schwanz buschig und weißlich oder von der Spitze in Richtung Schwanzwurzel gelblich, Albinismus am Mt. Kenya häufig. Nasenspitze berührt fast das Maul. Neugeborene weiß gefärbt.

GATTUNG *PROCOLOBUS*

Äquatorialafrika. Proportionen der Gliedmaßen wie bei *Pygathrix;* Magen vierkammerig, Kehlkopf klein, Kehlsack unter dem Zungenbein fehlt. Brunftschwielen bei Weibchen und manchmal auch bei noch nicht geschlechtsreifen Männchen. Schädel der Männchen gewöhnlich mit bürstenartigem Wirbel entlang des Scheitels. Manche Forscher stellen die meisten oder alle Arten in die Gattung *Colobus.*

Roter Stummelaffe En
Procolobus badius

Senegal, Gambia bis SW-Ghana. Wälder, Savannenwälder, Savannen.
KL 47–63 cm; SL 52–75 cm;
GT 5,5–10 kg.
FELL: Kopf, manchmal Stirn, Rücken, Außenseite der Oberarme und Oberschenkel sowie Schwanz grau oder schwärzlich; Schamgegend weiß; übriger Körper weißlich orange bis orangerot.
IUCN-STATUS: Mehrere Unterarten stark gefährdet, *P. b. waldroni* in Côte d'Ivoire und Ghana vom Aussterben bedroht.

Kamerun-Stummelaffe En
Procolobus preussi

W-Kamerun. Tieflandregenwald.
KL 56–64 cm; SL 75–76 cm.
FELL: Schopf und Rücken blass mit dunkelgrauen Tupfen; Wangen, Flanken und Außenseite der Beine rötlich orange; Schwanz schwärzlich rot; untere Partien weißlich orange.

Procolobus pennantii En

Bioko und Nigerdelta. Wälder.
FELL: Obere Partien rötlich orange mit schwärzlich braunem Schimmer auf Händen und Füßen, Kopfbehaarung, Schultern sowie manchmal dem gesamten Rücken; Unterschenkel, Oberarme und Schwanzspitze bräunlich orange; Wangen und Unterseite, manchmal bis zu den Unterarmen hin gräulich bis gelblich weiß.

Procolobus tholloni †

S-DRK bis Tanganjika-See und Ituri Forest. Wälder.
KL 50–64 cm; SL 58–75 cm.
FELL: Obere Partien dunkelorange, manchmal Rumpf, Flanken und Extremitäten mit braunem oder grauem Schimmer; dunkelrot an Kopf, Schultern, Schwanzspitze und (gewöhnlich) Händen; Unterseite blassgelb, oft mit grauem, braunem oder orangefarbenem Schimmer.

Sansibar-Stummelaffe En
Procolobus kirkii

O-Kongo, N-DRK, SW-Uganda, Ruanda, Burundi, Tansania, Sansibar und Unterlauf des Tana-Flusses, Kenia. Wälder. Zu den Unterarten gehört *P. k. rufomitratus.*
KL 45–65 cm; SL 58–77 cm;
GT 5,2–11,3 kg.
FELL: Hände und Füße schwärzlich braun bis schwarz, gelegentlich hellgrau; Schultern, Flanken, Extremitäten und Schwanzspitze oft ähnlich, manchmal mit Rot auf den Schultern und Weiß an den Extremitäten; Augenbrauen orange oder weiß, verschiedentlich mit schwarzem, rotem, grauem oder braunem Schimmer; Wangen und Unterseite weiß oder gelblich weiß, gelegentlich mit grauem oder orangefarbenem Schimmer; übriger Körper orange oder hellgrau, manchmal mit schwarzem, rotem, grauem, braunem, gelbem oder weißem Schimmer oder schwarz gefleckt.

Schopfstummelaffe LR
Procolobus verus
Grüner Stummelaffe

Sierra Leone bis SW-Togo; Zentral-Nigeria, südlich des Benue-Flusses. Wälder, aufgelassene Felder und Plantagen.
KL 43–49 cm; SL 57–64 cm;
GT 2,9–5,7 kg.
FELL: Obere Partien gräulich orange mit schwarzen Tupfen, zu den Extremitäten hin grauer werdend; unten hellgrau; gelegentlich lässt das Grau oben mehr Orange und unten mehr Weiß durchschimmern. Kurzer Scheitelkamm, zu beiden Seiten von Wirbeln flankiert.
IUCN-STATUS: Vorwarnliste.

WARUM PRIMATEN JUNGTIERE TÖTEN

Häufigkeit von Infantizid bei Affen

EINES DER MARKANTESTEN BEISPIELE FÜR AGGRESSION im Tierreich ist der Infantizid, das Töten von Jungtieren durch Artgenossen. Infantizid ist auch beim Menschen verbreitet und in den meisten Kulturen, seien es Jäger und Sammler oder Ackerbauern, praktiziert worden. Selbst heute kommt es – wenngleich auch sehr selten – noch immer vor. Dieses Verhalten könnte evolutive Auswirkungen haben, die sich bis in die Institution der Ehe erstrecken.

Beschreibungen von Infantizid bei Tieren reichen bis in die Zeit der alten Griechen zurück, doch erst in den 1960er Jahren wurde diese Praxis bei Hanumanlanguren dokumentiert. Die Tiere leben in Gruppen mit einem züchtenden Männchen und mehreren Weibchen mit ihren unterschiedlich alten Kindern, darunter auch Säuglinge. Stirbt der Haremsbesitzer oder wird er von einer Bande Junggesellen vertrieben, kommt es vor, dass der neue Herrscher einige der Jungtiere in der Gruppe zu töten versucht.

Infantizid ist seitdem bei vielen Primaten nachgewiesen worden, darunter bei Lemuren, Brüllaffen, Schlankaffen, Meerkatzen, Steppenpavianen, Berggorillas und Schimpansen. Infantizide werden gewöhnlich – aber nicht ausschließlich – von Männchen begangen und zwar meist dann, wenn neue Männchen in eine Gruppe kommen. Im Alltag sind sie selten und nicht leicht zu beobachten – bisher wurden nur 60 Vorfälle gut dokumentiert –, doch ihre Seltenheit sollte ihre Bedeutung nicht verschleiern. Bei Roten Brüllaffen, Berggorillas und Bärenpavianen ist Infantizid ein Hauptgrund für Kindersterblichkeit und für 25 bis 28 % aller Todesfälle bei den Jungen verantwortlich – d.h. rund 13 % des Nachwuchses wird von Männchen getötet.

Über Infantizid und seine Ursachen ist schon immer heftig gestritten worden – bis heute. Einer Vorstellung zufolge ist die Kindstötung ein fehlgeleitetes Verhalten, das aus Überbevölkerung oder anderen ungewöhnlichen Umständen herrührt (Sozialpathologie-Hypothese). Aber auch bei Hanuman-Populationen mit geringer Dichte kommt nach dem Wechsel des Herrschers Infantizid vor.

Eine alternative Erklärung basiert auf einem kritischen Aspekt in der Biologie weiblicher Primaten. Milchproduktion und Stillen unterdrücken den Ovulationszyklus der Weibchen für lange Zeit. Trächtige Weibchen oder stillende Mütter können von einem neu in die Gruppe kommenden Männchen nicht geschwängert werden. Männchen haben gewöhnlich nur begrenzt Gelegenheit, Nachwuchs zu zeugen, weil andere Männchen nur darauf warten, sie zu entthronen. Kindstötungen sind somit eine Strategie, Mütter rascher zur Wiederaufnahme des normalen Fruchtbarkeitszyklus zu bringen, als es sonst – wenn ihre Kinder überlebten und weiter gestillt würden – der Fall wäre. Bei Bärenpavianen beträgt die Zeitspanne zwischen der Geburt eines (überlebenden) Jungen und einer erneuten Empfängnis gewöhnlich 18 Monate. Stirbt das Junge jedoch, nimmt die Mutter ihren Zyklus meist direkt wieder auf und wird innerhalb der nächsten 5 Monate trächtig; Infantizid kann daher die Befruchtung von Weibchen potenziell beschleunigen. Männchen profitieren mitunter auch in anderer Hinsicht, wenn sie nicht von ihnen gezeugte Jungen töten, z.B. durch Verringerung der Nahrungskonkurrenz. Dies scheint jedoch nicht das Hauptmotiv zu sein, denn gerade entwöhnte Jungtiere, die vom vorherigen Herrscher gezeugt wurden, aber inzwischen unabhängig von ihren Müttern sind, werden nur selten getötet.

Einer dritten Vorstellung zufolge ist Infantizid ein unabsichtlicher Nebeneffekt der Aggression, die mit einem Herrscherwechsel einhergeht. Demnach geraten die Jungen einfach eher als andere Individuen „dazwischen", wenn ein neues Männchen immer wieder Angriffe startet, um seine Herrschaft in der Gruppe zu festigen. DNA-Proben aus dem Kot von Hanumanlanguren in Ramnagar, Nepal, zeigen jedoch, dass die Männchen nicht wahllos töten, sondern speziell von anderen Geschlechtsgenossen gezeugte Kinder attackieren. Um herauszufinden, ob diese infantizidalen Männchen dann den nächsten Wurf der Weibchen zeugen, bedarf es jedoch weiterer genetischer Analysen.

Die Kindstötung ist vorwiegend bei Gruppen mit einem einzelnen Männchen beobachtet worden. Sie findet jedoch aktuellen Studien zufolge auch in Viel-Männchen-Gruppen statt. Bei Bärenpavianen in Botswana, die in Gemeinschaften mit drei bis zehn adulten Männchen, einem Dutzend adulter Weib-

ohne daraus erkennbaren reproduktiven Nutzen zu ziehen, da die Mütter nicht in ihre Gruppe umzogen.

Auch beim Menschen haben Kindstötungen offenbar wenig mit männlicher Konkurrenz um Paarungschancen zu tun. Die Entscheidung für einen Infantizid wird meist von der Mutter oder dem Vater des Kindes getroffen, was für eine elterliche Kontrolle von Fortpflanzung oder Fruchtbarkeit als Ursache spricht. Selbst wenn der Infantizid, wie immer wieder in der Literatur beschrieben, von Stiefvater oder -mutter begangen wird, ist das Motiv eher eine abnehmende Bereitschaft, Ressourcen in den Nachwuchs anderer zu investieren, als durch das Beiseiteschaffen von Kindern einen direkten Paarungsvorteil zu erlangen.

Infantizid hat nicht nur faszinierende Ursprünge, seine Auswirkungen sind auch weit reichend. Möglicherweise haben sich enge soziale Bindungen zwischen männlichen und weiblichen Primaten als Abwehrmaßnahme gegen Infantizid entwickelt. Um den Zeitpunkt der Niederkunft versucht ein Bärenpavianweibchen oft, freundschaftliche Beziehungen zu einem bestimmten adulten Männchen in der Gruppe herzustellen. Es bleibt dicht bei ihm, folgt ihm überall hin, pflegt sein Fell und erlaubt später ihm allein, das Baby zu berühren. Warum verbinden sich werdende Mütter derart mit einem Männchen? Zumindest bei Bärenpavianen könnte die Antwort lauten: Um ihre Kinder vor Infantizid zu schützen, denn der Freund eines Weibchens ist eher als andere Männchen der Gruppe bereit, dessen Kind aktiv zu verteidigen. Zudem scheitern infantizidale Attacken eines neuen Alpha-Männchens eher, wenn Freunde intervenieren. Umgekehrt gelingen sie eher, wenn diese Freunde nicht da sind. So wurde in einer Studie bei allen infantizidalen Attacken von neuen Alpha-Männchen, in denen die Kinder unverletzt entkamen, eine direkte Intervention männlicher Freunde beobachtet. Bei zwei Drittel aller Attacken, in denen die Kinder schwer oder tödlich verletzt wurden, waren diese Freunde hingegen abwesend.

Ob diese Männchen die Kinder, die sie beschützen, gezeugt haben, wissen wir noch nicht, doch wird sich dies in Zukunft dank genetischer Analysen klären lassen. Sind sie nicht die Väter, könnte ihr „freundschaftliches" Verhalten die Chancen erhöhen, von ihren Freundinnen als Väter zukünftiger Kinder bevorzugt zu werden.

Zwar erscheint Infantizid als negatives und „unsoziales" Verhalten, doch er könnte im Endeffekt für die Ausprägung positiver sozialer Bindungen und „Paarbindungen" verantwortlich sein, die Männchen und Weibchen bei manchen Arten eingehen. Möglicherweise erklärt Infantizid sogar die Bindungen zwischen Männern und Frauen beim Menschen und seinen Vorfahren. RP

Oben: *Vor Beginn der Geschlechtsreife verlassen Hanuman-Männchen ihren Trupp oder werden vertrieben und schließen sich anderen Junggesellen an: Diese Banden warten nur auf die Chance, das Alpha-Männchen eines Trupps zu entthronen.*

Links: *Unter Bärenpavianen ist Infantizid häufig, denn die Führungsposition in einer Gruppe wechselt rasch. Hier im Chobe-Nationalpark in Botswana trägt ein Erwachsener ein totes Kind.*

chen und vielen Jungtieren leben, versucht ein neuer männlicher Immigrant, der die Alpha-Position in der Gruppe erreicht, mitunter Kinder zu töten, die vor seiner Ankunft gezeugt wurden. Danach paart er sich mit den Müttern, sobald sie ihren Zyklus wieder aufgenommen haben. Etwa ein Drittel bis die Hälfte aller neuen Alpha-Männchen begehen auf diese Weise Infantizid. Da diese bevorzugt sexuellen Zugang zu Weibchen haben, profitieren sie am meisten von den Kindstötungen.

Diese Beobachtungen sprechen dafür, dass der Infantizid für Paviane eine adaptive Fortpflanzungsstrategie ist. Unter den nahe verwandten ostafrikanischen Anubispavianen ist er dagegen viel seltener. Die Gründe für diesen Unterschied sind unklar, doch ein Faktor scheint wesentlich: Bärenpaviane sind nur sehr kurz – ca. sieben Monate – in der Alpha-Position, während Anusbispaviane ihren Status ein bis vier Jahre halten können. Letztere haben also mehr Zeit, ein Weibchen zu schwängern, während Erstere ihren Nachwuchs rasch zeugen müssen. All dies deutet darauf hin, dass die Männchen durch Infantizid ihre Fortpflanzungsoptionen verbessern.

Dennoch bleibt die Kindstötung bei einem anderen Primaten in Viel-Männchen-Gemeinschaften ein Rätsel, beim Schimpansen. Keine Einzelhypothese kann das Infantizidmuster bei dieser Art erklären. Alle drei erwähnten Hypothesen könnten zutreffen – zusätzlich zur Möglichkeit, dass Kinder als Nahrungsquelle genutzt werden. So töteten Männchen in einigen Fällen Junge in benachbarten Gemeinschaften,

SPECIAL FEATURE

Eine fruchtbare Zusammenarbeit

Verbände mehrerer Arten im afrikanischen Busch

Wenn sich verschiedene Arten zusammenfinden, um zu kooperieren, ist das bemerkenswert. Im Tai-Nationalpark im Südwesten von Côte d'Ivoire etwa kann man sieben verschiedene Affenarten – je drei *Colobus*- und Meerkatzenarten sowie die Halsbandmangabe – in allen möglichen Kombinationen vergesellschaftet finden, manchmal sogar alle sieben in einem Verband von über 250 Tieren. Die Schlüsselart bildet stets die Dianameerkatze, die andere Affen wegen ihrer Wachsamkeit schätzen. Schopfstummelaffen und Dianameerkatzen bilden „Dauerbeziehungen" aus, während die Bindungen zwischen Roten Stummelaffen und Dianameerkatzen lockerer sind. Beobachtungen derartig gemischter Verbände haben Einblicke vermittelt, wie und warum sich die Arten zusammenschließen. In beiden Fällen teilen sich stabile Partnergruppen-Kombinationen ein gemeinsames Streifgebiet.

Rote Stummelaffen sind groß, leben in Gruppen mit ca. 75 Mitgliedern und ernähren sich im Kronendach von jungen Blättern, Blüten, Knospen und unreifen Früchten. Schopfstummelaffen sind nur halb so groß wie ihre roten Vettern und bilden Gruppen von oft weniger als zehn Tieren. Sie ernähren sich ähnlich, meiden aber die Nische der größeren Art, indem sie kleine, niedrige Bäume aufsuchen. Dianameerkatzen leben in für Meerkatzen typischen Gruppen: ein Männchen mit fünf bis zehn Weibchen und einigen Jungen. Sie suchen im Blattwerk nach Früchten und Insekten.

Die Hauptfunktion der Gruppierungen ist wohl ein besserer Schutz vor den Hauptfeinden: Kronenadler, Leopard, Schimpanse und Mensch. Das Leben im Verband stellt die wichtigste Verteidigungsstrategie der meisten tagaktiven Primaten gegen Raubfeinde dar. Einziges Problem ist, dass jedes neue Gruppenmitglied potenziell weniger Nahrung pro Individuum bedeutet, was die Vorteile zunichte machen kann. Eine gute Lösung ist also, sich mit einer Art zusammenzutun, die einen etwas anderen Speiseplan hat. So passen Stummelaffen gut zu Dianameerkatzen, weil ihre Ernährung differiert.

Bei einem Verteidigungssystem, das auf der Sicherheit durch Zahlenstärke basiert, ist zweierlei wichtig. Erstens die frühe Warnung: Rechtzeitig aufmerksam gemacht, kann jedes Individuum je nach Aufenthaltsort und dem sich nähernden Feind die beste Strategie verfolgen, sich in Sicherheit zu bringen. (Information über den Typ des Feinds ist in den Alarmrufen der verschiedenen Arten enthalten; die Affen können die relevanten „Daten" offensichtlich auch aus den Alarmrufen anderer Arten heraushören.) Zweitens der Verdünnungseffekt: Je mehr potenzielle Beutetiere, desto geringer das Risiko für jedes einzelne Tier, attackiert zu werden.

Der Wert von Dianameerkatzen als Wächter wurde deutlich, als sich ein in einen Leopardendress gekleideter Forscher einer gemischten Gruppe näherte. Es war fast immer eine Dianameerkatze, die zuerst warnte – selbst wenn die Tiere dieser Art im Vergleich zu anderen Arten in der Unterzahl waren oder sich weiter entfernt von der Gefahrenquelle befanden. Die hohe Mobilität der Dianameerkatzen und ihre Vorliebe für Nahrung an der Außenseite von Baumkronen tragen zu ihrem Erfolg als Wachposten bei.

Die „Kosten" einer Vergesellschaftung sind jedoch besonders hoch, wenn zwei Arten zu unterschiedliche Nahrungsquellen bevorzugen. Infolgedessen schließen sich Rote Stummelaffen nur zu gewissen Jahreszeiten mit anderen Arten zusammen – wenn Raubfeinde ein hohes Risiko darstellen oder die Nahrung günstig verteilt ist. Sie haben besonders unter Schimpansen zu leiden, die deutlich mehr Stummelaffen als Dianameerkatzen erbeuten. Daher übernehmen sie meist die Initiative und bilden während der Jagdsaison der Schimpansen Gemeinschaften mit Dianameerkatzen. Dies ist allerdings sehr viel seltener von September bis Ende November der Fall, wenn Schimpansen nicht jagen.

Ließ man per Lautsprecher Schimpansenrufe erschallen, bewegten sich die Stummelaffen sofort

Oben: *Bei gewissen Tätigkeiten ist Kooperation lebenswichtig. Dies gilt besonders fürs Trinken, das gefährlich ist, weil ein Tier dazu den Schutz des Blätterdachs verlassen und sich auf offenes Gelände wagen muss. Diese Roten Stummelaffen und Grünen Meerkatzen – eine der vielen Varianten von artgemischten Verbänden, die man bei afrikanischen Tieraffen findet – trinken und halten abwechselnd nach Raubfeinden Ausschau.*

Links: *Die scharfen Augen und die ständige Wachsamkeit einer Dianameerkatze sind von großem Wert, wenn es zur Bildung gemischter Gruppen kommt. Diese kann von vielen Faktoren abhängen, z.B. vom Nahrungsangebot oder der Häufigkeit von Raubfeinden.*

auf ihre Partnergruppe zu. Überdies blieben Verbände, wenn sie frühmorgens Schimpansenrufe hörten, länger zusammen, als wenn sie andere (oder gar keine) Rufe hörten.

Dianameerkatzen profitieren von der Präsenz der Roten Stummelaffen durch den Verdünnungseffekt. Ihre eigene Gruppengröße vervierfacht sich, wenn ein Trupp Stummelaffen dazustößt. Damit sinkt das Risiko jedes einzelnen Tieres, erbeutet zu werden. Die Stummelaffen, die generell weiter oben nach Futter suchen, warnen zudem auch vor Kronenadlern, die über die Wipfel herangleiten.

Schopfstummelaffen nützen hingegen weniger und tragen fast nichts zur Sicherheit der Dianameerkatzen bei. Diese einheitlich braunen Affen sind sehr geschickt darin, sich beim ersten Alarm, den sie nur selten selbst auslösen, zu verstecken. Sie sitzen dann wie versteinert im Dickicht, während die anderen Affen herumhasten. Ihre geringe Körper- und Gruppengröße könnten Anpassungen an diese verborgene Lebensweise sein. Anders als Rote Stummelaffen, die kommen und gehen, verlassen Schopfstummelaffen ihre Dianameerkatzen-Wächter nie und müssen in dem begrenzten Bereich Nahrung finden, in dem sich jene aufhalten.

Auf der Insel Tiwai in Sierra Leone leben Rote und Schopfstummelaffen sowie Dianameerkatzen relativ frei von Raubfeinden. Dennoch folgen Schopfstummelaffen den Dianameerkatzen überall hin, während sich die Roten Stummelaffen nicht mehr mit ihnen mischen, als auf der Basis von Zufallsbegegnungen zu erwarten ist. Anscheinend hat sich die Tendenz, sich mit Dianameerkatzen zu vergesellschaften, bei Schopfstummelaffen im Verlauf der Evolution zu einer festen Strategie entwickelt, während Rote Stummelaffen nur dann die Gesellschaft anderer Affen suchen, wenn die Sicherheit, die ihnen ihre eigenen Reihen bieten, nicht ausreicht. RN/RB

Oben: Von der Beziehung zwischen Schopfstummelaffen und Dianameerkatzen profitieren vor allem Erstere. Da sich beide Arten aber kaum Nahrungskonkurrenz machen, sind die Kosten gering.

VERBREITUNG Ostindien bis Südchina und zur Malaiischen Halbinsel; Sumatra, Java, Borneo, West- und Zentralafrika.

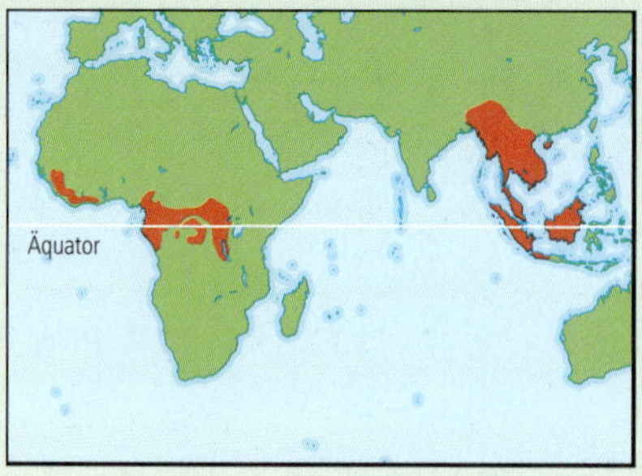

Familien Hylobatidae und Hominidae
18 Arten in 5 Gattungen

GIBBONS ODER KLEINE MENSCHENAFFEN
Familie Hylobatidae S. 398

11 Arten in der Gattung *Hylobates*

MENSCHENARTIGE Familie Hominidae

7 (5) Arten in 4 Gattungen

Schimpanse *Pan troglodytes*	S. 406
Bonobo *P. paniscus*	S. 406
Westlicher Gorilla *Gorilla gorilla*	S. 414
Östlicher Gorilla *G. beringei*	S. 414
Borneo-Orang-Utan *Pongo pygmaeus*	S. 420
Sumatra-Orang-Utan *P. abelii*	S. 420
Mensch *Homo sapiens*	

Anmerkung Die Liste der Säugerarten von 1993 führt 16 Arten in 5 Gattungen auf (in Klammern). Nach einem Treffen führender Primatologen in Orlando, USA, im Jahr 2000 besteht die Tendenz, frühere Unterarten der Großen Menschenaffen in den Rang von Arten zu erheben.

Menschenaffen

DIE MENSCHENAFFEN SIND UNSERE ENGSTEN Verwandten; zusammen mit *Homo sapiens* bilden sie die Überfamilie Menschenartige (Hominoidea), die die größten heute lebenden Primaten umfasst. Insbesondere die Großen Menschenaffen sind uns Menschen in ihrer Fortpflanzungsbiologie bemerkenswert ähnlich, denn bei allen Menschenaffen kümmern sich die Mütter lange um ihre Kinder; das reicht von 18 Monaten bei Gibbons bis zu fast drei Jahren bei Großen Menschenaffen. Es gibt eine recht strikte Trennung zwischen den Kleinen Menschenaffen (Gibbons und Siamangs, Familie Hylobatidae) und den deutlich imposanteren Großen Menschenaffen (Gorillas, Schimpansen und Orang-Utans, Familie Hominidae). Aus dem frühen Miozän vor rund 20 Millionen Jahren sind fossile Verwandte der Menschenaffen bekannt. Die Kleinen Menschenaffen haben sich möglicherweise schon zu Beginn des Eozäns (vor ca. 34 Millionen Jahren) abgespalten.

Menschenaffen haben keinen Schwanz, und ihre Vorderextremitäten sind länger als die Hinterextremitäten. Der Brustkasten ist tonnenförmig. Eine abgewandelte Handgelenkstruktur mit einem eingeschobenen knorpeligen Meniskus zwischen dem Ende der Speiche und den Handwurzelknochen erhöht die Beweglichkeit. Gibbons zeigen das spektakulärste Bewegungsmuster. Bei diesen „echten Hanglern“ wird der Körper unter den Ästen hindurchgeschwungen, wobei die Arme abwechselnd Halt suchen. Die Großen Menschenaffen sind viel weniger sportlich. Der Orang-Utan, der größte baumlebende Säuger, bewegt sich langsam und überlegt und verteilt sein hohes Körpergewicht auf drei Extremitäten, während er sich vierhändig fortbewegt. Im Gegensatz zu ihren asiatischen Verwandten laufen die afrikanischen Menschenaffen gewöhnlich auf dem Boden. Schimpansen wie Gorillas bedienen sich dazu des „Knöchelgangs“, wobei die Handknöchel den Bodenkontakt herstellen. Schimpansen verbringen zwischen einem Viertel und einem Drittel ihrer Zeit auf Bäumen, Gorillas hingegen nur 10 %.

Wie die meisten monogamen Säuger zeigen die Kleinen Menschenaffen kaum Größenunterschiede zwischen den Geschlechtern. Männchen und Weibchen sind bei einigen Arten allerdings unterschiedlich gefärbt. Bei Schimpansen ist der Größenunterschied ebenfalls gering, während Orangs und Gorillas, was die Körpergröße angeht, einen extremen Sexualdimorphismus aufweisen. RDM

SCHÄDEL UND GEBISS

Menschenaffen haben relativ kräftige Kiefer, ein abgeflachtes Gesicht mit nach vorn gerichteten Augen und einen rundlichen Hirnschädel, der das im Verhältnis zum Körper relativ große Gehirn enthält. Wie bei Tieraffen liegt jedes Auge in einer knöchernen Kapsel, die die Augenhöhle von der dahinter liegenden Kiefermuskulatur trennt. Die Zahnformel ist dieselbe wie bei Altwelt-Tieraffen und Menschen (I2/2, C1/1, P2/2, M3/3 = 32) mit schaufelförmigen Schneidezähnen und quadratischen, niederhöckrigen Backenzähnen, die auf überwiegend pflanzliche Nahrung hinweisen. Die Eckzähne sind auffällig groß, und die Hinterkante eines jeden oberen Eckzahns schert gegen die Vorderkante des vorderen unteren („schneidenden") Prämolars. Der Unterkiefer ist recht tief; beide Kieferhälften sind wie bei Tieraffen und Menschen in der Mittellinie verschmolzen. Gleiches gilt auch für die beiden Stirnbeine.

Entsprechend ihrer deutlich geringeren Körpergröße ist der Schädel der Kleinen Menschenaffen relativ leicht gebaut und die Größenunterschiede zwischen Männchen und Weibchen sind gering. Die sehr viel schwereren Großen Menschenaffen weisen einen deutlich robuster gebauten Schädel auf. Der Sexualdimorphismus in der Körpergröße spiegelt sich vor allem im schwereren Bau des männlichen Schädels wider. Die besonders kräftig entwickelte Kiefer- und Halsmuskulatur männlicher Gorillas und Orang-Utans hat zur Entwicklung von Scheitel- und Hinterhauptskämmen geführt, die zusätzliche Ansatzflächen für die Muskulatur liefern. Die Gesichtsregion ist bei den Schädeln der Orang-Utans viel stärker eingebuchtet als bei den anderen Großen Menschenaffen.

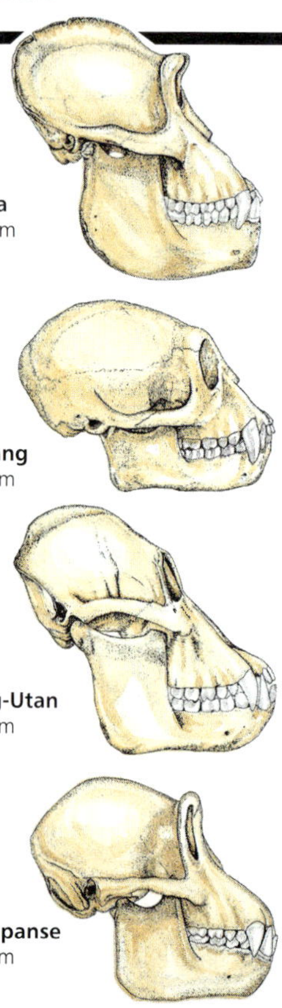

Gorilla
25,2 cm

Siamang
12,6 cm

Orang-Utan
18,7 cm

Schimpanse
19,6 cm

4

Unten: 1 *Weiblicher Sumatra-Orang-Utan* (Pongo abelii), *der einen Ast mit seiner Hakenhand ergreift;* **2** *Silbergibbons* (Hylobates moloch), *die Alarmrufe ausstoßen;* **3** *Schimpanse* (Pan troglodytes) *mit einem jungen Ducker, den er getötet hat;* **4** *männlicher Flachlandgorilla* (Gorilla gorilla) *mit seinem Harem.*

Sozialsysteme

Die Sozialstrukturen bei Menschenaffen decken fast die ganze von Primaten bekannte Bandbreite ab. Kleine Menschenaffen sind in der Regel monogam; Paare bleiben oft lebenslang zusammen. Gibbons haben etwa alle 3 Jahre Nachwuchs; fortpflanzungsfähig werden beide Geschlechter mit rund 6 Jahren und verlassen dann das elterliche Streifgebiet. Daher bestehen Gibbongruppen aus maximal 5 Individuen. Orang-Utans gehen allein oder zu zweit auf Nahrungssuche. Erwachsene Männchen meiden einander, die einzig übliche Sozialeinheit besteht zwischen Mutter und Kind, auch wenn adulte Weibchen und/oder Heranwachsende zeitweise Kleingruppen bilden können. Dennoch haben Orang-Utans eine Art Sozialsystem, das entfernt an die *dispersed societies* („verstreute Gemeinschaften") vieler nachtaktiver Lemuren und Loris erinnert und auf überlappenden Streifgebieten sowie gelegentlichen Kontakten basiert. Die afrikanischen Menschenaffen leben hingegen in gut definierten sozialen Gruppen: Bei Gorillas sind es Harems. Die Gruppen umfassen durchschnittlich 12 Mitglieder und bestehen meist aus einem geschlechtsreifen Silberrückenmann, einigen jungen Männchen (Schwarzrücken), mehreren adulten Weibchen sowie Jungtieren. Allein lebende Silberrücken sind ebenfalls häufig. Bei Schimpansen ist die fundamentale soziale Einheit eine territoriale Gemeinschaft von 40–80 Tieren, darunter zahlreiche Adulttiere beiderlei Geschlechts, doch man findet die ganze Gruppe nur selten an einem Ort versammelt. Klares Territorialverhalten ist auf Kleine Menschenaffen und Schimpansen beschränkt. Gibbons sind bekannt für ihre lauten Revierrufe. Bei Schimpansen erfolgt die Abgrenzung des Bezirks diskreter, doch Zusammentreffen zwischen Mitgliedern benachbarter Gemeinschaften können tödlich enden.

Ernährung

Alle Menschenaffen ernähren sich vorwiegend vegetarisch, obwohl Schimpansen und Orang-Utans gelegentlich auch Fleisch fressen. Orangs können in Zeiten des Überflusses unter einer breiten Palette von Früchten (OBEN) wählen. Nur Gorillas sind hauptsächlich Blätter- statt Früchtefresser. Gibbons und Siamangs haben als Hangler Anpassungen entwickelt, die ihnen erlauben, im obersten Kronendach nach Futter zu suchen. Obwohl Schimpansen selten Fleisch verzehren, hat ihr Fressverhalten wegen seiner möglichen Bedeutung für die Entwicklung des Jagdverhaltens bei frühen Menschen großes Interesse hervorgerufen. In Ost- und Westafrika jagen Schimpansen andere Primaten (z.B. Rote Stummelaffen, Paviane) sowie andere mittelgroße Säuger (z.B. Buschschweine). Die Tiere (besonders Männchen) zeigen eine Tendenz, gemeinsam zu jagen, und sie teilen die Beute. Schimpansen (vorwiegend Weibchen) benutzen auch Werkzeuge – so „angeln" sie mit einem Zweig nach Termiten.

Gibbons

Links: *Ein rufender Siamang. Die Rufe oder Gesänge dieser Art sind lauter, weil der aufgeblasene Kehlsack als Resonanzkörper dient und die Schallwellen verstärkt.*

Anders als häufig angenommen, stammen Menschen und Menschenaffen nicht von einem Vorfahren ab, der sich von Ast zu Ast durch die Bäume schwang. Auch wenn alle Menschenaffen lange Arme und bewegliche Schultern haben und aufrecht stehen können, schwingen und hangeln sich nur Gibbons an ihren Vorderextremitäten durchs Geäst.

Die grundlegenden Anpassungen für die einzigartige hängend-schwebende Lebensweise der Gibbons betreffen die hangelnde Fortbewegung in den Bäumen und die aufrechte Körperhaltung. Zudem stoßen die Tiere komplexe Rufe aus, in denen die lebendige und gleichzeitig melancholische Atmosphäre der fernöstlichen Regenwälder eingefangen ist. Diese Rufe, die hauptsächlich im Duett vorgetragen werden, dienen vermutlich dazu, Paarbindungen zu entwickeln und zu festigen sowie Nachbarn vom Territorium der monogamen Familiengruppe fern zu halten. Gemeinsam bilden die Schlüsselmerkmale von Gibbons (Monogamie, Territorialität, frugivore Ernährung, hangelnde Fortbewegung und komplexe Gesänge) eine unter Primaten einzigartige Kombination.

Erfolgreiche Menschenaffen

KÖRPERBAU UND FUNKTION

Während die Großen Menschenaffen bezüglich der Körpergröße einen Sexualdimorphismus entwickelt haben, gleichen sich erwachsene Gibbonmännchen und -weibchen in der Größe. Die Tiere sind relativ klein, schlank und anmutig. Sie haben sehr lange Arme, längere Beine, als man erwartet, und ein dichtes Fell. Sie können besser auf zwei Beinen laufen als die Großen Menschenaffen und praktizieren dies auf jedem festen Untergrund wie dicken Ästen – nicht nur auf dem Boden, wie häufig angenommen wird. Die verschiedenen Arten – manchmal auch Altersgruppen und Geschlechter – unterscheiden sich deutlich in Fellfärbung und -zeichnung, insbesondere im Gesicht. Einige Arten haben Kehlsäcke entwickelt, die als Resonanzkörper für ihre Rufe dienen. Anhand dieser Rufe, besonders derjenigen erwachsener Weibchen, lassen sich die Arten am leichtesten identifizieren.

Was Artenvielfalt und Individuenzahl angeht, sind Gibbons die erfolgreichsten Menschenaffen. Ausgehend von einem behände kletternden und Früchte fressenden Vorfahren, haben sie sich in den letzten Millionen Jahren in den Wäldern Südostasiens verbreitet und behielten (mit Ausnahme des Siamangs) dieselbe Körperform und Größe bein, um sich weiterhin hangelnd in den Baumkronen fortbewegen zu können. Da die verschiedenen Teile des Sundaschelfs während der pliozänen Meeresspiegelschwankungen (vor fünf bis 1,8 Millionen Jahren) immer wieder voneinander isoliert waren, kam es schließlich zu der Differenzierung des Gibbons in die heutigen Arten.

Ein Leben in den Bäumen

VERBREITUNG

Gibbons sind überall auf dem südostasiatischen Festland und der Inselwelt des Sundaschelfs verbreitet und als Baumbewohner von immergrünen tropischen Regenwäldern abhängig. Offenbar gelangten ihre Vorfahren vor rund einer Million Jahre nach Südostasien, wo sie im Südwesten, im Nordosten und im Osten isoliert wurden (das asiatische

FAKTEN

GIBBONS

Ordnung: Primates

Familie: Hylobatidae

11 Arten der Gattung *Hylobates*

VERBREITUNG O-Indien bis S-China, im Süden in Bangladesch, Myanmar und Indochina bis zur Malaiischen Halbinsel, Sumatra, W-Java und Borneo.

LEBENSRAUM Immergrüne Regenwälder (Südostasien) und halbimmergrüne Monsunwälder (asiat. Festland).

GRÖSSE Körperlänge 45–65 cm bei den meisten Arten; Siamang 75–90 cm; **Gewicht** 5,5–6,7 kg; Siamang 10,5 kg. Geschlechter gleich groß.

FELL Arten (manchmal auch Geschlechter und Altersgruppen innerhalb einer Art) lassen sich anhand ihrer Färbung unterscheiden.

NAHRUNG Reife Früchte, Blätter, einige Wirbellose.

FORTPFLANZUNG Tragzeit 7–8 Monate.

LEBENSERWARTUNG Siamang bis 25–30 Jahre, Lar über 25 Jahre; in Gefangenschaft bis zu 40 Jahre.

Artenübersicht siehe Seite 400 ▷

Links: *Ein Larweibchen* (Hylobates lar) *mit Jungem. Diese Art stillt ihre Jungen sehr lange. Sie werden erst entwöhnt, wenn sie mindestens 18 Monate alt sind. Aufgrund der Entwaldung geht die Zahl dieser Gibbons in einem Großteil ihres Verbreitungsgebiets zurück. So sind z.B. auf dem malaiischen Festland in den letzten Jahren riesige Waldgebiete abgebrannt worden, um Platz für die Landwirtschaft zu schaffen.*

Festland war während der frühen Vereisungsphasen wohl unbewohnbar). Aus diesen drei Stammeslinien entwickelten sich dann Siamang, Schopfgibbons und die übrigen Gibbons. Die größten Veränderungen erfolgten später in der östlichen Gruppe, die während der Zwischeneiszeiten das asiatische Festland eroberte; aus ihr entwickelten sich zunächst der Hulock (und im Westen der Mentawai-Gibbon), dann der Kappengibbon und schließlich, während der letzten Eiszeit, Schlankgibbon und Lar (auf Borneo und Java Borneo- bzw. Silbergibbon). Einige Forscher stellen den Hulock wegen seiner Größe und geringeren Chromosomenzahl heute in eine eigene Untergattung. Das Verbreitungsgebiet der Gibbons hat sich im Verlauf der Zeit nach Süden zurückgezogen – alten chinesischen Texten zufolge erstreckte es sich vor 1000 Jahren nach Norden bis zum Gelben Fluss. In ihrem nördlichen Verbreitungsgebiet sind Gibbons je nach Geschlecht verschieden gefärbt (Männchen meist schwarz, Weibchen blassgelb oder grau), im Südwesten sind sie schwarz, im Zentrum farblich sehr variabel und im Osten vorwiegend grau. Taxa, bei denen beide Geschlechter unterschiedliche Färbungen aufweisen, treten in regengrünen Wäldern auf, in denen visuelle Signale besser sichtbar sind als in immergrünen Regenwäldern.

Die Gibbonarten sind oft durch Gewässer voneinander getrennt; eine Ausnahme macht der Siamang, der auf der Malaiischen Halbinsel mit dem Lar und auf Sumatra mit dem Schlankgibbon sympatrisch ist. Die Arten lassen sich jedoch leicht anhand ihrer Fellfärbung und Zeichnung sowie Gesangsstruktur und -verhalten unterscheiden. Früher wurde der Siamang in eine eigene Gattung gestellt, doch man sollte die Gibbons als monogenerisch ansehen. Demnach bildet der Siamang eine Untergattung (*Symphalangus*, 50 Chromosomen), der Schopfgibbon aus dem Nordosten eine zweite (*Nomascus*) mit 3 bis 4 Unterarten (52 Chromosomen), der Hulock im Nordwesten (38 Chromosomen) eine dritte (*Bunopithecus*) und die Lar-Gruppe im Zentrum und im Osten die vierte (*Hylobates;* 44 Chromosomen). Die Schopfgibbons unterscheiden sich ebenso stark von der Lar-Guppe wie der Siamang vom Hulock. Beim Hulock sind wie bei Schopf- und Kappengibbon beide Geschlechter verschieden gefärbt. Der Mentawai-Gibbon wurde früher als Zwergsiamang bezeichnet, weil er ebenfalls völlig schwarz ist; Silber- und Borneogibbon sind hingegen grau. Die Entdeckung einer großen und alten Hybridzone im Zentrum von Borneo spricht dafür, dass der Borneogibbon möglicherweise als Unterart des Schlankgibbons anzusehen ist. Am weitesten verbreitet und am variabelsten in der Färbung sind Schlankgibbon und Lar, die man beide als polychrom

beschreiben kann, wenn der Lar in Thailand auch eine extreme Zweifarbigkeit zeigt, die offenbar nicht mit dem Geschlecht, sondern mit dem Leben im halbimmergrünen Wald zusammenhängt.

Früchte das ganze Jahr hindurch

NAHRUNG

Gibbons bevorzugen verstreute Nahrungsquellen mit saftigen Früchten, was sie eher in Konkurrenz zu Vögeln und Eichhörnchen als zu anderen Primaten bringt. Anders als Tieraffen, die unreifes Obst leichter verdauen können, ernähren sich Gibbons hauptsächlich von reifen Früchten, dazu beträchtlichen Mengen junger Blätter und gelegentlich Wirbellosen als wichtiger tierischer Proteinquelle.

Im Lebensraum der Gibbons reifen die Früchte zu verschiedenen Jahreszeiten, sodass sie ganzjährig verfügbar sind. Da die Früchte tragenden Bäume und Kletterpflanzenarten bei der Samenverbreitung von Tieren abhängen, ist dies ein wichtiges Beispiel für Koevolution zwischen Pflanzen und Tieren. Neuere Untersuchungen in Indonesien, auf Borneo und in Bangladesch haben gezeigt, wie effizient Gibbons bei der Samenverbreitung mitwirken. Damit tragen sie zur natürlichen Regeneration der Wälder bei.

Rund 35 % der täglichen Aktivitätsperiode von neun bis zehn Stunden werden mit Nahrungsaufnahme verbracht (und ca. 24 % mit Umherziehen). Der Verzehr von Früchten nimmt rund 65 % der Zeit ein, der von jungen Blättern 30 %; eine Ausnahme bilden Siamang (44 % Früchte, 45 % Blätter) und Mentawai-Gibbon (72 % Früchte, 25 % tierische Materie, kaum Blätter). Je mehr Blätter auf dem Speiseplan einer Art stehen, desto größer sind – relativ gesehen – die Backenzähne und ihre Mahlflächen. Der voluminöse Blind- und Grimmdarm verweist darauf, dass diese Tiere trotz ihres einkammrigen Magens durchaus in der Lage sind, den großen Blattanteil in ihrer Nahrung zu bewältigen (und sogar zu fermentieren).

Links: *Ein anderer Name für den Lar ist Weißhandgibbon – ein auffälliges Merkmal, das bei diesem Tier gut zu sehen ist. Die Fellfärbung bleibt innerhalb der Art nicht einheitlich, doch Männchen und Weibchen sind in einer Population stets gleich gefärbt.*

Schopfgibbon En
Hylobates concolor
Weißwangengibbon

Tonkin, W- und Zentral-Yunnan, N-Vietnam zwischen Schwarzem und Rotem Fluss, NW-Laos. 4 Unterarten.
KL 45–64 cm; GT 5,7 kg.
FELL: Männchen schwarz mit mehr oder minder weißlichen (gelblichen bzw. rötlichen) Wangen; Weibchen hell ockergelb oder goldfarben, manchmal mit schwarzen Haarbüscheln, Junge weißlich.
RUFE: Männchen: grunzen, kreischen, pfeifen, Weibchen: ansteigende Tonfolge und Geschnatter, Strophe von rund 10 Sekunden.

Nördlicher und Südlicher Weißwangengibbon
Hylobates leucogenys

S-Yunnan, N- und S-Laos, NW- und Zentralvietnam. 2 Unterarten.
KL 45–64 cm; GT 5,7 kg.

Gelbwangengibbon
Hylobates gabriellae
Rotwangengibbon

S-Laos, S-Vietnam, O-Kambodscha.
KL wie bei *H. leucogenys*.

Siamang LR
Hylobates syndactylus

Malaiische Habinsel, Sumatra.
KL 75–90 cm; GT 10,5 kg.
FELL: Männchen, Weibchen und Jungtiere schwarz; Kehle grau oder rosa.
RUFE: Männchen: schreien, Weibchen: Bellaute von rund 18 Sekunden Länge.
IUCN-STATUS: Vorwarnliste.

Hulock
Hylobates hoolock
Weißbrauengibbon

Assam, Myanmar, Bangladesch.
KL 45–64 cm; GT 5,5 kg (Weibchen) 5,6 kg (Männchen).
FELL: Männchen schwarz, Weibchen goldfarben mit schwarzen Wangen, beide mit weißen Augenbrauen, Junge weißlich.
RUFE: Männchen zweiphasig, sich beschleunigend, variabel; Weibchen: ähnlich, aber tiefer als Männchen, wechselt sich mit ihm ab.

Mentawai-Gibbon Vu
Hylobates klossii
Biloh, Zwergsiamang

Mentawai-Inseln, W-Sumatra.
KL 45–64cm; GT 5,8 kg.
FELL: Männchen, Weibchen und Jungtier einheitlich glänzend schwarz.
RUFE: Männchen: bebendes Heulen, Stöhnen; Weibchen: langsam steigende und fallende Tonfolgen mit manchmal zwischengeschaltetem Triller; Strophe von 30–45 Sekunden.

Kappengibbon Vu
Hylobates pileatus

SO-Thailand, Kambodscha westlich des Mekong.
KL 45–64 cm; GT 5,5 kg (Männchen), 5,4 kg (Weibchen).
FELL: Männchen schwarz mit weißen Händen, Füßen und weißem Kopfring, Weibchen silbergrau mit schwarzer Brust, Wangen und Kappe, Jungtier grau.
RUFE: Männchen: abgehackte Töne, zweiphasig mit Triller nach denen der Partnerin; Weibchen: kurze ansteigende Lautfolge mit vielen Trillern, 18 Sekunden.

Borneo-Gibbon LR
Hylobates muelleri
Grauer Gibbon

Borneo nördlich des Kapua-Flusses und östlich des Barito-Flusses.
KL 45–64 cm; GT 5,7 kg (Männchen), 5,3 kg (Weibchen).
FELL: Mausgrau bis braun, Kappe und Brust dunkel (besonders bei Weibchen), heller Gesichtsring (oft unvollständig) bei Männchen.
RUFE: Männchen: einzelner Heulton; Weibchen: wie Kappengibbon, aber kürzere Töne; Strophe 10–15 Sekunden.
IUCN-STATUS: Vorwarnliste.

Silbergibbon Cr
Hylobates moloch

W-Java.
KL 45–64 cm; GT 5,9 kg.
FELL: Silbergrau bei Männchen und Weibchen aller Altersstufen: Kappe und Brust dunkler.
RUFE: Männchen: einfaches Geheul; Weibchen: zunächst wie Lar, endet mit kurzem Triller; Strophe 14 Sekunden.

Schlankgibbon LR
Hylobates agilis
Ungka

Malaiische Halbinsel, Sumatra, SW-Borneo.
KL 45–64 cm; GT 5,9 kg.
FELL: Variabel (aber innerhalb einer Population bei beiden Geschlechtern gleich), hell ockergelb mit Gold, Rot oder Braun, oder Rot und Braun oder Braun und Schwarz; beim Männchen Augenbrauen und Wangen, beim Weibchen nur Augenbrauen weiß.
RUFE: Männchen: zweiphasiges Heulen; Weibchen: kürzer als bei Silbergibbon; höher, bis zu einem stabilen Höhepunkt ansteigend; 15 Sekunden.
IUCN-STATUS: Vorwarnliste.

Lar LR
Hylobates lar
Weißhandgibbon

Thailand, Malaiische Halbinsel, N-Sumatra.
KL 45–64 cm; GT 5,3 kg (Weibchen), 5,7 kg (Männchen).
FELL: Variabel (innerhalb einer Population bei beiden Geschlechtern gleich); Thailand: schwarz oder hell ockergelb, weißer Gesichtsring, weiße Hände und Füße. Malaysia: dunkel- bis hellbraun. Sumatra: braun bis rot oder hell ockergelb.
RUFE: Männchen: einfache und zitternde Heultöne; Weibchen: längere Töne als bei Silbergibbon, höchster Ton ändert sich ständig, Länge der Strophen: Thailand 18, Malaiische Halbinsel 21, Sumatra 14–17 Sekunden.
IUCN-STATUS: Vorwarnliste.

ABKÜRZUNGEN KL = Körperlänge GT = Gewicht Cr vom Aussterben bedroht En stark gefährdet Vu gefährdet LR geringes Risiko

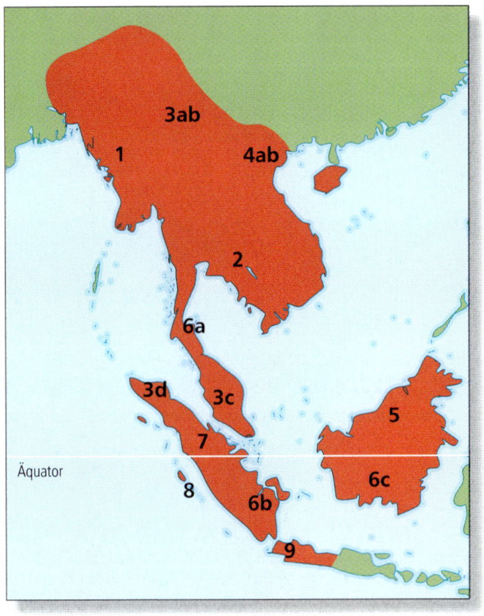

Oben: *Die Verbreitungsgebiete der verschiedenen Gibbonarten überlappen sich nicht. Eine Ausnahme bildet der Siamang, der mit Lar und Schlankgibbon sympatrisch ist. Bei den meisten Arten (mit Ausnahme von Siamang, Mentawai- und Silbergibbon) kann die Fellfärbung abhängig vom Geschlecht und/oder der geografischen Population variieren.* ***1*** *Hulock;* ***2*** *Kappengibbon;* ***3*** *Lar (Geschlechter in derselben Population einheitlich):* ***a*** *Thailand, dunkle Variante,* ***b*** *Thailand, helle Variante,* ***c*** *Malaiische Halbinsel, Süden,* ***d*** *Nord-Sumatra;* ***4*** *Schopfgibbon:* ***a*** *schwarzwangige Variante,* ***b*** *weißwangige Variante;* ***5*** *Borneo-Gibbon;* ***6*** *Schlankgibbon: Formen auf* ***a*** *der Malaiischen Halbinsel,* ***b*** *im südlichen Sumatra,* ***c*** *im südwestlichen Borneo;* ***7*** *Siamang;* ***8*** *Mentawai-Gibbon;* ***9*** *Silbergibbon.*

Hervorragende Sänger

SOZIALVERHALTEN

Das erwachsene Paar einer Gibbon-Familiengruppe produziert meist alle zwei bis drei Jahre ein einziges Junges, sodass gewöhnlich zwei noch nicht erwachsene Tiere zur Gruppe gehören, gelegentlich aber auch bis zu vier. Die Paarung erfolgt gewöhnlich dorsoventral, wobei sich das Weibchen auf einen Ast hockt und das Männchen von hinten aufreitet, doch in seltenen Fällen auch von Angesicht zu Angesicht. Die Tragzeit beträgt sieben bis acht Monate, und das Junge wird Anfang des zweiten Lebensjahrs abgestillt. Ein Siamangvater kümmert sich ungewöhnlich intensiv um seinen Nachwuchs. Er übernimmt, sobald das Junge etwa ein Jahr alt ist, dessen tägliche Versorgung und lehrt es, sich unabhängig zu bewegen (etwa im Alter von drei Jahren). Juvenile Tiere beiderlei Geschlechts nehmen relativ wenig am Sozialleben der Gruppe teil. Mit etwa sechs Jahren ist das subadulte Jungtier ausgewachsen und nimmt häufig freundlichen Kontakt zu seinen Geschwistern auf. Dem adulten Männchen gegenüber verhält es sich freundlich oder aggressiv, Beziehungen zum adulten Weibchen meidet es. Konflikte mit dem adulten Männchen bereiten das nun sozial erwachsene Tier darauf vor, die Gruppe im Alter von ca. acht Jahren zu verlassen.

Subadulte Männchen singen oft allein, offenbar, um Weibchen anzulocken, doch sie streifen auch auf der Suche nach einer Partnerin umher. Söhne oder Töchter siedeln sich manchmal in der Nähe ihrer Eltern an. Der erste Artgenosse, der vorbeikommt, muss nicht unbedingt der passende Lebensgefährte sein. Oft bedarf es mehrerer Versuche, um einen geeigneten Partner zu finden.

Bei Siamangs bleibt die Familiengruppe tagsüber gewöhnlich eng beieinander – so gut wie nie entfernt sich ein Tier mehr als 30 m von einem anderen. Bei anderen Gibbons fressen die Gruppenmitglieder nur bei einem größeren Nahrungsangebot gemeinsam, ansonsten sucht jedes Tier in einem Umkreis von 50 m einzeln nach Nahrung. Gelegentlich kommen sie zum Ruhen oder zur Fellpflege zusammen, und in einigen Fällen auch, um nachts zu schlafen.

Soziale Kontakte sind selten; selbst unter Siamangs gibt es trotz ihres „ausdrucksvollen" Gesichts und ihres komplexen Lautrepertoires nur wenige visuelle oder akustische Signale. Grooming ist das wichtigste Sozialverhalten zwischen adulten und subadulten wie auch zwischen erwachsenen und jungen Tieren; als Nächstes folgt das Spielen, meist mit dem jüngsten Tier.

Das auffälligste und energetisch kostspieligste Sozialverhalten ist der Gesang, der hauptsächlich vom adulten Paar getragen wird, sich aber zu einem Chorgesang auswächst, wenn die Jungen ihre Rolle lernen. Dieser Gesang wird meist als Mittel zur Kommunikation zwischen Familiengruppen über Territorialgrenzen und zur Verteidigung angesehen, doch manche Forscher glauben,

dass er nicht nur für die Entstehung, sondern auch für Erhalt und Entwicklung einer Paarbindung entscheidend ist. Dieses komplexe Duett, das sich bei den meisten Gibbonarten entwickelt hat, dauert durchschnittlich 15 Minuten pro Tag und variiert in der Häufigkeit von zweimal pro Tag bis zu einmal alle fünf Tage – abhängig von der Artzugehörigkeit sowie verschiedenen Lebensfaktoren. Mentawai- und Silbergibbons kennen keine Duette. Die Weibchen der Mentawai-Gibbons haben einen erstaunlichen *„great call"* (nur von Weibchen geäußerte Strophen), und männliche Solos werden vor oder bei Anbruch der Morgendämmerung von Lar, Mentawai-, Schlank-, Borneo- und – vielleicht – Silbergibbon angestimmt.

Beinahe täglich kündigt eine Gruppe ihre Präsenz und Entschlossenheit an, ihren Bezirk zu verteidigen; verstärkt wird dies etwa alle fünf Tage durch kurze Konfrontationen an der Reviergrenze. Insgesamt gibt es fünf Intensitätsstufen der Territorialverteidigung: Rufe aus dem Revierzentrum, Rufe an der Grenze, Konfrontationen über die Grenze hinweg, Hetzjagd über die Grenze hinweg und (sehr selten) Kämpfe zwischen Männchen.

Die Duette der meisten Gibbonarten folgen demselben Grundmuster: eine einführende Sequenz, in der sich die Tiere „aufwärmen", gefolgt von Abschnitten, in denen Männchen und Weibchen abwechselnd singen, und den *„great calls"* des Weibchens, gewöhnlich mit einem Vokalbeitrag des Männchens, zumindest gegen Ende als *„coda"* (Antwort des Männchens). Nur beim Mentawai-Gibbon sind die Gesänge beider Geschlechter in Solos aufgeteilt. Bei Lar, Schlank-, Borneo- und Schopfgibbon werden männliche und weibliche Beiträge aufeinander folgend ins Duett integriert, während bei Hulock, Kappengibbon und Siamang Männchen und Weibchen selbst beim *„great call"* des Weibchens gleichzeitig rufen.

Pro Quadratkilometer Wald finden sich meist zwei bis vier Gibbon-Familiengruppen mit je vier Mitgliedern und einem Gesamtkörpergewicht von 45 bis 100 kg/qkm. Diese Gruppen legen in einem Streifgebiet von 30 bis 40 ha (ca. 15 ha für Lare in Thailand und Silbergibbons, und etwa 60 ha für Lare in Malaysia, die sympatrisch mit Siamangs leben) pro Tag rund 1,5 km zurück (bei Siamang, Kappen- und Borneo-Gibbon sind es ca. 0,8 km). Die meisten Gibbonarten verteidigen rund drei Viertel dieses Streifgebiets als Gruppenterritorium. (Silber- und Borneo-Gibbons 90 %, Siamangs und Mentawai-Gibbons 60 %). Beim Siamang lassen

Oben: Ein Schopfgibbonpaar (Hylobates concolor), *das die unterschiedliche Färbung beider Geschlechter zeigt. Das Männchen ist dunkel und hat bisweilen helle Wangen, daher auch der Name Weißwangengibbon. Das Weibchen ist goldfarben mit dunklen Fellpartien.*

sich Reviergrenzen nur schwer definieren, da Dispute selten sind: Offenbar verwenden sie ihre sehr lauten Rufe, um eine „Pufferzone" zwischen Territorien zu errichten. Obwohl Siamangs doppelt so groß wie andere Gibbons sind, leben sie in kleineren Streifgebieten, ziehen weniger umher und verzehren größere Mengen an reichlich vorhandener Nahrung, wie z.B. Blättern.

Verehrte Waldgeister

ARTEN- UND UMWELTSCHUTZ

Das rasche Verschwinden der immergrünen tropischen Regenwälder in Südostasien lässt für die Zukunft der Gibbons nichts Gutes ahnen. Im Jahr 1975 wurde ihr Bestand auf vier Millionen geschätzt, doch einige Arten schienen schon damals gefährdet. In den darauf folgenden Jahren hat der Holzeinschlag jährlich Tausende von Gibbons aus ihren angestammten Lebensräumen vertrieben. Heute ist man bei der Schätzung von Populationsgrößen aus Angst vor Fehldeutungen zurückhaltend. Es ist jedoch klar, dass Mentawai-, Silber- und einige Schopfgibbons am Rand der Ausrottung stehen. So ist der Bestand des Silbergibbons im Verlauf von 25 Jahren von ca. 20 000 auf weniger als 1000 Exemplare zurückgegangen. Kappengibbon und Hulock sind in großen Teilen ihres Verbreitungsgebiets ebenfalls so gut wie verschwunden, doch ihr aktueller Gefährdungsstatus lässt sich nicht exakt definieren.

Höchsten Vorrang muss der Schutz angemessen großer, geeigneter Habitate haben, am besten 200 bis 500 qkm im Tiefland-Regenwald und im Bereich um Wasserscheiden. Auf lange Sicht wäre es allein aus ökonomischen Gründen klug, Regenwälder zu erhalten, statt sie abzuholzen. Als weitere Sofortmaßnahme sollten heimatlose Tiere eingefangen und in unbewohnten Wäldern ausgesetzt werden oder dem Aufbau von Zuchtstationen in den Herkunftsländern dienen.

Als Waldbewohner stellen Gibbons für Menschen als Krankheitsüberträger keine Gefahr dar. Wegen ihrer Menschenähnlichkeit (schwanzlos, aufrechte Haltung, intelligenter Ausdruck) werden sie von den indigenen Völkern in Indonesien und auf der Malaiischen Halbinsel als gute Geister verehrt und daher in der Regel nicht gejagt. Es sind vielmehr die Neuankömmlinge, die für das wahllose Abschlachten von Wildtieren, darunter auch Gibbons, verantwortlich sind (obwohl die meisten Jäger sie nicht zu Gesicht bekommen). DJC

Rechts und unten: *Borneo-Gibbon, rechts bei einer Kletterpartie; unten nach einem Regenguss. Wie alle anderen Gibbonarten sieht diese Art einer ungewissen Zukunft entgegen, denn die Ausbreitung der Städte und der Bedarf an mehr landwirtschaftlich nutzbaren Flächen bedrohen den traditionellen Lebensraum.*

SPECIAL FEATURE

REVIERVERTEIDIGUNG DURCH GESANG

Stimmäußerungen bei Männchen und Weibchen

Unten: *Mitten im Sprung erreicht ein Mentawai-Gibbonweibchen den Höhepunkt seines „great call" und warnt andere, sich seinem Territorium zu nähern. Ebenso kann es aufrecht über Äste laufen und Blätter abreißen; dann beteiligen sich oft auch andere Familiengruppenmitglieder und schütteln Zweige, um die Darbietung (Display) zu unterstützen. Außerdem rufen sie ebenfalls, genauso wie das sich anklammernde Jungtier.*

GIBBONGESÄNGE GEHÖREN ZU DEN SPEKTAKULÄRSTEN Lautäußerungen in den Regenwäldern Asiens. Männchen und Weibchen singen, im Kronendach sitzend, komplexe „Lieder", die noch in mehreren Kilometern Entfernung zu hören sind. Sie singen jedoch ganz unterschiedlich, und diese Lautäußerungen dienen offenbar auch unterschiedlichen Zwecken.

Die Solodarbietungen männlicher Gibbons beginnen vor Sonnenaufgang und enden mit der Morgendämmerung. Was als eine Folge kehliger Triller beginnt, entwickelt sich im Verlauf der nächsten 20 bis 40 Minuten allmählich zu einer immer lauteren und kunstvolleren Gesangsdarbietung. Beim Schlankgibbon sind die letzten Strophen der Darbietung doppelt so lang wie die früheren Strophen und enthalten fast doppelt so viel Töne. Beim Mentawai-Gibbon werden diese komplexen Gesänge als „Triller" bezeichnet.

Die Weibchen beginnen meist erst im Lauf des Morgens zu singen. Ihr Gesang ist kürzer, weniger variabel und dauert nur etwa zehn bis 20 Minuten. Sie wiederholen immer wieder dieselben Strophen, doch ist diese akustische Darbietung höchst beeindruckend: Als *„great call"* bezeichnet, umfasst sie sechs bis 80 Laute, die über eine Zeitspanne von sieben bis 30 Sekunden geäußert werden. Die wohl bemerkenswertesten *„great calls"* stammen vom Mentawai-Gibbon. Sie wurden als „die vermutlich schönste musikalische Darbietung eines wilden landlebenden Säugers" bezeichnet.

Die Männchen beginnen ihren Chorgesang, bevor sie sich von ihrer Baumplattform 30 m über dem Boden erheben. Obwohl ihr Repertoire sehr vielfältig ist, bleiben sie im Ton zurückhaltend. Die Weibchen hingegen lieben es dramatisch. Sie wählen hohe Bäume und bieten im hellen Tageslicht eine Show mit großem körperlichem Einsatz, wobei sie häufig zwischen Ästen hin und her schwingen. Und so krachen bei dieser Darbietung, die im Crescendo des *„great call"* gipfelt, immer wieder morsche Äste auf den Waldboden. Anhand des Gesangs kann man nicht nur Geschlecht und Art eines Gibbons feststellen, sondern auch individuelle Sänger identifizieren. Weibchen unterscheiden sich in den Komponenten und der Dauer ihres *„great call"* sowie in der Bandbreite und Zahl der produzierten Laute.

Gibbons singen hauptsächlich, um Artgenossen auf ihre Präsenz und ihren Standort aufmerksam zu machen. Dabei hängt die Darbietung der Männchen offenbar mit der Populationsdichte und mit der Zahl der jungen Männchen zusammen, die geschlechtsreif werden und nach Partnerinnen suchen. Früher nahm man an, Männchen sängen, um das Nahrungsterritorium ihrer Partnerin zu verteidigen. Inzwischen vermutet man, sie singen, um diese vor der Aufmerksamkeit unverpaarter Männchen zu schützen. Verpaarte Männchen singen häufiger – etwa einmal alle zwei bis vier Tage –, wenn es rundum viele andere Gibbons gibt, die ihre Beziehung bedrohen könnten, während sie in Gebieten, wo es wenig andere Männchen gibt und die Konkurrenz gering ist, gar nicht singen.

Die Gesänge der Männchen verursachen energetische Kosten. Die Tiere singen seltener, wenn es kalt ist oder die verfügbaren Früchte wenig energiereiche Zucker enthalten. Zudem können unverpaarte Männchen auf der Suche nach einer Partnerin Kraft und Qualität ihrer verpaarten Rivalen – und damit deren Fähigkeit, ihre Partnerinnen vor einem Versuch der Übernahme zu schützen – anhand des Gesangs abschätzen.

Die Gesangsaktivitäten der Weibchen hängen davon ab, wie stark ihr Revier von benachbarten Weibchen bedroht ist, die wertvolle Früchte stehlen wollen. Offenbar dient der weibliche Gesang dazu, die Präsenz der Sängerin zu verkünden, um dadurch Raubzügen vorzubeugen. Weibchen singen alle ein bis drei Tage, senken ihre Frequenz aber auf alle zwei bis fünf Tage, wenn sich Eindringlinge nur etwa 14-tägig sehen lassen. Werden sie hingegen alle zwei Tage bedroht, singen sie täglich.

Entscheidend für das Stressniveau eines Gibbons ist der Gegner. Sind die Eindringlinge Nachbarn, haben sie nebenan ihr eigenes Territorium und sind wahrscheinlich nur kurz „zu Besuch", um einen besonders verlockenden Früchte tragenden Baum zu plündern. Ernsthafte Kämpfe (und damit das Risiko von Verletzungen) lohnen sich gewöhnlich nur mit Gibbons, die von weiter außerhalb kommen und nach einem eigenen Territorium Ausschau halten.

Bei vielen Gibbons begleiten die Männchen die Weibchen, sodass sich komplexe Duette entwickeln. Zwar variiert der Beitrag der Männchen je nach Art, doch sie stimmen oft in den *„great call"* ein oder singen sofort anschließend. Dieser Gesang wird als *„coda"* bezeichnet. Koordination und Synchronisation beim Duett beider Geschlechter verbessern sich mit zunehmender Übung. Daher ist die Qualität des Duettgesangs oft ein guter Indikator dafür, wie lange ein Paar bereits zusammenlebt.

Einige Forscher vermuten, dass das Duett zur Paarbindung und deren Erhalt beiträgt. Andererseits singen einige Arten (z.B. Mentawai- und Silbergibbon) normalerweise nicht im Duett, obwohl sie eine enge Paarbindung aufweisen. Inzwischen erscheint es plausibler, dass Duettgesänge die Paarbindung in solchen Populationen deutlich machen sollen, in denen es häufig zu Revierverletzungen kommt. Dadurch, dass das Männchen mit seiner Partnerin ins Duett einstimmt, signalisiert es seine Präsenz und seine Unterstützung ihrer Ansprüche gegenüber allen potenziellen Eindringlingen. Das könnte helfen, das Risiko territorialer Auseinandersetzungen zu verringern und die Eskalation von Aggressionen zu verhindern. GC

Oben: *Ein männlicher und ein weiblicher Silbergibbon schreien während einer territorialen Auseinandersetzung gemeinsam ihre Nachbarn an. Diese auf Java heimische Art singt nicht im Duett – gewöhnlich singen die Männchen überhaupt nicht.*

Rechts: *Von seinem Schlafbaum aus beendet ein Mentawai-Gibbonmännchen seine Gesangsdarbietung, die bis zu zwei Stunden dauern kann. Sein Gesangsrepertoire ist außerordentlich variabel.*

Schimpansen

Die meisten Primatenforscher sehen Schimpansen und Bonobos inzwischen als unsere engsten lebenden Verwandten an. Genetische Analysen sprechen dafür, dass unser letzter gemeinsamer Vorfahr vor rund sechs Millionen Jahren lebte, nachdem sich die Stammeslinie, die zu den modernen Gorillas führte, abgespaltet hatte.

Bonobos trennten sich vor ca. 1,5 Millionen Jahren von den Schimpansen, vermutlich, als ein Teil der ancestralen Schimpansenpopulation auf die Südseite des Kongo überwechselte und dort isoliert wurde. Sie besiedeln nur tropische Tieflandregenwälder, einschließlich jener am Rand der südwestafrikanischen Savanne (heute Demokratische Republik Kongo). Schimpansen sind ebenfalls im Regenwald zu finden, geografisch aber viel weiter verbreitet. Sie bewohnen ein breiteres Spektrum an Habitaten, darunter Bergwälder, trockene regengrüne Wälder und Savannengebiete, wo ihre Populationsdichte sehr gering ist.

Unsere nächsten Verwandten

Körperbau und Funktion

Die Zahl anerkannter Schimpansenarten und -unterarten schwankte stark im Lauf der Zeit. Bis vor kurzem war man sich weitgehend einig, dass alle Schimpansen zu einer einzigen Art mit drei Unterarten gehörten, doch nun ist die Schimpansentaxonomie wieder im Fluss. Da uns Schimpansen evolutiv so nahe stehen und ihr Verhalten dem unsrigen so verblüffend ähnelt, dienen sie als bevorzugte Vergleichsobjekte, wenn es darum geht, sich ein Bild von der Frühevolution des Menschen zu machen und die biologischen Wurzeln unseres Verhaltens zu verstehen. Neuere Untersuchungen an Bonobos haben jedoch wichtige Unterschiede zwischen beiden Menschenaffenarten enthüllt, die es zu berücksichtigen gilt.

Beide Arten sind, was ihren Körperbau betrifft, gut ans Baumleben angepasst. Ihre Arme sind beträchtlich länger als die Beine, ihre Finger viel länger als die des Menschen und ihre Schultergelenke höchst beweglich. Diese und andere Merkmale des Skeletts und der Muskulatur erlauben ihnen, an ihren Armen im Geäst zu hängen, Baumstämme zu erklimmen und sich in den Wipfeln zu bewegen. Beide Arten suchen überwiegend auf Bäumen nach Nahrung und schlafen dort auch, wobei sie sich durch Biegen und Brechen von Zweigen Schlafnester herstellen. Zum Umherziehen begeben sie sich jedoch meist auf den Boden, wo sie sich wie Gorillas vierfüßig im Knöchelgang fortbewegen. Ihre Arme sind an diese Art der Fortbewegung angepasst; wo die Speiche (Radius) auf die Handgelenkknochen trifft, weist sie eine Leiste auf, die verhindert, dass das Handgelenk umknickt, wenn die Knöchel das Körpergewicht tragen.

Bonobos werden als „Zwergschimpansen" bezeichnet, doch das ist inkorrekt. Sie sind schlanker gebaut als Schimpansen und ihr Schädel ist etwas anders geformt, doch sie wiegen zumindest so viel wie die kleinsten Schimpansenunterarten. Bonobos wie Schimpansen können aufrecht stehen und tun dies oft, wenn sie klettern oder nach Nahrung greifen. Sie bewegen sich aber auf zwei Beinen deutlich ungeschickter fort als Menschen.

Schimpansen und Bonobos haben Gehirne, die mit 300 bis 400 qcm sowohl absolut als auch relativ zu ihrer Körpergröße sehr groß sind. Im Labor stellen sie sich bei Problemlösungsaufgaben sehr geschickt an. Beide Arten zeigen nach intensivem Training oder zumindest ausreichend Lerngelegenheiten eine gewisse Fähigkeit zur Kommunikation mit Symbolen. In freier Wildbahn benutzen sie zur Kommunikation eine Vielzahl akustischer und visueller Signale, aber anscheinend keinerlei Symbole. Beide Arten sind sehr geschickt, wenn es darum geht, das Verhalten anderer vorherzusehen und zu manipulieren, seien es Artgenossen oder Forscher. Einiges spricht dafür, dass sie dies können, weil sie verstehen, dass andere Individuen Wünsche und Wissensstände ähnlich wie sie selbst haben – d.h., sie verfügen ähnlich wie Menschen über eine „Theorie des Geistes". Diese Behauptung ist jedoch nicht unumstritten.

Schimpansen- und Bonobomännchen sind 10 bis 20 % größer als Weibchen und beträchtlich stärker. Sie besitzen größere Eckzähne, die ihre wichtigsten Waffen bilden.

Mit Beginn der Pubertät entwickeln Weibchen rund um ihre Genitalien periodische Schwellungen. Diese treten anfangs unregelmäßig auf und können viele Wochen anhalten, während voll adulte Weibchen einen regelmäßigen Menstruationszyklus von ca. 35 Tagen (Schimpansen) bzw. 40 Tagen (Bonobos) haben. Die Genitalschwellungen beschränken sich auf zwölf bis 20 Tage in der Zyklusmitte. Weibchen mit Schwellungen sind im Östrus. Sie gehen auf die sexuellen Avancen von Männchen ein und fordern sie auch direkt zur Paarung auf. In freier Wildbahn haben Schimpansinnen erstmals mit etwa 13 Jahren Nachwuchs. Die Jungen entwickeln sich langsam und werden

Links: *Eine Gruppe junger Schimpansen ruht sich nach wildem Toben aus. Schimpansen haben eine lange Kindheit und Jugend. Die Stillzeit von vier Jahren führt zu großen Abständen zwischen zwei Schwangerschaften.*

FAKTEN

SCHIMPANSEN

Ordnung: Primates

Familie: Hominidae

2 Arten der Gattung *Pan*

VERBREITUNG W- und Zentral-Afrika.

SCHIMPANSE *Pan troglodytes*

4 Unterarten: **Echtschimpanse** *(P. t. verus;* von einigen als eigene Art betrachtet), **Tschego** *(P. t. troglodytes),* **Schweinfurth-Schimpanse** *(P. t. schweinfurthi)* sowie eine, die noch keinen umgangssprachlichen Namen hat *(P. t. vellerosus).* W- und Zentral-Afrika, nördlich des Kongoflusses, von Senegal bis Tansania. Immergrüne und regengrüne Wälder oder Savannenwälder; Präsenz in offenen Landschaften abhängig vom Zugang zu Früchte produzierenden immergrünen Regenwäldern; vom Meeresspiegel bis in 2000 m Höhe. KL Männchen 77–92 cm, Weibchen 70–85 cm; GT kaum bekannt in freier Wildbahn, doch Männchen in Tansania 40 kg, Weibchen 30 kg; in Zoos Männchen bis 90 kg, Weibchen 80 kg. Körper: Fell überwiegend schwarz, mit über 20 Jahren oft grauer Rücken; kurzer weißer Bart bei beiden Geschlechtern häufig, Jungtiere kennzeichnet ein weißes "Schwanzbüschel", das sie als junge Erwachsene verlieren; Glatzenbildung bei Erwachsenen häufig, bei Männchen gewöhnlich ein Stirndreieck, bei Weibchen ausgeprägter; Haut an Händen und Füßen schwarz, Gesicht variabel von rosa zu braun oder schwarz, gewöhnlich mit zunehmendem Alter dunkler werdend. Fortpflanzung: Tragzeit 230–240 Tage. Lebensdauer: 40–45 Jahre. IUCN-Status: Stark gefährdet.

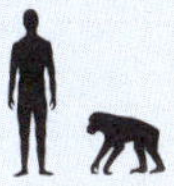

BONOBO *Pan paniscus*

Zwergschimpanse

Zentral-Afrika, auf die Demokratische Republik Kongo zwischen Kongo- und Kasaifluss beschränkt. Nur immergrüne Regenwälder unter 1500 m. KL Männchen 73–83 cm, Weibchen 70–76 cm; GT (selten in freier Wildbahn bestimmt) Männchen 39 kg, Weibchen 31 kg; Körperbau leichter als bei Schimpansen, schmalerer Brustkasten, längere Glieder und kleinere Zähne. Körper: Fell wie Schimpansen, aber Gesicht völlig schwarz, Kopfhaar seitlich abstehend, weißes „Schwanzbüschel" bei Erwachsenen häufig erhalten. Fortpflanzung: Tragzeit 230–240 Tage. Lebensdauer: Unbekannt. IUCN-Status: Stark gefährdet.

Abkürzungen: KL = Körperlänge; GT = Gewicht

Links: *Die langen Arme eines Schimpansen, die beim aufrechten Stehen bis kurz unters Knie reichen, erlauben ihm, sich in seinem Waldhabitat schnell und behände zu bewegen.*

erst mit etwa vier Jahren entwöhnt. Die Abstände zwischen zwei Geburten betragen im Mittel fünf bis sechs Jahre. Für Primaten weisen Schimpansen- und Bonobomännchen relativ zu ihrer Körpergröße enorme Hoden auf und sie können sehr häufig kopulieren. Männchen sind mit etwa 16 Jahren voll ausgewachsen, wahrscheinlich aber schon deutlich früher fruchtbar.

Unten: *Die Ernährung von Schimpansen variiert je nach Jahreszeit und Futterangebot. Die Hälfte der Nahrung besteht meist aus Früchten. Dazu kommen weitere pflanzliche Produkte. Der Fleischanteil beträgt wahrscheinlich nur 5 % oder weniger. Den Hauptanteil der vielen Insekten, die verzehrt werden, machen Termiten aus. Hier nascht ein Schimpanse Früchte direkt vom Zweig.*

Ernährungsunterschiede

NAHRUNG

Schimpansen und Bonobos sind allgemein von morgens bis abends, d.h. rund 12 bis 13 Stunden, aktiv. Mindestens die Hälfte dieser Zeit verbringen sie mit der Nahrungssuche. Beide fressen vorwiegend Früchte, ergänzt durch Blätter, Samen, Blüten, Mark, Rinde und andere Pflanzenteile. Schimpansen ernähren sich pro Tag von bis zu 20 Pflanzenarten, pro Jahr von 300. Im Jahresverlauf kann das Früchteangebot in ihrem Habitat dramatisch schwanken. Blätter werden das ganze Jahr hindurch verzehrt, umso mehr, je weniger Früchte es gibt. Bonobos ernähren sich offenbar stärker von Pflanzenstängeln und -mark als Schimpansen. Ihr Habitat bietet ihnen ein beständigeres Angebot an Früchten, was wichtige Konsequenzen für ihr Sozialleben hat.

Schimpansen und Bonobos verzehren auch tierische Nahrung, darunter Insekten und eine Reihe von Wirbeltieren. Bei Schimpansen kann der Fleischanteil sogar bis zu 5 % ausmachen. Sie jagen deutlich mehr als Bonobos und ihr Beutespektrum ist größer. Es umfasst z.B. Tieraffen, Buschschweine, Waldantilopen und verschiedene Kleinsäuger. Dort, wo Rote Stummelaffen gemeinsam mit Schimpansen auftreten, bilden sie deren Hauptbeuteart. Schimpansen jagen meist in Gruppen – Männchen häufiger als Weibchen. Bonobos erbeuten vorwiegend kleine Antilopen, aber offenbar keine Tieraffen. Sie fangen ihre Beute meist einzeln, wenn sich eine Gelegenheit ergibt, statt mittels Gruppenjagden.

Der Jagderfolg von Schimpansengruppen variiert: Tieraffen im Kronendach hoher Primärwälder zu fangen, ist schwieriger, als dort, wo das Kronendach niedrig und durchbrochen ist. Auch die Zahl der Jäger und ihre Kooperation beeinflussen die Ausbeute. Jagden sind eher dann erfolgreich, wenn viele Männchen teilnehmen und ihren Angriff miteinander abstimmen. Bei der Jagd auf Rote Stummelaffen beträgt die Erfolgsrate je nach Habitat 50 bis 80 %, was im Vergleich zu den meisten Raubtieren recht viel ist.

Schimpansenmännchen kämpfen manchmal direkt nach dem Fang um einen Kadaver und hochrangige Männchen stehlen niederrangigen gelegentlich Fleisch. Dennoch ist friedliches Betteln und Teilen die Regel. Meist erlauben die Besitzer anderen, sich Stücke vom Kadaver abzureißen. Manchmal geben sie sogar Fleisch aktiv an andere weiter. Bei Schimpansen sind die Besitzer öfter Männchen. Sie teilen überwiegend mit Geschlechtsgenossen, insbesondere mit Verbündeten und den wichtigsten Grooming-Partnern. Dieses Fleischteilen beruht auf Gegenseitigkeit.

Oft erhalten auch Weibchen etwas Fleisch von den Männchen. Weibchen im Östrus werden dabei bevorzugt. Behauptungen, Weibchen tauschten Sex gegen Fleisch, haben sich nicht bestätigt. Bei Bonobos verfügen die Weibchen relativ häufiger über Tierkadaver und sie kontrollieren oft

auch die am häufigsten geteilte Pflanzennahrung, die riesige Treculia-Frucht. Anders als bei Schimpansen teilen bei Bonobos meist die Weibchen miteinander. Auch Schimpansen – wie beim Fleisch vorwiegend die Männchen – teilen manchmal eine Treculia-Frucht.

Oben: Zentralafrikanische Bonobos verzehren eine Melone. Ihre Ernährung ähnelt der von Schimpansen, doch jagen sie seltener Wirbeltiere, und wenn, dann meist kleine Antilopen, die eher zufällig als zielgerichtet erbeutet werden.

Unten: Jungtiere wachsen bei Bonobos und Schimpansen ähnlich heran, doch es gibt auch bedeutende Unterschiede. So bleiben junge adulte Bonobomännchen in der Gruppe ihrer Mutter, während sich junge adulte Schimpansen Männergruppen anschließen.

Aggression und Friedfertigkeit

SOZIALVERHALTEN

Schimpansen und Bonobos leben in *fission-fusion*-Gemeinschaften (*fission* = Spaltung, *fusion* = Vereinigung). Alle Individuen gehören Großgruppen mit 15 bis 150 Mitgliedern an, zwischen denen offenbar soziale Bindungen existieren. Alle Mitglieder einer Gruppe unterhalten untereinander mehr oder minder freundschaftliche soziale Beziehungen, das Verhältnis zwischen den Gruppen ist jedoch eher feindlich; das gilt für Schimpansen weitaus stärker als für Bonobos. Innerhalb einer Großgruppe streifen Individuen oft in Trupps umher, die in Größe und Zusammensetzung variieren. Unter Umständen kommen nur selten oder nie alle zusammen. Die Größe der Horden hängt stark vom Nahrungsangebot – insbesondere an Früchten – ab. Ist das Früchteangebot üppig, sammeln sich große Trupps um ihre Futterbäume (z.B. Ficus-Arten). Sind Früchte rar, bleiben die Trupps kleiner, um die Nahrungskonkurrenz zu verringern. Männchen bilden unabhängig vom Früchteangebot auch große Horden, wenn Weibchen im Östrus anwesend sind. Die durchschnittliche Truppgröße ist bei Bonobos etwas höher (sechs bis 15 Tiere) als bei Schimpansen (drei bis zehn Tiere); zudem variiert sie bei Bonobos weniger als bei vielen Schimpansen, vermutlich, weil das Nahrungsangebot in ihrem Habitat weniger schwankt.

Schimpansenmännchen sind geselliger als -weibchen, die oft mit ihrem noch unselbstständigen Jungen allein bleiben. Bei Bonobos sind Geschlechtsunterschiede hinsichtlich Geselligkeit weniger ausgeprägt. Männliche Schimpansen streifen weiter umher als Weibchen und nutzen generell das ganze Streifgebiet ihrer Großgruppe. Mütter mit einem noch unselbstständigen Kind beschränken ihre Aktivitäten meist stärker auf Kerngebiete in bestimmten Teilen dieses kommunalen Streifgebiets. Weibchen im Östrus streifen – gewöhnlich in Begleitung zahlreicher Männchen – weiter umher. Über das Verhalten von Bonobos in dieser Hinsicht wissen wir weniger. Die Geschlechtsunterschiede scheinen jedoch generell geringer ausgeprägt zu sein.

Schimpansen- und Bonobomännchen bleiben lebenslang in der Großgruppe, in der sie geboren wurden. Weibchen wechseln hingegen in der Pubertät, bevor sie sich fortzupflanzen beginnen. Sie suchen eine Nachbarkommune auf. Auch erwachsene Weibchen wechseln gelegentlich – wenn auch selten – die Gruppe. Eingewanderte Weibchen sehen sich gewissen Aggressionen der ansässigen Weibchen gegenüber, wenn sie versuchen, sich in ihrer neuen Großgruppe zu etablieren. Sie sind dann vor allem auf Männchen angewiesen, die sie vor derartigen Attacken schützen. Eingewanderte Bonoboweibchen sind offenbar weniger Aggressionen ausgesetzt und bemühen sich, soziale Bande mit bestimmten ansässigen Weibchen zu knüpfen, die ihnen helfen können, in der Gruppe akzeptiert zu werden.

Oben und rechts: *Die Mimik ist bei höheren Primaten stärker ausgeprägt als bei allen anderen Tieren. Schimpansen verfügen über ein besonders komplexes Repertoire an Gesichtsausdrücken, die ein breites Spektrum sozialer Signale übermitteln:* ***1*** *Spielgesicht mit entspannt geöffnetem Mund, wobei die oberen Zähne vollständig von der Oberlippe verdeckt sind; der juvenile Schimpanse oben zeigt dieses Spielgesicht, während er mit seinem Spielgefährten balgt;* ***2*** *Schnute, ein Ausdruck, der häufig beim Futterbetteln gezeigt wird;* ***3*** *Drohgesicht mit gesträubten Gesichtshaaren; dieser feindselige Ausdruck wird bei einem Angriff oder anderen Gelegenheiten aufgesetzt, wenn der Schimpanse Aggressivität signalisieren will;* ***4*** *offenes Vollgrinsen, ein Zeichen für große Angst oder sonstige starke Aufregung;* ***5*** *horizontaler Schmollmund, ein Unterlegenheitsausdruck, z.B. wenn ein Tier nach einem Angriff winselt;* ***6*** *Angstgrinsen, wie es bei Annäherung an einen – oder Entfernen von einem – höherrangigen Schimpansen gezeigt wird.*

Schimpansen und Bonobos zeigen auffällige Unterschiede, was soziale Beziehungen angeht. Erstere bilden meist Männerbünde, die zu Dominanzhierarchien führen, obwohl diese in Kommunen mit vielen Männchen vielleicht nicht offensichtlich sind. Um einen hohen Rang wird heftig konkurriert. Männchen kennen jedoch auch freundschaftliche Wechselbeziehungen. So groomen sie einander häufiger, als sie Weibchen – oder Weibchen einander – groomen. Auch Versöhnungen nach einem Konflikt sind unter Männchen häufiger als unter Weibchen. Einige Männchen bilden mit Verbündeten Allianzen gegen andere, die beim Auskämpfen von Rangordnungen wichtig sind. Ein Alpha-Männchen verdankt seine Position unter Umständen der Unterstützung seiner Verbündeten. Weibchen entwickeln in der Regel keine starken sozialen Bindungen untereinander oder mit bestimmten Männchen. Einige Weibchen haben Dominanzbeziehungen, aber sie bilden keine Rangfolgen aus. Alle Männchen sind allen Weibchen gegenüber höher gestellt.

Im Gegensatz dazu verbünden sich Bonoboweibchen eher miteinander und entwickeln starke

WERKZEUGGEBRAUCH

Schimpansen benutzen ein breites Spektrum von Werkzeugen, darunter Fliegenwedel, Schwämme und Wischtücher aus Blättern, Zweige, um Knochenmark auszupulen, sowie Äste und Steine als Hammer und Amboss.

Werkzeuge werden routinemäßig eingesetzt, wenn es um den Verzehr von Insekten und Nüssen geht. Die meisten sozialen Insekten verfügen über potente Verteidigungsmechanismen, die die Affen mit Stöcken oder weichen Stängeln aushebeln können. So benutzen Schimpansen glatte, kräftige Stöcke von 60 bis 70 cm Länge, um Treiberameisen zu „ernten": Sie stecken den Stock ins Nest, warten, bis die Ameisen daran emporklettern, und befördern sie dann so rasch ins Maul, dass den Ameisen keine Zeit bleibt zu beißen. Schimpansen präparieren Grashalme so, dass sie biegsam werden, und stochern dann damit in Termitenlöchern herum: Die Soldaten verbeißen sich so im Stängel, dass die Schimpansen sie herausziehen und fressen können (UNTEN LINKS), Stöcke dienen auch dazu, Löcher zu vergrößern, um an Honig oder baumlebende Ameisen zu gelangen.

Auch hartschalige Samen und Nüsse werden mithilfe von Werkzeugen geöffnet. Die Tiere benutzen Stöcke oder Steine von bis zu 1,5 kg Gewicht, um die Schale zu zertrümmern. Manchmal dient ein flacher Stein als Amboss. Von manchen auf typische Weise eingedellten Steinen vermutet man, dass sie bereits seit mehreren Jahrhunderten benutzt werden.

Erwachsene Männchen begleiten ihr Imponiergehabe oft durch Werfen von Stöcken, Zweigen oder Steinen (UNTEN RECHTS), die über 4 kg wiegen können. Bei einer langen Darbietung können bis zu 100 Steine fliegen, und die Zuschauer müssen aufpassen, nicht getroffen zu werden. Mindestens einmal ist ein Wurfgeschoss auch im Zusammenhang mit der Jagd eingesetzt worden: Ein Männchen traf ein Schwein aus 5 m Entfernung und erschreckte es so, dass es davonrannte und der Schimpanse einen Frischling erbeuten konnte.

Junge Schimpansen benötigen jahrelange Übung, bis sie mit manchen Werkzeugen umgehen können, z.B. mit Hammer und Amboss. Dabei unterscheiden sich die Populationen beträchtlich im Werkzeuggebrauch – das auffälligste Beispiel für sozial erlernte Traditionen oder „Kultur" bei Schimpansen. Bonobos benutzen ebenfalls Werkzeuge, doch weniger Typen und seltener. Inzwischen ist sogar bekannt, dass auch einige Orang-Utans regelmäßig Werkzeuge einsetzen, um an schwer erreichbare Nahrungsquellen zu gelangen. DW/RWW

soziale Bindungen, obwohl sie gewöhnlich nicht eng verwandt sind. Manche Weibchen groomen einander häufig. Sie reiben auch oft ihre Genitalien aneinander, um Spannungen abzubauen und gegenseitige freundliche Beziehungen zu bekunden. Manchmal bilden Weibchen Koalitionen gegen Männchen und können diese dazu bringen, sich unterwürfig zu verhalten. Männchen lassen Weibchen beim Fressen häufig den Vortritt, statt zu versuchen, ihnen Futterplätze oder Nahrung streitig zu machen. Weibchen unterstützen ihre erwachsenen Söhne auch im Streit mit anderen Männchen und können den Rang ihrer Söhne beeinflussen. Schimpansenweibchen spielen bei männlichen Rangordnungskämpfen hingegen keine Rolle. Bonobomännchen groomen einander regelmäßig, doch anscheinend bilden sie keine Allianzen wie die Schimpansenmännchen.

Schimpansenmännchen kooperieren miteinander, wenn es um Auseinandersetzungen zwischen Kommunen geht. Diese können zwei Formen annehmennen. Wenn sich Trupps aus Nachbarkommunen im Verlauf normaler Aktivitäten treffen, kommt es gewöhnlich zu aufgeregtem Imponiergehabe, manchmal auch zu Ausfällen und Verfolgungsjagden, oder aber die Seite, die in der Unterzahl ist, zieht sich still zurück. Manchmal patrouillieren Männchen aber auch die Grenzen ihres Streifgebiets ab und riskieren kurze Abstecher ins Nachbarterritorium. Diese Patrouillengänger sind auffällig leise und vorsichtig und halten nach Nachbarn Ausschau. Wenn sie jemanden hören oder treffen, hängt ihre Reaktion weitgehend von dem relativen Zahlenverhältnis ab: Ist der andere Trupp in der Überzahl oder zumindest nicht deutlich unterlegen, ziehen sie sich leise zurück oder fliehen gar. Nur wenn sie ihren Gegnern zahlenmäßig stark überlegen sind, greifen sie an. Diese Angriffe verlaufen sehr heftig und können tödlich enden. Männchen haben schon erwachsene und heranwachsende Nachbarmännchen, Jungtiere und selbst unfruchtbare adulte Weibchen getötet.

Tödliche Aggression durch männliche Koalitionen ist bei Säugern ungewöhnlich. Unter Primaten kennt man ein derartiges Verhalten nur von Schimpansen und Menschen. Warum Schimpansen so handeln, weiß man nicht. Möglicherweise verschafft Erfolg im Wettstreit zwischen Kommunen den siegreichen Männchen Zugang zu mehr Weibchen, mit denen sie sich paaren können, oder er ermöglicht den Weibchen, die bereits in der Großgruppe der Männchen leben, Zugang zu mehr und besserer Nahrung und erhöht damit ihren Fortpflanzungerfolg. Patrouillieren und erfolgreiche Territorialverteidigung tragen auch dazu bei, Weibchen vor dem Infantizidrisiko durch Männchen zu schützen, die von außen kommen.

Wenn sich Trupps aus benachbarten Bonobokommunen treffen, stellen sie gewöhnlich auch Imponiergehabe zur Schau und jagen sich umher. Bisweilen verlaufen diese Zusammentreffen aber friedlich. Dieser Unterschied zu Schimpansen könnte hauptsächlich aus der Tatsache resultieren, dass Bonobos in großen Trupps umherziehen, sodass Gruppen selten Gelegenheit haben, mit geringem eigenem Risiko viel kleinere Gruppen oder einzelne Individuen zu attackieren.

Das Paarungsverhalten von Schimpansen ist komplex und höchst variabel. Die meisten Paarungen erfolgen opportunistisch: Weibchen im Östrus kopulieren wiederholt mit den meisten oder allen adulten Männchen ihrer Gruppe und oft auch mit noch nicht geschlechtsreifen Männchen. Die Paarung mit vielen Männchen verschleiert vermutlich die Vaterschaft und könnte die Kinder vor männlichem Infantizid schützen. Wenn Weibchen sich jedoch dem Ende ihres Östrus nähern und der Eisprung (meist ein bis drei Tage vor Abklingen ihrer Genitalschwellungen) wahrscheinlicher wird, versuchen hochrangige Männchen manchmal, sie zu bewachen und zu verhindern, dass sie mit anderen Männchen kopulieren. Bei solchen Versuchen, sich ein Paarungsmonopol zu sichern, kommt es zu beträchtlichen Aggressionen, die meist auf die Weibchen zielen. Der Paarungserfolg ist positiv mit dem Rang des Männchens korreliert. Ein hoher Rang bringt offenbar gewisse Vorteile hinsichtlich der Befruchtung mit sich, doch wir wissen bisher nur wenig über die Vaterschaft. Manchmal kann ein Männchen ein Weibchen überzeugen, es als Begleiter zu akzeptieren und mit ihm eine zeitweilige Paarbindung einzugehen *(consortship)*, während derer die beiden andere Männchen zu meiden suchen und unter Umständen mehrere Wochen zusammenbleiben. Die Tragzeit beträgt rund 7,5 Monate. Nach der Befruchtung dauert es vier Jahre oder mehr, bis ein Weibchen wieder einen regelmäßigen Zyklus entwickelt, falls das Junge überlebt.

Bonoboweibchen haben eine längere Östrusperiode als Schimpansenweibchen. Sie sind während ihrer Trächtigkeit oft weiterhin sexuell aktiv und entwickeln bereits innerhalb eines Jahres nach der Niederkunft wieder Genitalschwellungen. Das Sexualverhalten von Weibchen ist daher bei Bonobos noch weniger an die Empfängnis gebunden als bei Schimpansen, was erklären könnte, warum bei dieser Art weder Partnerinnenbewachung noch Infantizid gefunden wurde. Sexuelle Verhaltensweisen sind bei Bonobos viel häufiger anzutreffen als bei Schimpansen und haben soziale Funktionen. Genitalreiben und Kopulation sind während der Versöhnung nach einem Konflikt und beim Nahrungsteilen besonders häufig.

Jagden, Männerbünde, kooperative Angriffe gegen Nachbargruppen sowie Werkzeugherstellung und -gebrauch sind lauter Merkmale, die Schimpansen mit Menschen teilen und die auch unseren letzten gemeinsamen Vorfahren gekennzeichnet haben könnten. Wenn das der Fall ist, müssen wir erklären, warum Männerbünde und Attacken auf Nachbargruppen bei Bonobos fehlen. Möglicherweise hat ein zuverlässigeres und gleichmäßiger verteiltes Nahrungsangebot in Kombination mit einer verstärkten weiblichen Sexualität und schlechteren Chancen für risikoarme Angriffe die Paarungskonkurrenz unter Männchen verringert und Weibchen für männliche Aggressionen weniger verwundbar gemacht.

Oben: *In vielen Zentren wird versucht, gefangene Schimpansen wieder auf ein selbstständiges Gruppenleben in freier Wildbahn vorzubereiten. Dieser sedierte Schimpanse wird in einem neuen Gebiet ausgewildert.*

Unten: *Eine Schimpansengruppe überquert die Conkouati-Lagune in Westafrika. Auf der Nahrungssuche können Schimpansengruppen bis zu 15 km pro Tag zurücklegen.*

Eine unsichere Zukunft

Naturschutz und Lebensraum

Ob wir jemals Antworten auf die bisher ungelösten Fragen zum Verhalten der Schimpansen finden werden, ist wegen der unsicheren Zukunft beider Arten ungewiss. Noch ist das Verbreitungsgebiet der Tiere beträchtlich, doch die meisten Habitate sind von Holzeinschlag, Umwandlung in Ackerland und anderen Formen menschlicher Inbesitznahme bedroht. Bonobos sind seltener als Schimpansen und sehen sich einem ähnlichen Druck ausgesetzt. Beide Arten werden wegen ihres Fleisches gejagt und beide fallen Schlingen zum Opfer, die für andere Tiere ausgelegt wurden. Selbst Populationen in Nationalparks sind nicht immer vor Bejagung geschützt, und die Populationen in einigen Schutzgebieten sind zu klein, um zu überleben. Kriegswirren tun ein Übriges.

Habitatverlust und Bejagung sind besonders bedrohlich, weil sich Schimpansen und Bonobos nur langsam fortpflanzen und keine hohen Populationsdichten vertragen. Zahlreiche Schimpansen leben in Gefangenschaft und ihr langfristiges Wohlergehen ist in westlichen Ländern und in Japan zu einem wichtigen Thema geworden. Bonobos werden dagegen kaum in Zoos gehalten. Das Überleben dieser Art ist von fortdauernden, intensiven Schutzbemühungen und der Lösung der bekannten Probleme abhängig. DW/RWW

HANDEL MIT WILDFLEISCH

Wenn Säugetiere auf Marktplätzen landen

Rechts: *Körperteile eines zerlegten Gorillas werden von afrikanischen Jägern vor dem Verkauf auf einem bushmeat-Markt zur Schau gestellt. Schätzungen zufolge, die sich auf das Kongobecken beziehen, kann eine ländliche Bevölkerung, die auf dem Boden von 1,8 Mio. qkm tropischen Regenwalds lebt, jedes Jahr ca. 579 Mio. Tiere verzehren. Das entspricht etwa 4 Mio. t küchenfertigem Säugerfleisch. Solche Zahlen sind schon alarmierend genug, dennoch unterschätzen sie das Problem vielleicht noch immer, denn sie beziehen den Konsum in städtischen Haushalten nicht mit ein.*

VIELE SCHWIERIGKEITEN BEIM WILDTIERSCHUTZ in den Tropen haben das Problem des Handels mit Wildfleisch *(bushmeat)* überschattet, doch das war ein Fehler. In manchen Gegenden ist die Jagd auf Wildtiere für den Kochtopf eine noch größere Gefahr als die Entwaldung.

Millionen Afrikaner, von Wildbeutern und Bauern bis zu Städtern unterschiedlichen sozialen Hintergrunds, verzehren große Mengen an *bushmeat*. Ethnische Gruppen wie die Wvae, Yassa und Kola in Kamerun essen mehr Fleisch als der Durchschnittseuropäer oder -nordamerikaner, und zwar von so unterschiedlichen Tieren wie Elefanten und Schildkröten. Solche Traditionen können jedoch nur überdauern, solange sich die Tiere rasch genug vermehren, um den Bestand wieder aufzufüllen.

Viele Faktoren sind zusammengekommen, die den Blutzoll erhöhen. Erstens gibt es inzwischen einfach mehr Menschen. Im Kongobecken hat sich die Bevölkerung seit den 1920er Jahren verdoppelt, und wird sich in den nächsten 30 Jahren vermutlich erneut verdoppeln. Auch die neuen Straßen für die Holzindustrie und die leichtere Verfügbarkeit von Schusswaffen haben ihren Teil beigetragen. Auf einigen Straßen können Jäger tief in den Wald gelangen, während andere sie rasch ins Umland bringen, um ihre Waren auf fernen Märkten zu verkaufen. Neue, von der Holzindustrie instand gehaltene Straßen reduzieren Transportzeiten und -entfernungen für die *bushmeat*-Verkäufer drastisch. So hat die Mouloundou-Yakadouma-Straße in Ostkamerun einen Zweiwochentrip auf 5 Stunden verkürzt.

Überall steigt die Nachfrage nach Reptilien und Vögeln, aber vor allem nach Säugern. Schätzungen zufolge werden jedes Jahr allein im brasilianischen Amazonien 23 bis 56 Millionen Tiere getötet; das entspricht 145 000 bis 356 000 t Fleisch. Die gejagten Tiere gehören zu mehr als 50 Arten und betreffen insbesondere Reptilien, Vögel und Säuger. Jährlich werden 6,4 bis 15,8 Millionen Säuger erlegt, die 60 000 bis 148 000 t Fleisch liefern. In Amazonien etwa ist das Halsbandpekari das begehrteste Wild.

Durchschnittlich enthalten afrikanische Wälder ca. 3000 kg potenzielles Säuger-*bushmeat* pro qkm, neotropische südamerikanische Wälder hingegen nur etwa die Hälfte. In Afrika leben Säuger hauptsächlich am Boden (80 %), während sie in Amerika Bäume und Kronendach bewohnen (50 bis 90 %). Zudem sind afrikanische Säuger im Durchschnitt größer und leichter in Schlingen zu fangen. Der Flachlandtapir ist der einzige neotropische Waldsäuger über 50 kg, während 13 Arten in afrikanischen Wäldern in diese Größenklasse fallen. Das ist teilweise eine Folge der geringen Radiation von Hirschen und ähnlichen Arten in den Neotropen, während sich die afrikanischen Boviden stark aufgespaltet haben. Das führt dazu, dass mehr als 50 % der afrikanischen, aber nur 28 % der neotropischen Säugerarten gejagt werden. Afrikanische Jäger legen überall Schlingen aus und töten, was sich darin fängt.

Größere Säugerarten reagieren auf eine zu starke Bejagung wegen ihrer generell geringeren Vermehrungsrate und Dichte besonders empfindlich. Aber gerade auf sie haben es die Jäger meist abgesehen. Aus der Sicht des Jägers amortisieren sich bei großen Tieren die Munitionskosten rascher. Ein anderer Faktor ist das Risiko, das Jäger eingehen müssen, um Beute zu machen. In afrikanischen Wäldern gehören Rote Stummelaffen und Bärenstummelaffen zu den begehrtesten Beutetieren, da sie in großen Gruppen im unteren Kronendachbereich leben, sich generell langsamer bewegen als andere Primaten und zudem ungefährlich sind.

Wir haben noch viel über die Verwendung von *bushmeat* in den Tropen zu lernen und wir benötigen eine adäquate Datenbasis, die als Grundlage für politische Entscheidungen und Programme zum Management natürlicher Ressourcen, zum Schutz der biologischen Vielfalt und für die ländliche Entwicklung dienen kann. Aufgrund der heute verfügbaren Informationen lässt sich jedoch voraussagen, dass die meisten Primaten und Huftiere beim gegenwärtigen Stand der Bejagung in weniger als drei Jahrzehnten ausgerottet sein könnten. Arten mit einem beschränkten Verbreitungsgebiet, wie Mandrill und Weißkehlmeerkatze unter den Primaten sowie Zebra- und Jentinducker unter den Huftieren, gelten als besonders gefährdet. Auf der anderen Seite sprechen unsere Informationen auch dafür, dass sich Wildtierpopulationen unter günstigen Umständen rasch erholen können, wenn der Jagddruck nachlässt und der Bestand aus umliegenden Waldgebieten wieder aufgefüllt werden kann.

Strategien, die Anreiz und Auswirkungen der *bushmeat*-Jagd (besonders für den Markt) verringern, müssen sowohl die Durchsetzung gesetzlicher Regelungen als auch die Ökonomie des Handels in Rechnung ziehen. Verschiedene Autoren haben Pläne diskutiert, die von einer Verringerung des lokalen Angebots über Quotensysteme sowie lokale und regierungsgestützte Durchsetzung gesetzlicher Regelungen bis zu einer Begrenzung des kommerziellen Angebots reichen. Es bleibt jedoch noch viel zu tun, um Gemeindepartizipation, traditionelle Kontrollsysteme und Landreformen miteinander zu verknüpfen. Der komplexe politische Kontext, in dem der Handel stattfindet, erschwert es, Lösungen umzusetzen. In den letzten Jahren wurden gewisse Fortschritte beim umweltverträglichen Bewirtschaften von Wildtierressourcen erzielt, doch das reicht keineswegs aus – und in einigen Regionen sind sie wahrscheinlich bereits zu spät gekommen.

Damit der Handel mit *bushmeat* nachhaltig wird, müssten Angebot und Nachfrage ausbalanciert werden, entweder durch Erhöhung des Angebots seitens der Jäger – was kein praktikabler Vorschlag ist – oder durch Verringerung der Nachfrage seitens der Verbraucher. Da ein Teil des Drucks auf die Ressourcen aus dem erleichterten Zugang resultiert, den die Holzindustrie den *bushmeat*-Jägern geschaffen hat, haben die meisten Naturschutzorganisationen vorgeschlagen, solche Bejagung im Rahmen der Konzessionsvergabe zu regulieren und den Holzunternehmen zu verbieten, Jäger oder *bushmeat* zu transportieren. Genauso wichtig ist es jedoch, die Verbrauchernachfrage zu verringern, indem man andere Nahrungsmittel anbietet und deren Preise senkt. Günstige und gute Ersatzprodukte kämen der örtlichen Bevölkerung zugute und würden den Verzehr von *bushmeat* senken. JEF

Gorillas

GORILLAS SIND DIE GRÖSSTEN LEBENDEN Primaten und gemeinsam mit den beiden Schimpansenarten die engsten Verwandten des Menschen. Fossilien und biochemischen Daten zufolge sind beide Menschenaffengruppen sogar enger mit Menschen als mit Orang-Utans verwandt.

Menschenaffen gelten, abgesehen vom Menschen, als intelligenteste Landbewohner, zumindest nach unserem Standard. Sie können Hunderte von „Wörtern" in Gehörlosensprache lernen und diese sogar zu einfachen Sätzen aus zwei Wörtern verbinden. Dennoch steht der Gorilla aufgrund seines gewaltigen Äußeren, seiner Stärke und des Brusttrommelns bei Jägern unbegründet im Ruf großer Wildheit und Bösartigkeit. In Ruanda nähern sich jedoch jedes Jahr Tausende von Touristen zu Fuß wilden Gorillas bis auf wenige Meter. Fühlen sie sich vom Menschen bedroht, sind adulte Männchen nur dann gefährlich, wenn sie miteinander um Weibchen kämpfen oder ihre Familiengruppe gegen den vermeintlichen Feind verteidigen.

Die Großen Menschenaffen

KÖRPERBAU UND FUNKTION

Gorillas unterscheiden sich von ihren nahen Verwandten, den Schimpansen, vor allem dadurch, dass sie deutlich größer, schwerer und anders proportioniert (längere Arme im Verhältnis zu den Beinen, kürzere und breitere Hände bzw. Füße) und gefärbt sind. Gorillas besitzen auch viel größere Zähne (insbesondere Molaren), um die täglichen Futtermengen zu bewältigen. Diese wiederum werden von einer deutlich kräftigeren Kaumuskulatur – insbesondere den Schläfenmuskeln – bewegt, die sich bei männlichen Gorillas in der Schädelmitte treffen, wo sie an einem hohen knöchernen Scheitelkamm ansetzen. Bei weiblichen Gorillas oder Schimpansen ist manchmal ein kleiner Scheitelkamm ausgebildet. Der große Scheitelkamm, der am Hinterkopf in einen Hinterhauptskamm übergeht, ist dagegen typisch für Gorillamännchen und beeinflusst die Kopfform stark.

Ebenso haben Gorillamännchen Eckzähne, die im Vergleich zum Körper größer als die von Schimpansenmännchen und auch größer als die von Gorillaweibchen sind. Besonders groß fallen die Eckzähne bei *G. b. diehli* und am größten bei *G. b. beringei* aus. Mit diesen Eckzähnen fügen adulte Männchen einander oder auch Raubfeinden tiefe Wunden zu. Evolutionär gesehen erklärt dies vielleicht, warum die Zähne so lang sind: Die Männchen mit den besten Waffen konnten die meisten Weibchen gewinnen und sie am besten verteidigten. Der Scheitelkamm der Männchen ist daher zum einen so groß, weil Männchen generell mehr Nahrung und damit mehr Muskelkraft benötigen, um gröbere Nahrung zu zermahlen, zum anderen, weil ihnen stärkere Muskeln (und größere Muskelansatzflächen) helfen, ihre Gegner mit ihren großen Eckzähnen außer Gefecht zu setzen. Gorillas besitzen kleine Ohrmuscheln; die Nasen-

Unten: *Ein Berggorillaweibchen frisst eine Brennnessel. Die meisten östlichen Gorillas ernähren sich hauptsächlich von Blättern und anderen Pflanzenteilen statt von Früchten. Sie bleiben nie lange genug an einem Ort, um ihn kahl zu fressen; vielmehr stutzen sie die Vegetation, sodass sie sich rasch verjüngt.*

öffnungen sind von breiten ringförmigen Wülsten umgeben, die bis zur Oberlippe reichen.

Gorillas leben vorwiegend am Boden und laufen auf ihren Handknöcheln und Fußsohlen. In Westafrika, wo es mehr Früche tragende Bäume als in Ostafrika gibt, verbringen erwachsene Tiere – einschließlich der schweren Männchen – jedoch viel Zeit im Geäst von Futterbäumen. Leichtere Individuen schwingen sich sogar an ihren Armen von Baum zu Baum und die Jungen spielen im Geäst. Zwar bevorzugen Gorillas Früchte, doch wenn diese rar sind, nehmen sie auch mit Blättern, Mark und Stängeln vorlieb. Die Krautvegetation, auf die Gorillas dann zurückgreifen, gedeiht am besten in Auen- und Gebirgsregenwäldern sowie Sekundärwäldern, in denen viel Licht durch das lockere Kronendach auf den Waldboden fällt.

Da Gorillas sich vegetarisch ernähren, müssen sie einen Großteil des Tages fressen, um genügend Kalorien aufzunehmen. So legen sie meist keine weiten Strecken zurück. Das Streifgebiet einer Gruppe umfasst 5 bis 30 qkm, doch die Tiere wandern täglich meist nur 0,5 bis 2 km. Streifgebiete und Wanderstrecken sind in Ostafrika kleiner als in Westafrika, weil es dort weniger Früche tragende Baumarten gibt. Östliche Gorillas ernähren sich blattreicher als ihre westlichen Verwandten und ziehen weniger weit umher.

Gorillas verhalten sich nicht territorial. Der Umfang eines Areals von nur 0,5 qkm beträgt 8 km und damit mindestens das Vierfache der üblichen täglich zurückgelegten Strecke. Somit ist das Gebiet praktisch nicht zu verteidigen. Als Folge überlappen sich die Streifgebiete benachbarter Gorilla-

Oben: *Gorillamännchen sind außerordentlich kräftig gebaut. Voll ausgewachsene Tiere, wie dieser Berggorilla-Silberrücken im ruandischen Parc National des Volcans, können einen Brustumfang haben, der ihrer Höhe entspricht. Ihre Größe und der geringe Energiegehalt ihrer Nahrung führen dazu, dass Gorillas einen Großteil des Tages mit Fressen zubringen müssen.*

gruppen beträchtlich. Sogar die am meisten beanspruchten Kerngebiete können sich überschneiden.

Gorillas suchen gewöhnlich morgens und nachmittags nach Nahrung und legen über Mittag eine Ruhepause ein. Wie alle Großen Menschenaffen bauen sie sich nachts ein Schlafnest – eine Plattform aus zusammengebogenen und -gesteckten Zweigen und Blättern. Diese Nester schützen die Gorillas vor der Bodenkälte, bieten ihnen einen Schlafplatz im Geäst und verhindern auch, dass sie steile Abhänge hinunterrutschen. Besonders in Ostafrika sind diese Nester und der Kot rundum bei Gorillazählungen außerordentlich hilfreich. Man kann die Größe eines Tieres anhand des Kotklumpens und die Zahl der Tiere in einer Familiengruppe anhand der Schlafnester abschätzen. In Westafrika bauen die Primaten oft keine Nester.

Gorillas haben keine bestimmte Paarungszeit. Wie bei allen Primaten von mehr als 1 kg Gewicht wird gewöhnlich nur ein Junges geboren; Zwillinge sind sehr selten und bei der Geburt so klein, dass mindestens ein Junges fast immer stirbt (zudem ist es schwer für die Mutter, die die Jungen die ersten Monate nach der Geburt ständig mit sich herumtragen muss, für sich selbst zu sorgen). Neugeborene wiegen 1,8 bis 2,2 kg und ihre grau-

FAKTEN

GORILLAS

Ordnung: Primates

Familie: Hominidae

2 (1) Arten der Gattung *Gorilla*

VERBREITUNG
Äquatorialafrika.

WESTLICHER GORILLA *Gorilla gorilla*
2 Unterarten: **Westlicher Flachlandgorilla** *(G. g. gorilla)* und **Cross-River-Gorilla** *(G. g. diehli)*. Kamerun, Zentralafrik. Republik, Kongo, Gabun, Demokratische Republik Kongo, Äquatorial-Guinea, Nigeria. Auen- und Gebirgsregenwälder sowie Sekundärwälder. SH Männchen 170 cm, gelegentlich bis 180 cm, Weibchen bis zu 150 cm; GT Männchen 140–180 kg, Weibchen 90 kg. Fell: Graubraun; Männchen mit breitem, tief reichendem silbrig weißem Sattel; *G. g. gorilla* weist eine auffällig rötlich gefärbte Stirn auf, besonders beim männlichen Geschlecht. Haare am Rücken kurz, sonst lang; Haut von Geburt an glänzend schwarz. Fortpflanzung: Tragzeit 250–270 Tage; nur 1 Junges (bei Zwillingen überlebt gewöhnlich nur eines). Lebensdauer: Ca. 35 Jahre in der Wildnis (50 in Gefangenschaft). IUCN-Status: Im besten Fall als gefährdet anzusehen (wenn auch gegenwärtig auf der Roten Liste des IUCN als „stark gefährdet" aufgeführt); *G. g. diehli* ist jedoch mit nur noch einigen hundert Tieren an der Grenze Nigeria-Kamerun vom Aussterben bedroht.

ÖSTLICHER GORILLA *Gorilla beringei*
Drei Unterarten: **Berggorilla** *(G. b. beringei)*, **Östlicher Flachlandgorilla** *(G. b. graueri)* und eine dritte, noch nicht benannte Unterart im Bwindi Impenetrable Forest. Östliche Demokratische Republik Kongo, Ruanda und Uganda. Auen- und Gebirgsregenwälder sowie Sekundärwälder; *G. b. beringei* in Höhen von 1650–3800 m. Fell: Schwarz, im Alter grau; Männchen mit silbrig weißem Sattel, der sich aber nicht so weit den Rumpf hinabzieht wie bei *G. gorilla*. Haar kurz am Rücken, sonst lang, besonders bei *G. b. beringei*; Haut fast von Geburt an glänzend schwarz. Fortpflanzung und Lebensdauer: Wie bei *G. gorilla*. IUCN-Status: *G. b. graueri* wird am besten als „gefährdet" klassifiziert, *G. b. beringei* ist zweifellos stark gefährdet, da die Population nur noch aus ca. 600 Tieren besteht.

Abkürzungen: SH = Standhöhe; GT = Gewicht

rosa Haut ist spärlich behaart. Nach etwa neun Wochen beginnen sie zu krabbeln. Mit 30 bis 40 Wochen können sie laufen. Gorillas werden länger gestillt als Menschen (2,5 bis drei Jahre) und die Weibchen haben etwa alle vier Jahre Nachwuchs. In den ersten drei Lebensjahren beträgt die Sterblichkeit jedoch 40 %: Ein Weibchen bringt nur alle sechs bis acht Jahre ein Junges durch. Gorillaweibchen werden mit sieben bis acht Jahren geschlechtsreif, pflanzen sich aber gewöhnlich erst mit etwa zehn Jahren fort. Männchen werden etwas später erwachsen, aber wegen der Konkurrenz um Partnerinnen paaren sich nur wenige, bevor sie 15 bis 20 Jahre alt sind.

Berg- und Flachlandgorillas

VERBREITUNGSMUSTER

Die beiden Gorillaarten leben in zwei weit voneinander entfernten Regionen Afrikas. Westliche und östliche Population wurden vermutlich zunächst durch den großen See, der das Kongobecken im Miozän ausfüllte, und dann seit fünf Millionen Jahren durch die allmähliche Austrocknung der Region und den Rückzug der Waldgebiete in höhere Lagen voneinander getrennt. Später sind die Gorillas nicht wieder ins zentrale Kongobecken eingewandert, vielleicht weil sie keine Zeit mehr dafür hatten oder weil die dortigen schattigen Primärwälder das Wachstum einer üppigen Bodenvegetation verhindern, auf die die großen, vorwiegend bodenlebenden Tiere angewiesen sind.

Obwohl Gorillas nur in einem kleinen Teil Afrikas vorkommen, erstrecken sich ihre Habitate über ein großes Höhenspektrum, von Meeresniveau im Westen bis auf 3700 m Höhe im Osten. Seltsamerweise ist der Berggorilla *(G. b. beringei)*, der ganz im Osten und in besonders großer Höhe lebt, die bekannteste Form. Über das Verhalten von Westlichen Gorillas wissen wir vergleichsweise wenig, da sie sich wegen der dichten Vegetation schwer beobachten lassen.

Leben im Harem

SOZIALVERHALTEN

Von allen großen Menschenaffen zeigt der Gorilla die stabilsten Gruppenmuster. Dieselben adulten Tiere ziehen monatelang und sogar jahrelang miteinander umher. Nur weil sie Blätterfresser sind, können sie es sich leisten, in relativ stabilen Verbänden zu leben. Anders als Früchte sind Blätter stets reichlich vorhanden und können große Trupps ernähren. In Westafrika, wo Früchte einen größeren Anteil der Ernährung ausmachen als im Osten, zeigen Gorillas eine viel stärkere Tendenz, sich auf der Suche nach den raren reifen Früchten zeitweilig in Untergruppen aufzuspalten.

Die Verbände umfassen bis zu 30 oder 40 Tiere, meist sind es aber nur fünf bis zehn. Eine durchschnittliche Gruppe im Osten (Ruanda, Uganda und östliche Demokratische Republik Kongo) enthält ca. drei adulte Weibchen, vier bis fünf Jungtiere unterschiedlichen Alters und ein erwachsenes Männchen – wegen seines silbrig weißen Sattels „Silberrücken" genannt. Früher nahm man an, Gruppen in Westafrika umfassten im Mittel etwa fünf Tiere, obwohl die Beobachter möglicherweise Teilgruppen größerer Gemeinschaften zählten. Nichtsdestotrotz sind die Verbände im Westen, die aus mehr als zehn Tieren bestehen, offenbar selten, während im Osten Gruppen mit 15 bis 20 Mitgliedern nicht ungewöhnlich sind und schon Gruppen mit mehr als 30 Tieren beobachtet wurden. Die adulten Weibchen im Harem eines Silberrückens sind meist nicht miteinander verwandt und unterhalten oft nur schwache soziale Bande zueinander. In dieser Hinsicht unterscheiden sie sich von den Altwelt-Tieraffen, nicht aber von Schimpansen. Bei diesen verlassen die Weibchen oft mit Einsetzen der Pubertät ihre Geburtsgruppe, um sich anderen Verbänden anzuschließen. So hält bei Gorillas im Gegensatz zu vielen anderen Primaten nicht die Bindung zwischen den Weibchen, sondern die eines jeden Weibchens zum Silberrücken die Gruppe zusammen.

Die Attraktivität, die der Silberrücken auf die Weibchen ausübt, wird in der mittäglichen Ruhephase am deutlichsten, wenn sich die Gruppe um das dominante Männchen versammelt; die Jungtiere spielen, die Erwachsenen schlafen oder pflegen einander das Fell oder beschäftigen sich mit ihren Kindern. Die gegenseitige soziale Fellpflege (Grooming), die das Fell von Schmutz und Parasiten frei hält, ist ein Ausdruck der Freundschaft, die bei vielen Arten dazu beiträgt, eine kooperative Partnerschaft aufzubauen und aufrechtzuerhalten. Sie ist aber bei Gorillas nicht so häufig wie bei anderen geselligen Primaten. Mütter groomen ihre Kinder, juvenile Tiere sowie adulte Weibchen groomen bisweilen den Silberrücken und verwandte erwachsene Weibchen groomen einander. Die Fellpflege unter nicht verwandten Weibchen kommt sehr selten vor. Vermutlich haben adulte Gorillaweibchen es nicht nötig, durch Grooming Aggression zu hemmen oder eine kooperative Partnerschaft zu erhalten, da die relative Nahrungsfülle die Konkurrenz verringert. Darum zeigen sie wohl auch keine auffälligen Rangunterschiede.

Drei Viertel der jungen Gorillaweibchen verlassen die Gruppe, in der sie geboren wurden. Sie schließen sich stets sofort einem benachbarten Silberrücken an, der nie weiter als 200 bis 300 m entfernt ist. Gewöhnlich bleiben sie jedoch nicht beim ersten Männchen, das sie aufsuchen. Den Ausschlag für die Wahl eines bestimmten Männchens gibt wahrscheinlich eine Kombination aus der Qualität des Lebensraums im Streifgebiet und der Kampfkraft des Männchens. Die Kampfkraft ist deshalb so wichtig, da es dem Silberrücken obliegt, Weibchen und ihre Kinder vor Feinden und anderen Männchen zu schützen – eine ernste Bedrohung, gegen die sich Weibchen auf andere Weise kaum verteidigen können, da sie viel schwächer als Männchen sind und gewöhnlich mit Nicht-Verwandten zusammenleben, die nicht bereit sind, ihretwillen ein Risiko einzugehen.

Rund ein Drittel der Kinder, die sterben, werden von einem Männchen getötet, das nicht ihr Vater ist. Vermutlich passiert dies deshalb, weil die Mutter aufhört Milch zu produzieren, sobald ihr Kind tot ist, und daher weitaus eher wieder Paarungsbereitschaft zeigt als mit Kind. Ein Männchen, das ein einjähriges Junges tötet, kann sich daher zwei Jahre früher fortpflanzen, als wenn es das Junge am Leben gelassen hätte. Bei den meisten Arten mit hoher Infantizidrate, wie Löwen oder Hanumanlanguren, sind die Täter Männchen, die in die Gruppe eingedrungen sind und das ansässige Männchen entthront haben. Bei Gorillas gelingt es dem ansässigen Männchen gewöhnlich, Weibchen und Kinder zu schützen. Zu Infantiziden kommt es, wenn sich ein Weibchen einem Männchen anschließt, das nicht der Vater ist, entweder weil „sein" Silberrücken gestorben ist bzw. getötet wurde oder weil es sich mit seinem Kind zu dem neuen Männchen gesellte. Derartige „Umzüge" kommen zu Lebzeiten des ansässigen Männchens nur selten vor: Sobald ein Weibchen ein starkes Männchen gefunden und begonnen hat, sich mit ihm fortzupflanzen, bleibt es anscheinend sein ganzes Leben mit ihm zusammen.

Rund die Hälfte aller Männchen verlässt in der Pubertät die eigene Geburtsgruppe. Anfangs ziehen diese Männchen – manchmal jahrelang – allein oder mit anderen Männchen umher, bis sie Weibchen aus anderen Gruppen erobern und ihren eigenen Harem aufbauen können. Wahrscheinlich entscheidet der Zugang zu fruchtbaren Weibchen, der einem Männchen vom dominanten Silberrücken zugestanden wird, darüber, ob es in seiner Geburtsgruppe bleibt oder sie verlässt. Das wiederum hängt davon ab, wie dominant das ältere Männchen ist und wie viel Weibchen in der Gruppe leben. Wenn das dominante Männchen in den besten Jahren und die Gruppe klein ist, bleibt es für das subdominante Männchen schwierig, sich zu paaren. So wird es die Gruppe verlassen. Ist der Vater alt und die Gruppe umfasst viele Weibchen, kann das Männchen oft Zugang zu den Weibchen haben und wird eher bleiben. In welchem Maß Männchen Weibchen monopolisieren oder teilen, wird sich erst durch DNA-Vaterschaftstest exakt klären lassen. In rund einem Drittel aller Gruppen in Ost- und Westafrika leben zwei Männchen.

Was Männchen für Weibchen attraktiv macht und von ihrer Familie weglockt, ist offenbar die Demonstration männlicher Kampfeskraft. Allein stehende Männchen sind anscheinend bereit, härter für Weibchen zu „arbeiten" als die Anführer etablierter Gruppen. Daher stellen sie eine stärkere Bedrohung dar. Treffen zwei Silberrücken aufeinander, imponieren beide heftig, um ihre Stärke zu demonstrieren und den Rivalen einzuschüchtern: Das berühmte Brusttrommeln kann von lautem Gebell und Gebrüll, Ausreißen von Pflanzen, Seitenhieben etc. begleitet sein.

Hat ein Silberrücken erst einmal erfolgreich einen Harem aufgebaut, bleibt er anscheinend lebenslang mit ihm zusammen. Da einige Männ-

Rechts: *Die Intelligenz, für die Gorillas bekannt sind, spiegelt sich im nachdenklichen Gesichtsausdruck dieses männlichen Flachlandgorillas. Früher nahm man an, die Gruppen umfassten nur ein erwachsenes Männchen, doch in ca. einem Drittel aller Gruppen in Ost- und Westafrika leben zwei erwachsene Männchen.*

chen fast ständig Zugang zu Weibchen haben, andere hingegen nie, ist der Konkurrenzkampf um Weibchen heftig. Die Kämpfe zwischen Anführern und allein stehenden Männchen können so schwer sein, dass sie für den Verlierer – gewöhnlich das allein stehende Männchen – mit dem Tod enden. Die Häufigkeit von Kämpfen variiert stark mit der Dichte der Gorillas und der Zahl der Männchen ohne Weibchen, doch ein ansässiges Männchen muss mit mindestens einer Auseinandersetzung auf Leben und Tod in seinem Leben rechnen. Zum Kampf kann es etwa einmal im Jahr kommen. Körpergröße ist bei solchen Kämpfen und den ihnen vorausgehenden Imponierveranstaltungen natürlich von Vorteil. Die Konkurrenz unter Männchen ist daher sicherlich eine Erklärung für den Sexualdimorphismus hinsichtlich Körper- und Eckzahngröße sowie Kiefermuskulatur bei Gorillas. Darin ähneln Gorillas den meisten polygynen Säugerarten. Große, Furcht einflößende Männchen können mehr Weibchen begatten und beschützen als weniger eindrucksvolle Männchen. Gorillas zeigen unter allen Primaten den stärksten Sexualdimorphismus; die Männchen sind fast doppelt so groß wie die Weibchen (und häufig anders gefärbt).

Rechts: *Nach einem mit Nahrungssuche verbrachten Morgen legen Gorillas gewöhnlich um die Tagesmitte eine Ruhepause ein. Dann versammeln sich die Gruppenmitglieder um den Silberrücken* ***1.*** *Weibchen mit Kindern* ***2*** *hocken meist am nächsten; kinderlose Weibchen* ***3*** *halten sich im Hintergrund am Rand der Gruppe. Während ein subadultes Männchen* ***4*** *nur geduldet wird, spielen Jungtiere* ***5*** *neben dem Silberrücken und bleiben innerhalb seiner Schutzsphäre.*

Zunehmende Verdrängung

NATUR- UND ARTENSCHUTZ

Die Zahl wild lebender Gorillas ist nicht bekannt, lässt sich aber aufgrund vernünftiger Annahmen über mittlere Populationsdichten und aufgrund des verbliebenen Lebensraums abschätzen. Der besten verfügbaren Schätzung (1996) zufolge gibt es mindestens 112 000 Westliche Gorillas, mehr als 10 000 Östliche Flachlandgorillas und nur noch einige Hundert Berg- und Cross-River-Gorillas. Insgesamt beträgt der Gesamtbestand etwa 125 000 Tiere. In Gabun und der Republik Kongo mit ihren großen Waldflächen und ihrer geringen Bevölkerungsdichte leben drei Viertel der westlichen Population (jeweils mehr als 40 000 Tiere) und damit über zwei Drittel aller Gorillas.

Überall im Verbreitungsgebiet der großen Primaten werden die Wälder, von denen ihr Überleben abhängt, gerodet, um Nutzholz und Farmland zu gewinnen. Früher stellte die Entwaldung kein großes Problem dar, weil die Dichte der menschlichen Bevölkerung so gering war, dass man Brandrodungsbau betreiben konnte. Die verlassenen Felder mit ihrem sich regenerierenden Sekundärwald lieferten den Gorillas Nahrung in Hülle und Fülle. Doch die menschliche Bevölkerung in ganz Afrika nimmt inzwischen rasch zu – in der zweiten Hälfte des 20. Jahrhunderts hat sie sich mehr als verdreifacht und fast vervierfacht in den Ländern, in denen Gorillas leben. Und da die Menschheit weiter wächst, wird aus der zeitweiligen landwirtschaftlichen Nutzung eine ständige.

Eine weitere Bedrohung stellt die Bejagung dar. Die Nachfrage nach *bushmeat* in Westafrika, wo das Fleisch von Wildtieren höher geschätzt wird als das von Haustieren, führt heute jährlich u.a. zum Tod vieler hundert Menschenaffen (siehe *Special Feature,* Seite 413).

Obwohl Bejagung und Fang von Gorillas in allen neun afrikanischen Ländern, in denen die Tiere vorkommen, verboten sind, können diese Gesetze zum Schutz von Wildtieren – wie überall auf der Welt – oft kaum durchgesetzt werden.

Bei der gegenwärtigen Rate von Entwaldung und menschlichem Bevölkerungswachstum werden Gorillas in 150 Jahren nur noch in geschützten Nationalparks existieren. Rechnen wir einen Gorilla auf 2 qkm, könnten rund 27 000 Tiere überleben, aber keine Einzelpopulation würde über 2600 Exemplare zählen. Dennoch gibt es Grund zur Hoffnung. Die Virunga-Population der Berggorillas in der kriegsverwüsteten Region der

Links: *Gorillas bilden häufig in sich geschlossene Gruppen, obwohl sie sozialen Kontakten nicht abgeneigt sind. Wenn sich zwei Gruppen treffen, kommt es entweder zu aggressivem Gebaren, gegenseitiger Ignoranz oder sogar zeitweiliger Durchmischung.*

3

4

5

Rechts: *Ein junger Berggorilla spielt im Geäst. Selbst große Männchen klettern manchmal, besonders dort, wo viele Früchte wachsen. Aber nur jüngere und leichtere Gorillas schwingen sich von Ast zu Ast.*

Demokratischen Republik Kongo, von Uganda und Ruanda ist seit Jahrzehnten stabil auf mehreren Hundert geblieben. Dazu kommt, dass viele arme afrikanische Länder sich mehr darum bemühen, ihr natürliches Erbe zu retten, als die so viel reicheren westlichen Länder.

In allen Ländern, in denen Gorillas leben, fällt es den Regierungen schwer, Naturschutzprogramme zu finanzieren, denn es gibt drangendere Probleme. Gewöhnlich wird langfristige ökologische Stabilität – oft mit aktiver Unterstützung internationaler Entwicklungsorganisationen – für kurzfristigen ökonomischen Gewinn geopfert. Die Anziehungskraft, die Gorillas auf Touristen ausüben, könnte jedoch ihre Rettung sein. Vielleicht bringen die Einkünfte von Besuchern die lokale Bevölkerung dazu, die Gorillas und ihren Lebensraum zu bewahren. Letztlich muss die einheimische Bevölkerung die Primaten und den Wald, in dem sie leben, schätzen lernen. Aus diesem Grund ist die Finanzierung von Programmen für Naturschutzerziehung und Tourismusentwicklung so wichtig.

Diese Maßnahmen sind nichts anderes als recht verzweifelte Nachhutgefechte. Langfristig hängt das Wohlergehen des Gorillas und seiner menschlichen Nachbarn davon ab, die fortdauernde internationale Ausbeutung afrikanischer Wälder zu beenden und die Produktivität des heute bewirtschafteten Agrarlands zu erhöhen. AHH

Orang-Utans

ORANG-UTANS, DIE EINZIGEN GROSSEN Menschenaffen Asiens, leben heute nur noch in den Regenwäldern von Borneo und Sumatra. Beide Arten fallen in vieler Hinsicht unter Primaten aus dem Rahmen. Sie sind die größten – und sich am langsamsten fortpflanzenden – baumlebenden Säuger der Welt. Sie gelten als soziale Einzelgänger, weisen aber ein sehr eigenartiges Geschlechtsleben auf und bilden lokale Traditionen aus, die an das Aufkommen menschlicher Kulturen erinnern.

Orang-Utans (malaiisch für „Waldmensch") bewegen sich bedächtig im Geäst. Zu schwer zum Springen, überqueren sie Lücken im Kronendach, indem sie die Baumkrone, in der sie sitzen, so ins Schwanken bringen, bis sie den nächsten Baum greifen können. Dabei helfen ihnen ihre langen, sehr beweglichen Arme und (um 30 % kürzeren) Beine sowie ihre hakenförmigen Hände und Füße. Mit Ausnahme adulter Männchen der Borneo-Orang-Utans, die bis zu 5 % ihrer Zeit am Boden verbringen (wohl weil ihr Hauptfeind, der Tiger, auf Borneo inzwischen ausgestorben ist), steigen diese Affen fast nie auf den Waldboden herab. Da sie anders als ihre afrikanischen Vettern keinen Knöchelgang kennen, stützen sie sich am Boden auf die zu Fäusten geschlossenen Hände und Füße.

Die roten Menschenaffen

KÖRPERBAU UND FUNKTION

Molekularanalysen sprechen dafür, dass sich die Orang-Klade vor rund 14 Millionen Jahren von derjenigen trennte, aus der afrikanische Menschenaffen und Menschen hervorgingen. Die südasiatischen *Sivapithecus*-Formen aus dem späten Miozän (vor 12 bis 9 Millionen Jahren) waren ihnen sehr ähnlich und gelten allgemein als Vorfahren der heute lebenden Orangs. Aus Indochina sind riesige pleistozäne Orangs (vor einer Million Jahren) bekannt, und in Höhlen auf Sumatra und Borneo entdeckte man subfossile Exemplare (vor ca. 40 000 Jahren), die 30 % größer als moderne Orangs waren. Im Pleistozän kamen auf Java auch kleinere als die heutigen Formen vor. Möglicherweise lebten die frühen Orangs mehr am Boden, doch die komplexen Anpassungen heutiger Orangs sprechen für eine lange Entwicklung im Kronendach.

Die Kiefer der Tiere sind massiv. Die großen, flachen Backenzähne tragen ausgeprägte Schmelzrunzeln und eignen sich perfekt, um holzige Früchte oder Äste mit Termitennestern aufzureißen, harte Samen zu zermalmen und Baumrinde abzuziehen. Mindestens einmal pro Tag bauen sich die Affen aus Zweigen ein Schlafnest.

In der Nähe bleiben

VERBREITUNGSMUSTER

Da Orang-Utans große Tiere mit einem entsprechenden Appetit sind, ist ihre Verbreitungsdichte gewöhnlich gering (ca. 1 Tier/qkm), in fruchtbaren Flusstälern und Sumpfwäldern können bis zu 7 Tiere/qkm leben. Auf Sumatra ist die Dichte generell höher als auf Borneo. Werden die Tiere nicht bejagt, wird ihre Dichte durch die Menge an Früchten bestimmt. In Tälern wachsen mehr fleischige Früchte als an Hängen oder auf Kämmen, mehr im Flachland als in den Bergen, und allgemein mehr auf Sumatra als auf Borneo.

Orangs streifen nicht gern weit umher und legen pro Tag meist nicht mehr als 1 km zurück. Dennoch haben adulte Weibchen Streifgebiete von mehreren hundert, Männchen unter Umständen sogar von mehreren tausend Hektar. Kein Geschlecht ist territorial, und die Streifgebiete überlappen stark, wenngleich kleinere Tiere dominanteren Artgenossen auch häufig aus dem Weg gehen. Junge, aber bereits geschlechtsreife Weibchen bleiben gern in der Nähe des Streifgebiets ihrer Mütter, während die jungen Männchen manchmal jahrelang umherziehen, bis sie sich endgültig in einem Gebiet niederlassen.

▶ Rechts: *Der einzig wirklich baumlebende Menschenaffe, der Orang-Utan, ist gleichzeitig das größte Tier, das im Kronendach lebt. Er schwingt sich an seinen langen Armen von Baum zu Baum und ergreift Zweige mit seinen hakenartigen Händen und Füßen.*

◀ Links: *Ein 16-jähriges Orangweibchen mit einem neunmonatigen Jungtier, wahrscheinlich seinem ersten Kind. Orangweibchen bringen im Lauf ihres Lebens drei oder vier Junge zur Welt. Diese werden ausschließlich von der Mutter versorgt und bleiben bis zum Alter von etwa zehn Jahren von ihr abhängig.*

Unstillbarer Appetit auf Früchte

NAHRUNG

Orang-Utans verbringen oft den ganzen Tag in einem Früchte tragenden Baum, um sich den Bauch voll zu schlagen. Rund 60 % ihrer Nahrung bestehen aus vielen hundert Arten von Früchten, ob reif oder unreif. Bevorzugt wird Obst mit hohem Zucker- oder Fettgehalt. Als Grundnahrungsmittel dienen die Früchte der großen Würgefeigen, denn sie sind zahlreich sowie leicht zu ernten und zu verdauen. Orangs fressen zudem regelmäßig junge Blätter und Schösslinge, Wirbellose und gelegentlich mineralreiche Erde. Sehr selten fangen und verzehren sie auch Wirbeltiere wie Plumploris. Sind reife Früchte rar, ernähren sich die großen Primaten von Samen oder Rindenstücken. Wenn es kaum saftige Früchte gibt, trinken Orangs Wasser aus Baumlöchern. Dazu tauchen sie eine Hand ins Wasser und fangen die Wassertropfen auf, die von ihrem haarigen Handgelenk perlen.

FAKTEN

ORANG-UTANS

Ordnung: Primates

Familie: Hominidae

2 (1) Arten der Gattung *Pongo*: Borneo-Orang-Utan (*P. pygmaeus*), Sumatra-Orang-Utan (*P. abelii*).

VERBREITUNG Früher weit verbreitet in SO-Asien und Indochina, heute auf N-Sumatra und Borneo beschränkt.

LEBENSRAUM Tiefland- und Gebirgsregenwälder (mit *Dipterocarpus*- und Moorwäldern); Orangs sind Baumbewohner und leben weitgehend solitär.

GRÖSSE Körperlänge Männchen 97 cm, Weibchen 78 cm; **Standhöhe** Männchen 137 cm, Weibchen 115 cm; **Gewicht** Männchen 60–90 kg, Weibchen 40–50 kg.

KÖRPER Spärliches, langes, rotes Haar, das von Hellorange bei Jungtieren über Kastanien- bis Schokoladenbraun bei manchen Erwachsenen variiert. Gesicht nackt und schwarz, bei Jungtieren rosa um Schnauze und Augen. Männchen mit ausgeprägten Backenwülsten und Kehlsack. Zähne und Kiefer kräftig, zum Nüsseöffnen und Zermahlen von Schalen geeignet. Die Sumatra-Art ist kleiner, heller gefärbt, langhaariger und langgesichtiger als die Borneo-Art. Die Arme der Tiere können bis zu 2 m lang sein und dienen zum Hangeln.

NAHRUNG Früchte (z.B. Durian, Lychee, Mango, Feigen), junge Schösslinge, Baumrinde, Insekten, holzige Lianen. Gelegentlich Vogeleier und kleine Wirbeltiere.

FORTPFLANZUNG Weibchen sind mit 10 Jahren geschlechtsreif und bleiben bis zum ca. 30. Lebensjahr fruchtbar. Alle 3–6 Jahre wird nach einer Tragzeit von 235–270 Tagen ein Jungtier geboren. Die Jungen werden mit ca. 3 Jahren entwöhnt und sind mit 7–10 Jahren vollständig unabhängig.

LEBENSERWARTUNG In freier Natur bis zu 35, in Gefangenschaft bis zu 60 Jahren.

IUCN-STATUS *P. abelii* stark gefährdet, *P. pygmaeus* gefährdet. Die Populationen haben vor allem durch die Lebensraumzerstörung und in der Vergangenheit auch durch den Tierhandel stark gelitten.

In einigen Sümpfen auf Sumatra pulen die Tiere mit Stöckchen Samen aus der großen Neesia-Frucht, die ihre Samen mit Brennhaaren schützt. Ebenso klauben sie Honig aus Bienennestern oder stochern in Astlöchern nach Ameisen und Termiten. Alle Individuen einer Werkzeug benutzenden Population können dies, wenn sie sich in der Häufigkeit des Werkzeuggebrauchs auch unterscheiden. Erstaunlicherweise sind Mitglieder anderer Populationen – von den Werkzeugbenutzern manchmal nur durch einen Fluss getrennt – dazu nicht in der Lage. Derartig lokale Traditionen ähneln denjenigen wilder Schimpansen.

Von den Nachbarn lernen

SOZIALVERHALTEN

Orang-Utans sind langsam wachsende, sich langsam vermehrende und langlebige Tiere. Ihr gemächlicher Lebensstil ist möglicherweise eine Anpassung an einen Lebensraum mit einer geringen unvermeidlichen Mortalitätsrate und Zeiten mit sehr knappem Nahrungsangebot. Weibchen kommen mit zehn Jahren in die Pubertät, gebären aber die nächsten fünf Jahre noch nicht. Jungtiere werden das erste Jahr ständig getragen und noch weitere drei Jahre, wenn die Mutter umherzieht. Diese zeigt viel Geduld mit ihrem Nachwuchs, der bei ihr im Nest schläft, bis er mit ca. drei Jahren entwöhnt wird. Selbst danach bleiben die Jungtiere häufig nahe bei ihrer Mutter. Der Abstand zwischen zwei Geburten beträgt durchschnittlich acht Jahre. In freier Wildbahn werden Weibchen etwa 45 Jahre alt und können daher im Lauf ihres Lebens höchsten vier überlebende Junge aufziehen – die wohl geringste Vermehrungsrate aller Säuger.

Männchen werden mit rund zwölf Jahren geschlechtsreif („subadult") und entwickeln mit der Zeit alle Insignien des Erwachsenseins. Voll erwachsene Männchen sind etwa doppelt so groß wie Weibchen, haben breite Backenwülste, einen großen Kehlsack und eine lange Behaarung an Armen und Rücken. Sie verkünden ihre Anwesenheit mittels langgezogener, sehr lauter Rufe.

Besonders die Borneo-Orang-Utans leben strikt einzelgängerisch. Adulttiere streifen gewöhnlich allein umher und fressen auch allein. Nach dem Entwöhnen werden die Jungen allmählich unabhängiger. Bis zur Pubertät haben Männchen meist die Verbindung zur Mutter abgebrochen, während die Weibchen häufig zurückkehren. Manchmal spielen halbwüchsige Tiere ein paar Stunden miteinander, ziehen paarweise umher oder schließen sich Familieneinheiten an. Wenn sich mehrere erwachsene Orangs am selben Futterbaum treffen,

Rechts: *Dieses Männchen bietet einen eindrucksvollen Anblick. Größe, Backenwülste, Kehlsack und Haarkleid unterstreichen sein Imponiergehabe bei Auseinandersetzungen mit anderen Männchen. Der Kehlsack verstärkt Vibrationen, die man noch in 2 km Entfernung hören kann. In Gefangenschaft können Orangs fett werden, was die Backenwülste noch vergrößert.*

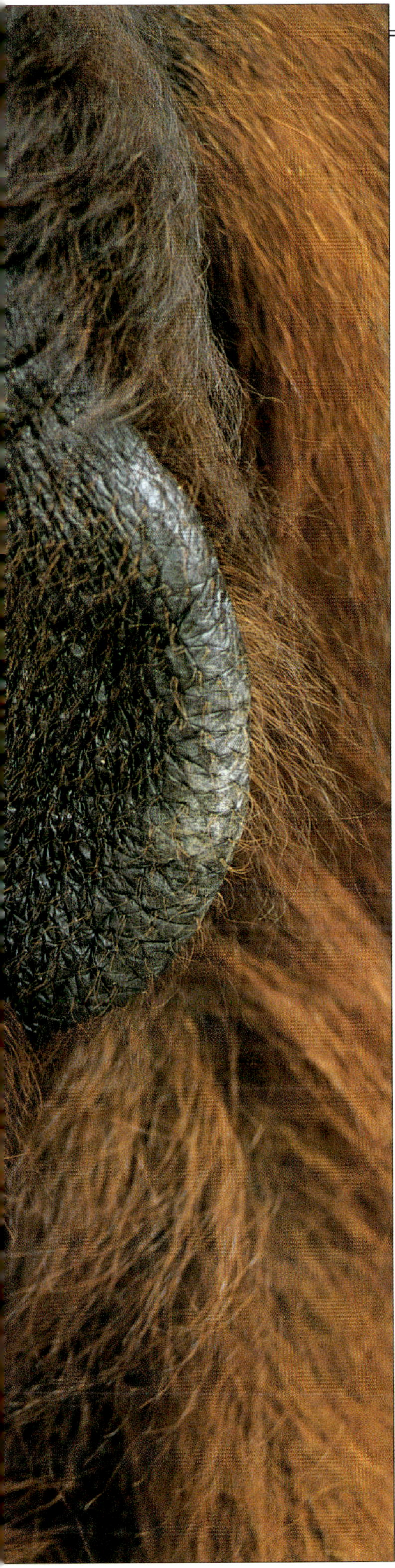

nehmen sie kaum soziale Kontakte auf und gehen nach dem Fressen wieder ihrer Wege.

Sumatra-Orangs sind geselliger. Mit Ausnahme niedrigrangiger erwachsener Männchen ziehen alle Klassen gemeinsam umher. Sie fressen auch mehr Früchte und Wirbellose, dafür aber weniger Rinde als Borneo-Orangs und haben das Monopol auf Werkzeuggebrauch. Diese Unterschiede erwachsen letztlich aus ihrer höheren Populationsdichte, die ihrerseits die größere Produktivität des Lebensraums widerspiegelt. In produktiveren Habitaten sind die Kosten von gemeinsamem Umherziehen und Fressen geringer, und die Tiere können die sozialen Vorteile genießen, die das Gruppenleben mit sich bringt, wie z.B. den Umgang mit Werkzeugen zu lernen.

Orangs kennen alle Artgenossen, deren Streifgebiete sich mit dem ihren überlappen, und bilden soziale Beziehungen aus. „Befreundete" Weibchen finden sich zu Gruppen zusammen, die häufig auch hinsichtlich ihrer Fortpflanzung synchronisiert sind. Zwar gehen auch subadulte Männchen gelegentlich eine Bindung ein, doch die Beziehungen zwischen Männchen sind hauptsächlich von Konkurrenz geprägt. Die mehrfach am Tag ertönenden lauten Rufe der Männchen halten untergeordnete Geschlechtsgenossen fern. Treffen adulte Männchen aufeinander, kommt es häufig zu aggressivem Imponiergehabe, Verfolgungsjagden und Kämpfen am Boden. Adulte Männchen dulden subadulte, solange diese einen respektvollen Abstand wahren.

Subadulte Männchen versuchen mit potenziell rezeptiven Weibchen zusammenzugehen, wann immer möglich. Ein empfängnisbereites Weibchen sucht meist das dominante lokale Männchen auf, dem es gewöhnlich gelingt, subadulte Männchen von einer Paarung abzuhalten. Die abgewiesenen adulten oder subadulten Männchen neigen daher dazu, die Paarung zu erzwingen, wenn sie ein einzelnes Weibchen treffen, wobei sie das sich wehrende Weibchen oft heftig beißen, um seinen Widerstand zu brechen.

Auf Borneo begleitet ein Männchen eine Partnerin ein paar Tage, auf Sumatra mehrere Wochen. Damit hängt vermutlich zusammen, dass mehr als 50 % aller Paarungen auf Sumatra kooperativ verlaufen, während rund 90 % derjenigen auf Borneo erzwungen sind.

In menschlicher Obhut gehören Orang-Utans zu jenen Primaten, die bei Intelligenztests am besten abschneiden. Wilde Orangs stützen sich auf ihre Intelligenz, um komplexe Techniken zum Nahrungserwerb zu entwickeln, wobei manchmal Werkzeuge eingesetzt werden. Sie sind zudem ausgezeichnete Imitatoren, die rasch von anderen lernen, etwa den Gebrauch von Werkzeugen. Ihre Neigung, das Verhalten anderer zu imitieren, statt neue Varianten zu erfinden, hat zu lokalen Traditionen geführt. Je nach Ort benutzen Orangs verschiedene Nestbautechniken, haben andere Lautgebungen oder behandeln Futter unterschiedlich.

Oben: *Orang-Utans decken einen Großteil ihres Flüssigkeitsbedarfs aus Früchten, trinken aber auch Wasser, wie dieser Sumatra-Orang hier demonstriert.*

Vom Aussterben bedroht

NATUR- UND ARTENSCHUTZ

Seit anatomisch moderne Menschen vor rund 40 000 Jahren nach Südostasien vordrangen, haben sie Orang-Utans gejagt und mit ihnen konkurriert. Heute gilt die Bejagung als Hauptgrund für die Ausrottung der Menschenaffen in einem Großteil ihres früheren Verbreitungsgebiets. Wahrscheinlich ist Subsistenzbejagung in historischen Zeiten für die flickenteppichartige Verbreitung in Sumatra und Borneo verantwortlich.

In freier Wildbahn stehen Orangs heute kurz vor der Ausrottung. Sie reagieren empfindlich auf selektiven Holzeinschlag und verschwinden völlig, wenn intensiv abgeholzt wird. Die meisten Wälder außerhalb von Reservaten sind dabei, in Farmland umgewandelt zu werden, oder bereits verschwunden. Daher besteht der einzig wirksame Schutz des Orangs darin, so viel seines Lebensraums wie möglich in Form von Naturschutzgebieten und Nationalparks zu erhalten.

Malaysia und Indonesien haben große Reservate eingerichtet. Während der politischen Unruhen Ende der 1990er Jahre kam es jedoch in Indonesien in Schutzgebieten zu illegalem Holzeinschlag. Diese Entwicklung folgte auf verheerende Waldbrände in Borneo, das im Zusammenhang mit dem El-Niño-Phänomen immer häufiger unter Dürreperioden zu leiden hat.

Die Zahl der Orangs ist im Vergleich zum Jahr 1900 um mehr als 92 % zurückgegangen. Im nördlichen Sumatra hat sie sich allein zwischen 1993 und 2000 halbiert. Verbliebene Populationen sind auf kleine Habitatinseln beschränkt, die separat bleiben werden, denn Orangs gelten als schlechte Kolonisatoren. Daher sind ernsthafte Schutzbemühungen und aktives Management der verbliebenen Wälder nötig, um ein Aussterben dieser großen Menschenaffen in freier Wildbahn zu verhindern. CvS/JMacK

PHOTO STORY

Letzte Chance für den Orang-Utan?

❶ *Ein gefangenes Orang-Utan-Männchen in einem Auswilderungszentrum. Überall auf Sumatra und Borneo werden Hunderte von Tieren in solchen Zentren gehalten, wo sie auf ihre Auswilderung vorbereitet werden. Da die ursprünglichen Lebensräume der Orangs schwinden, ruht vielleicht die Zukunft der ganzen Art auf diesen Programmen. Die Überlebensrate freigesetzter Orangs liegt jedoch nur bei rund 12 %.*

1

2

3

❷ *Verwaiste Orangkinder, deren Mütter von Holzfällern getötet wurden. Bis zum Alter von sieben bis acht Jahren halten sie sich in kleinen Gruppen auf. Auswilderungsprogramme unterstützen diese sozialen Tendenzen in der Hoffnung, dass sie wichtige Überlebensfähigkeiten fördern. Die jungen Orangs werden frühestens mit fünf Jahren freigelassen.*

❸ *Kontakt zwischen Pfleger und Schützling im Auswilderungsprojekt Wanariset in Ost-Borneo, dem größten der Zentren. Strittig ist, wie viel menschlichen Kontakt die gefangenen Tiere haben sollten. Viel Wert wird auf Krankheitsvorbeugung gelegt, denn man befürchtet, die Tiere könnten sich mit menschlichen Krankheiten, wie Tuberkulose und Hepatitis, infizieren und sie auf wilde Artgenossen übertragen. Alle Neuankömmlinge werden zunächst geimpft und kommen in Quarantäne.*

4 Ein kleiner Orang erwirbt in den sieben Jahren, die er mit seiner Mutter verbringt, zahlreiche Fertigkeiten. Er lernt nicht nur, sich behände zu bewegen und im Wald zurechtzufinden, sondern auch bis zu 400 verschiedene Nahrungstypen kennen, darunter Durians, Baumrinde und Pandunas-Blätter. Freigelassenen Tieren fällt es schwer, ihr Habitat ebenso effizient zu nutzen.

5 Ein juveniler Orang, der in den Meratus-Bergen, einem entlegenen Waldgebiet in Zentral-Borneo, freigelassen worden ist. Solche Tiere werden inzwischen nicht mehr in Gebieten ausgesetzt, die von wilden Artgenossen bewohnt sind, weil dies für die begrenzten Ressourcen eine zu große Belastung bedeutet. Da man die Fortschritte ausgewilderter Tiere schwer abschätzen kann, weiß man noch nicht genau, ob diese Programme erfolgreich sind. Sicher ist jedoch, dass sich einige dieser Orangs im Wald vermehrt haben.

6 Holzeinschlag (häufig illegal) und die Waldbrände, die Ende der 1990er Jahre in Indonesien wüteten, sind die Ursache für den alarmierenden Rückgang des Orang-Utan-Bestands. Eine Studie aus der Leuser-Region in Indonesien zeigt, dass sich die Zahl der Primaten in sechs Jahren fast halbiert hat.

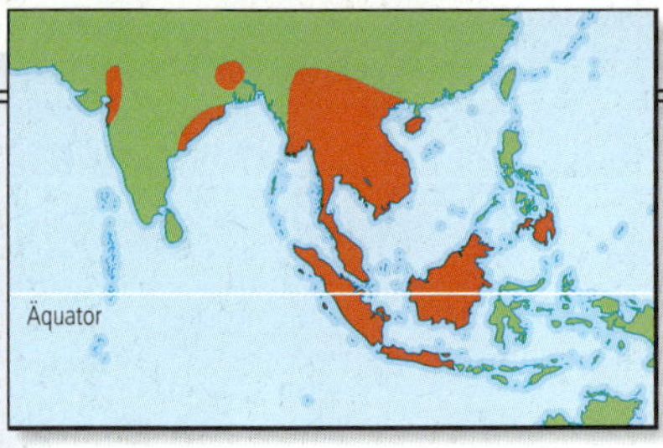

SPITZHÖRNCHEN

SPITZHÖRNCHEN SIND KLEINSÄUGER, DIE Eichhörnchen ähneln und in den tropischen Regenwäldern Süd- und Südostasiens leben. William Ellis, der Captain Cook bei seiner Erkundung der malaiischen Inselwelt begleitete, beschrieb die Tiere 1780 als Erster. Von ihm stammt der englische Name „tree shrews" (= Baumspitzmäuse), der nicht sehr zutreffend ist. Spitzhörnchen unterscheiden sich stark von den Spitzmäusen (Soricidae) und sind nicht gut an das Leben auf Bäumen angepasst – einige Arten leben sogar ganz am Boden. Die meisten Spitzhörnchenarten halten sich teils auf Bäumen, teils am Boden auf, wie die europäischen Eichhörnchen. Diese Ähnlichkeit nimmt das malaiische Wort „tupai" auf, das Eichhörnchen und Spitzhörnchen bezeichnet und von dem der Gattungsname Tupaia abgeleitet ist. Man ordnete die Spitzhörnchen zuerst den Insektenfressern zu, dann hielt man sie 50 Jahre lang für Primaten, doch jüngste Forschungen haben Unterschiede zu beiden ergeben, sodass sie hier als einzige Mitglieder der Ordnung Scandentia behandelt werden.

Keine der sechs Gattungen kommt im ganzen Verbreitungsgebiet der Ordnung vor, obwohl die Gattung *Tupaia* am weitesten verbreitet ist. Die größte Anzahl an Arten findet man auf Borneo, wo zehn der 18 anerkannten Arten leben. Diese Konzentration ist zum Teil auf die Größe der Insel und die dadurch vorhandenen vielfältigen Lebensräume zurückzuführen, doch es ist auch möglich, dass sich die modernen Spitzhörnchenarten von Borneo aus verbreiteten.

Eher Eichhörnchen als Spitzmaus

KÖRPERBAU UND FUNKTION

Spitzhörnchen sind kleine Säugetiere mit schlankem Körper und langem Schwanz. Dieser ist bei den meisten Arten – mit einer Ausnahme – mit langen, dichten Haaren bedeckt. Ihr Körperfell ist dicht und weich. Die Tiere besitzen Krallen an allen Fingern und Zehen; der erste Finger weicht

Unten: *Einige typische Vertreter der Spitzhörnchen:* **1** *Der weitgehend baumlebende Zwergtupaja* (Tupaia minor) *rutscht an einem Ast entlang und setzt eine Markierung aus einer Duftdrüse am Unterleib.* **2** *Der baumlebende Federschwanz* (Ptilocercus lowii) *hält ein gefangenes Insekt in beiden Pfoten, während er es frisst. Hände und Füße sind bei ihm im Verhältnis größer als bei anderen Spitzhörnchen. Dies ist nicht nur die einzige nachtaktive Art, sondern auch die einzige Art der Unterfamilie Ptilocercinae.* **3** *Everetts Spitzhörnchen* (Urogale everetti) *ist die größte Art: Es verbringt die meiste Zeit am Boden und durchwühlt Laubstreu.* **4** *Das teilweise bodenlebende Gewöhnliche Spitzhörnchen* (Tupaia glis) *reibt seine Brust am Ast, um eine Markierung aus seiner Duftdrüse zu setzen.* **5** *Der Tana* (Lyonogale tana) *ist sehr groß. Wie Everetts Spitzhörnchen findet er die meiste Nahrung in der Laubstreu am Boden, die er mit der Schnauze durchwühlt. Dabei dreht er auch Steine um.* **6** *Der Bergtupaja* (Dendrogale murina) *lebt vorwiegend auf Bäumen; hier hascht er mit beiden Pfoten nach einem Fluginsekt.*

leicht von den anderen ab. Ihre Schnauzen variieren von kurz bis lang gestreckt. Die Ohren haben ein häutiges Ohrläppchen, das sich bei allen Arten in der Größe unterscheidet und meist mit Haaren bedeckt ist. Beim Federschwanz ist es nackt und größer als bei den anderen Spitzhörnchen, sicher weil diese nachtaktive Art stärker auf ihr Gehör vertraut, um nachts Insekten als Beute aufzustöbern und sich vor Feinden zu schützen. Arten, die vorwiegend auf Bäumen leben, wie der Zwergtupaja, sind klein, haben kurze Schnauzen, stärker nach vorn gerichtete Augen, schwach entwickelte Krallen und Schwänze, die länger sind als Kopf und Körper zusammen. Die vorwiegend am Boden lebenden Arten, wie Everetts Spitzhörnchen, sind groß, haben lang gestreckte Schnauzen, gut entwickelte Krallen, um nach Insekten zu wühlen, und Schwänze, die kürzer sind als Kopf und Körper gemeinsam.

In der Anatomie zeigen Spitzhörnchen keine Spezialisierung, obwohl es Besonderheiten am Schädel und im Gebiss gibt (siehe unten). Außer beim Federschwanz liegen die Augen an den Seiten des Kopfes und sind ziemlich groß im Verhältnis zur Körpergröße. Sie ermöglichen scharfes Sehen. Unter der Zunge befindet sich bei allen Arten eine gut entwickelte Unterzunge (Sublingua).

Leben von der Hand in den Mund

NAHRUNG

Wie Eichhörnchen verbringen auch Spitzhörnchen mehr Zeit mit der Nahrungssuche am Boden als auf Bäumen. Sie huschen an Baumstämmen empor und über den Waldboden mit typischen ruckartigen Schwanzbewegungen. Sie fressen vielerlei kleine Beutetiere (vor allem Gliedertiere, ihre Hauptnahrung) ebenso wie Früchte, Samen und andere Pflanzenteile. Alle Arten – bis auf die fast

6

ORDNUNG: SCANDENTIA

Familie: Tupaiidae. 18 Arten in 6 Gattungen und 2 Unterfamilien.

Verbreitung NW-Indien bis zur Philippineninsel Mindanao, S-China bis Java, auf den meisten Inseln des Malaiischen Archipels. Vorwiegend im tropischen Regenwald.

Größe
Körperlänge von 10–14 cm (Federschwanz) bis 17–23 cm (Tana); **Schwanzlänge** von 9–13 cm bis 14–24 cm; **Gewicht** von 50 g bis 300 g; jeweils bei den beiden genannten Arten.

UNTERFAMILIE TUPAIINAE

Gattung *Tupaia* 11 Arten, darunter Zwergtupaja *(T. minor)*, *T. belangeri*, Gewöhnliches Spitzhörnchen *(T. glis)*
Gattung *Anathana* 1 Art, Elliots Tupaja *(A. ellioti)*
Gattung *Urogale* 1 Art, Everetts Spitzhörnchen *(U. everetti)*
Gattung *Dendrogale* 2 Arten, Bergtupajas
Gattung *Lyonogale* (manchmal zu Tupaia gerechnet) 2 Arten, darunter Tana *(L. tana)*

UNTERFAMILIE PTILOCERCINAE

Gattung *Ptilocercus* 1 Art, Federschwanz *(P. lowii)*

Artenübersicht siehe Seite 431 ▷

SCHÄDEL UND GEBISS

Das *Foramen magnum* (die Öffnung, durch die das Rückenmark verläuft) zeigt nach hinten, während es bei den vorwiegend baumlebenden Primaten meist schräg nach unten gerichtet ist. Der Schädel ist bei bodenlebenden Arten, die in Laubstreu wühlen, am längsten. Hier sieht man im Vergleich (von oben) die Schädel des am Boden lebenden Everetts Spitzhörnchens **a** und Tanas **b**, des teilweise auf Bäumen lebenden Gewöhnlichen Spitzhörnchens **c** und des baumlebenden Zwergtupaja **d.** Gemeinsam sind allen die postorbitale Spange und die vergrößerte Bulla auditiva. Das Zahnschema ist I 2/3, C 1/1, P 3/3, M 3/3 = 38. Die Eckzähne sind gering entwickelt; die primitiven scharfhöckrigen Molaren sind typisch für Insektenfresser, die vorstehenden unteren Schneidezähne werden zur Fellpflege eingesetzt.

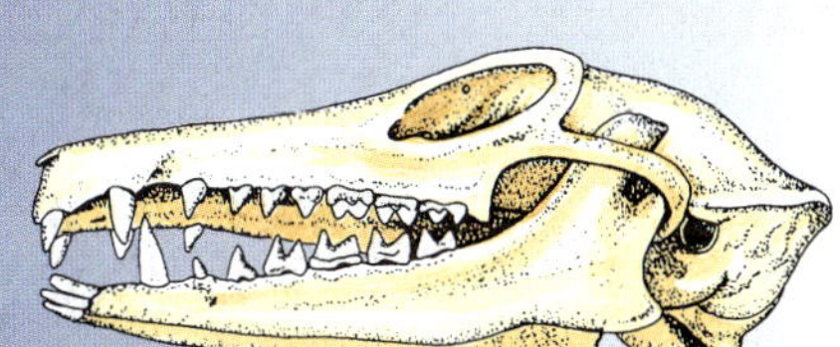

Gewöhnliches Spitzhörnchen

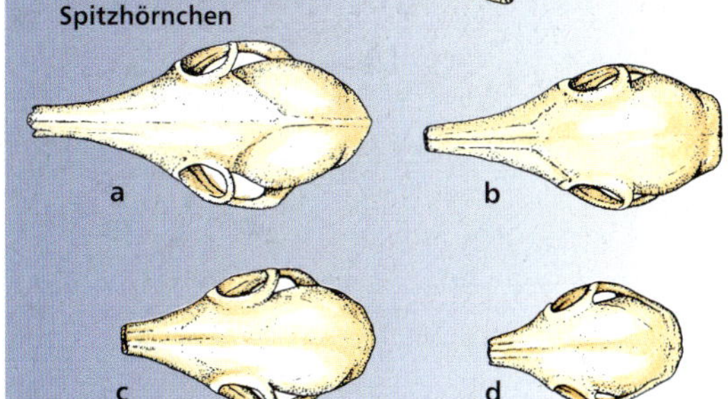

Insektenfresser, Primaten – oder keines von beiden?

Mit irreführendem Namen versehen und ursprünglich zu den Insektenfressern gerechnet, wären die Spitzhörnchen wohl unbekannt geblieben, wenn nicht in den 1920er Jahren der Anatom Wilfred Le Gros Clark behauptet hätte, dass diese relativ primitiven Säuger mit den Primaten verwandt sein könnten. Beim Vergleich der Strukturen von Schädel, Gehirn, Muskulatur und Fortpflanzungsorganen schloss er, die Spitzhörnchen seien die erste Seitenlinie des Primatenstamms. Diese Ansicht übernahm George Gaylord Simpson, der die Spitzhörnchen 1945 in seiner bedeutenden Klassifizierung der Säugetiere zu den Primaten stellte.

Danach wurden viele Untersuchungen durchgeführt, weil man hoffte, die Evolution der Primaten (einschließlich des Menschen) aufklären zu können. Schließlich wurden die Spitzhörnchen anerkannt als Überlebende unserer Primaten-Vorfahren. Heute ist man übereingekommen, dass sie weder mit den Primaten noch mit den Insektenfressern besonders eng verwandt sind, sondern eine ganz eigene Linie in der Entwicklung der Plazentatiere vertreten.

Zu dieser Ansicht kam man auf verschiedene Weise. Als erster Einwand gegen die Verwandtschaft mit Primaten gilt, dass Spitzhörnchen nur deshalb Herrentieren ähneln, weil sie durch völlig separate Evolution ähnliche Züge entwickelt haben, da ihre Ansprüche ähnlich sind. So sind Primaten in der Regel baumlebend, während Insektenfresser (z.B. Igel, Spitzmäuse, Maulwürfe, Tanreks) sich normalerweise am Boden aufhalten. So ist es möglich, dass die Ähnlichkeiten zwischen Spitzhörnchen und Primaten durch parallele Anpassung an das Leben in den Bäumen entstanden sind. Viele der offensichtlich primatenähnlichen Züge – Verkürzung der Schnauze, Vorwärtsdrehung der Augenhöhlen und eine bessere Entwicklung des Zentralnervensystems, verbunden mit großen Augen – beschränken sich auf die baumlebenden Spitzhörnchenarten wie den Zwergtupaja. Deshalb kann man diese speziellen Züge nicht als sichere Zeichen für gemeinsame Vorfahren von Spitzhörnchen und Primaten sehen, vor allem weil das Ur-Spitzhörnchen vermutlich den heutigen teils boden-, teils baumlebenden Arten am ähnlichsten war.

Der zweite – wichtigere – Einwand beruht auf der Unterscheidung zwischen Ähnlichkeiten, die aus einem bestimmten Vorfahrenpool abstammen, und Ähnlichkeiten, die sich von noch älteren Vorfahren der Plazentatiere erhalten haben. Diese zweite Art von Ähnlichkeit sagt noch nichts über eine besondere Verwandtschaft zwischen Spitzhörnchen und Primaten aus. Ein Beispiel ist der Blinddarm, ein blind geschlossener Sack am Übergang von Dünn- zu Dickdarm, in dem Bakterien leben, die die Pflanzennahrung aufspalten. Spitzhörnchen und Primaten besitzen einen Blinddarm, während er bei Insektenfressern fehlt. Doch der Blinddarm ist unter Säugetieren weit verbreitet, sowohl bei Plazenta- als auch bei Beuteltieren, ja es gibt ihn sogar bei Reptilien. Es scheint also, als ob der Blinddarm bereits bei den frühesten Plazentatieren vorhanden gewesen wäre. So ist also seine Existenz kein Beweis für gemeinsame Vorfahren der Spitzhörnchen und Primaten.

Es ist auch deutlich geworden, dass Spitzhörnchen sich in manchen Punkten stark von Primaten unterscheiden, vor allem in der Fortpflanzung. Die Entwicklung der Plazenta bei ihnen verläuft anders als bei allen Primatenarten und der Nachwuchs wird nackt und hilflos geboren – ein großer Unterschied zum gut entwickelten Zustand neugeborener Primaten. Bei den Spitzhörnchen ist die elterliche Fürsorge kaum entwickelt und keineswegs vergleichbar mit der sorgfältigen Pflege der Primaten. Eine Hauptschwierigkeit bei der Rekonstruktion der Entwicklung der Spitzhörnchen war das Fehlen überzeugender Fossilien, doch diese Lücke ist nun geschlossen. In den indischen Siwalik-Bergen wurden in Ablagerungen Fossilien *(Palaeotupaia sivalensis)* gefunden, die mehr als 10 Mio. Jahre alt sind. Dadurch wird die Behauptung erhärtet, dass Spitzhörnchen von einer teils boden-, teils baumlebenden Vorfahrenform mit einer etwas anderen Schnauze abstammen. Leider sind diese Fossilien zu alt, um auf frühe Verwandtschaften hinzuweisen.

Am besten betrachtet man also Spitzhörnchen als eigene Säugerordnung, die sich früh in der Entwicklung der Plazentatiere abspaltete. Dafür sprechen viele biochemische Beweise aus immunologischen Kreuzreaktionen von Proteinen und aus dem Vergleich von Protein- und DNA-Datensequenzen.

Heute scheint es, dass die Spitzhörnchen in der Systematik näher an den gemeinsamen Vorfahren der Plazentatiere im Allgemeinen stehen.

*Unten: Mögliche Abstammungslinien der Spitzhörnchen von **1** Insektenfressern, **2** Primaten oder **3** einem gemeinsamen Vorfahren der plazentalen Säuger.*

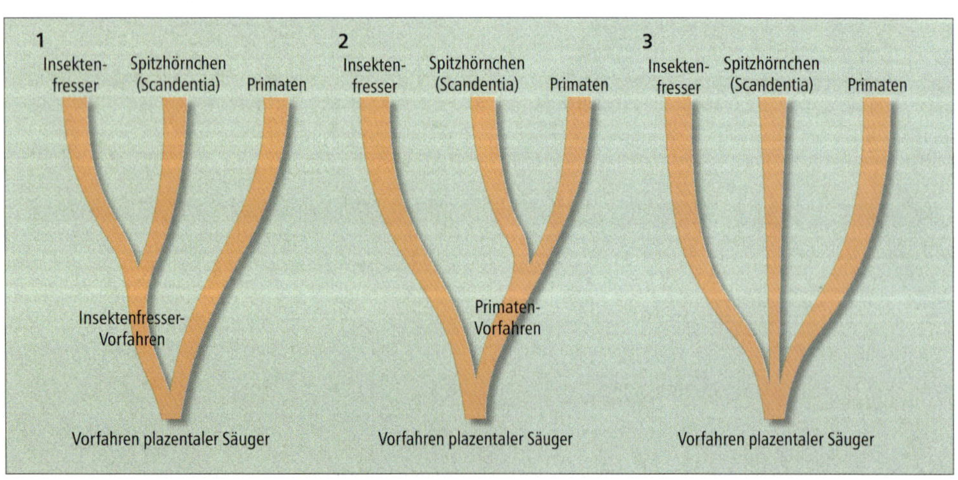

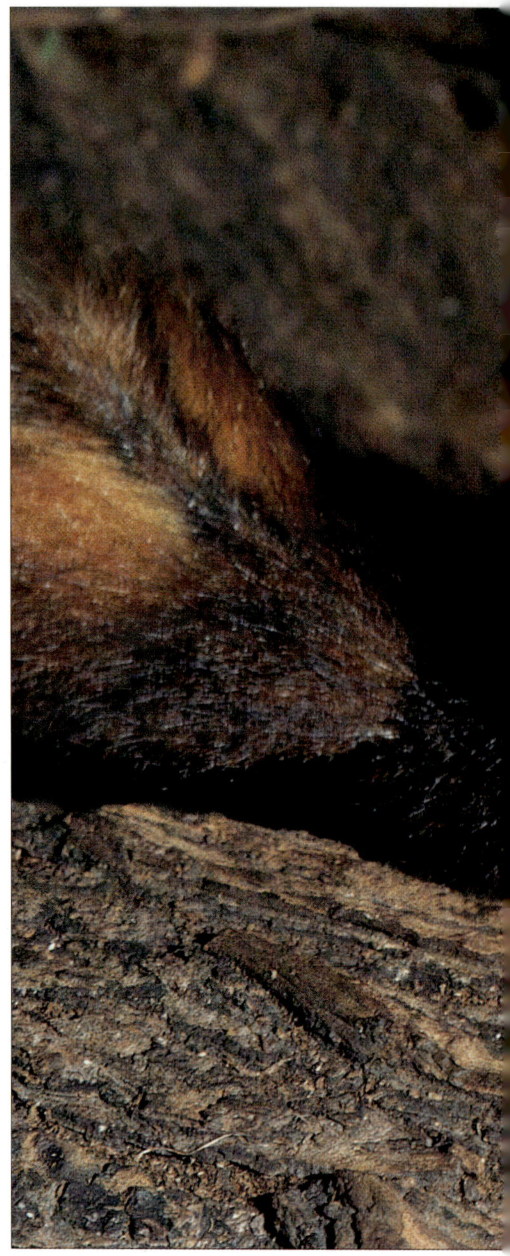

ausschließlich baumlebenden – verbringen viel Zeit damit, mit der Schnauze und den Pfoten die Laubstreu zu durchwühlen. Meist fangen die Tiere ihre Beute mit der Schnauze. Ihre Hände setzen sie nur ein, wenn die Nahrung sich anders nicht erreichen lässt. Fliegende Insekten werden mitunter mit einer schnellen Bewegung einer oder beider Pfoten gefasst. Alle Arten halten die Nahrung beim Fressen in den Vorderpfoten. Größere Spitzhörnchen verzehren kleine Wirbeltiere wie Kleinsäuger und Eidechsen. In Gefangenschaft hat man beobachtet, wie sie erwachsene Mäuse oder junge Ratten fingen und diese mit einem einzigen Nackenbiss töteten.

Mangelnde mütterliche Fürsorge

SOZIALVERHALTEN

Die meisten Spitzhörnchen bilden (wie Eichhörnchen) eine Ausnahme von der allgemeinen Regel, dass kleine Säugetiere nachtaktiv sind. Der Feder-

schwanz ist allerdings ausschließlich nachtaktiv und viele seiner Charakteristika (größere Augen mit einer reflektierenden Schicht hinter der Netzhaut, große Ohren, lange Tasthaare, grau-schwarze Färbung) können auf diesen Unterschied zurückgeführt werden. Vermutlich nehmen die Bergtupajas eine Zwischenstellung ein, da sie vorwiegend in der Dämmerung aktiv sind. Allerdings weiß man nur wenig über ihr Verhalten in freier Natur.

Die meisten Spitzhörnchenarten legen Nester in Baumlöchern an und polstern sie mit getrocknetem Laub aus. Nach einer Tragzeit von 45 bis 50 Tagen werden ein bis drei Junge nackt, mit geschlossenen Ohren und Augen geboren. Die Ohren öffnen sich nach etwa zehn Tagen, die Augen nach drei Wochen.

Spitzhörnchen sind unter den Plazentatieren ungewöhnlich, weil sie nur so wenig für ihre Jungen sorgen. Laborversuche haben gezeigt, dass wenigstens bei drei Spitzhörnchenarten (Zwergtupaja, *Tupaia belangeri* und Tana) die Mutter ihre Jungen in einem getrennten Nest wirft, in das sie nur alle zwei Tage zurückkehrt, um den Nachwuchs zu säugen. (Die ersten Versuche, Spitzhörnchen in Gefangenschaft zu züchten, scheiterten vor allem daran, dass man nur ein Nest zur Verfügung stellte.) Feldforschungen haben nun enthüllt, dass Tanas in der Natur das gleiche Verhalten zeigen. Die Besuche der Mutter sind nur sehr kurz (fünf bis zehn Minuten) und in dieser Zeit gibt sie jedem Jungen 5 bis 15 g Milch, damit es für die nächsten zwei Tage versorgt ist. Die Milch enthält sehr viel Proteine (10 %) und eine ungewöhnliche Fettkonzentration (25 %). Dank der nahrhaften Milch können die Jungen eine Körpertemperatur von etwa 37 °C aufrechterhalten, sind also nicht auf das Wärmen durch die Mutter angewiesen. Außerdem wachsen sie erstaunlich schnell heran.

Oben: *Man kann bei allen Spitzhörnchen beobachten, dass sie beim Fressen die Nahrung in den Pfoten halten. Der Tana aus dem Malaiischen Archipel hat Pfoten mit besonders kräftigen Krallen.*

Bei allen drei Spitzhörnchenarten, die bis jetzt beobachtet wurden, bleiben die Jungen etwa einen Monat im Nest. Wenn sie es verlassen, sehen sie bereits aus wie kleine adulte Tiere. Die Jungen wachsen weiterhin rasch und erreichen mit vier Monaten die Geschlechtsreife. Zwischen der Geburt und dem Verlassen des Nests verbringt die Mutter insgesamt nur etwa eineinhalb Stunden mit ihren Nachwuchs und kümmert sich während der kurzen Besuche zum Säugen nicht um die Hygiene. Die mütterliche Fürsorge ist bei Spitzhörnchen so gering entwickelt, dass die Mutter ein Junges, das aus dem Nest genommen und daneben gelegt wurde, einfach übersieht. Sie erkennt ihren Nachwuchs im Nest nur an ihrer

tet, obwohl auch Tanas erforscht wurden. Das Gewöhnliche Spitzhörnchen bildet lockere Gruppen, die meist aus einem erwachsenen Paar und seinem Nachwuchs bestehen. Alle Mitglieder einer Gruppe leben in einem Teil oder ihrem gesamten Gebiet, das etwa einen Hektar beträgt, doch sie sind während des Tages meist unabhängig voneinander unterwegs, vor allem am oder nahe dem Waldboden. Das Gebiet jeder Gruppe scheint als Revier verteidigt zu werden, da sich die Gebiete benachbarter Gruppen kaum überlappen und man Grenzkämpfe beobachtet hat.

Spitzhörnchen kommunizieren über nur wenige Rufe. Wenn sie im Nest überrascht oder von anderen Spitzhörnchen angegriffen werden, stoßen alle Arten mit weit offenem Maul ein raues, knurrendes Zischen aus. Auch die Jungen geben das gleiche Geräusch von sich, wenn sie im Nest gestört werden. Bei Kämpfen quietschen und kreischen die Tiere auf unterschiedliche Weise. *Tupaia*-Arten schnattern andauernd, wenn sie mäßig aufgeregt sind. Manches spricht dafür, dass dies ein Sammelruf ist, wenn mögliche Feinde gesichtet werden.

Oben: *Ein Männchen von* Tupaia belangeri. *Spitzhörnchen können sich Geschlechtsgenossen gegenüber als sehr aggressiv erweisen. Vermutlich überschneidet sich das Revier eines Männchens kaum mit dem eines anderen, wohl aber mit dem Bezirk eines oder mehrerer Weibchen.*

Unten rechts: *Die Paarbindung scheint bei Spitzhörnchen ziemlich dauerhaft zu sein. Man hat bereits beobachtet, dass nicht nur das Revier, sondern auch der Partner mit Duftmarken gekennzeichnet wird. Mütter markieren entweder das Nest mit den Jungen oder die Jungen selbst.*

Duftmarkierung. Wird diese abgewischt, frisst sie ihre eigenen Jungen. Die Anzahl der Zitzen ist typisch für jede Art und steht in direktem Zusammenhang mit der Anzahl der Jungen in einem Wurf (ein, zwei oder drei Zitzenpaare). Spitzhörnchen sind fast das ganze Jahr paarungsbereit, obwohl in manchen Fällen von besonders geburtenstarken Phasen berichtet wurde. Die kurze Tragzeit und das rasche Heranwachsen der Jungen bedeuten, dass Spitzhörnchen sich sehr schnell fortpflanzen und in der Lage sind, in kurzer Zeit neue Gebiete zu besiedeln.

Von allen Arten wurden Gewöhnliche Spitzhörnchen in der Natur am genauesten beobach-

Unauffällig, doch nicht unverletzlich

ARTEN- UND UMWELTSCHUTZ

Spitzhörnchen sind relativ unauffällige Säugetiere und sie haben nur wenig Berührungspunkte mit dem Menschen. Obstplantagen können sie aber durchaus schädigen. Man findet sie auch gelegentlich in menschlichen Siedlungen oder deren Nähe, doch sie scheinen weder für die Wirtschaft noch in der Mythologie eine große Rolle zu spielen. Allerdings blieben auch sie nicht von den Auswirkungen menschlicher Aktivitäten verschont, vor allem wenn empfindlicher Lebensraum bedroht ist. So sind einige seltenere Arten heute aufgrund von Lebensraumverlust bedroht. RDM

KOMMUNIKATION DURCH DUFT

Spitzhörnchen setzen umfangreiche Duftmarken. Es gibt kleine Unterschiede von Art zu Art, doch in jedem Fall werden spezielle Duftdrüsen eingesetzt, dazu Urin und manchmal Kot. *Tupaia belangeri* besitzt zwei Drüsenbereiche an der Bauchseite des Körpers: Um die Drüse an der Brust zu aktivieren, steht das Spitzhörnchen steifbeinig und reibt die Drüse über das zu markierende Objekt. Die Drüse im Unterleib kommt zum Einsatz, wenn das Spitzhörnchen über einen Ast rutscht und den Bauch fest dagegen drückt. Die Tiere setzen auch Duftmarken durch Urintropfen. Der Tana führt eine Art Tanz auf, bei dem er seine Pfoten und Füße mit Urin befeuchtet, den er zuvor auf einer ebenen Oberfläche abgesetzt hat. In Gefangenschaft sammeln sich die Produkte des Duftmarkensetzens zu einer fettigen, stinkenden, orangegelben Kruste. Gefangene Spitzhörnchen setzen auch Kot an bestimmten Stellen des Käfigs ab; daraus lässt sich vielleicht schließen, dass Kot beim Kennzeichnen des Reviers eine Rolle spielt.

Artenübersicht Spitzhörnchen

Unterfamilie Tupaiinae

Tagaktiv (*Dendrogale* vielleicht in der Dämmerung). Augen seitlich am Kopf. 5 Gattungen.

GATTUNG *TUPAIA*

Im S der Malaiischen Halbinsel, Indonesien, Philippinen, Indochina. Teils am Boden, teils auf Bäumen lebend; mittelgroß (160 g) oder klein (45 g).
KÖRPER: Unauffällige cremefarbene oder gelbbraune Schulterstreifen sind immer vorhanden; Schnauze kurz (bei baumlebenden Arten) oder etwas lang gestreckt (bei boden- und baumlebenden Arten); Eckzähne einigermaßen gut entwickelt; kleine Ohrläppchen; Weibchen mit 1, 2 oder 3 Zitzenpaaren.

Tupaia belangeri

Indochina nördlich 10° N, Myanmar, NO-Indien, China. Teils boden-, teils baumlebend.
KÖRPER: Schwanzlänge entspricht der Kopf-Rumpf-Länge; GT 160 g;
Fell oliv bis dunkelbraun an der Oberseite und cremeweiß bis orangerot an der Unterseite. Weibchen mit 3 Zitzenpaaren.

Gewöhnliches Spitzhörnchen
Tupaia glis

Im S der Malaiischen Halbinsel, Sumatra und umgebende Inseln.
KÖRPER: Lebensweise, Gewicht, Fell und Schwanz wie *T. belangeri;* Weibchen mit 2 Zitzenpaaren.

Tupaia longipes En

Borneo.
KÖRPER: Lebensweise, Gewicht, Fell und Schwanz wie *T. belangeri;* Weibchen mit 3 Zitzenpaaren.

Tupaia montana

N-Borneo im Gebirge.
KÖRPER: Lebensweise, Gewicht, Fell und Schwanz wie *T. belangeri;* Weibchen mit 2 Zitzenpaaren.

Tupaia nicobarica En

Nikobaren. Teils boden-, teils baumlebend.
KÖRPER: Schwanz etwas länger als Kopf-Rumpf-Länge, Gewicht und Fell wie *T. belangeri;* Weibchen mit 1 Zitzenpaar.

Tupaia picta

N-Borneo im Flachland.
KÖRPER: Lebensweise, Gewicht, Fell und Schwanz wie *T. belangeri,* bis auf 2 dunkle Streifen längs des Rückens; Weibchen mit 2 Zitzenpaaren.

Tupaia palawanensis Vu

Philippinen.
KÖRPER: Lebensweise, Gewicht, Fell und Schwanz wie *T. belangeri;* Weibchen mit 2 Zitzenpaaren.

Tupaia splendidula

SW-Borneo, NO-Sumatra.
KÖRPER: Lebensweise, Gewicht, Fell und Schwanz wie *T. belangeri;* Weibchen mit 2 Zitzenpaaren.

Zwergtupaja
Tupaia minor

Borneo, Sumatra, im S der Malaiischen Halbinsel und umgebende Inseln. Baumlebend.
KÖRPER: Schwanz länger als Kopf-Rumpf-Länge; Gewicht 45 g; Fell oben oliv, unten gebrochen weiß; Weibchen mit 2 Zitzenpaaren.

Tupaia javanica

Java, Sumatra, Bali und Nias.
KÖRPER: Lebensweise, Gewicht, Fell, Schwanz und Zitzen wie *T. minor.*

Tupaia gracilis

N-Borneo und umgebende Inseln.
KÖRPER: Lebensweise, Gewicht, Fell, Schwanz und Zitzen wie *T. minor.*

GATTUNG *ANATHANA*

Elliots Tupaja LR
Anathana ellioti

Indien, südlich des Ganges. Teils bodenlebend. Mittelgroß (160 g).
KÖRPER: Fell oben braun oder graubraun, unten gelbbraun; Schulterstreifen gelbbraun oder weiß; blasse Zeichnung um die Augen; Schwanz entspricht der Kopf-Rumpf-Länge; kurze Schnauze; schwach entwickelte Eckzähne; gut entwickelte Ohrläppchen; Weibchen mit 3 Zitzenpaaren.
IUCN-STATUS: Vorwarnliste.

GATTUNG *UROGALE*

Everetts Spitzhörnchen Vu
Urogale everetti

Mindanao, Dinigat und Siargao. Bodenlebend. Groß (350 g).
KÖRPER: Fell oberseits dunkelbraun, gelblich oder rotbraun unterseits; Schulterstreifen hell; Schwanz viel kürzer als Kopf-Rumpf-Länge und mit dicht sitzenden rotbraunen Haaren bedeckt; Schnauze lang gestreckt; zweites Paar der oberen Schneidezähne vergrößert; drittes Paar der unteren Schneidezähne verkümmert; Weibchen mit 2 Zitzenpaaren.

GATTUNG *DENDROGALE*

Baumlebend. Klein (50 g).
KÖRPER: Keine Schulterstreifen; Schwanz etwas länger als Kopf-Rumpf-Länge, mit feinen, weichen Haaren bedeckt; kurze Schnauze; große Ohrläppchen; Weibchen mit 1 Zitzenpaar.

Dendrogale melanura Vu

N-Borneo.
KÖRPER: Fell oberseits dunkelbraun, unterseits hell gelbbraun; Streifen im Gesicht unauffällig, orange-braune Augenringe; Krallen scharf.

Dendrogale murina

O-Thailand, Vietnam und Kambodscha.
KÖRPER: Fell oben hellbraun, unten hell gelbbraun; dunkle Streifen an beiden Seiten des Gesichts von der Schnauze bis zum Ohr, hervorgehoben durch helleres Fell oberhalb und unterhalb; Krallen klein und stumpf.

GATTUNG *LYONOGALE*

Bodenlebend. Groß (300 g).
KÖRPER: Auffälliger schwarzer Streifen am Rücken; Schulterstreifen hell, Schwanz buschig und kürzer als Kopf-Rumpf-Länge; Schnauze lang gestreckt; Eckzähne gut entwickelt; Krallen kräftig; Weibchen mit 2 Zitzenpaaren.

Tana
Lyonogale tana

Borneo, Sumatra und umliegende Inseln.
KÖRPER: Fell oberseits dunkelrotbraun und unterseits orangerot bis rostrot; vorderes Ende des Rückenstreifens durch helle Bereiche seitlich davon hervorgehoben; Schulterstreifen gelblich; Krallen kräftig und lang gestreckt.

Lyonogale dorsalis

NW-Borneo.
KÖRPER: Fell oben stumpfes Braun, hell gelbbraun unten; Schulterstreifen cremefarben oder weißlich; Krallen weniger kräftig und kürzer als bei *L. tana.*

Unterfamilie Ptilocercinae

Nachtaktiv. Augen nach vorn gerichtet, daher räumliches Sehvermögen.
1 Gattung.

GATTUNG *PTILOCERCUS*

Federschwanz
Ptilocercus lowii

Im S der Malaiischen Halbinsel, NW-Borneo, N-Sumatra und umliegende Inseln. Baumlebend. Klein (50 g).
KÖRPER: Fell oberseits dunkelgrau, unterseits hellgrau oder gelbbraun; dunkle Gesichtsstreifen von der Schnauze bis hinter das Auge; kein Schulterstreifen; Schwanz beträchtlich länger als Kopf-Rumpf-Länge, ganz mit Schuppen bedeckt, bis auf ein Haarbüschel an der Spitze; kurze Schnauze; obere Schneidezähne vergrößert; Ohrläppchen groß, häutig und beweglich; Weibchen mit 2 Zitzenpaaren.

En stark gefährdet
Vu gefährdet
LR geringes Risiko

KLASSIFIKATION

Bei der Klassifikation der Spitzhörnchen liegt der Schwerpunkt auf Fellfarben, Schwanzlänge und -form, Gestalt der Ohren, Entwicklung von Schnauze und Krallen sowie Anzahl der Zitzen bei den Weibchen.

Zu *Tupaia* gehören die am wenigsten spezialisierten Spitzhörnchen. Ihre weite geografische Verbreitung geht mit einer großen Artengliederung einher: Man kennt wenigstens 11 Arten.

Die einzige Art von *Anathana* kommt in Indien südlich des Ganges vor, der sie von *T. belangeri* im Osten trennt. Von diesem unterscheidet sie sich durch größere Ohrläppchen und ein komplizierteres Höckersystem bei den Molaren.

Die zwei vorwiegend bodenlebenden Arten der Gattung *Lyonogale* besitzen lang gestreckte Schnauzen und kräftige Krallen an den Vorderpfoten.

Die einzige bekannte Art von *Urogale* ist die größte der lebenden Spitzhörnchenarten und der einzige Vertreter auf der Insel Mindanao. Das Gebiss ist erstaunlich: Das zweite Paar Schneidezähne im Oberkiefer steht eckzahnartig vor und lässt die Eckzähne winzig erscheinen. Im Unterkiefer ist das dritte Paar Schneidezähne weitgehend verkümmert.

Die zwei Arten der Gattung *Dendrogale* zeichnen sich durch die kleine Körpergröße, die typische Gesichtszeichnung und das feine Schwanzfell aus.

Der Federschwanz *(Ptilocercus lowii)* steht in einer getrennten Unterfamilie. Als einziges nachtaktives Spitzhörnchen scheint er fast nur auf Bäumen zu leben. Die Augen sind relativ weit nach vorn ausgerichtet. Im Oberkiefer sind die vorderen Schneidezähne deutlich vergrößert. Dem Tier fehlen die Schulterstreifen, im Gegensatz zu allen anderen Arten, bis auf *Dendrogale.*

Die Bergtupajas stehen zwischen den anderen Spitzhörnchen und *Ptilocercus,* etwa durch die spärliche Behaarung am Schwanz.

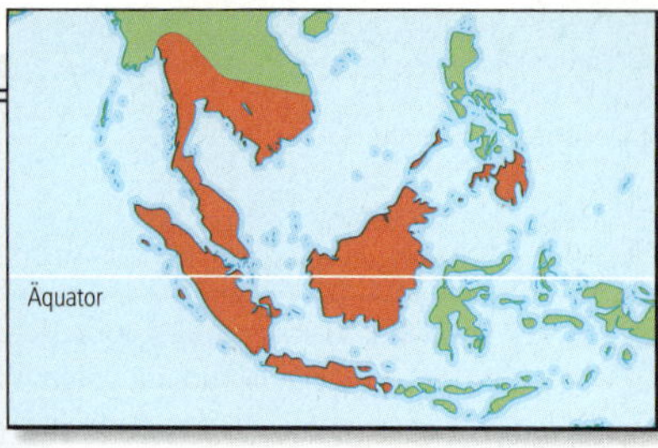

RIESENGLEITER

DIE EIGENARTIGEN RIESENGLEITER ODER Colugos aus den Regenwäldern Südostasiens sind keine echten Flieger, sondern gleiten vielmehr. Sie bilden eine eigene Ordnung, Dermoptera („Hautflügler"). Diese enthält nur eine bekannte Familie. Vielleicht umfasste sie früher noch eine zweite Familie, die Plagiomenidae, die im späten Paläozän und Eozän in Nordamerika, vor 60 bis 70 Millionen Jahren, auftrat und dann ausstarb.

Man kennt heute zwei Riesengleiter-Arten, den Malaien-Gleitflieger und den etwas kleineren und primitiveren Philippinen-Gleitflieger. Die taxonomische Einordnung der Tiere ist unklar. Sie wurden zeitweilig den Insektenfressern oder den Fledermäusen zugeordnet. Um die Sache noch verwirrender zu machen, trug die Familie lange Jahre den Namen Galeopithecidae („Affen im Mantel").

Gleitschirmflieger

KÖRPERBAU UND FUNKTION

Zweifellos ist das auffälligste Merkmal der Riesengleiter die Flughaut (Patagium). Sie verläuft von der Seite des Halses bis zu den Fingerspitzen und Zehen und setzt sich bis zur Schwanzspitze hin fort. Riesengleiter sind etwa so groß wie Hauskatzen und so stark an das Leben in Bäumen angepasst, dass sie am Boden nahezu hilflos sind. Der Kopf ist breit, ähnelt dem eines Windhunds und hat kurze runde Ohren sowie eine stumpfe Schnauze. Riesengleiter besitzen große Augen. Ihr stereoskopisches Sehen ermöglicht es ihnen, den Landepunkt nach einem Flug genau einzuschätzen.

Riesengleiter besitzen gleich lange Gliedmaßen und kräftige Krallen, mit denen sie sich beim Ruhen am Stamm oder Hängen an einem Ast verankern. Mit der breiten Flughaut und den nicht gegenständigen Daumen sind die Tiere ungeschickte Kletterer, die Baumstämme in einer Reihe langsamer Hopser erklimmen. Doch dies ist nur ein geringer Preis für das hohe Maß an Beweglichkeit, von dem die Riesengleiter profitieren. Kein anderes gleitendes Säugetier verfügt über eine derart große Flughaut. Ist das Patagium ausgebreitet, nimmt der Riesengleiter die Form eines Drachens an und kann kontrollierte Gleitflüge von 70 m oder mehr mit geringem Verlust an Höhe ausführen.

Der bemerkenswerte Gleitmechanismus eignet sich ideal für lange Gleitflüge, doch macht er die Tiere zur leichten Beute schnell fliegender Greifvögel. Vielleicht liegt es daran, dass die Riesengleiter nachtaktiv sind. Sie verbringen den Tag in Hohlräumen von Bäumen oder hängen an einem Ast oder Baumstamm. Dabei ist das Patagium wie ein Mantel ausgebreitet. In Kokosplantagen rollen sich Riesengleiter sogar manchmal zu einer Kugel zwischen den Palmwedeln ein.

Das Weibchen bringt meist nach einer Tragzeit von 60 Tagen ein einziges Junges zur Welt – selten zwei. Man hat herausgefunden, dass Weibchen mit noch nicht entwöhnten Jungen bereits wieder trächtig waren. Möglicherweise folgen also die Würfe rasch aufeinander. Das Junge wird in sehr unterentwickeltem Zustand geboren. Die Mutter trägt es bis zur Entwöhnung am Bauch, manchmal sogar, wenn sie „fliegt". Das Patagium kann nahe beim Schwanz zu einer warmen Tasche gefaltet werden, um das Junge darin zu tragen. Wenn das Weibchen mit ausgebreiteter Flughaut an einem Ast hängend ruht, schaut das Junge wie aus einer Hängematte hervor. Junge Riesengleiter stoßen entenähnliche Rufe aus; der ähnliche Schrei der Alttiere ertönt dagegen nur sehr selten.

Spezialisierter Magen

NAHRUNG

Die Nahrung der Riesengleiter scheint vorwiegend aus Blättern, Trieben, Knospen und Blüten zu bestehen, vielleicht auch aus weichen Früchten und den Säften von Baumstämmen. Beim Fressen zieht das Tier ein Büschel Blätter mit den Vorderpfoten heran und zupft sie mit seiner kräftigen Zunge und den unteren Schneidezähnen ab. Der Magen ist darauf eingerichtet, große Mengen von Blätternahrung zu verdauen. Er besitzt einen großen Verdauungsbereich nahe dem Ausgang zum Darm. Wie viele baumlebende Säugetiere erhalten Riesengleiter wohl genügend Wasser aus ihrer Nahrung und von nassen Blättern.

Von Adlern gejagt

ARTEN- UND UMWELTSCHUTZ

Riesengleiter sind durch den Verlust ihres Lebensraums wegen Holzeinschlag und Umwandlung in Ackerland bedroht. Der Malaien-Gleitflieger wird auf Kokosplantagen als Schädling betrachtet, weil er Knospen von Kokospalmen frisst. Außer durch Lebensraumverlust ist der Philippinen-Gleitflieger auch durch Jagd bedroht, weil man sein weiches Fell und sein Fleisch, das örtlich als Spezialität gilt, nutzt. Zu seinen natürlichen Feinden gehört einer der seltensten Vögel der Welt, der Affenadler (*Pithecophaga jefferyi*). Man schätzt, dass Riesengleiter bis zu 90 % seiner Nahrung ausmachen. Daraus könnte man schließen, dass Riesengleiter häufiger und tagaktiver sind als allgemein angenommen. Doch ihre scheue Lebensweise macht es schwer, ihren Bestand genau zu schätzen. Wie bei vielen anderen Regenwald-Säugern in Südostasien wird es das Beste für die Riesengleiter sein, in ihrem Verbreitungsgebiet Reservate einzurichten, in denen sie geschützt sind.

KMacK

Rechts: *Das grau und braun gefleckte Fell bietet dem Malaien-Gleitflieger eine sehr wirksame Tarnung, wenn er am Baumstamm ruht.*

Links: *Der Philippinen-Gleitflieger beim „Fliegen" mit voll ausgebreitetem Patagium. Während eines gemessenen Gleitfluges von 136 m zwischen Bäumen verlor ein Gleitflieger nur 12 m an Höhe.*

ORDNUNG: DERMOPTERA

Familie: Cynocephalidae. 2 Arten der Gattung *Cynocephalus*.

Verbreitung SO-Asien

MALAIEN-GLEITFLIEGER *Cynocephalus variegatus*

Temminck-Gleitflieger

Malaysia, Thailand, Tenasserim, Sumatra, Borneo, Java und benachbarte Inseln. Tropischer Regenwald und Kautschukplantagen. KL 34–42 cm; SL 22–27 cm; „Flügelspannweite" 70 cm; GT 1–1,75 kg. Fell: Oberseite der Flughaut graubraun gesprenkelt mit weißen Flecken (eine wirksame Tarnung an Baumstämmen), Unterseite heller; Weibchen sind meist mehr grau, Männchen mehr braun oder rötlich; Weibchen sind etwas größer als Männchen. Fortpflanzung: Ein Junges nach 60 Tagen Tragzeit. Lebenserwartung: Unbekannt.

PHILIPPINEN-GLEITFLIEGER *Cynocephalus volans*

Philippineninseln Mindanao, Basilan, Samar, Leyte, Bohol. Wälder in Bergen und Flachlandgebieten. KL 35–38 cm; SL 22–27 cm; GT 1–1,5 kg. Fell: Dunkler und weniger gefleckt als beim Malaien-Gleitflieger. Fortpflanzung und Lebenserwartung: Wie Malaien-Gleitflieger. IUCN-Status: Gefährdet.

Abkürzungen: KL = Körperlänge; SL = Schwanzlänge; GT = Gewicht

Rechts: *Ein Weibchen des Malaien-Gleitfliegers mit einem Jungen. Die Kleinen, die mit etwa sechs Monaten entwöhnt werden, sind bei der Geburt winzig. Sie wiegen nur um die 35 g und erreichen erst mit zwei bis drei Jahren Erwachsenengröße.*

GEBISS

Riesengleiter sind Pflanzenfresser mit hoch spezialisierten Zähnen, die kein anderes Säugetier in ähnlicher Form aufweist. Wie Wiederkäuer besitzen die Tiere eine Lücke vorn im Oberkiefer, zu deren Seiten alle oberen Schneidezähne stehen. Der zweite obere Schneidezahn verfügt über zwei Wurzeln – auch das ist einmalig unter Säugern. Am interessantesten am Gebiss der Gleitflieger ist jedoch, dass die zwei Paar Schneidezähne im Unterkiefer eine kammähnliche Form haben, mit bis zu 20 „Kammzinken" über einer Wurzel. Die Funktion dieser „Zinken" kennt man nicht genau. Vielleicht werden sie als Werkzeug verwendet, um Baumsäfte zu filtern, oder zur Fellpflege benutzt.

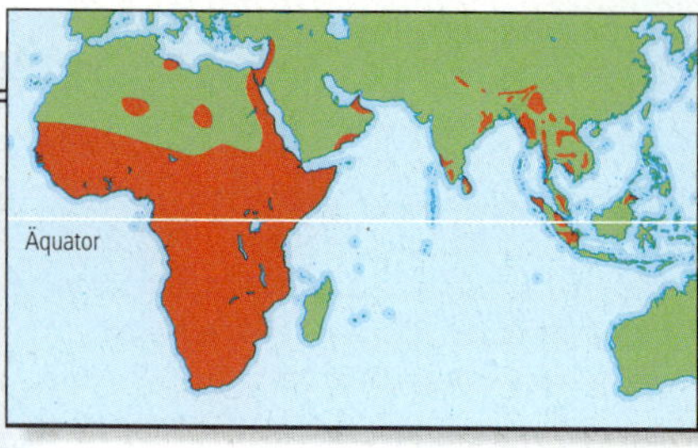

FAST-HUFTIERE

Riesige Elefanten, kleine Schliefer und im Wasser lebende Seekühe scheint auf den ersten Blick wenig zu verbinden. Dennoch gehen Zoologen davon aus, dass die Mitglieder dieser drei Ordnungen enger miteinander verwandt sind als mit anderen Säugerarten. Aus diesem Grund hat man sie in der Überordnung der Paenungulata (Fast-Huftiere) zusammengefasst.

Molekularbiologische und anatomische Untersuchungen scheinen die Verwandtschaft zu bestätigen. Tatsächlich könnten Seekühe (Ordnung Sirenia) enger mit Elefanten verwandt sein als die Schliefer (Hyracoidea). Die Gruppierung der Seekühe und Elefanten trägt den Namen Tethytheria und umfasst auch die Desmostylier, eine ausgestorbene Gruppe amphibischer Säuger.

Viele Biologen, vor allem Molekularsystematiker, rechnen auch die Erdferkel (Ordnung Tubulidentata) zu den Fast-Huftieren; Anatomen und Paläontologen betrachten diese Gruppierung mit Skepsis. Alle genannten Säuger mit Ausnahme der Seekühe tauchten zunächst in Afrika auf und verbreiteten sich dort, vermutlich weil ein gemeinsamer Vorfahre bereits früh auf diesem Kontinent isoliert wurde.

Die Ordnungen der Fast-Huftiere – Hyracoidea (Schliefer), Sirenia (Seekühe) und Proboscidea (Rüsseltiere) – teilen bestimmte anatomische Merkmale, darunter Details in der Struktur des Schädels, der Gelenke und der Plazenta. Alle besitzen kurze, nagelähnliche Hufe und den *Musculus styloglossus*, der zwischen Schädelbasis und Zunge verläuft und sich am Übergang zur Zunge gabelt. Weibchen weisen zwei Zitzen (oder Brustwarzen) zwischen den Vorderbeinen auf (Schliefer verfügen über ein bis zwei zusätzliche Zitzenpaare am Bauch). Die Hoden ruhen in einer Bauchhöhle unweit der Nieren. Auch unter biochemischen Gesichtspunkten sind die Ordnungen miteinander verwandt.

Jenseits von Afrika

Die Ursprünge der Fast-Huftiere

Die ältesten Huftiere, die Condylarthra (Ur- oder Stammhuftiere), tauchten vor rund 65 Millionen Jahren im frühen Paläozän auf. Sie waren die Vorfahren der modernen Unpaarhufer (Perissodactyla) und Paarhufer (Artiodactyla). Als weitere Seitenlinie der Condylarthra entwickelten sich die Fast-Huftiere in Afrika, während sich der Kontinent von der übrigen Landmasse abspaltete. Im frühen Eozän (vor ca. 54 Millionen Jahren) hatten sich die Fast-Huftiere in die drei genannten Ordnungen gespalten.

Die Tubulidentata (einzige Vertreter: Erdferkel) entwickelten sich bereits früh während des Paläozäns aus den Condylarthra und spezialisierten sich auf Termiten und Ameisen als Nahrung. Obwohl Erdferkel Ameisenbären ähneln, sind sie mit diesen nicht verwandt. Fossilfunde legen nahe, dass die Mitglieder dieser Ordnung sich während des späten Miozäns (vor acht Millionen Jahren) von Afrika nach Europa und Asien ausbreiteten. Drei der bekannten Gattungen sind heute ausgestorben.

Die Schliefer breiteten sich vor ca. 40 Millionen Jahren in Afrika und im Süden Eurasiens (inklusive China) aus. Heute leben sie in Eurasien nur noch im östlichen Mittelmeerraum. Einige wurden so groß wie Tapire, doch blieben nur die kleineren Formen übrig. Während des Miozäns, vor 25 Millionen Jahren, starben viele Schlieferarten aus, vermutlich weil sie der Konkurrenz der Artiodactyla (Paarhufer), die sich gleichzeitig ausbreiteten, nicht gewachsen waren.

Die Rüsseltiere waren eine sehr erfolgreiche Ordnung, die sich zunächst in Afrika, dann über die ganze Erde (außer Australien und Antarktis) verbreitete. Zu ihren typischsten Merkmalen zählen ihre Größe, aber auch die gepolsterten Schwielensohlen, die verlängerten säulenartigen Gliedmaßen sowie eine veränderte Schädelstruktur. Die heutigen Elefanten sind die letzten Vertreter einer ursprünglich großen Zahl von Proboscidea, von denen viele bis ins Pleistozän überlebten. Elefanten besitzen nur obere Stoßzähne; die Bezahnung hat sich der Ernährungsweise der Grasfresser angepasst. Das Dinotherium, das in Afrika und Asien lebte, besaß nur am Unterkiefer Stoßzähne und tapirähnliche Molaren. Die in Nordamerika verbreiteten Mastodonten waren ebenfalls Weidetiere und verloren wie die

Rechts: *Entwicklung des Elefanten. Ausgehend vom kleinen, tapirähnlichen* Moeritherium **1** *im frühen Oligozän (vor 34 Mio. Jahren) entwickelten sich die Rüsseltiere in der Mitte des Miozäns (vor ca. 15 Mio. Jahren) zu einer weit verbreiteten Gruppe.* Trilophodon **2** *gehörte zu einer Familie von Gomphotheren und lebte vom Miozän bis zum Pleistozän (vor 2,4–1,8 Mio. Jahren) in Eurasien, Afrika und Nordamerika.* Platybelodon **3**, *ein Mitglied derselben Familie mit schaufelförmigem Rüssel, lebte im späten Miozän in Asien und Nordamerika. Das Amerikanische Mammut* (Mammuthus imperator) **4**, *das größte Rüsseltier aller Zeiten, war im Pleistozän in Eurasien, Afrika und Nordamerika verbreitet. Es besaß erstmals Zähne mit hohen Kronen wie der moderne Afrikanische* Elefant (Loxodonta africana) **5**.

Elefanten schließlich die unteren Stoßzähne. Die Gomphotheren mit ihren schweineähnlichen Backenzähnen waren wahrscheinlich Allesfresser. Die meisten Formen behielten die unteren Stoßzähne und verbreiteten sich in Nord- und Südamerika.

Hoch spezialisiertes Gebiss

BEZAHNUNG

Alle Fast-Huftiere weisen Besonderheiten bei den Backen- und Schneidezähnen auf, und allen fehlen die Eckzähne. Die oberen Schneidezähne der Elefanten haben sich in die typischen Stoßzähne umgewandelt, und auch Schliefer und Dugongs besitzen verlängerte Schneidezähne (Manatis dagegen überhaupt keine). Elefanten und Schliefer zeichnen sich durch Querleisten auf den Molaren aus. Die Backenzähne der Schliefer erinnern stark an jene des Urpferds, das man genau aus diesem Grund zunächst fälschlich für einen Schliefer hielt und *Hyracotherium* taufte. Die übrigen Fast-Huftiere sind jedoch stärker spezialisiert. Die Molaren der Dugongs wachsen stetig von hinten nach. Jene der Elefanten besitzen sehr hohe Höcker, und sowohl Elefanten wie auch Manatis ziehen Vorteile daraus, dass ihre hinteren Backenzähne nacheinander tätig sind und ihre Bezahnung dadurch länger währt. Bei Elefanten ist immer nur ein Molar pro Kieferhälfte in Gebrauch. Jeder von ihnen ist größer als der vorige und nimmt mehr Platz im hinteren Teil des Kiefers ein. Nach und nach werden diese Zähne abgewetzt, dann wachsen an ihrer Stelle die dahinter liegenden Zähne. In jeder Kieferhälfte des Elefanten sind sechs Zähne angelegt, was der üblichen Bezahnung von Säugern (drei Milchbackenzähne, drei bleibende Backenzähne) entspricht. Doch wenn der letzte Zahn abgewetzt ist, besitzen Elefanten gar keine Zähne mehr.

Bei den Manatis vergrößern sich die einzelnen Zähne nicht, dafür besitzen sie mehr Zähne als bei Säugern üblich. Außerdem werden am hinteren Ende des Kiefers ständig neue Zähne gebildet, die sich allmählich nach vorn schieben und dort ausfallen, wenn sie abgenutzt sind. Bei Erdferkeln fehlen die Schneidezähne völlig, die Schweinezähnen ähnelnden Molaren und Prämolaren bestehen aus wurzellosen Zahnbeinsäulen. CMJ/RFWB

ORDNUNGEN: PROBOSCIDEA, HYRACOIDEA, TUBULIDENTATA

3 Ordnungen; 6 Gattungen; 15 Arten

Eine weitere Ordnung – die im Wasser lebenden Seekühe (Sirenia) – wird von einigen Forschern zu dieser Gruppe gerechnet, jedoch hier nur am Rand erwähnt. Nähere Ausführungen siehe Seite 278 ff.

ELEFANTEN Ordnung Proboscidea S. 436

3 Arten

Afrikanischer Elefant *(Loxodonta africana)*, **Waldelefant** *(L. cyclotis)*, **Asiatischer Elefant** *(Elephas maximus)*

SCHLIEFER Ordnung Hyracoidea S. 448

11 Arten in 3 Gattungen

Abessinischer Klippschliefer *(Procavia habessinica)*, **Kapklippschliefer** *(P. capensis)*, **Johnstons Klippschliefer** *(P. johnstoni)*, **Kaokoveldklippschliefer** *(P. welwitschii)*, **Sudanklippschliefer** *(P. ruficeps)*, **Buschschliefer** *(Heterohyrax antineae, H. brucei, H. chapini)*, **Bergwaldbaumschliefer** *(Dendrohyrax validus)*, **Steppenwaldbaumschliefer** *(D. arboreus)*, **Regenwaldbaumschliefer** *(D. dorsalis)*

RÖHRCHENZÄHNER Ordnung Tubulidentata S. 452

1 Art

Erdferkel *(Orycteropus afer)*

ANMERKUNG: Noch bemerkenswerter als die alte Verwandtschaft von Elefanten, Schliefern, Erdferkeln und Seekühen ist die neuere Entdeckung, dass sie alle zusammen mit den Rüsselhündchen, Tanreks und Goldmullen zu den Afrotheria gehören. Diese gelten als Überordnung von Säugern, die einen gemeinsamen afrikanischen Vorfahren haben (siehe Vorwort, Kapitel „Was ist ein Säugetier" und Kasten S. 722). Die Huftiere entstanden nach heutigen Erkenntnissen aus zwei konvergenten Gruppen – den Afrotheriern und den Laurasiatheriern, die sowohl Paarhufer als auch Unpaarhufer umfassen.

Unten: Schliefer, die oberflächlich betrachtet großen Nagern ähneln, sind am engsten mit den Elefanten verwandt. Einst waren sie bis nach China verbreitet, heute leben sie in Afrika und im Nahen Osten.

Elefanten

E*LEFANTEN SIND DIE GRÖSSTEN HEUTE LEBENden Landsäuger. Sie haben die größten Gehirne im Tierreich, leben so lange wie Menschen, besitzen ein Lern- und Erinnerungsvermögen und sind als Arbeitstiere unersetzbar. Vorfahren der heutigen Elefanten waren* Phosphaterium, *das erste Rüsseltier, das vor ca. 58 Millionen Jahren lebte, und das nach seinem Fundort, dem ägyptischen Moeris-See, benannte* Moeritherium *(vor 34 Millionen Jahren).*

Jahrtausendelang haben Menschen Elefanten in der Landwirtschaft und im Krieg eingesetzt, und noch heute schätzt man sie als Lasttiere. Die Jagd nach ihren Stoßzähnen, der Hauptquelle für Elfenbein, hat jedoch in den letzten 150 Jahren zu einem dramatischen Rückgang der Populationen geführt. Heute sind die Tiere vor allem bedroht, weil ihr Lebensraum schwindet.

Großer Körper, großes Gehirn

KÖRPERBAU UND FUNKTION

Afrikanische und Asiatische Elefanten unterscheiden sich physisch und physiologisch. Abgesehen von den sichtbaren Differenzen besitzen Afrikanische Elefanten ein Rippenpaar mehr (21 statt 20) als ihre asiatischen Verwandten.

Von den in Afrika heimischen Arten ist der Afrikanische Elefant besser bekannt als der Waldelefant, weil das Verhalten der Tiere sich in den offenen Savannen Ostafrikas leichter studieren lässt als im dichten Wald. Die Bullen sind die größten und schwersten Elefanten überhaupt. Das größte Tier, das 1955 in Angola geschossen wurde und heute im Smithsonian Institute in Washington DC ausgestellt ist, wog 10 t und hatte eine Schulterhöhe von 4 m. Die Tiere wachsen ihr Leben lang, der größte Elefant einer Herde dürfte demzufolge auch der älteste sein.

Die typische Form von Schädel, Kiefern, Zähnen, Stoßzähnen und Ohren sowie das Verdauungssystem der Elefanten stehen in unmittelbarem Zusammenhang mit der Evolution des Tieres und seiner Körpergröße. Schädel, Kiefer und Zähne bilden ein hoch spezialisiertes System zum Zerkauen von derbem Gras. Der Schädel ist im Verhältnis zum Hirnvolumen überproportional groß und hat sich so entwickelt, dass er den Rüssel und die Zähne tragen kann. Gleichwohl wiegt er relativ wenig, weil die Schädelknochen zum Teil mit luftgefüllten Hohlräumen durchsetzt sind.

Die Stoßzähne stellen stark verlängerte Schneidezähne dar. Sie sind bei der Geburt angelegt und wachsen das ganze Leben lang. Bei einem 60-jährigen Bullen können sie bis zu 60 kg wiegen. Sie galten von jeher als begehrte Jagdtrophäen, weshalb es heute wenig Tiere mit großen Stoßzähnen in freier Wildbahn gibt. Das Elfenbein besteht aus einer einzigartigen Mischung aus Dentin und Kalziumsalzen. Der Querschnitt eines Stoßzahns zeigt ein regelmäßiges rautentförmiges Muster, das ihn von den Stoßzähnen aller übrigen Säuger unterscheidet. Beim Fressen entfernen die Elefanten mit ihren Stoßzähnen Rinde oder graben im Boden. Ebenso setzen sie sie als Waffe ein.

Oberlippe und Nase sind verlängert und bilden einen muskulären Rüssel. Im Unterschied zu anderen Grasfressern können Elefanten den Boden nicht mit dem Maul erreichen. Frühe Rüsseltiere entwickelten keinen verlängerten Nacken, möglicherweise, weil Schädel und Kiefer zu viel wogen. Der Rüssel ermöglicht den Elefanten, Nahrung vom Boden aufzunehmen. Ebenso können sie mit ihm Äste abbrechen oder Blätter, Schösslinge und Früchte pflücken. Darüber hinaus dient er zum Trinken, Grüßen, Streicheln und Drohen, zum Verteilen von Wasser und Staub auf dem Körper und um Laute zu bilden und zu verstärken. Elefanten trinken, indem sie Wasser mit dem Rüssel einsaugen und es dann in ihr Maul spritzen. Gern kühlen sie auch ihren Körper mit einer Rüsseldusche. In Zeiten von Wasserknappheit besprühen sie sich manchmal mit Wasser, das sie in einer Tasche im Rachen gespeichert haben. Wenn Elefanten einen tiefen Fluss durchqueren, benutzen sie ihren Rüssel wie einen Schnorchel zum Atmen. Zuweilen reiben sie sich mit ihm die Augen oder säubern sich die Ohren. Schließlich machen Elefanten mit ihren Rüsseln Gegnern Zeichen, sie werfen damit Gegenstände oder greifen Stöcke, um sich am Rücken zu kratzen.

Die häufigste Lautäußerung der Elefanten ist ein mit dem Rachen erzeugtes Kollern. Dieser Ton hat eine Reichweite von bis zu 1 km und dient als Warn- oder Kontaktruf. Wenn die Tiere im dichten Busch Futter suchen, orten sie einander durch tiefe Kollerlaute, die deutlich unterhalb der für Menschen hörbaren Frequenz liegen. In offenem Gelände, wo die Mitglieder einer Herde einander sehen, ertönen die Laute seltener. Der Rüssel verstärkt Kollern und Rufe und erhöht die Bandbreite möglicher Gefühlsäußerungen. Nur wenn sie aufgeregt, überrascht und zum Angriff bereit sind oder spielen, trompeten Elefanten.

Visuelle Botschaften übermitteln Elefanten, indem sie ihre Haltung und die Position von Schwanz, Kopf, Ohren oder Rüssel ändern. Letzterer hat also auch eine kommunikative Funktion. Die Tiere können mit ihm schwere Baumstämme heben, doch dient er zugleich als hoch empfindliches Instrument zum Riechen und Betasten. Gerüche spielen für die Sozialkontakte innerhalb einer Herde und beim Erkennen äußerer Gefahren eine wichtige Rolle. Überdies eignen sich die beiden fingerähnlichen, mit feinen Härchen versehenen Lippen am Rüsselende aber auch, um sehr kleine Gegenstände aufzuheben. Elefanten berühren sich häufig gegenseitig mit ihren Rüsseln. Mütter führen ihre Jungen mit dem Rüssel und wenn Elefanten einander begegnen, grüßen sie sich oft, indem sie das Maul des Gegenübers mit der Rüsselspitze berühren.

Das Gehirn eines Elefanten wiegt 3,6 bis 4,3 kg (Kühe) bzw. 4,2 bis 5,4 kg (Bullen). Der Schläfenlappen ist noch stärker gewunden als beim Men-

Afrikanischer Elefant

Asiatischer Elefant

a

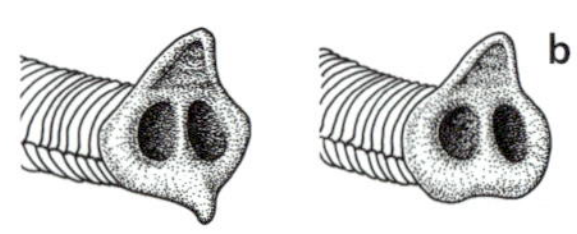

b

Oben: *Afrikanischer und Asiatischer Elefant im Vergleich. Der Afrikanische Elefant ist größer, sein Rücken ist gewölbt, die Ohren sind größer. Der Rüssel besitzt zwei „Finger“* **a**, *jener des Asiatischen Elefanten nur einen* **b**. *Bei Asiatischen Elefanten haben fast nur Bullen Stoßzähne, bei den Afrikanischen beide Geschlechter.*

Links: *Afrikanische Elefantenkuh mit Kalb. Die für Elefanten typischen großen Ohren dienen zur Kühlung des mächtigen Körpers, weil die Tiere über die große Fläche gut Wärme abgeben können.*

schen, wodurch sich seine aktive Oberfläche vergrößert. Elefanten benötigen viel Speicherplatz für Informationen, denn sie müssen Artgenossen unterscheiden, sich deren Verhalten merken und auch gefährliche Orte und Situationen sowie gute Futterplätze in Erinnerung behalten können. Manche Verhaltensweisen der Tiere legen nahe, dass sie sogar erkennen können, was Artgenossen fühlen. Familien, die von einer alten Kuh geführt werden, haben gute Überlebenschancen, da das erfahrene Tier aufgrund seines Erinnerungsvermögens entscheiden kann, wohin sich die Herde bei Gefahr oder Trockenheit begibt. Alle genannten Faktoren zeugen von der hohen Intelligenz der Tiere.

Die Ohren der Elefanten dienen nicht nur der Kommunikation, sondern werden auch zum Kühlen eingesetzt, da Tiere mit großen, kompakten Körpern stets Gefahr laufen zu überhitzen. Die Ohren sind gut durchblutet. An heißen, windigen Tagen spreizen die Elefanten ihre Ohren manchmal ab, damit Luft über sie streicht und sie kühlt. Untersuchungen der Blutgefäße im mittleren Ohrbereich zeigen, dass diese bei niedrigen Temperaturen nicht unter der Haut hervortreten, sich bei hohen Temperaturen jedoch ausdehnen. Elefanten besitzen außerdem ein sehr gutes Gehör, sie verständigen sich meist durch Rufe– vor allem die Waldelefanten.

FAKTEN

ELEFANTEN

Ordnung: Proboscidea

Familie: Elephantidae

3 Arten in 2 Gattungen

VERBREITUNG Afrika südlich der Sahara; S-Asien.

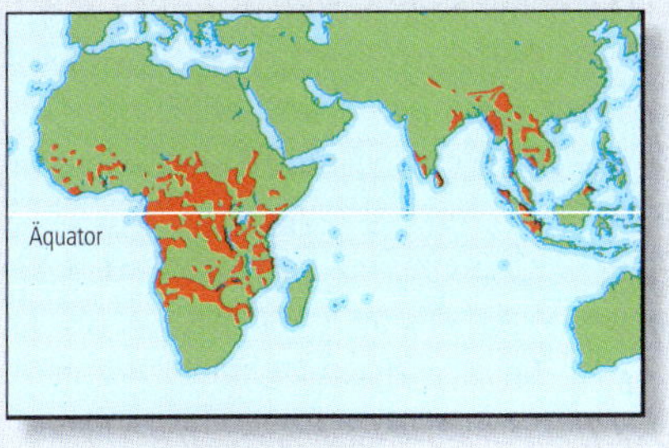

AFRIKANISCHER ELEFANT *Loxodonta africana*
Südlich der Sahara in O- und Zentral-Afrika. Savanne. KL 6–7,5 m, Kühe 0,6 m kürzer; SH Bullen 3,3 m, Kühe 2,7 m; GT Bullen bis 6 t, Kühe 3 t. An den dicksten Stellen misst die Haut 2–4 cm und ist spärlich behaart. Afrikanische Elefanten haben vier Zehen an den vorderen und drei an den hinteren Gliedmaßen. Fortpflanzung: Tragzeit rund 656 Tage. Lebenserwartung: 60 Jahre (über 80 in Gefangenschaft). IUCN-Status: Stark gefährdet.

WALDELEFANT *Loxodonta cyclotis*
Zentral- und W-Afrika; dichter Tieflandregenwald. KL, SH und GT wie Afrikanischer Elefant. Stoßzähne gerader, Ohren runder als beim Afrikanischen Elefanten. Fünf Zehen an vorderen und vier Zehen an hinteren Gliedmaßen wie beim Asiatischen Elefanten. Eine Unterart des Waldelefanten ist der Zwergelefant *(L. c. pumilio)*, KL 2,4–2,8 m; GT 1800–3200 kg. Verbreitung Sierra Leone bis Demokratische Republik Kongo. IUCN-Status: Stark gefährdet.

ASIATISCHER ELEFANT *Elephas maximus*
Indischer Subkontinent und Sri Lanka, Indochina, Teile von Malaysia, Thailand und südostasiatische Inseln. Immergrüne trockene Laubwälder, Dornbuschwälder, Sumpf und Grasland; vom Meeresspiegel bis 3000 m. Drei Unterarten: *E. m. maximus* auf Sri Lanka, *E. m. sumatranus* auf Sumatra und *E. m. indicus* auf dem asiatischen Festland. KL 5,5–6,4 m; SH 2,5–3 m; GT Bullen 5,4 t, Kühe 2,7 t. Haut: Dunkelgrau bis braun, manchmal fleischfarbene Partien auf Stirn, Ohren und Kehle. Fortpflanzung: Tragzeit 615–668 Tage; in der Regel ein einziges Kalb, GT ca. 100 kg. Lebenserwartung: 75–80 Jahre in Gefangenschaft. IUCN-Status: Stark gefährdet.

Abkürzungen: KL = Körperlänge; SH = Schulterhöhe; GT = Gewicht

Der mächtige Körper wird von säulenartigen Extremitäten mit dicken, schweren Knochen getragen. Betrachtet man die Knochenstruktur der Vorderbeine, zeigt sich, dass Elefanten vorn Zehengänger und hinten Halb-Sohlengänger sind (Menschen sind Sohlengänger, ihre Ferse berührt den Boden). Elefanten gehen meist gemächlich, können aber auch 3 bis 4 km pro Stunde zurücklegen. Rennende Tiere sollen bis zu 40 km/h erreichen und bei dieser Geschwindigkeit über kurze Strecken leicht einen Menschen überholen. Allerdings liegen hierzu keine konkreten Daten vor.

Elefanten sind keine Wiederkäuer. Ihr Verdauungssystem ähnelt jenem der Pferde. Die Fermentation findet im Caecum (Blinddarm) statt, einer erweiterten Tasche an der Gabelung von Dick- und Dünndarm.

Die grauen Riesen verbringen mindestens drei Viertel ihrer Zeit mit Nahrungssuche und -aufnahme. In der Regenzeit verzehren Afrikanische Elefanten überwiegend Gras sowie kleinere Mengen an Blättern von verschiedenen Baum- und Buscharten. Sind die Gräser nach dem Ende der Regenfälle verdorrt, wenden sich die Tiere den holzigen Teilen der Bäume und Büsche zu. Sie fressen auch große Mengen Blumen und Früchte, sofern diese vorhanden sind, oder graben, vor allem nach den ersten Regenfällen, nach Wurzeln.

Der Speiseplan Asiatischer Elefanten umfasst bis zu 100 Pflanzenarten; zu über 85 % ernähren sie sich jedoch von zehn bis 25 bevorzugten Gewächsen. Dabei spielen auch Feldfrüchte eine gewisse Rolle, da die Elefanten in landwirtschaftlich stark genutzten Gegenden leben. Bei Kulturpflanzen wie Getreide und Hirse handelt es sich meist um Gräser, die Menschen wegen ihres hohen Protein- und Nährstoffgehalts anpflanzen. Es überrascht daher nicht weiter, dass Elefanten sie wilden Gräsern vorziehen.

Oben: *Der Rüssel dient vielen Zwecken. Unter anderem pflücken die Tiere damit geschickt Blätter und Schösslinge von hohen Ästen. Bei den Afrikanischen Elefanten dienen diese als Ergänzung zu Gras, bei Waldelefanten als Hauptnahrungsquelle.*

Aufgrund ihrer Körpergröße und weil sie Futter schlecht verwerten, benötigen Elefanten riesige Mengen an Nahrung. Adulte Tiere nehmen täglich 74 bis 150 kg Futter zu sich, pro Jahr sind das rund 50 t. Weniger als die Hälfte davon verdauen sie. Die Darmflora der Elefanten unterstützt die Verdauung. Da sie bei Kälbern noch nicht ausgeprägt ist, fressen diese zur Unterstützung den Kot älterer Familienmitglieder.

Darüber hinaus brauchen Elefanten 80 bis 160 l Flüssigkeit pro Tag und können diese Menge in weniger als fünf Minuten aufnehmen. In der Trockenzeit graben sie oft mit Rüssel und Stoßzähnen Löcher in ausgetrocknete Flussbetten, um an das lebenswichtige Nass zu gelangen.

Matriarchat und Bullen in der Musth

SOZIALVERHALTEN

Die meisten Informationen über die Wanderbewegungen von Elefanten erhielt man durch Radiotelemetrie, die in Afrika seit 1969 zum Einsatz kommt. Ende des 20. Jahrhunderts entwickelte man auf der Basis von Satellitenfunk verbesserte Sender, mit denen sich stündlich die genaue Position eines Elefanten abrufen lässt.

Die durchschnittliche Tagesstrecke ist je nach Tier unterschiedlich. Einer Studie in Kenia zufolge legte ein Elefant, der im Wald mit guten Wasserquellen lebte, rund 3 km/Tag zurück, während seine Artgenossen im kärgeren Norden 12 km/Tag liefen. Meist wandern die Tiere pro Tag 7 bis 8 km.

Warum wurden Elefanten so groß?

Auf ihrem evolutionären Höhepunkt verbreiteten sich die heute noch lebenden und die mittlerweile ausgestorbenen Elefantenarten überall auf der Welt. Einzige Ausnahme bildeten Australien, Neuseeland und die Antarktis. Bis zum Pleistozän (vor rund zwei Millionen Jahren) umfassten ihre Lebensräume auch Wüsten und Bergwälder. Diese außergewöhnliche Verbreitung hing wesentlich mit der Körpergröße zusammen.

Der evolutionäre Erfolg wird besser verständlich, wenn man einen Blick auf die frühen großen Grasfresser wirft. Die ersten größeren Grasfresser in Afrika – die Perissodactyla – waren Vorfahren der Pferde. Sie entwickelten sich vor rund 58 Millionen Jahren im späten Paläozän und herrschten vor, bis im mittleren Eozän (vor 46 Millionen Jahren) die wiederkäuenden Artiodactyla, die Vorfahren der Antilopen, auftauchten. Wahrscheinlich umfasste die Nahrung der Perissodactyla eine größere Bandbreite von eher derben Pflanzen, jene der Wiederkäuer eine kleinere Auswahl an weicheren Pflanzen.

Die ersten Rüsseltiere lebten im späten Paläozän. Die Elephantidae tauchten im späten Miozän zu einer Zeit auf, als die sehr erfolgreichen Wiederkäuer sich bereits weiter entwickelten und neue ökologische Nischen eroberten. Als Nicht-Wiederkäuer vertrugen die Elephantidae Pflanzen, die für Wiederkäuer zu derb waren, gerieten dadurch aber in Konkurrenz zu den Perissodactyla.

Verdauungssystem und Stoffwechsel erlauben es großen Tieren, weniger nährstoffreiche Pflanzen zu fressen als kleinere Arten. Die Elephantidae folgten lediglich dem Gesetz der natürlichen Auslese. Indem ihre Körpergröße zunahm, verschafften sie sich Vorteile, weil sie die Konkurrenz mit den Perissodactyla vermieden.

Die nahrhaftesten Pflanzenteile – Blattknospen und Früchte – wachsen nur zu bestimmten Jahreszeiten und auch dann oft spärlich und weit verteilt. Derbere Pflanzen dagegen kommen weitaus häufiger vor. Weil sie auch diese Partien verdauten, konnten die Elefanten auf holzige Teile von Bäumen und Büschen zurückgreifen und so eine Nahrungsquelle nutzen, die andere Gras fressende Säuger nicht vertrugen. Gleichzeitig waren sie aber auch in der Lage, nährstoffreiche Pflanzen und Früchte aufzunehmen, wenn diese vorhanden waren. Aufgrund dieser Vielseitigkeit, die sie im Wesentlichen ihrer Körpergröße verdankten, konnten Elefanten erfolgreich eine Fülle von Lebensräumen besetzen. RB

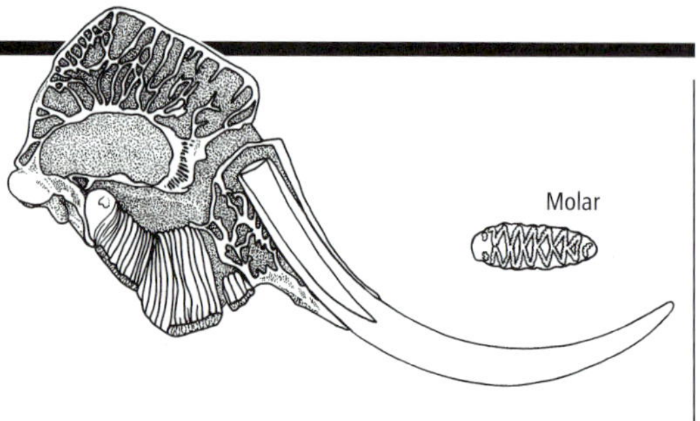

Oben: *Die Schädel machen 12 bis 25 % des Körpergewichts aus. Sie wären noch schwerer, wenn Teile der Knochen nicht schwammartig durchlöchert wären. Die Zahnformel lautet I1/0, C0/0, P3/3, M3/3. Die einzigen oberen Schneidezähne bilden die Stoßzähne. Die Backenzähne fallen aus, wenn sie abgenutzt sind und werden durch das dahinter angelegte Paar ersetzt. Auf jeder Kieferseite wird stets nur je ein Molar benutzt.*

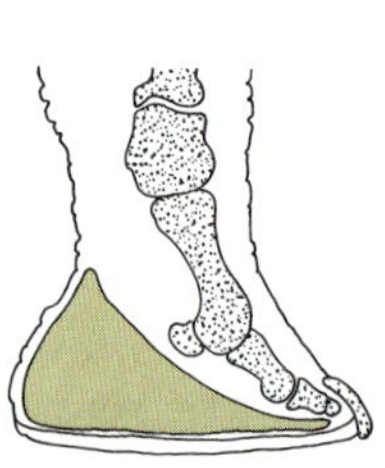

Links: *Elefantenfüße sind sehr breit. Die Zehen ruhen auf elastischen Sohlenkissen (grün). Das Gewicht der Tiere verteilt sich so gut, dass Elefanten fast keine Spuren hinterlassen.*

Oben: *Elefantenherden recken ihre Rüssel häufig hoch in die Luft und nutzen ihren ausgezeichneten Geruchssinn, um eine potenzielle Gefahr rechtzeitig zu wittern.*

Unten: *Die Haut der Elefanten ist zwar bis zu 4 cm dick, aber dennoch sehr empfindlich. Sie benötigt regelmäßig Bäder, Massagen und Staubduschen, damit sie von Krankheiten und Parasiten frei bleibt.*

Elefanten können ein sehr strammes Marschtempo vorlegen, bei dem sie mit einer Geschwindigkeit von 3 bis 4 km/h im so genannten Passgang geradewegs auf ein Ziel zuhalten und in der Regel Korridoren folgen, die verschiedene Bereiche ihres Streifgebiets verbinden. Diese Form der Fortbewegung ist eher selten und findet häufig nachts statt. Möglicherweise passieren Elefanten auf diese Weise gefährliches Terrain, um rasch an einen sicheren Ort zu gelangen.

Auf Regenfälle reagieren Elefanten unverzüglich und laufen bis zu 30 km weit, um vom augenblicklich einsetzenden Wachstum der Gräser zu profitieren. Im Wald legen sie oft weite Strecken zurück, um einen der seltenen Früchte tragenden Bäume zu finden. Wenn Elefanten sich in gefährliches Gebiet wie etwa Ackerland wagen, geschieht dies meist bei Nacht. Sie merken sich sichere Regionen und marschieren dann möglichst auf direktem Weg bis zum Rand eines geschützten Bereichs, bevor sie sich erneut auf unsicheres Areal wagen. Da Elefanten meist dieselben Pfade benutzen, entstehen regelrechte „Elefantenstraßen“, die oft durch den dichtesten Urwald führen und auch anderen Tierarten sowie Menschen als Wege dienen können.

Einige Streifgebiete zeichnen sich durch erstaunlich komplexe Strukturen aus. Innerhalb eines solchen Areals lassen sich verschiedene, durch lange Korridore verbundene Bereiche sowie Teile unterscheiden, in die die Tiere sich niemals begeben. In einem Wald in Tansania lebte eine Herde in einem

10 qkm großen Gebiet, in einer Wüstenregion Namibias umfasste das Streifgebiet 18 000 qkm. In Kenia war das durchschnittliche Revier der Elefanten 750 qkm groß, wenn es dort Wald, Busch und ausreichend Wasser gab; in futterärmeren Regionen erstreckte es sich über 1600 qkm. Erst zu Beginn des 21. Jahrhunderts begannen genaue Untersuchungen zum Revierverhalten der Waldelefanten. Ersten Ergebnissen zufolge haben ihre Streifgebiete einen Durchmesser von bis zu 60 km und sind damit deutlich größer als angenommen. Radiofernmessungsstudien bei Asiatischen Elefanten zeigen, dass Herden von Kühen in Indien ein 180 bis 600 qkm großes Gebiet durchstreifen, Bullen dagegen ein 160 bis 400 qkm großes Areal.

Elefanten leben in Herden mit komplexer Sozialstruktur. Das Gemeinschaftsleben bringt Vorteile: Die Tiere können sich zusammen verteidigen, die Kälber unterweisen und Paarungsmöglichkeiten nutzen. Elefantenkühe leben in Familienverbänden, die in der Regel aus eng miteinander verwandten adulten Kühen und ihren noch nicht geschlechtsreifen Kälbern bestehen. Bei den erwachsenen Kühen handelt es sich entweder um Schwestern

oder um Mütter und Töchter. Ein typischer Familienverband umfasst zwei oder drei Schwestern mit Kälbern oder eine alte Kuh in Begleitung von einer oder zwei erwachsenen Töchtern und deren Jungen. Wenn die weiblichen Kälber geschlechtsreif sind, bleiben sie in ihrem Familienverband und bringen dort auch ihre ersten Jungen zur Welt. Wenn die Zahl der Familienmitglieder wächst, spaltet sich eine Untergruppe junger adulter Kühe vom Verband ab. Dadurch trennen sich zuweilen verwandte Familienverbände, doch ziehen sie gewöhnlich weiter gemeinsam umher. Gruppen von zwei bis vier verwandten Familien, die gemeinsam wandern, nennt man Verwandschaftsgruppen.

Die älteste Kuh führt die Herde an. Die sozialen Bindungen zwischen den Familienmitgliedern sind sehr stark. Bei Gefahr schließen die Kühe einen Kreis um die Kälber und wenden sich drohend den Angreifern zu. Die Matriarchin oder eine andere erwachsene Kuh prüft, wie ernst die Gefahr ist. Meist zieht sich das Tier zurück, manchmal entschließt es sich aber auch zum Angriff, wobei es die Ohren abspreizt, laut trompetet und knurrt. Oft reicht die Drohgebärde aus, um den

Kommunikation über grosse Distanz

Elefanten verfügen über eine große Bandbreite von Rufen im für Menschen nicht hörbaren Frequenzbereich. Waldelefanten können sich bei 5 Hz verständigen, zwei Oktaven unterhalb des tiefsten für Menschen hörbaren Tons (20 bis 20 000 Hz). Viele Rufe Asiatischer oder Afrikanischer Elefanten liegen bei Frequenzen von 14 bis 20 Hz. Wer in der Nähe eines rufenden Elefanten steht, hört oft ein leises Kollern, doch selbst aus kurzer Entfernung können Menschen die für Elefanten hörbaren Rufe nicht wahrnehmen.

Die Dickhäuter nutzen ihre Rufe zur Verständigung über weite Strecken, denn niederfrequente Töne verlieren über solche Distanzen nur wenig an Energie. Experimente haben gezeigt, dass Rufe mit 119 dB um die Mittagszeit bis zu 4 km weit entfernte Elefanten erreichten. Abends steigt die Reichweite aufgrund der atmosphärischen Bedingungen. In der Savanne liegt in klaren Nächten (also während der Trockenzeit in Südafrika in 80 % aller Fälle) häufig eine Kaltluftschicht über einer Warmluftschicht, sodass sich in etwa 300 m Höhe (oder niedriger) eine Art „Dach" ausbildet. Es reflektiert die am Boden erzeugten Laute und verbreitet vor allem niederfrequente Töne auf Bodenhöhe oder dicht darüber. Eine Modellberechnung geht davon aus, dass sich in diesen Nächten die Hörbarkeit von Elefantenrufen von sonst 30 auf 300 qkm Fläche ausdehnt.

Die Kommunikation über lange Strecken spielt vor allem bei der Fortpflanzung eine wichtige Rolle. Erwachsene Bullen und Kühe gehen die meiste Zeit über getrennte Wege. Ist eine Kuh paarungsbereit, stößt sie kraftvolle niederfrequente Rufe aus, um dies zu signalisieren. Paarungswillige Bullen kommen dann rasch aus unterschiedlichen Entfernungen und Richtungen herbei. Sie müssen den Zustand der Kuh schnell nutzen, da die Empfänglichkeit nur sehr kurz währt und selten ist (einer Studie aus dem Amboseli-Park in Kenia zufolge rund zwei bis vier Tage alle fünf Jahre).

Die lauten, für Menschen nicht hörbaren Rufe dienen auch anderen Zwecken. Bei Erregung, Trauer oder Trennung hören Mitglieder eines Familienverbands auf diese Rufe und beantworten sie. Zu den von lautstarken Äußerungen begleiteten Situationen gehören aggressive Akte, Hilfeleistungen für Kälber, aber auch Paarungsrituale und die Begattung. Bullen und Kühe werden von den Rufen angezogen und eilen zu der Stätte, um zu helfen oder Vorteile aus der Situation zu ziehen. Verwandte Familien stimmen ihre Wanderung manchmal über Wochen ab, indem sie sich über viele Kilometer Entfernung verständigen. Sie vermeiden es, ihre Futterquellen allzu stark zu erschöpfen, bleiben aber füreinander in Reichweite.

KP

Unten: Rufe über weite Entfernungen, aber auch Berührungen – hier untersucht ein Bulle die Empfänglichkeit der Kuh – gehören zur Fortpflanzung.

Aggressor in die Flucht zu schlagen, doch manchmal geht die Leitkuh auf den Angreifer los. Häufig ist sie deshalb die Erste, die Wilderern zum Opfer fällt, und ihre Familie bleibt führerlos zurück.

Wurde ein Familienmitglied erschossen, verwundet oder betäubt, eilen die Übrigen ihm oft zu Hilfe. Aufgeregt und mit großem Lärm versuchen sie das Tier aufzurichten und wegzuführen, wobei es auf beiden Seiten von Familienmitgliedern gestützt wird.

Auch bei Asiatischen Elefanten umfasst der typische Familienverband zwei bis zehn Kühe und ihre Kälber, im Durchschnitt also 6,7 Tiere. Genaue Beobachtungen im Rajaji-Nationalpark in Nordindien haben gezeigt, dass Gruppen von drei oder weniger erwachsenen Kühen und ihren Kälbern sehr stabil sind und bis zu 90 % ihrer Zeit miteinander verbringen. Diese Verbände treffen von Zeit zu Zeit auf andere (zum Teil verwandte) Gruppen, wenn sie sich im offenen Grasland oder an Wasserlöchern aufhalten. Allerdings finden die aufwändigen Grußzeremonien, die bei Afrikanischen Elefanten beobachtet wurden, hier nicht statt; größere Verbände bleiben die Ausnahme.

Im Unterschied zu ihren Schwestern müssen junge Bullen die Familie in der Pubertät verlassen. Sie schließen sich häufig zu kleinen Gruppen zusammen, deren Zahl und Zusammensetzung ständig wechselt; auch verbringen sie kurze Phasen allein. Lange glaubte man, die Bindung zwischen den Bullen und ihr Gemeinschaftssinn seien schwach ausgeprägt, doch jüngere Untersuchungen in Kenia deuten darauf hin, dass die Bullen nach Trennungen ihre kurzzeitigen intensiven Verbindungen wieder aufnehmen. Im Norden Botswanas unterhalten Bullenpopulationen von mehreren hundert Tieren enge Beziehungen zueinander und konzentrieren ihre Aktivitäten rund um Wasserlöcher, die häufig von der örtlichen Wildbehörde angelegt werden.

Asiatische Elefantenbullen verlassen ihren Familienverband im Alter von sechs bis sieben Jahren. Ausgewachsene Bullen sind Einzelgänger. Mit Kühen sieht man sie nur zusammen, wenn diese in Hitze sind. Mit etwa 20 Jahren kommen die Bullen erstmals in die so genannte Musth, einen Zustand, der sie zum Kampf um Weibchen und zur Fortpflanzung treibt. Der Begriff Musth (ein Hindi- oder Urdu-Wort für „vergiftet") beschreibt eine physiologische Ausnahmesituation, in der der Testosteronspiegel im Blut etwa 20-mal so hoch ist wie im Normalzustand. Die Bullen verhalten sich dann meist sehr aggressiv. Im Rajaji-Nationalpark fand man heraus, dass der größte adulte Bulle in die Musth kam, wenn die meisten Weibchen empfänglich waren. Ausgewachsene Bullen (bis 35 Jahre) bleiben für rund 60 Tage in der Musth und wandern in dieser Zeit umher, um paarungsbereite Weibchen zu finden.

Afrikanische Elefantenbullen erleben die Musth ebenfalls, jedoch weniger ausgeprägt. Im Amboseli-Nationalpark in Kenia, wo das Sozialverhalten der Tiere am intensivsten untersucht wurde, kommen Bullen in der Regel erst in die Musth, wenn sie mit 29 Jahren fast vollständig ausgewachsen sind. Die Musth dauert meist zwei bis drei Monate und fällt oft mit den stärksten Regenfällen zusammen.

Oben: *Junge Afrikanische Elefantenbullen kämpfen spielerisch miteinander. Später nutzen sie die dabei erworbenen Fähigkeiten, wenn sie während der Musth mit anderen Bullen um eine Kuh werben.*

Bullen in der Musth kämpfen häufiger als andere, nicht selten stirbt sogar einer der Kontrahenten dabei. Während der Musth nehmen die Tiere weniger Nahrung zu sich als sonst und verbrennen dafür Fettreserven. Sie senden Signale aus, die andere Elefanten über ihren Zustand informieren. Die Schläfendrüsen schwellen an und sondern ein stark riechendes Sekret ab. Außerdem tröpfelt in dieser Zeit ständig pheromonhaltiger Urin aus ihrem Penis. Auch die Haltung der Tiere verändert sich: Sie tragen den Kopf höher als üblich, halten die Ohren hoch und stellen sie ab. Schließlich geben sie noch ein typisches Grollen von sich, das an das dunkle, tuckernde Geräusch eines Dieselmotors erinnert.

Der Zustand der Musth scheint den Status eines Bullen zeitweise zu erhöhen und hilft ihm Kämpfe zu gewinnen. Selbst ein kleiner Bulle wird in der Musth in der Regel einen größeren Kontrahenten besiegen, der sich nicht im gleichen Zustand befindet. Nichtträchtige Kühe sind während ihres Zyklus, der rund vier Monate dauert, nur für zwei bis vier Tage im Östrus. Wenn sie bereits einmal getragen, erfolgreich geboren und ein Junges aufgezogen haben, geraten sie sogar nur alle vier bis fünf Jahre in Hitze. Ist dies der Fall, müssen Bullen die Kühe rasch ausfindig machen. In der Musth legen Bullen weitere Strecken zurück als andere Geschlechtsgenossen. Kühe im Östrus ziehen Bullen durch laute niederfrequente Rufe an. Es scheint, als würden Kühe große Bullen kleineren und solche in der Musth anderen vorziehen. Ganz eindeutig treffen sie eine Wahl: Wenn sich eine Kuh mit einem Bullen nicht paaren will, läuft sie davon, und selbst wenn er sie einfängt, bleibt sie nicht lange genug stehen, um eine erfolgreiche Paarung zu garantieren.

Der Östrus erfolgt in der Regel während der Regenzeit, wenn auch die höchstrangigen Bullen in die Musth kommen. Die An- oder Abwesenheit größerer Bullen in der Musth bestimmt – durch den Einschüchterungseffekt –, in welchem Alter ein Bulle diesen Zustand erstmals erlebt und wie lange er dauert. Bei einer südafrikanischen Population schwächte ein zur Gruppe stoßender älterer Bulle das aggressive Verhalten der jungen Bullen ab, die zuvor mehrere Nashörner getötet hatten.

Kühe werden mit etwa zehn Jahren geschlechtsreif, während Trockenzeiten oder bei hoher Populationsdichte aber auch später. Wenn Kühe sich

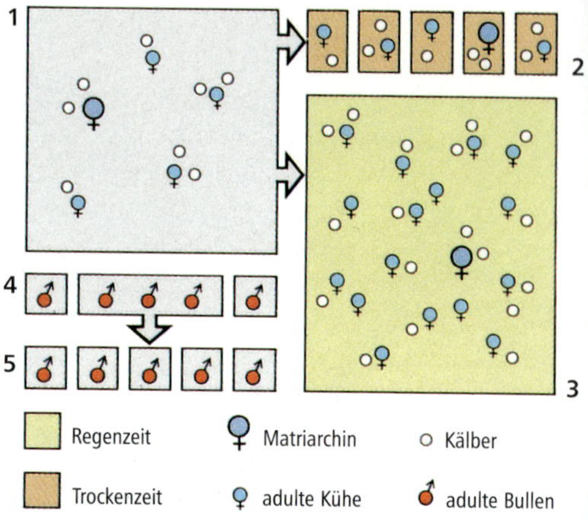

Oben: *Ein typischer Familienverband bei Elefanten besteht aus eng verwandten Kühen (mit einer Leitkuh, der Matriarchin) und Kälbern* ***1****. Wenn Futter knapp ist, splittet der Verband sich auf* ***2****. In der Regenzeit bilden Familienverbände deutlich größere Gruppen* ***3****. Die Bullen verlassen den Verband in der Pubertät und schließen sich kleinen Bullenherden an* ***4*** *oder leben allein* ***5****.*

Unten: *Zu Beginn der Regenzeit bilden sich große Gruppen, die aus Familienverbänden mit Elefanten unterschiedlichen Alters bestehen.*

fortzupflanzen beginnen, können sie alle drei bis vier Jahre ein Junges zur Welt bringen; in schlechten Zeiten geschieht dies seltener. Weibchen sind im Alter von 25 bis 45 Jahren am fruchtbarsten.

Bei den meisten Populationen orientiert sich der jährliche Fortpflanzungszyklus an der vorhandenen Menge von Futter und Wasser. Wird während der Trockenzeit Futter knapp, haben die Kühe keinen Eisprung. Wenn Regen fällt und es mehr Futter gibt, dauert es etwa zwei Monate, bis die Kühe sich die für den Eisprung nötigen Fettreserven angefressen haben. Deshalb sind Kühe in der Regel während der zweiten Hälfte der Regenzeit und in den ersten Monaten der Trockenzeit in Hitze.

Die Tragzeit dauert bei Elefanten außergewöhnlich lang – im Durchschnitt rund 630 Tage und manchmal sogar fast zwei Jahre. Dies bedeutet, dass die Kälber zu Beginn der Regenzeit auf die Welt kommen, wenn optimale Überlebensbedingungen herrschen. Nur wenn genügend Grünfutter vorhanden ist, können die Mütter die Jungen während der ersten Monate erfolgreich säugen. Etwa 70 bis 80 % der Kälber erreichen das erste Lebensjahr. Bei neueren Untersuchungen über einen Zeitraum von zwei Jahren mit 13 Müttern und ihren Kälbern erreichten sogar über 95 % der Jungen das zweite Lebensjahr.

Bei der Geburt wiegt ein Afrikanischer Elefant rund 120 kg. Der langen Tragzeit entspricht eine ausgedehnte Phase der Abhängigkeit von der Mutter. Das Junge saugt (mit dem Maul, nicht mit dem Rüssel) an den Milchdrüsen zwischen den Vorderbeinen der Kuh, deren Größe und Form den Brüsten einer Frau entfernt ähneln. (Elefanten haben Brustwarzen und keine Zitzen, wie oft fälschlich behauptet wird.) Die Kälber wachsen rasch und wiegen im Alter von sechs Jahren etwa 1 t. Nach etwa 15 Jahren sinkt die Wachstumsrate, doch wachsen Elefanten das ganze Leben lang (Bullen in der Regel schneller als Kühe).

Bei einer Geburt schließen die Kühe eines Verbands einen Ring um das Neugeborene, so genannte „Hebammen" entfernen die Embryonalhäute. Andere helfen dem Kalb auf die Beine, sodass man von einer gemeinschaftlich getragenen Verantwortung für das jüngste Gruppenmitglied sprechen kann. Junge Kühe spielen bei der Aufzucht der Jungen eine wichtige Rolle. Sie erhöhen die Überlebenschancen der Kälber und sammeln gleichzeitig Erfahrungen für die eigene Mutterrolle.

Die Existenz von Elefantenfriedhöfen ist ein Mythos, doch gibt es tatsächlich Anhäufungen von Elefantengebeinen. Möglicherweise finden sich alte Elefanten, deren Lebenstage gezählt sind, an Flussufern mit dichter Vegetation zusammen, um dort die leicht erreichbare Nahrung zu fressen. In einigen Ländern gab es Plätze, an denen Wilderer die Überreste toter Elefanten sammelten. Dies war im Murchison-Falls-Nationalpark in Uganda der Fall, in dem einst rund 8000 Elefanten lebten. Wilderer, darunter viele Soldaten aus der Armee Idi Amins, töteten zahlreiche Tiere wegen des Elfenbeins, sodass es Anfang der 1980er Jahre nur noch knapp 100 Elefanten in dem Gebiet gab.

Ein Rätsel bleibt das Verhalten der Elefanten gegenüber toten Artgenossen. Sie interessieren sich außerordentlich stark für Knochen und verbringen Stunden damit, die Überreste zu beriechen, sie mit ihren Rüsseln zu berühren, Knochen aufzuheben und in ihr Maul zu stecken oder sie auf ihrem Kopf zu balancieren. Bislang gibt es dafür keine überzeugende Erklärung, doch scheint es, als seien Elefanten in der Lage, selbst tote Artgenossen anhand des Geruchs der Knochen zu identifizieren.

Der Kampf gegen den Elfenbeinhandel

Schutzmassnahmen in Afrika

Das Verhältnis von Menschen zu Elefanten ist von jeher ambivalent. Einerseits wecken die Dickhäuter Faszination und Ehrfurcht, andererseits werden ganze Herden ausgelöscht, weil Menschen Land benötigen oder dem Elfenbein nachjagen. Selbst Elefanten haben natürliche Feinde (Löwen, Hyänen und Krokodile reißen oft Jungtiere), doch ihr gefährlichster Gegner ist nach wie vor der Mensch.

Bereits in der klassischen Antike nahm die Zahl der nordafrikanischen Elefanten rasch ab. Im Mittelalter verschwanden sie ganz. Der arabische Elfenbeinhandel, der im 17. Jahrhundert begann, führte zum noch schnelleren Rückgang der Populationen in West- und Ostafrika. Während der Kolonialzeit erforschten die Europäer bis dahin unzugängliche Gebiete und führten technische Geräte sowie vor allem Schnellfeuerwaffen in Afrika ein. Zwischen 1830 und 1900 starben besonders viele Elefanten. Heute bedrohen großflächige Rodungen und der Bau von Straßen, Gehöften und Städten die Existenz der Afrikanischen und Asiatischen Elefanten, weil ihre Lebensräume stetig schwinden. Auf diese Weise werden ihre Migrationskorridore unterbrochen und sie geraten notgedrungen immer häufiger mit Menschen in Konflikt.

In den 1960er Jahren änderte sich die Einschätzung des Schutzbedarfs grundlegend, denn in einigen Reservaten gab es plötzlich wieder zu viele Elefanten. In den 1970er und 1980er Jahren nahm ihre Zahl durch illegale Jagd nach Elfenbein aber erneut deutlich ab. Man glaubte eine Zeit lang, die Weltwirtschaftskrise der frühen 1970er Jahre habe dazu geführt, dass Investoren Elfenbein für eine sichere Kapitalanlage hielten, doch Untersuchungen der Ivory Trade Review Group haben mittlerweile ergeben, dass vor allem die gestiegene Kaufkraft der Japaner, gekoppelt mit dem Wunsch, ein

Oben: *In unzugänglichen Gegenden des indischen Subkontinents, etwa in Nepal oder auf den Andamanen, spielen Elefanten als Lastenträger oder bei der Rodung von Wäldern noch eine wichtige Rolle. Hier führt ein Mahout sein Tier durch das dichte Unterholz des Chitwan-Nationalparks in Nepal.*

Links: *Wenn während der Trockenzeit Futterknappheit herrscht, verhalten sich Elefanten sehr destruktiv. Sie reißen Rinde von den Bäumen und stürzen diese um, damit sie an Blätter und Zweige gelangen. Umherstreifende Elefanten können auch Felder zertrampeln, was in Afrika zu Konflikten mit Bauern führt.*

Oben: *Unzählige Elefanten mussten sterben, weil Wilderer Jagd auf ihre Zähne machten und machen. Hier werden beschlagnahmte Stoßzähne vernichtet.*

Rechts: *Asiatische Elefanten treten häufig bei religiösen und kulturellen Festlichkeiten auf, wie bei dieser nächtlichen Prozession durch Kandy auf Sri Lanka.*

Elfenbeinsiegel als Statussymbol zu besitzen, zwischen 1969 und 1973 den Elfenbeinpreis in die Höhe trieb und zu einer verstärkten Jagd auf Elefanten führte. Die Zahl der Elefanten nahm damals rapide ab: In Kenia sank sie von 167 000 Tieren im Jahr 1970 auf 60 000 ein Jahrzehnt später und auf 22 000 im Jahr 1989. 1979 schätzte man die Zahl der Afrikanischen Elefanten auf 1,3 Millionen Tiere; 1989 waren es nur noch 609 000. In einem einzigen Jahrzehnt war der Bestand also durch Wilderei um die Hälfte gesunken. 1989 erreichten in Reaktion auf diese erschreckende Bilanz die Bemühungen um das Verbot des Elfenbeinhandels ihren Höhepunkt. Damals sprach sich die Convention on International Trade in Endangered Species of Wild Flora and Fauna (CITES) mehrheitlich für ein generelles Handelsverbot für Elfenbeinprodukte aus.

Seitdem diskutiert man darüber, ob dieses Verbot tatsächlich dazu führt, dass weniger Elefanten sterben müssen. Dort, wo die Tiere unter Beobachtung stehen, wurde die Zahl der Todesfälle in den 1990er Jahren reduziert, vermutlich jedoch vor allem aufgrund schärferer Kontrollen. Jedenfalls ist der Preis für Elfenbein seit 1989 gesunken und mit ihm auch der Anreiz für Wilderer.

Die südafrikanischen Länder, in denen die Bestände stiegen, fühlen sich durch das Verbot ungerecht bestraft. Anfang der 1990er Jahre baten sie darum, kleine Elfenbeinmengen nach Japan liefern zu dürfen. 1997 erhielten sie eine begrenzte Exporterlaubnis. Viele Politiker in Ost-, Zentral- und Westafrika fürchteten allerdings, dass selbst dieser geringe Handel zu einem neuerlichen unkontrollierten Abschlachten der Elefanten führen könnte. Um dies auszuschließen, verpflichteten sich alle Teilnehmer der CITES-Konferenz 2000, den Elfenbeinhandel so lange auszusetzen, bis wirkungsvolle Kontrollmechanismen die Wilderei verhindern.

Seit dem Verbot des Elfenbeinhandels im Jahr 1989 sind die Konflikte zwischen Elefanten und der wachsenden Bevölkerung in ihrem Umfeld in den Vordergrund gerückt, denn während die Zahl der Elefanten außerhalb der südafrikanischen Länder um die Hälfte sank, verdoppelte sich die der Menschen innerhalb von nur zwei Jahrzehnten. Viele Bauern betrachten die Elefanten als Schädlinge, die Mehrzahl der Menschen steht ihnen gleichgültig gegenüber. Einige Hirtenstämme wie die Massai und Samburu tolerieren sie, und bei den Safari-Touristen sind sie natürlich über alle Maßen beliebt. Um das Überleben der Dickhäuter zu sichern, muss man die vor Ort lebenden Menschen davon überzeugen, dass die Tiere lebendig mehr nützen als tot und dass sie unverzichtbar zur afrikanischen Natur und Kultur gehören.

Der Schutz von Elefanten ist aufwändig und teuer, doch viele betrachten sie als wichtige Spezies, da andere, im selben Gebiet lebende Arten von ihnen profitieren. Elefanten kommt eine Schlüsselrolle zu, da sie Samen verbreiten, Savannen in Grasland verwandeln, über ihren Kot Nährstoffe verteilen, Wasserlöcher graben, die auch andere Tiere nutzen, Vögeln Futter liefern, wenn sie durch hohes Gras marschieren und dabei Insekten und andere Kleintiere aufscheuchen, und kleinere Arten vor nahenden Raubtieren warnen. Da große Tiere mehr Futter und Wasser und damit ausgedehntere Reviere benötigen als kleine, können in einem Gebiet, das für eine Herde Elefanten ausreicht, automatisch auch viele andere Arten überleben.

1995 analysierte die African Elephant Specialist Group alle verfügbaren Daten über Elefanten. Demnach gibt es heute mindestens 285 245 Elefanten, von weiteren 101 285 Tieren hält man die Existenz für wahrscheinlich, von 171 892 für möglich. Über die Existenz von 22 752 Elefanten kann man nur spekulieren. Zwar gelten Erhebungen dieser Art als eher unpräzise, weshalb man auf ihrer Grundlage keine Trends errechnen kann, doch die wiederholte Zählung einzelner Populationen legt nahe, dass die Zahl der Elefanten in Ost-, Zentral- und Westafrika weiter abnimmt, während sie in Teilen Südafrikas wie Botswana, Simbabwe und Südafrika steigt. Ein trauriges Beispiel für den stetigen Niedergang einer Population findet sich in Eritrea. Die letzte Zählung ergab zwei bis acht Tiere. Hier ist höchste Eile geboten, wenn man eine der letzten Herden im nördlichen Teil des Kontinents retten will.

Arbeitselefanten

Schutzmassnahmen in Asien

Auch der Lebensraum der Asiatischen Elefanten nimmt stetig ab. Schätzungen zufolge leben derzeit noch 37 000 bis 57 000 Asiatische Elefanten in freier Wildbahn, und zwar auf einem insgesamt rund 500 000 qkm großen Gebiet. Ca. 15 000 Tiere werden darüber hinaus in Gefangenschaft gehalten. Bereits während der Kolonialzeit nutzten die Briten die Arbeitselefanten, um Waldregionen für die Holzwirtschaft zu erschließen. Durch den Niedergang dieses Wirtschaftszweigs in Südasien, Indochina und Südostasien ist auch die Zahl der Arbeitselefanten gesunken. In einigen Ländern wie Myanmar setzt man allerdings noch rund 5000 Elefanten für Rodungsarbeiten ein.

Asiatische Elefanten sind vor allem durch den Schwund ihres Lebensraums und durch Wilderei bedroht. Elfenbeinjäger machen nur Jagd auf Bullen, weil Kühe keine Stoßzähne besitzen, doch schmälern sie dadurch die Fortpflanzungsmöglichkeiten. Im Periyar Tiger Reserve in Südindien kommt aufgrund von Wilderei nur noch ein Bulle auf 100 Kühe, weniger als ein Drittel der erwachsenen Kühe haben deshalb ein unter fünf Jahre altes Kalb. Im Rajaji-Nationalpark beträgt das Verhältnis von Bullen und Kühen dagegen 1:2, über 90 % der Kühe werden von einem Kalb begleitet.

Zu Konflikten zwischen Menschen und Elefanten kommt es vor allem in den Randbezirken zwischen Elefantenrevieren und bewohntem Land. In Indien sterben pro Jahr 300 Menschen und 200 Elefanten durch Wilderei, bei Zwischenfällen auf bestellten Feldern oder weil es zu Unfällen zwischen Mensch und Elefant kommt.

ID-H/RFWB/HS/ACW/AJTJ

PHOTO STORY

Die ersten Jahre eines Elefanten

1

3

2

4

❶ Das kaum eine Stunde alte Kalb stellt sich auf die Füße und macht seine ersten Schritte. Afrikanische Elefanten wiegen bei der Geburt ca. 120 kg, Asiatische Elefanten rund 100 kg. Das Kalb bleibt zehn Jahre lang stark von der Mutter abhängig und hat erst mit 17 Jahren die wichtigsten sozialen Verhaltensweisen und Überlebenstechniken erlernt. Elefanten leben in festen, matriarchalisch strukturierten Verbänden. Nicht nur die Mutter, sondern auch Tanten, Vettern, Cousinen und subadulte Männchen kümmern sich um das Kalb.

❷ Das neugeborene Kalb wird sogleich ermutigt, an den Milchdrüsen der Mutter zu saugen, die zwischen den Vorderbeinen liegen. Milch bildet in den ersten beiden Jahren die Hauptnahrungsquelle des Kalbs. Während dieser Zeit bringt die Kuh kein weiteres Junges zur Welt. Elefantenkälber trinken noch mit drei bis vier Jahren Milch. Wenn die Mutter stirbt, folgt das Kalb ihr fast immer in den Tod, denn andere Kühe säugen das Junge in der Regel nicht auf Kosten ihrer eigenen Kälber.

❺ Berührungen spielen bei Elefanten – und besonders bei Müttern mit ihren Jungen – eine wichtige Rolle. Meistens sind beide kaum eine Rüssellänge voneinander entfernt. Auch erwachsene Tiere berühren sich tagsüber häufig und grüßen einander, indem sie gegenseitig behutsam ihre Rüssel umfassen.

❸ ❹ Das Spiel mit Altersgenossen ist für die physische und soziale Entwicklung der Elefantenkälber sehr wichtig. Mit weit abgespreizten Ohren bedroht ein viermonatiges Kalb einen imaginären Feind. Besonders gern spielen Elefantenjunge in den frühen Morgenstunden. Bullen veranstalten bevorzugt Verfolgungsjagden und rangeln miteinander, während Kühe durchs hohe Gras rennen, Vögel jagen, Stöcke in die Luft schleudern und unsichtbare Feinde angreifen. Beide Geschlechter mögen wilde Spiele, bei denen sie übereinander klettern.

5

6

❻ Elefantenkälber müssen lernen, ihren Rüssel ins Maul der Mutter zu stecken, um Nahrung zu erhalten. Ab etwa sechs Monaten bekommt ein Kalb zusätzlich zur Muttermilch auch pflanzliche Kost und probiert Futter, wenn es sieht, dass andere Herdenmitglieder es fressen. Elefanten wissen instinktiv, ob Pflanzen bekömmlich oder schädlich sind. Allerdings können sie versehentlich etwas Giftiges fressen, etwa einen im Gras verborgenen Giftpilz.

Schliefer

D*ie alte hebräische und phönizische Bezeichnung shaphan (dt. „der sich Verbergende") ist dafür verantwortlich, dass ein großes europäisches Land eigentlich unzutreffend benannt wurde. Vor ca. 3000 Jahren segelten phönizische Seeleute westwärts durchs Mittelmeer und sichteten an einer Küste Tiere, die sie für die in ihrer Heimat, der Levante, weit verbreiteten Schliefer hielten. Sie tauften das Land deshalb Ishaphan (Insel der Schliefer). Die Römer machten daraus später Hispanien, die Wurzel des heutigen Wortes España (Spanien). Bei den Tieren, die die Phönizier sahen, handelte es sich jedoch in Wirklichkeit um Kaninchen.*

Während des Pliozäns, vor sieben bis zwei Millionen Jahren, gab es zahlreiche Schlieferarten. Ihr Verbreitungsgebiet erstreckte sich von Südeuropa bis nach China. Eine fossile Art, *Pliohyrax graecus*, lebte vermutlich im Wasser. Heute gibt es Schliefer nur noch in Afrika und im Nahen Osten.

Das Verbreitungsgebiet der Klippschliefer ist am größten und umfasst die am höchsten gelegenen Orte, Buschschliefer leben dagegen nur im östlichen Teil Afrikas. Beide Arten richten sich Höhlen oder Felsvorsprünge als Unterschlupf ein. Baumschliefer bevorzugen hingegen bewaldete Gegenden Afrikas. In den Ruwenzori-Bergen leben sie aber auch in Felshöhlen. Bei den Bergwaldbaumschliefern könnte es sich um die ältesten im Wald lebenden Baumschliefer handeln, da sie zur primitiven Fauna und Flora der Inseln Sansibar und Pemba gehören.

Klein, aber robust

Körperbau und Funktion

Das Erscheinungsbild der Schliefer hat noch mehrfach für Verwirrung gesorgt. Da sie bei oberflächlicher Betrachtung an Nager erinnern, brachte Storr sie 1780 fälschlich mit den Meerschweinchen der Gattung *Cavia* in Verbindung und gab ihnen den Familiennamen *Procaviidae* (Vorläufer der Meerschweinchen). Später erkannte man den Irrtum, wählte aber den ebenso unpassenden Ordnungsnamen Hyracoidea (griechisch „Spitzmaus").

Schliefer sind klein und robust gebaut und besitzen einen kurzen, rudimentären Stummelschwanz. Männchen und Weibchen sind etwa gleich groß (bis 60 cm lang). Selten wiegen sie wesentlich mehr als 4 kg. Die Füße eignen sich gut zum Graben. Die Hautkissen an der Fußunterseite enthalten zahlreiche Drüsen, die bei schnellem Lauf Schweiß absondern und die Haftfähigkeit beim Klettern deutlich erhöhen. Überdies können die Tiere ihre Fußunterseite teilweise zusammenziehen, sodass ein Art Saugnapf entsteht, der zusätzlichen Halt verleiht. Arten, die in kargen, heißen Gebieten leben, haben kurzes Fell, Baumschliefer und Arten, die in Bergregionen zu Hause sind, zeichnen sich dagegen durch einen dichten, weichen Pelz aus. Über den Körper sind in regelmäßigen Abständen lange, berührungsempfindliche Haare verteilt, die vermutlich in dunklen Spalten und Löchern bei der Orientierung helfen. Außerdem besitzen die Tiere eine Rückendrüse, umschlossen von einem Kranz heller Haare, die sie bei großer Erregung sträuben. Noch weiß man nicht, wozu die Drüse genau dient, doch glauben Forscher, die Tiere könnten mittels der Duftstoffe Informationen an Artgenossen weitergeben.

Grabungsstätten im Fayum, Ägypten, beweisen, dass Schliefer vor 40 Millionen Jahren die häufigsten Gras fressenden Huftiere mittlerer Größe waren. Zu jener Zeit existierten mindestens sechs Gattungen (möglicherweise jedoch deutlich mehr), deren Größe zwischen der heutigen und der moderner Tapire lag. Mit der ersten Ausbreitung der weiter entwickelten Rinderartigen im Lauf des Miozäns vor etwa 25 Millionen Jahren nahm die Zahl und Vielfalt der Populationen ab. Die Tiere überlebten nur in felsigen und baumreichen Lebensräumen, die die Boviden nicht eroberten.

Heutige Schliefer weisen noch einige primitive Merkmale auf, insbesondere eine wenig effiziente Art der Nahrungsaufnahme, denn sie beißen Futter nicht mit den Schneidezähnen, sondern mit ihren Backenzähnen. Außerdem besitzen sie kurze Füße und können ihre Körpertemperatur kaum regulieren.

Links: *In seinem Verbreitungsgebiet (Südostägypten bis nordöstliches Südafrika) ernährt sich der Buschschliefer* Heterohyrax brucei *überwiegend von Gras. Dominante Männchen wachen auf hohen Felsen, während der Rest der Kolonie Futter sucht. Man beobachtete bereits Männchen, die Wache hielten, während die übrigen Tiere sich auf den Felsen sonnten. Bei Gefahr stoßen die Schliefer einen schrillen Alarmruf aus.*

Faserhaltige Kost

NAHRUNG

Schliefer fressen eine große Bandbreite von Pflanzen. Klippschliefer ernähren sich überwiegend von eher derbem Gras und haben deshalb eine hypsodonte Bezahnung, während die sich von Blättern ernährenden Busch- und Baumschliefer weichere Kost verzehren und sich daher durch eine brachyodonte Bezahnung auszeichnen.

Schliefer kauen ihre Nahrung nicht wieder. Ihr Darmsystem ist dennoch sehr komplex gebaut, denn es umfasst drei getrennte Bereiche. Die Fähigkeit der Tiere, Fasern zu verdauen, ähnelt jener der Wiederkäuer. Die Nieren der Schliefer arbeiten so gut, dass die Tiere nur sehr geringe Flüssigkeitsmengen benötigen. Auch können sie Harnstoff und Elektrolyte hervorragend konzentrieren und große Mengen von ungelöstem Kalziumkarbonat ausscheiden. Da Schliefer stets an denselben Stellen urinieren, bildet das kristallisierte Kalziumkarbonat große weiße Ablagerungen auf den Felsen. Südafrikanische Stämme und Europäer verwendeten diese früher zu medizinischen Zwecken und behandelten damit unter anderem Epilepsie, Hysterie, Veitstanz und Verletzungen. Auch für Abtreibungen verwendete man in der Vergangenheit gelegentlich Kalziumkarbonat.

ZUSAMMENLEBEN AUF DEN KOPJES

Im Serengeti- und Matobo-Nationalpark in Tansania und Simbabwe ermöglicht der dichte Pflanzenwuchs auf den Kopjes (Granitinseln) das friedliche Zusammenleben von Buschschliefer und Johnstons Klippschliefer. Wann immer zwei oder mehr verwandte Arten sich einen begrenzten Lebensraum teilen, müssen sie unterschiedliche Nahrungsquellen nutzen, da sonst über kurz oder lang eine der Arten die andere verdrängt. Im Fall der Busch- und Klippschliefer sind es gerade die Futterquellen, die ein erfolgreiches Zusammenleben ermöglichen, denn Buschschliefer ernähren sich überwiegend von Blättern, während Klippschliefer vor allem Gras fressen. Beide Arten vertragen giftige Pflanzen, die die meisten anderen Tiere meiden.

Wenn Busch- und Klippschliefer dicht beieinander wohnen, halten sie engen Kontakt. In den Morgenstunden kauern sie sich aneinander. Sie hinterlassen Urin und Kot an denselben Stellen. Geburten finden zur gleichen Zeit statt und auch sonst verhalten sich die Tiere kooperativ. Neugeborene werden von Mitgliedern beider Arten begrüßt und berochen. Die Jungen bilden „Kindergärten"; sie verständigen sich mühelos, da sie dieselben Spiele mögen. Auch die Lautäußerungen bei Gefahr, Furcht, Wachsamkeit oder in Kontaktsituationen gleichen sich. Ähnlich enge Beziehungen zwischen zwei Säugerarten wurden bislang nur bei Primaten und Walen beobachtet.

Dennoch unterscheiden sich Busch- und Klippschliefer, was grundlegende Verhaltensmuster anbetrifft. Ihr Paarungsverhalten weicht voneinander ab, weshalb sich die Arten nicht mischen. Zudem weisen ihre Geschlechtsorgane Differenzen auf: Männliche Buschschliefer besitzen einen langen, komplex gebauten Penis mit einem dünnen Appendix, der sich zu einer Eichel verdickt, während jener der Klippschliefer kurz und schlicht ist. Auch die Revierrufe der Männchen klingen unterschiedlich.

Unten: *Johnstons Klippschliefer und der Buschschliefer* Heterohyrax brucei *sonnen sich gemeinsam auf einem Felsen im Serengeti-Nationalpark.*

FAKTEN

SCHLIEFER

Ordnung: Hyracoidea

Familie: Procaviidae

11 Arten in 3 Gattungen

VERBREITUNG Afrika und Naher Osten.

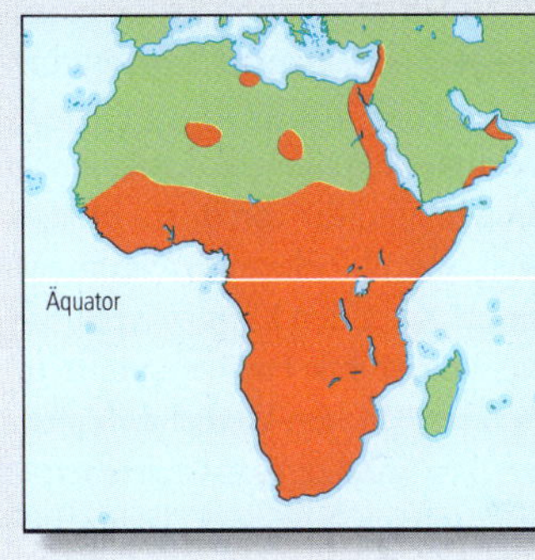

KLIPPSCHLIEFER Gattung *Procavia*
Abessinischer Klippschliefer (P. habessinica); **Kapklippschliefer** (P. capensis); **Johnstons Klippschliefer** (P. johnstoni); **Kaokoveldklippschliefer** (P. welwitschii); **Sudanklippschliefer** (P. ruficeps). SW- und NO-Afrika, Sinai bis Libanon und im SO der arabischen Halbinsel. Felsen in ariden Gebieten bis hin zur Bergregion des Mt. Kenia (3200–4200 m). Tagaktiv. KL 44–54 cm; GT 1,8–5,4 kg. Fell: Hell- bis dunkelbraun; dunkler Rückenfleck bei Kapklippschliefer, gelblich orange bei Sudanklippschliefer. Fortpflanzung: Tragzeit 212–240 Tage. Lebenserwartung: 9–12 Jahre.

BUSCHSCHLIEFER Gattung *Heterohyrax*
H. antineae; H. brucei; H. chapini.
SW-, SO- bis NO-Afrika. Felsen und Vorsprünge in verschiedenen Vegetationszonen Ostafrikas, manchmal in hohlen Bäumen; tagaktiv. KL 32–47 cm; GT 1,3–2,4 kg. Fell: Hellgrau, Unterfell weiß, gelber Rückenfleck. Fortpflanzung: Tragzeit ca. 230 Tage. Lebenserwartung: 10–12 Jahre. IUCN-Status: *H. antineae* und *H. chapini* sind gefährdet.

BAUMSCHLIEFER Gattung *Dendrohyrax*
Bergwaldbaumschliefer *(D. validus)* Kilimandscharo, Meru, Usambara, Sansibar, Pemba und kenianische Küste, **Steppenwaldbaumschliefer** *(D. arboreus)* SO- und O-Afrika, in Felslandschaften des Ruwenzori; **Regenwaldbaumschliefer** *(D. dorsalis)* W- und Zentral-Afrika. Immergrüne Wälder bis ca. 3650 m Höhe. KL 32–60 cm; GT 1,7–4,5 kg. Fell: Lang, weich, dunkelbraun; Rückenfleck hell- bis dunkelgelb, 20–40 mm lang (Bergwaldbaumschliefer), 40–75 mm (Regenwaldbaumschliefer). Fortpflanzung: Tragzeit 220–240 Tage. Lebenserwartung: 10 Jahre und länger. IUCN-Status: *D. validus* ist gefährdet, ebenso die südafrikanische Population von *D. arboreus.*

Anmerkung: Die 1993 erstellte Liste der Säugerarten betrachtet Abessinischen, Kaokoveld-, Johnstons und Sudanklippschliefer als artgleich mit *Procavia capensis* und *Heterohyrax chapini* als Unterart von *H. brucei.*

Abkürzungen: KL = Körperlänge; GT = Gewicht

Gesellige Koloniebewohner

SOZIALVERHALTEN

Schliefer können ihre Körpertemperatur kaum regulieren. Deshalb kauern sie sich aneinander und nehmen Sonnenbäder. Sie sind eher inaktiv und haben einen niedrigen Stoffwechsel, weshalb sie auch in trockenen Gebieten mit nährstoffarmem Futter überleben. Allerdings benötigen sie einen Unterschlupf mit gleich bleibender Temperatur und Feuchtigkeit.

Die Sozialstruktur der Schlieferkolonien hängt vom Lebensraum ab. Sind die von ihnen besiedelten Kopjes (felsige Granitblöcke in der Savanne) kleiner als 4000 qm, so bilden Klipp- und Buschschliefer geschlossene, stabile Familiengruppen von drei bis sieben verwandten Weibchen, einem territorialen Männchen, weiteren verstreut lebenden Junggesellen und Jungtieren beider Geschlechter. Auf größeren Kopjes wohnen mehrere Kolonien in festgelegten Revieren. Das territoriale Männchen vertreibt alle männlichen Eindringlinge aus einem Areal, das mindestens das Kerngebiet der Weibchen umfasst (27 Buschschliefer besetzen durchschnittlich ein 2100 qm großes Gebiet, bei Klippschliefern sind es vier Tiere auf 4250 qm).

Die Weibchen verteidigen ihre Streifgebiete, die sich überlagern können, nicht. Sie sind einmal pro Jahr empfänglich; die meisten Geburten finden in der Regenzeit statt. Innerhalb einer Kolonie bringen alle Weibchen ihre Jungen in einem Zeitraum von drei Wochen zur Welt. Buschschliefer gebären ein bis drei, Klippschliefer ein bis vier Junge. Die Jungen sind bei der Geburt voll entwickelt und bei beiden Arten herrscht beim Saugen eine strenge Ordnung. Die Entwöhnung findet nach ein bis fünf Monaten statt, mit 16 bis 17 Monaten sind die Tiere geschlechtsreif. Danach schließen sich Weibchen in der Regel der Gruppe adulter Weibchen an, während sich die Männchen bis zum Alter von 30 Monaten von der Gruppe entfernt halten. Erwachsene Weibchen haben eine deutlich höhere Lebenserwartung als adulte Männchen.

Adulte Männchen weisen vier Sozialformen auf: territoriale Alpha-Tiere, rangniedere Bewohner der Randzonen (periphere Männchen) sowie Tiere, die sich früh bzw. spät von der Gruppe absetzen. Territoriale Männchen sind am dominantesten. Ihr aggressives Verhalten gegenüber Geschlechtsgenossen nimmt während der Paarungszeit zu, wenn das Gewicht ihrer Hoden sich verzwanzigfacht. Diese Männchen erheben Anspruch auf empfängliche Weibchen und paaren sich vorzugsweise mit Weibchen, die älter als 28 Monate sind. Ein Alpha-Männchen beherrscht „seine" Familiengruppe das ganze Jahr über und vertreibt andere Männchen aus Schlafhöhlen, von sonnigen Felsen und Futterstellen. Männchen können sich bis zum Tod eines der Kontrahenten bekämpfen, allerdings kommt dies eher selten vor. Während die Mitglieder seiner Kolonie Nahrung suchen, sichert das territoriale Männchen von einem hohen Felsen aus und stößt bei Gefahr einen Warnruf aus. Der Territorialruf ertönt das ganze Jahr über.

Auf kleinen Kopjes können sich periphere Männchen nur selten niederlassen. In großen Gebieten werden sie jedoch am Rand eines vom territorialen Männchen verteidigten Areals geduldet. Periphere Männchen sind Einzelgänger; die

Rechts: *Kapklippschliefer mit Nachwuchs. Die Jungtiere (ein bis sechs Junge, in den meisten Fällen jedoch zwei bis drei) werden in der Regel in einer Felsspalte geboren. Die Jungen kommen mit Fell zur Welt und sind bereits kurz nach der Geburt – innerhalb von 24 Stunden – mobil.*

Links: *Ein Steppenwaldbaumschliefer frisst Akazienblätter. Zwar nennt man einige Arten Baumschliefer, doch können alle Schliefer gut klettern und auch die anderen Arten sonnen sich gern auf Bäumen. Baumschliefer sind durch das Abholzen großer Waldflächen besonders stark bedroht.*

1

Rechts: *Schliefer paaren sich kurz und heftig. Die drei Gattungen zeichnen sich durch deutliche Unterschiede in der Penisanatomie aus. Der Penis des Klippschliefers ist kurz, einfach gebaut und im Querschnitt oval. Jener des Baumschliefers gleicht ihm, ist aber leicht gebogen, der des Buschschliefers (Bild) ist dagegen lang und komplex. An seinem Ende befindet sich ein kurzer, dünner Appendix, der sich zu einer Eichel verdickt. Bei der Kopulation presst das Männchen den Penis gegen die Vagina* ***1.*** *Es folgt ein heftiger Paarungsakt, bei dem das Männchen hochspringt* ***2.*** *Danach bewegt sich das Weibchen vorwärts und zwingt das Männchen zum Rückzug* ***3.***

höchstrangigen übernehmen eine Gruppe von Weibchen, wenn das Alpha-Männchen verschwindet. Periphere Männchen verhalten sich zur Paarungszeit nicht aggressiver, rufen aber nur in dieser Phase. In der Regel paaren sie sich mit Weibchen unter 28 Monaten. Ältere Männchen meiden allerdings junge Weibchen, da die Sterblichkeitsrate bei Erstgeburten besonders hoch liegt.

Zu den frühen Abwanderern zählen die meisten jugendlichen Männchen. Sie verlassen ihren Geburtsort mit ca. 16 bis 24 Monaten, sobald sie geschlechtsreif sind. Spätabwanderer folgen ein Jahr danach, jedoch mit Sicherheit vor dem 30. Lebensmonat. Frühe wie späte Abwanderer leben bereits vorher in Streifgebieten, die sich mit denen ihrer Mütter überlagern. Während der Paarungszeit verteilen sie sich und werden zu peripheren Männchen. Zwischen territorialen Männchen und Spätabwanderern kommt es kaum zu Drohgebärden, Unterwerfungs- oder Fluchtverhalten.

Einzelne Klipp- oder Buschschliefer entfernen sich bis zu 2 km. Muss ein Tier weite Strecken über offenes Grasland zurücklegen, steigt das Risiko, einem Feind zum Opfer zu fallen.

Langzeitbeobachtungen in der Serengeti, in Matobo (Simbabwe) und Israel zeigen, dass kleine Kolonien leicht aussterben. DNA-Analysen von Klipp- und Buschschliefern in der Serengeti deuten darauf hin, dass die Populationen sich genetisch kaum verändern. Selbst die Abwanderer bleiben meist im Umkreis von 10 km.

2

3

Vielfältige Feinde

ARTEN- UND UMWELTSCHUTZ

Der Kaffernadler ernährt sich fast ausschließlich von Schliefern und ist deshalb ihr gefährlichster Feind. Auch Kampf- und Raubadler, Leoparden, Löwen, Schakale, Fleckenhyänen und verschiedene Schlangenarten jagen Schliefer. Parasiten wie Zecken, Läuse, Milben, Flöhe, Nematoden, Cestoden oder *Anthrax anthrax* erhöhen die Todesrate ebenfalls. In Kenia und Äthiopien befällt der Leishmaniose-Erreger Klipp- und Baumschliefer.

Der Bergwaldbaumschliefer wird im Waldgürtel rings um den Kilimandscharo wegen seines Fells gejagt. Da die afrikanischen Wälder stetig schwinden, gilt der Baumschliefer als bedrohteste Schlieferart, vor allem in kleinen Waldlandschaften auf Inseln wie Sansibar und Pemba oder in den Usambarabergen in Tansania. Zum Status von *Heterohyrax antineae* in Algerien und *H. chapini* im Kongo liegen keine Daten vor, doch sind sie bereits als gefährdet eingestuft. HNH

Erdferkel

NUR WENIGE MENSCHEN SIND BISLANG in freier Wildbahn einem Erdferkel begegnet. Die nachtaktiven Tiere gehören zu Afrikas seltsamsten und am höchsten spezialisierten Säugern. Die einzigen lebenden Mitglieder der Ordnung Tubulidentata (Röhrchenzähner) ernähren sich von Ameisen und Termiten. Sie leben so versteckt, dass man bis heute nur wenig über sie weiß.

Oben: *Hat das Erdferkel einen Termitenbau aufgespürt, nimmt es eine sitzende Haltung ein und dringt mit Maul und Nase in die Öffnung vor. Die Nahrungsaufnahme dauert 20 Sekunden bis sieben Minuten.*

Erdferkel (Afrikaans „Aardvark") ähneln nur oberflächlich Schweinen, mit denen sie aufgrund ihrer großen, tütenartigen Ohren und der rüsselförmigen Schnauze verglichen werden. Ihre Schnauze ist allerdings deutlich länger als jene der Schweine und ganz auf die spezielle Kost – Ameisen und Termiten – abgestimmt. Schweine sind dagegen Allesfresser.

Ameisen als Leibgericht

KÖRPERBAU UND FUNKTION

Erdferkel fressen Ameisen und Termiten – ihre Anatomie hat sich im Lauf der Zeit dieser Kost angepasst. Mit ihrer rüsselförmigen Schnauze, die dicht über dem Boden etwa 30 cm zu beiden Seiten ausschwenkt, suchen die Tiere im Zickzackgang nach Futter. Oft folgen sie mehrere Nächte hintereinander denselben Pfaden. Wenn sie die Spitze ihrer weichen Nase fest in den Boden drücken, saugen sie stets ein wenig Erdreich ein, das jedoch dank eines Filters aus dichten Haaren in den Nasenöffnungen nicht in die Lungen gelangt. Die Scheidewand zwischen den Nasenöffnungen ist mit fleischigen Verdickungen besetzt, die wohl zum Aufspüren der Beute dienen.

Wenn ein Erdferkel auf Ameisen oder Termiten stößt, gräbt es rasch mit den Vorderfüßen eine V-förmige Furche. Die kurzen, kräftigen Extremitäten haben vorn vier und hinten fünf Zehen mit langen, scharfen, löffelförmigen Krallen, die das Graben erleichtern. Eine klebrige, runde, lange und dünne Zunge sowie gut entwickelte Speicheldrüsen wirken wie Fliegenpapier, an dem die meisten Termiten oder Ameisen hängen bleiben. Die Mägen der Erdferkel besitzen einen von Muskeln umschlossenen Pförtner (Magenausgang), der wie ein Muskelmagen funktioniert und das Futter zerkleinert. Erdferkel müssen ihre Kost daher nicht kauen und benötigen weder Schneide- noch Eckzähne. Stattdessen verfügen sie über je zwei nachwachsende, wurzellose obere und untere Prämolaren und je drei obere und untere Molaren in jeder Kieferhälfte. Die Zähne unterscheiden sich von jenen anderer Säuger dadurch, dass kein Schmelz das dünne Zahnbein (Dentin) umhüllt.

Männliche wie weibliche Erdferkel besitzen Analdrüsen, die ein stark riechendes gelbliches Sekret absondern – vermutlich, um über den sozialen Status der Tiere zu informieren. Die großen Ohren deuten auf das gute Gehör hin, doch sind sie während der Futtersuche meist aufwärts und nicht zur Erde gerichtet. Wahrscheinlich will das Erdferkel nicht in erster Linie seine Beute, sondern potenzielle Gefahren wahrnehmen.

Erdferkel benötigen pro Nacht über 50 000 Insekten, um satt zu werden. In einer Studie verzehrten sie 21 Ameisen- sowie zwei Termitenarten (Letztere überwiegend im Winter). Erdferkel teilen ihren Lebensraum mit anderen Termiten- und Ameisenfressern, unter anderem mit Hyänen, Schakalen, Geiern, Störchen, Gänsen, Steppen-Schuppentieren, Löffelhunden und Erdwölfen. Diese Tiere fressen aber auch andere Beute, sodass Konkurrenz vermieden wird.

Jäger der Nacht

SOZIALVERHALTEN

Erdferkel sind nachtaktive Einzelgänger. Sie verlassen ihren Bau in der Regel kurz nach Einbruch der Dunkelheit, im Winter manchmal auch am späten Nachmittag. Mit Sendern versehene Tiere in der kargen Karoo Südafrikas zeigten sich am frühen Abend zwischen 20 Uhr und Mitternacht am aktivsten, der Stand des Monds spielte dabei offensichtlich keine besondere Rolle. In ihren Streifgebieten legen Erdferkel ein gut organisiertes System von Bauen an, in denen sie notfalls Schutz vor Feinden oder Stürmen finden. Die Tiere der Karoo suchten jede Nacht Futter in einem 2 bis 5 km großen Areal und legten pro Stunde ca. 550 m zurück ohne zu rasten. Ihr Weg verlief kreisförmig, schloss jedoch nicht das gesamte Streifgebiet ein. Anderen Studien zufolge können Erdferkel in einer zehnstündigen Jagdphase sogar

FAKTEN

ERDFERKEL

Orycteropus afer

Erdferkel oder Aardvark

Ordnung: Tubulidentata

Familie: Orycteropodidae

18 Unterarten, doch liegen zu wenig Untersuchungen für eine exakte Klassifikation vor.

VERBREITUNG Afrika südlich der Sahara, in Wüsten allerdings nicht verbreitet.

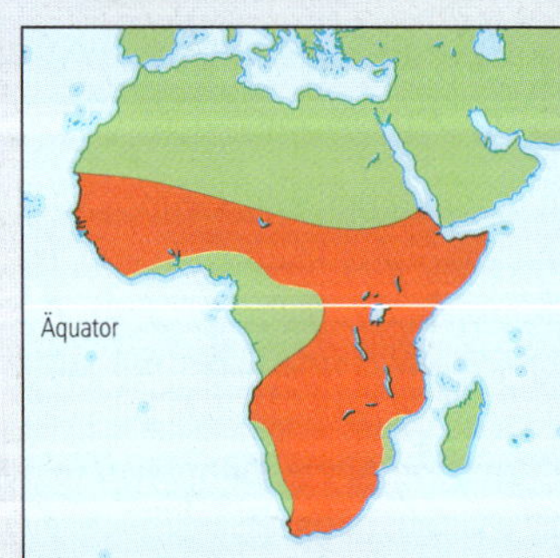

LEBENSRAUM Überwiegend offenes Waldland, Busch und Grasland, seltener Regenwald, meidet felsige Hügel.

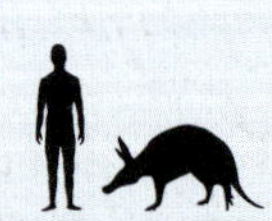

GRÖSSE Körperlänge 105–130 cm; Schwanzlänge 45–63 cm; Gewicht 40–65 kg. Männchen und Weibchen sind gleich groß.

FELL Hell, gelbgrau mit weißlichem Kopf und Schwanz (die graue bis rötlich braune Farbe entsteht häufig durch Graben im Boden). Weibchen zuweilen etwas heller.

NAHRUNG Überwiegend Ameisen und Termiten.

FORTPFLANZUNG Tragzeit 7 Monate.

LEBENSERWARTUNG Bis zu 10 Jahre in Gefangenschaft.

IUCN-STATUS Nicht bedroht.

bis zu 15 km weit laufen oder in einer Nacht ein 30 km großes Gebiet absuchen.

In der Karoo umfasste das Streifgebiet von Männchen und Weibchen 133 bis 384 ha und überschnitt sich deutlich mit jenem benachbarter Tiere. Im Sommer verbrachten die Erdferkel mehr Zeit mit der Futtersuche als im Winter und hielten sich acht bis neun Stunden im Freien auf. Im Winter waren sie nur fünf Stunden unterwegs und kehrten stets vor Mitternacht in ihren Bau zurück.

Erdferkel legen Baue nach drei Mustern an. Einige entstehen, während die Tiere Futter suchen; andere sind größere und über das Streifgebiet verteilte Schlupflöcher, die zeitweilig Zuflucht bieten; schließlich gibt es noch dauerhaft genutzte Baue, in denen die Jungen zur Welt kommen. Letztere sind tief, bis zu 13 m lang und labyrinthartig verzweigt. Meist besitzen sie mehr als einen Zugang.

Erdferkel wechseln ihr Zuhause regelmäßig und können, wenn nötig, in beachtlicher Geschwindigkeit (fünf bis 20 Minuten) einen neuen Bau graben. In der Karoo unterzogen die Erdferkel jährlich 0,05 % der Gesamtfläche ihres Streifgebiets mit Bauen und nutzten sie in vier bis 38 aufeinander folgenden Nächten, dann gaben sie sie auf. Nur Mütter und ihre Jungen teilen sich einen Bau. Ihren Kot hinterlassen die Tiere im gesamten Streifgebiet in flachen Gruben, die sie mit Erdreich bedecken.

Über die Fortpflanzung der Erdferkel weiß man nur, dass während der Regenzeit, wenn Termiten besonders leicht zu fangen sind, ein einzelnes, ca. 2 kg schweres Junges zur Welt kommt. Mit sechs Monaten gräbt es seinen ersten Bau, bleibt aber bis zur nächsten Paarungszeit bei der Mutter.

Bedrohung durch Wandel

ARTEN- UND UMWELTSCHUTZ

Da Erdferkel sich ausschließlich von Ameisen und Termiten ernähren, vertragen sie kaum Veränderungen ihres Lebensraums. Intensive Landwirtschaft verringert ihre Zahl, Viehhaltung nützt ihnen dagegen, weil sich dadurch die Bedingungen für ihre Lebensgrundlage, die Termiten, verbessern. Solange nur wenige Daten und Erkenntnisse über Erdferkel vorliegen, kann man allerdings kaum Schutzmaßnahmen einleiten.

Die Tiere werden wegen ihres Fleisches und wegen ihrer Zähne gejagt, die die Margbetu, Ayanda und Logo in der Demokratischen Republik Kongo als Schutz gegen Krankheit und als Glücksbringer um den Hals tragen. Die Haare der Tiere werden manchmal zu Pulver zerstoßen, das, mit Bier vermischt, als starkes Gift gilt. Auch legen Einheimische Erdferkelklauen in Körbe zum Fangen von Termiten, weil dies angeblich die Ausbeute vergrößert.

RJvA

Links: *Dank ihrer langen, tütenförmigen Ohren hören Erdferkel Feinde früh. Wenn sie sich tief in den Boden eingegraben haben, legen sie die Ohren flach an, damit kein Erdreich sie am Hören hindert.*

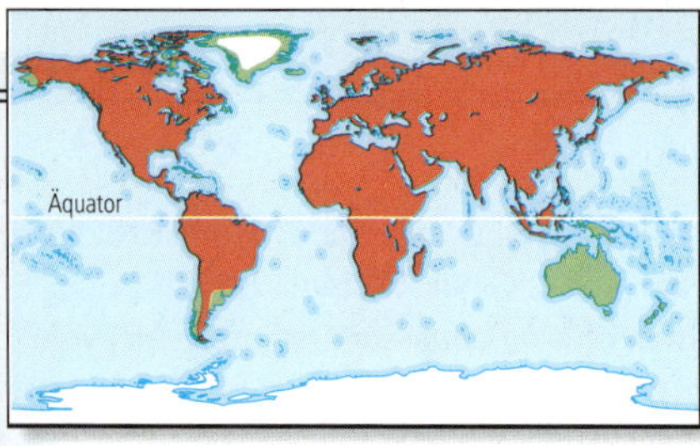

HUFTIERE

DER BEGRIFF „HUFTIERE“ BEZEICHNET ALLE Säuger, bei deren Vorfahren im Lauf der Evolution die Krallen zu Hufen wurden. Diese Entwicklung scheint an den Verzehr von Pflanzen, eine terrestrische Lebensweise und die Neigung zu schneller Fortbewegung gekoppelt zu sein. Huftiere (Ungulata) bilden eine Gruppe relativ großer, Pflanzen fressender Tiere, die ausgewachsen über 50 kg wiegen. Ihr gehören etwa 80 Prozent der Arten an Land lebender Säuger an. Die modernen Huftiere der Ordnungen Perissodactyla und Artiodactyla entwickelten sich vor ungefähr 65 Millionen Jahren aus einem gemeinsamen Vorfahren aus der Gruppe der Condylarthren. Zu den Huftieren zählen auch die Subungulata, denen Elefanten, Schliefer und Seekühe angehören.

Trotz der oberflächlichen Ähnlichkeiten zwischen Pferden und Antilopen, Nashörnern und Flusspferden, Tapiren und Schweinen zählt das jeweils erste Tier dieser Paare zu den Perissodactyla (Unpaarhufern) und das zweite zu den Artiodactyla (Paarhufern). Die Ähnlichkeiten zwischen den Angehörigen der beiden Ordnungen gehen größtenteils auf eine konvergente Evolution zurück. Molekularstudien erwiesen, dass die Klassifizierung dieser Tiere auf der Basis ihrer Morphologie weitgehend korrekt ist und die beiden Ordnungen eng miteinander verwandt sind, während sie den Subungulaten weit ferner stehen als früher angenommen. Interessant ist die ständig wieder aufgeworfene Frage, ob die Waltiere den Artiodactyla zuzurechnen sind (wie Molekularbiologen vorschlagen) oder ob man sie, wie von Morphologen gewünscht, als eigene Ordnung Cetacea und damit Schwestertaxon der Artiodactyla betrachten sollte.

Körperform und Sinne

ANATOMIE UND PHYSIOLOGIE

Trotz unterschiedlichen Körperbaus und dem Umstand, dass sie zwei verschiedenen Ordnungen von Huftieren angehören, haben ein 1 kg schweres Hirschferkel, ein 3 t schweres Flusspferd und ein anmutiges Vollblutpferd viel gemeinsam. Im Allgemeinen besitzen Huftiere horizontal gehaltene Köpfe mit langer Schnauze, tonnenförmige Leiber, ungefähr gleich lange Beine und kurze Schwänze. Die relativ dicke Haut ist von Haaren bedeckt. Der Fuß primitiver Säuger läuft in fünf Zehen aus, die beim Stehen und Laufen alle auf dem Boden abgesetzt werden. Bei den Huftieren reduzierte sich die Zahl der Zehen und bei keiner Art blieb der erste Zeh erhalten. Mittelhand- und Mittelfußknochen sind stark verlängert. „Hände“ und „Füße“ der Huftiere dienen nur der Fortbewegung und sind nicht in der Lage zu greifen. Die Länge der Beine und die gestreckte Fußhaltung (Zehenspitzengänger) verleihen den Tieren große Schnelligkeit und Ausdauer. Der Gabelbock (*Antilocapra americana*), vermutlich das schnellste Huftier, erreicht Geschwindigkeiten bis zu 86 km/h. Halbesel (*Equus hemionus*) sind bei Sprints fast ebenso schnell und können längere Zeit mit einem Tempo von 50 km/h galoppieren.

Unpaarhufer und Paarhufer unterscheiden sich voneinander hinsichtlich der Art und Weise sowie dem Grad der Veränderungen ihrer Füße sowie der Anzahl der Zehen. Paarhufer besitzen an jedem Fuß zwei bis vier Zehen. Das Gewicht des Tieres ruht auf einer gedachten Achse, die zwischen dritter und vierter Zehe verläuft. Bei Wiederkäuern und Kamelen sind Mittelhand- und Mittelfußknochen verlängert und miteinander verschmolzen. Die beiden Zehen zweigen scheinbar von einem einzigen Knochen ab, was den Eindruck hervorruft, der Huf sei „gespalten“. Bei Unpaarhufern tragen entweder jeweils ein Zeh oder drei Zehen das Körpergewicht, wobei die Achse des Beins durch den mittleren (dritten) Zeh verläuft. Die fünfte Zehe des Hinterfußes ging verloren. Die relativ kurzen Mittelhand- und Mittelfußknochen dreizehiger Arten wie Nashörner und Tapire sind nicht miteinander verwachsen.

Die frühesten Pferdeformen hatten noch drei Zehen, doch seit dem späten Eozän (vor etwa 40 Millionen Jahren) stützen Pferde ihr Körpergewicht auf ihren dritten Zehen ab. Die nächste Stufe der Entwicklung hin zum modernen Pferd kennen wir durch Fossilien aus dem späten Eozän. Die zweiten und vierten Zehen dieser Arten waren zwar zurückgebildet, hatten aber vermutlich beim Galoppieren und Springen eine Stützfunktion. Diese fossilen Pferde besaßen einen verhornten Huf. Ihre Mittelfußknochen waren stark verlängert (wenn auch noch nicht verschmolzen) und bildeten lange, schlanke Gliedmaßen. Bei allen heutigen Arten blieben von diesen seitlichen Zehen nur winzige Knochenreste übrig (Griffelbeine). Das Gewicht wird nun von den vier verbreiterten Hufen getragen. Einzehige (monodaktyle) Pferde traten erstmals im späten Miozän (vor etwa zehn Millionen Jahren) auf.

Huftiere verfügen über ein gutes, wenn auch nicht übermäßig scharfes Gehör, kleine drehbare Ohren und einen ausgeprägten Geruchssinn. Einige von ihnen, darunter Pferde, sehen ausgezeichnet sowohl bei Tag als auch bei Nacht. Besonders

die in offenem Gelände heimischen Arten sind zu binokularem Sehen imstande. Dies ermöglicht ihnen, Entfernungen und Geschwindigkeiten präzise einzuschätzen. Huftiere kommunizieren hauptsächlich durch visuelle und akustische Signale, die bei in Wäldern lebenden Arten in stärkerem Maße durch Duftsignale ergänzt werden. Anders als viele Paarhufer besitzen Unpaarhufer weder an den Füßen noch im Gesicht Duftdrüsen und setzen daher eine Auswahl zahlreicher und vielfältiger Laute ein. Wiederkäuende Paarhufer wie Hirsche und Antilopen sind nahezu stumm, während Pferde auf sehr unterschiedliche Weise schnauben und wiehern sowie viele andere Laute hervorbringen können. Unpaarhufer zeigen auch ein vielfältigeres Mienenspiel als Paarhufer, unter

Unten: *In Afrika ist die Artenvielfalt an Huftieren am größten. Dort, wo häufig Trockenheit vorherrscht, treffen viele Arten von Huftieren (und ihre Fressfeinde) an Wasserstellen zusammen. Im Etoscha-Nationalpark in Namibia etwa haben sich Zebras (Unpaarhufer, Familie der Equiden) und Elenantilopen (Paarhufer, Familie der Boviden) an einem Wasserloch versammelt, um ihren Durst zu löschen.*

anderem deshalb, weil ihre Art, beim Fressen die Lippen in stärkerem Maß als die Zunge einzusetzen, zur Entwicklung einer differenzierteren Gesichtsmuskulatur führte.

Zelluloseverwertung

ERNÄHRUNG UND VERDAUUNG

Alle Huftiere sind überwiegend an Land lebende Pflanzenfresser, die sich von Blättern, Blüten, Früchten oder Samen von Bäumen, Kräutern und Gräsern ernähren. Schweine und Pekaris allerdings sind stärker omnivor und nehmen auch Wurzeln, Knollen sowie tierische Nahrung auf. Mit wenigen Ausnahmen fressen alle Paarhufer und Unpaarhufer auf dem Boden stehend. Selbst die amphibischen Flusspferde weiden an Land. Da die Huftiere nicht in der Lage sind, ihr Futter mit den vorderen Extremitäten zu halten, müssen sie es direkt von der Pflanze oder vom Boden aufnehmen. Dabei setzen sie die an diese Aufgabe angepassten Lippen, Zähne und Zunge ein. Die Zungen von Giraffen und Okapis sind so lang und biegsam, dass die Tiere sogar ihre Augen sauber lecken können.

Alle Huftiere fressen Pflanzen, doch nicht alle Pflanzen besitzen den gleichen Nährwert. Laub ist meist reich an Kohlenhydraten wie Stärke und Zucker, aber arm an Fett und Eiweiß. Der geringe Fettanteil ihrer Nahrung scheint für die Huftiere kein Problem darzustellen; viele Arten verloren im Lauf ihrer Evolution ihre Gallenblase, die bei anderen Säugetieren für die Herstellung der Gal-

ORDNUNGEN: PERISSODACTYLA UND ARTIODACTYLA
13 Familien; 88 Gattungen; 212 Arten

UNPAARHUFER
Ordnung Perissodactyla

PFERDEARTIGE Unterordnung Hippomorpha

PFERDE, ZEBRAS UND ESEL
Famile Equidae – Equiden S. 468

7 (9) Arten in 1 Gattung
u.a. **Wildesel** *(Equus asinus)*, **Hauspferd** *(E. caballus)*, **Burchell-Steppenzebra** *(E. burchellii)*

NASHORNVERWANDTE Unterordnung Ceratomorpha

TAPIRE Familie Tapiridae S. 474

4 Arten in 1 Gattung
u.a. **Flachlandtapir** *(Tapirus terrestris)*

NASHÖRNER Familie Rhinocerotidae S. 476

5 Arten in 4 Gattungen
u.a. **Spitzmaulnashorn** *(Diceros bicornis)* und **Panzernashorn** *(Rhinoceros unicornis)*.

PAARHUFER
Ordnung Artiodactyla

SCHWEINEARTIGE Unterordnung Suina

SCHWEINE Familie Suidae S. 484

13 (16) Arten in 5 Gattungen
u.a. **Wildschwein** *(Sus scrofa)*

PEKARIS Familie Tayassuidae S. 488

3 Arten in 2 (3) Gattungen
u.a. **Halsbandpekari** *(Tayassu/Pecari tajacu)*

FLUSSPFERDE Familie Hippopotamidae S. 490

2 (4) Arten in 2 Gattungen
Flusspferd *(Hippopotamus amphibius)* und **Zwergflusspferd** *(Hexaprotodon liberiensis)*

SCHWIELENSOHLER Unterordnung Tylopoda

KAMELE UND LAMAS
Familie Camelidae S. 496

6 Arten in 3 Gattungen u.a. **Hauskamel** *(Camelus bactrianus)*, **Guanako** *(Lama guanicoe)*

WIEDERKÄUER Unterordnung Ruminantia

HIRSCHFERKEL Familie Tragulidae S. 500

4 Arten in 3 Gattungen
u.a. **Afrikan. Hirschferkel** *(Hyemoschus aquaticus)*

MOSCHUSTIERE Familie Moschidae S. 502

4 Arten in 1 Gattung
u.a. **Moschushirsch** *(Moschus moschiferus)*

HIRSCHE Familie Cervidae S. 504

38 (43) Arten in 16 Gattungen
u.a. **Rothirsch** *(Cervus elaphus)*, **Rentier** *(Rangifer tarandus)* und **Elch** *(Alces alces)*

GIRAFFE UND OKAPI Familie Giraffidae S. 520

2 Arten in 2 Gattungen **Giraffe** *(Giraffa camelopardalis)*, **Okapi** *(Okapia johnstoni)*

GABELHORNTIERE Familie Antilocapridae S. 528

1 Art **Gabelbock** *(Antilocapra americana)*

HORNTRÄGER
Familie Bovidae S. 530

123 (137) Arten in 47 (45) Gattungen
u.a. **Bison** *(Bison bison)*, **Oryxantilope** *(Oryx gazella)* und **Steinbock** *(Capra ibex)*

Anmerkung Die 1993 vorgelegte Taxonomie unterschied 13 Familien, 87 Gattungen und 238 Arten (hier in Klammern).

lensalze zuständig ist. Diese emulgieren Fette und schließen sie auf. Proteine enthalten die Aminosäuren, die der Körper für seine Entwicklung und Regeneration benötigt. Samen stellen die ergiebigste Quelle pflanzlichen Proteins dar, doch treten sie nur in kleineren Mengen auf, sodass Pflanzenfresser oft Mühe haben, genügend Eiweiß aufzunehmen, besonders wenn sie klein sind und deshalb einen hohen Grundumsatz haben. Gelegentlich kommt es vor, dass kleine Antilopen wie Ducker Vögel fangen und fressen, um an Eiweiß zu kommen, während Schweine sich gern von Aas ernähren. Kohlenhydrate treten in Pflanzen in zwei Formen auf: in dem löslichen Zellinhalt und in den faserreichen Zellwänden. Diese sind nicht ohne Weiteres verdaubar. Um sie trotzdem nutzen zu können, ist das Gebiss der Huftiere zum Zermahlen der Nahrung angelegt. Molaren und Prämolaren zerquetschen die Zellwände, um an das gut verdaubare Innere zu kommen. Der hintere Teil des Gebisses funktioniert nach dem gleichen Prinzip wie eine Mühle: Die großen, abgeflachten Molaren zerkleinern die Pflanzenteile. Kiefermuskulatur und Form des Schädels sind dahingehend modifiziert, dass die untere Zahnreihe mit mahlenden Bewegungen unter der oberen durchgezogen werden kann. Die meisten anderen Säugetiere vollführen beim Kauen eher eine Auf-und-ab-Bewegung, die die Nahrung einfach nur zerschneidet und zerdrückt. Einige Huftiere – vor allem Gras fressende Tiere – besitzen hochkronige Backenzähne, die eine lebenslange Abnutzung zulassen. Eine Lücke trennt die mahlenden Backenzähne von den pflückenden Schneidezähnen. Ursprünglich dienten die Eckzähne der Säugetiere zum Durchbohren von Fleisch, doch setzen von allen Huftieren nur die Schweine sie noch auf diese Weise ein. Bei Unpaarhufern bildeten sich die Eckzähne vollständig zurück oder blieben – wie bei den Pferden – nur als Hakenzähne bei Hengsten übrig. Bei einigen Wiederkäuern sind die unteren Eckzähne geblieben und Bestandteil der Schneidezahnreihe. Die oberen Eckzähne haben sich in verlängerter Form nur bei wenigen Arten erhalten, deren Männchen entweder keine oder nur kleine Hörner tragen (z.B. Moschushirsche, Chinesische Wasserrehe und Muntjaks).

Unter den Unpaarhufern gibt es auch Tiere, die wie die Schweine faserarme Pflanzen sowie Früchte und Knollen fressen. Diese Arten verwerten Zellulose nicht und besitzen wie die meisten Säugetiere nur einen einfachen Magen. Andere Huftiere wiederum verleiben sich große Mengen an Zellulose ein. In ihrem Darm leben Bakterien und Protozoen, die Zellulose aufschließen. Die Stellen, an denen diese Mikroorganismen sich aufhalten, und die Art und Weise, in der sie in die Verdauung eingreifen, sind bei Paarhufern und Unpaarhufern unterschiedlich. Ein wiederkäuender Paarhufer verfügt innerhalb seines komplexen, mehrteiligen Magens über eine Gärungskammer, in der verdaute Nahrung durch ein siebartiges System zu einem hinteren, „echten" Magen befördert wird, während unverdaute Nahrung in einer separaten Kammer einem Gärungsprozess ausgesetzt und dann wieder hochgewürgt wird, um im Maul ein zweites Mal gekaut zu werden. Durch die bis zu vier Tage währende Gärung wird die Zellulose optimal verwertet. Eine einfachere Form der Gärung im Vormagen, auf die kein Wiederkäuen folgt, ist typisch für die ausgeprägteren Pflanzenfresser unter den schweineartigen Paarhufern, u.a. Pekaris und Flusspferde.

Bei Unpaarhufern findet die Gärung im hinteren Darmbereich statt, im Blinddarm und Dickdarm. Obgleich diese Vorgänge aus biochemischer Sicht mit den bei Wiederkäuern stattfindenden identisch sind, ist die Zelluloseverdauung der Unpaarhufer weniger effizient, denn die Nahrung verbleibt nur etwa halb so lang im Darm: Ein Pferd verdaut Gras in rund 48 Stunden, eine Kuh in 80. Und während die Kuh Zellulose zu 60 % verdaut, verwertet das Pferd sie nur zu 45 %. Deshalb muss es täglich eine größere Menge an Nahrung zu sich nehmen, was wiederum durch die raschere Verdauung möglich wird. Man könnte diese Relation vielleicht mit der zwischen einem kleinen Gemüseladen und einem Supermarkt vergleichen: Der Gemüseladen („Wiederkäuer") hat niedrige Verkaufszahlen, aber eine hohe Gewinnspanne, während der Supermarkt („Nichtwiederkäuer") hohe Verkaufszahlen erzielt und deshalb auch mit niedriger Gewinnspanne noch einen akzeptablen Umsatz erzielt.

Wiederkäuer verwerten junges, kurzes Gras und kommen mit kleineren Mengen aus, sodass sie auch da überleben, wo Nahrung hochwertig, aber knapp ist. Nichtwiederkäuer sind dort im Vorteil, wo Nahrung reichlich vorhanden, jedoch von minderer Qualität und faserreich ist. Wüstenbewohner wie Oryxantilope und Kamel oder Tundratiere wie Rentier und Moschusochse stehen für große Pflanzenfresser, die dank ihres Verdauungsapparats überleben können. In den Savannen Afrikas, in denen beide Typen von Tieren nebeneinander vorkommen, teilen sie das Nahrungsangebot untereinander auf. Zebras z.B. fressen die nährstoffärmeren längeren – älteren – Halme, während

Körperbau der Huftiere

Rechts: *Für die Verwertung der in ihrer faserreichen Nahrung enthaltenen Zellulose entwickelten Huftiere zwei sehr unterschiedliche Verdauungssysteme. Bei Nichtwiederkäuern (Unpaarhufern) werden die Inhalte der Zellen im (einfachen) Magen vollständig verdaut. Anschließend gelangt der Speisebrei in Blinddarm und Dickdarm, wo Bakterien ihn durch Gärung zersetzen. Der Verdauungsapparat der Wiederkäuer ist wesentlich komplexer und die Nahrung verbleibt längere Zeit im Darm. Das zum ersten Mal gekaute Futter gelangt in den Pansen, in dem Bakterien einen Gärungsprozess bewirken. Dann wird der Brei hochgewürgt und ein zweites Mal durch Kauen zerkleinert. Die feineren Partikel wandern durch den zweiten (Netzmagen) und dritten (Blättermagen) zum vierten Magen (Labmagen). Mikroorganismen werden als zusätzliche Proteinquelle mit den Faserpartikeln zusammen verdaut. Im Dünndarm werden die Nährstoffe absorbiert und auch im Blinddarm kommt es zu Gärung und Absorption.*

Unten: *Die effiziente Verdauung der Wiederkäuer nimmt viel Zeit in Anspruch. Bei großen Pflanzenfressern macht sich dies insofern bezahlt, als große Tiere große Nahrungsmengen benötigen und daher nicht die Zeit haben, die erforderlich wäre, um nach qualitativ hochwertigem Futter zu suchen. So müssen sie mit minderwertigerer Nahrung auskommen, die in großen Mengen verfügbar ist. Andererseits ist der Verdauungsvorgang bei Wiederkäuern sehr langwierig. Eine größere Menge an Nährstoffen kann nur mithilfe eines einfachen Verdauungsapparats und einer kürzeren Verdauungszeit aufgenommen werden. Flusspferde sind die größten Paarhufer. Zwar findet bei ihnen vor der Verdauung im Magen bereits eingeschränkt Gärung statt, doch besitzen sie einen einfachen Magen, sind keine Wiederkäuer und verdauen schneller. Kleine Tiere fressen weniger, verbrauchen aber mehr Energie pro Kilogramm Körpergewicht. Deshalb müssen sehr kleine Wiederkäuer ihre Nahrung relativ schnell verdauen und bevorzugen hochwertige Nahrung, deren Zersetzung auch mit relativ wenig Gärung vonstatten geht. So gibt es also für Wiederkäuer eine Höchst- und eine Mindestgröße.*

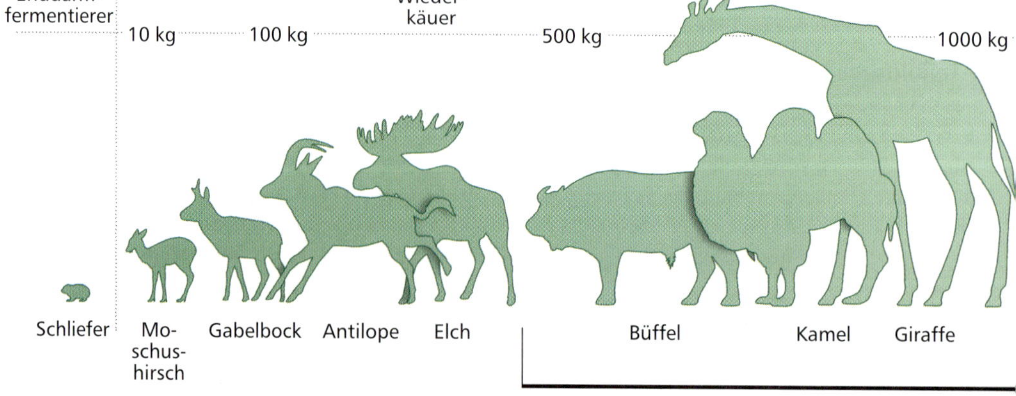

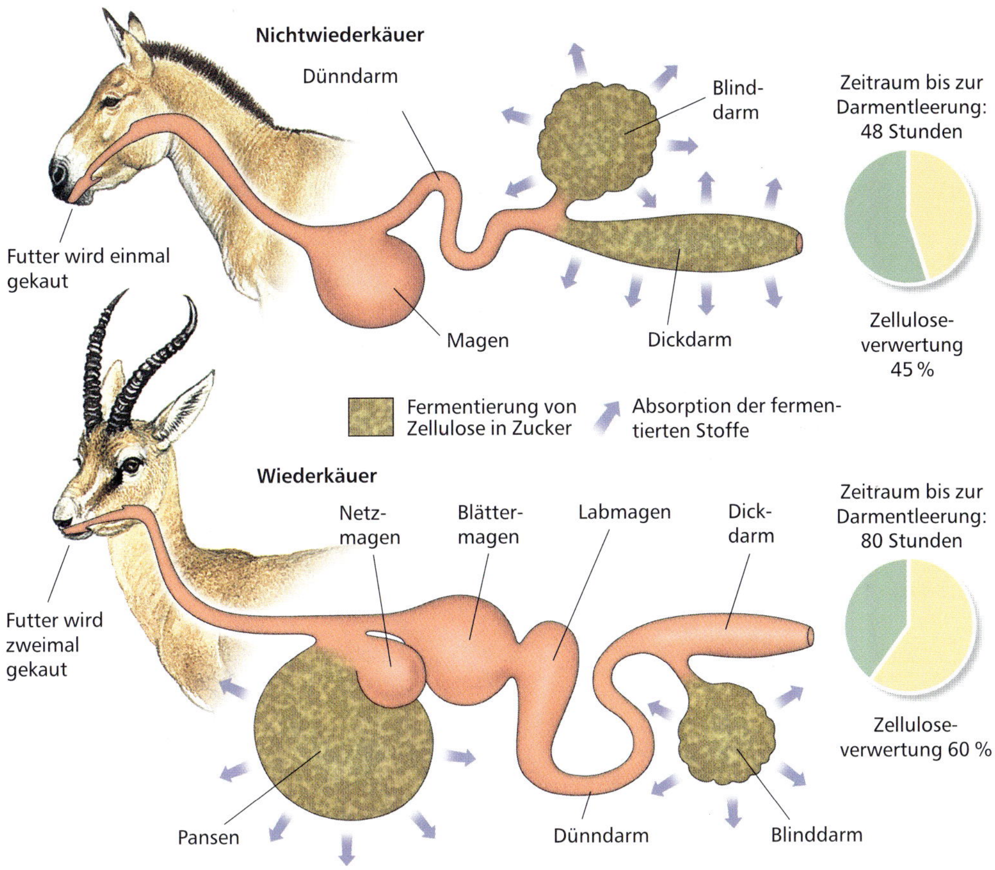

Unten: *Die Molaren primitiver Pflanzenfresser weisen niedrige, abgerundete Höcker (bunodont) auf, die sich zum Zermahlen relativ weicher Nahrung eignen. Die Molaren der omnivoren Schweine z.B. sind bunodont* ***a****. Faserreiche Pflanzen sind zäh. Bei äsenden und weidenden Huftieren entwickelten sich die stumpfen Höcker zu hohen, scharfen Leisten. Bei Unpaarhufern wie dem Nashorn* ***b*** *verlaufen die Leisten kreuzweise (lophodontes Muster). Bei Pferden* ***c*** *entwickelten sich komplexe Querjoche. Bei wiederkäuenden Paarhufern wie Hirschen* ***d*** *bilden die halbmondförmigen Leisten vor allem in Längsrichtung ein selenodontes Muster.*

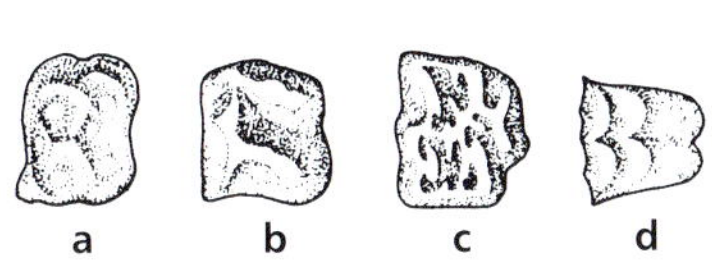

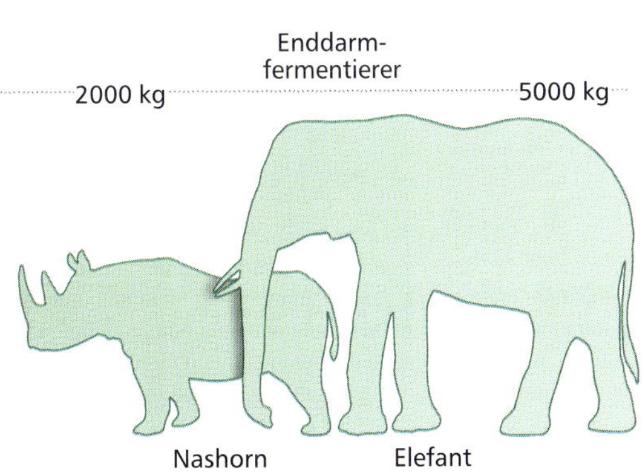

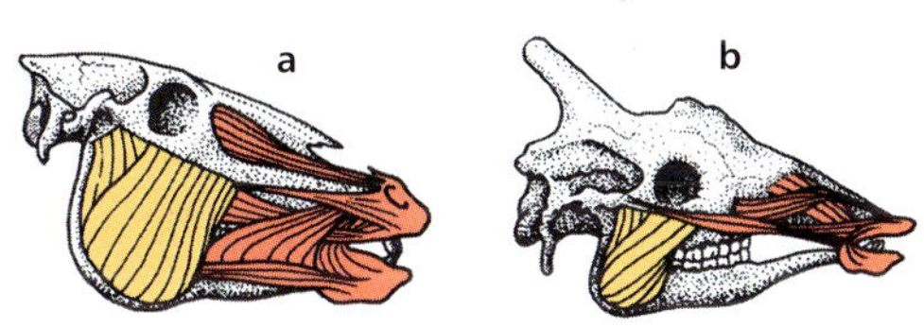

Oben: *Die unterschiedlichen Ernährungsweisen von Unpaarhufern und wiederkäuenden Paarhufern spiegeln sich in der Größe von Kiefer und Muskulatur wieder. Nichtwiederkäuende Grasfresser wie Pferde* ***a*** *müssen große Mengen faserreicher Nahrung zu sich nehmen. Der Unterkiefer hat breite Ansatzflächen für den sehr großen Kaumuskel. Wiederkäuer wie Giraffen* ***b*** *verbrauchen eine geringere tägliche Nahrungsmenge und ein Großteil der zu kauenden Masse bildet bereits vorgekautes Futter. Als Folge davon sind Unterkiefer und Kaumuskel schwächer ausgeprägt. Mit Ausnahme der Nashörner behielten die meisten Unpaarhufer beide Schneidezahnsätze und machen – wie Pferde* ***a*** *– beim Fressen starken Gebrauch von der Oberlippe. Wiederkäuende Paarhufer wie Giraffen* ***b*** *verloren die oberen Schneidezähne und setzen anstatt der Oberlippe die kräftige, bewegliche Zunge ein. Die Ausbildung ihrer Gesichtsmuskulatur führte dazu, dass Unpaarhufer anders als Paarhufer eine vielfältige Gesichtsmimik entwickeln konnten, die der Kommunikation unter Artgenossen dient.*

Unten: *Der Fuß primitiver Huftiere* ***a*** *durchlief viele Entwicklungen – u.a. hin zu kürzeren Zehen und längeren Mittelfußknochen. Nur die Zehenspitzen des gestreckten Fußes berühren den Boden (Zehenspitzengang). Die Gelenkoberflächen wurden kleiner, sodass die Glieder nicht rotieren und auch nicht in stärkerem Maße zum Körper hin oder vom Körper weg bewegt werden können. Die primäre Bewegung ist also nach vorn und nach hinten gerichtet. Dies erleichtert das schnelle Laufen, geht aber auf Kosten von Klettern und Graben. Bei den generalisierten Huftierfüßen* ***b–e*** *fehlen ein oder zwei Zehen, die Mittelfußknochen sind leicht verlängert und die Fußwurzelknochen regelmäßiger angeordnet:* ***b*** *Tapir,* ***c*** *Schwein,* ***d*** *Pekari,* ***e*** *Hirschferkel. Die Füße von Nashorn* ***f*** *und Flusspferd* ***g*** *sind mit ihren kurzen Zehen und dem gespreizten Fuß, dessen seitliche Zehen im Stand den Boden berühren, auf das Tragen großer Gewichte spezialisiert. Die stärksten Veränderungen erfuhren die Füße der auf schnelles Laufen spezialisierten Huftiere. Kamele* ***h*** *und Wiederkäuer* ***j, k*** *besitzen lange, großteils zu einem einzigen Knochen zusammengewachsene Mittelfußknochen. Das Pferd* ***i*** *hat nur die 3. Zehe (2. und 4. Zehe sind stark zurückgebildet). Hirsche* ***j*** *behielten die seitlichen Zehen (Überreste der 2. und 5. Zehe), die bei Kamel* ***h*** *und Gabelbock* ***k*** *völlig fehlen.*

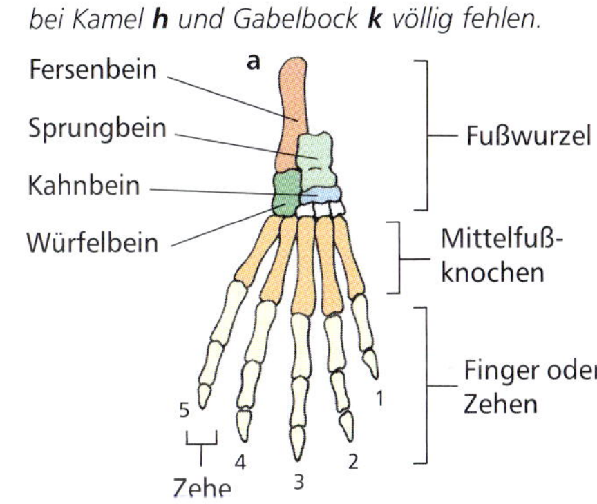

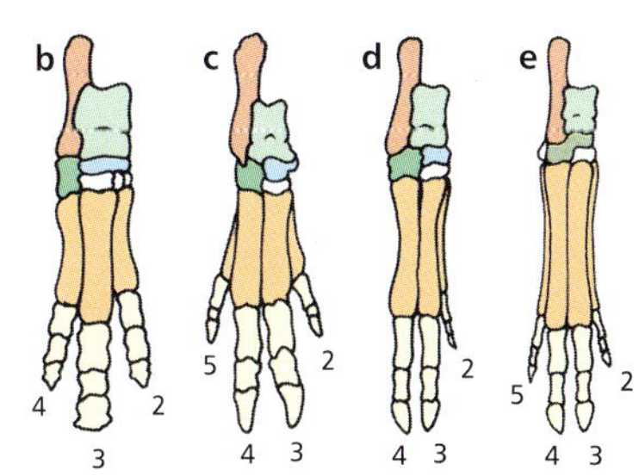

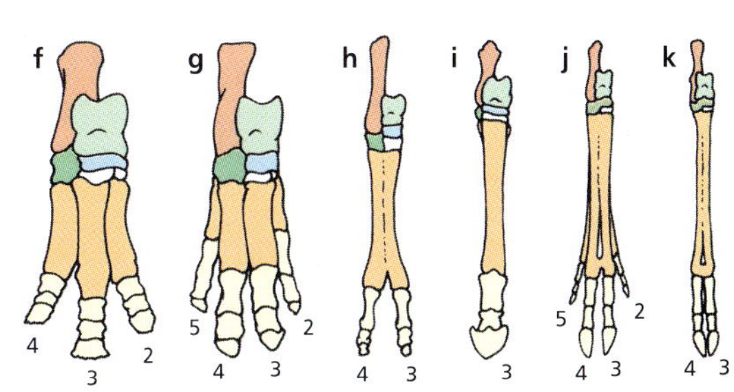

Gazellen und Gnus die durch die Zebras freigelegten nährstoffreichen kürzeren – jüngeren – Gräser vertilgen.

Wiederkäuer und Nichtwiederkäuer unterscheiden sich auch hinsichtlich der Absorption der Produkte aus der Eiweißverdauung. Die im Magen von Wiederkäuern lebenden Mikroorganismen wandeln die in ihrer Nahrung enthaltenen Proteine in Ammoniak um. Es wird vom Blut zur Leber befördert, dort in Harnstoff umgewandelt und gelangt anschließend wieder in den Magen, um von den Mikroorganismen als zusätzliche Nahrung verwertet zu werden. Die Wiederkäuer selbst nehmen Protein nur in Form von Mikroorganismen auf, die in das übrige Verdauungssystem „hinüberschwappen". Dadurch verwerten Wiederkäuer Harnstoff – der bei anderen Tiergruppen als Abfallstoff mit dem Urin ausgeschieden wird – und halten Wasser zurück. Aus dieser Art des Verdauuens ergibt sich ein weiterer ökologisch bedeutsamer Unterschied zwischen Wiederkäuern und anderen Huftieren: In der Wüste lebende Wiederkäuer trinken nur gelegentlich, während die Nichtwiederkäuer der Wüste, wie z.B. Esel, täglich Wasser aufnehmen, das sie für die Urinproduktion benötigen.

Die Fähigkeit der Wiederkäuer, Harnstoff wieder zu verwerten und in ihrem Verdauungsapparat Mikroorganismen zu „züchten", stellt eine Anpassung mit möglicherweise weit reichenden Konsequenzen dar. Es gibt wesentlich mehr Arten von Wiederkäuern als von nicht wiederkäuenden Unpaarhufern. Ein Grund hierfür ist, dass Wiederkäuer nicht alle von ihnen benötigten Aminosäuren aus ihrem Futter beziehen (sondern von den in ihrem Körper lebenden Bakterien). Sie können sich auf eine kleinere Auswahl von Pflanzen beschränken und verfügbare Ressourcen daher unter einer größeren Zahl von Arten aufteilen. Andererseits verwerten Unpaarhufer Früchte optimal, da die meisten in ihnen enthaltenen Nährstoffe aufgenommen werden, bevor der Speisebrei die Darmregion passiert, in der die Gärung stattfindet. Bei Wiederkäuern gären Früchte im Vormagen und verlieren dabei einen Großteil ihres Nährwerts. Die kleinsten Wiederkäuer, darunter Hirschferkel und Ducker, haben wiederum nur kleine Pansen, in denen es kaum zu Gärung kommt, sodass sie Früchte besser verwerten und nur wenig faserreiches Futter zu sich zu nehmen brauchen.

Unzählige Varianten

Ursprünge der Huftiere

Unpaarhufer und Paarhufer breiteten sich im frühen Eozän vor 54 Millionen Jahren auf der Nordhalbkugel aus. Die ältesten Mitglieder dieser Ordnungen waren hunde- oder katzengroße Säugetiere mit einem Gebiss, das sich zum Verzehr von Blättern und Früchten sowie für eine omnivore Ernährungsweise geeignet haben könnte. Zu dieser Zeit war Afrika von Eurasien und Nordamerika von Südamerika getrennt. Dennoch fand zwischen den nördlichen Kontinenten ein eingeschränkter Austausch von Tieren statt. In höheren Breiten war das Klima wärmer als heute und tropische Wälder wuchsen sogar noch nördlich des Polarkreises.

Unter den Unpaarhufern des Eozäns existierten beträchtliche Größenunterschiede. Manche Tiere waren 5 kg, andere ungefähr 1000 kg schwer. Als

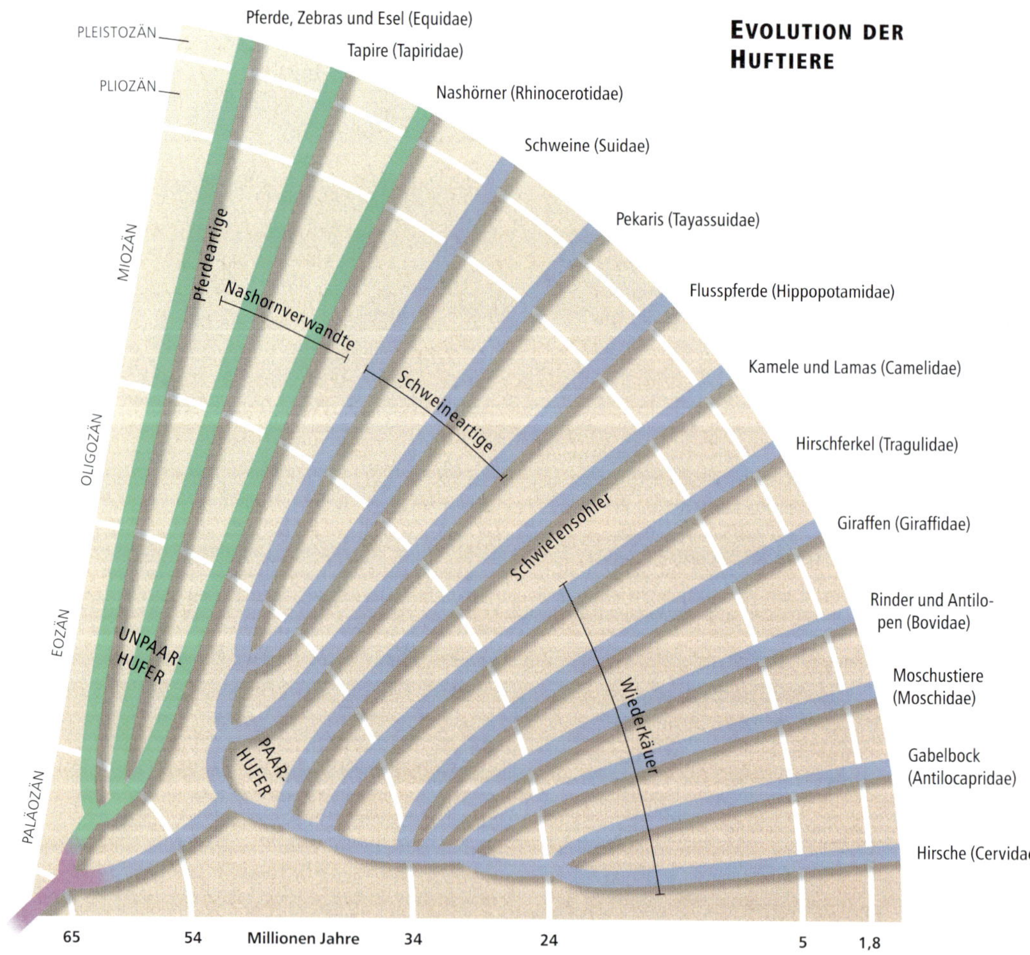

Oben: *Die Vorfahren der modernen Huftiere (Condylarthren) erschienen erstmals vor 65 Millionen Jahren zu Beginn des Paläozäns. Im Eozän traten in Nordamerika und Eurasien modernere Typen von Huftieren auf, darunter auch die ersten Paarhufer und Unpaarhufer. Sie diversifizierten sich rasch. Trotzdem überlebten auch archaische Formen.*

Links: *Huftiere aus dem Eozän und Oligozän. Bei diesen frühen Formen bildeten die Unpaarhufer die Überzahl:* **1** Hyracotherium, *das erste bekannte Pferd aus dem frühen Eozän – der Name geht auf eine fälschliche Zuordnung aufgrund des Gebisses zu den Schliefern zurück;* **2** Uintatherium, *ein großer Pflanzenfresser aus dem mittleren Eozän (ein Mitglied der ausgestorbenen Ordnung Dinocerata);* **3** Brontops, *ein Brontothere aus dem späten Eozän Nordamerikas;* **4** Merycoidodon, *ein Oreodontide (tylopoder Paarhufer) aus dem späten Eozän und Oligozän.*

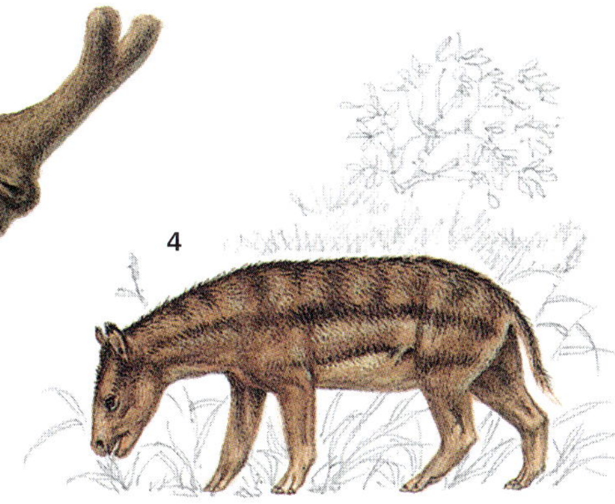

erste Huftiere gewöhnten sie sich an relativ faserreiche Futterpflanzen. Da es noch kein Gras gab, verzehrten sie Blätter und Schösslinge. Ursrpünglich traten sie sowohl in Eurasien als auch in Nordamerika auf. Eine frühe, stark diversifizierte Gruppe bildeten die Tapirartigen, aus denen später die heutigen Tapire und Nashörner hervorgingen. Hauptsächlich in Nordamerika lebten viele Arten von Pferden. Eine interessante Familie war die der Brontotheren, die gegen Ende des Eozäns ausstarben und in Nordamerika und Asien Fossilien zurückließen. Ihren Zähnen nach zu urteilen ernährten sie sich von Blättern und Früchten. Spätere Arten ähnelten heutigen Breitmaulnashörnern, doch statt des Horns überragten Y-förmige Knochen ihre Nasen.

Im Gegensatz zu den Unpaarhufern waren die Paarhufer des frühen Eozäns klein (unter 5 kg) und entweder Alles- oder Früchtefresser, die zusätzlich weiche Pflanzenteile ästen wie unsere heutigen Schweine. Eine entsprechende Radiation alles fressender Unpaarhufer fand jedoch nicht statt. Paarhufer, deren Gebisse sich für das Äsen faserreicher Pflanzenteile eigneten, traten erst gegen Ende des mittleren Eozäns auf. Im späten Eozän dann (vor ungefähr 45 bis 34 Millionen Jahren) veränderte sich das Klima weltweit. Die rasch sinkenden Temperaturen in höheren Breiten und die immer deutlicher hervortretenden jahreszeitlichen Unterschiede in Nordamerika und Eurasien zwangen die Huftiere, ihre Ernährungsweise an die saisonalen Schwankungen der vorhandenen Menge und der Qualität des Futters anzupassen. Auf Bäumen lebende Pflanzenfresser, die wie die Primaten auf die ganzjährige Verfügbarkeit von Früchten angewiesen waren, verschwanden zu dieser Zeit aus den nördlichen Kontinenten. Als sie Laub nur noch zu bestimmten Jahreszeiten fressen konnten, nahmen die Paarhufer beträchtlich an Körpermasse zu. Schweine und ihre Verwandten blieben weitgehend omnivor, während sich die übrigen Paarhufer auf verschiedene Formen des Pflanzenfressens spezialisierten. Mit der Vergrößerung des Körpers ging die Entwicklung des vorderen Verdauungsapparats einher, die die Verwertung faserreicherer Nahrung erlaubte. Der Nachteil, ein Wiederkäuer zu sein (d.h. nicht vermeiden zu können, dass die gesamte Nahrungsmenge gärte und dadurch Nährstoffe verloren gingen), wurde durch das größere Fassungsvermögen der Gedärme und den verhältnismäßig geringeren Energieverbrauch aufgewogen. Zudem ermöglichte der Pansen die Wiederverwertung von Harnstoff und die Entgiftung von Sekundärverbindungen aus Pflanzen.

Vormachtstellung der Paarhufer

DIE WEITERE EVOLUTION

Nachdem sich saisonale Pflanzen in höheren Breiten entwickelt hatten und zum vorherrschenden Typ geworden waren, vergrößerte sich bei Wiederkäuern die Artenvielfalt. Allmählich wurden sie anstelle der Unpaarhufer zu den dominierenden Huftieren. Dennoch wirkte sich die Radiation wiederkäuender Paarhufer kaum auf die Equiden aus, denn sie spezialisierten sich auf Pflanzen, die für Wiederkäuer zu zäh waren. Im späten Eozän erlebten Equiden eine zweite, explosionsartige Phase starker Diversifikation. Das Gleiche geschah mit den Nashörnern, die wohl erstmals im mittleren Eozän Nordamerikas und Asiens auftraten. Die Ausbreitung der Tapire dagegen erlitt schwere Rückschläge, obgleich eine Abstammungslinie von Tapiren bis auf den heutigen Tag erhalten blieb.

Die subtropischen Wälder der nördlichen Hemisphäre stellten im Oligozän (vor 34 bis 24 Millionen Jahren) einen günstigen Lebensraum für Omnivoren und größere Huftiere, die Blätter und Triebe fressen. Die dominanten Formen waren aber nicht die heutigen. In diese Epoche fiel auf der Nordhalbkugel der Höhepunkt der Diversifikation der Nashörner und neben flusspferd- oder aber ponygroßen Arten trat auch die Abstammungslinie der heutigen Nashörner auf. Aus einem Zweig kleinerer Nashörner entwickelte sich das *Paraceratherium* (auch *Indricotherium* oder *Baluchitherium* genannt), das mit ungefähr 12 t Gewicht als größtes Landsäugetier aller Zeiten gilt. Zu den weiteren verbreiteten Huftieren des Oligozäns zählten Entelodontiden, bis zu bisongroße schweineähnliche Tiere mit gewaltigen Köpfen, Eckzähnen und Prämolaren, die sich teilweise von Aas ernährt haben könnten. Die nur in Nordamerika vorkommenden Oreodontiden waren zu ihrer Zeit sehr verbreitet, sahen aber keinem heute lebenden Tier ähnlich: Ihre Körper ähnelten denen der Schweine oder Schliefer und die Zähne denen der Hirsche.

Im Oligozän seltener und ungefähr so groß wie eine Ziege waren die Huftiere, die später im Känozoikum an Bedeutung gewannen: Pferde und Kamele in Nordamerika, echte Schweine und primitive Wiederkäuer in Eurasien. In Afrika, das zu dieser Zeit noch von den anderen Kontinenten isoliert war, traten inzwischen nicht nur frühe Elefanten, sondern auch eine Vielzahl von Schliefern auf, von denen die meisten später verschwanden – vielleicht infolge der Futterkonkurrenz der Wiederkäuer und Nashörner, die im Miozän aus Eurasien einwanderten.

Im frühen Miozän (vor 23 bis 16 Millionen Jahren) setzte in den nördlichen Breiten eine allmähliche Klimaveränderung ein, die ihren Höhepunkt vor etwa 14 Millionen Jahren im mittleren Miozän erreichte und in deren Verlauf die subtropischen Wälder des Oligozäns durch einen offeneren, savannenähnlichen Typ von Lebensraum ersetzt wurden, in dem sich Grasland ausbreitete. Nun starben viele Huftiere des Oligozäns aus. Ihren Platz nahmen enger mit den heutigen Pferden, Kamelen und Wiederkäuern verwandte Arten ein.

Im frühen Miozän drangen die eurasischen Huftiere nach Afrika vor und auf beiden Kontinenten kam es zu einer Diversifikation von Wiederkäuern. Aus dem ursprünglichen Bestand an kleinen, hörnerlosen Tieren, die modernen Kantschils ähnelten, entwickelten sich die Familien heutiger größere Hörner tragender Tiere, darunter die Giraffen, Boviden und Hirsche. Die Evolution der zunächst nur bei Männchen auftretenden Hörner hing möglicherweise mit den Veränderungen der Lebensräume im Miozän zusammen. In der offenen Savanne galt es, Reviere zu verteidigen und um Weibchen und gute Futterstellen zu kämpfen.

Im frühen Miozän wanderten einige Wiederkäuer nach Nordamerika hinüber, darunter auch die Vorfahren des Gabelbocks und die hirschähnlichen Dromomerycidae. Am verbreitetsten waren jedoch Pferde und Kamele, die eine große Formenvielfalt entwickelten.

Während die Rinderartigen heute die vielfältigste und geografisch am weitesten verbreitete Wiederkäuerfamilie bilden, traten sie im Miozän nur in der Alten Welt auf. Erst seit dem späten Miozän kommen Equiden und Boviden im selben Lebensraum vor. Zunächst breiteten sich die Equiden in Nordamerika und die Boviden in Afrika und Eurasien aus und begegneten einander erstmals, als die dreizehigen Pferde des Miozäns in die Alte Welt hinüberwechselten. (Das moderne einzehige Pferd trat diese Reise später an: zu Beginn des Pleistozäns vor 1,8 Millionen Jahren). Bei den ausschließlich altweltlichen Schweinen und Giraffen bestand im Miozän größere Artenvielfalt als heute. Unter den Giraffen gab es Tiere, die von gemischter, in mittlerer Höhe erreichbarer Pflanzenkost lebten (Sivatheren). Sie hatten kürzere Hälse, hochkronige Zähne und Schaufelgeweihe und könnten bis in historische Zeit hinein überlebt haben, da man auf archäologischen Objekten Darstellungen von ihnen fand.

Nach der warmen Periode in der Mitte des Miozäns fielen die Temperaturen während des übrigen Känozoikums weltweit, bis sie den heutigen relativ niedrigen Stand erreichten. Das Weltklima wurde zudem zunehmend trockener. Zwar bildeten sich im mittleren Miozän Savannen, doch gab es sie nur in höheren Breiten und erst vor zwölf Millionen Jahren traten die ersten echten Gras fressenden Weidetiere auf. Die heutigen afrikanischen Savannen dagegen sind das Ergebnis einer relativ jungen Entwicklung, die im Pleistozän oder späten Pliozän vor drei bis 1,8 Millionen Jahren eingesetzt haben könnte. Größte Artenvielfalt erreichten die Equiden in Nordamerika zu Beginn des späten Miozäns (vor zehn Millionen Jahren), als sich rund ein Dutzend Gattungen dieselben Lebensräume teilte. Die meisten dieser Equiden waren mittelgroß und ernährten sich von Gras oder gemischter Pflanzenkost, doch gab es auch eine große ausschließlich Blätter und Triebe verzehrende und eine gazellengroße Gras fressende Form. Die nordamerikanischen Savannen des späten Miozäns könnten trockener als die heutigen afrikanischen gewesen sein und ihre zähe Vegetation kam den Equiden eher entgegen als den wiederkäuenden grasenden Paarhufern.

Als in der Übergangszeit vom Pliozän zum Pleistozän Prärien die Savanne verdrängten, nahm die Artenvielfalt endemischer nordamerikanischer Huftiere ab. Trotzdem blieben größere Kamele und einzehige grasende Equiden artenreicher. Nach der Bildung einer Verbindung zwischen Nord- und Südamerika breiteten sich Vertreter beider Familien nach Süden hin aus. Dann, am Ende des Pleistozäns, verschwanden nahezu alle endemischen nordamerikanischen Huftiere, möglicherweise aufgrund des Zusammenwirkens von Klimawechsel und Bejagung durch den vor kurzem eingewanderten Menschen. Der Gabelbock blieb als einziger Überlebender der Radiation im späten Tertiär zurück. Die heute in Amerika lebenden Huftiere stammen von im Plio-/Pleistozän nach Nordamerika eingewanderten Hirschen und Boviden ab. Als die Konquistadoren im 16. Jahrhundert Rinder einführten, waren die Boviden noch nicht bis nach Südamerika vorgedrungen.

Anders als in Nordamerika blieben in der Alten Welt während des gesamten Pliozäns und Pleistozäns tropische und subtropische Lebensräume erhalten, sodass in den weitläufigen Savannen Afrikas und Südeurasiens relativ viele Boviden, Giraffen und Equiden überlebten. In den Eiszeiten des Pleistozäns aber verschwanden die Savannen außerhalb der Tropen. Die Lebensräume der Giraffen schrumpften und mit ihnen die Artenvielfalt. Gleichzeitig vergrößerten sich die Verbreitungsgebiete und der Artenreichtum der an gemäßigte Zonen angepassten Hirsche. In Eurasien waren im Pleistozän an gemäßigte und kalte Zonen angepasste Pferde und Nashörner weit verbreitet. Heute jedoch sind Nashörner aus höheren Breiten ebenso verschwunden wie die echten Wildpferde.

Gras- und Blätterfresser

Ökologie und Verhalten

Huftiere verbringen ihr Leben überwiegend damit zu fressen, sich fortzupflanzen oder zu vermeiden, gefressen zu werden. Nach der bevorzugten Nahrung unterscheidet man die Grasfresser (die einkeimblättrige Gräser abweiden), von jenen Arten, die Blätter und Triebe zweikeimblättriger Bäume und Sträucher abzupfen. Die meisten Huftiere spezialisierten sich auf eine dieser Futterarten, manche jedoch bedienen sich je nach Verfügbarkeit beider Nahrungsquellen. Impalas und Ziegen etwa sind typische Vertreter dieser „Mischköstler“. Die Spezialisierung der Huftiere auf bestimmte

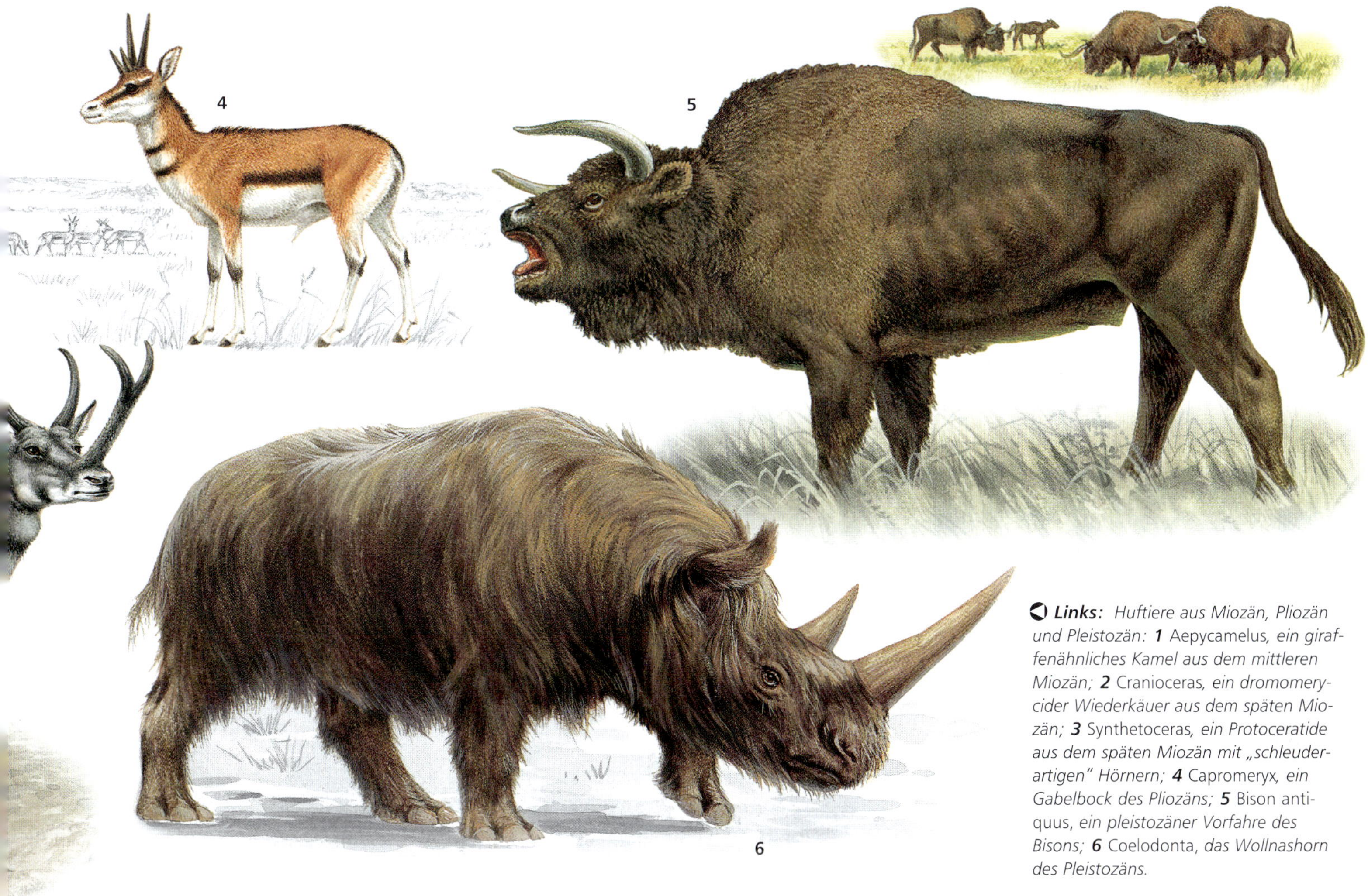

Links: *Huftiere aus Miozän, Pliozän und Pleistozän:* **1** Aepycamelus, *ein giraffenähnliches Kamel aus dem mittleren Miozän;* **2** Cranioceras, *ein dromomerycider Wiederkäuer aus dem späten Miozän;* **3** Synthetoceras, *ein Protoceratide aus dem späten Miozän mit „schleuderartigen" Hörnern;* **4** Capromeryx, *ein Gabelbock des Pliozäns;* **5** Bison antiquus, *ein pleistozäner Vorfahre des Bisons;* **6** Coelodonta, *das Wollnashorn des Pleistozäns.*

Unten *Giraffen ernähren sich ausschließlich von Blättern und Trieben, bevorzugt von Baumarten wie Akazie und Myrrhe* (Commiphora). *Ihre Mäuler, Lippen und Zungen spezialisierten sich auf diese mitunter dornigen Pflanzen.*

Nahrungstypen trägt wesentlich dazu bei, dass sich eine große Anzahl von Arten einen Lebensraum teilen kann.

Das Verzehren von Blättern und Trieben stellte während ihrer gesamten Evolution eine der wichtigsten „Beschäftigungen" der Huftiere dar und wird heute noch von vielen Arten ausgeübt, darunter Tapiren, Giraffen und Hirschen. Vermutlich ernährten sich anfangs alle Unpaarhufer und wiederkäuenden Paarhufer von den Blättern zweikeimblättriger Pflanzen. In der Mitte des Miozäns (vor 15 Millionen Jahren) kam es zu einer ökologischen Veränderung, die sich auf die Ernährungsgewohnheiten von Huftieren auswirkte: Gräser traten als eine nahrhafte, wenn auch faserreiche Nahrungsquelle auf.

Als Nahrungsressource unterscheidet sich Gras in dreifacher Weise von Laub. Erstens wächst es in großen Flächen am Boden, während Laub gehäuft, aber an voneinander entfernten Stellen und in unterschiedlicher Höhe über dem Boden auftritt. Zweitens haben Gräser kurze Wurzeln und daher ist die Verfügbarkeit von Gras eng an den Feuchtigkeitsgehalt der obersten Bodenschicht gekoppelt, der wiederum von der Niederschlagsmenge abhängt. Bäume dagegen besitzen lange Wurzeln, die in tiefere Bodenschichten reichen, sodass das Laub auch über längere Trockenperioden hinweg grün bleibt. Diese beiden Unterschiede sind der Grund dafür, dass grasende Tiere große Herden bilden, die mitunter saisonale, durch die Wechselwirkung von Niederschlag und Graswachstum bedingte Wanderungen unternehmen. Besonders die wandernden Grasfresser bilden große Herden. Laub verzehrende Huftiere dagegen können sich nicht in großer Zahl zusammenschließen, da sie im Wald den Kontakt zueinander kaum aufrechterhalten könnten und in ständige Konkurrenzkämpfe um bevorzugte Bäume und Sträucher verwickelt wären. Auch macht das Äsen von Laub kaum Wanderungen notwendig, da sich kurzfristige meteorologische Phänomene wie Regen oder Schneefall auf das Laub nicht so unmittelbar auswirken wie auf Gras. Der dritte große Unterschied zwischen Gras und Laub schließlich besteht darin, dass Gräser nicht die Vielzahl chemischer und physischer Anpassungen aufweisen, die zweikeimblättrige holzige Gewächse entwickelten, um sich vor Pflanzenfressern zu schützen. Laub und Triebe verzehrende Tiere müssen mit den giftigen und ungenießbaren Eigenschaften der Harze, Phenole, Gerbsäuren und Alkaloide in ihrer Nahrung fertig werden und mit den Stacheln und Dornen ihrer Futterpflanzen umgehen können. Zwar enthalten auch einige Gräser Kohlenwasserstoffverbindungen, doch besteht die größte „Gefahr", der Pflanzenfresser beim Grasen ausgesetzt sind, darin, dass sich ihre Zähne an den Grasstängeln abnutzen. Die Grashalme sind die nahrhaftesten Pflanzenteile, enthalten jedoch Silikatkristalle, die mit der Zeit die Zähne abschleifen. Ebenso greift auch der auf dem Gras abgelagerte Staub die Zähne an. Als Reaktion auf dieses Problem entwickelten sich bei Grasfressern hochkronige Backenzähne.

Laub verzehrende Huftiere müssen lernen, welche Pflanzen giftig sind. Tatsächlich weiß eine Ziege nach einer ersten Erfahrung, welche Pflanze ihr Beschwerden verursachte. Bei eingeschränkter Nahrungsauswahl wird sie nach nur etwa drei Versuchen wissen, wie viel sie von dieser Pflanze fressen kann, ohne üble Nachwirkungen zu verspüren. Die Notwendigkeit, von jeder Pflanze nur eine verträgliche Menge aufzunehmen, erklärt einen Schlüsselaspekt des Fressverhaltens Blätter verzehrender Huftiere. Sie bewegen sich von Baum zu Baum und rupfen jeweils nur kleine Mengen Laub ab. Würden sie sich den Bauch mit dem Laub eines einzigen Baums füllen, bekämen sie eine Überdosis mindestens einer giftigen Verbindung ab.

Huftiere, die sich denselben Lebensraum teilen, unterscheiden sich nicht nur durch ihre Ernährungsweise, sondern auch durch ihre Körpergröße, die sich ebenfalls auf die Aufteilung von Nahrungsressourcen unter den Arten auswirkt. Größere Huftiere benötigen täglich mehr Futter, vertragen aber auch beträchtliche Unterschiede in der Futterqualität (die meist mit dem Gehalt an Fasern zusammenhängt). Kleinere Arten füllen ihren Verdauungsapparat schneller und können es sich daher leisten, die qualitativ hochwertigsten Pflanzen und Pflanzenteile auszuwählen. Aus diesem Grund trifft man in afrikanischen Savannen gemischte Herden an, bei denen kleine Gazellen den wesentlich größeren Zebras und Gnus folgen. Indem sie das hohe, zähe Gras abfressen und niedertrampeln, legen die großwüchsigen Arten junge Halme und Triebe frei. Allerdings ist die Natur nie fair und benachteiligt längerfristig die größeren Arten. Indem sie die besten Teile der Pflanzen fressen, mindern Gazellen die Qualität des nachwachsenden Grases. Die großen Tiere vertreiben die kleinen nicht, sondern ziehen einfach weiter und die kleinen folgen ihnen. Das gleiche Prinzip existiert auch bei Laub verzehrenden Arten, nur dass die Fressordnung hier nicht in der Waagerechten, sondern in der Senkrechten gegliedert ist. Deshalb ziehen es Giraffen vor, über den Stellen zu äsen, von denen kleinere Tiere fressen, obwohl sie die niedrigeren Äste ebenfalls erreichen.

Trotz der unterschiedlichen Effizienz ihres Fressverhaltens sind kleine Huftiere gegenüber größeren aus ökologischer Sicht nicht im Vorteil. Zum einen ist ihr Gemeinschaftsleben sehr eingeschränkt, weil das Sozialverhalten einer Huftierart durch Körpergröße, Ernährung und Struktur ihres Lebensraums bestimmt wird. Zudem wirkt sich die Gefahr, selbst zur Beute zu werden, auf die relativen Vor- und Nachteile des Fressens in der Gruppe aus. Kleine Arten besitzen wesentlich mehr Feinde als große und können sich oft weder durch Flucht noch Verteidigung retten. Daher vermeiden sie es aufzufallen und sind schlicht gefärbt. Sie verzehren Knospen und Beeren, die nur verstreut auftreten, aber viel Protein enthalten. Diese Art von Nahrung sucht man am besten allein und in bekanntem Gelände. Aus all diesen Gründen und weil eine Häufung von Nahrungssuchenden die Futterquellen zunichte machen würde, treten z.B. Beerenfresser nicht in Herden auf.

Viele kleine Huftiere suchen allein oder paarweise nach Futter. Sie besiedeln tropische Wälder, die diese Art von Nahrung sowie viele Verstecke bieten. Bei diesen Tieren kommt es nur selten zu Kontakten und Konflikten zwischen Artgenossen. Sie leben als Einzelgänger oder monogam und weisen kaum Sexualdimorphismus auf. Sozialsysteme dieses Typs beobachtet man bei Hirschferkeln, kleinen Waldhirschen wie Pudus und kleinen Waldantilopen wie Duckern, ferner bei Unpaarhufern wie Tapiren und Nashörnern (z.B. Spitzmaul-, Java- und Sumatranashorn).

Größere Unpaarhufer und Paarhufer überleben auch, wenn ihr Futter wenig Protein enthält, und können sich durch Flucht vor Feinden in Sicherheit bringen. Deshalb sind sie in der Lage, in offenem Gelände reichlich vorhandenes Gras und Laub zu fressen. Das Leben in der Gruppe bietet ihnen Vorteile, denn Zusammenhalt und Kommunikation erhöhen die Chancen, Feinde rechtzeitig zu entdecken. Gleichzeitig mindert sich für das einzelne Tier die statistische Wahrscheinlichkeit, einem Raubtier zum Opfer zu fallen. Da Futter im Überfluss vorhanden ist, entsteht keine Nahrungskonkurrenz.

Nahezu alle großen wiederkäuenden Paarhufer bilden Herden, die wie bei manchen Hirscharten aus nur zwei bis drei Weibchen oder wie bei Bisons aus einer großen Anzahl von Individuen

Oben: *Rivalenkampf von Kaffernbüffeln. Die Tiere setzen ihre Hörner im Kampf um die Kühe, aber auch gegen Feinde ein. Häufig vertreiben die Mitglieder einer Herde angreifende Löwen gemeinsam.*

beider Geschlechter bestehen können. Nicht in Herden dagegen leben die auf das Äsen im Wald spezialisierten Wiederkäuer wie Okapis und Elche, die sich vor Feinden ins Wasser oder Dickicht flüchten. Auch grasende Unpaarhufer sind Herdentiere. Eine Equidenherde besteht aus etwa einem Dutzend Tieren: mehreren Stuten, deren Fohlen und einem Hengst. Mitunter schließen sich diese kleinen Gruppen zu weitaus größeren Herden zusammen. Breitmaulnashörner treten in kleinen gemischtgeschlechtlichen Gruppen auf.

Größere Paarhufer bilden zwei unterschiedliche Typen von Zusammenschlüssen dauerhafter oder vorübergehender Natur. Die Mitglieder ständig zusammenlebender Herden sind meist miteinander verwandt und verteidigen sich gemeinsam gegen Feinde. In der Herde leben beide Geschlechter und die Männchen kämpfen um Positionen in der Rangfolge, aus denen sie Rechte für die Paarung ableiten. Weibchen der Arten, die zu diesem Herdentyp neigen, haben meist Hörner, doch hängt die männliche Dominanz mit der Körpergröße zusammen. Die Männchen sind größer und bis zu doppelt so schwer wie die Weibchen. Mitunter wachsen sie sogar ihr ganzes Leben lang weiter. Zu diesen Arten gehören vor allem große, in offenem Gelände lebende Hornträger wie Bisons, Büffel und Moschusochsen.

Bei manchen Paarhufern, bei denen die einzelnen Tiere nur kurzfristig einer Herde angehören, sind Werbungsrituale an den Besitz eines Reviers gekoppelt, während die Paarung bei anderen Arten eine Frage des Rangs ist. Reviere sind häufig schlichte Fortpflanzungsgebiete, die nur ein einziges Männchen ernähren, und nicht etwa ein Gebiet, in dem sich Weibchen versammeln, weil sie darin Ressourcen wie Nahrung und Wasser finden. Die Weibchen betreten und verlassen den Bezirk des Männchens und am erfolgreichsten ist das männliche Tier mit dem attraktivsten Revier. Die Kämpfe sind so anstrengend, dass die Männchen ihre Territorien nach dem Sieg nicht lange halten können. Bei diesen Arten unterscheiden sich Männchen und Weibchen am stärksten. Die Männchen tragen beachtliche Hörner oder Geweihe. Der geschilderten Kategorie gehören die meisten mittelgroßen bis großen Hirsche und Antilopen an. Einige Arten, wie z.B. Gnus, besitzen diesen Typ sozialer Organisation, scheinen aber keine geografisch genauer bestimmten Reviere zu besetzen. Bei anderen, wie den Damhirschen, kann ein so genanntes Lek beobachtet werden. Empfängnisbereite Weibchen besuchen die Besitzer kleiner, hart umkämpfter Minireviere (Leks), die keine andere Funktion haben, als den Männchen Gelegenheit zur Präsentation und den Weibchen die Chance zur Paarung zu geben.

Reviere sind generell kleiner, wenn sie nur als Ort der Paarung dienen und die betreffende Art kleinwüchsig ist. Das in der Paarungszeit beanspruchte Territorium einer männlichen, 100 kg schweren Kobantilope ist nur etwa 1 qkm groß, während ein 250 kg schwerer Großer Kudu – eine Art, deren Männchen keine Reviere besetzen – ganzjährig ein 20 qkm großes Revier durchstreift.

Das typische Sozialsystem der Unpaarhufer, z.B. Equiden, unterscheidet sich von dem wiederkäuender Paarhufer darin, dass sich ein einzelnes Männchen mit einer ausgewählten Gruppe von Weibchen paart. Die Gruppe der Stuten bildet einen Harem, zwischen dessen einzelnen Mitgliedern starke Bindungen bestehen. Rivalenkämpfe zwischen Männchen finden seltener als bei Paarhufern statt, da der Hengst weder ein festes Revier verteidigt noch ständig mit anderen erwachsenen männlichen Herdenmitgliedern zu kämpfen braucht. Hengste ohne Harems sind meist jünger und bilden umherstreifende Junggesellenherden mit häufig wechselnder Zusammensetzung. Eine Variante dieses Sozialsystems, bei der das Männchen zusätzlich ein Revier beansprucht, ist bei Wildeseln, Grevyzebras und Breitmaulnashörnern zu beobachten. Anders als bei größeren wiederkäuenden Paarhufern treten bei Unpaarhufern zwischen den Geschlechtern keine deutlichen äußerlichen Unterschiede auf.

Die meisten weiblichen Huftiere erreichen trotz ihrer Größe relativ bald die Geschlechtsreife (weibliche Equiden empfangen mitunter bereits im zweiten Lebensjahr). Die Tragzeiten sind lang (bei Equiden betragen sie etwa 11 Monate) und die Weibchen bringen meist nur ein großes und gut entwickeltes Kalb oder Fohlen zur Welt. Sauen allerdings gebären mehrere Ferkel auf einmal. Alle neugeborenen Huftiere können sehen, hören, rufen und rasch nach der Geburt aufstehen, um zu saugen. Alle Weibchen (mit Ausnahme der Sauen) verzichten auf den Bau eines Wurflagers, sondern sich aber kurz vor der Geburt von ihren Artgenossen ab. Sind Verstecke vorhanden, so verbergen die meisten Huftiermütter ihre Jungen, wenn sie auf Nahrungssuche gehen. Diese bleiben bis zu ihrer Rückkehr bewegungslos liegen. Bei einigen der größten, in offenem Gelände lebenden und Herden bildenden Arten, wie z.B. Gnus und Pferden, sind die Neugeborenen bald in der Lage, aufzustehen und sich zu bewegen. Nur eine halbe Stunde nach der Geburt laufen sie schon fast so schnell wie die Erwachsenen.

Trotz ihrer langsamen Reproduktion sind Paarhufer nicht sehr langlebig. Zehnjährige Impalas und 15-jährige Rothirsche kann man getrost als hoch betagt ansehen. Unpaarhufer leben länger: Equiden bis zu 35 und Nashörner bis zu 45 Jahre.

Als die am stärksten verbreiteten Großsäuger stellen Huftiere die Grundnahrung der meisten großen Landraubtiere dar. Diejenigen Huftiere, die nicht von Raubtieren gerissen werden, sehen sich immer wieder mit Hungerperioden konfrontiert. Obwohl sie in ihrem Körper Energie zu speichern vermögen, kann für das einzelne Tier das Zusammentreffen ungünstiger Zufälle (wie eine verspätete Regenzeit, die mit dem Säugen eines Kalbs oder der Verteidigung eines Reviers zusammenfällt) rasch zur Katastrophe führen. Ein unterernährtes Tier ist für Überfälle durch Fressfeinde, Parasiten und Krankheiten anfällig. Betagte Tiere lernen Hunger spätestens dann kennen, wenn ihre Zähne vom Zermahlen des Futters so abgenutzt sind, dass sie keine Nahrung mehr zu sich nehmen können. Meist fallen sie nun rasch einem Feind zum Opfer oder verhungern.

Von unschätzbarem Wert

Huftiere und Menschen

Die Gattung *Homo* trat zum Zeitpunkt der größten Ausbreitung der Boviden auf und ist mehr oder weniger dafür verantwortlich, dass die Zahl der Arten in den letzten zwei Millionen Jahren immer weiter abnahm. Die starke Verbreitung der Huftiere, ihre Größe, soziale Organisation, Ökologie und sogar ihre Hörner und Geweihe setzten sie der für sie gefahrvollen Interaktion mit Menschen bzw. deren Vorfahren aus.

Die Vorfahren des heutigen Menschen, deren Überreste in Ostafrika gefunden wurden, lebten inmitten einer Gemeinschaft von Huftieren, die den modernen Arten stark ähnelten. Damals gab es eine Anzahl inzwischen ausgestorbener Riesenformen. Der Büffel *Pelorovis* z.B. könnte doppelt so schwer wie der heutige Kaffernbüffel gewesen sein. Derart große Huftiere brauchten sich vor den meisten Raubtieren nicht zu fürchten. Menschen aber waren zwar weder stark noch schnell, dafür jedoch einfallsreich und fähig, koordiniert in der Gruppe zu jagen und künstliche Waffen einzusetzen, insbesondere Wurfgeschosse. Bald wurden sie zu den gefährlichsten „Raubtieren“, die ihre Beute unter unterschiedlichsten Bedingungen jagten. Menschen konnten in der Gruppe sogar andere Raubtiere wie etwa Großkatzen von ihrer Beute vertreiben. Während der Eiszeiten und Zwischeneiszeiten waren die Menschen Eurasiens stark auf Huftiere als Fleischlieferanten angewiesen. Nicht nur die Knochen der verzehrten Tiere sind erhalten, sondern auch Kunstwerke der Jäger in Form von Schnitzereien, Tonfiguren und großflächigen Höhlenmalereien. Die Jagd auf Huftiere wurde mit der Zeit zu einem Mittel, eine in der Gesellschaft angesehene Stellung zu erwerben – und auch heute noch gelten die Sport- und Trophäenjagd als bewährte Methoden, den eigenen sozialen Status zu erhöhen.

Ein wichtiges Ereignis in der Geschichte der Beziehung zwischen Menschen und Huftieren war die Domestikation. Etwa 15 Arten wurden zu Haustieren. Dies geschah an verschiedenen Orten der Welt und zu verschiedenen Zeitpunkten. In der Alten Welt wurden Schafe und Ziegen um 7500 v. Chr. (oder schon viel früher) aus Mufflons und wilden Ziegen gezüchtet. Hausschweine sind Abkömmlinge von Wildschweinen, die um 7000 v. Chr. im Nahen Osten sowie vermutlich auch unabhängig davon in anderen Regionen ihres großen asiatischen Verbreitungsgebiets domestiziert wurden.

Rinder stammen von Wildrindern oder Auerochsen ab, die um 6500 v. Chr. in Europa und dem Nahen Osten gezähmt wurden. Allerdings könnten die Rinder Indiens und Ostasiens auch

Links: *Als Unterwerfungsgeste leckt ein junger Weißwedelhirsch einen dominanten Bock. Stark entwickelte Hörner oder Geweihe sind typisch für Arten, zu deren Alltag Revierkämpfe gehören.*

unabhängig davon und aus anderen Vorfahren gezüchtet worden sein. Zahme Paarhufer traten vermutlich ungefähr gleichzeitig mit dem Anbau von Weizen und Gerste und der Domestikation des Hundes in das Leben der Menschen. 2000 bis 4000 Jahre später wurden Esel, Pferde, Elefanten und Kamele zu Nutztieren.

In Südamerika züchtete man Lamas erstmals um 4000 bis 2500 v. Chr. – etwa 2000 Jahre nach den Anfängen des Maisanbaus. In den sesshaften, Ackerbau treibenden Gesellschaften konnten gefangene Huftiere optimal gezähmt werden. Sie gewährleisteten, da die Menschen zu Bauern geworden waren und nicht mehr hinter wandernden Herden herzogen, die Versorgung mit Fleisch.

Pferde und Esel sind die „jüngsten" Haustiere und in geringstem Maß durch künstliche Selektion verändert. Beide Equiden wurden vermutlich in Asien domestiziert. Die Przewalskipferde, die einzigen heute überlebenden Wildpferde, gehören derselben Art wie das Hauspferd an und auch der afrikanische Wildesel ist von derselben Art wie der Hausesel. Die ersten zahmen Pferde traten um 6000 v. Chr. in der Ukraine auf, wo sie ursprünglich als Schlachttiere gehalten worden sein könnten. Erst um 2000 v. Chr. wurden Pferde zu wichtigen Transportmitteln. Nun erlebten die Mobilität der Menschen und die Kriegsführung eine regelrechte Revolution. Der Gebrauch von Pferdekarren erleichterte die Ausbreitung kriegerischer indoeuropäischer Völker wie der Hethiter und der Arier in Eurasien.

Manche gezähmten Huftiere blieben auf die Regionen beschränkt, in denen ihre wilden Vorfahren lebten (z.B. Yak und Wasserbüffel), während Rinder, Schafe, Ziegen, Pferde, Esel und Kamele sich aufgrund ihrer Verbindung mit dem Menschen rasch ausbreiteten. Domestizierte Huftiere bildeten die Grundlage der Ökonomie der Nomaden, die sich von der Milch ihrer Herden und gelegentlich von ihrem Fleisch oder ihrem Blut ernährten.

Das Zusammenleben von Menschen und Huftieren war so erfolgreich, dass sich das Hirtentum über Savannen, Steppen und Halbwüsten Eurasiens und Afrikas ausbreitete. Sobald große Schiffe gebaut werden konnten, wurden Haustierherden nach Amerika, Australien und sogar nach Grönland, Island und zu abgelegenen Inseln in aller Welt gebracht. Eine Folge davon war die Veränderung großer Teile der Erdoberfläche durch die Einwirkung der großen Pflanzenfresser. Die Herdenhaltung von Nutztieren durch den Menschen verdrängte wilde Huftiere, die teilweise nur noch dort überlebten, wo natürliche Hindernisse oder drohende Krankheiten die Menschen und ihre Tiere fern hielten. Nutztiere stellen heute über 90 % der Huftier-Biomasse afrikanischer Savannen. Dies bedeutet, dass die etwa vier Arten eingeführter zahmer Huftiere (Rinder oder Kamele sowie Schafe, Ziegen und Esel) jene 20 oder mehr Arten ersetzten, die die einheimische Huftier-Biomasse jeder beliebigen Region stellten.

In manchen Regionen wie im Südosten Simbabwes ist die Rinderdichte heute etwa dreimal höher, als die jeder einheimischen wilden Art unter natürlichen Bedingungen sein könnte. Diese Situation entstand durch die Ausrottung großer Raubtiere, die Bekämpfung von Parasiten und Krankheiten sowie die künstliche Schaffung von Wasserstellen mittels Bohrungen. Man könnte nun behaupten, dass die domestizierten Arten die erfolgreichsten aller Huftiere seien und dass die Gesamtheit ihrer Eigenschaften, die die Domestikation erleichterten, eine effiziente evolutionäre „Strategie" darstellte. Haustiere sind allerdings inzwischen völlig vom Menschen abhängig und werden in ihrer Entwicklung vermutlich keine großen Fortschritte machen, ohne dass der Erfolg dieser „Strategie" ernsthaft auf die Probe gestellt wird.

CMJ/JdT

Oben: *Ein bhutanischer Hirte beim Melken eines Yaks, das einer einheimischen domestizierten Art angehört. In vielen Teilen der Welt ist die Biodiversität durch eingeführte Arten bedroht, weil diese Ressourcen monopolisieren, die wilde Huftiere zum Überleben brauchen.*

Rechts: *Man unterscheidet heute über 200 anerkannte Pferderassen, zu denen auch diese Haflinger zählen. Viele der so genannten Hauspferde wachsen in frei lebenden Herden auf, während die letzten echten, heute noch lebenden Wildpferde, die Przewalskipferde, in Zoos gehalten werden.*

VERBREITUNG Afrika, Asien, Süd-, Mittelamerika.

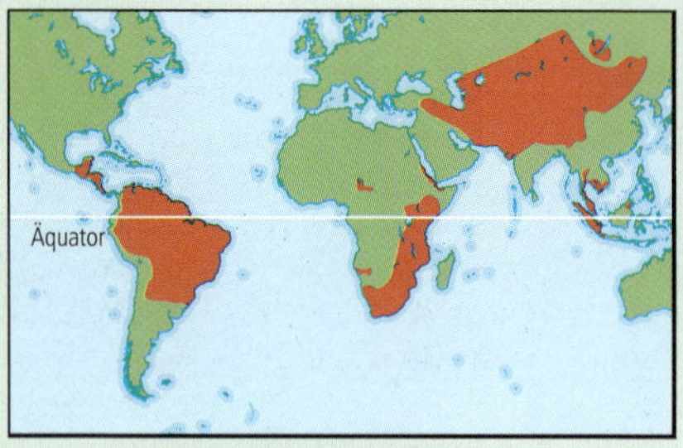

Ordnung: Perissodactyla
16 Arten in 6 Gattungen und 3 Familien

PFERDE, ZEBRAS UND ESEL
Familie Equidae S. 468
7 (9) Arten in der Gattung *Equus*

TAPIRE Familie Tapiridae S. 474
4 Arten in der Gattung *Tapirus*

NASHÖRNER
Familie Rhinocerotidae S. 476
5 Arten in 4 Gattungen

Unpaarhufer

UNPAARHUFER ODER PERISSODACTYLA BILDEN eine kleine Ordnung von Tieren, deren einzige weit verbreitete Mitglieder die Equiden sind – die Pferde sowie die eng mit ihnen verwandten Esel und Zebras. Die anderen Arten dieser Ordnung, die Nashörner Afrikas und Asiens sowie die Tapire Malaysias und Südamerikas, würde man auf den ersten Blick nicht unbedingt für Verwandte eines edlen Vollblutpferds halten. Dennoch belegen Elemente der Anatomie dieser Tiere, wie z.B. Gebiss und Bau der Glieder, ebenso wie Ähnlichkeiten in Verhalten und Physiologie, dass sie alle einer einzigen Ordnung zuzurechnen sind.

Im Vergleich mit den Artiodactyla oder Paarhufern belegen die Unpaarhufer heute hinsichtlich der Anzahl der Arten, der geografischen Verbreitung, der Formenvielfalt und der ökologischen Diversität einen zweiten Platz. Dabei stellten die Perissodactyla die im frühen Eozän (vor 55 Millionen Jahren) dominierende Huftierordnung dar. Ihr späterer Niedergang geht eher auf klimatische Faktoren als auf die unmittelbare Konkurrenz mit den Paarhufern zurück.

Unpaarhufer traten im späten Paläozän vor etwa 58 Millionen Jahren erstmals in Erscheinung und hatten drei Millionen Jahre später im frühen Eozän eine bunte Palette von Arten vorzuweisen. Vermutlich kamen die frühesten Equiden in Nordamerika vor. Die eng miteinander verwandten Familien der heutigen Tapire und Nashörner erschienen gegen Ende des mittleren Eozän, stammen von mehreren primitiveren „tapiroiden" Taxa ab und werden oft als Sub-Ceratomorpha zusammengefasst.

Nashörner sind sehr massiv gebaut und ihre Gliedmaßen passten sich der Aufgabe an, das schwere Gewicht zu tragen. Die Equiden dagegen zeigten von Anfang an Anpassungen an das schnelle Laufen: Ihre Gliedmaßen wuchsen in die Länge und die Zehen bildeten sich zurück.

Tapire stammen ursprünglich aus Nordamerika und besiedeln erst seit drei Millionen Jahren Südamerika und Südostasien. Bis zum Ende des Pleistozäns vor 10 000 Jahren gab es sie auch in Europa. Die heutigen Arten sind mittelgroß und in tropischen und subtropischen Wäldern Malaysias sowie Zentral- und Südamerikas zu finden.

Der Ursprung der Nashörner liegt vermutlich in Asien, doch waren sie zwischen dem mittleren Eozän und frühen Pliozän (vor 46 bis 4 Millionen Jahren) in Nordamerika verbreitet. Im mittleren Oligozän wiesen sie eine große Artenvielfalt auf. Moderne Typen erschienen erstmals zu Beginn des Miozäns (vor 24 Millionen Jahren) in Afrika und kamen bis zum Ende des Pleistozäns in ganz Eurasien häufig vor. Heute sind Nashörner nur noch in Afrika und Südostasien verbreitet.

Die modernen Equiden sind mittelgroße Grasfresser. Während des Pleistozäns waren sie auf allen Kontinenten außer Australien verbreitet. Heute besiedeln sie Afrika und Teile Asiens. Wild lebende Pferde- und Eselpopulationen findet man in Europa, Australien, Nordamerika und Südamerika.

Das Zentrum ihrer Evolution war Nordamerika, Verwandte dieser Linie traten im Eozän in Eurasien auf. Die Gattung *Equus* erschien in der Alten Welt nicht vor dem Pleistozän (vor 1,8 Millionen Jahren). Davor breitete sich ein dreizehiges Laub fressendes Pferd *(Ancitherium)* im frühen Miozän nach Eurasien sowie ein dreizehiges grasendes Pferd *(Hipparion)* im späten Miozän nach Eurasien und Afrika aus. *Hipparion* überlebte bis ins Pleistozän und trat lange Zeit neben *Equus* auf. In Nordamerika starben die Equiden erst vor 10 000 Jahren aus. CMJ

Unten: *Drei Unpaarhufer als Beispiel für die große Vielfalt in dieser an sich kleinen Ordnung:* ***1*** *Spitzmaulnashorn* (Diceros bicornis); ***2*** *Bergtapir* (Tapirus pinchaque); ***3*** *Hausesel* (Equus asinus).

DOMESTIKATION DER PFERDE

Die Menschen jagten und aßen Pferde lange Zeit, bevor sie auf die Idee kamen, sie zu reiten. Übermäßige Bejagung könnte auch die Ursache des Aussterbens der Pferde in Nordamerika vor etwa 10 000 Jahren gewesen sein. Erst 5000 Jahre später versuchten Menschen – vermutlich in den Ebenen nördlich des Schwarzen und des Kaspischen Meeres – erstmals Pferde zu zähmen. Zu diesem Zeitpunkt hatte man in Nordafrika und dem Nahen Osten bereits Esel an die Nähe des Menschen gewöhnt und setzte sie in den Stadtstaaten Mesopotamiens als Lasttiere ein oder spannte sie ebenso wie Ochsen vor den Pflug. Die Skythen erwarben sich als Erste den Ruf, gute Reiter zu sein. Sie entwickelten den Zügel und möglicherweise auch den Steigbügel. So machten sie das Pferd zu einem wertvollen, unverzichtbaren Instrument der Kriegsführung.

Bis vor kurzem gab es noch echte Wildpferde. Der ponygroße Tarpan überlebte in Osteuropa bis in das späte 19. oder frühe 20. Jahrhundert hinein, während das Przewalskipferd *(Equus przewalskii)* zum letzten Mal 1968 in der Nähe des Altai gesichtet wurde. Heute gilt es als in Freiheit ausgestorben. Die wild lebenden Pferdeherden, die in einigen Teilen der Welt auftreten – z.B. im Westen Nordamerikas und im australischen Outback –, sind die Nachkommen entlaufener und verwilderter Hauspferde.

Unten: *Verwilderte Pferde im australischen New South Wales.*

AUSGESTORBENE FAMILIEN

Drei Familien von Unpaarhufern sind inzwischen ausgestorben. Die taxonomisch gesehen primitivsten von ihnen waren die nashornähnlichen Brontotheren des Eozäns Nordamerikas und Asiens. Die tapirähnlichen Paläotheren des asiatischen Eozäns waren mit den Pferden verwandt, die Chalicotheriiden entfernt mit Tapiren und Nashörnern. Bei den größeren Chalicotheren des späten Tertiärs hatten sekundäre Krallen die Hufe ersetzt. Sie traten erstmals im Eozän Nordamerikas und Asiens auf und starben in Nordamerika in der Mitte des Miozäns aus. In Asien und Afrika überlebten sie dagegen bis zum Pleistozän und möglicherweise auch länger, denn Darstellungen von Chalicotheren ähnlichen Tieren mit Pferdeköpfen und Bärentatzen finden sich auf sibirischen Gräbern des 5. Jahrhunderts v. Chr. Der in den Kakamega-Wäldern Kenias mitunter gesichtete „Nandibär" könnte ebenfalls ein überlebender Chalicothere sein.

SCHÄDEL UND GEBISS

Unpaarhufer können Backenzähne mit hohen oder niedrigen Kronen besitzen. Bei allen Arten entwickelten sich die Prämolaren zu Zähnen, die Molaren ähneln und deren Höcker zu scharfen Leisten wurden. Tapire behielten die vollständige Zahnformel der Säugetiere bei. Ihre Schädelform ist relativ generalistisch, mit Ausnahme des zurückgenommenen Nasenbeins, an dem der „Rüssel" ansetzt. Charakteristisch für Nashornschädel ist der besonders breite und lange Hinterkopfbereich, an dem die Muskeln verankert sind, die den schweren Kopf stützen, sowie die vorspringenden und gefältelten Nasenknochen, an denen das Horn ansetzt. Nashörner besitzen in jeder Kieferhälfte nur zwei obere und einen unteren Schneidezahn. Bei Equiden fällt das lange Gesicht auf. Ihre Augenhöhlen liegen weit hinten, um den hochkronigen Backenzähnen mehr Platz zu lassen. Der Unterkiefer ist außergewöhnlich breit und massiv.

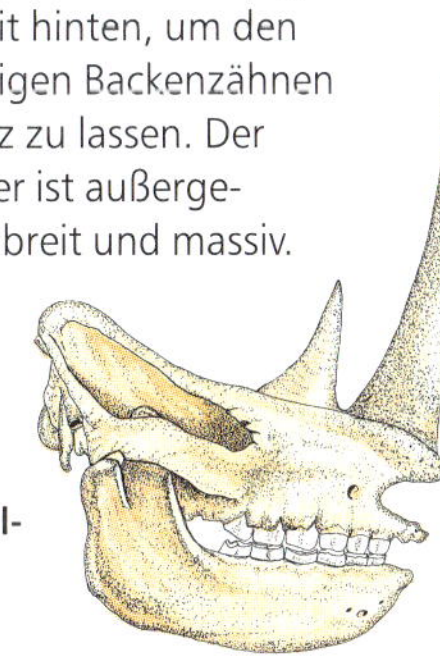

Breitmaulnashorn
81 cm

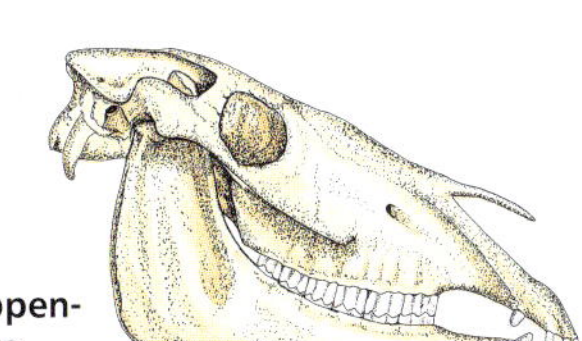

Steppenzebra
54 cm

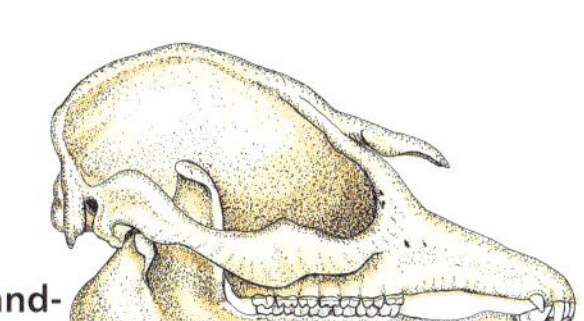

Flachlandtapir
41 cm

Pferde, Zebras und Esel

HERDEN VON PFERDEN, ESELN ODER *Zebras, die über weite Ebenen dahingaloppieren, vermitteln einen Eindruck von Kraft und Anmut, Freiheit und Wildheit zugleich. Wenn man jedoch die bisher unternommenen Schutzmaßnahmen nicht verstärkt, werden Szenen wie diese bald der Vergangenheit angehören. Erhält man dagegen die Lebensräume wilder Equiden, so werden die zahlreichen anderen Arten, mit denen sich die Pferdeartigen diesen Raum teilen, ebenfalls davon profitieren.*

Langbeinige Pflanzenfresser

KÖRPERBAU UND FUNKTION

Nur für wenige taxonomische Gruppen konnte die Evolutionsgeschichte so gut dokumentiert werden wie im Fall der Equiden. Der älteste pferdeähnliche Vorfahre, *Hyracotherium*, erschien vor etwa 54 Millionen Jahren im Eozän. Dieses Säugetier von der Größe eines Hundes äste an kleinen Sträuchern. Seine Zähne wiesen niedrige Kronen ohne die komplizierten Schmelzleisten moderner Equiden auf. An den Hinterfüßen fehlten bereits zwei Zehen und an den Vorderfüßen ein Zeh, doch lief das Tier noch auf fleischigen Polstern. Während diese kleinen Vorfahren überall auf der Nordhalbkugel auftraten, konzentrierte sich die spätere Evolution pferdeähnlicher Säuger auf Nordamerika. Gelegentlich kam es zu Migrationen nach Eurasien, Afrika und Südamerika. Im Oligozän vor 34 Millionen Jahren zeigten sich große dreizehige Equiden wie *Mesohippus* und *Miohippus*, deren mittlere Zehen einen größeren Anteil des Körpergewichts zu tragen hatten und deren Prämolaren den Molaren ähnlicher waren. Doch erst als sich vor 20 Millionen Jahren im Miozän Gräser entwickelten, breiteten sich die Equiden aus. Die seitlichen Zehen bildeten sich immer weiter zurück und ständig nachwachsende Zähne mit hohen Kronen, komplexen Leistenmustern und mit Zahnzement gefüllten Zwischenräumen entwickelten sich gleichzeitig mit der zunehmenden Öffnung der Landschaft und dem Auftreten zäherer Futterpflanzen. Vor fünf Millionen Jahren erschienen einzehige pferdeähnliche Tiere – zuerst *Pliohippus* und später *Equus*, die einzige bis heute überlebende Gattung.

Nun verlagerte sich das Zentrum der Evolution von der Neuen in die Alte Welt. Dort wurden die Populationen durch die einsetzenden Umweltveränderungen voneinander getrennt und entwickelten sich weiter zu eigenständigen Arten. Die Ersten, die sich von den frühen echten Pferden abspalteten, waren die Esel. Ihnen folgten die Zebras, wobei das Grevyzebra vor dem Berg- und dem Steppenzebra sowie dem gegen Ende des 19. Jahrhunderts ausgestorbenen Quagga (*E. quagga*) auftrat. Nur die Vorfahren des Hauspferds entwickelten sich – vielleicht aus Mutationen des Przewalskipferdes – als einzige Art nicht in geografischer Isolation. Obgleich alle Arten während des gesamten Pleistozäns gediehen, waren Pferde gegen Ende der letzten Eiszeit, vielleicht als Folge von Bejagung durch den Menschen oder Klimaveränderung oder beidem, aus Nordamerika verschwunden. Erst europäische Siedler führten sie wieder in Amerika ein.

Alle Equiden sind mittelgroße bis große Pflanzenfresser mit

Oben links: *Das Przewalskipferd wurde erst in den 1870er Jahren von dem russischen Forschungsreisenden Nikolaj Przewalski in der westlichen Mongolei entdeckt.*

Rechts: *Steppenzebras stillen an einem See ihren Durst. Zwar ist diese Art nicht unmittelbar bedroht, doch stellt der Mensch für alle frei lebenden Equiden weltweit eine ständige Gefahr dar.*

DIE STREIFEN DES ZEBRAS

Verschiedene Theorien versuchen die Funktion der auffälligen Zebrastreifen zu erklären. Die Vorstellung, sie dienten der Tarnung, wird durch das Verhalten der Zebras widerlegt: Sie verstecken sich nie vor Raubtieren. Die Behauptung, Löwen würden durch das Streifenmuster einer Herde verwirrt, hält ebenfalls einer kritischen Betrachtung nicht stand. Auch dienen die Streifen nicht zur Abschreckung gefährlicher Fliegen, da im Lebensraum der Zebras kaum giftige Insekten verbreitet sind.

Aufgrund der Untersuchungen von Sehvermögen und Gehirnphysiologie nimmt man an, dass die Streifen eine soziale Funktion haben und den Zusammenhalt der Gruppe fördern. Zebras scheinen die visuelle Stimulierung durch dieses Muster aktiv zu suchen. So könnten die Streifen das Putzverhalten auslösen.

Biologen vermuten, dass der Vorfahr aller Equiden gestreift war. Durch Selektionsdruck blieben bei den geselligen Zebras des tropischen Afrikas deutliche Streifen erhalten, während bei Equiden, die nicht in großen Herden leben oder bei denen ein warmes Winterfell und häufiger Fellwechsel notwendig sind, die Streifen überflüssig oder hinderlich wurden. JK

langen Hälsen und schlanken Beinen. Der mittlere Zeh jedes Fußes trägt das Gewicht und ermöglicht ein federndes Abstoßen vom Boden. Die Tiere besitzen sowohl obere als auch untere Schneidezähne und hochkronige, mit Leisten versehene Backenzähne zum Zermahlen der Nahrung.

Jene vier Eigenschaften, die am stärksten zum Erfolg der Equiden beitrugen, sind der federnde Gang, die Mahlzähne, die beträchtliche Größe und der Mechanismus der Beingelenke, der ihnen ermöglicht, ohne Beteiligung von Muskeln im Stehen auszuruhen. Ihre Körpergröße senkt den gewichtsspezifischen Bedarf an Nährstoffen und ermöglicht den Equiden nicht nur eine unspezialisierte Ernährungsweise, sondern mindert auch den durch Fortbewegung entstehenden Energiebedarf.

Die Ohrmuscheln der Pferde sind mittellang, aufgerichtet und beweglich, um Geräusche aufzufangen und optische Signale zu geben. Über den Halswirbeln wächst eine Mähne, die bei Hauspferden seitlich herabhängt und bei anderen Arten steht. Die Schwänze sind lang und bei Pferden von langen Haaren bedeckt. Bei Eseln und Zebras wachsen nur an der Schwanzspitze lange Haare. Das auffälligste Unterscheidungsmerkmal ist die Fellfarbe: Das Fell der Zebras ist schwarz und weiß gestreift, das von Pferden und Eseln dagegen ist schlicht gezeichnet. Zwischen den Arten bestehen Größenunterschiede. Männliche Tiere sind immer rund 10 % schwerer als weibliche.

Ihre Stimmung zeigen Pferde oft durch Bewegungen der Ohren, des Mauls und des Schwanzes

FAKTEN

PFERDE, ZEBRAS, ESEL

Ordnung: Perissodactyla

Familie: Equidae

7 (9) Arten in 1 Gattung

Verbreitung
O-Afrika; Naher Osten bis Mongolei.

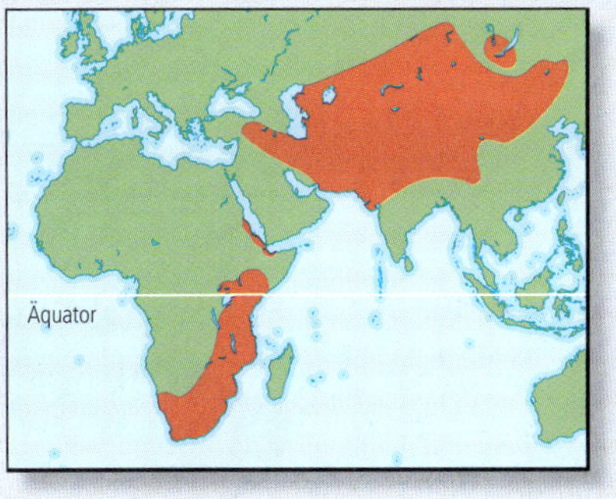

PRZEWALSKIPFERD *Equus przewalskii*
Mongolei nahe des Altai. Steppen und Halbwüsten. KL 210 cm; SL 90 cm; GT 350 kg. Fell: Graubraun an Seiten und Rücken mit gelblich weißem Bauch; dunkelbraune steife Mähne, Beine innen grau; stämmig mit dickem Kopf und kurzen Beinen. Gilt als eigentliches Wildpferd; manche Experten rechnen es *Equus caballus* zu. IUCN-Status: In freier Natur ausgestorben.

HAUSPFERD *Equus caballus*
Alle Kontinente außer Antarktis. Verwilderte Tiere in offenem und bergigem Grasland gemäßigter Zonen, mitunter in Halbwüsten. KL 200 cm; SL 90 cm; GT 350–700 kg. Fell: Sand- bis dunkelbraun; weiche Mähne. Zahlreiche Varianten. Wild lebende Arten sind dickköpfig und stämmig; viele Zuchtrassen zeichnen sich durch schlanke Köpfe und anmutigen Körperbau aus.

AFRIKANISCHER WILDESEL *Equus asinus*
Sudan, Äthiopien und Somalia. Felswüsten. KL 200 cm; SL 42 cm; GT 275 kg. Fell: Grau mit weißem Bauch und dunklem Streifen entlang des Rückgrats (Aalstrich). Nubische Unterart mit Schulterkreuz, somalische Unterart mit gestreiften Beinen. Kleinster Equide mit zierlichsten Hufen. 3 Unterarten. IUCN-Status: Vom Aussterben bedroht.

ASIATISCHER HALBESEL *Equus hemionus*
Syrien, Iran, N-Indien, Tibet. Wüsten in Hoch- und Tiefland. KL 210 cm; SL 49 cm; GT 290 kg; größer als Afrikanischer Wildesel. Fell: Rötlich braun im Sommer, im Winter heller; Bauch weiß, dunkler Aalstrich. Pferdeähnlichster der Esel mit großen, runden Hufen. 4 Unterarten. Manche Experten sehen Kiang und Onager als eigenständige Arten an. IUCN-Status: Keine Angaben, doch die syrische Unterart ist ausgestorben, Kiang sowie Onager gelten als stark gefährdet.

STEPPENZEBRA *Equus burchellii*
O-Afrika. Grasland und Savanne. KL 230 cm; SL 52 cm; GT 235 kg. Fell: Schwarze und weiße Streifen, am Körper senkrecht, auf der Kruppe waagerecht. Ausbildung von Zwischenstreifen möglich. Wirkt immer rundlich; kurzbeinig. 3 Unterarten.

BERGZEBRA *Equus zebra*
SW-Afrika. Bergiges Grasland. KL 215 cm; SL 50 cm; GT 260 kg. Fell: Schmälere Streifen als beim Steppenzebra, Bauch weiß; schlanker mit schmäleren Hufen und Kehlwamme. 2 Unterarten. IUCN-Status: Stark gefährdet.

GREVYZEBRA *Equus grevyi*
Äthiopien, Somalia und N-Kenia. Trockene Steppen und Buschland. KL 275 cm; SL 50 cm; GT 405 kg. Fell: Schmale weiße und schwarze Streifen am Körper senkrecht, über der Kruppe gebogen; weißer Bauch und steif abstehende Mähne. Maultierartiges Aussehen mit langem schmalem Kopf und breiten Ohren. IUCN-Status: Stark gefährdet.

Abkürzungen: KL = Körperlänge; SL = Schwanzlänge; GT = Gewicht.

1

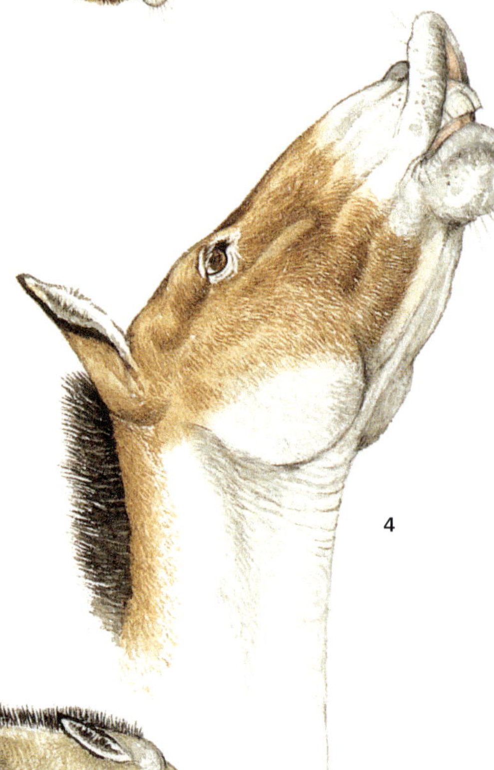

4

2

3

an. Mittels des Geruchssinns halten sich die Tiere über Ortsveränderungen von Artgenossen auf dem Laufenden, denn sie erkennen Individuen am Geruch ihres Urins und Kots. Die Empfängnisbereitschaft von Stuten prüfen Hengste durch Flehmen (Umstülpen der innen mit zahlreichen Geruchssensoren besetzten Oberlippe). Die meisten sozialen Kontakte aber erfolgen durch Laute. Fohlen von Pferden und Steppenzebras wiehern, wenn sie von der Mutter getrennt werden, und die Mütter erwidern den Ruf. Die Hengste zeigen durch Wiehern ihr Interesse an einer Stute an und quieken, um Rivalen zu drohen. Die quiekenden Schreie dominanter und untergeordneter Hengste unterscheiden sich darin, dass sie bei den dominanten um 50 % länger erklingen und nicht mit pfiffartigen Tönen enden. Am wichtigsten aber ist, dass die dominanten Hengste gleich zu Anfang Töne mit hoher Frequenz treffen, die niederrangigen Tiere dagegen nicht. Dies könnte daran liegen, dass die dominanten Tiere Luft mit größerer Kraft auszustoßen vermögen. So wird der Schrei zu einem Indikator für Lungenkapazität und damit für Kraft. Esel- und Grevyzebrahengste schreien beim Kampf oder um Artgenossen über Entfernungen hinweg zu rufen.

Grasland, Savannen und Wüsten

VERBREITUNG

Das Steppenzebra besetzt von allen Equiden den pflanzenreichsten Lebensraum: das Grasland und die Savannen Ostafrikas von Kenia bis zum Kap. Das Bergzebra tritt nur in zwei Bergregionen Südwestafrikas mit starkem Pflanzenwuchs auf. Die übrigen Arten sind in trockeneren Lebensräumen mit spärlicher Vegetation heimisch. Das Przewalskipferd besiedelte die Halbwüsten der Mongolei, während der Halbesel in den Wüsten Zentralasiens und des Nahen Ostens anzutreffen ist. Der Afrikanische Wildesel streift durch die felsigen

5

6

7

◀ ***Links:*** *Typische Vertreter der Pferde, Esel und Zebras.* ***1*** Przewalskipferd (Equus przewalskii); *hier ein drohender Hengst.* ***2*** Wildeselstute (Equus asinus) *droht mit angelegten Ohren und deutet Ausschlagen an.* ***3*** Männlicher Onager – *Unterart des Halbesels* (Equus hemionus) *– markiert, indem er an einem Kothaufen eigenen Kot abgibt.* ***4*** Kiang *(größte Unterart des Halbesels): Ein Hengst flehmt, nachdem er den Urin einer Stute gerochen hat.* ***5*** Junger Bergzebrahengst (Equus zebra) *zeigt einem erwachsenen Hengst ein Unterwerfungsgesicht. Hier sind die Wamme und das „Bratrostmuster" der Kruppe deutlich zu sehen.* ***6*** Steppenzebrahengst (Equus burchellii) *treibt Stuten mit typischer Kopfhaltung und angelegten Ohren.* ***7*** Rossige Grevyzebrastute (Equus grevyi) *in aufnahmebereiter Haltung mit leicht gespreizten Hinterbeinen und seitwärts erhobenem Schwanz.*

Wüsten Nordafrikas. Die Verbreitungsgebiete der Arten überlappen nicht – mit Ausnahme jener des Grevy- und des Steppenzebras, die sich das dornenreiche Buschland Nordkenias teilen.

Faserreiches Futter

NAHRUNG

Alle Equiden ernähren sich von faserreicher Nahrung. Obwohl Pferde und Zebras vor allem Gräser und Seggen verzehren, fressen sie auch Rinde, Blätter, Knospen, Früchte und Wurzeln. Gleiches gilt für Esel. Mikroorganismen, die die Wände der Pflanzenzellen aufspalten, befinden sich bei Equiden im Blinddarm. Die Nahrung gärt, nachdem sie den Magen passiert hat, sodass die Futtermenge nicht so begrenzt ist wie bei wiederkäuenden Weidetieren. Deshalb können Equiden große Mengen an qualitativ minderwertiger Nahrung aufnehmen und auch in kargeren Lebensräumen gut zurechtkommen. In Zeiten mit starkem Pflanzenwuchs verbringen Equiden etwa 60 % des Tages mit der Nahrungsaufnahme, unter ungünstigeren Bedingungen bis zu 80 %.

Die Verfügbarkeit von Wasser ist ein weiterer wichtiger Faktor. Alle Arten müssen täglich einmal trinken; Fohlen, die gesäugt werden, sogar öfter. Der in den verschiedenen Stadien der Reproduktion unterschiedliche Wasserbedarf der Stuten führt bei den an trockene und gemäßigte Zonen angepassten Arten zur Entwicklung verschiedener Muster des Streif- und Gruppenbildungsverhaltens. In trockenen Regionen sind die besten Futterplätze oft weit von Wasserstellen entfernt. Als Folge davon trennen sich säugende und nichtsäugende Esel- und Grevyzebrastuten für einen Teil des Tages von der Herde.

Die Interaktion zwischen Equidenarten kann sehr unterschiedlich verlaufen. Die Streifgebiete überschneiden sich nur selten. Tritt jedoch – wie bei Grevy- und Steppenzebras – Sympatrie auf, so ist eine schwach ausgeprägte Nahrungskonkurrenz zu beobachten. Da die Arten auf unmittelbare Bedingungen des Lebensraums unterschiedlich reagieren (auf den Weiden in Wassernähe bleiben nur säugende Grevyzebrastuten), haben diese Tiere einen Zufluchtsort, an dem sie Futter finden und ihren Nachwuchs aufziehen können, ohne durch Konkurrenz beeinträchtigt zu werden. Ihre zahlreicheren nicht säugenden Artgenossen dagegen müssen auf der Suche nach Futter weiter umherwandern und kommen dabei mit Steppenzebras in Kontakt, die häufiger vorkommen und bei der Nahrungssuche effizienter sind. Da beide Arten von den ergiebigsten Stellen angezogen werden, bekommen nicht säugende Stuten weniger Futter ab, was sich auf ihre körperliche Verfassung und ihre Reproduktionsfähigkeit auswirkt und letztlich das Streifgebiet der Art auf die trockensten Graslandregionen beschränkt.

Die Beziehung der Equiden zu wiederkäuenden Weidetieren ähnlicher Größe kann die Form friedlicher Koexistenz, der Konkurrenz oder sogar der leichteren Nahrungssuche annehmen, wie das Beispiel der Interaktion zwischen Steppenzebras,

Gnus und Thomsongazellen zeigt. Wenn Gras nachwächst, kommt es aufgrund der unterschiedlichen Bisshöhen und Maulgrößen kaum zu Nahrungskonkurrenz. In Zeiten der Dürre aber hört das Pflanzenwachstum auf und die Zebras ziehen von den höher gelegenen Ebenen in feuchtere Täler, in denen es reichlich zähe Pflanzennahrung gibt. Wenn sie die längeren, faserreicheren Pflanzenteile abweiden, kommen weichere, nahrhaftere Blätter und Halme zum Vorschein – eine ideale Nahrung für Wiederkäuer, die qualitativ hochwertigere Nahrung benötigen. Infolge anhaltender Trockenzeiten oder Überweidung kann das Nahrungsangebot zurückgehen, sodass Gnus, Thomsongazellen und andere Boviden dank ihrer effizienteren Verdauungsmethode gegenüber den Unpaarhufern im Vorteil sind. Auf diese Weise versuchte man zu erklären, warum der Bestand an Equiden im Pleistozän abnahm, während sich die Rinderartigen erfolgreich ausbreiteten. Allerdings ist diese Hypothese kaum zu belegen. Heute vermutet man eher, dass Veränderungen der Vegetation und nicht die unterschiedliche Verdauung zu dieser evolutionären Ersetzung führten.

Feste und lockere Beziehungen

SOZIALVERHALTEN

Für die geselligen Equiden sind zwei Grundmuster sozialer Organisation typisch. Eines tritt bei den beiden Pferdearten sowie bei Steppen- und Bergzebras auf. Die erwachsenen Tiere leben in Herden, die aus einem Hengst und einigen Stuten bestehen. Die Streifgebiete der Harems überlappen sich mit denen ihrer Nachbarn. Ein anderes Sozialsystem zeigen Esel und Grevyzebras. Hier bleiben Adulte selten länger als ein paar Monate zusammen. Die Bildung zeitlich befristeter Herden von Tieren eines oder beider Geschlechter ist häufig, doch leben die meisten erwachsenen Hengste allein in Streifgebieten, deren Größe bei Grevyzebras 2 bis 10 qkm und bei Eseln bis zu 15 qkm betragen kann. Innerhalb von mit großen Kothaufen markierten Reviergrenzen erhalten deren Besitzer exklusiven Zugang zu paarungswilligen, durch diese Reviere streifenden Weibchen. Bei beiden Mustern bilden „überschüssige" männliche Tiere Junggesellenherden.

Sozialsysteme mit temporärer Gruppenbildung und einzelgängerischen territorialen Hengsten bilden sich vor allem in trockenen, nahrungsarmen Lebensräumen aus. In diesen liegen Tränken und die besten Futterplätze weit auseinander. Wenn säugende Stuten nicht ständig mit nichtsäugenden Artgenossinnen zusammenbleiben können, kann auch der soziale Zusammenhalt nicht weiter bestehen, der in gemäßigten Zonen vorkommt. Da empfängnisbereite, sexuell aktive Stuten in beiden Gruppentypen vorkommen, kämpfen Hengste um die Kontrolle über Reviere. Dabei können sie Gebiete beanspruchen, durch die Routen zu Wasserstellen verlaufen oder die gute Weidegründe enthalten.

Die meisten Säugetiergruppen bestehen aus Tieren, die in mütterlicher Linie eng miteinander verwandt sind, da Töchter bei ihren Müttern bleiben. Die Herden der Pferde dagegen umfassen nicht miteinander verwandte Tiere, da Tiere beiderlei Geschlechts das Gebiet, in dem sie zur Welt kamen, verlassen. Die jungen Stuten wandern ab, wenn sie mit zwei Jahren geschlechtsreif werden, und schließen sich entweder einer Nachbarherde oder mehreren Junghengsten an. Die jungen Hengste verlassen die Herde mit rund vier Jahren und bilden Junggesellentrupps. Erst wenn sie mehrere Jahre in einem Verbund verbracht haben, sind sie in der Lage, Reviere zu verteidigen, Stuten anzulocken oder einen Leithengst zu vertreiben. Weniger erfolgreiche Hengste verlassen die Junggesellengruppe und schließen Allianzen mit anderen Hengsten vergleichbaren Rangs.

Bei Arten, die in Harems leben, entsteht zwischen Männchen und Weibchen eine besondere Art von Beziehung. Säugerweibchen bilden in der Regel Harems, um sich Vorteile oder Schutz zu verschaffen. Bei Pferden und Steppenzebras aber schließen sich die Stuten zusammen, weil die Hengste ihnen besondere „Annehmlichkeiten" bieten: Sie erhalten mehr Zeit fürs Fressen, ihr Nachwuchs ist besser geschützt und sie selbst sind sexueller Belästigung durch andere Hengste weniger stark ausgesetzt. Die Verminderung von Stress kommt ihrer Reproduktionsfähigkeit zugute. Da nicht alle Hengste in der Lage sind, diese Annehmlichkeiten in gleichem Maße zu garantieren, sind die Stuten wählerisch und verlassen die Gruppe, wenn sie mit ihr nicht „zufrieden" sind.

Bei Steppenzebras schließen sich Harems oft zu Herden zusammen, denen 50 oder mehr Junggesellen beitreten. Eine so vielfach geschichtete soziale Organisation würde man eigentlich eher bei Primaten erwarten als bei Huftieren. Warum sich derart komplexe Gesellschaften bilden, ist noch nicht völlig geklärt, doch scheinen das Vorhandensein von Ressourcen, die Bedrohung durch Fressfeinde und die Konkurrenz, die Junggesellenherden für den Hengst eines Harems darstellen, dabei eine Rolle zu spielen.

Die Stuten bringen gewöhnlich nach rund elf Monaten ein Fohlen zur Welt. Nur bei Grevyzebras dauert die Tragzeit über ein Jahr. Da die Stuten sieben bis zehn Tage nach der Geburt wieder empfängnisbereit sind, fallen Paarungen und Geburten in dieselbe Jahreszeit, in der auch die Vegetation stärker nachwächst. Die Konkurrenz der Hengste um die Stuten ist heftig. Sie beginnen mit optischen Signalen wie Kopfschütteln, Wölben des Halses und Aufstampfen, Absetzen von Mist, Schnauben und Quieken. Nicht selten bricht ein Kampf aus und die Tiere rempeln einander an, steigen, beißen einander in den Hals oder das Vorderfußwurzelgelenk („Knie"). Nicht selten schlagen sie gegen Gesicht und Brust des Rivalen aus. Einen starken Gegensatz dazu bilden die freundschaftlichen Gesten, mit denen Stuten ihre Beziehungen untereinander festigen. Doch existiert auch unter ihnen eine Hierarchie. Je höher eine Stute gestellt ist, desto größere Privilegien genießt sie – so erhält sie als Erste Zugang zu Wasser und begehrteren Pflanzen.

Links: *Eine Gruppe von Kiangs. Die Besiedlung ihres abgelegenen Lebensraums im tibetischen Hochland durch den Menschen gefährdet diese Art.*

Links: *Zwei Steppenzebra-Hengste kämpfen im kenianischen Amboseli-Nationalpark mit Bissen und Tritten gegeneinander. Der Preis des Siegers ist der freie Zugang zu paarungsbereiten Stuten.*

Neugeborene Fohlen stehen nach einer Stunde auf. Im Alter von wenigen Wochen beginnen sie zu grasen, werden aber erst mit acht bis 13 Monaten entwöhnt. Stuten können jährlich Nachwuchs haben, setzen aber meist jedes zweite Jahr aus.

Neuentwurf einer Beziehung

ARTEN- UND UMWELTSCHUTZ

Von den 20 Equiden-Unterarten, die zu Beginn des 20. Jahrhunderts beschrieben wurden, sind inzwischen drei ausgestorben und 13 bedroht. Seit 1968 wurden keine wild lebenden Przewalskipferde mehr gesichtet und nur noch etwa 200 Individuen dieser Art leben in aller Welt verstreut in Zoos oder als ausgewilderte Herden. Die wieder verwilderten Hauspferde dagegen werden in vielen Gebieten wie Schädlinge bekämpft.

Von allen Zebras kommt nur noch das Steppenzebra in größerer Zahl vor. Doch selbst in der Serengeti, in der noch große Populationen dieser Art leben, sank die Zahl im Lauf der 1990er Jahre um 10 %. Der geschätzte jährliche Verlust von 13 % kann mit Sicherheit nicht ausgeglichen werden. In ungeschützten Gebieten ist die Lage sogar noch ernster. Auch die Bestände der Bergzebras sind bereits stark geschrumpft, obgleich sie in Nationalparks unter Schutz stehen. Noch stärker gingen die Bestände der Grevyzebras zurück, für deren Felle hohe Preise gezahlt werden.

Wenn es gelänge, den Teufelskreis von Armut und politischer Instabilität zu durchbrechen, könnten die Nutzung wilder Tiere als Touristenattraktion und eine eingeschränkte Bejagung vielleicht erste Schritte in Richtung eines sich selbst erhaltenden Zebrabestands sein. Aufgrund von Modellen ist bekannt, dass bei einer Bejagung von 6 % der Tiere im Jahr die Bestandszahl gleich bleibt. Equiden reagieren auf das Abnehmen der Population mit höheren Geburtenraten und vorzeitigem Eintritt in die Geschlechtsreife. Die genetische Vielfalt bleibt auch dadurch erhalten, dass sich die meisten adulten Hengste fortpflanzen. DIR

GREVYZEBRAS UND HIRTEN

Seit 1977 ging der Bestand an Grevyzebras in Kenia infolge der Nahrungskonkurrenz mit Vieh stark zurück. Durch Überweidung wurden nachwachsende Gräser stark beschädigt und die Zebras mussten ihre Streifzüge weiter ausdehnen. Auch verschlechterte sich ihr Zugang zu Wasser, denn in geschützten Gebieten trinken Zebras tagsüber, wenn viele Raubtiere schlafen. In Viehzuchtgebieten aber werden Wasserstellen tagsüber von den Hirten und ihren Herden monopolisiert, sodass die Zebras nur nachts trinken können. Da die Fohlen nicht so weit und schnell wie ihre Mütter laufen, werden sie in einiger Entfernung vom Wasser als unbewachte Gruppe zurückgelassen und sind in der Dämmerung besonders stark durch Raubtiere gefährdet. Folglich sollten genügend geschützte Gebiete für die Zucht überlebensfähiger Fohlen geschaffen werden, die später auch in von Menschen bewohnten Gebieten ausgewildert werden können. SW

Tapire

DIE VIER HEUTIGEN TAPIRARTEN SIND DIE letzten Überlebenden einer alten Abstammungslinie, die sich vor etwa 55 Millionen Jahren nach dem Verschwinden der Dinosaurier entwickelte. Der zum Greifen fähige Rüssel des Tapirs gilt als Schlüssel seines Erfolgs.

Am stärksten ähneln diese „lebenden Fossilien" der alten ausgestorbenen Ordnung der Condylarthra (Urhuftiere), die einen Übergang von Insektenfressern zu höher entwickelten Huftieren darstellten. Als das Weltklima trockener und kühler wurde, förderten Lebensräume, in denen Gras gedieh, die Entwicklung Pflanzen fressender Paarhufer mit effizienteren Verdauungssystemen. Davor hatten viele Tapirarten Nordamerika, Europa, Asien und Nordafrika bewohnt. Unter ihnen war der riesige *Megatapirus*, dessen fossile Überreste man in der chinesischen Provinz Sichuan in Ablagerungen aus dem Pleistozän fand.

Wasser liebende Landtiere

KÖRPERBAU UND FUNKTION

Tapire besiedeln tropische Berg- und Tieflandwälder und fühlen sich im Wasser von Flüssen und Seen wohl. Die in Regenwäldern des Tieflands lebenden Arten (*T. terrestris*, *T. bairdii* und *T. indicus*) sind am ausgeprägtesten amphibisch und ebenso an Land zu Hause wie in überschwemmten Wäldern und in Flüssen. Auch die in den Bergen heimischen Tapire baden gerne. Im Wald lebende Tapire setzen ihren Kot häufig im Wasser ab – entweder, um keine Duftspuren zu hinterlassen oder um Fliegenbefall zu vermindern. Aus den gleichen Gründen wälzen sich die Tiere auch im Schlamm. Tapire flüchten sich instinktiv ins Wasser, wenn sie von Fressfeinden verfolgt werden, zu denen Puma, Jaguar, Tiger und Brillenbär zählen. Flachlandtapire suchen regelmäßig in Flussbetten nach bevorzugten Wasserpflanzen. Dort lauern ihnen mitunter Anakondas und Krokodile auf. Erbittertster Feind des Tapirs ist jedoch der Mensch.

Die in niedrigeren Lagen lebenden Tapire sind überwiegend nachts und in der Dämmerung aktiv. Bergtapire dagegen gehen eher tagsüber auf Nahrungssuche, dösen aber während der heißesten Zeit des Tages. Geschlafen wird hauptsächlich zwischen Mitternacht und Sonnenaufgang. Wenn Menschen ihnen stark zusetzen, neigen alle Tapire dazu, nachtaktiv zu werden.

Die Zeichnung des Tapirs gilt als hervorragende Tarnung. Im ersten Lebensjahr ist das Fell der Jungen aller Arten rotbraun mit hellen Tupfen und Streifen. Beim adulten Schabrackentapir zieht sich über Rücken, Flanken und Bauch ein weißer „Sattel". Vorderhand und Extremitäten sind dunkel. So kann man besonders nachts seine Umrisse nur schwer erkennen. Das wollige dunkelbraune bis schwarze Fell des Bergtapirs verbirgt ihn im Schatten der nebligen Bergwälder hervorragend und bewirkt, dass er auch an hellen Stellen des Paramo (das für die nördlichen Anden typische baumlose Moor) nicht leicht auszumachen ist.

Tapire sind kurzsichtig, doch ihr scharfes Gehör und ihr gut ausgebildeter Geruchssinn helfen ihnen Futter zu finden und melden ihnen die Nähe von Fressfeinden. In Steillagen der Anden sind sie dank ihres guten Gleichgewichtssinns sehr trittsicher und laufen noch an Hängen mit Neigungswinkeln von 60° bis 70° Beobachtern davon. Im Wald verbinden ausgetretene Pfade die wichtigsten Wasserstellen, Salzvorkommen, Futter- und Schlafplätze. Die Stellen, an denen Tapire Salz lecken, sind in der Paarungszeit bevorzugte Treffpunkte. Hier kämpfen die Männchen um die Weibchen.

Beziehungen zu Pflanzen

NAHRUNG

Farne, Schachtelhalme, Palmfrüchte und -herzen, zähe Blätter tropischer Bäume sowie Bromelien und ihre Früchte werden verzehrt. Dabei verbreiten Tapire die Samen eines bedeutenden Prozentsatzes der von ihnen gefressenen Pflanzen. In einem untersuchten Gebiet des ecuadorianischen Sangay-Nationalparks brachten 33 % der inventarisierten Gefäßpflanzen und 42 % der von Bergtapiren gefressenen Pflanzen Samen hervor, die in Tapirkot keimten. Vom Bairdtapir weiß man, dass er in einer Nacht 34 kg Pflanzenmaterial konsumiert. Das meiste davon wird in einem feuchten Regenwald rasch wieder zu Mulch. Diese Tapirart mag für die erfolgreiche Vermehrung und Verbreitung großer Obstbäume mit Samen wie der zentralamerikanischen *Raphia faedigera* mitverantwortlich sein. Eine ähnliche Verbindung könnte auch zwischen einigen Avocado- und Palmenarten und Tapiren bestehen. Die großen Tiere legen außerdem in Wäldern Lichtungen frei, in denen neue Pflanzen keimen können.

Bedrohte Wohltäter der Wälder

ARTEN- UND UMWELTSCHUTZ

Tapirweibchen werden alle zwei bis drei Monate brünftig. Nach 13-monatiger Tragzeit gebären sie meist ein einzelnes Junges, das ein bis zwei Jahre bei der Mutter bleibt. Die Tiere leben weit verstreut als Einzelgänger in nur wenigen Quadratkilometer großen Streifgebieten. Ihre beträchtliche Größe und die deutlichen Spuren, die sie hinterlassen, machen sie allerdings zu leichten Zielen für Jäger. Ihre Bestände erholen sich dagegen nur langsam. Einer Studie zufolge wird der Flachlandtapir verschwinden, sobald der Bestand durch Bejagung um 20 % zurückgegangen ist.

Trotz aller Warnungen, die Artenschützer aussprechen, gehen die Bejagung sowie der internationale Handel mit Tapiren oder Körperteilen von ihnen trotzdem weiter. Durch den Verlust ihres Lebensraums sind diese scheuen Säuger einerseits anfälliger für Krankheiten und leichter zu bejagen, andererseits finden die Tiere keine Fortpflanzungspartner oder es kommt zu Inzucht. Längerfristig könnte der verlorene Lebensraum wiederhergestellt werden, indem man landwirtschaftliche Projekte wie das Anlegen von Terrassen fördert sowie die andine Bevölkerung dazu anregt, die traditionelle Getreideart Quinoa (*Chenopodium* spp.) anzubauen, anstatt Vieh zu halten. CCD

Links: *Die vier heute existierenden Tapirarten:* ***1*** *Bairdtapir* (Tapirus bairdii) *mit Jungem;* ***2*** *Bergtapir* (T. pinchaque); ***3*** *Flachlandtapir* (T. terrestris); ***4*** *Schabrackentapir* (T. indicus).

FAKTEN

TAPIRE

Ordnung: Perissodactyla

Familie: Tapiridae

4 Arten der Gattung *Tapirus*

VERBREITUNG Mittel- und Südamerika, SO-Asien in feuchten tropischen Wäldern und Grasland von Meeresniveau bis in 5000 m Höhe.

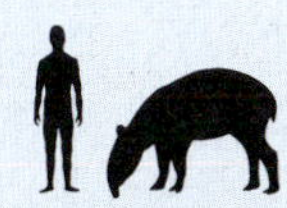

Grösse
Körperlänge 180–250 cm;
Schwanzlänge 5–10 cm;
Schulterhöhe 75–120 cm;
Gewicht 150–300 kg.

FLACHLANDTAPIR *Tapirus terrestris*
Östlich der Anden von N-Kolumbien bis S-Brasilien, N-Argentinien und Paraguay, einschließlich Regenwälder des Amazonas- und Orinocobeckens. Regenwälder des Tieflands und Bergwälder in niederen Lagen; von Meeresniveau bis ca. 1700 m. Fell: Dunkel oder rötlich braun bis grauweiß am Rücken, Unterseite heller. Haare kurz und borstenartig, schütter. Lange, schmale Mähne von der Stirn bis zu den Schultern. Fortpflanzung: Tragzeit 390–400 Tage. Lebenserwartung: 30 Jahre. IUCN-Status: Vorwarnliste.

BERGTAPIR *Tapirus pinchaque*
Anden Kolumbiens, Ecuadors und des äußersten NW von Peru. Nebelwälder mittlerer bis hoher Lagen bis jenseits der Baumgrenze; mit Büschen bewachsenes Paramo-Grasland bis alpine Wiesen; gesichtet zwischen 1400–4700 m Höhe, meist auf 2000–4500 m. Fell: Dicht und wollig, rötlich dunkelbraun bis schwarz; Lippen, Zehen und Oberrand der Ohren weiß; Haut dünner als bei anderen Tapiren. Fortpflanzung: Tragzeit 393 Tage. Lebenserwartung: Schätzungsweise 25 Jahre. IUCN-Status: Stark gefährdet.

BAIRDTAPIR *Tapirus bairdii*
Mittelamerikanischer Tapir
S-Mexiko über Mittelamerika und südlich bis zum Golf von Guayaquil. Tieflandwälder, Sümpfe, überschwemmte Wiesen, Bergwälder niedriger bis mittlerer Lagen. Fell: Unterseite der Brust und Backen weißlich oder hellgrau; Rumpf rötlich braun; weiße Ohrränder; kurze, dicke Mähne, an der Stirn beginnend, nicht so spitz zulaufend wie bei *T. terrestris*. Fortpflanzung: Tragzeit 13 Monate. Lebenserwartung: 30 Jahre. IUCN-Status: Gefährdet.

SCHABRACKENTAPIR *Tapirus indicus*
S-Myanmar, Thailand, Sumatra, früher auch Borneo. Dichte Primärregenwälder; Ufer von Flüssen und Seen. Fell: Mittlerer Teil des Rumpfes weiß, Vorder- und Hinterhand schwarz („optische Brechung der Umrisse"). Fortpflanzung: Tragzeit 390–395 Tage. Lebenserwartung: 30 Jahre. IUCN-Status: Gefährdet.

Nashörner

Nashörner haben kurze, stämmige Beine. Die drei Zehen jedes Fußes hinterlassen in weichem Boden charakteristische kleeblattförmige Abdrücke. Das Panzernashorn sieht dank der vorstehenden Falten seiner knotigen Haut tatsächlich wie mit Panzerplatten bedeckt aus. Das Breitmaulnashorn weist hinten im Nacken einen deutlichen Höcker auf, der aus den Bändern besteht, die seinen schweren Kopf halten. Bei Breitmaul- und Panzernashörnern werden die Männchen größer als die Weibchen, während bei den anderen Arten die Geschlechter ähnliche Maße erreichen. Das Spitzmaulnashorn kann mit seiner beweglichen Oberlippe nach Zweigen greifen, während das Breitmaulnashorn einen lang gezogenen Schädel

Links: *Nur Asiatische und Afrikanische Elefanten sind größer als das Breitmaulnashorn. Diese Art gilt als drittgrößtes Landsäugetier der Welt. Die Männchen sind massiver gebaut als die Weibchen und können über 2 t wiegen.*

Mit ihrer dicken, ledrigen Haut und den Hörnern auf der Nase sehen diese Tiere fast eher wie Zeitgenossen der Dinosaurier aus und nicht wie die der Säuger, die nach den Sauriern kamen. Dieser Eindruck ist nicht ganz verkehrt, denn Nashörner entstammen einer sehr alten Linie.

Ebenso wie Elefanten und Nilpferde sind Nashörner die überlebenden Vertreter einer Tiergruppe, die einst sehr artenreich und vielfältig war: der „Megaherbivoren". Vor 40 Millionen Jahren lebten im Tertiär zahlreiche Formen von Nashörnern und in Europa war während der letzten Eiszeit vor 15 000 Jahren noch das Wollnashorn heimisch. Die Hörner der ausgestorbenen Arten waren je nach Spezies unterschiedlich geformt und ausgebildet, aber immer groß. Von den fünf überlebenden Arten stehen zwei kurz vor dem Aussterben. Die übrigen drei sind zunehmend bedroht.

Stark bewaffnet

KÖRPERBAU UND FUNKTION

Die Tiere sind nach ihrem hervorstechendsten Merkmal benannt. Ihre Hörner besitzen allerdings keinen knochigen Kern, sondern bestehen aus zusammengewachsenen Keratinfasern. Die beiden afrikanischen Arten, Spitz- und Breitmaulnashorn, sowie das Sumatranashorn tragen je zwei hintereinander angeordnete Hörner, von denen das vordere meist das breitere ist. Panzer- und Javanashorn besitzen nur ein Horn am Schnauzenende.

FAKTEN

NASHÖRNER

Ordnung: Perissodactyla

Familie: Rhinocerotidae

5 Arten in 4 Gattungen

VERBREITUNG
Afrika und tropisches Asien.

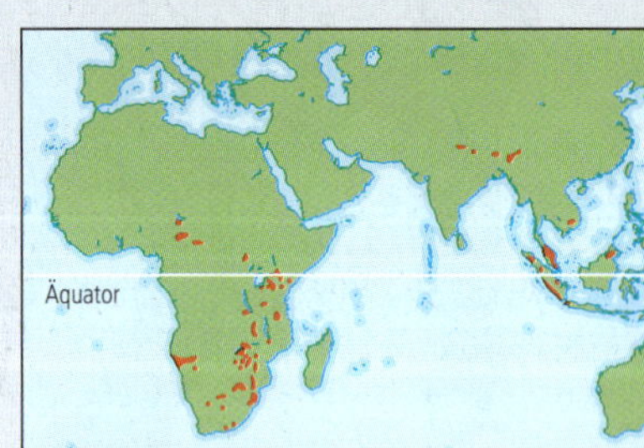

SPITZMAULNASHORN *Diceros bicornis*
Spitzlippennashorn
Afrika vom Kap bis Kenia. Von Bergregenwäldern bis ins trockene Buschland; frisst Blätter und Zweige; eher tag- als nachtaktiv. KL 2,8–3 m; SH 1,4–1,8 m; SL 60 cm; VH 42–135 cm; HH 20–50 cm; GT 0,9–1,3 t. Fell: Grau bis braungrau, je nach Bodenfarbe; haarlos. Fortpflanzung: 1 Junges nach einer Tragzeit von 16–17 Monaten. Lebenserwartung: 40 Jahre. IUCN-Status: Vom Aussterben bedroht.

BREITMAULNASHORN *Ceratotherium simum*
Breitlippennashorn
Südliches und NO-Afrika. Trockenere Savannen; Grasfresser; sowohl tag- als auch nachtaktiv. KL Männchen 3,7–4 m, Weibchen 3,4–3,65 m; SH Männchen 1,7–1,9 m, Weibchen 1,6–1,8 m; SL 70 cm; VH Männchen 40–120 cm, Weibchen 50–165 cm; HH 16–40 cm, GT Männchen bis zu 2,3 t, Weibchen bis zu 1,7 t. Haut: Grau, je nach Bodenfarbe verschieden; nahezu haarlos. Fortpflanzung: 1 Junges nach 16-monatiger Tragzeit. Lebenserwartung: 45 Jahre. IUCN-Status: Geringes Risiko, aber abhängig von Schutzmaßnahmen. Die nördliche Population in der Demokratischen Republik Kongo ist vom Aussterben bedroht.

INDISCHES PANZERNASHORN *Rhinoceros unicornis*
Indien (Assam), Nepal und Bhutan. Grasland der Schwemmebenen; grast überwiegend; tag- und nachtaktiv. KL Männchen 3,7–3,8 m, Weibchen 3–3,4 m; SH Männchen 1,7–1,8 m, Weibchen 1,5–1,7 m; SL 70–80 cm; HORN 45 cm; GT Männchen 2,2 t, Weibchen 1,6 t. Haut: Grau, haarlos. Fortpflanzung: 1 Junges nach einer Tragzeit von 16 Monaten. Lebenserwartung: 45 Jahre. IUCN-Status: Stark gefährdet.

JAVANASHORN *Rhinoceros sondaicus*
SO-Asien. Regenwälder des Tieflands; frisst Blätter und Zweige; tag- und nachtaktiv. SH bis zu 1,7 m; GT bis zu 1,4 t. Haut: Grau, haarlos. IUCN-Status: Vom Aussterben bedroht.

SUMATRANASHORN *Dicerorhinus sumatrensis*
SO-Asien. Bergregenwälder; frisst Blätter und Zweige; tag- und nachtaktiv. KL 2,5–3,15 m; SH bis 1,4 m; VH bis 38 cm; GT bis 0,8 t. Haut: Grau mit spärlichen langen Haaren. Fortpflanzung: 1 Junges nach 7–8 Monaten Tragzeit. Lebenserwartung: 32 Jahre. IUCN-Status: Vom Aussterben bedroht.

Abkürzungen: KL = Körperlänge; SH = Schulterhöhe; SL = Schwanzlänge; VH = vorderes Horn; HH = hinteres Horn; GT = Gewicht und breite Lippen besitzt, mit denen es die von ihm bevorzugten kurzen Gräser abweidet.

Nashörner sehen so schlecht, dass sie einen Menschen, der reglos in 30 m Entfernung steht, nicht wahrnehmen. Die Augen liegen seitlich am Kopf, daher können die Tiere vor ihnen befindliche Objekte stets nur mit einem Auge anvisieren. Das Gehör ist dafür sehr fein und die tütenartigen Ohrmuscheln lassen sich auf jedes Geräusch hin drehen. Um sich über ihre Umgebung zu informieren, setzen Nashörner vor allem ihren ausgezeichneten Geruchssinn ein: Das Volumen ihrer mit Riechzellen besetzten Nasengänge ist größer als das ihres Gehirns.

Wenn sie sich unbeobachtet wähnen, sind Nashörner sehr geräuschvoll. Je nach Art grunzen, schnauben, brüllen, schreien und quieken sie. Die ersten drei Laute dienen vor allem dazu, den Individualabstand zwischen Artgenossen zu wahren, während das Quieken typisch für hungrige Kälber ist. Breitmaulnashornbullen quieken, wenn sie weibliche Tiere am Verlassen ihrer Reviere hindern wollen. Lautes Schreien oder Blöken ist defensiv, während Bullen quietschen und keuchen, wenn sie hinter anderen Tieren herrennen. Leise Töne, die wie eine Mischung aus Schluckauf und Keuchen klingen, sind typisch für werbende Bullen.

Eine anatomische Besonderheit bei Nashörnern ist, dass die Hoden der Männchen wie bei Elefantenbullen nicht in einem Hodensack hängen und der eingezogene Penis rückwärts weist. So kommt es, dass beide Geschlechter nach hinten urinieren. Die Weibchen besitzen zwei Zitzen, die zwischen ihren Hinterbeinen liegen.

Fünf Arten, drei Stämme

VERBREITUNG

Die fünf überlebenden Nashornarten sind Vertreter dreier Abstammungslinien innerhalb der Familie der Rhinocerotidae. Das Sumatranashorn ist der einzige überlebende Nachfahre der Dicerorhinini, die sich vor ungefähr 20 Millionen Jahren im Miozän entwickelten. Der gemeinsame Vorfahre des Panzer- und Javanashorns – die Rhinocerotini – lebte vor etwa zehn Millionen Jahren in Indien. Das ausgestorbene Wollnashorn war die letzte Form einer anderen Linie dieses Stamms. Die beiden afrikanischen Arten – Dicerotini – hatten im mittleren Miozän vor rund 14 Millionen Jahren in Afrika lebende Ahnen. Die modernen Gattungen spalteten sich vor fünf Millionen Jahren im frühen Pliozän ab.

Die heutige Verbreitung sämtlicher Arten wurde durch Bejagung und den Verlust an Lebensräumen stark beeinträchtigt. Besonders das Verbreitungsgebiet des Spitzmaulnashorns schrumpfte dramatisch. Noch in den 1960er Jahren war es praktisch mit Ausnahme der tropischen Wälder im gesamten Afrika südlich der Sahara verbreitet

Rechts: *Mit ihren dicken, spitz zulaufenden Lippen pflücken Spitzmaulnashörner holzige Stängel, größere Blätter und krautige Futterpflanzen.*

und bewohnte bergige Regionen in Kenia (bis in 3000 m Höhe), steinige Wüsten in Mali und Namibia sowie Buschland zwischen Sambia und Mosambik. Heute leben die Bestände weit verstreut – die meisten in bewachten Wildreservaten oder Nationalparks.

Kiloweise Pflanzen

NAHRUNG

Alle Nashörner sind Pflanzenfresser, die sich von Laub oder Gras ernähren und große Mengen an Futter benötigen. Im Magen einer an Bauchfellentzündung gestorbenen Breitmaulnashornkuh fand man 72 kg Gras. Diese Menge entsprach 4,5 % ihrer Körpermasse und gleichzeitig vermutlich ihrer täglichen Futterration. Als große Nichtwiederkäuer vertragen Nashörner faserreiche Kost, ziehen aber nahrhafteres Laub vor. Die afrikanischen Arten verfügen weder über Schneide- noch Eckzähne und setzen ihre Lippen zum Grasen oder Äsen ein. Die asiatischen Arten besitzen Schneidezähne und das Sumatranashorn hat Eckzähne. Jedoch werden die Zähne eher bei Rivalenkämpfen als bei der Nahrungssuche eingesetzt. Die breiten Lippen des Breitmaulnashorns ermöglichen ihm, eine große Portion Gras auf einmal abzureißen. So gestaltet sich die Futteraufnahme auf den Weiden äußerst effizient. In der Trockenzeit suchen Nashörner schattige Stellen unter Bäumen auf, an denen Guineagras *(Panicum maximum)* vorherrscht. Ist dieses abgeweidet, wenden sie sich Stellen mit hohen Gräsern zu, die vor allem Rotes Gras *(Themeda triandra)* umfassen. Spitzmaulnashörner bevorzugen Blätter von holzigen Pflanzen wie Akazien und Wolfsmilchgewächse. Krautige Stauden sind für ihre Ernährung ebenfalls wichtig, Gras spielt dagegen kaum eine Rolle. Zu den Lieblingsfrüchten der Tiere zählen die großen holzigen „Würste“ des Leberwurstbaums *(Kigelia africana)*.

Panzernashörner bündeln mit ihrer beweglichen Oberlippe hohe Gräser und Zweige von Sträuchern. Für das Fressen kurzer Halme biegen sie die Spitze der Lippe hoch. Sie bevorzugen Gräser, besonders *Saccharum*-Arten. Während der kälteren Jahreszeit beziehen sie 20 % ihrer Nahrung von Bäumen. Sie suchen auch nach zu Boden gefallenen Früchten von *Trewia nudiflora*.

Sowohl Java- als auch Sumatranashorn verzehren fast ausschließlich Blätter und Zweige, fressen aber ebenso wie Spitzmaul- und Panzernashörner auch bestimmte Früchte. Sumatranashörner nehmen unter anderem Mangosteen *(Garcinia mangostana)* und Mango *(Mangifera indica)*.

Alle Nashornarten sind von Wasservorkommen in ihren Revieren abhängig. Sie trinken täglich – in Gefangenschaft bis zu 80 l. Während Dürreperioden kommen die beiden afrikanischen Arten aber auch vier bis fünf Tage ohne Wasser aus.

Ebenso wichtig für das Wohlbefinden der Tiere sind Stellen, an denen sie sich im Wasser oder Schlamm wälzen können. Besonders Panzernashörner verbringen gerne viele Stunden im Wasser, während sich die afrikanischen Arten eher mit einer Lehmschicht bedecken. Während das Wasser kühlt, hält der Lehm Fliegen, Stechmücken und andere Hautparasiten ab. (Zwar haben Nashörner eine dicke Haut, doch liegen die Blutgefäße unter der dünnen obersten Schicht.)

1

Rechts: *Die fünf Nashornarten:* ***1*** *Indisches Panzernashorn* (Rhinoceros unicornis); ***2*** *Javanashorn* (Rhinoceros sondaicus); ***3*** *Sumatranashorn* (Dicerorhinus sumatrensis); ***4*** *Spitzmaulnashorn* (Diceros bicornis); ***5*** *Breitmaulnashorn* (Ceratotherium simum).

Unten: *Die Oberlippe des Breitmaulnashorns verläuft vorn gerade und eignet sich eher zum Grasen als zum Abweiden von Blättern und Zweigen. Die Art wurde stark bejagt, konnte aber durch Schutzmaßnahmen gerettet werden.*

5

Gesellige Eigenbrötler

SOZIALVERHALTEN

Bei großen, langlebigen Säugetieren wie Nashörnern dauert die Entwicklung in der Regel etwas länger. Etwa im Alter von fünf Jahren setzen bei weiblichen Breitmaul- und Panzernashörnern die ersten Ovulationszyklen ein und mit sechs bis acht Jahren gebären sie nach 16-monatiger Tragzeit ihr erstes Kalb. Die Weibchen des kleineren Spitzmaulnashorns bekommen ein Jahr früher zum ersten Mal Nachwuchs. Einzelgeburten sind die Regel. Der Abstand zwischen zwei Geburten kann 22 Monate betragen, liegt meist aber bei zwei bis vier Jahren. Das Geburtsgewicht der relativ kleinen Neugeborenen beträgt etwa 4 % des Körpergewichts der Mutter (65 kg bei Breit- und Panzernashorn, 40 kg beim Spitzmaulnashorn). Vor der Geburt sondern die Weibchen sich ab. Breitmaulnashornkälber können ihrer Mutter bereits drei Tage nach der Geburt folgen. Panzernashornmütter entfernen sich auf der Nahrungssuche gelegentlich bis zu 800 m weit von ihrem Nachwuchs. Die Kälber von Panzer- und Breitmaulnashörnern laufen meist vor der Mutter her, die Kälber der inmitten dichterer Vegetation lebenden Spitzmaulnashörner dagegen hinter der Mutter. Breitmaulnashornmütter stellen sich bei Gefahr schützend über ihren Sprößling.

In freier Natur lebende Männchen sind mit sieben bis acht Jahren geschlechtsreif, pflanzen sich aber erst fort, wenn sie ein Revier behaupten können oder mit etwa zehn Jahren zum ersten Mal um eine dominante Stellung kämpfen.

Zu Geburten kommt es das ganze Jahr über, doch nehmen die afrikanischen Nashornkühe überwiegend in der Regenzeit auf, sodass die meisten Babys zu Beginn der Trockenzeit zur Welt kommen. Breitmaulnashornkälber knabbern zwar schon mit drei Monaten an Gras, werden aber das ganze erste Lebensjahr hindurch gesäugt.

Erwachsene Nashörner leben allein. Wichtigste Ausnahme ist die Gemeinschaft von Mutter und Kalb, die meist mit der Vertreibung des dann zwei bis drei Jahre alten Halbwüchsigen kurz vor der Geburt des nächsten Kalbs endet. Mitunter bilden heranwachsende Tiere beider Geschlechter oder Weibchen mit ihren Jungen Paare oder größere Gruppen. In kurzfristig bestehenden Herden von Breitmaulnashörnern können sich zehn und mehr Tiere versammeln. Trios aus einer Breitmaulnashornmutter, einem kleinen und einem älteren Kalb sind nicht selten anzutreffen. Adulte Bullen aller Arten sind Einzelgänger, die sich nur vorübergehend Weibchen anschließen.

Die Streifgebiete der Breitmaul- und Panzernashörner sind meist 10 bis 25 qkm und bei geringer Dichte der Population bis zu 50 qkm groß. Die Bezirke weiblicher Spitzmaulnashörner umfassen in Waldgebieten 3 qkm und in trockenen Lebensräumen fast 90 qkm. Die Streifgebiete der Weibchen überlappen bei allen Arten stark und werden nicht verteidigt. Breitmaulnashornkühe begegnen einander oft freundlich, stehen fast Nase an Nase und gehen dann manchmal zu gegenseitigem Hornreiben über. Weibliche Panzernashörner dagegen reagieren auf Annäherungen aggressiv. Halbwüchsige aller Arten stellen sich adulten Kühen, Kälbern und anderen Jungtieren zum „Nasengruß" gegenüber und hakeln spielerisch mit den Hörnern.

Alle Nashornbullen machen bei Rivalenkämpfen ernst und fügen einander klaffende Wunden zu. Beide afrikanischen Arten stechen mit aufwärts gerichteten Hörnern aufeinander ein. Bei Spitzmaulnashörnern liegt die Rate der Rivalen-

Oben links: *Die Haut neugeborener Nashörner hat eine typische rosafarbene Tönung, die mit zunehmendem Alter rasch verblasst. Anders als für die erwachsenen Tiere stellen Löwen, Hyänen und andere Raubtiere der Savanne für die Kälber eine Gefahr dar.*

Oben: *Freundschaftlicher Nasenkontakt weiblicher Spitzmaulnashörner. Obwohl Nashörner aller Arten Einzelgänger sind, lernen sie durch Kontaktaufnahmen wie diese die meisten Artgenossen kennen, mit denen sie sich das Streifgebiet teilen.*

Links: *Wenn sie einander gegenüberstehen, um ihre Rechte auf Reviere oder Weibchen zu behaupten, wiederholen Nashornbullen immer wieder die gleichen Gesten, bis einer der Rivalen aufgibt:* ***1*** *Die Tiere kreuzen ihre Hörner und* ***2*** *fegen sie über den Boden.* ***3*** *Wenn sich der unterlegene Rivale zurückzieht, bestätigt der dominante Bulle seine Überlegenheit durch Versprühen von Harn. Dieses Verhalten zeigt nur der revierinhabende Bulle.*

kämpfe mit tödlichem Ausgang am höchsten: Fast 50 % der Männchen und 33 % der Weibchen sterben an Wunden. Asiatische Arten greifen mit offenem Maul an und rammen dem Gegner die unteren Schneidezähne – oder im Fall des Sumatranashorns die unteren Eckzähne – in den Körper.

Von Spitzmaulnashörnern heißt es, dass sie auch ohne Provokation angreifen, doch stürmen sie dann gewöhnlich einfach blind dahin, um Eindringlinge zu verjagen. Panzernashörner, die sich gestört fühlen, greifen oft sehr heftig an – sogar die Elefanten, von deren Rücken aus sie in einigen Schutzgebieten beobachtet werden.

Das Breitmaulnashorn dagegen ist sanft und friedlich und läuft trotz seiner Größe vor Eindringlingen eher davon. Bei Gefahr bilden Breitmaulnashörner auch Formationen, indem sie sich Leib an Leib so aufstellen, dass die einzelnen Tiere verschiedene Richtungen überblicken. Dies kann durchaus sinnvoll sein, um Kälber vor Löwen und anderen Raubtieren zu schützen, bleibt jedoch gegen menschliche Jäger natürlich wirkungslos.

Am seidenen Faden

ARTEN- UND UMWELTSCHUTZ

Die Auswirkungen von Bedrohung und Schutz lassen sich gut am Beispiel des Spitzmaulnashorns erläutern. Zwischen 1970 und den späten 1990er Jahren wurden Spitzmaulnashörner gnadenlos abgeschlachtet und ihre Zahl fiel von 100 000 auf unter 3000. Die Mitte der 1970er Jahre durch das Washingtoner Artenschutzabkommen erlassenen Schutzbestimmungen blieben folgenlos. Die Hörner waren auf dem Schwarzmarkt sehr begehrt und wurden vor allem nach Jemen und Asien verkauft, wo man aus ihnen Dolchgriffe (Jemen) bzw. Pulver für traditionelle Medizin herstellt. Die Maßnahmen zur Bekämpfung der Wilderei reichten von Aufklärungsprogrammen für die lokale Bevölkerung über die Einstellung einer größeren Zahl von Wildhütern bis hin zu Umsiedlungen von Nashörnern innerhalb und sogar außerhalb Afrikas. In Simbabwe wurden Wilderer erschossen. Ebenfalls in Simbabwe, aber auch in Namibia und Swasiland, entfernte man lebenden Nashörnern zu ihrem Schutz die Hörner – doch mit keiner dieser Methoden erreichte man die gewünschte Wirkung.

Zwar ist es wiederum ermutigend zu wissen, dass Spitzmaulnashörner auch heute noch in großen Reservaten wie dem Krüger-Nationalpark in Südafrika und dem Etoscha-Nationalpark in Namibia leben. Doch sind diese Populationen ebenso wie fast alle übrigen innerhalb von Zäunen zu finden. Einzige Ausnahme stellt der Bestand an Spitzmaulnashörnern in der Wüste Namib dar, dessen Dichte bei etwa 0,002 Tiere pro qkm liegt.

Nur bewaffnete Wildhüter und der Fotosafaritourismus als Finanzierungsquelle können heute noch die Nashörner retten. Diese leben in Nationalparks und Reservaten mit anderen Tieren zusammen, doch bleibt noch ungeklärt, wie Artenschützer Probleme wie die geschrumpften Genpools und allzu starke Populationsdichten lösen werden. Und solange der Markt für traditionelle chinesische Heilmittel boomt, lassen sich Wilderer von ihrem Treiben kaum abhalten. NO-S/JB

Verbreitung Weltweit, außer in Australien und der Antarktis.

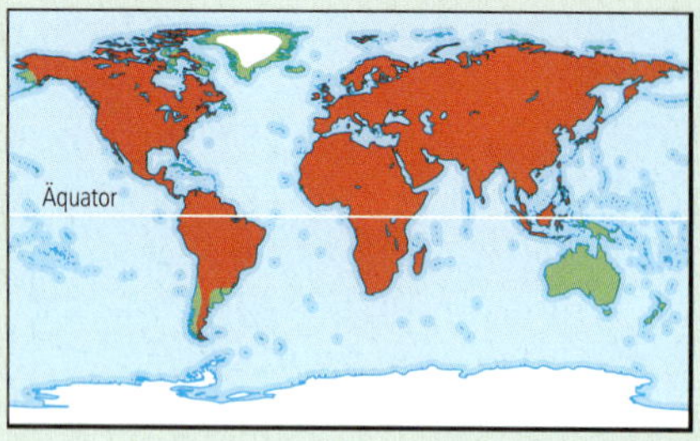

Ordnung: Artiodactyla
196 Arten in 82 Gattungen und 10 Familien

Anmerkung Die 1993 erstellte Taxonomie umfasst 220 Arten, 81 Gattungen und 10 Familien (oben in Klammern angegeben).

Paarhufer

Die Paarhufer oder Artiodactyla stellen heute die Hauptmasse der landlebenden Großsäuger. Man findet sie auf allen Kontinenten außer in Australasien und der Antarktis – im Regenwald wie in der Wüste – und schon in grauer Vorzeit dominierten sie die anderen Säuger, die in den Savannen lebten. Heute ist der Mensch uneingeschränkter Herrscher über alle Lebensräume und grenzt die Habitate der Paarhufer immer weiter ein, ironischerweise dadurch, dass er immer mehr domestizierte Formen dieser Tiere dort ansiedelt.

Die Ordnung Artiodactyla umfasst zwei relativ unterschiedliche Tiergruppen, die jedoch Ähnlichkeiten in ihrer anatomischen Struktur aufweisen. Zu den Schweineartigen (Unterordnung Suina) zählen Schweine, Pekaris und Flusspferde. Sie sind in erster Linie Allesfresser, haben stumpfhöckrige Backenzähne, große, hauerähnliche Eckzähne, kurze Beine und vier Zehen, auch wenn einige Linien Sonderanpassungen aufweisen.

Im Gegensatz dazu sind die wiederkäuenden Paarhufer, die die Subordnungen Tylopoda (Kamele und Lamas) und Ruminantia (Hirsche, Giraffen und Rinder) umfassen, spezialisierte Pflanzenfresser mit viergeteiltem Magen, um harte Pflanzenkost besser verdauen zu können. Ihre Backenzähne haben eher eine Rillen- als Höckerstruktur, manche sind auch hochkronig (hypsodont). Ihre Gliedmaßen sind in der Regel länger und sie besitzen weniger tragende Zehen, oft nur zwei, statt wie primitive Paarhufer vier.

Von den Tylopoda existieren nur noch Kamele und Lamas, die sich von jungen Sprösslingen, Kräutern und Gräsern ernähren. Kamele findet man heute in den ariden Steppen und Wüsten Asiens und Nordafrikas (in ähnlichen Habitaten auch wild lebend in Australien), Lamas hingegen besiedeln die Hochebenen Südamerikas. Kamele gab es bereits im späten bis mittleren Eozän in Nordamerika (vor 46 Millionen Jahren). Sie starben dort gegen Ende des Pleistozäns (vor 10 000 Jahren) aus. In Asien waren sie bis zum späten Miozän (vor sechs Millionen Jahren) unbekannt, ebenso in Südamerika bis zum frühen Pleistozän (vor ca. 1,8 Millionen Jahren).

Die Unterordnung Ruminantia spaltet sich weiter auf in die Teilordnungen der Tragulina und Pecora. Zur ersten zählen die Hirschferkel (Familie Tragulidae) als einzige heute noch lebende Vertreter. Sie sind etwa hasengroße Hirsche, die man in Tropenwäldern der Alten Welt findet. Die Teilordnung Pecora umfasst die restlichen Familien der Wiederkäuer. Ihr typisches Merkmal sind Stirnwaffen aus Knochensubstanz.

Bei den Pecora sind heute Antilopen und Rinder am zahlreichsten und vielfältigsten vertreten, mit verschiedensten Körperformen und -größen sowie Fressgewohnheiten. Sie haben als Einzige große, an offene Weideflächen angepasste Grasfresser hervorgebracht. Rinder lebten primär in der Alten Welt und erlebten ihre Blütezeit in Afrika an der Wende vom Pliozän zum Pleistozän. In Nordamerika tauchten sie erst im Pleistozän auf, in Südamerika waren sie nie heimisch. CMJ/JdT

Unten und rechts oben: *Einige Vertreter der Artiodactyla:* ***1*** *Flusspferdbullen beim Kampf;* ***2*** *Wildschwein auf Nahrungssuche;* ***3*** *männlicher Maultierhirsch mit gut ausgeprägtem Geweih;* ***4*** *die erst 1992 an der Grenze zwischen Laos und Vietnam entdeckte Saola;* ***5*** *männliche Steinböcke beim Kampf.*

2

1

VIELFALT (DIVERSIFIKATION)

Paarhufer tauchten erstmals im frühen Eozän, vor 54 Mio. Jahren, in Nordamerika und Eurasien auf. Es waren kleine, kurzgliedrige Tiere, deren Mahlflächen der Backenzähne vermuten lassen, dass sie von einer ähnlichen Kost wie Affen – zarten Pflanzen – lebten.

Die drei heutigen Unterordnungen – Suina (Schweine und ihre Verwandten), Tylopoda (Kamele und Lamas) und Ruminantia (Hirsche und Rinder) – tauchten alle im späten bis mittleren Miozän (vor etwa 46 Mio. Jahren) auf. Heute umfasst die Ordnung so unterschiedliche Arten wie die elegante Damagazelle, das imposante Hauskamel, den zottelfelligen Yak sowie Warzenschwein und Hirscheber mit ihren Furcht einflößenden Eckzähnen.

5

3

4

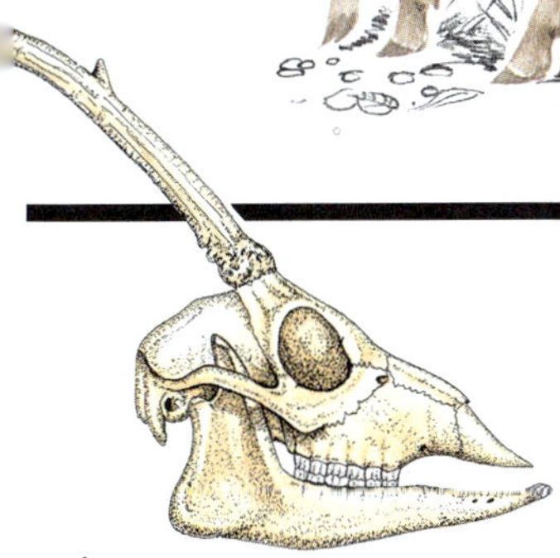

Reh
18 cm

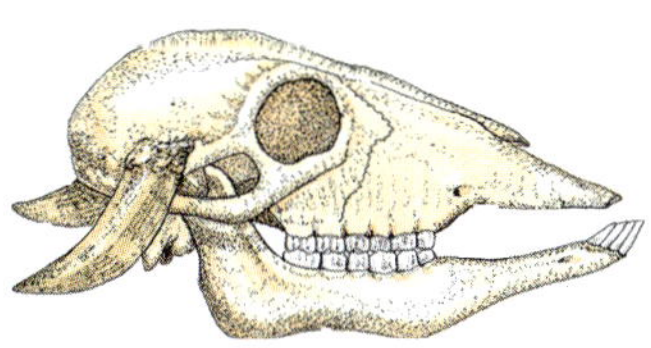

Wilder Wasserbüffel
58 cm

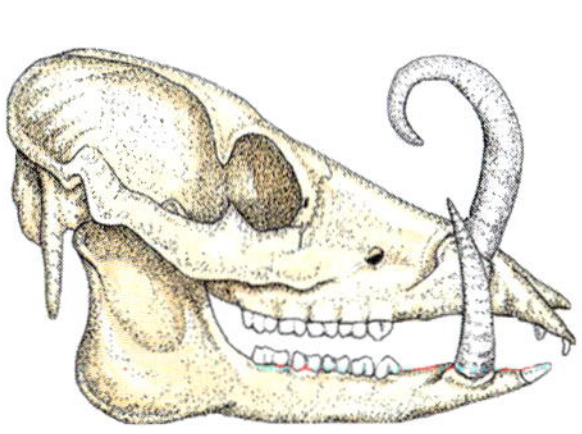

Hirscheber
29.5 cm

SCHÄDEL UND GEBISS

Die Schädel von Wiederkäuern wie Reh und Wasserbüffel weisen einen verkürzten Hinterkopf, ein vollständiges Stirnbein, eine große Lücke zwischen Vorder- und Hinterzähnen (Diastema), incisiforme untere Eckzähne und fehlende oberen Schneidezähne (bei Kamelen teilweise erhalten) auf. Die Backenzähne können hochkronig oder stumpfhöckrig sein, wobei sich die Höcker meist zu Leisten umgeformt haben. Die Lage der Augenhöhlen ist der von Pferden ähnlich, doch bilden Wiederkäuer nie so lange und massige Unterkiefer aus.

Die Schädel von Schweinen haben einen vertieften Hinterkopf, ein unvollständiges Stirnbein, eine kleine Lücke zwischen Vorder- und Hinterzähnen sowie große obere und untere Backenzähne. Die Zähne sind meist stumpfhöckrig (außer bei einigen Grasfressern wie dem Warzenschwein). Die oberen Schneidezähne bleiben meist erhalten, die oberen Eckzähne sind nach oben gekrümmt, nur bei Pekaris und Flusspferden weisen sie nach unten.

STIRNWAFFEN

In der Teilordnung Pecora fasst man alle Wiederkäuer mit Stirnwaffen aus Knochensubstanz zusammen. Die heute lebenden 5 Familien unterscheiden sich primär durch ihre Stirnwaffen, die sich offenbar bei den einzelnen Familien unabhängig voneinander ausgebildet haben. Bei der Familie Moschidae findet man selten Hörner; Männchen haben aber hauerähnliche obere Eckzähne. Giraffidae weiden Bäume ab und finden sich heute in afrikanischen Tropenwäldern (Okapis) oder Savannen (Giraffen). Cervidae sind i.d.R. kleine bis mittelgroße Grasfresser, die in den gemäßigten bis tropischen Wäldern Eurasiens, Nord- und Südamerikas leben (im Pliozän besiedelten sie Amerika). Die Familie Antilocapridae war auf Nordamerika beschränkt. Heute lebt nur noch eine Art, der Gabelbock, in den Prärien des Westens. Im Miozän und Pliozän jedoch gab es eine große Vielfalt antilocaprider Arten.

Die Stirnwaffen der Paarhufer sind sehr unterschiedlich. Die Giraffe **1** trägt unverzweigte Knochenzapfen (Männchen) auf dem Stirnbein. Rehe **2** haben ein verzweigtes Geweih (aus Knochensubstanz) auf dem Stirnbein, das jährlich abgeworfen wird; bei ihnen und anderen Cerviden bilden nur männliche Tiere Geweihe aus (Ausnahme: Ren). Der Gabelhornbock **3** trägt auf dem Stirnbein ein unverzweigtes Geweih mit einer Hornschicht, die jährlich abgestoßen wird. Auch Weibchen haben Geweihe, allerdings kleinere. Bei Boviden wie der Elenantilope **4** sitzen unverzweigte Hörner mit einer permanenten Hornschichtauf dem Stirnbein. Bei einigen Arten tragen nur Männchen Hörner, bei anderen auch die Weibchen, diese dann aber kleinere.

Wildschweine

WAS DEN WILDSCHWEINEN AN ELEGANZ *und Schönheit fehlt, machen sie mit Kraft, Anpassungsfähigkeit und Intelligenz wett. Sie sind hervorragend an ein Leben in Wäldern, Dickichten, Steppen und Savannen angepasst, wo sie in kleinen Gruppen leben, um Rangordnung und Weibchen kämpfen und gemeinsam Feinde verjagen.*

Wildschweine sind heute die am weitesten verbreiteten paarhufigen Säugetiere (Artiodactyla). Sie haben einen ungeteilten Magen und vier Zehen an jedem Fuß. Drei Gattungen besitzen ein vollständiges Gebiss. Die meisten Schweinearten besiedeln Wälder oder bewaldete Gebiete. Sie sind nachtaktiv, sodass sie nur selten mit Menschen in Kontakt kommen. Vor etwa 9000 Jahren, als die Landwirtschaft aufkam, wurde das Wildschwein domestiziert. Heute gibt es zahlreiche Zucht- und Mischrassen von Hausschweinen.

Gute Sinnesorgane

KÖRPERBAU UND FUNKTION

Die heute lebenden Wildschweine sind mittelgroße Paarhufer mit massivem Kopf, kurzem Hals und einem kräftigen, aber wendigen Körper mit rauem, borstigem Fell. Die Augen sind klein, die Ohren relativ lang. Aus der beweglichen Schnauze ragen mächtige Hauer (Eckzähne). Die Schnauze selbst läuft in einer Rüsselscheibe mit zwei Nasenlöchern aus. Struktur und Funktion von Schnauze, Hauern und Gesichtswarzen sind ganz auf Nahrungsaufnahme und Kampf ausgerichtet. Mit der Quaste am Schwanz werden Fliegen verscheucht und Stimmungen ausgedrückt.

Warzenschweinen fehlen die Prämolaren und vorderen Molaren, doch werden die dritten Mola-

Rechts: *Das Buschschwein in Afrika fällt oft in Felder ein. Da es Überträger des Afrikanischen Schweinefiebers ist, untersteht es einer strengen Kontrolle.*

Wildschwein
Sus scrofa

Europa, N-Afrika, Asien, Sumatra, Japan, Taiwan. Eingeführt in Nordamerika. Verwilderte Hausschweine in Australien, Neuseeland, Nord- und Südamerika. Laubwälder und Steppen. Tag- und dämmerungsaktiv.
KL 90–180 cm; SL 30–40 cm;
GT 50–200 kg.
FELL: Bräunlich graue Borsten, kurzes, dichtes Winterfell; keine Gesichtswarzen.
FORTPFLANZUNG: Tragzeit 115 Tage; 6 Zitzenpaare.
LEBENSERWARTUNG: 15–20 Jahre.

Zwergwildschwein Cr
Sus salvanius

Ausläufer des Himalaya in Assam. Savannen. Nacht- und dämmerungsaktiv.
KL 58–66 cm; SL 3 cm.
FELL: Schwarzbraune Borsten auf graubrauner Haut; keine Gesichtswarzen.
FORTPFLANZUNG: Tragzeit 100 Tage; 3 Zitzenpaare.
LEBENSERWARTUNG: 10–12 Jahre.

Pustelschwein En
Sus verrucosus

Java, Bawean. Wälder, Grasland, Sümpfe.
KL 90–160 cm; GT bis 185 kg.
FELL: Rote oder gelbe Haare mit schwarzer Spitze; ausgeprägte Gesichtswarzen.
FORTPFLANZUNG, LEBENSERWARTUNG: Vermutlich wie bei Wildschwein.

Bartschwein
Sus barbatus

Malaysia, Sumatra, Borneo. Tropen- und Sekundärwälder, Mangrovendickichte.
FELL: Dunkelbraun bis grau, mit auffälligem weißem Backenbart; ausgeprägte Gesichtswarzen.
FORTPFLANZUNG, LEBENSERWARTUNG: Vermutlich wie bei Wildschwein.

Mindoro-Bartschwein Vu
Sus philippensis

Auf den Inseln Luzon, Mindoro, Samar, Leyte und Mindanao.

Celebes-Pustelschwein Cr
Sus celebensis

Sulawesi und angrenzende Inseln.

Indochinesisches Pustelschwein
Sus bucculentus

Diese Art wurde erst 1995 wiederentdeckt und erst kürzlich durch den Fund eines einzelnen Jungtieres in Vietnam bestätigt.

1993 wurde die Taxonomie der Säuger umgestellt. Dort werden 3 weitere *Sus*-Arten aufgeführt: *S. cebifrons, S. heureni, S. timoriensis.*

Hirscheber Vu
Babyrousa babyrussa

Auf den Inseln Sulawesi, Togian, Sulu und Buru. Tropenwälder.
KL 85–105 cm; SL 27–32 cm; GT bis 90 kg.
FELL: Spärliche kurze weiße oder graue Borsten; keine Gesichtswarzen. Männchen mit 4 ausgeprägten Hauern.
FORTPFLANZUNG: Tragzeit 125–150 Tage; 1 Zitzenpaar.
LEBENSERWARTUNG: bis 24 Jahre.

Flussschwein
Potamochoerus porcus

W-Afrika und Kongobecken. Wälder, Feuchtsavanne.
KL 100–150 cm; SL 30–40 cm;
GT 50–120 kg.
FELL: Rötlich braun, weiße Streifen auf dem Rücken, lange, weiße Barthaare und Haarbüschel an den Ohren; Männchen mit Gesichtswarzen.
FORTPFLANZUNG: Tragzeit 127 Tage; 3 Zitzenpaare.
LEBENSERWARTUNG: 10–15 Jahre.

Buschschwein
Potamochoerus larvatus

O- und südliches Afrika. Wälder, Feucht-, Strauch- und Grassavannen.
FELL: Rotbraun bis dunkelgrau, mit oder ohne weiße Maske, Haarbüschel an Ohren; Männchen mit Gesichtswarzen.

Riesenwaldschwein
Hylochoerus meinertzhageni

Kongobecken, Teile W- und O-Afrikas. Tropenwälder und Übergangszonen zwischen Wald- und Grasland.
KL 130–210 cm; SL 30–45 cm;
GT 130–275 kg.
FELL: Braune und schwarze Borsten; prominente Gesichtswarzen.
FORTPFLANZUNG: Tragzeit 149–154 Tage; 3 Zitzenpaare.

Gewöhnliches Warzenschwein
Phacochoerus africanus

Afrika südlich der Sahara. Baum- und Grassavannen. Tagaktiv.
KL 110–135 cm; SL 40 cm;
GT 50–100 kg.
FELL: Schwarze oder weiße Borsten auf grauer Haut; Männchen mit sehr ausgeprägten Gesichtswarzen.
FORTPFLANZUNG: Tragzeit 170–175 Tage; 2 Zitzenpaare.
LEBENSERWARTUNG: 12–15 Jahre.

Wüstenwarzenschwein
Phacochoerus aethiopicus

Trockensavannen in Somalia und NO-Kenia. Eine Unterart kam in der Kapprovinz Südafrikas vor und ist dort seit 100 Jahren ausgestorben. Vorkommen in Somalia erst seit kurzem bestätigt. Kleiner als Gewöhnliches Warzenschwein.

ABKÜRZUNGEN KL = Körperlänge SL = Schwanzlänge GT = Gewicht Cr vom Aussterben bedroht En stark gefährdet Vu gefährdet

FAKTEN

WILDSCHWEINE

Ordnung: Artiodactyla

Familie: Suidae

13 (16) Arten in 5 Gattungen: Wild-, Bart- und Pustelschweine (*Sus*, 7 (10) Arten); Warzenschweine (*Phacochoerus*, 2 Arten); Buschschweine (*Potamochoerus*, 2 Arten); Hirscheber (*Babyrousa babyrussa*); Riesenwaldschwein (*Hylochoerus meinertzhageni*).

VERBREITUNG Europa, Asien, O-Indien, Afrika; eingeführt in Nord- und Südamerika, Australien, Tasmanien, Neuguinea, Neuseeland.

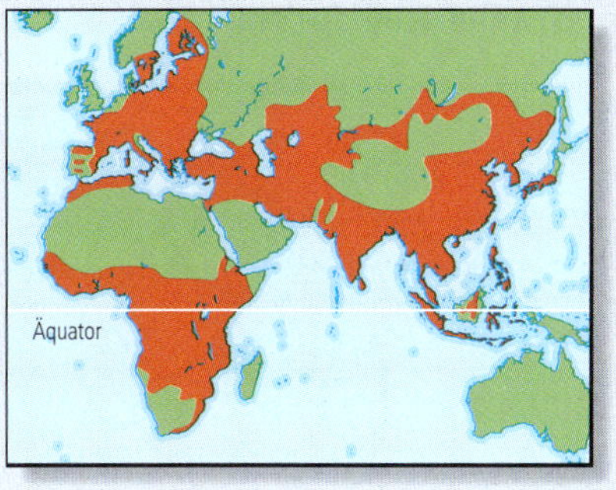

LEBENSRAUM Vorwiegend Wälder und Waldgebiete.

GRÖSSE Körperlänge von 58–66 cm beim Zwergwildschwein bis 130–210 cm beim Riesenwaldschwein; **Gewicht** von 6–9 kg bis 130–275 kg bei den beiden genannten Arten.

FELL Manche Wildschweine sind fast unbehaart, meist aber ist ihre Haut mit rauen Borsten bedeckt.

NAHRUNG Allesfresser, auch Pilze, Wurzeln, Pflanzenknollen und -zwiebeln, Früchte, Schnecken, Regenwürmer, Reptilien, Jungvögel, Eier, kleine Nagetiere und Aas.

FORTPFLANZUNG Tragzeit variiert zwischen 100 Tagen beim Zwergwildschwein und 175 beim Gewöhnlichen Warzenschwein. Wurfgröße: 1–12 Junge.

LEBENSERWARTUNG In der Regel 15–20 Jahre, bis zu 24 beim Hirscheber.

ren so groß, dass sie die Lücke füllen. Wildschweine gehen auf den dritten und vierten Zehen, die zweiten und fünften Zehen sind kurz und berühren den Boden nicht. Körper, Hauer und Warzen treten bei Männchen sehr viel stärker hervor als bei Weibchen.

Geruch und Gehör sind gut ausgebildet. Familienverbände kommunizieren durch Quieken, Schnalzen und Grunzen. Lautes Grunzen dient als Warnsignal, rhythmisches Grunzen leitet das Paarungsvorspiel ein.

Wühlen nach Futter

NAHRUNG

Schweine gehen gewöhnlich im Familienverband auf Nahrungssuche. Sie fressen nicht nur verschiedenste Pflanzen (Farne, Gräser, Blätter, Wurzeln, Früchte) und Pilze, sondern wühlen in Abfall und Schlamm nach Insektenlarven, kleinen Wirbeltieren (Fröschen und Mäusen) sowie Regenwürmern. Untersuchungen ergaben, dass sich die Nahrung der Buschschweine im Knysna Forest in Südafrika aus unterirdischen Pflanzenteilen wie Knollen und Trieben (40 %), Blättern (30 %), Früchten (13 %), Tieren (9 %) und Pilzen (8 %) zusammensetzt.

Oben: *Die oberen Hauer des Warzenschweins sehen zwar beeindruckender aus, doch sind die kleineren unteren schärfer und bilden die Hauptwaffe. Die Warzen bieten im Kampf Schutz vor den Hauern des Rivalen.*

Riesenwaldschwein und Warzenschwein sind spezialisiertere Pflanzenfresser. Das Waldschwein frisst Gras und Laub auf immergrünen Weiden und Lichtungen. Es wühlt nur selten mit der Schnauze im Boden. Warzenschweine ernähren sich fast ausschließlich von Gräsern. Sie rupfen die Triebspitzen mit ihren Schneidezähnen oder Lippen ab oder graben mit dem Rüssel Graswurzeln aus der harten Savannenerde. In Simbabwe kann in der Trockenzeit bis zu 85 % ihrer Nahrung aus Graswurzeln bestehen, in der Regenzeit bis zu 95 % aus Grashalmen und gegen Ende der Regenzeit zu 60 % aus Grassamen.

Bachen-Verbände

SOZIALVERHALTEN

Die Keiler sind zwar bereits mit 18 Monaten geschlechtsreif, können sich jedoch erst mit etwa vier Jahren erfolgreich paaren, wenn sie voll entwickelt sind. In den feuchten Tropen findet die Paarung das ganze Jahr über statt, in gemäßigten und tropischen Regionen mit Jahreszeiten im Herbst. Die Bachen werfen dann im folgenden Frühjahr. Zur Niederkunft graben sie flache Mulden, die sie mit Gras auspolstern, oder (wie das Warzenschwein) ein Erdloch. Die Jungen wiegen bei der

Geburt zwischen 500 und 900 g und verlassen ihr Nest nach etwa zehn Tagen zum ersten Mal. Jedes von ihnen saugt bei der Mutter an „seiner" eigenen Zitze. Entwöhnt werden die Frischlinge nach ca. drei Monaten. Junge Schweine bleiben meist mit ihrer Mutter in einer Gruppe zusammen, bis diese wieder trächtig ist. Nach der Geburt, zu der die Bache sich absondert, schließen sich ihr oft wieder ihre vorjährigen Kinder und andere Sauen an. So entstehen große Rotten aus mehreren Generationen.

Das Paarungsvorspiel ist vielseitig. Ein werbender Keiler boxt die Bache in die Flanke, schnüffelt an ihrer Genitalregion, verfolgt sie im Kreis und versucht mehrmals, seine Schnauze auf ihren Rumpf zu legen. Busch- und Warzenschweine sowie Arten der Gattung *Sus* erzeugen während des Vorspiels ein Lippendrüsensekret oder einen schaumigen Speichel, mit dem die Bache bestrichen wird. Dies veranlasst sie dazu, stehen zu bleiben. Der Paarungsakt dauert bis zu zehn Minuten. Danach wird die Vagina der Bache durch einen Pfropf aus geronnener Samenflüssigkeit verschlossen, was wohl verhindern soll, dass das Sperma anderer Männchen eindringt.

Keiler leben meist einzelgängerisch oder schließen sich zu Junggesellengruppen zusammen, während eine oder mehrere Bachen mit ihren Jungen verschiedenen Alters eigene Rotten bilden. Werden diese zu groß, teilen sie sich oft in kleinere „Familienverbände". Deren Wohngebiete überschneiden sich. Oft werden Wasserlöcher, Suhlen, Ruhe-, Futter- und Schlafplätze geteilt. Wildschweine scheinen nicht territorial zu sein. Die Reviere von Zwergwildschweinen sind etwa 25 ha groß, die der Warzenschweine 1 bis 4 qkm, die der Wildschweine 10 bis 20 qkm. Diese Wohngebiete markieren Schweine durch Sekretabsonderungen der Lippendrüsen, Stirndrüsen (Warzen- und Riesenwaldschwein) oder Fußdrüsen (Buschschwein). Zur Paarung legen Keiler oft weite Strecken zurück, um zu brünstigen Weibchen zu gelangen und dort Nebenbuhler zu vertreiben.

Im Nordosten Borneos kennt man vom Bartschwein periodisch auftretende Wanderzüge. Ver-

Unten: *Wildschweinbache mit Jungen. Deren auffällige Streifen dienen der Tarnung und verblassen mit zunehmendem Alter. Wildschweine findet man häufig in Europas Wäldern. Sie werden als Delikatesse geschätzt.*

DER BIZARRE HIRSCHEBER

Der Hirscheber ist einer der rätselhaftesten Säuger Asiens. Seiner außergewöhnlichen Hauer und seines komplexen Magens wegen wurde er in eine eigene Unterfamilie, Babirousinae, gestellt. Seine absonderlichen Eckzähne faszinierten Menschen schon immer. Sie dienten als Vorbild für die balinesischen Dämonen-Masken, und sulawesische Stammesfürsten überreichten diplomatischen Abgesandten früher diese Tiere als Geschenk. Beim Hirscheber wachsen die oberen Eckzähne senkrecht nach oben durch die Rüsseldecke und krümmen sich dann nach hinten. Die scharfen unteren Eckzähne ragen ebenfalls weit aus der Schnauze.

Die Funktion der Eckzähne gibt seit über einem Jahrhundert Rätsel auf. Man findet sie nur bei erwachsenen Männchen. Vermutlich sind sie sekundäre Geschlechtsmerkmale, die Rivalen beeindrucken sollen. Während des Kampfes richten sich die Tiere auf den Hinterbeinen auf in eine Art „Boxerhaltung" – vielleicht, um die Hauer des Rivalen abbrechen und so dessen Chancen auf eine Paarung reduzieren zu können.

Die Männchen sind meist Einzelgänger, während sich ein oder mehrere Weibchen mit Jungen zu Verbänden zusammenschließen, meist in Gruppen zu fünf. Das Weibchen besitzt nur zwei Zitzen und kann folglich auch nur zwei Junge säugen. Hirscheber suchen oft Schlammlöcher zum Suhlen auf und reiben sich danach an Bäumen. Sie leben weitgehend von Früchten, verzehren aber auch Blätter, Gräser und kleinere Tiere.

Die Tiere wiegen bis zu 100 kg, sind nur auf Sulawesi und einigen Nachbarinseln zu finden und heute vom Aussterben bedroht. Der wild lebende Bestand ist auf wenige tausend Tiere geschrumpft, vorwiegend aufgrund der Vernichtung des Lebensraums und durch Wilderei. Obwohl Hirscheber gesetzlich geschützt sind, werden wöchentlich fünf bis 15 mit Schlingen gefangene Tiere auf Märkten in Manado, Nord-Sulawesi, verkauft, wo Schweinefleisch als Delikatesse gilt. Die lokalen Behörden versuchen dem Problem Herr zu werden, indem sie die Fahrzeuge der Händler kontrollieren, Gesetze zu einer raschen Verfolgung von Wilderern erlassen und Aufklärungskampagnen für Jäger, Händler und Konsumenten durchführen. Der deutliche Bestandsrückgang dieser Art ist jedoch schon aus historischen Berichten zu erschließen: 1869 beobachtete Alfred Russell Wallace Hirscheber noch in der Nähe von Manado. Heutige Händler müssen Hunderte von Kilometern reisen, um Fleisch von diesem Tier zu kaufen. LC mutlich sind diese auf Populationsexplosionen nach mehreren Jahren ungewöhnlich hoher Waldfruchtproduktion zurückzuführen. In der letzten großen Migrationswelle 1983/1984 legten über eine Million Schweine etwa 200 km zurück. Heute ist durch Waldrodung die Fruchtproduktion gesunken und somit auch die Zahl der Migrationen.

Enge Verbindung von Mensch und Tier

ARTEN- UND UMWELTSCHUTZ

Seit dem Neolithikum züchtet der Mensch in Europa und Asien Schweine ihres Fleisches wegen. Das Wildschwein wurde vor etwa 8000 bis 11 000 Jahren unabhängig voneinander in Europa, Indien, China und Malaysia domestiziert. In einigen Teilen Indonesiens existieren heute noch Kulturen, in denen diese Tiere eine zentrale symbolische Rolle spielen: Aus ihren Eingeweiden wird die Zukunft gelesen und es werden rituelle Jagden abgehalten. Eine domestizierte Form des Celebes-Pustelschweins kommt neben Sulawesi auch auf den Philippinen und benachbarten Inseln vor.

Während manche Arten wie das Zwergwildschwein durch den Verlust des Lebensraums bedroht sind, entwickelten sich andernorts Wildschweine zur wahren Plage und gefährden einheimische Arten. Die Population des Pustelschweins z.B. ist Besorgnis erregend zurückgegangen. Sein Überleben hängt vom Schutz des Lebensraums und Zuchterfolgen in Gefangenschaft ab. In freier Wildbahn könnte es nur auf Inseln ohne Konkurrenz überleben. Der Bestand der wild lebenden Schweine Afrikas und des weit verbreiteten Wildschweins ist zufrieden stellend. DHMC

Oben: Verschiedene Kampfformen wilder Schweinearten: **1** Riesenwaldschweine bekämpfen sich frontal mit ihren hart gepanzerten Schädeln. **2** Buschschweine kreuzen ihre Schnauzen wie Schwerter und sind durch Warzen geschützt. **3** Wildschweine versuchen sich gegenseitig die Schulter aufzuschlitzen, die durch verdickte Haut und dichtes, verfilztes Haar geschützt ist.

Pekaris

Tief im Amazonasregenwald trottet eine Herde schweineähnlicher Tiere auf eine Salzlecke in einer kleinen Lichtung zu. Die Tiere stöbern mit ihren Rüsseln im mineralreichen Wasser und Boden. Die Luft ist erfüllt von den Grunzlauten der adulten Tiere und dem hohem Quieken der Jungen. Ab und zu knackt es laut – wenn die Pekaris harte Palmnüsse mit ihren kräftigen Kiefern zermalmen.

Solch eine Szene mag sich vor Tausenden von Jahren im Wald abgespielt haben. Heute sieht sie etwas anders aus: Ein im Baum versteckter Indianer feuert mit einem alten Gewehr mehrmals in die Gruppe. Bald liegen fünf Weißbartpekaris tot am Boden. Die Herde flieht in Panik und folgt ihrem Leittier zurück in den Wald.

Oben: *Weißbartpekaris zeigen von allen drei Arten die weiteste Verbreitung. Ihre Wohngebiete sind bedeutend größer als die der anderen Arten. Hier durchstreift ein junges Weißbartpekari eine Graslandschaft.*

Echte Waldschweine

KÖRPERBAU UND FUNKTION

Pekaris sind mittelgroße Tiere, die Schweinen ähneln, jedoch lange, schlanke Beine haben. Sie entwickelten sich im Oligozän in der Neuen Welt, echte Schweine dagegen in der Alten Welt. In Nordamerika, Europa und Asien fand man längst ausgestorbene Pekari-Taxa. Eine der modernen Arten – das Chacopekari – kannten Wissenschaftler nur aus einem fossilen Fund, bis es schließlich 1972 in freier Natur entdeckt wurde.

Die drei heute lebenden Arten unterscheiden sich in Farbe und Größe. Das Halsbandpekari ist am kleinsten und erkennbar am weißen Band um den Hals. Das Weißbartpekari ist dunkler gefärbt, Lippen und Wangen sind weiß. Das Chacopekari ist groß und dunkel, seinen Hals ziert ebenfalls ein weißes Band. Mehrere abweichende Merkmale, wie längere Beine, ein deutlich größerer Kopf, weiter entwickelte Zahnkronen, höher am Kopf befindliche Augen sowie eine längere Schnauze, rechtfertigen seine Einordnung in eine eigene Gattung, *Catagonus*. Bei allen drei Arten sind beide Geschlechter etwa gleich groß.

Pekaris sind Allesfresser, haben aber eine Vorliebe für Früchte (vor allem Palmfrüchte), Samen, Wurzeln und Stängel. Gelegentlich fressen sie auch Insekten, kleine Wirbeltiere, Aas und sogar Kleinsäuger. Das Chacopekari verzehrt hauptsächlich Kakteen, wie in einigen Regionen saisonal auch das Halsbandpekari.

Schützende Herde

SOZIALVERHALTEN

Weibliche Halsbandpekaris werden mit 33 bis 34 Wochen geschlechtsreif, männliche mit 46 bis 47 Wochen. Weißbart- und Chacopekaris scheinen sich in freier Wildbahn erstmals mit etwa zwei Jahren fortzupflanzen. Der Paarungsakt dauert nur einige Sekunden; ein längeres Vorspiel ist nicht zu beobachten. Weibchen lassen sich von mehreren Männchen begatten, wobei diese ein Hierarchiegefüge innerhalb der Gruppe aufbauen, die die Paarung rangniedriger Tiere einschränkt. Bei den Halsbandpekaris werden die Jungen nach etwa 50 bis 74 Tagen entwöhnt. Weibchen dieser Art säugen lediglich ihre eigenen Jungen, bei Weißbartpekaris wurde beobachtet, dass sie manchmal auch den Nachwuchs anderer Weibchen säugen.

Pekaris sind gesellig. Chacopekaris leben in Gruppen von zwei bis zehn Tieren, Halsbandpekaris in Verbänden von sechs bis 50 Tieren. Weißbartpekari-Rotten umfassen meist etwa 100 Tiere, die Zahl kann jedoch zwischen 50 und 400 variieren (heute ist die Art sehr selten aufgrund von Überjagung). Große Rotten teilen sich oft zur Futtersuche, vereinen sich aber wieder für einen Ortswechsel. Jagende Indianer berichten, dass Weißbartpekaris auf Wanderungen von einem älteren Tier angeführt werden. Hinter ihm kommen die Weibchen mit den Jungen, dann folgen die jungen Männchen und zuletzt die Alten und Schwachen. Zusammenhalt und Erkennen innerhalb der Gruppe erfolgt durch gegenseitiges Markieren mit Sekreten aus einer Rückendrüse. Oft sieht man Tiere, die nebeneinander stehen, jeweils den Kopf an der Kruppe des anderen, und ihre Wangen heftig an der Drüse des anderen reiben.

Halsband- und Chacopekaris besiedeln feste Wohngebiete, die sich kaum überschneiden, was auf Reviere schließen lässt. Diese Gebiete sind beim Halsbandpekari 30 bis 800 ha groß, beim Chakopekari können sie sogar bis zu 1100 ha umfassen. Halsband- und Weißbartpekaris markieren Baumstämme und andere Objekte innerhalb ihres Reviers mit einem Sekret aus der Rückendrüse. Das vorzugsweise aufgesuchte Kerngebiet wird zusätzlich durch Dung markiert. Weißbartpekaris leben in Wohngebieten von 22 bis 110 qkm, wenngleich sie gelegentlich auch umherstreifen oder -wandern.

Die größten natürlichen Feinde der Pekaris stellen Pumas und Jaguare dar. Südamerikanische Bauern behaupten, der Jaguar töte nur Weißbartpekaris, die sich von der Gruppe entfernen. Wenn

Weißbartpekaris auf menschliche Jäger oder Hunde treffen, bleiben ein oder mehrere Tiere zurück, um sich der Bedrohung trotz des hohen Risikos zu stellen, während der Rest der Gruppe flieht. Solche „Kämpfer" sind immer Männchen, wenngleich manchmal auch Weibchen umkehren, um einen getöteten Artgenossen zu verteidigen. Kommt ein Feind der Gruppe sehr nahe, bevor er entdeckt wird, zerstreuen sich die Halsbandpekaris in alle Himmelsrichtungen, um den Angreifer zu verwirren. Dabei stoßen sie Alarmrufe aus. Chacopekaris hingegen bleiben zusammen und trotzen gemeinsam der Gefahr. Dies mag eine gute Strategie beim Angriff einer großen Raubkatze sein, gefährdet jedoch die ganze Herde, wenn es sich bei dem Feind um einen Menschen mit Gewehr handelt.

Begehrte Fleischlieferanten

ARTEN- UND UMWELTSCHUTZ

Pekaris zählen in ganz Lateinamerika zu den wichtigsten Beutetieren der Indianer. Jährlich werden Tausende getötet, aber nicht nur für den Eigenbedarf, sondern um Fleisch und Haut zu verkaufen. In vielen Städten im Amazonasgebiet, die weitab der großen Rinderherden liegen, gibt es große Märkte für Wildfleisch, das vor allem von Pekaris stammt.

Auch die Waldrodung zur Anlage von Feldern und Weiden stellt eine Bedrohung für Pekaris dar. In ihrem Verbreitungsgebiet fallen jährlich mehr als eine Million Hektar Naturwald der Rodung zum Opfer. Aufgrund ihrer riesigen Wohngebiete und Gruppengrößen sind Weißbandpekaris deshalb besonders gefährdet, da sie zum Überleben weite, naturbelassene Flächen benötigen.

Im Gegensatz dazu scheinen sich Halsbandpekaris besser an eine sich verändernde Landschaft anzupassen, vorausgesetzt, es bleiben genügend Waldinseln bestehen. Die Tiere werden jedoch oft von Bauern gejagt, deren Felder sie heimsuchen. Am prekärsten gestaltet sich die Lage des Chacopekaris, das heute aufgrund von Überjagung, Krankheiten und Zerstörung seines Lebensraums als stark gefährdet eingestuft wird.

Damit diese Arten langfristig überleben können, sind in einigen Regionen Schutzprogramme zur Erhaltung sowohl der Tiere als auch ihrer Lebensräume notwendig. Vielerorts wurden bereits einschlägige Maßnahmen ergriffen, doch die meisten Programme laufen gerade erst an und noch ist weitgehend unklar, wie viele von ihnen langfristig Erfolg haben werden. Dennoch gibt es einen kleinen Hoffnungsschimmer: Im peruanischen Amazonasgebiet, in Loreto, wurde bereits ein sehr erfolgreiches Programm ins Leben gerufen, und in Texas, New Mexico und Arizona ist die Freizeitjagd auf Halsbandpekaris bereits seit Jahrzehnten gesetzlich geregelt. HGC/AT

Links: *Junge Halsbandpekaris sind etwa 24 Wochen von der Mutter abhängig. Gesäugt werden sie sechs bis acht Wochen, nach drei bis vier Wochen nehmen sie bereits zusätzlich feste Nahrung zu sich. Beide Eltern und andere Gruppenmitglieder helfen bei der Versorgung und dem Schutz der Jungtiere, vor allem wenn Gefahr droht.*

FAKTEN

PEKARIS, NABELSCHWEINE

Ordnung: Artiodactyla

Familie: Tayassuidae

3 Arten in 2 (3) Gattungen

VERBREITUNG SW der USA bis N-Argentinien.

HALSBANDPEKARI *Tayassu (Pecari) tajacu*
Im SW der USA bis N-Argentinien. Tropische Feucht- und Trockenwälder, tropische Buschsavannen, Dornbusch, Chaparral-Grasland, lichter Wald. KL 78–100 cm; SH 40–49 cm; SL 2–6 cm; GT 16–35 kg. Fell: Bräunlich grau mit dunklerem Rücken; Gliedmaßen schwärzlich; weißes Band verläuft diagonal vom Widerrist bis zur Kehle; Jungtiere rostbraun, Band nicht so ausgeprägt. Fortpflanzung: Tragzeit 145 Tage; Wurfgröße 1–4, meist 2 Junge. Lebenserwartung: Wild lebend bis 16, in Gefangenschaft bis 24 Jahre.

WEISSBARTPEKARI *Tayassu pecari*
Im SO des Staats Veracruz in Mexiko bis N-Argentinien. Tropische Feucht- und Trockenwälder, tropische Waldsavannen, Dornbusch. KL 90–135 cm; SH 56 cm; SL 3–6 cm; GT 27–40 kg. Fell: Dunkelbraun bis schwarz mit weißlichen Borsten auf Lippen, Kinn und Kehle; Jungtiere rötlich braun bis grau. Fortpflanzung: Tragzeit 158 Tage; Wurfgröße 1–4, meist 2 Junge. Lebenserwartung: Wild lebend bis 15, in Gefangenschaft bis 21 Jahre.

CHACOPEKARI *Catagonus wagneri*
Gran Chaco (N-Argentinien, SO-Bolivien, W-Paraguay). Trockene Dornwälder mit isolierten Savannen. KL 93–106 cm; SH 52–70 cm; SL 3–10 cm; GT 30–43 kg. Fell: Gesprenkeltes Dunkelgraubraun mit schwach ausgeprägtem weißem Band vom Widerrist bis zur Kehle; Jungtiere gelbbraun und schwarz, Band schwach ausgeprägt. Fortpflanzung: Tragzeit ca. 5 Monate; Wurfgröße: 1–4, meist 2 Junge. Lebenserwartung: Wild lebend bis 9 Jahre. IUCN-Status: Stark gefährdet.

Abkürzungen: KL = Körperlänge; SH = Schulterhöhe; SL = Schwanzlänge; GT = Gewicht

Flusspferde

Flusspferde sind ein seltenes Beispiel dafür, wie sich zwei eng miteinander verwandte Arten an völlig unterschiedliche Lebensräume angepasst haben (weitere Beispiele sind der Wald- und der Savannenelefant sowie die Büffel). Während das größere Flusspferd in Graslandschaften lebt, besiedelt das Zwergflusspferd dichten Regenwald.

Ebenso ungewöhnlich ist der Tag- und Nachtrhythmus der Tiere, denn sie halten sich in unterschiedlichen Lebensräumen auf: tagsüber im Wasser und nachts an Land. Vermutlich rührt diese Tageseinteilung daher, weil Flusspferde eine einzigartige Hautstruktur aufweisen. Durch ihre Haut verdunstet nämlich deutlich mehr Feuchtigkeit als bei anderen Säugern. Um nicht auszutrocknen, müssen die Tiere den größten Teil des Tages im Wasser verbringen. Der Feuchtigkeitsverlust liegt bei Flusspferden bei ca. 12 mg Wasser pro 5 qcm Haut in zehn Minuten und ist damit drei- bis fünfmal höher als beim Menschen.

Amphibisch lebende Paarhufer

KÖRPERBAU UND FUNKTION

Flusspferde haben einen großen, walzenförmigen Körper und kurze Beine. Sie verbringen die meiste Zeit im Wasser, deshalb liegen Augen, Ohren und Nüstern hoch am Kopf, damit die Tiere im Wasser sehen, hören und atmen können. Beim Zwergflusspferd, das mehr Zeit an Land verbringt, befinden sich die Augen seitlich am Kopf und die Schwimmhäute an den Füßen sind nicht so stark ausgeprägt. Sein Körper ist stromlinienförmiger, sodass es sich leichter durchs Unterholz arbeiten kann. Bei beiden Arten setzt der Unterkiefer weit hinten am Schädel an, sodass die Tiere ihr Maul sehr weit öffnen können – bis zu einem Winkel von 150° (beim Menschen nur 45°).

Beide Arten sind primär nachtaktiv, doch während das Flusspferd in der Savanne lebt, findet man das Zwergflusspferd vorwiegend im Urwald. Ersteres verbringt den Tag im Wasser (Fluss, See oder Schlammloch). In der Dämmerung wandert es etwa 3 bis 4 km landeinwärts. In der Regenzeit

Flusspferde in der Mythologie

Diese Tiere haben schon im Altertum das Interesse des Menschen erregt. Eine der Göttinnen der alten Ägypter, Taweret, wurde halb als Mensch, halb als Flusspferd dargestellt. Auch Plinius der Ältere kannte diese Tiere. Er beschrieb ihr Aussehen und ihre Lebensgewohnheiten relativ genau, dichtete ihnen jedoch eine längere schwarze Mähne an, vermutlich um die Ähnlichkeit mit einem Pferd zu betonen. Daher stammt auch der Name „Hippopotamus", altgriechisch für „Flusspferd". Er irrte auch in der Annahme, Flusspferde würden rückwärts zu ihren Weideflächen gehen, damit man ihnen nicht folgen könne. Vielen Afrikanern gilt das Flusspferd als Totemtier und wird nicht gejagt.

Zwergflusspferden wird nachgesagt, ihre Jungen würden nicht auf normale Weise gesäugt, sondern leckten ein Sekret von der Haut der Mutter. Dieser Mythos stammt vermutlich von einem oberflächlichen Beobachter: Zwar sind Zitzen vorhanden, diese sind aber sehr unauffällig und klein. Zudem sondert das Tier tatsächlich ein klares Hautsekret ab, das nach Anstrengung aufschäumt.

Oben: *Da der Körper von Flusspferden eine größere Dichte hat als Wasser, können die Tiere sich gut in diesem Medium bewegen. In der Regel bleiben sie etwa fünf Minuten unter Wasser.*

Links: *Augen, Nase und Ohren liegen so hoch, dass Flusspferde problemlos sehen, hören und riechen können, während sie sich im Wasser befinden.*

bleiben einige Flusspferde, meist Männchen, in den in der Savanne entstandenen Schlammlöchern, statt zu ihrem Wasserlauf zurückzukehren. So sparen sie Energie und können auf diese Weise ihre Weidefläche auf bis zu 10 km ausdehnen.

Gelegentlich besetzen Zwergflusspferde eine Mulde oder ein Loch am Flussufer. Offenbar graben sie diese nicht selbst, sondern übernehmen sie von anderen Tieren, wie etwa vom Kapotter, *Aonyx capensis,* oder Fleckenhalsotter, *Lutra maculicollis.* Diese beiden Arten legen zwischen Baumwurzeln Höhlen an, die der Fluss bei hoher Wasserführung auswäscht und vergrößert.

Flusspferde wurden bisher mit altweltlichen Schweinen und Pekaris in die Ordnung Artiodactyla, Unterordnung Suina, gestellt. Neuere Untersuchungen ihrer Mitochondrien-DNA legen jedoch nahe, dass die beiden Arten enger mit den Walen verwandt sind. Eine Verwandtschaft zwischen Walen und Paarhufern ist heute allgemein akzeptiert, doch wusste man bisher nicht, welche Form ihnen am nächsten steht. Nach neuesten Erkenntnissen scheinen dies nun die Flusspferde zu sein, wobei sich Wale und Flusspferde vor etwa 54 Millionen Jahren auseinander zu entwickeln begannen. Das heißt nicht, dass die einen von den anderen abstammen, sondern dass sie vermutlich einen gemeinsamen Vorfahren hatten.

Ausschließlich in Afrika

VERBREITUNG

Das Flusspferd ist in ganz Afrika südlich der Sahara verbreitet. Die meisten Populationen findet man in den Ländern im Südosten. Das kleinere Zwergflusspferd kommt hauptsächlich in Liberia vor, doch leben einige wenige Populationen auch in den Nachbarstaaten Sierra Leone, Guinea und Côte d'Ivoire. Eine Unterart des Zwergflusspferds fand man 1800 km von Liberia entfernt in der Region des Nigerdeltas in Nigeria. Allerdings ist unbekannt, ob diese noch existiert.

Heute sind Flusspferde ausschließlich auf Afrika beschränkt, doch waren sie einst weit verbreitet. Belegt sind ausgestorbene Arten in Europa und Asien. In Australien oder Amerika kamen sie vermutlich nie vor.

Bescheidene Mahlzeiten

NAHRUNG

Im Hinblick auf ihre Größe sind Flusspferde relativ bescheidene Esser. Sie nehmen täglich 1 bis 1,5 % ihres Körpergewichts zu sich, d.h. etwa die Hälfte von dem, was vergleichbar große Säuger, wie das Breitmaulnashorn, fressen. Das durchschnittliche Trockengewicht des Mageninhalts bei erlegten Flusspferden in Uganda betrug nur 35 kg bei Männchen und 37,7 kg bei Weibchen. Sich den ganzen Tag im warmen Wasser zu aalen scheint also sehr Energie sparend zu sein.

Die Nahrung des Flusspferds besteht fast ausschließlich aus Kurzgras, ab und zu geraten auch einige krautige Pflanzen oder Wasserpflanzen darunter. Gelegentlich wurde beobachtet, dass die Tiere Fleisch fressen, meist Aas, das sie vorfinden, manchmal aber auch ein von ihnen getötetes Tier.

FAKTEN

FLUSSPFERDE

Ordnung: Artiodactyla

Familie: Hippopotamidae

2 Arten in 2 Gattungen

VERBREITUNG Afrika südlich der Sahara.

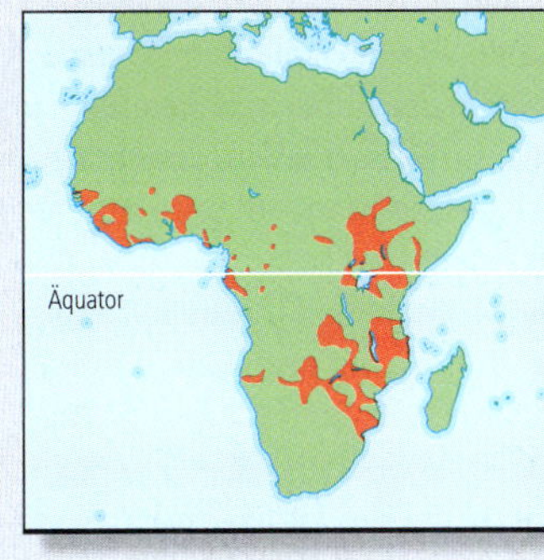

FLUSSPFERD *Hippopotamus amphibius*
W-, Zentral-, O- und südliches Afrika. Graslandschaften (nachts); Flüsse, Schlammlöcher, Seen (tagsüber). KL 3,3–3,45 m; SH 1,4 m; GT Männchen 1,6–3,2 t, Weibchen 1,4 t. Haut: Oberseite graubraun bis blauschwarz, Unterseite gräulich rosa; Albinos sind hellrosa. Fortpflanzung: Tragzeit ca. 240 Tage. Lebenserwartung: Etwa 45 Jahre (49 in Gefangenschaft). IUCN-Status: Momentan nicht gefährdet, Bestand sinkt jedoch; eine Unterart, *H. a. tschadensis*, wird als gefährdet eingestuft.

ZWERGFLUSSPFERD *Hexaprotodon liberiensis*
Liberia und Côte d'Ivoire, einige auch in Sierra Leone und Guinea. Tieflandwälder und Sümpfe. KL 1,5–1,75 m; SH 75–100 cm; GT 180–275 kg. Haut: Schiefergrau bis grünschwarz, auf der Unterseite in Beigegrau übergehend. Fortpflanzung: Tragzeit 190–210 Tage. Lebenserwartung: Ca. 35 Jahre (42 in Gefangenschaft). IUCN-Status: Gefährdet; die Unterart im Niger-Delta, *H. l. heslopi*, ist vom Aussterben bedroht.

Anmerkung: In der 1993 erstellten Liste der Säuger sind noch die längst ausgestorbenen madegassischen Arten *Hexaprotodon madagascariensis* und *Hippopotamus lemerlei* aufgeführt.

Abkürzungen: KL = Körperlänge; SH = Schulterhöhe GT = Gewicht

Einmal wurde sogar über Kannibalismus berichtet. Zwergflusspferde ernähren sich abwechslungsreicher – von abgefallenen Früchten, Farnen, krautigen Pflanzen und Gräsern. Dazu verlassen die Tiere nachts das Wasser. Flusspferde beißen das Gras nicht mit den Zähnen ab, sondern rupfen es mit ihren verhornten Lippen aus.

Der Verdauungsapparat der Flusspferde ist sehr ungewöhnlich. Um die zähe Zellulose aus den Gräsern aufschließen zu können, besitzen sie einen vierkammerigen Magen (einige Experten behaupten, er sei nur dreikammrig) – ähnlich dem der Wiederkäuer wie Rinder und Antilopen. Im Magen lebende Mikroorganismen produzieren die zur Zersetzung der Zellulose notwendigen Enzyme. Flusspferde sind keine Wiederkäuer: Diese würgen den teilweise zersetzten Mageninhalt hoch und kauen ihn ein zweites Mal durch. Das Verdauungssystem der Flusspferde weist allerdings einige Ähnlichkeiten mit dem der Wiederkäuer auf, weshalb sie auch als „Pseudoruminantia“ klassifiziert wurden.

Gesellig, aber einzelgängerisch

SOZIALVERHALTEN

Das Sozialverhalten von Flusspferden ist wenig erforscht. Etwa 10 % der Bullen etablieren ein Revier; da sie primär im Wasser leben, verteidigen sie nicht ein Stück Land, sondern ein paar Hundert Meter Wasser in einem Fluss oder See. Zwar tolerieren sie andere Männchen in ihrem Bezirk, solange sich diese unterwürfig verhalten, doch sie beanspruchen in ihrem Revier das alleinige Paarungsrecht mit allen Weibchen. Respektiert ein junger Bulle dies nicht oder fordert er den Revierinhaber heraus, kommt es zu blutigen Kämpfen, die zum Tod eines Kontrahenten führen können. Die Verletzungen rühren vorwiegend von den rasiermesserscharfen unteren Eckzähnen her, die bis zu 50 cm lang werden. Flusspferde haben auch die Angewohnheit, ihren Kot zu verteilen, indem sie während des Kotens heftig mit dem Schwanz wedeln. Vielleicht wird dadurch der jeweilige Rang in einer Hierarchie deutlich gemacht, da man beobachtete, wie Männchen sich gegenseitig mit Kot bespritzten. Vermutlich dient dieses Verhalten aber primär der Orientierung, da die Büsche entlang der Pfade zu ihren nächtlichen Weidegründen regelmäßig mit Kot markiert werden.

Weibchen bilden Gruppen, doch scheinen diese keine soziale Funktion zu haben. Zwischen den Kühen bestehen offenbar keine Bindungen, und obwohl alle jeden Morgen zu ihrem Wasserplatz zurückkehren, gehen sie allein bzw. begleitet von ihren Kälbern zum Weiden. Es gibt auch Anzeichen dafür, dass sie ihr Territorium regelmäßig wechseln. Man kann Flusspferde daher als gleichzeitig gesellig und einzelgängerisch beschreiben.

Zwergflusspferde bleiben meist für sich, außer bei der Paarung oder wenn eine Kuh ein Kalb hat. Vermutlich verteidigen die Bullen keine Reviere, sondern durchstreifen ihr Wohngebiet, das sich mit dem anderer Männchen überlappt und in dem einige Weibchen leben. Beobachtete man Zwergflusspferde in einer Gruppe, handelte es sich dabei meist um ein paarungsbereites Weibchen und mehrere männliche Werber. Das Flusspferd kennt kein Paarungsritual; das Männchen drängt sich dem Weibchen förmlich auf. Bei beiden Arten findet der Paarungsakt im Wasser statt, bei Zwergflusspferden gelegentlich auch an Land.

Dass Flusspferde so viel Zeit im Wasser verbringen, ist zum Teil durch die Struktur ihrer Haut bedingt. Diese ist sehr dick (beim Flusspferd bis zu 35 mm) und besteht aus einer dünnen Epidermis (weniger als 1 mm) mit vielen Nervenendigungen; darunter liegt die Dermis, eine dicke, kräftige Kollagenschicht mit ineinander verflochtenen Fasern. Tief in der Dermis liegen netzartig verwobene Blutgefäße, jedoch keine Talgdrüsen. Flusspferde können also nicht schwitzen und benötigen deshalb zur Kühlung ihres Körpers eine feuchte Umgebung. Im Gegensatz zu vielen großen Grasfressern, deren Körper tagsüber die Sonnenwärme aufnimmt und während der kühlen Nachtstunden wieder abgibt, hält das Flusspferd seine Körpertemperatur konstant mit einer Schwankungsbreite von 1 °C, indem es während des Tages im Wasser bleibt. Vermutlich kontrollieren die Zwergfluss-

Oben: *Männliche Flusspferde tolerieren sich meist gegenseitig, doch in der Paarungszeit kann es wie bei anderen Tieren zu Kämpfen kommen. Die meisten erwachsenen Männchen weisen daher Narben auf. Meist bleibt es bei Drohungen – Aufrichten und Verspritzen von Wasser –, doch können Kämpfe auch tödlich enden. Dominante Männchen halten ihr Revier bis zu acht Jahre.*

pferde ihre Temperatur auf vergleichbare Weise, da ihre Hautstruktur ähnlich zu sein scheint. Abgesehen von einigen Borsten an Schwanz und Maul ist die Haut von Flusspferden unbehaart und daher sehr empfindlich. Bei den größeren Flusspferden ist sie grauschwarz und geht an einigen Stellen in Rosa über, bei Zwergflusspferden ist sie schwarz.

Die Mär, Flusspferde schwitzten Blut, hat ihren Ursprung wohl darin, dass Drüsen unter der Haut Schleim absondern, der als eine Art „Sonnencreme" zu dienen scheint und an der Luft rötlich braun wird. Vermutlich besitzt dieses Sekret auch antibakterielle Eigenschaften, da tiefe Kampfwunden bei Männchen rasch und sauber abheilen.

Die Fortpflanzungsorgane der Flusspferde gleichen denen anderer Säugetiere, bei den Bullen sind die Hoden jedoch nur teilweise sichtbar und aufgrund des fehlenden Hodensacks lässt sich nur schwer auf das Geschlecht schließen. Bei den Weibchen sind zwei Besonderheiten zu beobachten: Der obere Teil der Vagina weist Querleisten auf und im Scheidenvorhof befinden sich zwei große Aussackungen. Die Funktion dieser Merkmale ist unbekannt.

Die Lautäußerungen von Flusspferden sind recht eindrucksvoll: Zuerst stoßen sie ein hohes Quieken aus, das langsam in ein dumpfes, weithin hörbares Grollen übergeht. Solche Rufe ertönen nur tagsüber und dienen nicht nur der Kommunikation an Land, sondern auch unter Wasser. Ihre Funktion ist noch unklar, obwohl sie typisch für alle Flusspferde sind. Es kann vorkommen, dass eine ganze Gruppe gleichzeitig zum „Chorgesang" anhebt, auf den benachbarte Herden antworten. Auf diese Weise setzt sich der Ruf wie eine Welle entlang dem ganzen Flussufer fort. Einem Bericht zufolge gelangte ein solcher „Kettenruf“ in vier Minuten 8 km flussabwärts. Vielleicht dient dieser Chorus als Werberuf für Weibchen, nach dem Motto: Je lauter der Ruf, desto größer die Herde. Oder er soll anderen Männchen die Stärke des Leitbullen signalisieren.

Unterwasserrufe klingen manchmal wie Klickgeräusche und sollen vielleicht die Gegenwart eines Tieres im schlammigen Wasser ankündigen. Es gibt bislang keinen Hinweis darauf, dass sie zur Echoortung dienen. Sicher ist jedoch, dass die Schwingungen der Unterwasserrufe über den Kieferknochen empfangen werden. So können Lautäußerungen gleichzeitig mit den Ohren über Wasser und mit den Kiefern unter Wasser wahrgenommen werden.

Die Tragzeit dauert etwa acht Monate (6,5 bei Zwergflusspferden); das ist für ein solch massiges Tier recht kurz, erhöht aber die Geburtenhäufigkeit. Die Geburt erfolgt meist im Wasser, selten an Land. Die Jungen werden im Wasser rund ein Jahr lang gesäugt. Die Entwöhnung setzt normalerweise nach sechs bis acht Monaten ein. Anschließend bleiben die Jungtiere bei ihrer Mutter, bis sie mit etwa acht Jahren ausgewachsen sind.

Die Ähnlichkeit der Fortpflanzungsorgane beider Arten lässt darauf schließen, dass die kleine Statur des Zwergflusspferds evolutionstechnisch gesehen eine recht neue Entwicklung ist. Funde belegen, dass es große Verwandte des Zwergflusspferds sowie kleine des Flusspferds gab.

Landschaftsformer am Okavango

Das fächerförmige, leicht geschwungene Okavango-Delta im semiariden Norden Botswanas ist das größte Feuchtgebiet im südlichen Afrika. Es umfasst eine dauerhaft überflutete Zone von 4000 qkm, die sich durch saisonale Überschwemmungen auf bis zu 12 000 qkm ausdehnen kann. In den Gewässerflächen liegen zahlreiche Inseln. Etwa 96 % des jährlichen Wasserzuflusses und Niederschlags gehen durch Evapotranspiration verloren.

Der Okavango ist für Flusspferde das reinste Paradies, denn hier können sie nachts auf den Inseln grasen und sich tagsüber in den tiefen Sümpfen aufhalten. Die Flusspferde wiederum spielen eine große Rolle bei der Gestaltung der Landschaft, denn ihre Aktivitäten beeinflussen entscheidend den Wasserverlauf. Da sie jeden Tag den gleichen Weg zwischen Futter- und Rastplätzen zurücklegen, halten sie die Ufervegetation kurz und das Flussbett von Überwucherungen sauber, während andere Großsäuger dieser Region – etwa Elefanten *(Loxodonta africana)* und Kaffernbüffel *(Syncerus caffer)* – Pfade zu Land austreten, die die Inseln miteinander verbinden. Die Hauptpfade der Flusspferde führen durch seichtes Wasser und sind 2 m breit. Von ihnen zweigen außerdem Seitenarme zu den Inseln ab.

Das Wasser folgt diesen Pfaden und fließt über deren Rand wieder in den permamenten Sumpf zurück. Da die Kanäle einen dichten Uferbewuchs aufweisen, sind sie im lichteren Sumpf deutlich zu erkennen. Mit der Zeit waschen sich die Pfade durch Erosion aus und werden flacher, sodass sich das Wasser schließlich einen anderen Weg suchen muss – und das ist meist der Weg des geringsten Widerstands, nämlich ein anderer Flusspferdpfad. Man kann also behaupten, dass Flusspferde maßgeblich zur Gestaltung des Okavango beitragen.

Die so entstehenden Wasserwege verändern die Landschaft aber auch anderweitig. Die Pfade führen zu Seen, die durch die mitgeführten Sedimente aufgefüllt werden. Auch bei Überflutungen orientiert sich das Wasser an diesen Kanälen und lässt dort, wo es überschwappt, Sümpfe entstehen. Gäbe es keine Flusspferde, sähe die Geomorphologie des Okavango sicherlich ganz anders aus. TSMcC

Leichte Beute für Wilderer

ARTEN- UND UMWELTSCHUTZ

Zwergflusspferde findet man hauptsächlich im dichten Regenwald. Sie sind eher Einzelgänger und nachtaktiv. Dadurch gestaltet sich ihre Beobachtung schwierig und die Populationsgröße lässt sich nur schwer bestimmen. So variieren Schätzungen zwischen einigen wenigen und mehreren tausend Tieren. Letztere Schätzung ergibt sich allerdings aus Hochrechnungen von Stichproben und dürfte nicht sehr zuverlässig sein.

Das Überleben der Zwergflusspferde ist durch Waldrodung, aber auch durch Wilderer sehr stark gefährdet. Die sicherste Zuflucht bietet der Sarpo-Nationalpark in Liberia, wo ausreichend und angemessener Lebensraum zur Verfügung steht und es kürzlich zu einigen Sichtungen kam. Der Status der Unterart in Nigeria muss noch geprüft werden, doch möglicherweise ist sie bereits ausgestorben.

Zwergflusspferde lassen sich in Zoos gut halten und setzen sich dort zwar regelmäßig, aber nicht sehr zahlreich fort. Dies könnte zum Teil daran liegen, dass man die Tiere als monogame Paare hält, was in der Natur unüblich ist und ihre Fruchtbarkeit verringert. Dennoch hat sich der Bestand der in Gefangenschaft lebenden Tiere in den letzten

Oben: *Die Größe der Weidefläche orientiert sich daran, wie lange sich Flusspferde außerhalb des Wassers aufhalten können. Nutzen sie zur Abkühlung Schlammlöcher, können sie ihr Gebiet auch ausdehnen.*

Unten: *Ein Zwergflusspferd zeigt in einer beeindruckenden Drohgebärde seine rasiermesserscharfen unteren Eckzähne. Diese westafrikanische Art ist durch den Verlust ihres Lebenraums massiv vom Aussterben bedroht.*

25 Jahren verdoppelt. Fast alle heutigen Zootiere wurden in Gefangenschaft geboren, sodass diese Art vermutlich in Zoos weiterbestehen könnte, wenn sie in freier Wildbahn ausstirbt – vorausgesetzt, man achtet auf genetische Probleme, die sich möglicherweise ergeben könnten.

Flusspferde ähneln zwar in vielerlei Hinsicht den Zwergflusspferden, unterscheiden sich jedoch in Bezug auf ihre Ökologie beträchtlich. Ihr Überleben hängt davon ab, dass sie sowohl Zugang zu Weideflächen als auch Wasser haben. In Uganda weiden im Murchison-Falls-Nationalpark etwa 9,4 bis 26,5 Flusspferde pro qkm, im Queen-Elizabeth-Nationalpark ca. 28 Tiere pro qkm. Diese Weidedichte ist sehr hoch und es gibt Anzeichen dafür, dass sie zu Überweidung und der Zerstörung des Lebensraums führt. Um eine Überbevölkerung zu verhindern, entschloss man sich Anfang der 1960er Jahre im Queen-Elizabeth-Nationalpark zu einem kontrollierten Abschuss, dem 7000 von 21 000 Flusspferden zum Opfer fielen, was jedoch zu einer Erholung der Vegetation und einer ausgewogeneren Zusammensetzung der Großsäuger führte.

Dank einer kontinentweiten Zählung in den Jahren 1988 und 1989 weiß man mehr über den Bestand der Flusspferde als den der Zwergflusspferde. Die Genauigkeit der Zahlen variierte zwar von Land zu Land, doch den günstigsten Schätzungen zufolge betrug der Gesamtbestand Afrikas etwa 174 000 Tiere. Davon verteilten sich 86 400 auf das südliche Afrika, 79 500 auf Ostafrika und nur 7700 auf Westafrika. Das Land, in dem die meisten Flusspferde gezählt wurden, war Sambia (40 000), gefolgt von der Demokratischen Republik Kongo (30 000). In 18 der 34 Staaten, in denen Flusspferde leben, vermutete man einen Rückgang der Population, nur in zwei Ländern eine Zunahme. In weiteren sieben Ländern war sie angeblich stabil. Die restlichen Staaten gaben keine Daten zur aktuellen Situation heraus.

Diese Zahlen machen deutlich, dass vor allem in Westafrika dringend etwas für die Erhaltung der Flusspferde getan werden muss, da sie dort nicht nur selten, sondern auch in kleine Unterpopulationen von höchstens einigen hundert Tieren aufgespalten sind. Zudem ist der Lebensraum für Flusspferde in diesem Teil Afrikas meist nicht sehr günstig.

Die Hauptgefahr für Flusspferde besteht jedoch vermutlich eher in der Bejagung als im Verlust ihres Lebensraums, wenn auch Letzteres lokal von Bedeutung sein kann. Da die massigen Tiere tagsüber in großen Herden weiden, sind sie für Wilderer leichte Opfer, können aber auch leichter geschützt werden. Flusspferde werden primär ihres Fleisches wegen gejagt, allerdings gelten auch ihre großen Eck- und Schneidezähne als begehrte Trophäen. Viele angeblich von Elefanten stammende Stoßzähne sind tatsächlich Flusspferdzähne – Tendenz steigend: Seitdem man den Verkauf von Elefantenstoßzähnen verboten hat, werden Flusspferdzähne noch begehrter.

Die Tiere werden manchmal auch als Ernteschädlinge lästig und töten gelegentlich sogar Menschen. Am häufigsten suchen sie Reisfelder heim, da Reispflanzen ihrer natürlichen Nahrung – Gräsern – sehr ähneln; aber selbst wenn sie die Ernte nicht vernichten, zerstören die Tiere ein Feld allein durch ihr ungeheures Körpergewicht, wenn sie hindurchziehen.

Die Farmer vertreiben Flusspferde meist mit lautem Geschrei und Dosenscheppern, doch das kann gefährlich werden. Erschießen dürfen sie die Tiere nicht – das ist den Behörden vorbehalten, aber oft nicht sehr effektiv, da diese zu langsam reagieren. In Malawi z.B. werden unverantwortlich viele – 651 von 928 – Flusspferde, die zum Abschuss freigegeben sind, nur verwundet. Abgesehen davon, was dies für die Tiere bedeutet, können verwundete Flusspferde auch extrem gefährlich werden. Am meisten gefährdet sind Fischer in kleinen Kanus, die von einem wütenden Flusspferd leicht zum Kentern gebracht werden können.

Beide Flusspferdarten lassen sich problemlos im Zoo halten. Sie vermehren sich dort sogar zufrieden stellend, wenn auch jeder Zoo nur wenige Exemplare hält. Notwendig ist daher eine Kooperation unter den Zoos, damit bei den in Gefangenschaft lebenden Tieren keine genetischen Engpässe auftreten. KE

Kamele und Lamas

Die Mitglieder der Kamelfamilie zählen zu den größten Pflanzen fressenden Säugern in Trockenregionen. Sie haben sich an das Leben in Wüsten und ähnlichen Gebieten angepasst und einen unschätzbaren Beitrag zu deren Entwicklung und dem Überleben der Menschen dort geleistet.

Weithin bekannt sind das in Südwestasien und Nordafrika vorkommende domestizierte einhöckrige Dromedar und das zweihöckrige Trampeltier, das man noch wild in der Mongolei findet. In der Neuen Welt gibt es noch weitere vier Kamelarten: zwei domestizierte – Lama und Alpaka – und zwei wilde – Guanako und Vikunja.

1

2

Einzigartige Paarhufer

KÖRPERBAU UND FUNKTION

Das Kamel unterscheidet sich von anderen Paarhufern dadurch, dass es nur mit den Sohlenflächen seiner Zehen auftritt und dass lediglich die Hufspitzen den Boden berühren. Die südamerikanischen Kamele leben in Trocken- und Steppenregionen bis in 4800 m Höhe. Die Sohlenballen ihrer Zehen sind schmaler und beweglicher als bei den Kamelen, damit sie im felsigen Gelände der Berge besser Halt finden. Typische Merkmale der Kamele sind die gespaltene Oberlippe, der lange, geschwungene Hals und das Fehlen der Spannhaut zwischen Bauch und Oberschenkel, wodurch die Beine länger erscheinen. Ihre Blutkörperchen sind oval (sonst bei keinem Säugetier) und sie besitzen pro Kieferhälfte nur einen einzelnen oberen Schneidezahn, der bei männlichen Neuweltkamelen gekrümmt und scharfkantig ist und die gleiche Form aufweist wie die Eckzähne im Unterkiefer. Kamele sind Passgänger und haben Hornschwielen an Brust und Beingelenken.

Dromedar und Wildkamel sind äußerst robust. Sie durchwandern riesige Flächen und ernähren sich von den unterschiedlichsten Pflanzen, darunter solche, die andere Säuger verschmähen, wie Dornsträucher, Trockenpflanzen und Salzbüsche. Die Tiere kommen lange ohne Wasser aus (ohne Belastung bis zu zehn Monate) und können deshalb weit von Oasen entfernt leben, aber auch bis zu 136 l innerhalb kürzester Zeit trinken, wenn sie durstig sind. Den Wasserverlust begrenzen sie, indem sie trockenen Kot und konzentrierten Urin ausscheiden. Ihre Körpertemperatur kann tagsüber um 6 bis 8° C ansteigen, sodass sie auch bei Hitze wenig schwitzen. Kamele besitzen Schweißdrüsen, und zwar genauso viele wie der Mensch. Sie sind einfach, gewunden und schlauchförmig und münden in primären Haarfollikeln. Sie liegen tiefer in der Haut als bei den meisten anderen Säugern, und man findet sie am ganzen Körper außer an Oberlippe, Nasenlöchern und in der Analregion. Häufig ist das Kamelfell unter einem Tragegestell schon nach geringer Anstrengung etwas feucht.

Verschiedene Anpassungen helfen dem Kamel unter Exrembedingungen zu überleben: Die Nasenlöcher lassen sich verschließen, damit kein Sand eindringt, gleichzeitig wird der Flüssigkeitsverlust über die Atmung in Grenzen gehalten. Der Höcker dient als Speicher für energiereiche Fettreserven und erlaubt dem Tier dadurch, lange Zeit ohne Futter auszukommen. Dichter Pelz und Unterwolle spenden in kalten Wüstennächten Wärme und isolieren gegen die Hitze.

Kamele, Lamas und Cammas

EVOLUTION UND VERBREITUNG

Die Kameliden zählen zu den ältesten Paarhufern und tauchten erstmals im Eozän vor über 40 bis 45 Millionen Jahren auf. Ihre ursprüngliche Heimat war Nordamerika. Erst vor zwei bis drei Millionen Jahren wanderten einige Arten nach Südamerika und Asien aus.

Die Verwandtschaftsverhältnisse der südamerikanischen Arten werden immer noch untersucht. Fruchtbare Nachkommen entstehen bei allen Kreuzungen zwischen den vier reinen und gekreuzten Arten, und alle besitzen dieselbe Chromosomenzahl (74). Dennoch gibt es im Wachstum der Schneidezähne und im Verhalten größere

Links: *Repräsentative Mitglieder der Kamelfamilie:* ***1*** *Zweihöckriges Wildkamel.* ***2*** *Das Dromedar besitzt wie das Wildkamel Füße mit zwei Zehen, die sich in Sand und Schnee spreizen.* ***3*** *Das Alpaka wird wegen seiner Wolle gehalten.* ***4*** *Das Lama dient in Südamerika traditionell als wichtiges Lasttier.* ***5*** *Das Vikunja lebt in den Hochanden.*

Unterschiede zwischen wilden Vikunjas und Guanakos. Die lange geltende Meinung, Lama und Alpaka stammten vom wilden Guanako ab, wird neuerdings in Frage gestellt durch die These, das feinwollige Alpaka könne auch aus Kreuzungen zwischen Vikunja und Lama (oder Guanako) hervorgegangen sein. Molekularuntersuchungen haben der Diskussion zusätzlich Nahrung gegeben. Die plausibelste Erklärung scheint, dass alle eng verwandte Arten mit gemeinsamen Vorfahren sind, die sich immer noch in einer frühen Differenzierungsphase befinden.

Im Hinblick auf Haarlänge und Körpergröße werden zwei Züchtungen von Lama und Alpaka anerkannt. Das Suri-Alpaka ist bekannt für seine glatten und gekräuselten Wollfasern. In ihrer ursprünglichen Heimat, den Anden, gibt es Lamas und Alpakas nur noch als Haustiere. Vor kurzem wurde die enge phylogenetische Verwandtschaft der Altwelt- und Neuwelt-Zweige der Kameliden durch die erfolgreiche Kreuzung von Kamel und Lama (dem sog. „Camma") in Dubai bestätigt.

FAKTEN

KAMELE UND LAMAS

Ordnung: Artiodactyla

Familie: Camelidae

6 Arten in 3 Gattungen (darunter drei domestizierte Arten)

Verbreitung SW-Asien, N-Afrika, Mongolei, Anden.

Größe Variiert von 86–98 cm **(Schulterhöhe)** beim Vikunja bis 190–230 cm **(Höckerhöhe)** bei Dromedar und Zweihöckrigem Wildkamel; **Gewicht** von 45–55 kg bis 450–650 kg bei denselben beiden Arten.

LAMA *Lama glama*
Peruanische Anden, W-Bolivien, NO-Chile, NW-Argentinien. Alpine Gras- und Strauchlandschaften in 2300–4000 m Höhe. Zwei Rassen: Chaku, Ccara Sullo. KL 120–225 cm; SH 109–119 cm; GT 130–155 kg; Fell: Einheitlich oder mehrfarbig weiß, braun, grau bis schwarz; Fortpflanzung: Tragzeit 348–368 Tage.

ALPAKA *Lama pacos*
Anden Zentralperus bis W-Bolivien. Alpines Grasland, Wiesen und Sümpfe in 4400–4800 m Höhe. Zwei Rassen: Huacaya, Suri. KL 120–225 cm; SH 94–104 cm; GT 55–65 kg; Fell: Einheitlich oder vielfarbig weiß, braun, grau bis schwarz; Haare deutlich länger als beim Lama; Fortpflanzung: Tragzeit 342–345 Tage.

GUANAKO *Lama guanicöe*
Andenausläufer in Peru, Chile, Argentinien und Patagonien. Wüstengrasland, Savannen, Buschland und Wälder bis in 4250 m Höhe. 4 umstrittene Unterarten.
SH 110–115 cm; GT 100–120 kg; Fell: Einheitlich zimtbraun, Unterseite weiß; Kopf grau bis schwarz; Fortpflanzung: Tragzeit 345–360 Tage.

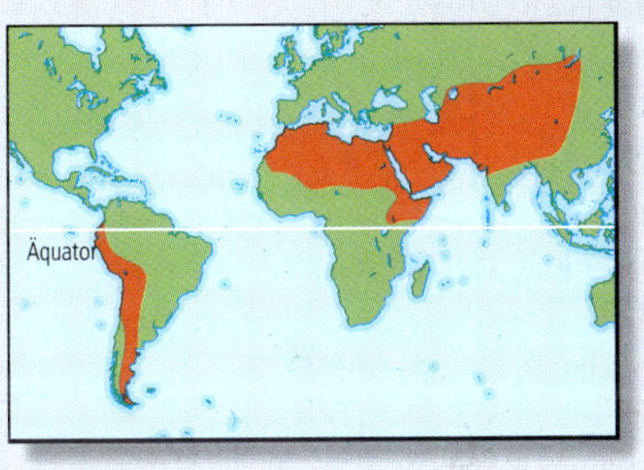

VIKUNJA *Vicugna vicugna*
Andenhochland Zentralperus, W-Bolivien, NO-Chile, NW-Argentinien. Puna-Grasland in 3700–4800 m Höhe. Zwei Unterarten: Peruanisches und Argentinisches Vikunja. KL 125–190 cm; SH 86–96 cm; GT 45–55 kg; Fell: Einheitlich zimtbraun; lange, weiße Brustmähne vorhanden oder fehlend; Unterseite weiß; Fortpflanzung: Tragzeit 330–350 Tage. IUCN-Status: Von Schutzmaßnahmen abhängig.

DROMEDAR *Camelus dromedarius*
Einhöckriges Kamel
SW-Asien und N-Afrika. Wild in Australien. Wüsten. Höckerhöhe 190–230 cm; GT 450–650 kg; Fell: Kurz, an Scheitel, Nacken, Kehle, Höcker und Schwanzende länger; Farbe variiert zwischen Weiß und Mittelbraun, manchmal gescheckt; Fortpflanzung: Tragzeit 390–410 Tage.

ZWEIHÖCKRIGES WILDKAMEL *Camelus bactrianus*
Trampeltier
Mongolei, Grassteppen. Höckerhöhe 190–230 cm; GT 450–650 kg; Kurze Ohren; schmale, konische Höcker, kleine Füße, keine Hornschwielen an Brust und Beingelenken. Fell: Einheitlich hell- bis dunkelbraun; im Sommer kurz, mit spärlicher Mähne an Kinn, Schultern, Keulen und Höckern; Winterfell länger, dichter und dunkler; Fortpflanzung: Tragzeit 390–410 Tage. IUCN-Status: Stark gefährdet.

Abkürzungen: KL = Körperlänge; SH = Schulterhöhe; GT = Gewicht

Südamerikanische Kameliden wurden vermutlich erstmals vor 4000 bis 5000 Jahren in der Region um den Titicaca-See oder auf dem Junin-Plateau nordwestlich davon domestiziert.

Die Domestizierung des Dromedars in Mittel- oder Südarabien erfolgte vermutlich um 2000 v. Chr., wobei einige Biologen von 4000 v. Chr. sprechen, andere wiederum vom 13. bis 14. Jh. v. Chr. Von dort breiteten sich die Tiere nach Nordafrika und später nach Ostafrika und Indien aus.

Die Domestizierung des Wildkamels erfolgte unabhängig vom Dromedar, vermutlich vor 2500 v. Chr. in den Hochebenen des Nordirans und im Südwesten Turkestans. Von dort breitete es sich in den Irak, nach Indien und China aus.

Heute gibt es weltweit etwa 21,5 Millionen Kameliden, davon leben etwa 7,7 Millionen in Südamerika. Die domestizierten Lamas und Alpakas sind weitaus zahlreicher als die wild lebenden Guanakos und Vikunjas. Die Zahl der Lamas beziffert man auf 3,7 Millionen, die der Alpakas auf 3,3 Millionen – im Gegensatz zu rund 875 000 Guanakos und 250 000 Vikunjas. Alpakas und Vikunjas findet man vorwiegend in Peru, Lamas primär in Bolivien und Guanakos ausschließlich in Argentinien und Chile. Die Zahl der Lamas sinkt, während die der anderen Arten aufgrund des Wertes ihrer Wolle steigt.

Etwa 90 % der 14 Millionen Kamele sind Dromedare, und 63 % aller Kamele leben in Afrika. Die größten Populationen findet man im Sudan (2,8 Millionen), in Somalia (zwei Millionen), Indien (1,2 Millionen) und Äthiopien (0,9 Millionen). Die höchste Bestandsdichte mit 3,14 Tiere pro qkm wird in Somalia verzeichnet. In einigen Ländern ist in den letzten Jahrzehnten der Kamelbestand – zum Teil aufgrund der Ansiedlung von Nomaden – zurückgegangen, weltweit betrachtet ist ihre Zahl jedoch relativ konstant geblieben.

Der einst riesige Bestand des Zweihöckrigen Wildkamels hat drastisch abgenommen, wenngleich man es noch in Afghanistan, im Iran, in der Türkei und in Russland findet. Auch in der Mongolei und in China leben vorwiegend Wildkamele. Ihr Bestand in der Wüste Gobi hat sich heute aber vermutlich auf weniger als 1000 Exemplare reduziert.

Fortpflanzung und Nahrung

SOZIALVERHALTEN

Südamerikanische Kameliden folgen festen Paarungszeiten. Die Begattung dauert zehn bis 20 Minuten und findet im Liegen statt. Die Jungen werden meist am frühen Morgen und im Stehen geboren. Weder wird das Neugeborene trockengeleckt noch die Nachgeburt gefressen. Das Junge folgt seiner Mutter bereits 15 bis 30 Minuten nach der Geburt.

Guanakoweibchen in Patagonien stimmen ihre Geburtstermine aufeinander ab. Schon 24 Stunden nach der Geburt ist ein Weibchen wieder paarungsbereit, lässt sich aber meist erst nach zwei

Oben: *Lamas, einst begehrte Lasttiere im Altiplano in den Anden, können in rauem Gelände täglich 15 bis 30 km mit 25 bis 60 kg Gepäck zurücklegen.*

Unten: *Domestizierte Wildkamele in der Mongolei, die ihr Winterfell verlieren. In einigen Ländern sind sie heute noch ein wichtiges Transportmittel.*

Oben: *Guanakos sind in Chile und Peru geschützt, Argentinien jedoch exportiert jährlich Tausende von Guanakohäuten. Diese Herde hier lebt im Nationalpark Torres del Paine in Chile.*

Wochen decken, wenn sich die Gebärmutter vollständig erholt hat.

Im Hinblick auf das raue Klima und die lange Tragzeit (elf Monate) ist das Fortpflanzungsjahr sehr kurz, was erklärt, warum sich die Tiere so rasch nach einer Geburt wieder paaren. Die meisten Lamaweibchen werden mit zwei Jahren geschlechtsreif, einige auch früher, ebenso wild lebende Vikunjas und Guanakos. Informationen über die Sozialstruktur von domestizierten Lamas und Alpakas liegen nicht vor, da die Männchen kastriert werden. Beobachtungen zufolge haben Männchen jedoch durchaus ein Territorium mit einem Harem weiblicher Tiere.

Vikunjas sind reine Grasfresser und leben in den Hochebenen der Anden in 3700 bis 4800 m. Sie sind standorttreu und verteidigen ganzjährig ihre Territorien. Die Tiere bilden reine Männchen- oder Familiengruppen. Letztere bestehen aus einem Hengst, mehreren Weibchen und Jungen, die noch kein Jahr alt sind. Das Revier wird vom Hengst verteidigt und ist aufgeteilt in einen Futterplatz und einen Schlafplatz in höherem Terrain. Paarung und Geburt erfolgen innerhalb dieser Reviere. Guanakos ernähren sich von Gräsern und Zweigen und sind nicht so standorttreu. Sie können sich verschiedenen Lebensräumen gut anpassen, und man findet sie in Gras- und Strauchsavannen ebenso wie in Wüsten oder Wäldern von Meeresniveau bis in Höhen von 4250 m. Ihr Territorialsystem ähnelt dem der Lamas und Alpakas, doch die Zahl der Tiere, die den Futterplatz nutzen, ist im Gegensatz zu den Vikunjas nicht abhängig vom dortigen Nahrungsangebot.

Vikunja- und Guanakojunge werden vom Leithengst aus der Familiengruppe ausgestoßen, ebenso ältere Jungtiere bei den Vikunjas und Jährlinge bei den Guanakos. Kamele paaren sich das ganze Jahr über, doch die meisten Geburten finden in der Jahreszeit statt, in der das Nahrungsangebot am größten ist. Die Paarung erfolgt im Liegen. Meist wird nur ein Junges geboren.

Kameliden und Menschen

ARTEN- UND UMWELTSCHUTZ

Als robuste Lasttiere wie als Lieferanten für Fleisch, Wolle, Fell, Milch und Brennstoff waren Kameliden für Menschen in gemäßigten und hoch gelegenen Trockenregionen von alters her von unschätzbarem Wert. Kultur und Wirtschaft des Inkareiches bauten auf dem Lama auf, dem Haupttransportmittel für Menschen und Waren. Nach der Ankunft der spanischen Eroberer im frühen 16. Jahrhundert und der Zerstörung des Sozialsystems der Inkas nahm die Zahl der Kameliden, primär aufgrund ihrer gnadenlosen Bejagung und der Einführung von Schafen, stark ab.

Heute wird das Lama in den Anden immer noch als Lasttier und Fleischlieferant gehalten, auch wenn es zum Teil durch Schafe und moderne Fortbewegungsmittel ersetzt wurde. In einigen Ländern wurden Lamas in kleiner Zahl als Haustier, Lasttier für Rucksacktouristen und zur Wollproduktion eingeführt. In den Anden wird das Lama allmählich durch das wollreichere Alpaka ersetzt. Heute sind Alpakas und Lamas auf der ganzen Welt verbreitet – in den USA vorwiegend als Haustiere gehalten, dienen sie in Australien, Neuseeland und in einigen Ländern Europas als Zuchttiere für neuartige Feinfasern auf trockenen und Grenzertragsböden.

Als die spanischen Eroberer in Südamerika einfielen, gab es dort noch Millionen Guanakos, davon allein in der patagonischen Pampa vermutlich 35 bis 50 Millionen. Auch wenn sich ihr Bestand seither drastisch verringert hat, gilt das Guanako immer noch als die am weitesten verbreitete Kamelart.

Die Vikunjapopulation wurde im Lauf der Jahrhunderte ebenfalls stark dezimiert. Von anfangs Millionen vom Tieren sank ihre Zahl Anfang der 1950er Jahre auf 400 000 und lag Ende der 1960er Jahre bei weniger als 15 000. 1969 wurden Vikunjas von der Internationalen Naturschutzunion (IUCN) als erste Tierart auf die Rote Liste der bedrohten Arten gesetzt. Seither hat sich ihr Bestand etwas erholt und wird heute auf etwa 250 000 Tiere geschätzt. In Peru besteht ein effektives Schutzprogramm für diese Art.

In der Westsahara werden Dromedare bereits seit Tausenden von Jahren als Lasttiere geschätzt, haben aber auch andere Vorzüge. So ist ihre Milch oft die Hauptnahrung von Wüstennomaden, die sie auch als Arbeits- und Lasttiere einsetzen. Geritten werden sie meist nur in der Kühle des frühen Morgens oder in der Nacht bei Vollmond. Tagsüber können Kamele bei langsamer Gangart inklusive Fütterung und Pausen bis zu 30 km zurücklegen, in einer kühlen Nacht jedoch doppelt so viel. Dabei tragen sie Lasten bis zu 100 kg. Auch wenn diese Tiere in der arabischen Welt heute noch eine bedeutende Rolle bei traditionellen Riten spielen, wurden sie als Lastenträger weitgehend durch Fahrzeuge ersetzt. Die Zukunft des Kamels in den Sahara-Staaten hängt primär vom Schicksal der Nomadenvölker ab. Zwingt man diese zur Ansiedlung, bleiben bald riesige trockene Landstriche ungenutzt. Behält man Traditionen jedoch bei, bleibt die Wüste weiterhin eine wichtige Ressource für Mensch und Kamel.

In Indien, dem Sudan und anderen Ländern Asiens und Afrikas werden Kamele immer noch als Lasttiere und in der Landwirtschaft eingesetzt. Ebenso dienen sie als Nahrungsquelle. In ländlichen Gebieten Radschasthans gibt es z.B. heute noch Kamelkarren, die sechs bis acht Leute befördern können. CB/WLF

Hirschferkel

Hirschferkel sind kleine Waldbewohner der Altwelt-Tropen. In ihrer Größe liegen die meisten Arten zwischen Schwein und Hirsch. Die kleinste Spezies ist lediglich hasengroß.

Im Oligozän und Miozän (vor 34 bis 35 Millionen Jahren) waren Hirschferkel auf der ganzen Welt verbreitet, doch die heute lebenden vier Arten beschränken sich auf die Dschungel Afrikas und Südostasiens. Ihre Form hat sich in den letzten 30 Millionen Jahren nahezu unverändert erhalten.

Primitive Wiederkäuer

KÖRPERBAU UND FUNKTION

Hirschferkel zählen zu den kleinsten Wiederkäuern – der Kleinkantschil wiegt gerade einmal 2 kg. Alle Arten haben einen gedrungenen Körper mit kurzen, dünnen Beinen und sind nur mäßig beweglich. Die Männchen sind in der Regel kleiner als die Weibchen, beim Afrikanischen Hirschferkel wiegen sie im Schnitt auch bis zu 20% weniger. Ihr Fell ist meist bräunlich oder rötlich braun und weist je nach Art unterschiedliche Streifen oder Flecken auf. Alle Arten sind sehr scheu, vorwiegend nachtaktiv und leben in tropischen Primärwäldern. Die drei asiatischen Arten bevorzugen felsiges Gelände, das Afrikanische Hirschferkel ist ein guter Schwimmer. Die Tiere ernähren sich von abgefallenen Früchten und Buschlaub.

Hirschferkel sind Wiederkäuer. Ihr Magen ist so gebaut, dass er Zellulose abbauen kann. Dennoch zeigen Hirschferkel viele Charakteristika von Nichtwiederkäuern, sodass man sie als eine Art primitive Vorform dieser Unterordnung bezeichnen kann – sozusagen als lebendes Bindeglied zwischen Wiederkäuern und Nichtwiederkäuern. Sie besitzen einen vierteiligen Magen, wobei der dritte Magen rückgebildet ist. Andere anatomische Merkmale, die sie mit Wiederkäuern gemein haben, sind fehlende obere Scheidezähne, schneidezahnähnliche untere Eckzähne, ein vollständiger Satz unterer Schneidezähne sowie drei Prämolaren. Wie die meisten Waldbewohner sind auch sie Einzelgänger. Die Weibchen gebären nur ein Junges und fressen nach der Geburt die Plazenta.

Mit Nichtwiederkäuern haben sie u.a. gemein, dass sie weder Hörner noch Geweih tragen. Die Männchen besitzen lange, stetig nachwachsende obere Eckzähne (bei Weibchen sind diese stiftartig klein) sowie Prämolaren mit spitzen Kronen. Des weiteren sind alle vier Zehen voll entwickelt. Im Verhalten ähneln die Tiere in mancher Hinsicht Schweinen: schlichtes Paarungsverhalten; langer Paarungsakt; weniger gut ausgebildeter Gesichtssinn, weshalb die Kommunikation primär mittels Gerüchen und Lauten stattfindet; fehlende Unteraugen- und Zwischenzehendrüsen; Abliegen nach Schweineart mit untergezogenen Vorderbeinen. Von den vier Arten ähnelt das Afrikanische Hirschferkel dem Schwein am meisten (ist also am primitivsten); ihm fehlt das Kanonbein und die Haut am Rumpf ist polsterartig verdickt, um bei Kämpfen vor den Eckzähnen der Rivalen zu schützen.

Scheue Einzelgänger

SOZIALVERHALTEN

Bisher weiß man über die Fortpflanzung der Hirschferkel nur sehr wenig. Afrikanische Hirschferkel und Großkantschile haben keine feste Paarungszeit und bringen jeweils nur ein Junges zur Welt. Die Entwöhnung erfolgt im Alter von drei Monaten, die Geschlechtsreife tritt mit zehn bzw. vier bis fünf Monaten ein. Afrikanische Hirschferkel verbergen die Neugeborenen in Erdhöhlen, die mütterliche Pflege beschränkt sich auf das Säugen. Großkantschile und Fleckenkantschile paaren sich bereits zwei Tage nach der Geburt wieder. Bei der Paarung stößt das Afrikanische Hirschferkelmännchen einen ähnlichen Schrei aus wie ein Keiler. Daraufhin bleibt das Weibchen stehen und lässt sich begatten, was meist zwei bis fünf Minuten dauert. Außerhalb der Paarungszeit leben die Tiere einzelgängerisch und zeigen meist keinerlei Interesse an anderen Artgenossen. Die Kommunikation erfolgt über Rufe und Duftmarken.

Afrikanische Hirschferkel besitzen Anal- und Vorhautdrüsen. Sie markieren ihr Revier mit Urin und Kot, wobei Kot durch ein Sekret aus der Analdrüse imprägniert wird. Alle Arten verfügen über eine Kinndrüse; beim Afrikanischen Hirschferkel und Fleckenkantschil ist sie rudimentär, doch bei Männchen der anderen Arten produziert sie reichlich Sekret, mit dem bei Begegnungen der Rücken eines Weibchens oder Rivalen „markiert" wird. Bei Afrikanischen Hirschferkeln sind die schwersten und ältesten Tiere dominant. Da sie jedoch Einzelgänger sind, gibt es keine feste Hierarchie. Kämpfe zwischen Männchen sind kurz, die Gegner beißen sich gegenseitig mit ihren scharfen Eckzähnen.

__Rechts:__ Schön zu sehen sind hier die gut ausgebildeten säbelartigen oberen Eckzähne des Großkantschils. Diese „Hauer" wachsen bei den Männchen stetig nach und werden vorwiegend im Kampf mit Rivalen als Waffe eingesetzt.

__Unten:__ Der Kleinkantschil ist die kleinste Art. Er wird nicht nur von zahlreichen Beutegreifern als Mahlzeit geschätzt, sondern seines Fleisches wegen auch von der einheimischen Bevölkerung. Hirschferkel werden manchmal sogar als Haustiere gehalten, da sie sich trotz ihres scheuen Wesens leicht zähmen lassen.

Ein Revierverhalten ist nur bei Afrikanischen Hirschferkeln bekannt. Sie leben primär an Land, ziehen sich jedoch ins Wasser zurück, sobald Gefahr droht. Die Reviere umfassen 23 bis 28 ha bei Männchen und 13 bis 14 ha bei Weibchen; sie grenzen immer an einen Wasserlauf. Weder die Bezirke der Weibchen noch die der Männchen überschneiden sich, lediglich die von Männchen und Weibchen. Es gibt keinen Hinweis darauf, dass die Reviere verteidigt werden. Die Populationsdichte variiert: beim Afrikanischen Hirschferkel in Gabun liegt sie bei 7,7 bis 28 Tieren pro qkm, beim Fleckenkantschil in Sri Lanka bei 0,58 Tieren pro qkm.

Aufgrund ihrer Kleinheit sind Hirschferkel eine leichte Beute für zahlreiche Tiere wie Schlangen, Krokodile, Adler und im Wald lebende Raubkatzen. Wie bei vielen anderen Arten, die in tropischen Wäldern beheimatet sind, hängt das Überleben der vier Arten vom Schutz des Lebensraums und einer strengen Jagdregulierung ab. GD

FAKTEN

HIRSCHFERKEL

Ordnung: Artiodactyla

Familie: Tragulidae

4 Arten in 3 Gattungen

Verbreitung
Tropische Regenwälder Afrikas, Indiens und SO-Asiens.

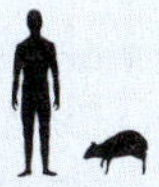

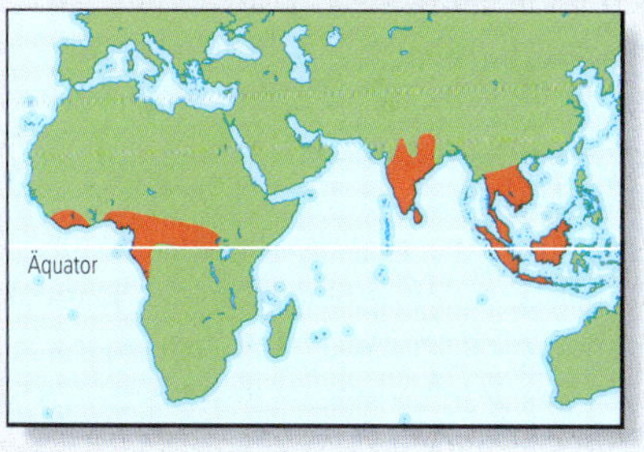

AFRIKANISCHES HIRSCHFERKEL *Hyemoschus aquaticus*
Wassermoschustier
Zentral-und W-Afrika. Tropischer Regenwald; nachtaktiv. KL 70–80 cm; SH 32–40 cm; SL 10–14 cm; GT 8–13 kg. Fell: Schwärzlich rotbraun mit helleren Flecken und durchgehenden Seitenstreifen; Kehle und Brust mit einer Art Fischgrätmuster. Fortpflanzung: Tragzeit 6–9 Monate. Lebenserwartung: 10–14 Jahre.

FLECKENKANTSCHIL *Moschiola meminna*
Sri Lanka und Indien. Tropischer Regenwald, vor allem Felsgelände; nachtaktiv. KL 50–58 cm; SH 25–30 cm; SL 3 cm; GT ca. 3 kg. Fell: Rötlich braun mit helleren Flecken und Streifen; ähnlich gemustert wie beim Afrikanischen Hirschferkel. Fortpflanzung: Tragzeit vermutlich 5 Monate.

KLEINKANTSCHIL *Tragulus javanicus*
SO-Asien. Tropischer Regenwald und Mangrovendschungel; nachtaktiv. KL 44–48 cm; SH 20 cm; SL 6,5–8 cm; GT 1,7–2,6 kg. Fell: Mehr oder weniger einheitlich rot mit charakteristischem Fischgrätmuster auf der vorderen Körperhälfte. Fortpflanzung: Tragzeit vermutlich 5 Monate.

GROSSKANTSCHIL *Tragulus napu*
SO-Asien außer Java. Tropischer Regenwald; vorwiegend nachtaktiv. KL 50–60 cm; SH 30–35 cm; SL 7–8 cm; GT 4–6 kg. Fell: Mehr oder weniger einheitlich rot. Fortpflanzung: Tragzeit 5 Monate. IUCN-Status: Eine Unterart *(T. n. nigricans)* ist stark gefährdet.

Abkürzungen: KL = Körperlänge; SH = Schulterhöhe; SL = Schwanzlänge; GT = Gewicht

Moschustiere

DER VOM MÄNNLICHEN MOSCHUSTIER PRODUZIERTE *Moschus beeinflusst den Östruszyklus der Weibchen und gehört zu den begehrtesten natürlichen Substanzen tierischen Ursprungs. Jahrhundertelang wurde Moschus in der Parfümindustrie verwendet. Heute darf er nur noch für die Arzneiherstellung in Indien benutzt werden.*

Der Verlust ihres Lebensraums in Verbindung mit der steigenden Nachfrage nach Moschus und die hohen Preise, die damit erzielt wurden – 1 kg kostet 65 000 US-Dollar –, hat dazu geführt, dass Moschustiere lokal ausgestorben sind und sich ihr Bestand stark reduziert hat.

Bizarre Erscheinung

KÖRPERBAU UND FUNKTION

Die auffälligen oberen Eckzähne können bei Männchen 7 bis 10 cm lang werden und liegen beim Chinesischen Wasserreh und Muntjak beweglich in den Zahnhöhlen. Dies erleichtert die Nahrungsaufnahme und das Wiederkäuen. Zudem verringert sich das Risiko, dass sie bei Kämpfen mit Rivalen abbrechen. Bei Weibchen sind die oberen Eckzähne klein und äußerlich nicht sichtbar.

Der Körper ist stämmig, der Kopf klein, die langen Ohren erinnern an die von Hasen. Die Hinterbeine sind 5 cm länger als die Vorderbeine, was zusammen mit der kräftigen Kruppe und der gekrümmten Wirbelsäule zu dem für Moschustiere typischen Gang führt. Die Hauptzehen sind lang und spitz, die Griffelbeine vergrößert. Das Fell ist dicht und rau und trägt zum gedrungenen Aussehen des Körpers bei.

Schwanz- und Moschusdrüse finden sich nur bei Männchen. Erstere liegt unterhalb des Schwanzes und sondert aus seitlichen Poren ein gelbes, zähflüssiges Sekret mit strengem Geruch ab. Die Moschusdrüse befindet sich in einem Beutel am Bauch; in der äußeren Drüsenregion wird der salbenartige, unreife Moschus produziert, der dann im Beutel zu einer stark riechenden, körnigen, rötlich braunen Substanz heranreift.

Moschustiere sind gut an ein Leben in großen Höhen angepasst. Sie bewegen sich leichtfüßig in rauem, steilem Gelände, wobei sie eher gehen oder springen als laufen. Die vergrößerten Hufe mit den stark entwickelten Griffelbeinen sorgen dafür, dass sie auch im weichen Schnee nicht einsinken. Die Fellhaare enthalten isolierende Luftpolster.

Moschustiere geben sich mit kärglicher Kost zufrieden. Sie ernähren sich von Blättern, Zweigen, Flechten, Moosen, Farnen und Gräsern, im Winter vorwiegend von Eichen, Scheinbeeren- und Rhododendronlaub sowie Flechten und Moos. In Russland weiden sie primär Flechten ab, in Nepal klettern sie dazu sogar auf Bäume (diesen Trick wenden sie auch an, um Jägern zu entfliehen). In verschneiten Regionen fressen die Tiere das Laub tief hängender oder abgefallener Zweige.

Rechts: Die langen Eckzähne, die den Unterkiefer weit überragen, verleihen dem männlichen Moschushirsch ein gefährliches Aussehen.

Die ursprüngliche Heimat der Moschustiere liegt vermutlich in der Neuen Welt, wo ein Fossil aus dem frühen Miozän (vor 23 Millionen Jahren) gefunden wurde. Im Pleistozän, vor etwa 1,8 Millionen Jahren, begannen sie sich in den Tropenwäldern Asiens und Europas auseinander zu entwickeln. Die vier modernen Taxa besiedeln die Bergwälder in Mittel- und Ostasien, also in Afghanistan, Bhutan, China, Indien, Korea, Myanmar, Pakistan, Russland und Vietnam.

Im Himalaya leben sie in Waldgebieten von 2500 m bis zur Baumgrenze (3000 bis 4300 m). Im Gegensatz zu anderen Paarhufern dieser Region, die sich im Winter in tiefere Lagen zurückziehen, verbringen Moschustiere das ganze Jahr in subalpinen Regionen (bis zu 2500 m).

Moschustiere sind standorttreu und verlassen ihre kleinen Wohngebiete von 15 bis 30 ha nur selten. Den Tag verbringen sie im dichten Unterwuchs des Walds oder im Bambusdickicht. Obgleich sie auf offenen alpinen Grasflächen weiden, entfernen sie sich selten weit von ihrer Deckung. Sie sind meist dämmerungs- oder nachtaktiv.

Kommunikation über Gerüche

SOZIALVERHALTEN

Moschustiere übermitteln Botschaften mit Kot und ihren Duftdrüsen; Gehör und Gesichtssinn spielen nur eine untergeordnete Rolle. Die im Wohngebiet verstreut liegenden Kotplätze werden während der Brunft häufig aufgesucht. Dann sieht man oft Männchen, die am Hang unterhalb des Kotplatzes in einer halb hockenden Stellung verharren, mit den Vorderhufen im Boden scharren und dabei frischen Dung fallen lassen, den sie mit Schlamm, altem Dung oder Laub bedecken. Das Scharren dient – zusätzlich zum Geruch des Tieres – als visuelles Signal und imprägniert gleichzeitig, wenn es direkt nach dem Koten erfolgt, die Hufe des Tieres mit seinem Geruch. Beim Urinieren hinterlassen Männchen nach Moschus riechende rosafarbene Flecken im Schnee. Der Urin der Weibchen ist bernsteingelb und geruchlos.

Einige Kotplätze werden nur von einem Tier benutzt, andere von mehreren Tieren, je nachdem, wie weit sich die Wohngebiete jeweils überschneiden. Moschus wird vor der Brunft produziert und beeinflusst vermutlich den Brunftzyklus, hat also eine ähnliche Funktion wie die Sekrete der Vorhautdrüse bei anderen Säugern. Um ihre Geruchspalette noch zu erweitern, markieren die Männchen trockenes Laub und die Stämme von Büschen mit dem Sekret aus der Schwanzdrüse.

Die Duftmarkierungen dienen vermutlich auch dazu, Rivalen vom Revier fern zu halten. Kleine oder schwächere Männchen vermeiden es normalerweise, in das Territorium eines stärkeren Männchens einzudringen; tun sie es dennoch, kann es zum Kampf kommen.

MOSCHUS

Moschus wird in der Moschusdrüse der Männchen gebildet. Diese besteht aus einer äußeren Region, in der das „frühe" (unreife) Sekret produziert wird, und einem Beutel, der zur Aufbewahrung und Reifung des Sekrets dient. Wenn das Sekret trocknet, bildet es klebrige, rötlich braune Körner, die leicht bitter schmecken und stark riechen. Dieser durchdringende Geruch rührt vom Muscon, einem Keton, her (chemisch: 3-Methylcyclopentadecanon). Der Geruch ist so intensiv, dass er bereits in einer Verdünnung von 1: 3000 wahrgenommen werden kann. Seltsamerweise verflüchtigt sich beim Parfüm dieser Geruch, wenn es in hermetisch versiegelten Behältern aufbewahrt wird, entfaltet sich jedoch wieder, wenn man etwas Ammoniak oder einen anderen alkalischen Stoff zugibt.

Seine Beliebtheit in der Parfümindustrie verdankt Moschus seiner Beständigkeit. Er wird als Fixativ eingesetzt, meist in Form einer Tinktur, um das Parfüm während der Reifung zu verbessern. Moschus wird auch Seifen, Duftmischungen und Mottenpulver zugesetzt. Eine ebenfalls große Rolle spielte er von jeher in der asiatischen Medizin. In Indien und China wurde er bereits 3500 v. Chr. Ayurveda- und Unani-Arzneien beigemischt. Heute wird es als Sedativum zur Behandlung von Asthma, Epilepsie, Hysterie und anderen nervösen Beschwerden verwendet, ebenso bei Bronchitis, Lungenentzündung und Typhus.

Moschustiere schließen sich während der Brunft vorübergehend zu Paaren zusammen. Im Frühjahr wird meist ein Kitz geboren, aber auch Zwillinge sind nicht selten. Zum Schutz vor Feinden verstecken die Mütter ihre Jungen im Unterholz, bleiben aber in der Nähe, um sie regelmäßig zu säugen. Nach etwa 45 bis 50 Tagen sind die Jungen bereits selbstständig. Wenn Gefahr droht, geben Moschustiere ein zischendes Geräusch von sich und machen einen Prellsprung.

Ein lukrativer, aber tödlicher Handel

ARTEN- UND UMWELTSCHUTZ

Die größte Bedrohung für Moschustiere sind Wilderer und die großflächige Zerstörung ihres Lebensraums. Jährlich werden etwa 300 kg Moschus gehandelt, wofür 24 000 Tiere ihr Leben lassen müssen. Die Hauptmenge stammt aus China, Indien und Nepal und wird nach Japan und Südostasien exportiert. Dort wird es als Stimulans bei Erkrankungen des Herzens und des zentralen Nervensystems eingesetzt.

Moschus lässt sich aber auch gewinnen, ohne die Tiere zu töten, und in China gibt es bereits große Zuchtfarmen. Allerdings ist dieser Moschus von geringerer Qualität – und die Wilderei ist zudem weitaus lukrativer als die Zucht der Tiere.

Ein besonderes Problem stellt die Zerstörung des Unterholzes durch grasende Viehherden dar. Rund 70 % des Lebensraums der Moschustiere südlich des Himalaya wurden bereits zerstört. Mittlerweile gibt es einige Schutzprojekte. Ebenso wurden Reservate eingerichtet und Maßnahmen zur Bekämpfung der Wilderei ergriffen. SS

FAKTEN

MOSCHUSTIERE

Ordnung: Artiodactyla

Familie: Moschidae

4 Arten der Gattung *Moschus*

VERBREITUNG Asien.

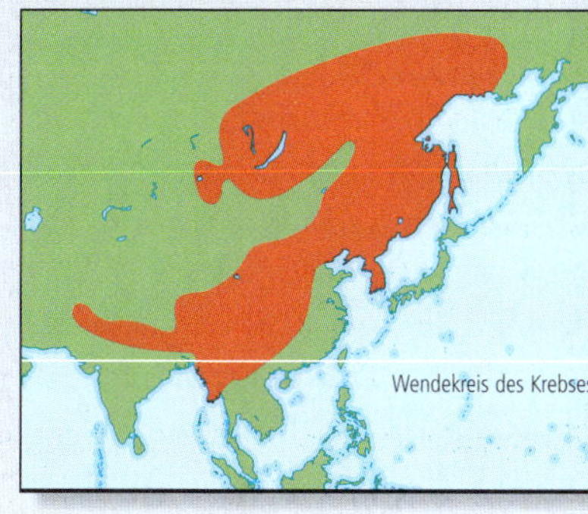

Lebensraum Vorwiegend bewaldete und alpine Buschregionen; meist dämmerungs- oder nachtaktiv.

Größe Körperlänge 80–100 cm; Schwanzlänge 4–6 cm; Höhe 50–70 cm; Gewicht 13–15 kg.

Fell Graubraun über gelbbraun bis dunkelbraun. Ohrspitzen dunkelbraun oder elfenbeinfarben bis gelb. An der Kehle zwei Längsstreifen. Genitalregion weiß. Haare weich bis rau. Schwanz nackt, Haarbüschel an der Spitze.

Nahrung Blätter, Zweige, Schösslinge, Kräuter, Farne, Flechten, Moose und Gräser.

Lebenserwartung Bis zu 20 Jahre in Gefangenschaft.

HIMALAYA-MOSCHUSTIER *Moschus chrysogaster*
Himalaya-Ausläufer in N-Afghanistan, N-Pakistan, N- und NO-Indien, Nepal, Zentral-Tibet bis Zentral-China. Fortpflanzung: Weibchen werden innerhalb eines Jahres, spätestens nach 1,5 Jahren geschlechtsreif; Paarungszeit: Spätherbst oder Frühwinter; meist nur ein Junges, Tragzeit: 180–200 Tage; Junge sind mit 1,5 Monaten selbstständig. IUCN-Status: Vorwarnliste.

MOSCHUSHIRSCH *Moschus moschiferus*
O-Sibirien, N-Mongolei, N-China bis Kansu und Korea. Fortpflanzung: Wie bei *M. chrysogaster*, jedoch meist 2 Junge. IUCN-Status: Gefährdet.

WALD-MOSCHUSTIER *Moschus berezovskii*
S- und Zentral-China, auch in Anhwei, N-Vietnam. Fortpflanzung: Wie bei *M. moschiferus*. IUCN-Status: Vorwarnliste.

SCHWARZES MOSCHUSTIER *Moschus fuscus*
W-Yunnan, SO-Tibet, N-Myanmar. IUCN-Status: Vorwarnliste.

Links: *Das Säugen bei Moschustieren bietet ein ungewöhnliches Bild: Das Junge berührt mit dem erhobenen Vorderlauf das Hinterbein der Mutter. Diese Geste ähnelt der anderer Huftiere, die in der Regel zur Werbung eingesetzt wird. Die Weibchen gebären meist nur ein Kitz, das im Vergleich zur Mutter sehr klein ist und lediglich 600 bis 700 g wiegt. Schon nach einem Monat kann das Kitz sein Versteck verlassen und die Mutter begleiten.*

Hirsche

MÄNNLICHE HIRSCHE UNTERSCHEIDEN sich von anderen Wiederkäuern durch ihr Geweih. Es besteht aus Knochensubstanz, wird jährlich abgeworfen und wächst regelmäßig wieder nach. Dieser Prozess erfordert einen beträchtlichen Energie- und Nährstoffaufwand, vor allem bei großen Arten, da die Geweihe allometrisch wachsen, d.h., je größer das Tier, desto größer auch das Geweih. Beim größten lebenden Hirsch, dem Elch, kann das Geweih bei kapitalen Bullen mehr als 30 kg wiegen und 2 m breit werden. Dennoch wären auch sie vom ausgestorbenen Riesenhirsch in den Schatten gestellt worden. Dessen Geweih wies eine Spannweite von 4 m auf und war doppelt so schwer, machte also etwa ein Zehntel des Körpergewichts des Tieres aus.

Hirsche ähneln mit ihrem graziösen, lang gestreckten Körper, den schlanken Beinen und Hals, dem kurzen Schwanz und dem eckigen Kopf anderen Wiederkäuern, vor allem den Antilopen. Ihre großen, runden Augen sitzen seitlich am Kopf, die dreieckigen bis ovalen Ohren hoch oben. Die Größe der Hirsche reicht vom Elch bis zum Südpudu, der nur 1 % des Elchgewichts (800 kg) auf die Waage bringt. Früher wurden Hirsche vor allem ihres Fleisches wegen erlegt, waren aber auch schon immer ein begehrtes Jagdobjekt. Heute bringen Zoologen diesen Tieren mehr Interesse entgegen und man weiß daher mehr über ihre Lebensweise.

Die Bedeutung des Geweihs

KÖRPERBAU UND FUNKTION

Geweihe sind Stangen, die sich auf Knochenzapfen des Stirnbeins bei den Männchen erheben. Ihr Wachstum wird durch Hormone ausgelöst. Die Geweihausbildung ist nicht nur sehr komplex, sondern variiert auch stark bei den verschiedenen Arten. Das Geweih wächst jedes Jahr, meist im Sommer, unter einer kräftig durchbluteten Hautschicht, dem Bast, heran. Wachsende Geweihe fühlen sich deshalb warm an und sind äußerst empfindlich, wie man aus der Reaktion der Tiere schließen kann, wenn sich Fliegen darauf niederlassen. Bei großen Arten ist das Wachstum nach etwa 140 Tagen beendet und das Geweih verkalkt. Dann beginnt der Bast einzutrocknen und aufzubrechen – offenbar nach Ausschüttung von Geschlechtshormonen. Nun reiben die Tiere den Bast an Büschen und kleinen Bäumen ab (das so genannte Fegen). Durch austretenden Pflanzensaft, aber auch durch das Reiben des Geweihs am Boden, färbt sich dieses dunkel.

Nach der Paarungszeit führt die Abnahme der Geschlechtshormone zum Abwurf des Geweihs. Besondere Zellen lösen an der Geweihbasis das Knochengewebe auf, sodass sich die Stangen lockern und schließlich abfallen. Bei Neuwelthirschen wird das Geweih oft Anfang oder Mitte des Winters abgeworfen und wächst meist erst im Frühling wieder nach. Bei Altweltarten verbleibt es oft bis zum Spätwinter oder Frühjahr, das Neuwachstum beginnt direkt nach dem Abwurf.

Einige Arten, vor allem in den Tropen, bilden nur Spieße oder Knöpfe aus und das Wasserreh trägt gar kein Geweih. Allerdings besitzen die Männchen dieser Art lange obere Eckzähne – primitive Waffen, die für Hirsche bereits vor 30 Millionen Jahren zu Beginn ihrer langen Evolutionsgeschichte typisch waren. Man rätselt, ob es sich bei diesem Hauer bewehrten Hirsch um ein Relikt aus ferner Vergangenheit handelt oder ob er sein Geweih verloren hat und auf einen primitiven Stand zurückgefallen ist. Säbelähnliche Hauer sind typische Waffen einzelgängerischer Revierverteidiger.

Unten: *Typische Hirscharten:* **1** *Elch* (Alces alces); **2** *Reh* (Capreolus capreolus); **3** *Axishirsch* (Axis axis); **4** *Chinesischer Muntjak* (Muntiacus reevesi); **5** *Sikahirsch* (Cervus nippon); **6** *Schopfhirsch* (Elaphodus cephalophus); **7** *Davidshirsch* (Elaphurus davidianus); **8** *Chinesisches Wasserreh* (Hydropotes inermis).

FAKTEN

HIRSCHE

Ordnung: Artiodactyla

Familie: Cervidae

38 (43) Arten in 16 Gattungen und 4 Unterfamilien. Darunter **Muntjak** (7 Arten der Gattung *Muntiacus*); **Damhirsch** (*Dama dama*); **Axishirsch** (*Axis axis*); **Rothirsch** (*Cervus elaphus*); **Weißwedelhirsch** (*Odocoileus virginianus*); **Sikahirsch** (*Cervus nippon*); **Reh** (*Capreolus capreolus*); **Elch** (*Alces alces*); **Rentier** (*Rangifer tarandus*); **Andenhirsche** (2 Arten der Gattung *Hippocamelus*); **Großer Roter Spießhirsch** (*Mazama americana*).

VERBREITUNG Nord- und Südamerika, Eurasien, NW-Afrika; in Australasien eingeführt.

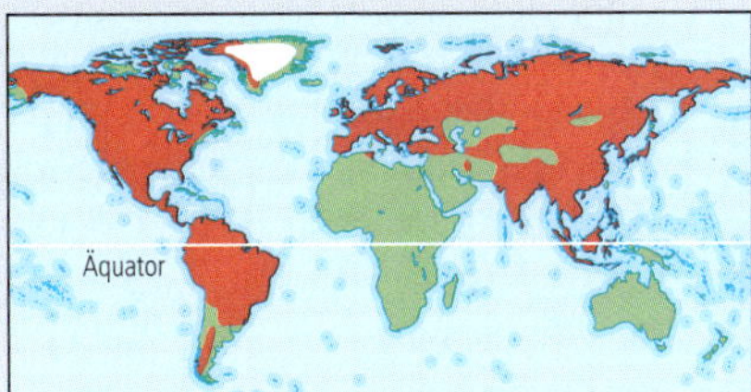

LEBENSRAUM Vorwiegend Wälder, aber auch arktische Tundra, Graslandschaften und Bergregionen.

GRÖSSE Schulterhöhe von 38 cm beim Südpudu bis 230 cm beim Elch; **Gewicht** von 8 kg bis 800 kg bei denselben beiden Arten.

FELL Meist Grau-, Braun-, Rot- und Gelbschattierungen; einige Arten sowie die Jungtiere vieler Arten sind getupft.

NAHRUNG Pflanzenfresser: Schösslinge, Blatttriebe, Gräser, Flechten, Früchte, Pilze.

FORTPFLANZUNG Tragzeit von 24 Wochen beim Chinesischen Wasserreh bis 40 Wochen beim Davidshirsch.

LEBENSERWARTUNG Durchschnittlich 4,5 Jahre beim Karibu in freier Natur. In Gefangenschaft leben viele Hirscharten bis zu 20 und mehr Jahre.

Artenübersicht siehe Seite 512 f. ▷

Es gibt noch andere Hirsche, die sowohl mit kleinen Geweihen als auch mit Hauern bewehrt sind, die Muntjaks in Südostasien. Bei ihnen sind die Arten mit dem größten Geweih die geselligsten und am weitesten verbreiteten. Die Männchen teilen sich offenbar Reviere, die zwar groß sind, aber nur wenig Nahrung bieten. Im Gegensatz dazu besitzen die eher einzelgängerisch lebenden Arten große Hauer, aber nur kleine Geweihe. Sie verteidigen kleine, ressourcenreiche Territorien zwischen den angrenzenden Wohngebieten der Muntjaks mit großen Geweihen. Molekulargenetische Untersuchungen deuten darauf hin, dass einige Muntjaks mit kleinen Geweihen und großen Hauern von Vorfahren mit großen Geweihen und kleinen Hauern abstammen. Daraus ließe sich schließen, dass die großen Hauer ihnen einen evolutionären Vorsprung bei der Verteidigung kleiner, ressourcenreicher Reviere verschafften. Dies lässt vermuten, dass sich eine evolutionäre Entwicklung gelegentlich umkehrt – in diesem Fall, dass sich das Geweih bei Arten, die solche Reviere verteidigen, zugunsten von Hauern zurückbildete.

Interessanterweise scheinen größere Geweihe nicht dafür wichtig zu sein, weil Männchen damit Kämpfe austragen, sondern weil die Weibchen Wert darauf legen, dass ihr Nachwuchs schneller selbstständig wird. Bei fast allen Hirscharten verbleiben Kitze nach der Geburt allein in einem Versteck, während die Mutter auf Nahrungssuche geht. Dies ist zwar eine gute Strategie, um sie vor Feinden zu schützen, aber in offenem Gelände schwierig. Bei Hirscharten, die in einer Umgebung leben, die keine oder nur wenig Deckung bietet, müssen die Weibchen also während der Trächtigkeit und des Säugens große Nährstoffmengen zu sich nehmen, damit sich das Jungtier schnell entwickelt. Ebenso wichtig ist jedoch, dass sie Partner suchen, die gute Wachstumsgene besitzen. Ausladende Geweihe sind ein verlässliches Zeichen für die Weibchen, dass das Männchen

Oben: *Chinesischer Muntjak (Männchen) beim Trinken. Diese Art ist in China beheimatet und wurde in England eingeführt. Man trifft sie meist in der Nähe von Wasser an. Die Tiere besitzen ein kleines Geweih und lange obere Eckzähne.*

Eine ungewöhnliche Verbindung

Eine Herde Axishirsche weidet unter einem Baum im indischen Dschungel. Über und zwischen ihnen befindet sich ein Trupp Hulmans. Ein Bock nähert sich mit gesenktem Geweih einem Affenweibchen. Dieses greift nach dem Geweih, und er weicht zurück. Beide sind verbreitete Arten in den Laubwäldern des indischen Subkontinents.

In Zentralindien findet man das ganze Jahr über, außer in der Monsunzeit (Juli bis Oktober), Axishirsche, die sich bis zu acht Stunden in Gesellschaft von Hulman-Verbänden aufhalten. Eine Herde wurde beobachtet, wie sie 17-mal die Nähe derselben Affengruppe suchte. Der Grund dafür ist einleuchtend: Axishirsche fressen die Blätter, die Affen herabwerfen, weil sie nur die Stängel verzehren, nicht aber das eigentliche Blatt. Ein Affentrupp von 20 Tieren wirft im Jahr schätzungsweise 1,5 t Blätter zu Boden und von diesen sind 0,8 t für Axishirsche verwertbar. Besonders von November bis Juni ist dieser „Abfall" für Axishirsche wertvoll, wenn das Gras nur spärlich wächst. Während der Monsunzeit, wenn es genügend andere Nahrung gibt, kommt es weitaus seltener zur Vermischung dieser beiden Tierarten.

Axishirsche erkennen einen fressenden Affentrupp schon aus einer Entfernung von 50 bis 75 m – an seinen Bewegungen oder am Geruch der zerrissenen Blätter. Sofort eilen sie dann dorthin, um unter den Affen Stellung zu nehmen.

Auf den ersten Blick mag diese Beziehung einseitig wirken, doch das stimmt nicht. Axishirsche und Hulmans achten jeweils auf Alarmrufe der anderen Art, sodass vermutlich beide von einer frühen Entdeckung von Beutegreifern wie Tigern und Leoparden profitieren. Zudem ergänzen sich ihre sensorischen Fähigkeiten: Hulmans haben sehr scharfe Augen, Axishirsche hingegen einen guten Geruchssinn.

Da aufgrund dieser Verbindung eine reichhaltige Nahrungsquelle zur Verfügung steht, schließen sich hier die Axishirsche zu größeren Herden zusammen als sonst üblich. Die normalerweise in lockeren Verbänden äsenden Axishirsche zeigen sich selten aggressiv gegenüber Artgenossen, jedoch ändert sich ihr Verhalten, wenn sie dicht gedrängt unter einem Affentrupp stehen. Dann bedrohen insbesondere Platzhirsche oft Kühe und Jungtiere. Als Konsequenz können sie einen größeren Teil der zu Boden geworfenen Blätter für sich beanspruchen. Dies hat zur Folge, dass sie bedeutend kräftiger werden und dadurch anderen Böcken körperlich überlegen sind, die nicht an dieses reichhaltige Futter gelangen.

Auch einige Affen kommen auf den Boden, um herabgeworfene Reste aufzusammeln. So fressen Mütter und Junge oft die kleinen Früchte, die erwachsene Männchen verschmäht haben. Auf dem Boden können Hulman-Männchen gegenüber Axishirschen aggressiv werden. Die Hirsche fressen gelegentlich auch Fruchtreste oder herabgewehte Blätter, woraus sich die Symbiose mit den Affen eventuell entwickelt hat. Auch wenn diese vermutlich für beide Seiten von Vorteil ist, profitieren die Axishirsche deutlich mehr davon. PN

genügend Futter gefunden hat, um ein so großes „Luxusgut" auszubilden. So können sie erwarten, dass auch die Söhne eines solchen Bullen große Geweihe ausbilden und die Töchter große Junge gebären sowie nahrhaftere Milch produzieren.

Es lässt sich in der Tat eine Verbindung zwischen Geweih- und Geburtsgröße der Jungen sowie der Nahrhaftigkeit der Muttermilch herstellen. Doch nicht nur das: Die Arten mit den größten Geweihen, den größten Jungen und der nahrhaftesten Milch sind auch die schnellsten Läufer. Bei ihnen ist ebenfalls zu beobachten, dass die Männchen mit ihrem prächtigen Kopfschmuck häufiger den Weibchen imponieren als anderen Männchen. Große Geweihe scheinen also, auch wenn es paradox klingen mag, indirekt zur Sicherheit der Jungtiere in offenem Gelände und der Tundra beizutragen. Kaum überraschen kann da, dass der ausgestorbene Riesenhirsch mit seinem mächtigen Geweih vermutlich der schnellste Hirsch war, der je lebte.

Zum Glück für die Biologen, die die Entwicklung der Hirsche nachzuvollziehen versuchen, bleiben Geweihe gut erhalten. Hirsche gab es bereits im mittleren Tertiär, vor etwa 30 Millionen Jahren, wie Funde einer kleinen, mit Hauern bewehrten Form in tropischen Regionen belegen. Geweihe tauchten erstmals im frühen Miozän (vor 20 Millionen Jahren) auf, parallel zu Hauern. Nachdem sie größer und komplexer wurden, verschwanden die Hauer oder wurden kleiner. Ab diesem Zeitpunkt lässt sich eine eindeutige Verbindung zwischen Klima und Geweihgröße belegen: Als die Hirsche begannen, sich an rauere Klimate anzupassen, wurden ihre Geweihe größer und komplexer. So findet man die kleinsten und einfachsten Geweihe bei tropischen Arten, die größten und komplexesten hingegen stammten

von Arten, die im Pleistozän in subarktischen, alpinen und periglazialen Regionen lebten.

Selbst heute noch ist an der Zahl der Geweihsprossen zu erkennen, in welchem Klima Hirsche leben. In der Alten Welt haben die kleinsten und primitivsten tropischen Arten (Muntjaks) nur eine oder zwei Sprossen, die geselligen großen Arten in warmen Regionen (Mähnen-, Axis-, Sumpfhirsch) hingegen drei. Bei in gemäßigten Zonen lebenden Arten wie Dam- und Sikahirsch sind die Geweihe viersprossig, bei Arten in kühl-gemäßigten Zonen (Rotwild) fünfsprossig und bei alpinen, subarktischen Formen wie dem Wapiti und einigen ausgestorbenen Riesenhirschen sechssprossig.

Die Geweihgröße ist abhängig von der Nährstoffversorgung. Die Böden in den Tropenregionen, in denen Hirsche ursprünglich beheimatet waren, sind in der Regel mineralstoffarm, liefern aber genügend Kalzium und Phosphat, die für das Geweihwachstum ebenso notwendig sind wie eine eiweißreiche Ernährung. Ihr Bedarf an diesen Nährstoffen bindet Hirsche an fruchtbare Landschaften wie die Überschwemmungsgebiete großer Flüsse.

Vor fünf Millionen Jahren schuf die zunehmende Vergletscherung im frühen Pliozän immer mehr und bessere Lebensräume für Hirsche. Von Gletschern zermahlenes Felsgestein ergibt einen sehr fruchtbaren Boden, der durch Wasser (Schlamm) und Wind (Löss) weit verbreitet wird. Hirsche besiedeln primär nährstoffreiche, unreife Ökosysteme. Die ökologischen Umwälzungen der Eiszeiten begünstigten ihre Ausbreitung und nachfolgende Evolution enorm. So tauchten auch wiederholt Hirsche mit großen Geweihen auf, zunächst in der Eiszeit im Spätpliozän und dann im Pleistozän vor etwa 1,8 Millionen Jahren. Hirsche mit Riesengeweihen gab es in der Pleistozän-Pampa, dem heutigen Argentinien, ähnliche Formen in Europa und Asien; zu den bekanntesten zählen hier die Riesenhirsche, allen voran der Europäische Riesenhirsch (*Megaloceros*). Sie waren im mittleren Pleistozän sehr verbreitet, starben aber bis auf die Damhirsche nach der letzten Eiszeit aus. Von den heutigen Hirscharten sind Ren bzw. Karibu nicht nur diejenige Art mit dem in Relation zum Körper größten Geweih, sondern auch die schnellste. Sie leben in riesigen Herden in der offenen Tundra. Die Weibchen gebären ein großes, gut entwickeltes Junges, poduzieren von allen Hirscharten die nährstoffreichste Milch und sind die einzige Art, bei der beide Geschlechter ein Geweih tragen.

*▲ **Oben:** Eine Gruppe männlicher Schwarzwedelhirsche mit typischer braungrauer Winterfärbung (das Sommerfell ist rötlicher). Diese Neuweltart, die in Nord- und Mittelamerika vorkommt, kann bis zu 64 km/h schnell laufen.*

▼ ***Unten:** Typische Hirscharten (Fortsetzung): **1** Südpudu* (Pudu pudu)*; **2** Pampashirsch* (Ozotoceros bezoarticus)*; **3** Sumpfhirsch* (Blastocerus dichotomus)*; 4 Nördlicher Andenhirsch* (Hippocamelus antisensis)*; **5** Großer Roter Spießhirsch* (Mazama americana)*; **6** Virginia- oder Weißwedelhirsch* (Odocoileus virginianus)*; **7** Rentier, Karibu* (Rangifer tarandus).

Alte Welt, Neue Welt

VERBREITUNG

Hirsche lassen sich grob in zwei Großgruppen einteilen: in Altwelt- und Neuwelthirsche. Bei den Altwelthirschen sind von der zweiten und fünften Zehe nur die oberen Enden der Mittelhandknochen erhalten, bei den Neuwelthirschen nur noch die unteren. Es gibt noch weitere Unterschiede, z.B. hinsichtlich Geweihabwurf. Man vermutet, dass Neuwelthirsche im späten Tertiär, vor ca. fünf Millionen Jahren, in den Wäldern gemäßigter Zonen – den heutigen arktischen Regionen Nordamerikas und Ostsibiriens – auftauchten. Die Altwelthirsche stammen aus Asien.

Nur die Neuwelthirsche breiteten sich nach Südamerika aus. Eine Art, den Weißwedelhirsch, findet man vom südlichen Polarkreis in Nordamerika bis etwa 18° südlich des Äquators in Südamerika. Hier leben auch die kleinsten Hirsche, Pudus und Spießhirsche, die ökologischen Pendants der südasiatischen Muntjaks.

Wichtig sind Mineralstoffe

NAHRUNG

Die meisten Hirscharten favorisieren leicht verdauliche Kost und haben einen ähnlichen Speiseplan. Viele Arten sind so genannte „Konzentratselektierer", d.h., sie bevorzugen nährstoffreiche Pflanzenteile wie Blatttriebe, Kräuter- und Grasspitzen, junge Zweige, Flechten, Früchte, Pilze und sogar verrottete Pflanzen. Diese Arten besitzen einen kleinen Pansen und eine schnelle Verdauung. Einige tropische Formen wie Axishirsch oder Sambar haben sich mehr auf grüne Gräser spezialisiert und die für Grasfresser typischen, stetig wachsenden Molaren entwickelt. Keine Hirschart hat sich so auf die Verdauung stark faseriger Pflanzen spezialisiert wie viele Boviden, nicht einmal die Grasfresser Wapiti oder Ren. Erstere bevorzugen eine Mischkost aus nährstoffreichen Pflanzenteilen und stark faserigen Gräsern. Rentiere ernähren sich im Sommer von der Tundravegetation und im Winter von zarten Flechten. Da für das Geweihwachstum eine hohe Mineralstoffzufuhr notwendig ist, benötigen Hirsche nährstoffreiche Pflanzen und überlassen Gräser, die nur wenig für den Knochenaufbau wichtige Mineralien enthalten, Boviden und anderen Grasfressern.

Rangordnungskämpfe

SOZIALVERHALTEN

Hirsche nutzen ihr Geweih nicht nur zum Kampf, sondern auch zum Kräftemessen. Die Wettbewerbe werden nach festen Regeln ausgetragen und dienen dazu, ohne Blutvergießen das stärkste Tier zu ermitteln. Sobald die Geweihe ineinander verhakt sind, kann jeder Hirsch seine körperliche Stärke einsetzen, um den Kampf zu gewinnen, ohne dass einer von beiden verwundet wird.

Oft fordert das größte Männchen das kleinste zum Ringkampf heraus und es beginnt ein langwieriges „Geweihdrücken". Durch solche Scheinkämpfe schließen Männchen „Freundschaften". Manche Rivalen teilen sich sogar Futter- und Rastplätze, wobei das kleinere Tier vom größeren gegen dominantere Männchen verteidigt wird.

Überraschenderweise variieren die Kampfregeln zwischen den Arten stark. Bei Muntjaks verbünden sich große mit kleinen Männchen, um ein gemeinsames Territorium zu verteidigen. Bei Schwarzwedelhirschen helfen die kleineren den größeren Partnern, eine Herde Weibchen zu beschützen, und gelangen sogar zur Paarung, wenn viele Kühe brünftig sind und das größere Männchen überfordert ist. Da selbst geweihlose Jungtiere versuchen, Scheinkämpfe auszufechten, scheint dieses Verhalten angeboren zu sein. Diese Gefechte erlauben es den Hirschen zudem, friedlich in Gruppen zusammenzuleben, in denen es eher zu Aggressionen kommt als bei Einzelgängern.

Das Leben im Rudel hat viele Vorteile, nicht zuletzt, weil es besseren Schutz vor Feinden bietet. Je größer die Gruppe, desto geringer die Gefahr, dass ein Tier getötet wird, vor allem eines, das sich mitten in der Herde aufhält. Auch ist es in einer großen Gruppe wahrscheinlicher, dass auf der Flucht ein schwaches Tier stürzt und den Verfolger aufhält, sodass der Rest fliehen kann. Für ein gesundes, erwachsenes Tier ist die Herde insofern ein sehr sicherer Ort zum Leben.

Natürlich versuchen es alle Herdenmitglieder tunlichst zu vermeiden, die Aufmerksamkeit von Feinden auf sich zu lenken. Dazu gehört es auch, Verletzungen und Blutungen gering zu halten. Man vermutet, dass dies auch bei der Entwicklung des Geweihs eine Rolle gespielt hat – es soll eher zum Kräftemessen als zum Töten dienen.

Leben Weibchen mit Männchen zusammen, müssen sie oft mit diesen um Futter konkurrieren; deshalb bilden sie häufig die gleichen Waffen aus, um im Wettbewerb bestehen zu können. Weibliche Rentiere tragen Geweihe, mit denen sie männliche Jährlinge vertreiben, die ihnen und ihren Jungen lieber die Futterlöcher im Schnee streitig machen, als selbst nach Flechten zu graben. Im Gegensatz dazu haben weibliche Karibus keine Geweihe, wenn sie im Wald leben, wo die Flechten auf Bäumen wachsen, sie ihre Nahrung also nicht verteidigen müssen.

Wapitis leben vorwiegend auf offenen Grasflächen. Bei ihnen ähneln die Weibchen den Männchen in Körperbau und Aussehen sehr viel stärker als bei Hirschen, die im Wald leben. Sie tragen subkutane „Hörnchen" und bilden gelegentlich kleine Geweihe aus.

Rehe sind hoch spezialisierte Hirsche. Im Spätfrühling bilden die Böcke ein Territorialverhalten aus; zur Revierverteidigung nutzen sie ihre Geweihe, die infolgedessen im Winter wachsen und im Herbst abgeworfen werden. Beim Reh findet man zudem – einzigartig unter den Paarhufern – eine Keimruhe: Die Eier werden während der Brunft im Spätsommer befruchtet, nisten sich jedoch erst im Januar ein. Von da an entwickelt sich der Embryo normal weiter, sodass die Jungen im pflanzenreichen Frühjahr geboren werden.

Links: *Rehbock und Ricke beim Äsen. Diese Art ist sehr gut an das kalte Klima angepasst, in dem sie lebt. Dank der bei den Weibchen üblichen Keimruhe werden Kitze nie im kalten Winter mit seinem spärlichen Nahrungsangebot geboren.*

Rechts: *Ein Rothirschbock im März. Hirsche sind aufgrund ihres jährlichen Zyklus von Geweihwachstum und -abwurf einzigartig unter den Wiederkäuern. Der Prozess wird von Sexual- und Wachstumshormonen gesteuert. Das wachsende Geweih wird über Blutgefäße in der Haut (Bast) versorgt. Im Herbst trocknet der Bast ein und die Hirsche fegen ihr Geweih an Büschen. Im Winter werden die Stirnwaffen abgeworfen.*

Die Kommunikation mittels Gerüchen scheint bei Hirschen eine große Rolle zu spielen. In der Regel markieren kleine Arten Boden und Vegetation mit Harn, Kot oder Drüsensekreten. Große Hirsche markieren hingegen ihren eigenen Körper. Muntjakmännchen setzen Duftmarken mit dem Sekret aus ihren Voraugendrüsen auf dem Boden neben einem neuen Duft. Sobald ein Ort markiert wurde, wird er bei folgenden Besuchen kaum noch beachtet, das Tier konzentriert sich mehr auf die Untersuchung neuer Spuren oder Gerüche. Große Hirsche wie Elch und Rothirsch imprägnieren lange Körperhaare mit Urin – Rothirsche und Wapiti vor allem ihre Kopfmähne, Elche ihren langen, herabhängenden Kehlsack. Männliche Altwelthirsche stoßen Brunftschreie aus, besprühen ihren Körper großzügig mit Harn und graben Löcher, in die sie urinieren, um sich anschließend darin zu wälzen oder, wie Elche, uringetränkten Schlamm auf ihren Kehlsack zu schaufeln. Auf Weibchen wirkt der Geruch eines derart imprägnierten Bullen geradezu betörend. Einige Neuwelthirsche urinieren auch auf ihre Hinterbeine; an diesen befinden sich bei Weiß- und Schwarzwedelhirsch dicke Haarbüschel, an denen der Geruch besonders gut haftet und die bei aggressiven Begegnungen mit Rivalen gesträubt werden. Von zahlreichen anderen Hautdrüsen ist die Funktion noch nicht erforscht.

Hirsche sind die bevorzugte Beute vieler großer Fleischfresser und wurden daher von der Evolution mit vielfältigen Fluchtmechanismen ausge-

Die Brunft der Rothirsche

Brünftige Rothirschmännchen kämpfen heftig um ihre Harems. Meist nähert sich ein Herausforderer dem Revierinhaber, und beide röhren sich mehrere Minuten lang an **1**. Dann gehen sie in angespannter Haltung parallel nebeneinander her **2**, bis einer von beiden sich umdreht, den Rivalen anstarrt und das Geweih senkt **3**. Sie verhaken ihre Geweihe ineinander und schieben sich vor und zurück, wobei jeder versucht, den anderen niederzuzwingen **4**. Gelingt einem dies rasch, löst sich der Verlierer und flieht **5**.

Viele Angriffe arten nicht in einen Kampf aus, sondern enden nach dem Röhren oder Parallelgang, weil sich der Herausforderer zurückzieht.

Ein erwachsener Hirsch ist während der Brunft in bis zu fünf Kämpfe verwickelt, wobei er sich erheblichen Risiken aussetzt. Bei Beobachtungen auf der Isle of Rhum, Schottland, stellte man fest, dass ca. 23 % der Männchen während der Brunft verletzt wurden. Selbst siegreiche Platzhirsche verloren ihren Harem häufig an jüngere Männchen, die am Rand der Herde auf eine Gelegenheit warteten, die Kühe an sich zu binden. Steht so viel auf dem Spiel, überrascht es nicht, dass die Platzhirsche unnötige Auseinandersetzungen möglichst vermeiden. Ungleiche Kämpfe kommen selten vor, weil die Tiere ihre Gewinnchancen richtig einzuschätzen wissen.

Tonbandaufnahmen belegen, dass Hirsche Rivalen durch ihr Röhren zu vertreiben suchen, und ihr Kampferfolg lässt sich tatsächlich in Beziehung zur Häufigkeit des Röhrens setzen. RAC

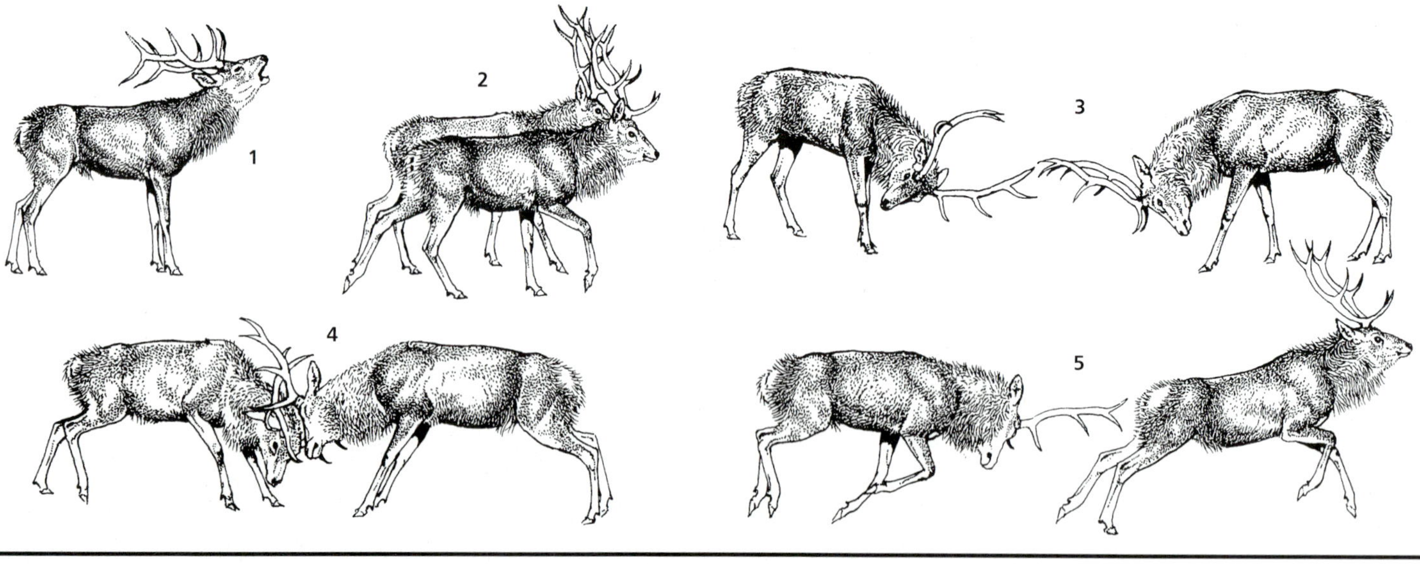

stattet. So gibt es „Springer“, die rasch fliehen und sich, sobald sie außer Sicht sind, verstecken. „Läufer“ hingegen können schnell und ausdauernd rennen. Außerdem gibt es Felsenspringer wie die Huemuls (*Hippocamelus* spp.). Eine riesige, heute ausgestorbene klettertaugliche Art war *Navahoceros*, der in den Rocky Mountains lebte.

Zu den Springern gehört z.B. der Schwarzwedelhirsch, der versucht, steile Felsen zwischen sich und seine Verfolger zu bringen. Er ist mit großen Ohren und Augen ausgestattet, mit deren Hilfe er Feinde schon aus großer Entfernung erkennen kann. Der Elch kann aufgrund seiner Körpergröße und den langen Beinen problemlos über niedrige Hindernisse hinwegsteigen, die kleinere Feinde mühevoll überspringen müssen, was dem Elch einen Vorsprung verschafft.

Einige asiatische Rothirsche verfügen über kräftige Hinterläufe, mit denen sie leicht steile Hänge hinaufrennen oder über hohe Büsche springen können. Da jede Fluchtart auf die Beschaffenheit der Umgebung und des Bodens zugeschnitten ist, trennen sie in gleichen Gebieten lebende Hirscharten auch ökologisch. Mit anderen Worten: Durch die unterschiedlichen Fluchtstrategien besetzen verschiedene Hirscharten unterschiedliche Nischen im gleichen Lebensraum, wodurch sich auch die Nahrungskonkurrenz verringert.

Anpassung unter Druck

ARTEN- UND UMWELTSCHUTZ

Hirsche haben sich nicht in etablierten, artenreichen, gesunden Ökosystemen entwickelt, sondern überlebt, indem sie ökologische Nischen besetzten, die durch verheerende Naturkatastrophen wie Überflutungen, Brände und Stürme entstanden sind. So konnten sie auch von den großen Landschaftsveränderungen profitieren, die durch Gletscherbildung und -rückgang während der Eiszeiten entstanden, aber auch durch das Aussterben der Megafauna und in jüngster Zeit durch die Einwirkung des Menschen. Oft genug fallen Hirsche in Städte, Vororte und auf Farmen ein. In Nordamerika etwa gilt der Weißwedelhirsch in manchen Städten bereits als Plage.

Der Rothirsch galt seit jeher als König unter den europäischen Hirschen und war als Jagdwild sehr geschätzt, ebenso wie Weiß- und Schwarzwedelhirsche in Nordamerika und das Reh in Europa.

Einige Hirscharten lassen sich leicht zähmen. Rentiere waren offenbar die Hauptnahrungsquelle unserer eiszeitlichen Vorfahren und wurden nach der Eiszeit als Nutztiere eingesetzt, während Rot- und Sikahirsch bereits vom *Homo erectus* erlegt wurden. Der größte lebende Hirsch, der Elch, wurde im Mittelalter gelegentlich gezähmt, da er sich sehr gut als Reit- und Lasttier eignet. Allerdings ist es schwierig, ihn in Gefangenschaft zu halten, da er eine vielseitige, nährstoffreiche Pflanzenkost benötigt.

Sika- und Rothirsch sowie Wapiti werden auf Farmen gezüchtet, vor allem in China, wo das Bastgeweih als stärkendes Heilmittel begehrt ist. Die Farmen stellen jedoch eine Gefahr für Wildbestände dar, da entlaufene Tiere Wildpopulationen genetisch beeinträchtigen können und Krankheiten übertragen.

Der Bestand vieler Arten in nördlichen Regionen ist relativ hoch, doch einige tropische Arten sind gefährdet. In Sümpfen lebenden Hirschen droht der Verlust ihres Lebensraums durch die Trockenlegung der Böden zur Intensivierung der Landwirtschaft. Andere Arten werden oft von Hunden gejagt und getötet, da sie sich offenbar nur schlecht gegen im Rudel jagende Angreifer verteidigen können. Wir haben bereits viel von Hirschen profitiert und sollten uns daher für den Erhalt dieser Tiere einsetzen. VG

Links: *Auch wenn der Kampf mit ineinander verhakten Geweihen gefährlich aussieht – er dient den Rentieren lediglich zum Kräftemessen.*

Unten: *Eine Elchkuh im Wasser. Elche sind nicht nur hervorragende (bis zu 56 km/h schnelle) Sprinter, sondern auch ausgezeichnete Schwimmer. Um an Wasserpflanzen zu gelangen, tauchen sie gelegentlich sogar ganz unter.*

Artenübersicht Hirsche

HIRSCHE KANN MAN IN ZWEI GRUPPEN EINteilen: in Altweltarten (Muntiacinae und Cervinae) sowie Neuweltarten (geweihlose Hydropotinae und geweihtragende Capreolinae). Diese Einteilung bezieht sich auf ihre ursprüngliche Heimat, nicht ihre heutige Verbreitung.

Arten, die in der 1993 erstellten Taxonomie nicht auftauchen, sind hier mit † gekennzeichnet. In dieser Liste sind auch 8 Arten enthalten, die hier nicht beschrieben werden: *Muntiacus atherodes; Dama mesopotamica; Cervus alfredi, C. mariannus und C. schomburgki; Capreolus pygargus; Mazama bricenii* und *M. nana*. Mit diesen sind es insgesamt 43 Hirscharten.

UNTERFAMILIE MUNTIACINAE

Indischer Muntjak
Muntiacus muntjak

Indien, Sri Lanka, Tibet, SW-China, Myanmar, Thailand, Vietnam, Malaysia, Sumatra, Java, Borneo; in England eingeführt. Offener und geschlossener Wald mit genügend Unterholz. 15 Unterarten.
SH 57 cm (M), 49 cm (W); GT 18 kg. Meist einfache Geweihstangen; Rosenstöcke tief im Gesicht angesetzt; GL 17 cm; GE 2–4. Obere Eckzähne vorhanden, bilden bei Männchen 2,5 cm lange Hauer.
FELL: Dunkel kastanienbraun auf dem Rücken, zum Bauch hin fast weiß; im Winter dunkler als im Sommer.
FORTPFLANZUNG: Tragzeit etwa 180 Tage.

Chinesischer Muntjak
Muntiacus reevesi

O-China, Taiwan; in England eingeführt. Habitat, Geweih und Eckzähne wie bei Indischem Muntjak. 2 Unterarten. SH 41cm.
FELL: Rostbraun, Beine dunkler, schwarzer Streifen im Nacken; rotbrauner Fleck zwischen Geweihstangen auf der Stirn; Kinn, Hals und Schwanzunterseite weiß.
FORTPFLANZUNG: 210 Tage.

Schwarzer Muntjak
Muntiacus crinifrons

O-China. Habitat, Geweih und Eckzähne wie beim Indischen Muntjak.
SH 61 cm; GT 18–20 kg; GL 6,5 cm.
FELL: Dunkelbraun, Kopf und Nacken hell. Schwanz länger als bei anderen Muntjaks.

Tenasserim-Muntjak
Muntiacus feae

Thailand, Tenasserim. Ähnelt Indischem Muntjak; Fell dunkler, mit gelben Haaren.

Vietnamesischer Muntjak
Muntiacus rooseveltorum

N-Vietnam. Größe zwischen Indischem und Chinesischem Muntjak. Einige Experten halten *M. feae* und *M. rooseveltorum* für konspezifisch (eine Art).
FELL: Röter als bei Chinesischem Muntjak. Sonst ähnlich wie Indischer Muntjak.

Muntiacus gongshanensis

S-China, Tibet, Myanmar und N-Thailand. Immergrüne Tieflandwälder. Eventuell konspezifisch mit *M. crinifrons*; auch eng verwandt mit *M. feae*.
SH 57–61 cm (W), 49–52 cm (M); GT 18–20 kg.
KÖRPER: Fell kastanienbraun. Obwohl phylogenetisch relativ jung, haben die Tiere ein kleines, dolchähnliches Geweih, verdeckt von langen, rötlichen Haaren.

Riesenmuntjak †
Muntiacus vuquangensis

Hochland von Laos, Vietnam und Kambodscha. Immergrüne Primär-, gelegentlich Sekundärwälder.
SH 67 cm; GT 35–40 kg.
KÖRPER: Fell hell- bis dunkelgraubraun, dunkle Rückenlinie am Nacken; kurzer Schwanz. Männchen mit hellen Knieflecken. Geweih kräftig, Stangen sehr dick; GL 17–28 cm. Trotz großem Körper und Geweih sowie weiter Verbreitung wurde diese Art erst 1994 wissenschaftlich beschrieben. Ursprünglich in eine eigene Gattung, *Megamuntiacus*, gestellt, wurde sie nach Untersuchung der DNA *Muntjacus* zugeordnet. Sie ist Teil einer genetischen Klade, der auch die kleinen Bergmuntjaks *M. truongsonensis, M. putaoensis* und *M. rooseveltorum* angehören, mit denen der Riesenmuntjak weitgehend sympatrisch lebt.
FORTPFLANZUNG: Tragzeit unbekannt.

Schopfhirsch
Elaphodus cephalophus

S-, SO- und Zentral-China, NO-Myanmar. Wälder bis 4570 m Höhe. 3 Unterarten.
SH 63 cm. Geweih und Stangen kleiner als bei Muntjaks; Geweih unverzweigt, oft völlig von Haarbüscheln auf der Stirn verdeckt. Obere Eckzähne vorhanden, bilden bei Männchen 2,5 cm lange Hauer.
FELL: Dunkelbraun, Nacken und Kopf grau; untere Körperteile, Ohrspitzen und Schwanzunterseite weiß. Jungtiere gefleckt.
FORTPFLANZUNG: Tragzeit etwa 180 Tage.

UNTERFAMILIE CERVINAE

Damhirsch
Dama dama

Europa, Kleinasien, Iran; in Australien und Neuseeland eingeführt. Wälder und Waldrand, Busch. 2 Unterarten.
SH 91cm (M), 78 cm (W); GT 63–103 kg (M), 29–54 kg (W). Geweih verzweigt und schaufelartig; GL 71cm.
FELL: Meist rehbraun, im Sommer mit weißen Flecken auf Rücken und Flanken, im Winter graubraun ohne Tupfen; weißer Rumpffleck, schwarz umrandet; schwarze Linie über Rücken und Schwanz; Bauch weiß; Färbung sehr variabel, schwarze, weiße und Zwischenformen häufig. Jungtiere gefleckt.
FORTPFLANZUNG: Tragzeit 229–240 Tage.

Axishirsch
Axis axis

Indien, Sri Lanka; in Australien eingeführt. Waldrand, lichter Wald. 2 Unterarten.
SH 91 cm; GT 86 kg; GL 76cm; GE 6; Geweihstangen leierförmig zurückgebogen.
FELL: Rehbraun; weiße Flecken auf dem Rücken. Kein Farbwechsel im Jahresverlauf. Jungtiere gefleckt.
FORTPFLANZUNG: Tragzeit 210–225 Tage.

Schweinshirsch
Axis porcinus

N-Indien, Sri Lanka, Myanmar, Thailand, Vietnam; in Australien eingeführt. Grasland, Reisfelder. 2 Unterarten.
SH 66–74 cm; GT 36–45 kg; GL 39cm; GE 6.
KÖRPER: Fell gelblich braun, dunklere Unterseite, Mittelfußhaare heller als restliches Bein; Jungtiere gefleckt. Gedrungene Statur, kurzes Gesicht, kurze Beine.
FORTPFLANZUNG: Tragzeit etwa 180 Tage.

Bawean-Schweinshirsch
Axis kuhlii

Insel Bawean.
SH 68 cm; GL unbekannt; GE 6; lange Stangen.
FELL: Einheitlich braun, Schwanz lang und buschig; Jungtiere ungefleckt.

Calamian-Schweinshirsch
Axis calamianensis

Calamian-Inseln. Ähnlich dem Schweinshirsch, Gesicht und Ohren jedoch kürzer; von Unterkiefer bis Kehle weißer Fleck; weißer, bartähnlicher Muffelfleck.

Weißlippenhirsch
Cervus albirostris

Tibet. SH 122 cm. Geweih verzweigt; GL unbekannt; GE 10.
FELL: Braun, Bauch beige, Nase, Lippen, Kinn, Kehle und Ohrenfleck weiß; im Winter heller. Ohren schmal und lanzenförmig. Hufe sind hoch, kurz und breit, Haarwirbel auf Widerrist sehen aus wie Höcker.

Barasingha
Cervus duvaucelii
Sumpfhirsch

N- und Mittel-Indien, S-Nepal. Sümpfe, Grasebenen. 2 Unterarten. SH 119–124 cm; GT 172–182 kg; GL 89 cm; GE 10–15.
FELL: Braun mit gelblichem Unterkörper; im Sommer wird das Fell bei Männchen am Rücken rötlich. Jungtiere gefleckt.

Rothirsch
Cervus elaphus

Skandinavien, Europa, N-Afrika, Kleinasien, Tibet, Kaschmir, Turkestan, Afghanistan; in Australien und Neuseeland eingeführt. Lichtungen, offene Wälder; offenes Moorland in Schottland. 12 Unterarten.
SH 122–127 cm bei *C. e. hanglu*, wenn auch Gewicht und Größe je nach Unterart und Gegend variieren; Weibchen kleiner als Männchen. Geweih verzweigt, variiert je nach Unterart und Gegend: z.B. bei *C.e. hippelaphus* GL 123 cm, GE 20; bei *C. e. scoticus* GL 89 cm, GE 12.
FELL: Rot, rotbraun oder graubraun im Sommer, dunkler und gräulich im Winter; Rumpffleck gelblich, oft mit dunklem Streifen am Schwanz; Jungtiere gefleckt.
FORTPFLANZUNG: Tragzeit 230–240 Tage.
IUCN-STATUS: 3 Unterarten stark gefährdet.

Wapiti †
Cervus canadensis

Westen Nordamerikas, Tienshan-Gebirge bis Mandschurei und Mongolei, Gansu, China. Grasland, Waldrand; zieht im Sommer in höhere Lagen. 13 Unterarten. Gilt für manche als Unterart von *C. elaphus*.
SH 130–152 cm; GT 240–454 kg; Weibchen kleiner als Männchen. Geweih verzweigt; GL 100 cm; GE 12.
FELL: Im Sommer rötlich braun, Kopf und Beine dunkler; im Winter dunkler mit grauem Unterkörper; heller Fleck am Rumpf; Jungtiere gefleckt.
FORTPFLANZUNG: Tragzeit 249–262 Tage.

Leierhirsch
Cervus eldii

Manipur, Thailand, Vietnam, Hainan, Myanmar, Tenasserim. Flaches, tief gelegenes Sumpfland. 3 Unterarten.
SH 114 cm. Geweih: Die lange Augsprosse und Stange bilden eine durchgehende, bogenförmige Kurve; Stangenende gegabelt; GL 99 cm (ohne Augsprosse).
FELL: Im Sommer rot, untere Teile hellbraun; im Winter dunkelbraun, untere Teile weißlich; Weiß am Kinn, um die Augen und an den Ohrrändern; Weibchen heller als Männchen; Jungtiere gefleckt.

Sikahirsch
Cervus nippon

Japan, Vietnam, Formosa, Mandschurei, Korea, N- und SO-China; in Neuseeland eingeführt. Wald. 13 Unterarten.
SH 65–109 cm; GT 48 kg. GL 28–81cm; GE 6–8, je nach Rasse; obere Enden meist schaufelförmig verbreitert.

FELL: Im Sommer kastanien- bis gelblich braun mit weißen Flecken an den Seiten; weißer, schwarz umrandeter Schwanzfleck; im Winter graubraun, Flecken unauffälliger; Junge gefleckt.
FORTPFLANZUNG: Tragzeit 217 Tage.
IUCN-STATUS: 5 Unterarten vom Aussterben bedroht, 2 stark gefährdet.

Mähnenhirsch
Cervus timorensis

Indonesische Inselgruppe; eingeführt in Australien, auf Neuseeland, den Fidschi-Inseln und auf Neuguinea. Grasland mit Bäumen, Wald. 6 Unterarten.
SH 98–110 cm (M), 86–98 cm (W). Geweih verzweigt; GL 111 cm; GE 6.
FELL: Braun, untere Teile und unter dem Schwanz heller; Junge ungefleckt.

Sambar
Cervus unicolor

Von Philippinen über ganz Indonesien, S-China, Myanmar bis Indien und Sri Lanka; eingeführt in Australien und Neuseeland. Offene Wälder; meidet offenes Buschland und dichten Wald. 16 Unterarten.
SH 61–142 cm; GT 227–272 kg. Geweih verzweigt; lange Augsprosse, spitzwinklig von Stange aufsteigend, gegabelte Enden weisen nach vorn; GL 60–100 cm; GE 6.
FELL: Dunkelbraun, hellbraun-gelblich unter Kinn, auf Innenseite der Beine, zwischen Gesäßbacken und unter dem Schwanz; Weibchen und Jungtiere heller als Männchen; Junge ungefleckt.
FORTPFLANZUNG: Tragzeit 240 Tage.

Davidshirsch
Elaphurus davidianus

Ehemals China; außerhalb von Parks und Zoos nie beobachtet.
SH 120 cm. Geweih verzweigt, Sprossen nach hinten gerichtet. GL 80 cm.
FELL: Hellrot mit dunklem Rückenstreifen im Sommer, stahlgrau im Winter; Schwanz lang; Hufe sehr breit. Junge gefleckt.
FORTPFLANZUNG: Tragzeit 250 Tage.

UNTERFAMILIE HYDROPOTINAE

Chinesisches Wasserreh
Hydropotes inermis

China, Korea. Sümpfe, Schilfniederungen, Grasland. 2 Unterarten.
SH 52 cm (M), 48 cm (W); GT 11–14 kg (M), 8–11 kg (W). Beide Geschlechter ohne Geweih. Obere Eckzähne vorhanden; diese bilden bei den Männchen 7 cm lange Hauer.
FELL: Rötlich braun im Sommer, mattbraun im Winter; Junge mattbraun mit hellen Flecken zu beiden Seiten des Aalstrichs.
FORTPFLANZUNG: Tragzeit 176 Tage.
IUCN-STATUS: Vorwarnliste.

UNTERFAMILIE CAPREOLINAE

Schwarzwedelhirsch
Odocoileus hemionus
Maultierhirsch

Westen Nordamerikas, Mittelamerika. Grasland, lichter Wald. 11 Unterarten.
SH 102 cm; GT 120 kg. Geweih bildet Gabelspaltungen, GE 8–10.
FELL: Rostrot im Sommer, bräunlich im Winter; Gesicht und Kehle hell, schwarzer Fleck an Kinn und Stirn; Bauch, Beininnenseiten und Rumpffleck weiß; Schwanz weiß mit schwarzer Spitze.
FORTPFLANZUNG: Tragzeit 203 Tage.
IUCN-STATUS: 1 Unterart stark gefährdet.

Weißwedelhirsch
Odocoileus virginianus
Virginiahirsch

Nord- und Mittelamerika, nördliches Südamerika. In Nordamerika im Winter in Koniferensümpfen, von Frühjahr bis Herbst am Rand offener Wälder; in Südamerika während der Trockenzeit in Tälern in Wassernähe, während der Regenzeit höhere Regionen. 38 Unterarten.
SH 81–102 cm; GT 18–136 kg. Geweih verzweigt sich von Hauptstange; Sprossen nach innen und vorn gebogen; GE 7–8, weniger bei südlichen Rassen.
FELL: Rötlich braun im Sommer, graubraun im Winter; an Kehle und Ohrinnenseiten weiße Flecken; Bauch, Schenkelinnenseite und Schwanzunterseite weiß; Junge gefleckt.
FORTPFLANZUNG: Tragzeit 204 Tage.
IUCN-STATUS: 1 Unterart stark gefährdet.

Reh
Capreolus capreolus

Europa, Kleinasien, Sibirien, Nordasien, Mandschurei, China, Korea. Wald, Waldrand, lichter Wald, Moore. 3 Unterarten.
SH 64–89 cm; GT 17–23 kg. GE 6.
FELL: Im Sommer fuchsbraun, Gesicht grau, Kinn weiß, schwarzes Band vom Maul bis zu Nasenlöchern; im Winter gräulich braun; Rumpffleck, Kehle und Hals weiß; Junge gefleckt.
FORTPFLANZUNG: Brunft im Sommer, Keimruhe bis Dezember; Junge werden April bis Juni geboren.Tragzeit 294 Tage (inklusive 150 Tage Keimruhe).

Elch
Alces alces

N-Europa, O-Sibirien, Mongolei, Mandschurei, Alaska, Kanada, Wyoming, im NO der USA; eingeführt in Neuseeland. 6 Unterarten.
SH 168–230 cm; GT 400–800 kg (Weibchen etwa 25 % kleiner als Männchen). Geweih groß, verzweigt und schaufelartig; GE 18–20. Schultern bucklig, Schnauze hängend, ausgeprägter Kehlsack („Glocke").
FELL: Schwärzlich braun, untere Teile heller braun; im Sommer dunkler als im Winter; der nackte Muffelfleck ist sehr klein; Junge ungefleckt.
FORTPFLANZUNG: Tragzeit 240–250 Tage.

Ren und Karibu
Rangifer tarundus

Skandinavien, Spitzbergen, Russland von Karelien bis zur Sachalin-Insel, Alaska, Kanada, Grönland und angrenzende Inseln. Viele Rentiere in Europa und Skandinavien sind gezähmt. Offener Wald oder Waldrand; manche Rassen bleiben ganzjährig dort, andere wandern im Sommer in die arktische Tundra. 9 Unterarten.
SH 107–127 cm (M), 94–114 cm (W); GT 91–272 kg (M). Beide Geschlechter mit Geweih, dieses bei Kühen kleiner und mit weniger Enden; verzweigt, oben meist schaufelartig; braune Enden bei Bullen schaufelartig; Bullen werfen Geweih von November–April ab, Kühe von Mai–Juni; bei Bullen GL bis 147 cm; GE bis 44.
FELL: Braun im Sommer, grau im Winter; an Rumpf, Schwanz und auf jedem Huf weiß; Nacken heller, Brust und Beine dunkler; Bullen zur Brunftzeit mit weißer Mähne; einziger Hirsch ohne nackten Muffelfleck; Junge ungefleckt.
FORTPFLANZUNG: Tragzeit 210–240 Tage.

Sumpfhirsch
Blastocerus dichotomus

Zentral-Brasilien bis N-Argentinien. Sümpfe, Überschwemmungsgebiete, Savannen.
SH und GT unbekannt; Maße wie kleine Rothirsche. GL 60 cm; Augsprosse gabelt sich, Stangenende wieder gegabelt, GE 8.
FELL: Rotbraun im Sommer, mattbraun im Winter; untere Beinhälfte dunkel; schwarzes Band über Schnauze; Junge ungefleckt.

Pampashirsch
Ozotoceros bezoarticus

Brasilien, Argentinien, Paraguay, Bolivien. Offenes Grasland. 3 Unterarten.
SH 69 cm; GT und GL unbekannt; GE 6.
FELL. Gelblich braun, untere Teile und Ohrinnenseite weiß; Schwanzoberseite dunkel; Haare bilden am Halsansatz Wirbel; Junge gefleckt.
IUCN-STATUS: Vorwarnliste.

Südlicher Andenhirsch
Hippocamelus bisulcus

Chile, Argentinien, Hochanden.
SH 91 cm; GT 60–65 kg. Geweih verzweigt; GL 28 cm; GE bis zu 4.
FELL: Dunkelbraun im Sommer, heller im Winter; Junge ungefleckt.

Nördlicher Andenhirsch
Hippocamelus antisensis

Peru, Ecuador, Bolivien, N-Argentinien, Hochanden. Ähnliches Geweih wie Südlicher Andenhirsch, etwas leichter.
FELL: Etwas heller als beim Südlichen Andenhirsch. Jungtiere ungefleckt.

Großer Roter Spießhirsch
Mazama americana

Mittel- und Südamerika, von Mexiko bis Argentinien. Dichte Gebirgsdickichte. 14 Unterarten.
SH 71 cm; GT 20 kg. Geweih einfache Spieße; GL 10–13 cm.
FELL: Rotbraun, Nacken grau, untere Körperteile weiß; Schwanz oben braun, unten weiß. Junge gefleckt.
FORTPFLANZUNG: Tragzeit 220 Tage.

Großer Grauer Spießhirsch
Mazama gouazoupira

Mittel- und Südamerika, von Mexiko bis Argentinien. Gebirgsdickichte, aber lichter als bei *M. americana*. 10 Unterarten.
SH 35–61 cm; GT 17 kg. Geweih einfache Spieße; GL 10–13 cm.
FELL: Ähnlich wie bei *M. americana*, etwas mattbrauner. Junge gefleckt.
FORTPFLANZUNG: Tragzeit 206 Tage.

Kleiner Roter Spießhirsch
Mazama rufina

N-Venezuela, Ecuador, SO-Brasilien. Walddickicht. 2 Unterarten.
SH 35 cm. Geweih einfache Spieße; GL 7 cm.
FELL: Dunkel-kastanienrot, Kopf und Beine dunkler. Jungtiere gefleckt. Extrem große Voraugendrüse.
IUCN-STATUS: Vorwarnliste.

Kleiner Grauer Spießhirsch
Mazama chunyi

N-Bolivien und Peru, Anden.
SH 35 cm. Geweih einfache Spieße.
FELL: Zimt- bis rotbraun, Kehle, Brust und Beininnenseite mittelbraun; Schwanzunterseite weiß; Wirbel am Nacken; keine Streifen über und kein Band um Augen; kleiner und dunkler als *M. gouazoupira*. Schwanz kürzer als bei anderen Spießhirschen. Junge gefleckt.

Südlicher Pudu
Pudu pudu
Pudu

Andentiefland in Chile und Argentinien. Dichter Wald.
SH 35–38 cm; GT 6–8 kg. Geweih einfache Spieße; GL 7–10 cm.
FELL: Rot- oder dunkelbraun, Seiten, Beine und Füße heller; Jungtiere gefleckt.
FORTPFLANZUNG: Tragzeit 210 Tage.

Nördlicher Pudu
Pudu mephistophiles

Andentiefland in Ecuador, Peru, Kolumbien. Dichter Wald. Etwas größer als Südlicher Pudu. 2 Unterarten.
GL unbekannt; Geweih einfache Spieße.
FELL: Rötlich braun, Kopf und Füße fast schwarz. Junge gefleckt.
IUCN-STATUS: Vorwarnliste

RAC/VG

ABKÜRZUNGEN

SH = Schulterhöhe SL = Schwanzlänge GT = Gewicht
GL = Geweihstangenlänge GE = Zahl der Enden an beiden Geweihstangen
M = Männchen W = Weibchen

Ex ausgestorben
EW in freier Natur ausgestorben
Cr vom Aussterben bedroht
En stark gefährdet
Vu gefährdet
LR geringes Risiko

Wie Rothirsche das Geschlechterverhältnis bei ihren Jungen manipulieren

Warum gebären einige Hirschkühe regelmäßig mehr Söhne als Töchter?

Im Schnitt bringen weibliche Säuger gleich viele männliche wie weibliche Junge zur Welt. Diese Strategie ist aus evolutionärer Sicht für jede Mutter sinnvoll: Gäbe es zu viele männliche Nachkommen, wären die Männchen den Weibchen zahlenmäßig überlegen und hätten in der Paarungszeit mehr Nebenbuhler. Das hieße, dass das durchschnittliche Männchen schlechtere Fortpflanzungschancen hätte als das durchschnittliche Weibchen. So wären Weibchen im Vorteil, die vorwiegend Töchter zur Welt bringen, und so würde das Pendel mal mehr in die eine, mal mehr in die andere Richtung ausschlagen, bis ein stabiles Geschlechterverhältnis von 1:1 entsteht. Es gibt jedoch Situationen, in denen es für Weibchen von Vorteil ist, mehr Söhne zu gebären als Töchter oder umgekehrt. Die potenziellen Vorteile einer solchen Manipulation des Geschlechterverhältnisses werden anhand der bemerkenswerten Ergebnisse von Studien mit Rothirschen demonstriert.

Eine Rothirschkuh bringt im Lauf ihres zehn- bis elfjährigen Lebens meist ein Junges pro Jahr zur Welt. Ein Bock hingegen kann Dutzende von Nachkommen haben oder auch gar keine. Auf der Insel Rhum vor der Westküste Schottlands beobachtete man einen Bock, der 53 Nachkommen zeugte. Im Gegensatz dazu hatten 9 % der Männchen nur zwei Junge, 19 % eines und 35 % starben kinderlos. Zusätzlich starb die Hälfte der Jungtiere bereits im Kindesalter. Diese ungleiche Verteilung existiert, weil das Paarungssystem der Rothirsche polygyn ist.

Ob ein Männchen bei der Werbung zum Zug kommt, hängt von seinen „Qualitäten" ab: von Körper- und Geweihgröße, seinem Kampfesmut, seinem Röhren und ob er es sich leisten kann, seinen Harem zu verteidigen, statt sich für den kommenden Winter ein Polster anzufressen. Insofern zahlt es sich für eine Hirschkuh nur aus, männlichen Nachwuchs zu gebären, wenn sie sicher sein kann, ein kräftiges, gesundes Junges zu bekommen. Statt das Risiko einzugehen, einen schwächlichen Sohn zu gebären, „entscheidet" sie sich für eine Tochter, die trotz ihrer körperlichen Unterlegenheit immer gute Chancen zur Fortpflanzung haben wird. Alle Tiere der heutigen Generation sämtlicher Tierpopulationen sind das Produkt von Eltern und Großeltern, die sich erfolgreich vermehrt haben. Ein schwaches männliches Kalb kann durchaus eine evolutionäre Sackgasse für die mütterliche Linie darstellen. Wenn das Risiko in einer Situation hoch ist, relativ schwächlichen Nachwuchs zu produzieren, sterben die Gene für die Produktion eines schwächlichen Männchens wahrscheinlich aus, während sich die für die Produktion eines Weibchens eher durchsetzen.

Einer der Faktoren, die die Überlebens- und Durchsetzungschancen der Nachkommen von Rothirschen beeinflussen, ist der Status der Mutter in

Oben: *In der Brunft muss der Platzhirsch seinen Harem gegen Rivalen verteidigen. Oft folgt auf einen „Röhrwettbewerb" noch ein Kampf, doch kann der Hirsch seinen Status auch allein durch Röhren behaupten.*

Rechts: *Auch Rothirschkühe kämpfen um ihren Platz in der Hierarchie. Der bessere Zugang zu guten Futterplätzen ist für dominante Kühe entscheidend, da ihre Jungen dadurch stärker werden.*

Oben: *Ein Kalb verbringt die ersten Lebenswochen in einem Versteck und verlässt dieses nur zum Trinken. Es wird bis zu 7 Monate gesäugt, deshalb ist die Mutter auf nährstoffreiche Kost angewiesen*

der Rangordnung. Rothirschkühe sind gesellig, sie leben in großen Gruppen mit hierarchischer Struktur. Dominante Kühe sind im Schnitt etwa 7 % schwerer als untergeordnete. Die Wahrscheinlichkeit, dass ihre Nachkommen das erste Jahr überleben und selbst dominant sein werden, ist um 14 % höher. Daraus folgt, dass die Jungen einer dominanten Mutter ebenfalls die Fähigkeit besitzen, sich in der strapaziösen Brunftzeit durchzusetzen – weshalb es Sinn macht, Söhne zu bekommen. Bei einer untergeordneten Kuh ist zu erwarten, dass ihre Jungen kleiner und schwächer sein werden – nun ist es sinnvoller, Töchter zu gebären.

Erstaunlicherweise decken sich die Ergebnisse von Langzeitstudien an Rothirschen auf Rhum mit dieser Theorie. Etwa 65 % der dominanten Kühe brachten Söhne zur Welt, bei den Rangniedrigsten waren es nur 35 %. Da das Geschlecht eines Jungen bereits bei der Empfängnis festgelegt wird, könnte dies mit dem Hormonspiegel der Mutter zusammenhängen. Genauere Erkenntnisse gibt es noch nicht. Gleichzeitig ist eine Abweichung von 15 % nicht sehr groß. So geht man davon aus, dass die geltenden Vererbungsregeln, die das Geschlecht eines Jungen bestimmen, jegliche adaptive Manipulation der Nachkommensverteilung zunichte machen können.

Doch auch andere Faktoren beeinflussen das Geschlechterverhältnis bei Rothirschkälbern. Stehen Mütter während der Trächtigkeit unter Stress, z.B. durch hohe Populationsdichte und daraus resultierender Nahrungskonkurrenz, kann es passieren, dass sie den Fötus verlieren, vor allem einen männlichen. Starke umweltbedingte Stressfaktoren können also weniger Geburten männlicher Nachkommen zur Folge haben. Auf Rhum hat ein Anstieg der Populationsdichte oder der Niederschlagsmenge im Winter um das 1,25-fache den Anteil der Geburten männlicher Nachkommen im folgenden Frühjahr um etwa 3 % reduziert. Unter solch widrigen Bedingungen gab es keinen Unterschied im Geschlechterverhältnis der Nachkommen von ranghohen und rangniedrigen Kühen, woraus sich schließen lässt, dass die oben beschriebene adaptive Manipulation nur unter perfekten äußeren Bedingungen stattfinden kann. Warum in jungen Jahren eher männliche Nachkommen sterben, bleibt ebenso ein Rätsel wie die Frage: Wie können Hirschkühe ohne moderne Technologie Geschlecht und Schicksal eines Embryos bestimmen? LEBK/TC-B

Werberituale bei Hirschen

Die Paarung der Damhirsche auf dem Brunftplatz

Vom Moment der Befruchtung an investieren weibliche Säugetiere mehr in ihren Nachwuchs als männliche. In der Regel kümmern sie sich auch um die Jungen, während die Männchen den Weibchen lediglich demonstrieren, dass sie es wert sind, Vater zu werden. Etwas seltsam mag es anmuten, dass die Natur bestimmten Männchen nur auf einem Brunftplatz gestattet, ihren Wert zu beweisen. Ein Brunftplatz ist eine Art Arena, in der Männchen um paarungsbereite Weibchen buhlen. Statt um Weibchen oder interessante Ressourcen zu kämpfen, verteidigen Männchen kleine Paarungsbezirke, in denen es kaum andere Ressourcen gibt als sie selbst. Bis zu 100 solcher Territorien liegen dicht beieinander, dazwischen verteidigen Männchen einige isolierte Reviere oder halten nach brünftigen Kühen Ausschau.

Brunftplätze gibt es bei Säugern nur selten, primär bei afrikanischen Antilopen. Als man in den 1980er Jahren entdeckte, dass auch einige Populationen des europäischen Damhirsches Brunftplätze haben, war die Begeisterung groß und viele Forscher bemühten sich herauszufinden, warum die Hirsche sich dort fortpflanzten.

Das Paarungsverhalten männlicher Damhirsche ist sehr unterschiedlich, sowohl zwischen als auch innerhalb von Populationen. Je nach Grad der Territorialität werden während der Brunft unterschiedliche Strategien gebildet. Es gibt Böcke, die einen Harem von bis zu 50 Kühen und deren Futterplatz verteidigen. Andere besetzen isolierte, nur wenige Quadratmeter bis mehrere Hektar große Paarungsterritorien, die für Weibchen wertvolle Ressourcen enthalten. Diese Böcke versuchen die Weibchen durch Rufe und Duftmarken anzulocken. Und schließlich gibt es die Brunftplätze.

Damhirsche auf Brunftplätzen verteidigen winzige Territorien von kaum mehr als einigen Quadratmetern Boden, auf dem die Vegetation niedergetrampelt wurde. Auf einem solchen Platz befinden sich meist zehn bis 20, manchmal auch bis zu 50 adulte Böcke. Für den menschlichen Beobachter scheint dort hektische Betriebsamkeit zu herrschen, da die Böcke verzweifelt versuchen, paarungsbereite Kühe in ihr Territorium zu locken und zu halten.

Die plausibelste Erklärung für dieses Verhalten könnte in der Populationsdichte liegen. Bei Damhirschen ist bei einem Anstieg der Dichte häufig auch ein stärkeres Territorialverhalten der Böcke während der Brunft zu erkennen. In Populationen mit weniger als 10 adulten Böcken pro qkm versuchen Männchen Futterplätze für Kühe oder wandernde Harems zu verteidigen. Wird die Populationsdichte größer, beginnen sie isolierte Territorien zu verteidigen, und bei sehr großer Dichte mit mehr als 40 Böcken pro qkm schließen sie sich zusammen und verteidigen Territorien auf Brunftplätzen. Bei einigen Populationen konnte solch eine Verschiebung beobachtet werden – als überzeugender Beweis für die Verbindung zwischen Populationsdichte und Brunftverhalten.

Aber warum verteidigen Damhirschböcke Territorien auf Brunftplätzen? Dort kommt es zwischen ihnen häufig – bis zu zehnmal am Tag – zu Kämpfen, die zu schweren Verletzungen oder sogar zum Tod führen können. Infolge des kampf- und wettbewerbsbedingten Stresses können manche Männchen ihr Territorium oft nur kurze Zeit, manchmal nur einige Tage, halten. Dennoch ist der Brunftplatz der Ort, an dem Böcke die größte Chance haben, paarungsbereite Kühe anzutreffen. Für sie ist die Paarungshäufigkeit dort fünfmal größer als für Artgenossen aus der gleichen Population, die sich nicht dort befinden, was selbst den kürzesten Aufenthalt auf dem Platz mehr als wettmacht. In den meisten Populationen, die Brunftplätze aufsuchen, finden über 80 % der Paarungen dort statt und nur 20 % in Einzelterritorien oder in Wanderharems. Dies liegt daran, dass die Kühe – vor allem paarungsbereite – gezielt Brunftplätze aufsuchen und ein Bock sie dort vermutlich besser halten kann als im Einzelrevier. Da Kühe, die sich gestört fühlen, meist in angrenzende Territorien abwandern, zirkulieren sie sicherlich eher auf dem ganzen Brunftplatz, als ihn zu verlassen. Insofern stehen den Böcken auf Brunftplätzen mehr Kühe zur Paarung zur Verfügung als den Männchen mit anderen Paarungsstrategien.

Damhirschböcke paaren sich also auf Brunftplätzen, weil sie dort paarungwillige Kühe vorfinden und begatten können. Aber warum paaren sich empfängnisbereite Weibchen dort? Die meisten Forscher, die sich mit dieser Frage beschäftigt haben, meinen, es läge an den genetischen Vorteilen, die ihnen daraus erwachsen: Weibchen wählen Männchen, deren Nachkommen bessere Überlebenschancen haben und deren Söhne für Weibchen attraktiver sind.

Diese „Gute Gene"-Theorie wird durch die Beobachtung gestützt, dass sich auf Brunftplätzen die Mehrheit der Kühe mit den dominanten Böcken paart. Studien haben gezeigt, dass bei Damhirschpopulationen mit Brunftplätzen die Kühe auf bestimmte Qualitätsmerkmale bei den Böcken achten

wie etwa die Körpergröße, das Röhren oder wie zentral das Territorium liegt.

Doch auch wenn Weibchen aus diesem Grund Brunftplätze aufsuchen, muss das nicht unbedingt heißen, dass primär die Partnerwahl für die Entstehung eines Brunftplatzes verantwortlich ist. Ebenso gut möglich wäre es, dass Weibchen einen direkten Nutzen daraus ziehen, weil dort die Paarungsrate höher oder das Risiko von Angreifern niedriger ist. Studien mit Damhirschen und anderen Paarhufern mit Brunftplätzen haben gezeigt, dass brünftige Kühe in gemischtgeschlechtlichen Gruppen und auf Einzelterritorien viermal häufiger von nicht territorialen Männchen bedrängt wurden als auf Brunftplätzen. Wie ausgiebige Experimente belegen, fühlen sich die Damhirschkühe – und zwar nur die brünftigen – offenbar mehr zu Böcken mit Harems hingezogen als zu Einzeltieren, vielleicht um der Belästigung zu entgehen. Der Grund für dieses seltsame Phänomen könnten also die größere Sicherheit und die Annehmlichkeiten eines Brunftplatzes für Tiere beiderlei Geschlechts sein, die nach Paarungspartnern Ausschau halten. ST

Unten: *Zwei kämpfende Böcke auf dem Brunftplatz fechten ein Geweihduell aus. Meist können die Böcke sich dort lediglich einige Tage oder sogar nur wenige Stunden behaupten.*

Oben: *Sich paarende Damhirsche auf einem Brunftplatz. Damhirschböcke sind bereits mit 18 Monaten geschlechtsreif, paaren sich jedoch selten, bevor sie vier Jahre alt sind.*

PHOTO STORY

Rentier-Wanderungen

4

1

❶ *Rentierschlitten führen während der Sommerwanderung die Herde an. Rentiere wandern, um neue Futterplätze zu suchen. Die Wachstumsperiode der Tundravegetation ist im Sommer sehr kurz, doch diese ist nahrhaft, und im offenen, windigen Gelände sind Mücken nicht so lästig. Im Winter wandern Rentiere in Gebiete, in denen sie im Schnee nach Flechten und anderen Pflanzen graben können. Die nomadischen Sami haben in dieses natürliche Wanderverhalten kaum eingegriffen.*

2

❷ *Ein Ren wird vor den Schlitten gespannt. Die Sami leben in Nordnorwegen, Schweden, Finnland und Russland. Ursprünglich folgten sie Wildrenherden, um sie zu jagen, und erfanden vermutlich die Ski. Die Notwendigkeit, Wildrene vor Feinden zu schützen, führte ca. 500 v. Chr. zu den ersten Versuchen ihrer Domestizierung. Heute gibt es im Norden Finnlands und Skandinaviens keine Wildrene mehr (und nur noch wenig Wölfe). Die Herden versorgten die Sami traditionell mit fast allem, was sie benötigten: Fleisch, Leder, Pelze für Kleidung und Schlafsäcke sowie Geweihe und Knochen für Schnitzwerk. Herden-Rene sind halb domestiziert, Zug- und Milch gebende Tiere hingegen ganz.*

❸ *Ein Hirte fängt ein Ren mit dem Lasso ein. Rentiere sind die einzigen Hirschartigen, bei denen beide Geschlechter ein Geweih tragen. Das erste Lasso wird aus etwa 20 m Entfernung geworfen und bei starken und lebhaften Tieren um einen Pfosten oder Baum gewickelt. Mit einem zweiten Lasso werden die Hinterbeine gefesselt, damit das Ren nicht mehr fliehen kann. Die Ohren der Kälber werden eingekerbt. Diese Kerben zeigen an, welches Ren zu welcher Herde gehört; so kann jeder Hirte auch im dichtesten Gedränge seine Tiere erkennen.*

4 *Ein Hirte führt mit dem Boot seine Rentiere zur Sommerweide auf eine Insel vor der Küste Norwegens. Rene sind sehr gut an ihr arktisches Habitat angepasst. Mit ihren spreizbaren Hufen und den kräftigen Beinen können sie sich im Schnee gut fortbewegen, aber auch graben, schwimmen und große Entfernungen zurücklegen. Lange Zwischenzehenhaare und ein Drüsensekret verhindern, dass sich Schnee zwischen den Zehen festsetzt. Sami-Hirten verwenden heutzutage zum Viehtrieb neben traditionellen Hilfsmitteln auch moderne Technologien wie Walkie-talkies und Schneescooter.*

5 *Rentiere werden zu bestimmten Zeiten im Jahr an einem Platz zusammengetrieben. Im Sommer werden die Kälber gekennzeichnet, im Herbst die Rentiere zur Schlachtung erneut gesammelt, bevor die Herde für den Winter in kleinere Gruppen geteilt wird. Wie viele Tiere auf einer Weide überwintern können, hängt von deren Ergiebigkeit ab. Seit der Tschernobyl-Katastrophe im Jahr 1986 ist der Verkauf von Rentierfleisch stark rückläufig, da durch den radioaktiven Niederschlag die langlebigen Flechten wie auch die Rentiere, die sich davon ernähren, kontaminiert wurden.*

5

3

Giraffe und Okapi

EINE GRUPPE GIRAFFEN IN DER SAVANNE – von weitem sieht es so aus, als bewegten sich zwischen den Baumwipfeln in einer Höhe von 4 bis 5 m eine Reihe körperloser Köpfe und Hälse. Giraffen sind die langbeinigsten Tiere der Welt und aufgrund ihrer Größe, der typischen Netzzeichnung und den ungewöhnlichen Körperproportionen unverwechselbar.

Als Erstes fällt bei der Giraffe die unglaubliche Länge des Halses im Vergleich zum relativ kurzen Körper ins Auge. Diese Eigentümlichkeit wird noch verstärkt, wenn man das Okapi, den einzig nahen Verwandten der Giraffe, vergleicht. Okapis gelten als scheue Waldbewohner, die in Größe und Form eher Pferden ähneln.

Laubfresser in luftiger Höhe

KÖRPERBAU UND FUNKTION

Die funktionelle Bedeutung der Größe scheint bei der Giraffe darin zu liegen, besser an das Laub in Baumwipfeln heranzukommen. Vermutlich war es im Verlauf der Evolution für frühe Giraffenarten nützlich, in Zeiten von Nahrungsknappheit den Vorteil ihrer Höhe zu nutzen, um gegen die Konkurrenz kleinerer Laubfresser bestehen zu können. Größere Tiere verhungerten seltener, sodass mehr von ihnen überlebten und ihre Gene weitergaben. Der Giraffenhals gilt als Musterbeispiel für eine durch natürliche Auslese erfolgte Adaptation, auch wenn nie bewiesen wurde, dass Giraffen in größerer Höhe bessere Nahrung finden. Allerdings wird diese These durch die Ergebnisse aktueller Studien in Südafrika gestützt.

Heute ist allgemein anerkannt, dass kleinere Pflanzenfresser pro Tag weniger Futter benötigen und deshalb ihre Nahrung sorgfältig auswählen können. Zudem ist ihr Maul schmaler, wodurch sie leichter an Blättertriebe und Knospen herankommen. Unter den kleineren Pflanzenfressern gibt es Arten, die in vergleichsweise großer lokaler Dichte auftreten, sodass das Nahrungsangebot, das für größere Tiere übrig bleibt, häufig eingeschränkt ist. Oberhalb der Köpfe dieser kleinen Pflanzenfresser jedoch gibt es Unmengen unberührter Vegetation. Oder um einen Vergleich zu bemühen: Der lange Hals einer Giraffe verhilft ihr zum gleichen Vorteil wie ein Stock einem Menschen, der Äpfel pflücken will.

Doch es birgt auch Nachteile, so groß zu sein. Das Herz einer Giraffe befindet sich 2 m über ihren Hufen und 3 m unterhalb ihres Gehirns. Das bedeutet, dass in jedem Bein eine hohe Blutsäule steht, deren Gewicht auf die Kapillargefäße in dem darunter liegenden Gewebe drückt. Bei allen anderen Tieren würde dies einen Blutstau zur Folge haben, bei dem Blut nach außen durch die Kapillarwände gepresst würde. Bei Giraffen jedoch sind die unteren Beinhälften von einer sehr dicken Hautschicht umgeben, die für einen hohen extravaskulären Druck sorgt und so dem Druck der Blutgefäße entgegenwirkt. Den gleichen Effekt haben die „*G-suits*" von Kampfbomberpiloten, die verhindern, dass das Blut sich in den Beinen staut und der Pilot während starker Beschleunigung in großen Höhen ohnmächtig wird.

Eine weitere Anomalie im Herz-Kreislauf-System der Giraffe ist, dass der Pumpendruck, der notwendig ist, um das Blut zum Hirn zu pumpen (215 mm hg auf Herzhöhe), fast zweimal so hoch ist wie bei einer Kuh. Der Blutdruck im Hirn wird jedoch konstant auf etwa 90 mm hg gehalten, ist also nicht höher als bei den meisten Großsäugern. Und noch etwas ist erstaunlich: Zum Trinken beugt eine Giraffe den Hals. Nun könnte man erwarten, dass das Blut mit solcher Wucht in den Kopf schießt, dass das Tier ohnmächtig wird. Doch dem ist nicht so. Die Blutgefäße im Giraffenhals sind mit starken Druck regulierenden Gefäßklappen ausgestattet. Zudem gibt es noch das so genannte Wundernetz unterhalb des Gehirns, ein Netzwerk aus fein verzweigten Arterien, das das anströmende Blut wie ein Schwamm aufnimmt. Ebenso sorgt die spreizbeinige Trinkhaltung der Giraffe dafür, dass sich die Brust senkt und da-

Links: *Ein Uganda-Giraffenkalb. Mit zunehmendem Alter wird der Hals proportional länger und die seltsame Körperform noch grotesker.*

FAKTEN

GIRAFFE UND OKAPI

Ordnung: Artiodactyla

Familie: Giraffidae

2 Arten in 2 Gattungen

VERBREITUNG Afrika südlich der Sahara.

GIRAFFE *Giraffa camelopardalis* (Steppengiraffe)
9 Unterarten: **Tschadgiraffe** *(G. c. peralta)*, **Kordofangiraffe** *(G. c. antiquorum)*, **Nubische Giraffe** *(G. c. camelopardalis)*, **Netzgiraffe** *(G. c. reticulata)*, **Uganda-, Rothschild-** oder **Baringo-Giraffe** *(G. c. rothschildi)*, **Massaigiraffe** *(G. c. tippelskirchi)*, **Thornicroft-Giraffe** *(G. c. thornicrofti)*, **Angola-Giraffe** *(G. c. capensis/ G. c. angolensis)*.
Afrika südlich der Sahara. Offener Wald und bewaldetes Grasland. KL Männchen 3,8–4,7 m; SL (ohne Quaste) Männchen 80–100 cm; H bis Hornzapfenspitze: Männchen 4,7–5,3 m, Weibchen 3,9–4,5 m; GT Männchen 800–1930 kg, Weibchen 550–1180 kg. Fell: Flecken unterschiedlicher Größe und Farbe (meist orangebraun, rotbraun oder fast schwarz) unterbrochen durch netzartig angeordnete creme- bis ockerfarbene Linien. Fortpflanzung: Tragzeit 453–464 Tage. Lebenserwartung 25 Jahre (bis zu 28 in Gefangenschaft). IUCN-Status: Von Schutzmaßnahmen abhängig; noch häufig in Ostafrika, wo Populationen sich bis in den Süden ausdehnen, in Westafrika jedoch sehr selten.

OKAPI *Okapia johnstoni* (Waldgiraffe)
Norden und Nordosten der Republik Kongo. Dichter Regenwald; bevorzugt dichtes Unterholz in Sekundärwäldern; häufig an Flüssen und Bächen gesichtet. KL 1,9–2 m; SL (ohne Quaste) 30–42 cm; H 1,5–1,7 m; GT 210–250 kg. Fell: Samtiges, dunkles Kastanienbraun, fast purpurschwarz, mit auffälligen schwarz-weißen Querstreifen an Gesäßbacken, unterem Rumpf und Oberschenkeln; Weibchen haben eine rötlichere Färbung. Fortpflanzung: Tragzeit 427–457 Tage (in Gefangenschaft). Lebenserwartung: 15 Jahre oder länger (in Gefangenschaft). IUCN-Status: Vorwarnliste.

Abkürzungen: KL = Körperlänge; SL = Schwanzlänge; H = Höhe; GT = Gewicht

Oben rechts: *Aufgrund ihrer Größe können Giraffen Baumkronen abweiden und haben daher keine Konkurrenz von anderen Laubfressern zu befürchten. Zum Trinken müssen sie die Beine jedoch weit spreizen, und in dieser Haltung sind sie leicht angreifbar. Glücklicherweise enthält ihre Nahrung viel Feuchtigkeit, sodass sie selten trinken müssen.*

durch der Höhenunterschied zwischen Herz und Gehirn kleiner wird.

Der Aufbau eines Giraffenhalses ähnelt dem eines Baukrans. Sieben stark verlängerte Nackenwirbel (genau so viele wie bei allen Säugern) sind durch „Kabel" (Sehnen und Muskeln) mit einem Ansatzpunkt am Rückenhöcker (nach vorn gerichtete Fortsätze der Brustwirbel) verbunden. In diesem Gerüst liegen die „Röhren", durch die Luft von und zu den Lungen gelangt, ebenso wie Futter von und zum Pansen. Giraffen sind die größten lebenden Wiederkäuer. Wird das Futter zum Wiederkäuen durch die lange Speiseröhre hoch gewürgt, kann man einen auffälligen, tennisballgroßen Klumpen im Hals nach oben wandern sehen. Der lange Hals stellt auch für die Atmung eine Herausforderung dar, da die Luftröhre über 1,5 m lang ist, einen Durchmesser von 5 cm hat und etwa 3 l Luft enthält. Dieser „tote Raum" zwischen Lungen und Nüstern wird mit einer Mischung aus frischer und verbrauchter Luft gefüllt, die zusätzlich zu der Luft, die tatsächlich in die Lunge gelangt, hin und zurück bewegt werden muss. Damit ihr dies gelingt, muss die Giraffe häufiger Luft holen, als bei einem Tier dieser Größe zu erwarten wäre: Die durchschnittliche Atemfrequenz einer erwachsenen Giraffe in Ruhestellung liegt bei 20 Atemzügen pro Minute – die eines Menschen bei 12 bis 15.

Die unregelmäßigen Flecken auf dem Fell der Giraffe imitieren das Spiel von Licht und Schatten im bewaldeten Grasland der Savanne. Färbung und Muster variieren beträchtlich zwischen den Unterarten und bis zu einem gewissen Grad auch zwischen Geschlechts- und Altersklassen innerhalb einer Population. In Südafrika ist das Fell der Bullen am Rumpf fast schwarz und färbt sich im Alter grau. Zudem ist das Fellmuster jeder Giraffe so einzigartig wie ein Fingerabdruck. Einige Feldforscher legten einen Katalog dieser Muster an und nutzten sie, vor allem die am Hals, um einzelne Tiere identifizieren und beobachten zu können.

Schrumpfende Savanne

VERBREITUNG

Ursprünglich lebten Giraffen in allen Savannen südlich der Sahara, doch schrumpfte ihre Verbreitung im Lauf der Zeit auf knapp die Hälfte. Dies ist primär auf Überjagung und Verlust ihres Lebensraums zurückzuführen, eventuell auch auf gelegentliche Ausbrüche von Hausrindkrankheiten. In Westafrika findet man Giraffen heute nur noch in einer Region der Sahelwüste (am Südrand der Sahara), vor allem nahe Niamey im Südwesten des Niger. In Südafrika hingegen begannen sich Giraffen in den letzten Jahren wieder auszubreiten, weil viele Privatbesitzer auf kommerziellem Ranchland Rinder durch Wildtiere ersetzen. Doch obwohl allgemein ihr Bestand wächst, findet man seltsamerweise keine Giraffen im Sambesi-Tal zwischen Simbabwe und Sambia – vielleicht ist dies noch eine Spätfolge der panzootischen Rinderpest zu Beginn des 20. Jahrhunderts.

Suche nach saftigem Futter

NAHRUNG

Giraffen sind reine Laubfresser. Sie ernähren sich von Baum- und Buschlaub sowie Zweigen und weiden nur ganz selten auf offenen Flächen, wenn nach starken Regenfällen junges, saftiges Gras sprießt. Genutzt werden Akazienarten wie *Combretum, Commiphora, Grewia, Boscia* und zahlreiche andere. Die meisten Studien über die Fressgewohnheiten dieser Tiere wurden in Süd- und Ostafrika durchgeführt, wo die typische Nahrung sich übers Jahr aus 40 bis 60 verschiedenen Baum- und Buscharten zusammensetzt. Giraffen fressen am liebsten nährstoffreiche Pflanzenteile, wie junge Blätter, Triebe, Früchte und Blüten. Bedingt durch ihre Körpergröße benötigen sie viel Futter, tolerieren jedoch große Qualitätsunterschiede. Auf Nahrungssuche durchstreifen sie die Savanne und finden meist mehr als genug Futter zum Überleben. In mageren Zeiten ergänzen sie ihren Speiseplan durch die faserigen Blätter der trockenheitsresistenten Mopanebäume sowie Zweige, Blattreste und getrocknete Samenkapseln. Zudem können Giraffen ihre Nahrung durch Wiederkäuen leichter verdauen. Sie besitzen sogar die einzigartige Fähigkeit, während des Gehens wiederzukäuen, sodass ihnen mehr Zeit zur Nahrungsaufnahme bleibt.

Da in der Savanne Pflanzen eher vereinzelt wachsen und saisonal Blätter ausbilden, legen Giraffen, vor allem in der Trockenzeit, große Entfernungen zurück. In Süd- und Ostafrika können sie 300 bis 600 qkm durchwandern, Tiere in der

Links: *Auch wenn die Fellmuster dieser Netzgiraffen für das ungeübte Auge identisch sein mögen, ist jedes so einzigartig wie ein Fingerabdruck. Netzgiraffen besitzen von allen Giraffenarten das ausgeprägteste und auffälligste Muster.*

Niger-Sahel-Region sogar eine Fläche von über 1500 qkm. In der Trockenzeit behalten nur Pflanzen in Wassernähe ihre Blätter, sodass Giraffen gezwungen sind, in Tieflandregionen auszuweichen, in denen die Bodenfeuchtigkeit den Blattwuchs an Bäumen erlaubt. In wasserreicheren Zeiten sind Giraffen weiter verbreitet anzutreffen. Im Krüger-Nationalpark suchen sie sich ihr Futter vermehrt an Wasserläufen und in Ufernähe, sobald der durchschnittliche monatliche Niederschlag der vorangegangenen vier Monate unter 60 mm sinkt.

Das Maul der Giraffen ist perfekt an ihre Nahrung angepasst. Mit der langen Greifzunge pflücken sie stachelige Schösslinge und zerkleinern diese mit ihren Backenzähnen. Weiche Schösslinge ziehen sie durch die Lücke zwischen Backen- und Eckzähnen; die Blätter werden dabei über die Schneide- und die eingekerbten Eckzähne gekämmt und von Stängeln befreit. Giraffen suchen sich ihre Nahrung in bis zu 5 m Höhe – vorausgesetzt, sie finden belaubte Bäume, die nicht von Elefanten umgeworfen wurden. Bullen weiden meist das Laub oberhalb der Köpfe von Kühen und Kälbern ab, zum einen, weil sie größer sind, zum anderen, weil sie meist mit hochgerecktem Hals fressen, Kühe hingegen mit einem um 135° gebeugten Kopf. Diese Fresshaltungen sind so typisch, dass man daran selbst aus großer Entfernung das Geschlecht einer Giraffe erkennen kann.

Die Ursache dafür ist noch nicht genau bekannt, könnte aber damit zu tun haben, dass Bullen tagsüber zahlreichen Aktivitäten nachgehen. Weibchen können in 24 Stunden mehr als die Hälfte der Zeit (55 %) dem Fressen widmen, während den Männchen dazu nur 43 % ihrer Zeit bleibt; zudem müssen Kühe täglich nur 58 kg Nahrung zu sich nehmen, Bullen hingegen 66 kg. Letztere sind daneben noch gezwungen, paarungswillige Weibchen zu finden und mit anderen Bullen Rangordnungskämpfe auszutragen, sodass sie nur beschränkt Zeit zur Nahrungsaufnahme haben. Vielleicht veranlasst also intersexueller Wettbewerb die Bullen dazu, über den Köpfen von Kühen und Jungtieren zu weiden. Einer anderen These zufolge können Männchen so besser nach Rivalen und potenziellen Partnerinnen Ausschau halten.

Da ihre Nahrung zu 70 % aus Wasser besteht, müssen Giraffen nur selten trinken, was sie sich aber nicht entgehen lassen, wenn sauberes Wasser in Reichweite ist. Die Angewohnheit, alte Knochen zu kauen und Erde zu fressen, ist vermutlich auf den Mineralstoffmangel in ihrem Futter in manchen Gegenden zurückzuführen. Gelegentlich sterben Giraffen an verdorbener Nahrung oder ersticken, nachdem sie Knochen geschluckt haben.

Halsringen und Kopfschlagen

SOZIALVERHALTEN

Das Sozialverhalten von Giraffen ist relativ unkompliziert. Kühe, Jungbullen und Jungtiere bilden Gruppen von meist 20 Tieren. Die Zusammensetzung variiert, da einzelne Tiere kommen und gehen,

Oben: *Um stachelige Blätter abweiden zu können, besitzt die Giraffe eine kräftige, 46 cm lange und sehr bewegliche Greifzunge sowie muskulöse und ebenfalls bewegliche Lippen.*

wobei die einzigen sozialen Bande zwischen Kühen und ihren noch nicht entwöhnten Kälbern bestehen. Erwachsene Bullen legen auf der Suche nach paarungsbereiten Kühen größere Strecken zurück (etwa 20 km am Tag) und sind daher häufig allein. Die Paarung ist den größten dominanten Bullen vorbehalten. Um einen rangniedrigeren zu vertreiben, richtet sich das dominante Männchen mit gestrecktem Kopf hoch auf und stellt sich mit durchgedrückten Beinen seinem Rivalen. Manchmal jagt der Gewinner den Verlierer noch eine kurze Strecke, bleibt dann hoch aufgerichtet stehen, bis der andere verschwunden ist, und gesellt sich schließlich wieder zu der brünftigen Kuh.

Sobald ein Bulle auf eine Kuh trifft, testet er ihre Paarungsbereitschaft, indem er ihren Urin prüft und an ihren Genitalien schnüffelt. Eine umworbene Kuh bleibt stehen und gibt dem Bullen eine kleine Urinprobe auf die Zunge, die er mit dem Vomeronasalorgan am Gaumen testet, während er die typische Flehm-Haltung einnimmt – die Lippen zurückgezogen, das Maul leicht geöffnet, das Gesicht zu einer Grimasse verzogen. In der Regel gelangen nur große Bullen, die acht Jahre oder älter sind, zur Paarung, Weibchen hingehen bereits mit vier bis fünf Jahren. Die Trächtigkeit dauert 15 Monate. Eine Kuh wird meist fünf Monate nach einer Geburt wieder trächtig und kann bis zu ihrem Tod (Giraffen werden bis zu 25 Jahre alt) fünf bis zehn Kälber werfen.

Das Kalb wiegt bei der Geburt etwa 100 kg; Zwillinge sind sehr selten. Es wächst ca. 8 cm im Monat und wird bis zu 18 Monate lang gesäugt. Da bis zu 50 % der Jungen in den ersten sechs Monaten sterben, tragen einige Kühe schon wieder ein Kalb aus, während sie noch ein Jungtier säugen. Junge Giraffen fallen häufig Löwen und Hyänen zum Opfer, doch auch Leoparden und verwilderte Hunde reißen Neugeborene.

Seine ersten Lebenswochen verbringt ein Giraffenkalb allein in einem schattigen Versteck. Die Mutter weidet in der Nähe und kehrt regelmäßig zum Säugen zurück. Nach dieser Zeit findet man häufig so genannte „Kindergruppen" mit bis zu zehn Kälbern und zwei bis drei Erwachsenen. Wird ein Kalb angegriffen, versucht seine Mutter es oft zu verteidigen, indem sie sich darüber stellt und mit den Vorder- und Hinterbeinen ausschlägt – eine effektive Taktik, wenngleich sie gegen ein entschlossenes Löwenrudel kaum eine Chance hat.

Jungbullen fechten oft „Halskämpfe" aus, wobei sie ihre Hälse umeinander winden und 30 Minuten oder länger freundschaftlich miteinander ringen. Mit diesen Ritualkämpfen scheint in jeder Altersstufe eine Rangordnung festgelegt zu werden. Gleichzeitig haben Jungbullen aber auch die Möglichkeit, ihre Halsmuskeln zu stärken und ihre Kampffähigkeiten zu verbessern. Letztere sind für adulte Männchen von entscheidender Bedeutung. Die Bullen führen selten ernsthafte Kämpfe. Dabei schwingen sie ihre Hälse wie Keulen und holen zu heftigen Kopfstößen aus, um den Gegner im Unterleib zu verletzen. Ein gut platzierter Schlag kann einen 1500 kg schweren Bullen aus dem Gleichgewicht bringen. Wenn beider Köpfe aufeinander krachen, kann es zu Verletzungen der Augen, Hörner und Kiefer kommen. Bemerkenswert ist, dass das Gehirn einer Giraffe dieses wiederholte heftige Kopfschwingen in einem Bogen von etwa 3,5 m und die Erschütterung, die bei jedem Aufschlag erfolgt, aushalten kann. Zu diesem Zweck ist das Schädeldach eines Giraffenbullen durch doppelte Knochenschichten geschützt, die sich bei älteren Tieren als kegelförmige Erhebungen über den Augen und um die Hörner herum bemerkbar machen. Mit zunehmendem Alter wird der Kopf eines Bullen pro Jahr bis zu 1 kg schwerer und kann bei 20-jährigen Tieren über 30 kg wiegen, bei Kühen ab einem Alter von acht Jahren etwa 17 kg. Da „Halsringen" und „Kopfschlagen" solch bizarre und offensichtlich verletzungsintensive Kampfrituale zur Festlegung der Rangordnung sind, meinen einige Forscher, der Giraffenhals müsse ein Selektionsmerkmal zur Fortpflanzung gewesen sein: Der lange, muskulöse Hals hätte sich eher entwickelt, um Männchen die Paarung zu sichern als einen Vorteil im Nahrungswettbewerb mit Kühen und Kälbern zu schaffen. Ob diese Hypothese zutrifft, lässt sich schwer sagen, aber eines ist sicher: Auch Giraffenkühe haben lange Hälse, und sie tragen nie Halskämpfe aus.

Giraffen nutzen ihre ausgezeichneten Augen und ihren Größenvorteil, um Kontakt untereinander zu halten. Stimmliche Äußerungen – zumindest im Wahrnehmungsbereich des Menschen –

hört man nur selten, meist in Stresssituationen wie der Bedrohung durch Feinde. Erwachsene Tiere schnauben oder bellen, Kälber blöken. Starrt eine Gruppe von Giraffen mit vorwärts geneigten Ohren gebannt in eine Richtung, ist das ein sicherers Zeichen dafür, dass ein Feind gesichtet wurde. Löwen sind die größten Feinde der Giraffen und können sogar ausgewachsene Bullen zu Fall bringen, indem sie ihr Opfer durch zerklüftetes Gelände treiben und es so dazu zwingen, langsamer zu werden, um nicht das Gleichgewicht zu verlieren.

Aufgrund der Größe eines Giraffenkadavers kann sich ein Löwenrudel tagelang davon ernähren. Im Krüger-Nationalpark besteht die Nahrung der Löwen bis zu 43 % aus Giraffenfleisch. Besonders gerne jagen die Löwen offenbar die Bullen – im Krüger-Park kamen auf 1 getötetes Giraffenweibchen 1,8 Bullen –, was vor allem daran liegt, dass Bullen auf der Suche nach brünftigen Weibchen allein umherstreifen und nicht den Schutz der Gruppe genießen. Dies führt auch zu einem Ungleichgewicht der Geschlechter bei den erwachsenen Giraffen: Sowohl im Serengeti- als auch im Krüger-Nationalpark gibt es fast doppelt so viele Weibchen wie Männchen (5:3).

Für Wildfarmen geeignet?

ARTEN- UND UMWELTSCHUTZ

Das Schrumpfen des Giraffenbestands in Westafrika und im Norden ihres Verbreitungsgebiets in Ostafrika bietet Anlass zur Sorge. Primär ist dies auf Überjagung zurückzuführen, aber auch auf die Zerstörung ihres Lebensraums in der Sahelzone, wo Bäume gefällt und zu Feuerholz verarbeitet werden, um Weideland für Vieh zu schaffen.

Oben: *Giraffenbullen sind nicht sonderlich aggressiv, aber extrem stark und versuchen mit verschiedenen Taktiken, einen Gegner aus dem Gleichgewicht zu bringen. Hier z.B. hat es eine Giraffe geschafft, ihren Hals unter das Bein des Rivalen zu schieben. Ebenfalls sehr effektiv ist es, dem Gegner einen gezielten Kopfstoß in den Unterleib zu verpassen.*

Rechts: *„Halsringen" ist ein ritualisiertes Duell, mit dem vor allem Jungbullen Rangordnungen festlegen. Sie winden ihre Hälse langsam umeinander, stoßen sich mit Kopf und Hörnern in die Seite und ringen buchstäblich miteinander. Nur die stärksten ausgewachsenen Bullen gelangen zur Paarung.*

Interessant ist, dass Giraffen zu den ganz wenigen einheimischen großen Säugern gehören, die in der Sahelzone überleben. Während alle anderen Pflanzenfresser im Wettbewerb mit domestiziertem Vieh unterlagen, konnten sich Giraffen von der Vegetation über dessen Köpfen ernähren und so überleben.

In ihren Verbreitungsgebieten im Osten und Süden sind die Populationen stabil oder wachsen sogar wieder, da die Tiere auf privaten Wildfarmen gehalten werden. Ihrer weiteren Verbreitung dürfte kaum etwas im Wege stehen, da die Giraffe der ideale Kandidat für eine Integration in die bestehende Farm- und Weidewirtschaft ist. In afrikanischen Savannen halten Farmer meist mehr Vieh, als der natürliche Grasbestand verkraften kann, wodurch stachelige oder dornige Pflanzenarten überhand nehmen. Da diese Pflanzen jedoch typische Giraffennahrung sind, könnten diese Tiere als „wild lebende Alternative" oder zusätzlich zum Vieh gehalten werden.

Ein großes Problem besteht allerdings darin, dass Giraffen sich nicht leicht in Herden halten lassen. Außerdem missachten sie Zäune einfach. Eine geschlachtete Giraffe ergibt zudem eine relativ große Fleischmenge, die ein Haushalt nicht schnell genug verbrauchen oder konservieren kann. So ist es für einen einzelnen Farmer zu schwierig und umständlich, den Kadaver effizient auszuschlachten und das Fleisch auf den Markt zu transportieren, bevor es verdirbt. Giraffen werden daher zu Kommunalbesitz, wenn sie auf kommunalem Farmland auftauchen, und vermutlich häufiger von Farmern getötet, als Artenschützern lieb ist. JdT

Okapi

DIE WALDGIRAFFE

Das Okapi ist immer noch eines der geheimnisvollsten Tiere Afrikas, da man über sein Verhalten in Freiheit kaum etwas weiß. Die Art wurde offiziell erst 1901 von Sir Harry Johnston, einem britischen Forscher, entdeckt, dessen Interesse durch die hartnäckigen Gerüchte um ein pferdeähnliches Tier geweckt worden war, das angeblich in den Wäldern Belgisch-Kongos lebte und von den Pygmäen gejagt wurde. Letzteren verdankt das Okapi auch seinen Namen.

Der heutige Okapibestand beschränkt sich auf die Regenwälder im Norden der Republik Kongo bis zur Grenze Ugandas im Süden und dem Fluss Semliki im Osten. Über 5000 der geschätzten 30 000 heute noch wild lebenden Okapis befinden sich im Okapi-Wildreservat im Ituri Forest, einer entlegenen Region, die 1997 und 1998 stark unter bewaffneten Konflikten zu leiden hatte.

Okapis sind standorttreu und in günstigen Lebensräumen relativ häufig anzutreffen. Schätzungen zufolge erreichen sie lokal eine Populationsdichte von 1 bis 2,5 Tieren pro qkm. Sie leben in Sekundärwäldern mit gutem Nahrungsangebot in Form junger Bäume und Büsche. Am liebsten halten sie sich in ufernahen Wäldern auf, vor allem in Lichtungen, wo der höhere Lichteinfall das Wachstum niedriger Pflanzen begünstigt.

Giraffenähnliche Merkmale sind die hautüberzogenen Stirnzapfen und eingekerbten Eckzähne sowie eine lange, bewegliche Greifzunge, mit der die Pflanzen ins Maul geschoben werden. Nur die Männchen tragen Hörner, Weibchen haben gelegentlich eine Anzahl von Hornscheiden.

Unterschiede zwischen Giraffe und Okapi hinsichtlich Verhalten und Ökologie sind durch ihren Lebensraum bedingt: Erstere besiedeln offene Savannen, Letztere Wälder. Früher meinte man, Okapis – vor allem die Männchen – lebten nomadisch, doch die regelmäßige Nutzung der Pfade, die ihre bevorzugten Futterplätze verbinden, lassen eher auf Ortsgebundenheit schließen. Im Gegensatz zu Giraffen besitzen Okapis Fußdrüsen und sollen Berichten zufolge auch Büsche mit Harn markieren. Dies und ihre einzelgängerische Lebensweise lassen auf ein Territorialsystem der Männchen schließen.

In Gefangenschaft dauert die Brunft bis zu einem Monat. In dieser Zeit schließt sich das Männchen eng an das Weibchen an. Letztere zeigen ihre Paarungsbereitschaft durch Urinmarkierungen und Rufe an, sonst äußern sich Okapis stimmlich nur selten. Die außerordentlich lange Brunftzeit könnte dazu dienen, dem Männchen genügend Zeit zu geben, das Weibchen aufzuspüren und sich – da es sonst einzelgängerisch lebt – auf die Paarung einzustimmen. Die Annäherungs- und Kontaktphase der Werbung bei Okapis sind im Vergleich zu Giraffen durch aggressiveres Verhalten der Weibchen und deutliches Imponiergehabe der Männchen gekennzeichnet, vermutlich um die Abwehrhaltung der sonst allein lebenden Tiere zu überwinden. Das Paarungsverhalten des Bullen ähnelt dem der Antilopen – er flehmt, stellt seinen weißen Halsfleck zur Schau, schlägt aus und wirft den Kopf hoch. Begegnungen von Männchen, vor allem in Gegenwart eines brünftigen Weibchens, verlaufen häufig aggressiv. Es kommt zu einem ritualisierten Halskampf, der oft durch Stöße mit den Hörnern ergänzt wird.

Die Kälber haben einen kleinen Kopf, kurzen Hals und lange, dicke Beine. Die auffällige Mähne ist bei Erwachsenen nur noch andeutungsweise sichtbar. Die ersten Lebenswochen verstecken sich die Kälber im Dickicht. Mutter und Kind halten durch Rufe engen Kontakt miteinander. In Gefangenschaft werden Kälber in der Regel sechs Monate lang gesäugt. Die Hörner der Männchen bilden sich zwischen dem ersten und dritten Jahr aus. Am meisten gefährdet sind die Kälber durch Leoparden. Wie Giraffen verteidigen auch Okapimütter ihre Jungen, indem sie mit den Beinen ausschlagen.

Das Okapi ist seit 1933 geschützt, die Wilderei jedoch stellt immer noch ein ernstes Problem dar. Gelegentliches Bejagen zur Nahrungssicherung gefährdet den Bestand dieser Art nicht. Der illegale Handel mit *bushmeat,* der heute alle größeren Waldtiere in den zugänglicheren Gebieten ihres Habitats bedroht, hingegen sehr stark. RAP

Links: *Ein Okapiweibchen mit Kalb. Die zebraähnlichen Streifen auf Kruppe und Hinterbeinen dienen dem Kalb vermutlich zum Erkennen der Mutter und als „Folge mir"-Zeichen.*

GIRAFFEN UND PFLANZENSCHUTZ

Interaktion zwischen Giraffen und Akazien

ZWISCHEN GIRAFFEN UND AKAZIEN, EINER IHRER Leibspeisen, besteht eine enge ökologische Verbindung. Im Lauf von Jahrmillionen fand eine Art evolutionärer „Rüstungswettkampf" statt, im Verlauf dessen beide Seiten Adaptationen und Gegenadaptationen ausbildeten. Akazienlaub stellt die Hauptnahrung der Giraffen dar, doch besitzen Akazien chemische und physikalische Schutzmechanismen gegen übermäßige Abweidung. Sie wehren sich mit spitzen Dornen und Stacheln, die sich in Lippen, Nase und Zunge der Giraffen verhaken. Zudem bilden einige Akazienarten eine Flachkrone aus, wie etwa die Schirmakazie, *Acacia tortilis,* die Giraffen daran hindert, an die jungen Triebe in der oberen Baumkrone zu gelangen. Lange und dicht stehende Dornen befinden sich vor allem in jener Höhe, die Giraffen bequem erreichen können. Zur chemischen Verteidigung dienen u.a. giftige und unangenehm schmeckende Tannine, die bei Giraffen Verdauungsbeschwerden hervorrufen können. Verschiedene physiologische Adaptationen ermöglichen es den Giraffen, diese Schutzmechanismen zu überwinden, jedoch sind sie noch nicht alle erforscht. Ihr Speichel ist sehr zäh und ihre Leber hoch spezialisiert. Zudem unterscheidet die Giraffe zwischen Blättern mit unterschiedlichen Konzentrationen schädlicher Substanzen. Diese Fähigkeit bildet sich erst aus, wenn die Jungtiere verschiedene Blatttypen verkosten, während sie noch gesäugt werden. Woraus sich ihre Nahrung einmal zusammensetzen soll, lernt eine junge Giraffe durch Nachahmung der Mutter, indem sie verzehrt, was diese frisst. Außerdem lernt sie, einen besonderen Geruch oder Geschmack mit den Auswirkungen vorangegangener Mahlzeiten in Verbindung zu bringen.

In Gebieten mit hoher Bestandsdichte, wie in der zentralen Region des Krüger-Nationalparks (2,5 Giraffen pro qkm), lassen sich die Auswirkungen des Abweidens der *Acacia nigrescens,* ihres Lieblingsbaums, deutlich erkennen. Mit der Zeit sehen die Bäume buchstäblich zurechtgestutzt aus und erinnern in der Form an Kegel oder Sanduhren. Ironischerweise sind gerade jene Bäume, die am meisten abgeweidet werden, am wenigsten dazu in der Lage, sich zu schützen. Die Blätter dieser besonders beliebten Akazie (etwa 40 % ihrer jungen Triebe werden gefressen) enthalten lediglich die Hälfte der Tanninkonzentration von unbeweideten Bäumen, vermutlich weil der Baum all seine Ressourcen darauf konzentriert, die verlorenen Blätter nachwachsen zu lassen. Die Neigung von Giraffen und anderen Laubfressern, vor allem Impalas, gemeinsam lokale Ansammlungen dieser Akazien abzuweiden, ähnelt jener von Gras fressenden Huftieren, die in gemischten Herden Weideflächen abgrasen.

Acacia nigrescens blüht gegen Ende der Trockenzeit. In dieser Jahreszeit, wenn am wenigsten Laub vorhanden ist, lassen sich Giraffen mit Vorliebe die cremeweißen Blüten schmecken. Während der sechswöchigen Hauptblüte ziehen die Tiere von Baum zu Baum, um diese Köstlichkeit abzuweiden, die dann fast ein Drittel ihrer Nahrung stellt. Seltsamerweise besitzen diese Blüten keine wehrhaften Schutzmechanismen, was erstaunlich ist, da die Blätter relativ gut geschützt sind. Das liegt vielleicht daran, dass Giraffen der Akazie einen wichtigen Dienst erweisen: die Bestäubung. Aus evolutionärer Sicht macht es durchaus Sinn, den Verlust einiger der unzähligen kurzlebigen Blüten durch die Verbreitung der Pollen, die während des Abweidens an Hals und Kopf der Giraffen hängen bleiben, auszugleichen. Die meisten Blütenpflanzen nutzen Insekten zur Verbreitung ihrer Pollen, gelegentlich auch Vögel oder Fledermäuse, aber nur selten Säuger wie Nager, Beuteltiere oder Primaten. Die letzten drei können nicht von Baum zu Baum fliegen und wandern am Tag meist auch nicht sehr weit. An einer Giraffe jedoch bleiben jedes Mal, wenn sie mit ihrem großen Kopf in der Baumkorne in 4 m Hohe weidet, unzählige Pollen hängen (von denen sie sicherlich einige verbreitet). Und da sie pro Tag mindestens 100 blühende *Acacia-nigrescens*-Bäume aufsucht, legt sie dabei eine Strecke von 20 km zurück. Diese enge Beziehung zwischen *Acacia nigrescens* und dem weltweit höchsten Tier dürfte sich glänzend als Studienobjekt für Befruchtungsbiologen eignen.

JdT

Oben: *Die typische Form einer Schirmakazie* (Acacia tortilis) *hindert Giraffen daran, die obere Baumkrone abzuweiden.*

Gabelbock

Der Gabelbock ist die einzig lebende Art der Antilocapridae und neben den Aplodontidae die zweite Säugerfamilie, die ausschließlich in Nordamerika auftritt. Gabelböcke gleichen in Aussehen und Verhalten afrikanischen Gazellen. Aufgrund gewisser Ähnlichkeiten wurden sie ursprünglich den Bovidae zugerechnet, im Hinblick auf die Ergebnisse neuerer morphologischer und molekularer Untersuchungen jedoch in eine eigene Familie gestellt.

Antilocapridae umfassten früher zwei Unterfamilien: Merycodontinae und Antilocaprinae. Erstere starben im frühen Pliozän, vor fünf Millionen Jahren, aus. Der Gabelbock ist der einzige lebende Wiederkäuer, der ständig verbleibende Hörner besitzt, deren Hornscheide jährlich gewechselt wird. Die heutigen Unterarten unterscheiden sich leicht in Größe, Farbe und Struktur; die größeren und dunkleren Gabelböcke leben im Norden, die kleineren, helleren im Süden.

Gute Langstreckenläufer

KÖRPERBAU UND FUNKTION

Gabelböcke sind für ihre Schnelligkeit, Ausdauer und Neugier berühmt. Man hat bei ihnen Spitzengeschwindigkeiten bis zu 86 km/h gemessen, über eine Distanz von 6,4 km können sie 70 km/h halten. Wenn sie aus großer Entfernung eine Bewegung wahrnehmen, nähern sich die Tiere neugierig, selbst Feinden. Frühe Siedler nutzten diese Neugier, um sie durch Flaggenschwenken auf Schussweite heranzulocken. Dies ist heute verboten, doch trug es stark zur Dezimierung des Bestands bei: Dieser sank von 40 bis 50 Millionen im Jahr 1850 auf 13 000 im Jahr 1920.

Gabelböcke besitzen einen stämmigen Körper mit langen, schlanken Beinen. Ihre langen, spitzen Hufe sind paarig und weisen Sohlenpolster auf, um das Aufsetzen nach bis zu 8 m weiten Sprüngen in vollem Lauf abzufedern. Beide Geschlechter tragen schwarze Hörner. Bei Böcken sind die vorderen Sprossen spitz nach vorn gerichtet, die hinteren wachsen dagegen hakenförmig rückwärts. Bei Kühen sind sie sehr klein und gabeln sich nicht. Durch ihre großen, weit außen sitzenden Augen haben Gabelböcke ein Gesichtsfeld von 360°. Die langen, schwarzen Wimpern dienen als Sonnenblende. Ihr hellbraun-weißes Fell bietet in der offenen Prärie und im Buschland gute Deckung und hat eine wichtige Kommunikationsfunktion. Böcke besitzen eine schwarze Gesichtsmaske und zwei schwarze Flecken unter den Ohren. Diese Markierungen sind bei Werbung und Rangordnungskämpfen wichtig. Auch Gerüche spielen eine große Rolle. Die Männchen verfügen über neun Hautdrüsen, die Weibchen über sechs. Über die Drüse auf der Kruppe wird ein Warnsekret abgesondert, das Sekret aus der Wangendrüse dient zur Markierung des Territoriums und wird während der Brunft eingesetzt.

Das Gebiss der Gabelböcke ist an ihre Pflanzennahrung angepasst, die aus Blättern, Trieben und Gräsern besteht. Die Zähne wachsen nach und bilden glatte Oberflächen, mit der sich die grobe Nahrung zermahlen lässt.

Die Brunftzeit

SOZIALVERHALTEN

Gabelböcke werden mit 16 Monaten geschlechtsreif, wobei Weibchen sich gelegentlich schon mit fünf Monaten paaren. Bei den Männchen gelangen nur dominante Tiere zur Paarung, sodass sich Bullen oft erst mit drei bis fünf Jahren fortpflanzen. Zwillinge sind relativ häufig. Die zwei- bis dreiwöchige Brunft findet je nach geografischer Breite Ende August bis Anfang Oktober statt. Die Jungen werden Ende Mai bis Anfang Juni geboren.

Mit zwei Tagen kann ein Junges bereits schneller laufen als ein Pferd, besitzt jedoch noch nicht die Ausdauer, um mit einer fliehenden Herde mithalten zu können. Daher verbirgt es sich die ersten 21 bis 26 Tage im Dickicht. In den ersten Monaten fallen viele Kitze Feinden zum Opfer, vor allem Kojoten und Steinadlern. Mutter und Kind verbringen täglich 20 bis 25 Minuten miteinander, auch dann noch, wenn die Kitze älter sind und sich einer „Kindergruppe" angeschlossen haben. Die Mütter lenken Angreifer ab, säugen und pflegen ihre Jungen und führen sie zu Wasser- und Futterplätzen. Die Entwöhnung erfolgt mit vier bis fünf Monaten, bei männlichen Tieren zwei bis drei Wochen früher, da sie ein aggressives und sexuelles Verhalten (gegen die Mutter) entwickeln. Die erwachsenen Böcke kümmern sich nicht um den Nachwuchs.

In territorialen Populationen verteidigen Böcke ihre Territorien (0,2 bis 4,3 qkm) von Anfang März bis zum Ende der Brunftzeit. Die Paarung findet im Herbst statt. Junggesellengruppen teilen sich einen Bezirk von 5 bis 13 qkm, doch ist das Nahrungsangebot in diesen Revieren nicht so gut wie in den Bezirken territorialer Männchen. Ob die Männchen in einer Population territorial sind, hängt von der Niederschlagsmenge ab. In feuchten Gebieten (über 40 cm jährlicher Niederschlag) bilden die Böcke Reviere, setzen Duftmarkierungen, stoßen Brunftrufe aus und fordern Rivalen aggressiver heraus als in ariden Zonen. Vielleicht haben die Männchen in Gebieten, in denen es Nahrung im Überfluss gibt, mehr Energie dafür.

Böcke, in deren Territorium sich die üppigsten und eiweißreichsten Nahrungsquellen befinden, paaren sich häufiger (bis zu 95 % der Paarungen finden in Territorien statt). Einige Weibchen suchen zur Paarung zeit ihres Lebens dasselbe Territorium auf. Mutter-Kind-Herden leben in Wohngebieten von 6,3 bis 10,5 qkm Größe, die sich mit den Revieren mehrerer Männchen überschneiden. 30 bis 40 % aller Paarungen finden nur in den besten Territorien statt.

Ein Bock kann sich in einem guten Territorium oft vier bis fünf Jahre behaupten und in dieser Zeit 15 bis 30 % aller Jungen zeugen. In einer bestimmten Altersklasse zeugen oft nur 35 % einer aus 30 bis 50 Böcken bestehenden Gruppe den ganzen Nachwuchs. Naht die Brunftzeit, schließen sich Böcke oft einer Weibchenherde an und verteidigen diese gegen Rivalen. In ariden Zonen geht es dabei weniger um die Verteidigung des Reviers als um die der Paarungspartnerinnen.

Es geht wieder aufwärts

ARTEN- UND UMWELTSCHUTZ

Durch Schutzprogramme hat sich der Bestand der Gabelböcke wieder erholt und umfasst heute über eine Million Tiere. Zwar ist dies im Vergleich zu

ihrer ursprünglichen Zahl immer noch wenig, jedoch eine deutliche Verbesserung. Heute gibt es jedoch andere Gefahren, die eine Bedrohung darstellen: Erdölförderung, Kohleabbau sowie Habitatverlust durch die Ausbreitung des Menschen. Die zu Ölfeldern führenden Straßen ermöglichen Wilderern den Zugang zu unzugänglichen Gebieten. Zäune halten Gabelbockkühe von ihren traditionellen Wurfplätzen fern und schränken den Lebensraum ein. Interessanterweise überspringen Gabelböcke diese Zäune nicht, obwohl sie es durchaus könnten. DK/CRM

Oben: *Eine Gruppe Gabelböcke in der schneebedeckten Felslandschaft des Yellowstone-Nationalparks. Die Entfernungen, die sie auf der Futtersuche zurücklegen, variieren je nach Saison und Nahrungsangebot. Generell wandern sie im Winter am Tag viermal so weit wie im Sommer.*

Unten: *Kämpfe zwischen territorialen Kontrahenten verlaufen meist nach einem rituellen Muster: Zuerst starren sich die Böcke an. Gibt keiner von beiden nach, folgen wütende Rufe und gegenseitiges Jagen. Endet der Wettbewerb dann immer noch nicht, kommt es unweigerlich zum Kampf.*

FAKTEN

GABELBOCK

Antilocapra americana

Ordnung: Artiodactyla

Familie: Antilocapridae

Unterfamilie: Antilocaprinae

4 Unterarten: *A. a. americana, A. a. peninsularis, A. a. mexicana, A. a. sonorensis.*

VERBREITUNG W der USA und Kanada, Teile Mexikos.

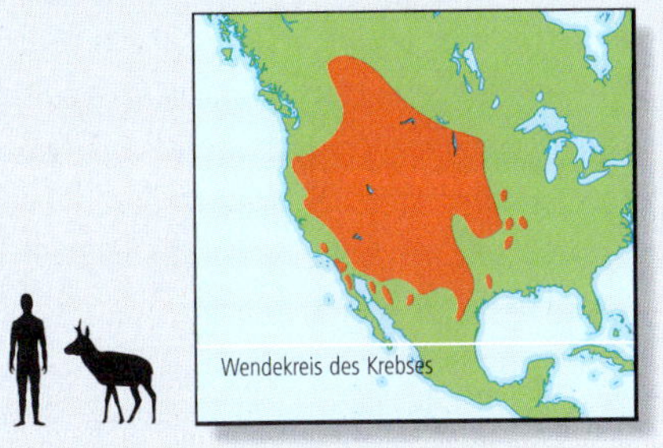

LEBENSRAUM Offenes Gras- und Buschland, selten offene Nadelwälder; tag- und dämmerungsaktiv.

GRÖSSE Körperlänge 141 cm; **Schulterhöhe** 87 cm; **Gewicht** 47–70 kg; **Hornlänge** (Weibchen) 4,5 cm; (Männchen) 43 cm. Weibchen sind 10–25 % kleiner als Männchen, je nach Population.

FELL Oberseite gelbbraun; Bauch, Beininnenseiten, Rechteck zwischen Schulter und Hüfte, Halbmond und Schild an Kehle sowie Rumpf weiß. Gesichtsmaske und Unterschwanzdrüse bei Männchen schwarz.

NAHRUNG Blätter, Triebe, Gräser und andere Pflanzen, u.a. Kakteen und angebaute Feldfrüchte.

FORTPFLANZUNG Tragzeit 252 Tage.

LEBENSERWARTUNG 9–10 Jahre in freier Natur, bis zu 12 Jahre in Gefangenschaft.

IUCN-STATUS Von den 4 Unterarten gilt *A. a. peninsularis* als vom Aussterben bedroht und *A. a. sonorensis* als stark gefährdet. *A. a. mexicana* ist von Schutzmaßnahmen abhängig.

Wildrinder und Drehhörner

Wildrinder werden mit Nilgau- und Vierhornantilopen sowie den Drehhörnern zur Unterfamilie Bovinae zusammengefasst. Auf den ersten Blick scheint diese drei Tribus (Gattungsgruppen) nur wenig zu verbinden, doch haben wissenschaftliche Analysen strukturelle Ähnlichkeiten aufgedeckt. Zudem zeigen die Vertreter dieser Unterfamilie im Allgemeinen kein Territorialverhalten.

Wildrinder und Drehhörner stammen wohl von Vorfahren ab, die den heutigen Nilgau- und Vierhornantilopen (Tribus Boselaphini) ähnelten. Zahlenmäßig sind die Wildrinder ihren domestizierten Verwandten deutlich unterlegen, denn weltweit gibt es heute mehr als eine Milliarde Hausrinder, während der Kouprey, ein Waldbüffel aus Kambodscha, nur noch einige Dutzend Tiere zählt. Auch sind viele der überlebenden Arten stark gefährdet. Die Bestände der Drehhörner haben sich in jüngster Zeit trotz Bejagung und Wilderei etwas erholt, was vermutlich zum Teil daran liegt, dass sie sehr scheu sind – ein Grund, weshalb es nur wenige Studien über diese Gruppe gibt.

Taxonomisches Rätselraten

KÖRPERBAU UND FUNKTION

Zu den Wildrindern zählen die größten lebenden Mitglieder der Bovidae. Zwar wird ihre Abstammung von den Boselaphini nicht angezweifelt, doch ist unwahrscheinlich, dass sie eine monophyletische Gruppe bilden, also alle von einer einzigen Art abstammen. Eine Reihe paralleler Entwicklungen ist jedoch durchaus möglich oder zumindest wahrscheinlich. Einige Biologen vertreten deshalb die Ansicht, Boselaphini und Bovini sollten unter einem einzigen Tribusnamen zusammengefasst werden.

Die Hausrinder stammen alle vom Auerochsen ab, der vom Atlantik bis zum Pazifik und von der Tundra im Norden bis nach Indien und Nordafrika verbreitet war. Zweifellos wurden sie an mehreren Orten unabhängig voneinander domestiziert. Einige Experten meinen sogar, dass der indische Auerochse einer anderen Rasse oder gar Art angehörte. Doch je weiter sich die Landwirtschaft ausbreitete, desto mehr reduzierte sich deren Bestand, und der letzte Auerochse starb 1627. Banteng, Yak, Gaur und Wasserbüffel wurden ebenfalls domestiziert, und gleichzeitig begann man zu experimentieren. In Nepal und China sind Kreuzungen zwischen Hausrind und Yak von großer wirtschaftlicher Bedeutung. In Nordamerika kreuzte man Bison und Hausrind zum so genannten „Cattalo", doch die männlichen Nachkommen dieser Hybriden waren unfruchtbar. In vielen Ländern ließ man zu, dass Hausrinder wieder verwilderten. In Nordaustralien gibt es heute Tausende wild lebender Wasserbüffel und Bantengs, Abkömmlinge von Tieren, die zurückblieben, als im 19. Jahrhundert die Militärsiedlungen aufgegeben wurden.

Während für Nichtexperten Stammesgeschichte und Verwandtschaftsverhältnisse kaum von Interesse sein dürften, sind andere taxonomische Probleme durchaus von praktischer Bedeutung. So wird der Bison generell in zwei Unterarten eingeteilt – in Wald- und Steppenbison. Neuere Erkenntnisse deuten jedoch darauf hin, dass Um-

FAKTEN

WILDRINDER UND DREHHÖRNER

Ordnung: Artiodactyla

Familie: Bovidae

Unterfamilie: Bovinae

Mindestens 24 Arten in 9 Gattungen und 3 Tribus. Tribus Bovini (Wildrinder): u.a. **Wasserbüffel** *(Bubalus arnee)*, **Bison** *(Bison bison)*, **Yak** *(Bos mutus)*. Tribus Boselaphini (Nilgauantilopen/Vierhornantilopen): u.a. **Nilgauantilope** *(Boselaphus tragocamelus)*. Tribus Strepsicerotini (Drehhörner): u.a. **Elenantilope** *(Taurotragus oryx)*, **Großer Kudu** *(Tragelaphus strepsiceros)*, **Bergnyala** *(T. buxtoni)*.

VERBREITUNG Nordamerika bis Europa, Afrika, China, S- und SO-Asien, Indonesien und Philippinen.

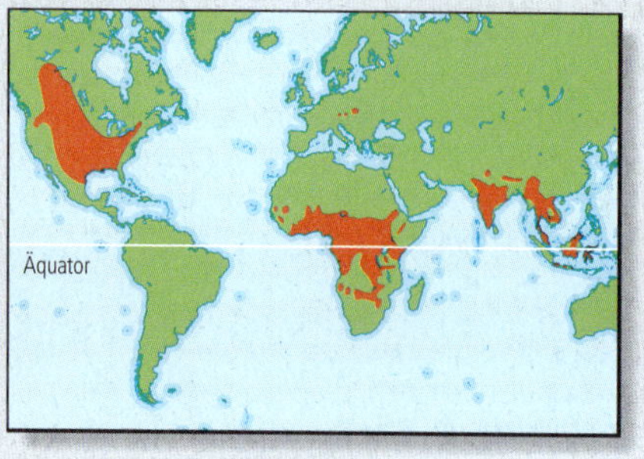

LEBENSRAUM Von Gebirgstundra bis Tropenwald, manchmal in Wassernähe.

GRÖSSE Körperlänge variiert je nach Art; von 1 m bei der Vierhornantilope bis 2,4–3,4 m beim Kaffernbüffel; Gewicht ebenfalls unterschiedlich von 20 kg (Vierhornantilope) bis 1,2 t (Gaur).

FELL Variiert je nach Lebensraum vom dicken Fell beim Gebirgsbewohner Yak bis zum kurzen Haarkleid der Antilopen in afrikanischen Savannen. Das Fell der Antilopen ist farblich meist an die Umgebung angepasst.

NAHRUNG Wildrinder: vorwiegend Gras; Drehhörner: Blätter, Knospen, Blüten, Früchte, Rinde, Wurzeln, Samen.

FORTPFLANZUNG Die Tragzeit beträgt im Schnitt 250–300 Tage bei Wildrindern (340 Tage beim Kaffernbüffel) und 220–270 Tage bei den Drehhörnern.

LEBENSERWARTUNG Wildrinder können in Gefangenschaft bis zu 30 Jahre alt werden, in freier Wildbahn jedoch höchstens halb so alt. Von der Tribus Boselaphini lebt die Nilgauantilope in Freiheit 10, in Gefangenschaft jedoch über 20 Jahre. Drehhörner werden in Gefangenschaft maximal 20–25 Jahre alt.

Artenübersicht siehe Seite 537 ff. ▷

▶ ***Rechts:*** *Ein Kaffernbüffel mit Madenhackern. Die Vögel picken nicht nur Parasiten aus dem Fell, sondern stoßen bei Gefahr auch einen zischenden Alarmruf aus, der den Büffel warnt.*

weltfaktoren für Fellunterschiede bei beiden Formen verantwortlich sein könnten, und Untersuchungen der mitochondrialen DNA legen ebenfalls nahe, diese Art nicht aufzusplitten. Das bringt Artenschützer in Bedrängnis, da der Waldbison als stark gefährdet eingestuft wird. Auch deutet einiges darauf hin, dass Amerikanischer und Europäischer Bison (Wisent) in Wirklichkeit eine identische Art sind (die in die Gattung *Bos*, nicht *Bison* gestellt werden sollte). Auch dies würde zu Konsequenzen beim Artenschutz führen, da der Wisent auf der Roten Liste der IUCN als stark gefährdet eingestuft ist. Fasste man beide Arten zu einer zusammen, würde diese mit ziemlicher Sicherheit nicht mehr als gefährdet eingestuft, was darüber entscheidet, wie stark sie bejagt werden darf und welche Mittel zum Schutz bereitgestellt werden.

Die Bisons stellen jedoch nicht die einzige Problemgruppe innerhalb der Bovini dar. Ungeklärt ist z.B. auch, wie viele Anoa-Arten es gibt. Die Anoas sind kleine Büffel, die nur auf der indonesischen Insel Sulawesi vorkommen. Traditionell sind zwei Arten anerkannt, der Tiefland- und der Berganoa, die beide von der IUCN als stark gefährdet eingestuft werden. Die Unterscheidung beider Formen blieb jedoch nie ohne Widerspruch, und neueste genetische und biochemische Analysen werfen Zweifel auf, ob eine Teilung in zwei Arten gerechtfertigt ist. Ob die Ergebnisse zuteffen, ist jedoch schwierig zu beurteilen, da sie ausnahmslos an Zootieren gewonnen wurden, und einige von diesen von Hybriden abstammen könnten. Forscher auf Sulawesi hingegen meinten, es gäbe noch eine dritte Anoa-Form.

Doch damit nicht genug. In den 1990er Jahren wurde in Indochina eine neue Wildrind-Art entdeckt. Das Vu-Quang-Rind oder Saola (wörtlich: „Spindel", nach der Form seiner Hörner) wurde 1992 Gegenstand der Forschung. Es unterscheidet sich nach Aussehen, Morphologie und DNA deutlich von allen anderen Wildrindern. Die Art erhielt später den Namen *Pseudoryx nghetinhensis*. Aufgrund seiner mitochondrialen DNA, die einer mit Rauch imprägnierten Gewebeprobe entnommen wurde, sowie weiterer morphologischer Hinweise wurde es in die Unterfamilie Bovinae gestellt.

Eine zweite vermeintliche „Entdeckung" einer bis dahin unbekannten Art aus Indochina sollte übereifrigen Forschern als Warnung dienen. Zoologen, die 1993 durch Vietnam und Kambodscha reisten, entdeckten auf einheimischen Märkten ungewöhnliche, spiralige Hörner, die zum Kauf angeboten wurden, und glaubten, dass diese von einem Rind stammen müssten, das Legenden zufolge im Wald lebt und in der Sprache der Khmer „Khting Vor" genannt wird. Die Hörner waren identisch mit jenen, die Jäger in den 1930er Jahren in der gleichen Region gesammelt hatten, und die man damals dem Kouprey zuschrieb. Obwohl es viele lokale Anekdoten über dieses Tier gibt,

wurde es noch nie von einem Biologen gesichtet. Dennoch erhielt die „neue“ Art den wissenschaftlichen Namen *Pseudonovibos spiralis* und wurde von Taxonomen wahlweise den Unterfamilien Caprinae oder Bovinae zugeordnet. Im Jahr 2000 entlarvten eingehende Untersuchungen französischer Forscher die Hörner jedoch als Fälschungen – nämlich als bearbeitete Rinderhörner.

Die antilopenähnlichen Drehhörner wirken mit ihrer schmalen Brust, dem hohen Kopf und den langen, schlanken Beinen anmutiger als Rinder. Im Gegensatz zu diesen sind allein die Männchen mit Hörnern bewehrt (Sexualdimorphismus), um sich in Rangordnungskämpfen mit Rivalen behaupten zu können. Territorialität gibt es bei ihnen keine. Die spiraligen Hörner bestehen aus einer Keratinschicht (Hornscheide), die auf einem knöchernen Zapfen sitzt, und sehen bei einigen Arten wie riesige, nach hinten gebogene Korkenzieher aus. Ihre Länge variiert von 20 cm (Buschbock) bis fast 1 m (Riesenelen, Großer Kudu) und hängt mit der Körpergröße zusammen. Die Windung scheint eine Rückentwicklung in Richtung der vierhörnigen Vorfahren zu sein: Das Zusammenwachsen beider Hornpaare könnte zur heutigen schraubig gewundenen Form geführt haben. Sieht man, wie ein Kudu mit gestrecktem Kopf und auf dem Rücken aufliegenden Hörnern durch den Busch läuft, ohne je hängen zu bleiben, macht diese Entwicklung durchaus Sinn.

Werden Drehhörner angegriffen, dienen ihnen die Hörner als hervorragende Waffe, mit der sie fast jeden Körperteil verteidigen können. Gegenüber anderen Männchen betonen sie zudem die Körpergröße und sind dadurch wichtig bei der Festlegung der Rangordnung. Die kürzeren, geraden und robusten Hörner der Elenantilope sind besser für offenes Gelände geeignet und mehr auf den Nahkampf mit Savannenraubtieren wie z.B. Löwen ausgerichtet.

Drehhörner besitzen ein exzellentes Gehör und scharfe Augen, jedoch einen schlechten Geruchssinn. Im Gesicht, am Hals und auf der Brust sind sie auffällig weiß gestreift. Über den Hufen tragen sie weiße „Socken“. Rückenmähne und Hautlappen sind bei Männchen stark ausgeprägt. Die Farbenvielfalt des Fells, die beim Buschbock von Rot bis fast Schwarz reicht, dient zur Tarnung und ist an die Umgebung angepasst, in der die Tiere leben – Licht-Schatten-Spiele der Wälder, Uferdickichte oder Sumpfgebiete. Kudus mit ihrem grauen Fell sind im blattlosen Unterholz der Akazienwälder fast unsichtbar, ebenso der Bergnyala in der Baumheidelandschaft bis in 3500 m Höhe. Das gelbbraune Fell der Elenantilope ist hervorragend an die gelben und braunen Farbtöne der Graslandschaften angepasst.

Die Tiere sind im Allgemeinen keine ausdauernden Läufer. Meist hilft ihnen eine gute Tarnung mehr als die schnelle Flucht. Eine Ausnahme bildet die Elenantilope, die ausdauernd läuft, obwohl ausgewachsene Tiere über 0,5 t wiegen.

Vertreter der Drehhörner findet man in fast allen Regionen Afrikas, außer in Wüsten, bevorzugt jedoch in den Übergangszonen zwischen Waldland und Savanne. Hierbei stellen die einzelnen Arten sehr unterschiedliche Ansprüche an ihre Umgebung: Sitatungas leben in Schilfniederungen. Der Kleine Kudu bevorzugt die trockenen Akazienwälder am Horn von Afrika, während man den Großen Kudu am häufigsten in bewaldeten Hügellandschaften Süd-, Ost- und Zentralafrikas antrifft. Der Nyala fühlt sich in der dichten Vegetation am wohlsten, die man in Afrika südlich der Sahara findet sowie in buschreichen Tieflandregionen im Südosten Afrikas. Der Bergnyala hingegen ist ausschließlich auf eine einzige Bergregion in Äthiopien beschränkt, in der sich Weiden, Wald und Buschland abwechseln. Der nachtaktive Bongo lebt verborgen im Unterholz und in der niedrigen Vegetation von Lichtungen oder Waldrändern. Bei Tag zieht er sich tief in den Wald zurück. Es ist erstaunlich, dass gerade ein so großer Wiederkäuer ein solches Habitat gewählt hat.

Fressen und Suhlen

NAHRUNG

Wildrinder sind überwiegend Grasfresser, für einige Arten stellt auch Laub eine wichtige Nahrungsquelle dar, vor allem in Zeiten, in denen nur wenig Gras verfügbar ist. Als Wiederkäuer sind sie gut an ihre Pflanzennahrung angepasst, denn das Wiederkäuen stellt eine effektive Methode zur Umwandlung von Zellulose – aus der Pflanzen hauptsächlich bestehen – in verdaubare Kohlehydrate dar. Ihr Magen ist sehr differenziert gestaltet, je nach Spezialisierung auf eine bestimmte Nahrung. Dadurch können Wiederkäuer eine größere Vielfalt ökologischer Nischen besetzen als jede andere Gruppe von Pflanzenfressern.

Die Zahl und Struktur der Schneidezähne sowie der kräftigen Backenzähne erlauben es selbst den größten Arten, ausreichend Nahrung aufzunehmen und zu verarbeiten. Mit ihrer Greifzunge können die Tiere große Mengen Gras auf einmal abrupfen. Sehr kurzes Gras jedoch bereitet Probleme, sodass sie in Regionen mit niedrigem Graswuchs leicht von kleineren Pflanzenfressern verdrängt werden. Alle Arten sind mehr oder weniger wasserabhängig, da sie nicht ausreichend Flüssigkeit speichern können und daher regelmäßig trinken müssen. Bison und Yak decken ihren Wasserbedarf auch durch Schnee.

Mehrere Arten suhlen sich gerne im Schlamm, vor allem Wasserbüffel. Wo keine Schlammlöcher zur Verfügung stehen, nutzen Wasserbüffel kleine Vertiefungen, die sie mit ihren Hufen erweitern. Das Suhlen hat eine thermoregulierende Funktion: In der Haut von Büffeln sitzen weniger Schweißdrüsen als bei echten Rindern, und Schlamm ist zur Kühlung sehr effektiv, da das Wasser darin langsam verdunstet. Berichten zufolge soll diese Art der Kühlung für Wasserbüffel lebenswichtig sein, doch Studien mit Wildtieren in Australien

DIE LETZTEN ÜBERLEBENDEN

Obwohl die Vorfahren der Boselaphini vermutlich die evolutionären Ahnen der gesamten Bovinae-Unterfamilie waren, leben aus dieser Gruppe heute nur noch zwei Arten. Eine davon, die Vierhornantilope (Indien und Nepal), wird als gefährdet eingestuft, da ihr Bestand auf weniger als 10 000 Tiere geschrumpft ist. Die Nilgauantilope ist nicht ganz so selten, auch wenn sie auf zwei Regionen beschränkt ist – eine Population lebt in Ostpakistan, Indien und Nepal, die andere wurde in Südtexas eingeführt. Letztere umfasst mit etwa 8000 bis 9000 Tieren vermutlich genauso viele wie der gesamte asiatische Bestand im ursprünglichen, natürlichen Lebensraum.

Die Nilgauantilope ist mittelgroß, etwa 2 m lang und hat eine Schulterhöhe von 1,4 m. Einige Bullen wiegen bis zu 300 kg. Die Vorderbeine sind deutlich länger als die Hinterbeine. Den natürlichen Lebensraum bilden Wälder und Dschungelniederungen. Nur selten wagt sich das Tier in offenes Gelände. Wie alle Antilopen ist sie ein schneller Läufer – bei fliehenden Tieren wurden Geschwindigkeiten bis zu 48 km/h gemessen.

Angeblich lässt sich die Nilgauantilope leicht zähmen. In Indien wird sie traditionell als enge Verwandte der heiligen Kühe betrachtet – vor allem hornlose, weibliche Nilgauantilopen sehen Rindern sehr ähnlich – und lange Zeit profitierte sie von dem Jagdverbot, das der Hinduismus für dieses Tier vorschrieb. Unter diesen Umständen konnte sie gedeihen, und Berichten zufolge soll sie sich in Gegenwart von Menschen erstaunlich wohl fühlen. Durch den Verlust ihres Lebensraums und schließlich auch durch Überjagung hat sich ihr Bestand im 20. Jahrhundert stark reduziert. Heute wird ihr Überleben zwar nicht als unmittelbar gefährdet, aber doch als schutzabhängig eingestuft.

▼ **Unten:** *Typische Vertreter der Wildrinder und Drehhörner (alle abgebildeten Tiere sind Männchen):* ***1*** *Rennende Nilgauantilope* (Boselaphus tragocamelus)*;* ***2*** *Auerochse, von dem alle heutigen Hausrinder abstammen;* ***3*** *Elenantilope* (Taurotragus oryx, ostafrikanische Rasse)*;* ***4*** *Wasserbüffel* (Bubalus arnee) *– diese Art besitzt die längsten Hörner aller Boviden;* ***5*** *brüllender Bison* (Bison bison) *zeigt einem Gegner in Drohhaltung die Breitseite.*

2

3

4

5

stützen diese These nicht. Im Gegenteil: Sie zeigen, dass Büffel, denen keine Suhlen zur Verfügung stehen, wie Hausrinder den Schatten suchen. Eine Schlammkruste auf der Haut hat allerdings noch einen weiteren Vorteil: Sie schützt vor Insektenstichen, was vermutlich auch der Grund ist, warum Wasserbüffel bemerkenswert resistent gegen von Zecken übertragene Krankheiten sind.

Die Nahrung der Vierhornantilopen und Drehhörner besteht aus Blättern, Knospen, Blüten, Früchten, Rinde, Wurzeln und Samenkapseln. Nur Elenantilope und Bergnyala weiden auch Gras, wobei sie allerdings wählerischer sind als die meisten reinen Grasfresser. Neben der geringen Populationsdichte haben sie es ihrem spezialisierten Wiederkäuermagen zu verdanken, dass sie selbst unter ungünstigen Bedingungen überleben können. Er erlaubt ihnen, stark faserhaltige Nahrung zu verdauen. So können sie Nischen in großen Höhen besetzen, in denen nur wenige andere Großsäuger in Afrika überleben würden.

Herden und Gruppen

SOZIALVERHALTEN

Die meisten Rinder sind Herdentiere. Nur der Tamarau ist weniger gesellig, und Anoas sowie Saolas sind in der Regel Einzelgänger. Bei Rindern leben die Kühe mit ihren Kälbern und oft auch älteren Jungtieren in stabilen Gruppen, die die Jungbullen mit etwa drei Jahren verlassen. Gaur, Banteng und im Wald lebende Kaffernbüffel finden sich in relativ kleinen Gruppen bis zu zwölf Tieren zusammen. Bison und Wisent leben meist in größeren Herden von 20 bis 60 Tieren. Diese Arten können sich vorübergehend zu größeren Verbänden zusammenschließen, vor allem zur Paarungszeit und auf ergiebigen Weideplätzen. Die Herden des Kaffernbüffels der Kapregion umfassen bis zu 1000 Tiere. Ausgewachsene Bullen sind meist Einzelgänger oder leben in losen „Junggesellenverbänden", schließen sich jedoch in der Brunftzeit den Muttertierherden an.

Bullen müssen das Kampfpotenzial anderer Männchen richtig einschätzen, um gefährlichen Auseinandersetzungen aus dem Weg gehen zu können. Da ihre Gesichtsmuskulatur keine großartige Mimik zulässt, signalisieren Körperhaltung und Bewegungen ihre Stimmung. Die wenigen Wettbewerbe, die in Kämpfe ausarten, können zu ernsthaften Verletzungen führen, da die Hörner gefährliche Waffen sind. Diese werden jedoch vor allem gegen Raubtiere eingesetzt. Eine Herde Kaffernbüffel ist durchaus imstande, bei Bedrohung einen Löwen anzugreifen. Sie bildet eine so starke Verteidigungseinheit, dass sogar blinde, lahme und selbst dreibeinige Tiere in ihrem Schutz überleben können. Allerdings überwältigen Tiger mitunter auch einen ausgewachsenen Gaur und Löwen einzelne Kaffernbüffel.

Die Herde bietet nicht nur Schutz vor Raubtieren, sondern dient auch zur Weitergabe von Informationen, z.B. wo gute Weidegründe zu finden sind. Man vermutet, dass Kaffernbüffel mit einer bestimmten Körperhaltung darüber „abstimmen", welchen Weg die Herde nach einer Rast- oder Futterphase einschlagen soll.

Die Drehhörner weisen ein flexibles Sozialverhalten auf. Sitatunga, Buschbock, Nyala und Kleiner Kudu zeigen kein nennenswertes Territorialverhalten, obwohl sie meist in festen Bezirken bis zu 500 ha Größe leben. Elenantilope, Großer Kudu, Bergnyala und Bongo sind nicht so standorttreu. Die Wohngebiete der Elenantilope erstrecken sich teilweise über 1500 qkm. Bullen und Kühe jeden Alters schließen sich (mit Ausnahme von Kühen mit Kälbern) nur zu losen Verbänden zusammen. Meist sind dies Familienverbände oder Gruppen, die nur saisonal oder zur Nahrungssuche Bestand haben.

Unten: *Ein Nyalabulle mit Kuh und Kalb. Männchen dieser Art gehen sich meist aus dem Weg. Hier zeigt der Bulle sein Imponiergehabe: Mähne und Kamm sind aufgrichtet, damit er größer wirkt.*

Solche Gruppen findet man vor allem, wenn die Vegetation üppig ist und Jungtriebe im Überfluss vorhanden sind. Nur selten – meist zum Schutz, wenn sie in offenem Gelände weiden – schließen sich Elenantilopen zu großen Herden von mehreren hundert Tieren zusammen. Jungbullen bilden oft lose Verbände, ältere leben in der Regel einzelgängerisch, und bei einigen Arten wie den Kudus und Nyalas gehen sie sich buchstäblich aus dem Weg. Treffen sie während der Brunft aufeinander, kann es zu Kämpfen kommen.

Nyalabullen verfügen über das ausdrucksstärkste Imponiergehabe aller Rinderartigen. Sie pumpen sich förmlich auf, stellen Kamm und Mähne auf und präsentieren ihren dunkelgrauen Körper breitseits dem Rivalen. Beim Imponiergehabe von Kudu und Riesenelen spielen die Hörner eine bedeutende Rolle, Elenantilopen hingegen versuchen den Gegner mit ihrem kräftigen Körper zu beeindrucken. Männliche Buschböcke und Elenantilopen stellen mittels ritualisierter Kämpfe eine Rangordnung auf, die seltener zu Verletzungen oder Tod führen als die realen Kämpfe der Rinder. Wie diese besitzen auch sie keine Duftdrüsen, sondern kommunizieren über die Körpersprache. So besteht das Paarungsvorspiel in der beharrlichen Verfolgung brünftiger Kühe durch die Bullen. Zeigt sich eine Kuh paarungsbereit, stößt der Bulle eine Reihe von Blök- und Klicklauten aus und „treibt" die Kuh, bis es zur Kopulation kommt.

Die Tragzeit variiert zwischen sechs und neun Monaten: Je größer die Tiere, umso länger ist sie. Die Jungen werden meist nach starken Regenfällen geboren, wenn das Nahrungsangebot am größten ist. Mehrere Wochen lang versteckt die Kuh ihr Kalb, während sie auf Nahrungssuche geht, danach findet man Jungtiere oft in separaten „Kindergruppen". Die Lebenserwartung beträgt, je nach Körpergröße, zehn bis 20 Jahre.

Oben: *Die erstaunlichen Hörner eines kräftigen Kudubullen können über 1 m lang werden. Wenn man die Windungen mit einrechnet, sind sie sogar noch 30 % länger.*

Wie sieht die Zukunft aus?

ARTEN- UND UMWELTSCHUTZ

Einige Wildrindarten waren einst sehr zahlreich. So berichtete 1898 ein Reisender aus Tibet, dass „auf einem grünen Hügel so viele Yaks standen, dass man fast das Gras nicht mehr sah". Der Bestand des Bisons belief sich auf mehrere Millionen Tiere. Doch gibt es auch Arten, deren Population wohl schon immer relativ klein war. So weiden Gaur und Banteng vorzugsweise auf grasbewachsenen Lichtungen, die vor der Ausdehnung des Wanderfeldbaus sicherlich eher selten waren.

Heute sind die meisten Wildrinder stark gefährdet. Tamarau, Kouprey und „Khting Vor" gelten als vom Aussterben bedroht und echte Wasserbüffel gibt es durch Kreuzungen von Wild- mit Haustieren vermutlich gar nicht mehr. Banteng und Gaur sind durch Bejagung und illegalen Trophäenhandel bedroht, Anoas durch den Verlust ihres Lebensraums und Wilderei, da ihr Fleisch sehr begehrt ist. Selbst Wildyaks in entlegenen tibetanischen Hochebenen sind gefährdet – durch Kreuzungen mit Hausyaks, von Hausrindern verbreitete Krankheiten und Bejagung. Kaffernbüffel gibt es zwar noch sehr zahlreich, doch auch ihr Bestand wurde durch Bejagung und Verlust ihres Lebensraums drastisch reduziert, und mehrere Populationen im Süden haben sich nie ganz von der vernichtenden Rinderpest-Epidemie in den 1890er Jahren erholt. Die meisten Arten werden künftig vermutlich nur in Schutzgebieten überleben können. Die Wildform des Wisents starb 1919 aus, und die heutigen Populationen in Polen und im Kaukasus stammen von Zootieren ab, die ausgewildert wurden.

Auch die seltenen und vom Aussterben bedrohten Rassen des Hausrinds müssen geschützt werden. Zusammen mit den Wildarten bilden sie wertvolle Genbanken für künftige Züchtungen.

Trotz der weit reichenden Eingriffe in die Natur in Afrika im 20. Jahrhundert geht es den Drehhörnern weitaus besser als vielen ihrer Verwandten, die eher offenes Gelände bevorzugen. Mancherorts besiedeln sie das Land, von dem sie vertrieben wurden, sogar wieder, nachdem es exzessiv genutzt und anschließend aufgegeben wurde.

Gelegentlich werden sie sinnlos von Farmern abgeknallt, sehr zum Missfallen der älteren Generation, die sich noch an Zeiten erinnern kann, als solche Tiere nur aus Not gejagt wurden, wenn in Dürrezeiten der Viehbestand dezimiert und Nahrung daher knapp war. Mit Ausnahme der Elenantilope, die bis zu 2 m hohe Zäune überspringen kann, um bestellte Felder heimzusuchen, kommen Drehhörner nur selten mit Menschen in Konflikt, da sie mit den Viehherden in der Regel nicht um Nahrung konkurrieren.

Links und unten: *Zwei Wildrindarten, die erst im 20. Jahrhundert wissenschaftlich beschrieben wurden:* **1** *Der Kouprey* (Bos sauveli) *wurde Ende der 1930er Jahre entdeckt.* **2** *Der Saola, auch Vu-Quang-Rind genannt* (Pseudoryx nghetinhensis), *wurde Anfang der 1990er Jahre in Indochina gefunden.*

Größere Gefahr geht vom Handel mit Wildfleisch aus, das sehr begehrt ist. Schätzungen zufolge werden allein in Tansania jährlich über 50 000 t Fleisch aus legaler oder illegaler Jagd konsumiert. Das stellt etwa 8 % der herbivoren Biomasse dar. In anderen Gebieten wie der Karamoja-Region in Uganda wurden hierdurch ganze Populationen auf wenige Exemplare reduziert.

Drehhörner sind sehr anfällig für epidemisch verlaufende Krankheiten. Kudus, Buschböcke und andere Arten können hierdurch drastisch dezimiert werden. So radierte der durch Hausrinder eingeschleppte Milzbrand 1999 nahezu die gesamte Population des Kleinen Kudus im Mago-Nationalpark in Äthiopien aus; 1994 bis 1995 vernichtete im Tsavo-Nationalpark die Rinderpest schätzungsweise 90 % dieser Art. Glücklicherweise erholt sich der Bestand relativ rasch, wenn genug Tiere überleben und der Lebensraum intakt bleibt. Diese zusätzliche Bedrohung trägt jedoch in nicht geringem Maße zur Reduzierung der Populationen in Afrika bei.

Der Buschbock ist mit etwa 300 000 Tieren in 35 Ländern die häufigste Drehhornart Afrikas. Die Sitatunga dagegen ist in ihrer Verbreitung und Habitatwahl deutlich eingeschränkter und insofern auch gefährdeter. Noch gibt es Populationen mit über 100 000 Tieren in Zentralafrika, die sich aber drastisch verkleinern dürften, wenn der Mensch noch mehr Wasserressourcen für seine Zwecke verwendet.

Nyalas findet man ausschließlich in Südafrika. Ihr Bestand umfasst etwa 26 000 Tiere, viele davon in Reservaten. Deren Überleben ist also relativ gesichert, wenn auch schutzabhängig. Bergnyalas hingegen bevölkern nur ein kleines Verbreitungsgebiet im Bale- und Arussi-Gebirge östlich des Rift Valley im äthiopischen Hochland. Nachdem sie Anfang der 1990er Jahre infolge politischer Unruhen fast ausgerottet worden waren, werden sie nun von der Bevölkerung zunehmend toleriert. Ihr Bestand hat sich von wenigen Hundert auf etwa 2000 Tiere erhöht. Aufgrund ihres kleinen Areals und der großen Nähe zu Mensch und Vieh stellen Krankheiten und Nahrungskonkurrenz für sie die größte Bedrohung dar.

Die etwa 8000 Tiere umfassende Population des Kleinen Kudus ist auf das Horn von Afrika beschränkt. Da dieser im kargen, trockenen *Acacia-mellíphora*-Buschland lebt, besteht – zumindest kurzfristig – kaum eine Gefahr durch den Menschen. Eine größere Bedrohung geht allerdings von der Rinderpest aus. Der Große Kudu dagegen ist eine begehrte Jagdtrophäe, weshalb er von vielen Landbesitzern angesiedelt wurde, die lukrative Jagdfarmen betreiben. Sein Bestand beläuft sich auf etwa 300 000 Tiere. Die Populationen in Ost- und Zentralafrika sind aufgrund von Wilderei, Krankheiten und Zerstörung des Lebensraums weniger sicher.

Die Elenantilope hat seit 1970 etwa die Hälfte ihres Lebensraums verloren. Dennoch ist ihr Bestand mit über 50 000 Tieren relativ sicher. Riesenelenantilopen dagegen sind deutlich stärker gefährdet; es existieren lediglich noch 5000 Tiere dieser Art, die in verstreuten Gruppen im westlichen Zentralafrika leben. Ausgerechnet die Safari-Jagd scheint kurzfristig zu ihrem Überleben beizutragen, da sie als begehrte Jagdtrophäe gilt.

Über die Größe des Bongobestands ist nicht viel bekannt, doch ist diese Tierart noch in zehn Ländern Zentralafrikas verbreitet. Eine bergbewohnende Unterart lebt in den Aberdares und am Mount Kenya in Ostafrika. Sie wird von der IUCN als stark gefährdet eingestuft.

Tierschützer sind sich noch uneins darüber, wie der Schutz dieser Arten am besten gewährleistet werden kann, die ihres Fleisches wegen, als Jagdtrophäe und als Fotomotiv geschätzt sind. Einige vertreten die Ansicht, man müsse sie streng von Menschen isolieren, andere empfehlen die Einbeziehung der Gemeinden bei der Umsetzung von Schutzmaßnahmen, selbst wenn dies bedeutet, dass die Tiere als Schlacht- oder Jagdvieh gehalten werden. Vermutlich muss man hier für jedes Land individuelle Lösungen suchen. Da das Schicksal dieser herrlichen Tiere in der Hand einiger der ärmsten und politisch instabilsten Länder dieser Welt liegt, sollte man alles daran setzen, sowohl durch Bildungs- als auch wirtschaftliche Maßnahmen den Menschen wie auch den Tieren zu helfen. Nur dann können wir darauf hoffen, dass die Arten langfristig überleben. TS/RK/SH

Artenübersicht Wildrinder und Drehhörner

DIE DREI GATTUNGSGRUPPEN (TRIBUS) Wildrinder, Nilgau- und Vierhornantilopen sowie Drehhörner scheinen auf den ersten Blick recht unterschiedlich zu sein. Wissenschaftliche Analysen haben jedoch gezeigt, dass sie viele strukturelle Gemeinsamkeiten besitzen.

TRIBUS BOSELAPHINI

Nilgau- und Vierhornantilopen

2 Arten auf dem Indischen Subkontinent, stellen die Relikte einer ursprünglichen Gruppe dar, aus der sich vermutlich die Wildrinder entwickelt haben. Die Tiere weisen primitive Skelett-, Zahn- und Verhaltensmerkmale auf; die Weibchen tragen keine Hörner.

Gattung *Tetracerus*, Vierhornantilopen

Vierhornantilope Vu
Tetracerus quadricornis

Bewaldetes Hügelland in Wassernähe. KL 100 cm; SL 13 cm; H 60 cm; HL vorn 2–4 cm, hinten 8–10 cm; GT 20 kg. FELL: Beim Bock Oberseite matt-rotbraun, Unterseite weiß, dunkler Streifen an der Vorderseite der Beine; alte Böcke gelblich gefärbt; Weibchen rötlich braun. Gesichts- und Fußdrüsen.

Gattung *Boselaphus*, Nilgauantilopen

Nilgauantilope LR
Boselaphus tragocamelus

Spärlich bewaldete Landschaften. Vom Aussehen eher pferdeähnlich. KL 200 cm; SL 45–50 cm; H 120–150 cm; HL 15–20 cm; GT 240 kg (M), 120 kg (W). FELL: Rau, stahlgrau; weiße Zeichnungen auf Fesseln, Wangen, Ohren. Markante Büschel steifer, schwarzer Haare an der Kehle; junge Bullen und Kühe gelbbraun. IUCN-STATUS: Von Schutzmaßnahmen abhängig.

TRIBUS BOVINI

Wildrinder

Nordamerika, Afrika, Europa, Asien, Philippinen und Indonesien. Gedrungener Körper, kurzer, breiter Schädel, Hörner bei beiden Geschlechtern, glatt oder mit Querwülsten, seitlich aus dem Kopf wachsend. Keine Gesichts- oder Fußdrüsen. Jungbullen werden, abhängig von Gesundheits- und Ernährungszustand, mit 2 Jahren geschlechtsreif; sie können sich aber bedingt durch soziale Faktoren meist erst später erfolgreich fortpflanzen; Kühe können bis ins hohe Alter jährlich ein Junges werfen. Die Lebensdauer liegt bei 15–20 Jahren; diese sowie die unten angegebenen Körpermaße werden heute bei wild lebenden Tieren nur selten erreicht.

Gattung *Bubalus*, Asiatische Büffel

Gedrungener, dunkler Körper, meist spärlich behaart. Hornquerschnitt dreieckig, außer bei Berganoa. Beide Geschlechter ohne Hornwülste, Hautlappen, Buckel.

Wasserbüffel En
Bubalus arnee (bubalis)

Sehr weit verbreitet (Asien, Südamerika, Europa, Nordafrika) als domestizierte Form, von der es 2 Rassengruppen gibt: Fluss- und Sumpfbüffel. Letztere sind in N-Australien auch verwildert. Echte Wasserbüffel gibt es vermutlich noch in Indien, Nepal, Bhutan und Thailand; wild lebende Wasserbüffel unsicherer Herkunft und Abstammung finden sich auf Sri Lanka, in Myanmar, Indochina, Indonesien und Malaysia in oder bei großen Flüssen, in Grasdschungeln, Sümpfen sowie in Ufer- und anderen Wäldern. KL 240–280 cm; SL 60–85 cm; H 160–190 cm; GT 1200 kg (M), 800 kg (W).

Unten: Ein Yak im felsigen Gelände des nepalesischen Himalaya. Sein dichtes Haarkleid hilft ihm, in dieser unwirtlichen Umgebung warm zu bleiben.

KÖRPER: Fell schieferschwarz, Beine bis zu Fesselgelenk und Knie schmutzig weiß; weißer, V-förmiger Balken am unteren Nacken. Bewegliche Fesselgelenke ermöglichen eine leichte Fortbewegung im Schlamm; Hörner schwer, nach hinten gebogen.
FORTPFLANZUNG: Tragzeit 300–334 Tage.

Tieflandanoa En
Bubalus depressicornis

Endemisch auf Sulawesi. Sieht wie die Miniaturausgabe eines Wasserbüffels aus. Über ihn ist wenig bekannt. Er besiedelt Berichten zufolge jedoch eher naturbelassenen Wald als andere Arten der Asiatischen Büffel. Im Gegensatz zu den meisten Wildrindern einzelgängerisch.
KL ca. 180 cm; SL ca. 40 cm; H ca. 86 cm; HL 27–37 cm (M), 18–26 cm (W).
KÖRPER: Fell schwarz, spärliche Haare, weiße Beine; Kälber wollig, braun. Hörner flach und runzelig.
FORTPFLANZUNG: Tragzeit 275–315 Tage.

Berganoa En
Bubalus quarlesi

Endemisch auf Sulawesi. Ältere Tiere ähneln jungen Tieflandanoas. Weitgehend unbekannt; lebt offenbar vorwiegend in naturbelassenen Wäldern. Im Gegensatz zu den meisten Wildrindern einzelgängerisch.
KL ca. 150 cm; SL ca. 24 cm; H ca. 70 cm; HL 15–20 cm.
KÖRPER: Fell an Beinen und Körper braunschwarz, auch bei erwachsenen Tieren noch wollig; Hörner glatt und mit kreisförmigem Querschnitt.
FORTPFLANZUNG: Tragzeit 275–315 Tage.

Tamarau Cr
Bubalus mindorensis
Tamarao, Mindorobüffel

Nur auf der Insel Mindoro (Philippinen). Weniger einzelgängerisch als Anoas, in kleinen Gruppen. Angeblich nachtaktiv und aggressiv; war früher vermutlich relativ zahm und weidete tagsüber in offenem Gelände; wurde erst aufgrund starker Bejagung nachtaktiv, um den menschlichen Verfolgern zu entgehen.
H 100 cm; HL ca. 35–50 cm; GT ca. 274 kg (M), weniger als 260 kg (W).
KÖRPER: Fell dunkelbraun-grauschwarz. Hörner gedrungen.
FORTPFLANZUNG: Tragzeit ca. 317 Tage.

Gattung *Bos*, Eigentliche Rinder

Dunkles, kurzhaariges Fell (außer beim Yak und zahlreichen Rassen der Hausrinder). Querschnitt der Hörner kreisförmig oder oval, bei beiden Geschlechtern keine Hornwülste vorhanden. Bei einigen Arten Hautlappen und Buckel gut entwickelt.

Banteng En
Bos javanicus

Isolierte Bestände in Myanmar, Thailand, Indochina sowie auf den Inseln Borneo, Java und Bali (dort als Balihausrind domestiziert). Verwildert in N-Australien. Dichte Wälder mit Lichtungen. Maße ähnlich wie Hausrind.
KL (auf dem Festland) 190–225 cm; SL 65–70 cm; H 160 cm; GT 600–900 kg.
KÖRPER: Fell bei ausgewachsenen Bullen dunkel kastanienbraun, bei Rassen aus Java und Borneo schwarz, bei Jungbullen und Kühen rötlich braun; alle haben ein weißes Band um die Schnauze, einen weißen Fleck über den Augenlidern, weiße Beine und einen weißen Spiegel; Bullen besitzen einen kahlen Fleck zwischen den Hörnern, einen Rückenhöcker sowie eine Wamme.
FORTPFLANZUNG: Tragzeit 285–300 Tage.

Gaur Vu
Bos frontalis

Größere Bestände in Indien, kleinere in Nepal, Bhutan, Bangladesh, Myanmar, China, Thailand, Indochina und W-Malaysia. Tropische Wälder mit Lichtungen, Waldsavanne.
KL 240–300 cm; H 170–200 cm; HL bis 80 cm (M); SL 70–105 cm; GT bis 1225 kg (M), ca. 700 kg (W).
KÖRPER: Erwachsene Bullen mit glänzend schwarzem Fell, grauem Wulst zwischen den Hörnern und weißen Beinen; Jungbullen und Kühe dunkelbraun mit weißen Beinen. Riesiger Kopf, massiger Körper, kräftige Gliedmaßen. Auffälliger Buckel aufgrund verlängerter Wirbelfortsätze; kleiner Hautlappen unter dem Kinn und große Wamme zwischen den Vorderbeinen. Hörner seitlich nach oben gebogen.
FORTPFLANZUNG: Tragzeit ca. 270 Tage.

Yak Vu
Bos mutus (grunniens)

Wilde Yaks leben in der Hochgebirgstundra und Eiswüste des tibetanischen Hochlands, von Xinjiang und Qinghai – nahezu unbewohnte Gebirgsregionen in China in Höhen von 4000–6000 m.
SH 203 cm (M), 156 cm (W); HL 80 cm (M), 51 cm (W); GT 821 kg (M), 306 kg (W); alle Zahlen stammen aus einem Bericht von 1938.
KÖRPER: Zottiges, raues Haar mit dichter, weicher Unterwolle am ganzen Körper; Fell schwarzbraun, um die Schnauze weiß. Massiger Körper, herabhängender Kopf, hohe, buckelige Schultern, gerader Rücken, kurze, kräftige Gliedmaßen.
FORTPFLANZUNG: Tragzeit vermutlich 255–304 Tage.

Hausrind
Bos taurus

Das heutige Hausrind stammt vom Auerochsen oder Ur ab, der 1627 ausstarb. Alle Rinderarten sind untereinander kreuzbar, doch Schädel und Bluteiweiß der Zebus unterscheiden sich von denen der buckellosen Rinder. Vielleicht gab es als Stammformen zwei verschiedene Rassen des Auerochsen. Der Buckel des Zebus besteht im Gegensatz zu dem der anderen Arten aus Muskeln und Fett, also nicht aus einer Verlängerung der Wirbelfortsätze. Frei lebende Hausrinder findet man häufig, z.B. im Chillingham Park im Nordosten Englands. Rinder treten in vielen Größen, Formen und Farben auf; es gibt hornlose ebenso wie langhörnige Rassen.
SH 180–200 cm; GT 450–900 kg.
FORTPFLANZUNG: Tragzeit ca. 283 Tage.

Kouprey Cr
Bos sauveli

Von Wissenschaftlern wurde diese Art erstmals 1937 beschrieben. Kommt heute nur noch in Kambodscha vor, ist dort aber so gut wie ausgestorben. Früher zahlreich in den Wäldern und Waldsavannen Indochinas.
KL 210–225 cm; SL 100–110 cm; H 150–200 cm; GT 700–900 kg.
KÖRPER: Alte Bullen schwarz oder tief dunkelbraun, manche mit gräulichen Flecken am Körper; Kühe und Jungbullen grau; unterseits heller, Brust und Vorderbeine dunkler; bei beiden Geschlechtern Beine weiß. Bei Bullen hängt ein sehr langer (über 40 cm) Hautlappen vom Hals herab; Rückenhöcker kaum entwickelt. Die Hörner sind bei den Kühen leierförmig, bei Bullen rund, nach vorn und dann nach oben gebogen; Hornspitzen sind ausgefranst.

Gattung *Pseudoryx*

Saola En
Pseudoryx nghetinhensis
Vu-Quang-Rind

Von Wissenschaftlern 1992 anhand von Hornresten im Vu-Quang-Naturreservat in Vietnam entdeckt. Das erste lebende Tier wurde 1994 gefangen. Dichter Wald in den Annamite-Bergen im Mittelwesten Vietnams und Laos in Höhen zwischen 200 und 2000 m.
KL 150–200 cm; SH 80–95 cm; HL 32–50 cm; SL 13–15 cm; GT etwa 100 kg.
FELL: Rötlich bis dunkelbraun, schwärzliche Beine, schwarze Streifen über die gesamte Rückenlänge. Beide Geschlechter mit lederbraunen Streifen im Gesicht und weißen Flecken an Maul und Kehle.

Gattung *Syncerus*, Afrikanische Büffel

Diese Gattung weist im Vergleich zu den Asiatischen Büffeln (*Bubalus*) Unterschiede in der Physiologie, im Verhalten und im Fell auf. Auch genetische Daten unterstützen eine Teilung in zwei Gattungen.

Kaffernbüffel LR
Syncerus caffer
Afrikanischer Büffel, Schwarz-, Steppenbüffel

Afrika südlich der Sahara. Wird meist in zwei Unterarten geteilt: Eigentlicher Kaffernbüffel (*S. c. caffer*) und Rot- oder Waldbüffel (*S. c. nanus*) mit Zwischenformen. Erstere leben in Savannen und Waldland, Letztere in äquatornahen Wäldern.
Eigentlicher Kaffernbüffel: KL 240–340 cm, SL 75–110 cm, H 135–170 cm, HL 50–150 cm; GT 680 kg (M), 576 kg (W).
Rotbüffel: KL 220 cm, SL 70 cm, H 100–120 cm; HL 30–40 cm; GT 270–320 kg(M), 265 kg (W).
KÖRPER: Fell bräunlich schwarz (Eigentlicher Kaffernbüffel), rötlich braun (Rotbüffel); schwerer Körper, kräftiger Nacken; Hornquerschnitt dreieckig; dicke Hornwülste an der Basis.
FORTPFLANZUNG: Tragzeit 340 Tage.
IUCN-STATUS: Von Schutzmaßnahmen abhängig.

Gattung *Bison*

Rötlich braunes bis dunkelbraunes Fell; lange, zottelige Haare an Hals, Kopf, Schultern und Vorderbeinen sowie Bart. Kurzer, breiter Schädel, Rückenhöcker aufgrund verlängerter Wirbelfortsätze. Glatte, im Querschnitt kreisförmige, etwa 45 cm lange Hörner. Beide Arten untereinander kreuz-

ABKÜRZUNGEN
KL = Körperlänge SL = Schwanzlänge SH = Schulterhöhe
H = Höhe HL = Hornlänge GT = Gewicht

Ex ausgestorben
EW in freier Natur ausgestorben
Cr vom Aussterben bedroht
En stark gefährdet
Vu gefährdet
LR geringes Risiko

bar. Einige Experten schlagen aufgrund der molekularen Struktur der DNA sowie chromosomaler, immunologischer, Blutgruppen- und Proteinsequenzdaten vor, beide Arten der Gattung *Bos* zuzuordnen.

Bison LR
Bison bison
Amerikanischer Bison, Indianerbüffel

Wird oft in 2 Unterarten eingeteilt: den Steppen- oder Präriebison (*B. b. bison*) und den größeren und dunkleren Waldbison (*B. b. athabascae*), der weiter im Norden lebt; die Gültigkeit dieser Einteilung ist jedoch strittig. Nordamerikanische Grasebenen, Aspen-Park und Koniferenwälder. Gilt heute als typisches Prärierind, bevölkerte jedoch vor seiner (fast vollständigen) Ausrottung im letzten Jahrhundert auch Wälder. Heute vorwiegend in Parks und Schutzgebieten.
KL 380 cm; SL 90 cm; H 195 cm (M); GT 820 kg (M), 545 kg (W).
FORTPFLANZUNG: Tragzeit 270–300 Tage.
IUCN-STATUS: Von Schutzmaßnahmen abhängig.

Wisent En
Bison bonasus
Europäischer Bison

1919 in freier Wildbahn ausgerottet, aber im Bialowieza-Nationalpark in Polen und später im Kaukasus und Russland wieder ausgewildert. Mischwälder mit Unterholz und Lichtungen.
KL 290 cm; SL 80 cm; H 180–195 cm; GT 800 kg (M).
FORTPFLANZUNG: Tragzeit 254–272 Tage.

TRIBUS STREPSICEROTINI

Drehhörner

Ausschließlich in Afrika. Mittelgroß bis groß, niedrig, schlankerer Bau als Rinder, langer Hals. Ausgewachsene Männchen größer als Weibchen; Geschlechter unterscheiden sich auch hinsichtlich Zeichnung und Hornstruktur. Bei den meisten Arten tragen nur Männchen Hörner. Keine auffälligen Gesichts- oder Fußdrüsen.

Gattung *Tragelaphus*

Sitatunga LR
Tragelaphus spekei
Sumpfantilope

Sümpfe, Schilfniederungen und Marschland in den Flusssystemen von Victoria, Kongo und Sambesi-Okavango.
KL 150–170 cm (M), 135–155 cm (W); SL 20–25 cm; HL 45–90 cm (M); GT 80–125 kg (M), 50–60 kg (W).
KÖRPER: Fell zottelig und leicht fettig; bei Weibchen heller und rötlicher, bei Böcken gelblich bis dunkel graubraun; Tupfen und bis zu 10 weiße Streifen am Körper; aufstellbare Mähne über den ganzen Rücken; weiße Flecken am Hals, weiße Tupfen an Wangen. Lange, spreizbare Hufe sorgen für bessere Verteilung des Gewichts, sodass das Tier durch Morast laufen kann, ohne zu versinken.
IUCN-STATUS: Vorwarnliste.

Nyala LR
Tragelaphus angasii
Tiefland-Nyala

Ufernahe Dickichte und dichte Vegetation in SO-Afrika.
KL 210 cm (M), 179 cm (W); SL 43 cm (M), SL 36 cm (W); SH 112 cm (M), 97 cm (W); HL 65 cm (M); GT 107 kg (M), 62 kg (W).
FELL: Zottig, dunkel graubraun, vor allem an der Unterseite von Körper und Hals; meist mehrere schwach ausgeprägte weiße Längsstreifen; lange, aufrichtbare, am Nacken braune und am Rücken weiße Mähne; Beine orange; weißer V-förmiger Balken zwischen den Augen; Hörner schwarz mit weißlichen Spitzen, leierförmig, mit einfacher Drehung; Weibchen rötlicher, mit deutlichen weißen Streifen, kurzem Fell, einer weniger auffälligen Leiste und ähnlich den Buschbockweibchen.
IUCN-STATUS: Von Schutzmaßnahmen abhängig.

Buschbock
Tragelaphus scriptus
Schirrantilope

Ganz Afrika südlich der Sahara, außer den ariden Regionen im SW und NW; Lebensräume mit dichtem Pflanzenbewuchs.
KL 115–145 cm (M), 110–130 cm (W); SL 20–24 cm (M), 20–24 cm (W); HL 25–57 cm (M); GT 30–75 kg (M), 24–42 kg (W).
FELL: Kurz, von hell kastanienbraun bis dunkelbraun, mit weißen durchgehenden oder unterbrochenen Quer- und Längsstreifen; manchmal auch nur einige Punkte am Rumpf; schwarzes Band zwischen den Augen bis zur Schnauze; weißer Fleck auf der Wange, 2 Flecken an der Kehle; ausgewachsene Bullen sind dunkler als Kühe und Junge, vor allem am Vorderkörper, mit deutlicher, aufrichtbarer Mähne.

Bergnyala En
Tragelaphus buxtoni
Mittelkudu

Hochlandwald und Heideland in Arussi- und Bale-Gebirge in Äthiopien.
KL 190–250 cm; HL bis 80 cm.
KÖRPER: Zottiges, gräulich braunes Fell; etwa 4 undeutliche weiße Längsstreifen; weißer, V-förmiger Balken zwischen den Augen; 2 weiße Punkte auf den Wangen; 2 weiße Flecken im Nacken; kurze weiße Mähne, die sich als braunweißer Kamm fortsetzt. Hörner wachsen in ein bis anderthalb offenen Drehungen. Ähnelt in vielerlei Hinsicht mehr dem Großen Kudu als dem Nyala.

Kleiner Kudu LR
Tragelaphus imberbis

Äthiopien, Uganda, Sudan, Somalia, Kenia, N- und Zentral-Tansania. Dickichte.
KL 160–175 cm; SL 26–30 cm; HL 60–90 cm; GT 90–110 kg (M), 55–70 kg (W).
KÖRPER: Fell glatt und kurzhaarig, bräunlich grau, mit 11–15 deutlichen weißen Längsstreifen; Kopf dunkler, unvollständige Leiste zwischen den Augen; 2 weiße Flecken im Nacken; der Rückenkamm bei Bullen geht in eine kurze Mähne über; Schwanz buschig; kleine, aber deutliche Tupfen auf den Wangen; rötliche Beine; Kühe etwas rötlicher als Bullen. Hörner bilden 2–3 offene Spiralen.
IUCN-STATUS: Von Schutzmaßnahmen abhängig.

Großer Kudu LR
Tragelaphus strepsiceros

O-, Zentral- und südliches Afrika. Waldland, vorwiegend in hügeligen, zerklüfteten Landschaften.
KL 190–250 cm (M), 190–220 cm (W); SL 37–48 cm; HL 100–180 cm (M); GT 190–215 kg (M), 120–215 kg (W).
FELL: Kurz, blaugrau bis rötlich braun; 6–10 weiße Längsstreifen am Körper; weißer, V-förmiger Balken zwischen den Augen; bis zu 3 weiße Tupfen auf den Wangen; Mähne des Rückenkamms erstreckt sich über den ganzen Körper; bei Männchen Haarfransen vom Kinn bis zum Halsansatz; Weibchen und Junge rötlicher.
IUCN-STATUS: Von Schutzmaßnahmen abhängig.

Bongo LR
Tragelaphus eurycerus

Disjunkte Verbreitung in Tieflandwäldern von O-, Zentral- und W-Afrika; zudem S-Sudan; kleinere Bestände in Gebirgs- oder Hochlandwäldern von Kenia und Kongo.
KL 220–235 cm; SL 24–26 cm; HL 60–100 cm; GT 240–405 kg (M), 210–253 kg (W).
KÖRPER: Fell hell kastanienrot, bei ausgewachsenen Bullen viel dunkler; dunkle Schnauze, weißer, V-förmiger Balken zwischen den Augen, etwa 2 weiße Wangenflecken; Hals- und Körperunterseite dunkler, weißlicher, halbmondförmiger Kragen am Nackenansatz; schwarz-weißer Rückenkamm, viele schmale, aber deutliche, weiße Längsstreifen am Körper; schwarz-weiße Zeichnung an den Beinen. Bei beiden Geschlechtern schwere, glatte, ein- bis anderthalbmal spiralförmig gewundene Hörner. Schwanz lang mit Quaste.
IUCN-STATUS: Von Schutzmaßnahmen abhängig.

Gattung *Taurotragus*

Elenantilope LR
Taurotragus oryx

Grasland und offenes Waldland; früher in allen, außer den trockensten Regionen in O-, Zentral- und südlichem Afrika; heute teilweise nur noch in Schutzgebieten und Farmen.
KL 250–340 cm (M), 200–280 cm (W); SL 54–75 cm; SH 135–178 cm (M), 125–150 cm (W); HL 60–102 cm (M), 60–140 cm (W); GT 400–950 kg (M), 390–595 kg (W).
KÖRPER: Fell hell gelbbraun, bei alten Bullen grau; einige helle Streifen am Vorderkörper (nicht bei den Alttieren südlicher Bestände); schwarz-weiße Beinzeichnung; schwarze Schwanzquaste; schwarzer Streifen am Rücken, in kurze Mähne übergehend; ausgewachsene Bullen haben ein Büschel krauser Haare an der Stirn. Die Ohren sind viel schmaler und pferdeähnlicher als bei anderen Drehhörnern.
IUCN-STATUS: Von Schutzmaßnahmen abhängig.

Riesenelen
Taurotragus derbianus
Riesenelenantilope

Häufiger in Waldland als die Elenantilope; kleine Bestände in W- und Zentral-Afrika, größere und sicherere Populationen in O-Afrika, vor allem im Sudan.
KL 290 cm (M), 220 cm (W); H 150–175 cm (M), 150 cm (W); SL 55–78 cm; HL 80–110 cm (M), 80–125 cm (W); GT 450–900 kg (M), 440 kg (W).
KÖRPER: Rötlich braunes Fell, bei ausgewachsenen Männchen schiefergrau; 12–15 Körperstreifen; weißer, V-förmiger Balken zwischen den Augen; weiße Wangenflecken; schwarzer Rückenstreifen mündet in eine kurze Mähne, schwarzer Kragen um den Hals, auf beiden Seiten des Halses weiße Flecken. Der Kragen betont den Hautlappen, der unter dem Kinn beginnt und am Halsansatz endet. Hörner scharfkantiger als bei der Elenantilope, aber auch schmaler und länger, selbst bei Bullen.
IUCN-STATUS: Westliche Unterart *T. d. derbianus* (Westsudan-Riesenelen) stark gefährdet; die östliche Unterart *T. d. gigas* (Ostsudan-Riesenelen) steht auf der Vorwarnliste.
SJGH/RU

Bisons im Yellowstone-Park

Schutzmaßnahmen für die letzten überlebenden Präriebüffel

Oben: *Auch wenn die Herde im Yellowstone-Park frei umherwandern kann, muss der Mensch manchmal eingreifen, z.B. bei Rinderkrankheiten.*

Links: *Im Winter fegen die Bisons mit ihrem massigen Schädel stellenweise Schnee beiseite, um an das darunter liegende Gras zu gelangen.*

Rechts: *Bisonkälber wiegen bei der Geburt bis zu 30 kg und werden meist erst im Alter von acht bis zwölf Monaten abgestillt.*

Einst waren die Great Plains in Nordamerika die Heimat riesiger Herden der bis zu 90 Millionen Tiere zählenden Bisons. Viele Ureinwohner – vor allem die Cheyenne, Sioux, Crow, Comanche, Mandan, Schwarzfuß, Assiniboin, Shoshone, Kiowa und Gros Ventre – waren auf die Bisonjagd angewiesen. Der „Indianerbüffel" lieferte ihnen Fleisch sowie Häute und Felle für Zelte und Kleidung. Der Vormarsch der Siedler nach Westen und der Ausbau der Eisenbahn ab Mitte des 19. Jahrhunderts hatten verheerende Auswirkungen auf den Bisonbestand. Um die Indianer ihrer Lebensgrundlage zu berauben und Platz für Farmen zu schaffen, wurden die Büffel planmäßig ausgerottet – allein in drei Jahren (1872 bis 1874) wurden drei Millionen Tiere abgeschossen. Infolge dieser Massenvernichtung gab es um 1900 nur noch einige vereinzelte Wildherden mit etwa 1000 Tieren.

Teil dieses traurigen Restbestands war eine kleine Herde im Yellowstone-Nationalpark mit knapp 50 Tieren. 1902 wurde diese Gruppe mit 21 halb domestizierten Steppenbisons aufgestockt, später mit Tieren aus Montana und Texas, bis 1917 im Park auf je einen Wildbison drei eingeführte Tiere kamen. In den 1950er Jahren waren die halb domestizierten Herden vollständig in der Wildpopulation aufgegangen. Heute beherbergt der Yellowstone-Nationalpark die einzige frei lebende Bisonherde der Vereinigten Staaten. Bis 1967 wurde diese wie eine Viehherde gemanagt. Mittels kontrollierter Abschüsse hielt man den Bestand niedrig, um die Vegetation zu schützen. 1968 jedoch entschloss sich die Nationalparkverwaltung zu einem Experiment: Man wollte es der Natur überlassen, die Verbreitung und den Bestand der Bisons, aber auch aller anderen Huftiere im Park zu steuern. Bis 1995 wuchs die Bisonpopulation auf nahezu 4000 Tiere an, weitere 400 Tiere lebten im Grand-Teton-Nationalpark südlich des Yellowstone-Parks.

Bisons sind sehr gesellig: Außerhalb der Paarungszeit leben nur ältere Bullen einzelgängerisch. Während der Brunft im Juli kommt es zu Rangordnungskämpfen zwischen den Bullen, und nur einer von dreien gelangt zur Fortpflanzung. Im Mai werfen die Kühe je ein einzelnes Kalb. Auf der Nahrungssuche wandern Bisons weite Strecken. Während sie im Sommer auf den grasbewachsenen Hochebenen des Yellowstone-Parks weiden, sind sie in schneereichen Wintern gezwungen, tiefer liegende Gebiete aufzusuchen. Die Wanderungen scheinen bei der Bestandsregulierung eine wichtige Rolle zu spielen.

Als die Herde in den 1980er und 90er Jahren anwuchs, wanderten immer mehr Bisons aus dem Park ab und drangen in Staatsforste und Privatland ein, vor allem in Wintern mit viel Schnee. Dies stieß auf heftigen Widerstand seitens der Viehzüchter und Landwirtschaftsbehörden, insbesondere weil Bisons Brucellose übertragen können – eine Krankheit, die durch das Bakterium *Brucella* verursacht wird und sowohl bei Wild- als auch bei Hausrindern zu Fehlgeburten führt. (Um eine Übertragung auf den Menschen zu verhindern, bei dem *Brucella* Fieberschübe auslöst, wird Trinkmilch vorsorglich pasteurisiert.) Viehzüchter hatten also guten Grund zur Sorge, da die ökonomischen Auswirkungen einer Ansteckung für sie katastrophal sein konnten. Aufgrund der US-Landwirtschaftsgesetze müssen alle Tiere einer infizierten Herde geschlachtet werden. Bundesstaaten, in denen die Krankheit auftritt, würden ihren „Brucellose-freien Status" verlieren, was zur Konsequenz hätte, dass vor jedem innerstaatlichen Transport von Vieh erst kostspielige Tests durchgeführt werden müssten. Aus Sorge vor der Ansteckung von Hausrindern wurden im besonders harten Winter 1996/97 etwa 1100 verstreut lebende Bisons von Staats- und Bundesangestellten erschossen. Es entbehrt nicht der Ironie, dass die Brucellose, die bei Bisons im Yellowstone-Nationalpark erstmals 1917 diagnostiziert wurde, ursprünglich vom Hausrind verbreitet wurde.

Zur Lösung des Problems wurden Maßnahmen ergriffen, um sowohl die Interessen der Viehzüchter zu wahren, als auch die Herde im Park zu schützen. Momentan konzentriert sich die Forschung darauf, einen Impfstoff gegen die Brucellose zu finden und damit die Ausbreitung zu stoppen. Der bisher verwendete Impfstoff RB51 wird mittels Luftgewehr und „Biokugeln" (sich zersetzende Plastikkugeln, die den Impfstoff enthalten) verabreicht. Mittlerweile wurden am Parkrand Sammelpferche gebaut, um wandernde Bisons zum Schlachten einzufangen. Viele Bisons verletzen sich auf dem Transport ins Schlachthaus schwer, da sie sich gegenseitig mit den Hörner aufspießen. Die Tiere, die sich nicht fangen lassen, werden erschossen

Bisons sind die größten Landsäuger der westlichen Hemisphäre und insofern auch wichtiger Bestandteil des Ökosystems im Yellowstone-Nationalpark, auch wenn noch nicht genau untersucht wurde, welche Auswirkungen die Nahrungsgewohnheiten einer frei lebenden Herde auf die Vegetation haben. Die Tiere ernähren sich primär von Gräsern und Kräutern. Wie man herausfand, ist das Graswachstum auf beweideten Flächen im Yellowstone-Nationalpark um 36 bis 85 % stärker als auf unbeweideten Flächen. Dies liegt u.a. am hohen Mineralstoffgehalt in Bisonkot und -urin, der noch 90 % des Phosphors und 65 bis 95 % des Stickstoffs des aufgenommenen Futters enthält.

Die natürlichen Feinde der Bisons sind Grizzlybären *(Ursus arctos)* und Wölfe *(Canis lupus)*. Letztere wurden erst 1995 im Park wieder eingeführt und haben sich zu ernsthaften Jägern der Bisons entwickelt, obwohl diese nur einen kleinen Teil ihrer Beute ausmachen (etwa 10 %). Für Grizzlybären stellen im Winter verendete Bisons einen lebensnotwendigen Futtervorrat nach dem Winterschlaf dar. Findet ein Grizzly-Weibchen im Frühjahr einen Bisonkadaver, kann sie damit ihre Jungen durchfüttern, die sonst vielleicht nicht überleben würden. MB

Ducker

FAST ÜBERALL SÜDLICH DER SAHARA WIRD *ein aufmerksamer Reisender in Afrika kleine bis mittelgroße Antilopen beobachten können, die bei Annäherung in dichte Wälder oder Dickichte flüchten. Dabei handelt es sich um Ducker. Deren Name ist aus dem Afrikaans „duiker" abgeleitet und bezieht sich auf die Angewohnheit, bei Gefahr in die Vegetation abzutauchen (sich zu „ducken").*

Wie ihr Name vermuten lässt, sind Ducker sehr scheu und gehen Menschen meist aus dem Weg. Ihr Körperbau ist an ein Leben im dichten Unterholz angepasst: Die Vorderbeine sind kürzer als die Hinterbeine, der Rücken ist gerundet.

Überwiegend Waldbewohner

KÖRPERBAU UND FUNKTION

Beide Geschlechter sehen sich sehr ähnlich, auch wenn Weibchen bis zu 4 % größer als Männchen sein können. Meist tragen beide kurze, konisch geformte Hörner; bei Weibchen können sie auch fehlen. Das Fell ist oft rötlich, bei manchen Arten auch blaugrau, schwarz oder gestreift. Ducker besitzen von allen Antilopen das im Vergleich zur Körpergröße größte Hirnvolumen.

Fossile Überreste von Duckern wurden bisher nicht entdeckt, doch die heutigen Arten besitzen viele Merkmale, die man bei fossilen Urrindern gefunden hat. Deshalb werden sie gelegentlich auch als die ursprünglichsten afrikanischen Antilopen betrachtet.

Obgleich einige Arten offenes Gelände mit vereinzelten Büschen bevorzugen, besiedeln die meisten Ducker dichten Wald, weshalb nur wenig über ihre Lebensweise in ihrer natürlichen Umgebung bekannt ist. Der Gelbrückenducker ist vermutlich tag- und nachtaktiv, während manche, wie der Blauducker, ausschließlich tagaktiv und wiederum andere, wie der Schwarzrückenducker, nur nachtaktiv sind. Ducker fressen in erster Linie Laub und benötigen aufgrund ihrer relativ geringen Größe hochwertige Nahrung, die sich aus Blättern, Früchten, Schösslingen, Knospen, Samen und Rinde zusammensetzt. Auf der Suche nach Futter folgen sie Vögeln und Affen, um die Früchte, die diese fallen lassen, zu verzehren. Überraschenderweise jagen und fressen sie manchmal auch kleine Vögel und Nagetiere, gelegentlich Insekten und sogar Aas. In einer Studie mit Blauduckern stellte man fest, dass 10 % vom Trockengewicht des Mageninhaltes aus Ameisen bestand.

Ungesellige Lebensweise

SOZIALVERHALTEN

Ducker sind nicht gesellig. Meist werden sie allein oder paarweise beobachtet. Doch offenbar leben sie monogam. So scheinen auch Blauducker eine dauerhafte Beziehung einzugehen und in kleinen, festen Territorien zu leben, die heftig gegen Artgenossen verteidigt werden. Männchen des Maxwellduckers dulden in Gefangenschaft keine anderen Männchen in ihrer Nähe und vertreiben diese mit aggressivem Verhalten, während die Weibchen ihrerseits Geschlechtsgenossinnen fern halten.

Bei Säugetieren kommt Monogamie selten vor. In solchen Sozialsystemen helfen die Männchen oft bei der Aufzucht der Jungen mit. Diese bleiben

Links: *Bei diesem südafrikanischen Rotducker ist die große Duftdrüse unterhalb des Auges deutlich zu sehen. Wann und wie oft durch Reiben der Voraugendrüse markiert wird, variiert von Art zu Art.*

Unten: *Charakteristische Duckerarten:* **1** *Kronenducker* (Sylvicapra grimmia), *der in „geduckter" Haltung durchs Unterholz flieht;* **2** *Gelbrückenducker* (Cephalophus sylvicultor) *mit aufgestellten Haaren an seinem Hinterteil;* **3** *männlicher Zebraducker* (C. zebra) *markiert einen Baum mit seiner Voraugendrüse;* **4** *Jentinkducker-Weibchen* (C. jentinki) *beim Säugen eines Jungen;* **5** *männlicher Maxwellducker* (C. maxwelli) *schickt sich an, als Auftakt zum Kampf ein anderes Männchen mit seiner Duftdrüse zu markieren;* **6** *Rotflankenducker* (C. rufilatus) *beim Verspeisen eines Vogels.*

3

4

5

6

FAKTEN

DUCKER

Ordnung: Artiodactyla

Familie: Bovidae

Unterfamilie: Cephalophinae

17 (19) Arten in 2 Gattungen: Wald- oder Schopfducker *(Cephalophus,* 16 Arten), u.a Blauducker *(C. monticola),* Schwarzrückenducker *(C. dorsalis),* Maxwellducker *(C. maxwelli);* Kronen- oder Buschducker *(Sylvicapra,* 1 Art) mit dem Kronenducker *(S. grimmia).*

VERBREITUNG Afrika südlich der Sahara.

LEBENSRAUM Hauptsächlich dichtes Walddickicht.

GRÖSSE Körperlänge von 59–72 cm beim Blauducker bis 115–145 cm beim Gelbrückenducker; **Schwanzlänge** von 7–12,5 cm bis 11–18 cm; **Gewicht** von 4–6 kg bis 45–80 kg, jeweils bei den beiden genannten Arten.

FELL Oft rötlich, bei einigen Arten jedoch blaugrau, schwarz oder gestreift.

NAHRUNG Blätter, Früchte, Schösslinge, Knospen, Samen und Rinde; gelegentlich auch Insekten, Vögel und Nagetiere.

FORTPFLANZUNG Tragzeit 7,5–8 Monate bei Rotflanken- und Schwarzrückenduckern.

LEBENSERWARTUNG Unbekannt in freier Wildbahn; 10–15 Jahre in Gefangenschaft.

Artenübersicht siehe Seite 545 ▷

verhältnismäßig lange in der Gruppe und sorgen ihrerseits wiederum für die jüngeren Geschwister. Eine solche partnergebundene Lebensweise nennt man auch „obligate Monogamie". Bei einer anderen Form der Monogamie überlassen die Männchen die Jungenaufzucht vorwiegend den Weibchen, und die Jungtiere verlassen die Gruppe, bevor der nächste Wurf geboren wird (fakultative, d.h. zeitweise Monogamie). Obligat monogame Arten wie die Marmosetten und Tamarine (Krallenaffen) bleiben eng beisammen und fressen und ruhen in der Regel auch gemeinsam. Ducker scheinen jedoch fakultativ monogam zu leben: Dies bedeutet, dass Männchen und Weibchen zwar getrennt auf Nahrungssuche gehen, aber nebeneinander ruhen und ein gemeinsames Territorium verteidigen.

Duckerweibchen bringen nur ein Junges zur Welt und sind sofort nach der Geburt wieder empfängnisbereit. Die Kälber aller Arten verbringen die ersten Lebenswochen verborgen in dichter Vegetation und haben nur wenig Kontakt zur Mutter. Blauducker sind mit etwa einem Jahr geschlechtsreif und verlassen ihre Eltern im zweiten Lebensjahr, um sich eigene Territorien und Partner zu suchen. Größere Arten erreichen die Geschlechtsreife vermutlich erst später. Bei Arten wie Zebra- und Maxwellducker gleicht die Fellfärbung der Kälber von Geburt an der ihrer Eltern, andere tragen ein deutliches Jugendkleid. Bei Jentink- und Schwarzrückenducker ist diese einheitlich dunkelbraun. Der gelbe Rückenfleck des Gelbrückenduckers beginnt sich erst im Alter von einem Monat auszubilden. Nach etwa zehn Monaten hat er seine endgültige Größe erreicht.

Ducker besitzen große Duftdrüsen unter jedem Auge, die sich von den Voraugendrüsen anderer Antilopen unterscheiden. Das klare, bei manchen Arten auch bläuliche Sekret wird nicht durch eine einzige Öffnung ausgeschieden, sondern über zahlreiche Poren. In Gefangenschaft reiben viele Duckerarten ihre Drüse an Zäunen, Bäumen und anderen Objekten in ihrer Umgebung, was auf ein territoriales Markierungsverhalten schließen lässt. Maxwellducker-Männchen bringen in zehn Minuten bis zu sechs Duftmarkierungen an. Sie pressen ihre Drüsen oft auch wechselseitig auf die Drüsen anderer Artgenossen. Dieses „gegenseitige Markieren" ist besonders intensiv, kurz bevor es zum Kampf kommt. Deutlich sanfter markieren Männchen und Weibchen einander beim Paarungsvorspiel (z.B. Rot- und Blauducker).

Unten: *Ein Kronenducker im südafrikanischen Krüger-Nationalpark, lauscht mit aufgestellten Ohren. Das Überleben dieser scheuen Tiere hängt maßgeblich von deren Wachsamkeit ab.*

Oben: *Ein Zebraduckerpaar widmet sich der Körperpflege. Den deutlichen schwarzen Streifen verdankt diese Art ihren Namen. Sie leben in Tieflandwäldern von Sierra Leone bis Côte d'Ivoire und werden heute von der IUCN als gefährdet eingestuft.*

Begehrtes Wildfleisch

ARTEN- UND UMWELTSCHUTZ

Der seltene Adersducker ist die einzige Art, die als stark gefährdet gilt, doch stehen heute die meisten *Cephalophus*-Arten auf der Vorwarnliste der IUCN. Die Hauptbedrohung geht dabei von Wilderern aus, die Handel mit Wildfleisch betreiben. Zum Unheil der Tiere ist gerade Duckerfleisch sehr begehrt. Oftmals erfolgt die Jagd nachts, indem die Tiere mit Scheinwerfern geblendet und dann abgeschossen oder gefangen werden. Einige Arten werden auch in Netze getrieben.

In vielen Regionen stellen Ducker heute den Hauptanteil des Wildfleisches (siehe *Special Feature* Seite 413). Vieles deutet darauf hin, dass sie dafür in großer Zahl getötet werden. Kleinere Ducker sind überraschenderweise auch bei Trophäenjägern begehrt, die ausgestopfte Tiere für ihre Sammlung suchen. KR/KK

Artenübersicht Ducker

DIE MEISTEN DUCKERARTEN SIND WALDbewohner und zählen zur Gattung *Cephalophus*. Ihren wissenschaftlichen Gattungsnamen verdanken sie dem Büschel langer Haare zwischen ihren Hörnern. Die Gattung *Sylvicapra* umfasst nur eine Art, den Kronenducker, der in der Savanne und in offenem Buschland lebt.

WALD- ODER SCHOPFDUCKER

Gattung *Cephalophus*

In der Regel tragen beide Geschlechter Hörner, die flachwinklig nach hinten stehen. Ohren kurz und rund.

Maxwellducker LR
Cephalophus maxwellii

Nigeria, westlich bis Gambia und Senegal. Tieflandwald und angrenzender Galeriewald.
KL 55–90 cm; SL 8–10 cm; GT 8–9 kg.
KÖRPER: Fell von graubraun bis blaugrau, viele Abwandlungen. Weibchen mancherorts hornlos.
IUCN-STATUS: Vorwarnliste.

Blauducker
Cephalophus monticola
Blauböckchen

Nigeria bis Gabun, östlich bis Kenia und südlich bis Südafrika. Tieflandwälder.
KL 55–72 cm; SL 7–12,5 cm; GT 4–6 kg.
FELL: Farbe sehr unterschiedlich; ähnlich wie Maxwellducker, manchmal aber mehr bläulich.

Schwarzstirnducker LR
Cephalophus nigrifrons

Kamerun bis Angola und östlich über Kongo bis Kenia. Tiefland-, Galerie-, Gebirgs- und Sumpfwälder.
KL 85–107 cm; SL 10–15 cm; GT 13–16 kg.
FELL: Rötlich bis dunkelbraun, mit rötlich braunen bis schwarzen Streifen von der Nase zu den Hörnern.
IUCN-STATUS: Vorwarnliste. Eine Unterart, *C. n. rubidus*, gilt als stark gefährdet.

Rotflankenducker LR
Cephalophus rufilatus
Blaurückenducker

Senegal bis Kamerun, östlich bis Sudan und Uganda. Galeriewälder, Waldränder.
KL 60–70 cm; SL 7–10 cm; GT 9–12 kg.
KÖRPER: Fell rötlich gelb bis rötlich braun, dunkler Rückenstreifen von der Nase bis zum Schwanz. Bei Weibchen fehlen gewöhnlich die Hörner.
IUCN-STATUS: Von Schutzmaßnahmen abhängig.

Jentinkducker Vu
Cephalophus jentinki

Liberia bis W-Côte d'Ivoire. Nur in Tieflandwäldern. Sehr selten.
KL ca. 135 cm; SL ca. 15 cm; GT bis 70 kg.
FELL: Kopf und Hals schwarz, Schultern weiß, Rücken und Rumpf schwarzweiß gesprenkelt.

Gelbrückenducker LR
Cephalophus sylvicultor
Riesenducker

Von Guinea-Bissau östlich bis Sudan und Uganda, südlich bis Angola und Sambia. In verschiedenen Waldtypen und offenem Buschland.
KL 115–145 cm; SL 11–18 cm; GT 45–80 kg.
FELL: Schwärzlich braun mit gelbem Fleck am hinteren Rücken.
IUCN-STATUS: Vorwarnliste.

Abbottducker Vu
Cephalophus spadix

Tansania. Hochgebirgswald.
KL 100–120 cm; SL 8–12 cm; GT bis 60 kg.
FELL: Dunkel kastanienbraun bis schwarz.

Zebraducker Vu
Cephalophus zebra

Sierra Leone, Liberia und Côte d'Ivoire. Tieflandwald.
KL 85–90 cm; SL etwa 15 cm; GT 9–16 kg.
FELL: Rötlich braun mit 12–15 zebraähnlichen Querstreifen.

Schwarzducker LR
Cephalophus niger

Von Guinea östl. bis Nigeria. Tieflandwald.
KL 80–90 cm; SL 12–14 cm; GT 15–20 kg.
FELL: Bräunlich schwarz bis schwarz.
IUCN-STATUS: Vorwarnliste.

Adersducker En
Cephalophus adersi
Sansibarducker

Sansibar, Küstengebiete von Kenia und Tansania.
KL 66–72 cm; SL 9–12 cm; GT 6,5–12 kg.
FELL: Gelbbraun-rot mit weißem Band am Hinterteil.

Rotducker LR
Cephalophus natalensis
Rotducker oder Nataldducker

Von Somalia südlich bis Simbabwe und Mosambik. Tiefland, Gebirgswald.
KL 70–100 cm; SL 9–14 cm; GT 10,5–12 kg.
FELL: Orangerot bis dunkelbraun.
IUCN-STATUS: Von Schutzmaßnahmen abhängig.

Petersducker LR
Cephalophus callipygus
Harveyducker, Schönsteißducker

Kamerun bis Gabun, östlich bis Zentralafrikanische Republik und Kongo. Tieflandwälder.
KL 80–115 cm; SL 10–16,5 cm; GT 15–24 kg.
FELL: Helles bis dunkles Rötlichbraun.
IUCN-STATUS: Vorwarnliste.

Weynsducker LR
Cephalophus weynsi

Kongo, Uganda, Ruanda und W-Kenia. Kaum bekannte Form, die eine eigene Art oder Form des Peters- oder Rotflankenduckers sein könnte.
IUCN-STATUS: Vorwarnliste.

Schwarzrückenducker LR
Cephalophus dorsalis

Von Guinea-Bissau östlich bis Kongo und südlich bis Angola. Tieflandwald.
KL 70–100 cm; SL 8–15 cm; GT 19–25 kg.
FELL: Bräunlich gelb bis bräunlich rot; schwarzer Rückenstreifen von der Nase bis zum Schwanz.
IUCN-STATUS: Vorwarnliste.

Weißbauchducker LR
Cephalophus leucogaster
Gabunducker

Kamerun, südlich und östlich bis Kongo. Tieflandwald.
KL 90–100 cm; SL 12–15 cm; GT 12–15 kg.
FELL: Hell bis dunkel rötlich braun; Kinn, Kehle und Bauch weiß.
IUCN-STATUS: Vorwarnliste.

Ogilbyducker LR
Cephalophus ogilbyi
Fernando-Póo-Ducker

Von Sierra Leone östlich bis Kamerun und Gabun. Tieflandwald.
KL 85–115 cm; SL 12–15 cm; GT 14–20 kg.
FELL: Rötlich orange mit weißen Füßen; schwarzer Rückenstreifen von der Schulter bis zum Schwanz.
IUCN-STATUS: Vorwarnliste.

KRONEN- ODER BUSCHDUCKER

Gattung *Sylvicapra*

Meist nur Männchen mit Hörnern, diese nach oben gerichtet. Ohren länger und spitzer als bei der Gattung *Cephalophus*.

Kronenducker
Sylvicapra grimmia
Buschducker

Afrika südlich der Sahara, außer im Kongo. Savanne und offenes Buschland.
KL 80–115 cm; SL 10–22 cm; GT 10–18 kg.
FELL: Sandfarben bis gelbbraun.

En stark gefährdet Vu gefährdet
LR geringes Risiko

KL = Körperlänge SL = Schwanzlänge
GT = Gewicht

(In der 1993 erstellten Liste der Säugetierarten werden noch zwei weitere Arten aufgeführt: Harveyducker *C. harveyi* und Ruwenzori-Ducker *C. rubidus*).

Unten: *Studien mit dem Blauducker haben gezeigt, dass ein Großteil seiner Nahrung aus Insekten besteht.*

Pferdeböcke

Die riesigen Graslandschaften Afrikas erstrecken sich nördlich, südlich und östlich des Kongobeckens. Hier findet man die größte Säugerbiomasse der Erde. Parallel mit spezialisierten Grasfressern, den großen Antilopen, haben sich hier bestimmte Grasarten entwickelt. In der Unterfamilie Hippotraginae werden drei Gattungsgruppen zusammengefasst: die Wasser- und Riedböcke in Feuchtgebieten und Berggrasländern, die Verwandten der Kuhantilopen in feuchten Gras- und offenen Waldlandschaften sowie die Pferdeböcke in Trockengebieten.

Die Graslandschaften umfassen eine Vielzahl von Lebensräumen – von den Sumpfländern des Weißen Nils und Okavangodeltas über die offenen Savannen Ostafrikas, die Busch- und Waldländer Südafrikas bis zu den Halbwüsten der Sahelzone und Kalahari. Die Struktur dieser Lebensräume verändert sich ständig aufgrund unterschiedlicher Niederschlagsmengen, Brände sowie Beweidung durch die Gras- und Laubfresser selbst. Die Dichte der Säugetierpopulationen nimmt mit den Regenfällen zu, und in den regenreichsten Regionen verhindern allein Brände und Beweidung eine Verbuschung und Bewaldung der Landschaft.

Ein Thema, drei Variationen

KÖRPERBAU UND FUNKTION

Alle Vertreter der Ried- und Wasserböcke (Tribus Reduncini) besiedeln relativ feuchte und pflanzenreiche Habitate, von Sümpfen im Tiefland bis hin zu Berggrasländern. Sie sind das ganze Jahr über auf nährstoffreiche Nahrung angewiesen. Vielleicht aufgrund ihres wasserreichen Lebensraums besitzen die Reduncini-Arten keine gut entwickelten Duftdrüsen, sondern kommunizieren vielmehr durch hohe Pfiffe, die als Warnrufe, bei Männchen auch als Brunftrufe, dienen.

Die kleineren Riedböcke haben vermutlich mit den Vorfahren dieser Gruppe am meisten Ähnlichkeit. Der in drei Hochlandpopulationen lebende Bergriedbock begnügt sich mit einer ärmeren Kost als seine Verwandten. Seine Wohngebiete sind relativ klein (10 bis 15 ha) und die Dichten gering, wenngleich die kenianische Population 11 Tiere pro qkm erreicht.

Gewöhnlicher und Großer Riedbock sind die kleinsten Tiefland-Arten. Sie leben in feuchten Gras- und Sumpfländern nördlich und südlich des Kongobeckens. Auch ihre Territorien sind klein, können regional aber relativ hohe Dichten erreichen. So umfasst z.B. eine Population in Zululand 16,6 Tiere pro qkm. Wie die meisten kleinen Antilopenarten verstecken sie sich vor Raubtieren, statt in der Herde Schutz zu suchen.

Die größte Art der Reduncini-Gruppe ist der zottige Wasserbock, den man auf den ersten Blick eher den Wäldern Nordamerikas zuordnen würde als den feuchten tropischen Grasländern. Seine eiweißreiche Nahrung könnte auch seinen – für Antilopen ungewöhnlich hohen – Wasserbedarf erklären, weshalb er sich nie weit vom Wasser entfernt. Aufgrund seiner Größe hat er einen hohen Nahrungsbedarf, den er neben der Aufnahme von Gräsern häufig durch Schilf, Laub und sogar Wasserpflanzen ergänzt. Da er nahe am Wasser lebt, fällt er oft Raubtieren zum Opfer, wenngleich er im Queen-Elizabeth-Park in Uganda nur selten von Löwen angegriffen wird, vielleicht wegen des

Links: An seinen beeindruckenden, leierförmigen Hörnern erkennt man den Impalabock sofort. Impalas haben das größte Verbreitungsgebiet aller Pferdeböcke.

Ein lebendes Relikt

Die Hunterantilope ist die einzige überlebende Art einer einst häufigen Gruppe, die die Verwandtschaftsverhältnisse der Kuhantilopen erhellt. Heute ist sie auf kleine Gebiete in Kenia beschränkt und in Somalia vermutlich schon ausgestorben. Ihr Bestand ist in 30 Jahren von 20 000 auf unter 2000 Tiere gesunken. Einige Tiere wurden wenig erfolgreich in den 1970er Jahren im Tsavo-Nationalpark in Kenia eingeführt.

Hunterantilopen leben im trockenen, offenen Buschland. Sie ernähren sich vorwiegend von Gras, in der Trockenzeit jedoch auch von Laub. Häufig suchen sie auch Weidegebiete von Hausvieh auf, das nach Somali-Tradition gehalten wird. Dadurch setzen sie sich aber der Gefahr aus, an Rinderpest und Tuberkulose zu erkranken.

Die Tiere pflanzen sich zu bestimmten Jahreszeiten fort. Die Paarung findet meist während der langen Regenzeit im Februar und März statt, die Geburten erfolgen zu Beginn der kurzen Regenzeit im Oktober und November. Die Weibchen leben in Gruppen von meist ca. 8 Tieren. Zum Gebären entfernen sie sich von der Gruppe. Dadurch genießen die Neugeborenen in den ersten Lebenswochen nicht den Schutz der Herde und leben gefährlicher.

In nahrungsreichen Lebensräumen verteidigen Männchen vermutlich Territorien, in denen sie sich mit durchziehenden Weibchen paaren. Die Reviere werden mit Dung und Gesichtsdrüsensekreten markiert. Revierlose Männchen bilden Gruppen von 2 bis 38 Tieren. In Tsavo halten sich brünftige Männchen Weibchenherden in bis zu 40 qkm großen Gebieten. Dominante Böcke haben ihren Harem fest im Griff und führen ihn auch auf neue Weideplätze. Je nach ökologischen Faktoren und Populationsdichte verteidigen Männchen entweder die Weibchen oder das Territorium. MG

streng riechenden, öligen Sekrets auf dem Fell, vor allem bei Männchen. Die Tiere sind standorttreu. Die Weibchenreviere variieren von 0,3 qkm in einer Population mit hoher Dichte am kenianischen Nakuru-See bis zu 6 qkm in Uganda.

Moorantilope, Litschi-Wasserbock und Grasantilope sind größenmäßig zwischen Riedbock und Wasserbock angesiedelt. Ihre meist ausgedehnten Wohngebiete liegen in Feuchtsavannen und saisonal überfluteten Sumpfgebieten, wo die Tiere hohe Populationsdichten erreichen können. Die Moorantilope findet man nördlich des Kongoflusses, den nah verwandten Litschi-Wasserbock und die Grasantilope hingegen südlich davon. Diese Arten sind auf nährstoffreiches, grünes Gras spezialisiert und passen daher ihre Wanderbewegungen an die räumlichen und zeitlichen Unterschiede im Graswachstum an. Die Grasantilope ernährt sich von Gräsern und Riedgras, die sie in ausgetrockneten Flussläufen und Tälern findet. Der Uganda-Kob wandert bis zu 40 km weit, wenn nach Wolkenbrüchen und Bränden im Queen-Elizabeth-Park frisches Gras sprießt. Der Weißohr-Kob aus dem Sudan schließlich wandert in riesigen Herden über Hunderte von Kilometern, um Niederschläge und saisonale Überschwemmungen am Weißen Nil zu nutzen. Um 1980 herum wurde sein Bestand auf 800 000 Tiere geschätzt; die Wanderungen der riesigen Herden lassen sich mit denen der Gnus in der Serengeti vergleichen. Moorantilopen und Wasserböcke schließen sich auf ihren Wanderungen zum Schutz vor Raubtieren zusammen.

Oben: *Litschi-Wasserböcke – hier im Chobe-Nationalpark, Botswana – bevorzugen wie auch andere Wasserböcke feuchte Lebensräume.*

Die Alcelaphini umfassen die Kuhantilopen und ihre Verwandten. Mit Ausnahme der Impala wirken alle Arten mit ihrer abfallenden Rückenlinie, dem langen Gesicht und den gedrungenen Hörnern eher etwas plump. Doch auch sie zählen zu den typischen Bewohnern der afrikanischen Savanne. Die verschiedenen Arten sind von den Grasländern nördlich des Kongos über die Savannen Ostafrikas bis in die Waldländer Südafrikas verbreitet.

Leierantilopen sind spezialisierte Grasfresser und nur in feuchten Savannenregionen zu finden, häufig zusammen mit Moorantilopen und Riedböcken. Die Gnus sind weniger spezialisiert und in offenen Gras- und Waldländern mit mittlerem und hohem Graswuchs in Ost- und Südafrika verbreitet. Die Wohnbezirke der Weibchen umfassen 3,7 bis 5,5 qkm. Im Nairobi-Nationalpark, Kenia, leben durchschnittlich 22 Tiere pro qkm. Sie sind vor allem bekannt für ihre riesigen Wanderherden in der Serengeti und in Botswana, doch gibt es auch standorttreue Gnus wie im Ngorongoro-Krater in Tansania.

Impalas sind von allen Pferdeböcken am weitesten verbreitet und man findet sie in ganz Ost- und Südafrika. Trotz ihrer Zuordnung zu den Alcelaphini deuten molekulare Merkmale darauf hin, dass sie nicht so eng mit den anderen Arten verwandt sind wie bisher angenommen. So haben

FAKTEN

PFERDEBÖCKE

Ordnung: Artiodactyla

Familie: Bovidae

Unterfamilie: Hippotraginae

23 Arten in 11 Gattungen

VERBREITUNG Afrika, Arabien.

LEBENSRAUM Trockene und feuchte Graslandschaften bis zu 5000 m Höhe.

GRÖSSE Schulterhöhe von 65–76 cm beim Bergriedbock bis 126–145 cm bei der Pferdeantilope; **Gewicht** von 23 kg bei der Rehantilope bis 280 kg bei der Pferdeantilope.

FELL Unterschiedlich, von glatt und seidig beim Impala bis zottig beim Wasserbock. Einige Arten, wie Gnu, Spießbock und Pferdeantilope, haben Mähnen.

NAHRUNG Gräser, Kräuter, Wasserpflanzen; einige Arten fressen auch Knollen und Samenkapseln.

FORTPFLANZUNG Nach einer Tragzeit von 210–280 Tagen wird meist ein Junges geboren.

LEBENSERWARTUNG Riedböcke werden in Gefangenschaft bis zu 18, Kuhantilopen bis zu 20, Gnus bis zu 21 und Säbelantilopen bis zu 22 Jahre alt.

Artenübersicht siehe Seite 554 f. ▷

sie weder den erhöhten Widerrist noch das lange Gesicht der anderen Arten, sondern erinnern eher an die kleine, zierliche Moorantilope. Ungewöhnlich ist auch, dass sie zwischen Gras und Laub wechseln: Im Sengwa-Forschungsgebiet im Nordwesten Simbabwes entdeckte man, dass ihre Nahrung in der Regenzeit zu 94 % aus Gras, in der Trockenzeit jedoch zu 69 % aus Kräutern und Laub besteht. Ihr Lebensraum liegt in Baumsavannen und Galeriewäldern sowie deren Übergängen. Durch diese Habitatwahl und ihre jahreszeitlich angepasste Ernährung sind Impalas in der Lage, das ganze Jahr über ihren kleinen Wohngebieten von 0,5 bis 4,5 qkm treu zu bleiben und dennoch hochwertiges Futter zu finden.

Die eigentlichen Pferdeböcke (Hippotragini) gelten als Spezialisten für Trockenregionen. Beide Geschlechter dieser großen Arten tragen lange, gerade oder leicht gekrümmte Hörner. Die Weibchen durchstreifen in Verbänden von fünf bis 25 Tieren riesige Gebiete, wobei die Populationsdichte stets relativ niedrig ist. Neben Gras ernähren sie sich auch von Laub, Samen, Sukkulenten, Knollen und Melonen. Die Weibchen nutzen ihre Hörner, um fremde Kühe aus ihrer Gruppe zu vertreiben oder die spärlichen Nahrungsquellen zu verteidigen. Die Mendesantilope, eine große weiße Antilope mit schönen gewundenen Hörnern, bewohnt die trockensten Lebensräume und kann auch in den wasserlosen Gebieten der Sahara überleben. Die Sahelzone ist die Heimat der Säbelantilope (die früher auch nördlich der Sahara lebte). Der Arabische Spießbock ist das einzige nicht afrikanische Mitglied der Familie; er war auf der arabischen Halbinsel und im Sinai verbreitet und wurde erst kürzlich wieder im Oman und Saudi-Arabien eingeführt. Pferde- und Rappenantilopen sind am wenigsten an Trockenheit angepasst.

Oben: *Gebärden einiger Antilopen:* **1** *Großer Riedbock* (Redunca arundium) *in „stolzer Haltung".* **2** *Defassa-Wasserbock* (Kobus ellipsiprymnus defassa) *in Imponierpose;* **3** *Rehantilope* (Pelea capreolus) *in wachsamer Haltung.* **4** *Uganda-Kob* (Kobus kob thomasi) *nähert sich mit erhobenem Kopf einem Weibchen.* **5** *Mendesantilopenbock* (Addax nasomaculatus) *flehmt, nachdem er den Urin eines Weibchens geprüft hat.* **6** *Rappenantilope* (Hippotragus niger) *präsentiert die Hörner als männliches Imponiergehabe.* **7** *Pferdeantilope* (Hippotragus equinus) *in unterwürfiger Haltung.* **8** *Kongoni* (Alcelaphus busephalus cokii) *zeigt die Demutshaltung eines Einjährigen.* **9** *Territorialer Impalabock* (Aepyceros melampus) *röhrt während der Brunftzeit.* **10** *Männlicher Buntbock* (Damaliscus pygargus) *sinkt auf die Knie und leitet damit den Kampf ein.* **11** *Spießbock* (Oryx gazella) *macht werbenden Laufschlag beim Paarungsvorspiel.* **12** *Leierantilopenbock* (Damaliscus lunatus) *nähert sich einem Weibchen mit erhobenem Kopf.* **13** *Streifengnu* (Connochaetes taurinus) *bei einem Annäherungsversuch mit hängenden Ohren.*

Aufgabenverteilung

SOZIALVERHALTEN

Mehr als andere Gruppen demonstrieren Pferdeböcke ein zentrales Thema der Soziobiologie – die Aufgabenteilung. Die Weibchen suchen Nahrungsquellen, die Männchen suchen Weibchen. Dieses hat einen einfachen Grund: Der Fortpflanzungserfolg der Weibchen hängt in erster Linie davon ab, ob sie in der Zeit, während sie die Jungen führen, Zugang zu ausreichend Nahrungsressourcen finden, bei den Männchen hingegen davon, wie viele Weibchen sie begatten können. So hat sich im Lauf der Zeit besagtes Verhalten herausgebildet. Auf dieser Verallgemeinerung aufbauend lassen sich bei Pferdeböcken vier diverse Paarungsstrategien beobachten: Bei der ersten verteidigen Männchen nahrungsreiche Territorien, während die Weibchen bei mäßiger Populationsdichte ortsgebunden in kleinen Wohngebieten leben. Zu diesen Arten zählt die Grasantilope, deren Weibchen ganzjährig Zugang zu hochwertiger Nahrung in ausgetrockneten Flussläufen haben, der große Wasserbock, der in Feuchtgebieten lebt, wo Weibchen das ganze Jahr über eiweißreiches Futter finden, die Impala, die neben Gras auch Laub frisst und deshalb ortsgebunden sein kann, und das Gnu, das sich notfalls auch von nährstoffarmem Gras ernährt und selbst in trockeneren Zeiten nicht unbedingt abwandern muss. Bei allen genannten Arten sind die Weibchen standorttreu,

Brunftplätze der Wasserböcke

Jedes Jahr spielt sich in einer der beiden Regenzeiten auf einer Lichtung im Buschland des Queen-Elizabeth-Nationalparks in Uganda eine außergewöhnliche Szene ab. Gleichmäßig verteilen sich auf einem großen grasbewachsenen Platz rund 65 Uganda-Kob-Böcke. Einige ruhen oder grasen, die meisten jedoch stehen, bedrohen andere Böcke oder imponieren Kühen, die zusammenstehen oder zwischen den Territorien wechseln. Neue Weibchen werden von den Männchen mit einer Reihe kurzer, schriller Pfiffe begrüßt.

Vermutlich existiert dieser Brunftplatz bereits seit Jahrhunderten. Nur bei sieben Säugerarten ist dieses merkwürdige System bekannt: Die Männchen besetzen winzige Territorien ohne jegliche Ressourcen, die auf einem traditionellen Paarungsterrain dicht nebeneinander liegen, während die Weibchen sich von ihrer Herde lösen, um zu diesem Platz zu wandern und sich zu paaren. Das wirft zwei Fragen auf: Warum findet man dieses System ausschließlich bei diesen Arten? Und nach welchen Kriterien entscheiden sich Weibchen, die offensichtlich die freie Partnerwahl haben?

Das Paarungssystem der Ried- und Wasserböcke ist auf das Verhalten der Weibchen abgestimmt, die in riesigen, instabilen Herden umherziehen, um neue Nahrungsquellen aufzuspüren. Für die Männchen wäre es reine Zeitverschwendung, feste Territorien zu verteidigen, wenn alle Weibchen weit davon entfernt nach Futter suchen. Da die sozialen Gruppen der Weibchen nicht stabil sind, wäre auch die bei Pferdeböcken übliche Haremsverteidigung keine Alternative. So haben die Böcke keine andere Wahl, als sich auf einem Brunftplatz niederzulassen und um die Gunst der Weibchen zu buhlen.

Die Weibchen profitieren mehrfach vom Brunftplatzsystem. Erstens sind sie dort sicherer, da sich im kurzen Gras Raubtiere schlecht verstecken können (und Löwen meist Böcke am Rand des Platzes reißen). Zweitens vermeiden sie die sexuelle Belästigung durch zudringliche Jungbullen. Und drittens haben sie auf dem Brunftplatz eine große Auswahl an Männchen. Aus der Vielzahl konkurrierender Böcke können sie sich den attraktivsten (sprich: mit den besten Genen) aussuchen.

Doch nach welchen Kriterien treffen die Weibchen ihre Wahl? Studien am Uganda-Kob haben gezeigt, dass sie sich offenbar nicht auf die Männchen, sondern auf die Territorien konzentrieren. Männchen wechseln oft ihre Bezirke, wobei die Beliebtheit des Territoriums darüber entscheidet, wie lange sie sich dort halten können. Für die Weibchen indes scheint ein Territorium umso interessanter, je beliebter es zuvor bei anderen Kühen war.

Warum sie sich gerade daran orientieren, weiß man nicht genau, doch gibt es zwei Theorien: Die Kühe wählen jene Böcke, die am beliebtesten zu sein scheinen (also vermutlich „gute" Gene haben), indem sie es einfach den anderen Weibchen nachmachen. Vielleicht fühlen sie sich auch an Plätzen, an denen sich andere Kühe zum Bleiben entschlossen haben, vor Raubtieren sicherer. Welche dieser Theorien auch immer zutreffen mag: Ein Kob-Brunftplatz ist ein unvergesslicher Anblick! JCD

und starke Männchen können sich den Zugang dadurch sichern, dass sie Territorien verteidigen, die sich mit den Weibchenrevieren ganz oder zum größten Teil überlappen. Für den Beobachter mag dies so aussehen, als würden Wasserbock- oder Impalabullen einen Harem verteidigen, während sie eigentlich eigene Territorien mit klaren Grenzen verteidigen. Verlassen die Weibchen das Gebiet, verliert das Männchen auch die Kontrolle über sie.

Die Paarungsstrategie der Riedböcke ist ähnlich. Obwohl sie häufig eine monogame Partnerschaft eingehen, erinnert ihr Paarungsverhalten an das der Wasserböcke und Grasantilopen, die Ressourcen verteidigen. Weibchen benötigen wegen ihrer geringen Größe relativ leicht verdauliche Nahrung. Sie verstecken sich vor Raubtieren und leben meist einzelgängerisch. Männchen verteidigen Territorien mit guten Nahrungsquellen, die sich jedoch oft mit dem Revier eines Weibchens decken.

Oben: *Gnus sind vorzugsweise Kurzgrasfresser. Ihr Wanderverhalten spiegelt das Vorkommen von Futter, Wasser und Mineralstoffen wider. Während ihrer spektakulären Wanderungen fallen viele Tiere beim Durchqueren von Flüssen Krokodilen zum Opfer.*

Eine dritte Form des Paarungsverhaltens, die Haremsverteidigung, findet man bei den meisten Hippotragini-Arten. Bei diesen an Trockenheit angepassten Antilopen haben die Weibchen riesige Wohngebiete, die für ein Männchen zur Verteidigung viel zu groß sind. Die Weibchen leben in engen, stabilen Gruppen von fünf bis 25 Tieren, möglicherweise um die spärlichen Nahrungsvorkommen besser gegen fremde Gruppen schüt- zen zu können. In diesem Fall verteidigen Männchen meist leichter eine Weibchengruppe als ein Territorium. Eine Ausnahme stellt die Rappenantilope dar. Sie bewohnt nahrungsreichere Lebensräume, in denen die Weibchen standorttreuer und deren Wanderungen besser voraussagbar sind. Hier verteidigen die Männchen wieder Territorien.

Schließlich gibt es zahlreiche Arten oder Unterarten, bei denen die Weibchen eine hohe Populationsdichte aufweisen und schwer kontrollierbar sind, da sie auf der Suche nach hochwertiger Nahrung große Gebiete durchstreifen und zudem keine stabilen oder engen Familiengruppen bilden. Zu diesen zählen Uganda- und Weißohrkob, Kafuë-Litschi und möglicherweise einige Wanderpopulationen der Gnus. Bei diesen Arten verteidigen die Männchen oft winzige Territorien ohne Nahrungsvorkommen auf so genannten Brunftplätzen. Empfängnisbereite Weibchen verlassen die großen, gemischtgeschlechtlichen Herden, in denen sie leben, und suchen einen oft mehrere Kilometer entfernt liegenden Brunftplatz auf. Dort bleiben sie 12 bis 24 Stunden und paaren sich mehrmals mit verschiedenen Männchen. Im Akagera-Nationalpark in Ruanda und im Masai-Mara-Nationalpark in Kenia sammeln sich die Bullen der Leierantilopen ähnlich wie die der Uganda-Kobs in der Paarungszeit an bestimmten Orten und bilden dort dicht besetzte Brunftplätze.

Über das Paarungsverhalten der wandernden Gnus ist nur wenig bekannt. Berichten zufolge besetzen Männchen an den Wanderrouten kleine, dicht gedrängt liegende Territorien, ähnlich denen der Kob-Brunftplätze, und begatten dort vorbeiziehende Kühe. Bisher hat die große Zahl der wandernden Tiere verhindert, dass zuverlässige Daten gesammelt werden konnten.

Noch eine weitere Frage beschäftigt die Forscher: Warum pflanzen sich manche Arten nur zu bestimmten Jahreszeiten fort und andere nicht? Wie bei vielen anderen Aspekten der Fortpflanzung scheinen auch hier flexible Anpassungen an den Lebensraum darüber zu bestimmen, wann sich Weibchen paaren. An einem Ende der Skala stehen Arten wie die Grasantilope, die in den südafrikanischen Savannen leben, wo es im Jahr eine einzige, meist fest voraussagbare Regenzeit gibt. An dieser wird die Brunftzeit ausgerichtet, sodass die Phase des Säugens, für die die Weibchen die meiste Energie brauchen, in die Zeit nach dem Regen fällt, wenn reichlich Nahrung zur Verfügung steht. Am anderen Ende der Skala stehen Arten wie der Bergriedbock, die sich meist das ganze Jahr über paaren. Dazwischen gibt es Arten wie den Uganda-Kob, in dessen Lebensraum das ganze Jahr über Regen fällt, am meisten aber im Oktober und März. Hier kommen Geburten ganzjährig vor, mit zwei an die stärksten Regenfälle gebundenen Höhepunkten. Die Weibchen dieser Arten pflan-

Hohe Populationsdichte bei Wasserböcken

Im Nakurusee-Nationalpark erreichen die Wasserbock-Populationen in einigen Gebieten eine Dichte von 100 Tieren pro qkm. Der Durchschnitt von 30 Tieren pro qkm ist um so viel höher als die Dichten in anderen Regionen mit 1 bis 2 Tieren pro qkm, dass man vermutet, der Nakuru-Wasserbock weise ein Sozialverhalten auf, das sich von dem anderer Populationen unterscheidet.

Während die Territorien männlicher Wasserböcke meist über 100 ha groß sind, erreichen die der Artgenossen am Nakurusee aufgrund großer Konkurrenz auf engstem Raum gerade einmal 10 bis 40 ha. Zudem ist die Verweildauer in einem Territorium kürzer (etwa 1,5 Jahre). Gerade einmal 7 % der erwachsenen Böcke besitzen ein Territorium und nur 20 % der Böcke besetzen überhaupt jemals in ihrem Leben ein solches Revier.

In 53 % der Territorien am Nakurusee halten sich ein oder mehrere untergeordnete Böcke auf, die vom dominanten Bock toleriert werden. Diese Männchen haben Zugang zum gesamten Revier, manche sogar noch zu angrenzenden Territorien. Fremde Männchen werden vom dominanten Bock bedroht und vertrieben. Erwachsene Böcke, die weder einen Eigenbezirk haben, noch in einem geduldet werden (d.h. über 80 % der erwachsenen Männchen), schließen sich mit Jungböcken zu Junggesellenherden zusammen, die nur selten in die Reviere dominanter Männchen eindringen.

Männchen jeden Alters werden, wenn sie ein Territorium betreten, häufig von untergeordneten Männchen vertrieben. Diese beteiligen sich also an der Verteidigung des Territoriums, wodurch der Besitzer Energie spart und das Risiko mindert, sich beim Kampf zu verletzen.

Hält sich ein empfängnisbereites Weibchen im Territorium auf, paart sich in der Regel nur der dominante Bock mit ihm. Gelegentlich gelingt dies jedoch auch einem untergeordneten Bock, wenn der Revierinhaber nicht in der Nähe ist. Da Wasserböcke ihre Territorien an Flüssen und Flussufern mit saftigem Gras einrichten, profitieren auch die untergeordneten Böcke davon, da ihre Nahrungsquellen besser sind als die der Junggesellen.

Der größte Vorteil für untergeordnete Böcke liegt vermutlich jedoch darin, dass sie so höhere Chancen haben, selbst ein Territorium zu erhalten. In fünf von zwölf Fällen besetzte nach einem Inhaberwechsel ein vorher untergeordnetes Männchen das eigene oder benachbarte Reviere. Demnach ist die Chance auf einen Eigenbezirk für sie zwölfmal höher als für Junggesellen. PW

Unten: *Der Spießbock ist in seinem Verbreitungsgebiet weitgehend sicher. Alle anderen Pferdebock-Arten jedoch sind stark gefährdet.*

Oben: *Junge Leierantilopen beim Ringkampf. Mit 1 Jahr werden sie von dominanten Böcken vertrieben, mit 3 bis 4 Jahren fordern sie ältere Böcke zum Kampf.*

zen sich offenbar nicht im Hinblick auf die Zeit des Säugens fort, sondern sind immer dann empfängnisbereit, wenn ihr Körper kräftig genug ist, Trächtigkeit und Geburt durchzustehen.

Unterschiedliche Gefährdung

ARTEN- UND UMWELTSCHUTZ

Fast alle Hippotraginae-Arten mit Ausnahme des Wasserbocks sind ein beliebtes Jagdwild. Da ihre Fortpflanzungsraten jedoch relativ hoch sind, dürften für sie nur zwei Dinge eine ernsthafte Bedrohung darstellen: eine geringe Populationsdichte im natürlichen Verbreitungsgebiet oder eine großflächige Zerstörung ihres Lebensraums.

Als bei weitem am stärksten gefährdet gelten die eigentlichen Pferdeböcke (Hippotragini): Sie sind groß, leben in Trockenregionen in riesigen Wohngebieten mit äußerst niedriger Populationsdichte und pflanzen sich relativ langsam fort. Sie lassen sich nur schwer in kleinen Reservaten halten und sind eine leichte Beute für Jäger. Häufig teilen sie ihren Lebensraum mit Menschen, die oft mit Nahrungsknappheit konfrontiert sind. Eine Art, der Blaubock *(Hippotragus leucophaeus)* aus dem Südwesten der Kapprovinz, starb bereits aus, eine andere, der Arabische Spießbock, war in Freiheit ausgestorben und wurde vor kurzem aus Zoobeständen wieder eingeführt. Auch Mendes- und Säbelantilope sind von der Ausrottung bedroht, Letztere ist nördlich der Sahara bereits verschwunden. Die restlichen Arten, mit Ausnahme des Südafrikanischen Spießbocks, der in Reservaten relativ gut gesichert ist, sind ebenfalls bis zu einem gewissen Grad gefährdet.

Die Kuhantilopen (Alcelaphini) leiden weniger unter einer Bedrohung, außer in Gegenden, in denen der Mensch ihre Wanderrouten abgeschnitten oder ihren Lebensraum zerstört hat. In Botswana wurden die Grasländer für Farmen aufgeteilt und eingezäunt. Dies reduzierte den Gnubestand drastisch, da die Tiere am Wandern gehindert wurden. In Kenia ist die Hunterantilope, die in relativ trockenen Savannen lebt und nur eine geringe Populationsdichte aufweist, durch Bejagung und Nahrungskonkurrenz mit Hausvieh stark gefährdet.

Ried- und Wasserböcke weisen eine hohe Fortpflanzungsrate auf und leben meist in Sumpfgebieten, sodass sie durch Menschen weniger gefährdet sind, wenngleich in den letzten 50 Jahren viele lokale Populationen ausgerottet wurden. Eine Ausnahme bildet der Litschi-Wasserbock: Mehrere Unterarten in Sambia sind durch die Bohrung von Wasserlöchern, noch mehr aber durch Wilderei gefährdet.

Aufgrund der hohen Populationsdichten und Fortpflanzungsraten setzt vielen Reduncini- und Alcelaphini-Arten weniger die Bejagung als vielmehr die politische Instabilität der Region zu. So wurden im Toro-Wildreservat in Uganda in den 1960er und 1970er Jahren nur kontrollierte Abschüsse erlaubt. Nach politischen Unruhen wurden jedoch unzählige Tiere regelrecht abgeschlachtet und lokale Populationen nahezu ausgerottet. Das gleiche Schicksal ereilte viele Arten auch in anderen afrikanischen Ländern.

Heute sieht es so aus, als könnte der Massentourismus, z.B. in der Serengeti, zum Erhalt der Wildtierpopulationen beitragen. Ob künftig in Afrika Nationalparks eingerichtet und welche Schutzmaßnahmen ergriffen werden, hängt aber weitgehend davon ab, ob sich konkurrierende ethische und wirtschaftliche Interessen vereinbaren lassen. Einerseits kann sich der Massentourismus negativ auf die Lebensräume der Wildtiere und damit direkt auf empfindliche Arten sowie auch auf die einheimische Bevölkerung auswirken; andererseits könnte eine Reduzierung der Besucher im Interesse des Arten- und Umweltschutzes die Einnahmen der Nationalparks und der Tourismusbranche verringern. Am verträglichsten hat sich bisher ein qualitativ hochwertiger Einzeltourismus erwiesen. JCD/MGM

Artenübersicht Pferdeböcke

TRIBUS REDUNCINI

Ried- und Wasserböcke

Afrika. Antilopen der Feuchtgebiete, Langgrassavannen und des Buschwalds. Hörner nur bei Männchen; langes Haar an Seiten und Nacken außer bei Moorantilopen.

Gattung *Redunca* Riedböcke

Helle, anmutige Tiere; auf der Flucht stoßen sie schrille Pfiffe aus und vollführen hohe Prallsprünge. Weibchen und Männchen gleich groß. Drüsenöffnung unter den Ohren. 3 Arten.

Großer Riedbock LR
Redunca arundium

Afrika, nördlich bis Tansania, westlich bis Angola. Südliche Savannen. Größter Riedbock; 2 Unterarten.
KL 134–167 cm; SL 26–27 cm;
SH 84–96 cm; HL 30–45 cm; GT 50–80 kg.
KÖRPER: Fell lederfarben bis sandbraun; blasse Zone am Hornansatz; schwarzweiße Zeichnung an den Vorderbeinen.
IUCN-STATUS: Von Schutzmaßnahmen abhängig.

Bergriedbock LR
Redunca fulvorufula

Kamerun, Äthiopien, O- und südliches Afrika. Grasländer im Gebirge bis 5000 m. Kleinster Riedbock; 3 Unterarten, jede in eigener Hochlandregion, u.a. *R. f. chanleri* in Äthiopien und O-Afrika.
KL 110–136 cm; SL 20 cm; SH 65–76 cm;
HL 14–38 cm; GT 30 kg.
KÖRPER: Fell weich, wollig, grau; vorstehende Augen und Augenhöhlen.
IUCN-STATUS: Von Schutzmaßnahmen abhängig.

Riedbock LR
Redunca redunca
Isabellantilope

Von Senegal östlich bis Sudan, südlich bis Tansania. Nördliche Savannen. 7 Unterarten, u.a. die sudanesische Form *R. r. cottoni* mit langen, auswärts gebogenen Hörnern.
KL 100–130 cm; SL 18–20 cm;
SH 75–89 cm (M), 69–76 cm (W);
HL 20–41 cm; GT 45 kg.
KÖRPER: Fell hell lederfarben, auffällig gezeichnete Vorderbeine; Hörner nach vorn gebogen.
IUCN-STATUS: Von Schutzmaßnahmen abhängig.

Gattung *Pelea* Rehantilopen

Rehantilope LR
Pelea capreolus
Rehböckchen

Südafrika. Hochplateau.
SH 76 cm; HL 20–29 cm; GT 23 kg.
KÖRPER: Fell bräunlich grau, weich und wollig; zierlicher Körperbau; Hals lang und schlank; Schwanz kurz und buschig; kein Drüsenfleck unter den Ohren; Hörner kurz, gerade und fast senkrecht.
IUCN-STATUS: Von Schutzmaßnahmen abhängig.

Gattung *Kobus* Wasserböcke

Mittelgroße bis große Tiere mit relativ schwerfälligem Gang. Männchen mit gefurchten Hörnern; Weibchen sind kleiner als Männchen. 5 Arten.

Wasserbock LR
Kobus ellipsiprymnus
Hirschantilope

Südafrika nördlich bis Äthiopien und S-Sudan, westlich bis Senegal. Savanne und Waldland nahe permanenter Wasservorkommen. Zwei taxonomische Gruppen: Die *Ellipsiprymnus*-Gruppe (Ellipsen-Wasserbock) hat einen elliptischen weißen Spiegel am Hinterteil und lebt östlich des Rift Valley (6°N bis 29,5°S); 4 Unterarten. Der weiße Spiegel der *Defassa*-Gruppe (Defassa-Wasserbock) ist flammenförmig, das Fell vorwiegend rötlich; im Norden und Westen des Rift Valley. 9 Unterarten.
KL 177–235 cm; SL 33–40 cm; SH 125 cm;
HL 55–99 cm; GT 170–250 kg.
KÖRPER: Fell dunkelgrau oder rötlich und zottig; groß, schwerfälliger Gang.
IUCN-STATUS: Von Schutzmaßnahmen abhängig.

Moorantilope LR
Kobus kob
Kobantilope

Von Gambia bis Sudan, Äthiopien, Uganda. Flachland und sanfte Hügel nahe permanenter Wasservorkommen. 10 Unterarten, u.a. Senegal-Kob (*K. k. kob*), Senegal bis NW-Nigeria; Weißohr-Kob (*K. k. leucotis*), S-Sudan; Männchen meist schwarz.
KL 160–180 cm; SL 115 cm; SH 90–100 cm (M), 82–92 cm (W); HL 40–69 cm; GT 77 kg.
KÖRPER: Fell rötlich, Unterseite und V-förmiger Balken an Kehle weiß; schwarze Zeichnung an den Beinen. Männchen stämmig, dicker Nacken, leierförmige Hörner; Weibchen schlanker und graziler.
IUCN-STATUS: Von Schutzmaßnahmen abhängig.

Litschi-Wasserbock LR
Kobus leche
Litschi-Moorantilope

Botswana, Sambia, SO-Kongo. Überschwemmungsgebiete und saisonal überflutetes Grasland. 3 Unterarten.
SH 99 cm; HL 50–92 cm; GT 125 kg (M), 70 kg (W).
KÖRPER: Fell lang und rau, hellbraun bis schwarz, weiße Unterseite. Hufe lang und spitz. Hörner lang, dünn, leierförmig.
IUCN-STATUS: Schwarzer Litschi (*K. l. smithemani*), NO-Sambia und SO-Kongo, und Kafuë-Litschi (*K. l. kafuensis*), Kafuë-Fluss, Sambia, sind gefährdet. Roter Litschi (*K. l. leche*), Botswana und Sambia, ist von Schutzmaßnahmen abhängig.

Weißnacken-Moorantilope LR
Kobus megaceros
Frau Grays Wasserbock

Sudan, W-Äthiopien. Sümpfe in Bereich der Flüsse Weißer Nil, Sobat, Baro, Gilo.
SH 94 cm; HL 687 cm; GT 86 kg.
KÖRPER: Fell lang und rau, schwärzlich schokoladenbraun, weißer Unterkörper, weißer Fleck auf der Schulter; Weibchen rötlich gelbbraun; Hufe lang, spitz und gefurcht; Hörner lang und weit ausladend.
IUCN-STATUS: Vorwarnliste.

Grasantilope LR
Kobus vardonii
Puku

S-Kongo, Botswana, Angola, Sambia, Malawi, Tansania. An Seen, Sümpfen, Flüssen und in Überschwemmungsgebieten. 2 Unterarten: *K. v. vardonii* und *K. v. senganus*.
KL 126–142 cm; SL 28–32 cm;
SH 77–83 cm; HL 40–54 cm;
GT 77 kg (M), 66 kg (W).
Fell relativ lang, zottig, hell-goldgelb; Hörner kurz, dick, weniger leierförmig.
IUCN-STATUS: Von Schutzmaßnahmen abhängig.

TRIBUS ALCELAPHINI

Kuhantilopen

Afrika. Grasfresser in offenem Wald- und feuchtem Grasland sowie deren Übergängen. Meist hohe Populationsdichten. Typische Merkmale dieser Gruppe sind (außer beim Impala) Hörner bei beiden Geschlechtern, längliches Gesicht, abfallende Rückenlinie vom erhöhtem Widerrist zur Kruppe, Voraugendrüsen und lediglich Vorderfußdrüsen. Weibchen sind etwas kleiner als Männchen.
Impalas werden meist zu den Gazellen (Antelopini) gerechnet, haben aber größere Ähnlichkeit mit Kobs und Riedböcken (Reduncini). Heute deutet vieles darauf hin, dass die Impalas ein früher Seitenzweig der Alcelaphini sind und sich als unabhängige Einheit weiterentwickelt haben.

Gattung *Beatragus*

Hunterantilope Cr
Beatragus (Damaliscus) hunteri
Hunters Leierantilope, Hirola

O-Kenia, S-Somalia. Savannen zwischen trockenem Akazienbusch und Küstenwald.
KL 120–200 cm; SL 30–45 cm;
SH 100–125 cm; HL 55–72 cm; GT 80 kg.
KÖRPER: Fell einheitlich sand- bis rötlich gelbbraun, weiße Brille; Hörner lang und leierförmig, sitzen auf kurzer knöcherner Basis; Weibchen kleiner, hellere Hörner.

Gattung *Damaliscus* Leierantilopen

Zeichnet sich durch langen Kopf aus, dessen Stirn jedoch keinen Wulst bildet. Rücken nicht so stark abfallend wie bei der Kuhantilope. Hörner dick, gefurcht.

Leierantilope LR
Damaliscus lunatus
Halbmondantilope

Senegal bis W-Sudan, O- bis Südafrika. Grünes Grasland der offenen Savanne und sumpfige Überschwemmungsgebiete.
7 Unterarten, u.a. Halbmondantilope oder Sassaby (*D. l. lunatus*), Sambia südwärts; *D. l. jumela* und Topi (*D. l. topi*) im NO der Demokratischen Republik Kongo und O-Afrika; Tiang (*D. l. tiang*) in NW-Kenia, W-Äthiopien und S-Sudan.
KL 170 cm; SL 43 cm; SH 124 cm;
HL 35–60 cm; GT bis 170 kg (M), 130 kg (W).
KÖRPER: Fell mit Muster aus schwarzen Flecken (vor allem im Gesicht) auf glänzendem Mahagonirot; untere Beinteile gelbbraun.
IUCN-STATUS: Von Schutzmaßnahmen abhängig. Die Unterart *D. l. korrigum*, Senegal bis Westsudan, ist gefährdet.

ABKÜRZUNGEN

KL = Körperlänge SL = Schwanzlänge SH = Schulterhöhe
HL = Hornlänge GT = Gewicht
M = Männchen W = Weibchen

Ex ausgestorben
EW in freier Natur ausgestorben
Cr vom Aussterben bedroht
En stark gefährdet
Vu gefährdet
LR geringes Risiko

Buntbock LR
Damaliscus pygargus
Blessbock

Südliches Afrika. Offenes Grasland. 2 Unterarten.
SH 84–99 cm; HL 35–51 cm; GT 59–100 kg.
KÖRPER: Fell tiefviolett kastanienbraun, dunkler an Hals und Kruppe; Gesichtsfleck, Rumpf, Bauch und Unterbeine weiß; Hörner einfach und recht klein.
IUCN-STATUS: Blessbock *(D. p. phillipsi)* von Schutzmaßnahmen abhängig, Buntbock *(D. p. pygargus)* gefährdet.

Gattung *Alcelaphus* Kuhantilopen

Charakteristisch sind ein langer, schmaler, hammerförmiger Kopf, stark hakenförmige, gefurchte Hörner und ein stark abfallender Rücken. 2 Arten.

Kuhantilope LR
Alcelaphus buselaphus
Hartebeest

Senegal bis Somalia, O- bis südliches Afrika. Offene Steppe, lichtes Waldland. 12 Unterarten, u.a. Westafrikanische Kuhantilope *(A. b. major)*, Senegal und Guinea; Lelwel-Hartebeest *(A. b. lelwel)*, S-Sudan, Äthiopien, N-Uganda, Kenia; Tora *(A. b. tora)* Sudan, Äthiopien; Jacksons Hartebeest *(A. b. jacksoni)*, O-Afrika, Ruanda; Kongoni *(A. b. cokii)*, Kenia, Tansania; Kaama *(A. b. caama)*, Südafrika, Namibia, Botswana, W-Simbabwe.
KL 195–200 cm; SL 30 cm; SH 112–130 cm; HL 45–70 cm; GT142–183 kg (M), 126–167 kg (W).
KÖRPER: Fell einfarbig hellbraun bis hell rötlich, heller an der Kruppe, manchmal schwarze Zeichnung an den Beinen; Stirnwulst; in der Hornform unterscheiden sich die Unterarten.
IUCN-STATUS: Von Schutzmaßnahmen abhängig. Die Unterart *A. b. swaynei* in Äthiopien und Somalia ist gefährdet.

Lichtensteins Kuhantilope LR
Alcelaphus (Sigmoceros) lichtensteinii
Lichtensteins Hartebeest

Tansania, SO-Kongo, Angola, Sambia, Mosambik, Simbabwe. Offenes Waldland.
KL 190 cm; SL 46 cm; SH 124 cm; HL 45–62 cm; GT 160–205 kg (M), 165 kg (W).
KÖRPER: Fell hell rötlich, Flanken gelbbraun, Hinterteil weiß; dunkler Streifen entlang der Vorderbeine; Schädelvorderseite geht nicht in Knochenzapfen über.
IUCN-STATUS: Von Schutzmaßnahmen abhängig.

Gattung *Connochaetes* Gnus

Kennzeichen sind massiger Kopf und Schultern, Mähne an Nacken, Schultern und Kehle sowie langer, fast bis zum Boden reichender Schwanz. Hörner bei beiden Geschlechtern. 2 Arten. Der Name leitet sich vom lauten, bellenden Schnauben der Tiere ab, das die Hottentotten früher lautmalerisch „t'gnu" nannten.

Weißschwanzgnu LR
Connochaetes gnou

Südliches Afrika. Offenes Grasland.
SH 115 cm; HL 53–74 cm; GT 150–180 kg.
KÖRPER: Fell dunkelbraun bis schwarz; Schwanz weiß; Gesicht mit Büscheln steifer, aufgerichteter Haare bedeckt, lange Mähne an Brust; Hörner erst nach vorn unten, dann nach oben gekrümmt.
IUCN-STATUS: Von Schutzmaßnahmen abhängig.

Streifengnu LR
Connochaetes taurinus
Weißbartgnu

N-Südafrika bis Kenia, südlich des Äquators. Feuchtes Gras- und offenes Waldland. 5 Unterarten, u.a. Südliches Streifengnu oder Blaues Gnu *(C. t. taurinus)*, Sambia sowie südlich und westlich davon; Cookson-Streifengnu *(C. t. cooksoni)*, Luangwatal, Sambia; Westliches Weißbartgnu *(C. t. mearnsi)*, Tansania, Kenia.
KL 194–209 cm; SL 45–56 cm; SH 128–140 cm; HL 40–73 cm; GT 230 kg (M), 160 kg (W).
KÖRPER: Fell schiefer- bis dunkelgrau; Schwanz schwarz; Hörner sind seitlich nach unten gebogen, ziehen dann nach innen oben; rinderähnliches Aussehen.
IUCN-STATUS: Von Schutzmaßnahmen abhängig.

Gattung *Aepyceros* Impala

Impala LR
Aepyceros melampus
Schwarzfersenantilope

Südafrika bis Kenia, Namibia bis Mosambik. Offenes Laubwaldland, vor allem in Wassernähe. 6 Unterarten.
KL 142 cm (M), 128 cm (W); TL 30 cm; SH 91 cm (M), 86 cm (W), HL 49 cm; GT 80 kg (M), 45 kg (W).
KÖRPER: Fell hell mahagonifarben, Flanken gelbbraun, Bauchunterseite weiß; schwarze Längsstreifen an Schwanz und Oberschenkeln, schwarze, büschelartige Drüsen an den Fesseln; gerader Rücken, schlanke Glieder und anmutig – die typische Antilope; Hörner leierförmig, nur bei Männchen vorhanden.
IUCN-STATUS: Von Schutzmaßnahmen abhängig. Schwarznasen-Impala *(A. m. petersi)*, O- und SW-Angola sowie NW-Namibia, ist gefährdet.

TRIBUS HIPPOTRAGINI

Pferdeböcke

Pferdeähnliche Antilopen in Trockengebieten und Savannen. Afrika, Arabien. Weibchen nur wenig kleiner als Männchen, beide haben gut ausgebildete Hörner. 6 Arten.

Gattung *Hippotragus* Rossantilopen

Charakteristisch sind schraubig gedrehte, rückwärts gebogene Hörner. Stark ausgebildete Mähne aus steifen Haaren. 3 Arten.

Pferdeantilope LR
Hippotragus equinus
Roan

Gambia bis somalische Trockenzone, Zentral- bis südliches Afrika, jedoch nur selten östlich des Rift Valley. Spärlich bewaldetes Grasland. 6 Unterarten.
KL 190–240 cm; SL 37–48 cm; SH 126–145 cm; HL 55–99 cm; GT 280 kg (M), 260 kg (W).
KÖRPER: Fell beige-gelbbraun bis dunkel rötlich, untere Körperteile weiß; schwarzweiße Gesichtszeichnung; Ohren lang mit Haarpinseln an der Spitze.
IUCN-STATUS: Von Schutzmaßnahmen abhängig.

Rappenantilope LR
Hippotragus niger

Zentral-Afrika von Kenia bis Südafrika, Angola bis Mosambik. Waldland und Wald-Grasland-Übergänge. 4 Unterarten.
KL 197–210 cm; SL 38–46 cm; SH 117–140 cm; HL 50–164 cm; GT 260 kg (M), 220 kg (W).
KÖRPER: Fell bei erwachsenen Weibchen und Jungbullen tief rotbraun, hellere Unterseite, die schwarz nachdunkelt; ausgewachsene Bullen schwarz mit weißem Bauch; Kälber einfarbig graubraun; Stirn schmal, Hörner sichelförmig.
IUCN-STATUS: Von Schutzmaßnahmen abhängig. Die Riesen-Rappenantilope *(H. n. variani)*, Angola, ist vom Aussterben bedroht.

Gattung *Oryx* Spießböcke

Charakteristisch sind eine kurze Mähne, erhöhter Widerrist und große Hufe.

Säbelantilope EW
Oryx dammah

Früher fast in ganz N-Afrika, heute gilt die Wildform als ausgestorben.
SH 119 cm; HL 102–127 cm; GT 204 kg.
KÖRPER: Fell blass, Nacken und Brust rötlich braun, bräunliche Gesichtszeichnung; säbelförmige Hörner.

Spießbock LR
Oryx gazella
Oryxantilope, Onduno

Disjunkte Verbreitung. Namibia, Angola, Botswana, Simbabwe, Südafrika und von Tansania nach Norden bis zur äthiopischen Küste. Saisonal trockene Regionen. 5 Unterarten, u.a. Südafrikanischer Spießbock *(O. g. gazella)* in SW-Afrika; Beisa oder Ostafrikanischer Spießbock *(O. g. beisa)* am Horn von Afrika; Büschelohr-Spießbock *(O. g. callotis)* in Kenia und Tansania.
KL 153–170 cm; SL 47 cm; SH 120 cm; HL 65–110 cm; GT 200 kg (M), 162 kg (W).
KÖRPER: Fell gelbbraun, Unterseite weiß, am Kopf schwarz-weiß; schwarze Linie über Hals und Flanken; schwarzer Schwanz; Hörner gerade und lang.
IUCN-STATUS: Von Schutzmaßnahmen abhängig.

Arabischer Spießbock En
Oryx leucoryx
Arabischer Spießbock, Weiße Oryx(antilope)

Früher Arabien und Sinai-Halbinsel. Heute wieder nach Oman eingeführt. Steinige Halbwüste. Etwa ein Drittel kleiner als Spießbock.
SH 81–102 cm; HL 38–68 cm; GT 65–75 kg.
KÖRPER: Fell weiß, schwarze Gesichtszeichnung; Beine dunkelbraun bis schwarz; gelbbraune Linie an den Flanken; Hörner fast gerade.

Gattung *Addax*

Mendesantilope Cr
Addax nasomaculatus

Früher in der ganzen Sahara. Heute Restbestände in Mauretanien, Mali, Niger, Tschad, S-Algerien, W-Sudan. Sand- und Steinwüste, auch weit entfernt von Wasser.
SH 100–110 cm; HL 76–110 cm; GT 80–122 kg.
KÖRPER: Fell gräulich weiß, Rumpf, Bauch und Beine weiß; kastanienbraune Haare an der Stirn; Schwanz mit schwarzer Spitze; Hörner spiralig gewunden. MGM

DAS MYSTERIUM DER MASAI MARA

Was löst die großen Wanderungen der Huftiere aus?

JEDES JAHR BEGEBEN SICH MILLIONEN HUFTIERE auf Wanderschaft – durch die schneebedeckten Borealwälder und die arktische Tundra ebenso wie durch die sengend heißen Ebenen Zentralasiens und krokodilverseuchten Flüsse des tropischen Afrikas. Was treibt sie zu diesen strapaziösen Wanderschaften? Bewegt jede Tierart etwas anderes oder begeben sich alle – Karibus in Kanada, Gazellen in den Steppen der Ostmongolei und Kobantilopen im Südsudan – aus demselben Grund auf eine so langwierige und gefährliche Reise?

Um diese Fragen zu beantworten, begannen sich Forscher näher mit den riesigen Herden zu befassen. Doch gestalten sich Studien selbst heute noch und trotz teurer, aber manchmal auch unzuverlässiger Technik als sehr schwierig.

Berühmt sind vor allem die gewaltigen Wanderungen des Weißbartgnus, die – begleitet von Zügen des Burchellzebras und der Thomsongazelle – in der Serengeti in Tansania und in angrenzenden Schutzgebieten stattfinden. Dort untersuchen Wissenschaftler die Migrationen seit Ende der 1950er Jahre mithilfe unterschiedlichster Methoden wie Ultraleichtflugzeugen, individuellem Verfolgen von Tieren mittels Sender und GPS, Zählungen vom Auto aus, Beobachtungen, Gewebeprobenentnahme bei betäubten Tieren, Studien über Nahrungsgewohnheiten gezähmter Tiere, Untersuchungen des Panseninhalts erschossener Tiere, Kadaver-Autopsien bei eines natürlichen Todes gestorbenen Tieren, Futter- und Wasseranalysen sowie Computersimulationen. Und langsam beginnt sich ein Muster abzuzeichnen, das Aufschluss über den Auslöser der Wanderungen geben kann.

Wenn die Regenzeit naht, verlassen bis zu 1,5 Mio. Gnus die Kurzgrassavannen im Südosten der Serengeti. Die Tiere wenden sich zuerst nach Nordwesten zu den feuchten Ufern des Victoriasees und dann nach Norden ins Masai-Mara-Reservat, wo sie die Trockenzeit verbringen. Wenn der Regen fällt, beginnt überall Gras zu sprießen, doch seltsamerweise kehren die Gnus genau dann nach Süden in die Kurzgrassavannen zurück, wenn die Weiden im Norden am saftigsten sind.

Einer Theorie zufolge gehen Gnus auf Wanderschaft, um den schätzungsweise 3000 Löwen und 9000 Tüpfelhyänen zu entgehen, mit denen sie ihr Ökosystem teilen. Große Raubtiere können solchen Wanderherden nicht lange folgen, weil sie während der Jungenaufzucht auf Verstecke angewiesen sind; dies trägt zur Bestandsbegrenzung der Raubtiere bei, da sie nur zeitweise standorttreues Wild jagen können. Die These wird durch die Beobachtung gestützt, dass Raubtiere die verbleibenden Huftierbestände in der Serengeti so weit reduzieren, dass sie ihren Lebensraum nicht überweiden, während Wanderpopulationen eine deutlich höhere Bestandsdichte erreichen. Dadurch kann es zeitweise zu Nahrungsknappheit kommen.

Allerdings hat diese These zwei Haken: Erstens hat sich gezeigt, dass Hyänen sich regelmäßig bis zu 60 km weit von ihren Verstecken entfernen und so wandernde Herden länger begleiten können, als man früher dachte. Und zweitens erklärt sich daraus nicht, warum die restlichen Huftiere nicht ebenfalls abwandern, um Raubtieren zu entgehen.

Natürlich gibt es noch zahlreiche andere Thesen. Um Stechmücken zu entfliehen, schwimmen z.B. Karibus zu küstennahen Inseln. Da in Waldgebieten Afrikas auch Tsetsefliegen zur Plage werden können, machte man sie ebenfalls für die Wanderung der Serengeti-Herden verantwortlich. Vermutlich trifft dies aber nur für kleinere Wanderbewegungen zu. Ähnlich dürften auch die fruchtbaren Tonböden der Serengeti lediglich lokal von Bedeutung für die Migration sein.

Der schlüssigsten These zufolge (welche auch am längsten Bestand hat) gehen Tiere auf Wanderschaft, um unterschiedliche Nahrungsangebote und -qualitäten zu nutzen sowie die für sie lebenswichtigen Mineralstoffvorräte aufzustocken. Um den Beweis anzutreten, zäunten Forscher bestimmte Regen- und Trockenzeitweiden ein und nahmen dort zweimal pro Monat Grasproben. So konnten sie die jeweiligen Gehalt von Natrium, Kalzium, Phosphor, Eiweiß sowie Energie im Gras während des jährlichen Wanderzyklus bestimmen und diese mit dem Mineralienbedarf der Gnus vergleichen. Die meisten Tests ergaben, dass sich das ganze Jahr über jedes Gebiet als Weidegrund für Gnus eignen würde, da in beiden Regionen die verdauliche Energie aller Gräser gleich hoch war. Der Eiweißgehalt war zwar in der Trockenzeit im Schnitt um 3 % niedriger, aber nie so niedrig, dass er die Nahrungsqualität ernsthaft beeinträchtigte. Auch die Natrium- und Kalzium-Konzentrationen waren auf beiden Weidegründen für den Bedarf säugender Gnukühe ausreichend.

Allerdings lag der Phosphorgehalt aller Proben der Trockenzeitweiden unterhalb des kritischen Werts, jedoch immer noch deutlich über den Minimumwerten der Regenzeitweiden. Als wichtigste Bestandteile der Knochen sind Phosphor und Kalzium vor allem für das Wachstum wichtig. Während das Gras auf Naturweiden für Rinder und Schafe in der Regel genügend Kalzium enthält, mangelt es ihm häufig – auch in Teilen der Serengeti – vor allem an Phosphor. Gravierender Phosphormangel kann jedoch zu Fruchtbarkeits-, Fress-, Milchproduktions- und Wachstumsstörungen sowie zu Knochen- und Zahndeformationen und erhöhter Mortalitätsrate bei Vieh führen.

Oben: *Riesige Herden des Weißbartgnus durchqueren auf ihrer jährlichen Wanderung die Serengeti-Ebene in Tansania. Während der Reise kommen viele Tiere, vor allem bei Flussdurchquerungen, ums Leben.*

Um zu untersuchen, inwiefern ein Mineralstoffmangel für die Wanderung der Gnuherden von Bedeutung sein könnte, betäubte man Tiere auf Trocken- sowie Regenzeitweiden und entnahm ihnen Blut- und Urinproben. Die Blutphosphatwerte der Tiere von der Trockenzeitweide waren nicht einmal halb so hoch wie der kritische Minimalwert. Solche niedrigen Werte hatte man auch bei Schafen gemessen, denen künstlich Phosphor entzogen worden war und die daraufhin einen Heißhunger auf

Knochen, Vogelkot und andere natürliche Phosphorquellen entwickelten.

Wir kommen also einer Antwort auf die Frage, warum Tiere wandern, schon näher. Die Gnus verlassen die Kurzgrassavannen, wenn der Regen ausbleibt, da dies zu Nahrungs- und Wasserknappheit auf dem porösen Vulkangestein sowie zur Versalzung der wenigen verbleibenden Wasserstellen führt. Sie wandern auf die Trockenzeitweide, wo es genügend Hochgras und nach Gewittern gelegentlich auch Frischgras gibt und wo nie versiegende Flüsse ausreichend Frischwasser liefern. Während dieser Zeit tritt bei ihnen jedoch ein Phosphormangel auf. Regnet es wieder, reagieren die Herden sofort, indem sie zu den im Süden liegenden Kurzgrassteppen mit ihrem jungen, mineralstoffreichen Gras zurückkehren. Während die Gnus auf der Suche nach Nahrung, Wasser und Mineralstoffen auf Wanderschaft gehen, vergrößert sich ihr Bestand, da sie zahlreichen Feinden entkommen – doch Letzteres ist eher eine Folge der Wanderbewegung als ihre Ursache. Je größer Wanderherden sind, desto weiter müssen sie ziehen, um grünes Gras zu finden, und so ist es wahrscheinlich, dass alle drei Faktoren – Feinde, Nahrung und Mineralien – für die Wanderungen von Bedeutung sind.

Die nicht wandernden Antilopen wirken einem Phosphormangel offenbar dadurch entgegen, dass sie in kleineren Gruppen weiden. Sie konzentrieren sich meist auf leicht erkennbare, wärmere Areale der Trockenzeitweide, wo das Gras eine höhere Mineralstoffkonzentration aufweist als auf der restlichen Weide. Des Weiteren fressen sie bevorzugt mineralienreiche Nahrung, die an eng begrenzten Stellen, wie Termitenhügeln, wächst.

Wandernde wie standorttreue Arten sind an ihren jeweiligen Lebensstil gut angepasst. Ein Vergleich zweier Arten, Kuhantilope und Gnu, zeigt die Unterschiede. Die standorttreue Kuhantilope hat eine schmale Schnauze und ein schmales Gesicht, um Hochgras besser abweiden zu können, sowie einen langsamen, für nährstoffarme Nahrung geeigneten Stoffwechsel. Sie pflanzt sich nur fort, wenn sie ein Minimum an Fettreserven besitzt. Das wandernde Gnu hingegen besitzt eine hohe aerobe Kapazität, die für ausdauerndes Laufen notwendig ist, eine breite Schnauze zum Abweiden von Kurzgras und feste Fortpflanzungszeiten. MGM

Spezialist für extreme Bedingungen

Die Weiße Oryx aus Arabien

Das Klima der zentralarabischen Wüste ist von extremen Gegensätzen geprägt: Im Sommer beträgt die Temperatur im Schatten bis zu 50 °C, im Winter fällt sie bei starkem, kaltem Wind auf 6 bis 7 °C. Die täglichen Temperaturschwankungen liegen bei durchschnittlich 20 °C. In weiten Gebieten fällt jahrelang kein Regen. In dieser Zeit ruhen die Pflanzensamen im Boden. Das sich nach Regen ansammelnde Oberflächenwasser versickert rasch. Tagelang können Sandstürme die Sicht auf wenige Meter reduzieren. Lebenswichtige Dinge wie Nahrung, Wasser, Schatten und Deckung sind knapp und weit verstreut, sodass Tiere sehr spezielle Anforderungen erfüllen müssen, um hier zu überleben. Von allen Oryxarten – dem Spießbock in der Kalahari, der Beisa in der somalischen Wüste Ostafrikas und der Säbelantilope in der Sahara – ist keine so gut an das Leben in der Wüste angepasst wie der Arabische Spießbock, auch Weiße Oryx genannt. Entsprechend dem kärglichen Nahrungsangebot besitzt sie ein nur geringes Körpergewicht von 65 bis 75 kg. Das ist ein Drittel des Gewichts eines Spießbocks in der Kalahari, die im Vergleich zur zentralarabischen Wüste noch „viel" Vegetation aufweist. Die schaufelartigen, gespreizten Hufe der Weißen Oryx schaffen eine breite Trittfläche, die das Gehen im Sand erleichtert. Die Oryx ist zwar nicht schnell, aber sehr ausdauernd. Um gute Nahrungsgebiete aufzusuchen, legt sie in einer Nacht oft 25 bis 30 km zurück. Häufig käuen die Tiere während ihrer Wanderungen wieder. Finden sie jedoch eine gute Weidefläche, bevorzugen sie die Frischkost.

Regenfälle und somit frische Nahrung sind nicht vorhersehbar. Dies spiegelt sich in der wechselnden Größe der Oryxherden wider: In guten Zeiten umfassen sie bis zu 30 Tiere, in schlechten meist nur fünf – zwei Kühe mit Kälbern und ein ausgewachsener Bulle. Viele Männchen leben einzelgängerisch in großen, sich überlappenden Territorien, die die Weibchen auf der Suche nach Nahrung durchwandern. Während Kühe meist zu Weidegründen weiterziehen, die nach Regenfällen ergrünen, bleiben die territorialen Böcke oft in ihren kargen, nahrungsarmen Revieren.

Die Tiere sind untereinander kaum aggressiv. So teilen sie sich friedlich den wenigen Schatten unter den Bäumen, unter denen sie in der sommerlichen Gluthitze bis zu acht Stunden am Tag verweilen. Zudem scharren sie Kuhlen in den Sand, die Kühlung bieten und die Körperoberfläche vor dem austrocknenden Wind schützen. Um nicht zu überhitzen, suchen sie an heißen Tagen schon früh Schattenplätze auf, die sie erst verlassen, wenn eine kühle Abendbrise aufkommt. Sie meiden jegliche Anstrengungen und verlieren dadurch auch keine Feuchtigkeit durch Hecheln.

Rechts oben: *Grasende Weiße Oryx im Schatten eines Baums. Schattenplätze sind in der kargen Vegetation ihres Habitats selten.*

Links: *Das helle Fell der Weißen Oryx dient der Reflexion der Sonnenstrahlen. Wenn das Fell an einem Wintermorgen aufgestellt wird, um die Sonnenwärme einzufangen, wirkt es ganz samtig. Nachts wird die Wärme im dickeren Winterfell gespeichert. Die für den Winter typischen schwarzen Flecken dienen ebenfalls der Wärmeaufnahme.*

Rechts unten: *Oryxweibchen mit ihren Kälbern waren im Oman Ende der 1990er Jahre bevorzugtes Ziel bewaffneter, motorisierter Wilderer. Zwar ist die Wilderei heute eingedämmt, bleibt aber eine ernsthafte Bedrohung für die Wiederansiedlung dieser Art.*

Während der Nahrungssuche entfernen sich die Tiere höchstens 50 bis 100 m voneinander und halten Blickkontakt, vor allem in hügeligem Gelände. Der Zusammenhalt wird auch dadurch gefördert, dass alle Aktivitäten der Tiere aufeinander abgestimmt sind. Ein Richtungswechsel während des Fressens wird meist von einem dominanten Weibchen angezeigt. Dazu geht es ein paar Schritte, hält inne und schaut über die Schulter zurück, bis ihr ein paar oder alle Tiere folgen. Suchen Einzeltiere nach einer Herde, folgen sie frischen Spuren im Sand. Da Oryx im Sonnenlicht mit bloßem Auge noch aus 3 km Entfernung auszumachen sind, dient das weiße Fell vermutlich eher als Signal, das Einzeltieren das Auffinden einer Herde erleichtert, denn als Tarnung, die in diesem Gelände ohnehin wenig Sinn macht. Raubtiere wie der Arabische Wolf *(Canis lupus arabs)* und die Streifenhyäne *(Hyaena hyaena)* kommen nur selten vor.

Früher war die Weiße Oryx in ganz Arabien und Jordanien bis nach Syrien und in den Irak verbreitet.

Bei den Beduinen war sie als Jagdtrophäe und ihres Fleisches wegen begehrt. Da sie zu Fuß und vom Kamel aus mit primitiven Gewehren gejagt wurde, waren ihre Populationen nie ernsthaft gefährdet. Mit dem Aufkommen automatischer Gewehre ab 1945 reduzierte sich ihr Bestand so stark, dass die Tiere 1972 in freier Wildbahn ausstarben. Nur in privaten Herden in Arabien und in der „Weltherde" in den USA überlebten einige Exemplare. Letztere entstand 1962 aus der „Operation Oryx", die von der *Fauna and Flora Preservation Society* initiiert wurde, um das Überleben dieser Art zu sichern.

1982 erklärte man die ökologischen und sozialen Bedingungen in Zentraloman für ideal, um eine sorgsam aufgebaute Herde von zehn Tieren auszuwildern, aus der langfristig wieder eine lebensfähige Wildpopulation werden sollte. 1984 wurde die Herde um weitere Tiere ergänzt. Sie wuchs wegen der Dürreperiode zwischen 1983 bis 1986 zunächst nur langsam. Nach den Regenfällen im Jahr 1986 jedoch suchten die Oryx zum letzten Mal ihre ergänzenden Nahrungs- und Wasserquellen auf. Die strenge Herdenstruktur brach auf und es entwickelte sich eine echte Wildpopulation. Nach weiteren Freilassungen wuchs der Bestand rasch auf 100 Tiere im Jahr 1990 an. Obwohl einige Alt- und Jungtiere starben, überlebte die Population ihre erste ernsthafte Bewährungsprobe, die lange Dürre zwischen 1990 und 1992. Letztlich belief sich die Zahl der freigelassenen Tiere auf insgesamt 44. 1996 umfasste der Bestand rund 400 Tiere, die in einem Wüstengebiet von über 16 000 qkm lebten.

Leider begannen im Februar 1996 – 14 Jahre nach der ersten Auswilderung und 24 Jahre nach ihrer Ausrottung – erneut Wilderer Jagd auf die Weiße Oryx zu machen. Wildhüter fanden Spuren motorisierter Jäger, die eine Herde verfolgt und zwei Kälber gefangen hatten. In den folgenden Monaten wurden weitere Tiere gefangen, von denen die wenigsten den Transport auf die Märkte außerhalb von Oman überlebten. Erst 1999 konnte der Wilderei definitiv Einhalt geboten werden. 2000 war die Wildpopulation bereits wieder auf 100 Tiere angewachsen und 50 weitere – meist gerettete Tiere – warten auf ihre Auswilderung.

Die Ereignisse in Oman zeigen, dass heute weder Aufzucht noch Auswilderung eine Lösung für den Erhalt der Oryx darstellen, sondern nur der Schutz wilder Herden. Geeignete Maßnahmen sollten sicherstellen, dass keine Tiere mehr Wilderern oder Schmugglern zum Opfer fallen. Mittlerweile wurde in Saudi-Arabien eine zweite Wildpopulation etabliert. Vor einem zweiten Aussterben bewahrt, können diese Wüstenspezialisten heute wieder auf der arabischen Halbinsel umherziehen. MSP/AS

Gazellen, Böckchen und Saiga

GAZELLEN, BÖCKCHEN UND DIE SAIGA-ANTI*lope bilden eine vielgestaltige Gruppe, zu der einige der verbreitetsten als auch der seltensten Huftiere zählen – gut erforschte wie kaum bekannte. Die Lebensräume erstrecken sich über drei zoogeografische Regionen vom südafrikanischen Kap bis Ostchina und umfassen unterschiedlichste Landschaften, von dichtem Wald über Wüsten bis hin zu Felsenregionen.*

Die meist zierlichen, schlankbeinigen und großäugigen Gazellen galten lange als die elegantesten Säuger schlechthin. Heute werden sie taxonomisch mit der Saiga-Antilope zusammengefasst, die mit ihrem schafähnlichen Kopf und relativ gedrungenen Körper auf den ersten Blick eher unbeholfen und plump wirkt – jedoch nur solange man sie nicht in vollem Lauf beobachtet.

Hörner und Hufe

KÖRPERBAU UND FUNKTION

Die Gazellen der Tribus Antilopini ähneln sich äußerlich sehr stark. Meist besitzen sie S-förmige Hörner mit Querringen, die bei Kämpfen unter Männchen eingesetzt werden, weniger gegen Raubtiere. Aus der Vielfalt spezifischer Hornformen lassen sich unterschiedliche Kampfstile ableiten. Meist verhaken die Gegner ihre Hörner und ringen miteinander. Es geht also eher um eine Demonstration der Stärke als darum, dem Rivalen ernsthafte Verletzungen zuzufügen oder ihn gar zu töten. Die Querringe verhindern, dass die Hörner durchrutschen und den Gegner verletzen.

Das Fell der Gazellen ist oberseits meist blass gelbbraun gefärbt, der Bauch weiß. Eine Ausnahme bildet die indische Hirschziegenantilope, deren Rücken bei Männchen im Alter von drei Jahren schwarz wird. Die zweifarbige Felltönung dient vermutlich zur Tarnung. Giraffen- und Lamagazellen wirken mit ihrem langen Hals und den langen Beinen besonders grazil.

Gazellen leben in offeneren Lebensräumen als Böckchen und verständigen sich vermehrt mittels optischer Signale. Arten wie Springbock, Thomson- und Rotstirngazellen haben auffällige schwarze Längsstreifen, denen verschiedene Bedeutungen zugeschrieben werden: Sie könnten als Sichtsignal dienen, um die Herde zusammenzuhalten, als Warn- und Fluchtsignal, oder um die Körperkontur einzelner Tiere in der Herde aufzulösen. Alle Arten haben ein weißes Hinterteil mit zumindest etwas Schwarz an der Schwanzspitze und mehr oder weniger ausgeprägte dunkle Bänder.

Eine Eigenheit der Gazellen ist der Prellsprung: Dabei springen die Tiere mit steif ausgestreckten Beinen in die Luft, landen auf allen vieren gleichzeitig und federn wieder vom Boden ab. Möglicherweise dient dies dazu, andere Gazellen zu warnen, Raubtiere besser zu erkennen oder einen Angreifer zu verwirren oder einzuschüchtern. Am häufigsten zu beobachten ist der Prellsprung beim Springbock – daher auch sein Name –, der dabei gleichzeitig seine weißen Rückenhaare aufrichtet.

Gesichtssinn und Gehör sind bei Gazellen gut entwickelt, worauf auch ihre großen Augenhöhlen und Gehörgänge hinweisen. Im Gegensatz zu den Böckchen besitzen die meisten Weibchen Hörner, mit Ausnahme der Kropf-, Giraffen- und Lamagazelle sowie der Hirschziegenantilope. Eine mögliche Erklärung dafür ist, dass die Weibchen so besser ihre Nahrungsressourcen verteidigen können, vor allem in der Trockenzeit und im Winter.

Die einzigen gemeinsamen Merkmale der Böckchen sind ihre geringe Größe, die Neigung, allein oder paarweise in Territorien zu leben, und ihre gut entwickelten Drüsen (vor allem Voraugendrüse) zur Duftmarkierung. Hörner besitzen nur die Männchen, mit Ausnahme der ostafrikanischen Unterart des Klippspringers *(O. o. schillingsi)*; bei ihm haben Weibchen offenbar Hörner ausgebildet, um sich in den häufigen Territorialkämpfen besser verteidigen zu können.

Die Weibchen der Böckchen sind – ungewöhnlich für Huftiere – 10 bis 20 % größer als die Männchen. Wegen der zusätzlichen Belastung der Jungenaufzucht ist es für sie vorteilhaft, im Rahmen der jeweiligen Lebensraumbedingungen möglichst

FAKTEN

GAZELLEN, BÖCKCHEN UND SAIGA

Ordnung: Artiodactyla

Familie: Bovidae

Unterfamilie: Antilopinae

32 (38) Arten in 3 Tribus und 14 Gattungen, u.a. Springbock *(Antidorcas marsupialis)*, Thomsongazelle *(Gazella thomsoni)*, Grantgazelle *(Gazella granti)*, Steinböckchen *(Raphicerus campestris)*, Kirkdikdik *(Madoqua kirkii)* und Saiga-Antilope *(Saiga tatarica)*.

VERBREITUNG Afrika, Naher Osten, indischer Subkontinent, China, Tibet, Russland.

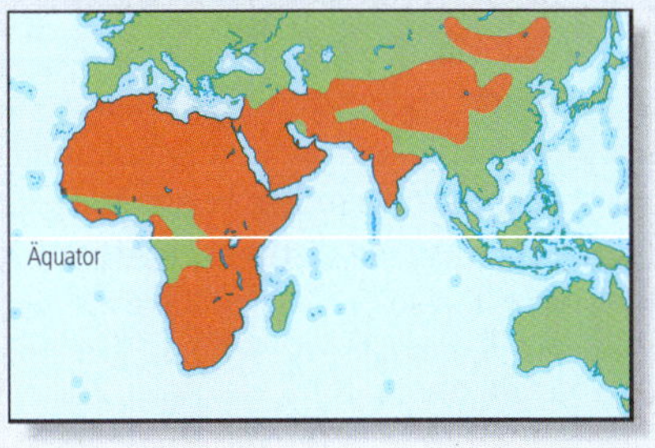

LEBENSRAUM Unterschiedlich, von dichtem Wald bis Wüste, Steppe und Felsenregionen.

GRÖSSE Körperlänge von 45–55 cm beim Kleinstböckchen bis 145–172 cm bei der Damagazelle; **Gewicht** von 1,5–2,5 kg bis 40–85 kg bei den beiden genannten Arten.

FELL Kurz, rau bis seidenweich, bei einigen Arten gefleckt oder gestreift.

NAHRUNG Gräser, Kräuter, Schösslinge, Blätter, Knospen, Buschlaub, Früchte.

FORTPFLANZUNG Tragzeit 150–225 Tage (Gazellen); ca.180 Tage (Böckchen); 140–145 Tage (Saiga-Antilope). Die meisten Gazellen und Böckchen bringen ein Junges zur Welt, Saiga-Antilopen meist Zwillinge.

LEBENSERWARTUNG Springbock und Hirschziegenantilope über 18 Jahre in Gefangenschaft; Böckchen 13–14 Jahre; Saiga-Antilopen 10–12 Jahre (in Freiheit).

Artenübersicht siehe Seite 567 ff. ▷

◀ ***Oben links:*** *Die verlängerte Nase bildet ein typisches Merkmal der Dikdiks (Gattung* Madoqua*), besonders ausgeprägt ist sie vor allem beim Güntherdikdik. Ebenfalls charakteristisch ist das Haarbüschel auf der Stirn, das bei Männchen oft sogar die Hörner verdeckt. Deutlich zu sehen ist hier die Voraugendrüse.*

▲ ***Oben:*** *Die Hörner des Steinböckchens sind relativ glatt. Die Männchen dieser Art fechten heftige Kämpfe aus und werden deshalb auch in Gefangenschaft getrennt gehalten.*

▼ ***Unten:*** *Ältere Südafrikaner erinnern sich an Zeiten, als Springbockherden noch so zahlreich waren, dass es Tage dauerte, bis sie an Farmen vorbeigezogen waren.*

groß zu sein. Andererseits gehen Böckchen meist lebenslange Partnerschaften ein, und die Männchen müssen nur selten mit Rivalen kämpfen. Die Konfliktrate ist also relativ niedrig und es besteht kaum die Notwendigkeit, einen größeren Körper zu entwickeln.

Jene Arten, die im dichten Unterholz leben, wie das Batesböckchen, haben ein hasenähnliches Erscheinungsbild: lange, kräftige Hinterläufe, einen Rundrücken und einen kurzen Hals. Diese Körperform erlaubt eine schnelle Fortbewegung im dichten Unterholz. Die anderen Arten leben in offenerem Gelände, wo die rechtzeitige Entdeckung von Raubtieren wichtiger ist. Sie sind größer, haben eine aufrechtere Haltung und einen längeren Hals.

Eine Ausnahme bildet der Klippspringer, der Vorder- und Hinterläufe so nahe zusammenstellen kann, dass er noch auf winzigen Felsvorsprüngen Platz findet. Er besitzt ein dichtes Fell aus brüchigen Haaren, das ihn sowohl gegen Kälte als auch vor Verletzungen durch Felsen schützt. Die Hufe sind zylindrisch und haben Haftpolster in der Mitte sowie einen harten Schalenrand, um auf felsigem Untergrund optimalen Halt zu gewähren.

Der lange, bewegliche Rüssel der Dikdiks fungiert als Wärmeaustauscher, um das Blut abzukühlen, das dem Gehirn zufließt. Aufgrund dieser und anderer Anpassungen (Ausscheiden sehr trockenen Kotes und des konzentriertesten Harns aller Huftiere) können Dikdiks notfalls ohne direkten Zugang zu Wasser überleben.

Verglichen mit den Gazellen ist die Saiga-Antilope mit ihrem gedrungenen, unförmigen Körper, ihrem schwerfälligen Gang und den dünnen, kurzen Beinen nicht gerade eine Schönheit. Dazu tragen auch das dünne Fell und die aufblähbare, rüsselähnliche Nase mit Längsfurchen bei, die im Stehen herabhängt und beim Laufen hin und her schwingt. Diese hat jedoch mehrere wichtige Funktionen. Wenn im Winter die Temperatur auf –40°C fällt, wird die eisige Luft in der Nase erwärmt, bevor sie in die Atemwege gelangt. Im Sommer dient sie als Staubfilter, da die Tiere beim Rennen den Kopf tief gesenkt halten und viel Staub aufwirbeln. Saiga-Antilopen gehören zu den schnellsten Tieren der Welt: Sie erreichen Spitzengeschwindigkeiten von 70 bis 80 km/h. Ab und zu springt ein Tier in die Höhe, um besser sehen zu können.

Im Gegensatz zu Hirschen oder Antilopen, die auf der Flucht meist Haken schlagen, rennen Saiga-Antilopen immer weiter in die einmal eingeschlagene Richtung. Zwar können sie so auf flachem Gelände mit niedrigem Bewuchs hohe Geschwindigkeiten erreichen, doch schützt sie dies nicht vor motorisierten Verfolgern, denn diese jagen die Tiere unermüdlich, bis sie stolpern oder fallen. Saigas sind ebenfalls gute Schwimmer und können sogar breite Flüsse überqueren.

Die Tiere haben schöne, schwarze Augen, sehen allerdings relativ schlecht, sodass sie sich primär auf Gehör und Gerüche verlassen. Mit ihren großen Nüstern können sie den Geruch von regendurchweichter Erde wittern, sodass die Herde gezielt zu saftigen Weiden ziehen kann. Die Weibchen haben meist keine Hörner, die der Männchen sind 22 bis 40 cm lang und leierförmig, bei Jungböcken mit schwarzen Spitzen versehen. Die Hörner werden während der Brunft als Waffen eingesetzt. Sie sind insofern ungewöhnlich, als sie aus einer dünnen Zellschicht über einem Hornzapfen bestehen und deshalb fast durchsichtig sind.

Wüsten, Ebenen und Gebirge

VERBREITUNG

Gazellen haben ein weites Verbreitungsgebiet, das sich von der Kapprovinz Südafrikas (Springbock) über Indien (Dorkasgazelle) bis Ostchina (Przewalskigazelle) erstreckt. Die in Nordafrika, am Horn von Afrika und in Asien lebenden Arten findet man in kleinen Beständen verstreut in Trocken- und Wüstenregionen. Die einzelnen Populationen sind durch geografische Barrieren wie den Persischen Golf oder das Rote Meer getrennt, was zu einer großen Formenvielfalt geführt hat. Ein gutes Beispiel hierfür ist die Dorkasgazelle, deren Populationen in Marokko eine helle Fellfärbung sowie

relativ gerade, parallele Hörner tragen. Deren Aussehen und Formen verändern sich immer stärker, je weiter östlich sich die Populationen befinden. Die indische Dorkasgazelle schließlich ist rötlich, kleiner und besitzt leierförmige Hörner.

Die Gattungsgruppe der Böckchen (Neotragini) findet man ebenfalls in sehr unterschiedlichen Lebensräumen: Batesböckchen in den dichten Wäldern Zentralafrikas, Bleichböckchen in offenen, an Wasser grenzenden Grasebenen, Dikdiks in Trockenbuschregionen und Klippspringer auf steilen Felsklippen.

Fossilen Funden zufolge war die Saiga-Antilope einst von der Krim bis Alaska verbreitet, heute jedoch ist sie nur noch in Kasachstan (in drei separaten Populationen), in der russischen Republik Kalmykien und in der Mongolei zu finden. Die mongolischen Saigas unterscheiden sich von den anderen relativ stark und werden als eigene Unterart betrachtet: Sie sind kleiner, haben kürzere, geradere Hörner und zeigen kein Wanderverhalten.

Rechts: *Böckchen- und Gazellenarten:* ***1*** *Thomsongazelle* (Gazella thomsonii); ***2*** *Kirkdikdik* (Madoqua kirkii) *reibt seine Hörner an Pflanzen;* ***3*** *Kleinstböckchen* (Neotragus pygmaeus), *die kleinste Antilope;* ***4*** *Bleichböckchen* (Ourebia ourebi) *markiert einen Grashalm mit dem Sekret aus seiner Ohrdrüse;* ***5*** *Steinböckchen* (Raphicerus campestris) *setzt Duftmarken mit seiner Voraugendrüse;* ***6*** *Hirschziegenantilope* (Antilope cervicapra) *in Imponierhaltung;* ***7*** *Dünengazelle* (Gazella leptoceros); ***8*** *Tibetgazelle* (Procapra picticaudata); ***9*** *Damagazelle* (Gazella dama), *die größte Gazelle;* ***10*** *Kropfgazelle* (Gazella subgutturosa); ***11*** *Springbock* (Antidorcas marsupialis) *beim Prellsprung;* ***12*** *sichernde Lamagazelle* (Ammodorcas clarkei); ***13*** *Klippspringer* (Oreotragus oreotragus) *markiert seine Reviergrenze mit Dung;* ***14*** *Beira-Antilope* (Dorcatragus megalotis).

12
10
11
9
8
7
4
6
5

Laub- und Grasfresser

NAHRUNG

Gazellen sind auf keine bestimmte Pflanzenkost festgelegt. Sie ernähren sich, je nach Vorkommen, mehr von Blättern, Gras oder Kräutern. Im Allgemeinen fressen sie jene Pflanzen, die gerade am saftigsten sind, so etwa im Frühjahr das frisch sprießende Gras. Die Thomsongazelle ist stärker spezialisiert und ernährt sich bis zu 90 % von Gras. Die Giraffengazelle wiederum bevorzugt Schösslinge und junge Blätter, vorzugsweise von Akazien. Sie weidet die Bäume bis in eine Höhe von 2,6 m ab, wobei ihr die langen Beine und der gestreckte Hals gute Dienste leisten. Um die obersten Blätter zu erreichen, erhebt sie sich auf ihre Hinterbeine und stützt sich mit den Vorderbeinen an den niedrigeren Ästen ab.

Die geringe Größe der Böckchen hängt mit der Ernährung zusammen. Mit Ausnahme des Bleichböckchens, das ein Grasfresser ist, sind alle Arten „Konzentratselektierer" und bevorzugen leicht verdauliche, faserarme Kost wie junge Blätter, Knospen und Früchte. Die Stoffwechselrate in einem kleinen Körper ist hoch, sodass kleinere Grasfresser pro Kilogramm Körpergewicht proportional mehr Nahrung benötigen als größere. Bei allen Wiederkäuern wird die Menge der aufnehmbaren Nahrung dadurch beschränkt, wie lange das Futter im Magen verbleibt. Diese ist bei Böckchen so gering, dass sie einen Ausgleich über eine nährstoffreiche Nahrung erzielen müssen.

Die Nahrung der Saiga-Antilopen hingegen ist sehr vielseitig zusammengesetzt und umfasst alle Teile von Kräutern, Büschen und Gräsern. Die Tiere können sogar Pflanzen verwerten, die für Nutzvieh giftig sind, und im Winter ernähren sie sich von dürren Zweigen und vertrockneten Blättern.

Revierverteidigung

SOZIALVERHALTEN

Bei allen Gazellen besetzen die Böcke wenigstens in der Paarungszeit Reviere, aus denen sie alle erwachsenen Rivalen vertreiben, solange die Weibchen empfängnisbereit sind. In dieser Zeit kommt es zu vier Gruppierungsvarianten: einzelne territoriale Männchen; Weibchengruppen mit Neugeborenen und meist einem territorialen Bock; Junggesellengruppen mit Männchen ohne Eigenbezirk, die nicht an der Fortpflanzung beteiligt sind, und gemischte Gruppen beider Geschlechter und aller Altersstufen, die sich außerhalb der Paarungszeit bilden und relativ häufig sind. Die Böcke markieren ihr Revier mit Urin, Dunghaufen und, bei den meisten Arten, Sekreten aus der Voraugendrüse.

Oben: Ein Klippspringer markiert einen Zweig mit seiner Voraugendrüse. Auf diese Weise kennzeichnet er Hunderte von Pflanzen in seinem Territorium.

Territoriale Giraffengazellenböcke bringen pro Stunde 2,2 Duftmarkierungen an, die Thomsongazelle sogar 3,1. Ein Revier hat 110 bis 120 Markierungsstellen. Untergeordnete Männchen setzen ihren Kot auf Dunghaufen ab, wenn sie fremde Territorien durchqueren. Sie werden vom dominanten Bock toleriert, solange sie sich unterwürfig verhalten und den Weibchen nicht nähern.

Das Drohverhalten beginnt damit, dass der Bock Kopf und Kinn in die Höhe reckt und die Hörner auf den Rücken legt. Am ausgeprägtesten ist dies bei der Grantgazelle zu beobachten: Zwei Männchen stehen mit hoch erhobenen, abgewendeten Köpfen umgekehrt parallel nebeneinander, dann schwingen beide im selben Moment den Kopf herum, um sich anzusehen. In der nächsten Phase nähern sich die Böcke mit vorgestreckten Köpfen, eingezogenem Kinn und senkrecht stehenden Hörnern. Dann erst senken sie die Köpfe zu Boden, sodass die Hörner direkt auf den Rivalen zeigen. Einige Gazellen wie die Dünen- und Edmigazellen Saudi-Arabiens fechten Kämpfe aus, in denen Berührungen vermieden werden – sie nähern sich einander mehrmals, bleiben aber stehen, wenn die Köpfe noch etwa 30 cm voneinander entfernt sind. Bei den Dünengazellen kann es jedoch zu heftigen Kämpfen kommen, wenn sich ein Kontrahent nicht zurückzieht.

Beim Kampf verhaken die Gegner ihre Hörner mit gesenktem Kopf und versuchen sich gegenseitig zu schieben und zu stoßen. Beide Beteiligten können sich jederzeit zurückziehen. Gelegentlich werden Kämpfe dadurch unterbrochen, dass die Böcke vorgeben zu grasen. Bei Jungböcken sind Kämpfe an der Tagesordnung, wobei es nicht um die Rangordnung geht, sondern darum, zu trainieren. Heftige und blutige Kämpfe kommen ab und zu zwischen benachbarten territorialen Böcken vor. Dominante Böcke locken Weibchen mit erhobenem Kinn an, hindern diese jedoch nicht daran, das Territorium zu verlassen.

Da die Nahrung der Gazellen vielfältiger als die der Böckchen ist, kann ein Gazellen-Bock in seinem Revier mehrere Weibchen halten. Weil dadurch fortpflanzungsfähige Männchen am Zugang zu einem Weibchen gehindert werden, finden häufig Revierkämpfe statt. Hierbei haben größere Männchen einen Vorteil. So sind bei der Cuviergazelle Männchen bis zu 57 % größer als die Weibchen.

In gemäßigten und kalten Zonen pflanzen sich Gazellen zu bestimmten Jahreszeiten fort, sodass die Geburten im Frühjahr oder zu Beginn der Regenzeit erfolgen, wenn genug Nahrung wächst. Zum Gebären verlassen die Weibchen die Herde. Während der ersten Lebenswochen liegen die Jungen in einem Versteck, gesellen sich aber zur Gruppe, sobald sie schnell genug laufen können.

Böckchen haben viele Feinde wie z.B. Leopard, Wüstenluchs und große Pythons. Jungtiere fallen manchmal auch großen Greifvögeln und Pavianen

zum Opfer. In der Regel versuchen sie, Raubtieren durch eine verborgene Lebensweise zu entgehen. Bei Gefahr verharren sie zunächst bewegungslos, fliehen aber, sobald sich der Feind nähert. Greisböckchen hingegen laufen sofort weg und ducken sich dann plötzlich in ein Versteck. In hohem Gras bleiben auch sie liegen. Klippspringer, Bleichböckchen und Dikdiks stoßen bei Gefahr einen schrillen Pfiff aus. Sobald Klippspringer ein Raubtier sichten, führen Bock und Geiß nahe beieinander stehend eine Art Pfeifduett aus. So teilen sie dem Angreifer mit, dass er entdeckt wurde, und vereiteln eine Verfolgung.

Böckchen leben meist einzeln oder in monogamen Partnerschaften. Die Männchen beteiligen sich nicht oder nur wenig an der Aufzucht der Jungen. In der Regel pflegen sie eine lebenslange Partnerschaft, doch stirbt einer der Partner, sucht sich der überlebende einen neuen. Das Bleichböckchen ist das einzige Tier dieser Tribus, das manchmal stabile Gruppen bildet, wenn auch andere Populationen dieser Art vorwiegend monogam leben.

Die Tiere müssen ihren Lebensraum gut kennen, um die verstreuten Nahrungsquellen nutzen und sich vor Raubtieren verstecken zu können. Deshalb bleiben sie eher in einer vertrauten Umgebung und verteidigen ihr Territorium gegen Eindringlinge. Vieles deutet heute darauf hin, dass die Weibchen der Neotragini-Gruppe bis zu einem gewissen Grad ebenfalls territorial sind, was bei Antilopen ungewöhnlich ist.

Beide Geschlechter greifen Eindringlinge an, meist jene desselben Geschlechts. Obwohl sehr territorial, kommt es bei den Männchen der Böckchen während des stark ritualisierten Kampfs nur selten zu Körperkontakt. Dikdiks haben z.B. ein Haarbüschel zwischen den Ohren, das sie aufrichten, um Rivalen einzuschüchtern, während sie mit ihren Hörnern Büsche traktieren. Kommt es zum Kampf, stoppen auch sie immer, kurz bevor sich die Köpfe berühren. Bei anderen Arten flieht ein Eindringling vor dem Territoriumsbesitzer oft bis zur Grenze seines eigenen Reviers, wo er sich dann umdreht und zum Kampf stellt. Dies wiederholt sich mitunter öfter, sodass der Eindruck entsteht, die Männchen würden einander jagen.

Territorien werden mit Duftmarken markiert, bei einigen Arten auch mit Dunghaufen. Diese Signale weisen einen Eindringling darauf hin, dass das Gebiet besetzt ist. Sie befinden sich meist an Wechselrändern oder Grenzen. Böckchen haben sehr gut entwickelte Duftdrüsen. Bei allen Arten findet man Voraugendrüsen, mit Ausnahme der Beira-Antilope, deren einzige Drüsen zwischen den Paarhufen sitzt. Bleichböckchen haben sogar sechs verschiedene Drüsen. Die Tiere markieren mit dem Sekret der Voraugendrüse wiederholt bestimmte Baumstämme. In Klippspringer-Revieren findet man schwarze Sekretperlen an bis zu

Rechts: *Die Giraffengazelle besetzt eine einzigartige ökologische Nische unter den Antilopen: Auf ihren Hinterbeinen stehend, kann sie hohe Büsche abweiden.*

Unten: *Die Werbung der Giraffengazellen umfasst vier Phasen:* **1** *Das Weibchen richtet seine Nase in Defensivhaltung auf, während das Männchen seinen Kopf im Profil präsentiert.* **2** *Das Männchen markiert das Weibchen an den Keulen.* **3** *Das Männchen berührt mit dem Vorderlauf den Hinterlauf des Weibchens (Laufschlag).* **4** *Das Männchen „flehmt": Es stülpt die Lippen auf und prüft den Urin des Weibchens, um dessen Paarungsbereitschaft festzustellen.*

840 verschiedenen Stellen. Mit den Fußdrüsen (die nur beim Klippspringer fehlen) wird der Boden an häufig benutzten Wechseln markiert. Bei Dikdiks und Klippspringern bestimmen meist die Weibchen, welche Stellen eines Paar-Territoriums gekennzeichnet werden, was die Theorie stärkt, dass sie selbst territorial sind. Die Männchen markieren häufiger als die Weibchen (3,4:2,1 Markierungen) und setzen auch Duftmarken auf die der Weibchen, was den Status des Weibchens in der Partnerschaft aufzeigt.

Geburten finden ganzjährig statt, vermehrt aber zu Beginn der Regenzeit, wenn die Vegetation wieder sprießt. In der Äquatorialregion mit zwei Regenzeiten im Jahr gibt es zwei Geburtenhöhepunkte. Die Weibchen bringen nur ein Junges zur Welt. Die Neugeborenen verstecken sich in den ersten Lebenswochen, ihre Mutter sucht sie regelmäßig zum Säugen auf, wobei sie mit einem leisen Blöken lockt. Bei den Dikdiks lösen sich Weibchen im Alter von sechs bis acht Monaten von der Familie, kurz bevor sie geschlechtsreif werden – vielleicht, um einer Begattung durch den Vater zu entgehen. Bei kleineren Arten werden die Weibchen mit sechs Monaten geschlechtsreif, bei den größeren mit zehn. Dikdikböcke verlassen die Eltern deutlich später, da sie erst ein Territorium finden müssen. Je älter sie werden, desto häufiger attackiert sie der Vater, bis sie schließlich mit neun bis 15 Monaten Abschied nehmen.

Alle Arten außer der Mongolischen Saiga gehen auf Wanderschaft. Saigas verbingen den Winter in Wüstenregionen, in denen weniger Schnee liegt und relativ viel Nahrung zu finden ist. Im Frühjahr ziehen sie bis zu 1000 km nach Norden in Steppen mit kräftigem Graswuchs und kehren im Herbst zurück. Diese Wanderrouten wurden in vorsowjetischer Zeit auch von den nomadischen Hirten genutzt. Saigas wandern auch, um schlechtem Wetter, Nahrungsverknappung, Feinden und Wilderern zu entgehen, wobei sie pro Tag bis zu 40 km zurücklegen. Dieses Wanderverhalten macht in Regionen wie der Halbwüste durchaus Sinn, da dort die Nahrungsquellen sehr verstreut liegen.

Die Herdengröße variiert je nach Jahreszeit. Die riesigen Wanderherden brechen in kleinere Gruppen von zehn bis 1000 Tieren auseinander, sobald sie ihr Ziel erreicht haben. Sie unterbrechen Ende April, Anfang Mai ihre Wanderung zu den Sommerweiden, damit die Weibchen gebären können. Innerhalb von zehn Tagen bringen mehr als 80 % der Kühe ihre Jungen zur Welt, und der Lärm lockt viele Raubtiere wie Wölfe an.

In der Paarungszeit (Dezember) vollzieht sich der Fellwechsel. Beide Geschlechter bekommen ein helles, wolliges, langhaariges Fell, Männchen zudem lange Haarbüschel unter den Augen und einen dunklen Halskragen. In dieser Zeit splitten sich die Herden in Harems auf. Die Männchen kämpfen um die Weibchen, stoßen dabei bellende Laute aus und verletzen sich gelegentlich schwer. Einen Harem von fünf bis 50 Weibchen zu verteidigen ist für dominante Männchen Schwerstarbeit, sodass sie rasch an Gewicht und Kondition verlieren. Dann sind sie für Raubtiere und Wilderer leichte Beute. Oder sie sterben in harten Wintern, während für die Weibchen die Tragzeit von 140 bis 145 Tagen beginnt.

Der Schmuggel mit Saigahörnern

Saigahörner werden in der traditionellen chinesischen Medizin als Heilmittel sehr geschätzt (ähnlich wie Nashornhörner). Der Schmuggel florierte bereits im 19. Jahrhundert, was dazu führte, dass sich der Saigabestand drastisch verringerte – zeitgenössischen Beobachtern zufolge auf wenige tausend Tiere. Bei den Populationen in Kasachstan und Kalmykien war dies so gravierend, dass eine der parasitischen Schmeißfliegenarten, die sich auf Saigas spezialisiert hatte, ausstarb. Zu Zeiten der Sowjetunion erholte sich der Saigabestand aufgrund von Schutzmaßnahmen, bis es in Kasachstan wieder etwa eine Million Tiere gab. Heute jedoch sind diese durch starke Bejagung wieder gefährdet.

Vom Hornschmuggel sind lediglich die Männchen betroffen, und dies hat Besorgnis erregende Auswirkungen auf das Sozial- und Fortpflanzungsverhalten der Saigas. Es gibt immer weniger Bullen, die immer größere Haremsrudel verteidigen müssen. Diese sind manchmal so groß, dass ein dominanter Bulle nicht mehr alle Weibchen begatten kann – maximal vielleicht bis zu 700. Viele Kühe bleiben infolgedessen ein Jahr lang ohne Nachwuchs, was für ein Tier, das nur drei bis vier Jahre lebt, einen Großteil seiner fortpflanzungsfähigen Zeit darstellt. Dieses Problem trat in Kalmykien vor allem in den Jahren 1999 und 2000 auf. AAL/MVK/EJM-G

Auch die Fähigkeit zur schnellen Fortpflanzung ist eine Anpassung der Saigas an den Lebensraum. Dürre und schneereiche Winter können zu einem Massensterben führen, doch aufgrund ihrer hohen Fruchtbarkeit erholen sich die Populationen rasch wieder. Die Weibchen werden mit sieben bis acht Monaten geschlechtsreif und bringen – bei Huftieren ungewöhnlich – meist Zwillinge zur Welt.

Lebensraumvernichtung

ARTEN- UND UMWELTSCHUTZ

Bestand und Lebensraum vieler Gazellenarten sind vom Menschen stark dezimiert worden. Laut der Roten Liste der IUCN gelten heute viele Arten als leicht bis stark gefährdet. Am stärksten betroffen sind die Arten in den Trockengebieten, da deren Bestandsdichte nur ein Tier pro qkm erreicht. Sie können leicht bejagt werden und haben zugleich Schafe und Ziegen als Nahrungskonkurrenten. Oftmals wird ihnen der Zugang zu Wasserstellen durch Zäune verwehrt. Die Przewalskigazelle und zwei Unterarten der Edmigazelle (*G. g. acaciae* in Israel und *G. g. muscatensis* in Oman) sind vom Aussterben bedroht. In Asien wurden durch Urbarmachung des Bodens viele Winterweideplätze vernichtet, sodass man heute die früher im Winter großen Ansammlungen einiger Arten kaum noch oder gar nicht mehr sieht.

Die Verbreitung der Böckchen wurde mit großer Wahrscheinlichkeit durch Störung des Lebensraums beeinflusst, da viele den Sekundärbewuchs bevorzugen, der auf einen Eingriff in die Natur, vor allem nach der Brandrodung folgt. Von der IUCN werden die westlichen Unterarten des Klippspringers (*O. o. porteousi*) als stark gefährdet, Silberböckchen, Beira-Antilope und eine Unterart des Bleichböckchens (*O. o. haggardi*) als gefährdet angeführt, eine weitere Unterart, *O. o. keniae*, ist vor kurzem ausgestorben.

Trotz ihrer Robustheit machen auch den Saigas natürliche oder vom Menschen verursachte Veränderungen zu schaffen. Aufgrund des Klimawandels wurde Kalmykien in den letzten Jahren trockener, und Dürreperioden während der Geburtenzeit haben die Zahl der Saigas reduziert. Auch der Zusammenbruch der Sowjetunion hatte Auswirkungen, da Schutzmaßnahmen aus Geldmangel gestrichen wurden. Zudem nahm aufgrund steigender Armut und Arbeitslosigkeit die Wilderei wieder zu. Eine große Bedrohung stellten für die Saiga-Antilope vor Einführung von Impfmaßnahmen die Maul-und-Klauen-Seuche sowie andere Infektionskrankheiten dar, die von Rindern oder Schafen übertragen werden.

Viele Schutzprogramme wurden in den letzten Jahren aufgrund der sozioökonomischen Probleme in dieser Region zurückgeschraubt. In Kalmykien und China gibt es mittlerweile kleinere Zuchtprogramme, doch müssten diese dringend durch Maßnahmen zur Eindämmung der Wilderei ergänzt werden. CR/PB/AAL/MVK/EJM-G

Artenübersicht Gazellen, Böckchen und Saiga

Die Unterfamilie Antilopinae umfasste früher 2 Gattungsgruppen (Tribus) – die Antilopini oder Gazellen und die Neotragini oder Böckchen. Kürzlich ordnete man ihr aufgrund genetischer Analysen auch die Saigini zu, die nur eine einzige – ostasiatische – Art enthält und früher zur Unterfamilie Caprinae gezählt wurde. Zudem erhöhte sich nach einer Revision der Dikdik-Taxonomie die Zahl dieser ostafrikanischen Böckchen von 3 auf 4 Arten.

Tribus Antilopini

Gazellen

Schlanker Körper und lange Beine. Männchen größer als Weibchen. Gelbbrauner Rücken, weiße Unterseite. Typische Gesichtszeichnung wie dunkle Blesse, beidseitig weißem sowie dunklem Band von Augen zum Maul und weißem Augenring. Hörner meist S-förmig mit Querringen. Gewöhnlich beide Geschlechter mit Hörnern, die der Weibchen kürzer und dünner. Schwanzspitze schwarz. Die Populationen bestehen typischerweise aus territorialen Männchen, wenigstens während der Brunftzeit, Weibchen mit deren Nachkommen und Junggesellengruppen nichtterritorialer Männchen. Bilden im Winter oder in der Trockenzeit große gemischtgeschlechtliche Herden. Auf den jahreszeitlichen Wandel der Vegetation reagieren sie mit Wanderungen. Die Geburten fallen in Zeiten mit üppigem Pflanzenwuchs, etwa im Frühjahr oder zu Beginn der Regenzeit, und variieren somit jahreszeitlich und regional. Meist tagaktiv; Weidegänger.

Gattung *Gazella*

Untergattung *Nanger*
Großgazellen
Große Gazellen. Weißer Rumpf und Hinterteil, Schwanz weiß mit schwarzer Spitze. 3 Arten

Damagazelle En
Gazella dama

Sahara, von Mauretanien bis Sudan. Wüste. Lebt einzeln oder in kleinen Gruppen. In der Regenzeit zieht sie nordwärts zur Sahara, in der Trockenzeit zurück zum Sudan. Sehr selten.
KL 145–172 cm; SL 22–30 cm; SH 88–108 cm; HL 33–40 cm; GT 40–85 kg.
Körper: Hals, Nacken und Rückenansatz rötlich braun; Rumpf, Unterseite und Kopf weiß; weißer Kehlfleck. Hörner am Ansatz scharf zurückgebogen und relativ kurz. Hals und Beine lang für eine Gazelle.

Sömmeringgazelle Vu
Gazella soemmerringii

Horn von Afrika, nördlich bis zum Sudan. Busch und Akaziensteppe. Lebt in kleinen Gruppen von 5–20 Tieren.
KL 122–150 cm; SL 20–28 cm; SH 78–88 cm; HL 38–58 cm; GT 30–55 kg.
Körper: Fell blass-gelbbraun an Hals, Nacken und Bauchpartie; Gesichtszeichnung sehr ausgeprägt. Kurzer Hals; langer Kopf; Hornspitzen stark nach innen gebogen.

Grantgazelle LR
Gazella granti

Tansania, Kenia, Teile Äthiopiens, Somalia und Sudan. Halbwüste bis offene Savanne. Lebt in kleinen Gruppen bis zu 30 Tieren.
KL 140–166 cm; SL 20–28 cm; SH 75–92 cm; HL 45–81 cm; GT 38–82 kg.
Körper: Kräftig; schwarzes Steißband; Hörner lang, je nach Rasse unterschiedlich. Voraugendrüse wird nicht genutzt.
IUCN-Status: Von Schutzmaßnahmen abhängig.

Untergattung *Gazella*
Kleingazellen
7 Arten kleiner Gazellen, die außer *G. thomsoni* in kleinen Gruppen leben. Bauch und Hinterteil weiß, Rumpf nicht.
KL 70–107 cm; SL 15–26 cm; SH 40–70 cm; HL 25–43 cm; GT 15–32 kg.
Fortpflanzung: Tragzeit 5,5 Monate.

Edmigazelle LR
Gazella gazella
Berggazelle

Arabische Halbinsel, Palästina; in vielen Bereichen ihres Areals ausgestorben. Halb-

Oben: Dikdiks machen aus dem Markieren mit Kothaufen eine regelrechte Zeremonie: Das Männchen scharrt erst Erde über den Kot des Weibchens, bevor es seinen eigenen Dung absetzt.

wüste und Wüstenbuschland in Gebirgen sowie küstennahen Gebirgsausläufern.
KÖRPER: Rückenpartie gelbbraun, Steiß- und Flankenband deutlich sichtbar.
FORTPFLANZUNG: Zu festen Jahreszeiten.
IUCN-STATUS: Von Schutzmaßnahmen abhängig.

Dorkasgazelle Vu
Gazella dorcas

Von Senegal bis Marokko, westlich über N-Afrika und Iran bis Indien. Ebenen mit Halbwüste.
KÖRPER: Oberseite blass, wenig ausgeprägte Steiß- und Flankenbänder.

Dünengazelle En
Gazella leptoceros

Von Ägypten östlich bis Algerien. Berg- und Sandwüste.
KÖRPER: Oberseite sehr blass; Ohren groß; Hufe breit; Hörner lang, nur leicht gebogen.

Rotstirngazelle Vu
Gazella rufifrons

Schmaler Streifen vom Senegal östlich zum Sudan. Halbwüstensteppe.
KÖRPER: Rötliche Rückenpartie, schmales schwarzes Seitenband, darunter rötliches Schattenband, weiße Bauchpartie; Hörner kurz, gedrungen, nur leicht gebogen.

Thomsongazelle LR
Gazella thomsonii

Tansania, Kenia, isolierte Population im S-Sudan. Offene Grasebenen. Sehr zahlreich, in großen Herden bis zu 200 Tieren, auf den Wanderungen zu Tausenden. Größte Art dieser Untergattung.
KÖRPER: Fell oberseite gelbbraun; breites, auffällig dunkles Seitenband; deutliche Gesichtszeichnung; Hörner lang, nur leicht gebogen, bei Weibchen klein.
NAHRUNG: Gemischte Kost, vorwiegend aber Gras.
IUCN-STATUS: Von Schutzmaßnahmen abhängig.

Spekegazelle Vu
Gazella spekei

Horn von Afrika. Nackte Steinsteppe.
KÖRPER: Fell oberseits blass gelbbraun; breites, dunkles Seitenband; verdickte, aufblasbare Querfalte auf dem Nasenrücken.

Cuviergazelle En
Gazella cuvieri

Marokko, N-Algerien, Tunis. Halbwüsten.
KÖRPER: Oberseits dunkel graubraun; dunkles Seitenband mit Schattenband darunter; ausgeprägte Gesichtszeichnung.

Untergattung *Trachelocele*

Kropfgazelle LR
Gazella subgutturosa

Palästina bis Arabien, östlich über Iran und Turkestan bis O-China. Steppe, Halbwüsten. In Asien sammeln sich im Winter Tausende Tiere in niedrigen Höhenlagen, um dem Schnee zu entgehen; im Sommer lösen sich diese Verbände auf; Weibchen wandern weiter ab als Männchen.
KL 90–110 cm; SL 12–18 cm; SH 52–65 cm; HL 32–45 cm; GT 29–42 kg.
KÖRPER: Oberseits blass, Steiß- und Seitenbänder undeutlich; Gesichtszeichnung wenig ausgeprägt, wird mit zunehmendem Alter weißer. Hörner stehen dicht beisammen und biegen sich an der Spitze nach innen; Weibchen meist hornlos. Kehlkopf der Männchen auffällig geschwollen. Gedrungener Körper, relativ kurze Beine.
IUCN-STATUS: Vorwarnliste.

Gattung *Antilope*

Hirschziegenantilope Vu
Antilope cervicapra
Sasin

Indien. Halbwüste bis offenes Waldland.
KL 100–150 cm; SL 10–17 cm; SH 60–83 cm; GT 25–45 kg.
KÖRPER: Rückenpartie und Hals bei ausgewachsenen Männchen dunkelbraun bis schwarz, Bauchpartie, Kinn und Augen weiß; nicht geschlechtsreife Männchen und Weibchen sind hell gelbbraun. Hörner lang und spiralförmig gedreht; Weibchen hornlos.

Gattung *Procapra* Kurzschwanzgazellen

Gazellenähnlich. Rückenpartie blass gelbbraun, Rumpf und Hinterteil weiß. 3 Arten.

Tibetgazelle LR
Procapra picticaudata
Goa

Fast ganz Tibet. Grasland auf Plateaus, hoch gelegene, baumlose Steppe.
KL 91–105 cm; SL 2–10 cm; SH 54–64 cm; HL 28–40 cm; GT 20–35 kg.
KÖRPER: Keine Gesichts- oder Leistendrüsen; Hörner S-förmig, an der Spitze nicht gebogen.
IUCN-STATUS: Vorwarnliste.

Przewalskigazelle Cr
Procapra przewalskii

China, von Nan Shan und Kukunor bis zum Ordos-Plateau. Halbwüstensteppe.
KÖRPER: Gleiche Größe wie Tibetgazelle; Hörner an der Spitze nach innen gebogen.

Mongoleigazelle LR
Procapra gutturosa
Kropfantilope, Zeren

Große Teile der Mongolei. Trockensteppe und Halbwüste.
KL 110–148 cm; SL 5–12 cm; SH 30–45 cm; GT 28–40 kg.
KÖRPER: Kleine Voraugendrüsen und große Leistendrüsen.
IUCN-STATUS: Vorwarnliste.

Gattung *Antidorcas*

Springbock LR
Antidorcas marsupialis

Südliches Afrika westlich der Drakensberge, nördlich bis Angola. Offene, trockene Ebenen. Sehr gesellig; wandert meist in riesigen Herden von Zehntausenden von Tieren. Charakteristischer Stelzgang mit aufgerichteten weißen Rückenhaaren.
KL 96–115 cm; SL 20–30 cm; SH 75–83 cm; HL 35–48 cm; GT 25–46 kg.
KÖRPER: Oberseits hellrötlich gelbbraun, dunkles Seitenband, weiße Untserseite; Gesicht weiß, dunkles Band von Auge zum Maul; Hinterteil und Rumpf weiß, Linie weißer, aufrichtbarer Haare in einer Hautfalte am unteren Rückenteil. Hörner kurz, an der Spitze stark eingebogen.
NAHRUNG: Gemischte Kost, vorwiegend Gras.
IUCN-STATUS: Von Schutzmaßnahmen abhängig.

Gattung *Litocranius*

Giraffengazelle LR
Litocranius walleri
Gerenuk

Horn von Afrika, südlich bis Tansania. Wüste bis Trockenbuschsavanne. Lebt einzeln oder in kleinen Gruppen. Bildet keine Wandergemeinschaften.
KL 140–160 cm; SL 22–35 cm; SH 8–105 cm; HL 32–44 cm; GT 29–52 kg.
KÖRPER: Rötlich braune Oberseite, Rücken sehr dunkel, um Augen und Bauchpartie weiß. Beine und Hals sehr lang, Kopf klein, Kinn sehr schmal. Schwanz kurz mit schwarzer Spitze. Hörner an der Basis gedrungen, an den Spitzen stark nach vorn gebogen; Weibchen hornlos.
NAHRUNG: Stellt sich auf die Hinterbeine, um hohe Büsche abzuweiden; bevorzugt junge Blätter und Schösslinge. Vom Wasser unabhängig.
IUCN-STATUS: Von Schutzmaßnahmen abhängig.

Gattung *Ammodorcas* Stelzen- oder Lamagazellen

Lamagazelle Vu
Ammodorcas clarkei
Dibatag

Horn von Afrika. Grasebenen und Buschwüste. Einzeln oder in kleinen Gruppen. Kann sich zum Weiden auf Hinterbeine stellen. Richtet Schwanz bei Flucht steil auf. Bildet keine Wandergemeinschaften.
KL 152–168 cm; SL 30–36 cm; SH 80–88 cm; HL 25–33 cm; GT 23–32 kg.
KÖRPER: Rücken dunkel rötlich grau, Unterseite und Hinterteil weiß; am Kopf kastanienbraune Zeichnungen; Schwanz lang, dünn und schwarz; Hals und Beine lang. Hörner biegen sich an der Basis nach hinten und an der Spitze wie beim Riedbock nach vorn; Weibchen hornlos.

TRIBUS NEOTRAGINI

Böckchen

Kleine, zierliche Antilopen, Weibchen etwas größer als Männchen. Dämmerungs- oder nachtaktiv. Leben einzeln oder in kleinen Familiengruppen. Männchen sind territorial, markieren mit Dunghaufen, Voraugen- und Fußdrüsen; Duftdrüsen gut entwickelt. Untere Körperteile weiß oder lederfarben, Hörner kurz und gerade; Weibchen hornlos, außer bei einer Unterart des Klippspringers. Nahrung besteht aus jungen Blättern und Knospen, Wurzeln, Knollen, abgefallenem Laub und grünem Gras (außer beim Bleichböckchen). Böckchen pflanzen sich ganzjährig fort, Geburtenhöhepunkt zu Beginn der Regenzeit; Tragzeit etwa 6 Monate.

Gattung *Neotragus* Kleinstböckchen

Hörner glatt, kurz, nach hinten gebogen. Schwanz relativ lang. Rundrücken, kurzer Nacken. 3 Arten.

Kleinstböckchen LR
Neotragus pygmaeus

Sierra Leone, Liberia, Côte d'Ivoire, Ghana. Dichter Wald. Lebt einzeln oder paarweise; scheu, wenig bekannt.
KL 45–55 cm; SL 4–4,5 cm; SH 20–28 cm; HL 2,5–3 cm; GT 1,5–2,5 kg.
Kleinster Hornträger.
KÖRPER: Fell am Rücken braun, wird an Flanken und Beinen heller und leuchtend rot, Unterseite weiß. Schwanzoberseite rötlich, unterseits und Spitze weiß; Kopf und Nacken dunkelbraun.
IUCN-STATUS: Von Schutzmaßnahmen abhängig.

ABKÜRZUNGEN		
KL = Körperlänge KSL Kopf-Schwanz-Länge SL = Schwanzlänge	Ex ausgestorben	En stark gefährdet
SH = Schulterhöhe HL = Hornlänge GT = Gewicht H = Höhe	EW in freier Natur ausgestorben	Vu gefährdet
	Cr vom Aussterben bedroht	LR geringes Risiko

Batesböckchen LR
Neotragus batesi

SO-Nigeria, Kamerun, Gabun, W-Uganda, Kongo. Dichter Wald. Vorwiegend einzelgängerisch. Nachts oft auf Plantagen und bestellten Feldern. Weibchen leben in einander überlappenden Revieren.
KL 50–58 cm; SL 4,5–5 cm; SH 24–33 cm; HL 2–4 cm; GT 3 kg.
KÖRPER: Leuchtend dunkel kastanienrot auf dem Rücken, wird an den Flanken heller; Schwanz dunkelbraun.
IUCN-STATUS: Vorwarnliste.

Moschusböckchen LR
Neotragus moschatus
Suni

Lückenhaft von Zululand über Mosambik und Tansania bis Kenia. Küsten-, Ufer- und Gebirgswald mit dichtem Unterholz. Einzeln oder in kleinen Gruppen mit höchstens einem erwachsenen Männchen. Böcke reiben ihre Hörner an Baumstämmen und markieren mit ihren Voraugendrüsen.
KL 58–62 cm; SL 11–13 cm; SH 30–41 cm; HL 5–13 cm; GT 4–6 kg.
KÖRPER: Dunkelbraun, leicht getüpfelt; durchsichtige rosa Ohren; deutliche Querringe am Hörneransatz.
IUCN-STATUS: Von Schutzmaßnahmen abhängig.

Gattung *Madoqua* Dikdiks

Auf der Stirn aufrichtbare Haare. Hörner nur bei Männchen. Große Voraugendrüse. Schwanz winzig. Unterteile weiß. Männchen und Weibchen bilden lebenslange Partnerschaften und verteidigen gemeinsames Territorium. Vorübergehend bilden sich größere Verbände an Orten mit großem Nahrungsvorkommen, z.B. unter blühenden Bäumen. Tagaktiv. 4 Arten.

Eritreadikdik
Madoqua saltiana

Horn von Afrika. Trockener, immergrüner Busch an den Bergausläufern und in der Umgebung der äthiopischen Berge, besonders in gestörten oder überweideten Gebieten mit starkem Dickichtbewuchs.
KL 52–67 cm; SL 3,5–4,5 cm; SH 34,5–40,5 cm; HL 4–9 cm; GT 3–4 kg.
KÖRPER: Dickes Fell, Rücken grau und gesprenkelt, Flanken unterschiedlich grau bis rötlich; Beine, Stirn und Nase leuchtend rötlich; weiße Ringe um die Augen; Nase etwas verlängert.

Silberdikdik Vu
Madoqua piacentinii

O-Somalia. Halbtrockener Busch. Größe und Fell ähnlich wie Eritreadikdik.

Güntherdikdik
Madoqua guentheri

KL 62–75 cm; SL 3,5–5 cm; SH 34–38 cm; HL 4–9 cm; GT 4–5,5 kg.
KÖRPER: Rücken und Flanken grau gesprenkelt; Stirn und Nase rötlich; Nase auffällig verlängert.

Kirkdikdik
Madoqua kirkii

Tansania und S-Kenia (Kirkdikdik); Namibia und SW-Angola (Damaradikdik). Die beiden Lebensräume liegen über 2000 km voneinander entfernt; jüngste Genanalysen deuten darauf hin, dass es sich um verschiedene Arten handeln könnte.
KL 60–72 cm; SL 4,5–5,5 cm; SH 35–43 cm; HL 4–9 cm; GT 4,5–6 kg.
KÖRPER: Weißliche Ringe um die Augen; Nase leicht verlängert; Damaradikdik mit elastischen Trittpolstern an den Hufen, lebt auf hartem oder felsigem Boden.

Gattung Oreotragus

Klippspringer LR
Oreotragus oreotragus

Vom Kap bis Angola, im östlichen Afrika nach Norden bis Äthiopien und O-Sudan; auch in zwei isolierten Massiven in Nigeria und der Zentralafrikanischen Republik. Gebirge und Felsgruppen. Stelzender bis hüpfender Gang. Lebt paarweise, manchmal von 1–2 Jungen begleitet. Stark ausgeprägte Voraugendrüsen. An guten Futterstellen bilden sich größere Verbände. Keine Fußdrüsen.
KL 75–90 cm; SL 6,5–10,5 cm; SH 43–51 cm; HL 6–16 cm; GT 10–15 kg.
KÖRPER: Fell gelblich grau gesprenkelt; Ohren rund, auffällig schwarz umrandet; schwarze Ringe über den Hufen; Schwanz winzig; Rücken stark gewölbt. Fell ist dick, rau, borstig und brüchig, was das Tier gedrungen aussehen lässt. Hufe zylindrisch; Hörner glatt, fast senkrecht.
IUCN-STATUS: Von Schutzmaßnahmen abhängig.

Gattung *Raphicerus*

Fell rötlich, große, weiß umrandete Ohren, Schwanz winzig; glatte, senkrechte Hörner. Tag- oder dämmerungsaktiv. 3 Arten.

Steinböckchen
Raphicerus campestris

Angola, Sambia und Mosambik südlich zum Kap, auch in Kenia und Tansania. Offene, leicht bewaldete Ebenen. Meist einzelgängerisch oder in losem Paarverbund. Reviere bis 0,62 qkm groß.
KL 70–95 cm; SL 4–6 cm; SH 45–60 cm; HL 9–19 cm; GT 10–15 kg.
KÖRPER: Rötlich gelbbraun; große, weiß umrandete Ohren; glänzende, schwarze Nase; glatte, senkrechte Hörner; Schwanz winzig. Voraugendrüse wird selten zur Reviermarkierung verwendet.

Sharpe-Greisböckchen LR
Raphicerus sharpei

Tansania, Sambia, Mosambik, Simbabwe. Waldland mit niedrigem Unterholz oder Sekundärwuchs. Vorwiegend nachtaktiv und verborgen lebend.
KL 61–75 cm; SL 5–7 cm; SH 45–60 cm; HL 3–10 cm; GT 7,5–11,5 kg.
KÖRPER: Fell rötlich braun, an Rücken und Flanken weiß gesprenkelt; große, weiß umrandete Ohren; Hörner klein, glatt und senkrecht; Schwanz klein; leichter Rundrücken.
IUCN-STATUS: Von Schutzmaßnahmen abhängig.

Greisböckchen
Raphicerus melanotis

Ausschließlich im südlichen Kapland. Nicht so rot wie Sharpe-Greisböckchen, sonst ähnlich.

Gattung *Ourebia*

Bleichböckchen LR
Ourebia ourebi
Oribi

Ausgedehntes disjunktes Verbreitungsgebiet. O-Südafrika, Sambia, Angola, Kongo, von Tansania nördlich bis Äthiopien, westlich bis Senegal. Savannen mit dünnem Buschbewuchs in Wassernähe. Lebt meist paarweise oder in kleinen Familiengruppen, an guten Futterplätzen auch größere Ansammlungen. Duftdrüsen und Markierverhalten der Männchen sehr ausgeprägt. Große Territorien. Gangart gewöhnlich stelzend. Grasfresser. Tagaktiv.
KL 92–140 cm; SL 6–15 cm; SH 54–67 cm; HL 8–19 cm; GT 14–21 kg.
KÖRPER: Rücken und Flanken rötlich gelbbraun, kontrastieren auffällig mit weißem Bauch; Stirn und Scheitel rötlichbraun; schwarzer Drüsenfleck unter dem Ohr; Schwanz kurz mit schwarzer Spitze. Ohren groß und schmal; Hörner kurz, senkrecht, am Ansatz angedeutete Querringe.
IUCN-STATUS: Von Schutzmaßnahmen abhängig.

Gattung Dorcatragus

Beira-Antilope Vu
Dorcatragus megalotis

Somalia und Äthiopien, angrenzend an das Rote Meer und den Golf von Aden. Steiniges, trockenes Hügel- und Bergland. Sehr selten, wenig bekannt. Tagaktiv.
KL 70–85 cm; SL 14–20 cm; SH 52–65 cm; HL 7,5–12,5 cm; GT 15–26 kg.
KÖRPER: Gazellenähnlich; relativ groß für ein Böckchen. Fell grau, an Rücken und Flanken leicht gesprenkelt; deutliches dunkles Seitenband; Bauchpartie gelblich. Ohren sehr groß; Schwanz lang und weiß; Hörner parallel, weit auseinander stehend, leicht nach vorn gebogen; elastische Hufe, an felsige Lebensräume angepasst.

TRIBUS SAIGINI

Saiga-Antilope LR
Saiga tatarica

N-Kaukasus, Kasachstan, SW-Mongolei, Sinkiang (China). Kalte, höher gelegene, trockene Steppen. Begibt sich jährlich in riesigen Herden von bis zu 200 000 Tieren auf Wanderschaft; normale Herdengröße etwa 30–40 Tiere.
KSL 123–146 cm (M), 108–125 cm (W); H 69–79 cm (M), H 57–73 cm (W); GT 32–51 kg (M); GT 21–41 kg (W).
KÖRPER: Fell sandfarben; Hörner nur bei Männchen, bernsteinfarben und durchsichtig. Auf der Nase rüsselartiges Organ, das während der Sommerwanderungen als Staubfilter und im Winter zur Erwärmung der Atemluft dient. Nase vergrößert sich bei Männchen während der Brunft, dann werden auch die Haarbüschel unter den Augen mit klebrigem, riechendem Sekret aus den Voraugendrüsen imprägniert; Fuß- und Leistendrüsen ebenfalls vorhanden; Ohren, Schwanz und Nackenmähne kurz.
NAHRUNG: vorwiegend Gras, manchmal auch kleine Kräuter und Flechten.
FORTPFLANZUNG: Tragzeit 145 Tage; häufig Zwillinge, vor allem nach der ersten Geburt. Bestand hat sich in den letzten Jahren stark vergrößert.
IUCN-STATUS: Von Schutzmaßnahmen abhängig. Eine Unterart, die Mongolische Saiga-Antilope (*Saiga t. mongolica*), gilt als stark gefährdet.

Die 1993 erstellte Liste der Säugetierarten nennt fünf weitere *Gazella*-Arten: *G. arabica* (Arabische Gazelle), *G. bennettii* (Indische Gazelle), *G. bilkis* (Yemen-Gazelle), *G. rufina* (Algerische Gazelle) sowie *G. saudiya* (Saudi-Gazelle). Zudem wird der Tschiru (*Pantholops hodgsoni*) – hier bei den Ziegenartigen in einer eigenen Unterfamilie Panthalopinae – in die Unterfamilie Antilopinae gestellt.

Ziegenartige

Ziegenartige gelten als beliebtes Jagdwild. Die Köpfe von Argalis und Dickhornschafen sind begehrte Trophäen, und eine Jagderlaubnis für diese Arten kann Tausende von Dollars kosten.

Die Ziegenartigen und ihre Nachfahren (Caprinae) erreichten ihre Blüte in den Eiszeiten, die vor etwa vier Millionen Jahren begannen. Sie besetzten eine Vielzahl extremer Lebensräume wie heiße Wüsten, arktische Ödländer oder alpine Hochebenen, überlebten jedoch auch in ihrer ursprünglichen Heimat, den feuchten Tropen.

Kämpferische Grasfresser

KÖRPERBAU UND FUNKTION

Typische Körpermerkmale der Ziegenartigen bildeten sich im Spätmiozän aus. Mit der Ausbreitung in extreme Klimazonen wurden sie größer und ihr Erscheinungsbild vielfältiger. Es entstanden große Arten wie Moschusochse und Riesenschaf, langhörnige Steinböcke, der ochsenköpfige Takin sowie viele ausgestorbene eiszeitliche Formen.

Die Ziegenartigen sind meist untersetzte, gesellige Hornträger. Primitivere Formen haben oft kleine Hörner und ein stark gemustertes Fell. Echte Schafe und Ziegen erkennt man an ihren langen, gebogenen Hörnern. Der Moschusochse und verwandte Arten haben einen großen Körper und große Hörner. Für die unterschiedlichen Fellfärbungen von rein weiß bis tiefschwarz gibt es keine schlüssige Erklärung. Wie auch andere gesellige Huftiere haben Ziegenartige ein kurzes Fell und Farbmuster auf Vorder- und Hinterteil. Körper und Hörner der Weibchen sind kleiner.

Bei der Sozialstruktur gibt es zwei Extreme: Die primitivsten Formen bezeichnet man als so genannte Nahrungsverteidiger. Sie besiedeln kleine, fruchtbare Gebiete, die ganzjährig Futter bieten und leicht zu verteidigen sind. Die modernsten Formen sind dagegen Grasfresser in weniger fruchtbaren, klimatisch ungünstigeren Regionen. Sie leben gesellig, durchwandern große Gebiete und weisen kaum noch Eigenschaften ihrer tropischen Vorfahren auf. Sie haben große Hörner und vielfältige Kampfrituale; die Geschlechter unterscheiden sich oft stark. Die einzelnen Arten sind an die verschiedensten Lebensweisen zwischen diesen Extremen angepasst.

Die meisten Nahrungsverteidiger besitzen ein dunkles Fell. Männchen und Weibchen sehen sich sehr ähnlich. Da kleine Territorien leichter zu verteidigen sind, haben sie einen kleinen Körper und einen vielfältigen Speiseplan. Beim Serau sehen beide Geschlechter gleich aus: dunkles Fell, lange Ohren mit Haarquaste, lange Nackenmähne und große Voraugendrüsen. Seraus sind aggressiv und vertreiben mit ihren dolchähnlichen Hörnern sogar Raubtiere. Sie haben ein typisches Laubfressergebiss mit niedrigen Höckern. Die Beine eignen sich weniger gut zum Klettern. Ihre Wohngebiete markieren sie durch Wechsel, Wetzspuren und Dunghaufen. Seraus sind in Südostasien weit verbreitet. Man findet sie vorzugsweise in feuchten busch- oder waldbewachsenen Felsenregionen.

Als die beiden extremsten Formen der Rupicaprini gelten Gämse und Schneeziege. Beide sind an ein Leben in den Schneezonen der Hochgebirge angepasst und haben Hinterhauptdrüsen. Mehr Gemeinsamkeiten gibt es nicht. Die Schneeziege ist ein langsamer Felskletterer, der seine Nahrung nur im strengen Winter verteidigt und steile Felswände liebt. Die Gämse ist relativ klein und gesellig. Nur große Böcke können sich im Sommer für die Brunftzeit ein Polster zulegen.

Mehrere Linien der Ziegenartigen haben sich zu Grasfressern entwickelt, darunter Ziegen und Schafe sowie der Moschusochse. Eine der ältesten Formen und am engsten verwandt mit den Gämsenartigen ist der Tahr. Nach Körperbau und Verhalten ist er zwischen Ziegen- und Gämsenartigen einzuordnen. Er lebt in Felsenregionen und verfügt über eine breite Nahrungspalette.

Die nächste Entwicklungsstufe repräsentiert das Mähnenschaf. Abweichungen vom ursprünglichen Körperbau sind immer dann zu erwarten, wenn ein neuer Lebensraum erschlossen wird. Obwohl dies spezifische Anpassungen erfordert, sind anfängliche Veränderungen meist das Ergebnis sozialer Selektion während der Besiedlung. Da in dieser Zeit genügend Futter zur Verfügung steht, kommt es nicht zu einer Nahrungs-, sondern zu einer Partnerkonkurrenz. Da sich die wenigen Tiere sehr rasch vermehren, werden durch einen schnellen Ausleseprozess größere Körper, kräftigere Hörner und ein effizienteres Imponierverhalten ausgebildet. So hat das Mähnenschaf einen massigeren Schädel und größere Hörner als der Tahr. Äußerlich ähnelt es mehr den Ziegen, biochemisch jedoch steht er den Schafen näher. Die Art befindet sich also am Scheidepunkt zweier Entwicklungslinien – den Schafen und den echten Ziegen.

Über die weitere Evolution von Ziegen und Schafen ist wenig bekannt. Beide besiedelten kalte Gebirgsregionen, wobei Körper und Hörner größer wurden. Lokal entstanden Arten, die bestimmte ökologische Nischen besetzten. Vermutlich bildeten sich hierbei auch zahlreiche Hybridformen, von denen viele wieder ausgestorben sind.

Äußerlich unterscheiden sich männliche Schafe und Ziegen sehr stark, Weibchen jedoch kaum. Letztere haben lange, säbelförmige, wulstige Hörner und einen Kinnbart. Bei Schafböcken fehlt der Bart, dafür tragen sie massive, schneckenförmig gewundene Hörner. Bei primitiven Schafen findet man lange Backenbärte und Nackenhaare. Ziegen haben einen Schwanz, jedoch keinen Rumpffleck wie Schafe, bei diesen wiederum ist der Schwanz nur kurz. Ziegenböcke besprühen sich mit Harn, Schafböcke nicht. Leben Ziegen und Schafe in derselben Region, besetzen sie verschiedene Lebensräume. Dies ist nicht der Fall, wenn sie allein

Unten und rechts: *Typische Arten:* **1** *Goral* (Nemorhaedus goral), **2** *Himalajathar* (Hemitragus jemlahicus), **3** *Orientalisches Wildschaf* (Ovis orientalis), **4** *Mähnenschaf* (Ammotragus lervia), **5** *Bezoarziege* (Capra aegagrus), **6** *Japanischer Serau* (Capricornis crispus), **7** *Gämse* (Rupicapra rupicapra), **8** *Steinbock* (Capra ibex), **9** *Schneeziege* (Oreamnos americanus), **10** *Altai-Wildschaf* (Ovis ammon), **11** *Takin* (Budorcas taxicolor), **12** *Moschusochse* (Ovibos moschatus).

FAKTEN

ZIEGENARTIGE (CAPRINAE)

Ordnung: Artiodactyla

Familie: Bovidae

27 (34) Arten in 2 Unterfamilien und 11 (10) Gattungen: u.a. Gämse (*Rupicapra rupicapra*), Schneeziege (*Oreamnos americanus*), Moschusochse (*Ovibos moschatus*), Mähnenschaf (*Ammotragus lervia*), Steinbock (*Capra ibex*), und Tschiru (*Pantholops hodgsoni*).

VERBREITUNG Asien, Mitteleuropa, Nord- und Mittelamerika, N-Afrika. Tschiru: tibetanisches Hochplateau.

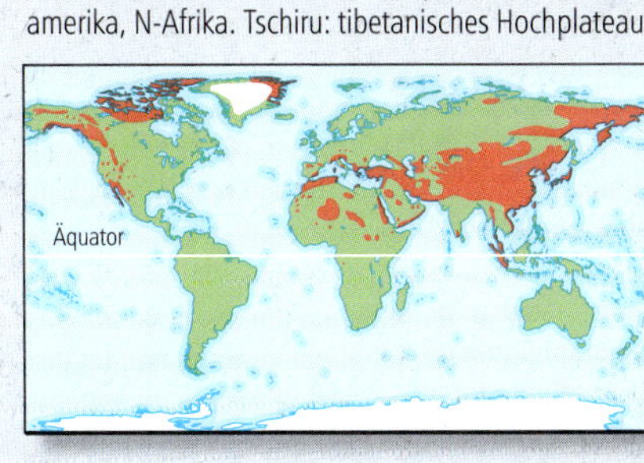

LEBENSRAUM Steiles Gelände, von heißen Wüsten und feuchten Dschungeln bis zum arktischen Ödland. Der Tschiru lebt in der alpinen Steppe Tibets.

GRÖSSE Körperlänge von 1,05–1,17 m (Goral) bis 2,45 m (Moschusochse); **Höhe** von 69–78 cm bis 1,5 m, **Gewicht** von 28–42 kg bis 350 kg, bei den genannten Arten.

FELL Sehr unterschiedlich, von Weiß bei Schneeziege und Dallschaf bis Schwarz bei Moschusochse und Stoneschaf. Gesellige Arten haben an Vorder- und Hinterteil meist kräftige Farbmuster.

NAHRUNG Gräser, Kräuter, Blätter, Schösslinge, Pilze, Riedgras, Flechten.

FORTPFLANZUNG Tragzeit 150–160 (Orientalisches Wildschaf), 180 (Tschiru) und 250–260 Tage (Goral).

LEBENSERWARTUNG 6 Jahre (Orientalisches Wildschaf); 9 Jahre (Dickhornschaf; bis 24 Jahre in Zoos).

Artenübersicht siehe Seite 574 f. ▷

auftreten. Dort, wo Ziegen fehlen, ziehen Schafe in felsiges Gelände und nähern sich in Körperform und Größe dem Steinbock an. Einige echte Ziegen wie Westkaukasischer Steinbock und Blauschaf haben ähnliche Hörner wie Schafe und den strengen Körpergeruch verloren. Schafe und Ziegen scheinen flexibel genug, um einen Wettbewerb untereinander zu vermeiden, sind jedoch ökologisch austauschbar. In beiden Gruppen wird die Fellfärbung fahler, je größer und dicker die Hörner sind. Mit zunehmender Höhe und geografischer Breite werden die Tiere größer und ihre Kämpfe heftiger. Als extremste Formen gelten hier das Argali oder Altai-Wildschaf und der sibirische Steinbock der zentralasiatischen Hochgebirge. Wildschafe haben zwei große Entwicklungsphasen durchlaufen: Die erste führte zum 54/52-Chromosomen-Schaf (Mufflon, Dickhornschaf), die zweite zum Altai-Wildschaf mit 56 Chromosomen.

Die asiatischen und die amerikanischen Schafformen weisen ein ähnliches Sozialverhalten und Aussehen auf, verhalten sich aber unterschiedlich gegenüber Raubtieren. Das amerikanische Dickhornschaf ähnelt dem Steinbock und lebt in felsnahen Gebieten. Die amerikanischen Arten haben im Vergleich zu asiatischen eine niedrigere Geburtenrate und eine längere Tragzeit. Zwillinge treten nie auf. Diese Arten leben zwar länger, doch werden in einer Population Bestandsrückgänge nicht durch mehr Geburten ausgeglichen.

Vielfältige Lebensräume

VERBREITUNG

Ziegen spezialisierten sich auf felsiges Gelände, Schafe auf offenes, trockenes Gelände mit felsigen Abschnitten. Der Grund dafür ist ihr unterschiedliches Verhalten gegenüber Raubtieren: Bei Bedrohung schließen sich Schafe eng zusammen oder fliehen, Ziegen hingegen ziehen sich in unwegsames Gelände zurück. In ihrer geografischen Ausbreitung waren Ziegen weniger erfolgreich als Schafe. Sie besiedelten felsige Regionen südwärts bis ins äthiopische Hochland und westwärts bis Europa. Im Lauf ihrer Ausbreitung haben sich anscheinend mehrfach Ziegen mit Schafen gekreuzt. Die ursprünglichste Form dürfte die Schraubenziege sein, die modernste der Steinbock. Arten, die am weitesten von Kleinasien entfernt leben, unterscheiden sich am stärksten von der Wildziege.

Die Caprini stammen von den Rupicaprini ab. Eine weitere Linie führt zum Moschusochsen und vermutlich zum Takin. Beide ähneln sich in Kampfverhalten, hierarchischen Sozialstrukturen, Männchengruppen und Herdenbildung. Es gibt viele ausgestorbene Arten, die sich zoologisch nur schwer einordnen lassen. Nur die am weitesten entwickelten Moschusochsen haben sich gehalten, und selbst diese Art ist heute auf arktische Regionen, Nordamerika und Grönland beschränkt. Der Takin ist ein immer noch wenig erforschtes Tier. Wie die Ziegen besitzt er zahlreiche Duftdrüsen, die ihm einen strengen Körpergeruch verleihen. Ähnlich seinen Gämsenverwandten lebt er in Wäldern, hat eine Neigung zur Herdenbildung und sucht gerne Bergwiesen auf.

Unterwerfung und Aggression

SOZIALVERHALTEN

Gämsenartige und höher entwickelte Ziegenartige zeigen ein unterschiedliches Sozialverhalten. Erstere sind Nahrungsverteidiger und deshalb territoriale Einzelgänger. Die höher entwickelten Ziegenartigen schließen sich zum Schutz gegen Feinde zu Herden zusammen. Im fruchtbaren Grasland ist genügend Nahrung vorhanden, sodass Grasfresser in großen Herden weiden können. Tiere im Zentrum der Herde sind buchstäblich unangreifbar. Grasfresser sind mobiler, müssen jedoch fasrige Gräser zerkleinern können, was zur Ausbildung größerer Zähne geführt hat.

Unten: *Der Steinbock gehört zu den Ziegen. Er ist hervorragend an zerklüftetes Gelände und extreme Gebirgs- und Wüstenklimata angepasst. In solchen Lebensräumen findet man ihn in den Bergregionen Europas bis in den Fernen Osten.*

Unten: *Moschusochsen haben eine einfache, aber effektive Verteidigungsstrategie: Wird ein Raubtier gesichtet, scharen sich die Erwachsenen um die Jungtiere; dies sowie ihre Größe, Stärke und die kräftigen Hörner schrecken die meisten Angreifer ab, machen sie aber auch zu einem leichten Opfer für bewaffnete Jäger.*

Ziegenartige haben unterschiedliche Paarungs- und Kampfverhalten entwickelt. Ein Extrem bildet die Schneeziege. Die Männchen dieser Art sind den Weibchen bis auf zwei Wochen während der Paarungszeit untergeordnet und zeigen ein unterwürfiges Werbungsverhalten. Im Gegensatz zu anderen Ziegenartigen veranstalten die Männchen kein Kopfdrücken, vielmehr stoßen sie mit ihren kurzen, scharfen Hörnern zu, doch kommt es selten zum Kampf, da dieser zu ernsthaften Verletzungen führen würde. Als Schutz haben sie eine sehr dicke Haut ausgebildet.

Das andere Extrem ist das hoch entwickelte Dickhornschaf. Die Hörner der Männchen können über 13 % des Körpergewichts ausmachen. Sie werden sowohl zum Angriff als auch zur Verteidigung eingesetzt und spielen eine große Rolle beim Imponiergehabe. Große Hörner signalisieren, dass das Tier in der Lage ist, hochwertige Nahrung zu finden – eine wichtige Eigenschaft für Nachkommen, vor allem für weibliche, die später selbst nährstoffreiche Milch produzieren müssen.

In Felsenregionen paaren sich Dickhornschafe immer nur mit einem Weibchen, da das Gelände Sicht und Bewegungsfreiheit einschränkt. Im Gegensatz dazu bildet das Altai-Wildschaf, das in offenem Gelände lebt, Harems. Schneeziegen wiederum bilden Paare – außer heftiger Schneefall erzwingt die Bildung kleiner Herden. In diesem Fall verteidigen Männchen in der Paarungszeit so viele Weibchen wie möglich. Letztendlich sorgen sowohl Vererbung als auch Umweltbedingungen zur Ausbildung verschiedener Paarungsstrategien.

Unten: *Der Tahr ist geografisch weit verbreitet: auf der arabischen Halbinsel, in den Nilgiribergen Südindiens und im Himalaya. Seine entwicklungsgeschichtlich alte Stufe zeigt sich auch darin, dass seine Unterarten weit versprengt sind. Im Pleistozän war der Tahr bis nach Westeuropa verbreitet.*

Das Sozialleben der Gämsen

Das Sozialsystem der Gämsen ist sehr flexibel. Die Weibchen sind meist standorttreu und bilden oft Herden. Junge Männchen bleiben zwei bis drei Jahre in der Mutterherde. Bis zur Geschlechtsreife mit acht bis neun Jahren wandern sie umher, ehe sie sich ein eigenes Revier suchen. Gelegentlich schließen sie sich Weibchenherden an, werden jedoch in der Brunftzeit von älteren Böcken vertrieben. Auf dem Höhepunkt der Brunft, Mitte November, sind die Haremshalter stark damit beschäftigt, paarungsbereite Weibchen zu verteidigen. Dennoch gelingt es manchen Männchen am Rand, sich ebenfalls erfolgreich zu paaren.

Mit den ersten schweren Schneefällen lösen sich die Herden auf und ziehen in ihre Winterquartiere in den Wäldern, wo sie das spärliche Nahrungsvorkommen nutzen. Die Sterberate in dieser Zeit ist oft sehr hoch. Im Mai und Anfang Juni bringen die Weibchen in unzugänglichen Verstecken ein einzelnes Junges zur Welt. Größere Herden bilden sich erst Mitte Juni wieder.

Ein breites Repertoire an Drohgebärden verhindert bei Gämsen den Ausbruch offener Aggressionen. Kommt es dennoch zum Kampf, nimmt der Unterlegene rasch eine übertriebene Demutshaltung an, um weitere Angriffe des Siegers und Verletzungen mit den Hörnern zu verhindern. SL

Bestandsschutz

ARTEN- UND UMWELTSCHUTZ

Für die pleistozänen Menschen spielten die Ziegenartigen als Nahrungsquelle kaum eine Rolle. In der Jungsteinzeit (Neolithikum, vor 8000 Jahren) wurden im Nahen Osten jedoch Schafe und Ziegen domestiziert. Sie erlangten bald außerordentliche Bedeutung, da sie auch mit anspruchsloser Nahrung zufrieden waren, wertvolle Produkte lieferten und ihr Unterhalt wenig kostete.

Hausschafe und -ziegen entwickelten sich in derselben Region. Erstere stammen vom Mufflon ab, Letztere von der Bezoarziege. Weder vom Steinbock noch von höher entwickelten Schafen gibt es Haustierformen. Die heutigen Überlebenschancen der Ziegenartigen sind sehr unterschiedlich. Der Bestand des Dickhornschafs in Amerika hat sich aufgrund von Schutzmaßnahmen deutlich erholt. Wüstendickhornschafe sind durch Viehkrankheiten und Zerstörung ihres Lebensraums gefährdet. Die Bestände der Wildziegen und -schafe in Asien gelten in einigen Regionen aufgrund hoher Geburtenraten als erfreulich hoch, in anderen wie dem Himalaya aber als bedenklich niedrig. Aufgrund von Überjagung und Nahrungskonkurrenz mit Hausrassen kommen sie mittlerweile in vielen Gebieten nicht mehr vor. VG

Artenübersicht Ziegenartige

DIE 26 ARTEN DER UNTERFAMILIE CAPRINAE (Ziegenartige) werden hier zusammen mit dem Tschiru *(Pantholops hodgsoni)* in der Unterfamilie Panthalopinae aufgeführt, die ähnlich alt ist und als Schwestertaxon der Caprinae gilt. Die 1993 erstellte Taxonomie nennt zusätzlich 3 *Nemorhaedus*- und 4 *Capra*-Arten.

Unterfamilie Caprinae

26 Arten in 3 Tribus (Rupicaprini, Ovibonini, Caprini) und 11 Gattungen.

TRIBUS RUPICAPRINI

Gämsenartige

Die Arten dieser Gattungsgruppe lieben steile Hänge und den Schutz von Bäumen und Büschen. Sie haben kurze, spitze Hörner, mit denen sie Ressourcen verteidigen. Die Geschlechter sind in Gewicht und Aussehen sehr ähnlich. Kurzer Schwanz. 4 Zitzen. Die Jungtiere folgen der Mutter direkt nach der Geburt.

Serau Vu

Capricornis sumatraënsis

Tropisches und subtropisches O-Asien.
H bis 107 cm (M), bis 90 cm (W);
GT bis 140 kg (M), bis 100 kg (W).
KÖRPER: Fell sehr variabel, oft dunkel mit langer (40 cm) weißer oder brauner Nackenmähne; Haare rau, lang und borstig; kurzer Bart von Maul zu Ohren. Hörner bei Männchen gedrungen, 15–25 cm lang; Ohren lanzettförmig; Voraugen- und Fußdrüsen groß.

Japanischer Serau LR

Capricornis crispus

Japan, Taiwan. In Japan an niedrige Temperaturen und Schnee angepasst; Zwergform auf Taiwan. Kleiner und heller gefärbt als der Festland-Serau, auffälliger Bart.
IUCN-STATUS: Von Schutzmaßnahmen abhängig.

Goral LR

Nemorhaedus goral

N-Indien, Myanmar bis SO-Sibirien und südlich von Thailand. Sehr steile Felsen in trockener Gebirgslage, in der Mandschurei in feuchten, verschneiten Regionen.
Mandschurei: KSL 106–117 cm (M), 106–118 cm (W); H 69–78 cm (M), 50–75 cm (W); GT 28–42 kg (M), 22–35 kg (W).
KÖRPER: Fell lang, fuchsrot über dunkelgrau bis weiß; weißer Kehlfleck; Nackenmähne bei Männchen kurz; Hörner schwarz, bei Böcken bis 23 cm, bei Weibchen 20 cm lang. Schwanz mit Quaste, bei mandschurischer Form länger als bei südlichen Formen. Rudimentäre Voraugendrüsen.
FORTPFLANZUNG: Tragzeit 250–260 Tage bei mandschurischer Form, kürzer bei südlichen Formen.
IUCN-STATUS: Von Schutzmaßnahmen abhängig; im Fernen Osten gefährdet.

Gämse

Rupicapra rupicapra

Alpen, Kaukasus, Karpaten, Hohe Tatra, NO-Türkei, Balkan; eingeführt in Neuseeland. Alpine Wälder und Wiesen. 6 Unterarten.
KSL 125–135 cm; H 70–90 cm;
GT 30–50 kg (M), 24–42 kg (W).
FELL: Blassbraun im Sommer, dunkelbraun bis schwarz im Winter; weißer Rumpffleck, weiße bis gelbliche Gesichtsstreifen. Hinterhauptdrüsen. Kurzer Schwanz.
FORTPFLANZUNG: Tragzeit 160–170 Tage.
IUCN-STATUS: Von Schutzmaßnahmen abhängig.

Pyrenäengämse LR

Rupicapra pyrenaica

Abruzzengämse

Kantabrisches Gebirge (NW-Spanien), Pyrenäen, Apennin. 3 Unterarten.
KSL, H und GT wie Gämse.
FELL: Rötlich beige im Sommer, dunkelbraun mit breiten, gelblichen Flecken an Kehle, Halsseiten, Schultern, Hinterbeinen im Spätherbst/Winter.
FORTPFLANZUNG: Wie bei Gämse.
IUCN-STATUS: Von Schutzmaßnahmen abhängig; eine Unterart stark gefährdet.

Schneeziege

Oreamnos americanus

SO-Alaska, S-Yukon, SW-Mackenzie bis Oregon, Idaho, Montana; in andere Gebirgsregionen eingeführt. Steile Felsen, Ränder großer Gletscher.
GRÖSSE: Je nach Region sehr variabel; KSL bis 175 cm (M), bis 145 cm (W); H bis 122 cm (M), bis 92 cm (W); GT bis 140 kg (M), bis 57 kg (W); bei südlichen Formen GT bis 70 kg (M), bis 57 kg (W).
FELL: Gelblich weiß, lange Unterwolle, längeres Deckhaar, das an Nacken und Rumpf in eine steife Mähne übergeht und an Beinen „Pluderhosen" bildet; Fellwechsel im Juli; Hörner schwarz, 15–25 cm lang, bei Böcken dicker. Kräftige Beine mit sehr großen Hufen. Schwanz kurz.
FORTPFLANZUNG: Tragzeit etwa 180 Tage.

TRIBUS OVIBONINI

Schafochsen

Riesige gämsenähnliche Arten arktischer und alpiner Lebensräume mit langhaarigem, schwerem, gedrungenem Körper und kurzen, kräftigen Beinen. Beide Geschlechter sehr ähnlich, Weibchen aber um 60 % leichter. Hörner länger als bei Gämsenartigen, aber kleiner als bei Ziegenartigen, gebogen für Frontalangriffe. Nach einer Tragzeit von 8–8,5 Monaten wird ein Junges geboren. Schwanz kurz. 4 Zitzen.

Takin Vu

Budorcas taxicolor

W-China, Bhutan, Myanmar. Alpine Bambuswälder, steiles, zerklüftetes Areal.
KSL 170–220 cm (M); H 100–130 cm (M); GT bis 350 kg (M), bis 250 kg (W). Größe variiert je nach Region
FELL: Meist hell, lang, zottig, bei einer Unterart golden; Gesicht bei Bullen ganz dunkel, bei Kühen und Kälbern nur die Nase. Keine Hautdrüsen an bestimmten Stellen, aber am ganzen Körper wird ein öliges, stark riechendes Sekret abgesondert.

Moschusochse

Ovibos moschatus

Alaska bis Grönland. Arktis und Tundra in Gletschernähe; an extreme Kälte angepasst; Allesfresser, auf Gebiete mit wenig Schneefall beschränkt.
GRÖSSE: Variabel, nimmt von N nach S zu: Männchen im Süden: KSL 245 cm; H 145 cm; GT 350 kg; in Grönland KL 180 cm; H 110– 130 cm; GT bis 650 kg (in Gefangenschaft).
KÖRPER: Fell schwarz mit hellem Sattel, vorn heller, bleicht im Frühjahr aus, dicht und lang, bis zu 62 cm lange Haarsträhnen. Fußdrüsen; große Voraugendrüse, Sekret wird in Brunft reichlich versprüht.

TRIBUS CAPRINI

Ziegenartige

Höher entwickelte Ziegenartige, Gewicht und Aussehen der Geschlechter unterscheiden sich stark. Spezialisiert auf Frontalangriffe, Männchen haben ein hierarchisches Sozialsystem. Außerhalb der Paarungszeit leben die Geschlechter getrennt. Hörner wachsen in jährlichen Schüben und sind bei Böcken viel größer. Länge von Haaren und Hornmasse sind umgekehrt proportional. Zähne stark molarisiert. 2–4 Zitzen. Primär auf offenem Gelände und Weiden. Sehr gesellig.

Gattung *Hemitragus* Tahre

Die primitivsten Caprini und den Gämsen in Form und Verhalten ähnlich. Beide Geschlechter mit Hörnern, bei den Männchen gedrungener, länger und schwerer, bis 44 cm lang. Lieben trockene oder vereiste Steilhänge. Männchen haben eine dicke Haut; kein Körpergeruch; Fuß-, Leisten-, Voraugen- oder Schwanzdrüsen. Weibchen wiegen etwa 60 % der Böcke. Tragzeit: 180 Tage.

Himalaja-Tahr Vu

Hemitragus jemlahicus

Himalaya. Eingeführt in Neuseeland.
KSL 130–170 cm; H 62–100 cm; GT kann bei Männchen über 108 kg betragen.
FELL: Kupfer bis schwarz; Haare relativ lang; Männchen haben lange, zottelige Nackenkrause; Fell bei Weibchen kürzer.

Nilgiri-Tahr En

Hemitragus hylocrius

S-Indien.
H 62–100 cm.
FELL: Dunkel, fast schwarz; kurze Haare; silberner Sattel bei Männchen; Mähne bei Männchen kurz und borstig; Weibchen gräulich braun mit weißem Bauch.

Arabischer Tahr En

Hemitragus jayakari

Oman.
Maße unbekannt; angeblich kleinste Art.
FELL: Bräunlich mit dunklem Rückenstreifen, schwarze Beine, weißer Bauch, lange Haare an Kinn und Widerrist.

Gattung *Ammotragus*

Mähnenschaf Vu

Ammotragus lervia

Mähnenspringer

N-Afrika. Berge, vor allem hoch gelegene Wüsten. 4 Unterarten.
KSL 155–165 cm; H 90–100 cm;
GT bis 140 kg, Weibchen 50 % leichter.
KÖRPER: Fell kurz, lange Nackenkrause, beide Geschlechter an Vorderbeinen mit „Pluderhosen"; weder Bart noch Rumpffleck. Langer, flacher Schwanz, unten nackt. Schwielen an Knien. Schwanzdrüsen. Böcke ohne Körpergeruch. Hörner bei Männchen bis 84 cm, bei Weibchen bis 40 cm. Ohren schmal und spitz.
FORTPFLANZUNG: Tragzeit 160 Tage.

ABKÜRZUNGEN					
	KSL = Kopf-Schwanz-Länge SH = Schulterhöhe	Ex	ausgestorben	En	stark gefährdet
	H = Höhe GT = Gewicht	EW	in freier Natur ausgestorben	Vu	gefährdet
	M = Männchen W = Weibchen	Cr	vom Aussterben bedroht	LR	geringes Risiko

Gattung *Pseudois*

Blauschaf LR
Pseudois nayaur
Bharal

Himalaya, Tibet, O-China.
H 91 cm; GT 60 kg (M), 40 kg (W).
KÖRPER: Fell bläulich, Unterleib heller, Beine stark gezeichnet; kein Bart, keine Hautdrüsen; kleiner Rumpffleck; Schwanz unten nackt. Keine Schwielen an Knien. Hörner rückwärts gebogen, zylindrisch, bei Männchen bis 84 cm lang, bei Weibchen winzig. Ohren spitz und kurz.
FORTPFLANZUNG: Tragzeit 160 Tage.
LEBENSERWARTUNG: Im Schnitt 9 Jahre, maximal 24.
IUCN-STATUS: Vorwarnliste.

Gattung *Capra* Ziegen

Männchen haben einen Kinnbart und riechen stark. Keine Voraugen-, Leisten- oder Fußdrüsen, jedoch Analdrüsen. Beide Geschlechter mit Schwielen an den Knien und langen, flachen, am Ende nackten Schwänzen. Ohren lang und spitz, außer bei alpinen Formen. Rumpffleck klein. An Felsen angepasste Springer, äußerst gesellig. Körpergröße variiert je nach Region. Weibchen wiegen 50–60 % der Männchen. Deren Hörner wachsen im Alter weiter, bei Weibchen aller Arten 20–25 cm lang. Brunftkleid der Böcke fast aller Arten mit zunehmendem Alter bunter. Tragzeit: 150 Tage bei den kleinen, bis 170 Tage bei großen Arten; häufig Zwillinge. Durchschnittliche Lebenserwartung etwa 8 Jahre. Viele Rassen, genaue Anzahl umstritten.

Bezoarziege Vu
Capra aegagrus

Griechische Inseln, Türkei, Iran, SW-Afghanistan, Oman, Kaukasus, Turkmenistan, Pakistan und angrenzendes Indien; weltweit als Hausziege gehalten. 4 Unterarten, darunter Hausziege (*C. a. hircus*).
GRÖSSE sehr unterschiedlich; GT Männchen 26–42 kg (Kreta), bis 90 kg (Persien), Weibchen bis 45 kg.
KÖRPER: Fell bei alten Männchen sehr bunt im Vergleich zu Weibchen und Jungböcken. Hörner flach und krummsäbelförmig, 58–126 cm lang.

Iberiensteinbock LR
Capra pyrenaica
Pyrenäen- oder Spanischer Steinbock

Pyrenäen. 4 Unterarten.
KSL 130–140 cm (M), 100–110 cm (W);
H 66–70 cm (M), 70–75 cm (W);
GT 65–80 kg (M), 35–45 kg (W).
KÖRPER: Fell ähnlich gefärbt wie bei Bezoarziege. Hörner anders als bei Steinbock oder Ziegen, bis 75 cm lang.
IUCN-STATUS: Vorwarnliste.

Steinbock
Capra ibex

Mitteleuropa, Afghanistan und Kaschmir bis Mongolei und Zentralchina, N-Äthiopien bis Syrien und Arabien. Hochgebirge oder Wüsten.
GRÖSSE: Sibirien: KSL 115–170 cm (M), 130 cm (W); H 65–105 cm (M), 65–70 cm (W); GT 80–100 kg (M), 30–50 kg (W). Alpenform auch größer (GT bis 117 kg), Nubische und Waliasteinböcke kleiner.
KÖRPER: Fell weniger bunt als bei Bezoarziege, Alpenformen einheitlich braun; Kinnbart kleiner als bei Ziegen. Hörner massig und dick, aber viel schlanker als beim Kaukasischen Steinbock; maximale Länge 85 cm (Alpen), 128–143 cm (Sibirien).

Schraubenziege En
Capra falconeri
Markhor

Afghanistan, N-Pakistan, N-Indien, Kaschmir, S-Usbekistan, Tadschikistan. Tief gelegenes Waldland in Gebirgsausläufern.
KSL 162–168 cm (M), 140–150 cm (W);
H 86–100 cm (M), 65–70 cm (W);
GT 80–110 kg (M), 32–40 kg (W).
KÖRPER: Typisch sind bei Männchen lange Nackenmähne, „Hosen" und auffällige Zeichnung. Hörner gewunden, maximal 82–143 cm lang. Größte Ziegenart. Bezahnung primitiver als bei Steinbock und Kaukasischem Steinbock.

Ostkaukasischer Steinbock Vu
Capra cylindricornis
Kuban-Tur

O-Kaukasus. Berge.
KSL 130–150 cm (M), 120–140 cm (W);
H 79–98 cm (M), 65–70 cm (W);
GT 65–100 kg (M), 45–55 kg (W).
KÖRPER: Fell dunkelbraun im Winter, rot im Sommer; Kinnbart sehr kurz, bis 7 cm. Hörner zylindrisch, stark rückwärts gebogen wie beim Blauschaf, bis 103 cm.

Westkaukasischer Steinbock En
Capra caucasica
Dagestanischer Tur

W-Kaukasus. Berge.
Größe und Form wie Ostkaukasischer Steinbock; Hörner ähnlich Steinbock, aber massiger und gekrümmter. Typische Schädelform, unterscheidet ihn vom Steinbock. Kinnbart bis 18 cm.

Gattung *Ovis* Schafe

Charakteristisch sind Voraugen-, Fuß- und Leistendrüsen. Bei Männchen kein unangenehmer Geruch. Schwanz kurz; Rumpffleck bei primitiven Arten klein, bei höher entwickelten groß. Weibchen haben 2 Zitzen. Beide Geschlechter mit Hörnern, bei Weibchen meist sehr klein, fehlen bei einigen Mufflonbeständen; beim Mufflon können sie nach hinten gedreht sein, ansonsten nach vorn; Horngewicht bei großen Böcken: Orientalisches Wildschaf: 5–9 kg; Altai-Wildschaf: 20–22 kg, bis zu 13 % des Körpergewichts; Schneeschaf 6–8 kg; Stones- und Dallschaf 8–10 kg; Dickhornschaf bis 12 kg; Hörner werden im Kampf als Waffe eingesetzt. Vorwiegend Weidegänger. Äußerst gesellig, außerhalb der Brunft leben Männchen und Weibchen getrennt.

Orientalisches Wildschaf Vu
Ovis orientalis

Kaschmir bis Iran. Vorwiegend in hügeligem Gelände und Wüsten.
Männchen: KSL 110–145 cm;
H 88–100 cm; GT 36–87 kg.
KÖRPER: Fell variabel, meist hellbraun; Männchen haben weißliche Backenbärte und heller gefärbte, lange Nackenkrausen; Rumpffleck undeutlich; Schwanz dünn und lang für ein Schaf. Hörner relativ hell, vorwärts gebogen. Lange Beine, flink.
FORTPFLANZUNG: Tragzeit 150–160 Tage.
LEBENSERWARTUNG: 6 Jahre.

Altai-Wildschaf Vu
Ovis ammon
Argali

Pamir bis Äußere Mongolei und Tibet. Kalte, hochalpine und Wüstenlebensräume.
Männchen: KSL 180–200 cm;
H 110–125 cm; GT 95–140 kg, bis 180 kg (Altai); größtes Wildschaf.
KÖRPER: Fell hellbraun, großer, weißer Rumpffleck, weiße Beine; Größe der Nackenkrause umgekehrt proportional zur Größe der Hörner; Hörner bis 190 cm lang und 50 cm Umfang.
FORTPFLANZUNG: Häufig Zwillinge.

Mufflon
Ovis musimon
Europäisches Wildschaf

Kleinasien, Iran, Zypern, Sardinien, Korsika; in vielen Teilen Europas eingeführt. Kalte Lebensräume, darunter auch Wüsten.
Männchen: KSL 110–130 cm; H 65–75 cm; GT 25–55 kg.
KÖRPER: Kastanienbraun mit hellem Sattel; deutlicher Rumpffleck; kein Wangenlätzchen, aber dunkle Mähne; Schwanz kurz, breit und dunkel. Gesicht wird mit zunehmendem Alter heller. Kleinste Art.

Kamtschatka-Schaf LR
Ovis nivicola
Sibirisches Schneeschaf

NO-Sibirien. Gebirgs- und arktische Regionen, vor allem Felswände. 4 Unterarten.
KSL 162–178 cm (M); H 90–100 cm (M);
GT 90–120 kg (M); 60–65 kg (W).
KÖRPER: Fell dunkelbraun, kleiner Rumpffleck, breiter Schwanz; einige Unterarten hell.
IUCN-STATUS: Von Schutzmaßnahmen abhängig.

Dallschaf
Ovis dalli
Dünnhornschaf

Alaska bis in den N von British Columbia. Hochgebirge und arktische Regionen, vor allem Felswände.
Männchen 135–155 cm; H 93–102 cm; GT 90–120 kg.
KÖRPER: Fell weiß bei 2 Unterarten, schwarz oder grau beim Stoneschaf; dieses hat auch großen Rumpffleck.

Dickhornschaf LR
Ovis canadensis

SW-Kanada bis W-USA und N-Mexiko. Gebirgs- bis Wüstenhabitate. 7 Unterarten.
KSL 168–186 cm (M); H 94–110 cm (M);
GT 57–140 kg (M), je nach Region; 56–80 kg (W).
KÖRPER: Fell hell- bis dunkelbraun, weder Krause noch Backenbart; großer Rumpffleck. Körper gedrungen wie bei Steinbock.
FORTPFLANZUNG: Tragzeit 175 Tage.
LEBENSERWARTUNG: Im Schnitt 9 Jahre, maximal 24.
IUCN-STATUS: Von Schutzmaßnahmen abhängig.

Soay-Schaf
Ovis aries

Vermutlich stammen die Hausschafe von *O. orientalis* ab. Das Soay-Schaf ist eine Unterart des Hausschafs, die wieder verwilderte. Orkney-Inseln, St. Kilda, Schottland; heute weitgehend auf North Ronaldsay beschränkt.
SH 56 cm (M); GT 36 kg (M), 25 kg (W).
KÖRPER: Fell braun mit weißem Bauch; Hörner kräftig, beim Bock einmal eingerollt, Weibchen mit oder ohne Hörner; Schwanz kurz.

Unterfamilie Panthalopinae

Tschiru En
Pantholops hodgsoni

Tibet, Qinghai, Sichuan (China), Ladakh (N-Indien). Tibetanisches Hochland. Dass der Tschiru die einzige Art ist und gezwungen war, sich an einen extremen Lebensraum anzupassen, lässt vermuten, dass diese Unterfamilie nicht sehr konkurrenzfähig ist.
KSL 170 cm; H 90–100 cm; GT bis 40 kg.
KÖRPER: Fell sandfarben; großer Rumpffleck; Gesicht bei Männchen dunkel. Hörner schwarz, 50–72 cm lang; Schwanz und Ohren kurz; aufblasbarer Nasensack, taubeneigroß; zusätzliche Drüsen.
FORTPFLANZUNG: Tragzeit etwa 180 Tage.
IUCN-STATUS: Stark gefährdet durch Wilderei, da die außergewöhnlich feinfasrige Unterwolle zu Geweben (Schals) verarbeitet wird und hohe Preise erzielt. VG

ALTER, GESCHLECHT UND WETTER

Die Populationsdynamik bei Soay-Schafen

1985 WURDE EINE GROSS ANGELEGTE STUDIE ÜBER die Population der Soay-Schafe auf Hirta gestartet. Über 95 % der Schafe, die auf der mit 638 ha größten und unbewohnten Insel der St.-Kilda-Gruppe vor der Westküste Schottlands leben, wurden von Forschern gekennzeichnet. So gelang es, von über 2500 Tieren Daten über Geburt, Gewicht, Phänotyp, Todeszeitpunkt, Befall mit Darmparasiten und genetische Daten wie Verwandtschaft der Tiere zu sammeln. Sowohl die Zahl der Schafe als auch das Wetter wurde über den gesamten Zeitraum hinweg sorgfältig festgehalten. Zudem führte man von 1955 bis heute jedes Jahr eine Zählung aller auf der Insel lebenden Schafe durch. Insofern weiß man inzwischen über diese Population mehr als über jede andere wild lebende Tierpopulation. Durch die Auswertung der Daten erhielten die Wissenschaftler viele neue Erkenntnisse über das Verhalten der Tiere, die Populationsgenetik und Evolutionsbiologie und darüber, wie sich Tierpopulationen von Jahr zu Jahr verändern.

Um Schwankungen der Populationsgröße nachvollziehen zu können, muss man die Lebensweise der Soay-Schafe kennen. Die Lämmer werden im April geboren, wenn das Gras wieder zu sprießen beginnt. Während des Sommers konzentrieren sich die Schafe auf die Nahrungsaufnahme, um Fettreserven für den Winter anzulegen. Die Paarung erfolgt während der Brunft im Herbst, an der alle Tiere – auch die Lämmer – teilnehmen. Bei den Todesursachen steht Verhungern an erster Stelle, was auf eine große Zahl parasitischer Würmer im Verdauungstrakt zurückzuführen ist. Die meisten Tiere sterben gegen Ende des Winters, wenn ihre Fettreserven aufgebraucht sind. Infolgedessen entscheiden alle Faktoren, die Einfluss auf den Auf- und Abbau der Fettreserven haben, darüber, ob ein Tier überlebt oder nicht: Hierzu zählen Populationsgröße, das Wetter im Winter sowie Geschlecht und Alter.

Die Populationsgröße der Schafe schwankt beträchtlich, da in manchen Jahren bis zu 60 % der Tiere verenden. Die meisten Männchen (58,3 %) sterben im März, die Mehrzahl der Weibchen dagegen Anfang April (47,0 %). Auf ein großes Massensterben folgen Jahre mit raschem Populationswachstum, sodass sich der Bestand innerhalb von zwei Jahren vollständig erholen kann.

Neuere Studien haben gezeigt, warum es zu solchen Höhe- und Tiefpunkten kommt, wobei die Ergebnisse vermutlich auch auf andere Tierpopulationen übertragbar sind. Drei Faktoren sind hauptsächlich dafür verantwortlich, ob eine Population stabil bleibt oder sich verkleinert bzw. vergrößert: die Populationsgröße, die Populationsstruktur und das Wetter im Winter. In großen Populationen ist die Konkurrenz um hochwertige Nahrung größer als in kleineren, sodass am Ende des Sommers alle Tiere weniger Fettreserven besitzen, was ein Verhungern wahrscheinlicher macht. Deshalb reduzieren sich große Populationen eher als kleine. Zudem sterben die Tiere im Winter bei schlechtem, windigem Wetter schneller als bei sonnigem, da sie mehr Energie aufwenden müssen, um sich warm zu halten. Somit ist zwischen Populationsgröße und Winterwetter eine Wechselwirkung zu beobachten: In einer großen Population besitzen die Tiere weniger Fettreserven und sind für schlechtes Wetter weniger gut gerüstet als in einer kleineren Population, in der die Tiere mehr Fettreserven besitzen.

Die Struktur einer Population spielt ebenfalls eine Rolle, da sich Winterwetter und Populationsdichte unterschiedlich auswirken, je nach Geschlecht und Alter eines Tieres. Verschiedene Gruppen investieren zu verschiedenen Zeitpunkten im Jahr unterschiedlich viel Energie in Wachstum und Fortpflanzung. So verbrauchen die Männchen während der Brunft im Herbst viel Energie für die Fortpflanzung und widmen wenig Zeit der Nahrungsaufnahme, um möglichst viele Weibchen begatten zu können. Anders die Weibchen, die während der Paarungszeit viel fressen und erst gegen Ende der Tragzeit zu Beginn des Frühjahrs und während des Säugens viel Energie für die Fortpflanzung aufwenden. Sie sind also im Winter in einer besseren Verfassung, da sie größere Fettreserven besitzen. Deshalb haben Weibchen im Alter zwischen zwei und sechs Jahren durchschnittlich eine 92-prozentige Überlebenschance, die Männchen der gleichen Altersgruppe hingegen nur eine 84-prozentige. Das führt dazu, dass in manchen Jahren nur ein Männchen auf bis zu sechs Weibchen kommt.

Auch die jeweiligen Altersgruppen werden von Populationsdichte und Wetter unterschiedlich beeinflusst. Bei Lämmern und über sechs Jahre alten Tieren ist die Wahrscheinlichkeit zu sterben in den Jahren mit hoher Populationsdichte und schlechtem Wetter deutlich höher als bei erwachsenen Tieren auf dem Höhepunkt ihres Lebens. Dies liegt daran, dass z.B. Lämmer die im Sommer gebildeten Fettreserven gleichzeitig für Wachstum, Fortpflanzung und zum Überleben nutzen müssen (weibliche Soay-Schafe versuchen sich bereits im ersten Lebensjahr zu paaren), während ältere Tiere bereits ausgewachsen sind. In einer Population mit 200 Tieren haben weibliche Lämmer eine 90-prozentige Chance zu überleben, in einer mit 500 Tieren nur noch eine 20-prozentige.

Oben: *Das Soay-Schaf ist eine Unterart des Hausschafs (Ovis aries), dem Nachfahren eines mufflonähnlichen Wildschafs, das vor 10 000 Jahren lebte. Die Schafe auf Hirta sind eine verwilderte Form. Um genaue Vorhersagen über Anstieg oder Absinken der Populationsgröße machen zu können, muss man die Geschlechter- und Altersverteilung in der Herde kennen. Gibt es mehr junge (LINKS OBEN) als erwachsene Tiere, sinkt die Gesamtpopulation nach einem harten Winter vermutlich ab.*

Aber inwiefern hat dies Einfluss auf die Veränderung der Populationsgröße innerhalb eines Jahres? Da Winterwetter und Populationsgröße die Überlebenschancen von Männchen und Weibchen sowie von verschiedenen Altersklassen unterschiedlich beeinflussen, verändert sich die Populationsstruktur unabhängig von der Populationsgröße. So kann z.B. der Anteil erwachsener Männchen in der Population zwischen 3,8 und 16,8 % schwanken, der der Weibchen zwischen 16 und 47 %.

Wie stark diese Schwankungen ausfallen, ist also abhängig von vielen Faktoren. Eine Population mit 350 Tieren, die in einem kalten Winter zu 55 % aus erwachsenen Männchen und Weibchen besteht, dürfte im folgenden Jahr stabil bleiben. Eine Population mit 350 Tieren hingegen, die in einem kalten Winter nur zu 35 % aus erwachsenen Männchen und Weibchen besteht, dürfte sich auf 220 Tiere reduzieren. Alle drei Faktoren – Populationsgröße, Populationsstruktur und Winterwetter – sind so wichtig, dass künftige Schwankungen unmöglich vorhergesagt werden können, wenn ein Faktor aus der Gleichung herausgenommen wird.

Die Population der Soay-Schafe auf Hirta ist eine von wenigen, bei denen oben beschriebene Untersuchungen bisher durchgeführt werden konnten. Die Ergebnisse deuten jedoch darauf hin, dass man Populationsschwankungen bei Säugern nur nachvollziehen kann, wenn man berücksichtigt, wie Tiere verschiedenen Alters und Geschlechts in Modellversuchen wie auf Hilda auf Populationsdichten und Wetter reagieren. TC

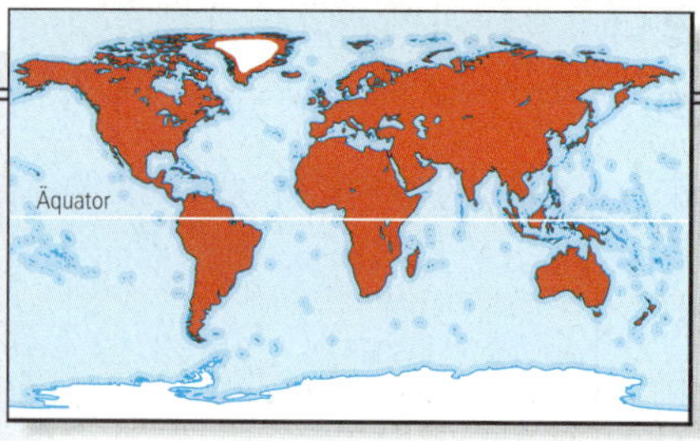

NAGER

Nager haben die Geschichte der Menschen beeinflusst wie keine andere Säugergruppe. Über 42 Prozent aller Säugerarten zählen zu dieser Ordnung. Ihre Mitglieder finden sich in fast jedem Lebensraum, oft nah beim Menschen und häufig zu dessen Nachteil, da sie große Mengen eingelagerter Lebensmittel vertilgen und tödliche Krankheiten verbreiten. Der von Ratten übertragene Typhus soll mehr Einfluss auf das Schicksal der Menschheit gehabt haben als die Menschen selbst. Und im letzten Jahrtausend haben von Ratten übertragene Krankheiten mehr Menschenleben gekostet als alle Kriege und Revolutionen zusammen.

Es gilt als Beweis für die Findigkeit der Nager, dass sie in dicht besiedelten Umgebungen gedeihen konnten, in denen so viele andere Tiergruppen ausgelöscht wurden. Viele Nagerarten sind wichtig für die Ökosysteme und daher von großem Nutzen. So spielen sie etwa eine Schlüsselrolle bei der Erhaltung der Beziehungen zwischen Pflanzen und Pilzen. Viele Pilze bilden Mykorrhizen (für beide Seiten vorteilhafte Verbindungen) mit Pflanzenwurzeln, was die Fähigkeit der Pflanzen, Nährstoffe und Wasser aus dem Boden zu ziehen, um ein Vieltausendfaches erhöht. Diese Beziehung ist so wichtig, dass viele Pflanzen ohne die Pilze nicht überleben können und umgekehrt. Eine der wichtigsten Gruppen von Mykorrhizapilzen sind Trüffeln, die mit Pilzen verwandt sind, ihre Fruchtkörper jedoch unterirdisch bilden. Trüffeln und trüffelähnliche Pilze sind angewiesen auf Tiere, die den Fruchtkörper ausgraben und die Sporen verteilen, entweder durch den Wind oder über den Kot des Tieres nach dem Verzehr des Pilzes. Kleinsäuger setzen z.B. in Waldlücken durch ihren Kot Pilzsporen ab und bringen die Pilze so an Stellen, wo Pflanzen keimen. In den Wäldern Nordamerikas und Australiens, so glaubt man, ist die Dreiecksbeziehung zwischen Pflanzen, Pilzen und Kleinsäugern – einschließlich Nagern – überlebenswichtig für ein funktionierendes Ökosystem.

***Rechts:** Das Wasserschwein, ein Riesennager, erreicht ein Gewicht bis 66 kg – und ist damit 10 000-mal schwerer als die kleinste Maus. Wasserschweine bilden wie viele andere Nagerarten eine enge Sozialgemeinschaft und sind Pflanzenfresser; ungewöhnlich ist aber ihre halbaquatische Lebensweise.*

***Links:** Auf Nahrungssuche inspiziert eine Eurasiatische Zwergmaus* (Micromys minutus) *eine Weizenähre. Nager sind extreme Opportunisten. Durch ihre hohe Reproduktionsrate und ihren breit gefächerten Speiseplan gehören sie zu den erfolgreichsten Säugern.*

In Südamerika, Afrika und Asien stellen einige größere Arten eine wichtige Eiweißquelle dar und werden für den Verzehr gefangen oder gezüchtet. Zu diesen Arten zählen das Meerschweinchen in Südamerika sowie Grasratten und Siebenschläfer in Afrika. Unter anderen Nagern gelten Hamster und Rennmäuse in der westlichen Welt als beliebte Haustiere, in den USA immer häufiger der Präriehund. Darüber hinaus spielen Ratten, Mäuse und Meerschweinchen heute eine unentbehrliche Rolle beim Prüfen von Arzneimitteln und in der biologischen Forschung. Nager bilden Schlüsselarten in vielen Ökosystemen, da sie eine wichtige Nahrungsquelle für zahlreiche Raubtiere und Raubvögel darstellen. So gibt es in Agrarland nicht selten 50 bis 100 kg Nager pro Hektar, verteilt über Zehntausende von Hektar. Dadurch entsteht eine große Nahrungsvielfalt für Beutegreifer. Der Schwarzfußiltis *(Mustela nigripes)* etwa, der vom Menschen in einem Wiederansiedelungsprogramm gefördert wird, nachdem er bereits verschollen war, braucht zum Überleben Präriehunde.

Zum Nagen geboren

KÖRPERBAU UND FUNKTION

Nager gibt es praktisch überall, von der hocharktischen Tundra, wo sie unter dem Schnee leben und sich paaren (Lemminge), bis zu den heißesten und trockensten Wüsten (Rennmäuse). Andere gleiten von Baum zu Baum (Gleithörnchen) und berühren nur selten den Boden oder aber verbringen ihr ganzes Leben in unterirdischen Höhlennetzen (Blindmulle). Manche haben Schwimmhäute an den Pfoten und leben halbaquatisch (Bisamratten); oft regulieren sie den Wasserstand mit komplexen Bauten (Biber). Andere indes kommen in ihrem ganzen Leben mit keinem Tropfen Wasser in Berührung (Kammfinger). Solche Arten decken ihren Wasserbedarf allein aus ihren Fettreserven.

Die meisten Nager sind klein und wiegen höchstens 100 g. Es gibt nur wenige große Arten; die größte, das Wasserschwein, erreicht ein Gewicht von maximal 66 kg.

Die Bezeichnung „Rodentia" stammt vom lateinischen Verb *rodere* („nagen") ab. Alle Nager besitzen ein typisches Gebiss mit einem einzelnen Paar scharfer Schneidezähne. Damit können sie die härtesten Schalen, Kapseln und Hülsen zerbeißen, um an nahrhaftes Futter zu gelangen. Erleichtert wird das Nagen durch eine große Lücke (Diastema) neben den Schneidezähnen, in die die Lippen eingezogen werden, um die Mundhöhle vor Unverdaulichem zu schützen, das mit abgenagt wird. Nager besitzen keine Eckzähne, dafür aber eine Reihe von Molaren, mit denen die Nahrung fein zermahlen wird. Ein Labyrinth von Zahnschmelzschichten durchzieht diese häufig massiven und kompliziert strukturierten Zähne. Das von den Schichten gebildete Muster ist oft von taxonomischer Bedeutung. Die meisten Nager haben höchstens 22 Zähne, eine Ausnahme ist der Erdbohrer in Zentral- und Ostafrika mit 28. Die Australische Schwimmratte dagegen hat nur zwölf. Da Nager sich von Hartfutter ernähren, verfügen die Schneidezähne über offene Wurzeln und wachsen ein Leben lang. Sie werden ständig von ihrem Gegenstück im anderen Kiefer abgenutzt. Falsch ausgerichtete Zähne, die sich nicht mehr automatisch beim Fressen abnutzen, wachsen weiter und können irgendwann den Gaumen durchstoßen.

Die meisten Nager sind gedrungene, kompakte Tiere mit kurzen Gliedmaßen und einem Schwanz. In Südamerika, wo es keine Antilopen gibt, haben einige Arten für das Leben in den Grasebenen lange Beine entwickelt (z. B. Maras, Pakas, Agutis). Sie zeigen Konvergenzen zum Körperbau der Antilope. Ein sehr variables anatomisches Merkmal ist der Schwanz (siehe Kasten Seite 581 und Kapitel „Hörnchenverwandte").

Moderne Taxonomen teilen Nager in zwei Unterordnungen ein. Zur besseren Übersicht stellen wir diese in drei Abschnitten dar: Hörnchen und Mäuseverwandte (Unterordnung Sciurognathi) sowie Stachelschweinverwandte (Unterordnung Hystricognathi). Früher wurden Nager nach der Kiefermuskulatur in drei Unterordnungen aufgeteilt. Der wichtigste Kiefermuskel ist der Kaumuskel (Masseter), der den Unterkiefer nicht nur nach oben, sondern auch nach vorn bewegt und damit für die Nagebewegung sorgt. Bei den ausgestorbenen Nagern des Paläozäns war der Kaumuskel klein und nicht so hoch an der Schädelvorderseite angesetzt. Bei den Hörnchenverwandten erstreckt sich der oberflächliche Masseter vom Augenwinkel bis

ORDNUNG: RODENTIA

28 Familien; 431 Gattungen; 1999 Arten

HÖRNCHEN- UND MÄUSEVERWANDTE
Unterordnung Sciurognathi

HÖRNCHENVERWANDTE S. 588

284 Arten in 56 Gattungen in 5 Familien, darunter **Biber** (Familie Castoridae); **Hörnchen** (Familie Sciuridae); **Springhasen** (Familie Pedetidae).

MÄUSEVERWANDTE S. 616

1477 Arten in 312 Gattungen in 5 Familien, darunter **Ratten, Mäuse, Wühlmäuse, Hamster** und **Lemminge** (Familie Muridae); **Feldhüpfmäuse, Birkenmäuse** und **Springmäuse** (Familie Dipodidae).

STACHELSCHWEINVERWANDTE
Unterordnung Hystricognathi

STACHELSCHWEINVERWANDTE S. 668

238 Arten in 63 Gattungen in 18 Familien, darunter **Baumstachler** (Familie Erethizontidae); **Meerschweinchen** (Familie Caviidae); **Wasserschweine** (Familie Hydrochaeridae); **Agutis** (Familie Dasyproctidae); **Chinchillas** und **Hasenmäuse** (Familie Chinchillidae); **Trugratten** (Familie Octodontidae); **Kammratten** (Familie Ctenomyidae); **Rohrratten** (Familie Thryonomyidae); **Felsenratten** (Familie Petromuridae); **Biberratten** (Familie Myocastoridae); **Stachelschweine** (Familie Hystricidae); **Kammfinger** (Familie Ctenodactylidae); **Sandgräber** (Familie Bathyergidae).

Anmerkung Zwischen den folgenden Darstellungen und der 1993 eingeführten Liste der Säugerarten gibt es Abweichungen in der Anzahl der Arten und Gattungen. Der interessierte Leser findet im Anhang eine vollständige Liste der Nagerarten auf der Grundlage der Systematik von 1993.

zur Schnauze; der tiefe Kaumuskel ist kurz und dient nur zum Schließen des Kiefers. Bei den Stachelschweinverwandten ist es der tiefe Masseter, der bis zur Schnauze reicht und für das Nagen zuständig ist. Sowohl der oberflächliche als auch der tiefe Teil des Masseters sind bei den Mäuseverwandten weit nach vorn verlagert, was diese Tiere zu den effektivsten Nagern von allen macht – zu erkennen an ihrer Verbreitung und Artenvielfalt.

Die meisten Nager fressen verschiedene Pflanzenteile wie Blätter und Früchte, aber auch kleine Wirbellose, wie Spinnen und Grashüpfer. Viele Nager auf der Nordhalbkugel verzehren bei Nahrungsmangel die Rinde holziger Bäume. Bei der Erdmaus scheint die toxische Wirkung der Rinde durch speziell ausgeschiedene Enzyme im Magen neutralisiert zu werden, was ihr bei Hungersnöten mehr Auswahl beim Futter verschafft. Einige Arten sind spezialisierte Fleischfresser. So ernährt sich z.B. die Australische Schwimmratte von kleinen Fischen, Fröschen und Weichtieren.

Um die Verdauung von Zellulose zu erleichtern, haben Nager einen großen, dicht mit Bakterien besiedelten Blinddarm (Caecum). Nachdem die Nahrung im Magen erweicht wurde, passiert sie den Dickdarm und gelangt ins Caecum. Dort wird die Zellulose von Bakterien in seine verdaulichen Kohlehydratbestandteile zerlegt, die jedoch nur im Magen absorbiert werden können. Daher kommt es bei Nagern zur Coecotrophie: Die bakteriell behandelte Nahrung wird direkt vom After wieder aufgenommen. Auf der zweiten Passage durch den Magen werden die Kohlehydrate absorbiert und die unverdaulichen Bestandteile in Form harter, trockener Kotpillen ausgeschieden. Es ist nicht klar, woher Nager wissen, welche Art von Kot sie gerade ausscheiden. Ihr Verdauungssystem ist sehr effizient und entzieht der Nahrung 80 % der enthaltenen Energie.

Die Mitglieder von mindestens drei Familien (Hamster, Taschenratten, Taschenmäuse) besitzen Backentaschen. Diese mit Fell ausgekleideten Hautfalten reichen von den Mundwinkeln nach innen, teilweise bis zu den Schultern, und werden zum Reinigen ausgestülpt. In den Taschen wird Futter transportiert. Taschennager legen oft große Vorräte an (bis zu 90 kg beim Feldhamster).

Nager sind intelligent und können einfache Aufgaben lösen, um an Futter zu gelangen. Sie lassen sich leicht konditionieren und lernen sehr rasch, Köder mit schnell wirkendem Gift zu meiden – ein Faktor, der ihre Bekämpfung erschwert. Geruchssinn und Gehör sind durchweg hoch entwickelt. Nachtaktive Arten weisen große Augen auf. Zusätzlich verfügen alle Nager an der Schnauze über lange, berührungsempfindliche Tasthaare (Vibrissen).

Evolution der Nager

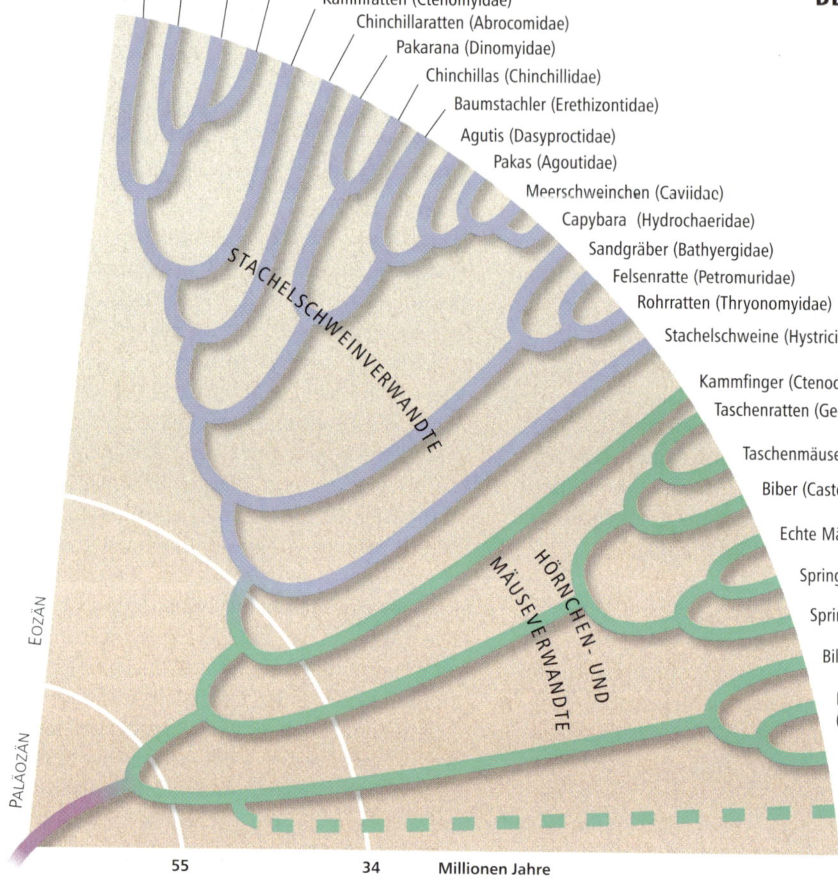

Oben: *Evolutionär gesehen sind die Nager jung und verfügen noch über ein großes, unerschlossenes Potenzial genetischer Vielfalt. Dieser Evolutionsbaum des Biologen Rodney Honeycutt basiert auf Beziehungen, die durch Molekulartechniken nachgewiesen wurden. Die Astlängen sind proportional zur genetischen Ähnlichkeit und nicht unbedingt zur Zeit der Abspaltung, die wegen der wenigen Fossilfunde meist unbekannt ist.*

Links: *Ein Kap-Borstenhörnchen knabbert an einer Melone. Vor allem Hörnchen benutzen geschickt ihre Vorderpfoten, aber auch andere Nager setzen sie zum Graben, Putzen und Sammeln von Nahrung und Nistmaterial ein.*

Skelett eines Nagers

Rechts: Schädel der Hausratte. Klar zu erkennen sind die stetig wachsenden Nagezähne und die Molaren, dazwischen die durch fehlende Eckzähne und Prämolaren entstehende Lücke (Diastema). Mäuseverwandte besitzen keine Prämolaren, Hörnchen- und Stachelschweinartige dagegen auf jeder Kieferseite einen oder zwei.

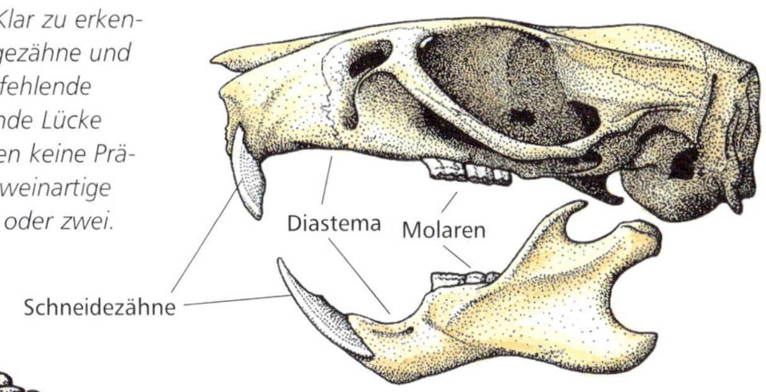

Unten: Das Skelett einer Hausratte (Rattus rattus) zeigt typische Nagermerkmale: gedrungener Körperbau, kurze Gliedmaßen, Sohlengang und langer Schwanz.

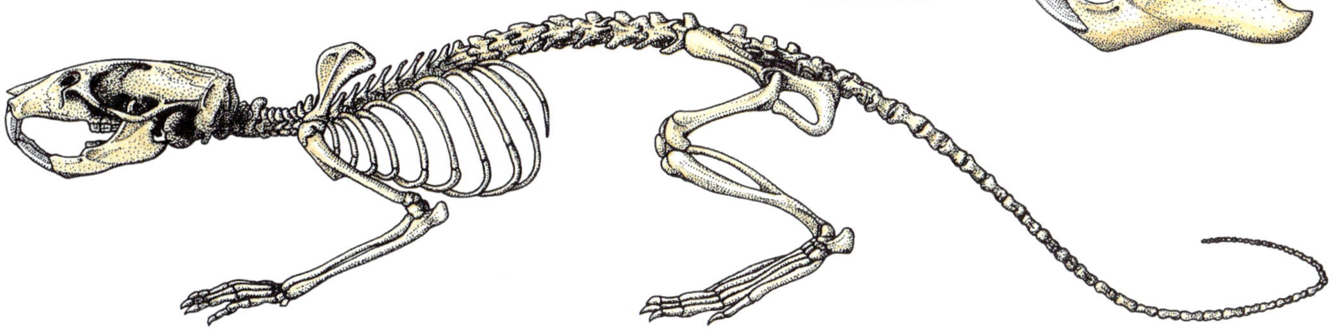

Unten: Nagerpfoten. Die meisten Nagerarten, z.B. Mäuse ***a,*** *sind Sohlengänger. Ihre Nägel sind in der Regel krallenartig und bei einigen grabenden Arten wie beim Blessmull* ***b*** *verlängert. Einige antilopenähnliche Arten Südamerikas wie das Aguti* ***c*** *sind als Adaptation an das schnelle Laufen Zehengänger: Das Gewicht liegt nur auf Fingern und Zehen. Die Nägel dieser Arten ähneln Hufen. Andere Nager zeigen Anpassungen an das Leben im Wasser und haben wie der Biber* ***d*** *Schwimmhäute an den Hinterpfoten. In der Regel jedoch sind Nager nicht schnell zu Fuß, obwohl die wüstenbewohnenden Känguru- und Springmäuse mit bis zu 48 km/h über den Sand springen können.*

Rechts: Der Nagerschwanz ist ein sehr variables Körpermerkmal. Beim Biber ***a*** *ist er dorsoventral abgeplattet und hilft beim raschen Schwimmen unter Wasser. Bei der Bisamratte* ***b*** *ist er seitlich abgeplattet und wird als Ruder eingesetzt. Hüpfmäuse, Springmäuse* ***c*** *und Kängurumäuse* ***d*** *haben sehr lange Schwänze, normalerweise mit einem Haarbüschel an der Spitze, das der Balance dient. Bei einigen Arten, z.B. bei der Zwergmaus* ***e,*** *ist der Schwanz ein echtes Greiforgan und wird als fünfte Gliedmaße eingesetzt. Bei Baumbewohnern und Gleitern wie dem Südlichen Greifhörnchen* ***f*** *ist er buschig und dient als Gegengewicht und als Treibanker. Bei einigen Hamstern* ***g*** *ist nur ein winziger Schwanz sichtbar, bei den meisten Stachelschweinartigen gar keiner.*

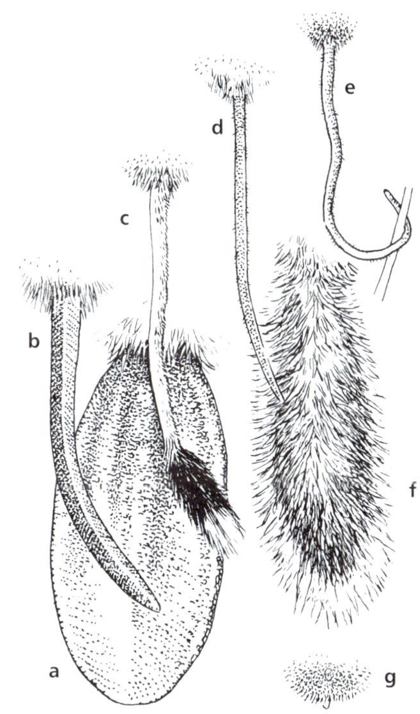

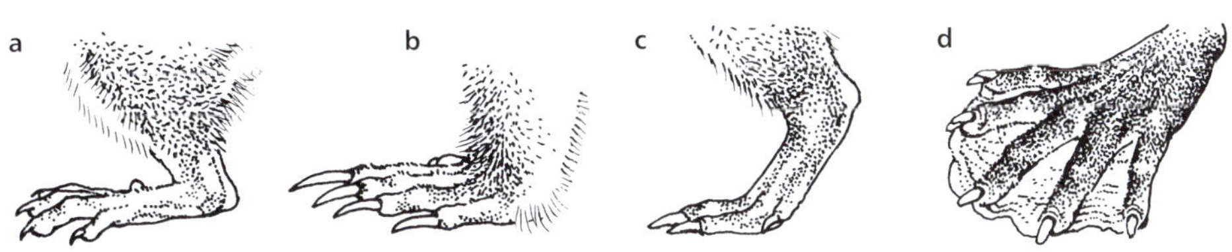

Die Vorgeschichte der Nager

Evolution und Radiation

Fast zwei Drittel aller Nagerarten gehören zu einer einzigen Familie, den Muridae, die gegenwärtig 1303 Arten umfasst. Die Zahlen ändern sich allerdings ständig mit der Entdeckung neuer Arten. Die Muridae sind über die ganze Welt verstreut, einschließlich Australien und Neuguinea, wo sie die einzige Familie plazentarer Säuger ausmachen (außer den Dingos, die vor etwa 4000 Jahren eingeführt wurden, sowie kürzlich eingeführten Tierarten wie dem Kaninchen). Die zweitgrößte Familie bilden die Hörnchen (Sciuridae) mit 273 Arten in ganz Eurasien, Afrika sowie Nord- und Südamerika.

Es gibt bedauerlich wenige dokumentierte fossile Funde von Nagern, u.a. auch deswegen, weil man sehr genau suchen muss, um so kleine Knochen zu entdecken. Nagerreste sind schon aus dem späten Paläozän bekannt (vor 57 Millionen Jahren), als alle Hauptmerkmale der Ordnung sich bereits entwickelt hatten. Die frühesten Nager gehörten anscheinend zu einer ausgestorbenen Familie der Hörnchenverwandten, den Paramyidae.

Im Eozän (vor 55 bis 34 Millionen Jahren) gab es eine rasche Diversifizierung der Nager und am Ende dieser Epoche hatten sich springende, grabende und rennende Formen entwickelt. An der Schwelle vom Eozän zum Oligozän (vor 34 Millionen Jahren) waren zahlreiche heute erkennbare Familien bereits in Nordamerika, Europa und Asien beheimatet und im Miozän (vor 20 Millionen Jahren) entstanden die meisten der heutigen Nagerfamilien. Das wichtigste Evolutionsereignis war die Entstehung der Muridae in Europa im Pliozän (vor 5 bis 1,8 Millionen Jahren). Zu Beginn des Pleistozäns kamen sie nach Australien, wahrscheinlich über Timor, und entwickelten sich rasch weiter. Zur selben Zeit fielen Mäuseartige von Norden her in Südamerika ein, sobald es über eine Landbrücke mit Nordamerika verbunden war. Dies hatte eine explosive Radiation von Neuweltmäusen in ganz Südamerika zur Folge.

Interaktion der Nager

SOZIALVERHALTEN

Nager sind häufig sehr gesellig und leben in Großgruppen: Präriehundkolonien bestehen z.T. aus über 5000 Tieren. Einzelgänger scheinen nur die Arten zu sein, die Futter gegen andere verteidigen können. Dazu gehören einige Bewohner von trockenem Grasland und Wüsten – Hamster und einige Wüstenmäuse –, außerdem z.B. das nordamerikanische Rothörnchen *(Tamiasciurus hudsonicus)*, das in den Nadelwäldern des Nordens lebt und Zapfen in großen zentralen Lagern hortet.

Die ungeliebte Wanderratte *(Rattus norvegicus)* stammt aus Südostasien, hat sich aber zusammen mit dem Menschen über die ganze Erde verteilt. Ihre Sozialstruktur ist ein zentraler Bestandteil ihrer Ökologie und damit auch einer effektiven Bestandskontrolle. Alpha-Tiere haben Futterprivilegien und paaren sich häufiger und erfolgreicher. Rangniedere Männchen werden zur Emigration gezwungen, was zu einem einseitigen Geschlechterverhältnis (mehr Weibchen als Männchen) in den Paarungsgebieten führt. Größere Männchen siegen meist in Rangkämpfen mit kleineren, behalten aber ihren höheren sozialen Status noch, lange nachdem sie durch Gewichtsverlust ebenso leicht oder leichter sind als jüngere Tiere der Gruppe. Dominanz hat also mit dem Alter zu tun; das Alpha-Männchen ist oft kleiner als viele der Rangniederen. Die Größeren neigen dazu, den Status quo hinzunehmen, weil die Kosten der Aggression im Verhältnis z.B. zur umstrittenen Futterquelle zu hoch sind. Außerdem können dominante Männchen den Zugang zu den Weibchen im Östrus nicht streng kontrollieren. Manchmal erzielen rangniedere Männchen sogar eine höhere Paarungsrate.

Vieles deutet darauf hin, dass es bei Wanderrattenmännchen zu ungeordneter Konkurrenz um Partnerinnen kommt. In natürlicher Umgebung folgen bis zu sieben Männchen einem paarungswilligen Weibchen, wenn es den Bau verlässt. Um zu prüfen, ob Rattenweibchen einen „festen" Partner erkennen oder ob sie sich unterschiedslos paaren, wurden einige in eine Arena gesetzt; in darumgruppierten Kabinen saßen die Männchen. Über einen Rundlauf hatte das Weibchen Zugang zu ihnen, für die Männchen war er aber zu schmal. Unter diesen Bedingungen bildeten Weibchen eine dauerhafte Bindung zu einem Männchen aus, paarten sich aber auch unterschiedslos.

Selbst einzelgängerische Ratten scheinen von dem Wissen um Artgenossen in der Nähe stark beeinflusst zu werden. Als man weibliche Känguruatten der Art *Dipodomys heermanni* durch Holzbarrieren statt durch transparentes Plastik von den Männchen trennte, verdoppelte sich die Länge ihrer Brunstzyklen.

In ihrem Verhalten sind Nager ebenso anpassungsfähig wie in jedem anderen Bereich ihrer Ökologie. Mit ihren scharfen Sinnen kommunizieren sie über Sicht, Gehör und Geruch. Hausmäuse verfügen über ein ausgeklügeltes System der Geruchskommunikation. Känguruatten hingegen kommunizieren über Klopfen. Drei Arten in derselben Gegend Kaliforniens klopfen in unterschiedlichen Rhythmen auf den Wüstenboden. Die Wüsten-Känguruatte klopft alle 0,3 Sekunden, die Riesen-Känguruatte dagegen trommelt in langen Wirbeln von ca. 100 Schlägen bei 18 Schlägen pro Minute; *Dipodomys spectabilis* bringt es auf drei bis 38 Schläge pro Minute. Einzelne Tiere der Art schienen sogar individuelle Rhythmen zu klopfen. Der Schall verbreitet sich seismisch durch den Boden bis zu lauschenden Artgenossen, die im Bau bleiben. Die Ratten im Bau antworten mit zeitlich genau abgestimmtem Trommeln, das sich nicht mit dem des oberirdischen Trommlers überschneidet. Die Klopfsignale übermitteln Informationen über die Entfernung der Tiere und dient zum Untermauern von Revieransprüchen. Weibchen, die vor Männchen trommeln, scheinen diese vertreiben zu wollen. Bei *Dipodomys spectabilis* trommeln Muttertiere vehement Schlangen an. Tiere, die in neue Gebiete zogen, änderten ihren Rhythmus, um sich von den Nachbarn zu unterscheiden.

Während die Sozialsysteme mancher Nager gut erforscht sind, geben die Gewohnheiten der meisten der etwa 2000 Arten noch immer große Rätsel auf. Einige Einblicke gibt es jedoch. Weibliche Felsengebirgspräriehunde paaren sich mit mehreren Männchen, obwohl zum Befruchten der Eizellen der Samen eines einzigen Männchens genügen würde. Die Wahrscheinlichkeit einer Trächtigkeit erhöht sich jedoch von 92 auf 100 %, wenn sich ein Weibchen mit drei Männchen statt mit einem paart. Außerdem haben Weibchen mit mehreren Paarungspartnern meist größere Würfe.

Einige der am besten erforschten visuellen Displays zeigen baumbewohnende, tagaktive Arten. Das Paarungsvorspiel der Eichhörnchen kann im Frühjahr in jedem Stadtpark beobachtet werden. Das Männchen verfolgt das Weibchen durch die Bäume und peitscht seinen buschigen Schwanz knallend über Körper und Kopf, wenn es stehen bleibt. Die Partnerin treibt ihren „Verehrer" an, indem sie dicht vor ihm herläuft, was er mit Klagelauten beantwortet, mit denen auch Jungtiere ihre Mutter in der Nähe halten. Bei diesen Lauten bleibt das Weibchen stehen und das Männchen kommt näher heran. Manche Arten zeigen auch ein eindrucksvolles Drohverhalten.

Nager nutzen zahlreiche Laute zur Kommunikation. Nordamerikanische Rot- und Erdhörnchen verwenden Rufe, um Nachbarn ihre Anwesenheit mitzuteilen, ihr Territorium zu verteidigen und beim Anblick eines Feinds Alarm zu schlagen. Bei anderen Nagern liegen die Laute über dem für Menschen hörbaren Bereich (bei etwa 45 kHz).

Kommuniziert wird auch in großem Maß über Gerüche, die von Duftdrüsen produziert werden. Männchen geben mehr und stärkere Düfte ab als Weibchen. Junge Männchen genießen bis zur Geschlechtsreife einen Schutz vor Angriffen durch den Vater, indem sie so riechen wie ihre Mutter.

Duft und Fortpflanzung

Jede Phase der Fortpflanzung wird bei Nagern von Duftsignalen beeinflusst. Rattenmännchen werden vom Urin paarungswilliger Weibchen angezogen, sexuell erfahrene Tiere stärker als unerfahrene. Wird einem erfahrenen Männchen der Duft eines fremden Weibchens zusammen mit dem seiner Partnerin präsentiert, bevorzugt er den neuen Duft. Weibchen dagegen ziehen den Duft ihres Partners dem eines fremden Männchens vor. Der Fertilität des Männchens entspricht es wohl, möglichst viele Weibchen zu befruchten. Das Weibchen dagegen muss viele gesunde Junge produzieren; ihre Fertilität wird daher durch die Paarung mit dem besten Männchen maximiert – einem, das sich schon bewiesen hat. Bei geselligen Arten wie der Hausmaus kann sich ein dominantes Männchen in sechs Stunden mit 20 Weibchen paaren, wenn ihre Zyklen synchron sind.

Bei jungen Weibchen beschleunigt der Duft männlichen Urins nicht nur das Erreichen der vollen Empfängnisbereitschaft, sondern auch das Einsetzen der Geschlechtsreife. Ebenso versetzt er sexuell inaktive Weibchen in Paarungsbereitschaft. Eine besonders starke Wirkung hat der Urin dominanter Männchen, der kastrierter Männchen dagegen gar keine. Anscheinend wird der Wirkstoff – ein Pheromon – aus dem männlichen Sexualhormon Testosteron gebildet oder hängt von dessen Vorhandensein ab. Die Wirkung männlichen Urins ist sogar so stark, dass ein frisch trächtiges Weibchen bei Kontakt mit dem Uringeruch eines unbekannten Männchens ihren Wurf resorbiert und rasch wieder in Hitze kommt. Der Duft weiblichen Urins hingegen hat beim Männchen entweder keine Auswirkung auf das Einsetzen der Geschlechtsreife oder verzögert sie sogar. DMS

__Oben:__ Durch einen Eindringling gestört, zeigt ein Urson seine Stacheln. Die Art bewohnt Wälder fast überall in den USA, Nordmexiko und Kanada. Stachelschweine sehen recht schlecht, bewegen sich langsam und können nicht springen, besteigen jedoch trotzdem oft auf Nahrungssuche Bäume bis in große Höhen.

__Links:__ Manche Nagerarten haben ein sehr dramatisches Drohverhalten. __1__ Gereizt stellt das Südafrikanische Stachelschwein seine Stacheln auf und klappert mit den speziellen Hohlstacheln am Schwanz. Bleibt die gewünschte Wirkung aus, stampft es dazu in einer Art Kriegstanz mit den Hinterpfoten auf den Boden. Nur wenn die Bedrohung anhält, dreht es seinem Gegner den Rücken zu und greift ihn rückwärts mit seinen tödlichen Spitzen an. __2__ Etwas weniger drastisch verläuft das Drohverhalten der Mähnenratte in Kenia. Der langsame, stämmige Nager stellt bei Gefahr eine kontrastfarbene Mähne langer Haare auf dem Rücken auf und legt dabei entlang seinem Körper einen Hautdrüsenstreifen frei. Spezielle dochtartige Haare säumen die Drüse und sorgen für die rasche Verteilung eines starken, unangenehmen Geruchs. __3__ Der kleine Berglemming schließlich behauptet sich bei Gefahr, indem er das Kinn hebt und das helle Fell an Hals und Nacken zeigt, das einen starken Kontrast zum dunklen Deckhaar bildet.

Kontrolle der Populationsspirale

NAGER UND MENSCHEN

Wegen ihrer Fortpflanzungskraft und der Fähigkeit, jeden Lebensraum zu erobern, sind Nager von großer ökonomischer und ökologischer Bedeutung. Die meisten Arten haben eine Tragzeit von 19 bis 21 Tagen, paaren sich innerhalb von zwei Tagen nach dem Werfen erneut und die Jungen werden mit sechs Wochen geschlechtsreif. So kann ein Mäusepaar theoretisch in 21 Wochen 500 Nachkommen produzieren. Unter günstigen Bedingungen schießt der Nagerbestand auf bis zu 1000 bis 2000 Tiere pro ha. Solche Bestandsexplosionen wurden bei der Hausmaus auf Farmland in Australien, bei Rattenarten im Hochland von Laos und bei Graslandarten wie der Feldmaus beobachtet.

Von rund 2000 Nagerarten haben 200 bis 300 eine wirtschaftliche Bedeutung; einige davon sind auf der ganzen Welt verbreitet. Das beste Beispiel für den wirtschaftlichen Einfluss findet sich in Südostasien, wo Nager die ökonomisch bedeutendsten Schädlinge vor der Ernte darstellen. In Indonesien verursachen Nager jährlich Verluste von etwa 17 % der Reisproduktion; könnte man diese Verluste halbieren, wäre genug Reis vorhanden, um 70 % des Energiebedarfs von 17,5 Millionen Menschen mehr zu decken. In Vietnam betraf der Nagerschaden 1995 rund 63 000 ha Reisfelder, 1999 sogar mehr als 700 000 ha. 1998 wurden schätzungsweise 82 Millionen Ratten mithilfe von Prämiensystemen getötet. Mehr als fünf Millionen Rattenschwänze wurden allein in der Provinz Vinh Phuc eingereicht, wo nach Schätzungen der Behörden zehn Millionen Ratten leben, aber nur 1,1 Millionen Menschen.

Für Bauern in den Bergregionen von Laos lassen sich Nager von allen Schädlingen derzeit am wenigsten bekämpfen. Nicht selten verliert eine Familie mehr als 70 % ihrer Ernte an Nager; schon bei einer Ernte ist das ein Grund zur Sorge, aber bei zwei Ernten hintereinander wird es zur Katastrophe. Und der Einfluss der Nager hört nicht mit der Ernte auf; sie fressen und verschmutzen auch bedeutende Mengen gelagerten Getreides. Vermutlich sind die Verluste nach der Ernte etwa ebenso groß wie die davor.

Außer Reis werden auch Kokosnüsse, Mais, Kaffee, Ackerbohnen, Ölpalmen, Zitrusfrüchte, Melonen, Kakao und Datteln von Nagern angefressen. Die Nahrungsmenge, die Nager jährlich vertilgen, entspricht der Welternte an Getreide und Kartoffeln. Man schätzt, dass ein Zug von 5000 km Länge – so lang wie die Große Mauer in China – nötig wäre, um diese Menge zu transportieren.

Die Merkmale, die die Tiere zu Schädlingen machen, sind ein einfacher, an viele Habitate und Klimate angepasster Körperbau, opportunistisches Fressverhalten, Nage- und Wühlgewohnheiten sowie ein hohes Reproduktionspotenzial. Bei vielen Nagern der arktischen Tundra und Taiga kommt es alle drei bis vier Jahre zu Populationsexplosionen (z.B. beim Berglemming in Europa und beim Braunen und Halsbandlemming in Nordamerika). Die Populationsdichte wächst stark an und fällt dann drastisch ab. Mehrere Thesen versuchen den Rückgang zu erklären, keine von ihnen jedoch befriedigend. So wurde z.B. lange behauptet, dass eine Krankheit (Tularämie oder Hasenpest, anzutreffen in vielen Nagerpopulationen) die Ursache für den Rückgang sei, aber inzwischen scheint es wahrscheinlicher, dass sie ihn nur beschleunigt. Andere Thesen besagen, dass Nager bei hoher Populationsdichte aggressiver werden, was zum Aussetzen der Paarung führt, oder dass der Rückgang auf Feinde oder die schwindende Nahrung zurückzuführen sei. Objektive Beobachtungen zeigen, dass Lemminge ihr Verhalten den hohen Populationsdichten anpassen, was den Tieren die besten Überlebenschancen verschafft.

In Großbritannien können Wanderratten während des nahrungsreichen warmen Sommers in Feldern leben. Nach der Ernte ziehen sie mit Einbruch des kalten Wetters in Gebäude. Ebenfalls in Großbritannien und in einigen anderen Ländern Westeuropas hat die Feld-Waldmaus gelernt, wohl über den Geruch, pillenförmiges Zuckerrübensaatgut aufzuspüren. Der Schaden, den sie damit anrichtet und der vor der Einführung der Präzisionssaat vielleicht nicht bemerkt wurde, kann zu großen Brachflächen in Zuckerrübenfeldern führen und mitunter eine komplette Neusaat erfordern.

Obwohl Nager in der Regel täglich etwa 15 % ihres Körpergewichts fressen, ist der Großteil der Nagerschäden nicht auf den Verzehr an sich zurückzuführen. 300 Ratten in einem Getreidesilo können 3 t Getreide pro Jahr fressen. Gleichzeitig kontaminieren sie das Getreide auch pro Tag mit 15 000 Kotkugeln, 3,5 l Urin sowie zahllosen Haaren und fettigen Hautsekreten. In Zuckerrohrfeldern nagen Ratten direkt am Rohr und fressen nur Teile davon; das Rohr kann aber durch die Beschädigung umfallen. So kommt weniger Sonne an die Pflanzen, die Ernte wird beeinträchtigt. Darüber hinaus können Mikroorganismen in die angenagten Stängel eindringen und den Zuckergehalt verringern. Abgesehen vom Wert der verlorenen Ernte führt ein 6 % geringerer Zuckergehalt zu einer um ebenfalls 6 % geringeren Rendite auf Anbau, Düngung, Pestizide, Bewässerung, Verwaltung, Ernte und Verarbeitung.

Strukturschäden aufgrund von Nagerbefall sind auf das Wühlen der Tiere in Böschungen oder Kanälen oder unter Straßen zurückzuführen. Dadurch kommt es in vielen Regionen zu Absenkungen, Überschwemmungen und gar Bodenerosion. Angenagte elektrische Leitungen können Feuer ver-

Die Kontrolle der Nager in Südostasien ist deswegen schwierig, weil es mindestens 15 Hauptschädlingsarten mit jeweils eigenen Besonderheiten gibt. Zu den Variablen gehören: Toleranzbreite für das Leben mit Menschen, Fortpflanzungsökologie, Habitatnutzung, Sozialverhalten, Fressverhalten, Fähigkeiten zum Klettern, Schwimmen oder Graben, physiologische Toleranz für Klimabedingungen (einschließlich Perioden mit wenig oder stark salzhaltigem Wasser) und Reaktion auf Störungen wie Feuer, neue Kultivierungstechniken oder Überschwemmungen. Zwar bewirkt der Einsatz von Gift bei den meisten Arten einen vorübergehenden Rückgang der Schäden, umweltfreundlichere und nachhaltigere Ansätze zur Schädlingsbekämpfung verlangen aber eine gute Kenntnis der Ökologie des Schädlings.

Als am weitesten verbreitete Plagegeister gelten Wanderratte, Hausratte und Hausmaus. Hausmauspopulationen erleben in Getreideanbaugebieten Australiens spektakuläre Bestandsexplosionen mit verheerenden ökonomischen, ökologischen und sozialen Folgen. Zu den Schädlingen unter den Hörnchenartigen zählen das Europäische Eichhörnchen und das Grauhörnchen; sie verursachen jedoch nur geringe Schäden. Weitere problematische Arten sind Rennmäuse, Vielzitzenratten und Nil-Grasratten, die in Afrika die Ernten zerstören. In Nordamerika sowie in Ost- und Westeuropa zählen Wühlmäuse zu den Schädlingen. Sie schälen Rinde von Bäumen, was diese häufig absterben lässt, und fressen Setzlinge in Jungwäldern oder Feldern. Alle drei bis vier Jahre erreichen ihre Populationen Spitzen von 2000 Tieren pro ha. Als weitere wichtige Schädlinge gelten Baumwoll- und Rohrratten sowie Brasilien-Sumpfratten in Lateinamerika; Kleine Pazifikratten auf den Pazifischen Inseln und in Südostasien; Bandikut-Ratten auf dem indischen Subkontinent und der malaysischen Halbinsel; Reisfeldratten sowie Ratten der Arten *R. losea* und *R. tanezumi* in Südostasien; Präriehunde, Murmeltiere, Pikas, Brandts Steppenwühlmaus, Chinesische Blindmulle und Ziesel im Grasland der Mongolei und Kaliforniens.

Links: *Eine Wanderratte (Rattus norvegicus) versorgt ein hilfloses Junges. Zwar werden die Jungen nackt und blind geboren, entwickeln sich aber rasch. Nach 15 Tagen sind sie behaart, nach einer weiteren Woche werden sie entwöhnt und verlassen das Nest. Rund 90 Tage nach der Geburt paaren sie sich dann.*

Oben und unten: *Futterkonkurrenz ist ein Hauptgrund für Konflikte zwischen Nagern und Menschen. Die Hausratte (UNTEN) z.B. plündert Gemüse- und Getreidelager; Ratten vergreifen sich auch an Früchten am Baum, wie die beschädigte ägyptische Orange (OBEN) zeigt. In Asien fressen Nager regelmäßig 5 bis 30 % der Reisernte und verwüsten dabei teilweise Gebiete von 10 000 ha oder mehr. Sie werden auch für die Zerstörung von jährlich 5 bis 10 % des gelagerten Getreides in China verantwortlich gemacht – genug Nahrung für 100 Millionen Menschen.*

Von Nagern übertragene Krankheiten

Nager verbreiten mehr als 20 Krankheiten, etwa die Beulenpest (durch den Biss des Rattenflohs auf den Menschen übertragbar), die vom 14. bis zum 17. Jahrhundert 25 Mio. Europäern den Tod brachte. Ratten übertragen auch chronische Erkrankungen. In den späten 1970er Jahren wiesen 80 % der Hauptstadtbewohner eines Entwicklungslandes in Asien Erreger des Rattenfleckfiebers im Blut auf. Bei 40 % der in Krankenhäuser eingelieferten Menschen wurde Fieber unbekannter Herkunft diagnostiziert; einige von ihnen, vielleicht sogar die meisten, litten wohl an Rattenfleckfieber. Der Einfluss der Krankheit auf die Wirtschaft des Landes lässt sich nicht bestimmen; im selben Land gab es auch immer wieder Pestepidemien.

Neben der Pest, die in vielen Ländern Afrikas und Asiens noch vorhanden ist, aber auch in den USA (wo Wildtiere die Krankheit übertragen, die pro Jahr knapp zehn Menschen tötet), zählen u.a. auch Rattenfleckfieber, Salmonellose, Leptospirose und das westafrikanische Lassafieber zu den potenziell tödlichen Krankheiten, die Ratten übertragen können.

Ende der 1990er Jahre konzentrierte sich die Aufmerksamkeit auf von Nagern übertragene Viren, die hämorrhagisches Fieber auslösen. Zwischen 1995 und 2000 wurden mindestens 25 „neue" Hanta- und Arenaviren identifiziert, alle bei der Nagerfamilie Muridae. Die Hantaviren verursachen in der Neuen Welt Lungenerkrankungen (tödlich bei 50 % aller Infizierten) und in der Alten Welt fieberhafte Nierenerkrankungen (etwa 200 000 Erkrankungen jährlich in Asien mit einer Sterberate von 1 bis 15 %). Die Arenaviren verursachen in der Neuen Welt das Südamerikanische Hämorrhagische Fieber (bei 10 bis 33 % der Infizierten mit Todesfolge) und in der Alten Welt das Lassafieber (100 000 bis 300 000 Infektionen jährlich in Westafrika, 5000 davon tödlich). Jedes Virus ist in der Regel einem spezifischen Nagerwirt zuzuordnen. Die Infektion wird über Nagerurin, -kot oder -speichel auf den Menschen übertragen.

Nachdem zunächst die Vielfalt der Infektionen, die Nagerviren beim Menschen verursachen können, beschrieben und ihr Ausmaß eingeschätzt wurde, konzentriert man sich bei der Bekämpfung bzw. Prävention solcher Hämorrhagien inzwischen auf die Erforschung der Biologie und Ökologie der Wirt-Krankheit-Verbindung.

Rechts: *Ein deutscher Stich zeigt die wunderliche Schutzkleidung eines Arztes bei der Behandlung von Opfern der Beulenpest in Nürnberg 1656.*

ursachen und enorme wirtschaftliche Folgen nach sich ziehen. Nager durchbeißen auch Leitungen in den isolierten Wänden moderner Geflügel- und Schweinezuchtanlagen, was zu Fehlfunktionen in den Klimaanlagen und damit zu schweren wirtschaftlichen Verlusten führt.

Neben den unmittelbaren ökonomischen Kosten, die durch Nagerhorden für Bauern entstehen, können hohe Populationsdichten nachhaltig das ökologische Gleichgewicht einer ganzen Region beeinflussen. Erstens trägt die Vegetation oft große Schäden davon, von denen sie sich erst Jahre später erholt. Zweitens wächst mit dem Nagerbestand auch die Population ihrer Feinde. Geht die Nagerzahl zurück, suchen diese sich andere Beute. Bestandsexplosionen der Australischen Langhaarratte auf Hunderttausenden von Quadratkilometern in Nordwest-Queensland und dem Northern Territory in Australien machen diese Gebiete zu einem Paradies für Greifvögel, Dingos, Füchse und Katzen. Im Gegenzug nimmt auch der Bestand dieser Feinde extrem zu. Mitte der 1990er Jahre gab es dort so viele Katzen, dass man sich nach dem rapiden Rückgang der Rattenpopulation ernste Sorgen um die übrige einheimische Fauna machte. Die Situation war so verzweifelt, dass die Armee herbeigeholt wurde, um bei der Dezimierung der wilden Katzenpopulation zu helfen.

Die einfachste Bekämpfung von Nagern ist das Einschränken von Zufluchtsorten sowie Futter und Wasser. Häufig ist dies jedoch unmöglich. Im besten Fall kann eine „gute Haushaltsführung" verhindern, dass der Nagerbestand sich vergrößert, ist aber selten eine effektive Methode, vorhandene Populationen zu reduzieren. Unerlässlich ist die Entwicklung von Managementtechniken auf der Grundlage der Ökologie und des Verhaltens der betreffenden Schädlingsart. Für die Schädlingsbekämpfung in Feldern, Lagern und Häusern gelten dieselben Prinzipien.

Um vorhandene Nagerpopulationen zu reduzieren, sind Raubtiere – wilde (z.B. Greifvögel und Eulen) oder Haustiere (Katzen oder Hunde) – relativ wirkungslos. Sie können nur bei der Beschränkung des Populationswachstums eine Rolle spielen. Ein allgemein anerkanntes Prinzip besagt, dass Raubtiere ihre Beute eigentlich nicht kontrollieren, obwohl Beutereichtum den Bestand der Raubtiere beeinflussen kann. Auf den Westindischen Inseln und auf Hawaii wurden zur Rattenbekämpfung Mungos eingeführt, auf malaiischen Ölpalmplantagen Kobras. Die Ratten blieben jedoch und Mungo und Kobra werden nun selbst als Schädlinge betrachtet, der eine als Überträger der Tollwut, die andere als direkte Gefahr für den Menschen. Selbst die Katze auf dem Bauernhof hat in der Regel keine klare Auswirkung auf die Nagerzahl: Die Fortpflanzungsrate der Nager ist stets höher als die Vertilgungsrate der Katze.

Zu den einfachsten Methoden der Bekämpfung kleiner Nagerpopulationen zählen Fallen. Allerdings sind nur wenige Fallen wirklich effizient;

Oben: *Indische Dorfbewohner graben Rattennester im Feld aus. Weltweit stehen Bauern im stetigen Kampf gegen Nagerschäden. Jahrhundertelang war Gift die bevorzugte Waffe, aber der Einsatz starker Pestizide kann den Menschen teuer zu stehen kommen, da die Gifte auch Nicht-Zielarten schädigen und menschliche Nahrung kontaminiert werden kann. Im Kampf gegen mit Nagern in Verbindung gebrachte Krankheiten besteht ein Ansatz darin, Nester mit Insektiziden zu besprühen, um die krankheitsübertragenden Parasiten zu töten. Hier behandelt ein Kammerjäger das Nest eines Ziesels in Kalifornien (kleines Bild).*

Links: *Eine Schleiereule kehrt mit einer Feldmaus im Schnabel zum Nest zurück. Viele Landraubtiere und auch Raubvögel bestreiten einen Großteil ihrer Nahrung aus dem reichen Angebot der sich schnell vermehrenden Nager. Programme zur lokalen Ausrottung von Schädlingsarten können ungewollte Anstoßwirkungen auf die weitere Nahrungskette haben, indem Beutegreifer ihrer Beute beraubt werden.*

die meisten verstümmeln nur. Eine viel versprechende Methode sind Lebendfallen am Fuß von Einzäunungen (25 x 25 m) um Frühsaaten (Ködersaaten). Diese „Fallenbarriere"-Systeme, die während der ganzen Bebauungszeit vor Ort bleiben, haben den Einfluss der Reisfeldratte auf Nassreisfelder in Indonesien, Malaysia und Vietnam deutlich verringert. In Malaysia wurden 6872 Ratten in einer Nacht und über 44 000 Ratten innerhalb von neun Wochen gefangen. In Indonesien und Vietnam stieg der Ernteertrag der umgebenden Felder von 0,3 auf 1,0 t pro ha, eine Produktionssteigerung von 10 bis 25 %. Der Nachteil dieser Methode: Sie ist arbeitsintensiv und erfordert ein koordiniertes Vorgehen der Gemeinde.

Das älteste Nagergift – ein schnell wirkendes, nicht selektives Gift – taucht in der frühesten Schrift über chemische Schädlingsbekämpfung auf: Schon 350 v. Chr. beschrieb der griechische Philosoph Aristoteles den Einsatz von Strychnin. Schnell wirkende Gifte wie Strychnin, Thalliumsulfat, Natriummonofluorazetat (Compound 1080) und Zinkphosphid haben verschiedene technische und ökologische Nachteile, z.B. lang anhaltende Köderscheu bei subletal vergifteten Nagern. Zudem stellen sie eine Gefahr für andere Tiere dar.

Seit der ersten Synthese von Warfarin 1945 sind mehrere gerinnungshemmende Nagergifte entwickelt worden. Diese Verbindungen verringern die Gerinnungsfähigkeit des Bluts und führen so durch innere oder äußere Blutungen zum Tod. Die erste Generation der so genannten Antikoagulanzien erforderte eine wiederholte Aufnahme des Gifts und zeigte anfangs Erfolg bei der Bekämpfung anfälliger Arten wie der Wanderratte. Einige Wanderratten haben seitdem jedoch eine genetische Resistenz gegen die Substanzen aufgebaut, während andere Arten wie die Hausratte von Anfang an über eine natürliche Resistenz verfügten. Diese Unzulänglichkeiten führten zur Entwicklung einer potenteren „zweiten Generation" von Antikoagulanzien mit Wirkstoffen wie Brodifacoum und Bromadiolon, die nur einmal aufgenommen werden müssen und eine hohe Todesrate für die meisten Nagerarten versprechen. Es gibt aber Bedenken wegen der Gefahr für Nicht-Zielarten durch diese potenteren Chemikalien, die länger in der Umwelt verbleiben und sich in Raubtieren akkumulieren, je mehr vergiftete Nager sie fressen. Letztlich gehen die Beutegreifer selbst am Gift ein.

Neben der Wahl des Gifts ist in Bekämpfungsprogrammen der Zeitpunkt und die koordinierte Ausführung einer geplanten Kampagne wichtig. Die beste Zeit zur Bekämpfung von Feldnagern sind z.B. Perioden mit wenig Nahrung und kleinen Populationen (meist kurz vor der Paarung). Teilweise werden zur Nagerbekämpfung neuere „Avantgarde-Methoden" wie Chemosterilantien, Ultraschall oder Elektromagnetismus vorgeschlagen. Keine davon kann bisher jedoch eine ähnliche Wirksamkeit für sich beanspruchen wie gerinnungshemmende Nagergifte.

Arten in Gefahr

ARTEN- UND UMWELTSCHUTZ

Die Verbreitung des Menschen hat nicht alle Nager begünstigt. Mindestens 54 Arten sind in den letzten zwei Jahrhunderten ausgestorben und weitere 380 Arten erwartet derzeit ein ähnliches Los. Besonders gefährdet sind 78 Arten mit kleinen, isolierten Populationen (oft weniger als 250 Tiere), die stetig zurückgehen. Einige von ihnen, wie die Brasilianische Baummaus, können hoffentlich durch den Schutz des Lebensraums vor dem Aussterben bewahrt werden. Für andere wie *Melomys rubicola* sieht die Zukunft düster aus. Dieser stämmige Nager kommt nur auf einem spärlich bewachsenen Plattformriff von 340 m Länge und 150 m Breite an der Nordspitze des Great Barrier Reef in Australien vor. Zwar besteht die Population aus mehreren Hundert Tieren, doch ihr Bestand geht unaufhaltsam zurück, weil die Gezeiten das Riff auswaschen und das Land zu überschwemmen drohen.

Etwas weniger bedrohlich ist die Situation für die etwa 100 stark gefährdeten Arten. Bei diesen beträgt der Bestand je Art bis zu 2500 Tiere, häufig über mehrere Orte verteilt, an denen Störungen drohen. Zwei Agutiarten Mittelamerikas gehören in diese Kategorie, ebenso sechs mexikanische Buschrattenarten.

Durch aktives Management können einige stark gefährdete Arten überleben. So gab es 1990 z.B. weniger als 1500 Große Zweignestratten, und zwar ausschließlich auf Franklin Island vor der Südküste Australiens. Erfolgreiche Umsiedlungen nachgezüchteter Tiere auf drei neuen Inseln und in drei große geschlossene Gebiete auf dem australischen Festland führten zu einer Verdopplung des Bestands in neun Jahren. Zuchtprogramme und Habitatmanagement kommen derzeit mehr als 20 stark gefährdeten Arten zugute, z.B. dem Vancouver-Murmeltier, der Känguruhratte *Dipodomys stephensi* und der Shark-Bay-Falschmaus.

200 Arten gelten als gefährdet und sind zwar ebenfalls bedroht, stehen aber nicht unmittelbar vor dem Aussterben. Sie können Bestandsgrößen bis zu 10 000 Tieren erreichen. Dazu gehören *Pseudomys australis* und die Birdsville-Hüpfmaus in Zentralaustralien, der Präriehund in Utah und Menzbiers Murmeltier in Tien Shan.

Manche Nager sind schwer zu erfassen, was die Statusbestimmung erschwert. Baumbewohner wie *Pogonomys mollipilosus* und die südamerikanischen Kletterratten gehen nicht leichtfertig in Fallen, andere wie *Pseudomys shortridgei* ähneln häufigeren Arten so sehr, dass sie leicht übersehen werden. In vielen Fällen kann der Status wegen fehlender aktueller Studien nicht beurteilt werden. *Hydromys neobrittanicus* sowie *Melomys fraterculus* auf der Insel Seram sind lediglich durch ein oder zwei im frühen 20. Jahrhundert gefangene Exemplare bekannt. Diese Nager werden wohl nur als Museumsstücke erhalten bleiben, bis Biologen intensivere Studien durchführen können. GS/CRD/DMS

VERBREITUNG Weltweit außer Australien, Polynesien, Madagaskar, südliches Südamerika und einige Wüstenregionen.

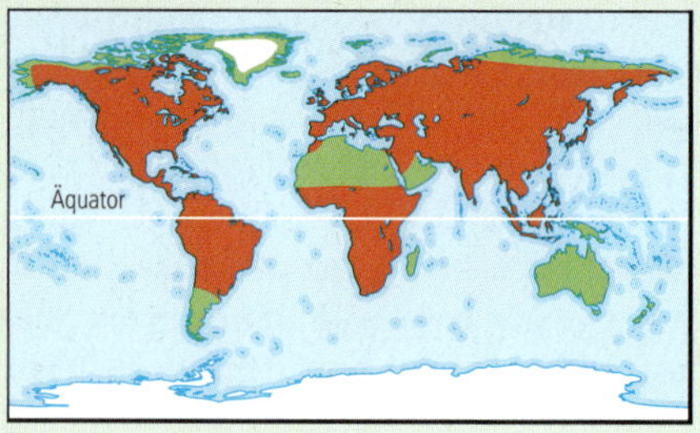

HÖRNCHENARTIGE (nur ein Teil)
Unterordnung Sciurognathi
284 Arten in 56 Gattungen und 5 Familien

Hörnchenverwandte

Hörnchen sind vorwiegend Samenfresser und in vielen Teilen der Welt die dominanten baumbewohnenden Nager. In derselben Familie gibt es jedoch fast ebenso viele erdbewohnende Arten, z.B. die Ziesel im offenen Grasland und die Murmeltiere in den Hochgebirgen.

Obwohl sie in anderer Hinsicht hoch spezialisiert sein können, sind bei den Mitgliedern der Hörnchenfamilie die Kiefermuskeln und damit die entsprechenden Schädelteile relativ primitiv und unspezialisiert angeordnet – im Gegensatz zu den mäuseartigen („myomorphen") und den stachelschweinartigen („hystricognathen") Nagern, die hier spezialisiert sind wie kein anderes Säugetier. Bei Hörnchen ist der tiefe Masseter kurz und führt direkt vom Unterkiefer hoch zum Jochbein.

Da dieses spezielle Merkmal auch bei einigen kleineren Nagergruppen anzutreffen ist, besonders bei Stummelschwanzhörnchen und Bibern, werden diese Familien mit den Hörnchen zur Unterordnung Sciuromorpha zusammengefasst. Offenbar haben sie sich zu einem sehr frühen Zeitpunkt der Evolution voneinander und von den anderen Nagern abgespalten und weisen außer dem „sciuromorphen" Kauapparat wenige Gemeinsamkeiten auf.

Ein weiteres primitives Merkmal bei diesen Nagern sind die ein bis zwei Vorderbackenzähne in jeder Zahnreihe. Die Tiere besitzen also oben und unten je vier oder fünf Backenzähne statt drei wie die Mäuseartigen.

Die auf den ersten Blick ähnlichen Dornschwanzhörnchen in den afrikanischen Regenwäldern sind nur entfernte Verwandte und werden inzwischen in der separaten Unterordnung Anomaluromorpha klassifiziert, zu der auch der Springhase der afrikanischen Ebenen gehört. GBC

Jedem das Seine

In Form und Funktion des Schwanzes gibt es in der Familie der Hörnchenartigen zahlreiche Variationen. Eine hoch spezialisierte Adaptation findet sich bei den Gleithörnchen (RECHTS), bei denen der Schwanz mit der Flughaut zur Steuerung des genauen Abstiegswinkels benutzt wird. In einer anderen Gruppe „fliegender" Hörnchen, den Dornschwanzhörnchen in afrikanischen Regenwäldern, hilft der Schwanz beim Gleiten und Klettern; überlappende Schuppen auf der Unterseite geben dem Tier Halt beim Landen an Baumrinde. Der halbaquatische Biber benutzt seinen breiten, flachen Schwanz als Antrieb und als Ruder. Wenn er langsam an der Wasseroberfläche patrouilliert, schlägt der Schwanz seitwärts aus. Beim schnellen Schwimmen unter Wasser (KLEINES BILD) bewegt sich der Biber mit kräftigen vertikalen Schwanzschlägen fort. Der lange, buschige Schwanz des känguruähnlichen Springhasen dient als Gegengewicht, mit dessen Hilfe beim schnellen Springen das Gleichgewicht gehalten wird. Wenn der Springhase ruhend auf den Hinterbeinen steht, schlägt er den Schwanz um sich. Bei den Hörnchen erfüllt der buschige Schwanz verschiedene Funktionen, je nachdem, in welchem Habitat die einzelnen Arten leben: Den Bewohnern nördlicher Wälder dient er als wärmender Mantel, dem Kap-Borstenhörnchen als Sonnenschirm zum Schutz vor der Sonne.

Lebensraumgestaltung

Unter den Hörnchenartigen ist besonders der Biber dafür bekannt, die Landschaft seines Lebensraums zu verändern. Mit seinen kräftigen Schneidezähnen fällt er Bäume und baut mit dem Holz Dämme und Burgen. Mit den Vorderpfoten hebt er Kanäle aus.

Die kleineren Sciuromorphen verändern ihre Umwelt auf weniger spektakuläre Weise, doch die Zerstörung durch sie ist weit bedeutsamer, da die Tiere so häufig vorkommen. Eichhörnchen, die vorwiegend in Nadelbaumjungwäldern leben, fressen junge Triebe und verursachen dadurch großen Schaden. Die Grauhörnchen haben sich darauf spezialisiert, die Rinde von relativ jungen Bäumen (30 bis 40 Jahre alt) zu schälen. Für dieses Verhalten gibt es zwei Gründe: Teilweise wird die Rinde zum Auspolstern des Nestes verwendet, vor allem wollen die Tiere jedoch an den süßen, schmackhaften Saft darunter gelangen – eine wertvolle Nahrungsergänzung, wenn anderes Futter knapp wird (z.B. im Hochsommer). Dieses destruktive Verhalten ist besonders bei dichten Hörnchenpopulationen zu finden, in denen rangniedere Männchen in kargen Zeiten überall nach Futter suchen müssen. Die Forstwirtschaft steht vor einem ernsten Problem. Zwar sind die Bäume widerstandsfähig, doch wenn die Rinde um den Stamm abgeschält und das weiche Gewebe darunter weggenagt wird, werden die Transportbahnen für Wasser, Zucker und Nährstoffe durchtrennt und der Baum stirbt.

Auch Ernteraub führt zu Konflikten zwischen Menschen und Hörnchen. So ernähren sich Erdhörnchen z.B. vorwiegend von niedriger Vegetation.

◐ ***Links und oben:*** *Eichhörnchen (Eurasien, links) und Douglas-Hörnchen (Westen Nordamerikas, oben) zeigen das klassische Hörnchenprofil mit langem Körper und buschigem Schwanz.*

Schädel und Gebiss

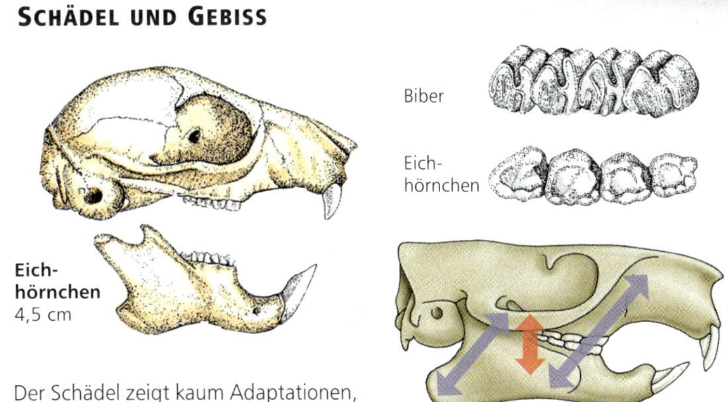

Der Schädel zeigt kaum Adaptationen, ist aber bei größeren Erdhörnchen wie Murmeltieren eckiger als bei Baumhörnchen. Die meisten Hörnchen haben einfache Zähne, denen entweder die hervortretenden Zahnhöcker oder die scharfen Zahnschmelzkanten vieler anderer Nager fehlen. Der Biber zeigt ein Kantenmuster, das an seine Nahrung (Rinde und anderes faseriges und grobes Pflanzenmaterial) angepasst ist. Es ist zudem konvergent mit dem Muster einiger nicht verwandter, aber ökologisch ähnlicher Nager wie der Biberratte.

Die primitive Kiefermuskulatur ist typisch für die Hörnchenartigen. Der oberflächliche Masseter (blau) setzt vor dem Auge an, reicht bis zur Schnauze und bewegt den Unterkiefer beim Nagen vorwärts. Der tiefe Masseter (rot) ist kurz und wird nur zum Schließen des Unterkiefers benutzt. Dargestellt ist der Schädel eines Murmeltieres.

Biber

WENIGE WILDTIERE HABEN DIE WELTGESCHICHTE und -wirtschaft so beeinflusst wie der Biber. Die Erkundung des nordamerikanischen Hinterlands durch die Europäer wurde vor allem durch den Bedarf an Biberpelzen für Hüte und Kleidung vorangetrieben. Die Daten der Hudson's Bay Company belegen einen jährlichen Fang von 100 000 Tieren. Das Geschäft war so lukrativ, dass es zu Konflikten wegen des Zugangs zu Fanggebieten kam – insbesondere zum Britisch-Französischen Kolonialkrieg im 18. Jahrhundert, der zur britischen Herrschaft über den gesamten Norden Nordamerikas führte.

Die frühere Bedeutung der Biber lässt sich daraus ermessen, dass sie in den Wappen so weit voneinander entfernter Städte wie Härnösand (Schweden) und Irkutsk (Sibirien) auftauchen. In Nordamerika schätzten viele eingeborene Völker den Biber als Ressource wie auch als spirituelles Totem. Die zentrale Figur in der Religion der Montagnais in Quebec war ein gütiger Biber-Schutzgeist, während der Stamm westlich des Athabascasees in Alberta nach dem Hauptfluss ihrer Heimat benannt wurde: *Tsades* oder „Fluss der Biber" (jetzt Peace River).

Schwergewichte unter den Nagern

KÖRPERBAU UND FUNKTION

Zu den bestimmenden Merkmalen des Bibers zählen die großen Schneidezähne, der flache, beschuppte, fast haarlose Schwanz sowie die Hinterpfoten mit Schwimmhäuten und einer geteilten Putzkralle an der zweiten Zehe, ebenso die interne Anatomie des Halses und des Verdauungstrakts. Das Bau-, Kommunikations- und Sozialverhalten der Biber unterscheidet sie von anderen Säugern. Wie Menschen leben sie in Familienverbänden, nutzen komplexe Kommunikationssysteme, errichten Burgen und Baue, lagern Nahrung und entwickeln Verkehrsnetze (über Kanäle verbundene Becken). Und auch sie verändern ihre Umwelt nach ihren Bedürfnissen: Ihre Dämme fördern die ökologische Vielfalt, erweitern Feuchtgebiete, beeinflussen Wasserqualität und -umsatz und unterstützen die Landschaftsentwicklung.

Nach den Wasserschweinen Südamerikas sind Biber weltweit die schwersten Nager. Adulttiere wiegen durchschnittlich 20 bis 30 kg, das höchste belegte Gewicht war 45,5 kg. Die Tiere leben immer in Wassernähe. Sie rudern langsam an der Oberfläche entlang, wobei sie zum Steuern und als Antrieb den Schwanz seitwärts bewegen. Beim schnellen Schwimmen oder Tauchen dagegen schlagen Biber ihren Schwanz zusammen mit kräftigen Schlägen der Hinterpfoten auf und ab.

Biber mögen mit ihren großen, entenartigen Hinterpfoten, den kurzen Vorderbeinen und den zierlichen Vorderpfoten an Land langsam und ungelenk erscheinen. Bei Gefahr legen sie jedoch eine erstaunliche Geschwindigkeit an den Tag und flüchten sich bei Störungen ins Wasser.

Ein Kommen und Gehen

VERBREITUNG

Kanadabiber sind über den größten Teil Nordamerikas verbreitet, vom Flussdelta des Mackenzie River in Kanada bis hinab nach Nordmexiko. Bis zum späten 19. Jahrhundert war der Biber in vielen Teilen dieses Gebiets praktisch ausgerottet, vor allem im Osten der USA, doch konnten staatliche Naturschutzbehörden viele Populationen durch Umsetzungen und Auswildern wiederherstellen. Die Tiere wurden auch in Finnland, Russland (Karelische Landenge, Amurbecken, Kamtschatka-Halbinsel) und vielen Ländern Mitteleuropas eingeführt, u.a. in Deutschland, Österreich und Polen. Die größte Population Kanadabiber in Europa von geschätzten 10 500 Tieren gibt es derzeit im

FAKTEN

BIBER

Ordnung: Rodentia

Familie: Castoridae

2 Arten der Gattung *Castor*

VERBREITUNG Nordamerika, Skandinavien, W-, O-Europa, Zentral-Asien, NW-China, O-Russland, Südamerika.

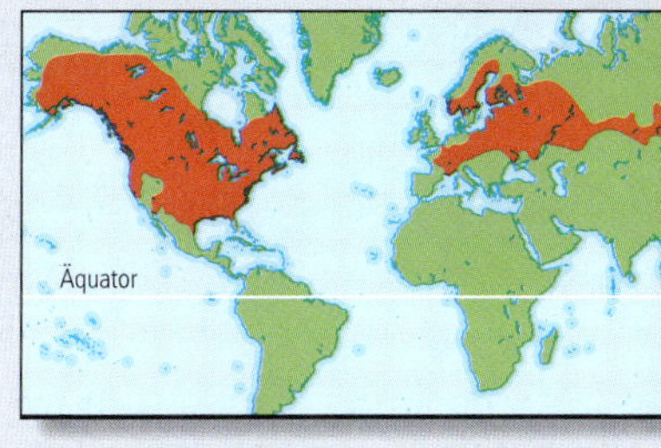

Lebensraum Flussufer, Sumpfland mit Teichen, Seen, Flüssen und Bächen.
Nahrung Holz (besonders Espe), Gräser, Wurzeln.

KANADABIBER *Castor canadensis*
Nordamerika von Alaska östlich bis Labrador, südlich bis N-Florida und Tamaulipas (Mexiko); eingeführt in Südamerika (Feuerland, Argentinien), Europa und Asien. KL 80–120 cm; SL 25–50 cm; SH 30–60 cm; GT 11–30 kg; kein Unterschied zwischen den Geschlechtern. Fell meist gelblich braun. Unterwolle dicht und dunkelgrau. Fortpflanzung: Tragzeit etwa 105–107 Tage. Lebenserwartung: 10–15 Jahre. 24 anerkannte Unterarten.

EURASIATISCHER BIBER *Castor fiber*
NW- und Zentral-Eurasien, in isolierten, aber wachsenden Populationen von Frankreich östlich bis zum Baikalsee und zur Mongolei; auch im fernöstlichen Russland (Khabarovsk). Sonst wie *C. canadensis*. 8 anerkannte Unterarten.

Abkürzungen: KL = Körperlänge; SL = Schwanzlänge; SH = Schulterhöhe; GT = Gewicht

Oben: *Obwohl er außerhalb des Wassers etwas unbeholfen wirkt, ist der Kanadabiber* (Castor canadensis) *bestens an das Leben im Sumpfland angepasst. Wegen seines dichten, üppigen Fells wurde er stark von Pelzjägern verfolgt und war in vielen Ländern ausgerottet. Durch Wiederansiedlungsprogramme gelang ihm mittlerweile sein Comeback.*

Links: *Mit der Strömung kämpfend, frisst ein Biber die Rinde eines Weißbirkenastes. Beim Tauchen schließt er Nase und Ohren, die Augen sind von einer durchsichtigen Membran bedeckt und die Zunge verhindert, dass Wasser in den Hals dringt. Durch diese effektive Adaptation können Biber unter Wasser nagen und Stöcke transportieren, ohne zu ertrinken.*

Südosten Finnlands. 1946 wurden Kanadabiber auch nach Südamerika (Feuerland) gebracht. Zwar gibt es 24 anerkannte Unterarten, doch sind viele davon durch lokale Ausrottung, Umsiedlung und Wiederansiedlung nicht mehr reinrassig.

Der Eurasiatische Biber war einst in ganz Europa und Asien anzutreffen, aber nur isolierte Populationen haben das Zusammenleben mit dem Menschen überstanden. Bis zum frühen 20. Jahrhundert gab es nur noch acht Restpopulationen mit insgesamt etwa 1200 Tieren in Frankreich, Deutschland, Norwegen, Weißrussland, Russland, der Ukraine, der Mongolei und China. Wiederansiedlungs- und Umsiedlungsprogramme begannen in den meisten Ländern Europas Anfang bis Mitte des 20. Jahrhunderts und viele werden bis heute fortgeführt. Die Biberpopulation wächst (derzeit geschätzt auf 500 000 bis 600 000 Tiere) und verteilt sich über ganz Europa und Asien. Es gibt acht anerkannte Unterarten, aber Umsetzungen und Wiederansiedlungen haben ihre historische Verteilung verändert.

Der früheste direkte Vorfahre des Bibers war vermutlich *Steneofiber* aus dem Oligozän (vor etwa 32 Millionen Jahren). Die Gattung *Castor*, die während des Pliozäns (vor fünf bis 1,8 Millionen Jahren) in Europa entstand, kam nach Nordamerika, als die Kontinente noch miteinander verbunden waren. Man geht daher davon aus, dass der moderne Kanadabiber in evolutionärer Hinsicht jünger ist als der Eurasiatische Biber. Im Pleistozän, vor 10 000 Jahren, existierten die beiden Arten gemeinsam mit Riesenformen, die ein Gewicht von 270 bis 320 kg erreichten, z.B. *Castoroides* in Nordamerika und *Trogontherium* in Eurasien. Die beiden modernen Gattungen ähneln sich in Größe und Farbe. Sie sind äußerlich nicht zu trennen, unterscheiden sich aber in Schädelmorphologie und Chromosomenzahl (*C. fiber* mit 48 Chromosomen, *C. canadensis* mit 40). Man glaubt, dass

Rechts: *Die Biberburg ist ein großer, konischer Haufen aus Stämmen und Ästen, aufgeschichtet am Ufer oder isoliert in der Mitte eines Sees. Die Burgen weisen einen Durchmesser von 3 bis 4 m auf. Sie umfassen immer eine Wohnkammer über dem Wasserspiegel, manchmal auch einen Fressplatz, der näher am Wasser ist.*

der Kanadabiber von seinem eurasiatischen Verwandten abstammt, da er weniger Chromosomen hat. Vielleicht rührt die geringere Chromosomenanzahl bei *C. canadensis* aus der Fusion von acht Chromosomenpaaren beim urzeitlichen *C. fiber* her und dieser Unterschied verhindert die Kreuzung der beiden Arten.

Wählerische Generalisten

NAHRUNG

Biber sind generalistische Pflanzenfresser, deren Speiseplan mit den Jahreszeiten variiert: Im Frühling und Sommer verzehren sie grüne Pflanzenteile (Blätter, Wurzeln, Kräuter, Farn, Gräser und Algen), wenden sich dann aber im Herbst Bäumen und Sträuchern zu. Sie bevorzugen Espen, aber auch Birke, Ahorn, Eiche, Hartriegel und Obstbäume. In vielen Regionen bilden Sträucher wie Weide und Erle die Hauptnahrung. Holz ist schwer verdaulich; beim Biber wird es im Caecum durch Mikroben fermentiert und zweimal verdaut, um den größtmöglichen Nährwert zu erschließen.

Biber können die harten Winter der nördlichen Breiten nur durch Futterlager überstehen. Holzige Stämme werden zum Schutz vor anderen Tieren unter Wasser gelagert. Viele Eurasiatische Biber verstecken keine Nahrung (in manchen Populationen nur 50 % der Familien), sondern gehen im Winter an Land auf Nahrungssuche. Eine weitere Überlebensstrategie besteht darin, von den Fettreserven in ihrem Schwanz zu zehren.

Wie Kolonien funktionieren

SOZIALVERHALTEN

Biber leben in kleinen Familienverbänden, oft als „Kolonien" bezeichnet. Eine feste Kolonie besteht aus einem adulten Paar, den Jungen des aktuellen Jahres, Jährlingen aus dem Jahr zuvor und eventuell einem oder mehreren subadulten Tieren aus früheren Würfen. Eine typische Biberfamilie umfasst vier bis acht Tiere. Nachwuchs, der älter als zwei Jahre ist, wird nur bei hoher Populationsdichte in der Familie geduldet. Allerdings paaren sich diese jungen Adulttiere in der Regel nicht. Bei großem Populationsdruck sind Änderungen der normalen Familienstruktur belegt und es kann mehr als ein Weibchen geben, das Junge wirft.

Der Hauptfeind des Bibers ist neben dem Menschen der Wolf. Auch anderen großen Fleischfressern, wie Luchs, Kojote, Vielfraß, Bär und Fuchs, kann er zum Opfer fallen.

Die Tiere bilden mit ihrer langjährigen Monogamie eine Ausnahme unter den Säugetieren. Ein Paar besetzt ein gemeinsames Territorium und die Beziehung bleibt normalerweise bis zum Tod eines Partners bestehen. Die Familieneinheit ist dank einer geringen Geburtsrate (ein Wurf pro Jahr mit ein bis fünf Jungen beim Eurasiatischen und bis zu acht beim Kanadabiber), einer hohen Überlebensrate in allen Alters- und Geschlechtsklassen und langfristiger elterlicher Versorgung besonders stabil. Sowohl der Eurasiatische als auch der Kanadabiber haben eine durchschnittliche Wurfgröße von zwei bis drei Jungen. Die Jungen bleiben meist zwei Jahre in der Kolonie und die Hierarchie richtet sich nach dem Alter: Adulttiere dominieren Jährlinge, diese die Jungtiere. Gelegentlich wurde von einer Geschlechterhierarchie berichtet, bei der das adulte Weibchen alle anderen Familienmitglieder dominiert. Physische Aggression ist selten, obwohl bei Bibern in dichten Populationen mehr Narben am Schwanz festgestellt wurden – meist Kampfspuren aus Revierkämpfen mit Fremden.

Oben: *Biberjunge sind wahre „Kostbarkeiten" – die Weibchen produzieren nur einen kleinen Wurf pro Jahr. Bei der Geburt haben sie schon ein dichtes Fell, die Augen sind offen und sie können sich in der Burg bewegen. Alle Familienmitglieder versorgen die Jungen mit fester Nahrung, am emsigsten der Vater.*

DER 29-STUNDEN-TAG DES BIBERS

Normalerweise sind Biber nachtaktiv, erwachen bei Sonnenuntergang und ziehen sich bei Sonnenaufgang in ihre Burgen zurück. Dieser regelmäßige Tageszyklus wird zirkadianer Rhythmus genannt. Im Winter des Nordens aber, wenn die Teiche zufrieren, bleiben Biber in ihren Burgen, da die Temperaturen dort um 0 °C liegen, während die Lufttemperatur meist deutlich niedriger ist. Jede Aktivität über dem Eis würde einen sehr hohen Energieverbrauch bedeuten.

In der Burg und im umgebenden Wasser ist das Licht rund um die Uhr schwach. Ohne das Sonnensignal sind die Aktivitäten, belegt durch Geräusche und Bewegungen, nicht mehr synchron mit dem Sonnentag. Der zirkadiane Rhythmus bricht zusammen, der „Bibertag" wird länger und dauert nun zwischen 26 und 29 Stunden. Diese Art von Zyklus heißt „unabhängiger zirkadianer Rhythmus".

Die Paarung findet im Winter statt, normalerweise im Wasser, aber auch in der Burg. Die Jungen werden im Spätfrühling geboren; manchmal fällt der Wurf zusammen mit dem Abwandern der Zweijährigen aus dem Familienterritorium. Obwohl sie innerhalb weniger Stunden schwimmen können, haben die Kleinen wegen ihrer geringen Größe und des dichten Fells einen zu starken Auftrieb zum Tauchen und können die Burg daher nicht verlassen. Sie werden sechs bis acht Wochen lang gesäugt, fressen zum Teil aber auch schon vor der Entwöhnung feste Nahrung.

Die Jungen wachsen schnell, entwickeln ihre Fähigkeiten zum Damm- und Burgenbau aber erst nach mehrmonatiger Übung. Mit einem Jahr nehmen sie an allen Familienaktivitäten teil. Die jungen Adulttiere wandern normalerweise im Frühling ihres zweiten Lebensjahrs ab, wenn sie etwa 24 Monate alt sind. Sie ziehen davon, um eigene Territorien zu gründen, in der Regel innerhalb von 20 km, zum Teil auch bis zu 250 km entfernt.

Zur Kommunikation verwenden Biber Duftmarken, normalerweise an den Grenzen des Territoriums. Beide Arten markieren kleine Hügel aus Schlamm und Wasserpflanzen am Ufer, Eurasiatische Biber auch Grasbüschel, Steine und Baumstämme, manchmal auch direkt den Boden. Der Duft, der vom so genannten Castoreum (aus den Duftdrüsen) und von Sekreten aus den Afterdrüsen ausgeht, ist stechend und moschusähnlich. Alle Mitglieder einer Biberfamilie markieren, das adulte Männchen jedoch am häufigsten. Die Duftmarken werden vor allem im Frühling gesetzt und dienen wohl der Übermittlung von Informationen über die ansässige Familie an vorbeiziehende Fremde und Nachbarn. Auch das Schlagen mit dem Schwanz auf das Wasser dient der Kommunikation. Adulttiere machen dies häufiger als Jungtiere, um einem sich nähernden Eindringling mitzuteilen, dass er gesichtet wurde. Der Schlag ruft häufig eine Antwort des Fremdlings hervor, wodurch der Biber die Gefahr einschätzen kann. Biber kommunizieren auch über Laute (Zischen und Grunzen), Zähnewetzen und Körperhaltung.

Von den verschiedenen Bauarbeiten der Biber ist der Kanalbau die einfachste und war wohl die erste, die die Tiere entwickelten. Dabei lockern sie mit den Vorderpfoten Schlamm und Sedimente vom Grund flacher Bäche und sumpfiger Pfade und schieben das Material zur Seite. Durch die entstehenden Kanäle können die Biber im Wasser bleiben, während sie sich zwischen einzelnen Becken oder Nahrungsrevieren bewegen. Dieses Verhalten tritt am häufigsten im Sommer bei niedrigem Wasserstand auf.

Biber sind effiziente Erdarbeiter und graben im Revier meist mehrere Baue. Ein Bau kann aus einem einzelnen Tunnel oder einem Tunnelnetz bestehen und führt vom Gewässerufer aus in eine oder mehrere Kammern. Oft nutzen Biberfamilien unterirdische Baue als Hauptwohnung. Einen zweiten Wohnsitz am Ufer haben sie in der Burg.

Oben: *Besser als alle anderen Nager ist der Biber ans Wasser angepasst. Der torpedoförmige Körper wirkt hydrodynamisch, das Fell ist Wasser abweisend. Der breite Schwanz und die schwimmhautbewehrten Hinterpfoten werden zum Schwimmen eingesetzt.*

Fleisch, Fell und Medizin

ARTEN- UND UMWELTSCHUTZ

Früher lieferten Biber den Menschen Fleisch, Fell und medizinische Rohstoffe, heute werden Fleisch und Fell genutzt. In Kanada erntet man jährlich 200 000 bis 600 000 Pelze, in den USA 100 000 bis 200 000. Skandinavien kommt auf 13 000 Pelze, Russland auf etwa 30 000. Der globale Pelzmarkt ist aber rückläufig und der wirtschaftliche Anreiz für Fallensteller gering.

Ein anderes wertvolles Biberprodukt war früher das Castoreum, eine komplexe Substanz aus Hunderten chemischer Verbindungen, darunter Alkohole, Phenole, Salicylaldehyd und Castoramin. Castoreum wird in Duftdrüsen produziert. Schon 500 bis 400 v. Chr. beschrieben Hippokrates und Herodot seine Wirksamkeit bei der Behandlung von Erkrankungen der Gebärmutter. Spätere Autoren wie Plinius der Ältere und Galen erwähnen es als Medizin gegen Verkrampfungen und Darmkrämpfe. Über die Jahrhunderte wurde Castoreum auch zur Behandlung von Geschwüren, Wunden, Ohrenschmerzen, Verstopfung und sogar als Gegenmittel für Schlangengift empfohlen. Moderne Studien belegen seine Ähnlichkeit zum synthetischen Arzneimittel Aspirin, das aus Salicylsäure gewonnen wird; Castoreum enthält ebenfalls Salicin, das die Biber mit der Weiden- und Espenrinde aufnehmen. Zwar taucht es inzwischen in den Arzneibüchern nicht mehr auf, wird aber noch immer von Homöopathen verwendet und dient auch als Grundlage für Parfüm.

Biber werden heute in Belgien und den Niederlanden wieder angesiedelt, für Großbritannien ist ein Programm geplant. Wie so oft gibt es kontroverse Meinungen über die möglichen Auswirkungen auf das kultivierte Land. Kanadabiber verschärfen die gespannte Situation in Europa noch. Derzeit gibt es große Populationen in Finnland und Nordwestrussland und man weiß noch nicht, wie die beiden Arten um das begrenzte Sumpfland konkurrieren werden. Durch neue Techniken können sie vor Ort unterschieden werden, entweder durch Genanalyse von Haarwurzelzellen oder den Vergleich von Afterdrüsensekreten.

Zu Konflikten zwischen Mensch und Biber kommt es, wenn Biber aus Agrargebieten Sumpfland machen. Im mittleren Westen und Osten der USA, wo der Biber einst fast völlig ausgerottet war, erlebte er ein fulminantes Comeback und so wird sich der Biber-Mensch-Konflikt wohl in Zukunft noch verschärfen. Biber sind Schlüsselarten in Sumpflandschaften. Der Mensch muss ihren Beitrag zur Umweltgestaltung anerkennen und Strategien entwickeln, mit deren Hilfe sich Biber und Menschen das Land teilen können. PB/GH

PHOTO-STORY

Der Architekt unter den Nagern

1

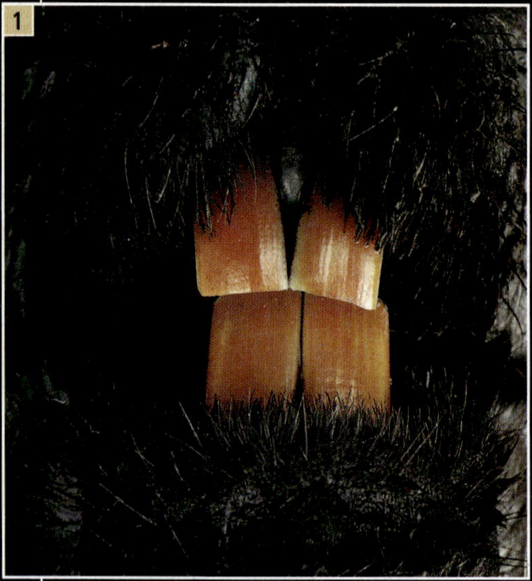

3

❸ Obwohl viele Biberdämme über Bäche gebaut werden, die weniger als 6 m breit und 1 m tief sind, fügen die Tiere immer mehr Material hinzu, bis manche Dämme mehr als 100 m breit und 3 m hoch sind. Am meisten wird im Frühling und Herbst an Dämmen gebaut, doch die Arbeiten können sich durch das ganze Jahr ziehen.

❶ Wie die eisengehärtete Axt eines Holzfällers ist beim Biber der vordere Zahnschmelz verstärkt. Die weichere innere Fläche nutzt sich schneller ab und bildet einen scharfen, meißelähnlichen Rand, der das Fällen von Bäumen erleichtert. Wie alle Nager verfügen auch Biber über große Schneidezähne, die so schnell wachsen, wie sie abgenutzt werden.

❷ Von Bibern gefällte Bäume; zwar sieht dies nach beträchtlichem Schaden aus, doch die Lieblingsbäume des Bibers (Espe, Pappel, Cottonwood und Weide) wachsen besonders schnell und der „Rückschnitt" regt den Baum im nächsten Frühling oft zu vermehrtem Wachstum an.

2

④ *Wo Biber in Menschennähe leben, sind ihre Dämme unbeliebt, vor allem weil sie häufig Ablaufkanäle versperren und Straßen überschwemmen. Der ökologische Nutzen wird dabei oft übersehen: Durch die Verlangsamung von Flüssen und Bächen fördern Dämme die Sedimentablagerung – ein natürliches Filtersystem, das Verunreinigungen aus dem Wasser filtert. Darüber hinaus bringen die daraus entstehenden weiten Sumpfgebiete auch andere Vorteile wie weniger Erosionsschäden und eine größere Artenvielfalt.*

4

5

⑤ *Schlamm, Steine, Stöcke und Zweige geben Biberdämmen eine sehr robuste Struktur, hinter der sich ein Becken ansehnlicher Größe bildet. Durch den großen Wasserkörper umgeben sie ihr Zuhause wie mit einem Burggraben und sind so sicher vor Feinden. Je größer der See ist, desto eher haben Biber auch einen Wasserzugang zu entfernten Nahrungsquellen. Mehrere Seen und Burgen können die Arbeit einer einzelnen Kolonie sein (daher lässt sich die Größe der Biberpopulation in einer Gegend nicht durch das Abzählen von Burgen schätzen). Eine Kolonie muss umziehen, wenn sich zu viele Sedimente in einem Becken ablagern. Verlassene, verschlammte Biberteiche bilden die Grundlage für neue, artenreiche Ökosysteme. Sie entwickeln sich zu Feuchtwiesen, deren Boden reich an verrottendem Pflanzenmaterial ist. Hier wachsen Schilf und Riedgras und schließlich sogar große Bäume.*

Biberhörnchen

DER PRIMITIVSTE ALLER MODERNEN NAGER, *das Biberhörnchen, lebt ausschließlich im Südwesten Kanadas und entlang der Westküste der USA, wo er einige der produktivsten Nadelwälder Nordamerikas bewohnt.*

Anders als der plattschwänzige Biber (Gattung *Castor*) sind Biberhörnchen oder Bergbiber reine Landbewohner. Sie leben im Verborgenen, sind nachtaktiv und verbringen viel Zeit im Bau, wo sie schlafen, fressen, kämpfen und sich paaren; selbst die Fortbewegung findet meist unterirdisch statt. Außerhalb von Zoos kann man diese Tiere daher nur selten zu Gesicht bekommen.

FAKTEN

BIBERHÖRNCHEN

Aplodontia rufa

Biberhörnchen, Bergbiber, Stummelschwanzhörnchen

Ordnung: Rodentia

VERBREITUNG USA, Kanada entlang der Pazifikküste.

LEBENSRAUM Nadelwald.

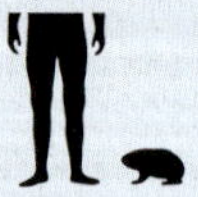

GRÖSSE
Körperlänge 30–41 cm;
Schwanzlänge 2,5–3,8 cm;
Schulterhöhe 11,5–14 cm;
Gewicht 1–1,5 kg.
Geschlechter in Größe und Gestalt ähnlich, Männchen schwerer als Weibchen.

FELL Jungtiere haben im Geburtsjahr gräuliches Fell, Adulttiere schwärzlich bis rötlich braun, Unterseite gelbbraun.

NAHRUNG Blätter, Gräser, Wurzeln.

FORTPFLANZUNG Tragzeit 28–30 Tage.

LEBENSERWARTUNG 5–10 Jahre.

IUCN-STATUS Vorwarnliste; 2 Unterarten *(Aplodontia rufa nigra* und *Aplodontia rufa phaea)* werden als gefährdet eingestuft.

Unterirdische Baue

KÖRPERBAU UND FUNKTION

Biberhörnchen sind mittelgroße Nager mit kompaktem Körper und flachem, breitem Kopf, kleinen schwarzen Knopfaugen und langen, steifen weißlichen Tasthaaren. Ihre Schneidezähne haben keine Wurzeln und wachsen stetig nach, ebenso die Prämolaren und Molaren. Die Ohren sind relativ klein und mit kurzem, weichem, hellem Fell bedeckt. Durch die kurzen Beine wirken sie gedrungen; der rudimentäre Schwanz ist kurz. Das Rückenfell glänzt, die Flanken haben durch weiße bis durchscheinende lange Leithaare ein meliertes Aussehen. Ein charakteristisches Merkmal ist der weiße Fleck unter beiden Ohren.

Biberhörnchen sind in jeder Höhenlage – vom Meeresspiegel bis zur Baumgrenze – und in Gebieten anzutreffen, die jährliche Niederschläge von 50 bis 350 cm, nasse, milde, schneefreie Winter sowie feuchte, warme, wolkige Sommer aufweisen. Ihre Baue befinden sich in der Regel in Regionen mit tiefem, durchlässigem Boden und vielen fleischigen und holzigen Pflanzen. In trockeneren Gebieten beschränken sie sich auf Flussufer und Wassergräben, die je nach Jahreszeit feucht sind oder in denen meist Wasser fließt.

Die Verteilung der Biberhörnchen erklärt sich teilweise dadurch, dass sie ihre Körpertemperatur nicht ausreichend regeln können und daher in einer stabilen, kühlen, feuchten Umgebung leben müssen. Außerdem können sie weder Flüssigkeit noch Körperfett gut speichern und halten daher weder Winterschlaf, noch verbringen sie den Sommer in Lethargie. Die Tiere brauchen große Futter- und Wassermengen und müssen ihre Nester gut isolieren. Meist bewegen sie sich nur in einem Umkreis von 30 m von ihrem Nest. Den Wasserbedarf stillen sie vor allem durch Sukkulenten, Tau oder Regen.

Wenn sie Kot absetzen, ziehen Biberhörnchen – anders als andere Nager oder Kaninchen – die Kotkügelchen einzeln mit den Schneidezähnen aus dem After und schichten sie in unterirdischen Kotkammern auf. Wie andere Nager und Kaninchen verdauen sie einige Kügelchen zweimal.

Die Tiere leben streng vegetarisch. Sie pflücken Schwertfarnwedel, junge Triebe von Salal und Heidelbeere, Schösslinge von Douglasfichte und Weinahorn sowie Gras- oder Riedgrasbüschel. Ebenso suchen sie nach sukkulentem, fleischigem Futter wie Adlerfarnspitzen sowie den Wurzeln des Gemeinen Ferkelkrauts und des Tränenden Herzens. Wenn sie ihre Nahrung nicht sofort fressen, lagern sie sie zum späteren Verzehr in unterirdischen Kammern ein.

Die meisten Objekte für Nahrung und Nestbau werden überirdisch zwischen Sonnenuntergang und Sonnenaufgang gesammelt und unter der Erde verspeist bzw. verbaut. Verdorbenes unberührtes Futter wird liegen gelassen oder in Einzelkammern vergraben; trockenes Restfutter wird zum Nestbau benutzt.

Leben unter dem Waldboden

SOZIALVERHALTEN

Früher dachte man, alle Biberhörnchen wären Einzelgänger außer bei der Paarung und der Jungenaufzucht. Neuere telemetrische Studien haben dies jedoch widerlegt. Manche Biberhörnchen verbringen zu jeder Jahreszeit kurze Zeit zusammen. Nachbarn teilen sich z.B. Nester und Futterlager oder ein wanderndes Biberhörnchen bleibt einige Tage im Bau eines Artgenossen. Manchmal werden Teile eines Baus auch von verschiedenen anderen Tieren genutzt, z.B. Salamandern, Fröschen oder Hirschmäusen.

Anders als viele Nager weisen Biberhörnchen eine äußerst niedrige Fortpflanzungsrate auf. Die meisten paaren sich frühestens mit zwei Jahren; die Weibchen sind nur einmal im Jahr fruchtbar, selbst wenn sie einen Wurf verlieren. Die Fortpflanzung verläuft in gewissem Maße synchronisiert. Die Männchen sind von Ende Dezember bis Anfang März sexuell aktiv; es paaren sich hauptsächlich aggressive ältere Männchen. Die Befruch-

Links: *Biberhörnchen sind tagsüber selten an der Erdoberfläche zu finden. Dieses seltene Bild zeigt das gedrungene, untersetzte Erscheinungsbild dieses Tieres, das als scheuster nordamerikanischer Säuger gilt.*

tungen finden meist im Januar oder Februar statt; im Februar, März oder Anfang April werden dann zwei bis vier Junge geboren. Die Neugeborenen sind blind, nackt und hilflos. Mit sechs bis acht Wochen werden die Jungtiere aber bereits entwöhnt und bleiben mit ihrer Mutter im selben Nest bis zum Spätsommer oder Frühherbst. Dann verlassen sie ihren Geburtsort, um ein eigenes Territorium zu etablieren.

Auf sich allein gestellt, kann ein junges Biberhörnchen einen neuen Bau graben oder, was häufiger vorkommt, einen verlassenen Bau besetzen. Neue Baue können sich innerhalb von 100 m vom Bau der Mutter befinden, aber auch bis zu 2 km entfernt, je nach Populationsdichte und Landqualität. Beide Geschlechter emigrieren. Dabei bewegen sich die Jungtiere hauptsächlich oberirdisch und werden so zur leichten Beute für Feinde wie Eulen, Falken, Raben, Kojoten, Rotluchse und den Menschen. Biberhörnchen, die in der Nähe von Straßen leben, werden oft überfahren.

Der Feind des Försters

ARTEN- UND UMWELTSCHUTZ

Biberhörnchen gelten als nicht jagdbare Säuger. An jungen Koniferen in Nutzholzplantagen können sie beträchtliche Schäden verursachen, zum größten Teil entstehen diese Schäden beim Sammeln von Nahrung und Nistmaterial.

Obwohl einige der Waldhabitate des Biberhörnchens der Stadtentwicklung und der Landwirtschaft weichen mussten, verteilen sich die Tiere derzeit auf ein Gebiet von ähnlicher Größe wie vor 200 bis 300 Jahren. Heute gibt es dank neuer Holzwirtschaftsmethoden wahrscheinlich mehr Biberhörnchen als zu Beginn des 20. Jahrhunderts. Diese Art scheint also nicht in unmittelbarer Gefahr der Ausrottung durch den Menschen oder natürliche Ursachen zu sein. JE

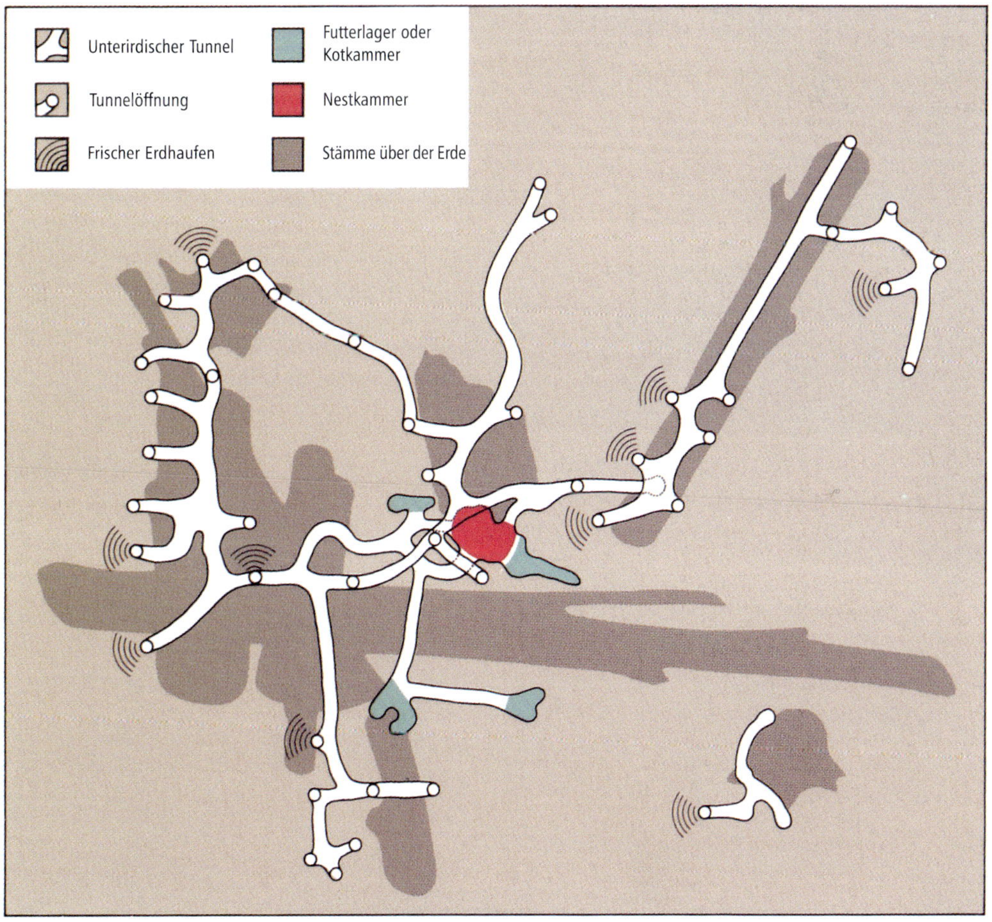

Rechts: *Der Bau eines Biberhörnchens besteht aus einer einzelnen Nestkammer sowie unterirdischen Futterlagern und Kotkammern, meist nahe beim Nest. Viele Nester liegen in ca. 1 m Tiefe in einer trockenen, kuppelförmigen Kammer, manche auch 2 m oder tiefer unter der Erde. Die Tunnel weisen meist einen Durchmesser von 15–20 cm auf und verlaufen in verschiedenen Ebenen; die oberflächennächsten dienen der Fortbewegung, die tieferen führen zum Nest und den Futterkammern. Die Ausgänge liegen 4–6 m oder mehr voneinander entfernt, je nach Pflanzendecke und Anzahl der Tiere, die das Gebiet bewohnen. Die Populationsdichte schwankt zwischen ein oder zwei Biberhörnchen pro ha in schlechten Habitaten und bis zu 20 oder mehr Tiere pro ha in guten. Bis zu 75 Tiere pro ha wurden in aufgeforsteten Schneisen gefangen, aber solche Dichten sind selten. Einzelne Baue sind oft untereinander verbunden.*

Hörnchen

H*örnchen in gemäßigten Breiten sind wie Narzissen: Zum Frühlingsanfang tauchen sie plötzlich auf, beleben das Habitat für einige Monate und verschwinden wieder. Bei den Erdbewohnern bedeutet dies den Beginn des Winterschlafs, denn viele dieser Säuger verbringen mindestens die Hälfte ihres Lebens im Schlaf: Sie sind nur vier bis sechs Monate oberirdisch aktiv und verschlafen den Rest des Jahres in Nestern tief unter der Erde.*

Da sie relativ unspezialisiert sind, konnten Hörnchen verschiedene Körperformen und Verhaltensmuster für das Leben in diversen Habitaten entwickeln, vom üppigen Regenwald bis zu Halbwüsten, von Prärien bis zu Stadtgärten. Zu dieser erfolgreichen Familie zählen so unterschiedliche Formen wie die erdbewohnenden, grabenden Murmeltiere, die baumbewohnenden, tagaktiven Baumhörnchen und die nachtaktiven Gleithörnchen. Die Dornschwanzhörnchen (Anomaluridae) werden ebenfalls hier behandelt, obwohl sie sich taxonomisch von den echten Hörnchen unterscheiden.

Hörnchengruppen und -gattungen

Altwelt-Zwerghörnchen: *Exilisciurus, Glyphotes, Myosciurus, Nannosciurus, Prosciurillus*
Neuwelt-Zwerghörnchen: *Microsciurus Sciurillus*
Riesenhörnchen: *Ratufa, Rubrisciurus*
Gleithörnchen: *Aeretes, Aeromys, Belomys, Biswamoyopterus, Eupetaurus, Glaucomys, Hylopetes, Iomys, Petaurillus, Petinomys, Pteromys, Pteromyscus, Trogopterus*
Riesengleithörnchen: *Petaurista*
Schönhörnchen: *Callosciurus*
Sonnenhörnchen: *Heliosciurus*
Furchenzahnhörnchen: *Rheithrosciurus, Syntheosciurus,*
Palmenhörnchen: *Epixerus, Funambulus, Menetes, Protoxerus*
Langnasenhörnchen: *Hyosciurus, Rhinosciurus*
Chinesische Rothörnchen: *Sciurotamias*
Rotwangenhörnchen: *Dremomys*
Amerikanische Rothörnchen: *Tamiasciurus*
Baumhörnchen: *Sciurus, Sundasciurus*
Altwelt-Streifenhörnchen: *Funisciurus, Lariscus, Tamiops*
Afrikanische Buschhörnchen: *Paraxerus*
Neuwelt-Streifenhörnchen: *Tamias*
Erdhörnchen: *Ammospermophilus, Atlantoxerus, Xerus (Geosciurus), Spermophilus, Spermophilopsis*
Präriehunde: *Cynomys*
Murmeltiere: *Marmota*

Vollständige Artenliste siehe Anhang Seite 866 f. ▷

Gräber, Kletterer und Gleiter

KÖRPERBAU UND FUNKTION

Hörnchen erkennt man sofort am zylindrischen Körper, dem buschigen Schwanz und den Greiforganen. Sie haben kurze Vorderbeine mit einem kleinen Daumen und vier Fingern an den Vorderpfoten und längere Hinterbeine mit vier (Waldmurmeltier) oder fünf Zehen (Erd- und Baumhörnchen) an den Hinterpfoten. Die meisten sind tagaktiv, auffällig und oft erheiternd klug. Sie zeigen verschiedene Körpergrößen und Verhaltensmuster, von erdbewohnenden, grabenden Arten bis zu baumbewohnenden und nachtaktiven Arten. Ihre Fähigkeit, in verschiedenen Habitaten zu leben und sich opportunistisch zu ernähren, ist die Grundlage für ihre weite Verbreitung und die große Zahl sowohl der Arten als auch der Bestände.

Hörnchen besitzen von hellen Ringen umgebene große Augen seitlich am Kopf, was ihnen ein weites Gesichtsfeld verleiht. Durch ihr scharfes Sehvermögen können sie in großer Entfernung gefährliche Feinde von ungefährlichen Artgenossen unterscheiden. Baum-, Gleit- und Backenhörn-

Oben: *Ammospermophilus harrisii bewohnt selbst gegrabene Erdbauten. Innerhalb seines Reviers legt es mehrere Bauten an, eine davon mit dem Nest zur Jungenaufzucht. Die Art ist tagaktiv und sehr auffällig.*

Links: *Das Eichhörnchen, das Wälder in Europa und Zentralasien besiedelt, kennzeichnen auffällige Ohrbüschel. In Russland wird es seit langem wegen seines dunkelbraunen Winterpelzes gejagt.*

chen haben auch große Ohren; manche, wie Rot- und Pinselohrhörnchen, besitzen auffällige Ohrbüschel. Alle Hörnchen verfügen über berührungsempfindliche Tasthaare (Vibrissen) an Kopf, Pfoten und den Außenseiten der Beine.

Sie weisen das typische Nagergebiss auf: ein Paar meißelförmiger Schneidezähne in jedem Kiefer, eine große Lücke vor den Prämolaren und fehlende Eckzähne. Die Nagezähne wachsen stetig und nutzen sich beim Gebrauch ab. Die Backenzähne haben Wurzeln. Die Unterkieferhälften sind sehr beweglich miteinander verbunden, sodass die unteren Schneidezähne stark gespreizt werden können. Einige Arten haben Backentaschen.

Erdhörnchen sind kompakt gebaut. Sie besitzen kräftige Vorderbeine und große Grabkrallen zum Wühlen, während Baumhörnchen leichtere, längere Körper, weniger muskulöse Vorderbeine und scharfe Krallen an allen Zehen aufweisen. Baumhörnchen klettern mit dem Kopf voran an Baumstämmen hinab; dabei drehen sie die Hinterpfoten nach hinten und verankern die Krallen in der Rinde. Ihr buschiger Schwanz hat mehrere Funktionen: Er dient als Gegengewicht beim Laufen und Klettern, als Ruder beim Springen, als Flagge zur Übermittlung sozialer Signale und als wärmende Decke, wenn das Tier schläft. Alle Hörnchen haben weiche Ballen an den Pfoten, mit denen sie Futter und Ähnliches besser festhalten können. Beim Fressen setzen sie sich auf die Keulen und halten die Nahrung in den Vorderpfoten. Die Sohlenballen des Wüsten bewohnenden Langkrallenziesels (*Spermophilopsis leptodactylus*) sind behaart und damit gegen den heißen Sand isoliert. Zusätzlich dienen Säume aus steifen Haaren an den Außenseiten der Hinterpfoten dazu, beim Wühlen den Sand wegzuschieben.

FAKTEN

HÖRNCHEN

Ordnung: Rodentia

Familie: Sciuridae

273 Arten in 50 Gattungen

VERBREITUNG Zählen zu den am weitesten verbreiteten Säugern, weltweit verbreitet außer in Australien, Polynesien, auf Madagaskar, im südlichen Südamerika und in der Sahara (Afrika und Arabien).

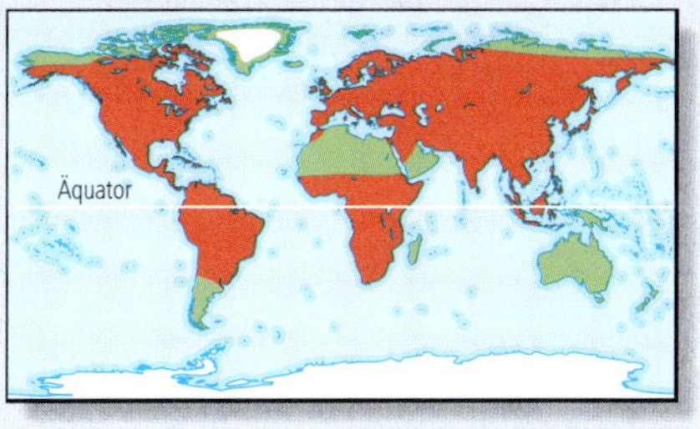

LEBENSRAUM Vielfältig, von tropischen Regenwäldern bis zu gemäßigten und nördlichen Nadelwäldern, Tundren und Alpenwiesen; von Halbwüsten bis zu kultivierten Feldern und Stadtparks. Manche Arten sind Baumbewohner und legen Kobel auf Ästen oder in Baumhöhlen an; andere sind Erdbewohner und leben in Bauen.

GRÖSSE **Körperlänge** von 6,5–10 cm beim Afrikanischen Zwerghörnchen bis 53–73 cm beim Alpenmurmeltier; **Schwanzlänge** von 5–8 cm bis 13–16 cm; **Gewicht** von 10 g bis 4–8 kg, jeweils bei den genannten Arten.

FELL Verschiedene Färbungen; bei den meisten Arten kommt es zweimal im Jahr zum Fellwechsel. In nördlichen Breiten wechseln sich weiches, feines Sommerfell und steifes, dickes Winterfell ab. Keine Farbunterschiede bei Geschlechtern oder in verschiedenen Altersstufen.

NAHRUNG Baum- und Gleithörnchen fressen Nüsse, Samen, Früchte, Knospen, Blüten, Pflanzensaft und gelegentlich Pilze; Erdhörnchen verzehren Gräser, Stauden, Blüten, Knollen und vor allem Samen. Die meisten Arten ergänzen ihre Kost durch Insekten, Vogeleier und Nestlinge sowie kleine Wirbeltiere, wenn verfügbar.

FORTPFLANZUNG Bei den meisten Arten werden die Weibchen früher geschlechtsreif als die Männchen und paaren sich mit 1 Jahr. Die Männchen sind polygyn; bei manchen Arten paaren sich die Weibchen mit mehreren Partnern, was zu Würfen mit mehrfacher Vaterschaft führt. Die meisten Erd- und Gleithörnchen und nördliche Populationen von Baumhörnchen werfen einmal im Spätfrühling; Baumhörnchen in gemäßigten Zonen und Backenhörnchen oft noch einmal im Sommer. Ein typischer Wurf besteht aus 1–6 (bis zu 11) Jungen; größere Arten haben kleinere Würfe.

LEBENSERWARTUNG Erd- und Baumhörnchen leben im Durchschnitt 2–3 Jahre, höchstens 6–7 Jahre, größere Arten wie das Gelbbäuchige Murmeltier 4–5, höchstens 13–14 Jahre. Weibchen werden älter als Männchen.

IUCN-STATUS Viele Arten sind bedroht oder stark gefährdet aufgrund des Lebensraumverlusts, der Einführung exotischer Arten und Störungen. Eichhörnchen werden in Großbritannien und N-Italien aufgrund der Verdrängung durch das eingeführte Grauhörnchen auf die Vorwarnliste gesetzt.

1

2

8

Gleithörnchen haben wie andere gleitende Säuger, z.B. Riesengleiter und Gleitbeutler, eine behaarte, muskulöse Flughaut („Patagium“), die sich an den Körperseiten entlangzieht und dem Tier beim Springen als Gleitschirm dient. Das Patagium reicht von den Hinter- zu den Vorderbeinen und wird vorne von einem dünnen Knorpelstab am Handgelenk gestützt. In der Luft steuert das Hörnchen, indem es die Position der Gliedmaßen und des buschigen Schwanzes ändert und die Spannung im Patagium variiert. Gleithörnchen segeln in langen, weichen Kurven zur Basis des Baumstamms und bremsen, indem sie Schwanz und Körper nach oben drehen. Größere Arten können 100 m oder weiter gleiten; kleinere Hörnchen schaffen deutlich kürzere Strecken. Gleiten ist eine ökonomische Fortbewegungsart und hilft dabei, flugunfähigen Feinden wie dem Baummarder zu entkommen. Im Baum jedoch behindert die Flughaut die Gleithörnchen in ihren Bewegungen, was möglicherweise erklärt, warum diese Tiere nur nachts aktiv sind: um den scharfen Augen der Greifvögel zu entgehen.

Die Winterkammer

NAHRUNG

Hörnchen sind vorwiegend Vegetarier. Baumhörnchen bevorzugen Nüsse und Samen, fressen aber auch Blätter. Grauhörnchen in Großbritannien und das Indische Riesenhörnchen in den Regenwäldern Indiens entrinden Äste und fressen das darunter liegende Wachstumsgewebe; *Sundasciurus hippurus* im malaiischen Regenwald hat sich auf Rinde und Saft aus Baumstämmen spezialisiert. Dazu dienen manchen Arten Insekten als wichtige Ergänzung des Speiseplans. Grau- und Eichhörnchen in Laubwäldern fressen im Frühling und Frühsommer Raupen, wenn anderes nahrhaftes Futter rar ist. Mehrere tropische Hörnchen verzehren ausschließlich Insekten; die Schneidezähne des Langnasenhörnchens bilden sogar eine Art Pinzette, die sich perfekt zum Greifen kleiner Beute eignet. Die meisten Baum- und Gleithörnchen verschmähen auch Vogeleier und Nestlinge nicht.

Erdhörnchen sind ähnlich vielseitig orientiert. Zwar ernähren sie sich vorwiegend von Pflanzenteilen, fressen jedoch auch Insekten, Vogeleier, Aas und gelegentlich fremde Junge. Eine einzelne Pflanzenart macht in der Regel nie mehr als 10 % des Speiseplans einer Art aus. Zu Beginn der Vegetationsperiode suchen Erdhörnchen nach jungen Grastrieben, die sie herausziehen und von der Basis her Halm für Halm fressen. Mit fortschreitender Vegetationszeit bilden Blüten und junge Stau-

7

◀ **Links:** *Repräsentative Hörnchenarten:* ***1*** *Ein Südliches Gleithörnchen* (Glaucomys volans) *gleitet aus seiner Nesthöhle in einem Baumstamm;* ***2*** *Prevosts Schönhörnchen* (Callosciurus prevostii); ***3*** *Afrikanisches Zwerghörnchen* (Myosciurus pumilio)*;* ***4*** *Pinselohrhörnchen* (Sciurus aberti); ***5*** *Rothörnchen* (Tamiasciurus hudsonicus), *an den Hinterbeinen hängend;* ***6*** *Indisches Riesenhörnchen* (Ratufa indica); ***7*** *Burunduk oder Sibirisches Streifenhörnchen* (Tamias sibiricus) *mit gefüllten Backentaschen;* ***8*** *Alpenmurmeltier* (Marmota marmota), in wachsamer Position pfeifend*;* ***9*** *Langnasenhörnchen* (Rhinosciurus laticaudatus) *auf der Suche nach Termiten;* ***10*** *Tschad-Zieselhörnchen* (Xerus erythropus) *mit gebogenem und gesträubtem Schwanz, ein Zeichen von Angst.*

denblätter die Hauptnahrung. Im Spätsommer konzentrieren sich Winterschläfer auf energiereiche Knollen und Samen von Gräsern und Hülsenfrüchten sowie auf Nüsse. Mitunter beeinflusst die Nahrungssuche die lokale Vegetationsstruktur: Präriehunde beißen hohe Pflanzen um ihren Bau herum ab und lassen sie liegen, um ihr Sichtfeld zu vergrößern; dieses ständige Kappen lässt nur noch die schnell wachsenden Pflanzen nachkommen. Die meisten Hörnchen beziehen ihren gesamten Wasserbedarf aus Pflanzenmaterial; Baumhörnchen besuchen jedoch regelmäßig Trinkwasserquellen, vor allem in heißen, trockenen Sommern.

Wegen der Jahreszyklen von Blüte und Frucht in den gemäßigten Wäldern hängen die dort ansässigen Hörnchen zu verschiedenen Jahreszeiten von unterschiedlicher Nahrung ab. Die konstante Nahrungsversorgung wird durch das Lagern von Samen und Nüssen gewährleistet, die dann im Winter ausgegraben und gefressen werden können. Von Juli, wenn die ersten Früchte reifen, bis zum folgenden April leben Grau- und Eichhörnchen in Laubwäldern von frischen und vergrabenen Nüssen. Eine schlechte Nussernte kann verheerende Auswirkungen in Form hoher Wintersterblichkeit (vor allem bei Subadulten) haben und sogar die Fortpflanzung im nächsten Frühling verhindern. Adulte Eichhörnchen, die viele versteckte Kiefernzapfen und Bucheckern ausgraben, überleben den nächsten Frühling und Sommer mit höherer Wahrscheinlichkeit als die, die sich von Knospen, Trieben und Blüten ernähren müssen. Weibchen werfen eher im Frühling, wenn sie viele Samen fressen, als wenn sie sich hauptsächlich von anderen Pflanzenteilen ernähren.

Baumhörnchen sind regelrechte „Förster": Durch das tiefe Vergraben von Samen und Nüssen im Boden fördern sie die Erneuerung des Waldes. Hörnchen jeden Alters horten Nüsse und Samen; selbst Jungtiere zeigen typisches Grabverhalten. Da Hörnchenlager oft geplündert werden, verteilen manche Tiere ihre Lager möglichst weitläufig, damit sie nicht den Nachbarn zum Opfer fallen. Einzelne Eich- und Grauhörnchen können in einer Saison Hunderte von Nüssen vergraben, manche nahe am Baum, andere auch in 30 bis 60 m Entfernung. Und obwohl die Tiere Nüsse in Tiefen von bis zu 30 cm riechen können, werden viele nie wieder gefunden. Vergraben und Nichtfinden führen ungewollt zur Verbreitung von Baumsamen. Zwischen Baumhörnchen und vielen Futterbäumen wie Kiefer, Eiche und Buche besteht eine langfristige Koevolution. Das mag merkwürdig erscheinen, weil Hörnchen die harte Schale durchnagen und den „Embryo" jeder Nuss zerstören können, aber die Bäume profitieren in der Tat von ihnen, indem sie so reich Früchte tragen, dass viele vergrabene Nüsse nie wieder gefunden werden und keimen können.

Douglas- und Rothörnchen verteilen ihre Lager nicht. Stattdessen trennen sie ungeöffnete Kiefern- und Fichtenzapfen vom Baum ab und verstecken sie in einem einzigen Lager, oft einem hohlen Baumstumpf oder unter einem Baumstamm. Die Lager können in Bankskiefernwäldern bis zu 4000 und in Schimmelfichtenwäldern sogar bis zu 18 000 Zapfen enthalten. Die Nahrung ist überlebenswichtig in den langen Wintern der nördlichen Wälder, daher verteidigt jedes Hörnchen ein Revier um ein bis drei solcher Lager. In Fichtenwäldern sind sie rund 0,5 ha, in Kiefernwäldern rund 0,7 ha groß. Die Bezirke werden das ganze Jahr über bewacht, die Männchen verlassen ihr Revier nur für einige Tage im Frühling, wenn die benachbarten Weibchen paarungsbereit sind.

Hörnchen vertreiben Rivalen durch kreischende und rasselnde Schreie. Lässt ein Eindringling sich nicht abschrecken, verlegen sie sich auf Verfolgung und Kampf. Am vehementesten wird das Territorium in der Nähe der Futterlager verteidigt.

Das Gebiet um das „Hauptlager" ändert sich in jedem Jahr. Nach einer guten Zapfenernte nimmt die Population durch Jungtiere stark zu, weil die Territorien der Adulttiere schrumpfen und es genug Nahrung gibt. Junge, wandernde Tiere bleiben zum Teil vorübergehend zwischen den Terri-

Oben: *Ein Weißschwanz-Präriehund frisst eine Blume. Präriehunde leben in Kolonien oder „Städten". Der Bestand dieser Tiere ging im 20. Jahrhundert vor allem durch Giftkampagnen zurück. Einige Präriehundarten wurden um mehrere hundert Millionen Tiere dezimiert.*

Unten: *Der Kleine Chipmunk gilt als das am weitesten verbreitete Backenhörnchen in Nordamerika. In kälteren Gegenden des Kontinents, z.B. Kanada, verschläft es zum Teil mehr als die Hälfte des Jahres (Oktober bis April).*

torien. Bei schlechter Ernte jedoch nimmt die Bestandsverjüngung aufgrund von Hunger und mangelndem Lebensraum ab. Interessanterweise überlassen Rothörnchenweibchen in sehr guten Jahren manchmal ihr Territorium und ihre Lager einem oder zwei Jungen. Weil sie größer, älter und erfahrener ist, hat die Mutter bessere Aussichten als ihre Jungen, ein neues Territorium zu erkämpfen, daher erhöht sie durch das Übergeben ihres Reviers an die Nachkommen deren Überlebens- und Fortpflanzungschancen.

Nordamerikanische Gleithörnchen horten ebenfalls Futter und bewachen ihre Lager das ganze Jahr hindurch. Die Vorräte sind in Baumhöhlen oder unterirdisch versteckt und durch Sekrete der Schweiß- und Talgdrüsen markiert. Die Lager des Südlichen Gleithörnchens *(Glaucomys volans)*, die vor allem Eicheln enthalten, können von einem Einzeltier oder im Winter von Gruppen mit bis zu

Oben: *Das Arizona-Grauhörnchen, ein Baumhörnchen, ist in Waldgebieten Arizonas, New Mexicos und Mexikos anzutreffen. Baumhörnchen halten keinen Winterschlaf, verlassen bei kaltem Wetter ihre Nester aber nur zum Fressen. Auf dem Speisezettel stehen Nüsse, Samen, Früchte, junge Triebe und Knospen.*

15 Tieren verteidigt werden. Durch das Aneinanderkauern der Tiere wird der tägliche Energieverbrauch um etwa 30 % gesenkt. Zudem fallen Hörnchen in der Gruppe seltener Feinden zum Opfer als Einzelgänger.

Nördliche Gleithörnchen haben im Nadelwald keinen Zugang zu Eicheln, die Winternahrung besteht daher hauptsächlich aus Flechten und unterirdisch wachsenden Pilzen. Die Nester werden in Baumhöhlen oder auf Ästen errichtet und bestehen fast vollständig aus bestimmten Baumflechten, die weder Säuren noch andere Sekundärverbindungen enthalten. Die flechtenbedeckten Nester dienen dann nicht nur der Isolation, sondern auch als Winterfutterlager. Bis zum Frühling haben sich die Hörnchen nahezu im wahrsten Sinne des Wortes um Haus und Hof gefressen!

Zusammengerollte Baumhörnchen im Winternest auf Fotos und in Dokumentarfilmen haben zum verbreiteten Irrglauben geführt, alle Hörnchen hielten Winterschlaf. Die Tropen und Wüsten bewohnenden Arten können ganzjährig aktiv sein; selbst holarktische Baumhörnchen bleiben wach, indem sie im Herbst kleine Fettpolster anlegen und auf die ständige Verfügbarkeit energiereicher Nüsse und Samen vertrauen. Ihr Aktivitätsmuster im Winter besteht aus kurzen Fressphasen (ca. drei bis vier Stunden pro Tag), um den Energiebedarf zu decken – etwa 400 bis 700 kJ (24 bis 42 kcal) pro Tag für ein Eichhörnchen von 300 bis 350 g –, und langen Ruhepausen im Nest.

Der rundliche, leicht abgeplattete Kobel besteht aus kleinen Ästen, Zweigen und Gräsern oder wird in einer Baumhöhle eingerichtet. Er ist dick mit trockenem Gras, Moos und Fell ausgelegt. Er ist so gut isoliert, dass die Temperatur selbst bei Frost um 20 °C über der Außentemperatur liegt, wenn der Besitzer im Nest ist. Während der ausgedehnten Ruhephasen sinkt die Körpertemperatur des Hörnchens von ca. 41 °C auf 39 °C, was den Energieverbrauch weiter reduziert. Trotzdem kann das Tier nicht mehr als zwei Tage im Kobel bleiben, ohne draußen auf Nahrungssuche zu gehen, selbst bei schlechtem Wetter.

Erdhörnchen in gemäßigten und nördlichen Breiten verbringen den Winter in unterirdischen Bauen. Sie bereiten sich auf diese Zeit vor, indem sie entweder Nahrung in ihren Höhlen lagern oder Fettreserven im Körper anlegen; manche kombinieren beides. Futter hortende Arten verfallen stundenlang in Lethargie, unterbrochen von kurzen aktiven Perioden. Burunduks lagern Samen, Eicheln, Knospen und Pilze in getrennten Futterkammern. Sie transportieren bis zu 9 g Körner über mehr als 1 km in ihren Backentaschen; ein einzelnes Tier lagert bis zu 2,6 kg Winterfutter ein.

Die meisten Ziesel mit Fettreserven und Murmeltiere halten Winterschlaf, manchmal zusammen mit engen Verwandten. Das letzte Tier in der Höhle verschließt die Eingangsöffnung zur Isolierung und als Schutz gegen Feinde mit Heu, Erde und Steinen.

Rechts: *Ein Europäisches Eichhörnchen* (Sciurus vulgaris) *– verbreitet in ganz Europa und Nordasien – trinkt aus einem Teich. Die meisten Hörnchenarten decken ihren Wasserbedarf größtenteils aus dem Futter. Baumhörnchen suchen jedoch recht häufig Wasserstellen auf, vor allem in Hitzeperioden.*

Physiologisch ist der Winterschlaf eine Art Scheintod. Der Stoffwechsel geht auf ein Drittel seiner normalen Rate zurück, Herzschlag, Körpertemperatur und Atemfrequenz sinken stark ab. Bei Außentemperaturen unter dem Gefrierpunkt fällt die Körpertemperatur eines Alpenmurmeltieres im Winterschlaf auf 4,5 bis 7,5 °C und das Tier macht nur ein bis zwei Atemzüge pro Minute. Alle zwei bis vier Wochen wacht es auf und setzt Kot und Urin ab. Wenn es im Frühling endgültig erwacht, hat es mehr als die Hälfte seines Körpergewichts verloren. Dann greift es auf die Knollen und Samen zurück, die es im letzten Herbst eingelagert hat. Solche Lager sind lebenswichtig, wenn im Spätfrühling Stürme die Tiere im Bau halten.

Manche erdbewohnenden Winterschläfer sind auch im Sommer inaktiv (Sommerschlaf), wenn die Vegetation aufgrund von Hitze und Dürre welkt. Unter solchen Umständen ist es besser, von der Bildfläche zu verschwinden und nichts zu tun, als über den heißen Boden zu rennen, vor allem wenn dort keine Nahrung zu finden ist. Zu Beginn des Sommerschlafs verstecken und isolieren die Tiere den Eingang ihrer Höhle mit Gras und Sand.

Dornschwanzhörnchen

In den tropischen und subtropischen Wäldern der Alten Welt leben einige interessante Gleitsäuger. In Afrika wird diese Nische von den Dornschwanzhörnchen besetzt (Familie Anomaluridae mit sieben Arten in drei Gattungen; vollständige Artenliste im Anhang), die anscheinend nur eine entfernte evolutionäre Beziehung mit den echten Hörnchen verbindet.

Außer beim Dornschwanzbilch, der nicht gleitet, ist das typischste Merkmal der Dornschwanzhörnchen eine umhangartige Membran zwischen den vier Gliedmaßen, mit deren Hilfe die Tiere von Ast zu Ast gleiten. Die Membran wird vorn von einer Knorpelstange gehalten, die am Ellbogen oder am Handgelenk entspringt; hinten ist sie an den Fußknöcheln befestigt. Aufgespannt bildet sie in etwa ein Quadrat, mit dem das Hörnchen Entfernungen von über 100 m zurücklegen kann. Obwohl diese Adaptation dem Patagium der Gleithörnchen und australischen Gleitbeutler ähnelt, sind die Tiere offenbar auch mit diesen Arten nicht nahe verwandt. Vielmehr haben sie sich konvergent entwickelt, um ähnliche ökologische Nischen in verschiedenen Teilen der Welt zu besetzen.

Dornschwanzhörnchen weisen einen hörnchenartigen Körperbau mit relativ dünnem, kurz behaartem Schwanz auf. Ihren Namen verdanken sie einer Zone mit rauen, überlappenden Schuppen an der Schwanzwurzel. Die Schuppen verhelfen den Hörnchen zu besserem Halt beim Landen und dienen als Unterstützung beim Erklettern von Stämmen.

Über Ökologie und Verhalten der Dornschwanzhörnchen ist wenig bekannt, weil sie in abgelegenen Gebieten leben und nachtaktiv sind. Dennoch kommt z.B. das Lord-Derby-Dornschwanzhörnchen relativ häufig vor, und manchmal sogar in Menschennähe.

Die spärlichen Informationen über die Fortpflanzung der Tiere deuten auf zwei Würfe mit ein bis drei Jungen pro Jahr hin. Die Neugeborenen sind groß, voll behaart und aktiv, die Augen sind offen. Weibliche Zenker-Gleitbilche verlassen anscheinend die Kolonie, um ihr Junges allein auszutragen.

Außer den Lord-Derby-Dornschwanzhörnchen können diese interessanten, aber wenig bekannten Nager nur in tropischen Primärwäldern überleben. In dem Maße, in dem diese Wälder zerstört werden, sind auch die Tiere bedroht, da sie ein reifes Waldhabitat mit hohlen Bäumen zum Nisten brauchen. Mangels genauerer Informationen über ihre Situation führt die IUCN die meisten Arten derzeit in der Vorwarnliste. THF

Leben in Gruppen

SOZIALVERHALTEN

Die Winterschläfer paaren sich sehr zeitig im Frühjahr, wohl damit ihre Jungen vor der Rückkehr des Winters viel Zeit zum Wachsen und Fettansetzen haben. In der Regel kommen die Männchen zuerst heraus und warten auf die Weibchen, die sich bald nach dem Erwachen mit ihnen paaren. Wann genau die Tiere die Höhle verlassen, hängt von der Strenge des vergangenen Winters ab. Zudem gibt es große Unterschiede zwischen Arten, Populationen derselben Art in verschiedenen Höhen und Breitengraden sowie innerhalb derselben Population unter verschiedenen Wetterbedingungen. So verlassen Belding-Ziesel, die in 2200 m Höhe leben, den Bau fünf bis acht Wochen früher als Artgenossen, die 15 km entfernt nur 800 m höher leben. Der Zeitpunkt des Erwachens kann dort je nach Schneetiefe und Witterung nochmals um fünf bis sechs Wochen variieren.

Hörnchen haben verschiedene Fortpflanzungssysteme. Beim Belding-Ziesel z.B. verteidigen die Männchen ein kleines Paarungsterritorium, das die paarungsbereiten Weibchen aufsuchen. Bei anderen Arten wie dem Dreizehnstreifenziesel suchen die Männchen nach den verstreuten Weibchen und warten darauf, sie nacheinander zu begatten. Auf der anderen Seite paaren sich manche Murmeltiere noch in ihren Winterbauen. Gelegentlich, wie bei *S. brunneus*, bewachen die Männchen ihre Weibchen vor und nach der Kopulation. Bei den meisten Murmeltieren, vielen Zieseln und dem Schwarzschwanz-Präriehund verteidigen die Männchen vehement ein Territorium um die Baue mehrerer Weibchen, die sich nur mit dem Revierbesitzer paaren.

Bei Baumhörnchen und Backenhörnchen locken paarungsbereite Weibchen die Männchen mit chemischen Signalen und Lauten an und führen sie auf spektakuläre Balzjagden, die vier bis zehn Stunden dauern können. Häufig jagen viele Männchen gleichzeitig dasselbe Weibchen (drei bis fünf beim Eichhörnchen, bis zu zehn beim Grauhörnchen und neun bis 17 beim Schönhörnchen). Indem sie davonlaufen, aber sichtbar bleiben, zwingen die paarungsbereiten Weibchen die Männchen zum Wettkampf und können so Ausdauer und Kampfstärke der Verfolger vergleichen. Meist bleibt das dominante Männchen am dichtesten beim Weibchen und übernimmt 80 bis 90 % der Kopulationen. Nach der Begattung bewacht es das Weibchen bis zu eine Stunde lang. Bei manchen Arten verhindern die Männchen weitere Paarungen mit physischen Barrieren aus Sperma und Samenflüssigkeit. Die Weibchen lassen sich jedoch zum Teil mit anderen Männchen als dem Alpha-Tier ein (bei Schönhörnchen bis zu vier oder mehr) und entfernen oft den Kopula-

Oben: *Ammospermophilus leucurus auf einem Kaktus. Diese Art ist in Baja California und New Mexico heimisch. In den Gruppen herrschen stabile Hierarchien. Die Paarungszeit der Tiere reicht von Februar bis Juni.*

Unten: *Kap-Borstenhörnchen beim Sonnenbad im Kalahari-Gemsbok-Nationalpark. Die Art lebt in Sozialverbänden in Bauen mit bis zu 100 Öffnungen. Die Kolonien bestehen durchschnittlich aus fünf bis zehn Tieren, manche aber auch aus 25 bis 30.*

Oben: Spermophilus brunneus. *Das Männchen ist auf der Hut vor Rivalen und bleibt nahe beim Weibchen, mit dem es sich gerade gepaart hat. Da die Weibchen dieser Art weit verstreut leben und die Suche nach ihnen viel Zeit kostet, stellt das Männchen sicher, dass es in jeder Saison einige Jungen zeugt, indem es Rivalen fern hält, statt mehrere Weibchen zu suchen. Die Weibchen sind nur für einige Stunden nach dem Aufwachen aus dem Winterschlaf paarungsbereit.*

Unten: *Die durchschnittliche Wurfgröße bei Grauhörnchen beträgt drei Junge. Sie werden nackt und blind geboren und öffnen die Augen erst mit vier Wochen. Das Fell beginnt etwa zwei Wochen nach der Geburt zu wachsen. Die Jungen bleiben danach noch etwa drei bis vier Wochen im Nest.*

tionspfropf, um eine erneute Begattung zu erleichtern (z.B. Grau- und Fuchshörnchen). Die mehrfache Paarung könnte eine Vorsichtsmaßnahme der Weibchen sein, falls das dominante Männchen unfruchtbar ist. Zieselweibchen paaren sich nach dem Entfernen des Kopulationspfropfes ebenfalls mit mehreren Männchen. Genetische Analysen von Würfen des Arktischen Erdhörnchens sowie des Belding- und des Dreizehnstreifenziesels deuten darauf hin, dass es oft zu gemischten Vaterschaften kommt, obwohl das Männchen, das sich zuerst mit dem Weibchen paart (meist das Alpha-Tier) den Großteil des Wurfes zeugt.

Auf drei bis sechs Wochen Tragzeit folgt eine etwas längere Säugezeit, vor allem bei Baum- und Gleithörnchen. Die Wurfgröße umfasst ein Junges bei *Ratufa macroura* und *Petaurista elegans*, zwei bei Schönhörnchen, zwei bis fünf bei den meisten Baumhörnchen und Murmeltieren, vier bis sechs bei Präriehunden und Backenhörnchen sowie fünf bis elf bei Zieseln. Gesunde Weibchen mittleren Alters haben meist größere Würfe mit schwereren Jungen als jüngere, ältere oder schwächere Weibchen. Die Wurfgröße steht in umgekehrtem Verhältnis zur Körpergröße des Weibchens und Geselligkeit der Art: Größere, geselligere Arten haben kleinere Würfe.

Die Jungen werden nackt, blind, zahnlos und hilflos geboren. Sie entwickeln sich jedoch sehr rasch. Bei Eichhörnchen (und ähnlich bei Gleithörnchen) beginnt mit zehn bis 13 Tagen das Fell zu sprießen, mit drei Wochen sind die Kleinen voll behaart. Die unteren Schneidezähne erscheinen nach 22, die oberen nach 35 Tagen. Die Augen öffnen sich nach 30 Tagen. Bereits fünf Tage

später putzen sich die Jungen selbst. Mit 40 Tagen nehmen sie erstmals feste Nahrung zu sich und verlassen das Nest. Mit acht bis zehn Wochen sind sie selbstständig, bleiben aber in der Nähe der Mutter, mit der sie manchmal noch das Nest teilen.

Erdhörnchen dagegen entwickeln sich rascher. Backenhörnchen und Ziesel sind mit drei bis vier Wochen unabhängig, Murmeltiere mit sechs Wochen. Diese Unterschiede hängen wohl mit der Ökologie der einzelnen Arten zusammen. Für Erdbewohner ist es gefährlich, zu lange im mütterlichen Nest zu bleiben, da die Jungen grabenden Beutegreifern zum Opfer fallen können. Für junge Baum- und Gleithörnchen wäre es dagegen riskant, das Nest zu früh zu verlassen, da das Klettern viel Gleichgewichtssinn und Koordination erfordert.

Bei Baum-, Erd- und Backenhörnchen kümmert sich oft nur die Mutter um die Jungen; Murmeltiere, Präriehunde und einige Ziesel leben in Familiengruppen. Die soziale Grundeinheit ist eine Gruppe weiblicher Verwandter; die Töchter bleiben ihr ganzes Leben in der Gruppe, in die sie geboren wurden. Die Weibchen zeigen Nepotismus (Begünstigung Verwandter), indem sie Reviere gemeinsam bewohnen und verteidigen und beim Nahen von Feinden Warnrufe abgeben (siehe *Special Feature* Seite 610 f.).

Bei einigen Arten schließen sich ein oder mehrere Männchen den Weibchengruppen an. Sie zeugen die nächste Generation und helfen zum Teil bei der Versorgung der Jungen. Alpenmurmeltiere leben in gemischten Kolonien mit zwei bis über 50 Tieren. Eine große Kolonie kann ein riesiges Bausystem besetzen. Die Mitglieder markieren ihr Territorium mit Sekreten aus den Wangendrüsen und verjagen fremde Eindringlinge durch Zähneknirschen und Rufe. Immer halten einige Erwachsene Wache, während die Jungen spielen. Diese bleiben ein bis zwei Sommer bei der Familie und verbringen auch den ersten Winterschlaf im elterlichen Bau. Schwarzschwanzpräriehunde leben ebenfalls in gemischten Familiengruppen und auch diese schließen sich zu riesigen Kolonien zusammen. Jedes Weibchen hat einen eigenen Bau, aber die Familien kooperieren bei der Verteidigung ihres Territoriums und beim Säugen der Jungen; zudem warnen sie sich gegenseitig vor Gefahren.

Bei Baumhörnchen ist das Sozialverhalten zwischen Populationen derselben Art je nach Jahreszeit und räumlicher Verteilung der Samen- und Nussernten oft unterschiedlich. Eichhörnchen sind bei zeitlich und örtlich stabilem Nahrungsangebot sehr standorttreu und haben ein kleines Revier (Weibchen 2 bis 4 ha, Männchen 6 bis 8 ha). Die Weibchen verteidigen ihr Territorium (vor allem das Kerngebiet um das Nest) gegen andere Weibchen; dominante Tiere bleiben dort, bis in der Nähe ein futterreicherer Bezirk verfügbar ist. Die Männchen verteidigen ihr Territorium nicht, aber benachbarte Männchen im selben Futtergebiet unterscheiden sich im sozialen Status: Schwere, alte Männchen dominieren die übrigen. Beide

Nischentrennung bei tropischen Baumhörnchen

Wenn mehrere Arten im selben Habitat leben, müssen sie unterschiedliche Ressourcen nutzen, um die Verdrängung einer Art durch eine andere zu vermeiden. Solche Unterschiede in der Lebensweise (Erd-/Baumbewohner, tag-/nachtaktiv, Insekten-/Früchtefresser) sind ökologische Trennungen. Zum Teil scheinen jedoch im selben Habitat lebende Hörnchenarten dieselben Nahrungsquellen zu nutzen.

Diese Situation lässt sich an den Hörnchen in den westmalaiischen Tieflandwäldern illustrieren. Von 25 dort lebenden Arten sind elf nacht- und 14 tagaktiv. Diese lassen sich in erd- und baumbewohnende sowie kletternde Arten unterteilen, wobei die Arten die Waldschichten unterschiedlich nutzen. So suchen das Dreistreifenerdhörnchen und das Langnasenhörnchen am Boden oder bei gefallenen Bäumen nach Nahrung, während das Schlankhörnchen meist an Baumstümpfen in unteren Waldschichten aktiv ist. Das Plantagenhörnchen und *Sundasciurus hippurus* bewegen sich in der unteren und mittleren Waldetage fort und suchen dort nach Nahrung, haben ihr Nest aber weiter oben. Die drei größten Arten besiedeln die obere Kronenschicht.

Malaiische Hörnchen zeigen eine beträchtliche Nahrungsdivergenz, wenn reichlich Futter vorhanden ist; bei Futtermangel gibt es aber Überschneidungen. Dann greifen alle Arten vor allem auf Rinde und Baumsaft zurück. Anders als ähnlich große Hörnchen in Afrika oder in gemäßigten Wäldern sind die kleineren Arten außer *Sundasciurus hippurus* keine Samenspezialisten. Das Dreistreifenerdhörnchen ernährt sich von Pflanzen und Insekten, das Langnasenhörnchen ist ein Insektenfresser; ihre Speisepläne überschneiden sich eher mit dem der Tupajas als mit anderen Baumhörnchen. *Sundasciurus hippurus* verzehrt vorwiegend Rinde und Baumsaft, die meisten Schönhörnchen nehmen opportunistisch verschiedene Pflanzen und Insekten zu sich. Die größeren Gleithörnchen fressen anteilig mehr Blätter als die kleineren Arten, die Früchte bevorzugen.

Die drei größten Arten der tagaktiven Hörnchen divergieren weniger als die kleineren Arten in den unteren Etagen. Alle drei sind Früchtefresser, aber *Ratufa affinis* lebt hauptsächlich in den mittleren Etagen und bevorzugt Blätter. Malaien-Riesenhörnchen und Prevost-Schönhörnchen werden oft zusammen auf denselben Obstbäumen gesichtet, Letzteres frisst aber weniger Früchte und die beiden Arten haben auch verschiedene Muster bei der Nahrungssuche. Das Riesenhörnchen ist größer und dadurch im Vorteil, aber es kann sich weder so weit noch so schnell fortbewegen wie das Schönhörnchen; dieses verbringt dadurch weniger Zeit pro Tag mit Fressen und kann weiter zu verstreuten Nahrungsquellen wandern und diese nutzen, bevor das Riesenhörnchen dort ankommt. KMacK

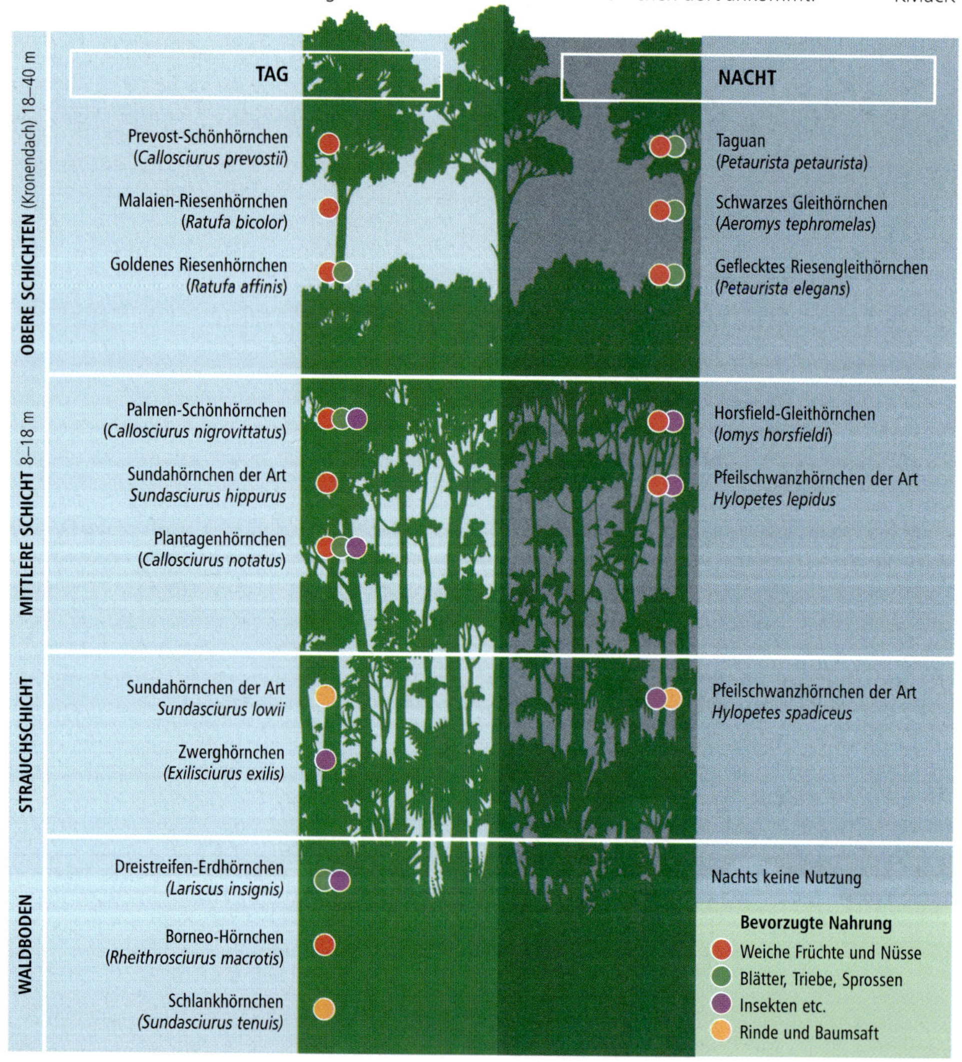

Geschlechter schließen emigrierende Jungtiere und Subadulte aus ihren Territorien aus, die dann weite Gebiete nach einem freien Bezirk absuchen. In den Wäldern Mitteleuropas gibt es mit den Jahren kaum Variationen beim Eichhörnchenbestand (0,7 bis 2,2 Hörnchen pro ha). In nördlichen Nadelwäldern dagegen, wo Kiefern- und Fichtensamen je nach Jahr und Gebiet variieren, verlassen beide Geschlechter bei Nahrungsmangel oft ihr Territorium. Nach einer schlechten Fichtenzapfenernte emigrieren die Männchen nach der Paarung und die Weibchen nach der Entwöhnung ihres Wurfs. Da Fortpflanzungs- und Überlebensrate von Adult- und Jungtieren direkt vom Nahrungsangebot abhängen, kann der Eichhörnchenbestand innerhalb eines Gebiets mit den Jahren zwischen 0,03 und 0,3 Hörnchen pro ha schwanken.

Auch Grauhörnchenpopulationen erleben eine jährliche Fluktuation und die Dichte variiert mit dem Habitat (z.B. 2 bis 10 Hörnchen pro ha). Diese Unterschiede können – über den Einfluss auf Fortpflanzungsrate, Wurfgrößen und letztendlich das Überleben – auf unterschiedliche Eichel- und Hickorynussernten zurückgeführt werden. Adulte Männchen verjagen aggressiv Jungtiere beiderlei Geschlechts (vor allem männliche), während die Weibchen eigene Töchter im Streifgebiet dulden. Bei den Weibchen führt das Zusammenleben mit Verwandten zu gemeinsamem Nestbau und anderen Formen friedlichen Verhaltens.

Die Feinde der Hörnchen

ARTEN- UND UMWELTSCHUTZ

Hörnchen sind Beute für viele Raubtiere wie Dachs, Wiesel, Fuchs, Kojote, Luchs und (Wild-) Katzen, Habicht, Adler, Falke und Eule. Manchmal werden Hörnchenpopulationen durch Infektionskrankheiten dezimiert, vor allem durch Beulenpest und Tularämie.

Dennoch ist die größte Bedrohung für diese Nager weltweit zweifelsohne die Ausbreitung der Menschen und in der Folge Fragmentierung und Verlust des Lebensraums aufgrund von Städtewachstum, veränderter Landnutzung in Agrargebieten, Holzeinschlag, Feuerbekämpfung und der Einführung nicht heimischer Pflanzen. Hörnchen werden wegen Fell und Fleisch und als Sport gejagt. Weder die Jagd noch das Auslegen von Gift sind von Regierungsbehörden geregelt – oft dagegen sogar gefördert–, da Hörnchen hauptsächlich als Schädlinge und Krankheitsüberträger angesehen werden. Wenig Beachtung finden ökologische Verluste im Zusammenhang mit dem Bestandsrückgang vieler Hörnchenarten oder auch die Vorteile ihrer Aktivitäten. So belüften Erdhörnchen durch ihr Wühlen den Boden und bringen Nährstoffe an die Oberfläche, was das Pflanzenwachstum fördert. Ebenso hängt die Gesundheit vieler Waldökosysteme im Wesentlichen von der Rolle der Baumhörnchen als Verteiler von Samen und Bekämpfer von Insektenplagen ab. PWS/LW

*▲ **Oben:** Das Fünfstreifen-Palmenhörnchen, das Teile Irans, Indiens, Nepals und Pakistans besiedelt, ist sehr gesellig. Oft kann man mehrere Tiere auf einem Baum beobachten. Mehrere Würfe pro Jahr sind möglich.*

*▼ **Unten:** Im Waldland ist das Indische Riesenhörnchen sehr agil, das nur selten auf den Boden hinabsteigt. Wie die anderen Arten der Gattung* Ratufa *wird es als gefährdet eingestuft, vor allem aufgrund des beträchtlichen Habitatverlusts in letzter Zeit.*

Die Rolle der Verwandtschaft

Der Jahresablauf beim Belding-Ziesel

Belding-Ziesel sind gesellige Tiere, die das Grasland der kalten Wüsten im äußersten Westen der USA bewohnen (Kalifornien, Nevada, Oregon und Idaho). Sie sind oberirdisch fast den ganzen Tag aktiv und ziehen sich nur auf der Flucht vor Feinden und schlechtem Wetter sowie zum Schlafen in den Bau zurück. Sie leben vorwiegend vegetarisch von Stauden und Gräsern und haben eine besondere Vorliebe für Blütenköpfe und Samen. Doch sie fressen auch Vogeleier, Aas und fremde Junge.

Eine Population von Belding-Zieseln am Tioga-Pass hoch in der zentralen Sierra Nevada in Kalifornien (3040 m) wurde über mehr als zwei Jahrzehnte beobachtet. Die Tiere sind von Mai bis Oktober aktiv und halten den Rest des Jahres Winterschlaf. Adulte Männchen erwachen im Frühling zuerst und graben sich oft durch mehrere Meter Schnee hinaus. Wenn der Schnee schmilzt, erwachen auch die Weibchen und der Jahreszyklus des Sozial- und Paarungsverhaltens nimmt seinen Lauf.

Die Weibchen paaren sich ca. eine Woche nach dem Erwachen. Sie sind zwar nur einen einzigen Nachmittag lang empfängnisbereit, nutzen diese Gelegenheit jedoch optimal, indem sie sich meist mit mindestens drei (zum Teil bis zu acht) Männchen paaren. Genanalysen ergaben, dass etwa zwei Drittel der Würfe von mehreren Vätern stammen. Zwar ist der erste Partner eines Weibchens der Haupterzeuger seines Nachwuchses, manche Würfe stammen aber von bis zu vier Männchen ab.

Für den Paarungserfolg verteidigen die Männchen kleine Territorien. Im Beisein paarungswilliger Weibchen bedrohen, verjagen und bekämpfen sie sich gegenseitig. Fast jedes Männchen trägt dabei Verletzungen davon. Die schwersten und erfahrensten Männchen gewinnen solche Konflikte meist und paarungswillige Weibchen bleiben in der Nähe dieser Männchen, die mit mehreren Weibchen (bis zu 13 in einer Saison) kopulieren. Mehr als die Hälfte aller Männchen paart sich in einem Jahr nur einmal oder gar nicht.

Nach der Begattung gräbt jedes Weibchen eine Wurfkammer, in der es die Jungen aufzieht. Die Tragzeit dauert 24 Tage, die Laktation 27 Tage, die mittlere Wurfgröße umfasst fünf Junge. Die Weibchen übernehmen die gesamte Aufzucht. Manche Männchen kommen nicht einmal in Kontakt mit ihrem Nachwuchs, denn wenn dieser erstmals das Nest verlässt, haben sie bereits den Winterschlaf begonnen. Erwachsene Weibchen bereiten sich im Frühherbst auf den Winterschlaf vor, während die Jungen ihn noch etwas später antreten.

Der Winterschlaf dauert sieben bis acht Monate und stellt eine Zeit hoher Sterblichkeit dar, in der zwei Drittel der Jungtiere und ein Drittel der Adulttiere verenden. Die meisten sterben, weil ihre Fettspeicher erschöpft sind und sie erfrieren. Andere werden von grabenden Beutegreifern wie Dachsen und Kojoten gefressen. Die Männchen leben im Durchschnitt zwei bis drei Jahre, die Weibchen drei bis vier Jahre. Offenbar sterben die Männchen früher, weil sie in Kämpfen um die Weibchen verwundet werden oder weil sie aufgrund ihrer höheren Mobilität Feinden stärker ausgesetzt sind. Die Geschlechter unterscheiden sich auch deutlich in ihrer Neigung, die Geburtsregion zu verlassen. Jugendliche Männchen emigrieren bald nach der Entwöhnung und kehren nie wieder zurück, während die jungen Weibchen nur sehr selten abwandern. Sie bleiben meist nahe

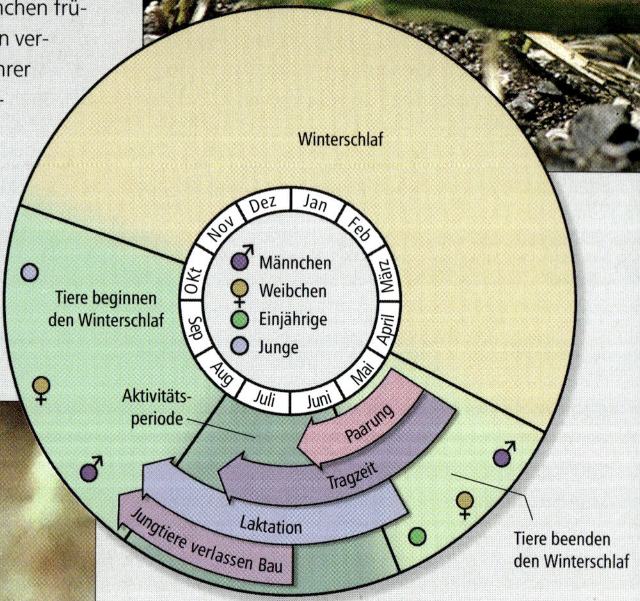

Oben: *Erpicht auf die Entdeckung einer neuen Welt, verlassen junge Belding-Ziesel nach 27 Tagen erstmals ihren Geburtsbau. Wie im Diagramm dargestellt, das den Jahreszyklus der Ziesel am Tioga-Pass zeigt, kommen die Jungtiere in der Regel erstmals im Juli oder Anfang August aus ihrem Bau.*

Links: *Ein Zieselweibchen sammelt Gras, um sein Nest auszupolstern. Ein typischer Bau ist 5–8 m lang, liegt 30–60 cm unter der Erde und weist mehrere Eingänge auf. Mehr als 50 Grasladungen können nötig sein, um ein einziges Nest zu polstern.*

Oben: *Ein Zieselweibchen steht Wache für die Sippe, in der es lebt, und bemerkt einen nahenden Feind. Mehrfach gibt es einen Warnruf ab, auch wenn es damit die Aufmerksamkeit des Feinds auf sich lenkt.*

bei ihrem Geburtsbau und halten lebenslänglich Kontakt zu den anderen weiblichen Familienmitgliedern.

Diese Populationsstruktur hat die Voraussetzungen für die Entwicklung von Nepotismus (Bevorzugung Verwandter) unter den Weibchen geschaffen. Dies zeigt sich vor allem auf vier Arten. 1. Es kommt beim Nestbau selten zu Angriffen oder Kämpfen zwischen engen Verwandten (Müttern, Töchtern und Schwestern); Weibchen mit Verwandten kommen also mit weniger Zeit- und Energieverlust sowie geringerem Verletzungsrisiko an eine Unterkunft als allein stehende Weibchen. 2. Enge Verwandte teilen sich das Wurfterritorium und gewähren sich gegenseitig Zugang zu Nahrungsquellen und Verstecken. 3. Familienmitglieder helfen sich bei der Vertreibung entfernt oder nicht verwandter Ziesel aus ihrem Territorium. 4. Die Weibchen stoßen Warnrufe aus, wenn sich ein Feind nähert.

Beim Anblick eines Dachses, Kojoten oder Wiesels stellen sich manche Weibchen auf die Hinterbeine und geben abgehackte Alarmtriller ab. Da Warner eher als Nichtwarner angegriffen und getötet werden, ist dieses Verhalten gefährlich. Nicht alle Tiere gehen jedoch dasselbe Risiko ein. Am häufigsten warnen alte, säugende, ansässige Weibchen mit lebenden Nachkommen oder Schwestern in der Nähe, während Männchen und zugewanderte Weibchen ohne Verwandte im selben Gebiet sehr viel seltener rufen.

Die Ziesel geben auch Laut, wenn sie von einem Habicht angegriffen werden, doch diese Rufe klingen ganz anders: hohe Pfiffe auf nur einem Ton. Interessanterweise haben diese Rufe anscheinend auch eine andere Funktion. Wenn sie einen Pfiff hören, huschen alle anderen Ziesel in ihre Verstecke und verschaffen durch ihre schnelle Flucht dem Rufer unbeabsichtigt einen Vorteil: Zum einen entsteht ein Durcheinander, das die Aufmerksamkeit des Feinds ablenkt, und zum anderen bietet eine rennende Gruppe ihm zahlenmäßige Sicherheit. Während also der Trilleralarm das Überleben der Nachkommen und anderer Verwandter fördert, ist der Eintonpfiff ein Selbstschutz. Daraus lässt sich folgern, dass Belding-Ziesel verschiedene Laute für verschiedene Gefahrenniveaus verwenden.

Eine weitere wichtige Manifestation von Nepotismus ist die gemeinsame Revierverteidigung verwandter Weibchen. Während Tragzeit und Laktation schließen diese Weibchen andere oft aus dem Gebiet um ihr Nest aus. Die Territorialität schützt die hilflosen Jungen vor Raub durch andere Ziesel, denn in einem auch nur kurz unbewachten Revier versuchen fremde Weibchen oder männliche Jährlinge manchmal, die Jungen zu töten.

Bei den Männchen ist der Infantizid durch Hunger motiviert, denn sie fressen ihre Opfer in der Regel. Weibchen hingegen machen das nur selten; bei ihnen wird das Töten durch den Verlust ihres eigenen Wurfs an Feinde ausgelöst. Nach so einem Verlust verlassen sie häufig den Bau, der sich als unsicher erwiesen hat, und ziehen an einen sichereren Ort – und wenn es dort bereits Junge gibt, versuchen sie diese zu töten, um damit die zukünftige Konkurrenz für sich und ihre Töchter zu verringern.

Die Weibchen mit engen Verwandten in der Nachbarschaft verlieren weniger Nachwuchs auf diese Weise als Weibchen ohne Verwandte, da eine Gruppe Eindringlinge schneller entdeckt und vertreiben kann als ein einzelnes Tier. Ebenso werden die Jungen von den Verwandten der Mutter verteidigt, wenn sie vorübergehend auf Nahrungssuche ist. Alles in allem ist das Leben in Großfamilien also eine Überlebens- und Fortpflanzungsstrategie unter den weiblichen Belding-Zieseln. PWS

Gemeinschaftssinn bei Murmeltieren

Vorteile des Lebens in der Großfamilie

Die Geselligkeit der Murmeltiere beginnt beim Winterschlaf. Alle 14 Murmeltierarten leben in der nördlichen Hemisphäre, vorwiegend in Bergregionen ohne Futter im Winter. Den Sommer über legen sie Fettreserven an, die sie über ihren neunmonatigen Winterschlaf am Leben halten. Manche Arten, z.B. Kappenmurmeltier, Rotes Murmeltier und Bobak, leben in so rauen Umgebungen, dass sie sich vor dem Herauskommen aus dem Bau paaren, trächtig werden und sogar werfen.

Aktive Murmeltiere verbrauchen 8- bis 15-mal so viel Energie wie während des Winterschlafs. Um diesen hohen Energiebedarf zu decken, speichern sie enorme Mengen Körperfett – von 30 % der Körpermasse bei *Marmota bobak* bis zu 53 % bei *M. olympus.* Größere Tiere können mehr Fett speichern und es im Vergleich zu kleineren Tieren langsamer verbrennen. Murmeltiere sind die größten echten Winterschläfer; die durchschnittliche Körpermasse von Adulttieren zu Beginn des Winterschlafs reicht von 3,4 kg bei *M. flaviventris,* der kleinsten Art, bis 7,1 kg bei *M. olympus,* der größten. Trotz der vorteiligen Größe ist der Energiebedarf für Fortpflanzung, Wachstum, Aktivität und Winterschlaf so groß, dass einzelne Weibchen bei mindestens zehn Arten nicht genügend Reserven für die jährliche Fortpflanzung anlegen können und sich zum Teil zwei Jahre oder länger gar nicht paaren.

Es dauert lange, bis Murmeltiere ihre volle Größe erreichen. Nur das Waldmurmeltier *(M. monax)* ist lang genug aktiv (fünf Monate oder mehr), dass die Jungtiere heranwachsen und sich mit einem Jahr paaren können. Dann emigrieren sie und halten allein Winterschlaf. Das Waldmurmeltier ist die einzige ungesellige Murmeltierart. Die erwachsenen Weibchen leben allein und die Männchen verteidigen ein Streifgebiet, in dem ein oder mehrere Weibchen leben. In weitläufigen Wald-Wiesenrand-Habitaten werden die Jungtiere rasch unabhängig.

Die Jungen der meisten Murmeltierarten leben zwei Jahre lang bei den Eltern, die des Gelbbäuchigen Murmeltieres *(M. flaviventris)* sogar drei. Während die Männchen dieser Art aus dem Geburtsgebiet abwandern und sich allein durchschlagen, bleibt die Hälfte der Weibchen dort. So enstehen matrilineare Mutter-Tochter-Schwester-Gruppen von bis zu fünf Tieren. Ein Männchen zieht dann in ein Gebiet mit mehr als einer Matrilinie und verteidigt es.

Männliche Olympische *(M. olympus)* und Eisgraue Murmeltiere *(M. caligata)* leben in der Regel mit zwei Weibchen und deren Jungen zusammen. Die Weibchen kümmern sich zwei Jahre lang um die Jungen und werfen in dieser Zeit nicht. Die Jungen wandern mit zwei Jahren ab und paaren sich ein Jahr später. Alle Mitglieder der Gruppe halten gemeinsam Winterschlaf.

Zum Sozialverhalten anderer Arten gehört das Leben in Großfamilien, in denen ein dominantes Paar das Streifgebiet mit Jungtieren verschiedenen Alters teilt, die zum Teil bis nach dem Erreichen der Geschlechtsreife dort wohnen. Dieses scheinbar paradoxe Verhalten wäre erklärbar, wenn die Jungtiere eine Chance hätten, den elterlichen Bezirk zu erben. Übernähme nach dem Tod eines Alpha-Tieres ein Sohn oder eine Tochter das Gebiet, könnte es jedoch passieren, dass der neue Eigentümer sich mit der eigenen Mutter oder dem eigenen Vater paart. Um solche Inzucht und die damit verbundenen möglichen körperlichen Missbildungen zu vermeiden, emigrieren die jungen Männchen stets, während die Hälfte der weiblichen Jährlinge bleibt. Die jungen Weibchen paaren sich jedoch selten mit dem eigenen Vater, da dieser in der Regel das Territorium nicht lange genug besitzt – im Durchschnitt 2,2 Jahre. Erst im dritten Jahr pflanzen sich Weibchen fort, und zwar für weitere knappe 3 Jahre. Nur etwa 17 % der Männchen erreichen die Geschlechtsreife. Die Sterblichkeit ist bei Männchen höher als bei Weibchen; mit zwei Jahren, wenn sich viele Männchen noch in der Dispersion befinden, sterben 50 %, von den zweijährigen Weibchen dagegen nur 30 %. In gewissem Maß kommt es in Familiengruppen zur Inzucht, aber es gibt keine Hinweise auf schädliche Auswirkungen. Darüber hinaus wird der Verwandtschaftsgrad und damit die Inzuchtmöglichkeit verringert, wenn ein Männchen oder Weibchen aus einer anderen Familie den Territoriumsbesitzer ersetzt.

Dem Gelbbäuchigen Murmeltier scheint das Familienleben viele Vorteile zu bieten. Tiere in größeren Gruppen haben bessere Überlebenschancen und mehr Nachkommen. Durch die gemeinsame Verteidigung von Nahrungsquellen leiden sie nie Hunger und mehr Augen erhöhen die Chancen, einen Feind zu entdecken, bevor er zu nahe kommt. Die Überlebensrate steigt von etwa 0,6 für ein einzelnes Weibchen auf etwa 0,8 in Gruppen von drei oder mehr Tieren, die Netto-Fortpflanzungsrate von 0,5 bei einem Einzelweibchen auf 1,15 in einer Dreiergruppe.

Sich als junges Murmeltier auf die Suche nach einem eigenen Heim zu machen ist ein tückisches Unterfangen und die Erfolgschancen sind größer, wenn es zwei oder mehr Jahre wartet. Bei *M. caudata* und *M. vancouverensis*, die mit drei oder mehr Jahren emigrieren, ist die Überlebensrate deutlich höher als bei *M. flaviventris,* das mit einem Jahr abwandert. Bleiben die Jungen jedoch bei ihren Eltern, können sie sich nicht fortpflanzen. Beim Grauen Murmeltier *(M. baibacina)* paaren sich vor allem die älteren Weibchen; jüngere kommen nur zum Zug, wenn die Population zurückgegangen ist. Die Fortpflanzungssperre kann so beherrschend sein, dass

Oben: *Ein junges Olympisches Murmeltier nähert sich einem Adulttier im Grasland des Olympic National Park, Washington. Olympische Murmeltiere, die größte Murmeltierart, sind sehr tolerant und gesellig, sodass derartige Begegnungen Nase an Nase häufig vorkommen. Die Dispersion von Jungtieren ist ein relativ langsamer Prozess und scheint eher von den Jungen selbst bestimmt zu werden, als dass sie von den Adulttieren vertrieben werden.*

die jüngeren Weibchen sich selbst dann nicht paaren, wenn das ältere keine Jungen mehr wirft.

Ein Tier, das sein Leben lang andere versorgt und keine eigene Nachkommen hat, stirbt, ohne seine Gene an die nächste Generation weitergegeben zu haben. Gleichzeitig vergehen die Gene, die für dieses Verhalten verantwortlich sind, zusammen mit dem kinderlosen Versorger. Daher können sich solche „Versorgungsgene" nicht wahllos entwickeln. Verwandte jedoch teilen Gene, daher können diejenigen sich weiterentwickeln, die Einzeltiere dazu bringen, sich um enge Verwandte zu kümmern und so die Chancen erhöhen, mehr Junge mit solchen Genen aufzuziehen. In der Biologie ist dieses Prinzip bekannt als „Verwandtenselektion". Ein Individuum kann sich ein altruistisches Verhalten gegenüber Familienmitgliedern leisten, da es genügend gemeinsame Gene gibt. Das trifft besonders dann zu, wenn die Gründung einer eigenen Familie so gefährliche Aktivitäten wie das Suchen eines neuen Reviers erfordert.

Zum Teil bleiben junge Murmeltiere wohl zur Aufzucht der Geschwister im elterlichen Bau. Alpenmurmeltiere kuscheln sich an die Jungen und verhindern so Wärmeverluste, die sonst zur Verbrennung der Fettreserven und damit zum Gewichtsverlust führen würden, was wiederum die Überlebenschancen verringern würde. Bei Anwesenheit jüngerer Geschwister liegt die Jungensterblichkeit bei 5 %, ohne Geschwister steigt sie auf ca. 22 %.

Trotzdem wiegen die Vorteile der Verwandtenselektion das Fehlen eigener Nachkommen kaum auf. Ein weiterer Grund, warum Murmeltiere bei den Eltern bleiben, obwohl sie ein eigenes Revier gründen könnten, besteht eventuell darin, dass sie nicht wissen, wohin. Das Habitat ist oft so so dicht besetzt, dass einer jungen Familie kein Platz zur Verfügung steht. Dann bleiben die Tiere bei den Eltern, helfen bei der Aufzucht der Geschwister und warten auf eine Gelegenheit, endlich selbst auszuziehen – reicher an Erfahrungen und dank der Toleranz der Eltern noch immer am Leben. KBA

Springhase

Überschwemmungsgebiete und Süsswassersedimente verteilen sich über die trockenen Landstriche Ost- und Südafrikas. Nach der Regenzeit wächst hier viel Gras, aber während des übrigen Jahres ist es für die großen Weidetiere zu kurz und zu spärlich. Das Ergebnis ist eine ungenutzte Futterquelle oder, ökologisch ausgedrückt, eine unbesetzte Nische. Ausfüllen kann sie nur ein Tier, das klein genug ist, um das Gras effektiv zu nutzen, aber groß und mobil genug, um aus Gebieten zuzuwandern, die Schutz vor Witterung und Feinden gewähren. Diese Eigenschaften erfüllt der Springhase.

Trotz seiner Anpassungsfähigkeit steht der Springhase großen Problemen gegenüber. Er zieht zahlreiche Beutegreifer wie Schlangen, Eulen und Mungos, aber auch Löwen und Wildhunde an. So sind viele seiner spezialisierten Merkmale in Körperbau und Verhalten Adaptationen nicht nur an eine karge Umgebung, sondern auch zum wirksamen Schutz vor Beutegreifern.

Hörnchen, Hase oder Känguru?

KÖRPERBAU UND FUNKTION

Der Ursprung des Springhasen ist kaum belegt. Manche glauben, dass seine nächsten lebenden Verwandten die Dornschwanzhörnchen (Gattung *Anomalurus*) sind. Der Springhase ähnelt, mit Ausnahme des buschigen Schwanzes, einem Minikänguru; die Hinterbeine sind lang und jede Pfote hat vier Zehen mit hufähnlichen Nägeln. Meist bewegt sich das Tier durch Hüpfen auf den Hinterpfoten fort. Mit dem Schwanz hält es das Gleichgewicht. Die Vorderbeine, nur ein Viertel so lang wie die Hinterbeine, haben lange, scharfe, gebogene Krallen zum Graben von Bauen. Der Kopf ist kaninchenähnlich, mit großen Ohren und Augen und einer vorspringenden Nase; Gesichts-, Gehör- und Geruchssinn sind gut entwickelt. Bei der Verfolgung durch einen Feind springt dieser Nager 3 bis 4 m weit. Wird er gefangen, versucht er den Angreifer mit seinen großen Schneidezähnen zu beißen oder mit den scharfen Krallen an den Hinterpfoten zu kratzen.

Zwar leben Springhasen herbivor, doch fressen sie gelegentlich mineralreiche Erde und nehmen dabei Insekten wie Heuschrecken und Käfer auf. Bei den Gräsern bevorzugen sie Grüngräser mit hohem Protein- und Wassergehalt, doch verzehren sie auch Knollen und Wurzeln. Zur Not kann ein Springhase sieben Tage oder mehr ohne Trinken überstehen, indem er die Nahrungsaufnahme reduziert und konzentrierten Urin und sehr trockenen Kot produziert.

Feinden aus dem Weg gehen

SOZIALVERHALTEN

Springhasen sind nachtaktiv. Indem sie die Mittagssonne meiden, verlieren sie in ihrem trockenen Lebensraum kein Wasser. Normalerweise gehen sie im Umkreis von maximal 250 m um ihren Bau auf Nahrungssuche, gelegentlich wurden sie jedoch auch bei weiteren Streifzügen beobachtet. Bei der Nahrungssuche sind sie anfällig für Feinde, da sie leicht zu entdecken sind. In Vollmondnächten scheinen sie besonders gefährdet zu sein. Sie wagen sich im Durchschnitt nur 4 m in das Futtergebiet hinaus, in mondlosen Nächten dagegen meist 60 m. Über der Erde verbringen Springhasen etwa 40 % ihrer Zeit in Gruppen von zwei bis sechs Tieren, wohl weil eine mögliche Gefahr in der Gruppe eher entdeckt wird.

Springhasen verbringen den Tag in ihren Bauen. Diese liegen in trockenen, sandigen Böden, etwa 80 cm tief, haben zwei bis elf Eingänge und sind 10 bis 45 m lang. Jeder Bau wird entweder von einem einzelnen Springhasen oder von einer Mutter mit ihrem Jungen bewohnt. Er bietet Schutz vor der Hitze und vor Feinden. Manche Angreifer, wie Schlangen und Mungos, kommen jedoch in den Bau hinein, sodass der Springhase Eingänge und Durchgänge oft nach dem Betreten des Baus mit Erde versperrt. Falls ein Feind eingedrungen ist, gibt es dank der vielen Tunnel und Eingänge zahlreiche Fluchtwege. Dass der Bau weder Kammern noch Nester birgt, legt die Vermutung nahe, dass der Springhase nicht durchgängig an einem Ort bleibt – vielleicht als weiterer Schutz vor den zahlreichen Feinden.

In Springhasenpopulationen gibt es ebenso viele Männchen wie Weibchen. Feste Paarungszeiten sind nicht bekannt und etwa 76 % der erwachsenen Weibchen können zu einem gegebenen Zeitpunkt gleichzeitig trächtig sein. Adulte Weibchen tragen etwa dreimal pro Jahr und bringen meist ein einzelnes, großes, gut entwickeltes Junges zur Welt; seltener werden auch Zwillinge geboren.

Neugeborene Springhasen sind dicht behaart und können bald sehen und laufen. Sie bleiben jedoch im Bau und werden gesäugt, bis sie halb ausgewachsen sind. Dann erkunden sie erstmals ihre Umwelt. Halbwüchsige Tiere machen etwa 28 % aller aktiven Springhasen über der Erde aus.

Obwohl die Reproduktionsrate von Springhasen überraschend niedrig ist, hat die Fortpflanzungsstrategie der Tiere zwei entscheidende Vorteile: Erstens kommt die Zeit und Energie, die dem Weibchen für die Reproduktion zur Verfügung steht, vollständig einem Jungen zugute, was anscheinend zu einer geringen Mortalität bei Neugeborenen und Jungtieren führt. Wenn der junge Springhase zum ersten Mal den Bau verlässt, haben seine Pfoten 97 %, seine Ohren 93 % der Erwachsenengröße erreicht und er kann fast ebenso gut mit Feinden und anderen Gefahren umgehen wie ein ausgewachsenes Tier. Zweitens ist die Mutter einer minimalen Belastung ausgesetzt, wenn sie nur ein Junges versorgen und säugen muss.

Schwindende Bestände

ARTEN- UND UMWELTSCHUTZ

In den Regionen, in denen sie auftreten, sind Springhasen häufig, obwohl sie oft vom Menschen bejagt werden. In den besten Habitaten kann es mehr als zehn Tiere pro ha geben. Dazu zählen auch Gebiete, in denen Hausvieh das Gras bereits auf eine passende Höhe abgefressen hat. Bei Überweidung trockener, ökologisch empfindlicher Regionen durch Weidevieh jedoch, wie z.B. in der Kalahari, ist die Bestandsdichte geringer.

Springhasen sind für den Menschen von großer Bedeutung als Nahrungs- und Lederquelle. In Botswana ist diese Art das am häufigsten verzehrte Wildtier. Ein Stamm der San erlegt rund 200 Tiere pro Jahr. In der Landwirtschaft können Springhasen zu Schädlingen werden, da sie sich von Feldfrüchten wie Mais, Süßkartoffeln und Weizen ernähren. Auch als Folge dieser Tatsache wurden die Tiere zunehmend bejagt, was zusammen mit Habitatverlusten wohl zum Rückgang des Springhasenbestands um mindestens 20 % allein in den 1990er Jahren geführt hat. Inzwischen werden die Tiere von der IUCN als gefährdet eingestuft.

TMB

Oben: *Mit den kurzen Vorderpfoten und der hüpfenden Fortbewegung ähnelt der Springhase einem Minikänguru. Er ist eine wichtige Ressource für das Volk der San in Südwestafrika, das sein Fleisch isst, aus seiner Haut Kleidung herstellt, die lange Schwanzsehne als Faden verwendet und die Kotkügelchen als „Tabak" raucht.*

FAKTEN

SPRINGHASE

Pedetes capensis

Ordnung: Rodentia

Familie: Pedetidae (einziges Mitglied)

VERBREITUNG Kenia, Tansania, Angola, Simbabwe, Botswana, Namibia, Südafrika.

LEBENSRAUM Überschwemmungsgebiete, Süßwassersedimente, Savannen, andere trockene und halb trockene Habitate mit spärlicher Vegetation auf oder in der Nähe sandiger Böden.

GRÖSSE **Körperlänge** 36–43 cm; **Schwanzlänge** 40–48 cm; **Ohrlänge** 7 cm; **Länge der Hinterpfoten** 11 cm; **Gewicht** 3–4 kg (ähnliche Maße bei Männchen und Weibchen).

FELL Oberseite, untere Hälfte der Ohren und basale Schwanzhälfte gelbbraun, zimt oder rotbraun; obere Hälfte der Ohren, distale Schwanzhälfte und Tasthaare schwarz; Unterseite und Innenseite der Beine weiß bis hellorange.

NAHRUNG Pflanzenfresser mit einer Vorliebe für proteinreiche Gräser.

FORTPFLANZUNG Tragzeit etwa 77 Tage.

LEBENSERWARTUNG In freier Wildbahn unbekannt; in Gefangenschaft mehr als 14 Jahre.

IUCN-STATUS Gefährdet.

Links: *Typische Körperhaltungen des Springhasen:* ***1*** *Sitzhaltung beim Putzen;* ***2*** *Hüpfen: In der Bewegung hält der Springhase seinen Schwanz als Balancehilfe horizontal oder nach oben gerollt;* ***3*** *Nahrungssuche auf allen vieren;* ***4*** *aufrecht auf den Hinterbeinen.*

VERBREITUNG Weltweit außer der Antarktis.

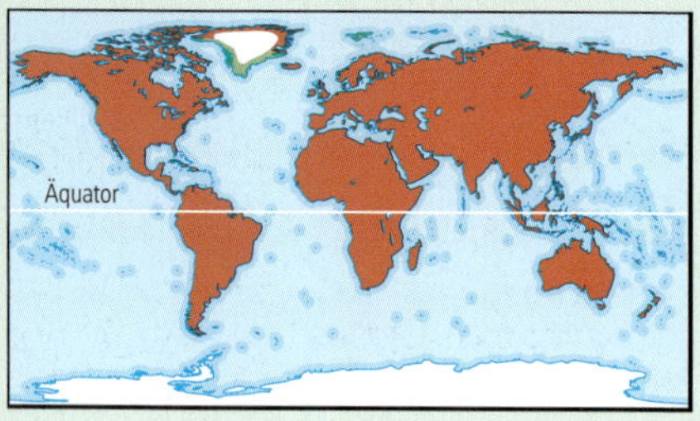

UNTERORDNUNG SCIUROGNATHI (nur ein Teil)
1477 Arten in 312 Gattungen und 5 Familien

Mäuseverwandte

Mehr als ein Drittel aller Säugerarten zählen zu den Mäuseverwandten. Heute stellt man sie zusammen mit den Hörnchen in die Unterordnung Sciurognathi; früher bildeten sie eine eigene Ordnung, Myomorpha. Die Arten unterscheiden sich so stark, dass es schwierig ist, einen typischen Vertreter zu beschreiben. Wanderratte und Hausmaus sind jedoch einigermaßen repräsentativ – sowohl in der Größe als auch im Aussehen. Die meisten Arten sind kleine, bodenlebende, sehr fruchtbare, nachtaktive Samenfresser. Man kann streiten, ob sie eine natürliche Gruppe bilden, die von einem gemeinsamen Ahnen abstammt, doch zwei Merkmale sprechen dafür: die Struktur der Kaumuskeln am Kiefer und die Struktur der Molaren.

Die meisten mäuseähnlichen Nager gehören zur Familie der Mäuse. Minderheiten sind Bilche, Spring- und Hüpfmäuse sowie Taschenratten und -mäuse. Diese stellen frühe Nebenlinien dar, die in der Zahl der Arten begrenzt blieben und starke Spezialisierungen aufweisen: Bilche z.B. leben in Bäumen und halten (in gemäßigten Regionen) einen Winterschlaf, Springmäuse sind an das Leben in der Wüste angepasst. Die Familie Muridae hat in jüngerer Zeit wesentlich stärkere Veränderungen durchlaufen, die im Miozän begannen, d.h. innerhalb der letzten 24 Millionen Jahre. Einige der daraus resultierenden Gruppen gelten als Spezialisten, wie Lemminge und Wühlmäuse, die an den Verzehr von Gras und harten Pflanzen angepasst sind, die sie reichlich finden. Viele Arten ernähren sich jedoch vielseitig, von Samen und Knospen, aber auch von Insekten, die mehr Nährstoffe besitzen, jedoch weniger verbreitet sind als Gras.

Ökologisch gesprochen sind die meisten mäuseähnlichen Nagetiere auf frühe und rasche Vermehrung eingestellt (r-Strategen) und nicht auf lange individuelle Lebensabschnitte (K-Strategen). Obwohl dies für die meisten Nagetiere gilt, ist es bei Ratten und Mäusen stärker der Fall als etwa bei ihren nächsten Verwandten, den Bilchen und Springmäusen. GBC

3

4

2

1

GROSSE FRUCHTBARKEIT

Die größte Aufspaltung in Arten in der Evolution der Säuger gab es in der Familie der Mäuse, die mehr als 1000 lebende Arten umfasst. Man findet sie weltweit in fast jedem terrestrischen Lebensraum. Der Urmaus am ähnlichsten sind die gemeinen Ratten und Mäuse, die in Wäldern vorkommen. Diese vielseitigen Tiere fressen vorwiegend Samen, können aber ihre Zähne auch bei vielen anderen Nahrungsmitteln, wie Knospen oder Insekten, effektiv einsetzen.

Aus dieser Urmaus sind viele spezialisierte Gruppen hervorgegangen, die selbst schwierige Lebensräume nutzen können. Die meisten Rennmäuse (Gerbillinae) sind Samenfresser geblieben und haben sich an trocken-heiße Bedingungen in Afrika und Zentralasien angepasst. Die Hamster (Cricetinae) kommen mit kälteren, ariden Klimaten zurecht, indem sie Vorräte anlegen und Winterschlaf halten. Wühlmäuse und Lemminge (Arvicolinae) und die ihnen oberflächlich ähnelnden Afrikanischen Langfußwaldratten (Murinae) können harte Nahrung verdauen und haben so neue Möglichkeiten zur Ausbreitung gefunden.

Unten: *Repräsentative Arten der Mäuseartigen (nicht im Maßstab):* **1** *Waldmaus* (Apodemus sylvaticus) *mit einem Vorrat an Nüssen;* **2** *Flachlandtaschenratte* (Geomys bursarius) *steigt in ihren Bau hinab;* **3** *Libysche Rennratte* (Meriones libycus) *beim Sprung;* **4** *Berglemming* (Lemmus lemmus) *hält Ausschau;* **5** *Zwergmaus* (Micromys minutus) *klettert in ihr Nest;* **6** *Buschratte* (Neotoma spp.) *mit kleinem Knochenstück;* **7** *Merriamkänguruatte* (Dipodomys merriami); **8** *domestizierte Variante der Hausmaus* (Mus musculus) *an der Nippeltränke.*

SCHÄDEL UND GEBISS

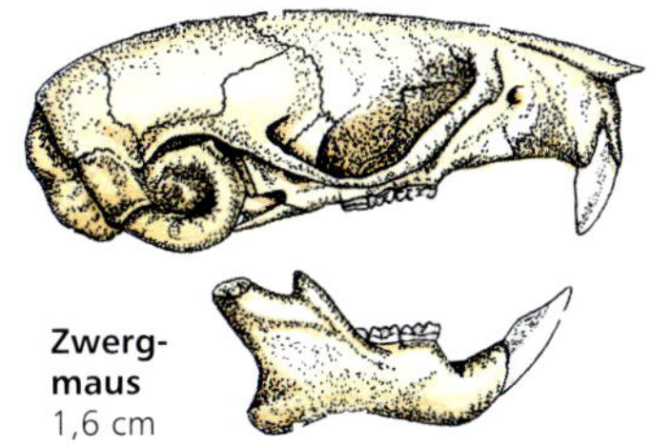

Zwergmaus
1,6 cm

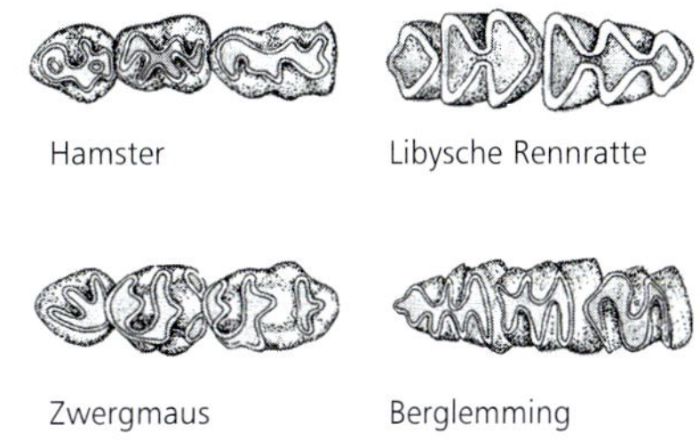

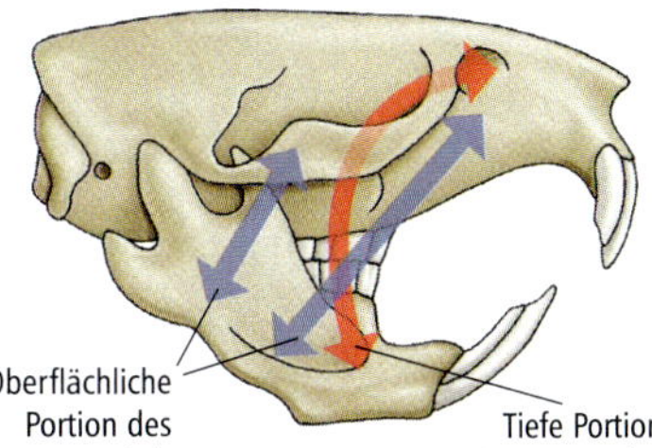

Die meisten mäuseartigen Nagetiere haben nur drei Molaren pro Kieferseite, doch diese unterscheiden sich stark in ihrer Fähigkeit zu wachsen und in ihrer Oberfläche. Die ursprünglichste Version ist wohl die der Hamster – niedrige Kronen mit abgerundeten Höckern, die in zwei Längsreihen stehen. Diese Zähne wachsen nicht ständig. Die Molaren der Ratten und Mäuse der Unterfamilie Murinae, für die die Zwergmaus typisch ist, haben ein komplizierteres Höckersystem entwickelt, das drei Reihen bildet; die anderen ursprünglichen Merkmale wurden beibehalten. Diese beiden Gruppen werden oft als getrennte Familien angesehen – die Cricetidae (Hamster) und Muridae (Echte Mäuse).

Die Rennmäuse besitzen Zähne mit hohen Kronen und meist Wurzeln, bei denen die ursprünglichen Höcker durch Abnutzung zu einer Reihe von Querrippen werden. Wühlmäuse und Lemminge, die auch zähe Nahrung fressen, aber meist Gras, verfügen über Zähne mit hohen Kronen und komplexen Rippen aus hartem Zahnschmelz zum Schneiden – ihre Zähne wachsen stetig und entwickeln erst spät im Leben Wurzeln, wenn überhaupt.

Ein anderes Merkmal, das die Mäuseartigen von anderen Nagern unterscheidet, ist die Struktur der Kiefermuskeln. Die oberflächliche (blau) und tiefe (rot) Portion sind nach vorn geschoben, sodass die Tiere effektiv nagen können. Die tiefe Portion führt vom Unterkiefer unter dem Jochbogen durch Augenhöhle und Foramen infraorbitale zum vorderen Oberkiefer. Der oberflächliche Muskelanteil überkreuzt die tiefe Portion und setzt weit hinten am Unterkiefer an (Abb. zeigt Bisamratte).

HEIMTIERE

Die Haltung von Mäusen als Heimtiere begann wohl in China und Japan. Aufzeichnungen zeigen, dass die Mäusezucht im 18. Jh. blühte; 1787 veröffentlichte ein japanischer Autor ein Werk über die Züchtung verschiedener Farbschläge. Doch die Domestizierung musste früher begonnen haben, damit Bedarf für ein solches Buch bestand. Seeleute, die aus dem Fernen Osten zurückkamen, brachten vermutlich Heimtiere mit und lieferten damit den Anreiz für die Mäusezucht im Westen.

Zahme Mäuse sind größer als ihre wilden Verwandten. Sie haben vorstehendere Augen, größere Ohren und einen längeren Schwanz. Alle werden auf denselben Körperbau gezüchtet, da man voraussetzt, dass es keine Rassen, sondern nur Varianten gibt.

Ratten hält man noch nicht so lang als Heimtiere, vermutlich begann man um 1850 in England damit. Es gibt weniger Varianten als bei Mäusen, wohl weil Ratten noch nicht so lang domestiziert sind und ihre Zahl geringer ist.

Neuweltratten und -mäuse

Zu den Neuweltmäusen gehört eine Vielzahl von 434 Arten in 86 Gattungen. Sie kommen in Lebensräumen von den nördlichen Wäldern Kanadas bis zur südlichsten Spitze Südamerikas vor. Anpassungen und Lebensweisen sind so verschieden, dass man ihnen in einem ganzen Buch kaum gerecht werden könnte.

FAKTEN

NEUWELTRATTEN UND -MÄUSE
Ordnung: Rodentia
Familie: Muridae
Unterfamilie: Sigmodontinae (Hesperomyinae)
434 Arten in 86 Gattungen und 15 Abteilungen, zusammengefasst in 6 Tribus

LEBENSRAUM Alle terrestrischen Lebensräume (einschließlich Taiga, Tropenwäldern und Savannen); ausgeschlossen sind nur ganzjährig schneebedeckte Gipfel und die Arktis.

GRÖSSE **Körperlänge** von 5–8 cm bei Amerikanischen Zwergmäusen bis zu 16–29 cm bei *Kunsia*-Arten; **Schwanzlänge** von 3,5–5,5 cm bis 7,5–16 cm; **Gewicht** von 7–700 g, jeweils bei den genannten Arten.

FELL Die meisten Neuweltmäuse haben einen braunen Rücken und einen weißen Bauch, doch manche zeigen sehr attraktive Fellfarben; die Chinchillamaus etwa weist eine stark kontrastierende Kombination von gelbbraunem bis grauem Rücken und weißem Bauch auf. Die Farbe auf dem Rücken ähnelt oft der des umgebenden Bodens, um eine wirksame Tarnung vor Angreifern aus der Luft, wie etwa Eulen, zu verleihen.

VERBREITUNG Nord- und Südamerika sowie küstennahe Inseln.

NAHRUNG Vorwiegend Pflanzenmaterial und Wirbellose, obwohl einige Arten auch kleine Wirbeltiere fressen.

FORTPFLANZUNG Tragzeit 20–50 Tage.

LEBENSERWARTUNG In freier Natur höchstens 2 Jahre; einige Arten leben in Gefangenschaft bis zu 6 Jahren.

IUCN-STATUS 8 Arten gelten derzeit als vom Aussterben bedroht, weitere 24 Arten als stark gefährdet, darunter 6 Arten der Buschratten (Gattung *Neotoma)* und 4 der 5 Fischmaus-Arten (Gattung *Neusticomys).*

Übersicht der Tribus siehe Seite 626 f. ▷

Die Neuweltmäuse sind einheitlich klein. Ihre Körperlänge beträgt selbst bei den größten Arten weniger als 30 cm. Die Schwanzlänge hängt davon ab, wie häufig sie auf Bäume klettern: Je mehr sie in der Höhe das Gleichgewicht halten müssen, desto länger ist der Schwanz. Er ist meist nackt, doch wie bei einer so großen und vielfältigen Gruppe nicht anders zu erwarten, wird die Norm auch durchbrochen, etwa von der Buschschwanzratte. Im Zahnschema, wie es allen hoch entwickelten Nagetieren eigen ist, gibt es jedoch kaum Abweichungen: drei Molaren auf jeder Seite des Kiefers, durch eine deutliche Lücke von einem Paar Schneidezähne getrennt, das ständig wächst und auf den vorderen Oberflächen Zahnschmelz hat, sodass eine scharfe Schnittfläche erhalten bleibt.

Neuweltmäuse sind an viele Lebensräume angepasst. Grabende Arten haben einen kurzen Hals, kurze Ohren, einen kurzen Schwanz und lange Krallen. Die im Wasser lebenden Arten besitzen oft Füße mit Schwimmhäuten, wie Sumpfratten, oder einen Haarsaum an den Hinterfüßen, der die Fläche beim Paddeln vergrößert, wie Fischratten und Fischmäuse. Bei Arten, die noch stärker an das Leben im Wasser angepasst sind, ist die Ohrmuschel reduziert oder fehlt ganz, wie bei Ecuadorfischratten *(Anotomys leander).*

Über die Gattungseinteilung hinaus ist die Klassifizierung der Neuweltmäuse umstritten. Die Gattungen können in 15 Tribus unterteilt werden, die man wiederum sechs größeren Gruppen zuordnen kann, obwohl diese Gruppierungen von unterschiedlichem Wert sind.

Unten: *Die Salzsumpfernternaus, die nur in der Gegend von San Francisco in Kalifornien vorkommt, ist eine der selteneren Neuweltmäuse. Sie wurde 1970 von der US-Regierung für stark gefährdet erklärt. Als Anpassung an ihren salzigen Lebensraum ist sie eines der wenigen Säugetiere, das Salzwasser trinken kann.*

Nordamerikanische Ratten und Mäuse

NEOTOMINI UND PEROMYSCINI

Die **Hirsch- oder Weißfußmäuse und ihre Verwandten** (Tribus *Peromyscini)* gehören zu den am besten erforschten Mäusen. Vor allem die Weißfußmaus *(Peromyscus leucopus)* wurde als Beispiel genommen, an dem man untersuchte, wie Männchen und Weibchen mit den Angehörigen ihres eigenen Geschlechts konkurrieren, um möglichst gute Chancen zur Fortpflanzung zu haben.

Im Paarungssystem der Weißfußmäuse ist alles vertreten, von Vielweiberei bis Promiskuität. Die Männchen verteidigen meist ein Revier von 500 bis 1000 qm, das damit etwa doppelt so groß wie das Revier der Weibchen ist. Während der Fortpflanzungsperiode verbringt das Männchen die meiste Zeit mit seinem „Hauptweibchen", doch sein Revier überschneidet sich oft mit dem von zwei oder drei weiteren. Männchen mit größeren Revieren haben die Chance auf Zugang zu mehr Weibchen und daher bessere Paarungschancen. Die Männchen, die sich mit den meisten Weibchen paaren, geben die meisten Gene weiter. Deshalb ist es für Männchen günstig, sich in größeren Bereichen zu bewegen. Bei geringer Dichte der Population kann ein Männchen eine „Wanderstrategie" entwickeln. Es schließt sich mit einem Hauptweibchen zusammen, bis dieses trächtig ist, und wandert dann weiter zu sekundären Weibchen, die paarungsbereit sind, bevor das Männchen schließlich zum Hauptweibchen zurückkehrt.

Oben: *Stets auf der Hut vor Gefahren, sorgt diese Weißfußmaus* (Peromyscus *spp.) in ihrem Nest für ihr 2 Tage altes Junges. Wie die meisten Mäuse pflanzen sich Weißfußmäuse rasant fort: In freier Natur haben sie 3 bis 4 Würfe mit jeweils bis zu 9 Jungen pro Jahr.*

Weibchen paaren sich meist mit einem Männchen, doch kann ein Wurf von bis zu drei Männchen stammen. Dies vergrößert die genetische Vielfalt des Nachwuchses oder stellt die Fruchtbarkeit sicher, doch dient es auch dazu, die Frage der Vaterschaft zu verdunkeln. Eine Fortpflanzungsstrategie männlicher Weißfußmäuse ist nämlich, fremde Junge zu töten. Damit wird Nachwuchs anderer Männchen vernichtet und die Paarungsbereitschaft des Weibchens vorgezogen. Das Männchen, das den Infantizid begeht, kann somit seine eigenen Gene früher weitergeben.

Männchen erkennen ihren eigenen Nachwuchs nicht, doch sie verbinden die Paarung mit einem bestimmten Platz und Zeitpunkt; Junge am Ort der Paarung töten sie nicht. So verringert ein Weibchen, das sich auch mit benachbarten Männchen paart und dadurch die Vaterschaft verschleiert, die Gefahr, dass diese Männchen seine Jungen töten.

Auch weibliche Weißfußmäuse töten Junge, aber im Kampf um Platz für die Aufzucht. Weibchen, die kein eigenes Territorium besetzen, versuchen im Wettbewerb um das Revier anderer Weibchen deren Junge zu töten. Bei geringer Dichte der Population, wenn es reichlich Platz gibt, verteilen sich die Weibchen und sind kaum aggressiv, doch wenn der Platz für die Aufzucht knapp wird, verteidigen sie ihren Bezirk heftig, um das Überleben ihrer Jungen zu sichern. Bei hoher Dichte verteidigen Weibchen ein Nistrevier von 300 bis 500 qm.

Den Großteil der Jungenbetreuung übernehmen die Weibchen, doch sind auch die Männchen daran beteiligt. Oft bleibt der Vater beim Wurf, sammelt weggelaufene Junge wieder ein, wärmt den Nachwuchs und wehrt andere Männchen ab. Die Jungen werden 21 bis 24 Tage lang versorgt, dann verlassen sie das Nest. Das birgt ein gewisses Risiko in sich, doch blieben alle Jungen am Wurfplatz, käme es zu einem unerträglichen Wettbewerb um Nahrung und Partner.

Ein noch größeres Problem wäre die Inzucht, die bei Weißfußmäusen durch geschlechtsgesteuerte Abwanderung vermieden wird. Bei der Entwöhnung verlassen junge Männchen den Geburtsplatz, wenn dort ihre Mutter ist, während junge Weibchen abwandern, wenn ihr Vater anwesend ist. In der Praxis sind Mütter sehr häufig am Wurfplatz und Väter sehr selten, sodass es meist

die jungen Männchen sind, die abwandern. Wenn der Nachwuchs nicht emigrieren kann, weil alle Reviere in der Gegend besetzt sind, bleiben die Jungen bei der Mutter und bilden für ein bis zwei Generationen eine Großfamilie. In dieser Situation wird Inzucht vermieden, weil sich die Geschlechtsreife der älteren Jungen verzögert.

Manchmal teilen Mütter einen Teil des Wurfplatzes mit ihren Töchtern. Mütter und Töchter ziehen ihre Jungen meist in getrennten Nestern auf, doch bei sehr großer Dichte der Population, wenn der Platz nicht ausreicht, kann es auch im gleichen Nest geschehen. Beide versorgen dann den gesamten Nachwuchs. Dabei kann ein Männchen der Vater beider Würfe sein, obwohl sich auch andere Männchen mit einem oder beiden Weibchen gepaart haben können.

Im Winter sammeln sich oft fünf bis acht Weißfußmäuse in einem Nest und teilen so die Körperwärme. In manchen Fällen handelt es sich um Verwandte aus den letzten Würfen, doch gelegentlich sind die Tiere nicht verwandt. Bei Nahrungsknappheit verfallen Weißfußmäuse täglich in Torpor, um Energie zu sparen. Die Dauer des Starrezustands ist unterschiedlich lang, normalerweise aber unter zwölf Stunden.

Weißfußmäuse sind durch viele Feinde am Boden und aus der Luft gefährdet. Ihre nachtaktive Lebensweise schützt sie aber vor einigen. Ihre Chancen sind noch besser, wenn sie bei Vollmond ihre Aktivitäten einschränken und es vermeiden, über raschelndes Laub zu laufen. So bewegen sie sich meist über Baumstämme und suchen ihre Nahrung zwischen Ästen und in Büschen. Weißfußmäuse passen auf raschelndem Untergrund ihren Gang an und platzieren die Hinterpfoten in die Spuren ihrer Vorderpfoten, um die Geräusche möglichst gering zu halten. Es erstaunt nicht, dass sie in wolkigen und verregneten Nächten, wenn der Boden feucht ist, am aktivsten sind.

Damit sie die Wahl haben, ob sie Nahrung suchen oder lieber im Nest bleiben wollen, müssen die Tiere Vorräte halten. Sie sammeln daher in bestimmten Jahreszeiten und horten haltbare Samen für heiße Sommer- und kalte Winterzeiten. Eicheln gelten als bevorzugte Nahrung; sie werden auch in unterirdischen Verstecken und hohlen Baumstämmen gelagert. Wie viele Eicheln es in einem Jahr gibt, beeinflusst wesentlich die Überlebensrate und Populationsgröße der Weißfußmäuse. Bei Nahrungsüberfluss im Herbst – meist alle vier bis fünf Jahre – überleben sehr viele Weißfußmäuse den Winter und pflanzen sich sogar in der ganzen Zeit fort. Demzufolge haben die Populationen im folgenden Sommer die größte Dichte. Wenn die Mäuse so zahlreich sind, fangen sie auch Larven, etwa der Schwammspinner, und verringern deren Anzahl. Diese Falter entlauben im östlichen Nordamerika Eichen und andere Laubbäume. Weniger günstig ist es für Menschen, dass die Mäuse eine Reihe von Krankheiten übertragen können, darunter Lyme-Borreliose und den tödlichen Erreger des Hantavirus Pulmonary Syndrome (HPS).

Oben: Repräsentative Arten aus sechs Tribus der Neuweltmäuse: ***1*** *Südamerikanische Klettermaus (Gattung* Rhipidomys; *Tribus Thomasomyini);* ***2*** *Mittelamerikanische Abendratte (Gattung* Nyctomys; *Tribus Nyctomyini);* ***3*** *Mittelamerikanische Kletterratte (Gattung* Tylomys; *Tribus Tylomyini);* ***4*** *Amerikanische Zwergmaus (Gattung* Baiomys; *Tribus Baiomyini);* ***5*** *Weißfußmaus (Gattung* Peromyscus; *Tribus Peromyscini);* ***6*** *Buschratte mit einem Knochen (Gattung* Neotoma; *Tribus Neotomini).*

Besiedlung der Kontinente

Die Ratten und Mäuse in Nordamerika stammen von denselben Urnagern ab wie die Hamster in Europa und Asien und die Hamsterratten in Afrika, ihre engsten heutigen Verwandten in der Alten Welt. Diese Vorfahren tauchten in der Alten Welt im Oligozän vor etwa 34 Millionen Jahren zum ersten Mal auf; in Nordamerika fand man sie im Mittleren Oligozän, etwa fünf Millionen Jahre später. Sie waren daran angepasst, in den Baumkronen der Wälder zu leben, doch als das Land im folgenden Miozän (vor 24 bis fünf Millionen Jahren) trockener wurde, begannen einige am Boden zu leben und entwickelten sich zu den Formen, die bei den modernen Neuweltmäusen zu erkennen sind. Im Lauf der Evolution passten sie sich an viele Lebensräume an, die denen ihrer Altwelt-Verwandten entsprechen. So ähnelt die Erntemaus der Gattung *Reithrodontomys* der Gattung *Micromys* der Altweltmäuse, während die Weißfußmäuse *(Peromyscus)* ihre Altwelt-Entsprechung in der Gattung *Apodemus* finden.

Die Ratten und Mäuse in Südamerika entwickelten sich ebenso. Während des Pliozäns (vor fünf bis 1,8 Millionen Jahren) bildete sich eine Landbrücke zwischen Nord- und Südamerika und mehrere Populationen primitiver nordamerikanischer Nager wanderten südwärts. An das Klettern und ein Leben im Wald angepasst, verbreiteten sie sich im südamerikanischen Grasland. In der Folge passten sie sich an viele Lebensräume an, von denen einige in keinem anderen Teil der Welt von Nagern bewohnt werden. Das Fehlen von Insektenfressern und Hasenartigen in weiten Teilen des Kontinents gab ihnen Raum zur Entwicklung. Einige bildeten Ähnlichkeiten mit Spitzmäusen, Maulwürfen und Kaninchen aus: Zu den heutigen südamerikanischen Arten gehört z.B. die Kaninchenratte *(Reithrodon physodes).*

3

Oben: *Wie ein heulender Wolf hebt die Nördliche Grashüpfermaus* (Onychomys leucogaster) *den Kopf, um den arttypischen schrillen Schrei auszustoßen. Menschen können diese Schreie, die eine Sekunde oder länger dauern, bis in 100 m Entfernung hören. Der Schrei dient wahrscheinlich anderen Mäusen als Warnung, dass ein Stück Boden bereits besetzt ist.*

4

6

Eng verwandt mit den Weißfußmäusen ist die Vulkanmaus aus Mexiko. Sie kommt in Höhen von 2600 bis 4300 m vor, lebt in Bauen und ist in ihrer Lebensweise stark an den Boden gebunden. Im Juli und August erfolgen die meisten Würfe.

Die Größe der Erntemäuse variiert beträchtlich, von 6 bis 14 cm bei der Körperlänge und 6,5 bis 9,5 cm bei der Schwanzlänge. Die nordamerikanischen Arten sind meist kleiner als die mittelamerikanischen, sie wiegen selten mehr als 15 g. Die Westliche Erntemaus ist typisch für Arten, die in den Prärien des westlichen Nordamerikas leben und nachts hervorkommen, um Samen oder Körner zu fressen. Sie errichten ein kugelförmiges Nest, das etwa 25 cm über dem Boden an kräftigen Grashalmen befestigt ist.

Grashüpfermäuse sind etwa 10 cm lang und haben kurze Schwänze. Sie leben in ariden und semiariden Gebieten und ernähren sich von Insekten und kleinen Wirbeltieren. Während der Fortpflanzungsperiode lebt ein Paar in einem Bau zusammen. Nachdem die Jungen entwöhnt sind, verlassen sie das Nest. Diese Nager sind wegen ihrer hohen Schreie (meist über 20 kHz) bekannt, die vielleicht dazu dienen, das Revier zu kennzeichnen, da die Baue sehr weitläufig sind.

Die Goldmaus beschränkt sich auf mäßig feuchte, bewaldete Lebensräume der südöstlichen USA. Die goldbraune Farbe ihres Rückens kontrastiert deutlich mit dem weißen Bauch. Die Art ist fast ausschließlich baumlebend. Sie baut ein raffiniertes Blätternest in Ranken von Kletterpflanzen.

Die **Buschratten und ihre Verwandten** (Tribus Neotomini) sind rattengroße Nagetiere, deren Farbe von Dunkelgelbbraun am Rücken bis zu helleren Schattierungen am Bauch geht. Im Allgemeinen fressen sie vielerlei Nahrung, doch einige Arten sind auf die grünen Teile von Pflanzen spezialisiert. Einige der Ratten leben in Spalten und Ritzen von Felsen, während andere Baue graben. Alle legen gern einen Hügel aus Reisig und anderem organischem Abfall um den Eingang ihres Baus an.

Die Wüstenarten holen sich das Material für den Bau ihres Nestes bei Kakteen. Jedes Nest wird von einer einzelnen Ratte bewohnt, doch die Tiere besuchen einander in benachbarten Nestern, vor allem Männchen paarungsbereite Weibchen.

Die Magdalenaratte kommt in einem sehr begrenzten Gebiet im tropischen Laubwald der Bundesstaaten Jalisco und Colima in Westmexiko vor, wo ihre Fortpflanzungsperiode sehr ausgedehnt ist. Diese kleine nachtaktive Buschratte ist ein ausgezeichneter Kletterer. Die Zwergwaldratte findet man in den gebirgigen Gebieten in Mittel- und Westmexiko. Dort sucht sie in Felsspalten auf Höhen von 2000 m Schutz.

Die Reviergrößen der Neuweltmäuse variieren beträchtlich. **Amerikanische Zwergmäuse** und die **Gattung *Scotinomys*** (Tribus Baiomyini) sind die kleinsten Nager der Neuen Welt und entsprechend klein ist ihr Revier, oft weniger als 900 qm. Im Vergleich dazu: Ein großer Samen fressender Nager wie die Weißfußmaus hat ein Revier von 1,2 bis 3,8 ha. Zwergmäuse verzehren Samen. Sie bewohnen ein Grasnest, meist unter einem Stein oder einem Stamm, und können während der Paarungszeit und Aufzucht der Jungen monogam sein. *Scotinomys*-Arten sind kleine subtropische Mäuse mit einem hohen Ruf, mit dem sie wahrscheinlich ihr Revier kennzeichnen. Männchen stoßen diesen Ruf häufiger aus als Weibchen.

Die mittelamerikanischen **Kletterratten** (Tribus Tylomyini) leben in der Kronenschicht, nie weit von Wasser entfernt. Sie kommen selten vor Sonnenuntergang von den Bäumen herab. Sie fressen vorwiegend Früchte, Samen und Nüsse. Die Großohrkletterratte, die kleinste der Arten, sucht auf Bäumen und am Boden nach Nahrung. Sie ist in einer Hinsicht einzigartig unter allen Neuweltmäusen: Ihre Würfe sind sehr klein und die Jungen haben bei der Geburt ein vollständiges Fell. Zudem öffnen sie ihre Augen bereits nach sechs Tagen. Im Gegensatz dazu haben die meisten Neuweltmäuse nackte Junge, deren Augen sich erst nach zehn bis zwölf Tagen öffnen. Die Tragzeit bei dieser Art beträgt rund sechseinhalb Wochen, während sie bei den meisten Neuweltmäusen nur drei Wochen dauert.

Abendratten

TRIBUS NYCTOMYINI

Zur Tribus Nyctomyini gehören nur zwei Arten: Die Sumichrast-Abendratte ist ein spezialisierter, nachtaktiver, baumlebender Früchtefresser, der sein Nest auf Bäumen baut und einen langen Schwanz und große Augen besitzt. Die Jungen werden mit Fell und offenen Augen geboren.

Die Yukata-Abendratte, auch vorwiegend baumlebend, gibt es noch vereinzelt auf der Halbinsel Yucatán. Sie war einst unter verschiedenen klimatischen Bedingungen weit verbreitet, wurde aber in einer der Trockenzeiten während des Pleistozäns vor 1,8 Millionen bis 10 000 Jahren isoliert.

Thomasomys und Reisratten

TRIBUS THOMASOMYINI UND ORYZOMYINI

Die **Gattung *Thomasomys*** und ihre Verwandten der Tribus Thomasomyini besiedeln ganz Südamerika. In den Anden sind viele Arten an ein Leben in Höhen von über 4000 m angepasst. Ansonsten kommen sie fast immer in Wäldern oder an Flüssen vor. Man weiß von ihnen nur, dass sie fast ausschließlich nachtaktiv sind und sich von Früchten ernähren. Es wird von Würfen mit zwei bis vier Jungen berichtet, doch im Allgemeinen pflanzen sie sich nur langsam fort.

Die südamerikanischen Klettermäuse sind auf das Leben in Bäumen eingestellt. Sie leben nachtaktiv und fressen Früchte, Samen, Pilze und Insekten. Ihr Wurf ist klein: Bei *Rhipidomys mastacalis* wurden zwei bis drei Junge pro Wurf vermerkt.

Bei den **Reisratten und ihren Verwandten** (Tribus Oryzomini) gibt es auf Bäumen, am Boden oder am Wasser lebende Arten. Die einzelnen Arten lösen einander oft auf den verschiedenen Höhenstufen ab. In Nordvenezuela kommt *Oryzomys albigularis* in Höhen über 1000 m vor, darunter wird sie durch *O. capito* ersetzt. Wenn zwei Arten im gleichen Lebensraum vorkommen, ist die eine mehr an das Leben auf Bäumen angepasst als die andere. So teilt sich *O. capito* friedlich den Lebensraum mit *Oecomys bicolor,* einer kletternden Art.

Nectomys squamipes (eine von drei *Nectomys*-Arten) ist semiaquatisch und in weiten Teilen

Rechts: *Die Sumichrast-Abendratte* (Nyctomys sumichrasti) *ist ein Baumbewohner in den Regenwäldern Mittelamerikas, wo sie kobelähnliche Nester baut. Einzeltiere gelangen manchmal unfreiwillig in die USA – versteckt in einem Bündel importierter Bananen.*

Unten: Peromyscus gossypinus *lebt in den Südstaaten der USA, in denen Baumwolle angebaut wird. Dort findet man die Art in Wäldern, Sümpfen und Felsregionen. Die nachtaktiven Allesfresser verzehren Insekten und andere Wirbellose ebenso gern wie Pflanzen.*

Südamerikas die vorherrschende wasserlebende Ratte dieser Gruppe. Auch die Sumpfreisratte *(Oryzomys palustris)*, die von Nordmexiko bis ins südliche Maryland vorkommt, lebt semiaquatisch. Diese Ratte mag vielerlei Nahrung, doch in manchen Jahreszeiten machen Schnecken und Krustentiere mehr als 40 % ihrer Ernährung aus. Sie hat in weiten Teilen ihres Verbreitungsgebiets eine ausgedehnte Fortpflanzungsperiode (von Februar bis November) und kann so alle 30 Tage vier Junge in die Welt setzen. Deshalb kann sie zu einem schlimmen Ernteschädling werden.

Die kleinen Borstenreisratten mit ihrem typischen borstigen Fell sind nachtaktiv und Samenfresser. *Neacomys tenuipes*, im nördlichen Südamerika, weist eine sehr unterschiedliche Populationsdichte auf.

Im Lauf der Entwicklung ist es den Reisratten gelungen, sich auf karibischen Inseln und den Galapagos-Inseln anzusiedeln, doch viele Arten der Gattung *Oryzomys* sind gegenwärtig vom Aussterben bedroht. Die Einführung von Hauskatzen sowie Altweltratten und -mäusen hat vor allem den Bestand der Galapagos-Inseln stark reduziert.

Südamerikanische Feld- und Grabmäuse

TRIBUS AKODONTINI UND OXYMYKTERINI

Südamerikanische Feldmäuse (Gruppe Akodontini) suchen ihre Nahrung am Boden und viele von ihnen können auch sehr gut graben.

Die Feldmäuse der Gattung *Akodon* zeichnen sich wie viele andere Mäuse dadurch aus, dass sie alle verfügbaren Nischen des Ökosystems, in dem sie leben, besetzt haben. Im Allgemeinen sind sie Allesfresser, zu deren Nahrung Pflanzengrün, Samen, Früchte und Insekten gehören. Die meisten können auf geringer und großer Höhe leben. *Akodon urichi* illustriert die Anpassungsfähigkeit der Gattung, ist tag- und nachtaktiv, lebt am Boden und frisst vielerlei verschiedene Nahrung.

Arten der Gattung *Bolomys* sind eng verwandt mit *Akodon*, doch stärker auf das Leben am Boden spezialisiert. Schwanz und Hals sind kurz, Ohren und Augen verkleinert. Vertreter der Gattung *Microxus* ähneln *Bolomys* im Aussehen, doch ihre Augen sind noch kleiner.

Rohrmäuse (Tribus Zygodontomini) sind in Südamerika weit verbreitet und nehmen im Gras- und Buschland des Tieflands die Stelle von *Akodon* ein. Die Wege, die sie anlegen, können selbst Menschen leicht erkennen. Rohrmäuse fressen beachtliche Mengen an Samen und scheinen grünes Pflanzenmaterial nicht verdauen zu können. Im Grasland unterliegen sie dem starken Wechsel der Niederschlagsmengen, deshalb zeigen Rohrmäuse auch sehr unterschiedliche Dichten in ihren Populationen. In den Llanos von Venezuela kommt es in Jahren mit gutem Graswuchs, wenn reichlich Samen zu ernten sind und viel Nachwuchs durchkommt, zu wahren Bestandsexplosionen. Die Dichte kann von Höhepunkten mit 15 Tieren pro ha auf Tiefpunkte mit 1 Tier pro ha absacken, je nach Wetter.

Die Grabmäuse und ihre Verwandten (Tribus Oxymycterini) sind eng verwandt mit den Südamerikanischen Feldmäusen. Diese Mäuse haben, wie andere Insekten fressende Nagetiere, relativ kleine Molaren und eine verlängerte Schnauze, um Insekten aus ihren Löchern zu holen. Lange Krallen helfen, um im Boden nach Gliederfüßern, Larven und Termiten zu graben.

Die Ernährung von Insekten und Termiten hat ihre Nachteile, wie wohl die relativ geringe Anzahl an Nachwuchs in dieser Gruppe zeigt. Termiten verfügen über einen harten Schutzschild in Form eines Außenskeletts aus Chitin. Der Nährwert dieses Stoffs ist relativ gering, verglichen mit anderen Protein- und Kohlenhydratquellen. Deshalb müssen Säuger, deren tägliche Mahlzeit aus Chitin besteht, einen geringen Grundumsatz aufweisen, damit sie mit der wenigen Energie, die ihre Nahrung liefert, zurechtkommen. Die relativ kleinen Würfe (zwei bis drei Junge) bei *Oxomycterus*-Arten könnten ein Ergebnis dieser Ernährung sein.

Wühlhamster mit winzigen Augen und im Fell versteckten Ohren stellen eine extreme Anpassung an die grabende Lebensweise dar. Sie legen tiefe Baue unter der Laubstreu des Waldbodens an. Ihre Molaren sind stark verkleinert, ein Merkmal, das auf Insekten als Hauptnahrung hinweist.

Die Vertreter der Gattungen *Chelemys, Notiomys* und *Geoxus* sind in Argentinien und Chile weit verbreitet. Sie zeigen viele deutliche Anpassungen an das Leben in semiariden Steppen und feuchten Wäldern. Andere Arten haben sich an die Bedingungen in höher gelegenen Wäldern angepasst, wieder andere an das Hügelland im Inneren Argentiniens. Sie besitzen äußerst kräftige Krallen, die länger als 0,7 cm werden können.

Fischmäuse und -ratten

TRIBUS ICHTHYOMYINI

Das Leben der Fischratten und -mäuse (Gruppe Ichthyomyini) ist vom Wasser bestimmt, wie der Name besagt. An oder in der Nähe höher gelegener Süßwasserbäche jagen sie kleine Krustentiere, Gliederfüßer und Fische als Hauptnahrungsquelle. Ansonsten weiß man nichts über sie.

Fischratten der Gattung *Ichtyomys* gehören zu den spezialisiertesten Vertretern dieser Tribus. Ihr Fell ist kurz und dick, ihre Augen und Ohren sind klein und ihre Schnurrhaare kräftig. Ein Saum von Haaren an den Hinterfüßen hilft beim Schwimmen; die Zehen sind teilweise mit Schwimmhäuten besetzt, um den etwa 33 cm langen Körper voranzutreiben. Die Tiere ähneln großen Wasserspitzmäusen oder einigen der Fisch verzehrenden Insektenfresser in Westafrika und Madagaskar.

Fischmäuse der Gattung *Neusticomys* gleichen *Ichthyomys;* sie kommen in den Gebirgsgebieten von Venezuela, Kolumbien und Peru vor.

Wassermäuse sind kleiner als die *Ichthyomys*-Arten, ihre Körperlänge übertrifft selten 19 cm. Sie kommen in mittelamerikanischen Gebirgsbächen vor und man weiß, dass sie Schnecken, Wasserinsekten und möglicherweise Fische fressen.

Baumwoll- und Sumpfratten

TRIBUS SIGMODONTINI, PHYLLOTINI, SCAPTEROMYINI

Baumwoll- und Sumpfratten (Tribus Sigmodontini) teilen ein gemeinsames Merkmal, das Faltenmuster des Zahnschmelzes auf den Molaren, die von oben betrachtet einem „S" ähneln. Es gibt eine ganze Reihe von Anpassungen. Sumpfratten sind an ein semiaquatisches Leben angepasst, während Baumwollratten an Land leben. Beide Gruppen ernähren sich vorwiegend von Pflanzen.

Die Sumpfratten, die Schwimmhäute an den Füßen besitzen, bilden die Gattung *Holochilus*. Zwei Arten sind in weiten Teilen Südamerikas verbreitet, während eine andere nur im Chaco von Paraguay und Nordostargentinien vorkommt. Die Unterseite des Schwanzes ist mit längeren Haaren besetzt, die beim Schwimmen als Ruder dienen. Diese Ratten bauen ein Nest aus Gräsern, das über 40 cm Durchmesser haben kann. Sie legen es nahe dem Wasser an, doch hoch genug, dass es nicht überschwemmt wird. Im südlicheren Teil ihres Verbreitungsgebiets im gemäßigten Südamerika ist die Fortpflanzungsperiode auf Frühling und Sommer (September bis Dezember) beschränkt.

Baumwollratten sind von den südlichen USA bis ins nördliche Südamerika weit verbreitet. Entsprechend ihrer Anpassung an eine terrestrische Lebensweise ist der Schwanz stets deutlich kürzer als der Körper. Baumwollratten sind tag- und nachtaktiv sowie Allesfresser, die sich nach Regenfällen gern am frischen Grün gütlich tun.

Ein auffälliges Merkmal der Baumwollratte (*Sigmodon hispidus*) ist, dass die Jungen behaart zur Welt kommen und sich ihre Augen 36 Stunden nach der Geburt öffnen. Diese Art weist eine hohe Fortpflanzungsrate auf und obwohl die Jungen bereits so gut entwickelt geboren werden, dauert die Tragzeit nur 27 Tage. Die Wurfgröße ist ziemlich hoch, zwischen fünf und acht, mit einem Durchschnitt von 7,6 Jungen pro Wurf. Das Weibchen ist nach dem Werfen wieder paarungsbereit und die Laktation dauert nur zehn bis 15 Tage. So ist die Zeit zwischen den Würfen sehr kurz; ein Weibchen kann während der Fortpflanzungsperiode jeden Monat werfen. In Ackerbauregionen kann diese hohe Fortpflanzungsrate die Tiere schnell zu Schädlingen werden lassen.

Phyllotis-Arten und ihre Verwandten (Gruppe Phyllotini) werden typischerweise vertreten durch *Phyllotis* und *Calomys*. Sie fressen vorwiegend Pflanzenmaterial. Gliederfüßer bilden einen geringen Teil ihrer Ernährung. Die meisten Arten der Gattung *Phyllotis* kommen in großen Höhen vor. Sie sind oft tagaktiv und ruhen in der Sonne. Meist ernähren sie sich von Samen und krautigen Pflanzen. Die Varianten im Körperbau und das Vorkommen mehrerer verschieden großer Arten im gleichen Lebensraum erinnern an die Weißfußmäuse aus der Tribus Peromyscini.

Die Kaninchenratte (*Reothrodon physodes*) gilt als Pflanzenfresser, der zu unregelmäßigen Zeiten aktiv wird. Sie ist mäßig groß. Ihr dickes Fell stellt

Oben: *Große Ohren zeichnen die südamerikanische Gattung* Phyllotis *aus. Dieses Tier der Art* Phyllotis darwini *sucht seine Nahrung auf 4300 m Höhe auf dem Anden-Altiplano.*

Unten: *Repräsentative Neuweltmäuse:* **1** *Ein Vertreter der Gattung* Akodon *(Tribus Akodontini) putzt seinen Schwanz;* **2** *eine Baumwollratte (Gattung* Sigmodon; *Tribus Sigmodontini) versucht ein Ei davonzurollen;* **3** *ein Vertreter der Gattung* Chelemys *(Tribus Akodontini) im unterirdischen Bau;* **4** *ein Vertreter der Gattung* Nectomys *(Tribus Oryzomini) am Wasserrand;* **5** *Fischratte (Gattung* Ichthyomys; *Tribus Ichthyomyini);* **6** Scapteromys tumidus *(Tribus Scapteromyini);* **7** *ein Vertreter der Gattung* Phyllotis *(Tribus Phyllotini).*

eine Anpassung an die offenen Ebenen in den gemäßigten Landschaften von Chile, Argentinien und Uruguay dar.

Eligmodontia puerulus ist einer der wenigen südamerikanischen Nager, die sich auf semiaride Lebensräume spezialisiert haben. Die Hinterbeine sind lang und schlank und bewirken einen eigenartigen galoppierenden Gang, bei dem die Vorderbeine gleichzeitig auf den Boden aufgesetzt und dann durch einen kräftigen Stoß der Hinterbeine wieder nach oben befördert werden. Die Nieren dieser Tiere können sehr gut Wasser recyclen. So ist die Art in der Lage, erstaunlich lange Zeit ohne Trinken auszukommen, weil sie Wasser aus ihrem eigenen Stoffwechsel gewinnt.

Patagonische Chinchillamäuse leben in bewaldeten Gebieten von Mittelargentinien und sind südwärts bis zum Kap Hoorn verbreitet. Die Punamaus findet man nur auf dem Altiplano von Peru. Diese Art ist im Körperbau von allen südamerikanischen Nagetieren den Wühlmäusen am ähnlichsten. Sie ist tag- und nachtaktiv. Ihre Ernährung beschränkt sich wohl auf krautige Pflanzen. Die Chileratte lebt in feuchten Laubwäldern; diese fast ausschließlich auf Bäumen lebende Art könnte das Verbindungsglied zwischen den Phyllotini und den Oryzomini sein. Die Andensumpfratte lebt an Bächen in höheren Lagen. Sie scheint eine Nische einzunehmen, die für eine Wühlmaus geeignet wäre.

***Scapteromys* und ihre Verwandten** (Tribus Scapteromyini) sind an eine grabende Lebensweise am oder in der Nähe von Wasser angepasst. *Scapteromys tumidus* findet man an Flüssen, Bächen und Sümpfen. Die Tiere haben sehr lange Krallen und legen ausgedehnte Tunnelsysteme an.

Kunsia-Arten bevorzugen einen feuchten Lebensraum und können ausgezeichnet graben. *Kunsia tomentosus* zählt zu den größten Neuweltmäusen und erreicht nicht selten eine Körperlänge von 28 cm und eine Schwanzlänge bis 16 cm.

Bibimys sind kleine grabende Ratten, die mit größeren Gattungen verwandt sind. Leider ist nur äußerst wenig über ihre Biologie und Lebensweise bekannt. JFE/RB/JOW

Tribus der Neuweltratten und -mäuse

DIE BLOSSE ANZAHL DER ARTEN VON Neuweltmäusen und -ratten lässt eine gewisse Gruppierung sinnvoll erscheinen, um ihre Vielfalt zu gliedern. Doch alle Versuche, sie auf der Ebene zwischen Unterfamilie und Gattung (und manchmal sogar dort) zusammenzufassen, haben sich als taxonomisch problematisch erwiesen. Die Aufteilung in größere und untergeordnete Gruppen hier ist nur vorläufig; nur von einer einzigen Tribus konnte bewiesen werden, dass sie monophyletisch ist, d.h. von einem einzigen Ahnen abstammt.

Tribus Nordamerikanische Neotomini – Peromyscini

Weißfußmäuse und Verwandte
Tribus Peromyscini

10 Gattungen: **Weißfuß-** oder **Hirschmäuse** (*Peromyscus*, 54 Arten), von Kanada (bis auf die arktische Region) südlich bis nach Mexiko und Panama. **Erntemäuse** (*Rheithrodontomys*, 19 Arten), von W-Kanada und USA südlich bis Mexiko und W-Panama. ***Habromys*** (4 Arten), von Zentralmexiko bis nach El Salvador. **Floridamaus** (*Podomys floridanus*), Halbinsel Florida. **Vulkanmaus** (*Neotomodon alstoni*), Berggegenden Zentralmexikos. **Grashüpfermäuse** (*Onychomys*, 3 Arten), SW-Kanada, NW-USA bis nördliches Zentralmexiko. **Michoaca-Hirschmaus** (*Osgoodomys bandaranus*), westliches Zentralmexiko. ***Isthmomys*** (2 Arten), Panama. **Thomashirschmaus** (*Megadontomys thomasi*), Zentralmexiko. **Goldmaus** (*Ochrotomys nuttalli*), SW-USA.

Buschratten und Verwandte
Tribus Neotomini

4 Gattungen: **Buschratten** (*Neotoma*, 19 Arten), USA bis Zentralmexiko. **Allens Waldratte** (*Hodomys alleni*), westliches Zentralmexiko. **Magdalenaratte** (*Xenomys nelsoni*), westliches Zentralmexiko. **Zwergwaldratte** (*Nelsonia neotomodon*), Zentralmexiko.

Amerikanische Zwergmäuse und *Scotinomys*
Tribus Baiomyini

2 Gattungen: **Amerikanische Zwergmäuse** (*Baiomys*, 2 Arten), SW-USA bis Nicaragua. ***Scotinomys*** (2 Arten), Brasilien, Bolivien, Argentinien.

Kletterratten
Tribus Tylomyini

2 Gattungen: **Kletterratten** (*Tylomys*, 7 Arten), S-Mexiko bis W-Kolumbien. **Großohrkletterratte** (*Ototylomys phillotis*), Halbinsel Yucatán in Mexiko südlich bis Costa Rica.

Tribus Nyctomyini

Abendratten
Tribus Nyctomyini

2 Gattungen: **Sumichrast-Abendratte** (*Nyctomys sumichrasti*), S-Mexiko bis Zentralpanama. **Yukata-Abendratte** (*Otonyctomys hatti*), Halbinsel Yucatán in Mexiko und benachbarte Gebiete in Mexiko und Guatemala.

Tribus Thomasomyini – Oryzomyini

Thomasomys und Verwandte
Tribus Thomasomyini

8 Gattungen: ***Thomasomys*** (25 Arten), in großer Höhe in den Anden von Kolumbien südlich bis Bolivien. ***Delomys*** (2 Arten), SO-Brasilien und Nachbargebiete in Argentinien. ***Wilfredomys*** (2 Arten), SO-Brasilien bis NW-Argentinien und Uruguay. ***Abrawayaomys ruschii***, SO-Brasilien. **Klettermäuse** (*Rhipidomys*, 14 Arten), in flachen Gebieten vom äußersten O Panamas südlich bis zum nördlichen Südamerika und bis Zentralbrasilien. **Kolumbianische Waldmaus** (*Chilomys instans*), in großer Höhe in den Anden, von W-Venezuela südlich bis Kolumbien und Ecuador. ***Aepeomys*** (2 Arten), in großen Höhen in Venezuela, Kolumbien, Ecuador. **Rioreisratte** (*Phaenomys ferrugineus*), Umgebung von Rio de Janeiro.
Die Verwandtschaften von ***Chilomys***, ***Delomys***, ***Wilfredomys*** und ***Phaenomys*** sind ungeklärt.

Reisratten und ihre Verwandten
Tribus Oryzomini

13 Gattungen: ***Melanomys*** (3 Arten), Mittelamerika südlich bis Peru. ***Microryzomys*** (2 Arten), Berge in Venezuela südlich bis Bolivien. ***Oecomys*** (12 Arten), Tiefland-Regenwald von Mittelamerika bis Brasilien. ***Oligoryzomys*** (15 Arten), S-Mexiko bis S-Brasilien. ***Sigmodontomys*** (2 Arten), Wälder von Costa Rica bis Ecuador. **Reisratten** (*Oryzomys*, 36 Arten), SO-USA südlich über Mittelamerika und das nördliche Südamerika bis Bolivien und Zentralbrasilien. ***Nesoryzomys*** (5 Arten), Galapagos-Inseln vor Ecuador. ***Scolomys*** (3 Arten), Ecuador, Peru. ***Pseudoryzomys*** (2 Arten), Bolivien, O-Brasilien, N-Argentinien. ***Neacomys*** (3 Arten), O-Panama bis in die Tiefländer Südamerikas nach N-Brasilien. ***Nectomys*** (3 Arten), Tiefländer Südamerikas bis NO-Argentinien. ***Amphinectomys savamis***, O-Peru. **Brasilianische Baummaus** (*Rhagomys rufescens*), SO-Brasilien.

Rechts: *Einige Wüsten bewohnende Buschratten wie diese Wüstenbuschratte (*Neotoma albigula*) legen kunstvolle Baue an, die an die folgenden Generationen weitergegeben werden können. Das dornige Material, das beim Bau verwendet wird, erschwert Feinden das Eindringen. Die Ratten selbst kommen und gehen offensichtlich unverletzt.*

Rotnasenmaus
Tribus Wiedomyini

Rotnasenmaus (*Wiedomys pyrrhorhinos*), O-Brasilien. Verwandtschaft unsicher.

Tribus Akodontini – Oxymycterini

Südamerikanische Feldmäuse
Tribus Akodontini

11 Gattungen: **Südamerikanische Feldmäuse** (*Akodon*, 45 Arten), im größten Teil Südamerikas von W-Kolumbien bis Argentinien. ***Bolomys*** (6 Arten), gebirgige Gebiete von SO-Peru südlich bis Paraguay und Zentralargentinien. ***Microxus*** (3 Arten), gebirgige Gebiete von Kolumbien, Venezuela, Ecuador, Peru. ***Chroeomys*** (2 Arten), Anden von Peru bis N-Argentinien. ***Chelemys*** (2 Arten), Anden längs der chilenisch-argentinischen Grenze. ***Geoxus valdivianus***, S-Chile und benachbartes Argentinien. ***Pearsonomys annectens***, Gebirge Zentralchiles. ***Thalpomys*** (2 Arten), Gebirge in S-Brasilien. **Peruratte** (*Lenoxus apicalis*), SO-Peru und W-Bolivien. **Krallenmaus** (*Notiomys edwardsii*), Argentinien, Chile. **Roraimamaus** (*Podoxymys roraimae*), Dreiländereck Brasilien, Venezuela, Guyana.

Rohrmäuse
Tribus Zygodontomini

Rohrmäuse (*Zygodontomys*, 3 Arten), Costa Rica und nördliches Südamerika. Verwandtschaft unsicher.

Grabmäuse und ihre Verwandten
Tribus Oxymycterini

4 Gattungen: **Grabmäuse** (*Oxymycterus*, 12 Arten), SO-Peru, W-Bolivien östlich über weite Teile Brasiliens und südlich bis N-Argentinien. **Wühlhamster** (*Blarinomys breviceps*), östliches Zentralbrasilien. ***Juscelinomys candango***, um Brasilia. ***Brucepattersonius*** (7 Arten), südliches Zentralbrasilien und angrenzendes NO-Argentinien und Uruguay.

Tribus Ichthyomyini

Fischratten und -mäuse
Tribus Ichthyomyini

5 Gattungen: **Fischratten** (*Ichthyomys*, 4 Arten), Gebirgsausläufer in Venezuela, Kolumbien, Ecuador, Peru. ***Chibchanomys*** (2 Arten), W-Venezuela südlich in den Anden bis Peru. **Ecuadorfischratte** (*Anotomys leander*), Gebirge in Ecuador. **Fischmäuse** (*Neusticomys*, 4 Arten), Anden in S-Kolumbien und N-Ecuador, N-Venezuela, W-Peru und Französisch-Guayana. **Wassermäuse** (*Rheomys*, 5 Arten), Zentralmexiko bis Panama.

Tribus Sigmodontini – Phyllotini – Scapteromyini

Baumwoll- und Sumpfratten
Tribus Sigmodontini

3 Gattungen: **Sumpfratten** *(Holochilus,* 4 Arten), im größten Teil des südamerikanischen Tieflands. **Baumwollratten** *(Sigmodon,* 10 Arten), S-USA, Mexiko, Mittelamerika, nordöstliches Südamerika südlich bis NO-Brasilien. ***Lundomys molitor,*** äußerster Süden Brasiliens und benachbarte Gebiete in Uruguay.

Phyllotis und Verwandte
Tribus Phyllotini

17 Gattungen: ***Graomys*** (3 Arten), Anden in Bolivien, südlich bis N-Argentinien und Paraguay. ***Andalgalomys*** (3 Arten), Paraguay und N-Argentinien. ***Galenomys garleppi***, in großen Höhen in S-Peru, W-Bolivien, N-Chile. ***Auliscomys*** (3 Arten), Berge von Bolivien, Peru, Chile und Argentinien. **Punamaus** *(Punomys lemminus),* Gebirgsgegenden in S-Peru. **Kaninchenratte** *(Reithrodon physodes),* Steppe und Grasland in Chile, Argentinien, Uruguay. **Abendmäuse** *(Calomys,* 9 Arten), im größten Teil des südamerikanischen Tieflands. **Chinchillamaus** *(Chinchillula sahamae),* in großer Höhe in S-Peru, W-Bolivien, N-Chile, Argentinien. **Chileratte** *(Irenomys tarsalis),* N-Argentinien, N-Chile. **Andenmaus** *(Andinomys edax),* S-Peru, N-Chile. **Wüstenmäuse** *(Eligmodontia,* 4 Arten), S-Peru, N-Chile, Argentinien. ***Phyllotis*** (12 Arten), von NW-Peru südlich bis N-Argentinien und Zentralchile. ***Euneomys*** (4 Arten), gemäßigtes Chile und Argentinien. **Andensumpfratte** *(Neotomys ebriosus),* Peru südlich bis NW-Argentinien. ***Maresomys boliviensis***, N-Argentinien und benachbartes Bolivien. ***Loxodontomys micropus,*** W-Argentinien. ***Salinomys delicatus,*** nur durch 9 Tiere bekannt, die in NW-Argentinien gefunden wurden.

Scapteromys und Verwandte
Tribus Scapteromyini

3 Gattungen: **Rotnasenratten** *(Bibimys,* 3 Arten), SO-Brasilien bis NW-Argentinen. **Südamerikanische Wasserratte** *(Scapteromys tumidus),* SO-Brasilien, Paraguay, O-Argentinen. **Südamerikanische Riesenratten** *(Kunsia,* 2 Arten), N-Argentinen, Bolivien, SO-Brasilien.

Vollständige Artenliste siehe Anhang Seite 874 f. ▷

Wühlmäuse und Lemminge

VOLKSMÄRCHEN BERICHTEN VON UNZÄHLIgen Lemmingen, *die sich zu manchen Zeiten in Flüsse oder ins Meer stürzen und dort in Massen ertrinken. Es gibt jedoch weder bei Lemmingen noch bei Wühlmäusen, ihren Verwandten in der Unterfamilie Microtinae, Beweise für solche Selbstmordtendenzen. Es stimmt allerdings, dass Lemminge von Zeit zu Zeit zu Massenwanderungen aufbrechen, bei denen Tausende von Tieren sterben.*

Lemminge und Wühlmäuse haben zwei besonders interessante Merkmale. Erstens schrumpfen und wachsen ihre Populationen in zyklischen Mustern. Deshalb sind sie die besterforschte Unterfamilie der Nager (und Grundlage für einen Großteil unseres Wissens über die Dynamik der Nagerpopulationen). Zweitens besiedeln viele Wühlmäuse und Lemminge Lebensräume, die die meiste Zeit des Jahres schneebedeckt sind. Sie halten keinen Winterschlaf wie größere Säuger, etwa Erdhörnchen, und sie können auch nicht auf eine dicke Fettschicht vertrauen wie Bären. Sie überleben, weil sie unter dem Schnee Tunnel graben, wo sie vor der extremen Kälte geschützt sind.

Kompakte Figur

KÖRPERBAU UND FUNKTION

Wühlmäuse und Lemminge sind kleine, gedrungene Nager mit stumpfer Schnauze. Der Schwanz ist meist halb so lang wie ihr Körper. Augen und Ohren sind klein, bei Lemmingen ist der Schwanz sehr kurz. Die Fellfarbe unterscheidet sich nicht nur zwischen den Arten, sondern oft auch innerhalb einer Art. Das Fell der Lemminge ist speziell tiefen Temperaturen angepasst: Es ist lang, dick und Wasser abweisend. Der Halsbandlemming ist das einzige Nagetier, das ein rein weißes Winterfell bekommt.

Einige Arten weisen besondere anatomische Merkmale auf. Die Kralle an der ersten Zehe des

Oben links: *Eine Erdmaus beim Fressen. Die Männchen verteidigen ihr Revier heftig, während sich die Bezirke der Weibchen oft beträchtlich überschneiden. Junge Männchen werden von älteren ansässigen Männchen vertrieben.*

FAKTEN

WÜHLMÄUSE UND LEMMINGE

Ordnung: Rodentia

Familie: Muridae

Unterfamilie: Arvicolinae (Microtinae)

143 Arten in 26 Gattungen, darunter **Halsbandlemming** (*Dicrostonyx torquatus*); **Berglemming** (*Lemmus lemmus*); **Nördlicher Mulllemming** (*Ellobius talpinus*); **Rötelmaus** (*Clethrionomys glareolus*) und **Bisamratte** (*Ondatra zibethicus*).

VERBREITUNG Nord- und Mittelamerika, Eurasien von Arktis bis Himalaya; kleine Populationen in N-Afrika.

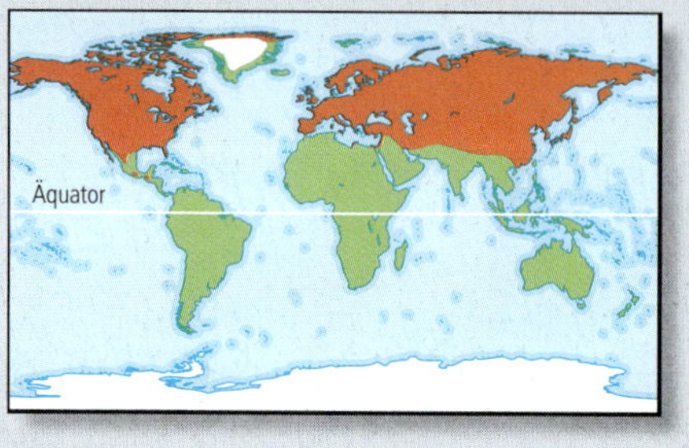

LEBENSRAUM Grabende Arten in der Tundra, in gemäßigtem Grasland, Steppe, Buschland, offenen Wäldern, Felsen; 5 Arten sind wasser- bzw. baumbewohnend.

GRÖSSE Bei den meisten Arten Körperlänge 10–11 cm, Schwanzlänge 3–4 cm, Gewicht 17–20 g.

FELL Dick, in verschiedenen Grau- und Brauntönen.

NAHRUNG Pflanzenfresser; meist die grünen Teile von Pflanzen, doch fressen einige Arten auch Knollen, Wurzeln und Moose. Bisamratten verzehren gelegentlich auch Muscheln und Schnecken.

FORTPFLANZUNG Tragzeit 16–28 Tage. Wurfgröße je nach Art 1–12 Junge; wenigstens 2 Würfe, manchmal bis zu 4 Würfe oder mehr pro Jahr.

LEBENSERWARTUNG 0,5–2 Jahre.

IUCN-STATUS 3 Arten vom Aussterben bedroht; 3 weitere stark gefährdet. Die Bayerische Kurzohrmaus *(Microtus bavaricus)* gilt als ausgestorben.

Übersicht der Tribus siehe Seite 632 ▷

Links: *Bisamratten sind gut ans Leben in Wassernähe angepasst. Sie haben teilweise Schwimmhäute an den Hinterfüßen und können ihren Schwanz, der leicht abgeflacht ist, als Ruder einsetzen. Bisamratten kommen in vielerlei am Wasser gelegenen Lebensräumen vor.*

Rechts: *Rötelmäuse* (Clethrionomys glareolus) *leben in Europa und Zentralasien in Wäldern und Buschland, an Ufern und in Sümpfen. Meist belegen sie ein Revier von etwa 0,8 ha.*

Berglemmings ist abgeflacht und vergrößert zum Graben im Schnee, während beim Halsbandlemming jeden Herbst an der dritten und vierten Zehe des Vorderfußes eine große Kralle wächst, die im Frühjahr wieder abgestoßen wird. Bisamratten haben einen langen Schwanz und kleine Schwimmhäute zwischen den Zehen, die beim Schwimmen helfen. Mulllemminge sind ans Graben angepasst. Sie weisen eine stärker zylindrische Form als andere Arten auf und ihre Schneidezähne, die zum Graben eingesetzt werden, stehen extrem vor.

Männchen und Weibchen haben meist dieselbe Farbe und etwa dieselbe Größe; die Farbe des Jugendfells kann vom Erwachsenenfell abweichen. Die meisten adulten Wühlmäuse wiegen weniger als 100 g, die Bisamratte bringt es auf über 1400 g. Die Größe des Gehirns ist im Verhältnis zur Körpermasse kleiner als bei Säugern üblich.

Geruchssinn und Gehör sind gut entwickelt und auch Lautäußerungen spielen eine große Rolle. Jede Art verfügt über eine Reihe spezieller Rufe. Diese werden als Warnung, Drohung sowie bei Werbung und Paarung ausgestoßen. *Lasiopodomys*-Arten, die in Kolonien leben, sitzen an der Erdoberfläche und pfeifen wie Präriehunde.

Tundra, Grasland, Wald

VERBREITUNG

Wühlmäuse und vor allem Lemminge sind in den Tundren der Nordhalbkugel weit verbreitet, wo sie die vorherrschende Kleinsäugetierart darstellen. Sie haben sich dort nach dem Rückzug der letzten eiszeitlichen Gletscher angesiedelt. Wühlmäuse findet man auch in nordamerikanischen und eurasischen Grasländern und Laubwäldern.

Da aus dem Pleistozän (vor 1,8 Millionen bis 10 000 Jahren) viele Fossilien von Schädeln der Microtinae erhalten sind, basiert die Taxonomie dieser Unterfamilie weitgehend auf der Struktur und Art der Zähne, die sie von anderen Nagern unterscheidbar macht. Die Zähne aller Arten haben abgeflachte Kronen und Prismen aus Zahnbein, die von Zahnschmelz umgeben sind. Es gibt zwölf Molaren und vier Schneidezähne. Die Arten werden nach den Mustern des Zahnschmelzes der Molaren unterschieden. Das Gebiss reicht nicht aus, um alle taxonomischen Fragen zu klären. Es bleiben Probleme bei der Festlegung der Arten und Gattungen bestehen. Oft kann man die Arten an der Körpergröße, Fellfarbe und Schwanzlänge unterscheiden. Die Unterteilung in viele Unterarten (hier nicht aufgeführt) spiegelt geografische Varianten in Fellfarbe und Größe bei weit verstreuten Arten wider. *Microtus*, die größte Gattung (zu der etwa 50 % der Unterfamilie gehören), ist eine heterogene Mischung von Arten.

Viele Spezies weisen Verbreitungsgebiete auf, die sich überschneiden. Es gibt etwa sechs Arten (zwei Lemminge, vier Wühlmäuse) in der Tundra und den Wäldern der Yamal-Halbinsel Russlands. Jede Art kann anhand ihres bevorzugten Lebensraums oder ihrer Nahrung festgelegt werden. Die Verbreitungsgebiete von Braunem Lemming und Halsbandlemming überschneiden sich beträchtlich, doch Letzterer bevorzugt höher gelegene Heiden sowie höhere und trockenere Tundra, während der Braune Lemming im nasseren Gras-Tiefland zu finden ist. Dass es Konkurrenz zwischen eng verwandten Arten gibt, ist behauptet, aber nicht durch Feldforschung bewiesen worden.

Fleißig beim Grasen und Graben

NAHRUNG

Als Pflanzenfresser verzehren Wühlmäuse und Lemminge meist die grünen Teile der Pflanzen, doch manche bevorzugen Knollen, Wurzeln, Moose und sogar Kiefernnadeln. Die Bisamratte frisst gelegentlich Muscheln und Schnecken. Die Nahrung wechselt mit den Jahreszeiten und differiert regional. Arten in feuchten Lebensräumen, wie Lemminge und die Sumpfmaus, bevorzugen Gräser und Seggen, während jene in trockeneren Lebensräumen, wie der Halsbandlemming, lieber

Kräuter mögen. Allerdings wählen die Tiere ihr Futter nur bis zu einem gewissen Grad aus; die Ernährung spiegelt nicht nur die Vegetation wider.

Wühlmäuse suchen bei Tag und Nacht Nahrung, obwohl sie oft in der Dämmerung unterwegs sind. Einige verstecken im Sommer und Herbst Futter. Im Winter, wenn die Schneedecke die Tiere isoliert, die unter der Erdoberfläche leben, wird die Nahrung wieder ausgegraben. Die Tiere fressen auch Pflanzen an der Oberfläche. Die Polarrötelmaus verzehrt u.a. Beeren und muss im Sommer mit den Vögeln konkurrieren. Im Winter, wenn die Büsche schneebedeckt sind, kann diese Maus graben, um die Beeren zu erreichen, sodass nur während des Tauwetters im Frühjahr eine ernste Nahrungsknappheit besteht. Im Winter nutzt *Lemmiscus curtatus* Schneewehen, um an Büsche zu kommen, die sonst unerreichbar sind.

Die meisten Microtinae – etwa Graulemminge oder alle Arten der Gattung *Microtus* – haben stetig wachsende Molaren. Sie können mehr und härtere Gräser kauen als Arten, deren Molaren über Wurzeln verfügen. In der Tundra und im Grasland helfen Wühlmäuse und Lemminge bei der Wiederverwertung von Nährstoffen, weil sie Abfallprodukte wegschaffen sowie viele Pflanzen abbeißen und unter die Erdoberfäche bringen.

Ein kurzes Leben in Hektik

SOZIALVERHALTEN

Microtinae haben ein kurzes Leben. Sie werden sehr früh geschlechtsreif und sind sehr fruchtbar. Die Sterblichkeitsrate ist allerdings hoch: Während der Paarungszeit überleben nur 70 % der Tiere bis in den nächsten Monat. Wann sie die Geschlechtsreife erreichen, differiert. Die Weibchen einiger Arten werden schon zwei bis drei Wochen nach der Geburt geschlechtsreif. Bei Männchen dauert es sechs bis acht Wochen. Die Feldmaus entwickelt sich extrem rasch. Man hat beobachtet, dass Weibchen schon läufig werden, wenn sie noch nicht entwöhnt sind, und schon fünf Wochen nach ihrer Geburt zum ersten Mal werfen. Bei Arten, die nur im Sommer Nachwuchs haben, werfen die Jungen, die früh geboren werden, noch im selben Sommer, während spätere Würfe erst im Frühjahr danach geschlechtsreif werden.

Die Dauer der Paarungszeit ist unterschiedlich, doch liegt sie bei Lemmingen im Sommer und im Winter. Bei Wühlmäusen ist die Paarung im Winter weniger üblich, sie paaren sich vom späten Frühjahr bis zum Herbst. Wühlmäuse im Mittelmeerraum paaren sich dagegen im Winter und Frühjahr, während der feuchten Zeit. Innerhalb einer Art variiert die Paarungszeit oft stark, je nach Jahr und Gegend. Die Bisamratte paart sich im südlichen Teil ihres Verbreitungsgebiets ganzjährig, sonst nur im Sommer. Einige Feldmaus-Arten paaren sich bei einer Vergrößerung der Population im Winter, doch nicht, wenn die Zahlen sinken.

Bei vielen Arten (z.B. Gebirgswühlmaus, Feldmaus, Mexikanische Wühlmaus) löst die Anwesenheit eines Männchens durch Gerüche, die es absondert, den Eisprung beim Weibchen aus. Die normale Tragzeit beträgt 21 Tage, doch sie kann bei guten Bedingungen auch kürzer sein; bei einer Rötelmaus bei optimaler Ernährung nur 17 Tage. Die Tragzeit verlängert sich auf 24 Tage bei der Rötelmaus, wenn ein Weibchen sich wenige Stunden, nachdem es geworfen hat, wieder paart und deshalb während der Laktation trächtig ist.

Der Fortpflanzungszyklus kann unterbrochen werden. Ein Weibchen, das sich gepaart hat, wird manchmal nicht trächtig oder hat spontan einen Abgang, wenn es einem fremden Männchen ausgesetzt ist (beide Phänomene wurden im Labor bei Feldmaus, Wiesenmaus und *Microtus ochrogaster* beobachtet, konnten aber in der Feldforschung nicht nachgewiesen werden). Männchen stehen unter dem Druck, in der kurzen Saison so

SCHERMÄUSE IN GROSSBRITANNIEN

Das Schicksal der britischen Schermaus-Populationen war im 20. Jahrhundert wechselhaft. Dies wurde erst vor kurzem durch landesweite Beobachtungen des Vincent Wildlife Trust 1989/90 und 1996 bis 1998 festgestellt. Diese Beobachtungen bestätigten, dass die Art seit den 1930er Jahren an den Wasserwegen seltener geworden ist, aufgrund von Lebensraumverlust und durch zunehmenden Ackerbau. In den letzten Jahren haben die Populationen noch rascher abgenommen, und zwar durch verwilderte, aus Pelztierfarmen entlaufene Minks.

Der Bestandsrückgang ist inzwischen zu einem massiven Einbruch geworden, mit einer weiteren Abnahme des verbleibenden Bestands um 88 % in sieben Jahren. Die Berichte von 1996 bis 1998 besagen, dass die Abnahme im Norden und Südwesten von England am stärksten war, in Yorkshire betrug sie 97 % des Bestands. Dies macht die Schermaus zu dem Säuger, dessen Bestand in Großbritannien am schnellsten zurückgeht. Sie steht daher unter dem Schutz des Wildlife and Countryside Act von 1981.

Die Bedrohungen für Schermäuse sind umfassend; dazu gehören Lebensraumverlust und -verschlechterung (durch Flussregulierungen und Landwirtschaft), Isolation und Aufteilung der Populationen, Schwankungen im Wasserspiegel, Umweltverschmutzung, Fressfeinde (vor allem Minks) oder indirekte Verfolgung durch die Vernichtung von Ratten.

Die Schermaus zu retten bedarf einiger umfangreicher Änderungen in ihrem Lebensraum und die Zusammenarbeit vieler Bereiche der britischen Gesellschaft. Es werden Korridore angelegt, damit isolierte Populationen einander erreichen können, zwischen wiederhergestellten Altwässern, Teichen, feuchten Wiesen, Marschen, Schilf und einem Netz von Gräben. Flussufer sind der Mittelpunkt der Aktivität von Schermäusen und die Möglichkeit, eine durchgehende Uferstrecke an einem Fluss zu schaffen, indem man Ackerland zurückdrängt, wäre sehr wertvoll. Werden Ufer nicht kultiviert, siedeln sich bald Wildpflanzen an, die Schermäusen Nahrung und Schutz liefern. Ufervegetation mit hohen Gräsern und Pflanzen wie Weidenröschen, Pfennigkraut und Mädesüß, umgeben von dichten Büscheln Binsen, Seggen und Ried, bilden den optimalen Lebensraum. Im Winter sind die Wurzeln und Rinde von Gehölzen wie Weiden und Salweiden ein wichtiger Teil in der Ernährung der Schermaus, zusammen mit Rhizomen, Knollen und Wurzeln krautiger Pflanzen. Heute bestehen bereits einige Projekte: der begradigte Fluss Cole in Coleshill, Wiltshire, wird auf 2 km Länge wieder in sein altes mäandrierendes Bett zurückverlegt. Und am Skerne in Darlington, Grafschaft Durham, bieten Altwasserarme ein kleines Zufluchtsgebiet für Schermäuse. RS

4

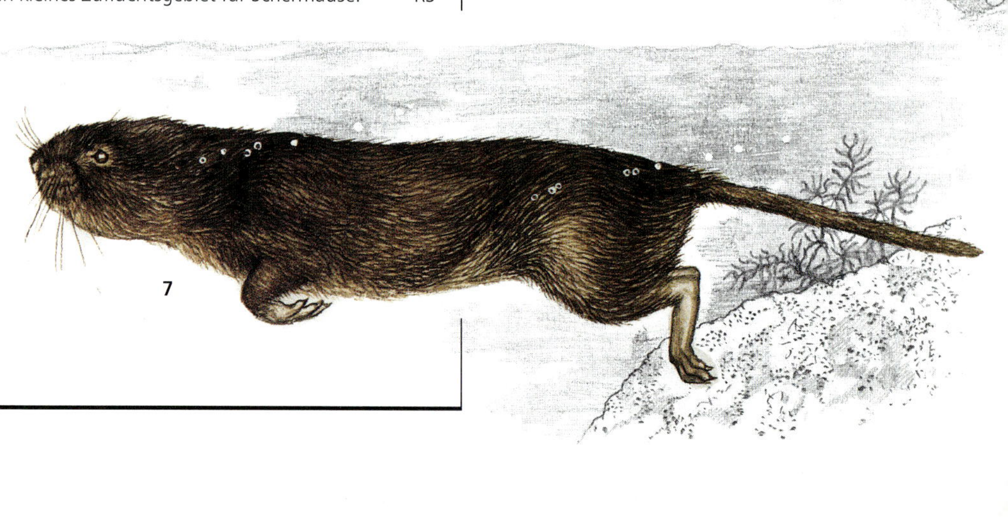

7

Oben: *Repräsentative Wühlmaus- und Lemming-Arten:* ***1*** *Bisamratte* (Ondatra zibethicus) *sitzt auf ihrem Bau aus Ästen und Zweigen;* ***2*** Arborimus longicaudus, *eine hoch spezialisierte baumlebende Wühlmaus;* ***3*** *Berglemming* (Lemmus lemmus); ***4*** *Südlicher Mulllemming* (Ellobius fuscocapillus); ***5*** *Gelbwangenwühlmaus* (Microtus xantognathus); ***6a*** *Halsbandlemming* (Dicrostonyx torquatus) *im Winterfell, mit doppelten vorderen Krallen;* ***6b*** *Halsbandlemming im Sommerfell, mit einfachen vorderen Krallen;* ***7*** *Ostschermaus* (Arvicola terrestris); ***8*** *Wiesenmaus* (Microtus pennsylvanicus) *trommelt mit der Hinterpfote ein Alarmsignal.*

viele Nachkommen wie möglich zu zeugen. Man hat beobachtet, dass Weibchen von Halsbandlemmingen die Nestlinge anderer Weibchen töten.

Die Jungen werden klein, blind und hilflos geboren. Sie wiegen 1 bis 10 g, das Gewicht des gesamten Wurfs umfasst 22 bis 28 % vom Gewicht des Weibchens. Sie werden in einem meist unterirdischen Nest aus trockenem Gras, Flechten oder anderem Pflanzenmaterial geboren. Die Größe der Würfe und die Anzahl der Jungen pro Wurf variiert zwischen den Arten beträchtlich, teilweise durch die Länge der Paarungszeit und Verfügbarkeit von Nahrung. Die durchschnittliche Wurfgröße beträgt bei *Arborimus longicaudus* zwei, bei der größeren Gelbwangenwühlmaus mehr als acht Junge, obwohl jeder Wurf ein bis zwölf Jungen bei fruchtbareren Arten umfassen kann. Jährlich erfolgen wenigstens zwei – doch oft vier und mehr – Würfe.

Die Aufzucht der Jungen ist Aufgabe der Weibchen. Wenn Junge das Nest verlassen, werden sie am Quietschen geortet und wieder zurückgeholt. Männchen scheinen sich nicht zu beteiligen, nur bei der monogamen Art *Microtus ochrogaster* und bei Kleinwühlmäusen holen die Männchen die Jungen zurück und pflegen ihnen das Fell. Ebenso helfen sie, Baue und Wege sauber zu halten.

Solange die Jungen im Nest leben, lernen sie, den Geruch und die Verhaltensweisen ihrer Art zu erkennen. Lässt man Braune Lemminge von Halsbandlemmingen aufziehen, sind sie als erwachsene Tiere ihrer eigenen Art gegenüber aggressiver als gegenüber der Art ihrer Stiefeltern. Die Dauer der Laktation ist unterschiedlich, doch meist dauert sie drei Wochen.

Sowohl die Geschlechter als auch einzelne Arten haben unterschiedliche Verhaltensweisen. Diese können sich mit den Jahreszeiten radikal ändern. Der Schlüssel zum Verständnis der sozialen Beziehungen und der räumlichen Organisation von Wühlmäusen und Lemmingen ist das Territorialverhalten der Männchen und Weibchen. Zur Paarungszeit bilden Männchen und Weibchen Reviere, die durch Duftmarken begrenzt sind.

Die Männchen konkurrieren um den Zugang zu paarungsbereiten Weibchen, während diese um Plätze mit hochwertiger Nahrung konkurrieren, wo die Jungen sicher sind. Die Reviere von Männchen und Weibchen können getrennt sein (bei Gebirgswühlmaus und Halsbandlemmingen) oder sich überschneiden (bei europäischen Scher- und Feldmäusen); ebenso können mehrere Weibchen mit überlappenden Revieren im Bezirk eines Männchens leben (Erdmäuse, Gelbwangenwühlmäuse). Männchen stellen Rangordnungen auf – unterlegene Tiere können von der Paarung ausgeschlossen sein – und sorgen dafür, dass fremde Männchen aus dem Revier vertrieben werden. Feldmäuse, *Lemmiscus curtatus* und *Lasiopodomys*-Arten bilden Kolonien und bauen komplizierte Tunnel.

Die meisten Männchen paaren sich mit mehreren Weibchen, einige Arten sind monogam. Bei der Präriewühlmaus bilden Männchen und Weibchen dauerhafte Paare und auch die Rocky-Mountains-Wühlmäuse scheinen bei geringer Dichte monogam zu sein, wobei keine starke Paarbindung besteht. Bei hoher Dichte paaren sich die Männchen dieser Art mit mehreren Weibchen. Monogamie wird auch gefördert, wenn beide Elterntiere ihre Jungen gegen Feinde verteidigen müssen.

Das soziale System kann jahreszeitliche Unterschiede aufweisen. Bei der Präriewühlmaus verteilen sich die Jungen, die Reviere werden im Spätsommer aufgelöst. Gruppen von fünf bis zehn nicht verwandten Tieren bauen ein Nest, das während des Winters von beiden Geschlechtern bewohnt wird. Gemeinsame Nester oder örtliche Ansammlungen von Tieren findet man auch bei Wiesen-, GrauröteI- und Polarrötelmäusen. Aneinanderkuscheln verringert den Energieverbrauch.

Tribus der Wühlmäuse und Lemminge

Lemminge Tribus Lemmini

17 Arten in 4 Gattungen. Nordamerika und Eurasien; besiedeln Tundra, Taiga und Fichtenwälder. Breiter, massiver Schädel, Schwanz sehr kurz, Haare lang; 8 Zitzen.
Halsbandlemminge (*Dicrostonyx*, 11 Arten).
Berglemminge (*Lemmus*, 3 Arten), darunter der Berg- oder Fjelllemming (*L. lemmus*).
Lemmingmäuse (*Synaptomys*, 2 Arten).
Waldlemming (1 Art) *Myopus schisticolor.*

Mulllemminge Tribus Ellobiini

5 Arten in 1 Gattung. Zentralasien; Steppenlebensräume. Der Körperbau ist dem Leben unter der Erde angepasst; Fellfarben variieren von Ocker bis Braun und Schwarz; kurzer Schwanz; keine Ohren; Schneidezähne stehen vor. Zu den Arten gehören Nördlicher Mulllemming (*Ellobius talpinus*) und Südlicher Mulllemming (*E. fuscocapillus*).

Wühlmäuse Tribus Microtini

121 Arten in 21 Gattungen. Nordamerika, Europa, Asien, Arktis.
Feldmäuse (*Microtus*, 61 Arten). Nordamerika, Eurasien, N-Afrika. Fell und Größe sehr unterschiedlich, Molaren ohne Wurzeln, Schädel schwach; 4–8 Zitzen. Baue ober- und unterirdisch. Zu den Arten zählen Feldmaus (*M. arvalis*), Erdmaus (*M. agrestis*), *M. pinetorum*.
Gebirgswühlmäuse (*Alticola*, 12 Arten). Zentralasien. Dazu gehört *A. macrotis*.
Davidwühlmäuse (*Eothenomys*, 9 Arten). O-Asien. Dazu gehört die Davidwühlmaus (*E. melanogaster*).
Rötelmäuse (*Clethrionomys*, 7 Arten). Japan, nördliches Eurasien, Nordamerika; Lebensräume in Wald, Buschland und Tundra. Rücken meist rot, Backenzähne bei Adulttieren mit Wurzeln; 8 Zitzen. Dazu gehört die Rötelmaus (*C. glareolus*).
Volemys (4 Arten). China.
Arborimus (3 Arten). W-USA.
Lasiopodomys (3 Arten). Zentralasien.
Schneemäuse (*Chionomys*, 3 Arten). S-Europa, SW-Asien, Türkei.
Phaulomys (2 Arten). Japan.
Kaschmirwühlmäuse (*Hyperacrius*, 2 Arten). Kaschmir und Punjab. Dazu gehört *H. fertilis*.
Schermäuse (*Arvicola*, 2 Arten). Nordamerika, nördliches Eurasien. Dazu gehört die Ostschermaus (*A. terrestris*).
Heidewühlmäuse (*Phenacomys*, 2 Arten). W-USA und Kanada. Dazu gehört die Baum-Heidewühlmaus (*P. longicaudus*).
Blanfordimys (2 Arten). Zentralasien.
Bergmaus (*Dinaromys bogdanovi*). Jugoslawien.
Proedromys bedfordi. China.
Beifußsteppenlemming (*Lemmiscus curtatus*). W-USA.
Bisamratte (*Ondatra zibethicus*). Nordamerika.
Florida-Wasserratte (*Neofiber alleni*). Florida.
Prometheusmaus (*Prometheomys schaposchnikowki*). Kaukasus, Russland.
Steppenlemming (*Lagurus lagurus*). Zentralasien.
Gelblemminge (*Eolagurus*, 2 Arten). Östliches Zentralasien.

Vollständige Artenliste siehe Anhang Seite 868 f. ▷

WANDERUNGEN DER LEMMINGE

Skandinavische Legenden erzählen, dass alle paar Jahre Massen von Lemmingen die Birkenwälder verlassen und Weiden in höheren Lagen bevölkern, wo sie Ernten zerstören, Brunnen verseuchen und die Luft mit ihren verfaulenden Körpern verpesten. Von einem unwiderstehlichen Drang getrieben, eilen sie weiter, machen keinen Halt an Hindernissen, bis sie ihren selbstmörderischen Marsch im Meer beenden.

Die Wahrheit sieht ganz anders aus. Der Lebenszyklus des Berglemmings ist nicht außergewöhnlich. Die Tiere sind das ganze Jahr aktiv. Im Winter bauen sie Tunnel und Nester unter dem Schnee, wo sie in Sicherheit Junge aufziehen – höchstens ein Wiesel oder Hermelin greift gelegentlich an. Wenn im Frühling das Tauwetter einsetzt, besteht die Gefahr, dass die Baue einbrechen, sodass sich die Tiere in höhere Lagen oder in die tiefer gelegenen Birken-Weiden-Wälder begeben müssen, wo sie die Sommermonate in Hohlräumen oder selbst gegrabenen Bauen unter der Erde verbringen. Im Herbst mit dem Gefrieren des Bodens und dem Welken der Seggen, gibt es eine jahreszeitliche Wanderung zurück an geschützte Plätze in Bergregionen. Lemminge sind in dieser Zeit besonders gefährdet. Sollten gefrierender Regen und Frost die Vegetation mit Eis überziehen, bevor sie eine Schneedecke hat, können die Schwierigkeiten, Futter zu finden, tödlich enden.

Die Massenwanderungen, die den Berglemming berühmt gemacht haben, beginnen im Sommer oder Herbst, wenn der Bestand rasch angewachsen ist. Die Wanderung fängt als allmähliche Bewegung in dicht bevölkerten Gebieten der Bergheiden an, hinunter in den Weiden-, Birken- und Nadelwald. Zuerst scheinen die Lemminge ziellos zu wandern, doch dann wird der Zug durch die Topografie bestimmt, etwa wenn die Tiere auf einem Stück Land zwischen zwei Flüssen eingeschlossen sind. In solchen Situationen wird die Ansammlung von Tieren so groß, dass eine Massenpanik ausbricht und die Tiere kopflos fliehen – nach oben, über Flüsse, Seen und Gletscher und manchmal ins Meer.

Obwohl die Gründe für diese Massenwanderungen keineswegs sicher sind, nimmt man an, dass sie durch Überbevölkerung ausgelöst werden. Weibchen können sich bereits in der dritten Lebenswoche paaren, Männchen im ersten Monat; die Fortpflanzung findet das ganze Jahr statt. Würfe bestehen aus sechs bis acht Jungen. So werden in kurzer Zeit mehrere Generationen produziert. Kurze Winter ohne plötzliche Frost- oder Tauwettereinbrüche, denen ein frühes Frühjahr und ein später Herbst folgen, schaffen günstige Bedingungen für ständige Fortpflanzung und einen raschen Anstieg der Populationsdichte.

Lemminge sind ihren Artgenossen gegenüber unduldsam und führen bis auf kurze Treffen zur Paarung ein Dasein als Einzelgänger. Es ist möglich, dass in Spitzenjahren die Anzahl von Raufereien drastisch zunimmt und dadurch die Wanderung ausgelöst wird. Berichte, die 80 % der wandernden Lemminge als junge Tiere ausweisen (die älteren Tieren unterlegen sind), stützen diese These. Nahrungsknappheit scheint keine wesentliche Rolle zu spielen, denn selbst in Gegenden, wo es die meisten Tiere gibt, herrscht kein Mangel an Futter.

Der wichtigste Beweggrund für Wanderungen scheint der Überlebenswille zu sein. Auch Lemminge in Alaska und Nordkanada unternehmen ähnliche, wenn auch weniger spektakuläre Züge. Selbst wenn Tausende Berglemminge auf ihren Wanderungen verenden, ist es ein Märchen, dass diese Abenteuer immer im Massenselbstmord enden. UWH

Links: *In normalen Jahren deckt sich das Verbreitungsgebiet des Berglemmings mit der Tundraregion Skandinaviens und Nordwestrusslands. In „Lemmingjahren" jedoch, wenn die Populationen stark zunehmen, erweitert sich das Verbreitungsgebiet in beträchtlichem Maße.*

Unten: *Berglemminge sind einzelgängerische, intolerante Tiere. Steigt ihre Zahl, werden sie noch aggressiver als sonst. Beim hier gezeigten Kampf boxen zwei Männchen* ***1****, beginnen zu ringen* ***2*** *und nehmen Drohstellungen gegeneinander ein* ***3****.*

Die Wanderung vom Platz der Geburt zu dem der Paarung spielt eine Rolle bei der Regulierung der Populationsgröße und erlaubt den Tieren die bestmögliche Ausnutzung ihres Lebensraums: Die Strategien verändern sich mit der Dichte der Population. Berglemminge ziehen im Sommer auf nasse Graswiesen und wechseln im Herbst auf tiefer gelegene moosige Hänge zum Überwintern.

Wandernde Tiere unterscheiden sich in mancher Hinsicht von sesshaften Tieren, z.B. in genetischer Hinsicht. Junge Männchen entfernen sich von ihrem Geburtsort, um Partnerinnen zur Paarung zu finden, mit denen sie nicht verwandt sind, und Inzucht zu vermeiden. Zusätzlich wandern bei Präriewühlmaus, Sumpf-, Erd-, Wiesen- und Schermaus auch viele junge trächtige Weibchen. So können Wühlmäuse rasch leere Lebensräume kolonisieren.

Die Anzahl an männlichen und weiblichen Jungtieren ist gleich, außer beim Waldlemming, der ein für Säugetiere außergewöhnliches Merkmal besitzt: Bei einigen Weibchen ist genetisch festgelegt, dass sie nur weibliche Junge werfen. Dies ist in wachsenden Populationen von Vorteil. Bei den meisten Arten gibt es allerdings mehr adulte Weibchen als Männchen, wahrscheinlich weil diese stärker wandern und dadurch leichtere Beute für Feinde sind. Bei der Schermaus sind es meist die Weibchen, die den Bau verlassen; es gibt einen leichten Überhang an Männchen.

Die Reviergröße variiert, doch meist verteidigen Männchen größere Bezirke als Weibchen. Bei der Rötelmaus umfassen Reviere von Weibchen 0,7 ha und Männchen 0,8 ha. Die Reviergröße sinkt, wenn die Dichte der Population steigt. Bei der Präriewühlmaus sinkt die Länge des Reviers von 25 m bei geringer Dichte auf 10 m bei hoher Dichte.

Hohes Gefahrenpotenzial

ARTEN- UND UMWELTSCHUTZ

Viele Microtinae-Arten leben in Gebieten von geringem oder keinem Wert für die Landwirtschaft oder in Gegenden, in denen der Mensch kaum eingegriffen hat. Entsprechend werden sie nicht verfolgt. Doch Arten, die in gemäßigten Zonen leben, können Ernteschädlinge sein. Die Kiefernwühlmaus gräbt im Winter an der Basis von Apfelbäumen, knabbert an den Wurzeln und dezimiert die Apfelernte. Die ausgedehnten Baue von *Lasiopodomys* stellen eine Gefahr für weidendes Vieh dar.

Doch sie sind nicht nur Schädlinge, sondern oft auch Wirte von Krankheitsträgern, die die Pest (Mulllemminge und *Lemmiscus curtatus*) übertragen. In Teilen Osteuropas und Zentralasiens übertragen Feld- und Schermaus-Arten Tularämie, eine Erkrankung mit Fieber, Schüttelfrost und Entzündung der Lymphdrüsen. Der Einschlag von Wäldern hat den Lebensraum von *Microtus* vergrößert und die Zahl an Tularämiefällen steigen lassen. In den 1990er Jahren tauchte die Hantavirus-Infektion, die von verschiedenen Wühlmaus- und Lemming-Arten übertragen wird, als wichtige Viruskrankheit auf. Sie kann tödlich verlaufen. Deshalb unternimmt man heute beträchtliche Anstrengungen, um die Übertragung von hämorrhagischen Fiebern durch Nagetiere einzudämmen. CJK

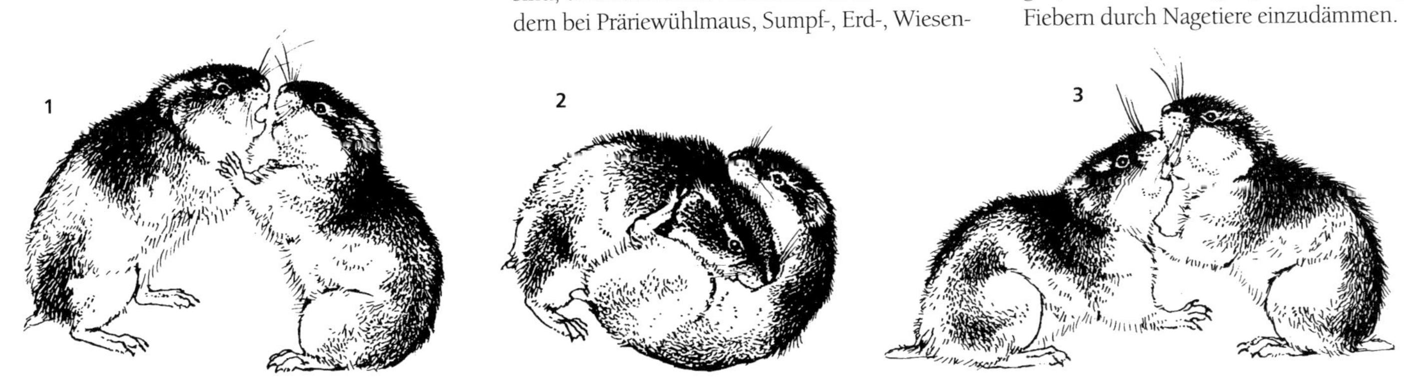

DER GERUCH DES TODES

Die Wirkung von Wieselgeruch auf die Fortpflanzung von Wühlmäusen

FÜR VIELE NAGER IN DER WÜSTE IST ES BESSER, eine Nacht hungrig, aber sicher zu bleiben, als bei Vollmond ein Mahl außerhalb des Baus zu riskieren. In Wüsten und anderen Trockenregionen sind Greifvögel eine ernste Bedrohung. Sie haben scharfe Augen und können mitunter sogar UV-Strahlen wahrnehmen. So erkennen sie z.B. Duft- und Urinspuren der Wühlmäuse, die das UV-Licht stärker reflektieren als die Umgebung.

Anders verhält es sich in holarktischen oder borealen Gebieten mit dichtem Bewuchs, egal ob in Wald, Wiese oder Ackerland. Die bevorzugten Lebensräume der Nager in diesen Bereichen kennzeichnet ein dichtes Unterholz aus Gräsern, Kräutern, Gestrüpp, Farnen und Büschen. In diesen Dickichten ist die Gefahr deutlich verringert, von Feinden aus der Luft entdeckt zu werden. Unter der schützenden Schneeschicht sehen sich Nager der Bedrohung durch Europas kleinsten Fleischfresser, das Mauswiesel *(Mustela nivalis)*, gegenüber. Neben dem größeren Hermelin *(M. erminea)* ist es der einzige Beutegreifer der borealen Region, der seiner Beute in deren eigene Welt folgen kann: in die Baue und Spalten, die sie unter alten Feldern und Wäldern bewohnen, und in die Tunnel unter dem Schnee.

Kleine Wieselarten sind spezialisierte Wühlmausjäger und die Schwankungen ihrer Populationen hängen eng mit denen der borealen Wühlmäuse zusammen. Die Lebensweise des Mauswiesels orientiert sich ganz an seiner Nagerbeute; einige Forscher vermuten, dass die Jagderfolge des Wiesels auch für den Dreijahreszyklus bei den Wühlmäusen verantwortlich sind. Während der Höhepunkte in den Wühlmauspopulationen können Maus- und andere Wiesel für 90 % der Todesfälle bei Erd- und Rötelmaus verantwortlich sein.

Jede Strategie, die die Wühlmäuse vor dem Getötetwerden schützt, wird in diesem harten Auswahlsystem angewendet. Als eine Möglichkeit, die Gefahr einzuschätzen, kommt in Betracht, das Kommunikationssystem des Feinds anzuzapfen und dank der gewonnenen Informationen die Gebiete des größten Risikos vorherzusagen. Alle Wiesel sondern einen starken Geruch aus ihren Analdrüsen ab, der zum Markieren und im Sexualverhalten eingesetzt wird. Dieser Geruch ist für Wühlmäuse so abstoßend, dass man ihn verwendet hat, um Obstgärten und Forste vor ihnen zu schützen. Wenn das Vorhandensein des Dufts die Aktivität der Feinde verkündet, bleiben Wühlmäuse in ihren Bauen, werden weniger aktiv und meiden es, ihre Fressplätze aufzusuchen. Wenn sie nach draußen gehen, suchen sie eher in Bäumen Nahrung, bleiben über dem Boden und außerhalb der Reichweite des Wiesels.

Dieses Verhalten könnte die Anzahl und Stärke der Zeichen, die dem Wiesel als Orientierung im Grasdickicht oder hinter Steinen dienen, verringern. Doch um ihre Unversehrtheit zu wahren, müssen die Wühlmäuse hungrig bleiben. Dies ist vor allem für Weibchen ein Problem. Die Prozesse der Fortpflanzung sind anstrengend und während der Trächtigkeit und Laktation brauchen Weibchen zwei- bis dreimal so viel Nahrung wie sonst.

Die verzwickteste Verknüpfung mit dem Geruch des Wiesels betrifft allerdings das Geschlechtsleben der Wühlmäuse. Denn wie Wiesel kommunizieren auch Wühlmäuse über Düfte, sodass auch die Wiesel ihre Beute anhand der Duftspuren auffinden können. Sie sind sogar in der Lage, anhand der Duftspuren festzustellen, wie alt die Mäuse sind und in welcher Phase des Fortpflanzungszyklus sie sich befinden. Wühlmaus-Weibchen, die gerade geworfen haben, bilden eine langsame und lohnende Beute – und das Wiesel bekommt vielleicht sogar noch einen Extrahappen: die Jungen.

Was können die Wühlmäuse also tun, wenn die Lebensgefahr durch Wiesel so hoch ist und vor allem die Weibchen mit Jungen bedroht sind? Laborversuche mit Rötel- und Erdmaus haben gezeigt, dass bei beiden Arten die Auswirkung von Wieselgeruch dieselbe ist: In gefährdeter Umgebung wurden mehr als 80 % der Weibchen nicht trächtig, während in sicherer Umgebung die gleiche Menge der Kontrollgruppe sich erfolgreich paarte. Weibchen, die Wieselgeruch ausgesetzt wurden, verloren auch an Gewicht, was geringeren Erfolg bei der Nahrungssuche anzeigt. Junge Weibchen reagierten stärker auf den Geruch des Feinds, während ältere Weibchen, schon näher am Tod, eher die Trächtigkeit riskierten.

Die Feldforschung zeigte auch, dass zusätzlicher Wieselduft die Aktivitäten der Wühlmäuse unterdrückte, während die Vertreibung der Feinde in manchen Gegenden die Fortpflanzung anregte. Doch noch fehlen einige Teile dieses Puzzles. Weitere Versuche sind nötig, um reiche Lebensräume mit dichten und gut gedeihenden Populationen mit den Mustern unter geringfügigeren, weniger erfolgreichen Populationen zu vergleichen. Solche Studien würden klären, wie Nagetiere in ärmeren Lebensräumen mit der Bedrohung durch Feinde zusätzlich zu Hunger und Kälte fertig werden. Doch die faszinierende Entdeckung, dass das Fortpflanzungsverhalten der Wühlmäuse durch den Duft der Feinde beeinflusst wird, zeigt sehr deutlich, wie groß die Bedeutung von Gerüchen im Leben der meisten Säugetiere ist. HY

Rechts: *Eine weibliche Rötelmaus mit Jungen, die eine gute Woche alt sind. Wühlmaus-Weibchen, vor allem jüngere, unterdrücken eine Trächtigkeit, wenn sie einen starken Wieselgeruch bemerken.*

Altweltratten und -mäuse

Zu den Altweltratten und -mäusen oder Murinae gehören wenigstens 542 Arten, die über die Hauptlandmassen der Alten Welt, vom nördlichen Polarkreis bis zu den Südspitzen der Kontinente, verstreut leben. Wenn eine ungewöhnliche Ausbreitung der Arten und die Fähigkeit zu überleben, sich zu vermehren und rasch anzupassen, Erfolgskriterien sind, dann gelten Altweltratten und -mäuse als die erfolgreichsten Säugetiere.

Die Murinae entstanden wohl in Südostasien im späten Oligozän oder frühen Miozän vor 25 bis 20 Millionen Jahren aus einem primitiven (Hamster-)Stamm. Die frühesten Fossilien *(Progonomys)*, in relativ schlechtem Erhaltungszustand, sind aus dem späten Miozän (vor etwa acht bis sechs Millionen Jahren) in Spanien bekannt. Etwas jüngere Fossilien *(Leggadina, Pseudomys, Zyzomys)* aus dem frühen Pliozän (vor fünf Millionen Jahren) wurden vor kurzem in Australien entdeckt. Altweltratten und -mäuse sind eine vorwiegend tropische Gruppe mit robusten Arten im gemäßigten Eurasien.

Eine evolutionäre Erfolgsgeschichte

Körperbau und Funktion

Der Erfolg der Murinae liegt in einer Mischung von Merkmalen, die sie vermutlich von einer primitiven mausähnlichen „Urmaus" geerbt haben. Viele Merkmale der existierenden Arten deuten auf solch einen Vorfahren hin, dessen Züge ein bisschen verändert wurden. Die Urmaus war vermutlich klein, vielleicht etwa 10 cm lang, und hatte einen etwa gleich langen, schuppigen Schwanz. Die Gliedmaßen waren sicher mäßig lang, was die Entwicklung der verlängerten Hinterbeine bei den springenden Formen und die kurzen, kräftigen Vorderbeine bei den grabenden Tieren vereinfacht hatte. Sie musste schon fünf Finger und fünf Zehen gehabt haben, außerdem gut entwickelte Sinnesorgane, ein Gebiss aus ständig wachsenden, sich selbst schärfenden Schneidezähnen und drei Molaren zu beiden Seiten der Kiefer sowie kräftige Kiefermuskeln. Die Urmaus hatte sicher eine kurze Tragzeit, mehrere Junge pro Wurf und eine rasche Reproduktionsrate. Die Evolution hat zu vielerlei Anpassungen geführt, doch nur zu wenigen, sehr bedeutenden Veränderungen in der Struktur.

Rechts: *Obwohl die winzige Waldmaus* (Apodemus sylvaticus) *oft für die Zerstörung junger Pflanzen verantwortlich gemacht wird, spielt sie auch eine Rolle bei der Verbreitung von Samen, die sie im Boden vergräbt. Die Waldmaus entfernt sich nicht weit von ihrem Bau und nie weiter als 200 m von ihrem Revier.*

FAKTEN

ALTWELTRATTEN UND -MÄUSE

Ordnung: Rodentia

Familie: Muridae

Unterfamilie: Murinae

542 Arten in 118 Gattungen

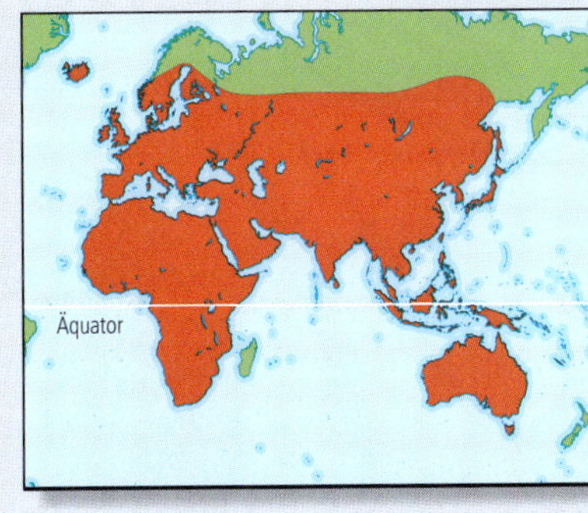

VERBREITUNG Europa, Asien, Afrika (außer Madagaskar), Australien und Ozeanien; ebenso auf vielen Inseln vor den Küsten.

LEBENSRAUM Sehr vielfältig; meist bodenlebend, einige auch baumlebend, grabend oder semiaquatisch.

GRÖSSE Körperlänge variiert von 4,5–8,5 cm bei der Afrikanischen Feldzwergmaus bis zu 48 cm bei der Gescheckten Riesenborkenratte, **Schwanzlänge** von 2,8–6,5 cm bis zu 20–32 cm; **Gewicht** von 6 g bis zu 1,5–2 kg, bei den genannten beiden Arten.

FELL Typischerweise mittel- bis dunkelbraun am Rücken und den Flanken, manchmal mit hellerem Bauch. Einige Arten sind zur Tarnung gestreift.

NAHRUNG Vorwiegend Pflanzenmaterial und Wirbellose; einige Arten fressen auch kleine Wirbeltiere.

FORTPFLANZUNG Bei den meisten kleinen Arten dauert die Tragzeit 20–30 Tage; länger bei Arten, die früh entwickelte Junge (Nestflüchter) werfen (z.B. 36–40 Tage bei Stachelmäusen) und auch bei „alten endemischen" australischen Nagetieren (z.B. 32–50 Tage bei Australischen Hüpfmäusen). Für die großen Arten ist die Dauer nicht bekannt.

LEBENSERWARTUNG Kleine Arten: kaum länger als 1 Jahr; große Arten: mehr als 4 Jahre alt.

IUCN-STATUS Obwohl viele Murinae-Arten sehr gut gedeihen, sind 15 vom Aussterben bedroht, darunter 2 Arten der Gattungen *Zyzomys* (Dickschwanzratten) und *Pseudomys* (*Pseudomys*-Mäuse); 36 Arten gelten als stark gefährdet.

Vollständige Artenliste siehe Anhang Seite 870 ff. ▷

Änderungen am Schwanz haben ein vielfältig einsetzbares Organ geschaffen, das als Balancierhilfe dient, manchmal mit Haarbüschel am Ende (Australische Hüpfmäuse) und manchmal ohne (Waldmaus). Bei der Zwergmaus ist der Schwanz zum Greiforgan ausgeprägt, das beim Klettern eingesetzt wird. Bei der Großen Baumratte ist er ein Tastorgan mit vielen taktilen Haaren an der Spitze; bei anderen, wie der Buschschwanzborkenratte, ist er dicht behaart. Bei einigen Gattungen (Dickschwanzratten, Stachelmäusen) bricht der Schwanz teilweise oder ganz ab, doch im Gegensatz zu Eidechsen wächst er nicht wieder nach. Bei manchen Arten (Schwarzohrriesenratte), bei denen die Schwanzbasis dunkel und die Spitze weiß ist, dient der Schwanz sogar der Kommunikation.

Die Pfoten zeigen ebenso Anpassungen. Bei kletternden Arten sind die großen Zehen oft gegenständig, wenn auch manchmal relativ klein (Indische Palmenmaus). Verbreiterte Pfoten geben einen festeren Griff (Pinselschwanz-Baummaus). Bei springenden Arten (Australische Hüpfmäuse) sind Hinterbeine und -füße stark verlängert, während bei Arten, die unter sumpfigen Bedingungen leben (Afrikanische Langfußwaldratten), die Hinterfüße lang und leicht gespreizt sind. Diese Anpassung ist am stärksten bei Schwimm- und Wasserratten in Australien und Neuguinea sowie bei Nasenratten auf den Philippinen ausgeprägt. Sie besitzen Hinterfüße mit breiten Schwimmhäuten.

Auch die Krallen sind unterschiedlich gebaut. Sie können kurz und gebogen sein, um Halt an Rinde und anderen rauen Oberflächen zu geben (Afrikanische Buschklettermäuse), oder groß und kräftig bei grabenden Arten (Kleine Bandikutratte). Bei einigen Arten mit einer kleinen, gegenständigen Zehe ist die Kralle an dieser Zehe klein, abgeflacht und nagelähnlich (Pinselschwanzbaummaus).

Das Fell ist für die Isolation wichtig. Bei einigen Arten (Stachelmäusen) sind die Haare am Rücken zu kurzen, steifen Stacheln umgewandelt, bei anderen ist das Fell borstig (Bürstenhaarmäuse), struppig (Afrikanische Wollhaarratte) oder weich und wollig (Jacksons Waldmaus) ist. Die Funktion der Stacheln ist nicht bekannt, doch man nimmt an, dass sie der Feindabschreckung dienen.

Die Form der Ohren reicht von groß, beweglich und vorstehend (Bürstenschwanz-Kaninchenratte) bis klein, unauffällig und gut von den umgebenden Haaren bedeckt (Afrikanische Wollhaarratte). Moncktons Schwimmratte aus Papua-Neuguinea hat überhaupt keine äußeren Ohren. So ist ihr Körper stromlinienförmig und gut ans Leben im Wasser angepasst. Ferner hat diese hoch spezialisierte Art fransenartig lange weiße Haare an ihrem Schwanz und ähnelt damit der nicht mit ihr verwandten Gebirgsbachspitzmaus im Himalaya. Wahrscheinlich dienen diese Haare als Ruder.

Beträchtliche Gebissanpassungen zeigen sich bei den Backenzähnen. Ursprünglich waren es wohl drei Reihen von je drei Höckern auf jedem oberen Backenzahn, doch die Anzahl der Höcker ist oft viel geringer, vor allem beim dritten Molar, der häufig klein ist. Die Höcker können auch zu Querrippen verbunden sein. Doch die typischen abgerundeten Höcker, sind ausgezeichnet geeignet, um vielerlei Nahrung zu kauen, auch wenn sie sich mit dem Alter abnützen.

Die Molaren der *Hydromys*-Schwimmratten und ihrer engen Verwandten zeigen eine große Vereinfachung: Ihnen fehlen Höcker und Querrippen, die man bei den meisten Altweltratten und -mäusen findet. Einige Arten besitzen weniger Molaren; das Extrem stellt Ellermans Maus dar, die nur einen einfachen Backenzahn in jeder Kieferseite hat. Dies ist wohl eine Anpassung an die Ernährung von Früchten oder weichen Wirbellosen.

Die Nasenratten auf den Philippinen haben schmale, vorstehende Schneidezähne, wie feine Zangen, die vermutlich wie bei den Wühlmäusen dem Fangen von Insekten und anderen Wirbellosen dienen. Doch die anderen Zähne sind klein und mit flachen Kronen, ganz anders als die scharfhöckrigen Zähne der Wühlmäuse. Die beiden Arten der Nasenratten sind besonders gute Beispiele für diese Ausprägung.

Die Anpassung der Zähne hat im Extremfall zur Entwicklung robuster und relativ großer Zähne geführt (bei Rotnasen- und Nilgrasratten) oder zur Reduktion der ganzen Zahnreihe auf eine relativ geringe Größe wie bei den Langschwanzratten. Diese Tiere müssen ihre Nahrung nur wenig kauen, weil sie wohl aus weicheren Früchten oder kleinen Insekten besteht.

Rechts: *Die Wanderratte ist ein Allesfresser (sie vertilgt sogar Seife) und hauptsächlich in städtischen Bereichen zu Hause, wo sie ziemlich viel Schaden anrichtet. Die Art bevorzugt tierische Nahrung. Es wird von Fällen berichtet, wo sie Geflügel und sogar Lämmer angegriffen hat.*

a
b
c
d
1
2
3
4
5
6
e
f
g
h

Links: *Altweltratten und -mäuse:* **1** *Schwarzohrriesenratte* (Mallomys rothschildii); **2** *Pinselschwanzbaummaus* (Chiropodomys gliroides); **3** *Afrikanische Wollhaarratte* (Dasymys incomtus); **4** *ein Vertreter der Stachelmäuse (Gattung* Acomys); **5** *Vielzitzenmaus der Art* Mastomys natalensis; **6** *Rehbraune Hüpfmaus* (Notomys cervinus); **7** *Ohrenratte der Art* Otomys irroratus *auf Grasboden;* **8** *Westafrikanische Bürstenhaarmaus* (Lophuromys sikapusi) *beim Fressen eines Insekts;* **9** *Striemengrasmaus* (Rhabdomys pumilio); **10** *Australische Schwimmratte* (Hydromys chrysogaster) *beim Tauchen;* **a** *Schwanz der Feldmaus (Gattung* Apodemus); **b** *Schwanz der Eurasiatischen Zwergmaus* (Micromys minutus); **c** *Schwanz der Großen Baumratte* (Chiruromys forbesi); **d** *Schwanz der Buschschwanzborkenratte* (Crateromys schadenbergi); **e** *Hinterfuß der Indischen Palmenmaus* (Vandeleuria oleracea), *erste und fünfte Zehe gegenständig, um Halt beim Klettern in den Bäumen zu geben;* **f** *Hinterfuß der Gebüschratte* Grammomys rutilans *mit breiten, kurzen Zehen zum Festhalten;* **g** *Vorderfuß der Kleinen Bandikutratte* (Bandicota bengalensis) *mit langen, kräftigen Krallen;* **h** *Hinterfuß einer Afrikanischen Langfußwaldratte (Gattung* Malacomys); *langer Fuß mit gespreizten Zehen, die ans Laufen im Sumpf angepasst sind.*

7

10

8

9

Zahlreich und allgegenwärtig

VERBREITUNG

Die Vertreter der Murinae findet man überall in der Alten Welt. Jedoch differiert die Anzahl der Arten stark in den unterschiedlichen Gegenden ihres Verbreitungsgebiets. Wenn man ihre natürliche Verbreitung betrachtet, muss man die Hausmaus, die Wanderratte und die Kleine Pazifikratte außer Acht lassen, weil sie unbeabsichtigt in vielen Teilen der Welt eingeführt worden sind.

Die nördliche gemäßigte Zone ist arm an Arten. In Europa haben Länder wie Norwegen, Großbritannien und Polen nur zwei bzw. drei oder vier Arten. In Afrika ist die Artendichte im Norden und in der Sahara gering, in der Savanne dagegen beträchtlich. Die höchste Dichte findet sich im Regenwald und in den benachbarten Regionen im Kongobecken. Dies zeigen ausgewählte Orte. Man findet keine Art in der Wüste um Khartum, sechs Arten in der Trockensavanne bei Bandia, Senegal, neun in der Feuchtsavanne am Ruwenzori, Uganda, sowie 13 im Regenwald von Makokou, Gabun. In der Demokratischen Republik Kongo leben 45 und in Uganda 37 Arten.

In Asien herrscht die größte Artendichte südlich des Himalaya. Indien und Sri Lanka haben etwa 35 Arten, Malaysia 22. In der hinterindischen Inselwelt sind die Nager außergewöhnlich reichlich vertreten: Es gibt 60 Arten auf Neuguinea, 38 auf Sulawesi und 35 auf den Philippinen. Auf den Philippinen haben sich erstaunlich viele endemische Arten entwickelt, zehn von zwölf Gattungen und insgesamt 30 Arten findet man nur hier; nur zwei Arten der Gattung *Rattus* findet man auch anderswo. Bemerkenswert ist auch, dass es zehn große Arten mit einer Körperlänge von 20 cm und mehr gibt. Die größte bekannte Altweltratte, die Gescheckte Riesenborkenratte, kommt auf den Philippinen vor; sie erreicht über 40 cm Körperlänge. Auch die Nördliche Riesenborkenratte und die Buschschwanzborkenratte sind nur wenig kürzer. Diese hohe Rate an endemischen und großen Arten findet man auch auf den anderen Inselgruppen. Neuguinea beherbergt acht Arten mit einer

Links: *Rohrratten sind vorwiegend nachtaktiv, doch gelegentlich auch am Tag. Wie der Name besagt, leben sie oft auf Zuckerrohrplantagen. Dort können sie so viel Schaden anrichten, dass man große Schlangen, die sich von Nagetieren ernähren, als kleineres von zwei Übeln schützt.*

Unten: Pseudomys australis *lebt in verhältnismäßig flachen Bauen. Wie viele andere in Australien heimische Arten wurde die Häufigkeit dieser Art durch Beutegreifer und konkurrierende Tiere stark reduziert, die mit den europäischen Siedlern kamen und sich ausbreiteten.*

Rechts: Mesembryomys macrurus, *eine Art der Australischen Baumratten, lebt im nördlichen Teil von Westaustralien und im hohen Norden des Northern Territory. Man sagt ihr ein lebhaftes Temperament nach. Je aufgeregter sie ist, desto lauter werden die Geräusche, die sie macht. Sie lebt in Schraubenbäumen* (Pandanus)*, aus denen Matten gemacht werden.*

Körperlänge von über 30 cm, darunter Schwarzohrriesenratte, Goliathratte, Neuguinea-Riesenratten und Falsche Baumratte. Die größte aller Ratten Neuguineas, *Mallomys istapantap,* die über 40 cm lang und bis zu 2 kg schwer wird, wurde erst 1989 entdeckt. Es gibt nur zwei kleine Arten: Die Neuguinea-Hüpfmaus ist etwa so groß wie die Hausmaus, die winzige *Pseudomys delicatulus* sogar nur halb so groß. In Australien leben 72 Arten der Murinae, wobei die Dichte in der Osthälfte des Kontinents wesentlich größer ist.

Nischenspezialisten

ANPASSUNG AN DIE UMWELT

Es ist schwierig, Entwicklungsgeschichte und Artenreichtum der Altweltratten und -mäuse umfassend zu erläutern. Es gibt einige Hinweise auf den Evolutionsverlauf, wenn man Ähnlichkeiten im Körperbau und ökologische Aspekte einbezieht. Die Mäuseartigen sind eine in sich geschlossene Gruppe, in der viele der kleinen evolutionären Veränderungen bei allen Vertretern gleichermaßen vorkamen. Daher gibt es kaum Unterscheidungsmerkmale, weder ursprüngliche noch aus der weiteren Entwicklung. Man kann nur die Molaren heranziehen: Die ursprüngliche Bezahnung ist an der Vielfalt kräftiger Höcker erkennbar. Abweichungen davon können als Weiterentwicklung gedeutet werden.

Aus ökologischer Sicht ist das Vorkommen einer Art und die Wahl des Lebensraums von Bedeutung. Nach dieser Analyse lassen sich zwei Gattungsgruppen ableiten. Zur ersten gehören die dominanten Gattungen (Große Afrikanische Waldmäuse, Südostasiatische Stachelratten, Echte Ratten, Neuguinea-Riesenratten, Mäuse, Grasratten und Afrikanische Wollhaarratten), die besonders erfolgreich in dichten Populationen in den besten Lebensräumen vorkommen. Man nimmt an, dass sie sich langsam entwickelt haben, weil sie nur geringe Abweichungen vom ursprünglichen Zahnschema aufweisen. Die zweite Gruppe umfasst die übrigen Gattungen, die weniger erfolgreich sind, in peripheren Lebensräumen vorkommen und oft eine Mischung aus anomaler, ursprünglicher und spezialisierter Bezahnung zeigen.

Die dominanten Gattungen (außer Afrikanische Wollhaarratten) umfassen mehr Arten als die peripheren Gattungen und versuchen ständig ihr Verbreitungsgebiet zu vergrößern. Eine beträchtliche Anzahl neuer Rassen ist offenbar im Kernbereich des Verbreitungsgebiets einer dominanten Art aufgetaucht (etwa Große Afrikanische Waldmäuse in Zentralafrika und Echte Ratten in Südostasien). Die Gründe dafür harren der Erklärung.

Es ist normal, dass zwei oder drei Arten Murinae im gleichen Lebensraum vorkommen, vor allem in den Tropen. Einer der interessanteren und wichtigeren Aspekte der Forschung ist die ökologische Rolle, die jede der Arten in ihrem speziellen Lebensraum spielt. Daraus könnte man ein Muster der Einnahme von Nischen ableiten und die Grenzen der ökologischen Anpassung bei Tieren mit einer erstaunlich ähnlichen Grundstruktur. Ein Lebensraum, der für die Mäuse und für diese Art von Forschung besonders günstig ist, ist der Regenwald.

Im Mayanja Forest in Uganda fand man 13 Arten auf einer relativ kleinen Fläche von 4 qkm. Bestimmte Arten – Westafrikanische Bürstenhaar-

maus und die Tüpfelgrasmaus – stammen aus der Savanne und beschränken sich auf Grasbereiche. Von den restlichen elf Arten besiedeln alle Wald und Busch als typischen Lebensraum, mit Ausnahme der beiden kleinsten Arten: Die Afrikanische Zwergfeldmaus und die Afrikanische Graubäuchige Zwergmaus sind auch in Gras- und Ackerland zu finden.

Nur drei Arten (eine Afrikanische Waldmaus und zwei Buschklettermaus-Arten) kommen selten, wenn überhaupt, zum Boden herab. Die kleinere Afrikanische Waldmaus bevorzugt buschiges Dickicht in rund 60 cm Höhe über dem Boden. Die beiden anderen Arten halten sich im Astwerk auf, suchen ihre Nahrung aber in der oberen und unteren Baumschicht. Die drei Arten findet man in vielerlei Pflanzenarten.

Zwei Arten wurden am Boden als auch in Pflanzen bis zu 2 m Höhe über dem Boden beobachtet. Von diesen beiden ist Jacksons Waldmaus häufig, während die Rotnasenratte der Art *Oenomys hypoxanthus* weitaus seltener vorkommt. Jacksons Waldmaus lebt in unterirdischen Bauen und legt auch ihr Nest unter dem Boden an. Deren Eingänge liegen oft im Wurzelbereich von Bäumen. Sie ist nachtaktiv und frisst Insekten sowie Pflanzen. *Oenomys hypoxanthus* ist nacht- und tagaktiv, baut Grasnester mit nach unten weisenden Eingängen ins Gestrüpp und ernährt sich von Gras.

Von den elf Waldarten leben folgende Arten am Boden: Westliche Einstreifenwaldmaus, Ostafrikanische Bürstenhaarmaus, eine Langfußwaldratte der Art *Malacomys longipes*, Afrikanische Feldzwergmaus, Afrikanische Graubäuchige Zwergmaus und eine Buschfelsratte der Art *Aethomys hindei*. Die Einstreifenwaldmaus frisst Pflanzen und bevorzugt die feuchteren Teile des Waldes. Die Bürstenhaarmaus kommt häufig vor und lebt von tierischer Nahrung, vor allem Insekten, fängt aber auch andere Beutetiere. Die Langfußratte findet man in der Nähe von Bächen und Sümpfen; sie ist nachtaktiv und verzehrt u.a. Insekten, Nacktschnecken und sogar Kröten. Die zwei kleinen Zwergmaus-Arten sind Allesfresser, während *Aethomys hindei* Pflanzen verspeist und in Büschen wohnt.

Ein weiteres wichtiges Merkmal, das eine Ursache für den Unterschied in der Ernährung bei diesen Arten sein könnte, ist die Größe. Die beiden Zwergmaus-Arten liegen im Bereich von 5 bis 25 g, wobei die Afrikanische Feldzwergmaus kleiner ist als die Afrikanische Graubäuchige Zwergmaus. Die Rotnasenratte wiegt 70 bis 90 g, während Langfußratte und Buschfelsratte schwerer sind. Die restlichen Arten – die Buschklettermäuse, Jacksons Waldmaus, Ostafrikanische Bürstenhaarmaus und Westliche Einstreifenwaldmaus – wiegen zwischen 35 und 60 g.

In den tropischen Wäldern ist die Niederschlagsmenge sehr hoch, der Regen fällt zu allen Jahreszeiten. Deshalb gibt es ganzjährig Blüten, Früchte sowie üppiges Pflanzenwachstum, was sich in der Fortpflanzung der dortigen Ratten und

Oben: *Die Neugeborenen der Hausmaus sind nackt und blind. Diese Art kommt fast weltweit vor. Nur in wenigen Gegenden können die Tiere wegen des Klimas oder der Konkurrenz anderer Kleinsäuger nicht leben.*

Rechts: *Ein Weibchen der Art* Parotomys brantsii, *dessen Junges sich an einer seiner Zitzen festhält. Die Tiere dieser Art bleiben meist in der Nähe ihrer Baue und kehren bei Gefahr dorthin zurück, nachdem sie einen Warnpfiff ausgestoßen haben.*

Unten: *Ein Männchen der Eurasiatischen Zwergmaus mit einem nicht paarungsbereiten Weibchen. Zwergmäuse bauen ihre Nester etwa 1 m über dem Boden. Die Wurfgröße beträgt 4 bis 7 Junge.*

Mäuse widerspiegelt. Im Mayanja Forest waren Jacksons Waldmaus und die Ostafrikanische Bürstenhaarmaus die einzigen Arten, die man in ausreichender Anzahl beobachten konnte, um monatlich ihre Fortpflanzungsaktivitäten zu untersuchen. Jacksons Waldmaus war das ganze Jahr aktiv, während die Trächtigkeit bei der Bürstenhaarmaus meist mit den feuchteren Jahreszeiten zusammenfiel, von März bis Mai und von Oktober bis Dezember.

Von Mäusen und Menschen

Arten- und Umweltschutz

Einige Altweltratten und -mäuse haben eine enge und schädliche Verbindung mit dem Menschen, weil sie seine Nahrungsmittel und Feldfrüchte fressen und verderben, sein Eigentum beschädigen sowie Krankheiten übertragen.

Die wichtigsten Arten, die sich bei Nahrungsvorräten des Menschen bedienen, sind die Wanderratte, Hausratte und Hausmaus. Heute findet man sie weltweit, ursprünglich stammten sie vom Kaspischen Meer bzw. aus Indien und Turkestan. Darüber hinaus findet man die örtlich begrenzteren Tischgenossen wie die Vielzitzenmaus *Mastomys natalensis* in Afrika, die Kleine Pazifikratte in Asien und die Kleine Bandikutratte in Indien.

Während Hausratte und Hausmaus ihr Verbreitungsgebiet seit Jahrhunderten ausdehnen, ist die Wanderratte wesentlich langsamer vorangekommen. Sie war im Westen bis ins 11. Jahrhundert unbekannt, doch heute ist sie in städtischen und ländlichen Gebieten gemäßigter Regionen zu Hause und ist das Nagetier, das man am häufigsten in Abwasserkanälen findet. In den Tropen kommt sie vorwiegend in Großstädten, aber auch zahlreich in Häfen vor.

In den Tropen ist die Hausratte erfolgreicher und befällt dort Städte und Dörfer, obwohl sie auf Äckern und Feldern nicht mit den einheimischen Arten konkurrieren kann. Auf vielen Pazifik-, Atlantik- und Karibikinseln kommen Hausratten auch im Ackerland und in der freien Natur häufig vor, weil sie keine Konkurrenz haben.

Wenn man bedenkt, welchen Schaden bereits eine einzelne Hausmaus anrichten kann, so mag man sich die Schäden kaum vorstellen, die die Tiere bei massenhaftem Auftreten verursachen. Ein australischer Farmer hatte nach einer Nacht, in der er Gift gestreut hatte, 28 000 tote Mäuse auf der Veranda, und auf einer Tenne wurden an einem Nachmittag 70 000 Mäuse getötet.

Es gibt viele Krankheiten, die durch Nagetiere übertragen werden, entweder direkt oder durch Parasiten. Die Hausratte, genau wie andere Arten, trägt das Pestbakterium, das durch den Floh *Xenopsylla cheopis* übertragen wird. Das Virus des Lassafiebers gelangt durch Urin und Exkremente von *Mastomys natalensis* zum Menschen. Weitere Krankheiten, die durch Altweltratten und -mäuse übertragen werden können, sind Murines Fleckfieber, Rattenbissfieber und Leptospirose.

In der Vergangenheit wurden einige Altweltratten und -mäuse nicht nur wegen der Pestübertragung verfolgt. Allein die Größe der Australischen Schwimmratte – sie wiegt 650 bis 1250 g – sprach einst gegen sie, als sie ab den 1930er Jahren wegen ihres Fells gejagt wurde. Da jetzt Jagdbeschränkungen bestehen, nimmt die Art wieder zu. Die meisten Arten der Murinae, die heute als stark gefährdet gelten, leiden unter der Zerstörung ihrer Lebensräume.

Altweltratten und -mäuse sind eine bemerkenswert fruchtbare und anpassungsfähige Säugetiergruppe. Trotz ihrer Fülle und Allgegenwart in der Alten Welt, vor allem in den Tropen, sind sie wenig erforscht worden. Ausnahmen bilden höchstens einige Arten von wirtschaftlicher Bedeutung sowie die Waldmaus. Viele Arten kennt man nur von wenigen Exemplaren in Museen und es gibt nur die knappsten Informationen zu ihrer Biologie. Die Bisaratte beispielsweise kennt man nur von einem einzigen Schädel, den man 1990 auf der Insel Bisa gefunden hat. Bis heute wurde sie nicht wissenschaftlich beschrieben. Es gibt zweifellos unendlich viele Möglichkeiten zur zukünftigen Forschung auf dem Gebiet dieser faszinierenden und leicht zugänglichen Säugetiere.

GS/CRD/MJD

Einige Arten der Altweltratten und -mäuse

Afrikanische Buschklettermäuse (Gattung *Grammomys*), **Afrikanische Feldzwergmaus** (*Mus minutoides*), **Afrikanische Graubäuchige Zwergmaus** (*Mus triton*), **Afrikanische Langfußwaldratten** (Gattung *Malacomys*), **Afrikanische Wollhaarratte** (*Dasymys incomtus*), **Australische Hüpfmäuse** (Gattung *Notomys*), **Australische Schwimmratten** (Gattung *Hydromys*), **Bisaratte** (bis heute nicht beschrieben), **Bürstenschwanzkaninchenratte** (*Conilurus penicillatus*), **Buschfelsratten** (Gattung *Aethomys*), **Dickschwanzratten** (Gattung *Zyzomys*), **Echte Ratten** (Gattung *Rattus*), **Ellermans Maus** (*Mayermys ellermani*), **Eurasiatische Zwergmaus** (*Micromys minutus*), **Falsche Baumratte** (*Xenuromys barbatus*), **Feldwaldmaus** oder **Waldmaus** (*Apodemus sylvaticus*), **Gescheckte Riesenborkenratte** (*Phloeomys cumingi*), **Goliathratte** (*Hyomys goliath*), **Grasratten** (Gattung *Arvicanthis*), **Große Afrikanische Waldmäuse** (Gattung *Praomys*), **Große Baumratte** (*Chiruromys forbesi*), **Hausratte** (*Rattus rattus*), **Hausmaus** (*Mus musculus*), **Indische Palmenmaus** (*Vandeleuria oleracea*), **Jacksons Waldmaus** (*Praomys jacksoni*), **Kleine Bandikutratte** (*Bandicota bengalensis*), **Kleine Pazifikratte** (*Rattus exulans*), **Langschwanzratten** (Gattung *Macruromys*), **Malaiische Pinselschwanzbaummaus** (*Chiropodomys gliroides*), ***Mallomys*-Ratten** (Gattung *Mallomys*), **Nasenratten** (Gattung *Rhynchomys*), **Neuguinea-Hüpfmaus** (*Lorentzimys nouhuysi*), **Neuguinea-Riesenratten** (Gattung *Uromys*), **Nilgrasratte** (*Arvicanthis niloticus*), **Nördliche Riesenborkenratte** (*Phloeomys pallidus*), **Ohrenratten** (Gattung *Otomys*), **Ostafrikanische Bürstenhaarmaus** (*Lophuromys flavopunctatus*), **Pfeifratten** (Gattung *Parotomys*), ***Pseudomys*-Mäuse** (Gattung *Pseudomys*), **Rotnasenratten** (Gattung *Oenomys*), **Buschschwanzborkenratte** (*Crateromys schadenbergi*), **Schwarzohrriesenratte** (*Mallomys rothschildi*), **Stachelmäuse** (Gattung *Acomys*), **Südostasiatische Stachelratten** (Gattung *Maxomys*), **Tüpfelgrasmaus** (*Lemniscomys striatus*), **Vielzitzenmäuse** (Gattung *Mastomys*), **Wanderratte** (*Rattus norvegicus*), **Westafrikanische Bürstenhaarmaus** (*Lophuromys sikapusi*), **Westliche Einstreifenwaldmaus** (*Hybomys univittatus*)

Vollständige Artenliste siehe Anhang Seite 870 ff.

SPECIAL FEATURE

Eine Datenautobahn für Gerüche

Kommunikationsmuster unter Hausmäusen

In der Dunkelheit hinter unseren Küchenschränken oder in den Fundamenten der Häuser leben Mäuse und fressen die überreiche Nahrung, die ein Nebenprodukt unseres verschwenderischen Lebens ist. Bis zu 50 Tiere kommen in Familiengruppen zusammen: einige erwachsene Weibchen, deren Nachwuchs, subdominante Männchen und ein dominantes Männchen, das sein Revier verteidigt. Sie mögen schweigsam wirken, doch sie kommunizieren garantiert untereinander und teilen sich wichtige Informationen über Leben, Tod, Besitzrechte, Fortpflanzungs- und Familienangelegenheiten mittels des eigenen Urins mit.

Urin ist die Basis des Daten-Highways der Mäuse. Außer Harnstoff und anderen Abfallprodukten enthält ihr Urin eine komplexe Mischung aus Chemikalien: flüchtige Duftstoffe von geringem Molekulargewicht und nicht flüchtige Proteine von weit höherem Molekulargewicht. Gemeinsam bilden sie die Visitenkarte einer Maus und liefern Informationen über Identität, Art, Geschlecht, Sozial- und Fortpflanzungsstatus sowie Gesundheitszustand. Viele genetische Unterschiede zwischen den einzelnen Mäusen tragen zum einzigartigen Geruch jeden einzelnen Tieres bei, einschließlich der stark variablen (polymorphen) Gene des Haupthistokompatibilitätskomplexes (MHC). Der Geruch, an dem ein Tier erkannt werden kann, wird vererbt. So können Mäuse auch Verwandte erkennen, die sie nie zuvor getroffen haben, da die Ähnlichkeit des Geruchs mit bekannten Familienmitgliedern so groß ist. Das System ist wesentlich raffinierter als jenes, mit dem Menschen lange verschollene Verwandte erkennen.

Die Mäuse können ihre Duftmarken auch als eine Art „Retard"-Kapseln setzen, damit sie möglichst lange wirken. Ihr Urin enthält einen hohen Anteil kleiner Lipocalin-Proteine, die Major Urinary Proteins (MUP), die in der Leber produziert und durch die Nieren in den Urin gefiltert werden. Adulte Männchen scheiden etwa 30 mg Proteine pro ml Urin aus, adulte Weibchen etwa 40 % mehr. Diese Proteine im Urin binden die chemischen Signalstoffe in einem zentralen Hohlraum, damit sie an den Duftmarken langsam freigesetzt werden.

Jede einzelne Maus einer Gruppe setzt in kleinen Mengen Urin ab, während sie sich in ihrem Revier bewegt, vor allem auf einer nicht markierten Oberfläche, sodass diese von einer dünnen Schicht überzogen ist. Kommunikations-„Pfähle" aus einer Mischung von getrocknetem Urin und Staub erheben sich wie Stalagmiten an viel besuchten Plätzen, etwa Fressplätzen, dem Eingang zu Nestern oder Wegen.

Da Mäuse immer von einer vertrauten Mischung aus Uringeruch umgeben sind, entdecken sie rasch fremde Objekte in ihrer Umgebung – oder plötzliche Kanten im Dunkeln –, weil der vertraute Geruch fehlt. Duftmarken, die im Revier verteilt sind, helfen auch die Vertrautheit und das Wiedererkennen der Gruppenmitglieder aufrechtzuerhalten. Eindringlinge werden sofort erkannt, weil ihr Geruch sich von den Hintergrundaromen unterscheidet. Er führt zu Nachforschungen und Angriffen der ansässigen Mäuse und vor allem des dominanten Männchens. Ferner sondern Männchen flüchtige Duftstoffe ab, die für Weibchen sehr attraktiv sind und bei anderen Männchen Vorsicht oder Aggression hervorrufen.

Dominante Männchen zeigen ihre Revieransprüche und ihre Konkurrenzfähigkeit dadurch an, dass sie weitaus mehr Duftmarken setzen als andere. Sie markieren Hunderte Male in einer Stunde mit Urin, während Weibchen oder unterlegene Männchen etwa zehnmal markieren. Dabei verwenden sie Härchen an ihrer Vorhaut als eine Art „Docht". Ist ein Revier mit Duftmarken überzogen, zeigt dies, dass es besetzt ist – von einem dominanten Männchen. Dominante Revierbesitzer erkennen andere Männchen und greifen sie an, wenn diese konkurrierende Duftmarken setzen. Dann schaffen sie sofort Abhilfe durch Verteilen ihres eigenen Urins, damit ihr persönlicher Duft der frischeste ist. Andere

Männchen fliehen meist, wenn sie den Besitzer der Duftmarken im markierten Revier treffen, oder sie vermeiden es, dieses zu betreten. Dadurch wird eine aggressive Verteidigung vermieden. Sollte ein Männchen sein Revier nicht erfolgreich verteidigen können, setzen andere Männchen konkurrierende Duftmarken und fordern den Besitzer heraus.

Weibchen nützen diesen Konkurrenzkampf, um den besten Vater für den Nachwuchs auszuwählen. Während sie im Revier eines Männchens ihr Nest haben, paaren sie sich auch außerhalb, vor allem wenn die Duftmarken frisch und konkurrenzlos sind. Sie paaren sich lieber mit Tieren, deren Duft sich deutlich von dem ihrer Eltern unterscheidet, und vermeiden so Probleme durch Inzucht. Männchen können ihre eigenen Jungen nicht von denen unterscheiden, die Geschlechtsgenossen gezeugt haben.

Ist kein Revier verfügbar, leben einige Männchen in dem dominanter Tiere; sie setzen dann seltener Urin mit einer geringeren Konzentration an Signalstoffen ab. So kann der Revierinhaber erkennen,

Rechts: *Wie die Tabelle zeigt, hat der Geruch von Urin unterschiedliche Wirkungen auf weibliche Hausmäuse, die vom Stadium des Zyklus ebenso abhängen wie vom Produzenten des Dufts. Wie stark die Behinderung durch den Uringeruch von nicht paarungsbereiten Weibchen ist, kommt auf die Größe der Gruppe und die Dauer an.*

	Tier, von dem der Urin stammt		
	Unbekanntes adultes Männchen	**Nicht paarungsbereites Weibchen**	**Trächtiges oder säugendes Weibchen**
Junges Weibchen	Pubertät wird beschleunigt	Pubertät wird verzögert	Pubertät wird beschleunigt
Adultes Weibchen	Paarungsbereitschaft wird ausgelöst, Zyklus wird verkürzt	Zyklus wird verlängert oder Scheinträchtigkeit ausgelöst	Paarungsbereitschaft wird verlängert
Trächtiges Weibchen	Trächtigkeit im Frühstadium wird beendet, Paarungsbereitschaft ausgelöst		

dass sie keine Bedrohung darstellen. Allerdings sind diese Männchen für Weibchen nicht attraktiv.

Der Urin kann auch den Zyklus der Weibchen ändern. Ein junges Weibchen, das dem Duft eines neuen Männchens ausgesetzt ist, erreicht die Geschlechtsreife bis zu sechs Tage früher und ist somit eher bereit, sich zu paaren: Normalerweise wäre dies mit 36 bis 40 Tagen der Fall (der vertraute Geruch des Vaters hat keine derartige Wirkung). Ebenso kann der Urin eines unbekannten Männchens bei einem Weibchen, das eben erst empfangen hat, die Trächtigkeit verhindern. Dazu muss das neue Männchen auftauchen, bevor das Ei sich in der Gebärmutterwand eingenistet hat. Jetzt hat das neue Männchen eine Chance, Vater des nächsten Wurfs zu werden. Der Urin nicht vertrauter Männchen führt auch bei adulten Weibchen die Paarungsbereitschaft herbei und verkürzt ihren Zyklus.

Da Mäuseweibchen zusammenleben und sich die Aufgaben bei der Aufzucht der Jungen teilen, spielt der Geruch auch eine Rolle bei ihrer Kommunikation. Ebenso teilen sie ihr Nest oft mit anderen vertrauten Weibchen (meist engen Verwandten) und sind früher paarungsbereit, wenn sie von weiblicher Verwandtschaft Signale erhalten, dass diese bereits Nachwuchs erwartet. Übervölkerung ist jedoch ein Problem und kann die weitere Fortpflanzung stoppen. Wenn drei oder mehr Weibchen zusammenleben und darauf warten, sich zu paaren, produzieren sie einen Duftstoff, der bei anderen jungen Weibchen die Pubertät um mehr als 20 Tage hinauszögert und bei anderen erwachsenen Weibchen den Zyklus stoppt. So wird bei zu dichten Populationen die Fortpflanzung verhindert. Diese Reaktionen ermöglichen es den Weibchen, sich unter günstigen Bedingungen rasch fortzupflanzen, doch bei hoher Dichte der Population die Vermehrung zu verzögern, da die Jungen kaum Überlebenschancen hätten. JH

Unten: *Zumindest seit den Anfängen des Getreideanbaus, vor etwa 10 000 Jahren, leben Mäuse mit Menschen zusammen. Mit ihren empfindlichen Nasen sammeln sie Informationen über ihre Umgebung und einander.*

Weitere Altweltratten und -mäuse

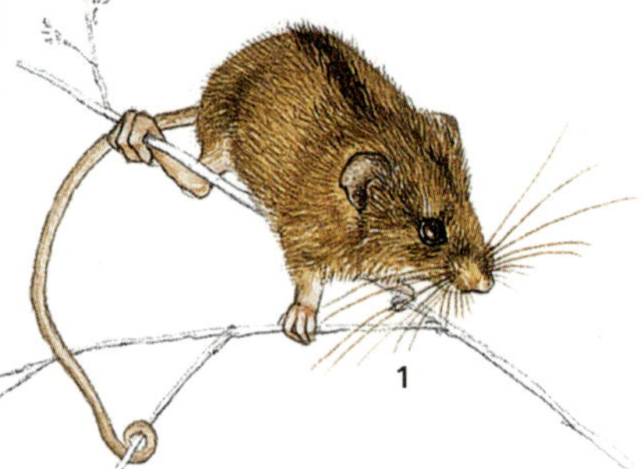

1

ES GIBT ARTEN VON RATTEN UND MÄUSEN, die sich nicht in die drei wichtigsten Unterfamilien der Muridae einordnen lassen. Hier sind sie in acht Unterfamilien zusammengefasst, die der Einfachheit halber nach ihrem Vorkommen von Westen nach Osten geordnet sind. Einige dieser Nager ähneln den Hauptgruppen. So können etwa die Blindmulle als spezialisierte Wühlmäuse betrachtet werden. Zwei Gruppen (Blindmäuse und Wurzelratten) unterscheiden sich stärker und werden manchmal als eigene Familien angesehen.

2

Blindmäuse

UNTERFAMILIE SPALACINAE

Von allen unterirdisch lebenden Nagern zeigen die Blindmäuse die stärkste Anpassung an das Leben unter der Erde. Ihre Augen sind unter der Haut verborgen, man findet weder äußere Ohren noch einen Schwanz. Die Schneidezähne ragen bei geschlossenem Maul hervor und werden zum Graben verwendet. Eine Besonderheit ist die waagrechte Reihe kurzer, steifer, berührungsempfindlicher Haare beidseits des Kopfes. Die meisten Blindmäuse sind etwa 13 bis 25 cm lang; eine Art, *Spalax giganteus* in Südrussland, wird bis zu 35 cm lang.

Blindmäuse besiedeln trockene, nicht aber wüstenhafte Lebensräume – vom Balkan bis Südrussland und vom östlichen Mittelmeer bis Libyen. Sie sind reine Pflanzenfresser, leben ansonsten jedoch ähnlich wie Maulwürfe (Ordnung Insectivora). Jedes Tier baut ein eigenes Tunnelsystem, das bis zu 350 m lang sein kann, und wirft dabei Erdhügel auf. Die Blindmäuse ernähren sich vorwiegend von fleischigen Wurzeln und Knollen, aber auch von ganzen Pflanzen. Obwohl sie ursprünglich Steppentiere sind, haben sie sich gut an ein Dasein im Ackerland angepasst. Dort richten sie beträchtlichen Schaden an Knollen, Getreide und anderen Feldfrüchten an.

Die Tiere pflanzen sich im Frühjahr fort. Meist besteht ein Wurf aus zwei bis drei Jungen, die sich aus dem Tunnel der Mutter entfernen, sobald sie mit etwa drei Wochen entwöhnt sind. Manchmal gibt es später im gleichen Jahr noch einen zweiten Wurf.

Wie bei vielen grabenden Säugern hat auch bei Blindmäusen die geringe Mobilität zur Entwicklung vieler lokaler Formen geführt, die es schwierig machen, Arten genau festzulegen. Andererseits bieten sie gute Möglichkeiten für Studien zur Genetik und den Vorgängen der Evolution und Artenbildung. Die Anzahl der Arten und wie man sie am besten einteilt, ist noch immer sehr ungewiss. Hier sind acht Arten anerkannt, in anderer Literatur werden sie dagegen auf drei reduziert.

Hamsterratten

UNTERFAMILIE CRICETOMYINAE

Die fünf Arten der Hamsterratten ähneln Hamstern, da sie Backentaschen haben, die sich aus dem Inneren jeder Wange öffnen. Die zwei Kurzschwanzhamsterratten-Arten gleichen auch in der gesamten äußeren Erscheinung den Hamstern, während die drei anderen Arten rattenähnlich sind und lange Schwänze sowie große Ohren besitzen.

Die Riesenhamsterratten gehören zu den größten Mäuseartigen, ihre Körperlänge beträgt bis zu 40 cm. Sie kommen in Afrika südlich der Sahara vor und werden in manchen Gegenden zum Verzehr gejagt. Ihre Ernährung ist vielfältig; sie fressen u.a. Insekten und Schnecken, ebenso Körner und Früchte. Die Backentaschen dienen nicht nur dem Transport von Nahrung in die unterirdischen Vorratskammern, sondern können auch als Drohgebärde aufgeblasen werden. Die Tragzeit dauert etwa sechs Wochen, die Wurfgröße umfasst normalerweise zwei bis vier Junge.

Die drei großen Arten werden oft mit blinden, flügellosen Ohrwürmern in Verbindung gebracht, die im Fell der Tiere und in ihren Nestern auftreten und vermutlich ihre Nahrung teilen.

3

4

8

7

Links: *Verschiedene Altweltratten und -mäuse:* ***1*** Dendromus mesomelas, *eine Aalstrichklettermaus;* ***2*** *Gambia-Riesenhamsterratte* (Cricetomys gambianus) *mit Backentaschen voll Nahrung;* ***3*** *Ostafrikanische Maulwurfsratte* (Tachyoryctes splendens) *beim Graben mit den Schneidezähnen;* ***4*** Myospalax aspalax, *ein Blindmull, wirft mit den Hinterfüßen weggegrabene Erde fort;* ***5*** Nannospalax ehrenbergi, *eine Blindmaus, schiebt mit der breiten Nase Erde fort; die Augen fehlen;* ***6*** *Mähnenratte* (Lophiomys imhausi) *mit aufgestellter Mähne, einen Drüsenfleck zeigend;* ***7*** Macrotarsomys ingens, *eine Inselmaus aus Madagaskar;* ***8*** *Südindischer Stachelbilch* (Platacanthomys lasiurus).

6

5

FAKTEN

WEITERE ALTWELTRATTEN UND -MÄUSE

65 Arten in 30 Gattungen und 8 Unterfamilien

VERBREITUNG Balkan, S-Russland, Afrika, Madagaskar, S-Indien und China.

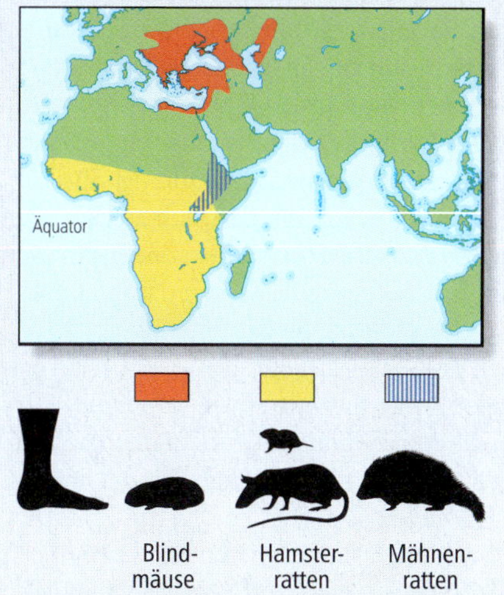

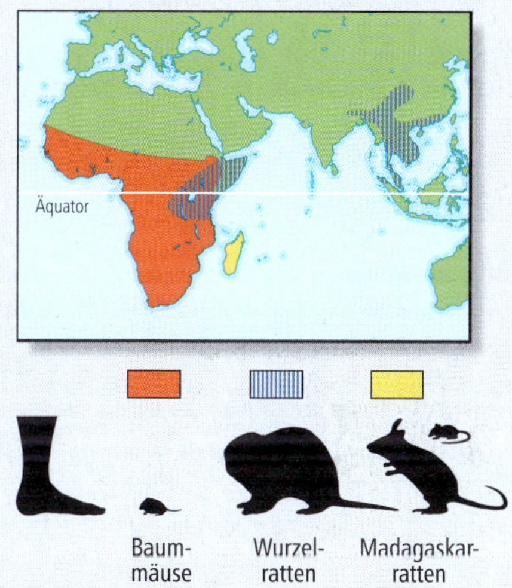

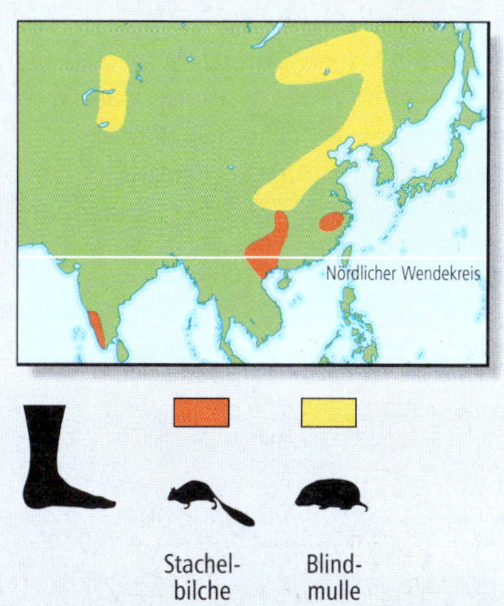

Übersicht der Unterfamilien siehe Seite 649 ▷

Mähnenratten

UNTERFAMILIE LOPHIOMYINAE

Die Mähnenratte besitzt so viele Besonderheiten, dass man sie in eine eigene Unterfamilie einordnet. Man weiß noch nicht einmal, wer ihre nächsten Verwandten sind. Dieses große, kompakte, zottelige Nagetier hat einen buschigen Schwanz und Bereiche mit langen, aufstellbaren Haaren zu beiden Seiten des Rückens. Diese sind mit speziellen Duftdrüsen in der Haut verbunden. Jedes der Haare hat eine einzigartige gitterförmige Struktur, die vermutlich dazu dient, den Duft zu bewahren und zu verteilen. Die Haarpolster können gesträubt werden, um das gestreifte Muster darunter und die Duftdrüsen selbst bloßzulegen.

Auch der Schädel ist einzigartig. Er besitzt eine spezielle körnige Struktur sowie Vertiefungen, in denen die Schläfenmuskeln sitzen, überdacht von einem Knochen – dieses Merkmal findet man bei keinem anderen Nagetier.

Mähnenratten sind nachtaktiv und verbringen den Tag in Bauen, Felsspalten oder hohlen Bäumen. Über ihre Lebensweise ist nur sehr wenig bekannt. Die Tiere können gut klettern und fressen vielerlei Pflanzenmaterial. Auch ihr Magen ist einzigartig unter den Nagetieren, denn er ist in verschiedene Kammern unterteilt, wie man sie bei wiederkäuenden Huftieren findet.

Baummäuse

UNTERFAMILIE DENDROMURINAE

Die meisten Baummäuse sind klein und an das Klettern in Bäumen, Büschen und langem Gras angepasst, denn sie haben lange Schwänze und schmale Füße. Obwohl sie auf Afrika südlich der Sahara beschränkt sind, ähneln einige von ihnen stark Mäusen anderer Gebiete, die ähnliche Anpassungen zeigen, z.B Zwergmaus (Unterfamilie Murinae) und Erntemäuse (Unterfamilie Sigmodontinae). Von diesen unterscheidet sie vor allem ein einzigartiges Schema von Höckern auf den Molaren. Aufgrund dieses Merkmals wurden auch einige sehr unterschiedliche Nagetiere in die Unterfamilie Dendromurinae eingeordnet.

Typische Baummäuse, etwa der Gattung *Dendromus,* sind nachtaktiv und fressen Grassamen, vermutlich aber auch Insekten wie Käfer und sogar junge Vögel und Eidechsen. Einige Arten aus anderen Gattungen gelten als fast ausschließliche Insektenfresser. Einige Arten aus der Gattung *Dendromus* bauen kompakte kugelförmige Nester aus Gras, etwa in Büschen; andere haben ihre Nester unter der Erde. Die Fortpflanzung ist jahreszeitlich bedingt, ein Wurf umfasst meist drei bis sechs nackte, blinde Junge.

Von den anderen Gattungen stellen die Fettmäuse die außergewöhnlichsten Tiere dar. Sie legen weitläufige Baue an und verbringen in der Trockenzeit lange Perioden in Torpor unter der Erde, nachdem sie Fettpolster entwickelt haben. Selbst in ihrer aktiven Periode fallen die Fettmäuse während des Tages in Lethargie, mit stark herabgesetzter Körpertemperatur und Atemfrequenz.

Viele Arten dieser Unterfamilie kennt man kaum. In den vergangenen 40 Jahren wurden einige neue Arten entdeckt und vermutlich wird man noch weitere finden, vor allem baumlebende Arten.

Die Gattungen *Petromyscus* und *Delanymys* werden manchmal als eigene Unterfamilie, Petromyscinae, geführt.

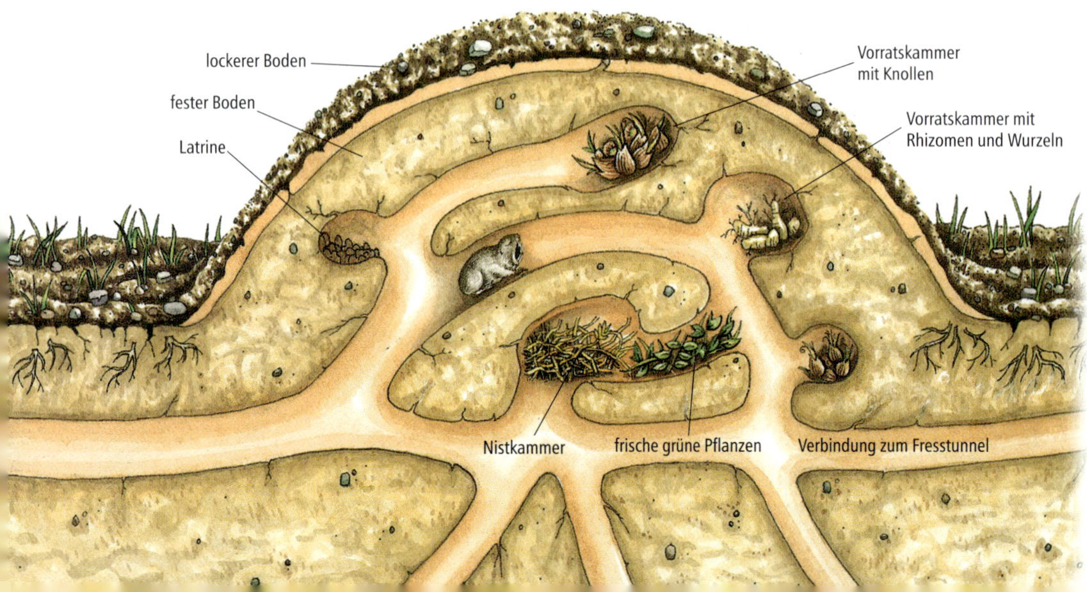

Oben: Nesomys rufus *gehört zu einer Gruppe von 14 Nager-Arten, die nur auf Madagaskar vorkommen. Sie leben dort in weitläufigen, komplizierten Bauen, die oft unter umgestürzten Bäumen angelegt wurden.*

Links: *Nesthügel einer Blindmaus,* Nannospalax ehrenbergi. *Jedes Tier legt sein eigenes Tunnelsystem an, das bis zu 350 m lang ist; dabei wirft es Erdhügel auf. Blindmäuse fressen vor allem fleischige Wurzeln und Knollen, aber auch ganze Pflanzen, die sie an den Wurzeln in ihren Bau ziehen. Man hat in ihren unterirdischen Vorratskammern bis zu 14 kg verschiedener Pflanzen gefunden.*

Wurzelratten

UNTERFAMILIE RHIZOMYINAE

Wurzelratten sind große Ratten, die ans Graben angepasst sind. Sie zeigen viele Merkmale, die man auch bei anderen grabenden Nagetieren findet: kurze Gliedmaßen, kleine Augen, große vorstehende Schneidezähne, kräftige Halsmuskeln und breite, eckige Schädel. Bei Bambusratten, die in den Wäldern Südostasiens leben, sind diese Merkmale weniger ausgeprägt als bei Maulwurfsratten in Ostafrika. Sie graben ausgedehnte Baue, in denen sie sich bei Tag aufhalten. Nachts kommen sie an die Erdoberfläche und fressen dort auch teilweise. Ihre Hauptnahrung sind die Wurzeln von Bambus und anderen Pflanzen, doch sie fressen auch oberirdische Triebe. Trotz ihrer Größe entspricht die Fortpflanzung dem normalen Muster bei Mäusen.

Maulwurfsratten leben stärker unter der Erde als Bambusratten und werfen auffällige „Maulwurfshügel" im offenen Land auf. Wurzeln und Knollen werden unterirdisch gelagert. Jedes Individuum hat sein eigenes Tunnelsystem. Die Tragzeit beträgt sechs bis sieben Wochen.

Madagaskarratten

UNTERFAMILIE NESOMYINAE

Es wurde lange diskutiert, ob die 14 in Madagaskar heimischen Arten eine einzige Gruppe bilden (das würde bedeuten, dass sie aus einer einzigen kolonisierenden Art hervorgegangen sind) oder ob es mehrere Besiedler gab, d.h., die heutigen Arten wären enger mit Ratten auf dem afrikanischen Kontinent als mit ihren Genossen auf Madagaskar verwandt. Die Beweise scheinen die erste These zu stützen – deshalb werden sie hier als eine einheitliche Unterfamilie behandelt.

Der Afrika-Hamster wurde auch mit aufgenommen. Man vermutet, dass er die einzige überlebende Art auf dem afrikanischen Festland ist, die zum Bestand gehörte, der ursprünglich Madagaskar kolonisierte. Am besten sollte man ihn wohl in eine eigene Unterfamilie (Mystromyinae) einordnen. Das Problem liegt in der Vielfalt der madagassischen Ratten und in der Tatsache, dass keine sehr stark einer nicht-madagassischen Muridae-Art ähnelt.

Zur Gruppe gehören auch kleine, flinke Mäuse mit langem Schwanz, langen, schmalen Hinterfüßen sowie großen Augen und Ohren (z.B. *Macrotarsomys bastardi* und *Eliurus minor*). *Nesomys rufus* ist in den Proportionen rattenähnlich, während *Hypogeomys antimena* kaninchengroß ist und tiefe Baue gräbt, obwohl die Nahrungssuche an der Oberfläche stattfindet. Die zwei *Brachyuromys*-Arten ähneln in Form und Bezahnung bemerkenswert den Wühlmäusen. Sie leben in feuchtem Grasland oder Sümpfen und fressen Gras. Äußerlich kann man sie nur schwer von den Schermäusen Europas und Asiens unterscheiden.

Stachelbilche

UNTERFAMILIE PLATACANTHOMYINAE

Früher hielt man die Stachelbilche für eng verwandt mit den echten Bilchen (Familie Gliridae), denen sie äußerlich und in den Querrinnen der Molaren ähneln, obwohl sie nur drei Molaren pro Kieferhälfte besitzen, während die Prämolaren fehlen. In letzter Zeit ist man aber dazu übergegangen, sie als anomale Vertreter der Familie Muridae zu betrachten. Leider weiß man nur wenig über die Lebensweise dieser Mäuse. Der Südindische Stachelbilch, ein Samenfresser, schädigt die Pfefferernte in vielen Teilen Südindiens.

Blindmulle

UNTERFAMILIE MYOSPALACINAE

Blindmulle sind grabende Nager, die in Steppen und offenem Waldland in weiten Teilen Chinas vorkommen. Obwohl sie weitgehend unter der Erde leben, sind sie weniger extrem angepasst als die Blindmäuse. Augen und äußere Ohren sind sichtbar, wenn auch klein, und sie haben einen Schwanz. Sie graben vorwiegend mit den großen Krallen der Vorderfüße, nicht mit den Zähnen.

Wie die Blindmäuse fressen auch die Blindmulle Wurzeln, Rhizome und Knollen, doch sie sammeln manchmal auch an der Erdoberfläche Nahrung, etwa Samen. Zudem legen sie unterirdisch große Vorräte an, sodass sie den ganzen Winter aktiv bleiben können.

Die Fortpflanzung findet im Frühjahr statt, ein Wurf umfasst bis zu sechs Jungen. Über die soziale Organisation weiß man nur wenig, doch die Jungen scheinen ziemlich lang in der Obhut ihrer Mutter zu bleiben. GBC

Unterfamilien der anderen Altweltratten und -mäuse

Blindmäuse Unterfamilie Spalacinae

8 Arten in 2 Gattungen: Blindmäuse (*Spalax*, 5 Arten); *Nannospalax*, 3 Arten. Balkan, S-Russland, östliches Mittelmeer, N-Afrika. 3 Arten gefährdet.

Hamsterratten Unterfamilie Cricetomyinae

3 Arten in 3 Gattungen: Riesenhamsterratten (*Cricetomys*, 2 Arten); Kleine Ostafrikanische Hamsterratte (*Beamys hindei*); Kurzschwanzhamsterratten (*Saccostomus*, 2 Arten). Afrika südlich der Sahara. 1 Art gefährdet.

Mähnenratten Unterfamilie Lophiomyinae

1 Art, Mähnenratte (*Lophiomys imhausi*). Kenia, Somalia, Äthiopien, O-Sudan, Bergwälder ab 1200 m Höhe.

Baummäuse Unterfamilie Dendromurinae

21 Arten in 10 Gattungen: Aalstrichklettermäuse (*Dendromus*, 6 Arten); Riesenbaummaus (*Megadendromus nikolausi*); Dollman-Klettermaus (*Prionomys batesi*); Deomys-Waldmaus (*Deomys ferrugineus*); *Dendroprionomys rousseloti*; Buettners Waldmaus (*Leimacomys buettneri*); Großohrmaus (*Malacotrix typica*); Fettmäuse (*Steatomys*, 6 Arten); Felsenmäuse (*Petromyscus*, 2 Arten); Delanys Sumpfklettermaus (*Delanymys brooksi*). Afrika südlich der Sahara. 2 Arten vom Aussterben bedroht; 1 Art stark gefährdet, 3 Arten gefährdet.

Wurzelratten Unterfamilie Rhizomyinae

6 Arten in 3 Gattungen: Bambusratten (*Rhizomys*, 3 Arten); Kleine Bambusratte (*Cannomys badius*); Maulwurfsratten (*Tachyoryctes*, 2 Arten). O-Afrika, SO-Afrika.

Madagaskarratten Unterfamilie Nesomyinae

15 Arten in 8 Gattungen: Inselmäuse (*Macrotarsomys*, 2 Arten); Inselratte (*Nesomys rufus*); Kurzfußinselratte (*Brachytarsomys albicauda*), Bilchschwänze (*Eliurus*, 6 Arten); Roberts Nacktschwanzmaus (*Gymnuromys roberti*); Votsotsa (*Hypogeomys antimena*); *Brachyuromys*, 2 Arten; Afrika-Hamster *Mystromys albicaudatus*. Madagaskar, 1 Art im südlichen Afrika. 2 Arten vom Aussterben bedroht, 2 stark gefährdet und 2 gefährdet.

Stachelbilche Unterfamilie Platacanthomyinae

3 Arten in 2 Gattungen: Südindischer Stachelbilch (*Platacanthomys lasiurus*), S-Indien. Chinesische Zwergbilche (*Typhlomys*, 2 Arten), S-China und Nordvietnam. 1 *Typhlomys*-Art vom Aussterben bedroht.

Blindmulle Unterfamilie Myospalacinae

6 Arten in 1 Gattung (*Myospalax*). China und Altaigebirge. Unterirdische Lebensweise. 1 Art gefährdet.

Vollständige Artenliste siehe Anhang Seite 870 ff. ▷

Hamster

IN WESTLICHEN LÄNDERN GELTEN HAMSTER *als die Heimtiere für Kinder schlechthin. In ihrer natürlichen Umgebung verhalten sich die Einzelgänger sehr aggressiv, wenn sie auf Artgenossen treffen. Eine Art, die heute in Gefangenschaft praktisch rund um die Welt zu finden ist, stand vor 100 Jahren kurz vor dem Aussterben.*

FAKTEN

HAMSTER

Ordnung: Rodentia

Familie: Muridae

Unterfamilie: Cricetinae

24 Arten in 5 Gattungen: **Maushamster** (Gattung *Calomyscus*, 5 Arten, Iran, Pakistan, Afghanistan, S-Russland). **Zwerghamster** (Gattung *Cricetulus*, 11 Arten; SO-Europa, Kleinasien, N-Asien). **Feldhamster** (*Cricetus cricetus*; Mitteleuropa, Russland). **Mittelhamster** (Gattung *Mesocricetus*, 4 Arten; O-Europa, Naher Osten). **Kurzschwanzzwerghamster** (Gattung *Phodopus*, 3 Arten; Sibirien, Mongolei, N-China).

VERBREITUNG Europa, Naher Osten, Russland, China.

LEBENSRAUM Aride oder semiaride Gebiete, von felsigen Berghängen bis zu Steppe oder Kulturland.

GRÖSSE Körperlänge 5,5–28 cm, Schwanzlänge 0,7–1,1 cm, Gewicht 50–900 g.

FELL Weich, dicht in Schattierungen von Grau und Braun.

NAHRUNG Meist pflanzlich – Samen, Triebe, Wurzelgemüse –, obwohl Hamster gelegentlich auch Insekten, Eidechsen, Kleinsäuger und junge Vögel fressen.

FORTPFLANZUNG Tragzeit von 15 Tagen beim Goldhamster, bis zu 37 Tagen beim Afrika-Hamster.

LEBENSERWARTUNG 2–3 Jahre.

IUCN-STATUS *Calomyscus hotsoni* und *Mesocricetus auratus* sind stark gefährdet, *Mesocricetus newtoni* ist gefährdet; alle anderen Arten sind nicht bedroht.

Vollständige Artenliste siehe Anhang Seite 869 f. ▷

Bis in die 1930er Jahre kannte man den Goldhamster nur von einem Exemplar, das 1839 gefunden wurde. Doch dann entdeckte man in Syrien ein Weibchen mit 12 Jungen und nahm es mit nach Israel. Dort paarten sich die Wurfgeschwister. Die Abkömmlinge wurden 1931 nach England und 1938 in die USA gebracht, wo sie gut gediehen. Heute ist der Goldhamster eines der vertrautesten Heim- und Versuchstiere im Westen. Andere Hamsterarten sind weniger bekannt, obwohl uns auch der Feldhamster schon lange vertraut ist.

Taschen zum Nahrungsammeln

KÖRPERBAU UND FUNKTION

Die meisten Hamster besitzen einen kleinen, kompakten Körper mit kurzen Beinen, ein dickes Fell, große Ohren, vorgewölbte dunkle Augen, lange Tasthaare und scharfe Krallen. Sie haben Backentaschen aus lockeren Hautfalten, die zwischen den vorstehenden Schneidezähnen und den Prämolaren angesetzt sind und sich längs der Außenseite des Unterkiefers ziehen. Wenn Hamster Nahrung suchen, können sie diese in die Backentaschen stecken und so große Mengen in ihre unterirdischen Vorratskammern bringen – eine nützliche Anpassung für Tiere, in deren Lebensraum es reichlich, aber unregelmäßig Nahrung gibt. Dank der Vorderpfoten sind Hamster äußerst geschickt im Umgang mit Nahrung. Die Tiere können mit einer typischen, nach vorn drückenden Handbewegung Futter aus den Backentaschen holen. Von Feldhamstern wird berichtet, dass sie beim Überqueren von Bächen ihre Backentaschen aufblasen, wohl um sich zusätzlichen Auftrieb zu verschaffen.

Die Nager sind vorwiegend Pflanzenfresser, obwohl der Feldhamster auch Insekten, Eidechsen, Frösche, Mäuse, junge Vögel und sogar Schlangen erbeutet. Meist verzehren Hamster Samen, Triebe und Feldfrüchte wie Weizen, Gerste, Hirse, Sojabohnen, Erbsen, Kartoffeln, Karotten und Rüben, dazu Blätter und Blüten. Kleine Teile wie Hirsekörner trägt der Hamster in den Backentaschen zu seinem Bau, größere wie Kartoffeln zwischen den Schneidezähnen. Nahrungsmittel werden entweder für den Winter aufbewahrt, bei der Rückkehr in den Bau gefressen oder, wenn alles ruhig ist, oberhalb der Erde verzehrt. Der Rekord in der Lagerhaltung geht wohl an den Feldhamster: In seinen Kammern hat man bis zu 90 kg Pflanzenmaterial gefunden, das von einem einzigen Tier gesammelt worden war. Hamster verbringen die kalte Jahreszeit im Winterschlaf in ihrem Bau. Nur an wärmeren Tagen werden sie wach und fressen von ihren Vorräten.

Äußerst fortpflanzungsfreudig

SOZIALVERHALTEN

Man kennt sie als liebenswerte Heimtiere, doch in der Natur sind Hamster Einzelgänger und aggressiv gegen ihre Artgenossen. Das ist wohl auf die starke Konkurrenz um die verstreuten, doch örtlich häufigen Nahrungsquellen zurückzuführen, kann aber auch dazu dienen, die Population in einem bestimmten Gebiet zu verteilen. Große Arten verhalten sich auch anderen Arten gegenüber aggressiv. Sie greifen sogar Hunde oder Menschen an, wenn sie bedroht werden.

Bei einigen im Labor untersuchten Arten stellte man ein hervorragendes Gehör fest. Die Tiere kommunizieren mit Ultraschalltönen und mit Quieken, das auch für Menschen hörbar ist. Ultraschalllaute scheinen zwischen Männchen und Weibchen bei der Paarung am wichtigsten zu sein. Auch der Geruchssinn ist sehr ausgeprägt: Der Goldhamster kann einzelne Tiere erkennen, wohl anhand der Sekrete aus den Flankendrüsen. Männchen riechen, in welchem Stadium des Zyklus sich ein Weibchen befindet, und erkennen paarungsbereite Weibchen.

Die meisten Hamster werden kurz vor oder nach der Entwöhnung geschlechtsreif. Feldhamster-Weibchen sind mit 43 Tagen paarungsbereit und können mit 59 Tagen Junge bekommen. Goldhamster entwickeln sich etwas langsamer und

Oben: *Der Daurische Zwerghamster* (Cricetulus barabensis) *hat geräumige Backentaschen, in denen er große Mengen an Nahrung rasch zu seinem Bau bringen kann. Die Zwerghamster-Arten gelten als sehr aggressiv, vor allem Artgenossen gegenüber.*

werden zwischen 56 und 70 Tagen geschlechtsreif. In der Natur haben sie nur einmal – gelegentlich zweimal – im Jahr Nachwuchs, in Gefangenschaft können sie ganzjährig Junge gebären.

Die Werbung ist kurz, wie bei vielen Tieren, die sich nur zur Paarung treffen. Gerüche und Bewegungen zeigen an, dass die Partner paarungsbereit sind. Noch nicht geschlechtsreife Tiere und Weibchen, die nicht läufig sind, greifen an oder werden von anderen attackiert. Nach der Paarung trifft sich das Paar nie wieder. Das Weibchen legt in seinem Bau ein Nest für die Jungen aus Gras, Wolle und Federn an. Dort wirft es nach 16 bis 20 Tagen (Feldhamster). Die Jungen sind bei der Geburt nackt und blind; sie werden allein vom Weibchen versorgt. Während dieser Zeit verzehrt dieses die Vorräte in seinem Bau. Beim Goldhamster werden die Jungen mit etwa drei Wochen entwöhnt. Der Maushamster entwickelt sich am langsamsten, sodass die Erwachsenenfärbung und -größe erst mit sechs Monaten ausgeprägt ist. Der Rattenartige Zwerghamster wurde in der Nordchinesischen Ebene beobachtet. Die Paarungszeit dauert von März bis August. Ältere Weibchen haben drei Würfe pro Jahr, Hamster, die im selben Jahr geboren wurden, nur ein bis zwei. Die Wurfgröße variiert von zwei bis 22 Jungen, im Durchschnitt sind es neun bis zehn, nach einer Tragzeit von 20 Tagen. Ein neugeborenes Weibchen wirft nach zwei Monaten das erste Mal. Die Zeit zwischen zwei Würfen bei adulten Weibchen liegt ebenfalls bei zwei Monaten. Die Population schwankt von Jahr zu Jahr stark. Wiesel und Falken sind die Hauptfeinde.

Oben: *Der Goldhamster* (Mesocricetus auratus) *ist seit einigen Jahrzehnten weltweit als Heimtier bekannt. Wild findet man ihn jedoch nur in einem kleinen Gebiet in Nordwestsyrien. Die IUCN stuft ihn als stark gefährdet ein.*

Männliche Dschungarische Hamster sind „gute Väter“ und dienen den Weibchen sogar als Hebamme. Sie helfen die Jungen aus dem Geburtskanal zu ziehen, säubern sie, fressen die Plazenta und lecken die Nasenlöcher frei, damit die Neugeborenen atmen können. Das Männchen bleibt dann bei der Mutter und den Jungen, um sie zu wärmen. Dieses Verhalten wird wohl durch Hormonveränderungen ausgelöst, denn kurz vor der Geburt steigen beim Männchen die Werte an Östrogen und Kortison, um später wieder durch Testosteron ersetzt zu werden. Das Männchen fungiert als Babysitter, wenn das Weibchen Nahrung sucht.

Heimtiere oder Schädlinge?

ARTEN- UND UMWELTSCHUTZ

Hamster gelten in manchen Gegenden als Schädlinge auf den Äckern; in einigen Ländern trainiert man sogar Hunde, um sie zu töten. Chinesische Bauern fangen große Hamster, um sie an Katzen und andere Heimtiere zu verfüttern. Zudem graben sie im Sommer die Baue um, damit sie gelagertes Getreide finden. Der Feldhamster wird auch wegen seines Fells gefangen. Trotz dieser Bedrohungen sind die meisten Hamsterarten nicht gefährdet, vielleicht weil viele in unwirtlichen Gegenden leben und sich sehr rasch fortpflanzen. JF/ZZ

Rennmäuse

Für viele Menschen sind Rennmäuse attraktive Heimtiere mir großen, dunklen Augen, weißen Bäuchen und Füßen sowie behaarten Schwänzen. Sie denken dabei in erster Linie an die Mongolische Rennratte, eine von vielen Rennmäusen und Rennratten. Diese Tiere bilden die größte Gruppe an Nagern, die an das Leben in arider Umgebung angepasst sind.

Rennmäuse sind unverwechselbare Nager, die oft der vertrauten Mongolischen Rennratte im Aussehen ähneln, doch in unterschiedlichen Größen – von den mausgroßen schlanken Rennmäusen bis zu den kompakten Rennratten – vorkommen. Innerhalb der Gattungen sind die sichtbaren Unterschiede zwischen den Arten sehr fein und treten in Fell- und Krallenfarbe, Schwanzlänge und dem Fehlen oder Vorhandensein einer Schwanzquaste zutage. Bis heute ist es unmöglich, die genaue Artenzahl zu bestimmen, und manchmal fällt es schon schwer festzustellen, zu welcher Gattung eine Art gehört, ohne einen Chromosomen-, Protein- oder Molekülabgleich heranzuziehen.

Anpassung an aride Klimabereiche

KÖRPERBAU UND FUNKTION

Die meisten Rennmäuse besiedeln Trockenregionen mit schwierigen Klimaverhältnissen. Diesen haben sie sich auf interessante Weise angepasst. So darf ein Tier, das unter solch ungünstigen Bedingungen lebt, nicht mehr Wasser verlieren, als es aufnimmt. Wasser wird normalerweise durch die Haut, beim Ausatmen, beim Urinieren und Kotabsetzen abgegeben. Die Rennmaus weist eine im Verhältnis zum Volumen große Körperoberfläche auf und muss daher Wege finden, um den Wasserverlust so gering wie möglich zu halten.

Rennmäuse dürfen also nicht schwitzen. So können sie Temperaturen von mehr als 45 °C nicht länger als zwei Stunden überleben. Die meisten Arten sind daher nachtaktiv. Tagsüber leben sie in einem Bau unter der Erde, dessen Eingang oft blockiert ist. Dort, in etwa 50 cm Tiefe, bleibt die Temperatur konstant bei 20 bis 25 °C. Nur einige nördliche Arten, etwa die Mongolische Rennratte, suchen tagsüber an der Oberfläche nach Nahrung. In südlicheren Regionen kommen einige Rennratten im Winter auch am Tag heraus.

In der ariden Welt der Rennmaus sind trockene Samen und Blätter oft die einzige Nahrung, daher erweist sich die nächtliche Lebensweise als vorteilhaft. Die Nahrung ist mit Tau befeuchtet und wenn das Tier sie zum Fressen mit in den Bau nimmt, erhöht sich dort die Feuchtigkeit. Das Verdauungssystem der Rennmaus entzieht der Nahrung das Wasser weitestgehend und reduziert den Wasserverlust in den Exkrementen. Die Nieren produzieren nur ein paar Tropfen konzentrierten Urin.

Andere Anpassungen der Rennmaus verringern das Risiko, gefressen zu werden. Die Fellfärbung der Tiere entspricht der Farbe des Bodens, auf dem sie leben. Diese Anpassung erstreckt sich sogar auf regionale Populationen einer Art, die in verschiedenen Lebensräumen vorkommen: Tiere auf dunklem Lavaboden sind dunkelbraun, andere Tiere derselben Art, die auf rotem Sand leben, rot. Die Perfektion der Tarnung wird nur durch den Schwanz gestört, der eine andersfarbige Quaste hat. Trotzdem bildet der Schwanz eine wichtige Überlebenshilfe. Er trägt dazu bei, in der Bewegung das Gleichgewicht zu halten. Zudem kann mit ihm Sand über den Eingang eines Baus gefegt werden, um diesen zu verbergen. Er kann auch vom Körper des Tieres ablenken, denn er fällt ganz oder teilweise ab, wenn ein Feind ihn zu fassen bekommt.

Ein weiteres typisches Merkmal der Anatomie ist ein sehr großes Mittelohr, das bei Arten in offenen Wüstenlebensräumen am größten ist. So kann das Tier auch Geräusche im Niedrig-Frequenz-Bereich hören, wie den Flügelschlag einer Eule. Ebenso besitzen Rennmäuse große Augen, die weit oben am Kopf liegen und den Tieren ein großes Gesichtsfeld verleihen.

Die drei Rennmaus-Zonen

VERBREITUNG

Das Verbreitungsgebiet der Rennmäuse lässt sich in drei Hauptregionen aufteilen. Zur ersten zählen neben den Savannen Afrikas auch die Namib und die Kalahari, wo die Temperaturen im Winter unter den Gefrierpunkt fallen. Zur zweiten gehören die „heißen" Wüsten- und Halbwüstengebiete am Wendekreis des Krebses in Nordafrika und Südwestasien, dazu das trockene Horn von Afrika. Die dritte umfasst Wüsten, Halbwüsten und Steppen in Zentralasien, wo die Wintertemperaturen weit unter den Gefrierpunkt sinken. Die Rennmaus-Gattungen zerfallen allgemein in Gruppen, die mit der einen oder anderen dieser Regionen verbunden sind. So kommen, bis auf die Indische Nacktsohlenrennmaus, alle Rennmäuse der Gattungen *Gerbillurus* und *Taterillus* in der ersten Region vor. *Ammodillus-*, *Gerbillus-* und *Pachyuromys*-Rennmäuse leben in der zweiten, während die Arten, die zur *Rhombomys*-Gruppe gehören, die dritte Region besiedeln (einige auch die zweite).

FAKTEN

RENNMÄUSE

Ordnung: Rodentia

Familie: Muridae

Unterfamilie: Gerbillinae

95 Arten in 14 Gattungen

VERBREITUNG Afrikanische Wüsten und Savannen; asiatische Wüsten und Steppen, von der Türkei und Transkaukasien bis NO-China.

LEBENSRAUM Wüste, Savanne, Steppe, Felsen, Kulturland.

GRÖSSE Körperlänge von 6,2–7,5 cm bei den Eigentlichen Rennmäusen bis 15–20 cm bei der Indischen Nacktsohlenrennmaus; **Schwanzlänge** von 7,2–9,5 cm bis 16–22 cm; **Gewicht** von 8–11 g bis 115–190 g, jeweils bei den beiden genannten Arten.

FELL Mausähnliches Äußeres mit weichem, hellgelbem, hellbraunem oder gräulichem Fell. Die Unterseiten sind weiß oder cremefarben.

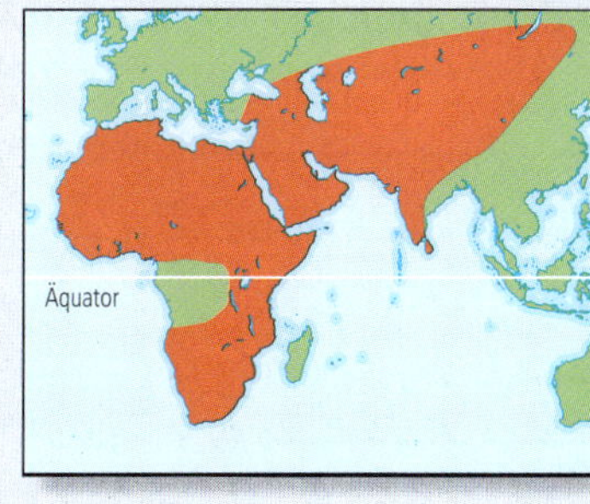

NAHRUNG Vorwiegend Samen, Wurzeln und anderes Pflanzenmaterial, obwohl einige Arten auch Insekten, Schnecken und (gelegentlich) kleine Säuger und Reptilien fressen.

FORTPFLANZUNG Tragzeit 21–28 Tage.

LEBENSERWARTUNG Normalerweise 1–2 Jahre.

IUCN-STATUS Von den 95 Arten, werden 13 Arten der Gattung *Gerbillus* und 1 Art der Gattung *Meriones* als vom Aussterben bedroht aufgelistet. Ferner sind 4 *Meriones*-Arten stark gefährdet, während 3 *Gerbillus*-Arten und die einzige *Ammodillus*-Art, *Ammodillus imbellis,* gefährdet sind.

Übersicht der Gattungen siehe Seite 654 ▷

Links: *Repräsentative Arten der Rennmäuse:* ***1*** *Kalahari-Rennmaus* (Gerbillurus paeba) *putzt ihre Schnauze und verteilt Sekrete;* ***2*** Meriones tamariscinus *legt die Drüse am Bauch frei;* ***3*** *Libysche Rennratte* (Meriones libycus) *beim Angriff;* ***4*** *Kurzschwanzrennmaus* (Desmodillus auricularis) *zeigt Unterwerfungsgeste;* ***5*** *Große Rennmaus* (Rhombomys opimus) *mit einem Sandhaufen und Exkrementen oder Urin;* ***6*** *Kleine Sandrennmaus* (Gerbillus gerbillus), *eine der kleineren Rennmaus-Arten, markiert Sand mit Sekret aus ihrer Drüse am Bauch;* ***7*** *Weibchen der Mongolischen Rennratte* (Meriones unguiculatus) *rennt mit aufgestelltem Fell vor einem Männchen weg* (Teil des Paarungsrituals); ***8*** *Sandrennmaus* (Psammomys obesus) *beschnüffelt eine Kugel aus Sand und Urin.*

Gattungen der Rennmäuse

Ammodillus

1 Gattung: *Ammodillus*
Somali-Rennmaus *(Ammodillus imbellis)*, Somalia, O-Äthiopien; Savanne und Wüste.

Gerbillus

3 Gattungen: *Desmodilliscus, Gerbillus, Microdillus*
Brauers Rennmaus *(Desmodilliscus braueri)*, Senegal und Mauretanien, O- bis Zentral-Sudan; Savanne.
Eigentliche Rennmäuse *(Gerbillus,* 45 Arten), N-Afrika, Naher Osten, Iran, Afghanistan bis NW-Indien; Wüsten, Halbwüsten und Küstenebenen.
Zu den Arten gehören *G. henleyi*, Kleine Sandrennmaus *(G. gerbillus)*, Feldrennmaus *(G. campestris)*, *G. dasyurus*.
Somali-Zwergrennmaus *(Microdillus peeli)*, Somalia; Trockensavanne.

Gerbillurus

2 Gattungen: *Desmodillus, Gerbillurus*
Kurzschwanzgerbil *(Desmodillus auricularis)*, südliches Afrika; Wüste und Savanne.
Namib-Rennmäuse *(Gerbillurus,* 4 Arten), südliches Afrika; Savanne und Wüste.
Zu den Arten gehört *G. setzeri*.

Pachyuromys

1 Gattung: *Pachyuromys*
Fettschwanzmaus *(Pachyuromys duprasi)*, Marokko bis Ägypten; Wüste und Halbwüste.

Rhombomys

5 Gattungen: *Brachiones, Meriones, Psammomys, Rhombomys, Sekeetamys*
Przewalski-Rennratte *(Brachiones przewalskii)*, N-China; Wüste.
Rennratten *(Meriones,* 16 Arten), N-Afrika, Türkei, SW-Asien, Kasachstan bis Mongolei, N-China und NW-Indien; Wüste und Halbwüste.
Zu den Arten gehören *M. crassus*, Mongolische Rennratte *(M. unguiculatus)*.
Sandrennmäuse *(Psammomys,* 2 Arten), N-Afrika bis Syrien und Arabische Halbinsel; Wüste und Halbwüste.
Zu den Arten gehören *P. obesus* und *P. vexillaris*.
Große Rennmaus *(Rhombomys opimus)*, Kasachstan, Iran, Afghanistan, Pakistan bis N-China und Mongolei; Steppe und Wüste.
Bilchrennmaus *(Sekeetamys calurus)*, O-Ägypten, S-Israel, Jordanien bis Zentral-Saudi-Arabien; Wüste.

Taterillus

2 Gattungen: *Tatera, Taterillus*
Nacktsohlenrennmäuse *(Tatera,* 12 Arten), südliches Afrika, O- und W-Afrika, Syrien bis Indien, Nepal und Sri Lanka; Savanne und Steppe.
Zu den Arten gehören Indische Nacktsohlenrennmaus *(T. indica)*, *T. nigricauda*.
Taterillus, 8 Arten, Senegal, Mauretanien bis S-Sudan und südlich bis N-Tansania; Halbwüste, Savanne und Baumsavanne.
Zu den Arten gehören die Kleine Nacktsohlenrennmaus *(T. emini)* und *T. harringtoni*.

Vollständige Artenliste siehe Anhang Seite 870 ▷

Vegetarier und Allesfresser

NAHRUNG

Rennmäuse gelten vorwiegend als Vegetarier, die verschiedene Teile von Pflanzen verzehren, wie Samen, Früchte, Blätter, Stängel, Wurzeln und Knollen. Viele Arten nehmen jedoch alles, was kommt, auch Insekten, Schnecken, Reptilien und sogar andere kleine Nager. Die nachtaktiven *Gerbillus*-Arten suchen in der Wüste nach Samen, die der Wind hergeweht hat. Rennmäuse, die in den äußerst trockenen Wüstenregionen des südlichen Afrikas leben, fangen vorwiegend Insekten.

Einige Arten sind sehr spezialisiert und leben von einer einzigen Art von Nahrung. Die Sandrennmaus kommt nur dort vor, wo sie salzige sukkulente Pflanzen findet, während die Indische Nacktsohlenrennmaus das ganze Jahr über frisches Futter braucht und deshalb oft bei bewässerten Feldern lebt. *Gerbillus dasyurus* liebt Schnecken so sehr, dass die örtlichen Schneckenpopulationen gefährdet werden. Vor dem Bau dieser Rennmaus türmen sich Berge leerer Gehäuse.

Die meisten Rennmäuse sind so vorsichtig, ihre Nahrung mit in ihren Bau zu nehmen, bevor sie sie fressen. Arten, die Gebieten mit kalten Wintern besiedeln, müssen sich einen Vorrat anlegen, um zu überleben. Man fand bei einer Mongolischen Rennratte 20 kg Samen im Bau. Große Rennmäuse lagern nicht nur Pflanzen ein, sondern konstruieren auch Haufen vor ihren Bauen, die bis zu 1 m hoch und 3 m lang sein können.

Einfluss von Klima und Nahrung

SOZIALVERHALTEN

Die Erforschung der sozialen Organisation bei Rennmäusen steckt noch in den Anfängen. Arten, die Wüsten besiedeln, leben meist als Einzelgänger, manchmal in weitläufigen Röhrensystemen, obwohl die Baue oft nahe genug beieinander liegen, dass man die Existenz einer Kolonie nicht ausschließen kann. Es kämpft wohl jedes Tier für sich selbst, weil die Versorgung mit Nahrung in einer solchen Umwelt nicht gesichert ist. Arten in Savannen, die mehr Nahrung bieten, sind dagegen sozialer. Es gibt Berichte von dauerhafter Paarbildung und sogar von Familienstrukturen. Die komplexesten sozialen Ordnungen hat man in der *Rhombomys*-Gruppe bei Arten beobachtet, die in Gegenden mit kalten Wintern leben. Größere Gruppen sammeln sich in einzelnen ausgedehnten Bauen, vielleicht um sich gegen die Kälte aneinander zu kuscheln, vielleicht um Nahrungsvorräte zu bewachen. Das beste Beispiel ist die Große Rennmaus der zentralasiatischen Steppen, die in großen Kolonien lebt. Diese bestehen aus zahlreichen Untergruppen, die wiederum aus Männchen-Weibchen-Paaren entstanden sind. Eine ähnliche Sozialstruktur findet sich bei der Mongolischen Rennratte, obwohl andere Rennratten-Arten in Nordafrika und Asien als Einzelgänger im heißen Klima und sozial in kühleren Regionen geschildert werden. Bei Savannen-Arten scheint die Fortpflanzung mit Klima und Nahrung gekoppelt zu sein. Diese Rennmäuse werfen nach der Regenzeit. Arten, die in Gegenden leben, wo es immer frische Nahrung gibt, pflanzen sich das ganze Jahr über fort; die Weibchen werfen zwei- bis dreimal pro Jahr. Einige Wüstenarten jedoch vermehren sich nur in den kälteren Monaten, obwohl jene in den Wüsten des südlichen Afrikas jederzeit werfen.

Die Wurfgröße variiert von ein bis 12 Jungen, meist sind es drei bis fünf. Die Jungen werden hilflos, nackt und blind geboren. Zwei Wochen lang

Oben: *Der typische schlanke Körperbau einer Eigentlichen Rennmaus, hier* G. cheesmani*, die damit beschäftigt ist, Sand vom Eingang ihres Baus in den Wahiba Sands, Oman, wegzuschaffen. Viele Arten der Gattung* Gerbillus *sind stark gefährdet.*

Rechts: *Die Nacktsohlenrennmaus der Art* Tatera leucogaster *hat ein rattenähnliches Äußeres. Diese Rennmaus besiedelt sandige Ebenen, Savannen und Waldland. Obwohl sie so klein ist, kann sie sehr hoch und weit springen, wenn sie in Gefahr ist. Die Baue dieser Art liegen bis zu 1 m unter der Erde.*

Sozialleben der Mongolischen Rennratte

Mongolische Rennratten leben in Gruppen in einem System von Bauen. Im Sommer sind die Verbände am größten; sie bestehen aus ein bis drei Männchen, zwei bis sieben Weibchen und zahlreichen Jungen. Detaillierte Forschungen haben ergeben, dass die Tiere an verschiedenen Gruppentätigkeiten teilnehmen, etwa Nahrung für den Wintervorrat sammeln; auch verbringen sie die kalten Monate aneinander gekuschelt im Bau. Die Unversehrtheit der Gemeinschaft wird unter normalen Bedingungen eifersüchtig gehütet. Fremde Rennratten und andere Tiere werden verjagt.

Welche der erwachsenen Tiere die Eltern der Jungtiere sind, lässt sich aus dem Verhalten der Männchen und Weibchen nicht erkennen, obwohl man beobachtet hat, dass Paarbildung existiert.

Die Jungen könnten durchaus der Nachwuchs von jungen Erwachsenen sein, die aus einem anderen Bau kommen, doch aus vielen Gründen erschien das immer unwahrscheinlich. Wenn Tiere spät im Sommer ihre Gruppe verlassen würden, um eine eigene Bau-Gemeinschaft einzurichten, würden sie leicht Opfer von Feinden und des schlechten Wetters. Sie müssten sich auch mit anderen Rennmäusen auseinander setzen, durch deren Reviere sie zögen. (Wenn die Dichte in den Populationen hoch ist, können bis zu 50 Baue pro ha existieren.) Darüber hinaus hätten sie keinen Zugang zu der Nahrung, die für den Winter gesammelt wurde. Am meisten spricht dagegen, dass die Tiere, wenn sie in Gruppen wandern würden, ständig Inzucht betrieben und so genetische Probleme bekämen.

Die unerwartete Antwort auf dieses Rätsel lieferte die Beobachtung von Tieren in Gefangenschaft. Diese Studien haben gezeigt, dass die Gemeinschaftsgruppen stabil und im Revier bleiben, doch dass läufige Weibchen ihr eigenes Revier verlassen und zur Paarung benachbarte Gemeinschaften aufsuchen. Die Weibchen kehren dann in ihre eigenen Baue zurück, wo ihr Nachwuchs nicht unter der Obhut und Fürsorge von Mutter und Vater, sondern von Mutter und Onkeln aufwächst.

Rechts: *Diese Mongolische Rennratte ist zwei bis drei Wochen alt. Die Wurfgröße liegt bei vier bis sechs Jungen. Sie öffnen die Augen mit zwei bis drei Wochen und werden mit drei bis vier Wochen entwöhnt.*

sind sie ganz von der Fürsorge der Mutter abhängig und werden ständig versorgt. Wo es eine Paarungszeit gibt, werden nur die zuerst Geborenen rechtzeitig geschlechtsreif, um in der gleichen Saison noch Nachwuchs zu haben (mit etwa zwei Monaten). Die Spätergeborenen werden mit etwa sechs Monaten geschlechtsreif und paaren sich in der folgenden Saison.

Zwiespältige Beziehungen zu Menschen

Arten- und Umweltschutz

Die meisten Rennmäuse leben in weitgehend unbewohnten Gebieten. Wo sie Kontakt mit Menschen haben, vor allem in den Savannen Afrikas, Steppen Asiens und in Indien, kommt es auch zu Konflikten. Ihre Nahrung, insbesondere die Wintervorräte, stibitzen sie auf den Feldern. Beim Graben ihrer Baue können sie große Schäden an Weiden, Bewässerungskanälen, Straßen, Eisenbahndämmen und sogar an Fundamenten von Häusern anrichten. Zudem haben sie Flöhe, die tödliche Krankheiten übertragen, darunter die Pest. Und sie sind Träger der gefährlichen Leishmaniose.

Die Menschen nutzen sie als Versuchstiere in der Forschung und als Heimtiere, doch werden auch unzählige Rennmäuse durch Giftgas getötet, weil Bauern sie als Schädlinge verfolgen. Bisweilen pflügt man auch ihre Bausysteme um, auch wenn diese seit Jahrhunderten von Generationen von Rennmäusen bewohnt wurden. In manchen Gegenden gilt das süßliche Fleisch der Tiere als Delikatesse und wird verzehrt. DAS/GA

Bilche

Rechts: *Weltweit sind viele Bilcharten bedroht; der Japanische Schläfer wird von der IUCN als stark gefährdet eingeordnet.*

Oben: *Trotz seines Namens findet man den Gartenschläfer* (Eliomys quercinus) *meist in den Wäldern Mitteleuropas, obwohl einige auch Büsche oder Felsspalten bewohnen.*

DIE BILCHE ENTSTANDEN IM EOZÄN VOR *55 bis 34 Millionen Jahren. Im Pleistozän (vor 1,8 Millionen bis 10 000 Jahren) gab es sogar Riesenformen auf einigen Mittelmeerinseln. Heute sind die Bilche in Körperbau und Verhalten zwischen Mäusen und Eichhörnchen angesiedelt.*

Hauptmerkmale der Bilche sind ihre beachtlichen Fettdepots und ihr langer Winterschlaf (ca. sieben Monate bei europäischen Arten). Die alten Römer mästeten Bilche in einem speziellen Raum, dem *Glirarium*, um sie zu verzehren. Im Französischen sagt man „Schlafen wie ein Bilch", entsprechend dem Deutschen „Schlafen wie ein Murmeltier".

Schnell in der Bewegung

KÖRPERBAU UND FUNKTION

Bilche sind äußerst beweglich und meist aufs Klettern eingerichtet, obwohl einige – wie Garten- und Baumschläfer – auch am Boden umherstreifen; *Myomimus personatus* ist die einzige Art, die ausschließlich am Boden lebt. Die vier Zehen der Vorder- und die fünf der Hinterfüße tragen kurze, gebogene Krallen. Die nackten Fußsohlen bedecken Ballen. Der Schwanz ist meist buschig und lang, bei einigen Arten, wie Siebenschläfer, Haselmaus, Gartenschläfer, Baumschläfer und Afrikanischen Bilchen, löst er sich vom Körper, wenn Feinde – oder sogar andere Bilche – ihn ergreifen. Die Tiere verfügen über ein exzellentes Gehör sowie die Fähigkeit zu mannigfachen Lautäußerungen. Siebenschläfer, Haselmaus, Gartenschläfer und Afrikanische Bilche klicken, pfeifen und knurren zu vielerlei Verhaltensweisen.

Der Salzkrautbilch, der in eine eigene Gattung gestellt wird, kommt westlich und nördlich vom Balkaschsee in Ostkasachstan, Zentralasien, vor. Er hat sehr dichtes, weiches Fell, einen nackten Schwanz, kleine Ohren und schuppt beim Fellwechsel die oberen Hautschichten ab. Er frisst Wirbellose wie Insekten und Spinnen und ist vorwiegend dämmerungs- und nachtaktiv. Wahrscheinlich hält er bei Kälte einen Winterschlaf.

Fressen auf Vorrat

NAHRUNG

Bilche sind die einzigen Nager, die keinen Blinddarm besitzen, was anzeigt, dass ihre Nahrung wenig Zellulose enthält. Analysen ihres Mageninhalts ergaben, dass sie alles fressen und ihre Nahrung mit den Jahreszeiten wechselt. Jedoch gibt es Unterschiede zwischen den Arten je nach Gegend. Siebenschläfer und Haselmaus verzehren vorwiegend Pflanzen: Früchte, Nüsse, Samen und Knospen. Gartenschläfer, Baumschläfer und Afrikanische Bilche bevorzugen tierische Nahrung, darunter Insekten, Spinnen, Regenwürmer und kleine Wirbeltiere, aber auch Eier und Früchte.

In Frankreich bestehen 40 bis 80 % der Ernährung des Gartenschläfers aus Insekten, je nach Gegend und Jahreszeit. Doch man muss noch etwas berücksichtigen: Im Sommer frisst ein Gartenschläfer hauptsächlich Insekten und Früchte, während er im Herbst fast nur Früchte verzehrt, obwohl in dieser Jahreszeit noch reichlich Insekten zur Verfügung stehen. Diese Umstellung der Ernährung ist ein Teil der Vorbereitung auf den Winterschlaf. Durch die allmähliche Reduktion der Proteinzufuhr wird der Schlaf herbeigeführt.

Ein langer Schlaf

SOZIALVERHALTEN

In Europa halten Bilche von Oktober bis April Winterschlaf, unterschiedlich lang je nach Art und Gegend. In der zweiten Hälfte der Winterschlafzeit wachen sie periodisch auf – ein Zeichen für das Einsetzen der Hormonproduktion, von der die sexuelle Aktivität angeregt wird.

Bilche paaren sich, sobald sie aus dem Winterschlaf erwacht sind, Weibchen werfen von Mai bis Oktober je nach Alter. (Nicht alle Bilche, die gerade geschlechtsreif geworden sind, paaren sich auch.) Sieben- und Gartenschläfer haben einen Wurf pro Jahr, Haselmaus und Baumschläfer pflanzen sich bis zu dreimal fort. Lautäußerungen spielen bei der Paarung eine bedeutende Rolle. Beim Siebenschläfer stößt das Männchen Rufe aus, während es dem Weibchen folgt; beim Gartenschläfer pfeift das Weibchen, um das Männchen zu locken. Das Weibchen versteckt sich, kurz bevor der Geburtstermin ansteht, und baut ein Nest, meist in Kugelform und nicht am Boden, sondern in einem Loch im Baum oder einer Astgabel. Es nimmt dazu Blätter, Gras und Moos. Garten- und Siebenschläfer verwenden Haare und Federn als Polstermaterial. Das Gartenschläferweibchen setzt Duftmarkierungen um das Nest und verteidigt es heftig.

Bilchweibchen werfen zwei bis neun Junge, wobei vier Junge bei den meisten Arten der durchschnittlichen Wurfgröße entsprechen. Die Jungen werden nackt und blind geboren. In der ersten Woche nach der Geburt lernen sie, Gerüche zu unterscheiden, obwohl ein Speichelaustausch zwischen Mutter und Jungen das wesentliche Erkennungsmerkmal zu sein scheint. Dieses Verhalten kann auch die Umstellung von Milch auf feste Nahrung erleichtern. Mit etwa 18 Tagen beginnen die Jungen zu hören, etwa zur selben Zeit öffnen sich die Augen. Mit vier bis sechs Wochen sind sie selbstständig. Junge Bilche wachsen dann schnell, bis die Zeit für den

Oben: *Die kräftig gefärbte Haselmaus lebt in Dickichten und Sekundärwald. Besonders schätzt sie Nussbäume und klettert sehr geschickt im Gewirr der Zweige umher.*

Links: *Fest zusammengerollt hält diese Haselmaus Winterschlaf. Dazu zieht sie sich in ein Nest zurück, entweder in einen Baumstumpf, in Laubstreu am Boden oder in einen Bau. Die Länge des Winterschlafs hängt vom Klima ab und kann bis zu neun Monate dauern.*

FAKTEN

BILCHE

Ordnung: Rodentia

Familie: Myoxidae

26 Arten in 8 Gattungen and 3 Unterfamilien

VERBREITUNG Europa, Afrika, Türkei, Asien, Japan.

LEBENSRAUM Wald- und Felsengebiete, Steppen, Gärten.

GRÖSSE Körperlänge 6–19 cm; Schwanzlänge 4–16,5 cm; Gewicht 15–200 g; je nach Art unterschiedlich

FELL Weich und eichhörnchenähnlich, mit buschigem Schwanz (bis auf *Myomimus*).

NAHRUNG Alles, darunter Insekten, Würmer, Spinnen, Früchte, Samen, Nüsse und Eier.

FORTPFLANZUNG Tragzeit 21–32 Tage.

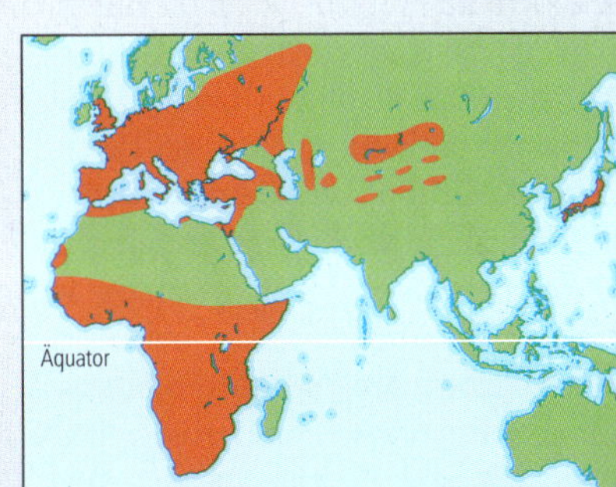

LEBENSERWARTUNG 3–6 Jahre in der Natur.

IUCN-STATUS Die Hälfte aller Bilch-Arten werden von der IUCN aufgeführt: 4 als stark gefährdet, 4 als gefährdet, 5 stehen auf der Vorwarnliste.

Übersicht der Unterfamilien siehe Seite 658 ▷

Unterfamilie der Bilche

Unterfamilie Graphiurinae

Afrikanische Bilche (*Graphiurus*, 14 Arten)
1 Art gefährdet

Unterfamilie Leithiinae

Baumschläfer (*Dryomys*, 3 Arten)
1 Art stark gefährdet
Gartenschläfer (*Eliomys*, 2 Arten)
1 Art gefährdet
Mausschläfer (*Myomimus*, 3 Arten).
1 Art stark gefährdet, 2 Arten gefährdet
Salzkrautbilch (*Selvinia betpakdalaensis*)
stark gefährdet

Unterfamilie Myoxinae

Japanischer Schläfer (*Glirulus japonicus*)
stark gefährdet
Haselmaus (*Muscardinus avellanarius*)
Siebenschläfer (*Myoxus glis*)

Vollständige Artenliste siehe Anhang, Seite 876 f. ▷

Winterschlaf naht. Anschließend verlangsamt sich das Wachstum. Geschlechtsreif werden sie etwa ein Jahr nach der Geburt, gegen Ende oder nach ihrem ersten Winterschlaf.

Bilchpopulationen sind normalerweise weniger dicht als die der meisten anderen Nagetiere. Meist leben 0,1 bis zehn Bilche auf einem Hektar. Sie bilden kleine Gruppen, von denen die Hälfte aus Jungtieren besteht. Jede Gruppe besetzt ein Revier, dessen Hauptachse zwischen 100 m beim Gartenschläfer und 200 m beim Siebenschläfer lang sein kann. In Stadtgebieten hat die Funküberwachung von Gartenschläfern gezeigt, dass ihr Revier die Form einer Ellipse einnimmt und in Verbindung mit der Verfügbarkeit von Nahrung steht. Im Herbst umfasst das Revier etwa 1000 qm.

Eine Studie der sozialen Organisation des Gartenschläfers zeigte bedeutende Unterschiede im Verhalten in der aktiven Zeit zwischen den Winterschlafperioden. Im Frühjahr, wenn die Bilche erwachen, bilden die Männchen eigene Gemeinschaften, in denen eine deutliche Trennung zwischen dominanten und untergeordneten Tieren besteht. Wenn die Gruppen sich bilden, werden einige Männchen zur Abwanderung gezwungen. Sobald dies geschehen ist, entspannt sich das Verhalten innerhalb der Gruppen wieder, obwohl diese geschlossen bleiben. Am Ende des Sommers herrscht Familienatmosphäre. Im Herbst sind alle Altersgruppen und beide Geschlechter vertreten. Trotz der hohen Erneuerungsrate kann eine Kolonie über viele Jahre hin bestehen bleiben. CB

Rechts: *Siebenschläfer weisen eine Vorliebe für Früchte auf und gehören zu den Arten, die am stärksten von Pflanzen abhängig sind. Dadurch eigneten sie sich früher sehr gut für den menschlichen Verzehr.*

Hüpfmäuse, Birkenmäuse, Springmäuse

Die Vertreter der Familie Dipodidae haben sich alle mehr oder weniger so entwickelt, dass sie sich hüpfend und springend vorwärtsbewegen. Hüpf- und Birkenmäuse sind klein und mäuseähnlich, Springmäuse sind größer und haben auffällig lange Hinterbeine, ähnlich wie Kängurus.

Die kleinen Nager scheinen das Hüpfen als Strategie gegen Feinde entwickelt zu haben. Sie sind meist nachtaktiv, scheu und in der Natur kaum zu sehen, nicht zuletzt, weil einige Arten bis zu neun Monate im Jahr Winterschlaf halten.

Hüpfen, kriechen, springen

KÖRPERBAU UND FUNKTION

Hüpfmäuse besitzen lange Hinterfüße und einen langen Schwanz, der beim Springen die Balance hält. Dennoch kriechen die häufigsten Arten der Gattung *Zapus* eher oder machen kleine Hüpfer anstatt weiter Sprünge. Die Waldhüpfmaus dagegen bewegt sich oft in Sprüngen von 1,5 bis 3 m vorwärts. Neben Füßen und Schwanz stellen das intensiv gefärbte Fell und die gefurchten oberen Schneidezähne typische Kennzeichen der Hüpfmäuse dar. Die Funktion der Furchen ist nicht bekannt: Vielleicht schneiden die Zähne dadurch besser, vielleicht dienen sie aber auch nur als zusätzliche Verstärkung.

Links: *Eine Wiesenhüpfmaus trinkt aus einer Pfütze. Wie alle Hüpfmäuse verbringt sie mehr als ein halbes Jahr im Winterschlaf: Sie fällt im Oktober in Torpor und wacht erst Ende April wieder auf.*

Hüpfmäuse graben keine Baue. Sie leben an der Oberfläche, obwohl sich ihre Nester unter der Erde oder an einem geschützten Ort befinden können. Das Nest für den Winterschlaf liegt oft am Ende eines Gangs in einer Böschung. Meist verstecken sich die Tiere bei Tag zwischen Pflanzen. Sie bewegen sich häufig in dichtem Gras, obwohl sie manchmal auch Wildpfade oder die Baue anderer Arten benutzen.

Birkenmäuse unterscheiden sich von den Hüpfmäusen durch vergrößerte Hinterfüße und ungefurchte obere Schneidezähne. Beine und Schwanz sind kürzer, doch auch sie bewegen sich hüpfend vorwärts und klettern in Büsche. Dabei halten sie sich mit den äußeren Zehen und zusätzlich mit dem Schwanz an der Pflanze fest. Birkenmäuse graben flache Baue und legen aus krautigem Material unter der Erde Nester an.

Springmäuse sind nachtaktiv und haben große Augen. Ihre verlängerten Hinterbeine erreichen maximal die vierfache Länge der Vorderbeine; bei den meisten Arten sind drei Mittelfußknochen zum Kanonenbein verwachsen, um dem Fuß mehr Kraft zu geben. Springmäuse, die in sandigen Gebieten leben, tragen Haarbüschel an den Fußsohlen, um das Einsinken im weichen Sand zu verhindern. Überdies tragen sie dazu bei, die Bodenhaftung zu halten und beim Graben Sand nach hinten zu werfen. Springmäuse besitzen auch Haarbüschel an den Ohren, damit kein Sand in diese dringen kann.

Ihre Sprungkraft ermöglicht es den Springmäusen, Feinden zu entkommen, und macht sie sehr wendig. Zur Fortbewegung dienen nur die Hinterbeine; mit den Vorderbeinen wird Nahrung gesammelt. Springmäuse stützen sich mit dem langen Schwanz ab, wenn sie aufrecht stehen, und balancieren damit, wenn sie springen. Die Sprünge erreichen Weiten von 1,5 bis 3 m.

Pflanzen und Insekten als Nahrung

NAHRUNG

Die wichtigste tierische Nahrung der Hüpfmäuse sind Larven von Nachtfaltern (vor allem *Euxoa*) sowie Lauf- und Rüsselkäfer. Eine große Rolle spielt auch der unterirdisch wachsende Pilz *Endogone*, der etwa 12 % der Nahrung bei Wiesenhüpfmäusen und etwa 35 % bei Waldhüpfmäusen ausmacht. Wiesenhüpfmäuse fressen sehr unterschiedliche Kost, doch Samen, vor allem von Gräsern, bevorzugen sie. Die Art der verzehrten Samen wechselt mit deren Verfügbarkeit.

Birkenmäuse können riesige Mengen Futter auf einmal vertilgen, aber auch lange Zeit ohne zu fressen auskommen. Ihre Hauptnahrung bilden Samen, Beeren und Insekten.

Unterfamilien der Hüpfmäuse, Birkenmäuse und Springmäuse

Hüpfmäuse Unterfamilie Zapodinae

3 Gattungen: *Zapus, Eozapus, Napaeozapus*

Feldhüpfmäuse *(Zapus,* 2 Arten): Wiesenhüpfmaus *(Zapus hudsonius)* und Westliche Hüpfmaus *(Z. princeps)*. Die Art, das manchmal gesondert als *Z. trinotatus* aufgeführt wird, wird hier unter *Z. princeps* gerechnet. Nordamerika, Wälder, Felder, Bergwiesen.

Waldhüpfmaus *(Napaeozapus insignis)*, Nordamerika, in Wäldern.

Chinesische Hüpfmaus *(Eozapus setchuanus)*, China.

Birkenmäuse Unterfamilie Sicistinae

1 Gattung: *Sicista*

Birkenmäuse *(Sicista,* 13 Arten): *S. betulina*, N-Eurasien; *S. caucasica*, W-Kaukasus und Armenien; *S. subtilis*, Russland und O-Europa.

Springmäuse 5 Unterfamilien

Unterfamilie Cardiocraniinae

2 Gattungen: *Cardiocranius, Salpingotus*

Fünfzehen-Zwergspringmaus *(Cardiocranus paradoxus)*, W-China, Mongolei.

Zwergspringmäuse *(Salpingotus,* 6 Arten), asiatische Wüsten.

Unterfamilie Dipodinae

4 Gattungen: *Dipus, Jaculus, Stylodipus, Eremodipus.*

Raufußspringmaus *(Dipus sagitta)*, Russland, Kasachstan, Turkestan (Sandwüsten), Zentralasien (Sand- und Sand-Kies-Wüsten).

Wüstenspringmäuse *(Jaculus,* 4 Arten), N-Afrika, Iran, Afghanistan, Pakistan, Turkestan, in Wüsten.

Stylodipus (3 Arten), südliches europäisches Russland, in sandigen Halbwüsten; Kasachstan, Mongolei, China, in Lehm- und Kieswüsten.

Eremodipus lichtensteini, Sandwüsten in Turkestan.

Unterfamilie Paradipodinae

1 Gattung: *Paradipus*

Kammzehenspringmaus *(Paradipus ctenodactylus)*, Turkestan, Sandwüsten.

Unterfamilie Allactaginae

3 Gattungen: *Allactaga, Allactodipus, Pygeretmus*

Pferdespringer *(Allactaga,* 11 Arten), NO-Afrika (Libysche Wüste), Naher Osten, Russland, Kasachstan, Turkestan, O-Asien.

Fettschwanzspringmäuse *(Pygeretmus,* 3 Arten), südliches europäisches Russland, Kasachstan, Mongolei, China, in Salz- und Lehmwüsten.

Allactodipus bobrinskii, Kieswüsten in Turkestan.

Unterfamilie Euchoreutinae

1 Gattung: *Euchoreutes*

Euchoreutes naso, Kieswüsten in China und der Mongolei.

Vollständige Artenliste siehe Anhang Seite 868 ▷

Links: *Eine Wüstenspringmaus (Jaculus jaculus) kauert sich in den Sand der Sahara. Die Jaculus-Arten sind äußerst kraftvolle Springer und können aus dem Stand etwa 1 m hoch springen.*

Springmäuse unterscheiden sich stark in ihrer Ernährung. Einige Arten sind auf Samen *(Cardiocranius)*, Insekten *(Euchoreutes)* oder frische Blätter und Stängel sukkulenter Pflanzen *(Pygeretmus, Paradipus)* spezialisiert. Andere Arten fressen Samen und Insekten *(Salpingotus)*, Samen und Pflanzengrün *(Dipus, Stylodipus, Eremodipus, Jaculus, Allactodipus)* oder gleiche Mengen von Samen, Insekten und unterirdischen Pflanzenteilen *(Allactaga)*. Bei *Dipus* tauchen die Tiere einer Population nachts etwa zur selben Zeit auf und hüpfen zu ihren Futterplätzen, die oft in einiger Entfernung liegen. Dort fressen sie Pflanzen, vor allem jene mit Milchsäften, aber auch unterirdische Sprossen und Insektenlarven in Gallen. Springmäuse trinken kein Wasser, sondern gewinnen Feuchtigkeit durch Stoffwechselprozesse aus der Nahrung.

Todesfalle Winterschlaf

SOZIALVERHALTEN

Hüpfmäuse halten etwa sechs bis neun Monate pro Jahr Winterschlaf. Zuvor fressen sie sich innerhalb von zwei Wochen einen Fettvorrat von 6 bis 10 g an. Sie beginnen den Winterschlaf mit immer länger werdenden Schlafzeiten, bis sie in Tiefschlaf fallen, bei dem die Körpertemperatur knapp über dem Erfrieren liegt. Herz- und Atemfrequenz sowie alle Körperfunktionen sinken weit ab. Die Tiere wachen jedoch etwa alle zwei Wochen auf, vielleicht um Urin abzusetzen. Dann schlafen sie wieder ein. Im Frühjahr erscheinen die Männchen zwei Wochen vor den Weibchen wieder an der Erdoberfläche. Von den Tieren, die im Herbst aktiv sind, übersteht wohl nur ein Drittel – die größeren – den Winterschlaf. Die restlichen – junge Tiere oder solche, die über keinen ausreichenden Fettvorrat verfügen – sterben im Winter.

Hüpfmäuse bringen ihre Jungen in einem Gras- oder Blätternest entweder unter der Erde oder an einem geschützten Ort zur Welt. Die Tragzeit dauert rund 18 Tage oder bis zu 24, wenn das Weibchen säugt. Jeder Wurf besteht aus vier bis sieben Jungen. Würfe finden zwischen Mai und September statt, die meisten im Juni und August. Die Mehrzahl der Weibchen wirft einmal pro Jahr.

Wie Hüpfmäuse sind auch Birkenmäuse nachtaktiv. Sie halten etwa ein halbes Jahr Winterschlaf. Die Tragzeit dauert 18 bis 24 Tage, die Jungen werden weitere vier Wochen versorgt. Studien der Waldbirkenmaus in Polen ergaben, dass nur ein Wurf pro Jahr erfolgt und dass das Weibchen nur zweimal im ganzen Leben wirft.

Einige Springmäuse halten Winterschlaf, dabei zehren sie von ihrem Körperfett; manche Arten fallen darüber hinaus in sehr heißen oder trockenen Zeiten in Torpor. Sie sind im Allgemeinen still, quietschen oder grunzen aber manchmal, wenn man sie anfasst. Von einigen Arten weiß man, dass sie mit einem Hinterfuß Klopfsignale geben, wenn sie sich in ihrem Bau aufhalten.

Bei den meisten nördlichen Arten findet die Paarung kurz nach dem Erwachen aus dem Winterschlaf statt, die meisten Springmaus-Weibchen werfen zweimal im Jahr zwei bis sechs Junge.

Je nach Lebensweise und Lebensraum nutzen Springmäuse vier Arten von Bauen: zeitweilige Sommer-Tagesbaue als Tagesversteck, zeitweilige Sommer-Nachtbaue als Versteck während der Nahrungssuche, dauerhafte Sommerbaue als Wohnung und Kinderstube sowie dauerhafte Winterbaue für den Winterschlaf.

Die zeitweiligen Baue bestehen aus einfachen Röhren, die 20 bis 50 cm lang sind. Die dauerhaften Sommerquartiere weisen eine Nistkammer, aber keine zweite Kammer zur Lagerung von Nahrung auf, während die Schlafkammer im Winterbau etwa 1,5 bis 2,5 m unter der Erde liegt. Nebenkammern in diesem Bau reichen noch 40 bis 70 cm tiefer. Dauerhafte Baue besitzen ein bis drei Ausgänge. Zeitweilige Sommer-Nachtbaue haben weite Ausgänge mit einer Bodenrinne nahe der Öffnung, während alle anderen Ausgänge mit Erdpfropfen verschlossen und ausgezeichnet getarnt sind.

GIS/JW

FAKTEN

HÜPFMÄUSE, BIRKENMÄUSE, SPRINGMÄUSE

Ordnung: Rodentia

Familie: Dipodidae

50 Arten in 15 Gattungen und 7 Unterfamilien

VERBREITUNG **Hüpfmäuse:** Nordamerika; 1 Art *(Eozapus setchuanus)* in China. **Birkenmäuse:** Eurasien. **Springmäuse:** N-Afrika und Asien.

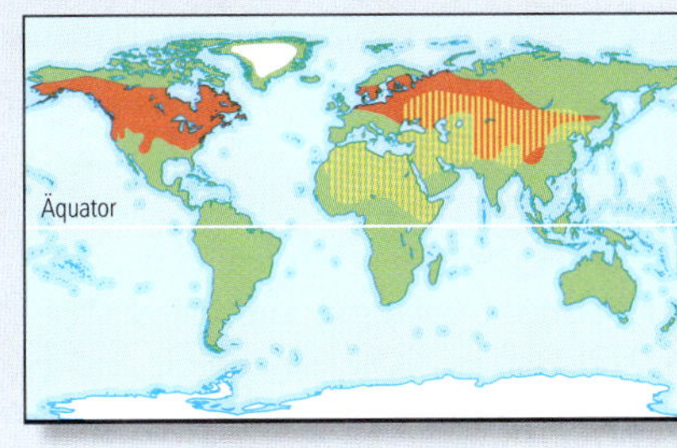

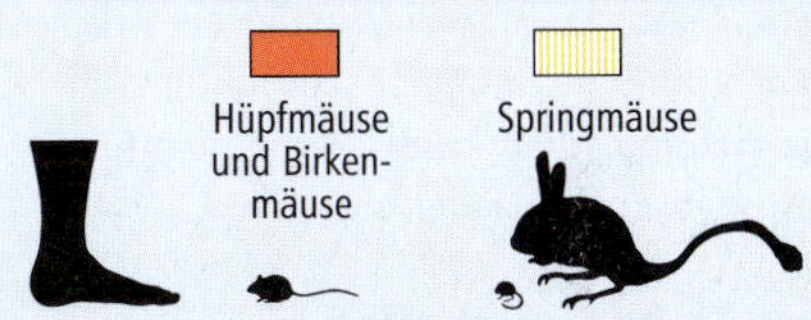

LEBENSRAUM **Hüpfmäuse:** Wiesen, Moore, Steppen, Dickichte, Wälder. **Birkenmäuse:** Wälder, Wiesen, Steppen. **Springmäuse:** Wüsten, Halbwüsten, Steppen mit Flecken von vegetationslosem Boden.

GRÖSSE **Hüpfmäuse:** Körperlänge 7,6–11 cm, Schwanzlänge 15–16,5 cm, Gewicht bis 29 g. **Birkenmäuse:** Körperlänge 5–9 cm, Schwanzlänge 6,5–10 cm, Gewicht bis zu 28 g. **Springmäuse:** Körperlänge 4–23 cm, Schwanzlänge 7–30 cm, Länge der hinteren Füße 2–10 cm.

FELL Rau bei Hüpf- und Birkenmäusen, seidig bei Springmäusen. Die Färbung ist im Allgemeinen an den Lebensraum angepasst.

NAHRUNG **Hüpfmäuse:** Nachtfalterlarven, Käfer, Pilze und (bei der Wiesenhüpfmaus) Samen. **Birkenmäuse:** Samen, Beeren, Insekten. **Springmäuse:** Samen, Insekten und Insektenlarven, frische Blätter und Stängel von Sukkulenten.

FORTPFLANZUNG Die Tragzeit reicht von 17–21 Tagen bei Hüpfmäusen *(Zapus, Napaeozapus)* bis zu 18–24 Tage bei Birkenmäusen *(Sicista betulina)* und 25–35 Tagen bei Springmäusen.

LEBENSERWARTUNG Wahrscheinlich 1–2 Jahre bei Hüpfmäusen, wenigstens 1,5 Jahre bei Birkenmäusen und 2–3 Jahre bei Springmäusen.

IUCN-STATUS Von den 4 Hüpfmausarten ist die Chinesische Hüpfmaus *(Eozapus setchuanus)* als gefährdet eingestuft. Von den 16 Birkenmausarten gilt *Sicista armenica* als vom Aussterben bedroht und *S. caudata* als stark gefährdet. Bei den Springmäusen ist *Allactaga firouzi* vom Aussterben bedroht, *Allactaga terradactyla* und *Euchoreutes naso* sind stark gefährdet. Die Fünfzehen-Zwergspringmaus *(Cardiocranius paradoxus)* und *Salpingotus crassicauda* sind gefährdet.

Taschenratten

Taschenratten sind eine von sieben oder acht Nagergruppen, die den Großteil ihres Lebens unter der Erde in selbst gegrabenen Bauen verbringen. Sie kommen in Nord- und Mittelamerika bis ins nordwestliche Kolumbien in Südamerika vor. Sie bilden ein Paradoxon an sich, da sie sehr vielfältig sind, obwohl alle denselben Körperbau und einen ähnlichen Lebenszyklus haben.

Taschenratten erhielten ihren Namen aufgrund der mit Fell ausgekleideten Backentaschen, die zum Befördern von Nahrung und Nistmaterial dienen. Anders als bei Hamstern und Eichhörnchen sind ihre Backentaschen außen an beiden Seiten der Schnauze angebracht. Sie teilen diese Eigenart nur mit ihren engen Verwandten der Familie Heteromyidae – den Taschenmäusen, Kängurumäusen und Kängururatten.

Zum Graben geschaffen

KÖRPERBAU UND FUNKTION

Taschenratten sind ans Graben angepasst; sie haben gedrungene, walzenförmige Körper ohne sichtbaren Hals. Vorder- und Hinterbeine sind kurz, kräftig und etwa gleich lang. Der kleine, fast nackte Schwanz ist sehr berührungsempfindlich.

Die Vorderzähne ragen aus behaarten Lippen, sodass die Taschenratten damit graben oder Wurzeln abbeißen können, ohne dass Erde ins Maul gerät. In den meisten Fällen graben sie mit den vergrößerten Krallen ihrer Vorderfüße; deshalb bezeichnet man sie als Scharrgraber, obwohl manche Gattungen die Schneidezähne beim Graben zu Hilfe nehmen. Bei *Thomomys*-Arten etwa haben Populationen, die in härterem Boden leben, stärker nach vorn weisende Schneidezähne, die sie beim Graben als Meißel einsetzen. Alle Taschenratten befördern die Erde mit raschen Bewegungen von Vorderpfoten, Brust und Kinn aus ihrem Bau und blockieren dann mit einem Erdklumpen den Eingang. So kann man frische Taschenrattenhügel an der typischen dreieckigen Form und dem deutlich sichtbaren runden Erdstöpsel an der Spitze erkennen.

Die Haut der Tiere sitzt sehr locker und ist meist von kurzem, dichtem Fell bedeckt, das von berührungsempfindlichen Haaren durchsetzt ist. Das Fell tropischer Arten fühlt sich rauer und weniger dicht an, wohl eine Anpassung an wärmere Klimabereiche. Die lockere Haut ermöglicht es den Tieren, sich in ihren engen Gängen zu drehen. Taschenratten sind sehr beweglich und erstaunlich schnell, sie können auf ihren stämmigen, muskulösen Beinen schnell vor- oder rückwärts laufen.

Der Schädel der Taschenratte ist massiv und stark eingekerbt, mit starken Jochbeinen und einem breiten Schläfenbereich, an dem die kräftigen Kaumuskeln befestigt sind. Die oberen Schneidezähne können glatt oder an der Vorderseite gefurcht sein, je nach Gattung. Mit den vier Backenzähnen pro Kieferseite wird harte und raue Nahrung zermahlen. Die starken, wirkungsvollen Zähne wachsen von der Geburt bis zum Tod, sodass die Mahlflächen bei allen Tieren, von den jüngsten bis zu den ältesten, vorhanden sind. Bei der Taltaschenratte können Zähne und Krallen etwa 0,5 bis 1 mm pro Tag wachsen.

Taschenratten-Männchen sind größer als Weibchen, obwohl die Unterschiede je nach Gegend beträchtlich schwanken. Bei der Taltaschenratte scheint der Dimorphismus von der Qualität des Lebensraums abzuhängen und daher auch von der Dichte der Tiere in einer Population. In Habitaten von hoher Qualität wie Ackerland kann das Gewicht der Männchen doppelt so hoch sein wie das der Weibchen und ihr Schädel 25 % größer. In schlechteren Lebensräumen wie etwa Wüsten schrumpft der Unterschied auf 15 bzw. 6 %. Diese Differenzen liegen einerseits am Nährstoffgehalt des verfügbaren Futters – Tiere beider Geschlechter werden größer, wenn sie reichlich zu fressen haben, vor allem als Jungtiere – und andererseits daran, dass Weibchen zu wachsen aufhören, wenn sie geschlechtsreif sind, um die Energie vom Wachstum auf die Produktion von Nachwuchs zu verlagern.

Von Taschenratten sind die ältesten Fossilien erhalten. Diese Tiergruppe unterscheidet sich taxonomisch stärker als irgendeine andere Gruppe unterirdisch lebender Nager. Sie stammt aus dem Eozän (vor 36 Millionen Jahren) und durchlief zwei Phasen der Diversifikation; die letzte begann im Pliozän (vor 5 Millionen Jahren) und führte zu den heutigen Gattungen. Fossilien von *Geomys* und *Thomomys* stammen aus Ablagerungen des Pliozän; die anderen Gattungen sind entweder aus dem frühen Pleistozän *(Pappogeomys)* oder aus modernen Aufzeichnungen *(Orthogeomys, Zygogeomys)* bekannt. In der Geschichte der Familie war die Anzahl der Gattungen relativ stabil und die Raten von Aussterben und Neuauftreten konstant.

Die Evolutionsgeschichte zeichnet sich durch Anpassungsversuche an das Leben unter der Erde aus. Jede der aufeinander folgenden Gruppen zeigt bessere Anpassungen für die unterirdische Existenz und am besten sind die modernen Taschenratten ausgestattet. Die gesamte fossile Geschichte der Familie ist in Nordamerika zu finden.

Um die Gattungen zu bestimmen, untersuchen Biologen die allgemeine Größe, Details der Schä-

Oben: *Taschenratten weisen eine Reihe von Anpassungen mit anderen Säugetieren, die ihr Leben weitgehend unter der Erde verbringen, gemeinsam auf. Dazu zählen etwa relativ kleine Augen und Ohren, die das Graben von Bauen erleichtern. Die Nördliche Taschenratte* (Thomomys talpoides) *lebt in unterschiedlicheren Böden als alle anderen Arten der Familie.*

Unten: *Eine Nördliche Taschenratte sammelt Futter in ihren Backentaschen. Wenn ein Tier geeignete Pflanzen findet, zerbeißt es sie in Stücke, bis es diese mit den Vorderpfoten in die Backentaschen stecken kann. So ist es in der Lage, eine verhältnismäßig große Nahrungsmenge zurück in den Bau zu tragen.*

FAKTEN

TASCHENRATTEN

Ordnung: Rodentia

Familie: Geomyidae

39 Arten in 5 Gattungen, in 2 Tribus unterteilt

VERBREITUNG Nord- und Mittelamerika, von Mittel- über SW-Kanada bis W- und SO-USA sowie Mexiko bis zum äußersten NW Kolumbiens.

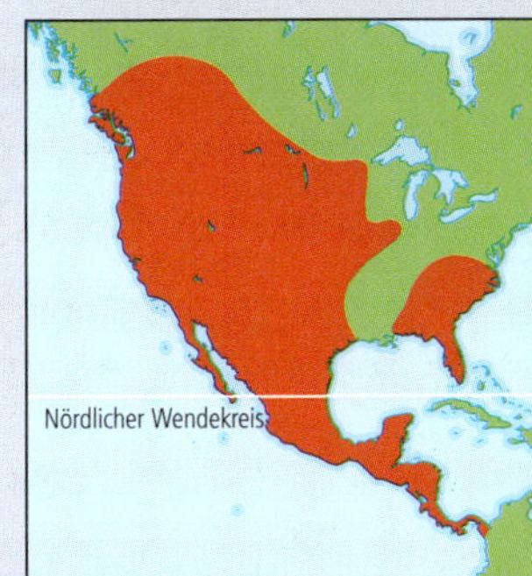

LEBENSRAUM Krümelige Böden in Wüsten, Busch- und Grasland, Bergwiesen, tropisches Tiefland.

GRÖSSE Körperlänge von 12–22,5 cm bei der Gattung *Thomomys* bis 18–30 cm bei der Gattung *Orthogeomys*; **Gewicht** von 45–400 g bis 300–900 g, bei den genannten Gattungen. Männchen sind größer als Weibchen und bis zu doppelt so schwer.

FELL Kurz und dicht, in Schattierungen von Braun und Grau.

NAHRUNG Pflanzenmaterial, vor allem Kräuter, Gräser, Wurzeln und Knollen.

FORTPFLANZUNG Tragzeit 17–21 Tage bei den Gattungen *Thomomys* und *Geomys*.

LEBENSERWARTUNG Höchstens 5 Jahre (in Gefangenschaft bis zu 6 Jahre).

IUCN-STATUS 2 Arten sind als vom Aussterben bedroht eingestuft, eine als stark gefährdet und 3 als gefährdet. 2 Unterarten gelten heute als ausgestorben.

Übersicht der Tribus siehe Seite 665 ▷

delknochen und der Backenzähne sowie das Vorhandensein und die Anzahl der Furchen an der Vorderseite der oberen Schneidezähne. Der Unterschied zwischen verschiedenen Populationen, die weit entfernt voneinander leben, kann auffälliger sein als der zwischen verschiedenen Arten. So zeigt etwa die Taltaschenratte Varianten in Größe, Farbe und Lebensraum, die das gesamte Spektrum aller anderen Arten in der Gattung *Thomomys* umfassen. Deshalb sind die Grenzen zwischen den Arten schwierig zu finden und meist kaum bekannt. Es wurde eine Vielzahl an Unterarten beschrieben – nicht weniger als 185 bei der Taltaschenratte. Einige Arten, darunter *Thomomys clusius, T. idahoensis* und die Nördliche Taschenratte, unterscheiden sich eher durch versteckte Merkmale, wie Chromosomenanzahl, als durch äußere Charakteristika.

Art für Art

VERBREITUNG

Alle Gattungen und Arten leben in benachbarten Gebieten; bis auf sehr kleine überlappende Bereiche ist nur eine einzige Art von Taschenratten in einem bestimmten Bereich zu finden, da verschiedene Arten offensichtlich nicht in der Lage sind, den unterirdischen Raum zu teilen. In Gebieten, in denen verschiedene Arten und/oder Gattungen einander treffen, ist das Muster der Verbreitung mosaikähnlich. In den Bergen der westlichen USA und Mexikos ersetzt beispielsweise mit zunehmender Höhe stets eine Taschenrattenart die vorhergehende. Innerhalb ihres Verbreitungsgebiets sind Taschenratten in praktisch allen Lebensräumen mit ausgedehnten Stellen von krümeligem Boden vertreten. Die Unterschiede der Lebensräume können extrem sein: Taltaschenratten kommen von Wüstenböden unter Meeresniveau bis zu Bergwiesen vor, die auf 3500 m und damit oberhalb der Baumgrenze liegen. In tropischen Breiten kann man die Tiere auf Wiesen im Bergwald und im trockenen tropischen Buschland finden, obwohl sie nur selten in Savannen vordringen.

Pflanzen bilden die Hauptnahrung dieser Familie. An der Oberfläche fressen die Tiere Blätter und Pflanzenteile, unter der Erde knabbern sie saftige Wurzeln und Knollen. Oft sind ihnen Kräuter und Gräser am liebsten, doch ihre Ernährung ändert sich jahreszeitlich nach der Verfügbarkeit der Pflanzen und dem, was sie an Nährstoffen und Wasser brauchen. In Wüsten werden im Sommer wasserhaltige Kakteen verzehrt.

Um Nahrung ins Versteck zu bringen, füllt die Taschenratte geschickt mit den Vorderpfoten die äußeren Backentaschen. Die Futterlager sind meist vom Haupttunnelsystem abgetrennt.

Einsames Leben unter der Erde

SOZIALVERHALTEN

Taschenratten sind Einzelgänger. Sie leben in selbst gegrabenen Bauen, die an diejenigen anderer Taschenratten grenzen. Die Baue von Männchen sind meist länger und verzweigter als die von Weibchen, sodass der Bau eines Männchens an die mehrerer Weibchen stoßen kann. Bei der Taltaschenratte umfasst das Revier maximal 250 qm, während bei Gelben und Zimtfarbenen Taschenratten die Länge eines Gangs 80 m betragen kann. In guten Lebensräumen werden die Taschenratten zahlreicher und verteilen sich gleichmäßig. In Lebensräumen von minderer Qualität konzentrieren sich Gruppen der Tiere in den besten Bereichen, während die anderen Gegenden frei von Taschenratten bleiben. Im Verlauf der Jungenaufzucht lockert sich diese strenge Organisation etwas, weil Männchen und Weibchen kurzzeitig im selben Bau wohnen; Weibchen teilen den Bau mit ihren Jungen, bis diese entwöhnt sind. Jede Taschenratte besitzt ein Tunnelsystem für den alleinigen Gebrauch, doch benachbarte Männchen und Weibchen haben gemeinsame Gänge und tiefe, geteilte Nistkammern. Genetische Studien scheinen zu ergeben, dass Weibchen sich den Partner unter den Männchen der benachbarten Reviere aussuchen.

Die Dichte bei kleinen Arten wie Taltaschenratten übersteigt nur selten 40 Tiere pro ha und kann bei den größeren Gelben und Zimtfarbenen Ta-

Oben: *Vertreter der fünf Taschenratten-Gattungen:* ***1*** *Männchen der Taltaschenratte* (Thomomys bottae) *beim Bau eines Hügels;* ***2*** *Taltaschenratte in anderem Farbschlag, bei der die Backentaschen genauer zu sehen sind;* ***3*** *eine Flachlandtaschenratte* (Geomys bursarius) *kehrt von der Nahrungssuche in ihren Bau zurück;* ***4*** *zweite Farbvariante der Taltaschenratte, ein Weibchen;* ***5*** *eine Hamsterratte* (Orthogeomys grandis) *zeigt eine Drohgeste im unterirdischen Nahrungslager;* ***6*** *ein Tuza* (Zygogeomys trichopus) *gräbt mit seinen Krallen;* ***7*** Pappogeomys bulleri *verwendet seine Schneidezähne zum Graben.*

schenratten bis auf 7 pro ha absinken. In Lebensräumen von hoher Qualität sind die individuellen Reviere stabil in Bezug auf Größe und Lage. Die meisten Tiere verbringen ihr Leben in sehr begrenzten Bereichen. In Habitaten von schlechter Qualität bewegen sich die Tiere das ganze Jahr auf der Suche nach Nahrung und Partnern.

Junge Männchen und Weibchen verlassen gleichzeitig den Bau der Mutter, dabei tragen sie noch das Jugendfell. Bei der Taltaschenratte entfernen sich die jungen Weibchen am weitesten, um neue Reviere einzurichten, obwohl sie meist noch in 40 bis 50 m Entfernung von ihrem Geburtsplatz bleiben. Wenn die Bedingungen günstig sind, pflanzen sie sich mit etwa 70 Tagen fort. Junge Männchen leben meist in flachen Systemen am Rand des Lebensraums, bevor sie unmittelbar vor der nächsten Paarungszeit ein eigenes Revier markieren. Deshalb ist die Todesrate bei Männ-

3

chen höher als bei Weibchen. So herrscht in Taschenratten-Populationen ein Überschuss an Weibchen. Trotz der Anpassung ans Graben legen Taschenratten beachtliche Entfernungen zurück, meist an der Oberfläche in dunklen Nächten, obwohl sie bei Strecken von nur einigen Metern lange Tunnel dicht unter der Oberfläche nutzen.

Männchen und Weibchen sind aggressiv, sie kämpfen um Landparzellen. Vor allem Männchen weisen oft Narben an Schnauze und Rumpf auf, die sie sich meist während der Paarungszeit zugezogen haben. Wie bei vielen Tieren wird die Fortpflanzung stark vom Wechsel der Jahreszeiten beeinflusst. In Bergregionen folgt die Paarung auf die Schneeschmelze im späten Frühling und Frühsommer, doch in Küsten- und Wüstentälern und im Grasland gemäßigter Zonen fällt sie mit dem winterlichen Regen zusammen.

Die meisten Taschenratten-Weibchen werfen nur einmal pro Jahr; doch manche auch bis zu drei- oder viermal, je nach Qualität des Lebensraums, der der Mutter zur Verfügung steht. Tiere, die auf bewässerten Feldern leben, können sich fast das ganze Jahr lang paaren, während benachbarte Populationen in natürlicher Vegetation genaue Zeiten einhalten. Gelbe, Zimtfarbene und Flachland-Taschenratten pflanzen sich meist nur ein- bis zweimal pro Jahr fort. Die Wurfgröße unterscheidet sich bei den einzelnen Arten: *Pappogeomys* bringt normalerweise Zwillinge zur Welt, *Thomomys* dagegen meist fünf Junge, doch es können auch zehn sein. Der Beginn der Paarung, die Länge der Saison und die Anzahl der Würfe hängen von den Umweltbedingungen ab, besonders von Temperatur, Feuchtigkeit und Vegetation.

Bei der Geburt sind sowohl Augen als auch Backentaschen geschlossen. Letztere öffnen sich mit 24, die Augen und Ohren mit 26 Tagen. Ferner tragen Nördliche und Taltaschenratten ein Jugendfell, das 100 Tage nach der Geburt gewechselt wird.

Mit etwa 40 Tagen werden die Jungen entwöhnt. Einige Wochen danach machen sie sich allein auf den Weg. Es erstaunt nicht, dass die meisten Jungen nicht lange genug überleben, um sich selbst fortzupflanzen. Bei der Taltaschenratte erleben nur 6 bis 12 % das nächste Jahr. Die höchste Lebenserwartung liegt bei vier bis fünf Jahren, doch im Schnitt wird eine Taschenratte kaum mehr als ein Jahr alt. Nur etwa die Hälfte des Bestands überlebt von einem Jahr zum nächsten und in manchen Jahren überstehen nur 15 % die Zeit bis zum folgenden Jahr.

Weibchen leben fast doppelt so lang wie Männchen – bei Gelben und Zimtfarbenen Taschenratten durchschnittlich 56 Wochen (die Männchen dagegen nur 31 Wochen). Bei Taltaschenratten können die Weibchen bis zu 4,5 Jahre alt werden, die Männchen dagegen nur 2,5 Jahre, was der höchsten Lebenserwartung bei männlichen Taschenratten entspricht. Eine mögliche Erklärung für diesen extremen Unterschied in der Lebenserwartung ist die heftige Aggression der Männchen zur Paarungszeit. Außerdem scheinen sie ihr Leben lang weiterzuwachsen, während Weibchen bei der Geschlechtsreife zu wachsen aufhören.

Das Zahlenverhältnis zwischen den Geschlechtern unterscheidet sich bei allen Taschenratten je nach Gegend. Man hat bei Tal-, Nördlichen, Flachland-, Gelben und Zimtfarbenen Taschenratten gezeigt, dass die Unterschiede von der Qualität des Lebensraums abhängen. In minderwertigen Habitaten, wie etwa Wüsten, gibt es gleich viele Männchen und Weibchen, während es auf Ackerland eine Überzahl an Weibchen gibt. Hier kommen drei bis vier auf ein erwachsenes Männchen. Wenn die Population kleiner wird, werden die Männchen seltener, zum Teil aufgrund der Sterblichkeit während oder nach den vehementen Kämpfen ums Revier und um den Zugang zur Partnerin. Während fast alle Weibchen einer Population jedes Jahr Nachwuchs haben, kommen manche Männchen nie zur Paarung. Andere hingegen bewachen die Weibchen aufmerksam und zeugen alle Jungen.

Bodenexperten

ARTEN- UND UMWELTSCHUTZ

Taschenratten spielen eine große Rolle für die Dynamik des Bodens und werden dabei regelrecht zu „Landwirten", um ihre eigenen Bedürfnisse zu stillen. Rinder und andere Weidetiere verfestigen den Boden, doch unter der Erde arbeiten die Tiere mit ihrem ständigen Graben dagegen an. Sie wühlen die Erde vertikal durch, sodass die Durchlässigkeit und Durchlüftung verbessert wird. Taschenratten haben damit einen großen Einfluss auf das Pflanzenleben und schaffen oft durch das ständige Aufwühlen des Bodens gute Bedingungen für krautige Pflanzen, die sie am liebsten verzehren.

Da sie gefräßig sind, können Taschenratten zu Ernteschädlingen werden. In den Wüsten Nordamerikas können die Erträge auf bewässerten Luzernefeldern im Jahr nach einer Invasion der Tiere um 50 % sinken. Beschädigt werden auch Bewässerungskanäle. Deshalb hat man in den USA Millionen von Dollar ausgegeben, um Taschenratten-Populationen zu kontrollieren. Allerdings ist es sehr schwierig, ihre Ausbreitung zu bremsen, so stark fördert der Ackerbau ihr Gedeihen.

Trotzdem gelten in den USA regionale Populationen und Arten durch den Verlust ihres Lebensraums heute als gefährdet. Der Tuza in Mexiko ist aufgrund seiner begrenzten Verbreitung gefährdet. Dennoch gehören die Taschenratten zu den wenigen Tieren, die von der menschlichen Entwicklung profitiert haben – vor allem durch die Umwandlung von Gras- und Busch- in Ackerland. JP

Tribus der Taschenratten

Tribus Geomyini

4 Gattungen: *Geomys, Orthogeomys, Pappogeomys, Zyogeomys.*

Flachlandtaschenratten (*Geomys*, 9 Arten), darunter *G. arenarius;* Flachlandtaschenratte (*G. bursarius*); TexasTaschenratte (*G. personatus*); Südöstliche Taschenratte (*G. pinetis*); *G. tropicalis.*

Riesentaschenratten (*Orthogeomys*, 11 Arten), darunter *O. cavator, O. dariensis, O. heterodus, O. lanius.*

Gelbe und Zimtfarbene Taschenratten (*Pappogeomys*, 9 Arten), darunter *P. bulleri, P. fumosus, P. neglectus, P. zinseri.*

Tuza (*Zygogeomys trichopus*, einzige Art).

Tribus Thomomyini

1 Gattung *Thomomys*

Gebirgstaschenratten (Gattung *Thomomys*, 9 Arten), darunter Taltaschenratte (*T. bottae*), *T. clusius*, Nördliche Taschenratte (*T. talpoides*), Zwergtaschenratte (*T. umbrinus*).

Vollständige Artenliste siehe Anhang Seite 867 f. ▷

Taschenmäuse und Känguruuratten

TASCHENMÄUSE UND KÄNGURURATTEN SIND nachtaktive Tiere, die Baue graben und viele verschiedene Lebensräume in Amerika besiedeln, von trockenen Wüsten bis zu feuchten Wäldern. Wenn sie von ihrer nächtlichen Nahrungssuche zurückkehren, blockieren sie oft den Eingang ihres Baus mit Erde, als Schutz vor Feinden und dem Wetter.

Die Familie Heteromyidae umfasst die Taschenmäuse sowie die Känguruuratten und -mäuse. Erstere erhielten ihren Namen aufgrund der tiefen, mit Fell ausgekleideten Backentaschen, in denen sie Nahrung speichern. Der Name der Känguruuratten und -mäuse dagegen spiegelt ihre springende Fortbewegungsweise wider. Auch sie besitzen Backentaschen, das typischste Kennzeichen der Familie Heteromyidae. Diese Tiere können mit einem speziellen Muskel zum Säubern umgestülpt werden.

Eingebaute Tragetaschen

KÖRPERBAU UND FUNKTION

Taschenmäuse weisen dünne Schädelknochen auf und graben meist mit den Vorderpfoten. Ihre Backentaschen öffnen sich zu beiden Seiten der Schnauze nach außen und reichen bis zu den Schultern. Die Mäuse benutzen ihre Pfoten, um die Taschen mit Nahrung und Nistmaterial zu füllen, um dieses in ihren Bau zu tragen.

Während Taschenmäuse auf allen vieren laufen, haben Känguruuratten und -mäuse lange Hinterbeine und verkümmerte Vorderbeine. Diese werden vor allem beim Fressen eingesetzt. Die Tiere bewegen sich meist in Sprüngen vorwärts und lassen sich nur auf ihre Vorderbeine nieder, um eine kurze Strecke zu kriechen. Die Beinmuskeln sind so kräftig, dass auf der Flucht vor Feinden mit jedem Satz 2 m oder mehr zurückgelegt werden. Taschenmäuse und Känguruuratten besitzen lange Schwänze; bei springenden Arten dienen sie bei der Fortbewegung der Balance und in Ruhe als Stütze.

Auf der Suche nach Samen

VERBREITUNG

Im Sommer sind tagsüber die Bedingungen in den Wüsten im Südwesten der USA extrem. Die Temperaturen an der Oberfläche steigen auf über 50 °C, die wenigen Pflanzen sind trocken wie Pergament, es gibt kaum Anzeichen von Säugern. Sobald die Sonne untergeht, beginnt der Sand- oder Kiesboden der Wüste allerdings von Nagern zu wimmeln. Die größte Vielfalt gibt es bei den Taschenmäusen, von denen fünf oder sechs Arten im selben kargen Lebensraum existieren können. In den tropischen Regenwäldern in Mittelamerika und im nördlichen Südamerika gibt es kaum Taschenmäuse, so reich der Regenwald an Pflanzenwuchs ist. Nur eine Art, *Heteromys desmarestianus*, kommt fast überall vor.

Die einleuchtendste Erklärung dafür liegt in der Vielfalt und Verfügbarkeit von Samen. In nordamerikanischen Wüsten sammeln sich die Samen der Einjährigen im Boden bis zu 2 cm Tiefe in einer Dichte von 91 000 Samen pro qm. Ungleichmäßig von Wind und Wasser verteilt, häufen sich sehr kleine Samen oft in großer Menge unter Büschen und auf den Leeseiten von Felsen an, während größere Samen in Klumpen in offenem Land zwischen Pflanzen vorkommen und den nachtaktiven Samenfressern wie den Taschenmäusen sehr gute und üppige Nahrungsgründe bieten.

Auch in tropischen Wäldern gibt es viele Samen, doch verfügen sie meist über einen chemischen Schutz gegen Fressfeinde. Dies gilt vor allem für große Samen von mehreren Gramm Gewicht. So wird die Vielfalt der verfügbaren Samen für die Nager beträchtlich eingeschränkt. Dadurch erscheint Samen fressenden Nagern der tropische Regenwald als Wüste, während die Wüste ein „Dschungel“ ist, was die Verfügbarkeit von Samen betrifft. Die meisten der 15 bis 20 Nagerarten, die in tropischen Wäldern der Neuen Welt leben, sind Allesfresser oder ernähren sich ausschließlich von Früchten.

Oben: *Eine Ordkänguruuratte sucht Futter. Känguruuratten konkurrieren mit den kleineren Taschenmäusen um Nahrung, wenn die Reviere sich überlappen. Experimente in Arizona zeigten, dass die Zahl der Taschenmäuse sich in acht Monaten mehr als verdreifachte, wenn die Känguruuratten verbannt wurden.*

Links: Chaetodipus penicillatus *lebt in Trockengebieten des amerikanischen Südwestens. Wie viele Heteromyidae kommt die Art nachts aus dem Bau, um sich die Samen zu holen, die der Wind über den Wüstenboden bläst.*

Rechts: *Lange Schwänze sind typisch für* Dipodomys*-Arten wie hier die Merriam-Känguruuratte. Sie dienen bei der Fortbewegung als Gegengewicht und in Ruhe als Stütze.*

FAKTEN

TASCHENMÄUSE UND KÄNGURURATTEN

Ordnung: Rodentia

Familie: Heteromyidae

59 Arten in 5 Gattungen

VERBREITUNG
Nord-, Mittel- und nördliches Südamerika.

EIGENTLICHE TASCHENMÄUSE Gattung *Perognathus*
SO-Kanada, W-USA südlich bis Zentral-Mexiko. Vierfüßer. 24 Arten, manchmal in 2 Gattungen unterteilt: *Perognathus* und *Chaetodipus*. KL von 6–12,5 cm; SL von 4,5–14,5 cm; GT von 7–47 g. Lebenserwartung: 2 Jahre in der Natur; bis zu 8 Jahre in Gefangenschaft.

STACHELTASCHENMÄUSE Gattung *Liomys*
Mexiko und Mittelamerika südlich bis Zentral-Panama. Meist in semiariden Gebieten. Vierfüßer. 5 Arten.

WALDSTACHELTASCHENMÄUSE Gattung *Heteromys*
Mexiko, Mittelamerika, nördliches Südamerika. Wälder bis auf Höhen von 2500 m. Vierfüßer. 7 Arten, darunter *H. desmarestianus*. IUCN-Status: *H. nelsoni* vom Aussterben bedroht.

TASCHENSPRINGER Gattung *Dipodomys*
SW-Kanada und USA westlich des Missouri, südlich bis Zentral-Mexiko. Aride und semiaride Gebiete mit Büschen und Gras. Zweifüßer (Hinterbeine lang, Vorderbeine verkümmert). 21 Arten. KL von 10–20 cm; SL von 10–21,5 cm; GT von 35–180 g. Lebenserwartung: bis zu 9 Jahre in Gefangenschaft. IUCN-Status: Die 3 Arten *D. ingens*, *D. insularis* und *D. margaritae* sind vom Aussterben bedroht; *D. gravipes* ist stark gefährdet, die Texas-Känguruatte *(D. elator)* gefährdet.

KÄNGURUMÄUSE Gattung *Microdipodops*
USA in S-Oregon, Nevada, Teilen von Kalifornien und Utah. Bei Büschen in steinigem Boden oder Sanddünen. Zweifüßer (Hinterbeine lang, Vorderbeine verkümmert). 2 Arten.

Abkürzungen KL = Körperlänge; SL = Schwanzlänge; GT = Gewicht

Vollständige Artenliste siehe Anhang Seite 868 ▷

Mit den großen Backentaschen und dem feinen Geruchssinn sind Taschenmäuse und Kängururatten bewundernswert gut an das Sammeln von Samen angepasst. Die meiste Zeit, die sie sich außerhalb ihres Baus aufhalten, verbringen sie damit, in ihrem Revier Futter zu suchen. Angehörige der zwei tropischen Gattungen *(Liomys* und *Heteromys)* stöbern in der Erde nach Samen; einige verstecken sie in flachen Gruben im Revier, andere vergraben sie in speziellen Lagerbauen.

Auf Gedeih und Verderb

SOZIALVERHALTEN

Die Fortpflanzung von Taschenmäusen und Kängururatten in der Wüste wird durch die Blühaktivität der Winterpflanzen beeinflusst, die erst keimen, wenn zwischen Ende September und Mitte Dezember mindestens 2,5 cm Regen gefallen sind. Bei Trockenheit keimen sie nicht und im folgenden April oder Mai gibt es keine neuen Samen oder Blätter. Steht Nahrungsknappheit bevor, pflanzen sich Taschenmäuse nicht fort und die Populationen werden kleiner. In Jahren, die auf reichlichen Winterregen folgen, haben Weibchen zwei oder mehr Würfe von bis zu fünf Jungen.

Diese Anpassung an die Verfügbarkeit von Nahrung bestimmt auch die Sozialstrukturen und den Wettbewerb zwischen den Arten. Ist Futter knapp, werden die Samen, die im Bau gelagert oder unter der Erdoberfläche versteckt sind, wertvolle Reserven, die verteidigt werden. Das Verhalten bei den meisten in trockenen Gebieten lebenden Arten (einschließlich den Stacheltaschenmäusen) wird asozial: Adulte Tiere trennen die Bausysteme (bis auf Mütter und ihre Jungen) und wenn zwei Tiere einer Art sich außerhalb des Baus treffen, fangen sie an zu boxen und im Sand zu scharren. Im Wald dagegen sind *Heteromys*-Arten weit toleranter; die Tiere haben überlappende Reviere, teilen sich Tunnelsysteme und kämpfen seltener.

Vielfalt und Verfügbarkeit fressbarer Samen bewirken den evolutionären Erfolg der Heteromyidae. Sie beeinflussen das Muster der Nahrungssuche, die Entwicklung der Populationen und das Sozialverhalten. In den Wüsten Nordamerikas besteht eine deutliche Beziehung zwischen Nahrung und Struktur der Tiergemeinschaft, da die Samenproduktion nicht nur den Wettbewerb unter den Mäusen beeinflusst, sondern auch den mit Ameisen und anderen Samenfressern. THF

VERBREITUNG Amerika, Afrika, Asien.

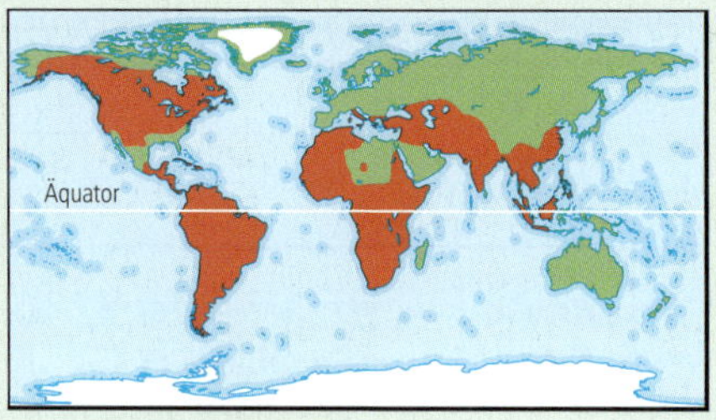

STACHELSCHWEINVERWANDTE
Unterordnung Hystricognathi
238 Arten in 63 Gattungen und 18 Familien

Stachelschwein-verwandte

MEERSCHWEINCHEN SIND DIE BEKANNTESTEN Vertreter einer großen Gruppe von Nagern, die zur Unterordnung der Stachelschweinverwandten (Hystricognathi, früher Caviomorpha) gehören. Bei den meisten handelt es sich um große, in Süd- und Mittelamerika heimische Arten. Zwar unterscheiden sie sich äußerlich stark und gehören separaten Familien an, doch teilen sie bestimmte Eigenschaften und gelten deshalb als zusammenhängende Gruppe.

Viele der Nager zeichnen sich durch große Köpfe, plumpe Körper, schlanke Beine und kurze Schwänze aus, z.B. Meerschweinchen, Agutis, aber auch das Capybara, der mit über 1 m Länge größte Nager der Welt. Andere, darunter einige Stachelratten der Familie Echimyidae, ähneln vom Aussehen her eher Ratten und Mäusen.

Das charakteristischste Merkmal dieser Nager ist die Form der Kaumuskeln: Ein Strang zieht sich nach vorn durch eine große Öffnung im vorderen Teil des Jochbogens und schiebt sich bis auf den Gesichtsschädel vor. Das andere Ende ist an einer für diese Gruppe typischen, nach außen gerichteten Ausbuchtung des Unterkiefers befestigt. Stachelschweinverwandte werfen nach einer langen Tragzeit wenige, jedoch weit entwickelte Junge. Meerschweinchen werfen nach 50 bis 75 Tagen zwei bis drei Junge, Wanderratten dagegen nach 21 bis 24 Tagen sieben bis acht Junge.

Die moderne Unterordnung Hystricognathi betont die enge Verwandtschaftsbeziehung der Stachelschweine (Familie Hystricidae) mit den südamerikanischen mit Meerschweinchen verwandten Nagern. Obgleich beide Gruppen die weiter oben beschriebenen Züge teilen, haben Wissenschaftler lange darüber gestritten, ob die Merkmale auf einen gemeinsamen Vorfahren hinweisen oder eher auf Entwicklungsparallelen beruhen. Diese Kontroverse ist eng mit der Frage verbunden, ob die Stachelschweinverwandten Südamerika von Nordamerika aus erreichten oder ob sie im späten Eozän von Afrika aus kamen, als die Kontinente noch wesentlich dichter beieinander lagen. Die afrikanischen Rohrratten (Familie Thryonomyidae) sind eng mit den Hystricidae verwandt, doch bei einigen anderen Familien, vor allem den Gundis (Ctenodactylidae) und den Felsenratten (Petromuridae), bestehen Zweifel, weil sie nur einige wenige „caviomorphe" Charakterzüge aufweisen.

Die meisten amerikanischen Stachelschweinverwandten leben am Boden und fressen Gräser. Die Baumstachler (Erethizontidae) wohnen auf Bäumen und die Kammratten (Ctenomyidae) graben Höhlen.
GBC

5

4

SCHÄDEL UND GEBISS

Die meisten Stachelschweinverwandten haben eher eckige Schädel und sehr stark entwickelte Schneidezähne. Die wellenartige Oberfläche der vier Backenzähne weist bei den verschiedenen Arten eine große Bandbreite von Mustern auf. Die Molaren der Biberratte sind typisch für eine große Gruppe von Grasfressern, zu denen Agutis und der Urson gehören. Sie ähneln den Backenzähnen von Stachelschweinen und Rohrratten. Die Zähne von Capybaras und Maras sind zwar, was ihre Komplexität anbetrifft, sehr unterschiedlich, wachsen aber genau wie bei Gras fressenden Wühlmäusen und Kaninchen stetig nach, obgleich die einen mit den anderen nicht verwandt sind. Die Kammratten besitzen dagegen überraschend schlichte Molaren, obwohl sie sich überwiegend von Wurzeln und Knollen ernähren.

Zu den Unterscheidungsmerkmalen der Stachelschweinverwandten zählt der tiefe Kaumuskel (siehe Zeichnung unten). Er schiebt sich durch das Foramen infraorbitale weit bis zum Maul vor und ermöglicht die typische Nagetätigkeit. Der oberflächliche Kaumuskel dient nur zum Schließen des Kiefers.

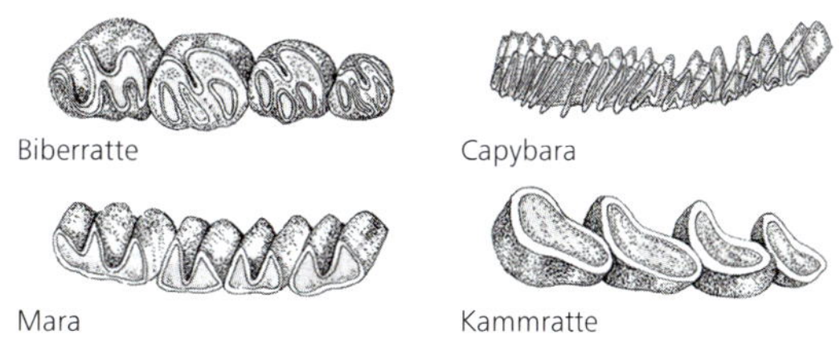

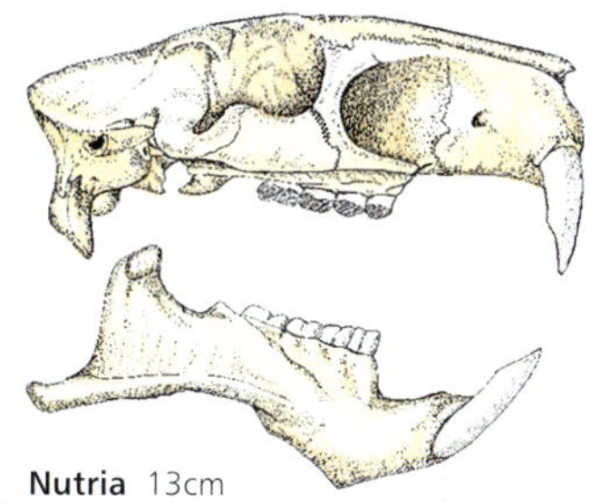

Nutria 13cm

6

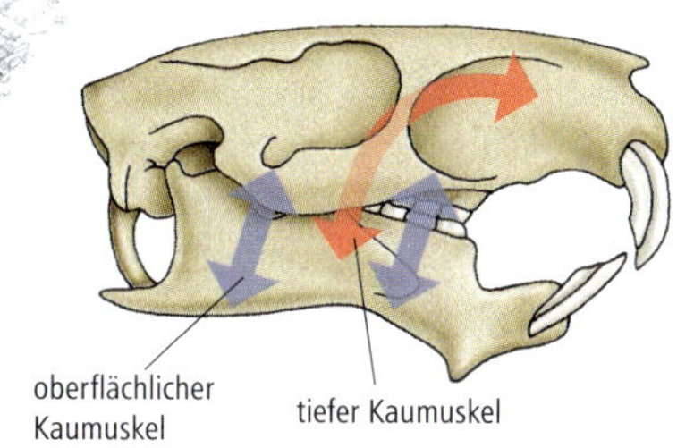

Oben: *Einige Stachelschweinverwandte:* ***1*** *Gundi* (Ctenodactylus gundi)*;* ***2*** *domestiziertes Hausmeerschweinchen* (Cavia porcellus)*;* ***3*** *die typische stumpfe Schnauze eines Capybaras (Hydrochaeris hydrochaeris);* ***4*** *das Paka* (Agouti paca) *gehört bei der im Amazonasgebiet lebenden indigenen Bevölkerung zu den beliebtesten Beutetieren;* ***5*** *Urson* (Erethizon dorsatum)*;* ***6*** *Kurzschwanzchinchillas* (Chinchilla brevicaudata) *werden wegen ihres wertvollen weichen Fells gejagt und stehen daher auf der Liste der vom Aussterben bedrohten Arten.*

Unten: *Die ostafrikanischen Nacktmulle (hier ein trächtiges Weibchen) sind haarlose Tiere, die fast ihr gesamtes Leben in großen unterirdischen Kolonien verbringen. Sie zählen zweifelsohne zu den seltsamsten Stachelschweinverwandten.*

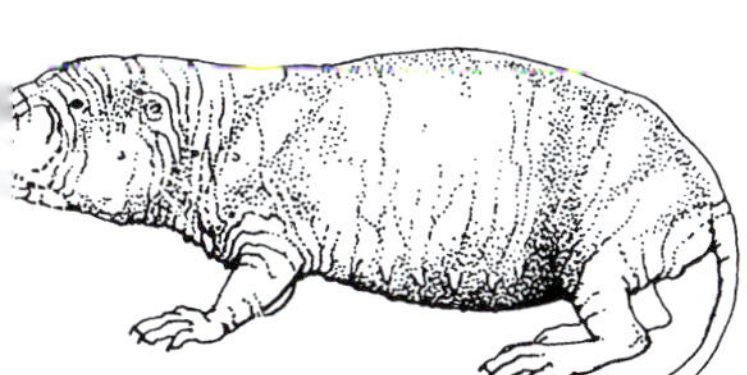

NAGER ALS NAHRUNGSQUELLE

Meerschweinchen gehören in Südamerika seit alters zu den wichtigen Fleischlieferanten für Menschen. Viele Kulturen, die entlang der Pazifikküste im heutigen Peru blühten, domestizierten Meerschweinchen und aßen sie als Ergänzung zu ihrer wesentlich auf Fisch, Mais und Maniok basierenden Kost. In einem Muschelhaufen an der Küstenstätte Culebras entdeckte man Knochen der Nager aus dem 18. Jh. v. Chr. Spätere Kulturen, die auf den Hochebenen der Anden lebten, züchteten Lamas und Alpakas, schätzten aber ebenfalls Meerschweinchenfleisch. Chronisten des 16. Jahrhunderts berichten, dass die Nager bei den Inkas zu den Opfertieren zählten. In der Andenregion werden noch immer viele Meerschweinchen gehalten (RECHTS), denn sie benötigen wenig Pflege und Aufmerksamkeit. Sie laufen frei in den mit hohen Schwellen ausgestatteten Häusern herum und begnügen sich mit Pflanzenkost, die für Menschen ungenießbar ist.

Baumstachler

BAUMSTACHLER ÄHNELN STACHELSCHWEINEN, *sowohl was ihr Aussehen als auch was ihre Lebensweise anbetrifft. Allerdings leben Erstere auf Bäumen und ihre Stacheln wachsen einzeln, Letztere leben auf dem Boden und ihre Stacheln sitzen in kleinen Bündeln in der Haut.*

Baumstachler können bis zu 18 kg schwer werden, aber dennoch ausgezeichnet klettern. Sie besitzen gut entwickelte Krallen und große Füße mit nackten Sohlen. Diese weisen Sohlenwülste und Hautfalten auf, die den Füßen zusätzlich Halt verleihen. Die Tiere sind deshalb außerordentlich geschickte Kletterer.

In Bäumen zu Hause

KÖRPERBAU UND FUNKTION

Einzelne Gattungen verfügen noch über weitere Körpermerkmale, die ihre Kletterfähigkeit stärken. Bei Greifstachlern und Südamerikanischen Baumstachlern, die sich überwiegend auf Bäumen aufhalten, ist die innere Zehe an den Hinterfüßen kleiner als bei den übrigen Arten, doch ist sie in die Sohlenfläche integriert, wodurch die Tiere weiter und fester greifen können. Diese Anpassung der Füße leistet beim Klettern gute Dienste.

Dieselben Gattungen besitzen lange, stachellose Greifschwänze. Sie greifen mit der Oberseite des Schwanzes zu, dessen Spitze oben mit einer harten Hautschicht überzogen ist. Bei Greifstachlern macht der Schwanz 9 % des Körpergewichts aus; allein die Hälfte dieses Gewichts kommt durch Muskelfasern zustande.

Baumstachler sind sehr kurzsichtig, verfügen zum Ausgleich aber über einen ausgezeichneten Tast- und Geruchssinn und ein sehr gutes Hörvermögen. Sie erzeugen verschiedene Laute, haben ein großes Gehirn und ein gutes Gedächtnis.

Im Winter ernährt sich der Urson von Nadeln und der Borke von Bäumen, jedoch meidet er Rotahorn, Lebensbäume und Hemlocktannen. Im Sommer sucht er häufiger am Boden Futter, darunter Wurzeln, Stängel, Blätter, Beeren, Samen, Nüsse und Blüten. Im Frühjahr verlassen die Tiere abends die schützenden Wälder, um Gräser zu fressen. Ganzjährig verzehren sie Borke und können deshalb in Baumschulen und neu aufgeforsteten Gebieten beträchtlichen Schaden anrichten.

Greifstachler und Wollgreifstachler fressen vorwiegend Blätter, beide weisen deshalb auch viele typische Merkmale Blätter fressender Baumbewohner auf. Sie mögen aber auch zarte Stängel, Früchte, Samen, Wurzeln, Knollen und Insekten. Mitunter verzehren sie sogar kleine Reptilien.

FAKTEN

BAUMSTACHLER

Ordnung: Rodentia

Familie: Erethizontidae

12 Arten in 4 Gattungen

VERBREITUNG Nordamerika (außer im Südosten der USA), S-Mexiko, Mittelamerika, nördliches Südamerika.

Lebensraum Wald, offenes Grasland, Wüste, Schluchten.
Körper Scharfe, spitze Stacheln mit Widerhaken zwischen langem Deckhaar bedecken den oberen Teil des Körpers. Jeder Stachel wächst einzeln aus der Haut (bei Stachelschweinen dagegen in Bündeln von 4–6 Stacheln).
Nahrung Borke, Blätter, Nadeln von Nadelbäumen, Zweige, Beeren, Früchte, Samen, Nüsse, Gräser, Blüten; einige Arten fressen Insekten und kleine Reptilien.

GREIFSTACHLER Gattung *Coendou*
S-Panama, Anden von NW-Kolumbien bis N-Argentinien, NW-Brasilien. Waldgebiete. 4 Arten: Eigentlicher Greifstachler *(C. prehensilis), C. bicolor, C. koopmani* und *C. rothschildi.* KL 30 cm; GT 900 g.

SÜDAMERIKANISCHE BAUMSTACHLER
Gattung *Sphiggurus*
S-Mexiko, Mittelamerika, Südamerika bis N-Argentinien. Waldgebiete. 6 Arten, darunter *S. mexicanus, S. spinosus.*

IUCN-Status: *S. vestitus* aus Kolumbien und W-Venezuela ist als gefährdet eingestuft.

URSON *Erethizon dorsatum*
Alaska, Kanada, USA (nicht im äußersten SW, SO und in den Golfküstenstaaten), N-Mexiko. Waldgebiete. KL 86 cm; GT 18 kg. Fortpflanzung: Tragzeit 210 Tage. Lebenserwartung: Bis zu 17 Jahre.

BERGSTACHLER *Echinoprocta rufescens*
Zentral-Kolumbien. Waldgebiete.

Abkürzungen: KL = Körperlänge; GT = Gewicht

Vollständige Artenliste siehe Anhang Seite 877 ▷

In Bewegung

SOZIALVERHALTEN

Baumstachler sind in unterschiedlichen Lebensräumen zu Hause. Der Urson lebt auf Bäumen und am Boden, Greifstachler und Südamerikanische Baumstachler haben sich auf Bäume spezialisiert. Dort verbringen sie die meiste Zeit, doch begeben sie sich zuweilen auf den Boden, um Futter zu suchen oder von einem Baum zum nächsten zu wechseln.

Das Ursonweibchen ist mit ca. 18 Monaten geschlechtsreif. Der Östruszyklus dauert 29 Tage. Mitunter werfen die Tiere mehrmals pro Jahr. Die Weibchen besitzen eine Verschlussmembran an der Vagina und bilden deshalb einen Kopulationspfropf. Die Tragzeit dauert rund 210 Tage. Sowohl Ursons als auch Greifstachler bringen danach in der Regel ein Junges (selten Zwillinge) zur Welt. Neugeborene Greifstachler wiegen etwa 400 g,

Rechts: *Greifstachler* (Coendou *spp.) leben in mittleren und höheren Baumstockwerken in Mittel- und Südamerika. Den Boden betreten sie nur, um zu fressen. Mit dem Schwanz, dessen Spitze mit einer dicken Hautschicht überzogen ist, klammern sie sich an Ästen fest.*

Links: *Die kurzsichtigen, bis zu 15 kg schweren Ursonmännchen können nicht springen und wirken allgemein eher schwerfällig. Gleichwohl erklimmen sie auf der Suche nach Futter wie Beeren, Nüssen und Schösslingen hohe Bäume.*

Ursonjunge 600 g. Sie werden 56 Tage lang gesäugt, suchen aber bereits nach wenigen Tagen zusätzlich selbst nach fester Nahrung. Die Jungen aller Arten kommen mit geöffneten Augen zur Welt und können sofort laufen. Sie zeigen ein typisches Verteidigungsverhalten und sind innerhalb weniger Tage in der Lage, auf Bäume zu klettern. Die Sterblichkeitsrate ist bei den Jungen daher relativ niedrig. Erst mit drei bis vier Jahren sind Baumstachler ausgewachsen.

Im Sommer bewohnen Ursons ein rund 14,5 ha großes Streifgebiet. Im Winter legen sie keine großen Strecken zurück, sondern halten sich stets in der Nähe ihrer Lieblingsbäume und Zufluchtsorte auf. Das Revier der Greifstachler ist 8 bis 38 ha groß. Sie suchen allnächtlich einen neuen, 200 bis 400 m (zuweilen auch bis zu 700 m) entfernten Baum auf. In Südguyana leben 50 bis 100 Greifstachler pro qkm. Tagsüber ruhen sie auf Bäumen, meist auf einem horizontalen Ast in etwa 6 bis 10 m Höhe über dem Boden. Baumstachler sind nachtaktive Tiere, wechseln jede Nacht den Ort und bewegen sich manchmal tagsüber am Boden fort. Das Streifgebiet männlicher Greifstachler ist einigen Untersuchungen zufolge bis zu viermal so groß wie jenes ihrer weiblichen Artgenossen.

Vom Lebensraum abhängig

ARTEN- UND UMWELTSCHUTZ

Baumstachler gelten generell nicht als bedroht, der Urson stellt im Gegenteil in vielen Regionen eine regelrechte Plage dar. Um die Schäden, die die Tiere anrichteten, zu begrenzen, führte man in Nordamerika in einigen Gebieten bestimmte Marderarten ein, die die Zahl der Baumstachler, ihrer bevorzugten Beute, reduzieren sollten. Im Unterschied zu anderen Raubtieren greifen die geschickten Marder Ursons an der Körperunterseite an, wo sie keine Verletzungen durch Stacheln fürchten müssen. Einer Studie zufolge ist die Zahl der Ursons im Norden von Michigan seit der Einführung der Marder um 76 % gesunken.

Greifstachler werden sehr häufig als Versuchstiere in Labors eingesetzt, sind aber in erster Linie vom Schwund ihrer Lebensräume bedroht. In Brasilien werden immer größere Waldgebiete an der Atlantikküste gerodet, sodass die Tiere kaum noch Gegenden finden, in denen sie ungestört existieren können. Die in Paraguay heimischen Arten der Gattung *Sphiggurus* stehen bereits auf der Liste der bedrohten Arten, die die Brasilianische Wissenschaftsakademie herausgibt. Eine Art, *Sphiggurus pallidus*, lebte etwa bis zur Mitte des 19. Jahrhunderts in der Karibik. Mittlerweile ist sie jedoch ausgestorben. CAW

Meerschweinchenartige

FAKTEN

MEERSCHWEINCHENARTIGE
Ordnung: Rodentia
Unterordnung: Hystricognathi
Familie: Caviidae
14 Arten in 5 Gattungen

VERBREITUNG Südamerika (Mara nur in Zentral- und S-Argentinien)

EIGENTLICHE MEERSCHWEINCHEN Gattung *Cavia*
Südamerika in allen Lebensräumen. Fell: Gräulich oder bräunlich; Hausmeerschweinchen unterschiedlich gefärbt. 5 Arten: Wildmeerschweinchen *(C. aperea), C. fulgida, C. magna,* Hausmeerschweinchen *(C. porcellus),* Bergmeerschweinchen *(C. tschudii).*

WIESELMEERSCHWEINCHEN Gattung *Galea*
Südamerika, alle Lebensräume. Fell: Mittel- bis hellbraun, grauweißes Unterfell. Tragzeit: 50 Tage. 3 Arten: *G. flavidens, G. musteloides, G. spixii.*

FELSENMEERSCHWEINCHEN *Kerodon rupestris*
NO-Brasilien, auf Felsvorsprüngen in Dornbüschen. KL 38 cm, GT 1 kg. Fell: Grau mit weißen und schwarzen Sprenkeln, Kehle weiß, Bauch gelbweiß, Rumpf und Oberschenkelrückseite rötlich. Tragzeit: 75 Tage.

ZWERGMEERSCHWEINCHEN Gattung *Microcavia*
Argentinien und Bolivien, in ariden Regionen. KL 22 cm, GT 300 g. Fell: Dunkelbraun bis dunkelgrau. Tragzeit: 50 Tage. Lebenserwartung: 3–4 Jahre (bis zu 8 in Gefangenschaft). 3 Arten: Südliches Zwergmeerschweinchen *(M. australis), M. niata, M. shiptoni.*

MARA Gattung *Dolichotis*
Pampashase
Südamerika (Zentral- und S-Argentinen), offenes, wüstenhaftes Buschland und Grasland. KL 50–75 cm, SL 4,5 cm, GT 8–9 kg. Fell: Kopf und Körper braun, Rumpf dunkel (fast schwarz) mit einem weißen Streifen und hellem Bauch. Tragzeit: 90 Tage. Lebenserwartung: Bis 15 Jahre. 2 Arten: Große Mara *(D. patagonum)* und Zwergmara *(D. salinicola).* IUCN-Status: Vorwarnliste.

Abkürzungen: KL = Körperlänge; SL = Schwanzlänge; GT = Gewicht

Die meisten Europäer kennen Meerschweinchen. Der erste Teil des Namens bezieht sich auf die Herkunft der Tiere aus Übersee, wo sie in freier Natur vorkommen. Der zweite Teil betrifft den kurzen, gedrungenen Körper der Nager und wahrscheinlich auch die Konsistenz des Fleisches, die an Schweinefleisch erinnert. Als die Konquistadoren um 1530 Peru erreichten, züchteten die Inkas bereits Meerschweinchen zum Verzehr. Heute gibt es die kleinen Nager als Haustiere in aller Welt.

Meerschweinchen gehören zu den häufigsten und am weitesten verbreiteten Nagern in Südamerika. Sie sind in vielen Lebensräumen von tropischen Schwemmebenen über offenes Grasland und Waldränder bis hin zu felsigen Almen in 4000 m Höhe zu Hause. Lange Zeit galten sie – bzw. ihre domestizierten Vettern – als dumme Tiere, denn in Untersuchungen zeigten sie kaum Anzeichen von Intelligenz oder Lernfähigkeit. Heute gehen Forscher allerdings davon aus, dass die Aufgabenstellungen für Meerschweinchen möglicherweise ungeeignet waren.

Damit die Meerschweinchen ihre Fähigkeiten doch noch unter Beweis stellen konnten, wurden neue Experimente entwickelt, die auf ihre Stärken abzielen. Zunächst einmal achtete man streng auf optimale Laborbedingungen und eine längere Gewöhnungsphase. Die Tiere erhielten das für sie nötige, an Vitamin C reiche Futter und wurden dann mit Aufgaben konfrontiert, die zu ihrer natürlichen Lebensweise passten. Außerdem bemühte man sich, laute Geräusche zu vermeiden, da die Nager äußerst schreckhaft sind. Unter diesen Voraussetzungen zeigten die Tiere, dass sie genauso schnell lernen wie andere Arten, vor allem Ratten. Brachte man ihnen bei, unter veränderten experimentellen Bedingungen Futter zu suchen, indem man Nahrungsquellen, Erreichbarkeit oder Menge variierte, waren die Tiere durchaus in der Lage, sich anzupassen und die Futtersuche zu optimieren.

Oben: *Das Wildmeerschweinchen* (Cavia aperea) *ist eine von drei Arten, aus denen sich die Hausmeerschweinchen entwickelt haben. Das Fell der wild lebenden Arten ist relativ lang und derb.*

Unten: *Felsenmeerschweinchen verteidigen während der Brunft einzelne Felsen, bei denen die Weibchen Schutz suchen, und bilden auf diese Weise Harems. Nähert sich ein paarungsbereites Weibchen, umkreist das Männchen es, versperrt ihm den Weg* **1** *und kriecht unter sein Kinn* **2.** *Dann kommt es zur Kopulation* **3.**

1

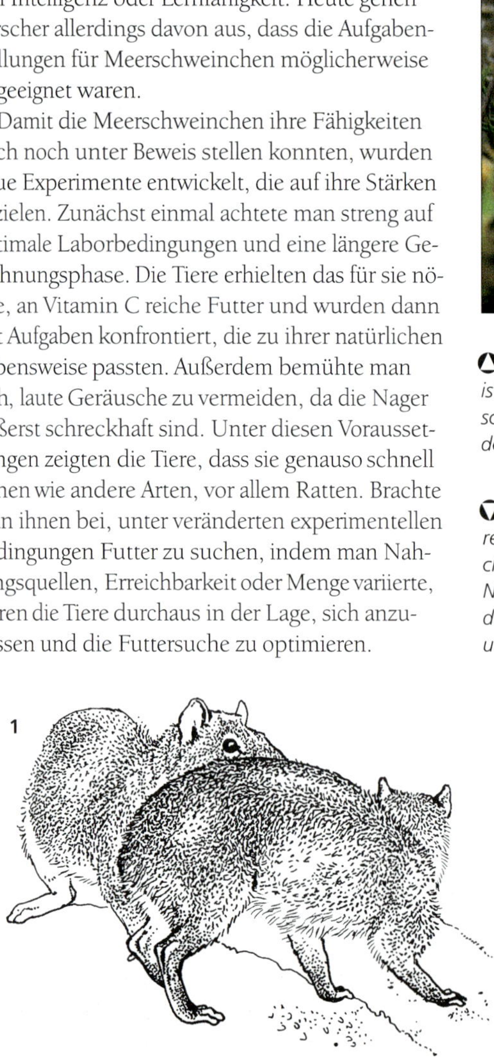

2

Klein, flink und schreckhaft

KÖRPERBAU UND FUNKTION

Abgesehen von den Maras ähneln sich alle Meerschweinchen in Aussehen und Körperbau. Sie sind klein, gedrungen und haben einen großen Kopf, der fast ein Drittel der Körperlänge ausmacht. Meerschweinchen blicken mit großen, wachsamen Augen in die Welt, die großen Ohren liegen dicht am Körper. Die derben Haare fallen leicht aus, wenn man die Tiere in die Hand nimmt. Der Schwanz fehlt. Ihre kräftigen, flachen Vorderfüße haben vier Zehen mit scharfen Krallen. Die Hinterfüße mit drei Zehen sind länglicher. Meerschweinchen treten mit dem ganzen Fuß auf. Ihre Schneidezähne sind kurz, die prismenförmigen, in Reihen angeordneten Backenzähne schieben sich in den vorderen Mundbereich und wachsen stetig nach. Männchen und Weibchen gleichen sich, jedoch besitzt jedes Geschlecht spezielle Drüsen.

3

Meerschweinchen erzeugen viele unterschiedliche Geräusche: Sie quieken, fiepen, tschirpen und purren. Felsenmeerschweinchen pfeifen schrill, wenn man sie erschreckt. Wieselmeerschweinchen trommeln mit den Hinterfüßen auf den Boden, wenn sie sich bedroht fühlen.

Im mittleren Miozän tauchten Meerschweinchen erstmals in Südamerika auf. Mit ihrem Erscheinen vor ca. 20 Millionen Jahren begann ein Prozess ausgedehnter adaptiver Radiation, der seinen Höhepunkt vor fünf bis zwei Millionen Jahren erreichte. Von elf Gattungen im Pliozän sank die Zahl im Pleistozän (vor ca. einer Million Jahren) auf die heutigen fünf Gattungen.

Vorsicht geboten!

SOZIALVERHALTEN

Die zwölf heute existierenden Arten der Unterfamilie Caviinae, die alle Meerschweinchen mit Ausnahme der Maras umfasst, sind in Südamerika weit verbreitet. Alle zwölf haben sich an offene, jedoch leicht unterschiedliche Lebensräume gewöhnt. Man findet sie in Grasland und Buschwäldern von Venezuela bis zur Magellanstraße.

Wildmeerschweinchen bevorzugen offenes Grasland. In Argentinien leben sie in den feuchten Pampas der nordöstlichen Provinzen. Südliche Zwergmeerschweinchen haben sich auf Wüsten spezialisiert und sind in der kargen Montewüste und der Patagonischen Wüste Argentiniens heimisch. Andere Arten, wie *Microcavia niata* und *M. shiptoni,* kommen in der dürren, subalpinen Puna Boliviens und Argentiniens vor. Felsenmeerschweinchen trifft man nur auf steinigen Vorsprüngen, so genannten *laleiros,* an, die im Nordosten Brasiliens aus weitläufiger Dornbuschlandschaft emporragen. Am anpassungsfähigsten scheinen die Wieselmeerschweinchen, die in allen genannten Lebensräumen zu Hause sind.

Alle Meerschweinchen fressen Gras. Wild- und Wiesenmeerschweinchen bevorzugen Kräuter und Gräser, Felsen- und Zwergmeerschweinchen dagegen Blätter. Tiere dieser beiden Gattungen können gut klettern, was im Falle der Felsenmeerschweinchen überrascht, da sie im Unterschied zu typischen Baumbewohnern weder Krallen noch Schwanz besitzen.

Alle Meerschweinchen sind mit ein bis drei Monaten geschlechtsreif. Die Tragzeit dauert mit 50 bis 75 Tagen für Nager recht lang. Wiesel- und Zwergmeerschweinchen bringen im Durchschnitt drei, Felsenmeerschweinchen 1,5 Junge zur Welt, Wildmeerschweinchen gebären nur ein Junges. Der Nachwuchs ist bei der Geburt weit entwickelt. Die Männchen tragen kaum zur Aufzucht bei und ignorieren die Weibchen nach der Geburt.

In Nordostargentinien wurden Zwerg-, Wiesel- und Wildmeerschweinchen untersucht. Wild- und Zwergmeerschweinchen kommen niemals gemeinsam vor, denn Erstere bevorzugen feuchtes Grasland, Letztere dagegen trockenere Regionen. Wieselmeerschweinchen kommen mit beiden Gattungen zusammen vor. Der Wettbewerb zwischen Wiesel- und Zwergmeerschweinchen ist aufgrund unterschiedlicher Strategien bei der Nahrungssuche minimal. Inwieweit Wild- und Wieselmeerschweinchen in einem Lebensraum existieren, ließ sich nicht klären. Zwergmeerschweinchen bewohnen ein rund 3200 qm großes Streifgebiet, Wieselmeer- und Wildmeerschweinchen ein ca. 1300 qm großes Areal. Alle sind tagaktiv, mit Höhepunkten in den frühen Morgen- und den Abendstunden.

Die Gattung *Cavia* ist von allen Meerschweinchen am weitesten verbreitet: fast überall in Südamerika von Kolumbien bis Argentinien. Wildmeerschweinchen paaren sich das ganze Jahr über, im Winter allerdings seltener. In der Pampa erreichen sie im Spätherbst eine hohe Dichte. Dort halten sie sich meist an Feldrainen oder Straßenrändern auf, also in linearen Strukturen mit hoher, dichter Vegetation. Zur Futtersuche begeben sie sich auf offene Flächen mit kurzem Pflanzenwuchs, suchen dann aber rasch wieder Schutz.

Wie viel Zeit Meerschweinchen bei der Futtersuche damit verbringen, nach Gefahren Ausschau zu halten, hängt von den äußeren Gegebenheiten ab. Im offenen Delta des Paraná in Argentinien sicherten Tiere, die ungeschützt im kurzen Gras fraßen, dreimal so oft wie jene, die sich in der Nähe eines Unterschlupfs befanden. Rund 50 % der Futtersuche erfolgte im Umkreis von 1 m zum Zufluchtsort, niemals entfernten sich die Tiere weiter als 4 m von ihm. In der Gruppe fühlten sich die Tiere sicherer und blieben doppelt so lange an ungeschützten Orten.

Meerschweinchen haben viele Feinde. Grisons, eine südamerikanische Marderart, können innerhalb von fünf Monaten ganze Meerschweinchenpopulationen auslöschen. Große Populationen ziehen verschiedene Raubtiere an, die mehr Tiere erbeuten, als sie selbst fressen können. Dies belegten unverzehrte Meerschweinchenkadaver dort, wo die Raubtiere sich aufgehalten hatten.

Über das Paarungsverhalten frei lebender Meerschweinchen ist nur wenig bekannt. Gefangene Männchen sind sehr aggressiv, sodass man kaum mehrere zusammen mit Weibchen halten kann. Deshalb ist stets nur ein Männchen zugegen, wenn der Östrus eines Weibchens beginnt. Die Weibchen bilden lineare, strikt vom Alter abhängige Hierarchien.

In vielen Teilen Argentiniens gelten die Nager als Schädlinge. Im Paraná-Delta zerstörten sie und die Sumpfratte *Holochilus brasiliensis* über 50 % der angepflanzten Weiden, indem sie etwa 40 cm über dem Boden die Borke ringförmig abknabberten. Mittlerweile versucht man die Tiere durch

Unten: *In Nordostbrasilien kuscheln sich zwei Felsenmeerschweinchen* (Kerodon rupestris) *auf einem Ast aneinander. Der Name der Tiere bezieht sich auf ihren Lebensraum, denn sie bewohnen Felsen, die sie abends zur Futtersuche verlassen. Auf Bäumen suchen die geschickten Kletterer nach zarten Blättern.*

chemische Stoffe fern zu halten oder überzieht Jungpflanzen mit Plastikschläuchen.

Wieselmeerschweinchen kommen von Meeresspiegelniveau bis auf 5000 m Höhe vor. Männchen, die in großen, gemischten Gruppen leben, bilden Hierarchien. Durch DNA-Studien fand man heraus, dass ranghöhere Tiere 70 bis 90 % aller Jungen zeugen, also deutlich mehr als rangniedere Männchen. Indem sich die ranghöheren Meerschweinchen untergeordneten gegenüber aggressiv verhalten, verursachen sie bei den Verlierern Stress, was sich negativ auf die Geschlechtshormone auswirkt. Weibchen tolerieren fremde Junge, solange sie selbst trächtig sind, vermutlich weil sie sich dem Leben in Gruppen mit verwandten Weibchen, die gleichzeitig gebären und Junge gemeinschaftlich säugen, angepasst haben.

Bei den Zwergmeerschweinchen wird durch aggressives Verhalten der Männchen eine lineare Hierarchie innerhalb der Kolonien festgelegt. Die Stabilität der sozialen Gruppe hängt vom jeweiligen

Oben: *Ein Südliches Zwergmeerschweinchen* (Microcavia australis) *bewacht auf der Valdés-Halbinsel (Argentinien) seine Jungen. Zwergmeerschweinchen leben kurz und gebären durchschnittlich drei Junge; die Mutter ist sofort nach der Geburt wieder empfänglich und bringt pro Jahr bis zu fünf Würfe zur Welt.*

Lebensraum ab: In Wüstenregionen halten sich die Tiere innerhalb ihres Gangsystems, das das Revier der Gruppe begrenzt, strikt an die Rangordnung, in fruchtbareren Gebieten herrscht eine weniger strenge Ordnung, die Gruppen wechseln häufig. Zwergmeerschweinchen legen ihre Baue zwischen Büschen mit breitem Astwerk dicht über dem Boden an, das guten Schutz vor Feinden bietet. Die Tiere können an vielen Pflanzen schwere Schäden anrichten. Eine Studie im westargentinischen Nacuñán-Schutzgebiet zeigte, dass *Ctenomys opimus* und Zwergmeerschweinchen 35 % des Gesamtbestands einer von *Larrea cuneifolia* dominierten Buschregion zerstörten.

Im Nordosten Brasiliens leben zwei Arten, Felsenmeerschweinchen und *Galea spixii*, zusammen. Die Tiere bewohnen Dornwälder; sie grasen und bilden lockere soziale Strukturen.

Felsenmeerschweinchen *(Kerodon rupestris)* unterscheiden sich deutlich von allen übrigen Meerschweinchenarten. Diese zeichnen sich durch scharfe Krallen an den Zehen aus, während jene Nägel besitzen, die aus der Haut hervorwachsen, sowie eine einzige Grabkralle an der inneren Hinterzehe und ausgeprägte Sohlenkissen. Durch diese Veränderungen an den Füßen können die Tiere sich gut auf rutschigen Steinen fortbewegen. Sie springen geschickt von Felsblock zu Felsblock und können sich in der Luft drehen. Sie sind hervorragende Kletterer und fressen fast nur Blätter.

Der interessanteste Unterschied zwischen beiden Arten besteht im Verhalten. *Galea* spp. leben in Dornbuschwäldern und bilden dort größere Kolonien. *Kerodon* spp. bewohnen isolierte Felsenregionen, die sich leicht von einem Männchen verteidigen lassen. Diese Männchen können Harems mit zwei oder mehr Weibchen bilden, wenn sich diese den Steinen nähern, um zwischen den Blöcken Schutz zu suchen. Das System funktioniert ähnlich wie bei den ostafrikanischen Schliefern (siehe auch Fast-Huftiere, Seite 448 ff.).

Hilfsbedürftige Arten

ARTEN- UND UMWELTSCHUTZ

Die meisten Meerschweinchenarten können sich an Veränderungen und Störungen in ihrem Lebensraum gewöhnen. Viele akzeptieren sogar völlig problemlos die Nähe von Menschen. Gefährdet sind daher lediglich die Felsenmeerschweinchen. Sie werden intensiv bejagt, weshalb ihre Zahl abnimmt und sie heute dringend Schutz benötigen. Da die Populationen dieser Art sehr verstreut leben, macht nur der Schutz großräumiger Areale Sinn. In Brasilien wurden mittlerweile zu Forschungszwecken zwei relativ weitläufige Schutzgebiete eingerichtet. TEL/MC

SPECIAL FEATURE

Partner fürs Leben

Monogame Paarbindung – gemeinschaftliche Jungenaufzucht

Während über der patagonischen Dornbuschlandschaft die Dämmerung hereinbricht, nähert sich ein großer weiblicher Nager mit dem Körper und den Beinen einer kleinen Antilope und den langen Ohren eines Hasen vorsichtig einem Bau. Hinter ihm läuft das Männchen. Am Eingang zum Bau lässt das Weibchen einen schrillen Pfiff ertönen und sogleich strecken acht Junge die Köpfe heraus. Sie sind hungrig, umringen das Weibchen und versuchen an seine Zitzen zu gelangen. Angesichts dieses Ansturms unwillkommener Mäuler hüpft die Mutter auf und dreht sich im Kreis, dann jagt sie alle bis auf ihre eigenen beiden Jungen davon. Nachdem es ihr gelungen ist, ihre Nachkommen von der Menge zu trennen, führt sie diese 10 m weiter, um sie zu säugen.

Das Männchen hält derweil Wache. Hätte sich ein anderes Paar dem Bau genähert, während das Weibchen sich dort aufhielt, um die eigenen Jungen zu säugen, hätte es deutliche Drohgebärden aufgeführt. Hätten sich die Neuankömmlinge gar geweigert, das Feld zu räumen, wäre es mit gestrecktem Hals und vorgebeugtem Kopf auf sie losgegangen. In der Regel warten Paare in etwa 20 bis 30 m Entfernung, bis ihre Vorgänger das Gebiet verlassen haben. Erst dann nähern sie sich dem Bau, um ihre eigenen Jungen zu versorgen.

Die Tiere, Große Maras oder Pampashasen genannt, heißen mit wissenschaftlichem Namen *Dolichotis patagonum*. Wie das andere Mitglied der Unterfamilie Dolichotinae, die Zwergmara, sich in freier Wildbahn verhält, ist unbekannt. Große Maras werden bis zu 8 kg schwer, sie sind tagaktiv und leben monogam: In Gefangenschaft und vermutlich auch in der freien Natur gehen sie Partnerschaften fürs Leben ein. Das Bindungsbedürfnis der Männchen ist so stark ausgeprägt, dass sie sich zuweilen, kaum dass sie erwachsen sind, mit einem noch nicht geschlechtsreifen Weibchen zusammenschließen. Die Bindung zwischen den Partnern hält in erster Linie das Männchen aufrecht, das dem Weibchen folgt, wohin auch immer es sich begibt, und Annäherungsversuche anderer Männchen unterbindet, indem es einen Ring von 30 m Durchmesser um seine Partnerin abgrenzt. Die Weibchen wirken weniger besorgt, was das Treiben der Männchen anbetrifft. Während der Futtersuche verständigen sich Männchen und Weibchen durch Kontaktrufe, die wie ein leises Grollen klingen.

Monogamie ist bei Säugern nicht die Regel. Bei Maras begünstigen gleich mehrere Faktoren diese Form des Zusammenlebens. Typisch sind solche Bindungen bei Arten, die ihre Jungen gemeinsam aufziehen. Bei Maras übernimmt das Weibchen die direkte Pflege der Nachkommen, während das Männchen nur seinen indirekten Beitrag leistet. Die Weibchen benötigen viel Energie, um die Jungen zu säugen und zu pflegen, sie verbringen deshalb einen größeren Teil des Tages mit der Futtersuche als die Männchen. In dieser Zeit sehen sie meist zu Boden und können sich kaum auf Gefahren konzentrieren, die durch natürliche Feinde drohen. Die Männchen halten stattdessen meist Wache und können die Weibchen rechtzeitig warnen. Indem sie ihre Partnerinnen vor Annäherungsversuchen anderer Maras schützen, sorgen sie außerdem dafür, dass den Müttern genügend Zeit für die Futtersuche und Jungenbetreuung bleibt. Davon abgesehen sind Maraweibchen nur zweimal pro Jahr für wenige Stunden empfänglich. In Patagonien paaren sie sich im Juni oder Juli und kommen im September oder Oktober, etwa fünf Stunden nachdem sie geworfen haben, erneut in Hitze. Will ein Männchen seine Nachkommenschaft sichern, muss es sich dauernd in der Nähe seiner Partnerin aufhalten.

Marapaare gehen sich aus dem Weg und nähern sich einander außerhalb der Paarungszeit nur selten auf mehr als 30 m. Ihre Streifgebiete umfassen rund 40 ha. Vermutlich ist diese Verhaltensweise eine Reaktion auf die Nahrungsgewohnheiten der Tiere. Maras ernähren sich vorwiegend von kurzem Gras und Kräutern, die in der trockenen Dornbuschwüste zwar in größeren Abständen, jedoch regelmäßig vorkommen. Ansonsten weiß man über das Territorialverhalten der Maras nur, dass sich die Streifgebiete benachbarter Paare gelegentlich überlappen. Ist genügend Futter vorhanden, bilden Maras auch größere Gruppen. In der Patagonischen Wüste gibt es große, seichte Seen, die einen Durchmesser von 100 m bis zu mehreren Kilometern aufweisen und nur wenige Monate pro Jahr Wasser führen. In der übrigen Zeit wachsen an den Ufern manchmal die kurzen Gräser, von denen Maras sich ernähren. Hier treffen sich, gegen Ende

Oben: *Mutter mit Jungen. Maraweibchen bringen gewöhnlich höchstens drei gut entwickelte Junge pro Wurf zur Welt. Sie säugen sie bis zu vier Monate zweimal pro Tag rund eine Stunde oder länger.*

Links: *Die Futtersuche birgt viele Gefahren, weil die Tiere in dieser Zeit weniger stark auf Feinde achten. Einer der Partner hält deshalb stets Wache.*

der Paarungszeit, bis zu 100 Tiere. Die Paare bleiben einander allerdings trotzdem treu.

Die monogame Lebensweise der Maras steht in deutlichem Kontrast zu ihrem Verhalten während der Aufzucht der Tiere, wenn bis zu 15 Paare lose Kolonien bilden und ihre Jungen in einem Gemeinschaftsbau unterbringen. Die Weibchen graben diese Baue, die adulte Tiere in der Folge nicht mehr betreten. Ein und derselbe Bau wird häufig drei oder vier Jahre hintereinander benutzt. Jedes Weibchen bringt am Eingang ein bis drei Junge zur Welt, die sofort im Inneren Schutz suchen. Obwohl Neugeborene sich innerhalb von 24 Stunden auf den Beinen halten und grasen können, bleiben sie bis zu vier Monate in direkter Umgebung des Baus und werden in dieser Zeit ein- bis zweimal pro Tag von der Mutter gesäugt. Rund um den Bau herrscht zwischen den Paaren eine Art „fragiler Waffenstillstand". Ein bis 15 Paare teilen sich einen Bau – ihre Zahl

Oben: *Das offene Grasland von Patagonien bietet wenig Schutz. Maras fressen und sonnen sich über weite Teile des Tages, bleiben dabei aber stets auf der Hut vor Gefahren.*

hängt vermutlich vom jeweiligen Lebensraum ab. Am Bau herrscht ein ständiges Kommen und Gehen, bei größeren Kolonien wartet meist gerade ein Paar, bis es an der Reihe ist. Obgleich oft 20 oder mehr Junge in einer solchen Krippe gehalten werden und friedlich zusammenleben, bleibt die monogame Bindung das hervorstechendste Merkmal des Sozialsystems. Jedes Weibchen beriecht die Jungen, die nach den Zitzen suchen, und diese präsentieren ihren Analbereich, damit die Mutter sie identifizieren kann. Der Altersunterschied zwischen den Jungen kann gut einen Monat betragen. Will ein fremdes Junges saugen, reagiert das Weibchen darauf mit Bissen oder indem sie das Kleine heftig abschüttelt. Dennoch gelingt es den Jungen häufig, einen Schluck Milch zu ergattern. In gewissem Sinne findet also ein – wenngleich von Seiten der Mütter unfreiwilliges – gemeinschaftliches Säugen statt.

Bis heute weiß man nicht, warum die in der Regel ungeselligen Maras ihre Jungen im Gemeinschaftsbau großziehen. Mit Sicherheit fallen sie dadurch weniger leicht Feinden zum Opfer, denn je mehr Tiere einen Bau bewohnen oder bewachen, umso mehr Augen nehmen Gefahren wahr. Einige Paare legen bis zu 2 km von ihrem Streifgebiet bis zum Bau zurück – offensichtlich bietet die Möglichkeit, die Jungen gemeinsam zu beaufsichtigen, so viele Vorteile, dass sich der weite Weg lohnt. Das ungewöhnliche Aufzuchtverhalten der monogamen Maras dürfte ein Kompromiss sein, denn die Jungen profitieren von der Koloniebildung, während der Zusammenschluss von Paaren ansonsten wenig sinnvoll erscheint. AT/DWM

Capybara

DIE BIS ZU 50 KG SCHWEREN, GRAS FRESSENden Savannenbewohner sind ungewöhnliche Tiere. Sie kommen ausschließlich in Südamerika vor, wo sie in Gruppen in Wassernähe leben. Die größten Nager der Erde gehören zur Unterordnung der Stachelschweinverwandten.

Die ersten Europäer, die Südamerika bereisten, nannten die Capybaras Wasser- oder Orinocoschweine. Hieraus ergab sich der wissenschaftliche Name der Tierfamilie, „Hydrochaeridae". In Wirklichkeit handelt es sich weder um Schweine noch um reine Wasserbewohner. Am engsten verwandt sind Capybaras mit Meerschweinchen. Alle übrigen, mittlerweile ausgestorbenen Mitglieder der Familie waren größer als die heutigen Capybaras. Die größten Arten erreichten die doppelte Länge und das achtfache Gewicht und waren somit schwerer als ausgewachsene Grizzlybären.

Die größten Nager

KÖRPERBAU UND FUNKTION

Capybaras sind schwerfällige Tiere mit gedrungenen Körpern. Sie haben kurze Vorder- und längere Hinterbeine, der Schwanz fehlt. Dank ihrer mit kleinen Schwimmhäuten versehenen Zehen (vier an den Vorder- und drei an den Hinterbeinen) können sie ausgezeichnet schwimmen und bis zu fünf Minuten tauchen. Lange, derbe Haare bedecken ihre zähe Haut. Nasenlöcher, Augen und Ohren befinden sich weit oben am massigen Kopf und ragen beim Schwimmen über die Wasseroberfläche hinaus. Mit ihren Nagezähnen können Capybaras sehr kurze Gräser fressen, die sie mit den Backenzähnen zermahlen. Auf jeder Seite des Unterkiefers wachsen vier Molaren; der vierte Backenzahn ist – typisches Merkmal der Unterfamilie – ebenso lang wie die drei anderen zusammen.

Capybaras besitzen zwei Duftdrüsen. Eine ist bei den Männchen stark entwickelt, bei den Weibchen dagegen kaum erkennbar. Sie befindet sich oberhalb der Schnauze und wird *morrillo* (span. „Kieselstein") genannt. Die dunkle, ovale, nackte Wölbung sondert eine weiße, klebrige Flüssigkeit ab. Beide Geschlechter produzieren zudem streng riechende Sekrete in Drüsentaschen zu beiden Seiten des Afters. Die männliche Analdrüse ist mit leicht lösbaren Haaren und einer dicken Schicht harter, kristalliner Kalziumsalze gefüllt. In den Drüsentaschen der Weibchen bedeckt ein schmieriges Sekret die festgewachsenen Haare. Die Anteile der einzelnen Inhaltsstoffe der Sekrete schwanken von Tier zu Tier und wirken daher wie ein olfaktorischer „Fingerabdruck". Diese Drüsen dienen der Identifikation von Tieren innerhalb der Gruppe, möglicherweise auch zum Abgrenzen eines Reviers, während die Männchen mithilfe der Drüse an der Schnauze ihre Überlegenheit signalisieren.

Capybaras geben verschiedene Laute von sich. Jungtiere lassen beständig ein kehliges Purren er-

Oben: *Nach mehr als fünf Monaten Tragzeit bringen Capybaras ihre Jungen zur Welt. Diese sind weit entwickelt und fressen sofort nach der Geburt, sind aber erst nach über einem Jahr geschlechtsreif. Die Tiere paaren sich im Wasser, gebären die Jungen aber an Land.*

Links: *Capybaras suchen im Wasser Schutz. Sie leben in Gruppen von ca. zehn Tieren, die sich manchmal zu größeren Gemeinschaften von maximal 100 Mitgliedern zusammenschließen. Die Gruppenstärke hängt in erster Linie von der Jahreszeit ab.*

FAKTEN

CAPYBARA

Hydrochaeris hydrochaeris

Ordnung: Rodentia

Familie: Hydrochaeridae

Einziges Mitglied der Gattung und Familie. 2 Populationen, eine östlich der Anden von Venezuela bis N-Argentinien, die andere von NW-Venezuela über N-Kolumbien bis zum Panamakanal. Einige Wissenschaftler halten die beiden Populationen für getrennte Arten und bezeichnen sie als *Hydrochaeris hydrochaeris* bzw. *H. isthmius.*

VERBREITUNG Südamerika.

LEBENSRAUM Überflutete Savanne oder Grasland unweit von Wasserlöchern; Teiche und Flüsse in tropischen Wäldern.

GRÖSSE
Körperlänge 106–134 cm;
Schulterhöhe 50–62 cm;
Gewicht Männchen 35–64 kg,
Weibchen 37–66 kg.

FELL Hellbraun mit dichtem kurzem Haarwuchs bei Jungtieren und langen, derben, meist braunen oder rötlichen Haaren bei adulten Tieren.

NAHRUNG Meist Gräser, vor allem Wasserpflanzen; gelegentlich Wasserhyazinthen und andere Dicotyledonen.

FORTPFLANZUNG Weibchen sind mit 12 Monaten geschlechtsreif, Männchen mit 18 Monaten. Tragzeit 150 Tage. 1–8 sehr weit entwickelte Junge (durchschnittlich 4), meist am Ende der Regenzeit. Jungtiere können innerhalb weniger Stunden grasen.

LEBENSERWARTUNG Etwa 6 Jahre in freier Natur, bis 12 Jahre in Gefangenschaft.

IUCN-STATUS Von Schutzmaßnahmen abhängig.

tönen, vermutlich, um mit ihren Müttern und anderen Gruppenmitgliedern in Kontakt zu bleiben. Dasselbe Geräusch erzeugen auch Männchen, die einen Kampf mit Rivalen verloren haben. Sobald ein Tier eine potenzielle Gefahr wittert, stößt es einen Warnruf aus, der oft mehrmals wiederholt wird. Alle Capybaras, die sich in der Nahe des Alarmschlagenden befinden, sichern dann oder suchen im Wasser Schutz.

Wirksames Zellulose-Recycling

NAHRUNG

Capybaras ernähren sich ausschließlich von Gräsern, die im Wasser oder am Ufer wachsen. Sie können sehr kurzes, trockenes Gras fressen, das gegen Ende der tropischen Trockenzeit übrig bleibt. Da ihr Futter einen hohen Anteil der für Säuger gemeinhin unverdaulichen Zellulose enthält, besitzen Capybaras dort, wo sich bei Menschen der Blinddarm befindet, eine auffallend große Kammer, Caecum genannt, in der Mikroorganismen die Zellulose abbauen. Weil dieser Bereich genau zwischen dem Dünn- und dem Dickdarm liegt, können die Tiere die Endprodukte des Fermentierungsprozesses nicht verarbeiten. Dieses Problem lösen Capybaras, indem sie ihren eigenen Kot fressen und damit die Arbeit der Symbionten unterstützen. Auf diese Weise „recyclen" die Wasserschweine jeden Morgen während ihrer Ruhephase, was sie am vorherigen Abend und in der Nacht gefressen haben. Meist vergeht darüber der Vormittag. Während der heißen Mittagsstunden halten sich die Tiere im Wasser auf; am Spätnachmittag und Abend suchen sie Futter. Nachts ruhen und fressen sie abwechselnd. Sie schlafen niemals lange, sondern dösen tagsüber immer wieder für kurze Zeit.

Gesellige Pflanzenfresser

SOZIALVERHALTEN

Capybaras leben in Gruppen von zehn bis 30 Tieren. Die Zahl hängt vom Lebensraum ab: In grünen, homogenen Weidegebieten finden sich mehr Tiere zusammen. Nur selten sieht man Paare, dafür aber einzelne und lose mit einer oder mehreren Gruppen verbundene Männchen. Während der Trockenzeit halten sich für kurze Zeit oft mehr als 100 Capybaras an den verbleibenden Wasserstellen auf. Sobald es zu regnen beginnt, zerfällt der Verband wieder in die ursprünglichen Gruppen. Bis zu drei Jahre, zuweilen auch länger, können Capybaras einer sozialen Einheit angehören.

Die Tiere bilden geschlossene Verbände mit geringer Fluktuation. Eine typische Gruppe umfasst ein dominantes Männchen (häufig an der großen Nasenrückendrüse erkennbar), ein bis zwei Weibchen, mehrere Jungtiere und ein oder mehrere untergeordnete Männchen. Unter den Männchen herrscht eine klare Hierarchie, die durch aggressives Verhalten, oft in Form einfacher Verfolgungsjagden, aufrechterhalten wird. Dominante Männchen drängen ihre Rivalen immer wieder aus der Gruppe, dennoch kommt es nur selten zu Kämpfen. Weibchen verhalten sich Artgenossinnen gegenüber toleranter; ob sie ebenfalls hierarchisch organisiert sind, ist bis heute unbekannt.

Capybaras besiedeln eine Vielzahl von Lebensräumen, von offenem Grasland bis hin zu tropischem Regenwald. Gruppen können ein bis zu 200 ha großes Gebiet bewohnen, 10 bis 20 ha entsprechen dem Durchschnitt. Jedes Streifgebiet wird fast ausschließlich von einer Gruppe genutzt und kann daher als Territorium gelten. Alle adulten Mitglieder der Gruppe verteidigen es gemeinsam gegen Eindringlinge. Unabhängig von ihrem Geschlecht jagen die Verteidiger ungebetene Gäste bis hinter die Grenzen dieses Gebiets zurück. Vor allem während der Trockenzeit, jedoch auch zu anderen Jahreszeiten, trifft man Verbände an, die Seite an Seite grasen. In einigen Gebieten leben zwei Tiere pro ha, häufiger sind aber niedrigere Dichten von weniger als einem Tier pro ha.

Mit rund 18 Monaten werden Capybaras geschlechtsreif. In Venezuela und Kolumbien scheinen sie sich das ganze Jahr über fortzupflanzen, besonders häufig jedoch erfolgen die Paarungen zu Beginn der Regenzeit im Mai. In Brasilien vermehren sich die Tiere in gemäßigten Regionen nur einmal pro Jahr. Ist ein Weibchen empfänglich, beginnt ein Männchen es zu verfolgen, manchmal eine Stunde oder sogar länger. Das Weibchen läuft ins Wasser und steigt wieder heraus, von Zeit zu Zeit ruht es sich aus, das Männchen immer dicht auf den Fersen. Die Begattung findet im Wasser statt. Dabei hält das Weibchen inne und das Männchen steigt auf seinen Rücken. Zuweilen drückt es seine Partnerin mit seinem Gewicht unter Wasser. Wie bei Nagern üblich, dauert die Kopulation nur wenige Sekunden, doch paaren sich die Tiere meist mehrere Male hintereinander.

150 Tage danach kommen bis zu sieben Junge zur Welt, im Durchschnitt jedoch vier pro Wurf. Das Weibchen verlässt kurz vor der Geburt die Herde und sucht eine geschützte Stelle in der Nähe. Hier erblicken wenige Stunden später die Jungen das Licht der Welt. Sie sind weit entwickelt und bereits nach einer Woche in der Lage, Gras zu fressen. Einige Stunden nach der Geburt kehrt die Mutter zur Gruppe zurück. Die Jungen folgen ihr wenig später, sobald sie einen gewissen Grad an Mobilität erreicht haben. Die Weibchen teilen sich die Last der Aufzucht und gestatten anderen Jungtieren, an ihren Zitzen zu saugen. Der Nachwuchs verbringt die meiste Zeit dicht beieinander und nah bei den Müttern. Während der Wachzeiten purren die Jungen nahezu unentwegt.

Junge Capybaras ermüden leicht und fallen deshalb häufig Feinden zum Opfer. Besonders vor Geiern und wilden oder halbwilden Hunden müssen sie auf der Hut sein. Auch Kaimane und Füchse fangen junge Capybaras. Jaguare und kleinere Katzenarten gehörten in der Vergangenheit zu den natürlichen Feinden, sind aber in weiten Teilen Venezuelas und Kolumbiens mittlerweile ausgestorben. In einigen Gegenden von Brasilien jagen Jaguare jedoch noch häufig Capybaras.

Wenn ein Raubtier sich einer Herde nähert, stößt das erste Tier, das den Feind entdeckt, einen Warnruf aus. Die übrigen beginnen zu wittern und stürzen, wenn tatsächlich Gefahr droht oder die Warnrufe andauern, blitzartig ins Wasser. Dort bilden sie einen Ring um die Jungen.

Kampf gegen Jäger

ARTEN- UND UMWELTSCHUTZ

Die Zahl der Capybaras ist so stark gesunken, dass die kolumbianische Regierung 1980 die Jagd auf die Tiere untersagte. In Venezuela wurden sie seit der Kolonialzeit vor allem in den typischen Viehzuchtregionen getötet. 1953 verabschiedete die Regierung ein Gesetz zur Eindämmung der Jagd, doch bis 1968 geschah wenig. Nach einem fünfjährigen Moratorium trat ein Plan in Kraft, der auf einer Untersuchung zur Biologie und Ökologie der Art beruhte. Seit dieser Zeit werden 30 bis 35 % der jährlich gezählten Tiere – meist über 400 Stück – auf lizenzierten Betrieben zusammengetrieben und erlegt. Dies scheint zur Stabilisierung des Bestands beizutragen. Mittlerweile gelten die Capybaras als gering gefährdet: Die IUCN hat sie als schutzbedürftig eingestuft, denn nur, wenn die Jagdkontrollen weiter bestehen, bleibt die Zahl der Tiere auf Dauer gleich. DWM/EH

Links: *Ein Capybara markiert sein Revier. Männchen erkennt man unschwer an der nackten Aufwölbung der Duftdrüse auf der Schnauze. Diese Drüse sondert ein individuelles Sekret ab.*

Unten: *Ein südamerikanischer Wasservogel, der Jacarana, sucht im Fell eines Capybaras nach Parasiten. Die großen Nager verbringen viel Zeit im Wasser und können über weite Strecken tauchen. Ihre kleinen Augen und Ohren sind an das Leben im Wasser angepasst.*

CAPYBARAS ALS ZUCHTTIERE

In Venezuela herrscht spätestens seit dem 16. Jahrhundert große Nachfrage nach Capybarafleisch. Damals rechneten die katholischen Missionare die Tiere nämlich zusammen mit den Sumpfschildkröten zu den während der Fastenzeit erlaubten Speisen, da sie aufgrund der Wasseraktivitäten beider Arten eine Verwandtschaft mit Fischen vermuteten. Heute sind Capybaras wegen ihrer Größe und Fruchtbarkeit, ihres wohlschmeckenden Fleisches und ihrer wertvollen Häute sowohl als Zucht- wie auch als Haustiere sehr begehrt.

Berechnungen zufolge liegt in Gegenden mit bewässerten Savannenkulturen die optimale Dichte bei 1,5 bis 3 Tieren pro ha; diese bringen pro Hektar und Jahr 27 kg Fleisch ein. Güter, die über eine Lizenz zur Nutzung von Capybaras verfügen, halten aber in der Regel nur 1 Tier pro 2 ha. Im Februar paaren sich die Wasserschweine selten und bringen kaum Junge zur Welt. In dieser Zeit sammeln sie sich an Wasserstellen, wo Reiter einen Ring um sie schließen, um sie zusammenzutreiben. Erfahrene Schlachter wählen dann über 35 kg schwere, erwachsene Tiere aus, jedoch keine trächtigen Weibchen, und töten sie mit einem Schlag auf den Kopf. Sie sind durchschnittlich 44,2 kg schwer und bestehen zu 39 % (17 kg) aus Fleisch. Die Populationen, die in der übrigen Zeit frei auf dem Gelände umherstreifen, ergeben pro Jahr und Hektar mehr als 8 kg Fleisch.

Ungeachtet dieser durchaus beachtlichen Erträge glaubten Bauern lange, größere Capybara-Populationen würden ihrem Vieh das Futter wegnehmen. Tatsächlich fressen die Nager jedoch kurze Gräser in Wassernähe, während Rinder gerade in feuchten, flachen Gegenden höher wachsende, trockenere Kost bevorzugen. In diesen Regionen verdauen Capybaras überdies pflanzliche Nahrung weitaus besser als Rinder und Pferde. Die Aufzucht von Capybaras in ihrem natürlichen Lebensraum erweist sich somit als biologisch und ökonomisch gleichermaßen sinnvolle Ergänzung zu Rinderherden.

Weitere Stachelschweinverwandte

1

DIE HIER ZUSAMMENGEFASSTEN FAMILIEN gehören zu einer verstreuten Gruppe überwiegend südamerikanischer Säuger, den Caviomorpha. Ihre Verschiedenartigkeit steht in deutlichem Kontrast zu eher homogenen Nagergruppen wie Hörnchen, Ratten und Mäusen.

Die Gruppe umfasst kleine, mittelgroße und sehr große Nager. Einige sind mit gezähnten Stacheln bedeckt, andere haben weiches, seidiges Fell, fast alle sind Pflanzenfresser, wenngleich einige wenige auch Insekten oder größere Beutetiere verzehren. Viele leben auf dem Boden, andere unter der Erde oder auf Bäumen, wieder andere halten sich meist im Wasser auf. Sie bewohnen Wälder und Grasland, Flussufer und Felsenwüsten, Küstenebenen und Hochgebirge. Manche leben einzeln, andere bilden Kolonien. Einige Arten sind weit verbreitet, von anderen gibt es nur wenige ausgestopfte Exemplare in Museen, wieder andere sind ausgestorben, manche schon lange, andere aufgrund menschlicher Aktivitäten erst in jüngerer Zeit. Zahlreiche Arten stehen auf dem Speiseplan des Menschen, andere werden wegen ihrer Felle gejagt, gelten als Schädlinge oder Überträger von Krankheiten.

Die größeren südamerikanischen Nagerarten – Agutis, Pakas, Pakaranas und Viscachas – gehören zu den Beutetieren großer und mittelgroßer Raubtiere (Jaguare, Ozelote, Pampaskatzen, Mähnenwölfe, Buschhunde, Füchse etc.). Die Gras fressenden Nager gelten als südamerikanische Äquivalente zu den Huftieren, die im afrikanischen Ökosystem eine wichtige Rolle spielen. Die Nager übernahmen diese Funktion vermutlich, nachdem die primitiven einheimischen Grasfresser ausgestorben waren und bevor neue Tierarten aus dem Norden das Gebiet erreichten.

Bei aller Verschiedenartigkeit teilen die Stachelschweinverwandten auch zahlreiche, nicht nur anatomische, Merkmale. Insbesondere gleicht sich ihre Fortpflanzungsweise – etwa was die ausgedehnte Tragzeit, die geringe Zahl von Jungen pro Wurf und den Entwicklungsstand der Jungen bei der Geburt angeht. Gerade mittelgroße bis große Arten bringen ihren Nachwuchs mit Fell und geöffneten Augen zur Welt; einige Junge können innerhalb weniger Stunden laufen und viele sind wenig später von ihren Müttern unabhängig.

Felsenratten

FAMILIE PETROMURIDAE

Die Felsenratte hat sich dem trockenen, felsigen Hügelland ihrer südafrikanischen Heimat hervorragend angepasst. Ihr weiches Fell ist grau oder gelbbraun, sodass man das Tier auf Felsen kaum erkennt. Dank des flachen Schädels und flexiblen Knochenbaus kann es in schmale Spalten schlüpfen. Felsenratten suchen am Boden oder in Büschen nach Blättern, Beeren und Samen; sie sind meist in der Dämmerung aktiv und sonnen sich unter Felsen, wo sie für Greifvögel unsichtbar bleiben. Sie leben einzeln oder bilden Paare und stoßen bei Gefahr einen Warnruf aus. Einmal pro Jahr bringt das Weibchen zu Beginn der Regenzeit ein bis zwei weit entwickelte Junge zur Welt; die Tiere vermehren sich im Vergleich zu anderen kleinen tropischen Säugern also nur langsam.

Rohrratten

FAMILIE THRYONOMYIDAE

Rohrratten sind robuste afrikanische Nager mit derbem Fell. Die flachen Borsten zeichnen sich durch eine Längsrille aus. Das braune Fell mit gelben oder grauen Sprenkeln und weißlichem Unterfell ermöglicht den Tieren in Gräsern und Schilf gute Tarnung. Die Große Rohrratte bevorzugt Sümpfe, Ried und Ufer von Seen und Flüssen, während die Kleine Sumpfratte in trockeneren Regionen der

2 3 4 5 6

Feuchtsavanne lebt. Rohrratten bilden Gruppen, die sich durch Rufe und Stampfen mit den Hinterfüßen verständigen. Sie suchen in hohem Gras oder in Felsspalten, aber auch in verlassenen Bauen Schutz. Manchmal graben sie auch selbst Höhlen. Wie ihr Name vermuten lässt, ernähren sie sich überwiegend von Gräsern und Schilfrohr, doch nehmen sie auch mit Rinde, Nüssen und Früchten vorlieb. Große Populationen können auf Feldern beträchtliche Schäden anrichten. Rohrratten werden von Leoparden, Mangusten, Schlangen, Greifvögeln und Menschen gejagt. In einigen Teilen ihres Verbreitungsgebiets sind sie das ganze Jahr über fortpflanzungsfähig, bringen allerdings meist nur zwei Würfe pro Jahr mit durchschnittlich vier weit entwickelten Jungen zur Welt.

Chinchillas und Viscachas

FAMILIE CHINCHILLIDAE

Die Vertreter dieser Familie leben in kargen Regionen und zeichnen sich durch dickes, weiches Fell aus, wobei jenes der Chinchillas und Bergviscachas in höheren Regionen dichter ist als das der in Pampas heimischen Viscachas. Die schlanken Tiere mit großen Ohren und langen Schwänzen, die bis zu ein Drittel ihrer Körperlänge ausmachen, besitzen lange, starke Hinterbeine, mit denen sie mühelos springen und rennen.

Alle Mitglieder der Familie bilden Kolonien. Chinchillas leben in Löchern und Spalten zwischen Felsen. Bei Einbruch der Dämmerung kommen sie heraus und suchen während der Nacht nach Pflanzen aller Art. Bergviscachas bevorzugen dagegen Gräser, Moos und Flechten. Sie sonnen sich bei Tag auf Felsen und formen Familiengruppen, die sich mit anderen zu sehr großen Kolonien zusammenschließen können. Viscachas legen weitläufige und komplexe Baue mit einer zentralen Kammer an, von der Tunnels zu verschiedenen Ausgängen führen. In der Morgen- und Abenddämmerung fressen sie Gräser und Samen.

Alle Arten werden von Menschen gejagt. Chinchillas wurden wegen ihres wertvollen Fells verfolgt, bis sie beinahe ausgestorben waren, Viscachas und Bergviscachas liefern Fleisch und Felle; Viscachas gelten außerdem als Futterkonkurrenten für Haustiere. Auch zerstören sie mit ihrem sauren Urin Weideflächen und unterhöhlen die Pampa, sodass Menschen, Pferde und Rinder einbrechen und sich verletzen können.

Pakarana

FAMILIE DINOMYIDAE

Pakaranas leben entweder allein oder bilden Paare. Sie haben einen breiten Kopf mit kurzen, abgerundeten Ohren, einen kräftigen Körper und Füße mit großen Krallen. Ihr Fell ist derb und schwarz oder braun. Typisches Merkmal sind zwei mehr oder weniger durchgängige weiße Streifen an jeder Seite. Die scheuen Waldbewohner bewegen sich langsam und ernähren sich von Pflanzen. Häufig fallen sie Jaguaren, Ozeloten und anderen mittelgroßen Raubtieren zum Opfer. Außerdem stehen sie auf dem Speiseplan von Menschen.

7

9

8

10

Links:** Vertreter von zehn der zwölf Familien weiterer Stachelschweinverwandter: **1** Chinchilla mit weichem Fell und buschigem Schwanz; **2** afrikanische Rohrratte; **3 Chinchillaratte *(Abrocoma bennettii); **4** Stachelratte auf einem Felsen; **5*** Paka *(Agouti paca) – diese Art besitzt innere und äußere Backentaschen; **6*** Felsenratte *(Petromus typicus); **7** Pflanzen fressendes Pakarana* (Dinomys branickii)*; **8** ein Tukotuko* (Ctenomys opimus) *nutzt seine Schneidezähne zum Graben; **9** Ferkelratte beim Sonnenbad auf einem Ast; **10*** Degu *(Octodon degus).*

FAKTEN

STACHELSCHWEINVERWANDTE

180 Arten in 12 Familien und 40 Gattungen

VERBREITUNG Südamerika, Westindische Inseln, Afrika südlich der Sahara.

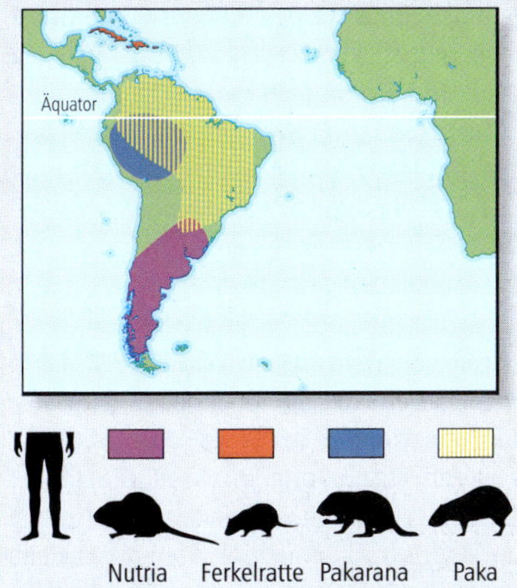

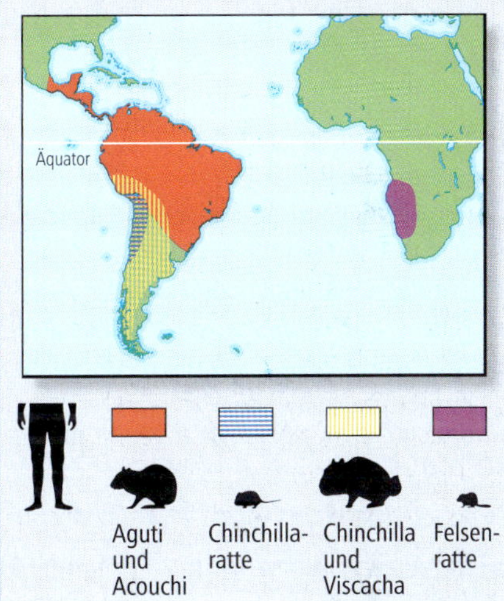

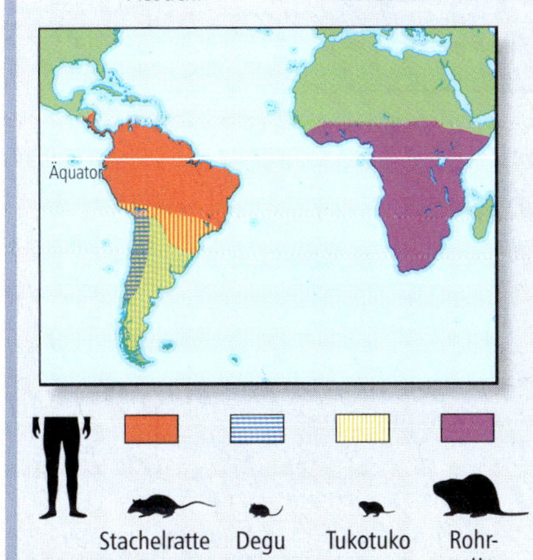

Übersicht der Familien siehe Seite 684 ▷

Agutis und Acouchis

FAMILIE DASYPROCTIDAE

Diese großen Nager haben sehr kurze Schwänze und derbes, meist ungemustertes Fell. An schnelles Laufen sind sie bestens angepasst aufgrund der langen Gliedmaßen und dreizehigen Hinterfüße. Die Tiere besiedeln Wälder, dichten Busch und Savannen, jedoch stets unweit von Wasserstellen. Alle Arten sind tagaktiv, aber sehr scheu. In Gebieten mit häufigen Störungen kommen sie erst bei Einbruch der Dämmerung heraus, um Nahrung zu suchen. Sie fressen vor allem Früchte, Nüsse und saftige Pflanzenteile. Ist genügend Futter vorhanden, vergraben Agutis einen Teil, um in kargen Zeiten davon zu zehren. Dadurch tragen sie zur Verbreitung von Samen vieler Waldbäume bei. In einigen Regionen sind Agutis das ganze Jahr über fortpflanzungsfähig. In der Regel kommen ein bis zwei weit entwickelte Junge zur Welt, die sich bereits nach einer Stunde auf den Beinen halten können. Agutis und Acouchis bilden meist kleine Gruppen aus je einem adulten Männchen und Weibchen mit mehreren Jungen. Zahlreiche Raubtiere und der Mensch machen Jagd auf die Tiere.

Pakas

FAMILIE AGOUTIDAE

Pakas werden häufig mit Agutis und Acouchis zu einer separaten Unterfamilie der Dasyproctidae zusammengefasst. Sie ähneln den anderen Arten, besitzen jedoch kürzere Beine, ein geflecktes Fell und mehr Zehen an den Hinterfüßen. Der wissenschaftliche Gattungsname des Pakas lautet *Agouti*, was zur Verwirrung und zur Verwechslung der Arten beiträgt. Pakas leben in Wäldern in Wassernähe; häufig verbringen sie den Tag in einem Bau, den sie gegraben oder verlassen vorgefunden haben. Nachts kommen sie ins Freie, um Blätter, Stängel, Wurzeln, Nüsse, Samen und Früchte zu fressen. Auf Feldern richten sie oft Schaden an, weshalb Menschen Jagd auf sie machen. Viele fallen auch Raubtieren zum Opfer. Aus diesem Grund – und weil ihr Lebensraum schwindet – sind sie in einigen Gegenden selten geworden.

Kammratten

FAMILIE CTENOMYIDAE

Kammratten oder Tukotukos zeichnen sich durch einen kompakten Körper aus. Dass sie gern und viel graben, erkennt man deutlich an ihrem Aussehen. Der Kopf ist groß, Augen und Ohren dagegen sind winzig. Ihre weit vorstehenden, leuchtend orangefarbenen Schneidezähne nutzen sie, um beim Tunnelbau Wurzeln durchzubeißen. Die Beine sind kurz und muskulös, die Krallen an den Vorderfüßen besonders lang und kräftig. Mit ihnen graben die Tiere weitläufige Höhlensysteme, in denen sie leben. Die Hinterfüße sind mit starken Borsten besetzt, die der Körperpflege dienen. Der wissenschaftliche Name bedeutet „Kammratte" und bezieht sich auf diese Borsten. Die zahlreichen Arten bevorzugen im Allgemeinen trockene, sandige Böden in Küstenregionen, leben aber auch auf grasbewachsenen Ebenen, dem Altiplano und in Wäldern. Einige Arten sind Einzelgänger, andere bilden Kolonien, die meisten bewohnen Höhlen. Häufig führen mehrere Eingänge in den flachen Bau. Beide Geschlechter verteidigen ihr Revier; die Männchen verhalten sich dabei aggressiver. Kammratten sind überwiegend tagaktiv, begeben sich aber meist erst nach Einbruch der Dunkelheit auf Futtersuche. Sie ernähren sich von Wurzeln, Stängeln und Gräsern. In einigen Gebieten gelten sie als Schädlinge, auch brechen ihre Höhlen gelegentlich ein und gefährden Menschen und Tiere. Lange Zeit wurden die Kammratten deshalb gejagt und ihre Zahl sank beträchtlich.

Degus oder Trugratten

FAMILIE OCTODONTIDAE

Diese Tiere besiedeln den Süden von Südamerika bis in 3500 m Höhe. Ihr wissenschaftlicher Name bezieht sich auf den Zahnschmelz, der ein Muster in Form einer Acht bildet. Die meisten Arten graben viel (Südamerikanische Felsenratten, Coruras) und bauen eigene Höhlensysteme. Andere beziehen leere Baue oder leben in Felsspalten. Ihr Fell ist meist lang, dick und seidig. Das Oberfell bei Degu und Bori ist grau bis braun, das Unterfell cremegelb bis weiß. Die tagaktiven Degus bilden Kolonien und legen Baue an. In ihnen zweigen viele Tunnel von einer zentralen Höhle ab, andere Gänge führen an die Erdoberfläche. Boris sind dagegen nachtaktiv und leben in Bauen, Felsspalten oder Höhlen. Sie ernähren sich von Akazien- und Kaktusfrüchten. Coruras sind braun und schwarz, Felsenratten dagegen dunkelbraun. Beide Arten haben sich dem Leben in unterirdischen Gängen angepasst. Sie zeichnen sich durch kompakte Körper, kleine Augen und Ohren, muskulöse Vorderextremitäten und kräftige Nagezähne aus, die bei Coruras stärker vorstehen als bei Felsenratten. Über

Stachelschweinverwandte

Felsenratten
Familie: Petromuridae

1 Art (*Petromus typicus*), S-Angola, Namibia und NW-Südafrika.

Rohrratten
Familie: Thryonomyidae

2 Arten in 1 Gattung (*Thryonomys*), Afrika südlich der Sahara.

Chinchillas und Viscachas
Familie: Chinchillidae

6 Arten in 3 Gattungen: Chinchillas (*Chinchilla*), 2 Arten; Bergviscachas (*Lagidium*), 3 Arten; Viscacha (*Lagostomus maximus*). S- und W-Südamerika. Kurzschwanzchinchilla vom Aussterben bedroht, 1 weitere Art gilt als gefährdet.

Pakarana
Familie: Dinomyidae

1 Art (*Dinomys branickii*), Venezuela, Kolumbien, Ecuador, Peru, Brasilien und Bolivien. Stark gefährdet.

Agutis und Acouchis
Familie: Dasyproctidae

13 Arten in 2 Gattungen: Agutis (*Dasyprocta*), 11 Arten; Acouchis (*Myoprocta*), 2 Arten.
S-Mexiko bis S-Brasilien, Kleine Antillen.
2 Agutiarten stark bedroht, 1 gefährdet.

Pakas
Familie: Agoutidae

2 Arten in 1 Gattung (*Agouti*), S-Mexiko bis S-Brasilien.

Kammratten
Familie: Ctenomyidae

56 Arten in 1 Gattung (*Ctenomys*), von Peru bis Feuerland. 1 Art gefährdet.

Trugratten
Familie: Octodontidae

10 Arten in 6 Gattungen:
Felsenratten (*Aconaemys*), 2 Arten; Degus (*Octodon*), 4 Arten; Bori (*Octodontomys gliroides*); Viscacharatte (*Octomys mimax*); Corura (*Spalacopus cyanus*); *Tympanoctomys barrerae*.
Peru, Bolivien, Argentinien, Chile.
2 Arten gefährdet.

Chinchillaratten
Familie: Abrocomidae

3 Arten in 1 Gattung (*Abrocoma*) plus 1 weitere, nur von Skelettfunden bekannte Art.
Peru, Bolivien, Chile, Argentinien.
1 Art gefährdet.

Stachelratten
Familie: Echimyidae

70 Arten in 16 Gattungen:
Borstenbaumstachler (*Chaetomys subspinosus*); Fingerratten (*Dactylomys*), 3 Arten; Bambusfingerratte (*Kannabateomys amblyonyx*); *Olallamys*, 2 Arten; Baumstachelratten (*Diplomys*), 3 Arten; Kammstachelratten (*Echimys*), 14 Arten; *Isothrix*, 2 Arten; Sania (*Makalata armata*); *Carterodon sulcidens*; *Clyomys*, 2 Arten; Suira (*Euryzygomatomys spinosus*); Lanzenratte (*Hoplomys gymnurus*); *Lonchothrix emiliae*; *Mesomys*, 5 Arten; Igelratten (*Proechimys*), 32 Arten; *Thrichomys apereoides*.
Süd- und Mittelamerika, Westindische Inseln. 5 Arten bedroht, 4 Arten wurden kürzlich als ausgestorben deklariert.

Baum- und Ferkelratten
Familie: Capromyidae

15 Arten in 6 Gattungen:
Hutiaconga (*Capromys pilorides*); Hutias (*Geocapromys*), 2 Arten; *Mesocapromys*, 4 Arten; *Mysateles*, 5 Arten; Zaguti (*Plagiodontia aedium*); *Isolobodon*, 2 Arten.
Westindische Inseln. 6 Arten vom Aussterben bedroht, 4 gefährdet; weitere 6 Arten wurden kürzlich als ausgestorben deklariert.

Biberratten oder Nutrias
Familie: Myocastoridae

1 Art, *Myocastor coypus*.
S-Brasilien, Paraguay, Uruguay, Bolivien, Argentinien, Chile; in Nordamerika, Nordasien, Ostafrika und Europa eingeführt.

Vollständige Artenliste siehe Anhang Seite 877 f. ▷

Viscacharatten weiß man nur wenig. Ihr Fell ist oben gelbbraun und unten weißlich, ihr Schwanz außergewöhnlich buschig. Die nachtaktiven Tiere ernähren sich von Gräsern und leben in wüstenhaftem Buschland. Die ebenfalls kaum bekannte Gattung *Tympanoctomys* kommt vermutlich nur in Ebenen mit salzhaltiger Vegetation vor.

Chinchillaratten

FAMILIE ABROCOMIDAE

Chinchillaratten sind rattenähnliche Nager mit besonders weichem Fell. Sie leben in Höhlen oder Felsspalten überwiegend nachtaktiv und bilden Kolonien. Sie verzehren zahlreiche Pflanzen, nur *Abrocoma vaccarum* ernährt sich vermutlich fast ausschließlich von Creosote-Büschen. Das Fell – oben silbergrau bis braun, unten weiß oder braun – besteht aus weichem, dichtem Unterfell und langen, feinen Deckhaaren. Die Felle werden manchmal verkauft, sind aber gegenüber echten Chinchillapelzen deutlich minderwertig.

Stachelratten

FAMILIE ECHIMYIDAE

Zu den Stachelratten gehören mehrere mittelgroße, rattenartige, Pflanzen fressende Nager mit stachligem oder borstigem Fell. Einige weit verbreitete Arten kommen häufig vor, andere sind sehr selten. Drei nur durch Skelettfunde bekannte Gattungen sind wahrscheinlich, eine vierte ist mit Sicherheit ausgestorben. Die Einordnung einiger Gattungen ist eher willkürlich, auch die genaue Zahl der Arten steht nicht fest. Die Körperform der Tiere entspricht ihrer Lebensweise. Robuste, kurzschwänzige Formen *(Clyomys, Carterodon* und *Euryzygomatomys)* legen in der Savanne Baue an; schlanke, langschwänzige Formen *(Olallamys, Dactylomys, Kannabateomys)* bewohnen Bäume. Zwischenformen wie *Proechimys, Isothrix* und *Hoplomys* leben vorwiegend auf dem Boden, *Mesomys, Lonchothrix, Echimys* und *Diplomys* vor allem auf Bäumen. Die meisten Stachelratten ernähren sich von Pflanzen: *Proechimys* und *Echimys* vor allem von Früchten, *Kannabateomys* und *Dactylomys* von Bambus und Rebgewächsen. *Mesomys* fressen außer Früchten und anderen Pflanzen auch Insekten.

Baum- und Ferkelratten

FAMILIE CAPROMYIDAE

Die ausschließlich in der Karibik heimischen Baum- und Ferkelratten bildeten einst eine sehr vielgestaltige Gruppe mit unterschiedlichen Gattungen in mehreren Unterfamilien. Die Hälfte dieser Gattungen ist ausgestorben, die meisten bereits vor langer Zeit. Zwei Arten gelten als selten und bedroht. Die noch lebenden Gattungen zeichnen sich durch robuste Körper, breite Köpfe mit relativ schmalen Augen und Ohren und kurze Gliedmaßen aus. Sie wiegen zwischen 200 g und 8,5 kg, einige ausgestorbene Arten wurden bis zu 20 kg schwer. Sie besitzen ein derbes, bräunliches oder gräuliches Fell mit weichem Unterfell. Die meisten lebenden Gattungen halten sich überwiegend, die langschwänzigen Arten des Genus *Mysateles* sogar fast ausschließlich auf Bäumen auf. Sie leben in Wäldern, auf Plantagen und in Felsenlandschaften, *Mesocapromys* auch in Küstensümpfen. Die meisten sind nachtaktiv, Hutiacongas suchen in einigen Gebieten jedoch tagsüber Futter. Baum- und Ferkelratten ernähren sich von Pflanzen und kleinen Tieren wie etwa Eidechsen. Sie werden ihrerseits von Vögeln, Schlangen, Haushunden, Katzen und Mangusten sowie von Menschen gejagt, die ihr Fleisch essen. In Höhlen und prähistorischen Abfallhaufen fand man Überreste ausgestorbener Arten.

Nutria

FAMILIE MYOCASTORIDAE

Nutrias sind große, kräftige Nager mit kleinen Augen und Ohren, die sich an das Leben in Sümpfen, an Seen und Flüssen gewöhnt haben. Ihr Maul schließt beim Schwimmen hinter den Schneidezähnen, ihre Schnurrhaare sind lang, ihre Extremitäten eher kurz. An den Hinterfüßen tragen sie Schwimmhäute. Derbes, langes, gelblich oder rötlich braunes Deckhaar liegt über dichtem, weichem Unterfell. Nutrias leben in Höhlen an Flussufern. Die ausgezeichneten Schwimmer können bis zu fünf Minuten tauchen. Sie fressen Pflanzen, Muscheln und Schnecken und gelten als Schädlinge. Die nachtaktiven Nutrias leben in Paaren oder kleinen Familiengruppen. Weibchen werfen pro Jahr zwei- bis dreimal etwa fünf Junge, die mit Fell und geöffneten Augen zur Welt kommen. Nutrias werden von Alligatoren, Fischen, Schlangen, Greifvögeln und Menschen wegen ihres Fleisches gejagt. Man fängt sie auch wegen ihres wertvollen Fells. Zu Zuchtzwecken hat man sie in vielen Teilen der Welt eingeführt. Dort bilden entlaufene Tiere kleine Populationen, die schwere Schäden an Wasserläufen und auf Feldern anrichten können. PJ

Oben: *In der brasilianischen Amazonasregion versucht ein Mohrenaguti* (Dasyprocta fuliginosa)*, eine große Paranuss zu öffnen. Agutis hocken sich oft hin, wenn sie Früchte oder Nüsse fressen, die sie ähnlich wie Hörnchen mit den Pfoten halten.*

Rechts: *Nutrias besitzen orangefarbene Schneidezähne, die bei der teilweise im Wasser lebenden Art besonders auffallen. Diese Nager verbringen den größten Teil ihrer wachen Stunden im Wasser. Sie leben in Höhlen am Ufer und haben Schwimmhäute zwischen den Zehen.*

Stachelschweine

AUF MENSCHEN WIRKEN STACHELSCHWEINE wie besonders eigentümliche Lebewesen, doch für die Tiere selbst bedeuten die Stacheln optimalen Schutz. Im Unterschied zu den amerikanischen Baumstachlern leben die Stachelschweine der Alten Welt überwiegend auf dem Boden.

Viele Leute glauben, Stachelschweine seien mit Igeln oder Schweinen verwandt, doch tatsächlich zählen Meerschweinchen, Chinchillas, Capybaras und Agutis zu ihren engsten Verwandten. Diese Tiere sehen meist ebenfalls eigenartig aus und sind darüber hinaus für ihr ungewöhnliches Fortpflanzungsverhalten bekannt.

Dorniger Schutzschild

KÖRPERBAU UND FUNKTION

Stachelschweine gehören zwei verschiedenen Unterfamilien an, den Atherurinae und Hystricinae. Die Quastenstachler (Atherurinae) haben lange, buschige Schwänze. Diese enden in einer Quaste steifer, weißer Haare, die rasseln, wenn das Tier den Schwanz bewegt. Der längliche Körper und die kurzen Beine sind mit kurzen, braunen Borsten und langen Stacheln auf dem Rücken besetzt.

Die Eigentlichen Stachelschweine (Hystricinae) haben kurze Schwänze, die rundum mit scharfen Stacheln besetzt sind. Am Schwanzende wächst ein Büschel hohler Stacheln mit offenen Spitzen. Wenn die Tiere den Schwanz schütteln, ertönt ein warnendes Rasseln, das mögliche Angreifer auf die wirkungsvolle Bewaffnung hinweist. Schwarz-weiße Stacheln aus Keratin bedecken den oberen Rückenbereich und die Flanken.

Wenn Stachelschweine sich bedroht fühlen, richten sie ihre Stacheln auf und rasseln mit ihnen. Sie stampfen mit den Hinterbeinen auf und geben grunzende Geräusche von sich. Schließlich wenden sie dem Angreifer ihren Rumpf zu und laufen seitwärts oder rückwärts auf ihn zu. Dringen Stacheln in dessen Haut ein, bleiben sie darin hängen und lösen sich vom Körper des Stachelschweins.

Flache, schwarze Borsten bedecken den Rest des Körpers. Bei den meisten Arten zieht sich ein Kamm aufstellbarer Haare von der Oberseite des Kopfes bis zu den Schultern. Der Schädel selbst ist stumpf und wirkt aufgrund der Nasenöffnungen und schweineartigen Augen, die weit außen sitzen, außergewöhnlich breit. Beide Geschlechter gleichen einander. Die Milchdrüsen beim Weibchen befinden sich seitlich am Körper.

Die Mehrzahl der Stachelschweine ernährt sich von Pflanzen, vor allem von Knollen, Wurzeln, Früchten und Beeren. Die Tiere tragen zur Verbreitung und Vermehrung von Pflanzen bei. Dort, wo Weißschwanzstachelschweine graben, keimen besonders viele Sämlinge. In landwirtschaftlich genutzten Gegenden fressen Stachelschweine Feldfrüchte wie Erdnüsse, Kartoffeln und Kürbisse. Nordafrikanische Stachelschweine vertragen sogar für einheimisches Vieh giftige Pflanzenarten. Quastenstachler sind gute Kletterer und fressen Früchte.

Stachelschweine halten Futter mit ihren Vorderpfoten auf dem Boden fest und nagen daran. Meist suchen sie allein nach Nahrung, verzehren diese aber in Gruppen zu zweit oder dritt. Auch Knochen werden angenagt. So schärfen die Tiere ihre Zähne und decken ihren Phosphatbedarf.

Oben: *Inselstachelschweine **1** tragen ein dichtes Fell aus flachen, beweglichen Stacheln. Auf Borneo, Sumatra und den Philippinen leben drei Arten. Das Nordafrikanische Stachelschwein **2** zählt zu den fünf Arten mit Kamm. Die Tiere bewohnen Wälder, Savannen und Wüsten.*

Gemeinschaften am Kap

SOZIALVERHALTEN

Bei Südafrikanischen Stachelschweinen ergreift gewöhnlich das Weibchen die Initiative zur Paarung. Es nähert sich dem Partner mit aufgerichtetem Rumpf und Schwanz und abgewandten Stacheln. Das Männchen besteigt das Weibchen von hinten und legt die Vorderpfoten auf dessen Rücken. Die Kopulation ist nur möglich, wenn das Weibchen (alle 28 bis 36 Tage) in Hitze ist und die Verschlussmembran der Vagina durchlässig wird. Das typische Brunftverhalten zeigen die Tiere jedoch in allen Phasen des Fortpflanzungszyklus.

Die Jungen kommen weit entwickelt in mit Gras gepolsterten Kammern des unterirdischen Baus zur Welt. Ihr Fellkleid ist bereits vollständig,

Links: *Zwar hat man schon Löwen beobachtet, die Stachelschweine fraßen, doch durchdringen sie den Stachelpanzer nur mit Mühe. Wenn die Stacheln in der Haut stecken bleiben, können sie sich entzünden und den verletzten Angreifer dadurch sogar töten.*

2

die Augen sind geöffnet. Zunächst bedecken Borsten den Körper, härten aber nach einiger Zeit zu Stacheln aus. Die Neugeborenen wiegen rund 300 g. Sie beginnen mit 9 bis 14 Tagen an fester Kost zu knabbern. Mit vier bis sechs Wochen suchen sie selbst nach Nahrung, werden aber gesäugt, bis sie 13 bis 19 Wochen alt sind und 3,5 bis 4,7 kg wiegen. In 60 % aller Fälle bringt das Weibchen ein Junges pro Wurf zur Welt, in 30 % Zwillinge. In freier Wildbahn werfen Stachelschweine nur einmal pro Jahr.

Obgleich Südafrikanische Stachelschweine allein jagen, sind sie gesellig und teilen mit sechs bis acht anderen Tieren – meist einem erwachsenen Paar mit dessen Jungen – einen Bau. Beide Geschlechter verhalten sich Fremden gegenüber aggressiv, und alle Mitglieder der Kolonie verteidigen die Jungen. Pro Gruppe ist stets nur ein Weibchen trächtig. Verliert es einen Wurf, ist es innerhalb weniger Tage wieder empfänglich. Mit zwei Jahren erreichen die Tiere die Geschlechtsreife.

Beide Elternteile begleiten das Junge bei der Futtersuche bis zu sieben Monate lang; die Männchen kümmern sich aber häufiger um den Nachwuchs als die Weibchen. Ob Familiengruppen länger zusammenbleiben, hängt vermutlich davon ab, wie viel Raum für geschlechtsreife Junge zur Verfügung steht. Wenn etwa die Population in einer Region abnimmt, können die Jungtiere leicht Reviere übernehmen und sich dort fortpflanzen. In solchen Fällen paaren sie sich zuweilen nicht erst mit 24, sondern bereits mit zwölf Monaten.

Stachelschweine leben auch in Gruppen, um sich gegenseitig Wärme zu spenden. Neugeborene verlassen den Bau in den ersten neun Wochen nicht. Wenn andere Gruppenmitglieder sie wärmen, können sie viel Energie für ihr Wachstum verwenden. Gemeinschaftsbaue senken auch die Gefahr von Angriffen und fördern kooperatives Verhalten bei der Aufzucht.

In den semiariden Regionen Südafrikas leben ein bis 29 Tiere pro qkm, 40 % von ihnen sind jünger als ein Jahr.

Stachelschweine kennzeichnen ihr Revier mithilfe von Duftdrüsen. Männchen markieren häufig bevorzugte Nahrungsgebiete. Die Tiere entfernen sich bis zu 16 km von ihrem Bau, wobei sie ausschließlich nachts auf immer denselben Pfaden wandern. An ihr Territorium stellen sie wenig Ansprüche, es muss lediglich einen sicheren Unterschlupf bieten.

Verteidigungsstrategien

ARTEN- UND UMWELTSCHUTZ

Bauern betrachten Stachelschweine oft als Schädlinge. Außerdem leben auf ihnen Flöhe, die Beulenpest übertragen, und Zecken, durch die sich Theileriose und andere Krankheiten verbreiten. Quastenstachler gelten als Wirte von Malariaüberträgern und werden daher häufig gejagt und getötet. Manche Bevölkerungsgruppen essen allerdings Stachelschweinfleisch.

Dennoch kommen die Tiere in großer Zahl vor, da sie fast keine natürlichen Feinde fürchten müssen. Außerdem nehmen die Felder, von deren Früchten die Tiere sich ernähren, zu. Stachelschweine insgesamt gelten nicht als bedroht, einige Arten und Unterarten jedoch als leicht gefährdet. Eine Unterart des Hinterindischen Quastenstachlers steht auf der IUCN-Liste der bedrohten Arten, das Kurzschwanzstachelschwein wurde als gefährdet eingestuft. RJvA

FAKTEN

STACHELSCHWEINE

Ordnung: Rodentia

Familie: Hystricidae

11 Arten in 4 Gattungen und 2 Unterfamilien

VERBREITUNG Afrika, Asien; einige in Südeuropa.

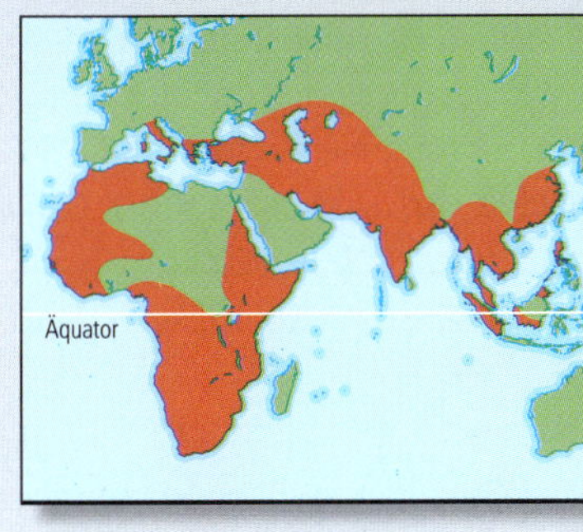

Lebensraum Dichter Wald bis Halbwüste

Größe Körperlänge von 37–47 cm bei Quastenstachlern bis 60–83 cm bei Eigentlichen Stachelschweinen; **Gewicht** von 1,5–3,5 kg bis 13–27 kg bei den genannten Gattungen.
Fell Körper, Kopf und manchmal Schwanz mit langen, scharfen Stacheln – verhärteten Haaren – in brauner oder schwarzer Farbe (manchmal mit weißen Bändern) bedeckt.
Nahrung Wurzeln, Knollen, Früchte, Borke, Aas.
Fortpflanzung Tragzeit 90 Tage bei Weißschwanzstachelschweinen, 93–94 Tage bei Südafrikanischen Stachelschweinen, 100–110 Tage bei Afrikanischen Quastenstachlern, 105 Tage bei *Hystrix hodgsoni,* 112 Tage bei Nordafrikanischen Stachelschweinen.
Lebenserwartung Etwa 21 Jahre bei Eigentlichen Stachelschweinen in Gefangenschaft.

QUASTENSTACHLER *Atherurus* spp.
Zentral-Afrika und Asien. Wälder. Braune bis dunkelbraune Borsten bedecken den größten Teil des Körpers, einige einfarbige Stacheln auf dem Rücken. 2 Arten: Afrikanischer Quastenstachler *(A. africanus),* Hinterindischer Quastenstachler *(A. macrourus).*

EIGENTLICHE STACHELSCHWEINE *Hystrix* spp.
Afrika, Indien, SO-Asien, Sumatra, Java und benachbarte Inseln, S-Europa; in Großbritannien eingeführt. Verschiedene Lebensräume. Haare auf dem Rücken bestehen aus langen, zylindrischen schwarzen und weißen aufstellbaren Stacheln und Dornen; der Körper ist mit schwarzen Borsten bedeckt; der graue Kamm ist stark entwickelt. 5 Arten: Nordafrikanisches Stachelschwein *(H. cristata);* Südafrikanisches Stachelschwein *(H. africaeaustralis);* Weißschwanzstachelschwein *(H. indica);* Kurzschwanzstachelschwein *(H. brachyura), H. hodgsoni.*

INSELSTACHELSCHWEINE *Thecurus* spp.
Indonesien, Philippinen. Fell vorn dunkelbraun, hinten schwarz; Körper dicht mit flachen, biegsamen Stacheln bedeckt. Stacheln an Basis und Spitze weiß, dazwischen schwarz; rasselnde, hohle Stacheln am Schwanz. 3 Arten: Borneostachelschwein *(T. crassispinis);* Sumatrastachelschwein *(T. sumatrae),* Zwergstachelschwein *(T. pumilis).*

PINSELSTACHLER *Trichys fasciculata*
Malaiische Halbinsel, Sumatra, Borneo. Wälder. Körper mit bräunlichen, biegsamen Borsten bedeckt; Kopf und Unterleib behaart.

Gundis

*GUNDIS SIND KLEINE PFLANZEN FRESSENDE Nager, die in den Bergen und Wüsten Nordafrikas leben. Als Naturkundler die Tiere 1774 in Tripolis erstmals bemerkten, nannten sie sie „Gundi-Mäuse“ (*gundi *ist die lokale Bezeichnung). Der wissenschaftliche Name, Ctenodactylidae, bedeutet „Kammfinger“.*

Mitte des 19. Jahrhunderts schoss der britische Entdecker John Speke Gundis im Küstengebirge von Somalia. Später entdeckten französische Naturforscher drei weitere Arten. Schädel und Pelze gelangten in verschiedene Museen, doch niemand untersuchte die Lebensweise der Tiere. Einige Autoren behaupteten, Gundis seien nachtaktiv, andere hielten sie für tagaktiv; manche meinten, sie würden Erdhöhlen graben, andere vermuteten, dass sie Nester bauten. Angeblich pfiffen oder zwitscherten sie und kämmten sich bei Mondlicht mit den Hinterfüßen das Fell. 1908 isolierten zwei französische Ärzte einen einzelligen Parasiten, der, wie man heute weiß, bei fast allen Säugern vorkommt, aus der Milz eines nordafrikanischen Gundis und nannten ihn *Toxoplasma gondii*.

Flauschbällchen im Sonnenschein

KÖRPERBAU UND FUNKTION

Gundis kennzeichnen kurze Beine und Schwänze, flache Ohren, große Augen, lange Schnurrhaare und ein besonders weiches Fell.

Die beiden Arten der Eigentlichen Gundis haben einen rundlichen Körper und einen kleinen Schwanz, die übrigen drei Arten zeichnen sich durch fächerartige Schwänze aus, die der Balance dienen. Der Fächer der Buschschwanzgundis ist am ausgeprägtesten und dient auch der Kommunikation. Gundis besitzen Reihen von steifen weißen Borsten – die „Kämme“ – an den beiden inneren Zehen der Hinterfüße, die sich deutlich von den dunklen Krallen abheben und zum Kratzen dienen. Die scharfen Krallen würden das weiche Fell beschädigen, das die Tiere vor extremer Hitze und Kälte schützt.

Wegen der großen Augen hielt man die Tiere früher für nachtaktiv. Tatsächlich meiden Gundis helles Sonnenlicht und ziehen sich in dunkle Felsritzen zurück. Sie können ihre Rippen so flach machen, dass sie auch in enge Spalten passen.

Rechts: *Die Ohren der Saharagundis sind flach und unbeweglich.*

Oben: *Jede Gundiart zeichnet sich durch charakteristische Laute aus:* **1** *Das Buschschwanzgundi* (Pectinator spekei) *verfügt über eine große Bandbreite an Tönen;* **2** *Senegalgundis* (Felovia vae) *lassen bei Gefahr ein raues „tschi-tschi“ ertönen;* **3** *Saharagundis* (Massoutiera mzabi) *geben relativ wenig von sich;* **4** Ctenodactylus gundi *piepst und erkennt daran seine Artgenossen in der Wüste. Diese Art teilt ihren Lebensraum mit* Ctenodactylus vali, *die pfeifende Töne von sich gibt.*

FAKTEN

GUNDIS

Ordnung: Rodentia

Familie: Ctenodactylidae

5 Arten in 4 Gattungen

VERBREITUNG Nordafrika

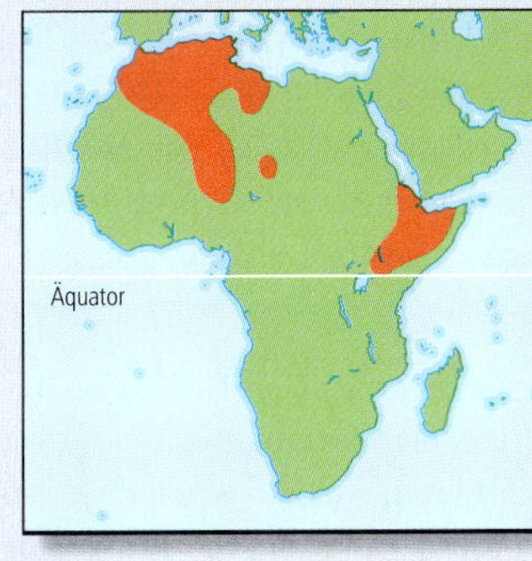

BUSCHSCHWANZGUNDI *Pectinator spekei*
Äthiopien, Somalia, N-Kenia. Aride und semiaride Felslandschaften. KL 17–18 cm; SL 5–5,6 cm; GT 175–180 g. Lebenserwartung: Unbekannt in freier Wildbahn, bis 10 Jahre in Gefangenschaft.

SENEGALGUNDI *Felovia vae*
SW-Mali, Mauretanien. Aride und semiaride Felslandschaften. KL 17–18 cm; SL 2,8–3,2 cm; GT 178–195 g.

CTENODACTYLUS VALI
SO-Marokko, NW-Algerien, Libyen. Felslandschaften in der Wüste. Fortpflanzung: Tragzeit 56 Tage.

CTENODACTYLUS GUNDI
SO-Marokko, N-Algerien, Tunesien, Libyen. Aride Felslandschaften. Lebenserwartung: 3–4 Jahre.

SAHARAGUNDI *Massoutiera mzabi*
Algerien, Niger, Tschad. Felslandschaften in Wüsten und Bergen.

Abkürzungen: KL = Körperlänge; SL = Schwanzlänge; GT = Gewicht

Gute Futterverwerter

NAHRUNG

Gundis ernähren sich von Blättern, Stängeln, Blüten und Samen nahezu aller Wüstenpflanzen. An ihren Schneidezähnen fehlt der für viele Nager typische harte orangefarbene Schmelz. Die Wüste bietet nur wenig Futter, sodass die Tiere weite Strecken – bis zu 1 km am Morgen – zurücklegen. Da sie keine Nahrung horten, müssen sie regelmäßig nach ihr suchen. Die Streifgebiete reichen von wenigen Quadratmetern bis zu 3 qkm.

Die Futtersuche über weite Distanzen erhitzt die Tiere, was an besonders heißen Tagen in der Wüste gefährlich werden kann. Kleine Säuger sind daher selten tagaktiv, doch verhalten sich Gundis ähnlich wie Eidechsen. Sie nehmen in den frühen Morgenstunden ein Sonnenbad, bis die Temperaturen 20 °C übersteigen, und suchen dann nach Futter. Wenn sie gefressen haben, setzen sie sich erneut auf warme Felsen. Auf diese Weise halten sie ihre Körper warm und beschleunigen die Verdauung – eine effiziente Methode, um das karge Futter bestmöglich zu verwerten. Klettern die Temperaturen über 32 °C, suchen die Gundis Schutz unter Felsen und kommen erst wieder heraus, wenn es nachmittags kühler wird. Wenn die Tiere lange nach Futter suchen müssen, wechseln sie Sonnen- und Schattenbäder ab.

Bei extremer Trockenheit fressen Gundis in der Morgendämmerung, wenn die Pflanzen am meisten Feuchtigkeit enthalten. Sie beziehen alles benötigte Wasser aus Pflanzen; ihre Nieren sind daran speziell angepasst. Wenn die Pflanzen völlig verdörrt sind, können die Tiere ihren Urin stark konzentrieren. Dies ertragen sie jedoch nur über einen kurzen Zeitraum.

Leben in der Kolonie

SOZIALVERHALTEN

Gundis leben in Kolonien. Bei Saharagundis kommen 0,3 Tiere auf 1 ha, bei Buschschwanzgundis sind es über 100. Die Dichte hängt vom Futtervorkommen und vom Terrain ab. Innerhalb der Kolonien gibt es Familienterritorien, die von einem Männchen, einem Weibchen und Jungen oder von mehreren Weibchen mit ihrem Nachwuchs besetzt werden. Gundis bauen keine Nester und bewohnen einen Unterschlupf oft nur vorübergehend. Dieser speichert in der Regel Wärme für die kalten Nachtstunden und bietet bei Tag Schutz vor der Hitze. Im Winter klettern die Gundis übereinander, um sich zu wärmen, wobei die Mütter die Jungen gegen die Kälte abschirmen oder sie auf ihren weichen Nackenpelz legen.

Jede Gundiart verfügt über ein spezielles Lautrepertoire, das vom hochfrequenten Piepsen der Saharagundis bis zu komplexen Lautäußerungen der Buschschwanzgundis reicht. In der trockenen Wüstenluft sind Warnrufe über weite Strecken zu hören. Kurze, scharfe Rufe weisen auf Greifvögel hin; längere Rufe kündigen am Boden jagende Raubtiere an und bedeuten diesen, dass sie entdeckt wurden. Das raue „tschi-tschi“ der Senegalgundis hält an, bis der Feind das Weite gesucht hat.

Lange, komplexe Pfeif- und Piepslaute können auch als Erkennungszeichen dienen. *Ctenodactylus*-Arten, deren Reviere sich überschneiden, haben die größte Bandbreite an Lauten. Die nordafrikanische Art piepst, die in der Wüste heimische Art pfeift – beide erkennen so Artgenossen.

Alle Gundis trommeln bei Gefahr mit den Hinterfüßen. Dank ihrer flachen Ohren können sie sich gut in engen Felsspalten bewegen. Wie viele andere Wüstennager besitzen sie große knöcherne Ohrkapseln und ein ausgezeichnetes Gehör, mit dem sie niederfrequente Geräusche von Raubtieren – Schlangen auf dem Sand oder den Flügelschlag von Falken – hören sowie piepsende Jungtiere auffinden können. Letztere kommen mit Fell und offenen Augen zur Welt und bleiben nach der Geburt in einer Felsspalte zurück, während die Mutter nach Futter sucht. In dieser Zeit piepsen sie kontinuierlich, was der Mutter beim Wiederaufspüren des Unterschlupfes hilft.

Die Jungen trinken nur selten; sie werden bald mit vorgekauten Blättern gefüttert und sind nach ca. vier Wochen entwöhnt. Die Mutter bringt meist zwei Junge pro Wurf zur Welt. Sie hat zwei Zitzen an den Flanken und zwei auf der Brust, gibt aber aufgrund der Hitze nur wenig Milch. WG

Sandgräber

SANDGRÄBER GEHÖREN VIELLEICHT NICHT zu den hübschesten Kreaturen der Tierwelt, dafür aber zu den interessanten. Mit Staunen haben Forscher in Studien Details über das Verhalten und den Lebensraum der Arten enthüllt.

Sandgräber sind rattenartige Nager, die sich, ähnlich wie Maulwürfe, dem Leben unter der Erde angepasst haben. Sie legen weitläufige Gangsysteme mit Schlaf- und Vorratskammern an und schieben das dabei anfallende Erdreich wie Maulwurfshügel an die Oberfläche. Während die meisten vergleichbar großen Nager rasch wachsen und nur wenige Jahre alt werden, sind Sandgräber erst nach über einem Jahr ausgewachsen. Dafür leben sie aber lange – gefangene Nacktmulle bis zu 25 Jahre.

Zähne zum Graben

KÖRPERBAU UND FUNKTION

Sandgräber haben zylindrische Körper mit kurzen Gliedmaßen, was ihnen in ihren Tunnelsystemen zugute kommt. Dank ihrer lose anliegenden Haut können sie sich mühelos drehen, ja beim Wenden geradezu in ihrer Haut Purzelbäume schlagen. Auch kriechen sie ohne Schwierigkeiten rückwärts.

Alle Gattungen mit Ausnahme von Strandgräbern verwenden ihre weit aus der Mundhöhle herausragenden Schneidezähne zum Graben. Damit kein Erdreich in die Mundöffnung dringen kann, schließen sich die behaarten Lippenfalten hinter den Schneidezähnen. Strandgräber nutzen dagegen die langen Klauen ihrer Vorderfüße und können nur in weichen Böden gut graben. Im Unterschied zu anderen Gattungen sind sie überdies verhältnismäßig groß und daher auf Gegenden mit sandigem Boden angewiesen. Die Zähne weisen im Übrigen auf die Methode des Grabens hin: Bei Strandgräbern stehen sie nicht so weit vor wie bei den anderen Arten, die sie zum Graben verwenden. Bei diesen ziehen sich überdies die Wurzeln der Schneidezähne bis hinter die Backenzähne, damit sie mehr Halt haben.

Legt ein Sandgräber einen Tunnel an, schiebt er das Erdreich mit den Vorderfüßen unter seinen Körper. Dann verlagert er das Körpergewicht auf die Vorderbeine, sammelt mit nach vorn geschobenen Hinterfüßen das Erdreich und drückt es nach hinten. Wenn er genügend Erde angehäuft hat, dreht er sich um und schiebt sie von sich weg nach oben. Die meisten Sandgräber befördern auf diese Weise feste Erdklumpen an die Oberfläche, bei Nacktmullen sprüht jedoch ein feiner Erdregen aus einem Loch. Bei Nacktmullen arbeiten kleine Gruppen zusammen: Einige transportieren Erde, einer schleudert sie aus dem Loch und läuft dabei stets Gefahr, einer Schlange zum Opfer zu fallen. Die Füße sämtlicher Sandgräber sind mit steifen Haaren ausgestattet, dasselbe gilt, abgesehen von den Nacktmullen, für die Schwänze. Diese Borsten dienen dazu, das Erdreich beim Graben festzuhalten.

Da Sandgräber den größten Teil ihres Lebens in absoluter Dunkelheit verbringen, haben sie kleine Augen, die lediglich Helligkeit von Dunkelheit unterscheiden können. Nur bei Blessmullen, die gelegentlich an die Erdoberfläche kommen, sind die Augen etwas größer. Manche Forscher glauben, dass die Tiere mit der Augenoberfläche Luftzüge erspüren, die auf Schäden im Gangsystem hinweisen. Fest steht, dass die Sandgräber solche Einbrüche rasch reparieren. Die Tiere verfügen über einen guten Tastsinn, den sie benötigen, um

Rechts: *Eine Damara-Grauratte kommt aus einem Tunnel. Die Tiefe des Gangsystems hängt von den örtlichen Bodenbedingungen ab. In Gegenden mit lockerem Boden liegen die Tunnel tiefer unter der Erde.*

Unten: Cryptomys mechowi *nutzt seine kräftigen Schneidezähne zum Graben. Der Kopf der Tiere ist so gebaut, dass wenig Erdreich in Körperöffnungen dringen kann: Die Lippen schließen hinter den Schneidezähnen, die Nasenlöcher lassen sich ebenfalls verschließen und Ohren sowie Augen sind besonders klein.*

FAKTEN

SANDGRÄBER

Ordnung: Rodentia

Familie: Bathyergidae

Mindestens 15 Arten in 5 Gattungen: **Strandgräber** (Gattung *Bathyergus*, 2 Arten), die größten Sandgräber, bewohnen sandige Küstenstreifen in Südafrika; **Graumulle** (Gattung *Cryptomys*, mindestens 9 Arten), in W-, Zentral- und im südlichen Afrika weit verbreitet; **Erdbohrer** (Gattung *Heliophobius*, 2 Arten), Zentral- und O-Afrika; **Blessmull** (*Georychus capensis*), Kapprovinz (Südafrika), an Küsten im SW und O; **Nacktmull** (*Heterocephalus glaber*), in ariden Regionen Äthiopiens, Somalias und Kenias.

VERBREITUNG Afrika südlich der Sahara.

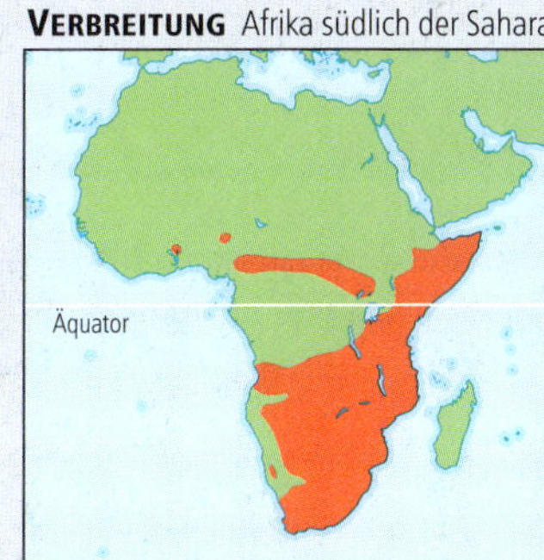

LEBENSRAUM Unterirdisch in verschiedenen Bodentypen und Sand.

GRÖSSE Körperlänge von 9–12 cm bei Nacktmullen bis 30 cm bei Strandmullen; **Gewicht** von 30–60 g bis 350–1800 g bei den beiden genannten Arten.

FELL Dick, weich und wollig oder samtig bei allen außer den fast haarlosen Nacktmullen.

NAHRUNG Wurzeln, Knollen, Geophyten, Kräuter, Gräser.

FORTPFLANZUNG Tragzeit in der Regel 44–111 Tage; 44–48 Tage bei Blessmullen; 66–74 Tage bei Nacktmullen.

LEBENSERWARTUNG Unbekannt; Nacktmulle in Gefangenschaft über 25 Jahre, einige Graumullarten über 8 Jahre.

IUCN-STATUS 4 Arten – *Bathyergus janetta, Cryptomys foxi, C. zechi* und *Heliophobius argenteocinereus* – sind von Schutzmaßnahmen abhängig. Die übrigen Arten sind nicht gefährdet.

Vollständige Artenliste siehe Anhang Seite 877 ▷

sich in ihren Tunnels zurechtzufinden. Viele Gattungen besitzen über den Körper verteilte lange, berührungsempfindliche Haare (bei Nacktmullen sind dies die einzigen Haare). Der Geruchssinn ist gut, auch hören Sandgräber niederfrequente Töne. Nase und Augen haben sich dem Leben im sandigen Boden angepasst: Die Nasenlöcher lassen sich beim Graben verschließen, vorstehende Teile der Ohren haben sich zurückgebildet.

Unterirdisch aktive „Bauern"

NAHRUNG

Sandgräber ernähren sich von pflanzlicher Kost, die sie finden, indem sie bestimmte Gänge anlegen. Hier können sie Wurzeln, Geophyten und sogar oberirdisch wachsende Pflanzenteile sammeln, ohne dass sie sich ins Freie begeben müssen. Offenbar stolpern sie eher über Futter, als dass sie es suchen – Tests ergaben, dass die Tiere nicht einmal Nahrung aufspürten, die sich 0,5 m von ihrem Tunnel entfernt befand. Die großen Strandgräber haben sich nicht auf eine bestimmte Nahrungssorte spezialisiert, sondern fressen Gras, Kräuter und Geophyten. Graumulle und Nacktmulle verzehren dagegen ausschließlich Geophyten und Wurzeln.

Die Futtertunnel können sehr ausgedehnt sein. Ein System, in dem zehn adulte Graumulle mit drei Jungen lebten, war 1 km lang; Baue von Nacktmullen dehnen sich bis zu 3 km aus. Die Länge eines Baus hängt von Zahl und Alter der darin lebenden Tiere sowie von der Quantität und Verteilung der Nahrungsquellen ab.

Abgesehen von Kammern zum Nisten, Lagern von Nahrung und Sammeln von Kot dienen die Gänge ausschließlich der Futtersuche. Am leichtesten lassen sie sich in weichen und feuchten Böden anlegen. Nach Regenfällen graben die Tiere daher besonders intensiv – im ersten Monat nach Einsetzen der Regenzeit können Nacktmulle und Damaraland-Graumulle bis zu 1 km lange Tunnelsysteme anlegen und über 2 t Erdreich an die Oberfläche befördern. In den ariden Gegenden, in denen diese beiden Arten leben, vergehen bis zu den nächsten Regenfällen viele Monate, sodass es darauf ankommt, in der kurzen Phase, die sich optimal zum Graben eignet, möglichst viel Futter zu finden. Kleinere Pflanzen fressen die Tiere sofort oder lagern sie, größere lassen Grau- und Blessmulle an Ort und Stelle, damit ihnen stets frische nachwachsende pflanzliche Kost zur Verfügung steht. Zu einem späteren Zeitpunkt schließen sie die Löcher mit Erdreich, damit die Geophyten sich erholen können. Durch diesen sorgfältigen Umgang mit ihren Nahrungsquellen können die Kolonien oft jahrelng in demselben Gebiet leben.

In einigen Verbreitungsgebieten von Nacktmullen können Knollengewächse bis zu 50 kg wiegen. Beim Fressen packen Sandgräber kleine Futterstücke mit den Vorderpfoten, schütteln sie, damit das Erdreich abfällt, beißen sie mit den Schneidezähnen in Stücke und kauen sie mit den Backenzähnen durch. Im Südwesten der Kapprovinz (Südafrika) bewohnen die drei Gattungen *Bathyergus*, *Georychus* und *Cryptomys* dank unterschiedlicher Nahrungs- und Grabgewohnheiten verschiedene Nischen in demselben Gebiet, manchmal sogar auf einem Feld. Dies ist bei Arten, die Baue und Tunnelsysteme anlegen, eher unüblich.

Leben unter der Erde

SOZIALVERHALTEN

Das Sozialverhalten der drei Gattungen *Bathyergus*, *Georychus* und *Heliophobius* entspricht dem gewöhnlichen Muster unterirdisch lebender Säuger. Sie sind Einzelgänger und verteidigen ihren Bau aggressiv gegen Artgenossen. In der Nachbarschaft lebenden Tieren übermitteln sie Signale, indem sie mit den Hinterfüßen trommeln. Zu Beginn der Paarungszeit trommeln Blessmullmännchen und -weibchen unterschiedlich schnell, um einen Partner anzulocken. Die Paarungszeit ist kurz, dann verlassen die Männchen die Weibchen, die die Jungen aufziehen. Mit zwei Monaten beginnen Letztere zu kämpfen und gehen wenig später ihrer Wege. Hält man sie in Gefangenschaft zwangsweise zusammen, töten sie einander. Häufig legen junge Blessmulle ihren Bau unabhängig vom System der Eltern an und blockieren alle Verbindungen. Genauso verfahren vermutlich die anderen einzeln lebenden Arten. Die abgeschottete Lebensweise minimiert die Gefahr von Angriffen durch natürliche Feinde.

Bei den geselligen Sandgräberarten ist stets nur ein Weibchen pro Kolonie trächtig. Bei allen untersuchten Graumullen wurde Inzest mit allen Mitteln vermieden. Eine Kolonie gründet offenbar immer nur ein Paar, das aus jeweils unterschiedlichen Bauen stammt. Den Rest der Kolonie bilden die Jungen des Paares. Sie bleiben im Unterschied zu den einzeln lebenden Sandgräberarten in ihrem Geburtsbau. Dort helfen sie bei der Futtersuche und Aufzucht der Jungen, bis günstige Bedingungen zum Abwandern herrschen. Viele erhalten dadurch niemals die Gelegenheit sich zu paaren.

Die durchschnittliche Größe einer Graumullkolonie übersteigt selten 14 Tiere, während bei den Damaraland-Graumullen bis zu 41 Tiere (gewöhnlich jedoch 14 bis 25) zusammenleben. Nacktmullkolonien umfassen zuweilen über 300 Tiere (der Durchschnitt liegt bei 80), doch vermeidet diese Art keinen Inzest, sodass Paare aus ein und derselben Kolonie stammen können. Ein Weibchen agiert als Königin. Diese hat einen deutlich verlängerten Rumpf (die Wirbelsäule verlängert sich während der ersten Tragzeiten) und dominiert die gesamte Kolonie. Sie allein ist für die Fortpflanzung zuständig. Ihre „Untertanen" kontrolliert sie regelmäßig, indem sie etwa durch heftige Rempler so viel Stress verbreitet, dass die anderen Weibchen unfruchtbar werden. Bis zu drei Männchen paaren sich mit der Königin und ein Wurf kann mehrere Väter haben. Nacktmulle verhalten sich anderen Tieren gegenüber sehr aggressiv und töten sie sogar. Koloniemitglieder erkennen sich am Geruch, vermutlich durch eine Mischung von Düften, mit denen sie sich im gemeinschaftlich genutzten Toilettenbereich besprühen.

Da Sandgräber in einer geschützten, relativ sicheren Umgebung leben, sind sie Angriffen von Feinden weniger stark ausgesetzt als andere Nager. Vielleicht bringen sie deshalb eher kleine Würfe von zwei bis fünf Jungen zur Welt. Es gibt natürlich Ausnahmen: Blessmulle werfen bis zu zehn, Nacktmulle bis zu 28 Junge, durchschnittlich allerdings nur zwölf. Diese wiegen ca. 1 g, trächtige Weibchen dagegen 65 bis 80 g.

Schlangen können gelegentlich einzeln lebende Sandgräber unter der Erde verfolgen, lauern ihnen aber häufiger auf. Feldstudien ergaben, dass Maulwurfsnattern *(Pseudaspis cana)* vom Geruch frisch umgegrabener Erde angelockt werden und durch neu aufgeworfene Hügel in das Tunnelsystem eindringen. Sie schieben ihren Kopf in den Bau und warten, bis das dem Ausgang nächste Tier sich umdreht. Ähnlich verfährt wohl die Rötliche Schnabelnasennatter *(Rhamphiophis oxythunchus*

Rechts: *Ein Nacktmulljunges frisst in einer unterirdischen Kammer. Vorder- und Hinterpfoten haben fünf Finger, die zum Graben und Festhalten von Nahrung dienen. Nacktmulle wirken kahl, doch verteilen sich spärliche Haare über den Körper und rund um die Füße, die den Tieren beim Wegschieben der Erde den nötigen Halt verleihen.*

Links: *Eine Nacktmullkönigin säugt mehrere Junge. Die Königin ist das ranghöchste Tier der Kolonie, wiegt deutlich mehr als die anderen und arbeitet nicht. Am Fortpflanzungsprozess sind nur wenige Tiere beteiligt; die Übrigen könnten sich paaren, doch wird ihr Trieb unterdrückt. Studien zeigten, dass fortpflanzungsfähige Weibchen sich zu paaren begannen, wenn man sie von ihrer Kolonie entfernte.*

rostrutus), die Nacktmulle packt, wenn sie Erde aus dem Bau befördern. Auch Greifvögel, Schakale, Karakale und Zorillas fangen Sandgräber.

Die unterirdischen Höhlensysteme schützen Sandgräber nicht nur, sondern sorgen auch für ein gleichmäßig feuchtes Mikroklima. Dies und der hohe Feuchtigkeitsgehalt der Nahrung führen dazu, dass die Tiere kein Trinkwasser benötigen. Die Bautemperatur bleibt tagsüber relativ stabil und liegt deutlich unter der Außentemperatur. In den Lebensräumen der Nacktmulle herrschten draußen z. B. über 60 °C, im Bau 20 cm unter der Erde dagegen 28 bis 30 °C. Nacktmulle haben daher die Fähigkeit, ihre Körpertemperatur zu regulieren, nahezu verloren. Diese entspricht vielmehr der Temperatur, die im Bau herrscht. Wird es zu kalt, kuscheln sich die Tiere aneinander oder suchen einen höher liegenden Bau auf. Umgekehrt ziehen sie sich in die Tiefe zurück, wenn sie die Arbeiten dicht unter der Oberfläche erhitzt haben.

Nutzen und Schaden

ARTEN- UND UMWELTSCHUTZ

Ohne es zu wollen, können Sandgräber beträchtliche Schäden anrichten. Sie beißen unterirdische Kabel durch, unterhöhlen Straßen und fressen Wurzeln und Feldfrüchte. Aufgeworfene Hügel verursachen Schäden an den Messern von Erntemaschinen, in Gärten und auf Golfplätzen. Viele Menschen machen daher Jagd auf die Tiere.

Sandgräber nützen ihrem Lebensraum aber auch. Sie tragen zur Entwässerung des Bodens bei und graben ihn um (ein Strandgräber durchwühlt pro Monat 500 kg Erdreich). Auch sorgen sie für die Verbreitung von Geophyten und fressen die für Vieh ungenießbaren Pflanzen. JUMJ

NAGER MIT SOZIALSTAAT

Mindestens zwei Sandgräberarten, Nacktmull und Damaraland-Graumull, leben in Kolonien, deren Struktur jener Staaten bildender Insekten ähnelt. Innerhalb dieser Kolonie paart sich ein einziges Weibchen mit ein bis drei Männchen. Die Übrigen zeugen, obgleich sie ebenso fruchtbar sind, keine Nachkommen, solange sie in ihrer Geburtskolonie bleiben.

In Nacktmullkolonien gibt es zahlreiche kleinere Tiere – die Arbeiter: Sie halten die Futterkammern in Ordnung und bringen Nahrung und Nistmaterial zum Gemeinschaftsnest. Große Tiere verbringen viel Zeit im Nest beim trächtigen Weibchen. Wenn die Arbeiter allerdings einen Warnruf ausstoßen, eilen sie zur Verteidigung sofort herbei.

Alle Nacktmulle kümmern sich um die Jungen, doch nur die Mutter säugt sie. Wenn sie entwöhnt sind, schließen sie sich den Arbeitern an. Einige behalten diesen Status lebenslang bei, andere werden jedoch größer als die Übrigen und gehören zu den Verteidigungstruppen der Kolonie. Aus diesen größeren und meist älteren Tieren rekrutiert sich der fortpflanzungsberechtigte Nachwuchs.

Bei Nacktmullen und anderen koloniebildenden Sandgräbern besteht die Kolonie aus den Nachkommen mehrerer eng miteinander verwandter Würfe. Wie bei manchen Insektenarten gehört auch hier diese Verwandtschaft vermutlich zu den evolutionsrelevanten Faktoren und hilft dabei, die Sozialstruktur in einer Kolonie aufrechtzuerhalten, in der manche Tiere sich nie paaren. Indem diese Individuen sich um Artgenossen kümmern, mit denen sie eng verwandt sind, tragen sie dazu bei, dass ihr Erbgut überlebt.

Dieses System ist vor allem bei Sandgräbern in ariden Regionen verbreitet, in denen sich nur kurze Perioden des Jahres zum Graben eignen. Wenn es regnet, muss die Kolonie sämtliche Arbeitskräfte innerhalb kürzester Zeit mobilisieren, damit diese genügend Futter für die trockenen Monate aufspüren. Durch Arbeitsteilung (einige suchen Futter, andere dienen als Soldaten und einige pflanzen sich fort) können diese Arten in Gegenden überleben, die Einzelgänger oder Paare überfordern würden.

Experimente haben gezeigt, dass Sandgräber, die sich nicht paaren, dennoch fortpflanzungsfähig bleiben. Männchen produzieren auch in geringem Maß Sperma und können innerhalb von sieben bis zehn Tagen sexuell aktiv werden, neue Kolonien gründen oder verstorbene Tiere ersetzen, die sich fortgepflanzt haben. In letztem Fall zeigen mehrere ältere Weibchen Anzeichen sexueller Aktivität, und häufig kommt es zu heftigen, manchmal tödlichen Kämpfen, bevor sich ein neues dominantes Weibchen etabliert hat. Häufig regelt sich die Nachfolge aber auch kampflos.

Im Unterschied zu Insekten geschieht die Kontrolle nicht in erster Linie über Pheromone. In vielen in Menschenobhut lebenden Kolonien beeinflusst die Trächtigkeit der Königin aber alle übrigen Koloniemitglieder. Diese (und zwar Männchen wie Weibchen) bilden, kurz bevor die Jungen zur Welt kommen, Zitzen aus; einige Weibchen wirken sogar trächtig. Dieses Verhalten legt nahe, dass die Kolonie auf chemische Stimulanzien des trächtigen Weibchens reagiert, die die Koloniemitglieder dazu veranlassen, sich um die neugeborenen Jungen zu kümmern, obgleich es nicht die eigenen sind.

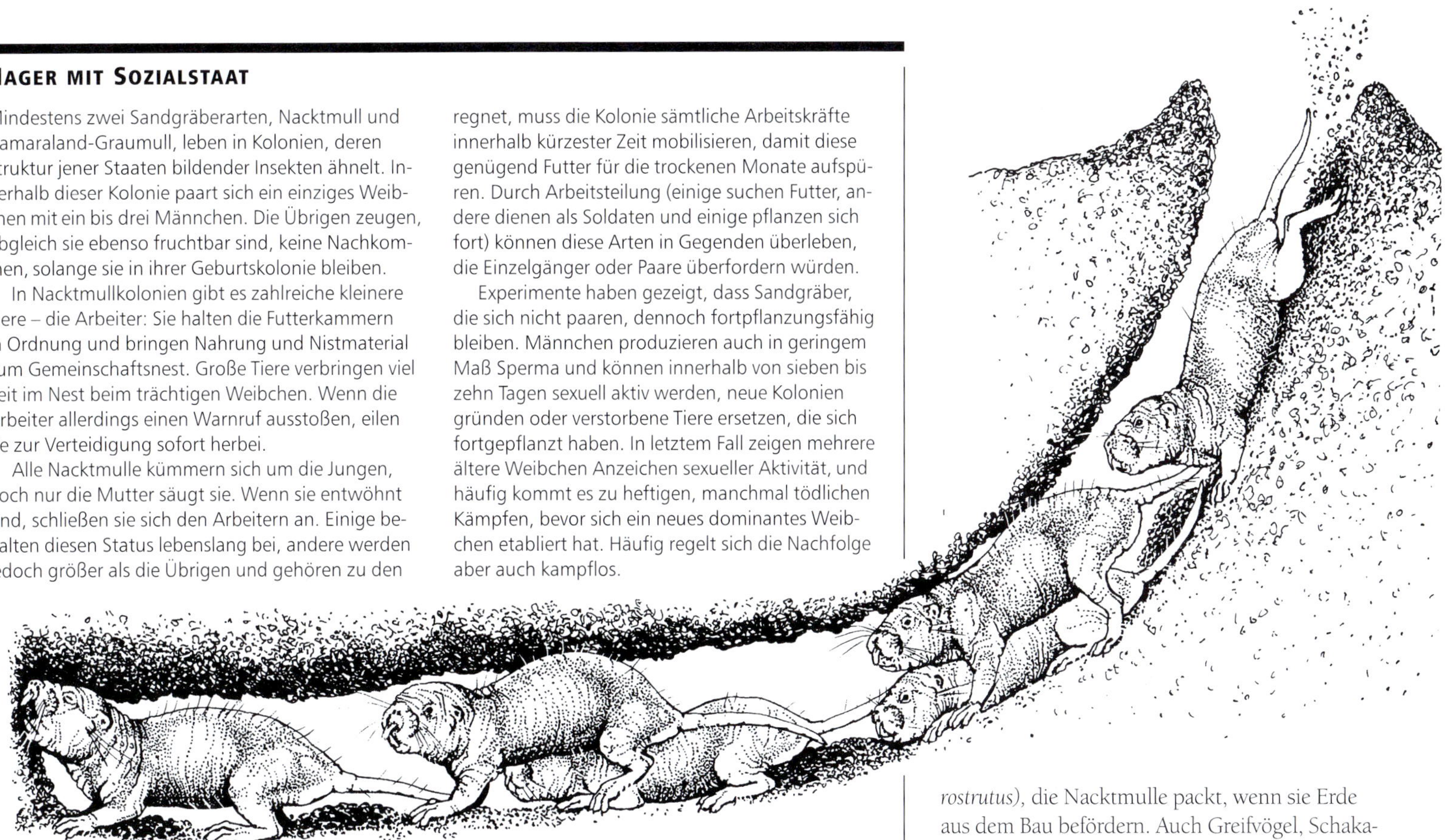

Oben: *Querschnitt durch ein Tunnelsystem. Links höhlt ein Nacktmull eine Knolle aus* ***a;*** *in der Mitte befindet sich die Hauptkammer* ***b,*** *die die Königin mit anderen adulten Tieren und den Jungen bewohnt; rechts bessern Arbeiter einen Ausgang aus* ***c.***

Ganz oben: *Eine Arbeiterkette: Das Leittier gräbt mit den Zähnen und schiebt die Erde nach hinten. Das dicht an den Boden gepresste Tier hinter ihm drückt die Erde weiter nach hinten bis zum Ausgang. Dann kehrt es an seinen Platz zurück und klettert dabei über die Artgenossen, die die Erde befördern.*

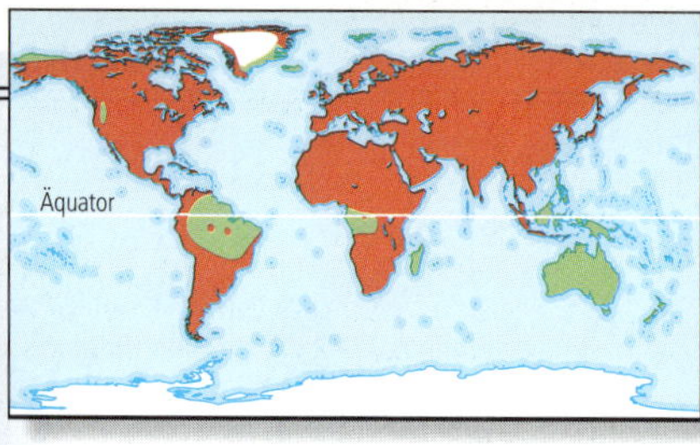

HASENTIERE

ALS EINHEIMISCHE ODER EINGEFÜHRTE ART sind die Vertreter der Lagomorpha („Hasenförmige“) überall auf der Welt anzutreffen. Dieser Ordnung gehören zwei Familien an: die kleinen, weniger als 0,5 kg wiegenden nagerähnlichen Pfeifhasen sowie die bis zu 5 kg schweren Kaninchen und Hasen.

Vermutlich haben sich die Pfeifhasen im späten Eozän vor rund 38 bis 35 Millionen Jahren von den Kaninchen und Hasen abgespalten. Kürzlich durchgeführte Untersuchungen von DNA-Sequenzen legen nahe, dass die meisten Kaninchen- und Hasengattungen aus einer einzigen, plötzlichen Diversifikation hervorgingen, die vor 12 bis 16 Millionen Jahren stattfand. Die ersten Pfeifhasen traten im mittleren Oligozän in Asien auf und verbreiteten sich im Pliozän (vor fünf bis 1,8 Millionen Jahren) nach Nordamerika und Europa. Pfeifhasen erreichten offenbar im Miozän (vor 24 bis fünf Millionen Jahren) den Höhepunkt ihrer Verbreitung und Artenvielfalt. Danach nahm beides ab, während die Kaninchen seit dem Pliozän ihre großflächige Verbreitung beibehielten.

Kaninchen und Hasen besitzen lange Hinterbeine und können sehr schnell laufen. Ihre Ohren sind lang, die Nasengänge ausgeprägt. Ihr Schwanz weist eine auffällige weiße Unterseite auf. Pfeifhasen dagegen sind klein, mit kurzen Beinen und an das Leben in steinigen Steppen sowie alpinen Zonen angepasst. Ihr Schwanz ist äußerst kurz, die Ohren sind klein und rund. Sie geben weitaus mehr Laute von sich als Kaninchen und Hasen. Alle drei Gruppen jedoch setzen Sekrete von Duftdrüsen ein. Weitere gemeinsame Merkmale sind das lange, weiche Fell, das auch die Pfoten bedeckt, und die im Verhältnis zum Körper großen Ohren. Die Augen sind seitlich und hoch am Kopf angesetzt und bewirken ein weites Gesichtsfeld.

Was kennzeichnet ein Hasentier?

VERDAUUNG, GEBISS UND VERBREITUNG

Kaninchen, Hasen und Pfeifhasen ernähren sich überwiegend von Gräsern, aber auch je nach Lebensraum von vielen anderen Pflanzenarten. Ihr Verdauungssystem passte sich der Anforderung an, große Mengen zu verwerten. Die Tiere fressen einen Teil ihres Kots (Koprophagie). Als Pflanzenfresser mit Nagezähnen wurden die Hasentiere früher für Nager gehalten, doch J. W. Cridley teilte sie 1912 der neuen Ordnung Lagomorpha zu. Von den Nagern unterscheiden sie sich vor allem durch ein zweites Paar kleiner Schneidezähne, Stiftzähne genannt. Damit besitzen Kaninchen und Hasen insgesamt 28 Zähne und die Zahnformel lautet I2/1, C0/0, P3/2, M3/3. Pikas dagegen haben 26 Zähne (beidseitig je einen oberen Molar weniger).

In Nordamerika gibt es nur zwei Pfeifhasenarten, die übrigen sind über Asien verteilt. Kaninchen und Hasen dagegen bildeten eine Vielzahl von Arten aus, die eine große Auswahl von Lebensräumen bewohnen, von tropischen Wäldern (Brasilien-Waldkaninchen) über Sümpfe, Wüsten und Bergwiesen (Sumpfkaninchen, Kalifornische Jackrabbits und Vulkankaninchen) bis hin zur Arktis (Schneeschuh- und Polarhasen).

Erstaunliche Zahlen

FORTPFLANZUNGSMUSTER

Innerhalb ihrer Ökosysteme sind Lagomorphe wichtige Beutetiere einer Reihe räuberischer Säuger und Greifvögel. Die hohen Sterbeziffern gleichen sie mit erstaunlicher Fruchtbarkeit aus. Die

Rechts: *Das Europäische Wildkaninchen ist äußerst fruchtbar. Ein Weibchen kann im Jahr zehn bis 30 Junge gebären. Dabei reifen nur die Hälfte aller Embryonen heran. Die übrigen werden vom Körper der Mutter resorbiert.*

Links: *Nördliche Pfeifhasen sonnen sich häufig und halten sich bei gutem Wetter gerne auf Felsen auf, die eine ähnliche Färbung wie ihr Fell aufweisen. Obwohl viele Pfeifhasen in Regionen mit strengen Wintern leben, halten sie keinen Winterschlaf.*

meisten Arten erreichen früh die Geschlechtsreife (weibliche Europäische Wildkaninchen mit nur drei Monaten). Die Tragzeit ist kurz und beträgt bei *Lepus*-Arten 40 und bei allen anderen Arten um die 30 Tage. Weitere Eigenschaften der Hasentiere, die zu einer Minimierung der Abstände zwischen den Geburten eines Weibchens beitragen, sind die induzierte Ovulation, bei der Eizellen infolge Kopulation heranreifen anstatt im Rahmen eines Zyklus, sowie die kurz nach der Geburt eintretende Brunft, die ermöglicht, dass ein Weibchen gleich nach dem Werfen wieder aufnimmt. Herrschen ungünstige klimatische oder soziale Bedingungen, so ist der Körper eines Weibchens in der Lage, Embryos wieder zu resorbieren. Zudem gibt es Hinweise darauf, dass die Weibchen mancher Arten, z.B. des Europäischen Feldhasen, auch während einer Trächtigkeit befruchtet werden können („Superfetation").

Verluste und Gewinne

ARTEN- UND UMWELTSCHUTZ

Über 20 % der Lagomorphenarten gelten heute als bedroht. Einige sind auf Inseln endemisch, wie das Tres-Marías-Baumwollschwanzkaninchen. Das Verbreitungsgebiet anderer Arten, wie Koslows Pika, Buschmannhase und Vulkankaninchen, schrumpften, weil hoch spezialisierte Lebensräume zerstört wurden.

Ermutigend wiederum ist, dass das Sumatrakaninchen (*Nesolagus netscheri*), das bis vor kurzem als ausgestorben galt, im Lebensraum der Art fotografiert werden konnte. Die ebenfalls gestreifte Art *Nesolagus timmensi* wurde in abgelegenen Bergwäldern zwischen Laos und Vietnam gesichtet. Die phylogenetische Stellung ist noch zu klären. DB/ATS

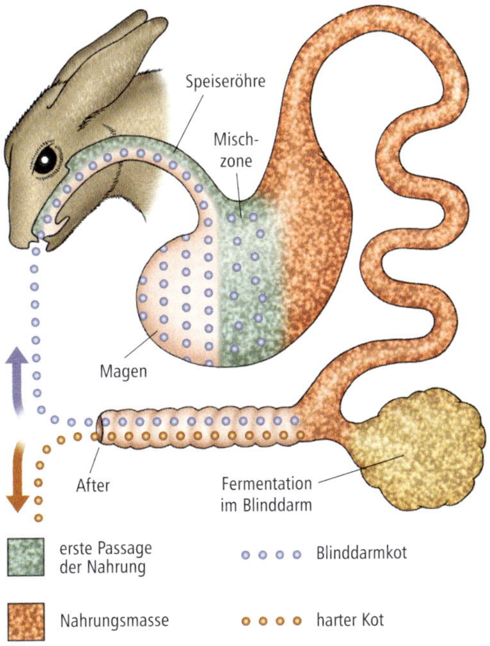

Links: *Das Verdauungssystem der Hasentiere passte sich der Anforderung an, große Pflanzenmengen zu verwerten. Zwischen Dünn- und Dickdarm liegt der stark vergrößerte Blinddarm, in dem Bakterien leben, die die Verdauung von Zellulose unterstützen. Viele Verdauungsprodukte können vom Blinddarm direkt in den Blutkreislauf gelangen, doch andere wie die wertvollen B-Vitamine würden verloren gehen, wenn die Tiere nicht einen Teil ihres Kots fressen und die darin enthaltenen Nährstoffe ein zweites Mal ihren Verdauungsapparat passieren lassen würden. Deshalb gibt es bei Hasentieren zwei Sorten von Kot. Die erste ist weicher Blinddarmkot, den nachtaktive Arten tagsüber und tagaktive nachts erzeugen. Er wird meist direkt vom After aufgenommen und im Magen gelagert, wo er sich mit der später hinzukommenden Nahrungsmasse vermischt. Die zweite Sorte hat die Form harter Kügelchen und wird normal abgesetzt.*

ORDNUNG: LAGOMORPHA
87 Arten in 12 Gattungen und 2 Familien

Verbreitung Weltweit mit Ausnahme Südamerikas, der Westindischen Inseln, Madagaskars und einiger Inseln Südostasiens.

KANINCHEN UND HASEN Familie Leporidae S. 696

58 Arten in 11 Gattungen
darunter **Buschmannhase** *(Bunolagus monticularis);* **Borstenkaninchen** *(Caprolagus hispidus);* **Europäisches Wildkaninchen** *(Oryctolagus cuniculus);* **Amamikaninchen** *(Pentalagus furnessi);* **Vulkankaninchen** *(Romerolagus diazi);* **Zentralafrikanisches Buschkaninchen** *(Poelagus marjorita);* **Zwergkaninchen** *(Brachylagus idahoensis);* **Sumatrakaninchen** *(Nesolagus netscheri);* **Rothasen** *(Pronolagus* spp.*);* **Brasilien-Waldkaninchen** *(Sylvilagus brasiliensis);* **Florida-Baumwollschwanzkaninchen** *(S. floridanus);* **Antilopenhase** *(Lepus alleni);* **Kalifornischer Jackrabbit** *(L. californicus);* **Schneeschuhhase** *(L. americanus);* **Europäischer Feldhase** *(L. europaeus);* **Arktikhase** *(L. arcticus).*

PFEIFHASEN Familie Ochotonidae S. 712

29 Arten in der Gattung *Ochotona*
darunter **Nördlicher Pfeifhase** *(O. alpina);* **Nordamerikanischer Pika** *(O. princeps);* **Royles Pika** *(O. roylei);* **Daurischer Pfeifhase** *(O. daurica);* **Tibetischer Pika** *(O. thibetana);* **Koslows Pika** *(O. koslowi);* **Schwarzlippenpika** *(O. curzoniae);* **Steppenpika** *(O. pusilla).*

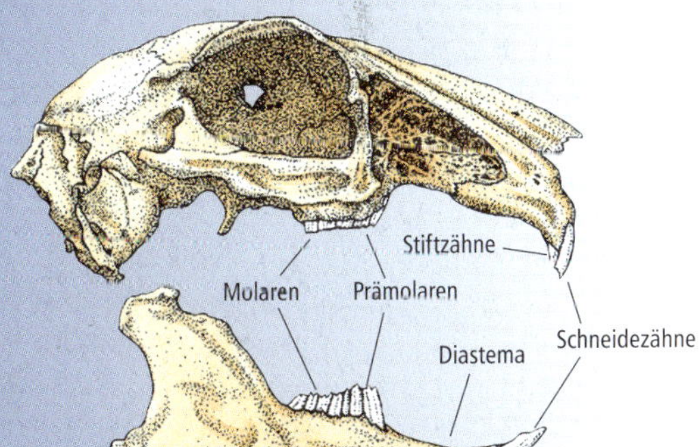

Oben: *Schädel eines Kaninchens. Die langen Schneidezähne der Hasentiere wachsen unaufhörlich wie bei Nagern, doch anders als diese besitzen Hasentiere zwei Paar oberer Schneidezähne. Die beiden hinteren Schneidezähne haben aber keine Funktion mehr. Man bezeichnet sie als Stiftzähne. Zwischen Schneidezähnen und Prämolaren klafft eine Lücke (Diastema). Die Zahnformel der Kaninchen und Hasen (Familie Leporidae) lautet I2/1, C0/0, P3/2, M3/3. Den Pfeifhasen (Familie Ochotonidae) fehlt pro Oberkieferhälfte ein Molar.*

Kaninchen und Hasen

*d*AS SCHICKSAL KAUM EINES SÄUGETIERES *ist mit dem des Menschen so eng verflochten wie das des Europäischen Wildkaninchens. Seine Domestikation könnte zur Zeit des Römischen Reichs in Nordafrika oder Italien begonnen haben. Heute gibt es Hunderte von Hauskaninchenrassen, die alle von dieser einzigen Art abstammen. Durch Wanderungen oder Einführung breiteten sich darüber hinaus wilde oder domestizierte Nachkommen der Spezies weltweit aus. Dabei ist das Europäische Wildkaninchen nur eine der über 50 Arten von Lagomorphen, von denen manche eine prekäre Existenz führen und nur noch Bestände von einigen hundert Tieren anstatt von Dutzenden von Millionen aufweisen.*

Die Familie der Hasenartigen (Leporidae) zerfällt in zwei Gruppen: Die Jackrabbits und Hasen der Gattung *Lepus* einerseits sowie die zehn Gattungen der Kaninchen andererseits. Kompliziert wird die Einteilung dadurch, dass einige Kaninchenarten als Hasen bezeichnet werden – wie etwa der Buschmannhase.

Unterschied von Hasen und Kaninchen

KÖRPERBAU UND FUNKTION

Hasen der Gattung *Lepus* und Kaninchen unterscheiden sich voneinander vor allem hinsichtlich der Strategien gegenüber Fressfeinden und bei der Fortpflanzung. Die langbeinigeren Hasen versuchen Raubtieren davonzulaufen und erreichen dabei Spitzengeschwindigkeiten um 72 km/h, während die Kaninchen im Gebüsch oder in unterirdischen Bauen Schutz suchen. Außerdem sind Junghasen bei der Geburt wesentlich besser entwickelt als junge Kaninchen. Bei Hasen, die keine Baue bewohnen, kommen die Neugeborenen nach längerer Tragzeit (37 bis 50 Tage) mit vollständigem Fell und offenen Augen zur Welt und sind bereits imstande, koordinierte Bewegungen auszuführen. Kaninchenbabys dagegen werden nach kurzer Tragzeit (27 bis 30 Tage) nackt oder mit spärlichem Fell geboren. Ihre Augen öffnen sich erst nach vier bis zehn Tagen. Lange Ohren sind ein auffälliges Merkmal aller Hasenartigen, am längsten aber sind sie mit über 17 cm

Oben: *Ebenso wie einige andere nordische Arten wechseln Schneeschuhhasen zweimal im Jahr ihr Fell. Im Winter besteht es aus weißen Haaren, die im Frühjahr wieder ausfallen. Individuen dieser Art, in deren Lebensraum keine dauerhafte Schneedecke liegt, kommen ohne Fellwechsel aus.*

Links: *Dieser Vertreter des* Lepus crawshay *im tansanischen Serengeti-Nationalpark muss wohl ein verdächtiges Geräusch gehört haben, denn er sitzt mit steif aufgestellten Ohren wie versteinert da. Hasen verlassen sich meist auf ihre Fähigkeit, Feinden davonzulaufen, während Kaninchen rasch Verstecke aufsuchen.*

bei Jackrabbits. Sowohl echte Hasen als auch Kaninchen verfügen über große Augen, die an ihre auf Nacht und Dämmerung konzentrierte Aktivitätsphasen angepasst sind. Alle Hasenartigen verzehren Pflanzen, wobei manche wie Schneeschuh- und Schneehase in der Auswahl ihrer Futterpflanzen wählerischer sind als andere Arten.

Offenes Gelände oder dichtes Gestrüpp

VERBREITUNG

Abgesehen von wenigen in Wäldern lebenden Arten wie dem Schneeschuhhasen bevorzugen die meisten Hasen offenes Gelände, in dem Bodenprofil und Pflanzen Versteckmöglichkeiten bieten. Deshalb besitzen sie ein großes Verbreitungsgebiet und treten in Wüsten ebenso auf wie in Grasland und Tundra. Kaninchen dagegen werden meist nur dort angetroffen, wo dichter Pflanzenwuchs oder Tunnel vorhanden sind. Sie besiedeln viele Lebensräume, deren primärer Bewuchs nicht mehr vorhanden ist und in denen bestimmte Gräsergruppen dicht an dicht wachsen. Amerikanische Baumwollschwanzkaninchen etwa suchen Schutz unter Salbei- und Brombeersträuchern. Ganz anders als Kaninchen verbringen Hasen tagsüber ihre Ruhephasen in Verstecken, laufen aber bei Gefahr sofort ins offene Gelände.

Baue und abwesende Eltern

SOZIALVERHALTEN

Die Lebensweise Europäischer Wildkaninchen, die Baue anlegen, ist auch für Hasenartige relativ ungewöhnlich. Abgesehen von dieser Art ist sonst nur von Zwerg-, Amami- und Zentralafrikanischen Buschkaninchen bekannt, dass sie sich ihre unterirdischen Unterschlupfe selbst graben. Einige Opportunisten (z.B. Florida-, Audubon- und Nuttalls Baumwollschwanzkaninchen) nutzen fremde Baue. Eine kleinere Anzahl von Hasenarten graben, um extremen Temperaturen zu entgehen: Der Kalifornische Jackrabbit und der Kaphase schützen sich auf diese Weise vor der Hitze der Wüste, während Schneeschuh- und Arktishasen vor der Kälte in Schneetunnel flüchten. Sassen (Mulden) stellen die gebräuchlichsten Ruheplätze der Hasen dar.

Die unterirdischen Baue Europäischer Wildkaninchen bilden den Mittelpunkt stabiler Fortpflanzungsgemeinschaften und damit eines Sozialsystems, das bei anderen Hasenartigen nicht vorkommt. Die meisten Hasen und Kaninchen verteidigen keine Reviere, sondern bewegen sich

FAKTEN

KANINCHEN UND HASEN

Ordnung: Lagomorpha

Familie: Leporidae

58 Arten in 11 Gattungen, 7 davon monotypisch, nämlich Buschmannhase (*Bunolagus monticularis*), Borstenkaninchen (*Caprolagus hispidus*), Europäisches Wildkaninchen (*Oryctolagus cuniculus*), Amamikaninchen (*Pentalagus furnessi*), Vulkankaninchen (*Romerolagus diazi*), Zentralafrikanisches Buschkaninchen (*Poelagus marjorita*) und Zwergkaninchen (*Brachylagus idahoensis*). Außerdem gibt es 2 Arten von *Nesolagus*; 3 Arten von Rothasen (*Pronolagus*); 14 Arten von Baumwollschwanzkaninchen (*Sylvilagus*), darunter Brasilien-Waldkaninchen (*S. brasiliensis*) und Florida-Baumwollschwanzkaninchen (*S. floridanus*), sowie 32 Arten von Hasen (*Lepus*), darunter Kalifornischer Jackrabbit (*L. californicus*), Schneeschuhhase (*L. americanus*) und Europäischer Feldhase (*L. europaeus*).

VERBREITUNG Amerika, Europa, Asien, Afrika; in Australien, Neuseeland und auf anderen Inseln eingeführt.

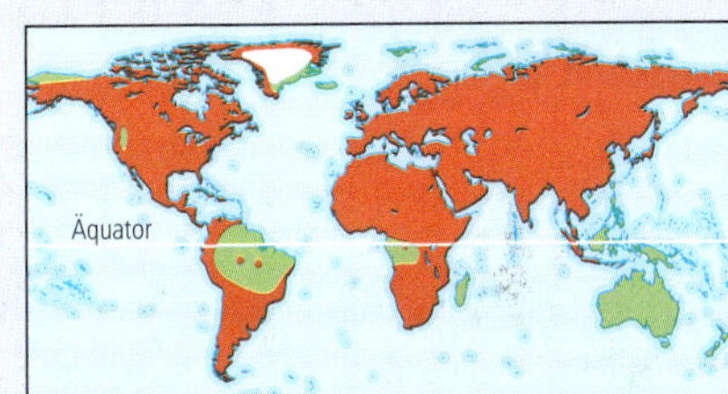

LEBENSRAUM Vielfältig, u.a. Wüsten, Bergwälder, tropische Regenwälder, arktische Tundra, Sümpfe, Grasland, Kulturlandschaften.

GRÖSSE Körperlänge von 25 cm beim Zwergkaninchen bis 75 cm beim Europäischen Feldhasen; Schwanzlänge von 1,5 cm bis 12 cm; Gewicht von ca. 400 g bis 6 kg, jeweils bei den beiden genannten Arten. Länge der Ohren maximal bis 17 cm beim Antilopenhasen. Die hinteren Glieder sind bei Hasenartigen länger als die vorderen.

FELL Meist dick und weich, bei einigen Arten borstig oder wollig (Borstenkaninchen, Tibetanischer Wollhase); Fell auf den Ohren kürzer und schütter; Schwanz dicht behaart bis buschig (Buschmannhase, Rothasen); Füße beidseitig behaart; die Färbung reicht von rötlich braun, braun, gelbbraun und grau bis weiß; am Bauch ist das Fell oft heller oder weiß. Zwei Arten (*Nesolagus*) sind gestreift; arktische/nördliche Arten bekommen ein weißes Winterfell (Schneeschuh-, Schnee-, Arktis- und Japanischer Hase).

NAHRUNG Pflanzen.

FORTPFLANZUNG Tragzeit typischerweise bei Hasen länger (bis zu 55 Tagen beim Schneehasen) als bei Kaninchen (30 Tage beim Europäischen Wildkaninchen).

LEBENSERWARTUNG Wild lebend im Durchschnitt unter 1 Jahr. Maximale beobachtete Lebensdauer 12 Jahre bei Europäischen Feldhasen und Europäischen Wildkaninchen.

IUCN-STATUS 12 Arten sind vom Aussterben bedroht, stark gefährdet oder gefährdet und 6 weitere stehen auf der Vorwarnliste.

Artenübersicht siehe Seite 702 ff. ▷

in einem individuellen Streifgebiet, das bei manchen Hasenarten bis zu 300 ha umfasst. An bevorzugten Nahrungsplätzen können diese Individualstreifgebiete einander überlappen. Bei einigen Hasenartigen wurden vorübergehende Fressgemeinschaften beobachtet, darunter bei Jarkand- und Schneehasen, Kalifornischen Jackrabbits sowie Strauchkaninchen. Bei Europäischen Feldhasen können diese Gruppen strukturiert sein, wobei dominante Tiere bevorzugten Zugang zu Nahrungsplätzen erhalten. In den Wintermonaten, wenn sie durch ihr weißes Fell gut getarnt sind, bilden sich große Verbände von Schneeschuhhasen – vielleicht, weil das einzelne Tier dadurch vor Fressfeinden sicherer ist.

Außer dass sie Jungtiere vor angreifenden erwachsenen Weibchen in Schutz nehmen, kennt man von Hasenartigen keinerlei Formen väterlicher Fürsorge und auch die Mütter nehmen sich für den Nachwuchs nicht viel Zeit. Die gut entwickelten, voll behaarten und lauffähigen Junghasen kommen in Sassen zur Welt, die wenig entwickelten Kaninchenbabys dagegen in sorgfältig gegrabenen und mit Fell gepolsterten Nestern in unterirdischen Bauen oder unter dichtem Gestrüpp. Nach der Geburt werden die Junghasen nur alle 24 Stunden jeweils knapp fünf Minuten lang gesäugt. Die Milch der Häsin ist äußerst nahrhaft, verfügt über einen hohen Fett- und Eiweißgehalt und kann mit hoher Geschwindigkeit ins Maul der Jungen gepumpt werden. Die Säugeperiode dauert nur 17 bis 23 Tage und stellt z.B. beim Europäischen Feldhasen den einzigen Kontakt zwischen Mutter und Kind dar. Nach dem Entwöhnen der Jungen gebären Weibchen in vielen Fällen einen weiteren Wurf, da sie bereits während der letzten Trächtigkeit oder bald nach der Geburt befruchtet werden können.

Der Mangel an sozialen Kontakten zwischen Mutter und Nachwuchs könnte eine Strategie zum Schutz der Jungen sein, die verhindern soll, dass Fressfeinde auf die Tierkinder aufmerksam werden. Die Mütter jener Kaninchenarten, die ihre Neugeborenen in eigens gegrabenen Tunnels unterbringen, versiegeln den Eingang sorgfältig nach jedem ihrer kurzen Besuche. Bei den Hasen, die ihre Jungen über Tage zur Welt bringen, verteilen sich die Junghasen etwa drei Tage nach der Geburt auf getrennte Verstecke und treffen zu bestimmten Zeitpunkten mit den Wurfgeschwistern zusammen, um gemeinsam von der Mutter gesäugt zu werden.

Sowohl im Fall der Hasen als auch der neuweltlichen Baumwollschwanzkaninchen sind deutliche Zusammenhänge zwischen Klima und Fortpflanzung zu erkennen. Bei Baumwollschwanzkaninchen besteht eine direkte Korrelation zwischen Breitengrad und Wurfgröße: Im Norden lebende Arten und Unterarten produzieren innerhalb der kürzesten Fortpflanzungsperiode die größten Würfe. Fruchtbarster Vertreter der Gattung scheint das Florida-Baumwollschwanzkaninchen zu sein, das im Jahr bis zu 35 Junge bekommt, während das Brasilien-Waldkaninchen mit ungefähr zehn Babys im Jahr die wenigsten Nachkommen hat. Bei den *Lepus*-Arten reicht die Variationsbreite von einem einzigen Wurf aus sechs bis acht Junghasen im hohen Norden bis hin zu acht Würfen von ein bis zwei Babys am Äquator. Der statistische Mittelwert liegt bei etwa zehn Jungen pro Weibchen und Jahr, wobei es auch hier Abweichungen gibt, wie z.B. die weit verbreiteten Schneeschuhhasen, deren Weibchen je nach Lebensraum im Jahr fünf bis 18 Junge zur Welt bringen.

Während die Pfeifhasen sich oft über Laute verständigen, scheinen sich Hasen bei der Kommunikation stärker der Düfte zu bedienen. Ausnahmen gibt es aber auch hier, etwa das Vulkankaninchen, das stärker über Laute kommuniziert. Wenn sie von einem Fressfeind gefangen wurden, stoßen die meisten Hasenartigen hohe Angstschreie aus. Ferner geben fünf gesellige Kaninchenarten Warnrufe ab. Das Europäische Wild-, das Strauch- und das Audubon-Baumwollschwanzkaninchen trommeln bei Gefahr mit den Hinterläufen auf den Boden – möglicherweise, um unterirdisch verborgene Jungtiere zu warnen. Vermutlich dient die auffällige weiße Schwanzunterseite der Hasenartigen bei der Flucht vor einem Fressfeind als optisches Warnsignal an die Artgenossen. Interessanterweise leben Arten mit weißer Schwanzunterseite – anders als Arten mit beidseitig dunklem Schwanz – in offenem Gelände.

Bei allen Kaninchen und Hasen befinden sich am Unterleib und unter dem Kinn Duftdrüsen, die bei der Kommunikation zwischen den Geschlechtern eine Rolle zu spielen scheinen. Beim geselligen Europäischen Wildkaninchen steht der Aktivitätsgrad dieser Drüsen mit der Größe der Hoden und der Konzentration männlicher Hormone in Zusammenhang. Außerdem zeigen die Drüsen möglicherweise den Sozialstatus an. Dominante männliche Wildkaninchen riechen im Allgemeinen am stärksten und markieren häufiger als ihre Artgenossen sowohl mit Drüsensekreten als auch mit gezielten Spritzern streng riechenden Urins.

1

2

3

◐ ***Links:*** *Repräsentative Vertreter der Kaninchen und Hasen:* ***1*** *Antilopenhase* (Lepus alleni); ***2*** *Amamikaninchen* (Pentalagus furnessi) *beim Graben eines Baus;* ***3*** *Buschmannhase* (Bunolagus monticularis) *in wachsamer Haltung;* ***4*** *hoppelndes Zentralafrikanisches Buschkaninchen* (Poelagus marjorita); ***5*** *dominantes männliches Europäisches Wildkaninchen* (Oryctolagus cuniculus) *markiert mit dem Kinn;* ***6*** *Sumatrahase* (Nesolagus netscheri) *putzt sich das Maul und verreibt Sekrete;* ***7*** *männliches Florida-Baumwollschwanzkaninchen* (Sylvilagus floridanus) *in wachsamer Haltung;* ***8*** *Europäischer Feldhase* (Lepus europaeus), *boxend;* ***9*** *Natalrothase* (Pronolagus crassicaudatus) *hält wachsam Ausschau;* ***10*** *Borstenkaninchen* (Caprolagus hispidus); ***11*** *Vulkankaninchen* (Romerolagus diazi) *nimmt im Schutz von Zacatón-Gräsern Blinddarmkot auf.*

Oben: *Junge Audubon-Baumwollschwanzkaninchen kuscheln sich in einem flachen Nest aneinander. Die Mutter lebt nicht mit ihnen im Nest, kommt aber, um sie zu säugen. Dieser Wurf ist nur einer von mehreren, die sie im Lauf des Jahres zur Welt bringt. Ihre Jungen können sich nach drei Monaten selbst vermehren.*

Links: *Zum Sprinten geboren: Ein Europäischer Feldhase gibt seinem Verfolger Fersengeld. Hasen sind die schnellsten Sprinter unter den kleineren Säugetieren. Dank der langen Hinterbeine erreichen sie Geschwindigkeiten von über 70 km/h.*

EINGEFÜHRT, DOCH UNERWÜNSCHT

Während viele Kaninchenarten heute gefährdet sind, ist das Europäische Wildkaninchen *(Oryctolagus cuniculus)* so erfolgreich, dass es mancherorts als bedeutender Schädling gilt. Probleme ergaben sich vor allem nach der Einführung in Gebiete, in denen die Art zuvor unbekannt war – z.B. im frühen 19. Jahrhundert in Australien und Neuseeland. Die darauf folgende Explosion der Population ging auf Kosten der Acker- und Weideflächen und konnte nur durch die gezielte Verbreitung der Kaninchenkrankheit Myxomatose in den 1950er Jahren eingeschränkt werden.

Die Biologie des Europäischen Wildkaninchens begünstigt seine erstaunliche Fähigkeit, sich zu vermehren. Anders als viele seiner Vettern ist es, was seine Nahrung anbelangt, alles andere als heikel und kann von einer Pflanze in den verschiedenen Stadien ihres Wachstums fressen. Einzigartig ist auch seine gesellige Lebensweise in großen Bauen, die sich ebenfalls gut mit hohen Populationsdichten verträgt. Vor allem aber ist die Art außerordentlich fruchtbar. Weibchen können ab dem Alter von fünf bis sechs Monaten fünfmal im Jahr fünf bis sechs Junge werfen, sodass es kein Wunder ist, wenn sich der Bestand rasch vervielfacht.

Überlebende Arten bedroht

ARTEN- UND UMWELTSCHUTZ

Arten, die wie der Europäische Feldhase und das Wildkaninchen zu Schädlingen wurden, wirkten sich negativ auf das Ansehen der Hasenartigen aus und lenkten von der positiven Rolle ab, die sie weltweit in Ökosystemen spielen – sowohl als Beutetier für kleine bis mittelgroße räuberische Tiere als auch durch das Abweiden von Pflanzen. Außerdem wurde über die Bekämpfung von Arten, die überhand genommen hatten, vergessen, dass andere Hasen und Kaninchen am Rand des Aussterbens stehen.

Diese gefährdeten Arten sind ursprünglich, oft die letzten ihrer Gattung und gewöhnlich Opfer der Zerstörung von Lebensräumen durch den Menschen. Die meisten von ihnen sind auf eine hoch spezialisierte Umgebung angewiesen. Der Buschmannhase kommt nur noch in den letzten Resten des Ufergestrüpps zweier Flusstäler in der südafrikanischen Karoo vor, die episodisch Wasser führen. Sein eigentlicher Lebensraum wurde im Zuge der Schaffung eines landwirtschaftlichen Bewässerungssystems zerstört.

Der Verbreitungsraum des primitiven Borstenkaninchens besteht nur noch aus einigen mit hohem Gras bewachsenen isolierten Graslandregionen in geschützten Gebieten Nordindiens, während das kleine mexikanische Vulkankaninchen nur noch in kleinen Beständen und an wenigen Vulkanhängen rund um Mexico City vorkommt – eines der größten Ballungszentren der Welt. Es wird nun also höchste Zeit, dass diese Gruppe ansehnlicher langohriger Säugetiere mehr Anteilnahme erfährt – und in der Presse positiver dargestellt wird. ATS/DB

Artenübersicht Kaninchen und Hasen

GATTUNG *BRACHYLAGUS*

Zwergkaninchen LR
Brachylagus idahoensis

SW-Oregon bis O- und Zentral-Kalifornien, SW-Utah, N- bis SO-Montana; isolierte Bestände im W und in der Mitte des Bundesstaats Washington. Zieht Lebensräume mit dichten Salbeisträuchern vor, zwischen denen es Pfade anlegt. Lebt in selbst gegrabenen Bauen.
KL 21–27 cm; SL 1,5–2 cm; GT 50–470 g. Kleinstes Kaninchen.
KÖRPER: Rötlich, ähnlich dem der Rothasen, mit buschigem Schwanz.
IUCN-STATUS: Vorwarnliste.

GATTUNG *BUNOLAGUS*

Buschmannhase En
Bunolagus monticularis

Zentrale Kapprovinz (Südafrika). Dichtes Gebüsch an Wasserläufen. Nachtaktiv, ruht tagsüber in Kuhlen im Schatten von Sträuchern. Inzwischen äußerst selten.
KL 34–48 cm; SL 7–11 cm; GT 1–1,5 kg.
KÖRPER: Rötliches Fell, ähnlich dem Rothasen, mit buschigem Schwanz.

GATTUNG *CAPROLAGUS*

Borstenkaninchen En
Caprolagus hispidus

Uttar Pradesh bis Assam; Tripura (Indien), Mymensingh und Dakka am W-Ufer des Brahmaputra (Bangladesch); *Sal*-Wälder am Rand des Himalaya mit in der Monsunzeit bis zu 3,5 m hohem Gras; gelegentlich auch in landwirtschaftlich genutzten Gebieten. Lebt in nicht selbst angelegten Bauen. Verlässt selten die Wälder.
KL 48 cm; SL 5,3 cm; OL 7 cm; HFL 10 cm; GT 2,5 kg.
KÖRPER: Borstiges Fell; schwarze und bräunlich weiße Haare lassen den Rücken braun erscheinen; Unterseite bräunlich weiß, Brust etwas dunkler; Schwanz braun, unten heller. Kräftige Krallen.

GATTUNG *LEPUS*

Die meisten leben in offenem, mit Gras bewachsenem Gelände, doch Schneeschuhhasen besiedeln boreale Wälder und Europäische Feldhasen die Wälder der gemäßigten Breiten; Arktishasen ziehen offenes Gelände vor; Kaphasen kommen auf offenen Flächen und gelegentlich in immergrünen Wäldern vor. Anstatt Verstecke aufzusuchen, fliehen Hasen lieber oder tarnen sich, indem sie sich zwischen Pflanzen ducken. Zu ihren Lautäußerungen zählen ein tiefes Grummeln und die bei Schmerzen ausgestoßenen schrillen Schreie. Gewöhnlich einzelgängerisch, nur der Europäische Feldhase ist geselliger. Der Lebensraumtyp wirkt sich bei jeder Art auf die Größe des Streifgebiets aus, doch ist diese auch artabhängig und umfasst 4–20 ha bei Arktishasen und bis zu 300 ha bei Europäischen Feldhasen. Individuen verteidigen mitunter Flächen mit einem Radius von 1–2 m, doch überlappen die Streifgebiete einander meist; Futterplätze werden gemeinschaftlich genutzt. Die meisten Arten leben an der Erdoberfläche; Schneeschuh- und Arktishasen legen Baue an, während sich andere in nicht selbst gegrabenen Löchern oder Tunnels verstecken können.
KL 40–76 cm; SL 3,5–12 cm; GT 1,2–5 kg.
KÖRPER: Fell an der Oberseite gewöhnlich rötlich braun, gelblich braun oder graubraun, an der Unterseite heller oder weiß; Ohrspitzen schwarz gerandet, bei den meisten Arten an der Außenseite ein größerer schwarzer Fleck; bei manchen Arten ist die Schwanzoberseite schwarz. Der Indische Hase hat einen schwarzen Nacken. In schneereichen Gebieten lebende Arten bekommen ein weißes Winterfell, während sich bei anderen das bräunliche Sommerfell in ein graues Winterfell verwandelt.
NAHRUNG: Gewöhnlich Gräser und Kräuter, doch wenn keine Alternativen verfügbar sind, werden Nutzpflanzen, Zweige und Rinde zur Grundnahrung.
FORTPFLANZUNG: Südliche Arten vermehren sich das ganze Jahr über; nördliche Arten haben 2–4 Würfe im Frühjahr und Sommer. Tragzeit bis zu 50 Tage bei Arktishasen, bei anderen Arten kürzer. Wurfgröße 1–9 Junge.
LEBENSERWARTUNG: Nur eine Minderheit von Hasen überlebt in Freiheit das erste Jahr. In freier Natur werden sie bis 5, in Gefangenschaft 6 bis 7 Jahre alt.

Antilopenhase
Lepus alleni

S-New Mexico, S-Arizona bis N-Nayarit (Mexiko), Isla Tiburón. Örtlich verbreitet. Frisst in heißen Wüsten Kakteen und Yucca-Pflanzen, um nicht auszutrocknen.

Schneeschuhhase
Lepus americanus

Alaska, Küste der Hudsonbai, Neufundland, S-Appalachen, S-Michigan, N-Dakota, N-New Mexico, Utah, O-Kalifornien. Örtlich verbreitet.

Arktishase
Lepus arcticus

Grönland und kanadische Arktisinseln südlich bis zur Küste an der Hudsonbai; in Quebec und im W der am Meer liegenden Provinzen Kanadas.

Japanischer Hase
Lepus brachyurus

Honshu, Shikoku, Kyushu (Japan). Örtlich verbreitet.

Kalifornischer Jackrabbit
Lepus californicus
Schwarzschwanz-Jackrabbit

N-Mexico (Baja California), Oregon, Washington, S-Idaho, O-Colorado, S-Dakota, W-Missouri, NW-Arkansas, Arizona, N-Mexiko. Örtlich verbreitet.

Mexikohase LR
Lepus callotis

SO-Arizona, SW-New Mexico und Oaxaca (Mexiko). Örtlich verbreitet, aber Bestände abnehmend.
IUCN-STATUS: Vorwarnliste.

Kaphase
Lepus capensis
Wüstenhase

Afrika südlich der Sahara, N-Afrika über Sinai bis Arabien, Mongolei, Naher Osten, westlich des Euphrat. Örtlich verbreitet.

Lepus castroviejo Vu

Kantabrisches Gebirge (N-Spanien).

Lepus comus

Yunnan und W-Guizhou (China).

Lepus coreanus

Koreanische Halbinsel, S-Jilin, S-Liaoning, O-Heilongjiang (China).

Lepus corsicanus

Italien einschließlich Sizilien; auf Korsika eingeführt.

Lepus crawshayi

Südafrika, Kenia, S-Sudan; Überreste von Populationen im NO der Sahara. Örtlich verbreitet.

Europäischer Feldhase
Lepus europaeus

S-Skandinavien, S-Finnland, Großbritannien (nach Irland eingeführt), von Europa südlich bis N-Irak und Iran, W-Sibirien. Örtlich verbreitet, doch nehmen die Bestände ab.

Lepus fagani

N- und W-Äthiopien und angrenzender SO- Sudan, südlich bis NW-Kenia.

Tehuantepec-Jackrabbit En
Lepus flavigularis

Beschränkt auf Sanddünenwälder an den Ufern von Salzwasserlagunen am N-Rand des Golfo de Tehuantepec (S-Mexiko). Nachtaktiv.

Lepus granatensis

Iberische Halbinsel, Mallorca.

Lepus hainanus Vu

Hainan (China).

Schwarzer Jackrabbit LR
Lepus insularis

Isla Espiritu Santo (Mexiko).
IUCN-STATUS: Vorwarnliste.

Mandschurischer Hase
Lepus mandshuricus

Jilin, Liaoning, Heilongjiang (NO-China), äußeres NO-Korea, Ussurigebiet (O-Sibirien, Russland). Abnehmende Verbreitung.

Indischer Hase
Lepus nigricollis
Schwarznackenhase

Pakistan, Indien, Sri Lanka; auf Java und Mauritius eingeführt.

Tibetanischer Wollhase
Lepus oiostolus

Tibetisches (Xizang) Hochland und angrenzende Gebiete.

Lepus othus

W- und SW-Alaska (USA), O-Chukotsk (Russland).

Peguhase
Lepus peguensis

Myanmar bis Indochina u. Hainan (China).

ABKÜRZUNGEN
KL = Körperlänge SL = Schwanzlänge OL = Ohrlänge HFL = Hinterfußlänge GT = Gewicht
Ex ausgestorben
EW in freier Natur ausgestorben
Cr vom Aussterben bedroht
En stark gefährdet
Vu gefährdet
LR geringes Risiko

Oben: *Der Kalifornische Jackrabbit lebt in trockenen, sonnigen Regionen. Die großen Ohren helfen bei der Wärmeregulierung.*

Buschhase
Lepus saxatilis

Südafrika, Namibia.

Chinesischer Hase
Lepus sinensis

SO-China, Taiwan, S-Korea.

Lepus starcki

Zentrales Äthiopisches Hochland.

Schneehase
Lepus timidus
Polarhase

Alaska, Labrador, Grönland, Skandinavien, N-Russland bis Sibirien und Sachalin, Hokkaido (Japan), Sikhoto Alin, Altai, N-Tienshan, N-Ukraine, Baltikum. Örtlich verbreitet; isolierte Bestände in den Alpen, in Schottland, Wales und Irland.

Lepus tolai

Nördlich des Kaspischen Meeres, südwärts entlang des O-Ufers bis N-Iran, über Afghanistan, Kasachstan bis Mongolei und W-, Zentral- und NO-China.

Präriehase
Lepus townsendii
Weißschwanz-Jackrabbit

S-British Columbia, S-Alberta, SW-Ontario, SW-Wisconsin, Kansas, N-New Mexico, Nevada, O-Kalifornien. Örtlich verbreitet.

Lepus victoriae

Atlantikküste NW-Afrikas, östlich über Sahel bis Sudan und Äthiopien, südlich über O-Afrika bis NO-Namibia, Botswana und Südafrika.

Afrikanischer Savannenhase
Lepus whytei

Malawi. Örtlich verbreitet.

Jarkandhase LR
Lepus yarkandensis

SW-Xinjiang (China), Rand der Takla-Makan. IUCN-STATUS: Vorwarnliste.

GATTUNG *NESOLAGUS*

Sumatrakaninchen Cr
Nesolagus netscheri
Sumatrahase

W-Sumatra in 600–1400 m Höhe im Barisan-Gebirge. Primäre Bergwälder. Nachtaktiv. Verbringt den Tag in nicht selbst gegrabenen Löchern oder Bauen.
KL 37–39 cm; SL 1,7 cm; OL 4,3–4,5 cm.
KÖRPER: Unterschiedlich; Fellfärbung von Gelbbraun bis Grau, am Gesäß leuchtend rostfarben mit breiten dunklen Streifen von der Schnauze zum Schwanz und vom Ohr zum Kinn, dabei von der Schulter zum Gesäß im Bogen verlaufend, quer über den oberen Teil der Hinterbeine und rund um die Basis der Hinterpfoten.
NAHRUNG: Saftige Stängel und Blätter.

Nesolagus timminsi

Annam-Gebirge von Laos und Vietnam.

GATTUNG *ORYCTOLAGUS*

Europäisches Wildkaninchen
Oryctolagus cuniculus

Endemisch auf der Iberischen Halbinsel und in NW-Afrika; ins übrige W-Europa vor 2000 Jahren sowie nach Australien, Neuseeland, Südamerika und weiteren Inseln (im 19. Jh.) eingeführt. Opportunistisch, kolonisierte verschiedenartige Lebensräume, von Felswüsten bis subalpinen Tälern; auch auf Feldern, in Parks und Gärten anzutreffen, aber selten in Lagen über 600 m. Weit verbreitet. Alle Rassen des Hauskaninchens stammen von dieser Art ab. Bildet Kolonien und legt Baue an. Stößt zur Warnung und bei Schmerz schrille Schreie aus.
KL 38–50 cm; SL 4–7,5 cm; OL 6–8,5 cm; HFL 8,5–11 cm; GT 1,5–3 kg.
KÖRPER: Fell grau mit einzelnen schwarzen und hellbraunen Deckhaaren; im Nacken rötlich bis gelblich braun; Unterseite hellgrau; Innenseite der Beine gelblich braungrau; nicht selten rein schwarz.
NAHRUNG: Gräser und Kräuter, Wurzeln und Rinde von Bäumen und Sträuchern, Nutzpflanzen.

FORTPFLANZUNG: In N-Europa von Februar bis August/September; 3–5 Würfe mit 5–6 Jungen, gelegentlich bis zu 12. Tragzeit 28–33 Tage. Neugeborene nackt, ca. 40–45 g schwer, öffnen mit 10 Tagen die Augen.
LEBENSERWARTUNG: In Freiheit 10 Jahre.

GATTUNG *PENTALAGUS*

Amamikaninchen En
Pentalagus furnessi

Zwei der Amami-Inseln (Japan). Dichte Wälder. Nachtaktiv. Gräbt Baue.
KL 43–51 cm; OL 4,5 cm.
KÖRPER: Fell dicht und wollig, Oberseite dunkelbraun, Unterseite rötlicher. Krallen sind mit 1–2 cm für Kaninchen ungewöhnlich lang. Kleine Augen.
FORTPFLANZUNG: 1–3 nackte Junge kommen im kurzen Tunnelbau zur Welt; jährlich zwei Paarungszeiten.

GATTUNG *POELAGUS*

Zentralafrikanisches Buschkaninchen
Poelagus marjorita

S-Sudan und Tschad, NW-Uganda, nordöstliche Demokratische Republik Kongo, Zentralafrikanische Republik, Angola. Savannen und Wälder. Örtlich verbreitet. Nachtaktiv. Ruht zwischen Pflanzen versteckt. Knirscht bei Störung mit den Zähnen.
KL 44–50 cm; SL 4,5–5 cm; OL 6–6,5 cm; GT 2–3 kg.
KÖRPER: Fell borstiger als bei anderen afrikanischen Hasenartigen. Oberseite graubraun und gelb, an den Seiten zunehmend gelber und an der Unterseite weiß; Nacken rötlich gelb; Schwanz oben bräunlich gelb, unten weiß. Kleine Ohren; kurze Hinterbeine.
FORTPFLANZUNG: Junge werden im Bau aufgezogen und sind weniger gut entwickelt als bei echten Hasen.

GATTUNG *PRONOLAGUS*

Nachtaktiv. Ernährt sich von Gräsern und Kräutern. Bewohnt felsiges Grasland; versteckt sich in Felsspalten. Stößt, auch wenn es keine Schmerzen hat, schrille Schreie aus.
KL 35–50 cm; SL 5–10 cm; HFL 7,5–10 cm; OL 6–10 cm; GT 2–2,5 kg.
FELL: Rötlich; auch an den Pfoten dick und wollig.

Natal-Rothase
Pronolagus crassicaudatus

SO-Südafrika, S-Mosambik.

Rand-Wollschwanzhase
Pronolagus randensis

NO-Südafrika, O-Botswana, Simbabwe, W-Mosambik, W-Namibia.

Smiths Rothase
Pronolagus rupestris

Südafrika bis SW-Kenia.

GATTUNG *ROMEROLAGUS*

Vulkankaninchen En
Romerolagus diazi

Beschränkt auf zwei vulkanische Sierras (Ajusco und Ixtaccihuatl–Popocatepetl) nahe Mexico City. Einziger Lebensraum ist die als *zacatón* bezeichnete Grasschicht (vor allem aus *Epicampes-*, *Festuca-* und *Muhlenbergia*-Arten) in lichten Kiefernwäldern in 2800–4000 m Höhe. Lebt in Gruppen von 2–5 Tieren in Bauen. Erzeugt ähnliche Laute wie Pfeifhasen.
KL 27–36 cm; OL 4–4,4 cm; GT 400–500 g.
KÖRPER: Fell an der Oberseite dunkelbraun, an der Unterseite dunkel bräunlich grau. Kleinster Hasenartiger mit kurzen Ohren, Beinen und Pfoten; bewegliche Verbindung zwischen Schlüssel- und Brustbein, kein sichtbarer Schwanz.
FORTPFLANZUNG: Dezember bis Juli; Tragzeit 39–40 Tage; durchschnittliche Wurfgröße 2 Junge. Überwiegend tag-, gelegentlich nachtaktiv.

GATTUNG *SYLVILAGUS*

Die meisten Arten sind häufig, ihr Verbreitungsgebiet erstreckt sich von S-Kanada bis Argentinien und Paraguay und umfasst verschiedenste Lebensräume. Die Verbreitung einiger Arten überlappt sich. Die meisten bevorzugen offenes Land, Buschland, mit Gestrüpp bewachsene Waldlichtungen, aber auch landwirtschaftlich genutzte Gebiete oder Parks. Einige Arten bewohnen Wälder, Marschland, Sümpfe, Sandstrände oder Wüsten. Alle Arten ruhen in nicht selbst angelegten Bauen, natürlichen Unterschlupfen oder zwischen Pflanzen. Keine Kolonien, doch manche Arten bilden in Fortpflanzungsgruppen Hierarchien aus. Tag- oder nachtaktiv. Besetzt keine Reviere, sondern einander überlappende, wenige Hektar große feste Streifgebiete. Äußert kaum Laute. Die meisten Arten sind örtlich verbreitet.
KL 25–45 cm; SL 2,5–6 cm; GT 0,4–2,3 kg.
KÖRPER: Fell an der Oberseite meist graubraun bis rötlich braun gesprenkelt; an der Unterseite weiß oder gelbbraun-weißlich. Schwanz oben braun und unten weiß („Baumwollschwanz"). Brasilien-Waldkaninchen und Sumpfkaninchen haben dunkle Schwänze. Fellwechsel einmal im Jahr, mit Außnahme von Brasilien-Waldkaninchen und Sumpfkaninchen. Ohren mittelgroß (um 5,5 cm), gleiche Färbung wie Oberseite; Nacken oft rötlich oder braun.
NAHRUNG: Vor allem krautige Pflanzen, im Winter auch Rinde und Zweige.
LEBENSERWARTUNG: 10 Jahre (in Gefangenschaft).

Wasserkaninchen
Sylvilagus aquaticus

O-Texas, O-Oklahoma, Alabama, NW- bis S-Carolina, S-Illinois. Schwimmt sehr gut.
FORTPFLANZUNG: Tragzeit 39–40 Tage; Junge öffnen mit 2–3 Tagen die Augen.

Audubon-Baumwollschwanzkaninchen
Sylvilagus audubonii

Zentral-Montana, SW- bis N-Dakota, N- und Zentral-Utah, Zentral-Nevada, N- und Zentral-Kalifornien (USA) sowie Baja California und Zentral-Sinaloa, NO-Puebla, W-Veracruz (Mexiko).

Strauchkaninchen
Sylvilagus bachmani

W-Oregon bis Baja California, Cascades bis Sierra Nevada.
FORTPFLANZUNG: In der Regel 5 Würfe pro Jahr; Tragzeit 24–30 Tage; Neugeborene behaart.

Brasilien-Waldkaninchen
Sylvilagus brasiliensis

S-Tamaulipas (Mexiko) bis Peru, Bolivien, N-Argentinien, S-Brasilien, Venezuela.
FORTPFLANZUNG: Durchschnittliche Wurfgröße 2 Junge; Tragzeit ca. 42 Tage.

Mexikanisches Baumwollschwanzkaninchen LR
Sylvilagus cunicularius

Sinaloa bis Oaxaca und Veracruz (Mexiko).
IUCN-STATUS: Vorwarnliste.

Sylvilagus dicei En

Lateinamerikanischer Isthmus: SO-Costa Rica bis NW-Panama.

Florida-Baumwollschwanzkaninchen
Sylvilagus floridanus

Venezuela über isolierte Gebiete Mittelamerikas bis NW-Arizona, S-Saskatchewan, S- bis Zentral-Quebec, Michigan, Massachusetts, Florida. Sehr verbreitet.
FORTPFLANZUNG: Tragzeit 26–28 Tage; Neugeborene nackt.

Tres-Marías-Baumwollschwanzkaninchen En
Sylvilagus graysoni

Inseln Maria Madre und Maria Magdalena (Islas Tres Marías, Navarit, Mexiko).

Omilteme-Baumwollschwanzkaninchen Cr
Sylvilagus insonus

Sierra Madre del Sur, Zentral-Guerrero (Mexiko).

Strauchkaninchen LR
Sylvilagus mansuetus

Nur auf der Insel San José im Golf von Kalifornien gesichtet. Wird oft als Unterart von *S. bachmani* angesehen.
IUCN-STATUS: Vorwarnliste.

Nuttalls Baumwollschwanzkaninchen
Sylvilagus nuttallii

In einer Region zwischen den Gebirgen Nordamerikas von S-British-Columbia bis S-Saskatchewan, S- und O-Kalifornien, NW-Nevada, Zentral-Arizona und NW-New Mexico.

Sylvilagus obscurus

Bundesstaat New York (W des Hudson) bis N-Alabama entlang der Appalachen.

Sumpfkaninchen
Sylvilagus palustris

Florida Keys bis S-Virginia (Küstenebene). Ausgezeichneter Schwimmer.

Neuengland-Baumwollschwanzkaninchen Vu
Sylvilagus transitionalis

S-Maine bis N-Alabama. Unterscheidet sich vom Florida-Baumwollschwanzkaninchen, deren Verbreitungsgebiete sich überschneiden, durch grau gefleckte Wangen, einen schwarzen Fleck zwischen den Augen sowie dem fehlenden schwarzen Sattel und der nicht vorhandenen weißen Stirn.

ES

***Rechts:** Das Sumpfkaninchen spezialisierte sich auf einen Lebensraum, der nur in Sumpfgebieten der südlichen USA existiert. Eine Unterart aus den unteren Florida Keys,* S. p. hefneri, *gilt als stark gefährdet.*

ABKÜRZUNGEN

KL = Körperlänge SL = Schwanzlänge OL = Ohrlänge
HFL = Hinterfußlänge GT = Gewicht

Ex	ausgestorben	En	stark gefährdet
EW	in freier Natur ausgestorben	Vu	gefährdet
Cr	vom Aussterben bedroht	LR	geringes Risiko

SPECIAL FEATURE

Das Gemeinschaftsleben der Kaninchen

Der Einfluss der Baue auf Interaktionen der Gruppenmitglieder

Das Europäische Wildkaninchen stellt unter Kaninchen und Hasen eine Ausnahme dar, weil es sich seine Baue selbst gräbt. Diese können aus einer Röhre mit einem einzigen Ausgang bestehen, aber auch aus komplexen Systemen von Gängen. Diese sind untereinander vielfach verbunden, haben bis zu 60 Eingänge und enthalten eine Anzahl von Kammern für die Aufzucht von Jungen

Das Anlegen von Bauen wirkt sich auf die Ökologie und das Verhalten der Kaninchen aus. Es erlaubt den Tieren in relativ offenem Gelände zu leben, da der Bau Schutz vor Fressfeinden bietet. Außerdem können die Kaninchen in dem Bau sehr viel Nachwuchs aufziehen.

Kaninchenweibchen säugen ihre Babys meist in Nestkammern innerhalb des bestehenden Baus, doch kann auch ein einzelner, eigens gegrabener Tunnel mit einem einzigen Eingang als „Kinderstube" dienen. Die Mutter besucht die Jungen nur einmal täglich, um sie zu säugen, und bleibt vielleicht nur fünf Minuten lang. Wenn sie geht, verschließt sie sorgfältig den Eingang. Trotzdem kommt es immer wieder vor, dass Raubtiere die Eingänge freilegen. Deshalb sind Nestkammern inmitten eines größeren Baus die bessere Alternative.

In Gebieten mit schlechten Möglichkeiten zur Anlage unterirdischer Baue müsste die natürliche Auslese eigentlich diejenigen Weibchen begünstigen, die ihre Wurflager erfolgreich verteidigen. Dies war bei einer Population in Südengland der Fall, die im Rahmen einer Langzeitstudie beobachtet wurde. Hier lagen die Baue auf engem Raum dicht nebeneinander und bildeten größere Tunnelkomplexe, die sich über das Flachland verteilt befanden.

Es bildeten sich gegeneinander abgesetzte Gruppen, deren Mitglieder in ihrem Revier exklusiven Zugang zu einem oder mehreren Tunnelsystemen hatten. Erwachsene Weibchen, die überwiegend am Graben der Baue beteiligt sind, beschränkten sich in dem harten Boden meist darauf, ein bereits existierendes Tunnelsystem zu erweitern. Es entstanden kaum neue Systeme, obwohl gelegentlich einzelne Röhren gegraben wurden und später den Kern neuer Tunnelsysteme bildeten, die während der Dauer

der Studie entstanden. Von den Konflikten zwischen erwachsenen Weibchen fanden über 70 % im Umkreis von 5 m Entfernung von einem Tunneleingang statt. Dies waren die aggressivsten Interaktionen, die beobachtet werden konnten: Manchmal flogen buchstäblich Fellfetzen durch die Luft!

Eine direkte Beziehung bestand zwischen der Größe eines Baus und der Anzahl erwachsener Weibchen, die dort Zuflucht suchten: Je größer der Bau, desto mehr Weibchen lebten darin. Deshalb kann man mehrere Weibchen, die in einem oder mehreren Bauen Schutz suchen und in angrenzenden überlappenden Streifgebieten fressen, als Partner wider Willen ansehen. Wider Willen deshalb, weil für in Gruppen lebende weibliche Tiere nur die Kosten zu steigen scheinen, d.h. das Risiko für den Nachwuchs, von räuberischen Tieren gefressen oder aber krank zu werden. Allein lebende Weibchen, die ausschließlich einen Bau und eine Wurfröhre nutzen, haben in Sachen Fortpflanzung offenbar mehr Erfolg.

Über die Ausbreitung der Tiere gewann man auch Erkenntnisse über die Bedeutung eines Baus. Insgesamt waren sowohl erwachsene Männchen als auch Weibchen relativ ortstreu und nur 20 % bzw. 5 % wechselten im Lauf der Jahre die Fortpflanzungsgruppe. Es wanderten vor allem junge

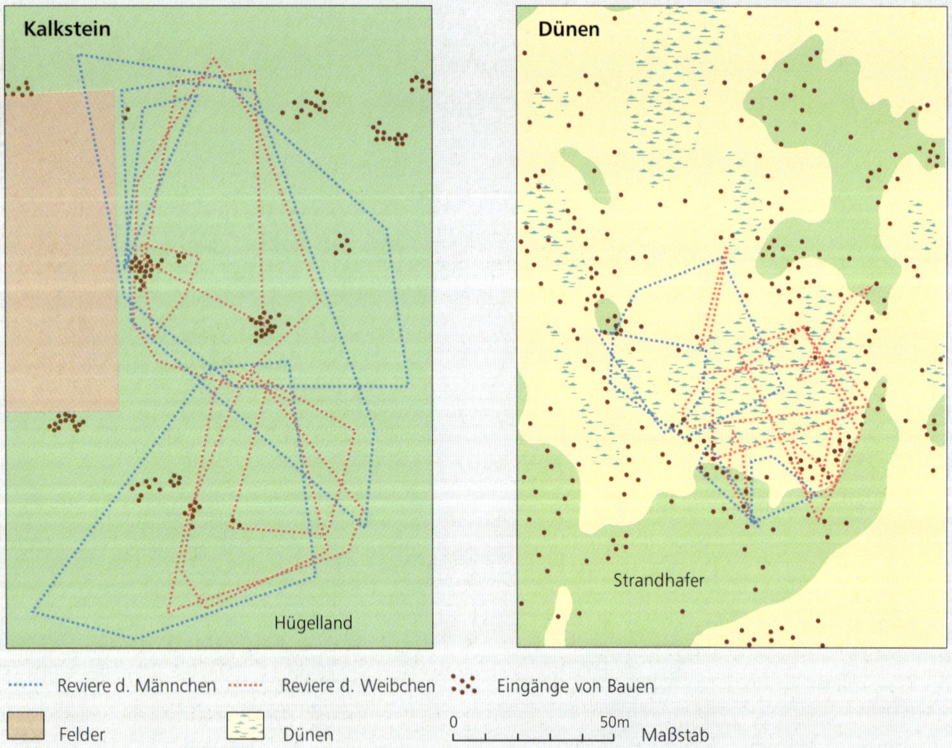

Oben: *Die Karten veranschaulichen die Unterschiede in Gruppenleben und Sozialverhalten von Wildkaninchen in Kalkstein- und Dünenlandschaften. Im Kalkstein treten die Baue an mehreren Stellen gehäuft auf und die Weibchen leben als Partner wider Willen in der Nähe dieser Konzentrationen. Unter den Weibchen einer Gruppe brechen oft Konflikte aus.*

In der Dünenlandschaft sind die Baue über das gesamte Gebiet verteilt. Die Weibchen bewegen sich frei zwischen den Bauen und kämpfen nur selten. Die einzelnen Reviere überlappen weniger als in der Kalksteinlandschaft. In beiden Lebensraumtypen besitzen die Männchen größere Reviere, die sich mit denen mehrerer Weibchen decken.

Oben: *Diese beiden Kaninchen putzen sich nach der Begattung. Die Weibchen kommen, kurz nachdem sie geworfen haben, wieder in die Brunft. Da die Tragzeit nur ca. 30 Tage beträgt, bringen die Weibchen vier- bis fünfmal im Jahr Nachwuchs zur Welt.*

Männchen ab, von denen sich zwei Drittel in einer Gruppe fortpflanzten, in die sie nicht hineingeboren worden waren, während nur ein Drittel junger Weibchen in eine andere Gemeinschaft überwechselte. Interessant jedoch ist, dass diejenigen jungen Weibchen, die umzogen, Fortpflanzungsgruppen beitraten, deren Tunnelsysteme noch freie Kapazitäten hatten.

Männliche Kaninchen (Rammler) beteiligen sich nicht direkt an der Aufzucht der Jungen. Um bei der Fortpflanzung erfolgreich zu sein, müssen sie einfach nur möglichst viele Weibchen befruchten. Die Weibchen sind etwa jeden siebten Tag oder kurz nach einem Wurf 12 bis 24 Stunden lang brünftig. Die Rammler überwachen die Weibchen und begleiten sie in der Fortpflanzungszeit aus diesem Grund auch während der Futtersuche im Freien. Die Streifgebiete der Rammler waren ungefähr doppelt so groß wie die benachbarter Weibchen, mit denen sie überlapppten, und deshalb könnten die Rammler gerochen haben, in welchem Stadium ihres Zyklus sich die Weibchen gerade befanden. Die häufig beobachteten Kämpfe zwischen Männchen waren möglicherweise Versuche, sich gegenseitig den Zugang zu Weibchen zu nehmen.

Trotz der Versuche der Rammler, Weibchen während ihrer fruchtbaren Phase zu monopolisieren, sind die Weibchen promisk. Eine im Rahmen einer australischen Studie erfolgte genetische Typisierung aller potenziellen Eltern und entwöhnter Jungtiere erbrachte, dass mindestens 16 % des Nachwuchses nicht von dem Rammler gezeugt worden waren, der seine Mutter gewöhnlich begleitete.

Langzeitstudien einer ostenglischen Population Europäischer Wildkaninchen ermöglichten Einblicke in das Verhältnis zwischen sozialer Organisation und der genetischen Struktur eines Bestands. Hier lebten die Tiere in Fortpflanzungsgruppen, die das Gebiet rings um ihre Baue verteidigten und denen ein bis vier Rammler und ein bis neun Weibchen angehörten. Untersuchungen genetischer Verwandtschaft zwischen Mitgliedern der Kolonie bestätigten Hypothesen über das Abwanderungsmuster juveniler Tiere, demzufolge Söhne fortgehen und Töchter bleiben. Als Folge davon sind die Weibchen einer Fortpflanzungsgruppe oft eng verwandt und die genetische Verwandtschaft der Weibchen innerhalb der Gruppe übersteigt die der Männchen um das Doppelte. Dieses Muster wird durch die sehr seltenen Wechsel adulter Tiere von einer Gemeinschaft zur anderen verstärkt.

Zwischen 1987 und 1990 stieg die Zahl adulter Tiere in der Population von 22 auf 45. Folge davon war eher ein Anwachsen der Zahl erwachsener Gruppenmitglieder als die Bildung neuer Gruppen, die sich erst dann teilten, wenn sie mehr als sechs weibliche miteinander verwandte Kaninchen enthielten. Ein oder zwei Weibchen beschränkten dann ihre Aktivitäten auf abgelegenere Tunnels innerhalb des Reviers, bildeten aber keine neuen Gruppen.

Inzwischen wissen wir, dass die Baue sowohl die Ökologie als auch das Verhalten des Wildkaninchens mitbestimmen. Weil der Bau in gewisser Weise das Geheimnis des Erfolgs dieser Tierart darstellt, die sich immerhin über die ganze Welt ausbreitete, verwundert es nicht, dass er auch im Mittelpunkt von Konflikten steht. DPC/DB

Oben: *Europäisches Wildkaninchen am Eingang eines Baus in Südengland. Bodentypen wirken sich auf das Sozialsystem aus. Dort, wo Baue rasch und einfach gegraben werden können, breiten sich die Populationen aus, während sie sich in Regionen mit hartem Boden auf alte Bausysteme konzentrieren.*

SPECIAL FEATURE

DER ZEHNJAHRESZYKLUS

Zu- und Abnahmen des Schneeschuhhasenbestands

TIERPOPULATIONEN BLEIBEN NICHT KONSTANT. BEI der Mehrheit der Arten verändert sich die Bestandsgröße alljährlich auf unvorhersehbare Weise. Eine Ausnahme stellt der Schneeschuhhase dar. Die Bestände dieser Art, die in borealen Wäldern Nordamerikas heimisch ist, unterliegen bemerkenswert regelmäßig auftretenden Schwankungen und erreichen alle acht bis zehn Jahre ihre maximale Größe. Diese Zyklen wurden erstmals im frühen 20. Jahrhundert untersucht, als Zoologen sich mit den Aufzeichnungen der Hudson's Bay Company befassten. Die 1671 gegründete Gesellschaft führte sorgfältig über die Anzahl von Pelzen Buch, die an verschiedenen kanadischen Handelsposten eingetauscht worden waren. Die bekannteste Analyse dieser Aufzeichnungen wurde 1942 von Charles Elton und Mary Nicholson zum Kanadaluchs veröffentlicht. Der Luchs ist auf die Erbeutung von Schneeschuhhasen spezialisiert, und es zeigte sich, dass der neun- bis zehnjährige Zyklus der Zu- und Abnahme der Luchsbestände – mit einer geringen zeitlichen Verzögerung – die Zu- und Abnahme der Schneeschuhhasenpopulationen widerspiegelt (siehe Grafik).

Die Zyklen der Schneeschuhhasen und ihrer Feinde scheinen die Vorstellung vieler Ökologen von einem in der Natur vorhandenen Gleichgewicht zu widerlegen. Jedem Bewohner der nördlichen Wälder würde es schwer fallen, diese Bestandsschwankungen als ausgewogen anzusehen. Sie stellen für Biologen eine Herausforderung dar und beschäftigen seit über 40 Jahren Forscher, die in Alberta, im Yukon Territory und in Alaska noch nicht alle Antworten auf die Fragen fanden, die dieser Zyklus aufwirft.

Die demographische Entwicklung des Hasenzyklus ist klar und regelmäßig. Von grundlegender Bedeutung ist die Feststellung, dass sowohl die Fortpflanzungsrate als auch die Quote überlebender Tiere noch in der Wachstumsphase des Bestands abnehmen, zwei Jahre bevor die höchste Populationsdichte erreicht ist. Die höchste Fortpflanzungsrate und Überlebendenquote treten in der frühen Wachstumsphase auf, während im weiteren Verlauf die Anzahl der Geburten sowie die Anzahl überlebender adulter und juveniler Tiere zurückgeht. Beide Werte nehmen noch zwei bis drei Jahre nachdem der Höhepunkt erreicht wurde, ab und steigen dann in einer Periode geringer Populationsdichte wieder an. Diese zeitliche Verzögerung ist die plausibelste Ursache für den Zyklus der Bestandsschwankungen, in dessen Verlauf Populationen um das Dreißig- bis Hundertfache zu- oder abnehmen.

Die drei wichtigsten Faktoren scheinen Nahrung, Fressfeinde und soziale Interaktion zu sein. Es existieren zwei Nahrungshypothesen: Zum einen, dass die Hasen im Winter einfach nicht genügend Nahrung finden und verhungern, zum anderen, dass die Qualität des vorhandenen Futters nachlässt. Allerdings stellte man fest, dass die Bestände auch dann abnehmen, wenn man die Tiere füttert.

Ähnlich nahe liegend erscheint die Erklärung, dass Fressfeinde für den Zyklus verantwortlich sind. Indem man Hasen mit Halsbändern versah, an denen Sender angebracht waren, stellte man fest, dass 95 % aller adulten Hasen durch Fressfeinde ums Leben kommen, von denen die wichtigsten in Kanada Luchse, Kojoten, Habichte und Virginiauhus sind, während 81 % der Junghasen kleineren Beutegreifern zum Opfer fallen. Natürlich spielen derartig hohe Verluste im Schneehasenzyklus eine Rolle.

Auch bei allen Fressfeinden treten – mit einer zeitlichen Verzögerung von ein bis zwei Jahren – starke Veränderungen der Bestandsgröße auf. Hinzu kommt, dass sowohl Luchse als auch Kojoten in den Phasen des Höhepunkts und der Abnahme des Hasenzyklus mehr Hasen pro Tag töten als während der Wachstumsphase. Beide Raubtierarten scheinen mehr Beute zu schlagen, als sie eigentlich benötigen.

Indem sie 1 qkm Wald mit Elektrozaun einfassten, konnten die Forscher die Entwicklung einer geschützten Hasenpopulation untersuchen. Sie

Links: *Schneeschuhhase im Sommerfell. Die Würfe fallen in den verschiedenen Stadien des Populationszyklus unterschiedlich aus. Bei niedrigen Bestandszahlen kommen doppelt so viele Junge zur Welt.*

Rechts: *Ein Luchs trägt seine Beute davon. Wenn die Zahl der Hasen zurückgeht, führt die Verknappung alternativer Futterquellen dazu, dass mehr junge Luchse sterben und weniger geboren werden.*

beobachteten, dass die Überlebensquote anstieg und der Zyklus innerhalb des eingezäunten Bereichs zum Stillstand kam. Dies zeigte, dass Fressfeinde tatsächlich für Wechsel in der Sterblichkeitsrate verantwortlich sind.

Für die Schwankungen in der Fortpflanzungsrate wurden zwei mögliche Erklärungen vorgeschlagen. Eine Verringerung der Futterqualität in Zeiten hoher Populationsdichte könnte sich negativ auf die Fortpflanzung auswirken. Andererseits könnten Fressfeinde auch für den Rückgang in der Reproduktion verantwortlich sein, indem sie durch wiederholte erfolglose Tötungsversuche für die Hasen eine Stresssituation schaffen. Chronischer Stress wirkt sich bei Säugetieren auch auf die Reproduktionsfähigkeit schädlich aus.

Mittlerweile stehen die Ökologen kurz davor, das Rätsel des Schneeschuhhasenzyklus zu lösen. Sie nehmen an, dass der Zyklus durch das Zusammenwirken von Angriffen durch Fressfeinde einerseits und des Nahrungsangebots andererseits entsteht, wobei die Feinde sicherlich den wichtigeren Faktor darstellen. Futtermangel tritt im Winter auf und wirkt sich indirekt aus, da die Hasen nicht unmittelbar an Hunger oder Unterernährung sterben. Allerdings kann die Qualität des Futters die körperliche Verfassung der Hasen beeinflussen.

Wenn Populationen einen Höhepunkt an Dichte erreicht haben oder im Abnehmen begriffen sind, müssen Hasen bei der Nahrungssuche größere Risiken eingehen. Folge davon ist eine zeitliche Verzögerung sowohl der unmittelbaren als auch der mittelbaren Auswirkungen der Angriffe von Fressfeinden. CJK

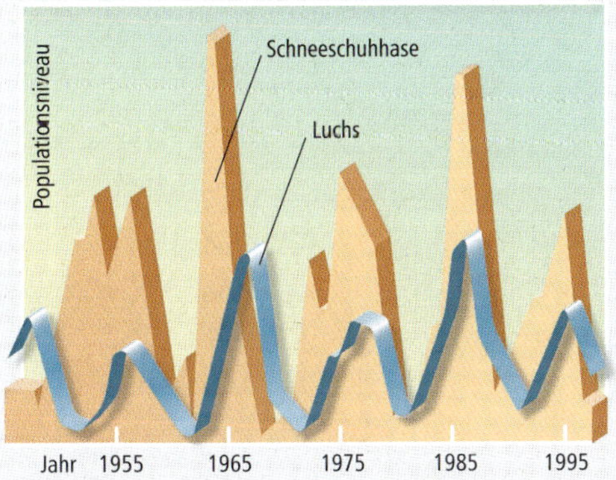

Oben: *Der Anteil von Schneeschuhhasen an der Ernährung kanadischer Luchse beträgt 80 bis 90 %. Die Bestandsgrößen beider Tierarten beeinflussen einander stark. Nimmt die Zahl der Hasen infolge Futterknappheit und Übergriffen von Feinden ab, so werden bald darauf auch die Luchse weniger. Umgekehrt gibt es bald auch mehr Luchse, sobald sich die Hasenpopulation erholt hat. Die Grafik veranschaulicht die parallelen Entwicklungen der beiden Arten.*

Die verrückte Welt der Feldhasen

3

❶ *Hasen verstecken sich nicht unter der Erde, sondern verlassen sich außer auf ihre langen Läufe auch auf ihre ausgezeichneten Sinnesorgane: die seitlich am Kopf liegenden Augen, die großen Ohren und den hoch entwickelten Geruchssinn.*

2

1

❷❸ *„Verrückt wie ein Märzhase" – diese Redensart erinnert an das scheinbar zügellose Gebaren der Hasen zur Paarungszeit (Januar bis August). In dieser Zeit sind die Häsinnen jeweils nur für ein paar Stunden eines Tages ihres sechswöchigen Zyklus empfängnisbereit. Die ortsansässigen Rammler wetteifern um ihre Gunst. Das dominante Männchen versucht die Rivalen fern zu halten, während die Häsin alle abwehrt, die sich ihr nähern, bevor sie bereit ist. Diese Aktivitäten finden nachts statt, wenngleich ab März die Nächte kürzer sind – und häufig zu kurz für fortpflanzungsfreudige Hasen.*

❹ *Wie die Narben an den Ohren vieler Rammler beweisen, gehen Weibchen beim Abwehren übereifriger Verehrer nicht gerade zimperlich vor. Wenn die Häsin dann endlich bereit ist, läuft sie, so schnell sie kann, durch offenes Gelände und hängt alle Verehrer ab – alle außer einen. Diesem erlaubt sie schließlich, sich mit ihr zu paaren.*

4

5 *Ein junger Hase duckt sich in seiner Sasse. Anders als junge Kaninchen werden Junghasen mit Fell und offenen Augen geboren und können bald laufen. Gegen Sonnenuntergang begibt sich das Jungtier vorsichtig an die Stelle, an der es wenige Tage zuvor geboren wurde, trifft dort seine Wurfgeschwister und wartet auf die Mutter. Diese säugt etwa 45 Minuten nach Sonnenuntergang ihren Nachwuchs fünf Minuten lang. Dann verlässt sie die Jungen wieder für die nächsten 24 Stunden. Im Alter von vier bis fünf Wochen beginnen die Junghasen Pflanzen zu fressen und die Besuche der Mutter hören auf.* TH

Pfeifhasen

PFEIFHASEN SIND KLEINE LAGOMORPHE MIT nahezu eiförmiger Silhouette, relativ großen runden Ohren, kurzen Gliedern und kaum sichtbarem Schwanz. Sie sind lebhaft und behände, sitzen aber oft reglos auf Felsen oder Bergwiesen.

Der Gattungsname *Ochotona* ist von der mongolischen Bezeichnung der Pfeifhasen *ogdoi* abgeleitet, während der Name „Pika", den einige Rassen tragen, von den sibirischen Tungusen stammt und eine Nachahmung des „piiika"-Rufs der nördlichen Arten darstellt. Die meisten Pfeifhasen bewohnen hoch gelegene Bergregionen und andere abgelegene Landstriche und sind somit Symbole für wilde, ungezähmte Natur.

Heuernte in Miniatur

KÖRPERBAU UND FUNKTION

Pfeifhasen sind mit Ausnahme des Steppenpfeifhasen überwiegend tagaktiv. Sie halten keinen Winterschlaf und passten sich gut an ihren kalten alpinen Lebensraum an. In warmer Umgebung dagegen gehen die Tiere oft ein. (Nordamerikanische Pikas starben, nachdem sie 30 Minuten bei 25 °C verbracht hatten.) Aufgrund dieser niedrigen Toleranzschwelle gegenüber Wärme sind die meisten Arten nur in den kühleren Stunden des Tages aktiv. In hohen Lagen lebende Nordamerikanische Pikas kann man den ganzen Tag über antreffen, während die in tieferen Lagen und damit wärmeren Klimaten heimischen Tiere nur im Morgengrauen und in der Abenddämmerung aus ihren Verstecken kommen. Gleiche Neigungen zeigen die im Himalaya lebenden Arten: Royles Pikas gehen morgens und abends auf Futtersuche, während die in über 4000 m Höhe lebenden Großohrigen Pikas mittags Sonnenbäder nehmen.

Pfeifhasen ruhen entweder unter Felsen oder graben in Gras- und Wiesenlebensräumen Baue. Afghanpika und Mongolischer Pfeifhase leben mal zwischen Felsen, mal in Bauen, zeigen jedoch eine ähnliche Lebensweise wie die Baue anlegenden Pfeifhasen. In nahezu allen Aspekten ihrer Biologie unterscheiden sich die in felsiger Umbegung lebenden Pfeifhasen von den Baue grabenden Formen. Erstere pflanzen sich aufgrund kleiner Würfe und geringerer Anzahl von Würfen pro Jahr sehr langsam fort. Nordamerikanische Pikas z.B. ziehen im Jahr nur zwei Junge aus einem einzigen Wurf erfolgreich auf. Verglichen mit ihnen sind die Weibchen der Baue grabenden Arten die reinsten „Gebärmaschinen": Bei manchen Arten wurden im Jahr fünf Würfe mit jeweils bis zu 13 Jungen gezählt.

Pfeifhasen ernähren sich von allen Pflanzen, die in der Nähe ihrer Baue oder Unterschlupfe wachsen, bevorzugen aber diejenigen mit dem höchsten Gehalt an Protein oder anderen wichtigen Stoffen. Da sie das Futter nicht mit den Vorderpfoten halten können, fressen sie mit seitwärts verlaufenden Kieferbewegungen Gräser, Blätter und Stängel von Blütenpflanzen. Im Sommer und Herbst verbringen die meisten Arten viel Zeit damit, Pflanzen zu ernten, die sie in ihrem Bau als Futtervorrat für den Winter anhäufen. Nordamerikanische Pikas widmen mitunter über 30 % ihrer Zeit der „Heuernte". Ihre Vorräte sind großzügig berechnet und häufig bleibt etwas übrig.

Im Winter graben Pikas Tunnels in den Schnee, um an Pflanzen zu kommen. Großohrige und Schwarzlippenpikas, in deren Lebensräumen Schnee selten ist, legen keine Heuvorräte an, sondern gehen auch im Winter auf Nahrungssuche.

Ebenso wie andere Lagomorphe produzieren Pfeifhasen zwei Arten von Kot: kleine, an Pfefferkörner erinnernde Kugeln sowie schleimige weiche, dunkelgrüne Exkremente, die einen hohen Gehalt an B-Vitaminen aufweisen und entweder gleich vom After oder vom Boden weg gefressen werden.

Gesellig oder einsiedlerisch?

SOZIALVERHALTEN

Am stärksten unterscheiden sich Felsbewohner und Baubewohner durch ihr Sozialverhalten. Pikas in felsigen Lebensräumen verteidigen große Reviere, die sie entweder allein (nordamerikanische Arten) oder mit einem Partner (asiatische Arten) bewohnen. Ihre Besiedlungsdichte ist infolgedessen niedrig (2 bis 10 Tiere/ha) und langfristig relativ stabil. Diese Pfeifhasen interagieren fast nur dann mit Artgenossen, wenn es gilt, sie aus dem eigenen Revier zu vertreiben. Sogar die asiatischen Arten, die gemeinsame Heuvorräte anlegen, verbringen den größten Teil des Tages allein. Trotzdem sind die Einzelgänger über alles informiert, was an ihrem Hang vor sich geht (siehe *Special Feature* Seite 714).

In Bauen lebende Pfeifhasen dagegen zählen zu den geselligsten Säugetieren. Familiengruppen bewohnen Gemeinschaftsbaue und die Dichte einer Population kann gegen Ende der Paarungszeit 300 Tiere/ha überschreiten, wobei die Bevölkerungszahlen großen Schwankungen unterliegen. In der Paarungszeit leben in einer Familiengruppe zahlreiche Geschwister unterschiedlichen Alters und es kommt sehr häufig zu sozialen Interaktio-

◀ *Links: Der Halsbandpika ist an Felshängen Alaskas und Nordwestkanadas heimisch. Seinen Namen verdankt er den grauen Stellen unter den Wangen und am Hals. Ungefähr die Hälfte seiner Zeit verbringt er damit, ruhig auf vorspringenden Felsen zu sitzen.*

FAKTEN

PFEIFHASEN

Ordnung: Lagomorpha

Familie: Ochotonidae

29 Arten der Gattung *Ochotona*. Im Fels lebende Arten sind u.a.: Nördlicher Pfeifhase *(O. alpina)*; Nordamerikanischer Pika *(O. princeps)*; Japanischer Pfeifhase *(O. hyperborea)*; Halsbandpika *(O. collaris)*. Baue grabende Arten sind u.a.: Daurischer Pfeifhase *(O. daurica)*; Koslows Pika *(O. koslowi)*; Tibetischer Pika *(O. thibetana)*; Schwarzlippenpika *(O. curzoniae)*; Steppenpika *(O. pusilla)*.

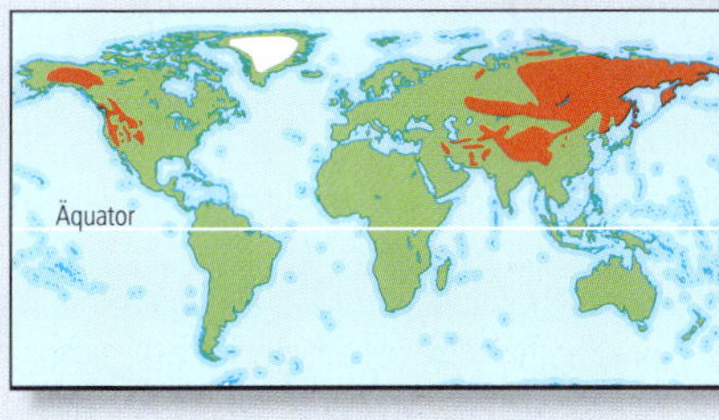

VERBREITUNG Rocky Mountains im W von Nordamerika; Großteil Asiens nördlich des Himalaya, vom Nahen Osten und Ural zur nördlichen Pazifikküste; von Meereshöhe bis in 6130 m.

LEBENSRAUM Felsbewohner: Geröllhänge, mitunter Anhäufungen gestürzter Baumstämme. Baue grabende Formen: Bergwüsten, Steppen, Halbwüsten.

GRÖSSE
Körperlänge 120–285 mm;
Gewicht 50–350 g;
Schwanzlänge ca. 5 mm;
Ohrlänge 12–36 mm.

FELL Dicht und weich. Bei den meisten Arten graubraun (bei einer rotbraun), oben dunkler als unten.

NAHRUNG Pflanzen.

FORTPFLANZUNG Felsbewohner: Wurfgröße 1–5 Junge; 2 Würfe im Jahr, davon meist nur einer erfolgreich aufgezogen; Tragzeit ca. 1 Monat. Baue grabende Formen: Wurfgröße 1–13 Junge; bis zu 5 Würfe im Jahr; Tragzeit ca. 3 Wochen.

LEBENSERWARTUNG Felsbewohner bis 7 Jahre, Baue grabende Formen bis 3 Jahre; die meisten Tiere leben nur 1 Jahr.

IUCN-STATUS 6 Arten und 13 Unterarten gelten in gewissem Umfang als bedroht. *Ochotona helanshanensis* ist vom Aussterben bedroht.

Vollständige Artenliste siehe Anhang Seite 878 ▷

▲ *Oben: Die typische Beschäftigung der Pfeifhasen im Spätsommer besteht darin, Heu anzusammeln, das teilweise als Winternahrung dient. Meist wird das Heu unter überhängenden Felsen angehäuft.*

nen. Die Tiere sitzen dicht nebeneinander, reiben die Nasen aneinander, betreiben gegenseitige Fellpflege oder spielen. Jungtiere reihen sich hinter einem Erwachsenen – meist dem Vater – auf und folgen ihm im Gänsemarsch. Während fast alle friedlichen Interaktionen innerhalb der Familiengruppe stattfinden, verlaufen Kontakte zwischen Tieren aus verschiedenen Gruppen meist aggressiv. So kommt es z.B. zwischen Männchen zu langen Verfolgungsjagden.

Auch hinsichtlich ihrer Kommunikation unterscheiden sich die beiden Artengruppen. Die meisten Felsenbewohner kennen nur zwei Rufe: Mit dem kürzeren zeigen sie ihre Anwesenheit an oder warnen Artgenossen vor Fressfeinden, während der längere Ruf von Männchen in der Paarungszeit eingesetzt wird. Baubewohner verfügen über ein größeres Repertoire: Warnrufe (kurz, leise und oft wiederholt), lange Rufe (von adulten Männchen) sowie Wimmern, Trillern und andere Laute, mit denen Jungtiere Kontakt zu Geschwistern halten.

Das Paarungssystem der Baue grabenden Pfeifhasen fällt durch erstaunliche Flexibilität auf. In benachbarten Pfeifhasenbauen treten sowohl monogame als auch polygyne, polyandrische und komplexe (aus mehreren Männchen und Weibchen) Verbindungen zwischen erwachsenen Tieren auf. Polyandrie kommt bei Säugetieren nur sehr selten vor. Trotzdem kann man zwei Männchen aus dem gleichen Bau sehen, die sich abwechselnd mit einem Weibchen paaren und während deren Brunft friedlichen Umgang miteinander pflegen. Möglicherweise stellt dies eine Anpassung dar, die auch unter rauen Umweltbedingungen eine möglichst hohe Fortpflanzungsrate gewährleisten soll.

Nicht einfach nur Schädlinge

ARTEN- UND UMWELTSCHUTZ

Mehrere Arten und Unterarten gelten als bedroht. Meist handelt es sich dabei um Tiere, die auf felsige Lebensräume beschränkt sind oder in isolierten Regionen Zentralasiens auftreten. Da sie sehr abgelegene Gebiete bewohnen, ist es oft schwer, die Größe der Bestände einzuschätzen.

Einige in Bauen lebende Arten, die sehr hohe Bevölkerungsdichten erreichen, gelten vielerorts als Schädlinge. So wurden etwa Schwarzlippenpikas in der chinesischen Provinz Qinghai großflächig bekämpft, obwohl ihre Fürsprecher darauf hinweisen, dass diese Pfeifhasen hinsichtlich der Biodiversität des Tibetischen Hochlands eine Schlüsselrolle spielen. Durch die Anlage von Bauen belüften sie den Boden, was letztlich zu einer größeren Artenvielfalt bei den Pflanzen führt. Die Baue selbst dienen Vögeln und Eidechsen als Versteck. Außerdem sind Schwarzlippenpikas bevorzugte Beutetiere vieler räuberischer Arten. Darüber hinaus tragen sie zur Dynamik ihres Ökosystems bei, indem sie Nährstoffe wiederverwerten und Erosion mindern. TK/ATS

▶ *Rechts: Ein Pfeifhase am Eingang seines Baus in Ladakh (Nordostindien). Nur bestimmte Pfeifhasenarten leben in Bauen, und selbst diese sind nicht optimal an das Graben angepasst. Sie unterscheiden sich von den zwischen Felsen lebenden Formen u.a. dadurch, dass sie weitaus geselliger sind.*

Auf Wohnungssuche

Die Sozialorganisation Nordamerikanischer Pikas

Zwei Nordamerikanische Pikas lieferten sich auf einer Geröllhalde eine Verfolgungsjagd. Dabei verfolgte ein ortsansässiges Männchen einen zuwandernden Geschlechtsgenossen. Es rannte hinter dem Eindringling her über eine Wiese und in einen dichten Fichtenwald hinein. Als die beiden daraus wieder zum Vorschein kamen, lief ein Wiesel hinter ihnen her, das den verfolgenden Pika fing und tötete, bevor er das rettende Geröll erreichen konnte. Mit einer einzigen Ausnahme brachen sofort alle Pfeifhasen in der Umgebung in einen Chor kurzer, rasch aufeinander folgender Rufe aus, die sie immer bei durch Fressfeinde drohender Gefahr ausstoßen. Der Pfeifhase, der Auslöser für die Verfolgungsjagd gewesen war, war dem Wiesel entronnen. Nun saß er schweigend auf einem emporragenden Felsen und blickte auf sein neues Reich herab.

Die meisten Berichte über Pfeifhasen betonen, dass die Tiere individuelle Reviere verteidigen. In den Rocky Mountains von Colorado durchgeführte Stu-

Oben: *Ein Pfeifhase inmitten seines Wintervorrats. Viele Pfeifhasen neigen dazu, allzu großzügig zu ernten, und sammeln mehr Gras und Blätter, als sie später im Winter verbrauchen werden.*

Links: *Zwei Laute sind für Pfeifhasen typisch: der kurze und der lange Ruf (auch als Lied bezeichnet). Lange Rufe bestehen aus einer bis zu 30 Sekunden andauernden Aneinanderreihung von Quiektönen und werden von Männchen vor allem in der Paarungszeit ausgestoßen. Kurze Rufe enthalten gewöhnlich Quiektöne aus ein bis zwei Noten und können vor oder nach Bewegungen von hohen Felsen aus abgegeben werden, als Antwort auf Rufe von Artgenossen, im Lauf von Verfolgungsjagden oder als Warnung vor Fressfeinden.*

dien bereicherten diese Beobachtungen um zusätzliche Details. So weiß man inzwischen, dass benachbarte Reviere von Pfeifhasen unterschiedlichen Geschlechts besetzt werden. Die Territorien von Männchen und Weibchen überlappen einander stärker und weisen näher beieinander liegende Aktivitätszentren auf als die Reviere von Tieren gleichen Geschlechts. Revierbesitz und Nachbarschaft scheinen stabil, sodass kaum vorhersehbar ist, wann auf dem Hang wieder ein Territorium frei wird, zumal Nordamerikanische Pikas bis zu sechs Jahre alt werden. Ein Gebiet neu für sich zu beanspruchen ist für einen Pfeifhasen also ein bisschen so, als würde er an einer Verlosung teilnehmen, bei der sein Geschlecht über den Erfolg entscheidet, denn fast immer werden Reviere von Tieren beansprucht, die das Geschlecht des Vorgängers haben.

Das Verhalten, das beim Besetzen eines Reviers zutage tritt, stellt offenbar einen Kompromiss zwischen den gegensätzlichen aggressiven und geselligen Neigungen der Pfeifhasen dar. Obwohl die Tiere ihre Reviere ausgesprochen entschlossen verteidigen, sind Weibchen Männchen gegenüber weniger aggressiv als gegenüber ihren Nachbarinnen. Aggressionen unter männlichen Revierinhabern sind selten, weil sie normalerweise kaum zusammentreffen. Einen zuwandernden Artgenossen greifen Revierbesitzer jedoch energisch an – wie es auch der Pfeifhase in der eingangs geschilderten Erzählung vorführte.

Geselliges Verhalten kann bei benachbarten Männchen und Weibchen beobachtet werden, die jeweils die Gegenwart der anderen nicht nur dulden, sondern auch gemeinsam Duette aus kurzen Rufen anstimmen. Dieses Verhalten tritt dagegen bei gleichgeschlechtlichen Nachbarn oder aber bei nicht benachbarten heterosexuellen Paaren kaum auf.

Adulte Tiere behandeln ihren Nachwuchs so wie Nachbarn des anderen Geschlechts. Jungtiere erleben Aggressionen, aber auch Bekundungen sozialer Toleranz. Die meisten Jungtiere verbringen den ersten Sommer noch in den Revieren der Eltern und zerstreuen sich erst später.

Ökologische Zwänge führten bei jenen Pfeifhasen-Arten mit felsigen Lebensräumen zur Entwicklung eines monogamen Paarungssystems. Obgleich sich die Männchen nicht direkt an der Aufzucht der Jungen beteiligen, bleiben sie mit nur einem benachbarten Weibchen in Kontakt. Zur Polygynie kommt es bei Säugetieren nur dann, wenn ein Männchen entweder genügend Ressourcen monopolisieren kann, um mehrere Weibchen anzulocken, oder wenn es mehrere Weibchen verteidigen kann. Da sich auf Geröllfeldern lebende Pfeifhasen in erster Linie von Pflanzen ernähren, die am Fuß des Hangs wachsen, ist das Vereinnahmen von Ressourcen nicht möglich. Ebenso wenig kann ein Männchen mehrere verstreut lebende Weibchen kontrollieren.

Jungtiere beider Geschlechter, die versuchen, auf einem kolonisierten Hang Reviere zu beanspruchen, werden gewöhnlich vertrieben. Als Folge davon lassen sie sich häufig nahe ihrem Geburtsort nieder („Philopatrie"). Dieses Besiedlungsmuster kann zu inzestuösen Verbindungen führen, die wiederum Ursache der geringen genetischen Vielfalt der Pfeifhasenpopulationen sind.

Die enge Verbindung zwischen Paaren von Männchen und Weibchen und die Wahrscheinlichkeit der Verwandtschaft von Nachbarn könnte der Evolution kooperativer Verhaltensmuster bei Pfeifhasen zugrunde liegen. Angriffe auf Zuwanderer durch Revierbesitzer sind vielleicht indirekter Ausdruck elterlicher Fürsorge: Wenn die Erwachsenen Eindringlinge erfolgreich verjagen, erhöhen sie zum einen die Chancen des eigenen Nachwuchses, zu einem eigenen Territorium zu kommen, sobald in der Nähe ihres Reviers etwas frei wird. Zum anderen fällt bei der eingangs erzählten Schilderung auf, dass der einzige Pfeifhase, der keine Warnrufe ausstieß, der Eindringling war. Ohne dass ihn jemand daran hinderte, nahm der Neuling das Revier des getöteten Tieres in Besitz – und mit ihm einen halben Wintervorrat an Heu sowie den Zugang zu einer Nachbarin. ATS

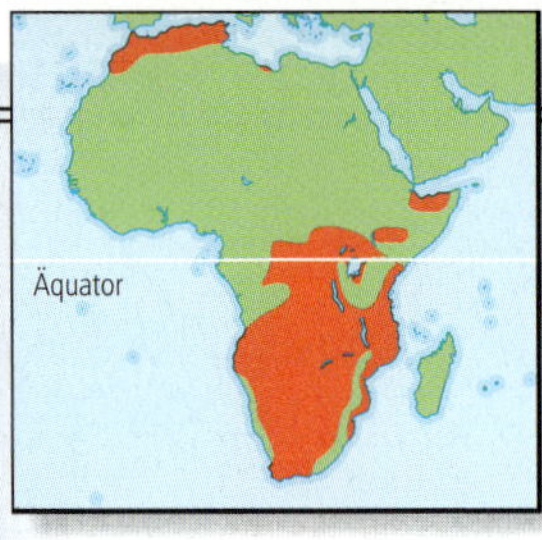

RÜSSELSPRINGER

SIE SEHEN WIE RIESIGE SPITZMÄUSE AUS und wurden in der wissenschaftlichen Literatur erst ab der Mitte des 19. Jahrhunderts beschrieben. Dies könnte damit zu tun haben, dass Rüsselspringer rätselhafte und schwer zu fangende Tiere sind, die nur in Afrika vorkommen. Knapp ein weiteres Jahrhundert verging, bevor einige Anmerkungen zu ihrer Biologie erschienen. In den letzten 50 Jahren wurden sie gründlicher erforscht. Heute wissen wir, wie einzigartig diese Tiere tatsächlich sind.

Früher bezeichnete man diese Tiere mitunter als „springende Spitzmäuse", doch ist dies nicht korrekt, weil nur die kleineren Arten bei Gefahr zu weiten Sprüngen ansetzen. Normalerweise bewegen sich Rüsselspringer auf allen vieren laufend fort. Da die Tiere eine lange, an einen Rüssel erinnernde Nase, große Augen, schlanke Beine wie kleine Antilopen und einen langen „Rattenschwanz" haben, wirken sie fast ein bisschen so, als wären sie aus verschiedenen Teilen anderer Tierarten zusammengesetzt.

Auf langen Stelzen

KÖRPERBAU UND FUNKTION

Die heute in Afrika lebenden Rüsselspringer liefern kaum Hinweise auf die lange und wechselvolle Evolutionsgeschichte ihrer Familie. Fossile Rüsselspringer traten erstmals vor 50 Millionen Jahren im frühen Eozän auf und erreichten den Höhepunkt ihrer Artenvielfalt im Miozän (vor 24 Millionen Jahren), als sie sechs Unterfamilien bildeten. Zu einer von ihnen gehörte die kleine, herbivore, etwa 50 g schwere Gattung *Mylomygale*, die wie ein kleines Gras fressendes Nagetier aussah. Zu einer anderen Gattung zählte der große Pflanzenfresser *Myohyrax*, der zehnmal so viel wog und so sehr einem Huftier ähnelte, dass man ihn zunächst für einen Schliefer hielt. Einzige überlebende Nachkommen dieser frühen Formen sind die Vertreter zweier Unterfamilien von Insektenfressern, die Rüsselhündchen oder Riesenelefantenspitzmäuse (Rhynchocyoninae) sowie die Elefantenspitzmäuse (Macroscelidinae). Die vier anderen Unterfamilien starben vor 1,5 Millionen Jahren im Pleistozän aus.

Die Taxonomie der Rüsselspringer war lange Zeit umstritten. Zuerst wurden sie den Insektenfressern zugeordnet. Dann hielt man sie für entfernte Verwandte der Huftiere. Als Nächstes steckte man sie zusammen mit den Spitzhörnchen in die neue Gruppe der Menotyphla. Und schließlich, vor nicht allzu langer Zeit, wurden sie den Kaninchen und Hasen zugeteilt. Inzwischen stimmen die meisten Biologen darin überein, dass Rüsselspringer eine eigene Ordnung bilden, die Macroscelidea.

Wie stehen diese Tiere jedoch phylogenetisch zu anderen Säugern? Seit man dank molekularer Technologien evolutionäre Beziehungen entwirren kann, gewinnt eine bestimmte These immer mehr Anhänger. Sie besagt, Macroscelidea seien einer alten Radiation afrikanischer Säugetiere zuzurechnen, die heute kaum noch morphologische Gemeinsamkeiten besitzen. Der aktuellste Vorschlag ordnet die Rüsselspringer der Überordnung Afrotheria zu, der auch Elefanten, Schliefer, Seekühe (Paenungulata), Erdferkel, Goldmulle und Tanreks angehören.

Verbreitet, doch nicht häufig

VERBREITUNG

Rüsselspringer sind in verschiedenen afrikanischen Lebensräumen heimisch. Der Kurzohrrüsselspringer *(Macroscelides proboscideus)* z.B. tritt in der Wüste Namib im südwestlichen Afrika sowie in steinigen, mit Dornbüschen bewachsenen Ebenen der Kapprovinz auf, während die beiden in felsiger Umgebung lebenden Arten *Elephantulus myurus* und *E. rupestris* auf Felsregionen im südlichen Afrika beschränkt sind. Die meisten anderen *Elephantulus*-Arten bewohnen die weiten Savannen im südlichen und östlichen Afrika. Die drei Riesenelefantenspitzmausarten der Gattung *Rhynchocyon* sowie die Vierzehenrüsselratte *(Petrodromus tetradactylus)* sind nur in Tiefland- und Bergwäldern sowie den sich daran anschließenden unterholzreichen Regionen in Zentral- und Ostafrika beheimatet. *Elephantulus rozeti* lebt, durch die Sahara von allen anderen Arten isoliert, in semiariden Bergregionen des äußersten Nordwestens Afrikas. Warum es in Westafrika keine Rüsselspringer gibt, konnte bisher noch nicht geklärt werden. Sie treten nirgends in großer Zahl auf, doch obgleich sie am Boden leben sowie überwiegend tagsüber und abends aktiv sind, entziehen sie sich häufig durch ihre Flinkheit und Heimlichkeit der Beobachtung.

Goldrückenrüsselhündchen verbringen bis zu 80 % ihrer Wachphasen mit der Jagd auf Wirbellose, nach denen sie mit ihren langen Nasen auf ähnliche Weise wie Nasenbären oder Schweine in der Laubschicht am Waldboden suchen. *Rhynchocyon*-Arten setzen außerdem ihre mit je drei langen Krallen ausgestatteten Vorderpfoten ein, um kleine Löcher in den Boden zu graben. Zu ihren wichtigsten Beutetieren zählen Käfer, Hundertfüßer, Termiten, Spinnen und Regenwürmer. Die Elefantenspitzmausarten verbringen nur halb so viel Zeit mit der Nahrungssuche. Sie fressen normalerweise kleine Wirbellose, besonders Termiten und Ameisen, von Blättern, Zweigen und dem Boden, nehmen aber auch pflanzliche Kost wie kleine fleischige Früchte und Samen. Alle Rüsselspringer besitzen lange Zungen, mit denen sie sich kleine Futterobjekte ins Maul befördern.

Monogamie und Wegnetze

SOZIALVERHALTEN

Während die einzelnen Arten sich äußerlich und durch ihre Lebensräume unterscheiden, gleichen sie einander hinsichtlich ihres Geschlechtslebens. Goldrückenrüsselhündchen, Vierzehenrüsselratte, Kurzohr-, Rotbraune, Klippenelefantenspitzmaus bilden monogame Paare.

Rotbraune Elefantenspitzmäuse, die Kenias Savannen bewohnen, leben paarweise in Territorien von 1600 bis 4500 qm Fläche. Das gleiche Verbreitungsmuster trifft man bei den Goldrückenrüsselhündchen der kenianischen Küstenwälder an, deren Reviere

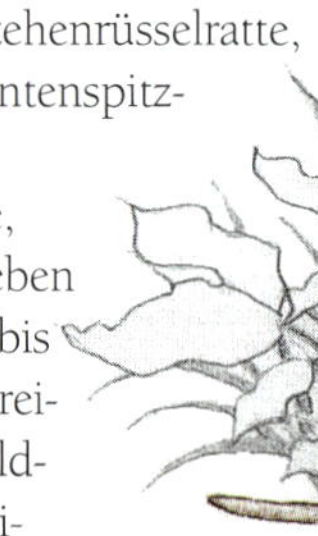

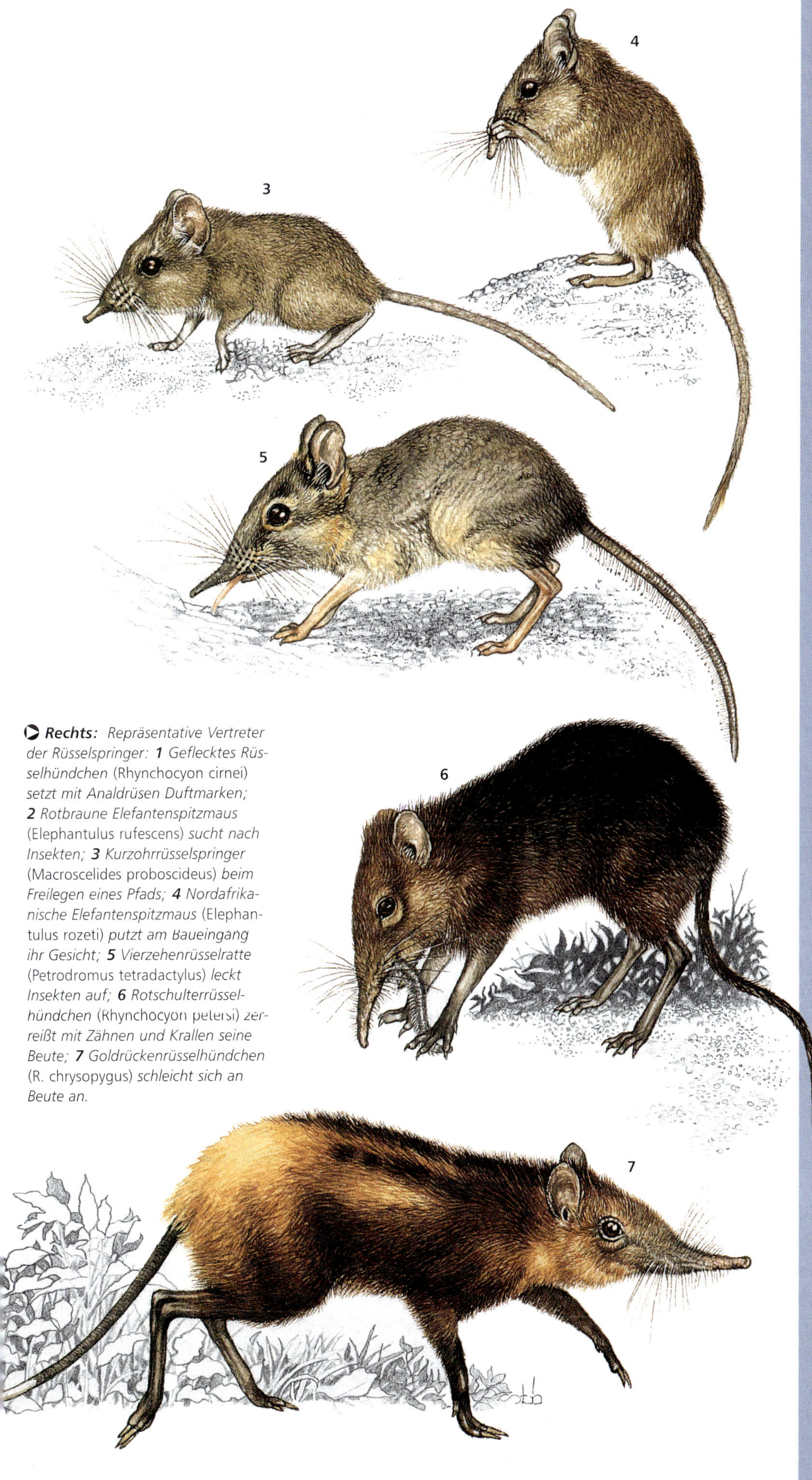

Rechts: *Repräsentative Vertreter der Rüsselspringer:* ***1*** *Geflecktes Rüsselhündchen* (Rhynchocyon cirnei) *setzt mit Analdrüsen Duftmarken;* ***2*** *Rotbraune Elefantenspitzmaus* (Elephantulus rufescens) *sucht nach Insekten;* ***3*** *Kurzohrrüsselspringer* (Macroscelides proboscideus) *beim Freilegen eines Pfads;* ***4*** *Nordafrikanische Elefantenspitzmaus* (Elephantulus rozeti) *putzt am Baueingang ihr Gesicht;* ***5*** *Vierzehenrüsselratte* (Petrodromus tetradactylus) *leckt Insekten auf;* ***6*** *Rotschulterrüsselhündchen* (Rhynchocyon petersi) *zerreißt mit Zähnen und Krallen seine Beute;* ***7*** *Goldrückenrüsselhündchen* (R. chrysopygus) *schleicht sich an Beute an.*

ORDNUNG: MACROSCELIDEA

Rüsselspringer
Familie: Macroscelididae
2 Unterfamilien; 4 Gattungen; 15 Arten

Verbreitung N-, O-, Zentral- und südliches Afrika; nicht verbreitet in W-Afrika und der Sahara.

Lebensraum Vielfältig, darunter Berg- und Tieflandwälder, Savannen, Steppen, Wüsten.

Grösse **Körperlänge** von 10,5–11,5 cm beim Kurzohrrüsselspringer bis 27–29,5 cm beim Goldrückenrüsselhündchen, **Schwanzlänge** von 11,5–13 bis 23–25,5 cm; **Gewicht** von 45 bis 540 g, jeweils bei den beiden genannten Arten.

Fell Weich, in mehreren Nuancen von Grau und Braun.

Nahrung Käfer, Spinnen, Hundertfüßer, Regenwürmer, Ameisen, Termiten, andere Wirbellose sowie Früchte und Samen.

Fortpflanzung Tragzeit 57–65 Tage bei Rotbrauner Elefantenspitzmaus, ca. 42 Tage bei Goldrückenrüsselhündchen.

Lebenserwartung 2,5 Jahre bei Rotbrauner Elefantenspitzmaus (5,5 Jahre in Gefangenschaft), 4 Jahre bei Goldrückenrüsselhündchen.

IUCN-Status *R. chrysopygus, R. petersi* und *E. revoili* gelten als stark gefährdet; *R. cirnei, M. proboscideus, E. edwardii* und *E. rupestris* als gefährdet.

GATTUNG *RHYNCHOCYON*

Goldrückenrüsselhündchen *(Rhynchocyon chrysopygus)*, Rotschulterrüsselhündchen *(R. petersi)*, Geflecktes Rüsselhündchen *(R. cirnei)*.

GATTUNG *PETRODROMUS*

Vierzehenrüsselratte *(Petrodromus tetradactylus)*

GATTUNG *MACROSCELIDES*

Kurzohrrüsselspringer *(Macroscelides proboscideus)*

GATTUNG *ELEPHANTULUS*

Kurznasenelefantenspitzmaus *(Elephantulus brachyrhynchus)*, *E. edwardii*, Dunkelfußelefantenspitzmaus *(E. fuscipes)*, *E. fuscus*, Trockenlandelefantenspitzmaus *(E. intufi)*, Klippenelefantenspitzmaus *(E. myurus)*, Somali-Elefantenspitzmaus *(E. revoili)*, Nordafrikanische Elefantenspitzmaus *(E. rozeti)*, Rotbraune Elefantenspitzmaus *(E. rufescens)*, *E. rupestris*.

Anmerkung: Rüsselspringer können zusammen mit anderen endemischen afrikanischen Plazentatieren (wie Goldmullen, Tanreks und Elefanten) der neuen Gruppe „Afrotheria" zugeordnet werden. Siehe dazu S. 723.

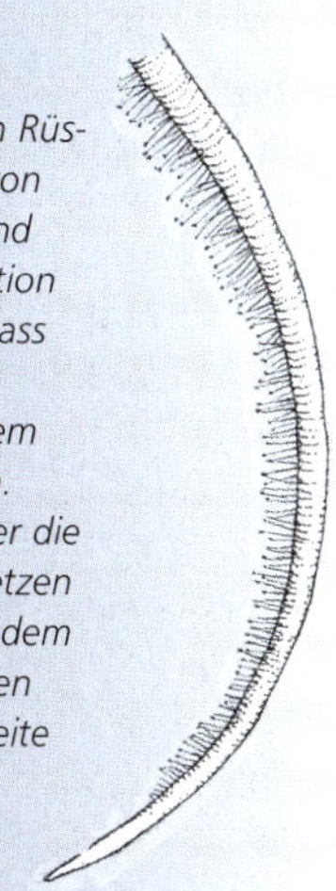

Rechts: *Die Schwänze von Rüsselspringern – dieser stammt von einer Vierzehenrüsselratte – sind mit Borsten besetzt. Ihre Funktion ist unbekannt, doch fiel auf, dass die Tiere bei aggressiven oder sexuellen Begegnungen mit dem Schwanz den Boden peitschen. Dabei wischen die Borsten über die Oberfläche. Möglicherweise setzen die Tiere dabei Duftmarken, indem die Borsten Hauttalg aus großen Drüsen an der Schwanzunterseite verteilen.*

Rechts: *Rotbraune Elefantenspitzmäuse setzen zur optischen Markierung ihres Reviers Kothäufchen an Stellen ab, an denen die Pfade zweier benachbarter Paare aufeinander treffen. An diesen Punkten kommt es gelegentlich zu aggressiven Begegnungen. Hier ist das Zusammentreffen zweier Tiere desselben Geschlechts dargestellt: Während sie langsam und mit gestreckten Beinen in entgegengesetzte Richtungen gehen, zeigen sie auf auffällige Weise ihre weißen Pfoten. Wenn sich keines der Tiere zurückzieht, kommt es zum Kampf. Der Verlierer wird vertrieben.*

Unten: *Flauschige Fellkugel mit langer Nase: Ein Kurzohrrüsselspringer nimmt ein Sonnenbad. Diese Art ist der einzige Vertreter der Gattung* Macroscelides *und kommt nur im südlichen Afrika vor. Dort besiedelt er eine rund 20 000 qkm große Halbwüstenebene. Er wird von der IUCN als gefährdet eingestuft.*

mit durchschnittlich 1,7 ha jedoch größer sind. Trotz monogamer Lebensweise verbringen die beiden Partner wenig Zeit miteinander. Männchen und Weibchen teilen sich dasselbe Gebiet, das jeder für sich allein verteidigt, wobei das Weibchen andere Weibchen vertreibt und das Männchen eindringende männliche Tiere. Diese durch eine beschränkte Zusammenarbeit der Geschlechter charakterisierte Monogamie ist auch von kleinen Antilopen wie Dikdiks und Klippspringern bekannt. Wie bei den meisten monogamen Säugern gleichen die Geschlechter einander, männliche Rüsselhündchen besitzen aber größere Eckzähne.

Bei Begegnungen in Revieren spielen visuelle Signale eine Rolle, doch markieren Rüsselspringer auch mithilfe ihrer Duftdrüsen. Diese sitzen bei einigen *Elephantulus*-Arten an der Schwanzunterseite, bei der Rotbraunen Elefantenspitzmaus an den Fußsohlen, bei Dunkelfuß-, Rotbrauner und Somali-Elefantenspitzmaus an der Brust und bei den Arten der Gattung *Rhynchocyon* hinter dem After. Die Kommunikation durch Laute ist unbedeutend, obwohl die Vierzehenrüsselratte und einige *Elephantulus*-Arten Geräusche erzeugen, indem sie mit den Hinterfüßen auf dem Boden trommeln, während *Rhynchocyon*-Arten mit dem Schwanz auf die Laubschicht schlagen. Wenn man sie fängt, stoßen die Individuen mehrerer Rüsselspringerarten schrille Schreie aus. Sie sind jedoch überraschend zahm und versuchen nur selten zu beißen.

In mehrfacher Hinsicht ähneln Rüsselspringer kleinen Huftieren, so auch in ihren Strategien, Fressfeinde zu vermeiden. Zu diesen zählen u.a. Schlangen und einige Fleisch fressende Tierarten. Wenn Rüsselspinger also trotz ihrer Tarnung von einem Feind aufgestöbert werden, versuchen sie zunächst zu fliehen. In Anbetracht ihrer geringen Größe (z.B. 6 cm Schulterhöhe bei einem Gewicht von 60 g) stellt dies eine beträchtliche Leistung dar. Hilfreich bei ihrer Flucht sind die von ihnen angelegten Pfade, die so komplex verlaufen, dass sie einen Vergleich mit dem Londoner Straßennetz nicht zu scheuen brauchen.

Trotzdem muss man sich fragen, welchen Zweck die monogame Lebensweise im Fall des Goldrückenrüsselhündchens erfüllt. Diese Art legt keine Pfade frei, sodass dem Männchen scheinbar keine Aufgabe zukommt. Die Lösung des Rätsels hängt mit dem tropischen Klima zusammen, in dem diese Waldbewohner leben und das ihnen ermöglicht, das ganze Jahr über Nachwuchs zu bekommen. Unter diesen Umständen besteht die produktivste Strategie für das Männchen darin, bei einem Weibchen zu bleiben, um sicherzustellen, dass alle Jungen von ihm gezeugt werden. Wesentlich anstrengender wäre es dagegen, durch den Wald zu streifen, um sich über die Fortpflanzungsbereitschaft mehrerer Weibchen auf dem Laufenden zu halten. Diese Kopplung der Monogamie an Ressourcen könnte auch erklären, warum beispielsweise h einige kleine Antilopen ebenfalls paarweise leben.

Anders als Arten, die extra angelegte Pfade nutzen (z.B. Vierzehenrüsselratte), graben andere, darunter die Kurzohrrüsselspringer, in sandigen Bodenschichten kurze, flache Baue als Unterschlupfe. Dort, wo der Boden zu hart ist, ziehen die Tiere in verlassene Nagetierbaue ein. Anders als die meisten Nager polstern diese Rüsselspringer ihre Schlafkammern nicht aus. Die Rüsselhündchen dagegen verhalten sich typischer nach

Ein Netz aus Pfaden

In der Nähe des kenianischen Tsavo-Nationalparks lebt die Rotbraune Elefantenspitzmaus in Dickichten, in denen jedes Paar ein komplexes Netz kreuz und quer verlaufender Pfade anlegt, instand hält und verteidigt. Damit die Elefantenspitzmäuse auf diesen Pfaden schnell laufen können, müssen sie peinlich in Ordnung gehalten werden. Ein einziger auf dem Boden liegender Zweig könnte die Flucht vor einem flinken Fressfeind behindern – mit katastrophalen Folgen für die Beute. Täglich verbringen die Tiere also 20 bis 40 % der Stunden mit Tageslicht damit, allein über die Pfade zu laufen und mit flinken Bewegungen der Vorderpfoten Blätter und Zweige „wegzukehren". Wenig benutzte Wechsel bestehen nur aus einer Reihe kleiner, nackter, ovaler Flecken sandigen Bodens, auf denen die Tiere bei ihrem hüpfenden Lauf landen. Stark benutzte Pfade erkennt man daran, dass sie zusammenhängende, saubere Kanäle inmitten der Laubschicht bilden.

Die Pfade der Rotbraunen Elefantenspitzmaus und auch diejenigen von *Petrodromus* sind deshalb so wichtig, weil dieser Arten weder Baue noch Unterschlupfe anlegt. Ähnlich wie kleine Antilopen halten sie sich ständig im Freien auf. Ihre auffällige schwarz-weiße Gesichtszeichnung könnte dazu dienen, die Konturen ihrer großen Augen zur besseren Tarnung zu verwischen.

Neugeborene Rotbraune Elefantenspitzmäuse kommen vollständig entwickelt in Würfen von ein bis zwei Jungen zur Welt und sind sofort selbstständig. Da das Männchen an der Aufzucht des Nachwuchses nicht beteiligt ist, stellt sich die Frage, warum diese Tiere überhaupt monogam leben.

Das Wegenetz könnte die Antwort darauf sein. Die Männchen verbringen etwa doppelt so viel Zeit mit dessen Erhalt wie die Weibchen. Dieses Arrangement ähnelt dem der Maras, die ebenfalls monogam leben und bei denen das Männchen erhöhte Wachsamkeit zeigt, um dem Weibchen mehr Zeit zum Fressen zu gewähren. Obgleich diese Art der Unterstützung nicht so offensichtlich wie die direkte Hilfe bei der Aufzucht des Nachwuchses ist, ist sie für Rüsselspringer sehr wichtig, denn ohne Pfade wären ihre Überlebensstrategien ineffektiv.

Art kleiner Säugetiere, indem sie die Nächte in Blätternestern auf dem Waldboden verbringen. Um Feinde zu verwirren, bauen sie mehrere Nester und wechseln alle paar Nächte den Schlafplatz.

In den Tropen haben Rüsselspringer mehrere Würfe im Jahr, in höheren Lagen ist die Paarungszeit dagegen saisonal gebunden und fällt meist auf die Regenzeit. Die Weibchen gebären ein bis zwei Junge, bei der Nordafrikanischen Elefantenspitzmaus und *Rhynchocyon cirnei* sind es jedoch drei. Das Fell neugeborener Rüsselspringer weist eine ähnliche Zeichnung wie das adulter Tiere auf und die Babys sind weit entwickelt. Nach einigen Tagen im Nest begleiten die Jungen ihre Mutter.

Es ist extrem schwierig, Rüsselhündchen in Gefangenschaft zu halten, und bisher ließen sie sich nicht vermehren. Rotbraune und Kurzohrrüsselspringer dagegen werden mit Erfolg in Zoos gehalten, pflanzen sich dort auch fort und konnten in Labors beobachtet werden. Physiologische Studien zu Kurzohrelefantenspitzmäusen z.B. ergaben, dass sie kürzere Perioden der Futterknappheit im Torpor zu überbrücken vermögen. Dabei sinkt ihre Körpertemperatur von etwa 37 °C auf 9,5 °C. Man stellte fest, dass Rotbraune Elefantenspitzmäuse die Identität von Familienmitgliedern und Nachbarn anhand von Durftmarken erkennen, sodass es den Tieren wahrscheinlich möglich ist, sowohl mithilfe der Augen als auch der Nase zu überwachen, wer sich in ihren großen Territorien aufhält oder diese durchquert.

Oben: *Er sieht aus wie ein Ameisenbär en miniature: Eine dunklere Variante von* Rhynchocyon cirnei *durchkämmt den Waldboden nach Insekten.*

Schwindende Wälder

ARTEN- UND UMWELTSCHUTZ

Rüsselspringer sind für den Menschen von geringer wirtschaftlicher Bedeutung, wenn auch an der kenianischen Küste das Goldrückenrüsselhündchen und die Vierzehenrüsselratte gefangen und verspeist werden. Ein größeres Problem stellt für die Waldbewohner der Raubbau an den Wäldern dar. Besonders betroffen sind Arten, die kleine, isolierte Waldregionen Ostafrikas bewohnen, in denen viel Holz für den Handel mit Schnitzereien geschlagen wird oder die gerodet werden, um für Felder, Baumplantagen oder Siedlungen Platz zu machen. Es wäre ein furchtbarer Verlust, wenn diese einzigartigen Säugetiere nach über 50 Millionen Jahren nur deshalb verschwinden würden, weil ihre Lebensräume nicht effektiv geschützt werden konnten. GBR

Flucht und Schutz

Taktiken und Adaptationen des Goldrückenrüsselhündchens

Die afrikanische Sonne schickt sich gerade an, hinter dem Horizont zu versinken, als sich ein Goldrückenrüsselhündchen einem etwa 1 m breiten Laubhaufen auf dem Waldboden nähert. Am Haufen angekommen, hält das Tier etwa 15 Sekunden lang inne, schnüffelt, lauscht und blickt sich um. Als es nichts Ungewöhnliches bemerkt, schlüpft es leise unter die Blätter. Das Laubnest erbebt einige Sekunden lang, bis der Rüsselspringer seine Schlafposition eingenommen hat. Dann ist es still.

Ungefähr zur selben Zeit zieht sich der Lebensgefährte dieses Tieres in ein ähnliches Nest zurück, das am anderen Ende des Reviers dieses Paares liegt. Gerade als er unter den Laubhaufen klettern will, knackt irgendwo ein Zweig. Das Tier erstarrt und schleicht dann leise in Richtung eines dritten Nestes davon, in dem es erst nach Anbruch der Dämmerung verschwindet.

Jeden Abend nähern sich Rüsselspringerpaare wie dieses vorsichtig und jeder für sich allein einem ihrer rund ein Dutzend Schlafnester, die sie in ihrem Streifgebiet bauen. Damit räuberisch lebende Tiere wie Leoparden und Uhus sie nicht finden, schlafen sie jede Nacht an einem anderen Ort.

Das tägliche Wechseln von Nestern ist nur eine von mehreren Strategien, mit denen sich die Goldrückenrüsselhündchen vor ihren zahlreichen Fressfeinden zu schützen versuchen. Individuen dieser Art verbringen tagsüber über 75 % ihrer Zeit mit der Nahrungssuche auf dem Waldboden und sind währenddessen den Angriffen von Schlangen und Schlangenadlern schutzlos ausgeliefert. Um nicht von ihnen gefressen zu werden, entwickelten die Tiere nicht nur die Fähigkeit, sehr schnell zu laufen, sondern auch eine bemerkenswert auffällige Musterung des Fells.

Goldrückenrüsselhündchen flitzen mit erstaunlichen 25 km/h über den Waldboden, also etwa so schnell, wie ein Mensch laufen kann. Ihre relativ geringe Körpergröße ermöglicht ihnen, sich in Gestrüpp zu verbergen, in das ihnen räuberische Säuger und Vögel nicht zu folgen vermögen. Dennoch fallen sie Überraschungsangriffen von lauernden Greifvögeln wie etwa dem Graubrustschlangenadler zum Opfer. Die meisten kleinen am Boden lebenden Säugetiere sind durch ihre Fellzeichnung getarnt, doch fällt auf den Boden der kenianischen Küstenwälder relativ viel Licht, sodass eine rein auf Tarnung gründende Strategie erfolglos wäre.

Stattdessen machen Rüsselspringer ihre Feinde geradezu auf sich aufmerksam. Der golden leuchtende Gesäßfleck ist so deutlich sichtbar, dass ein lauernder Feind den Rüsselspringer aus einer Entfernung erkennen kann, die für einen Überraschungsangriff zu groß ist. Die spontane Reaktion des Fressfeinds auf diesen Anblick, etwa eine Kopfbewegung oder Gewichtsverlagerung, könnte genügen, um dem Rüsselspringer seine Gegenwart zu verraten, sodass sich dieser in Sicherheit bringen kann.

Entdeckt ein Rüsselspringer ein Raubtier, das sich außerhalb seiner Fluchtdistanz befindet, flieht er nicht, sondern bleibt stehen und schlägt wiederholt im Abstand weniger Sekunden mit dem Schwanz auf die Laubschicht. Das laute Geräusch, das dabei entsteht, stellt wahrscheinlich eine Botschaft für den Fressfeind dar: „Ich weiß, dass du da bist, aber aus der Entfernung erwischst du mich nicht. Wenn du mich angreifst, laufe ich dir davon." Durch Erfahrung lernt das Raubtier, dass dieses Geräusch bedeutet, eine Verfolgung wäre sinnlos, weil der Rüsselspringer wachsam ist und sich leicht in Sicherheit bringen kann.

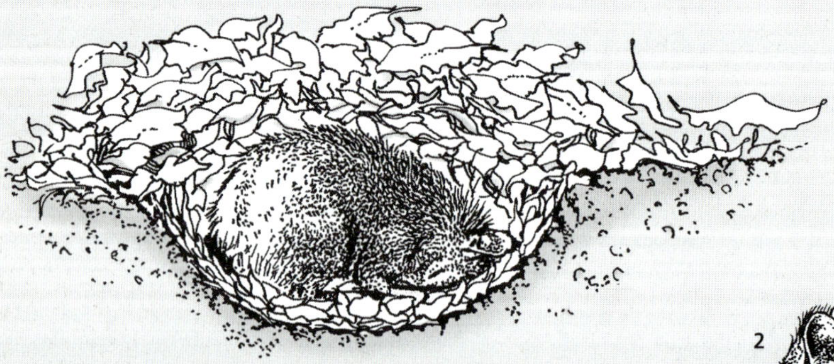

Oben: *Nester werden meist in den frühen Morgenstunden gebaut, wenn das welke Laub feucht vom Tau ist und kaum raschelt. So entstehen wenige Geräusche, die Fressfeinde anlocken könnten. Verwitterte Nester sind vom umgebenden Waldboden kaum zu unterscheiden. Zum Schlafen rollen sich die Rüsselspringer zusammen und drücken das Gesicht an ihre Brust.*

◀ ▲ ***Oben und links:*** *Futtersuche in der Laubschicht. Das kleine Maul des Goldrückenrüsselhündchens* ***1*** *liegt weit hinter der Schnauzenspitze, was das Verschlingen großer Futterobjekte erschwert. Kleine Wirbellose werden mit der langen, weit herausstreckbaren Zunge ins Maul befördert.*
2 *Im Arabuko-Sokoke-Wald nahe der kenianischen Küste ernähren sich Rüsselspringer vorwiegend von Käfern, Hundertfüßern, Termiten, Schaben, Ameisen, Spinnen und Regenwürmern.*

▶ ***Rechts:*** *In hüpfendem Lauf verjagt ein Rüsselspringer einen Eindringling aus seinem Revier.*

Eine ganz andere Situation liegt vor, wenn der Rüsselspringer merkt, dass ein Fressfeind so nah ist, dass sein Entkommen fraglich erscheint. In diesem Fall wird er, während der Vogel herabstößt, zur nächstgelegenen Deckung huschen und dabei mit den Hinterbeinen laut auf die Laubschicht aufstampfen. Unter derartigen Umständen können nur Schnelligkeit und Gewandtheit das Tier retten.

Das Goldrückenrüsselhündchen ist monogam, doch verbringen die Partner nur 20 % ihrer Zeit in gegenseitigem Sichtkontakt. In der übrigen Zeit gehen sie getrennt auf Nahrungssuche. Deshalb kommunizieren sie die meiste Zeit über Düfte und Geräusche. Wenn ein Rüsselspringer mit dem Schwanz auf den Boden schlägt oder aber hüpfend läuft, ist dies im 1,5 ha großen Revier eines Paares fast überall zu hören. Diese Geräusche zeigen einem Fressfeind nicht nur an, dass er entdeckt wurde, sondern teilen auch dem Partner und den Jungen des Individuums mit, dass sich in der Umgebung ein räuberisches Tier aufhält.

Jedes Rüsselspringerpaar verteidigt die Grenzen seines Reviers gegen Nachbarn und umherwandernde, nach einem eigenen Territorium Ausschau haltende Halbwüchsige. Bei einer aggressiven Begegnung wird das revierverteidigende Tier den Eindringling in hohem Tempo durch den Wald jagen. Macht sich der Fremdling nicht schnell genug aus dem Staub, so bekommt er die langen Eckzähne des Revierbesitzers zu spüren.

Konflikte zwischen Rüsselspringern, die man auch als besondere Abart der Fressfeind-Beutetier-Interaktion ansehen kann, enthüllen, dass die Fellzeichnung der Tiere dazu beiträgt, die Tötung durch Fressfeinde zu verhindern. Unter dem Gesäßfleck ist die Haut nämlich dreimal dicker als weiter oben am Rücken. Die goldene Farbe des Flecks lenkt Angriffe auf ein relativ widerstandsfähiges Ziel um und von empfindlicheren Zonen wie Kopf und Flanken ab.

Ablenkende Zeichnungen treten häufig bei Wirbellosen auf und erweisen sich als wirksame Mittel zur Vereitlung von Angriffen. Die auffälligen Augenflecken auf den Flügeln mancher Schmetterlinge etwa ziehen die Aufmerksamkeit von Vögeln auf sich. Häufig kann das Insekt relativ unbeschadet entkommen, wenn der Vogel nach den Flügeln und nicht nach dem Körper pickt. Das gelbe Gesäß und die weiße Spitze des schwarzen Schwanzes könnten beim Goldrückenrüsselhündchen eine ähnliche Funktion haben. Sie bestünde darin, den Angriff der Greifvogelkrallen oder der Schlangenzähne auf sich zu ziehen, um dem Tier dadurch die Chance eines Entkommens zu ermöglichen. GBR

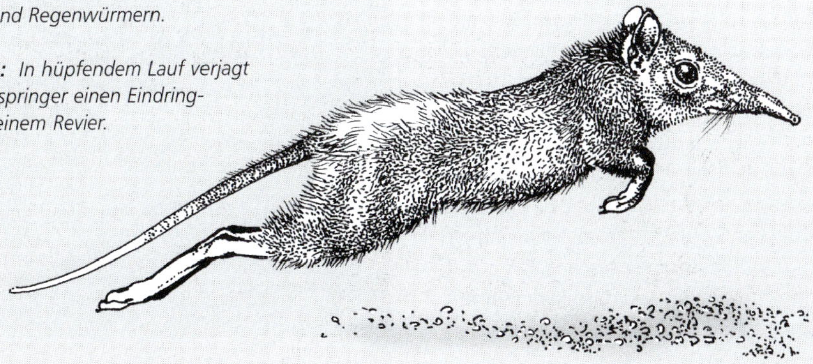

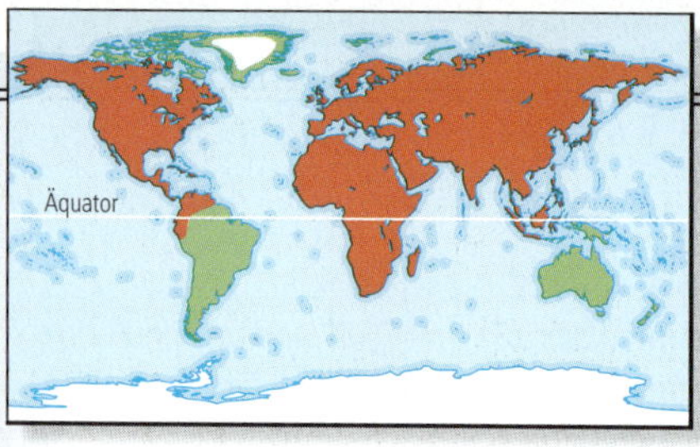

INSEKTENFRESSER

OBWOHL SIE ZU DEN ARTENREICHSTEN Ordnungen unter den Säugern zählen, sind die Insectivora (oder Lipotyphla) noch immer mit am wenigsten erforscht. Alle Insektenfresser sind klein (nie größer als Kaninchen) und haben lange, schmale und in der Regel sehr bewegliche Schnauzen. Die meisten laufen, einige schwimmen und/oder graben. Die Körperform reicht von stromlinienförmig (z.B. Otterspitzmäuse) bis kurz und dick (z.B. Igel und Maulwürfe). Alle Arten sind Sohlengänger und haben meist kurze Gliedmaßen mit fünf Zehen an jeder Pfote. Augen und Ohren sind zum Teil so klein, dass sie äußerlich kaum auffallen.

Die Insektenfresser werden oft in drei Unterordnungen geteilt, um die Beziehungen zwischen den Familien zu verdeutlichen. Zu den Tenrecomorpha gehören Tanreks und Goldmulle. Igel und Haarigel (Letztere gelten als primitivste lebende Insektenfresser) werden in der Unterordnung Erinaceomorpha zusammengefasst. Die Soricomorpha umfassen Spitzmäuse, Maulwürfe und Schlitzrüssler.

Neuere DNA-Untersuchungen deuten jedoch darauf hin, dass Goldmulle und Tanreks einer neuen Ordnung, den Afrosoricida, zugeordnet werden sollten, die zur übergeordneten Sammlung der Afrotheria zählt. Nach diesem neuen Schema bilden Spitzmäuse, Maulwürfe und Igel eine neue Ordnung, die Eulipotyphla. In Erwartung dieser Änderungen wird die traditionelle Systematik der Insektenfresser in diesem Kapitel jedoch beibehalten, bis ein Konsens erreicht ist.

Während die Ordnung als Ganzes weltweit zu finden ist, lassen sich nur drei Familien als weit verbreitet bezeichnen: Erinaceidae (Igel und Haarigel), Talpidae (Maulwürfe und Desmane) und Soricidae (Spitzmäuse). Alle zusammen sind auf der ganzen Welt zu finden. Die anderen drei Familien dagegen treten lokal eng begrenzt auf: Die Solenodontidae (Schlitzrüssler) sind nur auf den Karibikinseln Hispaniola und Kuba anzutreffen, die Tenrecidae (Tanreks) ebenfalls hauptsächlich auf Inseln (Madagaskar und Komoren im Indischen Ozean); einige Mitglieder dieser Familie (Otterspitzmäuse) kommen nur in den Feuchtgebieten Zentralafrikas vor. Aufgrund der Unterschiede in Verbreitung, Lebensweise und Habitat wurden die Otterspitzmäuse verschiedentlich als eigene Familie (Potamogalidae) angesehen, obwohl sie ihren Zähnen nach echte Tanreks sind; auf den folgenden Seiten werden sie als Unterfamilie der Tanreks behandelt. Die Goldmulle besiedeln nur trockenere Gebiete in Südafrika.

Oben: *Alpenspitzmaus* (Sorex alpinus) *im Bayerischen Wald. Spitzmäuse sind die weitaus artenreichste Familie der Insectivora.*

Unten: *Anders als Spitzmäuse und Maulwürfe zeigen Igel in der Regel kein Territorialverhalten und scheinen auf Nahrungssuche ziellos umherzuwandern.*

Primitive Plazentatiere

SYSTEMATIK DER INSEKTENFRESSER

Die Insektenfresser werden meist als primitivste plazentare Säugergruppe und daher als Vertreter der Ursäuger angesehen, von denen die heutigen Säuger abstammen. Ursprünglich war dies nicht der Grund für die Zusammenfassung. Der Begriff „Insektenfresser" wurde erstmals in einem Klassifikationssystem von 1816 zur Beschreibung von Igeln, Spitzmäusen und Altweltmaulwürfen (alle vornehmlich Insektenfresser) verwendet. Die Ordnung wurde rasch zur „Restekiste" für jedes Tier, das nicht recht in eine andere Ordnung passte. 1817 fügte der Zoologe Georges Cuvier die Amerikanischen Maulwürfe, Tanreks, Goldmulle und Desmane hinzu. 40 Jahre später folgten Spitzhörnchen, Rüsselspringer und Riesengleiter, alles noch nicht klassifizierte Neuentdeckungen, die anderen Mitgliedern der Gruppe kaum ähnelten.

Der Taxonom Ernst Haeckel sah sich 1866 einer Ordnung Insectivora gegenüber, die viele sehr unterschiedliche Tiere enthielt, und teilte sie in zwei Gruppen ein: Menotyphla und Lipotyphla. Menotyphla (Spitzhörnchen, Rüsselspringer, Riesengleiter) zeichnen sich durch ein Caecum (Blinddarm) am Anfang des Dickdarms aus, das den Lipotyphla (Maulwürfe, Goldmulle, Tanreks, Spitzmäuse) fehlt. Auch äußerlich unterscheiden sich Menotyphla stark von Lipotyphla: Große Augen und lange Beine sind nur zwei auffällige Merkmale.

Die Riesengleiter sind so anders, dass für sie bereits 1872 die neue Ordnung Dermoptera geschaffen wurde. 1926 wies der Anatom Le Gros Clarke darauf hin, dass die Spitzhörnchen den Lemurenverwandten ähnlicher seien als den Insektenfressern; nach heutiger Meinung stehen die Spitzhörnchen jedoch in einer eigenen Ordnung (Scandentia). Die Rüsselspringer passen ebenfalls in keine bestehende Ordnung, daher bilden sie nun die einzige Familie der neuen Ordnung Macroscelidea. Moderne phylogenetische Analysen führen auch zu widersprüchlichen Ergebnissen, was die Ursprünge der übrigen Insektenfresserfamilien angeht. Nach morphologischen Analysen stammen die lipotyphlen Mitglieder der Gruppe vermutlich von einem gemeinsamen Vorfahren ab, nach Molekularbefunden dagegen ist dies unwahrscheinlich. Auch für die fossilen Mitglieder der Insektenfresser, zu denen viele frühe Säuger gehören und die weiterhin stark einer „Restgruppe" gleichen, können verschiedene Ursprünge angenommen werden. Viele dieser frühen Formen sind nur durch fossile Fragmente und Zähne bekannt. Sie werden vor allem aus Bequemlichkeit den Insektenfressern zugeordnet, da sie Ähnlichkeiten mit diesen und keine Verbindung zu einer anderen Gruppe zeigen.

Interessanterweise deutet die phylogenetische Einordnung der Afrotheria (und der Zahnarmen, darunter die Gürteltiere) – siehe Kasten unten – an der Basis des Evolutionsbaums der höheren Säuger darauf hin, dass die frühesten plazentaren Säuger Erd- und keine Baumbewohner waren, wie in der Vergangenheit behauptet.

Primitive und apomorphe Merkmale

EVOLUTIONSBIOLOGIE

Nicht alle Insektenfresser sind primitive Säuger. Die meisten heutigen Arten haben Spezialisierungen in Form und Verhalten entwickelt, die einige ihrer wahrhaft ursprünglichen Merkmale überdecken (also die, die wohl bei ihren Vorfahren zu finden waren). Diese stehen im Gegensatz zu apomorphen oder abgeleiteten Merkmalen bei Tieren mit höher entwickelten Strukturen und Verhaltensmustern, die ihren Vorfahren fehlten. Das Caecum ist ein primitives, sein Fehlen daher ein apomorphes Merkmal der heutigen Insekten-

ORDNUNG: INSECTIVORA (LIPOTYPHLA)
6 Familien; 67 Gattungen; 424 Arten

TANREKS Familie Tenrecidae S. 728
24 Arten in 10 Gattungen
darunter **Wassertanrek** *(Limnogale mergulus)*, **Großer Tanrek** *(Tenrec ecaudatus)*, **Große Otterspitzmaus** *(Potamogale velox)*.

SCHLITZRÜSSLER Familie Solenodontidae S. 732
2 Arten in 1 Gattung
Dominikanischer Schlitzrüssler *(Solenodon paradoxus)*, **Kubanischer Schlitzrüssler** *(Solenodon cubanus)*.

IGEL UND HAARIGEL Familie Erinaceidae S. 734
23 Arten in 7 Gattungen
darunter **Europäischer Igel** *(Erinaceus europaeus)*, **Großer Haarigel** *(Echinosorex gymnurus)*, **Zwerghaarigel** *(Hylomys suillus)*.

SPITZMÄUSE Familie Soricidae S. 742
312 Arten in 23 Gattungen
darunter **Wasserspitzmaus** *(Neomys fodiens)*, **Waldspitzmaus** *(Sorex araneus)*, **Wanderspitzmaus** *(Sorex vagrans)*.

GOLDMULLE Familie Chrysochloridae S. 748
21 Arten in 9 Gattungen
darunter **Riesengoldmull** *(Chrysospalax trevelyani)*.

MAULWÜRFE UND DESMANE Familie Talpidae S. 750
42 Arten in 17 Gattungen
darunter **Europäischer Maulwurf** *(Talpa europaea)*, **Pyrenäendesman** *(Galemys pyrenaicus)*, **Russischer Desman** *(Desmana moschata)*, **Sternmull** *(Condylura cristata)*.

AFROTHERIA – DIE NEUE GRUPPIERUNG

Die Insektenfresser werden bisweilen aufgrund molekularer Befunde neu geordnet, die eine ökologisch neue Sammlung endemischer afrikanischer Plazentatiere belegen: die „Afrotheria".

Höhere Säugetiere begannen sich in der späten Kreidezeit abzuspalten, nachdem die afroarabische Landmasse durch Kontinentalverschiebungen isoliert war. Da es damals auf den nördlichen Kontinenten (Laurasia) primitive Plazentatiere gab, ließen viele Paläontologen Afroarabien als wichtiges Zentrum der frühen Diversifikation höherer Säuger außer Acht. Nun sieht es aber aus, als wären die südlichen Kontinente (Gondwana) tatsächlich eine Keimzelle für die Afrotheria gewesen, vielleicht der erste Zweig im Familienbaum der höheren Säuger. Bestimmte Merkmale zeigen, dass die Afrotheria primitiver sind als andere Plazentatiere.

Durch die Anerkennung der Afrotheria als eigenständige Klade wird ein bemerkenswertes Muster paralleler Adaptationen in den einzelnen Evolutionsgeschichten von Plazentatieren in Gondwana und Laurasien deutlich. Ein gleichartiger Selektionsdruck auf eine ähnliche Skelettstruktur brachte auf den Hinterbeinen springende Pflanzenfresser (Riesengleiter in Gondwana – Kaninchen in Laurasien), grabende Formen (Goldmulle – Maulwürfe), schwimmende Formen (Manatis – Wale) und Pflanzenfresser hervor (Schliefer – Unpaarhufer). ES fresser. Es gibt jedoch eine Reihe von als primitiv geltenden Merkmalen, die bei Insektenfressern eher anzutreffen sind als bei anderen Säugerordnungen. Dazu gehören ein relativ kleines Hirn mit wenigen Windungen, einfache Zähne mit leicht unterscheidbaren Schneide-, Eck- und Backenzähnen sowie primitive Eigenschaften der Gehörknöchelchen und des Schlüsselbeins. Weitere primitive Merkmale einiger oder aller Insektenfresser sind die nicht in einem Hodensack ausgelagerten Hoden, der Sohlengang sowie die Kloake, eine gemeinsame Kammer, in die Genital-, Urinal- und Fäkalwege münden. Einige dieser primitiven Merkmale, wie Kloake und im Bauch gelagerte Hoden, sind auch typisch für Beuteltiere, aber Insektenfresser unterscheiden sich von diesen wie alle Eutheria (Plazentatiere) durch die Chorioallantois-Plazentation, durch die sich die Jungen im Mutterleib vollständig entwickeln können.

Viele Insektenfresser haben hoch spezialisierte Merkmale entwickelt, z.B. Stacheln bei Igeln und Tanreks, giftiger Speichel bei Schlitzrüsslern und einigen Spitzmäusen sowie Adaptationen an das Wühlen, die sich bei vielen Insektenfressern finden. Von einigen Spitzmaus- und Tanrekarten wird angenommen, dass sie über ein Schallortungssystem ähnlich dem der Fledermäuse verfügen.

Unter Ausschluss aller apomorphen Merkmale lässt sich eine sehr allgemeine Vorstellung früher Säuger skizzieren: Es waren wohl scheue Tiere, die in der Laubstreu am Boden lebten, aber auch auf Bäume oder Sträucher klettern konnten. Die kleinen, agilen Tiere, etwa so groß wie eine heutige Maus oder Spitzmaus (das größte bekannte Fossil hat etwa die Größe eines Dachses), ernährten sich wahrscheinlich vorwiegend von Insekten; manche waren vielleicht auch Aasfresser. Sie sahen sicherlich den heutigen Spitzmäusen sehr ähnlich, hatten kleine Augen und einen langen, spitzen Rüssel, vielleicht mit einigen Sinnes- oder echten Tasthaaren. Ein dichtes, kurzes Fell bedeckte den Körper, nur die Ohren und die Unterseite der Pfoten waren wohl nackt. Das Fell war vermutlich graubraun gefärbt, mit einem dunklen Streifen, der sich durch die Augen an den Flanken entlang nach hinten erstreckte – ein bei Reptilien und Amphibien häufig auftretendes Muster. Die Fähigkeit, die Körpertemperatur zu regeln, bedeutete zusammen mit dem warmen Fell, dass die frühen Säuger nachts aktiv sein konnten, wenn die Dinosaurier (ihre Nahrungskonkurrenten und Feinde) wegen der geringeren Lufttemperatur inaktiv waren.

Aus dieser Grundform sollen sich zwei leicht unterschiedliche Formen entwickelt haben, die heute nur noch aus Zähnen und Knochenfragmenten aus der späten Kreidezeit (vor 80 Millionen Jahren) bekannt sind. Diese beiden Gruppen zeichnen vor allem die sehr unterschiedlichen Zähne aus. Anscheinend entstanden aus der einen Gruppe, den Palaeoryctoidea, die Creodontia, eine Art frühe Fleischfresser, während die Leptictoidea die heutigen Insektenfresser hervorgebracht haben sollen. Neuere Forschungen an Leptictoidea-Fossilien deuten aber darauf hin, dass die meisten weniger eng mit den Insektenfressern verwandt waren und es sich unter Umständen um Seitenlinien vom Hauptast der Insektenfresser handelte.

Diversifizieren und überleben

ANPASSUNGSERFOLG

Trotz der evolutionären Beziehungen zwischen den Familien haben Insektenfresser neben ihrer offenkundigen Ursprünglichkeit wenig gemein. Vielleicht ist diese Verschiedenartigkeit verantwortlich für den Erfolg der drei größeren Familien.

Unten: *Igel fressen bei Gelegenheit auch Vogeleier und -junge. Zu ihrem äußerst abwechslungsreichen Speiseplan gehören außerdem alle Arten von Wirbellosen wie Würmer, Käfer und Nacktschnecken.*

KÖRPERBAU INSEKTENFRESSER

Rechts: *Skelett der Wanderspitzmaus, typischer Insektenfresser mit langem, abgeplattetem Schädel. Zu den Merkmalen der Insektenfresser gehören eine kleine Hirnkapsel und das Fehlen des Jochbeins bei allen Arten außer Igeln und Maulwürfen sowie der Gehörblase (Bulla auditiva). Die Zähne der Spitzmaus sind deutlich in Molaren, Prämolaren und Canini differenziert, die Schneidezähne pinzettenartig. Die Zahnformel der Wanderspitzmaus lautet I3/1, C1/1, P3/1, M3/3 = 32. Die Zahnspitzen sind teilweise bräunlich rot gefärbt.*

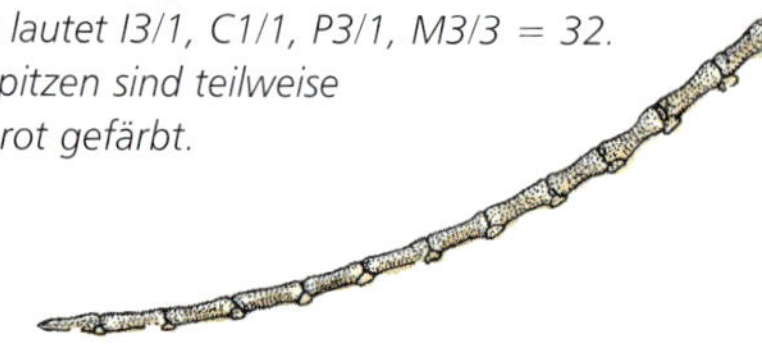

Unten: *Schädel von Insektenfressern. Anders als bei der Spitzmaus ist das Jochbein beim Igel voll ausgeformt. Die vorderen Schneidezähne sind vergrößert, die Molaren eher an eine omnivore als an eine insectivore Lebensweise angepasst. Zahnformel: I2–3/3, C1/1, P3–4/2–4, M3/3 = 36–44. Der Große Tanrek hat eine lange, spitze Schnauze und lange Eckzähne (adultes Männchen); die Spitzen des unteren Eckzahnpaars passen in die Gruben vor den oberen Eckzähnen. Zahnformel: I2/3, C1/1, P2/3, M3/3 = 36. Schlitzrüssler haben eine ungewöhnlich knorpelige Schnauze, die durch ein Kugelgelenk mit dem Schädel verbunden ist. Die Tiere produzieren giftigen Speichel in einer Drüse an der Basis des zweiten unteren Schneidezahns. Zahnformel: I3/3, C1/1, P3/3, M3/3 = 40.*

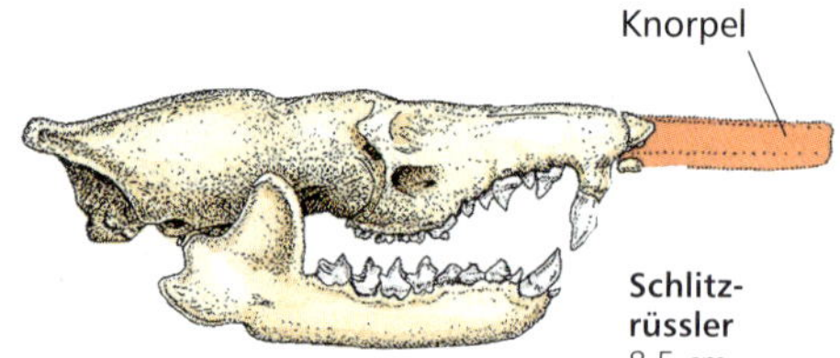

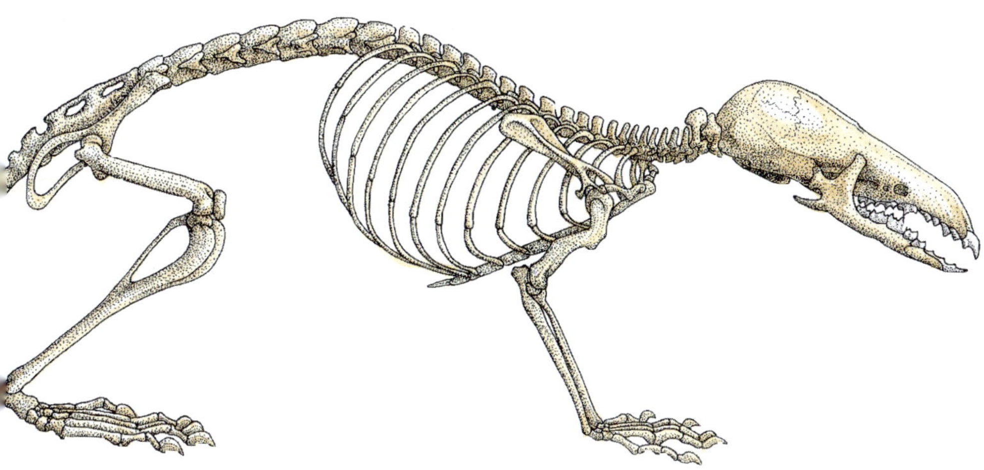

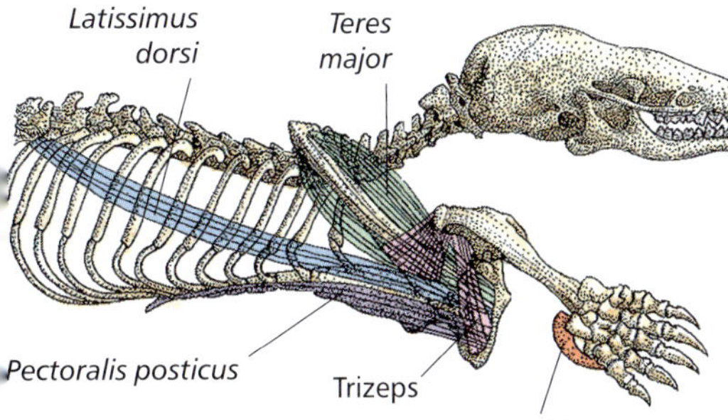

Links: *Die grabenden Maulwürfe weisen deutlich veränderte Vorderbeine auf. Die Knochen sind massiv, die Handinnenfläche wird durch einen zusätzlichen sichelförmigen Knochen gestützt. Beim Wühlen wird der Oberarmknochen über folgende Muskeln bewegt:* Teres major, Latissimus dorsi *und* Pectoralis posticus. *Der Ellbogen wird zur Unterstützung beim Graben vom Trizeps gebeugt.*

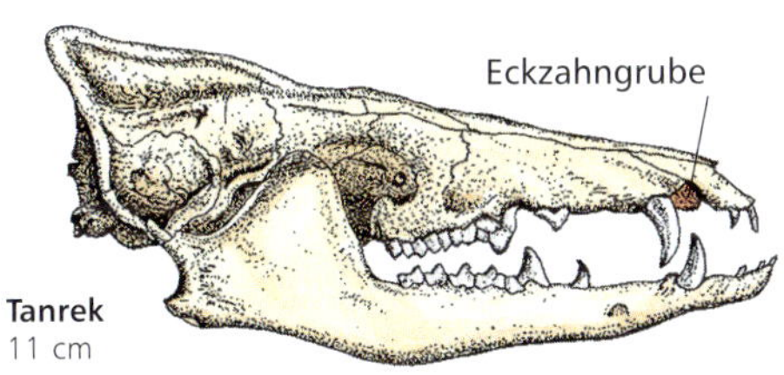

Tanrek
11 cm

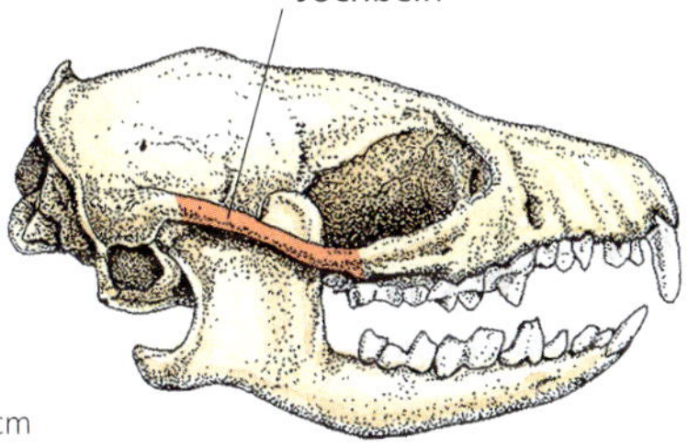

Igel
5,5 cm

Zur Familie Talpidae zählen die Echten Maulwürfe, die hauptsächlich in unterirdischen Bauen leben, und die Desmane, die viel Zeit im Wasser verbringen und Baue in Uferböschungen als Unterschlupf graben. In der terrestrisch lebenden Familie der Tenrecidae gibt es die Reiswühler, die die Pflanzenreihen der Reisfelder unterwühlen, während die Wassertanreks ein amphibisches Leben führen. Die Soricidae sind an viele Habitate angepasst – neben den „normalen", am Boden lebenden Spitzmäusen gibt es Arten wie die amerikanische Kurzschwanzspitzmaus, die wie ein Maulwurf in der Erde wühlt, und die europäische Wasserspitzmaus, die wie eine Otterspitzmaus schwimmen kann.

In der Ordnung Insectivora gibt es viele Beispiele für konvergente Evolution. Maulwürfe und Goldmulle sind z.B. innerhalb der Ordnung nicht eng verwandt, haben aber eine ähnliche grabende Lebensweise ausgeprägt und sehen sich auch sehr ähnlich. Nach den Fossilfunden entwickelten sich Maulwürfe aus einem spitzmausähnlichen Tier, während Goldmulle näher mit den Tanreks verwandt zu sein scheinen. Noch bemerkenswerter ist die Ähnlichkeit zwischen Goldmullen und den Beutelmullen Australiens. In diesem Fall sind die Stammlinien seit 70 Millionen Jahren getrennt; eine Art gehört den Plazentatieren, die andere den Beuteltieren an – dennoch ähnelt der Goldmull dem Beutelmull (selbst in der Felltextur) mehr als dem Maulwurf. Die Augen des Beutel- wie des Goldmulls sind von Haut bedeckt, die Augenlider zusammengewachsen, während die kleinen Augen des Maulwurfs immer noch funktionstüchtig sind.

Die Fähigkeit, sich zusammenzurollen, in Kombination mit einem dichten Stachelkleid (wie bei Igeln und manchen Tanrek-Arten) dient offenbar der Abschreckung von Feinden. Einige unbestachelte Arten wie Maulwürfe und Spitzmäuse sondern widerlich schmeckende Sekrete aus Hautdrüsen ab, die meist eine ähnliche Wirkung haben.

Viele weitere Spezialisierungen sind das Ergebnis von Futterkonkurrenz. Wenn zwei oder mehr Arten um Ressourcen wie Nahrung konkurrieren, stirbt entweder der schwächere Konkurrent aus (zumindest lokal) oder jede Art spezialisiert sich auf bestimmte Aspekte der Ressource und verringert so den Wettbewerb. Maulwürfe z.B. könnten ihre grabende Lebensweise entwickelt haben, um Feinden zu entgehen und die Konkurrenz mit den oberirdisch vorkommenden Insektenfressern zu vermeiden. Manche Spitzmaus- und Maulwurfarten leben amphibisch, wohl um eine weitere Nahrungsquelle zu erschließen.

Man vermutet, dass die Tanreks als eine der ersten Säugergruppen nach Madagaskar kamen. Wie die australischen Beuteltiere bieten sie ein faszinierendes Beispiel für die adaptive Radiation, da sie mangels Konkurrenz mit der ansässigen Fauna verschiedene Formen entwickelten, die den Großteil der verfügbaren Habitate besetzten.

Insektenfresser verlassen sich bei der Beutesuche hauptsächlich auf ihren Geruchssinn, wie aufgrund des relativ großen Riechzentrums im Hirn zu erwarten ist. Wirbellose bilden den Hauptteil der Nahrung – meist Insekten und Würmer, obwohl manche Wasserbewohner auch Weichtiere und zum Teil Fische verzehren. Untersuchungen über die Nahrungsgewohnheiten brachten zutage, dass die Tiere anscheinend fast jede organische Substanz zu sich nehmen, die sie finden oder fangen können. Manche Arten wagen sich sogar an Beute, die viel größer ist als sie selbst: Igel z.B. können Hühner töten, Wasserspitzmäuse Frösche. Der giftige Speichel der Schlitzrüssler und einiger Spitzmäuse ist vielleicht entstanden, damit diese Tiere größere Beute erlegen können, als ihre Körpergröße allein es zuließe. Das Gift wirkt vor allem auf das Nervensystem und lähmt das Opfer.

Besonders Spitzmäuse gelten als unersättlich, weil ihre tägliche Futtermenge ihr Körpergewicht übersteigt. Neuere Studien haben jedoch ergeben, dass ihr Futter weniger nahrhaft ist als die trockenen Samen, die von gleich großen Nagern verspeist werden, daher muss eine deutlich größere Menge verzehrt werden. Der große Futterbedarf resultiert auch aus der hohen Stoffwechselrate der Tiere, die im Fall mancher Arten auf der Nordhalbkugel eine Adaptation an ausgeprägtes Jahreszeitenklima sein könnte. Die Atmungsrate einer Spitzmaus kann mehr als 5000 ccm Luft pro kg Körpergewicht und Stunde betragen, verglichen mit 200 ccm beim Menschen.

Die belegten Wurfgrößen variieren beträchtlich bei den erforschten Arten. Bei Weibchen der Gattung *Tenrec* entdeckte man bis zu 32 Embryos, von denen wohl nur 12 bis 16 die Geburt erlebt hätten. Andere Tanrekarten sowie Maulwürfe, Igel und Spitzmäuse werfen zwei bis zehn Junge; Schlitzrüssler nur ein bis zwei. Die Jungen sind Nesthocker und bei der Geburt unterentwickelt. Neugeborene Spitzmäuse der Gattung *Sorex* wiegen nur 0,25 g, wachsen aber schnell. In großen Würfen ist die Sterblichkeit auf die große Konkurrenz unter den Geschwistern zurückzuführen. Der Paarungszeitpunkt wird vor allem vom Nahrungsangebot bestimmt: In Trockengebieten kommen die Jungen meist in der Regenzeit zur Welt, in gemäßigten Breiten im Frühling und Sommern. Einige tropische Arten vermehren sich ganzjährig.

Promiske Einzelgänger

SOZIALBIOLOGIE

Da die meisten Insektenfresser scheu und nachtaktiv sind, bieten sie sich nicht für Feldstudien an; daher ist relativ wenig über ihre Sozialbiologie bekannt. Die wenigen erforschten Arten (vor allem Spitzmäuse, einige Igel und Tanreks) sind Einzelgänger. Zwischen den Tieren gibt es außer zur Paarungszeit wenig Kommunikation. Studien am Europäischen Igel zeigen, dass er sein Territorium im Gegensatz zu Spitzmäusen nicht verteidigt.

Spitzmäuse zeigen insofern ein Revierverhalten, als sie in ihren Streifgebieten – etwa 500 qm bei der Waldspitzmaus – keine Rivalen dulden. Begegnungen verlaufen meist aggressiv. Die Streifgebiete werden häufig von Jungtieren aufrechterhalten. Geschlechtsreife Weibchen erweitern zum Teil ihr Revier in der Paarungszeit und durchqueren dabei auch fremde Territorien. Es gibt Untersuchungen über die Paarungssysteme mehrerer Spitzmausarten. Promiskuität ist wohl das häufigste Muster und für einige Arten sind Mehrfachvaterschaften belegt. Bei der Waldspitzmaus stammen die Würfe von bis zu sechs Männchen. Auch sie wandern während der Paarungszeit weit und betreten dabei die Reviere von Geschlechtsgenossen. Mindestens eine Spitzmaus, die europäische Hausspitzmaus, lebt monogam. Anders als die Waldspitzmaus verteidigen Männchen dieser Art den exklusiven Zugang zu ihrem Weibchen und kümmern sich zum Teil um die Jungen.

Maulwürfe sind noch ungeselliger. Ein Weibchen duldet nach der Vertreibung der Jungtiere in der Regel außer für einige Stunden der Paarung im Frühling keinen Artgenossen in ihrem Bau. Wahrscheinlich spielt der Duft eine wichtige Rolle beim Fernhalten anderer Maulwürfe. Orte, die nach Artgenossen riechen, werden nur sehr vorsichtig betreten. Dieses Muster der Kontaktvermeidung ist wohl auch bei anderen Insektenfressern üblich. Streifgebiete von Maulwürfen folgen den selbst gegrabenen Tunnels. Das Bausystem dient als Fallgrube, in der sich erdbewohnende Wirbellose sammeln. In ärmeren Böden sind größere Bausysteme nötig, um an genügend Nahrung zu gelangen. Daher erreichen die Gänge eines Maulwurfs 30 bis 120 m Länge oder mehr, je nach Bodentyp und Nahrungsdichte. Aktivitäten an der Oberfläche, vor allem bei Jungtieren, können das Streifgebiet deutlich vergrößern. Europäische Igel etwa, die in einer Nacht ein Gebiet von 1 bis 5 ha nach Nahrung absuchen, besetzen in einer Saison ein Streifgebiet von bis zu 30 ha; Männchen wandern weiter und haben größere Streifgebiete als Weibchen.

Anders als einige kleine Nager scheinen Insektenfresser ihr Streifgebiet nicht dreidimensional zu erschließen, indem sie auf Büsche und Bäume klettern. Bei den Desmanen verläuft das Streifgebiet linear an einem Flussufer entlang, während Tanreks in kreisförmigen Revieren leben, in deren Mitte sich ihr Bau oder ihre Höhle befindet. Für zahlreiche Arten gibt es bis heute keine genauen ökologischen Daten.

Freunde und Feinde

ARTENSCHUTZ

Die meisten Insektenfresser finden sich in tropischen Ländern, in denen man sich eher auf die Erschließung und Nutzung von Ressourcen als auf den Artenschutz konzentriert. Bedrohungen für das Überleben dieser wenig anziehenden Tiere gelangen meist nicht an die Öffentlichkeit.

Die Zerstörung des Lebensraums ist sicher die größte Gefahr, der die Tiere ausgesetzt sind. In Westeuropa üben zunehmend intensive Anbaumethoden und die Entwässerung von Sumpfgebieten einen großen Einfluss auf Bestand und Verteilung von Insektenfressern aus. Weltweit sind viele Arten stark gefährdet. 13 eurasische Arten gelten derzeit als vom Aussterben bedroht. Hinter den fehlenden Felddaten verbirgt sich unter Umständen eine noch düsterere Situation. Die Einführung neuer Konkurrenten und Feinde durch den Menschen stellt ebenfalls eine ernste Bedrohung dar, vor allem für Tanreks und Schlitzrüssler. Diese Konkurrenten sind effektive Generalisten, die fast überall gedeihen. Durch hohe Fortpflanzungsraten können sie einheimische Arten verdrängen, bevor diese sich auf die neue Situation eingestellt haben. So waren z.B. Schlitzrüssler bis zum 17. Jahrhundert die wichtigsten kleinen

Links und unten: *Maulwürfe sind Einzelgänger und begeben sich in der Regel nicht in fremde Tunnelsysteme. Sie übernehmen aber rasch ein Territorium, wenn dessen Besitzer abwesend ist. Der große Schaden, den Maulwürfe auf Weiden anrichten können, ist gut an den Maulwurfshügeln auf diesem Feld zu erkennen.*

Fleischfresser auf den Antillen, bis die Spanier Hunde, Katzen und Ratten mitbrachten. Mungos wurden im späten 19. Jahrhundert eingeführt, um die Ausbreitung der Hausratte einzudämmen. Diese Tiere konkurrierten mit den Schlitzrüsslern, die selbst häufig genug erbeutet wurden. Das Überleben der verbleibenden Schlitzrüsslerarten hängt stark von Artenschutzprogrammen ab.

Obwohl die wenigen überlebenden Russischen Desmane heute unter Schutz stehen, geht ihr Bestand weiter zurück. Diese Art galt einst als Säule des Pelzhandels. Jährlich wurden Zehntausende Felle nach Westeuropa exportiert. Durch Jagd sowie Verschmutzung des Wasserhabitats und Konkurrenz durch eingeführte Biber- und Bisamratten nahm die Anzahl drastisch ab. Die kleine Population der Pyrenäendesmane ist durch Wasserverschmutzung und entlaufene Nerze bedroht. Mehrere Goldmullarten sind ebenfalls durch verschiedene Veränderungen in ihren Habitaten gefährdet.

Bislang gab es kaum Versuche, Insektenfresser zu domestizieren, obwohl sich Igel als Haustiere vor allem in den USA wachsender Popularität erfreuen. Igel sind allgemein sehr beliebt. Das europäische wie das asiatische Volkstum kennt viele Igelgeschichten, und obwohl die Tiere zum Teil als Schädlinge gelten, werden sie in westeuropäischen Städten regelmäßig gefüttert. Die asiatische Moschusspitzmaus eignet sich gut als Labortier. Viele andere Insektenfresser dagegen sind in Gefangenschaft schwer zu züchten. In anderen Teilen der Welt werden größere Insektenfresser gelegentlich vom Menschen verspeist (Madagaskar, Westindische Inseln) und kleinere übersehen. Die meisten Insektenfresser sind zu klein und zu selten, um als Nahrung zu dienen oder ökonomisch bedeutende Schäden zu verursachen. Viele erreichen jedoch sehr hohe Bestandsdichten, sodass einige Stimmen behaupten, der schädliche Insektenbefall auf Äckern und in Gärten würde drastisch zunehmen, wenn plötzlich alle Spitzmäuse verschwänden. Andere Insektenfresser spielen aus der Sicht des Menschen kaum eine Rolle und fallen eher zufällig menschlichen Aktivitäten zum Opfer, als dass sie als Schädlinge verfolgt oder als Nützlinge gehegt werden.

Manche Arten dienten als ökonomische Ressource. Russische Desmane etwa wurden in der Vergangenheit wegen ihres dichten, üppigen Fells in großer Zahl gefangen. Maulwurfpelze wurden von der Römerzeit bis ins 20. Jahrhundert für Kleidung und Accessoires benutzt. In Deutschland war die Nachfrage ab dem 17. Jahrhundert so groß, dass man um das Überleben der Art fürchtete. Bis 1914 kollabierte der Markt dank wechselnder Mode. Als die Nachfrage in Europa abnahm, tat sich aber in Nordamerika ein neuer Markt auf. Noch in den 1950er Jahren wurden allein in Großbritannien eine Million Maulwürfe pro Jahr gefangen und ihre Pelze exportiert. Inzwischen werden Maulwurffelle meist durch billigere, haltbarere synthetische Materialien ersetzt. AW/PS

Tanreks

BEI TANREKS UND OTTERSPITZMÄUSEN IST die Formenvielfalt größer als bei jeder anderen Insektenfresserfamilie. Diese Vielfalt hat sich jedoch in fast völliger Isolation entwickelt. So ist der Tanrek selbst auf Madagaskar beschränkt, das er als einer der ersten Säuger besiedelte, während Otterspitzmäuse (Potamogalinae, zum Teil als eigene Familie betrachtet) nur in West- und Zentralafrika vorkommen.

Tanreks zeigen noch Merkmale, die wohl unter frühen Plazentatieren verbreiteter waren – so etwa eine niedrige, variable Körpertemperatur, eine gemeinsame Öffnung für Urogenital- und Analtrakt (Kloake) und nicht im Hodensack ausgelagerte Hoden bei Männchen. Einige Mitglieder der Familie fallen in der einheimischen Fauna mehr auf als Insektenfresser in gemäßigten Breiten, da sie entweder relativ groß und schwer und damit eine wichtige Nahrungsquelle oder aber auffällig gefärbt sind. Zwar beschränken sich die wenigen detaillierten Studien über die Familie auf einzelne Arten, doch bilden sie eine gute Grundlage für das Verständnis der Säugerevolution. Die ältesten Fossilien stammen aus kenianischen Sedimenten aus dem Miozän (vor ca. 24 Millionen Jahren). Damals waren die Tenrecidae bereits sehr differenziert und zählten wohl schon lange zur afrikanischen Fauna.

Vielfalt in Isolation

KÖRPERBAU UND FUNKTION

Die meist nachtaktiven Tanreks und Otterspitzmäuse sehen schlecht, haben aber sensible Tasthaare sowie einen gut entwickelten Gehör- und Geruchssinn. Die Laute reichen von Zischen und Grunzen bis Zwitschern und Schnalzen zur Echoortung. Das Hirn ist relativ klein, die Anzahl der Zähne beträgt 32 bis 42.

Die Tenrecidae leben aquatisch in Bächen, Flüssen, Seen und Sümpfen. Die Große Otterspitzmaus und die Zwergotterspitzmaus bewohnen Wälder, die Ruwenzori-Otterspitzmaus und der Wassertanrek sind weniger einge-

Oben: *Tanrekarten:* **1** *Wassertanrek* (Limnogale mergulus); **2** *Große Otterspitzmaus* (Potamogale velox); **3** *Ruwenzori-Otterspitzmaus* (Micropotamogale ruwenzorii); **4** *Streifentanrek* (Hemicentetes semispinosus nigriceps); **5** *Großer Tanrek* (Tenrec ecaudatus); **6** *Kleiner Igeltanrek* (Echinops telfairi); **7** Microgale melanorrhachis; **8** *Großer Igeltanrek* (Setifer setosus); **9** *Vierzehen-Reiswühler* (Oryzorictes tetradactylus).

7

8

9

schränkt. Alle vier Arten haben eine schlanke, elegante Körperform mit einem typischen abgeflachten Kopf, wodurch Ohren, Augen und Nasenlöcher über der Wasseroberfläche bleiben, während der Körper größtenteils unter Wasser ist. Kräftige Tasthaare entspringen an der Schnauze und dienen der Ortung von Beute. Das dichte, weiche Fell bleibt durch häufiges Putzen wasserabweisend und schließt beim Tauchen isolierende Luft ein. Zum Putzen werden die beiden geteilten Zehen an jeder Hinterpfote wie Kämme benutzt. Alle Otterspitzmäuse und der Wassertanrek haben einen schokoladenbraunen Rücken; beim Wassertanrek ist der Bauch grau, bei Otterspitzmäusen weiß. Der madagassische Wassertanrek zeigt mit seinem rattengroßen Körper und dem etwa ebenso langen Schwanz eine starke Konvergenz zu den Zwergotterspitzmäusen. Die Ruwenzori-Otterspitzmaus und der Wassertanrek haben Schwimmhäute zwischen den Zehen, die wohl für den Großteil des Antriebs im Wasser sorgen. Der Schwanz ist seitlich leicht zusammengedrückt und dient als Ruder und Antriebsverstärkung.

Die Zwergotterspitzmaus hat keine Schwimmhäute, aber einen runden Schwanz und ist damit am wenigsten an Wasser angepasst. Alle Tenrecidae bewegen sich aber im Wasser so agil wie an Land. Die Große Otterspitzmaus, einer der spezialisiertesten aquatischen Insektenfresser, besitzt einen unverwechselbaren breiten, seitlich abgeflachten, spitz zulaufenden Schwanz, der von feinem, kurzem Fell bedeckt ist. Mit schlängelnden Bewegungen, die sich bis in den unteren Teil des Körpers fortsetzen, sorgt der Schwanz für den Antrieb und für eine erstaunliche Schnelligkeit und Wendigkeit im Wasser. Dort verbringt das Tier die meisten aktiven Stunden, doch läuft es auch bei der Futtersuche an Land äußerst flink umher.

Langschwanztanreks und Zwergtanreks ähneln den Spitzmäusen. Erstere besitzen den am wenigsten abgeänderten Körperbau unter den Tenrecidae. Sie leben vor allem in den immergrünen Regenwäldern und feuchteren Gebieten in der Zentralebene von Madagaskar, nur eine Art auch in den Laubwäldern des trockeneren Westens. Diese Tanreks besetzen semiarborikole und terrestrische Nischen. Die langschwänzigsten Arten können mit ihren relativ langen Hinterbeinen klettern und vermutlich von Ast zu Ast hüpfen; Springer und Läufer leben am Boden, ebenso wie die Arten mit grabender Lebensweise. Zu diesen zählt u.a. der Zwergtanrek, der Waldhabitate im Westen besiedelt und offenbar eng verwandt ist mit einer der ältesten fossilen Arten.

Die Reiswühler besetzen mit ihrem maulwurfartigen, samtigen Fell, den rückgebildeten Augen und Ohren und den relativ großen Vorderpfoten die Nische der wühlenden Insektenfresser auf Madagaskar. In ungestörten Gebieten im Norden und Westen graben sie sich ähnlich wie der Amerikanische Spitzmausmaulwurf durch die Humusschichten, während ihnen der extensive Reisanbau neue Lebensräume verschafft.

Zur Unterfamilie Tenrecinae gehören einige der faszinierendsten und merkwürdigsten Insektenfresser: Der Schwanz ist nicht vorhanden oder stark zurückgebildet und die verschieden starke Bestachelung ist ein Teil der ausgeklügelten Verteidigungsstrategien. Sowohl der Große Igeltanrek als auch sein kleinerer semiarborikoler Verwandter, der Kleine Igeltanrek, bilden bei Bedrohung eine nahezu undurchdringliche Stachelkugel, ähnlich wie die Altweltigel. Bei fortgesetzter Provokation stürmen sie mit offener Schnauze zischend vor, wobei sie den Kopf nach vorn und oben schnellen lassen, ein typisches Verhalten für alle Tenrecinae. Der Große Tanrek, einer der größten Insektenfresser, besitzt die wenigsten Stacheln, aber er fügt dem Gegner seitlich eine klaffende Bisswunde zu und stößt ihm gleichzeitig die am Nacken konzentrierten Stacheln in den Körper.

FAKTEN

TANREKS

Ordnung: Insectivora

Familie: Tenrecidae

24 Arten in 10 Gattungen und 4 Unterfamilien

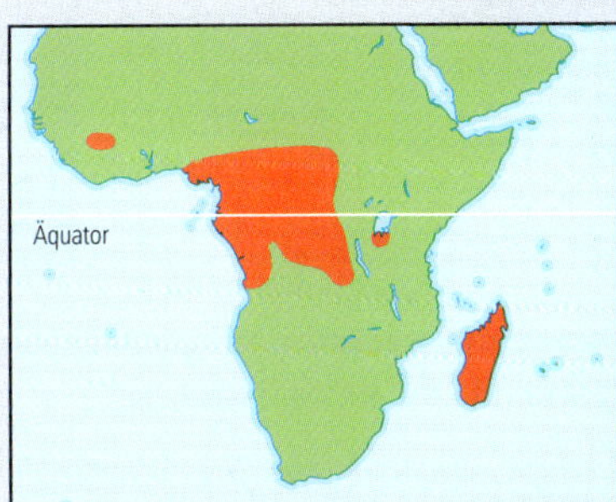

VERBREITUNG Madagaskar, 1 Art auf Komoren, Réunion und Seychellen eingeführt; W- und Zentral-Afrika.

LEBENSRAUM Vielfältig, von halbtrocken bis Regenwald, einschließlich Bergen, Flüssen und menschlichen Siedlungen.

GRÖSSE Körperlänge von 4,3 cm beim Kleinen Langschwanztanrek bis 25–39 cm beim Großen Tanrek; **Schwanzlänge** von 5–10 mm bis 4,5 cm; **Gewicht** von 5 g bis 500–1500 g, jeweils bei den genannten Arten.

FELL Weich bis stachelig; grau oder braun gefärbt bis hin zu kontrastierender Streifung.

NAHRUNG Tanreks und Otterspitzmäuse sind Opportunisten und fressen verschiedene Wirbellose sowie einige Wirbeltiere und Pflanzen. Reiswühler ernähren sich hauptsächlich von wirbelloser Beute, fressen jedoch auch Pflanzen. Ergänzung des Speiseplans durch Früchte bei eher omnivoren Arten wie dem Großen Tanrek und den Igeltanreks. Große Tanreks können Reptilien, Amphibien und sogar kleine Wirbeltiere erbeuten. Der Streifentanrek ernährt sich von Würmern.

FORTPFLANZUNG Tragzeit relativ asaisonal bei Oryzorictinae, Geogalinae und Tenrecinae, soweit bekannt (50–64 Tage); bei Potamogalinae unbekannt.

LEBENSERWARTUNG Bis zu 6 Jahren.

IUCN-STATUS 9 Arten werden als gefährdet oder stark gefährdet eingestuft (6 Oryzorictinae-, 3 Potamogalinae-Arten), 1 Art vom Aussterben bedroht *(Microgale dryas)*.

Übersicht der Unterfamilien siehe Seite 730 ▷

Bei einem ausgewachsenen Männchen mit einer Maulweite von 10 cm können die Eckzähne bis zu 1,5 cm lang sein und die stark entwickelten Kiefermuskeln forcieren den Biss. Ein Polster aus verdickter Haut am Rücken gibt den Männchen zusätzlichen Schutz. Die schwarz-weiß gestreiften Jungen beißen seltener, verstärken dafür aber den Effekt der Kopfbewegung durch leicht ausfallende Stacheln mit Widerhaken. Der Große Tanrek sieht besser als die meisten anderen Tanrekarten, bemerkt Störungen aber auch über lange Tasthaare am Rücken. Die Jungtiere können Alarm geben, indem sie die steifen Rückenstacheln aneinander reiben und auf diese Weise Laute erzeugen. Streifentanreks ähneln jungen Großen Tanreks in Farbe und Größe. Auch sie rascheln zur Kommunikation mit den Stacheln. Wie junge Große Tanreks gehen sie in Gruppen auf Nahrungssuche. Bei Gefahr verstecken sie sich in erster Linie. In die Ecke gedrängt, preschen sie aber vor und stoßen den Kopf mit gesträubten Stacheln heftig nach oben.

Beutesuche zu Land und zu Wasser

NAHRUNG

Tanreks und Otterspitzmäuse sind Nahrungsopportunisten. Sie fressen verschiedene Wirbellose sowie einige Wirbeltiere und Pflanzen. Otterspitzmäuse suchen mit ihren sensiblen Tasthaaren im Wasser, im Flussbett und am Ufer nach Beute: Anschließend wird diese am Ufer verspeist. Krustentiere bilden die Hauptbeute, darunter Krebse von maximal 5 bis 7 cm Schalendurchmesser. Reiswühler finden den Großteil ihrer wirbellosen Beute wohl in unterirdischen Bauen oder in oberirdischen Wasserläufen, fressen aber auch Pflanzen. Früchte ergänzen den Speiseplan der meisten omnivoren Arten wie Großer Tanrek und Igeltanrek. Der Große Tanrek kann aufgrund seiner Körpergröße auch Reptilien, Amphibien und sogar kleine Säuger erlegen. Die Beute findet er, indem er die Tasthaare von einer Seite zur anderen schwenkt, sowie über Geruch und Gehör. Auch der semiarborikole Kleine Igeltanrek und die Langschwanztanreks treffen gelegentlich auf Eidechsen und Jungvögel im Nest, die sie verspeisen. Der tagaktive Streifentanrek hat feine Zähne und einen langen, dünnen Rüssel für die Jagd auf Würmer.

Komplexe Gruppen

SOZIALVERHALTEN

Die Fortpflanzung der Tanreks verläuft unterschiedlich und mit typischen Merkmalen. Wo bekannt, unterscheiden sich die Prozesse in den Eierstöcken insofern von denen anderer Säuger, als sich im reifenden Ovarialfollikel keine flüssigkeitsgefüllte Höhle entwickelt. Auch dringen die Spermatozoen vor der Ovulation in die unreifen Follikel ein und befruchten sie. Dies ist unter den Säugern nur noch von der Großen Kurzschwanzspitzmaus bekannt.

Die meisten Würfe fallen in die Regenzeit mit maximalen Bestandsraten bei den Wirbellosen.

Unterfamilien der Tanreks und Otterspitzmäuse

Tanreks

Unterfamilie Oryzoryctinae

16 Arten in 3 madagassischen Gattungen, darunter **Wassertanrek** (*Limnogale mergulus*); **Reiswühler** (*Oryzorictes*, 3 Arten); **Langschwanztanreks** und **Kleintanreks** (*Microgale*, 12 Arten). *Microgale dryas* ist vom Aussterben bedroht, der Kleine Langschwanztanrek (*M. parvula*), *M. principula* und der Wassertanrek sind stark gefährdet, während *M. gracilis*, *M. pulla* und Thomas' Langschwanztanrek (*M. thomasi*) als gefährdet gelten.

Unterfamilie Geogalinae

1 Art in 1 madagassischen Gattung: **Zwergtanrek** (*Geogale aurita*).

Unterfamilie Tenrecinae

4 Arten in 4 madagassischen Gattungen: **Großer Igeltanrek** (*Setifer setosus*); **Kleiner Igeltanrek** (*Echinops telfairi*); **Großer Tanrek** (*Tenrec ecaudatus*), eingeführt auf Reunion, den Seychellen und Mauritius; **Streifentanrek** (*Hemicentetes semispinosus*).

Otterspitzmäuse

Unterfamilie Potamogalinae

3 Arten in 2 afrikanischen Gattungen: **Große Otterspitzmaus** (*Potamogale velox*), Nigeria bis W-Kenia und Angola; **Ruwenzori-Otterspitzmaus** (*Micropotamogale ruwenzorii*), Uganda, Demokratische Republik Kongo; Mount Nimba; **Zwergotterspitzmaus** (*M. lamottei*), Guinea, Liberia und Côte d'Ivoire. Alle Arten sind stark gefährdet.

Vollständige Artenliste siehe Anhang Seite 878 ff. ▷

Körpertemperatur beim Tanrek

Bei Aktivität weisen Tanreks eine niedrige Körpertemperatur von 30 bis 35 °C auf. Der Zwergtanrek und einige Tenrecinae fallen während trockener oder kühler Jahresperioden in saisonale Hypothermie (Torpor), die von unregelmäßigen tageweisen Anfällen bis zu Perioden von sechs Monaten reichen kann und dann zum Physiologie- und Verhaltenszyklus des Tieres gehört. Hypothermie-, Aktivitäts- und Paarungszyklus sind beim Großen Tanrek so fein aufeinander abgestimmt, dass physiologische Veränderungen wie die Aktivierung der Hoden oder Eierstöcke noch in der Starre erfolgen müssen, da die Fortpflanzung innerhalb von Tagen nach dem Erwachen beginnt.

Die Große Otterspitzmaus, einige Oryzorictinae und die Tenrecinae sparen das ganze Jahr über Energie, da die Körpertemperatur während der Tagesruhe fast bis auf Lufttemperatur fällt. Bei Tenrecidae sind die Zusammenhänge zwischen den Schwankungen der Körpertemperatur und der Fortpflanzung einzigartig. In vergleichbaren Aktivitätsperioden ist die Körpertemperatur bei männlichen Großen Tanreks in der Paarungszeit um etwa 0,6 °C niedriger, da Spermien nur unterhalb der normalen Körpertemperatur produziert und gespeichert werden können. Andere Säuger verfügen über einen Kühlmechanismus für die Fortpflanzungsorgane oder tolerieren hohe Temperaturen. Meist verbessert sich die Wärmeregelung während der Tragzeit, doch zeigen Große Tanrekweibchen trotz Trächtigkeit regelmäßige Temperaturschwankungen – je nach Aktivität oder Ruhe. So entstehen wohl die unterschiedlich langen Tragzeiten, da sich die Föten durch das Abkühlen während der Ruhepausen nicht konstant weiterentwickeln können. Auch bei einigen Fledermäusen ist bekannt, dass sie während der Tragzeit in Starre fallen, diese ist bei ihnen aber gut reguliert.

Links: *Die Unterart des Streifentanreks* Hemicentetes semispinosum semispinosum *ist braun gefleckt. Von seiner Nase zum Hinterkopf verläuft ein Streifen und auch sein Körper ist der Länge nach gestreift. Am Unterbauch befinden sich Stacheln, bei* Hemicentetes semispinosum nigriceps *dagegen sind es weiche Haare.*

Die Jungen werden relativ unentwickelt geboren. Die Wurfgröße reicht von zwei Jungen bei der Großen Otterspitzmaus und einigen Oryzorictinae bis zu 32 Jungen beim Großen Tanrek. Diese Rate scheint an die Überlebensrate gebunden zu sein, die ihrerseits von der Stabilität der Umwelt abhängt. So haben Reiswühler in stabilen Regenwaldgebieten kleine Würfe bei großer Lebenserwartung. Die durchschnittliche Wurfgröße beim Großen Tanrek in relativ saisonalen Wald- und Savannengebieten mit wechselnden Klimabedingungen liegt bei 20, in Regenwaldgebieten bei 15 und in Regenwäldern auf den Seychellen bei zehn Jungen. Die Gewichtsunterschiede innerhalb eines Wurfs können beim Großen Tanrek und den Igeltanreks 200 bis 275 % betragen.

In einer neueren Studie an Zwergtanreks zeigten vier von zehn Weibchen einen Post-partum-Östrus. Dieses Phänomen wurde hier erstmals bei den Tenrecidae beobachtet. Die Tragzeit dauert ca. 57 Tage; alle Tanreks haben also eine ebenso langsame fötale Entwicklungsrate. Trächtige Weibchen fallen zum Teil in Torpor, was zu unterschiedlich langen Tragzeiten führt. Die Wurfgröße reicht von zwei bis fünf Jungen.

Der Große Tanrek säugt den Nachwuchs mit bis zu 29 Zitzen, ein Rekord unter den Säugern. Der Nährstoffbedarf in der Laktation ist bei dieser Art so hoch, dass Mutter und Jungen nicht nur nachts, sondern auch bei Tageslicht nach Futter suchen müssen. Dies ist die Ursache für die gestreifte Tarnfärbung der Jungen, die erst kurz vor dem Haarwechsel zum Erwachsenenfell zu einer vollständig nachtaktiven Lebensweise übergehen. Auch haben adulte Weibchen ein dunkelbraunes Fell als adulte Männchen, vermutlich weil dies während der Laktationsperiode einen besseren Schutz bei der Nahrungssuche am Tag bietet.

Die auffällige Ähnlichkeit zwischen jungen Großen Tanreks und adulten Streifentanreks deutet darauf hin, dass ein gestreiftes Fell bei der Nahrungssuche am Tag ein wichtiger Faktor in der Evolution des heutigen Streifentanreks war.

Streifentanreks im Regenwald bilden mit ihren Generationen übergreifenden Familiengruppen die komplexesten sozialen Gruppierungen aller Insektenfresser. Die Jungen wachsen schnell und sind schon mit 35 Tagen geschlechtsreif, sodass jede Gruppe mehrere Würfe pro Saison hervorbringen kann. Die Gruppe von bis zu 18 Tieren besteht wohl aus drei verwandten Generationen. Sie suchen zusammen, in Kleingruppen oder allein nach Futter, und rascheln dabei fast unablässig mit ihren Stacheln. Dieses Geräusch scheint vor allem ein Mittel zu sein, mit dem Mutter und Jungen bei der Nahrungssuche Kontakt halten.

Tenrecidae kommunizieren vor allem über den Geruch. Otterspitzmäuse setzen regelmäßig innerhalb oder in der Nähe ihrer Baue und unter geschützten Ufern Kot ab. Tanreks markieren ihr Revier, indem sie mit ihrer Kloake über den Boden rutschen oder Sekrete aus den Augen- und Nackendrüsen verreiben. Große Tanreks durchstreifen nachts ein Gebiet von 0,5 ha, was sich bei paarungsbereiten Weibchen auf 200 qm reduzieren kann, um den Männchen die Ortung zu erleichtern. Die Große Otterspitzmaus sucht in einer Nacht bis zu 800 m Flussufer ab.

Wechselhaftes Schicksal

ARTEN- UND UMWELTSCHUTZ

Der Große Tanrek dient dem Menschen seit jeher als Nahrung, ist durch diese traditionelle Bejagung aber nicht gefährdet. Zweifelsohne sind einige Regenwaldtanreks durch die rasche Entwaldung Madagaskars bedroht. Einige Arten dagegen gedeihen gut in der Nähe menschlicher Siedlungen. Für andere Arten kann der Tourismus eine Gefahr darstellen. Im touristisch erschlossenen Regenwald-Schutzgebiet Analamazaotra auf Madagaskar wurden kürzlich sieben endemische Tanrekarten und drei endemische Nagerarten entdeckt. Von den erforschten Gebieten zeigte das unberührteste die größte Artenvielfalt, wobei der Bestand der einzelnen Arten geringer war. Waldgebiete mit mäßigem Holzeinschlag zeigten einen mittleren Artenreichtum. Daraus kann man vermutlich schließen, dass das Kerngebiet des Reservats unberührt gelassen werden sollte, um die Vielfalt der kleinen Säugerarten zu erhalten. Die Waldzerstörung beschränkt auch die Streifgebiete der Großen Otterspitzmaus, Zwergotterspitzmaus und Ruwenzori-Otterspitzmaus. MEN

Schlitzrüssler

Links: *Auf Beutesuche benutzen Schlitzrüssler ihre langen, scharfen Krallen, um Steine umzudrehen und Rinde von heruntergefallenen Ästen abzuschälen. Schlitzrüssler können zwar klettern, suchen aber vor allem auf dem Waldboden nach Nahrung.*

Das Überleben der exotischen Schlitzrüssler auf Kuba und Hispaniola ist unmittelbar bedroht. Die Tiere sind so selten und ihr Vorkommen so begrenzt, dass der Schlüssel zu ihrem Schutz in sofortigem Handeln vonseiten der Regierung läge. Sie sollte geeignete Waldreservate in abgelegenen Bergregionen einrichten und pflegen. Ohne diese Bemühungen werden die ursprünglichen Insektenfresser von den Antillen vermutlich ebenso wie ihre Verwandten, die Nesophontidae, verschwinden.

Schlitzrüssler sind durch nordamerikanische Sedimente aus dem mittleren und späten Oligozän (vor ca. 32 bis 26 Millionen Jahren) bekannt. Ihre Zugehörigkeit ist wegen der langen Isolation nicht genau zu bestimmen; als nächste Verwandten gelten die Spitzmäuse (Soricidae) oder Tanreks und Otterspitzmäuse. Manche Säugetierbiologen ordneten auch die ausgestorbenen westindischen Nesophontidae den Solenodontidae zu. Schlitzrüssler gehörten vor der Ankunft der Europäer mit ihren eingeführten Raubtieren zu den vorherrschenden Fleischfressern auf Kuba und Hispaniola.

Giftmord

KÖRPERBAU UND FUNKTION

Schlitzrüssler zählen zu den größten Insektenfressern und ähneln großen, kräftigen Spitzmäusen. Das typischste Merkmal ist der lange, weit vorspringende Rüssel. Bei Dominikanischen Schlitzrüsslern rührt die erstaunliche Flexibilität und Mobilität des Rüssels von einem einzigartigen Kugelgelenk her, mit dem er am Schädel befestigt ist. Der Rüssel des Kubanischen Schlitzrüsslers ist ebenfalls höchst flexibel, es fehlt jedoch der runde Gelenkknochen. Schlitzrüssler haben 40 Zähne, die oberen Schneidezähne ragen unter der Oberlippe hervor. Der Dominikanische Schlitzrüssler sondert giftigen Speichel ab, die kubanische Art vermutlich ebenfalls. Jede Pfote hat fünf Zehen. Die Vorderbeine sind besonders muskulös und tragen lange, kräftige, scharfe Krallen. Beim Putzen kommen nur die Hinterpfoten zum Einsatz: Sie erreichen dank flexibler Hüftgelenke den Großteil der Körperoberfläche mit Ausnahme von Hinterteil und Schwanzwurzel. Allerdings erfordern diese haarlosen Bereiche keine besondere Pflege. Der Schwanz ist steif und muskulös und stärkt wohl die Balance beim Laufen.

Wie bei den meisten nachtaktiven, am Boden lebenden Insektenfressern ist das Hirn relativ klein und der Tastsinn hoch entwickelt. Geruchssinn und Gehör sind ebenfalls wichtig. Zu den Lautäußerungen zählen Keuchen, Zwitschern, Zirpen, Piepsen und Klicken. Die Klicklaute umfassen reine Hochfrequenztöne, ähnlich wie die der Spitzmäuse, und sind ein primitives Mittel der Echoortung. Duftmarken spielen eine große Rolle, wie die Analdrüsen beweisen. In einigen Situationen findet die Kommunikation über Körperkontakt statt.

Wirbellose in Boden und Laubstreu machen einen Großteil der Nahrung aus, z.B. Käfer, Grillen und verschiedene Insektenlarven, aber auch Tausendfüßer, Würmer und Termiten. Überreste von Wirbeltieren im Kot könnten sich auf das Verzehren von Aas zurückführen lassen, doch Schlitzrüssler sind auch groß genug, um kleine Wirbeltiere wie Amphibien, Reptilien und kleine Vögel zu erbeuten. Sie können nahezu senkrechte Oberflächen hinaufklettern, gehen jedoch meist am Boden auf Nahrungssuche. Mit dem Rüssel untersuchen sie Spalten und Risse, mit den massiven Krallen legen sie Beute unter Steinen, Rinde und Erde frei. Ein Schlitzrüssler stürzt sich auf seine Beute und hält sie mit Krallen und Zehen der Vorderpfoten fest, während er sie gleichzeitig mit dem Unterkiefer hochschaufelt. Gelegentlich wird die Beute nur mit dem Rüssel auf den Boden gedrückt, während das Tier blitzartig nach vorn schnellt und den Unterkiefer in die richtige Position zum Hochnehmen bringt. Ist das Opfer auf diese Weise immobil gemacht, wird es vermutlich durch den giftigen Speichel gelähmt.

Fortpflanzung im Schneckentempo

SOZIALVERHALTEN

Schlitzrüssler hatten aufgrund ihrer Stellung als dominante Beutegreifer in vorkolumbischer Zeit von jeher eine lange Lebenserwartung und eine niedrige Fortpflanzungsrate. Über Häufigkeit und Zeitpunkt der Vermehrung in freier Wildbahn ist nichts bekannt. Die Empfängnisbereitschaft hält weniger als einen Tag an und kehrt etwa alle zehn Tage wieder. Zur Balz gehören das Absetzen von Duftmarken durch beide Geschlechter, leise Rufe und häufiger Körperkontakt. In Gefangenschaft werden Markierungen mittels der Analdrüsen gesetzt sowie Urin und Kot an zuvor vom Weibchen benutzten Stellen platziert. Ein bis zwei Junge werden in einem Nistbau geboren und bleiben mehrere Monate lang bei der Mutter, ungewöhnlich

Oben: *Der charakteristische Rüssel ist ein knorpeliges (nicht knöchernes), weit über den Kiefer hinausreichendes Anhängsel. Beim Dominikanischen Schlitzrüssler ist er über ein Kugelgelenk mit dem Schädel verbunden und dadurch äußerst flexibel.*

FAKTEN

SCHLITZRÜSSLER

Ordnung: Insectivora

Familie: Solenodontidae

2 Arten in 1 Gattung

VERBREITUNG
Kuba und Hispaniola.

DOMINIKANISCHER SCHLITZRÜSSLER
Solenodon paradoxus
Hispaniola, jetzt auf abgelegene Gegenden beschränkt. Waldbewohner, nachtaktiv. KL 28–33 cm; SL 22–26 cm; GT 700–1000 g. Fell: Stirn schwarz, Rücken graubraun gesprenkelt, weißer Fleck im Nacken, Flanken gelblich; Schwanz grau, Wurzel und Spitze weiß. Fortpflanzung: Ein Junges (selten zwei), Gewicht 40–55 g. Lebenserwartung: 11 Jahre in Gefangenschaft, unbekannt in freier Wildbahn. IUCN-Status: Stark gefährdet.

KUBANISCHER SCHLITZRÜSSLER
Solenodon cubanus
Kuba. Waldbewohner, nachtaktiv. KL 28,5–33 cm; SL 17,5–25,5 cm; GT 700–1000 g. Fell: Feiner und länger als beim Dominikanischen Schlitzrüssler, dunkelgrau, Kopf und Bauchmitte hellgelb. Fortpflanzung: Wie beim Dominikanischen Schlitzrüssler. Lebenserwartung: 6,5 Jahre in Gefangenschaft, unbekannt in freier Wildbahn. IUCN-Status: Stark gefährdet.

Abkürzungen: KL = Körperlänge; SL = Schwanzlänge; SH = Schulterhöhe; GT = Gewicht

lange für Insektenfresser. In den ersten zwei Monaten begleitet das Junge die Mutter zum Teil auf Nahrungssuche, indem es sich an den stark verlängerten Zitzen festsaugt. Schlitzrüssler sind die einzigen Insektenfresser, die diese Art von Transport praktizieren. Weiter verbreitet ist das Tragen der Jungen in der Schnauze. Anfangs werden die Jungen nur gezogen, aber wenn sie größer werden, laufen sie mit der Mutter mit und halten an, wenn sie stehen bleibt. Der Zitzentransport wäre zweifellos vorteilhaft, wenn säugende Schlitzrüssler ihre Baue regelmäßig wechseln. Ältere Junge folgen der Mutter weiter und erfahren Nahrungspräferenzen von ihr, indem sie beim Fressen ihre Schnauze ablecken; auch lernen sie so Pfade in der Nähe des Wurflagers kennen. Die Mutter-Kind-Bindung ist die einzige dauerhafte soziale Gruppierung bei Schlitzrüsslern. Adulte sind Einzelgänger.

Bedroht durch Fortschritt

ARTEN- UND UMWELTSCHUTZ

Skelettfunde auf Hispaniola und Kuba belegen, dass es einst zwei weitere Schlitzrüsslerarten gab – *S. arredondoi* auf Kuba und *S. marcanoi* auf Hispaniola. Ersterer soll anderthalbmal so groß und doppelt so schwer wie die heutigen Arten gewesen sein, Letzterer war wohl etwas kleiner. Möglicherweise sind beide nach dem Vordringen der Europäer auf die Inseln ausgestorben.

Es gibt keine präzisen Schätzungen des Schlitzrüsslerbestands auf Kuba oder Hispaniola. Die kubanische Art scheint seltener zu sein, jedoch wurden in den 1990er Jahren kleine, zuvor unbekannte Populationen im Osten der Insel entdeckt. Die geringe Fortpflanzungsrate ist ein Faktor für den Bestandsrückgang. Schwerer wiegen aber die Zerstörung des Lebensraums und die Gefahr, durch eingeführte Raubtiere gefressen zu werden, gegen die die Schlitzrüssler sich nicht verteidigen können. Auf Kuba sind Mungos und wild lebende Katzen die Hauptfeinde; auf Hispaniola dezimieren Hunde in der Nähe von Siedlungen den Bestand. Es gibt wenig Hoffnung für den Dominikanischen Schlitzrüssler in Haiti, das die Hälfte der Insel Hispaniola ausmacht. In abgelegenen Regionen der benachbarten Dominikanischen Republik und auf Kuba wurden inzwischen Schutzgebiete mit dichtem Waldwuchs eingerichtet. Hier kann nur sofortiges und effizientes Management das Überleben des Schlitzrüsslers sichern. Der Druck durch den Bedarf an Neuland aufgrund der Bevölkerungsexplosion ist jedoch so groß, dass das Überleben der Schlitzrüssler letztendlich von den Bemühungen der Zoos abhängt. MEN

Igel und Haarigel

DER IGEL ZÄHLT ZU DEN BEKANNTESTEN und am gründlichsten in freier Wildbahn erforschten Wildtieren in Europa. Ein Grund für seinen Bekanntheitsgrad ist die faszinierende Verteidigungsstrategie des Igels gegen Feinde. Dank seiner Stacheln muss er sich nicht verstecken, sodass er relativ einfach in Gärten zu entdecken ist. Diese bilden seinen hauptsächlichen Lebensraum, in dem er gemächlichen Schrittes die Wiese nach Käfern, Würmern und anderen Wirbellosen absucht. Die Angewohnheit, nicht davonzulaufen, erweist sich für den Igel im Zeitalter der Motorfahrzeuge als fatal, sodass er heute fast ebenso häufig am Straßenrand anzutreffen ist wie im Garten – dann aber tot oder verletzt.

Nicht alle Igel leben jedoch im dicht besiedelten Europa so nahe beim Menschen. Manche Arten durchstreifen die trockenen Steppen und Wüsten Afrikas und des Nahen Ostens. Die eher wenig bekannten Haarigel, stachellose Verwandte des Igels, bewohnen die feuchten Wälder Südasiens und zeigen ein eher den scheuen Spitzmäusen ähnliches Verhalten.

Mit und ohne Stacheln

KÖRPERBAU UND FUNKTION

Igel und Haarigel sind Sohlengänger. Kopf und Schnauze sind länglich, die Hirnkapsel ist klein, Augen und Ohren sind gut entwickelt. Männchen und Weibchen sehen in der Regel gleich aus, beim Männchen ist der Abstand zwischen Anus und Genitalien jedoch größer. Igel haben zwei bis drei Schneidezähne, einen Eckzahn, zwei bis vier Prämolaren und drei Molaren in jeder Kieferhälfte, der erste Schneidezahn ist normalerweise größer als die anderen.

Das Stachelkleid am Rücken und auf dem Scheitel macht den Igel unverwechselbar (siehe Kasten, Seite 738). Die Stacheln haben scharfe Spitzen und durch viele Hohlräume im Inneren ein geringes Gewicht. Der flexible basale Teil dient als „Stoßdämpfer", wenn der Igel hart getroffen wird. Normalerweise liegen die Stacheln flach am Rücken an. Jeder Stachel wird wie ein Haar durch einen einzelnen Muskel aufgerichtet; dabei verkreuzen sich die Stacheln und stützen sich gegenseitig. Die Unterseite des Igels ist eher pelzig als stachelig, sodass das Tier sich beim Einrollen nicht verletzen kann.

Unten: Igel haben einen äußerst abwechslungsreichen Speiseplan und fressen fast jede wirbellose Beute. Hier hat ein Europäischer Igel eine Schnecke gefunden.

Igel besitzen noch andere Merkmale, die sie von Haarigeln unterscheiden, darunter eine größere Anzahl von Zitzen (vier bis fünf, Haarigel: zwei bis vier); auch fehlen ihnen die gut entwickelten Analdrüsen, aus denen Haarigel einen unangenehmen Geruch absondern, der der Abschreckung von Feinden dient. Igel haben muskulöse Vorderbeine und kräftige Krallen, mit denen sie auf Nahrungssuche oder beim Nestbau graben können; sie können nicht sehr schnell laufen – die Maximalgeschwindigkeit liegt bei etwa 10 km/h –, aber sie überwinden kletternd mühelos Hindernisse, z.B. Maschendrahtzäune. Haarigel bewegen sich deutlich schneller, ähnlich großen Spitzmäusen; beim Graben sind sie jedoch weniger effizient.

Zwar schützen die Stacheln den Igel vor größeren Tieren, die ihn als Beute jagen, doch sie begünstigen auch den Befall mit kleinen Blutsaugern, da ihre Undurchdringlichkeit dem Igel das Putzen erschwert. Flöhe, Zecken, Milben und Pilzinfektionen der Haut können beim Igel eine beachtliche Dichte erreichen: Auf manchen Einzeltieren finden sich über 1000 Flöhe. Auch für eine Vielzahl interner Parasiten und bakterieller Erkrankungen sind Igel geeignete Wirte. Dazu zählt etwa die Leptospirose, die durch Igelurin auf Menschen übertragen werden kann.

Berichte vom tollwütigen Igel mit Schaum vor dem Maul gehen auf seine Angewohnheit zurück, sich selbst zu bespeicheln. Dabei verteilt der Igel eine große Menge schaumigen Speichel über den Rücken. Dieses Verhalten, das dem Tier einen hohen Grad an Beweglichkeit abverlangt, zeigt sich als Reaktion, wenn er stark riechende Substanzen wittert. In Experimenten reagierten Igel auf den Geruch von Katzenfutter, anderen Igeln, Füchsen und Leim. Über die Gründe für das Selbstbespeicheln wird bisher spekuliert: Es könnte zur Reinigung der Stacheln dienen, eine insektizide Wirkung haben, eine Rolle bei der Partnerwerbung spielen oder Raubtiere abhalten.

Igel sind vornehmlich nachtaktiv. Sie sehen gut, aber wahrscheinlich nur einfarbig. Wie viele andere Nachttiere verlassen sie sich hauptsächlich auf ihren Geruchssinn und ihr Gehör. Die Riechlappen im Gehirn sind entsprechend entwickelt und werden vom Jacobsonschen Organ im Gaumen unterstützt, das ebenfalls eine Rolle bei der Geruchserkennung spielt. Dieses zusätzliche Sinnesorgan findet sich bei zahlreichen Wirbeltieren und hat unterschiedliche Funktionen beim Aufspüren von Beute, aber auch bei der Paarung.

◀ ***Links:*** *Ein Großer Haarigel auf Nahrungssuche. Diese Art ist eigentlich schwarz mit weißem Kopf, doch manche Tiere, wie dieses, sind ganz weiß.*

▶ ***Rechts:*** *Ein Europäischer Igel rollt sich auf einem Laubhaufen zusammen und zeigt seine relativ verwundbare Bauchseite. Je enger sich ein Igel zusammenrollt, desto mehr stehen die Stacheln ab.*

FAKTEN

IGEL UND HAARIGEL

Ordnung: Insectivora

Familie: Erinaceidae

23 Arten in 7 Gattungen

VERBREITUNG Afrika, Europa und Asien, nördlich bis zur Laubwaldgrenze; südostasiatische Inseln. Nicht auf Madagaskar, Sri Lanka und in Japan. Der Europäische Igel wurde auf Neuseeland eingeführt.

LEBENSRAUM Wälder, Grasland, Stadtgebiete, Trockensteppe, Wüste, Auenwälder, Mangroven, Regenwälder, Berggebiete.

GRÖSSE Körperlänge von 10–15 cm beim Zwerghaarigel und *Hylomys parvus* bis 27–45 cm beim Großen Haarigel; **Schwanzlänge** von 1–3 cm bis ca. 20 cm, **Gewicht** von 15–80 g bis 1–2 kg, jeweils bei den genannten Arten.

FELL Igel haben ein charakteristisches Stachelkleid – modifizierte Haare von 2–3 cm Länge. Haarigel tragen anstelle der Stacheln ein Fell.

NAHRUNG Typischerweise Wirbellose wie Käfer, Würmer, Raupen, Ohrwürmer, Nacktschnecken und Grashüpfer sowie gelegentlich Aas. Afrikanische und asiatische Igel fressen mehr Wirbellose als ihre europäischen Verwandten – bis zu 40 % der Gesamtnahrung bei *Hemiechinus collaris*.

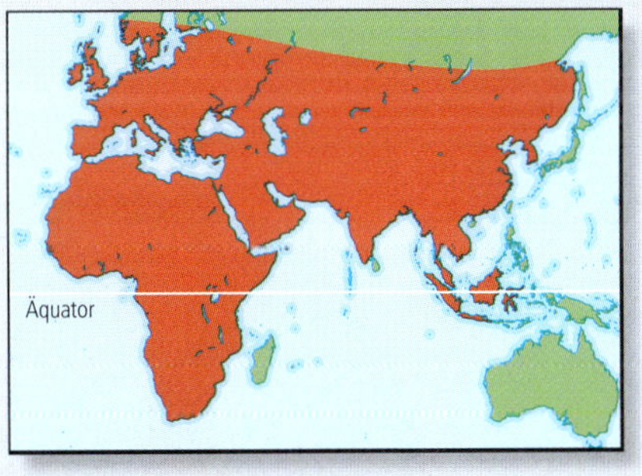

FORTPFLANZUNG Tragzeit: Von 30–32 Tagen beim Langohrigel bis 40–48 Tage beim Algerischen Igel.

LEBENSERWARTUNG Bis zu 7 Jahre sowohl in freier Wildbahn als auch in Gefangenschaft.

IUCN-STATUS 5 der 7 Haarigelarten werden von der IUCN geführt, ebenso 1 Art von 16 Stacheligelarten. *Hylomys parvus* ist vom Aussterben bedroht, der Kleine Hainan-Haarigel sowie der Goldhaarigel und der Philippinische Haarigel sind aufgrund der raschen Zerstörung des Lebensraums und der Fragmentierung ihres ohnehin schon schmalen Verbreitungsgebiets stark gefährdet; *Mesechinus hughi* ist aus demselben Grund gefährdet.

Übersicht der Unterfamilien siehe Seite 737 ▷

Aus verschiedenen Drüsen sondert der Igel teilweise duftende Sekrete ab. Die Männchen besitzen Drüsen für die sexuelle Duftmarkierung, die Weibchen Drüsen zum Befeuchten der Vagina. Beide Geschlechter verfügen über Talgdrüsen in den Mundwinkeln. Das Gehör wurde nur beim Langohrigel genau untersucht. Bei dieser Art soll es besonders ausgeprägt sein. Sie scheint Hochfrequenztöne bis zu 45 KHz wahrzunehmen, der Mensch dagegen nur bis maximal 20 KHz. So können Igel vermutlich unterirdische Beutetiere orten, die bei der Fortbewegung durch Erde und Laubstreu hochfrequente Töne erzeugen. Die Wahrnehmung von Niederfrequenztönen dagegen ist relativ schwach. Über das Gehör von Haarigeln ist wenig bekannt, aber die grundsätzlichen Überlegungen zu den Igeln treffen wohl auch auf sie zu.

Über die genetischen Beziehungen der Igelarten ist man sich nicht einig, obwohl neuere Studien der Mitochondrien-DNA und des Karyotyps etwas Licht in die Verhältnisse bringen. Mithilfe von DNA-Analysen kann der genetische Verwandtschaftsgrad zwischen Populationen auf der Grundlage der Unterschiede in der DNA-Sequenz bestimmt werden, während durch Karyotyp-Untersuchungen die Unterschiede in der Chromosomenanzahl – 48 bei allen bislang untersuchten Igelarten – und ihrem Erscheinungsbild festgestellt werden können. Der Europäische und der Osteuropäische Igel können sich untereinander paaren, weshalb sie normalerweise einer einzigen Art angehören würden. Nach Analysen der Mitochondrien-DNA unterscheiden sie sich jedoch stark genug, um als getrennte Arten behandelt zu werden. Tiere auf Inseln wie Großbritannien und Kreta sind kleiner als ihre östlichen Verwandten. Zudem sind die westeuropäischen Tiere heller am Rücken und dunkler an der Unterseite. Die Karyotypen von afrikanischen und europäischen Igeln belegen, dass Arten, die auf der Basis einer ähnlichen Erscheinung derselben Gattung zugeordnet werden, tatsächlich genetisch enger verwandt sind als solche, die in verschiedene Gattungen gestellt werden.

Räuber und Beute

NAHRUNG

Obwohl Igel und Haarigel unterschiedliche Habitate besiedeln und verschiedenen Lebensweisen folgen, stehen bei den meisten Käfer und Würmer auf dem Speiseplan. Ebenso zeigen sie eine Vorliebe für andere Wirbellose wie Raupen, Ohrwürmer, Nacktschnecken, Grillen und Grashüpfer. Europäische Igel, die in Hausgärten und auf Sportplätzen nach Futter suchen, fressen vor allem Würmer und Nacktschnecken (nicht jedoch große Schnecken, deren dicke Schalen sie anscheinend nicht aufbrechen können). Die Tiere, die ihre Nahrung in Büschen und Macchien (dichte Strauchvegetation in trockenen Mittelmeerregionen) suchen, ernähren sich dagegen von anderen Wirbellosen. Im Magen und Kot von Europäischen Igeln fand man auch Überreste von Wirbeltieren: Frösche, Vogeljunge, Mäuse, Spitzmäuse, Maulwürfe, Wühlmäuse, Eidechsen und Schlangen wurden schon entdeckt. Mit der Ausnahme von Vogeljungen, die manche Igel gelegentlich töten, wurden solche Tiere wohl nicht erbeutet, sondern als Aas gefressen. Allgemein macht Fleisch keinen großen Anteil an der Nahrung eines Igels aus. Untersuchungen von Änderungen der Nahrungsvorlieben mit zunehmendem Alter zeigten, dass Europäische Igel offenbar lernen, effizienter nach Nahrung zu suchen, je älter sie werden. Junge Igel fressen Beutetiere verschiedenster Größe, während sich ältere Tiere auf die größten Insekten konzentrieren. Dieses Verhalten könnte auch die Konkurrenz zwischen den Altersklassen verringern.

Afrikanische, Langohr- und asiatische Igel sowie *Hemiechinus collaris* verspeisen einen größeren Anteil und mehr Arten von Wirbeltieren als der Europäische Igel, darunter Frösche, Kröten, Zauneidechsen, Stachelleguane, Schlangen und kleine Nager. Eine Studie an *H. collaris* ergab, dass Wirbeltiere (vor allem Amphibien und Säuger) 40 % vom Trockengewicht des Mageninhalts ausmachten. Die vereinzelten Studien zur Nahrung von Haarigeln in Bergregionen oder tropischen Wäldern zeigen, dass sie sich von Wirbellosen und möglicherweise auch von einigen Pflanzen ernähren. Die einzige Ausnahme ist der Große Haarigel, der auch Mangroven und Tieflandwälder bewohnt und auf der Jagd nach Krebsen, Weichtieren und Fischen sogar ins Wasser geht.

Einsames Leben hinter Stacheln

SOZIALVERHALTEN

Wegen ihrer Stacheln haben Igel kaum natürliche Feinde. Hunde und Füchse können ihre Verteidigung nur selten durchbrechen und selbst Löwen wurden schon beobachtet, wie sie nach schmerzhaften Beißversuchen einen eingerollten afrikanischen Igel aufgaben. Die einzigen spezialisierten Igelräuber sind große Eulen, die den Igel mit ihren Klauen „knacken", sowie Dachse. Diesen gelingt es, ihre Schnauze in die kleine Öffnung an der Bauchseite eines eingerollten Igels zu zwängen und ihn so zu fressen; übrig bleibt die leere Stachelhülle. Dachse als Igelfeinde sind eine interessante ökologische Fallstudie: Beide Arten ernähren sich von derselben Beute (Würmer) und Dachse fressen opportunistisch Igel, wenn sie

Rechts: *Einige repräsentative Igel- und Haarigelarten:* ***1*** *Wüstenigel* (Hemiechinus aethiopicus) *beim Verspeisen eines Käfers;* ***2*** *Algerischer Igel* (Atelerix algirus); ***3*** *Chinesischer Kleiner Haarigel* (Hylomys sinensis); ***4*** *Langohrigel* (Hemiechinus auritus); ***5*** *Zwerghaarigel* (Hylomys suillus); ***6*** *Großer Haarigel* (Echinosorex gymnura); ***7*** *Philippinischer Haarigel* (Podogymnura truei); ***8*** *Kleiner Hainan-Haarigel* (Hylomys hainanensis).

ihnen begegnen. Das kann das Verteilungsmuster der Igel beeinflussen, da sie allein durch die Dachse aus futter- und versteckreichen Habitaten ausgeschlossen werden, die sonst für sie geeignet wären. Experimente im Lauf der letzten zehn Jahre führen zu dem Schluss, dass die Igeldichte in dachsfreien Gebieten bis zu zehnmal höher ist als in Gebieten mit Dachsen (unter 0,5 gegenüber zwei bis drei Igel pro ha). In Gefangenschaft gehaltene wie frei laufende Igel meiden meist Futtergebiete, die nach Dachs riechen. Auch kann die Anwesenheit von Dachsen die Sterblichkeitsrate und die Dispersion von Igelpopulationen erhöhen.

Wenn es kalt wird, beginnen Igel ihren Winterschlaf und reduzieren dabei drastisch die Energie, die sie sonst für Aktivitäten und das Aufrechterhalten der Körpertemperatur benötigen. Der Be-

1

2

3

4

5

6

Unterfamilien der Igel und Haarigel

Stacheligel
Unterfamilie Erinaceinae

16 Arten in 4 Gattungen, darunter **Europäischer Igel** *(Erinaceus europaeus)*, W-Europa und Britische Inseln; **Osteuropäischer Igel** *(E. concolor)*, O-Europa; **Algerischer Igel** *(Atelerix algirus)*, SW-Europa und N-Afrika; **Weißbauchigel** *(A. albiventris)*, N- und Zentral-Afrika; **Indischer Igel** *(Hemiechinus micropus)*, Pakistan und NW-Indien. ***H. nudiventris*** und ***Mesechinus hughi*** gelten als gefährdet.

Haarigel
Unterfamilie Hylomyinae

7 Arten in 3 Gattungen, darunter **Großer Haarigel** *(Echinosorex gymnurus)*, SO-Asien; **Zwerghaarigel** *(Hylomys suillus)*, SO-Asien; **Kleiner Hainan-Haarigel** *(H. hainansis)*, SO-Asien; **Goldhaarigel** *(Podogymnura aureospinula)*, Philippinen; **Philippinischer Haarigel** *(P. truei)*, Philippinen. ***Hylomys parvus*** ist vom Aussterben bedroht, der Kleine Hainan-, der Philippinische sowie der Goldhaarigel sind stark gefährdet.

Vollständige Artenliste siehe Anhang Seite 879 ▷

ginn des Winterschlafs richtet sich dabei nicht nach festen Zeiten, sondern nach widrigen Klimabedingungen. In Nordafrika z.B. ist der Algerische Igel das ganze Jahr über aktiv; in Südeuropa dagegen hält er im Winter einen kurzen Winterschlaf (bis 4 Monate), während die Populationen in den kältesten Gebieten Südafrikas von Juni bis August im Winterschlaf sind. Im Durchschnitt halten europäische Igel in den nördlichen Teilen des Kontinents von Oktober bis April Winterschlaf, die in gemäßigten Klimazonen dagegen nur in den kältesten Wintern. In Gefangenschaft halten Igel niemals Winterschlaf, solange sie warm gehalten und ausreichend gefüttert werden. Generell erhöht zwar der Winterschlaf die Überlebensrate, dennoch sterben etwa die Hälfte aller winterschlafenden Tiere vor dem nächsten Frühling.

Um lange Perioden ohne Fressen zu überstehen, werden im Spätsommer unter der Haut und am Bauch weißes, an Achseln, Thorax, Hals und entlang der Wirbelsäule braunes Fett angelagert. Weißes Fett (der häufigste Typ) dient als Isolierschicht und wird für die normale Stoffwechselaktivität verbraucht. Braunes Fett ist typisch für Winterschläfer und setzt die nötige Erwärmung in Gang, damit das Tier wieder erwacht.

Selbst mit großen Fettreserven müssen Igel alle ein oder zwei Wochen aufwachen. In diesen ein bis zwei Tagen fressen sie und setzen Urin sowie Kot ab, um die Ansammlung von Kataboliten zu verhindern. Die organischen und anorganischen Nebenprodukte der biochemischen Zyklen des Körpers könnten das Tier sonst in hoher Konzentration vergiften. Während des Winterschlafs fällt die Körpertemperatur von ca. 35 °C auf 15 bis 20 °C und die Herzfrequenz von 250 auf ca. 10 Schläge pro Minute. Die Atemrate sinkt ebenfalls, die Atmung kann sogar für bis zu zwei Stunden ganz aussetzen. Je nach den äußeren Bedingungen fällt die Stoffwechselrate des Igels während des Winterschlafs bis um das Hundertfache.

Neben äußeren Signalen spielen bei Igelmännchen auch hormonelle Jahreszyklen eine Schlüsselrolle beim Einsetzen der Ruheperiode. Melatonin (abgesondert von der Epiphyse) und Testosteron (aus den Keimdrüsen) haben gegenteilige Wirkungen auf den Winterschlaf und die sexuelle Aktivität des Tieres. Die Zunahme der dunklen Stunden im Winter lässt den Melatoninspiegel steigen, was die Aktivität der Sexualorgane und den Testosteronspiegel senkt und die Ruhephase einleitet. Testosteron dagegen fördert die Aktivität der Keimdrüsen

Stacheln und Einrollen beim Igel

Das typischste Merkmal des Igels ist sein Stachelkleid. Ein Adulttier hat durchschnittlich 5000 Stacheln, ca. 2 bis 3 cm lang, nadelspitz, cremeweiß und nahe der Basis schwarz oder braun gebändert. Stacheln sind modifizierte Haare. An den Flanken des Tieres gehen die dicken in dünne Stacheln, dann in dicke, steife Haare und schließlich in weiche Haare über. Um das Gewicht gering zu halten, ohne an Festigkeit und Stärke einzubüßen, ist jeder Stachel mit vielen kleinen, durch dünne Wände getrennte Luftkammern gefüllt. An der Basis verjüngt er sich zu einem dünnen, flexiblen Knick und verdickt sich dann wieder zu einer kleinen Kugel, die in der Haut verankert ist. Dieser Aufbau wandelt jeden Druck auf den Stachel (z.B. durch einen Schlag oder Aufprall) in eine Beugung des dünnen, flexiblen Teils um, damit die Stachelbasis nicht in den Igelkörper getrieben wird. Die Stachelwurzel ist mit einem kleinen Muskel verbunden, der den Stachel aufrichten kann. Normalerweise sind die Muskeln entspannt und die Stacheln liegen flach auf dem Rücken. Bei Bedrohung rollt sich ein Igel oft nicht sofort ein, sondern stellt zunächst nur die Stacheln auf und wartet ab, ob die Gefahr nachlässt. Aufgestellt stehen die Stacheln in verschiedenen Winkeln ab, überkreuzen sich und stützen sich gegenseitig, wodurch sie eine praktisch unüberwindliche Barriere bilden.

Zusätzlich schützen sich Igel, indem sie sich zusammenrollen. Dies wird dadurch ermöglicht, dass die Hautoberfläche größer ist, als wenn sie nur den Körper bedecken müsste, und durch den darunter liegenden kräftigen Rückenmuskel *(Panniculus carnosus)*. Die Hautmuskulatur ist um die Ränder dieses Muskels kräftiger als in der Mitte (und bildet am Rand einen Ringmuskel, den *Orbicularis)*. Sie ist nur lose mit dem Körper verbunden. Wenn sich der *Orbicularis*

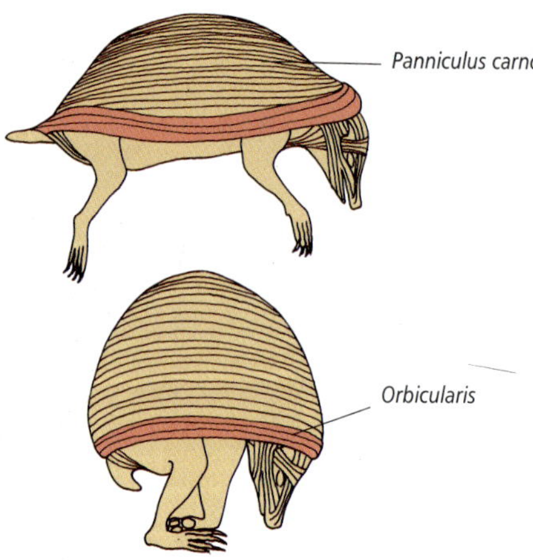

zusammenzieht, funktioniert er wie ein Zugband um die Öffnung eines Beutels; er drückt den „Inhalt" tiefer in den „Beutel", je stärker er sich kontrahiert.

Wenn ein Igel sich einzurollen beginnt, ziehen zwei kleine Muskeln die Haut und den Ringmuskel darunter nach vorn über den Kopf und nach unten über den Rumpf. Dann kontrahiert sich der *Orbicularis*, Kopf und Hinterteil werden zusammengedrückt und die stachelige Haut an Rücken und Flanken wird fest über die ungeschützte Unterseite gezogen. Diese Strategie ist so effektiv, dass bei einem eingerollten Igel die Stacheln, die vorher Flanken und Schopf bedeckten, zusammen das kleine Loch (kleiner als ein Fingerdurchmesser) versperren, das der Öffnung des „Beutels" entspricht. Während die Haut fest über den Körper gezogen wird, strecken sich die Muskeln unter den Stacheln und die Stacheln richten sich auf, sodass der Igel umso stacheliger wird, je enger er sich zusammenrollt. AW

Oben: Igel werden mit Stacheln geboren, jedoch liegen diese direkt unter der Haut, damit der Geburtskanal der Mutter nicht verletzt wird. Diese weißen Stacheln durchstoßen innerhalb weniger Stunden die Haut. Nach einigen Tagen sind auch einige dunkler pigmentierte Stacheln gewachsen. Igel kommen nicht nur nackt, sondern auch taub und blind auf die Welt; innerhalb weniger Wochen haben die Jungen jedoch in der Regel den Großteil ihrer Funktionsfähigkeit erreicht. Mit ca. sechs Wochen werden sie entwöhnt.

und hemmt den Winterschlaf. Experimente, in denen weiblichen Igeln Hormone verabreicht wurden, haben gezeigt, dass der Winterschlaf bei Weibchen eher von Umweltfaktoren abhängt.

Tagsüber ruhen Igel in verborgenen Nestern, die mit Blättern, Gras und Zweigen gepolstert sind. In warmem Klima schlafen sie auch unter Holzstapeln, dichtem Gebüsch, Kiefernnadeln oder Laubhaufen. Ein Igel benutzt in einer Saison viele Tagesnester und jedes Nest wird meist von zahlreichen Tieren aufgesucht. Obwohl Igel in Gefangenschaft oft zusammen schlafen, gibt es keine Belege darüber, dass sie auch in freier Wildbahn Nester teilen. Wurfplätze, an denen Weibchen ihre Jungen gebären, sehen aus wie Tagesnester. Winternester dagegen sind in der Regel robuster, da sie eine monatelange durchgängige Benutzung überstehen müssen. Langohr- und Wüstenigel sowie *Hemiechinus collaris,* die alle in relativ trockenen Gebieten leben, benutzen häufiger Baue als der Europäische Igel.

Jede Nacht zieht ein Igel mit einer Durchschnittsgeschwindigkeit von 100 bis 200 m/h durch sein Streifgebiet. Anders als viele andere Säuger verteidigt der Europäische Igel kein Territorium; das Gebiet, in dem er Nahrung sucht, ruht und seine Jungen aufzieht, teilt er meist mit anderen Igeln beiderlei Geschlechts. Diese Art des Revierverhaltens entsteht meist dann, wenn die Ressourcen so verstreut oder in Raum und/oder Zeit so unvorhersehbar verteilt sind, dass ein Territorium zu groß sein müsste, um effektiv verteidigt werden zu können. Das kann bei Igeln zutreffen, da Würmer und andere Wirbellose ungleichmäßig verteilt sind und ihre Verfügbarkeit mit der Zeit schwankt. Igel gehen in engem Kontakt mit anderen auf Nahrungssuche, wenn es genug Futter gibt. Sonst bleiben sie getrennt. Es scheint nicht zu aggressiven Interaktionen um eine gleichmäßige Verteilung zu kommen.

Das jährliche Streifgebiet eines Europäischen Igels umfasst in der Regel weniger als 40 ha und ist oft bei ausreichenden Ressourcen noch kleiner:

In Vorstadtgebieten mit Gärten kann die Igelpopulation eine sehr hohe Dichte erreichen (zahlreiche Tiere pro Hektar), jedes Tier besetzt dabei ein Gebiet von nur 5 bis 10 ha. Die Streifgebiete der Männchen sind bis zu doppelt so groß wie die der Weibchen, daher legen die Männchen weit größere Entfernungen in einem Aktivitätszyklus zurück. Über Streifgebiete anderer Igel und Haarigel ist wenig bekannt, allerdings ist das jährliche Streifgebiet des Wüstenigels wohl größer als das des Europäischen Igels. Der Große Haarigel ist ein territorialer Einzelgänger.

Igelmännchen erwachen vor den Weibchen aus dem Winterschlaf und machen sich sofort daran, Gewicht zuzulegen. Wenn drei bis vier Wochen später auch die Weibchen erwachen, erweitern die Männchen ihr Streifgebiet auf der Suche nach einer Partnerin. Die Paarungszeit dauert von Mai bis Ende August, die Arten unterscheiden sich hier kaum. Die auffällige Werbung ist oft zu beobachten, führt aber nur in wenigen Fällen (nach bisherigen Daten unter 10 %) zur Paarung. Nähert sich ein Männchen, reagiert das Weibchen aggressiv, senkt den bestachelten Kopf und schnaubt laut. Das Männchen umkreist es (in der Regel geräuschlos; nur das Algerische Igelmännchen stößt einen typischen hochfrequenten Ton aus) und versucht gelegentlich aufzureiten. In dieser Phase gibt das Männchen oft auf und das Paar trennt sich.

Akzeptiert ihn das Weibchen, beginnt die Paarung – nicht Bauch an Bauch, wie Aristoteles meinte, sondern von hinten wie bei den meisten Säugern. Um dem Männchen das Eindringen zu erleichtern, legt das Weibchen die Stacheln flach an den Körper, drückt den Bauch auf den Boden und bietet die neben dem Anus liegende Vagina an. Der nach vorn gerichtete Penis unter dem Bauch des Männchens ermöglicht ihm eine verletzungsfreie Kopulation. Beim Aufreiten hält es sich mit den Zähnen an den Schulterstacheln der Partnerin fest, um sie in dieser Position zu halten.

Nach der Begattung trennt sich das Paar. Das Männchen verteidigt das Weibchen weder gegen andere Männchen, noch hilft es beim Bau des Wurfplatzes oder der Aufzucht der Jungen. Statt in das Überleben seiner Jungen mit einem Weibchen zu investieren, setzt es auf eine Art Lotteriesystem: Je mehr Weibchen es begattet, desto eher wird es überlebende Junge hinterlassen. Auch Weibchen paaren sich vor dem Einsetzen der Trächtigkeit mehrmals, aber es ist nicht bekannt, ob sie den Samen eines bevorzugten Männchens selektieren können oder ob ein einzelner Wurf von mehr als

Oben: *Igel in Drohhaltung. Da sie sich auf ihre schützenden Stacheln verlassen, streifen Igel oft in Gebieten mit wenig oder keiner Deckung umher. Bei Störungen halten sie still und stellen die Stacheln auf.*

Rechts: *Obwohl sie vornehmlich Landbewohner sind, können Igel recht gut schwimmen. Hier überquert ein Europäischer Igel einen Teich.*

Igel und Schlangen

Jahrhundertelang wurde im Volkstum das Wissen um eine spezielle Adaptation des Igels weitergegeben, das die Wissenschaft lange vernachlässigte: seine Resistenz gegen Schlangengift. Diese wohl unvollständige und individuell ausgeprägte Resistenz rührt von einem antihämorrhagischen Faktor namens Erinacin her, einem Protein aus den Muskeln des Igels, der die hämorrhagische und proteolytische Wirkung des Gifts hemmt. Zusammen mit den Stacheln ermöglicht es das Erinacin dem Igel in der Tat, Schlangen anzugreifen und zu fressen.

Die Giftresistenz ist nicht auf Igel beschränkt, denn auch andere Tiere wie Opossums und Mungos besitzen diese Eigenschaft. Unter europäischen Insektenfressern zeigen auch Extrakte aus Spitzmaus- und Maulwurfmuskeln eine antihämorrhagische Wirkung, wenn auch weniger ausgeprägt. Andere Säuger (Mäuse, Ratten, Kaninchen) haben sie nicht.

einem Männchen stammt. In mildem Klima maximieren die Weibchen den Paarungserfolg, indem sie später im Jahr ein zweites Mal werfen, obwohl wenige Tiere aus diesem Wurf noch groß genug werden, um den Winterschlaf zu überleben.

Nach 35 Tagen werden vier bis fünf Igeljunge geboren, je 7 cm lang und 10 bis 25 g schwer. Bei der Geburt sind die Stacheln unter der Haut in einer flüssigkeitsgefüllten Kammer eingelagert, damit die Mutter während des Geburtsvorgangs nicht verletzt wird. Die Flüssigkeit wird innerhalb von 24 Stunden absorbiert, die Stacheln treten hervor und werden innerhalb von zwei bis drei Wochen durch pigmentierte Erwachsenenstacheln erst ergänzt, dann ersetzt. Junge Igel können mit zwei bis drei Tagen die Stacheln aufstellen und sich mit zwei bis drei Wochen einrollen. Mit dem Durchbruch der Milchzähne, etwa in der dritten Lebenswoche, wagen sie sich erstmals mit der Mutter aus dem Nest. Mit etwa sechs Wochen werden sie entwöhnt und gehen eifrig auf Nahrungssuche, um Fettreserven anzulegen und ein Winternest zu suchen. Im folgenden Frühling sind sie geschlechtsreif. Der Große und der Zwerghaarigel sowie *Hylomys parvus,* die in tropischem Klima leben, paaren sich das ganze Jahr über (Letzterer wahrscheinlich zweimal pro Jahr) und werfen je ein bis drei Junge.

Zusammenleben mit dem Menschen

ARTEN- UND UMWELTSCHUTZ

In den letzten 20 Jahren sorgte man sich über einen Rückgang des Europäischen Igels, der sich hauptsächlich auf die vielen Igel zurückführen lässt, die auf Straßen ums Leben kommen. Dort bringt die Einrolltaktik, die sich als so erfolgreich gegenüber Raubtieren erwiesen hat, den Igeln den Tod durch Überfahren.

Ein Effekt der Straßen auf den Bestandsrückgang ist wohl die Fragmentierung des Lebensraums als Folge menschlicher Aktivitäten, ein Schlüsselthema in der Erhaltungsbiologie und Hauptursache für das Aussterben von Tieren in den letzten zwei Jahrhunderten. Große Populationen werden dabei in kleinere, unverbundene Subpopulationen geteilt. Da Einzeltiere nicht mehr von einer Subpopulation in eine andere abwandern können, werden die genetische Durchmischung verhindert und die Überlebensaussichten der Subpopulation langfristig verschlechtert. In einer Studie wiesen 15 km voneinander entfernt lebende Igelpopulationen eine unterschiedliche genetische Zusammensetzung auf; Dispersion zwischen den Populationen war also selten. Da keine Korrelationen zwischen geografischer und genetischer Entfernung gefunden wurden, stellen Straßen unter Umständen Dispersionsgrenzen dar. Eine Analyse der Lebensfähigkeit an anderen Populationen ergab aber, dass Zäune, die den Tod durch Überfahren verhindern sollen, automatisch die Straßen unüberwindlich machen und damit die Populationen vollkommen isolieren würden.

Straßen sind eine Hauptursache für die Sterblichkeit der Igel und für die Hälfte aller Todesfälle außerhalb des Winterschlafs verantwortlich. Bisweilen werden Straßen aber auch erfolgreich überquert und ihre Ränder dienen als Dispersionsweg. Igel, die dem Straßenverlauf folgen, landen häufig in Stadtgebieten, wo sie vornehmlich auf Feldern und in Gärten auf Nahrungssuche gehen. Da Stadtgebiete höhere Igeldichten ermöglichen als die umgebenden Wälder und Agrargebiete, kompensiert der Futterreichtum wohl die zusätzliche Gefahr des Straßentods.

Oben: *Kopf eines Wüstenigels. Zunehmende Desertifikation führt zur Fragmentierung der Populationen dieser Art.*

Durch unterschiedliche Lebensweisen und geografische Verbreitung blühen den Erinaceidae wohl verschiedene Schicksale. Dank seiner Verbreitung und Toleranz der Menschen wird der Igel wohl in den dicht besiedelten Gebieten Europas und Asiens überleben; die afrikanischen Igel scheinen in den unbesiedelten Wüsten und Steppen sicher zu sein. Das Überleben der Haarigel ist dagegen wie das vieler anderer wenig bekannter Regenwaldarten keinesfalls gesichert und hängt vom Schicksal der Wälder selbst ab. CR

Spitzmäuse

IM JAHR 1607 VERFASSTE DER BRITISCHE *Naturforscher Edward Topsell eine der ersten bekannten Beschreibungen der Waldspitzmaus – und sie war wenig schmeichelhaft. „Sie ist ein gieriges Tier", bemerkte er, „gibt sich sanft und zahm, beißt aber bei Berührung zu und überträgt tödliches Gift. Sie ist von grausamem Geist, will alles verletzen und mag kein anderes Geschöpf."*

Diese negative Haltung gegenüber der Spitzmaus (engl. *„shrew"*) fand selbst Eingang in die englische Sprache: Die Begriffe *„shrewd"*, *„shrewish"* und *„shrew"* wurden für gerissene, mürrische oder schurkische Menschen geprägt, obwohl zumindest *„shrewd"* mit der Zeit etwas von der negativen Bedeutung verlor. An anderen Orten wurden Spitzmäuse höher geschätzt. Die alten Ägypter z.B. mumifizierten *Crocidura olivieri* und *C. religiosa* und sollen sie auch als Götter verehrt haben.

Die Roten und die Weißen

KÖRPERBAU UND FUNKTION

Spitzmäuse sind kleine, scheue Tiere, auf den ersten Blick mausartig, aber mit einer typischen langen, spitzen Schnauze. Sie leben in der Regel am Boden und suchen ihre Nahrung in und unter der Laubstreu in Wäldern und im dichten Pflanzenwuchs. Manche erklettern Bäume, andere leben unterirdisch und einige amphibisch. Diese erfolgreichen Insektenfresser bilden die Säugerfamilie mit den drittmeisten Arten und sind fast überall auf der Welt verbreitet. Nur in Australasien und im Großteil Südamerikas kommen sie nicht vor.

Die Augen der Spitzmaus sind klein, manchmal im Fell versteckt. Der Gesichtssinn scheint schwach zu sein. Gehör und Geruchssinn funktionieren ausgezeichnet, dennoch sind die äußeren Ohren bei manchen Arten rückgebildet und kaum zu sehen. Die stärkste Rückbildung von Augen und Ohren zeigt die grabende Stummelschwanzspitzmaus, die einem Maulwurf stark ähnelt. Nur die Vorderbeine unterscheiden sich kaum von denen einer normalen Spitzmaus. Drastischere Veränderungen sind an den Pfoten der Gebirgsbachspitzmaus zu sehen: Schwimmhäute zwischen den Zehen. Bei anderen „aquatischen" Arten wie der Amerikanischen Wasserspitzmaus sind Pfoten, Zehen und Schwanz von steifen Haaren umsäumt, die die Oberfläche vergrößern und die Fortbewegung unter Wasser erleichtern. Die Haare schließen auch Luft ein, wodurch die Tiere auf dem Wasser „laufen" können. Haarsäume an den Pfoten finden sich auch bei der Turkestan-Wüstenspitzmaus, hier zum besseren Laufen auf Sand.

Die ersten Zähne werden schon während der embryonalen Entwicklung abgestoßen oder resorbiert, sodass Spitzmäuse mit den bleibenden Zähnen geboren werden. Die Zähne sind von taxonomischer Bedeutung: Manche Arten lassen sich von nahen Verwandten nur durch ihre Zahnform sicher unterscheiden. Auf einem höheren taxonomischen Niveau werden Spitzmäuse in zwei Unterfamilien gegliedert, je nachdem, ob sie rote Zahnspitzen haben („Rotzahnspitzmäuse" oder Soricinae) oder nicht („Weißzahnspitzmäuse" oder Crocidurinae). Die Rotfärbung entsteht aus der Ablagerung von Eisen im Zahnschmelz.

Eine unter Spitzmäusen einzigartige Skelettstruktur weist die Panzerspitzmaus auf. Sie hat miteinander verbundene laterale, dorsale und ventrale Dornfortsätze an der Wirbelsäule. Zusammen mit zahlreichen Gelenkflächen bilden diese Fortsätze eine extrem robuste Wirbelsäule. Glaubhaften Berichten zufolge kann das Tier sogar das Gewicht eines ausgewachsenen Mannes unbeschadet tragen.

Die auffälligsten Laute der Spitzmaus sind hochfrequente Schreie und Gezwitscher, die beim Streit mit Artgenossen einsetzt werden. Eine Art, die Moschusspitzmaus, macht beim Umherstreifen in Gebäuden ein Geräusch wie klimpernde Münzen und ist daher als *„money shrew"* bekannt. Zumindest einige Arten der Gattungen *Sorex* und *Blarina* benutzen zum Teil Ultraschall. Er scheint im Kehlkopf erzeugt zu werden und könnte eine frühe Form der Echoortung darstellen.

Spitzmäuse werden oft als „primitiv" angesehen, sind tatsächlich aber eine moderne Familie von Plazentatieren mit Ursprüngen im Tertiär. Die ältesten Spitzmausfossilien wurden in Nordamerika entdeckt und stammen aus dem Eozän (vor 45 Millionen Jahren). Eurasische Fossilien reichen bis zum frühen Oligozän (vor 34 Millionen Jahren) zurück, afrikanische Spitzmäuse sind seit der Mitte des Miozäns (vor 14 Millionen Jahren) bekannt. Die Merkmale, die die Spitzmäuse wohl mit den frühesten Säugern teilen, z.B. der Sohlengang, stellten für sie als kleine terrestrische Säuger keinen Nachteil dar. Spitzmäuse sind höchst erfolgreiche Formen und hervorragend an das Leben als winzige Insektenfresser angepasst.

Eines der auffälligsten Merkmale der Spitzmäuse ist ihre ungewöhnliche Chromosomenvielfalt. Einzelne Arten unterscheiden sich von nahen Verwandten oft in Anzahl und Morphologie ihrer Chromosomen. In einigen Fällen könnten die Chromosomenunterschiede zur vermehrungs-

Links: *Der kleinste Landsäuger ist die Etruskerspitzmaus, die bei einem Gewicht von 2 g etwa so groß ist wie die winzigsten Fledermäuse und Kolibris.*

Ganz rechts: *In Luftblasen gehüllt, taucht eine Wasserspitzmaus auf Nahrungssuche senkrecht nach unten. Sie ernährt sich von wirbellosen Wassertieren, kleinen Fischen und Amphibien.*

Unten: *Die Weißzahnspitzmäuse sind bei weitem die zahlenmäßig größte Gruppe der Spitzmäuse. Hier die Gartenspitzmaus* (Crocidura suaveolens).

FAKTEN

Spitzmäuse

Ordnung: Insectivora

Familie: Soricidae

312 Arten in 23 Gattungen und 2 Unterfamilien

Verbreitung Eurasien, Afrika, Nordamerika, nördliches Südamerika.

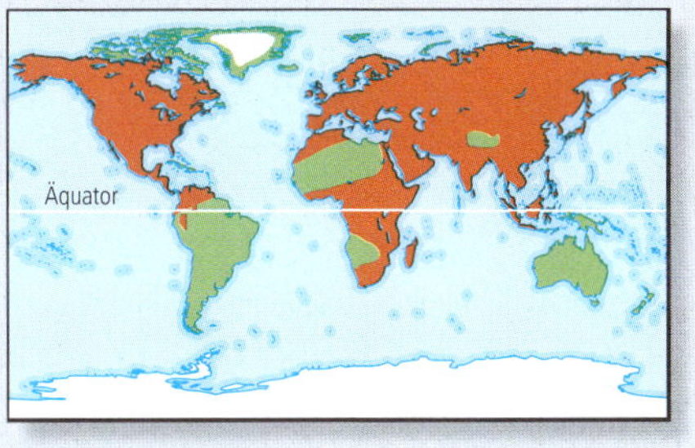

Lebensraum Wälder, Waldland, Grasland, Wüste, bodenlebend; einige Arten teilweise aquatisch.

Grösse **Körperlänge** von 3,5 cm bei der Etruskerspitzmaus, dem kleinsten lebenden Landsäuger, bis zu 15 cm bei der Moschusspitzmaus; **Gewicht** von 2 g bis zu 105 g bei denselben beiden Arten.

Fell Der kleine, mausartige Körper ist von kurzem, dichtem Fell bedeckt, meist in Grau- oder Brauntönen.

Nahrung Je nach Größe Samen, Nüsse und andere Pflanzenmaterialien; Wirbellose und Wirbeltiere, z.B. Würmer, Eidechsen, Molche, Frösche und Fische.

Fortpflanzung Tragzeit 17–32 Tage.

Lebenserwartung 12–30 Monate.

IUCN-Status 29 Spitzmausarten sind vom Aussterben bedroht, 30 stark gefährdet und 56 gefährdet.

Übersicht der Unterfamilien siehe Seite 745 ▷

hemmenden Isolation beigetragen haben, die für die Artbildung nötig ist. In diesem Kontext ist die innerartliche Chromosomenvielfalt einiger Spitzmausarten besonders interessant. Einige der „Rassen" innerhalb einer Art mit charakteristischen Chromosomen können selbst neue Arten hervorbringen. Die Waldspitzmaus ist hier besonders beeindruckend. Insgesamt wurden über 60 Rassen mit unterschiedlichen Chromosomen beschrieben, deren Anzahl von 20 bis 33 variiert. Waldspitzmäuse unterscheiden sich auch darin von anderen Säugern, dass Männchen und Weibchen einer bestimmten Rasse unterschiedlich viele Chromosomen besitzen: Die Weibchen haben zwei Geschlechtschromosomen (XX), die Männchen dagegen drei (XY1Y2).

Zähe Überlebenskünstler

NAHRUNG

Spitzmäuse sind sehr aktiv und vertilgen für ihre Größe riesige Mengen an Nahrung. Einige Arten überleben ohne Futter nur ein oder zwei Stunden. Ihre hohe Stoffwechselrate bringt noch andere außergewöhnliche Merkmale mit sich; z.B. wurden über 1000 Herzschläge pro Minute gezählt (beim erwachsenen Menschen liegt der Ruhepuls bei etwa 70 Schlägen pro Minute). Bei mehreren nördlichen Arten wie der Waldspitzmaus schrumpfen Schädel, Skelett und bestimmte innere Organe im Winter, um den Energiebedarf zu senken.

Spitzmäuse stillen ihren hohen Nahrungs- und Wasserbedarf vor allem dadurch, dass sie in futter- und wasserreichen Habitaten leben. Ihre geringe Größe ermöglicht ihnen jedoch auch die Nutzung temperaturgeschützter Mikrohabitate. Mindestens eine Rotzahnspitzmausart, die Graue Wüstenspitzmaus, begegnet den physiologischen Problemen in einem heißen, trockenen Klima durch Senken ihrer Stoffwechselrate, ähnlich anderen wüstenbewohnenden Säugern. Mehrere Arten, vor allem unter den Weißzahnspitzmäusen, aber auch die Graue Wüstenspitzmaus, fallen zum Teil zu Tageszeiten, in denen sie kein Futter sammeln können, in Torpor. Winterschlaf hält keine Spitzmaus.

Interessanterweise haben Rotzahnspitzmäuse eine höhere Stoffwechselrate als Weißzahnspitzmäuse. Dieser Unterschied mag auf ihre verschiedenen Ursprünge zurückzuführen sein (Norden und Tropen). Die eisenreichen roten Zahnspitzen erhöhen vermutlich die Abriebfestigkeit, was wegen des Durchsatzes an harter und körniger Nahrung bei diesen Tieren wichtig ist. Trotzdem können sich die Zähne beträchtlich abnutzen und wirkungslos werden. Adulte Waldspitzmäuse werden im Herbst oft tot im Freien gefunden. Dabei handelt es sich um alte Tiere, die sich im vorangegangenen Sommer fortgepflanzt haben und deren Zähne abgeschliffen sind. Offensichtlich sind sie verhungert. Ihre Kadaver werden nicht gefressen, weil die Absonderungen der Duftdrüsen an den Flanken die Spitzmaus für die meisten Fleischfresser ungenießbar machen.

Oben: Eine Hausspitzmaus verspeist einen Grashüpfer. Spitzmäuse sind unersättlich – manche Arten müssen alle paar Stunden fressen, um zu überleben.

Viele Spitzmäuse sind Nahrungsopportunisten und zeigen wenig Spezialisierung. Die Waldspitzmaus z.B. frisst fast jeden Wirbellosen, der ihr über den Weg läuft. Sie huscht an Nagerpfaden entlang oder durch die Vegetation und trifft eher zufällig auf Beute. Andere Arten sind wagemutiger bei der Futtersuche. Die aquatischen Arten tauchen bis zu 30 Sekunden lang, um nach kleinen Fischen oder anderer Beute zu suchen. Die Turkestan-Wüstenspitzmaus ernährt sich von Eidechsen.

Der Biss einiger Spitzmäuse ist giftig. Die Speicheldrüsen der Kurzschwanzspitzmaus produzieren z.B. genug Gift, um 200 Mäuse mittels intravenöser Injektion zu töten. Das Gift tötet oder lähmt die Beute vor dem Gefressenwerden und spielt wohl eine Rolle beim Bezwingen großer Wirbelloser. Zum Teil werden auch Insekten gelähmt und später gefressen. Mehrere Arten verstecken ihr Futter, darunter auch die Kurzschwanzspitzmaus. Dies scheint eine Methode der Sicherung kurzfristiger Nahrungsvorräte zu sein, wenn die Konkurrenz groß oder das Nahrungsangebot vorübergehend reichhaltig ist.

Viele Spitzmausarten – höchstwahrscheinlich alle – nehmen ausgeschiedenen Kot vom Anus weg auf. Die Waldspitzmaus rollt sich dabei zusammen, leckt sich den Anus und fixiert sich oft mit den Vorderpfoten an den Hinterbeinen, um diese Stellung zu halten. Nach einigen Sekunden stülpt sich das Rektum durch Kontraktionen des

Rechts: *Eine junge Wasserspitzmaus frisst einen Wurm. Die geringe Größe des Tieres täuscht über ihren Ruf als unerbittlicher omnivorer Räuber hinweg.*

Unterfamilien der Spitzmäuse

Weißzahnspitzmäuse
Unterfamilie Crocidurinae

Wimperspitzmäuse Gattung *Crocidura*
151 Arten in Afrika und S-Eurasien, darunter *C. olivieri*, *C. religiosa*, Hausspitzmaus (*C. russula*), Gartenspitzmaus (*C. suaveolens*); Wald bis Halbwüste. 17 Arten sind vom Aussterben bedroht.

Gattung *Myosorex*
12 Arten in Zentral- und Südafrika, darunter *M. cafer*; Wald. *M. rumpi* und *M. schalleri* sind vom Aussterben bedroht.

Gattung *Paracrocidura*
3 Arten in Zentralafrika, darunter Schoutedens Spitzmaus (*P. schoutedeni*); Wald. *P. graueri* ist vom Aussterben bedroht.

Dickschwanzspitzmäuse
Gattung *Suncus*
16 Arten in Afrika und S-Eurasien, darunter Etruskerspitzmaus (*S. etruscus*), Moschusspitzmaus (*S. murinus*), *S. varilla*; Wald, Busch, Savanne. *S. ater*, *S. mertensi* und *S. remyi* sind vom Aussterben bedroht.

Maulwurfsspitzmäuse
Gattung *Surdisorex*
2 Arten in Kenia: *S. polulus*, Bergregionen; *S. norae*, Aberdare-Region. Beide Arten sind gefährdet.

Gattung *Sylvisorex*
10 Arten in Zentral-Afrika, darunter Kletterspitzmaus (*S. megalura*); Wald, Grasland. *S. morio* ist stark gefährdet.

Congosorex polli
Südliche Demokratische Republik Kongo; Wald. Stark gefährdet.

Turkestan-Wüstenspitzmaus (*Diplomesodon pulchellum*)
W-/Zentral-Asien; Wüste.

Kelaarts Langkrallenspitzmaus (*Feroculus feroculus*). Indien und Sri Lanka; Bergwald. Stark gefährdet.

Ruwenzorisorex suncoides. Zentralafrika; Bergwald. Gefährdet.

Schildspitzmaus (*Scutisorex somereni*) Zentralafrika; Wald.

Pearsons Langkrallenspitzmaus (*Solisorex pearsoni*). Zentral-Sri Lanka; Berggebiete. Stark gefährdet.

Rotzahnspitzmäuse
Unterfamilie Soricinae

Gattung *Blarina*. 3 Arten im O Nordamerikas, darunter Große Kurzschwanzspitzmaus (*B. brevicauda*); Wald, Grasland.

Gattung *Blarinella*. 2 Arten in China und Myanmar: Asiatische Kurzschwanzspitzmaus (*B. quadraticauda*), Bergwald; *B. wardi*, Myanmar, Yunnan.

Gattung *Chimarrogale*. 6 Arten in S- und O-Asien, darunter Himalaya-Wasserspitzmaus (*C. himalayica*); Bergbäche. *C. hantu* und *C. sumatrana* sind vom Aussterben bedroht.

Kleinohrspitzmäuse Gattung *Cryptotis*
14 Arten im O Nordamerikas, in Mittelamerika, im N Südamerikas, darunter Kleine Kurzschwanzspitzmaus (*C. parva*); Wald, Grasland. *C. endersi* ist stark gefährdet.

Wasserspitzmäuse Gattung *Neomys*
3 Arten in N-Eurasien, darunter Wasserspitzmaus (*N. fodiens*); Waldland, Grasland, Bäche, Sumpfland.

Waldspitzmäuse Gattung *Sorex*
70 Arten in N- und Zentral-Eurasien sowie Nordamerika, darunter Waldspitzmaus (*S. araneus*), Aschgraue Spitzmaus (*S. cinereus*), Rauchfarbene Spitzmaus (*S. fumeus*), Zwergspitzmaus (*S. minutus*), Amerikanische Wasserspitzmaus (*S. palustris*), Trowbrigdes Spitzmaus (*S. trowbridgii*); Tundra, Grasland, Wald. *S. kozlovi* und *S. cansulus* sind vom Aussterben bedroht.

Gattung *Soriculus*. 10 Arten im S Zentralasiens von Pakistan bis China und Vietnam, darunter *S. macrurus*; Bergwald. Salenskis Spitzmaus (*S. salenskii*) ist vom Aussterben bedroht.

Stummelschwanzspitzmaus (*Anourosorex squamipes*). S-Asien; Bergwald.

Megasorex gigas
SW-Mexiko; Wald, halbtrockene Gebiete.

Gebirgsbachspitzmaus
(*Nectogale elegans*)
Sikkim bis Shenshi; Bergbäche.

Graue Wüstenspitzmaus
(*Notiosorex crawfordi*)
S-USA und Mexiko; Halbwüste/Busch, Berggebiete.

Vollständige Artenliste siehe Anhang Seite 879 ff. ▷

Hinterleibs nach außen und wird einige Minuten lang beknabbert und beleckt, bevor es sich zurückzieht. Offenbar findet dieser Vorgang erst dann statt, wenn der Dünndarm frei von Exkrementen ist. Wird die Spitzmaus getötet, sind Magen und die ersten Zentimeter des Dünndarms mit einer milchigen Flüssigkeit gefüllt, die Fettkügelchen und teilweise verdautes Futter enthält. Man nimmt an, dass Spitzmäuse sich auf diese Weise Spurenelemente und die Vitamine B und K verschaffen.

Karawanen und Tunnel

SOZIALVERHALTEN

Arten in gemäßigten und arktischen Breiten paaren sich saisonal, tropische Arten ganzjährig. Eine Art aus gemäßigten nördlichen Breiten ist die Waldspitzmaus, die sich meist erst im Jahr nach der Geburt paart. Die Paarungszeit beginnt im April; die Weibchen können theoretisch bis zu fünf Würfe mit jeweils bis zu elf Jungen produzieren. Tatsächlich werfen adulte Weibchen meist ein- bis zweimal vier bis acht Junge, bevor sie sterben. Eine ähnliche Sterblichkeit gilt für adulte Männchen, sodass die Population im Spätsommer vor allem aus Jungtieren besteht. Die Tragzeit dauert 20 Tage, die Laktation ca. 23 Tage. Der erste Östrus der Paarungszeit tritt innerhalb einer Population synchronisiert auf, sodass fast alle Weibchen sich innerhalb einiger Tage paaren. Durch DNA-Tests wurde gezeigt, dass ein Weibchen von bis zu sechs Männchen begattet wird. Dabei packt das Männchen das Weibchen im Nacken; Weibchen, die kopuliert haben, sind an der Bissstelle zu erkennen, an der das Fell weiß nachwächst.

Unter den tropischen Arten ist die Moschusspitzmaus am besten erforscht. Wie die Waldspitzmaus ist sie promisk; ein Weibchen nimmt bis zu acht Männchen an und kopuliert 278-mal in zwei Stunden. Moschusspitzmäuse haben eine Tragzeit von 30 Tagen, der Wurf besteht in der Regel aus zwei bis vier Jungen. Diese werden nackt und blind geboren, entwickeln sich aber rasch.

Die Moschusspitzmaus gehört zu einer Reihe von *Suncus*- und *Crocidura*-Arten, deren Jungen in „Karawanen“ laufen. Wenn sie alt genug sind, um das Nest zu verlassen, bilden sie eine Reihe. Jedes Tier packt den Vorgänger am Rumpf, das vorderste hält sich an der Mutter fest – und zwar so fest, dass sich die ganze Karawane vom Boden heben lässt, wenn man die Mutter hochnimmt .

Die meisten Spitzmäuse sind Einzelgänger und wahrscheinlich ist das promiske Paarungssystem der Wald- und Moschusspitzmaus überall verbreitet. Wegen des hohen Futterbedarfs verteidigen einige Arten ihr Leben lang oder zumindest zeitweise Territorien. Besonders deutlich tritt dies bei der Waldspitzmaus in den Wintermonaten zutage. Spitzmäuse kommen sich nur beim Kampf, bei der Paarung und im Nest nahe. Mindestens bei einer Art jedoch, *Suncus varilla,* kennt man langfristige Paarbindungen. Andere Arten sind noch geselliger. Die Kleine Kurzschwanzspitzmaus soll mehr oder weniger permanent in Kolonien leben und Hausspitzmäuse kuscheln sich im Winter in Gruppen aneinander, wahrscheinlich um die Körpertemperatur zu halten.

Mehrere Arten graben Tunnelsysteme, die den Kernpunkt eines Territoriums bilden können. Große und Kleine Kurzschwanzspitzmaus, Waldspitzmaus und Wasserspitzmaus wurden beim Wühlen gesichtet. Beobachtungen von Rauchfarbener Spitzmaus, Aschgrauer Spitzmaus, Trowbridges Spitzmaus und Zwergspitzmaus in Gefangenschaft zeigten, dass diese nicht graben. Bei der Wasserspitzmaus ist das Tunnelsystem wichtig, um Wasser aus dem Fell zu drücken. Ebenso scheint dies auch bei der Waldspitzmaus eine Bedeutung für die Fellpflege zu haben. In Gefangenschaft verbergen Waldspitzmäuse häufig Futter in ihren Gängen. Tunnelsysteme können auch als Versteck vor Feinden dienen und haben in der Regel mehr als einen Eingang. Nester aus Gras und anderen Pflanzen werden in einer vom Tunnelsystem getrennten Kammer angelegt. Dort verbringen Spitzmäuse den Großteil ihrer Schlaf- und Ruhephasen.

Endemiten in Gefahr

ARTEN- UND UMWELTSCHUTZ

Man könnte meinen, Spitzmäuse seien als höchst erfolgreiche Gruppe kleiner, sich schnell fortpflanzender Säuger weitgehend resistent gegen die Gefahren durch menschliche Einflüsse. Leider ist das Gegenteil der Fall. Viele tropische Arten sind extrem beschränkt in ihrer Verbreitung und kommen nur in geringen Dichten vor. Bei der aktuellen Zerstörungsrate der Regenwälder steht fest, dass viele dieser Arten aussterben werden.

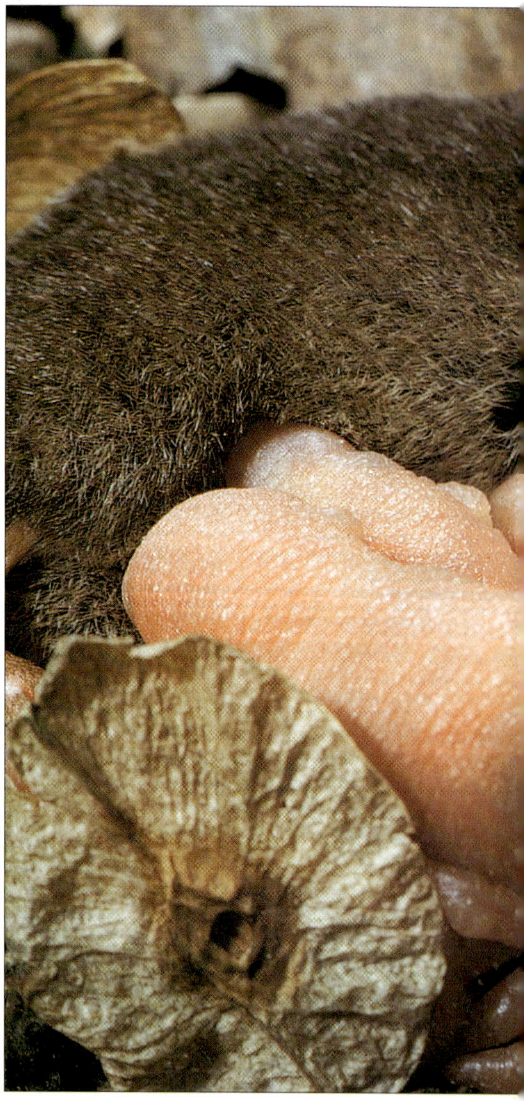

Oben: *Karawane: Junge Spitzmäuse lernen ihre unmittelbare Umgebung kennen, indem sie sich hintereinander in einer Kette an die Mutter hängen.*

Rechts: *Zwei Große Kurzschwanzspitzmäuse* (Blarina brevicauda) *treffen aufeinander. Diese Art gräbt wie einige andere Arten Tunnelsysteme, die die Basis des verteidigten Territoriums bilden.*

Links: *Coecotrophie: Manche Arten, wie diese Zwergspitzmaus* (Sorex minutus), *nehmen wichtige Nährstoffe durch Lecken am Rektum auf, das dazu aus dem Anus gestülpt wird.*

Unten: *Waldspitzmaus* (Sorex araneus) *beim Säugen ihrer Jungen. Die Männchen helfen nicht bei der Aufzucht des Nachwuchses.*

Andere Spitzmäuse dagegen sind erst im Umfeld des Menschen gediehen, etwa die Moschusspitzmaus: Sie ernährt sich von Insekten, die in der Nähe von Häusern leben. Als „blinde Passagiere" gelangten die Spitzmäuse schließlich mit dem Menschen in viele Teile der Tropen. Leider kann dieser passive Transport für endemische Spitzmausarten auf Inseln sehr gefährlich werden. So vermutet man z.B., dass die Gattung *Nesiotites* auf Mittelmeerinseln wie Korsika, Sardinien und den Balearen nach der ungewollten Einführung der Haus-, Garten- und Etruskerspitzmaus durch den Menschen ausgestorben ist. Dieses Beispiel zeigt, dass eine überlegene Spitzmausart anderen Arten den Untergang bringen kann.

Nicht nur lokale Spitzmausarten sind vom Aussterben bedroht. Neuere Studien aus Großbritannien belegen einen Rückgang des dortigen Waldspitzmausbestands. Das ist besonders deswegen beunruhigend, weil diese Art sonst als ultimativer Überlebenskünstler galt. Die Waldspitzmaus kann marginale Habitate wie Straßenränder besetzen und scheint eine ungewöhnliche Resistenz gegenüber einigen Schadstoffen, wie Schwermetallen, zu besitzen. Spitzmäuse müssen genau wie Tiger und Nashörner in den kommenden Jahren konstant überwacht und vor den vielfältigen Bedrohungen geschützt werden. JBS/CJB

Goldmulle

Der deutsche Name „Goldmull" stammt von der wissenschaftlichen Bezeichnung der Familie Chrysochloridae, der aus den griechischen Begriffen für „Gold" und „Hellgrün" abgeleitet ist. Dies bezieht sich eher auf den kupfergrünen, blauen, purpurnen oder bronzenen Schimmer auf ihrem Fell als auf die braune Fellfarbe selbst.

Goldmulle sind schon aus dem späten Eozän vor etwa 40 Millionen Jahren bekannt. Klimatische Veränderungen sind möglicherweise verantwortlich für ihre jetzige ungleichmäßige Verbreitung, doch sie verfügen über spezielle Adaptationen für eine grabende Lebensweise in unterirdischen Habitaten in den verschiedensten Gebieten.

Ausgerüstet für Extreme

Körperbau und Funktion

Goldmulle sind einzelgängerische, wühlende Insektenfresser mit kompaktem, stromlinienförmigem Körper, kurzen Gliedern und ohne sichtbaren Schwanz. Das Fell ist wasserfest und bleibt auch im Schlamm geschmeidig und trocken; die dichte Unterwolle isoliert. Die Haut ist dick und fest, vor allem am Kopf. Die rudimentären Augen sind mit behaarter Haut bewachsen, der Sehnerv ist verkümmert. Die Ohröffnungen sind von Fell bedeckt und die Nasenlöcher von einer ledrigen Hornplatte, die beim Ausheben von Erdreich hilft. Manche Arten wie *Calcochloris obtusirostris* haben auch blattartige Fortsätze an den Nasenlöchern, die das Eindringen von Sand verhindern. Der keilförmige Kopf und die extrem muskulösen Schultern schieben und verdichten die Erde, die kräftigen Vorderbeine tragen gekrümmte, spitzhackenartige Grabkrallen. Die dritte der vier Krallen ist besonders kräftig, die erste und die vierte dagegen meist rudimentär. Die fünf mit Haut verbundenen Zehen an den Hinterpfoten haben je eine kleine Kralle und schaufeln die lose Erde nach hinten.

Der Schlüssel zum Evolutionserfolg der Goldmulle ist ihre einzigartige Physiologie. Trotz einer hohen Wärmeleitung haben sie einen geringen Grundumsatz und regulieren ihre Körpertemperatur in Ruhephasen nicht, was ihren Energiebedarf beträchtlich senkt. Alle Arten verfallen täglich oder bei Kälte in Torpor. Die Körpertemperatur im thermoneutralen Bereich ist niedriger als bei gleich großen anderen Säugern. Ein verringerter Stoffwechsel und die effiziente Nierenfunktion reduzieren den Wasserbedarf derart, dass die meisten Arten kein Trinkwasser benötigen. Solche physiologischen Spezialisierungen sind nicht etwa „primitiv", sondern ermöglichen den Mullen das Überleben in Habitaten mit extremen Temperaturen und spärlichem Nahrungsangebot.

Als Hauptsinne setzt der Goldmull Gehör, Tastsinn und Geruch ein. Die Gehörknöchelchen mancher Arten sind überproportional groß und verleihen den Tieren eine besondere Sensibilität gegenüber Vibrationen, die eine rasche Bewegung auf die Beute hin auslösen oder ihnen den Weg zu einem offenen Baueingang (oberirdisch) oder einem Fluchtloch (unterirdisch) weisen. Die Arten ohne vergrößerte Gehörknöchelchen haben einen gut entwickelten Hyoidbogen, der niederfrequente Geräusche an das Innenohr überträgt. Goldmulle können sich besonders gut unterirdisch orientieren. Wenn Teile des Bausystems beschädigt sind, führen die neuen Ersatzgänge stets präzise zu den vorhandenen Tunneln.

Goldmulle suchen in Gängen nach Nahrung, die an der Erdoberfläche als Wälle erkennbar sind. Wüstenlebende Arten „schwimmen" direkt unter der Oberfläche durch den Sand und hinterlassen U-förmige Wälle. Die meisten Arten graben auch tiefere Baue, die grasgepolsterte Nester, Kotkammern und spiralige Fluchtlöcher miteinander verbinden. Überschüssige Erde wird dabei in Häufchen nach oben gebracht. Im Durchschnitt gräbt ein Goldmull 44 Minuten am Stück und ruht dann ca. 2,6 Stunden. Gezielte Bewegung an der Oberfläche minimiert den Nahrungsaufwand.

Die unterirdische Speisekammer

Nahrung

Goldmulle ernähren sich vor allem von Würmern und Insektenlarven. Grants Goldmull frisst hauptsächlich weiche Termiten. De Wintons Goldmull erbeutet auch beinlose Eidechsen, indem er die Reptilien mit den langen, schlanken Krallen festhält. Der Riesengoldmull verzehrt hauptsächlich die in der Laubstreu wimmelnden Tausendfüßer, nimmt jedoch auch Riesenwürmer (*Microchaetus* spp.). Bei Gelegenheit verschmäht er auch kleine Wirbeltiere nicht.

FAKTEN

GOLDMULLE

Ordnung: Insectivora

Familie: Chrysochloridae

21 Arten in 9 Gattungen

Lebensraum Unterirdische Baue.

Grösse Körperlänge von 7–8,5 cm bei Grants Goldmull bis 20–23,5 cm beim Riesengoldmull.

Riesengoldmulle Gattung *Chrysospalax*
mit den beiden größten Arten: **Riesengoldmull** *(C. trevelyani)*, Wälder am O-Kap, stark gefährdet; ***C. villosus***, Grasland und Sumpf im östlichen Südafrika, gefährdet.

Gattung *Cryptochloris*
2 Arten, beide in trockenen Gebieten von Little Namaqualand, W-Kap: **De Wintons Goldmull** *(C. wintoni)*, gefährdet, und **Van-Zyl-Goldmull** *(C. zyli)*, vom Aussterben bedroht.

Kapgoldmulle Gattung *Chrysochloris*
3 Arten: **Stuhlmanns Goldmull** *(C. stuhlmanni)*, Berge in Zentral- und O-Afrika; **Kap-Goldmull** *(C. asiatica)*, W-Kap bis Little Namaqualand; ***C. visagiei***, sukkulente Karoo am W-Kap, vom Aussterben bedroht.

Gattung *Chlorotalpa*
2 Arten: ***C. sclateri***, Hochland-Grasland und Busch am W-Kap, Lesotho, O-Free State und Mpumalanga, gefährdet; ***C. duthieae***, Küstenwälder am W- und O-Kap, gefährdet.

Kupfergoldmulle Gattung *Amblysomus*
5 Arten, darunter **Hottentotten-Goldmull** *(A. hottentotus)*, alle in Grasland und Wäldern am W- und O-Kap, KwaZulu-Natal, NO-Free State, Mpumalanga, Swasiland.

Verbreitung
Afrika südlich der Sahara, einschließlich Somalia.

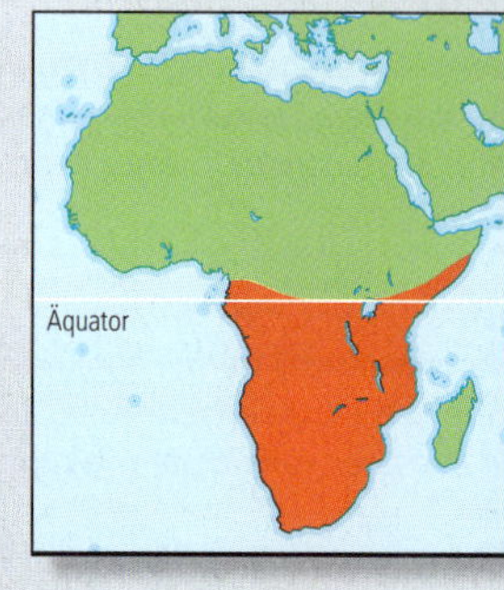

Gattung *Neamblysomus*
2 Arten: ***N. gunningi***, Wälder in Northern Province, gefährdet; **Julianas Goldmull** *(N. julianae)*, Sandböden in Savannen von Gauteng und Mpumalanga, vom Aussterben bedroht.

Gattung *Calcochlorus*
3 Arten: ***C. obtusirostris***, Zululand bis Mosambik und SO-Simbabwe; ***C. leucorhinus***, Wälder W- und Zentral-Afrikas; ***C. tytonis***, NO-Somalia.

Grants Goldmull *Eremitalpa granti*
Sandwüste und Halbwüste am W-Kap, Little Namaqualand, Namibwüste, gefährdet.

Carpitalpa arendsi
Wälder und angrenzendes Grasland in O-Simbabwe und NO-Mosambik.

Vollständige Artenliste siehe Anhang Seite 881 ▷

Kontakte zwischen den Bauen

SOZIALVERHALTEN

Das Territorialverhalten wird vom Nahrungsangebot beeinflusst. Die Bausysteme des Hottentotten-Goldmulls sind zahlreicher im Sommer, wenn es mehr Nahrung gibt, und die Überschneidung von Streifgebieten wird in Grenzen toleriert. In weniger fruchtbaren Gegenden sind die Systeme größer und werden aggressiver verteidigt. Ein Nachbarbau wird gelegentlich von einem Tier als Erweiterung seines Streifgebiets übernommen. Die Besetzung des Baus wird durch Untersuchung der Gangwände auf Geruch entdeckt. Zu Kämpfen kommt es zwischen Tieren gleichen Geschlechts, manchmal auch zwischen Männchen und Weibchen. Hottentotten-Goldmulle dulden herbivore Blindmulle im selben Bausystem. Bei den Drakensbergen münden Goldmullbaue in die von *Otomys sloggetti*.

Zur Werbung gehören beim Hottentotten-Goldmull zahlreiche Zirplaute, Auf-und-ab-Bewegungen des Kopfes und Stampfen mit den Pfoten beim Männchen sowie grashüpferähnliches Raspeln und Schreie beim Weibchen. Beide Geschlechter haben nur eine Urogenitalöffnung. Die Weibchen zeigen eine asaisonale Polyöstrie. Ein Wurf besteht aus ein bis drei (meist zwei) nackten Jungen, die im Durchschnitt 4,7 cm lang und 4,5 g schwer sind. Sie werden in grasgepolsterten Nestern gesäugt und aus dem mütterlichen Bau vertrieben, sobald sie 35 bis 45 g wiegen.

Heute sind elf Goldmullarten wegen der Zerstörung ihres Lebensraums durch den Menschen vom Aussterben bedroht. Zu den Gefahren zählen Urbanisierung, Bergbau zur Gewinnung von Diamanten und Baumaterialien sowie Hunde und Katzen, die die Mulle fangen. GB/MP

Rechts: *Ein verräterischer Erdwall zeigt die Position eines Goldmulls bei der Nahrungssuche. Die meisten Arten graben tiefere Baue für die Jungenaufzucht.*

Unten: *In der Namibwüste in Südafrika verspeist Grants Goldmull eine Heuschrecke – eine Abwechslung von seiner üblichen Nahrung, weichen Termiten.*

Maulwürfe und Desmane

Die Familie Talpidae umfasst die seltsamste Gruppe, die man sich vorstellen kann: auf der einen Seite die Maulwürfe und Ohrenspitzmaus-Maulwürfe, die mehr oder weniger wühlend in der Erde leben, auf der anderen Seite die amphibischen Desmane. Heute unterscheidet man 40 Maulwurfarten in 15 Gattungen und nur zwei Desmanarten in je einer Gattung.

Die meisten Menschen in Europa und Nordamerika kennen zwar Maulwurfshügel, haben aber kaum jemals einen Maulwurf zu Gesicht bekommen. Aufgrund ihrer unterirdischen Lebensweise konnten diese Tiere erst in den letzten drei Jahrzehnten erforscht werden. Über die andere große Gruppe in der Familie, die Desmane, ist auch nicht viel bekannt, da sie in unzugänglichen Bergbächen der Pyrenäen und den Weiten Russlands leben.

Graben und Schwimmen

KÖRPERBAU UND FUNKTION

Maulwürfe und Desmane haben längliche, zylindrische Körper. Die kegelförmige Schnauze ist bis auf die Tasthaare nackt, höchst beweglich und reicht bis hinter die Unterlippe. Der Penis ist nach hinten gerichtet, ein Skrotum fehlt.

Die Augen sind winzig und im Fell verborgen, aber funktionstüchtig. Beim Blindmaulwurf werden sie von einer Haut bedeckt. Sie reagieren sehr empfindlich auf Lichtveränderungen, haben aber kaum Sehkraft. Mit Ausnahme der Ohrenspitzmaus-Maulwürfe besitzen Maulwürfe keine Ohrmuscheln. Die Tiere verlassen sich ebenso wie Desmane größtenteils auf ihren Tastsinn. Die Schnauze ist reichlich mit Fortsätzen ausgestattet, den Eimerschen Tastkörperchen, die vermutlich auf Berührung reagieren. Zusätzlich tragen verschiedene Körperteile – Schnauze, Schwanz, bei Desmanen auch die Beine – Tasthaare.

Desmane sind an das Schwimmen angepasst: Der lange, flache Schwanz dient als Ruder und wird durch einen steifen Haarsaum verbreitert. Beine und Pfoten sind im Verhältnis lang und kräftig, die Zehen mit Schwimmhäuten verbunden, die Finger zur Hälfte ebenfalls. Nasenlöcher und Ohren werden durch Klappen geöffnet und geschlossen. Beim Schwimmen sorgen die Hinterbeine für den Hauptantrieb.

Bei Maulwürfen weisen die Vorderbeine Anpassungen ans Graben auf. Die großen, fast runden und mit fünf kräftigen Krallen ausgestatteten Vorderpfoten sind wie Ruder auswärts gedreht. Die Zähne sind unspezialisiert und bilden ein typisches Insektenfressergebiss.

Maulwürfe und Desmane stammen aus Europa, wo die Fossilfunde etwa 45 Millionen Jahre bis ins mittlere Eozän zurückdatieren. Heute sind Maulwürfe in ganz Europa, Asien und Nordamerika verbreitet, nicht jedoch in Afrika, wo ihre ökologische Nische als unterirdische Wirbellosenjäger von den Goldmullen (Familie Chrysochloridae) besetzt wird. Neuere Analysen deuten darauf hin, dass die Vorfahren von *Condylura, Neurotrichus*

Unten: *Die einzigartige Nase des Sternmulls teilt sich in 22 nackte, mobile, berührungsempfindliche, fleischige Tentakeln, die zur Beutesuche dienen.*

und *Parascalops* getrennt vom gemeinsamen Urahn von *Scalopus* und *Scapanus* nach Europa und Nordamerika abwanderten.

Im Pleistozän kam der Russische Desman (*Desmana moschata*) vom Süden Großbritanniens bis zum Kaspischen Meer in ganz Europa vor. Seitdem ist seine Verbreitung immer mehr zurückgegangen und beschränkt sich heute auf die Becken der Flüsse Dnjepr, Don, Kama, Ural und Wolga im südlichen europäischen Teil Russlands. Fossilien von *Galemys pyrenaicus*, dem Pyrenäendesman, sind nur aus den Pyrenäen und ihren Ausläufern bekannt. Heute ist die Art auf die nördliche Hälfte der Iberischen Halbinsel und die französische Seite der Pyrenäen beschränkt.

Würmer auf dem Speiseplan

NAHRUNG

Maulwürfe graben Tunnels und fressen Wirbellose, die dort hineinfallen. Beim Graben stützen sie sich mit den Hinterpfoten ab, stoßen die Vorderpfoten abwechselnd ins Erdreich und bewegen sie zur Seite und nach hinten. In Abständen graben sie einen Schacht zur Oberfläche und schieben die Erde zu einem Hügel hoch. Die Tunnels verlaufen wenige Zentimeter oder bis 1 m tief unter der Erde. Etwa 90 % der Nahrung wird in den Tunnels gesammelt. Maulwürfe fressen, was verfügbar ist, bevorzugt Würmer, Käfer- und Fliegenlarven sowie Nacktschnecken. Der Europäische Maulwurf lagert im Oktober und November Würmer mit abgebissenen Köpfen in der Nähe seines Nestes ein.

Desmane beziehen fast ihre gesamte Nahrung aus dem Wasser. Sie fressen vor allem aquatische Insekten, Süßwassergarnelen und Schnecken. Der Russische Desman fängt auch größere Beute wie Fische und Amphibien.

Links: *Repräsentative Maulwurf- und Desmanarten:* ***1*** *Europäischer Maulwurf* (Talpa europaea); ***2*** *Amerikanischer Spitzmausmaulwurf* (Neurotrichus gibbsi); ***3*** *Japanischer Bergmaulwurf* (Urotrichus pilirostris); ***4*** *Sternmull* (Condylura cristata); ***5*** *Pyrenäendesman* (Galemys pyrenaicus).

FAKTEN

MAULWÜRFE UND DESMANE

Ordnung: Insectivora

Familie: Talpidae

42 Arten in 17 Gattungen und 3 Unterfamilien. Die Unterfamilie Desmaninae enthält 2 Desman-Gattungen, die Unterfamilie Talpinae 14 Maulwurf-Gattungen, die Unterfamilie Uropsilinae 1 Ohrenspitzmaus-Maulwurf-Gattung.

VERBREITUNG Europa, Asien und Nordamerika.

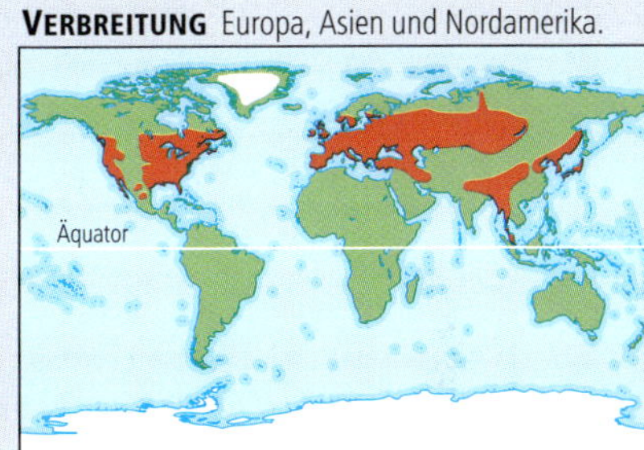

LEBENSRAUM Maulwürfe leben größtenteils unterirdisch, in der Regel unter Wäldern und Grasland, aber auch unter Heiden. Desmane leben aquatisch in Seen und Flüssen. Ohrenspitzmaus-Maulwürfe bauen Tunnels, suchen aber in der Laubstreu nach Nahrung.

GRÖSSE Körpergröße von 2,5–7,5 cm bei Ohrenspitzmaus-Maulwürfen bis 18–21 cm beim Russischen Desman; **Schwanzlänge** von 2,4–7,5 cm bis 17–21,5 cm; **Gewicht** von 12 g bis 550 g, bei den genannten Arten.

FELL Beim Desman doppelschichtig: kurze, dichte, Wasser abweisende Unterwolle und fettige Leithaare; steife Haare vergrößern Pfoten und Schwanz zum Schwimmen. Beim Maulwurf einheitlich kurz. Ohrenspitzmaus-Maulwürfe haben nach hinten gerichtete Leithaare und Unterwolle. Maulwürfe sind meist einheitlich bräunlich schwarz oder grau, Desmane braun oder rötlich am Rücken, nach unten hin in Grau übergehend.

NAHRUNG Maulwürfe: Würmer, Käfer- und Fliegenlarven, Nacktschnecken; Desmane: Larven, Süßwassergarnelen, Schnecken, kleine Fische, Amphibien.

FORTPFLANZUNG Tragzeit unbekannt (über 15 Tage) bei Desmanen und Ohrenspitzmaus-Maulwürfen; 30 Tage beim Europäischen und 42 Tage beim Nacktschwanzmaulwurf.

LEBENSERWARTUNG Bis zu 4 Jahre beim Europäischen und Nacktschwanzmaulwurf, 4–5 Jahre beim Bürstenmaulwurf.

IUCN-STATUS *Euroscaptor parvidens* und *Talpa streeti* vom Aussterben bedroht, weitere 5 Arten stark gefährdet. *Eurscaptor mizura* und beide Desmanarten gefährdet.

Vollständige Artenliste siehe Anhang Seite 881 ▷

Von Tunnel zu Tunnel

SOZIALVERHALTEN

Über Populationsdichte und Sozialstruktur der Desmane ist außer einigen spärlichen Details wenig bekannt: Pyrenäendesmane scheinen Einzelgänger zu sein und kleine permanente Streifgebiete zu bewohnen, die sie an Latrinen mit Duft markieren. Russische Desmane leben anscheinend zeitweise aufgrund von unvorhersehbaren Wasserständen nomadisch. Sie könnten gesellig sein, da schon bis zu acht Adulttiere zusammen in einem Bau gefunden wurden.

Über Maulwürfe gibt es mehr Daten, sie beziehen sich allerdings hauptsächlich auf den Europäischen Maulwurf. Dessen Populationen scheinen – anders als die kleiner Nager – relativ stabil zu sein. Die meisten Maulwurfarten sind territoriale Einzelgänger und die Individuen verteidigen den Großteil oder ihr gesamtes Streifgebiet. Der Sternmull bildet eine Ausnahme: Aus bislang wenig bekannten Gründen können ein Männchen und ein Weibchen im Winter zusammenleben. Bei anderen Arten treffen Männchen und Weibchen nur zur Paarung kurz aufeinander.

Die Populationsdichte schwankt je nach Art und Lebesraum. So wurden bereits fünf bis 23 Europäische Maulwürfe pro ha gefangen. Beim Nacktschwanzmaulwurf macht die Dichte fünf bis zwölf, beim Sternmull fünf bis 25 und beim Bürstenmaulwurf fünf bis 28 Tiere pro ha aus.

Telemetrische Untersuchungen ergaben, dass die Reviergröße beim Europäischen Maulwurf zwischen den Geschlechtern sowie je nach Lebensraum und Jahreszeit. Habitat- und Geschlechtsunterschiede spiegeln unterschiedliche Nahrungsangebote und den höheren Energiebedarf des größeren Männchens wider. Männchen erweitern ihr Territorium im Frühjahr auf der Suche nach paarungswilligen Weibchen. In der Regel bleiben Maulwürfe ihr Leben lang in ihrem Revier. Nach telemetrischen Untersuchungen verlassen manche Maulwürfe bei heißem, trockenem Wetter aber ihr Streifgebiet und wandern bis zu 1 km, um aus Bächen zu trinken. Dazu durchqueren sie die Territorien von bis zu zehn anderen Maulwürfen.

Europäische Maulwürfe sind territorial und verbringen fast ihr ganzes Leben unter der Erde. Benachbarte Maulwürfe bewohnen zwar eigene Tunnelsysteme, die Reviere überschneiden sich aber geringfügig. Ob die Tunnel in Überschneidungsgebieten gemeinsam oder getrennt genutzt werden und unabhängig voneinander im Boden verlaufen, ist nicht bekannt. Es ist jedoch belegt, dass Maulwürfe um Anwesenheit und Aktivitäten der Nachbarn wissen. So gehen benachbarte Tiere z.B. stets in nicht angrenzenden Bereichen ihrer Reviere auf Nahrungssuche und vermeiden so den Kontakt. Diese Vermeidungsstrategie ist so effizient, dass keine Konflikte zwischen alteingesessenen Nachbarn belegt sind.

Wenn ein Maulwurf stirbt oder gefangen und entfernt wird, bemerken die Nachbarn schnell seine Abwesenheit und besetzen das leere Gebiet. Ein Tier mit Sender wurde nach mehreren Wochen der Beobachtung entfernt. Innerhalb von zwölf Stunden suchte ein benachbarter Maulwurf während seiner Aktivitätsphase am Morgen im unbesetzten Territorium nach Futter, am Nachmittag in seinem eigenen.

In anderen Fällen wurde das unbesetzte Territorium zwischen den Nachbarn aufgeteilt – so beobachtet bei vier Maulwürfen, die angrenzende Bezirke bewohnten, bis einer entfernt wurde. Innerhalb weniger Stunden hatten die anderen ihre Reviere erweitert und das leere Gebiet besetzt.

Maulwürfe teilen Anwesenheit und Besitzansprüche an ein Gebiet über Duftmarken mit. Beide Geschlechter sondern ein stark riechendes Sekret ab, das sich am Bauchfell sammelt und am Tunnelboden sowie an den Latrinen abgesetzt wird. Der Geruch ist stark flüchtig und muss regelmäßig erneuert werden. Fehlt dieser Duft, wird das Territorium umgehend besetzt.

Desmane sind hauptsächlich nachtaktiv, haben aber oft auch eine kurze Aktivphase während des Tages. Die meisten Maulwürfe dagegen sind tag- und nachtaktiv. Bis vor kurzem dachte man, dass der Europäische Maulwurf stets drei Aktivphasen am Tag hätte, im Wechsel mit Ruheperioden. Neuere Studien an Tieren mit Sendern zeichnen aber

ein komplexeres Bild. Im Winter zeigen Männchen und Weibchen in der Tat drei Aktivphasen von je ca. vier Stunden, getrennt durch vierstündige Ruhepausen im Nest. In dieser Zeit verlassen sie das Nest fast immer bei Sonnenaufgang. Die Weibchen behalten dieses Muster das ganze Jahr über bei, außer während der Laktationsperiode im Sommer. Dann kehren sie häufiger ins Nest zurück, um ihre Jungen zu säugen.

Die Männchen sind weniger berechenbar. Im Frühling gehen sie auf Partnersuche, bleiben mehrere Tage hintereinander dem Nest fern und halten in ihren Tunnels Nickerchen. Im Sommer kehren sie zur Winterroutine zurück, zeigen jedoch im September nur zwei Aktivphasen pro Tag.

Details zum Lebenszyklus sind nur für einige Arten bekannt, vor allem für den Europäischen Maulwurf. Über Desmane und Ohrenspitzmaus-Maulwürfe weiß man wenig. Maulwürfe haben eine kurze Paarungszeit und werfen einmal pro Jahr zwei bis sieben Junge. Die Laktation dauert weniger als einen Monat. Die Männchen beteiligen sich nicht an der Aufzucht. Die Jungtiere paaren sich meist im Jahr nach der Geburt.

Bei manchen Arten, z.B. beim Europäischen Maulwurf, lassen sich die Geschlechter anhand der äußeren Geschlechtsmerkmale kaum unterscheiden. Dies wird noch dadurch verstärkt, dass die Hoden nicht in ein externes Skrotum absteigen. Die Weibchen dieser Arten besitzen im Gegensatz zu anderen Säugerweibchen Ovotestes; diese enthalten eine morphologisch normale Eierstockkomponente, die sich während des Frühlings entwickelt und Eizellen produziert, aber auch einen Hodenbereich, der im Herbst wächst und große Mengen Testosteron produziert. Dies könnte der Grund dafür sein, warum sich die Geschlechter äußerlich so ähnlich sehen und warum Maulwurfweibchen Artgenossen gegenüber ebenso aggressiv sind wie Männchen. Ob dieses physiologische System dem Maulwurf Vorteile bietet oder nur eine Laune der Evolution darstellt, ist nicht bekannt und bleibt vorläufig ein ungelöstes Rätsel.

In Großbritannien paart sich der Europäische Maulwurf von März bis Mai, die Jungen werden im Mai oder Juni geboren. Die Paarungszeit variiert je nach Breitengrad: Dieselbe Art ist in Norditalien bereits Mitte Februar trächtig, in Nordost-Schottland aber nicht vor Mai oder Juni. Die Tageslänge steuert also die Fortpflanzung, was für ein unterirdisch lebendes Tier seltsam erscheinen mag. Maulwürfe kommen jedoch an die Oberfläche, um Gras und andere Materialien für ihre Nester zu sammeln: So war etwa ein Nest in der Nähe einer Gaststätte ganz aus Kartoffelchipstüten vom Müll gebaut!

Die durchschnittliche Wurfgröße beträgt in Großbritannien 3,7 Junge, kann in Kontinentaleuropa aber höher sein; für Russland ist ein Durchschnitt von 5,7 Jungen belegt. Ein Wurf pro Jahr ist die Norm, aber es gibt Berichte über zwei Trächtigkeiten in einem Jahr (die zweite im Herbst). Die Spermienproduktion dauert nur zwei Monate an, aber es können genügend Samenzellen gespeichert werden, um die Weibchen in so einer späten oder zweiten Hitzeperiode zu befruchten.

Die Jungen sind bei der Geburt im Nest nackt, mit 14 Tagen wächst das Fell, ihre Augen öffnen sich mit 22 Tagen. Vier bis fünf Wochen werden sie gesäugt und verlassen mit etwa 35 Tagen und einem Gewicht von 60 g oder mehr das Nest.

Anschließend emigrieren sie aus dem Revier der Mutter und suchen oberirdisch nach einem unbesetzten Gebiet. Viele fallen in dieser Zeit Raubtieren zum Opfer oder werden überfahren. Bei einer durchschnittlichen Wurfgröße von ca. vier Jungen muss die Anzahl der im Mai vorhandenen Tiere durch Tod oder Emigration um etwa 66 % reduziert werden, damit die Population stabil bleibt.

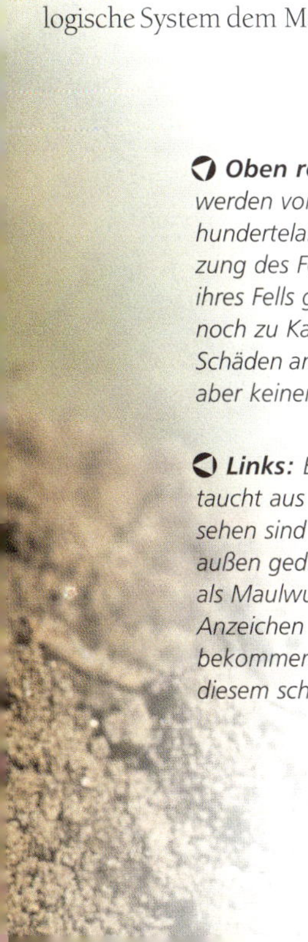

Oben rechts: *Viele Maulwürfe werden von Landwirten getötet. Jahrhundertelang wurden sie zur Begrenzung des Feldschadens und wegen ihres Fells gefangen. Heute kommt es noch zu Kampagnen, wenn sie ernste Schäden anrichten. Die Pelze haben aber keinen kommerziellen Wert mehr.*

Links: *Ein Europäischer Maulwurf taucht aus einem Hügel auf. Gut zu sehen sind die großen, kräftigen, nach außen gedrehten Vorderbeine. Mehr als Maulwurfshügel – die deutlichsten Anzeichen für seine Anwesenheit – bekommen die meisten Menschen von diesem scheuen Tier nicht zu sehen.*

Begehrte Maulwurfpelze

Arten- und Umweltschutz

Der Russische Desman wird überall wegen seines Fells gefangen. Die meisten Bälge in westlichen Museen stammen aus dem Pelzhandel. Um die Produktion zu steigern, wurde die Art am Dnjepr eingeführt.

Maulwürfe gelten bei Landwirten, Gärtnern und Platzwarten häufig als Schädlinge. Sie zerstören die Wurzeln junger Pflanzen, die eingehen. Zudem verunreinigt die Erde der Maulwurfshügel das Silofutter und die an die Oberfläche gebrachten Steine verursachen Schäden an Schnittmaschinen. Allerdings gelangen dadurch auch bearbeitete Feuersteine und römische Mosaiksteine nach oben.

Heute erfolgt die Bestandskontrolle meist durch Gift. In Großbritannien wird vor allem Strychnin eingesetzt, was den Nachteil hat, dass es unzumutbar grausam wirkt und auch andere Tiere gefährdet. Obwohl es nur mit staatlicher Genehmigung erhältlich ist, wird es auch zur Bekämpfung von „Schädlingen" eingesetzt, u.a. Raubvögeln.

Früher fingen professionelle Fallensteller und Landarbeiter Europäische Maulwürfe in Massen und verkauften die Felle für Kniehosen, Westen und Damenmäntel. In Nordamerika gab es einen ähnlichen Maulwurfpelzhandel, hauptsächlich mit den Fellen von Townsends Maulwurf. Nach dem Ersten Weltkrieg brach dieser Markt aber größtenteils zusammen.

Die beiden existierenden Desmanarten sind heute stark gefährdet; der Russische Desman wegen der übermäßigen Jagd auf sein Fell, der Pyrenäendesman durch übereifriges Sammeln für die Wissenschaft und durch die Zerstörung seines Lebensraums. Die Ausarbeitung von Managementplänen wird durch das fehlende Wissen über die Biologie beider Arten behindert. MLG

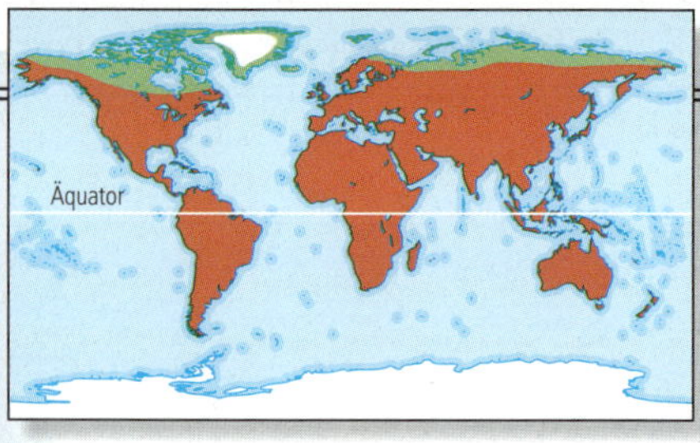

FLEDERTIERE

Fledertiere sind in vielfacher Hinsicht außergewöhnlich: Sie fliegen dank raffinierter Orientierungssysteme in völliger Dunkelheit bis zu 50 km/h schnell. Man findet bei ihnen eines der wenigen überzeugenden Beispiele für altruistisches Verhalten im Tierreich. Die Weibchen sind hingebungsvolle Mütter, die sich gegenseitig um die Jungen kümmern, und manche Arten zeigen spektakuläre Fortpflanzungsanpassungen wie Spermaspeicherung sowie verzögerte Befruchtung und Einnistung des Eis. Die heterothermen Fledertiere zeigen Schwankungen der Körpertemperatur zwischen 41 °C im Flug und weniger als 2 °C beim Überwintern. Nicht zuletzt findet man unter ihnen die größten Ansammlungen von Wirbeltieren – über 20 Millionen Individuen in einer Höhle.

Trotzdem rangieren Fledertiere nur selten unter den ersten zehn, wenn man Menschen nach ihren Lieblingstieren fragt. Vielleicht erwächst ihr geringes „Kuscheltierimage" aus denselben Merkmalen, die sie so faszinierend und einzigartig machen. Rund ein Viertel aller heute lebenden Säugerarten sind Fledertiere. Sie nutzen Häuser, Höhlen und Laubbäume als Unterschlupf und einige Arten bauen sich sogar aus Pflanzenteilen „Zelte". Die meisten sind überwiegend nachtaktiv: Kleine Fledermäuse fliegen nachts, um Feinden auszuweichen, während große Flughunde vermutlich durch Nachtaktivität Überhitzung vermeiden. Abgesehen von Hochgebirgen und isolierten Inseln findet man sie überall; einige Arten pflanzen sich sogar nördlich des Polarkreises fort. Auf einigen Inseln wie den Azoren, Hawaii und Neuseeland sind sie die einzigen endemischen Landsäuger. Insbesondere Flugvermögen und Echoorientierung haben zu ihrer Vielfalt und kosmopolitischen Lebensweise beigetragen; beides ermöglicht ihnen, eine Nahrungsquelle auszubeuten, die von keiner anderen Tiergruppe genutzt wird – nachtaktive Fluginsekten.

Flughunde und Fledermäuse

Klassifikation und Evolution

Fledertiere (Ordnung Chiroptera) werden in zwei Unterordnungen unterteilt: Flughunde (Megachiroptera) und Fledermäuse (Microchiroptera). Flughunde umfassen eine Familie (Pteropodidae), ihr Verbreitungsgebiet beschränkt sich auf die Tropen und Subtropen der Alten Welt, wo sie sich von Früchten und Nektar ernähren. Die kleinsten wiegen 15 g, die größten über 1,3 kg. Flughunde tragen gewöhnlich an ihrem zweiten Finger wie auch am Daumen eine Kralle und ihren einfach gebauten Ohren fehlt der Tragus – ein Hautlappen im Ohr, den man bei vielen Fledermäusen findet. Flughunde haben gute Augen und machen keinen Gebrauch von Echoortung; nur die Vertreter einer einzigen Gattung, die Höhlenflughunde, verwenden ein relativ simples Echoortungssystem, bei dem sie mit ihrer Zunge Ultraschall-Doppelklicks von einigen Millisekunden Dauer ausstoßen, um sich in dunklen Höhlen zu orientieren.

Oben: *Ein Epaulettenflughund* (Epomophorus genus) *an seinem Ruheplatz im Okavangodelta, Botswana. Seine gefalteten Flügel lassen nicht nur den klauenartigen Daumen erkennen, den fast alle Fledertierarten besitzen, sondern auch eine längere Kralle am zweiten Finger; dieses Merkmal, das man bei den meisten Megachiroptera-Gattungen findet, kommt bei der anderen Unterordnung der Fledertiere, den Microchiroptera, niemals vor.*

Rechts: *Die großen Ohren der Bechstein-Fledermaus* (Myotis bechsteini) *helfen bei der Jagd. Die 84* Myotis-*Arten sind weltweit verbreitet und fehlen nur in Polarregionen sowie auf einigen ozeanischen Inseln. Damit haben sie eine weitere natürliche Verbreitung als jede andere Landsäugergruppe mit Ausnahme des Menschen.*

Erstaunlicherweise vertreten einige Forscher die Ansicht, Flughunde seien enger mit Primaten als mit Fledermäusen verwandt. Sie besitzen keine vokale Echoortung; dafür haben sie einige fortschrittliche Merkmale ihres Gesichtssinns mit Primaten gemein und die Längenverhältnisse zwischen Fingerknochen sind ebenfalls primatenähnlich. Diese Hypothese vom „fliegenden Primaten" impliziert, dass sich die Flügel in beiden Unterordnungen unabhängig voneinander entwickelt haben; sie wird jedoch durch molekularbiologische Untersuchungen kaum gestützt. Diese betonen vielmehr die Ähnlichkeit zwischen beiden Fledertiergruppen. Die Diskussion ist noch nicht beendet, doch die meisten Molekularanalysen sprechen für einen monophyletischen Ursprung der Fledertiere, d.h., Flughunde und Fledermäuse stammen von einem gemeinsamen Vorfahren ab.

Die molekularen Daten sprechen auch dafür, dass Hufeisennasen und ihre engen Verwandten, die Großblattnasen der Alten Welt, enger mit den Flughunden verwandt sind als mit anderen Fledermäusen. Verwirrend ist jedoch, dass Hufeisennasen eines der komplexesten Echoortungssysteme im ganzen Tierreich aufweisen, während Flughundarten praktisch nichts dergleichen besitzen. Diese Hypothese setzt daher voraus, dass Hufeisennasen entweder ihre Echoortung unabhängig von den anderen Fledermausarten entwickelt haben oder dass die verschiedenen Flughundarten einst über ähnliche sensorische Fähigkeiten verfügten, die ihnen später verloren gegangen sind. Keine dieser beiden Alternativen erscheint sehr wahrscheinlich. Eine dritte Möglichkeit besagt, dass die molekularen Daten, die die Hufeisennasen in die Nähe der Flughunde stellen, irreführend sind.

Das früheste Fledertier, das wir kennen, ist das 50 Millionen Jahre alte Fossil von *Icaronycteris index* aus Wyoming, USA. Gut erhaltene Fledertiere aus dem Eozän sind auch in der Grube Messel gefunden worden. Ihr Magen enthielt noch identifizierbare fossile Insekten. Viele dieser frühen Fledertiere ähneln heute lebenden Microchiroptera, daher sind frühere Stadien ihrer Evolution schwer zu rekonstruieren. Nur der Bau der Schnecke (Cochlea) im Innenohr spricht dafür, dass sie sich bereits per Echoortung orientieren konnten. Die frühesten Fossilien, die Fledermausarten ähneln, sind ca. 35 Millionen Jahre alt.

Es gibt prinzipiell zwei Hypothesen, um die Evolution von Flugvermögen und Echoortung bei Fledermäusen zu erklären. Der ersten Hypothese zufolge sind Fliegen und Nahrungssuche per Biosonar untrennbar miteinander verbunden. Echoortungsrufe können eine beträchtliche Schallener-

ORDNUNG: CHIROPTERA

18 Familien, 174 Gattungen, mehr als 900 Arten; Zahlen veränderlich, da ständig neue Arten beschrieben und taxonomische Umordnungen vorgenommen werden.

Verbreitung Weltweit, außer im Hochgebirge, auf einigen isolierten Inseln und in Polarregionen (einige Fledermäuse pflanzen sich jedoch nördlich des Polarkreises fort).

Größe Die kleinste Art ist die Hummel- oder Schweinsnasenfledermaus mit einem Gewicht von 1,9 g und einer Flügelspannweite von 16 cm. Einige Flughunde (*Pteropus* spp.) können über 1,3 kg wiegen und eine Flügelspannweite von 1,7 m haben.

Nahrung 70 % aller Arten fressen primär Insekten und andere kleine Gliedertiere; die übrigen ernähren sich vorwiegend von Früchten, Nektar und Pollen. Einige tropische Arten fangen Wirbeltiere und 3 Vampirfledermausarten saugen Blut.

Fell Variabel; meist braun, grau oder schwarz.

Tragzeit Variabel; kann bei einer Art mit verzögerter Einnistung 3–10 Monate betragen.

Lebenserwartung Maximal 33 Jahre; bei vielen Arten wohl durchschnittlich 4–5 Jahre.

UNTERORDNUNG MEGACHIROPTERA

FLUGHUNDE Familie Pteropodidae

41 Gattungen mit 164 Arten in der Alten Welt, z.B. **Palmenflughund** (*Eidolon helvum*); **Höhlenflughunde** (*Rousettus* spp.); **Rodriguez-Flughund** (*Pteropus rodricensis*); **Marianen-Flughund** (*P. mariannus*); **Kalong** (*P. vampyrus*); **Hammerkopf** (*Hypsignathus monstrosus*); **Höhlenlangzungenflughund** (*Eonycteris spelaea*); **Indischer Kurznasenflughund** (*Cyanopterus sphinx*); **Langzungenflughunde** (*Macroglossus* spp.).

UNTERORDNUNG MICROCHIROPTERA

MAUSSCHWANZFLEDERMÄUSE Familie Rhinopomatidae

1 Gattung mit 3 Arten in der Alten Welt, z.B. *Rhinopoma microphyllum*.

SCHWEINSNASENFLEDERMAUS
Familie Craseonycteridae

1 Art in der Alten Welt: **Schweinsnasenfledermaus** (*Craseonycteris thonglongyai*).

GLATTNASENFREISCHWÄNZE
Familie Emballonuridae

12 Gattungen mit 47 Arten in der Alten und Neuen Welt, z.B. **Zweistreifentaschenfledermaus** (*Saccopteryx bilineata*).

SCHLITZNASENFLEDERMÄUSE Familie Nycteridae

1 Gattung und 13 Arten in der Alten Welt, z.B. **Große Schlitznase** (*Nycteris grandis*).

GROSSBLATTNASEN („FALSCHE VAMPIRE")
Familie Megadermatidae

4 Gattungen und 5 Arten in der Alten Welt, z.B. **Lyrafledermaus** (*Megaderma lyra*); **Gelbflügelige Großblattnase** (*Lavia frons*).

HUFEISENNASEN UND RUNDBLATTNASEN
Familie Rhinolophidae

10 Gattungen mit 129 Arten in der Alten Welt, z.B. **Große Hufeisennase** (*Rhinolophus ferrumequinum*); **Diademrundblattnase** (*Hipposideros diadema*); *Cloeotis percivali*.

NEUSEELAND-FLEDERMÄUSE
Familie Mystacinidae

1 Art, **Neuseeland-Fledermaus** (*Mystacina tuberculata*).

HASENMÄULER
Familie Noctilionidae

1 Gattung mit 2 Arten in der Neuen Welt: **Großes Hasenmaul** (*Noctilio leporinus*); **Kleines Hasenmaul** (*N. albiventris*).

NACKTRÜCKEN- ODER KINNBLATTFLEDERMÄUSE
Familie Mormoopidae

2 Gattungen mit 8 Arten in der Neuen Welt, z.B. **Schnurrbartfledermaus** (*Pteronotus parnellii*).

NEUWELTBLATTNASEN ODER LANZENNASEN
Familie Phyllostomidae

48 Gattungen mit 139 Arten in der Neuen Welt, z.B. *Macrotus californicus*; **Lanzennase** (*Phyllostomus hastatus*); **Brillenblattnase** (*Carollia perspicillata*); **Zeltbauende Fledermaus** (*Uroderma bilobatum*); **Gemeiner Vampir** (*Desmodus rotundus*).

TRICHTEROHREN Familie Natalidae

1 Gattung (*Natalus*) mit 5 Arten in der Neuen Welt.

STUMMELDAUMEN Familie Furipteridae

2 Gattungen mit 2 Arten in der Neuen Welt.

AMERIKANISCHE HAFTSCHEIBENFLEDERMÄUSE
Familie Thyropteridae

1 Gattung mit 2 Arten, **Honduras-Haftscheibenfledermaus** (*Thyroptera discifera*) und **Dreifarbige Haftscheibenfledermaus** (*T. tricolor*), in der Neuen Welt.

MADAGASSISCHE HAFTSCHEIBENFLEDERMAUS
Familie Myzopodidae

1 Art (*Myzopoda aurita*) in der Alten Welt.

GLATTNASEN Familie Vespertilionidae

34 Gattungen mit 308 Arten in der Alten und Neuen Welt, z.B. **Großes Mausohr** (*Myotis myotis*); **Wasserfledermaus** (*M. daubentonii*); **Kleine Braune Fledermaus** (*M. lucifugus*); **Zwergfledermaus** (*Pipistrellus pipistrellus*); **Großer Abendsegler** (*Nyctalus noctula*); **Große Braune Fledermaus** (*Eptesicus fuscus*); **Silberhaarige Fledermaus** (*Lasionycteris noctivagans*).

WÜSTENFLEDERMAUS Familie Antrozoidae

Blasse oder Wüstenfledermaus (*Antrozous pallidus*), Neue Welt.

BULLDOGGFLEDERMÄUSE Familie Molossidae

12 Gattungen mit 77 Arten in der Alten und Neuen Welt, z.B. **Brasilianische Bulldogg- oder Guanofledermaus** (*Tadarida brasiliensis*); **Nacktfledermaus** (*Cheiromeles torquatus*).

Übersicht der Familien siehe Seite 776 ff. ▷

gie enthalten und sind daher in der Erzeugung energetisch kostspielig, solange sich die Fledermaus in Ruhe befindet. Beim Fliegen benutzen viele Fledermäuse jedoch dieselben Muskeln zur Flügelbewegung und zum Ausstoßen der Ortungsrufe, die so ohne zusätzliche „Kosten" produziert werden können. Die Verbindung zwischen Fliegen und Rufen erklärt zudem, warum viele Fledermäuse auf der Jagd pro Flügelschlag einen Ruf ausstoßen.

Andere Forscher vermuten hingegen, dass sich der Schlagflug vor bzw. nach der Echoortung entwickelt hat. Dieser Hypothese zufolge bestand die ursprüngliche Funktion der Echoortung in der Orientierung, und erst später wurde sie für anspruchsvollere Aufgaben im Zusammenhang mit der Entdeckung und Ortung von Beute genutzt.

Die Fledermäuse, die 17 Familien umfassen, sind ökologisch vielfältig, besonders in den Tropen. Zu ihnen gehört die kleinste Fledertierart, die Schweinsnasenfledermaus, die mit ca. 1,9 g das kleinste Säugetier der Welt ist.

Die beiden größten Fledermausarten sind die Große Spießblattnase (Phyllostomidae) und die indomalaiische Nacktfledermaus (*Cheiromeles torquatus*), die rund 175 g wiegen. Alle Fledermäuse verfügen über Echoortung, einige benutzen sie aber nur zum Navigieren. Ihre geringe Größe hilft Fledermäusen möglicherweise dabei, die hohen Frequenzen zu erzeugen, die sie benötigen, um kleine Insekten zu lokalisieren; da die Ultraschall-Echoortung ein Prozess ist, der sich im Nahbereich abspielt, können große Fledertiere unter Umständen nicht schnell genug manövrieren, um auf Echos zu reagieren, die sich nur auf geringe Entfernung wahrnehmen lassen. Zudem schlagen große Fledertiere nur langsam mit den Flügeln und erzeugen – weil Echoortung und Flügelschlag gekoppelt sind – zu wenig Rufe pro Zeiteinheit, um ihre Beute sicher lokalisieren zu können.

Während Biologen sich bemühen, die Beziehungen zwischen den verschiedenen Fledertierformen zu entschlüsseln, ändert sich die Zahl der beschriebenen Arten ständig. Molekularanalysen haben mehrere „kryptische" Arten ans Licht gebracht, die anderen Arten sehr ähnlich sehen, aber deutliche genetische Unterschiede zu ihnen zeigen. So hat sich herausgestellt, dass die in Europa häufige und leicht zu beobachtende Zwergfledermaus zwei kryptische Arten umfasst, die Echoortungsrufe mit jeweils unterschiedlichen Frequenzen ausstoßen (siehe Kasten „Versteckte Biodiversität", Seite 773).

Optimal angepasste Flügel

FUNKTIONELLE MORPHOLOGIE UND FLUG

Wie andere Säuger weisen Fledertiere eine komplexe heterodonte Bezahnung mit Schneide-, Eck-, Vorbacken- und Backenzähnen auf. Kleine insektenfressende Fledermäuse können 38 Zähne haben, während Vampirfledermäuse nur 20 besitzen, denn sie müssen nicht kauen. Unter den in-

EVOLUTION DER FLEDERTIERE

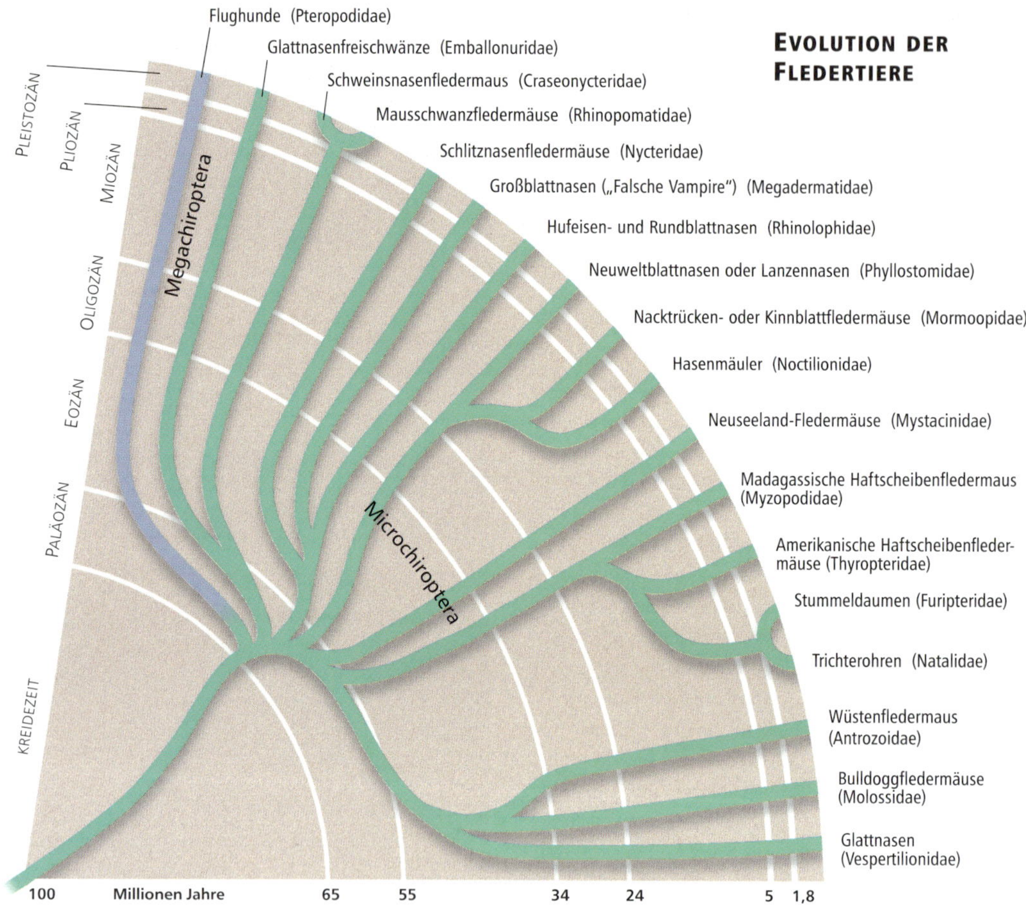

Oben: *Die evolutiven Beziehungen zwischen Fledertierfamilien sind strittig, da der Fossilbestand rar ist. Insbesondere gibt es keine fossilen Flughunde (Megachiroptera), daher ist ungewiss, wann sich beide Unterordnungen getrennt haben. Die meisten Taxonomen gehen heute von einem gemeinsamen Vorfahren aus.*

Unten: *Die Australische Gespenstfledermaus* (Macroderma gigas) *frisst Fleisch. Nach Sonnenuntergang verlässt sie ihr Quartier – meist eine Höhle oder alte Mine – und hängt sich kopfüber an einen Ast. Dort lauert sie Mäusen oder anderen kleinen vorbeihuschenden Tieren auf, um sich unverzüglich auf sie zu stürzen.*

BAUPLAN EINER FLEDERMAUS

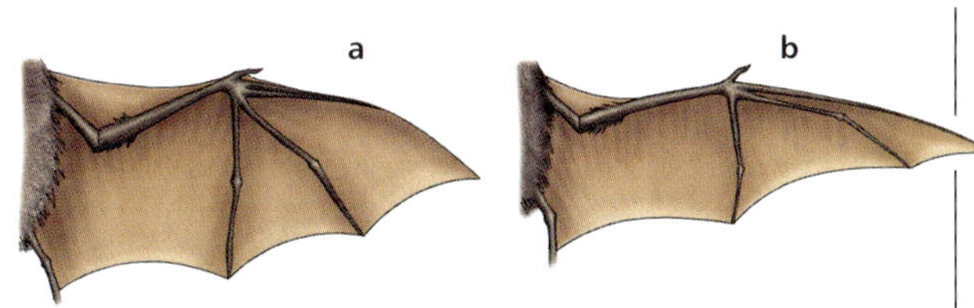

Rechts: *Zwei Grundbaupläne für Fledermausflügel mit unterschiedlicher Flügelstreckung (Verhältnis von Spannweite zu Flügelbreite):* ***a*** *Arten wie die Große Hufeisennase mit geringer Flügelstreckung sind langsame Flieger, die gut im Blattwerk manövrieren.* ***b*** *Die Brasilianische Bulldoggfledermaus mit ihrer hohen Flügelstreckung ist ein schneller Flieger in offenem Gelände.*

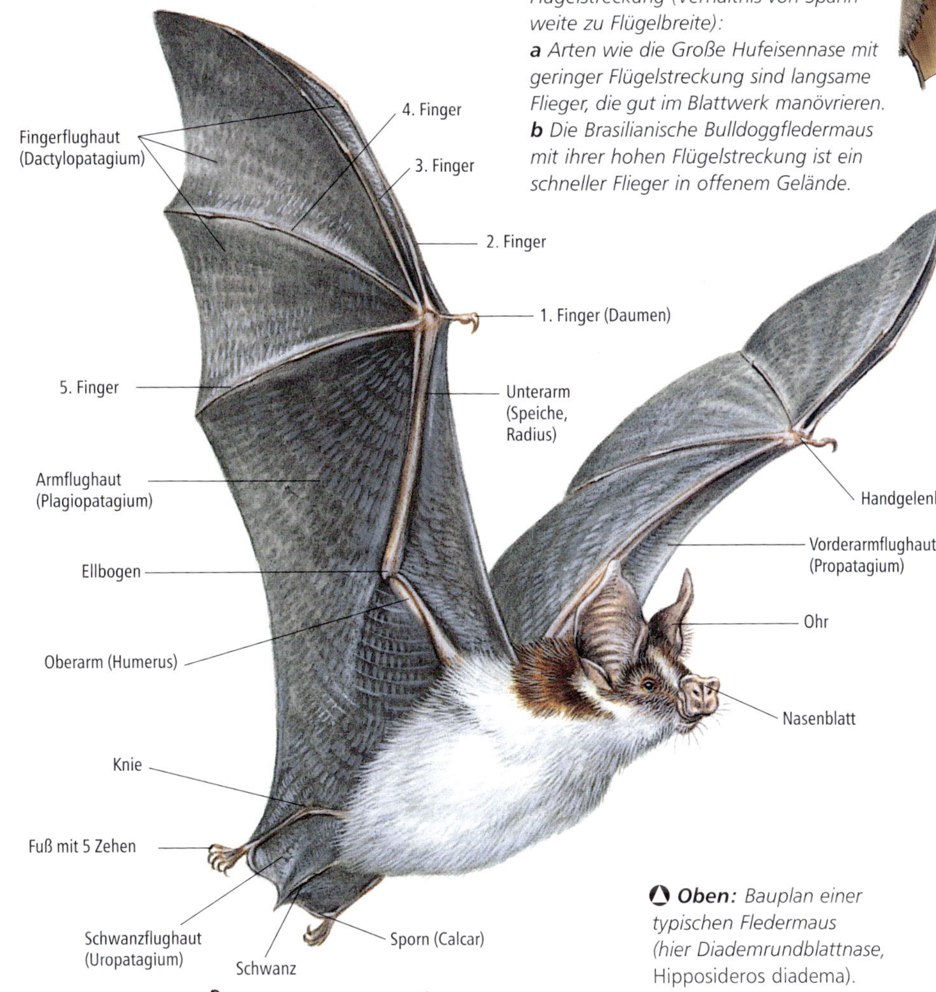

Oben: *Bauplan einer typischen Fledermaus (hier Diademrundblattnase,* Hipposideros diadema).

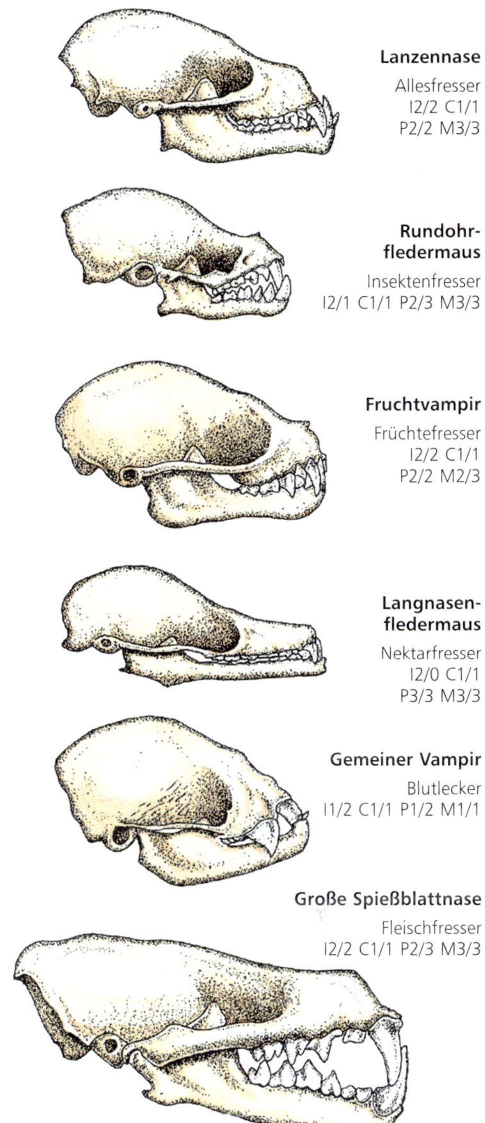

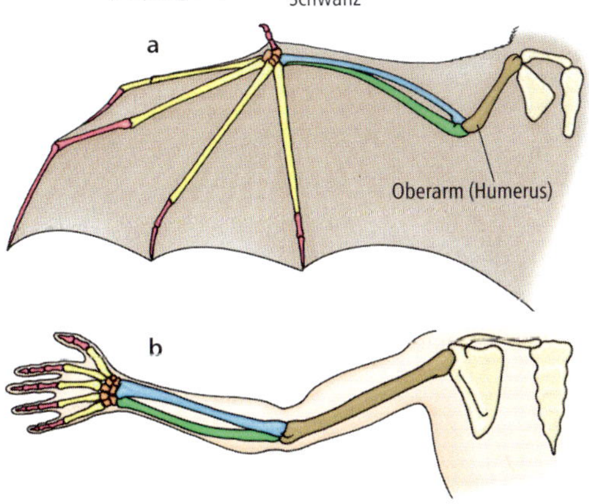

Links: *Im Lauf der Evolution haben Fledermäuse aus typischen Säugervordergliedmaßen Flügel entwickelt: Beim Indischen Riesenflughund (*Pteropus giganteus*)* ***a*** *ist der Oberarm relativ kürzer als beim Menschen* ***b,*** *dafür sind die Finger stark verlängert, um den Flügel zu stützen. Die freien, bekrallten Daumen dienen überwiegend dazu, an der Schlafstelle umherzuklettern, bei manchen Arten auch, um das Futter zu manipulieren. Bei den beiden Stummeldaumen-Arten sind die ersten Finger funktionslos.*

Oben: *Schädel- und Zahnform richten sich vorwiegend nach der Nahrung. Die omnivore Lanzennase und die insectivoren Rundohren (*Tonatia*-Arten) haben Zähne zum Zerquetschen von Nahrung, während die Backenzähne des Fruchtvampirs große, flache Mahlflächen aufweisen. Die Langnasenfledermaus trinkt Nektar und braucht ihre Zähne kaum; die lang gestreckte Schnauze enthält stattdessen eine lange, haarige Zunge. Mit seinen meißelartigen oberen Schneidezähnen und den seitlich abgeflachten, rasiermesserscharfen oberen Eckzähnen kann der Gemeine Vampir die Haut seiner Opfer aufschneiden, um deren Blut zu lecken. Die carnivore Große Spießblattnase hat einen massiven Schädel mit kräftigen Eck- und scherenden Backenzähnen, um Knochen zu zertrümmern und Fleisch zu zerschneiden.*

Rechts: *Viele Fledertiergattungen unterscheiden sich in ihren Schwanzformen:* ***a*** *ohne Schwanz (Flughunde,* Pteropus *spp.),* ***b*** *kurzer Schwanz (Röhrennasenflughunde,* Nyctimene *spp.),* ***c*** *Schwanzspitze frei auf der Rückenseite (Glattnasenfreischwänze,* Emballonura *spp.),* ***d*** *Schwanz in Schwanzmembran eingeschlossen (Glattnasen,* Myotis *spp.),* ***e*** *freier Schwanz (Bulldoggfledermäuse,* Tadarida *spp.),* ***f*** *Mäuseschwanz (Mausschwanzfledermäuse,* Rhinopoma *spp.).*

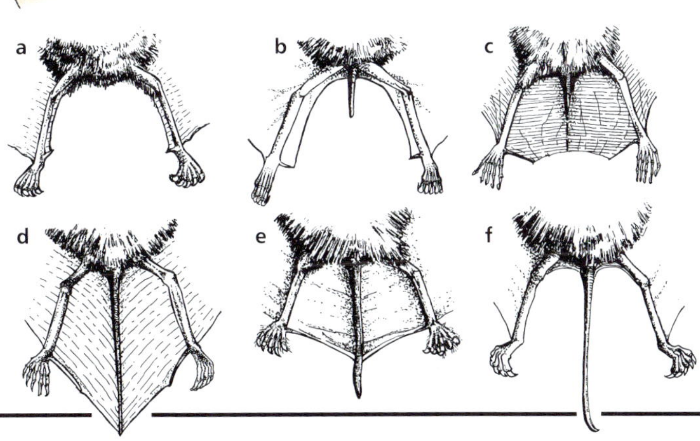

sektenfressenden Arten haben diejenigen, die sich von gut gepanzerter Beute ernähren, meist größere und weniger Zähne mit robusterem Unterkiefer und längeren Eckzähnen als diejenigen, die sich von weichen Insekten ernähren. Nektar saugende Arten haben eine lange Schnauze, große Eckzähne und kleine Backenzähne, während Früchte fressende Fledermäuse auf ihren Backenzähnen abgewandelte Höcker tragen, die Früchte zerquetschen.

Fledertiere sind die einzigen Säuger, die aktiv fliegen können. Fliegen ist, pro Zeiteinheit gerechnet, zwar energetisch kostspielig, die Energiekosten pro zurückgelegter Strecke sind jedoch gering. Die Tiere können daher große Entfernungen überwinden und in einem weiten Umkreis nach Nahrung suchen, was ihnen ermöglicht, zu emigrieren und entlegene Teile der Erde zu erobern.

Finger und Armknochen haben sich bei Fledertieren ungewöhnlich entwickelt. Der Daumen ist frei, während der fünfte Finger die gesamte Flügelbreite überspannt. Die anderen drei Finger stützen die Flügelfläche zwischen Daumen und fünftem Finger. Sie wird als Dactylopatagium oder Fingerflughaut bezeichnet. Der Oberarmknochen ist kürzer als die Speiche. Die Flügelfläche, die von diesen Knochen gestützt wird, heißt Plagiopatagium oder Armflughaut. Beim Flug wirken Trägheitskräfte am stärksten auf die Armflughaut.

Viele Fledermausarten besitzen eine Schwanzmembran. Dieses Merkmal fehlt allen *Pteropus*-Arten und ist am stärksten bei Schlitznasenfledermäusen (Nycteridae) entwickelt, die damit Beute von Oberflächen „abschöpfen". Die Schwanzmembran wird auch von den Beinen gestützt. Fischende Fledermäuse und Arten wie die Wasserfledermaus, die Insekten von der Wasseroberfläche fischen, fangen ihre Beute oft mit den Zehenkrallen.

Die Beine von Fledertieren weisen zur Seite und nach hinten; das Knie ist eher zurückgebogen als nach vorn wie bei anderen Säugern. Die Beine sind eher ans Ziehen denn ans Stoßen angepasst; der Unterschenkel besteht aus einem einzigen Knochen, dem Schienbein. Ruhende Fledertiere hängen an ihren Zehen mit den gut entwickelten Krallen. Die meisten Fledertiere verfügen über eine Sperrvorrichtung (Sehnenzug), die die Krallen gebeugt hält, ohne dass sich Muskeln kontrahieren müssten. Dieses Kopfüber-Hängen erlaubt es Fledertieren, rasch aus der Ruheposition zu starten.

Einige Arten, wie Gemeine Vampire und Neuseeland-Fledermäuse, laufen auf allen vieren, was Hufeisennasen und andere nicht können. Gemeine Vampire nähern sich ihrer Beute oft vom Boden her, während sich die Neuseeland-Fledermaus in einer Umgebung ohne kleine bodenlebende Säuger und mit wenigen Raubtieren entwickelte – daher also eine stärker terrestrisch geprägte Nische als andere Arten bewohnt.

Der Flügelschlag von Fledertieren ist primär auf die Erzeugung von Vortrieb ausgerichtet, größtenteils mithilfe der Fingerflughaut. Im Flug erzeugt der Abschlag bei allen Geschwindigkeiten Auftrieb, während der Aufschlag nur bei hohen Geschwindigkeiten aktiv erfolgt.

Die Flügelform beeinflusst die Flugleistung enorm. Zwei aerodynamische Eigenschaften sind besonders wichtig: Flügel-Flächen-Belastung und Flügelstreckung. Erstere beschreibt das Verhältnis von Körpergewicht zur Flügelfläche. Eine hohe Belastung – d.h. kleine Flügel für ein gegebenes Gewicht – bedeutet hohe Geschwindigkeit, aber begrenzte Manövrierfähigkeit. Die Flügelstreckung ist ein Maß für die relative Breite des Flügels und errechnet sich als Flügelspanne im Quadrat, geteilt durch die Flügelfläche: Ein Flügel mit einer hohen Streckung ist lang und schmal und bietet wenig Widerstand; solche Flügel gehen oft mit einer hohen Flügellast und einem schnellen Flug einher.

Die Flügelform ist mit entscheidend dafür, wo verschiedene Arten überleben können. Diejenigen, die in Habitaten mit vielen Hindernissen wie Wäldern fliegen, müssen gut manövrieren können und haben deshalb eine geringe Flügellast. Arten,

1

3

2

6

Links: *Vertreter aus 10 Fledermausfamilien (nicht maßstäblich):* **1** Rhinopoma hardwickii – *Familie Rhinopomatidae;* **2** Nycteris arge – *Familie Nycteridae;* **3** *Schweinsnasenfledermaus* (Craseonycteris thonglongyai – *Familie Craseonycteridae);* **4** *Großer Abendsegler* (Nyctalus noctula – *Familie Vespertilionidae);* **5** *Kleiner Nacktrücken* (Pteronotus davyi – *Familie Mormoopidae);* **6** *Gelbflügelige Fledermaus* (Lavia frons – *Familie Megadermatidae);* **7** Natalus stramineus – *Familie Natalidae;* **8** Furipterus horrens *(Familie Furipteridae);* **9** *Honduras-Haftscheibenfledermaus* (Thyroptera discifera – *Familie Thyropteridae);* **10** *Neuseeland-Fledermaus* (Mystacina tuberculata – *Familie Mystacinidae).*

Rechts: *Sonogramme der Such- und Fangphase zweier Fledermausarten, die Insekten per Echoortung finden.* ***a*** *Die Große Braune Fledermaus erzeugt frequenzmodulierte (FM) Töne, die, während die Fledermaus auf Suche ist, bei 5–6 Pulsen/s steil zwischen 60 und 20 kHz schwingen. Ist ein Insekt geortet, steigt die Pulsrate rasch bis auf ein Maximum von 200 Pulsen/s an.* ***b*** *Hufeisennasen erzeugen hingegen beim Suchflug höhere konstantfrequente (CF) Töne. Sie sind gut geeignet, um Beute zu entdecken, aber nicht so präzise, wenn es um den Zielanflug geht. Die Pulsrate beträgt ca. 10/s. Die Ruffolge beschleunigt sich ebenfalls bei Annäherung ans Zielobjekt, wenn auch weniger stark; zudem steigt die Frequenz leicht an.*

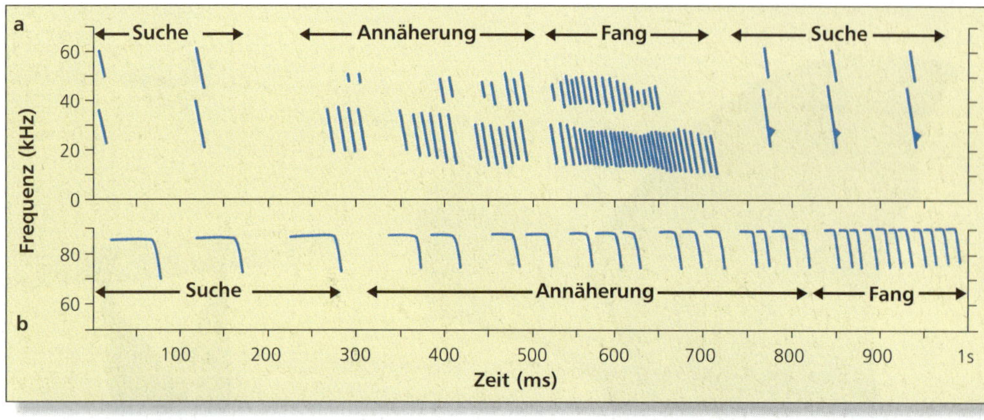

die in offenem Gelände jagen, müssen hingegen rasch fliegen und haben daher Flügel mit einer hohen Flügelstreckung, die eine hohe Flügellast verleihen. Die Fluggeschwindigkeit kleiner bis mittelgroßer Fledertiere, die nach Beute suchen, variiert zwischen 3 und 15 m/s; die Arten mit der höchsten Flügellast fliegen am schnellsten. Wandernde Arten haben ebenfalls eine hohe Flügelstreckung. Brasilianische (Mexikanische) Bulldoggfledermäuse legen aus dem Südosten der Vereinigten Staaten bis zu ihren Überwinterungsplätzen in Mexiko mehr als 1000 km zurück. Im Gegensatz dazu weisen einige Nektar saugende Fledertiere eine so geringe Flügelbelastung auf, dass sie wie Kolibris auf der Stelle schwirren können.

Nach Tönen navigieren

SINNE

Fledertiere sind nicht blind. Einige Fledermäuse benutzen ihre großen Augen, um Beute zu finden und sich zu orientieren; Flughunde sehen besser als Menschen. Das Sehvermögen ist auch bei einigen Fledermäusen gut ausgeprägt, bei den meisten allerdings schlecht. Die Reichweite ihres Echolots ist gewöhnlich geringer als die Sichtweite kleiner Säuger: Eine mittelgroße Fledermaus kann einen Käfer aus ca. 5 m Entfernung erkennen. Große Landmarken werden aus größerem Abstand (etwa 20 m) erkannt. Daher sind Fledermäuse tagsüber durch Feinde gefährdet, was erklären könnte, warum die meisten sich mit Echolot orientierenden Fledermäuse nachtaktiv sind.

Fledertiere haben auch ihren Geruchssinn nicht verloren. Neuweltblattnasen etwa lokalisieren reife Früchte nach dem Geruch und stützen sich erst auf ihr Echolot, wenn sie nah herangekommen sind. Große Mausohren und Neuseeland-Fledermäuse wittern Beute in der Streuschicht. Geruch wird auch zur Kommunikation genutzt: So unterscheidet die Mückenfledermaus anhand ihres Geruchssinns andere Fledermäuse in ihren Wochenstuben; die Weibchen der Brasilianischen Mopsfledermaus benutzen olfaktorische Hinweise, um den Nachwuchs in den Wochenstuben zu identifizieren. Die Männchen der Zweistreifentaschenfledermaus speichern in Armtaschen zusammen mit Urin und Speichel Sekrete aus ihrer Genitalregion und ihren Kehldrüsen: Bei der Werbung „tanzen“

Oben und rechts: *Fledermäuse verlassen sich auf ihr Echoortungssystem, um nachts Insekten zu fangen. Viele haben große Ohren, wie das Braune Langohr (oben), oder eine seltsam geformte Nase, wie diese Hufeisennase (rechts), die die im Kehlkopf erzeugten Ultraschalltöne bündelt.*

Unten: *Durch Analyse der Ultraschallwellen, die von einem fliegenden Insekt zurückgeworfen werden, lokalisiert die Fledermaus ihre Beute in völliger Dunkelheit und bestimmt deren Größe sowie Flugrichtung.*

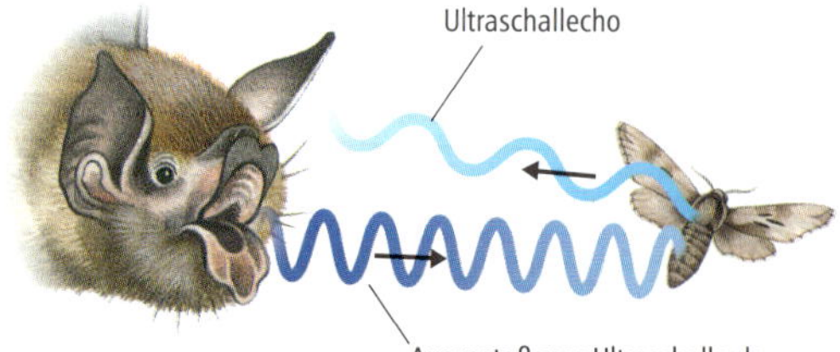

sie vor den Weibchen und verführen sie mit ihrem Duft. Die Weibchen sammeln sich um diejenigen Männchen, die am meisten tanzen.

Das Gehör von Fledertieren ist außergewöhnlich gut; manche können Insekten auf Blättern laufen hören. Großblattnasen haben das empfindlichste Gehör aller bisher untersuchten Säuger, besonders für Töne im Frequenzbereich von 10 bis 20 kHz, wie sie Beute produziert, die im Laub raschelt. In Lebensräumen wie Laubwäldern ist das Horchen auf von der Beute erzeugte Töne effektiver als Echoortung, daher stützen sich viele Fledermäuse, die ihre Beute vom Substrat ablesen (*gleaner*), bei der Jagd auf ihr Gehör.

Fledertiere kommunizieren akustisch miteinander, um Geschlechtspartner anzulocken, Futterplätze zu verteidigen, Artgenossen herbeizurufen und Raubfeinde abzuschrecken. Diese Rufe sind

Oben: *Wie viele Vertreter der Microchiroptera jagt auch die Fransenfledermaus* (Myotis nattereri) *bei Nacht und schläft bei Tag. Ihr Name leitet sich von den borstenähnlichen Härchen ab, die den Hinterrand der Schwanzflughaut besetzen.*

oft niederfrequent, sodass sie über große Entfernungen zu hören sind. Sie könnten individuell verschieden sein. So stoßen Junge „Verlassenheitsrufe" aus, wenn sie von ihren Müttern getrennt werden. Diese erkennen ihre Kinder offenbar anhand ihrer Lautäußerung. Viele Fledermäuse reagieren am empfindlichsten auf die Schallfrequenzen, die sie bei der Echoortung verwenden.

1793 entdeckte der Italiener Lazzaro Spallazani, dass Fledermäuse ihren Richtungssinn verloren, wenn man ihr Gehör ausschaltete, aber blind immer noch navigieren konnten. Spallazani fand nie heraus, wie sich Fledermäuse orientierten, doch er vermutete, dass sie zur Insektenjagd ihre Ohren einsetzen. Wie sich Fledermäuse orientierten und Beute lokalisierten, kam erst 1938 ans Licht, als Donald Griffin von der Universität Harvard Fledermäuse mit einem Ultraschallmikrofon belauschte.

Wie Menschen produzieren Fledermäuse Töne im Kehlkopf, deren Schallwellen von der Umgebung reflektiert werden. Aus den Echos erstellen die Tiere dann eine mentale Karte des Gebiets, das sie durchstreifen. Die Echoortungsrufe von Fledermäusen bewegen sich im Ultraschallbereich – also oberhalb des menschlichen Hörbereichs. Fledermäuse können u.a. die Lage eines Objekts innerhalb der Horizontal- bzw. Vertikalebene auf zwei bis fünf Grad genau bestimmen, Objekte von nicht mehr als 1 mm ausmachen sowie auch zwischen zwei identischen, 12 mm voneinander ent-

fernten Objekten unterscheiden. Große Hufeisennasen sind überdies in der Lage, die Flügelschlagfrequenz fliegender Insekten präzise zu bestimmen.

Die reich „verzierten" Gesichter der Fledermäuse spiegeln die Bedeutung von Schall in ihrem Leben wider. Viele Arten haben einen Hautlappen im Ohr (Tragus), der ihnen hilft, Echos in der Vertikalebene exakt zu lokalisieren. Obwohl die meisten Arten Schreie durch den Mund ausstoßen, rufen einige, wie Hufeisen-, Großblatt-, Rundblatt- und Lanzennasen, durch die Nase. Diese Fledermäuse weisen rund um ihre Nasenöffnungen komplizierte Hautstrukturen auf, um die Töne zu bündeln und auszurichten.

Aus Sicht einer Fledermaus erscheinen menschliche Reaktionen träge, denn sie verarbeitet Informationen mit phänomenaler Geschwindigkeit und variiert die Struktur ihrer Rufe je nach Erfordernis. Suchrufe sind intensiv und werden oft mit einer Frequenz von einem Ruf pro Flügelschlag ausgestoßen, was bei vielen Arten zu fünf bis 15 Rufen pro Sekunde führt. Ist ein Zielobjekt lokalisiert, folgen die Rufe rascher aufeinander. Nähert sich die Fledermaus dem Ziel, geht sie von der Annäherungsphase der Echoortung zum Zielanflug über, in der die kürzesten Rufe mit Frequenzen bis 200 Hz produziert werden. Nach dem Fang kommt es zu einer Pause, obwohl Fledermäuse selbst beim Fressen weiter Echoortung betreiben können.

Fledermäuse haben bei der Echoortung ein „Impulsverhältnis", das den Zeitanteil repräsentiert, der tatsächlich mit der Lautproduktion verbracht wird. Einige Fledermäuse verbringen nur 20 % ihrer Zeit mit Echoortung, weil sie ausgesandte Pulse und eintreffende Echos nicht gleichzeitig verarbeiten können; dabei würden sie Gefahr laufen zu ertauben, denn Echoortungsrufe können ein Schallvolumen haben, das, auf Fledermäuse bezogen, dem eines Pressluftbohrers für menschliche Ohren äquivalent ist. Um dem zu begegnen, kontrahieren sich die Muskeln im Mittelohr und wirken damit beim Rufen wie ein Ohrstöpsel. So müssen die Tiere zwischen den einzelnen Rufen lange Pausen lassen, in denen sie die zurückkehrenden Echos auswerten. Außerdem verkürzen sie beim Zielanflug die Pulslänge, sodass die ausgesandten Pulse nicht mit den eintref-

Oben: *Eine Große Hufeisennase peilt einen Nachtfalter an, eines ihrer Hauptnahrungsmittel. Radiotelemetrische Untersuchungen haben viel Neues über Verhalten und Quartierwahl dieser Art erbracht. So sind zwei ihrer wichtigsten Lebensräume Waldgebiete und umliegende alte Weideflächen, beides insektenreiche Landschaften, die aber immer mehr zurückgehen.*

Immer ein offenes Ohr

Wie genaues Hinhören Nachtfaltern hilft, der Echopeilung ihrer Feinde zu entkommen

Ein Nachtfalter fliegt auf einer Spiralbahn auf eine Straßenlaterne zu. Plötzlich ändert er seine Route und taucht nach unten ab, gerade als eine Fledermaus vorbeischießt und seine ursprüngliche Flugbahn kreuzt. Weshalb? Ganz einfach: Der Falter hat die Fledermaus kommen hören und ist ihr ausgewichen; genauer gesagt, er hat auf ihre Echoortungs- oder Peilrufe reagiert. Das veränderte Flugverhalten des Falters als Reaktion auf die bevorstehende Attacke der Fledermaus demonstriert den ständigen Kampf zwischen Räuber und Beute.

Beutearten aus verschiedenen Gruppen, darunter viele Nachtfalter, einige Netzflügler, Grillen, Heuschrecken, Gottesanbeterinnen und Käfer, können solche Peilrufe hören, was dafür spricht, dass sich ein Hörvermögen für Fledermausrufe bei Insekten mehrfach unabhängig voneinander entwickelt hat. In den meisten Fällen achten viele dieser Insekten nur auf Fledermausrufe. Arten, die selbst rufen, z.B. Grillen und einige Nachtfalter, hören jedoch nicht nur auf die Peilsignale ihrer Feinde, sondern auch auf die Kommunikationslaute ihrer Artgenossen. Ohren zum Hören von Fledermausrufen leiten sich von bereits existierenden Sinnesorganen (Chordotonalorganen) ab und kommen an verschiedenen Stellen des Insektenkörpers vor, vom Kopf über Brustteil und Hinterleib bis zu den Flügeln. Die meisten Insektenohren sind so komplex, dass der Träger zwischen starken und schwachen Signalen unterscheiden und die Impulsstärke im Hörnerv benutzen kann, um die Distanz der Fledermaus und damit die von ihr ausgehende Bedrohung einzuschätzen. Nachtfalter können Fledermäuse aus einer Entfernung von 20 bis 40 m hören, Fledermäuse die Falter hingegen gewöhnlich nur innerhalb eines Umkreises von 5 m wahrnehmen. Falter, die als Reaktion auf eine weit entfernte Fledermaus einfach ihre Flugrichtung ändern, fliegen Spiralen und Loopings bzw. landen, wenn die Fledermaus nah ist. Die Ultraschall-Peillaute, die Fledermäuse ausstoßen, schwächen sich in der Luft rasch ab, und da die Töne, die von den Fledermäusen wahrgenommen werden, Echos sind (die Schallwellen also die Strecke Fledermaus-Insekt zweimal zurücklegen müssen), ist das Insekt meist im Vorteil. Insekten mit paarigen Ohren zeigen auf den Peilruf einer Fledermaus ganz allgemein eine Rechts/Links-Richtungsantwort; Gottesanbeterinnen haben jedoch nur ein Ohr und können die Schallrichtung nicht feststellen.

Studien über Echoortung bei Fledermäusen und Hören bei Nachtfaltern zeigen jedoch, dass hinter dieser Geschichte noch mehr steckt. Einerseits können Fledermäuse sehr starke oder sehr schwache Rufe ausstoßen, und verschiedene Arten rufen vorwiegend in verschiedenen Frequenzbereichen. „Laute" Fledermäuse jagen fliegende Insekten, die sie mithilfe ihres Echoortungssystems entdecken, verfolgen und taxieren. Die Intensität ihrer Rufe ist enorm, sie kann 10 cm vor dem Maul der Fledermaus 125 Dezibel erreichen; derart laut rufen z.B. Abendsegler, Breitflügelfledermaus, Zwergfledermäuse, Große Braune Fledermaus, *Myotis lucifugus*, Rote Fledermaus und Mopsfledermaus. Andererseits verwenden einige Insekten fressende Fledermäuse, die im Laubwerk jagen, Rufe geringer (60 bis 80 dB) Intensität. Diese „flüsternden" Fledermäuse – z.B. Schlitznasen, Großblattnasen, viele Glattnasen, Langohrfledermäuse und Neuweltblattnasen – entdecken und verfolgen Insekten aufgrund ihrer Flug- oder Laufgeräusche statt per Echopeilung.

Nachtfalter hören nicht alle Töne gleich gut. So nehmen sie die leisen Ortungsrufe „flüsternder" Fledermäuse erst wahr, wenn der Jäger auf etwa 1 m herangekommen ist – zu spät, um noch auszuweichen. Die meisten Falter hören am besten in einem Frequenzbereich von 20 bis 60 kHz, auf dem die meisten Fledermäuse rufen. Einige Fledermäuse, die Insekten im Flug jagen, wie viele Hufeisennasen, Rundblattnasen und manche Bulldoggfledermäuse, verwenden Ortungsrufe, in denen Frequenzen über 60 kHz bzw. unter 20 kHz vorherrschen. Auch wenn diese Rufe laut sind, fallen sie Faltern kaum auf, weil sie Frequenzen enthalten, die sie schlecht hören.

Hörende Nachtfalter werden mit deutlich geringerer Wahrscheinlichkeit (40 %) von Fledermäusen gefangen als solche, die experimentell taub gemacht wurden. Bei denjenigen Arten, die Fluginsekten jagen und unauffällig rufen, machen Falter einen größeren Prozentsatz des Speiseplans aus.

Unten: *Nachtfalter entkommen Angriffen von Fledermäusen auf verschiedene Weise: Einige fliegen im Zickzack* ***1****, andere lassen sich zu Boden fallen, sei es passiv* ***2*** *oder durch gezieltes Abtauchen* ***3****. Einige schlecht schmeckende Bärenspinner senden Klicks aus* ***4****, die den Angreifer offenbar warnen, dass sie ungenießbar sind. Dann dreht die Fledermaus ab.*

Es gibt jedoch Ausnahmen: So jagen Mopsfledermaus und Rote Fledermaus, die über auffällige Ortungsrufe verfügen, oft an Straßenlaternen, wo Insekten zahlreich sind und sich leichter fangen lassen.

Einige Nachtfalter haben das Wettrüsten mit den Fledermäusen noch weiter getrieben. Viele Bärenspinner schmecken unangenehm, weil ihre Raupen Pflanzen verzehren, deren Inhaltsstoffe sie vor herbivoren Säugern schützen sollen. Diese Spinner sind oft bunt gefärbt, und Vögel lernen offenbar, diese auffällige Färbung mit schlechtem Geschmack zu assoziieren. Einige dieser Falter können auch Geräusche erzeugen. Die Klicks, die sie produzieren, gelten oft Fledermäusen. Jagende Mopsfledermäuse und Rote Fledermäuse nähern sich fliegenden Bärenspinnern *(Hypoprepia fucosa)* zwar, drehen aber dann ab. Ist der Klickgenerator der Motte defekt, packt die Fledermaus das Insekt, lässt es aber unverletzt wieder los, weil sie den Geruch oder Geschmack vermutlich sofort erkennt. Daher sollen die Klicks, die Motten aussenden, die Fledermäuse offenbar warnen, dass die Motten ungenießbar sind. Was Zeit und Frequenz angehen, entsprechen die Klicks der Bärenspinner in Intensität, Frequenzmuster und Dauer den Fledermausrufen und sind daher gut geeignet, die Aufmerksamkeit einer echoortenden Fledermaus zu erregen. Manche Wissenschaftler vermuten auch, dass die Klicks die Fledermaus erschrecken oder deren Informationsverarbeitung beeinträchtigen, indem sie die Echos stören.

Es gibt auch viele nachtaktive Insekten, denen ein „Fledermaus-Detektor" fehlt. Doch auch diese Tiere haben verschiedene Mittel entwickelt, um ihren Feinden nicht zum Opfer zu fallen. Einige gehörlose Motten praktizieren eine Art „akustischer Tarnung", indem sie sich zwischen den massiven Echos der Vegetation verstecken, von der sie sich ernähren. Andere sind dank einer erhöhten Körpertemperatur besonders schnelle und geschickte Flieger. Und wiederum andere, wie viele Zweiflügler und Eintagsfliegen, verbergen sich in dichten Schwärmen ihrer Artgenossen.

Der sicherste Weg, Fledermäuse zu meiden, besteht natürlich darin, tagsüber zu fliegen, wenn diese nicht jagen. Das könnte erklären, warum einige Nachtfalter vor langer Zeit zu Tagschmetterlingen wurden. Nachtfalter haben offenbar vor 30 bis 50 Millionen Jahren, im Eozän und Oligozän, viele neue Merkmale entwickelt – genau in jener Periode also, als die ersten echoortenden Fledermäuse erschienen.

Nachtfaltermännchen, die auf ein Weibchen zufliegen, das eine Pheromonwolke freisetzt, nehmen Reißaus, wenn sie fledermausartige Töne hören. Fledermäuse sind sicherlich ernst zu nehmende Feinde, zumindest für einige Nachtfalter, wenn sie zu meiden sogar wichtiger als Sex ist! JR/BF

fenden Echos überlappen, die bei der Annäherung an Objekte immer rascher erfolgen. Um die ausgesandten Pulse und die Echos zeitlich zu trennen und Überlappungen zu vermeiden, sind ihre Rufe gewöhnlich kürzer als 30 Millisekunden. Daher rufen und horchen Fledermäuse abwechselnd, und zwar mit einer Geschwindigkeit, die höher ist, als sich Menschen vorstellen können – eine Tatsache, die erklärt, warum sie Fliegen mit dem Maul fangen können, während wir Mühe haben, sie mit der Hand zu erschlagen.

Die Rufe von Hufeisennasen dauern bis zu 70 Millisekunden. Dennoch können die Tiere im Kronendach von Wäldern nach Nahrung suchen, wo sie von den Echos naher Objekte geradezu bombardiert werden. Lange Pulse sind zur Zielerkennung und -klassifizierung geeignet, doch die meisten Fledermäuse können diesen Vorteil nicht nutzen, weil sie sich zwischen den Rufen Zeit nehmen müssen, auf die Echos zu horchen. Hufeisennasen, die mehr als 50 % der Zeit orten können, gelingt dies, indem sie Ruf und Echo durch die Frequenz statt durch die Zeit trennen. Ihre Ohren fangen Schallwellen bei einer optimalen Tonhöhe auf, die etwas niedriger ist als diejenige, mit der sie die Rufe ausstoßen. Ihr Gehör ist für Frequenzen nahe denjenigen maximal empfindlich, die in Ruhe ausgestoßen werden (ca. 83 kHz bei Großer Hufeisennase). Hufeisennasen können tatsächlich gleichzeitig rufen und horchen, und zwar dank der so genannten „Dopplerverschiebungs-Kompensation". Der Mensch nimmt die Dopplerverschiebung als eine Frequenzzunahme wahr, wenn z.B. ein Krankenwagen mit Sirene sich nähert, und als Frequenzabnahme, wenn er sich entfernt. Schallwellen komprimieren sich umso stärker, je schneller eine Fledermaus fliegt, daher steigt die Frequenz. Daraufhin verringern die Tiere ihre Ruffrequenz in Relation zur Fluggeschwindigkeit, um Dopplerverschiebungen zu kompensieren. Die Echos kehren stets mit einer Frequenz von ca. 83 kHz zurück. Weil aber die Frequenz des emittierten Rufs gesenkt wurde, erfolgen Senden und Empfangen auf diversen Bandbreiten. So sind Ruf und Echo durch ihre Frequenz getrennt, und die Tiere können lange Rufe verwenden.

Mit Ortungsrufen lassen sich Ziele auffinden, lokalisieren und klassifizieren. Fledermäuse können von frequenzmodulierten (FM) zu konstantfrequenten (CF) Signalen übergehen, um diese verschiedenen Aufgaben zu lösen. Nur Hufeisennasen und die Schnurrbartfledermaus emittieren im Zusammenhang mit der Dopplerverschiebungskompensation CF-Rufe. Rufe, die annähernd konstantfrequent sind, werden als „schmalbandig" bezeichnet. Breitbandige FM-Rufe überstreichen in kurzer Zeit (fast 100 bis 20 kHz in weniger als 2,5 Millisekunden bei der Fransenfledermaus) einen weiten Frequenzbereich und eignen sich gut zur Lokalisation von Zielen, jedoch weniger zum Aufspüren von Beute in einem größeren Bereich (Zielfindung). CF-Rufe sind hingegen ideal für das Aufspüren, aber schlecht geeignet für die Lokalisation von Zielobjekten. Daher benutzen einige Arten, wie Zwergfledermäuse, CF-Rufe, um Insekten aufzuspüren, gehen dann aber zu FM-Rufen über, um sie zu lokalisieren. Hufeisennasen ergänzen ihre CF-Rufe um FM-Komponenten und erweitern während der Lokalisation die Bandbreite der terminalen Bandbreitenkomponente.

Lange CF-Rufe dienen auch dazu, Ziele zu klassifizieren. Insektenflügelschläge rufen in der Echofrequenz und -amplitude kleine Modulationen hervor, sodass jeder Flügelschlag dem Trägerecho ein so genanntes Glanzlicht *(glint)* aufdrückt. Da kleine Insekten rascher mit den Flügeln schlagen als große, steht die *glint*-Frequenz mit der Größe des Insekts in Beziehung. Hufeisennasen können also Zielobjekte unterscheiden und nicht lohnende (kleine) Beute nur dann fressen, wenn lohnendere Beute, wie Nachtfalter und große Käfer, rar sind.

Die meisten Fledermausarten rufen im 20- bis 60-kHz-Bereich. Frequenzen unter 20 kHz haben Wellenlängen, die größer als die meisten Insekten sind und um sie herumlaufen, statt zurückgeworfen zu werden. Frequenzen über 60 kHz schwächen sich in der Luft rasch ab, was ihre effektive Reichweite beeinträchtigt, wenn sie auch ideal sind für langsam fliegende Fledermäuse, die leichter im Nahbereich reagieren können. *Cloeotis percivali* emittiert die Rufe mit der höchsten Frequenz (212 kHz), während einige Bulldoggfledermausarten, wie die Gefleckte Fledermaus, mit einer Frequenz von nur 11 kHz peilen. Ein weiterer Vorteil bei der Verwendung besonders hoher oder niedriger Frequenzen besteht darin, dass diese von Insekten schlecht wahrgenommen werden, sodass Tiere, die auf diesen Frequenzen rufen, vermehrt Insekten fangen, die Ultraschall hören können.

Das Leben eines Insekts hängt davon ab, ob es die Attacke eines Raubfeinds überlebt oder nicht,

Links: *In den Wäldern Panamas findet man mehr als 30 Fledermausarten. Dieser Artenreichtum wird durch Nischenaufspaltung möglich. Verschiedene Arten ernähren sich unterschiedlich:* ***1*** *Die Jamaika-Fledermaus* (Artibeus jamaicensis) *frisst Früchte,* ***2*** *die Große Braune Fledermaus* (Eptesicus fuscus) *jagt Insekten,* ***3*** *die Langzungenfledermaus* (Leptonycteris nivalis) *saugt Nektar,* ***4*** *die Große Spießblattnase* (Vampyrum spectrum) *ist carnivor,* ***5*** *die Fransenlippenfledermaus* (Trachops cirrhosus) *jagt größere Beute wie Frösche,* ***6*** *die Schnurrbartfledermaus* (Pteronotus parnellii) *fängt ebenfalls Insekten und* ***7*** *das Große Hasenmaul* (Noctilio leporinus) *stellt Fischen nach.*

Fledermäuse als Blutspender

Fressen und Teilen in Vampirkolonien

KEINE ART HAT MEHR ZU MISSVERSTÄNDNISSEN und Angst vor Fledermäusen beigetragen als die Vampire. In Mittel- und Südamerika leben drei Vampirarten, die sich ausschließlich von Blut ernähren. Kammzahnvampire *(Diphylla ecaudata)* und Weißflügelvampire *(Diaemcus youngi)* bevorzugen Vogelblut und klettern geschickt im Geäst, um an das Blut von Nestlingen zu gelangen. Gemeine Vampire *(Desmodus rotundus)* bevorzugen Säugerblut und sind gewöhnlich dort zu finden, wo Rinder, Pferde und anderes Vieh häufig ist. Ansonsten halten sie sich an Tapire, Hirsche, Pekaris, Agutis und Seelöwen.

Menschen fürchten sich nicht grundlos vor Vampiren. Manchmal kommt es zu Attacken auf Menschen, meist dann, wenn Vieh in einem Gebiet rar geworden ist. Die Bisse der Vampire sind zwar nicht schmerzhaft, aber gefährlich, weil sie die so genannte „Fledermaus-Tollwut" übertragen können. Da die Fledermäuse selbst ebenfalls an dem Virus erkranken, brechen ihre Populationen aufgrund von Tollwutepidemien periodisch zusammen. Das bemerkenswerte Verhalten der Tiere, Blut zu teilen (gut genährte Individuen würgen Blut für hungrige Artgenossen hoch), erleichtert die Verbreitung von im Speichel übertragenen Viren wie dem Tollwut-Virus zweifellos beträchtlich. Das Blutteilen ist eines der seltenen Beispiele für Gegenseitigkeit („Eine Hand wäscht die andere"-Prinzip). Um zu verstehen, warum Fledermäuse trotz des Ansteckungsrisikos Blutmahlzeiten teilen, muss man einiges über ihre soziale Organisation und Lebensweise wissen.

Gemeine Vampire nutzen Höhlen, Tunnel oder hohle Bäume als Tagesquartiere, die mitunter mehr als 2000 Individuen enthalten können; meist leben in einer Kolonie jedoch nur zehn bis 100 Tiere. Innerhalb einer Kolonie rasten Gruppen von zehn bis 20 Weibchen oft jahrelang gemeinsam. Einige dieser Weibchen sind verwandt, denn Töchter bleiben, nachdem sie im zweiten Lebensjahr geschlechtsreif geworden sind, bei ihren Müttern. Zu Weibchengruppen gehören jedoch auch nicht verwandte Tiere, denn erwachsene Weibchen wechseln manchmal ihr Tagesquartier. Es gibt auch Männchengruppen von bis zu zehn Tieren, doch sie sind nicht verwandt und bleiben nicht lange zusammen. Junge Männchen zwischen zwölf und 18 Monaten zerstreuen sich und leben unabhängig. Gewöhnlich rastet ein adultes Männchen mit den Weibchen und ihren Jungen, während andere in der Nähe hängen und von Zeit zu Zeit heftige Kämpfe um Zugang zu den Weibchen ausfechten. Durchschnittlich zeugt ein Männchen, das einen bevorzugten Ort besetzt, die Hälfte der Jungen, die von den Weibchen in dieser Gruppe geboren werden, und kann seine Position etwa zwei Jahre halten. Eine Gruppe von Gemeinen Vampiren besteht daher gewöhnlich aus einigen nicht verwandten adulten Männchen und einigen Weibchen mit Jungen, die über mütterliche Linien verwandt sind.

Auf ihre Größe bezogen, verbringen Vampire mehr Zeit mit Jungenaufzucht als andere Fledertiere. Weibchen gebären ein Junges, dessen Gewicht fast 20 % ihres eigenen (30 bis 35 g) beträgt. Die Jungen sind bei der Geburt bereits aktiv, wachsen aber langsam und werden über sechs Monate lang gesäugt. Die Weibchen ergänzen ihre Ernährung bereits kurz nach der Geburt mit hochgewürgtem Blut. Die Jungen beginnen mit sechs Monaten zu fliegen und erreichen ihr volles Gewicht mit einem Jahr.

Gemeine Vampire suchen ihre Beute mithilfe von Geruchssinn und Gehör. Weibchen einer Gruppe jagen in benachbarten Arealen und verteidigen ihre Nahrungsgründe gegen Konkurrenten. Sind Beutetiere rar, kann es schwer sein, an eine Blutmahlzeit zu gelangen. Vor einem Biss muss ein Vampir mithilfe der Wärmerezeptoren auf seinem Nasenpolster zunächst eine warme Stelle finden, wo die Blutgefäße dicht unter der Haut verlaufen, und dann mit seinen rasiermesserscharfen Schneidezähnen ein kleines Hautstück entfernen. Gerinnungshemmende Stoffe im Speichel stellen sicher, dass das Blut frei fließt, das der Vampir mit seiner Zunge aufleckt. Mit zunehmenden Alter werden Vampire geschickter; während die Ein- bis Zweijährigen im Mittel in einer von drei Nächten erfolglos bleiben, sinkt diese Misserfolgsquote bei den über Zweijährigen auf 1:10. Stellt sich ein Vampir ungeschickt an, wird das Opfer aufmerksam und versucht dann, die trinkende Fledermaus abzustreifen. Junge Vampire lecken manchmal gemeinsam mit ihren Müttern Blut.

Hat ein Vampir kein Opfer gefunden, fliegt er zum Schlafquartier zurück und bittet einen Artgenossen um Blut, indem er dessen Lippen leckt. Ob er damit Erfolg hat, hängt von der Beziehung und dem Verwandtschaftsverhältnis zwischen den beiden ab. Vampire teilen nur Blut, wenn sie mehr als 60 % der Zeit, die sie im Schlafquartier sind, miteinander verbracht haben und sich gut kennen. Oft, aber nicht immer, sind es Verwandte, die Blut teilen.

Ein erfolgloser Beutezug ist riskant, denn die Fledermäuse verhungern ohne Blutmahlzeit innerhalb von drei Tagen. Da hungernde Tiere langsamer an Gewicht verlieren als solche, die kurz zuvor gefressen haben, verschafft der Bluttransfer dem Empfänger mehr Überlebenszeit, als der Spender verliert. Gegenseitiges Blutteilen bringt den partizipierenden Individuen also einen Nettogewinn. Ohne Gegenseitigkeit würde die jährliche Mortalität über 80 % liegen, doch es ist bekannt, dass frei lebende Vampirweibchen älter als 15 Jahre geworden sind.

Ein Problem für den Spender ist sicherzustellen, dass der Empfänger „ehrlich" spielt und kein Betrüger ist, der Blut entgegennimmt, ohne sich zu revanchieren. Einen Hinweis auf den momentanen Ernährungszustand eines Tieres bietet die Fellpflege. Nach einer Blutmahlzeit verdauen Vampire innerhalb einer halben Stunde mehr als die Hälfte ihres Körpergewichts in Blut, was zu einer deutlichen Magendehnung führt. Beim Putzen, das häufig kurz vor dem Bluthochwürgen geschieht, wird diese Magendehnung vermutlich von einem hungrigen Vampir bemerkt. Innerhalb der Gruppe ist offenbar die Partnertreue für die Aufrechterhaltung dieses Systems gegenseitigen Teilens essenziell. JW

Oben: *Ein Gemeiner Vampir* (Desmodus rotundus) *entblößt seine rasiermesserscharfen Schneidezähne, mit denen er die Haut seines Beutetieres punktiert, um dessen Blut aufzulecken. Die stumpfe Schnauze erlaubt ihm, sein Maul dicht an die Körperoberfläche seines Opfers zu pressen.*

Links: *In Trinidad leckt ein Vampir an einem ruhenden Esel Blut. Um zu fressen, sucht er zunächst eine gut durchblutete Hautstelle. Bevor er zubeißt, beleckt er die Stelle mit der Zunge, um das schützende Haar- oder Federkleid beiseite zu schieben. Erst dann entfernt er ein fast kreisrundes Stück Haut, um an das Blut zu gelangen.*

Rechts: *Mehrere Fledermäuse drängen sich an ihrem Schlafplatz in einer Spalte zusammen. Obwohl Vampire manchmal Kolonien von bis zu 2000 Tieren bilden, unterteilen sich diese großen Ansammlungen in kleinere Untereinheiten, die gewöhnlich aus Gruppen von zehn bis 20 Weibchen und ihren Jungen bestehen. Blutteilen beschränkt sich in der Regel auf diese eng verwobenen Gruppen.*

daher kann es kaum überraschen, dass Insekten Verteidigungsstrategien gegen echoortende Fledermäuse entwickelt haben. So balzen die Männchen des Großen Hopfenwurzelbohrers etwa früh am Abend, wenn das Risiko, auf den deckungslosen Balzplätzen durch nachtaktive Fledermäuse oder tagaktive Vögel entdeckt zu werden, minimal ist. Nachtfalter werben um Partner nahe am Boden, wo ihr akustisches Profil von Bodenechos maskiert wird; wenn sie dagegen über Grasrispen fliegen, verlieren sie ihre akustische Tarnung und werden leicht von Fledermäusen gefangen.

Hopfenbohrer sind primitive Schmetterlinge, denen Hörorgane fehlen; Geradflügler, Netzflügler, Käfer, Fliegen und Mantiden sowie einige Nachtfalterarten können Ultraschall wahrnehmen. Viele Insekten zeigen Schreckreaktionen, wenn sie Ultraschallpulse hören, und entfernen sich von Quellen mit geringer Schallintensität (was mit weit entfernten Räubern korrespondiert), tauchen aber ab oder gehen zum Spiralflug über, wenn sie von intensiven Tönen aufgeschreckt werden. Einige Bärenspinner und Sandlaufkäfer klicken als Reaktion auf Ultraschallpulse, vielleicht um den Angreifer zu verwirren, die Echoverarbeitung zu stören oder aber die Fledermaus zu warnen, dass sie ungenießbar sind.

Viele Insekten haben ihre Ohren eindeutig zur Fledermausdetektion entwickelt. Ob Fledermäuse ihrerseits daraufhin ihre Rufe verändert haben, um ihre Chancen zu erhöhen, diese Insekten zu fangen, bleibt umstritten. Einige Fledermäuse, die sehr hohe bzw. sehr niedrige Frequenzen verwenden, fangen viele Insekten, die Ultraschall hören können. Die Ausbeutung dieser Nahrungsquelle könnte jedoch einfach ein Nebenprodukt anderer Vorteile sein, die mit diesen Rufen einhergehen, statt eine spezifische Anpassung widerzuspiegeln, die das Erbeuten hörender Insekten erleichtert.

Hilfe bei der Jungenaufzucht

FORTPFLANZUNG

Viele tropische Fledertiere sind polyöstrisch und haben mehrere Fortpflanzungszyklen pro Jahr. Die meisten Fledertiere in gemäßigten Zonen sind dagegen monöstrisch und bringen nur einmal im Jahr Nachwuchs hervor. Die Überwinterung bestimmt den Zeitpunkt der Fortpflanzung. Die Spermatogenese der Männchen bzw. der Östrus der Weibchen finden gewöhnlich im Spätsommer oder Herbst statt. Weibchen können das Sperma bis zu sieben Monate lang in ihrem Uterus oder Eileiter speichern. Eisprung und Befruchtung werden bis kurz nach dem Aufwachen aus dem Winterschlaf verzögert. Die Männchen können Sperma lange in ihren Nebenhoden oder Samenleitern speichern. Die Vertreter der Familien Pteropodidae, Rhinolophidae und Vespertilionidae zeigen zudem eine verzögerte Implantation, und mehrere Arten haben eine Diapause während der Embryonalentwicklung. Säugen ist energetisch kostspielig, und die Niederkunft ist so synchronisiert, dass sie in Zeiten mit reichhaltigem Futterangebot fällt.

Oben: Eine Kinderstube voller neugeborener Brasilianischer Bulldoggfledermäuse (Tadarida brasiliensis) *in Texas. Keine andere Fledermaus- oder Säugerart findet sich in so großer Zahl zusammen: Berichten zufolge hat man in einer einzigen Höhle ca. 25 bis 50 Millionen Individuen, meist Mütter mit Kindern, gefunden.*

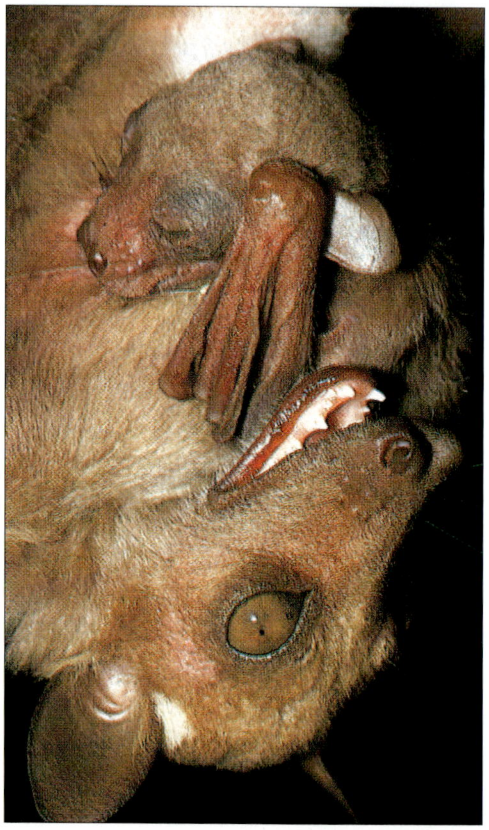

Rechts: Ein Flughundweibchen säugt ihr Junges. Die meisten Fledertiere gebären nur ein Junges pro Wurf und tragen es gewöhnlich ein bis sechs Monate mit sich herum. In den Kinderstuben erhalten Mütter manchmal Unterstützung von anderen Weibchen, die ihnen bei der Fellpflege ihrer Kinder helfen oder diese in eine günstige Trinkposition manövrieren.

Die meisten Fledertiere gebären ein Junges, manche Arten auch Zwillinge (die verschiedene Väter haben können) und gelegentlich Drillinge oder Vierlinge. Die Neugeborenen sind relativ groß, wiegen bis zu 40 % des Gewichts ihrer Mutter und wachsen rasch. Die Laktationsperiode bei der Großen Hufeisennase beträgt ca. 45 Tage. Während ihrer ersten Nahrungssuchflüge (mit 28 bis 30 Tagen) gehen die Jungen unabhängig von ihren Müttern in der Nähe der Wochenstube auf Jagd. Nach ihrem ersten Winter teilen die Jungen ihr Streifgebiet jedoch meist mit ihren Müttern und anderen engen Verwandten. Bei einigen Arten,

Oben: *Ein höchst ungewöhnliches Ruhequartier schafft sich die Zelte bauende Fledermaus* Uroderma bilobatum, *die in Mittel- und Südamerika lebt. Die Tiere durchbeißen die Blattrippen von Palmblättern, sodass diese umknicken und eine Art Zelt bilden.*

wie dem Kleinen Hasenmaul, führen die Mütter ihre Jungen unter Umständen zu geeigneten Nahrungsgründen.

Elterliche Fürsorge wird meist ausschließlich von den Müttern geleistet, doch die Männchen der monogamen Gelbflügeligen Großblattnase unterstützen sie möglicherweise dadurch, dass sie Nahrungsgründe verteidigen, wenn die Jungen zu jagen lernen. Bei einigen Fledermausarten helfen Individuen, die nicht die Eltern sind, bei der Jungenaufzucht. So ließen in einer Studie an Glattnasen 31 % der Weibchen 24 % der Jungen bei sich trinken, mit denen sie nicht verwandt waren.

Paarungsgewohnheiten

SOZIALE ORGANISATION

Fledertiere zeigen eine beträchtliche Variabilität, was ihre soziale Organisation angeht. Einige Arten, wie die Gelbflügelige Großblattnase, sind monogam. Bei manchen Arten kommt Promiskuität vor (sowohl bei Männchen als auch Weibchen), besonders, wenn sich Männchen während der Überwinterung mit winterstarren Weibchen paaren. Molekularanalysen zur Vaterschaft sprechen jedoch bei einigen Arten – z.B. der Kleinen Braunen Fledermaus – dafür, dass bestimmte Männchen bei der Paarung bevorzugt sind, das System also nicht rein promisk ist, wie zunächst angenommen. Die meisten Fledertiere sind polygyn, wobei einige Männchen sich mit mehr als einem Weibchen paaren, während viele gar nicht zum Zug kommen. Weibchen können sich aber auch in einem Fortpflanzungszyklus mit mehreren Männchen (polyandrisch) paaren, wie durch DNA-Fingerprinting bei Zwillingen nachgewiesen.

Viele Fledertiere, darunter Zwergfledermäuse und Abendsegler, zeigen eine „Ressourcenverteidigungspolygynie“, wobei ein Männchen eine Ressource (z.B. ein Quartier) verteidigt, die für Weibchen wichtig ist. Der Fortpflanzungserfolg von Männchen der Zweistreifentaschenfledermaus, die Quartiere verteidigen, ist dreimal höher als der von Männchen an der Peripherie, die an den Rändern der Kolonien herumlungern. Männchen können den Zugang zu Weibchen jedoch nicht monopolisieren: Im Mittel sind 29 % der Jungen, die die Weibchen in der Paarungsgruppe eines Männchens gebären, von anderen Männchen gezeugt. Große Hufeisennasen verteidigen im Herbst ihre Quartiere und/oder Weibchengruppen, während männliche Zwergfledermäuse „Singflüge“ durchführen, um Weibchen anzulocken.

Einige Weibchen der Großen Hufeisennase ziehen in aufeinander folgenden Jahren Junge auf, die von ein und demselben Männchen gezeugt wurden. Über den Grund kann man nur spekulieren – möglicherweise sind die betreffenden Männchen von hoher Qualität –, doch es ist möglich, dass diese Strategie darauf abzielt, den Anteil am gemeinsamen Erbgut zu erhöhen: Wenn die Jungen eng verwandt sind, steigt die Wahrscheinlichkeit, dass sie sich altruistisch zueinander verhal-

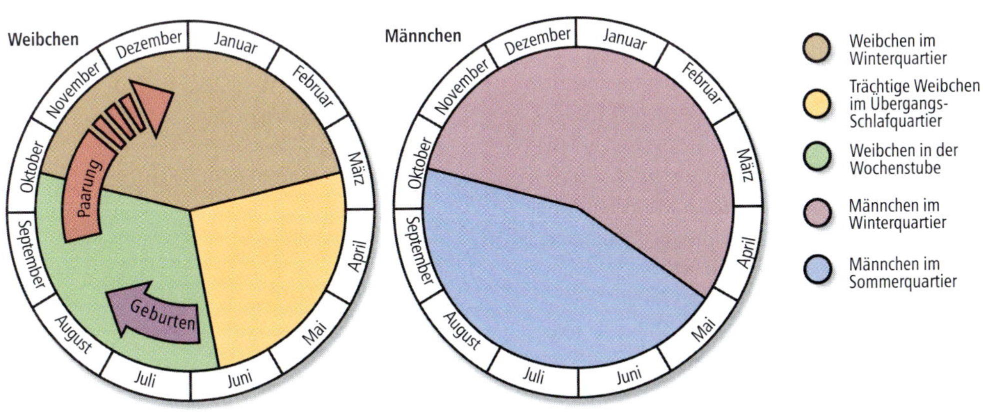

Links: *Ein Jahr im Leben einer Hufeisennase. Männchen und Weibchen leben gewöhnlich getrennt. Zur Paarungszeit suchen die Weibchen die Männchen in ihren traditionellen Unterkünften auf, wobei auch die Männchen gelegentlich Weibchen in den Wochenstuben besuchen. Juvenile Tiere findet man häufiger in Gesellschaft von Weibchen als von Männchen. Nach dem Winterschlaf (den die älteren Weibchen meist allein verbringen) finden sich trächtige Weibchen an Übergangs-Schlafplätzen zusammen, bevor sie zu den Wochenstuben fliegen, wo sie ihre Jungen werfen und sich paaren. Die meisten Jungtiere verbringen dort den Sommer. Männchen nutzen hingegen im Sommer dieselben Quartiere, in denen sie auch schon ihren Winterschlaf verbracht haben.*

ten, was von Vorteil sein könnte. Nach der Kopulation erzeugt ein Teil des Ejakulats der Männchen einen „Vaginalpfropf", der vermutlich die Vaterschaft sichern soll.

Einige Fledertierarten haben ein so genanntes Lek-Paarungssystem entwickelt; dabei finden sich die Männchen in traditionellen Balzarenen (Leks) zusammen, wo sie ein kleines Territorium verteidigen. Für die Weibchen ist dies offenbar nichts weiter als ein Ort, an den man sich begibt, um sich zu paaren. Die Männchen des Hammerkopfs versammeln sich in Gruppen in diesen Balzarenen und versuchen Weibchen mit ritualisierten Rufen anzulocken, die so klingen, als würde man ein Glas an ein Porzellanspülbecken schlagen. Da die Weibchen offenbar eine große Vorliebe für bestimmte Plätze im Lek hegen, sind einige wenige Männchen (6 %) für 79 % aller Kopulationen verantwortlich.

In gemäßigten Breiten leben Weibchen im Sommer in Kolonien zusammen, in denen sie ihre Jungen werfen und aufziehen. Das enge Zusammenleben hält die Jungen warm und erlaubt Müttern, einander die besten Nahrungsgründe zu zeigen. Diese Kolonien können groß sein (eine Kolonie von Brasilianischen Bulldoggfledermäusen hält mit über 20 Millionen Individuen den Rekord als größte bekannte Ansammlung von Wirbeltieren). Männchen leben im Sommer weiter verstreut.

Gemeine Vampire bieten eines der besten Beispiele für reziproken Altruismus – ein Individuum verhält sich einem anderen gegenüber altruistisch, das sich ihm gegenüber in der Vergangenheit ebenso verhalten hat. Eine derartige Gegenseitigkeit kann sich entwickeln, wenn der Empfänger mehr gewinnt, als der Spender verliert, und wenn es wahrscheinlich ist, dass die Rollen irgendwann in der Zukunft vertauscht sein werden.

Ein weiteres wesentliches Element für die Evolution eines solchen Verhaltens ist, dass die beteiligten Tiere Individuen erkennen, die sich nicht revanchieren, wenn sie an der Reihe sind, denn es muss verhindert werden, dass „Falschspieler" kostenlos vom System profitieren. Diese Kriterien sind beim Hervorwürgen von Blut in Kolonien des Gemeinen Vampirs offenbar erfüllt. Hungrige Vampire betteln andere Koloniemitglieder um Blut an und haben oft Erfolg damit, aber nur dann, wenn sie mit dem Spender verwandt sind oder sich in der Vergangenheit als guter Freund erwiesen haben (siehe *Special Feature* Seite 766).

Natürliche Energiesparmaßnahmen

TORPOR UND ÜBERWINTERUNG

Um die kalten und nassen Wintertage zu überstehen, fahren viele Fledermäuse in gemäßigten Breiten ihre Körpersysteme herunter, senken ihre Körpertemperatur fast auf Umgebungstemperatur und verfallen in Torpor. Während der Überwinterung kann der Herzschlag einer Fledermaus von 400 Schlägen/min auf 12 bis 15 Schläge fallen. Die Überwinterungsstätten von Fledermäusen können Temperaturen zwischen –10 °C und 21 °C aufweisen; Glattnasen bevorzugen 6 °C, Hufeisennasen 11 °C. Ein Braunes Langohr im Torporzustand bei 5 °C verbraucht nur 0,7 % der Energie, die es verbrauchen würde, wenn es bei derselben Temperatur voll aktiv wäre. Bei Insekten fressenden Fledermäusen können in Zeiten schweren Nahrungsmangels säugende Mütter wie Junge in Starre fallen. Torpor ist bei Fledermäusen aus den Familien Glattnasen, Hufeisennasen, Bulldogg- und Neuseeland-Fledermäuse untersucht worden. Einige kleine Fledermäuse können auch für kurze Zeit in einen oberflächlichen Torpor verfallen.

In Südwestengland verharren Große Hufeisennasen bis zu 12 Tage lang in Starre und wachen an milden Wintertagen gegen Abend auf, um zu jagen. Die Energie zum Aufwachen stammt aus dem braunen Fettgewebe, das speziell zur Wärmeproduktion dient. Beim Aufwachen zittern die Fledermäuse, um mehr Wärme zu produzieren. Erwacht ein Braunes Langohr bei 3,5 °C, dauert es ca. 40 Minuten, bis sein Körper Flugtemperatur erreicht. Dieses Aufwachen muss überlebenswichtig sein, denn es ist kostspielig und bei der Kleinen Braunen Fledermaus für 85 % der winterlichen Fettverbrennung verantwortlich, obwohl diese Fledermaus nur 2 bis 4 % der Zeit voll homoiotherm ist.

Oben: *Wasserperlen auf dem Fell einer winterschlafenden Wasserfledermaus* (Myotis daubentonii) *zeigen, dass ihre Körpertemperatur auf die Umgebungstemperatur in der sehr feuchten, kalten Grotte abgesunken ist. Diese Tiere überwintern auch in Kellern, Minen und verlassenen Militärbunkern.*

Fruchtfresser und Insektenfresser

NAHRUNG UND ERNÄHRUNG

Rund 70 % aller Fledertierarten ernähren sich vorwiegend von Insekten und anderen kleinen Gliedertieren. Dabei reicht die Palette der Insekten, die gewöhnlich im Flug erbeutet werden, von millimeterlangen Mücken bis zu Käfern von 2,5 cm. Zur bevorzugten Beute zählen Fliegen, Käfer, Nachtfalter, Geradflügler, Wanzen, Termiten, Hautflügler, Köcher- und Eintagsfliegen.

Man hat per Radar verfolgt, wie Millionen Brasilianische Bulldoggfledermäuse aus ihren Höhlen in Texas strömten und sich auf Milliarden Falter des Amerikanischen Baumwollkapselwurms (*Heliothis zea*) stürzten. Diese Eulenfalter sind die wichtigsten Pflanzenschädlinge in den USA, und die Bulldoggfledermäuse aus den größten Kolonien in Texas können pro Nacht 1000 Tonnen Insekten verzehren. Sie sind in der Lage, Insekten per Echoortung bis in ca. 750 m Höhe zu lokalisieren und können bis 3000 m hoch fliegen.

Einige langsam fliegende Fledermäuse, wie das Braune Langohr, sammeln Insekten von der Vegetation ab. Andere, darunter viele Hufeisennasen, jagen von „Ansitzen" aus. Manche, wie Wasserfledermaus und Kleines Hasenmaul, fischen Beute von der Wasseroberfläche. Das Große Hasenmaul fängt Fische, die es findet, indem es Bewegungen an der Wasseroberfläche ortet oder auf gut Glück an Stellen fischt, an denen es zuvor Beute gemacht hat. Einige tropische Fledermäuse sind carnivor und drei Vampirarten ernähren sich von Blut.

Ein Drittel aller Fledertierarten weltweit ernährt sich von Früchten, Nektar und Pollen. In den Tropen der Alten Welt besetzen die Flughunde (Pteropodidae, Megachiroptera) diese Nahrungsnische, die in den Tropen der Neuen Welt von den Neuweltblattnasen (Phyllostomidae, Microchiroptera) eingenommen wird. Pflanzen besuchende Fledertiere befruchten viele wirtschaftlich wichtige Pflanzen oder verbreiten deren Samen, darunter Balsa, Mango, Durian und wilde Bananen. Phyllostomiden ernähren sich vom Nektar der Agavenarten, aus denen Tequila produziert wird. Mindestens 443 Produkte, die von Menschen genutzt werden, stammen von 163 verschiedenen Pflanzenarten, die mehr oder minder stark von der Befruchtung durch Fledertiere abhängig sind.

62 % aller Flughundarten leben auf Inseln, wo sie bei der Samenverbreitung eine Schlüsselrolle spielen können. Auf vielen sind sie die einzigen Samenverbreiter und Bestäuber und füllen damit Nischen, die anderswo in den Tropen von Honigsaugern, Kolibris, Primaten etc. eingenommen werden. Viele australische Eukalyptusarten sind,

Rechts: *Einer der kleinsten Flughunde,* Syconycteris australis, *ist ein Nektarfresser mit einer mittleren Körperlänge von nur 6 cm. Seine außerordentlich lange Zunge weist borstenartige Erhebungen auf („Pinselzunge"), mit denen er Nektar und Pollen aus den Blüten holt.*

Links: *Fast drei Viertel aller Fledermausarten ernähren sich vorwiegend von Insekten. Hier verzehrt* Mimon crenulatum *im Yasuni-Nationalpark in Ecuador gerade eine Heuschrecke.*

Unten: *Eine weitere wichtige Nahrungsquelle für Fledermäuse bilden Früchte. Hier trägt eine Lanzennase,* Chiroderma villosum, *eine Feige davon. Die Gattung* Chiroderma, *die zur Familie Phyllostomidae gehört, lebt in Mittel- und Südamerika sowie der Karibik.*

Versteckte Biodiversität

Zwergfledermäuse sind die häufigsten Fledermäuse in Großbritannien. Rund 2 Millionen von ihnen leben in ganz unterschiedlichen Habitaten, von Städten bis zu Fluss- und Seengebieten. Bis 1993 galten sie als einzige Art, *Pipistrellus pipistrellus*. Untersuchungen ihrer Ortungsrufe haben jedoch gezeigt, dass einige nahe bei 45 kHz rufen, andere hingegen näher bei 55 kHz. Fledermäuse aus derselben Wochenstube gehörten stets demselben phonetischen Typ an, und Lebensraumunterschiede konnten diese Abweichungen in den Ruffrequenzen nicht erklären. Zudem differierten beide phonetischen Typen auch in Habitatnutzung (der 55-kHz-Typ ist stärker von Uferhabitaten abhängig) und Ernährung: 55-kHz-Fledermäuse bevorzugen Gnitzen und Zuckmücken, 45-kHz-Fledermäuse Schmetterlings- und Fenstermücken sowie Dungfliegen. Außerdem leben in den Wochenstuben der 55-kHz-Fledermäuse meist mehr Individuen als in denjenigen der 45-kHz-Tiere, manchmal bis zu 1000. Darüber hinaus emittieren die beiden phonetischen Typen subtil unterschiedliche „Sozialrufe", um Artgenossen bei Nahrungsknappheit von Futterplätzen zu vertreiben, und die Männchen stoßen beim „Singflug"unterschiedliche Rufe aus, um Partnerinnen anzulocken – vielleicht ein Mechanismus, um die Fortpflanzungsisolation zu fördern, da sich Männchen in Paarungsquartieren nur mit Weibchen desselben phonetischen Typs zusammentun.

Auch Molekularanalysen belegen, dass die beiden phonetischen Typen zu zwei Arten gehören. Das Cytochrom-b-Gen der mitochondrialen DNA evoluiert rasch und dient Evolutionsbiologen oft als Marker für die genetischen Unterschiede zwischen Arten. Ein Teil dieses Gens unterscheidet sich bei beiden phonetischen Typen in seiner Basenfolge um 11 % – ein größerer Unterschied als bei vielen anderen Fledermausarten, die äußerlich viel stärker differieren.

Die beiden phonetischen Arten stellen so genannte kryptische Arten dar: Arten, deren eigenständige Identität durch ihr ähnliches Äußeres verschleiert wird. Obwohl man noch kein morphologisches Merkmal gefunden hat, das beide Arten unterscheidet, sind die 55-kHz-Typen meist heller gefärbt und der 45-kHz-Typ trägt oft eine schwarze Gesichtsmaske. Vermutlich hat ein stärkerer Selektionsdruck auf die Art gewirkt, sich in ihren akustischen Merkmalen als in ihrem Äußeren zu differenzieren. Beide Arten sind in einem Großteil Europas sympatrisch. Da der erste bekannte Hinweis auf *P. pipistrellus* in einem 1774 veröffentlichten Buch ein Tier mit dunkler Gesichtsmaske zeigt, ist dieser Name für den 45-kHz-Typ reserviert, während für den 55-kHz-Typ der Name *P. pygmaeus* vorgeschlagen wurde. Da sich *P. pygmaeus* von Mücken ernährt, lautet der Trivialname im Deutschen „Mückenfledermaus".

◀ ***Links:** Eine gemischte Gruppe aus Trichterohren, Lanzennasen und Kinnblattfledermäusen macht sich in der Tamana-Höhle in Trinidad zum Abflug bereit. Höhlen bieten vielen Arten Schutz vor der Witterung und meist auch vor Störungen durch den Menschen.*

was ihre Befruchtung angeht, weitgehend auf Flughunde angewiesen. In Westafrika sind Palmenflughunde *(Eidolon helvum)* die einzigen Tiere, von denen man weiß, dass sie die Samen des kommerziell wichtigen Iroko-Baumes verbreiten.

Einige Pflanzen haben Blüten und Früchte entwickelt, die besonders Fledertiere ansprechen. Blüten von „fledermausblütigen" Pflanzen sind oft groß, kräftig, unauffällig gefärbt und riechen stark. Außerdem öffnen sie sich häufig nachts. Sie produzieren viel Nektar und ihr Pollen ist proteinreich. Pflanzen besuchende Fledertiere fressen an Pflanzen mit wenigen Früchten oft allein, suchen aber in Gruppen nach Nahrung, wenn fruchttragende Bäume reichlich Futter bieten. Lanzennasenweibchen *(Phyllostomus hastatus)* stoßen ein niederfrequentes „Quietschen" aus, um Mitglieder ihrer eigenen Gruppe an reiche Futterstellen – oft blühende oder fruchtende Bäume – zu rufen. Flughunde finden Früchte mithilfe ihres Gesichts- und Geruchssinns. Ein neotropisches Rebengewächs *(Mucuna holtonii)* lenkt Fledertiere mit spezialisierten Kronblättern, die einen Großteil der Energie des Peilrufs direkt reflektieren, zu seinem Nektar; wird dieser akustische Wegweiser entfernt, sinkt die Besuchsfrequenz der Fledertiere drastisch.

Sammelplätze im großen Stil

QUARTIERE

Fledertiere können mehr als die Hälfte ihres Lebens in Quartieren verbringen, wo sie sich aneinander drängen, um sich zu wärmen, und wo sie Schutz vor Raubfeinden finden. Manchmal kommen in einem „Waldcamp" mehr als 1 Million Flughunde zusammen. Zu solchen Ruheplätzen gehören Felsnischen, Baumspalten und -höhlen, Laubwerk, Minen und Höhlen (in denen die Tiere auch manchmal ihre Jungen gebären und aufziehen). Glattnasen in British Columbia sind sehr eigen. Sie bevorzugen hohe, kaum belaubte Bäume in der Nähe anderer Bäume. Die Silberhaarige Fledermaus in Oregon ruht in Bäumen, die über das Kronendach emporragen und unter Umständen als Signalmast für heimkehrende Fledermäuse dienen. Im Kronendach zu schlafen kann gefährlich sein, und viele Arten, die es sich im Laub bequem machen, sind so gemustert, dass sich ihre Körperumrisse auflösen, wie etwa die beiden weißen Streifen auf dem Rücken der Zweistreifentaschenfledermaus. *Kerivoula papuensis* schläft in verlassenen kuppelförmigen Vogelnestern, während sich westafrikanische *Kerivoula*-Arten in den großen Netzen koloniebildender Spinnen einquartieren.

Fledermäuse dreier Familien (Amerikanische und Madagassische Haftscheibenfledermäuse sowie Glattnasen) besitzen Klammerpolster, d.h. modifizierte Daumen- und Fußpolster oder Scheiben, um das Anhaften an feuchte Oberflächen wie Blättern oder dem Inneren von Bambusstängeln zu erleichtern. Mindestens ein Flughund (Kurznasenflughund) und 16 Neuweltblattnasenarten errichten aus Blättern und anderen Pflanzenteilen Zelte. In diesen Zelten leben gewöhnlich ein einzelnes Männchen und mehrere Weibchen, manchmal mit deren Jungen. Zahlreiche Fledertiere haben sich heute in von Menschen errichteten Strukturen, wie Stollen und Gebäuden, einquartiert. Sie akzeptieren auch Fledermauskästen.

Viele Fledertiere wechseln häufig ihre Ruheplätze. Die meisten (70 %) Quartiere der Neuseeland-Fledermaus werden nur für eine Nacht benutzt. Diejenigen Wüstenfledermäuse, die häufiger den Schlafplatz wechseln, haben weniger Ektoparasiten als sesshaftere Artgenossen; daher hilft der Ortswechsel offensichtlich, die Parasitenbelastung zu verringern.

Gefahren und Chancen

NATURSCHUTZ UND LEBENSRAUM

Überall auf der Welt geht der Bestand der Fledertierarten zurück. In Großbritannien ist die Zahl der Zwergfledermäuse dramatisch gesunken, und die Kleine Hufeisennase ist in einem Großteil Nordwesteuropas fast ausgestorben. Flughunde sind vorwiegend durch Habitatzerstörung, Kon-

flikte mit Obstzüchtern und Jagd bedroht. Auch die globale Erwärmung stellt für inselbewohnende Arten durch den Anstieg des Meeresspiegels und die veränderte Witterung eine latente Gefährdung dar. Auf der Komoreninsel Anjou, auf der die weltgrößte Kolonie von *Pteropus livingstonei* lebt, ist die Bewaldung in den letzten 20 Jahren um 70 % zurückgegangen. In Israel sind die Schlafplätze von Höhlenflughunden ausgeräuchert worden, um die Schäden in Obstplantagen zu verringern, wobei nicht nur viele Höhlenflughunde getötet wurden, sondern auch zahlreiche Insekten fressende Fledermäuse. Da man für die Tötungsaktion das schwer abbaubare Pestizid Lindan benutzte, werden die Höhlen auf Jahre unbewohnbar bleiben.

Die Bewohner von Guam haben seit mindestens 1000 Jahren Flughunde in geringer Zahl zu Nahrungszwecken gejagt. Die Einführung von Gewehren nach dem I. Weltkrieg hatte zur Folge, dass der Marianen-Flughund heute stark gefährdet ist. Bereits 1975 wurde es schwer, einen einheimischen Flughund zu finden, daher wurden zwischen 1975 und 1990 rund 230 000 Flughunde aus mindestens 10 Arten zu Nahrungszwecken importiert. Seit 1989 sind alle Vertreter der Pteropodidae und auch verwandte Arten der Gattung *Acerodon* im Rahmen des Washingtoner Artenschutzabkommens (CITES) geschützt. Die Durchsetzung der CITES-Regelungen zum Schutz von Flughunden hat sich jedoch als schwierig erwiesen. Wahrscheinlich liegt die größte Hoffnung für Guams Flughunde in einer Veränderung der Ernährungsgewohnheiten auf der Insel: Einer aktuellen Studie zufolge sind die meisten Liebhaber von Flughundbraten älter als 55 Jahre.

Insekten fressende Fledermäuse in gemäßigten Breiten sehen sich anderen Problemen gegenüber. Ruheplätze, wie alte Scheunen, sind abgerissen oder renoviert worden und Störungen während der Winterruhe haben wahrscheinlich ebenfalls zu einer Bestandsabnahme beigetragen. Der Verlust natürlicher und halbnatürlicher Lebensräume schreitet mancherorts mit alarmierendem Tempo fort. Vor allem die Flurbereinigung und der großräumige Wegfall von Hecken dürfte den Fledermausbestand in Westeuropa stark getroffen haben. Der Einsatz von Pestiziden in der Landwirtschaft hat zahlreiche Beutearten dezimiert, und die antiparasitischen Medikamente, mit denen das Vieh behandelt wird, töten auch Mistkäfer

Oben: *Tausende Brasilianischer Bulldoggfledermäuse strömen aus ihrer Höhle. Ein so eindrucksvoller Anblick wird wohl immer seltener werden, denn Fledertiere leiden weltweit unter der Lebensraumzerstörung und Vergiftung durch Pestizide.*

und andere Wirbellose in den Dungfladen. So verringern sie das Nahrungsangebot für die Große Hufeisennase beträchtlich.

Viele Fledermäuse sind auch durch Kontakt mit Insektiziden und Fungiziden getötet worden, mit denen früher Holzbalken gegen holzzerstörende Käfer und Pilze geschützt wurden. Zudem sind in Fledermäusen giftige DDT-Rückstände nachgewiesen worden. Glücklicherweise ist der Einsatz solcher Mittel inzwischen eingeschränkt oder ganz untersagt. Die Wasserverschmutzung und ihre Auswirkung auf Wasserinsekten sowie die Belastung mit Metallen wie Kadmium und Methylquecksilber könnten ebenfalls zum Rückgang von Zwergfledermäusen in Industriegebieten beigetragen haben.

Dem Ruf von Fledermäusen haben zudem negative mythologische Assoziationen geschadet. Sie werden häufig mit Hexerei und Magie in Verbindung gebracht. So gehört „Fledermauswolle" zu den drei Ingredienzien, mit denen Hexen in Shakespeares *Macbeth* ihr Gebräu anreichern. Und natürlich gibt es zahllose Legenden über Vampire – die lebenden Toten, die nachts den Menschen das Blut aus den Adern saugen und in Bram Stokers Roman *Dracula* 1897 literarische Form annahmen. Positiver werden Fledertiere in der chinesischen Kultur gesehen, wo sie ein Symbol der Freude sind. Fledertiere haben auch unter der Mär zu leiden, sie würden sich in menschlichen Haaren verfangen, doch bei ihrem raffinierten Echolotsystem ist so etwas höchst unwahrscheinlich.

Fledertiere gelten überdies als Krankheitsüberträger. Einige wenige Fledermausarten übertragen tatsächlich Tollwut und Flughunde sind möglicherweise die natürlichen Wirte für das *Hendra*-Virus, das vermutlich zum Tod von Menschen und Pferden führen kann. Solche Infektionen lassen sich jedoch nicht nur durch Impfungen, sondern schon durch normale hygienische Vorsichtsmaßnahmen und das Vermeiden von direktem Kontakt mit Fledertieren leicht vermeiden.

Trotz des schlechten Rufs sind Programme zum Fledertierschutz inzwischen höchst erfolgreich. So sind Überwinterungsplätze durch Gitter vor unbefugtem Betreten gesichert worden und Fledermauskästen eröffnen den Tieren neue Aufenthaltsräume. Erfolgreich waren auch Kampagnen in Europa, wichtige Überwinterungsplätze zu schützen. In unterirdischen Festungsanlagen, die im Zweiten Weltkrieg in Westpolen erbaut wurden, um die deutsche Invasion zu stoppen, überwintern inzwischen jedes Jahr 30 000 Fledermäuse aus zwölf verschiedenen Arten. Ursprünglich wollte die polnische Regierung die Festung als Lager für radioaktive Abfälle nutzen, doch dank einer breit angelegten Kampagne von Naturschützern dient sie heute als Fledermausreservat.

In Großbritannien hat sich die öffentliche Meinung gegenüber Fledermäusen zum Glück in den letzten 20 Jahren zum Positiven gewandelt. Das Internationale Übereinkommen über die biologische Vielfalt, das 1992 in Rio de Janeiro verabschiedet wurde, hat zur Formulierung von Aktionsplänen zum Schutz von fünf britischen Fledermausarten geführt. Inzwischen widmet sich ein Netzwerk aus rund 90 Gruppen der Förderung des Fledermausschutzes.

Heute zeichnen sich in vielen Ländern nationale und regionale Bemühungen zum Schutz von Fledertieren ab, so in Australien, Brasilien und den USA. Wandernde Fledermäuse stehen in der EU unter Schutz und die europäische Gesetzgebung schützt sogar einige Nahrungsgründe in gewissem Umfang. Lobbyarbeit in diesem Sinne betreibt die „Internationale Organisation zum Schutz der Fledermäuse“. Darüber hinaus setzen sich viele Forscher, die sich mit diesen faszinierenden Tieren und ihren erstaunlichen Anpassungen beschäftigen, für ihren Schutz ein. Es ist nicht schwer zu verstehen, warum. GJ

Oben: *Drei stark gefährdete Arten zeigen die Bandbreite der Probleme, denen sich Fledertiere heute weltweit gegenübersehen.* **1** *Der Ryukyu-Flughund* (Pteropus dasymallus) *lebt nur auf den Ryukyu-Inseln an der Südspitze Japans. Lange wegen seines Fleisches gejagt, ist er heute auch durch Abholzung bedroht.* **2** *Das im Südosten der USA beheimatete Graue Mausohr wird in Höhlen, in denen es überwintert, zunehmend von Touristen und Steinbrucharbeiten gestört.* **3** *Die Madagassische Haftscheibenfledermaus* (Myzopoda aurita) *ist auf Madagaskar beschränkt und leidet wie viele Säugerarten unter dem zunehmenden Druck der Bevölkerung auf den Lebensraum Wald.*

Übersicht Fledertierfamilien

STÄNDIG WERDEN – OFT AUFGRUND molekularbiologischer Analysen – neue Fledermausarten identifiziert, und die Zahl der Familien, Gattungen und Arten ist im Fluss. Diese Klassifizierung listet diagnostische Familienmerkmale auf, die auf molekularen und morphologischen Untersuchungen basieren und den modernsten stammesgeschichtlichen Ansatz hinsichtlich der Verwandtschaftsverhältnisse bei Fledertieren wiedergeben.

MEGACHIROPTERA

Flughunde
Familie Pteropodidae

41 Gattungen mit 164 Arten. Tropen und Subtropen von Afrika bis O-Asien und Australien, auf vielen Inseln im Indischen und Pazifischen Ozean. Einige Arten leben in warmen gemäßigten Regionen nördlich der Türkei und Syriens und im äußersten Süden von Afrika und SO-Australien. Arten z.B. **Indischer Riesenflughund** ***(Pteropus giganteus); Rousettus leschenaulti; Sphaerias blanfordi; Syconycteris australis; Acerodon celebensis; Dobsonia minor; Nyctimene albiventer.***
GRÖSSE: Von klein bis zum größten aller Fledertiere, das Flügelspannweiten bis zu 1,7 m aufweist; KL 50–400 mm; Schwanz kurz oder fehlend außer bei 1 Art, bei der er die halbe KL hat; UL 37–220 mm; GT 15–1500 g. Hammerköpfe *(Hypsignathus monstrosus)* zeigen den stärksten Sexualdimorphismus bei Fledertieren: Männchen fast doppelt so schwer wie Weibchen und mit aufgetriebener Schnauze und lappenförmigen Sauglippen. Ein riesiger Kehlkopf nimmt mehr als die Hälfte der Körperhöhle ein und wird bei der Werbung zum Rufen eingesetzt. Männchen anderer Arten tragen auf den Schultern Haarbüschel oder Drüsenflecke, die zur Werbung eingesetzt werden.
FELL: Gewöhnlich braun, doch einige Arten sind bunt gefärbt, z.B. variiert *Pteropus rodricensis* von schwarz über silbrig bis zu gelb, orange und rot. Röhrennasenflughunde (Gattung *Nyctimene*) können bunt gefärbt sein, mit gefleckten Membranen und einem Rückenstreifen; Flughunde, die im Laubwerk ruhen, sind oft tarnfarben.
KÖRPER: Die meisten Arten haben hundeartige Gesichter, große Augen und auffällige, weit getrennt stehende Ohren ohne Tragus. Der 2. Finger bleibt frei und trägt wie der Daumen eine Kralle. Die meisten Arten orientieren sich visuell; eine Ausnahme bildet die Gattung *Rousettus*, die Hindernisse in Höhlen mithilfe von Zungenklicks per Echoortung wahrnimmt. Höhlen-Langzungenflughunde *(Eonycteris spelaea)* klatschen beim Fliegen in Höhlen mit ihren Flügeln, was eine rudimentäre Form der Echoortung darstellen könnte.
NAHRUNG: Vorwiegend Pflanzenmaterial; hauptsächlich reife Früchte, aber auch Blüten, Nektar und Blätter. Einige Arten fressen gelegentlich auch Insekten. Nektarfresser (z.B. Langzungenflughunde der Gattung *Macroglossus*) haben lange Zungen mit borstenartigen Papillen. Viele Arten spielen für die Bestäubung und Verbreitung wirtschaftlich wichtiger Pflanzen eine wesentliche Rolle.
VERHALTEN: Einige der größeren Arten können sich zu „Camps" von über 1 Million Individuen zusammenfinden. Die größten Kolonien bilden Höhlenflughunde *(Rousettus* spp.); eine Höhle kann mehrere Millionen Tiere beherbergen, die nachts auf Nahrungssuche 40–50 km zurücklegen. Palmenflughunde *(Eidolon helvum)* wandern und können in Ostafrika „Rundreisen" bis zu 2500 km unternehmen.
IUCN-STATUS: 8 Arten ausgestorben; 14 Arten (darunter alle 4 *Pteralopex*-Spezies vom Aussterben bedroht, 7 Arten stark gefährdet und 39 Arten gefährdet.

MICROCHIROPTERA

Mausschwanzfledermäuse
Familie Rhinopomatidae

3 Arten in 1 Gattung *(Rhinopoma)*. N-Afrika bis S-Sudan, Mittlerer Osten, Indien und SO-Asien, Sumatra. Wüsten oder Halbwüsten, auch landwirtschaftlich genutzte und gestörte Habitate. Arten z.B. ***Rhinopoma hardwickii, R. microphyllum, R. muscatellum.***
GRÖSSE: Im Allgemeinen klein; KL 50–90 mm; SL 40–80 mm; UL 45–75 mm; GT 6–14 g.
KÖRPER: Schwanz fast körperlang, nicht in Flughaut eingeschlossen. Ohren durch Hautband verbunden, Tragus gut entwickelt; Schnauze trägt ein kleines einfaches Nasenblatt ähnlich einer Schweinerüsselscheibe. Ursprünglichste Gruppe der Microchiroptera.
VERHALTEN: Schnell fliegende Insektenfresser, die lange multiharmonische CF-Ortungsrufe ausstoßen. Tagesquartiere mit bisweilen Tausenden von Tieren in Höhlen und Gebäuden, darunter ägyptische Pyramiden, wo sie seit mehr als 3000 Jahren vorkommen. Können in Torpor verfallen, wenn Insekten rar sind, und dann von in der Bauchregion gespeicherten Fettreserven leben.
IUCN-STATUS: 1 Art *(Rhinopoma hardwickii)* gefährdet.

Schweinsnasenfledermaus
Familie Craseonycteridae
Craseonycteris thonglongyai
Hummelfledermaus

1 Art, erstmals 1974 beschrieben. W-Thailand. Bambuswälder und Teakplantagen (die natürliche Vegetation ist größtenteils zerstört).
GRÖSSE: Kleinste Fledermaus (und kleinster Säuger). KL 29–33 mm; Schwanz fehlt; UL 22–26 mm; GT 2 g.
FELL: Oberseite braun bis rötlich grau, Unterseite heller, Flügel dunkler.
KÖRPER: Schnauze schweineartig. Bei Männchen Drüsenschwellung an der Unterseite der Kehle.
VERHALTEN: Insektenfresser, ernährt sich von kleinen Käfern und anderen Insekten. Jagt nach Sonnenuntergang 30–45 min und vor Sonnenaufgang für kurze Zeit in offenem Gelände. Echoortungsrufe schmalbandig (CF) und multiharmonisch. Bilden kleine Kolonien in Höhlen.
IUCN-STATUS: Stark gefährdet.

Glattnasenfreischwänze
Familie Emballonuridae

47 Arten in 12 Gattungen. Afrika, S- und SO-Asien, Australien, tropisches Amerika, viele Inseln im Indischen und Pazifischen Ozean. Arten z.B. ***Centronycteris maximiliani, Diclidurus ingens, Emballonura atrata,*** **Nasenfledermaus** ***(Rhynchonycteris naso), Taphozous perforatus.***
GRÖSSE: Variieren von klein bis relativ groß. KL 37–157 mm; SL 6–36 mm; UL 37–97 mm; GT 5–105 g.
FELL: Meist grau oder braun, einige Arten mit Tarnmustern und Haarbüscheln. Tiere der Gattung *Diclidurus* (Gespenstfledermäuse) sind vorwiegend weiß.
KÖRPER: Ohren auf der Stirn miteinander verbunden, Tragus vorhanden. Schwanz kurz, durchstößt die Schwanzflughaut, sodass die Spitze auf der Rückenseite liegt. Viele Arten mit Armtaschen, erbsengroße Säckchen im Protagium, die sich nach hinten mit einem Schlitz öffnen; bei Zweistreifentaschenfledermaus *(Saccopteryx bilineata)* dienen sie zur Speicherung des Duftsekrets. Einige Arten weisen Kehldrüsen auf, die Duftsekrete abscheiden.
VERHALTEN: Viele sind schnellfliegende Insektenjäger, die lange multiharmonische CF-Rufe ausstoßen. Einige Arten bilden große Kolonien (z.B. *Taphozous* spp.). Die meisten Arten sind tropisch, doch einige Arten in kühleren Regionen verfallen in Torpor und können überwintern.
IUCN-STATUS: 2 Arten vom Aussterben bedroht, 2 stark gefährdet, 10 gefährdet.

Rechts: *Ein Großkopf-Röhrennasenflughund* (Nyctimene cephalotes) *mit gefalteten Flügeln in seinem Quartier in Nord-Sulawesi, Indonesien. Die* Nyctimene*-Arten bilden eine der 41 Gattungen der Familie Pteropodidae.*

Schlitznasenfledermäuse
Familie Nycteridae

13 Arten in 1 Gattung. Afrika, SW- und SO-Asien. Trockengebiete bis Regenwälder. Arten z.B. **Große Schlitznase** *(Nycteris grandis);* **Rauhaarschlitznase** *(N. hispida).*
GRÖSSE: Mittelgroß. KL 40–93 mm; SL 43–75 mm, UL 32–60 mm, GT 10–30 g.
FELL: Fell meist lang, braun bis grau.
KÖRPER: Nasenrücken durch Längsfurche geteilt; manchmal verdecken Nasenblätter und Fell die Furche äußerlich. Ohren groß, Tragus klein. Breite Flügel. Schwanz an der Spitze T-förmig, einzigartig unter Säugern.
NAHRUNG: Geradflügler, Spinnen, Raupen, Skorpione. *(Nycteris grandis)* frisst Fische, Frösche, Vögel, andere Fledertiere.
VERHALTEN: Die Fledermäuse tragen ihre Beute zum Fressen oft zu einem Ansitz. FM-Rufe schwach und multiharmonisch. Versammeln sich in kleinen Gruppen an Ruheplätzen wie hohlen Bäumen, Abwasserkanälen und selbst Erdferkelbauten.
IUCN-STATUS: 2 Arten gefährdet.

Großblattnasen oder „Falsche Vampire"
Familie Megadermatidae

5 Arten in 4 Gattungen. Tropen und Subtropen von Afrika, S-, Zentral- und SO-Asien sowie Australasien. Arten z.B. ***Cardioderma cor;*** **Lyrafledermaus** *(Megaderma lyra).*
GRÖSSE: Zählen zu den größten Fledermäusen; Australische Gespenstfledermaus *(Macroderma gigas)* ist die größte Art. KL 65–140 mm; SL 50–115 mm; GT 37–123 g.
FELL: Eintönig, aber variabel, von grau bis braun, sogar weißlich. Gelbflügelige Großblattnase *(Lavia frons)* sehr bunt, Ohren und Flügel gelb-orange, Fell grau bis oliv.
KÖRPER: Langes, aufrichtbares einfaches Nasenblatt. Ohren sehr groß und durch Hautsaum verbunden; großer Tragus. Breite Schwanzflughaut, doch Schwanz selbst rudimentär oder fehlend. Augen groß.
NAHRUNG: Einige Arten carnivor; fressen kleine Wirbeltiere, andere Fledertiere, Reptilien, Amphibien, Fische und Gliedertiere. Jagen oft von einem Ansitz aus und fressen ihre Beute auch dort.
VERHALTEN: Breite Flügel, langsamer Flieger mit hoher Manövrierfähigkeit, kann gut vom Boden aus starten. Gelbflügelige Großblattnase oft tagsüber aktiv; lebt in monogamen, territorialen Paaren, die mit ihren Jungen bis etwa 30 Tage nach dem Abstillen zusammenbleiben. Ihr Gehör

ABKÜRZUNGEN

KL = Körperlänge SL = Schwanzlänge
UL = Unterarmlänge GT = Gewicht

Ohren allgemein groß und zugespitzt, immer ohne Tragus. Kopf weist nach unten. Hinterbeine schlecht entwickelt, die Tiere können nicht auf allen vieren laufen. Haftzitzen am Bauch der Weibchen zur Anhaftung der Jungen.
VERHALTEN: Aufgrund ihrer breiten Flügel langsame Flieger mit hoher Manövrierfähigkeit, oft in dichter Vegetation. Die Tiere fangen ihre Beute (gewöhnlich Insekten) meist durch Herabstoßen aus der Luft *(hawking)* und Absammeln vom Substrat *(gleaning)*; größere Arten jagen oft vom Ansitz aus und fressen ihre Beute auch dort. Bei der hoch entwickelten Echoortung werden relativ lange CF-Pulse durch die Nasenlöcher ausgesandt, gewöhnlich als zweite Harmonik des Rufes. Hufeisennasen kompensieren dabei die Dopplerverschiebungen, die aufgrund ihrer Fluggeschwindigkeit entstehen; Rundblattnasen tun dies nur partiell. Alle verbringen ihre Ruhephasen in Höhlen, Stollen, Bäumen oder Gebäuden. Einige Arten sind möglicherweise monogam, andere polygyn. In Ruhe falten sie ihre Flügel um den Körper. Können in Winterschlaf verfallen.
IUCN-STATUS: 2 der 64 Hufeisennasenarten stark gefährdet, 8 gefährdet. Von den 65 Rundblattnasen 2 vom Aussterben bedroht, 1 stark gefährdet und 15 gefährdet.

Neuseeland-Fledermaus
Familie Mystacinidae
Mystacina tuberculata

1 Art. Neuseeland und umliegende Inseln. Eine weitere vermutete Art, *M. robusta*, ist inzwischen fast sicher ausgestorben.
GRÖSSE: Klein. KL 60 mm; SL 18 mm; UL 40–46 mm; GT 13–22 g.
KÖRPER: Fell graubraun, kurz und samtig. Daumen und Zehenkrallen weisen eine zusätzliche Erhebung („Krallenferse", Nebenkralle) auf, einzigartig unter Fledertieren; die Flügel können eng um den Körper gerollt werden; der Schwanz durchbricht wie bei Glattnasenfreischwänzen die Flughaut zur Rückseite. Ohren einfach, getrennt und groß, mit langem Tragus; Zunge mit Papillen an der Spitze.
NAHRUNG: Breite Palette mit Fluginsekten, bodenlebenden Gliedertieren, Nektar, Pollen, Früchten.
VERHALTEN: Die Tiere bewegen sich behände am Boden. Molekularanalysen sprechen für eine Verwandtschaft mit Mormoopidae, Noctilionidae und Phyllostomidae, was darauf hindeutet, dass ihre Vorfahren aus Gondwana stammen. Multiharmonische FM-Rufe. Die Fledermäuse fangen Insekten per Echolokalisation im Flug; sie horchen auf die Geräusche ihrer Beute und stöbern diese mithilfe ihres Geruchssinns in der Streuschicht auf. Wenn sich die Tiere auf ihren Schlafbäumen versammeln, „singen" die Männchen, um Weib-

reagiert empfindlich auf Raschelgeräusche von Beutetieren. Die Fledermäuse horchen beim Jagen oft auf die von der Beute erzeugten Geräusche, auch wenn sie Beute in offenem Gelände meist per Echoortung lokalisieren. Ortungsrufe sind leise, breitbandig und multiharmonisch. Quartiere in Höhlen, Gebäuden und hohlen Bäumen, oft in kleinen Gruppen. *Cardioderma cor* „singt", um Ansprüche auf bestimmte Nahrungsgründe anzuzeigen.
IUCN-STATUS: Australische Gespenstfledermaus *(Macroderma gigas)* ist gefährdet und existiert in isolierten Populationen, die eine starke genetische Divergenz zeigen.

Hufeisennasen und Rundblattnasen
Familie Rhinolophidae

129 Arten in 10 Gattungen. Viele Autoren behandeln Hufeisennasen und Rundblattnasen als getrennte Familien (Rhinolophidae bzw. Hipposideridae), doch moderne taxonomische Einteilungen betrachten beide als eine Familie. Afrika, S-Eurasien, SO-Asien, Australien, besonders in tropischen Regionen. Arten z.B. ***Rhinolophus thomasi;*** **Dreizackblattnase** *(Asellia tridens);* **Blumennasenfledermaus** *(Anthops ornatus);* ***Hipposideros ater.***

GRÖSSE: Relativ klein. KL 35–110 mm; SL 15–70 mm; UL 30–105 mm; GT 4–180 g.
FELL: Variabel, gelblich, bräunlich, grau, schwarz; einige Arten mit weißen Flecken, manche Arten in 2 Farbphasen.
KÖRPER: Komplexes Nasenblatt, bestehend aus dem horizontalen Hufeisen und der Sella, die die Nasenlöcher seitlich umfasst; in der Mitte zentrales Nasenblatt, dahinter vertikales, meist zugespitztes Nasenblatt (Lanzette). Dem Nasenblatt von Rundblattnasen fehlt ein definiertes Hufeisen, und die Lanzette ist ein quer verlaufendes Blatt, oft mit drei Spitzen; im Zentrum des Nasenblatts gibt es keine Sella.

chen anzulocken. Großes Streifgebiet zur Nahrungssuche. Dort ist oft eine flügellose Fliege verbreitet, die sich von einem Pilz im Fledermauskot ernährt. Tiere können in Torpor verfallen und halten vermutlich Winterschlaf. Diese Art und eine Glattnasenart sind – abgesehen von Meeressäugern – die einzigen endemischen Säuger Neuseelands.
IUCN-STATUS: Gefährdet.

Hasenmäuler
Familie Noctilionidae

2 Arten in 1 Gattung *(Noctilio)*. Tropisches Mittel- und Südamerika, Karibik.
Großes Hasenmaul *(Noctilio leporinus)*: KL 98–132 mm; UL 70–92 mm; GT 54–90 g.
Kleines Hasenmaul *(N. albiventris)*: KL 57–85 mm; UL 54–70 mm; GT 18–44 g.
FELL: Beim Großen Hasenmaul Wasser abstoßend, kurz, gelb oder orange.
VERHALTEN: Das Große Hasenmaul ist die einzige Fledermaus, die auf Fischfang spezialisiert ist; sie frisst überdies Insekten und Krabben. Fische bis 8 cm Länge werden per Echoortung lokalisiert, wenn sie auftauchen oder Wellenbewegungen an der Oberfläche verursachen, und direkt unter der Oberfläche von den langen Hinterbeinen mit den krallenbewehrten Füßen ergriffen. Der Fang wird in Backentaschen untergebracht. Quartiere oft in Meereshöhlen, wo man die Kolonien anhand ihres moschusartigen Geruchs identifizieren kann. Kleine Hasenmäuler fangen Insekten in der Luft oder an der Wasseroberfläche und sind vermutlich auch an den Fischfang angepasst. Die Ortungsrufe enthalten CF- und FM- Komponenten, um Fische und Insekten anzupeilen.
IUCN-STATUS: Nicht bedroht.

Nacktrücken- oder Kinnblattfledermäuse
Familie Mormoopidae

8 Arten in 2 Gattungen. Äußerster SW der USA, über Mittelamerika und S-Karibik bis Zentral-Brasilien. Arten z.B. ***Mormoops megalophylla; Pteronotus quadridens.***
GRÖSSE: Klein bis mittelgroß.
KL 40–77 mm; SL 15–30 mm;
UL 35–65 mm; GT 3,5–20 g.
FELL: Kurz und dicht, rötlich bis braun bzw. grau gefärbt.
KÖRPER: Ohne Nasenblatt, dafür oft Lippen- und Kinnanhänge. Einige Arten haben einen nackten Rücken, weil sich die Flughäute in der Rückenmitte treffen. Ohren klein, mit Tragus. Schwanz ragt etwas über die Schwanzflughaut hinaus.
VERHALTEN: Insektenfresser. Können in Höhlen große Kolonien bilden. Echoortung mit CF/FM-Signalen. Die Schnurrbartfledermaus *(Pteronotus parnellii)* hat unabhängig von den Rhinolophidae eine Echoortung mit Dopplerfrequenzverschiebungskompensation entwickelt.
IUCN-STATUS: *Pteronotus macleayii* als einzige Art gefährdet.

Neuweltblattnasen oder Lanzennasen
Familie Phyllostomidae

Rund 140 Arten in 48 Gattungen. Neue Welt vom äußersten SW der USA über Mittelamerika und Südkaribik bis N-Argentinien. Arten z.B. ***Macrotus californicus; Mimon bennettii; Phylloderma stenops;*** **Lanzennase** *(Phyllostomus hastatus)*; ***Tonatia bidens; Lonchophylla hesperia; Choeroniscus minor;*** **Zeltbauende Fledermaus** *(Uroderma bilobatum)*; ***Artibeus amplus; Phyllonycteris aphylla;*** **Kleiner Blutsauger** oder **Kammzahnvampir** *(Diphylla ecaudata)*.
GRÖSSE: Je nach Art unterschiedlich.
KL 40–135 mm; SL fehlend oder 4–55 mm; UL 31–105 mm, GT 7–200 g. Diese Familie umfasst die Fledermausart mit den längsten Unterarmen, die carnivore Große Spießblattnase *(Vampyrum spectrum)*.
FELL: Abgesehen von einer fast weißen Art, der in Honduras heimischen Weißen Fledermaus *(Ectophylla alba)*, sind die übrigen Arten braun, grau oder schwarz, gelegentlich mit roten oder weißen Haarbüscheln. Mehrere Arten tragen im Gesicht und/oder am Körper weißliche Streifen.
KÖRPER: Die meisten Arten haben ein speerförmiges Nasenblatt; bei 5 Arten fehlt es oder ist komplexer geformt. Ohren gewöhnlich einfach, können groß sein, Tragus vorhanden. Die Schnauzenregion von Vampiren ist aufgetrieben und drüsenreich und ähnelt einem Nasenblatt; Vampire besitzen ein spezialisiertes Gebiss mit verringerter Zahnzahl und messerscharfen Schneide- und Eckzähnen.
NAHRUNG: Praktisch die ganze Speisepalette, die man von Fledertieren kennt. Viele Arten ernähren sich von Früchten, Pollen oder Nektar, andere sind Insektenfresser, einige wenige omnivor oder carnivor. 3 Vampirarten in Mittel- und Südamerika ernähren sich von Blut, dessen Fluss durch gerinnungshemmende Stoffe im Speichel gefördert wird. Der Gemeine Vampir *(Desmodus rotundus)* ernährt sich vorwiegend von Säugerblut, die anderen beiden Arten bevorzugen Vogelblut.
VERHALTEN: Phyllostomiden lokalisieren ihre Nahrung per Echoortung, wahrscheinlich auch optisch. Die Ortungsrufe sind gewöhnlich leise, breitbandig und multiharmonisch. Eine Art, die Fransenlippenfledermaus *(Trachops cirrhosus)*, jagt Frösche, die sie anhand der Rufe lokalisiert. Als Ruheplätze dienen z.B. Höhlen, Abwasserkanäle, hohle Bäume oder das Blattwerk. Einige Arten bauen regelrechte „Zelte", indem sie Blattrippen durchbeißen und zu zeltförmigen Gebilden formen. Keine Art hält Winterschlaf. Vampire können sich behände auf dem Boden bewegen.
IUCN-STATUS: *Phyllonycteris major* gilt inzwischen als ausgestorben; 4 andere Arten sind stark gefährdet, 25 gefährdet.

Trichterohren
Familie Natalidae

5 Arten in 1 Gattung *(Natalus)*. N-Mexiko durch Mittelamerika bis Brasilien, auf Karibikinseln. Arten z.B. ***N. stramineus.***
GRÖSSE: Klein und zart. KL 35–55 mm; SL 50–60 mm; UL 27–41 mm; GT 4–10 g.
FELL: Oft rötlich oder braun.
KÖRPER: Zweiter Finger auf das Metacarpale reduziert, Fingerglieder völlig reduziert. Leicht gebaut mit langen, schlanken Flügeln und Beinen; Schwanz mehr als körperlang. Ohren trichterförmig und groß mit einem kurzen, dreieckigen Tragus, Nase einfach.
VERHALTEN: Kaum untersucht. Ruheplätze häufig in Höhlen, auch in Baumhöhlen. Langsame Flieger mit hoher Manövrierfähigkeit. Insektenfresser. Adulte Männchen haben ein so genanntes Natalidenorgan im Gesicht oder an der Schnauze, dessen Funktion bisher unbekannt ist.
IUCN-STATUS: *Natalus tumidifrons* ist gefährdet.

Stummeldaumen
Familie Furipteridae

2 Arten in 2 Gattungen: ***Furipterus horrens*** und ***Amorphochilus schnablii.*** Costa Rica bis N-Chile und SO-Brasilien; Trinidad.
GRÖSSE: Kleine Fledermäuse.
KL 33–58 mm; SL 24–36 mm;
UL 30–40 mm; GT 3–5 g.
FELL: Braun bis grau.
KÖRPER: Kleine, funktionslose Daumen; Ohren trichterförmig mit kleinem Tragus. Flügel relativ lang, Stirnbereich stark erhöht. Schnauze endet in einer scheibenförmigen Struktur. Weibchen haben ein Paar Zitzen am Bauch.
VERHALTEN: Über diese Fledermäuse ist kaum etwas bekannt, außer dass sie Insektenfresser sind und in Höhlen, Gebäuden, Tunnels, zwischen Felsblöcken oder in Baumhöhlen hausen.
IUCN-STATUS: *Amorphochilus schnablii* ist gefährdet.

Amerikanische Haftscheibenfledermäuse
Familie Thyropteridae

2 Arten in 1 Gattung: **Honduras-Haftscheibenfledermaus** *(Thyroptera discifera)* und **Dreifarbige Haftscheibenfledermaus** *(T. tricolor)*. S-Mexiko bis N-Bolivien und SO-Brasilien; Trinidad.
GRÖSSE: Klein. KL 34–52 mm;
SL 25–33 mm; UL 27–38 mm; GT 4–5 g.
FELL: Rötlich braun oder schwärzlich, unterseits weiß.
KÖRPER: An Handgelenk, Fußwurzel und Daumengrundgelenk finden sich Haftscheiben auf kurzen Stielen. Eine einzige Haftscheibe kann das Gewicht der Fledermaus tragen, wenn sie z.B. in glatten, eingerollten Bananen- oder Heliconia-Blättern hängt. Ohren trichterförmig, Tragus vorhanden. Wie bei *Amorphochilus schnablii* sind dritter und vierter Zeh verbunden.
VERHALTEN: Insektenfresser, leben in kleinen Gruppen in feuchten, immergrünen Wäldern. Echoortungsrufe geringer Intensität, variabel, mit multiharmonischen CF- und FM-Rufen.

Madagassische Haftscheibenfledermaus
Familie Myzopodidae
Myzopoda aurita

1 Art, beschränkt auf Madagaskar.
GRÖSSE: Klein bis mittelgroß. KL 57 mm; SL 48 mm; UL 46–50 mm.
KÖRPER: Die ungestielten Haftscheiben oder -näpfe am Handgelenk und an der Fußwurzel unterscheiden sich in ihrem Bau von denjenigen der *Thyroptera* und sind wahrscheinlich unabhängig entstanden. Große Ohren mit Tragus und pilzförmigen Strukturen an der Basis. Der lange Schwanz ragt über die Flughaut hinaus.
VERHALTEN: Selten und kaum untersucht. Hausen in Palmblättern; eine gefangene Fledermaus hatte Kleinschmetterlinge gefressen. Die Tiere emittieren ungewöhnliche Ortungsrufe, die lang und multiharmonisch sind und aus mehreren Elementen bestehen. Ähnliche Fledermäuse gab es im Pleistozän in Ostafrika.
IUCN-STATUS: Gefährdet.

Glattnasen
Familie Vespertilionidae

Mindestens 308 Arten in 34 Gattungen. Die zweitgrößte Säugerfamilie nach den Muridae (Altweltratten und -mäuse). Weltweit verbreitet außer in extremen Polarregionen und entlegenen Inseln. Arten z.B. ***Kerivoula smithii; Chalinolobus superbus; Eptesicus capensis; Myotis chinensis;*** **Großer Abendsegler** *(Nyctalus noctula)*; ***Pipistrellus musciculus; Scotophilus robustus; Murina suilla; Tylonycteris robustula; Murina grisea.***
GRÖSSE: Meist klein, doch wenige Arten mittelgroß bis groß. KL 32–105 mm;
SL 25–75 mm; UL 22–75 mm; GT 4–50 g.
FELL: Gewöhnlich Braun- und Grauschattierungen, Unterseite oft heller. Einige Arten gelb, rot oder orange. Die Bunte Fledermaus *(Kerivoula picta)* hat ein scharlach- oder orangefarbenes Fell, schwarze Flughäute mit orangen Fingerknochen; diese Färbung tarnt zwischen Blüten und Blattwerk; kleine Gruppen ähneln den hängenden Schlammnestern von Wespen. *Glauconycteris*-Arten weisen gewöhnlich weiße Flecken und Streifen im Fell auf. Diese Fledermäuse halten sich häufig im Blattwerk auf und zeigen möglicherweise Tarn- bzw. umrissauflösende Farbmuster.
KÖRPER: Die meisten Arten haben eine einfach gebaute Schnauze; Arten aus 2 Gattungen besitzen ein schwach ausgeprägtes Nasenblatt; in 2 anderen Gattungen finden sich auch röhrenförmige Nasenöffnungen. Ohren gewöhnlich

getrennt, mit Tragus, von klein bis enorm groß, besonders bei Langohrfledermäusen (*Plecotus* spp.), wo sie fast körperlang sind. Fledermäuse aus 5 Gattungen haben Flügel- und/oder Fußscheiben, die ihnen helfen, sich an glatten Blättern oder Bambus festzuhalten.
VERHALTEN: Überwiegend Insektenfresser; die Insekten werden im Flug gefangen, abgesammelt oder von der Wasseroberfläche gefischt (z.B. Wasserfledermaus, *Myotis daubentonii*). Zumindest 1 Art, *Myotis vivesi*, frisst bisweilen Fische. Ortungsrufe variieren von Breitband (frequenzmoduliert) bei Arten, die in hindernisreichen Umgebungen auf Nahrungssuche gehen, zu Schmalband (CF-Modus) in offeneren Habitaten. Arten, die im stark schallstreuenden Blattwerk fressen, lokalisieren ihre Beute oft eher anhand der Geräusche, die sie verursacht, als per Echoortung. Die Tiere beziehen Quartier in Baumhöhlen, unter Baumrinde, in Felsspalten und Vogelnestern, im Blattwerk, in Gebäuden und Höhlen. *Tylonycteris*-Arten haben einen flachen Kopf sowie Haftscheiben an Daumen und Füßen und hausen in Bambusstängeln. Die Gruppengröße variiert von ein paar Individuen bis zu mehr als 1 Million. Einige Arten wandern, doch Arten in gemäßigten Breiten halten generell einen Winterschlaf.
IUCN-STATUS: 6 Arten vom Aussterben bedroht, 19 stark gefährdet und 50 gefährdet. 1 Zwergfledermaus – *Pipistrellus sturdeei* – gilt bereits als verschollen.

Blasse oder Wüstenfledermaus

Familie Antrozoidae
Antrozous pallidus

1 Art. Aktuelle phylogenetische, auf der Morphologie basierende Untersuchungen stellen *Antrozous pallidus* näher zu den Bulldoggfledermäusen als zu den Glattnasen. Einige Autoren schlagen vor, die Art in eine eigene Familie zu stellen, wie hier geschehen. Nordamerika bis Zentral-Mexiko, Kuba.
GRÖSSE: Mittelgroß. KL 60–85 mm; SL 35–57 mm; UL 45–60 mm; GT 17–28 g.
FELL: Cremefarben, gelblich oder hellbraun; am Bauch heller.
KÖRPER: Große Ohren mit Ohrendeckel; quadratische Schnauze mit kleiner hufeisenförmiger Leiste über den Nasenöffnungen. Breite Flügel und daher hohe Manövrierfähigkeit.
NAHRUNG: Käfer, Geradflügler, Nachtfalter, Spinnen, Skorpione, Hundertfüßler und selbst kleine Wirbeltiere, die oft am Boden gefangen werden.
VERHALTEN: Bewohnt oft Wüstengebiete, kommt aber auch in Wäldern vor. Lokalisiert Beute am Boden anhand von Raschelgeräuschen, die die Wirbellosen verursachen. Sehr sozial, mit einem großen Repertoire an Kommunikationsrufen.

Rechts: *Drei Nasenfledermäuse auf einem Baumstumpf. Diese Art ruht tagsüber oft auf Ästen. Helle Rückenstreifen lösen ihre Umrisse auf. Dies, samt ihrer Angewohnheit, den Kopf zurückzulehnen, führt dazu, dass die ruhenden Tiere an Flechtenbewuchs erinnern.*

Bulldoggfledermäuse

Familie Molossidae

Mindestens 77 Arten in 12 Gattungen. Warme oder tropische Regionen von Zentral-USA nach Süden bis Zentral-Argentinien; S-Europa, Afrika, östlich bis Korea, den Salomonen und Australasien. Arten z.B. ***Chaerephon bivittata*; Nacktfledermaus** (*Cheiromeles torquatus*); ***Mops mops*; *Molossops abrasus*.**
GRÖSSE: Meist klein bis mittelgroß; Nacktfledermaus ist die schwerste Fledermaus überhaupt. KL 40–130 mm; SL 14–80 mm; UL 27–85 mm; GT 8–180 g.
FELL: Fell gewöhnlich kurz und glatt, braun, grau oder schwarz, doch bei einigen Arten rötlich mit weißlichen Flecken.
KÖRPER: Robuste Fledermäuse, bei denen der Schwanz weit über die Flughaut hinausragt. Ohren klein bis relativ lang, bei kleinohrigen Arten gewöhnlich in Stirnmitte miteinander verbunden und nach vorn gerichtet. Tragus vorhanden. Mehrere Arten der Gattung *Chaerephon* besitzen Drüsenhaarbüschel auf dem Kopf. Die großen Nacktfledermäuse haben eine sehr dicke Haut mit Flughäuten, die sich in der Rückenmitte treffen, sowie große seitliche Hauttaschen, in die die Flügelspitzen in Ruhe gesteckt werden. Sie sind weitgehend nackt, mit ein paar Haaren um einen Kehlsack, und strömen einen strengen Geruch aus.
VERHALTEN: Bulldoggfledermäuse sind gewöhnlich Luftjäger, die lange CF-Rufe ausstoßen. Sie ernähren sich vorwiegend von Nachtfaltern und Käfern, die sie in offenem Gelände fangen. Quartier beziehen sie in Höhlen, Felsspalten, hohlen Bäumen und Gebäuden. Wochenstuben der Brasilianischen Bulldoggfledermaus (*Tadarida brasiliensis*) im SW der USA bilden mit über 20 Millionen Tieren in einer Kolonie die größten bekannten Ansammlungen von Wirbeltieren. Das Natriumnitrat, das aus dem Guano dieser großen Kolonien extrahiert wurde, diente früher zur Schießpulverherstellung. Einige Arten (z.B. *T. brasiliensis*) wandern möglicherweise, andere (z.B. *T. teniotis*) überwintern in Felsspalten und fliegen in milden Winternächten auf Nahrungssuche aus.
IUCN-STATUS: 3 Arten vom Aussterben bedroht, 1 Art stark gefährdet, 16 Arten gefährdet. Der Rückgang der Brasilianischen Bulldoggfledermaus geht insbesondere auf die Vergiftung durch DDT-Abbauprodukte zurück. GJ

Vollständige Artenliste siehe Anhang Seite 881 ff. ▷

SPECIAL FEATURE

Fledermäuse und Säulenkakteen

Eine symbiotische Beziehung zwischen Bestäuber und Bestäubten

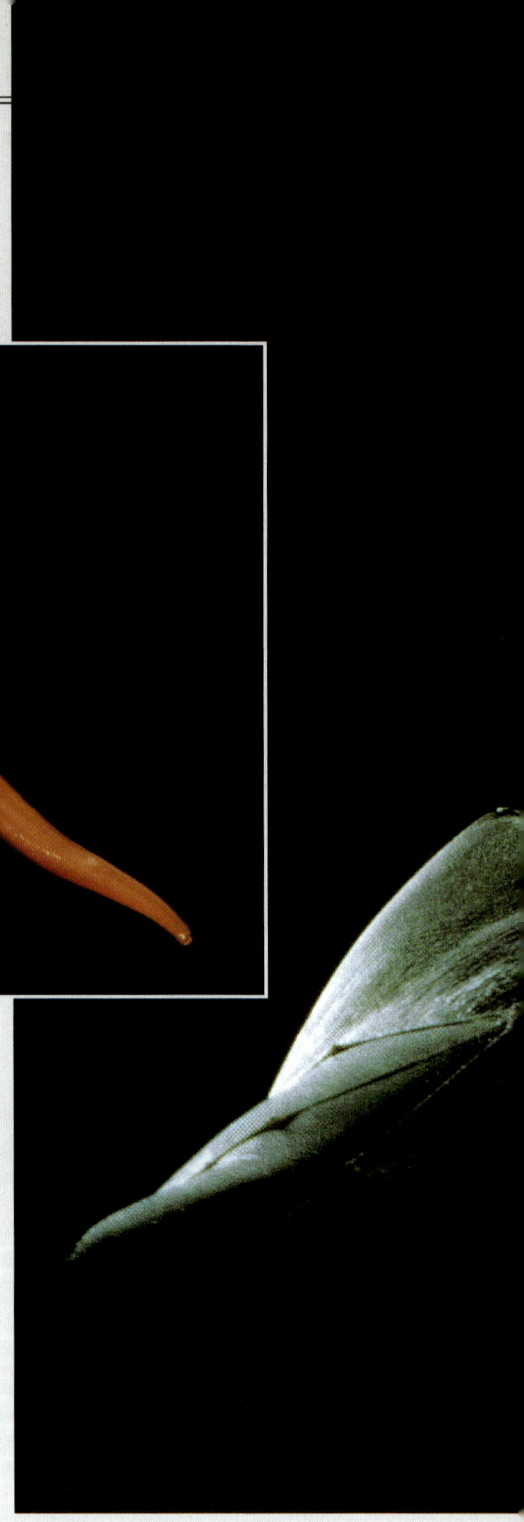

BLÜTEN UND FLEDERMÄUSE ERSCHEINEN VIELLEICHT nicht als die idealen Partner, doch haben sie überall in den Tropen symbiotische Beziehungen ausgeprägt. In der Alten Welt ernähren sich sechs Gattungen und 14 Arten der Flughunde von Blüten. Sie haben sich offenbar unabhängig von den 15 Neuweltblattnasen-Gattungen und 38 Arten entwickelt, die dieselbe Nahrungsnische nutzen. Gemeinsam sind diese Fledertiere die wichtigsten, wenn nicht die einzigen Bestäuber hunderter Arten tropischer und subtropischer Bäume, Sträucher, Lianen und Epiphyten, darunter so kommerziell wichtiger Arten wie Kapok, Balsa, wilde Banane und Durian.

Während die Mehrheit aller von Fledertieren bestäubten Pflanzen in den feuchten Tropen vorkommt, werden auch die auffälligen neotropischen Säulenkakteen, die in halbtrockenen bis sehr trockenen Lebensräumen zu Hause sind, von einer speziellen Gruppe Neuweltblattnasen bestäubt, die zudem oft auch deren Samen verbreiten. Die Kakteen mit ihren rund 1500 Arten aus ca. 100 Gattungen, die in drei bis vier Unterfamilien eingeteilt werden, bilden eine der auffälligsten Pflanzenfamilien der Neuen Welt. Während die meisten Arten recht klein sind und von Insekten bestäubt werden, haben die Riesen dieser Familien, besonders die Arten der Gattungsgruppe Pachycereeae und Leptocereeae, häufig Fledermäuse als Bestäuber.

Säulenkakteen wie Saguaros (Kandelaber-Kakteen), Cardóns, Orgelpfeifen-Kakteen und ihre Verwandten erreichen Höhen von 10 bis 15 m und sind häufig die dominierenden Arten in den Wüsten im Südwesten der USA, in Mexiko, im Norden von Südamerika und in den Anden. Hoch über dem Wüstenboden, an der Spitze langer Arme oder Stämme, öffnen sich nachts ihre robusten, cremefarbenen Blüten, die beträchtliche Mengen an Nektar (bis zu 8 ml) und Pollen (bis zu 0,5 g) produzieren. Anders als insektenbestäubte Blüten, die gewöhnlich mehrere Tage hintereinander geöffnet bleiben, schließen sich die meisten fledermausbestäubten Kakteenblüten innerhalb von zwölf Stunden nach dem Aufblühen.

Zwar besucht eine Reihe von Neuweltblattnasen gelegentlich die Blüten von Säulenkakteen, doch die vier Hauptbestäuber gehören alle zur Unterfamilie Langzungenfledermäuse *(Glossophaginae)*. Drei von ihnen – *Leptonycteris curasoae, L. nivalis* und *Choeronycteris mexicana* – leben in Mexiko und im Südwesten der Vereinigten Staaten; eine Art *(Platalina genovesium)* kommt nur in Südamerika vor, wo man auch *L. curasoae* findet. Um diese Nahrungsnische zu nutzen, haben sich in diesen Fledermausgruppen dreimal unabhängig voneinander gewisse Anpassungen entwickelt – eine stark verlängerte Schnauze und Zunge, lange, schmale Flügel und eine für die Unterfamilie beträchtliche Größe. Aus den großen Kaktusblüten lassen sich rasch Nektar und Pollen ziehen, und die Fledermäuse können schnell und problemlos weite Strecken zurücklegen. Aus dem Pollen gewinnen die Fledermäuse alle Aminosäuren, die sie zur Synthese von Proteinen brauchen, sodass sie weniger Insekten benötigen, um ihren Speiseplan zu ergänzen. Dieser besteht zu manchen Jahreszeiten und an manchen Orten fast ausschließlich aus Nektar und Pollen. Überdies sind diese Fledermäuse migratorisch und bewegen sich saisonal auf der Suche nach reichlich blühenden Pflanzen oft von einem Habitat zum anderen.

Jedes Frühjahr wandern die trächtigen Weibchen von *L. curasoae* aus den tropischen Trockenwäldern im südlichen Zentralmexiko fast 1200 km weit in die Sonora-Wüste in Nordwestmexiko und Arizona, wo sie große Wochenstuben-Kolonien mit Zehntausenden von Tieren bilden. Auch *P. genovensium* legt wahrscheinlich zwischen kakteenreichen Habitaten in den peruanischen Anden weite Strecken zurück, insbesondere in Jahren, die vom Wetterphänomen El Niño geprägt sind, wenn heftige Regenfälle den Blühkalender der Säulenkakteen in den Anden stören. Einzelheiten über ihre Wanderwege oder „Nektarkorridore" kennen wir bisher jedoch nicht.

Als man Fledermäuse experimentell von nachtblühenden Säulenkakteen fern hielt, zeigte sich ein interessantes geografisches Muster. In den trockenen Regionen von Zentralmexiko und Nordvenezuela einschließlich der Insel Curaçao stellte sich heraus, dass Nektar fressende Fledermäuse die einzigen Bestäuber dieser Kakteen waren. Blüten, von denen Fledermäuse fern gehalten wurden, gingen stets zugrunde. Nördlich und südlich dieser Gebiete fungierten auch tagaktive Besucher wie Vögel und Bienen als wichtige Bestäuber. So ist der Fruchtansatz in der Sonora-Wüste nur bei Cardón-Kakteen *(Pachycerus pringlei)* stark von *L. curasoae* abhängig; die häufigsten Wirbeltierbestäuber von Saguaro-Kakteen *(Carnegiea gigantea)* sind Weißflügeltauben, die von Orgelpfeifenkakteen *(Stenocereus thurberi)* Kolibris. In den südperuanischen Anden wird der Kaktus *Weberbauerocereus weberbaueri* nachts von der Fledermaus *Platalina genovensium* und tagsüber vom Riesengnom *(Patagona gigas,* einem Kolibri) bestäubt. Statt Veränderungen in der Blütenmorphologie haben in der Sonora-Wüste Veränderungen im Zeitpunkt des Blütenschließens und in der Dauer der Stigmenrezeptivität dazu geführt, dass tagaktive Blütenbesucher zu effizienten Bestäubern werden konnten. In den peruanischen

Oben: *Zwei Langzungenfledermäuse (hier* Leptonycteris curasoae yerbabuena*) drängeln sich um eine Kaktusblüte. Da die Fledermäuse nicht auf der Stelle fliegen können, verbringen sie bei jedem Anflug nur Sekundenbruchteile damit, den Nektar mit ihrer fast körperlangen Pinselzunge aus der Blüte zu holen.*

Anden öffnet *W. weberbaueri* seine Blüten am Spätnachmittag. Beträchtliche Variationen in Größe, Form und Farbe der Blumen zeigen, dass bei dieser Art der Selektionsdruck für eine Fledermaus- wie auch für eine Kolibri-Bestäubung groß war. Die Seltenheit von wandernden Fledermäusen hat daher bei Säulenkakteen an der nördlichen wie an der südlichen Grenze des Verbreitungsgebiets zur Evolution von stärker generalisierten Bestäubungssystemen geführt.

In der Sonora-Wüste und in Venezuela sind die Blütezeiten fledermausbestäubter Kakteen meist saisonal gestreckt, um die Konkurrenz um nachtaktive Bestäuber zu verringern. So ist die Hochblüte von Cardón und Saguaro in der Sonora-Wüste im späten April, die der Orgelpfeifen-Kakteen hingegen Mitte Juni. Saguaros vermeiden Konkurrenz mit dem Cardón, indem sie tagsüber länger offen bleiben.

In einem weiteren Beispiel für eine Fledermaus-Kaktus-Koevolution variiert die Form des Fortpflanzungssystems von Cardón geografisch, was teilweise als Reaktion auf geografische Variation in der Bestandsdichte von *L. curasoae* verstanden werden muss. In Gebieten um Wochenstuben findet man in Cardón-Vorkommen männliche, weibliche und zwittrige Exemplare (ein Fortpflanzungssystem, das als „dreihäusig" bezeichnet wird). Weiter entfernt von diesen Wochenstuben enthalten Cardón-Bestände nur weibliche und zwittrige Individuen, die sowohl Pollen als auch Eizellen in ihren Blüten produzieren (gynodiözisch). Männliche Exemplare findet man in Cardón-Vorkommen nur da, wo viele Bestäuber leben.

Einige Orgelpfeifen-Kakteen haben eine ungewöhnliche Methode entwickelt, um die Konkurrenz um Fledermausbestäuber zu reduzieren. Sie blühen früh und benutzen in Ermangelung eigenen Pollens Cardón- oder Saguaro-Pollen, um die asexuelle Produktion von Früchten zu stimulieren, die reife Samen tragen. So sind diejenigen Orgelpfeifenblüten, die den „falschen" Samen erhalten, was in der Sonora-Wüste im April und Anfang Mai häufig geschieht, nicht verschwendet. Auf diese Weise fungieren Fledermäuse als „Bienen der Wüste". THF

DEN WEIBCHEN IMPONIEREN

Wie das Lek-Paarungssystem bei Hammerköpfen funktioniert

HAMMERKÖPFE GEHÖREN ZU DEN WENIGEN Säugerarten, die ein Lek-Paarungssystem praktizieren. Ein Lek ist eine Art Arena, in der die Männchen sich zur Paarungszeit zur Schau stellen und zu der die Weibchen nur kommen, um sich zu paaren. Gewöhnlich besuchen die Weibchen ein Lek, begutachten eine Reihe von Männchen und wählen dann eines zur Paarung aus. Dabei sind sich die Weibchen in ihrer Wahl bemerkenswert einig, sodass nur wenige Männchen zum Zug kommen. Bei diesen Arten kümmern sich die Weibchen allein um die Jungen. Andere Säuger mit Lek-Verhalten sind z.B. Uganda-Kob, Leierantilope und Damhirsch, zudem einige Vögel, Frösche, Fische und Insekten.

Der Hammerkopf *(Hypsignathus monstrosus)* lebt in Regenwäldern vom Senegal über das Kongobecken bis Westuganda. Im Kern dieses Verbreitungsgebiets, in Gabun, bilden die Fledermäuse an traditionellen Stellen Leks und paaren sich während der beiden jährlichen Trockenzeiten (Januar bis Anfang März bzw. Juni bis August).

Ein Hammerkopf-Lek in Gabun grenzt fast immer an einen Wasserlauf und ist 0,7 bis 1,5 km lang. Die Männchen hängen rund 15 m weit auseinander. In jeder Trockenzeit finden sich über ca. 15 Wochen lang rufende Männchen an diesen Plätzen ein. Zu Beginn und gegen Ende der Saison rufen nur wenige Männchen. Im Februar und im Juli steigt ihre Zahl rasch auf ein Maximum und nimmt dann zum Saisonende langsam wieder ab.

In der Paarungszeit verlassen die Männchen jeden Abend bei Sonnenuntergang ihre Tagesquartiere und fliegen direkt zu den traditionellen Lek-Plätzen. Dort hängen sie sich ins Laubwerk am Rand des Blätterdachs, stoßen laute metallische Schreie aus und schlagen gleichzeitig heftig mit den Flügeln. Zu Beginn der Paarungszeit kommt es gewöhnlich zu einigen Kämpfen unter den Männchen um die besten Rufterritorien. Bis die Weibchen im Lek einfliegen, haben die Männchen ihre Territorien jedoch abgesteckt, und es gibt ganz im Gegensatz zu den meisten Huftier-Leks kaum noch Streit.

In typischen Hammerkopf-Leks finden sich 30 bis 150 werbende Männchen zusammen, von denen jedes ein- bis viermal pro Sekunde ruft und heftig mit den Flügeln schlägt. Die Weibchen fliegen die Reihen ab und verharren hin und wieder im Rüttelflug vor einem der Männchen. Das Männchen beschleunigt seine Rufe daraufhin zu einem „Stakkato" und presst seine Flügel eng an den Rumpf. Die Weibchen besuchen in derselben Nacht wiederholt eine abnehmende Zahl von Männchen und lösen jedes Mal einen „Stakkato-Gesang" aus. Schließlich entscheidet sich das Weibchen, landet bei einem Männchen seiner Wahl und paart sich innerhalb von 20 bis 30 Sekunden mit ihm. Weibchen beenden die Paarung gewöhnlich mit mehreren Quieklauten und fliegen anschließend davon.

Die Bedeutung einer lautstarken Werbung für die Paarungschancen eines Männchens hat offensichtlich zu großen Investitionen in die akustische Ausrüstung geführt. Männchen sind nicht nur doppelt so groß wie Weibchen und wiegen 425 g im Vergleich zu 250 g, sondern haben zudem einen enormen knöchernen Kehlkopf, der die Brusthöhle füllt, sowie einen bizarren Kopf mit vergrößerten Backentaschen, aufblasbaren Nasenhöhlen und einem trichterförmigen Maul – alles Spezialisierungen, um laute Rufe ausstoßen zu können.

Weibchen sind mit sechs Monaten geschlechtsreif und mit etwa neun Monaten ausgewachsen, können ihr erstes Junges (pro Wurf wird nur eines geboren) also als Jährling zur Welt bringen. Sie kommen direkt nach einem Wurf erneut in Hitze (Post-partum-Östrus) und können daher jedes Jahr zweimal Nachwuchs haben. Tatsächlich tragen viele der Weibchen, die sich in einer der Trockenzeiten paaren, Neugeborene mit sich, die sie in der letzten Paarungs- oder Lek-Periode empfangen haben. Wie bei vielen Lek-Arten reifen die Männchen langsamer heran als die Weibchen.

Oben: *Männliche Hammerköpfe verdanken ihre bizarre Kopfform dem Konkurrenzdruck, dem sie im Lek-Paarungssystem ausgesetzt sind. Die breite Schnauze enthält aufblasbare Luftsäcke und einen enorm vergrößerten Kehlkopf, der sich weit nach hinten erstreckt und einen Großteil der Brusthöhle einnimmt. Der ständige „Gesang", der mit seiner Hilfe produziert wird, erinnert an lautes Froschgequake und dient dazu, potenzielle Geschlechtspartnerinnen anzulocken.*

Links: *Weibliche Hammerköpfe sehen viel konventioneller aus und sind auch nur etwa halb so groß wie die Männchen.*

Trotz anders lautender früherer Berichte ernähren sich Hammerköpfe ausschließlich von Früchten; in Gabun stehen hauptsächlich Feigen und die Früchte mehrerer *Anthocleista*-Arten auf ihrem Speiseplan. Weibchen und juvenile Männchen fressen offenbar vorwiegend an *Anthocleista,* die meist in der Nähe (im Umkreis von 1 bis 4 km) des Schlafquartiers stehen, aber weniger profitabel sind, denn ihre Früchte reifen langsamer und nur wenige gleichzeitig. Adulte Männchen fliegen hingegen 10 km oder mehr, um die weiter verstreuten, aber profitableren Feigenbäume aufzusuchen, die kurzzeitig ein reiches Angebot reifer Früchte bieten. Die wertvollere Nahrung liefert den Männchen wahrscheinlich die nötige Energie für ihr aufwendiges Werberitual. Wenn sie jedoch erfolglos bleiben, riskieren sie den Hungertod. Die Auswirkungen von schwankendem Nahrungsangebot und hohen Energiekosten bei der Werbung könnten die höhere Parasitenlast (primär Hämosporidien in den Blutzellen) und die höhere Mortalitätsrate bei adulten Männchen erklären.

Das Lek-Paarungssystem wird oft als Paarungssystem „in Ermangelung eines besseren" angesehen. Auf dieses wird zurückgegriffen, wenn die Männchen weder elterliche Fürsorge leisten noch von Weibchen benötigte Ressourcen schützen oder Weibchengruppen verteidigen können. Schließlich erscheint die Selbstanpreisung im Wettstreit mit anderen Männchen kostspielig und riskant und für Männchen nur akzeptabel, wenn es absolut keine andere Lösung gibt. Für Hammerköpfe trifft diese Verallgemeinerung jedoch offenbar nicht zu: Es gibt wenig, was Männchen tun könnten, um umherziehende Weibchen mit Jungen zu unterstützen. Weibchen bilden selten Gruppen (wenn, dann nur für kurze Zeit) und weder Quartiere noch Nahrungsquellen lassen sich verteidigen. Letzteres, weil die Feigenbäume weit verstreut stehen und unregelmäßig und unvorhersehbar Früchte ansetzen. Die Kosten für die Werbung sind sicherlich hoch, doch die Männchen sind physisch wie verhaltensbiologisch an das System bestens angepasst. JWB

Noch eine Sekunde zu leben

1

2

3

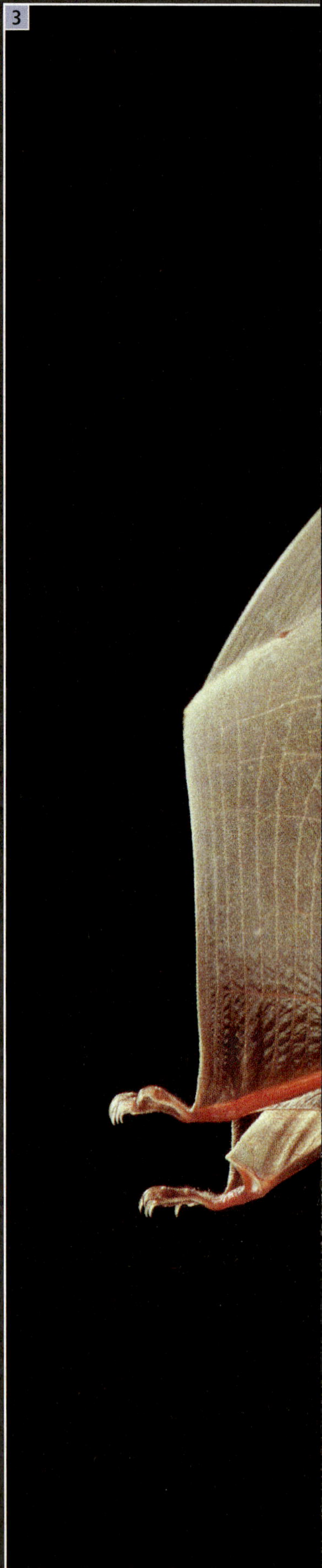

4

❶❷ *Die Lyrafledermaus* (Megaderma lyra), *die in Süd- und Südostasien lebt, ist ein exzellenter nächtlicher Jäger, der seine Beute im dichten Blattwerk und im Unterholz sucht. Dieses Tier lokalisiert gerade mit seinem scharfen Gehör, den guten Augen und der Echoortung eine Maus.*

❸ *Sobald die Fledermaus ihr Opfer erreicht, tötet sie es sofort mit einem Nackenbiss. Nager bilden nur einen Teil der Beute dieser wahrhaft carnivoren Art, die auch Vögel, Frösche, Eidechsen, Spinnen, Insekten und andere Fledertiere fängt.*

❹ *Die Beute wird im Flug verzehrt oder zum Quartier der Fledermaus zurückgetragen – meist eine Höhle, Felsspalte oder ein hohler Baum. Diese Fledermäuse, die auch als „falsche Vampire" bezeichnet werden, trinken manchmal das Blut ihrer Opfer, bevor sie sich über das Fleisch hermachen, doch anders als echte Vampire ernähren sie sich nie von Blut allein.*

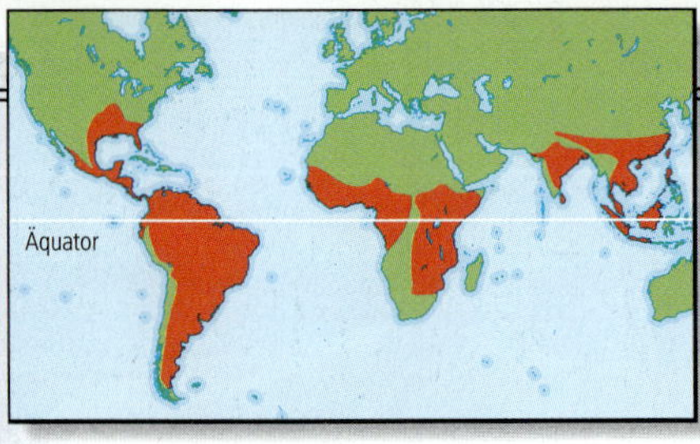

ZAHNARME

DIE BEZEICHNUNG „ZAHNARME" IST IRREführend. Zum einen besitzen die meisten hier behandelten Arten zumindest rudimentäre Zähne. Zum anderen ist der Name taxonomisch bedeutungslos, denn die Ordnung Edentata, die früher Ameisenbären, Faultiere, Gürtel- und Schuppentiere (und sogar Erdferkel) umfasste, ist überholt. Die vermeintlichen Ähnlichkeiten, auf denen diese Klassifikation sich stützte, gelten inzwischen nicht als phylogenetische Bindeglieder, sondern als Ergebnis konvergenter Entwicklungen. Der Begriff „Zahnarme" wird nur noch als bequemer Oberbegriff für diese völlig heterogene Säugetiergruppe verwendet.

Im Alttertiär vor 60 Millionen Jahren (dem Beginn des „Säugetierzeitalters") hatten sich die ursprünglichen Zahnarmen bereits in zwei Linien aufgespalten. Eine umfasste die kleinen, panzerlosen Palaeanodonten, die bald wieder ausstarben (heute herrscht überwiegend Einigkeit, dass sie lediglich Vorfahren der Gürteltiere waren, nicht aber der Nebengelenktiere). Die andere Linie, die Nebengelenktiere, stand gerade an der Schwelle zu einer spektakulären Verästelung, aus der später einige sehr bizarre Neuweltsäuger hervorgingen.

Spezialisten im Zeitlupentempo

KÖRPERBAU UND ENTWICKLUNGSGESCHICHTE

Die lebenden und die vor kurzer Zeit ausgestorbenen Nebengelenktiere unterscheiden sich von den übrigen Säugern einschließlich der Schuppentiere durch zusätzliche Gelenke zwischen den Lendenwirbeln. Diese Nebengelenke stärken die Lendenwirbelsäule beim Graben und sind besonders für Gürteltiere wichtig. Die rezenten Xenarthra unterscheiden sich von den meisten anderen Säugern auch durch die doppelte (sonst nur einfache) hintere Hohlvene, die Blut von den hinteren Gliedmaßen zum Herzen führt. Die Weibchen besitzen eine primitive geteilte Gebärmutter, die nur einen Entwicklungsschritt weiter ist als der doppelte Uterus der Beuteltiere, sowie einen Urogenitalgang. Bei den Männchen liegen die Hoden im Leistenkanal, der Penis ist klein und ohne Eichel.

Trotz dieser Gemeinsamkeiten unterschieden sich die ausgestorbenen Nebengelenktiere in Größe und Aussehen erheblich von den lebenden Arten. Zudem gab es über zehnmal so viele Gattungen. Aufstieg und Niedergang dieser Frühformen beruhten vermutlich auf dem Inselstatus Südamerikas im gesamten Tertiär. Zu Anfang dieser Phase teilten sich die Urnebengelenktiere den Kontinent lediglich mit den frühen Beuteltieren und anderen primitiven Säugern und entwickelten sich angesichts der fast völlig fehlenden Konkurrenz gut. Im späten Eozän (vor 38 Millionen Jahren) gab es drei Familien Riesenfaultiere, von denen einige Arten groß wie heutige Elefanten wurden. In ihrer Blütezeit, im späten Miozän vor 30 Millionen Jahren, tauchten bodenbewohnende Faultiere auf den Antillen und im südlichen Nordamerika auf, nachdem Einzeltiere offenbar die Meerengen auf Treibholz überquert hatten. Im Oligozän lebten etwa zeitgleich mit diesen Faultieren vier Familien gepanzerter, gürteltierähnlicher Nebengelenktiere. Die größte Art, *Glyptodon,* wurde 5 m lang und besaß einen starren, 3 m langen Rückenpanzer. Der verwandte *Doedicurus* hatte einen gewaltigen Schwanz, dessen Spitze wie ein mittelalterlicher Streitkolben aussah. Während die Glyptodontiden und Riesenfaultiere noch in historischer Zeit existierten und in den Legenden der Tehuelche und Araukaner

Rechts: *Prähistorische Zahnarme: Die Edentaten teilten sich in drei Hauptgruppen: „gepanzerte" Formen (Loricata) wie die ausgestorbenen Glyptodonten und rezenten Gürteltiere, „behaarte" Formen (Pilosa) wie das ausgestorbene Riesenfaultier und die lebenden Baumfaultiere sowie Ameisenbären (Vermilingua).* ***1*** *Riesenfaultier* (Megatherium), *im Pleistozän in Südamerika heimisch, bis zu 6 m lang;* ***2*** *Schuppentier der Art* Eomanis waldi, *im Eozän in Deutschland verbreitet;* ***3*** Glyptodon panochthus, *gepanzerte Riesenform des Pleistozäns in Südamerika;* ***4*** *Großer Ameisenbär* (Scelidotherium), *im Pleistozän in Südamerika heimisch.*

Patagoniens vorkamen, überlebten die Baumfaultiere, Ameisenbären und Gürteltiere bis heute.

Die ausgestorbenen Xenarthra waren schwerfällige, unspezialisierte Pflanzenfresser, die Buschsavannen bewohnten. Sie wurden wohl von den höher entwickelten Konkurrenten aus dem Norden verdrängt und gejagt. Der Erfolg der rezenten Nebengelenktiere dagegen beruht auf ihren relativ engen Lebensnischen, die den weniger spezialisierten Neuankömmlingen nicht viel Raum boten. Ameisenbären und Laub fressende Faultiere etwa ernähren sich sehr einseitig. Um den niedrigen Energiegehalt ihrer Nahrung auszugleichen, beträgt ihre Stoffwechselrate nur 33 bis 66 % von den für ihr Körpergewicht zu erwartenden Werten. Sie weisen eine veränderliche, jedoch niedrige Körpertemperatur auf (32,7 bis 35 °C), für die weniger Kilojoules verbrannt werden. Gürteltiere ernähren sich vielfältig, sind aber auf eine teilweise unterirdische Lebensweise spezialisiert. Auch bei ihnen sind Stoffwechselrate und Körpertemperatur niedrig (33 bis 35,5 °C), damit sie in ihren abgeschlossenen Bauen nicht überhitzt werden. Da den nachrückenden Säugern dieser verlangsamte Stoffwechsel fehlte, waren sie nicht in der Lage, diese Lebensräume voll zu nutzen, und bildeten wohl nur eine minimale Konkurrenz.

Nischendasein

SOZIALVERHALTEN

Infolge der Spezialisierung und Stoffwechselverlangsamung verbrauchen Faultiere und Ameisenbären nur wenig Energie und bewegen sich meist langsam durch kleine Streifgebiete. Die Weibchen werden mit zwei bis drei Jahren geschlechtsreif und pflanzen sich einmal im Jahr fort. Sie bringen kleine, frühreife Würfe (meist nur ein Junges) zur Welt und wenden viel Zeit und Energie für deren Pflege auf. Gegen Angreifer verteidigen sie sich passiv, vor allem durch optische Tarnung. Ameisenbären und Faultiere fliehen zwar manchmal, versuchen jedoch meist, sich mithilfe ihrer Klauen zu wehren. Faultiere überleben selbst schwerste Verletzungen. Bisse und tiefe Wunden entzünden sich fast nie und heilen innerhalb weniger Wochen völlig ab. Auch Gürteltiere setzen ihre Energie sparsam ein, doch nicht so ausgeprägt wie ihre Verwandten. Dank ihrer vielseitigeren und energiereicheren Kost sind sie etwas flexibler und zudem (zumindest einige Arten) fähig, Fettspeicher zu bilden und in Torpor zu fallen.

Alle Arten sondern stark riechende Analdrüsensekrete ab, die zum Markieren von Wegen, Bäumen oder auffälligen Gegenständen dienen. Diese zeigen vermutlich Anwesenheit, Zustand und vielleicht Sexualstatus des markierenden Tieres an. Duftmarken könnten auch als Reviergrenzen dienen und Individuen Zugang zu knappen Ressourcen wie Futter gewähren. Schuppentiere setzen ihre Analdrüsensekrete zudem zur Verteidigung ein, indem sie Angreifer mit übel riechender Flüssigkeit bespritzen.

Mit ihren fehlenden Zähnen, der langen Klebezunge und ihrer Vorliebe für Ameisen fügen sich Schuppentiere in die gleiche Nische ein wie Ameisenbären in Südamerika. Die Ähnlichkeiten lassen vermuten, dass die Selektion zugunsten des Verzehrs von Ameisen in der Alten und Neuen Welt parallel verlief. CRD

ORDNUNGEN: XENARTHRA UND PHOLIDOTA
36 Arten in 14 Gattungen und 5 Familien

ORDNUNG NEBENGELENKTIERE (XENARTHRA)

AMEISENBÄREN Familie Myrmecophagidae S. 788

4 Arten in 3 Gattungen: **Zwergameisenbär** *(Cyclopes didactylus)*, **Großer Ameisenbär** *(Myrmecophaga tridactyla)*, **Nördlicher Tamandua** *(Tamandua mexicana)*, **Südlicher Tamandua** *(T. tetradactyla)*.

FAULTIERE
Familien Megalonychidae und Bradypodidae S. 792

5 Arten in 2 Gattungen: **Braunkehl-Dreifingerfaultier** *(Bradypus variegatus)*, **Dreifingerfaultier** *(B. tridactylus)*, **Kragenfaultier** *(B. torquatus)*, **Hoffmann-Zweifingerfaultier** *(Choloepus hoffmanni)*, **Zweifingerfaultier** *(C. didactylus)*.

GÜRTELTIERE Familie Dasypodidae S. 796

20 oder 21 Arten in 8 Gattungen, darunter **Neunbindengürteltier** *(Dasypus novemcinctus)*, **Nacktschwanzgürteltier** *(Cabassous unicinctus)*, **Braunhaargürteltier** *(Chaetophractus villosus)*, **Dreibindenkugelgürteltier** *(Tolypeutes tricinctus)*, **Burmeistergürtelmull** *(Chlamyphorus retusus)*, **Sechsbindengürteltier** *(Euphractus sexcinctus)*, **Zwerggürteltier** *(Zaedyus pichiy)*, **Riesengürteltier** *(Priodontes maximus)*.

ORDNUNG SCHUPPENTIERE (PHOLIDOTA)

SCHUPPENTIERE Familie Manidae S. 800

7 Arten in 1 Gattung: **Vorderinidisch-Ceylanisches Schuppentier** *(Manis crassicaudata)*, **Riesenschuppentier** *(M. gigantea)*, **Javanisches Schuppentier** *(M. javanica)*, **Chinesisches Schuppentier** *(M. pentadactyla)*, **Steppenschuppentier** *(M. temminckii)*, **Langschwanz-Schuppentier** *(M. tetradactyla)*, **Weißbauchschuppentier** *(M. tricuspis)*.

SCHÄDEL UND GEBISS

Die Schädel der Zahnarmen sind von allen Säugern am simpelsten. Bei Schuppentieren etwa sind sie glatt und kegelförmig mit einem einfachen, klingenartigen Unterkiefer. Der Bezeichnung „Edentaten" zum Trotz sind nur die Schuppentiere und von den Nebengelenktieren nur die Ameisenbären völlig zahnlos. Faul- und Gürteltiere dagegen besitzen eine Reihe gleichgestalteter zylinderförmiger Prämolaren und Molaren. Sie haben keinen Schmelz und nur eine einzige offene Pulpahöhle, die lebenslang ein ständiges Nachwachsen der Zähne gewährleistet. Echte Schneide- und Eckzähne fehlen bei allen Edentaten, allerdings haben Faultiere vergrößerte eckzahnähnliche Prämolaren.

Der Speiseplan der Edentaten reicht von ausschließlich Ameisen und Termiten bei Ameisenbären und Schuppentieren über Insekten, Knollen und Aas bei Gürteltieren bis hin zu abwechslungsreicher, aber reiner Pflanzenkost bei Faultieren.

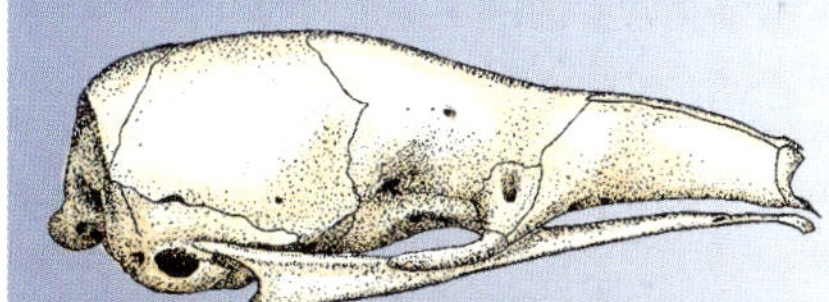

Südlicher Tamandua
12 cm

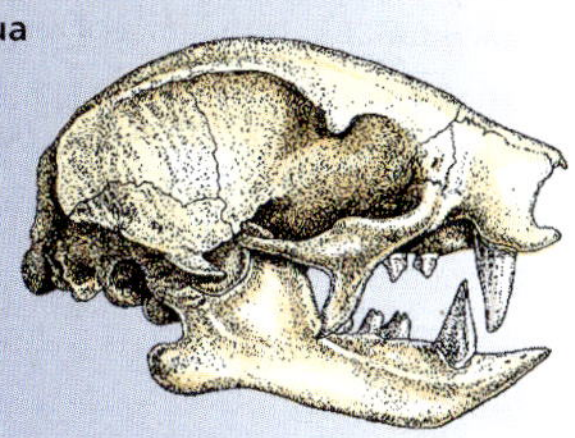

Zweifingerfaultier
12 cm

Ameisenbären

Ameisenbären verzehren ausschliesslich Staaten bildende Insekten wie Ameisen und Termiten. An diese Nahrung ist nicht nur ihr Kausystem und Verdauungstrakt angepasst, sondern auch Verhalten, Stoffwechsel und Fortbewegung. Ameisenbären sind Einzelgänger; nur die Mütter tragen ihre Jungen etwa ein Jahr auf dem Rücken, bis sie fast ausgewachsen sind.

Rechts: *Der Südliche Tamandua besitzt kräftige Klauen und einen starken Schwanz, der ihm beim Klettern mehr Halt im Astwerk gibt. Er kann auch als Stütze dienen, wenn das Tier sich aufrichtet.*

Obwohl sich die Verbreitungsgebiete der einzelnen Arten kaum überlagern, halten sie sich an verschiedene Zeiten und Stockwerke. Während der Große Ameisenbär vor allem tagsüber frisst (bei Störungen durch Menschen auch nachts), sind Tamanduas sowohl am Tag als auch nachts und Zwergameisenbären ausschließlich nachts aktiv. Große Ameisenbären sind Bodenbewohner, Tamanduas leben dagegen teilweise auf Bäumen und Zwergameisenbären sind reine Baumbewohner. Alle Ameisenbären können graben und klettern sowie auf dem Boden laufen, doch sieht man den Großen Ameisenbären selten klettern und den Zwergameisenbären nicht oft am Boden. Auch bei der Nahrung leben die Arten in verschiedenen Nischen: Der Große Ameisenbär verzehrt die größten Ameisenarten, Tamanduas mittelgroße und Zwergameisenbären die kleinsten.

Zahnlose Insektenfresser

KÖRPERBAU UND FUNKTION

Ameisenbären zählen zu den Nebengelenktieren, ebenso wie Faul- und Gürteltiere und die ausgestorbenen Glyptodonten, sind jedoch als einzige zahnlos. Bei allen Arten ist die Maulspalte winzig und öffnet sich nur zu einem kleinen Oval. Die Schnauzen sind unverhältnismäßig lang. Der Kopf des Großen Ameisenbären ist über 30 cm lang und wirkt geradezu röhrenförmig. Die schmale, runde Zunge ist sogar noch länger als der Kopf. Tamanduas können sie rund 40 cm weit vorstrecken, der Große Ameisenbär sogar 61 cm. Bei allen Arten sind die Zungen mit dickflüssigem, klebrigem Speichel überzogen; die Speicheldrüsen sind größer als bei anderen Tieren. Die Mägen der Ameisenbären sekretieren keine Salzsäure. Stattdessen nutzen die Tiere die in der Beute enthaltene Ameisensäure als Verdauungshilfe.

Als einzige natürliche Feinde der Großen Ameisenbären gelten Pumas und Jaguare. Werden sie angegriffen, stellen sich Ameisenbären auf die Hinterbeine und verteidigen sich mit ihren bis zu 10 cm langen Klauen. Nachweislich „umarmen" und erdrücken sie Angreifer sogar. Die größten Klauen besitzen Große und Zwergameisenbären

am zweiten und dritten Finger, Tamanduas dagegen am zweiten, dritten und vierten. Alle Arten haben fünf Finger und vier bis fünf Zehen, allerdings sitzen einige Finger verkümmert unter der Haut. Das ist der Fall beim fünften Finger des Großen Ameisenbären und beim ersten, vierten und fünften Finger des Zwergameisenbären. Beim Laufen schlagen Ameisenbären die Klauen nach innen ein, sodass die scharfen Spitzen nicht den Boden berühren. Manchmal laufen sie auf den Seitenkanten der Hinterläufe und klappen dabei die Klauen nach innen. Zum Klettern setzen Tamanduas und Zwergameisenbären ihren Schwanz sowie ihre 4 bis 10 cm langen Klauen ein, um sich an Ästen festzuhalten. Auf Bedrohungen reagieren Tamanduas am Boden, indem sie sich auf Hinterläufe und Schwanz aufrichten und mit den Vorderpfoten energisch zuschlagen. Zwergameisenbären halten sich bei der Abwehr von Angriffen mit Schwanz und Hinterläufen an einem Ast fest und heben die Vorderläufe mit nach vorn und nach innen gerichteten Klauen in Schulterhöhe an. Erstaunlicherweise können Zwergameisenbären sich (ebenso wie Baumfaultiere) vom tragenden Ast aus waagerecht ausstrecken, was durch die Nebengelenke zwischen den Wirbeln ermöglicht wird. Dank eines zusätzlichen (und einzigartigen) Gelenks in der Fußsohle, das die Greiffähigkeit verbessert, können die Klauen unter den Fuß geklappt werden, sodass sie festen Halt geben.

Zu den Feinden baumbewohnender Ameisenbären zählen Harpyie, Brillenkauz sowie mehrere Adlerarten, die über das Kronendach hinwegfliegen und nach Beute Ausschau halten. Da das Fell des zusammengerollten Zwergameisenbären den großen, silbrig flauschigen Samenbüscheln des Seidenwollbaums zum Verwechseln ähnlich sieht, dient es den Tieren offenbar zur Tarnung. Sie halten sich auch bevorzugt in diesen Bäumen auf. Keine Ameisenbärenart ist sehr ruffreudig, Große Ameisenbären brüllen jedoch laut bei Bedrohung. Werden Jungtiere von ihrer Mutter getrennt, stoßen sie kurze, hohe Pfiffe aus.

Nach Futter graben

NAHRUNG

Ameisenbären spüren ihre Beute vor allem mit der Nase auf. Ihr Sehvermögen ist dagegen eher schlecht. Große Ameisenbären ernähren sich von größeren Ameisen und Termitenarten. Sie fressen rasch. Meist graben sie ein kleines Loch in ein Nest und lecken die herausströmenden Arbeiterameisen mit flinken Zungenbewegungen auf. Die Zunge schnellt bis zu 150-mal pro Minute vor

FAKTEN

AMEISENBÄREN

Ordnung: Xenarthra

Familie: Myrmecophagidae

4 Arten in 3 Gattungen

VERBREITUNG Südmexiko, Mittel- und Südamerika bis Paraguay und Nordargentinien, Trinidad.

GROSSER AMEISENBÄR *Myrmecophaga tridactyla*
Mittelamerika, Südamerika östlich der Anden bis Uruguay und NW-Argentinien. Savannen, Sümpfe, tropische Regenwälder im Tiefland. KL 1–1,3 m; SL 65–90 cm; GT 22–39 kg; Männchen um 10–20 % schwerer als Weibchen. Fell: Grob, steif, dicht, grau mit schwarz-weißen Schulterstreifen. Fortpflanzung: Tragzeit 190 Tage. Lebenserwartung: In der Wildnis unbekannt, in Gefangenschaft bis zu 26 Jahre. IUCN-Status: Gefährdet.

NÖRDLICHER TAMANDUA *Tamandua mexicana*
S-Mexiko bis NW-Venezuela und NW-Peru. Savannen, Dornbuschsteppen, feuchte und trockene Wälder. KL 52–57 cm; SL 52–55 cm; GT 3–5,4 kg. Fell: Hellbeige bis dunkelbraun mit unterschiedlich großen schwarzen bis rotbraunen Flecken von Schultern bis Hinterteil. Fortpflanzung: Tragzeit 130–150 Tage. Lebenserwartung: In der Wildnis unbekannt, in Gefangenschaft mindestens 9 Jahre.

SÜDLICHER TAMANDUA *Tamandua tetradactyla*
Südamerika östlich der Anden von Venezuela bis N-Argentinien, Trinidad. KL 58–61 cm; SL 50–52,5 cm; GT 3,5–7 kg. Fell: Wie Nördlicher Tamandua, jedoch nur im SO-Teil des Habitats mit schwarzer „Weste".

ZWERGAMEISENBÄR *Cyclopes didactylus*
Mittel- und Südamerika von S-Mexiko bis zum Amazonasbecken und N-Peru. Tropische Wälder. KL 18–20 cm; SL 18–26 cm; GT 375–410 g. Fell: Weich, seidig, grau bis gelborange mit dunklerem mittigem Rückenstreifen.

Abkürzungen: KL = Körperlänge; SL = Schwanzlänge; GT = Gewicht

Links: Ein Großer Ameisenbär mit Nachwuchs in Brasilien. Die Jungen werden mit sechs Monaten entwöhnt, aber bis zu ein Jahr lang von der Mutter auf dem Rücken getragen.

und erfasst auch Larven und Puppen. Am klebrigen Speichel, der die Zunge umhüllt, bleiben die Insekten hängen und werden vor dem Verschlucken am harten Gaumen zerdrückt. Ameisenbären meiden Soldaten mit großen Kiefern, denn die Haut an ihrer Schnauze ist zwar dick, aber offenbar nicht unempfindlich gegen die Bisse dieser wehrhaften Insekten. Da sie jedes Nest nur sehr kurz besuchen und jeweils nur rund 140 Insekten entnehmen (ca. 0,5 % ihres Tagesbedarfs), richten Ameisenbären an den Nestern wenig dauerhaften Schaden an. Ihre Besiedlungsdichte scheint mit der Anzahl der Nester in ihrem Streifgebiet zu korrelieren. Um ausreichend Nahrung zu bekommen (rund 35 000 Ameisen pro Tag), muss ein Ameisenbär täglich zahlreiche Nester aufsuchen. Käferlarven werden ebenfalls gefressen. Der Wasserbedarf wird meist durch die Insekten gedeckt.

Die Technik der Nahrungsaufnahme ist beim Ameisenbären einzigartig unter den Säugern. Durch Kontraktion der Kaumuskulatur verschieben sich die beiden Unterkieferhälften zur Mitte hin, sodass die vorderen Spitzen auseinander klaffen und das Maul sich öffnet. Geschlossen wird es durch Flügelmuskeln, die die unteren hinteren Ränder der beiden Unterkieferknochen nach innen ziehen, sodass die vorderen Spitzen angehoben werden und das Maul verschließen. Diese vereinfachte, minimale Kieferbewegung in Verbindung mit dem Vor- und Zurückschnellen der Zunge und fast ständigem Schlucken beschleunigt die Nahrungsaufnahme erheblich. Die außergewöhnlichen Zungenbewegungen werden durch den am Brustbein ansetzenden *Musculus sternoglossus* gesteuert.

Tamanduas sind auf kleinere Termiten und Ameisen spezialisiert als der Große Ameisenbär, meiden aber ebenfalls die Soldatenkasten. Auch Ameisen- und Termitenarten, die über chemische Verteidigungsstoffe verfügen, verschmähen sie, nicht jedoch Bienen und Honig. Tamanduas vertilgen im Schnitt 9000 Ameisen pro Tag. Die baumbewohnenden Ameisen und Termiten, die von Zwergameisenbären gefressen werden, sind durchschnittlich 4 mm lang, während die Beute von Großen Ameisenbären 8 mm oder mehr misst.

Oben und unten: *Zwergameisenbären bei der Ruhepause: oben in Verteidigungshaltung mit den Klauen vor dem Gesicht, unten von einem Zweig herabhängend. Eine Adaptation in seinem Fuß ermöglicht es dem Zwergameisenbären, die Klauen umzuklappen und sich dadurch besser festzuhalten.*

Frühreife Jungtiere

SOZIALVERHALTEN

Alle Ameisenbären sind Einzelgänger. Die Streifreviere des Großen Ameisenbären umfassen in Gegenden mit großem Nahrungsangebot manchmal nur 0,5 qkm. In ungünstigen Habitaten benötigt ein Großer Ameisenbär dagegen bis zu 2480 ha. Die Streifgebiete der Weibchen überlappen sich um bis zu 30 %, die der Männchen dagegen meist nur bis 5 %. Tamanduas durchwandern in günstigen Habitaten Streifreviere von 50 bis 140 ha, während ein Tier in offenen Llanos 340 bis 400 ha benötigt. Auf der Insel Barro Colorado verfügt ein Zwergameisenbär-Weibchen über ein Revier von 2,8 ha, ein Männchen über 11 ha. Die vier Ameisenbären-Arten bewohnen zwar unterschiedliche Gegenden, doch dort, wo sie im gleichen Habitat vorkommen, werden die jeweiligen Streifreviere von den anderen Arten nicht beeinträchtigt.

Die Paarungszeit der Großen Ameisenbären und Tamanduas liegt im Herbst. Im Frühling wird jeweils ein Jungtier geboren. Die Jungen sind weit entwickelt und tragen schon scharfe Klauen, mit deren Hilfe sie kurz nach der Geburt auf den Rücken ihrer Mutter klettern können. Zwillingsgeburten sind selten. Die Jungen werden etwa sechs Monate lang gesäugt, bleiben jedoch oft bei der Mutter, bis sie mit rund zwei Jahren geschlechtsreif werden. Mit etwa einem Monat können junge Ameisenbären galoppieren, doch meist bewegen sie sich langsam oder werden von der Mutter getragen. Tamanduas setzen ihre Jungen auf einen Ast in der Nähe einer Futterstelle oder lassen sie im Laubnest allein, was auch bei Zwergameisenbären zu beobachten ist. Deren Jungen werden mit einem vorverdauten Ameisenbrei gefüttert, den beide Eltern auswürgen, und von Vater oder Mutter getragen. Beim Großen Ameisenbären sind die Jungen exakte Kopien der Eltern, während junge Tamanduas ihren Eltern nicht ähneln und von Weiß bis Schwarz gefärbt sein können.

Große Ameisenbären graben flache Mulden, in denen sie bis zu 15 Stunden pro Tag ruhen. Sie tarnen sich, indem sie sich mit ihrem fächerartigen Schwanz zudecken. Tamanduas schlafen in hohlen Baumstämmen, Zwergameisenbären tagsüber zusammengerollt auf einem Ast, wobei der Schwanz um die Füße gewickelt ist. Meist bleiben sie nicht länger als einen Tag auf einem Baum.

Große Ameisenbären und Tamanduas produzieren in ihren Analdrüsen stark riechende Sekrete. Zwergameisenbären besitzen eine Drüse im Gesicht, doch ist ihre Funktion unbekannt. Große Ameisenbären können den Geruch ihres eigenen Speichels wieder erkennen, obwohl man nicht weiß, ob sie diesen zur Kommunikation einsetzen.

Alle Ameisenbären haben eine niedrige Stoffwechselrate. Große Ameisenbären weisen mit 32,7 °C von allen Plazentatieren die niedrigste Körpertemperatur auf. Bei Tamanduas und Zwergameisenbären liegt sie nicht wesentlich höher. Die aktiven Phasen machen im Schnitt nicht mehr als acht Stunden pro Tag beim Großen Ameisenbären und Tamandua sowie rund vier Stunden beim Zwergameisenbären aus.

Vor allem anhand leichter Abweichungen in der Fellzeichnung werden Große Ameisenbären in drei Unterarten unterteilt, der Nördliche Tamandua in fünf. Bei Letzterem betreffen Farbvarianten die Größe und Farbtiefe der schwarzen „Weste", doch ist diese Zeichnung bei allen Tieren mehr oder weniger stark ausgeprägt. Beim Südlichen Tamandua dagegen sind die Unterschiede in dieser Hinsicht größer. Die Tiere im nördlichen Teil des Lebensraums sind einfarbig hell, während die im Süden auffallende „Westen" tragen. Die Unterschiede sind dort am ausgeprägtesten, wo die geografischen Lebensräume aneinander grenzen: offenbar ein gutes Beispiel für eine Merkmalsverschiebung. Die Abweichungen in der Färbung erklären wohl, wieso diese Art in 13 Unterarten unterteilt wird. Ebenso sind die Farbunterschiede für die Ausweisung von sieben Unterarten beim Zwergameisenbären verantwortlich. Im Norden ist dieser goldfarben und hat eventuell einen dunklen Rückenstreifen. Je weiter südlich man kommt, desto grauer wird das Fell und desto dunkler der Streifen.

Oben: *Ein Großer Ameisenbär fischt in einem Hohlraum nach Insekten. Ameisenbären sind wählerisch, was die Art der von ihnen verzehrten Ameisen angeht. Aggressive Soldaten werden z.B. tunlichst gemieden.*

Im Visier von Trophäenjägern

ARTEN- UND UMWELTSCHUTZ

Abgesehen von der Nutzung weniger Tamanduahäute in der örtlichen Lederindustrie haben Ameisenbären kaum wirtschaftlichen Wert und werden auch nur selten gegessen. Dennoch ist der Große Ameisenbär durch den schrumpfenden Lebensraum und menschliche Eingriffe aus weiten Teilen seines angestammten Habitats in Mittelamerika verschwunden. In Südamerika fällt er häufig Trophäenjägern oder Tierfängern zum Opfer. In Teilen Perus und Brasiliens ist er bereits ausgerottet. Auch Tamanduas ergeht es in der Nähe von Siedlungen nicht besser. Aufgrund ihrer Verteidigungstechniken werden sie gern mit Hunden gehetzt oder sie fallen dem Straßenverkehr zum Opfer. In den Llanos Venezuelas werden Junge manchmal gezähmt und als Haustiere gehalten. Die größten Gefahren für diese Tiere bilden allerdings der Verlust ihres Lebensraums und die geringe Vielfalt an Beutetieren, die ihre Nahrung ausmachen. VN

Faultiere

FAULTIERE SIND ZWAR BEKANNT FÜR DIE bleierne Langsamkeit ihrer Bewegungen, jedoch überaus erfolgreiche Großsäuger Mittelamerikas und des tropischen Südamerikas. Auf der Insel Barro Colorado (Panama) repräsentieren zwei Arten (Braunkehl-Dreifingerfaultier, Hoffmann-Zweifingerfaultier) zwei Drittel der Biomasse und die Hälfte des gesamten Energieverbrauchs aller Landsäuger. In Surinam stellen sie mindestens ein Viertel der Biomasse an Säugern. Ihr Erfolg beruht auf einer so ausgeprägten Spezialisierung auf das Leben in Bäumen und den Verzehr von Blättern, dass selbst Konkurrenten und Feinde nur minimalen Einfluss haben.

Als einer der ersten spanischen Chronisten Zentralamerikas schrieb Oviedo y Valdés im 16. Jahrhundert, er habe nie eine hässlichere oder nutzlosere Kreatur als das Faultier gesehen. Zum Glück maß man den Tieren kaum wirtschaftlichen Wert bei, obwohl vor allem Zweifingerfaultiere in Teilen Südamerikas vielfach wegen ihres Fleisches erlegt werden. Auch ihre vermeintliche Hässlichkeit ist relativ, denn heute müssen Touristen viel Geld bezahlen, um sich mit Faultieren ablichten zu lassen, die aus den Wäldern gestohlen und auf den Straßen südamerikanischer Großstädte zur Schau gestellt werden. Das Kragenfaultier im Südosten Brasiliens gilt angesichts der Zerstörung seines Habitats im küstennahen Regenwald als gefährdet und das Schicksal aller fünf rezenten Arten ist unmittelbar mit der Zukunft der Tropenwälder verknüpft.

Wandelndes Ökosystem

KÖRPERBAU UND FUNKTION

Faultiere haben runde Köpfe und flache Gesichter mit kleinen, unter dem Fell verborgenen Ohren. Sie unterscheiden sich von anderen baumbewohnenden Säugern durch die einfachen Zähne (fünf obere und vier untere Molaren) und ihre stark modifizierten Hände und Füße, die in 8 bis 10 cm

Unten: *Als reiner Baumbewohner macht es sich ein Braunkehl-Dreifingerfaultier im Gran-Chaco-Nationalpark Boliviens im Geäst bequem. Dreifingerfaultiere verbringen ihr ganzes Leben auf Bäumen und steigen ein- bis zweimal pro Woche zur Blasen- und Darmentleerung herab.*

langen gebogenen Klauen enden. Ihr Erscheinungsbild ist einzigartig. Am auffallendsten ist jedoch ihre grüne Farbe. Sie besitzen eine kurze, feine Unterwolle und ein Deckfell aus längeren, gröberen Haaren, die sich bei Feuchtigkeit grün färben. Verantwortlich dafür sind zwei Arten Blaugrüner Algen, die sich in den Längsrillen der Haare ansiedeln. Sie bieten dem Tier im Kronendach hervorragende Tarnung. Die Ökologie des Faultierpelzes geht jedoch noch weiter, denn darin leben auch Tiere, wie Falter (*Cryptoses* spp.), Zecken (*Amblyomma varium, Boophilus* spp.) und Käfer (*Trichilium* spp.). Alle Faultierarten haben extrem große, mehrfach gekammerte Mägen, in denen Zellulose spaltende Bakterien angesiedelt sind. Ein voller Magen macht beim Faultier fast ein Drittel des Körpergewichts aus und die Nahrung wird manchmal bis zu einem Monat darin verdaut, bevor sie in den relativ kurzen Darm gelangt. Kot und Urin werden nur einmal wöchentlich abgesetzt. Dazu suchen die Tiere bestimmte Stellen am Waldboden auf.

Faultiere werden in zwei Gattungen und Familien unterteilt, die sich am einfachsten anhand der Fingerzahl in Zweifingerfaultiere (Gattung *Choloepus*) und Dreifingerfaultiere (Gattung *Bradypus*) unterscheiden lassen.

Beide Gattungen weisen eine niedrige, aber wechselnde Körpertemperatur von 30 bis 34 °C auf, die in den kühleren Stunden der Nacht, bei feuchtem Wetter und Inaktivität absinkt. Die labile Temperatur dient der Energieeinsparung. Bei Faultieren beträgt die Stoffwechselrate nur 40 bis 45 % dessen, was für ihr Körpergewicht zu erwarten wäre. Ebenso haben sie weniger Muskeln und schaffen es deshalb nicht, durch Zittern Wärme zu produzieren. Faultiere bevorzugen Bäume mit offenen Kronen und regulieren ihre Körpertemperatur, indem sie sich abwechselnd in der Sonne oder im Schatten aufhalten.

Gemeinsame Wälder

VERBREITUNG

Während Vertreter beider Faultierfamilien in den tropischen Regenwäldern in weiten Teilen Mittel- und Südamerikas vorkommen, haben Faultiere innerhalb derselben Gattung geografisch weitgehend getrennte Gebiete. Die eng verwandten Arten weisen fast das gleiche Körpergewicht (Abweichung um 10 %) und so ähnliche Gewohnheiten auf, dass sie sich offenbar gegenseitig verdrängen.

Wo Zwei- und Dreifingerfaultiere gemeinsam leben, sind Erstere um 25 % schwerer als ihre Vettern und nutzen zudem den Wald anders. In tropischen Regenwäldern im Tiefland von Barro Colorado nahe dem Panamakanal liegt die Bestandsdichte von Braunkehl-Dreifingerfaultieren bei 8,5 Tieren pro ha, ist also dreimal so hoch wie beim größeren Hoffmann-Zweifingerfaultier.

Innerhalb von 24 Stunden ist die kleinere Art zehn Stunden lang aktiv, das Zweifingerfaultier nur 7,6 Stunden und zudem – anders als sein nachtaktiver Vetter – bei Tag und Nacht. Die Streifreviere von Dreifingerfaultieren überlappen sich und umfassen im Schnitt 6,6 ha, sind also dreimal so groß wie die der größeren Art. Trotz ihres scheinbaren Tatendrangs wandern nur 11 % der Dreifingerfaultiere weiter als 38 m pro Tag. Rund 40 % bleiben zwei Nächte hintereinander auf demselben Baum. Zweifingerfaultiere dagegen wechseln den Baum viermal so oft.

Links: *Ein Unau ruht sich in einer Astgabel aus. Zweifingerfaultiere verbringen den größten Teil ihres Lebens von Ästen herabhängend, selbst im Schlaf und beim Gebären. Ihre hakenförmigen Klauen geben Halt.*

Unten: *Die Grünfärbung dieses Braunkehl-Dreifingerfaultieres in Panama beruht auf Algenbewuchs und dient als Tarnfarbe, möglicherweise sogar als Nahrungsquelle. Die Algen werden durch die Haut resorbiert oder abgeleckt.*

FAKTEN

FAULTIERE

Ordnung: Xenarthra

Familien: Megalonychidae (Zweifingerfaultiere) und Bradypodidae (Dreifingerfaultiere)

5 Arten in 2 Gattungen

VERBREITUNG Mittel- und Südamerika.

Lebensraum Regenwälder in Tief- und Hochland; in Bergwäldern bis 2100 m Höhe (nur Hoffmann-Zweifingerfaultier).
Fell Steif, grob, graubraun bis beige, mit grünlichem Schimmer, der durch Blaugrüne Algen an den Haaren bewirkt wird; dunkles Haar im Gesicht und am Hals, Fell an den Schultern heller; Haare bei Dreifingerfaultieren bis zu 6 cm lang, bei Zweifingerfaultieren bis zu 15 cm.
Fortpflanzung Tragzeit 6 Monate (Zweifingerfaultiere, Dreifingerfaultiere); 11,5 Monate (Hoffmann-Zweifingerfaultier).
Lebenserwartung 12 Jahre (mindestens bis zu 31 Jahren in Gefangenschaft).

ZWEIFINGERFAULTIERE Gattung *Choloepus*
Von Nicaragua nach Süden über die mittelamerikanische Landenge bis Kolumbien, Venezuela, Surinam, Guyana, Französisch-Guayana, zum nördlichen Zentral-Brasilien und bis N-Peru. 2 Arten: **Hoffmann-Zweifingerfaultier** *(C. hoffmanni);* **Zweifingerfaultier** oder **Unau** *(C. didactylus)*. KL 58–70 cm; GT 4–8 kg; schwanzlos.

DREIFINGERFAULTIERE Gattung *Bradypus*
Von Honduras südlich über die mittelamerikanische Landenge bis Kolumbien, Venezuela, Surinam, Guyana und Französisch-Guayana; Küste von Ecuador, Bolivien, Paraguay und N-Argentinien. 3 Arten: **Braunkehl-Dreifingerfaultier** *(B. variegatus),* **Dreifingerfaultier** oder **Ai** *(B. tridactylus),* **Kragenfaultier** *(B. torquatus)*. KL 56–60 cm; SL 6–7 cm; GT 3,5–4,5 kg. Das Kragenfaultier gilt als gefährdet.

Abkürzungen: KL = Körperlänge; SL = Schwanzlänge; GT = Gewicht

Die Beobachtung dreier Kragenfaultiere in einem Schutzgebiet an der Atlantikküste Südostbrasiliens ergab, dass sie sich zu 99 % von Blättern ernähren und dabei Baumlaub (83 %) Lianenblättern (16 %) eindeutig vorziehen. Das ganze Jahr über wurden junge Blätter lieber genommen als reife. Insgesamt wurde an 21 Pflanzenarten (16 Baum- und fünf Lianenarten) gefressen, doch setzte sich der Speisezettel bei jedem Tier aus noch weniger (sieben bis zwölf) Pflanzenarten zusammen. Die Faultiere nutzten nur einen geringen Teil der zur Verfügung stehenden Pflanzen und nur solche, die nicht allzu häufig vorkamen. Vermutlich wurden sie mit der Zeit unempfindlich gegen die Gifte, mit denen sich manche Pflanzen schützen, und verzehren vorwiegend eben diese Arten. Ihr Stoffwechsel ist extrem langsam, sodass die Toxine in ihrem Darm neutralisiert werden können. Auch dies trägt zum Erfolg der Faultiere als Pflanzenfresser bei.

Das Erbe der Mutter

SOZIALVERHALTEN

Faultiere pflanzen sich vermutlich ganzjährig fort. Bei den Dreifingerfaultieren in Guyana werden Jungtiere nur nach der Regenzeit geboren, also zwischen Juli und September. Kragenfaultiere haben keine feste Paarungszeit. Das Weibchen bringt jeweils ein 300 bis 400 g schweres Junges im Baum hängend zur Welt und hilft ihm, eine Zitze zu finden. Die Jungen aller Arten werden mit etwa einem Monat entwöhnt, fangen aber oft schon vorher an, Blätter zu fressen. Nur die Mutter trägt sie sechs bis neun Monate, in dieser Zeit verzehren sie das für sie erreichbare Laub. Werden sie von der Mutter getrennt, stoßen sie Blöklaute oder Pfiffe aus. Das entwöhnte Jungtier übernimmt einen Teil des mütterlichen Streifreviers und bevorzugt auch dieselben Blattsorten wie sie. Die ererbte Vorliebe für bestimmte Baumarten bedeutet, dass mehrere Faultiere im selben Streifgebiet leben können, ohne sich hinsichtlich Futter oder Platz Konkurrenz zu machen. Dadurch erhöht sich ihre Zahl auf Kosten der Brüllaffen und anderer Blätter fressender Konkurrenten im Kronendach. Zweifingerfaultiere werden oft erst mit drei Jahren (Weibchen) bzw. vier bis fünf Jahren (Männchen) geschlechtsreif.

Adulte Faultiere sind meist Einzelgänger, und ihre Kommunikationsmuster sind kaum bekannt. Die Männchen scheinen mit Analdrüsensekreten Äste zu markieren. Die stechend riechenden Kothaufen dienen offensichtlich als Treffpunkte. Dreifingerfaultiere stoßen schrille „Ai-Ai"-Pfiffe durch die Nasenlöcher aus, während Zweifingerfaultiere auf Störungen mit Fauchen reagieren. CRD

Links: *Ein großes halbwüchsiges Dreifingerfaultier im Regenwald der brasilianischen Provinz Manaus klammert sich Schutz suchend an die Mutter. Obwohl sie mit 4 Wochen entwöhnt werden, bleiben die Jungen danach meist noch mindestens 5 Monate bei der Mutter und lassen sich von ihr tragen.*

Gürteltiere

Gürteltiere gehören zu den ältesten und seltsamsten Säugern. Aufgrund des bei allen Arten vorhandenen Schutzschilds wurden sie früher von Zoologen mit gepanzerten Wirbeltieren wie Schildkröten in Verbindung gebracht. Die moderne Taxomonie stuft sie jedoch mit Ameisenbären und Faultieren als Nebengelenktiere ein.

Oben: *Ein Kugelgürteltier hat sich zur namengebenden Kugel eingerollt, die Angreifern keinerlei natürliche Lücken als Ansatzpunkte bietet, um sie mit Gewalt zu entrollen. Gegen Menschen hilft diese Verteidigungstechnik allerdings nicht. Seit Jahrhunderten werden Gürteltiere als Fleischlieferanten gejagt.*

Fossilfunde lassen erkennen, dass Gürteltiere sich als eine der frühesten Gruppen vor 65 bis 80 Millionen Jahren innerhalb der Plazentatiere abzweigten. Heute werden sie zu den Nebengelenktieren gezählt. Früher galten sie als Vertreter der veralteten Ordnung Zahnarme, doch war dieser Begriff nie korrekt, denn alle Gürteltiere besitzen rudimentäre zylindrische Zähne, die homodont sind und zum Zerkleinern der Nahrung dienen. Die meisten Arten haben 14 bis 18 Zähne pro Kiefer, Riesengürteltiere mit 80 bis 100 Zähnen sogar mehr als die meisten anderen Säuger. Bei den Weichgürteltieren *(Dasypus)* öffnet sich der Kiefer nicht sehr weit. Wie Ameisenbären nehmen diese Tiere ihre Beute mit der langen Zunge auf.

Moderne Gürteltiere sind zwar keine Leichtgewichte, jedoch im Vergleich zu ihren Ahnen geradezu kümmerlich. Das Riesengürteltier *(Priodontes maximus)* als größte rezente Art wiegt 30 bis 60 kg, während es die ausgestorbenen kompakteren Glyptodonten vermutlich auf bis zu 100 kg oder mehr brachten. Einige dieser fossilen Formen waren so riesig, dass ihre bis 3 m langen Schilde von den frühen südamerikanischen Indianern als Dächer oder Gräber benutzt wurden.

Über lebende Gürteltiere wissen wir äußerst wenig. Viele Arten sind in der Wildnis noch nicht eingehend beobachtet worden und Versuche, die Tiere in Gefangenschaft zu züchten und zu studieren, schlugen weitgehend fehl. Als einzige Art ist derzeit das Neunbindengürteltier in einigen Langzeitfeldstudien recht gut erforscht.

Gepanzerte Insektenfresser

Körperbau und Funktion

Alle Gürteltiere weisen eine Reihe herausragender Merkmale auf, insbesondere den harten Panzer, der einen Teil der Körperoberseite bedeckt. Dieser Schild bietet vermutlich einen gewissen Schutz vor Raubfeinden und vor Verletzungen durch Dornbüsche, zwischen denen Gürteltiere häufig umherstreifen. Der Panzer besteht aus kräftigen Hautknochenplättchen, die mit Hornschuppen bedeckt sind. Die meisten Arten besitzen breite, starre Schilde an Schultern und Hüften und eine variable Anzahl (drei bis 13) „Gürtel", die dazwischen den Rücken bedecken und mit der beweglichen Haut darunter verbunden sind. Schwanz, Kopfoberseite und Außenseiten der Beine sind meist ebenfalls gepanzert (bei der Gattung *Cabassous* ist der Schwanz jedoch nackt). Die Körperunterseite dagegen ist mit weichem Fell bedeckt. Um diese empfindliche Zone zu schützen, ziehen die meisten Arten bei Gefahr die Gliedmaßen unter die Schilde und kauern sich dicht auf den Boden. Andere, wie etwa Kugelgürteltiere, können sich zu einer Kugel einrollen. Diese Strategie schützt sie zwar vor den meisten Raubfeinden, macht sie jedoch zu leichter Beute für Menschen, was vermutlich zu ihrem derzeitigen Status als stark gefährdete Art beiträgt.

Trotz des offenbar guten Schutzes sind Gürteltiere keineswegs immun gegen Feinde. Die Sterblichkeit bei Jungen ist bis zu doppelt so hoch wie bei adulten Tieren. Die meisten fallen Kojoten, Rotluchsen, Pumas, einigen Greifvögeln oder sogar Haushunden zum Opfer. Jungtiere sind wegen ihrer Kleinheit und noch weichen Schilde stärker gefährdet, doch selbst die Panzer adulter Tiere wurden schon in den Mägen großer Raubtiere wie Jaguare, Alligatoren und Schwarzbären gefunden.

Gürteltiere und Lepra

In den 1960er Jahren machte Eleanor Storrs die erstaunliche Entdeckung, dass bei Gürteltieren, die mit Leprabazillen geimpft wurden, die entstellende Krankheit ausbrechen kann. In den 1970er Jahren fand man diese Erkrankung auch bei Wildbeständen. Beim Neunbindengürteltier gibt es regionale Unterschiede: In Florida kommt unter Gürteltieren keine Lepra vor, jedoch bei bis zu 20 % der Bestände in Texas und Louisiana.

Anders als Menschen zeigen Gürteltiere keine äußeren Symptome, bis die Innenorgane bereits so geschädigt sind, dass keine Überlebenschance besteht. Es ist unbekannt, ob Menschen sich bei diesen Tieren anstecken können, doch hängt das Risiko vielleicht von ihrer Herkunft ab: Anders als Menschen aus tropischen Regionen sind die nordeuropäischer Herkunft relativ immun.

Die meisten Gürteltierarten wühlen im Boden nach Nahrung. Einige graben zudem Baue, die als Versteck, Ruheplatz und Nest dienen. Der Großteil der Arten weist deshalb kräftige Vorder- und Hinterläufe mit langen, scharfen Klauen auf, die das Graben erleichtern. Während die Tiere hinten immer fünf klauenbewehrte Zehen haben, weisen die Vorderpfoten je nach Art drei bis fünf Finger mit gebogenen Klauen auf. Beim Nacktschwanz- oder Riesengürteltier etwa sind die vorderen Klauen stark vergrößert, sodass sie leichter Termitenhaufen öffnen können. Allerdings können diese Arten bei Gefahr nicht schnell rennen.

Als nachtaktive Tiere haben Gürteltiere kein gutes Sehvermögen. Dafür scheinen Gehör und Geruchssinn hoch entwickelt zu sein. Beides setzen die Tiere vermutlich ein, um sowohl Feinde als auch Beute aufzuspüren. Mit dem Geruchssinn erkennen sie wohl auch Artgenossen wieder und ermitteln deren Fortpflanzungsstatus während der Paarungszeit. Borstengürteltiere und einige Arten der Gattung *Chaetophractus* haben drei bis vier Drüsen in ihrem Rückenschild, Weichgürteltiere *(Dasypus)* Drüsen an Ohren, Augenlidern und Fußsohlen sowie ein Paar bohnenförmiger Analdrüsen, die ein gelbliches Sekret produzieren. Diese Drüsen spielen offensichtlich bei der chemischen Kommunikation eine Rolle, denn bei Begegnungen mit Artgenossen beschnüffeln sich Gürteltiere gegenseitig im Analbereich. Entlang der Außengrenzen ihres Streifgebiets reiben sie die Drüsen stellenweise über den Boden. Obwohl sie offenbar gut hören können, sind Gürteltiere meist still. Ihre einzigen Lautäußerungen umfassen in der Regel Grunzen und Jaulen; die Kommunikation verläuft also offenbar auf chemischem Wege.

Es wird zwar oft berichtet, die Männchen seien etwas größer als die Weibchen, doch ist der Geschlechtsdimorphismus bei den meisten Arten gering. Anatomisch interessant ist der Penis. Er ist einer der längsten aller Säuger und erreicht bei einigen Arten erigiert zwei Drittel der Körperlänge. Einst glaubte man, Gürteltiere seien die einzigen Säugetiere (außer dem Menschen), bei denen die Paarung von Angesicht zu Angesicht erfolge; dies gilt aber heute als überholt. Vielmehr reiten die Männchen wie die meisten Säuger von hinten auf die Weibchen auf. Die Penislänge ist dabei vermutlich erforderlich, damit eine Begattung überhaupt stattfinden kann, da das Organ über den Panzer hinausreichen muss, um bis zur Vaginalöffnung zu gelangen. Die Penismuskulatur besteht aus Längs- und Ringmuskeln. Diese Anordnung ist vermutlich allen Säugetieren eigen.

▲ **Oben:** *Im Gegensatz zu anderen Arten ist das Neunbindengürteltier in der Lage zu schwimmen, indem es Magen und Darm mit Luft aufpumpt und sich so Auftrieb verschafft. Da es minutenlang den Atem anhalten kann, ist es sogar imstande zu tauchen.*

▼ **Unten:** *Im Aufbau des Schuppenpanzers bestehen erhebliche Unterschiede zwischen den Gürteltierarten:* ***1*** *Kugelgürteltier* (Tolypeutes matacus); ***2*** *Zwerggürteltier* (Zaedyus pichiy); ***3*** *Kleiner Gürtelmull* (Chlamyphorus truncatus).

FAKTEN

GÜRTELTIERE

Ordnung: Xenarthra

Familie: Dasypodidae

20 oder 21 Arten in 8 Gattungen

VERBREITUNG Florida (außer Everglades), Georgia und South Carolina, westl. bis Kansas; O-Mexiko, Mittel- und Südamerika bis zur Magellanstraße; Trinidad und Tobago, Grenada, Margarita.

LEBENSRAUM Savanne, Pampas, aride Wüsten, Dornbuschsteppe, Laub-, Nebel- und Regenwald.

GRÖSSE Körperlänge zwischen 12,5–15 cm beim Kleinen Gürtelmull und 75–100 cm beim Riesengürteltier; **Schwanzlänge** zwischen 2,5–3 cm und 45–50 cm; **Gewicht** zwischen 80–100 g und 30–60 kg, jeweils bei den beiden genannten Arten.

FELL Breiter hellrosa bis gelb-dunkelbrauner Panzer (Hornschuppen) an Schultern und Becken, mit unterschiedlicher Zahl biegsamer „Gürtel" in der Rückenmitte; einige Arten mit weißen bis dunkelbraunen Borsten zwischen den Schildplatten.

NAHRUNG Bodenbewohnende Wirbellose, vor allem Ameisen und Termiten. Auch Pflanzenmaterial wird genommen, gelegentlich sogar Aas von Wirbeltieren.

FORTPFLANZUNG Geschlechtsreife bei beiden Geschlechtern mit etwa 1 Jahr. Fortpflanzung nicht jahreszeitlich gebunden, häufig allerdings im Sommer. Tragzeit zwischen 60–65 Tagen (Sechsbinden- und Braunhaargürteltier) und 120 Tagen (aufgrund verzögerter Implantation) beim Neunbindengürteltier; Wurfgröße meist 1–4, jedoch bei einigen Arten 8–12 Junge.

LEBENSERWARTUNG In Freiheit unbekannt, möglicherweise rund 8–12 Jahre (in Gefangenschaft bis zu 20 Jahren).

IUCN-STATUS Derzeit werden 6 Arten von der IUCN als gefährdet oder stark gefährdet eingestuft, 2 weitere stehen auf der Vorwarnliste. Bei 4 Arten gelten die Daten als unzureichend.

Übersicht der Gattungen siehe Seite 799 ▷

1

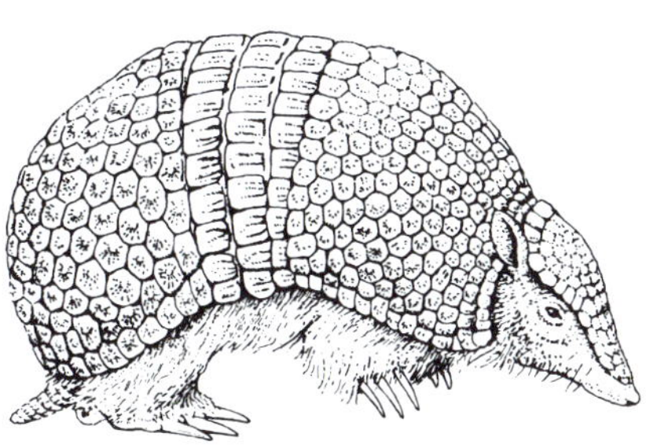

2

3

Neuwelt-Wühler

VERBREITUNG

Gürteltiere kommen ausschließlich in der Neuen Welt vor. Da die meisten fossilen Funde aus Südamerika stammen, liegt es nahe, dass die Familie dort ursprünglich entstand. Später besiedelte sie dann allerdings auch Nordamerika. Reste von Glyptodonten wurden bis hinauf nach Nebraska gefunden und stammen aus Perioden, in denen die beiden Kontinente durch eine Landbrücke verbunden waren. Diese fossilen Formen starben zwar aus, sodass bis in die Neuzeit keine Gürteltiere mehr in Nordamerika heimisch waren. Ab dem späten 19. Jahrhundert breiteten sich Neunbindengürteltiere *(Dasypus novemcinctus)* jedoch rasch vom nördlichen Mexiko über weite Teile der Südstaaten der USA aus. Inzwischen sind sie sogar in Nebraska, Süd-Missouri und Südwest-Tennessee anzutreffen. In Florida entkamen in den 1920er Jahren mehrere Gürteltiere aus Zoos und Privatbesitz und verwilderten. Diese Bestände breiten sich allmählich nach Norden und Westen weiter aus. Die aus Florida und Texas stammenden Populationen haben sich inzwischen vermutlich bereits vermischt, vielleicht in Alabama oder Mississippi.

Gürteltiere bevorzugen zwar meist tropisch-feuchte Lebensräume, sind jedoch fast überall in der Neuen Welt zu finden. Das Zwerggürteltier etwa kommt in Patagonien (Argentinien) bis zur Magellanstraße vor. Das Pelzgürteltier lebt ausschließlich in den Höhenlagen Perus zwischen 2400 und 3200 m, das Kappler-Weichgürteltier dagegen nur in den Regenwäldern des Orinoco- und Amazonasbeckens.

Die Bestände sind je nach Art sehr unterschiedlich in der Größe. Das Neunbindengürteltier erreicht z.B. in den küstennahen Prärien von Texas, aber auch anderswo, eine Bestandsdichte von 50 Tieren pro qkm. Dagegen liegt die maximale Bestandsdichte beim Nacktschwanzgürteltier in den Llanos Venezuelas vermutlich bei nur 1,2 Tieren pro qkm und selbst unter optimalen Lebensbedingungen im Tieflandregenwald von Surinam erreicht das Riesengürteltier nur rund die Hälfte dieser Zahl. Borstengürteltiere bevölkern die Savannen und Wälder Brasiliens mit bis zu 2,9 Tieren pro qkm, die Kugelgürteltiere Südbrasiliens dagegen bringen es auf 7 Tiere pro qkm.

Selbst wenn keine lebenden Tiere gesichtet werden, lässt sich die Anwesenheit von Gürteltieren in einer Region an ihren Bauen ablesen. Gürteltiere graben in ihrem Streifrevier zwischen einem und 20 Bauen von je 1,5 bis 3 m Länge und bewohnen jeden davon ein bis 29 Tage lang hintereinander. Da Gürteltiere viele Bauen benutzen, ist deren Zahl pro Revier keine zuverlässige Grundlage für die Schätzung der Bestandsdichte. Die Bauen sind meist eher kurz und verlaufen in der Regel waagerecht unter dem Boden, anstatt vertikal hinabzuführen. Die Mehrheit der Bauen verfügt nur über ein oder zwei Eingänge.

Oben: Das Nacktschwanzgürteltier besitzt fünf gebogene Klauen an den Vorderpfoten. Die mittlere ist besonders kräftig, sodass das Tier äußerst effektiv graben kann. Sein Gang wirkt dagegen sehr eigentümlich, denn es geht hinten auf den Sohlen, vorn jedoch auf den Zehen.

Immer der Nase nach

NAHRUNG

Vielleicht aufgrund ihrer Schilde sind Gürteltiere oft ziemlich auffällig und machen zudem erheblichen Lärm, wenn sie in trockener Vegetation nach Nahrung schnüffeln. Bei der Futtersuche bewegen sie sich in der Regel langsam voran und durchwühlen ständig mit der Nase das am Boden liegende Laub. Haben sie Beute gewittert, scharren sie mit den Vorderklauen die Erde auf oder öffnen morsche Baumstämme.

Angesichts ihrer beachtlichen Vorderklauen sind Riesen- und Nacktschwanzgürteltiere offenbar darauf spezialisiert, die teilweise betonharten Ameisen- und Termitenhügel aufzukratzen. Andere Gürteltierarten ernähren sich vielseitiger. Die Analyse von Mageninhalten belegt eine Mischung aus Wirbellosen, vor allem Käfern und Ameisen. Das Neunbindengürteltier gehört zu den wenigen Arten, die sich ohne Scheu sogar an Feuerameisen *(Solenopsis geminata)* heranwagen und deren schmerzhafte Stiche erdulden. Sie kratzen die Nester auf und fressen die gehaltvollen Larven. Neben Wirbellosen verzehren Gürteltiere aber auch Pflanzen, darunter etwa Früchte wie Dattelpflaumen. Bestimmte Wirbeltiere, wie Schlangen und kleine Eidechsen, sowie gelegentlich Aas und die Eier von Bodenbrütern stehen ebenfalls auf ihrem Speiseplan.

NATÜRLICHE KLONE

Als Besonderheit unter den Wirbeltieren zeigt die Fortpflanzung der Weichgürteltiere eine obligate Polyembryonie. Das heißt, beim Weibchen wird nur ein Ei befruchtet, das sich zu mehreren Embryos teilt. Die Nachkommen sind deshalb stets eineiige Mehrlinge. Die genetische Identität der Würfe des Neunbindengürteltieres (UNTEN) wurde mithilfe moderner Molekulartechnik bestätigt.

Ein Grund für dieses eigenartige System könnte sein, dass die Jungen sich gegenseitig helfen sollen. Altruistisches Verhalten erweist sich evolutionär als besonders günstig gegenüber Verwandten, da sie mehr Erbanlagen gemeinsam haben. Aufgrund der Polyembryonie sind Gürteltiergeschwister Klone und könnten sich deshalb sehr nachhaltig unterstützen. Allerdings zeigt sich, dass die adulten Tiere kaum noch Kontakt mit Wurfgeschwistern haben. Insofern ist es eher denkbar, dass die Polyembryonie einen geschickten Schachzug gegen einen physischen Fortpflanzungsnachteil darstellt. Sie gleicht in gewissem Maß die Tatsache aus, dass bei Gürteltierweibchen nur ein Ei vor der Implantation befruchtet werden kann.

Gattungen der Gürteltiere

Weichgürteltiere
Gattung *Dasypus*

S-USA, Mexiko, Mittelamerika, Kolumbien, Venezuela, Guyana, Surinam, Brasilien, Paraguay, Argentinien, Ecuador, Peru; auch Grenada sowie Trinidad und Tobago. 6 oder 7 Arten: **Neunbindengürteltier** (*D. novemcinctus*), **Siebenbindengürteltier** (*D. septemcinctus*), **Kappler-Weichgürteltier** (*D. kappleri*), **Südliches Siebenbindengürteltier** (*D. hybridus*), **Pelzgürteltier** (*D. pilosus*) und **Nördliches Siebenbindengürteltier** (*D. sabanicola*); evtl. auch *D. yepesi* (aus NO-Argentinien). Das Pelzgürteltier ist als gefährdet eingestuft.

Nacktschwanzgürteltiere
Gattung *Cabassous*

Mittel- und Südamerika östlich der Anden von S-Mexiko und Kolumbien bis Paraguay, Uruguay und N-Argentinien. 4 Arten: **Südliches** (*C. unicinctus*), **Nördliches** (*C. centralis*), **Chaco-** (*C. chacoensis*) und **Großes** (*C. tatouay*) **Nacktschwanzgürteltier**. Das Große Nacktschwanzgürteltier steht auf der Vorwarnliste der IUCN.

Sechsbindengürteltier
Euphractus sexcinctus
Weißborstengürteltier

S-Surinam und angrenzende Gebiete Brasiliens; auch O-Brasilien bis Bolivien, Paraguay, N-Argentinien, Uruguay.

Riesengürteltier
Priodontes maximus

Südamerika östlich der Anden von N-Venezuela und Guyana bis Paraguay und N-Argentinien. Stark gefährdet.

Borstengürteltiere
Gattung *Chaetophractus*

Bolivien, Paraguay, Argentinien, Chile. 3 Arten: **Anden-Borstengürteltier** (*C. nationi*), **Weißhaar-** (*C. vellerosus*) und **Braunhaargürteltier** (*C. villosus*). Das Anden-Borstengürteltier ist stark gefährdet.

Kugelgürteltiere
Gattung *Tolypeutes*

Brasilien und O-Bolivien, südlich durch den Gran Chaco Paraguays bis Buenos Aires (Argentinien). 2 Arten: **Kugelgürteltier** (*T. matacus*) und **Dreibindenkugelgürteltier** (*T. tricinctus*). Letzteres gilt als gefährdet, *T. matacus* steht auf der Vorwarnliste der IUCN.

Gürtelmulle
Gattung *Chlamyphorus*

Argentinien, Paraguay, Bolivien. 2 Arten: **Burmeister-Gürtelmull** (*C. retusus*) und **Kleiner Gürtelmull oder Schildwurf** (*C. truncatus*). Der Schildwurf gilt als stark gefährdet, der Burmeister-Gürtelmull als gefährdet.

Zwerggürteltier
Zaedyus pichiy

Zentral- und S-Argentinien sowie O-Chile südlich bis zur Magellanstraße.

Leben unter dem Schild
SOZIALVERHALTEN

Die meisten Gürteltierarten sind eher Einzelgänger und mit wenigen Ausnahmen nachtaktiv, wenn auch mit altersmäßigen und jahreszeitlichen Abweichungen: Jungtiere sind oft am späten Vor- oder frühen Nachmittag aktiv und insgesamt herrscht bei kühlerem Wetter mehr Aktivität.

Geselligkeit beschränkt sich bei adulten Tieren in der Regel auf die Paarungszeit. Bei den meisten Arten ist sie jahreszeitlich festgelegt, vorwiegend auf die Sommermonate. In Gefangenschaft pflanzen sie sich auch ganzjährig fort. Der Paarung geht oft eine ausgedehnte Phase der Werbung voraus, in der die Männchen den Weibchen nachlaufen. Nach der Paarung setzt bei den meisten Arten sofort die Embryonalentwicklung ein. Bei den nördlichen Beständen des Neunbindengürteltieres ist die Implantation des befruchteten Eis jedoch um drei bis vier Monate oder länger verzögert, vermutlich als Anpassung an die Reihenfolge der Jahreszeiten. Ein Weibchen dieser Art warf in Gefangenschaft mindestens drei Jahre nach dem letzten Termin, an dem eine Befruchtung hatte stattfinden können. Neunbindengürteltiere sind polygyn. Die Männchen begatten pro Paarungssaison zwei bis drei Weibchen, während sich die Weibchen meist nur mit einem Männchen paaren. Allerdings ist nicht jeder Paarungsakt erfolgreich: Bis zu ein Drittel der Weibchen einer Population wird nicht trächtig. In einer Vierjahresstudie wurde nur ein Drittel der adulten Tiere als Eltern mindestens eines Wurfs identifiziert. Die Würfe sind überwiegend klein, bei den meisten Arten umfassen sie nur ein bis vier Junge, in Gefangenschaft maximal acht bis zwölf (*D. hybridus*). Der Großteil der Arten bringt nur einen Wurf pro Jahr zur Welt.

Beim Neunbindengürteltier jagen, treten und kratzen die Männchen sich manchmal wechselseitig, wenn sie ihre Streifreviere verteidigen oder um paarungsbereite Weibchen konkurrieren. Obwohl die Streifreviere der Weibchen sich weitflächig überlappen, können auch trächtige oder säugende adulte Weibchen sehr aggressiv sein, vor allem gegenüber anderen Weibchen oder jugendlichen Tieren beiderlei Geschlechts.

Neunbindengürteltiere haben Streifgebiete zwischen 1,5 ha in Oklahoma und über 10 ha in Florida. Die Reviergröße der übrigen Arten ist meist unbekannt, doch lässt die Bestandsdichte der meisten Arten große Unterschiede vermuten.

Rettung vor dem Kochtopf
ARTEN- UND UMWELTSCHUTZ

Seit Jahrhunderten werden Gürteltiere wegen ihres zarten Fleisches von Menschen gejagt. Noch heute gelten sie in einigen Regionen Lateinamerikas als Delikatesse. In den USA ist das Fleisch zwar weniger begehrt, doch während der Wirtschaftskrise der 1930er Jahre ergänzten viele verarmte Farmpächter ihren Speisezettel mit den Tieren, die sie in Anlehnung an den damaligen US-Präsidenten „Hoover-Schweine" nannten.

Ein weiterer Grund für den Rückgang der Bestände ist der Verlust des Lebensraums durch Abholzung, Landwirtschaft und dergleichen, aber auch die Vertreibung der eifrig wühlenden Tiere von Äckern und gepflegten Rasenflächen in Vorstädten spielt eine Rolle. Erfreulicherweise wurden allerdings kürzlich die Dreibindenkugelgürteltiere, die bisher als verschollen galten, wieder in einigen Teilen Brasiliens gesichtet. CMM/WJL

Rechts: *Das Braunhaargürteltier gräbt Löcher unter Tierkadaver, um an die darunter zahlreich vorkommenden Maden und sonstigen Insekten zu gelangen. Diese Art verzehrt im Sommer Insekten, Nager und Eidechsen, im Winter jedoch nur Pflanzen.*

Schuppentiere

Oben: *Ein Javanisches Schuppentier hat sich zur typischen Kugel eingerollt. In dieser Verteidigungshaltung bietet der Panzer den größten Schutz für die schuppenlosen Partien an Kinn, Kehle, Bauch und den Innenseiten der Beine.*

Links: *Ein Weißbauchschuppentier* (Manis tricuspis) *hängt, nur vom langen Greifschwanz gehalten, an einem Ast. An der Schwanzspitze befindet sich eine druckempfindliche nackte Stelle, mit der das Tier sicheren Halt ertasten kann.*

DURCH DIE DACHZIEGELARTIG ANGEORDNETEN Hornschuppen unterscheiden sich Schuppentiere von allen übrigen Säugetieren. Die Schuppen sind Ausstülpungen der Lederhaut, die von Oberhaut überzogen sind, und schützen den ganzen Körper, außer an der Bauchseite und den Innenseiten der Beine. Sie werden regelmäßig abgeworfen und erneuert.

In Afrika werden Schuppentiere wegen ihres begehrten Fleisches gewildert, zudem schreibt man den Schuppen Heilkräfte zu. Infolgedessen ist das Steppenschuppentier vom Aussterben bedroht. In Asien gelten pulverisierte Schuppen als Medizin und Aphrodisiakum, sodass die Tiere auch dort rücksichtslos gejagt werden. Ohne schärfere Kontrollen werden die Bestandszahlen und Lebensräume der drei asiatischen Arten weiter schwinden.

Gut gerüstet

KÖRPERBAU UND FUNKTION

Schuppentiere sind auf Ameisen und Termiten spezialisiert, die sie mit ihrer langen, schmalen Zunge aus den Nestern holen. Die größte Art, das Riesenschuppentier, streckt seine Riemenzunge bis zu 40 cm vor. Insgesamt ist sie 70 cm lang und sitzt in einer Scheide, die am Becken ansetzt. Der klebrige Speichel wird von einer riesigen Speicheldrüse produziert, die in einer Nische der Brusthöhle liegt. Der einfache Schädel weist weder Zähne noch Kaumuskeln auf. Die verzehrten Ameisen werden im spezialisierten Hornmagen zerrieben. Schuppentiere haben kleine, konische Köpfe. Die Ohrmuscheln sind zurückgebildet oder fehlen. Der gestreckte Körper verjüngt sich zum kräftigen Schwanz hin. Die Augen sind durch dicke Lider vor Ameisenbissen geschützt und auch die Nasenlöcher werden beim Fressen durch Muskeln verschlossen. Die Beine sind kurz, aber kräftig, die fünf Zehen klauenbewehrt; die drei mittleren Krallen vorn sind 5,5 bis 7,5 cm lang und gebogen.

Zwei der afrikanischen Schuppentierarten bewohnen die Bäume im Regenwaldgürtel von Senegal bis zum Rift Valley. Während das verbreitete Weißbauchschuppentier Streifreviere von 20 bis 30 ha im Unterholz der Wälder aufweist, beschränkt sich das kleinere Langschwanzschuppentier auf das Kronendach. Mehrfach am Tag den Standort wechselnd, um seinem größeren Vetter aus dem Weg zu gehen, sucht es dort Baumnester (vorzugsweise baumbewohnende Ameisen und Termiten) oder bedient sich an den Kolonnen im Laub. Beide Arten besitzen einen schlanken, doch kräftigen Greifschwanz (die 46 bis 47 Schwanzwirbel des Langschwanzschuppentieres sind der Rekord unter allen Säugern). Eine große nackte Stelle an der Spitze dient als Tastorgan. Die Tiere klettern senkrecht an Baumstämmen hoch, holen mit den Krallen der Vorderpfoten Schwung und ziehen die Hinterläufe nach. Die gezackten Ränder der Schwanzschuppen geben zusätzlichen Halt. Baumbewohnende Schuppentiere schlafen eingerollt zwischen Epiphyten oder in Astgabeln.

Die bodenbewohnenden afrikanischen Schuppentiere sind größer als ihre auf Bäumen lebenden Vettern und besiedeln Wälder ebenso wie Savannen. Sie schlafen in den Bauen anderer Grabtiere. Als Schutz gegen Angreifer rollen sich die Tiere zu

einer Kugel ein. Die Schuppen bilden einen Panzer, der außer Großkatzen und Hyänen allen Feinden widersteht. Mit ihren kräftigen Klauen zerstören Schuppentiere Ameisen- und Termitennester am Boden. Das Riesenschuppentier frisst pro Nacht bis zu 200 000 Ameisen, rund 700 g. Wegen der großen Grabklauen können die Tiere nur langsam auf der Außenkante der Vorderfüße laufen. Dabei schlagen sie die Krallen nach unten ein. Alle Arten können sich jedoch rascher (bis zu 5 km/h) aufrecht auf den Hinterbeinen bewegen, wobei der Schwanz als Stütze dient.

Die drei asiatischen Schuppentierarten sind nicht so bekannt wie die afrikanischen. Sie unterscheiden sich von diesen durch behaarte Ansätze der Körperschuppen. Von ihrer Größe her sind die asiatischen zwischen den afrikanischen Arten angesiedelt. Sie leben nachtaktiv und verbringen die meiste Zeit am Boden, wenngleich sie jedoch gut klettern können. Sie leben in Savannen, subtropischen Dornbuschwäldern, Regenwäldern und kargen Hügelgebieten fast ohne Vegetation, kommen aber nirgends zahlreich vor. Das Verbreitungsgebiet des Chinesischen Schuppentieres soll etwa dem der von ihm bevorzugten unterirdischen Termiten entsprechen.

Stallgeruch

SOZIALVERHALTEN

Schuppentiere sind Einzelgänger. Ihr Sozialleben wird vom Geruchssinn bestimmt. Jedes Tier kündigt seine Anwesenheit durch Absetzen von Kot entlang den Wegen durch sein Revier an und markiert Bäume mit Urin und übel riechenden Analdrüsensekreten. Diese Gerüche vermitteln Dominanz und Sexualstatus und erleichtern vermutlich das Wiedererkennen. Die Lautäußerungen beschränken sich auf Schnaufen und Fauchen, jedoch offenbar ohne Sozialfunktion.

Schuppentiere bringen meist ein Junges von 200 bis 500 g zur Welt, doch kommen bei asiatischen Arten auch zwei oder drei vor. Bei den Baumbewohnern klammert sich das Neugeborene an den Schwanz der Mutter und wird bis zur Entwöhnung mit drei Monaten von ihr getragen. Bei Gefahr rollt sich die Mutter schützend um ihr Junges ein. Die Jungen bodenlebender Arten kommen unterirdisch zur Welt. Die Neugeborenen haben kleine, weiche Schuppen und gelangen erst mit zwei bis vier Wochen, an den Schwanz der Mutter geklammert, ans Licht. Alle Arten werfen zwischen November und März; geschlechtsreif werden sie mit zwei Jahren. CRD/RAR

FAKTEN

SCHUPPENTIERE

Ordnung: Pholidota

Familie: Manidae

7 Arten der Gattung *Manis*.
4 afrikanische Arten: Riesenschuppentier (*M. gigantea*), Steppenschuppentier (*M. temminckii*), Weißbauchschuppentier (*M. tricuspis*), Langschwanzschuppentier (*M. tetradactyla*).
3 asiatische Arten: Vorderindisch-Ceylanisches Schuppentier (*M. crassicaudata*), Chinesisches Schuppentier (*M. pentadactyla*), Javanisches Schuppentier (*M. javanica*).

VERBREITUNG Senegal bis Uganda, Angola, W-Kenia, bis Sambia und N-Mosambik; Sudan, Tschad, Äthiopien bis Südafrika; Indien, Sri Lanka, Nepal, S-China bis Taiwan und Hainan; Thailand, Myanmar, Laos, Malaysia, Java, Sumatra, Borneo sowie küstennahe Inseln.

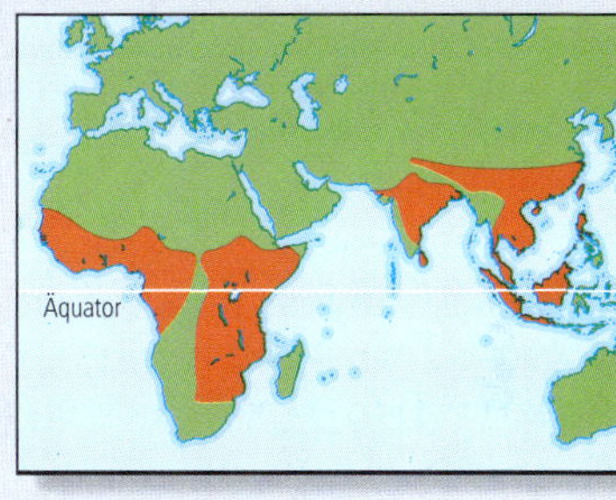

LEBENSRAUM Wälder bis offene Savannen.

GRÖSSE Körperlänge von 30–35 cm beim Langschwanzschuppentier bis 75–85 cm beim Riesenschuppentier; **Schwanzlänge** von 55–65 cm bis 65–80 cm; **Gewicht** von 1,2–2 kg bis 25–33 kg bei den genannten Arten. Bei den meisten Arten sind die Männchen um 10–50 % schwerer als die Weibchen, beim Vorderindisch-Ceylanischen Schuppentier sogar bis zu 90 %.

FELL Überlappende Hornschuppen an Kopf, Körper, Außenseite der Gliedmaßen und am Schwanz, die Farben reichen von Gelbbraun über Olivgrün bis Dunkelbraun. Die Schuppen junger Chinesischer Schuppentiere sind purpurbraun. Das Fell an der Unterseite ist weiß bis dunkelbraun.

NAHRUNG Termiten und Ameisen.

FORTPFLANZUNG Tragzeit zwischen 65–70 Tagen (Vorderindisch-Ceylanisches Schuppentier) und 139 Tagen (Weißbauch- und Steppenschuppentier); Wurfgröße 1, selten 2 Junge.

LEBENSERWARTUNG Mindestens 13 Jahre in Gefangenschaft (Vorderindisch-Ceylanisches Schuppentier); in der Wildnis unbekannt.

IUCN-STATUS Steppen-, Vorderindisch-Ceylanisches, Chinesisches und Javanisches Schuppentier stehen auf der Vorwarnliste der IUCN.

***Links:** Ein Steppenschuppentier mit seinen wie Artischockenblätter geformten Schuppen wandert durch den Sand der Kalahari. Die Art lebt im Wesentlichen am Boden. Ihre Baue liegen bis zu mehrere Meter tief unter der Erde und enden in runden Kammern, in denen bisweilen ein Mensch aufrecht stehen kann.*

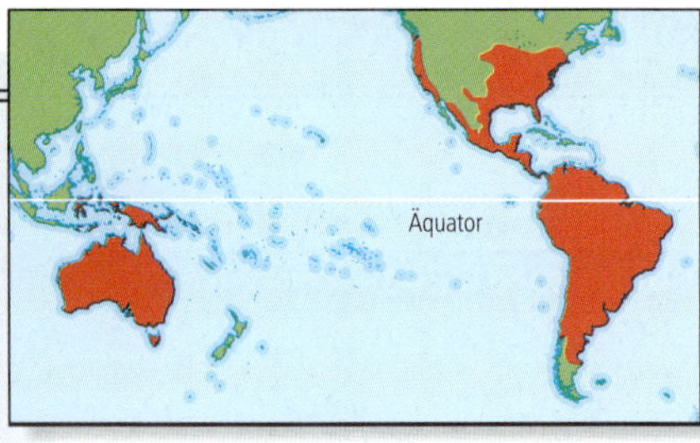

BEUTELTIERE

Den Ureinwohnern von Amerika und *Australien waren Beuteltiere lange bekannt, doch die übrige Welt erfuhr erst im 16. Jahrhundert von ihnen. Das erste in Europa gezeigte Beuteltier war ein brasilianisches Opossum, das der Naturforscher Vicente Yáñez Pinzón im Jahr 1500 Königin Isabella und König Ferdinand von Spanien zum Geschenk machte. Doch erst drei Jahrhunderte später stellten die Zoologen fest, dass Beuteltiere keine anomalen Nager, sondern eine eigene Säugetiergruppe bilden, die sich durch eine besondere Art der Fortpflanzung auszeichnet.*

Von Norden nach Süden

ERSTE ANFÄNGE

Das älteste beuteltierähnliche Fossil, *Kokopellia juddi*, stammt aus Schichten der Unterkreide in Utah und ist mindestens 100 Millionen Jahre alt. Allerdings streiten sich die Forscher, ob es ein echtes Beuteltier ist. Der älteste eindeutige Fund aus der ausgestorbenen Familie Stagodontidae entstammt anderen Ablagerungen in Utah und wird auf 80 Millionen Jahre datiert. Mindestens 20 weitere, jüngere Beuteltiergattungen der Unterkreide sind aus Nordamerika bekannt, daher vermutet man hier den Ursprung dieser Gruppe. Doch schon bald wurden dort die Beuteltiere durch die zunehmende Zahl plazentaler Säuger verdrängt; vor etwa 15 bis 20 Millionen Jahren starben sie in Nordamerika aus. Heute kommt in Nordamerika nur das Virginiaopossum vor, das vor einer Million Jahren wieder aus Südamerika einwanderte.

Kurz nach ihrem Auftreten und ihrer Verbreitung in Nordamerika gelangten frühe Beuteltiere über Landbrücken nach Südamerika und Europa. In Südamerika lebten die Beuteltiere vom mittleren Paläozän (vor 60 Millionen Jahren) bis ins Pliozän (vor fünf bis 1,8 Millionen Jahren) relativ ungestört in großer Artenvielfalt. Im Pliozän jedoch entstand wieder eine Landbrücke nach Nordamerika, und plazentale Säugetiere wanderten in den Süden, darunter Bären, Katzen und andere Fleischfresser. Daraufhin starben alle großen (über 5 kg wiegenden) Fleisch fressenden Beuteltiere Südamerikas aus. Die heutige Beuteltierfauna ist von Allesfres-

EVOLUTION DER BEUTELTIERE

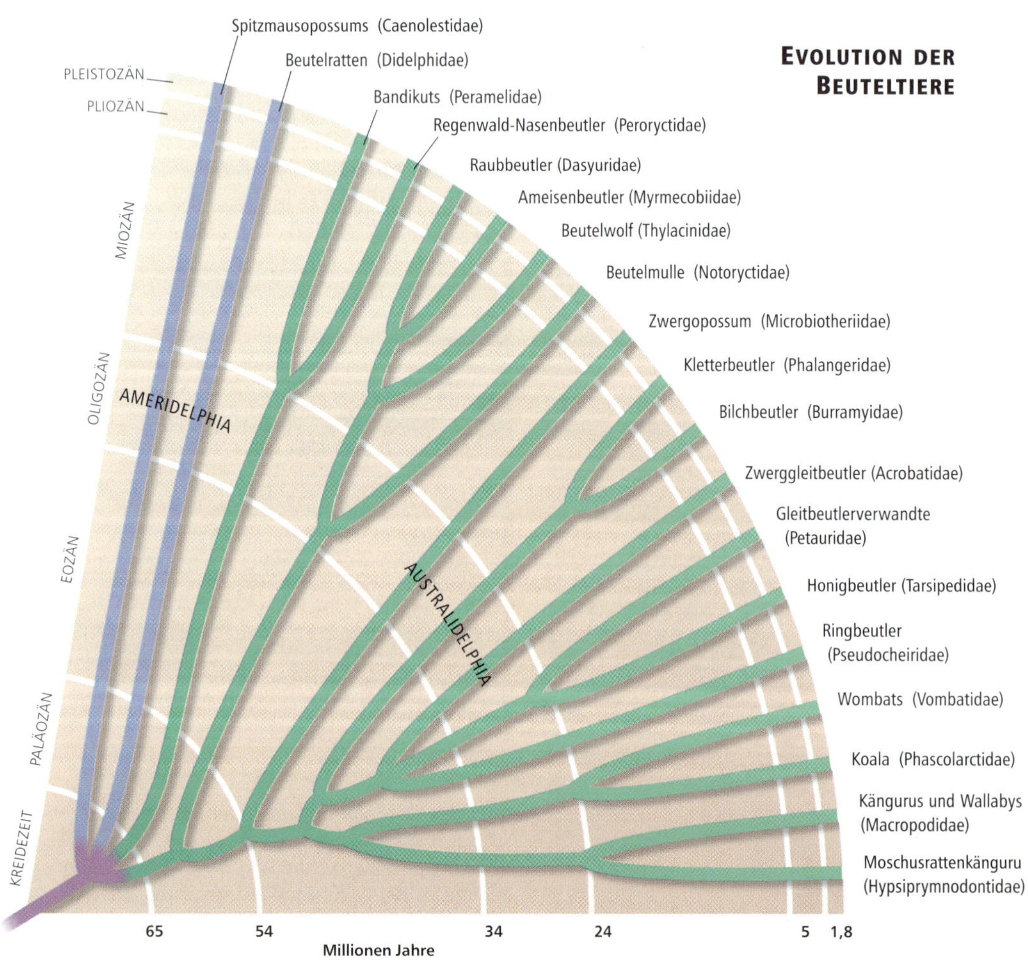

Oben: *Trotz seiner typischen Erscheinung wurde das Langfußpotoroo erst 1980 als eigenständige Art anerkannt.*

Rechts: *Bei der Geburt wiegt ein Koala nur 0,5 g. Ab dem fünften Lebensmonat wird er entwöhnt. Die Mutter füttert ihn dann mit angedauten Blättern.*

sern mit einem Gewicht unter 1 kg dominiert. Daneben gibt es einige Insektenfresser und räuberisch lebende Arten. Nach Europa gelangten die Beuteltiere im frühen Eozän (vor 52 Millionen Jahren); dort hielten sie sich etwa 35 Millionen Jahre. Diese Ausbreitung umfasste zwar nur sechs beschriebene fossile Gattungen der Familie Didelphidae, doch die Arten erreichten immerhin große Teile Europas, Nordafrika und im Osten Thailand und das östliche China.

Der Ursprung der australasiatischen Beuteltiere ist unklar. Am wahrscheinlichsten erscheint jedoch ein Einwandern von Taxa aus Südamerika irgendwann im frühen Paläozän vor 65 bis 60 Millionen Jahren. Die ältesten Beuteltierfossilien Australiens stammen aus dem frühen Eozän (vor 55 Millionen Jahren). Interessanterweise ähneln zwei Gattungen von Beuteltieren aus derselben Zeit aus Argentinien. Im Paläozän waren Australien, Antarktika und Südamerika als Überbleibsel des alten Superkontinents Gondwana miteinander verbunden. Australien löste sich vor 46 bis 35 Millionen Jahren ab; Antarktika und Südamerika trennten sich erst fünf Millionen Jahre später. Das Klima war im frühen Eozän warm und feucht, Buchenwälder bedeckten große Teile Antarktikas. Die dortige Entdeckung zweier Beuteltiergattungen der Familie Polydolopidae aus dem mittleren Eozän zeigt, dass dies eine Ausbreitung begünstigte.

Nach der Trennung von Antarktika driftete die australische „Arche" nordwärts zum Äquator, und ihre „Passagiere", die Beuteltiere, blieben unter sich. Leider gibt es bis zum Miozän vor 24 Millionen Jahren ein 30 Millionen Jahre währendes „dunkles Zeitalter" ohne Fossilbelege. Im frühen Miozän findet sich jedoch eine sehr reiche Waldfauna mit zahlreichen baum- und bodenbewohnenden Beuteltieren. Klimaschwankungen im mittleren Mio-

SUPERKOHORTE: MARSUPIALIA
289 Arten in 83 Gattungen, 18 Familien und 7 Ordnungen.

KOHORTE AMERIDELPHIA

ORDNUNG DIDELPHIMORPHIA

BEUTELRATTEN Familie Didelphidae S. 808
63 Arten in 15 Gattungen

ORDNUNG PAUCITUBERCULATA

SPITZMAUSOPOSSUMS Familie Caenolestidae S. 812
5 Arten in 3 Gattungen

KOHORTE AUSTRALIDELPHIA

ORDNUNG MICROBIOTHERIA

ZWERGOPOSSUM Familie Microbiotheriidae S. 809
1 Art *Dromiciops australis*

ORDNUNG DASYUROMORPHIA

RAUBBEUTLER Familie Dasyuridae S. 814
71 Arten in 16 Gattungen

AMEISENBEUTLER Familie Myrmecobiidae S. 820
1 Art *Myrmecobius fasciatus*

ORDNUNG NOTORYCTEMORPHIA

BEUTELMULLE Familie Notoryctidae S. 807
2 Arten in 1 Gattung

ORDNUNG PERAMELEMORPHIA

BANDIKUTS Familie Peramelidae S. 824
7 Arten in 3 Gattungen

REGENWALD-NASENBEUTLER
Familie Peroryctidae S. 824
11 Arten in 4 Gattungen

ORDNUNG DIPROTODONTIA

KLETTERBEUTLER
Familie Phalangeridae S. 828
20 Arten in 6 Gattungen

BILCHBEUTLER Familie Burramyidae S. 834
5 Arten in 2 Gattungen

ZWERGGLEITBEUTLER
Familie Acrobatidae S. 834
2 Arten in 2 Gattungen

RINGBEUTLER Familie Pseudocheiridae S. 834
17 Arten in 6 Gattungen

GLEITBEUTLERVERWANDTE
Familie Petauridae S. 834
11 Arten in 3 Gattungen

KÄNGURUS UND WALLABYS
Familie Macropodidae S. 840
67 Arten in 15 Gattungen

MOSCHUSRATTENKÄNGURU
Familie Hypsiprymnodontidae S. 840
1 Art *Hypsiprymnodon moschatus*

KOALA Familie Phascolarctidae S. 852
1 Art *Phascolarctos cinereus*

WOMBATS Familie Vombatidae S. 856
3 Arten in 2 Gattungen

HONIGBEUTLER Familie Tarsipedidae S. 858
1 Art *Tarsipes rostratus*

zän (vor 15 Millionen Jahren) führten zum Aussterben ganzer Beuteltierfamilien, darunter der rätselhaften Miralinidae, Pilkipildridae und Wynyardiidae. Mit dem Ende des Treibhausklimas wich der Wald an die Küsten zurück; fortan dominierten Savannenwald und Grasland das Inland. Davon profitierten Gras fressende Beuteltiere und es begann der Siegeszug der Kängurus.

Zur gleichen Zeit, als sich das Klima im Miozän verschlechterte, kollidierten die australische und die südostasiatische Platte und es entstanden die Berge Neuguineas. In diesen neuen Gebirgen und in Regionen im Nordosten Queenslands blieben die Bedingungen so günstig wie im früheren Miozän, sodass sich waldbewohnende Tiergruppen ansiedeln konnten. Viele Beuteltiere im Regenwald Neuguineas ähneln heute noch sehr stark einigen ausgestorbenen Taxa, die man nur als Fossilien aus dem Miozän in Zentralaustralien kennt. Im Gegensatz zur australischen Beuteltierfauna, bei der nur 30 der 155 Arten baumbewohnend sind, leben mindestens 50 der 83 heutigen Beuteltierarten Neuguineas in den Baumkronen.

Moderne Ausbreitung

VERBREITUNG

Beuteltiere stellen nur 7 % aller Säugetiere, doch sie sind in Amerika weit verbreitet und in Australasien sogar vorherrschend. Offenbar kamen sie nie auf natürlichem Weg nach Neuseeland (der Gewöhnliche Fuchskusu wurde 1858 zur Nutzung als Pelztier eingeführt, wenig später sechs Wallabyarten); auf Sulawesi gibt es jedoch zwei Kuskusarten, eine auf den Salomonen, weitere sind auf Inseln der Banda-, Timor-, Arafura- und Salomonensee sowie des Korallenmeeres endemisch. Beuteltiere der australasischen Region sind ökologisch vielseitiger als amerikanische und besetzen oft dieselben Nischen wie andernorts plazentale Säuger. So gibt es Insekten-, Fleisch-, Pflanzen- und Allesfresser sowie den auf Nektar und Pollen spezialisierten Honigbeutler. Alle Lebensräume werden genutzt, von Wüsten über Regenwälder bis hin zu hochalpinen Regionen. Die kleinste Art, die Nord-Flachkopfbeutelmaus, wiegt nur 4,5 g und damit rund 20 000-mal weniger als ein männliches Rotes Riesenkänguru.

Bis heute gibt es über die Beuteltiere viel zu lernen. Seit den 1980er Jahren wurden immer wieder neue Arten entdeckt, so 1980 das eigenartige Langfußpotoroo und in den frühen 1990er Jahren zwei Baumkänguruarten Neuguineas namens Dingiso und Tenkile.

Erstaunliche Reise

FORTPFLANZUNGSSTRATEGIEN

Trotz ihrer ökologischen und morphologischen Vielfalt haben alle Beuteltiere etwas gemeinsam, das sie von den übrigen Säugern unterscheidet: ihre Art der Fortpflanzung. Die Eizelle der Beuteltiere ähnelt in ihrer Form und frühen Entwicklung im Uterus mehr dem Ei der Reptilien und Vögel

Körperbau der Beuteltiere

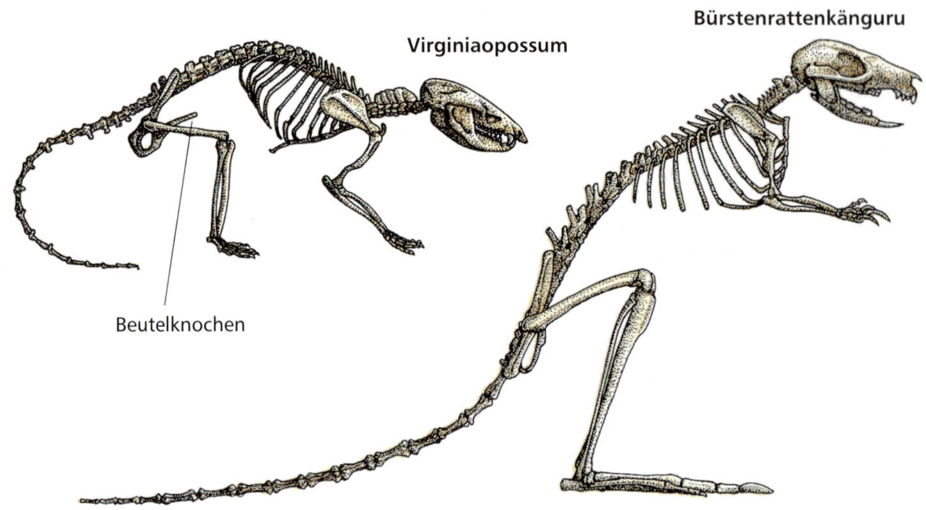

Oben: *Skelette des Virginiaopossums und des Tasmanischen Bürstenrattenkängurus. Das Virginiaopossum ist mittelgroß und wie seine Vorfahren im Körperbau nicht spezialisiert. So sind alle Zehen mit Krallen voll ausgebildet, Schädel und Gebiss sind unspezialisiert und der lange Greifschwanz dient als „fünfte Hand". Vom Becken nach vorn gerichtete Beutelknochen (Praepubis) stützen den Beutel. Die Hinterbeine dieses Vierfüßers sind kaum länger als die Vorderbeine. Das größere Bürstenrattenkänguru hat kurze Vorderbeine und lange Hinterläufe zum Springen. Die Hinterfüße sind schmal und lang (Familie Macropodidae, „Großfüßer"), die Zehen unterschiedlich lang. Die Körperhaltung ist eher aufrecht und der lange Schwanz dient nicht dem Greifen, sondern als zusätzliche Stütze.*

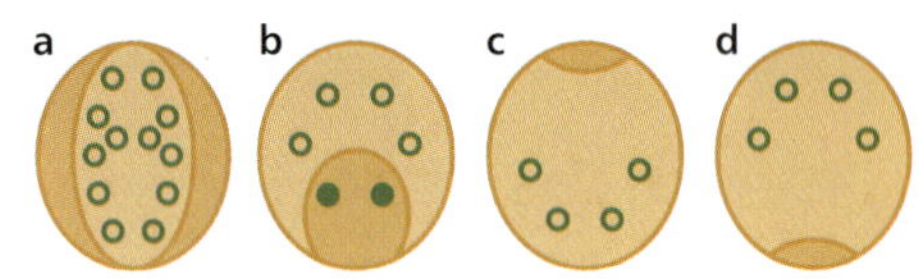

Oben: *Die meisten Beuteltierweibchen besitzen einen Beutel (Marsupium); bei manchen kleinen Bodenbewohnern fehlt er. Manchmal bilden Hautfalten neben dem Gesäuge einen rudimentären Beutel* **a**, *um die festgesaugten Jungen zu schützen (z.B. bei Beutelmardern);* **b** *ähnelt schon mehr einem Beutel (z.B. beim Virginiaopossum und Beutelteufel). Die tiefsten Beutel, die die Zitzen komplett verdecken, findet man bei kletternden, springenden oder grabenden Spezies. Manche sind nach vorn geöffnet* **c**, *was für Arten mit ein bis vier Jungen typisch ist (z.B. Kängurus). Andere* **d** *sind nach hinten offen und typisch für grabende und wühlende Arten (z.B. Bandikuts und Wombats).*

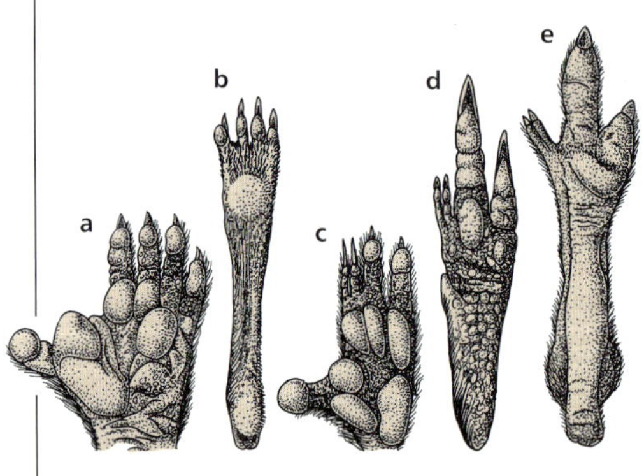

Oben: *Beuteltierfüße:* **a** *Opponierbarer erster Zeh beim baumbewohnenden Virginiaopossum;* **b** *langer, schmaler Fuß bei der zentralaustralischen Springbeutelmaus; erster Zeh fehlt. Zweiter und dritter Zeh bei beiden Arten getrennt (didactyl); bei vielen Beuteltieren (etwa Kängurus und Bandikuts) sind sie zu einem „Kamm" verschmolzen (syndactyl).* **c** *Opponierbarer erster Zeh und scharfe Krallen, die bei der Landung in Bäumen Halt bieten (beim Zwerggleitbeutler);* **d** *langer Fuß eines bodenbewohnenden Bandikuts; erster Zeh stark zurückgebildet, der vierte bildet die Fußachse;* **e** *Kängurufuß mit völlig fehlendem erstem Zeh.*

Unten: *Die Fortpflanzungsorgane sind bei Beuteltieren einzigartig. Beim Weibchen gelangen Eizellen zur Befruchtung in einen paarigen (lateralen) Uterus. Als Gegenstück zu den beiden lateralen Vaginae ist der männliche Penis häufig zweilappig. Die Einnistung der Eizelle erfolgt oft spät; eine echte Plazenta fehlt. Die Jungen werden meist durch einen dritten, zentralen Geburtskanal geboren, der bei den meisten Beuteltieren, etwa Beutelratten, vor jeder Geburt neu gebildet wird. Bei Honigbeutlern und Kängurus bleibt er nach der ersten Geburt bestehen.*

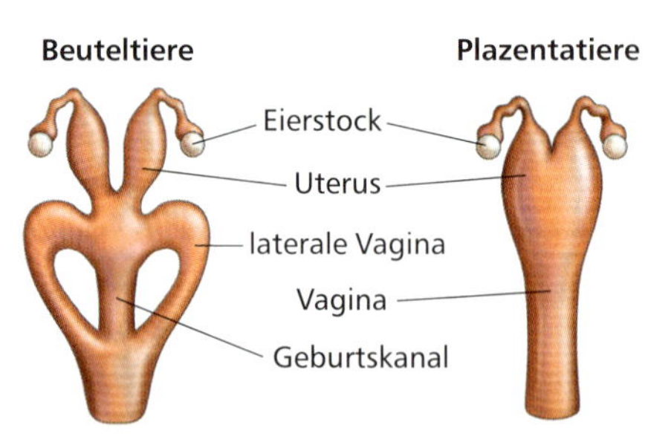

*▽ **Unten:** Bei Beuteltieren ist der Gesichtsschädel meist groß und der Hirnschädel klein. Oft findet sich ein Scheitelkamm, an dem die Schläfenmuskeln ansetzen, die den Kiefer schließen. Wie bei vielen primitiven Säugern gehen Augenhöhlen und Öffnungen für die Schläfenmuskeln ineinander über. Der Gaumen zeigt auf Höhe der Molaren meist Öffnungen. Der Winkelfortsatz am Unterkiefer ist, anders als bei Plazentaliern, meist einwärts gebogen.*

Viele Beuteltiere haben mehr Zähne als Plazentatiere. Beutelratten besitzen 50 Zähne. In Ober- und Unterkiefer befinden sich beiderseits meist drei Prämolaren und vier Molaren.

*Beuteltiere mit vier oder mehr unteren Schneidezähnen nennt man polyprotodont. Der Tüpfelbeutelmarder (*Dasyurus viverrinus*) besitzt sechs. Seiner insectivoren, manchmal carnivoren Ernährung entsprechend hat er relativ kleine Backenzähne mit je zwei oder mehr scharfen Höckern und lange Eckzähne mit scharfen Kanten. Seine Zahnformel ist I4/3, C1/1, P2/2, M4/4 = 42. Die insectivoren Langnasenbeutler (Gattung* Perameles*) haben kleine Zähne mit scharfen Höckern zum Zermalmen der Insekten (I4–5/3, C1/1, P3/3, M4/4 = 46–48).*

Diprotodonte Beuteltiere weisen nur zwei meist große, nach vorn gerichtete untere Schneidezähne auf. Blattfressende Fuchskusus etwa haben breite, flache Schädel; Schneide-, Eckzähne und Prämolaren sind reduziert, die Molaren einfach mit flacher Krone (I3/2, C1/0, P2/1, M4/4 = 34). Der Wombat besitzt ein nagerähnliches Gebiss mit nur 24 wurzellosen Zähnen (I1/1, C0/0, P1/1, M4/4), die kontinuierlich nachwachsen, um Abnutzung durch das Kauen harter Gräser auszugleichen.

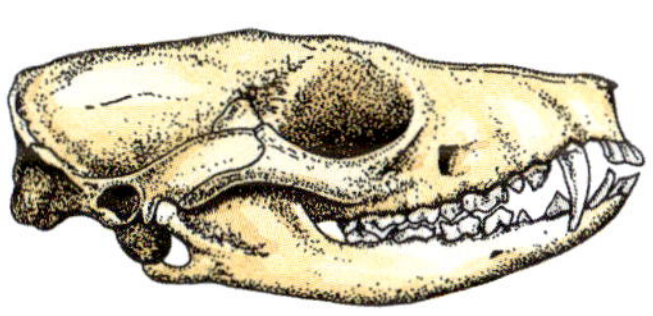

Tüpfelbeutelmarder
7 cm

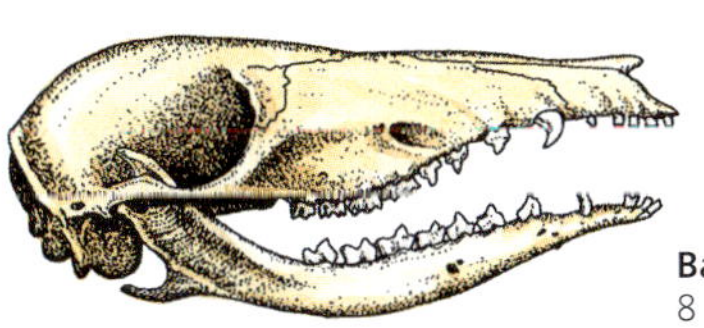

Bandikut
8 cm

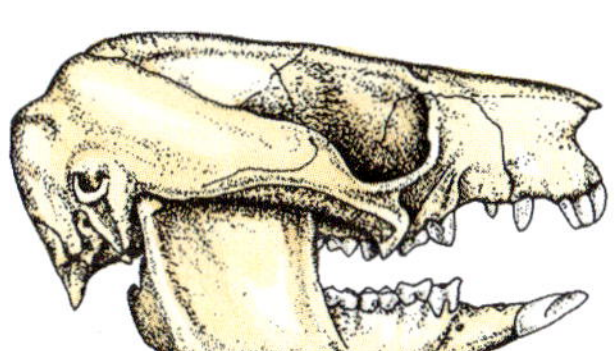

Fuchskusu
8 cm

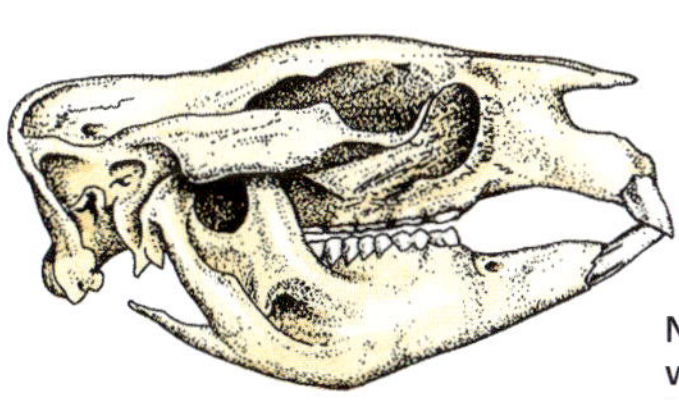

Nacktnasenwombat
18 cm

*△ **Oben:** Winziger, nackter Gewöhnlicher Fuchs, festgesogen an der Zitze im mütterlichen Beutel. Er wird mit sechs Monaten entwöhnt.*

als der Eizelle plazentaler Säuger (Eutheria). Deren Jungen vollziehen Entwicklung und Wachstum zum guten Teil im Mutterleib; Beuteltiere kommen dagegen in sehr frühen Entwicklungsstadien zur Welt. Das etwa 30 kg schwere Östliche Graue Riesenkänguru bringt z.B. nach 36 Tagen Trächtigkeit ein Junges von rund 0,8 g Gewicht zur Welt. Das Junge wird etwa 300 Tage lang im Beutel mit Muttermilch versorgt und verlässt diesen schließlich mit einem Gewicht von 5 kg. Danach folgt es der Mutter auf Schritt und Tritt und wird von ihr weiter gesäugt, bis es 18 Monate alt ist.

Weibliche Jungtiere sind schon kurz nach dem Entwöhnen fortpflanzungsbereit, Männchen erst nach zwei oder mehr Jahren. Eine Besonderheit bei Kängurus und allen anderen Beuteltieren ist, dass sich während der Laktation die Zusammensetzung der Muttermilch den Bedürfnissen des heranwachsenden Jungtieres entsprechend ändert. In den ersten sechs Monaten bilden Kohlenhydrate oft über die Hälfte der Milchtrockenmasse, Proteine und Fette den Rest. Nach acht bis neun Monaten fehlen Kohlenhydrate fast ganz und zwei Drittel der Trockenmasse bestehen aus Fetten.

Unmittelbar nach der Geburt legt das Neugeborene eine erstaunliche Reise vom Geburtskanal zur Zitzengegend zurück. Vorderbeine und Kopf sind besonders weit entwickelt, und das Junge kann sich durch „Schwimmbewegungen" der Vorderbeine fortbewegen. Zwar ist es blind, doch bewegt es sich entgegen der Schwerkraft, lokalisiert (wie ist noch unbekannt) eine Zitze und saugt sich daran fest. Das Ende der Zitze schwillt an und füllt so seine Maulhöhle lückenlos aus. Das Junge bleibt ein bis zwei Monate lang festgesaugt. Erst dann sind seine Kiefer so weit entwickelt, dass es die Zitze loslassen kann. Bei vielen Beuteltieren sind die Jungen durch eine Hautfalte über der Zitzengegend, den Beutel, geschützt (siehe Schaubild im Kasten links).

Der Nachwuchs wird vor allem über die Milch ernährt, Entwicklung und Wachstum erfolgen größtenteils außerhalb des Uterus. In der kurzen Zeit, die der Embryo in der Gebärmutter verbringt, wird er über die Wand des Dottersacks, der nur in loser Verbindung mit der Uteruswand steht, mit Nährstoffen aus dem Inneren des Uterus versorgt. Bei den Eutheria dagegen erfolgt die Ernährung des Embryos während seiner langen intrauterinen Entwicklung über die Plazenta. Die ihn umgebenden Häute verbinden sich eng mit der Uteruswand und transportieren über zahlreiche Gefäße Substanzen zwischen mütterlichem und embryonalem Kreislauf. Allgemein gilt zwar, dass Beuteltiere keinerlei Plazentationssystem besitzen, doch hat der Dottersack durchaus eine Plazentafunktion, und bei Bandikuts (Nasenbeutlern) und dem Koala entwickelt sich sogar für kurze Zeit eine funktionelle Plazenta.

Alle Kängurus (außer dem Westlichen Grauen Riesenkänguru) und einige andere Beuteltiere zeigen zudem eine Besonderheit ähnlich der verzögerten Einnistung bei manchen Plazentatieren. Bei diesen Beuteltieren überschneiden sich Trächtigkeit und Östrus, ohne dass aber der Zyklus beeinträchtigt wird. Bringt das Weibchen im Östrus ein Junges zur Welt, wird es gleichzeitig empfängnisbereit und paart sich. Die so entstandenen Embryonen entwickeln sich nur bis zu einem bestimmten Mehrzellstadium (Blastozyste) und verharren dann in einem Ruhestadium, der embryonalen Diapause. Die Weiterentwicklung der Blastozyste wird durch ein Signalhormon (Prolaktin) unterbrochen, das auf das Saugen des Jungen im Beutel hin ausgeschüttet wird. Lässt das Saugen nach, weil das Junge andere Nahrung zu sich nimmt und den Beutel verlässt, oder verliert die Mutter das Junge aus dem Beutel, entwickelt sich die Blastozyste weiter; der Embryo wird geboren, und der Zyklus beginnt erneut. Bei manchen Arten, wie dem Derbywallaby, die sich saisonal fortpflanzen, richtet sich die Ruhephase der Blastozyste nach jahreszeitlichen Variablen, etwa der Tageslänge. Ursprünglich sollte die embryonale Diapause wohl verhindern, dass ein zweites Junges geboren wird, während im Beutel noch das erste sitzt. Sie hat allerdings noch weitere Vorteile. Verlorene Jungtiere werden schnell ersetzt, auch wenn sich gerade keine Männchen für eine erneute Begattung in der Nähe des Weibchens befinden.

Vier Strategien

Soziale Organisation

Große Beuteltiere wie Kängurus und Wombats gebären meist nur ein Junges. Kleine Beutler sind da weniger festgelegt. Baumbewohnende Blattfresser wie der Gewöhnliche Ringbeutler haben Würfe mit ein bis drei Jungen. Honigbeutler, Bilchbeutler und Zwerggleitbeutler können zweimal jährlich Würfe von drei bis vier Jungen hervorbringen. Ähnlich produktiv sind Allesfresser wie Bandikuts und einige Beutelratten. Kleine Insektenfresser wie die Breitfußbeutelmäuse bringen einmal jährlich acht bis zwölf Junge hervor. Hensels Spitzmausbeutelratte hat bis zu 25 Zitzen und unter allen Beuteltieren wohl die größten Würfe.

Bei Arten mit größeren Würfen wiegen die einzelnen Jungen oft unter 0,01 g und sind die mit Abstand kleinsten Jungtiere unter allen Säugern. Bei der Entwöhnung – bei manchen Beutelratten nach 50, bei Breitfußbeutelmäusen nach 100 Tagen – wiegen alle Jungen zusammen manchmal zwei- bis dreimal soviel wie die Mutter. Die Weibchen investieren also sehr viel Energie, und entsprechend hoch ist oft die Müttersterblichkeit. Kleine Beuteltiere leben oft weniger lang als größere Arten und erreichen mit acht bis elf Monaten früher die Geschlechtsreife. Größere Würfe und kürzere Fortpflanzungszyklen gleichen die kürzere Lebenserwartung aus. Manche Arten pflanzen sich das ganze Jahr hindurch fort. Die kurzlebigsten Beuteltiere sind bestimmte männliche Raubbeutler, die nach der Paarung mit zwölf Monaten sterben. Der Bergbilchbeutler dagegen ist der langlebigste kleine Säuger. Wild lebende Weibchen werden bis zu elf Jahre alt. Kängurus werden in der Natur bis zu 25 Jahre alt.

Bei manchen Raubbeutlern entfernen sich die Männchen nach dem Entwöhnen einige Hundert Meter vom mütterlichen Revier und schließen sich fremden Weibchen an. Die Töchter bleiben im Heimatrevier. Meist erbt eine nach dem Tod oder Verschwinden der Mutter deren Revier. Die Abwanderung der Männchen senkt die Wahrscheinlichkeit von Inzucht. Interessanterweise ist bei Arten mit mehreren Würfen im Jahr das Verhältnis von Männchen zu Weibchen im ersten Wurf etwa 6:4; bei späteren Würfen sind es dann gleich viele oder mehr Weibchen. Die höhere Zahl der Söhne bei jungen Muttertieren soll offenbar

Unten: *Rote Riesenkängurus beim Trinken. Diese Art bildet kleine soziale Gruppen mit zwei bis zehn Mitgliedern. Die Rudel sind dauerhaft und streng organisiert.*

BEUTELMULLE

Die beiden Beutelmullarten sind die einzigen australischen Säugetiere, die auf eine grabende Lebensweise spezialisiert sind. Andere Arten, auch einheimische Nager, nutzen diese Nische nicht, allerdings graben einige Arten Baue.

Aufgrund ihrer starken, typischen Modifikationen rechnet man die Beutelmulle *Notoryctes typhlops* und *N. caurinus* einer eigenen Ordnung (Notoryctemorphia) zu. Ihre Gliedmaßen sind stark verkürzt; die Hände mit rudimentären Fingern und großen Grabklauen am dritten und vierten Finger dienen zum Graben. Der Mull schiebt sich mit den Hinterbeinen voran und stößt mit ihnen auch die lose Erde hinter sich. Die Füße sind flach mit rudimentären Fingern und drei kleinen Grabklauen am zweiten, dritten und vierten Zeh.

Die nackte Haut (Rhinarium) auf der Nase ist zu einem großen Hornschild vergrößert, offenbar um das Vorwärtskommen zu erleichtern. Das Fell ist blassgelb und seidig. Die Nasenlöcher sind schmale Schlitze. Funktionelle Augen und äußere Ohren fehlen und die Ohröffnungen sind von Fell bedeckt. Die Halswirbel sind verschmolzen, wohl um ein kraftvolles Vorstoßen zu ermöglichen. Die Weibchen haben einen nach hinten offenen Beutel mit zwei Zitzen.

Der Stummelschwanz dient angeblich beim Graben manchmal als Stütze. Die Körperlänge beträgt etwa 13 bis 14,5 cm, die Schwanzlänge 2 bis 2,5 cm, das Gewicht rund 40 g. Die Zahnformel lautet I4/3, C1/1, P2/3, M4/4 = 44.

Über das Leben der Beutelmulle ist bis heute nur sehr wenig bekannt. Man findet die Tiere in den Wüsten Zentralaustraliens in sandigen Flussniederungen und sandigem Grasland mit *Spinifex*-Gräsern. Sie ernähren sich bevorzugt von kleinen Reptilien und Insekten, besonders von in der Erde lebenden Dung- und Mistkäferlarven. In Gefangenschaft suchen Beutelmulle Insektenlarven in der Erde und verzehren sie an Ort und Stelle, fressen aber auch oberirdisch. Sie bauen keine Gänge; die Erde bricht hinter ihnen wieder zusammen, was sie von anderen grabenden Säugern unterscheidet. Gefangene Tiere wurden beim Schlafen in Höhlen beobachtet, die nach dem Verlassen wieder einstürzten.

Im Vergleich zu anderen grabenden Tieren haben Beutelmulle einige besondere Adaptationen entwickelt. Der Kopfschild ist bei ihnen besonders kräftig ausgeprägt, die Augen sind stärker zurückgebildet und die starre Kopf-Hals-Region mit verschmolzenen Wirbeln scheint für sie typisch zu sein. GG

einer späteren Nahrungskonkurrenz durch im Revier gebliebene Töchter vorbeugen. Bei sich nur einmal jährlich fortpflanzenden Arten dagegen ist das Geschlechterverhältnis im Wurf variabel. Wohlgenährte Muttertiere haben mehr Söhne, die offenbar gegenüber anderen Männchen einen Wachstumsvorteil haben und sich erfolgreicher fortpflanzen. Schlecht ernährte Mütter haben mehr Töchter. Bei Versuchen mit Breitfußbeutelmäusen und Beutelratten brachten diese bei Zufütterung mehr Söhne hervor – ein Hinweis auf die Bedeutung des Ernährungszustands. Der zugrunde liegende Mechanismus ist noch unbekannt, setzt aber offenbar vor der Befruchtung an.

Beuteltiere kommunizieren meist über Laute und Düfte miteinander. Besonders baumbewohnende Arten verständigen sich durch Laute über Entfernungen von mehreren Hundert Metern. Diese reichen von Zirpen und Quieken bei kleinen Beutelratten bis zu lautstarkem Brüllen beim Koala. Die Duftkommunikation erfolgt über abgesetzten Harn oder Kot, aber auch über gezielte Markierungen mit Hautdrüsensekreten. Diese Sekrete dienen der Fellpflege, als Marken für andere Tiere und als Zeichen des Anspruchs auf ein Nest oder einen anderen begehrten Platz. Der Kurzkopfgleitbeutler erkennt, wie wohl viele andere Arten, Fremdlinge allein am Geruch. Die meisten Beuteltiere sind nachtaktiv; das Sehen spielt also kaum eine Rolle.

Bei Beuteltieren gibt es vier soziale Organisationsformen. Bei der ersten ist die soziale Einheit ein Individuum, dessen Revier sich mit vielen anderen überschneidet. Große Reviere der Männchen überlappen mit denen mehrerer Weibchen; es gibt keine feste Partnerbindung. Dies System findet sich oft bei Beuteltieren mit weit verstreuten Nahrungsressourcen (Beutelratten, Raubbeutler, Honigbeutler). Beim zweiten Typ überlappt das Revier eines Individuums mit dem weniger anderer. Meist überschneidet sich das Revier eines Männchens mit denen von ein bis zwei Weibchen, mit denen es sich ausschließlich paart (baumbewohnende Blattfresser wie Koala und Kusus). Beim dritten Typ leben Familiengruppen in einem Revier, das sie auch verteidigen. Die Gruppen bestehen aus monogamen Paaren und ihren Nachkommen oder aus dominanten Männchen mit mehreren erwachsenen Weibchen und ihrem Nachwuchs (z.B. die Pflanzensäfte saugenden Gleitbeutler, die nur gemeinsam Nahrungsquellen und Höhlen verteidigen können). Die größeren Kängurus schließlich zeigen den vierten Typ sozialer Organisation. Sie leben in Rudeln wechselnder Größe. Innerhalb des Rudels gibt es keine feste Partnerbindung. Größe und Dominanz entscheiden über Paarungsaussichten.

Vordringen des Menschen

FRAGEN DES ARTENSCHUTZES

In den letzten 200 Jahren haben europäische Siedler die Lebensräume der Beuteltiere nachhaltig verändert. Wälder wurden abgeholzt, um Ackerland zu schaffen, und exotische Pflanzenfresser und Raubtiere sind weit verbreitet. In Neuguinea werden Beuteltiere oft stark bejagt. In Amerika und Neuguinea sind zwar in jüngerer Zeit keine Beuteltiere ausgestorben, wohl aber zehn Arten und sechs Unterarten in Australien. Weitere 55 Arten in Australasien und 22 in Mittel- und Südamerika gelten als gefährdet oder stark gefährdet.

Der Schutz von Lebensräumen ist nach wie vor wichtig. Ein Großteil Neuguineas gehört den Ureinwohnern; die so wichtige staatliche Unterstützung des Artenschutzes wird hier jedoch manchmal den Interessen habgieriger internationaler Konzerne untergeordnet. In Südwestaustralien setzt man gezielt Gift gegen den Rotfuchs ein. So konnten sich mindestens sechs Beuteltierarten erholen. Der Erhalt von Lebensräumen und bessere ökologische Kenntnisse sind für den wirksamen Schutz der Beuteltiere entscheidend. CRD/EMR

Beutelratten

Das erste Beuteltier, das die Europäer im Jahr 1500 zu Gesicht bekamen, war ein weibliches Zentralamerikanisches Opossum aus Brasilien. Dieses Tier schenkte der Naturforscher Vicente Pinzón den spanischen Herrschern Ferdinand und Isabella. Das Königspaar nannte das Weibchen mit den Jungen im Beutel „eine unglaubliche Mutter".

Trotz dieses königlichen Einstands waren Opossums nie sehr beliebt; die Tiere gelten oft als stinkend und geistig unterbelichtet. Zwar stehen die amerikanischen Vertreter der Beuteltiere den australischen Verwandten in ihrer Vielfalt nach, doch sind die Beutelratten dennoch eine erfolgreiche Gruppe. Sie umfassen die unterschiedlichsten Arten von hoch spezialisierten baumbewohnenden Wollbeutelratten bis hin zu Generalisten wie dem Zentralamerikanischen und dem Virginiaopossum.

Oben: Marmosops fuscatus *bei der Futtersuche am Waldboden in Venezuela. Die Tiere sind vor allem nachtaktiv und leben wie die meisten Zwergbeutelratten vorrangig von Insekten und Früchten.*

Generalisten und Spezialisten

KÖRPERBAU UND FUNKTION

Beutelratten können maus- bis katzengroß sein. Die Nase ist lang und spitz mit langen Tasthaaren (Vibrissen). Die Tiere haben oft runde, etwas vorstehende Augen und können gut sehen. Bei Erregung droht die Beutelratte mit offenem Maul und bleckt die 50 spitzen Zähne. Sie hat ein scharfes Gehör und ihre nackten Ohren sind ständig in Bewegung, um feinste Geräusche aufzufangen.

Die meisten Beutelratten klettern hervorragend; Hände und Füße sind Greiforgane mit jeweils fünf Fingern oder Zehen. Der erste Zeh ist opponierbar. Der runde Schwanz ist an der Wurzel meist behaart, ansonsten nackt oder fast haarlos. Die meisten Arten nutzen ihren Schwanz beim Klettern als Greiforgan. Nicht alle weiblichen Beutelratten besitzen einen voll entwickelten Beutel; manchen Arten fehlt er ganz, bei anderen finden sich nur zwei seitliche Hautfalten am Bauch. Der Penis der Männchen ist gegabelt und der Hodensack oft besonders gefärbt.

Das Virginiaopossum Nord- und Mittelamerikas, das Zentralamerikanische Opossum Mittel- und Südamerikas und das Südopossum höherer Regionen Südamerikas gelten als Generalisten und besetzen vom Grasland bis zu Wäldern verschiedene Lebensräume. Sie ähneln Katzen, sind jedoch schwerer und haben kürzere Beine. Zwar leben sie vorrangig am Boden, doch können sie auch ausgezeichnet klettern. Das Zentralamerikanische Opossum lebt im tropischen Grasland und während der Regenzeit, wenn der Boden überschwemmt ist, vorrangig in Bäumen. Die Tiere ernähren sich opportunistisch, je nach Jahreszeit von Früchten, Insekten, kleinen Wirbeltieren, Aas und Abfällen. In den tropischen Wäldern im Südosten Perus klettert das Zentralamerikanische Opossum bis zu 25 m hoch, um während der Trockenzeit an Blüten und Nektar zu gelangen.

FAKTEN

BEUTELRATTEN

Ordnung: Didelphimorphia

Familie: Didelphidae

63 Arten in 15 Gattungen

LEBENSRAUM Weit verbreitet; in gemäßigten sommergrünen und tropischen Wäldern, Grasland, Gebirgen und Siedlungen. Terrestrisch, baumbewohnend und semiaquatisch.

GRÖSSE Körperlänge zwischen 6,8 cm (Formosa-Zwergbeutelratte) und 33–55 cm (Virginiaopossum); **Schwanzlänge** 4,2 cm (Kuns-Spitzmausbeutelratte) bis 25–54 cm (Virginiaopossum); **Gewicht** 2–5,5 kg (Virginiaopossum).

FELL Kurz, dicht und fein oder wollig; manche Arten mit kurzem Unterfell und längerem Deckhaar. Farben dunkel- bis hellgrau, braun oder gold; bei einigen Arten Gesichtsmasken oder Streifen.

NAHRUNG Insektivor, carnivor oder (meist) omnivor.

VERBREITUNG Fast überall in Süd- und Mittelamerika, nördlich über Nordamerika bis Ontario, Kanada; Virginiaopossum an der Pazifikküste eingeführt.

FORTPFLANZUNG Tragzeit 12–14 Tage.

LEBENSERWARTUNG 1–3 (in Gefangenschaft bis 8) Jahre.

IUCN-STATUS 44 der 63 Beutelrattenarten werden gegenwärtig von der IUCN aufgelistet. Davon sind 3 Arten vom Aussterben bedroht, 3 stark gefährdet und 15 gefährdet; die meisten anderen stehen auf der Vorwarnliste.

Übersicht der Unterfamilien siehe Seite 810 ▷

Die Vieraugenopossums der Wälder in Mittel- und im nördlichen Südamerika sind ebenfalls meist Generalisten. Sie sind kleiner und schlanker gebaut als das Virginiaopossum und haben typische weiße Flecken über den Augen, denen sie ihren Namen verdanken. Diese Opossums gelten als wahre Kletterkünstler, doch sie nutzen diese Fähigkeit offenbar nur, soweit der Lebensraum es verlangt. Auch sie ernähren sich opportunistisch von Regenwürmern, Früchten, Insekten und kleinen Wirbeltieren.

Der Schwimmbeutler oder Yapok ist das einzige an das Leben im Wasser angepasste Beuteltier. Er hat Schwimmhäute an den Hinterfüßen und dadurch weniger gut opponierbare große Zehen als andere Beutelratten. Beim Schwimmen tritt er abwechselnd mit den Hinterbeinen und streckt die Vorderbeine nach vorn, sodass er Beute ertasten oder Nahrung mit sich tragen kann. Schwimmbeutler sind hauptsächlich Fleischfresser. Sie verzehren Krustentiere, Fische und Frösche, aber auch Insekten. Sie können zwar klettern, tun dies aber nur selten; der runde Schwanz ist kein gutes Greiforgan. Bei Tauchgängen wird der Beutel mithilfe eines Schließmuskels wasserdicht verschlossen und durch ölige Sekrete und einen Saum langer Haare versiegelt. Die Männchen können den Hodensack in die Bauchtasche ziehen, wenn sie schwimmen oder sich schnell bewegen.

Auch die Dickschwanzbeutelratte ist ein guter Schwimmer, wenn auch weniger spezialisiert als der Yapok. Während letzterer hauptsächlich in Wäldern lebt, besiedelt die Dickschwanzbeutelratte dagegen meist offene Grasländer. Die in Südamerika *comadreja* („Wiesel") genannten Tiere sind lang gestreckt und niedrig gebaut. Sie haben kurze, stämmige Beine und der behaarte Schwanz ist an der Wurzel sehr dick. Sie sind gute Jäger, da sie im Wasser und auf Bäumen ebenso agil sind wie am Boden. Zu ihrer Beute zählen Kleinsäuger, Vögel, Reptilien, Frösche und Insekten.

Die Zwergbeutelratten umfassen Arten ganz unterschiedlicher Größe. Auch ihre Kletterfähigkeit und die von ihnen besetzten Lebensräume differieren stark. Sie alle ernähren sich in erster Linie opportunistisch. Die größte Art, die Graue Zwergbeutelratte, lebt vor allem in Bäumen, andere wie *Marmosa fuscata* dagegen sind am Boden zu finden. Der meist lange, dünne Schwanz dient oft als Greiforgan. Bei der Chile-Zwergbeutelratte und anderen Arten kann er an der Wurzel als Fettspeicher verdickt sein. Die großen dünnen Ohren sind bei Erregung manchmal faltig. Den Weibchen fehlt ein Beutel; die Zahl und Anordnung der Zitzen ist bei den einzelnen Arten unterschiedlich. Zwergbeutelratten finden sich in fast allen Lebensräumen Mexikos und Südamerikas, abgesehen von den Paramo- und Punagebieten der Anden, der chilenischen Wüste und Patagonien. Dort tritt an ihre Stelle die Patagonienbeutelratte, die südlichste aller Beutelratten. Diese ähnelt den Zwergbeutelratten, doch sie hat eine kürzere und damit beißkräftigere Schnauze. Dies und die Tatsache, dass Insekten und Früchte in ihrem Lebensraum rar sind, lässt bei ihr auf eine stärker carnivore Lebensweise schließen. Die kräftigeren Füße mit langen Krallen weisen auf grabende Aktivitäten hin. Wie bei manchen Zwergbeutelratten kann der Schwanz der Patagonienbeutelratte als Fettspeicher anschwellen.

Die kleinen Spitzmausbeutelratten bewohnen Wälder und Grasland im Osten Panamas und in den meisten Ländern östlich der Anden im Norden Südamerikas. Der Schwanz dieser spitzmausähnlichen Tiere ist kurz und nackt, ihre Augen sind kleiner als bei den meisten Beutelratten und treten weniger hervor. Ihre anatomischen Eigen-

Das Zwergopossum

Das Zwergopossum lebt in den Wäldern im südlichen Zentralchile. Früher zählte man es zu den Beutelratten, doch heute gilt dieses kleine Beuteltier als einzige überlebende Art der ansonsten ausgestorbenen Ordnung Microbiotheria.

Die auch *monito del monte* („kleines Äffchen") genannten Tiere sind klein und haben eine kurze Schnauze sowie runde Ohren und einen dicken Schwanz. Die Körperlänge beträgt 8 bis 13 cm, und die Tiere erreichen nur ein Gewicht von 16 bis 31 g. Man findet sie bevorzugt in kühlen, feuchten Wäldern, besonders in Bambusdickichten.

Zwergopossums zeigen einige Anpassungen an die dortigen widrigen Bedingungen. Das dichte Fell und kleine, dicht behaarte Ohren isolieren den Körper gegen Wärmeverlust. Im Winter, wenn Nahrung (meist Insekten und andere kleine Wirbellose) knapp ist, halten sie Winterschlaf; zuvor legen sie im verdickten Schwanz ein Fettdepot an.

Die harmlosen Tiere sind Gegenstand manchen Aberglaubens. So gilt ihr Biss als giftig und soll Krämpfe auslösen. Ihr Anblick soll zudem Unglück bringen und nicht wenige Leute sollen sogar ihr Haus niedergebrannt haben, nachdem sie darin ein Zwergopossum entdeckt hatten.

Rechts: *Ein großes Opossum (Gattung Didelphis) in Minnesota, am nördlichen Rand seines Verbreitungsgebiets. Seit dem 19. Jahrhundert haben sich die Opossums in den USA rapide nach Norden ausgebreitet. Allerdings sind sie schlecht an Kälte angepasst. Bei starkem Frost sind sie oft tagelang inaktiv, ohne jedoch Winterschlaf zu halten.*

schaften verweisen auf eine eher terrestrische Lebensweise, doch sie können auch klettern. Wie bei den Zwergbeutelratten fehlt den Weibchen ein Beutel und die Zahl der Zitzen schwankt je nach Art. Spitzmausbeutelratten sind Allesfresser, sie verspeisen unter anderem Insekten, Regenwürmer, Aas und Früchte. Man trifft sie oft in menschlichen Siedlungen, wo sie willkommene Insekten- und Mäusejäger sind.

Die drei Arten der Wollbeutelratten, die Schwarzschulterbeutelratte und die Peri-Buschschwanzbeutelratte werden zur Unterfamilie Caluromyinae zusammengefasst, da sich ihre Blutproteine, die Anatomie des weiblichen Urogenitalsystems und die männlichen Spermatozoen von denen anderer Beutelratten unterscheiden. Wollbeutelratten und die Schwarzschulterbeutelratte sind die größten Spezialisten unter allen Beutelratten. Sie leben ausschließlich auf Bäumen und haben große, vorstehende, nach vorn gerichtete Augen, die ihnen fast ein primatenähnliches Aussehen verleihen. Als Bewohner tropischer Feuchtwälder suchen sie in den Baumkronen nach Früchten. In der Trockenzeit ernähren sie sich auch von Nektar aus Baumblüten, die sie dabei bestäuben. Um an Früchte oder Blüten zu gelangen, können sich die Tiere an ihrem langen Greifschwanz herabhängen lassen.

Die Peri-Buschschwanzbeutelratte ähnelt zwar in Erscheinung und Proportionen den Zwergbeutelratten, doch ihr Gebiss weist durch die Größe und Form der Molaren darauf hin, dass sie den Woll- und Schwarzschulterbeutelratten näher steht. Diese Art ist nur durch einige Museumsexponate bekannt, die alle aus tropischen Feuchtwäldern stammen.

Zurück nach Nordamerika

VERBREITUNG

In 70 bis 80 Millionen Jahre alten nordamerikanischen Schichten finden sich viele Fossilien von Beutelratten. Wahrscheinlich drangen diese damals von Nordamerika aus bis nach Südamerika und Europa vor. Vor zehn bis 20 Millionen Jahren waren sie in Nordamerika und Europa jedoch ausgestorben. Als sich vor zwei bis fünf Millionen Jahren Süd- und Mittelamerika wieder verbanden, starben viele südamerikanischen Beuteltiere angesichts der Konkurrenz der sich ausbreitenden plazentalen Säuger aus. Die Beutelratten aber überlebten und wanderten sogar nach Mittel- und Nordamerika ein.

Als die europäischen Siedler nach Nordamerika kamen, gab es nördlich der heutigen Staaten Virginia und Ohio keine Beutelratten. Seither hat sich das Virginiaopossum im Osten der USA bis an die Großen Seen ausgebreitet. Nach seiner Einführung an der Pazifikküste 1890 ist es sogar von Südkalifornien bis ins südliche Kanada vorgedrungen. Diese Ausbreitung steht höchstwahrscheinlich im Zusammenhang mit menschlichen Einflüssen auf die Umwelt.

Links: *Ein Virginiaopossum stellt sich tot, um einen Feind abzuwehren. Der ohnmachtsähnliche Zustand kann weniger als eine Minute, aber auch bis zu sechs Stunden anhalten.*

Opossum spielen

SOZIALVERHALTEN

Die Fortpflanzung der Beutelratten ist typisch für Beuteltiere: Die Trächtigkeit ist kurz und unterbricht den Östrus nicht. Die Jungen kommen sehr früh und stark unterentwickelt zur Welt; der größte Teil ihrer Entwicklung findet während der Laktation statt. Früher glaubte man tatsächlich, Beutelratten kopulierten durch die Nase und die Jungen würden später durch die Nasenöffnungen in den Beutel geblasen! Der gegabelte Penis, die Neigung der Weibchen, vor der Geburt den Beutel auszulecken, und die Winzigkeit der Neugeborenen (sie sind 1 cm lang und wiegen 0,13 g) trugen wohl zu diesem Irrglauben bei.

Die meisten Beutelratten vermehren sich zu bestimmten Jahreszeiten. Die Geburten finden zu einem Zeitpunkt statt, der garantiert, dass die Jungen den Beutel in der nahrungsreichsten Zeit verlassen können. Das nordamerikanische Virginiaopossum pflanzt sich im Winter fort; die Jungen werden im Frühling selbstständig. Beutelratten der wechselfeuchten (äußeren) Tropen paaren sich in der Trockenzeit, sodass die ersten Jungen den Beutel zu Beginn der Regenzeit verlassen. Bis zu drei Würfe je Saison sind möglich, beim letzten Wurf herrscht jedoch oft schon Nahrungsknappheit und die Jungen sterben häufig im Beutel ab. Beutelratten der inneren Tropen pflanzen sich oft ganzjährig fort. Das gilt auch für das Südopossum in den ariden Regionen Nordostbrasiliens.

Ausgefeilte Paarungsrituale und langfristige Paarbindungen fehlen in der Regel bei allen Arten. Meist sucht das Männchen den Kontakt zum Weibchen und nähert sich ihm mit klickenden Lauten. Ein paarungsunwilliges Weibchen zieht sich zurück oder verhält sich sehr aggressiv, ein Weibchen im Östrus jedoch lässt sich begatten. Bei manchen Arten gehört die aktive Verfolgung des Weibchens zum Paarungsritual. Die Kopulation dauert manchmal sehr lange – bei der Robinson-Zwergbeutelratte bis zu sechs Stunden.

Unterfamilien der Beutelratten

Unterfamilie Didelphinae

58 Arten in 12 Gattungen. Süd und Mittelamerika, östliche USA bis Ontario. Virginiaopossum an der Pazifikküste eingeführt.

Opossums (*Didelphis*, 4 Arten), darunter Virginiaopossum (*Didelphis virginiana*), Zentralamerikanisches Opossum (*D. marsupialis*) und Südopossum (*D. albiventris*).

Zwergbeutelratten (*Marmosa*, 9 Arten), darunter Mauszwergbeutelratte (*Marmosa murina*) und Robinson-Zwergbeutelratte (*Marmosa robinsoni*). 1 Art vom Aussterben bedroht, 1 stark gefährdet.

Gattung *Gracilianus* (6 Arten), darunter *Gracilianus dryas*. 1 Art vom Aussterben bedroht, 2 stark gefährdet.

Gattung *Marmosops* (9 Arten), darunter *Marmosops fuscatus*. 1 Art vom Aussterben bedroht, 1 stark gefährdet, 1 gefährdet.

Gattung *Micoureus* (4 Arten), darunter *Micoureus constantinae*.

Spitzmausbeutelratten (*Monodelphis*, 15 Arten), darunter Hausspitzmausbeutelratte (*M. domestica*) und Kuns-Spitzmausbeutelratte (*M. kunsi*). 1 Art stark gefährdet, 8 Arten gefährdet.

Vieraugenbeutelratten (*Philander*, 2 Arten), darunter Graue (*P. opossum*) und Schwarze Vieraugenbeutelratte (*P. andersoni*).

Gattung *Thylamys* (5 Arten), darunter *Thylamys elegans*.

Nacktschwanzbeutelratte (*Metachirus nudicaudatus*).

Schwimmbeutler (*Chironectes minimus*).

Dickschwanzbeutelratte (*Lutreolina crassicaudata*).

Patagonienbeutelratte (*Lestodelphys halli*), stark gefährdet.

Unterfamilie Caluromyinae

5 Arten in 3 Gattungen. S-Mexiko, Mittelamerika und fast ganz Südamerika.

Wollbeutelratten (*Caluromys*, 3 Arten), 1 Art gefährdet.

Schwarzschulterbeutelratte (*Caluromysiops irrupta*), gefährdet.

Peri-Buschschwanzbeutelratte (*Glironia venusta*), gefährdet.

Vollständige Artenliste siehe Anhang Seite 887 f. ▷

Viele Neugeborene sterben, da sie an keine Zitze gelangen. Die Zahl der Jungen pro Wurf übersteigt häufig die Zahl der Zitzen. So verfügen etwa weibliche Virginiaopossums über 13 Zitzen, von denen oft nicht alle Milch geben, gebären aber durchaus bis zu 21 Junge (in einem Fall sogar 56). Die Durchschnittszahl beträgt 15 Junge pro Wurf, variiert jedoch nach Art und Individuum. Ältere Weibchen haben oft weniger Junge, und die Würfe gegen Ende der Paarungssaison sind meist kleiner. Virginia- und Zentralamerikanisches Opossum bringen in höheren Breiten offenbar größere Würfe zur Welt, doch generell können nicht mehr Junge aufgezogen werden als Zitzen vorhanden sind. Manche Arten (etwa Virginiaopossum, Spitzmausbeutelratten und Robinson-Zwergbeutelratte) weisen recht große Würfe von etwa sieben Jungen auf, andere (wie Graue Vieraugenbeutelratte und Wollbeutelratten) dagegen haben nur drei bis fünf Junge. Die Weibchen mehrerer Arten, darunter die des Virginiaopossums, können kein einzelnes Jungtier aufziehen, da der geringe Stimulus nicht ausreicht, den Milchfluss aufrechtzuerhalten.

Die Jungenaufzucht dauert bei den bisher erforschten Arten 70 bis 125 Tage. So sind die

Oben: *Einige typische Vertreter der Beutelratten:* ***1*** Caluromys derbianus *in Ruhe;* ***2*** *Schwarzschulterwollbeutelratte* (Caluromysiops irrupta) *klettert mit Einsatz ihres Greifschwanzes einen Ast hinab;* ***3*** *Schwarzring-Zwergbeutelratte* (Marmosa mexicana, *nicht maßstabsgetreu) mit Früchten;* ***4*** *Graue Vieraugenbeutelratte* (Philander opossum) *verspeist eine Insektenlarve;* ***5*** *Schwimmbeutler oder Yapok* (Chironectes minimus) *mit den hier gut sichtbaren auffälligen Schwimmhäuten zwischen den Zehen.*

Graue Vieraugenbeutelratte und Wollbeutelratten zwar etwa gleich groß (etwa 400 g), doch werden bei Ersterer die Jungen 68 bis 75 Tage umsorgt, bei Letzteren 110 bis 125 Tage. Die Jungen saugen sich zunächst an je einer Zitze fest, klettern aber bald auf dem Körper der Mutter herum. Gegen Ende der Laktation beginnen sie ihr zu folgen, wenn sie das Nest zur Futtersuche verlässt. Weibliche Robinson-Zwergbeutelratten retten verlorene Jungtiere schon einige Tage nach der Geburt, während Virginiaopossums erst auf die Klagerufe ihres Nachwuchses reagieren, nachdem dieser mit etwa 70 Tagen den Beutel verlassen hat.

Zwar erkennen sich Mutter und Nachwuchs in gewissem Maße an Stimme und Geruch, doch scheint die mütterliche Fürsorge nicht auf die eigenen Nachkommen beschränkt zu sein. Die Robinson-Zwergbeutelratte holt sich auch fremde Jungen hinzu, und bei Virginiaopossums und Wollbeutelratten beobachtete man Weibchen mit fremden Jungen im Beutel. Gegen Ende der Laktation stellen die Weibchen jede Fürsorge ein, die Trennung erfolgt rapide. Die Geschlechtsreife tritt unabhängig von der Körpergröße mit sechs bis zehn Monaten ein.

Beutelratten haben generell nur eine geringe Lebenserwartung. In der Natur werden Virginiaopossums selten älter als zwei Jahre und die kleineren Zwergbeutelratten überleben kaum mehr als eine Fortpflanzungssaison. In Gefangenschaft leben die Tiere wohl länger, aber die Weibchen sind nach zwei Jahren nicht mehr fortpflanzungsfähig. Viele Beutelratten bringen daher in der kurzen reproduktiven Phase wenige große Würfe hervor; weibliche Robinson-Zwergbeutelratten haben sogar meist nur einmal Nachkommen.

Beutelratten leben offenbar nomadisch und verteidigen kein Revier. Untersuchungen mit Sendern ergaben, dass einzelne Tiere zwar ein Territorium besetzen, ihre Artgenossen daraus aber nicht vertreiben. Wie lange ein Revier besetzt wird, ist von Art und Individuum abhängig. So beobachtete man in den Wäldern Französisch-Guayanas Wollbeutelratten, die bis zu ein Jahr lang blieben, während andere wiederholt neue Territorien etablierten. Graue Vieraugenbeutelratten wechseln besonders häufig ihr Revier.

Im Gegensatz zu manchen anderen Säugern unternehmen Beutelratten keine regelmäßigen Streifzüge durch ihren Bezirk. Sie bewegen sich in erster Linie von ihren Nestern zu den Nahrungsplätzen und zurück und sind in Abhängigkeit vom Nahrungsangebot und von ihrem reproduktiven Status äußerst flexibel. So schätzt man die Reviergröße bei Virginiaopossums auf 12,5 bis 38,8 ha. Der Bezirk einer Wollbeutelratte kann innerhalb eines Tages zwischen 0,3 und 1 ha schwanken. Generell legen carnivore Arten weitere Strecken zurück als Früchte fressende Arten gleicher Größe. Männliche Beutelratten sind während der Fortpflanzungssaison aktiver, Weibchen eher sesshaft.

Die meisten Beutelratten haben innerhalb des Reviers mehrere oder sogar viele Nester, die oft abwechselnd mit Artgenossen genutzt werden. Virginia- und Zentralamerikanisches Opossum nutzen verschiedene Nester am Boden und in Bäumen, besonders aber Baumhöhlen. Vieraugenbeutelratten legen ihre Lager ebenfalls in Baumhöhlen und auf Ästen, außerdem am Boden, in Felsspalten, unter Baumwurzeln und herabgefallenen Palmwedeln an. Zwergbeutelratten haben ihre Nester am Boden unter Stämmen und Baumwurzeln oder auf Bäumen in Höhlen oder verlassenen Vogelnestern. Gelegentlich bauen sie sich Nester in Bana-

Spitzmausopossums der Hochanden

In den Anden im Westen Südamerikas von Südvenezuela bis Südchile leben fünf kleine, spitzmausähnliche Beuteltierarten. Diese Spitzmausopossums nehmen unter den amerikanischen Beutlern eine einzigartige Stellung ein, da die Zahl ihrer Schneidezähne reduziert ist und die mittleren beiden Schneidezähne im Unterkiefer groß und nach vorn gerichtet sind. Diese südamerikanische Gruppe repräsentiert eine eigene Abstammungslinie, die sich noch vor den australischen Beuteltieren abspaltete. Sie wird heute nicht nur einer eigenen Familie (Caenolestidae), sondern auch einer Ordnung (Paucituberculata) als deren einzige Vertreter zugeordnet.

Fossile Belege zeigen, dass vor etwa 20 Mio. Jahren sieben Gattungen der Spitzmausopossums in Südamerika lebten. Heute sind nur drei Gattungen mit fünf Arten vorhanden. Die Gattung *Caenolestes* umfasst drei Arten: Graubäuchiges *(C. caniventer)*, Schwarzes *(C. convelatus)* und Ecuador-Spitzmausopossum *(C. fuliginosus)*. Das Peru- *(Lestoros inca)* und das Chile-Spitzmausopossum *(Rhyncholestes raphanurus)* ordnet man anderen Gattungen zu. Die Körperlänge dieser kleinen Beuteltiere beträgt 9 bis 14 cm, ihre Schwanzlänge meist 10 bis 14 cm und das Gewicht liegt bei 14 bis 41 g.

Die Tiere haben eine lange Schnauze mit zahlreichen Tasthaaren. Die Augen sind klein, der Gesichtssinn ist schwach ausgeprägt. Die relativ großen Ohren ragen aus dem Fell heraus. Der rattenähnliche Schwanz ist etwa so lang wie der Körper (beim Chile-Spitzmausopossum kürzer) und kurz behaart. Das Fell am Körper ist weich, dick und bei den meisten Arten einheitlich dunkelbraun. Die Weibchen haben keinen Beutel und besitzen meist vier Zitzen (das Chile-Spitzmausopossum hat fünf). Spitzmausopossums sind abends und/oder nachts aktiv und fressen Insekten, Regenwürmer, andere kleine Wirbellose sowie kleine Wirbeltiere. Mit ihren großen Schneidezähnen töten sie ihre Beute.

Sie bewegen sich auf gut markierten Wegen, die von mehr als einem Individuum genutzt werden. Bei langsamer Fortbewegung zeigen sie einen typischen Passgang, bei schnellerem Tempo hüpfen Peru-Spitzmausopossums (und wohl auch andere Arten) und können auf diese Weise sogar Hindernisse überwinden.

Schwarzes und Ecuador-Spitzmausopossum leben in großen Höhen in den Anden Westvenezuelas, Kolumbiens und Ecuadors. Das Graubäuchige Spitzmausopossum findet man in geringeren Höhen im Süden Ecuadors. Das Peru-Spitzmausopossum besiedelt hoch in den peruanischen Anden trockenere Lebensräume als die anderen Arten. Dort ist es in niedrigem Baumbestand, Busch- und Grasbewuchs anzutreffen. Das Chile-Spitzmausopossum bewohnt die Wälder Südchiles. Vor Winterbeginn legt es in seinem Schwanz ein Fettdepot an.

Über die Biologie dieser schwer zu fassenden Gruppe ist wenig bekannt. Die Tiere bewohnen unzugängliche und unwirtliche Gebiete, in denen Feldbeobachtungen sehr schwierig sind. Bisher nahm man an, dass ihre Bestände eher klein sind. Doch jüngste Untersuchungen zeigen, dass manche Arten zahlreicher vorkommen, als man dachte.

Links: *Eine Gelbe Wollbeutelratte im Urwald von Französisch-Guayana. Diese Beutelratten verdanken ihren Namen dem langen, dichten Fell. Die flinken Kletterer klammern sich bei ihren Streifzügen durch die Bäume mit allen fünf Fingern pro Pfote an Ästen fest.*

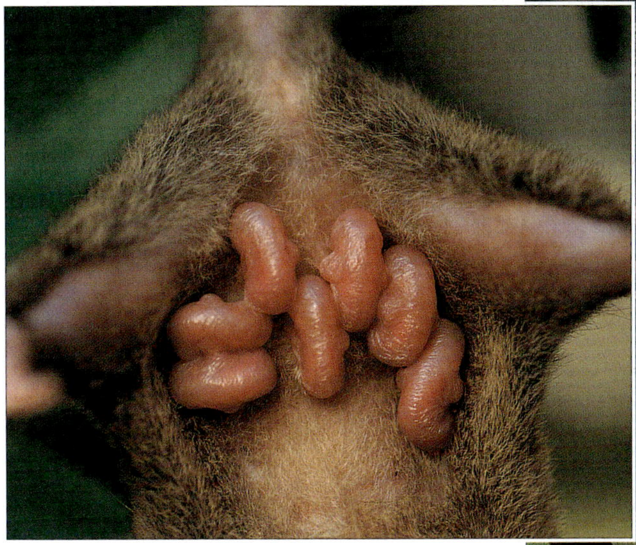

Oben: *Weibliche Spitzmausbeutelratte aus Brasilien an einem Zweig hängend. Dabei werden ihre sieben Neugeborenen sichtbar, die sich jeweils an einer Zitze festgesaugt haben. Diese Art besitzt keinen Beutel.*

Rechts: *Junges Virginiaopossum auf dem Rücken der Mutter. In der ein- bis zweimonatigen Übergangsphase vor Verlassen des Beutels ist dies die übliche Transportweise für das Junge.*

nenstauden. Mehr als einmal landeten sie so in Geschäften in den USA und Europa. Die Dickschwanzbeutelratte baut sich im offenen Grasland runde Nester aus Blättern oder nutzt verlassene Gürteltierbaue, in stärker bewaldeten Regionen sucht sie sich Baumhöhlen. Im Gegensatz zu anderen Beutelratten baut sich der Schwimmbeutler dauerhaftere Nester. Diese befinden sich nahe der Wasserlinie und sind durch ins Ufer gegrabene Öffnungen zu erreichen.

Beutelratten leben in der Regel einzelgängerisch. Bei Nahrungsknappheit finden sie sich zwar an Futterquellen in großer Zahl zusammen, aber eine Interaktion erfolgt nur, wenn sie sich zu nahe kommen. Zwei sich begegnende Tiere bedrohen einander meist zischend mit geöffnetem Maul und gehen dann ihrer Wege. Bei anhaltender Aggression (meist zwischen Männchen) geht das Zischen in Knurren und schließlich Kreischen über.

Die Kommunikation über Düfte ist sehr wichtig. Viele Arten verfügen über gut entwickelte Duftdrüsen an der Brust. Bei männlichen Virginiaopossums, Grauen Vieraugenbeutelratten und Haus-Spitzmausbeutelratten beobachtete man das Markieren mit Speichel. In erster Linie markieren Männchen, wahrscheinlich um ihre Anwesenheit im Revier kundzutun.

In tropischen Wäldern findet man an ein und demselben Ort manchmal bis zu sieben Beutelrattenarten. Konkurrenz zwischen den Arten wird dabei durch Unterschiede in Körpergröße und Kletteraktivität vermieden. Wollbeutelratten und Graue Zwergbeutelratte etwa bewohnen meist die Baumwipfel, die Maus-Zwergbeutelratte eher die unteren Äste, Zentralamerikanisches Opossum und Graue Vieraugenbeutelratte leben am Boden oder im niedrigen Geäst und Spitzmausbeutelratten ausschließlich am Boden. Manche Arten richten sich in ihrer Kletteraktivität offenbar nach dem Vorkommen gleich großer Beutelratten. In einem brasilianischen Wald mit Grauer Vieraugenbeutelratte und Nacktschwanzbeutelratte etwa hielt sich Erstere mehr in Bäumen auf als die andere, während sie in einem Wald auf Französisch-Guayana, wo sie allein vorkam, vor allem am Boden lebte. An anderen Orten ist die Nacktschwanzbeutelratte eher ein Baumbewohner.

Obwohl es als Fleisch- und Pelzlieferant bejagt wird, gedeiht das Virginiaopossum auf dem Land ebenso wie in kleinen und sogar großen Städten. Ansonsten schadete der Einfluss des Menschen in Amerika den Beutelratten. Die Zerstörung tropischer Feuchtwälder bringt die Lebensräume höher spezialisierter Arten in Gefahr. MAO'C

Große Raubbeutler

Zu den grossen Raubbeutlern gehören sechs Beutelmarderarten und der Tasmanische Teufel, der eine eigene Gattung bildet. Tasmanische Teufel sind manchen von uns vielleicht in Gestalt der Zeichentrickfigur „Taz" bekannt. Diese Darstellung als tobender, alles zerstörender Irrwisch wird seinem Wesen jedoch ebenso wenig gerecht wie sein Ruf als stinkender Aasfresser in seiner tasmanischen Heimat. Das Tier mit dem düsteren schwarzen Pelz verhält sich seinen Artgenossen gegenüber sehr aggressiv, ansonsten ist es aber als spezialisierter Jäger und Aasfresser aufgeweckt, findig und eigenwillig.

Große Raubbeutler fressen vor allem Wirbeltiere. Im Gegensatz zu heute gab es in früheren Zeiten zahlreiche Arten, wie Fossilbelege zeigen. Mindestens neun Beutelwolfarten durchstreiften in der Vergangenheit Australien. Ihre Blütezeit lag im Miozän (vor 24 bis 25 Millionen Jahren), während im Pleistozän (vor 1,8 Millionen bis 10 000 Jahren) mehrere riesenhafte Beutelmarderarten existierten. Der letzte Beutelwolf, wegen seines hundeähnlichen Aussehens auch Tasmanischer Wolf genannt, starb erst in den 1930er Jahren aus.

Raubbeutler sind nicht auf Australasien beschränkt. Drei südamerikanische Beuteltierarten leben räuberisch und in prähistorischer Zeit kamen dort die beutelwolfähnlichen Borhyaenidae und säbelzahntigerähnlichen Thylacosmilidae vor.

Ein klassischer Fall von Konvergenz

KÖRPERBAU UND FUNKTION

Zumindest auf den ersten Blick ähneln Beutelmarder Mungos, Beutelwölfe Hunden und Tasmanische Teufel bis hin zur abfallenden Hinterhand und dem schleichenden Gang kleinen Hyänen. Der Grund für diese Übereinstimmungen liegt in der ähnlichen Lebensweise der jeweiligen Arten. Tasmanische Teufel und Hyänen fressen Knochen und haben ein entsprechend spezialisiertes Raubtiergebiss. Die kurze, stark bemuskelte Schnauze kann sehr fest zubeißen und mit ihren kräftigen Prämolaren und Molaren knacken die Tiere sogar Knochen. So können sie einen Kadaver mit Haut und Haar verspeisen, nur die größten Knochen bleiben in der Regel übrig. Mit ihren zum Zerkleinern von Wirbellosen und Fleisch geeigneten Zähnen zählen Beutelmarder mit Mungos und Mardern zu den Familien, die kleine bis mittelgroße Säuger und Wirbellose erbeuten. Der Beutelwolf dagegen stand wohl kleinen Caniden wie dem Kojoten ökologisch stets näher als dem Wolf. Seine stark verlängerte Schnauze, die gegen Abnutzung und Bruch unempfindlichen Eckzähne und die für langsame Läufer typischen Gliedmaßenproportionen zeigen, dass er Beute jagte, die kleiner war als er selbst (etwa Wallabys), jedoch nicht mit hoher Geschwindigkeit oder über lange Strecken.

Raubbeutler haben unterschiedlich starke Eckzähne und Kaumuskeln. Sie jagen Beutetiere verschiedener Größe und konkurrieren untereinan-

Unten: *Der Tasmanische Teufel reißt lebende Beute, auch Lämmer und Geflügel, zieht aber Aas vor. Er kann selbst Schafknochen zerbeißen und schlucken.*

der daher kaum. Ihre Eckzähne sind oval und stehen in der Form zwischen den schmalen Eckzähnen der Hunde- und den runderen Eckzähnen der Katzenartigen. Alle Raubbeutler töten ihre Beute mit einem kräftigen Biss in den Schädel oder das Genick.

Zwei morphologische Merkmale machen deutlich, dass Raubbeutler und plazentale Raubtiere unterschiedliche Lösungen für dieselben Probleme entwickelt haben. Beuteltiere besitzen eine längere Schnauze als plazentale Raubtiere, was eine geringere Beißkraft vermuten lässt. Zum Ausgleich dafür scheinen sie aber durch den kleineren Hirnschädel mehr Platz für größere Kiefermuskeln zu haben. Die Proportionen von Gliedmaßen und Knochen zeigen, dass Tasmanische Teufel, Riesenbeutelmarder und Beutelwölfe – nicht aber die kleineren Beutelmarder – im Vergleich zu ihren plazentalen Gegenstücken langsame Läufer sind. Die derben Ballen, bei plazentalen Raubtieren auf die Zehen beschränkt, reichen bei Raubbeutlern bis an die Hand- und Fußwurzel. Letztere laufen und ruhen manchmal auf der Ferse, haben also andere Bewegungsabläufe.

Jeder Lebensraum in Australien und Neuguinea wird von einer Beutelmarderart bewohnt: Regenwald, Feuchtsavanne, Wälder, Wüsten, Grasland

Oben: *Vier Monate alte Tüpfelbeutelmarder im mit Gras gepolsterten Bau. Die Jungen werden meist zehn Wochen nach der Geburt von der Mutter im Bau abgelegt. Bis dahin bleiben sie im Beutel*

und Wälder gemäßigter Zonen. Kleinere Beutelmarder sind vor allem insectivor, Riesenbeutelmarder, Tasmanischer Teufel und Beutelwolf rein carnivor. Die größte verbleibende Gilde auf Tasmanien umfasste bis zur Ausrottung des Beutelwolfs vier Arten: den Tüpfelbeutelmarder, einen kleinen (1 kg), bodenbewohnenden Insekten- und Fleischfresser; den Riesenbeutelmarder, ein mittelgroßes (2 bis 4 kg), auf Bäume kletterndes Raubtier; den Tasmanischen Teufel, einen größeren (4,4 bis 13 kg) Fleisch- und Aasfresser und den räuberischen Beutelwolf (15 bis 35 kg).

Riesenbeutelmarder sind selten, wohl weil sie in Wäldern leben, Wirbeltiere jagen und auch mit Tüpfelbeutelmardern, Tasmanischen Teufeln und eingeschleppten Katzen konkurrieren. Ihr Klettervermögen ermöglicht es ihnen aber, im Gegensatz zu anderen Beutelmardern und Tasmanischen Teufeln, baumbewohnende Kleinbeutler zu fangen. Tasmanische Teufel sind besonders verbreitet; dank ihrer Größe können sie Beutelmardern die Beute stehlen und dann selbst verzehren.

FAKTEN

GROSSE RAUBBEUTLER

Ordnung: Dasyuromorphia

Familie: Dasyuridae

Noch 7 Arten in 2 Gattungen; 1 Art (*Thylacinus cynocephalus*) der verwandten Familie Thylacinidae vor kurzem ausgestorben.

VERBREITUNG Australien und Neuguinea.

LEBENSRAUM Meist Regenwald oder Wälder.

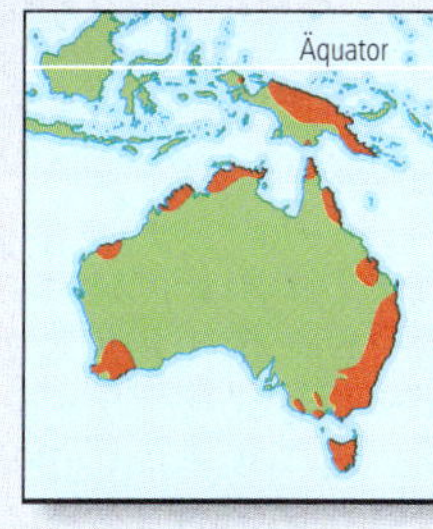

GRÖSSE **Körperlänge** zwischen 12,3–31 cm beim Zwergfleckenbeutelmarder und 50,5–62,5 cm beim Tasmanischen Teufel; **Gewicht** von 0,3–0,9 kg bis 4,4–13 kg bei den beiden genannten Arten.

FELL Kurz, oben meist grau oder braun mit weißen Flecken. Fell beim Tasmanischen Teufel dicker mit meist nur ein bis zwei weißen Flecken.

NAHRUNG Kleinere Arten vorwiegend insectivor; Riesenbeutelmarder und Tasmanischer Teufel erbeuten sogar Säuger in der Größe kleiner Kängurus.

FORTPFLANZUNG Meist 4–8 Junge, die bei kleineren Arten 8–10 Wochen, beim Tasmanischen Teufel 4–5 Monate im Beutel bleiben.

LEBENSERWARTUNG Zwischen 12 Monaten (bei kleineren Arten) und 6 Jahren (Tasmanischer Teufel).

IUCN-STATUS 4 der 7 Arten werden als gefährdet eingestuft, 2 Arten stehen auf der Vorwarnliste.

Artenübersicht siehe Seite 817 ▷

Soziale Einzelgänger

SOZIALVERHALTEN

Den frühen Siedlern ist nachzusehen, dass sie dem Tasmanischen Teufel seinen Namen gaben. Der Anblick eines schwarzen Tieres mit großen weißen Zähnen und tiefroten Ohren (sie erröten bei Erregung), das unter markdurchdringendem Kreischen nachts Chaos im Hühnerstall anrichtet, ließ sie wohl wirklich glauben, es sei der Leibhaftige. Tasmanische Teufel äußern verschiedene Laute von Knurren, Heulen, leisem Bellen über Schnarchen und Schnüffeln bis hin zu Winseln. Sie sind Einzelgänger, aber äußerst sozial, fressen gemeinsam an Kadavern und entwickeln während der Paarungszeit einige Tage lang innige Partnerbeziehungen. Allerdings verhalten sich Weibchen und Männchen ganz unterschiedlich. Ein Weibchen paart sich innerhalb einer Woche mit mehreren

Männchen und verlässt sie wieder, wohl um sicherzustellen, dass ihre Jungen die bestmöglichen Erzeuger haben. Um seine Vaterschaft zu sichern, schnappt sich ein Männchen mitunter ein flüchtendes Weibchen und schleppt es am Nacken wieder in den Bau, wo beide wiederholt kopulieren. In der Paarungssaison bilden die Weibchen eine Schwellung am Nacken aus, die sie wohl vor Verletzungen schützt. Männchen kämpfen um die Weibchen und tragen dabei tiefe, oft lebensgefährliche Bisswunden an Kopf und Rumpf davon.

Auch die Beutelmarder sind Einzelgänger und ruhen tagsüber in Erdbauen oder hohlen Baumstämmen. Sie zeigen kein Revierverhalten, doch Weibchen beanspruchen – besonders wenn sie Junge im Bau haben – manchmal einen Teil ihres Reviers ganz für sich. Männliche Junge wandern eher aus dem mütterlichen Revier ab als weibliche. Junge Tasmanische Teufel entfernen sich mit zwölf bis 18 Monaten, gleich nach dem Entwöhnen 10 bis 30 km von ihrer Geburtstätte.

Düfte spielen bei der Kommunikation eine wichtige Rolle, Kotplätze dienen bei manchen Arten womöglich als eine Art „Schwarzes Brett". Tasmanische Teufel setzen durch Reiben ihrer Kloake am Boden zahlreiche Duftmarken. Beutelmarder äußern im Gegensatz zu den Teufeln nur vereinzelt Keuch- oder Zischlaute oder ein plötzliches, durchdringendes Kreischen. Der Schrei des Riesenbeutelmarders soll ähnlich klingen wie eine Kreissäge.

Bedrohung durch Plazentatiere

ARTEN- UND UMWELTSCHUTZ

Alle australischen Arten sind durch Einwirken des Menschen in ihrer Zahl und Verbreitung zurückgegangen. Eine gewisse Sorge gilt inzwischen auch den Beutelmardern Neuguineas, selbst wenn über deren Status wenig bekannt ist.

Tasmanische Teufel und Beutelmarder werden wie viele plazentale Raubtiere als Viehdiebe verfolgt. Beide Gruppen machen sich über schlecht geschütztes Geflügel her, und auch junge Lämmer und kranke Schafe fallen ihnen zum Opfer. Darum werden Tasmanische Teufel und Beutelmarder mit Fallen, Schusswaffen und Gift zu Dutzenden, bisweilen zu Hunderten getötet. Solche Verfolgung in Kombination mit dem Rückgang von Beutetieren und Lebensräumen trug wesentlich zum Aussterben des Beutelwolfs bei.

Die größte Bedrohung für Raubbeutler sind jedoch der Schwund an Lebensräumen und eingeschleppte plazentale Fleischfresser. Oft kommt beides zusammen. Wie viele Fleischfresser leben Tasmanische Teufel und Beutelmarder als Einzeltiere (beim Riesenbeutelmarder je nach Lebensraum ein bis zehn Individuen pro qkm) und brauchen viel Raum (das Revier männlicher Tasmanischer Teufel misst etwa 30 qkm). Ausgedehnte Verluste von Lebensräumen gehen auf Erosion, aber auch direkt auf Land- und intensive Forstwirtschaft zurück. Letztere kann zum Schwund von Beutetieren führen. Besonders betroffen ist

DER BEUTELWOLF

Bis zu seinem Aussterben war der Beutelwolf das größte Beuteltier, das je existierte. Fossile Beutelwölfe finden sich überall in Australien und Neuguinea, lebende Tiere gab es seit Menschengedenken jedoch nur auf Tasmanien.

Auf den ersten Blick glich der Beutelwolf mit etwa 60 cm Schulterhöhe, einer Körperlänge von 80 cm und einem Gewicht von 15 bis 35 kg einem Hund. Der Kopf saß auf einem kurzen Hals, der Körper fiel von den Schultern her ab. Auch die Beine waren kurz, ähnlich den großen Raubbeutlern. Vom Hund unterschied sich der Beutelwolf eindeutig durch seinen langen (50 cm), geraden, an der Wurzel recht dicken Schwanz und das sandfarbene Fell mit schwarzen oder braunen Streifen auf dem Rücken.

Was wir über das Verhalten des Beutelwolfs wissen, geht meist auf Anekdoten oder altes Filmmaterial zurück. Er bewegte sich im Diagonalschritt voran, konnte aufrecht auf Hinterbeinen und Schwanz sitzen wie ein Känguru und mit großer Behändigkeit 2 bis 3 m weite Sprünge machen. Offenbar jagte er allein oder zu zweit und erbeutete vor Ankunft der europäischen Siedler auf Tasmanien wohl Wallabys, kleine Beuteltiere, Bandikuts, Nager und Vögel. Er soll aber seine Beute eher gestohlen als selbst gejagt haben.

Zur Zeit der europäischen Besiedlung war der Beutelwolf offenbar auf Tasmanien weit verbreitet, besonders dort, wo die Siedlungsgebiete an Wälder grenzten. Man glaubte, dass er tagsüber in waldigen Hügeln ruhte und dann nachts in Grasland und Wäldern auf Beutezug ging.

Schon die ersten europäischen Siedler sahen im Beutelwolf einen Schafjäger. Bereits 1830 wurden Prämien für erlegte Tiere ausgesetzt und die konsequente Verfolgung ließ schon 1850 Befürchtungen über sein Aussterben laut werden. Dennoch begann die tasmanische Regierung 1888, eigene Prämien auszusetzen. Als die letzte davon 21 Jahre später ausgezahlt wurde, waren laut offizieller Statistik 2268 Tiere erlegt worden. Zum Ende dieser Phase ging die Zahl der Prämien stark zurück. Wahrscheinlich führten neben der Jagd auch Epidemien zum endgültigen Aussterben des Beutelwolfs.

Das letzte Tier dieser Art wurde 1933 auf Tasmanien gefangen und starb 1936 im Zoo von Hobart. Seitdem hat man die Insel immer wieder gründlich nach den Tieren durchkämmt; doch auch wenn bis zum heutigen Tag von Sichtungen berichtet wird, ergab eine jüngste Studie doch keinerlei Anzeichen für ihre Existenz. Das Australische Museum in Sydney beschloss 1999, einen Beutelwolf mithilfe der DNA eines Welpen zu klonen, der 1866 in Alkohol konserviert worden war. Bis es jedoch so weit ist, bedarf es noch großer Fortschritte in der Biotechnologie.

AKL

Links: Der in manchen Regionen heute seltene oder sogar ausgestorbene Riesenbeutelmarder ist vielerorts durch plazentale Raubtiere bedroht.

Rechts: Der Riesenbeutelmarder ist ein aktiver Jäger und tötet seine Beute – darunter Gleitbeutler, kleine Wallabys, Reptilien und Vögel – mit einem Biss in den Hinterkopf.

der Riesenbeutelmarder, denn er verschwindet, wenn mehr als die Hälfte der Baumkronen gefällt werden. Das Fällen alter Bäume mit Höhlungen ist besonders Besorgnis erregend. In ihren Höhlen leben Kleinbeutler, die die Hauptbeute des Riesenbeutelmarders darstellen. Kleinere Beutelmarder sind zunehmend durch eingeschleppte plazentale Raubtiere bedroht, wenn durch grasendes Vieh oder häufige Brände die pflanzliche Deckung fehlt. Zwergflecken-, Schwarzschwanzflecken- und Tüpfelbeutelmarder haben auf diese Weise zahlreiche Lebensräume eingebüßt.

Dingos, Katzen und Füchse wurden vom Menschen vor 3500 bis 4500 Jahren, im 17. Jahrhundert und um 1871 nach Australien gebracht. Eingeschleppte Fleischfresser töten Raubbeutler als Beute oder durch Konkurrenz. Beutelwolf und Tasmanischer Teufel starben auf dem australischen Festland aus, als der Dingo auftauchte. Heute sind wohl vor allem Füchse und Katzen für den Tod kleinerer Beutelmarder verantwortlich. Zweifellos sterben nach Bränden in den Savannen mehr Zwergfleckenbeutelmarder durch Raubtiere, nicht aber in felsigen Lebensräumen, wo sie Schutz finden. Gleichzeitig wächst ihre Population in Gegenden, in denen Füchse bekämpft werden. Generell sterben Beutelmarder in solchen Lebensräumen aus, in denen auch Rotfüchse leben.

Glücklicherweise gibt es auch gute Nachrichten. Der einst stark gefährdete Schwarzschwanzfleckenbeutelmarder wird vielleicht schon bald nicht mehr als bedrohte Tierart geführt werden müssen, da ein Auswilderungsprogramm seit Beginn der 1990er Jahre erfolgreich rund 200 Tiere aus Gefangenschaft in vier Gebieten ansiedeln konnte. Ihr Überleben ist allerdings von der Bekämpfung von Füchsen und Katzen abhängig.

Riesen- und Zwergfleckenbeutelmarder gilt heute die stärkste Sorge. Die Populationen beider Arten sind isoliert und rückgängig. Um ihr Überleben und das Wachsen der Populationen zu sichern, muss landesweit und organisiert gegen schädliche Entwicklungen, den Lebensraumverlust und eingeführte Raubtiere vorgegangen werden. MJ

Zwergfleckenbeutelmarder
Dasyurus hallucatus

N-Australien. Früher in wechselfeuchten Tropen verbreitet; heute nur in Savannenwald des Flachlands und felsigen Regionen.
KL 12,3–31 cm (M), 12,5–30 cm (W).
SL 12,7–31 cm (M), 20–30 cm (W).
GT 0,4–0,9 kg (M), 0,3–0,5 kg (W).
FELL: Weiße Flecken auf braunem Grund; gestreifte Ballen; erster der fünf Zehen am Hinterfuß krallenlos; Schwanz lang behaart.
FORTPFLANZUNG: Paarung im Juni mit 12 Monaten; 5–10, meist bis 8 Junge (8–10 Wochen im Beutel), Entwöhnung mit 6 Monaten.
LEBENSERWARTUNG: 12–17 Monate (M), 12–37 Monate (W).
IUCN-STATUS: Vorwarnliste; Bestand allgemein rückläufig, nur noch sechs isolierte Populationen bekannt.

Fleckenbeutelmarder
Dasyurus albopunctatus

Neuguinea. In Regenwäldern oberhalb 1000 m weit verbreitet.
KL 23–35 cm (M), 24–27,5 cm (W).
SL 21–29 (M) cm, 22–28 cm (W).
GT 0,6–0,7 kg (M), 0,5 kg (W).
FELL: Weiße Flecken auf rotbraunem Grund; erster Zeh kräftig; Schwanz kurz behaart.
FORTPFLANZUNG: Asaisonal; 4–6 Junge.
IUCN-STATUS: Gefährdet.

Dasyurus spartacus

SW-Neuguinea. Savannenwald des Flachlands. Bisher nur wenige Exemplare bekannt; Erstbeschreibung 1979; 1988 als eigenständige Art von *D. geoffroii* getrennt.
KL 34,5–38 cm (M), 30,5 cm (W).
SL 28,5 cm (M), 25 cm (W).
GT 1 kg (M), 0,7 kg (W).
FELL: Weiße Flecken auf braunem Grund; erster Zeh klein; Schwanz lang behaart.
FORTPFLANZUNG: Manchmal saisonal.
IUCN-STATUS: Gefährdet.

Schwarzschwanzfleckenbeutelmarder
Dasyurus geoffroii

SW-Australien. Früher von Wald bis Wüste in über zwei Dritteln des Landes zu finden, heute nur noch im SW.
KL 31–40 cm (M), 26–36 cm (W).
SL 25–35 cm (M), 21–31 cm (W).
GT 0,7–2,2 kg (M), 0,6–1,1 kg (W).
FELL: Weiße Flecken auf braunem Grund; Bauch weiß; erster Zeh vorhanden; Schwanz lang behaart.
FORTPFLANZUNG: Paarung Mai bis Juni mit 12 Monaten; bis zu 6 Junge rund 9 Wochen im Beutel; Entwöhnung mit 6 Monaten.
LEBENSERWARTUNG: 3 Jahre.
IUCN-STATUS: Gefährdet; nur noch in 2 % des früheren Verbreitungsgebiets anzutreffen.

Tüpfelbeutelmarder
Dasyurus viverrinus

Tasmanien; früher auch SO-Australien. Grasland und offene Wälder.
KL 32–45 cm (M), 28–40 cm (W).
SL 20–28 cm (M), 17–24 cm (W).
GT 0,9–2 kg (M), 0,7–1,1 kg (W).
FELL: Weiße Flecken auf braunem Grund; Bauch weiß; erster Zeh fehlt am vierzehigen Hinterfuß; Schwanz lang behaart.
FORTPFLANZUNG: Paarung Mai bis Juni mit 12 Monaten; im Juni Geburt von bis zu 30 Jungen, bis zu 6 davon 8–9 Wochen im Beutel, Entwöhnung mit 5,5 Monaten.
LEBENSERWARTUNG: 3–4 Jahre.
IUCN-STATUS: Vorwarnliste.

Riesenbeutelmarder
Dasyurus maculatus

Tasmanien (genetisch eigenständig), SO-Australien und N-Queensland (kleinere Unterart). Braucht Wälder mit viel oder regelmäßigem Niederschlag.
KL (südliche Unterart): 45–51 cm (M), 40,5–43 cm (W).
SL 39–49 cm (M), 34–44 cm (W).
GT 3–7 kg (M), 1,6–4 kg (W).
FELL: Weiße Flecken auf rotbraunem Körper, beigefarbener Bauch, kurz behaarter Schwanz; gestreifte Fußballen, erster Zeh gut entwickelt.
FORTPFLANZUNG: Paarung April bis Juli mit 12 Monaten; bis zu 6 Junge rund 8 Wochen lang im Beutel; Entwöhnung mit 5 Monaten.
LEBENSERWARTUNG: 3–5 Jahre.
IUCN-STATUS: Gefährdet; Unterart in N-Queensland stark gefährdet.

Tasmanischer Teufel
Sarcophilus laniarius (harrisii)

Tasmanien. Offene Wälder.
KL 50,5–62,5 cm (M), 53,5–57 cm (W).
SL 23,5–28,5 cm (M), 21,5–27 cm (W).
GT 7,7–13 kg (M), 4,5–9 kg (W).
FELL: Schwarz mit weißen Zeichnungen auf Brust, Schultern und Rumpf; Schwanzwurzel mit Fettdepot; erster Zeh fehlt am vierzehigen Hinterfuß.
FORTPFLANZUNG: Paarung Februar bis März mit 12 Monaten; bis zu 4 Junge rund 4–5 Monate im Beutel; Entwöhnung mit 9 Monaten.
LEBENSERWARTUNG: 6 Jahre.

Abkürzungen: KL = Körperlänge; SL = Schwanzlänge; GT = Gewicht; M = Männchen; W = Weibchen

Kleine Raubbeutler

ZU DEN KLEINEN RAUBBEUTLERN ZÄHLEN einige der kleinsten Säuger der Welt. Gleichwohl betätigen sie sich als erfolgreiche Jäger. Sie fangen bevorzugt lebende Beute, meist Insekten und andere Wirbellose, aber auch Eidechsen, Nestlinge und Kleinsäuger. Durch ihren großen Jagdeifer geraten sie jedoch manchmal in schlechten Ruf: Die Große Pinselschwanzbeutelmaus mit ihren gerade einmal 200 g Gewicht etwa wurde wegen ihrer Angriffe auf Geflügel im Raum Sydney von frühen Siedlern als „Vampirbeutler" geschmäht.

Oben: Sminthopsis aitkeni *ist sehr selten und wurde seit seiner Entdeckung in den 1960er Jahren nur wenige Male gesichtet.*

Zwar fressen auch andere Beutler wie Beutelratten, Bandikuts und Ameisenbeutler Fleisch, doch gehören die meisten carnivoren Beuteltiere der Familie Dasyuridae an. Die Mehrzahl der Arten dieser Familie wiegt weniger als 250 g; sie finden sich in allen terrestrischen Lebensräumen Australiens und Neuguineas. Wegen ihrer konservativen Körperform und Erscheinung galten sie lange als „primitive", strukturell alte Beuteltierform aus der Zeit vor der Ausbreitung in Australien. Neuere Fossilfunde belegen jedoch, dass sie sich erst in jüngerer Zeit an die Region angepasst haben. Die frühen Dasyuridae entstanden im frühen bis mittleren Miozän, vor etwa 16 Millionen Jahren.

Extreme Bedingungen

KÖRPERBAU UND FUNKTION

Im Körpergewicht zeigen sie zwar 3000fache Variationen, aber alle Dasyuridae haben etwas gemeinsam: die typische spitze Schnauze mit drei Paar etwa gleich großen unteren Schneidezähnen, gut entwickelten Eckzähnen und sechs bis sieben Backenzähnen. Damit können sie Beute packen, rasch töten und vor dem Verschlucken zerkleinern. Alle Raubbeutler haben zudem an den Vorderfüßen fünf, an den Hinterfüßen vier bis fünf Zehen, alle (außer der ersten Zehe) mit scharfen Krallen.

Im Gegensatz zu ihren großen Verwandten sind die kleinen Raubbeutler meist einheitlich braun oder grau gefärbt. Drei Arten Neuguineas (Braunbauchstreifenmaus, Rothschild-Neuguineabeutelmaus und Streifenbeutelmarder) sind jedoch am Rücken dunkel gestreift. Sie alle sind teilweise tagaktiv und durch ihr Fellmuster am dunklen Regenwaldboden gut getarnt. Zwei weitere tagaktive Arten, die Lorentz-Pinselschwanzbeutelmaus aus dem Hochland Neuguineas und die Sprenkelbeutelmaus Südwestaustraliens, haben zudem ein grausilbernes Fell, das wohl ebenfalls der Tarnung dient. Zwei Arten der Pinselschwanzbeutelmäuse und die drei Arten der Kammschwanzbeutelmäuse tragen an der hinteren Hälfte des Schwanzes einen auffälligen Haarbusch, der mit dem dünnen Körperfell kontrastiert. Der buschige Schwanz hat vielleicht eine Signalfunktion, doch wurden diese Arten bisher in der Natur zu selten beobachtet, um diese Vermutung zu bestätigen.

Die insectivore Ernährung der kleinen Tiere wirkt sich auf ihre Körperfunktionen aus. Insekten sind reich an Proteinen und Fetten, enthalten aber mehr als 60 % Wasser. Der Wasserumsatz ist bei vielen Raubbeutlern recht hoch; Arten mit weniger als 25 g Körpergewicht können täglich ihr eigenes Gewicht in Wasser umsetzen. In ariden Gebieten können die Tiere ihren gesamten Wasserbedarf monatelang über die Nahrung decken. Saftige Beute wie Insektenlarven und Hundertfüßer werden vorgezogen und der Wasserverlust durch Konzentration des Harns verringert. Bei Futterknappheit können viele kleine Raubbeutler ihre Stoffwechselrate drosseln und ihre Körpertemperatur um 10 °C oder mehr senken. Dieser Zustand (Torpor) kann mindestens zehn Stunden anhalten. Der geringere Energieverbrauch lässt die Tiere Phasen des Futtermangels überstehen. Ist die Nahrung nicht knapp, sind Raubbeutler bestens in der Lage, ihre Körpertemperatur aufrechtzuerhalten. Sie produzieren dann Wärme, indem sie den Stoffwechsel auf das Acht- bis Neunfache des Ruhezustands erhöhen. Der Kowari hält so in der Wüste mindestens vier Stunden lang seine Temperatur, auch bei –10 °C Außentemperatur. Dem Erhalt der Körperwärme dienen auch Sonnenbäder sowie mit Artgenossen oder anderen Tieren gemeinsam genutzte Nester.

Links: *Die nachtaktive Fettschwanzbeutelmaus speichert Fett in der Schwanzwurzel. Sie lebt meist in felsigen Berglandschaften.*

Rechts: *Die von frühen Siedlern „Vampirbeutler" genannte Große Pinselschwanzbeutelmaus kann ihre Haare am Schwanz aufstellen.*

FAKTEN

KLEINE RAUBBEUTLER

Ordnung: Dasyuromorphia

Familien: Dasyuridae und Myrmecobiidae

64 Arten in 15 Gattungen

VERBREITUNG Australien, Papua-Neuguinea und Indonesien (Aruinseln).

LEBENSRAUM Von steinigen Wüsten über Wälder bis zu alpinen Heidelandschaften.

GRÖSSE Körperlänge von 4,6–5,7 cm beim Pilbara-Ningaui bis 24,5 cm beim Numbat; **Schwanzlänge** von 6–8 cm bis 17,7 cm, **Gewicht** von 2–9,4 g bis 0,5 kg, jeweils bei den beiden genannten Arten. Männchen sind wenig oder deutlich schwerer als Weibchen.

FELL Verschiedene Farben, meist kurzes, raues Fell.

NAHRUNG Vorrangig Insekten und andere kleine Wirbellose (Käfer, Schaben, Spinnentiere). Auch Kleinsäuger und Vögel, darunter Hausmäuse, Eidechsen und Spatzen.

FORTPFLANZUNG Tragzeit von 12,5 Tagen bei der Dickschwanz-Schmalfußbeutelmaus bis 55 Tage bei der Fettschwanzbeutelmaus.

LEBENSERWARTUNG Männchen der Stuart-Breitfußbeutelmaus leben 11,5 Monate, Weibchen 3 Jahre.

IUCN-STATUS Eine Unterart gilt als vom Aussterben bedroht, 6 Arten sind stark gefährdet, 4 gefährdet und 5 stehen auf der Vorwarnliste.

Übersicht der Familien siehe Seite 820 ▷

Allein in der Wüste

VERBREITUNG

Kleine Raubbeutler trifft man in allen terrestrischen Lebensräumen Australiens und Neuguineas. In ariden Regionen und strukturell komplexen Wäldern leben mancherorts bis zu neun Arten nebeneinander, je nachdem, wie viele Kleinlebensräume dort für die Nahrungssuche zur Verfügung stehen. Dagegen gibt es in einfachen Wäldern und Savannen mit ihren geringen Ausweichmöglichkeiten meist nur ein bis zwei Arten.

Der enorme Erfolg kleiner Raubbeutler in den Wüsten Australiens ist der vielleicht bemerkenswerteste Aspekt ihrer jüngeren Ausbreitung. Viele Bewohner der ariden Zonen besetzen wechselnde Reviere, die sich offenbar nach dem jeweiligen Nahrungsangebot richten. So legt die Schmalfußbeutelmaus *Sminthopsis youngsoni* nachts bei der Nahrungssuche oft 2 bis 3 km zurück. Nur wenige kleine Raubbeutler graben selbst Baue; Arten in ariden Zonen nutzen Erdspalten oder verlassene Baue. Manche Schmalfußbeutelmäuse und Ningauis wandern kilometerweit aus Dürregebieten in niederschlagsreiche Gebiete ab. *Sminthopsis youngsoni* soll in zwei Wochen 12 km zurückgelegt haben. Dabei folgten die Tiere wahrscheinlich dem Geruch feuchten Wüstensandes.

Partner dringend gesucht

SOZIALVERHALTEN

Bei den zwölf Arten der baumbewohnenden Breitfuß- und Pinselschwanzbeutelmäuse sowie bei der Roten Beutelmaus werden Männchen und Weibchen mit elf Monaten geschlechtsreif. Die Paarung erfolgt im Frühling in einem Zeitraum von zwei bis drei Wochen. Auslöser für die Ovulation bei den Weibchen ist die zunehmende Tageslichtlänge. Die Männchen sterben innerhalb eines Monats nach der Paarung im Alter von einem Jahr, die Weibchen leben weiter und pflanzen sich ein zweites oder drittes Mal fort. Fast alle Weibchen haben einmal jährlich sechs bis zwölf Junge. Die Männchen sterben aufgrund erhöhter Stresshormonspiegel im Blut (siehe *Special Feature*, Seite 822).

Andere Raubbeutler sind weniger festgelegt. Bei der Harney-Beutelmaus erfolgt die Paarung zwar ebenfalls synchron im Winter, aber rund 70 % der Männchen überleben die erste Paarungssaison und etwa ein Viertel beider Geschlechter pflanzt sich noch mit zwei Jahren fort. Die Art betreibt nur geringen Fortpflanzungsaufwand; nur 65 bis 88 % der Weibchen haben jedes Jahr Würfe mit nur selten mehr als vier bis fünf Jungen.

Andere Arten wie die Schmalfußbeutelmäuse werden mit sechs bis acht Monaten geschlechtsreif. Die Weibchen können in der bis zu acht Monate währenden Fortpflanzungssaison zwei bis drei Würfe hervorbringen. Dies ist möglich, weil die Tragzeit nur zehn bis 13 Tage dauert und die Jun-

Familien der kleinen Raubbeutler

Familie Dasyuridae

Breitfußbeutelmäuse
Gattung *Antechinus*
10 Arten in Australien, darunter Stuart-Breitfußbeutelmaus (*A. stuartii*) und Swainson-Breitfußbeutelmaus (*A. swainsonii*). Queensland- (*A. godmani*), Hammock- (*A. minimus*) und Zimtbreitfußbeutelmaus (*A. leo*) stehen auf der Vorwarnliste. Weitere 5 Arten kommen auf Neuguinea vor; Taxonomie und Bestandsgröße sind bislang jedoch unklar.
Kammschwanzbeutelmäuse
Gattung *Dasycercus*
3 Arten in Australien: Mulgara (*D. cristicaudata*), Kowari (*D. byrnei*), beide gefährdet; *D. hillieri* stark gefährdet.
Neuguineabeutelmäuse Gattung *Murexia*
2 Arten in Indonesien und Neuguinea: Langschwanz-Neuguineabeutelmaus (*M. longicaudata*) und Rothschild-Neuguineabeutelmaus (*M. rothschildi*).
Ningauis Gattung *Ningaui*
3 Arten in Australien: Pilbara-Ningaui (*N. timealeyi*), Rides Ningaui (*N. ridei*), *N. yvonneae*.
Beutelmäuse Gattung *Parantechinus*
2 Arten in Australien: Harney-Beutelmaus (*P. bilarni*); Sprenkelbeutelmaus (*P. aplicalis*), stark gefährdet.
Pinselschwanzbeutelmäuse
Gattung *Phascogales*
2 Arten in Australien: Kleine (*P. calura*) und Große Pinselschwanzbeutelmaus (*P. tapoatafa*); Erstere stark gefährdet, Letztere auf der Vorwarnliste.
Streifenbeutelmäuse
Gattung *Phascolosorex*
2 Arten in Neuguinea: Orangebauch- (*P. doriae*), Braunbauchstreifenbeutelmaus (*P. dorsalis*).
Flachkopfbeutelmäuse
Gattung *Planigale*
6 Arten in Australien und Neuguinea, darunter Giles-Flachkopfbeutelmaus (*P. gilesi*) und Gefleckte Flachkopfbeutelmaus (*P. maculata*). Neuguinea-Flachkopfbeutelmaus (*P. novaeguineae*) ist gefährdet.
Fettschwanzbeutelmäuse
Gattung *Pseudantechinus*
5 Arten in Australien, darunter Fettschwanzbeutelmaus (*P. macdonnellensis*) und *P. woolleyae*.
Schmalfußbeutelmäuse
Gattung *Sminthopsis*
19 Arten in Australien und Papua-Neuguinea, darunter Butlers Schmalfußbeutelmaus (*S. butleri*) und Queensland-Schmalfußbeutelmaus (*S. virginiae*). Douglas- (*S. douglasi*) und Sandschmalfußbeutelmaus (*S. psammophila*) sowie *S. aitkeni* sind gefährdet.
Springbeutelmaus (*Antechinomys laniger*). Australien.
Rote Beutelmaus (*Dasykaluta rosamondae*). Australien.
Streifenbeutelmarder (*Myoictis melas*). Indonesien und Neuguinea.
Lorentz-Pinselschwanzbeutelmaus (*Neophascogale lorentzi*). Neuguinea.

Familie Myrmecobiidae

Numbat (*Myrmecobius fasciatus*). Australien. Gefährdet.

Vollständige Artenliste siehe Anhang Seite 888 ▷

Der Numbat oder Ameisenbeutler

Der Numbat *(Myrmecobius fasciatus),* einziges Mitglied der Familie Myrmecobiidae, ernährt sich von Termiten und ist wohl deshalb das einzige rein tagaktive australische Beuteltier. Schwarzweiße Querstreifen schmücken seinen Rumpf und vom Ohr über das Auge bis zur Schnauze läuft ein dunkler, weiß umrandeter Streifen. Diese Zeichnungen und sein zierliches Erscheinungsbild machen ihn zu einem der ansprechendsten Beuteltiere.

Der Numbat verbringt die meiste aktive Zeit mit der Nahrungssuche. Auf der Suche nach unterirdischen Termitengängen bleibt er immer wieder stehen, schnüffelt am Boden und dreht kleine Holzstücke um. Wird er fündig, hockt er sich auf die Hinterbeine und beginnt sofort mit seinen kräftigen Grabklauen an den Vorderpfoten zu graben. Seine Beute fängt er mit der sehr langen, dünnen Zunge, die immer wieder in den Termitenbau vorschießt. Er verzehrt auch gelegentlich Ameisen, aber wohl unabsichtlich während der Termitenmahlzeit. Seine Nahrung kaut er nicht. Dafür verschluckt er kleine Kiesel und Erde.

Numbats leben die meiste Zeit als Einzelgänger und besetzen jeweils Reviere von bis zu 150 ha. In der kühlen Jahreszeit teilen sich einzelne Männchen und Weibchen manchmal ein Revier, finden sich aber auch dann selten zusammen. Ganzjährigen Unterschlupf bieten hohle Stämme, doch Numbats graben auch Baue und verbringen in kälteren Monaten oft die Nacht darin. Die Baue und manche hohlen Stämme werden mit Laub, Gras und manchmal Rinde ausgepolstert. Im Sommer sonnt sich der Numbat häufig auf Stämmen.

Zwischen Januar und Mai kommen vier Junge zur Welt und saugen sich an den Zitzen der Mutter fest; ein Beutel fehlt. Im Juli oder August legt die Mutter die Jungen im Bau ab und säugt sie nachts. Im Oktober sind sie halb ausgewachsen und verspeisen Termiten, bleiben aber noch im elterlichen Revier bis zum Frühsommer (Dezember).

Numbats lebten einst in ganz Süd- und Zentralaustralien, von der Westküste bis in die semiariden Gebiete im Westen von New South Wales. Heute findet man sie vereinzelt in Eukalyptuswäldern und Wäldern im Südwesten Westaustraliens. Zu ihrem Rückgang haben vor allem die Zerstörung von Lebensräumen durch Landwirtschaft und die Bejagung durch Füchse beigetragen. Heute ist ihr Lebensraum größtenteils gesichert, doch wegen der kleinen Populationen gilt die Art als gefährdet. Man bemüht sich eine Zucht aufzubauen, aus der natürliche Populationen gebildet werden können. AKL

Links: *Der Mulgara ist ein seltener Anblick. Allerdings soll seine Zahl zunehmen, wenn in seinem Revier eine Hausmausplage (seine Lieblingsbeute) herrscht. Er verspeist die Maus vom Kopf bis Schwanz und wendet dabei deren Haut.*

gen mit 60 bis 70 Tagen entwöhnt sind. Bei Breitfuß-, Fettschwanz- und Pinselschwanzbeutelmäusen dauert die Tragzeit 30 bis 40 Tage, die Entwöhnung erfolgt nach drei Monaten. Vier Arten scheinen keiner bestimmten Paarungssaison zu folgen. Nordaustralische Populationen der Gefleckten Flachkopfbeutelmaus haben durchgängig Würfe von vier bis zwölf Jungen und drei Breitfußbeutelmausarten Neuguineas bringen kontinuierlich kleinere Würfe von drei bis vier Jungen hervor.

Die verschiedenen Lebensstile der Raubbeutler sind vermutlich Reaktionen auf das wechselnde Vorhandensein wirbelloser Beute. So finden Breitfuß- und Pinselschwanzbeutelmäuse im Frühling und Sommer stets reiche Beute; die Paarung erfolgt so, dass Laktation und Entwöhnung der Jungen in diese Zeit fallen. Dadurch sinkt das Risiko eines reproduktiven Misserfolgs durch Nahrungsmangel. Bei Schmalfußbeutelmäusen, Ningauis und anderen Arten, bei denen die Männchen überleben oder die Weibchen pro Saison mehr als einen Wurf haben, sind reiche Nahrungsvorkommen seltener oder weniger zuverlässig. Das Risiko eines Misserfolgs durch Mangel ist dadurch größer, verteilt sich aber auf mehrere Würfe.

Bei den meisten kleinen Raubbeutlern ist über Kommunikation und Sozialstrukturen wenig bekannt. Die Arten sind Einzelgänger, die nur zur Paarungszeit und Aufzucht der Jungen Gruppen bilden. Die Männchen von Arten wie Ningauis, die meist in geringer Dichte oder in offenen Lebensräumen leben, äußern anhaltend Klick- oder Zischlaute, um Weibchen anzulocken. Letztere antworten, wenn sie paarungswillig sind. Viele Arten zischen laut, wenn es zu feindlichen Begegnungen kommt oder sie Nest oder Nahrung verteidigen.

Bei manchen waldbewohnenden Raubbeutlern wie *Antechinus agilis* entfernen sich junge Männchen nach dem Entwöhnen vom Nest und bleiben tage- bis wochenlang bei fremden Weibchen. Zur Paarungssaison sammeln sich Männchen offenbar in Leks auf Bäumen, wo sie von den Weibchen „begutachtet" werden. Beide Geschlechter paaren sich mit mehreren Partnern. Weibchen speichern brauchbare Spermien bis zu zwei Wochen lang im Fortpflanzungskanal, die Würfe haben also mehrere Väter. Die Paarung mit mehreren Partnern führt bei den Weibchen zu Spermienkonkurrenz; dies kann den Vorteil genetisch heterogener Nachkommen haben. Für Männchen bedeutet dies allerdings eine unsichere Vaterschaft und zwingt sie, nach weiteren Partnerinnen zu suchen.

Kleine Überlebende

ARTEN- UND UMWELTSCHUTZ

Im Gegensatz zu ihren größeren Verwandten haben die kleinen Raubbeutler unter der europäischen Besiedlung weniger gelitten. Keine Art ist ausgestorben und nur sieben verloren mehr als ein Viertel ihres Lebensraums. Dennoch leben viele in kleinen Lebensräumen oder Populationen: 15 australische Arten gelten als bedroht, so auch die Neuguinea-Flachkopfbeutelmaus. Landwirtschaftliche Rodungen und Bejagung durch Katzen und Füchse sind ernsthafte Bedrohungen. Die Populationen der meisten gefährdeten Arten leben zumindest teilweise in Schutzgebieten. Die Bekämpfung eingeschleppter Raubtiere bremste den Rückgang der bedrohten Kleinen Pinselschwanzbeutelmaus und lässt hoffen, dass flächendeckende Maßnahmen dieser Art auch andere bedrohte Arten schützen. CRD

EINMALIGE CHANCE ZUR FORTPFLANZUNG

Sex und Tod bei Breitfußbeutelmäusen

VIELE SÄUGETIERE BRINGEN GROSSE OPFER, UM SICH fortzupflanzen, doch den Rekord halten sicher jene, die sich nur einmal im Leben vermehren und ihren Körper dafür hingeben. Die meisten Säuger lassen die Fortpflanzung vernünftigerweise langsam angehen. Nur selten haben sie schon beim ersten Versuch die größten Würfe oder die kräftigsten Jungen. Zumindest anfangs nimmt die Fortpflanzungsfähigkeit mit dem Alter zu. Bei bestimmten Arten aber setzen manche Individuen alles auf eine Karte. Wühlmäuse der alpinen Regionen, die den Winter überlebt haben, bringen vor ihrem Tod nur einen Wurf hervor. Ihre Nachkommen besorgen dann die Fortpflanzung im Frühling und Sommer. Und bei zwei Gruppen carnivorer Beuteltiere, den australischen Raubbeutlern und den amerikanischen Beutelratten, pflanzen sich alle Individuen bestimmter Arten ausschließlich beim ersten und einzigen Versuch fort. Alle Weibchen dieser Arten sind gleichzeitig einmal im Jahr paarungsbereit. Danach sterben alle Männchen, manchmal innerhalb von nur drei oder vier Tagen – und manchmal sogar, bevor alle Weibchen ihren Eisprung hatten. Die Weibchen leben weiter; sie bringen die Jungen zur Welt, säugen sie und sterben meist schon nach dem ersten Wurf.

Organismen, die sich nur einmal im Leben fortpflanzen, nennt man semelpar; iteropare Organismen vermehren sich häufiger. Die erste Strategie ist seltsam – und selten. Echt semelpare Fortpflanzung ist mindestens zweimal bei den Beutelratten und fünfmal bei den Raubbeutlern entstanden. Bei anderen Säugern oder Vögeln fehlt sie ganz. Betroffene Arten sind beispielsweise die gut erforschten Breitfußbeutelmäuse mit gerade 20 g Gewicht, die Pinselschwanzbeutelmäuse und der katzengroße Zwergfleckenbeutelmarder.

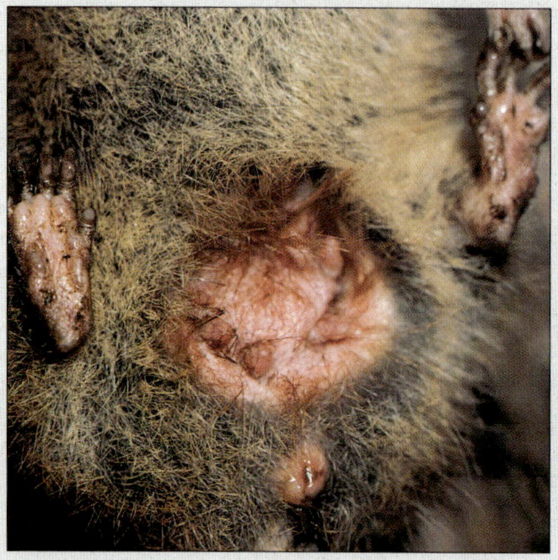

Oben: *Einigen Breitfußbeutelmäusen (hier die Hammock-Breitfußbeutelmaus,* Antechinus minimus) *fehlt der Beutel. Stattdessen befinden sich die Zitzen an einer nackten Hautstelle.*

Unten: *Die Aufzucht von bis zu zehn Jungen kostet die weibliche Breitfußbeutelmaus enorme Energie. Damit die Mutter genug Milch geben kann, fällt die Laktationsphase in die Zeit mit dem größten Angebot an Beutetieren. Diese gewährt eine optimale Nahrungsversorgung für das Weibchen.*

Diese Strategie tritt nur in verlässlichen, stark saisonalen Lebensräumen auf und ist in der extrem langsamen Reproduktionsrate kleiner Beuteltiere begründet. Das berühmteste semelpare Beuteltier, die Stuart-Breitfußbeutelmaus *(Antechinus stuartii)*, hat eine Tragzeit von vier Wochen; die Neugeborenen wiegen nur 16 mg. Sie werden im flachen Beutel untergebracht, wo sich ihre winzigen Körper mithilfe eines Schwellkörpers an ihrer Brust strecken, sodass sie sich an einer Zitze festsaugen können. Dort wachsen sie innerhalb von fünf Wochen zu einer Größe von 1 cm heran. Frühestens mit 14 Wochen werden sie entwöhnt.

Da die Mutter bis zu zehn Junge säugen muss, steigt ihre Stoffwechselrate auf das Zehn- bis Zwölffache des Ruhewerts an – ein Rekord unter den Säugetieren. Ihre Fortpflanzung ist daher so angelegt, dass die späte Laktation zuverlässig in die Zeit mit dem reichsten Nahrungsangebot in Form von Insekten und Spinnen fällt, also Spätfrühling und Sommer. Die Weibchen müssen daher im Winter tragend werden, wenn Nahrung knapp ist. Die Männchen müssen ihre Kondition zuvor unter Beweis stellen, da sie sich zur Paarung in besonderen Bäumen versammeln, wo sie von den Weibchen aufgesucht werden. Während der kurzen Brunstzeit versammeln sich bis zu zwölf Männchen in einer Baumhöhle, die von den Weibchen besucht wird.

Die Männchen stehen einem dreifachen Dilemma gegenüber. Sie müssen sich im Winter paaren, noch dazu in einem Gemeinschaftsnest, das bis zu 1 km von ihrem eigenen Revier entfernt liegt. Und dann riskieren sie auch noch, sollten sie in dieser Zeit zu fressen versuchen, die entscheidenden Besuche paarungswilliger Weibchen zu versäumen. Hier wird der adaptive Vorteil des Sterbens erkennbar. Die Männchen lösen das Problem, indem sie eine Extremform der bei allen Säugern unter Stress zu beobachtenden Stressreaktion zeigen: die Ausschüttung von Corticosteroiden. Das wirksamste davon ist bei Säugern das Cortison. Dieses hemmt den Appetit und fördert die Gluconeogenese, also die Umwandlung von Proteinen in Zucker.

Dies bedeutet, dass außer dem schnell verbrannten Fett noch andere Reserven als Notbrennstoff für den Körper abgebaut werden können. Allerdings ist die Stressreaktion eine zweischneidi-

Links: *Breitfußbeutelmausweibchen bei seinen acht Wochen alten Jungen in einer Baumhöhle. Diese sind nackt, hilflos und auf die Muttermilch angewiesen, bis sie mit frühestens 14 Wochen entwöhnt werden.*

ge Sache. Cortison unterdrückt nämlich auch das Immunsystem und Entzündungsreaktionen. Gestresste Tiere werden also schneller krank. Bei den meisten Organismen wird dies durch corticosteroidbindende Globuline verhindert, die einen Teil des Cortisons inaktivieren, und durch negative Rückkopplung im Gehirn, das die Produktion stoppt.

Semelpare Beuteltiere aber reduzieren die Menge der bindenden Globuline in selbstmörderischer Weise zu Beginn der Paarungssaison radikal – und so wird die negative Rückkopplung ausgeschaltet. Die Männchen können sich somit praktisch von innen verzehren und bezahlen dafür mit einem elenden Tod. Die häufigste Todesursache dieser Tiere sind massive Blutungen aus Magen- und Darmgeschwüren, aber auch sonst harmlose Parasiten und andere Mikroorganismen können pathogen werden, da das Immunsystem versagt. Die Weibchen überleben die Männchen. Aber um sich erfolgreich ein zweites Mal fortzupflanzen, müssten sie weitere 16 Monate leben, was den meisten nicht gelingt.

Diese paradoxe Lösung für die Probleme der Paarung ist auch bei anderen Organismen entstanden, die sich ebenfalls in einer widrigen Umgebung vermehren müssen, so etwa bei Aalen, die sich im salzigen Meerwasser fortpflanzen, oder bei Lachsen, die im Meer leben, aber im Süßwasser laichen. Sie nutzen exakt dasselbe Hormonsystem bei ihrer Wanderung und zahlen denselben Preis dafür.

Die seltsame Lebensgeschichte dieser kleinen Beuteltiere ist schon für sich genommen faszinierend; die extrem schlichte Populationsstruktur, die Individuen identischen Alters hervorbringt, gibt aber auch einen einzigartigen Einblick in die Säugetiersoziologie generell. Bei vielen Säugern wandern junge Männchen ab und Weibchen bleiben in der Nähe ihres Geburtsorts. Dies schrieb man bisher der Konkurrenz zwischen Vätern und Söhnen um Paarungschancen zu. Bei semelparen Beuteltieren muss es für die – hier besonders extreme – männliche Abwanderung allerdings eine andere Erklärung geben. Vielleicht wird auf diese Weise Inzest vermieden. Die Weibchen bleiben nach der Entwöhnung bei der Mutter, während alle Männchen manchmal kilometerweit in andere Reviere abwandern – und das, obwohl die Väter bei diesen Arten tot sind, lange bevor ihre Söhne zur Welt kommen. AC

Bandikuts

BANDIKUTS (NASENBEUTLER) SIND AGILE, rattenähnliche, langschwänzige Beuteltiere mit langen Schnauzen. Namen und Abstammung teilen sie mit den Kaninchennasenbeutlern oder Bilbies, die aride Lebensräume brauchen; diese haben nicht nur lange Ohren, längere Beine und seidigeres Fell, sondern graben anders als die übrigen Bandikuts auch Baue. Eine der beiden Bilbyarten gilt als ausgestorben, die andere als bedroht.

Bandikuts haben, abgesehen von einer Schmalfußbeutelmaus (Gattung *Sminthopsis*), die höchste Fortpflanzungsrate aller Beuteltiere. Darin ähneln sie den plazentalen Nagern; wie diese setzen sie alles auf viele Nachkommen ohne große mütterliche Fürsorge. Ansonsten besetzen diese kleinen Insekten- und Allesfresser jedoch eine Nische, die der von Spitzmäusen und Igeln ähnelt.

Kurzer Hals und spitze Schnauze

KÖRPERBAU UND FUNKTION

Die meisten Bandikuts sind kaninchengroß oder kleiner und haben einen kompakten Körper mit kurzem Hals. Die Ohren sind meist kurz, die Vorderfüße besitzen drei kräftige, abgeflachte Krallen, und der Beutel ist nach hinten offen. Von diesem Muster wich der kürzlich ausgestorbene Schweinsfußnasenbeutler am stärksten ab. Er hatte sich seinem nomadischen Leben in offenen Landschaften mit längeren Beinen und hufähnlichen Vorderfüßen angepasst. Die Langnasenbeutler der Gattung *Perameles* weisen besonders lange Ohren auf; die längsten Ohren besitzen allerdings die Bilbies. Die kleinen, ebenmäßigen Zähne haben deutliche Höcker. Die meisten Bandikuts sind omnivor und suchen ihre Nahrung vor allem am Boden, in den sie kleine Trichter graben.

Bandikuts unterscheiden sich von den anderen Beuteltieren durch die verschmolzenen (syndactylen) Zehen an den Hinterfüßen, die einen „Kamm" bilden, und die polyprotodonte Bezahnung (mit mehr als zwei gut entwickelten unteren Schneidezähnen). Im nach hinten offenen Beutel befinden sich meist acht Zitzen. Mit den wachsenden Jungen dehnt sich der Beutel unter dem Bauch der Mutter aus; ist er leer, zieht er sich wieder zusammen. Meist werden zwei bis drei Junge geboren.

Bandikuts haben einen ausgezeichneten Geruchssinn. Sie sind nachtaktiv und ihre Augen sind an die Dunkelheit angepasst. Ihr binokulares Sehen ist allerdings eingeschränkt, vielleicht weil die lange Nase im Weg ist. Große Langnasenbeutler äußern bei nächtlichen Störungen schrille Warnlaute. Bandikuts niesen manchmal geräuschvoll, wohl um die Nase von Erde zu reinigen. Nur selten geben sie laute Rufe von sich, manche Arten aber äußern als Drohung ein sehr tiefes, scharfes Keuchen mit gebleckten Zähnen.

Die Zahnformel ist I5/3, C1/1, P3/3, M4/4 = 48. Nur Stachelnasenbeutler besitzen oben vier Paar Schneidezähne (I4/3). Geschlechtsdimorphismus ist bei allen Arten bekannt; manchmal sind die Männchen 60 % schwerer und 15 % länger als die Weibchen. Sie haben auch meist längere Eckzähne.

Die Klassifikation der Bandikuts steht noch nicht ganz fest, obwohl alle Gattungen wohl klar definiert sind. Derzeit unterscheidet man zwei Familien, eine davon (Peramelidae) mit zwei Unterfamilien. Die taxonomische Verwandtschaft zwischen Kurznasenbeutlern und anderen Bandikuts und die Taxonomie der meisten Arten Neuguineas ist noch fraglich.

Kurznasenbeutler sind kräftige, kurzohrige, einfarbige Tiere. Sie leben in Gegenden mit dichtem Bodenbewuchs, hohem Gras oder niedrigem Gebüsch. Der Kleine Kurznasenbeutler bevorzugt Heidelandschaften, während der Große Kurznasenbeutler in Feuchtwäldern und Wäldern vertreten ist. Besonders auf Inseln und in offeneren Landschaften gibt es auch Zwergformen, vielleicht aufgrund des schlechteren Nahrungsangebots.

Anhand des Unterkieferwinkels und eines zusätzlichen Höckers auf dem letzten oberen Molar hat man bisher die Arten unterschieden, aber die Taxonomie ist noch nicht ganz klar. Die Verbreitungsgebiete von Kleinem und Großem Kurznasenbeutler überschneiden sich nur an einer einzigen Stelle, die von Großem und Goldenem Kurznasenbeutler überlappen sich jedoch.

Die Langnasenbeutler sind zierlicher, ihr Schädel ist relativ lang, die *Bullae tympanicae* sind klein

und die Ohren länger. Sie bevorzugen Lebensräume mit lockerem Bodenbewuchs, erweisen sich aber als weniger stark festgelegt. Manche Arten zeigen streifenförmige Fellzeichnungen. Das große Verbreitungsgebiet der Arten der ariden Zonen reicht von Westaustralien bis ins westliche New South Wales. Der Große Langnasenbeutler dagegen lebt nur an der Ostküste, der Tasmanische Langnasenbeutler in Grasland und Baumsavannen Südostaustraliens und Tasmaniens. Wichtigste Unterschiede zwischen den Arten sind die Größe der Ohren und der Bullae tympanicae (jeweils in ariden Regionen größer) sowie die Anordnung der Zehen an den Hinterfüßen. Zudem sind manche Arten mehr oder weniger gestreift, waldbewohnende weniger als die des Graslands.

Kaninchennasenbeutler haben längliche Ohren, schmale „Rüssel" und gut entwickelte Bullae tympanicae mit zwei Kammern. Das Fell ist lang und seidig, der Schwanz lang mit einem Haarkamm. Als einzige Bandikuts graben sie Baue. Schon früh spalteten sie sich von der Hauptlinie ab und spezialisierten sich auf aride Lebensräume. Arten und Populationen unterscheiden sich in Größe, Fell und Schwanzfarbe sowie in der Größe der Bullae tympanicae, die beim heute als ausgestorben geltenden Kleinen Kaninchennasenbeutler größer waren.

Über die auf Neuguinea lebenden Regenwaldnasenbeutler (Peronyctidae) weiß man wenig. Die Waldbewohner zeigen kaum Modifikationen und besitzen kurze Ohren. Ihr Schädel ist zylindrischer gebaut als bei den Nasenbeutlern. Die Stachelnasenbeutler und der Ceramnasenbeutler weisen einen langen, schmalen Rüssel auf. Die Bullae tympanicae sind klein. Stachelnasenbeutler besitzen kurze Schwänze.

▲ *Oben: Der Große Kaninchennasenbeutler, hier beim Säugen der Jungen, ist ein heute seltener Wüstenbewohner. Die Zerstörung von Lebensräumen und Raubtiere haben sein Vorkommen stark reduziert.*

▼ *Unten: Typische Haltungen des Großen Kurznasenbeutlers. Er ist nachtaktiv und prüft die Umgebung schnüffelnd auf Gefahren* ***1.*** *Meist läuft er auf vier Beinen, nur sehr aggressive Männchen hüpfen auf den Hinterbeinen* ***2.*** *Mit den starken Vorderklauen gräbt das Tier nach Nahrung* ***3.*** *Nach der vielleicht kürzesten Tragzeit aller Säugetiere kriechen die Neugeborenen in den Beutel der Mutter* ***4,*** *wo sie einige Wochen bleiben. Der Beutel dehnt sich dabei aus* ***5.***

5

FAKTEN

BANDIKUTS (NASENBEUTLER)

Ordnung: Peramelemorphia

Familien: Peramelidae und Peroryctidae

18 noch existierende Arten in 7 Gattungen

LEBENSRAUM Viele Lebensräume Australiens und Neuguineas von Wüste bis Regenwald, auch semiurbane Gebiete.

GRÖSSE **Körperlänge** von 17–26,5 cm beim Mausnasenbeutler bis 50–60 cm beim Neuguinea-Nasenbeutler; **Schwanzlänge** von 11–12 cm bis 15–20 cm, **Gewicht** von 140–185 g bis 4,8 kg bei den beiden genannten Arten. Männchen bei größeren Arten um bis zu 50 % schwerer als Weibchen.

FELL Meist kurz und derb (steif und stachelig bei einigen Arten Neuguineas); beim Großen Kaninchennasenbeutler länger und seidiger.

NAHRUNG Insekten und andere Wirbellose, Zwiebeln, Wurzeln und Knollen.

FORTPFLANZUNG Tragzeit 12,5 Tage beim Großen und Tasmanischen Langnasenbeutler sowie beim Großen Kurznasenbeutler; 14 Tage beim Großen Kaninchennasenbeutler.

VERBREITUNG Australien, Neuguinea.

LEBENSERWARTUNG 2–3 Jahre beim Tasmanischen Langnasenbeutler, etwas mehr beim Großen Kurznasenbeutler.

IUCN-STATUS Zwei Bandikutarten – Schweinsfußnasenbeutler *(Chaeropus ecaudatus)* und Wüstenlangnasenbeutler *(Perameles eremiana)* – kürzlich für ausgestorben erklärt, wie zuvor schon der Kleine Kaninchennasenbeutler *(Macrotis leucura)*. Mehrere Arten sind bedroht; der Bänder-Langnasenbeutler *(Perameles bougainville)* gilt als stark gefährdet, 3 andere Arten als gefährdet, darunter der Große Kaninchennasenbeutler *(Macrotis lagotis)*. Über die Lage vieler Arten Neuguineas ist wenig bekannt; manche wurden nur ein- oder zweimal gefangen.

Übersicht der Familien siehe Seite 826 ▷

Oben: *Kleiner (Bild) und Großer Kurznasenbeutler teilen sich nur in einer anomalen Population auf der Cape-York-Halbinsel in Nordaustralien den Lebensraum.*

Familien der Bandikuts

Familie Peramelidae
Unterfamilie Peramelinae

Langnasenbeutler Gattung *Perameles*
3 Arten: Bänder-Langnasenbeutler *(P. bougainville)*, Tasmanischer Langnasenbeutler *(P. gunnii)*, Großer Langnasenbeutler *(P. nasuta)*. Der Wüstenlangnasenbeutler *(P. eremiana)* gilt als ausgestorben.
Kurznasenbeutler Gattung *Isoodon*
3 Arten: Goldener Kurznasenbeutler *(I. auratus)*, Großer Kurznasenbeutler *(I. macrourus)* und Kleiner Kurznasenbeutler *(I. obesolus)*.
Schweinsfußnasenbeutler *(Chaeropus ecaudatus)* wird in Anhang 1 des WA geführt, gilt bei der IUCN aber als ausgestorben.

Unterfamilie Thylacomyinae

Kaninchennasenbeutler oder **Bilbies**
Gattung *Macrotis*
Großer Kaninchennasenbeutler *(M. lagotis)*.
Der Kleine Kaninchennasenbeutler *(M. leucura)* ist in Anhang 1 des WA geführt, gilt bei der IUCN aber als ausgestorben.

Familie Peroryctidae

Neuguinea-Nasenbeutler Gattung *Peroryctes*
2 Arten: Neuguinea-Nasenbeutler *(P. broadbenti)*, Großer Neuguinea-Nasenbeutler *(P. raffrayanus)*.
Mausnasenbeutler Gattung *Microperoryctes*
3 Arten: Mausnasenbeutler *(M. murina)*, Langschwänziger Mausnasenbeutler *(M. longicauda)*, Papua-Mausnasenbeutler *(M. papuensis)*.
Stachelnasenbeutler Gattung *Echymipera*
5 Arten: Rufous Stachelnasenbeutler *(E. rufescens)*, Clara-Stachelnasenbeutler *(E. clara)*, *E. echinista*, Flachstachelnasenbeutler *(E. kalubu)*, *E. davidi*.
Ceramnasenbeutler *Rhynchomeles prattorum*.

Spezielle Lebensräume

VERBREITUNG

In der jüngeren Vergangenheit (im Pleistozän) haben sich die Bandikuts Australiens und Neuguineas weitgehend separat entwickelt, da die Landmassen getrennt wurden und die Lebensräume sich stark voneinander unterscheiden. Bis auf eine sind alle Gattungen Neuguineas endemisch; nur Rufous Stachelnasenbeutler kommt auch in Nordaustralien vor. Umgekehrt dringt nur eine australische Art, der Große Kurznasenbeutler, in die Baumsavannen im Süden Neuguineas vor. Die verschiedenen Eigenschaften der Lebensräume scheinen also größeren Einfluss zu haben als die Wasserbarriere zwischen beiden Ländern.

In Neuguinea finden sich je nach Höhenlage unterschiedliche Arten. Großer Kurznasenbeutler, Neuguinea-Nasenbeutler und die meisten Stachelnasenbeutler sind Flachlandbewohner, manche kommen aber bis in 2000 m Höhe vor. Mausnasenbeutler, Langschwänziger Mausnasenbeutler und Großer Neuguinea-Nasenbeutler leben in höheren Lagen ab etwa 1000 m. Der Ceramnasenbeutler lebt in großen Höhen ab 1800 m.

In Australien unterliegen Arten in ihrer Verbreitung starken klimatischen Einflüssen. Dabei haben auf aride und semiaride Lebensräume spezialisierte Arten seit der europäischen Besiedlung stark gelitten; drei (Wüstenlangnasenbeutler, Schweinsfußnasenbeutler und Kleiner Kaninchennasenbeutler) Arten gelten als ausgestorben. Überlebt haben u.a. Bänderlangnasenbeutler, Goldener Kurznasenbeutler und Großer Kaninchennasenbeutler.

All dies geht direkt oder indirekt auf die Regenmengen zurück. Der Große Kurznasenbeutler lebt in Küstenregionen Ost- und Nordaustraliens und kommt im Inland bis zur 72,5-cm-Isohyete (Niederschlagslinie) zahlreich vor. Jenseits davon ist er auf Wasserläufe beschränkt, in deren Nähe er sogar bis zur 60-cm-Isohyete auftritt. Kleine Kurznasenbeutler sind (außer auf Tasmanien) mehr auf die Küsten beschränkt und der Große Langnasenbeutler dringt nur im Nordosten Victorias über die Berge der Great Dividing Range vor.

Opportunistische Omnivoren

NAHRUNG

Das Gebiss der Bandikuts ist zwar auf kleine wirbellose Beute spezialisiert, doch ernähren sich die Tiere opportunistisch von Insekten und anderen Wirbellosen, Früchten, Samen krautiger Pflanzen, unterirdischen Pilzen und gelegentlich von Pflanzenfasern. Oft finden sie den Großteil der Nahrung oberirdisch. Wahrscheinlich wenden sie sich anderem zu, wenn Insekten fehlen. Sie spüren die Nahrung im Boden mit der Nase auf und graben sie dann mit den kräftigen Vorderklauen aus. Die lange Schnauze dient wohl dazu, in Höhlungen nach Nahrung zu wittern.

Der Große Kurznasenbeutler durchstreift auf der Futtersuche langsam sein ganzes Revier. Er ernährt sich von kleinen Nahrungspartikeln, die eher verstreut als gehäuft an einer Stelle zu finden sind. Der Tasmanische Langnasenbeutler konzentriert sich auf Gebiete mit feuchtem Erdreich und vielfältiger Vegetation, wo Nahrung in größerer Menge und Vielfalt vorkommt und sich leichter ausgraben lässt.

Schnelle Vermehrung

SOZIALVERHALTEN

Die meisten Arten leben einzelgängerisch und finden nur zur Paarung zusammen; auch zwischen Mutter und Jungen scheint keine bleibende Bindung zu bestehen. Die Männchen sind meist größer und dominanter als die Weibchen. Ebenbürtige Männchen fechten die Rangordnung durch Jagen, selten auch durch Kämpfe aus, bei denen die Kontrahenten auf den Hinterbeinen stehen.

Männchen verteidigen größere Reviere als Weibchen, beim Großen Kurznasenbeutler etwa 1,7 bis 5,2 ha (Weibchen 0,9 bis 2,1 ha). Ähnliches gilt für den Tasmanischen Langnasenbeutler, jedoch nur für das eigentliche Revier, nicht das gesamte Streifgebiet. Die Bezirke beider Geschlechter überlappen weit, wenn auch nicht die Kerngebiete. Oft geben Weibchen die Verteilung vor, indem sie geeignete Nist- und Futterplätze auswählen und verteidigen. Männchen durchstreifen allnächtlich fast das gesamte Revier, vielleicht um andere Männchen oder paarungswillige Weibchen aufzuspüren. Bei Populationen mit Männchenüberschuss paaren sich oft viele Männchen wiederholt mit einem Weibchen.

In Gefangenschaft gehaltene Große Kurznasenbeutler bauen eifrig Nester. Diese bilden eine Höhle in einem Laubhaufen oder dergleichen. Das Nest ist bei dieser Art in der Natur wohl ein wichtiger Ort sozialer Interaktion. Tasmanische Langnasenbeutler legen verschiedene Nester an. Besonders komplex sind die ausgepolsterten, überdachten Höhlen zur Jungenaufzucht.

Viele Arten besitzen hinter den Ohren Duftdrüsen. Beim Großen Kurznasenbeutler finden sie sich bei beiden Geschlechtern. Bei aggressiven Begegnungen setzen zwei Männchen damit Duftmarken an Boden oder Pflanzen. Durch ihre hohe Vermehrungsrate können Bandikuts nach Bränden oder Dürrezeiten schnell wieder große Populationen aufbauen, wenn sich der Lebensraum erholt hat.

Die Fortpflanzung der australischen Bandikuts ist eingehend erforscht. Ein gutes Beispiel bietet der Große Kurznasenbeutler. Die Tragzeit dauert 12,5 Tage; sie ist kaum halb so lang wie bei den meisten anderen Beuteltieren und mit die kürzeste aller Säuger. Der Embryo entwickelt sich mithilfe einer unter den Beutlern nur bei Bandikuts anzutreffenden Form der chorioallantoiden Plazentation, die der Plazenta der Eutheria ähnelt. Andere Beuteltiere bilden nur eine Dottersackplazenta; Bandikuts und Eutheria haben unabhängig voneinander die beiden Plazentationstypen entwickelt.

Bei der Geburt sind die Jungen etwa 1 cm lang und rund 0,2 g schwer; die Vorderbeine sind gut entwickelt. Das Neugeborene ist über den Allantoisstiel mit der Mutter verbunden, während es in den Beutel kriecht. Dort saugt es sich an einer Zitze fest. Die Jungen verlassen den Beutel nach 49 bis 50 Tagen und werden zehn Tage später entwöhnt. Bei günstigen Bedingungen tritt mit etwa 90 Tagen die Geschlechtsreife ein, meist aber deutlich später. Die Weibchen sind polyöstrisch und pflanzen sich bei geeignetem Klima das ganze Jahr hindurch, sonst saisonal fort. Die Paarung erfolgt oft kurz bevor die Jungen den Beutel verlassen. Durch die Tragzeit von 12,5 Tagen kommt der nächste Wurf etwa dann zur Welt, wenn die älteren Jungen entwöhnt werden. In Gefangenschaft haben Weibchen vier bis fünf Würfe pro Jahr, also in ihrem Leben etwa 18 Jungen. In der Natur ist die Zahl vermutlich halb so groß. In Gefangenschaft erreichen nur 40 % der Jungen die Geschlechtsreife, in freier Natur sogar nur 11,5 %. Trotz großer Fruchtbarkeit ist also die Nachkommenschaft gering.

Der Fortpflanzungszyklus zeigt bei Bandikuts einige Besonderheiten, die sie von allen anderen Beuteltieren unterscheiden. Sie sind hoch spezialisiert auf viele Nachkommen und geringe elterliche Fürsorge. Das erreichen sie meist durch kurze Tragzeiten, eine schnelle Entwicklung der Jungen im Beutel, frühe Geschlechtsreife und schnell aufeinander folgende Würfe bei den polyöstrischen Weibchen. Weibliche Tasmanische Langnasenbeutler werden mit weniger als vier Monaten geschlechtsreif und pflanzen sich unter normalen Klimabedingungen drei Jahre lang das ganze Jahr hindurch fort. Bei einer Population des Großen Kurznasenbeutlers, deren Fortpflanzungssaison jeweils sechs bis acht Monate währte, brachten die Weibchen in der ersten Saison durchschnittlich 6,4, in der nächsten 9,6 überlebende Junge zur Welt. Die Würfe sind zwar recht groß, werden aber beispielsweise von Raubbeutlern noch übertroffen.

Oben: *Junge Stachelnasenbeutler (Gattung* Echymipera*) im Nest. Bandikuts versorgen ihre Jungen kaum, sondern setzen eher auf eine hohe Geburtenrate.*

Unten: *Der Tasmanische Langnasenbeutler kommt auf dem australischen Festland nur noch in winzigen Restpopulationen vor.*

Vom Aussterben bedroht

ARTEN- UND UMWELTSCHUTZ

Bei australischen Bandikuts ist ein besonders starker Rückgang zu verzeichnen. Alle Arten semiarider und arider Zonen sind massiv zurückgegangen oder sogar ausgestorben; geblieben sind nur einige stark gefährdete Restpopulationen. Die Beweidung durch Rinder, Schafe oder Kaninchen war wohl stets maßgeblich am Aussterben der Arten beteiligt, ebenso die dauerhafte Veränderung des Bodenbewuchses. Fachleute machen auch eingeschleppte Raubtiere verantwortlich. Rinder und Schafe in solchen Regionen nicht zuzulassen, ist eine wichtige Schutzmaßnahme.

Nur wenige Arten, die in Zonen mit höherem Niederschlag vorkommen (darunter Großer Langnasenbeutler, Großer und Kleiner Kurznasenbeutler) sind nicht gefährdet. Alle haben durch die europäische Besiedlung gelitten. Selbst diese „häufigen" Arten sind durch Veränderungen des Lebensraums und Exoten bedroht. Der Große Langnasenbeutler etwa ist in Sydney fast ausgestorben; dasselbe gilt für den Kleinen Kurznasenbeutler im Stadtgebiet von Melbourne.

Zum Schutz des Tasmanischen Langnasenbeutlers gibt es ein Wiedereinbürgerungsprogramm, bei dem gezüchtete Tiere in verschiedenen Schutzregionen ihres früheren Verbreitungsgebiets ausgewildert werden – mit wechselndem Erfolg. Begrenzende Faktoren sind die Bejagung durch eingeschleppte Rotfüchse und Veränderungen des Lebensraums durch einheimische (Kängurus) oder eingeführte (Kaninchen) Pflanzenfresser. Diese Faktoren müssen bekämpft werden. Heute gilt nach über zehn Jahren die Auswilderung bei einigen Populationen als geglückt. Die Art kommt zwar auf Tasmanien weiterhin noch häufig vor, doch gehen auch dort die Zahlen zurück. GG/JHS

Kletterbeutler

DER GEWÖHNLICHE FUCHSKUSU IST IM *entlegenen Outback ebenso zu Hause wie in den meisten australischen Vorstädten. Er gilt als häufigster australischer Säuger und am besten erforschter Kletterbeutler. Über die meisten der übrigen 19 Kletterbeutlerarten dagegen weiß man nur wenig, weil sie verborgen im Regenwald leben oder sehr selten sind.* Phalanger matanim *aus dem Hochland Zentralneuguineas etwa ist nur durch fünf Exemplare in Museen bekannt.*

Die Kletterbeutler (Phalangeridae) sind meist nachtaktiv. Einzige Ausnahme bildet der Bärenkuskus *(Ailurops ursinus)* auf Sulawesi, der als Einziger – wohl als Anpassung an das tagaktive Leben – runde Pupillen hat. Die Tiere sind meist Baumbewohner; selbst Bodenkuskus und Schuppenschwanzpossum, die tagsüber in Erdlöchern ruhen, verbringen die Nacht auf Bäumen. Kletterbeutler sind überlegte Kletterer und neigen nicht zu spektakulären Sprüngen. Als hilfreiche Adaptationen finden sich gebogene, scharfe Vorderkrallen, krallenlose, aber opponierbare erste Zehen an den Hinterbeinen zum Umklammern von Ästen und ein mehr oder weniger nackter Greifschwanz. Kuskuse besitzen gut entwickelte, nach vorn geöffnete Beutel.

Waschechte Australier

EVOLUTION UND AUSBREITUNG

Kletterbeutler entwickelten sich in den Regenwäldern des heutigen australischen Festlands. Die ältesten Fossilien heutiger Gattungen – *Trichosurus, Wyulda* und *Strigocuscus* – stammen aus Gestein des Miozän im nordaustralischen Riversleigh und sind etwa 20 Millionen Jahre alt. *Trichosurus* und *Strigocuscus* lebten in Südaustralien auch im frühen Pliozän vor etwa fünf Millionen Jahren. Die Gattungen *Ailurops, Phalanger* und *Spilocuscus* sind in Australien nicht durch Fossilien vertreten; sie haben ihren Ursprung vielleicht im Miozän oder entstanden früher in Neuguinea aus den nächsten Verwandten von *Ailurops,* als Neuguinea mit Australien verbunden war.

Die meisten Kletterbeutlergattungen – auch fossile Formen – umfassen ein bis vier Arten, nur die Kuskuse *(Phalanger)* bringen es auf zehn Arten. Diese Vielfalt beruht auf der geografischen Isolation ihrer Populationen auf Inseln oder in entlegenen Gebirgszügen Neuguineas, wo sie als einzige Gattung in über 1200 m Höhe vorkommen. *Strigocuscus* ist heute in Australien ausgestorben; an seine Stelle traten zwei andere Kuskuse, der Südliche Wollkuskus *(Phalanger intercastellanus)* und der Tüpfelkuskus *(Spilocuscus maculatus)*. Beide sind im Tiefland Neuguineas häufig anzutreffen und kamen vor weniger als zwei Millionen Jahren (im Pleistozän) nach Australien, als eine Landbrücke beide Landmassen verband.

Auf Inseln und in Bergen

VERBREITUNG

Der Gewöhnliche Fuchskusu ist von allen Kletterbeutlern am weitesten verbreitet und findet sich in fast ganz Australien vom Regenwald bis in semiaride Regionen. Gegenwärtig unterscheidet man vier Unterarten. Die Tiere im gemäßigten Tasmanien haben dickes Fell, buschige Schwänze und wiegen bis zu 4,5 kg. Je tropischer das Klima, desto kleiner wird generell die Körpergröße; manche Individuen in Nordaustralien wiegen nur bis zu 1,8 kg, haben dünnes Fell und einen wenig buschigen Schwanz. Hellgrau ist die vorherrschende Fellfarbe, in feuchteren Lebensräumen überwiegen jedoch dunklere Farben – Schwarz auf Tasmanien und Dunkelrot im Nordosten Queenslands. Sein Gattungsverwandter, der Bergkusu, ist geografisch festgelegter und hat keine Unterarten ausgeprägt. Er lebt in dichten Feuchtwäldern im Südosten Australiens, in denen der Gewöhnliche Fuchskusu meist fehlt.

Kuskuse sind Regenwaldbewohner. Die Arten kommen meist geografisch begrenzt vor, etwa auf Inseln oder im Hochland von Gebirgszügen. Am verbreitetsten ist der Tüpfelkuskus *(Spilocuscus maculatus),* der in Regenwäldern fast ganz Neuguineas bis in 1200 m Höhe, auf vielen Inseln und im äußersten Nordosten Australiens lebt. Offenbar hält er sich auch in der Nähe großer menschlicher Siedlungsgebiete. Man unterscheidet vier geografisch isolierte Unterarten, die sich in Farbe und Größe deutlich unterscheiden. Eine Besonderheit beim Tüpfelkuskus ist die unterschiedliche Färbung der Geschlechter. Die Männchen

FAKTEN

KLETTERBEUTLER

Ordnung: Diprotodontia

Familie: Phalangeridae

20 Arten in 6 Gattungen

VERBREITUNG Australien, Neuguinea und angrenzende Inseln westlich bis Sulawesi, östlich bis zu den Salomonen. Gewöhnlicher Fuchskusu auf Neuseeland, Grauer und Tüpfelkuskus auf vielen Nachbarinseln Neuguineas eingeführt.

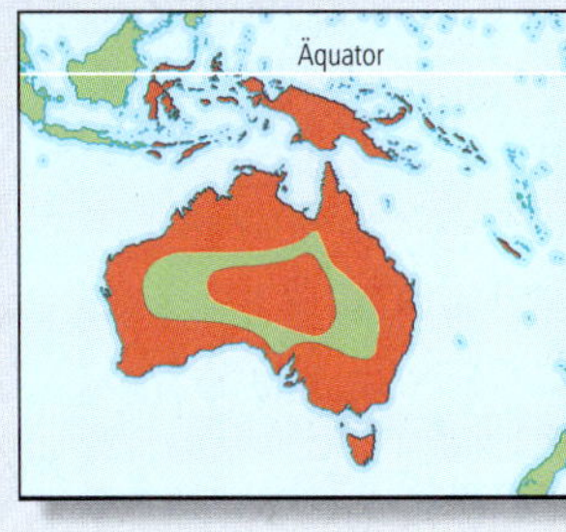

LEBENSRAUM Alle Waldtypen: Regenwald, Feuchtwälder, Mangroven-, tropische und gemäßigte Eukalyptuswälder, aride und alpine Wälder.

GRÖSSE **Körpergröße** von 34 cm beim Celebeskuskus bis 61 cm beim Bärenkuskus; **Schwanzlänge** von 34 cm bis 58 cm; **Gewicht** von 0,9 kg bis 10 kg bei den beiden genannten Arten.

FELL Kurz, dicht, grau (Schuppenschwanzpossum); lang, wollig, grauschwarz (Kusus); lang, dicht, schwarzweiß oder rotbraun, manchmal mit Flecken oder Streifen am Rücken (Kuskuse).

NAHRUNG Blätter, Blüten, Früchte, Samen, Triebe, Insekten, gelegentlich kleine Wirbellose und Vogeleier.

FORTPFLANZUNG Tragzeit von 16–17 Tagen bei Kusus.

LEBENSERWARTUNG Bis 13 Jahre (in Gefangenschaft bis 17).

IUCN-STATUS *Phalanger matanim* und *Spilocuscus rufoniger* gelten als stark gefährdet, *Phalanger rothschildi* und *P. sericeus* als gefährdet. 3 weitere Kletterbeutlerarten stehen auf der Vorwarnliste.

Artenübersicht siehe Seite 830 ▷

Oben: *Kletterbeutlerarten:* ***1*** *Grauer Kuskus* (Phalanger orientalis) *aus Neuguinea;* ***2*** *Tüpfelkuskus* (Spilocuscus maculatus); ***3*** *Schuppenschwanzpossum* (Wyulda squamicaudata) *– erst 1917 entdeckt;* ***4*** *Gewöhnlicher Fuchskusu* (Trichosurus vulpecula).

haben auf cremefarbenem Grund große, unregelmäßige, schokoladenbraune Flecken, die bei den Weibchen fehlen – bei einer Unterart sind die Weibchen sogar reinweiß. Zwei andere Gattungsmitglieder, *Spilocuscus kraemeri* und *S. rufoniger*, zeigen als einzige weitere Kletterbeutler einen solchen Geschlechtsdimorphismus.

Das Schuppenschwanzpossum besiedelt sehr raue, felsige Landschaften mit vereinzelten Eukalyptus- und Regenwäldern in der entlegenen Kimberleyregion im Nordwesten Australiens. Der Greifschwanz der Tiere ist bis auf das erste Drittel nackt und raspelartig rau. Die Fußballen sind in Anpassung an den felsigen Lebensraum stark verdickt.

Bei den neun Kuskusarten Neuguineas überlappen sich die Verbreitungsgebiete manchmal, während einige Arten in mehr oder weniger isolierten (allopatrischen) Höhen leben. Diese allopatrischen Arten gehören allesamt der Gattung *Phalanger* an. Sie sind sich in Größe (2,4 bis 3,5 kg) und Verhalten äußerst ähnlich und können ganz offensichtlich nicht nebeneinander existieren. So führt man die Beschränkung des Seidenkuskus auf Lebensräume in Höhen zwischen 1200 und 1500 m auf die starke Konkurrenz durch Grauen Kuskus und Südlichen Wollkuskus (in Höhen bis 1200 m) sowie durch Bergkuskus und *P. sericeus* (ab 1400 m) zurück. Wo die beiden Hochlandarten fehlen, kommt der Seidenkuskus bis in 2200 m Höhe vor.

Leben zwei Arten nebeneinander, unterscheiden sie sich meist in Größe oder Verhalten. Der Bodenkuskus (Gattung *Phalanger)* lebt von allen Kuskusen in den unterschiedlichsten Höhenlagen, vom Meeresspiegel bis auf 2700 m. Er ist schwerer (um 4,8 kg) als seine Gattungsgenossen und weniger ausgeprägt auf Bäume fixiert. Außerdem ernährt er sich bevorzugt von Früchten.

Beide *Spilocuscus*-Arten auf Neuguinea – Tüpfelkuskus (6 kg) und *S. rufoniger* (6,6 kg) – sind schwerer als Tiere der Gattung *Phalanger*. Sie leben nur in Höhen unterhalb von 1200 m und teilen ihren Lebensraum mit dem Bodenkuskus und dem einen oder anderen Grauen Kuskus oder Südlichen Wollkuskus. Manchmal sind beide *Spilocuscus*-Arten in einer Region azutreffen, allerdings beschränkt sich *S. rufoniger* vor allem

Links: *Ein Bergkusu verspeist Eukalyptusblüten. Diese Art ist nachtaktiv und baumbewohnend. Sie legt Nester in Baumhöhlen an und ernährt sich vorrangig von Blättern, Blüten und jungen Trieben.*

Rechts: *Weiße Form des Tüpfelkuskus. Dieser besiedelt vor allem Regenwälder, ist nachtaktiv und baumbewohnend und ernährt sich von Blättern, Früchten und Blüten.*

Kletterbeutler

Kuskuse
4 Gattungen, 17 Arten

Kuskuse Gattung *Phalanger*
10 Arten: Bergkuskus (*P. carmelitae*), Bodenkuskus (*P. gymnotis*, vorher *Strigocuscus*), Südlicher Wollkuskus (*P. intercastellanus*, früher zu *P. orientalis* gezählt), *P. lullulae*, *P. matanim*, Grauer Kuskus (*P. orientalis*), *P. ornatus*, *P. rothschildi*, *P. sericeus*, Seidenkuskus (*P. vestitus*).
Gattung *Spilocuscus*
4 Arten: *S. kraemeri* (früher Unterart von *S. maculatus*), Tüpfelkuskus (*S. maculatus*), *S. papuensis* (früher Unterart von *S. maculatus*), *S. rufoniger*.
Gattung *Strigocuscus*
2 Arten: Celebeskuskus (*S. celebensis*), *S. pelengensis* (früher zu *Phalanger* gezählt).
Bärenkuskus (*Ailurops ursinus*).

Kusus
2 Gattungen, 3 Arten

Kusus Gattung *Trichosurus*
2 Arten: Gewöhnlicher Fuchskusu (*T. vulpecula*), Bergkusu (*T. caninus*).
Schuppenschwanzpossum (*Wyulda squamicaudata*).

auf Wälder, während der Tüpfelkuskus ganz unterschiedliche Lebensräume besetzt, darunter auch Sekundärwälder.

Nicht nur Blätter

NAHRUNG

Die meisten Arten sind Blattfresser, doch können sie mit ihrer wenig spezialisierten Bezahnung auch unterschiedliche Nahrung aufnehmen: Früchte, Blüten, Wirbellose, Eier oder kleine Wirbeltiere. Der Gewöhnliche Fuchskusu passt sich darin seinem großen Verbreitungsgebiet an; manchmal lebt er zu 95 % von Eukalyptusblättern, meist aber von den Blättern verschiedener Baumarten. In tropischen Wäldern besteht seine Nahrung zu bis zu 53 % aus für Rinder und andere Haustiere sehr giftigen Blättern von *Erythrophleum chlorostachys* (einem Eisenholzbaum). Wo Weideland entstanden ist, ernährt er sich zu bis zu 60 % von Weidepflanzen. In menschlichen Siedlungen macht er sich durch seine Vorliebe für Rosenknospen unbeliebt. Der Gewöhnliche Fuchskusu entzieht der Nahrung mithilfe von Dickdarmbakterien die Nährstoffe; die Nahrung bleibt relativ lang im großen Blinddarm und vorderen Colonabschnitt. Bei manchen Kuskusen beobachtete man im Blinddarm eine Partikeltrennung, was auf eine spezielle Blattdiät schließen lässt.

Der Bodenkuskus hat von allen Kletterbeutlern die meisten Früchte auf dem Speiseplan, in Gefangenschaft lag der Anteil bei bis zu 90 %. Sein sehr dehnbarer Magen, ein gut entwickelter Pylorusschließmuskel (Magenausgang) und der lange Dünndarm sorgen für eine langsame Darmpassage des Futterbreis, um Lipide aus der fruchtreichen Nahrung zu verdauen. Bewohner Neuguineas haben sogar Bodenkuskusweibchen dabei beobachtet, wie sie Früchte im Beutel zum Bau trugen.

Duftende „Buschtrommeln"

SOZIALVERHALTEN

Kletterbeutler sind Einzelgänger mit einer streng organisierten Territorialität auf der Grundlage olfaktorischer Kommunikation. Der Gewöhnliche Fuchskusu setzt vier Duftdrüsen ein. Männchen, teilweise auch Weibchen, verstreichen Sekrete aus Drüsen an Schnauze und Brust auf Ästen besonders ihrer Wohnbäume. Außerdem setzen sie auf Ästen Harnspritzer ab, die Substanzen aus den paarigen Parakloakaldrüsen enthalten. Damit geben sie anderen Tieren ihre Existenz und ihren Status kund. Bedrängte Tiere produzieren mit einem zweiten Paar Parakloakaldrüsen ein klebriges, scharf riechendes Sekret, vielleicht als Beschwichtigungssignal gegenüber überlegenen Individuen. Empfängnisbereite Weibchen bilden in der Kloake reichlich gallertiges Sekret, das sie auf Zweige streichen und das vermutlich ihre Paarungsbereitschaft signalisiert.

Über Duftmarken bei Kuskusen und Schuppenschwanzpossum ist wenig bekannt, doch verfügen sie allesamt über sternale und parakloakale Drüsen. Männliche Tüpfelkuskuse verstreichen ein klebriges Parakloakalsekret auf Ästen. Sind Tüpfelkuskuse in Bedrängnis, sondern sie auf der nackten Haut im Gesicht, besonders um die Augen herum, ein rotbraunes Sekret ab.

Kusus zählen zu den lautstärksten Beuteltieren; viele ihrer Rufe sind bis in 300 m Höhe zu vernehmen. Sie verfügen über sieben Grundlaute. Dazu gehören Klicklaute, konfliktbegleitendes Grunzen, Zischen, lautes Kreischen, Alarmschnattern, sanfte Beschwichtigungslaute der Männchen und juvenile Kontaktrufe. Dieses Repertoire verdankt die Gruppe wahrscheinlich einer knorpeligen, etwa erbsengroßen Resonanzkammer im Kehlkopf. Kuskuse und Schuppenschwanzpossum haben kein nennenswertes Lautrepertoire, wenn auch von Klicklauten, Zischen, Grunzen und Kreischen berichtet wurde. Weibliche Tüpfelkuskuse äußern im Östrus Rufe, die entfernt an Eselsgeschrei erinnern.

Gewöhnliche Fuchskusus leben, abgesehen von der Paarungszeit und während der Jungenaufzucht, als Einzelgänger. Nach dem dritten oder vierten Lebensjahr beginnen sie in ihrem Revier um einen oder zwei Wohnbäume herum besondere Areale zu beanspruchen, die sie gegen Artgenossen gleichen Geschlechts und Status verteidigen. Andersgeschlechtliche oder rangniedere Tiere werden in den Arealen jedoch geduldet. Auch wenn sich die Reviere von Männchen (3 bis 8 ha) und Weibchen (1 bis 5 ha) manchmal vollständig überschneiden, besetzen die Tiere meist allein ein Lager; direkter Kontakt zueinander ist dagegen sehr selten. Manche tropische Populationen zeigen offenbar kein Revierverhalten mehr, denn Aborigines-Jäger holen mitunter bis zu sechs Tiere aus einem hohlen Stamm.

Weibchen lassen Männchen nur bis auf 1 m an sich heran. Bei der Partnerwerbung überwindet das Männchen die Aggression des Weibchens, indem es sich wiederholt nähert und sanfte Beschwichtigungslaute äußert, ähnlich den Rufen der Jungen. Fehlt ein männlicher Gefährte, sammeln sich mehrere Männchen zur Zeit des Östrus um ein Weibchen. Die Paarung geht mit beträchtlichen konfliktbegleitenden Verhaltensweisen einher. Das Männchen zieht sich nach der Paarung zurück und überlässt die Jungenaufzucht dem Weibchen.

Wohnbäume werden heftig verteidigt, sodass gute Wurfplätze Mangelware sind. Da nur bis zu 15 % der Jungen vor dem Entwöhnen sterben, kommen alljährlich zahlreiche unabhängige Jungtiere in der Population hinzu. Diese nutzen kleine, wenig geeignete Wohnhöhlen; bis zu 80 % der Männchen und 50 % der Weibchen sterben im ersten Lebensjahr oder wandern ab.

Weibchen pflanzen sich mit einem Jahr erstmals fort und bringen jährlich nach einer Tragzeit von 16 bis 18 Tagen ein bis zwei Junge zur Welt. In gemäßigten und subtropischen Regionen Australiens haben 90 % der Weibchen im Herbst (März bis Mai), bis zu 50 % aber auch im Frühling (September bis November) Junge. In tropischen Gebieten mit geringeren Schwankungen scheint es keine besondere Paarungssaison zu geben. Es wird jeweils nur ein Junges geboren. Die Weibchen bringen im Durchschnitt 1,4 Junge pro Jahr zur Welt. Die Populationsdichte bemisst sich je nach Lebensraum auf 0,4 Tiere je ha in lockeren Wäldern bis 1,4 je ha in städtischen Gärten oder 2,1 je ha in Weideland mit Baumbestand.

Rechts: Phalanger sericeus *lebt in den Bergen Zentral- und Ostneuguineas, meist in tropischen Wäldern oberhalb 1400 m. Dieser Kuskus ist plump gebaut und verfügt als Baumbewohner über einen sehr langen Greifschwanz. Gut erkennbar ist das haarlose, schuppige Schwanzende. Das Tier verspeist u.a. auch Insekten, Eier und kleine Wirbeltiere, in erster Linie jedoch Blätter und Früchte.*

Links: *Weiblicher Gewöhnlicher Fuchskusu mit Jungem. Der Nachwuchs verlässt mit etwa fünf Monaten den Beutel der Mutter und wird in den folgenden Monaten entwöhnt. Seine Überlebenschancen stehen schlecht; viele sterben in der Phase des Abwanderns. Die Art wurde in Australien lange wegen ihres Pelzes gejagt und deshalb auch nach Neuseeland eingeführt. Dramatische Preisrückgänge im Pelzhandel ließen die Jagd aber zurückgehen.*

Der Bergkusu verfolgt seinem stabileren Lebensraum entsprechend eine andere Strategie. Er ist keineswegs Einzelgänger, sondern lebt in festen Paarbindungen. Diese Art weist die höchste Jungensterblichkeit vor dem Entwöhnen (56 %) auf. Danach überleben alljährlich etwa 80 %. Die Weibchen beginnen mit zwei bis drei Jahren mit der Fortpflanzung. Sie bringen jeden Herbst meist nur ein Junges zur Welt und haben daher eine jährliche Fortpflanzungsrate von nur 0,73. Die Jungen werden mit acht Monaten entwöhnt (Gewöhnlicher Fuchskusu: sechs Monate) und wandern mit 18 bis 36 Monaten ab (Gewöhnlicher Fuchskusu: sieben bis 18). Die Populationsdichte liegt bei 0,4 bis 1,8 Tieren je ha.

Das Schuppenschwanzpossum hat nur ein Junges pro Saison. Seine soziale Strategie entspricht eher der des Gewöhnlichen Fuchskusus. Über die Paarbeziehungen bei Kuskusen ist wenig bekannt. Beim Bodenkuskus folgt das Männchen vor der Paarung dem Weibchen und versucht es an Kopf,

Victoria und New South Wales sowie in Bananen- und Pecannusspflanzungen in Queensland große Schäden an. Der Gewöhnliche Fuchskusu schädigt ebenfalls Kiefern und auf Tasmanien wohl auch nachwachsende Eukalyptuswälder.

Ein viel ernsteres Problem ist vielleicht, dass sich der Gewöhnliche Fuchskusu mit Rindertuberkulose infizieren kann. Diese 1970 in Neuseeland gemachte Entdeckung ließ befürchten, dass er wiederum Rinder anstecken könnte. Trotz groß angelegter und teurer Bekämpfung mit Gift gibt es immer noch infizierte Tiere.

Wirtschaftlich lukrativer ist da der schon lange geschätzte Pelz des Gewöhnlichen Fuchskusus. Das dichte Fell der tasmanischen Form ist besonders beliebt; von 1923 bis 1959 wurden mehr als eine Million Felle exportiert. Auch die Exporte aus Neuseeland nahmen rapide zu (siehe Kasten unten). Im Osten Australiens wurde die Jagd 1963 eingestellt. Auf Tasmanien wird die Art in landwirtschaftlichen Regionen jedoch immer noch bekämpft. Der Gewöhnliche Fuchskusu gilt zwar nicht als gefährdet, doch gehen die Populationen in Eukalyptuswäldern im Norden und Inland Australiens Besorgnis erregend zurück.

Kuskuse sind bei traditionellen Jägern schon lange wegen ihres Fells und Fleisches geschätzt, die auf örtlichen Märkten verkauft werden. Vier Arten mit beschränktem Verbreitungsgebiet oder wenigen Lebensräumen sind heute durch Überjagung und Rodungen bedroht. *Spilocuscus rufoniger* lässt sich sehr leicht schießen, da er exponiert auf Ästen schläft. Die anderen baumbewohnenden Arten – *Phalanger matanim*, Seidenkuskus und *P. rothschildi* – werden von der Zerstörung der Lebensräume bedroht. Über die Lage vieler anderer Kuskuse ist nichts bekannt, doch ohne Schutzmaßnahmen ist das Überleben der empfindlichen Arten des Festlands und der vielen Inselformen mit Sicherheit gefährdet. JW/CRD

Flanken und Kloake zu beschnüffeln, wobei es sanfte kurze Klicklaute äußert. Unter den Kletterbeutlern übernehmen nur beim Tüpfelkuskus bekanntermaßen die Weibchen eine aktive Rolle bei der Werbung. Alle 28 Tage (wohl synchron mit dem Östrus) rufen sie nächtelang und locken Männchen an.

Auch Kuskuse bringen meist nur ein Junges zur Welt, Grauer Kuskus und Südlicher Wollkuskus dagegen zwei. Langfristige Paarbindungen finden sich offenbar nur beim Bärenkuskus, dem größten und tagaktivsten Kletterbeutler. Männliche Tüpfelkuskuse überwachen ihr Revier offenbar auch optisch, da sie sich angeblich tagsüber Schlafplätze mit guter Sicht auf benachbarte Rivalen suchen.

Pelz oder Plage?

ARTEN- UND UMWELTSCHUTZ

Kusus sind im positiven und im negativen Sinn von großer wirtschaftlicher Bedeutung. Der Bergkusu richtet in exotischen Kiefernplantagen in

BEUTELTIERE ALS EINDRINGLINGE: GEWÖHNLICHE FUCHSKUSUS IN NEUSEELAND

Als die ersten Gewöhnlichen Fuchskusus um 1840 von Australien nach Neuseeland gebracht wurden, hoffte man damit den Grundstein für eine lukrative Pelzindustrie zu legen – was offensichtlich gelang. Gefördert durch weitere Importe bis 1924 und die Freisetzung in Gefangenschaft gezüchteter Tiere wuchs die Population schnell an, sodass durch den Verkauf der Pelze hohe Einnahmen erzielt wurden.

Allerdings hat dies auch Schattenseiten. Der Gewöhnliche Fuchskusu kann Träger der Rindertuberkulose sein und verursacht auch weit reichende Veränderungen an der heimischen Vegetation. Die Waldbäume Neuseelands entwickelten sich in Abwesenheit blattfressender Arten. Im Gegensatz zum australischen Eukalyptus, der giftige Öle und Phenole bildet, sind die Blätter der meisten neuseeländischen Arten schmackhaft und schutzlos. Nach seiner ersten Einführung in bestimmten Waldgebieten Neuseelands machte sich der Fuchskusu sofort über die neue Futterquelle her; die Populationsdichte erreichte schnell 50 Tiere je ha – 25-mal mehr als in Australien. Bis sich dies bei 6 bis 10 Tieren je ha einpendelte, waren bestimmte Baumarten in manchen Regionen fast ausgestorben, und die Kusus wandten sich weniger beliebten Baumarten zu.

Die Tiere beschleunigen das Baumsterben, indem sie sich auf einzelnen Bäumen versammeln und diese fast komplett entlauben. Von Natur aus Einzelgänger, geben sie offenbar ihre sozialen Hemmungen auf, wenn Nahrungsüberfluss herrscht. Im Gegensatz zu australischen Kusus besetzen neuseeländische Arten kleine (1 bis 2 ha) und stark überlappende Reviere.

Die Schäden durch Kusus sind noch nicht abzuschätzen. Vielerorts verschwinden junge Bäume, deren Laub gefressen wird, doch scheinen sie den Kusus heute nicht mehr zu schmecken. Vermutlich verschaffen die Tiere nicht schmackhaften Bäumen einen Selektionsvorteil und verändern so langsam, aber bleibend die Struktur der Wälder. CRD

Ringbeutler, Bilchbeutler, Gleitbeutler, Zwerggleitbeutler

RINGBEUTLER, BILCHBEUTLER, GLEITBEUTLER und Zwerggleitbeutler bewohnen in Australien und Neuguinea ganz unterschiedliche Lebensräume wie etwa Wälder, Buschland und sogar alpines Hochland. Früher fasste man die Tiere mit Kusus und Kuskusen in der Familie Phalangeridae zusammen; heute ordnet man sie vier eigenen Familien zu. Diese mögen auf den ersten Blick einander ähnlich erscheinen, doch ihre Unterschiede in äußerer Form, innerer Anatomie, Physiologie, genetischer Variabilität und Biochemie der Blutproteine sind so groß wie zwischen Kängurus und Koalas.

Als vor 40 bis 60 Millionen Jahren primitive beutelrattenähnliche Beuteltiere nach Australien einwanderten, gab es dort fast nur feuchten, nebligen Regenwald. Dieser wurde im frühen bis mittleren Tertiär (vor 32 bis 35 Millionen Jahren) allmählich durch die heute dort wachsenden Eukalyptus- und Akazienwälder ersetzt, weshalb sich die frühe Fauna in die Hochländer des nördlichen Queensland und Papua-Neuguineas zurückzog. Dort entwickelten sich die Ringbeutler zu einer vielfältigen Familie von Blatt- und Fruchtfressern. Gleichzeitig boten die neuen nektar-, baumharz- und insektenreichen Eukalyptus- und Akazienwälder viele Nischen für vorwiegend Nektar und Insekten verzehrende Bilchbeutler und Baumsäfte saugende Gleitbeutler. Sie entwickelten sich in funktionalem Körperbau und Verhalten erstaunlich konvergent zu den baumbewohnenden Lemuren, Galagos, Tieraffen und Eichhörnchen anderer Kontinente.

Der Bergbilchbeutler verfolgte eine andere Strategie als die baumbewohnenden Arten. Er zog sich in kühle Gebirgslebensräume zurück, wo er zum Bodenbewohner wurde und periglaziale Felsformationen besiedelt. Heute ist das einzige kleine Säugetier Australasiens, das im australischen Winter bis zu sieben Monate lang einen Winterschlaf unter der Schneedecke hält.

Echte Waldbewohner

KÖRPERBAU UND FUNKTION

Ringbeutler, Gleitbeutlerverwandte und die meisten Bilchbeutler leben vor allem auf Bäumen. Sie haben handähnliche Pfoten mit einem großen, opponierbaren ersten Zeh und verschiedenen Adaptationen für die Fortbewegung in Bäumen. Nicht gleitende Arten besitzen einen Greifschwanz mit nackter Unterseite, mit dem sie Zweige umfassen und Nestmaterial tragen. Bei gleitenden Arten (außer dem Zwerggleitbeutler) ist der Schwanz dicht behaart und gerade oder spitz zulaufend.

Die Tiere sind auf schnelle Bewegungen in lichten Wäldern spezialisiert und haben sich wohl im mittleren bis späten Tertiär unabhängig voneinander in drei Familien aufgespalten. Die acht heutigen Arten der Gleitbeutlerverwandten segeln mithilfe einer dünnen, behaarten Gleitmembran (Patagium), die sich zwischen Vorder- und Hinterbeinen spannt (beim Kurzkopfgleitbeutler zwischen Hand- und Fußwurzel, beim Zwerggleitbeutler zwischen Handwurzel und Knie). Sie bläht sich im Gleitflug zu einem großen Rechteck auf. In Ruhe wird sie eingezogen und zeigt sich als Falte am Körper. Die Oberfläche ist durch verlängerte Gliedmaßenknochen weiter vergrößert; manche Arten legen bei einem Gleitflug von der Krone eines Baums zum Stamm eines anderen mehr als 100 m zurück. Der schwerere Riesengleitbeutler kann mit seiner kleineren Gleitmembran (zwischen Ellbogen und Fußwurzel) nur steil und wenig kontrolliert hinabgleiten. Die kleineren dagegen vollführen geschickt akrobatische Flugmanöver zwischen Bäumen und landen punktgenau mit einem Aufwärtsschwung. Die scheinbar sanften Landungen entpuppen sich in der Zeitlupe als Kollisionen mit hoher Wucht. Die Tiere prallen nach der Landung zurück und müssen sich mit den langen Krallen im Stamm verankern, um nicht abzustürzen. Vierter und fünfter Finger der Hand sind verlängert und haben lange Krallen, die bessere Grifffestigkeit verleihen.

Blätter, Insekten, Saft und Nektar

NAHRUNG

Ringbeutler und Gleitbeutler verzehren grundsätzlich vier Arten von Nahrung: Blätter, Baumsäfte, Insekten sowie Nektar. Die Tiere sind nachtaktiv und haben große, vorstehende Augen. Einzige hörbare Zeichen ihrer Anwesenheit sind ein leises „Plopp", wenn sie an einem Baumstamm landen, der kläffende Alarmruf des Kurzkopfgleitbeutlers oder der kreischend-gurgelnde Ruf des Riesenflughörnchens. Ringbeutler geben nur selten zwitschernde Geräusche von sich. Der Riesengleitbeutler ist vollkommen stumm und knurrt nur leise, wenn man ihn anfasst. Die meisten Arten (außer der Riesengleitbeutler) rufen laut und kreischend, wenn sie sich bedroht fühlen oder sie berührt werden.

Die Ringbeutler und der Riesengleitbeutler bilden eine hoch spezialisierte Familie (Pseudocheiridae) baumbewohnender Blattfresser. Sie besitzen einen vergrößerten Blinddarm, in dem die faserreiche Nahrung mithilfe von Mikroben zersetzt wird. Die Blätter werden von den gut entwickelten, mit scharfen Höckern versehenen (selenodonten) Mo-

*▶ **Rechts:** Ein Herbert-River-Ringbeutler. Die fest aufgerollte Spitze des langen Greifschwanzes gab der Familie ihren Namen. Zunehmender Holzeinschlag bedroht den Lebensraum dieser Art in Queensland.*

*▶ **Kleines Bild:** Ein nur 8 cm langer Zwerggleitbeutler bei der Fellpflege. Diese kleinste Gleitbeutlerart bewältigt Gleitflüge bis zu 50 m Weite.*

FAKTEN

RINGBEUTLER, BILCHBEUTLER, GLEITBEUTLER, ZWERGGLEITBEUTLER

Ordnung: Diprotodontia

Familien: Pseudocheiridae, Burramyidae, Petauridae, Acrobatidae

35 Arten, 13 Gatt.

VERBREITUNG SO-, O-, N- und SW-Australien, Tasmanien, Neuguinea und umgebende Inseln.

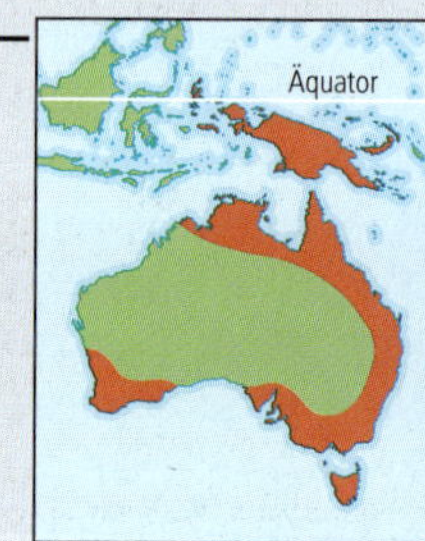

LEBENSRAUM Wälder, Busch- und Heideland, Gebirgsmatten.

GRÖSSE Körperlänge von 6,4 cm (Zwergbilchbeutler) bis 33–38 cm (Felsenringbeutler); **Schwanzlänge** von 7,1 cm bis 20–27 cm; **Gewicht** von 7 g bis 1,3–2 kg bei den beiden genannten Arten.

KÖRPERBAU Fell grau oder braun, Bauch heller, oft dunkle Augen- oder Stirnflecken oder Rückenstreifung (vor allem bei Pflanzensaftfressern); langer, meist dicht behaarter Greifschwanz, teils nackt, teils federartig behaart.

NAHRUNG Ring- und Gleitbeutler ernähren sich meist von Blättern, gelegentlich auch von Früchten; andere Arten sind eher omnivor und fressen neben Insekten, deren Larven und Spinnen auch Skorpione sowie kleine Eidechsen.

FORTPFLANZUNG Tragzeit 12–50 Tage; Geburtsgewicht bei allen Arten unter 1 g.

LEBENSERWARTUNG 4–15 Jahre (bei Bilchgleitbeutlern mit großen Würfen weniger, bei Ring- und großen Gleitbeutlern mit einzelnen Jungen mehr).

IUCN-STATUS 4 Arten gelten als stark gefährdet, 4 als gefährdet.

Übersicht der Familien siehe Seite 836 ▷

laren fein zerkleinert, was die Verdauung erleichtert. Da die Fermentation der Zellulose relativ viel Zeit in Anspruch nimmt, kann Nahrung nur in begrenzten Mengen aufgenommen werden. Stickstoff und Energie werden durch langsame Bewegungen, relativ kleine Würfe (im Durchschnitt ein bis 1,5 Junge), Koprophagie (Kotfressen) und mittlere bis große Körpermaße (0,2 bis 2 kg) eingespart. Der ostaustralische Riesengleitbeutler verzehrt bevorzugt Eukalyptusblätter. Deren Nährstoffgehalt ist je nach Baumart sehr unterschiedlich, weshalb die Tiere in den Wäldern im Osten Australiens in unterschiedlicher Verbreitung und Populationsdichte auftreten.

Die Gleitbeutlerverwandten (Familie Petauridae) haben sich auf Pflanzenexsudate (Säfte und Harze) als Nahrung spezialisiert. Auch Arthropoden, Pollen und gelegentlich grüne Akaziensamen werden verzehrt und sind wichtige Proteinlieferanten. Die Tiere sind klein bis mittelgroß (70 bis 650 g). Der primitivste Vertreter der Gruppe, Leadbeaters Hörnchenbeutler, lebt nur in feuchten Eukalyptuswäldern der Hochlagen, wo er sich von Akazienharzen, Insekten und deren Ausscheidungen ernährt. Er ritzt die Rinde der Bäume an und veranlasst so die Saftproduktion. Auch der Kurzkopfgleitbeutler ernährt sich vorwiegend von diesem Harz und legt dafür manchmal mehrere Hundert Meter über offenes Weideland zurück. Das Verbreitungsgebiet des Kurzkopfgleitbeutlers erstreckt sich von Tasmanien über den Nordwesten Australiens bis nach Papua-Neuguinea und auf angrenzende Inseln. Diese Art ritzt auch die Rinde von Eukalyptusbäumen an und leckt das süße, kohlenhydratreiche Exsudat auf. Solche „Zapfstellen" sind sehr gefragt und werden oft heftig gegen Eindringlinge verteidigt. Die seltene und stark gefährdete Art *Petaurus gracilis* im äußersten Nordosten Queenslands ernährt sich ebenfalls unter anderem von Eukalyptussaft. Wie die meisten Gleitbeutlerverwandten verzehren die Tiere den Milchsaft von Akazien sowie Insekten. Auf dem Speiseplan steht aber gelegentlich auch das Harz der Blütenstände des Grasbaums. Das ostaustralische Riesenflughörnchen ist besonders auf Eukalyptussaft spezialisiert. Es ritzt, je nach Eukalyptusart, tiefe, v-förmige Spalten in den Stamm oder reißt die Rinde in langen Streifen auf. Pollen und Insekten stellen einen geringen, als Proteinlieferanten aber wichtigen Teil der Nahrung aller Gleitbeutlerverwandten. Der hohe Kohlenhydrat-Stickstoff-Quotient in ihrer Nahrung sichert zwar Energie für Aktivität und Revierverteidigung, trägt aber wenig zur Fruchtbarkeit bei. Daher treten Geburten nur in Zeiten reichen Insektenvorkommens auf. Das Fell der Baumsäfte verzehrenden Ringbeutler und Gleitbeutler trägt auf dem Rücken einen typischen schwarzen Streifen, der wohl der Tarnung dient; andernfalls würden die Tiere beim Fressen leicht zur Beute von Eulen.

Neben Leadbeaters Hörnchenbeutler sind der schwarz-weiße Streifenbeutler und dessen Gattungsgenossen die Nicht-Gleiter unter den Gleitbeutlerverwandten. Als klassisches Beispiel für Konvergenz sondern die Streifenbeutler – wie Skunks – ein übel riechendes Sekret ab, das beim Langfingerstreifenbeutler Neuguineas besonders durchdringend ist. Die vier Arten leben in tropischen Tieflandregenwäldern im Norden von

Familien der Ring-, Bilch-, Gleit- und Zwerggleitbeutler

Ringbeutler
Familie Pseudocheiridae

17 Arten in 6 Gattungen: 7 *Pseudocheirus*-Arten (SO-, O-, N-, SW-Australien, Tasmanien, Neuguinea und West-Irian), darunter Gewöhnlicher Ringbeutler (*P. peregrinus)* und *P. occidentalis.* Zu den Pseudocheiridae gehören auch der Felsenringbeutler (*Petropseudes dahli)* N-Australiens, der Riesengleitbeutler (*Petauroides volans)* O-Australiens und einige Arten der Wälder NO-Australiens, so *Pseudochirulus cinereus* und Grüner Ringbeutler (*Pseudochirops archeri)* sowie einige kaum bekannte Taxa Neuguineas wie *Pseudochirulus caroli* und Zwergringbeutler (*P. mayeri). Pseudocheirus occidentalis*, Langhaarringbeutler (*P. albertisii)* und Glanzringbeutler (*P. corinnae)* gelten als gefährdet.

Bilchbeutler
Familie Burramyidae

5 Arten in 2 Gattungen: Eigentliche Bilchbeutler (4 *Cercartetus*-Arten), darunter Östlicher Zwergbilchbeutler (*C. nanus)* und Dünnschwanzbilchbeutler (*C. concinnus)*, Tasmanien, Kangaroo Island, SO-, O-, NO-, SW-Australien, Neuguinea; Bergbilchbeutler (*Burramys parvus)*, SO-Australien, gilt als stark gefährdet.

Gleitbeutlerverwandte
Familie Petauridae

11 Arten in 3 Gattungen: 6 *Petaurus*-Arten (Tasmanien, SO-, O-, N-, NW-Australien, Neuguinea), darunter Riesenflughörnchen (*P. australis)*, Eichhörnchengleitbeutler (*P. norfolcensis), P. gracilis*, Kurzkopfgleitbeutler (*P. breviceps)* und 2 Arten Neuguineas – Neuguineagleitbeutler (*P. abidi)* und *P. biacensis.* Zu den Petauridae gehören auch 1 *Gymnobelideus*-Art (Leadbeaters Hörnchenbeutler, *G. leadbeateri)* und 4 *Dactylopsila*-Arten (Streifenbeutler). Der eigentliche Streifenbeutler (*D. trivirgata)* lebt an der NO-Küste Queenslands und in Neuguinea, die übrigen 3 Arten (*D. megalura, D. palpator* und *D. tatei)* kommen nur auf Neuguinea und benachbarten Inseln vor. *Petaurus gracilis*, Leadbeaters Hörnchenbeutler und *Dactylopsila tatei* (Ferguson-Streifenbeutler) gelten als stark gefährdet, der Neuguineagleitbeutler als gefährdet.

Zwerggleit- und Pinselschwanzbeutler
Familie Acrobatidae

2 Arten in 2 Gattungen: Zwerggleitbeutler (*Acrobates pygmaeus)*, SO- bis NO-Australien; Pinselschwanzbeutler (*Distoechurus pennatus)*, Neuguinea.

Vollständige Artenliste siehe Anhang Seite 889 ▷

Queensland und Neuguinea. Sie sind mittelgroß und auf sozial lebende Insekten als Beute spezialisiert: Ameisen, Bienen, Termiten und andere Holzbewohner. Verschiedene Adaptationen helfen beim Erbeuten der tief im Holz sitzenden Insekten, bei dem oft ein Schauer von Holzsplittern herabfällt. Dazu gehören ein stark verlängerter vierter Finger (ähnlich wie beim Fingertier Madagaskars; siehe Primaten: Strepsirhini), eine lange Zunge sowie große, nach vorn gerichtete obere und untere Schneidezähne.

Die vier Bilchbeutler-Arten der Gattung *Cercartetus* und der Zwerggleitbeutler bilden die vierte Gruppe, was die Form der Ernährung anbelangt. Sie entwickelte sich in den nektarreichen australischen Heide- und Buschlandschaften sowie Eukalyptuswäldern und lebt vom Nektar. Sie alle sind klein (unter 35 g) und sehr mobil, sodass sie leicht große Nektarmengen zu sich nehmen können. Der winzige Zwerggleitbeutler kann im Gleitflug über 50 m zurücklegen. Dabei trudelt er oft wie ein fallendes Blatt aus den Baumkronen herab und landet in einem blühenden Busch, wo er mit der pinselartigen Zungenspitze Blütennektar aufleckt. In Mangelzeiten finden sich zahlreiche Tiere auf einzelnen blühenden Bäumen oder Büschen ein. Die meisten Arten decken ihren Proteinbedarf

5

6

Links: *Typische Ring-, Bilch- und Gleitbeutler in Aktion:* ***1*** *Gewöhnlicher Ringbeutler* (Pseudocheirus peregrinus) *verspeist ein Insekt.* ***2*** *Zwergbilchbeutler* (Cercartetus lepidus) *auf Futtersuche.* ***3*** *Leadbeaters Hörnchenbeutler* (Gymnobelideus leadbeateri) *beim Saftlecken.* ***4*** *Streifenbeutler* (Dactylopsila trivirgata) *auf einem Zweig.* ***5*** *Zwerggleitbeutler* (Acrobates pygmaeus) *im Flug.* ***6*** Petaurus gracilis *mit in Falten gelegter Gleitmembran.* ***7*** *Kurzkopfgleitbeutler* (P. breviceps) *mit ausgebreiteter Gleitmembran.*

7

über Insekten und die reichlich vorhandenen Blütenpollen. Der Östliche Zwergbilchbeutler verspeist gelegentlich weiche Früchte und Samen. Die Kombination aus geringer Größe und stickstoffreicher Nahrung erlaubt ungewöhnlich große Würfe (vier bis sechs Junge) sowie ein ähnlich schnelles Wachstum wie bei den Raubbeutlern. Ein weiteres Mitglied der Gruppe ist der Pinselschwanzbeutler Papua-Neuguineas. Er hat einen ähnlichen Schwanz wie der Zwerggleitbeutler, ist aber größer (50 bis 55 g) und besitzt keine Gleitmembran. Er verzehrt Insekten, Früchte sowie Pflanzensäfte.

Der Bergbilchbeutler ernährt sich im Frühling und Sommer vorrangig von Bogong-Nachtfaltern (*Agrotis infusa*) und anderen Wirbellosen. Diese Falter ziehen im Frühling in großen Mengen in die Berge. Werden sie rar, treten saftige Früchte und Samen der Heidevegetation in den Vordergrund. Mit den einzigartig gestalteten, sektorialen Prämolaren werden die Samen geschält und geknackt. Überschüssige Samen werden manchmal als Vorrat für schlechtere Zeiten im Winter und zeitigen Frühling versteckt.

Wurfgemeinschaften

SOZIALVERHALTEN

Bergbilchbeutler haben jährlich nach der Schneeschmelze nur einen Wurf von vier Jungen, da der Bergsommer kurz ist und Erwachsene und Jungtiere genügend Fettreserven anlegen müssen, um den langen Winterschlaf zu überstehen. Die australischen Ring-, Bilch- und Gleitbeutler bauen ihre Nester meist in Höhlen in großen lebenden oder abgestorbenen Bäumen oder aber unter abgefallener Rinde oder umgestürzten Stämmen. Der Gewöhnliche Ringbeutler errichtet seine Nester aus Zweigen, zieht aber in Wäldern mit kaltem oder saisonal heißem Klima Baumhöhlen vor. Die Individuen aller Arten haben mehrere solcher Höhlen und wechseln zwischen diesen regelmäßig hin und her. Der Höhleneingang ist meist gerade groß genug für den Bewohner, aber zu klein für Feinde und andere Arten, die die Höhle vielleicht für sich beanspruchen wollen.

Die soziale Organisation und das Paarungsverhalten sind bei den Ring-, Bilch- und Gleitbeutlern höchst unterschiedlich, richten sich aber in gewissem Maße nach ihrer Körpergröße und Ernährungsweise. Die größeren Blätter fressenden Arten (Ringbeutler, Riesengleitbeutler) sind oft Einzelgänger und verschlafen den Tag allein oder zu zweit in Baumhöhlen oder Grasbüscheln. Nachts verspeisen sie, in Revieren von bis zu 3 ha Größe, Blätter. Männliche Riesengleitbeutler teilen ihr Revier nicht, allerdings überlappt es manchmal mit dem von einem oder zwei Weibchen. Die Sterblichkeit bei jungen Männchen ist sehr hoch, da sie nur schwer ein eigenes Revier etablieren können. So sind weibliche Tiere in der Regel in der Überzahl.

Kleinere Arten finden sich häufiger in Gruppen zusammen. Oft kann man bis zu fünf Riesenflughörnchen in einem Nest antreffen; beim Gewöhnlichen Ringbeutler Ostaustraliens sind es bis zu sechs, beim Kurzkopfgleitbeutler bis zu zwölf und beim Zwerggleitbeutler bis zu 25 Individuen. Die Gruppen bestehen meist aus Paaren und ihren Nachkommen; Zwerggleitbeutler und Gleitbeutlerverwandte bilden auch gemischte Gruppen aus bis zu vier nicht verwandten Tieren beiderlei Geschlechts (Kurzkopfgleitbeutler) oder einem Weibchen mit bis zu drei Männchen (Leadbeaters Hörnchenbeutler). Der wichtigste Grund für solches Zusammenrücken ist wohl die Wärmeerhaltung im Winter. Bei einer Art, dem Kurzkopfgleitbeutler, teilen sich die großen Nistgruppen im Sommer in kleinere auf. Weibliche Gleitbeutler sammeln sich im Winter, was den Männchen Gelegenheit gibt, Anspruch auf bis zu drei Weibchen zu erheben; diese Harems werden oft verteidigt.

Leadbeaters Hörnchenbeutler zeigt ein ganz anderes Paarungsverhalten. Einzelne Weibchen besetzen große Nester in Baumhöhlen und verteidigen ein umliegendes Revier von 1 bis 1,5 ha Größe gegen andere Weibchen. Die Tiere bilden meist monogame Paare und die Männchen helfen bei der Verteidigung des Reviers. Paare mit Jungen tolerieren weitere erwachsene Männchen, aber keine Weibchen in der Familiengruppe. Daher ist die Sterblichkeit der Weibchen erhöht und das Zahlenverhältnis zugunsten der Männchen verschoben. Offenbar besteht hier ein Zusammenhang mit dem Bau gut isolierter Nester – die Weibchen müssen daher im Winter nicht mehr zusammenrücken – und der Wahl futterreicher Lebensräume, in denen sich Nahrungsquellen gut verteidigen lassen. Gleichzeitig ist die Energieversorgung gewährleistet, um die kräftezehrenden Revierkämpfe auszugleichen.

Manche Ring-, Bilch- und Gleitbeutler sind im Paarungsverhalten weniger festgelegt und richten sich in Ort und Zeit nach der Verfügbarkeit und Qualität der Nahrung oder nach anderen variablen Ressourcen, wie der Zahl der Nistplätze. So leben kleine, lockere Populationen des Riesengleitbeutlers, die Eukalyptuswälder mit nährstoffarmem Laub bewohnen, meist in Monogamie. Dichtere Populationen in nährstoffreicheren Wäldern dagegen bewahren sich ein polygames Paarungssystem. Auch bei Leadbeaters Hörnchenbeutler und dem Riesenflughörnchen schwanken soziale Organisation, Gruppengröße und Paarungsverhalten beispielsweise je nach dem Nahrungsangebot von Jahr zu Jahr.

Der Selektionsdruck durch die Konkurrenz um Sexualpartner bewirkte bei den Gleitbeutlerverwandten eine ausgeprägte Entwicklung von Duftdrüsen, mit denen Mitglieder der sozialen Gruppe markiert werden. Bei der primitivsten Art, Leadbeaters Hörnchenbeutler, sind diese am wenigsten entwickelt; hier markieren sich die Partner gegenseitig mit Speichel, den sie an der Schwanzwurzel nahe den angrenzenden Analdrüsen aufbringen. Männliche Kurzkopfgleitbeutler dagegen besitzen Stirn-, Brust- und Analdrüsen. Die Stirndrüsen reiben sie an der Brust der Weibchen, und diese wiederum verteilen den Duft über ihren Kopf, indem sie sich an der Brustdrüse dominanter Männchen reiben. Männliche Riesenflughörnchen haben ähnliche Duftdrüsen, doch der Dufttransfer erfolgt hier durch Reiben der Kopfdrüse an der

Oben: *Zwei kleine Zwergbilchbeutler* (Cercartetus lepidus) *bei der Nektarmahlzeit auf einer* Banksia-*Blüte.*

Analdrüse der Weibchen. Die Weibchen reiben ihren Kopf an der Analdrüse des dominanten Männchens. Solches Verhalten stärkt wahrscheinlich die Gruppenbindung, da es über Rang, Geschlecht, Gruppenzugehörigkeit und reproduktiven Status eines Individuums Auskunft gibt. Im Gegensatz zu den kleinen Gleitbeutlern sind Bilchbeutler der Gattung *Cercartetus* meist Einzelgänger. Nur säugende Weibchen teilen sich ein Nest mit ihren Jungen. Manchmal besetzen mehrere Männchen ein Nest, gelegentlich sogar mit einem nicht laktierenden Weibchen.

Bergbilchbeutler leben offenbar sozialer. Sesshafte Weibchen bilden in günstigen Lebensräumen manchmal Verwandtengruppen und sind in gemeinsamen Nestern mit offenbar verwandten Weibchen anzutreffen. Männchen teilen oft ein Nest und ihre Reviere überschneiden sich. Zwar fehlt ein Geschlechtsdimorphismus, doch zeigen manche weibliche Östliche Zwergbilchbeutler und Bergbilchbeutler dominantes Verhalten. Die Männchen verlassen den Lebensraum der Weibchen nach der Paarung und überwintern in wärmeren nördlichen oder westlichen Regionen. Noch ist unklar, ob die Geschlechtertrennung zwischen den Paarungszeiten eine Folge weiblicher Aggression oder einfach eine Fortpflanzungsstrategie ist. Die optimale Winterschlaftemperatur liegt bei Männchen etwas höher als bei Weibchen; die Männchen wachen auch häufiger auf und beenden den Winterschlaf im Frühling früher. Dadurch haben sie den Vorteil, dass sie schon Spermien bilden können und schnell paarungsbereit sind. Meist überleben weniger Männchen als Weibchen,

weshalb vor allem in günstigen Lebensräumen die Weibchen häufig überwiegen. Bilchbeutler haben generell eine geringe Lebenserwartung (unter drei Jahre); einzelne Östliche Zwergbilchbeutler werden jedoch mehr als sechs Jahre alt. Bergbilchbeutler leben besonders lange (die Weibchen bis zu zwölf Jahre) – wahrscheinlich die Folge der relativ stabilen Umwelt, der niedrigen Fortpflanzungsrate (einmal jährlich), ihrer Größe und des langen Winterschlafs.

Wiederentdeckung von Arten

Arten- und Umweltschutz

Die Geschichte der Entdeckung, des vermeintlichen Aussterbens und der Wiederentdeckung dreier ganz unterschiedlicher Arten ist typisch für die Not der Bilch- und Gleitbeutler. Ihr Überleben ist bedroht, weil der Mensch immer mehr Land für sich beansprucht.

Kurz nach Einbruch der Dunkelheit wurde eine Forschergruppe des Nationalmuseums von Victoria in den nur 110 km von Melbourne entfernten feuchten, nebligen Bergen auf ein kleines, helläugiges, wachsames, graues Beuteltier aufmerksam, das flink durch das Unterholz hüpfte. Der Größe nach schien es sich um einen Kurzkopfgleitbeutler zu handeln, doch die fehlende Gleitmembran und der schmale, buschige, keulenförmige Schwanz führten zu dem Schluss, dass es sich hier um den verloren geglaubten Leadbeaters Hörnchenbeutler handelte. Diese seltene Art zählt zu den faunistischen Wahrzeichen des Bundesstaats Victoria und wurde 1867 im Bass River Valley erstmals entdeckt. Nur sechs Exemplare wurden gesammelt, allesamt vor 1909. Um 1921 ging man davon aus, dass die Art durch Zerstörung von Buschland und Wäldern in der Region ausgestorben sei. Nach ihrer Wiederentdeckung stellte man jedoch fest, dass der Hörnchenbeutler an noch 300 Stellen in einem Gebiet von 3600 qkm lebte. Seinen bevorzugten Lebensraum bilden die Wälder im Central Highland von Victoria, die von den majestätischen *Eucalyptus-regnans*-Bäumen geprägt sind – den weltweit größten Blütenpflanzen und am meisten geschätzten Holzlieferanten Australiens. Unter diesen Bäumen kann man am ehesten einen Hörnchenbeutler antreffen, da die Tiere in der Abenddämmerung die gemeinsamen Wohnhöhlen in den Bäumen verlassen, um Nahrung zu suchen. Keine 40 Jahre nach ihrer Wiederentdeckung sind die Tiere jedoch erneut vom Aussterben bedroht – durch falsche Forstwirtschaft und das natürliche Umstürzen großer abgestorbener Bäume in aufgeforsteten Wäldern (1999 vernichteten Brände zwei Drittel der Eukalyptuswälder Victorias).

Petaurus gracilis, ein Gleitbeutler, wurde 1883 erstmals beschrieben, doch hielt man ihn für einen Eichhörnchengleitbeutler. Genaue Untersuchungen von Museumsexemplaren ergaben jedoch, dass sich die Gleiter einer winzigen Küstenregion hoch im Norden Queenslands in Größe, Schwanzlänge und anderen Merkmalen vom Eichhörnchengleitbeutler unterschieden. Die Art hat ein begrenztes Verbreitungsgebiet und lebt nur in lichten Wäldern und angrenzenden Melaleuca-Sümpfen. Passende Lebensräume sind größtenteils zerstört und das Überleben der Art ist bis heute durch Rodungen, vor allem für Zuckerrohr- und Bananenanbau, bedroht.

Der Bergbilchbeutler wurde 1896 anhand von Fossilien beschrieben und galt bis 1966 als ausgestorben – damals tauchte ein Exemplar in einer Skihütte in den Bergen Victorias auf. Da man glaubte, alle Bilchbeutler wären Baumbewohner und hausten in Baumhöhlen, nahm man an, das Tier sei mit dem Feuerholz dorthin gelangt. Man durchsuchte die tiefer gelegenen Wälder, doch ohne Erfolg. Im Jahr 1970 wurde jedoch ein zweites Tier unter Felsenheide im Eukalyptuswald an der Grenze zwischen subalpiner und alpiner Zone des Kosciuszko-Plateaus in New South Wales gefangen. Man erinnerte sich nun an die Skihütte in Victoria und fing dort in der umliegenden Felsenheide schnell drei weitere Exemplare. Im folgenden Jahr entdeckte man elf Tiere weit oberhalb der Baumgrenze am Mount Kosciuszko, dem höchsten Berg des australischen Festlands (2228 m). Seither wird der Bergbilchbeutler intensiv erforscht – und das aus gutem Grund: Da er große Höhen mit dichter Schneedecke braucht, existieren die größten Populationen in Skigebieten. Dort sind sie durch Skiläufer und Tourismus bedroht. Immer deutlicher, aber viel schwieriger zu beheben sind darüber hinaus die Auswirkungen der globalen Erwärmung. Das Überleben von Leadbeaters Hörnchenbeutler, *Petaurus gracilis* und Bergbilchbeutler – alledamt landesweit stark gefährdet – ist ganz auf ein gezieltes Handeln der Regierung angewiesen. Dies allerdings lässt leider noch auf sich warten. LB/DL

Kängurus und Wallabys

Rote Riesenkängurus, die in weiten Sprüngen aride Buschlandschaften durchqueren, gehören zu den typischsten Bildern Australiens. Doch diese Tiere bilden nur eine von 68 unterschiedlichen Arten heutiger Kängurus aus der Familie Macropodidae. Die an die Wüste angepassten Grasfresser haben sich vermutlich erst vor fünf bis 15 Millionen Jahren entwickelt. Vorher war Australien von dichten Wäldern bedeckt und somit waren die Vorfahren aller Kängurus Waldbewohner.

Die Familie Macropodidae ist nach der Gattung *Macropus* benannt, der auch das Rote Riesenkänguru angehört. Das griechische Wort bedeutet „großer Fuß" – und in der Tat haben die Tiere sehr lange Hinterfüße. Sie sind die größten Säuger, die sich auf beiden Füßen hüpfend fortbewegen, was für Großsäuger eine ziemlich ungewöhnliche Gangart darstellt, doch nicht ihre einzige.

Die Technik des Hüpfens

KÖRPERBAU UND FUNKTION

Kängurus haben Stehohren, ein dichtes Fell, einen langen Schwanz und eine kräftige Hinterpartie, gegen die Vorderbeine und Oberkörper geradezu schmächtig erscheinen. Aus einem schmalen Becken entspringen lange, muskulöse Oberschenkel. Die noch längeren Unterschenkel enden in der Fußwurzel, die keine seitlichen Drehungen zulässt (sodass das Känguru den Fuß beim Hüpfen nicht seitwärts verdrehen kann). Im Sitzen und bei langsamer Bewegung ruht das Gewicht auf der langen, schmalen Fußsohle, es ist dann ein „Sohlengänger". Beim Hüpfen erheben sich Kängurus jedoch auf die Zehen und „Ballen" der Hinterfüße. Tatsächlich tragen nur der vierte und der fünfte Zeh das Körpergewicht; zweiter und dritter Zeh sind zu einem Stumpf mit zwei Klauen verschmolzen und dienen ausschließlich der Fellpflege.

Der erste Zeh fehlt bei allen Arten außer dem Moschusrattenkänguru, dem heute einzigen Vertreter der primitiven Familie Hypsiprymnodontidae. Auch den Kängurus der Gattung *Procoptodon* fehlte der erste Zeh. Sie starben auf dem Höhepunkt der letzten Eiszeit vor 15 000 bis 20 000 Jahren aus, vielleicht durch von Menschen gelegte Feuer und Bejagung. Felsmalereien dokumentieren aber ihre typischen Fußspuren. Verlängerte Gliedmaßen und reduzierte Zehen finden sich bei vielen bodenbewohnenden, herbivoren Säugetieren – so bei Pferden (Unpaarhufern) sowie Hirschen, Antilopen und Gabelböcken (Paarhufern) –, die sich durch schnelle Flucht vor Feinden schützen. Damit ist auch das Känguru eines von vielen Beispielen für die Konvergenz zwischen Eutheria und Metatheria.

Kängurus hüpfen nicht nur auf zwei Beinen, sondern hoppeln bei gemächlichem Tempo auf allen vieren, wobei jeweils beide Vorder- und Hinterbeine gleichzeitig, nicht abwechselnd, aufgesetzt werden. Bei mittelgroßen und großen Kängurus ruht das Gewicht auf Vorderfüßen und Schwanz, während die Hinterfüße nach vorn schwingen. Diese Art der Fortbewegung nennt man „pentaped" (fünffüßig). Große Kängurus haben einen langen, dicken, muskulösen Schwanz. Die Tiere setzen sich aufrecht auf ihn und im Kampf ist er oft sogar die einzige Stütze.

Bei den kleineren Wallabys und Rattenkängurus dient der Schwanz dazu, das Gleichgewicht zu halten und abrupt die Richtung zu wechseln. Die meisten Rattenkängurus transportieren mit ihm auch Nistmaterial. Dabei werden Gras und Zweige im Bündel mit den Hinterbeinen unter den Schwanz geschoben. Dieser rollt sich um das Bündel und hält es am Hinterteil des Tieres fest, während es zu seinem Lager hüpft.

Die Vorderbeine der Kängurus sind verhältnismäßig klein und nicht spezialisiert. An den Pfoten sitzen fünf gleich große Finger mit starken Krallen um eine kurze, breite Handfläche herum. Rattenkängurus graben mit dem verlängerten zweiten bis vierten Finger nach Nahrung. Kängurus können mit den Vorderpfoten Futterpflanzen greifen und bearbeiten, aber auch ihren Beutel aufhalten oder sich bei der Fellpflege kratzen. Große Kängurus

Oben links: *Ein Sumpfwallaby beim Blätterfressen. Trotz seines Namens trifft man es in lichten Hochlandwäldern ebenso wie in Sumpf- und Mangrovengebieten.*

regulieren zudem ihre Körpertemperatur, indem sie die Innenseite der Vorderbeine mit Speichel bedecken. Dieser verdunstet und kühlt dabei ein unter der Haut gelegenes Blutgefäßnetz.

Bei einem Tempo unter 10 km/h wirkt das Hüpfen bestenfalls unbeholfen, doch bei mehr als 15 bis 20 km/h spart es weitaus mehr Energie als vierfüßiger Trab oder Galopp. Bei jeder Landung wird die Energie in den Sehnen der gebeugten Hinterbeine gespeichert und beim nächsten Abstoßen wieder freigesetzt. Wie bei einer Sprungfeder muss das Känguru jeweils nur wenig zusätzliche Energie aufbringen, um weiterzuhüpfen. Allerdings entwickelte sich das Hüpfen wohl ursprünglich, um Feinde durch ein besonders plötzliches Hervorbrechen aus der Deckung zu erschrecken. Diese Strategie findet man heute noch bei kleinen Kängurus, die zwischen Pflanzen Deckung suchen, sowie bei Rattenkängurus, die sich in

FAKTEN

KÄNGURUS UND WALLABYS

Ordnung: Diprotodontia

Familien: Macropodidae und Hypsiprymnodontidae

Rund 70 Arten in 16 Gattungen

VERBREITUNG Australien, Neuguinea; eingeschleppt in Großbritannien, Deutschland, auf Hawaii und Neuseeland.

LEBENSRAUM Viele Arten von Lebensräumen, von Wüsten bis Regenwälder.

GRÖSSE **Körperlänge** von 28 cm beim Moschusrattenkänguru bis 165 cm beim männlichen Roten Riesenkänguru; **Schwanzlänge** von 14 cm bis 107 cm; **Gewicht** von 0,5 kg bis 95 kg, bei den genannten Arten.

FELL Meist 2–3 cm lang, fein, dicht und rau; Farben von Blassgrau über Beige- und Brauntöne bis Dunkelbraun und Schwarz.

NAHRUNG Meist pflanzlich, darunter Gräser, Kräuter, Blätter, Samen, Früchte, Knollen, Zwiebeln, Trüffeln; gelegentlich auch Wirbellose wie Insekten und Käferlarven.

FORTPFLANZUNG Tragzeit 30–39 Tage; Neugeborene saugen sich an einer Zitze im Beutel fest und bleiben dort weitere 6–11 Monate.

LEBENSERWARTUNG Je nach Art und Bedingungen; größere Arten werden bis zu 12–18 (in Gefangenschaft 28) Jahre alt, die kleineren Rattenkängurus 5–8 Jahre.

IUCN-STATUS 2 Wallaby- und 2 Hasenkänguruarten (plus 2 Unterarten) gelten heute als ausgestorben. Weitere 7 Känguru- und Wallabyarten sind stark gefährdet, 9 gefährdet.

Übersicht der Familien siehe Seite 844 ▷

▼ ***Unten:*** *Kämpfende Rote Riesenkängurus. Vor dem Kampf laufen die Männchen oft „steifbeinig"* ***1,*** *kratzen und putzen sich* ***2–3*** *und richten sich auf gestreckten Hinterbeinen hoch auf. Der Kampf wird durch Hakeln mit den Vorderbeinen eröffnet* ***4,*** *dann versuchen die Gegner, den anderen nach hinten zu Boden zu stoßen* ***5.***

▲ ***Oben:*** *Ein weibliches Östliches Graues Riesenkänguru mit Jungem im Beutel auf Futtersuche in einem australischen Schutzgebiet. Große Kängurus erreichen Geschwindigkeiten über 55 km/h.*

Nestern verstecken. Dies setzt lange, kräftige und synchron arbeitende Hinterbeine voraus und führt zu einer hüpfenden Gangart. Große Kängurus hüpfen auch über längere Strecken schneller als 55 km/h, kleine Arten erreichen über 30 km/h.

Manche Kängurus können sogar auf schmalen Vorsprüngen an fast senkrechten Felswänden emporhüpfen oder auf Bäume klettern. Felskängurus haben breite Hinterfüße mit rutschfesten Sohlen; mit ihrem langen, buschigen Schwanz halten sie bei der Flucht das Gleichgewicht. Baumkängurus leben in den Wipfeln des Regenwalds. Beim Klettern packen sie den Stamm mit den großen, starken Krallen der kräftigen Vorderpfoten und schieben sich mit den kurzen, breiten Füßen vor, die Stamm oder Ast umfassen. Ein Greifschwanz fehlt. Der Abstieg erfolgt mit dem Schwanz voran, doch vollführen sie auch kurze Sprünge von Baum zu Baum. Wenn sie klettern oder einen Ast entlanglaufen, bewegen sie die Hinterbeine synchron – ein Überbleibsel der längst abgelegten ursprünglichen Gangart. Sie können sie aber auch abwechselnd bewegen (wie alle Kängurus, wenn sie schwimmen müssen oder ihre Haltung verändern).

Kängurus nutzen Beine, Pfoten und Füße als Waffen. Rattenkängurus und kleine Kängurus springen einander im Kampf an und treten sich oder wälzen sich im Ringkampf kratzend und beißend am Boden. Manchmal töten sie ihre Gegner mit den Hinterfüßen. Große Kängurus bleiben aufrecht, schlingen die Vorderbeine um Kopf, Schulter und Hals des Gegners, treten mit den starken Hinterbeinen zu und bohren ihm die Krallen tief in den Bauch. Schultern und Arme sind bei den Männchen der großen Kängurus länger und muskulöser als bei den Weibchen. Ebenso sind die Krallen größer. Die Männchen haben zudem am Bauch einen „Schild" aus verdickter Haut (mehr als doppelt so dick wie an Flanken oder Schultern), um die Tritte abzudämpfen.

Die Köpfe der Kängurus ähneln denen von Hirschen: lang gezogen, mit weit auseinander stehenden Augen (zum Teil binokulare Sicht) und aufrechten, sehr beweglichen Ohren. Die Oberlippe ist wie bei Hasen oder Hörnchen gespalten.

Maul, Zähne und Zunge der Kängurus sind eher dazu geschaffen, kleine Nahrungsportionen aufzunehmen, als große Mengen zu verschlingen. Die meisten Arten zupfen kleine Teile, sogar Grashalme, einzeln aus. Hinter der gespaltenen Oberlippe stehen die Schneidezähne im Bogen um ein fleischiges Polster am Gaumen. Die Eigentlichen Kängurus drücken die Blätter mit den waagerecht stehenden unteren Schneidezähnen gegen das Gaumenpolster und reißen sie entlang der oberen Zahnreihe ab. Bei Rattenkängurus und dem Bänderhasenkänguru (dem einzigen heute lebenden Kurzschnauzenkänguru) schließen die unteren Schneidezähne mit den zweiten und dritten oberen ab, während die ersten (mittleren) oberen Schneidezähne vorstehen und zum Nagen dienen.

Die Prämolaren der Rattenkängurus bilden gezackte Klingen, um die feste, fleischige Nahrung (meist pflanzliche Speicherorgane und Pilzfruchtkörper) zu zerkleinern. Kleine Kängurus besitzen ähnlich gezackte, bleibende Prämolaren, doch die größeren Arten verlieren ihre unspezialisierten Prämolaren. So können die nacheinander austretenden Molaren aus dem hinteren Teil des Kiefers nach vorn rücken. Sind sie abgenutzt, fallen sie aus. Diese Anpassung an Abrieb durch feste Nahrung (meist Gräser) zeigen auch Elefanten. Bei Kängurus mit bleibenden Prämolaren wandern die Molaren nicht nach vorn. Hier werden alle vier Molaren jeder Kieferseite gleichmäßig abgenutzt.

Kängurus können mit den Vorderpfoten Futter festhalten oder ausgraben. Besonders geschickt sind Kaninchen- und Rattenkängurus, die einen Großteil ihrer Nahrung ausgraben. Doch auch die größten Arten ziehen sich Pflanzen mit den Vorderpfoten heran und entfernen unerwünschte Pflanzenteile mit den „Händen" aus dem Maul.

Rechts: *Das Zottelhasenkänguru, eine der beiden überlebenden Arten der Gattung, gilt als gefährdet. Es lebt nur noch auf zwei Inseln vor Westaustralien.*

Unten: *Typische Vertreter größerer Känguruarten:* ***1*** *Rotes Riesenkänguru* (Macropus rufus); ***2*** *Bergkänguru* (M. robustus); ***3*** *Zügelstreif-Nagelkänguru* (Onychogalea fraenata); ***4*** *Rotbeinfilander* (Thylogale stigmatica); ***5*** *Hübschgesichtwallaby* (Macropus parryi); ***6*** *Goodfellow-Baumkänguru* (Dendrolagus goodfellowi).

Kängurus besitzen einen vergrößerten Vormagen als Fermentationskammer. Längs und quer verlaufende Muskelbänder in der Magenwand sorgen für die Durchmischung des Mageninhalts. Der mittelgroße Dünndarm mündet in den vergrößerten Blinddarm und oberen Dickdarm. Hier erfolgt wahrscheinlich eine zweite Fermentation, bevor die verdaute Nahrung durch den langen, Wasser resorbierenden unteren Dickdarm abfließt.

Der Verdauungstrakt ähnelt dem plazentaler Wiederkäuer, wenn auch der Kängurumagen in Form und Funktion nicht so stark gekammert ist. Die Flora aus Bakterien, Einzellern und anaeroben Pilzen erfüllt dieselben Aufgaben wie im Wiederkäuermagen, setzt sich aber anders zusammen. Minderwertige Nahrung ist für Kängurus kein großes Problem. Manche Arten gleichen proteinarme Kost durch Rückgewinnung von Harnstoff aus.

Die Fellfarbe der Kängurus variiert von Hellgrau über Dunkelbraun bis Schwarz. Viele Arten haben an Rücken, Oberschenkeln, hinter den Schultern oder (am häufigsten) unter oder quer über den Augen schwache dunkle oder helle Streifen, die ihre Silhouette verschwimmen lassen. Pfoten und Schwanz sind meist dunkler als der übrige Körper, der Bauch ist heller; die Tiere wirken so in der Dämmerung oder im Mondlicht „flach". Einige Fels- und Baumkängurus haben einen längs oder quer gestreiften Schwanz.

Die Männchen einiger größerer Arten sind farbenprächtiger als die Weibchen. So ist die rotbraune Färbung an Hals und Schultern bei männlichen Rotnackenwallabys ausgeprägter als bei weiblichen. Männliche Rote Riesenkängurus sind beigerot, weibliche blau- oder beigegrau. Es gibt jedoch Ausnahmen; dann sind manche Männchen blaugrau und einige Weibchen rot. Die Farbe ist bei den Geschlechtern mit dem ersten Haarwuchs festgelegt und bildet sich nicht erst unter hormonellem Einfluss oder nach Erreichen der Geschlechtsreife wie bei vielen Huftieren.

Viele männliche Kängurus verstreichen Duftsekrete aus Drüsen an Kehle und Brust auf Bäumen (besonders Baumkängurus), Felsen (Felskängurus) oder Büschen und Grasbüscheln (große Känguruarten). Sie reiben sich bei der Partnerwerbung am Weibchen, um anderen Männchen ihre Paarbindung anzuzeigen. Weitere Duftdrüsen in der Kloake geben Sekrete in Harn und Kot ab.

In ganz Australien

VERBREITUNG

Der einzige Vertreter der Hypsiprymnodontidae, das Moschusrattenkänguru, lebt ausschließlich im Regenwald im Osten der australischen Cape-York-Halbinsel. Die Macropodidae sind dagegen durch die Eigentlichen Kängurus (Unterfamilie Macropodinae) in ganz Australien, Neuguinea und auf umgebenden Inseln vertreten; die Rattenkängurus (Unterfamilie Potoroinae mit zehn rezenten Arten) allerdings beschränken sich auf Australien. Zwei Gattungen der Macropodinae, *Dorcopsis* und *Dorcopsulus,* leben nur auf Neuguinea, wo auch acht der zehn *Dendrolagus*-Baumkängurus und eine der vier Filanderarten (Gattung *Thylogale)* ausschließlich vorkommen. Nur zwei Arten, der Rotbeinfilander und das Sandwallaby, leben in Australien und Neuguinea. Einige verwilderte Kängurupopulationen finden sich auch außerhalb Australiens: Bürstenfelskängurus auf Hawaii, Rotnackenwallabys im Penninischen Gebirge (England) und in Deutschland sowie beide Arten plus Derbywallaby und Parmawallaby in Neuseeland.

Auf Regenwald angewiesen sind Kängurus der Gattungen *Dorcopsis* und *Dorcopsulus* sowie die Baumkängurus *(Dendrolagus).* Filander leben ebenfalls in dichten Feuchtwäldern und in Eukalyptuswäldern. Sie sind auf Neuguinea, im Osten Australiens und auf Tasmanien zu finden. Abgesehen von den schwach sozial organisierten Baumkängurus sind diese Waldbewohner Einzelgänger.

Hasen- und Nagelschwanzkängurus leben in ariden und semiariden Regionen, so etwa auch im Spinifex-Grasland, Buschland und in lichten Wäldern. Sie kommen ausschließlich in Australien vor, ebenso wie die Felskängurus, die von der ariden Zone Zentral-, West- und Südaustraliens bis in die tropischen Regenwälder zu finden sind. In ihren Lebensräumen gibt es jedoch immer Gesteinsblöcke, felsige Hügel oder Klippen, die tagsüber Unterschlupf bieten.

Die große Gattung *Macropus* ist fast ausschließlich auf Australien beschränkt. Ihre Vertreter leben von der Wüste bis an den Rand von Eukalyptus-Feuchtwäldern in Lebensräumen, die eine Grasdecke aufweisen. Kaninchen- und Rattenkängurus sind ebenfalls nur in Australien anzutreffen. Sie bewohnen Regenwälder, Hartlaub-Feuchtwälder und Buschland, immer mit dichtem Unterbewuchs. Bürstenrattenkängurus leben in lichten Wäldern und Savannen, oft mit einer Grasdecke. Das heute ausgestorbene Wüstenrattenkänguru besiedelte Wüsten mit lockerer Vegetation.

Von Gras bis zu Trüffeln

NAHRUNG

Das Moschusrattenkänguru ernährt sich von fleischigen Früchten und Pilzen, aber auch von Insekten. Zudem legt es gelegentlich Samenvorräte an – ob es diese wieder findet, ist allerdings nicht bekannt. Die Macropodidae sind auf Pflanzen angewiesen. Einige kleinere Arten (besonders Kaninchen- und Rattenkängurus) fressen aber auch Wirbellose, etwa Käferlarven. Kaninchen- und Bürstenrattenkängurus verzehren vorwiegend unterirdische Speicherorgane von Pflanzen wie etwa Wurzeln, Rhizome, Knollen und Zwiebeln, aber auch die Fruchtkörper bestimmter Pilze (Trüffeln); hier spielen sie für die Verteilung der Sporen eine wichtige Rolle (siehe *Special Feature* Seite 849).

Kleine Kängurus in trockenen Lebensräumen, besonders Hasen- und Nagelschwanzkängurus, verzehren frische Triebe von Gräsern und Kräutern, dazu Samen und Früchte. In waldigen Lebensräumen ist der Speiseplan der Kängurus reicher an Früchten und Blättern zweikeimblättriger Pflanzen, die bei Baumkängurus, Sumpfwallabys und Filandern dominieren. Viele Eigentliche Kängurus ernähren sich je nach Jahreszeit opportunistisch von den verschiedensten Pflanzen und Pflanzenteilen. *Macropus*-Arten verzehren vor allem Grashalme, aber auch Grassamen und die Samen anderer Einkeimblättriger; die größten Kängurus sind reine Grasfresser.

Die kleinsten Macropodidae ernähren sich meist sehr selektiv und suchen gezielt nach hochwertigen Bissen, die oft sorgfältig ausgesucht und bearbeitet werden müssen. Die größeren Arten dagegen begnügen sich mit geringwertiger Nahrung in Form verschiedenster Pflanzenarten. Sie verzehren Blätter und gelegentlich auch hochwertigere Samen und Früchte.

Rudel und Einzelgänger

SOZIALVERHALTEN

Bei der Geburt sind Kängurus winzig (5 bis 15 mm groß) und erinnern mit ihren unterentwickelten Augen, Hinterbeinen und Schwänzen an Embryos. Mithilfe der kräftigen Vorderbeine klettert das Neugeborene ohne Hilfe der Mutter an deren Fell empor in den nach vorn offenen Beutel. Dort saugt es sich an einer der vier Zitzen fest und bleibt dort während seiner vielwöchigen – je nach Art 150 bis 200 Tage währenden – Entwicklung. Im Beutel herrscht ein warmfeuchtes Klima, da das Junge seine Körpertemperatur noch nicht regulieren kann und schnell Feuchtigkeit verliert.

Sobald das Junge die Zitze losgelassen hat, erkundet es erstmals seine Umwelt. Seine Mutter lässt es dabei nicht aus den Augen und holt es zurück, wenn sie weiterläuft. Erst kurz vor der Geburt des nächsten Jungen verweigert sie ihm die Rückkehr in den Beutel. Das Jungtier bleibt aber weiterhin noch abhängig, folgt der Mutter überallhin und steckt zum Trinken den Kopf in den Beutel. Die Beschaffenheit der Milch ändert sich mit dem Heranwachsen des Jungen. Hat ein Muttertier gleichzeitig ein Junges im Beutel und ein älteres Jungtier zu versorgen, bilden die beiden Zitzen, an denen gesaugt wird, Milch unterschiedlicher Zusammensetzung, weil die Milchdrüsen jeweils einzeln hormonell reguliert werden.

Moschusrattenkängurus haben manchmal bis zu zwei oder drei Junge, die Eigentlichen Kängu-

Übersicht der Kängurufamilien

Familie Hypsiprymnodontidae

Moschusrattenkänguru *Hypsiprymnodon moschatus*.

Familie Macropodidae

Kurzschnauzenkängurus
Unterfamilie Sthenurinae

Bänderhasenkänguru *Lagostrophus fasciatus*. Gefährdet

Kaninchen- und Rattenkängurus
Unterfamilie Potoroinae

Die Gruppe wird manchmal als eigene Familie (Potoroidae) betrachtet.
Bürstenrattenkängurus Gattung *Bettongia*, 4 Arten: Bürstenrattenkänguru *(B. penicillata)*, Lesueur-Bürstenrattenkänguru *(B. lesueur)*; *B. tropica*; Tasmanisches Bürstenrattenkänguru *(B. gaimardi)*. Alle 4 Arten von der IUCN geführt: *B. tropica* gilt als stark gefährdet, *B. lesueur* als gefährdet.
Kaninchenkängurus *(Potoroos)* Gattung *Potorous*, 3 Arten: Langnasenpotoroo *(P. tridactylus)*; Langfußpotoroo *(P. longipes)* und Gilbert-Potoroo *(P. gilbertii)*. *P. gilbertii* ist vom Aussterben bedroht, das Langfußpotoroo stark gefährdet.
Rotes Rattenkänguru *Aepyprymnus rufescens*.
Das **Wüstenrattenkänguru** *Caloprymnus campestris* gilt heute als ausgestorben.

Eigentliche Kängurus
Unterfamilie Macropodinae

Kängurus, Wallaroos und Wallabys Gattung *Macropus*, 14 Arten: Rotes Riesenkänguru *(M. rufus)*; Östliches *(M. giganteus)* und Westliches Graues Riesenkänguru *(M. fuliginosus)*; Bergkänguru *(M. robustus)*; Schwarzes Wallaroo *(M. bernardus)*; Sandwallaby *(M. agilis)*; Antilopenkänguru *(M. antilopinus)*; Rotnackenwallaby *(M. rufogriseus)*; Rückenstreifwallaby *(M. dorsalis)*; Derbywallaby *(M. eugenii)*; Hübschgesichtwallaby *(M. parryi)*; Toolachewallaby *(M. greyi)*; Irmawallaby *(M. irma)* und Parmawallaby *(M. parma)*. Parma- und Irmawallaby stehen auf der Vorwarnliste.
Baumkängurus Gattung *Dendrolagus*, 10 Arten: Graues Baumkänguru *(D. inustus)*; Lumholtz-Baumkänguru *(D. lumholtzi)*; Matschie-Baumkänguru *(D. matschiei)*; *D. spadix*; Doria-Baumkänguru *(D. dorianus)*; Dingiso *(D. mbaiso)*; Tenkile *(D. scottae)*; Bärenbaumkänguru *(D. ursinus)*; Goodfellow-Baumkänguru *(D. goodfellowi)*; *D. bennettianus*. Alle 10 Dendrolagus-Arten von der IUCN geführt; Goodfellow- und Matschie-Baumkänguru sowie Tenkile gelten als stark gefährdet.
Felskängurus Gattung *Petrogale*, etwa 15 Arten, darunter Gelbfußfelskänguru *(P. xanthopus)*; Bürstenfelskänguru *(P. penicillata)*; Proserpinafelskänguru *(P. persephone)*; Nabarlek *(P. concinna)*; *P. lateralis*; *P. coenensis*; *P. burbidgei*; *P. sharmani*. 7 Arten von der IUCN geführt, *P. persephone* als stark gefährdet und *P. penicillata* als gefährdet.
Hasenkängurus Gattung *Lagorchestes*, 4 Arten: Brillenhasenkänguru *(L. conspicillatus)*; Zentralaustralisches *(L. asomatus)* und Östliches Hasenkänguru *(L. leporides)* sowie Zottelhasenkänguru *(L. hirsutus)*. *L. asomatus* und *L. leporides* gelten heute als ausgestorben; *L. hirsutus* ist gefährdet, *L. conspicillatus* steht auf der Vorwarnliste der IUCN.
Filander Gattung *Thylogale*, 4 Arten: Rotnackenfilander *(T. thetis)*; Rotbeinfilander *(T. stigmatica)*; Rotbauchfilander *(T. billardieri)* und Neuguineafilander *(T. brunii)*. *T. brunii* ist gefährdet.
Nagelschwanzkängurus Gattung *Onychogalea*, 3 Arten: Zügelstreif-Nagelkänguru *(O. fraenata)*; Nördliches Nagelkänguru *(O. unguifera)* und Mondnagelkänguru *(O. lunata)*. *O. lunata* gilt als ausgestorben geführt: *O. fraenata* ist stark gefährdet.
Buschkängurus Gattung *Dorcopsis*, 3 Arten: Hasenbuschkänguru *(D. hageni)*; *D. luctuosa* und *D. veterum*.
Gattung *Dorcopsulus*, 2 Arten: Macleays Buschkänguru *(D. macleayi)*; Bergbuschkänguru *(D. vanheurni)*
Quokka *(Setonix brachyurus)*. Gefährdet.
Sumpfwallaby *(Wallabia bicolor)*.

Unten: *Ein Rotnackenwallaby und sein Junges genießen die tasmanische Sonne. Die Weibchen haben nur je ein Junges. Durch die kurzen Geburtsintervalle säugen sie jedoch oft ein Junges im Beutel und führen gleichzeitig ein älteres Laufjunges.*

rus aber stets nur eines. Nur wenige Arten folgen einer strikten Paarungssaison; die meisten können das ganze Jahr hindurch empfangen oder gebären. Bei fast allen Arten ist die Tragzeit etwas kürzer als der Östruszyklus – meist drei bis vier (Potoroinae) oder vier bis fünf (Macropodinae) Wochen.

Die Geburt der winzigen Jungen verläuft relativ einfach: Das Weibchen sitzt da, den Schwanz zwischen den Beinen nach vorn gestreckt, und leckt im Fell zwischen Kloake und Beutel einen „Weg", der das Junge beim Hochklettern feucht hält. Einige Tage nach der Geburt kommen viele Weibchen wieder in den Östrus. Paaren sie sich und werden sie befruchtet, verharrt der sich entwickelnde Embryo vor der Einnistung im Blastozystenstadium. Diese embryonale Diapause endet erst etwa einen Monat bevor das im Beutel sitzende Junge diesen verlässt. Die Blastozyste nistet sich nun im Uterus ein und entwickelt sich weiter. Ein bis zwei Tage vor der Geburt lässt die Mutter das vorige Junge nicht mehr zurück in den Beutel. Dies ist für das Jungtier schwer zu akzeptieren, sollte es doch bisher auf den Ruf der Mutter hin stets wieder hineinspringen. Die Mutter säubert nun den Beutel für das nächste Junge und bereitet ihn vor. Viele weibliche Kängurus können also gleichzeitig ein „Lauf-" und ein „Beuteljunges" und sogar noch einen schlummernden oder heranwachsenden Embryo haben.

Durch die kurzen Geburtsintervalle sind die Weibchen in der Lage, ein von Raubtieren getötetes oder ein abortiertes Junges rasch zu „ersetzen". Wird ein Weibchen etwa von Dingos in die Enge getrieben, öffnet es mitunter den Schließmuskel des Beutels und opfert das Junge, um selbst zu entkommen. Auch Nahrungsmangel während einer Dürre kann ein Beuteljunges das Leben kosten. An seine Stelle tritt rasch die schlummernde Blastozyste, die sich einnistet und weiter entwickelt, sobald das vorige Junge zu saugen aufhört. Mit recht geringem Energieaufwand kann ein Weibchen so in Dürrezeiten eine Abfolge von Embryos bereithalten, die bei Regen und günstigeren Bedingungen sofort ihre Entwicklung aufnehmen.

Die Jungen laufen so lange mit, bis sie entwöhnt werden. Bei großen Kängurus dauert dies viele Monate, bei Rattenkängurus fehlt diese Phase fast ganz. Die großen Arten durchlaufen vor der ersten Fortpflanzung auch eine lange Reifephase. Weibchen pflanzen sich mit zwei bis drei Jahren halb ausgewachsen erstmals fort und sind acht bis zwölf Jahre fruchtbar. Manche Rattenkängurus sind schon einen Monat nach dem Entwöhnen, mit vier bis fünf Monaten, empfängnisbereit, warten aber oft bis zum zehnten oder elften Monat.

Männliche Kängurus erreichen oft kurz nach den Weibchen die körperliche Reife, werden bei großen Arten aber zunächst durch soziale Regeln an der Fortpflanzung gehindert. Weibchen wachsen mit Beginn der Fortpflanzungstätigkeit langsamer. Die Männchen wachsen kräftig weiter, sodass alte Männchen sehr viel größer sind als Weibchen und jüngere Männchen. Ein weibliches Östliches Graues oder Rotes Riesenkänguru, im ersten Östrus und gerade einmal 15 bis 20 kg schwer, wird nicht selten von einem fünf- bis sechsmal so schweren Männchen umworben und begattet. Große Kängurus zeigen einen der ausgeprägtesten Geschlechtsdimorphismen aller Landsäuger, vor allem, weil das größte Männchen der Population die meisten Paarungschancen hat. Bei kleineren Kängurus und Rattenkängurus sind beide Geschlechter als erwachsene Tiere etwa gleich groß.

Abgesehen von Weibchen mit einem Laufjungen sind die meisten Kängurus Einzelgänger oder nur gelegentlich zu zweit oder zu dritt anzutreffen. Die Potoroinae verbringen den Tag allein in ihrem Lager, das nur Weibchen manchmal mit noch nicht entwöhnten Jungen teilen. Bei der nächtlichen Futtersuche gesellt sich manchmal ein Männchen zum Weibchen. In den Nächten vor seinem Östrus versuchen oft mehrere Männchen es zu begleiten.

Bürstenrattenkängurus graben Baue und bilden lockere Kolonien, aber auch sie leben nicht wirklich sozial. Einzelgängerische Kängurus, die keinen fest etablierten Unterschlupf nutzen (meist kleine Arten in dicht bewachsenen Lebensräumen), verhalten sich ähnlich, doch bleibt das Weibchen oft wochenlang mit seinem letzten Jungen zusammen, bevor dieses entwöhnt wird. Am Tag des Östrus folgt dem Weibchen oft eine ganze Schar von Männchen.

Felskängurus ruhen tagsüber in Höhlen und Felsnischen. Den Fels-

Links: *Das Moschusrattenkänguru* (Hypsiprymnodon moschatus) *ist als einziger Vertreter der Familie Hypsiprymnodontidae ein taxonomischer Sonderfall; alle anderen Kängurus gehören zur Familie Macropodidae. Sein auffälligstes Merkmal ist der vorhandene erste Zeh, der anderen Kängurus fehlt.*

Unten: *Typische Vertreter mittelgroßer und kleiner Känguruarten:* ***1*** *Proserpina-Felskänguru* (Petrogale persephone); ***2*** *Gelbfußfelskänguru* (P. xanthopus); ***3*** *Lesueur-Bürstenrattenkänguru* (Bettongia lesueur); ***4*** *Quokka* (Setonix brachyurus); ***5*** *Bänderhasenkänguru* (Lagostrophus fasciatus); ***6*** *Rotes Rattenkänguru* (Aepyprymnus rufescens). *Einige dieser Arten werden von der IUCN geführt: Das Proserpina-Felskänguru gilt als stark gefährdet; Quokka, Lesueur-Bürstenrattenkänguru und Bänderhasenkänguru sind gefährdet.*

gruppierungen entsprechend nutzen die Tiere die Tagesunterschlupfe in Kolonien. Individuen besetzen immer dieselben Höhlen, und die Männchen versuchen die Höhlen eines oder mehrerer Weibchen gegen andere Männchen zu verteidigen. Bei einigen Felskängurus schließen sich die Männchen tagsüber einem oder mehreren Weibchen an, doch gehen diese Gruppen nicht immer gemeinsam auf Futtersuche. Bei manchen Baumkängurus bewachen die Männchen die Bäume ihrer Partnerin oder mehrerer Weibchen.

Einige der größten *Macropus*-Arten bilden Gruppen („Rudel") von 50 oder mehr Tieren. Deren Zusammensetzung ist jedoch sehr variabel, mehrmals täglich kommen Tiere hinzu oder gehen fort. Offenbar gesellen sich die Tiere je nach Geschlecht und Alter zu ihresgleichen oder bestimmten anderen Gruppen. Einzelne Weibchen tun sich auch mit ihren weiblichen Verwandten oder mit einigen nicht verwandten Weibchen zusammen. Solche Gruppierungen sind häufig und dauerhaft, wenngleich sie nicht permanent bestehen bleiben. Generell bestimmt der Entwicklungsstand des Jungen, zu wem sich ein Weibchen gesellt. Mütter, deren Junge bald den Beutel verlassen, meiden die Nähe zu anderen Weibchen, die im selben Stadium sind. Vielmehr ziehen sie sich in einen wenig genutzten Teil des Reviers zurück, damit das Junge in der Phase der Ablehnung nicht verwirrt wird.

Die Männchen dieser Arten wechseln öfter die Gruppe als Weibchen und bewegen sich auch in größeren Gebieten. Sie zeigen weder Revierverhalten noch verteidigen sie Weibchengruppen vor Rivalen. Sie durchstreifen große Gebiete und inspizieren möglichst viele Weibchen durch Beschnuppern ihrer Kloake und Lecken ihres Harns. Entdeckt ein Männchen ein Weibchen kurz vor dem Östrus, schließt es sich ihm an und paart sich mit ihm, wenn der Östrus beginnt. Allerdings kann es durch ein größeres, dominanteres Männchen verdrängt werden.

Bei mittelgroßen und großen Kängurus entscheidet die Rangordnung, die sich vor allem nach der Größe und damit nach dem Alter richtet, über den Fortpflanzungserfolg der Männchen. Beim Östlichen Grauen Riesenkänguru vollzieht das dominante Männchen oft die Hälfte aller Paarungen im Revier. Doch meist kann es den Spitzenplatz in der Rangordnung, auf den es vielleicht acht bis zehn Jahre gewartet hat, nur ein Jahr lang halten. Die meisten Männchen paaren sich nie und nur wenige erreichen die Spitzenposition. Gelingt dies aber, bringen sie es auf 20 bis 30 und in dichten Populationen sogar auf noch mehr Nachkommen.

Im Gegensatz dazu haben praktisch alle erwachsenen Weibchen ihr Leben lang jedes Jahr ein Junges. Bei Östlichen Grauen Riesenkängurus richten

Oben: *Kängurumutter mit Jungen beim erfrischenden Bad. Große Kängurus ruhen meist während der Tageshitze und fressen in der Dämmerung oder nachts.*

sich die Chancen der Jungtiere, das Erwachsenenalter zu erreichen, nach der Zahl weiblicher Verwandter mütterlicherseits. Hat die Mutter viele weibliche Verwandte, bringt sie ihre Jungen – vor allem das erste – eher erfolgreich durch die besonders gefährliche Phase nach dem Verlassen des Beutels. Beim Östlichen Grauen Riesenkänguru beträgt die Erfolgsquote bei Müttern, deren eigene Mütter zum Zeitpunkt der Geburt noch lebten, 35 %; bei verwaisten Müttern liegt sie bei 8 %. Die Chancen, dass die ersten beiden Jungen ohne die Hilfe einer „Großmutter" oder „Tante" überleben, beträgt nur 12 %. Gibt es eine Großmutter, steigt sie auf 25 %, mit Großmutter und einer oder mehrerer Tanten sogar auf 42 %.

Dies führte zu einer ungewöhnlichen Strategie: Bei den ersten Geburten kommen Töchter zur Welt, während Söhne spät in der reproduktiven Phase geboren werden. Bei Östlichen Grauen Riesenkängurus ist das Verhältnis bei den ersten zwei Geburten 1:0,8 zugunsten der Töchter, in der Mitte der Fortpflanzungsphase verschiebt es sich auf 1:1,3 und zum Ende auf 1:2,9 zugunsten der Söhne.

Alle größeren, sozialen Kängurus leben in offenen Landschaften (Grasland, Busch, Savanne) und wurden früher Beute von Raubtieren (wie Dingos und den heute ausgestorbenen Beutelwölfen) oder Greifvögeln (wie Keilschwanzadlern). Die Bildung sozialer Gruppen verschaffte ihnen dieselben Vorteile gegenüber Feinden wie vielen anderen Tieren: Dingos können sich großen Gruppen schlechter unbemerkt nähern. Die Gruppengröße richtet sich dabei nach Populationsdichte, Lebensraum (Deckung), Tageszeit und Wetter.

Plage und Beute

ARTEN- UND UMWELTSCHUTZ

Alljährlich werden in Australien zwei bis vier Millionen Rote, Östliche Graue und Westliche Graue Riesenkängurus sowie Bergkängurus abgeschossen, da sie als Weide- und Ernteschädlinge gelten. Der Abschuss ist lizenziert, reguliert und erfolgt meist human. Diese großen Arten waren zur Zeit der Besiedlung durch die Europäer seltener und von 1850 bis 1900 sah es so aus, als könnten sie aussterben. Doch die großen Weideflächen und Tränken für Schafe, die Reduktion ihrer natürlichen Feinde, der Dingos, und die Restriktion der Bejagung durch Aborigines ließen ihre Zahl steigen.

Kängurus waren früher die wichtigste Beute für die Ureinwohner. Kleine Arten wurden mit Feuer aufgebracht, in Netze getrieben oder mit Speeren und Wurfstöcken bewaffneten Jägern zugetrieben. Auf Neuguinea stellte man ihnen einst mit Pfeil und Bogen nach, heute schießt man sie mit Gewehren. In manchen Regionen schrumpfen die Populationen von Baumkängurus und anderen geschützten Arten durch kommerzielle Jagd rapide.

In den meisten Teilen Australiens abseits der Regenwälder und Hartlaubfeuchtwälder ist die Zahl der Känguruarten mit einem Gewicht von weniger als 5 bis 6 kg innerhalb des letzten Jahrhunderts gefallen. Auf dem Festland sind viele dieser Arten heute ausgestorben oder außerhalb tropischer Regionen stark zurückgegangen; manche überlebten zumindest auf Inseln. Zum Aussterben führten Rodungen von Lebensräumen für eingeführtes Vieh und vor allem eingeschleppte Füchse. Die als Jagdwild von 1860 bis 1880 eingeführten Füchse breiteten sich in Regionen mit Schafwirtschaft schnell aus. Sie erbeuteten vor allem Kaninchen, aber auch Bürstenrattenkängurus und kleine Wallabys, deren Bestände zusammenbrachen. Sie überlebten nur auf Inseln, wo es keine Füchse gab.

In Gegenden, in denen Füchse systematisch bekämpft werden, erholen sich diese Arten wieder, vorausgesetzt sie haben überlebt. Füchse, Kaninchen und Landrodungen sind jedoch immer noch weit verbreitet, und somit ist der Kampf um das Überleben kleiner und mittelgroßer Kängurus noch nicht gewonnen. PJ

EINE BEZIEHUNG ZUM GEGENSEITIGEN NUTZEN

Rattenkängurus kultivieren die Pilze, die sie fressen

AN DEN WURZELN DER MEISTEN GEFÄSSPFLANZEN wachsen Pilze und gehen mit der Pflanze eine Symbiose ein: Die Pflanze liefert nährende Kohlenwasserstoffe, während die Pilze im Gegenzug die Aufnahme von Nährstoffen (besonders Phosphaten) und Wasser aus der Erde durch die Pflanze fördern. Diese Symbiosen zwischen Pflanzen und Pilzen, Mykorrhiza genannt, gibt es schon seit Urzeiten und in praktisch allen terrestrischen Ökosystemen.

Eukalyptusarten haben meist sehr ausgeprägte mykorrhizale Symbiosen ausgeprägt, denn die australische Erde ist oft sehr nährstoff- und phosphatarm. Die symbiontische Beziehung ist so wichtig, dass ein Wiederaufforsten natürlicher Wälder nur erfolgreich sein kann, wenn die Bäume mit Wurzelpilzen „geimpft" werden.

Zweierlei Pilze gehen Symbiosen mit dem Eukalyptus ein. Die einen bilden oberirdische Fruchtkörper und lassen ihre Sporen vom Wind verteilen; die anderen dagegen haben unterirdische Fruchtkörper. Diese hypogäischen (unterirdischen) Pilze ähneln in vielerlei Hinsicht den europäischen Trüffeln. Wie diese locken sie mit ihrem verführerischen Duft Säugetiere an, die sie ausgraben und die Fruchtkörper verspeisen. Die Sporen passieren den Darm unbeschadet und keimen, nachdem sie mit dem Kot ausgeschieden wurden. Da die Sporen mit dem Tier in dessen Darm oft beträchtliche Strecken zurücklegen, werden die Pilze sehr effektiv verbreitet.

Bei manchen Pilzarten scheint die Darmpassage die Keimung der Sporen sogar anzuregen. Der „Sporenregen" durch Säugetiere ist wahrscheinlich wichtig, um die mykorrhizale Symbiose bei ausgereiften Wurzelsystemen auf einem hohen Niveau zu halten und sie bei Keimlingen schnell zu etablieren. Die Pilze leben von Bäumen und werden von Säugern verbreitet. Damit sind sie ein wichtiges Glied im ökologischen Netzwerk des Walds.

Die schmackhaften Pilze finden viele dankbare Abnehmer. In Australien ernähren sich die in Eukalyptuswäldern lebenden Kaninchen- und Rattenkängurus fast ausschließlich von diesen Pilzen. Die Tiere graben bis zu 20 cm tief, um an die „Trüffeln" zu gelangen. In Gefangenschaft ziehen sie frisch gesammelte Pilze jeder anderen Nahrung vor. Auch andere Tierarten des Eukalyptuswalds – wie etwa Bandikuts und viele Nager – verzehren unterirdische Pilze. Kaninchen- und Rattenkängurus aber fressen das ganze Jahr hindurch und in großen Mengen deren Fruchtkörper und sind damit besonders effektive Sporenverbreiter.

Die kleinen Kängurus fördern nicht nur die Fortpflanzung, sondern erhalten möglicherweise sogar die Vielfalt der Wurzelpilze. Man findet nicht selten 20 oder mehr verschiedene Pilzarten in Beständen einer einzigen Eukalyptusart, oft sogar im Wurzelsystem eines einzigen Baums. Meist treten einige Arten sehr zahlreich auf, während die übrigen eher selten vorkommen.

Kaninchen- und Rattenkängurus gelten als wahre Meister darin, Pilze verschiedenster Arten aufzufinden. So verspeisten Langfußpotoroos einer Studie zufolge mehr als 40 unterirdische Pilzarten in einem wenige Hektar messenden Gebiet – weit mehr, als selbst erfahrene Mykologen sammeln konnten.

Ohne die Verbreitung der Sporen breiten sich Pilze durch Wachstum der so genannten Hyphen, der „Wurzeln" der Pilze, in der Erde aus. Die Arten mit dem stärksten Wachstum würden so letztlich die anderen aus der Gemeinschaft verdrängen. Der Umstand, dass Kaninchen- und Rattenkängurus so effektiv seltene Pilze finden und deren Sporen verbreiten, trägt wohl entscheidend zu deren Bestandssicherung bei.

Doch damit noch nicht genug. In das bereits komplizierte, aber präzise gewebte Netzwerk des Lebens in australischen Wäldern tritt das Element des Feuers. Eukalyptuswälder sind meist sehr anfällig für Brände. Viele Eukalyptusarten haben Eigenschaften ausgeprägt, die ihre Ausbreitung fördern, aber auch Adaptationen (wie die Anregung des Samenfalls durch Hitze und der Keimung durch Rauch), die Feuersbrünste und Fortpflanzung verknüpfen. Stirbt jedoch ein erwachsener Baum durch Feuer, sterben bald auch seine Wurzelpilze – die Sporen müssen also verteilt werden, bevor die Pilze absterben.

Kaninchen- und Rattenkängurus sind bei Bränden echte Überlebenskünstler. Bei einer Studie versah man Bürstenrattenkängurus bei einem schweren Brand mit Sendern und stellte fest, dass sie den Flammen ausweichen und dennoch in ihrem Revier bleiben konnten. Nach einem Brand werden sehr viel mehr unterirdische Pilze von ansässigen, aber auch von aus der Umgegend zugewanderten Kängurus aus der verbrannten Erde ausgegraben und verzehrt. Auf diese Weise werden nach dem Feuer mehr Pilze sowohl aus dem verbrannten Gebiet selbst als auch von außen verteilt; aus der Asche wachsende Keimlinge sind also schnell mit Sporen versorgt. So bleibt das Leben erhalten.

Außerdem kommt noch ein Insekt ins Spiel. Mehrere Dungkäferarten sind spezielle Beziehungen mit bestimmten Känguruarten eingegangen. Sie legen ihre Eier in Dung, den die Larven dann während ihrer Entwicklung verzehren. Anders als die meisten Dungkäfer, die fliegend nach frischem Dung suchen, klammern sich diese speziellen Arten an der Schwanzwurzel des Kängurus im Fell fest und warten, bis das Tier Kot absetzt. Dann lassen sie sich fallen und vergraben ihn. So haben die Käfer sofort Zugriff auf frischen Dung und stehen außerdem praktisch jenseits jeglicher Konkurrenz. Gleichzeitig werden die Sporen schnell in Wurzelnähe gebracht, was ihr Keimen und eine schnelle Wiederherstellung der Symbiose fördert. CJ

Unten: Tasmanische Bürstenrattenkängurus zahlen zu den Arten, die Pilze fressen und deren Sporen verbreiten, ebenso wie Bettongia tropica, B. penicillata *und die drei Kaninchenkängurуarten.*

PHOTO-STORY

DIE ERSTEN LEBENSMONATE IM BEUTEL

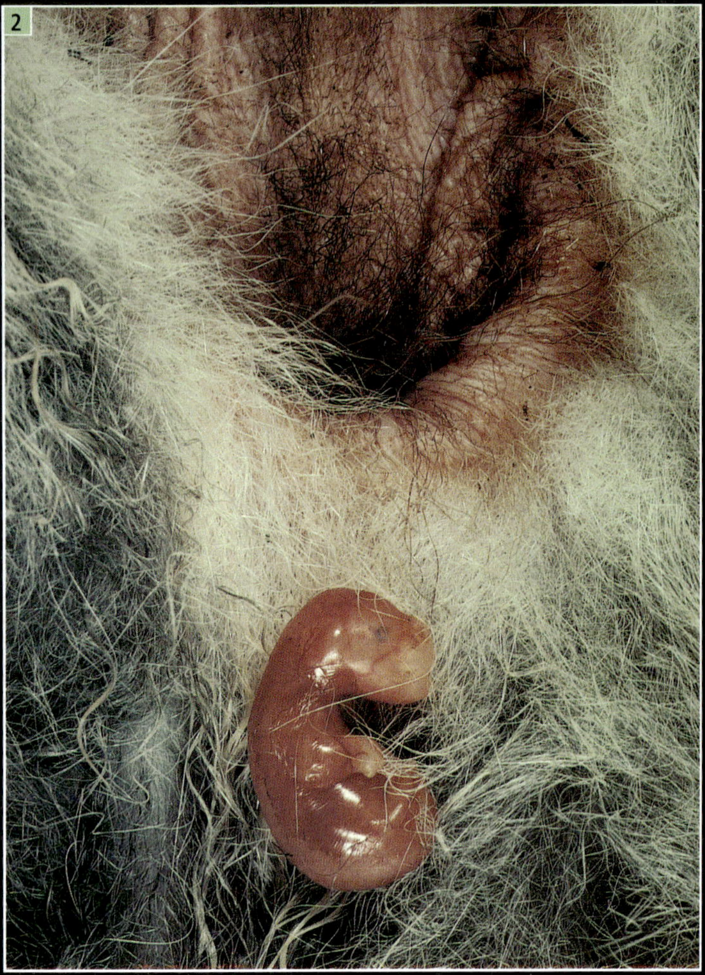

2

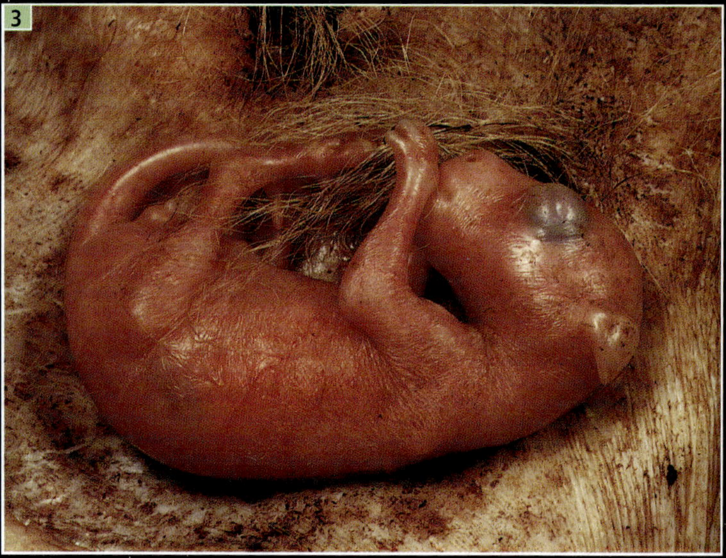

3

❶❷ *Kängurus sind bei der Geburt kaum entwickelt. Im Vergleich zu Plazentatieren befinden sich neugeborene Beuteltiere fast noch im Embryonalstadium. Hinterbeine und Schwanz sind rudimentär, Augen und Ohren geschlossen, der Körper ist nackt. Ist die Nabelschnur (links und unten zu sehen) durchtrennt, kann das Neugeborene mit den relativ kräftigen Vorderbeinen am Fell der Mutter empor in den sicheren Beutel klettern. Sein Weg vom Geburtskanal in den Beutel dauert etwa zwei Minuten.*

❸ *Die Zitze (im Beutel befinden sich vier) füllt die Maulhöhle des Jungen und hält es sicher fest. Dieses Känguru ist vier Wochen alt. Kängurus werden 6–11 Monate gesäugt.*

❹ *Mit 12–14 Wochen ist das Junge schon stark gewachsen und deutlich als solches erkennbar. Stirbt es oder fällt es einem Raubtier zum Opfer, braucht sich die Mutter nicht erneut zu paaren: Eine zweite, bereits befruchtete Eizelle nistet sich sofort im Uterus ein, und der neue Embryo beginnt seine Entwicklung.*

1

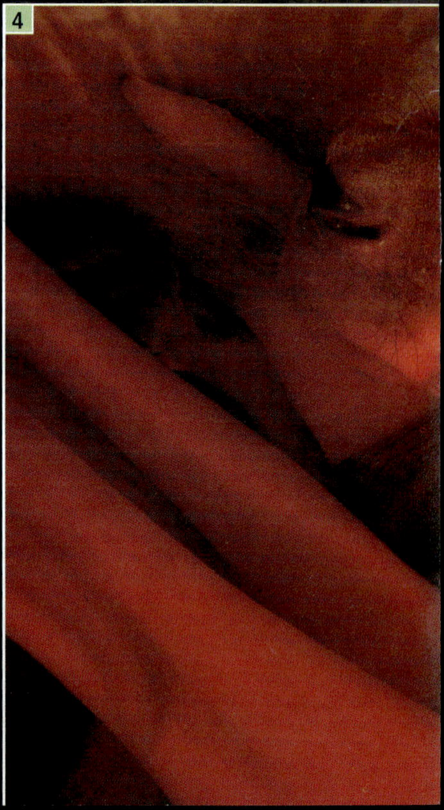

4

6 Ein Östliches Graues Riesenkänguru im „Laufjungen"-Stadium. Es wird zwar nicht mehr in den Beutel gelassen, ist aber noch nicht entwöhnt und saugt noch einige Monate. Damit es schnell wachsen kann, erhält dieses Jungtier fettreiche Milch, während das Neugeborene im Beutel fettfreie Milch erhält. Bei den großen Beuteltieren Australiens hat sich die Strategie bewährt, zwei Junge gleichzeitig zu säugen und eine einnistungsfähige Eizelle bereitzuhalten.

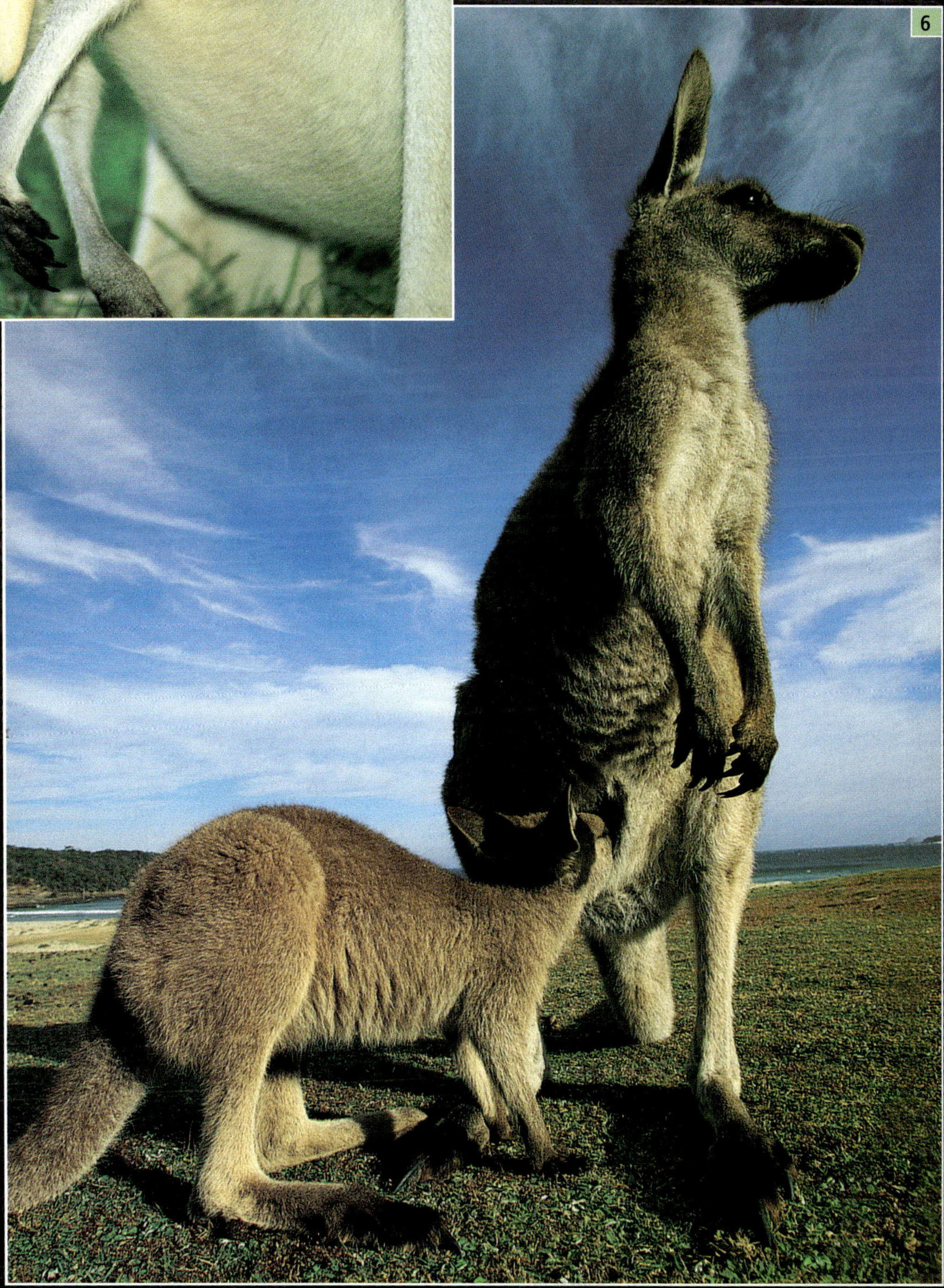

5 Ein schon gut entwickeltes Rotes Riesenkänguru schaut aus dem eng gewordenen mütterlichen Beutel. Dieses Tier ist fast unabhängig. Es unternimmt schon Ausflüge, kehrt aber zum Schlafen und Saugen in den Beutel zurück. Bald wird es aus dem Beutel verbannt, um dem nächsten Jungen Platz zu machen.

Koala

Der Koala ist das Symboltier Australiens und einer der faszinierendsten Säuger der Welt. Doch dies war nicht immer so. Die ersten europäischen Siedler hielten Koalas für dumm und töteten Millionen wegen ihrer Pelze. Noch schlimmere Auswirkungen für das Überleben der Tiere hatten Rodungen, großflächige Waldbrände und eingeschleppte Erreger von Zoonosen, besonders die Chlamydien der Haustiere.

Die Bedrohung der Koalas erreichte 1924 ihren Höhepunkt, als zwei Millionen Bälge exportiert wurden. Damals waren die Tiere in Südaustralien ausgerottet und aus Victoria und New South Wales fast verschwunden. Auf Druck der Öffentlichkeit wurde die Jagd verboten. Dank intensiver Schutzmaßnahmen seit 1944, besonders für die südlichen Populationen, ist ihre Zahl inzwischen wieder gestiegen. Heute sind Koalas in ihrem Lebensraum sogar wieder recht häufig zu sehen.

__Unten:__ Ein Koalajunges auf dem Rücken der Mutter. Neugeborene sind bei der Geburt winzig und wiegen unter 0,5 g. Nach fünf Monaten nehmen die Jungen auch von der Mutter angedaute Eukalyptusblätter zu sich. Mit sieben Monaten verlassen sie den Beutel, bleiben aber noch vier bis fünf Monate in ihrer Obhut.

Großer Bauch, kleines Gehirn

KÖRPERBAU UND FUNKTION

Bäume der Gattung *Eucalyptus* sind in Australien sehr weit verbreitet, und wo immer sie vorkommen, gibt es auch Koalas. Die Tiere verbringen fast ihr ganzes Leben in Eukalyptusbäumen. Sie verschlafen beinahe den ganzen Tag (80 % ihres Lebens). Weniger als 10 % ihrer Zeit dienen der Futteraufnahme und die übrige Zeit sitzen sie einfach herum.

Koalas weisen zahlreiche Adaptationen an ihr inaktives Leben in den Bäumen auf. Sie nutzen weder Höhlen noch Nester, daher ist ihr schwanzloser, bärenähnlicher Körper durch ein dichtes Fell gut isoliert. Die großen Pfoten tragen stark gekrümmte, messerscharfe Krallen an den meisten Zehen, was die Koalas zu exzellenten Kletterern macht, die selbst die größten Eukalyptusbäume mit glatter Rinde mühelos erklimmen. Dazu packen sie den Stamm mit den Klauen und ziehen sich mit den kräftigen Vorderbeinen hoch, während sie mit den Hinterbeinen nachhoppeln. Die zangenförmigen Vorderpfoten (erster und zweiter Finger sind gegen die übrigen drei opponierbar) ermöglichen es ihnen auch, mühelos auf dünnere Äste in der äußeren Baumkrone zu klettern. Am Boden sind sie weniger agil und bewegen sich dann sehr langsam und auf allen vieren zwischen einzelnen Bäumen.

Das Gebiss des Koalas ist an die sehr faserreichen Eukalyptusblätter angepasst. Mithilfe der Backenzähne (ein Prämolar und vier breite, sehr höckerige Molaren auf jeder Kieferseite) zerkauen die Tiere die Blätter zu einem feinen Brei, der im Blinddarm mikrobiell zersetzt wird. Der Blinddarm ist mit 1,8 bis 2,5 m Länge der im Verhältnis zum Körper größte unter allen Säugern. Er ist mindestens dreimal so lang wie der Koala selbst.

Auch das kleine Gehirn des Koalas ist wohl eine Anpassung an die energiearme Ernährung. Als energieaufwändiges Organ verbraucht es einen unverhältnismäßig großen Teil der Körperenergie. Im Verhältnis zur Körpergröße zählt das Gehirn des Koalas zu den kleinsten unter den Beuteltieren. So wiegt es bei einem Koala durchschnittlicher Größe (9,6 kg) nur etwa 17 g (0,2 % des Körpergewichts).

Männliche Koalas sind um die Hälfte größer als Weibchen, haben einen breiteren Gesichtsschädel, kleinere Ohren und eine große Brustdrüse mit riechendem Sekret. Wichtigstes sekundäres Geschlechtsmerkmal der Weibchen ist der Beutel mit zwei Zitzen, der sich nach hinten öffnet.

Koalas haben ein polygynes Paarungssystem, bei dem nur wenige Männchen die meisten Paa-

Oben: *Ein Koala überquert den Waldboden zwischen zwei Bäumen. Die Tiere bewegen sich meist langsam, können bei Gefahr aber schnell hoppeln.*

FAKTEN

KOALA

Phascolarctos cinereus

Ordnung: Diprotodontia

Familie: Phascolarctidae

Einzige Art der Gattung

VERBREITUNG Disjunkte Vorkommen in O-Australien.

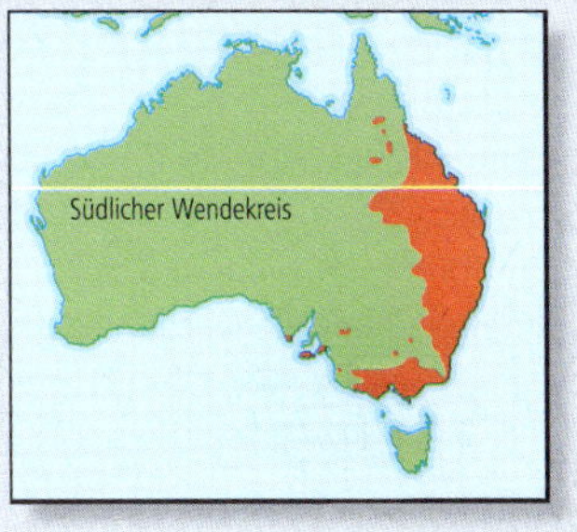

LEBENSRAUM Eukalyptuswälder.

GRÖSSE **Körperlänge** Männchen 78 cm, Weibchen 72 cm; **Gewicht** Männchen 11,8 kg, Weibchen 7,9 kg. Tiere im N des Verbreitungsgebiets deutlich kleiner (Männchen 6,5 kg, Weibchen 5,1 kg).

FELL Grau bis gelbbraun; an Kinn, Brust und Innenseite der Vorderbeine weiß; Ohren von langen weißen Haaren gesäumt, Rumpf weiß gesprenkelt. Fell der Tiere im N des Verbreitungsgebiets kürzer und dünner.

NAHRUNG Hauptsächlich Blätter von Eukalyptusbäumen, aber auch von anderen Arten, wie z.B. *Acacia*, *Leptospermum* und *Melaleuca*.

FORTPFLANZUNG Weibchen sind mit 21–24 Monaten geschlechtsreif; einzelne Junge werden im Sommer (November bis März) nach einer Tragzeit von rund 35 Tagen geboren und mit 12 Monaten unabhängig. Weibchen können in jährlicher Folge Junge haben.

LEBENSERWARTUNG Bis 18 Jahre.

IUCN-STATUS Die Art steht auf der Vorwarnliste. In intakten Lebensräumen häufig, besonders im S des Verbreitungsgebiets, im N seltener. Nördliche Populationen durch großflächige Rodungen bedroht.

rungen vollziehen. Die genaue Verteilung der Paarungen zwischen dominanten und rangniederen Tieren ist jedoch bis heute nicht vollständig erforscht. Koalaweibchen werden mit rund zwei Jahren geschlechtsreif und beginnen dann auch mit der Fortpflanzung. Männchen werden im selben Alter geschlechtsreif, doch kommen sie meist erst im Alter von vier bis fünf Jahren zur Paarung, wenn sie sich in der Konkurrenz um die Weibchen durchsetzen können.

Immer dem Wald nach

VERBREITUNG

Der Koala wird häufig als heikle und seltene Art bezeichnet. Tatsächlich jedoch toleriert er sehr unterschiedliche Umweltbedingungen. Die Eukalyptuswälder, die diese Art braucht, sind zwar verbreitet, aber meist nicht zusammenhängend. Und so spiegelt die Verbreitung der Tiere den Zustand des Waldes wider.

Zwischen einzelnen Koalapopulationen liegen oft weite Strecken „bereinigter" Landschaft. Dennoch leben die Tiere über Hunderttausende von Quadratkilometern verteilt in einem breiten Streifen im Osten Australiens, von den Atherton Tablelands im Norden Queenslands bis nach Cape Otway an der südlichsten Spitze Victorias.

In diesem Gebiet bewohnen sie eine Vielzahl an Lebensräumen. Diese grenzen im Süden an hoch gelegene Feuchtwälder, im tropischen Norden an Weinbaugebiete und im semiariden Westen an Trockenwälder. Die Populationsdichte schwankt je nach Ergiebigkeit des Lebensraums. Im fruchtbaren, niederschlagsreichen Süden findet man nicht selten bis zu acht Tiere pro ha, in der semiariden Zone dagegen ernähren 100 ha oft nur ein Tier.

Wenig attraktive Speise

NAHRUNG

Die immergrünen Eukalyptusbäume sind das ganze Jahr hindurch als Futterpflanze für Tiere verfügbar. Ausgewachsene Koalas fressen täglich etwa 500 g frische Blätter, allerdings dienen ihnen nur etwa 30 der über 600 Eukalyptusarten als Nahrung. Die Vorlieben sind je nach Population verschieden. Generell konzentrieren sich die Tiere auf Arten der feuchteren, ergiebigeren Lebensräume. Im Süden werden *Eucalyptus viminalis* und *E. ovata* vorgezogen, nördliche Populationen fressen bevorzugt *E. camaldulensis*, *E. microcorys*, *E. propinqua*, *E. punctata* und *E. tereticornis*.

Eine solche Ernährung erscheint zunächst wenig viel versprechend. Eukalyptusblätter sind für die meisten Pflanzenfresser unbekömmlich oder sogar giftig. Sie enthalten wenig Nährstoffe wie Stickstoff und Phosphor, dafür aber reichlich unverdauliche Substanzen wie Zellulose und Lignin. Zu alledem kommen giftige Phenole und Terpene (essenzielle Öle). Jüngste Forschungen haben ergeben, dass wohl gerade diese Bestandteile über die Vorlieben der Koalas entscheiden, denn die Akzeptanz bestimmter Futterarten steigt mit sinkender Konzentration bestimmter hoch toxischer Phenol-Terpen-Verbindungen.

Der Koala hat sich mit bestimmten Eigenschaften dieser unattraktiven Nahrung angepasst. Manche Blätter werden überhaupt nicht gefressen. Die in anderen enthaltenen Giftstoffe werden in der Leber entgiftet und ausgeschieden. Der geringe Energiegehalt der Nahrung fordert jedoch Verhaltensanpassungen; Koalas schlafen bis zu 20 Stunden am Tag. Das führte zu dem populären Irrglauben, die Inhaltsstoffe des Eukalyptus würden sie betäuben. Koalas kommen auch mit sehr wenig Wasser aus und decken ihren Bedarf – außer bei größter Hitze – ausschließlich über die Nahrung.

*◀ **Links:** Sicher in eine Astgabel geschmiegt, geht ein Koala seinem bevorzugten Zeitvertreib nach: Schlafen. Die Tiere verdösen 80 % ihres Lebens und verbringen auch Wachzeiten zum großen Teil ruhend. Ihr inaktives Dasein geht auf die energiearme Nahrung zurück, die fast ausschließlich Eukalyptusblätter umfasst. Diese sind sehr arm an Nährstoffen wie Stickstoff und Phosphor.*

*▶ **Rechts:** Bei der Futtersuche streckt sich dieser Koala in untypischer King-Kong-Pose nach einem Eukalyptuszweig aus. Eukalyptus ist für die meisten Pflanzenfresser giftig, doch die Leber der Koalas kann zumindest einige der Toxine unschädlich machen. So sicherten sich die Tiere durch Anpassung eine fast konkurrenzlose, das ganze Jahr hindurch verfügbare Nahrungsquelle.*

Ortstreue Einzelgänger

SOZIALVERHALTEN

Koalas leben einzelgängerisch und sind ortstreu. Erwachsene Tiere besetzen ein festes Revier, dessen Größe sich danach richtet, wie ergiebig der Lebensraum ist. In den üppigeren Wäldern des Südens sind ihre Reviere klein, bei Männchen nur 1,5 bis 3, bei Weibchen 0,5 bis 1 ha. In semiariden Gebieten jedoch sind sie größer: Männchen besetzen dort 100 ha und mehr. Das Revier eines dominanten Männchens überlappt mit denen von bis zu neun Weibchen und auch mit denen von heranwachsenden oder rangniederen Männchen.

Koalas sind generell nachtaktiv. Zur Paarungszeit sind Männchen in den Sommernächten viel unterwegs. Meist kommt es zu Kämpfen, wenn sie auf andere adulte Männchen stoßen, und zu Paarungen, wenn sie einem empfängnisbereiten Weibchen begegnen. Die Kopulation dauert gewöhnlich weniger als zwei Minuten und erfolgt in einem Baum. Das Männchen besteigt das Weibchen von hinten und hält es bei der Paarung meist zwischen sich und einem Ast.

Die Weibchen bringen meist im Hochsommer (Dezember bis Februar) ein einzelnes Junges zur Welt. Das Neugeborene wiegt weniger als 0,5 g und klettert von der Urogenitalöffnung in den Beutel, wo es sich an einer der beiden Zitzen festsaugt. In den nächsten sechs Monaten wächst es im Beutel heran. Mit etwa fünf Monaten wird die Entwöhnung eingeleitet, indem das Junge vorverdaute Blattnahrung aus dem Anus der Mutter verzehrt. Die Mutter setzt zunächst die harten Kotballen aus dem Enddarm ab und scheidet dann das weiche Material aus. Stimuliert wird sie vielleicht dadurch, dass das Junge die Analregion beschnuppert. Der Brei ist reich an Mikroorganismen. Auf diese Weise wird wohl der Darm des Jungen mit den Mikroben besiedelt, die es zum Verdauen der Blätter braucht. Das Junge wächst nun schnell heran. Es verlässt den Beutel nach sieben Monaten und sitzt fortan auf dem Rücken der Mutter. Mit etwa elf Monaten wird es unabhängig, hält sich aber noch mehrere Monate in ihrer Nähe auf.

Die Männchen brüllen zu Beginn der Paarungssaison unaufhörlich. Dabei holen sie mehrfach hintereinander scharf Luft und atmen jeweils mit einem sonoren Grollen aus. Diese Rufe dienen wohl ebenso als Werbung um potenzielle Partnerinnen wie als Warnung an männliche Konkurrenten. Der Ruf eines Männchens wird meist von allen Männchen des Gebiets beantwortet. Die einzige hörbare Lautäußerung der Weibchen ist ein heulender Klagelaut, den sie vor allem von sich geben, wenn sie von einem erwachsenen Männchen belästigt werden. Während der Paarungszeit setzen die Männchen häufig Duftmarken, indem sie ihre Brustdrüse an Baumstämmen reiben. Die genaue Bedeutung dieses Verhaltens ist allerdings noch ungeklärt.

Wenn aus Gruppen Massen werden

ARTEN- UND UMWELTSCHUTZ

Bislang gibt es noch keine offizielle Zählung des Gesamtbestands an wild lebenden Koalas. Inoffizielle Schätzungen reichen jedoch von 40 000 bis über eine Million Tiere. Genetische Untersuchungen belegen große Unterschiede zwischen den nördlichen und südlichen Populationen und lassen auch mehrere unterscheidbare Subpopulationen im Norden vermuten. Ein solches Muster ist bei den südlichen Beständen nicht erkennbar, wahrscheinlich weil die dortigen ausgedehnten Umsiedlungsprogramme eine Homogenisierung nach sich ziehen.

Das Überleben vieler Koalapopulationen, vor allem im Norden, ist durch den Verlust ihres Lebensraums bedroht. Urbanisierung und Tourismus beanspruchen wichtige Lebensraumgebiete in den Küstenregionen, doch besonders ernst ist die Lage in den semiariden Wäldern im Zentrum Queenslands, wo jährlich etwa 400 000 ha Wald Weide- oder Ackerflächen weichen müssen. Umweltschützer versuchen diese Entwicklung aufzuhalten. Allerdings ist dies in den konservativen, von Landwirtschaft geprägten Regionen Zentralqueenslands politisch schwer durchzusetzen.

Organisationsprobleme im Süden machen den Koalaschutz dort zu einem noch schwierigeren Unterfangen. Der Koala war auf dem Festland immer selten, doch heute stellt sich auf einigen Inseln, auf denen man gegen Ende des 19. Jahrhunderts Koalakolonien schuf, das Problem andauernder Überpopulation. Dem versucht man durch Umsiedlungen zu begegnen. So wurden in den letzten 75 Jahren mehr als 10 000 Koalas auf das Festland gebracht.

Durch das Umsiedlungsprogramm hat zwar der Koala im größten Teil des südlichen Verbreitungsgebiets wieder Fuß gefasst, aber es kam in vielen verbliebenen Waldgebieten des Festlands zu Überpopulation und Abwertung der Lebensräume. Gezielte Abschüsse zur Bekämpfung der Überpopulation werden abgelehnt. Heute versucht man mit empfängnisverhütenden Maßnahmen das Populationswachstum einzudämmen. RM

Wombats

Es gibt heute nur drei Arten von Wombats, doch repräsentieren sie mit dem Koala eine der beiden Hauptabstammungslinien Pflanzen fressender Beuteltiere. Die Unterordnung Vombatiformes – Koala und Wombats – spaltete sich vor mindestens 40 Millionen Jahren von den anderen herbivoren Beuteltieren ab. Seither entwickelten Wombats eine unter Säugetieren einmalige Lebensweise.

Wombats sind große Pflanzenfresser und graben Baue. Diese Kombination ist ungewöhnlich: Die wenigen großen Säuger, die Baue graben, sind entweder Fleisch- oder Insektenfresser, und die zahlreichen grabenden Pflanzenfresser sind allesamt klein. Die Biologie der Wombats ist also vor allem deshalb so interessant, weil sie entgegen der allgemeinen Regel als große Herbivoren Baue graben. Normalerweise müssen Herbivoren ständig fressen, um aus energiearmem Gras oder Laub genügend Nährstoffe zu gewinnen, und haben daher weder die Zeit noch die Energie, Baue zu graben.

Fürs Graben und Grasen gerüstet

KÖRPERBAU UND FUNKTION

Wombats sind stämmige Tiere mit kurzen Gliedmaßen und Schwänzen. Der Schultergürtel ist kräftig und der Oberarm im Verhältnis zur Länge sehr breit. Daher sind Schultern und Vorderbeine besonders stark. Die massiven Vorderfüße tragen lange, kräftige Krallen. Wombats graben scharrend mit den Vorderfüßen, werfen die Erde mit den Hinterfüßen hinter sich und drücken sie mit dem breiten Hinterteil vor dem Höhleneingang fest. Ihr Skelett hat viele Details, die den Gliedmaßen mehr Kraft verleihen. So ist der hintere Winkel des Schulterblatts (Scapula) verlängert, was die Hebelwirkung des *Musculus teres major,* eines Beugemuskels der Schulter, verstärkt. Männchen und Weibchen ähneln sich bei allen Arten. Männliche Nördliche Haarnasenwombats haben einen kürzeren Rumpf und dickeren Hals sowie kräftigere Schultern als Weibchen – weshalb, ist unbekannt. Vielleicht sind sie so für unterirdische Kopf-an-Kopf-Begegnungen besser gerüstet.

Wombats ernähren sich vor allem von Gräsern, die reich an Fasern und (besonders auf sandigen Böden) Kieselerde sind. Schädel, Gebiss und Verdauungstrakt sind auf diese Nahrung spezialisiert. Der massige, breite Schädel ist abgeflacht, sodass die Kiefer mit großer Kraft die harte Nahrung zermahlen können. Das gleicht die wenig gefurchten Kauflächen der Zähne aus und ermöglicht es den Tieren, das Futter sehr stark zu zerkleinern (etwa halb so klein wie Kängurus). Die Zähne wachsen kontinuierlich nach, um die Abnutzung auszugleichen. Magen und Dünndarm sind klein und einfach gebaut, ein Blinddarm fehlt nahezu. Der Dickdarm (Colon) dagegen ist groß und sehr lang, er nimmt 80 % des Darmvolumens ein. Vor allem im Dickdarm erfolgt die mikrobielle Zersetzung, die etwa ein Drittel zur vom Tier aufgenommenen Energie beisteuert. Die Nahrung passiert den Darm langsam; Partikel brauchen meist 70, gelöste Nahrung 50 Stunden, weit länger als bei anderen Pflanzenfressern dieser Größe.

Günstig im Unterhalt

SOZIALVERHALTEN

Alle drei Wombatarten sind in der Lage, auch in unwirtlichen Lebensräumen eine hohe Populationsdichte aufrechtzuerhalten. Nacktnasenwombats leben in Gebirgsregionen bis zur Schneegrenze und darüber, aber auch in sandigen Küstengebieten, wo sie in sehr großer Zahl auftreten können. Haarnasenwombats bewohnen trockene Lebensräume, die als Weideland meist nicht fruchtbar genug sind.

Wombats gedeihen in solchen Umgebungen, weil sie nur sehr wenig Energie benötigen. Ihr Energieumsatz ist sehr niedrig – beim Südlichen Haarnasenwombat beträgt er nur 44 % des Umsatzes von Eutheria vergleichbarer Größe –, und ihr Grundenergiebedarf ist der niedrigste unter allen Beuteltieren. Die Kombination aus geringem Energiebedarf und effizienter Verdauung faserreicher Nahrung führt dazu, dass die Tiere nur wenig Futter aufnehmen – halb so viel wie gleich große Kängurus. Ein Wombat verbringt weitaus weniger Zeit mit der Futtersuche, als man bei einem Pflanzenfresser seiner Größe vermuten würde. Bei günstigen Bedingungen verzeichnete man beim Nördlichen Haarnasenwombat Fresszeiten von nur zwei Stunden täglich, und die Futterreviere messen nur etwa 10 % der Fläche, die Kängurus in ähnlichen Lebensräumen beweiden. Diese Sparsamkeit erlaubt es Wombats, den Großteil ihrer Zeit unter der Erde zu verbringen. Da sie hier vor ungünstiger Witterung geschützt sind, sparen sie damit wiederum Energie. Zwar fallen sie nicht in einen Torpor, doch sie können sich mehrere Tage am Stück im Bau aufhalten – wahrscheinlich mit sehr geringem Energieverbrauch.

Da sie nachtaktiv und verborgen leben und viel Zeit im Bau verbringen, weiß man über das Verhalten der Tiere nur wenig. Die Baue können 30 m und länger sein. Sie haben oft mehrere Eingänge, Nebengänge und Ruhekammern. Der Südliche Haarnasenwombat bewohnt große Baue, die oft jahrzehntelang benutzt werden. Bis zu zehn Tiere können darin leben, doch sind Kontakte zwischen

Oben: *Ein Nacktnasenwombat-Weibchen und sein Junges nehmen auf einem liegenden Stamm eine Blattmahlzeit ein. Das Junge verlässt mit sechs Monaten den Beutel, bleibt aber oft bis zu ein Jahr lang bei der Mutter.*

Oben links: *Ein Südlicher Haarnasenwombat mit der typischen behaarten Nase, die die Lasiorhinus-Arten vom Nacktnasenwombat unterscheidet.*

ihnen selten und sie weiden meist allein. Die Familienstruktur dieser Gruppen ist unbekannt.

Die Nördlichen Haarnasenwombats graben oft lockere Bausysteme mit etwa 10 m voneinander entfernten Eingängen; zwischen den einzelnen Systemen liegen meist mehrere 100 m. Die Tiere eines Bausystems sind untereinander genetisch näher verwandt als mit Tieren benachbarter Bausysteme. Die Gruppen bestehen aus bis zu zehn Tieren; Männchen und Weibchen sind gleich stark vertreten. Bei dieser Art erfolgt die Abwanderung auf ungewöhnliche Weise: Junge Männchen und Weibchen bleiben meist im heimischen Bau, während die erwachsenen Weibchen nach dem Aufziehen eines Jungen in ein anderes Bausystem abwandern. Dabei legen sie bis zu 3 km zurück. Nacktnasenwombats leben offenbar mehr als Einzelgänger.

Grund zur Sorge

ARTEN- UND UMWELTSCHUTZ

In den letzten 200 Jahren haben Nacktnasen- und Südlicher Haarnasenwombat 10 bis 50 % ihrer Lebensräume eingebüßt. Ursache sind Rodungen und die Konkurrenz durch Kaninchen; allerdings sind ihre Bestände in großen Teilen des ursprünglichen Verbreitungsgebiets gesichert. *Vombatus ursinus ursinus* ist auf allen Inseln der Bass-Straße außer auf Flinders Island ausgestorben. In manchen Teilen Victorias gelten Nacktnasenwombats als Plage, weil sie kaninchensichere Zäune beschädigen. Dort werden sie lokal bekämpft.

Der Nördliche Haarnasenwombat zählt heute zu den seltensten Säugetieren der Welt. Die Art war von jeher nur an drei Stellen dokumentiert. An zweien davon starb sie zu Beginn des 20. Jahrhunderts durch die Konkurrenz von Rindern und Schafen, Lebensraumveränderungen und eigentlich gegen Kaninchen gerichtetes Gift aus. Die verbliebene Population wurde erst nachhaltig geschützt, als man 1974 ihr gesamtes Gebiet zum 3000 ha großen Epping-Forest-Nationalpark erklärte und 1980 schließlich alle Rinder daraus verbannte. Damals gab es wohl nur noch 35 Tiere. Eine Untersuchung, bei der Wombats eingefangen, markiert und wieder freigelassen wurden, ergab 1995 eine Schätzung von 70 Tieren.

Heute konzentriert man sich beim Schutz dieser Population auf den Schutz ihres Lebensraums, besonders die Brandbekämpfung und das Fernhalten von Rindern. Außerdem lässt man die Tiere möglichst in Ruhe. Dadurch beginnt sich die Art offenbar zu erholen. Ihr Schicksal hängt jedoch noch am seidenen Faden und man plant bereits, eine Zucht und dann weitere wild lebende Populationen aufzubauen. CJ

FAKTEN

WOMBATS

Ordnung: Diprotodontia

Familie: Vombatidae

3 Arten in 2 Gattungen

VERBREITUNG SO-Australien.

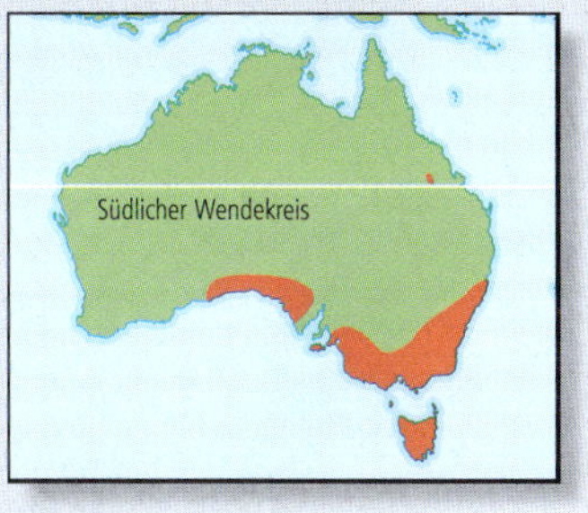

NACKTNASENWOMBAT *Vombatus ursinus*
3 Unterarten: *Vombatus ursinus ursinus* (Flinders Island); *V. u. tasmaniensis* (Tasmanien); *V. u. hirsutus* (australisches Festland). Wälder gemäßigter Zonen, Heide und Gebirgslebensräume in ganz SO-Australien, auch Flinders Island und Tasmanien. KL 90–115 cm; SL ca. 2,5 cm; SH ca. 36 cm; GT 22–39 kg. Körperbau: Grobes, schwarzes, braunes bis graues Fell; nackte Nase; kurze, runde Ohren. Nahrung: Vor allem Gräser, auch Samen, Binsen und Busch- oder Baumwurzeln. Fortpflanzung: 1 Junges, Geburten erfolgen ganzjährig. Das Junge bleibt etwa 6 Monate im Beutel und ein weiteres Jahr bei der Mutter; Geschlechtsreife mit 2 Jahren. Lebenserwartung: In der Natur unbekannt, in Gefangenschaft bis 26 Jahre. IUCN-Status: Gefährdet.

SÜDLICHER HAARNASENWOMBAT
Lasiorhinus latifrons
S-Australien; semiaride und aride Wälder, Grasland und Buschsteppen. KL 77–94 cm; SL ca. 2,5 cm; SH ca. 36 cm; GT 19–32 kg. Körperbau: Feines, graues bis braunes Fell mit hellen Flecken; behaarte Nase; lange, spitze Ohren. Nahrung: Gräser, bei Dürre auch Binsen und Blätter verholzender Büsche. Fortpflanzung: 1 Junges, Geburt im Frühling oder Frühsommer. Das Junge bleibt 6–9 Monate im Beutel, Entwöhnung mit etwa 1 Jahr, Geschlechtsreife mit 3 Jahren. Lebenserwartung: In der Natur unbekannt, in Gefangenschaft über 20 Jahre.

NÖRDLICHER HAARNASENWOMBAT
Lasiorhinus krefftii
Einzige Population im Epping-Forest-Nationalpark bei Clermont in Zentral-Queensland; semiarider Wald. KL Männchen 102 cm, Weibchen 107 cm; SH ca. 40 cm; GT Männchen 30 kg, Weibchen 32,5 kg. Fell: Silbergrau, dunkle Ringe um die Augen. Nahrung: Gräser, auch einige Samen und Binsen. Fortpflanzung: 1 Junges, Geburt im Frühling oder Sommer, ca. 10 Monate im Beutel; Entwöhnungsalter unbekannt. Weibchen haben in 3 Jahren durchschnittlich 2 Junge. Lebenserwartung: In der Natur unbekannt, ein gefangenes Tier lebte mindestens 30 Jahre. IUCN-Status: Vom Aussterben bedroht.

Abkürzungen: KL = Körperlänge; SL = Schwanzlänge; SH = Schulterhöhe; GT = Gewicht

Honigbeutler

Links: *Der Schwanz des nur im Südwesten Australiens lebenden Honigbeutlers ist länger als Kopf und Körper. Seine Zunge lässt sich 2,5 cm weit vorstrecken. Mit der bürstenartigen Zungenspitze nimmt das Tier Blütenpollen auf.*

Rechts: *Der Honigbeutler (hier auf einer Banksia-Blüte) lebt von Nektar und Pollen. Mit der spitzen Schnauze sucht er in den Blüten nach Nektar. Da er sich mit Händen, Füßen und Schwanz festhalten kann, erreicht er – außer auf den dünnsten Zweigen – selbst kleine, endständige Blüten.*

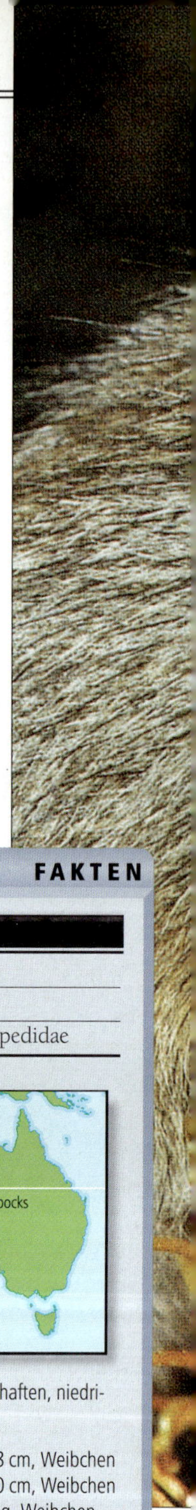

Der Honigbeutler ist der einzige Vertreter einer Abstammungslinie, die sich früh von den Kleinbeutlern und Kängurus abspaltete. Seine Vergangenheit ist zwar nur für die letzten 35 000 Jahre durch Fossilien belegt, aber wahrscheinlich entwickelte er sich vor etwa 20 Millionen Jahren.

Heute kommen Honigbeutler am häufigsten in Heidelandschaften der Sandebenen an der südwestaustralischen Küste vor, einem der weltweit 25 „Hotspots" für Artenreichtum. Dort liefern 2000 Pflanzenarten das ganze Jahr hindurch Blüten, von denen sich die Tiere ernähren.

Auf Blütensuche

KÖRPERBAU UND FUNKTION

Die Zähne des Honigbeutlers sind in Zahl und Größe reduziert (I2/1, C1/0, P1/0, M3/3 = 22). Die Molaren bilden nur mehr winzige Kegel. Das Tier leckt mit seiner langen, rauen, pinselartigen Zunge Nektar. Die Pollenkörner auf der Zunge streift es dann an Gaumenkämmen ab. Diese Körner werden während einer nur sechs Stunden dauernden Passage durch den einfachen Darm verdaut. Dies ist die einzige Nährstoffquelle für den Honigbeutler; Nektar (eine 20-%ige Zuckerlösung) liefert nur Energie und Wasser. Speziell angepasste Nieren machen es dem Tier möglich, täglich eine fast seinem Eigengewicht entsprechende Wassermenge auszuscheiden. Der Honigbeutler ernährt sich vorrangig von *Banksia-* und *Dryandra-*Arten, die große Blütenstände mit bis zu 250 bis 2500 Blüten besitzen. Bevorzugt werden Pflanzen mit unauffällig gefärbten Blüten, die versteckt in Büschen oder bodennah wachsen.

Die winzigen, spitzmausähnlichen Honigbeutler untersuchen die Blüten mithilfe ihrer langen, spitzen Nase. Der erste Zeh des Hinterfußes ist opponierbar, um Zweige zu umfassen. Alle Zehen tragen raue Ballen, aber keine Krallen. Die Tiere laufen am Boden schnell und klettern geschickt. Der lange Greifschwanz dient dem Gleichgewicht und sorgt für zusätzliche Sicherheit. Zudem werden so die Vorderpfoten frei, um bei der Futtersuche Zweige und Blüten zu erfassen.

Nie ohne Nachwuchs

SOZIALVERHALTEN

Honigbeutler haben ihrer nachtaktiven Lebensweise entsprechend ein kleines Repertoire an Körperhaltungen und hohen Quiektönen, um miteinander zu kommunizieren. Der Geruchssinn spielt für ihr Sozialverhalten offenbar eine große Rolle und hilft ihnen auch die Blüten zu finden.

Ihre kurze Lebensdauer gleichen die Tiere durch ständige Fortpflanzung aus. Weibchen haben ihr ganzes Leben lang Junge im Beutel. Honigbeutler sind mit sechs Monaten geschlechtsreif, doch viele Weibchen haben Junge, bevor sie ausgewachsen sind – schon zwei bis drei Monate nach Verlassen des Beutels, in dem sie zwei Monate verbrachten. Die Geburten erfolgen ganzjährig, gehen aber bei Nahrungsmangel zurück. In nektarreichen Zeiten wachsen die Populationen an, die Tiere sind in guter Verfassung und haben mehr Junge. Solche Phasen schwanken mit den Jahreszeiten und Jahren, je nach Niederschlagsmenge. Auch die geografische Lage und damit die Pflanzengesellschaften entscheiden über Nektarmengen. Offenbar richten sich die Weibchen bei der Fortpflanzung nach dem Nahrungsangebot, ganz gleich, welche Bedingungen sich den Jungen später stellen.

Hat der erste Wurf den Beutel verlassen oder ist entwöhnt, kommt meist schnell ein zweiter zur Welt, denn Honigbeutler zeigen das Phänomen

FAKTEN

HONIGBEUTLER

Tarsipes rostratus

Ordnung: Diprotodontia

Einziger Vertreter der Familie Tarsipedidae

VERBREITUNG SW-Australien.

LEBENSRAUM Heide- und Buschlandschaften, niedrige, lockere Wälder mit Heidebewuchs.

GRÖSSE Körperlänge Männchen 6,5–8 cm, Weibchen 7–9 cm; **Schwanzlänge** Männchen 7–10 cm, Weibchen 7,5–10,5 cm; **Gewicht** Männchen 7–11 g, Weibchen 8–16 g (meist 12 g). Weibchen ein Drittel schwerer als Männchen, im Süden des Verbreitungsgebiets größer als im Norden.

FELL Oberseite graubraun gesprenkelt, an Flanken und Schultern rötlich am Übergang zum beigefarbenen Bauch. Drei Rückenstreifen: typischer dunkelbrauner Streifen vom Hinterkopf zur Schwanzwurzel und auf jeder Seite ein hellerer brauner Streifen.

NAHRUNG Nektar und Pollen.

FORTPFLANZUNG Tragzeit unsicher, etwa 28 Tage.

LEBENSERWARTUNG Meist 1 Jahr, nie über 2 Jahre.

IUCN-STATUS Die Art wird nicht von der IUCN geführt, ist aber in ihrer Verbreitung auf ein ständiges Angebot an *Eucalyptus-*, *Banksia-* und *Callistemon-*Blüten angewiesen.

der embryonalen Diapause. Unter günstigen Bedingungen haben Weibchen vier Würfe pro Jahr. Die Jungen sind bei der Geburt mit etwa 0,0005 g die kleinsten Säuger überhaupt. Die nun folgende Entwicklung ist typisch für Beuteltiere. Im tiefen Beutel sitzen vier Zitzen. Obwohl es auch Würfe von vier Jungen gibt, sind doch zwei bis drei die Norm. Die Tiere bauen kein Nest, die Mütter tragen die Jungen bei der Futtersuche mit sich herum. Wie die geringe Wurfgröße und langsame Entwicklung der Jungen (sie sind etwa 60 Tage im Beutel) zeigen, ist es für die Mutter schwierig, genug Pollen zu finden, um die Nachkommen mit Milch zu versorgen.

Die Jungen verlassen den Beutel mit 2,5 g Gewicht. Ihr Fell ist gewachsen und die Augen sind offen. Sie folgen der Mutter zunächst bei der Nahrungssuche, saugen gelegentlich Milch und reiten auch auf ihrem Rücken. Nach ein bis zwei Wochen trennen sie sich von der Mutter. Honigbeutler – besonders Jungtiere – rücken manchmal zusammen, um Energie zu sparen. Ihre normalerweise hohe Körpertemperatur und der hohe Energieumsatz sinken bei Kälte und Nahrungsmangel vorübergehend ab, die Tiere verfallen in Torpor. Dabei kann die Körpertemperatur zehn Stunden lang bei 5 °C liegen, bevor sie spontan wieder ansteigt.

Beide Geschlechter sind ortstreue Einzelgänger und besetzen überlappende Reviere von rund 700 qm (Weibchen) und 1280 qm (Männchen). In Gefangenschaft dominierten Weibchen über Männchen und Jungtiere. In der Natur beanspruchen Weibchen mit großen Jungen offenbar nahrungsreiche Gebiete für sich.

Die größeren Reviere der Männchen spiegeln nicht nur längere Wege bei der Futtersuche, sondern auch die Suche nach paarungswilligen Weibchen wider. Ihre Hoden nehmen 4,2 % des Körpergewichts ein und sind damit die größten unter den Säugern. Auch ihre Spermien sind mit 0,36 mm die längsten unter den Säugern. Die Männchen konkurrieren also stark um die Fortpflanzung. Die Partnerwerbung ist kurz; die Männchen folgen einem Weibchen, können es aber nur begatten, wenn das größere Weibchen es zulässt. DNA-Untersuchungen zeigen, dass an jedem Wurf zwei oder mehr Väter beteiligt sind.

Die Art ist mancherorts häufig zu finden, doch die schon begrenzten Lebensräume schrumpfen weiter. Zwar erfolgen keine Rodungen mehr, aber in Schutzgebieten sind Pflanzenkrankheiten und eingeschleppte Füchse und Katzen eine bleibende Bedrohung. Gezielt gelegte Brände zerstören bisweilen die Futterpflanzen der Tiere. RDW/EMR

MONOTREMEN

Die gängige Bezeichnung der Monotremen als „Eier legende Säugetiere" unterscheidet sie zwar treffend von allen anderen lebenden Tieren, bewertet die Vermehrungsart dieser Gruppe aber stark über. Im Grunde entspricht ihr Fortpflanzungsmuster dem aller Säugetiere, mit der einzigen Ausnahme, dass die Entwicklung der Jungen eine kurze Zeitspanne innerhalb eines lederschaligen Eis vonstatten geht. Nachdem die Neugeborenen mit etwa zehn Tagen geschlüpft sind, werden sie bis zu sechs Monate lang von der Mutter gesäugt.

Schnabeltiere kommen in Ostaustralien und Tasmanien vor, Langschnabeligel nur in Neuguinea, Kurzschnabeligel in allen genannten Regionen und auch in fast allen Lebensräumen. Jedoch sind diese Verbreitungsgebiete erst jüngeren Datums. Pleistozäne Fossilien von Langschnabeligeln findet man an zahlreichen Stellen in ganz Australien sowie Tasmanien. Generell sehen die Fossilien aus dem Pleistozän den heute lebenden Formen frappierend ähnlich. So gleicht ein Schnabeltierfossil aus dem mittleren Miozän (vor zehn Millionen Jahren) der heutigen Art, außer dass es als erwachsenes Tier voll entwickelte Zähne besaß. 1991 entdeckten Paläontologen in Patagonien einzelne Zähne aus dem frühen Paläozän, die mit denen des Schnabeltiers aus dem mittleren Miozän nahezu identisch sind. Und das älteste bekannte Monotremenfossil, ein opalisierter Kiefer, datiert sogar in die frühe Kreidezeit (vor 120 Millionen Jahren). Diese Funde zeigen, dass Monotremen sich im Lauf von über 100 Millionen Jahren kaum verändert haben. Jedoch sagen die Fossilien nichts über den Ursprung dieser Ordnung und ihr Verwandtschaftsverhältnis zu Beutel- und Plazentatieren aus.

Wunderliche Spezialisten

KÖRPERBAU UND VERBREITUNG

Die Bezeichnung „Eier legende Säugetiere" gilt weithin als Synonym für „reptilienartige" oder „primitive" Säuger, obwohl Monotremen sämtliche wesentlichen Säugermerkmale aufweisen: ein Haarkleid, Brustdrüsen, einen einteiligen Unterkiefer und drei Gehörknöchelchen (Hammer, Amboss und Steigbügel). Außerdem sind die Tiere endotherm oder gleichwarm: Ihre Körpertemperatur ist unabhängig von der Temperatur der Umgebung (kann bei Schnabeligeln aber schwanken).

Monotremen (wörtlich übersetzt „Einlochtiere") besitzen nur einen Ausführgang, Kloake genannt, über den Harn- und Kotausscheidung, Austausch der Geschlechtsprodukte sowie Eiablage erfolgen. Diese Tatsache hat der Ordnung auch den wenig ansprechenden deutschen Namen „Kloakentiere" eingebracht.

Was ihre Nahrung angeht, sind Monotremen hoch spezialisiert. Das amphibisch lebende, Fleisch fressende Schnabeltier gründelt in Flüssen und Bächen nach Wirbellosen. Schnabeligel ernähren sich vorwiegend von Ameisen und Termiten (Kurzschnabeligel) bzw. von nicht Staaten bildenden Insekten und Regenwürmern (Langschnabeligel). Nun erfordert eine solche Kost kein Beißen oder Schneiden, und tatsächlich fehlen ausgewachsenen Monotremen die Zähne. Beim Schnabeltier sind sie zwar noch angelegt und werden von sehr jungen Tieren auch zum Zermahlen von Mollusken benutzt, fallen dann aber aus. An ihrer Stelle gibt es in Ober- und Unterkiefer elastische Hornplatten, zwischen denen die hartschalige Nahrung geknackt wird.

Die Rückbildung von Zähnen ist bei Ameisen fressenden Säugern weit verbreitet. Schnabeligel etwa besitzen keine Zähne; ihre Hornleisten sind nicht einmal Teil des Kiefers. Beim Langschnabeligel befinden sich am ersten Drittel des Zungenrückens spitze Hornstacheln, die es dem Tier erleichtern, Würmer ins Maul zu ziehen. Dort wird die Beute zwischen den Zungenstacheln und den am Gaumen befindlichen Stacheln zerrieben. Um

die Beute festzuhalten, während er sein Maul in die richtige Position bringt, nimmt der Langschnabeligel manchmal auch seine Vorderfüße zu Hilfe.

Beim Schnabeltier bildet die Verlängerung von Schädel und Unterkiefer einen breiten „Entenschnabel", der mit glänzend schwarzer Haut überzogen ist. Die Schnauze von Schnabeligeln geht auf dieselben Schädelveränderungen zurück, ist aber kleiner und walzenförmig. Die an der Spitze befindliche Mundspalte ist so eng, dass gerade die lange Zunge hindurchpasst. MLA

Der Giftsporn

Monotremen bilden eine von zwei giftigen Säugergruppen (die anderen sind bestimmte Spitzmäuse). Bei den beiden Schnabeligelarten sind Giftdrüsen und Sporen zwar vorhanden, aber funktionslos. Gift produzieren und einsetzen kann nur das männliche Schnabeltier. Die Giftdrüse befindet sich hinter dem Knie und ist mit einem beweglichen hohlen Hornstachel am Hinterfußgelenk verbunden. Bei weiblichen Schnabeltieren findet man diese Sporen nicht. Bei Männchen sind sie mit Gift gefüllt, das im Notfall mit kräftigen Stößen der Hinterbeine injiziert wird.

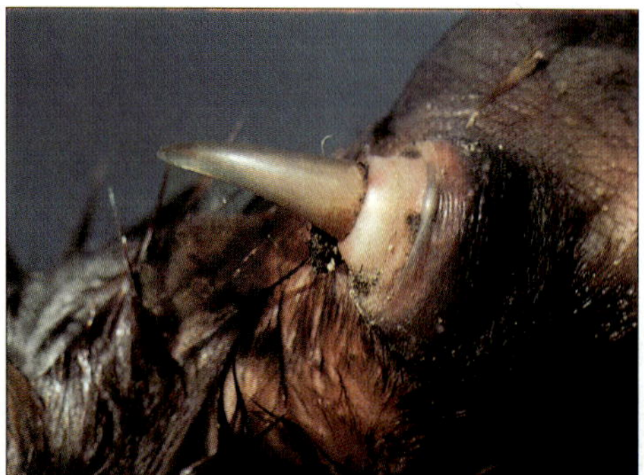

Das Gift verursacht bei Menschen starke Schmerzen und kann einen Hund töten. Da sich zu Beginn der Paarungszeit die Giftdrüse vergrößert und die Sporen anschließend häufiger zum Einsatz kommen, könnten sie dazu dienen, die Revierfrage in dem begrenzten Lebensraum der Art zu entscheiden.

Das erklärt aber nicht, warum das Giftsporensystem bei Schnabeligeln zwar angelegt, aber nicht funktionsfähig ist. Anhand der Sporen ist es möglich, männliche und weibliche Schnabeligel zu unterscheiden – bei Monotremen sonst schwierig, da die Hoden nie sichtbar werden. Allerdings sind Giftdrüsen und -kanäle verkümmert und das Männchen kann den Sporn auch nicht aufstellen. Hat dieser die Schutzhaut einmal durchstoßen, können ihn nur wenige Schnabeligel wieder zurückziehen. Möglicherweise entstand das Giftspornsystem bei den Monotremen zur Abwehr eines Fressfeinds, der längst ausgestorben ist. Heute haben ausgewachsene Monotremen praktisch keine natürlichen Feinde. Dingos erlegen bisweilen einen Schnabeligel, aber die Wildhunde wurden ihrerseits ja erst vor kurzer Zeit nach Australien eingeführt.

Links: *Der Sporn des Schnabeltiers ist hohl und mit den Giftdrüsen verbunden.*

ORDNUNG: MONOTREMATA
2 Familien; 3 Gattungen; 3 Arten

SCHNABELTIER Familie Ornithorhynchidae		S. 862
Schnabeltier	*Ornithorhynchus anatinus*	
SCHNABELIGEL Familie Tachyglossidae		S. 864
Kurzschnabeligel	*Tachyglossus aculeatus*	
Langschnabeligel	*Zaglossus bruijni*	

Links: *Ein Kurzschnabeligel schlüpft aus dem Ei. Anschließend nimmt das Neugeborene mit unglaublicher Geschwindigkeit zu: In nur wenigen Wochen wird es das 100- bis 200fache seines Geburtsgewichts wiegen!*

Unten: *Die Mundöffnung des Schnabeligels liegt ganz vorn an der röhrenförmigen Schnauze, aus der die lange Zunge hervorschnellt, um Termiten und Ameisen aufzulecken.*

Schnabeltier

Seit 1798 die erste vollständige Haut eines Schnabeltiers in Großbritannien eintraf, gibt dieses Tier Rätsel auf. Anfangs hielt man den Balg für eine Fälschung – von einem Präparator aus dem Schnabel einer Ente und Körperteilen eines Säugetiers zusammengenäht.

Selbst als die Echtheit bestätigt war, galt die Art nicht als Säugetier. Sie hatte zwar ein Fell, aber ihr Fortpflanzungstrakt ähnelte eher dem von Vögeln und Reptilien. Daraus schlossen Wissenschaftler (richtig), dass das Schnabeltier Eier legt, und (fälschlich), dass es kein Säugetier sein könne. Alle damals bekannten Säuger brachten lebende Junge zur Welt. Als Säugetier anerkannt wurde das Schnabeltier erst, als man entdeckte, dass es über das Merkmal verfügt, das der Klasse Mammalia ihren Namen gab: über Brustdrüsen.

Geschickter Schwimmer

KÖRPERBAU UND FUNKTION

Mit durchschnittlich knapp 1,7 kg Gewicht ist das Schnabeltier kleiner, als die meisten Menschen vermuten. Sein Körper ist stromlinienförmig und bis auf Schnabel und Füße mit einem dichten, wasserundurchlässigen Pelz bedeckt. Auf den ersten Blick sieht der Schnabel dem einer Ente ähnlich – die Nasenlöcher sitzen vorne oben –, doch er ist nicht so hart, sondern fasst sich eher an wie Hartgummi. Zudem ist er mit einer Vielzahl tastempfindlicher Rezeptoren bestückt, die auch auf elektrische Reize reagieren. Benutzt wird er zum Aufspüren von Beute sowie zur Orientierung unter Wasser. Augen, Ohren und Nasenlöcher werden beim Tauchen verschlossen. Hinter dem Schnabel liegen zwei zur Mundhöhle offene Backentaschen. Sie enthalten die Hornplatten, die die rudimentären Zähne ersetzen, die Jungtiere schon kurz nach Verlassen des Wurflagers verlieren. In diesen Backentaschen wird die Nahrung zerkleinert und aufbewahrt.

Die Beine sind kurz und liegen beim Schwimmen dicht am Körper an. Als Hauptantrieb dienen die mit großen Schwimmhäuten ausgestatteten Vorderpfoten. Die Hinterfüße fungieren im Wasser lediglich als Ruder. Beim Laufen und Graben werden die Schwimmhäute der Vorderfüße zurückgeschlagen, sodass die kräftigen, zum Graben geeigneten Krallen weit vorstehen. Beim Männchen sitzt am Hinterfußgelenk ein hohler Hornstachel, der über einen Kanal mit einer Giftdrüse im Oberschenkel verbunden ist. Wie man erst jüngst entdeckt hat, enthält das Gift, das bei Menschen starke Schmerzen verursacht, mindestens einen Bestandteil, der direkt auf die Schmerzrezeptoren wirkt. Andere Bestandteile verursachen Entzündung und Schwellung. Der breite, platte Schwanz dient u.a. als Fettspeicher.

Unten: *Der auffällige Schnabel des Schnabeltiers ist elastisch und tastempfindlich. Unter Wasser ist er das wichtigste Sinnesorgan für Navigation und Futtersuche.*

FAKTEN

SCHNABELTIER

Ornithorhynchus anatinus

Ordnung: Monotremata (Eier legende Säuger, Kloakentiere)

Familie: Ornithorhynchidae

Einzige Art der Gattung

VERBREITUNG O-Australien von Cooktown in Queensland bis Tasmanien. Auf Kangaroo Island vor der Südküste Australiens eingeführt.

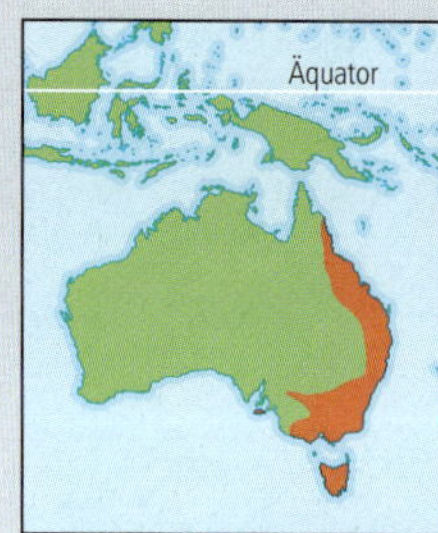

LEBENSRAUM Bewohnt vorwiegend Flüsse, Bäche und Ströme, bisweilen auch Seen, deren Ufer sich zum Graben von Bauen eignen.

GRÖSSE Körperlänge und Gewicht sind nach Region unterschiedlich, das Gewicht schwankt mit den Jahreszeiten. **Körperlänge** Männchen 45–60 cm, Weibchen 39–55 cm; **Schnabellänge** Männchen 5,8 cm, Weibchen 5,2 cm (jeweils im Durchschnitt); **Schwanzlänge** Männchen 10,5–15,5 cm, Weibchen 8,5–13 cm; **Gewicht** Männchen 1–2,5 kg, Weibchen 0,7–1,6 kg.

FELL Rücken dunkelbraun, Unterseite silber- bis hellbraun mit rostbraunem Mittelstrich, vor allem bei Jungtieren, die das hellste Fell haben. Pelz kurz und dicht (ca. 1 cm lang). Heller Fleck zwischen Auge und Ohr.

FORTPFLANZUNG Tragzeit nicht bekannt (vermutlich 2–3 Wochen). Brutzeit nicht bekannt (vermutlich 10 Tage).

LEBENSERWARTUNG 10 Jahre oder mehr (in Gefangenschaft über 17 Jahre).

IUCN-STATUS Nicht bedroht.

Fürsorgliche Eltern

SOZIALVERHALTEN

Das Schnabeltier geht vorwiegend nachts auf Nahrungssuche. Gefressen werden fast ausschließlich bodenbewohnende Wirbellose, insbesondere Insektenlarven. Die Größe des Reviers hängt vom jeweiligen Gewässer ab und kann weniger als 1 km, aber auch über 7 km messen, wobei innerhalb von 24 Stunden mehrere Individuen denselben Bezirk als Nahrungsgründe nutzen. Zwei eingeführte Forellenarten sind auf dieselbe Beute spezialisiert und möglicherweise Nahrungskonkurrenten. Trotzdem ist das Schnabeltier nach wie vor auch an vielen Flüssen verbreitet, in die diese Fische eingesetzt wurden. Studien an einem

Flusssystem ergaben, dass die Forellen mehr schwimmende Wirbellose verzehren, während die Schnabeltiere fast ausschließlich nach Arten gründeln, die am Boden des Gewässers leben. Auch Wasservögel können dasselbe Nahrungsangebot nutzen, nehmen außerdem aber Wasserpflanzen zu sich, die das Schnabeltier offenbar nicht frisst.

In einigen von Schnabeltieren bewohnten Regionen sinkt die Wassertemperatur im Winter nahe an den Gefrierpunkt und die Lufttemperatur sogar deutlich darunter. Ist das Tier solcher Kälte ausgesetzt, kann es seinen Stoffwechsel derart hochfahren und so viel Wärme erzeugen, dass die Körpertemperatur auf dem normalen Niveau von 32 °C bleibt. Pelz- und Gewebeisolierung helfen die Körperwärme erhalten. Zudem bieten die Baue ein Mikroklima, das extreme Außentemperaturen im Sommer ebenso wie im Winter mäßigt und erträglich macht.

Die Paarungszeit, die in Nordaustralien früher stattfindet als im Süden des Kontinents, fällt in den Spätwinter oder das zeitige Frühjahr (zwischen Juli und Oktober). Die Paarung selbst erfolgt im Wasser und ist mit spielerischer Jagd und „Schwanzfangen" durch das Männchen verbunden. Das Gelege besteht aus zwei (gelegentlich einem oder drei) 1,7 mal 1,5 cm großen Eiern. Nach dem Schlüpfen ernähren sich die Jungen drei bis vier Monate lang von Milch, die sie von Drüsenfeldern im Bauchfell der Mutter auflecken (es gibt weder Zitzen noch einen Beutel). Während dieser Zeit halten sich die Kleinen ständig in einem speziellen Wurflager auf. Dieses ist gewöhnlich größer als die normalen Schlafbauten, bis zu 30 m lang und stark verzweigt. Manchmal hat es mehrere Nesthöhlen. Im Sommer (später Januar bis Anfang März) unternehmen die Jungen erste Ausflüge. Wie lange sie danach noch von der Mutter gesäugt werden, ist nicht bekannt. Sobald sie ins Wasser tauchen, fressen sie dort jedenfalls auch. Ein Schnabeltier benutzt normalerweise mehrere Baue, man nimmt jedoch an, dass Weibchen für die Jungenaufzucht stets dieselben wählen.

In der Regel besteht das Gelege aus zwei Eiern; wie viele Jungtiere jährlich aufwachsen, hat man bislang noch nicht herausgefunden. Nicht alle Weibchen werfen jedes Jahr, und neu zur Population gestoßene Tiere vermehren sich erst mit frühestens zwei Jahren. Trotz der niedrigen Fortpflanzungsrate konnte das Schnabeltier in manchen Regionen durch gezielte Schutzmaßnahmen und einem strengen Jagdverbot seit 1900 vor der Ausrottung bewahrt werden. Dies lässt vermuten, dass die Strategie, nur wenige Junge zu bekommen, diese aber optimal zu versorgen, bei dieser langlebigen Art aufgeht.

Das Schnabeltier profitiert von einer ökologischen Nische, die, selbst im trockensten Kontinent der Erde, ständig vorhanden war. Allerdings reagiert es wegen dieser Spezialisierung auch extrem empfindlich auf Veränderungen seines Lebensraums. Nun hat der Mensch, insbesondere seit der Kolonialisierung im ausgehenden 18. Jahrhundert, Australien stark verändert, und entsprechend sind die Schnabeltierpopulationen zurückgegangen. Wenn diese einzigartige Spezies auf Dauer überleben soll, muss die Umwelt rigoros geschützt werden. TRG

Oben: *Unter dem langen Deckhaar des stromlinienförmigen Körpers liegt das dichte, trockene Unterfell, das das Schnabeltier gegen kaltes Wasser isoliert.*

Schnabeligel

*S*CHNABELIGEL (OFT AUCH ALS AMEISENIGEL *bezeichnet) erkennt man sofort an ihrem auffälligen Stachelkleid. Zwischen den Stacheln (diese sind beim Langschnabeligel kürzer als beim Kurzschnabeligel) sowie an Kopf, Beinen und Bauch wächst dichtes Fell. Beim Langschnabeligel, aber auch bei der tasmanischen Form des Kurzschnabeligels können die Haare die Stacheln sogar überdecken.*

Ein weiteres typisches Merkmal der beiden Gattungen ist die stark verlängerte Schnauze, die sich beim Langschnabeligel leicht nach unten biegt und zwei Drittel der Kopflänge ausmacht. Die Tiere leben gewöhnlich als Einzelgänger, und obwohl gerade Kurzschnabeligel in ihrem Verbreitungsgebiet recht häufig sind, sieht man diese ungewöhnlichen Tiere nur selten. Der Langschnabeligel ist ausschließlich in den Bergregionen Neuguineas anzutreffen.

Stachelige Ameisenfresser

KÖRPERBAU UND FUNKTION

Das Stachelkleid des Schnabeligels ist eine hervorragende Abwehrwaffe. Wird das Tier auf hartem Boden überrascht, rollt es sich zu einer Stachelkugel zusammen. Ist der Boden weich genug dazu, gräbt es sich in Windeseile mit allen vier Füßen gleichzeitig ein. Das sieht dann so aus, als versinke es im Boden. Auch in Felsspalten kann sich das plump wirkende Tier so zwängen, dass Sekunden später nur noch die aufgestellten Stacheln herausragen.

Bei den Stacheln handelt es sich um Einzelhaare, die in einem dicken Hautmuskel, *Panniculus carnosus* genannt, verankert sind. Die Stacheln verbergen den kurzen Stummelschwanz und die dicht hinter den Augen liegenden langen, aber schmalen Ohrspalten. Die Schnauze ist unbehaart, die großen Nasenlöcher und das kleine Maul sitzen ganz vorn. Schnabeligel haben einen merkwürdig rollenden Gang, obwohl der Körper deutlich über dem Boden getragen wird.

Männchen lassen sich von Weibchen dadurch unterscheiden, dass sie an den Hinterfußgelenken einen Hornstachel tragen. Außerdem sind sie größer. Einjährige Kurzschnabeligel wiegen gewöhnlich unter 1 kg; andere Möglichkeiten der Altersbestimmung gibt es nicht.

Mit ihren kleinen Knopfaugen sehen Schnabeligel recht gut, wie Laborversuche gezeigt haben. In den meisten Lebensräumen spielt das Sehvermögen bei der Nahrungssuche oder Gefahrenerkennung aber keine Rolle. Hier ist vor allem das feine Gehör wichtig, und bei der Beutesuche – normalerweise durchstöbern die Tiere den Waldboden – kommt der hoch entwickelte Geruchssinn zum Einsatz. Entdeckte Nahrung wird mit der langen und dünnen, extrem beweglichen Zunge aufgenommen, die Kurzschnabeligel 18 cm weit herausstrecken können. Sie ist mit einem

Unten: *Schnabeligel besitzen einen extrem feinen Geruchssinn. Mit ihrer langen Schnauze stöbern sie in Unterholz und Laubmulch, und man hat sogar beobachtet, dass sie den „Schnabel" beim Durchqueren von Gewässern als Schnorchel benutzen.*

Oben: *Der Langschnabeligel ernährt sich hauptsächlich von Regenwürmern. Schnabeligel können mehrere Wochen ohne jegliche Nahrung auskommen.*

FAKTEN

SCHNABELIGEL ODER AMEISENIGEL

Ordnung: Monotremata (Eier legende Säuger)

Familie: Tachyglossidae

2 Arten in 2 Gattungen

VERBREITUNG
Australischer Kontinent, Tasmanien, Neuguinea (Kurzschnabeligel); Gebirge auf Neuguinea (Langschnabeligel).

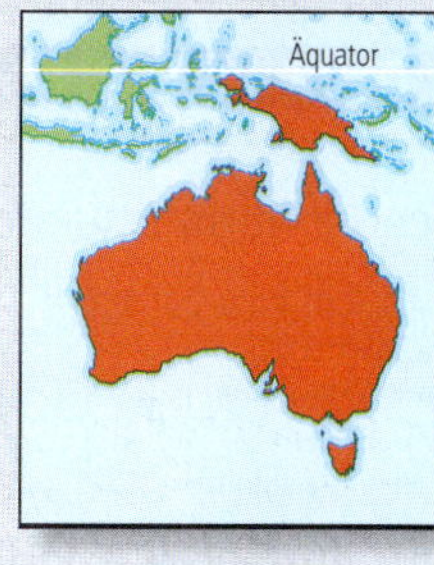

KURZSCHNABELIGEL *Tachyglossus aculeatus*
Australien, Tasmanien, Neuguinea. In fast allen Lebensräumen, von Halbwüste bis Hochgebirge. KL 30–45 cm; GT 2,5–8 kg. Männchen 25 % größer als Weibchen. Fell: Schwarz bis hellbraun mit Stacheln auf Rücken und Flanken; Schnauze lang, schmal und unbehaart. Fortpflanzung: Tragzeit ca. 14 Tage. Lebenserwartung: In freier Natur nicht bekannt (in Gefangenschaft sehr langlebig – bis 49 Jahre). IUCN-Status: Die Art an sich gilt allgemein nicht als gefährdet, die Unterart auf Kangaroo Island (*T. a. multiaculeatus*) steht jedoch auf der Vorwarnliste.

LANGSCHNABELIGEL *Zaglossus bruijni*
Neuguinea, in Gebirgsregionen. KL 45–90 cm; GT 5–10 kg. Fell: Braun oder schwarz; Stacheln vorhanden, aber nur seitlich aus dem Fell herausragend und sichtbar; weniger und kürzere Stacheln als Kurzschnabeligel. Sehr lange, abwärts gebogene Schnauze. Fortpflanzung: Tragzeit unbekannt. Lebenserwartung: In freier Natur nicht bekannt (in Gefangenschaft bis 30 Jahre). IUCN-Status: Stark gefährdet.

Abkürzungen: KL = Körperlänge; GT = Gewicht

klebrigen Sekret befeuchtet, das die großen Speicheldrüsen produzieren. Ganz oben auf dem Speisezettel des Kurzschnabeligels stehen Ameisen und Termiten. Im August/September brechen sie die Bauten der Drüsenameise *Iridomyrmex detectus* auf, deren Königinnen dann besonders fett sind. Nicht einmal die aggressiven Arbeiterinnen können die Tiere davon abhalten, die den Rest des Jahres die Ameisenhügel aber meiden.

Männchen im Schlepptau

SOZIALVERHALTEN

Kurzschnabeligel sind Einzelgänger, deren Reviergröße je nach Lebensraum schwankt. In Regionen, in denen der Tisch reich gedeckt ist, umfasst ein Eigenbezirk rund 50 ha. Soweit man weiß, sind die Tiere ortstreu und haben keinen festen Unterschlupf. Zum Schlafen ziehen sie sich in hohle Baumstämme, unter Geröll oder ins Dickicht zurück. Gelegentlich graben sie bis 120 cm lange seichte Mulden, die dann auch häufiger benutzt werden. Brütende oder säugende Weibchen haben jedoch einen festen Bau. Die Streifgebiete mehrerer Tiere können sich überlappen.

Zur Paarungszeit legt das Weibchen durch Umstülpen der mit Drüsen besetzten Kloake eine Duftspur. Der Geruch lockt mehrere Männchen an. Manchmal folgen bis zu sechs von ihnen einem Weibchen im Gänsemarsch. In Gefangenschaft gehaltene Schnabeligel, die sich ein ausreichend großes Gehege teilen, bilden keine Gruppen, tolerieren sich aber. Ist der Auslauf sehr beengt, entsteht eine Hierarchie nach Körpergröße; natürliches Verhalten scheint dies aber nicht zu sein.

Die Zeiten der Hauptaktivität hängen von den Temperaturen ab. Kurzschnabeligel sind gewöhnlich in der Morgen- und Abenddämmerung unterwegs, in heißen Sommern aber nachtaktiv und bei großer Kälte auch mittags zu beobachten. Sie meiden den Regen und bleiben bei anhaltenden Niederschlägen tagelang inaktiv. In den kältesten Teilen ihres Verbreitungsgebiets, etwa den Snowy Mountains Ostaustraliens, halten sie Winterschlaf, wobei ihre Körpertemperatur bis auf 5 °C absinken kann. Bei weniger großer Kälte fallen Schnabeligel mitunter in eine Starre, während der die Körpertemperatur bis auf 18 °C zurückgeht.

Das Weibchen besitzt eine Bruttasche, die den größten Teil des Jahres völlig unauffällig ist. Vor Beginn der Fortpflanzungszeit vergrößern sich Haut- und Muskelfalten beiderseits des Bauches dann zu einem Beutel, an dessen Vorderseite Milchdrüsenfelder liegen. Zitzen gibt es nicht. Das Weibchen krümmt sich, auf dem Rücken liegend, stark ein und legt das einzelne Ei aus der Kloake direkt in den Beutel. Nach ca. zehn Tagen schlüpft das Junge mithilfe eines Eizahns, bleibt aber in der Tasche, bis ihm die ersten Stacheln wachsen.

Gelegentlich hört man, dass Weibchen, die ein Ei oder ein Junges im Beutel haben, sich frei bewegen. Den größten Teil der Säugezeit, die bis zu sechs Monate dauern kann, wird der Nachwuchs allerdings in einem speziellen Kinderstuben-Bau deponiert, solange die Mutter auf Nahrungssuche geht – manchmal mehrere Tage am Stück. Mit etwa einem Jahr werden die Jungen selbstständig und suchen sich ein eigenes Revier.

Kurzschnabeligel sind auf dem australischen Festland und in Tasmanien weit verbreitet, über ihren Bestand in Neuguinea weiß man wenig. Der Langschnabeligel und etliche ähnliche Gattungen waren einst ebenfalls in ganz Australien anzutreffen, verschwanden aber bereits im späten Pleistozän. Heute gibt es nur noch eine Art, und diese ist ausschließlich auf das Hochland Neuguineas beschränkt. Das Aussterben der Langschnabeligel auf dem australischen Kontinent dürfte mit dem dortigen Klimawandel zusammenhängen. Sowohl Kurz- als auch Langschnabeligel werden wegen ihres Fleisches gejagt. Die meisten Zoologen stufen Letztgenannten inzwischen als akut vom Aussterben bedroht ein. MLA

Artenliste

Einschließlich aller Familien, Gattungen und Arten der Nagetiere, Hasentiere, Elefanten, Rüsselspringer, Insektenfresser, Fledertiere, Zahnarmen und Beuteltiere.

ORDNUNG RODENTIA
NAGETIERE

UNTERORDNUNG SCIUROGNATHI

FAMILIE APLODONTIDAE

Aplodontia
A. rufa **Biberhörnchen, Bergbiber, Stummelschwanzhörnchen** SW-British Columbia (Kanada) bis Zentral-Kalifornien (USA)

FAMILIE SCIURIDAE
Eichhörnchen, Streifenhörnchen, Murmeltiere, Präriehunde

UNTERFAMILIE SCIURINAE

Ammospermophilus **Antilopen-Erdhörnchen**
A. harrisii Arizona bis SW-New Mexico (SW-USA) und angrenzend Sonora (Mexiko)
A. insularis Espirito-Santo-Insel, Golf von Kalifornien (S-Baja California, Mexiko)
A. interpres New Mexico und W-Texas (SW-USA) bis Durango (Mexiko)
A. leucurus SW-USA bis S-Baja California (Mexiko)
A. nelsoni San Joaquin Valley, S-Kalifornien (USA)
Atlantoxerus
A. getulus **Atlashörnchen** Marokko, NW-Algerien
Callosciurus **Eigentliche Schönhörnchen**
C. adamsi Sabah und Sarawak (N-Borneo)
C. albescens Sumatra (Indonesien)
C. baluensis Sabah und Sarawak (N-Borneo)
C. caniceps Myanmar, Thailand, Malaiische Halbinsel
C. erythraeus Indien, Myanmar, SO- und S-China, Taiwan, Thailand, Malaiische Halbinsel, Indochina
C. finlaysonii südl. Zentral-Myanmar, Thailand, Laos, Kambodscha, Vietnam
C. inornatus S-Yunnan (China), N-Vietnam, Laos
C. melanogaster Mentawai-Inseln (Indonesien)
C. nigrovittatus **Palmenschönhörnchen** Thailand, S-Vietnam, Malaysia, Sumatra und Java (Indonesien), Borneo
C. notatus **Plantagenhörnchen** Thailand und Malaiische Halbinsel bis Java, Bali, Lombok und Salayar (Indonesien), Borneo
C. orestes Malaysia, Sabah und Sarawak (N-Borneo)
C. phayrei S-Myanmar
C. prevostii **Prevost-Schönhörnchen** Teile der indo-malaiischen Region (außer Java)
C. pygerythrus NO-Indien und Nepal bis Myanmar, Yunnan (China) und N-Vietnam
C. quinquestriatus NO-Myanmar, Yunnan (China)
Cynomys **Präriehunde**
C. gunnisoni **Felsengebirgspräriehund** SO-Utah, SW-Colorado, NW-New Mexico, NO-Arizona (USA)
C. leucurus **Weißschwanzpräriehund** südl. Zentral-Montana, W- und Zentral-Wyoming, NW-Colorado, NO-Utah (USA)
C. ludovicianus **Schwarzschwanzpräriehund, Gewöhnlicher Präriehund** Saskatchewan (Kanada), Montana über Zentral-USA bis Sonora und Chihuahua (Mexiko)
C. mexicanus **Mexikanischer Präriehund** Coahuila und San Luis Potosí (nördl. Zentral-Mexiko)
C. parvidens **Utah-Präriehund** südl. Zentral-Utah (USA)
Dremomys **Rotwangenhörnchen**
D. everetti N- und W-Borneo
D. lokriah O-Indien, Zentral-Nepal, Xizang (China) und Bhutan, östl. bis Salween River (Myanmar)
D. pernyi NO-Indien, N-Myanmar, China, Taiwan, N-Vietnam
D. pyrrhomerus Zentral- und S-China, N-Vietnam
D. rufigenis NO-Indien, N- und Zentral-Myanmar, Yunnan (China), Laos, Vietnam, Thailand, Malaiische Halbinsel
Epixerus
E. ebii **Großes Rotschenkelhörnchen** Sierra Leone, Liberia, Côte d'Ivoire, Ghana
E. wilsoni **Wilsons Riesenhörnchen** Kamerun, Rio Muni (Äquatorial-Guinea), Gabun
Exilisciurus **Asiatische Zwerghörnchen**
E. concinnus Mindanao, Basilan, Biliran, Bohol, Dinagat, Leyte und Samar (Philippinen)
E. exilis Borneo, Banggi (Malaysia)
E. whiteheadi Sabah, Sarawak, W-Kalimantan (Borneo)
Funambulus **Gestreifte Palmhörnchen**
F. layardi S-Indien, S- und Zentral-Sri Lanka
F. palmarum **Dreistreifenpalmhörnchen** Zentral- und S-Indien, Sri Lanka
F. pennantii **Fünfstreifenpalmhörnchen** SO-Iran bis Pakistan, Nepal und N- und Zentral-Indien
F. sublineatus SW-Indien, Zentral-Sri Lanka
F. tristriatus Küste W-Indiens
Funisciurus **Rotschenkelhörnchen**
F. anerythrus SW-Nigeria, Kamerun, Zentralafrikanische Republik, Demokratische Republik Kongo, Uganda
F. bayonii SW-Demokratische Republik Kongo, NO-Angola
F. carruthersi Ruwenzori (S-Uganda), Ruanda, Burundi
F. congicus **Kongo-Rotschenkelhörnchen** Demokratische Republik Kongo, Angola, Namibia
F. isabella Kamerun, Zentralafrikanische Republik, Kongo
F. lemniscatus **Westliches Rotschenkelhörnchen** Kamerun, Zentralafrikanische Republik, Demokratische Republik Kongo
F. leucogenys Ghana, Togo, Benin, Nigeria, Kamerun, Zentralafrikanische Republik, Äquatorial-Guinea
F. pyrropus **Eigentliches Rotschenkelhörnchen** Zentral- und W-Afrika bis Angola
F. substriatus Côte d'Ivoire, Ghana, Togo, Benin, SO-Nigeria
Glyphotes
G. simus N-Borneo
Heliosciurus **Sonnenhörnchen**
H. gambianus **Graufußhörnchen** Senegal und Gambia bis Sudan und Äthiopien, südl. bis Angola, Sambia und Simbabwe
H. mutabilis SO-Simbabwe, N-Mosambik, Malawi, Tansania
H. punctatus O-Liberia, S-Côte d'Ivoire, S-Ghana
H. rufobrachium Senegal und W-Gambia bis SO-Sudan und Kenia, südl. bis Malawi, Mosambik und O-Simbabwe
H. ruwenzorii Ruwenzori in O-Demokratische Republik Kongo, Ruanda, Burundi, SW-Uganda
H. undulatus SO-Kenia, NO-Tansania (inkl. Mafia und Sansibar)
Hyosciurus
H. heinrichi **Ferkelhörnchen** Zentral-Sulawesi (Indonesien)
H. ileile N-Sulawesi (Indonesien)
Lariscus **Streifenerdhörnchen**
L. hosei **Vierstreifenerdhörnchen** Sarawak und Sabah (N-Borneo)
L. insignis **Dreistreifenerdhörnchen** Thailand, Malaiische Halbinsel, Sumatra und Java (Indonesien), Borneo
L. niobe Sumatra, Java und Mentawai-Inseln (Indonesien)
L. obscurus Sumatra (Indonesien)
Marmota **Murmeltiere**
M. baibacina **Graues oder Altai-Murmeltier** Altai und SW-Sibirien (Russland), SO-Kasachstan, Kirgisistan, Mongolei, Xinjiang (China)
M. bobak **Eigentliches Steppenmurmeltier, Bobak** O-Europa über Ukraine und Russland bis N- und Zentral-Kasachstan
M. broweri **Browersches Murmeltier** N-Alaska (USA)
M. caligata **Eisgraues Murmeltier** Zentral-Alaska (USA), Yukon und Northwest Territories (Kanada), südl. bis NW-USA
M. camtschatica **Kappenmurmeltier** O-Sibirien (Russland)
M. caudata **Rotes Murmeltier** W-Tian Shan über Pamir (Tadschikistan und Kirgisistan) bis Hindukusch (Afghanistan), Pakistan, Kaschmir (Indien) sowie W-Xinjiang und Xizang (China)
M. flaviventris **Gelbbäuchiges Murmeltier** südl. Zentral-British Columbia und S-Alberta (SW-Kanada), südl. bis SW-USA
M. himalayana **Himalaja-Murmeltier** N-Indien, Nepal, W-China
M. marmota **Alpenmurmeltier** Französische, Schweizer und italienische Alpen, S-Deutschland, W-Österreich, Karpaten (Rumänien) und Tatra (Tschechien und Polen); eingeführt in Pyrenäen, O-Österreich und Jugoslawien
M. menzbieri **Menzbiers Murmeltier** W-Tian Shan (S-Kasachstan und Kirgisistan)
M. monax **Waldmurmeltier** Alaska (USA) über S-Kanada bis NO- und südl. Zentral-USA und in den südl. Rocky Mountains
M. olympus **Olympisches Murmeltier** Olympic Mountains (W-Washington, NW-USA)
M. sibirica **Mongolisches Murmeltier, Tarbagan** SW-Sibirien (Russland) bis N- und W-Mongolei, Heilongjiang und Innere Mongolei (China)
M. vancouverensis **Vancouver-Murmeltier** Vancouver Island (British Columbia, Kanada)
Menetes
M. berdmorei **Berdmores Palmhörnchen** Zentral-Myanmar bis S-Yunnan (China), Thailand, S-Laos, S-Vietnam, Kambodscha
Microsciurus **Neuweltliche Zwerghörnchen**
M. alfari Nicaragua, Costa Rica, Panama, Kolumbien
M. flaviventer Amazonasbecken von Kolumbien, Ecuador, Peru und W-Brasilien
M. mimulus Panama, N-Kolumbien, NW-Ecuador
M. santanderensis Kolumbien
Myosciurus
M. pumilio **Afrikanisches Zwerghörnchen** SO-Nigeria, Kamerun, Gabun, Bioko (Äquatorial-Guinea)
Nannosciurus
N. melanotis **Braunes Zwerghörnchen** Sumatra und Java (Indonesien), Borneo
Paraxerus **Afrikanische Buschhörnchen**
P. alexandri NO-Demokratische Republik Kongo, Uganda
P. boehmi **Boehmhörnchen** S-Sudan, Demokratische Republik Kongo, Uganda, W-Kenia, NW-Tansania, N-Sambia
P. cepapi SW-Tansania bis N-Südafrika
P. cooperi Kamerun
P. flavovittis S-Kenia, Tansania, Mosambik
P. lucifer SW-Tansania, N-Malawi, O-Sambia
P. ochraceus S-Sudan, Kenia, Tansania
P. palliatus **Rotschwanzhörnchen** S-Somalia bis O-Südafrika
P. poensis Sierra Leone bis S-Nigeria und Kamerun, Bioko (Äquatorial-Guinea), Kongo, W-Demokratische Republik Kongo
P. vexillarius **Usambara-Buschhörnchen** Zentral- und O-Tansania
P. vincenti N-Mosambik
Prosciurillus **Sulawesi-Zwerghörnchen**
P. abstrusus SO-Sulawesi (Indonesien)
P. leucomus Sulawesi, Buton, Sangihe (Indonesien)
P. murinus NO- und Zentral-Sulawesi (Indonesien)
P. weberi Zentral-Sulawesi (Indonesien)
Protoxerus
P. aubinnii Liberia, Côte d'Ivoire, Ghana
P. stangeri **Ölpalmenhörnchen** Sierra Leone bis S-Sudan und W-Kenia, südl. bis N-Tansania, Demokratische Republik Kongo und N-Angola
Ratufa **Riesenhörnchen**
R. affinis **Goldenes Riesenhörnchen** S-Vietnam, Malaysia, Indonesien (außer Java), Philippinen (außer im SW)
R. bicolor **Malaien-Riesenhörnchen** Assam (Indien), O-Nepal, SO-Xizang bis S-Yunnan und Hainan (China), Myanmar, Thailand, Laos, Vietnam, Kambodscha, Malaiische Halbinsel bis Java und Bali (Indonesien)
R. indica **Indisches Riesenhörnchen** Zentral- und S-Indien
R. macroura **Graues Riesenhörnchen** S-Indien, Sri Lanka
Rheithrosciurus
R. macrotis **Borneohörnchen** Borneo
Rhinosciurus
R. laticaudatus **Langnasenhörnchen** Malaysia, Indonesien (außer Java), Philippinen (außer im SW)
Rubrisciurus
R. rubriventer N-, Zentral- und SO-Sulawesi (Indonesien)
Sciurillus **Zwerghörnchen**
S. pusillus **Neotropisches Zwerghörnchen** Surinam, Frz.-Guayana, Peru, Brasilien
Sciurotamias **Chinesische Rothörnchen**
S. davidianus **Père-David-Felsenhörnchen** Hebei bis Sichuan und Hubei, Guizhou (China)
S. forresti Yunnan und Sichuan (China)
Sciurus **Baumhörnchen**
S. aberti **Pinselohrhörnchen** Wyoming, Utah, Colorado, New Mexico, Arizona (USA) bis Durango (Mexiko)
S. aestuans **Brasilhörnchen** Venezuela, Guyana, Surinam, Frz.-Guayana, Brasilien
S. alleni Mexiko
S. anomalus **Persisches Eichhörnchen** Türkei und Kaukasus, N- und W-Iran, Syrien, Libanon, Israel
S. arizonensis **Arizona-Grauhörnchen** SO- und Zentral-Arizona, westl. Zentral-New Mexico (USA), Sonora (Mexiko)
S. aureogaster Mexiko, Guatemala
S. carolinensis **Grauhörnchen** O-Texas (USA) bis Saskatchewan (Kanada), östl. bis Atlantik; eingeführt in Großbritannien und Südafrika
S. colliaei W- und westl. Zentral-Mexiko
S. deppei Tamaulipas (Mexiko) bis Costa Rica
S. flammifer Venezuela
S. gilvigularis Venezuela, Guyana, N-Brasilien
S. granatensis **Granathörnchen** Costa Rica, Panama, Kolumbien, Venezuela (inkl. Margarita), Ecuador, Trinidad und Tobago
S. griseus **Westliches Grauhörnchen** W-USA bis Baja California (Mexiko)
S. ignitus Peru, Brasilien, Bolivien, Argentinien
S. igniventris Kolumbien, Venezuela, Ecuador, Peru, Brasilien
S. lis Honshu, Shikoku und Kyushu (Japan)
S. nayaritensis Jalisco (Mexiko), nördl. bis SO-Arizona (USA)
S. niger **Fuchshörnchen** Texas (USA) und angrenzend Mexiko, nördl. bis Manitoba (südl. Zentral-Kanada), östl. bis Atlantik
S. oculatus Mexiko
S. pucheranii Anden in Kolumbien
S. pyrrhinus O-Hänge der Anden von Peru
S. richmondi Nicaragua
S. sanborni Madre de Dios Dept. (Peru)
S. spadiceus Kolumbien, Ecuador, Peru, Brasilien, Bolivien
S. stramineus SO-Ecuador, NO-Peru
S. variegatoides S-Chiapas (Mexiko) bis Panama

S. vulgaris **Europäisches Eichhörnchen** Waldregionen der Paläarktis von Iberischer Halbinsel und Großbritannien, östl. bis Kamtschatka und Sachalin (Russland), südl. bis Mittelmeer und Schwarzem Meer, N-Mongolei, NO-China, Korea

S. yucatanensis Yucatán (Mexiko), N- und SW-Belize, N-Guatemala

Spermophilopsis

S. leptodactylus **Langkrallenziesel** SO-Kasachstan, Usbekistan, Turkmenistan, NO-Iran, NW-Afghanistan, Tadschikistan

Spermophilus **Ziesel**

S. adocetus Jalisco, Michoacan, Guerrero (Mexiko)

S. alashanicus südl. Zentral-Mongolei, N-China

S. annulatus Nayarit bis N-Guerrero (Mexiko)

S. armatus Utah, Wyoming, Idaho, Montana (NW-USA)

S. atricapillus Baja California (Mexiko)

S. beecheyi **Kalifornisches Ziesel** Washington (USA) bis Baja California (Mexiko)

S. beldingi **Belding-Ziesel** W-USA

S. brunneus westl. Zentral-Idaho (USA)

S. canus O-Oregon, NW-Nevada, westl. Zentral-Idaho (USA)

S. citellus **Europäisches Ziesel, Schlichtziesel** SO-Deutschland, SW-Polen, Tschechien bis W-Ukraine, Moldawien und W-Türkei

S. columbianus **Columbia-Ziesel** SO-British Columbia und W-Alberta (SW-Kanada) bis NO-Oregon, Zentral-Idaho und Zentral-Montana (NW-USA)

S. dauricus Russland, Mongolei, N-China

S. elegans NO-Nevada, SO-Oregon, S-Idaho und SW-Montana bis Zentral-Colorado und W-Nebraska

S. erythrogenys O-Kasachstan, SW-Sibirien (Russland) und Xinjiang (China); auch Mongolei und Innere Mongolei (China)

S. franklinii **Franklin-Ziesel** Great Plains in Kanada bis Alberta, Saskatchewan und Manitoba (Kanada), südl. bis Kansas, Illinois und Indiana

S. fulvus **Gelbziesel** Kasachstan, Usbekistan, W-Tadschikistan, Turkmenistan, NO-Iran, Afghanistan, W-Xinjiang (China)

S. lateralis **Goldmantelziesel** Montana, westl. Nordamerika, von Zentral-British Columbia (Kanada), südl. bis S-New Mexico, Nevada und Kalifornien (USA)

S. madrensis SW-Chihuahua (Mexiko)

S. major Steppe zwischen Wolga und Irtysch (Russland, N-Kasachstan)

S. mexicanus **Mexikanisches Ziesel** S-New Mexico und W-Texas (USA) bis Jalisco und S-Puebla (Mexiko)

S. mohavensis **Mohaveziesel** S-Kalifornien (USA)

S. mollis SO-Oregon und Snake River Valley (Idaho), südl. bis Nevada, W-Utah und östl. Zentral-Kalifornien (USA); auch NW-Washington

S. musicus N-Kaukasus (Georgien)

S. parryii Alaska (USA), NW-Kanada, NO-Russland

S. perotensis Veracruz und Puebla (Mexiko)

S. pygmaeus **Zwergziesel** SW-Ukraine, S-Ural bis Krim (Ukraine), Kasachstan, Usbekistan, Dagestan (Georgien)

S. relictus Tian Shan in SO-Kasachstan und Kirgisistan

S. richardsonii **Richardson-Ziesel** Great Plains von S-Alberta, S-Saskatchewan und S-Manitoba (Kanada), südl. bis Montana, Dakotas, W-Minnesota und NW-Iowa (USA)

S. saturatus Kaskadenkette im SW von British Columbia (SW-Kanada) und Washington (NW-USA)

S. spilosoma **Geflecktes Ziesel** Zentral-Mexiko bis S- und südl. Zentral-USA

S. suslicus **Perlziesel** Steppen von O- und S-Europa, inkl. Polen, O-Rumänien, Ukraine, nördl. bis zur Oka und östl. bis zur Wolga (Russland)

S. tereticaudus **Rundschwanzziesel** SO-Kalifornien, S-Nevada, W-Arizona (SW-USA), NO-Baja California und Sonora (Mexiko)

S. townsendii **Townsend-Ziesel** SO-Washington (NW-USA)

S. tridecemlineatus **Dreizehnstreifenziesel** Great Plains von Zentral-Texas bis O-Utah und Ohio (USA) und südl. Zentral-Kanada

S. undulatus **Parry-Ziesel** O-Kasachstan, S-Sibirien und SO-Russland, N-Mongolei, Heilongjiang und Xinjiang (China)

S. variegatus **Felsenziesel** S-Nevada und Utah bis SW-Texas (USA) bis Puebla (Mexiko)

S. washingtoni **Washington-Ziesel** SO-Washington, NO-Oregon (USA)

S. xanthoprymnus Kaukasus, Türkei, Syrien, Israel

Sundasciurus **Sundahörnchen**

S. brookei Borneo

S. davensis Mindanao (Philippinen)

S. fraterculus Sipora, Siberut und N-Pagi (Sumatra, Indonesien)

S. hippurus S-Vietnam, Malaysia, Indonesien (außer Java), Philippinen (außer im SW)

S. hoogstraali Busuanga (Philippinen)

S. jentinki N-Borneo

S. juvencus N-Palawan (Philippinen)

S. lowii Malaysia, Indonesien (außer Java), Philippinen (außer im SW)

S. mindanensis Mindanao (Philippinen)

S. moellendorffi Calamien (Philippinen)

S. philippinensis S- und W-Mindanao und Basilan (Philippinen)

S. rabori Palawan (Philippinen)

S. samarensis Samar und Leyte (Philippinen)

S. steerii S-Palawan und Balabac-Inseln (Philippinen)

S. tenuis **Schlankhörnchen** Malaysia, Indonesien (außer Java), Philippinen (außer im SW)

Syntheosciurus

S. brochus **Neotropisches Berghörnchen** Costa Rica bis N-Panama

Tamias **Backen- oder Streifenhörnchen**

T. alpinus **Gebirgs-Chipmunk** Sierra Nevada (östl. Zentral-Kalifornien, USA)

T. amoenus **Gelber Fichten-Chipmunk** Zentral-British Columbia (SW-Kanada), südl. bis Kalifornien, östl. bis Zentral-Montana und W-Wyoming (USA)

T. bulleri Sierra Madre in S-Durango, W-Zacatecas und N-Jalisco (Mexiko)

T. canipes SO-New Mexico und W-Texas (SW-USA)

T. cinereicollis Zentral- und O-Arizona und Zentral- und SW-New Mexico (SW-USA)

T. dorsalis westl. Zentral- und SW-USA bis Mexiko

T. durangae Mexiko

T. merriami Kalifornien (USA) bis N-Baja California (Mexiko)

T. minimus **Kleiner Chipmunk** Kanada, USA

T. obscurus S-Kalifornien (USA) bis Zentral-Baja California (Mexiko)

T. ochrogenys Küste N-Kaliforniens (USA)

T. palmeri Mount Charleston (S-Nevada, USA)

T. panamintinus SO-Kalifornien und SW-Nevada (USA)

T. quadrimaculatus Sierra Nevada im östl. Zentral-Kalifornien, Zentral- und W-Nevada (USA)

T. quadrivittatus **Colorado-Chipmunk** Colorado und O-Utah, südl. bis NO-Arizona und S-New Mexico (USA)

T. ruficaudus NO-Washington bis W-Montana (USA), SO-British Columbia (Kanada)

T. rufus O- und S-Utah, W-Colorado, NO-Arizona (USA)

T. senex Kalifornien, westl. Zentral-Nevada, Oregon (USA)

T. sibiricus **Sibirisches Streifenhörnchen, Burunduk** N-Europa und Sibirien bis Sachalin und S-Kurilen (Russland), O-Kasachstan bis N-Mongolei, China, Korea und Hokkaido (Japan)

T. siskiyou Siskiyou Mountains und Küste N-Kaliforniens bis Zentral-Oregon (USA)

T. sonomae NW-Kalifornien (USA)

T. speciosus **San-Bernardino-Streifenhörnchen** Kalifornien, W-Nevada (USA)

T. striatus **Östlicher Chipmunk** S-Manitoba und Nova Scotia (Kanada) bis SO-USA

T. townsendii **Townsend-Chipmunk** SW-British Columbia (Kanada), Washington und Oregon (USA)

T. umbrinus Kalifornien und N-Arizona bis Colorado, Wyoming und SW-Montana (USA)

Tamiasciurus **Amerikanische Rothörnchen**

T. douglasii **Douglashörnchen** SW-British Columbia (Kanada) bis S-Kalifornien (USA)

T. hudsonicus **Rothörnchen** Alaska (USA), Kanada, südl. der Tundra (inkl. Vancouver Island), W-USA und NO-USA, südl. bis South Carolina

T. mearnsi Sierra San Pedro Martir (Baja California, Mexiko)

Tamiops **Asiatische Zwergstreifenhörnchen**

T. macclellandi Assam (Indien) bis O-Nepal, N- und Zentral-Myanmar, Yunnan (China), Thailand, Vietnam, Laos, Kambodscha, Malaiische Halbinsel

T. maritimus China bis S-Vietnam und Laos, Taiwan

T. rodolphei O-Thailand, S-Vietnam, S-Laos, Kambodscha

T. swinhoei SW-Gansu über Xizang, Sichuan und Yunnan (China) bis N-Myanmar und N-Vietnam

Xerus **Ostafrikanische Erdhörnchen**

X. erythropus **Gestreiftes oder Tschad-Ziesel-hörnchen** Marokko, Mauretanien, Senegal und Gambia, östl. bis Sudan, W-Äthiopien, W-Kenia und N-Tansania

X. inauris **Kap-Borstenhörnchen** Südafrika, W-Simbabwe, Botswana, Namibia, S-Angola

X. princeps **Kaokoveld-Borstenhörnchen** W-Namibia, S-Angola

X. rutilus **Ostafrikanisches Schlichtborstenhörnchen** NO- und O-Afrika

Unterfamilie Petauristinae

Aeretes

A. melanopterus **Nordchina-Gleithörnchen** Hebei und Sichuan (China)

Aeromys **Große Schwarze Gleithörnchen**

A. tephromelas **Schwarzes Gleithörnchen** Malaysia, Indonesien (außer Java), Philippinen (außer im SW)

A. thomasi Borneo (außer im SO)

Belomys

B. pearsonii **Haarfuß-Gleithörnchen** Sikkim und Assam (Indien) bis Hunnan, Sichuan, Yunnan, Guizhou, Hainan (China), Taiwan, Bhutan, N-Myanmar, Indochina

Biswamoyopterus

B. biswasi **Namdapha-Gleithörnchen** Arunachal Pradesh (Indien)

Eupetaurus

E. cinereus **Felsgleithörnchen** N-Pakistan und Kaschmir bis Sikkim (Indien) bis Xizang (China)

Glaucomys **Neuwelt-Gleithörnchen**

G. sabrinus **Nördliches Gleithörnchen** Alaska (USA), Kanada, NW-USA bis S-Kalifornien und South Dakota und NO-USA bis S-Appalachen

G. volans **Südliches Gleithörnchen** Nova Scotia (Kanada) bis O- und Zentral-USA, NW-Mexiko bis Honduras

Hylopetes **Asiatische Gleithörnchen, Pfeilschwanzhörnchen**

H. alboniger Nepal und Assam (Indien) bis Sichuan, Yunnan und Hainan (China), Indochina

H. baberi östl. Zentral- und NW-Afghanistan, Kaschmir

H. bartelsi Java (Indonesien)

H. fimbriatus **Kaschmir-Gleithörnchen** Punjab (Indien), Kaschmir

H. lepidus S-Vietnam, Thailand bis Java (Indonesien), Borneo

H. nigripes Palawan und Bancalan (Philippinen)

H. phayrei Fujian und Hainan (China), Myanmar, Thailand, Laos, S-Vietnam

H. sipora Sipora (Indonesien)

H. spadiceus Myanmar, Malaysia, Thailand, S-Vietnam, Sumatra (Indonesien)

H. winstoni N-Sumatra (Indonesien)

Iomys

I. horsfieldi **Horsfield-Gleithörnchen** Malaiische Halbinsel bis Java (Indonesien), Borneo

I. sipora Mentawai-Inseln (Indonesien)

Petaurillus **Zwerggleithörnchen**

P. emiliae Sarawak (N-Borneo)

P. hosei Sarawak (N-Borneo)

P. kinlochii **Malaiisches Zwerggleithörnchen** Selangor (Malaiische Halbinsel)

Petaurista **Riesengleithörnchen**

P. alborufus S- und Zentral-China, Taiwan

P. elegans **Geflecktes Riesengleithörnchen** Nepal, Sikkim (Indien), Sichuan und Yunnan (China), N- und W-Myanmar, Laos, Vietnam, Malaiische Halbinsel, Sumatra und Java (Indonesien), Borneo

P. leucogenys **Weißkehlgleithörnchen** Gansu, Sichuan, Yunnan (China), Japan (außer Hokkaido)

P. magnificus Sikkim (Indien), Nepal, Xizang (China), Bhutan

P. nobilis Sikkim (Indien), Zentral-Nepal, Bhutan

P. petaurista **Taguan** O-Afghanistan, Kaschmir, Punjab bis Assam (Indien), Yunnan und Sichuan (China), Myanmar, Thailand, Indochina, Malaysia, Sumatra und Java (Indonesien), Borneo

P. philippensis Indien, Sri Lanka, S-China, Taiwan, Myanmar, Thailand, Indonesien

P. xanthotis Gebirgsregionen W-Chinas

Petinomys **Zwerggleithörnchen**

P. crinitus Basilan, Dinagat, Siargao und Mindanao (Philippinen)

P. fuscocapillus S-Indien, Sri Lanka

P. genibarbis **Bartgleithörnchen** Malaysia bis Sumatra und Java (Indonesien), Borneo

P. hageni Sumatra (Indonesien), Borneo

P. lugens Siberut, Sipora (Sumatra, Indonesien)

P. sagitta Java (Indonesien)

P. setosus Myanmar, Malaysia, Sumatra (Indonesien), S-Borneo

P. vordermanni S-Myanmar, Malaysia, Borneo

Pteromys **Altwelt-Gleithörnchen**

P. momonga Kyushu und Honshu (Japan)

P. volans **Gewöhnliches Gleithörnchen** N-Finnland bis Tschuktschen-Halbinsel (Russland), südl. Ural und Altai, Mongolei, N-China, Korea, Hokkaido (Japan)

Pteromyscus

P. pulverulentus **Rußgleithörnchen** S-Thailand bis Sumatra (Indonesien), Borneo

Trogopterus

T. xanthipes **Schlingenzahngleithörnchen** Yunnan bis Zentral- und O-China in Gebirgswäldern

FAMILIE CASTORIDAE

Biber

Castor

C. canadensis **Kanadabiber** Alaska (USA) bis Labrador (Kanada), südl. bis N-Florida (USA) und Tamaulipas (Mexiko); eingeführt in Europa und Asien

C. fiber **Eurasiatischer Biber** NW- und nördl. Zentral-Eurasien, von Frankreich bis Baikalsee und Mongolei

FAMILIE GEOMYIDAE

Taschenratten

Geomys **Flachlandtaschenratten**

G. arenarius W-Texas, New Mexico (USA), Chihuahua (Mexiko)

G. bursarius **Flachlandtaschenratte** südl. Zentral-Manitoba (Kanada) bis Indiana, Louisiana, südl. Zentral-Texas und New Mexico (USA)

G. personatus **Texas-Taschenratte** S-Texas, inkl. Padre- und Mustang-Inseln (USA), NO-Tamaulipas (Mexiko)

G. pinetis **Südöstliche Taschenratte** Zentral-Florida bis S-Georgia und S-Alabama (USA)

G. tropicalis SO-Tamaulipas (Mexiko)

Orthogeomys **Riesentaschenratten**

O. cavator Zentral-Costa Rica bis NW-Panama

O. cherriei nördl. Zentral-Costa Rica

O. cuniculus Oaxaca (Mexiko)

O. dariensis O-Panama

O. grandis **Hamsterratte** Jalisco (Mexiko) bis Honduras

O. heterodus Zentral-Costa Rica

O. hispidus S-Tamaulipas und Halbinsel Yucatán (Mexiko), Belize, Guatemala, NW-Honduras

O. lanius Veracruz (Mexiko)

O. matagalpae südl. Zentral-Honduras bis nördl. Zentral-Nicaragua

O. thaeleri NW-Kolumbien

O. underwoodi Pazifikküste Costa Ricas

Pappogeomys **Gelbe und Zimtfarbene Taschenratten, Gebirgstaschenratten**

P. alcorni S-Jalisco (Mexiko)

P. bulleri Nayarit, Jalisco und Colima (Mexiko)

P. castanops SO-Colorado und SW-Kansas (USA) bis San Luis Potosí (Mexiko)

P. fumosus O-Colima (Mexiko)

P. gymnurus S- und Zentral-Jalisco und NO-Michoacan (Mexiko)

P. merriami S-Mexiko

P. neglectus Queretaro (Mexiko)

P. tylorhinus Distrito Federal und Hidalgo bis Zentral-Jalisco (Mexiko)

P. zinseri NO-Jalisco (Mexiko)

Thomomys **Gebirgstaschenratten**

T. bottae **Taltaschenratte** W- und SW-USA, südl. bis Sinaloa und Nuevo León (Mexiko)

T. bulbivorus Willamette Valley (NW-Oregon, USA)
T. clusius südl. Zentral-Wyoming (USA)
T. idahoensis östl. Zentral-Idaho, angrenzend Montana, W-Wyoming, N-Utah (USA)
T. mazama **Mazama-Taschenratte** NW-Washington bis Zentral-Oregon bis N-Kalifornien (USA)
T. monticola **Sierra-Taschenratte** Sierra Nevada Zentral- und N-Kaliforniens und westl. Zentral-Nevada (USA)
T. talpoides **Nördliche Taschenratte** S-British Columbia bis SW-Manitoba (Kanada), südl. bis Zentral-South Dakota und bis N-New Mexico, N-Arizona, N-Nevada und NO-Kalifornien (USA)
T. townsendii S-Idaho bis Oregon, NO-Kalifornien und N-Nevada (NW-USA)
T. umbrinus **Zwergtaschenratte** südl. Zentral-Arizona und SW-New Mexico (USA) bis Puebla und Veracruz (Mexiko)
Zygogeomys
Z. trichopus **Tuza** nördl. Zentral-Michoacan (Mexiko)

FAMILIE HETEROMYIDAE
Taschenmäuse und Kängururatten

UNTERFAMILIE DIPODOMYINAE
Dipodomys **Taschenspringer**
D. agilis **Pazifikkängururatte** SW- und südl. Zentral-Kalifornien (USA), Baja California (Mexiko)
D. californicus südl. Zentral-Oregon und N-Kalifornien (USA)
D. compactus S-Texas, inkl. Padre- und Mustang-Inseln (USA) und N-Tamaulipas (Mexiko)
D. deserti **Wüstenkängururatte** Wüstenregionen in O-Kalifornien, W- und S-Nevada, SW-Utah, W- und südl. Zentral-Arizona (USA), Sonora und NO-Baja California (Mexiko)
D. elator **Texas-Kängururatte** SW-Oklahoma und nördl. Zentral-Texas (USA)
D. elephantinus **Großohrkängururatte** westl. Zentral-Kalifornien (USA)
D. gravipes NW-Baja California (USA)
D. heermanni Zentral-Kalifornien (USA)
D. ingens **Riesenkängururatte** westl. Zentral-Kalifornien (USA)
D. insularis Golf von Kalifornien (Baja California, Mexiko)
D. margaritae Santa Margarita (Baja California, Mexiko)
D. merriami **Merriam-Kängururatte** NO-Kalifornien und NW-Nevada bis Texas (USA), südl. bis Zentral-Mexiko (inkl. Baja California)
D. microps SW-USA
D. nelsoni nördl. Zentral-Mexiko
D. nitratoides westl. Zentral-Kalifornien (USA)
D. ordii **Ord-Kängururatte** SW-Saskatchewan und SO-Alberta (Kanada) und SO-Washington (USA), südl. über die Great Plains und W-USA bis Zentral-Mexiko
D. panamintinus O-Kalifornien und W-Nevada (USA)
D. phillipsii Zentral-Durango bis N-Oaxaca (Mexiko)
D. spectabilis südl. Zentral-Arizona, New Mexico, W-Texas (USA), südl. bis N-Mexiko
D. stephensi S-Kalifornien (USA)
D. venustus **Santa-Cruz-Kängururatte** westl. Zentral-Kalifornien (USA)
Microdipodops **Kängurumäuse**
M. megacephalus **Dunkle Kängurumaus** SO-Oregon, S-Idaho, W-Utah, N- und Zentral-Nevada und NO-Kalifornien (USA)
M. pallidus **Blasse Kängurumaus** östl. Zentral-Kalifornien, W- und südl. Zentral-Nevada (USA)

UNTERFAMILIE HETEROMYINAE
Heteromys **Waldstacheltaschenmäuse**
H. anomalus W- und N-Kolumbien bis N-Venezuela (inkl. Margarita), Trinidad und Tobago
H. australis O-Panama bis SW-Kolumbien und NW-Ecuador
H. desmarestianus SO-Tabasco (Mexiko), südl. bis NW-Kolumbien
H. gaumeri Halbinsel Yucatán (Mexiko) und N-Guatemala
H. goldmani **Goldman-Stacheltaschenmaus** S-Chiapas (Mexiko), W-Guatemala
H. nelsoni Chiapas (Mexiko)
H. oresterus Kordillere v. Talamanca (Costa Rica)
Liomys **Stacheltaschenmäuse**
L. adspersus Zentral-Panama
L. irroratus **Mexikanische Stacheltaschenmaus** S-Texas (USA), Mexiko
L. pictus **Gemalte Stacheltaschenmaus** Mexiko, NW-Guatemala
L. salvini O-Oaxaca (S-Mexiko), südl. bis Zentral-Costa Rica
L. spectabilis SO-Jalisco (Mexiko)

UNTERFAMILIE PEROGNATHINAE
Chaetodipus **Taschenmäuse**
C. arenarius Baja California (Mexiko)
C. artus Mexiko
C. baileyi **Bailey-Taschenmaus** S-Kalifornien, S-Arizona, SW-New Mexico (USA) bis Sinaloa und Baja California (Mexiko)
C. californicus **Kalifornische Taschenmaus** Zentral-Kalifornien (USA) bis N-Baja California (Mexiko)
C. fallax SW-Kalifornien (USA) bis W-Baja California (Mexiko)
C. formosus SW-USA, Baja California (Mexiko)
C. goldmani Mexiko
C. hispidus **Borstige Taschenmaus** Great Plains von North Dakota bis SO-Arizona und W-Louisiana (USA), südl. bis Tamaulipas und Hidalgo (Mexiko)
C. intermedius südl. Zentral-Utah und Arizona bis W-Texas (USA), südl. bis Sonora und Chihuahua (Mexiko)
C. lineatus San Luis Potosí (Mexiko)
C. nelsoni SO-New Mexico und W-Texas (USA) bis Jalisco und San Luis Potosí (Mexiko)
C. penicillatus SW-USA bis Zentral-Mexiko (inkl. NO-Baja California)
C. pernix S-Sonora bis N-Nayarit (Mexiko)
C. spinatus S-Nevada und SO-Kalifornien (USA) bis Baja California (Mexiko)
Perognathus **Eigentliche Taschenmäuse**
P. alticola südl. Zentral-Kalifornien (USA)
P. amplus W- und Zentral-Arizona (USA) bis Sonora (Mexiko)
P. fasciatus **Wyoming-Taschenmaus** Great Plains von SO-Alberta, Saskatchewan und SW-Manitoba (Kanada) bis North Dakota, S-Colorado und NO-Utah (USA)
P. flavescens **Flachlandtaschenmaus** Great Plains von Minnesota und Utah (USA) bis Chihuahua (Mexiko)
P. flavus **Seidentaschenmaus** SW-Great Plains von South Dakota, Wyoming und Utah (USA) bis Sonora und Puebla (Mexiko)
P. inornatus Kalifornien (USA)
P. longimembris SO-Oregon und W-Utah (USA), südl. bis Sonora und Baja California (Mexiko)
P. merriami New Mexico bis S-Texas (USA) bis Chihuahua und Tamaulipas (Mexiko)
P. parvus **Kleine Taschenmaus** Great Basin im S von British Columbia (Kanada), südl. bis O-Kalifornien, östl. bis Wyoming und NW-Arizona (USA)
P. xanthanotus Freeman Canyon (Kalifornien, USA)

FAMILIE DIPODIDAE
Springmäuse

UNTERFAMILIE ALLACTAGINAE
Allactaga **Pferdespringer, Wüstenspringmäuse**
A. balikunica Mongolei, NO-Xinjiang (China)
A. bullata **Gobi-Springmaus** S- und W-Mongolei, Nei Monggol, O-Xinjiang, Ningxia, Gansu, N-Shaanxi (China)
A. elater **Kleiner Pferdespringer** Iran, W-Pakistan, Afghanistan, NO-Türkei, Armenien, Georgien, Aserbaidschan, N-Kaukasus entlang des Kaspischen Meeres bis zur Unteren Wolga, südl. bis Turkmenistan, östl. bis Kasachstan, NO-Xinjiang, Nei Monggol, N-Gansu (China)
A. euphratica Türkei, Kaukasus, Syrien, Jordanien, Irak, N-Iran, Afghanistan, N-Saudi-Arabien, Kuwait
A. firouzi Isfahan (Iran)
A. hotsoni Belutschistan (SO-Iran), W-Pakistan, S-Afghanistan
A. major Kaukasus bis Moskau (Russland) und Kiew (Ukraine), östl. bis Ob (W-Sibirien), Kasachstan, Usbekistan, Turkmenistan
A. severtzovi Kasachstan, Usbekistan, NO-Turkmenistan, SW-Tadschikistan
A. sibirica **Sibirische Springmaus** Unterer Ural (Kasachstan) und Kaspisches Meer, östl. über N-Turkmenistan bis Mongolei, China
A. tetradactyla Ägypten, O-Libyen
A. vinogradovi S-Kasachstan, O-Usbekistan, Kirgisistan, Tadschikistan
Allactodipus
A. bobrinskii W- und N-Turkmenistan, Zentral- und W-Usbekistan
Pygeretmus **Fettschwanzspringmäuse**
P. platyurus W-, Zentral- und O-Kasachstan
P. pumilio Don (Russland) über Kasachstan bis Irtysch (Russland), südl. bis NO-Iran, östl. bis S-Mongolei, N-Xinjiang, W-Nei Monggol, Ningxia (China)
P. shitkovi O-Kasachstan

UNTERFAMILIE CARDIOCRANIINAE
Cardiocranius
C. paradoxus **Fünfzehenzwergspringmaus** O-Kasachstan, Mongolei, N-Xinjiang, W-Nei Monggol, N-Ningxia, Gansu (China)
Salpingotus **Zwergspringmäuse**
S. crassicauda O-Kasachstan, S- und SW-Mongolei, NW-China
S. heptneri Kysylkum-Wüste (Usbekistan, S-Kasachstan)
S. kozlovi S- und SO-Mongolei, Nei Monggol, Xinjiang, Gansu, Shaanxi, Ningxia (China)
S. michaelis NW-Belutschistan (Pakistan)
S. pallidus Wüsten nördl. von Aral und südl. von Balchasch (Kasachstan)
S. thomasi Afghanistan

UNTERFAMILIE DIPODINAE
Dipus
D. sagitta **Raufußspringmaus** Don (Russland), NW-Küste des Kaspischen Meeres und NO-Irans über Turkmenistan, Usbekistan, Kasachstan bis S-Tuwa (Russland), Mongolei, China
Eremodipus
E. lichtensteini Kaspisches Meer bis Balchaschsee (Kasachstan, Usbekistan, Turkmenistan)
Jaculus **Wüstenspringmäuse**
J. blanfordi O- und S-Iran, S- und W-Afghanistan, W-Pakistan
J. jaculus **Wüstenspringmaus** NO-Nigeria und Niger, SW-Mauretanien bis Marokko bis Ägypten, Sudan und Somalia, Arabien bis SW-Iran
J. orientalis Wüstenregionen N-Afrikas und Arabiens
J. turcmenicus SO-Küste des Kaspischen Meeres über Turkmenistan bis Kysylkum-Wüste (Zentral-Usbekistan)
Stylodipus
S. andrewsi NW-, S- und Zentral-Mongolei, Nei Monggol, Xinjiang, Gansu, Ningxia (China)
S. sungorus SW-Mongolei, Xinjiang (China)
S. telum **Dickschwanzspringmaus** O-Ukraine, N-Kaukasus, Kasachstan, W-Usbekistan, N- und W-Turkmenistan, östl. bis N-Xinjiang, N-Gansu, Nei Monggol (China)

UNTERFAMILIE EUCHOREUTINAE
Euchoreutes
E. naso **Riesenohrspringmaus** S-Mongolei, Nei Monggol, Xinjiang, Qinghai, Gansu, Ningxia (China)

UNTERFAMILIE PARADIPODINAE
Paradipus
P. ctenodactylus **Kammzehenspringmaus** Turkmenistan, Usbekistan, östl. Aral-Region (Kasachstan)

UNTERFAMILIE SICISTINAE
Sicista **Birkenmäuse**
S. armenica NW-Armenien
S. betulina **Waldbirkenmaus** N- und Mitteleuropa bis SO-Sibirien (Russland)
S. caucasica NW-Kaukasus
S. caudata Ussuri-Region NO-Chinas, Sachalin (Russland)
S. concolor Pakistan, Indien, Kaschmir, Xinjiang, Qinghai, Gansu, Shaanxi, Sichuan (China)
S. kazbegica Kasbegi (Georgien)
S. kluchorica NW-Kaukasus
S. napaea NW-Altai (Russland), Kasachstan
S. pseudonapaea S-Altai (O-Kasachstan)
S. severtzovi S-Russland
S. strandi N-Kaukasus, nördl. bis Kursk (S-Russland)
S. subtilis **Steppenbirkenmaus** O-Österreich, Ungarn, Jugoslawien, Rumänien, östl. bis S-Russland, N-Kasachstan, SW-Sibirien, Balchaschsee, Altai, Baikalsee und NW-Xinjiang (China)
S. tianshanica Tian Shan in Kasachstan und Xinjiang (China)

UNTERFAMILIE ZAPODINAE
Eozapus
E. setchuanus **Chinesische Hüpfmaus** Qinghai, Gansu, Ningxia, Shaanxi, Sichuan, Yunnan (China)
Napaeozapus
N. insignis **Waldhüpfmaus** südl. Zentral- und SO-Kanada, NO- und O-USA
Zapus **Feldhüpfmäuse**
Z. hudsonius **Wiesenhüpfmaus** Kanada, USA
Z. princeps **Westliche Hüpfmaus** W-Nordamerika
Z. trinotatus SW-British Columbia (Kanada), südl. entlang der W-Küste der USA bis Kalifornien

FAMILIE MURIDAE
Ratten, Mäuse, Wühlmäuse, Lemminge, Hamster und Rennmäuse

UNTERFAMILIE ARVICOLINAE
Alticola **Gebirgswühlmäuse**
A. albicauda Himalaya in NW-Indien
A. argentatus Xinjiang (China) über Tian Shan und Pamir bis N-Afghanistan, Pakistan und N-Indien
A. barakshin Tuwa (S-Russland), östl. bis W- und S-Mongolei
A. lemminus NO-Sibirien (Russland)
A. macrotis Altai und Sajangebirge bis N-Mongolei, Baikalsee und Jakutsk (NO-Russland)
A. montosa Kaschmir
A. roylei W-Himalaya in N-Indien
A. semicanus Tuwa (S-Russland) bis N-Mongolei
A. stoliczkanus N-Ladakh (Indien) und Nepal bis W- und N-Xizang bis Gansu (China)
A. stracheyi Himalaya von O-Kaschmir bis S-Xizang (China) und N-Nepal bis Sikkim (Indien)
A. strelzowi Karaganda (Kasachstan), östl. bis Altai in der NW-Mongolei, Sibirien (Russland) und Xinjiang (NW-China)
A. tuvinicus Tuwa (S-Russland) und Altai bis Baikalsee und NW-Mongolei
Arborimus
A. albipes Küste der W-USA, von Oregon bis NW-Kalifornien
A. longicaudus Küste Oregons (USA)
A. pomo Küste NW-Kaliforniens
Arvicola **Schermäuse**
A. sapidus **Westschermaus** Portugal, Spanien, W-Frankreich
A. terrestris **Schermaus, Ostschermaus** Europa, östl. über Sibirien (Russland), südl. bis Israel, Iran, Tian Shan NW-Chinas und den Baikalsee
Blanfordimys
B. afghanus S-Turkmenistan, Usbekistan, Tadschikistan, Afghanistan
B. bucharicus Gebirgsregionen im SW von Tadschikistan
Chionomys **Schneemäuse**
C. gud Kaukasus, NO-Türkei
C. nivalis **Schneemaus** Gebirgsregionen Europas (inkl. Alpen, Karpaten, Balkan, Pindos), östl. bis W-Kaukasus, Türkei, Israel, Libanon, Syrien sowie Zagros und Kopetdag (Iran)
C. roberti W-Kaukasus, NO-Türkei
Clethrionomys **Rötelmäuse**
C. californicus **Kalifornische Rötelmaus** Küste der W-USA von Columbia-Fluss, südl. bis NW-Kalifornien (USA)
C. centralis Tian Shan (Kasachstan und Kirgisistan), Xinjiang (China)
C. gapperi **Gappers Rötelmaus** Kanada (außer Neufundland), N-USA, Rocky Mountains und Appalachen
C. glareolus **Rötelmaus** W-Paläarktis von Frankreich und Skandinavien bis Baikalsee, südl. bis N-Spanien, Italien, Balkan, W-Türkei, N-Kasachs-

tan, Altai und Sajan-Gebirge, Großbritannien, SW-Irland
C. rufocanus **Grauröttelmaus** N-Paläarktis von Skandinavien über Sibirien bis Kamtschatka (Russland), südl. bis Ural und Altai, Mongolei, N-China, Korea, N-Japan
C. rutilus **Polarrötelmaus** N-Skandinavien, östl. bis Tschuktschen-Halbinsel, südl. bis N-Kasachstan, Mongolei, NO-China, Korea, Sachalin, Hokkaido (Japan) und St.-Lorenz-Insel (Beringmeer, USA); auch Alaska (USA), östl. bis Hudson Bay, südl. bis N-British Columbia und NO-Manitoba (Kanada)
C. sikotanensis Sikotan, Daikoku und Rishiri (Kurilen, Russland)
Dicrostonyx **Halsbandlemminge**
D. exsul St.-Lorenz-Insel (Beringmeer, USA)
D. groenlandicus **Grönländischer Halsbandlemming** N-Grönland, Königin-Elisabeth-Inseln, südl. bis Baffin- und Southampton-Insel (Kanada)
D. hudsonius **Hudson-Halsbandlemming** Labrador, N-Quebec (Kanada)
D. kilangmiutak Victoria- und Banks-Insel, benachbartes Festland (Kanada)
D. nelsoni Alaska (USA)
D. nunatakensis Ogilvie-Gebirge, nördl. Zentral-Yukon Territory (Kanada)
D. richardsoni W-Küste der Hudson Bay, westl. bis Mackenzie District (Kanada)
D. rubricatus N-Alaska (USA)
D. torquatus **Halsbandlemming** Paläarktis vom Weißen Meer (W Russland) bis Tschuktschen-Halbinsel und Kamtschatka (NO-Russland), Neusibirische Inseln und Nowaja Semlja
D. unalascensis Aleuten (Alaska, USA)
D. vinogradovi Wrangel-Insel (NO-Sibirien, Russland)
Dinaromys
D. bogdanovi **Bergmaus** Gebirgsregionen Jugoslawiens
Ellobius **Mulllemminge**
E. alaicus Altai (S-Kirgisistan)
E. fuscocapillus **Südlicher Mulllemming** O-Iran, Afghanistan, W-Pakistan und Kopetdag (S-Turkmenistan)
E. lutescens **Südwestlicher Mulllemming** S-Kaukasus, südl. bis O-Türkei und NW-Iran
E. talpinus **Nördlicher Mulllemming** von S-Ukraine nach Osten über Kasachstan bis N-Balchaschsee, auch Turkmenistan
E. tancrei NO-Turkmenistan und Usbekistan, östl. über O-Kasachstan bis Xinjiang und Nei Monggol (O-China) und Mongolei
Eolagurus **Gelblemminge**
E. luteus **Gelblemming** N-Xinjiang (China), W-Mongolei
E. przewalskii China, S-Mongolei
Eothenomys **David-Wühlmäuse**
E. chinensis Sichuan und Yunnan (China)
E. custos Sichuan und Yunnan (China)
E. eva S-Gansu, angrenzend Shaanxi, Sichuan, Hubei (China)
E. inez Shaanxi und Shanxi (China)
E. melanogaster **Davidwühlmaus** W- und S-China, südl. bis N-Thailand und N-Myanmar, Taiwan
E. olitor Yunnan (China)
E. proditor Sichuan und Yunnan (China)
E. regulus Korea
E. shanseius Shanxi und Hebei (China)
Hyperacrius **Kaschmir-Wühlmäuse**
H. fertilis Kaschmir, N-Pakistan
H. wynnei N-Pakistan
Lagurus
L. lagurus **Steppenlemming** Ukraine über N-Kasachstan bis W-Mongolei und NW-China
Lasiopodomys
L. brandtii **Brandt-Steppenwühlmaus** Mongolei, angrenzend Russland, Nei Monggol, Heilongjiang, Hebei (China)
L. fuscus Qinghai (China)
L. mandarinus N-Mongolei, angrenzend Russland und SO-Sibirien, Zentral- und NO-China, Korea
Lemmiscus
L. curtatus **Beifußsteppenlemming** S-Alberta und SO-Sakatchewan (Kanada), südl. bis NW-Colorado und östl. Zentral-Kalifornien
Lemmus
L. amurensis **Amurlemming** O-Sibirien von Baikalsee, nördl. bis Werchojansker Gebirge, Tscherskег Gebirge und Kolymagebirge bis Omolon (NO-Russland)
L. lemmus **Berglemming, Fjelllemming** Skandinavien
L. sibiricus **Brauner Lemming** Paläarktis des Weißen Meeres (W-Russland) bis Tschuktschen-Halbinsel und Kamtschatka, Nunivak- und St.-George-Insel (Beringmeer); Nearktis von W-Alaska (USA) bis Hudson Bay, südl. in den Rocky Mountains bis Zentral-British Columbia (Kanada)
Microtus **Feldmäuse**
M. abbreviatus Hall- und St.-Matthew-Insel (Beringmeer, USA)
M. agrestis **Erdmaus** Großbritannien, Skandinavien, Frankreich, östl. über Europa und Sibirien bis Lena (NO-Russland), südl. bis Pyrenäen (Frankreich, Spanien), N-Jugoslawien, Ural und Altai, Xinjiang (NW-China) und Baikalsee
M. arvalis **Feldmaus** Zentral- und N-Spanien über ganz Europa bis westliche Schwarzmeerküste, nordöstl. bis Kirow-Region (W-Russland); auch Orkney-Inseln (Großbritannien), Guernsey (Kanalinseln, Großbritannien), Yeu (Frankreich)
M. bavaricus **Bayerische Kurzohrmaus** Bayerische Alpen (Deutschland)
M. breweri **Küstenwühlmaus** Muskeget Island (Massachusetts, USA)
M. cabrerae **Cabreramaus** Spanien, Portugal, N-Pyrenäen (S-Frankreich)
M. californicus **Kalifornische Wühlmaus** Küste der W-USA, von SW-Oregon bis Kalifornien, bis N-Baja California (Mexiko)
M. canicaudus Willamette Valley (NW-Oregon), angrenzend Washington (USA)
M. chrotorrhinus **Gelbnasige Wühlmaus** SO-Kanada bis NO-Minnesota (USA) und südl. in Appalachen bis O-Tennessee und W-North Carolina (USA)
M. daghestanicus Kaukasus (Dagestan, Russland)
M. duodecimcostatus SO-Frankreich, O- und S-Spanien, Portugal
M. evoronensis Region um Chabarowsk (Russland)
M. felteni S-Jugoslawien, Griechenland
M. fortis SO-Russland südl. O-China bis Tal des Unteren Jangtse
M. gerbei SW-Frankreich, Pyrenäen (Frankreich, Spanien)
M. gregalis Paläarktis des Weißen Meeres (W-Russland) bis NO und vom Ural nach Osten bis Amur und NO-China, südl. bis Aralsee, Pamir, Tian Shan und Altai, N-Mongolei und NW-China
M. guatemalensis Zentral-Chiapas (Mexiko), Guatemala
M. guentheri **Mittelmeer-Feldmaus** S-Bulgarien, S-Jugoslawien, O-Griechenland, W-Türkei
M. hyperboreus NO-Sibirien (Russland)
M. irani NO-Libyen, O-Türkei, N-Syrien, Libanon, Israel, Jordanien, N-Irak, W- und N-Iran, Kopetdag (Turkmenistan)
M. irene N-Myanmar, Xizang, Yunnan, Sichuan, Gansu (China)
M. juldaschi Tian Shan, Pamir (Kirgisistan, Tadschikistan), westl. bis Samarkand (Usbekistan), südl. bis NO-Afghanistan und N-Pakistan, von dort östl. bis Xizang (China)
M. kermanensis Kerman (SO-Iran)
M. kirgisorum S-Kasachstan, Kirgisistan, Tadschikistan, SO-Turkmenistan
M. leucurus S-Qinghai, Xizang (China) und westl. im Himalaya bis Kaschmir
M. limnophilus Qinghai (China) bis W-Mongolei
M. longicaudus **Langschwänzige Wühlmaus** O-Alaska (USA) und Yukon Territory (Kanada), südl. über SO-Kanada in Rocky Mountains bis W-Colorado und O-Kalifornien; auch S-Kalifornien, Arizona und New Mexico (USA)
M. lusitanicus **Iberien-Wühlmaus** Portugal, NW-Spanien, SW-Frankreich
M. majori S-Jugoslawien, Olymp (Griechenland), N- und W-Türkei, W- und N-Kaukasus
M. maximowiczii O-Ufer des Baikalsees bis Region des Oberen Amur (SO-Russland), O-Mongolei und Heilongjiang (NO-China)
M. mexicanus **Mexikanische Wühlmaus** S-Utah und SW-Colorado (USA), südl. in Sierra Madre bis Zentral-Oaxaca (Mexiko)
M. middendorffi nördl. Zentral-Sibirien (Russland)
M. miurus **Alaska-Wühlmaus** N- und SO-Alaska (USA), NW-Kanada
M. mongolicus Mongolei, NO-China und angrenzend Russland
M. montanus **Rocky-Mountains-Wühlmaus** südl. Zentral-British Columbia (Kanada) bis SW-USA in der Kaskadenkette, Sierra Nevada und den Rocky Mountains
M. montebelli Honshu, Sado, Kyushu (Japan)
M. mujanensis Flussregion des Witim (O-Russland)
M. multiplex **Fatio-Kleinwühlmaus** S-Alpen und N-Apenninen (Frankreich, Schweiz, Italien, Österreich), NW- und Zentral-Jugoslawien
M. nasarovi NO-Kaukasus
M. oaxacensis nördl. Zentral-Oaxaca (Mexiko)
M. obscurus Russland von O-Ukraine über Sibirien bis zum Oberen Jenissej, südl. bis Kaukasus, N-Iran, Altai, Balchaschsee, NW-Mongolei, Xinjiang (NW-China)
M. ochrogaster **Präriewühlmaus** nördl. und zentrale Great Plains Nordamerikas
M. oeconomus **Sumpfmaus** Paläarktis von Skandinavien und Niederlande östl. bis Beringmeer, südl. bis O-Deutschland, Ukraine, S-Kasachstan, Mongolei und Ussuri-Region, Sachalin (Russland), St.-Lorenz-Insel (Beringmeer, USA); Nearktis von Alaska (USA) bis Yukon Territory, W-Northwest Territories und NW-British Columbia (Kanada)
M. oregoni **Oregon-Wühlmaus** SW-British Columbia (Kanada), südl. bis NW-Kalifornien (USA)
M. pennsylvanicus **Wiesenwühlmaus** Kanada, USA (inkl. Alaska), Chihuahua (Mexiko)
M. pinetorum **Kiefernwühlmaus** O-USA, von S-Maine bis N-Florida, westl. bis Zentral-Wisconsin und O-Texas
M. quasiater SO-San Luis Potosí bis N-Oaxaca (Mexiko)
M. richardsoni **Richardsons Wühlmaus** Rocky Mountains und Kaskadenkette von SW-Kanada bis Wyoming, Zentral-Utah und Oregon (USA)
M. rossiaemeridionalis **Südfeldmaus** Finnland, östl. bis Ural, südl. bis N-Kaukasus, westl. bis Ukraine, Rumänien, Bulgarien, Jugoslawien, N-Griechenland, NW-Türkei
M. sachalinensis Sachalin (Russland)
M. savii **Savi-Kleinwühlmaus** SO-Frankreich, Italien (inkl. Sizilien und Elba)
M. schelkovnikovi Talysk- und Elburs-Gebirge (S-Aserbaidschan)
M. sikimensis Himalaya von W-Nepal über Sikkim (Indien) bis S- und O-Xizang (China)
M. socialis **Levante-Wühlmaus** Paläarktis vom Dnjepr (Ukraine), östl. bis Balchaschsee und NW-Xinjiang (China), südl. über O-Türkei bis Syrien und NO-Iran
M. subterraneus **Kurzohrmaus** N- und Zentral-Frankreich über Mitteleuropa bis Ukraine und Don, südl. über Jugoslawien bis N-Griechenland; auch NO-Russland
M. tatricus W- und O-Karpaten, Tatra, W-Ukraine
M. thomasi **Balkan-Kurzohrmaus** S-Küste Jugoslawiens bis Griechenland
M. townsendii **Townsend-Wühlmaus** SW-British Columbia (Kanada) bis NW-Kalifornien (USA), Vancouver Island (Kanada)
M. transcaspicus S-Turkmenistan, N-Afghanistan, N-Iran
M. umbrosus Bergregion des Zempoaltepec (Oaxaca, Mexiko)
M. xanthognathus **Gelbwangenwühlmaus** östl. Zentral-Alaska (USA) über westl. Northwest Territories bis Zentral-Alberta und W-Küste der Hudson Bay (Kanada)
Myopus
M. schisticolor **Waldlemming** Norwegen und Schweden über Sibirien bis Kolyma und Kamtschatka (NO-Russland), südl. bis Altai, N-Mongolei, Heilongjiang (NO-China) und Sichote-Alin; auch im Ural
Neofiber
N. alleni **Florida-Wasserratte** Florida bis SO-Georgia (USA)
Ondatra
O. zibethicus **Bisamratte** Nordamerika (südl. der Baumgrenze); eingeführt in Zentral- und N-Europa, Ukraine, Russland, angrenzend China und Mongolei, Honshu (Japan), S-Argentinien
Phaulomys
P. andersoni Honshu (Japan)
P. smithii Dogo, Honshu, Shikoku, Kyushu (Japan)
Phenacomys **Heidewühlmäuse**
P. intermedius **Berg-Heidewühlmaus** SW-British Columbia, angrenzend Alberta (SW-Kanada), südl. bis SW-USA
P. ungava S-Yukon bis Labrador, südl. bis S-Alberta sowie im N der Großen Seen und des Sankt-Lorenz-Stroms (Kanada)
Proedromys
P. bedfordi Gansu und Sichuan (China)
Prometheomys
P. schaposchnikowi **Prometheusmaus** Kaukasus, NO-Türkei
Synaptomys **Lemmingmäuse**
S. borealis **Nördliche Lemmingmaus** Alaska (USA) bis N-Washington (USA), östl. bis Labrador (Kanada); auch von Halbinsel Gaspé (Quebec, Kanada) bis New Hampshire (USA)
S. cooperi **Südliche Lemmingmaus** Mittlerer Westen und O der USA über SO-Kanada (inkl. Kap-Breton-Insel)
Volemys
V. clarkei NW-Yunnan (China), N-Myanmar
V. kikuchii Hochland Taiwans
V. millicens O-Xizang und Sichuan (China)
V. musseri W-Sichuan (China)

UNTERFAMILIE CALOMYSCINAE
Calomyscus **Maushamster**
C. bailwardi Iran
C. baluchi W-Pakistan, nördl. Zentral- und O-Afghanistan
C. hotsoni Belutschistan (Pakistan)
C. mystax S-Turkmenistan, nördl. Zentral- und NO-Iran, NW-Afghanistan
C. tsolovi SW-Syrien
C. urartensis Aserbaidschan, NW-Iran

UNTERFAMILIE CRICETINAE
Allocricetulus **Mongolische Hamster**
A. curtatus **Mongolischer Zwerghamster** N des Altai, östl. bis Innere Mongolei, Xinjiang, Ningxia, Anhui (China)
A. eversmanni **Eversmann-Zwerghamster** N-Kasachstan, Steppen von Wolga bis Oberer Irtysch
Cansumys
C. canus S-Gansu und Shaanxi (China)
Cricetulus **Zwerghamster**
C. alticola **Tibetischer Zwerghamster** W-Nepal, Ladakh (N-Indien), Kaschmir, W-Xizang (China)
C. barabensis **Daurischer Zwerghamster** S-Sibirien von Irtysch bis Ussuri-Region (Russland), südl. bis Mongolei, Xinjiang bis Nei Monggol (China) und Korea
C. kamensis Xizang (China)
C. longicaudatus **Langschwanzzwerghamster** Tuwa- und Altai-Regionen Russlands und Kasachstans, Xinjiang (NW-China), Mongolei, angrenzend China, südl. bis Xizang
C. migratorius **Grauer Zwerghamster** SO-Europa über Ukraine, Kasachstan und S-Mongolei bis N-China, südl. bis Türkei, Israel, Jordanien, Libanon, Irak, Iran, Pakistan und Afghanistan
C. sokolovi W- und S-Mongolei, Zentral-Nei Monggol (China)
Cricetus
C. cricetus **Feldhamster, Hamster** von Belgien über Mitteleuropa, W-Sibirien und N-Kasachstan bis zum Oberen Jenissej, Altaigebirge und Xinjiang (NW-China)
Mesocricetus **Mittelhamster**
M. auratus **Syrischer Goldhamster** Aleppo (Syrien)
M. brandti **Türkischer Goldhamster** Türkei und Kaukasus, südl. bis Israel, Libanon, Syrien, N-Irak, NW-Iran
M. newtoni **Rumänischer Goldhamster** O-Rumänien, Bulgarien
M. raddei **Schwarzbrusthamster** Russland, von N-Kaukasus bis zum Don und Asowschen Meer
Phodopus **Kurzschwanzzwerghamster**
P. campbelli Heilongjiang über Nei Monggol bis Xinjiang (China), Mongolei, angrenzend Russland
P. roborovskii **Roborovski-Zwerghamster** Tuwa

(S-Russland) und O-Kasachstan, W- und S-Mongolei, Heilongjiang bis N-Xinjiang (China)
P. sungorus **Dschungarischer Zwerghamster** O-Kasachstan, SW-Sibirien (Russland)
Tscherskia
T. triton **Rattenartiger Zwerghamster** Shaanxi bis Dongbei, südl. bis Anhui (China) und Korea, nördl. bis Ussuri-Region (Russland)

UNTERFAMILIE CRICETOMYINAE
Beamys **Kleine Hamsterratten**
B. hindei **Kleine Ostafrikanische Hamsterratte** S-Kenia, NO-Tansania
B. major S-Tansania, Malawi, NO-Sambia
Cricetomys **Riesenhamsterratten**
C. emini **Emin-Riesenhamsterratte** Sierra Leone bis S-Nigeria, Kamerun und Gabun über Kongo und Demokratische Republik Kongo bis S-Uganda, Bioko (Äquatorial-Guinea)
C. gambianus **Gambia-Riesenhamsterratte** Senegal und Sierra Leone bis S-Sudan, südl. bis S-Angola, S-Sambia und O-Südafrika
Saccostomus **Kurzschwanzhamsterratten**
S. campestris **Backentaschenratte** SW-Tansania bis Zentral-Angola, südl. bis S-Südafrika
S. mearnsi S-Äthiopien, S-Somalia, Kenia, O-Uganda, NO-Tansania

UNTERFAMILIE DENDROMURINAE
Dendromus **Aalstrichklettermäuse**
D. insignis Hochland Äthiopiens, O-Kenia, W-Uganda, südl. bis Ruanda, Kilimandscharo (NO-Tansania)
D. kahuziensis Kivu-Region (O-Demokratische Republik Kongo)
D. kivu westl. und östl. des Ruwenzori in W-Uganda und O-Demokratische Republik Kongo, auch Kivu-Region (Demokratische Republik Kongo)
D. lovati Hochland Äthiopiens
D. melanotis Südafrika, nördl. bis Uganda, westl. bis Nimbaberge (Guinea), auch Äthiopien
D. mesomelas S-, SO- und O-Südafrika, Zentral-Mosambik, N-Botswana, NO-Sambia, N- und S-Malawi, SO-, NO- und NW-Demokratische Republik Kongo, SW- und östl. Zentral-Tansania
D. messorius Benin und Nigeria, östl. bis Demokratische Republik Kongo, Uganda, Kenia und Sudan
D. mystacalis Südafrika bis Äthiopien und S-Sudan
D. nyikae O-Südafrika, O-Simbabwe, Mosambik, Malawi, Sambia, N- und Zentral-Angola, südl. Zentral-Demokratische Republik Kongo, SW-Tansania
D. oreas Kamerunberg, Mont Koupé und Manengouba-Massiv (O-Kamerun)
D. vernayi Chitau (östl. Zentral-Angola)
Dendroprionomys
D. rousseloti **Rousselot-Baummaus** Brazzaville (Kongo)
Deomys
D. ferrugineus **Deomys-Waldmaus** Zentralafrika, von Uganda, Ruanda bis S-Kamerun, Bioko (Äquatorial-Guinea)
Leimacomys
L. buettneri **Buettners Waldmaus** Bismarckburg (Togo)
Malacothrix
M. typica **Großohrmaus** Südafrika, S-Botswana, Namibia, SW-Angola
Megadendromus
M. nikolausi **Riesenbaummaus** Baleberge (Äthiopien)
Prionomys
P. batesi **Dollman-Klettermaus** W- und S-Kamerun, S-Zentralafrikanische Republik
Steatomys **Fettmäuse**
S. caurinus W-Afrika, von Senegal bis Zentral-Nigeria
S. cuppedius W-Afrika, von Senegal bis nördl. Zentral-Nigeria und südl. Zentral-Niger
S. jacksoni Ashanti (Ghana), SW-Nigeria
S. krebsii Südafrika, NO- und SO-Botswana, Caprivi-Zipfel (NO-Namibia), S-Angola, W-Sambia
S. parvus O-Südafrika, NW-Simbabwe, N-Botswana, N-Namibia, Angola, Sambia, Tansania, Uganda, Kenia, Äthiopien, Somalia, S-Sudan
S. pratensis Südafrika, Swasiland, Simbabwe, N-Botswana, NO- und N-Namibia, Angola, Sambia, N-Malawi, Mosambik, Demokratische Republik Kongo, SW-Sudan, westl. bis Kamerun

UNTERFAMILIE GERBILLINAE
Ammodillus
A. imbellis **Somali-Rennmaus** Somalia, O-Äthiopien
Brachiones
B. przewalskii **Przewalski-Rennratte** Xinjiang bis Gansu (China)
Desmodilliscus
D. braueri **Brauers Rennmaus** N- und Zentral-Sudan, N-Kamerun, W-Niger, N-Nigeria, Zentral-Mali, Burkina Faso, Senegal, W-Mauretanien
Desmodillus
D. auricularis **Kurzschwanzgerbil** Südafrika, S-Botswana, Namibia
Gerbillurus **Namib-Rennmäuse**
G. paeba **Kalahari-Rennmaus** Südafrika, Namibia, Botswana, Simbabwe, Mosambik, SW-Angola
G. setzeri NW-Namibia bis SW-Angola
G. tytonis Namibia
G. vallinus W-Südafrika und Namibia
Gerbillus **Eigentliche Rennmäuse, Rennratten**
G. acticola Somalia
G. agag Mali, Niger und N-Nigeria bis Tschad, Sudan und Kenia
G. allenbyi N-Gaza bis Haifa (Israel)
G. amoenus Ägypten, Libyen
G. andersoni Nildelta, südl. bis El Faiyum (Ägypten)
G. aquilus SO-Iran, W-Pakistan, S-Afghanistan
G. bilensis Bilen (Äthiopien)
G. bonhotei NO-Sinai (Ägypten)
G. bottai Sudan, Kenia
G. brockmani Somalia
G. burtoni Dharfur (Sudan)
G. campestris **Feldrennmaus** N-Afrika, von Marokko bis Ägypten und Sudan
G. cheesmani SW-Iran, Irak, Kuwait, Saudi-Arabien, Oman, Jemen
G. cosensis Ngamatak, Kozibiri-Fluss (Kenia)
G. dalloni Tibesti (Tschad)
G. dasyurus Arabische Halbinsel, Irak, Syrien, Libanon, Israel, Sinai (Ägypten)
G. diminutus Kenia
G. dongolanus Dongola (Sudan)
G. dunni Äthiopien, Somalia, Dschibuti
G. famulus Jemen
G. floweri Sinai (Ägypten)
G. garamantis Algerien
G. gerbillus **Kleine Sandrennmaus** Israel bis Ägypten und N-Sudan bis Marokko, auch N-Tschad, N-Niger und N-Mali
G. gleadowi NW-Indien, Pakistan
G. grobbeni Cyrenaika (Libyen)
G. harwoodi Kenia
G. henleyi Algerien bis Israel und Jordanien, W-Saudi-Arabien, N-Jemen und Oman, auch Burkina Faso und N-Senegal
G. hesperinus Küste Marokkos
G. hoogstraali Taroudannt (Marokko)
G. jamesi Tunesien
G. juliani Somalia
G. latastei Tunesien, Libyen
G. lowei Jabal Marra (Sudan)
G. mackillingini S-Ägypten, angrenzend Sudan
G. maghrebi Fes (Marokko)
G. mauritaniae Aouker-Region (Mauretanien)
G. mesopotamiae SW-Iran, Irak
G. muriculus Sudan
G. nancillus El Fasher (Sudan)
G. nanus **Nordafrikanische Rennmaus** Marokko über N-Afrika bis Arabische Halbinsel, Jordanien, Israel, Irak, Iran, Pakistan, S-Afghanistan bis NW-Indien
G. nigeriae N-Nigeria, Burkina Faso
G. occiduus Aoreora (Marokko)
G. percivali Kenia
G. perpallidus **Ägyptische Rennmaus** N-Ägypten, westl. des Nils
G. poecilops Saudi-Arabien, Jemen
G. principulus Jabal Meidob (Sudan)
G. pulvinatus Äthiopien
G. pusillus Kenia, Äthiopien, S-Sudan
G. pyramidum Nildelta (Ägypten), südl. bis
G. quadrimaculatus Nubien (NO-Sudan)
G. riggenbachi Rio de Oro (westl. Sahara), N-Senegal
G. rosalinda Sudan
G. ruberrimus Kenia, O-Äthiopien, Somalia
G. simoni Ägypten, W des Nildeltas, Libyen, Tunesien, Algerien
G. somalicus Somalia
G. stigmonyx Sudan
G. syrticus Nofilia (Libyen)
G. tarabuli Libyen
G. vivax Libyen
G. watersi Somalia, Sudan
Meriones **Rennratten**
M. arimalius Saudi-Arabien, Oman
M. chengi N-Xinjiang (China)
M. crassus N-Afrika, von Marokko über Niger und Sudan bis Ägypten, dann bis Saudi-Arabien, Jordanien, Israel, Syrien, Irak, Iran, Aghanistan
M. dahli Armenien
M. hurrianae SO-Iran, Pakistan, NW-Indien
M. libycus **Libysche Rennratte** N-Afrika, von westl. Sahara bis Ägypten, Saudi-Arabien, Jordanien, Irak, Syrien, Iran, Afghanistan bis S-Kasachstan und Xinjiang (W China)
M. meridianus **Mittagsrennratte** N-Kaukasus und Unteren Don bis Mongolei und Xinjiang, Qinghai, Shanxi und Hebei (China), südl. bis O-Iran und Afghanistan
M. persicus **Persische Rennratte** Iran, angrenzende Regionen des Irak, Türkei, Kaukasus, Turkmenistan, Afghanistan und Pakistan
M. rex Mekka bis Aden (SW-Saudi-Arabien)
M. sacramenti S-Israel
M. shawi **Shaw-Wüstenmaus** Marokko bis N-Sinai (Ägypten)
M. tamariscinus N-Kaukasus und Kasachstan bis zum Altai, nach N-Xinjiang und W-Gansu (China)
M. tristrami **Tristram-Rennratte** Jordanien, Libanon und Israel bis O-Türkei, Kaukasus, Syrien, Irak und NW-Iran
M. unguiculatus **Mongolische Rennratte** Mongolei und angrenzende Regionen in Sibirien (Russland), N-Gansu über Nei Monggol bis Heilongjiang (China)
M. vinogradovi N-Syrien, SO-Türkei, Armenien, Aserbaidschan, N-Iran
M. zarudnyi NO-Iran, S-Turkmenistan, N-Afghanistan
Microdillus
M. peeli **Somali-Zwergrennmaus** Somalia
Pachyuromys
P. duprasi **Fettschwanzmaus** N-Sahara, von W-Marokko bis N-Ägypten
Psammomys **Sandrennmäuse**
P. obesus **Sandrennmaus** N-Afrika, von Algerien bis zu den Küsten von Ägypten, Syrien, Jordanien, Israel, Arabien; auch Küste des Sudan
P. vexillaris Algerien, Tunesien, Libyen
Rhombomys
R. opimus **Große Rennmaus** S-Mongola über Ningxia, Gansu und Xinjiang (China) bis Kasachstan, Afghanistan, Pakistan und Iran
Sekeetamys
S. calurus **Bilchrennmaus** O-Ägypten bis Sinai, S-Israel, Jordanien, Zentral-Saudi-Arabien
Tatera **Nacktsohlenrennmäuse**
T. afra SW-Südafrika
T. boehmi Angola, Sambia, Malawi, S-Demokratische Republik Kongo, Tansania, Uganda, Kenia
T. brantsii Südafrika, W-Simbabwe, Botswana, Zentral- und O-Namibia, S-Angola, SW-Sambia
T. guineae Senegal und Gambia bis Ghana und Burkina Faso
T. inclusa O-Simbabwe, Mosambik, Tansania
T. indica **Indische Nacktsohlenrennmaus** Syrien, Irak und Kuwait über Iran, Afghanistan und Pakistan bis Indien, nördl. bis S-Nepal, auch Sri Lanka
T. kempi Senegal und Guinea bis Kamerun
T. leucogaster Südafrika bis S-Angola, S-Demokratische Republik Kongo und SW-Tansania
T. nigricauda Tansania, Kenia, Somalia
T. phillipsi Somalia, Rift Valley (Äthiopien, Kenia)
T. robusta Tschad, Sudan, Äthiopien, Somalia, Kenia, Uganda, Tansania, auch Burkina Faso
T. valida Zentralafrikanische Republik, Tschad, östl. bis Sudan und Äthiopien, südl. bis SW-Tansania, Sambia und Angola
Taterillus
T. arenarius Mauretanien bis Niger
T. congicus Kamerun, Tschad, Zentralafrikanische Republik, Demokratische Republik Kongo, Sudan, Uganda
T. emini **Kleine Nacktsohlenrennmaus** Sudan, W-Äthiopien, NW-Kenia, Uganda, NO-Demokratische Republik Kongo
T. gracilis Senegal und Gambia bis Burkina Faso, Niger und N-Nigeria
T. harringtoni Zentralafrikanische Republik, Sudan, Äthiopien, Somalia, Kenia, Uganda, Tansania
T. lacustris NO-Nigeria, Kamerun
T. petteri Burkina Faso, W-Niger
T. pygargus Senegal, Gambia, S-Mauretanien, W-Mali

UNTERFAMILIE LOPHIOMYINAE
Lophiomys
L. imhausi **Mähnenratte** O-Sudan, Äthiopien, Somalia, Kenia, Uganda, Tansania, evtl. Arabien

UNTERFAMILIE MURINAE
Abditomys
A. latidens Luzon (Philippinen)
Acomys **Stachelmäuse**
A. cahirinus **Ägyptische Stachelmaus** W-Sahara bis Ägypten, N-Sudan, N-Äthiopien, Jordanien, Israel, Libanon, Syrien, Saudi-Arabien, Jemen, Oman, S-Irak, Iran, Pakistan
A. cilicicus **Türkei-Stachelmaus** Silifke (W-Türkei)
A. cinerasceus **Kordofan-Stachelmaus** N-Ghana und Burkina Faso bis Zentral- und S-Sudan, N-Uganda und Zentral- und S-Äthiopien
A. ignitus **Feurige Stachelmaus** Usambaraberge (Tansania), Kenia
A. kempi **Kemps Stachelmaus** S-Somalia, Kenia, NO-Tansania
A. louisae **Louises Stachelmaus** Somalia
A. minous **Kreta-Stachelmaus** Kreta
A. mullah **Mullah-Stachelmaus** Äthiopien, Somalia
A. nesiotes **Zypern-Stachelmaus** Zypern
A. percivali **Percivals Stachelmaus** S-Sudan, Äthiopien, Somalia, Kenia, Uganda
A. russatus **Goldfarbene Stachelmaus** O-Ägypten (inkl. Sinai), Jordanien, Israel, Saudi-Arabien
A. spinosissimus **Südafrikanische Stachelmaus** NO- und östl. Zentral-Tansania, SO-Demokratische Republik Kongo, Sambia, Malawi, Zentral-Mosambik, Simbabwe, O- und SO-Botswana, N- und NW-Südafrika
A. subspinosus **Kap-Stachelmaus** SW-Südafrika
A. wilsoni **Wilsons Stachelmaus** S-Sudan, S-Äthiopien, S-Somalia, Kenia bis östl. Zentral-Tansania
Aethomys **Buschfelsenratten**
A. bocagei Zentral- und W-Angola
A. chrysophilus **Südafrikanische Veld-Ratte** SO-Kenia und Tansania bis S-Angola, O-Botswana, Simbabwe, Mosambik und Südafrika
A. granti S-Südafrika
A. hindei N-Kamerun, N- und NO-Demokratische Republik Kongo, S-Sudan, SW-Äthiopien, Kenia, Uganda und Tansania
A. kaiseri S-Kenia, Tansania, SW-Uganda, Ruanda, S- und O-Demokratische Republik Kongo, Malawi, Sambia und O-Angola
A. namaquensis Südafrika, Botswana, Simbabwe, S- und Zentral-Mosambik, S-Malawi, SO-Sambia und S-Angola
A. nyikae N-Angola, N-Sambia, Malawi, S-Demokratische Republik Kongo
A. silindensis Mount Silinda (O-Simbabwe)
A. stannarius N-Nigeria bis W-Kamerun
A. thomasi W- und Zentral-Angola
Anisomys
A. imitator Neuguinea
Anonymomys
A. mindorensis Mindoro (Philippinen)
Apodemus **Wald- und Feldmäuse**
A. agrarius **Brandmaus** Mitteleuropa bis Baikalsee, südl. bis Kaukasus und Tian Shan, dann vom Amur über Korea bis O-Xizang, O-Yunnan, Sichuan und Fujiau (China), Taiwan, Insel Cheju (S-Südkorea)
A. alpicola **Alpenwaldmaus** NW-Alpen (S-Deutschland, Österreich, Liechtenstein, Schweiz, N-Italien)
A. argenteus Japan
A. arianus N-Iran bis Libanon und N-Israel
A. chevrieri W-China, von Hubei und S-Gansu bis N- und Zentral-Yunnan

A. draco China, Myanmar, Assam (Indien)
A. flavicollis **Gelbhalsmaus** England und Wales, S-Skandinavien, Frankreich und N-Spanien, östl. über Europa bis Ural, S-Italien, Balkan und Syrien, Libanon und Israel
A. fulvipectus O-Ukraine über S-Russland bis Kaukasus, N-Türkei, N-Iran, östl. bis Kopetdag (Iran)
A. gurkha Nepal
A. hermonensis Mount Hermon (Israel)
A. hyrcanicus O-Kaukasus
A. latronum Xizang, Sichuan, Yunnan (China), N-Myanmar
A. mystacinus **Felsenmaus** SO-Europa, S-Georgien, NW-Iran, Irak, Jordanien, Libanon, Syrien, Saudi-Arabien, Rhodos und Kreta
A. peninsulae Altai und Ussuri-Region bis Korea, O-Mongolei, NO-China bis SW-China, Sachalin, Hokkaido (Japan)
A. ponticus Asowsches Meer, südl. über Kaukasus bis Armenien, O-Türkei, Irak
A. rusiges Kaschmir (N-Indien)
A. semotus Taiwan
A. speciosus **Große Japanische Feldmaus** Japan
A. sylvaticus **Feld-Waldmaus** Europa, im N bis Skandinavien und im O bis Ukraine und Weißrussland, Island, Großbritannien, Irland, die meisten Mittelmeerinseln; auch N-Afrika, vom Atlasgebirge (Marokko) bis Tunesien
A. uralensis O-Europa und Türkei, südl. im Kaukasus bis Altai und Xinjiang (NW-China)
A. wardi nördl. Zentral-Nepal über Kaschmir, N-Pakistan und Afghanistan bis NW-Iran
Apomys **Philippinische Ratten**
A. abrae Luzon (Philippinen)
A. datae **Mount-Data-Ratte** N-Luzon (Philippinen)
A. hylocoetes Mindanao (Philippinen)
A. insignis Mindanao (Philippinen)
A. littoralis Mindanao, Bohol, Biliran, Dinagat und Leyte (Philippinen)
A. microdon S-Luzon (Philippinen)
A. musculus Luzon und Mindoro (Philippinen)
A. sacobianus Luzon (Philippinen)
Archboldomys **Spitzmausratten**
A. luzonensis **Mount-Isarog-Spitzmausratte** Mount Isarog (SO-Luzon, Philippinen)
Arvicanthis **Grasratten**
A. abyssinicus Äthiopien
A. blicki Äthiopien
A. nairobae Rift Valley und im Osten von Zentral-Kenia, nach Süden bis Dodoma-Region (östl. Zentral-Tansania)
A. niloticus **Nilgrasratte** S-Mauretanien, Senegal und Gambia, östl. bis Sudan, Ägypten und W-Äthiopien, südl. über NO-Demokratische Republik Kongo und Tansania (westl. des Rift Valley), nach O-Sambia und N-Malawi; auch SW-Arabien
A. newmanni N- und O-Rift Valley in Äthiopien, Somalia, SO-Sudan, südl. über O-Kenia bis Zentral- und östl. Zentral-Tansania
Bandicota **Bandikut-Ratten**
B. bengalensis **Kleine Bandikutratte** Indien (inkl. Assam), Sri Lanka, Pakistan, Kaschmir, Nepal, Bangladesch, Myanmar, Pinang (Malaysia), Sumatra und Java (Indonesien), Saudi-Arabien
B. indica **Große Bandikutratte** Indien (inkl. Assam), Sri Lanka, Nepal, Myanmar, Yunnan und Hongkong (China), Taiwan, Thailand, Laos, Vietnam; eingeführt in Kedah- und Perlis-Region (Malaiische Halbinsel), Sumatra und Java (Indonesien)
B. savilei O-Myanmar, Thailand, S-Laos, Vietnam, Kambodscha
Batomys **Waldratten**
B. dentatus **Luzon-Waldratte** N-Luzon (Philippinen)
B. granti **Grants Waldratte** Mount Data und Mount Isarog (Luzon, Philippinen)
B. salomonseni **Mindanao-Waldratte** Mindanao, Biliran und Leyte (Philippinen)
Berylmys
B. berdmorei S-Myanmar, N- und SO-Thailand, N-Laos, Kambodscha, S-Vietnam
B. bowersi **Bowers' Ratte** NO-Indien, N- und Zentral-Myanmar, Yunnan, Guangxi, Fujiau, S-Anhui (S-China), Thailand, N-Laos, N-Vietnam, Malaiische Halbinsel, NW-Sumatra (Indonesien)
B. mackenziei Assam (NO-Indien), Zentral- und S-Myanmar, Sichuan (China), S-Vietnam
B. manipulus Assam (NO-Indien), N- und Zentral-Myanmar
Bullimus
B. bagobus Philippinen
B. luzonicus Luzon (Philippinen)
Bunomys
B. andrewsi Sulawesi (Indonesien)
B. chrysocomus Sulawesi (Indonesien)
B. coelestis Mount Lampobatang (SW-Sulawesi, Indonesien)
B. fratrorum NO-Sulawesi (Indonesien)
B. heinrichi Mount Lampobatang (SW-Sulawesi, Indonesien)
B. penitus Zentral- und SO-Sulawesi (Indonesien)
B. prolatus Mount Tambusisi (Zentral-Sulawesi, Indonesien)
Canariomys
C. tamarani ausgestorben: früher Kanarische Inseln
Carpomys **Luzon-Ratten**
C. melanurus Mount Data (N-Luzon, Philippinen)
C. phaeurus Mount Data und Mount Kapilingan (N-Luzon, Philippinen)
Celaenomys
C. silaceus **Luzon-Spitzmausratte** N-Luzon (Philippinen)
Chiromyscus
C. chiropus **Feas Baumratte** O-Myanmar, N-Thailand, Zentral-Laos, Vietnam
Chiropodomys **Pinselschwanzbaummäuse**
C. calamianensis Busuanga, Palawan und Balabac-Inseln (Philippinen)
C. gliroides **Malaiische Pinselschwanzbaummaus** Guangxi und Yunnan (China), Assam (NO-Indien), Myanmar, Thailand, Laos, Vietnam, Malaiische Halbinsel, Indonesien
C. karlkoopmani Pagai und Siberut (Mentawai-Inseln, Indonesien)
C. major **Borneo-Pinselschwanzbaummaus** Sarawak und Sabah (N-Borneo)
C. muroides Mount Kinabalu (Sabah, Borneo), N-Kalimantan (Borneo)
C. pusillus Sabah, Sarawak, S-Kalimantan (Borneo)
Chiruromys **Baumratten**
C. forbesi **Große Baumratte** SO-Papua-Neuguinea (inkl. D'Entrecasteaux-Inseln)
C. lamia **Breitkopfbaumratte** SO-Papua-Neuguinea
C. vates **Kleine Baumratte** Papua-Neuguinea
Chrotomys **Streifenratten**
C. gonzalesi Mount Isarog (SO-Luzon, Philippinen)
C. mindorensis Luzon und Mindoro (Philippinen)
C. whiteheadi **Luzon-Streifenratte** Luzon (Philippinen)
Coccymys
C. albidens Irian Jaya (Neuguinea)
C. ruemmleri Neuguinea
Colomys
C. goslingi **Afrikanische Waldbachmaus** Liberia, Kamerun, Demokratische Republik Kongo, NO-Angola, Uganda, Ruanda, NW-Sambia, O-Kenia, W-Äthiopien, S-Sudan
Conilurus **Australische Kaninchenratten**
C. albipes SO-Australien
C. penicillatus **Bürstenschwanzkaninchenratte** Küste des Northern Territory, NO-Western Australia (Australien), benachbarte Inseln, südl. Zentral-Papua-Neuguinea
Coryphomys
C. buhleri Timor (Indonesien)
Crateromys **Borkenratten**
C. australis Dinagat (Philippinen)
C. paulus **Pauls Borkenratte** Mindoro (Philippinen)
C. schadenbergi **Buschschwanzborkenratte** N-Luzon (Philippinen)
Cremnomys
C. blanfordi Indien, Sri Lanka
C. cutchicus Indien
C. elvira SO-Indien
Crossomys
C. moncktoni **Moncktons Schwimmratte** Papua-Neuguinea
Crunomys **Philippinische Sumpfratten**
C. celebensis Zentral-Sulawesi (Indonesien)
C. fallax nördl. Zentral-Luzon (Philippinen)
C. melanius Mindanao (Philippinen)
C. rabori Leyte (Philippinen)
Dacnomys
D. millardi **Millard-Ratte** NO-Indien, O-Nepal, S-Yunnan (S-China), N-Laos
Dasymys **Wollhaarratten**
D. foxi Bergland von Jos (Nigeria)
D. incomtus **Afrikanische Wollhaarratte** S-Afrika, Simbabwe, Angola, Sambia, Malawi, Demokratische Republik Kongo, Tansania, Uganda, Kenia, Äthiopien, S-Sudan
D. montanus Ruwenzori (Uganda)
D. nudipes N-Botswana, NO-Namibia, S-Angola, SW-Sambia
D. rufulus Sierra Leone, Liberia, Côte d'Ivoire, Ghana, Togo, Benin, O-Nigeria, Kamerun
Dephomys
D. defua Sierra Leone, Guinea, Liberia, Côte d'Ivoire, Ghana
D. eburnea Côte d'Ivoire, Liberia
Desmomys
D. harringtoni Hochland Äthiopiens
Diomys
D. crumpi NO-Indien, W-Nepal
Diplothrix
D. legatus **Ryukyu-Ratte** Japan
Echiothrix
E. leucura **Echiothrix-Spitzmausratte** N- und Zentral-Sulawesi (Indonesien)
Eropeplus
E. canus **Celebes-Weichfellratte** Zentral-Sulawesi (Indonesien)
Golunda
G. ellioti **Indische Buschratte** SO-Iran, Pakistan, N- und NO-Indien, südl. bis Sri Lanka, Nepal
Grammomys **Afrikanische Buschklettermäuse**
G. aridulus westl. Zentral-Sudan
G. buntingi W-Afrika, von Sierra Leone und Guinea bis Côte d'Ivoire und Liberia
G. caniceps S-Somalia, N-Kenia
G. cometes SO- und O-Südafrika, O-Simbabwe, S-Mosambik
G. dolichurus **Afrikanische Buschklettermaus** Nigeria, östl. bis SW-Äthiopien, südl. bis Kenia, Uganda, Tansania, N-Demokratische Republik Kongo, Angola, Sambia, Malawi, Simbabwe, Südafrika
G. dryas Gebiet um den Ruwenzori und Kivu-Region (Uganda, O-Demokratische Republik Kongo), NW-Burundi
G. gigas Mount Kenia (Kenia)
G. ibeanus NO-Sambia, Malawi, bis südl. Zentral-Tansania und Kenia bis S-Sudan
T. kempi O-Demokratische Republik Kongo, W-Uganda, Burundi
G. macmillani Sierra Leone, Liberia, Zentralafrikanische Republik, S-Sudan, Äthiopien, Kenia, Uganda, N-Demokratische Republik Kongo, Tansania, Malawi, Mosambik, Simbabwe
G. minnae S-Äthiopien
G. rutilans Guinea
T. venustus O-Demokratische Republik Kongo, Uganda, Ruanda
Hadromys
H. humei NO-Indien, W-Yunnan (S-China)
Haeromys
H. margarettae **Ranee-Baummaus** Sarawak und Sabah (N-Borneo)
H. minahassae NO- und Zentral-Sulawesi (Indonesien)
H. pusillus Borneo, Palawan (Philippinen)
Hapalomys **Asiatische Klettermäuse**
H. delacouri S-China, N-Laos, S-Vietnam
H. longicaudatus **Marmosettratte** SO-Myanmar, Thailand, Malaiische Halbinsel
Heimyscus
H. fumosus Gabun, S-Kamerun, Zentralafrikanische Republik
Hybomys **Afrikanische Streifenwaldmäuse**
H. basilii Bioko (Äquatorial-Guinea)
H. eisentrauti Mount Lefo und Mount Oku (W-Kamerun)
H. lunaris **Östliche Einstreifenwaldmaus** NO- und O-Demokratische Republik Kongo, W-Uganda, Ruanda
H. planifrons NO-Sierra Leone, Liberia, SO-Guinea, W-Côte d'Ivoire
H. trivirgatus **Dreistreifenwaldmaus** O-Sierra Leone bis S-Nigeria
H. univittatus **Westliche Einstreifenwaldmaus** SO-Nigeria, Kamerun, Zentralafrikanische Republik, Äquatorial-Guinea, Gabun, Kongo, Demokratische Republik Kongo, S-Uganda und W-Ruanda, NW-Sambia
Hydromys **Australische Schwimmratten**
H. chrysogaster **Australische Schwimmratte** Australien (inkl. Tasmanien), Neuguinea, Kai- und Aru-Inseln (Indonesien), Obi (Molukken, Indonesien)
H. habbema Irian Jaya (Neuguinea)
H. hussoni Neuguinea
H. neobrittanicus Neubritannien (Bismarck-Archipel, Papua-Neuguinea)
H. shawmayeri Papua-Neuguinea
Hylomyscus **Kleine Afrikanische Waldmäuse**
H. aeta Äquatorial-Guinea, Gabun, Kamerun bis W-Uganda und Burundi
H. alleni **Allens Kleine Waldmaus** W-Afrika, von Guinea bis Kamerun, Gabun und Äquatorial-Guinea
H. baeri Côte d'Ivoire, Ghana
H. carillus N-Angola
H. denniae Kenia, Uganda, Ruanda, Tansania, NO-Sambia, O-Demokratische Republik Kongo, auch westl. Zentral-Angola
H. parvus S-Kamerun, S-Zentralafrikanische Republik, N- und O-Demokratische Republik Kongo, N-Gabun
H. stella S-Nigeria, Kamerun, Zentralafrikanische Republik, Gabun, N-Angola, Demokratische Republik Kongo, S-Sudan, W-Kenia, Uganda, Ruanda, Burundi, Tansania
Hyomys **Hyomys-Ratten**
H. dammermani **Westliche Weißohr-Riesenratte** Neuguinea
H. goliath **Goliathratte** Papua-Neuguinea
Kadarsanomys
K. sodyi Java (Indonesien)
Komodomys
K. rintjanus **Komodo-Ratte** Nusa Tenggara (Kleine Sundainseln, Indonesien)
Lamottemys
L. okuensis Mount Oku (W-Kamerun)
Leggadina **Australische Kleinmäuse**
L. forresti **Forrest-Kleinmaus** im Inland Australiens
L. lakedownensis **Lakeland-Down-Kleinmaus** N-Queensland, Western Australia (Australien)
Lemniscomys **Streifengrasmäuse**
L. barbarus **Mehrstreifengrasmaus** Tunesien bis westl. Sahara, Senegal und Gambia bis Kamerun, Sudan, Äthiopien, Kenia, N-Uganda, Tansania, O-Demokratische Republik Kongo
L. bellieri Côte d'Ivoire
L. griselda **Einstreifengrasmaus** Angola
L. hoogstraali N-Sudan
L. linulus Sudan, Senegal, Côte d'Ivoire
L. macculus S-Sudan, Äthiopien, Kenia, Uganda, NO-Demokratische Republik Kongo
L. mittendorfi Lake Oku (Kamerun)
L. rosalia Südafrika, Swasiland, Simbabwe, Zentral- und N-Botswana, N-Namibia, Sambia, Malawi, Mosambik bis S-Kenia
L. roseveari Sambia
L. striatus **Tüpfelgrasmaus** Burkina Faso und Sierra Leone, östl. bis Äthiopien, südl. bis NW-Angola, NO-Sambia und N-Malawi
Lenomys
L. meyeri **Sulawesi-Riesenratte** N-, Zentral- und SW-Sulawesi (Indonesien)
Lenothrix
L. canus **Graue Baumratte** Malaiische Halbinsel, Penang und Tuangku (Malaysia), Sarawak und Sabah (N-Borneo)
Leopoldamys **Langschwanzriesenratten**
L. edwardsi Westbengalen, Assam, Sikkim (Indien), N-Myanmar, S- und Zentral-China, N-Thailand, Laos, Vietnam, Malaiische Halbinsel, W-Sumatra (Indonesien)
L. neilli Zentral- und W-Thailand
L. sabanus Bangladesch, Thailand, Laos, Vietnam, Kambodscha, Malaiische Halbinsel, Sumatra und Java (Indonesien), Borneo
L. siporanus Mentawai-Inseln (Indonesien)
Leporillus **Zweignestratten**
L. apicalis **Kleine Zweignestratte** südliches Australien

L. conditor **Große Zweignestratte** Franklin-Insel, Nuyts-Archipel (W-South Australia)
Leptomys **Neuguinea-Wasserratten**
L. elegans **Langfußwasserratte** Papua-Neuguinea
L. ernstmayri Papua-Neuguinea, Arfak-Gebirge (Irian Jaya, Neuguinea)
L. signatus W-Papua-Neuguinea
Limnomys
L. sibuanus **Mindanao-Ratte** Mount Apo und Mount Malindang (Mindanao, Philippinen)
Lophuromys **Afrikanische Bürstenhaarmäuse**
L. cinereus Kahuzi-Biega-Nationalpark (Demokratische Republik Kongo)
L. flavopunctatus **Ostafrikanische Bürstenhaarmaus** NO-Angola, N-Sambia, Malawi und N-Mosambik bis Demokratische Republik Kongo, Uganda und Kenia; auch Äthiopien
L. luteogaster NO- und O-Demokratische Republik Kongo
L. medicaudatus O-Demokratische Republik Kongo, Ruanda
L. melanonyx **Äthiopische Bürstenhaarmaus** S- und Zentral-Äthiopien
L. nudicaudus W-Kamerun, Äquatorial-Guinea (inkl. Bioko), Gabun
L. rahmi O-Demokratische Republik Kongo, Ruanda
L. sikapusi **Westafrikanische Bürstenhaarmaus** Sierra Leone bis Demokratische Republik Kongo, Uganda und W-Kenia; auch N-Angola
L. woosnami **Woosnams Bürstenhaarmaus** O-Demokratische Republik Kongo, W-Uganda, Ruanda, Burundi
Lorentzimys
L. nouhuysi **Neuguinea-Hüpfmaus** Neuguinea
Macruromys **Neuguinea-Ratten, Langschwanzratten**
M. elegans Mount Kunupi (Irian Jaya, Neuguinea)
M. major Neuguinea
Malacomys **Afrikanische Langfußwaldratten**
M. cansdalei O-Liberia, S-Côte d'Ivoire, S-Ghana
M. edwardsi Sierra Leone, Guinea, Liberia, S-Côte d'Ivoire, S-Ghana, S-Nigeria
M. longipes Guinea bis S-Sudan, Uganda, Ruanda, südl. bis NW-Sambia und NO-Angola
M. lukolelae Lukolela (Demokratische Republik Kongo)
M. verschureni NO-Demokratische Republik Kongo
Mallomys **Mallomys-Ratten**
M. aroaensis Neuguinea
M. gunung Irian Jaya (Neuguinea)
M. istapantap Neuguinea
M. rothschildi **Schwarzohrriesenratte** Neuguinea
Malpaisomys
M. insularis **Lavamaus** ausgestorben: früher Kanarische Inseln
Margaretamys **Margaretaratte**
M. beccarii NO- und Zentral-Sulawesi (Indonesien)
M. elegans Nokilalaki (Zentral-Sulawesi, Indonesien)
M. parvus Nokilalaki (Zentral-Sulawesi, Indonesien)
Mastomys **Vielzitzenmäuse, Vielzitzenratten**
M. angolensis Angola, S-Demokratische Republik Kongo
M. coucha Südafrika, Simbabwe, Namibia
M. erythroleucus Marokko, von Senegal und Gambia bis S-Äthiopien und Somalia, südl. über O-Afrika bis O-Demokratische Republik Kongo
M. hildebrandtii Senegal und Gambia bis Zentralafrikanische Republik und N-Demokratische Republik Kongo bis Somalia und Dschibuti, südl. bis Kenia und Burundi
M. natalensis Südafrika, Simbabwe, Namibia, Tansania, Senegal
M. pernanus SW-Kenia, NW-Tansania, Ruanda
M. shortridgei NW-Botswana, NO-Namibia
M. verheyeni Nigeria, Kamerun
Maxomys **Südostasiatische Stachelratten**
M. alticola Mount Kinabalu und Mount Trus Madi (Sabah, N-Borneo)
M. baeodon Sabah und Sarawak (N-Borneo)
M. bartelsii W- und Zentral-Java (Indonesien)
M. dollmani Zentral- und SO-Sulawesi (Indonesien)
M. hellwaldii Sulawesi (Indonesien)
M. hylomyoides W-Sumatra (Indonesien)
M. inas Malaiische Halbinsel
M. inflatus W-Sumatra (Indonesien)
M. moi S-Vietnam, S-Laos
M. musschenbroekii Sulawesi (Indonesien)
M. ochraceiventer Sabah, Sarawak, O-Kalimantan (Borneo)
M. pagensis Mentawai-Inseln (Indonesien)
M. panglima Culion, Palawan, Basuanga und Balabac-Inseln (Philippinen)
M. rajah **Rajah-Stachelratte** S-Thailand, Malaiische Halbinsel, Riau-Archipel und Sumatra (Indonesien), Borneo
M. surifer **Rote Stachelratte** S-Myanmar, Thailand, Laos, Vietnam, Kambodscha, S-Thailand, Malaiische Halbinsel, Sumatra und Java (Indonesien), Borneo
M. wattsi Mount Tambusisi (Zentral-Sulawesi, Indonesien)
M. whiteheadi **Whiteheads Stachelratte** S-Thailand, Malaiische Halbinsel, Sumatra (Indonesien), Borneo
Mayermys
M. ellermani **Ellermans Maus** Papua-Neuguinea
Melasmothrix
M. naso **Kleine Celebes-Spitzmausratte** Sulawesi (Indonesien)
Melomys **Melomys-Ratten**
M. aerosus Seram (Indonesien)
M. bougainville Bougainville (Papua-Neuguinea) und Buka (Salomonen)
M. burtoni **Grasland-Melomys** Neuguinea, Louisiade-Archipel (Papua-Neuguinea), Australien
M. capensis Kap-York-Halbinsel (Queensland, Australien)
M. cervinipes ostaustralische Küste von Kap-York-Halbinsel (Queensland) nach Süden bis Gosford-Region (New South Wales)
M. fellowsi Papua-Neuguinea
M. fraterculus Seram (Indonesien)
M. gracilis Papua-Neuguinea
M. lanosus N-Neuguinea
M. leucogaster Neuguinea, Inseln vor Papua-Neuguinea, Molukken, Seram und Talaud-Inseln (Indonesien)
M. levipes Papua-Neuguinea
M. lorentzii **Langfuß-Melomys** Neuguinea
M. mollis Neuguinea
M. moncktoni Papua-Neuguinea
M. obiensis Obi (Molukken, Indonesien)
M. platyops **Tiefland-Melomys** Yapen und Biak (Indonesien), Neuguinea, Neubritannien (Bismarck-Archipel, Papua-Neuguinea), D'Entrecasteaux-Inseln (Papua-Neuguinea)
M. rattoides Yapen (Indonesien), Neuguinea
M. rubex Neuguinea
M. rubicola Bramble Cay (Queensland, Australien)
M. rufescens Neuguinea (Bismarck-Archipel, Papua-Neuguinea)
M. spechti Buka (Salomonen)
Mesembriomys **Australische Baumratten**
M. gouldii **Schwarzfußbaumratte** N-Western Australia, N-Northern Territory, N-Queensland, Melville- und Bathurst-Insel (Australien)
M. macrurus N-Western Australia, N-Northern Territory (Australien)
Microhydromys
M. musseri Mount Somoro (Papua-Neuguinea)
M. richardsoni **Furchenzahnspitzmausratte** Neuguinea
Micromys
M. minutus **Eurasiatische Zwergmaus** Spanien über ganz Europa und Sibirien bis Ussuri-Region (Russland) und Korea (inkl. Quelpart-Inseln), südl. bis N-Kaukasus und N-Mongolei, außerdem von S-China westl. bis Assam (NO-Indien); auch Großbritannien, Japan und Taiwan
Millardia **Millardia-Ratten**
M. gleadowi **Pakistanische Metadratte** Afghanistan, Pakistan, angrenzend Indien
M. kathleenae Zentral-Myanmar
M. kondana S-Indien
M. meltada **Indische Metadratte** Indien, Sri Lanka, O-Pakistan, Nepal
Muriculus
M. imberbis **Rückenstreifenmaus** Hochland von Äthiopien
Mus **Altweltmäuse**
M. baoulei O-Guinea, Côte d'Ivoire
M. booduga **Indische Feldzwergmaus** Indien, Sri Lanka, S-Nepal, Zentral-Myanmar
M. bufo **Afrikanische Waldzwergmaus** O-Demokratische Republik Kongo, Uganda, Ruanda, Burundi
M. callewaerti N- und Zentral-Angola, S- und W-Demokratische Republik Kongo
M. caroli **Ryukyu-Maus** Ryukyu-Inseln (Japan) bis Taiwan, S-China, Thailand, Vietnam, Laos und Kambodscha; eingeführt auf Malaiischer Halbinsel sowie auf Sumatra, Java, Madura und Flores (Indonesien)
M. cervicolor Sikkim, Assam (Indien) bis Nepal, Myanmar, Thailand, Laos, Vietnam und Kambodscha; eingeführt auf Sumatra und Java (Indonesien)
M. cookii Indien, Nepal, Myanmar, SW-Yunnan (S-China), N- und Zentral-Thailand, Laos, N-Vietnam
M. crociduroides W-Sumatra (Indonesien)
M. famulus Nilgiri Hills (S-Indien)
M. fernandoni Sri Lanka
M. goundae Gounda River (Kamerun)
M. haussa **Haussa-Zwergmaus** Senegal und S-Mauretanien bis N-Nigeria
M. indutus Südafrika, W-Simbabwe, Botswana, Zentral- und N-Namibia
M. kasaicus Kasai (Demokratische Republik Kongo)
M. macedonicus Jugoslawien, Bulgarien, Türkei, Syrien, Jordanien, Israel, Iran
M. mahomet Hochland Äthiopiens, SW-Kenia, SW-Uganda
M. mattheyi Accra (Ghana)
M. mayori Sri Lanka
M. minutoides **Afrikanische Feldzwergmaus** Südafrika, Ausbreitung nach Norden unbekannt
M. musculoides Afrika südl. der Sahara
M. musculus **Hausmaus** weltweit
M. neavei S-Tansania, S-Demokratische Republik Kongo, O-Sambia, W-Mosambik, S-Simbabwe, NO-Südafrika
M. orangiae Südafrika
M. oubanguii Zentralafrikanische Republik
M. pahari Sikkim, Assam (NO-Indien) bis Myanmar, Yunnan (S-China), Thailand, Laos und Vietnam
M. phillipsi S-Indien
M. platythrix **Indische Stachelzwergmaus** S-Indien
M. saxicola S-Indien, S-Pakistan, S-Nepal
M. setulosus Guinea und Sierra Leone bis Zentralafrikanische Republik, N-Demokratische Republik Kongo, S-Sudan, Äthiopien, W-Kenia, N-Uganda
M. setzeri NO-Namibia, NW- und S-Botswana, W-Sambia
M. shortridgei Myanmar, Thailand, NW-Vietnam, Kambodscha
M. sorella O-Kamerun, NO- und SO-Demokratische Republik Kongo, Kenia, Uganda, N-Tansania, östl. Zentral-Angola
M. spicilegus Ungarn, Rumänien, Jugoslawien, Bulgarien, Ukraine
M. spretus **Algerische Hausmaus** S-Frankreich, Spanien, Portugal, N-Afrika (Marokko bis Libyen)
M. tenellus Sudan, S-Äthiopien, S-Somalia, Kenia bis Zentral-Tansania
M. terricolor Indien, Nepal, Pakistan; eingeführt in N-Sumatra (Indonesien)
M. triton **Afrikanische Graubäuchige Zwergmaus** Kenia, Uganda, Tansania, N- und O-Demokratische Republik Kongo, Angola, Sambia, Malawi, Zentral-Mosambik
M. vulcani W-Java (Indonesien)
Mylomys
M. dybowskii **Dybowski-Ratte** Guinea, Côte d'Ivoire, Ghana, S-Kamerun, Zentralafrikanische Republik, Kongo, Demokratische Republik Kongo, S-Sudan, Kenia, Uganda, Ruanda, Tansania
Myomys **Afrikanische Myomys-Mäuse**
M. albipes Hochland Äthiopiens
M. daltoni **Daltons Maus** Senegal und Gambia bis S-Tschad und Zentralafrikanische Republik bis SW-Sudan
M. derooi Ghana, Togo, Benin, W-Nigeria
M. fumatus östl. Zentral-Tansania bis Somalia, Äthiopien und S-Sudan
M. ruppi SW-Äthiopien
M. verreauxii SW-Südafrika
M. yemeni N-Jemen, SW-Saudi-Arabien
Neohydromys
N. fuscus **Kurzschwanzspitzmausratte** Papua-Neuguinea
Nesokia **Nesokia-Ratten**
N. bunnii SO-Irak
N. indica **Kurzschwanzmaulwurfsratte** N-Indien, Bangladesch, Xinjiang (NW-China), Tadschikistan, Usbekistan, Turkmenistan, Afghanistan, Pakistan, Iran, Irak, Syrien, Israel, Saudi-Arabien, NO-Ägypten
Niviventer **Asiatische Weißbauchratten**
N. andersoni SO-Xizang, Yunnan, Sichuan, Shaanxi (China)
N. brahma Assam (Indien), N-Myanmar
N. confucianus **Chinesische Weißbauchratte** N-Myanmar, China, N-Thailand
N. coxingi Taiwan
N. cremoriventer **Dunkelschwänzige Weißbauchratte** Thailand, Malaiische Halbinsel, Myeik Kyunzu (Myanmar), Sumatra, Java, Bali, Anamba-Inseln, Nias und Belitung (Indonesien), Borneo
N. culturatus Taiwan
N. eha Nepal, Sikkim, Assam (NO-Indien), N-Myanmar, N-Yunnan (China)
N. excelsior Sichuan (China)
N. fulvescens Nepal und N-Indien über Bangladesch und S-China bis S-Thailand, Malaysia, Sumatra, Java und Bali (Indonesien)
N. hinpoon Korat-Hochebene (Thailand)
N. langbianis Assam (NO-Indien), Myanmar, N-Thailand, Laos, Vietnam
N. lepturus W- und Zentral-Java (Indonesien)
N. niviventer **Himalaya-Weißbauchratte** NO-Pakistan, N-Indien, Nepal
N. rapit Malaiische Halbinsel, Sumatra (Indonesien), N-Borneo
N. tenaster Assam (NO-Indien), Myanmar, Vietnam
Notomys **Australische Hüpfmäuse**
N. alexis **Spinifex-Hüpfmaus** Western Australia, Northern Territory, South Australia, W-Queensland (Australien)
N. amplus ausgestorben: früher S-Northern Territory, N-South Australia (Australien)
N. aquilo N-Queensland, N-Northern Territory (Australien)
N. cervinus **Rehbraune Hüpfmaus** SW-Queensland, South Australia, S-Northern Territory (Australien)
N. fuscus **Birdsville-Hüpfmaus** SO-Western Australia, S-Northern Territory, South Australia, SW-Queensland, W-New South Wales (Australien)
N. longicaudatus ausgestorben: früher Western Australia, Northern Territory (Australien)
N. macrotis ausgestorben: früher Moore River (Western Australia, Australien)
N. mitchellii **Mitchells Hüpfmaus** S-Western Australia, S-South Australia, W-Victoria (Australien)
N. mordax ausgestorben: früher Darling Downs (Queensland, Australien)
Oenomys **Rotnasenratten**
O. hypoxanthus **Rotnasenratte** S-Nigeria, südl. bis N-Angola, östl. über Demokratische Republik Kongo bis Uganda, Ruanda, Burundi, auch in S-Sudan, SW-Äthiopien, Kenia und W-Tansania
O. ornatus SO-Guinea bis Ghana
Otomys **Ohrenratten**
O. anchietae W-Kenia, SW-Tansania, N-Malawi, Zentral-Angola
O. angoniensis S-Kenia bis Zentral-Südafrika
O. denti östl. Zentral-Afrika, von Ruwenzori (Uganda) bis Sambia und Nyika-Hochebene (N-Malawi) und bis Usambara- und Uluguruberge (östl. Zentral-Tansania)
O. irroratus Südafrika, O-Simbabwe, W-Mosambik
O. laminatus Südafrika
O. maximus S-Angola, SW-Sambia, NW-Botswana, Caprivi (NO-Namibia)
O. occidentalis Gotel Mountains (SO-Nigeria), Mount Oku (W-Kamerun)
O. saundersiae SW-, S- und Zentral-Südafrika
O. sloggetti SO- und O-Südafrika

O. tropicalis W-Kenia, Uganda, Ruanda, Burundi, Demokratische Republik Kongo, Kamerunberg (Kamerun)
O. typus O-Afrika, von Äthiopien südl. bis Uzungwe Mountains (Zentral-Tansania), Nyika-Hochebene (N-Malawi) und angrenzend Sambia
O. unisulcatus Südafrika
Palawanomys
P. furvus Palawan (Philippinen)
Papagomys
P. armandvillei **Flores-Riesenratte** Flores (Indonesien)
P. theodorverhoeveni Flores (Indonesien)
Parahydromys
P. asper **Gebirgswasserratte** Neuguinea
Paraleptomys
P. rufilatus nördl. Zentral-Neuguinea
P. wilhelmina **Kurzhaarwasserratte** Zentral-Neuguinea
Parotomys **Pfeifratten**
P. brantsii **Brants Pfeifratte** W-Südafrika, SW-Botswana, SO-Namibia
P. littledalei W-Südafrika, S- und W-Namibia
Paruromys
P. dominator Sulawesi (Indonesien)
P. ursinus Mount Lampobatang (SO-Sulawesi, Indonesien)
Paulamys
P. naso Flores (Indonesien)
Pelomys **Pelomys-Grasratten**
P. campanae **Angola-Pelomys-Grasratte** westl. Zentral- und N-Angola, W-Demokratische Republik Kongo
P. fallax **Ostafrikanische Pelomys-Grasratte** S-Kenia, Uganda, Tansania, Demokratische Republik Kongo, südl. bis N-Botswana, O- und NW-Simbabwe und Mosambik
P. hopkinsi SW-Kenia, Uganda, Ruanda
P. isseli Kome, Bugala und Bunyama (Victoria-See, Uganda)
P. minor **Kleine Pelomys-Grasratte** W-Tansania, S- und O-Demokratische Republik Kongo, N-Angola, NW-Sambia
Phloeomys **Riesenborkenratten**
P. cumingi **Gescheckte Riesenborkenratte** S-Luzon, Marinduque und Catanduanes (Philippinen)
P. pallidus **Nördliche Riesenborkenratte** N-Luzon (Philippinen)
Pithecheir **Malaiische Baumratten**
P. melanurus Java (Indonesien)
P. parvus Malaiische Halbinsel
Pogonomelomys
P. bruijni Neuguinea
P. mayeri Neuguinea
P. sevia Neuguinea
Pogonomys **Neuguinea-Baummäuse**
P. championi Papua-Neuguinea
P. loriae Neuguinea, D'Entrecasteaux-Inseln (Papua-Neuguinea)
P. macrourus **Langschwanzbaummaus** Neuguinea, Yapen (Indonesien), Neubritannien (Bismarck-Archipel, Papua-Neuguinea)
P. sylvestris Papua-Neuguinea
Praomys **Afrikanische Waldmäuse**
P. delectorum NO-Sambia, Malawi
P. hartwigi Okusee (Kamerun), Gotel (Nigeria)
P. jacksoni **Jacksons Waldmaus** Zentral-Nigeria bis S-Sudan, Demokratische Republik Kongo, Uganda, Kenia, südl. bis N-Angola, N- und O-Sambia und O-Tansania
P. minor Lukolela (Zentral-Demokratische Republik Kongo)
P. misonnei N- und O-Demokratische Republik Kongo
P. morio **Morio-Waldmaus** Kamerunberg (Kamerun)
P. mutoni Masako Forest Reserve (N-Demokratische Republik Kongo)
P. rostratus Liberia, Guinea, Côte d'Ivoire
P. tullbergi **Tullbergs Waldmaus** Gambia bis N- und O-Demokratische Republik Kongo, auch NW-Angola, Bioko (Äquatorial-Guinea)
Pseudohydromys **Falsche Neuguinea-Wasserratten**
P. murinus Papua-Neuguinea
P. occidentalis Neuguinea
Pseudomys **Pseudomys-Mäuse**
P. albocinereus SW-Western Australia, Bernier, Dorre, Shark Bay und Woody Island (Australien)
P. apodemoides SO-South Australia, W-Victoria (Australien)
P. australis S-Northern Territory, South Australia, S-Queensland, New South Wales (Australien)
P. bolami S-South Australia, S-Western Australia (Australien)
P. chapmani **Kieselmaus** NW-Western Australia (Australien)
P. delicatulus südl. Zentral-Papua-Neuguinea, Küste N-Australiens
P. desertor Trockenregionen Australiens
P. fieldi Alice Springs (S-Northern Territory, Australien)
P. fumeus Victoria (Australien)
P. fuscus O-New South Wales, S-Victoria, Tasmanien (Australien)
P. glaucus S-Queensland, New South Wales (Australien)
P. gouldii ausgestorben: früher W-Western Australia, O-South Australia, New South Wales, N-Victoria (Australien)
P. gracilicaudatus Küste O-Australiens, von Townsville (N-Queensland) bis Region um Sydney (New South Wales)
P. hermannsburgensis **Hermannsburg-Maus** Australien
P. higginsi Tasmanien (Australien)
P. johnsoni Zentral-Northern Territory (Australien)
P. laborifex N-Western Australia, N-Northern Territory (Australien)
P. nanus W-Western Australia, N-Northern Territory, NW-Queensland (Australien)
P. novaehollandiae **Neuholland-Maus** O-New South Wales, S-Victoria, N-Tasmanien (Australien)
P. occidentalis SW-Western Australia (Australien)
P. oralis NO-New South Wales, SO-Queensland (Australien)
P. patrius Mount Inkerman (Queensland, Australien)
P. pilligaensis N-New South Wales (Australien)
P. praeconis **Shark-Bay-Falschmaus** Western Australia, Bernier Island (Australien)
P. shortridgei SW-Western Australia, SW-Victoria (Australien)
Rattus **Echte Ratten**
R. adustus Enggano (Indonesien)
R. annandalei Malaiische Halbinsel, Singapur, O-Sumatra, Padang und Rupat (Indonesien)
R. argentiventer **Reisfeldratte** Thailand, S-Vietnam, Kambodscha, Malaiische Halbinsel, Sumatra, Java, Bali, Sulawesi, Kangean-Inseln, Kleine Sundainseln (Indonesien), Mindoro und Mindanao (Philippinen), Neuguinea
R. baluensis Mount Kinabalu (Sabah, N-Borneo)
R. bontanus Mount Lampobatang (SW-Sulawesi, Indonesien)
R. burrus Nikobaren (Indischer Ozean)
R. colletti Küste des Northern Territory (Australien)
R. elaphinus Sula (Indonesien)
R. enganus Enggano (Indonesien)
R. everetti Philippinen
R. exulans **Kleine Pazifikratte** Bangladesch, Myanmar, Thailand, Laos, Vietnam, Kambodscha, Indonesien, Philippinen, Neuguinea, Neuseeland, Mikronesien, Polynesia
R. feliceus Seram (Indonesien)
R. foramineus SW-Sulawesi (Indonesien)
R. fuscipes **Australische Buschratte** SW-Western Australia, South Australia, Victoria, Queensland (Australien)
R. giluwensis Mount Giluwe (Papua-Neuguinea)
R. hainaldi Flores (Philippinen)
R. hoffmanni Sulawesi (Indonesien)
R. hoogerwerfi Mount Leuser (Sumatra, Indonesien)
R. jobiensis Yapen, Owi und Biak (Indonesien)
R. koopmani Peleng (Indonesien)
R. korinchi Mount Kerinci und Mount Talakmau (W-Sumatra, Indonesien)
R. leucopus Neuguinea, Queensland (Australien)
R. losea S-China, Taiwan, Thailand (außer im S), Laos, Vietnam, Pescadores-Inseln
R. lugens Mentawai-Inseln (Indonesien)
R. lutreolus SO-South Australia, Victoria, New South Wales, SO- und N-Queensland, Tasmanien (Australien)
R. macleari ausgestorben: früher Weihnachtsinseln (Australien)
R. marmosurus NO-Sulawesi (Indonesien)
R. mindorensis Mindoro (Philippinen)
R. mollicomulus Mount Lampobatang (Sulawesi, Indonesien)
R. montanus Sri Lanka
R. mordax Papua-Neuguinea (inkl. D'Entrecasteaux-Inseln und Louisiade-Archipel)
R. morotaiensis Morotai (Molukken, Indonesien)
R. nativitatis ausgestorben: früher Weihnachtsinseln (Australien)
R. nitidus **Himalaya-Ratte** S-China, Vietnam, Laos, N-Thailand, Myanmar, Assam, Bhutan, Sikkim, Kumaun (Indien), Bangladesch, Nepal; auch Sulawesi und Seram (Indonesien), Luzon (Philippinen), Irian Jaya (Neuguinea), Palau
R. norvegicus **Wanderratte** weltweit
R. novaeguineae Papua-Neuguinea
R. osgoodi S-Vietnam
R. palmarum Nikobaren (Indien)
R. pelurus Peleng (Indonesien)
R. praetor Neuguinea, Admiralitätsinseln, Bismarck-Archipel (Papua-Neuguinea), Salomonen
R. ranjiniae Kerala (SW-Indien)
R. rattus **Hausratte, Dachratte** S-Indien; in großen Regionen eingeführt, heute weltweit
R. sanila Neuirland (Bismarck-Archipel, Papua-Neuguinea)
R. sikkimensis NO-Indien, O-Nepal, Zentral- und N-Myanmar, S-China (inkl. Hongkong und Hainan), Vietnam, Laos, Kambodscha, N-Thailand
R. simalurensis Simalur, Siumat, Lasia, Babi (Indonesien)
R. sordidus **Zuckerrohrratte** Neuguinea, Queensland, NO-New South Wales (Australien)
R. steini Neuguinea
R. stoicus Andamanen (Indien)
R. tanezumi O-Afghanistan über Nepal und N-Indien bis S- und Zentral-China, Korea und Indochina, auch SW-Indien (sowie Andamanen und Nikobaren), Myeik Kyunza (Myanmar), Taiwan, Japan; vermutlich eingeführt auf der Malaiischen Halbinsel, in Indonesien, auf den Philippinen, in W-Neuguinea, östl. über Mikronesien bis Fidschi
R. tawitawiensis Tawitawi (Sulu-Inseln, Philippinen)
R. timorensis Mount Muti (Timor, Indonesien)
R. tiomanicus S-Thailand, Malaiische Halbinsel, Sumatra, Java, Bali, Enggano (Indonesien), Borneo, Palawan (Philippinen)
R. tunneyi NO- und SW-Western Australia, Northern Territory, O-Queensland, NO-New South Wales (Australien)
R. turkestanicus **Turkestanratte** Kirgisistan, N- und O-Afghanistan, N-Pakistan, NO-Iran, N-Indien, Kaschmir, Nepal, Yunnan und Guangdong (S-China)
R. villosissimus **Australische Langhaarratte** Australien
R. xanthurus Sulawesi, außer im SW (Indonesien)
Rhabdomys
R. pumilio **Striemengrasmaus** Südafrika bis Angola, SO-Demokratische Republik Kongo, Uganda und Kenia
Rhynchomys **Nasenratten**
R. isarogensis Mount Isarog (SO-Luzon, Philippinen)
R. soricoides N-Luzon (Philippinen)
Solomys **Nacktschwanzratten**
S. ponceleti Bougainville (Papua-Neuguinea), Buka und Choiseul (Salomonen)
S. salamonis Florida (Salomonen)
S. salebrosus Bougainville (Papua-Neuguinea), Buka und Choiseul (Salomonen)
S. sapientis Santa Isabell (Salomonen)
S. spriggsarum Buka (Salomonen)
Spelaeomys
S. florensis Flores (Indonesien)
Srilankamys
S. ohiensis Sri Lanka
Stenocephalemys
S. albocaudata Hochland von Äthiopien
S. griseicauda Hochland von Äthiopien
Stenomys
S. ceramicus Seram (Indonesien)
S. niobe Neuguinea
S. richardsoni Irian Jaya (Neuguinea)
S. vandeuseni Mount Dayman (Papua-Neuguinea)
S. verecundus Neuguinea
Stochomys
S. longicaudatus Togo, S-Nigeria, Zentralafrikanische Republik, Kamerun, Gabun, Demokratische Republik Kongo, Uganda
Sundamys **Sundamys-Ratten**
S. infraluteus Mount Kinabalu und Mount Trus Madi (Sabah, N-Borneo), W-Sumatra (Indonesien)
S. maxi W-Java (Indonesien)
S. muelleri **Müllers Sundaratte** SW-Myanmar, S-Thailand, Malaiische Halbinsel, Sumatra (Indonesien), Borneo, Palawan (Philippinen)
Taeromys
T. arcuatus SO-Sulawesi (Indonesien)
T. callitrichus NO-, Zentral- und SO-Sulawesi (Indonesien)
T. celebensis Sulawesi (Indonesien)
T. hamatus Zentral-Sulawesi (Indonesien)
T. punicans Zentral- und SW-Sulawesi (Indonesien)
T. taerae NO-Sulawesi (Indonesien)
Tarsomys
T. apoensis Mindanao (Philippinen)
T. echinatus Mindanao (Philippinen)
Tateomys **Tateomys-Spitzmausratten**
T. macrocercus Mount Nokilalaki (Zentral-Sulawesi, Indonesien)
T. rhinogradoides Mount Latimodjong, Mount Tokala, Mount Nokilalaki (Sulawesi, Indonesien)
Thallomys **Akazienratten**
T. loringi O-Kenia, N- und O-Tansania
T. nigricauda Südafrika, Namibia, Botswana, Angola, Sambia
T. paedulcus **Afrikanische Akazienratte** Südafrika bis S-Äthiopien und Somalia
T. shortridgei W-Südafrika
Tokudaia
T. muenninki Okinawa (Ryukyu-Inseln, Japan)
T. osimensis Amami-Oshima (Ryukyu-Inseln, Japan)
Tryphomys
T. adustus Luzon (Philippinen)
Uranomys
U. ruddi Senegal, Guinea, Côte d'Ivoire, Togo, N-Nigeria, N-Kamerun, NO-Demokratische Republik Kongo, Uganda, Kenia, Zentral-Mosambik, Malawi, SO-Simbabwe
Uromys **Neuguinea-Riesenratten**
U. anak **Schwarzschwanzriesenratte** Neuguinea
U. caudimaculatus **Weißschwanzriesenratte** Aru- und Kai-Inseln sowie Waigeo (Indonesien), Neuguinea, D'Entrecasteaux-Inseln (Papua-Neuguinea), Queensland (Australien)
U. hadrourus Thornton Peak (NO-Queensland, Australien)
U. imperator Guadalcanal (Salomonen)
U. neobritanicus Neubritannien (Bismarck-Archipel, Papua-Neuguinea)
U. porculus Guadalcanal (Salomonen)
U. rex Guadalcanal (Salomonen)
Vandeleuria **Indische Baummäuse**
V. nolthenii Sri Lanka
V. oleracea **Indische Palmenmaus** Indien, Sri Lanka, Nepal bis Myanmar, Yunnan (S-China), N-Thailand, Vietnam
Vernaya
V. fulva Sichuan und Yunnan (S-China), N-Myanmar
Xenuromys
X. barbatus **Falsche Baumratte** Neuguinea
Xeromys
X. myoides **Falsche Wasserratte** Zentral- und S-Queensland, Northern Territory, Melville-Insel (Australien)
Zelotomys **Breitkopfmäuse**
Z. hildegardeae Zentralafrikanische Republik, Demokratische Republik Kongo, S-Sudan, Kenia, W-Uganda, Ruanda, Burundi, Tansania, Malawi, Sambia, Angola
Z. woosnami S-Afrika, Botswana, Namibia
Zyzomys **Dickschwanzratten**
Z. argurus Western Australia bis N-Küste von Queensland (Australien)
Z. maini Northern Territory (Australien)
Z. palatilis Echo Gorge (Northern Territory, Australien)
Z. pedunculatus Northern Territory (Australien)
Z. woodwardi Western Australia, Northern Territory (Australien)

UNTERFAMILIE MYOSPALACINAE

Myospalax Blindmulle

M. aspalax Region des Oberen Amur (Russland), Nei Monggol (China)

M. epsilanus NO-China, Amur- bis Ussuri-Region (Russland)

M. fontanierii **Chinesischer Blindmull** China

M. myospalax **Sibirischer Blindmull** Russland, Kasachstan

M. psilurus SO-Russland (inkl. Ussuri-Region) bis O-Mongolei und NO- und Zentral-China

M. rothschildi Gansu und Hubei (China)

M. smithii Gansu und Ningxia (China)

UNTERFAMILIE MYSTROMYINAE

Mystromys

M. albicaudatus **Afrika-Hamster** Südafrika, Swasiland

UNTERFAMILIE NESOMYINAE

Brachytarsomys

B. albicauda **Kurzfußinselratte** O-Madagaskar

Brachyuromys Madagaskar-Inselratten

B. betsileoensis Madagaskar

B. ramirohitra Madagaskar

Eliurus Bilchschwänze

E. majori Madagaskar

E. minor O-Madagaskar

E. myoxinus **Großer Bilchschwanz** SW- und S-Madagaskar

E. penicillatus Fianarantsoa (Madagaskar)

E. tanala O-Madagaskar

E. webbi O-Madagaskar

Gymnuromys

G. roberti **Voalavoanala, Roberts Nacktschwanzmaus** O-Madagaskar

Hypogeomys

H. antimena **Votsotsa** westl. Zentral-Madagaskar

Macrotarsomys Inselmäuse

M. bastardi W- und S-Madagaskar

M. ingens Mahajanga (Madagaskar)

Nesomys

N. rufus **Inselratte** N-, O- und westl. Zentral-Madagaskar

UNTERFAMILIE PETROMYSCINAE

Delanymys

D. brooksi **Delanys Sumpfklettermaus** SW-Uganda, Kivu-Region (Demokratische Republik Kongo), Ruanda

Petromyscus Felsenmäuse

P. barbouri Little Namaqualand (W-Südafrika)

P. collinus **Zwergfelsenmaus** W-Südafrika über Namibia bis SW-Angola

P. monticularis S-Namibia, angrenzend Südafrika

P. shortridgei W- und S-Angola, N-Namibia

UNTERFAMILIE PLATACANTHOMYINAE

Platacanthomys

P. lasiurus **Südindischer Stachelbilch** S-Indien

Typhlomys Chinesische Zwergbilche

T. chapensis Chapa (N-Vietnam)

T. cinereus Yunnan, Fujian, Guangxi, Anhui (S-China)

UNTERFAMILIE RHIZOMYINAE

Cannomys

C. badius **Kleine Bambusratte** N- und NO-Indien, O-Nepal, Bangladesch, Myanmar, Yunnan (S-China), Thailand, Kambodscha

Rhizomys Bambusratten

R. pruinosus **Eisgraue Bambusratte** Assam (NO-Indien), Yunnan, Guangxi, Guangdong (S-China), O-Myanmar, Thailand, Laos, Vietnam, Kambodscha, Malaiische Halbinsel

R. sinensis **China-Bambusratte** S- und Zentral-China, N-Myanmar, Vietnam

R. sumatrensis **Sumatra-Bambusratte** Yunnan (S-China), Myanmar, Thailand, Laos, Vietnam, Kambodscha, Malaiische Halbinsel, Sumatra (Indonesien)

Tachyoryctes Maulwurfsratten

T. ankoliae S-Uganda

T. annectens östl. des Naivasha-Sees (Kenia)

T. audax Aberdare Mountains (Kenia)

T. daemon N-Tansania

T. macrocephalus **Riesenmaulwurfsratte** südl. Hochebene Äthiopiens

T. naivashae westl. und südl. des Naivasha-Sees (Kenia)

T. rex Mount Kenia (Kenia)

T. ruandae Kivu (O-Demokratische Republik Kongo), Ruanda, Burundi

T. ruddi SW-Kenia, SO-Uganda

T. spalacinus Ebenen um den Mount Kenia (Kenia)

T. splendens **Ostafrikanische Maulwurfsratte** Äthiopien, Somalia, NW-Kenia

UNTERFAMILIE SIGMODONTINAE

Abrawayaomys

A. ruschii Espírito Santo und Minas Gerais (Brasilien), Misiones (Argentinien)

Aepeomys

A. fuscatus Hänge der W- und Zentral-Anden in Kolumbien

A. lugens Kordillere von Mérida, von Venezuela bis zu den Anden in Ecuador

Akodon Südamerikanische Feldmäuse

A. aerosus SO-Ecuador, O-Peru, NW-Bolivien

A. affinis Westkordillere in Kolumbien

A. albiventer SO-Peru, westl. Zentral-Bolivien bis N-Argentinien und Chile

A. azarae **Azara-Feldmaus** S-Brasilien, Bolivien, Paraguay, NO-Argentinien, Uruguay

A. bogotensis Anden in O- und Zentral-Kolumbien und W-Venezuela

A. boliviensis Hochebene in SO-Peru und nördl. Zentral-Bolivien

A. budini Gebirgsregionen in NW-Argentinien

A. cursor Zentral- und SO-Brasilien, O-Paraguay, NO-Argentinien, Uruguay

A. dayi Zentral- bis südl. Zentral-Bolivien

A. dolores Sierra de Córdoba (Zentral-Argentinien)

A. fumeus O-Hänge der Anden von SO-Peru und W-Bolivien

A. hershkovitzi äußerer chilenischer Inselbogen

A. illuteus NW-Argentinien

A. iniscatus westl. Zentral- bis S-Argentinien

A. juninensis O- und W-Hänge der Anden in Zentral-Peru

A. kempi östl. Zentral-Argentinien, angrenzend Uruguay

A. kofordi Cuzco und Puno (SO-Peru)

A. lanosus S-Chile, S-Argentinien

A. latebricola Anden in Ecuador

A. lindberghi Parque Nacional de Brasilia (Distrito Federal, Brasilien)

A. longipilis Zentral-bis S-Chile, Argentinien

A. mansoensis Anden in der Provinz Rio Negro (Argentinien)

A. markhami Wellington-Insel (Chile)

A. mimus O-Hänge der Anden von SO-Peru bis westl. Zentral-Bolivien

A. molinae östl. Zentral-Argentinien

A. mollis Anden in Ecuador bis nördl. Zentral-Peru

A. neocenus Zentral- und S-Argentinien

A. nigrita SO-Brasilien, O-Paraguay, NO-Argentinien

A. olivaceus Chile, angrenzend W-Argentinien

A. orophilus Gebirgsregionen in N-Peru

A. puer Hochebene in Zentral-Peru, über W-Bolivien bis NW-Argentinien

A. sanborni S-Chile, angrenzend Argentinien

A. sanctipaulensis SO-Brasilien

A. serrensis SO-Brasilien

A. siberiae Cochabamba (Bolivien)

A. simulator O-Hänge der Anden von südl. Zentral-Bolivien bis NW-Argentinien

A. spegazzinii O-Hänge der Anden von NW-Argentinien

A. subfuscus W- und O-Hänge der Anden von südl. Zentral-Peru bis La Paz (NW-Bolivien)

A. surdus Anden in SO-Peru

A. sylvanus NW-Argentinien

A. toba O-Bolivien, W-Paraguay, N-Argentinien

A. torques Waldregionen der O-Anden, SO-Peru

A. urichi O-Kolumbien, Venezuela, N-Brasilien, Trinidad und Tobago

A. varius O-Hänge der Anden von W-Bolivien

A. xanthorhinus S-Chile, S-Argentinien (inkl. Feuerland)

Andalgalomys Chaco-Mäuse

A. olrogi Catamarca (NW-Argentinien)

A. pearsoni Chaco (W-Paraguay), SO-Bolivien

Andinomys

A. edax **Andenmaus** Hochebene von Puno (S-Peru) und N-Chile über W-Bolivien bis Jujuy und Catamarca (NW-Argentinien)

Anotomys

A. leander **Ecuador-Fischratte** N-Ecuador

Auliscomys Südamerikanische Blattohrmäuse

A. boliviensis Hochebene von Arequipa (S-Peru) bis N-Chile und Potosi (W-Bolivien)

A. micropus S-Anden in Chile und Argentinien

A. pictus Anden von Ancash (Zentral-Peru) bis La Paz (NW-Bolivien)

A. sublimis Hochebene von Ayacucho (S-Peru) über SW-Bolivien und angrenzend Chile bis NW-Argentinien

Baiomys Amerikanische Zwergmäuse

B. musculus **Südliche Amerikanische Zwergmaus** Nayarit und Veracruz (Mexiko) bis NW-Nicaragua

B. taylori **Nördliche Amerikanische Zwergmaus** SO-Arizona, SW-New Mexico und O-Texas (USA), südl. bis Michoacan, Hidalgo und Zentral-Veracruz (Mexiko)

Bibimys Südamerikanische Rotnasenratten

B. chacoensis NO-Argentinien

B. labiosus Minas Gerais (SO-Brasilien)

B. torresi östl. Zentral-Argentinien

Blarinomys

B. breviceps **Wühlhamster** Bahia bis Minas Gerais und Rio de Janeiro (Brasilien)

Bolomys

B. amoenus SO-Peru, westl. Zentral-Bolivien

B. lactens südl. Zentral-Bolivien, NW-Argentinien

B. lasiurus Brasilien (südl. des Amazonas), O-Bolivien, Paraguay, N-Argentinien

B. obscurus östl. Zentral-Argentinien, S-Uruguay

B. punctulatus Ecuador

B. temchuki Misiones (NO-Argentinien)

Calomys Abendmäuse

C. boliviae W-Bolivien

C. callidus O-Paraguay, östl. Zentral-Argentinien

C. callosus westl. Zentral- bis östl. Zentral-Brasilien, O-Bolivien, W-Paraguay, N-Argentinien

C. hummelincki Llanos von NO-Kolumbien, N-Venezuela, Curaçao und Aruba (Niederländische Antillen)

C. laucha westl. Zentral-Brasilien, SO-Bolivien, W-Paraguay, N-Argentinien, Uruguay

C. lepidus Hochebene in Zentral-Peru über W-Bolivien bis NO-Chile und NW-Argentinien

C. musculinus O-Paraguay, N-Argentinien

C. sorellus Anden in Peru

C. tener östl. Zentral-Brasilien

Chelemys

C. macronyx S-Anden, entlang der Grenze Chile/Argentinien

C. megalonyx Zentral- und S-Chile

Chibchanomys

C. trichotis Kolumbien, W-Venezuela, Peru

Chilomys

C. instans **Kolumbianische Waldmaus** N-Anden, von W-Venezuela über N- und Zentral-Kolumbien bis N-Ecuador

Chinchillula

C. sahamae **Chinchillamaus** Hochebene von S-Peru, W-Bolivien, N-Chile, NW-Argentinien

Chroeomys Altiplano-Mäuse

C. andinus Peru, Bolivien, N-Chile, N-Argentinien

C. jelskii Hochebene von S-Peru bis westl. Zentral-Bolivien und NW-Argentinien

Delomys

D. dorsalis Küste SO-Brasiliens und NO-Argentinien

D. sublineatus Küste Espírito Santos bis Paraná (SO-Brasilien)

Eligmodontia Wüstenmäuse

E. moreni O-Hänge der Anden in Argentinien, von Salta bis Neuquen

E. morgani S-Argentinien, angrenzend Chile

E. puerulus Hochebene von S-Peru über W-Bolivien bis NO-Chile und NW-Argentinien

E. typus **Bergwüstenmaus** Zentral-Argentinien, angrenzend Chile

Euneomys Chinchillamäuse

E. chinchilloides **Patagonische Chinchillamaus** S-Chile (inkl. Feuerland), umliegende Inseln

E. fossor Salta (Argentinien)

E. mordax westl. Zentral-Argentinien, angrenzend Chile

E. petersoni S-Argentinien, angrenzend Chile (außer Feuerland)

Galenomys

G. garleppi Hochebene von S-Peru, Bolivien, N-Chile

Geoxus

G. valdivianus Zentral- und S-Chile (inkl. Chiloé), S-Argentinien

Graomys Großohrmäuse

G. domorum O-Hänge der Anden von südl. Zentral-Bolivien und NW-Argentinien

G. edithae La Rioja (NW-Argentinien)

G. griseoflavus Brasilien, S-Bolivien, Paraguay, südl. bis Chubut (S-Argentinien)

Habromys

H. chinanteco nördl. Zentral-Oaxaca (Mexiko)

H. lepturus nördl. Zentral-Oaxaca (Mexiko)

H. lophurus **Mähnenschwanzmaus** Chiapas (Mexiko), Zentral-Guatemala, NW-El Salvador

H. simulatus O-Hänge der Westl. Sierra Madre (Zentral-Veracruz, Mexiko)

Hodomys

H. alleni **Allens Waldratte** Mexiko

Holochilus Sumpfratten

H. brasiliensis **Brasilien-Sumpfratte** SO-Brasilien, östl. Zentral-Argentinien, Uruguay

H. chacarius Paraguay, NO-Argentinien

H. magnus S-Brasilien, Uruguay

H. sciureus Kolumbien, O- und S-Venezuela, Bergland von Guayana, Ecuador, Peru, N- und Zentral-Brasilien, Bolivien

Ichthyomys Fischratten

I. hydrobates **Fischratte** Kolumbien, W-Venezuela, Ecuador

I. pittieri N-Venezuela

I. stolzmanni Ecuador, Peru

I. tweedii Zentral-Panama, W-Ecuador

Irenomys

I. tarsalis **Chileratte** Zentral- und S-Chile (inkl. Chiloé), angrenzend Argentinien

Isthmomys Isthmusratten

I. flavidus W-Panama

I. pirrensis O-Panama, angrenzend Kolumbien

Juscelinomys

J. candango Zentral-Brasilien

J. vulpinus Minas Gerais (Brasilien)

Kunsia Südamerikanische Riesenratten

K. fronto östl. Zentral-Brasilien, NO-Argentinien

K. tomentosus Mato Grosso (westl. Zentral-Brasilien), Beni (NO-Bolivien)

Lenoxus

L. apicalis **Perurate** O-Hänge der Anden von SO-Peru und W-Bolivien

Megadontomys

M. cryophilus nördl. Zentral-Oaxaca (Mexiko)

M. nelsoni O-Hänge der östl. Sierra Madre, von SO-Hidalgo bis Zentral-Veracruz (Mexiko)

M. thomasi **Thomas-Hirschmaus** südl. Sierra Madre von Guerrero (Mexiko)

Megalomys Westindische Riesenreisratten

M. desmarestii ausgestorben: früher Martinique (Kleine Antillen)

M. luciae ausgestorben: früher St. Lucia (Kleine Antillen)

Melanomys

M. caliginosus O-Honduras über Panama bis N- und W-Kolumbien, NW-Venezuela und SW-Ecuador

M. robustulus SO-Ecuador

M. zunigae westl. Zentral-Peru

Microryzomys Kleine Reisratten

M. altissimus Anden in Kolumbien, Ecuador und Peru

M. minutus N-Venezuela über Kolumbien, Ecuador, Peru bis westl. Zentral-Bolivien

Neacomys Südamerikanische Borstenratten

N. guianae Bergland von Guayana, S-Venezuela, N-Brasilien

N. pictus O-Panama

N. spinosus **Borstenreisratte** Zentral- und W-Brasilien bis Fuß der Anden von O-Kolumbien, Ecuador, Peru und O-Bolivien

N. tenuipes W- und nördl. Zentral-Kolumbien, N-Venezuela, O-Ecuador, N-Brasilien

Nectomys Südamerikanische Wasserratten

N. palmipes NO-Venezuela, Trinidad

N. parvipes Comte River (Frz.-Guayana)

N. squamipes nördl. Zentral- und O-Kolumbien, Venezuela, Bergland von Guayana, südl. bis SO-Brasilien, NO-Argentinien und Uruguay

Nelsonia Zwergwaldratten

N. goldmani Colima und S-Jalisco, östl. bis N-Mexiko (Mexiko)

N. neotomodon **Zwergwaldratte** Sierra Madre, von S-Durango bis N-Jalisco (Mexiko)

Neotoma **Buschratten**
N. albigula **Wüstenbuschratte** SW-USA, südl. bis NO-Michoacan und W-Hidalgo (Mexiko)
N. angustapalata SW-Tamaulipas und angrenzend San Luis Potosí (Mexiko)
N. anthonyi Todos-Santos-Insel (Baja California, Mexiko)
N. bryanti Cedros-Insel (Baja California, Mexiko)
N. bunkeri Coronados-Insel (Baja California, Mexiko)
N. chrysomelas Honduras, NW-Nicaragua
N. cinerea **Buschschwanzratte** SO-Yukon und W-Northwest Territories (NW-Kanada) bis NW-USA, südl. bis N-New Mexico und Arizona, östl. bis zum W von North und South Dakota
N. devia östl. Zentral- und S-Utah, W-Arizona (SW-USA), NW-Sonora (Mexiko)
N. floridana **Florida-Buschratte** südl. Zentral- und O-USA, von Colorado bis O-Texas, östl. bis Florida, nördl. bis Connecticut
N. fuscipes W-Oregon über W- und Zentral-Kalifornien (W-USA) bis N-Baja California (Mexiko)
N. goldmani SO-Chihuahua bis westl. Zentral-San Luis Potosí (Mexiko)
N. lepida SO-Oregon und SW-Idaho (USA), südl. bis S-Baja California (Mexiko)
N. martinensis San-Martin-Insel (Baja Califonia, Mexiko)
N. mexicana SO-Utah und Zentral-Colorado (USA), südl. über Mexiko bis Guatemala, El Salvador und W-Honduras
N. micropus südl. Zentral-USA, südl. bis N-Chihuahua, San Luis Potosí und S-Tamaulipas (Mexiko)
N. nelsoni Perote (Veracruz, Mexiko)
N. palatina östl. Zentral-Jalisco (Mexiko)
N. phenax SW-Sonora und NW-Sinaloa (Mexiko)
N. stephensi südl. Zentral-Utah, N-Arizona, NW-New Mexico (USA)
N. varia Turner-Insel (Sonora, Mexiko)
Neotomodon
N. alstoni **Vulkanmaus** westl. Zentral-Michoacan, östl. bis Zentral-Veracruz (Mexiko)
Neotomys
N. ebriosus **Andensumpfratte** Hochebene von Zentral-Peru, südl. über W-Bolivien bis N-Chile und NW-Argentinien
Nesoryzomys **Galapagos-Mäuse**
N. darwini Santa Cruz (Galápagos-Inseln, Ecuador)
N. fernandinae Fernandina (Galápagos-Inseln, Ecuador)
N. indefessus Santa Cruz, Baltra und Fernandina (Galápagos-Inseln, Ecuador)
N. swarthi San Salvador (Galápagos-Inseln, Ecuador)
Neusticomys **Fischmäuse**
N. monticolus Kolumbien, Ecuador
N. mussoi Venezuela
N. oyapocki Oiapoque-Fluss (Frz.-Guayana)
N. peruviensis Peru
N. venezuelae S-Venezuela, Guyana
Notiomys
N. edwardsii **Krallenmaus** S-Argentinien
Nyctomys
N. sumichrasti **Sumichrast-Abendratte** S-Jalisco und S-Veracruz (Mexiko) südl. (außer Halbinsel Yucatán) bis Zentral-Panama
Ochrotomys
O. nuttalli **Goldmaus** SO-Missouri, östl. bis S-Virginia, südl. bis O-Texas, Golf von Mexiko und Florida
Oecomys
O. bicolor O-Panama bis Kolumbien, Venezuela, Bergland von Guayana, Ecuador, Peru, N- und Zentral-Brasilien, O-Bolivien
O. cleberi Distrito Federal (Brasilien)
O. concolor O-Kolumbien, S-Venezuela, NW-Brasilien, N-Bolivien
O. flavicans N- und W-Venezuela, westl. bis Sierra Nevada de Santa Marta in NO-Kolumbien
O. mamorae westl. Zentral-Brasilien, O-Bolivien, N-Paraguay
O. paricola SO-Venezuela, Bergland von Guayana, N- und Zentral-Brasilien
O. phaeotis O-Hänge der Anden von Peru
O. rex O-Venezuela, Bergland von Guayana, NO-Brasilien
O. roberti S-Venezuela, Bergland von Guayana, O-Peru, N-Brasilien, N-Bolivien
O. rutilus Guyana, Surinam, Frz.-Guayana
O. speciosus NO-Kolumbien, Zentral- und N-Venezuela, Trinidad
O. superans Hänge der Anden von O-Kolumbien, Ecuador, Peru
O. trinitatis SW-Costa Rica bis SO-Brasilien, inkl. Bergland von Guayana, Trinidad und Tobago; auch O-Hänge der Anden von Kolumbien bis südl. Zentral-Peru
Oligoryzomys
O. andinus W-Peru, westl. Zentral-Bolivien
O. arenalis Peru
O. chacoensis westl. Zentral-Brasilien, SO-Bolivien, W-Paraguay, N-Argentinien
O. delticola S-Brasilien, östl. Zentral-Argentinien, Uruguay
O. destructor Anden in S-Kolumbien über Ecuador und Peru bis westl. Zentral-Bolivien
O. eliurus Zentral- und SO-Brasilien
O. flavescens SO-Brasilien, Argentinien, Uruguay
O. fulvescens S-Mexiko über Mittelamerika bis Ecuador, Bergland von Guayana und N-Brasilien
O. griseolus W-Venezuela, Ostkordillere in O-Kolumbien
O. longicaudatus nördl. Zentral- bis S-Anden in Chile und Argentinien
O. magellanicus S-Chile, S-Argentinien (inkl. Feuerland)
O. microtis Zentral-Brasilien, angrenzend Peru, Bolivien und Paraguay und Argentinien
O. nigripes O-Paraguay, N-Argentinien
O. vegetus W-Panama
O. victus St. Vincent (Kleine Antillen)
Onychomys **Grashüpfermäuse**
O. arenicola SO-Arizona, südl. Zentral-New Mexico und W-Texas (südl. Zentral-USA), südl. bis San Luis Potosí und W-Tamaulipas (Zentral-Mexiko)
O. leucogaster **Nördliche Grashüpfermaus** SW-Kanada nach S durch W-USA (Great Plains und Great Basin) bis N-Tamaulipas (Mexiko)
O. torridus **Südliche Grashüpfermaus** Zentral-Kalifornien, S-Nevada und SW-Utah (SW-USA), südl. bis N-Baja California, W-Sonora und N-Sinaloa (Mexiko)
Oryzomys **Reisratten**
O. albigularis O-Panama, Anden in Kolumbien, N- und W-Venezuela, Anden von Ecuador bis N-Peru
O. alfaroi S-Tamaulipas und Oaxaca (Mexiko) über Mittelamerika bis W-Kolumbien und Ecuador
O. auriventer O-Ecuador, N-Peru
O. balneator O- und S-Ecuador, N-Peru
O. bolivaris O-Honduras über O-Nicaragua, Costa Rica und Panama bis W-Kolumbien und W-Ecuador
O. buccinatus NO-Argentinien, O-Paraguay
O. capito Kolumbien, S-Venezuela, Bergland von Guayana, Ecuador, Peru, Brasilien und Bolivien
O. chapmani Oaxaca, Guerrero, Veracruz bis Tamaulipas (Mexiko)
O. couesi S-Texas (USA), Mexiko (inkl. Cozumel), südl. über Mittelamerika bis NW-Kolumbien, Jamaika
O. devius Costa Rica, W-Panama
O. dimidiatus SO-Nicaragua
O. galapagoensis San Cristobal und Sante Fé (Galápagos-Inseln, Ecuador)
O. gorgasi Antioquia (Kolumbien)
O. hammondi NW-Ecuador
O. intectus nördl. Zentral-Kolumbien
O. intermedius SO-Brasilien, O-Paraguay, NO-Argentinien
O. keaysi O-Anden in Peru
O. kelloggi SO-Brasilien
O. lamia SO-Brasilien
O. legatus O-Hänge der Anden im südl. Zentral-Bolivien und in NW-Argentinien
O. levipes SO-Peru bis westl. Zentral-Bolivien
O. macconnelli südl. Zentral-Kolumbien, O-Ecuador, Peru, östl. bis Venezuela, Bergland von Guayana und N-Brasilien
O. melanotis S-Sinaloa bis SW-Oaxaca (W-Mexiko)
O. nelsoni ausgestorben: früher Maria-Madre-Insel (Nayarit, Mexiko)
O. nitidus O-Ecuador, Peru, Mato Grosso (westl. Zentral-Brasilien), Bolivien
O. oniscus O-Brasilien
O. palustris **Sumpfreisratte** SO-USA, von SO-Kansas bis O-Texas, östl. bis S-New Jersey und Florida
O. polius nördl. Zentral-Peru
O. ratticeps O-Brasilien, Paraguay, NO-Argentinien
O. rhabdops S-Chiapas (Mexiko), Zentral-Guatemala
O. rostratus Zentral-Tamaulipas bis Oaxaca (Mexiko, inkl. Halbinsel Yucatán) über Guatemala, El Salvador und Honduras bis S-Nicaragua
O. saturatior S-Oaxaca und Chiapas (Mexiko) über Guatemala, El Salvador und Honduras bis nördl. Zentral-Nicaragua
O. subflavus O-Brasilien
O. talamancae O-Costa Rica, Panama, W- und nördl. Zentral-Kolumbien, N-Venezuela, W-Ecuador
O. xantheolus SW-Ecuador bis W-Peru
O. yunganus S-Venezuela, Bergland von Guayana und östl. Vorberge der Anden in Zentral-Kolumbien bis zum westl. Zentral-Bolivien
Osgoodomys
O. banderanus **Michoaca-Hirschmaus** S-Mexiko
Otonyctomys
O. hatti **Yucatan-Abendratte** Halbinsel Yucatán (Mexiko), südl. bis N-Belize und NO-Guatemala
Ototylomys
O. phyllotis **Großohrkletterratte** N-Chiapas, S-Tabasco und Halbinsel Yucatán (Mexiko), südl. bis Zentral-Costa Rica, auch nördl. Zentral-Guerrero (Mexiko)
Oxymycterus **Südamerikanische Grabmäuse**
O. akodontius NW-Argentinien
O. angularis O-Brasilien
O. delator O-Paraguay
O. hiska Puno (Peru)
O. hispidus Misiones (NO-Argentinien) bis Bahia (O-Brasilien)
O. hucucha Cochabamba (Bolivien)
O. iheringi Misiones (NO-Argentinien) und SO-Brasilien
O. inca **Inka-Grabmaus** Peru bis westl. Zentral-Bolivien
O. nasutus SO-Brasilien, Uruguay
O. paramensis O-Anden in SO-Peru, westl. Zentral-Bolivien und NW-Argentinien
O. roberti Minas Gerais (Brasilien)
O. rufus SO-Brasilien, östl. Zentral-Argentinien, Uruguay
Peromyscus **Weißfuß- oder Hirschmäuse**
P. attwateri nördl. Zentral-Texas über O-Oklahoma bis SO-Kansas, SW-Missouri und NW-Arkansas (USA)
P. aztecus S-Jalisco und Zentral-Veracruz (Mexiko) bis Guatemala, N-El Salvador und Honduras
P. boylii Kalifornien bis W-Oklahoma (USA), südl. bis Queretaro und W-Hidalgo (Mexiko)
P. bullatus Perote (Veracruz, Mexiko)
P. californicus Zentral- und S-Kalifornien (USA) bis NW-Baja California (Mexiko)
P. caniceps Monserrate (Baja California, Mexiko)
P. crinitus O-Oregon und SW-Idaho, südl. über Nevada, Utah und W-Colorado (USA) bis Baja California und NW-Sonora (Mexiko)
P. dickeyi Tortuga (Baja California, Mexiko)
P. difficilis W-Chihuahua und SO-Caohuila, südl. bis Zentral-Oaxaca (Mexiko)
P. eremicus **Kaktusmaus** S-Kalifornien, östl. bis Texas (USA), südl. bis Baja California, Zentral-Sinaloa und N-San Luis Potosí (Mexiko)
P. eva S-Baja California und Carmen (Mexiko)
P. furvus O-Sierra Madre, von S-San Luis Potosí bis NW-Oaxaca (Mexiko)
P. gossypinus **Baumwollmaus** SO-USA, von SO-Oklahoma, S-Illinois und SO-Virginia, südl. bis Golf von Mexiko und Florida
P. grandis **Große Hirschmaus** Guatemala
P. gratus SW-New Mexico (USA), W-Chihuahua und SO-Coahuila bis Zentral-Oaxaca (Mexiko)
P. guardia Angel de la Guarda, Granito und Mehia (Golf von Kalifornien, Mexiko)
P. guatemalensis S-Chiapas (Mexiko), SW-Guatemala
P. gymnotis S-Chiapas (Mexiko) bis S-Nicaragua
P. hooperi Zentral-Coahuila bis NO-Zacatecas (Mexiko)
P. interparietalis San Lorenzo und Salsipuedes (Golf von Kalifornien, Mexiko)
P. leucopus **Weißfußmaus** S-Alberta und S-Ontario, Quebec und Nova Scotia (Kanada), südl. über Zentral- und O-USA (außer Florida) bis N-Durango und entlang der Karibikküste bis NW-Halbinsel Yucatán (Mexiko)
P. levipes Mexiko bis Guatemala, El Salvador und Honduras
P. madrensis Tres-Marías-Inseln (Mexiko)
P. maniculatus **Hirschmaus** Alaska (USA) und N-Kanada, südl. über Nordamerika (außer an den SO- und O-Küsten) bis S-Baja California und nördl. Zentral-Oaxaca (Mexiko)
P. mayensis Huehuetenango (Guatemala)
P. megalops Südl. Sierra Madre von Guerrero und Oaxaca (Mexiko)
P. mekisturus SO-Puebla (Mexiko)
P. melanocarpus nördl. Zentral-Oaxaca (Mexiko)
P. melanophrys S-Durango und Coahuila, südl. bis Chiapas (Mexiko)
P. melanotis SO-Arizona (USA), Mexiko
P. melanurus W der Südl. Sierra Madre von Oaxaca (Mexiko)
P. merriami südl. Zentral-Arizona (USA), südl. über Sonora bis Zentral-Sinaloa (Mexiko)
P. mexicanus S-San Luis Potosí bis Isthmus von Tehuantepec und Grenzgebiet zwischen Guerrero und Oaxaca bis Chiapas (Mexiko), Guatemala, El Salvador, Honduras, Nicaragua, Costa Rica, W-Panama
P. nasutus Zentral-Colorado, SO-Utah, New Mexico und W-Texas (USA) bis NW-Coahuila (Mexiko)
P. ochraventer S-Tamaulipas und angrenzend San Luis Potosí (Mexiko)
P. oreas SW-British Columbia (SW-Kanada), W-Washington (NW-USA)
P. pectoralis SO-New Mexico und Zentral-Texas (USA), südl. bis N-Jalisco und Hidalgo (Mexiko)
P. pembertoni ausgestorben: früher San-Pedro-Nolasco-Insel (Sonora, Mexiko)
P. perfulvus Zentral-Mexiko
P. polionotus SO-USA
P. polius westl. Zentral-Chihuahua (Mexiko)
P. pseudocrinitus Coronados (Baja California, Mexiko)
P. sejugis Santa Cruz und San Diego (Golf von Kalifornien, Mexiko)
P. simulus Nayarit und S-Sinaloa (Mexiko)
P. sitkensis Alexander-Archipel (Alaska, USA)
P. slevini Santa-Catalina-Insel (Baja California, Mexiko)
P. spicilegus westl. Sierra Madre, von S-Sinaloa und SW-Durango bis westl. Zentral-Michoacan (Mexiko)
P. stephani San-Esteban-Insel (Sonora, Mexiko)
P. stirtoni SO-Guatemala, El Salvador, Honduras, bis nördl. Zentral-Nicaragua
P. truei **Pinjonmaus** SW-Oregon bis W- und SO-Colorado und nördl. Zentral Texas (USA), südl. bis Baja California (Mexiko)
P. winkelmanni Michoacan und Guerrero (Mexiko)
P. yucatanicus N-Halbinsel Yucatán (Mexiko)
P. zarhynchus nördl. Zentral-Chiapas (Mexiko)
Phaenomys
P. ferrugineus **Rioreisratte** Rio de Janeiro (Brasilien)
Phyllotis **Blattohrmäuse**
P. amicus W-Peru
P. andium O- und W-Hänge der Anden von Tungurahua (Zentral-Ecuador) bis Lima (Zentral-Peru)
P. bonaeriensis Buenos Aires (Argentinien)
P. caprinus O-Anden von S-Bolivien bis N-Argentinien
P. darwini Junin (Zentral-Peru), südl. über W-Bolivien bis Zentral-Chile und westl. Zentral-Argentinien
P. definitus Anden von Ancash (Peru)
P. gerbillus Sechura-Wüste (NW-Peru)
P. haggardi Anden in Zentral-Ecuador
P. magister Anden von Zentral-Peru bis N-Chile
P. osgoodi Hochebene in NO-Chile
P. osilae O-Anden von Cuzco (südl. Zentral-Peru) über westl. Zentral-Bolivien bis Catamarca (N-Argentinia)
P. wolffsohni O-Anden Zentral-Boliviens
P. xanthopygus Catamarca (NW-Argentinien) und Atacama (Zentral-Chile), südl. bis Santa Cruz (Argentinien) und zur Magellanstraße (Chile)

Podomys
P. floridanus **Floridamaus** Florida (USA)
Podoxymys
P. roraimae **Roraima-Maus** Guyana, evtl. angrenzend Venezuela und Brasilien
Pseudoryzomys
P. simplex **Falsche Reisratte** O-Brasilien bis W-Paraguay, NO-Argentinien
Punomys
P. lemminus **Punamaus** Hochebene in S-Peru
Reithrodon
R. auritus **Kaninchenratte** Argentinien, Chile, Uruguay
Reithrodontomys **Erntemäuse**
R. brevirostris nördl. Zentral-Nicaragua, Zentral-Costa Rica
R. burti westl. Zentral-Sonora bis Zentral-Sinaloa (Mexiko)
R. chrysopsis SO-Jalisco bis westl. Zentral-Veracruz (Mexiko)
R. creper Costa Rica bis Chiriqui-Region (Panama)
R. darienensis O-Panama (inkl. Azuero-Halbinsel)
R. fulvescens südl. Zentral-Arizona bis SW-Missouri bis westl. Zentral-Mississippi (USA), südl. über Mexiko (außer Halbinsel Yucatán) bis W-Nicaragua
R. gracilis Halbinsel Yucatán und Küste von Chiapas (Mexiko), südl. bis NW-Costa Rica
R. hirsutus südl. Zentral-Nayarit und NW-Jalisco (Mexiko)
R. humulis SO-USA, von SO-Oklahoma und O-Texas östl. bis O-Küste, von S-Maryland bis Florida
R. megalotis **Westliche Erntemaus** südl. Zentral-British Columbia und SO-Alberta (SW-Kanada), W- und nördl. Zentral-USA, südl. bis N-Baja California und Zentral-Oaxaca (Mexiko)
R. mexicanus S-Tamaulipas und westl. Zentral-Michoacan (Mexiko), südl. über Mittelamerika bis W-Panama und zu den Anden in W-Kolumbien und N-Ecuador
R. microdon N-Michoacan, Distrito Federal, N-Oaxaca und Zentral-Chiapas (Mexiko), westl. Zentral-Guatemala
R. montanus Zentral-USA, von W-South Dakota und O-Wyoming bis östl. Zentral-Texas und SO-Arizona, NO-Sonora und Chihuahua, N-Durango (Mexiko)
R. paradoxus SW-Nicaragua, westl. Zentral-Costa Rica
R. raviventris **Salzsumpferntemaus** San Francisco Bay (Kalifornien, USA)
R. rodriguezi Vulkanregion des Irazú (Cartago, Costa Rica)
R. spectabilis Cozumel (Quintana Roo, Mexiko)
R. sumichrasti SW-Jalisco und S-San Luis Potosí bis Zentral-Guerrero und östl. Zentral-Oaxaca (Mexiko); Zentral-Chiapas (Mexiko) bis nördl. Zentral-Nicaragua; Zentral-Costa Rica bis W-Panama
R. tenuirostris S-Chiapas (Mexiko), Zentral-Guatemala
R. zacatecae W-Chihuahua bis westl. Zentral-Michoacan (Mexiko)
Rhagomys
R. rufescens **Brasilianische Baummaus** Rio de Janeiro (Brasilien)
Rheomys **Zentralamerikanische Wassermäuse**
R. mexicanus Oaxaca (Mexiko)
R. raptor Costa Rica, Panama
R. thomasi S-Mexiko, Guatemala, El Salvador
R. underwoodi Zentral-Costa Rica, W-Panama
Rhipidomys **Südamerikanische Klettermäuse**
R. austrinus O-Hänge der Anden von südl. Zentral-Bolivien und NW-Argentinien
R. caucensis W-Anden in Kolumbien
R. couesi Kolumbien, Venezuela, Ecuador, Peru, Trinidad
R. fulviventer Anden in Kolumbien und W-Venezuela
R. latimanus Zentral- und W-Kolumbien, Ecuador
R. leucodactylus **Weißfingerklettermaus** S-Venezuela, Bergland von Guayana, Ecuador, Peru, N-Brasilien
R. macconnelli S-Venezuela, evtl. N-Brasilien und angrenzend Guyana
R. mastacalis Zentral- und O-Brasilien
R. nitela S-Venezuela, Bergland von Guayana, nördl. Zentral-Brasilien
R. ochrogaster SO-Peru
R. scandens O-Panama
R. venezuelae N- und W-Venezuela, O-Kolumbien
R. venustus N-Venezuela
R. wetzeli S-Venezuela
Scapteromys
S. tumidus **Südamerikanische Wasserratte** S-Brasilien, O-Paraguay, NO-Argentinien, Uruguay
Scolomys **Stachelmäuse**
S. melanops **Ecuador-Stachelmaus** Pastaza (Ecuador)
S. ucayalensis Loreto (Peru)
Scotinomys **Braunmäuse**
S. teguina **Ledermaus** O-Oaxaca (Mexiko) bis W-Panama
S. xerampelinus Costa Rica bis Chiriqui-Region (W-Panama)
Sigmodon **Baumwollratten**
S. alleni S-Sinaloa bis S-Oaxaca (W-Mexiko)
S. alstoni NO-Kolumbien, N- und O-Venezuela, Guyana, Surinam, N-Brasilien
S. arizonae SO-Kalifornien und südl. Zentral-Arizona (SW-USA), südl. bis Nayarit (W-Mexiko)
S. fulviventer SO-Arizona und westl. Zentral-New Mexico (USA), südl. bis Guanajuato und NW-Michoacan (Mexiko)
S. hispidus **Baumwollratte** SO-USA, von S-Nebraska bis Zentral-Virginia, südl. bis SO-Arizona und Florida, außerdem O-Mexiko über Mittelamerika bis N-Kolumbien und N-Venezuela
S. inopinatus Anden von Azuay und Chimborazo (Ecuador)
S. leucotis SW-Chihuahua und S-Nuevo León bis Zentral-Oaxaca (Mexiko)
S. mascotensis S-Nayarit bis O-Oaxaca (W-Mexiko)
S. ochrognathus SO-Arizona, SW-New Mexico und W-Texas (USA), südl. bis Zentral-Durango (Mexiko)
S. peruanus Fuß der W-Anden von W-Ecuador und NW-Peru
Sigmodontomys
S. alfari O-Honduras bis Panama, Zentral- und W-Kolumbien bis NW-Venezuela und NW-Ecuador
S. aphrastus San José (Costa Rica), Chiriqui (W-Panama)
Thalpomys
T. cerradensis Zentral-Brasilien
T. lasiotis Zentral-Brasilien
Thomasomys **Thomas-Paramomäuse**
T. aureus Zentral- und W-Kolumbien, nördl. Zentral-Venezuela, Ecuador, N-Peru
T. baeops W-Anden in Ecuador
T. bombycinus Ostkordillere in Kolumbien
T. cinereiventer Anden in Kolumbien und Ecuador
T. cinereus SW-Ecuador, N-Peru
T. daphne S-Peru bis Zentral-Bolivien
T. eleusis nördl. Zentral-Peru
T. gracilis Anden von Ecuador bis SO-Peru
T. hylophilus Ostkordillere in Kolumbien, Kordillere von Mérida in W-Venezuela
T. incanus Anden in Zentral-Peru
T. ischyurus N- bis Zentral-Peru
T. kalinowskii Anden in Zentral-Peru
T. ladewi Anden NW-Boliviens
T. laniger Anden in Zentral-Kolumbien und im angrenzenden W-Venezuela
T. monochromos NO-Kolumbien
T. niveipes Zentral-Kolumbien
T. notatus SO-Peru
T. oreas westl. Zentral-Bolivien
T. paramorum Anden in Ecuador
T. pyrrhonotus Anden in S-Ecuador und NW-Peru
T. rhoadsi Anden in Ecuador
T. rosalinda nördl. Zentral-Peru
T. silvestris W-Anden in Ecuador
T. taczanowskii NW-Peru
T. vestitus Kordillere von Mérida in W-Venezuela
Tylomys **Kletterratten**
T. bullaris Tuxtla Gutierrez (Chiapas, Mexiko)
T. fulviventer O-Panama
T. mirae W-Kolumbien, NW-Ecuador
T. nudicaudus **Nacktschwanzkletterratte** Zentral-Guerrero und Zentral-Veracruz (Mexiko), südl. (außer Halbinsel Yucatán) bis S-Nicaragua
T. panamensis O-Panama
T. tumbalensis Tumbala (Chiapas, Mexiko)
T. watsoni Costa Rica, W-Panama
Wiedomys
W. pyrrhorhinos **Rotnasenmaus** Ceara bis Rio Grande do Sul (SO-Brasilien)
Wilfredomys
W. oenax SO-Brasilien bis Zentral-Uruguay
W. pictipes NO-Argentinien und SO-Brasilien
Xenomys
X. nelsoni **Magdalenaratte** Colima und W-Jalisco (Mexiko)
Zygodontomys **Rohrmäuse**
Z. brevicauda **Rohrmaus** SO-Costa Rica über Panama, Kolumbien, Venezuela, Bergland von Guayana, bis N-Brasilien, Trinidad und Tobago
Z. brunneus N-Kolumbien

UNTERFAMILIE SPALACINAE

Nannospalax **Blindmäuse**
N. ehrenbergi Syrien, Libanon, Jordanien, Israel, N-Ägypten bis N-Libyen
N. leucodon **West-Blindmaus** Jugoslawien, Ungarn, Bulgarien, Griechenland und NW-Türkei bis SW-Ukraine
N. nehringi Türkei, Armenien, Georgien
Spalax **Blindmäuse**
S. arenarius S-Ukraine
S. giganteus im NW des Kaspischen Meeres und Kasachstan zwischen Wolga, Dnjepr, Ural und dem Kaspischen Meer
S. graecus **Bukowinische Blindmaus** Rumänien, SW-Ukraine
S. microphthalmus **Ostblindmaus** Ukraine und S-Russland, zwischen Dnjepr und Wolga
S. zemni SO-Polen, östl. bis Ukraine zwischen Dnetr und Dnjepr und südl. bis zum Schwarzen Meer

FAMILIE ANOMALURIDAE Dornschwanzhörnchen

UNTERFAMILIE ANOMALURINAE

Anomalurus **Eigentliche Dornschwanzhörnchen**
A. beecrofti **Beecroft-Dornschwanzhörnchen** Senegal bis Uganda und Demokratische Republik Kongo, Bioko (Äquatorial-Guinea)
A. derbianus **Lord-Derby-Dornschwanzhörnchen** Sierra Leone bis Angola, östl. bis Kenia, südl. bis Sambia und Mosambik
A. pelii **Pel-Dornschwanzhörnchen** Sierra Leone bis Ghana
A. pusillus **Zwergdornschwanzhörnchen** S-Kamerun, Gabun, Demokratische Republik Kongo

UNTERFAMILIE ZENKERELLINAE

Idiurus **Gleitbilche**
I. macrotis **Großohrgleitbilch** Sierra Leone bis O-Demokratische Republik Kongo
I. zenkeri **Zenker-Gleitbilch** S-Kamerun bis Uganda
Zenkerella
Z. insignis **Dornschwanzbilch** SW-Kamerun, Zentralafrikanische Republik, Gabun, Rio Muni (Äquatorial-Guinea)

FAMILIE PEDETIDAE

Pedetes
P. capensis **Springhase** Südafrika bis Tansania, Kenia

FAMILIE CTENODACTYLIDAE Gundis

Ctenodactylus **Eigentliche Gundis**
C. gundi N-Marokko bis NW-Libyen
C. vali S-Marokko, W-Algerien, NW-Libyen
Felovia
F. vae **Senegal-Gundi** Senegal, Mauretanien, Mali
Massoutiera
M. mzabi **Sahara-Gundi** SO-Algerien, SW-Libyen, NO-Mali, N-Niger, N-Tschad
Pectinator
P. spekei **Buschschwanzgundi** Äthiopien, Somalia, Dschibuti

FAMILIE MYOXIDAE Bilche

UNTERFAMILIE GRAPHIURINAE

Graphiurus **Afrikanische Bilche**
G. christyi N-Demokratische Republik Kongo, S-Kamerun
G. crassicaudatus Liberia, Côte d'Ivoire, Ghana, Togo, Nigeria, Kamerun
G. hueti Senegal bis Sierra Leone, Liberia, Côte d'Ivoire, Ghana, Nigeria, Kamerun, Zentralafrikanische Republik, Gabun
G. kelleni Angola, Sambia, Malawi, Simbabwe
G. lorraineus Sierra Leone, Côte d'Ivoire bis Kamerun, Gabun, N-Angola, Demokratische Republik Kongo, Uganda, SW-Tansania
G. microtis Sambia, Malawi, Tansania
G. monardi O-Angola, NW-Sambia, S-Demokratische Republik Kongo
G. murinus Sudan, Äthiopien, Kenia, Uganda, Tansania, O-Demokratische Republik Kongo, Mosambik, Malawi, Sambia, S-Angola, O- und N-Namibia, Botswana, Simbabwe, Südafrika
G. ocularis Südafrika
G. olga N-Niger, N-Nigeria, NO-Kamerun
G. parvus Sierra Leone, Côte d'Ivoire, Mali, Ghana, Nigeria, Sudan, Äthiopien, Somalia, Kenia, Uganda, Tansania
G. platyops Südafrika bis S-Demokratische Republik Kongo
G. rupicola Karibib und Mount Brukaros (Namibia), südl. bis Port Nolloth (W-Küste Südafrikas)
G. surdus Rio Muni (Äquatorial-Guinea), S-Kamerun

UNTERFAMILIE LEITHIINAE

Dryomys **Baumschläfer**
D. laniger **Türkischer Baumschläfer** Toros Doglan (Türkei)
D. nitedula **Baumschläfer** Mitteleuropa von Deutschland, Schweiz, Österreich und Italien, östl. bis W-Russland, südl. bis Türkei, Arabien, Irak, Iran, Afghanistan, N-Pakistan, Tadschikistan, Turkmenistan, Usbekistan, Kirgisistan, Zentral-Kasachstan, nördl. bis S-Altai und O-Tian Shan
D. sichuanensis N-Sichuan (China)
Eliomys **Gartenschläfer**
E. melanurus S-Türkei, Syrien, Irak, Jordanien, Libanon, Israel, Saudi-Arabien, Ägypten bis Marokko
E. quercinus **Gartenschläfer** fast ganz Europa, von Portugal, S-Spanien, Frankreich, Belgien, Niederlande östl. bis W-Russland
Myomimus **Mausschläfer**
M. personatus NO-Iran, Kopet Dagh und Malyy Balkhan (Turkmenistan), Usbekistan
M. roachi SO-Bulgarien, W-Türkei
M. setzeri W-Iran
Selvinia
S. betpakdalaensis **Salzkrautbilch** SO- und O-Kasachstan

UNTERFAMILIE MYOXINAE

Glirulus
G. japonicus **Japanischer Schläfer** Honshu, Shikoku, Kyushu-Inseln (Japan)
Muscardinus
M. avellanarius **Haselmaus** Europa von S-England bis W-Russland, südl. bis N-Türkei
Myoxus
M. glis **Siebenschläfer** fast ganz Europa von N-Spanien, Frankreich bis Niederlande, Deutschland, östl. bis W-Russland, südl. bis N-Türkei und über Kaukasus bis N-Iran und SW-Turkmenistan

UNTERORDNUNG HYSTRICOGNATHI

FAMILIE BATHYERGIDAE Sandgräber

Bathyergus **Strandgräber**
B. janetta SW-Südafrika, S-Namibia
B. suillus **Kap-Strandgräber** S-Südafrika
Cryptomys **Graumulle**
C. bocagei NW-Namibia, Zentral-Angola, S-Demokratische Republik Kongo
C. damarensis O-Namibia, Botswana, W-Simbabwe, S-Sambia, S-Angola
C. foxi Zentral-Nigeria

C. hottentotus **Hottentotten-Graumull** Südafrika bis Namibia, S-Sambia und Tansania
C. mechowi **Riesengraumull** Angola, Sambia, Malawi, S-Demokratische Republik Kongo, Tansania
C. ochraceocinereus O-Nigeria, Zentralafrikanische Republik, N-Demokratische Republik Kongo, S-Sudan, NW-Uganda
C. zechi östl. Zentral-Ghana, westl. Zentral-Togo
Georychus
G. capensis **Blessmull** Südafrika
Heliophobius
H. argenteocinereus **Silbergrauer Erdbohrer** O-Sambia, N-Mosambik bis Demokratische Republik Kongo, Tansania und Kenia
Heterocephalus
H. glaber **Nacktmull** Zentral-Somalia, Zentral- und O-Äthiopien, Zentral- und S-Kenia

FAMILIE HYSTRICIDAE
Stachelschweine
Atherurus **Quastenstachler**
A. africanus **Afrikanischer Quastenstachler** Gambia, Sierra Leone, Liberia, Ghana, Demokratische Republik Kongo, S-Sudan, Kenia, Uganda
A. macrourus **Hinterindischer Quastenstachler** O-Assam (Indien), Sichuan, Yunnan, Hupei und Hainan (China), Myanmar bis Thailand, Laos, Vietnam, Malaysia, Sumatra (Indonesien)
Hystrix **Eigentliche Stachelschweine**
H. africaeaustralis **Südafrikanisches Stachelschwein** Südafrika bis N-Angola, Demokratische Republik Kongo, Uganda und Kenia
H. brachyura **Kurzschwanzstachelschwein** Nepal, Sikkim und Assam (NO-Indien), Zentral- und S-China, Myanmar, Thailand, Indochina, Malaysia, Singapur, Sumatra (Indonesien), Borneo
H. crassispinis **Borneo-Stachelschwein** N-Borneo
H. cristata **Nordafrikanisches Stachelschwein** Marokko bis Ägypten, Senegal bis Äthiopien und N-Tansania, Italien, Albania, N-Griechenland
H. indica **Weißschwanzstachelschwein** Türkei und Kaukasus, Israel, Arabien bis S-Kasachstan und Indien, Sri Lanka, Xizang (China)
H. javanica Indonesien
H. pumila **Zwergstachelschwein** Palawan und Busuanga (Philippinen)
H. sumatrae **Sumatra-Stachelschwein** Sumatra (Indonesien)
Trichys
T. fasciculata **Pinselstachler** Malaysia, Sumatra (Indonesien), Borneo

FAMILIE PETROMURIDAE
Felsenratten
Petromus
P. typicus **Felsenratte** W-Südafrika, Namibia bis SW-Angola

FAMILIE THRYONOMYIDAE
Rohrratten
Thryonomys
T. gregorianus **Kleine Rohrratte** Kamerun, Zentralafrikanische Republik, Demokratische Republik Kongo, S-Sudan, Äthiopien, Kenia, Uganda, Tansania, Mosambik, Malawi, Sambia, Simbabwe
T. swinderianus **Große Rohrratte** Afrika südl. der Sahara

FAMILIE ERETHIZONTIDAE
Baumstachler
Coendou **Greifstachler**
C. bicolor Kolumbien, Ecuador, Peru, Bolivien
C. koopmani Brasilien
C. prehensilis **Eigentlicher Greifstachler** O-Venezuela, Bergland von Guayana, Zentral- und O-Brasilien, Bolivien, Trinidad
C. rothschildi Panama
Echinoprocta
E. rufescens **Bergstachler** O-Anden in W-Kolumbien
Erethizon
E. dorsatum **Urson, Nordamerikanischer Baumstachler** Zentral-Alaska (USA) bis Labrador und südl. Hudson Bay (Kanada), südl. bis O-Tennessee, Zentral-Iowa und Zentral-Texas (USA) bis N-Mexiko und nördl. bis S-Kalifornien (USA)
Sphiggurus **Südamerikanischer Baumstachler**
S. insidiosus **Wolliger Greifstachler** Surinam, O-Brasilien und Amazonien
S. mexicanus **Mexikanischer Baumstachler** San Luis Potosí und Halbinsel Yucatán (Mexiko) bis W-Panama
S. pallidus ausgestorben: früher Westindische Inseln
S. spinosus **Südamerikanischer Baumstachler** S- und O-Brasilien, Paraguay, NO-Argentinien, Uruguay
S. vestitus Kolumbien, W-Venezuela
S. villosus Minas Gerais bis Rio Grande do Sul (SO-Brasilien)

FAMILIE CHINCHILLIDAE
Chinchillas und Viscachas
Chinchilla **Chinchillas**
C. brevicaudata **Kurzschwanzchinchilla** Anden in S-Peru, S-Bolivien, Chile und NW-Argentinien
C. lanigera **Langschwanzchinchilla** N-Chile, südl. bis Coquimbo
Lagidium **Bergviscachas, Hasenmäuse**
L. peruanum **Peruanische Hasenmaus** Zentral- und S-Peru
L. viscacia **Cuvier-Hasenmaus** S-Peru, S- und W-Bolivien, W-Argentinien, N-Chile
L. wolffsohni **Südliche Hasenmaus** SW-Argentinien, angrenzend Chile
Lagostomus
L. maximus **Viscacha** SO-Bolivien, S- und W-Paraguay, N-, Zentral- und O-Argentinien

FAMILIE DINOMYIDAE
Pakarana
Dinomys
D. branickii **Pakarana** Kolumbien, Venezuela, Ecuador, Peru, Brasilien, Bolivien

FAMILIE CAVIIDAE
Meerschweinchenartige

UNTERFAMILIE CAVIINAE
Cavia **Meerschweinchen**
C. aperea **Wildmeerschweinchen** Kolumbien, Venezuela, Bergland von Guayana, Ecuador, Brasilien, Paraguay, N-Argentinien, Uruguay
C. fulgida Minas Gerais bis Santa Catarina (O-Brasilien)
C. magna Rocha (Uruguay) bis Rio Grande do Sul und Santa Catarina (S-Brasilien)
C. porcellus **Hausmeerschweinchen** weltweit domestiziert, in Südamerika evtl. wild lebend
C. tschudii **Bergmeerschweinchen** Peru, S-Bolivien, N-Chile, NW-Argentinien
Galea **Wieselmeerschweinchen**
G. flavidens O-Brasilien
G. musteloides **Wieselmeerschweinchen** S-Peru, Bolivien, N-Chile, Argentinien
G. spixii Brasilien, O-Bolivien
Kerodon
K. rupestris **Felsenmeerschweinchen** O-Brasilien
Microcavia **Zwergmeerschweinchen**
M. australis **Südliches Zwergmeerschweinchen** S-Bolivien, Jujuy bis Santa Cruz (Argentinien), Aisen (Chile)
M. niata Anden SW-Boliviens
M. shiptoni Tucuman, Catamarca und Salta (NW-Argentinien)

UNTERFAMILIE DOLICHOTINAE
Dolichotis **Maras**
D. patagonum **Große Mara** Argentinien
D. salinicola **Zwergmara** S-Bolivien, Chaco (W-Paraguay), NW-Argentinien, südl. bis Cordoba

FAMILIE HYDROCHAERIDAE
Capybara
Hydrochaeris
H. hydrochaeris **Capybara, Wasserschwein** Panama, Kolumbien, Venezuela, Bergland von Guayana, Peru, Brasilien, Paraguay, NO-Argentinien, Uruguay

FAMILIE DASYPROCTIDAE
Agutis und Acouchis
Dasyprocta **Agutis**
D. azarae **Azara-Aguti** O-, Zentral- und S-Brasilien, Paraguay, NO-Argentinien
D. coibae Coiba-Inseln (Panama)
D. cristata Bergland von Guayana
D. fuliginosa **Mohrenaguti** Kolumbien, S-Venezuela, Surinam, Peru, N-Brasilien
D. guamara Orinoco-Delta (Venezuela)
D. kalinowskii SO-Peru
D. leporina **Goldaguti** Venezuela, Bergland von Guayana, O- und Amazonien, Kleine Antillen; eingeführt auf den Jungferninseln
D. mexicana Zentral-Veracruz und O-Oaxaca (Mexiko); eingeführt auf Kuba
D. prymnolopha NO-Brasilien
D. punctata **Mittelamerikanisches Aguti** Chiapas und Halbinsel Yucatán (S-Mexiko) bis S-Bolivien, SW-Brasilien und N-Argentinien; eingeführt auf Kuba und den Cayman-Inseln
D. ruatanica Roatan (Honduras)
Myoprocta **Acouchis**
M. acouchy **Acouchi** S-Kolumbien, S-Venezuela, Bergland von Guayana, Ecuador, N-Peru, Amazonien
M. exilis Kolumbien, S-Venezuela, Bergland von Guayana, O-Ecuador, N-Peru, Amazonasbecken von Brasilien

FAMILIE AGOUTIDAE **Pakas**
Agouti
A. paca **Tieflandpaka** SO-San Luis Potosí (Mexiko) bis Bergland von Guayana, S-Brasilien und Paraguay; eingeführt in Kuba
A. taczanowskii **Bergpaka** Kolumbien, NW-Venezuela, Ecuador, Peru

FAMILIE CTENOMYIDAE
Kammratten
Ctenomys **Tukotukos**
C. argentinus nördl. Zentral-Chaco (NO-Argentinien)
C. australis Buenos Aires (Argentinien)
C. azarae La Pampa (S-Argentinien)
C. boliviensis Zentral-Bolivien, W-Paraguay, Formosa (NO-Argentinien)
C. bonettoi Chaco (NO-Argentinien)
C. brasiliensis O-Brasilien
C. colburni W-Santa Cruz (SW-Argentinien)
C. conoveri Chaco (W Paraguay), angrenzend Argentinien
C. dorsalis N-Chaco (W-Paraguay)
C. emilianus Neuquen (S-Argentinien)
C. frater Jujuy und Salta (NW-Argentinien), SW-Bolivien
C. fulvus N-Chile, NW-Argentinien
C. haigi Chubut und Rio Negro (SW-Argentinien)
C. knighti Tucuman und La Rioja bis Salta (W-Argentinien)
C. latro Tucuman und Salta (NW-Argentinien)
C. leucodon O-Peru, W-Bolivien
C. lewisi S-Bolivien
C. magellanicus S-Chile, S-Argentinien
C. maulinus Talca bis Cautin (südl. Zentral-Chile), Neuquen (S-Argentinien)
C. mendocinus Salta bis Chubut (Argentinien)
C. minutus Rio Grande do Sul und Mato Grosso (SW-Brasilien), NW-Argentinien, Uruguay
C. nattereri Mato Grosso (SW-Brasilien)
C. occultus Tucuman und Umgebung (NW-Argentinien)
C. opimus S-Peru, SW-Bolivien, N-Chile, NW-Argentinien
C. pearsoni Soriana, San Jose und Colonia (Uruguay)
C. perrensis Corrientes, Entre Rios und Misiones (NO-Argentinien)
C. peruanus Hochebene in S-Peru
C. pontifex San Luis und Mendoza (W-Argentinien)
C. porteousi Buenos Aires und La Pampa (O-Argentinien)
C. saltarius Salta und Jujuy (NW-Argentinien)
C. sericeus Santa Cruz, Chubut und Rio Negro (SW-Argentinien)
C. sociabilis Neuquen (S-Argentinien)
C. steinbachi O-Bolivien
C. talarum Küste von Buenos Aires (O-Argentinien)
C. torquatus S-Brasilien, NO-Argentinien, Uruguay
C. tuconax Tucuman (NW-Argentinien)
C. tucumanus NW-Argentinien
C. validus Mendoza (W-Argentinien)

FAMILIE OCTODONTIDAE
Trugratten
Aconaemys **Felsenratten**
A. fuscus **Südamerikanische Felsenratte** Anden in Chile, Argentinien
A. sagei Lago Quillen und Lago Hui Hui (Neuquen, S-Argentinien)
Octodon **Degus**
O. bridgesi Anden in Chile
O. degus **Degu** W-Anden von Vallenar bis Curico (Chile)
O. lunatus Valparaiso, Aconcagua und Coquimbo (Chile)
Octodontomys
O. gliroides **Bori** Anden SW-Boliviens, N-Chile und NW-Argentinien
Octomys
O. mimax **Viscacharatte** W-Argentinien
Spalacopus
S. cyanus **Corura** Chile, westl. der Anden
Tympanoctomys
T. barrerae Mendoza (W-Argentinien)

FAMILIE ABROCOMIDAE
Chinchillaratten
Abrocoma
A. bennetti **Chilenische Chinchillaratte** Copiapo bis Rio Biobio (Chile)
A. boliviensis Santa Cruz (Bolivien)
A. cinerea **Chinchillaratte** SO-Peru, W-Bolivien, N-Chile, NW-Argentinien

FAMILIE ECHIMYIDAE
Stachelratten

UNTERFAMILIE CHAETOMYINAE
Chaetomys
C. subspinosus **Borstenbaumstachler** S-Bahia und N-Espírito Santo (O-Brasilien)

UNTERFAMILIE DACTYLOMYINAE
Dactylomys **Fingerratten**
D. boliviensis SO-Peru, Zentral-Bolivien
D. dactylinus **Eigentliche Fingerratte** Ecuador, Peru, N-Brasilien
D. peruanus SO-Peru, Bolivien
Kannabateomys
K. amblyonyx **Bambusfingerratte** O-Brasilien, Paraguay, NO-Argentinien
Olallamys
O. albicauda NW- und Zentral-Kolumbien
O. edax W-Venezuela, angrenzend Kolumbien

UNTERFAMILIE ECHIMYINAE
Diplomys **Baumstachelratten**
D. caniceps **Graukopfbaumstachelratte** W-Kolumbien, N-Ecuador
D. labilis Panama (inkl. San Miguel), W-Kolumbien, N-Ecuador
D. rufodorsalis NO-Kolumbien
Echimys **Kammstachelratten**
E. blainvillei SO-Brasilien
E. braziliensis S-Brasilien
E. chrysurus Bergland von Guayana bis NO-Brasilien
E. dasythrix SO- und O-Brasilien
E. grandis Rio Negro bis Ilha Caviana (Amazonien)
E. lamarum O-Brasilien
E. macrurus Brasilien, südl. Amazonas
E. nigrispinus O-Brasilien
E. pictus S-Bahia (O-Brasilien)
E. rhipidurus Zentral- und N-Amazonian Peru
E. saturnus Ecuador, N-Peru
E. semivillosus N-Kolumbien, Venezuela (inkl. Margarita)
E. thomasi San Sebastião (Bahia, O-Brasilien)
E. unicolor Brasilien
Isothrix
I. bistriata W-Kolumbien, S-Venezuela, SW- bis nördl. Zentral-Brasilien, Bolivien
I. pagurus Amazonasbecken (Zentral-Brasilien)
Makalata
M. armata **Sania** Anden in N-Ecuador und Kolumbien, Venezuela, Bergland von Guayana, Amazonasbecken (Zentral-Brasilien), Trinidad und Tobago

UNTERFAMILIE EUMYSOPINAE
Carterodon
C. sulcidens O-Brasilien
Clyomys
C. bishopi Itapetininga (São Paulo, Brasilien)
C. laticeps Minas Gerais bis Santa Catarina (O-Brasilien)
Euryzygomatomys
E. spinosus **Suira** S- und O-Brasilien, NO-Argentinien, Paraguay
Hoplomys
H. gymnurus **Lanzenratte** östl. Zentral-Honduras bis NW-Ecuador
Lonchothrix
L. emiliae Zentral-Brasilien, südl. des Amazonas
Mesomys
M. didelphoides Brasilien
M. hispidus O-Ecuador, N- und O-Peru, N-Brasilien
M. leniceps Peru
M. obscurus Brasilien
M. stimulax Surinam, N-Brasilien
Proechimys **Igelratten**
P. albispinus Bahia, benachbarte Inseln (Brasilien)
P. amphichoricus S-Venezuela, angrenzend Brasilien
P. bolivianus Oberer Amazonas
P. brevicauda S-Kolumbien, O-Peru, NW-Brasilien
P. canicollis nördl. Zentral-Kolumbien, Venezuela
P. cayennensis O-Kolumbien, Bergland von Guayana, südl. bis Zentral-Brasilien
P. chrysaeolus O-Kolumbien
P. cuvieri Frz.-Guayana, Surinam, Guyana
P. decumanus SW-Ecuador, NW-Peru
P. dimidiatus O-Brasilien
P. goeldii Amazonien, zwischen Jamunda und Tapajoz
P. gorgonae Gorgona (Kolumbien)
P. guairae nördl. Zentral-Venezuela
P. gularis O-Ecuador
P. hendeei S-Kolumbien bis NO-Peru
P. hoplomyoides SO-Venezuela, angrenzend Guyana und Brasilien
P. iheringi O-Brasilien
P. longicaudatus Zentral- und O-Peru, S-Brasilien, W-Bolivien, Paraguay
P. magdalenae Kolumbien, westl. von Rio Magdalena
P. mincae Sierra Nevada Santa Marta (N-Kolumbien)
P. myosuros Bahia (O-Brasilien)
P. oconnelli Zentral-Kolumbien, östl. der Ostkordillere
P. oris Zentral-Brasilien
P. poliopus NW-Venezuela, angrenzend Kolumbien
P. quadruplicatus amazonisches O-Ecuador und N-Peru
P. semispinosus SO-Honduras bis NO-Peru und Amazonien
P. setosus Minas Gerais (O-Brasilien)
P. simonsi S-Kolumbien, O-Ecuador, NO-Peru
P. steerei W-Peru, O-Brasilien
P. trinitatis Trinidad
P. urichi N-Venezuela
P. warreni Surinam, Guyana
Thrichomys
T. apereoides O-Brasilien, Paraguay

UNTERFAMILIE HETEROPSOMYINAE
Boromys
B. offella ausgestorben: früher Kuba (inkl. Insel der Jugend)
B. torrei ausgestorben: früher Kuba (inkl. Insel der Jugend)
Brotomys
B. contractus ausgestorben: früher Hispaniola
B. voratus ausgestorben: früher Haiti (inkl. Gonâve), Dominikanische Republik
Heteropsomys
H. antillensis ausgestorben: früher Puerto Rico
H. insulans ausgestorben: früher Puerto Rico
Puertoricomys
P. corozalus ausgestorben: früher Puerto Rico

FAMILIE CAPROMYIDAE
Baum- und Ferkelratten

UNTERFAMILIE CAPROMYINAE
Capromys
C. pilorides **Hutiaconga** Kuba, zahlreiche umliegende Inseln
Geocapromys **Hutias, Stummelschwanzferkelratten**
G. brownii **Jamaika-Ferkelratte** Jamaika
G. ingrahami **Bahama-Ferkelratte** Plana Cays (Bahamas); eingeführt in Little Wax Cay und Warderick Well Cay
G. thoracatus ausgestorben: früher Little-Swan-Insel (Golf von Honduras)
Mesocapromys
M. angelcabrerai Ciego de Avila (Kuba)
M. auritus Las Villas (Kuba)
M. nanus Matanzas (Kuba)
M. sanfelipensis ausgestorben: früher Pinar del Rio (Kuba)
Mysateles
M. garridoi Canarreos-Archipel (Kuba)
M. gundlachi N-Insel der Jugend (Kuba)
M. melanurus **Schwarzschwanzbaumratte** O-Kuba
M. meridionalis Insel der Jugend (Kuba)
M. prehensilis **Hutiacarabali** Kuba

UNTERFAMILIE HEXOLOBODONTINAE
Hexolobodon
H. phenax ausgestorben: früher Hispaniola (inkl. Gonâve)

UNTERFAMILIE ISOLOBOLONTINAE
Isolobodon
I. montanus ausgestorben: früher Hispaniola (inkl. Gonâve)
I. portoricensis ausgestorben: früher Haiti und Dominikanische Republik (Hispaniola) und naheliegende Inseln (inkl. La Tortue); eingeführt auf Puerto Rico und anderswo

UNTERFAMILIE PLAGIODONTINAE
Plagiodontia
P. aedium **Zaguti** Hispaniola (inkl. Gonâve)
P. araeum ausgestorben: früher Hispaniola
P. ipnaeum ausgestorben: früher Hispaniola
Rhizoplagiodontia
R. lemkei ausgestorben: früher Massif de la Hotte (SW-Haiti)

FAMILIE HEPTAXODONTIDAE

UNTERFAMILIE CLIDOMYINAE
Clidomys
C. osborni ausgestorben: früher Jamaika
C. parvus ausgestorben: früher Jamaika

UNTERFAMILIE HEPTAXODONTINAE
Amblyrhiza
A. inundata ausgestorben: früher Anguilla (Westindische Inseln)
Elasmodontomys
E. obliquus ausgestorben: früher Puerto Rico
Quemisia
Q. gravis ausgestorben: früher Hispaniola

FAMILIE MYOCASTORIDAE
Myocastor
M. coypus **Nutria** S-Brasilien, Bolivien, Paraguay, Chile, Argentinien, Uruguay

ORDNUNG LAGOMORPHA
HASEN, KANINCHEN, PFEIFHASEN

FAMILIE LEPORIDAE
Hasen und Kaninchen
vollständige Artenliste siehe S. 702–705

FAMILIE OCHOTONIDAE
Pfeifhasen
Ochotona Pfeifhasen oder Pikas
O. alpina **Nördlicher Pfeifhase, Altai-Pila** Altai, Sajangebirge, NW-Kasachstan, S-Russland, NW-Mongolei, N-Gansu-Ningxia-Grenze
O. cansus Qinghai, Gansu, Sichuan; auch Shanxi und Shaanxi (China)
O. collaris **Halsbandpika** SO-Alaska (USA), NW-Kanada
O. curzoniae **Schwarzlippenpika** Sikkim (Indien), O-Nepal, Xizang, angrenzend Gansu, Qinghai und Sichuan (China)
O. daurica **Daurischer Pfeifhase** Altai und Tuwa, südl. über Mongolei und N-China bis Qinghai (China)
O. erythrotis **Chinesischer Roter Pika** O-Qinghai, W-Gansu, N-Sichuan, S-Xinjiang, Xizang (China)
O. forresti Assam und Sikkim (Indien), Bhutan, N-Myanmar, NW-Yunnan und SO-Xizang (China)
O. gaoligongensis Mount Gaoligong (NW-Yunnan, China)
O. gloveri W-Sichuan, NW-Yunnan, NO-Xizang und SW-Qinghai (China)
O. himalayana Mount Jolmolunga (S-Xizang, China); evtl. angrenzend Nepal
O. hyperborea **Japanischer Pfeifhase** Ural und Sajan-Gebirge, östl. bis Chukotskoye und Koryakskoye sowie Kamtschatka, SO-Russland (inkl. Sachalin), nördl. Zentral-Mongolei, NO-China, N-Korea, Hokkaido (Japan)
O. iliensis Tian Shan (Xinjiang, China)
O. koslowi **Koslows Pika** Kunlun Shan (W-China)
O. ladacensis **Ladakh-Pika** N-Pakistan, Kaschmir, SW-Xinjiang, Qinghai, O-Xizang (China)
O. macrotis **Großohriger Pika** W-Tien Shan, Pamir, Hindukusch und Karakorum in SO-Kasachstan, Kirgisistan, Tadschikistan, NO-Afghanistan und N-Pakistan, Himalaya von Kaschmir und N-Indien über Nepal und Xizang (China) bis Bhutan und Gebirge in Sichuan und Yunnan (China)
O. muliensis SO-Muli (W-Sichuan, China)
O. nubrica Ladakh (Kaschmir) über O-Nepal bis O-Xizang (China)
O. pallasi **Mongolischer Pfeifhase** O-Kasachstan, Tuwa (Russland), Altai, W-Mongolei bis N-Xinjiang und Innere Mongolei (China)
O. princeps **Nordamerikanischer Pika** Zentral-British Columbia (SW-Kanada) in Rocky Mountains, Cascade Mountains und Sierra Nevada vom westl. Nordamerika bis östl. Zentral-Kalifornien, Utah und N-New Mexico
O. pusilla **Steppenpika** Wolga (Russland), östl. und südl. über N-Kasachstan bis Irtysch und zur chinesischen Grenze
O. roylei **Royles Pika** Himalaya in NW-Pakistan und N-Indien sowie Kaschmir über S-Xizang (China) bis Nepal
O. rufescens **Afghanpika** Armenien, Iran, Afghanistan, Belutschistan (Pakistan) und SW-Turkmenistan
O. rutila **Roter Pfeifhase** Pamir (Tadschikistan) bis Tian Shan (SO-Usbekistan, Kirgisistan, SO-Kasachstan), evtl. O-Xinjiang (China) und N-Afghanistan
O. thibetana **Tibetischer Pika** Sikkim (Indien), Bhutan, N-Myanmar, SO-Qinghai, S-Gansu, Shanxi, Shaanxi, W-Hubei, W-Yunnan, W-Sichuan, S-Xizang (China)
O. thomasi **Thomas-Pika** NO-Qinghai, Gansu und Sichuan (China)
Prolagus
P. sardus ausgestorben: früher Korsika (Frankreich), Sardinien (Italien), benachbarte kleine Inseln

ORDNUNG MACROSCELIDEA
RÜSSELSPRINGER

FAMILIE MACROSCELIDIDAE
Elephantulus Elefantenspitzmäuse
E. brachyrhynchus **Kurznasenelefantenspitzmaus** N-Südafrika, NO-Namibia, Angola, Mosambik, Demokr. Republik Kongo bis Uganda und Kenia
E. edwardii SW-Südafrika
E. fuscipes **Dunkelfußelefantenspitzmaus** NO-Demokratische Republik Kongo, Uganda, S-Sudan
E. fuscus Zentral-Mosambik, SO-Sambia, S-Malawi
E. intufi **Trockenlandelefantenspitzmaus** W-Südafrika, Botswana, Namibia, SW-Angola
E. myurus **Klippenelefantenspitzmaus** O- und N-Südafrika, S-Simbabwe, O-Botswana, W-Mosambik
E. revoili **Somali-Elefantenspitzmaus** N-Somalia
E. rozeti **Nordafrikanische Elefantenspitzmaus** SW-Marokko bis W-Libyen
E. rufescens **Rotbraune Elefantenspitzmaus** S-Sudan, S- und O-Äthiopien, N- und S-Somalia, N- und SO-Kenia, NO-Uganda, nördl. Zentral- und W-Tansania
E. rupestris W-Südafrika, Namibia
Macroscelides
M. proboscideus **Kurzohrelefantenspitzmaus** W-Südafrika, SW-Botswana, S- und O-Namibia
Petrodromus
P. tetradactylus **Vierzehenrüsselratte** Südafrika, Simbabwe, Botswana, NO-Angola, Sambia, Malawi, Mosambik, Demokratische Republik Kongo, Kongo, S-Uganda, Tansania (inkl. Sansibar und Mafia), SO-Kenia
Rhynchocyon **Rüsselhündchen**
R. chrysopygus **Goldrückenrüsselhündchen** O-Kenia
R. cirnei **Geflecktes Rüsselhündchen** Mosambik, NO-Sambia, Malawi, O-Demokratische Republik Kongo, Uganda, S-Tansania
R. petersi **Rotschulterrüsselhündchen** O-Tansania (inkl. Sansibar und Mafia), SO-Kenia

ORDNUNG INSECTIVORA
INSEKTENFRESSER

Anmerkung Einer neuen Systematik folgend sollten Tanreks und Goldmulle in die neue Ordnung Afrosoricida (Teil der Überordnung Afrotheria) gestellt werden. Erläuterungen dazu siehe in den Kapiteln „Was ist ein Säugetier" und „Insektenfresser". Diesem neuen Schema folgend müssten dann Spitzmäuse, Maulwürfe und Igel ebenfalls in eine eigene Ordnung (Eulipotyphla) gestellt werden.

FAMILIE TENRECIDAE **Tanreks**

UNTERFAMILIE GEOGALINAE
Geogale
G. aurita **Zwergtanrek** NO- und SW-Madagaskar

UNTERFAMILIE ORYZORICTINAE
Limnogale
L. mergulus **Wassertanrek** O-Madagaskar
Microgale **Langschwanz- und Kleintanreks**
M. brevicaudata **Kurzschwanzkleintanrek** Madagaskar
M. cowani N-, O- und östl. Zentral-Madagaskar
M. dobsoni **Dobsons Langschwanztankrek** O- und östl. Zentral-Madagaskar
M. dryas NO-Madagaskar
M. gracilis O-Madagaskar
M. longicaudata **Langschwanztankrek** O- und N-Madagaskar
M. parvula **Kleiner Langschwanztanrek** N-Madagaskar
M. principula O- und SO-Madagaskar
M. pulla NO-Madagaskar
M. pusilla O- und S-Madagaskar
M. talazaci **Talazacis Langschwanztankrek** N-, O- und östl. Zentral-Madagaskar
M. thomasi **Thomas' Langschwanztanrek** O-Madagaskar
Oryzorictes **Reiswühler**
O. hova **Reiswühler** Zentral-Madagaskar
O. talpoides **Maulwurfreiswühler** NW-Madagaskar
O. tetradactylus **Vierzehenreiswühler** Zentral-Madagaskar

UNTERFAMILIE POTAMOGALINAE
Micropotamogale **Zwergotterspitzmäuse**
M. lamottei **Zwergotterspitzmaus** Guinea, Liberia, Côte d'Ivoire
M. ruwenzorii **Ruwenzori-Otterspitzmaus** Ruwenzori-Region (Uganda, Demokratische Republik Kongo), NO-Demokratische Republik Kongo
Potamogale
P. velox **Große Otterspitzmaus** Afrikanische Tropen, von Nigeria bis W-Kenia und südl. bis Angola

UNTERFAMILIE TENRECINAE
Echinops
E. telfairi **Kleiner Igeltanrek** S-Madagaskar
Hemicentetes
H. semispinosus **Streifentanrek, Halbborstenigel** O-Madagaskar
Setifer
S. setosus **Großer Igeltanrek** Zentral-Madagaskar
Tenrec
T. ecaudatus **Großer Tanrek** Madagaskar, Komoren; eingeführt in Réunion, Mauritius und Seychellen

FAMILIE SOLENODONTIDAE
Schlitzrüssler
Solenodon Schlitzrüssler
S. cubanus **Kubanischer Schlitzrüssler** Oriente (Kuba)
S. marcanoi ausgestorben: früher San Rafael (Dominikanische Republik)
S. paradoxus **Dominikanischer Schlitzrüssler** Haiti, Dominikanische Republik

FAMILIE ERINACEIDAE
Igel und Haarigel

UNTERFAMILIE ERINACEINAE
Atelerix Afrikanische Igel
A. albiventris **Weißbauchigel** Senegal bis Äthiopien, südl. bis zum Sambesi
A. algirus **Algerischer Igel** westl. Sahara bis Algerien, Tunesien, N-Libyen; eingeführt auf den Kanaren und Balearen, Malta, S-Frankreich und Spanien
A. frontalis **Kapigel** Südafrika, O-Botswana, W-Simbabwe; auch Namibia bis SW-Angola
A. sclateri **Sclaters Igel** N-Somalia
Erinaceus Kleinohrigel
E. amurensis Russland, südl. über O-China bis Hunan, Korea
E. concolor **Osteuropäischer Igel** O-Europa, S-Russland und W-Sibirien bis zum Ob, Türkei bis Israel und Iran, Griechenland und Adriatische Inseln
E. europaeus **Europäischer Igel** Spanien bis Italien und Istrien, nördl. bis Skandinavien und NW-Russland; auch Irland und Großbritannien, Korsika (Frankreich), Sardinien, Sizilien (Italien) und andere Inseln
Hemiechinus Langohrigel
H. aethiopicus **Wüstenigel** Mauretanien bis Ägypten und Äthiopien, Arabien, Djerba (Tunesien), Bahrain
H. auritus **Langohrigel** O-Ukraine bis Mongolei im Norden und Libyen bis W-Pakistan im Süden
H. collaris Pakistan, NW-Indien
H. hypomelas **Brandts Igel** Iran und Turkmenistan, östl. bis Usbekistan und zum Indus (Pakistan), Oman, Tanb und Kharg (Persischer Golf)
H. micropus **Indischer Igel** Pakistan, NW-Indien
H. nudiventris Tamil Nadu und Kerala (S-Indien)
Mesechinus
M. dauuricus NO-Mongolei, östl. bis zum oberen Amurbecken in Russland, angrenzende Innere Mongolei und W-Mandschurei (China)
M. hughi Shaanxi und Shanxi (China)

UNTERFAMILIE HYLOMYINAE
Echinosorex
E. gymnura **Großer Haarigel** Malaiische Halbinsel, Sumatra (Indonesien), Borneo
Hylomys Kleine Haarigel
H. hainanensis **Kleiner Hainan-Haarigel** Hainan (China)
H. sinensis **Chinesischer Kleiner Haarigel** Sichuan und Yunnan (S-China), angrenzend Myanmar und N-Vietnam
H. suillus **Zwerghaarigel, Schweinshaarigel** Malaiische Halbinsel bis Indochina und Grenze zu Yunnan (China), Java, Sumatra und Tioman (Indonesien), Borneo
Podogymnura
P. aureospinula **Goldhaarigel** Dinagat (Philippinen)
P. truei **Philippinischer Haarigel** Mindanao (Philippinen)

FAMILIE NESOPHONTIDAE
Westindische Insektenfresser
Nesophontes
N. edithae ausgestorben: früher Puerto Rico
N. hypomicrus ausgestorben: früher Haiti (inkl. Gonâve)
N. longirostris ausgestorben: früher Kuba
N. major ausgestorben: früher Kuba
N. micrus ausgestorben: früher Kuba, Haiti und Pinos-Inseln
N. paramicrus ausgestorben: früher Haiti
N. submicrus ausgestorben: früher Kuba
N. zamicrus ausgestorben: früher Haiti

FAMILIE SORICIDAE
Spitzmäuse

UNTERFAMILIE CROCIDURINAE
Congosorex
C. polli S-Demokratische Republik Kongo
Crocidura **Wimperspitzmäuse**
C. aleksandrisi Cyrenaika (Libyen)
C. allex SW-Kenia, Kilimandscharo, Meru und Ngorongoro (N-Tansania)
C. andamanensis Andamanen (Indien)
C. ansellorum N-Sambia
C. arabica Küstenebene im S der arabischen Halbinsel
C. armenica Armenien
C. attenuata Indien, Nepal, Bhutan, Myanmar, China, Taiwan, Thailand, Vietnam, Malaiische Halbinsel, Sumatra und Java (Indonesien)
C. attila Kamerunberg (Kamerun) bis O-Demokratische Republik Kongo
C. baileyi Hochland Äthiopiens westl. des Rift Valley
C. batesi S-Kamerun, Gabun
C. beatus Mindanao, Leyte und Maripipi (Philippinen)
C. beccarii Sumatra (Indonesien)
C. bottegi Guinea bis Äthiopien und N-Kenia
C. bottegoides Baleberge und Mount Albasso (Äthiopien)
C. buettikoferi Westafrika, von Guinea-Bissau bis Liberia, Nigeria
C. caliginea NO-Demokratische Republik Kongo
C. canariensis O-Kanaren
C. cinderella Senegal, Gambia, Mali, Niger
C. congobelgica NO-Demokratische Republik Kongo
C. cossyrensis Pantelleria (Italien)
C. crenata S-Kamerun, N-Gabun, O-Demokratische Republik Kongo
C. crossei **Crosses Spitzmaus** Sierra Leone bis W-Kamerun
C. cyanea Südafrika, Namibia, Botswana, Angola, Mosambik
C. denti Kamerun, Gabun, NO-Demokratische Republik Kongo
C. desperata Rungwe und Uzungwe-Gebirge (S-Tansania)
C. dhofarensis Dhofar (Oman)
C. dolichura Nigeria, S-Kamerun, Gabun, Bioko (Äquatorial-Guinea), Kongo, Zentralafrikanische Republik, Demokratische Republik Kongo, angrenzend Uganda und Burundi
C. douceti **Doucets Spitzmaus** Guinea, Côte d'Ivoire, Nigeria
C. dsinezumi Japan, Quelpart (Korea), Taiwan
C. eisentrauti Kamerunberg (Kamerun)
C. elgonius Mount Elgon (W-Kenia), NO-Tansania
C. elongata N- und Zentral-Sulawesi (Indonesien)
C. erica W-Angola
C. fischeri Nguruman (Kenia), Himo (Tansania)
C. flavescens **Afrikanische Riesenspitzmaus** Südafrika
C. floweri Ägypten
C. foxi **Nigerianische Savannenspitzmaus** Bergland von Jos (Nigeria)
C. fuliginosa **Südostasiatische Weißzahnspitzmaus** N-Indien, Myanmar, angrenzend China, Malaiische Halbinsel und benachbarte Inseln, evtl. Sumatra und Java (Indonesien) und Borneo
C. fulvastra Kenia bis Mali
C. fumosa Mount Kenia und Aberdares (Kenia)
C. fuscomurina Senegal bis Äthiopien, südl. bis Südafrika
C. glassi Hochland Äthiopiens, östl. des Rift Valley
C. goliath S-Kamerun, Gabun, Demokratische Republik Kongo
C. gracilipes Kilimandscharo (Tansania)
C. grandiceps **Großkopfspitzmaus** Guinea, Côte d'Ivoire, Ghana, Nigeria
C. grandis Mount Malindang (Mindanao, Philippinen)
C. grassei Belinga (Gabun), Boukoko (Zentralafrikanische Republik), Jaunde (Kamerun)
C. grayi Luzon und Mindoro (Philippinen)
C. greenwoodi S-Somalia
C. gueldenstaedtii Kaukasus
C. harenna Baleberge (Äthiopien)
C. hildegardeae Nigeria, Kamerun, Zentral- und O-Afrika
C. hirta Somalia bis Demokratische Republik Kongo bis Südafrika
C. hispida Andamanen (Indien)
C. horsfieldii Mysore und Ladak (Indien), Sri Lanka, Nepal, Yunnan, Fujian und Hainan (China), Taiwan, Ryukyu-Inseln (Japan), N-Thailand bis Vietnam
C. jacksoni O-Demokratische Republik Kongo, Uganda, Kenia, N-Tansania
C. jenkinsi Andamanen (Indien)
C. kivuana Kahuzi-Biega-Nationalpark (Demokratische Republik Kongo)
C. lamottei Senegal bis W-Kamerun
C. lanosa O-Demokratische Republik Kongo, Ruanda
C. lasiura Ussuri-Region (Russland) und NO-China bis Korea, auch Jiangsu (China)
C. latona NO-Demokratische Republik Kongo
C. lea N- und Zentral-Sulawesi (Indonesien)
C. leucodon **Feldspitzmaus** Frankreich bis zur Wolga und zum Kaukasus, Türkei, südl. über das Elbrus-Gebirge bis Israel und Libanon, Insel Lesbos (Griechenland)
C. levicula Zentral- und SO-Sulawesi (Indonesien)
C. littoralis Demokratische Republik Kongo, Uganda, Kenia
C. longipes **Langfußspitzmaus** W-Nigeria
C. lucina O-Äthiopien
C. ludia Medje und Tandala (N-Demokratische Republik Kongo)
C. luna Simbabwe, O-Angola, Sambia, Malawi, Mosambik, Demokratische Republik Kongo, Uganda, Ruanda, Tansania, Kenia
C. lusitania S-Marokko bis Senegal, östl. in Nigeria, Sudan, Äthiopien
C. macarthuri Kenia, Somalia
C. macmillani Äthiopien
C. macowi N-Kenia
C. malayana Malaiische Halbinsel und umliegende Inseln
C. manengubae Kamerun
C. maquassiensis N-Südafrika, Simbabwe
C. mariquensis Südafrika bis Mosambik, W-Simbabwe und Sambia; auch NO-Namibia und NW-Botswana
C. maurisca Uganda, Kenia
C. maxi Java, Kleine Sundainseln, Molukken (Indonesien)
C. mindorus Mount Halcon (Mindoro, Philippinen)
C. minuta Java (Indonesien)
C. miya Zentral-Sri Lanka
C. monax W-Kenia, N-Tansania
C. monticola Malaiische Halbinsel, Java (Indonesien), Borneo
C. montis Mount Ruwenzori (Uganda), Mount Meru (Tansania), Imatong-Gebirge (Sudan), evtl. Kenia
C. muricauda Guinea bis Ghana
C. mutesae Uganda
C. nana Somalia, Äthiopien
C. nanilla Mauretanien bis Kenia und Uganda
C. neglecta Sumatra (Indonesien)
C. negrina S-Negros (Philippinen)
C. nicobarica Großnikobar (Nikobaren, Indien)
C. nigeriae **Nigeria-Spitzmaus** Nigeria, Kamerun, Bioko (Äquatorial-Guinea)
C. nigricans Angola
C. nigripes N- und Zentral-Sulawesi (Indonesien)
C. nigrofusca S-Äthiopien und Sudan über O-Afrika bis Demokratische Republik Kongo, Sambia, Angola
C. nimbae Nimbaberge (Guinea, Liberia), Sierra Leone
C. niobe Uganda, Demokratische Republik Kongo
C. obscurior Sierra Leone bis Côte d'Ivoire
C. olivieri Ägypten, Senegal bis Äthiopien, südl. bis N-Südafrika
C. orii Ryukyu-Inseln (Japan)
C. osorio Gran Canaria (Kanaren)
C. palawanensis Palawan (Philippinen)
C. paradoxura Sumatra (Indonesien)
C. parvipes Kamerun bis S-Sudan, Äthiopien, Kenia, Tansania, Demokratische Republik Kongo, Sambia, Angola
C. pasha Sudan, Äthiopien
C. pergrisea Kaschmir
C. phaeura Mount Guramba (Äthiopien)
C. picea Kamerun
C. pitmani Zentral- und N-Sambia
C. planiceps Äthiopien, Sudan, Uganda, Demokratische Republik Kongo, Nigeria
C. poensis **Dunkle Urwaldspitzmaus** Kamerun bis Liberia, Bioko (Äquatorial-Guinea), Principe (Sao Tomé & Principe)
C. polia Medje (Demokratische Republik Kongo)
C. pullata Afghanistan, Pakistan, Indien, Kaschmir, Yunnan (China), Thailand
C. raineyi Mount Garguez (Kenia)
C. religiosa Niltal (Ägypten)
C. rhoditis N-, Zentral- und SW-Sulawesi (Indonesien)
C. roosevelti Angola, Kamerun, Zentralafrikanische Republik, Demokratische Republik Kongo, Uganda, Ruanda, Tansania
C. russula **Hausspitzmaus** S- und W-Europa, Mittelmeerinseln (Ibiza, Sardinien), N-Afrika, von Marokko bis Tunesien
C. selina Uganda
C. serezkyensis Türkei, Aserbaidschan, Turkmenistan, Tadschikistan, Kasachstan
C. sibirica Ysyk-Kol-See (Kirgisistan) bis zum Oberlauf des Ob, Baikalsee, evtl. Mongolei und Xinjiang (China)
C. sicula Sizilien, Egadi (Italien), Gozo (Malta)
C. silacea Südafrika, Botswana, Simbabwe, Mosambik
C. smithii Senegal, Äthiopien, evtl. Somalia
C. somalica Äthiopien, Sudan, Somalia, Mali
C. stenocephala Mount Kahuzi (O-Demokratische Republik Kongo)
C. suaveolens **Gartenspitzmaus** Paläarktis von Spanien bis Korea, viele Inseln im Atlantik, Mittelmeerinseln inkl. Korsika (Frankreich), Kreta (Griechenland), Menorca (Spanien) und Zypern
C. susiana Dezful (SW-Iran)
C. tansaniana Usambaraberge (Tansania)
C. tarella Uganda
C. tarfayensis Atlantikküste von Marokko bis Mauretanien
C. telfordi Uluguruberge (Tansania)
C. tenuis Timor
C. thalia Hochland Äthiopiens
C. theresae Ghana bis Guinea
C. thomensis São Tomé (São Tomé & Principe)
C. turba Angola, Sambia, Malawi, Demokratische Republik Kongo, Kamerun, Uganda, Tansania, Kenia
C. ultima Jombeniberge (Nyeri, Kenia)
C. usambarae Usambaraberge (Tansania)
C. viaria S-Marokko bis Senegal, östl. bis Sudan, Äthiopien, Kenia
C. voi Kenia und Somalia bis Äthiopien und Sudan; auch Nigeria und Mali
C. whitakeri Marokko bis Tunesien, Küste Ägyptens
C. wimmeri S-Côte d'Ivoire
C. xantippe SO-Kenia, Usambaraberge (Tansania)
C. yankariensis **Yankari-Spitzmaus** Kamerun, Nigeria, Sudan, Äthiopien, Kenia, Somalia
C. zaphiri Kaffa (S-Äthiopien), Kaimosi und Kisumu (Kenia)
C. zarudnyi SO-Iran, SO-Afghanistan, SW-Pakistan
C. zimmeri Upemba-Nationalpark (Demokratische Republik Kongo)
C. zimmermanni Kreta (Griechenland)
Diplomesodon
D. pulchellum **Turkestan-Wüstenspitzmaus** W- und S-Kasachstan, Usbekistan, Turkmenistan
Feroculus
F. feroculus **Kelaarts Langkrallenspitzmaus** Zentral-Sri Lanka

Myosorex
M. babaulti O-Demokratische Republik Kongo, W-Ruanda, W-Burundi
M. blarina Ruwenzori (Uganda, Demokratische Republik Kongo)
M. cafer O- und NO-Südafrika, O-Simbabwe, W-Mosambik
M. eisentrauti Bioko (Äquatorial-Guinea)
M. geata SW-Tansania
M. longicaudatus S- und SO-Südafrika
M. okuensis Bamenda-Plateau (Kamerun)
M. rumpii Rumpi Hills (Kamerun)
M. schalleri Itombwe-Berge (O-Demokratische Republik Kongo)
M. sclateri KwaZulu-Natal (Südafrika)
M. tenuis NO-Südafrika
M. varius **Südafrikanische Waldspitzmaus** Südafrika, Lesotho
Paracrocidura **Afrikanische Spitzmäuse**
P. graueri Itombwe-Berge (O-Demokratische Republik Kongo)
P. maxima Demokratische Republik Kongo, Ruanda, Uganda
P. schoutedeni **Schoutedens Spitzmaus** S-Kamerun, Gabun, Kongo, Zentralafrikanische Republik, Demokratische Republik Kongo
Ruwenzorisorex
R. suncoides W-Demokratische Republik Kongo, Uganda, Ruanda, Burundi
Scutisorex
S. somereni **Schildspitzmaus, Panzerspitzmaus** Demokratische Republik Kongo, angrenzend Uganda, Ruanda, Burundi
Solisorex
S. pearsoni **Pearsons Langkrallenspitzmaus** Zentral-Sri Lanka
Suncus **Dickschwanzspitzmäuse**
S. ater Mount Kinabalu (Sabah, N-Borneo)
S. dayi S-Indien
S. etruscus **Etruskerspitzmaus** S-Europa, N-Afrika, von Marokko bis Ägypten, arabische Halbinsel und Türkei bis Irak, Turkmenistan, Afghanistan, Pakistan, Indien, Sri Lanka, Nepal, Bhutan, Myanmar, Yunnan (China) und Thailand
S. fellowesgordoni Zentral-Sri Lanka
S. hosei Borneo
S. infinitesimus Kamerun, Zentralafrikanische Republik, Kenia bis Südafrika
S. lixus Kenia, Tansania, Demokratische Republik Kongo, Malawi, Sambia, Angola, Botswana, N-Südafrika
S. madagascariensis **Madagaskar-Spitzmaus** Madagaskar, Komoren
S. malayanus Malaiische Halbinsel
S. mertensi Flores (Indonesien)
S. montanus S-Indien, Sri Lanka
S. murinus **Moschusspitzmaus** Afghanistan, Pakistan, Indien, Sri Lanka, Nepal, Bhutan, Myanmar, China, Taiwan, Japan, südl. bis Malaiische Halbinsel; eingeführt an der Küste NO-Afrikas (Ägypten bis Tansania), an der Küste Arabiens, Madagaskar, Komoren, Mauritius, andere Inseln im Indischen Ozean, Philippinen, Guam und vermutlich viele andere Pazifikinseln
S. remyi Belinga und Makokou (NO-Gabun)
S. stoliczkanus Pakistan, Indien, Nepal, Bangladesch
S. varilla Südafrika, Simbabwe, Sambia, Malawi, Demokratische Republik Kongo, Tansania; auch Nigeria
S. zeylanicus Sri Lanka
Surdisorex **Maulwurfspitzmäuse**
S. norae Aberdares (Kenia)
S. polulus Mount Kenia (Kenia)
Sylvisorex
S. granti Demokratische Republik Kongo, Uganda, Ruanda, Kenia, Tansania; auch Kamerun
S. howelli Usambara- und Uluguruberge (Tansania)
S. isabellae Bioko (Äquatorial-Guinea), Bamenda-Hochebene (Kamerun)
S. johnstoni Kongo, SW-Kamerun, Gabun, Bioko (Äquatorial-Guinea), Demokratische Republik Kongo, Uganda, Burundi, Tansania
S. lunaris Ruwenzori (Uganda, Demokratische Republik Kongo), Virungavulkane (Ruanda), Gebiet um den Kivusee (Burundi, Demokratische Republik Kongo)
S. megalura **Kletterspitzmaus** Guinea bis Äthiopien, südl. bis Mosambik und Simbabwe
S. morio Kamerunberg (Kamerun)
S. ollula S-Kamerun, angrenzend Nigeria, Gabun, S-Demokratische Republik Kongo
S. oriundus NO-Demokratische Republik Kongo
S. vulcanorum O-Demokratische Republik Kongo, Uganda, Ruanda, Burundi

UNTERFAMILIE SORICINAE
Anourosorex
A. squamipes **Stummelschwanzspitzmaus** Assam (Indien), Bhutan, N- und W-Myanmar, Shaanxi, Hubei bis Yunnan (China), Taiwan, Thailand, N-Vietnam
Blarina **Amerikanische Kurzschwanzspitzmäuse**
B. brevicauda **Große Kurzschwanzspitzmaus** Saskatchewan (Kanada), östl. in S- und SO-Kanada und bis Nebraska und N-Virginia (USA)
B. carolinensis S-Illinois, östl. bis N-Virginia, südl. bis O-Texas und N-Florida
B. hylophaga S-Nebraska und Iowa, südl. bis S-Texas und östl. bis Missouri und NW-Arkansas, Oklahoma bis Louisiana (USA)
Blarinella **Asiatische Kurzschwanzspitzmäuse**
B. quadraticauda **Asiatische Kurzschwanzspitzmaus** Gansu, Shaanxi, Sichuan und Yunnan (China)
B. wardi Myanmar, Yunnan (China)
Chimarrogale
C. hantu Malaiische Halbinsel
C. himalayica **Himalaja-Wasserspitzmaus** Kaschmir über SO-Asien bis Indochina, Zentral- und S-China, Taiwan
C. phaeura Borneo
C. platycephala Japan
C. styani Shaanxi, Sichuan (China), N-Myanmar
C. Sumatrana Sumatra (Indonesien)
Cryptotis **Kleinohrspitzmäuse**
C. avia Ostkordillere in Kolumbien
C. endersi Bocas del Toro (Panama)
C. goldmani S-Mexiko, westl. Zentral-Guatemala
C. goodwini S-Mexiko, S-Guatemala, W-El Salvador
C. gracilis SO-Costa Rica, W-Panama
C. hondurensis Tegucigalpa (Honduras), evtl. angrenzend Guatemala, El Salvador und Nicaragua
C. magna nördl. Zentral-Oaxaca (Mexiko)
C. meridensis Kordillere von Mérida und Bergland bei Caracas (W-Venezuela)
C. mexicana Tamaulipas bis Chiapas (Mexiko)
C. montivaga Anden in S-Ecuador
C. nigrescens S-Mexiko (inkl. Halbinsel Yucatán), Guatemala, El Salvador, Honduras, Costa Rica, Panama
C. parva **Kleine Kurzschwanzspitzmaus** SO-Kanada über östl. Zentral- und SW-USA, Mexiko, Mittelamerika bis Panama
C. squamipes Westkordillere in W-Kolumbien und Ecuador
C. thomasi **Kleinohrspitzmaus** Ostkordillere in W-Kolumbien, Ecuador und N-Peru
Megasorex
M. gigas Nayarit bis Oaxaca (Mexiko)
Nectogale
N. elegans **Gebirgsbachspitzmaus, Tibetanische Wasserspitzmaus** Nepal und Sikkim (Indien), Bhutan, N-Myanmar, Shaanxi, Sichuan, Yunnan und Xizang (China)
Neomys **Wasserspitzmäuse**
N. anomalus **Sumpfspitzmaus** Portugal bis Polen, östl. bis Russland
N. fodiens **Wasserspitzmaus** Größter Teil Europas (inkl. Britische Inseln), östl. bis Baikalsee, Jenissej (Russland), Tian Shan (China), NW-Mongolei; auch Sachalin (Russland), Jilin (China) und N-Korea
N. schelkovnikovi Kaukasus (Armenien, Aserbaidschan, Georgien)
Notiosorex
N. crawfordi **Graue Wüstenspitzmaus** SW- und südl. Zentral-USA bis Baja California sowie N- und Zentral-Mexiko
Sorex **Waldspitzmäuse**
S. alaskanus Glacier Bay (Alaska, USA)
S. alpinus **Alpenspitzmaus** Pyrenäen, Jura, Harz, Sudeten, Karpaten, Tatra und andere Gebirge Mitteleuropas
S. araneus **Waldspitzmaus** Mittel-, O- und N-Europa (inkl. Britische Inseln), östl. bis Sibirien (Russland); auch in Frankreich, Italien, Spanien
S. arcticus **Arktische Spitzmaus** NW- bis SO-Kanada, Dakota, Minnesota und Wisconsin (USA)
S. arizonae SO-Arizona, SW-New Mexico (USA), Chihuahua (N-Mexiko)
S. asper Tian Shan (Kasachstan, China)
S. bairdii NW-Oregon (USA)
S. bedfordiae S-Gansu und W-Shaanxi bis Yunnan (China), angrenzend Myanmar, Nepal
S. bendirii **Pazifische Wasserspitzmaus** NW-Kalifornien bis Washington (USA), SO-British Columbia (Kanada)
S. buchariensis Pamir (Tadschikistan)
S. caecutiens **Maskenspitzmaus** O-Europa bis O-Sibirien und Sachalin (Russland), südl. bis Zentral-Ukraine, N-Kasachstan, Altai, Mongolei, Gansu und NO-China, Korea
S. camtschatica S-Kamtschatka (Russland)
S. cansulus Gansu (China)
S. cinereus **Aschgraue Spitzmaus** Alaska (USA) und Kanada entlang der Rocky Mountains und Appalachen
S. coronatus W-Europa, von den Niederlanden und NW-Deutschland bis Frankreich, zur Schweiz, südl. bis N-Spanien; auch Jersey (Kanalinseln)
S. cylindricauda N-Sichuan (China)
S. daphaenodon Ural bis zum Kolyma, Kamtschatka, Sachalin (Russland), Jilin und Nei Monggol (China)
S. dispar **Langschwanzspitzmaus** S-New Brunswick, Nova Scotia (Kanada), North Carolina bis Maine in Appalachen (USA)
S. emarginatus Durango, Zacatecas und Jalisco (Mexiko)
S. excelsus Yunnan, Sichuan (China), evtl. Nepal
S. fumeus **Rauchfarbene Spitzmaus** SO-Kanada, südl. über Appalachen bis NO-Georgia (USA)
S. gaspensis Gaspé, Nova Scotia, N-New Brunswick, Cape Breton (Kanada)
S. gracillimus SO-Sibirien vom Ochotskischen Meer bis N-Korea, Sachalin (Russland), Hokkaido (Japan)
S. granaries NW-Iberische Halbinsel (Portugal, Spanien)
S. haydeni südl. Zentral-Kanada, nördl. Zentral-USA
S. hosonoi Zentral-Honshu (Japan)
S. hoyi **Amerikanische Zwergspitzmaus** Alaska (USA), Kanada, USA südl. bis zu den Appalachen und Rocky Mountains
S. hydrodromus **Unalaskaspitzmaus** Pribilof-Inseln (Beringmeer, USA)
S. isodon SO-Norwegen und Finnland über Sibirien bis Pazifikküste und Kamtschatka, Sachalin und Kurilen (Russland), vermutlich NO-China und Korea
S. jacksoni St.-Lorenz-Insel (Beringmeer, USA)
S. kozlovi O-Xizang (China)
S. leucogaster Paramushir (Russland)
S. longirostris **Südostamerikanische Rotzahnspitzmaus** SO-USA (außer Florida), westl. bis Louisiana, Arkansas, Missouri, Illinois, Indiana
S. lyelli Sierra Nevada (Kalifornien, USA)
S. macrodon Veracruz und Puebla (Mexiko)
S. merriami östl. Zentral-Washington bis N- und O-Kalifornien, Arizona bis Nebraska und Montana (USA)
S. milleri östl. Sierra Madre von Coahuila und Nuevo León (NO-Mexiko)
S. minutissimus **Knirpsspitzmaus** Norwegen, Schweden und Estland bis O-Sibirien, Sachalin (Russland), Hokkaido (Japan), Mongolei, China, S-Korea
S. minutus **Zwergspitzmaus** Europa bis Jenissej und Baikalsee, südl. bis Altai und Tian Shan
S. mirabilis Ussuri-Region (Russland), NO-China, N-Korea
S. monticolus von Alaska (USA) südl. über W-Kanada bis Kalifornien und New Mexico, östl. bis Montana, Wyoming und Colorado (USA), Chihuahua und Durango (Mexiko)
S. nanus Montana bis New Mexico in den Rocky Mountains, South Dakota, Arizona (USA)
S. oreopolus Jalisco (Mexiko)
S. ornatus **Schönspitzmaus** Kalifornien (USA) bis Baja California (Mexiko), Santa Catalina (USA)
S. pacificus **Pazifische Spitzmaus** Küste Oregons (USA)
S. palustris **Amerikanische Wasserspitzmaus, Moorspitzmaus** Nordamerika, von Alaska (USA) bis Sierra Nevada, Rocky Mountains und Appalachen
S. planiceps N-Pakistan, Kaschmir
S. portenkoi NO-Sibirien (Russland)
S. preblei W-USA
S. raddei Kaukasus, N-Türkei
S. roboratus Russland, zwischen Ob und Ussuri, südl. bis Altaigebirge und N-Mongolei
S. sadonis Sado (Japan)
S. samniticus Italien
S. satunini Kaukasus, N-Türkei
S. saussurei Coahuila und Durango bis Chiapas (Mexiko), Guatemala
S. sclateri Chiapas (Mexiko)
S. shinto Honshu, Shikoku, Hokkaido (Japan)
S. sinalis Zentral- und W-China
S. sonomae Westküste der USA, von Oregon bis N-Kalifornien
S. stizodon Chiapas (Mexiko)
S. tenellus **Inyo-Spitzmaus** westl. Zentral-Nevada, östl. Zentral-Kalifornien (USA)
S. thibetanus Himalaya, NO-Xizang (China)
S. trowbridgii **Trowbridges Spitzmaus** Küste der W-USA, von Washington bis Kalifornien, SW-British Columbia (Kanada)
S. tundrensis Sibirien, vom Pechora bis zur Tschuktschen-Halbinsel (Russland), südl. bis Altai, Mongolei und NO-China; auch Alaska (USA), Yukon und Northwest Territories (NW-Kanada)
S. ugyunak N-Alaska (USA), NW-Kanada
S. unguiculatus sibirische Küste, von Wladiwostok bis Amur, Sachalin (Russland), Hokkaido (Japan)
S. vagrans **Wanderspitzmaus** SW-Kanada, W-USA
S. ventralis NW-Puebla bis Oaxaca (Mexiko)
S. veraepacis Mexiko bis SW-Guatemala
S. volnuchini S-Ukraine, Kaukasus
Soriculus **Asiatische Spitzmäuse**
S. caudatus Kaschmir bis N-Myanmar und SW-China
S. fumidus Taiwan
S. hypsibius SW- und Zentral-China
S. lamula Yunnan, Sichuan, Gansu bis Fujian (Zentral-China)
S. leucops Sikkim und Assam (Indien), Zentral-Nepal, bis S-China, N-Myanmar und N-Vietnam
S. macrurus Zentral-Nepal bis W- und S-China, N-Myanmar und Vietnam
S. nigrescens **Sikkim-Großklauenspitzmaus** Himalaya von Assam (Indien) und SW-China bis Xizang (China) und Nepal
S. parca SW-China, N-Myanmar, Thailand, N-Vietnam
S. salenskii **Salenskis Spitzmaus** N-Sichuan (China)
S. smithii Zentral-Sichuan bis W-Shaanxi (China)

FAMILIE CHRYSOCHLORIDAE
Goldmulle
Amblysomus **Kupfergoldmulle**
A. gunningi NO-Südafrika
A. hottentotus **Hottentotten-Goldmull** Südafrika
A. iris S-, SO- und O-Südafrika
A. julianae **Julianas Goldmull** nördl. Zentral- und NO-Südafrika
Calcochloris
C. obtusirostris O-Südafrika, S-Simbabwe, S-Mosambik
Chlorotalpa **Afrikanische Goldmulle**
C. arendsi O-Simbabwe, angrenzend Mosambik
C. duthieae S-Südafrika
C. leucorhina N-Angola, Demokratische Republik Kongo, Kamerun, Zentralafrikanische Republik
C. sclateri S- und Zentral-Südafrika
C. tytonis Giohar (Somalia)
Chrysochloris
C. asiatica **Kapgoldmull** SW-Südafrika, evtl. Namibia
C. stuhlmanni **Stuhlmanns Goldmull** Kamerun, N-Demokratische Republik Kongo, Uganda, Kenia, Tansania
C. visagiei Gouna (Calvinia, Südafrika)
Chrysospalax
C. trevelyani **Riesengoldmull** Region um King Williams' Town (SO-Südafrika)
C. villosus O-Südafrika

Cryptochloris
C. wintoni **De Wintons Goldmull** Little Namaqualand (Südafrika)
C. zyli **Van-Zyl-Goldmull** Lamberts Bay (SW-Südafrika)
Eremitalpa
E. granti **Grants Goldmull** SW- und W-Südafrika, W-Namibia

FAMILIE TALPIDAE
Desmane, Maulwürfe und Ohrenspitzmausmaulwürfe

UNTERFAMILIE DESMANINAE
Desmana
D. moschata **Russischer Desman, Wychuchol** Don, Wolga und Ural in SW-Russland; eingeführt im Dnjepr (Ukraine) und Ob
Galemys
G. pyrenaicus **Pyrenäendesman, Almizilero** Pyrenäen (S-Frankreich) und N-Iberische Halbinsel (N-Spanien, N-Portugal)

UNTERFAMILIE TALPINAE
Condylura
C. cristata **Sternmull** Georgia und NW-South Carolina (SO-USA) bis Nova Scotia, Labrador (SO-Kanada) und Große Seen bis S-Manitoba
Euroscaptor
E. grandis S-China, Vietnam
E. klossi Thailand, Laos, Malaiische Halbinsel
E. longirostris S-China
E. micrura Sikkim und Assam (Indien), Nepal, N-Myanmar, S-China
E. mizura Honshu (Japan)
E. parvidens Di Linh und Rakho (Vietnam)
Mogera
M. etigo Echigo-Ebene (Honshu, Japan)
M. insularis SO-China (inkl. Hainan), Taiwan
M. kobeae Kyushu, Shikoku und S-Honshu (Japan)
M. minor Honshu (Japan)
M. robusta Korea bis NO-China, angrenzend Sibirien (Russland)
M. tokudae Sado-Inseln (Japan)
M. wogura Japan
Nesoscaptor
N. uchidai Senkaku (Ryukyu-Inseln, Japan)
Neurotrichus
N. gibbsii **Amerikanischer Spitzmausmaulwurf** SW-British Columbia (Kanada), südl. bis westl. Zentral-Kalifornien (USA)
Parascalops
P. breweri **Bürstenmaulwurf** SO-Kanada, NO-USA
Parascaptor
P. leucura Assam (Indien), Myanmar, Yunnan (China)
Scalopus
S. aquaticus **Nacktschwanzmaulwurf** Minnesota und Massachusetts über O-USA bis N-Coahuila und N-Tamaulipas (NO-Mexiko)
Scapanulus
S. oweni **Kansumaulwurf** Gansu, Shaanxi, Sichuan (Zentral-China)
Scapanus
S. latimanus **Breithandmaulwurf** südl. Zentral-Oregon (USA) bis N-Baja California (Mexiko)
S. orarius **Küstenmaulwurf** SW-British Columbia (Kanada) bis westl. Zentral-Idaho, N-Oregon und NW-Kalifornien (USA)
S. townsendii **Townsends Maulwurf** SW-British Columbia (Kanada) bis NW-Kalifornien (USA)
Scaptochirus
S. moschatus Hebei, Shandong, Shaanxi, Shanxi (NO-China)
Scaptonyx
S. fusicaudus **Langschwanzmaulwurf** Qinghai, Shaanxi, Sichuan und Yunnan (S-China), N-Myanmar
***Talpa* Altweltmaulwürfe**
T. altaica Zentral-Sibirien zwischen Ob und Lena (Russland), südl. bis N-Mongolei
T. caeca **Blindmaulwurf** S-Europa und Türkei
T. caucasica NW-Kaukasus
T. europaea **Europäischer Maulwurf** gemäßigte Breiten Europas (inkl. Großbritannien), östl. bis Ob und Irtysch (Russland)
T. levantis Bulgarien, Thrakien, N-Türkei bis zum Kaukasus
T. occidentalis W- und Zentral-Iberische Halbinsel (Portugal, Spanien)
T. romana **Römischer Maulwurf** Apenninen (Italien), SO-Frankreich
T. stankovici Stara Planina (Rumänien, Bulgarien, S-Jugoslawien), Griechenland (inkl. Kerkira)
T. streeti N-Iran
***Urotrichus* Japanische Maulwürfe**
U. pilirostris **Japanischer Bergmaulwurf** Honshu, Shikoku, Kyushu (Japan)
U. talpoides **Japanischer Spitzmausmaulwurf** Honshu, Shikoku, Kyushu, Dogo, Tsushima (Japan)

UNTERFAMILIE UROPSILINAE
Uropsilus
U. andersoni Zentral-Sichuan (China)
U. gracilis Sichuan und Yunnan (China), N-Myanmar
U. investigator Yunnan (China)
U. soricipes **Ohrenspitzmausmaulwurf** Zentral-Sichuan (China)

ORDNUNG CHIROPTERA
FLEDERTIERE

UNTERORDNUNG MEGACHIROPTERA

FAMILIE PTEROPODIDAE
Flughunde

UNTERFAMILIE PTEROPODINAE
Langnasenflughunde
Acerodon
A. celebensis Sulawesi, Salayar und Mangole (Indonesien)
A. humilis Talaud-Inseln (Indonesien)
A. jubatus Philippinen
A. leucotis Palawan, Busuanga und Balabac (Philippinen)
A. lucifer Panay (Philippinen)
A. mackloti Indonesien
Aethalops
A. alecto Malaiische Halbinsel, Sumatra, W-Java und Lombok (Indonesien), Borneo
Alionycteris
A. paucidentata Mindanao (Philippinen)
Aproteles
A. bulmerae Neuguinea
Balionycteris
B. maculata Thailand, Malaiische Halbinsel, Riau-Archipel (Indonesien), Borneo
Bonela
B. bidens N-Sulawesi (Indonesien)
Casinycteris
C. argynnis Kamerun bis O-Demokratische Republik Kongo
Chironax
C. melanocephalus Thailand, Malaiische Halbinsel, Sumatra, Java und Sulawesi (Indonesien), Borneo
***Cynopterus* Kurznasenflughunde**
C. brachyotis Indien (inkl. Andamanen und Nikobaren), Sri Lanka, SO-Asien, Malaysia, Sumatra und Sulawesi (Indonesien), Borneo, Philippinen
C. horsfieldi Thailand, Malaiische Halbinsel, Java, Sumatra und Kleine Sundainseln (Indonesien), Borneo
C. nusatenggara Kleine Sundainseln (Indonesien)
C. sphinx **Indischer Kurznasenflughund** Indien, Sri Lanka, S-China, SO-Asien, Malaiische Halbinsel, Sumatra (Indonesien), evtl. Borneo
C. titthaecheileus Sumatra, Java, Lombok und Timor (Indonesien)
Dobsonia
D. beauforti Waigeo (Indonesien)
D. chapmani ausgestorben: früher Philippinen
D. emersa Biak und Owii (Indonesien)
D. exoleta Sulawesi, benachbarte Inseln (Indonesien)
D. inermis Salomonen
D. minor Sulawesi (Indonesien), Zentral- und W-Neuguinea
D. moluccensis Aru-Inseln, Batanta, Misool und Molukken (Indonesien), Neuguinea, Bismarck-Archipel (Papua-Neuguinea), N-Queensland (Australien)
D. pannietensis Louisiade-Archipel, D'Entrecasteaux- und Trobriand-Inseln (Papua-Neuguinea)
D. peroni Indonesien
D. praedatrix Bismarck-Archipel (Papua-Neuguinea)
D. viridis Sulawesi und Molukken (Indonesien)
Dyacopterus
D. spadiceus **Dayak-Flughund** Malaiische Halbinsel, Sumatra (Indonesien), Borneo, Luzon und Mindanao (Philippinen)
Eidolon
E. dupreanum Madagaskar
E. helvum **Palmenflughund** Senegal über Äthiopien bis Südafrika, SW-Arabien, Inseln vor O-Afrika
Epomophorus
E. angolensis W-Angola, NW-Namibia
E. gambianus **Gambia-Epaulettenflughund** Senegal bis W-Äthiopien, S-Tansania bis Angola und Südafrika
E. grandis N-Angola, S-Kongo
E. labiatus Nigeria bis Äthiopien, südl. bis Kongo und Malawi
E. minimus Äthiopien bis Uganda, Tansania
E. wahlbergi **Wahlberg-Epaulettenflughund** Kamerun bis Somalia, südl. bis Angola und Südafrika, Pemba und Sansibar (Tansania)
***Epomops* Epaulettenflughunde**
E. buettikoferi **Büttikofer-Epaulettenflughund** Guinea bis Nigeria
E. dobsoni N-Botswana, Angola bis Ruanda, Tansania und Malawi
E. franqueti **Franquet-Epaulettenflughund** Côte d'Ivoire bis Sudan, Uganda, NW-Tansania, N-Sambia, Angola
Haplonycteris
H. fischeri Philippinen
Harpyionycteris
H. celebensis Sulawesi (Indonesien)
H. whiteheadi **Whitehead-Spitzzahnflughund** Philippinen
Hypsignathus
H. monstrosus **Hammerkopf** oder **Hammerkopfflughund** Sierra Leone bis W-Kenia, südl. bis Sambia und Angola sowie Bioko (Äquatorial-Guinea)
Latidens
L. salimalii S-Indien
Megaerops
M. ecaudatus Thailand, Malaiische Halbinsel, Sumatra (Indonesien), Borneo
M. kusnotoi Java (Indonesien)
M. niphanae Indien, Thailand, Vietnam
M. wetmorei Malaiische Halbinsel, Borneo, Philippinen
***Micropteropus* Zwerg-Epaulettenflughund**
M. intermedius N-Angola, SO-Demokratische Republik Kongo
M. pusillus **Zwerg-Epaulettenflughund** Gambia bis Äthiopien, südl. bis Tansania, Burundi, Sambia, Angola
***Myonycteris* Kragenflughunde**
M. brachycephala São-Tomé-Inseln (São Tomé & Principe)
M. relicta Shimba Hills (Kenia), Nguru und Usambaraberge (Tansania)
M. torquata **Schmalkragenflughund** Sierra Leone bis Uganda, südl. bis Angola und Sambia, Bioko (Äquatorial-Guinea)
Nanonycteris
N. veldkampi **Veldkamps Zwergflughund** Guinea bis Zentralafrikanische Republik
Neopteryx
N. frosti W- und N-Sulawesi (Indonesien)
***Nyctimene* Röhrennasenflughunde**
N. aello Neuguinea
N. albiventer Molukken und Kai-Inseln (Indonesien), Neuguinea, Bismarck-Archipel (Papua-Neuguinea), Salomonen, N-Queensland (Australien)
N. celaeno Geelvink Bay (Irian Jaya, Neuguinea)
N. cephalotes **Großkopf-Röhrennasenflughund** Sulawesi, Timor, Molukken und Numfoor (Indonesien), S-Neuguinea
N. certans Neuguinea
N. cyclotis Neuguinea, Neubritannien (Bismarck-Archipel, Papua-Neuguinea)
N. draconilla Neuguinea
N. major **Großer Röhrennasenflughund** Bismarck- und Louisiade-Archipel, D'Entrecasteaux- und Trobriand-Inseln (Papua-Neuguinea), Salomonen, Inseln vor der Küste N-Neuguineas
N. malaitensis Malaita (Salomonen)
N. masalai Neuirland (Bismarck-Archipel, Papua-Neuguinea)
N. minutus Sulawesi, Zentral-Molukken (Indonesien)
N. rabori Negros (Philippinen)
N. robinsoni **Robinson-Röhrennasenflughund** O-Queensland (Australien)
N. sanctacrucis Santa-Cruz-Inseln (Salomonen)
N. vizcaccia Umboi, Bismarck-Archipel (Papua-Neuguinea), Salomonen
Otopteropus
O. cartilagonodus Luzon (Philippinen)
Paranyctimene
P. raptor Neuguinea
Penthetor
P. lucasi Malaiische Halbinsel, Riau-Archipel (Indonesien), Borneo
Plerotes
P. anchietai Angola, Sambia, S-Demokratische Republik Kongo
Ptenochirus
P. jagori Philippinen
P. minor Philippinen
***Pteralopex* Affengesichtflughunde**
P. acrodonta **Fidschi-Affengesichtflughund** Fidschi
P. anceps **Bougainville-Affengesichtflughund** Bougainville (Papua-Neuguinea), Choiseul (Salomonen)
P. atrata **Guadalcanal-Affengesichtflughund** Santa Isabell, Guadalcanal (Salomonen)
P. pulchra **Berg-Affengesichtflughund** Guadalcanal (Salomonen)
***Pteropus* Eigentliche Flughunde, Flugfüchse, Riesenflughunde**
P. admiralitatum Bismarck-Archipel (Papua-Neuguinea), Salomonen
P. aldabrensis Aldabra (Seychellen)
P. alecto Indonesien, S-Neuguinea, N- und O-Australien
P. anetianus **Vanuatu-Flughund** Vanuatu
P. argentatus Amboina (Molukken, Indonesien)
P. brunneus Percy-Inseln (Queensland, Australien)
P. caniceps Sulawesi, Halmahera und Sula-Inseln (Indonesien)
P. chrysoproctus Indonesien
P. conspicillatus Halmahera (Indonesien), Neuguinea, NO-Queensland (Australien)
P. dasymallus **Ryukyu-Flughund** Taiwan, Ryukyu, Daito und S-Kyushu (Japan)
P. faunulus Nikobaren (Indien)
P. fundatus **Banks-Flughund** N-Vanuatu
P. giganteus **Indischer Riesenflughund, Riesenflughund** Malediven, Pakistan, Indien (inkl. Andamanen), Sri Lanka, Myanmar, Qinghai (China)
P. gilliardi Neubritannien (Bismarck-Archipel, Papua-Neuguinea)
P. griseus Indonesien, evtl. S-Luzon (Philippinen)
P. howensis Ontong Java (Salomonen)
P. hypomelanus **Inselflughund** Malediven, Thailand und Vietnam bis Indonesien, Neuguinea, Philippinen, Salomonen
P. insularis Truk-Inseln (Zentral-Caroline-Inseln)
P. leucopterus Luzon und Dinagat (Philippinen)
P. livingstonei **Livingstons Flughund** Komoren
P. lombocensis Lombok, Flores, Alor (Indonesien)
P. lylei **Hinterindischer Flughund** Thailand, Vietnam
P. macrotis Aru-Inseln (Indonesien), Neuguinea
P. mahaganus Bougainville (Papua-Neuguinea), Santa Isabell (Salomonen)
P. mariannus **Marianen-Flughund** Marianen (Guam), Caroline-Inseln, Ryukyu-Inseln (Japan)
P. mearnsi Mindanao und Basilan (Philippinen)
P. melanopogon Indonesien
P. melanotus Nikobaren und Andamanen (Indien), Enggano und Nias (Indonesien), Weihnachtsinseln
P. molossinus Mortlock und Ponape (Caroline-Inseln)
P. neohibernicus Neuguinea, Bismarck-Archipel und Admiralitätsinseln (Papua-Neuguinea)
P. niger Réunion, Mauritius
P. nitendiensis Ndeni (Santa-Cruz-Inseln, Salomonen)

P. ocularis Seram, Buru (Indonesien)
P. ornatus Neukaledonien, inkl. Loyalty-Inseln (Frankreich)
P. personatus Halmahera (Indonesien)
P. phaeocephalus Mortlock-Inseln (Zentral-Caroline-Inseln)
P. pilosus **Palau-Flughund** Palau (Caroline-Inseln)
P. pohlei Yapen (Indonesien)
P. poliocephalus **Graukopfflughund** S-Queensland bis Victoria (O-Australien)
P. pselaphon Bonin- und Volcano-Inseln (Japan)
P. pumilus Philippinen
P. rayneri Salomonen
P. rodricensis **Rodriguez-Flughund** Rodrigues und Round Island (Indischer Ozean)
P. rufus **Roter Flughund** Madagaskar
P. samoensis **Samoa-Flughund** Fidschi, Western Samoa und Amerikanisch-Samoa (Samoa-Inseln)
P. sanctacrucis Santa-Cruz-Inseln (Salomonen)
P. scapulatus S-Neuguinea, Australien; eingeführt in Neuseeland
P. seychellensis Seychellen (inkl. Aldabra), Komoren und Mafia
P. speciosus Sulu-Archipel, Basilan und Mindanao (Philippinen), Inseln in der Javasee
P. subniger Réunion, Mauritius
P. temmincki Buru, Amboina und Seram (Indonesien), Bismarck-Archipel (Papua-Neuguinea), benachbarte kleine Inseln
P. tokudae **Guam-Flughund** Guam
P. tonganus **Tonga-Flughund** Karkar (Papua-Neuguinea), Rennell (Salomonen) bis Neukaledonien (Frankreich) und Cook-Inseln
P. tuberculatus Vanikoro (Santa-Cruz-Inseln, Salomonen)
P. vampyrus **Kalong** Indochina, Malaiische Halbinsel, Sumatra, Java und Kleine Sundainseln (Indonesien), Borneo, Philippinen
P. vetulus Neukaledonien (Frankreich)
P. voeltzkowi Pemba (Tansania)
P. woodfordi Fauro bis Guadalcanal (Salomonen)
Rousettus **Höhlenflughunde**
R. aegyptiacus **Nilflughund, Ägyptischer Flughund** Senegal bis Ägypten, südl. bis Südafrika, Zypern, Türkei, Jemen bis Pakistan
R. amplexicaudatus Kambodscha, Thailand, Malaiische Halbinsel über Indonesien bis Neuguinea, Bismarck-Archipel (Papua-Neuguinea), Philippinen, Salomonen
R. angolensis **Angola-Flughund** Senegal bis Äthiopien, südl. bis Angola und Mosambik, Bioko (Äquatorial-Guinea)
R. celebensis Sulawesi, Sangihe (Indonesien)
R. lanosus S-Sudan, S-Äthiopien, Kenia, Uganda, Tansania, O-Demokratische Republik Kongo
R. leschenaulti Sri Lanka, Pakistan bis S-China und Vietnam, Sumatra, Java, Bali, Mentawai (Indonesien)
R. madagascariensis Madagaskar
R. obliviosus Komoren
R. spinalatus Sumatra (Indonesien), Borneo
Scotonycteris
S. ophiodon **Schlangenzahnflughund** Liberia bis Kongo
S. zenkeri **Zenker-Flughund** Liberia bis Kongo und O-Demokratische Republik Kongo, Bioko (Äquatorial-Guinea)
Sphaerias
S. blanfordi N-Indien, Bhutan, Myanmar, SW-China (inkl. Xizang), N-Thailand
Styloctenium
S. wallacei Sulawesi (Indonesien)
Thoopterus
T. nigrescens **Schwarzflügelflughund** Sulawesi, Molukken und Sangihe-Inseln (Indonesien)

UNTERFAMILIE MACROGLOSSINAE
Langzungenflughunde
Eonycteris
E. major Borneo, Philippinen
E. spelaea **Höhlenlangzungenflughund** N-Indien (auch Andamanen), S-China, Myanmar, Thailand, Malaiische Halbinsel, Sumatra, Java, Sumba, Sulawesi und Timor (Indonesien), Borneo, Philippinen
Macroglossus
M. minimus **Zwerglangzungenflughund** Thailand bis Philippinen, Neuguinea, Bismarck-Archipel (Papua-Neuguinea), Salomonen, N-Australien
M. sobrinus SO-Asien, Sumatra und Java (Indonesien)
Megaloglossus
M. woermanni **Afrikanischer Langzungenflughund** Liberia bis Uganda, S-Demokratische Republik Kongo und N-Angola, Bioko (Äquatorial-Guinea)
Melonycteris
M. aurantius Florida Islands und Choiseul (Salomonen)
M. melanops Bismarck-Archipel (Papua-Neuguinea)
M. woodfordi Salomonen
Notopteris
N. macdonaldi Vanuatu, Neukaledonien (Frankreich), Fidschi, Caroline-Inseln
Syconycteris
S. australis Molukken (Indonesien), Neuguinea, Louisiade- und Bismarck-Archipel, D'Entrecasteaux- und Trobriand-Inseln (Papua-Neuguinea), O-Queensland und New South Wales (Australien)
S. carolinae Halmahera (Molukken, Indonesien)
S. hobbit Zentral-Neuguinea

UNTERORDNUNG MICROCHIROPTERA
Fledermäuse

FAMILIE RHINOPOMATIDAE
Mausschwanzfledermäuse
Rhinopoma
R. hardwickei Myanmar bis Marokko, südl. bis Mauretanien, Nigeria und Kenia; auch Sokotra (Jemen)
R. microphyllum Marokko und Senegal bis Thailand und Sumatra (Indonesien)
R. muscatellum Oman, W-Iran, S-Afghanistan

FAMILIE CRASEONYCTERIDAE
Schweinsnasen- oder Hummelfledermäuse
Craseonycteris
C. thonglongyai **Schweinsnasenfledermaus** Kanchanaburi (Thailand)

FAMILIE EMBALLONURIDAE
Glattnasenfreischwänze
Balantiopteryx
B. infusca W-Ecuador
B. io S-Veracruz und Oaxaca (S-Mexiko) bis östl. Zentral-Guatemala und Belize
B. plicata S-Baja California und Zentral-Sonora (Mexiko) bis Costa Rica und N-Kolumbien
Centronycteris
C. maximiliani S-Veracruz (Mexiko) bis Bergland von Guayana, Peru und Brasilien
Coleura
C. afra Guinea-Bissau bis Somalia, südl. bis Angola, Demokratische Republik Kongo und Mosambik; auch Jemen
C. seychellensis Seychellen
Cormura
C. brevirostris Nicaragua bis Peru, Brasilien
Cyttarops
C. alecto Nicaragua, Costa Rica, Guyana, Amazonien
Diclidurus **Gespenstfledermäuse**
D. albus **Gespenstfledermaus** Nayarit (S-Mexiko) bis O-Brasilien und Trinidad
D. ingens SO-Kolumbien, Venezuela, Guyana, NW-Brasilien
D. isabellus Venezuela, NW-Brasilien
D. scutatus Venezuela, Guyana, Surinam, Peru, Amazonien
Emballonura
E. alecto Sulawesi und Tanimbar (Indonesien), Borneo, Philippinen
E. atrata O- und Zentral-Madagaskar
E. beccarii Kai-Inseln (Indonesien), Neuguinea, Trobriand-Inseln (Papua-Neuguinea)
E. dianae Neuguinea, Neuirland (Bismarck-Archipel, Papua-Neuguinea), Rennell und Malaita (Salomonen)
E. furax Neuguinea, Bismarck-Archipel (Papua-Neuguinea)
E. monticola Thailand bis Malaiische Halbinsel, Indonesien, Borneo
E. raffrayana Seram, Kai-Inseln und Sulawesi (Indonesien), Neuguinea, Bismarck-Archipel (Papua-Neuguinea), Choiseul, Santa Isabell und Malaita (Salomonen)
E. semicaudata Marianen und Caroline-Inseln, Vanuatu, Fidschi, Samoa-Inseln
Mosia
M. nigrescens Indonesien, Neuguinea, Bismarck-Archipel (Papua-Neuguinea), Salomonen
Peropteryx
P. kappleri S-Veracruz (S-Mexiko) bis Peru und O-Brasilien
P. leucoptera Kolumbien, Venezuela, Guyana, Surinam, Frz.-Guayana, Peru, N- und O-Brasilien
P. macrotis Guerrero und Yucatán (Mexiko) bis Peru, S- und O-Brasilien, Paraguay, Aruba (Niederländische Antillen), Margarita (Venezuela), Trinidad und Tobago, Grenada
Rhynchonycteris
R. naso **Nasenfledermaus** O-Oaxaca und Zentral-Veracruz (S-Mexiko) bis Guyana, Surinam, Frz.-Guayana, Peru, Zentral- und O-Brasilien, Bolivien, Trinidad
Saccolaimus
S. flaviventris SO-Neuguinea, Australien (außer Tasmanien)
S. mixtus SO-Neuguinea, NO-Queensland (Australien)
S. peli Liberia bis W-Kenia bis Angola
S. pluto Philippinen
S. saccolaimus Indien, Sri Lanka über SO-Asien bis Sumatra, Java und Timor (Indonesien), Borneo, Neuguinea, Guadalcanal (Salomonen), NO-Queensland (Australien)
Saccopteryx **Taschenfledermäuse**
S. bilineata **Zweistreifentaschenfledermaus** Jalisco und Veracruz (Mexiko) bis Bergland von Guayana, O-Brasilien, Bolivien, Trinidad und Tobago
S. canescens Kolumbien, Venezuela, Bergland von Guayana, Peru, N-Brasilien
S. gymnura Amazonien, evtl. Venezuela
S. leptura Chiapas und Tabasco (S-Mexiko) bis Bergland von Guayana, Peru und O-Brasilien, Margarita (Venezuela), Trinidad und Tobago
Taphozous **Grabfledermäuse**
T. australis SO-Neuguinea, Inseln der Torresstraße, N-Queensland (Australien)
T. georgianus Australien
T. hamiltoni S-Sudan, Tschad, Kenia
T. hildegardeae Kenia, NO-Tansania (inkl. Sansibar)
T. hilli Western Australia, South Australia, Northern Territory (Australien)
T. kapalgensis Northern Territory (Australien)
T. longimanus Sri Lanka, Indien bis Kambodscha, Malaiische Halbinsel, Sumatra, Java, Bali und Flores (Indonesien), Borneo
T. mauritianus Senegal bis Sudan, Somalia bis Südafrika, Madagaskar, Mauritius, Réunion, Aldabra (Seychellen)
T. melanopogon **Tempelfledermaus** Sri Lanka, Indien, S-China, Myanmar, Thailand, Laos, Vietnam, Malaiische Halbinsel, Indonesien, Borneo
T. nudiventris Mauretanien, Senegal, Guinea-Bissau, östl. bis Ägypten, südl. bis Tansania, arabische Halbinsel, östl. bis Myanmar
T. perforatus Senegal bis Ägypten, Somalia, südl. bis Botswana, Mosambik, S-Arabien, S-Iran, Pakistan, NW-Indien
T. philippinensis Philippinen
T. theobaldi Zentral-Indien bis Vietnam, Java und Sulawesi (Indonesien), Borneo

FAMILIE NYCTERIDAE
Hohlnasen, Schlitznasen- oder Stirngrubenfledermäuse
Nycteris
N. arge Sierra Leone bis NO-Angola, S- und O-Demokratische Republik Kongo, W-Kenia, SW-Sudan, Bioko (Äquatorial-Guinea)
N. gambiensis W-Afrika, von Senegal und Gambia bis Benin und Burkina Faso
N. grandis **Große Schlitznase** Senegal bis Kenia, Mosambik und Simbabwe, Sansibar und Pemba (Tansania)
N. hispida **Rauhaarschlitznase** Senegal bis Somalia, südl. bis Angola und Südafrika, Sansibar (Tansania), Bioko (Äquatorial-Guinea)
N. intermedia Liberia bis W-Tansania, südl. bis Angola
N. javanica **Java-Hohlnase** Java, Bali, Kangean (Indonesien)
N. macrotis Senegal bis Äthiopien, südl. bis Malawi, Mosambik und Simbabwe, Madagaskar, Sansibar (Tansania)
N. major Liberia bis Sambia
N. nana Côte d'Ivoire bis SW-Sudan, W-Kenia, W-Tansania, südwestl. bis NO-Angola
N. thebaica **Geoffroy-Schlitznase** oder **Ägyptische Schlitznasenfledermaus** Zentral-Arabien, Israel, Sinai, Ägypten bis Marokko und im größten Teil Afrikas südl. der Sahara (inkl. Sansibar und Pemba)
N. tragata Myanmar, Thailand, Malaiische Halbinsel, Sumatra (Indonesien), Borneo
N. woodi Äthiopien, Somalia, SW-Tansania, südl. bis Sambia und Südafrika; auch Kamerun

FAMILIE MEGADERMATIDAE
Großblattnasen, Klaffmäuler, Großohren oder „Falsche Vampire"
Cardioderma
C. cor O-Afrika
Lavia
L. frons **Gelbflügelige Großblattnase** Senegal bis Somalia, südl. bis Sambia und Malawi, Sansibar (Tansania)
Macroderma
M. gigas **Australische Gespenstfledermaus** N- und Zentral-Australien
Megaderma **Eigentliche Großblattnasen**
M. lyra **Lyrafledermaus** Afghanistan bis S-China, südl. bis Sri Lanka und Malaiische Halbinsel
M. spasma Indien, Sri Lanka über SO-Asien bis Kleine Sundainseln und Molukken (Indonesien) und Philippinen

FAMILIE RHINOLOPHIDAE
Hufeisennasen und Rundblattnasen

UNTERFAMILIE RHINOLOPHINAE
Hufeisennasen
Rhinolophus **Hufeisennasen**
R. acuminatus Thailand, Laos, Kambodscha, Sumatra, Java, Lombok, Bali, Nias und Enggano (Indonesien), Borneo, Palawan (Philippinen)
R. adami Kongo
R. affinis Indien (inkl. Andamanen) bis S-China über Malaysia bis Kleine Sundainseln (Indonesien), Borneo
R. alcyone Senegal bis SW-Sudan, N-Demokratische Republik Kongo, Uganda; auch Gabun und Bioko (Äquatorial-Guinea)
R. anderseni Palawan und Luzon (Philippinen)
R. arcuatus Indonesien, Neuguinea, Philippinen
R. blasii **Blasius-Hufeisennase** N-Südafrika bis Äthiopien und Somalia, Marokko bis Algerien, Jemen, Israel, Jordanien, Syrien, Türkei, Jugoslawien, Albanien, Bulgarien, Rumänien, Italien, Griechenland, Kaukasus, Iran, Turkmenistan, Afghanistan, Pakistan
R. borneensis Kambodscha, Vietnam, Malaysia, Java, Karimata- und südliche Natuna-Inseln (Indonesien), Borneo
R. canuti Java, Timor (Indonesien)
R. capensis SW-Südafrika, Simbabwe, Mosambik
R. celebensis Indonesien
R. clivosus Afrika südl. der Sahara, Algerien bis Arabien, Turkmenistan bis Afghanistan
R. coelophyllus Myanmar, Thailand, Malaiische Halbinsel
R. cognatus Andamanen (Indien)
R. cornutus Japan
R. creaghi Madura, Java und Timor (Indonesien), Borneo
R. darlingi N-Südafrika, Namibia, Botswana, Simbabwe, S-Angola, Malawi, Mosambik, Tansania
R. deckenii Kenia, Tansania (inkl. Sansibar und Pemba), Uganda
R. denti **Dents-Hufeisennase** W-Südafrika, Namibia, Botswana, Simbabwe, Mosambik; auch Ghana, Côte d'Ivoire, Guinea
R. eloquens NO-Demokratische Republik Kongo, S-Sudan, Uganda, Ruanda, Tansania (inkl. Sansibar und Pemba), Kenia, S-Somalia
R. euryale **Mittelmeer-Hufeisennase** Algerien bis Marokko, S-Europa und Mittelmeerinseln, Israel bis Kaukasus, Iran, Turkmenistan
R. euryotis Indonesien, Neuguinea, Bismarck-Archipel (Papua-Neuguinea)

R. ferrumequinum **Große Hufeisennase** S-England bis Kaukasus, südl. bis Marokko und Tunesien, östl. über Iran und Himalaya bis China und Japan
R. fumigatus Afrika südl. der Sahara
R. guineensis Guinea, Sierra Leone, Liberia
R. hildebrandti **Hildebrandt-Hufeisennase** Südafrika und Mosambik bis Äthiopien, S-Sudan und NO-Demokratische Republik Kongo
R. hipposideros **Kleine Hufeisennase** S-Europa und N-Afrika (auch Sudan und Äthiopien) über Arabien bis Kirgisistan und Kaschmir; auch Irland
R. imaizumii Ryukyu-Inseln (Japan)
R. inops Mindanao (Philippinen)
R. keyensis Halmahera, Seram, Goram, Wetar und Kai (Indonesien)
R. landeri **Lander-Hufeisennase** Senegal bis Äthiopien, Somalia, südl. bis Südafrika, Bioko (Äquatorial-Guinea), Sansibar (Tansania)
R. lepidus Afghanistan, N-Indien, Myanmar, Sichuan und Yunnan (China), Thailand, Malaiische Halbinsel, Sumatra (Indonesien)
R. luctus Indien (inkl. Sikkim), Sri Lanka, Nepal, Myanmar, S-China, Taiwan, Vietnam, Laos, Thailand, Malaiische Halbinsel, Sumatra, Java und Bali (Indonesien), Borneo
R. maclaudi **Maclauds Hufeisennase** Guinea, Liberia, O-Demokratische Republik Kongo, W-Uganda, Ruanda
R. macrotis N-Indien bis S-China, Vietnam, Malaiische Halbinsel, Sumatra (Indonesien), Philippinen
R. malayanus Vietnam, Laos, Thailand, Malaiische Halbinsel
R. marshalli Thailand
R. megaphyllus O-Neuguinea, Louisiade- und Bismarck-Archipel, D'Entrecasteaux-Inseln (Papua-Neuguinea), O-Queensland, O-New South Wales und O-Victoria (Australien)
R. mehelyi **Mehely-Hufeisennase** S-Europa (Portugal und Spanien bis Griechenland) und N-Afrika (Marokko bis Ägypten) bis Israel, Türkei, Kaukasus, Iran, Afghanistan
R. mitratus N-Indien
R. monoceros Taiwan
R. nereis Anamba- und nördl. Natuna-Inseln (Indonesien)
R. osgoodi Yunnan (China)
R. paradoxolophus Vietnam, Thailand
R. pearsoni N-Indien, Myanmar, Sichuan, Anhui und Fujian (China), Vietnam, Thailand, Malaiische Halbinsel
R. philippinensis Sulawesi, Timor und Kai-Inseln (Indonesien), Borneo, Mindoro, Luzon, Mindanao und Negros (Philippinen), Neuguinea, NO-Queensland (Australien)
R. pusillus Indien, Thailand, Malaiische Halbinsel, Java, Mentawai und Kleine Sundainseln (Indonesien)
R. rex SW-China
R. robinsoni Thailand, Malaiische Halbinsel
R. rouxi Sri Lanka, Indien bis S-China, Vietnam
R. rufus Philippinen
R. sedulus Malaiische Halbinsel, Borneo
R. shameli Myanmar, Kambodscha, Thailand, Malaiische Halbinsel
R. silvestris Gabun, Kongo
R. simplex Kleine Sundainseln (Indonesien)
R. simulator Südafrika bis S-Sudan und Äthiopien; auch Kamerun, Nigeria, Guinea
R. stheno Thailand, Malaiische Halbinsel, Sumatra und Java (Indonesien)
R. subbadius Assam (Indien), Nepal, Myanmar, Vietnam
R. subrufus Philippinen
R. swinnyi Südafrika bis S-Demokratische Republik Kongo und O-Afrika
R. thomasi Yunnan (China), Myanmar, Vietnam, Thailand
R. trifoliatus NO-Indien, Myanmar, SW-Thailand, Malaiische Halbinsel, Indonesien, Borneo
R. virgo Philippinen
R. yunanensis NO-Indien, Yunnan (China), Thailand

UNTERFAMILIE HIPPOSIDERINAE
Rundblattnasen
Anthops
A. ornatus **Blumennasenfledermaus** Salomonen
Asellia
A. patrizii N-Äthiopien, Inseln im Roten Meer
A. tridens **Dreizackblattnase** Senegal, Marokko bis Sudan, Ägypten, Israel, Arabien östl. bis Pakistan
Aselliscus
A. stoliczkanus S-China, Myanmar, Thailand, Laos, Vietnam, Malaiische Halbinsel
A. tricuspidatus Molukken (Indonesien), Neuguinea, Bismarck-Archipel (Papua-Neuguinea), Salomonen, Vanuatu
Cloeotis
C. percivali Südafrika, Botswana, Simbabwe, Mosambik bis S-Demokratische Republik Kongo, Kenia
Coelops
C. frithi NO-Indien bis S-China, Taiwan, Vietnam, Malaiische Halbinsel, Java und Bali (Indonesien)
C. hirsutus Mindoro (Philippinen)
C. robinsoni Malaiische Halbinsel, Borneo
Hipposideros **Rundblattnasen**
H. abae Guinea-Bissau bis SW-Sudan, Uganda
H. armiger **Himalaja-Rundblattnasen** N-Indien, Nepal, Myanmar, S-China, Taiwan, Vietnam, Laos, Thailand, Malaiische Halbinsel
H. ater Sri Lanka, Indien bis Malaiische Halbinsel, Indonesien, Philippinen, Neuguinea bis N-Queensland, N-Northern Territory, N-Western Australia (Australien)
H. beatus Guinea-Bissau, Sierra Leone, Liberia, Ghana, Nigeria, Côte d'Ivoire, Kamerun, Rio Muni (Äquatorial-Guinea), Gabun, N-Demokratische Republik Kongo
H. bicolor Malaysia bis Philippinen, Timor (Indonesien)
H. breviceps Mentawai-Inseln (Indonesien)
H. caffer **Gewöhnliche Rundblattnase** Afrika südl. der Sahara, Marokko, SW-arabische Halbinsel
H. calcaratus Neuguinea, Bismarck-Archipel (Papua-Neuguinea), Salomonen
H. camerunensis Kamerun, O-Demokratische Republik Kongo, W-Kenia
H. cervinus Malaiische Halbinsel, Sumatra (Indonesien), Philippinen bis Vanuatu und NO-Australien
H. cineraceus Pakistan bis Vietnam und Borneo
H. commersoni **Riesenrundblattnase** Gambia bis Somalia, südl. bis Südafrika, Madagaskar, São-Tomé-Inseln (São Tomé & Principe)
H. coronatus NO-Mindanao (Philippinen)
H. corynophyllus Zentral-Neuguinea
H. coxi Sarawak (N-Borneo)
H. crumeniferus Timor (Indonesien)
H. curtus Kamerun, Bioko (Äquatorial-Guinea)
H. cyclops S-Sudan, Kenia bis Senegal und Guinea-Bissau, Bioko (Äquatorial-Guinea)
H. diadema **Diademrundblattnase** Nikobaren (Indien), Myanmar und Vietnam über Thailand, Malaiische Halbinsel, Indonesien bis Neuguinea, Bismarck-Archipel (Papua-Neuguinea), Salomonen, Philippinen, NO- und nördl. Zentral-Australien
H. dinops Peleng und Sulawesi (Indonesien), Bougainville (Papua-Neuguinea), Salomonen
H. doriae Borneo
H. dyacorum Malakkahalbinsel, Borneo
H. fuliginosus Liberia bis Kamerun, Demokratische Republik Kongo und Äthiopien
H. fulvus Pakistan bis Vietnam, südl. bis Sri Lanka
H. galeritus Sri Lanka, Indien über SO-Asien bis Java (Indonesien), Borneo
H. halophyllus Thailand
H. inexpectatus N-Sulawesi (Indonesien)
H. jonesi Sierra Leone, Guinea bis Mali, Burkina Faso, Nigeria
H. lamottei Nimbaberge (Guinea, Liberia)
H. lankadiva S- und Zentral-Indien, Sri Lanka
H. larvatus Bangladesch bis Vietnam, Yunnan, Guangxi, Hainan (China), Malaiische Halbinsel bis Sumatra, Java und Sumba (Indonesien), Borneo
H. lekaguli Thailand
H. lylei Myanmar, Thailand, Malaiische Halbinsel
H. macrobullatus Sulawesi, Seram, Kangean (Indonesien)
H. maggietaylorae Neuguinea, Bismarck-Archipel (Papua-Neuguinea)
H. marisae Côte d'Ivoire, Liberia, Guinea
H. megalotis Saudi-Arabien, NO-Afrika, Kenia
H. muscinus Neuguinea
H. nequam Selangor (Malaysia)
H. obscurus Philippinen
H. papua Molukken und Biak (Indonesien), Irian Jaya (Neuguinea)
H. pomona Indien bis S-China und Malaiische Halbinsel
H. pratti S-China, Myanmar, Thailand, Vietnam, Malaiische Halbinsel
H. pygmaeus Philippinen
H. ridleyi **Rundblattnase** Malaiische Halbinsel, Borneo
H. ruber Senegal bis Äthiopien, südl. bis Angola, Sambia, Malawi und Mosambik, Bioko (Äquatorial-Guinea), São Tomé & Principe
H. sabanus Malaiische Halbinsel, Sumatra (Indonesien), Borneo
H. schistaceus S-Indien
H. semoni O-Neuguinea, N-Queensland (Australien)
H. speoris S-Indien, Sri Lanka
H. stenotis N-Western Australia, Northern Territory, N-Queensland (Australien)
H. turpis Thailand, S-Ryukyu-Inseln (Japan)
H. wollastoni W- und Zentral-Neuguinea
Paracoelops
P. megalotis Zentral-Vietnam
Rhinonicteris
R. aurantia N-Western Australia, Northern Territory, NW-Queensland (Australien)
Triaenops
T. furculus N- und W-Madagaskar, Aldabra (Seychellen)
T. persicus **Dreiblattfledermaus** Somalia, Äthiopien, südl. bis Mosambik, Kongo, Jemen, Oman, SW-Iran

FAMILIE NOCTILIONIDAE
Hasenmäuler oder Fischerfledermäuse
Noctilio
N. albiventris **Kleines Hasenmaul** S-Mexiko bis Bergland von Guayana, Peru, O-Brasilien, N-Argentinien
N. leporinus **Großes Hasenmaul** Sinaloa (S-Mexiko) bis Bergland von Guayana, Peru, S-Brasilien, N-Argentinien, Trinidad, Große und Kleine Antillen, S-Bahamas

FAMILIE MORMOOPIDAE
Nacktrücken- oder Kinnblattfledermäuse
Mormoops
M. blainvillii Große Antillen
M. megalophylla S-Texas und S-Arizona (USA), südl. bis Baja California (Mexiko) bis N-Venezuela (inkl. Margarita) und NW-Peru, Aruba, Curaçao und Bonaire (Niederländ. Antillen), Trinidad
Pteronotus
P. davyi **Kleiner Nacktrücken** S-Baja California, S-Sonora und Nuevo León (Mexiko) bis N-Venezuela und NW-Peru, Trinidad, S-Kleine Antillen
P. gymnonotus S-Veracruz (S-Mexiko) bis Guyana, Peru und NO-Brasilien
P. macleayii Kuba, Jamaika
P. parnellii **Schnurrbartfledermaus** S-Sonora und S-Tamaulipas (Mexiko) bis Venezuela (inkl. Margarita), Bergland von Guayana, Peru, Brasilien, Kuba, Jamaika, Hispaniola, Puerto Rico, Trinidad und Tobago
P. personatus S-Sonora und S-Tamaulipas (Mexiko) bis Kolumbien, Surinam, Peru und südl. bis Brasilien
P. quadridens Kuba, Jamaika, Hispaniola, Puerto Rico

FAMILIE PHYLLOSTOMIDAE
Neuweltblattnasen oder Lanzennasen

UNTERFAMILIE PHYLLOSTOMINAE
Eigentliche Neuweltblattnasen
Chrotopterus
C. auritus Veracruz (S-Mexiko) bis Bergland von Guayana, S-Brasilien, N-Argentinien
Lonchorhina
L. aurita **Speernase, Schwertnase** Oaxaca (Mexiko) bis Ecuador, Peru und SO-Brasilien, Trinidad
L. fernandezi S-Venezuela
L. marinkellei O-Kolumbien bis Frz.-Guayana
L. orinocensis Kolumbien, Venezuela
Macrophyllum
M. macrophyllum **Langbeinfledermaus** Tabasco (Mexiko) bis Peru, SO-Brasilien, Bolivien, NO-Argentinien
Macrotus
M. californicus S-Kalifornien und S-Nevada (USA), südl. bis N-Mexiko (inkl. Baja California)
M. waterhousii Sonora und Hidalgo (Mexiko) bis Guatemala, Kuba, Jamaika, Hispaniola (inkl. Isla Beata, Dominikanische Republik), Bahamas, Cayman-Inseln
Micronycteris
M. behnii S-Peru, Zentral-Brasilien
M. brachyotis Oaxaca (Mexiko) bis Frz.-Guayana und Brasilien, Trinidad
M. daviesi Costa Rica bis Frz.-Guayana und Peru
M. hirsuta Honduras bis Frz.-Guayana, Ecuador, Peru, Amazonien, Trinidad
M. megalotis Tamaulipas und Jalisco (Mexiko) bis Peru, Brasilien, Bolivien, Margarita (Venezuela), Trinidad und Tobago, Grenada
M. minuta Nicaragua bis Bergland von Guayana, Peru, S-Brasilien, Bolivien, Trinidad
M. nicefori Belize bis N-Kolumbien, Venezuela, Bergland von Guayana, Peru und Amazonien
M. pusilla O-Kolumbien, NW-Brasilien
M. schmidtorum S-Mexiko bis Venezuela, NO-Peru, NO-Brasilien
M. sylvestris Nayarit und Veracruz (Mexiko) bis Peru und SO-Brasilien, Trinidad
Mimon
M. bennettii S-Mexiko bis Kolumbien, Bergland von Guayana, SO-Brasilien
M. crenulatum Chiapas und Campeche (Mexiko) bis Bergland von Guayana, Ecuador, O-Peru, O-Brasilien, Bolivien, Trinidad
Phylloderma
P. stenops S-Mexiko bis Peru, SO-Brasilien, Bolivien
Phyllostomus **Lanzennasen**
P. discolor **Bunte Lanzennase** Oaxaca und Veracruz (S-Mexiko) bis Bergland von Guayana, Peru, SO-Brasilien, Paraguay, N-Argentinien, Margarita (Venezuela), Trinidad
P. elongatus Kolumbien bis Bergland von Guayana, Ecuador, O-Peru, O-Brasilien, Bolivien
P. hastatus **Lanzennase** Honduras bis Bergland von Guayana, Peru, O-Brasilien, Bolivien, Paraguay, N-Argentinien, Margarita (Venezuela), Trinidad und Tobago
P. latifolius SO-Kolumbien, Bergland von Guayana
Tonatia
T. bidens Chiapas (Mexiko) und Belize bis Brasilien, Paraguay und N-Argentinien, Trinidad
T. brasiliense Veracruz (Mexiko) bis NO-Brasilien und Bolivien, Trinidad
T. carrikeri Kolumbien, Venezuela, Surinam, Peru, N-Brasilien, Bolivien
T. evotis S-Mexiko, Belize, Guatemala, Honduras
T. schulzi Bergland von Guayana, N-Brasilien
T. silvicola **D'Obrignys Rundohrfledermaus** Honduras bis Bergland von Guayana, O-Brasilien, Bolivien und NO-Argentinien
Trachops
T. cirrhosus **Fransenlippenfledermaus** Oaxaca (Mexiko) bis Bergland von Guayana, Ecuador, SO-Brasilien, Bolivien, Trinidad
Vampyrum **„Falsche" Vampire**
V. spectrum **Große Spießblattnase** Veracruz (S-Mexiko) bis Bergland von Guayana, Ecuador, Peru sowie N- und SW-Brasilien, Trinidad

UNTERFAMILIE LONCHOPHYLLINAE
Lionycteris
L. spurrelli O-Panama, Kolumbien, Venezuela, Bergland von Guayana, Amazonasgebiet Perus und Brasiliens
Lonchophylla
L. bokermanni SO-Brasilien
L. dekeyseri O-Brasilien
L. handleyi S-Kolumbien, Ecuador, Peru
L. hesperia Ecuador, N-Peru
L. mordax Costa Rica bis Ecuador, O-Brasilien
L. robusta Nicaragua bis Venezuela und Ecuador
L. thomasi O-Panama, Kolumbien, Venezuela, Bergland von Guayana, Peru, Amazonien, Bolivien
Platalina
P. genovensium Peru

UNTERFAMILIE BRACHYPHYLLINAE
Brachyphylla **Blütenvampire**
B. cavernarum Puerto Rico, Jungfern-Inseln, Kleine Antillen, südl. bis Barbados
B. nana Kuba, Hispaniola, Cayman-Inseln, Caicos-Inseln (Westindische Inseln)

UNTERFAMILIE PHYLLONYCTERINAE
Erophylla
E. sezekorni Kuba, Jamaika, Hispaniola, Puerto Rico, Bahamas, Cayman-Inseln
Phyllonycteris
P. aphylla Jamaika
P. poeyi Kuba (Insel der Jugend), Hispaniola

UNTERFAMILIE GLOSSOPHAGINAE
Langzungenfledermäuse
Anoura
A. caudifer Kolumbien, Venezuela, Bergland von Guayana, Ecuador, Peru, Brasilien, Bolivien, NW-Argentinien
A. cultrata Costa Rica, Panama, Kolumbien, Venezuela, Ecuador, Peru, Bolivien
A. geoffroyi Sinaloa und Tamaulipas (Mexiko), südl. bis Ecuador und Frz.-Guayana, Peru, SO-Brasilien, Bolivien, Trinidad, Grenada
A. latidens Kolumbien, Venezuela, Peru
Choeroniscus
C. godmani Sinaloa (Mexiko) bis Kolumbien, Venezuela, Guyana, Surinam
C. intermedius Bergland von Guayana, Peru, Amazonien, Trinidad
C. minor Zentral-Kolumbien, Venezuela, Bergland von Guayana, Ecuador, Peru, N-Brasilien, Bolivien
C. periosus W-Kolumbien, W-Ecuador
Choeronycteris
C. mexicana **Langzungenfledermaus** SW-USA bis Honduras und El Salvador
Glossophaga
G. commissarisi **Blumenfledermaus** Sinaloa (Mexiko) bis Panama, SO-Kolumbien, O-Ecuador, O-Peru, NW-Brasilien
G. leachii Costa Rica bis S-Mexiko
G. longirostris Kolumbien, Venezuela (inkl. Margarita), Guyana, N-Ecuador, N-Brasilien, Aruba, Curaçao, Bonaire (Niederländische Antillen), Trinidad und Tobago, Grenada, St. Vincent (Kleine Antillen)
G. morenoi Chiapas bis Tlaxala (S-Mexiko)
G. soricina **Spitzmauslangzungenfledermaus** S-Mexiko (inkl. Tres-Marías-Inseln) bis Bergland von Guayana, Peru, SO-Brasilien, N-Argentinien, Margarita (Venezuela), Trinidad, Grenada
Hylonycteris
H. underwoodi Nayarit und Veracruz (S-Mexiko) bis W-Panama
Leptonycteris
L. curasoae Aruba, Curaçao und Bonaire (Niederländische Antillen)
L. nivalis SO-Arizona, W-Texas (USA) bis S-Mexiko
Lichonycteris
L. obscura Guatemala, Belize bis Amazonien, Bolivien
Monophyllus
M. plethodon Anguila über St. Vincent bis Barbados (Kleine Antillen)
M. redmani Kuba, Jamaika, Hispaniola, Puerto Rico, S-Bahamas
Musonycteris
M. harrisoni **Bananenfledermaus** Jalisco bis Guerrero (S-Mexiko)
Scleronycteris
S. ega S-Venezuela, Amazonien

UNTERFAMILIE CAROLLIINAE
Kurzschwanzblattnasen
Carollia
C. brevicauda San Luis Potosí (Mexiko) bis Peru, O-Brasilien, Bolivien
C. castanea Honduras bis Venezuela, Peru, W-Brasilien, Bolivien
C. perspicillata **Brillenblattnase** S-Mexiko bis Bergland von Guayana, Peru, SO-Brasilien, Bolivien, Paraguay, Trinidad und Tobago, Grenada
C. subrufa Jalisco (SW-Mexiko) bis NW-Nicaragua, Guyana

Rhinophylla
R. alethina W-Kolumbien, W-Ecuador
R. fischerae SO-Kolumbien, Ecuador, Peru, Amazonien
R. pumilio Kolumbien, Bergland von Guayana, Ecuador, Peru, Brasilien, Bolivien

UNTERFAMILIE STENODERMATINAE
Fruchtvampire
Ametrida
A. centurio Panama, Venezuela, Bergland von Guayana, Amazonien, Bonaire (Niederländische Antillen), Trinidad
Ardops
A. nichollsi St. Eustatius bis St. Vincent (Kleine Antillen)
Ariteus
A. flavescens Jamaika
Artibeus
A. amplus N-Kolumbien, Venezuela
A. anderseni Ecuador, Peru, W-Brasilien, Bolivien
A. aztecus S-Mexiko, Guatemala, Honduras, Costa Rica, W-Panama
A. cinereus Venezuela, Bergland von Guayana, N-Brasilien
A. concolor Kolumbien, Venezuela, Bergland von Guayana, Peru, N-Brasilien
A. fimbriatus S-Brasilien, Paraguay
A. fraterculus Ecuador, Peru
A. glaucus S-Mexiko bis S-Brasilien, Bolivien, Trinidad und Tobago, Grenada
A. hartii Arizona (SW-USA), Jalisco und Tamaulipas (Mexiko) bis Venezuela und Bolivien, Trinidad
A. hirsutus Sonora bis Guerrero (Mexiko)
A. inopinatus El Salvador, Honduras, Nicaragua
A. jamaicensis **Jamaika-Fruchtfledermaus** Sinaloa und Tamaulipas (Mexiko) bis Venezuela und Ecuador, Trinidad und Tobago, Große und Kleine Antillen
A. lituratus Sinaloa und Tamaulipas (Mexiko) bis S-Brasilien, Bolivien, N-Argentinien, Trinidad und Tobago, S-Kleine Antillen, Tres-Marías-Inseln (Mexiko)
A. obscurus Kolumbien, Venezuela, Bergland von Guayana, Ecuador, Peru, Brasilien, Bolivien
A. phaeotis Sinaloa und Veracruz (S-Mexiko) bis Guyana und Ecuador
A. planirostris Kolumbien, Venezuela bis N-Argentinien und O-Brasilien
A. toltecus S-Mexiko bis Panama
Centurio
C. senex **Greisengesicht, Zenturionenfledermaus** Tamaulipas und Sinaloa (Mexiko) bis Venezuela, Trinidad und Tobago
Chiroderma
C. doriae SO-Brasilien
C. improvisum Guadeloupe und Montserrat (Kleine Antillen)
C. salvini N-Mexiko bis Venezuela und Bolivien
C. trinitatum Panama bis Peru, Amazonien, Bolivien, Trinidad
C. villosum Hidalgo (Mexiko) bis Peru, S-Brasilien, Bolivien, Trinidad und Tobago
Ectophylla
E. alba **Weiße Fledermaus** Honduras bis W-Panama, W-Kolumbien
Mesophylla
M. macconnelli Costa Rica bis Peru, Amazonien, Bolivien, Trinidad
Phyllops
P. falcatus Kuba, Hispaniola
Platyrrhinus
P. aurarius Kolumbien, S-Venezuela, Surinam
P. brachycephalus Kolumbien bis Bergland von Guayana, Ecuador, Peru, N-Brasilien, Bolivien
P. chocoensis W-Kolumbien
P. dorsalis Panama bis Peru und Bolivien
P. helleri Oaxaca und Veracruz (S-Mexiko) bis Peru, Amazonien, Bolivien, Trinidad
P. infuscus Kolumbien bis Peru, NW-Brasilien, Bolivien
P. lineatus Frz.-Guayana, Surinam, Kolumbien bis Peru, S- und O-Brasilien, Bolivien, N-Argentinien, Uruguay
P. recifinus O-Brasilien
P. umbratus Panama, Kolumbien, N-Venezuela
P. vittatus Costa Rica bis Venezuela, Peru, Bolivien
Pygoderma
P. bilabiatum Surinam, S-Brasilien, Bolivien, Paraguay, N-Argentinien

Sphaeronycteris
S. toxophyllum Kolumbien bis Venezuela, Peru, Amazonien, Bolivien
Stenoderma
S. rufum Puerto Rico, Jungfern-Inseln (USA)
Sturnira **Gelbschulterblattnasen**
S. aratathomasi Kolumbien, NW-Venezuela, Ecuador, Peru
S. bidens Kolumbien, Venezuela, Ecuador, Peru, evtl. Amazonien
S. bogotensis Kolumbien, W-Venezuela, Ecuador, Peru, Bolivien, NW-Argentinien
S. erythromos Venezuela bis Bolivien
S. lilium Sonora und Tamaulipas (Mexiko) bis O-Brasilien, N-Argentinien, Uruguay, Trinidad und Tobago, Kleine Antillen
S. ludovici Sonora und Tamaulipas (Mexiko) bis Guyana und Ecuador
S. luisi Costa Rica bis Ecuador, NW-Peru
S. magna Kolumbien, Ecuador, Peru, Bolivien
S. mordax Costa Rica, Panama
S. nana S-Peru
S. thomasi Guadeloupe (Kleine Antillen)
S. tildae Kolumbien, Venezuela, Bergland von Guayana, Ecuador, Peru, Brasilien, Bolivien, Trinidad
Uroderma
U. bilobatum **Zeltbauende Fledermaus** Veracruz und Oaxaca (Mexiko) bis Peru, Brasilien, Bolivien, Trinidad
U. magnirostrum Michoacan (Mexiko) bis Venezuela, Peru, Brasilien, Bolivien
Vampyressa
V. bidens Kolumbien und Bergland von Guayana bis Peru, Amazonien, N-Bolivien
V. brocki Kolumbien, Guyana, Surinam, Amazonien
V. melissa S-Kolumbien, Frz.-Guayana, Peru
V. nymphaea Nicaragua bis W-Ecuador
V. pusilla Oaxaca und Veracruz (Mexiko) bis Bergland von Guayana, Brasilien, Bolivien, Paraguay
Vampyrodes
V. caraccioli Oaxaca (Mexiko) bis Peru, N-Brasilien, Bolivien, Trinidad und Tobago

UNTERFAMILIE DESMODONTINAE
Echte Vampire
Desmodus
D. rotundus **Gemeiner Vampir** Mexiko bis N-Chile, N-Argentinien, Uruguay, Margarita (Venezuela), Trinidad
Diaemus
D. youngi **Weißflügelvampir** Tamaulipas (Mexiko) bis O-Brasilien und N-Argentinien, Margarita (Venezuela), Trinidad
Diphylla
D. ecaudata **Kleiner Blutsauger, Kammzahnvampir** S-Texas (USA) bis Venezuela, Peru, O-Brasilien, Bolivien

FAMILIE NATALIDAE
Trichterohrenfledermäuse
Natalus
N. lepidus Kuba, Bahamas
N. micropus Kuba, Jamaika, Hispaniola, Providencia (Kolumbien)
N. stramineus Mexiko (inkl. S-Baja California) bis Brasilien, Kleine Antillen, Jamaika, Hispaniola
N. tumidifrons Bahamas
N. tumidirostris Kolumbien, Venezuela, Surinam, Curaçao und Bonaire (Niederländische Antillen), Trinidad und Tobago

FAMILIE FURIPTERIDAE
Stummeldaumenfledermäuse
Amorphochilus
A. schnablii W-Ecuador (inkl. Puna), W-Peru, N-Chile
Furipterus
F. horrens Costa Rica bis Peru und O-Brasilien, Trinidad

FAMILIE THYROPTERIDAE
Amerikanische Haftscheibenfledermäuse
Thyroptera **Haftscheibenfledermäuse**
T. discifera **Honduras-Haftscheibenfledermaus** Nicaragua, Panama, Kolumbien bis Bergland von Guayana, Peru, Brasilien, Bolivien

T. tricolor **Dreifarbige Haftscheibenfledermaus** Veracruz (Mexiko) bis Bergland von Guayana, Peru, O-Brasilien, Bolivien, Trinidad

FAMILIE MYZOPODIDAE
Madagassische Haftscheibenfledermaus
Myzopoda
M. aurita Madagaskar

FAMILIE VESPERTILIONIDAE
Glattnasenfledermäuse

UNTERFAMILIE KERIVOULINAE
Kerivoula **Wollfledermäuse**
K. aerosa evtl. Südafrika
K. africana Tansania
K. agnella Papua-Neuguinea
K. argentata S-Kenia, Uganda bis Angola, Namibia, O-Südafrika
K. atrox S-Thailand, Malaiische Halbinsel, Sumatra (Indonesien), Borneo
K. cuprosa Kenia, N-Demokratische Republik Kongo, S-Kamerun
K. eriophora Äthiopien
K. flora Kleine Sundainseln (Indonesien), Borneo
K. hardwickei Indien, Sri Lanka, Myanmar, China, Thailand, Malaiische Halbinsel, Indonesien, Philippinen
K. intermedia Malaiische Halbinsel, Borneo
K. jagori Indonesien, Borneo, Philippinen
K. lanosa Liberia über Äthiopien bis Südafrika
K. minuta S-Thailand, Malaiische Halbinsel, Borneo
K. muscina Zentral-Neuguinea
K. myrella Kleine Sundainseln (Indonesien), Bismarck-Archipel (Papua-Neuguinea)
K. papillosa NO-Indien, Vietnam, Malaiische Halbinsel, Sumatra, Java und Sulawesi (Indonesien), Borneo
K. papuensis SO-Neuguinea, Queensland, New South Wales (Australien)
K. pellucida Malaiische Halbinsel, Sumatra und Java (Indonesien), Borneo, Philippinen
K. phalaena Liberia, Ghana, Kamerun, Kongo, Demokratische Republik Kongo
K. picta **Bunte Fledermaus** Indien, Sri Lanka bis S-China, Vietnam, Malaiische Halbinsel, Indonesien, Borneo
K. smithi Liberia, Côte d'Ivoire, Nigeria, Kamerun, N- und O-Demokrat. Republik Kongo, Kenia
K. whiteheadi S-Thailand, Malaiische Halbinsel, Borneo, Philippinen

UNTERFAMILIE VESPERTILIONINAE
Antrozous
A. dubiaquercus Mexiko (inkl. Tres-Marías-Inseln), Belize, Honduras, Costa Rica
A. pallidus **Blasse Fledermaus, Wüstenfledermaus** Mexiko bis Kansas (USA) und British Columbia (SW-Kanada), Kuba
Barbastella **Mopsfledermäuse**
B. barbastellus **Mopsfledermaus** England und W-Europa bis Kaukasus, Ukraine, Türkei, Marokko, Mittelmeerinseln, Kanaren
B. leucomelas Kaukasus bis Pamir (Tadschikistan), N-Iran, Afghanistan, Indien, W-China, Honshu und Hokkaido (Japan), Ägypten, N-Äthiopien
Chalinolobus
C. alboguttatus Demokratische Republik Kongo, Kamerun
C. argentatus Kamerun bis Kenia, Tansania, südl. bis Angola
C. beatrix Côte d'Ivoire, Kongo, Kenia
C. dwyeri New South Wales, angrenzend Queensland (Australien)
C. egeria Kamerun, Uganda
C. gleni Kamerun, Uganda
C. gouldii Australien, Tasmanien, Neukaledonien, Norfolk-Inseln (Australien)
C. kenyacola Kenia
C. morio S-Australien, Tasmanien
C. nigrogriseus SO-Neuguinea, N-, O-Australien
C. picatus Zentral- und S-Queensland, NW-New South Wales, South Australia (Australien)
C. poensis Senegal bis Uganda, Bioko (Äquatorial-Guinea)
C. superbus Côte d'Ivoire, Ghana, NO-Demokratische Republik Kongo

C. tuberculatus Neuseeland
C. variegatus Senegal über Somalia bis Südafrika
Eptesicus **Breitflügelfledermaus**
E. baverstocki Zentral- und S-Australien
E. bobrinskii N-Kaukasus, Turkmenistan, Usbekistan, Kasachstan
E. bottae **Bottas Fledermaus** Ägypten, Türkei und Jemen, östl. bis Pakistan und Mongolei
E. brasiliensis Veracruz (S-Mexiko) bis N-Argentinien, Uruguay, Trinidad und Tobago
E. brunneus Liberia bis Demokratische Republik Kongo
E. capensis Guinea über Äthiopien bis Südafrika, Madagaskar
E. demissus Malakkahalbinsel
E. diminutus Venezuela, O-Brasilien, Paraguay, N-Argentinien, Uruguay
E. douglasorum Kimberley (N-Western Australia)
E. flavescens Angola, Burundi
E. floweri Sudan, Mali
E. furinalis Jalisco und Tamaulipas (Mexiko) bis Bergland von Guayana, Brasilien, N-Argentinien
E. fuscus **Große Braune Fledermaus** S-Kanada bis Kolumbien, N-Brasilien, Große und Kleine Antillen, Bahamas
E. guadeloupensis Guadeloupe (Kleine Antillen)
E. guineensis Senegal, Guinea bis Äthiopien und NO-Demokratische Republik Kongo
E. hottentotus Südafrika bis Angola und Kenia
E. innoxius W-Ecuador, NW-Peru, Puna (Ecuador)
E. kobayashii Korea
E. melckorum S-Südafrika, Sambia, Mosambik, Tansania
E. nasutus Arabien, Irak, Iran, Afghanistan, Pakistan
E. nilssoni **Nordfledermaus, Nordische Fledermaus** W- und O-Europa bis O-Sibirien und Sachalin (Russland) sowie NW-China, Skandinavien, südl. bis Bulgarien, Irak, N-Iran, Pamir (Tadschikistan), W-China (außer Xizang), Nepal, Honshu und Hokkaido (Japan)
E. pachyotis Assam (Indien), Myanmar, N-Thailand
E. platyops Nigeria, Senegal, Bioko (Äquatorial-Guinea)
E. pumilus N-Western Australia, Northern Territory, Queensland, New South Wales, South Australia (Australien)
E. regulus SW- und SO-Australien, Tasmanien
E. rendalli Gambia über Somalia bis Botswana und Mosambik
E. sagittula SO-Australien, Tasmanien, Lord-Howe-Insel (Australien)
E. serotinus **Breitflügelfledermaus, Spätfliegende Fledermaus** Afrika nördl. und südl. der Sahara, W-Europa über S-Russland bis Himalaya, China und Thailand bis N-Korea, Taiwan
E. somalicus Guinea-Bissau über Somalia bis Namibia und Südafrika, Madagaskar
E. tatei NO-Indien
E. tenuipinnis Senegal über Kenia bis Demokratische Republik Kongo und Angola
E. vulturnusi SO-Australien, Tasmanien
Euderma
E. maculatum **Gefleckte Fledermaus** SW-Kanada, Montana (NW-USA), südl. bis Queretaro (Mexiko)
Eudiscopus
E. denticulus Zentral-Myanmar, Laos
Glischropus
G. javanus Java (Indonesien)
G. tylopus Myanmar, Thailand, Malaiische Halbinsel, Sumatra und Molukken (Indonesien), Borneo, SW-Philippinen
Hesperoptenus
H. blanfordi Myanmar, Thailand, Malaiische Halbinsel, Borneo
H. doriae Malaiische Halbinsel, Borneo
H. gaskelli Sulawesi (Indonesien)
H. tickelli Indien (inkl. Andamanen), Sri Lanka, Nepal, Bhutan, Myanmar, Thailand
H. tomesi Malaiische Halbinsel, Borneo
Histiotus
H. alienus SO-Brasilien, Uruguay
H. macrotus S-Peru, S-Bolivien, Chile, NW-Argentinien
H. montanus Kolumbien, Venezuela, Ecuador, Peru, W-Bolivien, Chile, Argentinien, Uruguay
H. velatus O-Brasilien, Paraguay
Ia
I. io **Ostasiatischer Frühabendsegler** NO-Indien, S-China, Vietnam, Laos, Thailand
Idionycteris
I. phyllotis Distrito Federal (Mexiko) bis S-Utah und S-Nevada (SW-USA)
Laephotis
L. angolensis Angola, Demokratische Republik Kongo
L. botswanae N-Südafrika, Simbabwe, Botswana, Sambia, Malawi, Demokratische Republik Kongo
L. namibensis Namibia
L. wintoni Äthiopien, Kenia, SW-Südafrika
Lasionycteris
L. noctivagans **Silberhaarige Fledermaus, Silberhaar-Fledermaus** S-Kanada, USA (inkl. S-Alaska), NO-Mexiko, Bermuda
Lasiurus
L. borealis **Rote Fledermaus** Zentral-Kanada bis Brasilien, Uruguay, Chile, Argentinien, Kuba, Jamaika, Hispaniola, Puerto Rico, Bermuda, Bahamas, Trinidad und Tobago, Galápagos-Inseln (Ecuador)
L. castaneus Costa Rica, Panama
L. cinereus **Weißgraue oder Eisgraue Fledermaus** Kanada, USA, Mexiko, Guatemala, Kolumbien, Venezuela bis Zentral-Chile, Zentral-Argentinien, Uruguay, Hawaii (USA), Bermuda, Galápagos-Inseln (Ecuador)
L. ega SW-USA bis Brasilien, Argentinien, Uruguay, Trinidad
L. egregius Panama, Frz.-Guayana, Brasilien
L. intermedius O- und S-USA bis Sinaloa (Mexiko) bis Honduras, Kuba
L. seminolus S- und O-USA, Kuba
Mimetillus
M. moloneyi Sierra Leone bis Äthiopien, südl. bis Tansania, Sambia, Angola, Bioko (Äquatorial-Guinea)
Myotis **Mausohren**
M. abei Sachalin (Russland)
M. adversus Taiwan und Malaiische Halbinsel, südl. bis Neuguinea, Bismarck-Archipel (Papua-Neuguinea), Salomonen, Vanuatu, N- und O-Küste Australiens
M. aelleni SW-Argentinien
M. albescens Veracruz (Mexiko) bis N-Argentinien, Uruguay
M. altarium Sichuan (China), Thailand
M. annectans NO-Indien bis Thailand
M. atacamensis S-Peru, N-Chile
M. auriculus Arizona und New Mexico (SW-USA) bis Jalisco und Veracruz (Mexiko)
M. australis New South Wales (Australien)
M. austroriparius SO-USA, nordl. bis Indiana
M. bechsteini **Bechsteinfledermaus** Europa bis Kaukasus, Iran
M. blythii **Kleines Mausohr** Europäische Mittelmeerküste und NW-Afrika, Israel, Krim (Ukraine), Türkei und Kaukasus bis Kirgisistan, Afghanistan und Himalaya, Innere Mongolei und Shaanxi (China)
M. bocagei Senegal bis S-Jemen, südl. bis Angola, Sambia, N-Südafrika
M. bombinus NO-China, SO-Sibirien (Russland), Korea, Japan
M. brandti **Große Bartfledermaus** Großbritannien, Spanien, Griechenland bis Kasachstan, Mongolei, Korea, Japan, Ussuri-Region und O-Sibirien (inkl. Sachalin, Kamtschatka, Kurilen)
M. californicus S-Alaska (USA) bis Baja California (Mexiko) und Guatemala
M. capaccinii **Langfußfledermaus** Europäische Mittelmeerküste und NW-Afrika, Israel, Irak, Iran, Türkei, Usbekistan
M. chiloensis Zentral- und S-Chile
M. chinensis Sichuan und Yunnan bis Jiangsu (China), Hongkong (China), Thailand
M. cobanensis Zentral-Guatemala
M. dasycneme **Teichfledermaus** Frankreich und Schweden, östl. bis zum Jenissej (Russland), südl. bis Ukraine und Kasachstan, Mandschurei (China)
M. daubentoni **Wasserfledermaus** Großbritannien, Skandinavien und Europa, östl. bis Kamtschatka, Wladiwostok, Sachalin und Kurilen (Russland), Assam (Indien), Mandschurei, O- und S-China, Korea, Japan
M. dominicensis N-Kleine Antillen
M. elegans San Luis Potosí (N-Mexiko) bis Costa Rica
M. emarginatus **Wimperfledermaus** N-Afrika (Marokko bis Tunesien), Israel, Libanon, S-Europa bis Niederlande und Polen, östl. bis Kaukasus, Iran, Afghanistan, Usbekistan
M. evotis SW-Kanada bis New Mexico (USA) und Baja California (Mexiko)
M. findleyi Tres-Marías-Inseln (Mexiko)
M. formosus Afghanistan bis Guizhou, Giangsu, Fujian (China), Taiwan, Korea, Tsushima (Japan), Sumatra, Java, Sulawesi, Bali (Indonesien), Philippinen
M. fortidens Sonora und Veracruz (Mexiko) bis Guatemala
M. frater Afghanistan, Usbekistan und S-Sibirien bis SO-Russland, Heilongjiang (NO-China), SO-China, Korea, Japan
M. goudoti Madagaskar, Komoren
M. grisescens **Graues Mausohr** Zentral- und SO-USA
M. hasseltii Sri Lanka, Myanmar, Thailand, Kambodscha, Vietnam, Malaiische Halbinsel, Sumatra, Java, Mentawai-Inseln und Riau-Archipel (Indonesien), Borneo
M. horsfieldii Indien, Sri Lanka, SO-China, Thailand, Malaiische Halbinsel, Java, Bali und Sulawesi (Indonesien), Borneo, Philippinen
M. hosonoi Honshu (Japan)
M. ikonnikovi Mongolei, NO-China, Ussuri (Russland) und N-Korea bis Baikalsee (Russland), Sachalin (Russland), Hokkaido (Japan)
M. insularum Samoa
M. keaysi Tamaulipas (Mexiko) bis Venezuela und N-Argentinien, Trinidad
M. keenii Alaska (USA) bis W-Washington (USA), Mackenzie bis Prince Edward Island (Kanada), südl. bis Florida (USA)
M. leibii S-British Columbia (Kanada), südl. bis Mexiko (inkl. Baja California), östl. bis Maine (USA) und S-Quebec (Kanada)
M. lesueuri SW-Südafrika
M. levis SO-Brasilien, Bolivien, Argentinien, Uruguay
M. longipes Afghanistan, Kaschmir
M. lucifugus **Kleine Braune Fledermaus** Alaska (USA) bis Labrador und Neufundland (Kanada), südl. bis Distrito Federal (Mexiko)
M. macrodactylus SO-Russland, S-China, Japan, Kurilen (Russland)
M. macrotarsus N-Borneo, Philippinen
M. martiniquensis Kleine Antillen
M. milleri N-Baja California (Mexiko)
M. montivagus Indien, Myanmar, Yunnan bis Fujian (China), Malaiische Halbinsel, Borneo
M. morrisi Äthiopien, Nigeria
M. muricola Afghanistan bis Taiwan, Neuguinea
M. myotis **Großes Mausohr** S-England, Zentral- und S-Europa, östl. bis Ukraine, Türkei, Libanon, Israel, Mittelmeer
M. mystacinus **Kleine Bartfledermaus** Irland und Skandinavien bis N-China, südl. bis Marokko, Iran, NW-Himalaya, S-China
M. nattereri **Fransenfledermaus** NW-Afrika, Europa (außer Skandinavien), Krim (Ukraine) und Kaukasus bis Turkmenistan, Türkei, Israel, Irak
M. nesopolus NO-Venezuela, Curaçao, Bonaire (Niederländische Antillen)
M. nigricans Nayarit und Tamaulipas (Mexiko) bis Peru, S-Brasilien, N-Argentinien, Trinidad und Tobago, Grenada
M. oreias Singapur
M. oxyotus Costa Rica, Panama, Venezuela bis Bolivien
M. ozensis Honshu (Japan)
M. peninsularis S-Baja California (Mexiko)
M. pequinius Hopeh, Shandong, Henan, Jiangsu (China)
M. planiceps Mexiko
M. pruinosus Honshu und Shikoku (Japan)
M. ricketti Fujian, Anhui, Jiangsu, Shandong, Yunnan, Hongkong (China)
M. ridleyi Malaiische Halbinsel, Sumatra (Indonesien), Borneo
M. riparius Honduras bis O-Brasilien und Uruguay, Trinidad
M. rosseti Kambodscha, Thailand
M. ruber SO-Brasilien, Paraguay, NO-Argentinien
M. schaubi ausgestorben: früher Kaukasus, W-Iran
M. scotti Äthiopien
M. seabrai NW-Südafrika, Namibia, Angola
M. sicarius Sikkim (NO-Indien)
M. siligorensis N-Indien bis S-China und Vietnam bis Malaiische Halbinsel, Borneo
M. simus Kolumbien, Ecuador, Peru, N-Brasilien, Bolivien, Paraguay, NO-Argentinien
M. sodalis O-USA, westl. bis Wisconsin und Oklahoma
M. stalkeri Molukken (Indonesien)
M. thysanodes Chiapas (Mexiko) bis SW-South Dakota (USA) und S-British Columbia (Kanada)
M. tricolor Äthiopien und Demokratische Republik Kongo, südl. bis Südafrika
M. velifer Zentral- und SW-USA bis Honduras
M. vivesi Küste von Sonora und Baja California (Mexiko)
M. volans Alaska (USA) bis Mexiko (inkl. Baja California), östl. bis South Dakota (USA) und Zentral-Alberta (Kanada)
M. welwitschii Äthiopien bis Südafrika
M. yesoensis Hokkaido (Japan)
M. yumanensis Mexiko (inkl. Baja California), nördl. bis British Columbia (Kanada), östl. bis Montana und W-Texas (USA)
Nyctalus **Abendsegler**
N. aviator O-China, Korea, Japan
N. azoreum **Azoren-Abendsegler** Azoren (Portugal)
N. lasiopterus **Riesenabendsegler** W-Europa bis Ural und Kaukasus, Türkei, Kasachstan, Iran, Marokko, Libyen
N. leisleri **Kleiner Abendsegler** Großbritannien, Irland, W-Europa bis Ural und Kaukasus, O-Afghanistan, W-Himalaya, NW-Afrika, Madeira (Portugal), Azoren (Portugal)
N. montanus Afghanistan, Pakistan, N-Indien, Nepal
N. noctula **Großer Abendsegler, Eurasischer Abendsegler, Frühfliegende Fledermaus** Europa bis Ural und Kaukasus, Marokko, Algerien, Israel bis SO-Türkei, W-Turkmenistan bis SW-Sibirien (Russland), Himalaya, China, Taiwan, Honshu (Japan), Malaiische Halbinsel
Nycticeius
N. balstoni Australien
N. greyii Australien
N. humeralis N-Veracruz (Mexiko) bis Zentral-, O- und SO-USA
N. rueppellii O-Queensland und O-New South Wales (Australien)
N. sanborni SO-Neuguinea, NO-Queensland, Northern Territory, N-Western Australia (Australien)
N. schlieffeni SW-Arabien, Mauretanien und Ghana bis NO-Afrika und Tansania, Mosambik, Namibia, Botswana, Südafrika
Nyctophilus
N. arnhemensis N-Australien
N. geoffroyi Australien (außer im NO), Tasmanien
N. gouldi Neuguinea, N- und O-Queensland, Victoria, O-New South Wales, N-Northern Territory, N- und W-Western Australia (Australien)
N. heran Kleine Sundainseln (Indonesien)
N. microdon östl. Zentral-Neuguinea
N. microtis O-Neuguinea
N. timoriensis O-Neuguinea, Timor (Indonesien), Australien (inkl. Tasmanien)
N. walkeri Northern Territory und N-Western Australia (Australien)
Otonycteris
O. hemprichi Marokko und Niger bis Ägypten und Arabien bis Tadschikistan, Afghanistan und Kaschmir
Pharotis
P. imogene SO-Neuguinea
Philetor
P. brachypterus Nepal, Malaiische Halbinsel, Sumatra, Java, Sulawesi (Indonesien), Borneo, Philippinen, Neuguinea, Neubritannien (Bismarck-Archipel, Papua-Neuguinea)
Pipistrellus **Zwergfledermäuse**
P. aegyptius Ägypten, N-Sudan, Libyen, Algerien, Burkina Faso
P. aero NW-Kenia
P. affinis N-Indien, NO-Myanmar, Yunnan (China)
P. anchietai S-Demokratische Republik Kongo, Angola, Sambia
P. anthonyi Changyinku (Myanmar)
P. arabicus Oman
P. ariel Ägypten, N-Sudan
P. babu Afghanistan, Pakistan, N-Indien, Nepal,

Bhutan, Myanmar, SW-China
P. bodenheimeri Israel, S-Jemen, Oman
P. cadornae NO-Indien, Myanmar, Thailand
P. ceylonicus Pakistan, Indien, Sri Lanka, Myanmar, Guangxi und Hainan (China), Vietnam, Borneo
P. circumdatus NO-Indien, Myanmar, SW-China, Malaiische Halbinsel, Java (Indonesien)
P. coromandra Afghanistan, Pakistan, Indien, Sri Lanka, Nepal, Bhutan, Myanmar, S-China, Vietnam, Thailand, Nikobaren (Indien)
P. crassulus S-Sudan, Kamerun, Demokratische Republik Kongo, Angola
P. cuprosus Borneo
P. dormeri Pakistan, NW-, S- und O-Indien
P. eisentrauti Liberia bis Kenia und Somalia
P. endoi Honshu (Japan)
P. hesperus Washington bis SW-Oklahoma (USA), Mexiko (inkl. Baja California)
P. imbricatus Java, Bali, Kleine Sundainseln, Kangean-Inseln (Indonesien), Borneo
P. inexspectatus Kenia, Uganda, Demokratische Republik Kongo, Kamerun, Benin
P. javanicus Ussuri, China, Korea und SO-Asien bis Kleine Sundainseln (Indonesien), Philippinen, Japan
P. joffrei N-Myanmar
P. kitcheneri Borneo
P. kuhlii **Weißrandfledermaus** S-Europa über Kaukasus bis Kasachstan und Pakistan, SW-Asien, Afrika, Kanaren
P. lophurus Myanmar
P. macrotis Malaiische Halbinsel, Sumatra und Bali (Indonesien), Borneo
P. maderensis **Madeira-Fledermaus** Madeira (Portugal), Kanarische Inseln
P. mimus Afghanistan, Pakistan, Indien, Sri Lanka, Nepal, Bhutan, Myanmar, Vietnam, Thailand
P. minahassae Sulawesi (Indonesien)
P. mordax Java (Indonesien)
P. musciculus Kamerun, Gabun, Demokratische Republik Kongo
P. nanulus Sierra Leone bis Kenia, Bioko (Äquatorial-Guinea)
P. nanus **Bananenzwergfledermaus** Südafrika bis Äthiopien und Sudan, Niger, Mali, Senegal, Madagaskar
P. nathusii **Rauhautfledermaus** W-Europa bis Ural und Kaukasus sowie W-Türkei; auch S-England
P. paterculus N-Indien, Myanmar, SW-China, Thailand
P. peguensis Myanmar
P. permixtus Tansania
P. petersi Sulawesi und Molukken (Indonesien), Borneo, Philippinen
P. pipistrellus **Zwergfledermaus** S-Skandinavien und W-Europa bis Wolga und Kaukasus, Marokko, Israel und Türkei bis Kasachstan, Kaschmir und Xinjiang (China); auch Britische Inseln
P. pulveratus Sichuan, Yunnan, Hunan, Giangsu, Fujian, Hongkong (China), Thailand
P. rueppelli Senegal, Algerien, Ägypten bis Irak, südl. bis Botswana und N-Südafrika
P. rusticus Liberia und Äthiopien, südl. bis Südafrika
P. savii **Alpenfledermaus** Iberische Halbinsel, Marokko und Kanaren über Kaukasus, Iran, Afghanistan, N-Indien und Myanmar bis NO-China, Korea und Japan
P. societatis Malaiische Halbinsel
P. stenopterus Malaiische Halbinsel, Sumatra und Riau-Archipel (Indonesien), N-Borneo, Mindanao (Philippinen)
P. sturdeei Bonin-Inseln (Japan)
P. subflavus SO-Kanada, O-USA, Honduras
P. tasmaniensis S-Australien (außer South Australia), Tasmanien
P. tenuis Thailand bis Neuguinea, Bismarck-Archipel (Papua-Neuguinea), Salomonen, Vanuatu, N-Australien, Kokos-Inseln und Weihnachtsinseln (Indischer Ozean)
Plecotus **Langohrfledermäuse**
P. auritus **Braunes Langohr** Spanien, Irland und Norwegen bis Sachalin (Russland), N-China, Nepal, Japan
P. austriacus **Graues Langohr** Senegal, Spanien und England bis Mongolei und W-China; auch Kanaren, Kapverden (Atlantik)
P. mexicanus Mexiko (inkl. Cozumel)
P. rafinesquii SO-USA
P. taivanus Taiwan
P. teneriffae **Kanaren-Langohrfledermaus** Kanaren
P. townsendii **Virginia-Langohrfledermaus** S-British Columbia (Kanada) über W-USA bis Oaxaca (Mexiko), östl. bis Virginia (O-USA)
Rhogeessa
R. alleni Oaxaca bis Zacatecas (Mexiko)
R. genowaysi S-Chiapas (S-Mexiko)
R. gracilis Mexiko
R. minutilla Kolumbien, Venezuela (inkl. Margarita)
R. mira S-Michoacan (S-Mexiko)
R. parvula Oaxaca bis Sonora (Mexiko), Tres-Marías-Inseln (Mexiko)
R. tumida Tamaulipas (Mexiko) bis Ecuador, NO-Brasilien, Bolivien, Trinidad und Tobago
Scotoecus
S. albofuscus Gambia bis Kenia und Mosambik
S. hirundo Senegal bis Äthiopien, südl. bis Angola, Sambia, Malawi
S. pallidus Pakistan, N-Indien
Scotomanes
S. emarginatus Indien
S. ornatus NO-Indien, Myanmar, S-China, Vietnam, Thailand
Scotophilus
S. borbonicus Madagaskar, Réunion
S. celebensis Sulawesi (Indonesien)
S. dinganii Senegal und Sierra Leone, östl. bis Somalia und S-Jemen, südl. bis Namibia und Südafrika
S. heathi Afghanistan bis S-China, südl. bis Sri Lanka und Vietnam
S. kuhlii Pakistan bis Taiwan, südl. bis Sri Lanka und Malaiische Halbinsel, Philippinen und Aru-Inseln (Indonesien)
S. leucogaster Mauretanien und Senegal bis Äthiopien und N-Kenia
S. nigrita Senegal bis Sudan und Kenia bis Mosambik
S. nux Sierra Leone bis Kenia
S. robustus Madagaskar
S. viridis Senegal bis Äthiopien, südl. bis Namibia und Südafrika
Tylonycteris
T. pachypus **Bambusfledermaus** Indien (inkl. Andamanen) und S-China bis Kleine Sundainseln (Indonesien) und Philippinen
T. robustula S-China bis Sulawesi und Kleine Sundainseln (Indonesien) und Philippinen
Vespertilio **Zweifarbfledermäuse**
V. murinus **Zweifarbige Fledermaus** Norwegen und Großbritannien bis Ussuri, Korea, Taiwan, Japan
V. superans China, Ussuri, Korea, Taiwan, östl. bis Japan

UNTERFAMILIE MURININAE
Harpiocephalus
H. harpia Indien bis Taiwan und Vietnam, südl. bis Indonesien
Murina
M. aenea Malaiische Halbinsel, Borneo
M. aurata Nepal bis SW-China und Myanmar
M. cyclotis Indien, Sri Lanka bis Guangdong und Hainan (China), Vietnam, südl. bis Malaiische Halbinsel, Kleine Sundainseln (Indonesien), Borneo, Philippinen
M. florium Kleine Sundainseln und Sulawesi (Indonesien), Neuguinea, NO-Australien
M. fusca Mandschurei (China)
M. grisea NW-Himalaya
M. huttoni NW-Indien bis Vietnam, Fujian (China), Thailand, Malaiische Halbinsel
M. leucogaster O-Himalaya, China, Oberer Jenissej (Russland), Altai, Korea, Ussuri, Sachalin (Russland), Japan
M. puta Taiwan
M. rozendaali Borneo
M. silvatica Japan (inkl. Tsushima)
M. suilla Malaiische Halbinsel, Sumatra und Java (Indonesien), Borneo
M. tenebrosa Tsushima (Japan)
M. tubinaris Pakistan, N-Indien, Myanmar, Vietnam, Laos, Thailand
M. ussuriensis Ussuri, Kurilen und Sachalin (Russland), Korea

UNTERFAMILIE MINIOPTERINAE
Langflügelfledermäuse
Miniopterus
M. australis Java (Indonesien), Borneo, Philippinen, Vanuatu, O-Australien
M. fraterculus Südafrika, Mosambik, Malawi, Sambia, Angola
M. fuscus SO-China, Ryukyu-Inseln (Japan), Thailand, Malaiische Halbinsel, Java und Sulawesi (Indonesien), Borneo, Philippinen, Neuguinea
M. inflatus W- bis O-Afrika
M. magnater NO-Indien und SO-China bis Timor (Indonesien) und Neuguinea
M. minor Kenia, Tansania, Demokratische Republik Kongo, Kongo, Madagaskar, São Tomé und Komoren
M. pusillus Indien bis Molukken (Indonesien) und Philippinen, Salomonen bis Neukaledonien
M. robustior Loyalty-Inseln (östl. von Neukaledonien)
M. schreibersi **Langflügelfledermaus** Afrika südl. der Sahara (auch Madagaskar), Marokko und S-Europa bis Iran und Kaukasus bis China und Japan, große Teile der indomalaiischen Region, Neuguinea, Bismarck-Archipel (Papua-Neuguinea), Salomonen, Australien
M. tristis Sulawesi (Indonesien), Philippinen, Neuguinea, Bismarck-Archipel (Papua-Neuguinea), Salomonen, Vanuatu

UNTERFAMILIE TOMOPEATINAE
Tomopeas
T. ravus W-Peru

FAMILIE MYSTACINIDAE
Neuseeland-Fledermäuse
Mystacina
M. robusta ausgestorben: früher Big-South-Cape-Inseln (Neuseeland)
M. tuberculata **Kurzschwanzfledermaus, Neuseeland-Fledermaus** Neuseeland

FAMILIE MOLOSSIDAE
Bulldoggfledermäuse
Chaerephon
C. aloysiisabaudiae Ghana, Gabun, Demokratische Republik Kongo, Uganda
C. ansorgei Kamerun bis Äthiopien, südl. bis Angola und O-Südafrika
C. bemmeleni Liberia, Kamerun, Demokratische Republik Kongo, Uganda, Tansania, Kenia, Sudan
C. bivittata Sudan, Äthiopien, Kenia, Tansania, Uganda, Sambia, Mosambik, Simbabwe
C. chapini Äthiopien, Uganda, Demokratische Republik Kongo, Sambia, Angola, Namibia, Botswana, Simbabwe
C. gallagheri Demokratische Republik Kongo
C. jobensis Neuguinea, Salomonen, Vanuatu, Fidschi, N- und Zentral-Australien
C. johorensis W-Malaysia, Sumatra (Indonesien)
C. major Liberia, Mali, Burkina Faso, Ghana, Togo, Niger, Nigeria, NO-Demokratische Republik Kongo, Uganda, Sudan, Tansania
C. nigeriae Ghana und Niger bis Äthiopien und Saudi-Arabien, südl. bis Namibia, Botswana und Simbabwe
C. plicata Indien und Sri Lanka bis S-China und Vietnam, Kleine Sundainseln (Indonesien), Borneo, Philippinen, Kokos-Inseln (Indischer Ozean)
C. pumila Senegal bis Jemen, südl. bis Südafrika, Bioko (Äquatorial-Guinea), Pemba und Sansibar (Tansania), Madagaskar, Komoren, Seychellen
C. russata Ghana, Kamerun, Demokratische Republik Kongo, Kenia
Cheiromeles
C. torquatus **Nacktfledermaus** Malaiische Halbinsel, Sumatra, Java und Sulawesi (Indonesien), Borneo, SW-Philippinen
Eumops
E. auripendulus Oaxaca und Yucatán (Mexiko) bis Peru, O-Brasilien, N-Argentinien, Trinidad
E. bonariensis Veracruz (Mexiko) bis NW-Peru, Brasilien, N-Argentinien und Uruguay
E. dabbenei Kolumbien, Venezuela, Paraguay, N-Argentinien
E. glaucinus Jalisco (Mexiko) bis Peru, Brasilien, N-Argentinien, Kuba, Jamaika, Florida (USA)
E. hansae Costa Rica, Panama, Venezuela, Bergland von Guayana, Peru, Brasilien, Bolivien
E. maurus Guyana, Surinam
E. perotis Kalifornien und Texas (SW-USA) bis Zacatecas und Hidalgo (Mexiko), Kolumbien bis O-Brasilien und N-Argentinien, Kuba
E. underwoodi Arizona (SW-USA) bis Nicaragua
Molossops
M. abrasus Venezuela, Guyana, Surinam, Peru, Brasilien, Bolivien, Paraguay, N-Argentinien
M. aequatorianus Ecuador
M. greenhalli Nayarit (Mexiko) bis Ecuador und NO-Brasilien, Trinidad
M. mattogrossensis Venezuela, Guyana, Zentral- und NO-Brasilien
M. neglectus Surinam, Peru, Amazonien
M. planirostris Panama bis Surinam, Peru, Brasilien, Paraguay, N-Argentinien
M. temminckii Kolumbien, Venezuela, Peru, S-Brasilien, Bolivien, Paraguay, N-Argentinien, Uruguay
Molossus **Samtfledermäuse**
M. ater Tamaulipas und Sinaloa (Mexiko) bis Bergland von Guayana, Peru, Brasilien und N-Argentinien, Trinidad
M. bondae Honduras bis Venezuela und Ecuador, Cozumel (Mexiko)
M. molossus Sinaloa und Coahuila (Mexiko) bis Bergland von Guayana, Peru, Brasilien, N-Argentinien, Uruguay, Margarita (Venezuela), Große und Kleine Antillen (inkl. Niederländische Antillen), Trinidad und Tobago
M. pretiosus Guerrero und Oaxaca (Mexiko), Nicaragua bis Kolumbien, Venezuela und Guyana
M. sinaloae Sinaloa (Mexiko) bis Kolumbien und Surinam, Trinidad
Mops
M. brachypterus Gambia bis Kenia, Tansania, Mosambik
M. condylurus Senegal bis Somalia, südl. bis Angola, Botswana und O-Südafrika
M. congicus Ghana, Nigeria, Kamerun, Demokratische Republik Kongo, Uganda
M. demonstrator Sudan, Demokratische Republik Kongo, Uganda, Burkina Faso
M. midas Senegal bis Saudi-Arabien, südl. bis Botswana und N-Südafrika, Madagaskar
M. mops Malaiische Halbinsel, Sumatra (Indonesien), Borneo
M. nanulus Sierra Leone bis Äthiopien und Kenia
M. niangarae Niangara (Demokratische Republik Kongo)
M. niveiventer Demokratische Republik Kongo, Ruanda, Burundi, Tansania, Mosambik, Sambia, Angola
M. petersoni Kamerun und Ghana
M. sarasinorum Sulawesi (Indonesien), Philippinen
M. spurrelli Liberia, Côte d'Ivoire, Ghana, Togo, Benin, Äquatorial-Guinea, Demokratische Republik Kongo
M. thersites Sierra Leone bis Ruanda, Bioko (Äquatorial-Guinea)
M. trevori NW-Demokratische Republik Kongo, Uganda
Mormopterus
M. acetabulosus Madagaskar, Réunion, Mauritius; Äthiopien, Südafrika
M. beccarii Molukken (Indonesien), Neuguinea, N-Australien
M. doriae Sumatra (Indonesien)
M. jugularis Madagaskar
M. kalinowskii Peru, N-Chile
M. minutus Kuba
M. norfolkensis SO-Queensland, O-New South Wales (Australien), Norfolk-Inseln (S-Pazifik)
M. petrophilus südliches Afrika
M. phrudus Peru
M. planiceps Neuguinea, Australien
M. setiger S-Sudan, Äthiopien, Kenia
Myopterus
M. daubentonii Senegal, Côte d'Ivoire, NO-Demokratische Republik Kongo
M. whitleyi Ghana, Nigeria, Kamerun, Demokratische Republik Kongo, Uganda
Nyctinomops
N. aurispinosus Sonora und Tamaulipas (Mexiko) bis Peru, Brasilien und Bolivien
N. femorosaccus SW-USA, Mexiko (inkl. Baja California)

N. laticaudatus Tamaulipas und Jalisco (Mexiko) bis NW-Peru, Brasilien und N-Argentinien, Trinidad, Kuba
N. macrotis SW-British Columbia (Kanada) und Iowa (USA) bis Peru, N-Argentinien und Uruguay, Kuba, Jamaika, Hispaniola
Otomops
O. formosus Java (Indonesien)
O. martiensseni Dschibuti und Zentralafrikanische Republik bis Angola und O-Südafrika, Madagaskar
O. papuensis SO-Neuguinea
O. secundus NO-Neuguinea
O. wroughtoni S-Indien
Promops
P. centralis Jalisco und Yucatán (Mexiko) bis Surinam, Peru und N-Argentinien, Trinidad
P. nasutus Venezuela, Surinam, Ecuador, Peru, Brasilien, Bolivien, Paraguay, N-Argentinien, Trinidad
Tadarida **Bulldoggfledermäuse**
T. aegyptiaca Südafrika bis Algerien, Ägypten bis Jemen und Oman, östl. bis Indien, Sri Lanka
T. australis Neuguinea, S- und Zentral-Australien
T. brasiliensis USA bis Chile, Argentinien und S-Brasilien, Große und Kleine Antillen
T. espiritosantensis Brasilien
T. fulminans N-Südafrika, Simbabwe, Sambia, Malawi, Tansania, Ruanda, Demokratische Republik Kongo, Kenia, Madagaskar
T. lobata Kenia, Simbabwe
T. teniotis **Europäische Bulldoggfledermaus** Frankreich, Portugal und Marokko bis S-China, Taiwan und Japan, Madeira (Portugal), Kanarische Inseln
T. ventralis Äthiopien bis Südafrika

ORDNUNG XENARTHRA
ZAHNARME

FAMILIE MYRMECOPHAGIDAE
Südamerikanische Ameisenbären
Cyclopes
C. didactylus **Zwergameisenbär** Veracruz und Oaxaca (S-Mexiko) bis Kolumbien, außerdem westl. der Anden bis S-Ecuador und östl. der Anden bis Venezuela, Guyana, Surinam, Frz.-Guayana, Trinidad und S-Kolumbien sowie Venezuela, südl. bis Santa Cruz (Bolivien) und Brasilien
Myrmecophaga
M. tridactyla **Großer Ameisenbär** Belize und Guatemala über Südamerika bis Gran Chaco von Bolivien, Paraguay und Argentinien sowie Uruguay
Tamandua **Tamanduas**
T. mexicana **Nördlicher Tamandua** Tamaulipas (O Mexiko), Mittelamerika, südl. bis NW-Venezuela und NW-Peru
T. tetradactyla **Südlicher Tamandua** Südamerika (östl. der Anden) von Kolumbien, Venezuela und dem Bergland von Guayana, südl. bis Argentinien und Uruguay, Trinidad

FAMILIE BRADYPODIDAE
Dreifingerfaultier
Bradypus
B. torquatus **Kragenfaultier** SO-Brasilien in küstennahen Waldregionen
B. tridactylus **Dreifingerfaultier** Venezuela, Guyana, Surinam, Frz.-Guayana, südl. bis N-Brasilien
B. variegatus **Braunkehl-Dreifingerfaultier** Honduras bis Kolumbien, W-Venezuela, Ecuador, O-Peru, Brasilien, Bolivien, Paraguay, Argentinien

FAMILIE MEGALONYCHIDAE
Zweifingerfaultier

UNTERFAMILIE CHOLOEPINAE
Choloepus
C. didactylus **Zweifingerfaultier, Unau** Venezuela und Bergland von Guayana, südl. bis Brasilien, westl. bis zum Amazonasbecken in Ecuador und Peru
C. hoffmanni **Hoffmann-Zweifingerfaultier** Nicaragua, östl. bis Venezuela, südl. bis Brasilien und O-Bolivien

FAMILIE DASYPODIDAE
Gürteltiere

UNTERFAMILIE CHLAMYPHORINAE
Chlamyphorus **Gürtelmulle**
C. retusus **Burmeister-Gürtelmull** Gran Chaco von SO-Bolivien, W-Paraguay und N-Argentinien
C. truncatus **Kleiner Gürtelmull** Argentinien

UNTERFAMILIE DASYPODINAE
Cabassous **Nacktschwanzgürteltiere**
C. centralis **Nördliches Nacktschwanzgürteltier** Chiapas (Mexiko) bis N-Kolumbien
C. chacoensis **Chaco-Nacktschwanzgürteltier** Gran Chaco von W-Paraguay und NW-Argentinien; auch Mato Grosso (Brasilien)
C. tatouay **Großes Nacktschwanzgürteltier** S-Brasilien, SO-Paraguay, NO-Argentinien, Uruguay
C. unicinctus **Südliches Nacktschwanzgürteltier** Südamerika (östl. der Anden) von Kolumbien bis Mato Grosso (Brasilien)
Chaetophractus
C. nationi **Anden-Borstengürteltier** Cochabamba, Oruro und La Paz (Bolivien)
C. vellerosus **Weißhaargürteltier** Chaco Boreal von Bolivien und Paraguay, südl. bis Zentral-Argentinien und westl. bis Tarapaca (Chile)
C. villosus **Braunhaargürteltier** Gran Chaco von Bolivien, Paraguay und N-Argentinien, südl. bis Santa Cruz (S-Argentinien) und Magellanstraße (S-Chile)
Dasypus
D. hybridus **Südliches Nacktschwanzsiebenbindengürteltier** S-Brasilien, Paraguay, Argentinien
D. kappleri **Kappler-Weichgürteltier** O-Kolumbien, Venezuela (südl. bis zum Orinoco), Guyana, Surinam, südl. über Ecuador, Peru und das Amazonasbecken von Brasilien
D. novemcinctus **Neunbindengürteltier, Tatu** S-USA, Mexiko, Zentral- und Südamerika bis N-Argentinien, Trinidad und Tobago, Grenada
D. pilosus **Pelzgürteltier** Anden in Peru
D. sabanicola **Nördliches Siebenbindengürteltier** Llanos in Kolumbien und Venezuela
D. septemcinctus **Siebenbindengürteltier** Unteres Amazonasbecken von Brasilien bis zum Gran Chaco von Bolivien, Paraguay und N-Argentinien
Euphractus
E. sexcinctus **Sechsbinden- oder Weißborstengürteltier** S-Surinam und angrenzend Brasilien; auch O-Brasilien bis Bolivien, Paraguay, N-Argentinien, Uruguay
Priodontes
P. maximus **Riesengürteltier** Südamerika (östl. der Anden), von N-Venezuela und Bergland von Guayana bis Paraguay und N-Argentinien
Tolypeutes **Kugelgürteltiere**
T. matacus **Kugelgürteltier** SW-Brasilien und O-Bolivien, südl. über Gran Chaco von Paraguay bis Buenos Aires (Argentinien)
T. tricinctus **Dreibindenkugelgürteltier** Bahia, Ceara und Pernambuco (Brasilien)
Zaedyus
Z. pichiy **Zwerggürteltier** Zentral- und S-Argentinien und O-Chile, südl. bis Magellanstraße

ORDNUNG DIDELPHIMORPHIA
AMERIKANISCHE OPOSSUMS

FAMILIE DIDELPHIDAE
Beutelratten

UNTERFAMILIE CALUROMYINAE
Caluromys **Wollbeutelratten**
C. derbianus **Zentralamerikanische Wollbeutelratte** Mexiko, Mittelamerika, Kolumbien, Ecuador
C. lanatus N- und Zentral-Kolumbien, NW- und S-Venezuela, O-Ecuador, O-Peru, W- und S-Brasilien, O-Bolivien, O- und S-Paraguay, Misiones (N-Argentinien)
C. philander **Gelbe Wollbeutelratte** Venezuela (inkl. Margarita), Guyana, Surinam, Frz.-Guayana, Brasilien, Trinidad und Tobago
Caluromysiops
C. irrupta **Schwarzschulterwollbeutelratte** SO-Peru, W-Brasilien
Glironia
G. venusta **Peri-Buschschwanzbeutelratte** Ecuador, Peru, Amazonien, Bolivien

UNTERFAMILIE DIDELPHINAE
Chironectes
C. minimus **Schwimmbeutler, Yapok** Oaxaca und Tabasco (S-Mexiko), südl. über Mittelamerika bis Kolumbien, Venezuela, Bergland von Guayana, Ecuador, Peru, Brasilien, Paraguay, Argentinien
Didelphis **Opossums**
D. albiventris **Südopossum** Kolumbien, Ecuador, Peru, Brasilien, Bolivien, Paraguay, N-Argentinien, Uruguay; auch S-Venezuela, SW-Surinam und N-Brasilien
D. aurita O-Brasilien, SO-Paraguay, NO-Argentinien
D. marsupialis **Zentralamerikanisches Opossum** Tamaulipas (O-Mexiko), südl. über ganz Mittel- und Südamerika bis Peru, Brasilien, südl. bis Bolivien
D. virginiana **Virginia-Opossum, Nordopossum** S-Kanada, O- und Zentral-USA, Mexiko, Mittelamerika, südl. bis N-Costa Rica

Gracilinanus
G. aceramarcae Bolivien
G. agilis O-Peru, Brasilien, O-Bolivien, Paraguay, NO-Argentinien, Uruguay
G. dryas Anden W-Venezuelas
G. emiliae NO-Brasilien
G. marica N-Kolumbien, Venezuela
G. microtarsus SO-Brasilien
Lestodelphys
L. halli **Patagonien-Beutelratte** Mendoza, südl. bis Santa Cruz (Argentinien)
Lutreolina
L. crassicaudata **Dickschwanzbeutelratte** O-Kolumbien, Venezuela, W-Guyana; auch SO-Brasilien, O-Bolivien, Paraguay, N-Argentinien und Uruguay
Marmosa **Zwergbeutelratten**
M. andersoni Cuzco (S-Peru)
M. canescens S-Sonora bis Oaxaca und Yucatán, Tres-Marías-Inseln (Mexiko)
M. lepida O-Kolumbien, Surinam, Ecuador, Peru, Bolivien, evtl. Brasilien
M. mexicana **Schwarzringzwergbeutelratte** Tamaulipas (Mexiko) bis W-Panama
M. murina **Mauszwergbeutelratte** Kolumbien, Venezuela, Bergland von Guayana, Surinam, O-Ecuador, O-Peru, Brasilien, O-Bolivien, Trinidad und Tobago
M. robinsoni **Robinson-Zwergbeutelratte** Belize, Honduras, Panama, Kolumbien, Venezuela, W-Ecuador, NW-Peru, Trinidad und Tobago, Grenada
M. rubra O-Ecuador, Peru
M. tyleriana S-Venezuela
M. xerophila NO-Kolumbien, NW-Venezuela
Marmosops
M. cracens Falcon (Venezuela)
M. dorothea Yungas, Beni und Chaco (Bolivien)
M. fuscatus O-Anden in Kolumbien, N-Venezuela, Trinidad und Tobago
M. handleyi Antioquia (Zentral-Kolumbien)
M. impavidus W-Panama bis Kolumbien, W-Venezuela, Ecuador und Peru; auch S-Venezuela
M. incanus Bahia, südl. bis Paraná (O-Brasilien)
M. invictus Panama
M. noctivagus **Nachtzwergbeutelratte** Ecuador, Peru, Amazonien, Bolivien
M. parvidens Kolumbien, Venezuela, Guyana, Surinam, Peru, Brasilien
Metachirus
M. nudicaudatus **Nacktschwanzbeutelratte** Nicaragua bis Paraguay und NO-Argentinien
Micoureus
M. alstoni Belize bis Panama
M. constantiae O-Bolivien und angrenzend Brasilien, südl. bis N-Argentinien
M. demerarae Kolumbien, Venezuela, Guyana, Surinam, Frz.-Guayana, Brasilien, O-Paraguay
M. regina Kolumbien, Ecuador, Peru, Bolivien
Monodelphis **Spitzmausbeutelratten**
M. adusta O-Panama, Kolumbien, Ecuador, N-Peru
M. americana **Dreistreifenspitzmausbeutelratte** Para, südl. bis Santa Catarina (O-Brasilien)
M. brevicaudata **Kurzschwanzspitzmausbeutelratte** Venezuela, Surinam, Frz.-Guayana, Amazonasbecken von Brasilien, Bolivien
M. dimidiata SO-Brasilien, NO-Argentinien, Uruguay
M. domestica **Hausspitzmausbeutelratte** Brasilien, Bolivien, Paraguay
M. emiliae Amazonasbecken von Peru und Brasilien
M. iheringi SO-Brasilien
M. kunsi **Kuns-Spitzmausbeutelratte** Brasilien, Bolivien
M. maraxina **Marajo-Spitzmausbeutelratte** Marajo (Para, NO-Brasilien)
M. osgoodi SO-Peru, Zentral-Bolivien
M. rubida Goias, südl. bis São Paulo (O-Brasilien)
M. scalops **Rotkopf-Spitzmausbeutelratte** Espírito Santo, südl. bis Santa Catarina (SO-Brasilien)
M. sorex **Zwergspitzmausbeutelratte** SO-Brasilien, S-Paraguay, NO-Argentinien
M. theresa Anden in Peru, O-Brasilien
M. unistriata **Einstreifenspitzmausbeutelratte** São Paulo (Brasilien)
Philander **Vieraugenbeutelratten**
P. andersoni **Schwarze Vieraugenbeutelratte** O-Kolumbien, S-Venezuela, Ecuador, Peru, W-Brasilien
P. opossum **Graue Vieraugenbeutelratte** Tamaulipas (Mexiko) über Mittel- und Südamerika bis Paraguay und NO-Argentinien
Thylamys
T. elegans S-Peru und Cochabamba (Bolivien), südl. bis Valdivia (Chile) und Neuquen (Argentinien)
T. macrura S-Brasilien, Paraguay
T. pallidior O- und S-Bolivien, Argentinien
T. pusilla Zentral- und S-Brasilien, SO-Bolivien, Paraguay, N-Argentinien
T. velutinus SO-Brasilien

ORDNUNG PAUCITUBERCULATA
SPITZMAUSOPOSSUMS

FAMILIE CAENOLESTIDAE
Caenolestes
C. caniventer Anden in SW-Ecuador und NW-Peru
C. convelatus Anden in W-Kolumbien und NW-Ecuador
C. fuliginosus **Ecuador-Spitzmausopossum** Anden in Kolumbien, NW-Venezuela und Ecuador
Lestoros
L. inca Anden in S-Peru
Rhyncholestes
R. raphanurus **Chile-Spitzmausopossum** südl. Zentral-Chile (inkl. Chiloé)

ORDNUNG MICROBIOTHERIA

FAMILIE MICROBIOTHERIIDAE
Zwergopossum
Dromiciops
D. gliroides **Chiloe-Beutelratte** Chile, angrenzend westl. Zentral-Argentinien

ORDNUNG DASYUROMORPHIA
RAUBBEUTLER

FAMILIE THYLACINIDAE
Thylacinus
T. cynocephalus **Beutelwolf** ausgestorben: früher Tasmanien (Australien)

FAMILIE MYRMECOBIIDAE
Myrmecobius
M. fasciatus **Numbat, Ameisenbeutler** SW-Western Australia (Australien)

FAMILIE DASYURIDAE
Raubbeutler
Antechinus **Breitfußbeutelmaus**
A. bellus **Augenfleckbreitfußbeutelmaus** N-Northern Territory (Australien)
A. flavipes **Gelbfüßige Breitfußbeutelmaus**

Kap-York-Halbinsel (Queensland) bis Victoria, SO-South Australia und SW-Western Australia (Australien)
A. godmani **Queensland-Breitfußbeutelmaus** NO-Queensland (Australien)
A. leo **Zimtbreitfußbeutelmaus** Kap-York-Halbinsel (Queensland, Australien)
A. melanurus **Samtbreitfußbeutelmaus** Neuguinea
A. minimus **Hammock-Breitfußbeutelmaus** Küste SO-South Australia bis Tasmanien (Australien)
A. naso **Seidenbreitfußbeutelmaus** Zentral-Neuguinea
A. stuartii **Stuart-Breitfußbeutelmaus** O-Queensland, O-New South Wales, Victoria (Australien)
A. swainsonii **Swainson-Breitfußbeutelmaus** SO-Queensland, O-New South Wales, O- und SO-Victoria, Tasmanien (Australien)
A. wilhelmina **Wilhelmina-Breitfußbeutelmaus** Zentral-Neuguinea
Dasycercus
D. byrnei **Kowari** Dreiländereck von Northern Territory, South Australia und Queensland (Zentral-Australien)
D. cristicauda **Mulgara, Süd-Kammschwanzbeutelmaus** NW-Western Australia bis SW-Queensland und N-South Australia (Australien)
Dasykaluta
D. rosamondae **Rote Beutelmaus** NW-Western Australia (Australien)
Dasyurus Quolle
D. albopunctatus Neuguinea
D. geoffroii **Schwarzschwanzfleckenbeutelmarder** Western Australia (Australien)
D. hallucatus **Zwergfleckenbeutelmarder** N-Western Australia, N-Northern Territory, N- und NO-Queensland (Australien)
D. maculatus **Riesenbeutelmarder** O-Queensland, O-New South Wales, O- und S-Victoria, SO-South Australia, Tasmanien (Australien)
D. spartacus Papua-Neuguinea
D. viverrinus **Tüpfelbeutelmarder, Quoll** Tasmanien (Australien), evtl. SO-Australien
Murexia
M. longicaudata **Langschwanz-Neuguinea-Beutelmaus** Aru-Inseln (Indonesien), Neuguinea
M. rothschildi **Rothschild-Neuguinea-Beutelmaus** SO-Neuguinea
Myoictis
M. melas **Streifenbeutelmarder** Salawati und Aru-Inseln (Indonesien), Neuguinea
Neophascogale
N. lorentzi **Lorentz-Pinselschwanzbeutelmaus** Zentral-Neuguinea
Ningaui
N. ridei **Rides Ningaui** Western Australia, Northern Territory, South Australia (Australien)
N. timealeyi **Pilbara-Ningaui** NW-Western Australia (Australien)
N. yvonnae Western Australia bis New South Wales und Victoria (Australien)
Parantechinus
P. apicalis **Sprenkelbeutelmaus** SW-Western Australia (Australien)
P. bilarni **Harney-Beutelmaus** Northern Territory (Australien)
Phascogale Pinselschwanzbeutelmäuse
P. calura **Kleine Pinselschwanzbeutelmaus** SW-Western Australia (Australien)
P. tapoatafa **Große Pinselschwanzbeutelmaus** SW-Western Australia, SO-South Australia, S-Victoria, O-New South Wales, Queensland, Northern Territory (Australien)
Phascolosorex Streifenbeutelmäuse
P. doriae **Orangebauchstreifenbeutelmaus** W-Neuguinea
P. dorsalis **Braunbauchstreifenmaus** W- und O-Neuguinea
Planigale Flachkopfbeutelmäuse
P. gilesi **Giles-Flachkopfbeutelmaus** NO-South Australia, NW-New South Wales, SW-Queensland (Australien)
P. ingrami **Nord-Flachkopfbeutelmaus** NO-Western Australia, NO-Northern Territory, N- und O-Queensland (Australien)
P. maculata **Gefleckte Flachkopfbeutelmaus** O-Queensland, NO-New South Wales, N-Northern Territory (Australien)
P. novaeguineae **Neuguinea-Flachkopfbeutelmaus** S-Neuguinea
P. tenuirostris **Süd-Flachkopfbeutelmaus** NW-New South Wales, südl. Zentral-Queensland (Australien)
Pseudantechinus
P. macdonnellensis **Fettschwanzbeutelmaus** N-Western Australia, Northern Territory (Australien)
P. ningbing Kimberley (N-Western Australia, Australien)
P. woolleyae Western Australia (Australien)
Sarcophilus
S. laniarius **Beutelteufel, Tasmanischer Teufel** Tasmanien, evtl. S-Victoria (Australien)
Sminthopsis Schmalfußbeutelmäuse
S. aitkeni Kangaroo Island (South Australia, Australien)
S. archeri S-Papua-Neuguinea, Queensland (Australien)
S. butleri **Butlers Schmalfußbeutelmaus** Kalumburu (Western Australia, Australien), Papua-Neuguinea
S. crassicaudata **Dickschwanzschmalfußbeutelmaus** S-Western Australia, South Australia, W-Victoria, W-New South Wales, SW-Queensland, SO-Northern Territory (Australien)
S. dolichura Western Australia, South Australia (Australien)
S. douglasi **Douglas-Schmalfußbeutelmaus** NW-Queensland (Australien)
S. fuliginosus SW-Western Australia (Australien)
S. gilberti SW-Western Australia (Australien)
S. granulipes **Kornsohlenschmalfußbeutelmaus** SW-Western Australia (Australien)
S. griseoventer SW-Western Australia (Australien)
S. hirtipes **Polsterschmalfußbeutelmaus** S-Northern Territory, westl. Zentral-Western Australia (Australien)
S. laniger Western Australia, S-Northern Territory, N-South Australia, N-Victoria, W-New South Wales, SW-Queensland (Australien)
S. leucopus **Rippsohlenschmalfußbeutelmaus** Tasmanien, S- und SO-Victoria, New South Wales, Queensland (Australien)
S. longicaudata **Langschwanzschmalfußbeutelmaus** Western Australia (Australien)
S. macroura **Östliche Dickschwanzschmalfußbeutelmaus** NW-New South Wales, W-Queensland, S-Northern Territory, N-South Australia, N-Western Australia (Australien)
S. murina **Kleine Schmalfußbeutelmaus** SW-Western Australia, SO-South Australia, Victoria, New South Wales, O-Queensland (Australien)
S. ooldea **Ooldea-Schmalfußbeutelmaus** SO-Western Australia, S-South Australia, S-Northern Territory (Australien)
S. psammophila **Sandschmalfußbeutelmaus** SW-Northern Territory, S-South Australia (Australien)
S. virginiae **Queensland-Schmalfußbeutelmaus** N-Queensland, N-Northern Territory (Australien), Aru-Inseln (Indonesien), S-Neuguinea
S. youngsoni Western Australia, Northern Territory (Australien)

ORDNUNG PERAMELEMORPHIA
NASENBEUTLER, BANDIKUTS, BILBIES

FAMILIE PERAMELIDAE
Nasenbeutler, Bandikuts
Chaeropus
C. ecaudatus **Schweinsfußnasenbeutler** Western Australia, S-Northern Territory, N-South Australia, SW-New South Wales, Victoria (Australien)
Isoodon Kurznasenbeutler
I. auratus **Goldener Kurznasenbeutler** NW-Western Australia, Barrow (Australien)
I. macrourus **Großer Kurznasenbeutler** NO-Western Australia, N-Northern Territory, O-Queensland, NO-New South Wales (Australien), S- und O-Neuguinea
I. obesulus **Kleiner Kurznasenbeutler** N-Queensland, SO-New South Wales, S-Victoria, SO-South Australia, SW-Western Australia, Tasmanien (Australien)
Macrotis Kaninchennasenbeutler
M. lagotis **Großer Kaninchennasenbeutler, Bilby** SW-Queensland, Grenzland von Northern Territory und Western Australia, Kimberley (N-Western Australia, Australien)
M. leucura **Kleiner Kaninchennasenbeutler** Zentral-Australien
Perameles Langnasenbeutler
P. bougainville **Bänderlangnasenbeutler** Bernier und Dorre (vor der Küste von Western Australia, Australien)
P. eremiana **Wüstenlangnasenbeutler** Große Victoriawüste (Western Australia), N-South Australia, S-Northern Territory (Australien)
P. gunnii **Tasmanischer Langnasenbeutler** S-Victoria, Tasmanien (Australien)
P. nasuta **Großer Langnasenbeutler** O-Queensland, O-New South Wales, O-Victoria (Australien)

FAMILIE PERORYCTIDAE
Regenwald-Nasenbeutler
Echymipera Stachelnasenbeutler
E. clara **Clara-Stachelnasenbeutler** nördl. Zentral-Neuguinea
E. davidi Kiriwina (Papua-Neuguinea)
E. echinista Papua-Neuguinea
E. kalubu **Flachstachelnasenbeutler** Neuguinea, benachbarte kleine Inseln inkl. Bismarck-Archipel (Papua-Neuguinea); Salawati (Indonesien)
E. rufescens **Rufous Stachelnasenbeutler** Kap-York-Halbinsel (Queensland, Australien), Neuguinea (inkl. kleine Inseln vor der SO-Küste), Kai und Aru (Indonesien)
Microperoryctes Mausnasenbeutler
M. longicauda **Langschwänziger Mausnasenbeutler** Neuguinea
M. murina **Mausnasenbeutler** W-Neuguinea
M. papuensis **Papua-Mausnasenbeutler** SO-Neuguinea
Peroryctes
P. broadbenti **Neuguinea-Nasenbeutler** SO-Neuguinea
P. raffrayana **Großer Neuguinea-Nasenbeutler** Neuguinea
Rhynchomeles
R. prattorum **Ceram-Nasenbeutler** Seram (Indonesien)

ORDNUNG NOTORYCTEMORPHIA
BEUTELMULLE

FAMILIE NOTORYCTIDAE
Notoryctes
N. caurinus NW-Western Australia (Australien)
N. typhlops **Beutelmaulwurf, Beutelmull** Western Australia, South Australia, S-Northern Territory (Australien)

ORDNUNG DIPROTODONTIA
KOALA, WOMBATS, KÄNGURUS UND VERWANDTE

FAMILIE PHASCOLARCTIDAE
Phascolarctos
P. cinereus **Koala** SO-Queensland, O-New South Wales, Victoria, SO-South Australia (Australien); auch andernorts eingeführt

FAMILIE VOMBATIDAE
Wombats
Lasiorhinus Haarnasenwombats
L. krefftii **Nördlicher Haarnasen- oder Breitstirnwombat** SO- und O-Queensland, Deniliquin (New South Wales, Australien)
L. latifrons **Südlicher Haarnasen- oder Breitstirnwombat** S-South Australia, SO-Western Australia (Australien)
Vombatus
V. ursinus **Nacktnasenwombat** SO-Queensland, O-New South Wales, S-Victoria, Tasmanien (und Inseln in der Bassstraße), SO-South Australia (Australien)

FAMILIE PHALANGERIDAE
Kletterbeutler
Ailurops
A. ursinus **Bärenkuskus** Sulawesi, Peleng, Talaud, Togian, Muna, Buton und Lembeh (Indonesien)
Phalanger Kuskuse
P. carmelitae **Bergkuskus** Zentral-Neuguinea
P. lullulae Woodlark-Insel (Papua-Neuguinea)
P. matanim Telefomin (W-Papua-Neuguinea)
P. orientalis **Grauer Kuskus** Timor und Seram (Indonesien) bis N-Neuguinea und benachbarte kleine Inseln, Bismarck-Archipel (Papua-Neuguinea), Salomonen, O-Kap-York-Halbinsel (Queensland, Australien)
P. ornatus Halmahera, Ternate, Tidore, Bacan und Morotai (Indonesien)
P. pelengensis Peleng und Sula-Inseln (Indonesien)
P. rothschildi Pulau (Molukken, Indonesien)
P. sericeus Zentral- und O-Neuguinea
P. vestitus **Seidenkuskus** Zentral-Neuguinea
Spilocuscus
S. maculatus **Tüpfelkuskus** Aru-Inseln, Kai-Inseln, Seram, Amboina und Selayar (Indonesien), Neuguinea und benachbarte kleine Inseln, Kap-York-Halbinsel (Queensland, Australien)
S. rufoniger N-Neuguinea
Strigocuscus
S. celebensis **Celebes-Kuskus** Sulawesi, Peleng, Sanghir, Sula und Obi (Indonesien)
S. gymnotis **Bodenkuskus** Aru-Inseln, Wetar, Timor und andere indonesische Inseln, Neuguinea
Trichosurus Kusus
T. arnhemensis **Nördlicher Fuchskusu** N-Northern Territory, NO-Western Australia, Barrow (Australien)
T. caninus **Berg- oder Hundskusu** SO-Queensland, O-New South Wales, O-Victoria (Australien)
T. vulpecula **Gewöhnlicher Fuchskusu** O-Queensland, O-New South Wales, Victoria, Tasmanien, SO- und N-South Australia, SW-Western Australia (Australien); eingeführt auf Neuseeland
Wyulda
W. squamicaudata **Schuppenschwanzpossum** Kimberley (NO-Western Australia, Australien)

FAMILIE POTOROIDAE
Rattenkängurus, Potoroos
Aepyprymnus
A. rufescens **Rotes Rattenkänguru** NO-Victoria, O-New South Wales, O-Queensland (Australien)
Bettongia Bürstenrattenkängurus
B. gaimardi **Tasmanisches Bürstenrattenkänguru** Tasmanien (Australien)
B. lesueur **Lesueur-Bürstenrattenkänguru** westaustralische Inseln
B. penicillata **Bürstenrattenkänguru** SW-Western Australia, S-South Australia (inkl. St. Francis), NW-Victoria, Zentral-New South Wales, O-Queensland (Australien)
Caloprymnus
C. campestris **Wüstenratten- oder Nacktbrustkänguru** Grenzgebiet von South Australia und Queensland (Australien)
Hypsiprymnodon
H. moschatus **Moschusrattenkänguru** NO-Queensland (Australien)
Potorous Potoroos
P. longipes **Langfußpotoroo** NO-Victoria (Australien)
P. platyops **Breitkopfpotoroo** ausgestorben: früher SW-Western Australia, Kangaroo Island (Australien)
P. tridactylus **Langnasenpotoroo** SO-Queensland, Küste von New South Wales, NO-Victoria, SO-South Australia, SW-Western Australia, Tasmanien, King (Australien)

FAMILIE MACROPODIDAE
Kängurus und Wallabys
Dendrolagus Baumkängurus
D. bennettianus **Bennetts Baumkänguru** NO-Queenland (Australien)
D. dorianus **Doria-Baumkänguru** Neuguinea
D. goodfellowi **Goodfellow-Baumkänguru** O-Neuguinea

D. inustus **Graues Baumkänguru** Yapen (Indonesien), N- und W-Neuguinea
D. lumholtzi **Lumholtz-Baumkänguru** NO-Queensland (Australien)
D. matschiei **Matschie-Baumkänguru** NO-Neuguinea; eingeführt auf der Insel Umboi
D. scottae Torricelli Mountains (Papua-Neuguinea)
D. spadix S-Neuguinea
D. ursinus **Bärenbaumkänguru** NW-Neuguinea
Dorcopsis Buschkängurus
D. atrata Goodenough Island (Papua-Neuguinea)
D. hageni **Hasenbuschkänguru** nördl. Zentral-Neuguinea
D. luctuosa S-Neuguinea
D. muelleri **Streifenbuschkänguru** Misool, Salawati, Aru-Inseln und Yapen (Indonesien), W-Neuguinea
Dorcopsulus
D. macleayi **Macleayis Buschkänguru** SO-Neuguinea
D. vanheurni **Bergbuschkänguru** Neuguinea
Lagorchestes Hasenkängurus
L. asomatus **Zentralaustralisches Hasenkänguru** ausgestorben: früher *L. mackay* (Northern Territory, Australien)
L. conspicillatus **Brillenhasenkänguru** N-Western Australia und benachbarte Inseln, N-Northern Territory, N- und W-Queensland (Australien)
L. hirsutus **Zottelhasenkänguru** Bernier- und Dorre-Inseln (Western Australia) und in der Umgebung von Alice Springs (Northern Territory, Australien)
L. leporides **Östliches Hasenkänguru** ausgestorben: früher W-New South Wales, NW-Victoria, O-South Australia (Australien)
Lagostrophus
L. fasciatus **Bänderhasenkänguru** Bernier- und Dorre-Inseln (Western Australia, Australien)
Macropus **Wallabys, Wallaroos und Kängurus**
M. agilis **Sand- oder Flinkawallaby** NO-Western Australia, Northern Territory, Queensland (Australien), S-Neuguinea, Kiriwina und andere Inseln vor der SO-Küste Neuguineas
M. antilopinus **Antilopenkänguru** N-Queensland, Northern Territory, NO-Western Australia (Australien)
M. bernardus **Schwarzes Wallaroo** N-Northern Territory (Australien)
M. dorsalis **Rückenstreifwallaby** O-Queensland, O-New South Wales (Australien)
M. eugenii **Derbywallaby** SW-Western Australia, South Australia, Kangaroo Island und andere Inseln (Australien)
M. fuliginosus **Westliches Graues Riesenkänguru** SW-New South Wales, NW-Victoria, South Australia, SW-Western Australia, Tasmanien, King Island und Kangaroo Island (Australien)
M. giganteus **Östliches Graues Riesenkänguru** O- und Zentral-Queensland, New South Wales, Victoria, SO-South Australia, Tasmanien (Australien)
M. greyi **Toolache-Wallaby** ausgestorben: früher SO-South Australia, angrenzend Victoria (Australien)
M. irma **Irmawallaby** SW-Western Australia (Australien)
M. parma **Parmawallaby** O-New South Wales (Australien); eingeführt auf Kawau (Neuseeland)
M. parryi **Hübschgesichtwallaby** O-Queensland, NO-New South Wales (Australien)
M. robustus **Bergkänguru** oder **Wallaroo** Western Australia, South Australia, S-Northern Territory, Queensland, New South Wales, Barrow-Insel (Australien)
M. rufogriseus **Rotnackenwallaby** SO-South Australia, Victoria, O-New South Wales, SO-Queensland, Tasmanien, King-Insel und benachbarte Inseln (Australien); eingeführt in England
M. rufus **Rotes Riesenkänguru** Festland Australiens
Onychogalea Nagelschwanzkängurus
O. fraenata **Zügelstreifnagelkänguru** Taunton (Queensland, Australien)
O. lunata **Mondnagelkänguru** südl. Zentral- und SW-Western Australia, S-Northern Territory (Australien)
O. unguifera **Nördliches Nagelkänguru** Western Australia, Northern Territory, Queensland (Australien)
Petrogale Felskängurus
P. assimilis Queensland (Australien)
P. brachyotis **Kurzohrfelskänguru** Küste NW-Australiens, N-Northern Territory (Australien)
P. burbidgei **Warabi** Kimberley (NO-Western Australia), Bonaparte Archipel und benachbarte Inseln (Australien)
P. concinna **Nabarlek** oder **Zwergfelskänguru** NO- und NW-Northern Territory, NO-Western Australia (Australien)
P. godmani **Godmans Felskänguru** Kap-York-Halbinsel (Queensland, Australien)
P. inornata **Einfarb-** oder **Queensland-Felskänguru** N-Queensland (Australien)
P. lateralis **Purpurnackenfelskänguru** Western Australia, South Australia, Northern Territory, W-Queensland (Australien)
P. penicillata **Bürstenfelskänguru** O-Australien
P. persephone **Proserpina-Felskänguru** Proserpine (Queensland, Australien)
P. rothschildi **Rothschilds Felskänguru** NW-Western Australia (Australien)
P. xanthopus **Gelbfußfelskänguru** SW-Queensland, NW-New South Wales, South Australia (Australien)
Setonix
S. brachyurus **Quokka, Kurzschwanzkänguru** SW-Western Australia, Rottnest- und Bald-Inseln (Australien)
Thylogale Filander
T. billardierii **Rotbauchfilander** Tasmanien (Australien)
T. brunii **Neuguinea-Filander** Zentral- und O-Neuguinea und benachbarte kleine Inseln, Bismarck-Archipel (Papua-Neuguinea), Aru-Inseln (Indonesien)
T. stigmatica **Rotbeinfilander** O-Queensland, O-New South Wales (Australien), südl. Zentral-Neuguinea
T. thetis **Rotnackenfilander** O-Queensland, O-New South Wales (Australien)
Wallabia
W. bicolor **Sumpfwallaby** O-Queensland, O-New South Wales, Victoria, SO-South Australia, Stradbroke und Fraser (Australien)

FAMILIE BURRAMYIDAE
Bilch- und Zwerggleitbeutler

Burramys
B. parvus **Bergbilchbeutler** NO-Victoria, S-New South Wales (Australien)
Cercartetus Bilchbeutler
C. caudatus **Langschwanzbilchbeutler** Neuguinea, Fergusson Island (Papua-Neuguinea), NO-Queensland (Australien)
C. concinnus **Dünnschwanzbilchbeutler** SW-Western Australia, S- und SO-South Australia, W-Victoria, SW-New South Wales (Australien)
C. lepidus **Zwergbilchbeutler** Tasmanien, Grenzregion zwischen NW-Victoria und South Australia, Kangaroo Island (Australien)
C. nanus **Östlicher Zwergbilchbeutler** SO-South Australia, O-New South Wales, Victoria, Tasmanien (Australien)

FAMILIE PSEUDOCHEIRIDAE
Ringbeutler

Hemibelideus
H. lemuroides **Lemur-Ringbeutler** NO-Queensland (Australien)
Petauroides
P. volans **Riesengleitbeutler** O-Australien
Petropseudes
P. dahli **Felsenringbeutler** N-Northern Territory, NW-Western Australia (Australien)
Pseudocheirus **Ringbeutler**
P. canescens **Hundsringbeutler** Neuguinea, Salawati (Indonesien)
P. caroli **Buntschwanzringbeutler** westl. Zentral-Neuguinea
P. forbesi **Forbes-Ringbeutler** Neuguinea
P. herbertensis **Herbert-River-Ringbeutler** NO-Queensland (Australien)
P. mayeri **Zwergringbeutler** Zentral-Neuguinea
P. peregrinus **Gewöhnlicher Ringbeutler** Kap-York-Halbinsel (Queensland) bis SO-South Australia und SW-Western Australia, Tasmanien und Inseln der Bassstraße (Australien)
P. schlegeli **Schlegels Ringbeutler** NW-Neuguinea
Pseudochirops
P. albertisii **Langhaarringbeutler** N- und W-Neuguinea, Yapen (Indonesien)
P. archeri **Grüner Ringbeutler** NO-Queensland (Australien)
P. corinnae **Glanzringbeutler** Neuguinea
P. cupreus **Kupferringbeutler** Neuguinea

FAMILIE PETAURIDAE
Gleitbeutlerverwandte

Dactylopsila Streifenbeutler
D. megalura **Weyland-Streifenbeutler** Neuguinea
D. palpator **Langfingerstreifenbeutler** Neuguinea
D. tatei **Ferguson-Streifenbeutler** Fergusson (Papua-Neuguinea)
D. trivirgata **Streifenbeutler** Neuguinea und benachbarte kleine Inseln, Aru-Inseln (Indonesien), NO-Queensland (Australien)
Gymnobelideus
G. leadbeateri **Leadbeaters Hörnchenbeutler** NO-Victoria (Australien)
Petaurus
P. abidi **Neuguinea-Gleitbeutler** nördl. Zentral-Neuguinea
P. australis **Riesenflughörnchen, Gelbbauchbeutelflughörnchen** Küste Queenslands, New South Wales, Victoria (Australien)
P. breviceps **Kurzkopfgleitbeutler** SO-South Australia bis Kap-York-Halbinsel (Queensland), N-Northern Territory, NO-Western Australia (Australien), Neuguinea und benachbarte kleine Inseln, Aru-Inseln und Molukken (Indonesien); eingeführt auf Tasmanien (Australien)
P. gracilis Barrett's Lagoon (Queensland, Australien)
P. norfolcensis **Eichhörnchengleitbeutler** O-Queensland, O-New South Wales, O-Victoria (Australien)

FAMILIE TARSIPEDIDAE

Tarsipes
T. rostratus **Honigbeutler** SW-Western Australia (Australien)

FAMILIE ACROBATIDAE
Pinselschwanzbeutler

Acrobates
A. pygmaeus **Zwerggleitbeutler oder Federschwanzgleitbeutler** O-Queensland bis SO-South Australia, landeinwärts bis Deniliquin (New South Wales, Australien)
Distoechurus
D. pennatus **Pinselschwanzbeutler** Neuguinea

Glossar

Abgeleitetes Merkmal ein Merkmal, das eine abgewandelte Version des Merkmals darstellt, das bei der Gruppe der Vorfahren zu finden war (vgl. APOMORPH).
Abiotisch unbelebt.
Adaptation Merkmale eines Tieres, die es an seine Umwelt anpassen. Adaptationen sind genetisch fixiert, daher ein Produkt der Evolution und im Lauf des Lebens unveränderlich. Sie können auch phänotypisch sein. Dann haben sie sich aufgrund individueller Anpassungen entwickelt und sind im Lauf des Lebens reversibel. Die NATÜRLICHE SELEKTION begünstigt das Überleben von Individuen, deren Adaptationen sie besser an ihre Umwelt anpassen als andere Individuen mit weniger erfolgreichen Adaptationen.
Adaptive Radiation Prozess, bei dem sich mehrere Arten aus einem gemeinsamen Vorfahren entwickeln (im Gegensatz zu KONVERGENTER EVOLUTION, bei der sich Arten verschiedenen Ursprungs als Reaktion auf denselben Selektionsdruck ähnlich entwickelt haben).
Adulttier ausgewachsenes, geschlechtsreifes Individuum, das sich fortpflanzen kann (adult = erwachsen).
Aerob Energiegewinn aus Prozessen, die freien atmosphärischen Sauerstoff erfordern (vgl. ANAEROB).
Afroarabia Afrika plus arabische Halbinsel.
Afrotheria gut abgesicherte Verwandtschaftsgruppe afrikanischer Säuger, zu der Goldmulle, Tanreks, Rüsselspringer, Erdferkel und die Fast-Huftiere (PAENUNGULATA: Schliefer, Elefanten, Seekühe) gehören.
Afrotropisch vgl. ÄTHIOPIS
Agonistisches Verhalten Verhaltensmuster, die im Kampf mit einem Artgenossen angewandt werden, darunter Aggression, Drohen, Beschwichtigen oder Meiden; wird auch als Kampfverhalten bezeichnet.
Aguti Pfeffer-und-Salz-Färbung, die aus einer abwechselnd hellen und dunklen Bänderung eines jeden Haares basiert. Diese Bänderung ist beim gleichnamigen Aguti (Ordnung Rodentia, Familie Dasyproctidae) gut zu sehen.
Albinismus erbliche Stoffwechselstörung, bei der Haut und Haare aufgrund einer Unfähigkeit zur Bildung von Melanin weiß sind.
Allele Merkmalsanlagen, die in homologen Chromosomen einander gegenüber am selben Ort liegen.
Allopatrie Vorkommen von Arten in sich nicht überschneidenden Gebieten (Arealen). Diese Isolation führt zur Bildung geografischer Rassen und zur Artentstehung, sofern die Isolation lange genug andauert (Gegensatz: SYMPATRIE).
Allozym eine von mehreren Formen eines Enzyms, die durch ein bestimmtes ALLEL eines GENORTES kodiert werden.
Alte Welt geografische Bezeichnung für die Region, die im tiergeografischen Sinn PALÄARKTIS, ORIENTALIS, ÄTHIOPIS und AUSTRALIS umfasst (vgl. NEUE WELT).
Altersstruktur Verhältnis von Individuen unterschiedlicher Altersklassen in einer Population.
Altruismus uneigennütziges Helfen oder Verhalten, das die eigene Fitness zugunsten anderer verringert.
Alveole (a) mikroskopisch kleines Bläschen in den Lungen, das die Oberfläche für den Gasaustausch bei der Atmung liefert; (b) knöchernes Zahnfach im Kiefer, in dem der Zahn sitzt.
Ambra Ausscheidungsprodukt von Pottwalen.
Amniot höheres Wirbeltier aus der Klasse der Reptilien, Vögel oder Säuger, dessen Embryo in einer mit Flüssigkeit gefüllten Embryonalhülle (= Amnion) heranwächst.
Amphibisch an Land und im Wasser lebend.
Amphilestiden Familie in der Ordnung TRICONODONTIA; Säuger, die rund 50 Mio. Jahre lang, von der Mitte des Jura bis Anfang der Kreidezeit, existierten.
Amphipode Krebs aus der Wirbellosenordnung Amphipoda (Flohkrebse); dazu gehören viele marine und im Süßwasser lebende Kleinkrebse.
Ampullardrüsen paarige Drüsen im Fortpflanzungstrakt einiger Säugermännchen, die ihre Sekrete zur Samenflüssigkeit hinzugeben.
Amynodontier Vertreter der Familie Amynodontidae; große nashornartige Säuger (Ordnung Perissodactyla, Unpaarhufer), die im Tertiär ausstarben.
Anaerob Energiegewinn aus Prozessen, die keinen freien atmosphärischen Sauerstoff erfordern (vgl. AEROB).
Analdrüse Drüse, die sich über einen kurzen Gang entweder im Inneren des Anus oder rechts und links davon öffnet.
Ancestral den Vorfahren zukommende stammesgeschichtliche Merkmale.
Androgene Sexualhormone, die von den Hoden ausgeschüttet werden. Sie steuern die Entwicklung der sekundären männlichen Geschlechtsmerkmale.
Anomodontia Unterordnung der Familie der THERAPSIDA, die gegen Ende der Trias ausstarb.
Anöstrus Teil im Fortpflanzungszyklus eines Säugers, bei dem die Sexualorgane nicht aktiv sind (Ruhephase).
Antarktische Konvergenz rund 40 km breite Zone, in der das nördlich fließende antarktische Oberflächenwasser unter das weniger dichte, nach Süden strömende subantarktische Wasser sinkt. Hier verändert sich nicht nur die Temperatur des Ozeans, sondern auch seine chemische Zusammensetzung. Diese zirkumpolare Zone liegt bei etwa 50 Grad südlicher Breite und markiert die Nordgrenze des Südpolarmeeres.
Anthracotherier Vertreter der Familie Anthracotheriidae (Ordnung Artiodactyla, Paarhufer), die gegen Ende des Tertiärs ausstarb.
Anthropoide wörtl. „Menschenähnlicher"; Vertreter der Primatenunterordnung Anthropoidea: Tieraffen, Menschenaffen und Menschen. In modernen Klassifikationssystemen umfassen die Anthropoidea (oder Simiiformes) die Catarhini (Altweltaffen) und Platyrhini (Neuweltaffen). Sie werden zusammen mit den Tarsiiformes (Koboldmakis) in die Unterordnung Haplorhini gestellt.
Antigen organische oder anorganische Substanz, die das Immunsystem zur Produktion von Antikörpern anregt, wenn sie in den Körper gelangt.
Antitragus Gegenbock; der dem TRAGUS gegenüberliegende untere Teil der Ohrmuschel.
Antrum Körperhöhle, Knochenhöhle; insbesondere im Oberkieferknochen.
Apomorph Merkmal, das abgeleitet oder neueren Ursprungs ist. Der lange Hals der Giraffe ist apomorph, der kurze Hals ihrer Vorfahren PLESIOMORPH (primitiv). Apomorphe Merkmale, die einer Gruppe von Organismen gemeinsam sind, unterscheiden diese von anderen Organismen, die vom selben Vorfahren abstammen.
Aquatisch im Wasser lebend.
Arborikol auf Bäumen lebend.
Archaeoceti ausgestorbene Walordnung, deren Mitglieder eine Zwischenstellung zwischen landlebenden Säugern und marinen Arten eingenommen haben.
Arid trocken, wüstenartig; Region mit sehr wenig Feuchtigkeit; wird von Tieren bewohnt, die an Trockenheit angepasst sind (vgl. MESISCH).
Arteriole kleine Arterie (= ein mit einer muskulösen Wand ausgestattetes Blutgefäß, das Blut vom Herzen weg transportiert), die sich in feine Kapillaren aufspaltet.
Arterio-venöse Anastomose (AVA) Verbindung zwischen Arteriolen (die Blut vom Herzen weg) und Venolen (die Blut zum Herzen hin transportieren).
Artgenosse Mitglied derselben Art.
Arthropoden (Gliedertiere) artenreichster Stamm im Tierreich; dazu gehören Insekten, Spinnentiere, Krebstiere usw. Gliedertiere verfügen über ein festes, gegliedertes Exoskelett und paarige, gegliederte Beine.
Arvicolin für Wühlmäuse typisch.
Ästivation „Sommerschlaf"; bei jahreszeitlich wiederkehrender heißer, trockener Witterung, wenn das Futter knapp ist, verfallen manche Tierarten in einen Zustand der DORMANZ oder des TORPORS.
Astragalus Würfel- oder Sprungbein; Knochen in der Fußwurzel (Tarsus) von Huftieren, der aufgrund der Umorganisation der Fußwurzelknochen infolge Verringerung der Zehenzahl den größten Teil des Körpergewichts trägt; eine Aufgabe, die der Astragalus sich bei den meisten anderen Säugern mit dem CALCANEUM (Fersenbein) teilt.
Asymptote (gewöhnlich gerade) Linie, die sich einer gegebenen Kurve zunehmend nähert, sie jedoch in endlicher Entfernung niemals erreicht. Eine asymptotische Population ist die maximale Populationsgröße, die ein gegebenes Habitat oder Areal unterhalten kann, d.h., die Wachstumsrate der Population strebt asymptotisch gegen null, wenn sich die Population der Kapazitätsgrenze (der oberen Asymptote in einem Graph) nähert (vgl. UMWELTKAPAZITÄT).
Äthiopis (äthiopische Region) tiergeografische Region, die Afrika südlich der Sahara sowie Madagaskar umfasst; wird auch als afrotropische Region bezeichnet.
Atlas einer der beiden ersten Halswirbel, die Kopf und Wirbelsäule beweglich miteinander verbinden (vgl. AXIS).
Atrophie Rückbildung einer Struktur oder eines Gewebes.
Auftriebsströmung nach oben gerichtete Meeresströmung, hervorgerufen durch Konvektion, die dazu führt, dass Nährstoffe nach oben gespült werden und somit das Planktonwachstum zunimmt.
Auslöser Signal oder Reiz, der von einem Tier produziert wird und bei anderen Tieren eine Reaktion hervorruft.

Ausrottung Vernichtung einer Population oder eines TAXONS in einem bestimmten Lebensraum.
Äußerer Gehörgang Gang, der von der Basis der Ohrmuschel (Pinna) oder der Schädeloberfläche zum TYMPANUM (Trommelfell) führt.
Australis tiergeografische Region, die Australien, Neuguinea und weitere Inselgruppen umfasst (vgl. WALLACE-LINIE).
Axis einer der beiden ersten Halswirbel, die Kopf und Wirbelsäule beweglich miteinander verbinden (vgl. ATLAS).

Backentasche Tasche zur zeitweiligen Aufbewahrung von Nahrung, die man bei einigen Tieraffen der Alten Welt und einigen Nagern findet.
Backenzähne Zähne, die bei den Säugern auf die Eckzähne folgen; sie umfassen Prämolaren (Vorbackenzähne) und Molaren (Backenzähne).
Baculum (*Os penis, Os baculum* oder Penisknochen) lang gestreckter Knochen im Penis der Männchen einiger Säugerarten.
Barten hornartige Substanz, die bei Walen der Unterordnung Mysticeti (Bartenwale) als Platten vom Oberkiefer herabhängt und eine Art Sieb bildet, mit dem die Wale Plankton aus dem Meerwasser filtrieren.
Bartenwal Vertreter der Unterordnung Mysticeti; Wale mit Barten statt Zähnen.
Bast samtige Haut, die bei Hirschartigen die wachsenden Geweihstangen überzieht; wird „gefegt", sobald das Geweih ausgewachsen ist.
Bau natürlicher oder angelegter Unterschlupf, den ein Tier zum Schlafen, zur Niederkunft, Jugendaufzucht und/oder als Winterlager nutzt.
Beckengürtel Knochengürtel, der den Hinterextremitäten Halt gibt.
Bentisch den Meeresboden bewohnend.
Bergmannsche Regel biogeografische Regel, die besagt, dass bei nah verwandten Arten die in kalten Klimazonen lebenden Arten größer sind als die in wärmeren Klimazonen lebenden Arten.
Bergwald (montane Stufe) Wald in mittleren Höhenlagen an Berghängen, unterhalb der alpinen Region, aber oberhalb von Tieflandwäldern.
Beutegreifer Tier, das lebende Beute fängt; der früher häufig verwendete Begriff „Räuber" wird heute weitgehend vermieden. Mittlerweile findet auch der englische Begriff „predator" (eingedeutscht: Prädator) immer stärker Eingang in die zoologische Literatur. So beschreibt etwa der Begriff „antiprädatorisches Verhalten" die Ausweich- oder Abwehrreaktionen der Beute.
Beutel Hautfalte am Unterbauch weiblicher Beuteltiere, die die Zitzen bedeckt. Der Beutel kann ein einfaches, offenes Gebilde sein, wie bei Fleisch fressenden Beuteltieren, oder eine stärker geschlossene Tasche, wie bei Kuskusen und Kängurus (vgl. MARSUPIUM).
Bezahnung Anordnung der Zähne, wie sie für eine bestimmte Art typisch ist.
Bilophodont Backenzähne, die ein Okklusionsmuster (Kieferschluss-, Zahnreihenschlussmuster) mit paarigen Querjochen aufweisen. (vgl. LOPHODONT).
Binokulares Sehen räumliches Sehen; typische Form des Sehens bei Säugern, bei der dasselbe Objekt gleichzeitig mit beiden Augen anvisiert wird; die Koordination der beiden Bilder im Gehirn erlaubt eine präzise Entfernungsabschätzung (z.B. bei Raubtieren).
Binominale oder binäre Nomenklatur System, das von Carl v. Linné eingeführt wurde, um alle Organismen mithilfe zweier lateinischer Namen zu klassifizieren: Einer bezeichnet die Gattung (GENUS), der andere die Art (SPEZIES); beide Namen werden kursiv geschrieben.
Biodiversität biologische Vielfalt; das Inventar an Pflanzen, Tieren und anderen Organismen, die typisch für eine Region oder ein Land sind.
Biogeografie Wissenschaft von der Verbreitung und Ausbreitung der Lebewesen auf der Erde. Studiert werden auch die Lebensräume (HABITATE) sowie die historischen und ökologischen Faktoren, die zur Verteilung geführt haben.
Biologische Schädlingskontrolle Durch Einführen einer Tierart wird die Populationsdichte einer anderen Tierart in einem Gebiet durch Parasitismus oder Jagd kontrolliert.
Biom großes Ökosystem mit charakteristischem Pflanzenbewuchs, Boden- und Klimatyp. Biome sind die größten BIOTISCHEN LEBENSGEMEINSCHAFTEN auf der Erde.
Biomasse Maß für die Häufigkeit (Abundanz) einer Lebensform im Hinblick auf ihre Masse, entweder absolut oder pro Flächeneinheit gerechnet (die Populationsdichte zweier Arten kann identisch sein, was die Zahl der Individuen beider Arten angeht, doch aufgrund ihrer unterschiedlichen Größe können sich ihre Biomassen deutlich unterscheiden).
Biotische Lebensgemeinschaft Biozönose; natürlich vorkommende Gruppe von Pflanzen und Tieren im selben Lebensraum.
Bipedie Laufen auf zwei Beinen. Unter den Säugern laufen nur Menschen ständig auf zwei Beinen. Einige Primatenarten können kurze Stecken zweibeinig zurücklegen. Manche Halbaffen wie Indris, Buschbabys und Koboldmakis hüpfen auf zwei Beinen über den Boden.
Blasloch Nasenöffnung auf dem Kopf eines Wals, aus der der so genannte Blas (Atemluft) ausgestoßen wird.
Blastozyste Keimblase mit frühem, undifferenziertem Embryo (vgl. IMPLANTATION).
Blättermagen dritte der vier Kammern des Magens wiederkäuender Paarhufer.
Blubber Fettschicht unter der Haut, die bei Walen und Robben besonders stark ausgeprägt ist.
Boreale Nadelwaldzone geografische Zone in Eurasien und Nordamerika südlich der Arktis und nördlich des 50. Breitengrads; von Nadelwäldern dominiert.
Bovide Vertreter der Paarhuferfamilie Bovidae (Hornträger).
Brachyodont niedrigkronige Zähne, deren Wachstum endet, wenn sie voll ausgebildet sind. Danach schließt sich die Pulpahöhle in der Wurzel. Typisch für die meisten Säuger (vgl. HYPSODONT).
Bradykardie verlangsamte Herztätigkeit.
Breaching (engl.) Bezeichnung für das Herausspringen von Walen aus dem Wasser.
Brontotherium Vertreter der Familie Brontotheriidae; Familie aus der Ordnung Perissodactyla, Unpaarhufer, die zu Beginn des Tertiärs ausstarb.
Bruce-Effekt Effekt, der bei Mäusen demonstriert wurde; bei ihnen führt die Gegenwart eines fremden Männchens oder seines Geruchs dazu, dass ein trächtiges Weibchen seine Jungen abortiert und wieder empfängnisbereit wird.
Brunft Zeitabschnitt mit sexueller Erregung; Paarungszeit bei den Vertretern der Cervidae (Hirsche).
Brunftschwiele Schwellung der nackten Hautpartie rund um After und Vulva bei weiblichen Primaten, z.B. bei Schimpansen und einigen Altwelt-Tieraffen.
Brunst Zeitabschnitt mit sexueller Erregung; Paarungszeit.
Bukkalhöhle Mundhöhle.
Bullae tympanicae oder **auditivae** paarige kugelförmige Knochenkapseln auf der Schädelunterseite, in der die Mittel- und Innenohrstrukturen liegen.
Bunodont „stumpfhöckrig"; Backenzähne, deren Spitzen einzelne abgerundete Höcker bilden.
Bursa (Pl. Bursae) sackförmige Höhlung, z.B. im Ohr von Zibetkatzen und madagassischen Mangusten.
Buschwerk Vegetationstyp, bei dem Sträucher (holzige Pflanzen mit gewöhnlich mehr als einem Stamm) dominieren. Kommt natürlicherweise am häufigsten in trockeneren Bereichen von Wald- oder Savannenlandschaften vor, wird aber oft vom Menschen durch Waldzerstörung künstlich geschaffen.

Caecum Blinddarm; ein blind geschlossener Sack im Verdauungstrakt, der an der Übergangsstelle vom Dünndarm zum Dickdarm sitzt. Bei Pflanzen fressenden Säugern ist er oft sehr groß, da dort Bakterien sitzen, die Zellulose aufschließen. Das Caecum mündet in den Appendix (Wurmfortsatz). Bei Arten mit reduziertem Blinddarm kann der Appendix eine antibakterielle Funktion behalten.
Calcaneum Fersenbein; einer der Fußwurzelknochen, der die Ferse bildet und in vielen Säugerordnungen zusammen mit dem ASTRAGALUS das Körpergewicht trägt.
Camelide Vertreter der Familie Camelidae (Kamele), die zu den Artiodactyla (Paarhufern) gehört.
Cameloide Vertreter der südamerikanischen Kleinkamele.
Caniform hundeartig.
Caniniform eckzahnförmig.
Caninus Eckzahn; einhöckriger Zahn zwischen Incisivi und Prämolaren; meist lang gestreckt und mit nur einer Wurzel.
Capride Vertreter der Bovidentribus Caprini, der zu den Artiodactyla, Paarhufern, gehört.
Carnivor Fleisch fressend; Carnivora = latein. Bezeichnung für die Raubtiere.
Carpalia Handwurzelknochen; Knochen des Handgelenks, die zwischen den Knochen der Vordergliedmaßen (Elle und Speiche) und den Mittelhandknochen (Metacarpalia) liegen.
Catarhini „Schmalnasenaffe" mit eng zusammenstehenden, nach unten weisenden Nasenöffnungen. Diese Bezeichnung wird für Tieraffen der Alten Welt, Menschenaffen und Menschen verwendet. Die Tiere stehen im Gegensatz zu den PLATYRHINI oder Tieraffen der Neuen Welt. Catarhini und Platyrhini (manchmal als Anthropoidea oder Simiiformes bezeichnet) werden gemeinsam mit den Tarsiiformes (Koboldmakis) zu den HAPLORHINI zusammengefasst.
Cathemeral Eigenschaft eines Tieres, das je nach Umständen tag- oder nachtaktiv ist.
Cephalopode Kopffüßer, Vertreter einer Weichtierordnung, zu der marine Wirbellose wie Kalmar und Krake zählen.
Cerrado (Zentralbrasilien) trockene Savannenregion mit einzelnen spärlich bewaldeten Flecken.
Cervical sich auf den Hals oder den Gebärmutterhals beziehend.
Cervide Vertreter der Familie Cervidae (Hirsche), die zu den Artiodactyla (Paarhufern) gehört.
Cervix Gebärmutterhals.
Cetacea Säugerordnung, zu der Wale und Delfine zählen.
Chaco Tieflandebene in Bolivien und Paraguay, deren Boden mit Flussablagerungen und Löss aus den Anden bedeckt ist. Typisch für die Region sind trockene Laubwälder und Buschwerk. Sie gilt als Übergang von Regenwald zu Pampa.
Chalicotherier Vertreter der Familie Chalicotheriidae (Ordnung Perissodac-

tyla, Unpaarhufer), die im Pleistozän ausstarb.

Chiropatagium relativ große zusätzliche Flughaut zwischen der Fingern der Fledertiere.

Chorion äußere Embryonalhülle bei Säugern, Vögeln und Reptilien. Bei Säugern bildet die äußere Zellschicht des Chorions die PLAZENTA, die in Kontakt mit dem mütterlichen Gewebe steht.

Chorioallantois-Plazentation System, bei dem fetale Säuger über die mütterliche Blutversorgung ernährt werden. Das CHORION ist eine äußere Embryonalhülle, die alle embryonalen Strukturen des Fetus einschließt und in der PLAZENTA in engem Kontakt mit der mütterlichen Blutversorgung steht. Die enge Verbindung von Chorion und Plazenta erleichtert den Austausch von Nährstoffen und Gasen und damit die Ernährung des heranwachsenden Fetus.

Chorionzotten fingerartige Ausstülpungen des CHORIONS, die in das mütterliche Gewebe eindringen und die PLAZENTA bilden.

Choriovitelline Plazentation PLAZENTA-Typ, den man bei allen Beuteltieren (Metatheria) außer bei Nasenbeutlern findet. Bei diesem Typ fehlen CHORIONZOTTEN und es besteht nur eine schwach ausgeprägte Verbindung zum Uterus.

Chromatin Bestandteil des Zellkerns, der am Aufbau der CHROMOSOMEN beteiligt ist, bestehend aus DNA und bestimmten Eiweißen.

Chromosom DNA-Protein-Faden im Zellkern, auf dem die Erbanlagen lokalisiert sind (vgl. DNA).

Clavicula Schlüsselbein.

Clupeide Knochenfisch aus der Familie Clupeidae, darunter Heringe und ähnliche Fische mit weichen Flossenstrahlen, beschupptem Körper und vier Kiemenpaaren.

Cochlea Schnecke, Teil des knöchernen Labyrinths des Innenohrs. Bei Säugern mit Ausnahme der Monotremata ist die Cochlea spiralig aufgerollt.

Coecotrophie Vorgang, bei dem Nahrung als Kot ausgeschieden und dieser nochmals gefressen wird, um eine vollständige Verdauung zu gewährleisten (z.B. bei Hasenartigen und einigen Spitzmäusen).

Condylarthra (Urhuftiere, Stammhuftiere) eine vielgestaltige Linie paläozäner Pflanzenfresser und urtümliche Ordnung, aus der sich mehrere rezente Ordnungen entwickelt haben, darunter Elefanten, Seekühe, Wale, Unpaarhufer und Paarhufer.

Condylus Gelenkhöcker; ein abgerundeter Fortsatz am Ende eines Knochens, der in die Gelenkpfanne eines benachbarten Knochens passt, sodass ein beweglicher Gelenk entsteht; z.B. sorgen die Gelenkhöcker am Kopf *(Condylus occipitalis)* für eine Verbindung zwischen Kopf und Wirbelsäule).

Consortship (engl.) bei gewissen Primaten (z.B. Rhesusaffen, manchen Pavianen, Schimpansen und Orang-Utans) begleiten Männchen zeitweilig Weibchen, um sich zur gegebenen Zeit die Priorität bei der Paarung zu sichern.

Copepode kleiner mariner Krebs der Wirbellosenordnung Copepoda (Ruderfußkrebse).

Coracoid Rabenschnabelbein; Knochen im Schultergürtel der Wirbeltiere zwischen Schulterblatt und Brustbein. Bei Säugern mit Ausnahme der Monotremata ist dieser Knochen auf einen kleinen Fortsatz am Schulterblatt reduziert.

Corpus callosum breite, quer verlaufende Nervenfaserverbindung zwischen rechter und linker Hirnhälfte bei den EUTHERIA.

Corpus luteum Gelbkörper; die Progesteron absondernde Masse von Follikelzellen, die sich nach dem Eisprung (OVULATION) im Eierstock (OVAR) entwickelt.

Cranium Hirnschädel; oberer Teil des Schädels einschließlich der Knochen, die das Gehirn umgeben.

Cricetin (a) bezieht sich auf die primitiven Nager, von denen Wühlmäuse, Lemminge, Hamster, Rennmäuse sowie Neuwelt-Ratten und -Mäuse abstammen; (b) bezieht sich auch auf diese unter (a) aufgeführten modernen Nager. In einigen taxonomischen Systemen werden die Unterfamilien, in denen diese Arten in der Familie Muridae (Mäuse) stehen, als Vertreter einer separaten Familie namens Cricetidae (Wühler) klassifiziert. In diesem Fall bilden dann die Vertreter der Altwelt-Ratten und -Mäuse allein die Familie der Muridae.

Crustaceen Krebstiere; Vertreter einer Klasse innerhalb des Stamms Arthropoda, die durch fünf Paar Beine, zwei Paar Antennen, einen Cephalothorax (Kopf-Brust-Verbund) und Kalkablagerungen im Exoskelett gekennzeichnet ist.

Cyamiden amphipode Crustaceen der Familie Cyamidae, die auf der Haut von Walen parasitieren (daher der Trivialname „Walläuse").

Cynodontia fossile Unterordnung der THERAPSIDA, aus denen sich vermutlich die Säuger entwickelt haben.

Dammdrüsen vgl. PERINEALDRÜSEN.

Darmflora einfache Mikroorganismen (z.B. Bakterien), die im Darm von Säugern leben. Sie produzieren Enzyme, die pflanzliche Zellulose abbauen und in verdaubare Zucker umwandeln.

Deckhaar längere, steife, zum Teil sogar borstenartige Haare, die das weichere wärmende Unterfell bedecken.

Dendrogramm baumartig verzweigtes Diagramm der verwandtschaftlichen Beziehungen, das die Stammesgeschichte der Organismen (Phylogenese) zeigt.

Dentale zahntragender Knochen des Unterkiefers.

Dentin knochenartige Substanz (enthält Kalziumphosphat), die den Zahnkörper bildet.

Dermis Lederhaut; die Hautschicht unter der außen gelegenen EPIDERMIS.

Diapause zeitweilige Unterbrechung von Wachstum und Entwicklung eines Insekts oder eines Säugers (vgl. EMBRYONALE DIAPAUSE).

Diaphragma Zwerchfell; muskulöse Querteilung, die den Brustraum von der Bauchhöhle trennt.

Diastema Lücke in der Zahnreihe, gewöhnlich zwischen Schneide- und Backenzähnen; typisch bei Nagern, Hasenartigen, Hirschartigen und Pferdeartigen.

Diceratherier Vertreter der Familie Diceratheriidae (Ordnung Perissodactyla, Unpaarhufer), die im Miozän ausstarb.

Dichromatisch Bei dichromatischen Arten sind Männchen und Weibchen unterschiedlich gefärbt (z.B. gewisse tagaktive Lemuren, einige Neuweltaffen und manche Gibbons).

Dicotyledonen Zweikeimblättrige Pflanzen; eine der beiden Blütenpflanzen-Klassen (die andere sind die Monocotyledonen oder Einkeimblättrigen); namengebend sind die beiden Keimblätter bei der jungen Pflanze, typisch auch die von einem Adernetz durchzogenen breiten Blätter bei erwachsenen Pflanzen. Zu dieser Kategorie zählen Laubbäume, Rosen usw.

Didaktylie Zweifingrigkeit; Zustand bei Beuteltieren, bei denen die Finger nicht miteinander verschmolzen sind (vgl. SYNDAKTYLIE).

Dilambodont Anordnung der Zahnhöcker und der sie begleitenden Leisten in Form eines „W".

Dimorphismus Existenz zweier verschiedener Formen (Polymorphismus: mehrerer verschiedener Formen); der Begriff „Sexualdimorphismus" wird dort angewandt, wo sich Männchen und Weibchen einer Art beträchtlich in Form, Größe, Färbung und Kopfschmuck (Hörner, Geweihe) unterscheiden.

Diöstrus Zeitspanne zwischen zwei Östruszyklen eines Säugerweibchens.

Diphyletisch Gruppe, deren Mitglieder von zwei getrennten Entwicklungslinien abstammen.

Diphyodont im Lauf des Lebens über zwei Zahngenerationen verfügend (in der Regel Milchzähne und permanente Zähne).

Diploidie Vorhandensein von zwei homologen Chromosomensätzen, einem mütterlichen und einem väterlichen. Sie kommt bei der Befruchtung durch Verschmelzung von zwei haploiden GAMETEN zusammen.

Diploidiezahl Gesamtzahl aller paarigen CHROMOSOMEN-Sätze im Zellkern. Der diploide Zustand wird mit 2n = ... angegeben (haploider Zustand: n = ...). Fast alle tierischen Zellen sind diploid. Für Menschen gilt 2n = 46.

Diprotodont Bezahnung, bei der die Schneidezähne des Unterkiefers auf ein funktionsfähiges Paar reduziert sind, wie bei Opossums und Kängurus (es können daneben noch kleine, nicht mehr funktionsfähige Schneidezähne vorhanden sein (vgl. POLYPROTODONT).

Dispersion Abwanderung von Tieren (oft bei Erreichen der Geschlechtsreife) aus ihrem STREIFGEBIET; auch EMIGRATION genannt.

Display Zurschaustellung; jedes auffällige Verhaltensmuster, das anderen (meist Artgenossen) spezifische Informationen übermittelt; kann visuelle und/oder akustische Elemente enthalten, wie beim Drohen, Imponieren, Begrüßen oder Werben.

Distal weit entfernt vom Punkt der Anheftung oder des Ursprungs (z.B. die Schwanzspitze).

Distribution geografische Verteilung einer Art, die von Lücken gekennzeichnet ist. Meist entsteht eine Verteilung durch Zerstückelung eines geeigneten Habitats, besonders infolge menschlicher Eingriffe.

DNA engl. Bezeichnung für DNS *(desoxyribonucleic acid).*

DNS (Desoxyribonukleinsäure) das genetische Material der Organismen, das hauptsächlich im Zellkern zu finden ist. Die Aneinanderreihung gepaarter Basen macht den genetischen Code aus. DNS besteht aus einem Zucker (Desoxyribose) und vier Basen: Cytosin, Thymin, Adenin und Guanin.

Docodonta ausgestorbene Ordnung spätjurassischer Säuger, von denen nur Überreste wie Zähne und Kieferfragmente bekannt sind.

Domestikation Zähmung und selektive Züchtung von Tierarten durch den Menschen in kontrollierter Umgebung, in erster Linie, um menschliche Bedürfnisse zu befriedigen (z.B. Hühner, Rinder).

Dominanz vgl. HIERARCHIE.

Dopplerverschiebung Veränderungen in der Tonhöhe, wenn sich Schallquelle u. -empfänger relativ zueinander bewegen.

Dormanz Periode der Inaktivität. So verbringen z.B. viele Bären einen Teil des Winters in einem Ruhezustand; dabei handelt es sich nicht um einen echten Winterschlaf, da Pulsfrequenz und Körpertemperatur nicht deutlich absinken.

Dorsal rückenseits (z.B. dorsale Streifen).

Dottersack Sack, der gewöhnlich Dotter enthält und von der Bauchseite des Wirbeltierfetus herabhängt. Bei Säugern enthält der Dottersack keinen Dotter, sondern trägt dazu bei, den Embryo mittels eines Netzwerks von Blutkapillaren zu ernähren.

Dryolestidae Familie alles fressender Säuger in der Ordnung EUPANTOTHERIA, die Mitte der Kreidezeit ausstarb.

Ductus deferens (oder ***Vas deferens)*** Samenleiter; Gang, der das Sperma von den Nebenhoden zur Harnröhre oder Kloake transportiert.
Ductus nasolacrimalis Tränengang; ein Kanal zwischen Nase und Auge.
Duftdrüse Organ, das ein stark riechendes Sekret absondert; dieses dient der (innerartlichen) Kommunikation.
Duftmarke Markierung mittels Duftdrüsensekret, Urin oder Kot, die für die (innerartliche) Kommunikation wichtig ist. Duftmarken werden oft regelmäßig an traditionellen Plätzen abgesetzt, die auch optisch auffällig sind.
Durophagie Verzehren von harten oder chitinösen Materialien wie Muschel- oder Schneckenschalen sowie Hülsenfrüchten.

Echoortung Orientierung anhand des Echos von selbst ausgestoßenen Ultraschallrufen. Das Echo dient der Ortung gewisser Gegenstände wie Hindernisse oder Beute. Echoortung ist vor allem bei Delfinen und Fledermäusen bekannt.
Edentata wörtl. „zahnlos"; Bezeichnung für eine Klade, zu der Xenarthra (Faultiere, Gürteltiere, Ameisenbären) und Pholidota (Schuppentiere) gehören.
Eimersches Organ spezialisiertes Tastorgan an der Schnauze von Maulwürfen und Desmanen.
Einbürgerung eine Tier- oder Pflanzenart in einem Land oder einer Region ansiedeln, in der sie vorher nicht vorkam.
Eingeführte Art eine Art, die vom Menschen aus Ländern, in denen sie heimisch ist, in solche gebracht wurde, in denen sie zuvor nicht vorkam. Einige derartige Importe sind zufällig (Ratten, die auf Schiffen mitreisen), andere erfolgen absichtlich, z.B. zur biologischen Schädlingskontrolle, für die Landwirtschaft oder aus anderen Gründen. So wurde etwa der Gewöhnliche Fuchskusu von Australien nach Neuseeland eingeführt, um dort die Pelzindustrie aufzubauen.
Ektoparasiten Parasiten, die auf der Hautoberfläche ihres Wirts vorkommen.
Ektothermie Aufrechterhalten der Körpertemperatur durch Verhaltensmaßnahmen (z.B. Sonnenbaden).
Embryonale Diapause zeitweilige Entwicklungsunterbrechung eines Embryos (z.B. bei einigen Fledermaus- und Känguruarten).
Emigration Abwanderung eines oder mehrerer Tiere aus der Gruppe oder vom Geburtsort; gewöhnlich bei Erreichen der Geschlechtsreife oder um diesen Zeitpunkt herum (vgl. DISPERSION).
Endemisch auf das betreffende Gebiet beschränkt.
Endemismus Beschränkung des Areals einer Sippe auf ein bestimmtes Gebiet.
Endemit Tier- oder Pflanzenart, deren Verbreitung auf einen bestimmten geografischen Bereich beschränkt ist und die nirgendwo sonst vorkommt.
Endogen aus dem Organismus selbst stammend.
Endometrium Gebärmutterschleimhaut, in die sich die Blastozysten während der Trächtigkeit einnisten.
Endoparasiten Parasiten, die im Inneren des Wirtskörpers leben.
Endotheliochoriale Plazenta Form der CHORIOALLANTOIS-PLAZENTA, bei der das CHORION des Embryos in direktem Kontakt mit den mütterlichen Kapillaren steht.
Endothermie Aufrechterhalten einer konstanten Körpertemperatur durch ENDOGENE Wärmeproduktion (z.B. Schwitzen, Hecheln, Zittern).
Entelodontier Vertreter der Familie Entelodontidae (oligozäne Paarhufer), die einen frühen Zweig der Familie Suidae (Schweine) darstellen.
Entoconid ein Haupthöcker auf dem zur Zunge hin gelegenen Teil des TALONIDS der unteren Backenzähne.
Enzootisch Krankheiten, die innerhalb einer Tierpopulation regelmäßig auftreten („endemisch" bezieht sich speziell auf den Menschen), im Gegensatz zu EPIZOOTISCH.
Eozän zweitälteste Stufe des Tertiärs, vor etwa 55–34 Mio. Jahren.
Epidemie schwerer Ausbruch einer bestimmten Erkrankung, gewöhnlich in einem ausgedehnten Gebiet.
Epidermis Oberhaut; die äußere Schicht der Säugerhaut.
Epididymis Nebenhoden; dient bei männlichen Wirbeltieren der Speicherung und Ableitung des Samens aus dem Hoden in den Samenleiter.
Epiphyse (a) das an den Enden eines Röhrenknochens gelegene Endstück, das eine Fläche für die gelenkige Verbindung mit einem anderen Knochen aufweist; (b) Zirbeldrüse; haselnussgroße, Hormone produzierende Drüse am Zwischenhirn bei Menschen und Säugetieren.
Epiphyten Pflanzen, die auf anderen Pflanzen wachsen, sich aber selbstständig ernähren, ohne ihren Wirt anzuzapfen („Aufsitzerpflanzen").
Epipubis „Beutelknochen"; ein Paar Knochen bei Monotremata, den meisten Metatheria und auch Reptilien, die auf dem Schambein (Pubis) des Beckens sitzen und nach vorn weisen.
Epitheliochoriale Plazenta Form der CHORIOALLANTOIS-PLAZENTA, die durch sechs Gewebsschichten gekennzeichnet ist. Diese trennen die fetale und maternale Blutversorgung, während die CHORIONZOTTEN in Taschen im ENDOMETRIUM sitzen; die am wenigsten abgewandelte Plazentaform.
Epizootisch Krankheitsausbruch in einer Tierpopulation zu einem bestimmten Zeitpunkt (aber nicht andauernd wie bei ENZOOTISCHEN Krankheiten); falls sich eine epizootische Infektionswelle in einem Gebiet stabilisiert, wird sie enzootisch.
Erektil aufrichtbar (z.B. Mähne).
Eupantotheria Ordnung ausgestorbener Säuger, die aus dem Jura von Nordamerika und Europa bekannt ist.
Eusozial soziales System, in dem ein einziges Weibchen den gesamten Nachwuchs produziert und die Arbeit auf Kasten verteilt ist. Die Vertreter der vorherigen Generation (die die Kolonie auch verteidigen und unterhalten) ziehen den Nachwuchs gemeinsam groß. Bestes Beispiel: Honigbienen. Bei Säugern sind nur zwei Nacktmullarten eusozial.
Eutheria echte Säuger oder Plazentatiere (Placentalia); dominante Unterklasse der Säuger. Die Embryonen werden mithilfe einer Allantois-Plazenta ernährt.
Evertebrat Wirbelloses Tier.
Exogen von außerhalb des Organismus stammend.
Exotisch Art, die in ein Gebiet eingeführt wurde, in der sie natürlicherweise nicht vorkommt.
Exsudat Absonderung; natürliche Pflanzenausscheidungen sind Gummis und Harze; eine Verletzung von Pflanzen (z.B. durch Marmosetten) kann ebenfalls zu einem Saftverlust führen. Gewisse Primaten (z.B. Buschbabys) sind stark von Exsudaten als Nahrungsquelle abhängig.
Extinktion Aussterben einer Tierart.

Fakultativ wahlweise (vgl. OBLIGAT); ein fakultativer Parasit kann parasitisch oder auch frei leben.
Fakultative verzögerte Implantation Form der verzögerten IMPLANTATION, bei der es zur Verzögerung kommt, weil das Weibchen einen großen Wurf säugt oder sich ungünstigen Umweltbedingungen gegenübersieht.
Familie taxonomische Kategorie unterhalb einer Ordnung und oberhalb einer Gattung.
Fäzes Kot, Exkremente.
Fermentation Gärung; Zersetzung organischer Substanz durch Mikroorganismen. Bei einigen Säugern können Teile des Verdauungstrakts (z.B. Caecum) von Bakterien bewohnt sein, die Zellulose abbauen und Nährstoffe freisetzen.
Fertilisation Befruchtung, bei der ein Spermium eine Eizelle penetriert und so zur Verschmelzung von väterlichem und mütterlichem Erbgut und zur Bildung einer ZYGOTE führt. Die meisten Wassertiere (z.B. Fische) haben eine äußere Befruchtung, d.h., Eier und Samen werden einfach ins Wasser abgegeben und vereinigen sich dann dort. Zu einer verzögerten Befruchtung kommt es, wenn Sperma nach der Paarung im Uterustrakt des Weibchens deponiert wird, der Eisprung und die Befruchtung des Eis aber erst einige Monate später stattfinden. So lange bleibt das Sperma im weiblichen Fortpflanzungstrakt lebensfähig.
Fetale Entwicklungsrate die Rate, mit der sich der Fetus entwickelt.
Fetus Säugerembryo.
Filiform dünn, fadenförmig.
Finne Rückenfinne; eine Art Rückenflosse bei marinen Säugetieren, die zur Steuerung und Stabilisierung beim Schwimmen dient.
Fisch- oder Walbein vgl. BARTEN.
Fissipedia Landraubtiere, in Abgrenzung zu den Pinnipedia (Wasserraubtiere). In der vorliegenden Enzyklopädie werden Carnivora und Pinnipedia als Ordnungen geführt.
Fitness Maß für die Fähigkeit eines Tieres (mit einem einzigen Genotyp oder einer einzigen genetischen Ausstattung) im Vergleich zu anderen Individuen (mit verschiedenen Genotypen) lebensfähige Nachkommen zu hinterlassen. Der Prozess der NATÜRLICHEN SELEKTION (oft auch als „Überleben des Tüchtigsten" – *survival of the fittest* – bezeichnet) entscheidet darüber, welche Merkmale die größte Fitness vermitteln, ihren Trägern also am ehesten erlauben zu überleben und Junge in die Welt zu setzen, die ihrerseits diese Merkmale tragen werden (vgl. GESAMTFITNESS).
Flehmen Gesichtsausdruck, bei dem der Kopf erhoben, die Lippen zurückgezogen, mit den Zähnen geklappert und die Nase gerümpft wird. Oft bei Tieren (besonders Männchen), die Duftmarken oder sozial wichtige Gerüche (z.B. den Geruch eines Weibchens im Östrus) wittern. Möglicherweise gelangen dabei Geruchsmoleküle ins JACOBSONSCHE ORGAN.
Flensen abhäuten, Wal- oder Robbenspeck abziehen.
Flosse Organ am Körper wasserlebender Tiere, das allgemein der Steuerung und Vortriebserzeugung dient.
Flügelstreckung Verhältnis von Flügellänge zu Flügelbreite; kurze, breite Flügel haben eine geringe Flügelstreckung.
Flughaut Gleitmembran, die sich an den Körperseiten zwischen vorderen und hinteren Gliedmaßen spannt und manchmal noch einen Teil des Schwanzes einschließt. Typisch für Fledertiere, Riesengleiter und Flughörnchen (vgl. PATAGIUM).
Fluke Schwanzflosse bei Walen; dient dem Vortrieb im Wasser
Folivor Blätter fressend.
Follikel kleiner Sack; (a) Ansammlung von Zellen im Eierstock, die ein Ei produzieren; (b) eine Vertiefung in der Haut, aus der Haare wachsen.
Foramen Öffnung im Knochengewebe.
Foramen infraorbitale vordere Mündung eines Kanals *(Canalis infraorbitalis)*

im Oberkiefer *(Maxilla)* unter der Augenhöhle; durch den Kanal verlaufen Blutgefäße und Nervenfasern.
Fossa mandibularis Teil des Schädels, an dem der Unterkiefer anhängt.
Frequenz Anzahl der Schwingungen pro Sekunde, ausgedrückt in Hertz (Hz).
Fruchtbarkeit Zahl der Nachkommen, die innerhalb einer gewissen Zeitspanne produziert werden.
Frugivor Früchte fressend.
Fusion Verschmelzung, Gegenteil von Trennung, Spaltung (engl. *fission);* wird oft im Zusammenhang mit *fission-fusion societies* gebraucht. Darunter versteht man Gesellschaftssysteme bei manchen Arten, bei denen einige Gruppenmitglieder die Gruppe verlassen und später wieder dazustoßen.

Gadoide dorschartiger Fisch der Unterordnung Gadoidei.
Galeriewald üppiger Wald, der die Ufer von Wasserläufen säumt.
Gamet weibliche oder männliche Keimzelle (Eizelle oder Spermium).
Gegenstrom-Wärmeaustauscher-Mechanismus Anordnung von Blutgefäßen, die eine periphere Kühlung – insbesondere von Körperanhängen – erlaubt und gleichzeitig eine adäquate Blutversorgung ohne exzessiven Wärmeverlust aufrechterhält.
Gehörknöchelchen die drei Knöchelchen im Mittelohr: INCUS, MALLEUS, STAPES.
Gemäßigte Breiten Gebiet klimatischer Zonen in mittleren Breiten; es ist wärmer als die nördlichen Regionen, aber kühler als die subtropischen Gebiete.
Gen Grundeinheit der Vererbung; ein Abschnitt auf dem DNA-Molekül, das für ein bestimmtes Merkmal kodiert und durch Replikation bei der Reproduktion von Generation zu Generation weitergegeben wird. Gene unterliegen Adaptationen und sind infolgedessen die fundamentalsten Einheiten, an denen die natürliche Selektion angreift.
Generalist Tierart, deren Lebensweise keine hoch spezialisierten Strategien umfassen (vgl. SPEZIALIST). Diese Art hat z.B. eine breite Nahrungspalette und wendet unterschiedlichste Techniken zum Nahrungserwerb an.
Genotyp genetische Ausstattung eines Organismus, die alle Aspekte seines Aussehens, seiner Struktur und Funktion bestimmt (vgl. PHÄNOTYP).
Genus (Pl. Genera) Gattung; in der Taxonomie eine Kategorie oberhalb der Art und unterhalb der Familie.
Gesamtfitness Maß für die Fitness eines Tieres, das weniger auf der Zahl seiner Nachkommen als vielmehr auf der Zahl seiner Gene basiert, die in Folgegenerationen präsent sind. Dies ist ein komplexeres Fitness-Maß, da es beispielsweise Effekte wie Helfertum mit einbezieht, wo Individuen bei der Aufzucht des Nachwuchses ihrer Verwandten helfen (vgl. VERWANDTENSELEKTION).
Gesäßschwielen spezialisierte, verhärtete Gewebepolster am Gesäß mancher Altweltaffen und Gibbons (vgl. KALLOSITÄTEN).
Gesellschaft Gruppe von Individuen derselben Art, die kooperativ organisiert ist.
Getrenntgeschlechtlich Männliche und weibliche Fortpflanzungsorgane befinden sich in verschiedenen Individuen.
Geweih paarige verzweigte Fortsätze auf dem Schädel von Cerviden (Hirschen); sie bestehen aus Knochen und werden jährlich abgeworfen (vgl. HÖRNER).
Geweihrose Knochenstruktur zur Stütze des Geweihs.
Gilde eine Gruppe von Arten, die eine gemeinsame Ressource auf ähnliche Art und Weise nutzt (z.B. die Gilde der Fleischfresser).
Glans penis Eichel, Kopf des Penis.
Gleitflug passive Bewegung durch die Luft mithilfe einer Membran (PATAGIUM), die für den Auftrieb sorgt (im Gegensatz dazu steht der Flug durch Muskelkraft, wie z.B. bei Fledermäusen).
Granivor Samen oder Nüsse fressend.
Grannen Deckhaartyp bei Säugern. Sie weisen gewöhnlich in dieselbe Richtung und geben dem Haarkleid einen bestimmten Strich.
Great call (engl.) komprimierte Reihe von Noten, die auf einen Höhepunkt zusteuert. Dieser Ruf wird bei Gibbons von den Weibchen ausgestoßen und gilt als Teil des Gruppengesangs.
Großhirnrinde oberflächliche Zellschicht (graue Substanz), die den größten Teil des aus zwei Hemisphären bestehenden Gehirns bedeckt.
Grundumsatz minimale STOFFWECHSELRATE, die nötig ist, um die Lebensvorgänge eines Organismus bei völliger Ruhe aufrechtzuerhalten.
Guano Vogel- und Fledermausexkremente; können sich in großen Mengen ansammeln, z.B. in Fledermaushöhlen, und werden zur Düngererzeugung abgebaut.
Gumivor sich von Pflanzengummi und Baumsäften ernährend (vgl. EXSUDAT).

Habitat der Lebensraum, in dem ein Tier lebt. Im Gegensatz dazu ist das Biotop der Lebensraum einer ganzen Pflanzen- und Tiergesellschaft (Biozönose).
Hämochoriale Plazenta Form der CHORIOALLANTOIS-PLAZENTA, bei der die CHORIONZOTTEN in direktem Kontakt mit der mütterlichen Blutversorgung stehen.
Hämoendotheliale Plazenta Form der CHORIOALLANTOIS- PLAZENTA, bei der die fetalen Kapillaren vom Blut der Mutter umspült werden. Diese Anordnung zeigt die geringste Trennung zwischen fetalem und maternalem Blutstrom.
Haftstiel sackartiger Auswuchs der hinteren Darmregion beim Säugerfetus, der sehr gut durchblutet ist. Er verbindet die fetale Blutzirkulation mit der Plazenta und erleichtert dadurch Ernährung, Atmung und Exkretion des Keims.
Hallux große Zehe.
Hämoglobin eisenhaltiges Protein in den roten Blutkörperchen, das bei Säugern eine entscheidende Rolle beim Sauerstoffaustausch zwischen Blut und Gewebe spielt.
Hangeln sich mithilfe von Armschwüngen im Geäst von Ast zu Ast bewegen. Im weiteren Sinne sind alle Affen Schwinghangler, doch nur Gibbons und Siamangs legen zwischen den einzelnen Handgriffen regelrechte Freiflugphasen ein.
Haplorhini Trockennasenprimaten; diese Unterordnung umfasst die Teilordnungen Tarsiiformes (Koboldmakis) und Simiiformes (Echte Affen). Letztere spaltet sich wiederum in die Catarhini (Altweltaffen) und Platyrhini (Neuweltaffen) auf. Bei allen Haplorhini ist die Oberlippe ungeteilt und die Plazenta hämochorial; sie haben – anders als die STREPSIRHINI – keinen feuchten Nasenspiegel.
Haplotyp (a) Genkomplex, der auf einem einzelnen Chromosom liegt;
(b) die einzige Art in einer Gattung zum Zeitpunkt ihrer Benennung, die dadurch zur Typusart der Gattung wird.
Haremsgruppe soziale Gruppe, die aus einem einzigen adulten Männchen und mindestens zwei adulten Weibchen sowie Jungtieren besteht; häufige soziale Organisationsform bei Säugern.
Hartlaubwald allgemeine Bezeichnung für Wälder mit hartlaubigen Bäumen, z.B. Eukalyptuswald, der große Teile Australiens bedeckt.
Hecheln thermoregulatorisches Verhalten mit sehr rascher, flacher Atmung, um die Wasserverdunstung aus den oberen Atemwegen zu erhöhen.
Heide Zwergstrauchgesellschaft, die auf saurem Boden oder kühleren Hochflächen wächst.
Helfer Individuum, in der Regel ohne eigene Junge, das durch sein fürsorgliches Verhalten zum Überleben von fremdem Nachwuchs beiträgt.
Herbivor Pflanzen fressend.
Hermaphrodit Zwitter; ein Individuum, das über weibliche und männliche Fortpflanzungsorgane verfügt.
Heterodont Zähne, die sich in verschiedenen Teilen des Kiefers in Form und Funktion unterscheiden; z.B. Schneidezähne, Eckzähne, Prämolaren und Molaren bei Säugern (vgl. HOMODONT).
Heterothermie (Poikilothermie) Zustand, bei dem die Körpertemperatur von der Außentemperatur bestimmt wird (vgl. HOMOIOTHERMIE).
Hibernaculum Ort, an dem ein Tier überwintert.
Hierarchie Rangordnung innerhalb einer Gemeinschaft, die darauf basiert, dass sich einige Individuen bei Auseinandersetzungen immer wieder gegenüber anderen durchgesetzt haben (Dominanz). Höher rangige Individuen kontrollieren so diverse Aspekte (Zugang zu Nahrung oder Weibchen) des Lebens und Verhaltens untergeordneter Gruppenmitglieder. Hierarchien können sehr differenziert sein; einfache, lineare Hierarchien werden oft als „Hackordnung" bezeichnet (nach dem Verhalten von Haushühnern).
Historische Zoogeografie Studium der Verteilung von Tierarten im Hinblick auf Ursprung, DISPERSION und EXTINKTION.
Hodenkanälchen lange, gewundene Kanälchen in den Hoden, in denen Spermien produziert werden und heranreifen.
Höherer Primat einer der weiter evolutierten Primaten; der Begriff wird im Allgemeinen für die Vertreter der Anthropoidea (Tier- und Menschenaffen) verwendet (vgl. NIEDERER PRIMAT).
Holarktis tiergeografische Region, die Nordamerika, Grönland, Europa, Nordafrika und Asien mit Ausnahme von Südarabien, Indien und Südostasien umfasst. Sie untergliedert sich in PALÄARKTIS und NEARKTIS.
Holotypus (Typusexemplar) in der Taxonomie das Einzelexemplar, das während der Benennung und Beschreibung eines bestimmten Tieres als der zukünftige Repräsentant des Typus ausersehen wurde. Dieses Exemplar wird in einem Museum aufbewahrt und als Holotypus gekennzeichnet.
Homodont Zähne, die sich in Form und Funktion nicht unterscheiden; sie sind oft kegelförmig; z.B. bei Zahnwalen (vgl. HETERODONT).
Homoiothermie Warmblütigkeit bei Vögeln und Säugern; Erhalt einer konstanten Körpertemperatur unabhängig von der Außentemperatur mittels physiologischer Maßnahmen (vgl. HETEROTHERMIE).
Homolog Bezeichnung für ein tierisches Organ, von dem man annimmt, dass es denselben evolutiven Ursprung hat wie das Organ eines anderen Tieres, auch wenn sich beide in der Funktion unterscheiden (z.B. Penis bei Männchen und Klitoris bei Weibchen).
Homoplasie Auftreten von ähnlichen Strukturen in diversen Abstammungslinien im Verlauf der Evolution (d.h. nicht von einem gemeinsamen Vorfahren ererbt).

Hormone chemische Verbindungen mit regulatorischer Funktion, die von endokrinen Drüsen in den Blutstrom oder anderen Körperflüssigkeiten abgegeben werden.
Hörner Schädelfortsätze, die man bei Boviden findet; sie bestehen aus einem innen gelegenen Knochenzapfen und sind von einer epidermalen, hohlen Hornscheide überzogen (vgl. GEWEIH).
Hybride (Bastard) Nachkomme von Eltern, die zwei verschiedenen Arten angehören; meist nicht fortpflanzungsfähig.
Hydrophon wasserdichtes Mikrofon, mit dem man unter Wasser Laute von Meeressäugern aufnehmen kann.
Hyoidbogen Zungenbeinbogen; knorpelige Elemente in der Kehlregion, die Luftröhre, Kehlkopf und Zungenbasis stützen (leiten sich evolutiv von den Kiemenbögen früher Fische ab).
Hyperthermie Zustand, bei dem die Kerntemperatur des Körpers über dem Normalwert liegt (vgl. HYPOTHERMIE).
Hypoconid vgl. HYPOCONUS.
Hypoconulid auffälliger zusätzlicher Höcker im hinteren Teil des TALONIDS bei den Unterkiefermolaren.
Hypoconus Höcker hinter dem PROTOCONUS; bei den oberen Molaren auf der Zungenseite, bei den unteren Molaren auf der Wangenseite gelegen (dann als Hypoconid bezeichnet).
Hypophyse wichtigste Drüse des endokrinen Systems, die Hormone abgibt.
Hypothermie Zustand, bei dem die Kerntemperatur des Körpers unter dem Normalwert liegt (vgl. HYPERTHERMIE).
Hypsodont hochkroniger Zahn, der, wenn er voll ausgewachsen ist, weiterwächst und dessen Zahnpulpa offen bleibt; typisch für herbivore Säuger (vgl. BRACHYODONT).
Hyracodon Vertreter der Familie Hyracodontidae (Ordnung Perissodactyla, Unpaarhufer), die im Oligozän ausstarb.
Hystricognath bei Nagern; der Angularfortsatz entspringt nicht der Incisivus-Alveole (= Zahnfach des Schneidezahns), sondern seitlich dem Körper des Unterkiefers (vgl. SCIUROGNATH).
Hystricomorph bei Nagern; bezeichnet ein stark vergrößertes *Foramen infraorbitale* (vgl. SCIUROMORPH).

Ilium Darmbein; größter und am weitesten hinten gelegener der drei Beckenknochen (vgl. ISCHIUM, PUBIS).
Immigration Einwanderung.
Implantation Einnistung; bei Säugern ein Prozess, durch den sich die frei flottierende BLASTOZYSTE (der frühe Embryo) in der Gebärmutterschleimhaut festsetzt. Am Ort der Einnistung entwickelt sich ein komplexes Netzwerk von Blutgefäßen, um Mutter und Embryo zu verbinden (Plazenta). Bei der verzögerten Implantation verbleibt die Blastozyste eine Weile (je nach Art 12 Tage bis 11 Monate) in der Gebärmutter im Ruhezustand. Eine verzögerte Einnistung kann FAKULTATIV oder OBLIGAT sein; sie ist bei einigen Arten der Carnivora, Pinnipedia und anderen bekannt.
Incisivus Schneidezahn; höckerloser Zahn bei Säugern, der zwischen den Eckzähnen liegt.
Incus Amboss; zweites der drei Gehörknöchelchen im Mittelohr von Säugern (vgl. MALLEUS, STAPES).
Induzierte Ovulation vgl. ÖSTRUS.
Infantizid Kindstötung; ist besonders bei Arten zu beobachten, bei denen ein männlicher Junggeselle den Harem von einem oder mehreren ortsansässigen Männchen übernimmt (z.B. bei Löwen und Pavianen).
Infraschall Schallfrequenzen unter 20 Hz.
Infundibulum trichterförmige Öffnung des Eileiters in der Nähe des Eierstocks (OVAR), die beim Eisprung (OVULATION) die Oocysten aufnimmt.
Innerviert mit zu- und abführenden Nerven versorgt.
Insectivor vorwiegend Gliedertiere (Insekten, Spinnen) fressend.
Integument äußere Haut, die bei Wirbeltieren mehrschichtig ist.
Interfemoral Membran, die sich bei Fledertieren zwischen den Oberschenkelknochen (Femora) erstreckt.
Interspezifisch zwischen verschiedenen Arten (Spezies).
Intraspezifisch zwischen Individuen derselben Art.
Introgression Mischen von Genpools.
Inzucht Paarung zwischen miteinander verwandten Individuen.
Inzuchtdepression verringerter Fortpflanzungserfolg und weniger überlebende Junge infolge von Inzucht.
Ischium Sitzbein; einer der drei Beckenknochen (vgl. ILIUM, PUBIS).
Iteropar regelmäßige Erzeugung von Nachkommen (vgl. SEMELPAR).

Jacobsonsches Organ (Vomeronasalorgan) kleine Öffnung im Gaumen vieler Wirbeltiere, die offenbar eine große Rolle bei der olfaktorischen Kommunikation spielt. In diesem Organ werden Geruchsmoleküle analysiert.
Jochbein Knochenbogen an der Seite des Säugerschädels, der das Auge umgibt und schützt.
Jura geologische Formation, vor etwa 213–144 Mio. Jahren.
Juvenil jugendlich; nicht länger Kind, aber noch kein Erwachsener.

Kallositäten Hautschwielen; verhärtete und verdickte Hautareale bei manchen Primaten (vgl. GESÄSSSCHWIELEN).
Kanonenknochen Sprungbein; ein Knochen, der in manchen Familien aus der Verschmelzung von Mittelfußknochen entstanden ist.
Karyotyp typische Anzahl und Form von Chromosomen einer Zelle, eines Individuums oder einer Art.
Keratin Horn; zähes, faserartiges Material in epidermalen Geweben, wie Haaren und Hufen.
Keratinisiert aus KERATIN bestehend.
Klade eine Gruppe von Arten, die sich von einem einzigen gemeinsamen Vorfahren ableitet.
Kladistik Klassifikationsmethode, bei der die Organismen auf der Basis ihrer Abstammung von einem gemeinsamen Vorfahren und der ABGELEITETEN MERKMALE, die sie teilen, in TAXA organisiert werden.
Kladogramm Verzweigungsdiagramm, das die hypothetischen verwandtschaftlichen Beziehungen zwischen TAXA illustriert und die Evolution der Abstammungslinien von Organismen zeigt, die sich aus einem gemeinsamen Vorfahren entwickelt haben. Es sagt jedoch nichts über die Rate der evolutiven Auseinanderentwicklung aus.
Klasse in der Taxonomie eine Kategorie, die unterhalb eines Stamms und oberhalb einer Ordnung rangiert.
Kleine Menschenaffen Gibbons und Siamangs.
Kleptoparasit Tier, das anderen Tieren Nahrung stiehlt.
Klitoris Kitzler; kleiner aufrichtbarer Körper am vorderen Ende der weiblichen Schamlippen; ist dem Penis im männlichen Geschlecht HOMOLOG.
Kloake Endteil des Darms, in das die Gänge von Geschlechts- und Harntrakt münden; statt eines separaten Afters und einer Urogenitalöffnung existiert als einzige Körperöffnung die Kloake; bei Eier legenden Säugern und Beuteltieren.
Knöchelgang auf allen vieren gehen, wobei das Gewicht des Vorderkörpers von den Fingerknöcheln getragen wird; nur bei Gorillas und Schimpansen.
Koevolution komplementäre Evolution in enger Verbindung stehender Arten (z.B. die aufeinander abgestimmten Anpassungen von Blütenpflanzen und den sie bestäubenden Fledermäuse).
Kohorte Gruppe von Individuen desselben Alters.
Kolon Grimmdarm; entspricht dem Dickdarm der Wirbeltiere ohne den Mastdarm (Rektum). Im Kolon wird Wasser aus dem Kot rückresorbiert.
Koloniebildend in Kolonien zusammenlebend; bei Fledertieren, die gemeinsame Schlafplätze aufsuchen, können dabei Zehntausende von Individuen zusammenkommen.
Kolostrum Vormilch; eine spezielle eiweißreiche Milch bei Säugetieren, die während der ersten Tage vor und nach der Niederkunft ausgeschieden wird. Sie enthält Antikörper, die die Immunität der Mutter gegen die unterschiedlichsten Infektionskrankheiten auf das Junge übertragen.
Kommensalismus symbiotische Beziehung, bei der ein Organismus von der Verbindung profitiert, während der andere davon weder Nutzen noch Schaden hat (vgl. MUTUALISMUS, PARASITISMUS, SYMBIOSE).
Konvergente Evolution unabhängiger Erwerb ähnlicher Merkmale in der Evolution, im Gegensatz zum Besitz von Ähnlichkeiten aufgrund der Abstammung von einem gemeinsamen Vorfahren.
Kopje felsige Anhöhe; typischerweise in ansonsten flachen afrikanischen Savannengebieten.
Koprophagie Kot fressen (auch als Coecophagie bezeichnet).
Kopulatinspfropf Pfropf aus geronnener Samenflüssigkeit, der sich nach der Kopulation in der Scheide bildet; kommt bei einigen Säugerarten wie z.B. dem Springhasen vor.
Krallenplatte der obere oder dorsale Teil einer Kralle.
Krallensohle unterer oder ventraler Teil der Kralle.
Kreidezeit geologische Formation, vor etwa 144–65 Mio. Jahren.
Krill kleine garnelenartige Krebse der Gattungen *Euphausia, Meganyctiphanes* etc., die in riesigen Mengen in Polarmeeren, insbesondere in der Antarktis, vorkommen; dort bilden sie die Hauptnahrung der Bartenwale.
Kronendach weitgehend durchgehende Vegetationsschicht in Wäldern, die durch die Gesamtheit der belaubten Äste entsteht; sie kann völlig geschlossen sein oder Lücken aufweisen. Nur noch wenige Riesenbäume (auch Überhälter genannt) ragen über die darunter liegenden Schichten empor.
K-Selektion Selektion, die langsame Reproduktions- und Wachstumsraten begünstigt, um die Konkurrenzfähigkeit als Reaktion auf eine stabile Umwelt zu maximieren (vgl. r-SELEKTION).

Labil (in Bezug auf die Körpertemperatur) Kerntemperatur, die von der mittleren Körpertemperatur nach oben oder unten abweichen kann.
Lab- oder Drüsenmagen letzter der vier Magenabschnitte von wiederkäuenden Paarhufern (folgt auf PANSEN, NETZMAGEN und BLÄTTERMAGEN). Der Labmagen allein entspricht dem „eigentlichen" Magen der übrigen Säuger. Bei den anderen drei Abschnitten handelt es sich um Erweiterungen seines vorderen Bereichs.
Lactose Milchzucker, ein Disaccharid, das der Hauptzucker der Milch ist.

Laktation Absonderung von Milch aus Milchdrüsen (Brustdrüsen).
Laminae Leisten auf Zähnen, manchmal mit deutlichen Höckern.
Laminare Strömung Die Flüssigkeitsteilchen in einer viskosen Flüssigkeit bewegen sich nahe einer festen Grenzschicht längs der Strömungslinien; die Wasserbewegung über die Oberfläche von Walen ist laminar.
Lanugo Flaumhaar; Behaarung von Säugern bei der Geburt, die nach dem ersten Haarwechsel durch das Erwachsenenfell ersetzt wird.
Larynx Kehlkopf; erweiterter Bereich in der oberen Luftröhre, der die Stimmbänder enthält. Schwingungen der Stimmbänder führen zur Lautbildung.
Latrine Platz, an dem regelmäßig Kot abgesetzt wird (oft zusammen mit anderen Duftmarken); spielt bei der olfaktorischen Kommunikation eine Rolle.
Laubwald (sommer- oder **regengrün)** Wald in gemäßigten und tropischen Regionen mit mäßigem Niederschlag und deutlich ausgeprägten Jahreszeiten. In der Regel werfen die Bäume ihr Laub in der kalten oder trockenen Jahreszeit ab.
Lek Arena, in der Individuen eines Geschlechts Miniterritorien behaupten, in die sie potenzielle Geschlechtspartner zu locken versuchen. Ist Teil des Paarungssystems bei einigen Säugern.
Liane Kletterpflanze; in Regenwäldern hängen zahlreiche oft verholzte und verdrehte Lianen wie Taue von den Baumkronen herab.
Lipotyphlan frühe Insectivoren-Klassifizierung. Menotyphlane Insectivoren besitzen ein Caecum, lipotyphlane nicht. Nur lipotyphlane Insectivoren werden heute als Insectivoren klassifiziert. Eine kürzlich erfolgte phylogenetische Neuklassifizierung (vgl. AFROTHERIA) hat zu einer Aufteilung der Lipotyphlanen in die Ordnungen Afrosoricida und Eulipotyphla geführt.
Llano semiarides Savannengebiet in Südamerika (z.B. in Venezuela).
Locus Genort; Lage eines GENS in einem bestimmten CHROMOSOM.
Lophiodon Vertreter aus der Familie Lophiodontidae (Ordnung Perissodactyla, Unpaarhufer), die im Alttertiär ausstarb.
Lophodont Backenzähne bei vielen Pflanzen fressenden Säugern, deren Höcker Leisten oder Joche bilden.
Lordose Wirbelsäulenverkrümmung; diese zeigen die Weibchen einiger Arten, um einem Geschlechtspartner ihre Paarungswilligkeit zu signalisieren; sie drücken dabei den Rücken zu einem Hohlkreuz durch.
Luftsack seitliche Ausstülpung des Larynx (Kehlkopf; oberer Teil der Luftröhre), die bei manchen Affen und männlichen Walrossen als Resonanzraum beim Rufen dient.
Luteinisierendes Hormon (LH) Hormon, das die Entwicklung des Gelbkörpers und die Progesteronproduktion beim weiblichen Geschlecht stimuliert.

Mallee-Vegetation von verschiedenen Eukalyptusarten und Proteaceen dominierter Trockenbusch, wie er für viele semiaride Teile Australiens typisch ist.
Malleus Hammer; das erste der drei Gehörknöchelchen im Mittelohr von Säugetieren (vgl. INCUS, STAPES).
Mamma (Pl. Mammae) Milchdrüsen, Brustdrüsen; Milch ausscheidendes Organ bei weiblichen Säugern; hat sich vermutlich aus Schweißdrüsen entwickelt.
Mammaloge Säugetierkundler.
Mammalogie Studium der Säugetiere.
Mammilla (Pl. Mammillae) Brustwarze an der Brustdrüse weiblicher Säuger, auch Zitze.
Mandibula Unterkiefer bei Wirbeltieren.
Mangrovenwald Tropenwald an sumpfigen Meeresküsten, z.B. Flussmündungen, die den Gezeiten ausgesetzt sind; fast nur holzige Vegetation in Form von Bäumen mit typischen Atemwurzeln.
Männchendominanz-Polygynie Paarungssystem, bei dem die Männchen eine Rangordnung aufrechterhalten und dadurch ihren Zugang zu Weibchen regeln; höher rangige Männchen haben mehr Geschlechtspartnerinnen.
Marin im Meer lebend.
Marsupialier Vertreter der Beuteltiere (Marsupialia).
Marsupium Beutel, den man bei vielen Marsupialiern und bei Ameisenigeln findet. Er enthält die Milchdrüsen und dient als Brutkammer für die Jungen.
Maske das Gesicht eines Säugers mit maskenartiger Zeichnung, z.B. bei Füchsen oder Waschbären.
Masseter Kaumuskel; ein kräftiger Muskel, der aus mehreren Teilen besteht. Er verbindet den Unterkiefer mit dem Oberkiefer und dient dazu, beide Kiefer beim Kauen zusammenzubringen.
Matriarchat Gesellschaft, in dem sich Aktivitäten und Verhalten vorwiegend am dominanten Weibchen ausrichten.
Matrilinear Gruppe verwandter Tiere, die allein über die mütterliche Linie verbunden sind.
Maxilla einer der paarigen Knochen, die den Oberkiefer bilden und die Zähne tragen; manchmal auch Bezeichnung für den ganzen Oberkiefer.
Melanin dunkles Hautpigment.
Melanismus dunkle Färbung aufgrund des Vorhandenseins von MELANIN (vgl. ALBINISMUS).
Menotyphlan vgl. LIPOTYPHLAN.
Menstruationszyklus annähernd monatlicher Zyklus, bei dem sich Eisprung (OVULATION) und Menstruation (Blutungen aus der Vulva in monatlichen Abständen) abwechseln, bis es zur Trächtigkeit kommt; bei Menschen, Großen Menschenaffen, Altweltaffen und in unterschiedlichem Ausmaß auch bei Neuweltaffen anzutreffen.
Merkmalsgefälle allmähliche Veränderung eines Merkmals (wie Größe) innerhalb einer Art, über ihr geografisches Verbreitungsgebiet hinweg betrachtet.
Merkmalsverschiebung Auseinanderstreben gewisser Merkmale zweier ansonsten ähnlicher Arten an jener Stelle, wo ihre Verbreitungsgebiete überlappen; Grund dafür ist die Konkurrenz im Überschneidungsgebiet.
Mesisch gekennzeichnet durch mittlere Feuchtigkeitsmengen; wird für Tiere gebraucht, die in feuchten Habitaten leben, d.h. mesisch-adaptiert sind (vgl. ARID).
Metabolismus Stoffwechsel; die chemischen Prozesse, die in einem Organismus ablaufen, einschließlich der Produktion von Proteinen aus Aminosäuren, des Gasaustausches bei der Atmung, der Freisetzung von Energie aus der Nahrung sowie vielen weiteren chemischen Reaktionen.
Metacarpalia Mittelhandknochen; zwischen den Handwurzelknochen und den Fingerknochen gelegen.
Metaconid vgl. METACONUS.
Metaconus Höcker hinter dem PROTOCONUS; auf der Wangenseite bei Oberkiefermolaren, auf der Zungenseite bei Unterkiefermolaren (dann als Metaconid bezeichnet).
Metapopulation Gruppe halb isolierter Populationen, die durch Prozesse der DISPERSION untereinander verbunden sind und einen gewissen regelmäßigen Genfluss aufweisen.
Metatarsalia Mittelfußknochen, zwischen Fußwurzelknochen und Zehenknochen gelegen.
Metatheria Säugergruppe, die die Beuteltiere (Marsupialia) und all ihre ausgestorbenen Verwandten umfasst.
Metöstrus drittes Stadium des Östrus, in dem die Gelbkörper gebildet werden und der Progesteronspiegel hoch ist.
Migration Wanderung; gewöhnlich saisonale Bewegung von einem Gebiet oder einer Klimaregion in eine andere, sei es, um Nahrung zu suchen, sich zu paaren oder Junge aufzuziehen.
Mikrohabitat spezielle Teile des Habitats, die von einem Individuum im Verlauf seiner Aktivitäten aufgesucht werden.
Mikrosatelliten-DNA häufige Wiederholungen kurzer Basensequenzen, wobei sich die Anzahl der Wiederholungen von Individuum zu Individuum unterscheidet. Weil die Mikrosatelliten-DNA genau wie die gesamte genetische Information von den Eltern an die Kinder vererbt wird, kombinieren sich bei den Kindern die Mikrosatelliten-Muster von Mutter und Vater. Diese Muster werden auch als genetischer Fingerabdruck bezeichnet.
Milchzähne Zähne, die gewöhnlich früh in Leben eines Säugers ersetzt werden.
Miozän vorletzte Stufe des Tertiärs, vor etwa 24–5 Mio. Jahren.
Molar Backenzahn; liegt hinter dem Prämolar und wird nicht gewechselt.
Molariform Form und Aussehen eines Molars haben.
Molekulare Phylogenie hypothetische Darstellung der Evolutionsgeschichte einer Gruppe von Organismen, die auf Merkmalen basiert, welche auf molekularer Ebene definiert werden.
Monogamie Fortpflanzungssystem, bei dem Individuen nur einen Geschlechtspartner pro Fortpflanzungssaison haben (vgl. POLYGAMIE).
Monophyletisch Gruppe, deren Mitglieder von einem gemeinsamen Vorfahren abstammen (vgl. PARAPHYLETISCH).
Monöstrisch eine einzige Östrusperiode pro Jahr oder pro Fortpflanzungssaison haben (vgl. POLYÖSTRISCH).
Monotremen Säuger der Unterklasse Monotremata (Kloakentiere oder Eier legende Säugetiere); umfassen Schnabeltier und Schnabeligel und sind die einzigen Eier legenden Säuger.
Monotypisch Gattung mit nur einer einzigen Art.
Monozygotische Polyembryonie Fortpflanzungsprozess, wie er für einige Gürteltiere typisch ist. Bei ihnen spaltet sich eine einzige Zygote in mehrere Zygoten auf und bildet entsprechend mehrere identische Embryonen gleichen Geschlechts aus (Klone).
Montan gebirgig.
Morphologie Bau und Form eines Organismus.
Moschus Duftstoff, der von Musteliden (Marderartigen) und anderen Säugerarten aus Duftdrüsen (Moschusdrüsen) ausgeschieden wird.
Mucosa Schleimhaut; eine an Drüsen reiche Schicht, z.B. die Innenauskleidung des Munds.
Multipar Weibchen, das mehrere Würfe oder Junge gehabt hat.
Murin bezieht sich auf einen Vertreter der Unterfamilie Murinae (aus der Familie Muridae), die aus Altweltratten und -mäusen besteht. In einigen taxonomischen Klassifikationssystemen erhält diese Unterfamilie den Status einer Familie, Muridae (vgl. CRICETIN).
Musth Periode erhöhter sexueller Aktivität bei männlichen Elefanten; in dieser Zeitspanne, die gewöhnlich 2 bis 3 Monate anhält, sind die Tiere sehr aggressiv.
Mutation eine strukturelle Veränderung in einem Gen, die zu einem neuen erblichen Merkmal führen kann.

Mutualismus symbiotische Beziehung zwischen den Vertretern zweier Arten, die beiden zum Vorteil gereicht (vgl. KOMMENSALISMUS, PARASITISMUS, SYMBIOSE).
Mycophagie Verzehr von Pilzen.
Myoglobin mit HÄMOGLOBIN verwandtes Protein in der Muskulatur von Wirbeltieren; wie Hämoglobin ist es an Sauerstoffaustauschprozessen bei der Atmung beteiligt.
Myomorpha Nagergruppe, bei der ein Teil des Kaumuskels durch ein ovales oder V-förmiges *Foramen infraorbitale* tritt.
Myopie Kurzsichtigkeit.
Myrmecophagie Ameisen und Termiten verzehren.

Nadelwald (Koniferenwald) Wald, der überwiegend aus immergrünen Nadelbäumen (Fichten, Tannen usw.) besteht. In der Regel liegen Nadelwälder in Klimazonen, die zu trocken oder zu kalt für Laubwälder sind; am häufigsten in nördlichen Breiten oder in Gebirgsregionen.
Nagetier Vertreter der Ordnung Rodentia, der größten Säugerordnung. Sie umfasst Ratten und Mäuse, Eichhörnchen, Stachelschweine, Wasserschweine usw.
Nasenblatt charakteristisch geformter Hautlappen, der die Nasenöffnungen von Hufeisennasen (Familie Rhinolophidae) umgibt. Es dient dazu, die durch die Nase ausgestoßenen Ultraschallrufe nach vorn auszurichten.
Natürliche Selektion Vorgang, durch den die am besten angepassten Individuen erfolgreicher sind als weniger gut angepasste Individuen. Sie überleben daher und zeugen mehr Nachkommen. In dem Maße, wie die erfolgreichen Merkmale genetisch fixiert sind, werden sie sich in der Population ausbreiten.
Nearktis tiergeografische Region, die Nordamerika bis Mexiko umfasst.
Nebelwald feuchter Wald in höheren Lagen, der von dichtem Unterholz und einem üppigen Bewuchs mit Farnen, Moosen, Orchideen und anderen Pflanzen auf Baumstämmen und Ästen gekennzeichnet ist.
Nectivor Nektar saugend.
Neotropis tiergeografische Region, die Mittel- und Südamerika, die Westindischen Inseln und das Galapagos-Archipel umfasst.
Nestflüchter Jungtier, das in relativ weit entwickeltem Zustand geboren wird und nur kurze Zeit von den Eltern versorgt werden muss.
Nesthocker Jungtier, das relativ unterentwickelt geboren wird und von einem oder beiden Elterntieren längere Zeit bewacht und versorgt werden muss.
Neue Welt geografischer Begriff für die Region, die die nearktische und neotropische Region umfasst (vgl. ALTE WELT).
Nickhaut dünne, transparente Membran unter dem Augenlid einiger Wirbeltiere, die das Auge bedeckt und schützt.
Niederer Primat primitiverer Vertreter der Primaten, z.B. Lemuren und Loris (vgl. HÖHERER PRIMAT).
Nomadisch Arten, die die meiste Zeit nicht in einem klar definierten Revier leben, sondern nomadisch umherwandern. Sie unterscheiden sich von migratorischen Arten, die außerhalb saisonaler Wanderungen ortstreu sein können.
Nunatak (Pl. Nunatakker) aus dem Inlandeis herausragender Felsgipfel, der während der Eiszeiten als Refugium für einzelne Tiere dienen konnte.

Obere kritische Temperatur Maximaltemperatur, bei der ein Tier Wärme abgeben muss, um eine stabile Temperatur im Körperinneren aufrechtzuerhalten (vgl. UNTERE KRITISCHE TEMPERATUR).
Oberflächenhäutchen dünne, transparente Außenschicht des Haares. Sie bildet ein charakteristisches schuppenartiges Muster auf der Oberfläche.
Obligat zwingend (vgl. FAKULTATIV).
Obligate verzögerte Implantation Form der verzögerten IMPLANTATION, bei der die Verzögerung ein normaler Teil des Fortpflanzungszyklus ist (z.B. bei Gürteltieren).
Okklusal zu den Kauflächen gehörig.
Ökologie Wissenschaft von den Wechselbeziehungen der Organismen untereinander und mit ihrer Umwelt.
Ökologische Nische die „Rolle", die eine Art innerhalb einer Lebensgemeinschaft einnimmt; sie definiert sich in Bezug auf alle Aspekte ihrer Lebensweise, z.B. Nahrung, Konkurrenten, Feinde, Ressourcenanforderungen.
Ökologische Sukzession Ersetzen von Populationen in einer Lebensgemeinschaft durch eine mehr oder minder regelmäßige Progression, die in einer stabilen Klimaxgesellschaft gipfelt.
Ökologische Zoogeografie Studium der Beziehungen zwischen Lebewesen in Bezug auf ihre physikalische, biotische und abiotische Umwelt.
Ökosystem biologisches System, in der biotische und abiotische Elemente miteinander in Wechselwirkung stehen.
Ökoton Übergangsgesellschaft; ein Habitat, das durch das Nebeneinander deutlich verschiedener Habitate geschaffen wurde (z.B. Übergangszone zwischen Grasland und Wald).
Ökotyp genetische Varietät innerhalb einer einzelnen Art, die an lokale ökologische Gegebenheiten angepasst ist.
Okzipital zum Hinterkopf gehörig.
Olfaktorisch bezieht sich auf den Geruchssinn, dessen Rezeptoren im Riechepithel sitzen, das die Nasenhöhle auskleidet.
Oligozän mittlere Stufe des Tertiärs, vor etwa 34–24 Mio. Jahren.
Omnivor alles fressend.
Ontogenie Entwicklung eines Individuums von der Befruchtung der Eizelle bis zum Adultstadium.
Opponierbarkeit (des ersten Fingers) Manche Säuger können mit Daumen und Zeigefinger greifen und so Gegenstände aufnehmen und halten.
Opportunist (bei der Ernährung) zeigt flexibles Verhalten zwecks Nutzung einer breiten Nahrungspalette; typisch für viele Arten (vgl. GENERALIST, SPEZIALIST).
Ordnung in der Taxonomie eine Kategorie unterhalb der Klasse und oberhalb der Familie.
Oreodontier Vertreter der Familie Oreodontidae (Ordnung Artiodactyla, Paarhufer), die gegen Ende des Tertiärs ausstarb.
Orientalis tiergeografische Region, die Indien und Südostasien südlich der Himalaya-Tibet-Barriere umfasst.
Os clitoris kleiner Knochen in der Klitoris bei einigen Säugerweibchen. Dem Baculum der Männchen HOMOLOG.
Ösophagus Speiseröhre, verbindet den Mund mit dem Magen.
Os penis vgl. BACULUM.
Os sacrum Kreuzbein; verschmolzene Sakralwirbel bei Säugern.
Östrus Brunft, Brunst; der Zeitraum des weiblichen Zyklus bei Säugern, in dem sie anziehend für Männchen und paarungswillig sind. Die Zeitspanne fällt mit der Eireifung und dem Eisprung (OVULATION) zusammen. Man sagt von Tieren im Östrus auch, sie seien „in Hitze" oder „brünstig". Wird das Ei nicht befruchtet, führt die Rückbildung der Gebärmutterschleim-haut (ENDOMETRIUM) zur Menstruationsblutung. Bei manchen Arten wird die Ovulation erst durch die Kopulation ausgelöst, was man im Gegensatz zur spontanen Ovulation als induzierte Ovulation bezeichnet.
Ovarien Eierstöcke; Ort der Eizellenproduktion und -reifung bei Weibchen.
Ovidukt Eileiter; der Gang, der Eizellen vom OVAR zum UTERUS transportiert.
Ovipar Eier legend.
Ovovivipar Ablage der Eier im fortgeschrittenen Stadium der Embryonalentwicklung, sodass die Jungen während oder unmittelbar nach der Ablage schlüpfen.
Ovulation Eisprung; die Ablösung von reifen Eizellen aus den Eierstöcken, wo sie produziert werden (vgl. ÖSTRUS).

Paarbindung Beziehung zwischen Männchen und Weibchen, die von der Werbung mindestens bis zum Abschluss der Paarung dauert, bei einigen Arten auch bis zum Tod eines der beiden Partner.
Paarhufer Vertreter der Artiodactyla, zu denen Hirsche, Rinder, Schafe, Ziegen und viele andere Tiergruppen zählen.
Packeis große Eisblöcke, die sich auf der Meeresoberfläche bilden, wenn eine Eisfläche von Wind und Wellen aufgebrochen und von ihrer ursprünglichen Position verdriftet worden ist.
Paenungulata Fast-Huftiere; gut abgesicherte Verwandtschaftsgruppe (Teilordnung) herbivorer afrikanischer Säuger, die Schliefer (Hyracoidea), Elefanten (Proboscidea) und Seekühe (Sirenia) umfasst. Die Paenungulata gehören zur Gruppe der AFROTHERIA.
Paläarktis tiergeografische Region, die Europa und Asien nördlich des Himalaya sowie Afrika nördlich der Sahara umfasst.
Paläozän älteste Stufe des Tertiärs, vor etwa 65–55 Mio. Jahren.
Paleotherier Vertreter der Familie Paleotheriidae (Ordnung Perissodactyla, Unpaarhufer), die zu Beginn des Tertiärs ausstarb.
Pampas Grassteppe in Argentinien.
Pandemie großräumiger schwerer Ausbruch einer Krankheit.
Pansen erste Kammer im vierkammerigen Magen wiederkäuender Paarhufer. Im Pansen wird die Nahrung verflüssigt, von den muskulösen Wänden durchgeknetet und von Bakterien abgebaut. Das Produkt wird zum Wiederkäuen hochgewürgt. Wenn es erneut geschluckt wird, gelangt es an Pansen, NETZ- und BLÄTTERMAGEN vorbei in den LABMAGEN.
Papille kleine, warzenartige Erhebung.
Paraconid vgl. PARACONUS.
Paraconus Höcker, der bei den oberen Molaren vor dem PROTOCONUS und auf der Zungenseite (medial), bei den unteren Molaren hingegen auf der Wangenseite (lateral) liegt; wird dann als Paraconid bezeichnet.
Paramo Grasland-Vegetation der Hochgebirge im nördlichen und westlichen Südamerika.
Paraphyletisch taxonomische Gruppe, in der einige, aber nicht alle Mitglieder von einem einzigen gemeinsamen Vorfahren abstammen (vgl. MONOPHYLETISCH).
Parasitismus symbiotische Beziehung, bei der ein Organismus von der Verbindung profitiert, während der andere gewöhnlich geschädigt wird (vgl. KOMMENSALISMUS, MUTUALISMUS, SYMBIOSE).
Paratypus in der Taxonomie ein Exemplar (anders als der HOLOTYPUS), das von einem Wissenschaftler zum Zeitpunkt seiner Beschreibung verwendet wurde. Es wird in einem Museum aufbewahrt und entsprechend gekennzeichnet.
Patagium Gleitmembran, die sich längs der Körperflanken zwischen Vorder- und Hinterextremitäten erstreckt und unter Umständen auch Teile des Schwanzes einbezieht. Zu finden bei Riesengleitern, Flughörnchen, Fledertieren usw.

Pecora Teilordnung in der Ordnung der Artiodactyla (Paarhufer), die die Stirnwaffenträger umfasst; die Arten sind durch Hörner auf der Stirn gekennzeichnet.
Pelagisch oberer Bereich der offenen See, über der BENTHISCHEN Zone.
Pelztier Bezeichnung für Säuger, deren Fell kommerziellen Wert hat und gehandelt wird.
Penis männliches Kopulationsorgan.
Pentadaktyl mit fünf Fingern.
Peramuridae Familie jurassischer Säuger, aus der sich wahrscheinlich die höheren THERIA entwickelt haben.
Perinealdrüsen (Dammdrüsen) zwischen After und Genitalien gelegenes Drüsengewebe.
Phalangen Finger- bzw. Zehenknochen.
Phänetik Ähnlichkeiten, die auf beobachtbaren äußeren Merkmalen beruhen.
Phänotyp Gesamtsumme aller beobachtbarer struktureller und funktionaler Eigenschaften eines Organismus (vgl. GENOTYP).
Pheromone Ausscheidungen, die bei der (innerartlichen) olfaktorischen Kommunikation als chemische Botschafter wirken und eine spezifische Reaktion seitens des Tieres hervorrufen, das die Botschaft erhält (vgl. DUFTMARKE).
Philopatrie dort leben und sich fortpflanzen, wo man geboren ist.
Phylogenetisch bezieht sich auf die evolutive Beziehung zwischen Gruppen.
Phylogenie Klassifikation oder Beziehung, die auf der Nähe der evolutiven Abstammung basiert.
Phylogramm Stammbaumdiagramm ähnlich einem KLADOGRAMM; in diesem Fall zeigt die Astlänge jedoch das Ausmaß der genetischen Divergenz zwischen den dargestellten Taxa an.
Phylum Stamm; in der Taxonomie eine Kategorie, die eine Reihe von Klassen umfasst (z.B. Stamm Chordata).
Physiologie Erforschung der chemisch-physikalischen Prozesse, die in einem lebenden Organismus ablaufen.
Phytoplankton winzige Pflanzen, die im Wasser nahe der Oberfläche schweben (vgl. ZOOPLANKTON).
Pinnipedia („Flossenfüßer") Ordnung wasserlebender räuberischer Säuger, bei der alle vier Extremitäten zu Flossen umgebildet sind; dazu gehören Hundsrobben, Ohrenrobben und Walrosse.
Piscivor sich von Fischen ernährend.
Placenta cotyledonaria oder ***multiplex*** Form der CHORIOALLANTOIS-PLAZENTA, bei der die CHORIONZOTTEN in Büscheln oder Knäueln angeordnet sind, die von glatten CHORION-Regionen getrennt werden.
Placenta deciduata Vollplazenta; ein PLAZENTA-Typ, bei dem ein Teil der Gebärmutterwand bei der Niederkunft verloren geht.
Plankton im Meer oder in Seen treibende kleine pflanzliche oder tierische Organismen.
Platyrhini „Breitnasenaffen" mit weit auseinander stehenden Nasenöffnungen. Die Bezeichnung wird häufig für alle Neuweltaffen im Gegensatz zu den CATARHINI der Alten Welt gebraucht.
Plazenta Mutterkuchen; eine Struktur, die den Fetus mit der Gebärmutter verbindet. Sie sorgt dafür, dass der Fetus ausreichend Nährstoffe erhält und dass Abfallprodukte entsorgt werden. Nur die plazentalen Säuger (Placentalia) besitzen eine gut entwickelte Plazenta; im Gegensatz dazu weisen die die Beuteltiere (MARSUPIALIA) eine rudimentäre oder gar keine Plazenta auf; die Kloakentiere (MONOTREMATA) legen Eier.
Pleistozän (Eiszeit) geologische Formation, die vor 1,8 Mio. Jahren begann und 10.000 Jahre vor unserer Zeitrechnung endete.
Plesiomorph vgl. APOMORPH.
Pliozän jüngste Stufe des Tertiärs, vor etwa 5–1,8 Mio. Jahren.
Pollex erster Finger des Vorderfußes.
Polyandrisch VGL. POLYGYN.
Polygam Paarungssystem, bei dem ein Individuum mehr als einen Geschlechtspartner pro Fortpflanzungssaison hat (vgl. MONOGAM).
Polygyn Paarungssystem, bei dem sich ein Männchen während einer Fortpflanzungssaison mit mehreren Weibchen paart (Gegensatz POLYANDRISCH: Ein Weibchen paart sich mit mehreren Männchen).
Polymorphismus Auftreten von mehr als einer morphologischen Form in einer Population.
Polyöstrisch zwei oder mehr Brunftzyklen in einer Fortpflanzungssaison habend (vgl. MONÖSTRISCH).
Polyprotodont mehr als drei gut entwickelte untere Schneidezähne habend (wie Nasenbeutler und carnivore Marsupialia (vgl. DIPROTODONT).
Population eine mehr oder minder eigenständige Gruppe von Tieren derselben Art innerhalb einer biotischen Lebensgemeinschaft.
postorbitale Spange knöcherne Strebe hinter der Augenhöhle im Schädel.
Post-partum-Östrus Ovulation und Zunahme der sexuellen Empfänglichkeit weiblicher Säuger Stunden oder Tage nach der Geburt eines Wurfs.
Prämolar Vorbackenzahn; zwischen Eck- und Backenzähnen gelegen; kann gewechselt werden.
Präorbital vor der Augenhöhle gelegen.
Präputium Vorhaut; lockere Haut, die die Eichel bedeckt.
Prärie Vegetationszone in Nordamerika zwischen dem 30. und 50. nördlichen Breitengrad, die sich hauptsächlich aus Gras zusammensetzt.
Prellsprung Bewegung, bei der ein Tier senkrecht auf der Stelle mit allen vieren hochspringt. Typisch für Antilopen (z.B. Springbock), besonders wenn sie sich beunruhigt fühlen.
Primärwald Regenwald, der lange Zeit ungestört geblieben ist und einen Klimaxzustand erreicht hat. Es kann Jahrhunderte dauern, bis sich ein Primärregenwald ausbildet.
Primat Vertreter der Ordnung Primates, zu der Affen und Menschen zählen.
Proboscis Rüssel.
Processus (anatomisch) Fortsatz.
Procumbent (Schneidezähne) mehr oder minder waagerecht nach vorn weisend.
Progesteron Steroidhormon, das vorwiegend vom CORPUS LUTEUM abgesondert wird. Es fördert das Wachstum der Uterusschleimhaut und ermöglicht die Einnistung der befruchteten Eizelle.
Promisk Paarungssystem, bei dem sich ein Individuum mehr oder minder wahllos paart.
Proöstrus erstes Stadium des Brunftzyklus (Vorbrunft), wenn Östrogen-, Progesteron- und LH-Spiegel ihren Gipfel erreichen.
Propatagium Vorderteil des PATAGIUMS.
Prosimier (wörtlich „Voraffe") Halbaffe; Vertreter der relativ primitiven Primatenunterordnung Prosimii (Lemuren, Loris, Pottos und Koboldmakis). Moderne Klassifikationssysteme stellen die Koboldmakis (Tarsier) mit den Anthropoidea in die Unterordnung HAPLORHINI. Die übrigen Vertreter der Halbaffen bilden die Unterordnung STREPSIRHINI.
Protein Eiweiß; eine komplexe organische Verbindung, die aus Aminosäuren besteht. Im Gewebe von Säugern finden sich viele verschiedene Formen.
Proteinelektrophorese (Allozymanalyse) Methode, bei der die Bewegungsmuster mehrerer Proteine in einem elektrischen Feld verglichen werden, um Individuen zu identifizieren und zu vergleichen.
Protoceratide Vertreter der Familie Protoceratidae (Ordnung Artiodactyla, Paarhufer), die gegen Ende des Tertiärs ausstarb.
Protoconid vgl. PROTOCONUS.
Protoconus der primäre (auffälligste) Höcker eines Backenzahns, auf der Zungenseite bei den oberen Molaren und auf der Wangenseite bei den unteren Molaren gelegen (dann als Protoconid bezeichnet).
Proximal nahe am Anheftungs- oder Ursprungspunkt; z.B. der Ansatz des Schwanzes (vgl. DISTAL).
Pseudoallantois-Plazentation Form der Plazenta, wie sie nur die Nasenbeutler zeigen. Verglichen mit der echten Plazentation bei den Eutheria ist der Transfer von Gasen und Nährstoffen über die Chorioallantois-Plazenta-Schnittstelle ineffizient, weil der Kontakt zwischen fetalem und maternalem Gewebe nie sehr eng ist.
Pubertät Erreichen der Geschlechtsreife. Zusätzlich zur Reifung der primären Geschlechtsorgane (Eierstöcke, Hoden) können Primaten in der Pubertät „sekundäre Geschlechtsmerkmale" ausbilden. Bei höheren Primaten findet in der Pubertät beim männlichen und weiblichen Geschlecht gewöhnlich ein Wachstumsschub statt.
Pubis Schambein; einer der drei Beckenknochen (vgl. ILIUM, ISCHIUM).
Puna Hochgebirgssteppe in den trockenen Bereichen der Hochanden.
Pylorusregion Bereich des Magenausgangs; zum Dünndarm hin wird der Magen durch den Pförtner *(Sphincter pylori)* verschlossen.

Quadratum Knochen im hinteren Schädelbereich, der gelenkig mit dem Unterkiefer verbunden ist.
Quadruman vierhändig; beide Hände und Füße zum Greifen benutzend.
Quadruped vierfüßig; auf allen vieren gehend, im Gegensatz zum zweibeinigen Gang (vgl. BIPED).
Quartär geologische Epoche, die die letzten beiden Jahrmillionen umfasst und Pleistozän sowie Holozän einschließt.

Radiation vgl. ADAPTIVE RADIATION.
Radiotelemetrie Technik, um die Bewegungen eines Tieres aus der Ferne zu verfolgen. Dazu muss ein Sender am Tier (oft an einem Halsband) befestigt werden, der kontinuierlich Signale abgibt. Diese können mit Richtantennen empfangen werden und ermöglichen die exakte Standortbestimmung des Tieres.
Ramus mandibulae Unterkieferast; der nach oben gerichtete Fortsatz am Ende des Unterkieferknochens.
Rasse taxonomische Kategorie unterhalb der Unterart, die jedoch Populationen mit bestimmten ähnlichen Merkmalen verknüpft.
Reduziert (anatomisch) relativ klein ausgebildet; z.B. gewisse Knochen im Vergleich mit denen von Vorfahren oder verwandten Tieren.
Refugium abgegrenzte geografische Region, die einer Art zeitweilig Schutz bietet.
Regenwald tropischer und subtropischer Wald mit ganzjährigem Niederschlag; in der Regel artenreich und vielfältig. Subtropischer Regenwald wird im Allgemeinen auch als Feuchtwald oder Lorbeerwald bezeichnet.
Reingestion zweimaliges Verdauen der Nahrung, um sicherzustellen, dass daraus ein Maximum an Energie gewonnen wird. Nahrung kann zum weiteren Kauen vor der Reingestion aus dem Magen hochgewürgt werden (Wiederkäuen) oder ein

Tier kann seinen eigenen Kot fressen (vgl. COECOTROPHIE).
Reißzähne einander gegenüberstehendes Zahnpaar, das besonders daran angepasst ist, Fleischnahrung mit einer scherenartigen Schneidekante zu zerteilen. Bei den Säugern findet man diese Zahnanordnung nur bei den Carnivora (Raubtieren). Bei den beteiligten Zähnen handelt es sich um den letzten Prämolar im Ober- und den ersten Molar im Unterkiefer.
Reliktpopulation dauerhaft in Rückzugsgebiete verdrängte Population, die von anderen isoliert ist.
Reproduktionsrate Fortpflanzungsrate; die Netto-Fortpflanzungsrate lässt sich als die durchschnittliche Zahl weiblicher Nachkommen eines jeden Weibchens im Lauf des ganzen Lebens definieren.
Ressourcenverteidigungs-Polygynie Paarungssystem, bei dem die Männchen indirekt den Zugang zu den Weibchen kontrollieren, indem sie die Ressourcen monopolisieren, die die Weibchen benötigen (z.B. Futter, Unterschlupf).
Rete mirabile Wundernetz; eine komplexe Masse von Kapillaren, die hauptsächlich als GEGENSTROM-WÄRMEAUSTAUSCHER funktionieren.
Reticulum Netzmagen; zweite Kammer im vierkammerigen Magen wiederkäuender Paarhufer (vgl. BLÄTTERMAGEN, LABMAGEN, PANSEN).
Retraktil (bei Krallen) einziehbar.
Rezent heute lebend.
Reziproker Altruismus Situation, in der die kurzfristigen Kosten dafür, andere Individuen mit gewissen Ressourcen zu versorgen, ausgeglichen werden, wenn sich der Empfänger (Nutznießer) zu einem späteren Zeitpunkt revanchiert.
Rhinarium nackte, feuchte Hautfläche um die Nasenöffnung vieler Säuger; Nasenspiegel.
Ringwade Fischnetz, dessen Boden durch Taue geschlossen werden kann; wird gewöhnlich von Booten aus bedient (vgl. WADE).
Rostrum nach vorn weisender Fortsatz am Schädel einiger Wale und Delfine, der eine Art Schnabel bildet.
Rotte kollektive Bezeichnung für eine Gruppe Schweine.
r-Selektion Selektion, die hohe Fortpflanzungs- und Wachstumsraten begünstigt; typisch für (meist kleinwüchsige) Arten, die in einer instabilen Umwelt leben. Wenn sich die Verhältnisse verbessern, kann die Art das gegebene Areal rasch kolonialisieren (vgl. K-SELEKTION).
Rudiment Merkmal, das heute wenig oder keinen Nutzen mehr hat, sich aber von einem Merkmal ableitet, das bei einem Vorfahren gut entwickelt und nützlich war.
Rudimentär verkümmert, kleiner und einfacher als bei den Vorfahren.
Saisonalität (bei Geburten) Beschränkung der Geburten auf eine bestimmte Jahreszeit.
Sakral (anatomisch) zum Kreuzbein gehörig, das aus dem verschmolzenen Kreuzwirbel besteht und an dem der Beckengürtel befestigt ist.
Saltatorisch springend.
Samen (Samenflüssigkeit) Ejakulationsflüssigkeit des männlichen Fortpflanzungssystems, die von den Hoden produziert wird. Sie enthält Spermien und verschiedene Drüsensekrete.
Samenbläschen Teil des männlichen Fortpflanzungsapparats, in dem die Spermien gespeichert werden.
Sanguinivor sich von Blut ernährend (z.B. Vampirfledermäuse).
Satellitenmännchen Tier, das aus dem Zentrum des Sozialsystems (dem Revier des dominanten Männchens) ausgeschlossen ist, aber an der Peripherie dieses Reviers geduldet wird.
Saugen bei Säugern Milch aus der Brustwarze oder Zitze nehmen.
Säugetier Haare tragender Vertreter einer Klasse der Wirbeltiere (Mammalia) mit Milch produzierenden Brustdrüsen zur Versorgung der Jungen.
Savanne tropisches Grasland in Gebieten mit deutlicher Regenzeit und ausgeprägter Trockenzeit: in Afrika, Indien, Mittel- und Südamerika sowie Australien. Drei Typen: Baum-, Strauch- und Grassavanne; sie stellen einen allmählichen Übergang vom geschlossenen Waldland zum offenen Grasland dar.
Scapula Schulterblatt; Primaten haben in der Regel ein bewegliches Schulterblatt, was ihnen beim Klettern in Bäumen viel Bewegungsfreiheit gibt.
Scheinträchtigkeit jede Periode, die durch einen funktionierenden CORPUS LUTEUM (Gelbkörper) und den Aufbau der Uterusschleimhaut gekennzeichnet ist, ohne dass eine Trächtigkeit vorliegt.
Scheitelkamm Knochenleiste oben auf dem Schädel, der von den Schläfenleisten gebildet wird.
Schule Gruppe von Individuen, gewöhnlich auf Wale oder Delfine bezogen, die zumindest zeitweise eine gewisse zusammenhängende Sozialstruktur aufweist.
Schultergürtel Knochen der Schulterregion, die den Vorderextremitäten Halt geben.
Schwanzdrüse/Rektaldrüse vergrößerte Hautdrüse im Bereich der Schwanzwurzel; subcaudal = unter der Schwanzwurzel; supracaudal = über der Schwanzwurzel.
Schweißdrüse Hautdrüse, die Schweiß ausscheidet. Dessen Verdunstung kühlt die Hautoberfläche.
Schwestergruppe in der Phylogenie die MONOPHYLETISCHE Gruppe, die mit einer anderen monophyletischen Gruppe am engsten verwandt ist (beide Taxa sind durch einen gemeinsamen inneren Knoten verbunden.)
Sciurognath bei Nagern; der Angularfortsatz entspringt der Incisivus-Alveole (= Zahnfach des Schneidezahns), die den Unterrand des Unterkiefers bildet (vgl. HYSTRICOGNATH).
Sciuromorph bei Nagern; bezeichnet ein relativ kleines *Foramen infraorbitale* (vgl. HYSTRICOMORPH).
Scombroide mariner Knochenfisch aus der Familie Scombridae mit zwei kleinen Rückenflossen, kleinen Schuppen und relativ glatter Oberfläche (z.B. Makrele und Tunfisch).
Scrotum Hodensack.
Sedentär bezieht sich auf Säuger mit einem relativ engen Streifgebiet und wenig Neigung, sich auszubreiten oder zu wandern (standorttreu, sesshaft).
Seismisches Signal Kommunikationssignal, das eine Reihe niederfrequenter Schwingungen umfasst, die durch den Boden wandern.
Sektorialer Prämolar einer der vorderen unteren Prämolaren bei Altweltaffen und Bilchbeutlern, der speziell daran angepasst ist, gegen die Hinterkante des oberen Schneidezahns zu scheren.
Sekundäres Geschlechtsmerkmal Merkmal, in dem sich beide Geschlechter unterscheiden; ausgenommen sind die Geschlechtsorgane und die damit zusammenhängenden Strukturen.
Sekundärwald sich natürlich einstellender Folgebestand nach Zerstörung des Primärwalds. Er hat noch nicht den Klimaxzustand des Primärwalds erreicht und ist meist lichter und artenärmer.
Selektionsdruck Faktor, der den Fortpflanzungserfolg von Individuen beeinflusst. Der Fortpflanzungserfolg hängt von ihrer Fitness ab, d.h. von dem Maß, in dem sie daran angepasst sind, unter diesem Selektionsdruck zu gedeihen.
Selenodont Backenzähne mit halbmondförmigen Höckern.
Sella wörtl. „Sattel"; einer der Nasenfortsätze bei Hufeisennasen; ein aufragender zentraler Fortsatz, der eine bogenförmige Leiste bilden kann, die, zwischen den Nasenöffnungen beginnend, nach hinten läuft.
Semelpar nur einmal im Leben Nachwuchs bekommend (vgl. ITEROPAR).
Seneszenz Verfallsprozess eines Organismus mit zunehmendem Alter, der schließlich zum Tod führt.
Septum Scheidewand; trennt zwei Hohlräume, z.B. in der Nase. Die Nasenscheidewand besteht aus einem fleischigen Teil, der die Nasenöffnungen trennt, und einer senkrechten Knochenplatte, die die Nasenhöhle teilt.
Serologie Studium der Blutsera; untersucht werden die Antigen-Antikörper-Reaktionen, um Reaktionen auf Krankheitserreger sowie phylogenetische Beziehungen zwischen verschiedenen Arten zu klären.
Serum Blut, aus dem die Blutzellen und Gerinnungsfaktoren entfernt worden sind; eine klare, fast farblose Flüssigkeit.
Seta Borste.
Sexualdimorphismus Zustand, bei dem sich Männchen und Weibchen einer Art äußerlich beträchtlich unterscheiden, z.B. in Größe, Form (vgl. DIMORPHISMUS, POLYMORPHISMUS).
Sexuelle Selektion Selektion von Tieren im Zusammenhang mit der Paarung. Männchen können um den Zugang zu Weibchen konkurrieren, während die Weibchen bestimmten Männchen Paarungsrechte einräumen können.
Sinus Höhlung in einem Knochen oder Gewebe.
Sivathere Vertreter einer Giraffenfamilie, die in der letzten Eiszeit ausstarb.
Sohlengänger gehen auf den Fußsohlen einschließlich der Fersen (vgl. ZEHENGÄNGER, ZEHENSPITZENGÄNGER).
Solitär allein lebend; im Gegensatz zur geselligen Lebensweise.
Sonar (Echolot) Schallsignale, die zur Navigation benutzt werden (abgeleitet von engl. ***so**und **na**vigation **r**anging*).
Sozialverhalten interaktives Verhalten von zwei oder mehr Individuen derselben Art.
Spermaceti-Organ Organ im Kopf einiger Zahnwale. Es enthält eine wachsartige Flüssigkeit, die möglicherweise die Wärmeabgabe unterstützt, für Auftrieb sorgt und zur Lauterzeugung beiträgt.
Spermatogenese Bildung von Spermien infolge einer Reihe von Zellteilungen.
Spermienkonkurenz Konkurrenz zwischen Spermien um die Befruchtung der Eizellen, besonders dann, wenn ein Weibchen mit mehreren Männchen kopuliert hat.
Spezialist Tier, dessen Lebensweise durch hoch spezialisierte Strategien gekennzeichnet ist (z.B. Ernährung durch eine einzige Nahrungserwerbstechnik oder von einem bestimmten Nahrungsmittel; vgl. GENERALIST).
Speziation Artbildung; allgemein wird angenommen, dass sich neue Arten bilden, wenn eine Population, die aus einer einzigen Art besteht, durch eine geografische Barriere geteilt wird.
Spezies Art; taxonomische Kategorie unterhalb einer Gattung und oberhalb einer Unterart. Im Allgemeinen ist eine Art eine Gruppe von Tieren, die ähnlich gebaut sind, sich paaren können und lebensfähige Nachkommen erzeugen (vgl. TAXONOMIE).
Sphinkter ringförmiger Muskel, der den Beutel bei Beuteltieren, den After oder ein anderes Hohlorgan umgibt. Er kann kontrahiert werden, um den Ein-

gang zum Organ zu verengen oder zu verschließen.
Spinifex Gras, das in Polstern oder Büscheln in den trockensten Gebieten von Zentral- und Westaustralien wächst.
Spontanovulation Eisprung, der ohne vorherige Kopulation erfolgt (vgl. OVULATION, ÖSTRUS).
Sporn mittig am Knöchel von Fledertieren gelegener Fortsatz, der das UROPATAGIUM (Schwanzflughaut) stützt.
Sprosse Ende (des Geweihs).
Stammhuftiere vgl. CONDYLARTHRA.
Stapes Steigbügel; der letzte der drei Gehörknöchelchen im Mittelohr von Säugern (vgl. INCUS, MALLEUS).
Steppe offene, ebene Graslandschaft in den gemäßigten Breiten von Europa und Nordamerika (Prärien); gekennzeichnet durch geringe, sporadische Niederschläge und große jährliche Temperaturschwankungen. In der Kaltsteppe fallen die Temperaturen im Winter deutlich unter den Gefrierpunkt, während die Niederschläge sich auf den Sommer konzentrieren oder gleichmäßig über das ganze Jahr verteilen. In der Warmsteppe sind die Wintertemperaturen hingegen höher und die Niederschläge fallen im Winter.
Stoffwechselrate Rate, mit der die chemischen Prozesse im Körper ablaufen.
Streifgebiet *(engl. „home range")* Gebiet, in dem ein Tier normalerweise lebt (seltene Ausflüge oder Wanderungen sind dabei allgemein nicht berücksichtigt), unabhängig davon, ob dieses Gebiet von anderen Tieren verteidigt wird (vgl. TERRITORIUM).
Strepsirhini Primatenunterordnung, die Lemuren, Buschbabys, Loris und Pottos umfasst. Alle Arten verfügen über ein feuchtes RHINARIUM und eine gespaltene Oberlippe, die am Zahnfleisch befestigt ist (vgl. HAPLORHINI).
Subadult nicht länger im Kindes- oder Jugendalter, aber körperlich und/oder sozial noch nicht ganz erwachsen (adult).
Subcutis Unterhaut; innerste Schicht des INTEGUMENTS; besteht weitgehend aus Fettgewebe.
Sublingua (Unterzunge) Gewebelappen unter der Zunge bei Säugern; bei den meisten Primaten erhalten, bei Neuweltaffen jedoch rudimentär; besonders ausgeprägt bei Lemuren und Loris.
Subspezies Unterart; eine erkennbare Subpopulation einer einzelnen Art, typischerweise mit einer abgegrenzten geografischen Verbreitung.
Sukzessionsstadium Stadium bei der fortschreitenden Veränderung der Zusammensetzung einer Pflanzengesellschaft, von der ursprünglichen Kolonialisierung einer unbewachsenen Fläche in Richtung eines weitgehend stabilen Klimaxzustands.
Supraorbital über dem Auge/der Augenhöhle befindlich.
Sutura Naht; Kontaktlinie zwischen zwei Knochen, z.B. Schädelknochen.
Symbiose Wechselbeziehung zwischen zwei Arten, von denen eine profitiert und die andere entweder ebenfalls profitiert, geschädigt wird oder unbeeinflusst bleibt (vgl. KOMMENSALISMUS, MUTUALISMUS, PARASITISMUS).
Symmetrodonta frühe Säugerordnung, die kleine Carnivoren und Insectivoren aus dem späten Tertiär umfasst.
Sympatrie Vorkommen mehrerer Arten im gleichen Gebiet (vgl. ALLOPATRIE).
Symplesiomorph in der Phylogenie ein urtümliches (primitives) Merkmal, das zwei oder mehr Taxa besitzen (vgl. PLESIOMORPH).
Synapomorph in der Phylogenie ein abgeleitetes HOMOLOGES Merkmal, das zwei oder mehr Taxa besitzen (vgl. APOMORPH).
Synapsida Unterklasse der Reptilia, aus der sich vermutlich die Säuger entwickelt haben.
Syndaktylie bezieht sich auf die zweite und dritte Zehe einiger Säuger, die verwachsen sind, sodass sie wie eine einzige Zehe mit einem geteilten Nagel erscheinen; dient bei Kängurus zum Kämmen des Fells (vgl. DIDAKTYLIE).
Synonym in der Taxonomie ein anderer Name für dieselbe Art; der frühere Name hat Priorität.
Synterritorial ein Territorium teilend.
Syntopisch zur selben Zeit am selben Ort sein.
Systematik Studium von Evolutionsmustern und -abläufen, um einen Stammbaum zu erstellen oder Organismen zu klassifizieren; schließt auch die TAXONOMIE ein.
Systematiker jemand, der sich mit der SYSTEMATIK von Tieren oder Pflanzen befasst.

Taiga borealer Nadelwald in Eurasien mit eingestreuten sumpfigen oder felsigen Arealen.
Talgdrüse Drüsengewebe, das eine fettige Substanz absondert, um z.B. das Haarkleid wasserfest zu machen, oder Duftsekrete abgibt.
Talonid „Absatz" oder hinterer Teil eines unteren Backenzahns, der mit dem PROTOCONUS eines oberen Backenzahns schließt (Okklusion).
Tapetum lucidum reflektierende Schicht hinter der Netzhaut im Auge; häufig bei nachtaktiven Säugern, wie z.B. Katzen und Koboldmakis.
Tarnfärbung Färbung, die ein Tier vor den Blicken anderer verbirgt bzw. sein Erkennen erschwert.
Tarnung morphologischer Aspekt eines Organismus, der ihn vor den Blicken anderer (z.B. Feinde, Konkurrenten) verbirgt.
Tarsal bezieht sich auf die Tarsalia (Fußwurzelknochen) im Fußgelenk; sie sind mit Schien- und Wadenbein einerseits und den Metatarsalia (Mittelfußknochen) andererseits gelenkig verbunden.
Taxon (Pl. Taxa) Gruppe von Organismen eines jeden beliebigen taxonomischen Rangs.
Taxonomie Wissenschaft von der Klassifizierung der Organismen. Sie gruppiert Tiere zusammen, die gemeinsame Merkmale haben und sich vermutlich von einem gemeinsamen Vorfahren ableiten. Jedes Individuum gehört daher zu einer Reihe immer umfassenderer Kategorien (Individuum – Art – Gattung – Familie – Ordnung – Klasse – Stamm). Jede dieser Kategorien kann bei Bedarf weiter unterteilt werden (z.B. Unterart, Unterfamilie, Überfamilie, Teilordnung.
Temporal bezieht sich auf die Schädelseiten (Schläfen).
Terrestrisch (a) an Land lebend im Gegensatz zu AQUATISCH; (b) am Boden lebend im Gegensatz zu ARBORIKOL).
Territorialität Verhalten im Zusammenhang mit der Verteidigung eines TERRITORIUMS gegen Artgenossen.
Territorium Revier, Bereich in einem Lebensraum einer Tierart, der von einem Individuum oder einer Gruppe gegen Eindringlinge verteidigt wird. Ursprünglich wurde der Begriff dort gebraucht, wo Areale ausschließlich und eindeutig an ihren Grenzen verteidigt wurden. Eine allgemeinere Definition von Territorialität erlaubt eine gewisse Überschneidung zwischen Nachbarterritorien. Sie beschreibt Territorialität als System der Raumaufteilung, in dem sich Streifgebiete nicht zufällig überschneiden, d.h., die Lage des Streifgebiets eines Individuums oder einer Gruppe beeinflusst die Lage der Streifgebiete anderer.
Tertiär geologische Formation, vor etwa 65–1,8 Mio. Jahren; umfasst Paläozän, Eozän, Oligozän, Miozän und Pliozän.
Testosteron männliches Hormon, das in den Hoden produziert wird und für die Ausbildung vieler männlicher Merkmale verantwortlich ist (im Gegensatz zum weiblichen Hormon ÖSTROGEN, das in den Eierstöcken produziert wird).
Therapsida Ordnung in der Unterklasse SYNAPSIDA, aus der sich wahrscheinlich die Säuger entwickelt haben.
Theria Unterklasse der Klasse Mammalia, die die Beuteltiere (Metatheria), die Placentalia (Eutheria) und die ancestralen Säuger (Pantotheria) umfasst, aber nicht die Monotremata (Prototheria).
Theriodontia Unterordnung in der Ordnung THERAPSIDA, deren Vertreter vorwiegend Fleischfresser waren.
Thermogenese Wärmeproduktion.
Thermoneutraler Bereich Temperaturbereich im Außenmedium, bei dem ein Tier nur eine Minimalmenge an Energie aufwenden muss, um eine konstante Kerntemperatur aufrechtzuerhalten. Die Grenzen des thermoneutralen Bereichs bilden die obere und untere kritische Temperatur, bei denen Säuger zunehmend Energie aufwenden müssen, um ihre Körpertemperatur konstant zu halten (vgl. HETEROTHERMIE).
Thermoregulation Regulation und Aufrechterhaltung einer konstanten Körperinnentemperatur bei Säugern.
Tieraffen heute gebräuchliche Sammelbezeichnung für die Vertreter der Echten Affen (Simiiformes), in Abgrenzung zu den Halbaffen (Strepsirhini) und den Menschenaffen (Hominidae)
Torpor zeitweiliger physiologischer Starrezustand bei einigen Säugern (und Vögeln wie Kolibris), bei dem die Körpertemperatur absinkt und die Stoffwechselrate zurückgeht. Der Torpor ist vergleichbar mit einem kurzen Winterschlaf und eine Anpassung, um bei extremer Kälte oder Nahrungsmangel Energie zu sparen.
Trächtigkeit Tragzeit; Zeitspanne der Entwicklung eines Fetus im Uterus eines Säugerweibchens; das Phänomen der verzögerten IMPLANTATION kann zu einer Trächtigkeitsdauer führen, die länger ist als die Zeitspanne, in der sich der Embryo tatsächlich entwickelt.
Tragus lanzettförmiger, manchmal beweglicher Hautlappen vor der Öffnung des Außenohrs bei Fledermäusen.
Trias geologische Formation, vor etwa 248–213 Mio. Jahren.
Tribosphenisch Backenzähne mit drei im Dreieck angeordneten Haupthöckern (TRIGON).
Tribus Gattungsgruppe; Zusammenfassung mehrerer Gattungen zu einer Gruppierung von sich näher stehenden Gattungen.
Triconodontier Vertreter der Ordnung Triconodontia, die die frühesten Säuger umfasst; existierte von der Trias bis in die frühe Kreide.
Trigon die drei Höcker (PROTOCONUS, PARACONUS, METACONUS) eines TRIBOSPHENISCHEN Backenzahns.
Trophisch bezieht sich auf Nahrung und Ernährung.
Trophoblast extraembryonale Außenwand der BLASTOZYSTE bei Säugern.
Trypanosomen einzellige Parasiten, die bei Menschen die Schlafkrankheit und bei Haustieren die Naganaseuche auslösen.
Tuberculum kleiner Höcker oder Knoten (z.B. beim Knochen).
Tundra öder baumloser Vegetationsgürtel im hohen Norden von Eurasien und Nordamerika, auf Bergspitzen und arktischen Inseln. Die Vegetation wird von Sträuchern, mehrjährigen krautigen Pflanzen, Moosen und Flechten bestimmt.
Tympanum Trommelfell.

Ultraschall Schallfrequenzen über 20 Hz.
Umweltkapazität Tragfähigkeit der natürlichen Umwelt, auch Kapazitätsgrenze. Dieser Wert kennzeichnet die maximale Anzahl von Tieren, die in einem gegebenen Areal oder Lebensraum existieren können. In einer logistischen Gleichung wird sie durch die obere ASYMPTOTE repräsentiert.
Ungulate Huftier; Vertreter der Ordnungen Artiodactyla (Paarhufer), Perissodactyla (Unpaarhufer), Proboscidea (Elefanten), Hyracoidea (Schliefer) und Tubulidentata (Erdferkel), bei denen die Füße zu Hufen unterschiedlichen Typs abgewandelt sind (daher Huftiere). Die meisten Huftiere sind groß und herbivor. Manchmal werden auch die Vertreter der Ordnungen Cetacea (Wale und Delphine) und Sirenia (Seekühe) dazugezählt.
Unpaarhufer Vertreter der Perissodactyla, zu denen Pferdeartige, Tapire und Nashörner zählen.
Untere kritische Temperatur Temperatur, bei der ein Tier seine STOFFWECHSELRATE erhöhen muss, um den Wärmeverlust auszugleichen (vgl. OBERE KRITISCHE TEMPERATUR).
Unterfamilie taxonomische Unterteilung einer Familie.
Unterfell dicke, weiche Fellschicht unter dem längeren und gröberen DECKHAAR.
Unterholz Schicht aus Buschwerk, krautigen Pflanzen und kleinen Bäumen unter dem Kronendach eines Waldes.
Unterordnung taxonomische Unterteilung einer Ordnung.
Unterzunge vgl. SUBLINGUA.
Urethra Harnröhre.
Urogenitalöffnung (-sinus) gemeinsame Öffnung von Fortpflanzungs- und Harntrakt; bei Monotremata und Marsupialia zu finden.
Uropatagium Schwanzflughaut; Teil des PATAGIUMS bei einigen Fledertieren, der sich zwischen Hinterextremitäten und Schwanz erstreckt.
Uterus Gebärmutter; Organ, in dem sich bei weiblichen Säugern (Ausnahme: Monotremata) der Embryo entwickelt.
Uterus bicornis Gebärmuttertyp bei den Eutheria, bei dem der obere Abschnitt geteilt und der untere zu einer Kammer verschmolzen ist. Der Gebärmutterhals mündet mit einer einzigen Öffnung in die Vagina. Diesen Typ findet man bei Insektenfressern, den meisten Fledertieren, Schuppentieren, primitiven Primaten, den meisten Huftieren, Elefanten, Walen, Seekühen und einigen Raubtieren.
Uterus duplex Gebärmuttertyp bei den Eutheria, bei dem rechter und linker Schenkel vollkommen getrennt bleiben und jeder über einen eigenen Gebärmutterhals verfügt (bei Hasenartigen, Nagern, Schliefern, Erdferkeln).
Uterus simplex Gebärmuttertyp bei den Eutheria, bei dem eine einheitliche, unpaare Gebärmutter ausgeprägt ist (bei einigen Fledertieren, allen höheren Primaten und dem Menschen).

Vagina Scheide; Teil des weiblichen Genitaltrakts, in den bei der Kopulation der Penis eingeführt wird.
Vektor Individuum oder Art, das/die eine Krankheit überträgt.
Venole kleinstes venöses Gefäß; transportiert Blut vom Kapillarbett zu einer Vene (vgl. ARTERIOLE).
Ventral bauchseits bzw. unterseits.
Verdunstungskühlung Wärmeabgabe durch Verdunstung von Schweiß oder Speichel auf der Haut oder von Wasserdampf aus den Nasenschleimhäuten bzw. Lungen.
Vertebrat Wirbeltier; Tier mit einer Wirbelsäule; gehört zum Stamm Chordata, der Tiere mit einer *Chorda dorsalis* umfasst (im Unterschied zu Wirbellosen).
Verwandtenselektion Spielart der natürlichen Selektion, bei der die Fitness eines Tieres vom Überleben seiner Verwandten beeinflusst wird. Aus der Verwandtenselektion könnten sich verschiedene Formen des Helferverhaltens entwickelt haben. Ein Individuum, das sich in einer Weise verhält, die das Überleben von Verwandten fördert, erhöht trotz der scheinbaren Selbstlosigkeit seines Verhaltens seine eigene Gesamtfitness
Verwildert in der Wildnis lebend; bei domestizierten Tieren, wie Hunden, Katzen, Schweinen.
Verzögerte Implantation vgl. IMPLANTATION.
Verzögerte Einnistung vgl. IMPLANTATION.
Verzögerte Entwicklung Form der Embryonalentwicklung, bei der sich die Wachstumsgeschwindigkeit des Embryos nach der Einnistung (Implantation) in der Gebärmutterschleimhaut verlangsamt. Tritt bei einigen Fledertieren auf.
Vibrissen steife, grobe Tasthaare meist im Schnauzenbereich, die reich mit Nerven ausgestattet sind.
Vivipar lebend gebärend.
Vokalisation Lautgebung; Rufe oder Laute, die von den Stimmbändern eines Säugers erzeugt und durch den Mund ausgestoßen werden. Die Lautgebung variiert bei Säugern mit Alter und Geschlecht, ist aber innerhalb einer Art in der Regel ähnlich.
Vormagen spezialisierter Teil des Magens, der aus zwei Abteilungen (Präsaccus und Saccus) besteht.

Wallace-Linie imaginäre Linie, die zwischen Philippinen und Molukken im Norden und zwischen Sulawesi und Borneo sowie zwischen Lombok und Bali im Süden verläuft. Sie trennt zoogeografisch die orientalische von der australischen Region.
Wade Fischnetz, das oben Schwimmkörper und unten Gewichte hat; dient zum Einkreisen von Fischschwärmen.
Wärmeleitung Wärmeverlust über die Haut an die Umgebung.
Weibchenverteidigungs-Polygynie Paarungssystem, bei dem Männchen den Zugang zu Weibchen kontrollieren, indem sie direkt mit anderen Männchen in Konkurrenz treten oder diese bekämpfen.
Wellenlänge Abstand zwischen zwei Wellenbergen bei einer Schallwelle.
Widerrist Leiste zwischen den Schulterblättern, besonders bei Pferden.
Wiederkäuer Säuger mit einem spezialisierten Verdauungssystem, für den das Wiederkäuen der Nahrung typisch ist. Der Magen ist so abgewandelt, dass die Pflanzennahrung gespeichert und zum weiteren Zermahlen wieder hochgewürgt werden kann. Anschließend wird sie von symbiotischen Bakterien weiter abgebaut. Das Wiederkäuen ist eine Anpassung an die Verdauung der Zellulosewände von Pflanzenzellen.
Winterschlaf Periode winterlicher Inaktivität, während der die normalen physiologischen Prozesse stark reduziert sind, sodass sich der Energiebedarf des Tiers verringert.
Wüste Gebiet mit äußerst spärlichem und sehr unregelmäßigem Niederschlag, gewöhnlich mit kargem Strauch- oder Grasbewuchs oder aber auch völlig vegetationslos.

Xenarthrier Vertreter der Ordnung Xenarthra (Nebengelenktiere), die die rezenten Gürteltiere, Faultiere und Ameisenbären umfasst.
Xerophytenwald (Trockenwald) Wald in Regionen mit relativ geringen Niederschlägen. Xerophytische Pflanzen sind daran angepasst, sich vor dem Abweiden zu schützen (z.B. mit gut entwickelten Stacheln) und ihren Wasserverlust gering zu halten (z.B. durch kleine, ledrige Blätter, die häufig von einer Wachsschicht überzogen sind).

Zahnformel internationale Übereinkunft, um die Zahnanordnung kurz zusammenzufassen, wobei die Zahl eines jeden Zahntyps in beiden Hälften des Ober- und des Unterkiefers angegeben wird. Die Zahlen werden stets in folgender Reihenfolge angegeben: Schneidezähne (Incisivi = I), Eckzähne (Canini = C), Vorbackenzähne (Prämolaren = P), Backenzähne (Molaren = M). Das Endergebnis stellt die Gesamtzahl der Zähne in den Kiefern dar. Ein typisches Beispiel für ein Raubtier (Carnivora) wäre: I3/3, C1/1, P4/4, M3/3 = 44 Zähne. Die Ziffer vor dem Schrägstrich gibt die Anzahl der Zähne im Oberkiefer an, die Ziffer hinter dem Schrägstrich die Anzahl der Zähne im Unterkiefer.
Zahnhöcker Erhebung auf einem Backenzahn (Prämolar oder Molar).
Zahnkamm Zahnmodifikation, bei der die Schneidezähne eine kammartige Struktur bilden.
Zahnkrone Teil des Zahns, der über das Zahnfleisch hinausragt. Er besteht aus Zahnschmelz und Dentin.
Zahnschmelz hartes, kristallines Material, ähnlich zusammengesetzt wie Knochen, das die Zahnkrone überzieht; bei Wirbeltieren das härteste und schwerste Gewebe des Körpers.
Zahnwurzel unter dem Zahnfleisch gelegener Teil des Zahns.
Zahnzement hartes Material, das die Wurzeln von Säugerzähnen überzieht. Bei einigen Arten wird der Zahnzement in Jahresschichten abgelagert, die sich unter dem Mikroskop zählen lassen und eine Altersabschätzung einzelner Tiere erlauben.
Zalambdodont Zahn mit V-förmig angeordneten Höckern.
Zehendrüsen Drüsen, die zwischen oder auf den Zehen vorhanden sind.
Zehengänger auf den Zehen gehend, ohne dass die Fersen den Boden berühren (vgl. SOHLENGÄNGER).
Zehenspitzengänger auf den Spitzen von „Fingern" und „Zehen" gehend; tritt im Zusammenhang mit der Reduktion der Finger- und Zehenzahl auf einen bzw. zwei Finger/Zehen bei Paarhufern und Unpaarhufern auf (vgl. SOHLENGÄNGER, ZEHENGÄNGER).
Zellulose Hauptbestandteil der Zellwände aller grünen Pflanzen, einiger Algen und Pilze. Zellulose ist sehr zäh und faserig; sie kann bei Säugern nur von der Darmflora verdaut werden.
Zirkadiane Rhythmik Aktivitätsmuster mit einer Periode von rund 24 Stunden.
Zitterfreie Thermogenese Wärmeproduktion bei Säugern, ohne dass es zur Muskelkontraktion käme (vgl. THERMOGENESE).
Zoonosen Krankheiten, die von nichtmenschlichen Säugern auf den Menschen übertragen werden.
Zooplankton winzige Tiere, die nahe der Meeresoberfläche leben (vgl. PHYTOPLANKTON).
Zygote befruchtete Eizelle.

Bibliografie

Die aufgelisteten Titel repräsentieren eine Auswahl der Werke, die für diese Enzyklopädie verwendet wurden. Zudem findet sich hier empfehlenswerte weiterführende Literatur. Die Liste ist gegliedert in einen allgemeinen Teil sowie in einzelne Säugetiergruppen.

ALLGEMEIN

Allen, G. (1939–1940). *The Mammals of China and Mongolia. Vols I & II*. American Museum of Natural History, New York.

Anderson, S. & Knox Jones, J. Jr., (eds) (1984). *Orders and Families of Recent Mammals of the World*. John Wiley and Sons, New York.

Attenborough, D. (2003). *Das geheime Leben der Säugetiere*. Scherz, Frankfurt.

Bezzel, E. (1992). *Säugetiere erkennen und bestimmen*. Kilda, Greven.

Birney, E.C. & Choate, J.R. (eds) (1994). *Seventy-five Years of Mammalogy (1919–1994)*. Special Publ. No. 11, American Society of Mammalogists.

Bourliere, F. (1970). *The Natural History of Mammals*. Alfred A. Knopf, New York.

Chapman, J.A. & Feldhamer, G.A. (eds) (1982). *Wild Mammals of North America: Biology, Management and Economics*. Johns Hopkins University Press, Baltimore.

Corbet, G.B. & Hill, J.E. (1991). *A World List of Mammalian Species*. 3rd edn. Oxford University Press, Oxford.

Corbet, G.B. & Hill, J.E. (1992). *The Mammals of the Indomalayan Region: a Systematic Review*. Oxford University Press, Oxford.

Cranbrook, G. (1991). *Mammals of South-East Asia*. 2nd edn. Oxford University Press, New York.

Delany, M. J. & Happold, D.C.D. (1979). *Ecology of African Mammals*. Longman, London and New York.

Dorst, J. & Dandelot, P. (1972). *Larger Mammals of Africa*. Collins, London.

Dunstone, N. & Gorman, M.L. (eds) (1993). *Mammals as Predators. Symp. Zool. Soc. Lond*. No. 65. Clarendon Press, Oxford.

Eisenberg, J.F. (1981). *The Mammalian Radiations: An Analysis of Trends in Evolution, Adaptation and Behavior*. University of Chicago Press, Chicago.

Eisenberg, J.F. (1989). *Mammals of the Neotropics. The Northern Neotropics, Vol. I, Panama, Colombia, Venezuela, Guyana, Suriname, French Guiana*. University of Chicago Press, Chicago.

Eisenberg, J.F. & Redford, K.H. (1999). *The Mammals of the Neotropics. Vol. III. The Central Neotropics: Ecuador, Peru, Bolivia, Brazil*. University of Chicago Press, Chicago

Ellerman, J.R. (1961). *The Fauna of India: Mammalia, Vol III*. Delhi.

Ellerman, J.R. & Morrison Scott, T.C.S. (1951). *Checklist of Palearctic and Indian Mammals, 1758–1946*. British Museum (Natural History), London.

Emmons, L.H. (1997). *Neotropical Rainforest Mammals: a Field Guide*. University of Chicago Press, Chicago.

Estes, R.D. (1991). *The Behavior Guide to African Mammals: Including Hoofed Mammals, Carnivores, Primates*. University of California Press, Berkeley.

Feldhamer, G.A., Drickhamer, L.C., Vessey, S.H. & Merritt, J.F. (1999). *Mammalogy: Adaptation, Diversity, and Ecology*. McGraw-Hill, New York.

Flannery, T.F. (1990). *Mammals of New Guinea*. Robert Brown & Associates, New South Wales.

Forsyth, A. (1999). *Mammals of North America: Temperate and Arctic Regions*. Firefly Books, Willowdale, Ontario.

Garbutt, N. (1999). *The Mammals of Madagascar*. Pica Press, East Sussex.

Görner, M. & Hackethal, H. (1988): *Säugetiere Europas. Bestimmen und Beobachten*. dtv, München.

Grzimek, B. (Hrsg.) (1988). *Grzimeks Enzyklopädie Säugetiere*. 5 Bände und Register. Kindler, München.

Hall, E.R. (1981). *The Mammals of North America*. John Wiley and Sons, New York.

Harrison, D.L. & Bates, P.J.J. (1991). *The Mammals of Arabia*. Harrison Zoological Museum, Sevenoaks, Kent.

Harrison Matthews, L. (1969). *The Life of Mammals. Vols I & II*. Weidenfeld & Nicolson, London.

Heptner, V.G., Nasimovich, A.A. & Bannikov, A. (1988). *Mammals of the Soviet Union. Vol. I. Artiodactyla and Perissodactyla* [A Translation of Heptner et al., 1961, Mlekopitayuschie Sovetskovo Soyuza: Parnokopytyne i neparnokopytyne]. Smithsonian Institution Libraries, Washington.

Heptner, V.G. & Sludskii, A.A. (1992). *Mammals of the Soviet Union. Vol. II. Carnivora (Hyaenas and cats)*. [A Translation of Heptner et al., 1972, Mlekopitayushchie Sovetskovo Soyuza. Khishchye (gienyi i koshki)]. Smithsonian Institution Libraries, Washington.

Hilton-Taylor, C. (compiler) (2000). *2000 IUCN Red List of Threatened Species*. IUCN, Gland, Switzerland and Cambridge.

Jewell, P.A. & Maloiy, G. (1989). *The Biology of Large African Mammals in their Environment. Symp. Zool. Soc. Lond*. No. 61, Oxford University Press, Oxford.

King, C.M. (ed). (1995). *The Handbook of New Zealand Mammals*. Oxford University Press, Oxford.

Kingdon, J. (1971–1982). *East African Mammals. Vols I–III*. Academic Press, New York.

Kingdon, J. (1997). *The Kingdon Field Guide to African Mammals*. Academic Press, London.

Lekagul, B. & McNeely, J.A. (1988). *Mammals of Thailand*. Darnsutha Press, Bangkok.

Macdonald, D. & Barrett, P. (1995). *Collins European Mammals: Evolution and Behaviour*. HarperCollins, London.

Macdonald, D.W. & Barrett, P. (1995). *Collins Field Guide to Mammals of Britain and Europe*. HarperCollins, London.

Mares, M.A. & Schmidly, D.J. (eds) (1991). *Latin American Mammalogy, History, Biodiversity, and Conservation*. University of Oklahoma Press, Norman.

McFarland, D. (1999). *Biologie des Verhaltens*. Spektrum Akademischer Verlag, Heidelberg.

McKenna, M.C. & Bell, S.K. (1997). *Classification of Mammals Above the Species Level*. Columbia University Press, New York.

Meester, J. & Setzer, H. W. (1971–1977) *The Mammals of Africa: an Identification Manual*. Smithsonian Institution, Washington DC.

Mills, G. & Hes, L. (1997) *Complete Book of Southern African Mammals*. Struik Winchester, Cape Town.

Mitchell-Jones, A.J., Amori, G., Bogdanowicz, W., Krystufek, B., Reijnders, P.J.H., Spitzenberger, F., Stubbe, M., Thissen, J.B.M., Vohralik, V. & Zima, J. (1999). *The Atlas of European Mammals*. T&AD Poyser Natural History, London.

Morris, D. (1965). *The Mammals*. Hodder & Stoughton, London.

Niethammer, J. & Krapp, F. (1978–1992). *Handbuch der Säugetiere Europas*. Aula, Wiesbaden.

Nowak, R.M. (1999). *Walker's Mammals of the World*. Sixth Edition. Johns Hopkins University Press, Baltimore.

Ognev, S.I. (1962–1966). *Mammals of Eastern Europe and Northern Asia* [A Translation of S.I. Ognev, 1928–1950, Zveri vostochnoi Evropy i severnoi Azii]. Israel Program for Scientific Translations, Jerusalem.

Owen-Smith, R.N. (1988). *Megaherbivores: the Influence of Very Large Body Size on Ecology*. Cambridge University Press, New York.

Parker, S.P. (ed) (1990). *Grzimek's Encyclopedia of Mammals*. McGraw-Hill, New York.

Pflumm, W. & Pflumm-Eisbrenner, M. (2003). *Biologie der Säugetiere*. MVS, Stuttgart.

Redford, K.H. & Eisenberg, J.F. (1992). *Mammals of the Neotropics. Volume II. The Southern Cone: Chile, Argentina, Uruguay and Paraguay*. University of Chicago Press, Chicago.

Reid, F.A. (1997). *A Field Guide to the Mammals of Central America and Southeast Mexico*. Oxford University Press, New York.

Roberts, T.J. (1997). *Mammals of Pakistan*. Oxford University Press, Pakistan.

Simpson, G.G. (1945). *The Principles of Classification and a Classification of Mammals. Bul. Amer. Mus. Nat. Hist*. 85: 1–350.

Skinner, J.D. & Smithers, R.H.N. (1990). *The Mammals of the Southern African Subregion*. University of Pretoria, Pretoria.

Starck, D. (1974). *Die Säugetiere Madagaskars, ihre Lebensräume und ihre Geschichte*. Steiner, Wiesbaden.

Starck, D. (2003). *Lehrbuch der speziellen Zoologie. Säugetiere*. Spektrum Akademischer Verlag, Heidelberg.

Strahan, R. (1998). *The Mammals of Australia*. Reed New Holland, Australia.

Szalay, F.S., Novacek, M.J. & McKenna, M.C. (eds) (1993). *Mammal Phylogeny: Placentals*. Springer-Verlag, New York.

Tembrock, G. (1996). *Akustische Kommunikation bei Säugetieren. Die Stimmen der Säugetiere und ihre Bedeutung*. Wissenschaftliche Buchgesellschaft, Darmstadt.

Vaughan, T.A., Ryan, J.M. & Czaplewski, N.J. (2000). *Mammalogy*. Saunders College Publishing, Philadelphia.

Whitaker, J.O. (1996). *National Audubon Society Field Guide to North American Mammals*. Knopf, Canada.

Wilson, D.E. & Cole, F.R. (2000). *Common Names of Mammals of the World*. Smithsonian Institution Press, Washington.

Wilson, D.E. & Reeder, D.M. (eds) (1993). *Mammal Species of the World: a Taxonomic and Geographic Reference*. 2nd edn. Smithsonian Institution Press, Washington.

Wilson, D.E. & Ruff, S. (eds) (1999). *The Smithsonian Book of North American Mammals*. Smithsonian Institution Press, Washington.

Yalden, D. (2000). *The History of British Mammals*. T&AD Poyser Natural History, London.

Young, J.Z. (1975). *The Life of Mammals: their Anatomy and Physiology*. Oxford University Press, Oxford.

RAUBTIERE

Bailey, T.N. (1993). *The African Leopard: Ecology and Behavior of a Solitary Felid*. Columbia University Press, New York.

Bauer, E.A. & Bauer, P. (1998). *Bears: Behaviour, Ecology, Conservation*. Voyageur Press, Stillwater, MN.

Bekoff, M. (1978). *Coyotes: Biology, Behavior and Management*. Academic Press, New York.

Bertram, B. C. (1978). *Pride of Lions*. Charles Scribner, New York.

Brandenburg, J. (1996). *Bruder Wolf*. Tecklenborg, Steinfurt.

Busch, R.H. (1996). *The Cougar Almanac: A Complete Natural History of the Mountain Lion*. The Lyons Press, New York, NY.

Busch, R.H. (2000). *The Grizzly Almanac*. The Lyons Press, New York, NY.

Buskirk, S.W., Harestad, A.S., Raphael, M.G. and Powell, R.A. (1994). *Martens, Sables and Fishers: Biology and Conservation*. Cornell University Press, Ithaca, NY.

Caro, T.M. (1994). *Cheetahs of the Serengeti Plains*. University of Chicago Press, Chicago.

Corbett, L. (1995). *The Dingo: in Australia and Asia*. Cornell University Press, Ithaca, NY.

de la Rosa, C.L. & Nocke, C.C. (2000). *A Guide to the Carnivores of Central America: Natural History, Ecology, and Conservation*. University of Texas Press, Austin.

Denzau, G. & Denzau, H. (1996): *Königstiger.* Tecklenborg, Steinfurt.

Dominis, I. & Edey. M. (1968). *The Cats of Africa*. Time-Life, New York.

Eaton, R.L. (1974). *The Cheetah: the Biology, Ecology, and Behavior of an Endangered Species*. Van Nostrand Reinhold, New York.

Ewer, R.F. (1973). *The Carnivores*. Weidenfeld & Nicolson, London.

Fox, M. W. (ed) (1975). *The Wild Canids: their Systematics, Behavioral Ecology, Evolution*. Van Nostrand Reinhold, London and New York.

Frame, G. & Frame, L. (1981). *Swift and Enduring: Cheetahs and Wild Dogs of the Serengeti*. Dutton, New York.

Ganßloser, U. (1997). *Die Bären*. Filander-Verlag, Fürth.

Gittleman, J.L. (ed) (1989, 1996). *Carnivore Behavior, Ecology and Evolution. Vols I & II*. Cornell University Press, Ithaca, NY.

Gittleman, J., Funk, S., Macdonald, D.W & Wayne R (eds) (2001). *Carnivore Conservation*. Cambridge University Press, Cambridge.

Grabe, H. & Worel, G. (2001). *Die Wildkatze. Zurück auf leisen Pfoten*. Buch & Kunstverlag Oberpfalz, Amberg.

Griffiths, H.I. (ed) (2000). *Mustelids in a Modern World: Management and Conservation Aspects of Small Carnivore and Human Interactions*. Backhuys, Netherlands.

Gromov, I.M. & Baranova, G.I. (eds) (1981). *Catalog of Mammals of the USSR*. Nauka, Leningrad. (in Russian).

Gurung, K.K. & Singh, R. (1998). *Field Guide to the Mammals of the Indian Subcontinent: Where to Watch Mammals in India, Nepal, Bhutan, Bangladesh, Sri Lanka and Pakistan*. Academic Press, London.

Hagen, W. & H. (1995): *Der Leopard. Einblicke in das Leben der großen gefleckten Katze Afrikas*. Tecklenborg, Steinfurt.

Herrero, S. (ed) (1972). *Bears: their Biology and Management*. IUCN Publ. New Series no 23, Morges, Switzerland.

Hinton, H.E. & Dunn, A.M.S. (1967). *Mongooses: their Natural History and Behaviour*. Oliver & Boyd, Edinburgh and London.

Kanchanasakha, B., Simcharoen, S. & Than, U.T. (1998). *Carnivores of Mainland South East Asia*. WWF, Thailand.

King, C. (1989). *The Natural History of Weasels and Stoats*. Christopher Helm, London.

Kitchener, A. (1991). *The Natural History of the Wild Cats*. Christopher Helm, London.

Kruuk, H. (1972). *The Spotted Hyena: a Study of Predation and Social Behavior*. University of Chicago Press, Chicago.

Kruuk, H. (1995). *Wild Otters: Predation and Populations*. Oxford University Press, Oxford.

Long, C. & Killingley, C.A. (1983). *The Badgers of the World*. Charles C. Thomas, Springfield, IL.

Macdonald, D.W. (1992). *The Velvet Claw*. BBC Books, London.

Macdonald, D.W. (1993). *Unter Füchsen. Eine Verhaltensstudie*. Knesebeck, München.

Macdonald, D.W. (1995). *Mit Zähnen und Klauen. Leben und Überleben der Raubtiere*. VGS Verlagsgesellschaft, Köln.

Maehr, D.S. (1997). *The Florida Panther: Life and Death of a Vanishing Carnivore*. Island Press, Washington.

Mason, C.F. & MacDonald, S.M. (1986). *Otters: Ecology and Conservation*. Cambridge University Press, Cambridge.

Mech, L.D. (1970). *The Wolf: the Ecology and Behavior of an Endangered Species*. Natural History Press, Garden City, New York.

Mech, L.D. (1992). *Auf der Fährte der Wölfe*. Frederking & Thaler, München.

Meinzer, W. (1996). *Coyote*. University of Texas Press, Austin.

Mills, M.G. (1990). *Kalahari Hyaenas: The Comparative Behavioural Ecology of Two Species*. Chapman & Hall, London.

Mountfort, G. (1981). *Saving the Tiger*. Michael Joseph, London.

Neal, E.G. (1977). *Badgers*. Blandford, Poole, Dorset.

Neal, E. (1986). *The Natural History of Badgers*. Croom Helm, London.

Neal, E. & Cheeseman, C. (1996). *Badgers*. T&AD Poyser Natural History Ltd, London.

Okarma, H. & Langwald, D. (1997): *Der Wolf. Ökologie, Verhalten, Schutz*. Parey Buchverlag, Berlin.

Ovsyanikov, N. (1999). *Polar Bears: Living with the White Bear*. Voyageur Press, Stillwater, MN.

Pelton, M. R., Lentfer, I. W & Stokes, G.E. (eds) (1976). *Bears: their Biology and Management*. IUCN Publ. New Series no. 40, Morges, Switzerland.

Pölking, F. (1995): *Leoparden. Die geheimnisvollen Katzen*. Tecklenborg, Steinfurt.

Pölking, F. & Rosing, N. (1993): *Geparde. Die schnellsten Katzen der Welt*. Tecklenborg, Steinfurt.

Rosevear, D.R. (1974). *The Carnivores of West Africa*. British Museum (Natural History), London.

Schaller, G.B. (1967). *The Deer and the Tiger: a Study of Wildlife in India*. Chicago University Press, Chicago.

Schaller, G.B. (1972). *The Serengeti Lion: a Study of Predator–Prey Relations*. University of Chicago Press, Chicago.

Schaller, G.B. (1993). *The Last Panda*. University of Chicago Press, Chicago.

Seidensticker, J., Christie, S. & Jackson, P. (eds) (1999). *Riding the Tiger: Tiger Conservation in Human-dominated Landscapes*. Cambridge University Press, Cambridge.

Stirling, I. (2003). *Bären. Alle Arten vom Regenwald bis zum Polarkreis*. Orbis, München.

Turner, A. & Anton, M. (1997). *The Big Cats and their Fossil Relatives: an Illustrated Guide to their Evolution and Natural History*. Columbia University Press, New York.

van Lawick, H. & van Lawick-Goodall, J. (1970). *The Innocent Killers*. Collins, London.

Verts, B.J. (1967). *The Biology of the Striped Skunk*. University of Illinois Press, Urbana.

Wrogemann, N. (1975). *Cheetah Under the Sun*. McGraw-Hill, Johannesburg.

Zimen, E. (2003). *Der Wolf. Verhalten, Ökologie und Mythos*. Kosmos, Stuttgart.

MEERESSÄUGER

Allen, K. R. (1980). *Conservation and Management of Whales*. Butterworths, London.

Andersen, H.T. (ed). (1969). *The Biology of Marine Mammals*. Academic Press, New York.

Baker, M.L. (1987). *Whales, Dolphins, and Porpoises of the World*. Garden City, New York.

Berta, A. & Sumich, J.L. (1999). *Marine Mammals: Evolutionary Biology*. Academic Press, London.

Bonner, N. (1989). *The Natural History of Seals*. Academic Press, London.

Bonner, N. (1994). *Seals and Sea Lions of the World*. Facts on File Publ., New York.

Bonner, W.N. & Berry. R.J. (eds) (1981). *Ecology in the Antarctic*. Academic Press, London.

Boyd, I.L. (ed) (1993). *Marine Mammals: Advances in Behavioural and Population Biology*. Oxford University Press, Oxford.

Bryden, M.M., Marsh, H. & Shaughnessy, P. (1999). *Dugongs, Whales, Dolphins and Seals: A Guide to the Sea Mammals of Australasia*. Allen & Unwin, Sydney.

Carwardine, M. (1998). *Whales and Dolphins*. HarperCollins, New York.

Carwardine, M., Harrison, P. & Bryden, M. (eds) (1999). *Whales, Dolphins and Porpoises*. 2nd edn. Checkmark Books, New York.

Carwardine, M., Hoyt, E., Ewan Fordyce, R. & Gill, P. (1998). *Whales, Dolphins and Porpoises*. Time Life Books, New York.

Ellis, R. (1983). *Dolphins and Porpoises*. R. Hale, London.

Evans, P.G.H. (1987). *The Natural History of Whales and Dolphins*. Christopher Helm, London.

Fontaine, P.-H. (1998). *Whales of the North Atlantic: Biology and Ecology*. Editions MultiMondes, Sainte-Foy, Québec.

Gaskin, D.E. (1972). *Whales, Dolphins and Seals*. Heinemann Educational Books, London.

Gentry, R.L. (1998). *Behavior and Ecology of the Northern Fur Seal*. Princeton University Press, Princeton, NJ.

Harrison Matthews, L. (1978). *The Natural History of the Whale*. Weidenfeld & Nicolson, London.

Harrison Matthews, L. (1979). *Seals and the Scientists*. P. Owen, London.

Herman, L.M. (1980). *Cetacean Behavior: Mechanisms and Functions*. John Wiley & Sons, Chichester.

Kiefner, R. (2002). *Wale & Delphine weltweit*. Jahr Top Special Verlag, Hamburg.

King, J.E. (1983). *Seals of the World*. Oxford University Press, Oxford.

Laws, R.M. (ed) (1993). *Antarctic Seals: Research Methods and Techniques*. Cambridge University Press, Cambridge.

Leatherwood, S. & Reeves, R. (1983). *The Sierra Club Handbook of Seals and Sirenians*. Sierra Club, San Francisco, CA.

Le Boeuf, B.J. & Laws, R.M. (1994). *Elephant Seals: Population Ecology, Behavior, and Physiology*. University of California Press, Berkeley.

Mann, J., Connor, R.C., Tyack, P.L. & Whitehead, H. (1999). *Cetacean Societies: Field Studies of Dolphins and Whales*. Chicago University Press, Chicago.

Martin, R.M. (1977). *Mammals of the Seas*. Batsford, London.

Norris, K.S., Würsig, B., Wells, R.S. & Würsig, M. (1994). *The Hawaiian Spinner Dolphin*. California University Press, Berkeley.

Owen, W. (1999). *Whales, Dolphins and Porpoises*. Checkmark Books, New York.

Perrin, W.F., Würsig, B. & Thewissen, J.G.M. (2001). *Encyclopedia of Marine Mammals*. Academic Press, London.

Pryor, K. & Norris, K.S. (1998). *Dolphin Societies: Discoveries and Puzzles*. University of California Press, Berkeley.

Read, A.J., Wiepkema, P.R. & Nachtigall, P.E. (1997). *The Biology of the Harbour Porpoise*. De Spil Publishers, Woerden, Netherlands.

Reeves, R.R., Stewart, B. & Leatherwood, S. (1992). *The Sierra Club Handbook of Seals and Sirenians*. Sierra Club, San Francisco, California.

Renouf, D. (1990). *The Behaviour of Pinnipeds*. Chapman & Hall, London.

Reynolds, J.E. (2000). *The Bottlenose Dolphin: Biology and Conservation*. University of Florida Press, Gainesville.

Reynolds, J.E. & Rommel, S.A. (1999). *Biology of Marine Mammals*. Smithsonian Institution Press, Washington.

Rice, D.W. (1998). *Marine Mammals of the World: Systematics and Distribution*. Allen Press, Lawrence, KS.

Ridgeway, S.H. & Harrison, R.J. (eds) (1981–1998). *The Handbook of Marine Mammals. Vols I – VI*. Academic Press, London.

Riedman, M. (1991). *The Pinnipeds: Seals, Sea Lions, and Walruses*. University of California Press, Berkeley.

Ripple, J. & Perrine, D. (1999). *Manatees and Dugongs of the World*. Voyageur Press, Stillwater, MN.

Slijper, E.J. (1979). *Whales*. Hutchinson, London.

Soury, G. (1996). *Das große Buch der Delphine*. Delius Klasing, Stuttgart.

Wandrey, R. (1997). *Die Wale und Robben der Welt*. Kosmos, Stuttgart.

Watson, L. (1981). *Sea Guide to Whales of the World*. Hutchinson, London.

Winn, H.E. & Olla, B.L. (1979). *The Behavior of Marine Mammals. Vol 3. Cetaceans*. Plenum Press, New York.

Würsig, B., Jefferson, T.A. & Schmidly, D.J. (2000). *The Marine Mammals of the Gulf of Mexico*. Texas A & M University Press, College Station.

Würtz, M. & Repetto, N. (1998). *Wale & Delphine. Biografie der Meeressäuger*. Jahr, Hamburg.

PRIMATEN

Alterman, L., Doyle, G.A. & Izard, M.K. (eds) (1995). *Creatures of the Dark: the Nocturnal Primates*. Plenum Press, New York.

Altmann, J. (1980). *Baboon Mothers and Infants*. Harvard University Press, Cambridge.

Barrett, L. (2000). *Baboons: Survivors of the African Continent*. BBC Books, Bristol.

Charles-Dominique, P. (1977). *Ecology and Behaviour of Nocturnal Primates: Prosimians of Equatorial West Africa*. Duckworth, London.

Chivers, D.J. (ed) (1980). *Malayan Forest Primates*. Plenum Press, New York.

Clutton-Brock, T.H. (ed) (1977). *Primate Ecology*. Academic Press, London.

Clutton-Brock, T.H. & Harvey, P.H. (eds) (1978). *Readings in Sociobiology*. W. H. Freeman, Reading.

Coimbra-Filho, A. F. & Mittermeier, R.A. (1981). *Ecology and Behavior of Neotropical Primates*. Academia Brasileira de Ciencias, Rio de Janeiro.

Cowlishaw, G. & Dunbar, R. (2000). *Primate Conservation Biology*. Chicago University Press, Chicago.

Davies, G. & Oates, J. (1994). *Colobine Monkeys: Their Ecology, Behaviour and Evolution*. Cambridge University Press, Cambridge.
Devore, I. (ed) (1965). *Primate Behavior: Field Studies of Monkeys and Apes*. Holt, Rinehart and Winston, New York.
de Waal, F. & Lanting, F. (1997). *Bonobos. Die zärtlichen Menschenaffen*. Birkhäuser, Basel.
Doyle, G. A. & Martin, R.D. (eds) (1979). *The Study of Prosimian Behavior*. Academic Press, New York.
Fa, J.E. & Lindburg, J.G. (eds) (1996). *Evolution and Ecology of Macaque Societies*. Cambridge University Press, New York.
Fleagle, J.G. (1988). *Primate Adaptation and Evolution*. Academic Press, New York.
Fleagle, J.G. (1999). *Primate Communities*. Cambridge University Press, Cambridge.
Fossey, D. (1991). *Gorillas im Nebel. Mein Leben mit den sanften Riesen*. Droemer/Knaur, München.
Geissmann, T. (2003). *Vergleichende Primatologie*. Springer, Berlin etc.
Goodall, J. & Berman, P. (1999). *Grund zur Hoffnung*. Chronik Verlag, München.
Hill, W.C.O. (1953–1974). *Primates: Comparative Anatomy and Taxonomy*. Edinburgh University Press, Edinburgh, and Wiley-Interscience, New York.
Hrdy, S.B. (1977). *The Langurs of Abu: Female and Male Strategies of Reproduction*. Harvard University Press, Cambridge.
Jay, P.C. (1968). *Primates: Studies in Adaptation and Variability*. Holt, Rinehart and Winston, New York.
Jolly, A. (1972). *The Evolution of Primate Behavior*. Macmillan, New York.
Jolly, A. (1966). *Lemur Behavior: A Malagasy Field Study*. University of Chicago Press, Chicago.
Kinzey, W.G. (1997). *New World Primates: Ecology, Evolution and Behaviour*. Aldine de Gruyter, Hawthorne, NY.
Kleiman, D.G. (ed) (1977). *The Biology and Conservation of the Callitrichidae*. Smithsonian Institution Press, Washington.
Kummer, H. (1971). *Primate Societies: Group Techniques of Ecological Adaptation*. Aldine Atherton, Chicago.
Lee, P.C. (1999). *Comparative Primate Socioecology*. Cambridge University Press, New York.
Lindburg, D.G. (ed) (1980). *The Macaques: Studies in Ecology, Behavior and Evolution*. Van Nostrand Reinhold, New York.
Martin, R.D. (1990). *Primate Origins and Evolution*. Princeton University Press, Princeton, NJ.
Martin, R.D., Doyle, G.A. & Walker, A.C. (eds) (1974). *Prosimian Biology*. Duckworth, London.
Michael, R.P. & Crook, J.H. (eds) (1973). *Comparative Ecology and Behaviour of Primates*. Academic Press, London.
Milton, K. (1980). *The Foraging Strategy of Howler Monkeys*. Columbia University Press, New York.
Moynihan, M. (1976). *The New World Primates*. Princeton University Press, Princeton.
Napier, J.R. & Napier, P.H. (1970). *Old World Monkeys*. Academic Press, New York.
Paul, A. (1998). *Von Affen und Menschen. Verhaltensbiologie der Primaten*. Wissenschaftliche Buchgesellschaft, Darmstadt.
Rainier III, H.S.H. & Bourne, G.H. (1977). *Primate Conservation*. Academic Press, New York.
Rijksen, H.D. & Meijaard, E. (1999). *Our Vanishing Relative: The Status of Wild Orang-Utans at the Close of the Twentieth Century*. Kluwer Academic Publishers, Boston.
Rylands, A.B. (1993). *Marmosets and Tamarins: Systematics, Behavior, and Ecology*. Oxford University Press, Oxford.
Schaller, G.B. (1963). *The Mountain Gorilla: Ecology and Behaviour*. University of Chicago Press, Chicago and London.
Schwartz, J.H. (1988). *Orang-utan Biology*. Oxford University Press, Oxford.
Short, R.V. & Weir, B.J. (eds) (1980). *The Great Apes of Africa*. Journals of Reproduction and Fertility, Colchester.
Simons, F.L. (1972). *Primate Evolution*. Collier Macmillan, London.
Smuts, B.B., Cheney, D.L., Seyfarth, R.M., Wrangham, R.W. & Struhsaker, T.T. (1986). *Primate Societies*. Chicago University Press, Chicago.
Sommer, V. (1996). *Heilige Egoisten. Die Soziobiologie indischer Tempelaffen*. Beck, München.
Struhsaker, T.T. (1975). *The Red Colobus Monkey*. University of Chicago Press, Chicago.
Sussman, R.W. (ed) (1979). *Primate Ecology: Problem-orientated Field Studies*. John Wiley, New York.
Szalay, F.S. & Delson, F. (1979). *Evolutionary History of the Primate Societies*. Academic Press, New York.
van Lawick-Goodall, J. (1971). *Wilde Schimpansen*. Rowohlt, Berlin.
Whitehead, P.F. & Jolly, C.J. (2000). *Old World Monkeys*. Cambridge University Press, Cambridge.
Wolfheim, J.H. (1983). *Primates of the World: Distribution, Abundance and Conservation*. University of Washington Press, Seattle.

Spitzhörnchen

Emmons, L.H. (2000). *A Field Study of Bornean Treeshrews*. University of California Press, Berkeley.
Luckett, W. P. (ed) (1980). *Comparative Biology and Evolutionary Relationships of Tree Shrews*. Plenum Press, New York.

Rüsseltiere

Douglas-Hamilton, I. (1980). *Unter Elefanten*. Dt. Taschenbuch Verlag, München.
Haynes, G. (1993). *Mammoths, Mastodons, and Elephants: Biology, Behaviour and the Fossil Record*. Cambridge University Press, New York.
Moss, C. & Colbeck, M. (2000). *Das Jahr der Elefanten. Tagebuch einer afrikanischen Elefantenfamilie*. Sierra, München.
Shoshani, J. (ed) (1992). *Elephants: Majestic Creatures of the Wild*. Rodale Press, Emmaus, PA.
Shoshani, J. & Tassy, P. (eds) (1996). *The Proboscidea: Evolution and Palaeoecology of Elephants and their Relatives*. Oxford University Press, New York.
Spinage, C. (1994). *Elephants*. T&AD Poyser Natural History, London.
Sukumar, R. & Swaminathan, M.S. (1992). *The Asian Elephant: Ecology and Management*. Cambridge University Press, Cambridge.

Huftiere

Andersen, R., Duncan, P. & Linnel, J.D.C. (1998). *The European Roe Deer: The Biology of Success*. Scandinavian University Press, Norway.
Bauer, E.A. & Bauer, P. (1996). *Mule Deer: Behaviour, Ecology, Conservation*. Voyageur Press, Stillwater, MN.
Bauer, E.A. & Bauer, P. (1999). *Elk: Behaviour, Ecology, Conservation*. Voyageur Press, Stillwater, MN.
Boyd, L. & Houpt, K.L. (1994). *Przewalski's Horse: The History and Biology of an Endangered Species*. SUNY Press, Albany, NY.
Bubenik, G.A. & Bubenik, A.B. (eds) (1990). *Horns, Pronghorns and Antlers*. Springer-Verlag, New York.
Byers, J.A. (1998). *American Pronghorn: Social Adaptation and the Ghosts of Predators Past*. University of Chicago Press, Chicago.
Chaplin, R.E. (1977). *Deer*. Blandford, Poole, Dorset, England.
Chapman, D. & Chapman, N. (1975). *Fallow Deer: Their History, Distribution and Biology*. Terrence Dalton, Lavenham, Suffolk, England.
Cinquini, F. (2003). *Mensch und Pferd*. Gerstenberg, Hildesheim.
Clutton-Brock, T.H., Guinness, F.F. & Albon, S.D. (1982). *Red Deer: Behaviour and Ecology of Two Sexes*. Edinburgh University Press, Edinburgh.
Dagg, A.I. & Foster, J.B. (1976). *The Giraffe: its Biology, Behavior and Ecology*. Van Nostrand Reinhold, New York.
Danilkin, A. & Hewison, A.J.M. (1996). *Behavioural Ecology of Siberian and European Roe Deer*. Chapman & Hall, London.
Denzau, G. & Denzau, H. (1999): *Wildesel*. Thorbecke, Stuttgart.
Eltringham, S.K. (1982). *Elephants*. Blandford, Poole, Dorset, England.
Eltringham, S.K. (1999). *The Hippos*. T&AD Poyser Natural History Ltd, London.
Franzmann, A.W. (ed) (1998). *Ecology and Management of the North American Moose*. Smithsonian Institution Press, Washington.
Gauthier-Pilters, H. & Dagg. A.I. (1981). *The Camel: its Evolution, Ecology, Behavior and Relationship to Man*. University of Chicago Press, Chicago.
Geist, V. (1971). *Mountain Sheep: a Study in Behavior and Evolution*. University of Chicago Press, Chicago.
Geist, V. (1999). *Deer of the World: Their Evolution, Behavior and Ecology*. Stackpole Books, Mechanicsburg, PA.
Geist, V. & Francis, M.H. (1999). *Moose*. Voyageur Press, Stillwater, MN.
Groves, C.P. (1974). *Horses, Asses and Zebras in the Wild*. David and Charles, Newton Abbot, England.
Habibi, K. (1994). *The Desert Ibex: Life History, Ecology and Behaviour of the Nubian Ibex in Saudi Arabia*. Immel, Saudi Arabia.
Haltenorth, T. & Diller, H. (1980). *A Field Guide to the Mammals of Africa: Including Madagascar*. Collins, London.
Lammers, R. (1998). Nashörner. Tecklenborg, Steinfurt.
Laws, R.M., Parker, I.S.C. & Johnstone, R.C.B. (1975). *Elephants and Their Habitats: the Ecology of Elephants in North Bunyoro, Uganda*. Clarendon Press, Oxford.
Leuthold, W. (1977). *African Ungulates: a Comparative Review of their Ecology and Behavioral Ecology*. Springer-Verlag, Berlin.
Mloszewski, M.J. (1983). *The Behaviour and Ecology of the African Buffalo*. Cambridge University Press, Cambridge.
Moss, C. (1976). *Portraits in the Wild: Animal Behaviour in East Africa*. Hamish Hamilton, London.
Nievergelt, B. (1981). *Ibexes in an African Environrnent: Ecology and Social System of the Walia Ibex in the Simien Mountains, Ethiopia*. Springer-Verlag, Berlin.
Prins, H.H.T. (1996). *Ecology and Behaviour of the African Buffalo: Social Inequality and Decision Making*. Chapman & Hall, London.
Putman, R. (1988). *The Natural History of Deer*. Cornell University Press, Ithaca, NY.
Ripart, J. (2002). *Pferde – Geschöpfe des Windes*. Frederking & Thaler, München.
Schaller, G.B. (1967). *The Deer and the Tiger: a Study of Wildlife in India*. University of Chicago Press, Chicago.
Schaller, G.B. (1977). *Mountain Monarchs: Wild Sheep and Goats of the Himalaya*. University of Chicago Press, Chicago.
Sinclair, A.R.E. (1977). *The African Buffalo*. University of Chicago Press, Chicago.
Spinage, C.A. (1982). *A Territorial Antelope: The Uganda Waterbuck*. Academic Press, London.
Spinage, C.A. (1986). *The Natural History of Antelopes*. Croom Helm, London.
Vrba, E.S. & Schaller, G.B. (eds) (2000). *Antelopes, Deer, and Relatives: Fossil Record, Behavioral Ecology, Systematics, and Conservation*. Yale University Press, New Haven, CT.
Walther, F.R., Mungall. F.C. & Grau, G.A. (1983). *Gazelles and their Relatives: A Study in Territorial Behavior*. Noyes Publications, Park Ridge, New Jersey.
Wemmer, C.M. (1987). *Biology and Management of the Cervidae*. Smithsonian Institution Press, Washington.
Wilson, R.T. (1998). *Camels*. Palgrave, New York.

Nager und Hasentiere

Barash, D. (1989). *Marmots: Social Behaviour and Ecology*. Stanford University Press, Stanford, CA.
Barnett, S.A. (1975). *The Rat: A Study in Behavior*. University of Chicago Press, Chicago and London.
Bennett, N.C. & Faulkes, C.G. (2000). *African Mole-rats: Ecology and Eusociality*. Cambridge University Press, Cambridge.
Berry, R.J. (ed) (1981). *Biology of the House Mouse*. Academic Press, London.
Calhoun, J.B. (1962). *The Ecology and Welfare of the Norway Rat*. US Public Health Service, Baltimore.
Curry-Lindahl, K. (1980). *Der Berglemming*. A. Ziemsen Verlag, Wittenberg.
Eisenberg, J.F. (1963). *The Behavior of Heteromyid Rodents*. University of California Publications in Zoology, vol 69, pp 1–100.
Ellerman, J.R. (1940). *The Families and Genera of Living Rodents*. British Museum (Natural History), London.
Elton, C. (1942). *Voles, Mice and Lemmings*. Oxford University Press, Oxford.
Errington, P.L. (1963). *Muskrat Populations*. University of Iowa Press, Iowa City.

Genoways, H.H. & Brown, J.H. (1993). *Biology of the Heteromyidae*. American Society of Mammalogists Spec. Publ. 10, American Society of Mammalogists, USA.
de Graaff, G. (1981). *The Rodents of Southern Africa*. Butterworth, Durban.
Gurnell, J. (1987). *The Natural History of Squirrels*. Croom Helm, London.
Hilfiker, E.L. (1991). *Beavers: Water, Wildlife and History*. Windswept Press, New York.
Hoogland, J.L. (1994). *The Black-tailed Prairie Dog: Social Life of a Burrowing Mammal*. Chicago University Press, Chicago.
King, J. (ed) (1968). *The Biology of Peromyscus*. Special Publication no.2., American Society of Mammalogists, Oswego, N.Y.
Lacey, E.A., Patton, J.L. & Cameron, G.N. (2001). *Life Underground: the Biology of Subterranean Rodents*. Chicago University Press, Chicago.
Laidler, K. (1980). *Squirrels in Britain*. David and Charles, Newton Abbot and North Pomfret, Vermont.
Linsdale, J.M. (1946). *The California Ground Squirrel*. University of California Press, Berkeley.
Linsdale, J.M. & Tevis, L.P. (1951). *The Dusky-footed Woodrat*. University of California Press, Berkeley.
Lockley, R.M. (1976). *The Private Life of the Rabbit*. 2nd edn. Andre Deutsch, London.
Luckett, W.P. & Hartenberger, J-L. (eds) (1985). *Evolutionary Relationships Among Rodents: A Multidisciplinary Analysis*. Plenum Press, New York.
Menzies, J.I. & Dennis, E. (1979). *Handbook of New Guinea Rodents*. Handbook no. 6. Wau Ecology Institute, Wau, New Guinea.
Morgan, L.H. (1868). *The American Beaver and his Works*. Burt Franklin, New York.
Orr, R.T. (1977). *The Little-known Pika*. Collier Macmillan, New York.
Pavlinov, I.J., Dubrovsky, Y.A., Rossolimo, O.L. & Potapova, E.G. (1990). *Gerbils of the World*. Nauka, Moscow.
Prakash, I. & Ghosh, P.K. (eds) (1975). *Rodents in Desert Environments*. Monographae Biologicae, W. Junk, The Hague.
Rosevear, D.R. (1969). *The Rodents of West Africa*. British Museum (Natural History), London.
Rowlands, I. W. & Weir, B. (eds) (1974). *The Biology of Hystricomorph Rodents*. *Zool. Soc. Symp*. No. 34. Academic Press, London and New York.
Shenbrot, G.Y., Krasnov, B.R. & Rogovin, K.A. (1999). *Spatial Ecology of Desert Rodent Communities: Adaptations of Desert Organisms*. Springer, Heidelberg.
Sherman, P.W., Jarvis, J.U.M. & Alexander, R.D. (eds) (1991). *The Biology of the Naked Mole-rat*. Princeton University Press, Princeton, NJ.
Stenseth, N.C. & Ims, R.A. (eds) (1993). *The Biology of Lemmings*. Academic Press, London.
Strong, P.I.V. (1997). *Beavers: Where Waters Run*. NorthWord Press, Minocqua, WI.
Thompson, H.V. & King, C.M. (1994). *The European Rabbit: History and Biology of a Successful Colonizer*. Oxford University Press, Oxford.
Watts, C.H.S. & Aslin, H.J. (1981). *The Rodents of Australia*. Angus and Robertson, Sydney and London.

Insektenfresser und Zahnarme

Churchfield, S. (1990). *The Natural History of Shrews*. Christopher Helm, London.
Crowcroft, P. (1957). *The Life of the Shrew*. Max Reinhart, London.
Dolgov, V.A. (1985). *Burozubki Starovo Sveta [Shrews of the Old World]*. Moscow University Press, Moscow.
Eisenberg, J. F. (1970). *The Tenrecs: a Study in Mammalian Behavior and Evolution*. Smithsonian Institution Press, Washington.
Godfrey, G.K. & Crowcroft, P. (1960). *The Life of the Mole*. Museum Press, London.
Gorman, M.L. & Stone, R.D. (1990). *The Natural History of Moles*. Christopher Helm, London.
Mellanby, K. (1976). *Talpa: Story of a Mole*. Collins, London.
Merritt, J.F., Kirkland, G.L. Jr & Rose, R.K. (1994). *Advances in the Biology of Shrews*. Carnegie Museum Natural History, Pittsburgh.
Montgomery, G.G. (ed) (1978). *The Ecology of Arboreal Folivores*. Smithsonian Institution Press, Washington.
Montgomery, G.G. (ed) (1985). *The Evolution and Ecology of Armadillos, Sloths, and Vermilinguas*. Smithsonian Institution Press, Washington.
Morris, P. (1983). *Hedgehogs*. Whittet Books, London.
Reeve, N. (1994). *The Natural History of Hedgehogs*. T&AD Poyser Natural History, London.
van Zyll de Jong, C.G. (1983). *Handbook of Canadian Mammals. Part I. Marsupials and Insectivores*. National Museum of Natural Sciences, Ottawa.
Wolsan, M. & Wojcik, J.M. (eds) (1998). *Evolution of Shrews*. Polish Academy of Sciences, Bialowieza.

Fledermäuse

Allen, G.M. (1939). *Bats*. Harvard University Press, Cambridge.
Altringham, J.D. (1996). *Bats: Biology and Behaviour*. Oxford University Press, New York.
Adams, R.A. & Pederson, S.C. (eds) (2000). *Ontogeny, Functional Ecology and Evolution of Bats*. Cambridge University Press, Cambridge.
Barbour. R.W. & Davis, W.H. (1969). *Bats of America*. University of Kentucky Press, Lexington, Kentucky.
Bates, P.J.J. & Harrison, D.L. (1997). *Bats of the Indian Subcontinent*. Harrison Zoological Museum, Sevenoaks, Kent.
Churchill, S. (1999). *Australian Bats*. New Holland/Struik.
Crichton, E.G. & Kutzsch, P.H. (2000). *Reproductive Biology of Bats*. Academic Press, London.
Fenton, M.B. (1983). *Just Bats*. University of Toronto Press, Toronto.Fenton, M.B. (1998). *The Bat: Wings in the Night Sky*. Firefly Books, Willowdale, Ontario.
Findley, J.S. (1993). *Bats: a Community Perspective*. Cambridge University Press, Cambridge.
Gebhard, J. (1997). *Fledermäuse*. Birkhäuser, Basel.
Griffin, D.R. (1958). *Listening in the Dark*. Yale University Press, New Haven.
Hill, J.E. & Smith, J.D. (1984). *Bats: A Natural History*. British Museum (Natural History), London.
Koopman, K.F. (1994). *Chiroptera: Systematics*. De Gruyter, Berlin.
Kunz, T.H. (ed) (1982). *Ecology of Bats*. Plenum Press, New York.
Kunz, T.H. & Racey, P.A. (1998). *Bat Biology and Conservation*. Smithsonian Institution Press, Washington.
Leen, N. & Norvic, A. (1969). *The World of Bats*. Holt, Rinehart and Winston, New York.
Natuschke, G. (2002). *Heimische Fledermäuse*. Westarp Wissenschaften, Magdeburg.
Neuweiler, G. (1993). *Biologie der Fledermäuse*. Thieme, Stuttgart.
Racey, P.A. & Swift, S.M. (2001). *Ecology, Evolution and Behaviour of Bats*. *Symp. Zool. Soc. Lond*. No. 67, Oxford University Press, Oxford.
Ransome, R.D. (1990). *The Natural History of Hibernating Bats*. Christopher Helm, London.
Richarz, K. & Limbrunner, A. (2003). *Fledermäuse. Fliegende Kobolde der Nacht*. Kosmos, Stuttgart.
Rosevear, J. R. (1965). *The Bats of West Africa*. British Museum (Natural History), London.
Schober, W. & Grimmberger, E. (1989). *Die Fledermäuse Europas*. Kosmos, Stuttgart.
Siemers, B. & Nill, D. (2000). *Fledermäuse. Das Praxisbuch*. BLV München.
Stebbings, R.E. (1988). *Conservation of European Bats*. Christopher Helm, London.
Stebbings, R.E. & Griffith, F. (1986). *The Distribution and Status of Bats in Europe*. Institute of Terrestrial Ecology, Abbots Ripton.
Swift, S.M. (1998). *Long-eared Bats*. T&AD Poyser Natural History, London.
Turner, D.E. (1975). *The Vampire Bat: a Field Study in Behaviour and Ecology*. Johns Hopkins University Press, Baltimore.
Tuttle, M.D. (1997). *America's Neighborhood Bats*. University of Texas Press, Austin.
van Zyll de Jong, C.G. (1985). *Handbook of Canadian Mammals. Part II. Bats*. National Museum of Natural Sciences, Ottawa.
Wilson, D.E. & Tuttle, M.D. (1997). *Bats in Question: the Smithsonian Answer Book*. Smithsonian Institution Press, Washington.
Wimsatt, W. A. (ed) (1970, 1977). *Biology of Bats*. Vols I, II & III. Academic Press, New York.
Witte, G.R. (1997). *Der Maulwurf*. Westarp Wissenschaften, Magdeburg.
Yalden, D.W. & Morris, P.A. (1975). *The Lives of Bats*. David and Charles, Newton Abbot.

Beuteltiere und Monotremen

Archer, M. (ed) (1987). *Possums and Opossums: Studies in Evolution. Vols I & II*. Surrey Beatty and Sons, Chipping Norton, New South Wales.
Archer, M. (ed) (1982). *Carnivorous Marsupials*. Royal Zoological Society of New South Wales, Sydney.
Augee, M.L. (ed) (1978). *Monotreme Biology*. Royal Zoological Society of New South Wales, Sydney.
Augee, M.L. (ed) (1992). *Platypus and Echidnas*. Royal Zoological Society, New South Wales.
Dawson, T.J. (1995). *Kangaroos: Biology of the Largest Marsupials*. Cornell University Press, Ithaca, NY.
Flannery, T.F. (1994). *Possums of the World: A Monograph of the Phalangeroidea*. Chatswood, New South Wales.
Flannery, T.F., Martin, R. & Szalay, A. (1996). *Tree Kangaroos: A Curious Natural History*. Reed New Holland, Melbourne.
Fleay, D.M. (1980). *The Paradoxical Platypus*. Jacaranda Press, Brisbane.
Frith, H.J. & Calaby, J.H. (1969). *Kangaroos*. F. W. Cheshire, Melbourne.
Grant, T.R. (1983). *The Platypus*. University of New South Wales Press, Kensington.
Griffiths, M.F. (1978). *The Biology of Monotremes*. Academic Press, New York.
Grigg, G., Jarman, P. & Hume, I. (eds) (1989). *Kangaroos, Wallabies, and Rat-Kangaroos. Vols I & II*. Surrey Beatty and Sons, Chipping Norton, New South Wales.
Hume, I. D. (1999). *Marsupial Nutrition*. Cambridge and New York, Cambridge.
Hunsaker II, D. (ed) (1977). *The Biology of Marsupials*. Academic Press, New York.
Lee, A.K. & Cockburn, A. (1985). *Evolutionary Ecology of Marsupials*. Cambridge University Press, Cambridge.
Mares, M.A. & Genoways, H.H. (eds) (1982). *Mammalian Biology in South America*. University of Pittsburgh, Pennsylvania.
Marlow, B.J. (1965). *Marsupials of Australia*. Jacaranda Press, Brisbane.
Martin, R. & Handasyde, K. (1999). *The Koala: Natural History, Conservation and Management*. 2nd edn. Krieger, Florida.
Mustrangi, M.A. & Patton, J.L. (1997). *Phylogeography and Systematics of the Slender Mouse Opossum* Marmosops *(Marsupialia, Didelphidae)*. University of California Press, Berkeley.
Ride, W.D.L. (1970). *The Native Mammals of Australia*. Oxford University Press, Melbourne.
Rismiller, P. (1999). *The Echidna. Australia's Enigma*. Hugh Lauter Levin Associates, Southport, CT.
Saunders, N.R. & Hinds, L.A. (1997). *Marsupial Biology: Recent Research, New Perspectives*. University of New South Wales Press, Sydney.
Seebeck, J.H., Brown, P.R., Wallis, R.W. & Kemper, C.M. (eds) (1990). *Bandicoots and Bilbies*. Surrey Beatty and Sons, Chipping Norton, New South Wales.
Smith, A. & Hume, I. (1984). *Possums and Gliders*. Royal Zoological Society of New South Wales, Sydney.
Stonehouse, B. (ed) (1977). *The Biology of Marsupials*. Macmillan, London.
Troughton, E. le G. (1941). *Furred Mammals of Australia*. Angus and Robertson, Sydney.
Tyndale-Biscoe, C.H. (1973). *Life of Marsupials*. Edward Arnold, London.
Wood-Jones, F. (1923–1925). *The Mammals of South Australia. Vols I–III*. Government Printer, Adelaide.

Die IUCN (Weltnaturschutzorganisation) gibt eine Reihe von Veröffentlichungen heraus, die Schutzprogramme für diverse Arten auf sehr anschauliche Weise schildert. Weitere Informationen enthält die Website der IUCN: http://www.iucn.org.

Register

Kursive Seitenzahlen verweisen auf Bildunterschriften. **Fett** gedruckte Seitenzahlen verweisen auf einen Haupteintrag zum Thema.

A

B

C

E

H

L

M

N

Q

R

S

U

X

Y

Z

Bildnachweis

o oben; **u** unten; **m** mittig; **l** links; **r** rechts
Abkürzungen: AL Ardea London; **BBC** BBC Natural History Unit; **BCC** Bruce Coleman Collection; **C** Corbis; **FLPA** Frank Lane Picture Agency; **NHPA** Natural History Photographic Agency; **OSF** Oxford Scientific Films; **PEP** Planet Earth Pictures

xvi-xvii Stephen J. Krasemann/BCC; xx Peter Davey/FLPA; xxiv-xxv K.G. Preston-Mafham/Premaphotos Wildlife; xxvi-xxvii Doug Allan/OSF; xxviii Andy Purcell/ICCE; xxix Terry Andrewartha/FLPA; xxx Fritz Pölking/FLPA; 2-3 Peter Blackwell/BBC; 3 Manfred Danegger/NHPA; 5 Andy Rouse/NHPA; 7 Daryl Balfour/NHPA; 9 Animals Animals/Fabio Colombini/OSF; 10 Mike Hill/OSF; 10-11o Kevin Schafer/NHPA; 10-11u Mark Deeble & Victoria Stone/OSF; 12 Nobuyuki Yamaguchi; 13o &13u M. & C. Denis-Huot/PEP; 14-15 Jonathan Scott/PEP; 16 Anup Shah/BBC; 16-17 Stefan Meyers/AL; 17 Bernard Castelein/BBC; 18 Kevin Schafer/NHPA; 19 Images Colour Library; 20 Frank Schneidermeyer/OSF; 20-21 & 22 Martin Harvey/NHPA; 23 Ferrero-Labat/AL; 24-25 Peter Davey/BCC; 25 Jonathan Scott/PEP; 26o Anup Shah/BBC; 26u John Downer/OSF; 26-27 Anup Shah/BBC; 27o Jonathan Scott/PEP; 27u Fritz Pölking/FLPA; 28 Pete Oxford/BBC; 28-29 Pete Oxford; 30 Tom Brakefield/PEP; 30-31 Gerard Lacz/NHPA; 31 Alan & Sandy Carey/OSF; 33 Daniel J. Cox/OSF; 34o Jean-Paul Ferrero/AL; 34u Pete Oxford; 35 Pete Oxford/BBC; 38-39 John Robinson/ICCE; 39 Philip Perry/FLPA; 40 Pete Oxford; 42 Daniel J. Cox/OSF; 42-43 Mike Potts/PEP; 44 M. Watson/AL; 45 Gerard Lacz/FLPA; 46 Joel Sartore/NGS Image Collection; 47 Allan G. Potts/BCC; 48-49 Jeff Foott/BBC; 50 Ronald Rogoff/PEP; 51 Yossi Eshbol/FLPA; 52-53 Michel Gunther/Still Pictures; 53 Charlie Hamilton-James/BBC; 55 Eric Dragesco/AL; 56-57 Alan & Sandy Carey/OSF; 58o Eyal Bartov/OSF; 58u Nigel J. Dennis/NHPA; 59 Erwin & Peggy Bauer/BCC; 61 W. Wisniewski/FLPA; 62-63 Bruce Davidson/BBC; 64 W. Wisniewski/FLPA; 65 Dave Hamman; 66 Glen & Rebecca Grambo; 66-67 A.J.T. Johnsingh; 68o Silvestris/FLPA; 68u Simon King/BBC; 69o Vadim Sidorovich/BBC; 69m Gerard Lacz/FLPA; 70 Rich Kirchner/NHPA; 71 Jeff Foott/BBC; 72 Daniel J. Cox/OSF; 73 John Shaw/NHPA; 74-75 Animals Animals/David C. Fritts/OSF; 76 Robert Harding Picture Library; 77 Thomas D. Mangelsen/Still Pictures; 78o Thomas D. Mangelsen/BBC; 78u John Shaw/NHPA; 78-79 Fred Bruemmer; 79o Konrad Wothe/OSF; 79r Jeff Foott/BBC; 80 T. Kitchen & V. Hurst/NHPA; 80-81 Daniel J. Cox/OSF; 81 Mark Hamblin/OSF; 82 Keren Su/OSF; 83 Irvine Cushing/OSF; 84 Mark Newman/FLPA; 85 E.A. Kuttapan/BBC; 87 Jürgen & Christine Sohns/FLPA; 88 Stefan Meyers/AL; 89 Daniel J. Cox/OSF; 90 Rod Williams/BCC; 92 Alan & Sandy Carey/OSF; 92-93 M.P. L. Fogden/BCC; 93 Joaquin Gutierrez/OSF; 94 Mark Newman/FLPA; 94-95 Tom Vezo/BBC; 95 Rod Williams/BCC; 97 Brian Kenney/PEP; 98 Richard Day/OSF; 98-99 Silvestris/FLPA; 100 S. Maslowski/FLPA; 101 Robin Redfern/Ecoscene; 102o Chris Knights/AL; 102u Roger Tidman/NHPA; 105 T. Leeson/Sunset/FLPA; 106 Dietmar Nill/BBC; 107 Manfred Danegger/NHPA; 108 Erwin & Peggy Bauer/BCC; 108-109 M. Watson/AL; 110 Mark Newman/FLPA; 111 Stephen Dalton/NHPA; 112 Brake/Sunset/FLPA; 114 Mark Deeble & Victoria Stone/OSF; 115 Daniel J. Cox/OSF; 116 Jürgen & Christine Sohns/FLPA; 116-117 Joe Blossom/ICCE; 118o Anthony Bannister/NHPA; 118m Martin B. Withers/FLPA; 121 L. Lee Rue/FLPA; 122-123 Nigel J. Dennis/NHPA; 123 Ann & Steve Toon/NHPA; 124 Gerard Lacz/FLPA; 125 Anup Shah/BBC; 126 Kenneth W. Fink/AL; 128 Roger de la Harpe/PEP; 129 Pete Oxford; 134 Mark Deeble & Victoria Stone/OSF; 134-135 Johan le Roux/PEP; 135 Eliot Lyons/BBC; 136-137 Daniel Heuclin/NHPA; 138 Dr. A. Rosa; 138-139 Nigel J. Dennis/NHPA; 141 Peter Davey/BCC; 142-143 Clem Haagner/AL; 143 Terry Whittaker/FLPA; 144 Eliot Lyons/BBC; 144-145 Jürgen & Christine Sohns/FLPA; 145 Terry Whittaker/FLPA; 147 Norbert Wu/NHPA; 148 Ben Osborne/OSF; 150 Doc White/BBC; 151 David Hosking/FLPA; 152-153 Sophie de Wilde/Jacana; 154 Fred Bruemmer/BCC; 154-155 David Hosking/FLPA; 155 Doug Allan/OSF; 155 kleines Bild Smithsonian Museum/Museum of the American Indian; 156m x4 NERC, Sea Mammal Research Unit; 156-157 Andy Rouse/NHPA; 158o Norbert Wu/NHPA; 158u Dieter & Mary Plage/OSF; 158-159 Howard Hall/OSF; 160 Tom Ulrich/OSF; 161 & 162-163 Martin Harvey/NHPA; 164 Fritz Pölking/FLPA; 164-165 D. Parer & E. Parer-Cook/AL; 166o Jeff Foott/BCC; 166u HPH Photography/BCC; 167 Richard Herrmann/OSF; 168-169 & 172 Jürgen & Christine Sohns/FLPA; 173o Norbert Wu/NHPA; 173u Pete Oxford/BBC; 174-175 Stephen J. Krasemann/NHPA; 176 Lon E. Lauber/OSF; 177 Ingrid N. Visser/PEP; 178 Norbert Rosing/OSF; 179 Lon E. Lauber/OSF; 180m Fred Bruemmer/BCC; 180u Doug Allan/OSF; 184-185 Martyn Colbeck/OSF; 185m Lloyd Lowry; 185u Doug Allan/BBC; 186o François Gohier/AL; 186u Dr. Robert Franz/PEP; 187 Hamish Laird/ICCE; 188 A.W. Erikson; 188-189 Andy Rouse/NHPA; 189 Dr. Eckart Pott/BCC; 193 Martyn Colbeck/OSF; 194o BCC; 194u Fred Bruemmer; 195 Doug Allan/OSF; 196 Tom Brakefield/PEP; 196-197 Alberto Nardi/NHPA; 198 Frans Lanting/BCC; 198-199 F. Di Domenico/Panda/FLPA; 199 Pacific Stock/BCC; 200o Ingo Arndt/BCC; 200u Fred Bruemmer/BCC; 200-201 Ingo Arndt/BCC; 201 Pete Oxford; 202 Doug Perrine/PEP; 203o Jeff Rotman/BBC; 203u François Gohier/AL; 205 James Hudnall/PEP; 206 & 208-209 François Gohier/AL; 209o Andrew Syred/SPL; 209u Norbert Wu/NHPA; 210o D. Parer & E. Parer-Cook/AL; 210u Brake/Sunset/FLPA; 211 Norbert Wu/NHPA; 212ol AKG London; 212or National Maritime Museum, San Franciso; 212u Bodleian Library; 213 Adam Woolfitt/Robert Harding Picture Library; 214 Mark Cawardine/Still Pictures; 215o François Gohier/AL; 215u Doug Allan/OSF; 217 Kenneth W. Fink/AL; 220 Dr. Eckart Pott/NHPA; 220-221 Armin Maywald/BBC; 221 Doug Perrine/PEP; 224o François Gohier/AL; 224u Dave Watts/NHPA; 225 Bernd Würsig/Sea Watch Foundation; 227 Pete Oxford/BBC; 229t, 229u & 230-231 Robert Harding Picture Library; 232-233 Ingrid N. Visser/PEP; 234o, 234c, 234u, 235o, 235m & 235u A.L. Stanzani/Fondazione Cetacea; 236 Tony Bomford/OSF; 237 François Gohier/AL; 240 Günter Ziesler/BCC; 241 Doc White/BBC; 242-243 Jeff Foott/BCC; 243 Doc White/BBC; 246-247 Ron & Valerie Taylor/AL; 248 Pieter Folkens/PEP; 248-249 Sea Mammal Research Unit; 253 Fabian Ritter/Sea Watch Foundation; 254 Dan Gotshall/PEP; 256 François Gohier/AL; 258o François Gohier; 258m & 259 François Gohier/AL; 260 Pieter Folkens/PEP; 260-261 François Gohier/AL; 262 Douglas David Seifert/PEP; 262-263 Jeff Foott/BCC; 264 Kim Taylor/BCC; 266-267 Daniel J. Cox/OSF; 268 J. Gordon/Sea Watch Foundation; 268-269 Pacific Stock/BCC; 270 François Gohier/AL; 271 Jeff Foott/BCC; 273 Howard Hall/OSF; 274o Doug Perrine/PEP; 274-275 Survival Anglia/Rick Price/OSF; 275 Galen Rowell/C; 276 David Currey/NHPA; 276-277 Rich Kirchner/NHPA; 280-281 Bruce Coleman Inc./BCC; 281o Haroldo Palo Jr./NHPA; 281u & 282 Doug Perrine/PEP; 283l Norbert Wu/NHPA; 283r Pete Oxford; 284 François Gohier/AL; 284-285 Doug Perrine/PEP; 286 Historical Picture Archive/C; 287o Trevor McDonald/NHPA; 287u Georgette Douwma/BBC; 288 Foto Natura Stock/FLPA; 288-289 Roger Garwood & Trish Ainslie/C; 290-291 Martin Harvey/NHPA; 293 Anup Shah/BBC; 294 Pete Oxford; 295 Nigel J. Dennis/NHPA; 296 Martin Rügner/PEP; 297 John Daniels/AL; 298-299 Konrad Wothe/OSF; 303 Anup Shah/BBC; 304 Rod Williams/PEP; 305 François Gohier/AL; 306 Stephen Dalton/NHPA; 306-307 Jean-Paul Ferrero/AL; 309 Mike Hill/PEP; 310 Nigel J. Dennis/NHPA; 312o Werner Layer/BCC; 312u Erwin & Peggy Bauer/BCC; 314 Roine Magnusson/BCC; 315 Pete Oxford; 316 David Haring/OSF; 317 Daniel Heuclin/NHPA; 319o Manfred Eberle; 319m David Haring/OSF; 320 Pete Oxford/BBC; 321 Nigel J. Dennis/NHPA; 322 A. & E. Bomford/AL; 323 Nigel J. Dennis/NHPA; 326o C. & R. Aveling/ICCE; 326m Stephen Dalton/NHPA; 327 Bruce Davidson/BBC; 329 Anthony Bannister/NHPA; 331 Gary Bell/PEP; 336 M. Watson/AL; 337 Babs & Bert Wells/OSF; 338 Claus Meyer/PEP; 340 M. Watson/AL; 342 John Downer/BBC; 343 Michael Sewell/OSF; 344 Anup Shah/BBC; 344-345 Martin Rügner/PEP; 347 C. Janson; 348 Staffan Widstrand/BBC; 349 Roine Magnusson/BCC; 351 & 354 Kevin Schafer/NHPA; 355 & 356 Anup Shah/BBC; 357o Kevin Schafer/NHPA; 357u Stephen Mills/OSF; 360-361o Dr. Eckart Pott/BCC; 360-361u Richard du Toit/BBC; 362 Jean-Michel Labat/AL; 364-365 Anup Shah/BBC; 366 Kevin Schafer/NHPA; 366-367 Jeff Foott/BBC; 369 Cameron Read/PEP; 370 Richard du Toit/BBC; 371o Zig Leszczynski/OSF; 371u J.J. Brooks/Aquila; 373 Rod Williams/BCC; 375 Dave Watts; 376-377 P. & J. Wegner/Foto Natura/FLPA; 378ol Konrad Wothe/OSF; 378or, 378ul & 378ur Fritz Pölking/Still Pictures; 378-379 Jean-Paul Ferrero/AL; 379 Fritz Pölking/Still Pictures; 380 Anup Shah/BBC; 381 Martin Harvey/NHPA; 382-383 Anup Shah/BBC; 383 Art Wolfe; 384-385 Anup Shah/BBC; 386 Bernard Castelein/BBC; 386-387 Stan Osolinski/OSF; 387o Florian Möllers; 387u Xi Zhinong/BBC; 389 Art Wolfe; 392 Rafi Ben-Shahar/OSF; 392-393 J. Moore/Anthro-Photo; 394 Anup Shah/BBC; 394-395 Cameron Read/PEP; 395 Florian Möllers; 397 Timothy Laman/NGS Image Collection; 398 Animals Animals/Howie Garber/OSF; 398-399 Anup Shah/BBC; 400 Joe Blossom/OSF; 402 Dave Watts; 403l Anup Shah/BBC; 403r M. Watson/AL; 406 Martin Harvey/NHPA; 407 & 408 Steve Robinson/NHPA; 409o Kenneth W. Fink/AL; 409u Jörg & Petra Wegner/BCC; 410 Anup Shah/BBC; 412o Steve Robinson/NHPA; 412u Christophe Ratier/NHPA; 413 Karl Ammann/Ecoscene; 414 Martin Harvey/NHPA; 415 C. & R. Aveling/ICCE; 417 Martin Rügner/PEP; 418 Adrian Warren/AL; 419 Martin Harvey/NHPA; 420 & 421 Anup Shah/BBC; 422-423 Mike Hill/OSF; 423 C. & R. Aveling/ICCE; 424o Hoppe-UNEP/Still Pictures; 424u Nick Nichols/NGS Image Collection; 424-425 Konrad Wothe/Minden Pictures; 425o Anup Shah/BBC; 425ul C. & R. Aveling/ICCE; 425ur James P. Blair/NGS Image Collection; 428-429 Rod Williams/BCC; 430o T. Kitchen & V. Hurst/NHPA; 430u Geoff du Feu/PEP; 432 BCC; 435 Steven Kaufman/BCC; 437 Art Wolfe/Getty Images Stone; 438 G.I. Bernard/OSF; 439o & 439u Martin Harvey/NHPA; 440, 440-441 & 442-443 Martyn Colbeck/OSF; 444o Richard Packwood/OSF; 444u Mark Boulton/ICCE; 445o B. Français/Hoa-Qui/Jacana; 445u David Shale/BBC; 446o Martyn Colbeck/OSF; 446u M. Denis-Huot/Hoa-Qui/Jacana; 446-447o & 446-447u Martyn Colbeck/OSF; 447o Anup Shah/BBC; 447u M. Denis-Huot/Hoa-Qui/Jacana; 448 John Cancalosi/AL; 449 H.N. Hoeck; 450 Peter Blackwell/BBC; 450-451 Kenneth W. Fink/AL; 453 Rudi van Aarde; 454-455 Tony Heald/BBC; 461 M. & C. Denis-Huot/PEP; 462 Lon E. Lauber/OSF; 463o Pete Oxford/BBC; 463u Robert Maier/BCC; 464-465 Anup Shah/BBC; 467 Jean-Paul Ferrero/Auscape; 468 Terry Whittaker/FLPA; 468-469 Masahiro Iijima/AL; 472 Konrad Wothe/OSF; 473 Martyn Colbeck/OSF; 476 Nigel J. Dennis/NHPA; 477 Martin Harvey/NHPA; 478 Stan Osolinski/OSF; 480 & 480-481 Martin Harvey/NHPA; 484 François Gohier/AL; 485 A. Warburton & S. Toon/NHPA; 486 Anup Shah/BBC; 486-487 Florian Möllers; 488 M. Gunther/Bios/Foto Natura/FLPA; 489 Carol Farneti/PEP; 490 Fritz Pölking/Still Pictures; 491 Mark Newman/FLPA; 492-493 Anup Shah/BBC; 494 Mike Hill/OSF; 494-495 Mark Boulton/BCC; 495 Gerard Lacz/FLPA; 498o François Gohier/AL; 498u G. & H. Denzau/BBC; 498-499 Laurie Campbell/NHPA; 500 F.W. Lane/FLPA; 501 Ken Lucas/PEP; 505 Stan Osolinski/OSF; 506 Chris Brunskill/AL; 507 Stephen J. Krasemann/NHPA; 508 Manfred Danegger/NHPA; 509 Niall Benvie/OSF;

510-511 Images Colour Library; 511 Stefan Meyers/AL; 514 John Cancalosi/BBC; 515o Yann Arthus-Bertrand/AL; 515u Paul Hobson/BBC; 516-517 & 517 John Cancalosi/BBC; 518o, 518u, 518-519, 519o & 519u B. & C. Alexander; 520 Gerard Lacz/FLPA; 521 Ronald Rogoff/PEP; 522-523 Steve Turner/OSF; 524 W. Wisniewski/FLPA; 525 Koos Delport/FLPA; 526 J. Zimmermann/FLPA; 527 Richard Kirby/BBC; 528-529 R. Planck/Dembinsky/FLPA; 529 David Hosking/FLPA; 530-531 Anup Shah/BBC; 534 Eliot Lyons/BBC; 535 Mary Heys/Sylvia Cordaiy Photo Library; 537 David Samuel Robbins/C; 540 Thomas D. Mangelsen/BBC; 540-541 David Hosking/FLPA; 541 Kennan Ward/C; 542 Roger de la Harpe/PEP; 544o F.W. Lane/FLPA; 544u Nigel J. Dennis/NHPA; 545 N. Dennis/Sunset/FLPA; 546 Anup Shah/PEP; 546-547 Richard du Toit/BBC; 550-551 Jonathan Scott/Telegraph Colour Library; 552 Chris Harvey/AL; 552-553 Ferrero-Labat/AL; 553 Nigel J. Dennis/NHPA; 556-557 Jonathan Scott/PEP; 558 George Lepp/C; 558-559 & 559 Steven Kaufman/C; 560 Jonathan Scott/PEP; 560-561 Richard du Toit/BBC; 561 Rudi van Aarde; 564 Anthony Bannister/NHPA; 565 Daryl Balfour/NHPA; 566 Kenneth W. Fink/AL; 567 John Shaw/BCC; 572 Rich Kirchner/NHPA; 572-573 Stefan Meyers/AL; 573 Anup Shah/BBC; 576 William S. Paton/BCC; 576-577 David Tipling/OSF; 578 Mike Wilkes/BBC; 579 François Gohier/AL; 580 Anthony Bannister/NHPA; 582-583 Daniel J. Cox/OSF; 584 Stephen Dalton/NHPA; 585ol ICI Plant Protection Division; 585or Bettmann/C; 585u Andy Purcell/ICCE; 586 John Hawkins/FLPA; 586-587 Michael Freeman/C; 587 kleines Bild Nicole Duplaix/C; 588 Manfred Danegger/NHPA; 589o Joe McDonald/C; 589 kleines Bild François Gohier/AL; 590 Jim Brandenburg/Minden Pictures; 591 Alan & Sandy Carey/OSF; 592o Jeff Foott/BBC; 592u Mark Hamblin/OSF; 593 François Gohier/AL; 594o Stephen J. Krasemann/NHPA; 594u Janos Jurka/BCC; 594-595o John Shaw/BCC; 594-595u David Kjaer/BBC; 595 Norbert Rosing/OSF; 596-597 Tom & Pat Leeson; 598 Rob Jordan/BCC; 598-599 John Brown/OSF; 602o Wendy Shattil & Bob Rozinski/OSF; 602u Bernard Castelein/BBC; 603 John Cancalosi/AL; 604-605 Paul van Gaalen/BCC; 606 Günter Ziesler/BCC; 606-607 Clem Haagner/AL; 607 Andrew Cooper/BBC; 609o Pete Oxford/BBC; 609u Krupaker Senani/OSF; 610 & 610-611 George Lepp/Leppstock; 611 T. & P. Gardner/FLPA; 612-613 George Lepp/C; 614-615 Carol Farneti/Partridge Films Ltd/OSF; 618 B. „Moose" Peterson/AL; 619 Joe McDonald/C; 621 Claude Steelman/Survival Anglia/OSF; 622 David M. Dennis/OSF; 622-623 Michael Fogden/OSF; 624 Ken Preston-Mafham/Premaphotos Wildlife; 626-627 Wardene Weisser/AL; 628o Colin Varndell/BCC; 628u Tom Ulrich/OSF; 629 Stephen Dalton/NHPA; 630 Paal Hermansen/NHPA; 634-635 Robin Redfern/Ecoscene; 636 Press-Tige Pictures/OSF; 640o Yann Arthus-Bertrand/C; 640m Kathie Atkinson/OSF; 641 Jean-Paul Ferrero/AL; 642o Andrew Purcell/BCC; 642u G. I. Bernard/OSF; 643 Ken Preston-Mafham/Premaphotos Wildlife; 644-645 Ian Beames/AL; 648-649 Nick Garbutt/BBC; 650 Rod Williams/BCC; 651 Dennis Avon/AL; 654 Mike Brown/OSF; 655o Ken Preston-Mafham/Premaphotos Wildlife; 655u Rodger Jackman/OSF; 656o P. Kaya/BCC; 656u Ian Beames/AL; 657 Michael Powles/OSF; 658-659 Gerard Lacz/FLPA; 660 K. Maslowski/FLPA; 661 Daniel Heuclin/NHPA; 662 & 662-663 Jeff Foott/BBC; 666 John Cancalosi/Okapia/OSF; 666-667 Wendy Shattil & Bob Rozinski/OSF; 669 Ric Ergenbright/C; 670 Rod Williams/BCC; 671 T. Kitchen & V. Hurst/NHPA; 672-673 W. Meinderts/Foto Natura/FLPA; 674 Ian Beames/AL; 674-675 Jen & Des Bartlett/Survival Anglia/OSF; 676u Pete Oxford/BBC; 676o Terry Whittaker/FLPA; 677 Frank Schneidermeyer/OSF; 678-679 Michael Gore/FLPA; 679 Luiz Claudio Marigo/BCC; 680 Eric Soder/NHPA; 681o Roland Seitre/Still Pictures; 681u François Gohier/AL; 685o Nick Gordon/AL; 685u Robert Maier/BCC; 686-687 Barrie Wilkins/Getty Images Stone; 689 W. George; 690 N. Eden; 690-691 J. Jarvis; 692u Neil Bromhall/BBC; 692m Neil Bromhall/OSF; 694 Terry Andrewartha/Survival Anglia/OSF; 695 W. Wisniewski/FLPA; 696 Mike Wilkes/BBC; 697 Kenneth W. Fink/AL; 700-701 Jörg & Petra Wegner/BCC; 701 K. Maslowski/FLPA; 703 Agence Nature; 705 Steven Kaufman/BCC; 706-707 G.I. Bernard/OSF; 707 William Osborn/BBC; 708 Leeson/Sunset/FLPA; 708-709 Lynn Stone/BBC; 710ol Jörg & Petra Wegner/BCC; 710or , 710u & 710-711 Manfred Danegger/NHPA; 711 D.A. Robinson/FLPA; 712 & 713o George Lepp/C; 713u G. & H. Denzau/BBC; 714 D. Robert Franz/C; 714-715 BCC; 718 P. Morris/AL; 719 Bruce Davidson/BBC; 720-721 P. Morris/AL; 722G. Marcoaldi/Panda Photo/FLPA; 722-723 Owen Newman/OSF; 724 Tony & Liz Bomford/AL; 726 Stephen Dalton/NHPA; 726-727 Mark Hamblin/OSF; 730-731 Pete Oxford/BBC; 733 P. Morris/AL; 734o G.R. Aveling/ICCE; 734u Dietmar Nill/BBC; 735 Foto Natura Stock/FLPA; 738-739 B. Borrell/FLPA; 740o Derek Middleton/FLPA; 740u & 741o Daniel Heuclin/NHPA; 741u Robert Maier/BCC; 742 Daniel Heuclin/NHPA; 742-743 Robert Maier/BCC; 743 Stephen Dalton/NHPA; 744 Daniel Heuclin/NHPA; 745 P. Morris/AL; 746 Barrie Watts/OSF; 746-747 OSF; 747 D. Kuhn; 749o Peter Steyn/AL; 749u Michael Fogden/OSF; 750 Dembinsky Photo Ass./FLPA; 752 Manfred Danegger/NHPA; 753 Duncan McEwan/BBC; 754 Jim Clare/BBC; 755 Dietmar Nill/BBC; 756 Jean-Paul Ferrero/AL; 760o Dennis Avon/AL; 760u C. Andrew Henley/LARUS; 761 Dietmar Nill/BBC; 762 Stephen Dalton/NHPA; 766 Adrian Warren/AL; 766-767 Jens Rydell/BCC; 767 J.W. Wilkinson; 768 Jacana; 768-769 Jens Rydell/BCC; 769 Dietmar Nill/BBC; 770 J. Mason/AL; 771 Jean-Paul Ferrero/AL; 772l Pete Oxford/BBC; 772r David Thompson/OSF; 772-773 J.A.L. Cooke/OSF; 774 Merlin D. Tuttle/Bat Conservation International; 777 Alain Compost/BCC; 779 M. Watson/AL; 780 J.A.L. Cooke/OSF; 780-781 Merlin D. Tuttle/Bat Conservation International; 782 Kenneth W. Fink/AL; 782-783 Jacana; 784o, 784u, 784-785 & 785 Stephen Dalton/NHPA; 788-789 Kevin Schafer/NHPA; 790o Pete Oxford/BBC; 790u Kevin Schafer/NHPA; 791 Tom Brakefield/C; 792o Jürgen & Christine Sohns/FLPA; 792u Luiz Claudio Marigo/BCC; 793 Michael & Patricia Fogden; 794-795 Staffan Widstrand/BCC; 796 Mark Payne-Gill/BBC; 798o Foto Natura Stock/FLPA; 798u Jeff Foott/BBC; 799 Pete Oxford/BBC; 800 Dr. Ivan Polunin/NHPA; 800-801 N. Dennis/Sunset/FLPA; 802 Dave Watts/NHPA; 803 A.N.T./NHPA; 805 John Cancalosi/BCC; 806 Jean-Paul Ferrero/AL; 807 M.W. Gillam/AL; 808 G.I. Bernard/NHPA; 809 D. Robert Franz/C; 810 Lynda Richardson/C; 812 J. Sauvanet/Okapia/OSF; 813l Alan & Sandy Carey/OSF; 813r T. Kitchen & V. Hurst/NHPA; 814 John Cancalosi/BBC; 814-815 C. Andrew Henley/LARUS; 816 Dave Watts/NHPA; 817 Jean-Paul Ferrero/AL; 818 A.N.T./NHPA; 819 & 820-821 Jean-Paul Ferrero/AL; 822o Dave Watts; 822u & 823 C. Andrew Henley/LARUS; 824-825 A.N.T./NHPA; 826 John Cancalosi/BBC; 827o Jean-Paul Ferrero/AL; 827u Dave Watts/NHPA; 830 Hans & Judy Beste/AL; 831 Jean-Paul Ferrero/AL; 832 Papilio Photographic; 832-833 Daniel Heuclin/NHPA; 835 Jean-Paul Ferrero/AL; 835 kleines Bild C. Andrew Henley/LARUS; 838-839 Dave Watts/NHPA; 840 Martin Harvey/NHPA; 840-841 C. Andrew Henley/LARUS; 843 Kathie Atkinson/OSF; 845 & 846 Dave Watts; 848 Bruce Burkhardt/C; 849 Pete Oxford/BBC; 850ol & 850or Jean-Paul Ferrero/Auscape; 850u D. Parer & E. Parer-Cook/Auscape; 850-851 Jean-Paul Ferrero/Auscape; 851o Roland Seitre/Still Pictures; 851u Martin Harvey/NHPA; 852 C. Andrew Henley/LARUS; 853 Tom Ulrich/OSF; 854 Martin Harvey/NHPA; 855 & 856 John Cancalosi/BBC; 856-857 Dave Watts/NHPA; 858-859 A. Smith; 860o M. McKelvey & P. Rismiller; 860u Jean-Paul Ferrero/Auscape; 861, 862 & 862-863 Dave Watts; 864-865 M. McKelvey & P. Rismiller; 865 Jean-Paul Ferrero/AL

Der Verlag bemühte sich, die Copyright-Inhaber aller Illustrationen in diesem Buch namentlich zu nennen. Dennoch können Nennungen übersehen oder inkorrekt sein. Jegliche Korrekturen werden dankend entgegengenommen.

Illustrationen

o oben; **u** unten; **m** mittig; **l** links; **r** rechts
Abkürzungen: PB Priscilla Barrett. **DO** Denys Ovenden. **MM** Malcolm McGregor. **ML** Michael Long. **GA** Graham Allen.

xviii-xix DO; xxi GA; xxi, xxii, xxvi, 6, 8, 18 PB; 22 DO; 32, 38, 41 PB; 41u DO; 43, 44, 51, 54, 56, 64, 70, 84, 86 PB; 89 DO; 96, 99, 101, 103 PB; 106 DO; 113, 119, 120, 123, 127, 128, 133, 140, 146, 163, 181 PB; 183c, 186 DO; 216, 218, 222, 238, 240 MM; 241 DO; 242, 244, 250, 255, 256 MM; 257 DO; 264, 272 MM; 278, 301, 309 PB; 309u DO; 311, 325, 331, 333, 334, 346, 349, 354, 358, 362, 368, 396, 401, 404, 426 PB; 433 DO; 434 ML; 436 MM; 452, 458, 460 DO; 466, 470, 474, 478, 482l, 482l PB; 482r, 483l DO; 483m,483r PB; 496 DO; 502, 504, 506, 525, 532, 536, 542, 548, 562, 570 PB; 588 DO; 600 PB; 607, 616l, 617l DO; 616-7, 620, 624, 630 PB; 637 DO; 638, 646, 652, 656, 664 PB; 667, 668-9(1,3,5) DO; 668ul (2) Sean Milne; 668-9(4,6), 684 PB; 686, 688, 698l DO; 698, 716 PB; 728, 732 DO; 736l PB; 736, 750 DO; 758, 746 GA; 775(1) DO; 775(2) PB; 775(3) GA; 786 ML; 788, 797, 800 DO; 811 PB; 816, 818, 821, 828, 836, 842, 846, 858 DO.

Illustratoren:
Martin Anderson
Julian Baker
Lizzie Harper
Graham Rosewarne
Roger Courthold
John Fuller
Simon Driver